Collection ÉCHELLES

Les nanosciences

3. Nanobiotechnologies et nanobiologie

Sous la direction de

Marcel
Lahmani

Patrick
Boisseau

Philippe
Houdy

Belin

8, rue Férou 75278 Paris Cedex 06
www.editions-belin.com

La collection « Échelles »

Privilégiant les savoirs les plus actuels, la collection « Échelles » propose des ouvrages scientifiques rédigés par des auteurs qui font autorité dans leur domaine. Par la présentation simple de questions réputées complexes, elle exprime une certaine idée de l'enseignement des sciences, en relation étroite avec le monde de la recherche et de ses applications. La collection « Échelles » s'adresse à l'étudiant en master 1 et 2, au doctorant comme au chercheur ou à l'ingénieur. Elle est dirigée par Michel Laguës (ESPCI) et Annick Lesne (Université Paris VI et IHÉS).

Dans la même collection

Gouttes, bulles, perles et ondes, Pierre-Gilles de Gennes, Françoise Brochard-Wyart, David Quéré, 2002. Nouvelle édition avec Cd-Rom, 2005.

ADN, mots et modèles, Stéphane Robin, François Rodolphe, Sophie Schbath, 2003.

Invariances d'échelle. Des changements d'états à la turbulence, Michel Laguës, Annick Lesne, 2003.

Introduction à la microfluidique, Patrick Tabeling, 2003.

L'héritage de Kolmogorov en physique, Roberto Livi et Angelo Vulpiani (sous la direction de), 2003.

Liquides. Solutions, dispersions, émulsions, gels, Bernard Cabane, Sylvie Hénon, 2003.

Internet. Structure et évolution, Romualdo Pastor-Satorras et Alessandro Vespignani, 2004.

Cosmologie primordiale, Patrick Peter et Jean-Philippe Uzan, 2005.

Chimie et biochimie radicalaires, Jacqueline Bergès, Cécile Sicard-Roselli, Chantal Houée-Levin, 2005.

Rhéophysique, Patrick Oswald, 2005.

Les nanosciences. 1. Nanotechnologies et nanophysique, Marcel Lahmani, Claire Dupas et Philippe Houdy (sous la direction de), 2004. Nouvelle édition, 2006.

Les nanosciences. 2. Nanomatériaux et nanochimie, Marcel Lahmani, Catherine Bréchignac, Philippe Houdy (sous la direction de), 2006.

Morphogenèse. L'origine des formes, Paul Bourgine et Annick Lesne (sous la direction de), 2006.

Les nouvelles microscopies. À la découverte du nanomonde, Lionel Aigouy, Yannick De Wilde et Christian Frétigny, 2006.

De la macromolécule au matériau polymère. Structure et propriétés des chaînes, Jean Louis Halary et Françoise Lauprêtre, 2006.

La couleur. Lumière, vision et matériaux, Mady Elias, Jacques Lafait (sous la direction de), 2006.

L'héritage scientifique de Poincaré, Éric Charpentier, Étienne Ghys et Annick Lesne (sous la direction de), 2006.

Polymères. La matière plastique, Jean-Pierre Cohen-Addad, oct. 2007.

Photo de couverture : organisation supramoléculaire de la protéine LRAT adsorbée à l'interface air/eau sur une monocouche de DMPC (représentation 3D d'une image BAM). S. Bussières[1], B. Desbat[2], R. Breton[1] et C. Salesse[1].

[1] Unité de recherche en ophtalmologie, Centre de recherche du CHUL, Université Laval, Québec, Canada.
[2] Laboratoire de physicochimie moléculaire, Université Bordeaux 1, Talence.

Schémas : Orou Mama.
Les Éditions Belin remercient Daniel Tacquenet pour son aide à l'édition de l'ouvrage.

ISSN 1635-8414 ISBN 978-2-7011-4470-2

LES NANOSCIENCES

Tome 1 : Nanotechnologies et nanophysique
Tome 2 : Nanomatériaux et nanochimie
Tome 3 : Nanobiotechnologies et nanobiologie

La pluralité des disciplines concernant les nanosciences a conduit les auteurs à proposer trois ouvrages collectifs pédagogiques destinés aux étudiants des masters scientifiques, doctorants, jeunes ingénieurs, chercheurs et enseignants.
Bien qu'il s'agisse d'ouvrages indépendants, ils s'avèrent complémentaires de par la transdisciplinarité des branches concernées. Ils peuvent être ainsi consultés séparément par des spécialistes, ou constituer une référence d'ensemble des tout derniers progrès scientifiques et technologiques des domaines d'intérêt.
Les différents tomes sont structurés de manière similaire, allant des exposés des connaissances théoriques actuelles aux applications potentielles ou déjà dans la vie courante.
La majorité des auteurs proviennent du corps des enseignants chercheurs et des milieux industriels. Leurs coordonnées – établissement d'appartenance et e-mail – figurent au début de chaque chapitre.
Enfin, ces ouvrages ont reçu le support du Ministère de l'Éducation Nationale, de l'Enseignement Supérieur et de la Recherche, du CNRS, du CEA, ainsi que de l'Université d'Évry et du Club NanoMicrotechnologie, et de l'EMRS (*European Materials Research Society*) pour la traduction en langue anglaise.

Marcel LAHMANI, Claire DUPAS, Catherine BRÉCHIGNAC,
Patrick BOISSEAU et Philippe HOUDY

« Que l'homme recherche dans ce qu'il connaît les choses les plus délicates. Qu'un ciron lui offre dans la petitesse de son corps des parties incomparablement plus petites [...] ; que, divisant encore ces dernières choses, il épuise ses forces en ces conceptions, et que le dernier objet où il peut arriver soit maintenant celui de notre discours ; il pensera peut-être que c'est là l'extrême petitesse de la nature. Je veux lui faire voir là-dedans un abîme nouveau. Qu'il y voie une infinité d'univers, dont chacun a son firmament, ses planètes, sa terre ; dans cette terre, des animaux, et enfin des cirons, dans lesquels il retrouvera ce que les premiers ont donné ; [...] qu'il se perde dans ces merveilles, étonnantes dans leur petitesse. »

Blaise PASCAL, *Pensées*, 1670

LES AUTEURS

Jean-Pierre AIMÉ est Directeur de Recherche au CPMOH, Université Bordeaux 1.

Jean-François ALLEMAND est Maître de Conférences, LPS-ENS, Paris.

Danièle ALTSCHUH est Directeur de Recherche (DR2-CNRS), ESBS, Université Louis Pasteur, Illkirch.

Christian AMATORE est Directeur de Recherche au CNRS et à l'ENS Paris, et membre de l'Académie des Sciences et du Haut Conseil de la Science et de la Technologie.

Joëlle AMÉDÉE est Directeur de Recherche 2e classe à l'INSERM, INSERM U577, Université Bordeaux 2.

Stéphane ARBAULT est Chargé de Recherche au CNRS et à l'ENS, Paris.

Christian AUCLAIR est Professeur au LBPA, ENS Cachan.

Loïc AUVRAY est Directeur de Recherche 1e classe au CNRS, Laboratoire MPI, Université d'Évry-Val d'Essonne.

Vincent BALL est Professeur à l'UFR d'Odontologie, Université Louis Pasteur, Strasbourg.

David BENSIMON est Directeur de Recherche CNRS, LPS-ENS, Paris.

François BERGER est Maître de Conférences Hospitalo-Universitaire, INSERM U318-Université Joseph Fourier, Grenoble.

Anne-Laure BIANCE est Chargée de Recherche, Laboratoire de Photonique et de Nanostructures, Marcoussis, Université de Marne-la-Vallée.

Loïc BLUM est Professeur, Directeur de l'Institut de Chimie et Biochimie Moléculaires et Supramoléculaires (ICBMS), Université Lyon 1/CNRS.

Laurence BORDENAVE est Professeur des Universités-Praticien Hospitalier, INSERM U577, Université Bordeaux 2.

Nathalie BOULLE est Maître de Conférences Universitaire-Praticien Hospitalier, Hôpital Arnaud de Villeneuve, Montpellier.

Jérôme BOUTET est Ingénieur Chercheur au CEA-LETI, Grenoble.

Alain BRISSON est Professeur à l'IECB, Université Bordeaux 1.

Axel BUGUIN est Maître de Conférences à Paris VI. Institut Curie, Paris.

Marie-France CARLIER est Directeur de Recherche classe exceptionnelle au CNRS, Laboratoire d'Enzymologie et Biochimie Structurales, Gif-sur-Yvette.

Alexandre CECCALDI est Ingénieur Agronome et doctorant en biologie moléculaire du cancer. Société Nanobiotix, Paris.

Fabien CHAUVEAU est Doctorant au LIME, CEA Orsay.

Yong CHEN est Professeur à l'ENS, Paris.

Christophe CHIPOT est Directeur de Recherche au CNRS, UHP, Nancy.

Laurent COGNET est Chargé de Recherche au CNRS, CPMOH, Université Bordeaux 1.

Vincent CROQUETTE est Directeur de Recherche au CNRS, LPS-ENS, Paris.

Nicole DÉGLON est Ingénieur de Recherche au MIRcen, CEA Fontenay-aux-Roses.

Marie-Hélène DELVILLE est Directeur de Recherche à l'ICMCB-CNRS, Bordeaux.

Bernard DESBAT est Directeur de Recherche (DR1) au CNRS, LPCM, Université Bordeaux 1.

Frédéric Duconge est Chargé de Recherche CEA, au LIME, CEA Orsay.

Noëlle Dufour est Ingénieur de Recherche au Mircen, CEA Fontenay-aux-Roses.

Étienne Duguet est Professeur à l'Université Bordeaux 1.

Marie-Christine Durrieu est Chargée de Recherche INSERM, INSERM U577, Université Bordeaux 2.

Valentina Émiliani est Chargée de Recherche CNRS (CR1), au Laboratoire de Neurophysiologie et Nouvelles Microscopies, Paris.

Alexandre Évrard est Maître de Conférences Universitaire à l'Université Montpellier 1.

Éric Forest est Chef de Laboratoire CEA, Grenoble.

Jean-Christophe Fricain est Maître de Conférences Universitaire-Praticien Hospitalier, INSERM U577, Université Bordeaux 2.

Benoît Frisch est Directeur de Recherche CNRS, Université Louis Pasteur, Faculté de Pharmacie, Illkirch.

Mélanie Gaillet est Ingénieur Applications Ellipsométrie, à la Société HORIBA Jobin Yvon SAS, Chilly-Mazarin.

Xavier Gidrol est Directeur de Recherche, Directeur du Laboratoire d'Exploration Fonctionnelle des Génomes au CEA d'Évry.

Agnès Girard-Égrot est Maître de Conférences à l'Université Claude Bernard Lyon 1.

Pierre Grangeat est Directeur de Recherche au CEA, CEA-LETI, MINATEC, Grenoble.

Jean Hache est Professeur, Responsable de la filière Biotechnologies/Bioindustries à l'ESIEE Management (CCIP), Professeur Associé à l'Université d'Évry-Val d'Essonne.

Francis Haraux est Directeur de Recherche au CNRS, Laboratoire des protéines membranaires, CEA Saclay.

Emmanuèle Helfer est Chargée de Recherche au CNRS, Laboratoire d'Enzymologie et Biochimie Structurales, Gif-sur-Yvette.

Béatrice Heurtaux est Maître de Conférences en pharmacie galénique, Université Louis Pasteur, Faculté de Pharmacie, Illkirch.

Philippe Lavalle est Chargé de Recherche INSERM, INSERM U 595-Faculté de Médecine, Strasbourg.

Jean-François Legrand est Professeur à l'Université Louis Pasteur, Strasbourg, et Directeur de l'Institut Charles Sadron, Strasbourg.

Christian Le Grimellec est Directeur de Recherche INSERM au CBS, Montpellier, et Professeur Associé du Département de Biochimie de la Faculté de Médecine de l'Université de Montréal.

Bruno Le Pioufle est Professeur à l'École Normale Supérieure de Cachan.

Laurent Levy est Président du Directoire de la Société Nanobiotix, Paris.

Thimothée Lionnet est post-doctorant au Albert Einstein college of Medicine, Yeshiva University, Bronx.

Brahim Lounis est Professeur à l'Université Bordeaux 1.

Georges Lutfalla est Directeur de Recherche CNRS, Université Montpellier 2.

Didier Marguet est Directeur de Recherches au CNRS, Centre d'Immunologie de Marseille-Luminy.

Christophe Marquette est Chargé de Recherche 1e classe à l'ICBMS, Université Lyon 1.

Pierre-Emmanuel Milhiet est Directeur de Recherche CNRS au CBS, Montpellier.

Nicolas Minc est Docteur en physique de l'Université Paris 6. Institut Curie, Paris.

Catherine Nguyen est Directrice de Recherche à l'INSERM (DR1), Directrice du Laboratoire INSERM ERM 206, à Marseille.

Ghani OUKHALED est Chercheur post-doctorant au Laboratoire MPI, Université d'Évry-Val d'Essonne.

Philippe PELTIÉ est Ingénieur Chercheur au CEA-LETI, Grenoble.

Éric PEREZ est Directeur de Recherche au CNRS, Laboratoire de Physique Statistique de l'École Normale Supérieure, Paris.

François PERRAUT est Ingénieur Chercheur au CEA-LETI, Grenoble.

Carine PESTOURIE est Ingénieur de Recherche INSERM, au LIME, CEA Orsay.

Delphine PFLIEGER est Chargée de Recherches au LAMBE, Université d'Évry-Val d'Essonne.

Nathalie PICOLLET-D'HAHAN est chercheur CEA à l'iRTSV/Biopuces, CEA Grenoble.

Frédéric PINCET est Chargé de Recherche CNRS au Laboratoire de Physique Statistique de l'École Normale Supérieure, Paris.

Laurent POTHUAUD est Docteur en Physique des Matériaux ; il est Directeur Recherche et Développement à la Société MED-IMAPS S.A.

Pierre PUGET est Directeur de Recherche, Département Technologies pour la Biologie et la Santé, CEA-LETI, MINATEC, Grenoble.

Sylvie RICARD-BLUM est Professeur à l'IBCP, CNRS/Université Lyon 1.

Ralf RICHTER est post-doctorant à l'Institut de Chimie physique de l'Université d'Heidelberg, Allemagne.

Émilie RONCALI est Doctorante au LIME, CEA Orsay.

Pierre SCHAAF est Professeur des Universités 1er grade, Chef d'équipe à l'Institut Charles Sadron, à Strasbourg.

Daniel SCHERMAN est Directeur de Recherche au CNRS, Directeur du Laboratoire de Pharmacologie Chimique et Génétique, ENSCP, Université Paris 5.

Francis SCHUBER est Directeur de Recherche au CNRS, Université Louis Pasteur, Faculté de Pharmacie, Illkirch.

Bernard SENGER est Directeur de Recherche (2e classe) à l'INSERM, INSERM U 595-Université Louis Pasteur, Strasbourg.

Pascal SILBERZAN est Directeur de Recherche CNRS, Institut Curie-Centre de Recherche, Paris.

Virginie SIMON est Ingénieur, étudiante en thèse. Société Nanobiotix, Paris.

Bertrand TAVITIAN est Professeur, Directeur du Laboratoire d'Imagerie Moléculaire Expérimentale (LIME) du CEA et Directeur de l'unité INSERM 803 Imagerie de l'Expression des Gènes, Orsay.

Isabelle TEXIER est Ingénieur Chercheur au CEA-LETI, Grenoble.

Étienne THÉVENOT est Ingénieur Chercheur au L2MA, CEA Saclay.

Laurent THOUIN est Chargé de Recherche au CNRS et à l'ENS, Paris.

Olivier THOUMINE est Chargé de Recherches CNRS, Institut Magendie, Université Bordeaux 2.

Marc TRAMIER est Ingénieur de Recherche CNRS, Institut Jacques Monod, Paris.

Mona TREGUER est Maître de Conférences en 33e section, Université Bordeaux 1.

Joëlle VINH, Ph.D., est Chargée de Recherche CNRS, à l'ESPCI, Paris.

Jean-Louis VIOVY est Directeur de Recherche CNRS, Institut Curie, Paris.

Jean-Claude VOEGEL est Directeur de Recherche INSERM 1e classe, Directeur de l'UMR 595, Université Louis Pasteur, Strasbourg.

Richard WADE est M.A., Ph.D. ; Institut de Biologie Structurale, Grenoble.

Jérémie WEBER est Responsable Recherche et Développement, Société Fluigent, Paris.

Guy ZUBER est Chargé de Recherche au CNRS, Université Strasbourg 1.

TABLE DES MATIÈRES

Remerciements

Nos remerciements vont à l'ensemble des membres de la communauté scientifique « Nanosciences » française (CNRS, CEA, Universités, Grandes Écoles, Industries) qui ont accueilli très favorablement et rendu possible la réalisation de ces trois ouvrages pédagogiques sur les nanotechnologies et la nanophysique, les nanomatériaux et la nanochimie, et les nanobiotechnologies et la nanobiologie. Nos remerciements vont en particulier bien sûr aux rédacteurs de ces livres.

Un hommage spécial et une mention spéciale sont à faire à Monsieur Hubert Curien, à Monsieur Jean-Marie Lehn et à Monsieur Axel Kahn, qui en ont accepté le parrainage, et à Monsieur Patrice Hesto pour ses conseils au démarrage de cette entreprise.

Nous tenons particulièrement à exprimer toute notre gratitude au Ministère de la Recherche et au CEA qui ont financé et soutenu matériellement ce projet en la personne de Monsieur Jean-Louis Robert du département Physique-Chimie, Sciences pour l'ingénieur, et de Monsieur Jean Therme, Directeur du CEA Grenoble.

De même, un grand merci à Monsieur Claude Puech, Président du Club NanoMicroTechnologie, à l'ensemble du LMN (Laboratoire d'étude des Milieux Nanométriques de l'Université d'Évry) et au GIFO (Groupement des Industries Françaises de l'Optique) pour leurs soutiens logistique et administratif.

Enfin, nos remerciements vont à Messieurs Alain Brisson et Pierre Schaaf pour leurs soutiens scientifiques permanents et notamment lors des séances de relecture.

Marcel Lahmani, Patrick Boisseau et Philippe Houdy

PRÉFACE

Le nanomonde du vivant

« *Small is beautiful* » est un slogan qui s'adapte à la perfection à la biologie. Le corps humain est constitué d'environ cinq mille milliards de cellules, chacune d'entre elles fonctionnant grâce à une multitude de nanophénomènes et de nanomachines. La perfection des systèmes d'information et des engins moléculaires à l'œuvre dans les cellules est aujourd'hui une source d'inspiration féconde pour les scientifiques engagés dans l'aventure des nanotechnologies et des nanomatériaux. L'ADN stocke dans un volume de l'ordre de quelques picolitres la totalité de l'information génétique nécessaire à la programmation du développement embryonnaire, de la différenciation des cellules et du fonctionnement des organismes. Il contient aussi l'ensemble de la machinerie et des moteurs moléculaires permettant la réplication de cette information et sa distribution dans les cellules filles lors des divisions cellulaires. Les échanges entre l'intérieur et l'extérieur des cellules, mais aussi entre les divers compartiments de celles-ci, se font à travers tout un système de valves complexes d'ouvertures finement réglées, les canaux ioniques. L'ATP, forme moléculaire de stockage chimique de l'énergie, est synthétisée par des micro-moulins dont le rotor est mû par un flux de protons. Cheminant dans un dense réseau de microtubules et de microfilaments, des convois transportent en tous sens les constituants cellulaires afin de les acheminer à leurs postes de travail. Des bactéries, protozoaires et cellules de métazoaires se propulsent grâce à divers types de moteurs, flagelles ou micro-hélices.

Bien entendu, toutes ces nanomachines biologiques constituent une formidable source d'inspiration pour les chercheurs avides d'en reproduire les performances à des usages scientifiques ou industriels. L'un d'entre eux est de parfaire les méthodes d'exploration ultra-structurale des objets biologiques : puces à ADN, à protéines ou à cellules, nanoparticules bouleversant le champ de la microscopie ; pinces optiques permettant de micromanipuler des nano-objets, de mesurer les forces mises en jeu.

Plusieurs types de dosages biologiques peuvent aujourd'hui être associés dans des nanolaboratoires (*Lab-on-a-Chip*) aux propriétés étonnantes.
L'un des défis de cette exploration du nanomonde cellulaire, de l'utilisation de certaines de ses recettes afin de s'approcher de certaines de ses performances, est l'édification de nanorobots moléculaires auxquels pourraient être confiées des tâches d'investigation ou de traitement au tréfonds du corps humain, voire au sein même des cellules.
Dans ce troisième volume de la série d'ouvrages consacrée aux nanosciences, les lecteurs prendront conscience avec étonnement, voire émerveillement, de l'ingéniosité des dispositifs moléculaires retenus par la sélection naturelle. Ils partageront alors, sans doute, l'espoir des auteurs d'extraire de cette exploration le moyen pour l'homme de réaliser *de novo* des nanoengins mimant plus ou moins les systèmes biologiques, afin de les mieux connaître et, le cas échéant, de remédier à leurs dysfonctionnements, c'est-à-dire de combattre les maladies.

Axel KAHN
Directeur de l'Institut Cochin
Directeur de l'IFR Alfred Jost

INTRODUCTION

NANOBIOTECHNOLOGIES ET NANOBIOLOGIE

Taille des objets biologiques

Depuis l'antiquité jusqu'à l'invention de la microscopie optique par Van Leeuwenhoek au XVIIe siècle, l'homme ne pouvait étudier que des objets biologiques qui étaient visibles à l'œil nu, et donc de taille supérieure au millimètre. La microscopie optique a permis de descendre au micromètre, soit une amélioration de mille. Ensuite, au siècle passé, la microscopie électronique a permis de descendre à la dizaine de nanomètres. Le nanomètre et même l'angström (0,1 nanomètre) sont maintenant les limites de résolution de nombreuses techniques modernes d'imagerie moléculaire. En effet, dès la moitié du XXe siècle, les études cristallographiques de l'ADN et des protéines ont permis d'avoir progressivement une connaissance de la structure des objets biologiques avec une résolution légèrement supérieure à 0,1 nanomètre, soit la taille de l'atome d'hydrogène. Des molécules protéiques très complexes, qui représentent des assemblages de plusieurs protéines, sont maintenant bien caractérisées et leurs coordonnées tridimensionnelles sont accessibles dans des bases de données.
L'imagerie moléculaire a fait des progrès considérables depuis les travaux héroïques menés par les physiciens cristallographes du laboratoire Cavendish de Cambridge. Il est possible aujourd'hui d'avoir la structure complète d'une seule molécule, quelle que soit sa taille. Ce qui est plus difficile, lorsque l'on travaille sur une molécule unique si elle est complexe, est de pouvoir visualiser son mouvement au sein d'une protéine ou, encore plus délicat, au sein d'un édifice multiprotéique. La microscopie électronique et les techniques critallographiques ne sont généralement applicables qu'à des préparations dépourvues de mouvement moléculaire bien que, depuis une vingtaine d'années, les techniques de RMN aient permis de suivre les mouvements internes de petites protéines d'une taille de quelques nanomètres.
Ce qui est nouveau avec les techniques nouvelles décrites dans cet ouvrage, c'est qu'il est maintenant possible d'étudier le fonctionnement d'une cellule vivante

avec la résolution du nanomètre, soit un million de fois inférieur à ce qui est observable à l'œil nu. **Il s'agit là d'une véritable révolution technologique**, qui n'est pas limitée à l'observation du vivant, mais amène aussi à la construction des objets biologiques. Il est maintenant envisageable de reconstruire une cellule en partant de ses composants moléculaires. Cette construction va utiliser les propriétés d'auto-assemblage des constituants biologiques (les protéines se reconnaissent et s'auto-assemblent). Mais il sera aussi possible de guider ces assemblages par les techniques physiques développées récemment.

Taille des objets biologiques

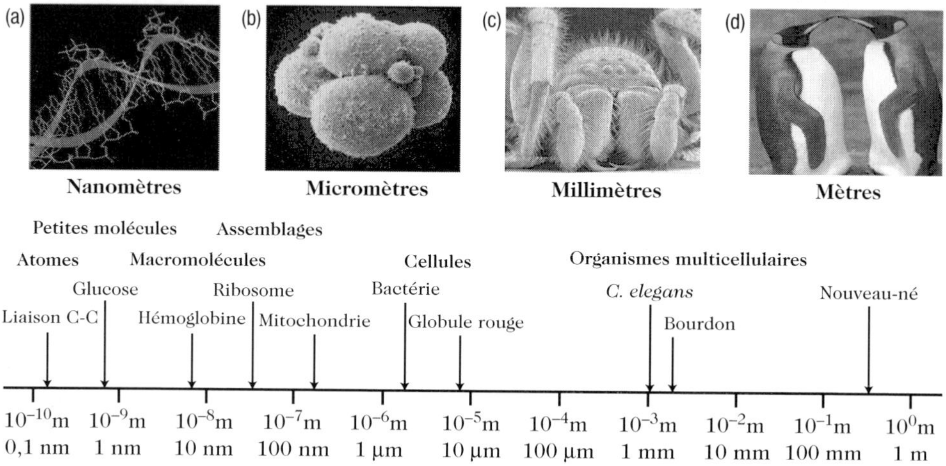

La convergence des nanosciences et des sciences du vivant

La rencontre de la physique et de la biologie n'est pas chose récente. Le début de XXe siècle avait vu la collaboration fructueuse de la chimie et de la biologie, qui allait donner la possibilité de fabriquer des remèdes, non plus à partir d'extraits des plantes que la nature prodiguait, mais par synthèse chimique totale, conduisant ainsi à l'expansion du nombre de médicaments disponibles pour soigner efficacement un nombre croissant d'affections. Le milieu du XXe siècle a vu les méthodes de la physique s'appliquer avec succès à l'étude du vivant, conduisant à ce que l'on appellera la biologie moléculaire, dont l'un des premiers résultats marquants sera la résolution de la structure tridimensionnelle des acides nucléiques et d'autres macromolécules par application des méthodes de diffraction des rayons X, étendant ainsi les études de cristallographie à la biologie.
Nous assistons aujourd'hui à une nouvelle convergence, celle des nanosciences et des sciences du vivant, et l'on entrevoit déjà comment **cette rencontre révolutionnera notre approche des sciences de la vie**, comme les microtechnologies et les nanotechnologies ont bouleversé les technologies de l'information et de la communication.
L'expérience de tous les jours nous montre que la puissance de nos ordinateurs personnels double tous les 18 mois environ pour un coût qui reste constant, voire

qui diminue. Cela a été rendu possible par l'extrême miniaturisation des dispositifs électroniques et par la réduction de taille des transistors qui les composent. En 1950, un transistor avait des dimensions de l'ordre de quelques centimètres (10^{-2} m) ; aujourd'hui, un transistor occupe un espace qui se mesure en dizaines de nanomètres (10^{-8} m), soit un gain de l'ordre du million. Une réelle révolution s'est déroulée sous nos yeux au cours des 25 dernières années. Nous ne savons pas (nous ne savons plus) le rôle indispensable que jouent les composants électroniques dans notre environnement quotidien, depuis notre téléphone portable jusqu'à notre voiture.

Ces technologies impliquent d'être capable d'observer et de manipuler la matière à un niveau de résolution variant du micromètre (10^{-6} m ou millionième de mètre) au nanomètre (10^{-9} m ou milliardième de mètre). Les nanosciences ont également mis au point des méthodes d'investigation adaptées à ces nouveaux édifices au cours des dernières années. À titre d'exemple, l'utilisation de microscopes à force atomique (AFM) a même permis de déplacer individuellement des atomes et de les ranger selon des dispositions précises.

À titre de comparaison, les composants des organismes vivants sont également de taille micrométrique, voire sub-micrométrique. Nos vaisseaux sanguins et nos bronches sont des capillaires de quelques micromètres transportant des fluides ou des gaz. Les cellules, unités fonctionnelles du vivant, sont des globules de quelques micromètres de diamètre. À l'intérieur des cellules, des réactions chimiques s'effectuent au sein de compartiments de quelques attolitres (10^{-18} L). Le passage à l'intérieur des cellules de composés (médicaments, médiateurs chimiques, métabolites, etc.) se fait par l'action de pores d'une taille de quelques nanomètres. Les agresseurs des cellules (bactéries, virus) sont également des entités de la taille micrométrique, voire nanométrique. Par exemple, l'enveloppe du virus de la grippe est constituée d'un assemblage de plusieurs macromolécules protéiques et fait quelques 100 nanomètres de diamètre.

Opérant à des échelles identiques, parfois selon des lois communes, il est naturel que les nanotechnologies rencontrent les sciences biologiques pour former ce que l'on appelle les nanobiotechnologies.

On ne tentera pas ici de donner une définition exhaustive de ce que sont les nanobiotechnologies. Il n'existe encore aujourd'hui aucune définition consensuelle. Certains auteurs y voient d'ailleurs un stigmate caractéristique d'une discipline en cours de naissance ou en plein devenir. On peut noter au passage que certaines définitions sont très restrictives. Par exemple, la *National Nanotechnology Initiative* (créée sous l'impulsion du gouvernement aux États-Unis) définit la nanotechnologie comme « toute chose qui met en jeu des structures dont la taille est inférieure à 100 nm ». Une telle définition risque de laisser de côté les dispositifs qui actuellement manipulent des objets ou des fluides plutôt à des tailles micrométriques, voire des dispositifs réellement macroscopiques, mais qui renferment des objets ou des structures nanométriques.

Afin d'entrevoir le développement futur des nanobiotechnologies, il est tentant, là encore, de faire un parallèle avec l'essor des nanotechnologies dans le domaine de l'information et de la communication. En effet, nous voyons déjà apparaître deux voies pour l'instant distinctes, selon des directions diamétralement opposées. La démarche dite « *top-down* » consiste à miniaturiser les outils d'investigation ou d'analyse que nous possédons afin de passer de l'objet centimétrique ou millimétrique à un objet de fonction équivalente mais plus petit. En quelque sorte, on descend le long de l'échelle. La démarche inverse vise à remonter le long de cette même échelle et à organiser de nouvelles structures originales à partir d'éléments nanoscopiques (des atomes ou des groupements d'atomes) assemblés de façon appropriée. Il est évident aujourd'hui que la première approche regroupe la majorité des actions des nanobiotechnologies, car si la deuxième approche, qualifiée de « *bottom-up* », est séduisante, elle se heurte encore aujourd'hui à de nombreuses difficultés, dont entre autres notre incapacité à prédire les propriétés des éléments conçus en ayant seulement connaissance des propriétés individuelles de leurs composants. Autour de ces deux voies, nous voyons se développer de nouvelles techniques d'imagerie et de mesures adaptées à l'observation de phénomènes désormais accessibles.

Il ne fait à présent plus de doute que d'ici quelques années ces nouveaux outils vont bouleverser notre connaissance des mécanismes les plus intimes de la cellule (à l'échelle moléculaire et en temps réel) et ouvrir **de nouvelles et extraordinaires perspectives thérapeutiques**.

L'ouvrage proposé donne un aperçu des connaissances actuelles dans plusieurs domaines des nanobiosciences.

Il est divisé en trois grandes parties :

- **Les nano-objets biologiques** : dans cette partie seront décrites quelques briques de base (ADN, structures biologiques types...) qui serviront d'exemples et de supports à l'approche nanobiotechnologie.
- **Les méthodes d'études des nanobiotechnologies** : les chapitres de cette partie présenteront différents outils et méthodes d'investigation (physiques, chimiques, électriques) des nano-objets biologiques.
- **Les applications des nanobiotechnologies** : les applications actuelles les plus usuelles illustreront cette dernière partie qui ouvrira le champ potentiel des nanobiotechnologies vers une nanomédecine.

Jean ROSSIER,
Professeur à l'ESPCI, directeur du laboratoire de neurobiologie,
ESPCI CNRS UMR 7637

Vincent STUDER
Chargé de recherche au laboratoire de neurobiologie,
ESPCI CNRS UMR 7637

PARTIE I

LES NANO-OBJETS BIOLOGIQUES

CHAPITRE

1

RÉGULATION STRUCTURALE ET FONCTIONNELLE DE L'ADN : GÉOMÉTRIE-TOPOLOGIE-MÉTHYLATION

Christian AUCLAIR*

1. Introduction

Les travaux de Rosalind Franklin, puis de Watson et Crick [1], ont permis d'élucider l'organisation architecturale de l'acide désoxyribonucléique (ADN), support de l'information génétique. La proposition selon laquelle l'ADN était structuralement organisé sous la forme d'une double hélice constituée de deux brins polymériques antiparallèles et complémentaires a été l'une des avancées scientifiques les plus remarquables du XXe siècle. Cela a en effet permis de rendre compte de l'organisation du stockage de l'information génétique, du mécanisme de lecture du code génétique et enfin du mécanisme de transmission de ce code à l'identique d'une cellule à l'autre au cours de la division cellulaire.

L'ADN génomique présente des organisations structurales très variables d'un organisme ou d'une cellule à l'autre, organisations liées aux contraintes de la physiologie de chaque organisme ou de chaque tissu. Cette complexité s'observe notamment au niveau de la diversité des séquences génomiques, la taille du génome humain avoisinant les 3 gigabases pour environ 30 000 gènes, alors que la levure, qui est un organisme eucaryote inférieur, ne compte que 6 200 gènes pour une taille de 13 mégabases (tableau 1.1).

* LBPA, UMR 8113, ENS Cachan. auclair@lbpa.ens-cachan.fr

Tableau 1.1. Quelques caractéristiques du génome de certains organismes eucaryotes.

	Levure (*S. cerevisiae*)	**Nématode** (*C. elegans*)	**Drosophile** (*D. melanogaster*)	**Homme**
Taille (Mb)	13	100	180	3 000
Teneur en [G+C]	38 %	36 %	43 %	41 %
Nombre de gènes	6 200	19 100	13 600	~30 000
Fraction codante	68 %	27 %	13 %	1,4 %
Nombre d'exons par gène	1,04	5,5	4,6	8,7
Taille des gènes (kb)	1,4	2,7	3	28

On observe également une très grande variabilité de la fraction des séquences codantes (1,4 % dans le cas du génome humain, 68 % dans le cas du génome de la levure), ainsi que la grande variation de la taille des gènes. Une attention particulière peut être portée à la variation de la teneur en bases G+C, qui conditionne la stabilité globale des hélices d'ADN, les séquences riches en bases G+C étant par ailleurs impliquées dans les processus clés de la régulation de l'expression des gènes et probablement d'une manière prépondérante dans les processus évolutifs. Un point important concerne la possibilité de méthylation des cytosines, notamment au niveau des séquences CpG, processus essentiel impliqué dans la régulation de l'expression des gènes. On notera que la présence de séquences alternées de paires de bases GC, associée à la méthylation des cytosines de ces séquences, favorise notamment la transition de la conformation B vers la conformation Z (voir ci-dessous). À l'intérieur d'un même génome, la teneur en G+C peut varier d'une manière très importante, allant jusqu'à 80 % dans certaines régions des génomes de mammifères, et il semble y avoir une corrélation entre la teneur en bases GC (notamment en GCs3) et la densité de gènes dans la région concernée.
Directement reliée à la nature des séquences, la complexité de l'ADN se caractérise de plus par la multiplicité de micro- ou macrostructures résultant des contraintes physico-chimiques de l'enchaînement et de l'appariement des bases. La multiplicité conformationnelle de l'ADN, ainsi que les arrangements moléculaires tels que structures cruciformes, triple-hélice, tétrades etc., jouent un rôle essentiel dans le fonctionnement des génomes et notamment via leur reconnaissance spécifique par des protéines effectrices de fonctions génétiques importantes.
L'ADN et son environnement protéique constituent incontestablement un « nanomonde » des plus complexes, complexité à la hauteur de la fonction. À l'intérieur de cette complexité, il est néanmoins possible d'identifier quelques éléments représentatifs du fonctionnement de la machinerie génétique. Dans ce contexte, ce chapitre a pour objet de rappeler succinctement, à l'aide de quelques exemples, certains aspects liés à la plasticité géométrique et topologique de l'ADN et de décrire d'une manière résumée les modifications structurales liées à la méthylation des cytosines et les modifications fonctionnelles qui en découlent.

2. Géométrie de la double hélice d'ADN

La conformation initialement décrite par Watson et Crick était une double hélice dite de **conformation B** (figure 1.1), qui est celle la plus fréquemment observée à l'état naturel.

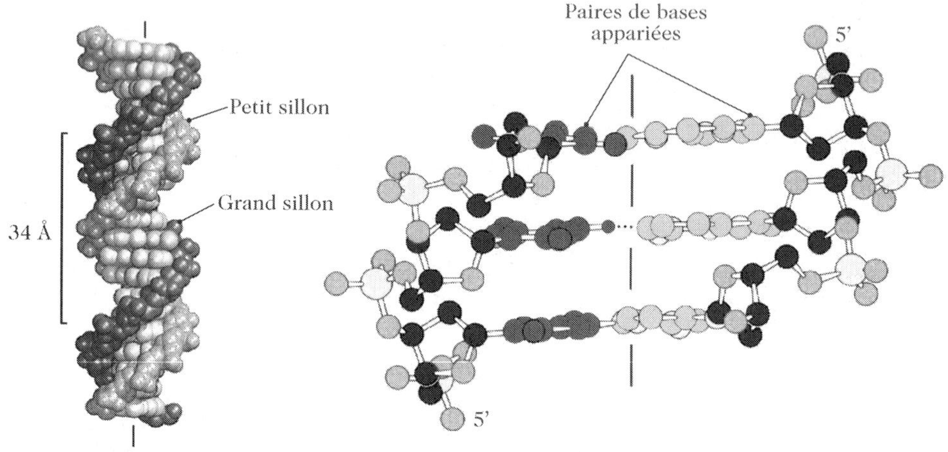

Figure 1.1. Modèle moléculaire d'une double hélice d'ADN de conformation B (à gauche). Détail de l'appariement des bases (à droite).

Néanmoins, la double hélice peut se présenter sous trois formes géométriques dénommées A, B et Z, qui se caractérisent notamment par des degrés d'hydratation différents. Ces différentes conformations de l'ADN sont rendues possibles par un extraordinaire degré de liberté géométrique des constituant de l'ADN les uns par rapport aux autres. Il s'agit en premier lieu de l'existence de **conformères** : orientation de la partie sucre (C2′-endo ou C3′-endo) et orientation de la base par rapport au sucre (syn ou anti) (figure 1.2).

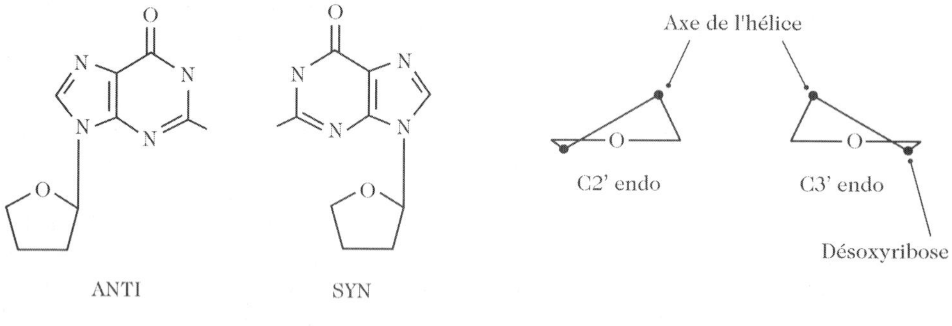

Figure 1.2. Orientation de la base (guanine) par rapport au désoxyribose (anti et syn) et orientation du désoxyribose (C2′ endo et C3′ endo).

L'hélice d'ADN se caractérise par la conformation C2′endo/anti pour la conformation B, C3′endo/anti pour la conformation A. La situation est un peu plus complexe pour ce qui concerne la conformation Z, les bases puriques présentant la conformation C3′endo/syn et les bases pyrimidiques la conformation C2′endo/anti. En fait, les caractéristiques structurales et l'évolution de la double hélice d'ADN vers l'une des conformations possibles sont conditionnées par les paramètres hélicoïdaux (« twist », « roll » et « tilt ») de l'hélice et l'ensemble des six angles de torsion du squelette phosphate-sucre (alpha, bêta, gamma, delta, epsilon et zêta).

La figure 1.3 résume les principaux arrangements géométriques que peuvent prendre les plateaux des bases les uns par rapport aux autres. Le « twist » correspond à l'angle de rotation autour de l'axe de symétrie de l'hélice de deux plateaux de paires de bases adjacents. Le « roll » correspond à l'angle de deux plateaux de paires de bases adjacents par rapport au troisième axe de l'hélice. Le « tilt » correspond à l'angle de deux plateaux de paires de bases adjacents par rapport à l'axe de pseudo-symétrie de l'hélice. À noter que la position du plan de chaque base appariée peut également varier l'une par rapport à l'autre (« opening », « propeller » et « buckle »), contribuant ainsi à augmenter la plasticité de l'édifice.

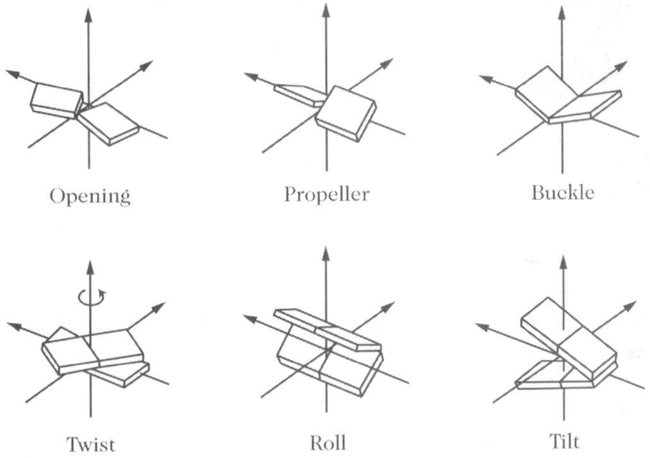

Figure 1.3. Paramètres hélicoïdaux conditionnant la géométrie de l'hélice d'ADN. Les flèches représentent les axes de symétrie de l'hélice.

Il existe des règles [2, 3] permettant d'estimer la structure statique de l'ADN en fonction de la séquence. Il s'agit de l'estimation des paramètres hélicoïdaux, « twist », « roll » et « tilt ». En utilisant un programme de calcul proposé par le *Georgia Institute of Technology* (http ://rumour.biology.gatech.edu), il est aisé de mettre en évidence l'impact majeur de la séquence sur les paramètres hélicoïdaux de l'hélice. Le tableau 1.2 montre à titre d'illustration les variations des paramètres twist, roll et tilt pour deux séquences monotones, –AAAA... et –GGGG..., et pour deux séquences alternées, TATA... et –CGCG...

Parmi les points remarquables des données de ce tableau, on constate entre autres les forts twist et roll générés par les séquences poly A, qui expliquent en grande partie la courbure de l'hélice observée dans la région de ce type de séquence. Ces séquences monotones peuvent en effet induire de fortes déviations de la symétrie hélicoïdale. Des expériences de modélisation et de dynamique moléculaire ont

Tableau 1.2. Estimation des paramètres hélicoïdaux d'une hélice d'ADN B en fonction de la séquence. Les angles sont exprimés en degrés et correspondent aux angles que fait un plateau de paires de bases avec son plus proche voisin. La distance entre les plateaux de paires de bases est imposée à 3,4 angströms. La méthode utilisée est celle de Bolshoy [3].

Séquence	« Twist »	« Roll »	« Tilt »
A	-	-	-
A	35,67	−6,5	3,2
A	35,67	−6,5	3,2
T	-	-	-
A	36	0,9	0
T	31,2	2,6	0
G	-	-	-
G	33,67	1,2	−1,8
G	33,67	1,2	−1,8
C	-	-	-
G	29,8	6,7	0
C	40,1	−5	0

montré que ces courbures planaires résultaient d'une tendance à l'extension du squelette sucre-phosphate, conduisant à une compression avec modification de la torsion et du parallélisme des bases et *in fine* à l'induction d'une courbure. Ces courbures peuvent jouer un rôle important dans les interactions entre l'ADN et ses ligands, notamment ligands du petit sillon et protéines multimériques.

L'analyse structurale à haute résolution des angles de torsion de l'hélice B (angles e C3′-O3′ et z O3′-P) a permis, de plus, la mise en évidence de l'existence de sous-conformations BI et BII [4]. Il est à noter enfin que la force ionique de l'environnement de l'hélice et son degré d'hydratation jouent un rôle prépondérant dans l'adoption de l'une ou l'autre des conformations.

Au-delà de ses capacités de stockage et de transmission de l'information génétique, il est maintenant démontré que la molécule d'ADN possède en elle-même des capacités de régulation, contrôlant entre autres la lecture du code, c'est-à-dire le niveau d'expression des gènes en connexion avec le besoin spécifique des cellules. Ces capacités de régulation proviennent d'une part de la présence de séquences régulatrices localisées en amont des cadres de lecture des gènes et, d'autre part, des multiples modifications structurales et conformationnelles dont peut faire l'objet l'ADN. Les motifs structuraux provenant de la nature des séquences et/ou de l'organisation architecturale de l'ADN sont reconnus par une multitude de protéines, qui vont agir comme les effecteurs des fonctions génétiques. On peut considérer que ce dispositif est basé essentiellement sur le signe de **la reconnaissance moléculaire**, ce qui implique une grande diversité et une grande plasticité des motifs structuraux régulateurs. On peut également considérer à la lumière des travaux les plus récents que le phénotype d'une cellule, c'est-à-dire sa morphologie et ses caractéristiques fonctionnelles, est tout autant dépendant de la nature des gènes que de l'organisation architecturale du génome. De ce point de vue, les variations conformationnelles et topologiques possibles de l'ADN apparaissent de plus en plus comme des paramètres de régulation essentiels.

3. La conformation Z de l'ADN

Depuis la description des paramètres structuraux de la double hélice d'ADN sous sa forme la plus habituelle (forme B) (voir la figure 1.1), de nombreux travaux ont montré que cette organisation architecturale présentait une plasticité exceptionnelle, permettant la génération d'une multitude de variations, lesquelles semblent bien participer d'une manière essentielle aux activités fonctionnelles de l'ADN, incluant la régulation de l'expression des gènes codés.

L'un des exemples représentatifs de la plasticité conformationnelle de l'ADN est celui de la **conformation Z** (figure 1.4). Il est en effet frappant de constater que, suite à un apport d'énergie relativement faible, la double hélice d'ADN peut passer de sa conformation B (hélice droite) à une conformation Z, hélice gauche présentant des caractéristiques structurales extrêmement différentes (tableau 1.3). En fait, l'énergie d'activation nécessaire à la transition de la conformation B vers la conformation Z est d'environ 22 $kcal{\cdot}mol^{-1}$, énergie sensiblement équivalente à celle nécessaire à la rupture d'appariement des bases, que l'ADN soit sous forme B ou Z [5]. Cela montre la facilité énergétique de la transition et l'identité de la dynamique moléculaire des deux conformations. Dans sa conformation B, l'angle de rotation entre les bases consécutives est de l'ordre de 36°, conduisant à 10 paires de bases par tour d'hélice. Un tour d'hélice fait environ 34 Å, ce qui impose une distance de 3,4 Å entre 2 paires de bases consécutives. Dans sa conformation Z, l'hélice d'ADN se caractérise par une distance élevée (45 Å) par tour d'hélice et

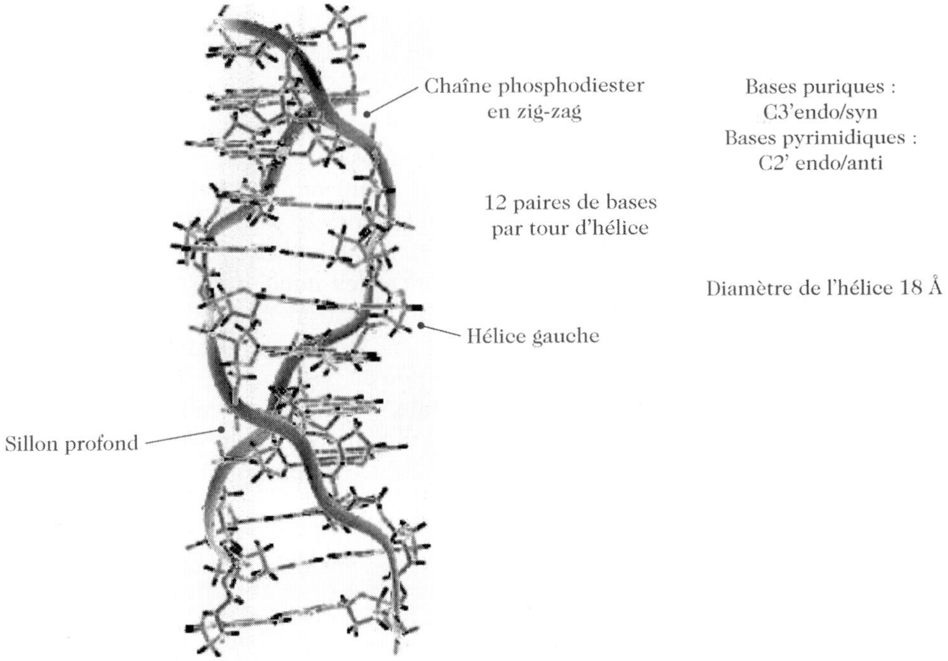

Figure 1.4. Modèle moléculaire d'une double hélice d'ADN de conformation Z, hélice gauche préférentiellement observée au niveau de séquences riches en paires de bases G-C.

la présence de 12 paires de base par hélice. On observe également une diminution du diamètre de l'hélice et la persistance d'un seul véritable sillon très échancré. L'hélice Z se caractérise par ailleurs par la coexistence des liaisons osidiques sous forme syn pour les bases puriques et anti pour les bases pyrimidiques. L'une des conséquences de cette alternance de liaisons est que le squelette sucre-phosphate de l'hélice est en zig-zag au lieu de former une spirale régulière comme l'ADN B. Une autre conséquence probablement importante en terme fonctionnel est la répartition hétérogène des charges négatives le long de l'hélice, ce qui peut modifier d'une manière importante les interactions avec des ligands variés, notamment protéiques.

Tableau 1.3. Paramètres structuraux comparés de la double hélice d'ADN sous forme B et sous forme Z.

Paramètres structuraux	B	Z
Orientation de l'hélice	Hélice droite	Hélice gauche
Répétition	1pb	2pb
Rotation/pb	35,9°	−30°
Nombre moyen de pb/tour	10,0	12
Inclinaison des bases par rapport à l'axe	−1,2°	−9°
Distance entre les pb le long de l'axe	3,4 Å	3,7 Å
Distance par tour d'hélice	34 Å	45 Å
Torsion moyenne	+16°	0°
Liaison glycosidique	anti	C : anti ; G : syn
Conformation du sucre	C2′-endo	C : C2′-endo ; G : C2′-exo
Diamètre de l'hélice	20 Å	18 Å

La transition de la conformation B vers la conformation Z est favorisée par une force ionique élevée, indiquant une composante électrostatique forte dans la stabilité des deux conformères. La forme compacte de l'hélice Z est largement stabilisée par une concentration saline élevée et le réseau d'hydratation particulier solvatant les charges et les groupements polaires [6].

Il existe une relation entre la séquence des nucléotides de l'ADN et l'aptitude de la double hélice à adopter une conformation Z. C'est le cas notamment des séquences alternées de type GCGCGC. L'élément déterminant expliquant ce phénomène est en fait la présence de l'amine en position 2 de la guanine, qui stabilise l'hélice Z. Le remplacement de la guanine par de l'inosine (qui est une guanine sans amine en position 2) déstabilise fortement la conformation Z [7]. Dans une séquence alternée poly d(G-C), la différence d'énergie libre entre la forme B et la forme Z est faible, de l'ordre de 0,33 kcal·mol^{-1} par paire de bases [8], ce qui est en faveur d'une bonne stabilité de la conformation Z.

La tendance des dinucléotides pyrimidines-purines à former des séquences d'ADN Z est dans l'ordre décroissant :

$$\text{m5CG} > \text{CG} > \text{TG} = \text{CA} > \text{TA} \quad (\text{m5C : cytosine méthylée en 5})$$

On constate ici un rôle intéressant de la méthylation des cytosines, qui a tendance à stabiliser la conformation Z. Cet effet stabilisant provient probablement du fait que le groupement méthyle en position 5 de la cytosine interdit la mise en place du réseau d'hydratation qui stabilise la forme B. En fait, les séquences alternées de type G-C peuvent se présenter sous forme B ou sous forme Z et sont soumises à des variations d'équilibre en regard de l'environnement de l'hélice, des contraintes énergétiques appliquées sur l'hélice et de la présence de ligands chimiques ou protéiques. Les agents intercalants fixés sur les séquences adjacentes de zones de conformation Z (figure 1.5) sont capables d'induire aisément la transition Z → B, alors que les ligands des sillons ont peu d'effets [9].

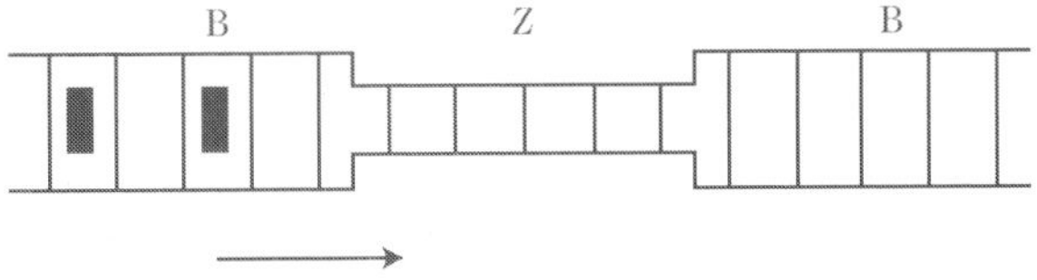

Figure 1.5. Représentation schématique d'une séquence d'ADN de conformation Z insérée dans une hélice B. L'intercalation d'une molécule plane dans les séquences B adjacentes à la séquence sous forme Z induit à distance une transition Z → B.

Cette induction de transition est le résultat de la forte détorsion de l'hélice B, qui induit des contraintes à distance. En revanche, les contraintes de torsion induites par le processus de transcription favorisent clairement la transition B vers Z. Cela est cohérent avec le fait que la conformation Z est favorisée par une superhélicité négative de l'hélice d'ADN (voir le paragraphe suivant). Sur le plan biologique, on notera que les régions proches des sites d'initiation de transcription sont riches en séquences favorables à la transition B → Z et que, lors du déplacement de l'ARN polymérase le long du brin d'ADN transcrit, il se forme en amont des zones de superhélicité négative accrue. Globalement, la formation d'hélices Z à proximité des séquences promotrices semble stimuler la transcription. Il est probable que les possibilités de transitions conformationnelles dans des zones de forte contrainte topologique permettent de minimiser l'énergie requise pour l'avancement du processus, voire de stabiliser transitoirement des arrangements architecturaux favorables.
Sur le plan structural, la coexistence de formes B et Z soulève de nombreuses interrogations, et l'arrangement architectural de l'hélice à la jonction B-Z a toujours été énigmatique, jusqu'à la résolution récente à 2,6 Å par diffraction des rayons X de cette jonction par les équipes de A. Rich et K.K. Kim [10].
La structure de la jonction B-Z se caractérise par une **rupture d'appariement** d'une paire de bases A-T et une extrusion à l'extérieur de l'hélice des bases désappariées (figure 1.6). Cette rupture d'appariement correspond à une relaxation énergétique permettant le maintien d'un empilement régulier des bases. Cela est cohérent avec l'estimation d'une l'énergie libre de 5 kcal·mol^{-1} de la jonction B-Z qui avait été proposée par Peck et Wang.
Il n'est pas douteux que la structure particulière de cette jonction caractérisée par les deux bases extrudées puisse représenter un motif de reconnaissance pour certaines protéines.
Plusieurs protéines ont été identifiées comme susceptibles de se fixer préférentiellement sur l'ADN de conformation Z. C'est le cas de la protéine E3L du virus de la vaccine, de la protéine AF2008 d'*Archaeoglobus fulgidus*, de la protéine DLM-1, de l'enzyme d'édition de l'ARN ADAR-1. Ces protéines présentent un domaine de liaison à l'ADN Z (Za) localisé dans la région N-terminale. La structure tridimensionnelle du domaine Za de ADAR-1 montre la présence d'un motif hélice-tour-hélice

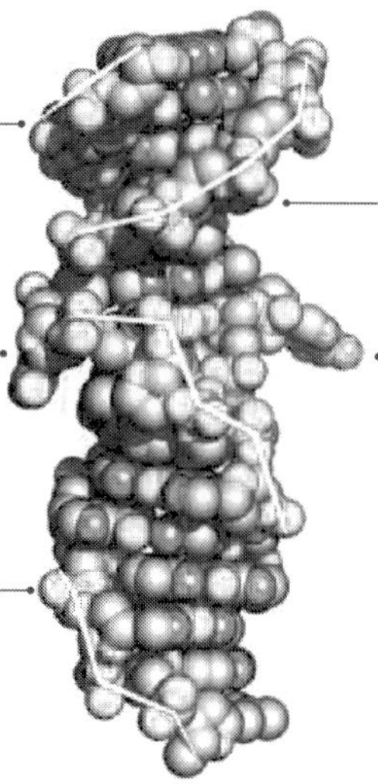

Figure 1.6. Organisation structurale de la jonction B-Z [10].

et d'une liaison unique avec une guanine en conformation sin, caractéristique de l'ADN Z [11].

La structure 3D de la protéine AF2008 d'*Archaeoglobus fulgidus* résolue à 1,55 Å [12] montre une organisation dimérique de la protéine, le domaine de liaison à l'ADN Z de chaque monomère étant espacé de 45 Å, distance qui correspond à un tour d'hélice d'ADN de conformation Z.

Les observations suggérant que **la conformation Z de l'ADN joue un rôle déterminant dans la régulation de l'expression des gènes** sont maintenant nombreuses. En utilisant des noyaux perméabilisés de cellules U937, on a notamment montré [13] que durant la transcription du gène c-myc, trois séquences de restriction AluI localisées au voisinage des séquences promotrices prenaient une conformation Z (figure 1.7).

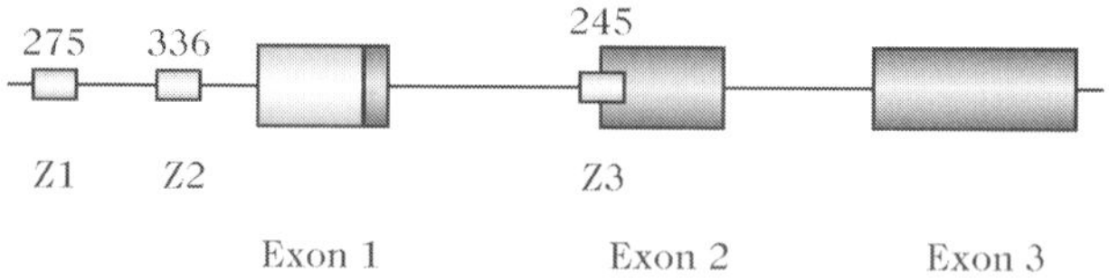

Figure 1.7. Région du gène c-myc dans laquelle sont localisées trois séquences (Z1, Z2, Z3) prenant la conformation Z au cours de la transcription [13].

À la fin de la transcription, les conformations Z disparaissent rapidement, en relation avec la relaxation des superenroulements négatifs par la topoisomérase I. De nombreux autres exemples sont disponibles dans la littérature. Une observation récente vient confirmer le rôle biologique essentiel de l'ADN Z. On a en effet montré que l'intégrité du domaine de liaison à l'ADN Z de la protéine EL3 est indispensable à la virulence du virus de la vaccine [14]. La délétion des 83 acides aminés de la région N-terminale de EL3 inactive totalement le virus. En revanche, la substitution de ces 83 acides aminés par les domaines de liaison à l'ADN Z de DLM1 ou ADAR1 ne modifie pas la virulence du virus.

La présence des hélices Z détectée précocement *in vivo* grâce à l'obtention aisée d'anticorps anti Z est restée longtemps énigmatique. Il apparaît aujourd'hui clairement que **la transition B vers Z est un élément régulateur important des fonctions génétiques**. Les contraintes induites par une augmentation de superhélicité négative, qui est pratiquement la règle au cours de la réplication et de la transcription de l'ADN, se traduisentt systématiquement par la formation d'hélices Z au niveau des séquences poly-purines/poly-pyrimidines. C'est également le cas au niveau de l'ADN nucléosomique (voir le chapitre suivant), notamment dans les zones compactes de la chromatine. Les protéines se fixant sur les hélices Z peuvent ainsi agir comme stabilisants structuraux et possiblement comme activateurs ou répresseurs transcriptionnels.

L'importance biologique de la forme Z de l'ADN est confirmée indirectement par la présence élevée de séquences dont la probabilité de subir une transition B → Z est forte, et ce pour un degré de superhélicité moyennement élevé. À titre d'exemple, au niveau du chromosome 22 humain, on peut dénombrer 7580 régions présentant ces caractéristiques [15].

4. Le surenroulement de l'ADN

Un deuxième exemple rendant compte de la diversité moléculaire des hélices d'ADN est celui des variations topologiques des ADN, très bien caractérisées dans les ADN circulaires. Dans les bactéries, certains virus et les mitochondries, les hélices d'ADN sont en effet sous forme circulaire fermée (figure 1.8).

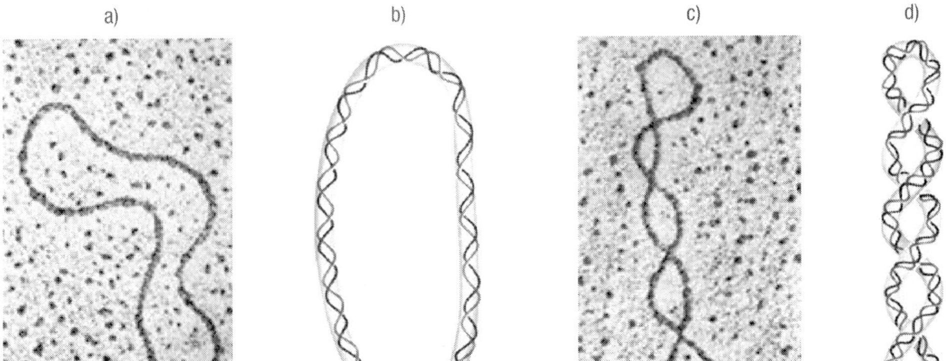

Figure 1.8. a) et **b)** : ADN circulaire relaxé ; **c)** et **d)** : ADN supertorsadé avec un surenroulement négatif. **a)** et **c)** : microscopie électronique ; **b)** et **d)** : représentation schématique.

Ces hélices d'ADN circulaires peuvent s'organiser dans l'espace pour former des « surenroulements » positifs ou négatifs, conduisant à ce qu'il est convenu d'appeler des **topoisomères**. Le surenroulement de l'ADN se caractérise par trois paramètres : le nombre d'enlacement (*linking number*, L), la torsion (*twist*, T) et le vrillage (*writhe*, W).

Une relation simple lie ces trois paramètres : $L = T + W$.

Dans un ADN circulaire relaxé (figure 1.8b), L = T, le vrillage correspondant au degré de surenroulement = 0. Dans l'ADN superenroulé (figure 1.8c), W = – 4, le nombre d'enlacement est inférieur à la torsion.

Une bonne représentation du phénomène de surenroulement et du lien existant entre torsion et vrillage est schématisée sur la figure 1.9.

Entre deux topoisomères, la variation d'énergie de surenroulement est directement dépendante du carré de la variation du *linking number* :

$$\Delta Gsc = \frac{1}{N}(KRT)\Delta Lk^2$$

Dans l'exemple ci-dessus, $\Delta Lk^2 = 16$.

Il est frappant de constater que chez les bactéries, l'ADN présente toujours un surenroulement négatif, chez les archéobactéries un surenroulement positif et chez les eucaryotes les deux géométries.

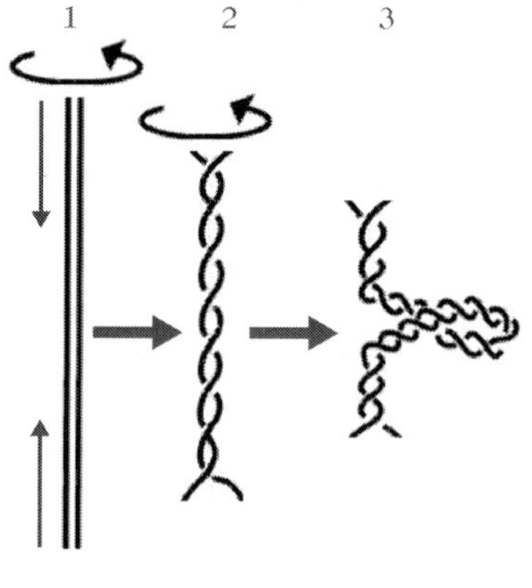

Figure 1.9. Vrillage d'une hélice droite double brin conduisant à un surenroulement. En 1 : T = 0, W = 0 ; en 2 : T = 8, W = 0, L = 8 ; en 3 : W = 1, ΔL = 1.

Le degré de surenroulement et son orientation sont strictement dépendants de l'angle de rotation entre les bases consécutives, conditionné lui même par la distance entre les paires de bases. À titre d'exemple, l'intercalation entre les paires de bases d'un ADN circulaire d'une molécule plane comme le bromure d'éthidium, ou de molécules antitumorales telles que les ellipticines et les acridines, induit une rotation des paires de bases adjacentes de l'ordre de – 20° à – 26° au niveau de leur site d'intercalation. En fonction du nombre croissant de molécules intercalées, cette rotation induit dans un premier temps la relaxation de l'ADN superenroulé négativement en ADN circulaire, puis en ADN superenroulé positivement. En revanche, les ligands se fixant dans le petit sillon de l'ADN, tels que la nétropsine, induisent une torsion de quelques degrés, favorisant la formation d'une superhélicité négative et *in fine* une compaction de l'ADN. Les ADN non fermés peuvent également faire l'objet de surenroulements négatifs ou positifs : c'est notamment le cas de l'ADN organisé en nucléosome dans les structures chromatiniennes (figure 1.10).

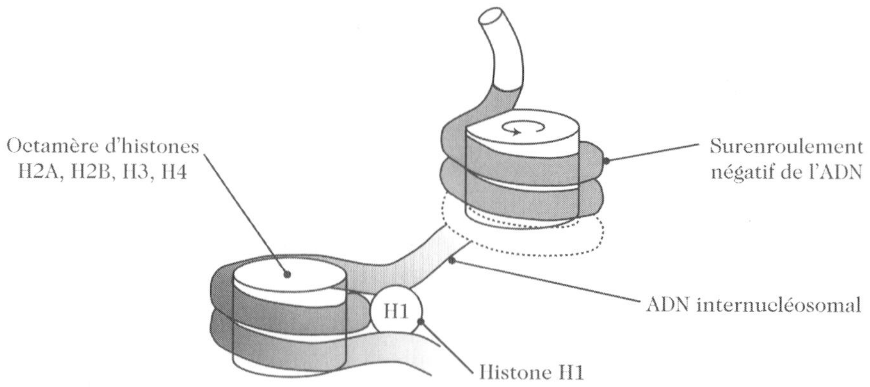

Figure 1.10. Représentation schématique de l'ADN organisé en nucléosome. L'ADN est enroulé autour d'un octamère d'histones stabilisé par l'histone H1.

Au niveau des nucléosomes, l'enroulement de l'ADN autour des histones correspond à une superhélicité négative. À noter qu'en dehors des nucléosomes, l'ADN peut adopter une superhélicité positive. La situation est en fait relativement complexe dans la mesure où le nucléosome peut fluctuer entre trois états conformationnels. Deux de ces conformations se caractérisent par un enroulement d'environ 1,7 tour autour de l'octamère et un croisement négatif ou positif des brins d'ADN entrant et sortant. La troisième conformation correspond à une architecture plus ouverte, qui se caractérise par un enroulement partiel d'environ 1,45 tour avec des brins d'ADN entrant et sortant non croisés, suite à un déroulement de l'ADN aux deux bords du nucléosome. L'accès à ces conformations est régulé par la séquence de l'ADN enroulé, qui influence la torsion locale de l'hélice, qui, à son tour, agit sur l'organisation des brins d'ADN entrant et sortant. Il est clair que l'architecture nucléosomique semble posséder une plasticité conformationnelle très importante. Cela est notamment illustré par le fait qu'un tétramère d'histones (H3-H4)2 est capable de s'associer indifféremment à un minicercle d'ADN superenroulé positivement ou négativement [16].
Le degré de surenroulement des ADN est par ailleurs régulé directement par des enzymes appelées **topoisomérases** et qui interviennent d'une manière déterminante dans de nombreuses fonctions génétiques telles que la réplication, la transcription, etc. Ces enzymes agissent par une action séquentielle de coupure et religation des brins d'ADN, un brin pour les topoisomérases de type I et deux brins pour les topoisomérases de type II. Chez les organismes procaryotes, la topoisomérase I réduit le surenroulement négatif, et la gyrase, agissant comme une topoisomérase II, réduit préférentiellement le surenroulement positif. Les variations de structures et de compaction ainsi introduites jouent un rôle déterminant dans la régulation de la fonction des ADN. Par ailleurs, les enzymes que sont les hélicases sont capables de détordre l'hélice d'ADN pour en assurer la réplication et peuvent de ce fait induire des variations topologiques au voisinage de la fourche de réplication. Il en est de même au cours de la transcription, l'ARN polymérase possédant elle-même une activité hélicase. À titre d'exemple, l'ARN polymérase de *E. coli* induit une détorsion de l'hélice d'ADN de 140° [17]. L'observation majeure a été faite dans ce domaine par Liu et Wang [18]. Ces auteurs ont montré que durant la transcription, l'ARN polymérase générait sur l'ADN matrice une superhélicité négative en amont de la polymérase et une superhélicité positive en aval (figure 1.11).

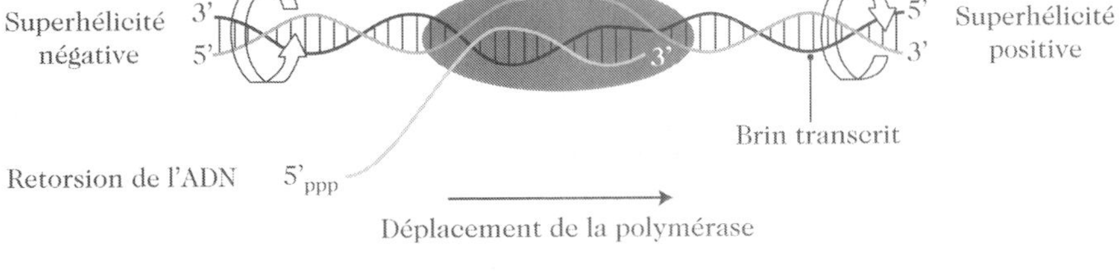

Figure 1.11. Torsion et détorsion de l'ADN au cours de la transcription.

La détorsion de l'ADN en aval de la polymérase induit secondairement une superhélicité positive et la torsion en amont une superhélicité négative. Comme mentionné dans le paragraphe précédent, la superhélicité négative générée en amont de la polymérase favorise la transition d'une conformation B vers une conformation Z en présence de séquences appropriées, par exemple poly d(G-C), ce qui contribue probablement à minimiser les contraintes structurales du dispositif de transcription. À noter que la superhélicité négative est favorable à l'activité transcriptionnelle. L'ARN polymérase se fixe en effet très bien sur de l'ADN circulaire présentant une superhélicité négative et se fixe faiblement sur de l'ADN circulaire relaxé. C'est l'une des raisons pour lesquelles la transcription est active au niveau des nucléosomes.

L'un des derniers points à considérer est que les contraintes induites sur l'hélice par une superhélicité positive ou négative peuvent générer secondairement des modifications structurales majeures de l'hélice. C'est notamment le cas pour ce qui concerne la formation de **structures cruciformes** au niveau de séquences palindromiques (figure 1.12), structures mises en évidence [19] au niveau d'un ADN circulaire superenroulé.

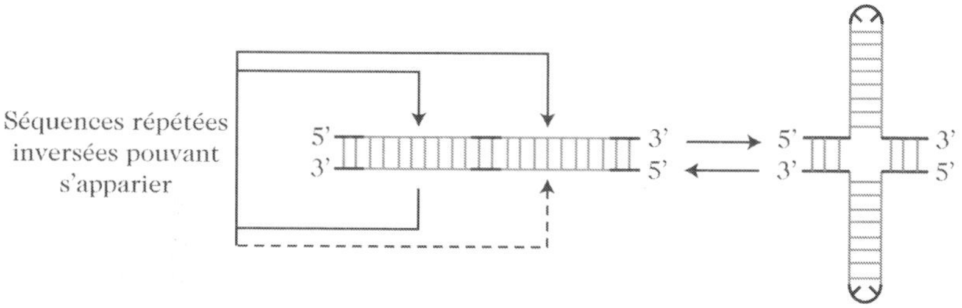

Figure 1.12. Équilibre entre une architecture linéaire et cruciforme d'un ADN double brin au niveau d'une séquence palindromique.

Au niveau des séquences palindromiques, la forme linéaire est en équilibre avec la structure cruciforme. Il est à noter que cet équilibre génère transitoirement des structures simple brin sensibles à la nucléase S1. Le déplacement de l'équilibre dépend d'un certain nombre de paramètres, dont la présence de magnésium et le degré de superhélicité. Une forte superhélicité induit la formation de la structure cruciforme, alors que la relaxation favorise la forme linéaire. En fait, la formation de la structure cruciforme induit par voie de conséquence une diminution de la superhélicité (figure 1.13) *et in fine* diminue l'énergie libre du système. Dans l'exemple de la figure 1.13, si l'on considère le twist (T) constant, la formation de la structure cruciforme diminue le *linking number* L (nombre d'enlacement) : $\Delta L = 3$.

Il faut souligner que le rôle de ces structures cruciformes reste énigmatique dans la mesure où il est aisé d'identifier des structures cruciformes *in vitro* sur des ADN circulaires présentant un degré de superhélicité élevé, alors qu'il extrêmement difficile d'identifier ces structures dans les génomes de cellules eucaryotes dans des conditions physiologiques. Néanmoins, l'utilisation d'anticorps monoclonaux dirigés contre ces structures ainsi que des expériences de pontage photo-induit laissent à penser que les structures cruciformes existent réellement dans les cellules vivantes [20].

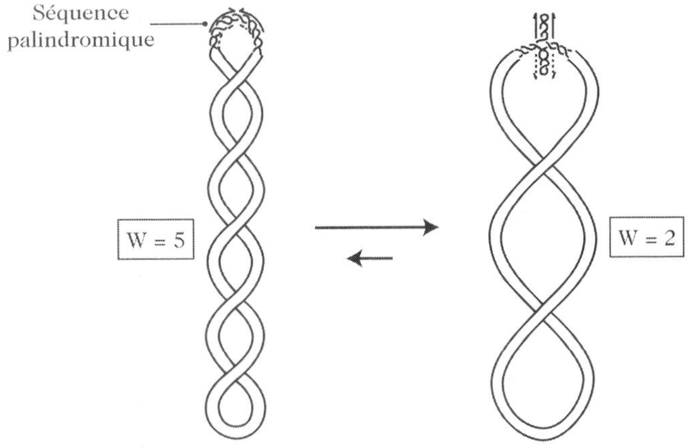

Figure 1.13. Relation entre degré de surenroulement de l'ADN et génération d'une structure cruciforme au niveau d'une séquence palindromique.

Par ailleurs, leur présence en tant que structures transitoires apparaît comme hautement probable, et ce pour les raisons suivantes.

1) Les topoisomérases I et II, enzymes impliquées dans la relaxation de la superhélicité, reconnaissent préférentiellement les structures cruciformes et coupent l'ADN au voisinage de ces structures. En regard de cette observation, on peut considérer les structures cruciformes comme des marqueurs de « stress topologique ».

2) Les séquences palindromiques sont souvent présentes au niveau des séquences de régulation de l'expression des gènes (séquences promotrices), les structures cruciformes générées par ces palindromes étant reconnues spécifiquement par des protéines régulant l'expression des gènes (activateurs ou répresseurs transcriptionnels). Ce dernier point laisse à penser que **les structures cruciformes en relation avec les variations topologiques de l'ADN pourraient jouer un rôle important dans la régulation de l'expression génétique.**

5. La méthylation de l'ADN

Associées aux modifications géométriques et topologiques de l'ADN, les modifications chimiques des bases, et notamment la méthylation des cytosines, apparaissent également comme un élément essentiel de la régulation de l'expression génétique.

Avant de développer ce point, un bref rappel concernant l'organisation de l'ADN dans le noyau des cellules eucaryotes est nécessaire. L'organisation architecturale de l'ADN dans le noyau, avec *in fine* la formation de chromosomes, correspond à une nécessité de forte compaction de l'ADN. En effet, le génome humain comprend environ 3 milliards de paires de bases sous forme de doubles hélices, ce qui sous forme linéaire correspond à une longueur d'environ deux mètres. Le problème provient de ce que ces deux mètres d'hélice doivent être emmagasinés dans le noyau, qui mesure un micromètre de diamètre. La figure 1.14 résume schématiquement l'organisation et les différents niveaux de compaction de l'ADN.

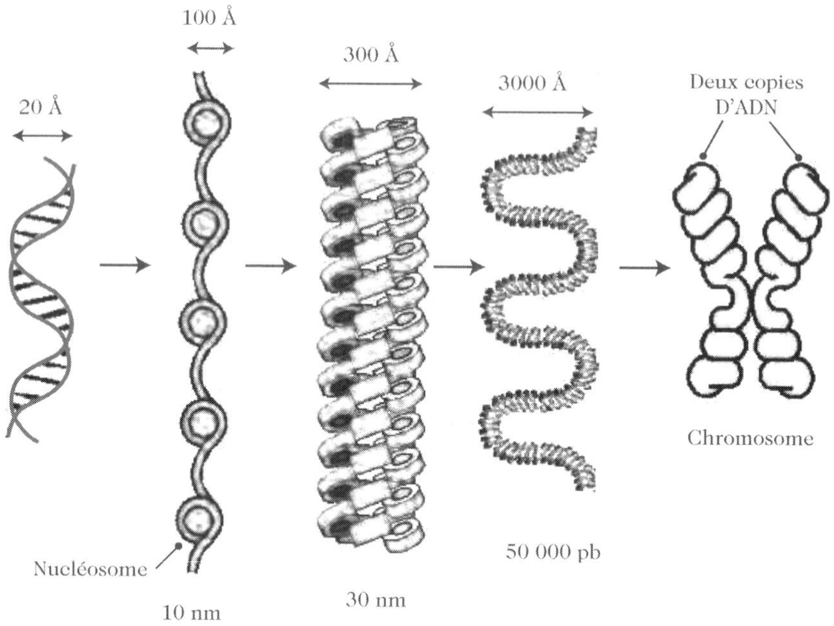

Figure 1.14. Organisation et niveaux de compaction de l'ADN en chromatine et chromosome.

Le premier niveau d'organisation est l'association de fragments d'ADN d'environ 200 paires de bases, avec une architecture globulaire protéique composée de quatre dimères d'histones (octamère) H2A, H2B, H3 et H4 pour former le nucléosome, structure mentionnée dans le précédent paragraphe (voir les figures 1.8 et 1.14). À noter que l'enroulement de l'ADN autour de l'octamère d'histone est stabilisé par l'histone H1, qui vient verrouiller la structure (voir la figure 1.8). La chaîne de nucléosomes ainsi formée constitue une « fibre » d'environ 10 nm de diamètre (voir la figure 1.14). Dans les conditions biologiques, cette fibre se replie pour former la fibre de chromatine de 30 nm de diamètre, laquelle sera compactée sous forme de chromosome avant la division de la cellule. La compaction de l'ADN met majoritairement en jeu des forces électrostatiques résultant des interactions entre les phosphates de l'ADN chargés négativement et les acides aminés basiques des histones chargés positivement.

En fait, dans le noyau d'une cellule non multipliante, le degré de compaction de l'ADN est variable. On distingue des zones de compaction faible, que l'on nomme **euchromatine**, et des zones de compaction forte, que l'on nomme **hétérochromatine** (figure 1.15). On a montré très tôt que l'hétérochromatine constitutive, région de forte compaction de l'ADN et de faible expression génétique, était caractérisée entre autres par une forte méthylation de l'ADN, alors que l'euchromatine, région de forte expression génétique, était habituellement faiblement méthylée et faiblement condensée. En dépit de ce type d'observation, la méthylation de l'ADN a été initialement perçue par la communauté scientifique comme un épiphénomène sans grand intérêt biologique. Cependant, les progrès considérables de ces dernières années ont permis au contraire de démontrer le rôle essentiel joué par la méthylation au cours de plusieurs processus biologiques associés au développement, comme l'inactivation du chromosome X chez les mammifères femelles, l'*imprinting* génomique (empreinte parentale) ou encore l'expression de gènes spécifiques des tissus. Il est maintenant admis que la méthylation des cytosines, en connexion avec l'organisation architecturale de la chromatine, apparaît comme **un des mécanismes essentiels de la régulation de l'expression des gènes**. Cette modification chimique de l'ADN est dite « épigénétique » parce qu'elle est transmissible d'une cellule à l'autre et module l'activité d'un gène sans en affecter directement la séquence. La méthylation des cytosines est localisée préférentiellement dans des régions génomiques spécifiques au sein de dinucléotides de séquence CpG. À noter en effet que globalement, 2 % à 7 % des cytosines de l'ADN sont méthylées, alors que 70 % à 90 % le sont dans les séquences CpG.

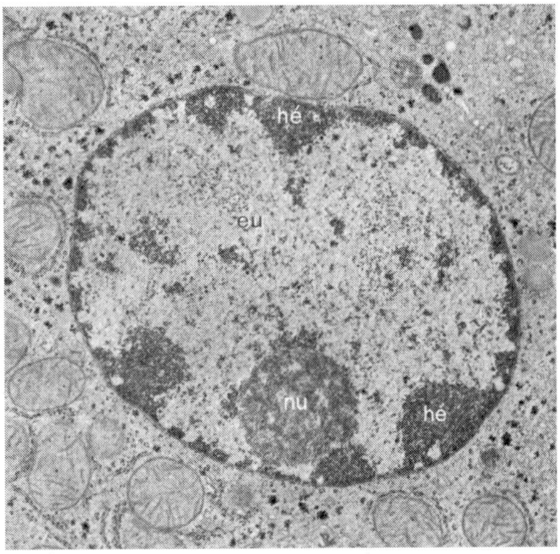

Figure 1.15. Image obtenue par microscopie électronique d'un noyau de cellule épithéliale montrant l'hétérogénité de la chromatine. Hé : indique les régions hétérochromatiniennes qui se caractérisent par une forte compaction de l'ADN plus opaque aux électrons. Eu : indique les régions enchromatiniennes se caractérisant par de l'ADN peu condensé. Nu : nucléole.

Enfin, il semble de plus en plus clair qu'une méthylation aberrante de l'ADN joue un rôle primordial dans le processus de cancérogenèse, une méthylation altérée pouvant se traduire par l'inactivation de gènes suppresseurs de tumeurs, conduisant ainsi à un processus de tumorigenèse comparable à celui induit par les mutations génétiques [21].

5.1. La méthylation de la cytosine

Chez les eucaryotes, la méthylation de la cytosine en position 5 est catalysée par des méthyle transférases.

La réaction catalysée consiste en le transfert d'un groupement méthyle de la S-adénosyleméthionine vers une cytosine intégrée dans une double hélice d'ADN. Il existe en fait trois familles de méthyle transférases, les DNMT 1, 2 ainsi que 3a et 3b. La DNMT1 semble plus spécialisée dans le maintien de la méthylation globale de l'ADN au cours de la multiplication cellulaire. La DNMT 3a est l'enzyme de méthylation des séquences régulatrices des gènes alors que la DNMT 3b est plus spécifiquement impliquée dans la méthylation des séquences centromériques. Ces deux enzymes sont capables de catalyser la méthylation *de novo* des séquences CpG, alors que la DNMT1 catalyse la méthylation de séquences CpG hémiméthylées.

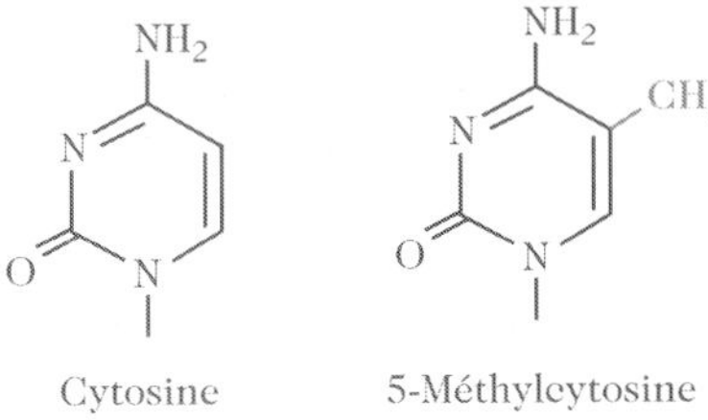

Figure 1.16. Structure chimique de la cytosine et de la 5-méthylcytosine.

Un point important est que la double méthylation observée au niveau des séquences CpG est un caractère structural transmissible au cours de la multiplication cellulaire. Cela est lié à la nature semi-conservative de la réplication de l'ADN et à la reconnaissance spécifique des séquences CpG monométhylées par les méthyle transférases, notamment la DNMT1 (figure 1.17).

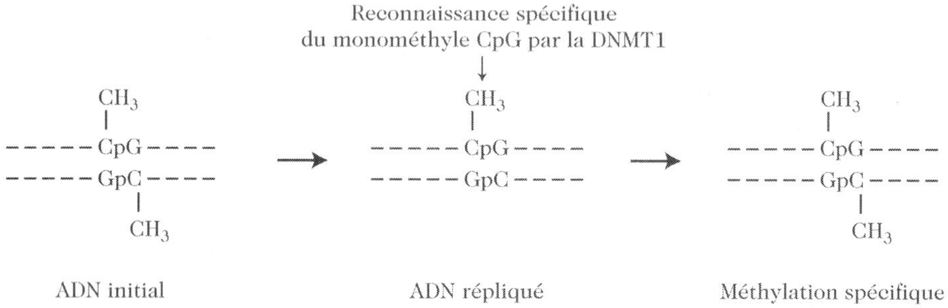

Figure 1.17. Conservation de la méthylation des séquences CpG au cours de la réplication de l'ADN.

La DNMT1, enzyme impliquée dans le maintien de la méthylation des cytosines au niveau des séquences CpG, est une très grosse protéine de 1618 acides aminés. Cette protéine est caractérisée par la présence, vers son extrémité N-terminale, de trois domaines de reconnaissance (RTR1, RTR2, RTR3 ; RTR pour *Replication Target Region*) des zones de réplication de l'ADN. La région C-terminale contient le domaine catalytique et le domaine de reconnaissance de l'ADN semi-méthylé.
Il est intéressant de souligner que le niveau d'expression de la DNMT1 varie au cours du cycle cellulaire avec un maximum d'expression en phase G1S et S (S = synthèse de l'ADN), ce qui correspond à la nécessité de méthyler les cytosines des brins d'ADN nouvellement synthétisés. Par conséquent, et d'une manière un peu inattendue, on peut considérer qu'un potentiel élevé de méthylation est compatible, voire favorable, à une prolifération cellulaire active. En accord avec cette considération, il a été observé des niveaux d'expression élevés de DNMT1 dans les leucémies myéloïdes aiguës et chroniques [22]. Il semble par ailleurs que de nombreuses lignées tumorales se caractérisent par une hyperméthylation de gènes suppresseurs de tumeurs, favorisant ainsi la progression tumorale. Cette hyperméthylation est principalement observée au niveau des îlots CpG (voir le paragraphe suivant) préférentiellement localisés dans les régions promotrices. Le profil de méthylation lié au phénotype tumoral se caractérise en fait par une hypométhylation globale du génome, associée à une hyperméthylation des îlots CpG contrôlant l'expression des gènes suppresseurs de tumeurs et, plus largement, des gènes impliqués dans la régulation négative de la prolifération cellulaire.
Il faut souligner que le mécanisme épigénétique de la régulation de l'expression des gènes est un système complexe, qui implique la mise en œuvre de plusieurs processus concomitants. À titre d'exemple, la méthylation des séquences régulatrices (promoteurs) des gènes, dans un contexte d'inhibition d'expression, est accompagnée par une méthylation des histones, notamment H3, sur la lysine 9, conduisant ainsi à une coopération entre deux processus de méthylation. Nous verrons par ailleurs dans le paragraphe 5.4 que les séquences CpG biméthylées sont spécifiquement reconnues par des protéines telles que MeCP2, laquelle se

fixe au niveau de ces séquences. Le complexe ainsi formé recrute ensuite les histones désacétylases (HDAC), qui vont catalyser l'élimination des groupement acétyle présents sur les histones. L'acétylation des histones va permettre l'action des facteurs de remodelage de la chromatine, avec pour conséquence des modification architecturales permettant « l'ouverture » des promoteurs et leur activation. La fixation d'autres protéines régulatrices comme les HP1 (pour *heterochromatin protein* 1), vient compléter le dispositif de régulation.
Il est possible de résumer ce dispositif de la manière suivante :

• **Région active pour l'expression des gènes :**
– Euchromatine : chromatine faiblement compactée
– Faible méthylation des séquences CpG
– Faible méthylation de H3
– Absence de protéines HP1
– Forte acétylation des histones (action des histones acétylases, HAT).

• **Région inactive pour l'expression des gènes :**
– Hétérochromatine : chromatine fortement compactée
– Forte méthylation des séquences CpG
– Forte méthylation de H3
– Présence de protéines HP1
– Faible acétylation des histones (action des histones désacétylases, HDAC).

5.2. Les séquences CpG

Comme nous l'avons vu précédemment, les cytosines de la séquence dinucléotidique CpG sont les cibles privilégiées de la méthylation. Curieusement, la séquence CpG est nettement sous-représentée dans les génomes des vertébrés [23]. Cette anomalie statistique résultant de la pression de sélection est probablement due au fait que la cytosine est très facilement méthylée pour donner la 5-méthylcytosine (voir la figure 1.16), laquelle peut être ensuite aisément désaminée pour donner la thymine. Cela conduit à un mésappariement guanine-thymine non reconnu par les systèmes de réparation. Cette sous-représentation des séquences CpG est également observée dans l'ADN mitochondrique [24], démontrant ainsi l'adaptation d'un ADN d'origine procaryote à un environnement et une fonctionnalité de type eucaryote.
En dépit de leur sous-représentation globale dans les génomes des eucaryotes supérieurs, les séquences CpG jouent un rôle majeur dans la régulation de l'expression des gènes, les séquences méthyle-CpG présentant un fort potentiel répressif. Un remarquable aspect relatif à la fonction régulatrice des séquences CpG est la présence d'une surconcentration de CpG (îlots CpG) [25] au voisinage des séquences promotrices de gènes essentiels au fonctionnement de la cellule et habituellement constamment exprimés. Ces îlots, d'une taille supérieure à 200 nucléotides, se caractérisent par une densité élevée de bases GC et une faible méthylation des cytosines des séquences CpG (contrairement à ce qui est observé dans le cas des séquences CpG isolées). Cette hypométhylation est une condition requise pour une expression forte des gènes, la méthylation correspondant habituellement à une inhibition de l'expression des gènes. À noter qu'une sur-représentation des îlots CpG, associée à une hyperméthylation, peut conduire à une sous-expression

anormale des gènes en aval de ces îlots. C'est notamment le cas du **syndrome du retard mental** associé au X fragile, qui se caractérise par une inactivation du gène FRM1 (*Fragile X Mental Retardation 1*). L'inactivation de FRM1 est imputable à une augmentation du nombre de triplets CGG en aval du promoteur de ce gène. Dans la population générale, le nombre de répétitions se situe entre 5 et 59 CGG, alors que les patients affectés par ce syndrome possèdent plus de 200 répétitions [26].

Pour tenter de comprendre le rôle des séquences CpG dans la régulation fonctionnelle du génome, il est essentiel d'étudier les caractéristiques structurales de ces séquences. On notera à titre préliminaire que l'appariement G-C est stabilisé par trois liaisons hydrogène, contrairement à l'appariement des nucléotides A-T qui ne met en jeu que deux liaisons hydrogène (figure 1.18). Les premières mesures d'énergie de liaison en phase gazeuse [27], confirmées ultérieurement par d'autres techniques, ont conduit à des valeurs de 21 kcal/mol pour l'appariement G-C, contre 13 kcal/mol pour l'appariement A-T.

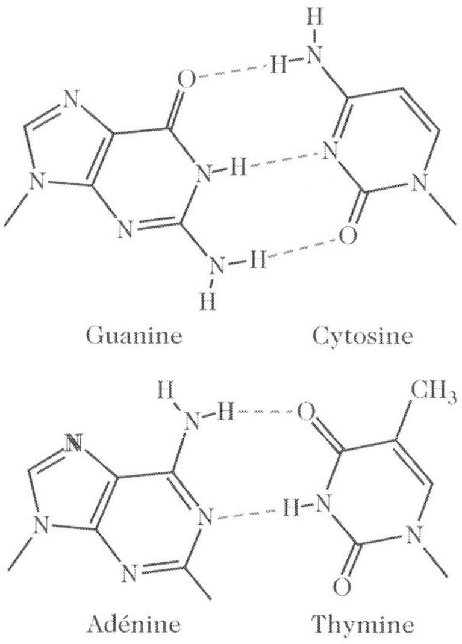

Figure 1.18. Appariement comparé des bases G-C et A-T dans une molécule d'ADN double brin.

L'énergie de liaison élevée de l'appariement G-C fait de la séquence dinucléotidique CpG une entité extrêmement stable, ce qui conditionne quelques-unes de ses propriétés. En plus de sa stabilité, la séquence CpG est douée d'une extraordinaire plasticité. À titre d'exemple, il a été observé que dans les hélices B, l'élongation et la détorsion sont plus favorables au niveau de d(CpG)$_2$ (9,8 kcal) que de d(GpC)$_2$ (27,8 kcal). On notera également le faible angle de torsion (environ 30° ; 40° pour les séquences GpC) caractérisant la géométrie des plateaux de paires de bases dans les séquences CpG et le « roll » positif important qui se traduit par une ouverture des plateaux de bases vers le petit sillon de l'hélice. La particularité des paramètres géométriques des séquences CpG rend possible des reconnaissances moléculaires spécifiques, notamment par les méthylases catalysant la méthylation *de novo* des séquences CpG.

5.3. La structure des dinucléotides CpG méthylés

Au niveau de la double hélice, les deux méthyles symétriquement positionnés sur les cytosines de la séquence CpG sont localisés dans le grand sillon de l'hélice (figure 1.19) et forment de ce fait un motif très particulier qui pourra être spécifiquement reconnu, notamment par des protéines effectrices des fonctions génétiques.

L'étude de l'effet de la méthylation sur la structure locale de la séquence CpG et des séquences adjacentes a fait l'objet de nombreux travaux. En première approche, la présence de deux groupements méthyles proches l'un de l'autre et saillant dans le grand sillon a pour principales conséquences : 1) d'augmenter

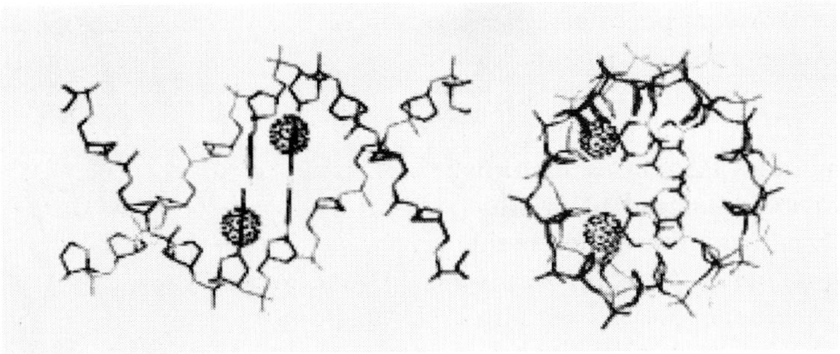

Figure 1.19. Représentation schématique du positionnement des méthyles au niveau d'une séquence CpG symétriquement méthylée sur les cytosines. Partie gauche de la figure : vue des méthyles côté grand sillon. Partie droite de la figure : vue d'un plan perpendiculaire à l'axe.

l'hydrophobicité du sillon, 2) de permettre l'établissement de liaisons hydrogène entre les protons des méthyles et les acides aminés des ligands protéiques (voir le paragraphe suivant) et 3) en regard de l'encombrement stérique des deux méthyles, de modifier l'accessibilité de la partie profonde du sillon. En ce qui concerne la géométrie de l'ADN, le consensus est que **la méthylation d'une cytosine affecte très peu la structure locale de l'hélice**. L'impact se situe plus au niveau de la stabilité de l'hélice et de la dynamique moléculaire. Des études cristallographiques [28] réalisées sur un dodécamère de type d(ACCGCCGGCGCC) ont en effet montré que la géométrie du duplex méthylé sur la cytosine centrale permettait l'établissement de deux nouvelles liaisons hydrogène entre les protons du groupement méthyle et les atomes d'oxygène des phosphates, avec pour conséquence une stabilisation de la double hélice. Par ailleurs, des études par RMN couplées à des calculs de dynamique moléculaire [29] ont montré que la méthylation de séquence CRE (*cAMP responsive element*) $d(GAGATGAmCGTCATCTC)_2$ se traduisait par l'adoption d'une conformation de type BII avec une diminution de la flexibilité de l'hélice, notamment au niveau des séquences adjacentes en 5′, et induisait un encombrement stérique au niveau de la cytosine méthylée. Ces modifications structurales et dynamiques relativement modestes suffisent à modifier drastiquement les interactions entre l'ADN et les protéines régulatrices telles que les facteurs de transcription.

5.4. La méthylation symétrique est spécifiquement reconnue par des protéines

Chez les organismes vertébrés, il existe une famille de protéines reconnaissant spécifiquement les séquence CpG symétriquement méthylées. Cette famille est composée de la protéine MeCP2, déjà mentionnée précédemment, ainsi que des protéines MBD1, MBD2, MBD3 et MBD4. Ces protéines possèdent en commun un domaine de liaison à la séquence CpG méthylée. Ce domaine, localisé vers la région N-terminale, se compose de 70 acides aminés [30].

D'un point de vue biologique, il est intéressant de constater que la MeCP2 [31], après fixation sur une séquence CpG méthylée, est capable de recruter des histones désacétylases. La désacétylation des lysines des histones libérant des charges positives favorise les interactions électrostatiques entre histone et ADN, ce qui a pour conséquence d'accroître la compaction de la chromatine, la rendant ainsi silencieuse d'un point de vue génétique. MeCP2, via sa fixation sur les séquences CpG méthylées, agit comme un élément clé de la répression transcriptionnelle. MeCP2 est supposée se fixer sur un seul motif CpG méthylé par l'intermédiaire d'interactions essentiellement hydrophobes. En fait, le mécanisme moléculaire de la reconnaissance des séquences CpG méthylées par la protéine MeCP2 n'est pas totalement élucidé. Néanmoins, la structure tridimensionnelle du domaine de liaison à l'ADN est connu (figure 1.20).

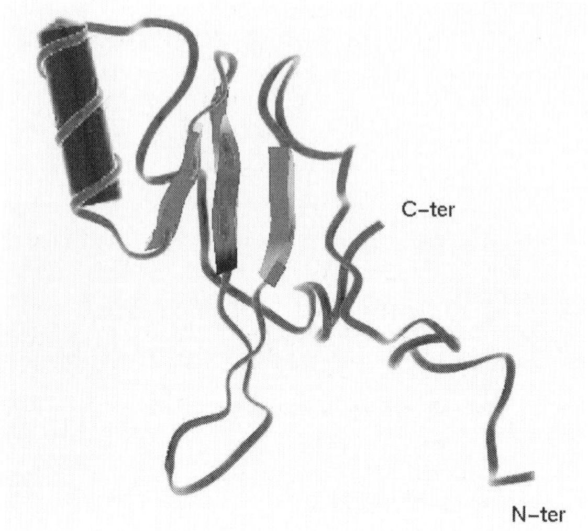

Figure 1.20. Structure du domaine de liaison à l'ADN de la protéine MeCP2.

Ce domaine se caractérise notamment par une très faible structuration, ce qui lui confère une grande plasticité. Cette plasticité permet à la protéine de s'adapter à la rigidité des sites CpG méthylés et à l'encombrement stérique causés par la présence des deux méthyles. Des études de mutagenèse et RMN [32] ont montré que l'arginine-111, laquelle interagit avec l'aspartate-121, était un des acides aminés essentiels contrôlant la liaison spécifique de la protéine à la séquence CpG méthylée. Il semblerait de plus que la présence de séquences adjacentes au site CpG, riches en paires de bases AT, favorise une fixation à haute affinité de MeCP2 sur la séquence CpG.

En tout état de cause, MeCP2, via sa fixation sur les sites CpG méthylés, joue un rôle essentiel dans la régulation de l'expression génétique. Cela est confirmé par le fait que des mutations perturbant la fixation de la protéine sur les séquences CpG méthylées se traduisent par l'apparition d'une pathologie affectant essentiellement les filles (syndrome de Rett), se caractérisant par des anomalies du développement du système nerveux central. Cette pathologie, maintenant considérée comme une maladie génétique liée au chromosome X (le gène de MeCP2 est porté par le chromosome X), se transmet selon un caractère dominant. L'étiologie moléculaire de cette pathologie montre à quel point les processus de répression transcriptionnelle de nature épigénétique sont importants.

6. Conclusion

Les exemples décrits dans ce chapitre montrent à quel point la régulation de l'expression du code génétique met en jeu des processus diversifiés et complexes. Le plus frappant est de constater que l'ADN est à la fois le support physique de l'information et le régulateur majeur de la lecture de cette information. Modification de géométrie, modification de topologie, modification de structure chimique contribuent de manière concertée, à l'échelle moléculaire, aux mécanismes de régulations précis de l'expression des gènes. Ces modifications sont en effet des signaux qui vont permettre la mobilisation des effecteurs de l'expression des gènes (essentiellement protéiques) présents dans l'environnement de l'ADN. Ces effecteurs sont d'une part des éléments de régulation (activateurs ou répresseurs) et, d'autre part, des éléments de synthèse qui vont prendre en charge la transformation du code ADN en code ARN (transcription), puis la transformation du code ARN en protéine (traduction). Les travaux de recherche de ces dernières années ont mis en lumière le rôle primordial de la régulation épigénétique (régulation non directement liée à la séquence des gènes) de l'expression des gènes et, dans ce contexte, le rôle également primordial des processus de répression liés notamment à la méthylation de l'ADN et à la compaction des structures chromatiniennes (ADN plus protéines). Ces processus de répression de l'expression des gènes sont probablement les éléments clés du développement et de la différenciation cellulaire. Un point émergent est que des anomalies portant sur ces mécanismes de répression pourraient être à l'origine ou tout au moins largement contribuer à l'apparition de nombreuses pathologies majeures. C'est le cas pour la transformation tumorale, qui semble le résultat d'une répression anormale de gènes dont les fonctions sont de réprimer la prolifération cellulaire et de maintenir la différenciation cellulaire. Certains de ces gènes sont clairement identifiés comme des gènes suppresseurs de tumeurs. De ce point de vue, il est frappant de constater que le degré de méthylation du génome augmente régulièrement avec l'âge des individus. Cette observation pourrait apporter un éclairage nouveau sur les relations existant entre incidence des cancers et âge. Il n'est pas douteux qu'un des grands défis scientifiques en biologie sera d'élucider avec précision les mécanismes de régulation épigénétique de l'expression des gènes et, plus encore, en cas d'anomalies, de pouvoir agir et restaurer ces processus de régulation, y compris par voie pharmacologique.

Bibliographie

[1] Watson J.D. et Crick F.H.C., « Molecular structure of nucleic acids », *Nature*, **171**, 737 (1953).

[2] De Santis P., Palleschi A., Savino M. et Scipioni A., *Biochemistry*, **29**, 9269 (1990).

[3] Bolshoy A., McNamara P., Harrington R.E. et Trifonov E.N., *Proc. Natl. Acad. Sci. USA*, **88**, 2312 (1991).

[4] Djuranovic D., Hartmann B., « Conformational characteristics and correlations in crystal structure of nucleic acid oligonucleotides : evidence of substates », *J. Biomol. Struct. Dyn.*, **20**(6), 1 (2003).

[5] MIRAU P.A., KEARNS D.R., « Unusual proton exchange properties of Z-form poly[d(G-C)] », *Proc. Natl. Acad. Sci. USA*, **82**, 1594 (1985).

[6] MISRA V.K., HONIG B., « The electrostatic contribution to the B to Z transition of DNA », *Biochemistry*, **35**, 1115 (1996).

[7] KAWAGA T.F., HOWELL M.L., TSENG K. et HO P.S., « Effects of base substituents on the hydration of B- and Z-DNA : correlations to the B- to Z-DNA transition », *Nucleic Acids Research*, **21**, 255978 (1993).

[8] PECK L.J. et WANG J.C., « Energetics of B-to-Z transition in DNA », *Proc. Natl. Acad. Sci. USA*, **80**, 6206 (1983).

[9] LE BER P., SCHWALLER M.A., AUCLAIR C., « Effect of intercalative binding compared to external binding on Z/B equilibrium of poly-d(Gme5C) using fluorescent oxazolopyridocarbazoles as probes », *J. Mol. Recognit.*, **2**(4), 152-157 (1989).

[10] HA S.C., LOWENHAUPT K., RICH A., KIM Y.G. et KIM KK., « Crystal structure of a junction between B-DNA and Z-DNA reveals two extruded bases », *Nature*, **437**, 1183 (2005).

[11] SCHWARTZ T., ROULD M.A., LOWENHAUPT K., HERBERT A. et RICH A., « Crystal structure of the Za domain of the human editing enzyme ADAR1 bound to left-handed Z-DNA », *Science*, **284**, 1841-1845 (1999).

[12] OSIPIUK J., SKARINA T., EDWARDS A., SAVCHENKO A., JOACHIMIAK A., « 1.55 Å Crystal Structure of Putative Z-DNA Binding Protein AF2008 from *Archaeoglobus fulgidus* », ACA05 W0243.

[13] WITTING B., WOLFL S., DORBIC T., VAHRSON W. et RICH A. « Transcription of human *C-MYC* in permeabilized nuclei is associated with formation of Z-DNA in three discrete regions of the gene », *EMBO J.*, **11**, 4653 (1992).

[14] KWON J.A., RICH A., « Biological function of the vaccinia virus Z-DNA-binding protein E3L : Gene transactivation and antiapoptotic activity in HeLa cells », *Proc. Natl. Acad. Sci. USA.*, **102**, 12759 (2005).

[15] CHAMP P.C., MAURICE S., VARGASON J.M., CAMP T. et HO P.S., « Distributions of Z-DNA and nuclear factor I in human chromosome 22 : a model for coupled transcriptional regulation », *Nucleic Acids Research*, **32**, 6501 (2004).

[16] HAMICHE A., CAROT V., ALILAT M., DE LUCIA F., O'DONOHUE M.F., REVET B., PRUNELL A., « Interaction of the histone (H3-H4)2 tetramer of the nucleosome with positively supercoiled DNA minicircles. Potential flipping of the protein from a left- to a right-handed superhelical form », *Proc. Natl. Acad. Sci. USA*, **93**, 7588 (1996).

[17] WANG J.C., JACOBSEN J.H. et SAUCIER J.-M., « Physiochemical studies on interactions between DNA and RNA polymerase. Unwinding of the DNA helix by *Escherichia coli* RNA polymerase », *Nucleic Acids Res.*, **4**, 1225 (1977).

[18] LIU L.F. et WANG J.C., « Supercoiling of the DNA Template during Transcription », *Proc. Natl. Acad. Sci. USA*, **84**, 7024-7027 (1987).

[19] LILLEY D.M., « The inverted repeat as a recognizable structural feature in supercoiled DNA molecules », *Proc. Natl. Acad. Sci. USA*, **77**, 6468-6472 (1980).

[20] WARD G.K., MCKENZIE R., ZANNIS-HADJOPOULOS M. et PRICE G.B., « The dynamic distribution and quantification of DNA cruciforms in eukaryotic nuclei », *Exper. Cell Res.*, **188**, 235 (1990).

[21] BAYLIN S.B., HERMAN J.G., « DNA hypermethylation in tumorigenesis : epigenetics joins genetics », *Trends Genet.*, **16**, 168 (2000).

[22] MIZUNO S., CHIJIWA T., OKAMURA T., AKASHI K., FUKUMAKI Y., NIHO Y. et SASAKI H., « Expression of DNA methyltransferases *DNMT1*, *3A,* and *3B* in normal hematopoiesis and in acute and chronic myelogenous leukaemia », *Blood*, **97**, 1172 (2001).

[23] BIRD A.P., « CpG-rich islands and the function of DNA methylation », *Nature*, **321**(6067), 209 (1986).

[24] POLLACK Y., KASIR J., SHEMER R., METZGER S., SZYF M., « Methylation pattern of mouse mitochondrial DNA », *Nucleic Acids Res.*, **12**(12), 4811 (1984).

[25] GARDINER-GARDEN M., FROMMER M., « CpG islands in vertebrate genomes », *J. Mol. Biol.*, **196**(2), 261 (1987).

[26] FU Y.H., KUHL D.P., PIZZUTI A., PIERETTI M., SUTCLIFFE J.S., RICHARDS S. et al., « Variation of the CGG repeat at the fragile X site results in genetic instability : resolution of the Sherman paradox », *Cell*, **67**, 1047 (1991).

[27] SUKHODUB L.F., YANSON I.K., « Mass-spectrometric studies of binding-energies for nitrogen bases of nucleic-acids invacuo », *Nature*, **264**(5583), 245 (1976).

[28] MAYER-JUNG C., MORAS D., TIMSIT Y., « Effect of cytosine methylation on DNA-DNA recognition at CpG steps », *J. Mol. Biol.* **270**(3), 328 (1997).

[29] DERREUMAUX S., CHAOUI M., TEVANIAN G., FERMANDJIAN S., « Impact of CpG methylation on structure, dynamics and solvation of cAMP DNA responsive element », *Nucleic Acids Research*, **29**(11), 2314 (2001).

[30] NAN X., MEEHAN R.R. et BIRD A., « Dissection of the methyl-CpG binding domain from the chromosomal protein MeCP2 », *Nucleic Acids Res.*, **21**, 4886 (1993).

[31] LEWIS J.D., MEEHAN R.R., HENZEL W.J., MAURER-FOGY I., JEPPESEN P., KLEIN F., BIRD A., « Purification, sequence, and cellular localization of a novel chromosomal protein that binds to methylated DNA », *Cell*, **69**, 905 (1992).

[32] FREE A., WAKEFIELD R.I., SMITH B.O., DRYDEN D.T., BARLOW P.N. et BIRD A.P., « DNA recognition by the methyl-CpG binding domain of MeCP2 », *J. Biol. Chem.*, **276**, 3353 (2001).

CHAPITRE

2

ASSEMBLAGES PROTÉO-LIPIDIQUES ET NANOSTRUCTURES BIOMIMÉTIQUES

Agnès GIRARD-EGROT*, Loïc BLUM†, Ralf RICHTER‡, Alain BRISSON§

L'étude au niveau moléculaire et supramoléculaire de l'architecture des systèmes biologiques, notamment membranaires, constitue un modèle extraordinaire permettant d'imaginer des « nanostructures intelligentes », basées sur les propriétés d'auto-assemblage des molécules d'origine biologique. L'interfaçage bioélectronique entre matière vivante et matière inerte constitue l'un des axes porteurs des nanobiotechnologies.
Ce chapitre concerne plus particulièrement la description des membranes biologiques et des propriétés d'auto-association des molécules qui les constituent, bases d'une structuration naturelle et spontanée permettant le développement de membranes biomimétiques et de diverses structures protéo-lipidiques nanostructurées, dont les applications sont sans conteste dans le secteur des nanobiotechnologies (nanoparticules lipidiques, encapsulation et libération de médicaments, vectorisation, tri moléculaire, fonctionnalisation de surface, développement de nanobiocapteurs, etc.).

1. Introduction : la membrane biologique

Les membranes occupent une place centrale dans la vie de la cellule. Les vues d'artiste de cellules, représentant l'état actuel des connaissances acquises au travers

* ICBMS UMR 5246, Université Lyon 1-CNRS-INSA Lyon-CPE Lyon. agnes.egrot@univ-lyon1.fr
† ICBMS UMR 5246, Université Lyon 1-CNRS-INSA Lyon-CPE Lyon. loic.blum@univ-lyon1.fr
‡ Institute of Physical Chemistry, Heidelberg University. ralf.richter@urz.uni-heidelberg.de
§ IECB/CBMN UMR 5248 CNRS Université Bordeaux 1. a.brisson@iecb.u-bordeaux.fr

d'une multitude d'études, mettent en évidence la présence de nombreux compartiments au sein de la cellule, la cellule elle-même formant un compartiment individualisé. La compartimentalisation constitue une stratégie élaborée par la cellule pour répartir les tâches à réaliser dans des espaces définis disposant de moyens et d'éléments spécifiques. Les compartiments cellulaires, ou organites, ont des fonctions spécifiques : le noyau est le lieu de stockage de l'ADN, de synthèse des ARNm, t, r ; le réticulum endoplasmique est le lieu de synthèse des protéines et des lipides ; la mitochondrie est la centrale énergétique de la cellule, etc.
Tous les compartiments cellulaires partagent le fait d'être entourés par une structure commune, la membrane biologique (figure 2.1). La membrane biologique est un édifice supramoléculaire très complexe, constitué majoritairement de lipides organisés sous forme de bicouche lipidique, de protéines transmembranaires, pouvant contenir des résidus osidiques, et de protéines périphériques, associées à la membrane soit directement, soit via des systèmes d'ancrage particuliers.

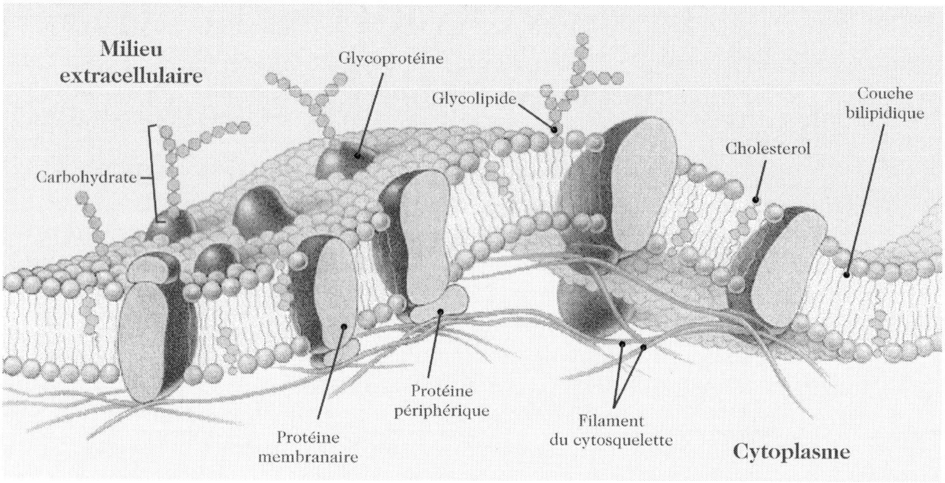

Figure 2.1. Schéma général de la membrane biologique. Ici la membrane plasmique qui sépare l'intérieur de l'extérieur de la cellule. La membrane biologique est une architecture protéo-lipidique fonctionnelle constituée d'une bicouche lipidique à laquelle sont associées ou intégrées des protéines. Si les bicouches de lipides confèrent aux membranes biologiques leur propriété structurale, les protéines sont des partenaires indispensables au fonctionnement des membranes. Elles garantissent notamment le transfert des molécules à travers la bicouche lipidique, la catalyse des réactions qui se déroulent spécifiquement à la surface cellulaire, la transduction de signaux au-delà de la membrane. Outre son rôle de compartimentation, la membrane biologique est donc le siège de nombreux phénomènes de reconnaissance et de transduction, d'échange d'énergie, de matière et d'information entre l'extérieur et l'intérieur de la cellule. Tiré de http://omega.dawsoncollege.qc.ca/ray/cellmemb/membrane.jpg.

Les membranes biologiques constituent en soit d'excellents modèles naturels de structuration et d'organisation au niveau moléculaire. Cette organisation est fondée, comme nous le verrons, sur les propriétés d'auto-association des macromolécules biologiques. L'utilisation de ces propriétés permet de reconstituer *in vitro* des membranes biomimétiques, entités auto-assemblées correspondant à des arrangements supramoléculaires organisés.
Les applications nanobiotechnologiques potentielles des membranes biomimétiques sont nombreuses. On les retrouve notamment dans l'encapsulation et la délivrance de principes actifs, la vectorisation, la thérapie génique, les

assemblages composites, la fabrication des nanoparticules lipidiques pour des applications de détection (*quantum dots*, nanoparticules magnétiques en imagerie médicale), la reconstitution de protéines membranaires, la fonctionnalisation et la structuration de surfaces, et en tant que support dans la cristallisation 2D des protéines. Elles servent également dans la conception de nanobiocapteurs, de systèmes de type « puces » ou de nanovecteurs pour la délivrance de médicaments.

2. Lipides membranaires : structures et propriétés

Les lipides dans les membranes biologiques ont un double rôle, à la fois structural et fonctionnel. Ils ont la propriété de s'auto-assembler en milieux aqueux pour former les empilements lamellaires en bicouche qui constituent la base des structures membranaires. En outre, certains lipides membranaires possèdent des propriétés fonctionnelles importantes. Ils sont notamment impliqués dans les mécanismes d'adhésion et de régulation de la croissance cellulaire, l'activation plaquettaire ; ils peuvent jouer le rôle de récepteurs membranaires de toxines ou être les précurseurs de seconds messagers intracellulaires. Les lipides membranaires présentent une grande diversité structurale. Ils sont classés en quatre grandes catégories, qui correspondent chacune à des familles de composés.

2.1. Structure des principales classes de lipides membranaires

Les principales classes de lipides membranaires sont 1) les glycérophospholipides, 2) les glycéroglycolipides, 3) les sphingolipides et 4) les stérols (tableau 2.1) [1].

Tableau 2.1. Principales classes de lipides membranaires.

Classe	Noms
Glycérophospholipides (ou phosphoglycérides)	• 1,2 diacylphosphoglycérides • Plasmalogènes
Glycéroglycolipides	• 1,2 diacylglycoglycérides
Sphingolipides	• Phosphosphingolipides • Glycosphingolipides
Stérols	• Cholestérol (monde animal) • Stigmastérol (monde végétal) • Ergostérol (champignons)

2.1.1. Glycérophospholipides

Les glycérophospholipides, aussi appelés **phosphoglycérides**, englobent les 1,2 diacylphosphoglycérides et les plasmalogènes.

Les **1,2 diacylphosphoglycérides** sont les phospholipides les plus abondants de la plupart des membranes cellulaires. Ils dérivent tous de l'**acide phosphatidique**, obtenu par estérification du glycérol, en position *sn*-1 et *sn*-2 par un acide gras à longue chaîne, et en position *sn*-3 par l'acide phosphorique. L'acide phosphatidique est le phosphoglycéride le plus simple (figure 2.2a) ; il ne s'agit pas d'un lipide membranaire à proprement parler, mais d'un intermédiaire dans la biosynthèse des autres phospholipides.

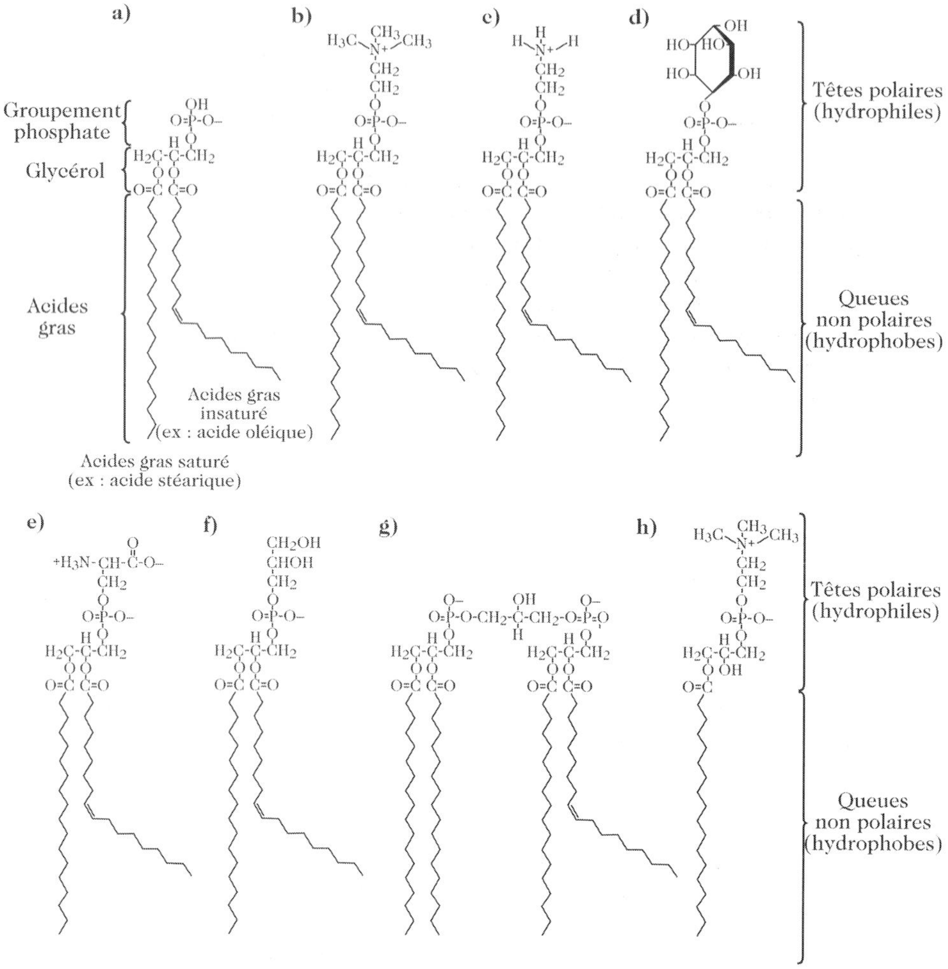

Figure 2.2. Structure des principaux diacylphosphoglycérides (phospholipides). **a)** acide phosphatidique ; **b)** phosphatidylcholine ; **c)** phosphatidyléthanolamine ; **d)** phosphatidylinositol ; **e)** phosphatidylsérine ; **f)** phosphatidylglycérol ; **g)** diphosphatidylglycérol ; **h)** lysophosphatidylcholine. Ces structures sont dessinées pour mettre en relief le caractère amphipathique de ces molécules. L'extrémité polaire comportant les groupements hydrophiles (souvent appelée « tête polaire ») est en haut de la structure ; l'extrémité non polaire comportant les chaînes hydrocarbonées hydrophobes (souvent appelée « queue hydrophobe ») est dirigée vers le bas.

Les différentes classes de phospholipides se définissent selon la nature du substituant fixé au groupement phosphate de l'acide phosphatidique. Il peut s'agir de la choline (figure 2.2b), de l'éthanolamine (figure 2.2c), de l'inositol (figure 2.2d), de la sérine (figure 2.2e) ou du glycérol (figure 2.2f), lié en position C3 du glycérol par une liaison phosphodiester ; on parle alors de phosphatidylcholines, phosphatidyléthanolamines, phosphatidylinositols, phosphatidylsérines ou de phosphatidylglycérols. Les cardiolipides, ou diphosphatidylglycérols (figure 2.2g), sont des phospholipides particuliers, formés de deux molécules d'acide phosphatidique reliées entre elles par une molécule de glycérol. Le groupement phosphate est porteur d'une charge négative à pH neutre (pH 7,0). La charge globale du phospholipide dépend donc de celle portée par son substituant. Au pH physiologique, certains phospholipides sont anioniques (chargés négativement), comme les phosphatidylinositols, phosphatidylsérines, phosphatidylglycérols, ou zwitterioniques (électriquement neutres), comme les phosphatidylcholines ou les phosphatidyléthanolamines. Les acides gras constitutifs des glycérophospholipides peuvent être très divers dans leur structure. C'est la raison pour laquelle chaque classe de phospholipides constitue une famille de composés. En général, les glycérophospholipides contiennent une chaîne grasse saturée en position C1 et une chaîne grasse insaturée en position C2. La longueur de la chaîne hydrocarbonée peut varier entre 14 et 24 carbones. Les longueurs les plus courantes sont 16, 18 et 20 carbones, mais il existe de nombreuses exceptions.

Les **plasmalogènes** sont des phosphoglycérides dans lesquels une des chaînes hydrocarbonées est associée au glycérol par une liaison vinyl éther. Ce sont des éthers de glycérides. La liaison éther se situe le plus souvent en position C1 (figure 2.3). Les plasmalogènes sont abondants dans les tissus cardiaques des vertébrés, le système nerveux périphérique et le muscle.

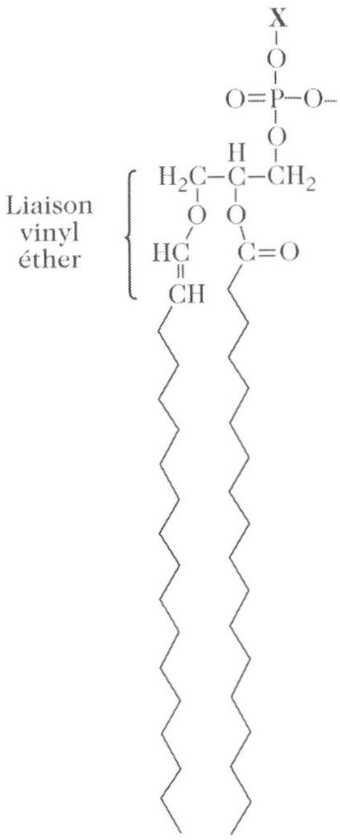

Figure 2.3. Structure d'un plasmalogène. Le substituant « X » est le plus souvent l'éthanolamine, plus rarement la choline.

2.1.2. Glycéroglycolipides

Les **1,2 diacylglycoglycérides**, comme les diacylphosphoglycérides, dérivent du glycérol par estérification en positions *sn*-1 et *sn*-2 par un acide gras. En revanche, la position *sn*-3 du glycérol est reliée par liaison glycosidique à des unités glucidiques telles que le galactose (figure 2.4). Ces glycolipides sont très abondants dans les membranes photosynthétiques des algues et des plantes. Ils sont plus rarement rencontrés dans le monde animal.

2.1.3. Sphingolipides

Les sphingolipides constituent la seconde grande famille de lipides membranaires. Ils contiennent de la sphingosine, un alcool aminé aliphatique à longue chaîne. Dans les sphingolipides, la sphingosine joue le rôle du glycérol dans les glycérophospholipides. L'amidification de la fonction amine (-NH_2) de la sphingosine par un acide gras à longue chaîne et de degré d'insaturation variable conduit à la **céramide**, composé de base de tous les sphingolipides (figure 2.5). Ceux-ci sont obtenus par addition d'un substituant sur la fonction alcool primaire de la céramide.

La classe des sphingolipides englobe les phosphosphingolipides et les glycosphingolipides. **Les phosphosphingolipides** possèdent les mêmes types de groupements polaires que les glycérophospholipides. À titre d'exemple, la **sphingomyéline**, l'un des constituants principaux des membranes plasmiques de la plupart des cellules

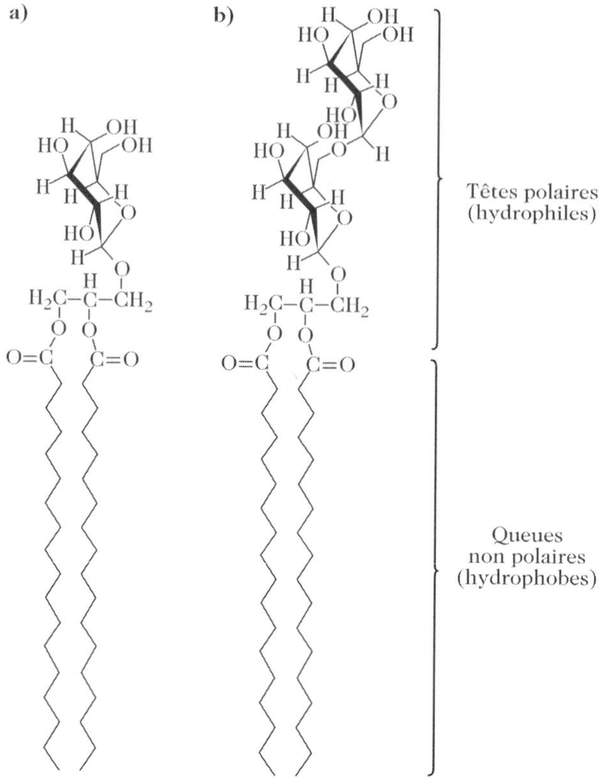

Figure 2.4. Structure de quelques diacylglycoglycérides (glycolipides). **a)** Monogalactosyldiglycéride (MGDG). **b)** Digalactosylglycéride (DGDG).

aminales et de la gaine de myéline enrobant les axones de certains neurones, est un phosphosphingolipide substitué sur l'alcool primaire de la céramide par un groupement phosphocholine (figure 2.5a). Dans les sphingomyélines, l'acide gras prédominant est l'acide gras présentant une chaîne hydrocarbonée de 24 carbones, saturée ou non. On trouve d'autres sphingolipides substitués sur la céramide par un groupement phosphoéthanolamine, phosphoinositol ou phosphoglycérol. Les phosphosphingolipides sont classés comme phospholipides avec les glycérophospholipides.

Les glycosphingolipides sont des dérivés de la céramide associée à des sucres par l'intermédiaire d'une liaison glycosidique sur l'alcool primaire de la céramide. Ils ne contiennent pas de phosphate. Ils sont de ce fait groupés dans la classe des glycolipides. Les **cérébrosides** sont des glycolipides neutres constitués d'un seul résidu glucidique tel que le galactose ou le glucose (figure 2.5b). On les trouve de façon caractéristique dans les membranes plasmiques du tissu nerveux. Les **gangliosides**, les plus complexes des sphingolipides, sont des glycolipides anioniques qui possèdent une ou plusieurs molécules d'acide sialique (acide N-acétylneuraminique) porteuses d'une charge négative au pH physiologique, branchées sur la chaîne oligosaccharidique. Ils constituent 6 % des lipides membranaires dans la substance grise du cerveau humain et sont présents en plus faibles quantités dans les membranes des tissus animaux neuronaux.

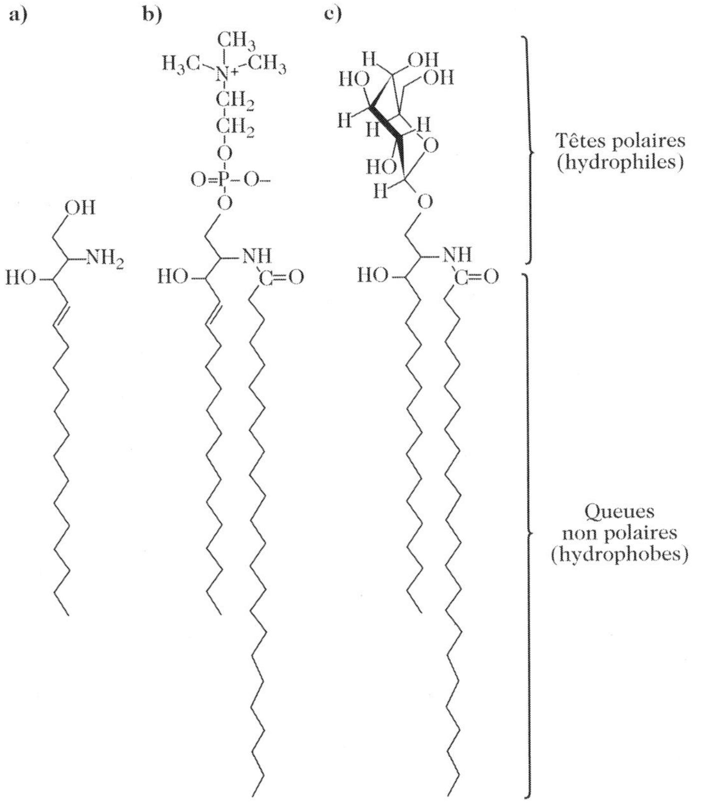

Figure 2.5. Structure de quelques sphingolipides. **a)** sphingosine ; **b)** sphingomyéline (phosphosphingolipide) ; **c)** galactocérébroside (glycosphingolipide).

Les glycosphingolipides sont généralement des composants mineurs des membranes. Ils sont tous localisés dans le feuillet externe de la bicouche de la membrane plasmique. Les chaînes hydrocarbonées de leur groupe céramide sont enfouies dans le cœur hydrophobe de la membrane, leur partie glucidique projetée hors de la cellule. Ils sont de ce fait impliqués dans de nombreuses fonctions de reconnaissance. Par ailleurs, certains virus utilisent leur partie glucidique comme ancrage avant l'infection.

2.1.4. Stérols

Les stérols sont des lipides bien représentés dans les membranes biologiques. Leur structure caractéristique est le noyau stéroïde, formé de quatre cycles fusionnés désignés par A, B, C et D, pratiquement plans et relativement rigides (figure 2.6). Le **cholestérol** constitue environ 30 % des lipides totaux des membranes plasmiques des cellules animales (figure 2.6a). On le trouve également dans les membranes de certains organites des cellules animales. Le seul groupement polaire de cette molécule est le groupement hydroxyle (-OH) porté par le carbone 3 du noyau stéroïde. Le **stigmastérol** se retrouve dans le monde végétal (figure 2.6b). L'**ergostérol** est un constituant des membranes des champignons (figure 2.6c). À de rares exceptions près, les bactéries n'ont pas de stérols.

Le cholestérol s'insère dans la bicouche présentant son groupement OH à l'interface (figure 2.6d). En raison de sa petite taille, il n'occupe qu'un feuillet de la bicouche.

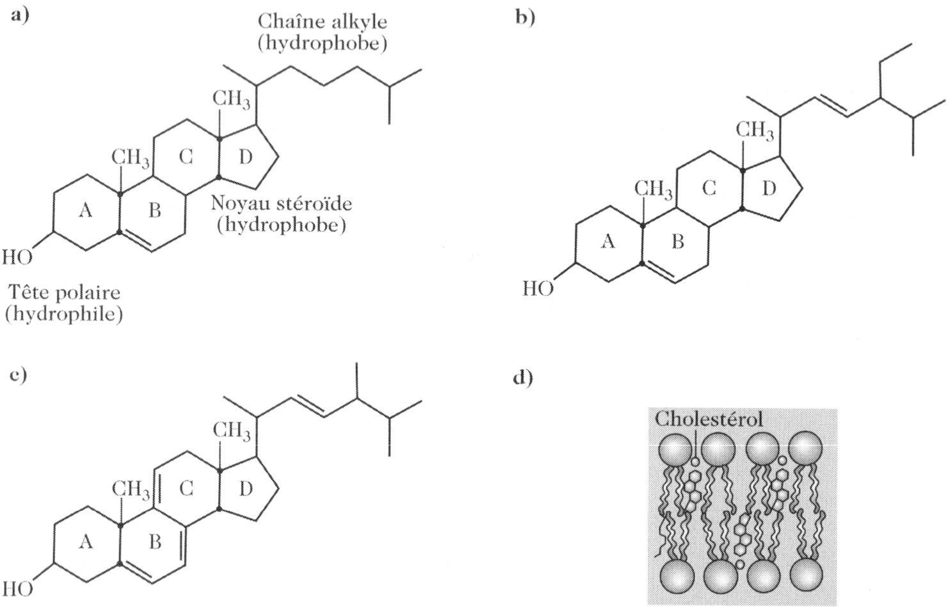

Figure 2.6. a, b, c) Structure de quelques stérols. Les stérols sont dérivés du noyau stéroïde constitué de quatre cycles fusionnés (marqués A, B, C et D) ; a) cholestérol ; b) stigmastérol, stérol abondant dans les membranes des végétaux ; c) ergostérol, stérol abondant dans les membranes des champignons. **d)** Taille relative d'un phospholipide et d'un stérol inséré dans une membrane.

2.1.5. Composants mineurs

Les acides gras sous forme libre et les **lysophospholipides**, phospholipides formés d'une seule chaîne hydrocarbonée (voir la figure 2.2h), sont présents dans les membranes biologiques, mais en quantités extrêmement faibles.

2.2. Propriété d'auto-assemblage

La caractéristique commune à tous les lipides membranaires (phosphoglycérides, glycoglycérides, sphingolipides) est leur caractère amphipathique. Ce sont des molécules amphiphiles qui possèdent une extrémité polaire hydrophile et une extrémité non polaire hydrophobe, situées dans deux régions distinctes de l'espace moléculaire. La partie polaire est constituée par le phosphoglycérol substitué ou le glycérol glycosylé pour les glycérides, ou par le groupement phosphorylé ou glycosylé substituant la sphingosine pour les sphingolipides. Les longues chaînes hydrocarbonées représentent la partie apolaire. On schématise souvent les lipides amphipathiques sous forme d'une molécule portant une « tête polaire » et une ou deux « queues hydrophobes » (figure 2.7). Pour les glycolipides et les sphingoglycolipides, la partie glucidique confère à ces lipides un caractère d'autant plus polaire qu'elle est importante.

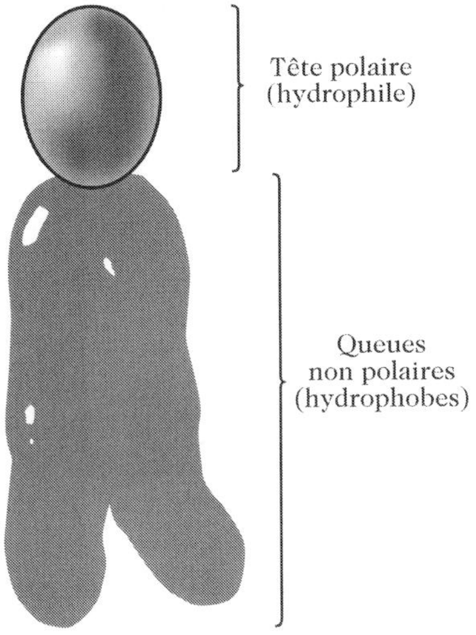

Figure 2.7. Profil d'une molécule de lipide amphipathique. La molécule esquissée ici possède deux queues non polaires.

La partie apolaire des lipides limite fortement leur solubilité dans l'eau sous forme de monomères. Les lipides membranaires sont des lipides amphipathiques pratiquement insolubles dans l'eau. Quand ils sont mélangés à de l'eau, les deux extrémités de la molécule présentent des tendances opposées : la tête polaire hydrophile interagit favorablement avec le milieu aqueux et a tendance à se dissoudre ; à l'inverse, les chaînes hydrocarbonées évitent au maximum le contact avec l'eau. De ce fait, les lipides amphipathiques forment des structures d'agrégation en phase séparée de leur environnement aqueux, dont la forme va dépendre de la taille relative des parties hydrophile et hydrophobe (balance « hydrophile/hydrophobe ») et dont la cohésion va être régie par l'effet hydrophobe, clé de voûte des propriétés d'auto-association des molécules amphiphiles dans l'eau. L'effet hydrophobe correspond à la propension des groupements hydrophobes à s'associer les uns aux autres à cause de leur rejet par le solvant aqueux. Il s'explique en termes de thermodynamique (figure 2.8). En effet, les chaînes hydrocarbonées sont des composés « non mouillables » incapables de créer des interactions avec les molécules d'eau. Lorsqu'elles sont insérées dans le réseau des molécules d'eau libres, les molécules au voisinage immédiat enrobant la chaîne non polaire, reliées entre elles par des liaisons hydrogène, voient leurs possibilités d'orientation réduites, ce qui aboutit à une structure enveloppante de molécules d'eau hautement ordonnées autour de chaque chaîne hydrocarbonée. Cette structure est appelée « cage ». Quand les chaînes non polaires s'associent les unes aux autres pour présenter au solvant la surface hydrophobe la plus réduite possible, le démembrement de la structure de la cage s'accompagne d'une augmentation d'entropie des molécules d'eau qui quittent cette enveloppe ordonnée pour rejoindre la masse du solvant. Cette augmentation de l'entropie de translation des molécules d'eau dépasse de beaucoup la diminution de l'entropie qui accompagne le rassemblement des chaînes hydrocarbonées et la formation de l'agrégat.

Lors de l'agrégation des lipides membranaires, les queues hydrophobes s'associent entre elles pour minimiser leur zone de contact avec l'eau et les têtes polaires adoptent une disposition qui leur permet d'accroître au maximum leurs interactions avec le solvant aqueux. À l'intérieur de l'agrégat, les chaînes hydrocarbonées interagissent entre elles par des interactions de van der Waals. L'ensemble des forces qui maintiennent entre elles les régions non polaires des molécules est appelé **interactions hydrophobes**. Il faut préciser que la force de ces interactions n'est pas due à une quelconque attraction des chaînes apolaires entre elles. C'est le résultat d'une organisation atteignant sa stabilité thermodynamique optimale,

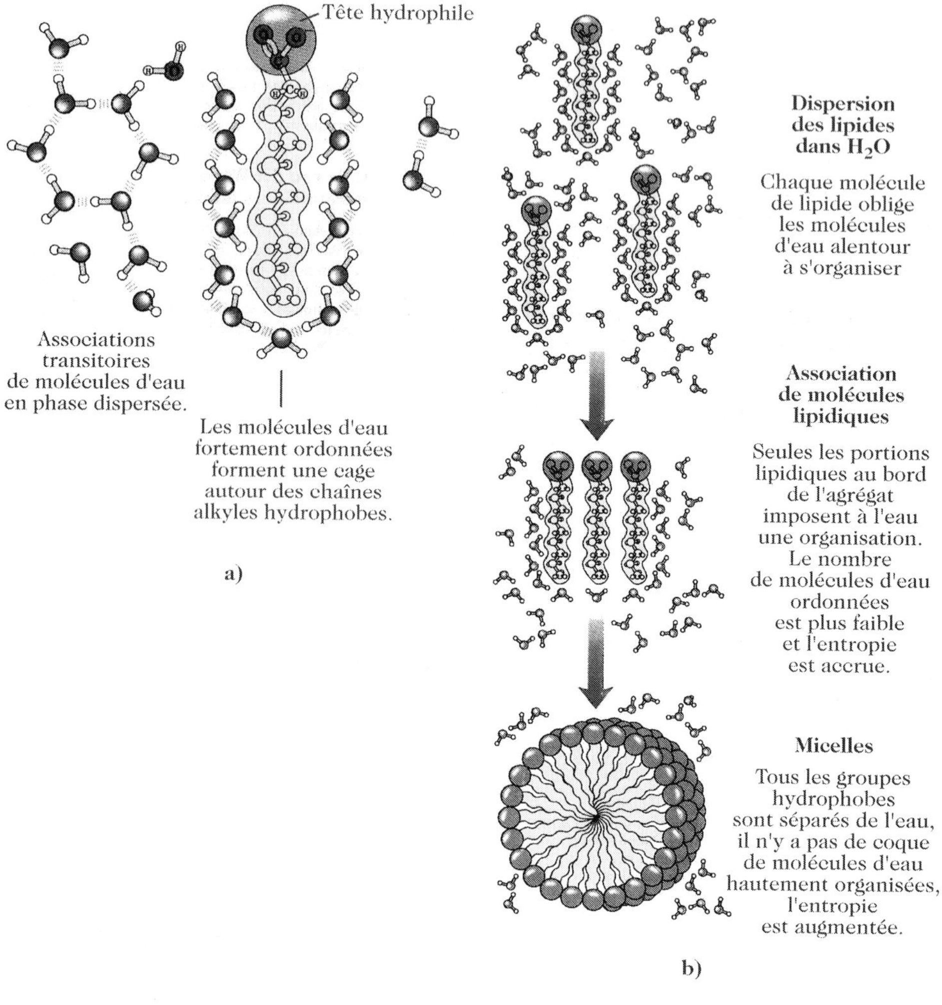

Figure 2.8. Effet hydrophobe expliquant l'agrégation de molécules lipidiques. L'exemple est pris ici dans le cas d'un acide gras à longue chaîne. D'après Lehninger et al. [2]. Les interactions hydrophobes établies entre les molécules lipidiques fournissent la force thermodynamique nécessaire à la formation et au maintien de l'agrégat.

réduisant au minimum la diminution d'entropie liée à l'arrangement des molécules d'eau autour des zones hydrophobes des molécules amphiphiles. Ces interactions hydrophobes sont en fait les forces de cohésion des agrégats lipidiques. Bien que ces interactions soient de faibles énergies, leur nombre important au sein de l'agrégat est responsable de la cohésion des différentes structures adoptées par les lipides membranaires.

Nous retiendrons donc que **les molécules amphiphiles s'auto-associent puis s'auto-organisent** sous l'effet des forces d'attraction/répulsion des parties hydrophiles/hydrophobes. Dans le cas des lipides membranaires, la structure (ou forme) des organisations supramoléculaires obtenues dépend de la balance amphiphile de la molécule.

2.3. Polymorphisme lipidique

Le polymorphisme lipidique est le résultat de la propension des lipides membranaires, une fois isolés de leur contexte et remis en suspension dans l'eau, à former des complexes supramoléculaires d'organisation structurale très variée. Ces organisations structurales vont dépendre de la nature du lipide – plus précisément, de l'encombrement relatif de ses parties hydrophile et hydrophobe – et pour un lipide donné, des conditions expérimentales (température du solvant, concentration du lipide, pH, présence éventuelle de sels dissous (force ionique), pression). Selon la nature du lipide utilisé et les conditions expérimentales choisies, on distingue trois types d'agrégats lipidiques.

1) Les micelles, sphériques ou cylindriques, sont des structures fermées relativement petites, impliquant une dizaine à quelques centaines (micelles sphériques) ou à quelques milliers (micelles cylindriques) de molécules, disposées de telle sorte que les régions hydrophobes s'agrègent à l'intérieur, excluant l'eau, et que les têtes hydrophiles soient à la surface en contact avec l'eau (figures 2.9a et 2.9b). Ces deux types de micelles, sphériques ou cylindriques, sont formés respectivement par des molécules ne comportant qu'une seule queue hydrophobe, comme les acide gras (ou leurs sels, c'est-à-dire les savons), les lysophospholipides (phospholipide à une seule chaîne hydrocarbonée) ou les détergents.

2) La bicouche lipidique est le complexe supramoléculaire principal formé par les phospholipides et les glycolipides membranaires (figure 2.9c). À cause de la présence des deux chaînes hydrocarbonées, ces lipides ne s'agrègent pas facilement en micelle, mais s'arrangent correctement en bicouche, dans laquelle deux couches lipidiques se combinent pour former un feuillet bidimensionnel (2D). Les bicouches lipidiques sont l'architecture de base de toutes les membranes biologiques, comprenant la membrane plasmique et les membranes intracellulaires des organites des cellules eucaryotes. L'orientation des molécules lipidiques amphipathiques qui forment ces bicouches est remarquable : les queues hydrophobes sont tournées vers l'intérieur de la bicouche, les têtes hydrophiles gardent contact avec l'eau sur chaque face de la bicouche. Les charges positives et négatives des constituants de la bicouche auxquelles participent les têtes polaires des phospholipides (phosphoglycérides et phosphosphingolipides) confèrent une surface ionisée à chacun des feuillets de la membrane. À l'inverse des micelles qui restent toujours de petite taille, les bicouches lipidiques peuvent couvrir de larges surfaces (10^8 nm^2 et plus). Comme l'exposition des bords d'une bicouche à la solution aqueuse est énergétiquement défavorable, les bicouches étendues se referment sur elle-même pour former une sphère creuse, appelée vésicule ou liposome (figure 2.10). En formant ces vésicules, le feuillet bicouche perd ses régions bordantes hydrophobes, atteignant une stabilité maximale dans l'environnement aqueux. **Les phospholipides peuvent former des vésicules monolamellaires (une seule bicouche) ou former des vésicules multilamellaires**. Ces dernières rappellent les couches superposées observées dans les oignons. La nature et la stabilité de ces structures dépendent en grande partie de leur composition lipidique. Au laboratoire, on sait préparer avec un bon rendement des vésicules synthétiques unilamellaires de tailles variables et définies. L'intérêt et les applications de ces structures sont nombreux; le paragraphe 3.1 de ce chapitre est entièrement consacré à l'obtention et à l'étude de ces entités biomimétiques.

3) La micelle inverse constitue le troisième type d'agrégat que peuvent former certains lipides membranaires, notamment les phosphatidyléthanolamines. Dans cet arrangement moléculaire, les têtes polaires des lipides tapissent un cylindre creux rempli de phase aqueuse, les chaînes hydrocarbonées sont rejetées vers l'extérieur (voir la figure 2.9d).

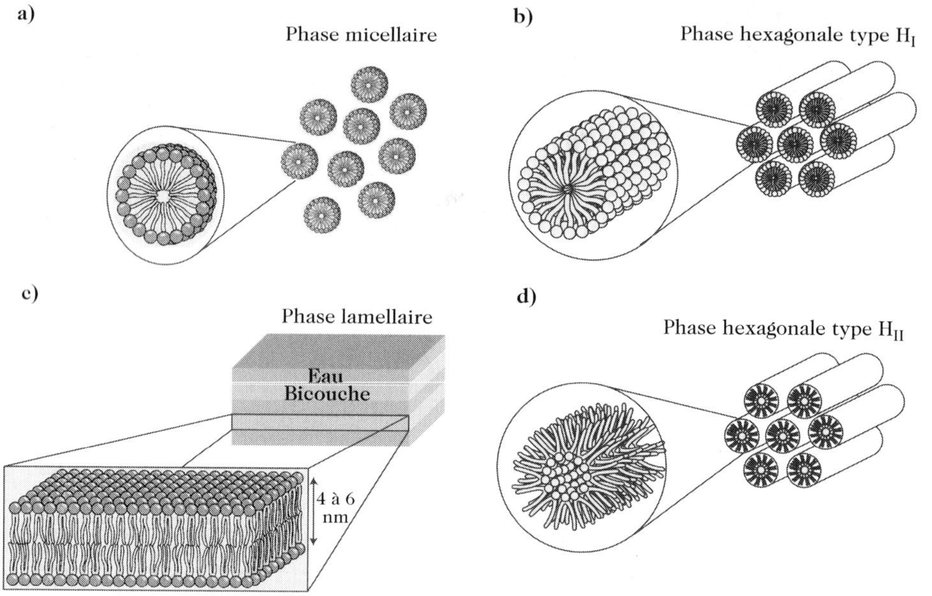

Figure 2.9. Principales phases et organisations structurales adoptées par les lipides en suspension dans l'eau. **a)** Dans une micelle sphérique, structure adoptée par les sels d'acide gras (ou savons), les chaînes hydrophobes sont séquestrées au cœur de la sphère. Il n'y a pratiquement pas d'eau dans le centre hydrophobe de la micelle. L'eau est à l'extérieur. L'agencement des micelles dans la phase aqueuse est aléatoire. **b)** Dans une micelle cylindrique, structure adoptée par les lysophospholipides, la partie polaire des lipides tapisse la surface du cylindre et les chaînes hydrocarbonées sont enfouies en son centre. L'agencement des cylindres dans la phase aqueuse selon une symétrie hexagonale centrée correspond à la phase hexagonale type H_I. a et b sont des micelles dites directes. **c)** Dans une bicouche, toutes les chaînes hydrophobes latérales, à l'exception de celles qui sont au bord du feuillet, sont protégées d'une interaction avec l'eau. Dans une phase lamellaire, les bicouches lipidiques planes sont séparées par des couches d'eau, dont l'épaisseur dépend du degré d'hydratation. **d)** Dans la micelle inverse, la partie polaire des lipides tapisse la surface interne d'un cylindre creux et entoure la phase aqueuse ; les chaînes hydrocarbonées sont projetées à l'extérieur du cylindre. Dans la phase hexagonale type H_{II}, les cylindres s'ordonnent également suivant une symétrie hexagonale centrée.

Les différentes phases du polymorphisme lipidique se distinguent par la forme des organisations structurales obtenues (bicouches, micelles directes, micelles inverses) et leur agencement dans la phase aqueuse. Ainsi, les lipides formant des bicouches donneront lieu à des phases lamellaires. Dans l'organisation lamellaire, les bicouches lipidiques sont séparées par des couches d'eau dont l'épaisseur, bien définie, dépend de la quantité d'eau dans le système (voir la figure 2.9c). Ce type de phase est généralement obtenu quand des phospholipides, comme les phosphatidylcholines ou les sphingomyélines, sont remis en suspension à de fortes concentrations (rapport lipide/eau en poids de l'ordre de 50/50). Dans ces conditions, les vésicules formées de bicouches lipidiques (telles que nous les avons présentées sur la figure 2.10), s'aplatissent à cause de la diminution de la quantité d'eau dans le

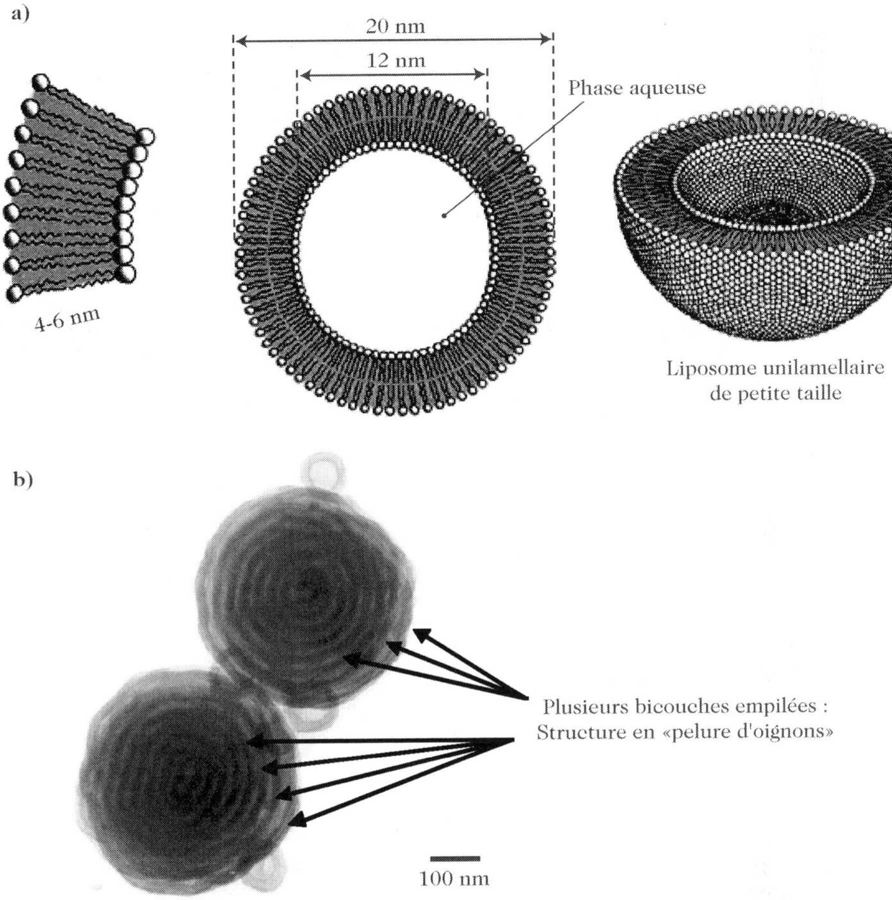

Figure 2.10. Structure d'une vésicule lipidique, ou liposome. Lorsqu'une bicouche bidimensionnelle étendue se referme sur elle-même, elle forme une vésicule close tridimensionnelle qui se referme sur une cavité aqueuse. Les phospholipides peuvent former des vésicules unilamellaires (une seule bicouche) (a) ou former des vésicules multilamellaires (b). **a)** Représentation schématique. **b)** Structure en « pelure d'oignons » observée au microscope électronique à transmission. Tiré de http://bravo436.chem.mcgill.ca/groups/eisenberg/morphologies/. Copyright Wiley-VCH Verlag GmbH & Co. KGaA. Reproduit avec autorisation.

mélange, et les lipides, tout en gardant une organisation en bicouche, sont localisés au sein de lamelles que l'on peut considérer comme planes et de surface infinie par rapport à leur épaisseur. Dans les phases hexagonales de type H_I et H_{II}, respectivement formées par l'agencement de micelles cylindriques directes ou inversées, les cylindres lipidiques s'ordonnent suivant une symétrie hexagonale centrée (voir les figures 2.9b et 2.9d).
L'organisation d'un lipide donné au sein du mélange lipide/eau dépend des conditions expérimentales, en particulier de la température et de la concentration lipidique. Un changement de conditions peut induire une transition de phase. Pour certains lipides, le passage de la phase lamellaire vers la phase hexagonale H_{II} peut être favorisé par diminution de la concentration en eau (ou augmentation de la concentration lipidique) ou par élévation de la température (figure 2.11). Cette

transition implique de franchir une barrière énergétique dont l'énergie peut être fournie par l'agitation thermique. Les domaines de température et de concentration en eau dans lesquels s'effectuent ces transitions de phase dépendent de la nature du lipide. Plus le lipide a une propension à adopter une organisation de type H_{II}, plus la température de transition est basse et plus la concentration en eau à laquelle la transition a lieu peut être importante.

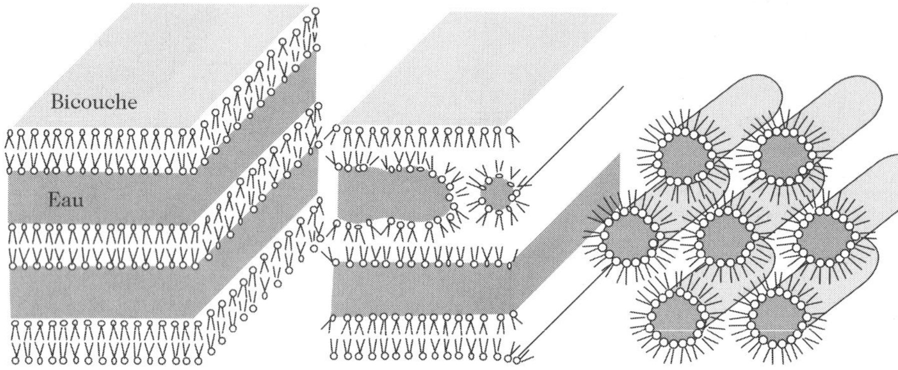

Figure 2.11. Transition d'une phase lamellaire vers une phase hexagonale H_{II}. Cette transition est favorisée par diminution de la quantité d'eau (augmentation de la concentration lipidique) ou élévation de la température du système. Lorsque la concentration en lipides augmente, l'épaisseur de la couche d'eau diminue, les bicouches se rapprochent et les contacts entre les bicouches deviennent plus étroits. Il arrive que les monocouches externes en contact avec deux bicouches distinctes s'enroulent l'une autour de l'autre en emprisonnant l'eau les séparant. On obtient alors une phase mixte intermédiaire. Si la concentration en lipides augmente encore, on obtient une organisation lipidique hexagonale de type H_{II}. De la même façon, lorsque le contact entre les bicouches est suffisamment étroit, la transition peut être induite par élévation de la température. D'après Shechter [1].

Même si les organisations structurales obtenues lorsque l'on remet en suspension des lipides membranaires ne sont pas toujours physiologiques, l'étude *in vitro* des différentes phases adoptées par les lipides membranaires permet de tirer quelques conclusions quant à la propension qu'ont ces derniers à adopter des organisations autres que lamellaires dans les membranes biologiques. Une organisation apparentée à celle de la phase hexagonale de type H_{II} pourrait avoir une signification pertinente dans les mécanismes impliqués lors de la fusion membranaire.

2.4. Concept de forme

Un lipide donné peut former différentes phases dans des conditions physicochimiques différentes, mais dans les conditions physiologiques (37 °C, pH 7, 150 mM NaCl), les lipides membranaires adoptent une organisation particulière. Le tableau 2.2 présente l'organisation préférentielle adoptée par différents lipides membranaires à température physiologique. Nous pouvons noter en particulier que les monogalactosyldiglycérides, lipides abondants des membranes photosynthétiques, et que les phosphatidyléthanolamines, lipides abondants dans de nombreuses membranes, adoptent une organisation de type H_{II}.

Tableau 2.2. Organisation structurale de différents lipides membranaires à 37°C.

Lipides	**Phases**
Phosphatidylcholine	L
Sphingomyéline	L
Phosphatidyléthanolamine	H_{II}
Phosphatidylsérine	L
Phosphatidylglycérol	L
Cardiolipide	L
Monogalactosyldiglycéride	H_{II}
Lysophosphatidylcholine	H_{I}
Insaturation	$L \rightarrow H_{II}$
Déshydratation	$L \rightarrow H_{II}$
Augmentation de T	$L \rightarrow H_{II}$
+ Cholestérol	$L \rightarrow H_{II}$

L : phase lamellaire ; H_{II} : phase hexagonale de type H_{II} (micelle inverse) ; H_{I} : phase hexagonale de type H_{I} (micelle cylindrique directe). Si la différence de formes entre la lysophosphatidylcholine (organisation H_{I}) et la phosphatidylcholine (organisation lamellaire) est évidente puisqu'il manque une seule chaîne hydrocarbonée à la première, elle n'est pas apparente de prime abord entre phosphatidylcholine (organisation lamellaire) et phosphatidyléthanolamine (organisation H_{II}) qui sont toutes deux des phospholipides. La différence de forme s'explique par la différence d'hydratation de leur tête polaire. En effet, la phosphatidylcholine est hydratée par une vingtaine de molécules d'eau ; le lipide s'inscrit dans un cylindre si l'on considère la taille de la tête polaire hydratée. La partie polaire de la phosphatidyléthanolamine n'est hydratée que par 5 molécules d'eau ; ce lipide a donc une forme en cône. D'après Shechter [1].

Un concept de forme a été avancé pour tenter d'expliquer l'origine des différentes organisations lipidiques : celles-ci dépendraient de l'encombrement spatial relatif du volume des parties polaire et hydrophobe du lipide (figure 2.12). Ainsi, la formation d'une micelle directe est favorisée quand la section transversale de la tête polaire est plus large que l'encombrement des ou de la chaîne latérale hydrocarbonée, comme c'est le cas pour les acides gras libres ou les lysophospholipides. Dans ces conditions, la forme du lipide s'inscrit dans un cône (cône inversé) et après agrégation, ces lipides forment une phase micellaire (micelle sphérique) ou une phase hexagonale de type H_{I} (micelle cylindrique) (figure 2.12a). La formation d'une bicouche se produit très facilement quand la section transversale de la tête polaire et celle des chaînes hydrocarbonées hydrophobes du lipide sont identiques, ce qui est le cas pour les glycérophospholipides et les sphingolipides. Dans ces conditions, la forme du lipide s'inscrit dans un cylindre et après agrégation, ces lipides forment une phase lamellaire (figure 2.12b). Enfin, la formation d'une micelle inversée est favorisée quand la section transversale de la tête polaire est inférieure au volume des chaînes hydrocarbonées, comme c'est le cas de certains phospholipides ou glycolipides (voir le tableau 2.2). Dans ces conditions, la forme du lipide s'inscrit dans un cône et après agrégation, ces lipides forment une phase hexagonale de type H_{II} (figure 2.12c). Par compensation de forme, un mélange de lipides formant des phases lipidiques différentes quand ils sont purs, peut aboutir à une organisation structurale finale totalement différente (figure 2.12d).

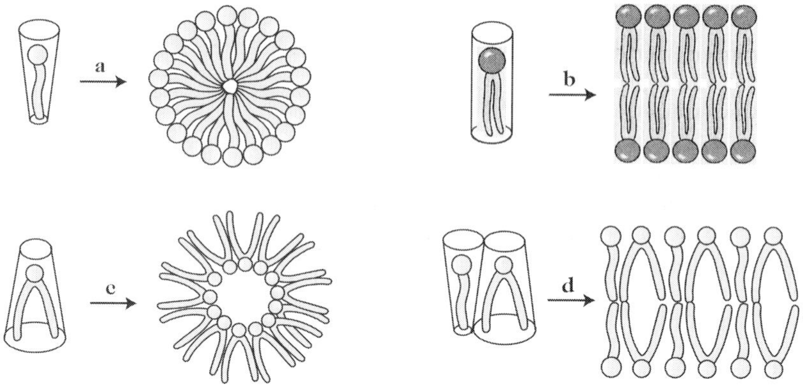

Figure 2.12. Relation entre la forme structurale du lipide et son organisation dans une phase lipide/eau (concept de forme). Si le lipide s'inscrit dans un cône inversé, l'organisation est micellaire (a). Si le lipide s'inscrit dans un cylindre, l'organisation est lamellaire (b). Si le lipide s'inscrit dans un cône, l'organisation est hexagonale de type H_{II} (c). Par compensation de formes, un mélange de lipides peut adopter une organisation lamellaire (d).

Le concept de forme permet d'expliquer les variations de l'organisation structurale adoptée par un lipide donné en fonction des conditions expérimentales (température, concentration, force ionique, degré d'insaturation des chaînes hydrocarbonées, présence de cholestérol). Ainsi, une augmentation de température, en augmentant le mouvement des chaînes, ou une déshydratation, en diminuant le volume de la partie polaire, favorise une organisation de type H_{II} (voir le tableau 2.2). De même, cette organisation est favorisée par une insaturation des chaînes ou par la présence de cholestérol qui induit une augmentation du désordre des chaînes (augmentation du volume hydrophobe du lipide). Le mélange de nombreuses espèces lipidiques de formes structurales différentes dans les membranes biologiques est à l'origine, par compensation de forme, de leur organisation de type lamellaire en bicouche.

3. Modèles membranaires et méthodes de caractérisation

Les membranes biologiques constituent d'excellents modèles naturels de structuration et d'organisation moléculaire fondés sur les propriétés d'auto-association des macromolécules biologiques amphipathiques. L'utilisation de ces propriétés pour développer des membranes biomimétiques et des assemblages protéolipidiques organisés constitue l'un des thèmes porteurs des nanobiotechnologies. Il existe différents modèles membranaires qui trouvent des applications dans le domaine des nanobiotechnologies. Il s'agit :

– **des liposomes**, vésicules closes délimitées par une bicouche lipidique renfermant un compartiment interne aqueux de faible volume,

– **des monocouches de Langmuir**, films monomoléculaires organisés à la surface de l'eau ou d'une solution tamponnée (demi-feuillet membranaire),

– **des bicouches supportées**, bicouches lipidiques formées sur un support solide et obtenues par déposition de liposomes (« **SLB** ») ou par transfert de monocouches présentes à l'interface air/eau (films de Langmuir-Blodgett),

– **des membranes suspendues**, bicouches lipidiques maintenues à la surface d'un support solide par l'intermédiaire de bras espaceurs,

– **des « BLM »**, bicouches lipidiques planes maintenues à travers un orifice séparant deux compartiments aqueux.

Ce paragraphe est consacré à la description des différents modes d'obtention et de caractérisation de ces modèles membranaires. Chaque système présente des avantages et des intérêts différents pour des applications dans divers champs des nanobiotechnologies.

3.1. Liposomes

Les liposomes sont des vésicules constituées d'une bicouche lipidique séparant deux espaces aqueux, l'extérieur et l'intérieur des vésicules (voir la figure 2.10). En fonction du nombre de bicouches ou lamelles lipidiques formant la paroi, on distingue les liposomes unilamellaires et les liposomes multilamellaires. La taille des liposomes est très variable, allant de plusieurs centaines de μm pour les plus grands à environ 25 nm pour les plus petits. On distingue communément plusieurs types de liposomes :

– **les liposomes géants** ou GUV (*Giant Unilamellar Vesicle*), de diamètre supérieur à 5 μm,

– **les liposomes de grande taille** ou LUV (*Large Unilamellar Vesicle*), de taille comprise entre 50 nm et 1 μm,

– **les liposomes multilamellaires**, appelés aussi oignons ou MLV (*MultiLamellar Vesicle*), qui sont composés de plusieurs bicouches concentriques et dont la taille est supérieure à 100 nm,

– **les liposomes de petite taille** ou SUV (*Small*, ou *Sonicated*, *Unilamellar Vesicle*), de diamètre de l'ordre de 25 nm.

Depuis leur introduction par Bangham vers le milieu des années 1960 [3], les recherches sur les liposomes n'ont cessé de se développer et de nombreux ouvrages leur sont régulièrement consacrés [4]. Les liposomes constituent des systèmes modèles naturels de membranes biologiques. À ce titre, ils ont été largement utilisés pour des études biophysiques des phases lipidiques ainsi que pour des études structurales et fonctionnelles des membranes. De plus, à la suite des travaux pionniers de Gregoriadis [5], le champ d'application des liposomes dans les domaines de la vectorisation de médicaments ou de la cosmétologie ne cesse de se développer [6-8].

3.1.1. Méthodes de préparation des liposomes

Les lipides sont des molécules insolubles en solution aqueuse mais solubles dans les solvants organiques, comme le chloroforme, les mélanges chloroforme/méthanol ou l'éther. La plupart des méthodes de préparation de liposomes utilisent comme matériel de départ des lipides dissous en solvant organique.

Liposomes multilamellaires ou MLV

Les lipides dissous en solvant organique sont déposés dans un récipient de verre et le solvant est évaporé sous vide, une rotation continue du récipient assurant une répartition homogène des lipides sur les parois. L'hydratation des lipides par simple addition d'une solution aqueuse au film lipidique suivie d'une agitation au vortex permet d'obtenir des liposomes multilamellaires (figure 2.13D). La taille des MLV et le nombre de bicouches les constituant sont variables et dépendent principalement des conditions de préparation et de la nature des lipides.

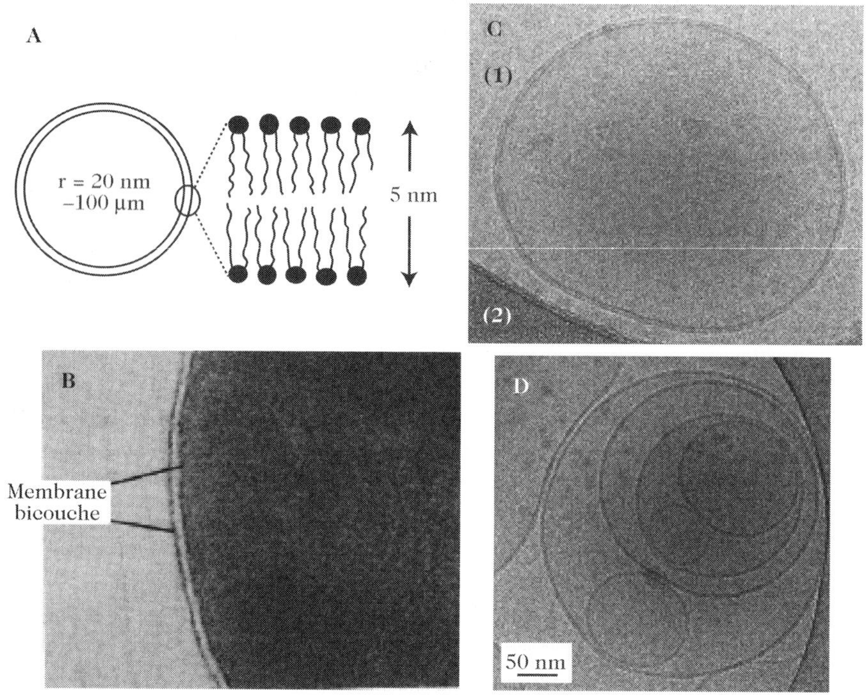

Figure 2.13. A) Schéma de liposome. **B)** Membrane de globule rouge, imagée par la méthode classique d'ultramicrotomie (adapté de Robertson [9]). **C)** LUV. **D)** MLV imagés par cryo-microscopie électronique à transmission (MET) ; **1)** film de glace amorphe ; **2)** film de carbone.

La cryo-MET (cryo-microscopie électronique à transmission) [10] constitue une méthode quasi idéale pour étudier la structure des liposomes et des complexes entre protéines et membranes à l'échelle du liposome unique. Le maintien de l'environnement aqueux élimine les problèmes de collapse et de réorganisation structurale rencontrés lors du séchage des échantillons en coloration négative. Malgré l'absence d'atomes lourds utilisés classiquement comme agents de contraste en MET, le contraste intrinsèque des images de cryo-MET est suffisant pour résoudre les deux feuillets des bicouches lipidiques, distants d'environ 4 nm. L'origine du contraste provient de la présence d'atomes de phosphore au niveau des têtes polaires ; les atomes de phosphore sont en effet plus lourds que les autres atomes et leur section efficace de diffusion des électrons est plus élevée.

Liposomes unilamellaires de grande taille ou LUV

Des liposomes unilamellaires de grande taille (c'est-à-dire de taille supérieure aux SUV) peuvent être obtenus de plusieurs façons : par solubilisation des MLV en présence de détergents, suivie de l'élimination du détergent, par extrusion des MLV à travers des filtres de polycarbonate, ou par réversion de phase.
Les détergents (par exemple : ß-octylglucoside, dodécylmaltoside, Triton-X100, CHAPS) sont des molécules amphiphiles caractérisées par leur concentration micellaire critique (c.m.c.), concentration maximale de monomères au-delà de laquelle les monomères sont en équilibre avec des assemblages de type micelles. L'incorporation de molécules de détergent dans la phase lipidique des MLV induit la solubilisation des MLV au-delà d'une concentration critique qui dépend entre autre de la c.m.c. et de la quantité totale de lipides. Les MLV sont dispersés sous forme de micelles mixtes contenant un mélange de molécules de détergent et de lipide. L'élimination du détergent, qui peut être réalisée par dialyse, par adsorption sur des billes de polystyrène ou par dilution, s'accompagne du processus inverse de la solubilisation des MLV, à savoir la reconstitution d'assemblages lipidiques de type LUV [11]. La taille des LUV formés par dialyse de détergents est de l'ordre de 100 nm (figure 2.13C). Le terme LUV est souvent utilisé de manière « laxiste »; ainsi les LUV obtenus par adsorption du détergent sur billes de polystyrène peuvent présenter plusieurs bicouches, en fonction des conditions expérimentales.

Liposomes extrudés ou EUV

Des liposomes unilamellaires peuvent également être obtenus par dispersion mécanique des MLV. Le traitement mécanique appelé extrusion consiste à forcer les MLV à passer, plusieurs fois, à travers des filtres de polycarbonate présentant des pores de taille définie; des pores de 50 nm à 400 nm sont fréquemment utilisés. Ce traitement permet d'obtenir des liposomes unilamellaires de taille calibrée appelés EUV. Il faut toutefois remarquer que les EUV sont fréquemment bi- ou pluri-lamellaires, et que le passage des lipides à travers ces membranes s'accompagne souvent d'une perte conséquente de matériel. Il est par conséquent particulièrement recommandé de doser les lipides après ce traitement [12].

Liposomes unilamellaires de petite taille ou SUV

Les liposomes unilamellaires de petite taille (SUV) sont obtenus lorsque des solutions de MLV (également de LUV ou d'EUV) sont soumises à des ultrasons. Les MLV sont transformés en SUV, dont la taille minimale est d'environ 30 nm.

Préparation de LUV par réversion de phase

Les lipides, préalablement déposés sur les parois d'un récipient en verre comme décrit précédemment, sont solubilisés par addition d'éther puis d'une solution aqueuse. Une émulsion éther/eau est obtenue par sonication, les gouttelettes de solution aqueuse étant recouvertes par une monocouche de lipides exposant les chaînes hydrocarbonées vers la phase éther. L'évaporation lente de l'éther aboutit à la formation de liposomes unilamellaires [13]. Les liposomes peuvent être alors triés selon leur taille par filtration sur une membrane de polycarbonate. Cette méthode permet de préparer de grandes quantités de liposomes à des concentrations élevées, supérieures à 15 mg/mL.

Liposomes géants ou GUV

L'hydratation d'un film de lipides sec déposé sur un substrat est accompagnée, en l'absence d'agitation, du gonflement de la phase lipidique et de la formation de liposomes de très grande taille, allant jusqu'à plusieurs centaines de μm. La formation de GUV sous champ électrique alternatif, ou électroformation de GUV, constitue une approche largement utilisée [14]. En raison de leur taille, proche de celle des cellules, les liposomes géants sont devenus des systèmes très populaires pour l'étude biophysique de processus membranaires complexes, en particulier via les multiples méthodes de l'optique.

3.1.2. Propriétés des liposomes

Les propriétés des liposomes sont en premier lieu le reflet des propriétés des lipides les composant et de leurs assemblages. En raison de leur simplicité de préparation et de manipulation, les liposomes constituent des systèmes modèles de choix pour l'étude des assemblages lipidiques et des membranes. L'étude des propriétés physiques et physico-chimiques de ces systèmes par les méthodes de la physique occupe une large place du domaine de la biophysique membranaire. Citons entre autres les études portant sur les relations entre composition lipidique et nature des phases lipidiques, sur la dynamique des membranes, sur les propriétés de perméabilité, etc. Ces questions ont fait l'objet de nombreux ouvrages et ne seront pas développées ici.

3.2. Monocouches de Langmuir

Les monocouches de Langmuir sont des films monomoléculaires organisés, formés de molécules amphiphiles orientées à une interface air/eau. Ce sont des modèles membranaires représentant un demi-feuillet d'une membrane biologique.

3.2.1. Formation d'une monocouche insoluble de Langmuir

La formation d'une monocouche (insoluble) de Langmuir dépend de la nature amphipathique des molécules formant le film et des propriétés thermodynamiques particulières de l'interface air/eau. À la surface d'un liquide, il existe un excès d'énergie libre produit par la différence d'environnement entre les molécules de surface et celles en solution. Dans l'eau, l'établissement des liaisons hydrogène conduit à la formation d'un réseau bien défini et les forces de cohésion moléculaires sont équivalentes dans toutes les directions (figure 2.14). À l'interface, cet équilibre est rompu. La force d'attraction qui tend à attirer les molécules à l'intérieur du liquide et à diminuer sa surface libre n'est plus contrebalancée. En conséquence, les forces de cohésion latérale entre les molécules présentes à la surface de l'eau sont renforcées, créant ainsi un excès d'énergie libre [15, 16]. Créer une interface coûte donc une énergie de surface, proportionnelle à l'aire de la surface, nommée **tension superficielle** ou **tension de surface**, notée γ.
Quand des molécules amphiphiles dissoutes dans un solvant non miscible à l'eau (comme par exemple le chloroforme) sont déposées à la surface de l'eau, les forces de dispersion dues à la tension superficielle permettent l'étalement rapide de la solution qui couvre ainsi toute la surface disponible. La tension superficielle peut

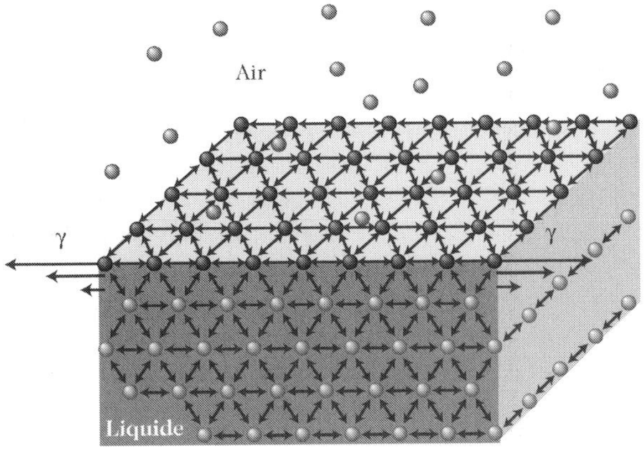

Figure 2.14. Forces de cohésion d'un liquide et tension superficielle (γ). Dans l'eau, les molécules s'arrangent de sorte que leurs forces de cohésion soient réparties entre les molécules voisines (la force résultante est nulle). À l'interface air/eau, cet arrangement moléculaire fait défaut (la résultante des forces est non nulle). Les forces d'interaction entre les molécules présentes à la surface sont renforcées, créant ainsi un excès d'énergie libre. La tension superficielle de l'eau est de 72,8 mN/m à 20 °C.

être assimilée à une pression négative, liée aux forces de cohésion latérales entre les molécules présentes en surface, qui est réduite par la présence de molécules à l'interface (surfactants). Après évaporation du solvant, un film monomoléculaire, appelé **monocouche**, se forme à la surface de l'eau, à cause de la nature amphipathique des molécules épandues. Les molécules s'orientent à l'interface, la tête polaire immergée dans la phase aqueuse (aussi appelée **sous-phase**), les chaînes hydrocarbonées restant dans l'air (figure 2.15). **Les monocouches de Langmuir correspondent à des films monomoléculaires interfaciaux formés de molécules amphipathiques insolubles.** Elles représentent un cas extrême d'adsorption aux interfaces, puisque toutes les molécules étalées sont concentrées en un film monomoléculaire interfacial.

3.2.2. Isotherme d'une monocouche de Langmuir

Généralement, la quantité de molécules étalées à la surface de l'eau est suffisamment faible pour qu'initialement, les distances intermoléculaires soient grandes et que la présence de la monocouche à l'interface n'affecte que peu la tension superficielle du liquide. Dans ces conditions, les interactions entre molécules sont faibles et la monocouche est assimilée à un **gaz à deux dimensions** (voir la figure 2.15a). En revanche, si la surface occupée par la monocouche est réduite par l'intermédiaire de deux barrières mobiles (compression de la monocouche, voir la figure 2.15b), les distances intermoléculaires se réduisent et la tension de surface diminue (interactions entre des molécules d'eau en surface et les têtes polaires des lipides). Les molécules, qui commencent à interagir par l'intermédiaire de leurs chaînes hydrocarbonées, exercent entre elles des forces répulsives. La force exercée par le film est analogue à une pression à deux dimensions. Elle est définie comme la **pression de surface** (ou **pression superficielle**) notée π. Elle correspond à la réduction de la tension superficielle du liquide liée à la présence du film en surface, soit :

$$\pi = \gamma_0 - \gamma$$

où γ_0 est la tension superficielle du liquide pur et γ la tension superficielle en présence du film. Elle est exprimée en mN/m.

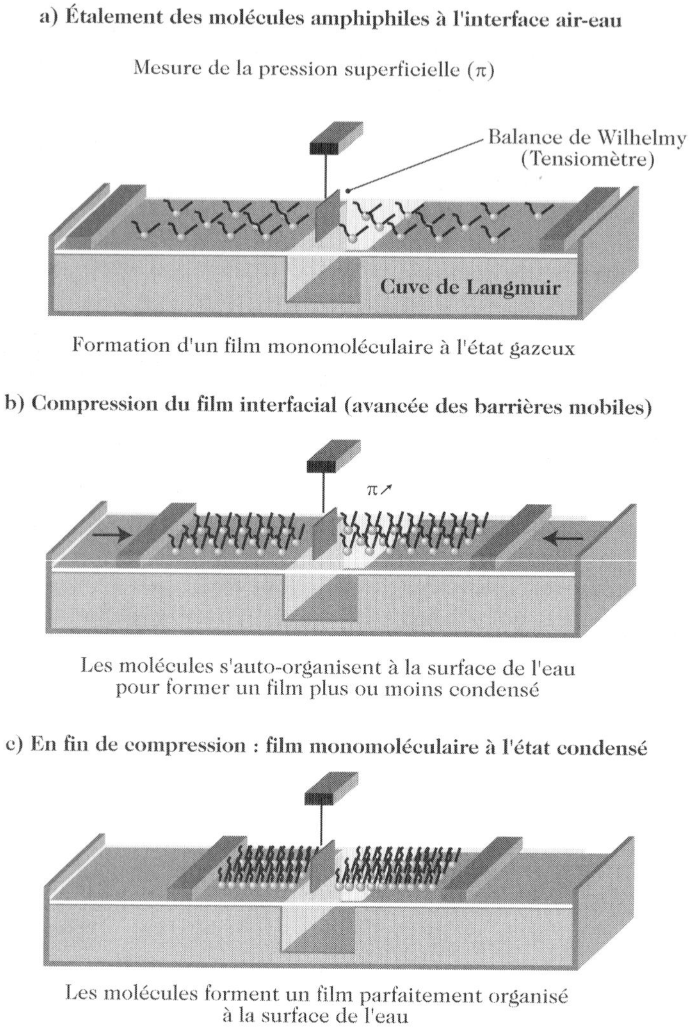

Figure 2.15. Formation d'une monocouche de Langmuir. Les monocouches sont classiquement formées dans une cuve (ou balance) de Langmuir. La cuve est équipée de deux barrières mobiles à chaque extrémité qui permettent la compression de la monocouche et d'une balance de Wilhelmy (ou tensiomètre) qui permet la mesure de la tension superficielle. Pour de plus amples détails sur la technique de formation des monocouches et les cuves associées, le lecteur pourra utilement se référer aux ouvrages de Roberts [17] et de Ulman [18] sur les films de Langmuir et de Langmuir-Blodgett.

Durant la compression, les molécules amphiphiles vont s'auto-organiser et la monocouche va subir différentes transitions de phase, passant successivement de l'état gazeux à l'état liquide, puis de l'état liquide à l'état solide. Comme à trois dimensions, les différents états de la monocouche correspondent à des degrés d'organisation et de liberté différents des molécules. En fin de compression, la monocouche forme un film monomoléculaire parfaitement organisé à la surface de l'eau (voir la figure 2.15c). Durant le processus de compression, le caractère amphipathique des molécules assure leur maintien et leur alignement à l'interface. Comme les molécules formant le film sont insolubles, le nombre total de molécules reste inchangé pendant la compression. On peut donc calculer à tout instant l'aire moyenne occupée par une molécule à la surface de l'eau. Cette aire, correspondant à l'**aire moléculaire** (A), est obtenue en divisant la surface totale occupée par le film par le nombre total de molécules déposées. Elle est généralement exprimée en nm^2/molécule. Le suivi de la variation de la pression de surface en fonction de l'aire moléculaire permet de tracer l'isotherme (π-A) de la monocouche, couramment appelée **isotherme de Langmuir** (figure 2.16).

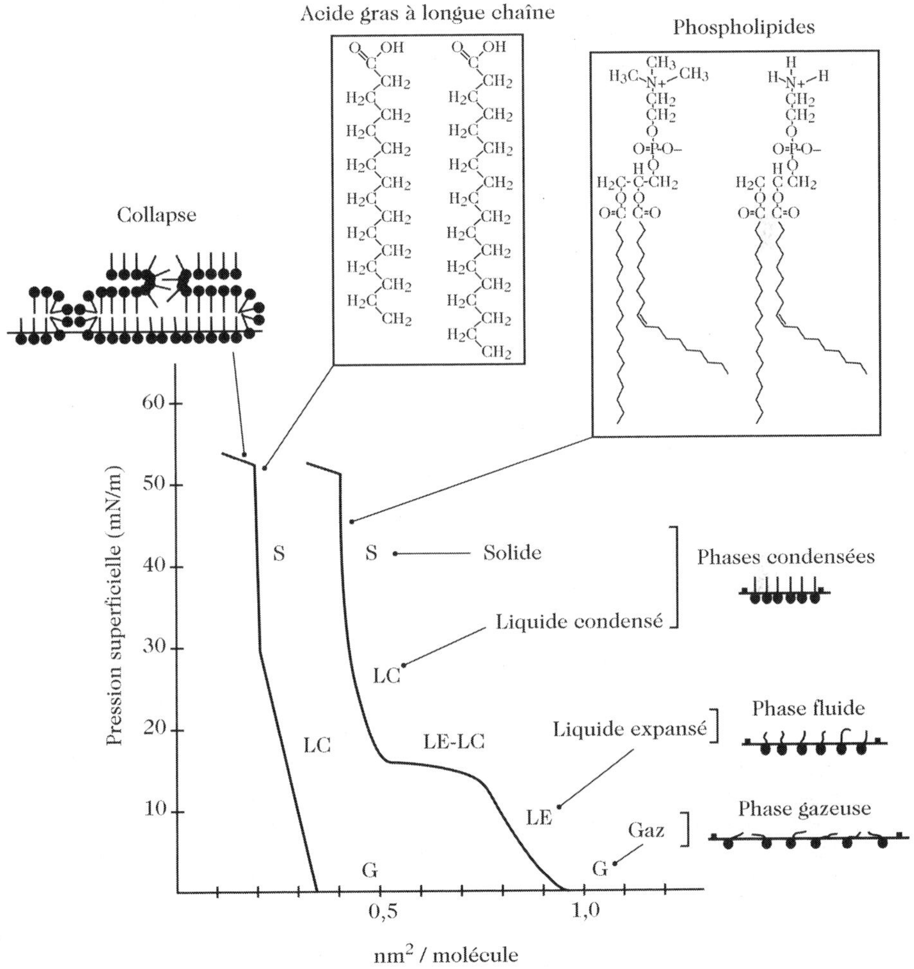

Figure 2.16. Isothermes schématiques d'une monocouche de Langmuir formée de phospholipides ou d'acides gras à longue chaîne. La forme globale de l'isotherme dépend de différents paramètres dont la température de la sous-phase, le degré d'insaturation et la longueur de la ou des chaînes hydrocarbonées, l'encombrement spatial de la tête polaire, la présence des sels dans la phase aqueuse. De façon générale, une diminution de la température ou une augmentation de la longueur des chaînes hydrocarbonées renforce les interactions entre molécules et favorise la formation de monocouche condensée. À l'inverse, une augmentation de la température, une diminution de la longueur des chaînes ou leur insaturation favorise l'apparition de désordres (conformation gauche) qui conduit à la formation de monocouche en phase fluide. Pour une discussion détaillée sur les isothermes π-A, le lecteur pourra utilement se référer aux différents ouvrages et revues de référence [15, 17-20].

De manière générale, l'isotherme de Langmuir renseigne sur les propriétés interfaciales du film. Elle révèle les différents états ou **phases** qui peuvent exister dans une monocouche lipidique (dans des conditions physico-chimiques données), ainsi que les différentes transitions de phase qui peuvent intervenir au cours de la compression. Elle fournit des informations sur les réorientations et les changements conformationnels des molécules dans un système à deux dimensions. Elle informe également sur la stabilité et la pureté de la monocouche [18].
Les différentes phases obtenues dans les monocouches correspondent à des degrés différents d'organisation des molécules à la surface de l'eau, résultant des forces d'interactions moléculaires qui interviennent dans le film, et entre le film et la phase aqueuse. Elles sont identifiables par les discontinuités rencontrées sur l'isotherme. À l'état gazeux (G), obtenu à des aires moléculaires très grandes, les forces d'interactions moléculaires sont faibles. Les chaînes hydrocarbonées des molécules sont couchées à la surface de l'eau et présentent un grand degré de liberté. Il n'existe aucune cohésion latérale dans le film. Dans la phase **liquide expansé**, notée LE, la monocouche devient cohérente, mais les molécules conservent un certain degré de liberté. L'état liquide expansé correspond à la phase fluide de la monocouche. Les chaînes hydrocarbonées présentent des conformations **gauches** et leur orientation est aléatoire. Au fur et à mesure de la compression, les interactions moléculaires se renforcent et les chaînes se redressent par rapport à la surface de l'eau. La monocouche atteint un état condensé.
Les états condensés d'une monocouche correspondent à la phase **liquide condensé**, notée LC, et à la phase **solide**, notée S. Aux états condensés, la monocouche présente une forte cohésion latérale. Les interactions entre les queues hydrophobes sont maximales. Les chaînes sont parfaitement organisées à la surface de l'eau, en conformation **trans-zigzag**. La formation de l'état condensé est liée à la possibilité d'établir entre chaînes les forces de Van der Waals, qui sont les forces cohésives de la monocouche. Les deux états de la monocouche condensée (LC ou S) correspondent à des états cristallins. Ils se distinguent par l'inclinaison des chaînes hydrocarbonées par rapport à la surface de l'eau. Dans la phase solide des monocouches d'acide gras, les chaînes hydrophobes sont verticales. La compression du film au-delà des dimensions propres des molécules engendre le « *collapse* » de la monocouche, caractérisé par la formation de multicouches à la surface de l'eau et la perte du caractère bidimensionnel du film monomoléculaire.
Le comportement interfacial d'une monocouche dépend des propriétés des molécules qui la composent (longueur et degré d'insaturation des chaînes hydrocarbonées, encombrement de la tête polaire) et des conditions expérimentales (température, composition de la sous-phase, pH, force ionique). Selon la nature de la molécule amphiphile et les conditions physico-chimiques, toutes les phases n'apparaissent pas. La transition directe de la phase gazeuse à la phase liquide condensé est souvent observée sur les isothermes des monocouches d'acides gras à longue chaîne. De même, la transition de phase entre la phase liquide expansé LE et la phase liquide condensé LC, notée LE-LC, apparaît le plus souvent sur les isothermes des monocouches de phospholipides. À la transition LE-LC, des domaines de phase condensée (LC) apparaissent dans la monocouche à l'état fluide (LE). Cette coexistence de phases peut être directement visualisée dans la monocouche par microscopie à l'angle de Brewster (voir le chapitre 9, paragraphe 5) ou par microscopie de fluorescence, après incorporation d'une sonde lipidique

fluorescente dans le film (la partition de la sonde entre la phase fluide et la phase condensée permet de visualiser les domaines lipidiques). À titre d'exemple, la figure 2.17 montre l'agrégation des molécules et l'apparition des domaines condensés dans une monocouche modèle de dipalmitoylphosphatidylcholine (DPPC) lors de sa compression. L'avènement de ces techniques de caractérisation des monocouches directement à l'interface air/eau a permis d'étudier l'agrégation et la morphologie des domaines condensés en fonction des conditions physico-chimiques (température, force ionique, chiralité des molécules) ou lors de l'interaction d'une molécule avec la monocouche (voir le paragraphe 3.2.3). Ces techniques sont actuellement en plein d'essor pour l'étude de la formation ou de la reconstitution des microdomaines des membranes biologiques.

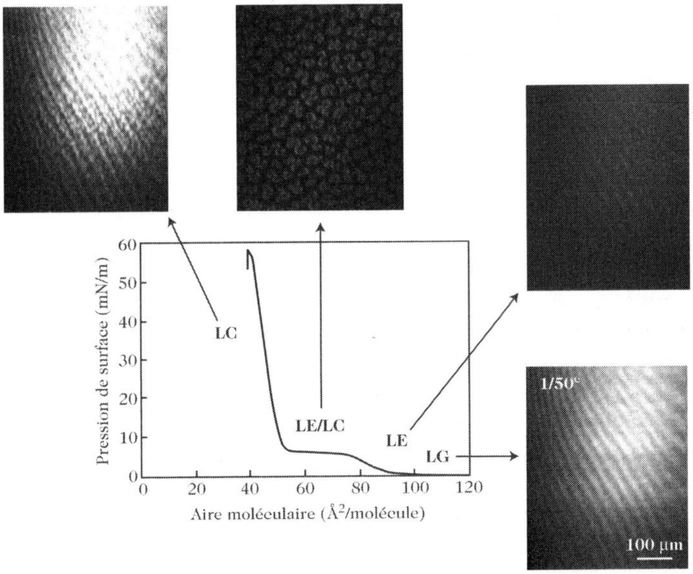

Figure 2.17. Formation de domaines condensés (en clair) lors de la compression d'une monocouche de dipalmitoylphosphatidylcholine (DPPC). Les observations sont réalisées en microscopie à l'angle de Brewster [21, 22]. De par leur abondance dans les membranes biologiques, les phosphatidylcholines sont souvent prises pour modèle dans les systèmes d'étude des membranes biologiques. (Température : 20 °C).

3.2.3. Intérêts des monocouches de Langmuir

Les monocouches de Langmuir constituent des modèles membranaires qui utilisent les propriétés d'auto-association des molécules lipidiques amphipathiques à l'interface air-eau. Leur principal avantage réside dans la possibilité d'obtenir un état parfaitement organisé à la surface de l'eau et de pouvoir contrôler cet état d'agrégation en fonction de la pression de surface imposée. Dans le secteur des nanobiotechnologies, l'intérêt des monocouches de Langmuir est double. D'une part, elles permettent de former des bicouches lipidiques supportées après transfert de la monocouche sur un support solide (voir le paragraphe 3.3.3) ; d'autre part, elles se prêtent à l'étude des interactions lipides/protéines, ou de macromolécules en général. En effet, une molécule (protéine, peptide) peut être injectée dans la phase aqueuse sous la monocouche. Son insertion dans le

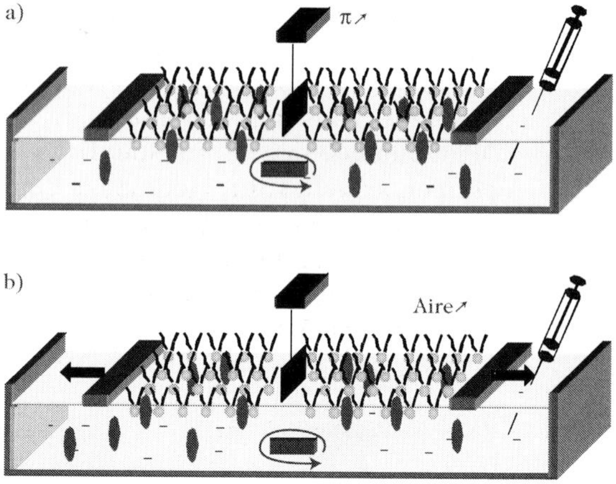

Figure 2.18. Étude de l'interaction d'une protéine ou d'un peptide à l'aide des monocouches de phospholipides. L'insertion d'une protéine ou d'un peptide dans la monocouche s'accompagne, soit d'une augmentation de la pression superficielle (a : surface constante), soit d'une augmentation d'aire (b : pression constante). Le suivi de l'augmentation de pression de surface à différentes pressions initiales permet de déterminer la pression d'exclusion de la protéine (pression maximale à partir de laquelle la protéine ne peut plus pénétrer dans la monocouche [27]). Le suivi de l'augmentation d'aire après injection à différentes pressions initiales permet d'estimer l'aire moléculaire apparente de la molécule ayant pénétré dans la monocouche (si et seulement si la variation obtenue est proportionnelle à la quantité injectée, ce qui peut être le cas pour des mesures à faibles pressions de surface [24]). La mesure de la pression d'exclusion correspond à la méthode la plus simple pour caractériser l'insertion d'une protéine dans une membrane lipidique et déterminer sa spécificité vis-à-vis de la nature du lipide constituant la monocouche. La comparaison de la pression d'exclusion à celle généralement admise pour correspondre à la pression latérale interne des membranes biologiques (30-35 mN/m selon leur composition [28]) permet d'évaluer la capacité d'intégration de la protéine dans la membrane.

film interfacial, indication d'une interaction, s'accompagne d'une augmentation de pression superficielle, si la surface est maintenue constante (figure 2.18a), ou d'une augmentation de surface, si la pression superficielle est maintenue constante (figure 2.18b) [23-27]. Cette topographie permet de simuler, dans des conditions proches de la réalité, des situations biologiques, ce qui se passe quand une molécule hydrosoluble dans le milieu extra-(ou intra-) cellulaire (peptide, protéines cytoplasmiques, hormones...) interagit à la surface de la membrane de la cellule (ou de l'organite) cible.

Par rapport à d'autres systèmes membranaires modèles, comme les vésicules (voir le paragraphe 3.1) ou les **BLM** (bicouches lipidiques maintenues à travers un orifice séparant deux compartiments aqueux, voir le paragraphe 3.5), tous les paramètres physico-chimiques de ce système d'étude, tels que la nature du phospholipide (tous les phospholipides ne se prêtent pas à la formation de vésicules), son état d'agrégation, la composition de la sous-phase (force ionique, pH) ou la température, sont rigoureusement contrôlés et peuvent être facilement modifiés [29]. Grâce à la géométrie plane des monocouches, toutes les molécules formant le film ont une orientation spécifique définie (absence de rayon de courbure qui impose des contraintes au niveau de la tête polaire). L'utilisation de ce système bidimensionnel parfaitement défini permet donc, par des mesures relativement simples, d'étudier les interactions de macromolécules, protéines ou peptides solubles extrinsèques, avec une couche lipidique monomoléculaire correspondant à un demi-feuillet membranaire. Ce système permet également d'étudier l'interaction de protéines membranaires ou à pied d'ancrage, mais dans ce contexte, ce modèle d'étude a ses limites puisqu'il n'est pas compatible avec la nature bicouche de la membrane biologique qui peut être indispensable à l'insertion des protéines intrinsèques.

Bien que les études des interactions lipides/protéines trouvent un intérêt essentiellement dans le cadre des études des relations structure/fonction de la membrane biologique, ce type d'approche peut conduire à la formation de monocouches mixtes, insérant des macromolécules par auto-association avec le feuillet lipidique. L'obtention de monocouches protéo-lipidiques à l'état condensé permet, après transfert sur support solide, de réaliser des arrangements supramoléculaires (voir le paragraphe 4.1) et de développer des membranes biomimétiques supportées, qui pourront servir, dans le cadre des nanobiotechnologies, à la fonctionnalisation de surfaces et au développement de capteurs biomimétiques (voir le paragraphe 5.1).

3.3. Membranes supportées

3.3.1. Bicouches lipidiques supportées

Les bicouches lipidiques formées sur un support solide, appelées bicouches lipidiques supportées ou simplement bicouches supportées, constituent un modèle de membranes très populaire actuellement. L'intérêt de ces systèmes en recherche fondamentale est directement relié au nombre grandissant de méthodes physicochimiques permettant d'étudier les phénomènes aux interfaces. Ces systèmes présentent d'autre part de nombreuses applications potentielles en biotechnologie. Les méthodes les plus utilisées pour la préparation de bicouches supportées sont le dépôt de liposomes, le transfert de type Langmuir-Blodgett, la combinaison de ces méthodes ou encore la modification de surface suivie de la rupture de liposomes. Les films de Langmuir-Blodgett sont traités au paragraphe 3.3.3.

Les bicouches lipidiques supportées obtenues par dépôt de liposomes sont appelées communément SPB ou SLB, pour « *Supported Phospholipid Bilayers* » ou « *Supported Lipid Bilayers* ». Nous utiliserons ici le terme plus général de SLB.

Les SLB ont été introduits comme système modèle de membranes biologiques au milieu des années 1980 lorsqu'il a été observé que de telles structures se forment spontanément lorsque des suspensions de liposomes ou de membranes biologiques sont déposées sur des lamelles de verre [30]. Un ensemble considérable de travaux ont été consacrés depuis à l'étude de ces systèmes [31-33].

Notre compréhension des processus impliqués dans le dépôt de vésicules lipidiques et la formation de SLB (figure 2.19) s'est considérablement améliorée récemment, en particulier grâce à l'avènement d'un ensemble de méthodes permettant de caractériser de manière très détaillée les processus moléculaires de surface. Ces méthodes sont principalement de deux types : d'une part des méthodes physicochimiques « d'ensemble » permettant de suivre en temps réel l'adsorption de molécules sur un substrat, de déterminer un ensemble de grandeurs thermodynamiques et cinétiques, et pour certaines d'entre elles de révéler les changements de conformation associés à la transition entre vésicules et bicouche. Parmi ces méthodes, les plus utilisées sont la microbalance à cristal de quartz avec mesure de la dissipation (QCM-D), l'ellipsométrie et la résonance de plasmons de surface (SPR). D'autre part, les méthodes d'imagerie, principalement la microscopie de force atomique (AFM) et les multiples méthodes de fluorescence, comme le FRAP (« *Fluorescence Recovering After Photobleaching* »), le TIRF (« *Total Internal Reflection Fluorescence* »), le FCS (« *Fluorescence Correlation Spectroscopy* »), etc., ont grandement contribué à fournir une information structurale locale, jusqu'à l'échelle de la molécule, ou de la vésicule, unique, sur les processus d'adsorption, les transitions entre vésicules et bicouche ou la dynamique des SLB.

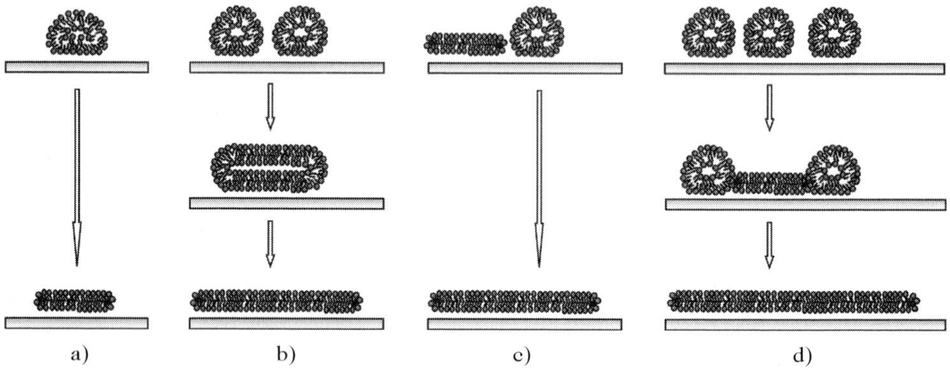

Figure 2.19. Mécanismes de rupture de liposomes sur support solide. **a)** Rupture spontanée des vésicules individuelles induite par leur déformation. **b)** Fusion de vésicules suivie par leur rupture. **c)** Le bord « actif » d'un domaine bicouche induit la rupture d'une vésicule voisine. **d)** Action coopérative de plusieurs vésicules aboutissant à la rupture, à une densité de couverture locale critique, d'une première vésicule entraînant la rupture en cascade des vésicules voisines [33].

L'adsorption des liposomes, leur déformation, leur fusion, leur rupture en domaines de type bicouche et la coalescence de ces domaines en une bicouche continue de grande taille dépourvue de défauts constituent des intermédiaires identifiés dans le processus de formation de SLB sur support solide.

Il est maintenant établi que la décomposition spontanée de vésicules lipidiques sur support solide hydrophile ne constitue pas un scénario unique. Plusieurs études reportent des exemples où l'adsorption de vésicules n'est pas suivie de leur rupture [34-36]. Cette dernière situation est d'ailleurs quasiment la norme dans le cas de membranes biologiques natives, la présence de protéines membranaires agissant comme frein à l'adhésion des fragments membranaires et à leur déformation [37, 38].

L'adsorption des liposomes et la formation de SLB sont des processus largement dominés par des interactions de nature électrostatique [34, 36, 39-41]. Quatre scénarios principaux sont observés lorsque des liposomes (SUV, EUV, LUV) sont mis en présence de supports de silice (SiO_2), de mica, d'oxyde de titane (TiO_2) ou de verre (figure 2.20). Le type de scénario observé dépend de la balance des interactions en jeu, entre vésicules et support, entre vésicules, et entre molécules de lipide au sein d'une vésicule. À forte attraction, les vésicules individuelles rompent spontanément et se transforment en domaines de type bicouche, la coalescence de ces domaines aboutissant à la formation d'une bicouche supportée continue (figure 2.20, scénario A). À forte répulsion, les vésicules ne s'adsorbent pas sur le support (figure 2.20, scénario D). Deux cas sont à distinguer pour des situations intermédiaires. À répulsion modérée, les vésicules ne rompent pas et une monocouche de vésicules lipidiques est obtenue (figure 2.20, scénario C). À attraction modérée, l'adsorption des vésicules n'est suivie de leur rupture coopérative que lorsque la densité de vésicules adsorbées atteint une densité critique, après quoi une bicouche supportée continue et sans défaut couvre entièrement la surface (figure 2.20, scénario B). Ce schéma est globalement valable pour la silice, le mica, l'oxyde de titane et le verre, qui sont tous des supports hydrophiles chargés négativement [36, 41, 42].

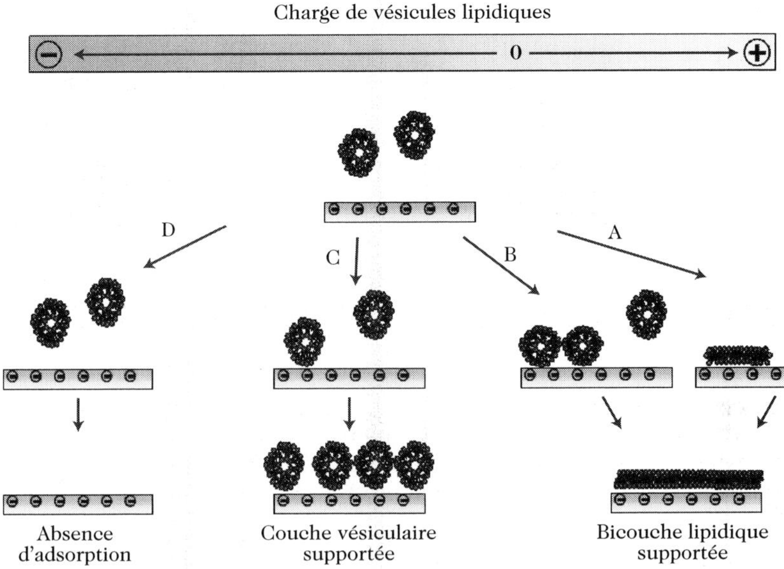

Figure 2.20. Schéma des principaux scénarios observés lors du dépôt de vésicules lipidiques sur support solide (adapté de Richter et al. [36]). **A)** Rupture spontanée des vésicules. **B)** Adsorption des vésicules suivie, à une densité de couverture locale critique, par un processus de rupture en cascade. Les scénarios A et B aboutissent à la formation d'une bicouche supportée. **C)** Formation d'une monocouche de vésicules. **D)** Absence d'adsorption.

Ces résultats résultent en majeure partie d'études réalisées conjointement par QCM-D et AFM, méthodes permettant de caractériser les processus d'adsorption et de changement de conformation à des résolutions inaccessibles auparavant [35, 36, 41, 43-45]. La méthode QCM-D [46] (voir le chapitre 9, paragraphe 6) permet de révéler la transition entre vésicule adsorbée et domaine de type bicouche, et est par conséquent particulièrement bien adaptée à cette problématique (figure 2.21). L'AFM permet quant à elle de suivre en direct l'adsorption des vésicules, leur rupture, la dynamique des domaines lipidiques, la coalescence de ces domaines ainsi que la présence de défauts (figure 2.22).

La combinaison de plusieurs méthodes d'investigation à l'étude d'un même processus, comme ici la formation de bicouches supportées, est une approche largement appliquée dans le domaine des nanotechnologies. Il faut cependant remarquer que les méthodes de caractérisation ne sont fréquemment applicables qu'à un nombre restreint de supports ; ainsi la SPR nécessite des supports en or, alors que l'AFM nécessite des supports plans tels que le mica ou le silicium. Il est par conséquent important de ne pas extrapoler les conclusions obtenues sur un substrat donné à d'autres substrats, tant la nature du support – composition chimique, charge, rugosité, hydrophilie, etc. – joue un rôle déterminant pour un grand nombre de processus étudiés.

L'influence de facteurs chimiques et physico-chimiques – composition des vésicules, état physique des lipides, température, taille des liposomes, force ionique, pH, etc. – sur la formation de bicouches supportées a été largement étudiée

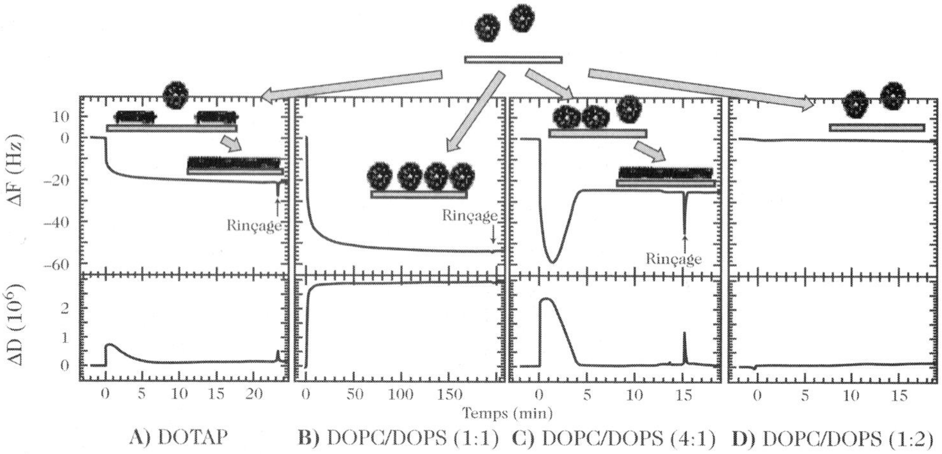

Figure 2.21. Dépôt de vésicules lipidiques sur support de silice, par QCM-D (adapté de Richter *et al.* [36]). La méthode QCM-D permet de mesurer en temps réel l'adsorption de composés sur la surface d'un capteur de quartz. Les variations de la fréquence de résonance du capteur (ΔF) et de la dissipation (ΔD) permettent respectivement de déterminer la masse de l'adsorbat et de caractériser la nature visco-élastique du couplage entre l'adsorbat et le support. La sensibilité de la mesure est environ 10 ng/cm^2 et la résolution temporelle est de l'ordre de la seconde. Les SUV utilisées présentent les compositions et charges nettes suivantes (à pH neutre) : **A)** DOTAP : charge nette positive ; **C, B, D)** DOPC:DOPS (4:1), (1:1), (1:2) : charges nettes négatives croissantes. **A)** Les SUV de DOTAP s'adsorbent et se décomposent instantanément, aboutissant à la formation d'une SLB. **C)** Les SUV de DOPC:DOPS (4:1, w/w) s'adsorbent jusqu'à une certaine densité critique, au-delà de laquelle elles se transforment en domaines de type bicouche qui coalescent et forment une SLB. **B)** Les SUV de DOPC:DOPS (1:1) s'adsorbent et restent intactes, formant une monocouche de vésicules. **D)** Les SUV de DOPC:DOPS (1:2) ne s'adsorbent pas sur le support de silice. DOTAP : dioléoyltriméthylammonium propane ; DOPC : dioléoylphosphatidylcholine ; DOPS : dioléoylphosphatidylsérine.

[35, 44, 45, 47]. La déformation des vésicules, leur rupture et la formation des bicouches supportées sont des processus dominés par les interactions de nature électrostatique, principalement entre les vésicules et le support solide. Plusieurs études ont mis en avant le rôle clef joué par les ions calcium et les lipides chargés négativement dans la formation des SLB [34w-36, 42]. Ainsi, alors qu'il a été longtemps considéré que l'oxyde de titane était un support où les vésicules ne se transformaient pas en bicouche, sur la base d'expériences réalisées avec des lipides neutres comme le DOPC, des travaux récents ont clairement démontré la formation de bicouche supportée sur oxyde de titane à partir de liposomes contenant du DOPS, lipide chargé négativement, en présence d'ions calcium [33, 42].

Il est communément admis qu'une couche d'eau d'un à quelques nm d'épaisseur sépare le support de la bicouche lipidique [48]. Si la nature des interactions entre support et bicouches lipidiques est encore largement inconnue, il a été récemment montré que la nature du support peut influencer la distribution des lipides dans les deux feuillets d'une bicouche [49]. Alors que le DOPS se distribue de manière symétrique sur les deux feuillets d'une SLB sur support de silice, la distribution du DOPS est fortement asymétrique sur supports de mica ou d'oxyde de titane [50].

L'analyse par AFM de la stabilité des vésicules lipidiques adsorbées permet de distinguer plusieurs situations, en fonction de la nature du support et des lipides. Les vésicules peuvent soit se rompre instantanément (cas de SUV DOTAP sur silice, voir la figure 2.20A), soit rester stables sur des périodes de plusieurs jours (cas de

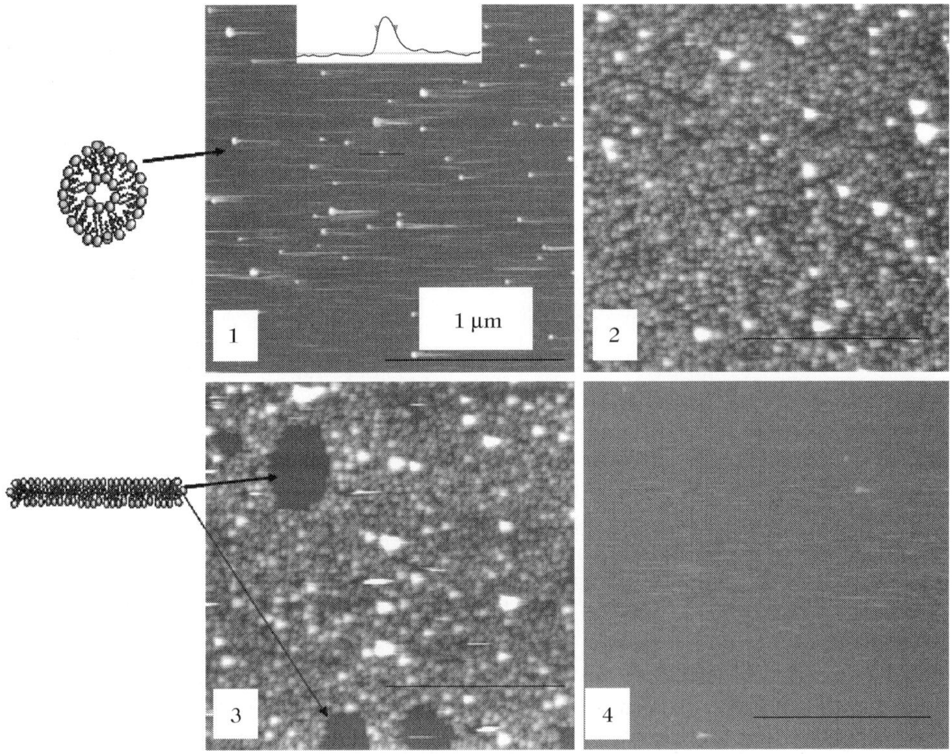

Figure 2.22. Images AFM d'états intermédiaires observés lors de la formation d'une bicouche supportée (adapté de Richter *et al.* [36], avec l'autorisation du Biophysical Journal). Le support de silice est exposé à des quantités croissantes de SUV composées de DOPC : DOPS (4:1). **1)** Vésicules individuelles adsorbées ; dans l'encadré, histogramme d'une vésicule de 12 nm de hauteur et 25 nm de largeur. **2)** Haute densité de vésicules. **3)** Plusieurs domaines de type bicouche se sont formés et coexistent avec des vésicules intactes. **4)** Bicouche supportée couvrant entièrement le support. Taille des images : 2 µm ; échelle de hauteur : 50 nm.

SUV DOPC:DOPS (1:1) sur silice, voir la figure 2.20C), mais également se rompre avec une cinétique de l'ordre de l'heure (cas de SUV DOPC:DOPS (4:1) sur mica [50]). Ce dernier cas est certainement à relier à l'anisotropie de distribution des lipides, suggérant qu'un mécanisme de type « flip-flop » est responsable de cette asymétrie [33, 50].

En conclusion, les processus impliqués dans la formation de bicouches lipidiques sur support solide commencent à être décryptés. Les études à venir permettront de préciser la nature exacte des forces qui s'exercent sur les vésicules, menant à leur rupture et à la formation des bicouches supportées.

3.3.2. Nanostructuration de surfaces par des bicouches lipidiques supportées

Le développement de systèmes miniaturisés de type puce – à ADN, protéines ou cellules – est au centre de nombreuses recherches en raison des applications biotechnologiques de ces systèmes. Diverses méthodes de structuration de surface, incluant la photolithographie, l'impression par contact (*µ-contact printing*), le dépôt de nanogouttes, ainsi que diverses approches chimiques, ont été récemment développées.

La structuration de surface à l'aide de bicouches lipidiques supportées a été réalisée, tirant avantage de la différence de comportement de certains supports vis-à-vis de l'adhésion de vésicules et de la formation de bicouche supportée [42, 51] (figure 2.23).

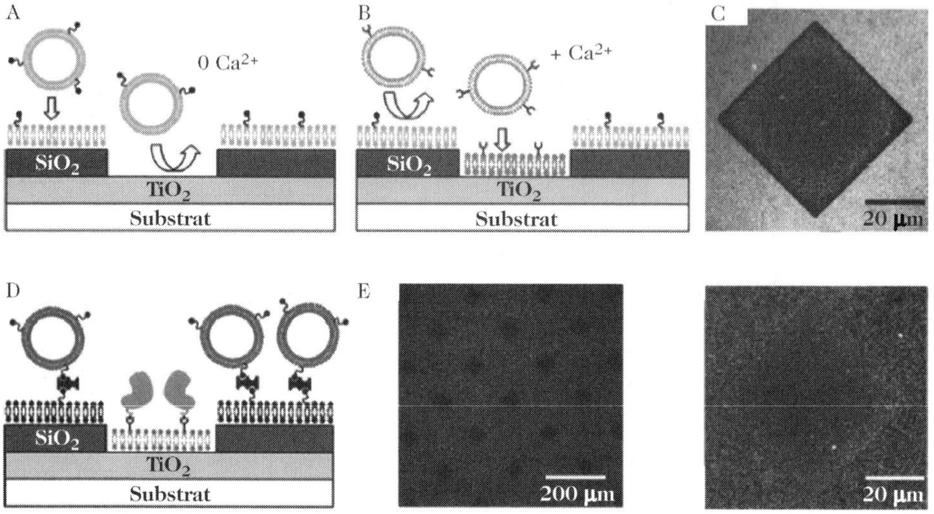

Figure 2.23. Nanostructuration de substrats au moyen de bicouches supportées. Reproduit avec autorisation d'après [42]. Copyright 2005, American Chemical Society. **A)** Lorsque des vésicules contenant un mélange de DOPC et DOPS sont additionnées en l'absence de Ca^{2+} à des substrats présentant la juxtaposition de zones de silice et d'oxyde de titane, une bicouche se forme sur la silice alors que les vésicules ne s'adsorbent pas sur l'oxyde de titane. **B)** En présence de Ca^{2+}, les vésicules contenant du DOPS forment une bicouche sur les zones d'oxyde de titane. **C)** Image de microscopie de fluorescence montrant la présence de deux types de bicouche ; marquage au TRITC (rouge) sur le titane et au NBD (vert) sur la silice. **D)** Schéma montrant l'addition de différents groupes fonctionnels -biotine, Ni-NTA- dans les bicouches. **E)** Images de microscopie de fluorescence montrant la liaison de la protéine GFP (vert) via une étiquette histidine à une bicouche contenant des lipides Ni-NTA sur les zones d'oxyde de titane ; les zones fluorescentes rouges correspondent à des vésicules, contenant un lipide fluorescent, immobilisées via la streptavidine à une bicouche biotinylée. Voir le cahier couleurs au milieu de l'ouvrage.

3.3.3. Films de Langmuir-Blodgett (LB)

La technique de Langmuir-Blodgett a été inventée en 1935 par I. Langmuir et K. Blodgett [52, 53], qui eurent l'idée de prélever les films monomoléculaires formés à la surface de l'eau pour les transférer sur une surface solide. Depuis, cette technique a largement été développée et elle constitue aujourd'hui l'une des techniques d'ingénierie supramoléculaire permettant le dépôt de film mince où l'on peut contrôler l'orientation et l'épaisseur du film. La technique de Langmuir-Blodgett (LB) permet notamment de préparer des empilements lipidiques, avec un contrôle rigoureux de l'épaisseur (de l'ordre du nanomètre) et de l'organisation moléculaire.

■ Principe et avantages de la technique de Langmuir- Blodgett

Cette technique est basée sur la propriété des molécules amphiphiles insolubles, comme les lipides, les phospholipides ou les glycolipides, à former un film monomoléculaire organisé à l'interface air-eau (voir le paragraphe 3.2). Lorsque ce film est comprimé et que la cohésion des molécules est suffisante (généralement en phase **liquide condensé**), la monocouche peut être prélevée et transférée comme un « tapis » sur un support solide traversant verticalement l'interface (figure 2.24). Selon la nature hydrophile ou hydrophobe du support, la première couche sera transférée respectivement lors de l'émersion ou de l'immersion de la lame. Le passage successif du support à travers la monocouche maintenue à pression constante permet d'obtenir, couche monomoléculaire après couche monomoléculaire, des empilements lipidiques supportés, appelés **films de Langmuir-Blodgett**, dont l'épaisseur et la nature hydrophile ou hydrophobe de leur surface va dépendre du nombre de couches déposées.

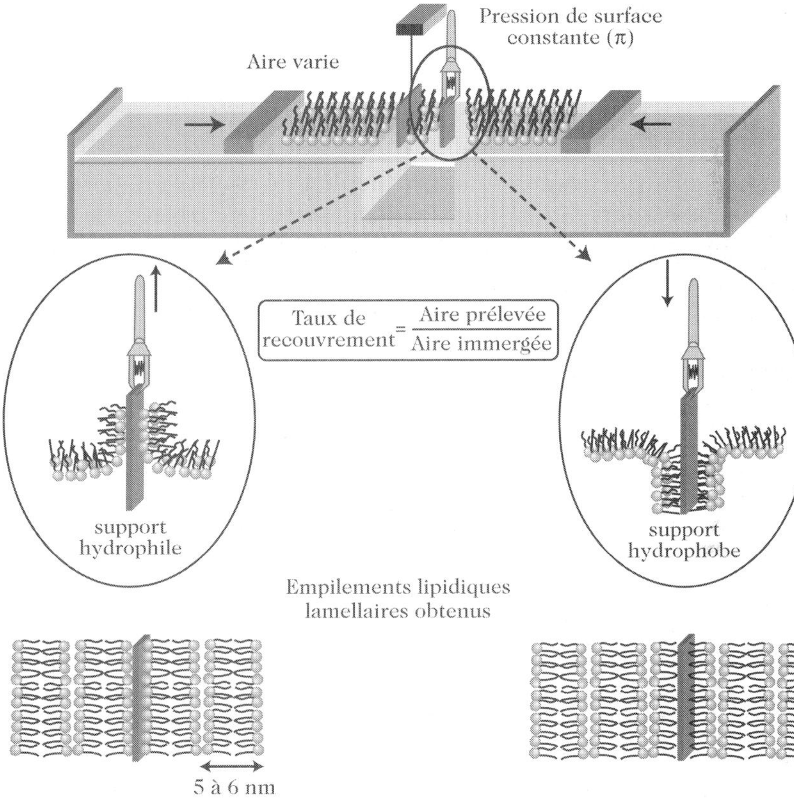

Figure 2.24. Principe du transfert de couches par la technique de Langmuir-Blodgett. Pendant le transfert, la monocouche est maintenue à pression constante. La variation d'aire liée au prélèvement de la monocouche et induisant une chute de la pression superficielle dans le film est alors compensée par l'avancée des barrières mobiles. Cette variation permet de calculer le taux de recouvrement de la lame. Ce dernier est défini comme le rapport de l'aire de la monocouche prélevée à la surface de l'eau pendant le transfert sur l'aire théorique du support immergé. Le taux de recouvrement est un indicateur de la qualité du prélèvement. Le transfert est totalement efficace quand le taux de transfert est égal à 1.

Le transfert des molécules lipidiques conduit généralement à un empilement en bicouche, pour lequel le dépôt des monocouches se fait à chaque traversée du support. Ce type de dépôt correspond à un prélèvement de **type Y**, qui est représentatif de l'organisation naturelle des membranes biologiques (figure 2.25b). Cependant, selon la balance amphiphile des molécules, la nature du substrat et les conditions de transfert (pression de transfert, vitesse des dépôts, pH et composition de la sous-phase), le prélèvement de la monocouche peut avoir lieu uniquement à l'immersion (prélèvement de **type X**, figure 2.25a) ou à l'émersion du support (prélèvement de **type Z**, figure 2.25c).

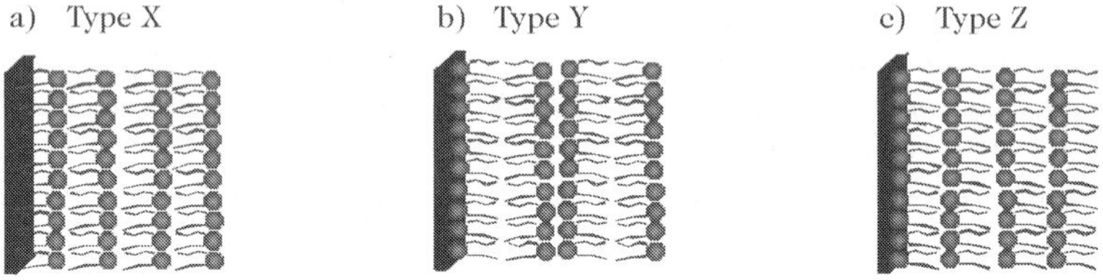

Figure 2.25. Différents types de prélèvement des films de Langmuir-Blodgett. Le prélèvement de type Y correspond au prélèvement le plus stable. Compte tenu de la nature amphiphile des molécules, des réorganisations peuvent intervenir dans les structures de type X (ou Z) pour que les molécules adoptent au final une structure de type Y [54].

La technique de Langmuir-Blodgett permet un contrôle rigoureux de chacune des étapes de la préparation des films supportés (contrôle de la formation du film interfacial, préparation du support, paramètres de transfert). L'avantage principal des membranes obtenues par prélèvement de couches lipidiques, et des films de Langmuir-Blodgett en général, se trouve dans l'obtention d'un arrangement moléculaire hautement organisé à la surface de l'eau, qui peut être conservé durant le transfert sur le support lorsque **tous** les paramètres de transfert sont optimisés (pression de surface, vitesse de plongée du support, température, composition de la phase aqueuse). Des conditions expérimentales strictement optimisées, quasiment pour chaque type de molécule, sont nécessaires pour obtenir des résultats reproductibles. Des changements subtils dans ces conditions peuvent être à l'origine des modifications du comportement de la monocouche lors de son transfert. Le lecteur trouvera dans les différents ouvrages consacrés aux films de Langmuir et de Langmuir-Blodgett [17-19] une description détaillée des conditions expérimentales requises pour assurer la qualité de la formation de la monocouche et de son transfert sur support solide (pureté du matériel lipidique, choix du solvant pour l'épandage des molécules, pureté de l'eau et des composés constituant la phase aqueuse, contrôle de la température de la sous-phase, nettoyage de l'interface, environnement de la cuve (table anti-vibrations, atmosphère contrôlée), préparation des supports...).

Cas particulier des films LB de phospholipides

Dans le cadre des membranes biomimétiques, les films de Langmuir-Blodgett constitués de phospholipides et/ou de glycolipides sont évidemment les plus représentatifs. Cependant, ces molécules sont des lipides complexes (voir le paragraphe 2.1). Elles sont constituées de deux chaînes hydrocarbonées par molécule (pas forcément de la même longueur) et leur tête polaire, qui peut-être chargée, est généralement très hydratée. La coque d'hydratation primaire de la tête polaire d'une molécule de phosphatidyléthanolamine ou de phosphatidylcholine est constituée respectivement de 5 ou de 20 molécules d'eau [55] ; l'hydratation des têtes polaires des glycolipides dépend du nombre d'unités glucidiques qui la compose. De par cette structure complexe, les lipides membranaires ne se

transfèrent pas toujours facilement et les structures produites sur des supports hydrophiles ne sont pas toujours parfaitement de type Y. À cause de la forte affinité des têtes polaires pour les milieux aqueux, il n'est pas rare que la première couche transférée à la remontée du support se réétale à la surface de l'eau lorsque le support retraverse l'interface à l'immersion. De même, après dépôt de quelques couches, l'efficacité de transfert peut diminuer et les forces d'interaction qui s'établissent entre la dernière couche transférée et le film interfacial ne sont pas toujours suffisantes pour « arracher » la monocouche de la surface de l'eau. Cependant, les phospholipides qui présentent une tête polaire de dimension réduite, comme l'acide phosphatidique (voir la figure 2.2a), forment généralement des empilements en bicouche avec un bon taux de recouvrement [56, 57]. L'ajout de cations divalents dans la phase aqueuse ou le mélange de phospholipides entre eux, ou avec des acides gras, permet généralement d'améliorer l'efficacité de transfert des films phospholipidiques. De la même façon, un traitement de surface comme notamment l'oxydation de surface, le dépôt d'une fine couche de métal ou de films lipidiques LB constitués d'acides gras, peut renforcer l'interaction de la première couche transférée avec le support et éviter son réétalement. Généralement, l'utilisation d'un substrat très hydrophile permet de contrebalancer la forte affinité des têtes polaires pour leur support aqueux et favorise l'adhésion de la première couche.
À cet égard, le silicium est un support adéquat pour former des bicouches phospholipidiques de bonne qualité [58]. Les propriétés de surface de ce type de matériau permettent, par effet condensant, de renforcer l'adhésion des molécules et de favoriser leur orientation (par rapport à la surface du support) pour que les interactions avec la couche suivante puissent s'établir favorablement et faciliter le transfert. Sur ce type de support, il est possible de transférer jusqu'à 21 couches d'acide dipalmitoylphosphatidique et jusqu'à 5 couches lorsqu'il est mélangé avec de la dipalmitoylphosphatidylcholine [58]. Pour éviter le dé-transfert de la première couche, Tamm et McConnell [59] ont proposé en 1985 une approche combinée pour élaborer des bicouches lipidiques sur un support hydrophile (figure 2.26). Dans cette méthode, la première couche est déposée par transfert vertical de Langmuir-Blodgett. Le support est ensuite retourné à 90 ° et approché horizontalement à la surface de la monocouche. La poussée du support au travers de l'interface permet le dépôt de la seconde couche (transfert horizontal de Langmuir-Schaefer). Après transfert, la bicouche se trouve immergée dans la phase aqueuse.

Bicouches asymétriques

La technique de Langmuir-Blodgett permet de préparer des bicouches asymétriques, que l'on appelle **couches alternées**. Dans les couches alternées, la composition de chaque feuillet lipidique est différente. Ces couches sont obtenues par passages successifs du support à travers des monocouches de composition différente (figure 2.27). Ce type de couches permet dans une certaine mesure de reproduire la composition asymétrique des membranes biologiques. En effet, la composition lipidique du feuillet interne d'une membrane biologique diffère le plus souvent de celle du feuillet externe. À titre d'exemple, nous pouvons citer la composition de la membrane de l'érythrocyte (globule rouge) humain. Le feuillet interne est enrichi en phosphatidyléthanolamines (voir la figure 2.2c), phosphatidylinositols (voir la figure 2.2d) et phosphatidylsérines

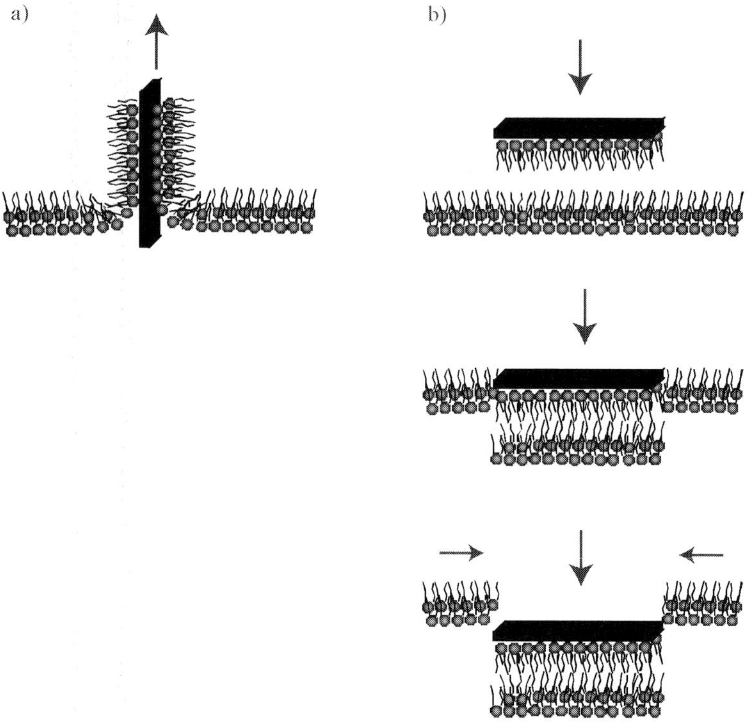

Figure 2.26. Mode de déposition mixte d'une bicouche de phospholipides sur support solide. **a)** La première couche est prélevée par transfert vertical de Langmuir-Blodgett. **b)** La seconde couche est déposée par transfert horizontal selon la méthode de Langmuir-Schaefer. Après transfert, la bicouche est immergée dans la phase aqueuse.

(voir la figure 2.2e), alors que le feuillet externe contient plus de phosphatidylcholines (voir la figure 2.2b) et de sphingolipides (voir la figure 2.5b) [60]. Les membranes asymétriques peuvent aussi être produites par la méthode couplée de Langmuir-Blodgett et de Langmuir-Schaefer [61].

Les membranes asymétriques formées par dépôt de Langmuir-Blodgett trouvent actuellement un champ d'application dans l'étude de la séparation de phase et la formation des microdomaines lipidiques membranaires dans des structures lamellaires [62-66]. En effet, les membranes biologiques ne sont plus considérées aujourd'hui comme des systèmes totalement fluides, comme l'avait proposé en 1972 Singer et Nicolson avec le modèle de la mosaïque fluide [67]. De plus en plus d'évidences expérimentales tendent à montrer qu'il existerait au sein de cette structure fluide des microdomaines membranaires condensés, enrichis en cholestérol et sphingolipides, appelés « radeaux lipidiques » [68]. Ces microdomaines joueraient un rôle crucial dans de nombreuses fonctions cellulaires, comme l'endocytose [68], la transduction des signaux biologiques [69-72] ou encore l'adressage moléculaire (tri et transport spécifique des lipides et des protéines à des localisations précises de la membrane plasmique) [73]. L'étude de l'agrégation des lipides et des protéines constitutives de ces microdomaines, en monocouches à l'interface air/eau ou en bicouches asymétriques supportées, permet aujourd'hui de mieux comprendre les mécanismes de formation et l'organisation de ces microdomaines.

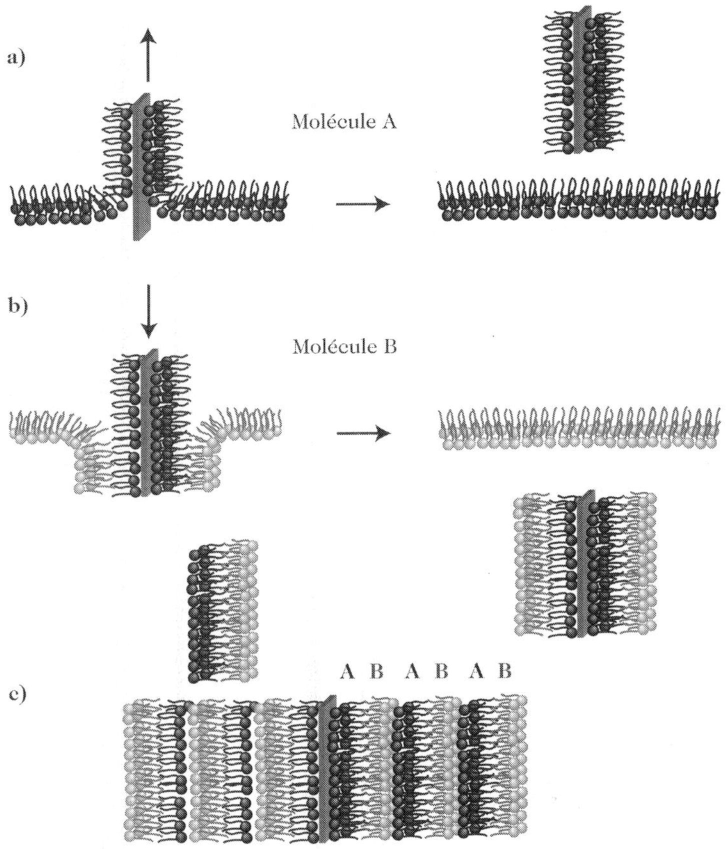

Figure 2.27. Couches alternées de Langmuir-Blodgett. Les couches alternées LB sont produites **a)** en ressortant le support au travers d'une monocouche formée d'un composé A, puis **b)** en réimmergeant le support au travers d'une monocouche constituée d'un composé B, et ainsi de suite. **c)** Arrangement final de couches alternées constituées de plusieurs bicouches.

Enfin, la méthode de transfert des couches LB alternées permet de produire des bicouches dont le premier feuillet est constitué de phospholipides zwitterioniques et le second de phospholipides anioniques. De telles structures peuvent servir de supports membranaires à l'incorporation de protéines, puisque beaucoup d'entre elles s'associent aux membranes via des interactions avec les phospholipides anioniques [74].

Caractérisation des films LB

Un large éventail de techniques permet la caractérisation des films LB. Ces techniques sont listées dans le tableau 2.3 et les informations déduites brièvement présentées. Par simplicité pour le lecteur, qui pourra se référer aux articles cités dans la légende du tableau, nous avons préféré conserver la terminologie anglaise de ces différentes techniques, leurs abréviations étant le plus souvent connues sous le sigle de langue anglaise.

La technique de Langmuir-Blodgett est une technique attractive pour former des films structurés et parfaitement organisés. Cependant, avec l'avènement des

Tableau 2.3. Vue générale des techniques les plus pertinentes pour la caractérisation de la structure et de l'organisation des films LB.

Techniques	**Informations déduites**
Ellipsometry	Détermination de l'épaisseur (précision 2 Å) et de l'indice de réfraction.
Neutron diffraction, neutron reflection	Information structurale, épaisseur globale du film LB, épaisseur moyenne d'une couche moléculaire.
X-ray diffraction	Épaisseur des multicouches, épaisseur d'une monocouche, périodicité entre les plans, profil de densité électronique normale au plan du substrat (arrangement moléculaire : empilement tête-tête ; queue-queue), structure cristalline des films LB (orientation des chaînes hydrocarbonées, verticales ou inclinées).
Grazing Incidence - X-ray Diffraction (GIXD)	Informations sur les paramètres du réseau moléculaire dans le plan de la structure (parallèle au feuillet) et inclinaison des chaînes hydrocarbonées.
Electron diffraction • Transmission Electron Diffraction (TED) • Reflection High Energy Electron Diffraction (RHEED) • Low Energy Electron Diffraction (LEED)	• Distances intermoléculaires dans le plan, structure cristalline, défauts. • Informations structurales dans le plan, direction et inclinaison des chaînes aliphatiques. • Distances entre les chaînes.
Infrared spectroscopy • Polarized IR Spectroscopy, Infrared Reflection Adsorption Spectroscopy (IRRAS), Attenuated Total Reflection – Fourier Transform Infrared (ATR-FTIR)	• Conformation des chaînes hydrocarbonées, degré d'ionisation de la tête polaire, liaisons hydrogène et changements structuraux. • Organisation et inclinaison des chaînes hydrocarbonées, orientation moléculaire.
Surface-Enhanced Raman Spectroscopy (SERS)	Conformation des chaînes alkyles et de la tête polaire, interaction de biomolécules avec les films LB.
• X-ray Photoelectron Spectroscopy (XPS) • Electron Spectroscopy for Chemical Analysis (ESCA)	Analyse quantitative de la composition chimique.
Optical microscopies • Nomarski differential interference contrast microscopy • Fluorescence Near-field Scanning Optical Microscopy (FL-NSOM)	• Visualisation des défauts cristallins biréfringents, différence de marche dans l'épaisseur optique du film LB (différence d'épaisseur entre deux monocouches) (précision 30 Å ; résolution latérale 1 μm). • Orientation des molécules, morphologie des domaines lipidiques, défauts à la circonférence des domaines, microcollapses (résolution latérale 0,1 μm).
Electron microscopies • Scanning Electron Microscopy (SEM) • Transmission Electron Microscopy (TEM) (with shadowing, replication, silver decoration and charge decoration)	Morphologie de surface, structure des domaines lipidiques, patterns, trous et défauts (domaines cristallins inhomogènes, microcollapses,...). Résolution : 5 nm (SEM) ; 2 nm (TEM).
Scanning Tunnelling Microscopy (STM) Atomic Force Microscopy (AFM)	Topographie de surface, morphologie des domaines lipidiques, visualisation des défauts (grains, trous, hétérogénéité latérale, différences d'inclinaison, etc.), organisation moléculaire (résolution latérale 0,2 nm).

Pour de plus amples détails sur ces différentes techniques, le lecteur peut se référer à différents ouvrages (Roberts [17], Ulman [18], Petty [19], Tredgold [75]) et publications (Peng *et al.* [172] pour le GIXD, Saint-Pierre Chazalet *et al.* [173] et Heywang *et al.* [174] pour le SERS, Leverette et Dluhy [175] pour le SERS et l'IRRAS, Vandevyver et Barraud [176] pour la microscopie, Nomarski, Dufrêne et Lee [79], Rinia et de Kruijff [82], Sanchez et Badia [177] et le chapitre 7 de ce livre pour l'AFM, Cordero *et al.* [81], Hollars et Dunn [178] pour le FL-NSOM). Les lecteurs trouveront également des informations sur le principe de la STM et de l'AFM dans le livre « *Les Nanosciences : 1. Nanotechnologies et nanophysique* », édité par Marcel Lahmani, Claire Dupas et Philippe Houdy aux éditions Belin (2004) [179].

techniques fines de caractérisation de surface, un certain nombre de défauts ont pu être identifiés. Il s'agit notamment de différences d'inclinaison dans les chaînes hydrocarbonées [75], de formation de domaines cristallins inhomogènes [76], de trous à l'échelle nanométrique [74, 77-80], de collapses locaux [81], de vides correspondant à des zones non recouvertes [62], des hétérogénéités latérales et entre bicouches [82]. Aujourd'hui, certains défauts sont identifiés comme inhérents aux propriétés mêmes des molécules constituant le film, comme l'apparition de domaines cristallins présentant des inclinaisons différentes ou la ségrégation lipidique entraînant des hétérogénéités dans les bicouches. D'autres (c'est-à-dire les vides) peuvent être éliminés par optimisation des techniques de transfert couplées aux méthodes fines de caractérisation. Il faut noter cependant que la présence de certains défauts, comme les trous à l'échelle moléculaire, qui peuvent créer des défauts électriques, limite l'application des films LB dans des structures type électrodes-molécules-électrodes. À l'inverse, quelques applications, comme la structuration de surface, peuvent tirer partie des discontinuités engendrées par les instabilités du ménisque lors du transfert de la monocouche pour créer dans une bicouche des canaux à l'échelle nanométrique [83-86]. Cependant, la formation de membranes biomimétiques et leurs applications dans le champ des nanobiotechnologies peuvent être envisagées si les films lipidiques forment des structures homogènes.

Nous avons déjà abordé les difficultés liées au transfert des monocouches de phospholipides. En effet, il n'est pas rare que le taux de recouvrement de la seconde couche déposée à l'immersion quand les chaînes hydrocarbonées doivent interagir avec celles de la première couche transférée sur un support hydrophile soit compris entre 0,5 et 1,0, ce qui théoriquement doit être interprété comme un transfert incomplet [57, 74, 78, 86-89]. À l'aide d'une analyse combinée des valeurs des taux de recouvrement et des structures obtenues observées en AFM, Bassereau et Pincet ont proposé en 1997 [78] une explication à ce phénomène. Il est possible que lors du transfert de la seconde couche, quelques molécules de la première couche déjà transférée désorbent du substrat et rejoignent le film interfacial. Dans ces conditions, le taux de recouvrement inférieur à l'unité n'est pas significatif d'un transfert de mauvaise qualité (c'est-à-dire chevauchement des molécules), mais reflète la balance entre les molécules du film interfacial en train d'être transférées et celles quittant le support. La désorption des molécules de lipides pendant le transfert de la seconde couche est à l'origine des trous visualisés par AFM à l'échelle nanométrique dans différentes bicouches phospholipidiques [62, 74, 78, 86]. Leur nombre, leur forme et leur taille (entre 30 nm (ordre de grandeur d'une pointe AFM) et 500 nm [78]) dépendent de la pression et de la vitesse de transfert du film, du nombre de défauts dans la couche inférieure, du type de lipides utilisés et de leur état de condensation à la surface de l'eau [74, 78]. De façon générale, leur taille et leur densité décroissent avec une augmentation de la vitesse ou de la pression de transfert [78]. Comme le phénomène de désorption dépend de la balance entre l'énergie d'adsorption des molécules sur le support et celle des molécules à l'interface air/eau, la diminution de la tension superficielle liée à la compression du film interfacial réduit l'affinité des têtes polaires pour l'interface air/eau et favorise l'adsorption des molécules sur le support [78]. L'état de condensation de la monocouche à l'interface déterminera donc le nombre de molécules de la première couche qui quitteront le support durant le transfert de la seconde et généralement, moins de défauts sont présents dans la bicouche si le second feuillet est transféré à de plus fortes pressions superficielles, c'est-à-dire **quand la monocouche est en phase liquide condensé**, LC [66, 74, 80, 90]. D'autre part, la formation de bicouches asymétriques conduit généralement à l'obtention de bicouches plus uniformes. À titre d'exemple, nous pouvons citer le cas des bicouches constituées par un premier feuillet de phosphatidyléthanolamines et d'un second de phosphatidylcholines [65, 74, 78], ce qui reflète l'asymétrie naturelle des membranes biologiques. Dans ce cas, l'orientation verticale des chaînes hydrocarbonées des phosphatidyléthanolamines favorise le transfert de la monocouche de phosphatidylcholines, qui présente des chaînes inclinées, en évitant le dé-transfert.

La présence de trous perforant la bicouche dans les films LB de phospholipides peut apparaître surprenante puisque les phospholipides, remis en suspension dans l'eau, s'auto-associent et s'auto-organisent en vésicules formées de bicouches parfaitement scellées (voir le paragraphe 2.2). Comme le rapportent Bassereau et Pincet [78], le phénomène de désorption est probablement commun à tous les systèmes de bicouches supportées. D'autre part, comme l'ont récemment souligné Benz *et al.* en 2004 [80], la formation de trous dans les membranes supportées peut être reliée à l'existence temporaire (de quelques picosecondes) de pores aqueux dans les membranes libres suffisamment minces, formées de phospholipides à chaînes moyennes (C12, C14) [91]. Finalement, le transfert LB d'une bicouche de phospholipides sur un support hydrophile est de loin l'approche la plus pertinente pour élaborer des membranes biomimétiques. Il faut noter cependant que la totalité de la bicouche ou une partie du feuillet externe peut se décrocher du support quand l'ensemble « bicouche/support » traverse verticalement une interface d'eau pure. Ce phénomène de « détachement » est de nouveau lié à la balance des énergies d'interactions entre la tête polaire du lipide sur le support et leur affinité pour l'interface air/eau et la force des interactions hydrophobes entre les chaînes hydrocarbonées des deux couches consécutives. Aussi, une bicouche de lipides déposée sur une surface hydrophile nécessite d'être manipulée avec la plus grande précaution pour éviter tout problème de désorption [78] et maintenir la stabilité de son feuillet externe [80]. Pour préserver son intégrité, la bicouche supportée doit idéalement être maintenue en milieu aqueux. Après transfert de la dernière couche à l'immersion du support, la bicouche supportée peut être récupérée dans un petit container placé initialement dans la phase aqueuse avant la formation de la monocouche à l'interface et le transfert de la bicouche [62, 63, 65, 66, 74, 78, 80, 92]. Cette précaution permet de surcroît de travailler avec des bicouches parfaitement hydratées, ce qui est l'état le plus représentatif des membranes biologiques baignées dans le milieu intra- et extra-cellulaire. À n'en pas douter, le succès des applications des membranes biomimétiques dans le champ des nanobiotechnologies dépendra fortement de la compréhension des propriétés fondamentales d'auto-organisation de la membrane elle-même.

En conclusion, nous retiendrons que par rapport à d'autres modèles membranaires, **la technique de Langmuir-Blodgett permet d'obtenir des bicouches lipidiques structurées et organisées sur différents types de support** (silice, mica, silicium, platine,...). La formation de bicouches homogènes et uniformes par adsorption de liposomes n'est pas toujours possible sur n'importe quel type de supports. Grâce à leur structure morphologique de type lamellaire (empilement de type Y), reproductible quand tous les paramètres de transfert sont optimisés, les films de Langmuir-Blodgett permettent de réaliser des modèles d'étude membranaires après insertion d'un élément biologique (voir le paragraphe 4.1). Elles apparaissent comme des supports de choix pour fabriquer directement à la surface d'un transducteur des assemblages moléculaires protéo-lipidiques organisés. De plus, la production de membranes asymétriques, reflétant celle des membranes biologiques, offrent de nouvelles opportunités pour développer des systèmes biomimétiques intégrant des systèmes de reconnaissance membranaire complexes. Dans le champ des nanobiotechnologies, l'élaboration de bicouches lipidiques fonctionnalisées sur support de silicium apparaît prometteuse pour réaliser la miniaturisation de systèmes hybrides bioélectroniques.

3.4. Membranes suspendues

Les bicouches lipidiques supportées (SLB), formées par adsorption de liposomes sur un support hydrophile, sont généralement maintenues sur le support par l'intermédiaire d'une fine couche d'eau de 1 à 2 nm d'épaisseur. Ce film aqueux permet à la membrane de maintenir sa fluidité, les lipides et les protéines associées aux lipides conservant ainsi leur mobilité latérale au sein des deux feuillets de la bicouche (voir le paragraphe 3.3.1). Ces modèles membranaires sont utilisés avec succès pour étudier l'adsorption, l'interaction, la fonction, l'auto-association de protéines membranaires périphériques (voir le paragraphe 4) ou à pied d'ancrage dans le cas de la reconstitution des microdomaines membranaires [93]. Cependant, l'épaisseur de ce film séparant la membrane du support n'est pas suffisante lorsque l'on souhaite réincorporer des protéines membranaires intégrales dans ce type de membrane. Les parties hydrophiles des protéines intrinsèques, exposées à l'extérieur de la bicouche, peuvent interagir avec la surface hydrophile du support, ce qui fixe la protéine et limite sa mobilité latérale ; la membrane perd alors ses propriétés dynamiques fluides.

Les membranes suspendues correspondent à des bicouches lipidiques supportées, maintenues à la surface d'un support solide par l'intermédiaire de bras espaceurs, le plus souvent constitués d'un système de reconnaissance spécifique ligand/récepteur. Ces bras espaceurs permettent d'écarter la bicouche du support, ce qui favorise la réinsertion de protéines membranaires intégrales sans perte de leur mobilité latérale.

Deux systèmes ont été principalement utilisés pour développer ces membranes suspendues. Le premier système utilise les propriétés chélatrices d'une tête polaire d'un lipide fonctionnalisé par un groupement N-nitriloacétate (NTA) capable de former un complexe type métal-chélate avec un ion métallique comme le nickel. Ce complexe Ni-NTA est alors susceptible de fixer deux noyaux imidazoles d'un « tag » histidine (séquence de polyhistidine, généralement constituée d'un polypeptide de six résidus). Dans le système proposé (figure 2.28), un lipide modifié par un « tag » de six histidines (His) sur sa partie polaire est inséré dans une monocouche de phosphatidylcholine formée sur une précouche d'octadécylthiol auto-assemblée sur un substrat d'or. Des vésicules phospholipidiques insérant le phospholipide fonctionnalisé par une tête chélatrice NTA chargée d'ion nickel sont adsorbées à la surface des lipides présentant le tag histidine. La bicouche formée est ainsi maintenue à la surface du support fonctionnalisé par l'intermédiaire du complexe Ni-NTA/His [94]. Le même type de membranes peut être obtenu en fonctionnalisant le substrat d'or par la tête chélatrice NTA et en insérant dans les vésicules phospholipides le lipide modifié par le tag histidine sur sa partie polaire [95].

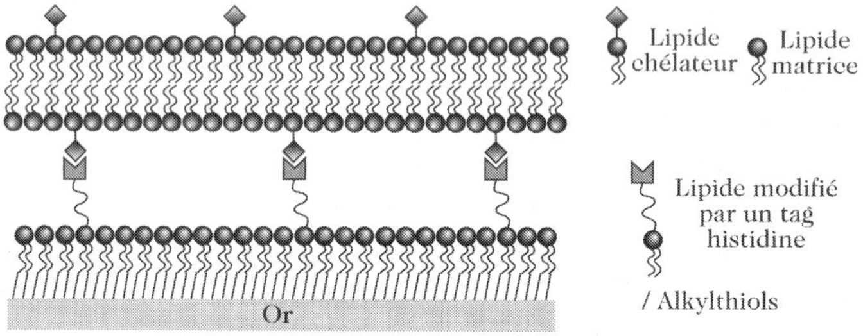

Figure 2.28. Représentation schématique de la formation d'une membrane suspendue par l'intermédiaire du complexe Ni-NTA/Histidine. Une monocouche de phospholipides insérant un lipide modifié par un tag de six histidines est formée à la surface d'une couche d'octadécylthiol auto-assemblée sur un substrat d'or. La membrane suspendue est formée par adsorption de liposomes de phospholipides incorporant un lipide présentant une tête fonctionnalisée par un groupement chélateur N-nitriloacétate (NTA) capable de former un complexe type métal-chélate avec un ion métallique, le nickel. La membrane est alors maintenue par l'intermédiaire du complexe Ni-NTA fixant deux noyaux imidazoles de la séquence polyhistidine. D'après Rädler *et al.* [94].

Le second système utilise la spécificité de reconnaissance du système avidine/biotine qui présente une constante d'affinité très élevée (10^{15} M^{-1}). Des vésicules phospholipidiques insérant des lipides biotinylés sont adsorbées sur une surface plane fonctionnalisée par une couche de streptavidine (figure 2.29).

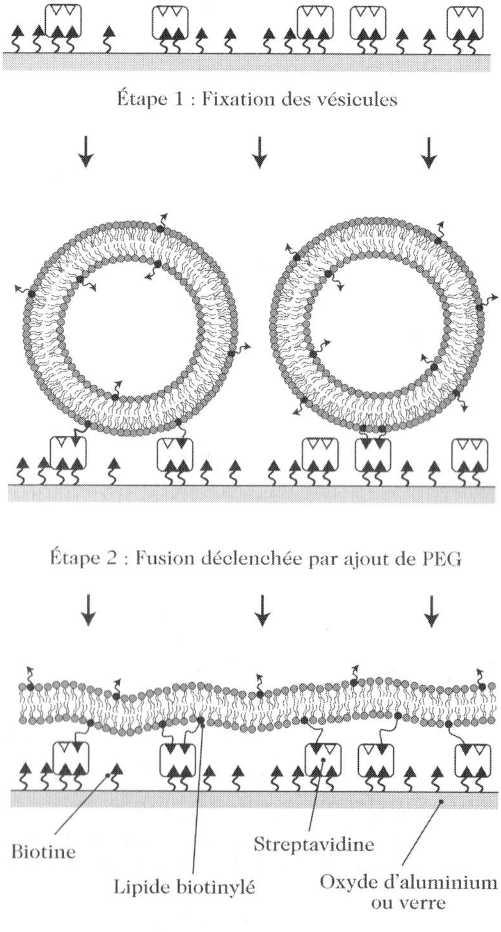

Figure 2.29. Représentation schématique de la formation d'une membrane suspendue par l'intermédiaire du système avidine/biotine. **1)** Fixation des vésicules phospholipidiques incorporant un lipide biotinylé sur une couche de streptavidine préformée sur une surface d'oxyde d'aluminium ou de verre fonctionnalisée par la biotine. **2)** L'ajout de polyéthylène glycol (PEG) induit la rupture et la fusion des membranes des vésicules immobilisées, pour former une bicouche homogène et contiguë. D'après Berquand *et al.* [96].

L'addition de polyéthylène glycol (PEG), agent fusogène des vésicules lipidiques, permet la formation d'une bicouche continue, dont l'intégrité a été vérifiée par AFM [96]. Ce type de membrane formée à l'intérieur d'une électrode microporeuse présentant une structure en nid d'abeilles [97] a été utilisé pour étudier la diffusion latérale et les propriétés électrochimiques de l'ubiquinone (coenzyme Q_{10}), protéine majeure des chaînes des transporteurs d'électrons des membranes des mitochondries ou des chloroplastes [98].
Très récemment, Ataka et *al.* [99] ont développé une méthode permettant l'incorporation orientée d'une protéine membranaire en reconstituant la membrane directement à la surface d'une électrode d'or après immobilisation de la protéine. Dans ce système, une protéine membranaire recombinante (la cytochrome c oxydase) solubilisée à l'aide de détergent et présentant un tag histidine à son extrémité C-terminale a été immobilisée sur une surface d'or fonctionnalisée par des têtes chélatrices Ni-NTA (figure 2.30a). La membrane a ensuite été reformée par ajout de micelles mixtes de dimirystoylphosphatidylcholine (DMPC) et de détergent en présence de *Bio-Beads*. (Les *Bio-Beads* sont des microbilles poreuses

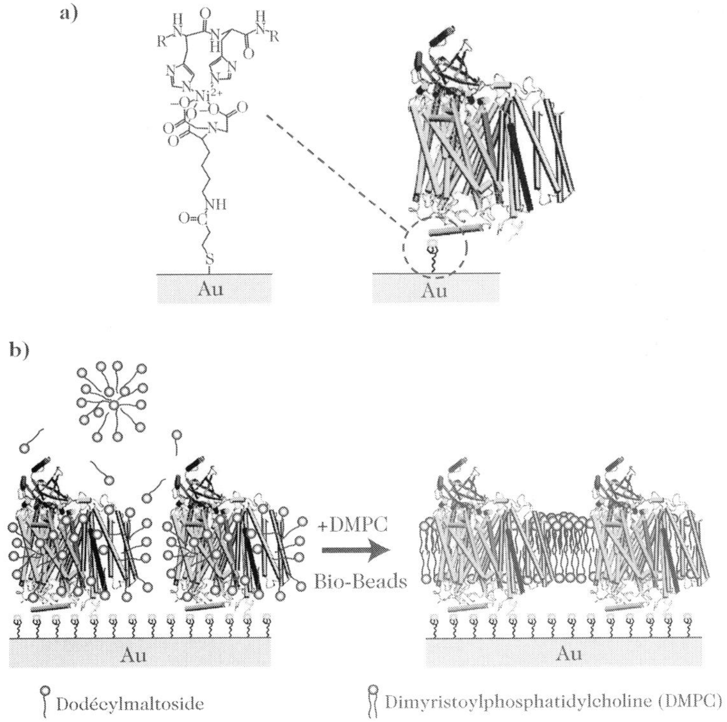

Figure 2.30. Représentation schématique de la reconstitution d'une membrane suspendue incorporant une protéine membranaire, la cytochrome c oxydase, immobilisée par l'intermédiaire d'un complexe Ni-NTA/His. **a)** La cytochrome c oxydase recombinante présentant un tag histidine à son extrémité C-terminale est immobilisée à la surface d'une surface d'or modifiée par un groupement chélateur, le N-nitriloacétate (NTA), formant un complexe métal-chélate avec le nickel (Ni-NTA) capable de fixer deux noyaux imidazoles des résidus histidines. **b)** Formation de la bicouche lipidique par ajout de micelles mixtes de dimiristoylphosphatidylcholine (DMPC) et de dodécylmaltoside (détergent) en présence de *Bio-Beads*. L'élimination du détergent par les *Bio-Beads* favorise la formation de la bicouche entourant la protéine. D'après Ataka et al. [99]. Voir le cahier couleurs au milieu de l'ouvrage.

capables de fixer les détergents avec une forte affinité). L'élimination des molécules de détergent des micelles mixtes oblige les molécules de phospholipides à former une bicouche autour de la protéine immobilisée (figure 2.30b).

3.5. BLM ou « Bilayer Lipid Membranes »

Les BLM ou « *Bilayer Lipid Membranes* », initialement appelées « *Black Lipid Membranes* » et faisant aujourd'hui référence aux « *Planar Lipid Bilayers* », sont des bicouches lipidiques planes obtenues à travers un orifice circulaire de 0,5 à 1 mm de diamètre séparant deux compartiments aqueux. Ces bicouches ont été décrites pour la première fois en 1962 par Mueller et ses associés [100]. Deux techniques permettent leur formation (figure 2.31). Dans la première approche (figure 2.31a), un pinceau est plongé dans une solution contenant des lipides dissous dans un solvant organique non miscible à l'eau (par exemple, du décane). Un coup de pinceau est appliqué sur l'orifice d'une paroi en *Teflon* séparant deux compartiments aqueux. Il se forme un film lipidique dont l'épaisseur diminue spontanément en fonction du temps, l'excès de lipide formant un manchon aux bords de l'orifice. L'amincissement se poursuit jusqu'à la formation d'une couche lipidique. Les parties polaires sont en contact avec le milieu aqueux, les chaînes hydrocarbonées étant situées à l'intérieur de la bicouche. Cependant, la bicouche ainsi formée contient toujours le solvant hydrophobe, donnant lieu à de légers défauts de structure de la membrane. La seconde approche consiste à former une bicouche

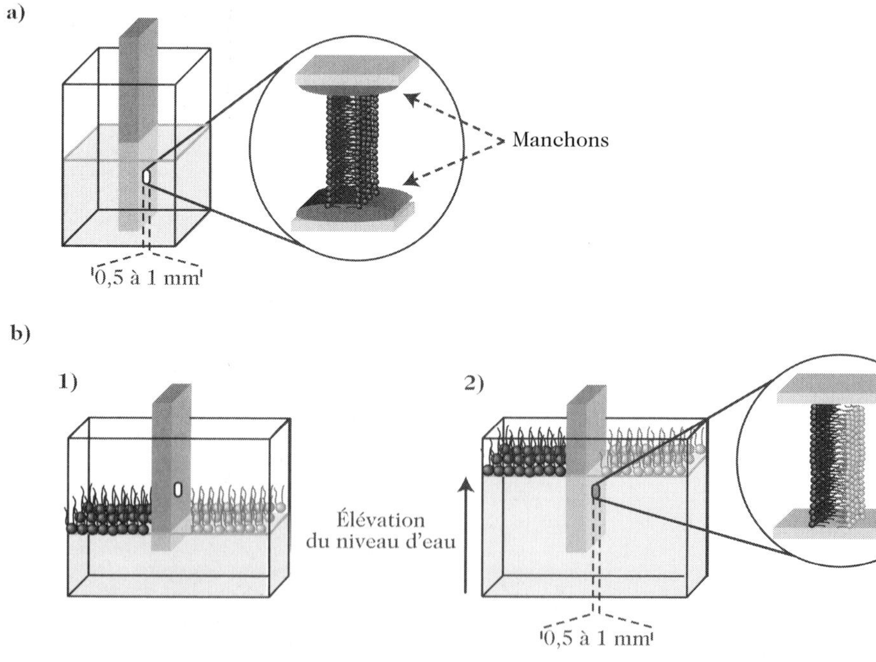

Figure 2.31. Formation des bicouches lipidiques planes. Ces bicouches, librement maintenues, sont formées à l'intérieur de l'orifice d'une paroi séparant deux compartiments aqueux. Le diamètre de l'orifice est compris entre 0,5 et 1 mm de diamètre. **a)** Méthode « coup de pinceau » ; **b)** méthode « élévation du niveau d'eau ».

lipidique plane à partir de deux monocouches formées par épandage des molécules et évaporation du solvant (figure 2.31b). Les monocouches sont préformées sur les surfaces de deux solutions séparées par la paroi verticale possédant l'orifice au dessus du niveau des solutions (1). Le niveau des solutions est ensuite élevé au-delà de l'orifice (2). Cette technique permet également d'obtenir des bicouches asymétriques, si la composition lipidique des deux monocouches initiales est différente. Ces films, possédant deux interfaces, sont d'épaisseur inférieure à 10 nm. De ce fait, **ils n'absorbent pas la lumière visible et apparaissent noirs**. C'est pour cette raison qu'ils ont été appelés à l'origine « *Black Lipid Membranes* ».

Les bicouches lipidiques planes se comportent comme une membrane biologique dans laquelle on peut réinsérer des protéines membranaires, et notamment des protéines intrinsèques (ou intégrales) qui contiennent des segments hydrophobes. Cette reconstitution s'obtient soit en mélangeant la protéine solubilisée par des détergents à la solution de lipides avant la formation de la bicouche, soit en fusionnant des protéo-liposomes à la bicouche préformée. De plus, tel qu'il est conçu, ce système modèle présente deux compartiments aqueux auxquels on a facilement accès et dans lesquels on peut plonger des électrodes. En conséquence, il se prête admirablement bien à l'étude de la perméabilité ionique de la bicouche. Si l'activité de la protéine insérée induit des changements électriques temporaires, comme une protéine-canal entraîne une variation brutale de l'impédance de la membrane en induisant un flux ionique transmembranaire, il est alors possible d'enregistrer des variations de courants et/ou des différences de potentiel de part et d'autre de la bicouche.

Les bicouches lipidiques planes ont largement été utilisées pour élucider les mécanismes moléculaires de nombreuses fonctions membranaires comme le transport et la perméabilité membranaire, la sélectivité ionique, la transduction de signaux, la transmission de signaux électriques ou la photosynthèse après réinsertion de nombreuses protéines, comme notamment les canaux ioniques, les porines bactériennes, les récepteurs β-adrénergiques, les bactériorhodopsines (protéines intrinsèques des membranes photosynthétiques), le cytochrome c (protéine intrinsèque de la chaîne respiratoire de la membrane des mitochondries) [101]. Cependant, l'inconvénient majeur des BLM est la fragilité de leur structure, qui limite leur stabilité mécanique (rarement au-delà de 8 h). De plus, leur très faible maniabilité limite leurs applications technologiques. Les développements actuels s'orientent donc vers la formation de ces bicouches sur des tubes de *Teflon* de 0,5 à 1 mm de diamètre, recouvrant des fils métalliques conducteurs (« *sBLM* ») ou remplis de polymères hydratés comme ceux utilisés en électrochimie (« *sb-BLM* ») [102]. Dans ces conditions, la membrane est formée par immersion rapide de l'extrémité du tube dans la solution de lipide. Le tube, relié à une électrode de travail, est placé dans une solution d'électrolytes où est plongée une électrode de référence. La formation des BLM sur ces types de support a permis d'améliorer la stabilité des bicouches planes tout en conservant ses propriétés électriques [103]. De plus, cette topographie facilite la manipulation de ces films minces, qui trouvent actuellement des applications dans la conception de biocapteurs ou de systèmes bioélectroniques fondés sur des méthodes de détection électrique.

Le lecteur trouvera de plus amples informations sur l'intérêt et les applications des bicouches lipidiques planes dans différentes revues, comme celles de Nikolelis *et al.* en 1999 [104] ou de Tien et Ottova en 2001 [101].

4. Assemblages protéo-lipidiques

Les membranes lipidiques sont des entités auto-assemblées qui peuvent servir de supports nanostructurés à l'incorporation, l'immobilisation, l'auto-association, la cristallisation de macromolécules présentant ou non des activités biologiques spécifiques. La fonctionnalisation des membranes biomimétiques pour développer des assemblages protéo-lipidiques est une étape cruciale dans de nombreuses applications des nanobiotechnologies. Cette partie concerne plus spécifiquement l'association de protéines aux systèmes membranaires lipidiques, tels qu'ils ont été décrits précédemment.

4.1. Fonctionnalisation des films de Langmuir-Blodgett

La fonctionnalisation des films lipidiques de Langmuir-Blodgett par association (ou immobilisation) de protéines possédant des propriétés spécifiques de reconnaissance, comme les enzymes, les anticorps ou les récepteurs, permet le développement d'assemblages moléculaires protéo-lipidiques organisés, supportés. Ces nanostructures biomimétiques, correspondant à des arrangements supramoléculaires, peuvent être utilisées pour la fonctionnalisation de surfaces, la protéine conférant aux couches sa biospécificité.
Durant les vingt dernières années, l'association de protéines, et plus particulièrement d'enzymes, aux films de Langmuir-Blodgett a fait l'objet de nombreux travaux et les films bioactifs obtenus ont été étudiés vis-à-vis de leur potentiel d'application dans la conception de biocapteurs, les couches LB protéo-lipidiques étant intégrées dans ces systèmes en tant que couches sensibles ultraminces [105]. Étant transférables sur de nombreux types de support, notamment microniques, ces films présentent de grands avantages pour le développement de nouveaux micro(nano)biocapteurs s'inspirant des modèles biologiques. Comme pour les autres systèmes mimant les membranes naturelles, leur organisation structurale (hautement ordonnée) et leurs épaisseurs ultraminces (quelques nanomètres) sont les principales caractéristiques pour réaliser des capteurs microniques opérant à l'échelle moléculaire et présentant des temps de réponses rapides (de l'ordre de la seconde), critères fondamentaux pour la conception de capteurs « intelligents » ou de biopuces. Cependant, l'intérêt des films de Langmuir-Blodgett n'est pas limité à ces aspects structuraux. D'autres peuvent être mentionnés. Il s'agit de :
– la possibilité de réaliser en une seule étape l'élaboration de la couche sensible bioactive et son association avec le transducteur,
– la faible quantité de protéines nécessaire à la préparation de la membrane,
– la possibilité de travailler à pression et température ambiante, évitant les traitements thermiques nécessaires à la conception de systèmes électroniques qui dénaturent les composés biologiques,
– la possibilité de moduler les performances du capteur (gamme et limite de détection, sensibilité) en fonction du nombre de couches protéo-lipidiques déposées [106-111].
D'un point de vue plus général, les membranes protéo-lipidiques associées à des capteurs (ou transducteurs) de signaux biologiques permettent d'en étudier les

propriétés fonctionnelles. Cette association correspond à une simulation biomimétique des plus finalisées de l'une des fonctions principales de la membrane biologique, à savoir la reconnaissance et la transduction des signaux biologiques. Le contact direct de l'élément biologique avec un transducteur permet une étude approfondie de ses propriétés de reconnaissance et des modifications physicochimiques qui en découlent, ce qui permet une approche des relations structure-fonction des membranes biologiques. Si la protéine est une enzyme, cette approche permet une étude fine de ses propriétés catalytiques en milieu hétérogène dans un environnement lipidique biomimétique à l'échelle nanométrique. Ce type d'étude couvre plus particulièrement le secteur des nanobiosciences.
L'incorporation de l'élément biologique dans les films LB, sans dénaturation ni perte de son activité, reste l'étape cruciale dans la fabrication de ces membranes biomimétiques et des nanostructures supportées qui en découlent. Plusieurs approches ont été développées à ce jour pour obtenir **des assemblages protéo-lipidiques auto-associés en bi- ou multicouches**. Le principe, les avantages et les inconvénients de ces méthodes spécifiques basées sur la technique de Langmuir-Blodgett font l'objet des paragraphes suivants. L'association de protéines et plus particulièrement d'enzymes aux films de Langmuir-Blodgett, à l'aide des différentes techniques qui seront présentées ci-dessous, a fait l'objet d'une revue récente à laquelle les lecteurs intéressés peuvent se référer [105]. Cet article dégage notamment l'intérêt de ce type de membranes et ses applications en nanobiosciences.

4.1.1. Insertion de protéines dans la monocouche interfaciale avant transfert sur support solide

L'insertion de protéines dans la monocouche à l'interface air/eau (ou air/tampon) est l'une des approches les plus couramment utilisées. Elle dérive des procédures développées pour étudier les interactions protéine/lipide avec une monocouche de Langmuir (voir le paragraphe 3.2.3). Elle correspond à l'adsorption de protéines présentes dans la sous-phase sur le film monomoléculaire interfacial, avant sa compression et son transfert sur support solide (figure 2.32). Elle repose sur la capacité de la protéine à s'associer et s'auto-intégrer à un feuillet lipidique. Cette méthode est particulièrement bien adaptée aux protéines périphériques extrinsèques capables de s'associer aux membranes biologiques ou aux protéines à pied d'ancrage s'insérant dans un demi-feuillet de la bicouche.
Cette méthode d'insertion présente cependant quelques inconvénients. Elle nécessite bien souvent une quantité relativement importante de protéines puisque le volume des cuves LB atteint plusieurs dizaines de millilitres, même pour les plus petites, et que la concentration protéique doit être relativement élevée pour accélérer les cinétiques de pénétration et éviter les problèmes d'instabilité mécanique que peuvent présenter les films comprimés. D'autre part, si la monocouche est préparée sur une phase aqueuse contenant au préalable la protéine dissoute, une couche de protéine dénaturée inactive, qui sera alors associée au film, peut se former à l'interface air/tampon à cause des tensions superficielles extrêmement élevées en surface d'un liquide pur (voir la figure 2.14 et le texte associé) [112]. Ce problème de dénaturation peut aussi être rencontré pour les protéines pénétrant des films faiblement comprimés (généralement inférieur à 5 mN/m). De même, si

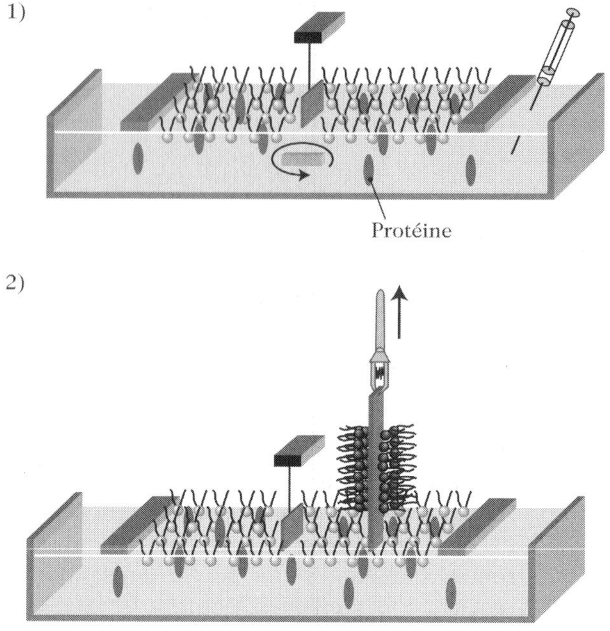

Figure 2.32. Insertion de protéines dans la monocouche interfaciale avant transfert de Langmuir-Blodgett.

la protéine est injectée directement sous la monocouche, elle peut pénétrer près du point d'injection et ne pas être distribuée de façon homogène dans tout le film. L'injection progressive de la protéine sous une monocouche ou au-delà des barrières de compression comme le montre la figure 2.32 peut permettre de résoudre le problème d'hétérogénéité du film protéo-lipidique à la surface du tampon.

Afin d'éviter la dénaturation interfaciale de la protéine, il est possible d'étaler directement la protéine ou des mélanges protéine/détergent sur un film lipidique préformé, cette méthode conduisant à la formation d'une monocouche interfaciale mixte homogène [106, 109, 112]. La formation de complexes entre la protéine et des molécules amphiphiles synthétiques dialkylées, solubles dans des solvants non miscibles à l'eau (comme le benzène ou le chloroforme), a aussi été utilisée comme solution d'épandage pour former la monocouche mixte avant transfert [113, 114]. Le coétalement de la protéine préalablement mélangée aux lipides a récemment été rapporté [115-118].

Enfin, la présence de la protéine dans le film interfacial peut modifier son aptitude au transfert [25, 110, 119]. La pression de surface minimum imposée pour prélever la monocouche peut ne pas être adaptée aux conditions d'insertion de la protéine ; des pressions de surface élevées engendrent le plus souvent l'expulsion de la protéine du film interfacial. De plus, l'adhésion de la couche prélevée sur le support peut être réduite par la présence de la protéine, ce qui peut empêcher la formation de bicouches par réétalement de la première couche prélevée lorsque le support retraverse l'interface (voir le paragraphe 3.3.3).

4.1.2. Association de protéines sur des films lipidiques LB préformés

Une autre approche d'immobilisation consiste à adsorber la protéine à la surface de films LB préformés. Le principal avantage de cette procédure réside dans la possibilité d'associer la protéine à une surface lipidique hydrophile (tête polaire en surface) ou hydrophobe (chaînes hydrocarbonées en surface) selon le nombre de couches déposées sur le support (voir le paragraphe 3.3.3), ce qui permet le contrôle de l'environnement lipidique de la protéine. Elle permet en outre de contrôler l'épaisseur et l'homogénéité du support lipidique accueillant les macromolécules biologiques.

Les interactions mises en jeu dans ce type d'association sont parfois insuffisantes pour éviter le relargage de la protéine, ce qui peut être une raison majeure au manque de stabilité et/ou de reproductibilité dans la préparation de ce type de membrane, ou dans les mesures ultérieures réalisées avec ces assemblages. Dans le but de minimiser la désorption des molécules protéiques, certains auteurs ont proposé d'immobiliser de façon covalente la protéine adsorbée en surface des films LB par l'intermédiaire d'agents pontants [120, 121]. Cependant, l'immobilisation covalente annihile le caractère auto-associatif de la membrane biomimétique. La stabilisation par réticulation en présence de vapeurs d'agent comme le glutaraldéhyde, après formation des films LB protéo-lipidiques, a aussi été proposée [119, 122]. Il n'en reste pas moins que l'association covalente de la protéine à la structure lipidique peut induire des changements conformationnels, qui peuvent être responsables de la perte de son activité biologique.
L'autre alternative pour limiter la désorption et éviter l'immobilisation covalente de la protéine consiste à recouvrir les molécules protéiques par transfert d'une couche additionnelle de lipides en surface des molécules adsorbées (figure 2.33). Cette procédure, aussi appelée **inclusion**, permet de maintenir la protéine dans un environnement totalement hydrophile ou totalement hydrophobe, tout en conservant l'homogénéité des couches supportées [123]. Elle permet aussi de modifier la composition lipidique du feuillet protecteur [124] et, dans une certaine mesure, de reproduire l'asymétrie membranaire qui peut favoriser la rétention physique de la protéine et le maintien de son activité biologique. De plus, la possibilité de contrôler indépendamment les étapes de transfert et d'adsorption peut être un avantage pour pallier les difficultés parfois rencontrées lors du transfert des films interfaciaux mixtes protéo-lipidiques (voir le paragraphe précédent).

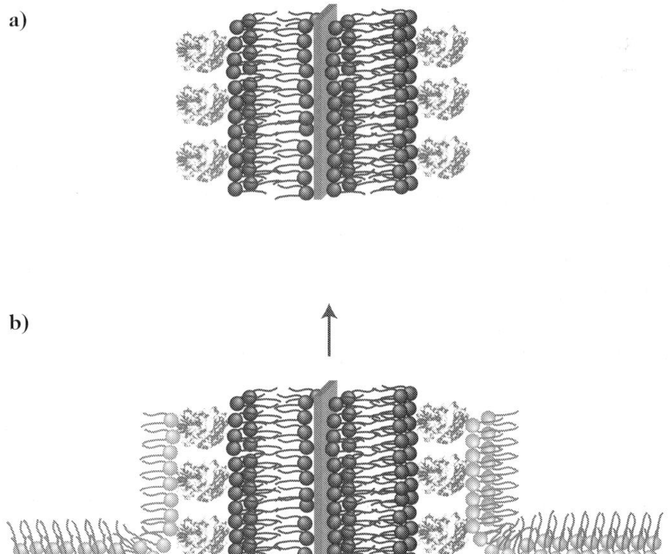

Figure 2.33. Inclusion de protéines dans des films de Langmuir-Blodgett. Après adsorption de la protéine sur des films préformés (a), les molécules protéiques sont recouvertes d'une couche additionnelle de lipides (b). La composition lipidique du « feuillet protecteur » peut être différente de celle des couches « supportrices ».

Finalement, un choix approprié de la composition du film lipidique sur lequel s'associera la protéine peut avantageusement limiter son détachement. L'étude en monocouche de l'affinité de la protéine pour un type (ou un mélange) de lipides donnés (voir la légende de la figure 2.18) peut être une aide utile dans la discrimination de la matrice lipidique la plus adaptée à l'immobilisation de la protéine. Enfin, un choix pertinent dans la composition du feuillet « accepteur » peut éviter les problèmes de dénaturation parfois rencontrés lors de l'adsorption de protéines sur des surfaces hydrophiles présentant des tensions de surface trop importantes (choix de la tête polaire du lipide, chargée ou non).

4.1.3. Insertion orientée de protéines dans les films LB

Dans les deux paragraphes précédents, nous avons abordé la fonctionnalisation des films de Langmuir-Blodgett par association de protéines avant ou après transfert de la membrane lipidique. Or, dans les deux cas, ces méthodes conduisent à une fixation aléatoire de la protéine associée à la membrane. Le contrôle de l'orientation de la protéine associée aux membranes biomimétiques, telle qu'on la retrouve dans les membranes biologiques où la fixation de la protéine sur (ou dans) la bicouche détermine sa propre orientation pour une fonctionnalité optimale, reste un challenge pour le développement des assemblages protéo-lipidiques organisés et des membranes biomimétiques fonctionnalisées.
Dans le but de contrôler l'orientation de la protéine associée aux membranes lipidiques en général, et aux films de Langmuir-Blodgett en particulier, plusieurs stratégies ont été développées indépendamment. Il s'agit notamment du couplage covalent du fragment Fab[1] d'un anticorps par l'intermédiaire d'un pont disulfure sur la tête polaire d'un lipide « *linker* » inséré dans une monocouche lipidique [125-127]. Cette monocouche a été directement transférée sur support solide par transfert horizontal de Langmuir-Schaefer (voir la figure 2.26). La membrane supportée obtenue est alors constituée d'un demi-feuillet membranaire. Dans une autre approche, l'immobilisation orientée d'une protéine (la myoglobine) a été envisagée par l'intermédiaire de la fixation de ses résidus histidine naturellement présents en surface de la protéine, sur une monocouche d'un lipide comportant une tête polaire fonctionnalisée par un groupement iminodiacétate (IDA) aux propriétés chélatrices. Dans ce cas, plusieurs orientations, définies par la distribution spatiale des résidus histidine, ont été obtenues [128]. La possibilité d'immobiliser une protéine à pied d'ancrage dans la monocouche interfaciale avant son transfert sur support solide peut résoudre le problème de l'orientation multiple. L'orientation unique de la protéine est alors assurée par l'insertion de son ancre dans la monocouche lipidique [118]. Cependant, cette méthode très attractive, bien que des plus biomimétiques, limite son utilisation à une classe bien définie de protéines. Avec l'objectif de développer des membranes biomimétiques fonctionnalisées présentant des sites uniques de reconnaissance pour une fixation orientée de la protéine, une autre stratégie a été récemment proposée : il s'agit d'insérer un anticorps monoclonal non inhibiteur de l'activité biologique dans des bicouches lipidiques de Langmuir-Blodgett, l'anticorps servant d'ancre pour séquestrer la protéine dans une position orientée à la surface de la

[1] Le fragment « Fab » d'un anticorps correspond à la partie douée des propriétés spécifiques de reconnaissance de l'antigène (Fab vient de l'anglais « *antigene binding fragment* »).

membrane (figure 2.34) [129]. Les nanostructures obtenues sont polyvalentes, la nature de la protéine retenue étant définie par la spécificité de l'anticorps inséré.

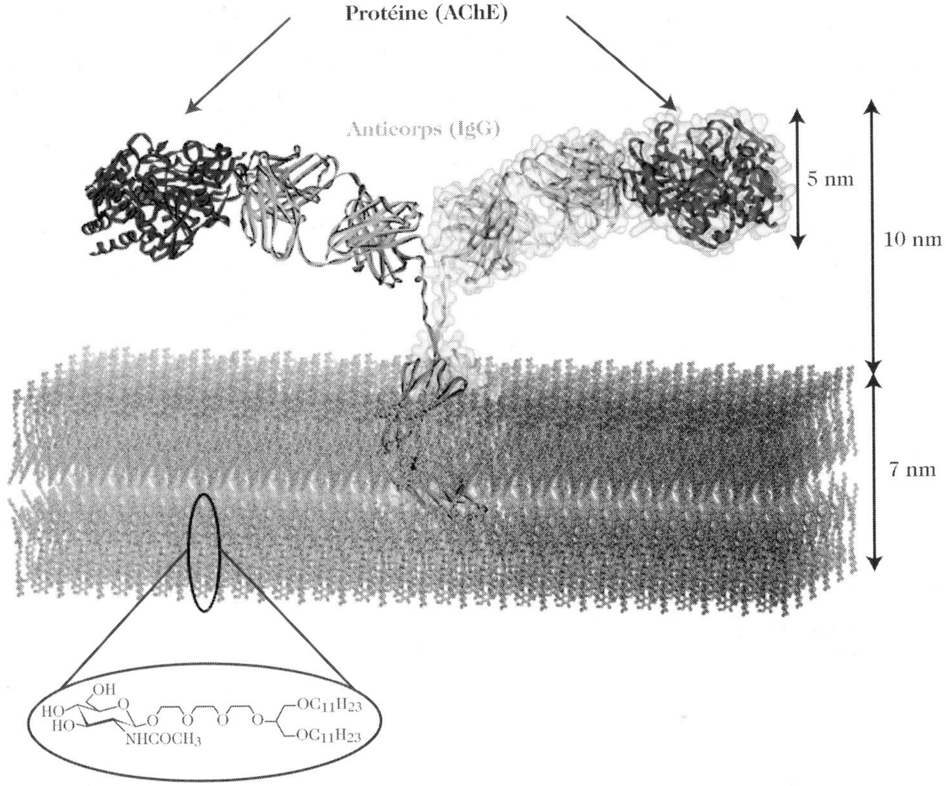

Figure 2.34. Modèle structural d'une membrane biomimétique fonctionnalisée, dédiée à l'immobilisation orientée de protéines. Cette membrane a été obtenue par combinaison de deux techniques basées sur les propriétés d'auto-assemblage des molécules biologiques (vésicules protéo-lipidiques étalées à l'interface air/tampon et technique de Langmuir-Blodgett) qui permet l'orientation préférentielle de l'anticorps (ou immunoglobuline G, IgG) dans la bicouche transférée (voir le texte). La bicouche lipidique est constituée d'un néoglycolipide de synthèse aux chaînes hydrocarbonées fluides à température ambiante (conformation gauche). L'anticorps est retenu dans la bicouche par le biais d'interactions présumées de type sucre-sucre, entre les résidus glycosylés de la protéine et les têtes polaires du glycolipide, et de type hydrophobe, entre le fragment Fc de l'anticorps (région enrichie en résidus aliphatiques) et les chaînes hydrocarbonées du glycolipide. Dans ce modèle, la protéine (monomère de l'acétylcholinestérase, AChE) est associée à la bicouche lipidique fonctionnalisée après transfert LB sur support solide, par reconnaissance spécifique de l'anticorps monoclonal non inhibiteur. Cette membrane biomimétique, stable structuralement, peut retenir l'activité de la protéine pendant plusieurs mois. D'après Godoy *et al.* [133]. Voir le cahier couleurs au milieu de l'ouvrage.

Dans cette approche, l'insertion fonctionnelle de l'anticorps dans la membrane lipidique a été obtenue par transfert vectorisé de l'immunoglobuline (protéine amphiphile soluble) dans le film lipidique interfacial (avant son dépôt sur support solide), grâce à une combinaison adaptée de deux techniques, l'étalement de vésicules protéo-lipidiques à l'interface air/tampon et la technique de Langmuir-Blodgett. Cette procédure exploite ainsi la possibilité de former un film mixte monomoléculaire à la surface d'un tampon en utilisant les forces de tension superficielle capables de déstructurer les membranes d'une vésicule protéo-lipidique peu stable [130, 131]. Après compression, le film mixte est transféré par transfert vertical de Langmuir-Blodgett (LB) (figure 2.35) [132].

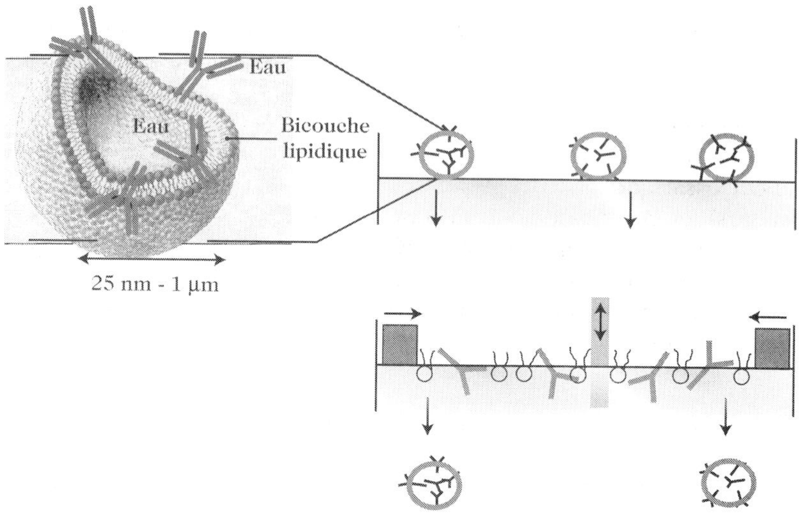

Figure 2.35. Formation d'une monocouche interfaciale mixte par éclatement de vésicules protéo-lipidiques à l'interface air/tampon. Cette méthode est fondée sur l'instabilité des structures protéo-lipidiques formées qui s'ouvrent à l'interface sous l'effet des forces de tension superficielle pour former un film monomoléculaire stable. La compression de la monocouche assure l'organisation latérale des molécules. La monocouche comprimée peut être transférée verticalement sur support solide par la technique de Langmuir-Blodgett.

L'intérêt de former des vésicules protéo-lipidiques avant formation de la monocouche réside dans la possibilité de favoriser par auto-association l'établissement d'interactions entre les molécules lipidiques et l'anticorps dans la membrane des vésicules pour améliorer l'insertion de l'anticorps dans le film interfacial et permettre son transfert sans éjection de la protéine. Les vésicules sont ainsi utilisées comme vecteurs capables de conduire l'anticorps directement à l'interface air/tampon dans un environnement lipidique. L'association de ces deux techniques, liposomes et technique de LB, basées sur les propriétés d'auto-association des molécules biologiques, permet de prédéterminer l'orientation de l'anticorps dans la membrane liposomale, orientation qui sera conservée après ouverture des liposomes à l'interface. L'organisation du film protéo-lipidique est ensuite assurée par compression latérale de la monocouche.

D'un point de vue structural, ces nanostructures sont stables et restent fonctionnelles pendant plusieurs mois. Elles ont permis, après immuno-association d'une protéine enzymatique modèle (l'acétylcholinestérase, notamment impliquée dans la neurotransmission de l'influx nerveux), d'étudier le comportement cinétique de l'enzyme dans un environnement lipidique sur une membrane aux dimensions nanométriques. Les résultats obtenus ont clairement montré un comportement catalytique de l'enzyme caractéristique des enzymes immobilisées, avec un effet marqué des contraintes diffusionnelles (pour les fortes concentrations en substrats) dans le microenvironnement de l'enzyme [133]. Aussi, ces nanostructures fonctionnelles, qui permettent une fixation orientée de l'enzyme à la surface de la bicouche lipidique en offrant ainsi une topographie similaire à celle rencontrée dans la membrane biologique, présentent un potentiel d'application important dans le domaine de l'enzymologie en milieu structuré. En effet le comportement catalytique d'enzymes immobilisées sur une bicouche lipidique est

le plus représentatif des biocatalyses enzymatiques telles que l'on peut les rencontrer dans la cellule ; la plupart des enzymes cellulaires sont membranaires et se retrouvent *in vivo* dans un environnement phospholipidique nécessaire à leur fonctionnement. De même, certaines protéines, dites périphériques, peuvent s'associer à la membrane de façon temporaire, par l'intermédiaire par exemple d'interactions électrostatiques avec les parties polaires des lipides (ou des protéines membranaires), et cette association est nécessaire pour leur fonctionnement optimal.
Enfin, ces assemblages supramoléculaires peuvent aussi être utilisés pour la fonctionnalisation de surface et le développement de capteurs biomimétiques basés sur la structuration de couches sensibles à l'échelle nanométrique (voir le paragraphe 5.1).

4.2. Organisation 2D de protéines au niveau de surfaces lipidiques

Les membranes biologiques constituent un espace bidimensionnel (2D) naturel au niveau duquel les protéines – extrinsèques et intrinsèques – diffusent, interagissent et s'organisent de manière hautement régulée. Plusieurs systèmes biologiques mettent en jeu des assemblages ordonnés 2D de protéines. Parmi ceux-ci, citons la bactériorhodopsine, une pompe à protons induite par la lumière, prototype des protéines membranaires à sept hélices α trans-membranaires, qui forme des cristaux 2D quasi parfaits dans les membranes de bactéries halophiles [134], les couches S (« *S-layers* ») qui couvrent les surfaces de nombreuses espèces de bactéries sous forme de réseaux 2D de protéines et dont le rôle est encore débattu [135], ou encore les assemblages réguliers de molécules de cadhérines formant les jonctions adhérentes et les desmosomes [136]. La capacité présentée par certaines protéines de former des cristaux 2D dépend essentiellement de la présence à leur surface de groupes pouvant établir des interactions intermoléculaires et de facteurs géométriques de complémentarité de forme.
Historiquement, l'utilisation des membranes lipidiques comme support de la cristallisation 2D de protéines a émergé d'études structurales par microscopie électronique à transmission (MET), initialement sur la bactériorhodopsine [137]. L'analyse d'images de MET de cristaux 2D de protéines permet en effet de déterminer la structure des protéines à moyenne (~ 1 nm) ou haute (~ 0,4 nm) résolution [138]. Cette approche, appelée cristallographie électronique 2D par analogie avec la cristallographie des rayons X de cristaux 3D de macromolécules, constitue un domaine à part entière de la biochimie structurale [139, 140].
Au niveau fondamental, l'étude de l'organisation moléculaire en 2 dimensions ou en multicouches 2D présente un grand intérêt, la limitation de l'ordre à 2 dimensions pouvant engendrer des comportements distincts de systèmes 3D [141, 142]. D'autre part, le contrôle de l'organisation en 2D présente de multiples applications potentielles, de la nanoélectronique aux systèmes de type μ-*arrays*.
Trois stratégies de cristallisation 2D de protéines utilisant des surfaces lipidiques sont à distinguer, selon qu'il s'agisse de protéines membranaires reconstituées dans des bicouches lipidiques ou de protéines solubles cristallisées au niveau de monocouches ou de bicouches lipidiques (figure 2.36). La reconstitution de protéines membranaires au sein de bicouches lipidiques par élimination du détergent, selon un processus analogue à la formation de LUV décrite au paragraphe 3.1.1, a abouti dans de nombreux cas à la formation de cristaux 2D. Plusieurs revues

détaillées ont été consacrées à cette problématique [138, 143]. Les connaissances acquises sont appliquées aujourd'hui au développement de biocapteurs contenant des protéines membranaires reconstituées au niveau de bicouches lipidiques suspendues [99, 144], domaine très actif en nanobiotechnologies (voir les paragraphes 3.4 et 4.3).

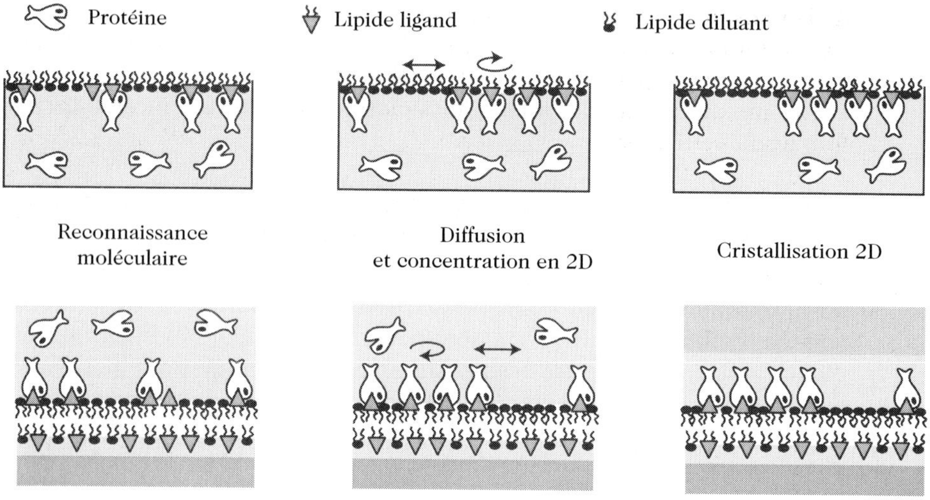

Figure 2.36. Cristallisation 2D de macromolécules biologiques par affinité, au niveau de monocouches lipidiques à l'interface air-liquide (en haut) et au niveau de bicouches lipidiques supportées à l'interface solide-liquide (en bas).

4.2.1. Cristallisation 2D de protéines solubles au niveau de monocouches lipidiques

La cristallisation 2D de protéines solubles au niveau de monocouches lipidiques à l'interface air-eau est une méthode d'application générale qui a été très largement utilisée en biologie structurale [145, 146]. Le principe de cette méthode (voir la figure 2.36) est le suivant : 1) une monocouche lipidique, contenant des lipides présentant au niveau de leur tête polaire un groupe ligand de la protéine (macromolécule) d'intérêt, est formée à l'interface air-eau ; 2) les protéines, présentes dans la phase aqueuse, se lient aux ligands lipidiques par reconnaissance moléculaire ; 3) les complexes protéine-lipide diffusent et se concentrent dans le plan de la monocouche ; 4) en fonction de la nature des interactions s'établissant entre protéines, les protéines s'organisent à l'interface sous forme d'assemblages 2D désordonnés ou cristallins.

Plusieurs systèmes peuvent être distingués selon la nature des ligands lipidiques utilisés pour la cristallisation 2D des protéines [146, 147] :

– **des lipides naturels**, comme le ganglioside G_{M1}, récepteur physiologique de la toxine du choléra [148], ou la phosphatidylsérine, ligand de l'annexine A5 [149],

– **des lipides synthétiques** obtenus par greffage sur un lipide d'un ligand soluble d'une protéine [150]. Citons l'exemple classique des lipides couplés à la biotine, ligand naturel de la streptavidine [151]. Une mention spéciale est à décerner au système constitué de lipides porteurs d'un groupe Ni-NTA (nitrilo-triacetic acid),

ligand d'affinité des étiquettes polyhistidines [152, 153] en raison de l'utilisation répandue des étiquettes histidines pour la purification de protéines recombinantes.
– **des lipides chargés**, positivement ou négativement. Les ARN-polymérases [154] ou les sous-unités 50S des ribosomes [155] ont ainsi été cristallisées au niveau de monocouches contenant respectivement des acides gras chargés positivement et de la phosphatidylsérine, chargée négativement.

La limitation de la diffusion des protéines en 2D, leur orientation et leur concentration dans un plan constituent les facteurs déterminants de la cristallisation 2D au niveau de monocouches lipidiques. Ainsi, dans le cas de l'annexine A5, la formation de trimères et de réseaux 2D de trimères résulte directement de la liaison orientée de la molécule sur une surface plane, qui permet l'établissement de ponts salins entre résidus de charges opposées positionnés face à face. Ces mêmes interactions doivent exister entre les molécules en solution, mais ne sont pas suffisamment fortes pour engendrer la formation d'oligomères et d'assemblages 2D stables.

La séquence des opérations allant de la cristallogenèse 2D à l'analyse des images de MET est illustrée sur la figure 2.37. Les films interfaciaux constitués d'une monocouche de lipides associée fermement à une monocouche de protéines assemblées en mosaïque cristalline constituent un type particulier de films de Langmuir. Les applications potentielles de ces films sont quasi inexplorées.

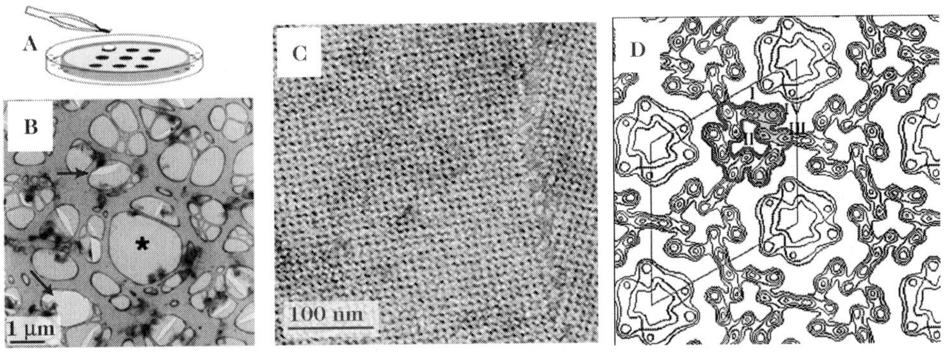

Figure 2.37. Cristallisation 2D de protéines solubles sur monocouche lipidique. Adapté de Brisson *et al.* [156]. Copyright Elsevier (1999). **A)** Puits de cristallisation percés dans un support de Teflon. Une goutte de solution de protéine – ~ 20 µL – est déposée dans chaque puits et est recouverte d'une goutte – ~ 1 µL – de lipides ; après un certain temps d'incubation (minutes à heures), le film interfacial est prélevé en touchant sa surface au moyen d'une grille de microscopie électronique (ME) recouverte d'un film de carbone perforé. **B)** Vue générale d'une grille de ME couverte d'un film protéo-lipidique après transfert ; l'homogénéité du film atteste de la bonne qualité du transfert (*) ; certains carreaux de la grille sont cassés (flèches). **C)** Image de cristaux 2D de streptavidine formés sur une monocouche de lipides biotinylés. **D)** Carte de projection 2D d'un cristal d'annexine A5 calculée par analyse d'image de ME [157].

Plusieurs variantes de la cristallisation 2D de protéines solubles au niveau de monocouches lipidiques ont été développées. Une d'entre elles concerne l'utilisation de lipides formant des assemblages de morphologie tubulaire comme matrice pour la cristallisation hélicoïdale de protéines. Certains lipides, naturels ou synthétiques, présentent la propriété de former des assemblages tubulaires [158]. Cette propriété, qui dépend entre autres de la chiralité des groupes polaires, est également observée dans le cas de lipides fonctionnalisés. Des tubes lipidiques contenant des lipides biotinylés ont ainsi été utilisés comme matrice support à la cristallisation hélicoïdale de la streptavidine [159]. Une approche analogue consiste à incorporer des lipides fonctionnalisés par des groupes Ni-NTA au sein de lipides formant naturellement des tubes ; l'auto-assemblage hélicoïdal de protéines porteuses d'étiquettes polyhistidines a ainsi été rapporté pour plusieurs systèmes protéiques [160].

Une seconde variante concerne la cristallisation 2D de protéines membranaires au niveau de monocouches lipidiques [161]. L'approche repose sur la liaison de protéines membranaires porteuses d'étiquettes polyhistidines au niveau de monocouches lipidiques contenant des groupes complémentaires Ni-NTA, dans des conditions de concentration de détergent compatibles avec le maintien de l'intégrité de la monocouche. L'élimination du détergent en présence de lipides aboutit, dans certains cas, à la reconstitution de bicouches lipidiques au sein desquelles les protéines sont ordonnées en 2D. Ces approches, potentiellement très intéressantes, mériteraient d'être approfondies dans le contexte du développement de biocapteurs à protéines membranaires.

Le transfert des films protéo-lipidiques de l'interface air-eau sur des grilles de ME est une opération délicate et souvent mal contrôlée, qui peut entraîner des dommages au niveau de l'organisation moléculaire des échantillons [156]. L'utilisation de films de carbone perforés permet en général de s'affranchir des problèmes majeurs associés au transfert.

Le frein à la généralisation des études de cristallogenèse et cristallographie 2D est dû au manque de méthode rapide permettant l'évaluation (le *screening*) des essais de cristallogenèse 2D. L'approche utilisée repose sur l'observation des échantillons par MET, en coloration négative. Cette opération est simple, mais très coûteuse en temps, comparativement aux essais de cristallogenèse 3D de macromolécules où des milliers de conditions peuvent être testées grâce à la robotisation des tests et à la simplicité de la méthode d'évaluation, qui repose sur l'observation des échantillons par microscopie optique. Le développement d'une méthode optique simple adaptée à la problématique de la cristallogenèse de macromolécules en 2D constituerait une avancée importante.

4.2.2. Organisation 2D de protéines au niveau de bicouches lipidiques supportées

L'avènement de méthodes physico-chimiques et structurales performantes permettant l'analyse de processus moléculaires de surface a provoqué le développement de méthodes de préparation d'échantillons biologiques sur support solide. En ce qui concerne les assemblages protéo-lipidiques 2D, deux types d'échantillons sont à distinguer, selon que les assemblages préexistent en solution et sont déposés sur un support ou qu'ils sont assemblés *in situ* sur le support. Les cristaux 2D de protéines membranaires appartiennent au premier type d'échantillons. Au cours de la dernière décennie, un nombre impressionnant d'études structurales de cristaux 2D de protéines membranaires ont été réalisées, principalement par AFM [162, 163]. La possibilité d'imager des protéines membranaires formant des assemblages non ordonnés au sein de membranes natives a été démontrée récemment, sur des disques de rétine ainsi que sur des membranes photosynthétiques [164, 165]. Ces résultats ouvrent un immense champ d'investigation pour les études fonctionnelles de processus membranaires.

Le second système concerne les édifices moléculaires formés *in situ*, dans le contexte d'études dynamiques et fonctionnelles des mécanismes d'assemblage moléculaire en 2D. Le potentiel de l'AFM de suivre en temps réel, à une résolution de ~ quelques secondes et en tampon quasi physiologique, la dynamique de processus moléculaires complexes a été largement exploité pour étudier des assemblages présentant divers états d'organisation 2D, du désordre à l'ordre cristallin.

La figure 2.38 présente une étude de la distribution de protéines au sein de membranes modèles, dans le contexte des domaines de type « *raft* » (c'est-à-dire radeaux lipidiques) [93].

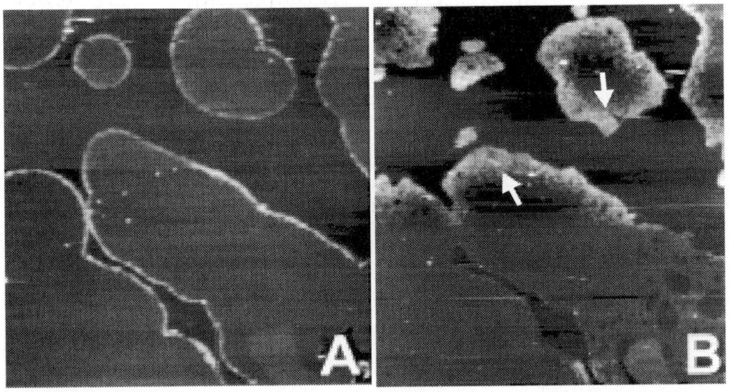

Figure 2.38. Distribution latérale de la phosphatase alcaline dans des bicouches supportées. **A)** Des SLB contenant un mélange lipidique de lécithine et de sphingomyéline présentent une séparation de phases avec des domaines riches en sphingomyéline, de taille ~ micrométrique, de phase gel, légèrement plus élevés que les domaines riches en lécithine. Les molécules de phosphatase alcaline, protéine présentant une ancre lipidique GPI (glycosylphosphatidylinositol) connue pour cibler les domaines *rafts*, visibles sous forme de points blancs, sont localisées principalement à la périphérie des domaines riches en sphingomyéline. **B)** L'incorporation de cholestérol au SLB induit une redistribution des protéines qui migrent vers l'intérieur des domaines riches en sphingomyéline et en cholestérol. D'après Milhiet *et al.* [93].

La méthode de cristallisation 2D de protéines solubles au niveau de monocouches lipidiques à l'interface air-liquide décrite ci-dessus a été étendue au cas de bicouches lipidiques à l'interface solide-liquide (figure 2.39).

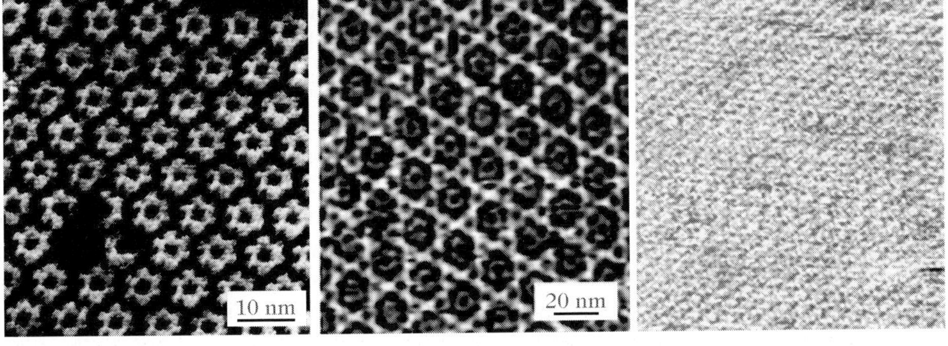

Figure 2.39. Images de cristaux 2D de protéines sur SLB, par AFM. À gauche, α-hémolysine sur bicouche de DOPC [90] (Copyright Elsevier 1995) ; au milieu, annexine A5 sur bicouche de DOPC : DOPS (4:1) [166] (Copyright Elsevier 1998) ; à droite, streptavidine sur bicouche lipidique contenant des lipides porteurs d'un groupe biotine (reproduit avec autorisation d'après [167] ; Copyright 2001, American Chemical Society).

Une analyse détaillée des processus d'adsorption et d'organisation 2D de protéines au niveau de bicouches supportées a été menée dans le cas de l'annexine A5, permettant d'établir une relation quantitative entre ces processus [50]. La combinaison de données quantitatives sur l'adsorption des protéines, par les méthodes de QCM-D et de l'ellipsométrie, et de données structurales sur les différents états d'organisation 2D, par AFM, permet de décrire avec une haute précision les étapes de liaison, de nucléation et de croissance cristalline (figure 2.40). Les leçons tirées de ce système modèle sont certainement généralisables à d'autres systèmes.

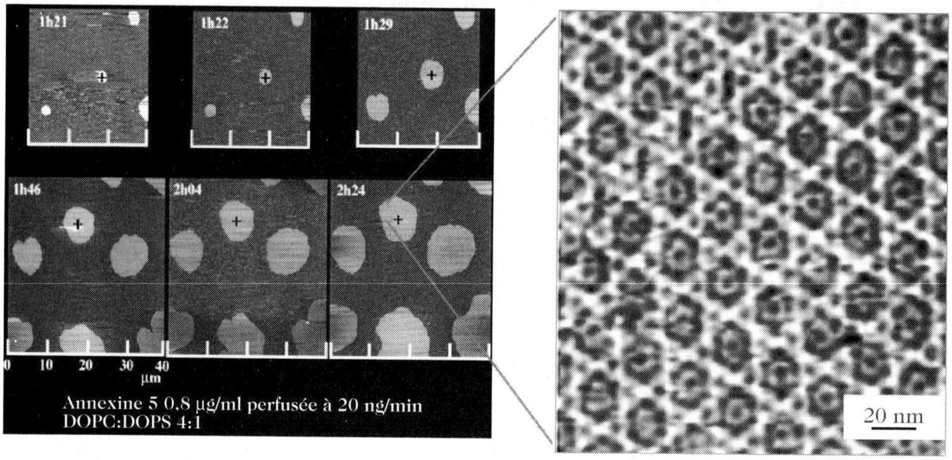

Figure 2.40. Schéma des étapes de liaison et d'organisation 2D de l'annexine A5, protéine soluble de la famille des annexines, au niveau de surfaces lipidiques chargées négativement en présence d'ions calcium. Le système de l'annexine A5 et celui de la streptavidine sont les systèmes macromoléculaires pour lesquels les processus d'organisation 2D sont les mieux caractérisés actuellement (source : I. Reviakine et A. Brisson).

Le rôle du support sur l'organisation 2D des protéines est mis en évidence de manière frappante. Ainsi, l'annexine A5 forme soit des cristaux 2D, soit des assemblages compacts désordonnés, selon que les bicouches lipidiques sont formées sur un support de mica ou de silice. L'origine de cette différence de comportement reste à identifier, mettant en évidence notre compréhension imparfaite de l'influence du support sur les propriétés des molécules ou couches moléculaires.
Les applications nanobiotechnologiques potentielles de ces systèmes sont nombreuses, que ce soit pour la conception de biocapteurs, de systèmes de type « puces » ou de nanovecteurs pour la délivrance de médicaments.

4.3. Reconstitution de protéines membranaires au niveau de bicouches lipidiques supportées

Les protéines membranaires sont responsables de nombreuses fonctions clefs dans la vie de la cellule, et les dérèglements des mécanismes fonctionnels associés sont à l'origine de nombreuses maladies. Cela explique les efforts développés pour l'identification et la synthèse de nouveaux agents pharmacologiques ayant pour cibles des protéines membranaires. Dans ce contexte, l'intégration de protéines membranaires au sein de biocapteurs constitue un enjeu majeur en biotechnologie.

Les approches développées sont pour la plupart basées sur la fabrication de membranes lipidiques suspendues au-dessus du support solide, découplées et séparées de celui-ci de manière à éviter l'interaction directe des protéines avec le support. Plusieurs études récentes rapportent des résultats très encourageants de reconstitution de protéines membranaires dans des membranes suspendues [99, 144] (voir le paragraphe 3.4). Une autre approche consiste à contrôler l'orientation des protéines membranaires au niveau de supports inorganiques, par modification des propriétés chimiques de la surface [169].
La voie semble donc ouverte au développement de biocapteurs et de puces à protéines membranaires.

5. Exemples d'applications des membranes biomimétiques en nanobiotechnologies

Les membranes biomimétiques et les assemblages protéo-lipidiques en général sont les structures de base dans de nombreuses applications des nanobiotechnologies. On les retrouve notamment dans la fabrication des nanoparticules lipidiques, l'encapsulation et la libération de médicaments, la vectorisation, la thérapie génique, la reconstitution de protéines membranaires, les assemblages composites, la fonctionnalisation de surfaces, le développement de nanobiocapteurs et en tant que support dans la cristallisation 2D des protéines.
Ce paragraphe a pour objectif de présenter quelques exemples récents d'applications des membranes et des structures biomimétiques dans le domaine des nanobiotechnologies.

5.1. Micro(nano)capteurs bio-optoélectroniques

Le premier exemple d'application des membranes biomimétiques concerne le développement de micro/nanocapteurs bio-optoélectroniques.
Les capteurs biochimiques, ou **biocapteurs**, sont des outils analytiques performants, associant la spécificité de reconnaissance d'un élément biologique sensible, le **biorécepteur**, et la sensibilité du capteur, (électro-)chimique, physique ou optique, le **transducteur** ; ce dernier détecte les modifications physico-chimiques engendrées par le biorécepteur au contact de sa substance cible et les traduit en un signal électrique mesurable et interprétable (voir le chapitre 16). Les performances des biocapteurs sont donc étroitement liées aux propriétés de **la couche sensible** et à la qualité de son association avec le transducteur. Les développements actuels tendent vers une miniaturisation de plus en plus poussée des systèmes de reconnaissance pour permettre l'analyse de la molécule unique. La structuration de la couche sensible à l'échelle moléculaire est donc une étape cruciale dans la miniaturisation des biocapteurs. Le développement de nouveaux supports biospécifiques comme les films minces organisés, directement déposés sur un transducteur, constitue une étape indispensable dans l'évolution des biocapteurs vers les micro(nano)capteurs intégrés et vers la conception de nouvelles biopuces, qui mettent en application le concept de multi-biocapteurs miniaturisés.
Dans ce contexte, l'élaboration contrôlée de systèmes moléculaires organisés utilisant les biomolécules comme structure élémentaire permet de développer des

assemblages supramoléculaires auto-assemblés de dimension nanométrique. Les membranes biomimétiques organisées associant l'élément d'intérêt biologique de façon orientée peuvent être utilisées en interface avec un système (micro- ou opto-) électronique miniaturisé. Cette association permet une fonctionnalisation de surface par intégration de fonctions biochimiques. Le développement de nouveaux hybrides bioélectroniques s'inspirant des modèles biologiques ouvre un vaste champ d'investigation pour le développement de nouveaux capteurs biomimétiques miniaturisés et d'outils analytiques opérant à l'échelle moléculaire.
À cet égard, et avec le but de concevoir un nouveau capteur bio-optoélectronique miniaturisable, une membrane lipidique obtenue par technique de Langmuir-Blodgett et associant l'acétylcholinestérase (AChE) de façon orientée (décrite au paragraphe 4.1.3, figure 2.34) a été associée à un capteur optique performant, dont le fonctionnement est basé sur la réaction d'électrochimiluminescence du luminol[2] (figure 2.41) [170]. Très brièvement, l'acétylcholinestérase catalyse la formation de choline à partir de l'acétylcholine présente dans le milieu réactionnel ; la choline est alors oxydée par la choline oxydase immobilisée dans un photopolymère de poly(vinyl alcool) (PVA-SbQ) en surface d'une électrode sérigraphiée et conduit à l'apparition de peroxyde d'hydrogène (H_2O_2). En présence de luminol électrooxydé, le peroxyde d'hydrogène induit l'émission de lumière. Le signal lumineux est alors détecté par l'intermédiaire d'une fibre optique reliée au tube photomultiplicateur d'un luminomètre.

a)

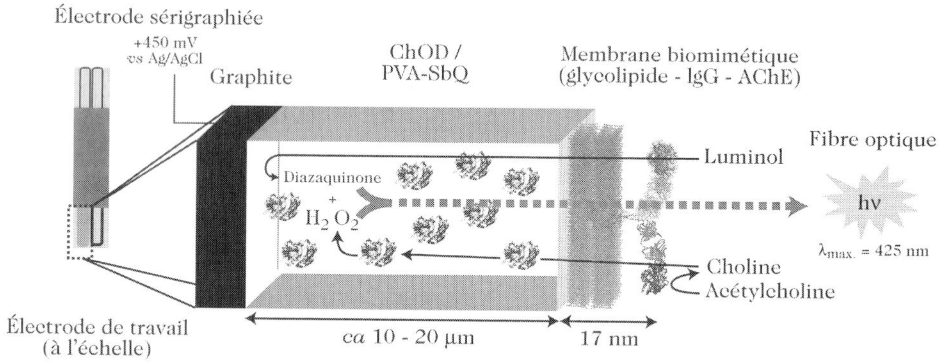

b)

$$\text{Acétylcholine} + H_2O \xrightarrow{AChE} \text{Acétate} + \text{Choline}$$

$$\text{Choline} + H_2O + 2\,O_2 \xrightarrow{ChOD} \text{Bétaïne} + 2\,H_2O_2$$

$$\text{Luminol} + 2\,H_2O_2 \xrightarrow[+0{,}45\ \text{V vs Ag/AgCl}]{graphite} \text{Aminophthalate} + N_2 + 3H_2O + h\nu$$

(λmax. = 425 nm)

Figure 2.41. a) Schéma de principe d'un microcapteur bio-optoélectronique. Ce capteur a été obtenu par transfert direct d'une membrane biomimétique de type Langmuir-Blodgett orientant l'acétylcholinestérase en surface sur une électrode à choline sérigraphiée, obtenue par la technique de « *screen-printing* ». **b)** Séquence réactionnelle permettant la détection d'acétylcholine dans le milieu réactionnel. Adapté de Godoy *et al.* [170].

2 Les lecteurs trouveront dans le chapitre 16, consacré aux biocapteurs, de plus amples informations sur l'intérêt des réactions de chimiluminescence du luminol dans la conception de capteurs biochimiques performants.

Les avantages de ce nouveau type de capteurs associent ceux de l'utilisation d'une membrane biomimétique en tant que couche sensible et ceux des électrodes sérigraphiées pour la réaction d'électrochimiluminescence du luminol. En effet, 1) la membrane utilisée est organisée au niveau moléculaire, ce qui permet d'envisager la miniaturisation de la zone analysée ; 2) elle permet une orientation fonctionnelle de l'enzyme à la surface de la membrane, ce qui n'est pas toujours le cas des méthodes usuelles d'immobilisation d'enzymes (voir le chapitre 16) ; 3) la membrane utilisée, basée sur les propriétés spécifiques de reconnaissance d'un anticorps monoclonal non inhibiteur, est polyvalente, ce qui permet de diversifier les enzymes qui pourront être immobilisées (sous réserve de changer l'anticorps). En étant déclenché par le peroxyde d'hydrogène, ce système de détection peut être appliqué à de nombreuses oxydases capables de détecter divers métabolites d'intérêt médical, industriel ou pharmaceutique. Des applications dans le domaine de l'environnement peuvent être envisagées. Enfin, le contact intime entre les différentes couches enzymatiques permet la détection directe des produits générés lors de la séquence enzymatique réactionnelle, sans perte dans le milieu réactionnel (le produit généré par la première enzyme se concentre au voisinage de la seconde – c'est-à-dire dans son microenvironnement), favorisant le flux de métabolites dans le sens de la détection, ce qui évite la rétrodiffusion dans le milieu réactionnel (gain de sensibilité). L'épaisseur ultrafine de la membrane biomimétique est responsable des performances du capteur, notamment en termes de rapidité de réponse.

L'association de membranes biomimétiques de type Langmuir-Blodgett avec des capteurs optiques performants est un exemple d'application de structuration « naturelle » de la couche sensible par auto-association de biomolécules et de fonctionnalisation de surface permettant le développement de capteurs bio-optoélectroniques miniaturisés.

5.2. Assemblages composites

Le développement de nanoparticules fonctionnalisées occupe une place centrale en nanobiotechnologie, que ce soit pour des applications de détection (*quantum dots*, nanoparticules magnétiques en imagerie médicale) ou pour la délivrance de médicaments. La fonctionnalisation de nanoparticules inorganiques a pour double objectif de stabiliser les nanoparticules contre leur tendance naturelle à floculer et de les rendre biocompatibles.

L'ensemble des approches développées et optimisées au niveau de substrats de grande taille ($\sim$ cm^2) sont en principe applicables au cas de nanoparticules.

Ainsi, la formation de bicouches lipidiques supportées autour de nanoparticules de silice suit les règles générales mises en évidence au niveau de substrats de silice (figure 2.42) [171]. Cette étude a d'autre part montré que la cryo-ME, méthode utilisée jusqu'à présent pour l'étude des assemblages biologiques et des agrégats de polymères, était particulièrement bien adaptée à la caractérisation des nanoparticules fonctionnalisées. La cryo-ME permet de révéler la structure de complexes supramoléculaires en solution aqueuse à l'échelle nanométrique et devrait donc occuper une place de choix dans le domaine des nanobiotechnologies.

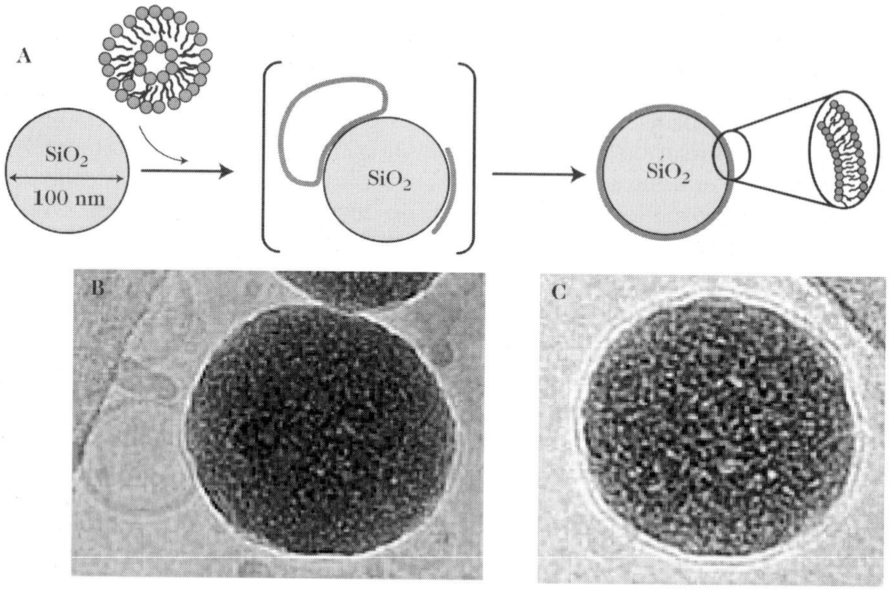

Figure 2.42. Dépôt de vésicules lipidiques autour de nanoparticules de silice (d'après Mornet *et al* [171]). **A)** Schéma du processus de formation de bicouche lipidique autour de nanoparticules de silice. **B)** Image de cryo-ME d'une vésicule adsorbée sur une nanoparticule de silice (diamètre 100 nm) ; la vésicule est déformée et suit fidèlement la rugosité de la particule. **C)** Nanoparticule de silice entièrement recouverte d'une bicouche supportée.

Bibliographie

[1] Shechter E., *Biochimie et biophysique des membranes. Aspects structuraux et fonctionnels*, Masson, Paris (1993).

[2] Lehninger A.L., Nelson D.L. et Cox M.M., *Principes de biochimie*, Médecine-Sciences, Flammarion, Deuxième édition, Chapitre 4, page 87 (1994).

[3] Bangham A.D. et Horne R.W., *J. Mol. Biol.*, **8**, 660 (1964).

[4] Liposomes, parts A-E, *Methods in Enzymology*, vols. 367, 372, 373, 387, 391, Ed. Nejat Düzügnes, Elsevier Academic Press.

[5] Gregoriadis G.N., *Engl. J. Med.*, **295**, 704 ; 765 (1976).

[6] Liposomes, parts D, *Methods in Enzymology*, vol. 387, Ed. Nejat Düzügnes, Elsevier Academic Press (2004).

[7] Liposomes, parts E, *Methods in Enzymology*, vol. 391, Ed. Nejat Düzügnes, Elsevier Academic Press (2005).

[8] Lasic D.D., *Liposomes in gene delivery*, CRC Press (1997).

[9] Robertson J.D., *J. Biophys. Biochem. Cytol.*, **3**, 1043 (1957).

[10] DUBOCHET J., ADRIAN M., CHANG J.-J., HOMO J.-C., LEPAULT J., MCDOWALL A.W. et SCHULTZ P., *Q. Rev. Biophys.*, **21**, 129 (1998).

[11] RIGAUD J.-L., PITARD B. et LEVY D., *Biochim. Biophys. Acta*, **123**, 223 (1995).

[12] ROUSER G.S., FLEISHE R. et YAMAMOTO A., *Lipids*, **5**, 494 (1975).

[13] SZOKA F etPAPAHADJOPOULOS D., *Proc. Natl. Adac. Sci. USA*, **75**, 4194 (1978).

[14] DIMITROV D.S. et ANGELOVA M., I. *Bioelectrochem. Bioenerg.*, **19**, 323 (1988).

[15] GAINES G.L. Jr., *Insoluble monolayers at liquid-gas interfaces*, Interscience publishers, J. Wiley & Sons, Inc., NewYork (1966).

[16] BIRDI K.S., *Lipid and biopolymer monolayers at liquid interfaces*, Plenum Press, New York (1989).

[17] ROBERT G.G., *Langmuir-Blodgett films*, Plenum Press, New York (1990).

[18] ULMAN A., *Langmuir-Blodgett Films*. In *An introduction to ultrathin organic films from Langmuir-Blodgett to self assembly*, Academic press Inc., New York (1991).

[19] PETTY M.C., *Langmuir-Blodgett films. An introduction*, Cambridge University press, Cambridge (1996).

[20] DYNAROWICZ-LATKA P., DHANABALAN A. et OSVALDO N.O. Jr., *Adv. Colloid Interface Sci.*, **91**, 221 (2001).

[21] VOLLHARDT D., *Adv. Colloid Interface Sci.*, **64**, 143 (1996).

[22] VOLLHARDT D., *Mater. Sci. Eng.*, C **22**, 121 (2002).

[23] FROMHERZ P., *Biochim. Biophys. Acta*, **225**, 382 (1971).

[24] VERGER R. et PATTUS F., *Chem. Phys. Lipids*, **30**, 189 (1982).

[25] ZHU D.C., PETTY M.C., ANCELIN H. et YARWOOD J., *Thin Solid Films*, **176**, 151 (1989).

[26] DEMEL R.A., *Subcell. Biochemistry*, **23**, 83 (1994).

[27] BROCKMAN H., *Curr. Opin. Struct. Biol.*, **9**, 438 (1999).

[28] MARSH D., *Biochim. Biophys. Acta*, **1286**, 183 (1996).

[29] MAGET-DANA R., *Biochim. Biophys. Acta*, **1462**, 109 (1999).

[30] BRIAN A.A. et MCCONNELL H.M., *Proc. Natl. Acad. Sci. USA*, **81**, 6195 (1984).

[31] SACKMANN E., *Science*, **271**, 43 (1996).

[32] BOXERS.G., *Curr. Opin. Chem. Biol.*, **4**, 704 (2000).

[33] RICHTER R.P., BÉRAT R. et BRISSON A.R., *Langmuir* **22**, 3497 (2006).

[34] NOLLERT P., KIEFER H. et JAHNIG F., *Biophys. J.*, **69**, 1447 (1995).

[35] REVIAKINE I. et BRISSON A.R., *Langmuir*, **16**, 1803 (2000).

[36] RICHTER R.P., MUKHOPADHYAY A. et BRISSON A.R., *Biophys. J.*, **85**, 3035 (2003).

[37] JASS J., TJARNHAGE T. et PUU G., *Biophys. J.*, **79**, 3153 (2000).

[38] GRANÉLI A., RYDSTRÖM J., KASEMO B. et HÖÖK F., *Langmuir*, **19**, 842 (2003).

[39] RAEDLER J., STREY H. et SACKMANN E., *Langmuir*, **11**, 4539 (1995).

[40] CREMER P.S. et BOXER S.G., *J. Phys. Chem.*, **103**, 1554 (1999).

[41] RICHTER R.P. et BRISSON A.R., *Biophys. J.*, **88**, 3422 (2005).

[42] ROSSETTI F.F., BALLY M., MICHEL R., TEXTOR M. et REVIAKINE I., *Langmuir*, **21**, 6443 (2005).

[43] KELLER C.A. et KASEMO B., *Biophys. J.*, **75,** 1397 (1998).

[44] REIMHULT E., HÖÖK F. et KASEMO B., *J. Chem. Phys.*, **117**, 7401 (2002).

[45] REIMHULT E., HÖÖK F. et KASEMO B., *Langmuir*, **19**, 1681 (2003).

[46] RODAHL M., HÖÖK F., KROZER A., BRZEZINSKI P. et KASEMO B., *Rev. Sci. Instrum.*, **66**, 3924 (1995).

[47] SEABTIER B., BREFFA C., FELIX O. ET DECHER G., *J. Phys. Chem.* B, **109**, 21755 (2005).

[48] BAYERL T.M. et BLOOM M., *Biophys. J.*, **58**, 357 (1990).

[49] RICHTER R.P., MAURY N. et BRISSON A.R., *Langmuir*, **21**, 299 (2005).

[50] RICHTER R.P., LAI KEE HIM J., TESSIER B., TESSIER C. et BRISSON A.R., *Biophys. J.*, **89,** 3372 (2005).

[51] DAHLIN A., ZÄCH M., RINDZEVICIUS T., KÄLL M., SUTHERLAND D.S. et HÖÖK F., *J. Am. Chem. Soc.*, **127**, 5043 (2005).

[52] BLODGETT K.B., *J. Am. Chem. Soc.*, **57**, 1007 (1935).

[53] BLODGETT K.B. et LANGMUIR I., *Phys. Rev.*, **51**, 964 (1937).

[54] GRUNDY M.J., MUSGROVE R.J., RICHARDSON R.M. et ROSER S.J., *Langmuir*, **6**, 519 (1990).

[55] GENNIS R.B., *Biomembranes. Molecular structure and function*, Springer-Verlag, New York (1989).

[56] HASMONAY H., CAILLAUD M. et DUPEYRAT M., *Biochim. Biophys. Res. Commun.*, **89**, 338 (1979).

[57] GIRARD-EGROT A.P., MORÉLIS R.M. et COULET P.R., *Langmuir*, **12**, 778 (1996).

[58] GIRARD-EGROT A.P., MORÉLIS R.M. et COULET P.R., *Langmuir*, **9**, 3107 (1993).

[59] TAMM L.K. et MCCONNELL H.M., *Biophys. J.*, **47**, 105 (1985).

[60] DEVAUX P.F., *Biochemistry*, **30**, 1163 (1991).

[61] CRANE J.M., KIESSLING V. etTAMM L.K., *Langmuir*, **21**, 1377 (2005).

[62] Schneider J., Dufrêne Y.F., Barger Jr. W.R. et Lee G.U., *Biophys J.*, **79**, 1107 (2000).

[63] Schneider J., Barger Jr. W.R. et Lee G.U., *Langmuir*, **19**, 1899 (2003).

[64] Yuan C. et Johnston L.J., *Biophys. J.*, **79**, 2768 (2000).

[65] Yuan C. et Johnston L.J., *Biophys. J*,. **81**, 1059 (2001).

[66] Yuan C., Furlong J., Burgos P. et Johnston L.J., *Biophys J.*, **82**, 2526 (2002).

[67] Singer S.J. et Nicolson G.L., *Science*, **175**, 720 (1972).

[68] Simons K. et Ikonen E., *Nature*, **386**, 569 (1997).

[69] Anderson R.G.W., *Annu. Rev. Biochem.*, **67**, 199 (1998).

[70] Sheets E.D., Holowka D. et Baird D., *Curr. Opin. Cell Biol.*, **3**, 95 (1999).

[71] Okamoto T., Schlegel A., Scherer P.E. et Lisanti M.P., *J. Biol. Chem.*, **273**, 5419 (1998).

[72] Viola A., Schroeder S., Sakakibara Y. et Lanzavecchia A., *Science*, **283**, 680 (1999).

[73] Anderson R.G.W. et Jacobson K., *Science*, **296**, 1821 (2002).

[74] Rinia H.A., Demel R.A., van der Eerden Jan P.J.M. et de Kruijff B., *Biophys. J.*, **77**, 1683 (1999).

[75] Tredgold R.H., *Order in thin organic films*, Cambridge University press, Cambridge (1994).

[76] Okamura E., Umemura J., Iriyama K. et Araki T., *Chem. Phys. Lipids*, **66**, 219 (1993).

[77] Lesieur P., Barraud A. et Vandevyver M., *Thin Solid Films*, **152**, 155 (1987).

[78] Bassereau P. et Pincet F., *Langmuir*, **13**, 7003 (1997).

[79] Dufrêne Y.F. et Lee G.U., *Biochim. Biophys. Acta*, **1509**, 14 (2000).

[80] Benz M., Gutsmann T., Chen N., Tadmor R. et Israelachvili J., *Biophys. J.*, **86**, 870 (2004).

[81] Cordero S.R., Weston K.D. et Buratto S.K., *Thin Solid Films*, **360**, 139 (2000).

[82] Rinia H.A. et de Kruijff B., *FEBS Lett.*, **504**, 194 (2001).

[83] Gleiche M., Chi L.F. et Fuchs H., *Nature*, **403**, 173 (2000).

[84] Lu N., Gleiche M., Zheng J., Lenhert S., Xu B., Chi L. et Fuchs H., *Adv. Mater.*, **14**, 1812 (2002).

[85] Moraille P. et Badia A., *Langmuir*, **18**, 4414 (2002).

[86] Moraille P. et Badia A., *Langmuir*, **19**, 8041 (2003).

[87] Matuoka S., Asami H. et Hatta I., *Thin Solid Films*, **180**, 123 (1989).

[88] Charitat T., Bellet-Amalric E., Fragneto G. et Graner F., *Eur. Phys. J. B*, **8**, 583 (1999).

[89] HUGHES A.V., GOLDAR A., GERSTENBERG M.C., ROSER S.J. et BRADSHAW J., *Phys. Chem. Chem. Phys.*, **4**, 2371 (2002).

[90] MOU J., YANG J. et SHAO Z., *J. Mol. Biol.*, **248**, 507 (1995).

[91] ZAHN D. et BRICKMANN J., *Chem. Phys. Lett.*, **352**, 441 (2002).

[92] YUAN C. et JOHNSTON L.J., *J. Microscopy*, **205**, 136 (2002).

[93] MILHIET P.E., GIOCONDI M.-C., BAGHDADI O., RONZON F., ROUX B. et LE GRIMELLEC C., *EMBO Reports*, **3**, 485 (2002).

[94] RADLER U., MACK J., PERSIKE N., JUNG G. et TAMPÉ R., *Biophys. J.*, **79**, 3144 (2000).

[95] STORA T., DIENES Z., VOGEL H. et DUSCHL C., *Langmuir*, **16**, 5471 (2000).

[96] BERQUAND A., MAZERAN P.-E., PANTIGNY J., PROUX-DELROUYRE V., LAVAL J.-M. et BOURDILLON C., *Langmuir*, **19**, 1700 (2003).

[97] PROUX-DELROUYRE V., LAVAL J.-M. et BOURDILLON C., *J. Am. Chem. Soc.*, **123**, 9176 (2001).

[98] PROUX-DELROUYRE V., ELIE C., LAVAL J.-M., MOIROUX J. et BOURDILLON C., *Langmuir*, **18**, 3263 (2002).

[99] ATAKA K., GIESS F., KNOLL W., NAUMANN R., HABER-POLHMEIER S., RICHTER B. et HEBERLE J., *J. Am. Chem. Soc.*, **126**, 16199 (2004).

[100] MUELLER P., RUDIN D.O., TIEN H.T. et WESCOTT W.C., *Nature*, **194**, 979 (1962).

[101] TIEN H.T. et OTTOVA A.L., *J. Membr. Sci.*, **189**, 83 (2001).

[102] TIEN H.T., WURSTER S.H. et OTTOVA A.L., *Bioelectrochem. Bioenerg.*, **42**, 77 (1997).

[103] TIEN H.T. et OTTOVA A.L., *Colloids Surf. A : Physicochem. Eng. Aspects*, **149**, 217 (1999).

[104] NIKOLELIS D., HIANIK T. et KRULL U.J., *Electroanalysis*, **11**, 7 (1999).

[105] GIRARD-EGROT A.P., GODOY S. et BLUM L.J., *Adv. Colloid Interface Sci.*, **116**, 205 (2005).

[106] LI J.R., CAI M., CHEN T.F. et JIANG L., *Thin Solid Films*, **180**, 205 (1989).

[107] MORIIZUMI T., *Thin Solid Films*, **160**, 413 (1988).

[108] ARISAWA S., ARISE T. et YAMAMOTO R., *Thin Solid Films*, **209**, 259 (1992).

[109] PAL P., NANDI D. et MISRA T.N., *Thin Solid Films*, **239**, 138 (1994).

[110] CHOI J.W., MIN J., JUNG J.W., RHEE H.W. et LEE W.H., *Thin Solid Films*, **327-329**, 676 (1998).

[111] YASUZAWA M., HASHIMOTO M., FUJII S., KUNUGI A. et NAKAYA T., *Sens. Actuators B*, **65**, 241 (2000).

[112] HECKL W.M., ZABA B.N. et MÖHWALD H., *Biochim. Biophys. Acta*, **903**, 166 (1987).

[113] OKAHATA Y., TSURUTA T., IJIRO K. et ARIGA K., *Langmuir*, **4**, 1373 (1988).

[114] OKAHATA Y., TSURUTA T., IJIRO K. et ARIGA K., *Thin Solid Films*, **180**, 65 (1989).

[115] SINGHAL R., GAMBHIR A., PANDEY M.K., ANNAPOORNI S. et MALHOTRA B.D., *Biosens. Bioelectron.*, **17**, 697 (2002).

[116] SINGHAL R., TAKASHIMA W., KANETO K., SAMANTA S.B., ANNAPOORNI S. et MALHOTRA B.D., *Sens. Actuators B*, **86**, 42 (2002).

[117] SHARMA S.K., SINGHAL R., MALHOTRA B.D., SEHGAL N. et KUMAR A., *Electrochim. Acta*, **49**, 2479 (2004).

[118] CASELI L., FURRIEL R.P.M., DE ANDRADE J.F., LEONE F.A. et ZANIQUELLI M.E.D., *J. Colloid Interface Sci.*, **275**, 123 (2004).

[119] WAN K., CHOVELON J.-M. et JAFFREZIC-RENAULT N., *Talanta*, **52**, 663 (2000).

[120] TSUZUKI H., WATANABE T., OKAWA Y., YOSHIDA S., YANO S., KOUMOTO K., KOMIYAMA M. et NIHEI Y., *Chem. Lett.*, 1265 (1988).

[121] TATSUMA T., TSUZUKI H., OKAWA Y., YOSHIDA S. et WATANABE T., *Thin Solid Films*, **202**, 145 (1991).

[122] ZHANG A., HOU Y., JAFFREZIC-RENAULT N., WAN J., SOLDATKIN A. et CHOVELON J.-M., *Bioelectrochemistry*, **56**, 157 (2002).

[123] GIRARD-EGROT A.P., MORÉLIS R.M. et COULET P.R., *Langmuir*, **13**, 6540 (1997).

[124] BERZINA T.S., PIRAS L. et TROITSKY V.I., *Thin Solid Films*, **327-329**, 621 (1998).

[125] VIKHOLM I. et ALBERS W.M., *Langmuir*, **14**, 3865 (1998).

[126] VIKHOLM I., VIITALA T., ALBERS W.M. et PELTONEN J., *Biochim. Biophys. Acta*, **1421**, 39 (1999).

[127] IHALAINEN P. et PELTONEN J., *Langmuir*, **18**, 4953 (2002).

[128] KENT M.S., YIM H., SASAKI D.Y., MAJEWSKI J., SMITH G.S., SHIN K., SATIJA S. et OCKO B.M., *Langmuir*, **18**, 3754 (2002).

[129] GODOY S., CHAUVET J.-P., BOULLANGER P., BLUM L.J. et GIRARD-EGROT A.P., *Langmuir*, **19**, 5448 (2003).

[130] GIRARD-EGROT A.P., CHAUVET J.-P., BOULLANGER P. et COULET P.R., *Langmuir*, **17**, 1200 (2001).

[131] GIRARD-EGROT A.P., GODOY S., CHAUVET J.-P., BOULLANGER P. et COULET P.R., *Biochim. Biophys. Acta*, **1617**, 39 (2003).

[132] GIRARD-EGROT A.P., CHAUVET J.-P., BOULLANGER P. et COULET P.R., *Colloids Surf. B : Biointerfaces*, **23**, 319 (2002).

[133] GODOY S., VIOLOT S., BOULLANGER P., BOUCHU M.-N., LECA-BOUVIER B.D., BLUM L.J. et GIRARD-EGROT A.P., *ChemBioChem*, **6**, 395 (2005).

[134] HENDERSON R., BALDWIN J.M., DOWNING K.H., LEPAULT J. et ZEMLIN F., *Ultramicroscopy*, **19**, 147 (1986).

[135] SARA M. et SLEYTR U.B., *J. Bacteriol.*, **182**, 859 (2000).

[136] GUMBINER B.M., *J. Cell. Biol.*, **148**, 399 (1988).

[137] HENDERSON R., BALDWIN J.M., CESKA T.A., ZEMLIN F., BECKMANN E. et DOWNING K.H., *J. Mol. Biol.*, **213**, 899 (1990).

[138] WALZ T. et GRIGORIEFF N., *J. Struct. Biol.*, **121**, 142 (1998).

[139] NOGALES E., WOLF S.G. et DOWNING K.H., *Nature*, **391**, 199 (1998).

[140] UNWIN N., *J. Mol. Biol.*, **346**, 967 (2005).

[141] STRANDBURG K.J., *Rev. Mod. Phys.*, **60**, 161 (1988).

[142] CHERNOV A.A., *J. Struct. Biol.*, **142**, 3 (2003).

[143] JAP B.K., ZULAUF M., SCHEYBANI T., HEFTI A., BAUMEISTER W., AEBI A. et ENGEL A., *Ultramicroscopy*, **46**, 45 (1992).

[144] BIERI C., ERNST O.P., HEYSE S., HOFMANN K.P. et VOGEL H., *Nat. Biotechn.*, **17**, 1105 (1999).

[145] UZGIRIS E.E. et KORNBERG R.D., Nature **301**, 125 (1983).

[146] BRISSON A., LAMBERT O. et BERGSMA-SCHUTTER W., *Two-dimensional crystallization of soluble proteins on planar lipid films* dans *Crystallization of Nucleic Acids and Proteins, a Practical Approach.,* Eds. A. Ducruix et R. Giegé, Oxford Univ. Press, pp 341-63 (1999).

[147] SCHULTZ P., BISCHLER N. et LEBEAU L., *Methods Mol. Biol.*, **148**, 557 (2001).

[148] LUDWIG D.S., RIBI H.O., SCHOOLNIK G.K. et KORNBERG R.D., *Proc. Natl. Acad. Sci. USA*, **83**, 8585 (1986).

[149] MOSSER G. et BRISSON A., *J. Struct. Biol.*, **106**, 191 (1991).

[150] LEBEAU L., OLLAND S., OUDET P. et MOISKOWSKI C., *Chem. Phys. Lipids*, **62**, 93 (1992).

[151] BLANKENBURG R., MELLER P., RINGSDORF H. et SALESSE C., *Biochemistry*, **28**, 8214 (1989).

[152] KUBALEK E.W., STUART F., LE GRICE J. et BROWN P.O., *J. Struct. Biol.*, **113**, 117 (1994).

[153] DIETRICH C., SCHMITT L. et TAMPÉ R., *Proc. Natl. Acad. Sci. USA*, **92**, 9014 (1995).

[154] DARST S., EDWARDS A.M., KUBALEK E.W. et KORNBERG R.D., *Cell*, **66**, 121 (1991).

[155] AVILA-SAKAR A.J. et CHIU W., *Biophys. J.*, **70**, 57 (1996).

[156] BRISSON A., BERSGMA-SCHUTTER W., OLING F., LAMBERT O. et REVIAKINE I., *J. Crystal Growth*, **196**, 456 (1999).

[157] OLING F., BERSGMA-SCHUTTER W. et BRISSON A., *J. Struct. Biol.*, **133**, 55 (2001).

[158] SELINGER J.V. et SCHNUR J.M., *Phys. Rev. Lett.*, **71**, 4091 (1993).

[159] RINGLER P., MUELLER W., RINGSDORF H et BRISSON A., *Chem. Eur. J.*, **3**, 620 (1997).

[160] Wilson-Kubalek E.M., Brown R.E., Celia H. et Milligan R.A., *Proc. Natl. Acad. Sci. USA* **95**, 8040 (1998).

[161] Lévy D., Mosser G., Lambert O., Moeck G.S., Bald D. et Rigaud J.-L., *J. Struct. Biol.*, **127**, 44 (1999).

[162] Muller D.J., Schoenenberger C.A., Schabert F. et Engel A., *J. Struct. Biol.*, **119**, 149 (1997).

[163] Muller D.J., Amrein M. et Engel A., *J. Struct. Biol.*, **119**, 172 (1997).

[164] Fotiadis D., Liang Y., Filipek S., Saperstein D.A., Enegl A. et Palczewski K., *Nature*, **421**, 127 (2003).

[165] Scheuring S., Sturgis J.N., Prima V., Bernadac A., Levy D. et Rigaud J.-L., *Proc. Natl. Acad. Sci. USA*, **101**, 11293 (2004).

[166] Reviakine I., Bergsma-Schutter W. et Brisson A., *J. Struct. Biol.*, **121**, 356 (1998).

[167] Reviakine I. et Brisson A, *Langmuir*, **17**, 8293 (2001).

[168] Ratanabanangkoon P. et Gast A.P., *Langmuir*, **19**, 1794 (2003).

[169] Trépout S., Mornet S., Benabdelhak H., Ducruix A., Brisson A. et Lambert O., *Langmuir*, **23**, 2647 (2007).

[170] Godoy S., Leca-Bouvier B., Boullanger P., Blum L.J et Girard-Egrot A.P., *Sens. Actuators B*, **107**, 82 (2005).

[171] Mornet S., Lambert O., Duguet E. et Brisson A., *NanoLetters*, **5**, 281 (2005).

[172] Peng J.B., Barnes G.T., Gentle I.R. et Foran G.J., *J. Phys. Chem. B*, **104**, 5553 (2000).

[173] Saint-Pierre Chazalet M., Masson M., Bousquet C., Bolbach G., Ridente Y. et Bolard J., *Thin Solid Films*, **244**, 852 (1994).

[174] Heywang C., Saint-Pierre Chazalet M., Masson M. et Bolard J., *Biophys. J.*, **75**, 2368(1998).

[175] Leverette C.L. et Dluhy R.A., *Colloids Surf. A : Physicochem. Eng. Aspects*, **243**, 157 (2004).

[176] Vandevyver M. et Barraud A., *J. Mol. Electron.*, **4**, 207 (1988).

[177] Sanchez J. et Badia A., *Thin Solid Films*, **440**, 223 (2003).

[178] Hollars C.W. et Dunn R.C., *J. Chem. Phys.*, **112**, 7822(2000).

[179] Lahmani M., Dupas C. et Houdy Ph., *Les nanosciences : 1. Nanotechnologies et nanophysique*, collection Échelles, Belin, Paris (2004).

CHAPITRE

3

COMPLEXES SUPRAMOLÉCULAIRES D'ADN

Guy ZUBER*, Daniel Scherman†

1. Introduction

L'acide désoxyribonucléique ou ADN est un polymère linéaire en forme de « double brin » synthétisé par polymérisation séquentielle d'un nombre important d'unités qui sont choisies entre les bases nucléiques puriques (adénosine A et guanosine G) et pyrimidiques (cytosine C et thymidine T). L'ADN contient l'information génétique nécessaire à la vie. Il est présent sous la forme d'un nombre limité de molécules de très grande taille (quelques dizaines), appelées chromosomes. Cette information génétique est tout d'abord « transcrite ». Dans la transcription, un fragment restreint, appelé « gène », de l'ADN est copié sous forme d'acide ribonucléique, ou ARN. L'ARN est lui même un polymère « simple brin » dont la séquence d'acides nucléiques est schématiquement analogue à celle de l'un des deux brins d'ADN transcrits. Enfin, cet ARN est « traduit » en protéine, autre polymère linéaire, les protéines formant la majorité des constituants actifs permettant la survie cellulaire.

Une perte de l'information, par mutation ou délétion d'ADN, entraîne un déséquilibre du métabolisme cellulaire pouvant mener à des pathologies le plus souvent incurables. Plusieurs stratégies ont été développées pour pallier ces déficits génétiques ou, plus généralement, pour agir, en les amplifiant ou en les supprimant, sur les mécanismes conduisant de la lecture de l'information génétique à la production des protéines.

* Université Strasbourg 1. zuber@bioorga.u-strasbg.fr

† INSERM U640, CNRS UMR 8151, Paris. daniel.scherman@univ-paris5.fr

- Des stratégies visant à introduire des ADN ou ARN synthétiques, qui bloquent sélectivement l'expression de certains gènes, sont étudiées par un nombre croissant de chercheurs et de pharmacologues. Elles utilisent des oligodésoxyribonucléotides « antisens » ou des oligoribonucléotides « interférants » et ont d'ores et déjà des applications cliniques ; ce concept thérapeutique est souvent appelé **pharmacologie génétique**.
- D'autres stratégies, plus aventureuses, visent à réparer « in situ » l'ADN muté ou incomplet au sein même des chromosomes, en introduisant de courtes séquences d'ADN ou d'ARN qui reconnaissent et « prennent la place » des mutations. C'est le principe de la **correction génétique**.
- D'autres stratégies, enfin, visent à réintroduire dans les cellules les fragments d'ADN déficients, sous la forme de gènes. Dans certaines maladies, en effet, la seule solution est de ramener de l'information génétique dans les cellules par transfert d'ADN exogène jusque dans le noyau cellulaire. Ce choix thérapeutique est connu sous le nom de **thérapie génique**.

Dans l'ensemble de ces procédures, deux problèmes fondamentaux se posent :

- Comment produire les acides nucléiques « thérapeutiques » en grande quantité et de manière homogène ?
- Comment administrer ces acides nucléiques au noyau des cellules, procédé que les spécialistes appelent « transfection ».

Si la première question dépasse le cadre du présent chapitre, la seconde y est directement rattachée. En effet, certaines molécules synthétiques forment spontanément avec les ADN ou ARN des complexes macromoléculaires. Sous certaines conditions, ces systèmes se sont avérés être des véhicules efficaces pour transporter du matériel génétique dans les cellules. Par là même, ces molécules, encore appelées « vecteurs », sont utilisées quotidiennement au laboratoire par la quasi-totalité des biologistes. Elles représentent potentiellement aussi, comme nous venons de le voir, le moyen d'arriver à de nouveaux médicaments.
Développons un peu plus ici le concept de la thérapie génique. Jusqu'au début des années 1970, l'ADN était le composé biologique le plus difficile à analyser en raison de sa longueur et de la répétition, sur des séquences de plusieurs milliards d'unités, de ses 4 constituants modulaires (figure 3.1) : les acides nucléiques A et G (les purines) et T et C (les pyrimidines). Pour donner un exemple, une cellule humaine non sexuelle, c'est-à-dire contenant en deux copies tous les chromosomes sauf le X dans le cas des mâles, renferme 10^9 paires de bases d'une double hélice linéaire avec seulement 4 unités nucléotidiques différentes. Ce génome aurait un diamètre de 2 nm et une longueur totale de 1 mètre si l'ADN des 23 chromosomes était déroulé et placé bout à bout.
Aujourd'hui, l'ADN est devenu l'une des macromolécules biologiques les plus faciles à produire, sous forme de plasmide dans des bactéries, et à manipuler, grâce à des enzymes. De plus, l'automatisation des procédés d'analyse des ADN et ARN et le traitement facilité de grandes quantités de données ont permis le séquençage de génomes entiers, dont celui de l'Homme. Ces progrès, couplés avec une meilleure compréhension de la mécanique cellulaire à l'échelle moléculaire et des implications génétiques dans de nombreuses maladies, ouvrent la voie à l'utilisation de l'ADN comme médicament. Dans un cas simple, un gène exogène

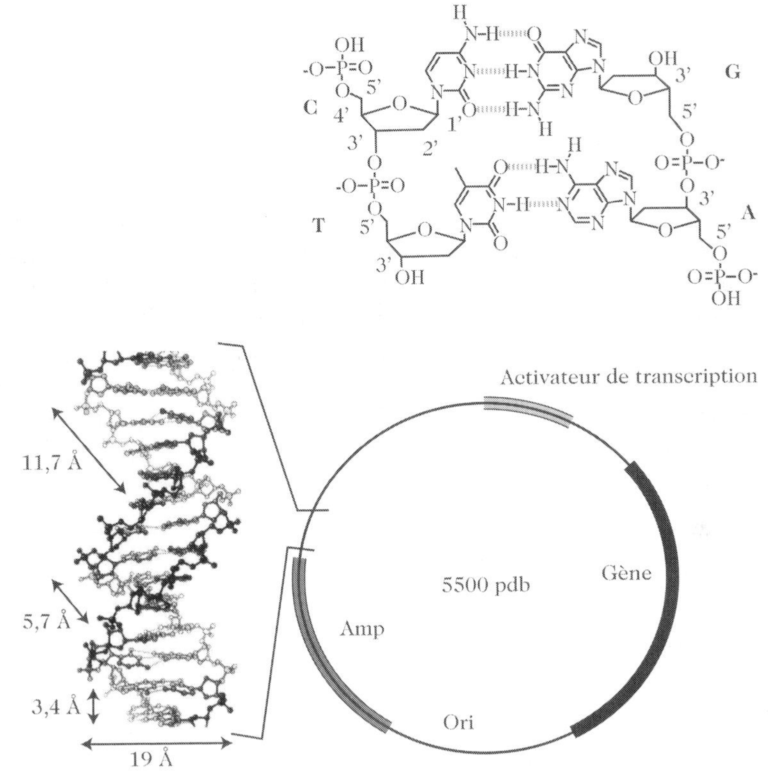

Figure 3.1. Les différentes structures de l'ADN. Un brin d'ADN est un polymère linéaire constitué de seulement 4 nucléotides différents. La formation spécifique de paires de bases par liaisons hydrogène permet la formation de la double hélice d'ADN. Un gène est en général produit dans des systèmes bactériens grâce à son inclusion dans un plasmide.

assurera à la place la fonction d'un gène déficient qui cause une maladie. Mais en allant plus loin, on sait que de l'information génétique peut être utilisée dans diverses maladies, dont les cancers ou les troubles de la circulation sanguine (ischémie), où l'expression d'une protéine ou même d'un ARN apporte un bénéfice thérapeutique.

L'intérêt de la thérapie génique réside essentiellement dans l'amplification de l'information génétique et dans la haute sélectivité d'action des produits (protéines). Après délivrance du gène dans le noyau d'une cellule, la transcription de l'ADN en plusieurs ARN messagers qui, à leur tour, seront traduits en plusieurs protéines thérapeutiques permet une amplification significative de l'information (figure 3.2). De plus, ce signal peut être hautement contrôlé grâce à des séquences, appelées « promoteurs », qui ajustent la transcription en fonction de multiples paramètres comme le type cellulaire, l'activité cellulaire ou la signalisation hormonale. Cette combinaison d'amplification, de spécificité et de régulation présente beaucoup d'avantages.

Si les acides nucléiques sont de toute évidence des principes actifs puissants, leur utilisation en temps que médicaments se heurte à des problèmes pharmacologiques majeurs. En effet, comme tout principe actif, les acides nucléiques doivent

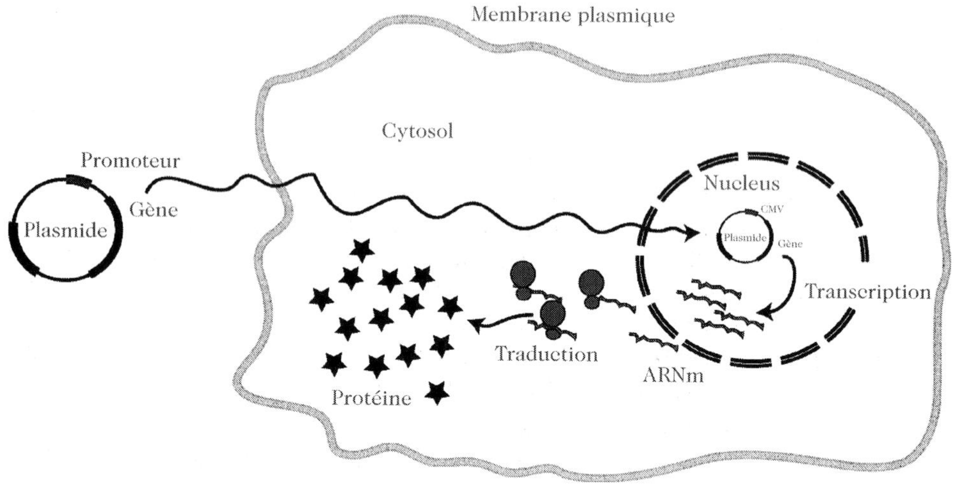

Figure 3.2. La cellule amplifie l'information génique par la transcription d'un gène en multiples ARN messagers, puis par la traduction des ARN messagers en protéine. Une amplification est obtenue à chaque étape.

rejoindre leur site d'action pour y exercer leur effet thérapeutique. Or, la nature chimique, la taille et le comportement (hydro)dynamique des polymères d'ADN réduisent considérablement leur diffusion dans un organisme multicellulaire, le franchissement de la membrane plasmique des cellules (bicouche lipidique hydrophobe), la diffusion à travers le tamis intracytoplasmique constitué par les filaments d'actine et les microtubules, et même le passage par les pores nucléaires. Enfin, l'ADN est un nanomatériel biodégradable : en dehors du noyau, où des enzymes permettent sa réparation, l'ADN est dégradé en quelques minutes !

Malgré les difficultés mentionnées, des assemblages biologiques nanométriques, les virus, permettent la délivrance de leur propre matériel génétique jusque dans le noyau des cellules, où l'amplification de l'information conduit à la production et à l'éjection de réplicons viraux. La variété des virus est immense. Ils partagent la propriété d'être des objets d'environ 100 nm de diamètre et utilisent à leur profit et avec une grande efficacité certains mécanismes d'internalisation et de signalisation cellulaires. Les connaissances accumulées sur les virus ont permis de développer des systèmes biologiques de production de nanoparticules d'origine virale, les virus recombinants défectifs, qui incorporent quasi exclusivement du matériel génétique exogène thérapeutique (voir le chapitre 23). De manière alternative et complémentaire, les chimistes développent de nouvelles molécules, appelées **vecteurs synthétiques**, qui s'associent avec l'ADN et améliorent ses propriétés pharmacologiques (voir le chapitre 24).

Dans le paragraphe 2, nous présenterons de manière schématique et générale la problématique du transfert de gènes. Nous présenterons ensuite la préparation et la caractérisation d'assemblages polymoléculairs en ADN (les polyplexes et les lipoplexes), qui ont des propriétés de transfert de gènes remarquables à un niveau cellulaire. Enfin, nous montrerons comment préparer des assemblages monomoléculaires en ADN (les nanoplexes).

2. Les différentes étapes du transfert de gènes

2.1. Présentation

Schématiquement, les vecteurs synthétiques et leurs assemblages avec l'ADN ont cinq fonctions principales.

- Compacter et protéger l'ADN : les plasmides dont la taille, en solution aqueuse, varie de 100 à 500 nm selon le nombre de paires de bases et l'état de surenroulement, sont compactés et protégés par le vecteur synthétique des diverses sources de dégradation, telles que les nucléases.
- Promouvoir une circulation efficace à travers les barrières tissulaires d'un animal (administration *in vivo*) jusqu'aux membranes cellulaires.
- Promouvoir la fixation cellulaire de l'ADN : l'ADN est un polyanion qui n'a aucune capacité à adhérer spontanément à la membrane plasmique polyanionique des cellules.
- Promouvoir le passage de l'ADN à travers la membrane plasmique ou endosomale.
- Promouvoir le trafic intracellulaire et la pénétration nucléaire de l'ADN, cette dernière étape représentant un défi majeur lorsque l'on cherche à transfecter des cellules quiescentes.

2.2. Condensation et protection de l'ADN

À l'échelle nanométrique, l'ADN double brin de la taille d'un gène est un polymère linéaire anionique et semi-rigide. Il adopte en solution un comportement hydrodynamique en ver qui occupe un grand volume et aura une diffusion réduite. Il a été mesuré qu'une double hélice d'ADN de plus de 2 000 paires de bases (ce qui correspond à la taille d'un gène codant pour une protéine de 60 kDa) a un coefficient de diffusion réduit en solution aqueuse (environ 10^{-8} cm^2/s) et est immobile dans le cytosol (figure 3.3A et 3.3B). La conséquence en est une augmentation de la durée de contact du polymère biologique avec des nucléases du sérum ou du cytoplasme, ce qui impacte lourdement sur sa stabilité.
La condensation de l'ADN filiforme en une structure compacte améliore non seulement sa dynamique grâce à une réduction du volume occupé, mais aussi sa stabilité chimique. L'exemple macroscopique typique de polymère semi-rigide est le tuyau d'arrosage de grande longueur qui s'entortille et devient inutile très rapidement s'il n'est pas stocké sous forme enroulée.
La transformation d'un polymère d'une forme dépliée et désorganisée en une structure compacte dépend de la flexibilité intrinsèque du polymère et des possibilités de stabilisation du système par interactions entre des segments du polymère ou avec des molécules externes présentes dans le solvant. La compaction de l'ADN natif est un processus hautement défavorable en raison des répulsions électrostatiques conférées par les charges négatives espacées d'environ 7 Å le long du squelette désoxyribose-phosphate de l'ADN. Seule la neutralisation des charges par des cations (complexation) annihile les répulsions entre les segments anioniques du polymère et conduit à une transition vers une forme condensée

et protégée. La taille, la structure et les propriétés des complexes ADN:cations dépendent naturellement de la nature de l'agent cationique, de sa constante d'association, mais aussi des concentrations des partenaires et de leur stœchiométrie ou rapport de charge. Naturellement, pour une utilisation biologique, les complexes ADN:cations doivent être suffisamment stables vis-à-vis des macromolécules en circulation dans l'organisme, tout en permettant un relargage de l'ADN dans la cellule.

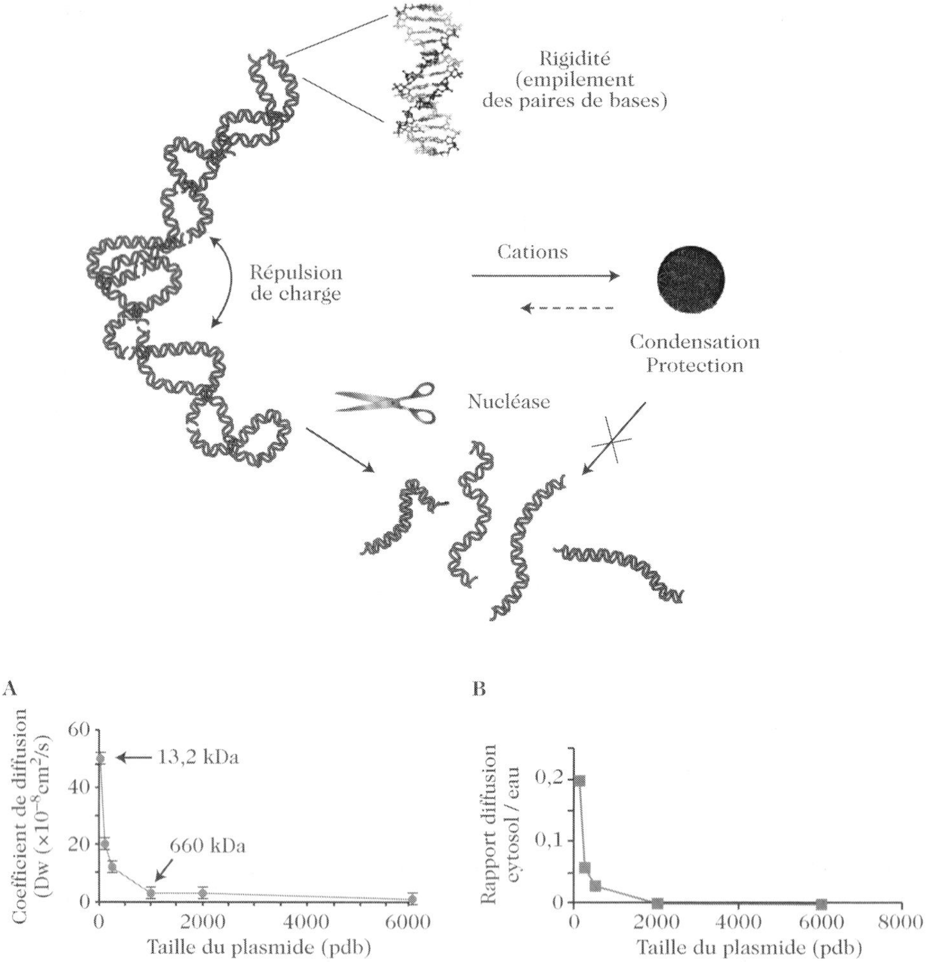

Figure 3.3. L'ADN de la taille d'un gène est un polymère qui occupe un grand volume et qui diffuse mal dans l'eau et est immobile dans le cytosol. Une compaction par des cations améliore sa stabilité chimique.

2.3. Circulation dans un organisme multicellulaire

Un mammifère est composé de plusieurs organes qui sont eux-mêmes composés de cellules différenciés et de polymères extracellulaires. Ce type d'organisation forme une barrière efficace à l'ADN ou à des particules. En effet, les contacts intercellulaires et les polymères extracellulaires empêchent physiquement une diffusion généralisée dans l'organisme de toute molécule de taille supérieure à 8 nm (figure 3.4). Les systèmes de délivrance d'ADN ont donc un accès restreint aux tissus où une large surface cellulaire est physiquement accessible par chirurgie, par administration locale ou par injection dans le sang. L'injection sanguine systémique est particulièrement intéressante car elle permet l'accès à des tissus distants et profonds. La composition du sang ainsi que la présence d'organes spécifiques de filtration et de purification du sang imposent des assemblages stables, de la plus petite taille possible et éventuellement furtifs (voir le chapitre 24).

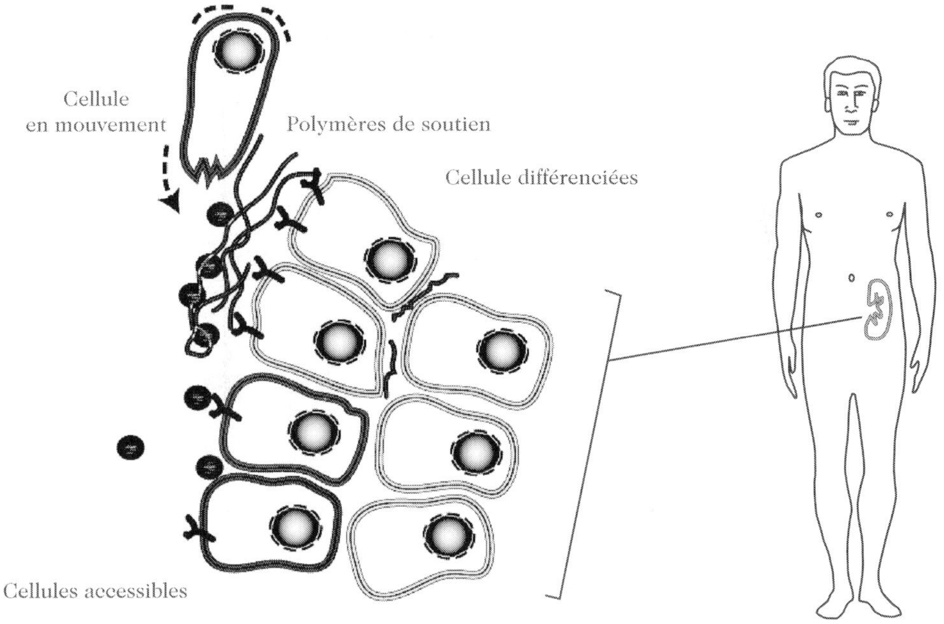

Figure 3.4. Dans un organisme organisé en tissus (cellules différenciées), les nanomatériaux accèdent difficilement aux surfaces de nombreuses cellules. La plus grande partie du matériau reste accrochée à des polymères de soutien ou adhère sur la première couche cellulaire. Dans certains cas, des cellules en reptation (par exemple des lymphocytes) peuvent véhiculer le nanomatériau piégé.

2.4. Adhésion cellulaire et passage de la membrane plasmique

La membrane plasmique constitue **une barrière majeure** à l'entrée de l'ADN (et aussi d'autres macromolécules hydrophiles) dans la cellule. Une perméabilisation directe de la bicouche lipidique détruit l'intégrité de la cellule et interfère avec sa viabilité. Elle peut néanmoins être utilisée si elle est transitoire, par exemple lorsque les cellules sont soumises à des champs électriques appropriés. Une solution est d'exploiter les mécanismes cellulaires d'invagination membranaire, conduisant à une internalisation de matériel dans des vésicules que l'on appelle les **endosomes**. Cette sous-compartimentation présente de nombreux avantages, car elle est en général associée à des modifications du milieu qui peuvent être exploitées pour induire une lyse de la bicouche membranaire. De plus, la rupture d'une quantité limitée de membrane endosomale aura peu d'incidence sur la viabilité cellulaire.

Ce type de mécanisme nécessite une fixation des particules à des récepteurs membranaires qui sont eux-mêmes reliés à des mécanismes d'endocytose (figure 3.5). L'endocytose résulte d'une internalisation de domaines spécifiques de la membrane plasmique dans des compartiments intracellulaires. Ces compartiments sont ensuite dirigés activement par des filaments d'actine ou par des « moteurs » protéiques le long des microtubules dans des compartiments de recyclage qui subissent des modifications chimiques (diminution du pH) ou enzymatiques (pour une dégradation complète).

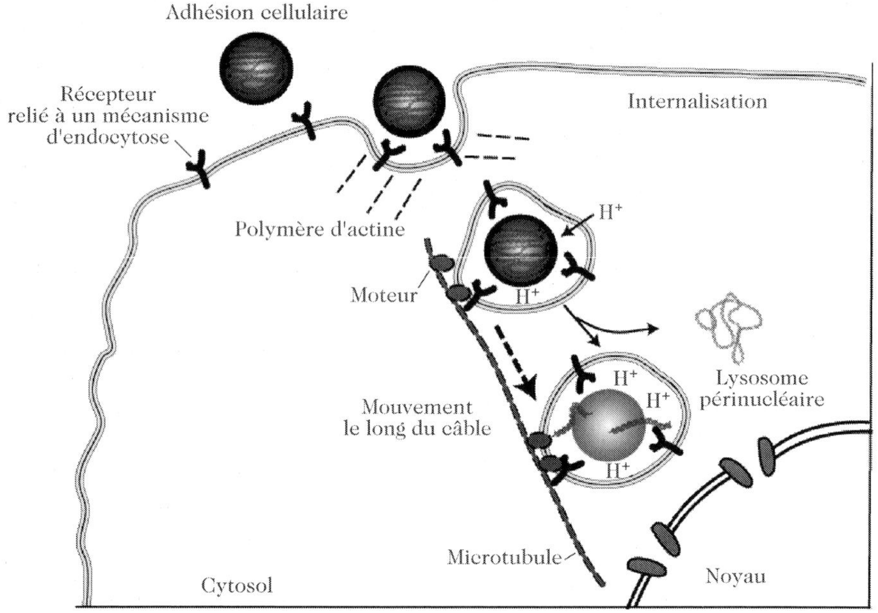

Figure 3.5. Endocytose de particules dans les cellules. L'adhésion de particules sur des domaines membranaires spécifiques induit une internalisation dans des endosomes (il en existe plusieurs types). Ces vésicules subissent ensuite des transformations et sont dirigées activement dans des compartiments de recyclage cellulaire.

Le choix du mode de fixation des particules ADN/vecteur sur la membrane plasmique a des implications importantes. Des interactions électrostatiques avec des molécules anioniques présentes sur toutes les cellules sont particulièrement intéressantes *in vitro* pour une application généraliste sur un nombre important de différentes monocultures cellulaires (lignées). Alternativement, la fixation à des récepteurs protéiques spécifiques, comme des intégrines, ou ceux qui lient la transferrine, l'acide folique ou l'asialoglucoprotéine, permet de cibler sélectivement des cellules ou tissus qui les surexpriment, voire de cibler un mode d'internalisation spécifique.

Une fois dans les endosomes, les assemblages doivent induire une rupture de la membrane qui les entoure pour se retrouver libres dans le cytosol. Cette rupture n'est pas facile. L'incorporation de molécules possédant une fonction fusiogène (dioléoylphosphatidyléthanolamine ou DOPE, certains peptides dérivés de séquences virales ou conçus *ab initio*, etc.), c'est-à-dire capables d'induire une déstabilisation des membranes en vue de favoriser la libération intracellulaire des plasmides, est une solution. Une autre méthode est d'exploiter l'acidification active des endosomes. Ce mécanisme cellulaire différencié a permis d'exploiter des polymères cationiques ayant des propriétés « d'éponge à protons », comme la polyéthylèneimine (PEI).

2.5. Circulation intracellulaire et import nucléaire

Les études de trafic intracellulaire indiquent que l'ADN ou ses complexes transitent par le cytosol avant le passage par le noyau. Physiquement, un ADN nu a très peu de chances de passer l'enveloppe nucléaire d'une cellule quiescente en raison de son immobilité dans le cytoplasme. Il existe cependant des mécanismes de transport de macromolécules entre le cytoplasme et le noyau par les pores nucléaires. Si les macromolécules plus petites que 40 kDa diffusent de manière passive à travers ces pores, le passage de macromolécules plus grosses, voire des particules nanométriques de 39 nm de diamètre, est possible grâce à l'utilisation de mécanismes spécifiques d'import nucléaire, via l'assistance de signaux spécifiques appelés NLS (pour *Nuclear Localisation Signal*) et de protéines « cargos ». La compaction d'un seul plasmide sur lui-même conduit à des particules de taille d'environ 25 nm de diamètre, donc compatible pour un passage assisté par les pores nucléaires.
Si le passage par le pore nucléaire est obligatoire pour les cellules quiescentes, la division cellulaire offre une possibilité d'incorporer un gène exogène immobilisé dans le cytosol. Lors de la division cellulaire, l'enveloppe nucléaire disparaît dans un continuum avec le réticulum endoplasmique et ne forme plus une barrière entre le matériel génétique cellulaire et le cytoplasme. Durant la mitose, les chromosomes sont transportés activement le long des microtubules et, avec un peu de chance (facteur statistique ou de probabilité), peuvent emporter le gène exogène et le « séquestrer » dans les noyaux des cellules filles (figure 3.6). De fait, une division cellulaire multiplie par un facteur supérieur à 10 l'efficacité de la transfection médiée par les vecteurs synthétiques.

2.6. État des lieux

Ces différentes fonctions sont actuellement remplies, du moins partiellement, par la préparation d'organisations supramoléculaires entre l'ADN et des molécules associatives. L'association **de polymères et de lipides cationiques** avec l'ADN permet de fabriquer des assemblages, respectivement appelés **polyplexes et lipoplexes,** qui sont capables de transfecter efficacement des lignées cellulaires cultivées dans des boîtes. Les meilleurs vecteurs de gènes semblent trouver quelques applications thérapeutiques (*in vivo*) pour le traitement de cellules cancéreuses facilement accessibles. Enfin, des solutions fondées sur la chimie supramoléculaire émergent et permettent de contrôler précisément la compaction de l'ADN dans des assemblages stables et de taille minimale : **les nanoplexes**.

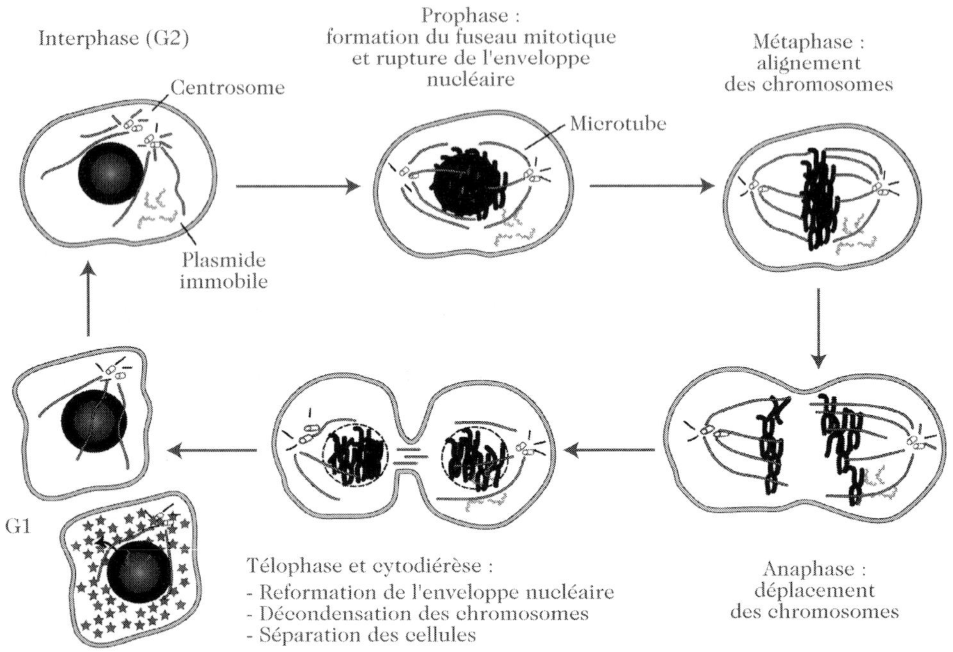

Figure 3.6. Modèle d'internalisation de particules dans le noyau de cellules en division. Le plasmide (sous forme libre ou en complexe) immobile sera emmené par des chromosomes en mouvement et séquestré dans un noyau après reconstitution de l'enveloppe nucléaire. L'étoile représente la protéine ou le produit du gène.

3. Les assemblages polymoléculaires en ADN : préparation, caractérisation et propriétés

3.1. Les polyplexes

3.1.1. Introduction et structure

Une condensation de l'ADN dans des assemblages stables est effectuée par un simple effet de coopérativité grâce à des matériaux polycationiques (figure 3.7). L'utilisation de polymères cationiques pour condenser et protéger l'ADN est la méthode la plus évidente, et un grand nombre de polymères de synthèse compactent efficacement l'ADN. D'ailleurs, dans les cellules eucaryotes, la compaction de l'ADN chromosomique est obtenue de cette manière par l'utilisation de protéines riches en acides aminés lysine et arginine : les histones. De même, dans les spermatozoïdes, c'est une autre protéine riche en arginine, la protamine, qui permet une compaction maximale du matériel génétique.

Les polymères polycationiques, tels que la poly(L-lysine), la protamine, la polyéthylèneimine (PEI), ou encore les dendrimères cationiques, s'associent à l'ADN par des interactions électrostatiques multiples entraînant un processus de coopérativité, ce qui génère des particules appelées polyplexes. La poly(L-lysine) a été initialement le polymère cationique le plus couramment utilisé, mais souffre de

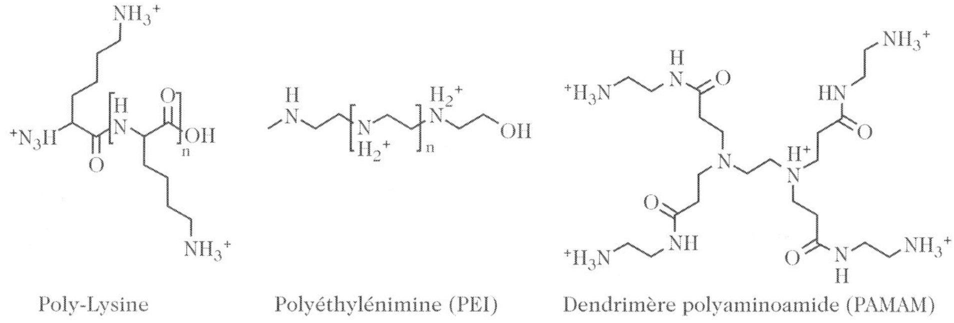

Figure 3.7. Structures chimiques de polycations utilisés pour la transfection d'ADN. En général, le degré de polymérisation pour la polylysine et la PEI est d'environ 500. Les dendrimères de 4e génération commencent à avoir des propriétés de transfert de gènes *in vitro*.

son absence de propriétés endosomolytiques (c'est-à-dire qu'elle ne peut pas causer la rupture des endosomes). Depuis, on a montré que la polyéthylèneimine (PEI) ou des dendrimères intacts ou fracturés de polyamidoamine pouvaient promouvoir avec efficacité le transfert de gène. Ces polymères semblent devoir leur efficacité comme agent de transfert de gène à leur structure chimique et à leur densité électronique qui augmente de manière considérable l'acidité des ammoniums. Au pH physiologique, une proportion importante des amines n'est pas protonée et fonctionnerait dans les endosomes comme une « éponge à protons » aux propriétés endosomolytiques. La relation entre la propriété d' « éponge à protons » et l'activité endosomolytique sera exposée dans la suite de ce paragraphe. Aussi, et pour maintenir une cohésion, nous présenterons uniquement les polyplexes de PEI linéaire.

3.1.2. Préparation des polyplexes

La connaissance précise de la stœchiométrie ou rapport de charge entre le polymère d'ADN et le polycation est cruciale, car elle détermine l'état de compaction de l'ADN et sa stabilité. Le nombre de charges négatives de l'ADN est facilement calculé car, à pH physiologique (environ 7,4), les phosphates (pKa d'environ 1) de l'ADN sont toujours négatifs. La titration de charge négative ou de phosphate (P) sera ainsi simplement obtenue en mesurant la concentration en base nucléique par spectrophotométrie (pour un plasmide, l'absorbance spécifique à 260 nm d'une base nucléique (et donc d'un phosphate) est de $6\,600\,\mathrm{M}^{-1} \cdot \mathrm{cm}^{-1}$).
Le nombre de charge (cationique) d'un polymère de synthèse est plus difficile à déterminer. Premièrement, les méthodes de polymérisation ne sont pas aussi précises que les méthodes biologiques et produisent des populations de polymères qui sont décrites par des valeurs statistiques (masse moyenne, polydispersité). Deuxièmement, les polymères cationiques sont en général des polyammoniums. S'il est certes facile de doser le nombre d'azote (N) de ces polymères par réaction colorimétrique, le nombre de charges cationiques n'est pas identique à celui des azotes, car les contraintes environnementales induites par le polymère diminuent considérablement le pKa des ammoniums. Ainsi, la charge globale du polymère peut non

seulement être nettement inférieure au nombre d'azote, mais varie aussi en fonction du pH du milieu. Une méthode indirecte, mais pertinente, pour approcher la stœchiométrie des polyplexes est d'utiliser une technique électrophorétique sur gel d'agarose (figure 3.8).

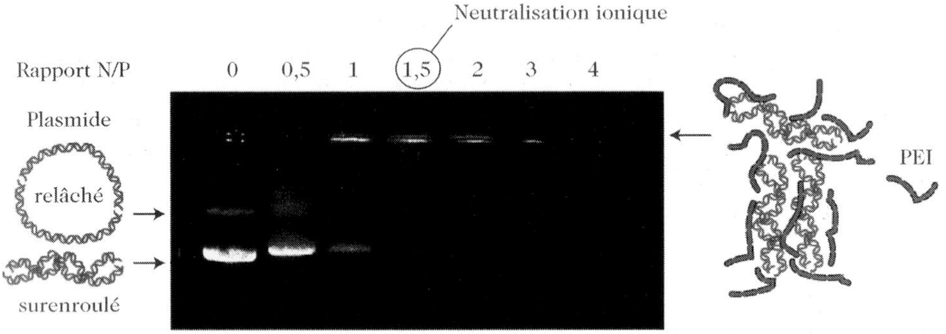

Figure 3.8. Détermination de la stœchiométrie ionique par retard sur gel d'électrophorèse, pour un polyplexe ADN/PEI.

Lors de l'application d'un champ électrique, les molécules ou complexes migrent dans les pores du gel à une vitesse proportionnelle à leur charge, mais inversement proportionnelle à leur volume apparent. Il est ainsi possible de séparer les différentes formes topologiques d'un même plasmide en fonction de leurs volumes apparents respectifs (voir la figure 3.8, ligne 1). Dans l'expérience de la figure 3.8, un plasmide est condensé avec des quantités croissantes de PEI et les complexes sont analysés par électrophorèse sur gel d'agarose. Le plasmide est ensuite détecté par intercalation de bromure d'éthydium. L'irréversibilité et la rapidité de la condensation de l'ADN par du PEI conduisent à la formation de complexes qui restent totalement piégés dans les puits. Lorsque le nombre de charges positives du polymère est égal ou supérieur au nombre de charges négatives de l'ADN, les bandes correspondant au plasmide disparaissent entièrement. Comme le montre la figure 3.8, le nombre d'azote du PEI nécessaire pour condenser l'ADN est d'au moins 1,5 fois celui des phosphates de l'ADN contenu dans l'échantillon, démontrant que pour ce polymère, 1 azote sur 3 ne porte pas de charge positive à pH physiologique.

3.1.3. Stabilité des polyplexes

La rapidité des interactions électrostatiques favorise très largement l'enlacement et la condensation de plusieurs plasmides. Lorsque le polycation est en excès, plusieurs molécules de plasmide sont compactées et protégées dans des particules entourées par une gangue de polymères cationiques. Les charges positives résiduelles de surface contribuent aux propriétés d'internalisation cellulaire et expliquent aussi la stabilité des complexes en suspension dans la phase aqueuse (figure 3.9).

Ainsi, lorsque de la PEI est ajoutée à une solution de plasmides, elle s'associe rapidement avec plusieurs segments de plasmides. Il s'ensuit une condensation rapide de plusieurs plasmides dans un complexe qui devient positif lorsqu'un excès

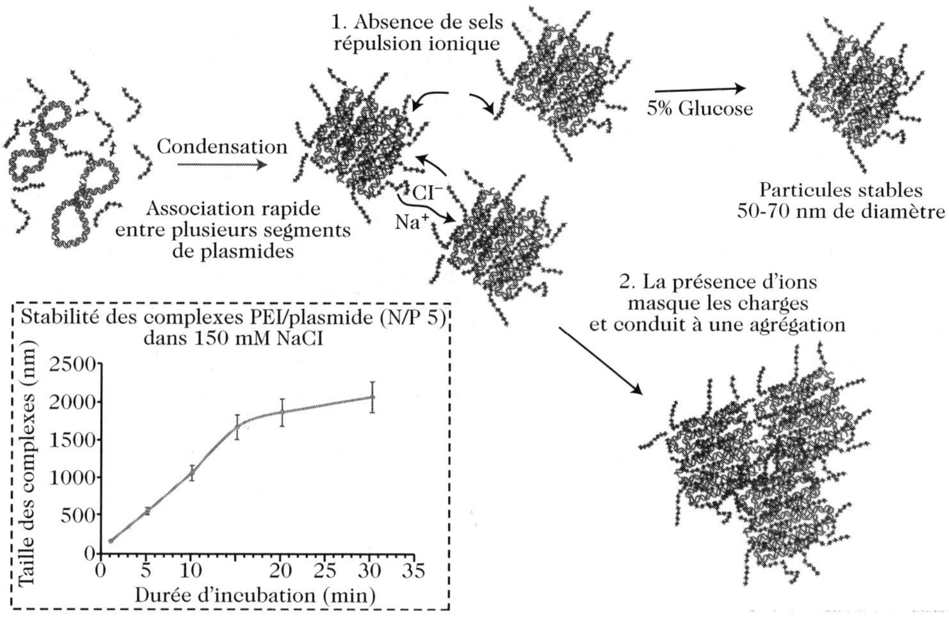

Figure 3.9. La stabilité des polyplexes, formés avec un excès de charge cationique, dépend de la force ionique du milieu réactionnel.

de PEI est utilisé. Lorsque la condensation PEI/ADN est effectuée en l'absence de sels, ces complexes chargés positivement à leur surface sont des particules de 50 à 70 nm de diamètre. Grâce à la répulsion ionique, elles restent stables en solution. En revanche, ces mêmes particules s'agrègent rapidement lorsque leur surface ionique est écrantée par d'autres ions en concentration physiologique (150 mM NaCl par exemple). Il a ainsi été démontré que des agrégats de 500 à 1 000 nm de diamètre sont obtenus après 10 minutes d'incubation dans 150 mM de NaCl.

3.1.4. Exploitation des complexes ADN/PEI pour le transfert de gènes *in vitro*

Le transfert de gènes utilisant la PEI dans des lignées cellulaires adhérentes et en division rapide est simple à mettre en œuvre et efficace. On quantifie l'efficacité des vecteurs de gènes en utilisant des gènes rapporteurs, qui codent pour des protéines facilement détectées et qui restent localisées dans la cellule. Les plus populaires sont la « *green fluorescent protein* (GFP) », une protéine détectable par sa fluorescence, et la luciférase, dont la quantité est déterminée d'après son activité enzymatique.

Classiquement, un plasmide (2 μg pour 100 000 cellules/mL) codant pour une protéine facilement détectée (gène rapporteur ou « reporter ») est mélangé avec un excès de PEI dans 150 mM NaCl. Un rapport N/P de 5 est utilisé de manière à former des particules positives, tout en limitant tout de même la quantité de PEI libre. Ces conditions conduisent à la formation d'agrégats de surface positive et de taille d'environ 200-1 000 nm. Ces complexes sont ensuite dilués dans le milieu de culture. Cette dilution (en général 1/10e) permet d'inhiber la cinétique d'agrégation. Les polyplexes sédimentent ensuite au fond de la boîte et adhèrent par interactions électrostatiques sur la face externe des cellules (figure 3.10).

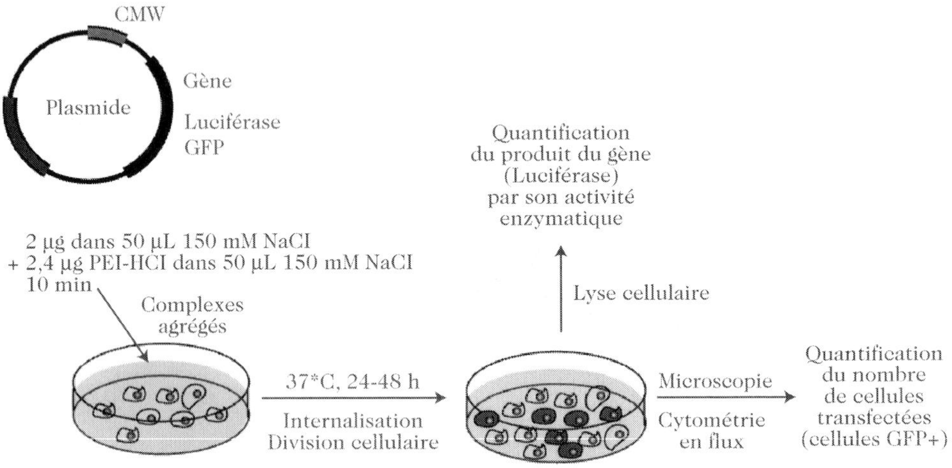

Figure 3.10. Protocole d'utilisation de la PEI comme agent de transfection dans des lignées cellulaires. Les lignées sont à 70 % de confluence environ au moment de l'addition des polyplexes et adhèrent au fond de la boîte.

Les études mécanistiques et dynamiques indiquent que des protéoglycanes héparanes sulfates (HSPG) sont les récepteurs membranaires des particules cationiques. Ces protéines fortement négatives sont impliquées dans l'adhésion de la cellule à un support, et certaines d'entre elles sont reliées à des mécanismes d'invagination membranaire. Cela conduit à une internalisation cellulaire d'une grande quantité de particules dans des vacuoles qui sont normalement acidifiées par une pompe à protons. Le piégeage de protons à l'intérieur de l'endosome par des amines protonables de la PEI induira une suractivité de la pompe à protons et une entrée concomitante et importante de molécules d'eau et d'ions chlorure (figure 3.11). Il en résulte un gonflement des vacuoles pouvant entraîner une rupture de la membrane lipidique par choc hyperosmotique.

Après libération dans le cytosol, l'ADN doit encore se retrouver dans le noyau pour y être transcrit. Les mécanismes de cette étape sont encore mal connus. Il est cependant démontré que la division cellulaire contribue fortement à l'efficacité de la transfection. Lors de la division cellulaire, l'enveloppe nucléaire disparaît dans un continuum avec le réticulum endoplasmique et ne forme plus une barrière entre le matériel génétique cellulaire et le cytoplasme. Durant la mitose, les chromosomes sont transportés activement le long des microtubules et avec un peu de chance peuvent emmener le gène exogène et le « séquestrer » dans les noyaux des cellules filles. Naturellement, ce mécanisme d'entrée est aussi valable dans l'autre sens. Un plasmide qui ne s'intègre pas dans le chromosome de la cellule hôte peut très bien être éliminé du noyau lors des divisions suivantes par simple dilution. Les expériences corroborent cette hypothèse. Avec les vecteurs synthétiques d'ADN (polymériques ou lipidiques), la transfection est transitoire. L'expression est optimale au bout de 24 à 48 heures, puis chute d'autant plus vite que les cellules se divisent rapidement.

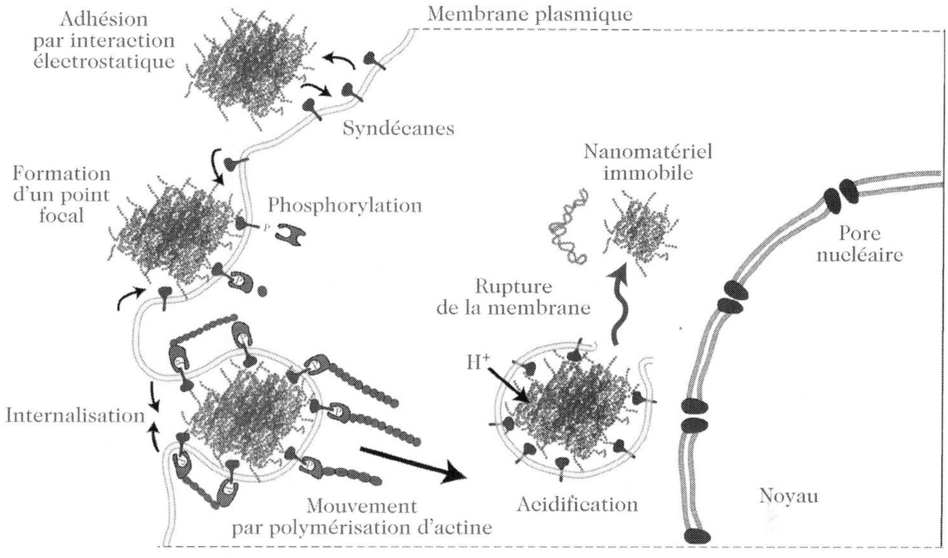

Figure 3.11. Modèle du mécanisme d'internalisation des particules cationiques dans des cellules. Les particules « polyplexes » se lient à des récepteurs d'adhésion de la cellule et utilisent le mouvement cellulaire pour leur internalisation. Après internalisation, un transport actif de protons (mais aussi d'ions chlorure et d'eau) provoque la rupture membranaire par choc hyperosmotique lorsque la PEI empêche l'acidification par son pouvoir tampon. Notons que les lipoplexes entrent de la même manière. Il semblerait que la libération d'acides nucléiques se fasse par dilution des lipides cationiques dans les membranes endosomales anioniques.

3.2. Les lipoplexes

3.2.1. Introduction et structure

Les lipides cationiques sont constitués de trois domaines : une tête cationique permettant la liaison à l'ADN, une ou plusieurs chaînes hydrophobes et un espaceur séparant ces deux éléments (figure 3.12). En solution aqueuse, les chaînes hydrophobes s'associent entre elles pour former des particules (micelles ou liposomes), avec une présentation de la partie cationique dans la phase aqueuse. L'interaction électrostatique entre ces structures auto-assemblées et le polymère d'ADN conduit à la formation de **lipoplexes stables**.

Une grande variété de lipides cationiques a été synthétisée et testée, avec pour objectif de permettre un transfert de gènes en l'absence comme en présence de sérum ou encore, *in vivo*, de réduire la cytotoxicité des formulations et d'améliorer la biodisponibilité des particules ADN-lipide. Un certain nombre de lipides cationiques sont disponibles commercialement (Lipofectine, Lipofectamine, Transfectam, TransfectACE, etc.) et sont utilisés en routine en recherche fondamentale. Il s'agit notamment d'analogues de structure du DOTAP, de lipides cationiques contenant du cholestérol, ou de lipopolyamines dont la tête cationique est généralement dérivée de la spermine (figure 3.13).

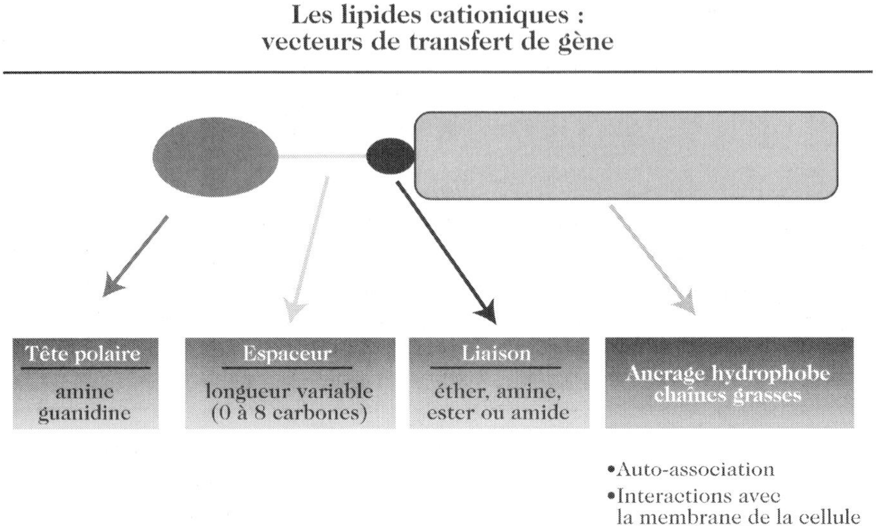

Figure 3.12. Structure schématique de lipide utilisé pour le transfert de gène.

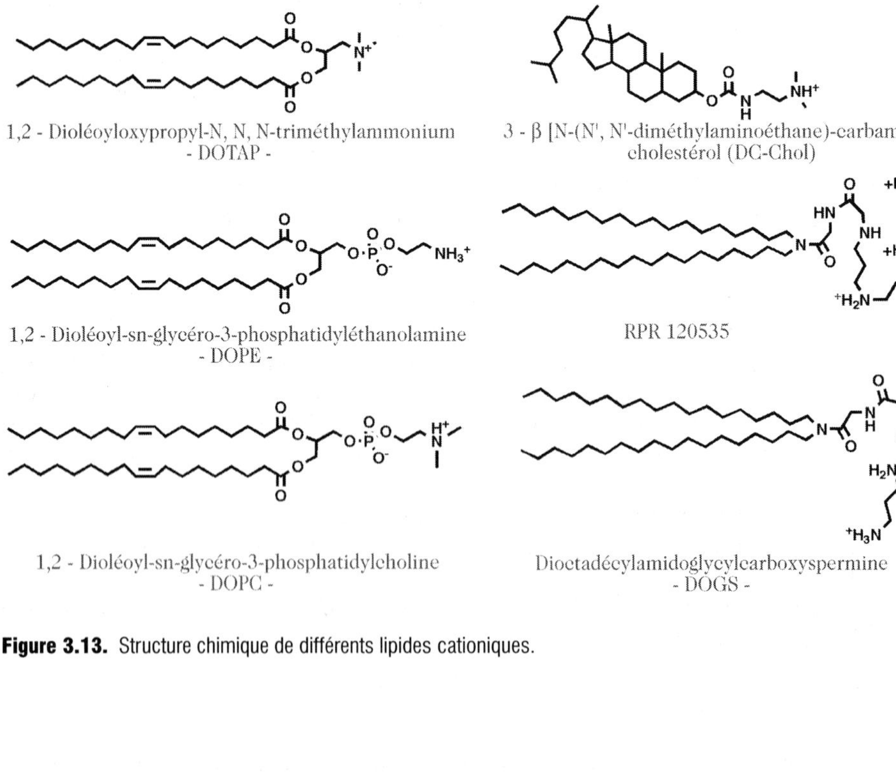

Figure 3.13. Structure chimique de différents lipides cationiques.

3.2.2. Préparation des lipoplexes

Comme cela vient d'être souligné, l'intérêt des lipides cationiques est qu'ils forment en solution aqueuse des superstructures stables et de surface positive par auto-association au niveau de leurs chaînes hydrophobes. Il existe une grande diversité de modes opératoires pour suspendre les lipides cationiques dans une solution aqueuse. Les lipides cationiques qui forment des **micelles** (en général des lipospermines) sont simplement solubilisés dans de l'éthanol, ajoutés dans une solution aqueuse et homogénéisés par agitation forte. Alternativement, on peut formuler le lipide cationique en **liposomes**, en l'associant avec du cholestérol et ses dérivés ou avec d'autres lipides. Les liposomes sont des vésicules membranaires unilamellaires (*small unilamellar vesicule*, SUV, ou *large unilamellar vesicule*, LUV) ou multilamellaires, renfermant un volume de solvant. Les techniques classiques de préparation des liposomes sont alors préférées : mélange du lipide cationique et du colipide dans un solvant comme le chloroforme-éthanol, évaporation du solvant dans un ballon sous vide, puis mise en suspension en rajoutant un tampon et en fournissant de l'énergie par sonication ou chauffage. Ces vésicules sont ensuite mises en contact avec l'ADN et exploitées comme dans le cas des polyplexes d'ADN.

3.2.3. Structure et caractérisation des lipoplexes

Les études de structures sont fondées sur les techniques de microscopie électronique ou de diffraction des rayons X. Les quelques études effectuées montrent que les interactions électrostatiques de l'ADN avec des lipides auto-assemblés en bicouches lipidiques conduisent à une organisation des complexes en phases lamellaires, avec de l'ADN pris en sandwich entre les couches de lipides. Les molécules de dioctadécylamidoglycylcarboxyspermine (DOGS) s'assemblent en tubes dont l'interaction avec l'ADN conduit à des phases hexagonales directes, observables par microscopie électronique (figure 3.14). Notons ici qu'une lipospermine (RPR120535), qui forme des micelles en phase aqueuse, semble se réorganiser en phase lamellaire en présence d'ADN (voir à ce sujet l'article de Pitard *et al.*, référence [3]). Enfin, la présence en quantité suffisante de dioléoyl-*sn*-glycérophosphatidyléthanolamine (DOPE), lipide connu pour s'assembler en phase hexagonale inverse, peut entraîner l'adoption par les lipoplexes d'ADN de cette même structure.

Les mécanismes précis de formation des lipoplexes restent mal déterminés, mais sont régis essentiellement par les interactions électrostatiques. L'expérience illustrée sur la figure 3.15 montre la présence de trois zones de stabilité colloïdale, dépendant du rapport de charge lipopolyamine/ADN (+ /−) et où les particules obtenues portent une charge globale respectivement négative, neutre ou positive. Dans une expérience du même type, on a constaté que la stabilité des lipoplexes ADN/vecteur cationique, ainsi que leurs caractéristiques physicochimiques, ne dépendaient pas de la taille du polymère d'ADN compacté.

3.2.4. Lipoplexes d'ADN pour le transfert de gènes

Les lipides cationiques sont utilisés quasiment de la même manière que les polymères pour la transfection de cellules en culture. Il suffit de préparer des

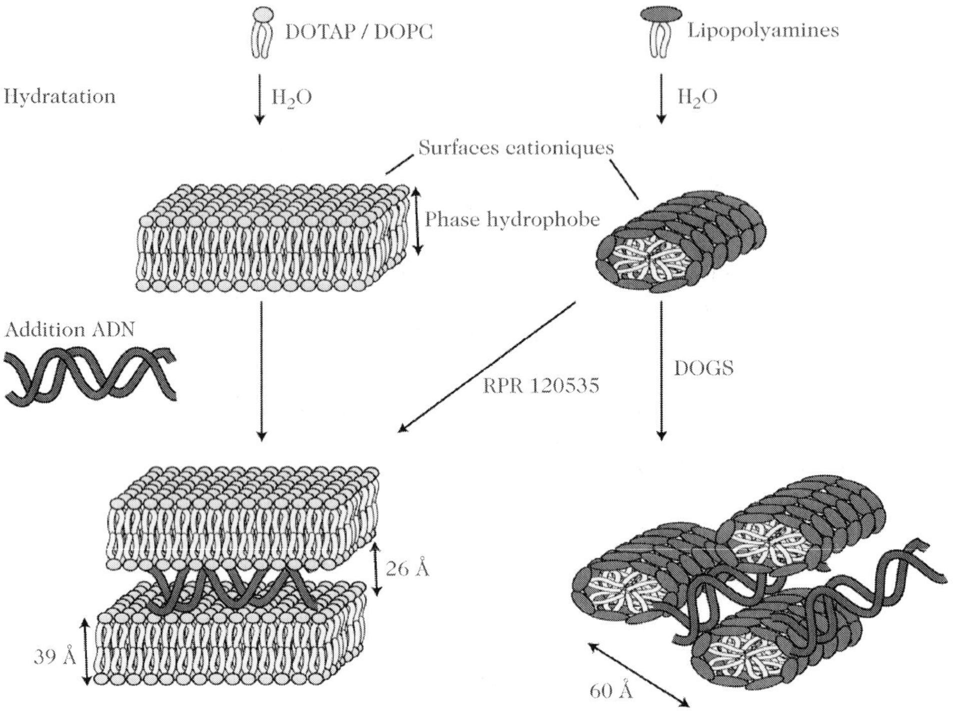

Figure 3.14. Les lipides cationiques forment en solution aqueuse des phases lamellaires ou micellaires de surfaces positives qui interagissent avec l'ADN pour former des structures organisées en phases lamellaires (DOTAP ; RPR120535) ou hexagonales (DOGS).

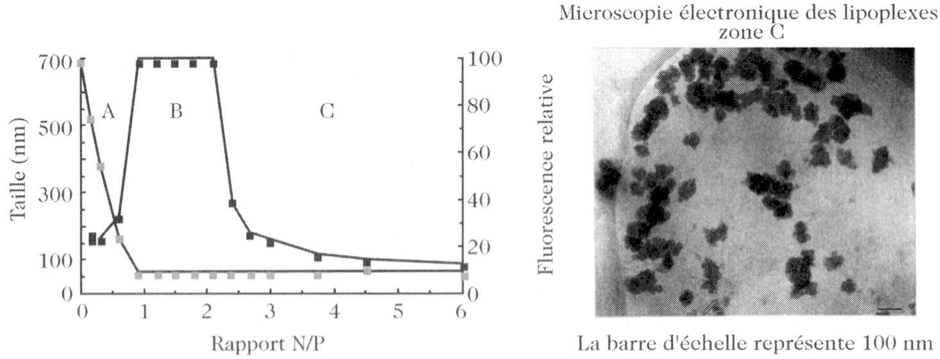

Figure 3.15. Stabilité colloïdale des lipoplexes en fonction du rapport de charge (amine du lipide sur phosphates de l'ADN) et visualisation des complexes par microscopie électronique. La taille des complexes (carrés noirs) a été déterminée par diffusion de la lumière. Le niveau de compaction de l'ADN est indirectement mesuré par la baisse de fluorescence de l'intercalant bromure d'éthydium (BET, carrés gris).

lipoplexes cationiques. Il existe cependant quelques différences. D'une part, l'élimination temporaire du sérum dans le milieu de culture lors de l'étape d'adhésion cellulaire est souhaitable pour éviter les interactions délétères entre les constituants du sérum et les agrégats lipidiques. D'autre part, il semblerait que ces lipides provoquent une rupture des endosomes par perturbation membranaire. Une dilution du lipide cationique dans la bicouche lipidique endosomale chargée en lipides anioniques semble permettre un désassemblage des lipoplexes, avec une libération du matériel nucléique dans le cytoplasme. Cette propriété est notamment exploitée actuellement pour la délivrance d'ARN (ARN interférants par exemple) qui soit ont des cibles cytosoliques, soit pour lesquels existent des mécanismes naturels d'import nucléaire.

3.2.5. Adjuvants pour améliorer les propriétés des lipoplexes

De nombreuses fonctions spécifiques peuvent être facilement incorporées dans des lipoplexes par ancrage dans la phase hydrophobe. L'incorporation de 20 % à 50 % de DOPE dans les formulations de lipides cationiques améliore de manière générale l'efficacité du transfert d'acides nucléiques dans les cellules. Alternativement, des molécules possédant une fonction fusiogène, c'est-à-dire capables d'induire une déstabilisation des membranes en vue de favoriser la libération intracellulaire des plasmides, peuvent être couplées à des ancres lipidiques. Dans une autre approche, des adjuvants comme le dodécyl-2-(1′-imidazolyl) propionate (DIP) sont rajoutés aux formulations lipidiques, ce qui confère aux liposomes cationiques un caractère « pH sensible », afin de promouvoir la libération des lipoplexes des endosomes.

3.3. Modifications des polyplexes et lipoplexes pour le transfert de gènes *in vivo*

Les polymères et lipides cationiques sont d'excellents vecteurs pour la délivrance de gènes dans un grand nombre de lignées cellulaires en division rapide. Cette propriété repose essentiellement sur les interactions électrostatiques : des interactions électrostatiques permettent non seulement la protection de plusieurs gènes dans des particules cationiques, mais aussi l'ancrage cellulaire puis l'endocytose de grandes quantités de particules. Les études classiques, effectuées soit par des méthodes empiriques, soit en faisant des relations entre une structure et une fonction, ont permis de développer des complexes cationiques d'ADN possédant aussi des fonctions endosomolytiques qui autorisent le relargage d'ADN ou des complexes dans le cytosol et la transfection de cellules en division. De par leur facilité d'emploi, ces vecteurs ont été rapidement adoptés par la communauté scientifique pour un grand nombre d'applications impliquant des cultures cellulaires (figure 3.16).

La plupart des cellules d'un animal sont totalement différenciées et ne se divisent plus. Ces cellules ne seront donc pas facilement transformables génétiquement avec des vecteurs cationiques de synthèse. Cette limitation peut se transformer en avantage sélectif pour la transfection de cellules cancéreuses, dont la surface est facilement accessible aux polyplexes. Un gène thérapeutique de type suicide formulé avec du PEI s'est ainsi montré efficace pour réduire des cancers de la vessie, dont les cellules sont facilement accessibles en application topique (locale).

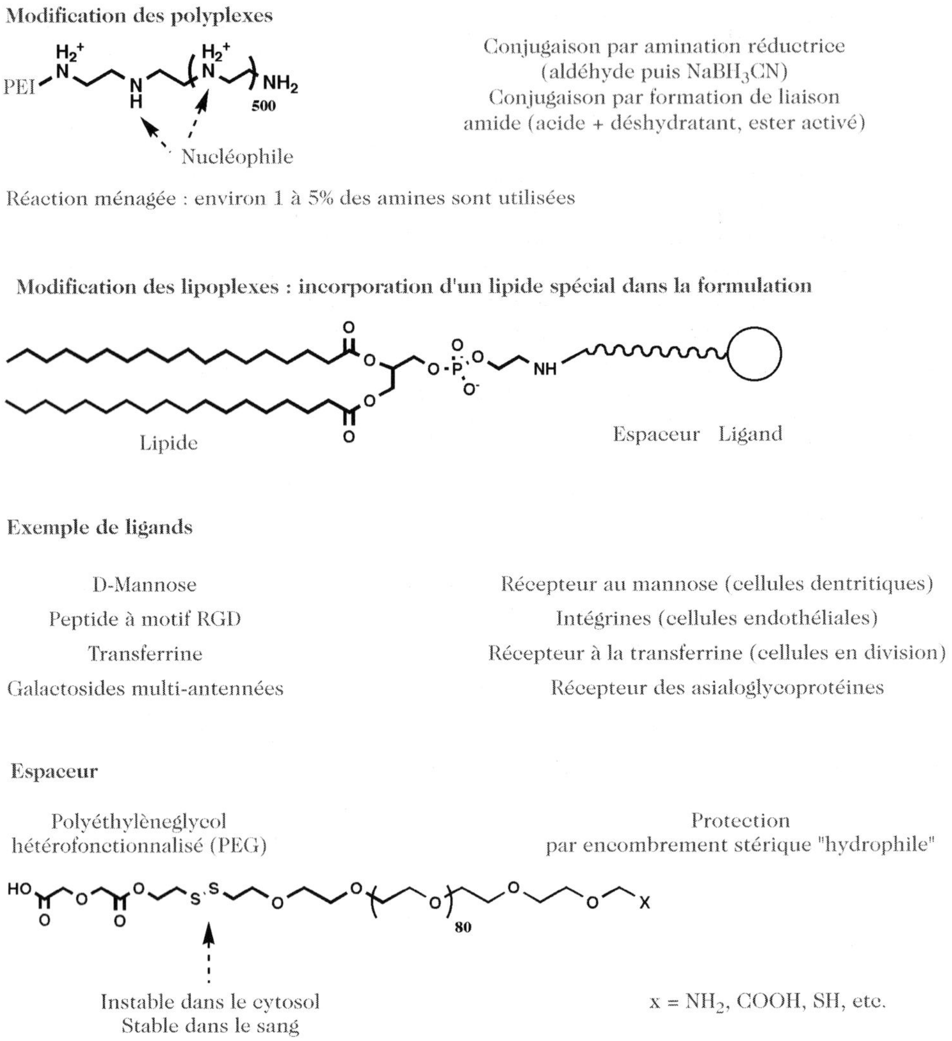

Figure 3.16. Exemple de modification chimique des vecteurs de gènes, donnant en particulier des exemples de ligands utilisés pour le ciblage cellulaire, dont les galactosides pour le ciblage du récepteur des asialoglycoprotéines, présents sur la surface des cellules majoritaires du foie, les hépatocytes. Le folate est un ligand dont un récepteur de haute affinité est présent sur les cellules tumorales, et qui a été aussi beaucoup étudié (Hofland *et al.*, référence [7]).

D'autres cellules cancéreuses, et en particulier les métastases qui sont irriguées par des vaisseaux sanguins non jointifs, sont accessibles par des systèmes particulaires après injection dans le sang. Pour que cela puisse se produire, les complexes d'ADN doivent rester stables dans le sang, de taille inférieure à 100 nm, éviter la filtration par les organes d'épuration (rein) et de purification sanguine (foie) et s'accrocher de manière sélective à la surface des cellules.
Les polyplexes (et aussi les lipoplexes), sous leur forme active (cationiques), interagissent rapidement avec des constituants du sang et s'agrègent notamment avec

les érythrocytes. Ils sont rapidement éliminés par dégradation hépatique ou restent bloqués dans des capillaires sanguins, notamment au niveau des poumons. Une amélioration de la stabilité de ces assemblages dans le sang passe par un masquage des charges de surface, en y greffant des polymères hydrophiles dont l'exemple le plus connu est le polyéthylèneglycol (PEG). En revanche, cette « furtivité » induite par le PEG empêche une adhérence à des cellules, d'où la nécessité d'incorporer aussi des molécules de ciblage cellulaire. Par exemple, l'addition de galactosides triantennés permet *in vitro* la fixation préférentielle des particules nucléolipidiques sur les récepteurs des asialoglycoprotéines de cellules d'hépatome HepG2 humaines. D'autres ligands comme des résidus mannosylés, la transferrine, le folate ou des anticorps permettent aussi de cibler des récepteurs cellulaires spécifiques, conduisant à des mécanismes d'endocytose de particules. Une telle capacité de ciblage des lipoplexes (figure 3.17) s'obtient généralement par la conjugaison de ces ligands ciblants à des ancres lipidiques. Pour les polyplexes, ces ligands ciblants sont facilement couplés aux polymères cationiques tels que la PEI ou la polylysine par réaction chimique avec les amines, qui sont nucléophiles. Sans entrer dans les détails, ces sophistications entraînent un certain nombre de problématiques et nécessitent une fine mise au point de la formulation, car les nouveaux éléments peuvent perturber la condensation de l'ADN. De même, certains récepteurs peuvent être présents en quantités limitées. Un excès de polycations modifiés avec des ligands peut par conséquent entrer en compétition avec les complexes d'ADN.

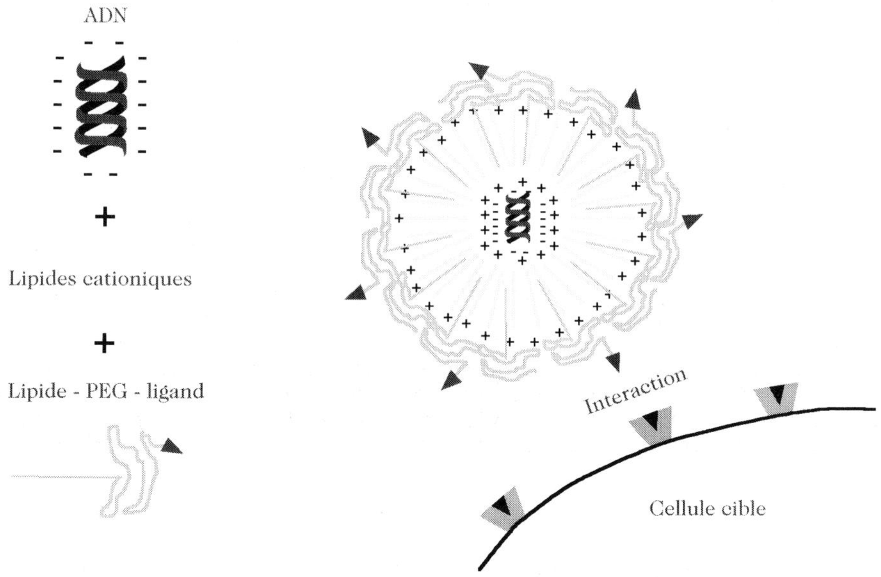

Figure 3.17. Ciblage de lipoplexes vers des récepteurs extracellulaires.

4. Les assemblages monomoléculaires en ADN (nanoplexes d'ADN) : préparation, caractérisation et propriétés

4.1. Condensation monomoléculaire de l'ADN

Pour une application *in vivo*, la taille des complexes d'ADN est un paramètre crucial. En raison de la grande masse d'un gène, l'idéal serait une condensation monomoléculaire. Les agents à faible affinité pour l'ADN, essentiellement des cations à faible valence comme le Na^+, le Mg^{2+} et la spermine, interagissent avec les phosphates de l'ADN de manière réversible (figure 3.18). Ici, le système final est essentiellement contrôlé par la thermodynamique et conduit à des superstructures variées, dont des tores de diamètre constant avec un potentiel de surface approchant la neutralité.

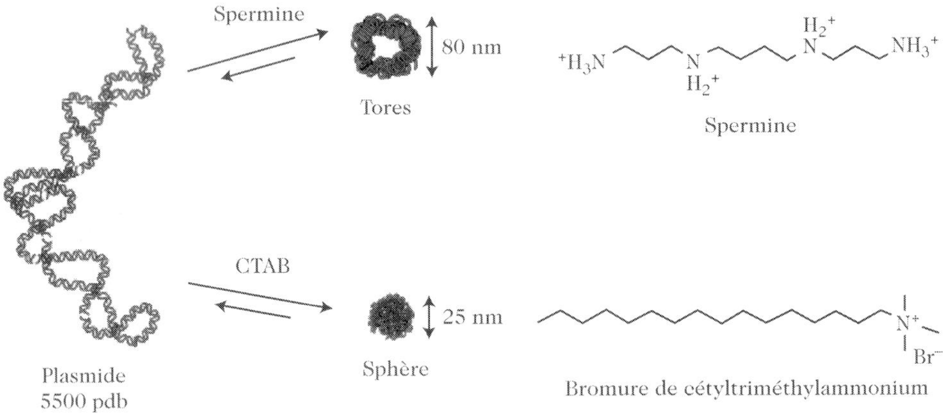

Figure 3.18. La condensation d'ADN avec des ions à faible valence est réversible.

L'utilisation de détergents cationiques comme le bromure de cétyltriméthylammonium (CTAB) améliore grandement la préparation de complexes d'ADN de structures unitaires, car ces détergents condensent de manière reproductive un seul plasmide sur lui-même. Les détergents sont des molécules à forte concentration micellaire critique (CMC), comportant en général une seule chaîne alkyl (monocaténaire). Cela leur confère une faible hydrophobicité, et donc une CMC élevée. La formation de ces complexes est dirigée par des interactions électrostatiques entre la tête polaire cationique du détergent cationique unitaire et un groupement phosphate du polymère d'ADN. Ces adhésions initialement bimoléculaires sont immédiatement suivies d'une agrégation de molécules de CTAB en micelle, de manière hautement coopérative, conduisant à une compaction d'un seul plasmide sur lui-même. Néanmoins, l'échange rapide d'une molécule de détergent entre sa forme monomérique et sa forme micellaire conduit à une déstabilisation rapide des complexes ADN/surfactants cationiques après dilution ou addition sur des membranes cellulaires.

Une solution à ce problème est de combiner les avantages des détergents cationiques monocaténaires dans la condensation monomoléculaire de l'ADN avec la stabilité des agrégats formés avec les lipides bicaténaires. La transformation chimique sélective, après condensation de l'ADN, du détergent monocaténaire en un amphiphile lipidique bicaténaire de solubilité moindre stabilisera les particules d'ADN. La réaction de transformation chimique utilisée doit rester inerte par rapport au polymère d'ADN compacté pour maintenir l'intégrité de l'information génétique. L'oxydation douce, en présence d'oxygène dissous dans l'eau, de groupements thiols en ponts disulfure est une solution adéquate. Dans un premier temps, un plasmide est condensé avec le détergent cationique contenant un thiol libre. Pour empêcher la formation de micelles polycationiques et la condensation de plusieurs plasmides, la concentration du détergent dans le milieu est maintenue sous sa concentration micellaire critique. Dans ces conditions, la neutralisation individuelle des phosphates du plasmide favorise les associations hydrophobes des molécules de détergents dans des complexes ADN/micelles. Une augmentation de la concentration des thiols au voisinage de l'ADN favorise ensuite la formation de ponts disulfure en augmentant la vitesse de réaction, ce qui conduit à une population de nanoplexes stables en présence d'ions (150 mM) et de taille homogène (figure 3.19).

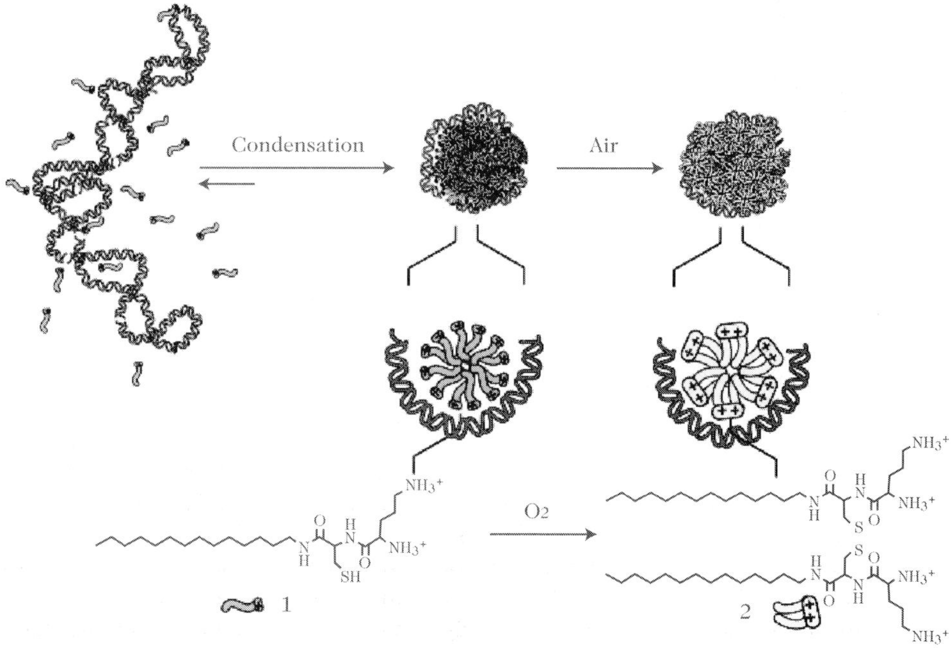

Figure 3.19. La condensation de plasmide dans des particules nanométriques stables est effectuée en deux étapes. (1) L'association électrostatique d'un détergent **1** avec l'ADN provoque la formation de domaines micellaires et une condensation d'un seul plasmide sur lui-même. (2) La conversion *in situ* du détergent en lipide **2** par formation de ponts disulfure stabilise les domaines micellaires en interactions avec l'ADN.

4.2. Synthèse chimique

Pour des applications biologiques, il est nécessaire d'optimiser les propriétés du détergent : sa concentration micellaire critique doit ainsi excéder la concentration en phosphate de l'ADN pour induire une compaction monomoléculaire du plasmide. De plus, après oxydation, le lipide bicaténaire symétrique obtenu (gémini-surfactant) doit avoir une solubilité négligeable pour maintenir la cohésion des particules dans des conditions biologiques. L'exploration de détergents dimérisables ayant ces propriétés a été effectuée en préservant la cystéine comme réactif, mais en modifiant la tête polaire ou la longueur de la chaîne carbonée. La synthèse sur support solide (figure 3.20) est bien adaptée à ces investigations et permet de préparer rapidement une grande variété de composés, dont l'ornityl-cystéine-tétradécylamine **1**, qui a été le plus exhaustivement étudiée.

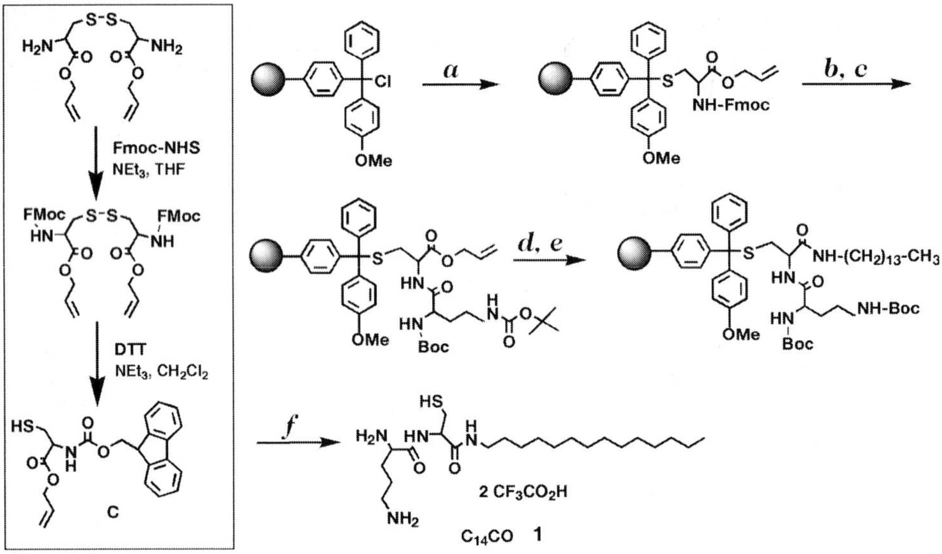

Figure 3.20. Synthèse de détergent sur support solide. Encadré : préparation de la cystéine protégée. **a)** c, DIEA, CH_2Cl_2 ; **b)** 20 % pipéridine, DMF ; **c)** Bis-Boc-Ornithine, PyBOP, DIEA, DMF ; **d)** $Pd(PPh_3)_4$, $CHCl_3$/AcOH/N-méthylmorpholine (37:2:1) ; **e)** tétradécylamine, PyBOP, DIEA, DMF ; **f)** TFA.

4.3. Préparation et caractérisation des nanoplexes

La condensation monomoléculaire de l'ADN est effectuée de la manière suivante (figure 3.21). Un plasmide circulaire (ADNc) de 5 500 paires de bases à une concentration de 60 μM en phosphate (charge négative) est mélangé avec des concentrations croissantes en détergent bicationique **1** (de 24 μM à 40 μM) dans une solution légèrement basique (pH 7,4). Les concentrations des partenaires ont été sélectionnées pour maintenir les concentrations en détergent inférieures à sa concentration micellaire critique (45 μM pour **1**). Les complexes [ADNc/**1**] ont ensuite été stabilisés par oxydation des thiols en ponts disulfure. Les conditions légèrement basiques et l'oxygène dissous dans la phase aqueuse permettent une oxydation ménagée des thiols sans dégradation intempestive du matériel génétique.

Après transformation totale des détergents **1** en lipides **2** (16 heures à 20 °C), les complexes [ADNc/**2**] ont à nouveau été analysés par retard sur gel d'agarose. La présence d'un excès de détergent **1** non lié à l'ADN, qui se transforme ensuite en lipide **2**, conduit à une formation classique de lipoplexes qui restent piégés dans les puits (ligne 6 sur la figure 3.21). Par opposition, une augmentation graduelle du rapport de charge (+/−) entre le détergent et l'ADN jusqu'au rapport 0,9 et 1,0 conduit à la production d'un complexe qui migre dans le gel comme une bande unique par rapport au plasmide. Cette propriété est expliquée par la compaction du plasmide déplié en une structure globulaire qui autorise une meilleure circulation dans les pores du gel par rapport à la reptation du plasmide seul. Ce résultat démontre clairement que les nanoplexes [ADNc/(**2**)], formés aux rapports de charge (+/−) de 0,9 et 1 (lignes 4 et 5) sont anioniques, monomoléculaires en ADNc et restent stables dans un champ électrique où les complexes instables sont rapidement dissociés, tandis que les complexes polymoléculaires en ADNc restent piégés dans les puits.

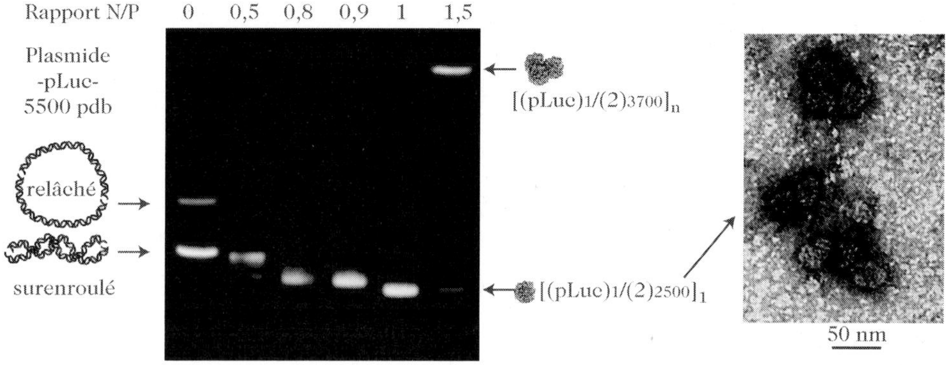

Figure 3.21. Analyse des nanoplexes d'ADN par électrophorèse.

La formation de particules anioniques à l'équivalence de charge peut être surprenante ! Néanmoins, il ne faut pas oublier que ces particules sont originellement formées par des interactions électrostatiques réversibles et suivent la théorie de condensation développée par Mannings. Selon ce modèle, la condensation réversible de l'ADN par des contre-ions intervient lorsque 90 % des charges du polymère sont neutralisées selon un processus rapide et hautement coopératif. La neutralisation des charges restantes sera ensuite de plus en plus difficile et suivra un processus anti-coopératif. Une partie du plasmide est ainsi à l'interface entre le cœur de la particule et la phase aqueuse, ce qui explique que les nanoplexes aient un potentiel de surface négatif (mesuré entre −50 et −20 mV). Nous pouvons estimer qu'entre 2 475 (90 % de charge neutralisée) et 2 700 (100 % de charge neutralisée) molécules de **2** sont liées à un plasmide de 5 500 pdb dans chaque nanoplexe [ADNc/**2**].
L'observation par microscopie à transmission montre effectivement que ces complexes forment une population homogène de particules sphériques d'environ 25 nm de diamètre. Ces particules présentent aussi une texture d'apparence irrégulière mais répétitive. Cette texture n'est pas sans rappeler l'apparence des complexes ADN/DOGS (voir la figure 3.13) et semble indiquer que les lipides bicaténaires **2** s'organisent en domaines micellaires tubulaires lorsqu'ils sont associés à un plasmide.

4.4. Modifications des nanoplexes pour le transfert de gènes *in vivo*

Des études *in vivo* dans un modèle murin indiquent que des nanoplexes préparés comme indiqué ci-dessus ont des propriétés pharmacocinétiques améliorées par rapport à l'ADN nu, aux polyplexes ou aux lipoplexes après injection dans la circulation sanguine. Si la taille et la stabilité de ces nanoplexes semblent particulièrement convenir pour des applications *in vivo* via une administration intraveineuse, ils ne présentent aucun élément approprié pour se lier à des cellules cancéreuses ni pour assister le passage du matériel génétique jusqu'au noyau d'une cellule.
En raison des caractéristiques physiques des nanoplexes, plusieurs stratégies de modifications de surface sont possibles (figure 3.22). D'abord, un lipide peut s'ancrer par interactions hydrophobes dans la phase micellaire. Alternativement, l'ADN qui se trouve à la surface des nanoplexes peut aussi être utilisé :
- soit directement via un domaine de liaison à l'ADN à très haute affinité pour le petit sillon de l'ADN,
- soit indirectement via une oligomérisation assistée par l'ADN d'un monomère en un oligomère à plus forte affinité.

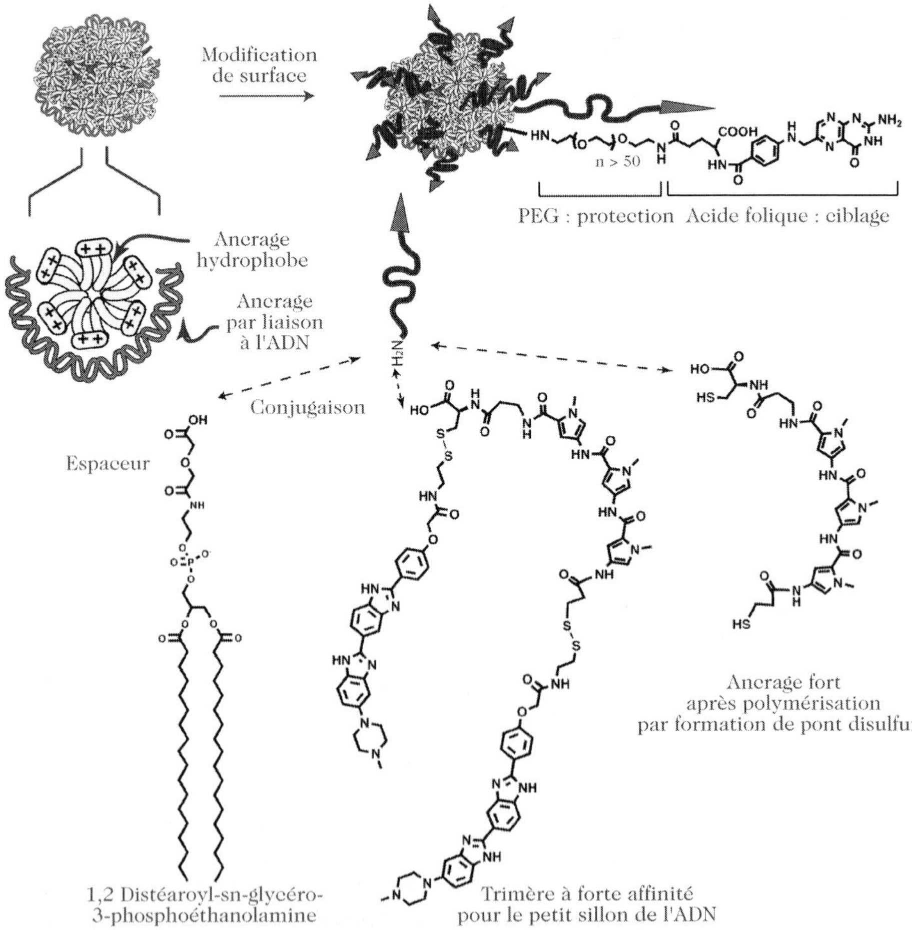

Figure 3.22. Stratégies utilisées pour la modification de surface des nanoplexes.

Toutes ces stratégies se sont montrées équivalentes pour envelopper les nanoplexes par une couche de PEG-folate. Leurs propriétés biologiques se sont avérées en adéquation avec la fonction protectrice du PEG et une endocytose des nanoplexes après ancrage à des récepteurs spécifiques de l'acide folique.

5. Conclusions et perspectives

Les chimistes ont amélioré l'efficacité des vecteurs par modification structurale en utilisant des méthodes pharmacologiques classiques mettant en relation la structure avec une fonction déterminée. Actuellement, les meilleurs vecteurs synthétiques de gènes, via la formation de polyplexes ou lipoplexes, sont capables de transfecter des cellules en division rapide avec une facilité d'emploi et une efficacité suffisante pour un grand nombre d'applications *in vitro*. Même si les propriétés colloïdales de ces complexes réduisent considérablement leurs applications thérapeutiques (incompatibilité *in vivo*), certaines cellules en division et invasives (tumeurs) sont facilement accessibles par administration locale et offrent quelques perspectives intéressantes.

Des méthodes émergent pour fabriquer des assemblages d'ADN synthétiques homogènes en maîtrisant de mieux en mieux la stœchiométrie des différents partenaires du complexe. Il est ainsi possible de fabriquer des assemblages d'ADN comportant de nouvelles fonctionnalités et même des nanoplexes qui contiennent une seule copie génique et qui sont enveloppés par des éléments fonctionnels. Les prochaines étapes dans ce domaine seront d'intégrer d'une manière coopérative toutes les fonctions nécessaires à la délivrance du gène, de la seringue jusqu'au noyau d'une cellule.

Bibliographie

[1] Saenger W., *Principles of nucleic acid structure*, Cantor C.A., Springer-Verlag (1984).

[2] Scherman D., Bessodes M., Cameron B., Herscovici J., Hofland H., Pitard B., Soubrier F., Wils P., Crouzet J., « Application of lipids and plasmids design for gene delivery to mammalian cells », *Curr. Opin. Biotechnol.*, **9**(5), 480-485 (1998).

[3] Pitard B., Aguerre O., Airiau M., Lachages A-M., Bouknikachvillit T., Byk G., Dubertret C., Daniel J-C., Herviou C., Scherman D., Mayaux J.-F. et Crouzet J., « Virus-sized self-assembling lamellar complexes between plasmid DNA and cationic micelles promote gene transfer », *Proc. Natl. Acad. Sci. USA*, **94**, 14412-14417 (1997).

[4] BOUSSIF O., LEZOUALC'H F., ZANTA M.A., MERGNY M., SCHERMAN D., DEMENEIX B. et BEHR J.P., « A versatile vector for gene and oligonucleotide transfer into cells in culture and in vivo : Polyethylenimine », *Proc. Natl. Acad. Sci. USA*, **92**, 7297-7301 (1995).

[5] VERKMAN A.S., « Solute and macromolecule diffusion in cellular aqueous compartments », *Trends Biochem. Sci.*, **27**, 27-33 (2002).

[6] BLOOMFIELD V.A., « DNA condensation », *Curr. Opin. Struct. Biol.*, **6**, 334-41 (1996).

[7] HOFLAND H.E.J., MASSON C., IGINLA S., OSETINSKY I., REDDY J.A., LEAMON C.P., SCHERMAN D., BESSODES M., WILS P., « Folate-targeted gene transfer in vivo », *Molecular Therapy*, **5**(6), 739-744 (2002).

[8] DAUTY E., REMY J.S., ZUBER G., BEHR J.P., « Intracellular Delivery of Nanometric DNA Particles via the Folate Receptor », *Bioconjugate Chem.*, **13**, 831-839 (2002).

[9] NICOLAZZI C., GARINOT M., MIGNET N., SCHERMAN D., BESSODES M., « Cationic Lipids for Transfection », *Current Med. Chem.*, **10**(14), 1263-1277 (2003).

[10] ZUBER G., ZAMMUT-ITALIANO L., DAUTY E., BEHR J.P., « Targeted gene delivery to cancer cells : directed assembly of nanometric DNA particles coated with folic acid », *Angew. Chem. Int. Ed.*, **42**, 2666-9 (2003).

[11] CHITTIMALLA C., ITALIANO L., ZUBER G. et BEHR J.P., « Monomolecular DNA nanoparticles for intravenous delivery of genes », *J. Am. Chem. Soc.*, **127**, 11436-114 (2005).

[12] DEMENEIX B., HASSANI Z., BEHR J.P., « Towards multifunctional synthetic vectors », *Curr. Gene Ther.*, **4**, 445-55 (2004).

Chapitre

4

Nanoparticules minérales fonctionnalisées à des fins d'applications biomédicales

Étienne Duguet*, Mona Treguer-Delapierre†, Marie-Hélène Delville‡

Grâce au développement récent de techniques de synthèse performantes et reproductibles, il est désormais possible de préparer des dispersions aqueuses stables de particules individualisées dont la taille peut être précisément ajustée de quelques nanomètres à quelques dizaines de nanomètres. Ces objets sont donc suffisamment petits pour circuler dans le corps humain sans risque de provoquer des embolies, car les capillaires les plus fins (ceux des poumons) présentent un calibre minimal de 5 µm. Ils peuvent également s'échapper du compartiment sanguin par des fenêtres d'environ 100 nm de diamètre au niveau de certains épithéliums de perméabilité accrue, comme ceux localisés au niveau des tumeurs et des foyers infectieux, favorisant leur accumulation dans ces tissus. Enfin, les plus petites particules sont capables de pénétrer dans les cellules et leurs différents compartiments. Les chercheurs et les médecins disposent ainsi de nouveaux outils pour comprendre les processus biologiques, renforcer la valeur du diagnostic médical et même développer de nouvelles stratégies thérapeutiques.
Dans le tome 2, « Nanomatériaux et nanochimie », l'intérêt des liposomes et des particules à base de polymères a déjà été largement évoqué, notamment dans l'objectif de délivrer des médicaments. Ici, nous nous intéresserons aux nanoparticules

* Université Bordeaux 1. duguet@icmcb-bordeaux.cnrs.fr
† Université Bordeaux 1. treguer@icmcb-bordeaux.cnrs.fr
‡ ICMCB-CNRS Bordeaux. delville@icmcb-bordeaux.cnrs.fr

minérales (oxydes et chalcogénures métalliques ou métaux nobles), dont les propriétés intrinsèques magnétiques ou optiques sont complémentaires de celles des polymères. Leur rôle devrait devenir rapidement incontournable dans le marquage biologique, le renforcement du contraste en imagerie par résonance magnétique (IRM) et le traitement par hyperthermie de nombreuses pathologies, telles que les cancers.

Néanmoins, si ce sont bien ces propriétés de cœur qui motivent le choix de tel ou tel type de nanoparticules, les propriétés de surface sont tout aussi primordiales. C'est en effet la surface, y compris tout l'habillage moléculaire qui peut y être créé, qui permet de contrôler les interactions entre particules (objets individualisés ou agrégés) et les interactions avec les molécules, les macromolécules et les cellules biologiques. La fonctionnalisation de surface joue ici un rôle capital, et c'est en grande partie des progrès qui seront faits dans ce domaine que dépendront les applications effectives de ces nouveaux outils diagnostiques et/ou thérapeutiques.

1. Synthèse et modification chimique de surface des nanoparticules minérales

1.1. Les principales stratégies

Au moment de la préparation des nanoparticules, la taille du cœur minéral doit être correctement ajustée pour contrôler les propriétés intrinsèques. La synthèse consiste généralement à favoriser la nucléation des objets au détriment de leur croissance. Mais tout aussi important, le volume hydrodynamique de l'objet, incluant le cœur minéral, les molécules greffées en surface et le cortège de molécules d'eau qui se structurent autour, prédétermine le parcours plasmatique et par conséquent la biodistribution finale des particules. Ainsi, après la synthèse du cœur minéral, toutes les modifications de surface ultérieures doivent s'effectuer dans des conditions de dispersion optimales pour modifier la surface de particules individualisées et non celle d'agrégats.

Quelle que soit l'application biomédicale considérée, les nanoparticules minérales doivent être utilisables dans des conditions physiologiques, c'est-à-dire à 37 °C dans un milieu aqueux où le pH est de 7,4 (milieu extracellulaire) et la force ionique équivalente à 150 mM de NaCl. Ici, la notion de stabilité chimique est toute relative : si les nanoparticules n'ont pas vocation à être éliminées par les voies naturelles, il est préférable qu'elles puissent être biodégradées à moyen terme et que les sous-produits de dégradation ne soient pas toxiques. En revanche, il est primordial qu'une fois administrées, elles ne s'agrègent pas et conservent leur propriété de stabilité colloïdale (voir l'encadré 1).

Encadré 1. La stabilisation colloïdale des nanoparticules dans l'eau

Les principales forces attractives entre nanoparticules dispersées dans un liquide sont les forces de Van der Waals, c'est-à-dire des interactions dipôle/dipôle. Dans le cas de deux sphères de rayon R séparées d'une distance d, petite devant R, le potentiel d'interaction s'écrit :

$$V_{VdW} = -\frac{A.R}{12d}$$

où A est la constante de Hamaker effective du système et dépend des constantes de Hamaker intrinsèques au solvant et au solide considérés. En règle générale, dans l'eau, deux stratégies sont possibles pour éviter l'agrégation des nanoparticules (figure 4.1).

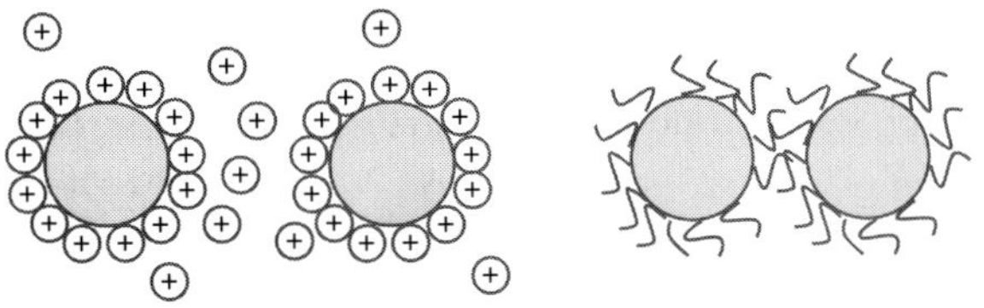

Répulsion électrostatique entre deux particules

Répulsion stérique entre deux particules

Figure 4.1. Schéma représentatif du principe de répulsion électrostatique et de répulsion stérique entre deux particules.

La **répulsion électrostatique** est basée sur l'introduction de charges à la surface des nanoparticules. Ces charges peuvent provenir soit de l'adsorption d'ions chargés sur la surface, soit de l'ionisation de groupements tels que les groupes hydroxyle à la surface des oxydes. La structure de la solution au voisinage immédiat de la surface des particules est en fait relativement complexe. Elle est souvent décrite par un modèle en double couche : la couche interne dite de Stern, où les molécules d'eau sont fortement structurées par la solvatation des charges de surface, et la couche diffuse qui comporte les contre-ions, qui sont à la fois soumis aux interactions électrostatiques de la surface et à l'agitation thermique [1]. Ce mode de stabilisation est efficace à condition que la force ionique de la solution soit faible. Lorsqu'elle est élevée, la répulsion électrostatique diminue fortement, provoquant l'agrégation irréversible des nanoparticules. Le pH peut également avoir une influence sur ce mode de stabilisation en fonction de la nature des ions adsorbés à la surface des particules. La charge de certains ligands ioniques dépend du pH de la solution. Par exemple, des molécules fonctionnalisées par des groupements carboxyliques sont chargées négativement pour des valeurs de pH supérieures à 5-6 (COO^-) et neutres à des pH inférieurs (COOH). Ainsi, des particules stabilisées par des ligands porteurs d'une telle fonction ne sont correctement dispersées qu'à des pH neutres ou alcalins. L'utilisation de forces électrostatiques pour « contrer » dans l'eau l'attraction de Van der Waals entre les nanoparticules reste tout de même limitée au cas où les particules peuvent présenter une charge de surface, comme les oxydes métalliques.

La **répulsion stérique** est plus générale et exploite le fait que l'intensité des forces de Van der Waals diminue très rapidement avec la distance *d*. Cette alternative consiste à recouvrir la surface par des molécules neutres et hydrophiles suffisamment longues pour maintenir à distance les nanoparticules les unes des autres, en rendant ainsi négligeable l'attraction de Van der Waals. Les molécules utilisées peuvent être relativement variées (molécules ou macromolécules), sous réserve qu'elles interagissent fortement avec la surface des particules et qu'elles ne puissent « ponter » les particules entre elles. En milieu physiologique, les macromolécules de poly(éthylène glycol) PEG ou celles de dextrane, très hydrophiles, sont souvent utilisées pour stabiliser les particules colloïdales. L'avantage de ce type de stabilisation est d'être *a priori* insensible aux conditions de pH et de force ionique.

Par modification chimique d'une particule, il faut entendre tout traitement qui entraîne l'adsorption d'un réactif à sa surface. On distingue la **chimisorption**, qui lie la surface et le réactif par des liaisons covalentes (mise en commun de doublets électroniques), de la **physisorption**, qui règne dans tous les autres cas. La fonctionnalisation peut être ultime ou intermédiaire. Ainsi, des fonctions organiques ($-NH_2$, -SH, -COOH, etc.) peuvent être utilisées seulement dans le but de stabiliser temporairement les particules dans leur milieu ou de servir de points d'ancrage aux macromolécules biologiques (enzymes, anticorps, etc.) qui, elles, joueront un rôle au moment de l'utilisation des particules (tableau 4.1).

Tableau 4.1. Exemples de couplage possible (bioconjugaison) entre la surface d'une nanoparticule minérale et les fonctions disponibles sur la biomolécule que l'on veut greffer.

Fonctions organiques couramment greffées à la surface des nanoparticules minérales pour coupler des biomolécules	Groupes fonctionnels des biomolécules par lesquels le couplage peut avoir lieu sans nuire à leur activité	Exemples d'agents de couplage
-COOH	$-NH_2$	Sulfo-NHS(1)
$-NH_2$	-COOH	Sulfo-NHS(1)
$-NH_2$	$-NH_2$	Glutaraldéhyde
$-NH_2$	-SH	Sulfo-SMCC(2)
-SH	$-NH_2$	Sulfo-SMCC(2)
-OH	$-NH_2$	CDI(3)

(1) NHS : N-hydroxysuccinimide
(2) SMCC : succinimidyl 4-(N-maléimidométhyl)cyclohexane-1-carboxylate
(3) CDI : carbonyl diimidazole

La figure 4.2 montre les différents types de morphologie qui peuvent être obtenus par modification chimique d'une nanoparticule et qui présentent actuellement un intérêt dans le cadre d'applications biomédicales. Il est évident que dans le cas des morphologies les plus complexes, la taille des différentes composantes doit être contrôlée pour maîtriser le volume hydrodynamique global, qui est généralement défini au préalable. La distribution en taille des particules est en général souhaitée la plus étroite possible et, si la synthèse ne permet pas de la contrôler, des techniques de fractionnement doivent être envisagées.

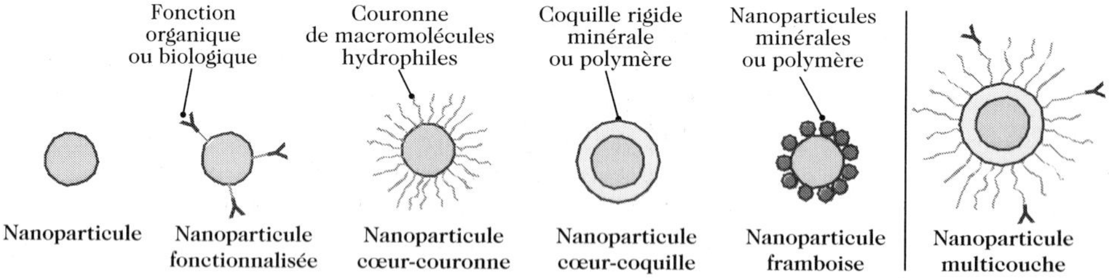

Figure 4.2. Principales morphologies (vues en coupe) des nanoparticules fonctionnalisées utilisées dans l'eau en biologie et/ou en médecine. On distingue couramment les notions de couronne et de coquille. La couronne est constituée de macromolécules solvatées par l'eau ; elles sont donc mobiles et doivent être partiellement fixées à la surface par des interactions fortes ou réticulées entre elles par des liaisons covalentes (la particule est alors mécaniquement piégée à l'intérieur de la couronne). La coquille, elle, est insoluble dans l'eau ; si elle est constituée de macromolécules, celles-ci sont précipitées sur elles-mêmes et physiquement enchevêtrées. Toutes les combinaisons sont possibles et selon l'application et le cahier des charges, ce sont souvent des morphologies multicouches qui sont nécessaires.

Dans les paragraphes qui suivent, nous allons décrire plus précisément la synthèse et la modification chimique des nanoparticules minérales actuellement utilisées ou développées en biologie et/ou en médecine.

1.2. Les nanoparticules d'oxydes de fer

1.2.1. Synthèse du cœur et description de la surface

La préparation des oxydes métalliques M_xO_y est généralement conduite par réaction à l'état solide : les sels précurseurs sont intimement broyés, mélangés et chauffés à haute température sous pression de dioxygène [1]. Cette procédure doit être répétée plusieurs fois jusqu'à ce qu'un produit homogène soit obtenu. Cependant, pour la synthèse de nanoparticules, cette procédure est inefficace et des voies de chimie en solution ont été développées : l'approche organométallique utilise des alcoxydes métalliques $M(OR)_z$ en solvant organique (voir l'encadré 2) et une approche plus inorganique en solution aqueuse requiert l'emploi de sels métalliques (chlorure, oxychlorure, nitrate, etc.) (figure 4.3). Ces méthodes sont dites de chimie douce, car elles s'effectuent généralement à température ambiante (quelques centaines de degrés dans le cas de la synthèse hydrothermale). Les sels métalliques sont moins chers et moins sensibles à l'humidité que les alcoxydes métalliques, mais leur réactivité est plus difficile à contrôler. En revanche, les alcoxydes n'existent pas pour tous les métaux de transition.

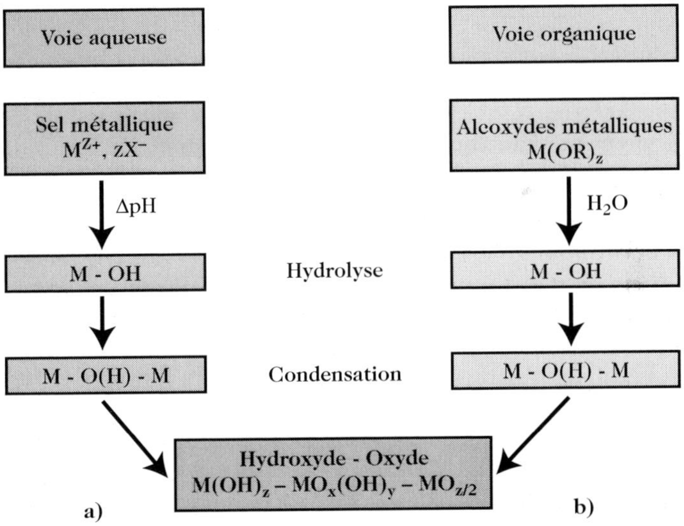

Figure 4.3. Principe général de la synthèse en solution de nanoparticules d'oxydes métalliques : **a)** en milieu aqueux et **b)** en milieu organique.

Encadré 2. Hydrolyse/condensation des alcoxydes métalliques

Les composés métallo-organiques les plus fréquemment utilisés sont des précurseurs de type alcoxyde $M(OR)_z$ dans lesquels l'atome métallique (M = Si, Ti, Zr, Al, Sn, Ce, etc.) est entouré de groupements hydrolysables alcoxy OR. Le couplage entre deux molécules d'alcoxyde métallique s'effectue en deux étapes : l'hydrolyse qui forme les groupements M-OH et la réaction de condensation qui conduit à l'établissement d'un pont hydroxo (olation) ou oxo (oxolation) par élimination d'une molécule d'eau ou d'alcool :

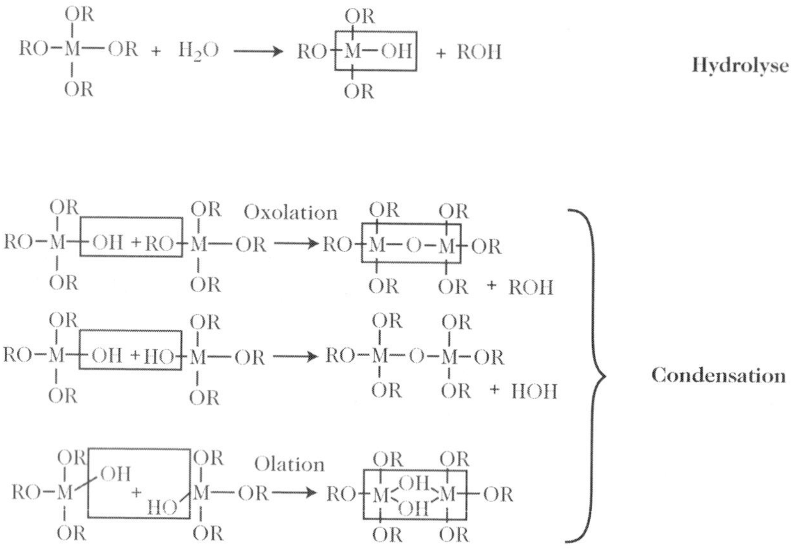

Lorsque les alcoxydes métalliques sont utilisés seuls en solution, ces réactions conduisent à la formation d'oligomères plus ou moins branchés qui restent stables d'un point de vue colloïdal dans la solution (sol). Si leur concentration est suffisante, ils finissent par se coupler pour former un gel et ensuite un oxyde après séchage et traitement thermique. Sous certaines conditions de pH et de concentration, ils peuvent aussi donner des précipités ou des nanoparticules.

C'est le cas pour les oxydes de fer (magnétite Fe_3O_4 ou maghémite Fe_2O_3-γ), qui sont exclusivement obtenus par la voie aqueuse, notamment par coprécipitation alcaline dans l'eau de sels précurseurs de Fe^{2+} et de Fe^{3+} [2]. Le contrôle de la taille, de la forme et de la composition chimique des particules dépend du type de sels (chlorures, nitrates, sulfates, perchlorates), du rapport Fe^{2+}/Fe^{3+}, du pH et de la force ionique du milieu [3]. Pour assurer leur dispersion dans l'eau, les nanoparticules sont stabilisées par le biais de répulsions électrostatiques au cours d'une étape de peptisation où soit des acides, soit des bases, attaquent sélectivement la surface pour y créer des charges respectivement positives ou négatives (figure 4.4). Parce que les particules sont magnétiques et qu'elles peuvent se déplacer dans un gradient de champ magnétique, on qualifie ce type de dispersion de ferrofluide. En effet, à condition d'être suffisamment concentré en particules, c'est le liquide tout entier qui se déplace sous l'effet d'un aimant extérieur.

L'interface eau/oxyde métallique est une zone où les cations de surface, pour satisfaire leur coordinence, portent des hydroxyles pendants, qui permettent de terminer le réseau cristallin (figure 4.5) [1]. Ces fonctions, également appelées eau chimisorbée, sont en forte interaction avec des molécules d'eau plus classiquement adsorbées par liaisons hydrogène (eau physisorbée) et structurées en plusieurs couches. L'intensité des interactions, et par conséquent la qualité de la structuration, s'atténuent avec le numéro de la couche ; l'épaisseur totale de la couche d'eau d'hydratation est directement liée à la polarité et à la densité de charge de la surface. Les hydroxyles pendants sont à l'origine de la réactivité de la surface des

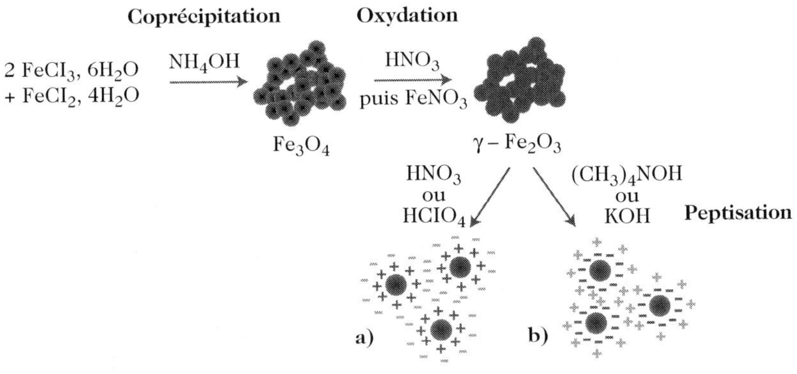

Figure 4.4. Schéma réactionnel décrivant le procédé Massart de préparation de ferrofluides ioniques de maghémite : **a)** ferrofluide cationique acide et **b)** ferrofluide anionique basique [2]. L'étape de peptisation pour stabiliser les dispersions par répulsion électrostatique est d'autant plus importante pour les oxydes de fer qu'aux forces d'attraction de Van der Waals s'ajoutent ici des interactions magnétiques. Ainsi les nanoparticules sont dispersées sous la forme de nanoparticules individualisées dans des conditions de pH < 4-5 ou pH > 9-10. En effet, pour les oxydes de fer, c'est à pH 7 (point isoélectrique) que la densité de charge est nulle à la surface ; dans ces conditions, les nanoparticules sont floculées.

oxydes. Si les réactifs peuvent les atteindre, ils permettent de créer des liaisons covalentes plus ou moins polarisées avec la surface de la particule.

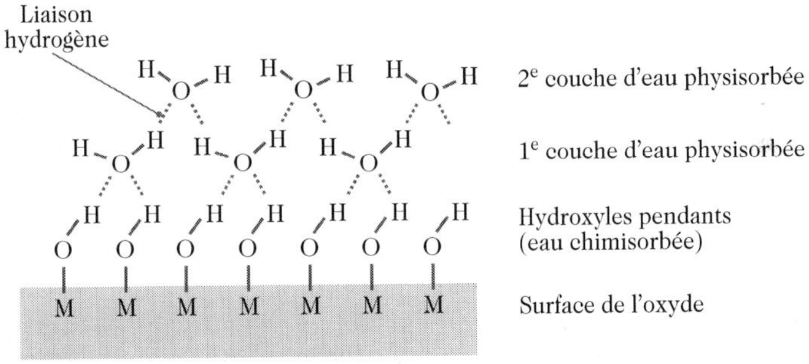

Figure 4.5. Description schématique en coupe des hydroxyles présents à l'interface eau/oxyde métallique. L'ensemble des couches d'eau physisorbées constitue la couche d'eau structurée de Stern.

De ce point de vue, tous les oxydes ne présentent pas la même réactivité de surface, car la nature du cation métallique, son degré d'oxydation, son nombre de coordination et son environnement entrent largement en ligne de compte. Si la chimie de surface de la silice SiO_2 ou des alumines Al_2O_3 est riche et largement documentée, celle des oxydes de métaux de transition tels que le fer est beaucoup moins connue et pratiquée.

Dans ce chapitre, nous allons nous contenter d'aborder la modification chimique de surface des oxydes par des réactifs organiques ou organométalliques et l'encapsulation par des macromolécules hydrophiles (morphologie cœur-couronne) ou une coque de silice (morphologie cœur-coquille).

1.2.2. Modification chimique par des molécules organiques et organométalliques

La **silanisation** est très certainement la méthode la plus répandue pour modifier la surface des oxydes [4]. Industriellement, elle est utilisée dans les secteurs des matériaux composites pour améliorer les interactions entre les renforts et la matrice polymère, des phases stationnaires pour la chromatographie, des supports de catalyseurs, etc.

Elle met en œuvre des organosilanes, dont il existe une grande variété disponible dans le commerce et dont la formule générale est R_nSiX_{4-n}, où X est un substituant hydrolysable de type halogéno, alcoxy -OR', etc. Au cours de l'hydrolyse, un silanol réactif est formé et se condense pour former un pont oxo M-O-Si avec les hydroxyles pendants à la surface des oxydes métalliques (voir l'encadré 2). Le groupe organique R est non hydrolysable ; s'il est porteur d'une fonction réactive Y qui permet la réaction avec un troisième composé, on parle alors d'agents de couplage (figure 4.6). Lorsque Y est porteur d'une charge positive ou négative, des interactions ioniques avec la surface peuvent entraîner une adsorption spontanée « à l'envers ». Pour retourner la molécule et la forcer à se greffer via un pont oxo, un traitement thermique approprié est souvent nécessaire (figure 4.7). Il s'agit en général de transférer les particules dans un solvant lourd tel que le glycérol et de dégazer la dispersion en température pour favoriser la déshydratation et l'élimination des molécules d'alcool. Désormais orientées vers la solution, ces fonctions Y chargées sont souvent très efficaces pour redisperser les particules modifiées dans l'eau et conserver leur stabilité colloïdale par répulsion électrostatique.

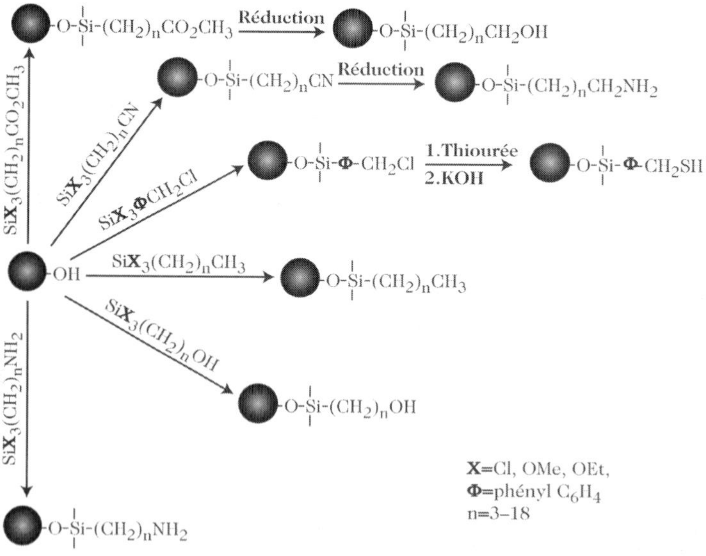

Figure 4.6. Schémas réactionnels simplifiés montrant la diversité des fonctions chimiques accessibles à la surface des oxydes grâce à la chimie des alcoxysilanes, de formule $RSiX_3$. Adaptée de [5].

Les organosilanes avec n = 1 sont les plus utilisés. À la surface des oxydes, ils établissent également des ponts oxo avec leurs voisins et se greffent ainsi en plusieurs couches, conduisant à la formation d'un film polysiloxane fortement réticulé qui

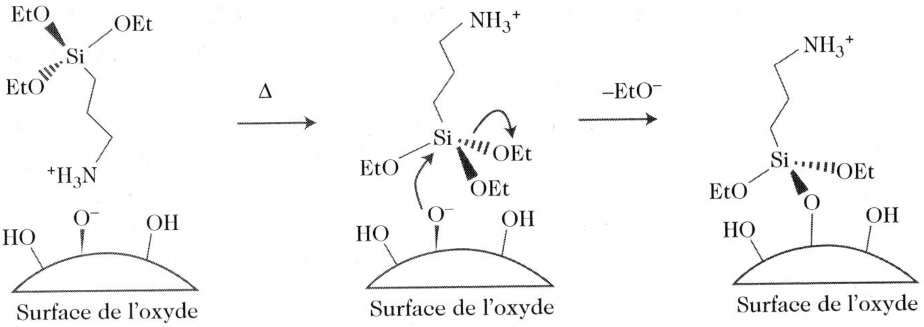

Figure 4.7. Réactions de condensation forcée entre une molécule de γ-aminopropyltriéthoxysilane (APS) et la surface d'un oxyde métallique.

recouvre toute la surface de l'oxyde. Dans le cas de l'oxyde de fer, pour lequel la formation de la liaison Fe-O-Si n'a jamais été fermement démontrée, c'est par ce réseau de liaisons siloxane que l'on explique la pérennité du traitement chimique par les organosilanes (figure 4.8).

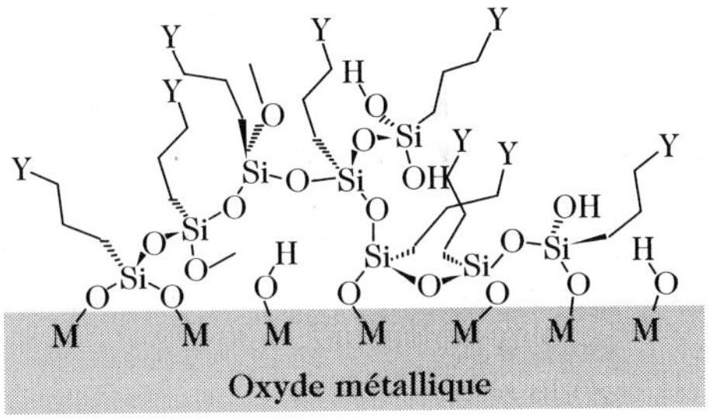

Figure 4.8. Représentation schématique en coupe de la surface d'un oxyde métallique après modification chimique par un organosilane de formule $(CH_3O)_3SiCH_2CH_2CH_2Y$. Dans le cas de l'oxyde de fer, la présence des liaisons Fe-O-Si demeure hypothétique et l'efficacité du greffage est plus volontiers attribuée au réseau de liaisons Si-O-Si qui recouvre la surface et « emprisonne » la particule.

Lorsque les réactions de greffage sont conduites dans l'eau, l'autocondensation des organosilanes dans la solution est souvent plus rapide que la condensation de surface. Ce sont donc des condensats qui se greffent en surface et dont on achève la polycondensation par un traitement de maturation à plus haute température (figure 4.9).

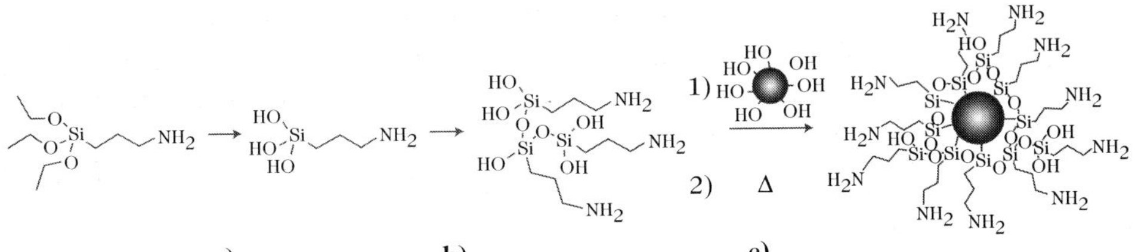

Figure 4.9. Schéma réactionnel montrant la modification chimique de particules d'oxydes par réaction du γ-aminopropyltriéthoxysilane (APS) en milieu aqueux : **a)** hydrolyse en solution, **b)** autocondensation en solution et **c)** greffage de surface. Adaptée de [6].

Parmi les autres réactifs susceptibles de modifier efficacement la surface des oxydes de fer, on trouve **les acides carboxyliques, sulfoniques et phosphoniques** (figure 4.10) [7]. L'intérêt particulier des dérivés de l'acide phosphonique réside dans le fait qu'ils sont dans l'incapacité de s'autocondenser, même en milieu aqueux, pour former des ponts P-O-P. Ainsi, ils s'adsorbent sous la forme de

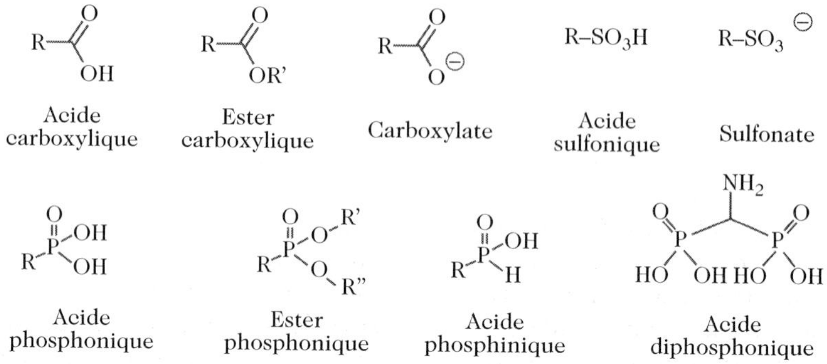

Figure 4.10. Principaux agents de couplage autres que les organosilanes.

monocouches selon un mécanisme de coordination (figure 4.11). Dans le cas des oxydes de fer, le greffage ne serait pas tridendate, mais bidendate [8]. En outre, les dérivés de l'acide diphosphonique, permettant *a priori* un ancrage plus efficace, sont en cours d'étude [9].

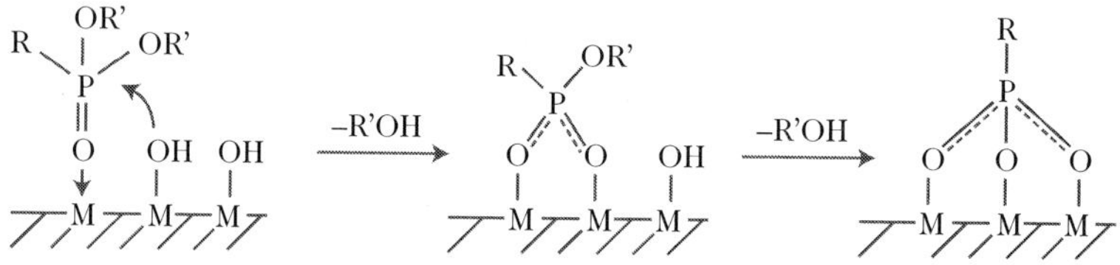

Figure 4.11. Mécanisme proposé pour le greffage d'un ester phosphonique à la surface d'un oxyde métallique. Adaptée de [7].

Les acides carboxyliques sont souvent utilisés sous la forme de dérivés multifonctionnels, tels que l'acide dimercaptosuccinique HOOC-CH(SH)-CH(SH)-COOH (figure 4.12) [10].

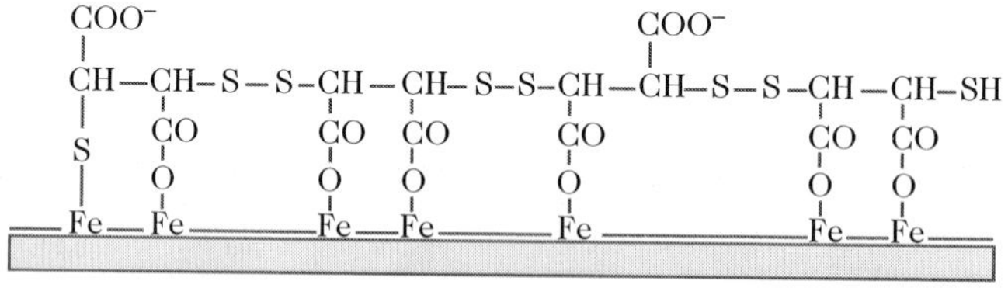

Figure 4.12. Représentation schématique en coupe de la surface d'un oxyde de fer après modification chimique par l'acide dimercaptosuccinique. Les groupes carboxyliques contribuent à la fois à l'ancrage de la molécule et à la stabilisation électrostatique des particules ; les fonctions thiol subissent également une oxydation partielle par les ions Fe^{3+} de surface, entraînant l'autocondensation des molécules et la formation d'un film polydisulfure. Les groupes thiol résiduels peuvent servir au greffage ultérieur des biomolécules.

1.2.3. Encapsulation dans une couronne de macromolécules hydrophiles

La création d'une couronne de macromolécules hydrophiles permet à la fois de stabiliser les particules dans l'eau par le jeu de répulsions stériques (voir l'encadré 1) et de contrôler la biodistribution des nanoparticules *in vivo* (voir le paragraphe 3.1). Ces macromolécules peuvent être d'origine naturelle, comme le dextrane, qui est un polysaccharide obtenu par fermentation bactérienne du sucrose, hydrolyse et fractionnement. Des macromolécules synthétiques sont aussi largement employées, comme le poly(éthylène glycol) ou PEG de formule $HO\text{-}(CH_2\text{-}CH_2\text{-}O)_n\text{-}H$.

La méthode de préparation la plus simple à mettre en œuvre consiste à conduire la synthèse des nanoparticules d'oxyde de fer dans une solution aqueuse où les macromolécules ont été préalablement dissoutes (figure 4.13). Elles se retrouvent alors naturellement adsorbées à la surface des cœurs magnétiques. Elles jouent en outre un rôle structurant en limitant la croissance des particules. Ce phénomène s'explique à la fois par l'augmentation de la viscosité du milieu, qui ralentit la diffusion des cations métalliques, et l'adsorption des macromolécules sur les germes, qui freine leur croissance. Les inconvénients de cette méthode sont 1) l'agrégation partielle des nanoparticules dépendant notamment de la masse molaire des macromolécules, 2) la polydispersité en volume hydrodynamique des particules préparées, qui oblige à des étapes de fractionnement sur colonnes et 3) les faibles interactions entre particules et macromolécules, qui entraînent parfois leur désorption progressive avec le temps et/ou en présence d'autres composés. Pour éviter ce dernier phénomène, il est également possible de réticuler les macromolécules en créant des liaisons chimiques entre elles, ce qui revient à piéger mécaniquement la particule au sein de la couronne.

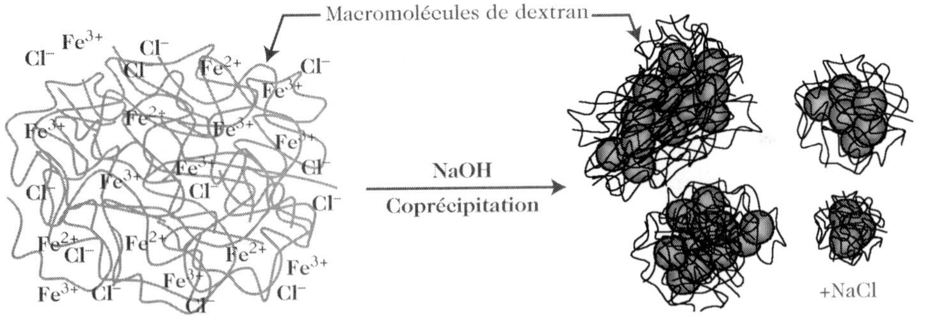

Figure 4.13. Schéma réactionnel simplifié de la synthèse directe de nanoparticules de magnétite Fe_3O_4 stabilisées par le dextrane selon le procédé Molday [11].

Dans l'objectif de mieux contrôler les phénomènes d'agrégation et de renforcer les interactions entre les macromolécules et les particules, des méthodes de préparation multi-étapes peuvent être mises en œuvre. La première étape consiste à préparer les nanoparticules et à les stabiliser par répulsion électrostatique. Ensuite, il s'agit soit de les faire réagir avec des macromolécules porteuses de fonctions susceptibles d'interagir fortement avec la surface (figure 4.14), soit d'utiliser des agents de couplage de type silanique ou autres, qui réagiront dans une troisième étape avec les macromolécules. Ces méthodes sont efficaces et ne nécessitent aucun fractionnement ultérieur si la transition de la stabilisation électrostatique en stabilisation stérique est réussie.

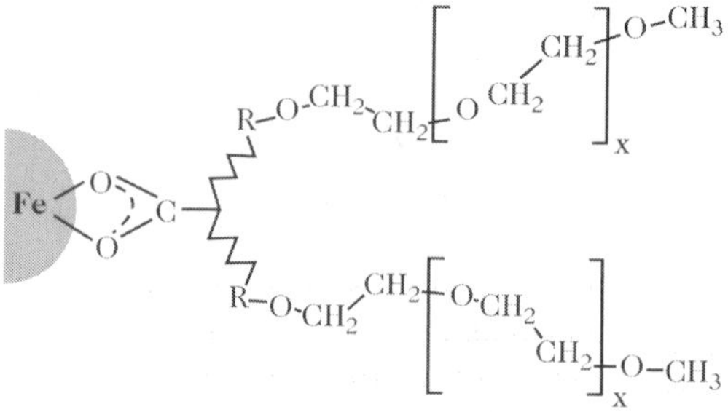

Figure 4.14. Représentation schématique de la surface de nanoparticules d'oxyde de fer après réaction avec un copolymère tribloc formé d'un segment central de type polyuréthane porteur de fonctions carboxylate et de blocs terminaux PEG. Adaptée de [12].

1.2.4. Encapsulation dans une coquille de silice

Parce que la chimie de surface des oxydes de fer est moins connue que celle de la silice, des efforts ont été menés pour encapsuler ces cœurs magnétiques dans une coquille de silice. C'est alors la surface de celle-ci qui est fonctionnalisée. La silice présente aussi l'intérêt d'avoir son point isoélectrique à pH 2. Ainsi, la présence d'une couche de silice en surface permet de conduire les modifications chimiques ultérieures à pH neutre, car, dans ces conditions, les particules de silice sont stabilisées par des charges de surface négatives, alors que les cœurs d'oxydes de fer nus seraient floculés (voir la figure 4.14).

Il existe plusieurs voies d'encapsulation des oxydes de fer par la silice. L'une consiste dans un premier temps à laisser s'adsorber une fine couche de silicate de sodium de façon à « sensibiliser » la surface de la maghémite [13]. Dans un second temps, les nanoparticules sont transférées dans une solution d'éthanol contenant de l'ammoniaque et un tétraalcoxysilane $Si(OR)_4$, qui s'hydrolyse et se polycondense en surface selon un mécanisme similaire à celui décrit dans l'encadré 2.

Une autre voie utilise les mêmes réactions chimiques, mais, pour confiner la réaction autour des nanoparticules, la synthèse s'effectue en microémulsion inverse [14]. La dispersion aqueuse ammoniaquée de nanoparticules est émulsionnée dans l'heptane en présence de tensioactif. Les cœurs magnétiques se retrouvent isolés les uns des autres dans une enveloppe aqueuse contenant l'ammoniaque. L'alcoxysilane est alors introduit dans la phase heptane. Il vient progressivement s'hydrolyser au contact de l'eau qui entoure les particules. Devenu ainsi plus hydrophile, il pénètre dans cette zone pour s'y polycondenser autour des nanoparticules (figure 4.15).

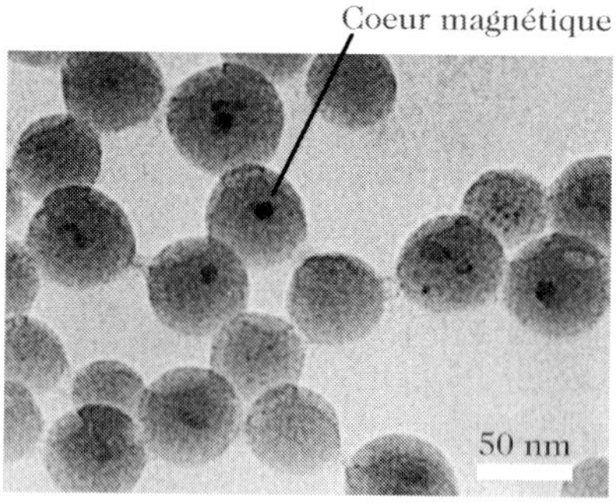

Figure 4.15. Cliché de microscopie électronique à transmission de nanoparticules de maghémite enrobées par une couche de silice (morphologie cœur-coquille). Adaptée de [14]. Reproduit avec l'aimable autorisation de ecmjournal.org

1.3. Les colloïdes semi-conducteurs CdSe

De nombreuses voies de fabrication de nanoparticules de semi-conducteurs, encore appelées « boîtes quantiques » (*quantum dots*), ont été mises au point ces dernières années. Dans ce chapitre, nous nous intéresserons essentiellement aux semi-conducteurs de type II-VI (c'est-à-dire à base d'éléments des colonnes II et VI de la classification périodique), dont la synthèse sous forme de nanoparticules est mieux maîtrisée que celle des semi-conducteurs de type III-V, par exemple. Les techniques permettant d'élaborer des nanocristaux de CdSe ont été particulièrement développées, car ils émettent dans le visible. Contrairement aux oxydes, pour lesquels la stabilisation électrostatique des particules peut être au moins envisagée grâce aux propriétés acido-basiques des hydroxyles de surface, les séléniures métalliques ne sont pas naturellement favorables à ce mode de stabilisation. Les nanoparticules de séléniure métallique doivent être ainsi essentiellement stabilisées par le biais de répulsions stériques.

1.3.1. Élaboration des cœurs semi-conducteurs

Pour tirer profit de leurs propriétés optiques remarquables, il est crucial de synthétiser des particules parfaitement monodisperses tant du point de vue de leur taille, de leur forme et de leur état de surface. Pour obtenir notamment une dispersion en taille inférieure à 5 %, la synthèse est préférentiellement conduite à 250 °C-300 °C dans un milieu organique complexant constitué de molécules telles que l'oxyde de trioctylphosphine (TOPO), de formule $O{=}P[(CH_2)_7CH_3]_3$, et la trioctylphosphine (TOP) (figure 4.16) [15]. Le mélange stabilisant peut inclure en outre des alkylamines et/ou des acides carboxyliques ou phosphoniques. Le rôle structurant de ces molécules permet de contrôler la taille du cœur luminescent : la croissance s'arrête lorsque la particule a atteint la taille pour laquelle l'enveloppe de molécules organiques est la plus stable. Si le rapport chalcogénure/ligands est élevé, on obtient des particules de dimensions plus importantes, mais moins stables puisqu'il y a moins de molécules complexantes. À l'inverse, un rapport faible favorise la stabilisation de particules de très petites dimensions (inférieures à 3 nm).

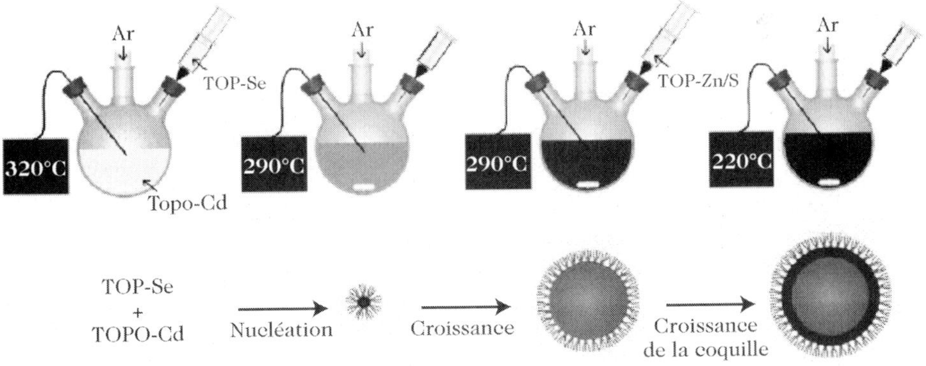

Figure 4.16. Montage expérimental et représentation schématique de la synthèse de boîtes quantiques faites de cœurs de CdSe dans une coquille de ZnS. D'après [16]. Copyright Elsevier (2004).

À la fin de la synthèse, les molécules organiques (TOPO, TOP) restent adsorbées (la tête polaire est liée à la surface des particules et les chaînes hydrocarbonées dirigées vers l'extérieur) et assurent la stabilité colloïdale dans les milieux organiques (répulsion stérique). Cependant, elles ne permettent pas de saturer toutes les liaisons pendantes (Cd^{2+} ou Se^{2-}). Ces dernières s'ajoutent aux défauts cristallins qui piègent les porteurs de charge et contribuent à limiter le rendement quantique de fluorescence (voir le paragraphe 2) qui, en général, ne dépasse pas les 10 %.

1.3.2. Amélioration des rendements de luminescence par passivation de la surface

Afin de contrôler le confinement de l'exciton à l'intérieur du nanocristal et accroître ainsi le rendement quantique de fluorescence, deux approches ont été développées : 1) l'encapsulation dans une coquille faite d'un matériau dont l'énergie du gap est supérieure à celle du cœur (voir l'encadré 3) [17], ou 2) le dopage des particules par un élément luminescent vers lequel les porteurs excités vont transférer leur énergie.

La première approche est plus fréquemment utilisée; elle consiste en fait à passiver la surface en saturant toutes les liaisons pendantes, à la fois celles du métal et celles du chalcogénure. Le paramètre de maille de la coquille doit être voisin de celui du cœur pour faciliter une croissance par épitaxie (figure 4.17).

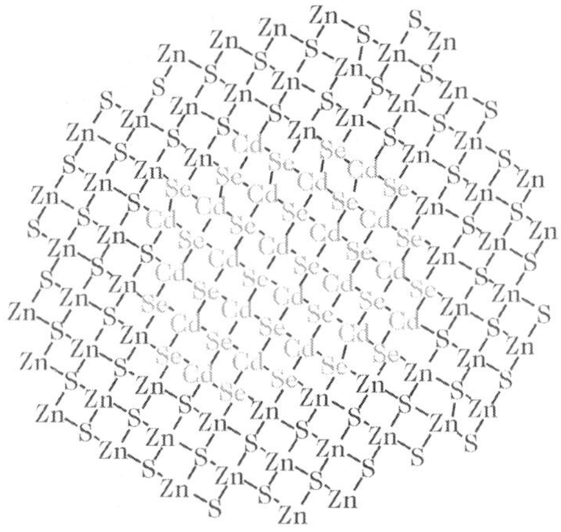

Figure 4.17. Représentation schématique en coupe d'une nanoparticule cœur-coquille à base de CdSe et ZnS. ZnS n'ayant pas une maille cristalline exactement identique à celle de CdSe, l'ajout d'un trop grand nombre de couches conduit à la formation de défauts dans cette coquille de ZnS et à une chute progressive du rendement de luminescence.

La croissance de la coquille est généralement réalisée en solution organique par précipitation, en utilisant les particules de cœur comme sites de nucléation hétérogène. Cette réaction épargne les molécules adsorbées en surface, qui continuent à jouer leur rôle de stabilisants. L'épaisseur optimale de la coquille est contrôlée par la différence de paramètres de maille entre les constituants du cœur et de la coquille : au-delà d'une certaine épaisseur, les matériaux ne peuvent absorber les contraintes élastiques résultant de la différence de paramètres de maille et la structure relaxe en créant des défauts tels que des dislocations, qui ouvrent de nouvelles voies non radiatives et contribuent à l'affaiblissement du rendement quantique de la particule. Ainsi, par exemple, la passivation des nanocristaux de CdSe s'avère optimale pour une épaisseur de ZnS comprise entre une et deux couches atomiques. Le rendement quantique peut alors atteindre 85 % [18].

1.3.3. Transfert des nanoparticules en milieu aqueux

Pour pouvoir être utilisés en biologie, les nanocristaux semi-conducteurs nécessitent une fonctionnalisation ultérieure permettant leur dispersion dans le milieu aqueux physiologique. Elle ne doit pas modifier la distribution des tailles, dont dépendent les propriétés optiques. Plusieurs stratégies sont envisageables pour rendre hydrophiles des particules initialement hydrophobes (figure 4.18).

L'approche la plus simple consiste à remplacer les molécules organiques recouvrant la surface des particules par des molécules hydrophiles. Une molécule porteuse de fonctions thiol, telle que l'acide mercaptoacétique, est, par exemple, connue pour remplacer les molécules de TOPO et s'adsorber spécifiquement sur les atomes de zinc de la couche extérieure de nanocristaux CdSe/ZnS. Ceux-ci sont alors entourés par des molécules dont les extrémités sont des groupements carboxyliques, qui assurent à la fois la dispersion des particules, grâce aux interactions répulsives des ions carboxylate, et la conjugaison avec des biomolécules (voir la figure 4.18a). Cependant, la dispersion n'est réalisée que pour des pH faiblement acides, voire basiques, et pour un petit nombre de liaisons afin de conserver le maximum d'ions carboxylate. Cette méthode de fonctionnalisation est aisée à mettre en œuvre, mais les particules formées se révèlent peu stables : les liaisons ZnS-thiol se rompent progressivement par hydrolyse ou photo-oxydation du groupement thiol et les particules finissent par s'agréger au bout de quelques jours [19]. Les stratégies développées à l'heure actuelle reposent sur l'accrochage de ligands stabilisants hydrophiles, susceptibles de posséder plusieurs points d'ancrage avec la surface des particules [20].

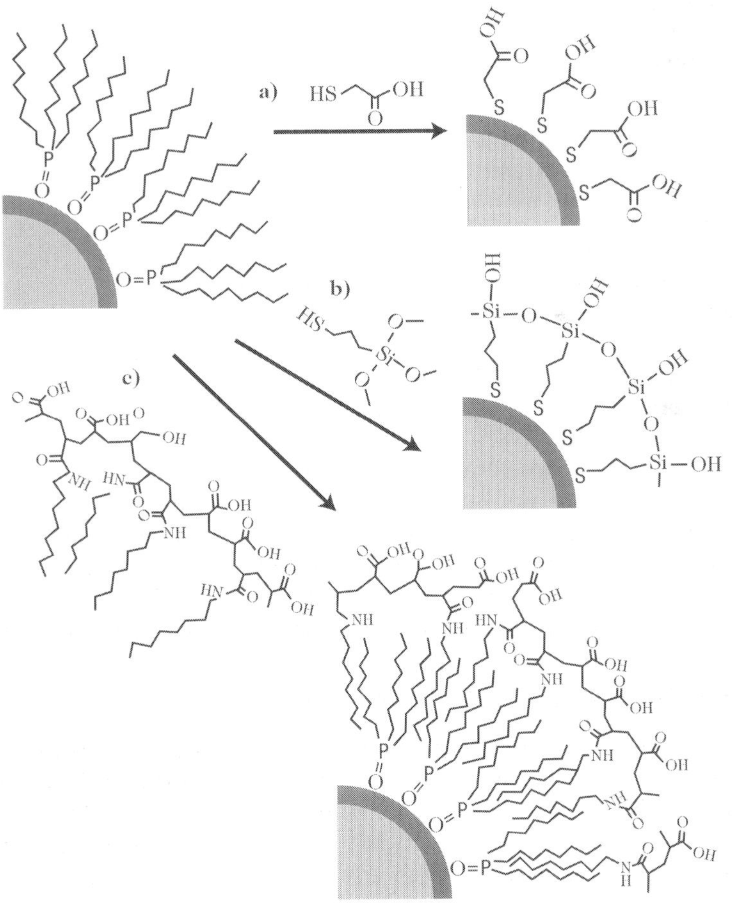

Figure 4.18. Représentation schématique des différentes stratégies permettant de disperser dans l'eau des nanocristaux de semi-conducteurs initialement préparés en milieu organique et stabilisés par le ligand TOPO : **a)** échange du TOPO par l'acide mercaptoacétique, **b)** échange du TOPO par le γ-mercaptopropyltriméthoxysilane et **c)** interactions hydrophobes avec l'acide polyacrylique partiellement modifié par l'octylamine. D'après [16].

La seconde approche, plus élaborée, est également basée sur un échange des ligands stabilisants : les molécules organiques sont remplacées par des trialcoxysilanes $(RO)_3Si\text{-}(CH_2)_3\text{-}Y$, où Y est typiquement un groupe -SH, $-NH_2$, $-PO(O^-)CH_3$, -COOH, capable d'interagir avec la surface de ZnS. Les fonctions alcoxy peuvent alors s'hydrolyser et entraîner la polycondensation de ces molécules et la formation d'une « monocouche » de silice, dont la fonctionnalisation par d'autres alcoxysilanes permet les bioconjugaisons ultérieures (voir la figure 4.18b). Cette méthode multi-étape est plus difficile à mettre en œuvre, mais l'ancrage de la couche hydrophile est *a priori* plus stable.
La troisième stratégie consiste à modifier, et non à remplacer, les molécules hydrophobes habillant la surface des nanoparticules. Il s'agit d'encapsuler les particules dans un mélange de macromolécules amphiphiles, qui vont s'associer avec les molécules de TOPO par interactions hydrophobes. Ces macromolécules peuvent, par exemple, être l'acide polyacrylique partiellement modifié par l'octylamine (voir la figure 4.18c) [21]. L'avantage principal de cette approche est d'éviter l'étape d'échange des ligands hydrophobe-hydrophile, toujours délicate à maîtriser. En outre, elle permet de stabiliser les nanocristaux durant plusieurs mois, même en milieu physiologique. Cependant, elle implique une série d'étapes de greffage de molécules fonctionnalisées, qui conduisent finalement à la formation de particules de dimensions bien plus importantes que celles initialement créées en phase organique. À partir de particules de cœur de 3 nm à 5 nm, les objets présentent au final un diamètre hydrodynamique de 15 nm.

1.4. Les nanoparticules de métaux nobles : l'or et l'argent

La fabrication de colloïdes métalliques est connue depuis Faraday (1857) et a été largement développée et décrite ces dernières décennies par une vaste communauté de scientifiques. Ce sont essentiellement les colloïdes d'or ou d'argent qui sont utilisés dans la recherche biomédicale. Le principe de synthèse consiste à réduire en milieu mono- ou biphasique un sel métallique précurseur (sulfate, nitrate, perchlorate, etc.) par des agents chimiques ou par d'autres techniques de réduction (photochimique, électrochimique ou radiolytique) en présence de molécules structurantes et stabilisantes (figure 4.19). La nature des ligands peut

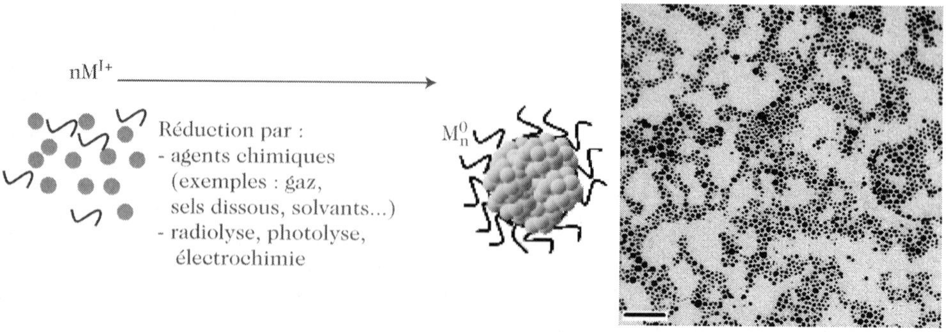

Figure 4.19. Représentation schématique de la synthèse de nanoparticules métalliques en phase liquide. Image par microscopie électronique à transmission de nanoparticules d'or stabilisées par l'acide mercaptoundécanoïque (barre d'échelle : 50 nm). D'après [23]. Copyright Wiley-VCH Verlag GmbH & Co. KGaA. Reproduit avec autorisation.

être plus ou moins complexe, telle que celle de dendrimères organiques ou organométalliques, par exemple. Ils permettent d'obtenir des particules sphériques ou de morphologie plus originale (bâtonnets, triangles, fils ou particules à quatre bras) [22].

Contrairement aux nanocristaux semi-conducteurs, l'élaboration de nanoparticules métalliques monodisperses et stables se fait aussi bien en milieu aqueux (préférable pour les applications qui nous intéressent ici) qu'en milieu organique. Cependant, la synthèse en milieu organique offre au moins deux avantages : 1) la préparation de solutions hautement concentrées en particules et 2) la synthèse à des températures supérieures à 100 °C (point d'ébullition de l'eau), ce qui permet d'accroître la palette de sels métalliques précurseurs et de ligands stabilisants, ainsi que de réduire la nature et le nombre de défauts cristallins des particules (voir la figure 4.19). À l'issue de la synthèse, les modes de fonctionnalisation permettant de transférer les nanoparticules métalliques d'un milieu organique à un milieu aqueux sont semblables à ceux que nous avons décrits pour les nanocristaux semi-conducteurs (voir le paragraphe 1.3.3) [24]. La formation d'une coque de silice autour de nanoparticules d'or et d'argent est notamment très utilisée, selon une stratégie semblable à celle déjà présentée au paragraphe 1.2.4 [25]. L'épaisseur des couches de silice peut varier de quelques nanomètres à quelques dizaines de nanomètres selon la concentration en particules et en précurseurs alcoxyde.

2. Applications au marquage biologique *in vitro* et sur l'animal

Les nanomatériaux constitués de semi-conducteurs et de métaux sont essentiellement utilisés en biologie et en médecine pour marquer spécifiquement différentes entités telles que des protéines, des cellules, des fragments d'acide nucléique, des virus... (figure 4.20). Pour un marquage efficace, ces objets doivent remplir plusieurs conditions : ils doivent à la fois présenter un signal intense et durable, être dispersables dans un milieu aqueux, pouvoir être liés de façon spécifique à la biomolécule d'intérêt sans perturber son activité. Les progrès de la chimie ont permis l'élaboration et la fonctionnalisation de ces nano-objets.

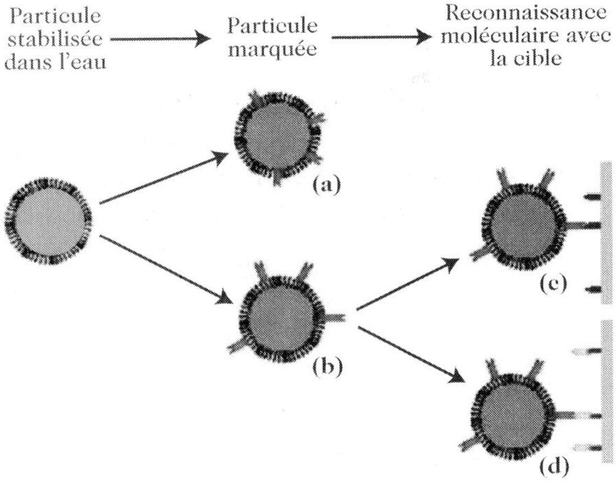

Figure 4.20. Représentation schématique du principe de marquage biologique par des nanoparticules. Pour que le marquage soit spécifique, des biomolécules d'intérêt, telles que des anticorps, doivent être liées aux nanoparticules, soit directement au cœur minéral **(a)**, soit à l'agent hydrophile stabilisant **(b)**. La particule marquée se conjugue par la suite au récepteur spécifique de la cible, soit par fusion directe avec le récepteur **(c)** soit par l'intermédiaire d'un ligand spécifique préalablement lié à la cible **(d)**. Adaptée de [26].

En quelques années, les nanocristaux de semi-conducteurs et de métal ont permis de perfectionner les outils utilisés *in vitro*. Grâce aux progrès réalisés dans les techniques de détection, ils sont même actuellement utilisés *in vivo* dans des modèles animaux pour mieux comprendre les mécanismes d'évolution de certaines pathologies. Cependant, en raison de la forte toxicité des chalcogénures de métaux, les nanocristaux semi-conducteurs ne sont pas utilisés à l'heure actuelle chez l'homme.

2.1. Marquage biologique par des colloïdes semi-conducteurs

La technique de marquage et d'imagerie la plus couramment employée en biologie est la microscopie de fluorescence, pour laquelle les marqueurs usuels sont des fluorophores moléculaires ou des protéines fluorescentes (figure 4.21). Cependant, la photodégradation (ou photoblanchiment) rapide de ces marqueurs ne permet pas de réaliser de longues séquences d'observation des biomolécules.

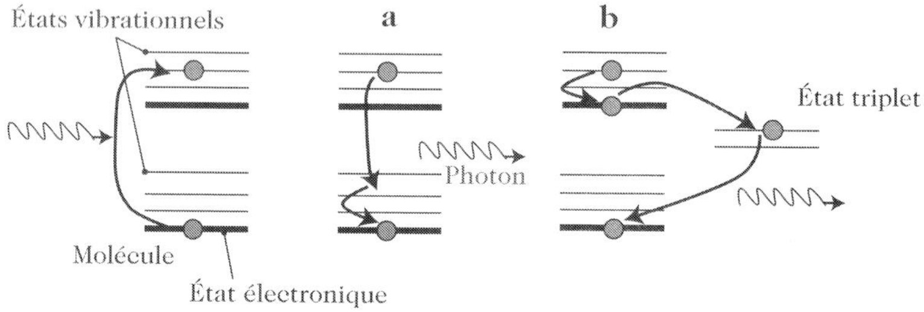

Figure 4.21. Principe de la fluorescence des fluorophores moléculaires. La fluorescence est une luminescence qui se produit lorsqu'on éclaire un corps. Contrairement à la phosphorescence, la fluorescence s'arrête brusquement dès que l'on cesse d'éclairer. De nombreuses molécules, telles que les colorants, sont fluorescentes. Pour stimuler leur fluorescence, on les place dans un faisceau laser de fréquence appropriée. En absorbant l'énergie d'un photon du laser, un des électrons périphériques de la molécule passe de son état de repos à l'un des niveaux supérieurs. Lorsque cet électron « redescend » vers son état fondamental, il restitue son énergie de deux façons : sous forme non radiative de vibrations de la molécule et sous forme d'un photon **(a)**. Ainsi, une partie de l'énergie lumineuse absorbée par la molécule est dissipée sous la forme de vibrations. Le photon de fluorescence est donc d'énergie inférieure à celle du photon laser : il est « décalé vers le rouge ». Dans la plupart des molécules, un mécanisme supplémentaire réduit la fluorescence. Au lieu de redescendre directement vers l'état fondamental, l'électron passe par un état intermédiaire : l'état triplet **(b)**. Cet état est métastable : l'électron y séjourne un certain temps, pendant lequel l'émission de fluorescence est interrompue (le photoblanchiment).

Les nanoparticules de semi-conducteurs constituent une alternative aux fluorophores organiques instables vis-à-vis du photoblanchiment. Elles tirent leurs propriétés de leur taille nanoscopique. On peut ajuster leurs caractéristiques spectrales en modifiant tout simplement leurs dimensions (voir l'encadré 3).

Encadré 3. Principe de la luminescence et caractéristiques optiques des nanocristaux semi-conducteurs

Un cristal semi-conducteur voit ses propriétés physiques radicalement modifiées lorsque ses dimensions sont réduites à quelques nanomètres. Dans les semi-conducteurs macroscopiques, les électrons n'occupent pas des niveaux, mais deux larges bandes d'énergie appelées bande de valence et bande de conduction. Ils absorbent la lumière dans une large gamme de couleurs, à condition que les photons aient une énergie suffisante pour franchir le gap qui sépare les deux bandes. En revanche, ils n'émettent de la lumière qu'à une longueur d'onde spécifique qui correspond à l'énergie du gap.

Les cristaux semi-conducteurs de taille nanométrique ont leurs propriétés régies par les lois de la mécanique quantique. Ils sont caractérisés par des niveaux discrets d'énergie. Sous l'action de la lumière est créée une paire électron-trou (trou noté h^+) qui interagit pour former un exciton (figure 4.22). L'énergie de l'exciton fait intervenir l'énergie cinétique, le potentiel de confinement et un terme d'interaction coulombienne entre l'électron et le trou. Lorsque les cristaux de semi-conducteurs ont une taille inférieure au diamètre de Bohr (11,2 nm pour CdSe), l'exciton est dans un régime de confinement fort. Les niveaux d'énergie de l'électron et du trou sont alors ceux d'une particule libre enfermée dans une boîte quantique sphérique. L'exciton a alors des niveaux d'énergie discrets et peut être assimilé à un pseudo-atome, d'où son appellation de « *quantum dots* » ou « boîte quantique ». Dans cette approximation, l'écart d'énergie entre le niveau fondamental et les niveaux excités augmente de façon inversement proportionnelle à la taille de la particule [27].

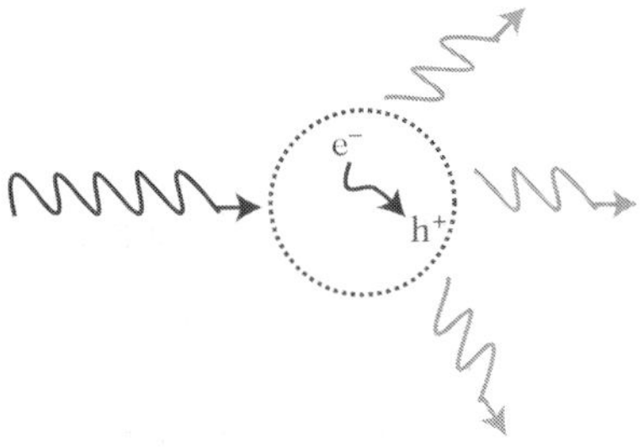

Figure 4.22. Représentation schématique de la luminescence d'une nanoparticule semi-conductrice.

À température ambiante, un photon d'énergie supérieure à l'énergie du gap du semi-conducteur crée un exciton qui est porté ainsi à un niveau excité supérieur. De là, il relaxe de manière non radiative par couplage moléculaire vers le premier état excité. Il y a ensuite recombinaison de l'électron et du trou, ce qui génère un photon par luminescence. Cependant, le rendement quantique des nanocristaux ne dépasse pas 10 %. Comme nous l'avons évoqué au paragraphe 1.3, la faiblesse de ce rendement est essentiellement due à un état de surface mal contrôlé. À l'état excité, les porteurs sont délocalisés jusqu'en surface des particules. La présence de défauts de surface provoque le piégeage des porteurs, qui se recombinent de manière radiative loin du gap ou de manière non radiative. Ce piégeage contribue à l'affaiblissement du rendement quantique. Afin de préserver le confinement des porteurs à l'intérieur du cristal, les nanocristaux doivent être enrobés d'un matériau dont l'énergie de gap est supérieure à celle du cœur. Cette passivation de surface permet de diminuer le nombre de pièges et l'accessibilité aux porteurs et par conséquent d'accroître le rendement quantique.

Comme les semi-conducteurs de plus grande taille, les nanocristaux de semi-conducteurs absorbent tous les photons dont l'énergie est supérieure à celle de leur gap ; toutefois, la longueur d'onde des photons émis dépend de la taille des nanocristaux. Ainsi, un seul matériau semi-conducteur peut engendrer toute une famille de marqueurs de couleurs différentes : il suffit d'élaborer des nanocristaux de tailles différentes (figure 4.23).

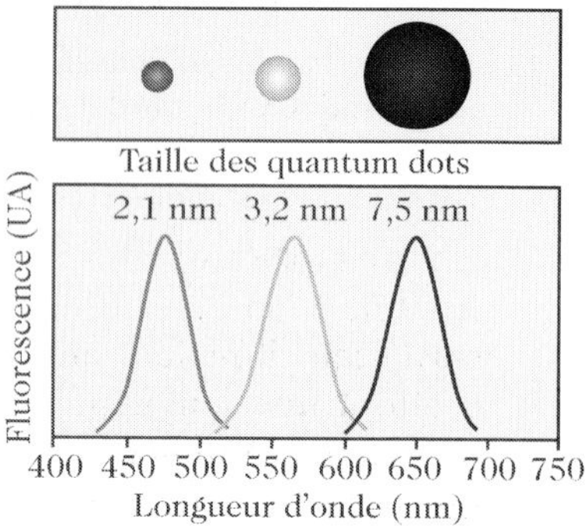

Figure 4.23. Effet de la taille de nanocristaux de CdSe sur leur spectre de fluorescence. La couleur des suspensions colloïdales passe du rouge sombre à l'orange, puis au jaune, pour des particules de diamètre compris entre 2,5 nm et 7,5 nm. D'après [16].

Les nanocristaux semi-conducteurs supportent beaucoup de cycles d'excitation et d'émission de lumière. Typiquement, le nombre de photons détectés avant photodestruction est de l'ordre de 10^6 pour une molécule de colorant ; il atteint 10^8 pour les boîtes quantiques [28]. Grâce à cette stabilité, les biologistes suivent ce qui se passe dans les cellules et les tissus pendant des intervalles plus longs (figure 4.24). Leurs rendements quantiques de luminescence sont comparativement plus élevés. L'autre avantage est que leur spectre d'absorption est très

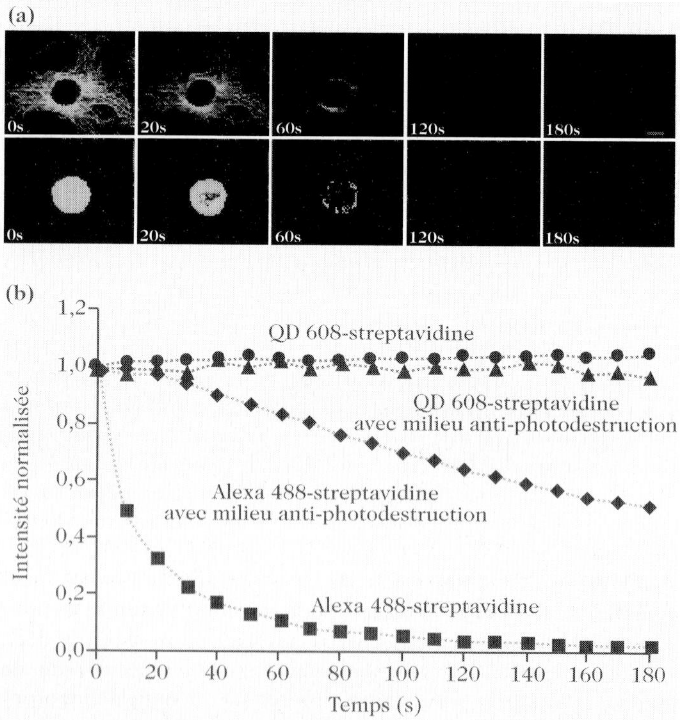

Figure 4.24. Étude comparée de la photostabilité de nanocristaux semi-conducteurs (en rouge) et du colorant Alexa 488 (en vert). **a)** Images en fluorescence de cellules 3T3 prises à différents intervalles sur une durée totale de trois minutes (excitation à 505 nm) ; **b)** évolution de l'intensité en fonction du temps. D'après [33]. Copyright Elsevier. Voir le cahier couleurs au milieu de l'ouvrage.

large, contrairement à leur spectre d'émission, qui est inchangé quelle que soit la longueur d'onde d'excitation à l'intérieur de la bande d'absorption. Les boîtes quantiques permettent ainsi un marquage multicolore et simultané de différentes espèces contenues dans les cellules avec une seule longueur d'onde d'excitation. Les systèmes biologiques étant extrêmement complexes, les biologistes cherchent souvent à observer plusieurs composants en même temps. Jusqu'à présent, ce suivi était difficile à mettre en place, car chaque colorant organique devait être excité à une longueur d'onde spécifique et différente de celles des autres. En marquant les molécules biologiques avec des nanocristaux semi-conducteurs de tailles variées, une seule source lumineuse suffit pour suivre toutes les molécules simultanément. En parallèle, les progrès réalisés dans les méthodes de fonctionnalisation des nanocristaux pour les rendre biofonctionnels ont permis la commercialisation de ces objets. Il est ainsi aujourd'hui possible d'acheter des nanocristaux semi-conducteurs enrobés de macromolécules et couplés à des anticorps ou des streptadivines qui possèdent des groupements fonctionnels spécifiques pour cibler des protéines membranaires (*Quantum Dot Corp.*, Hayward, Californie). Grâce à l'ensemble de ces avancées, une grande variété de systèmes biologiques (enzymes, protéines, acide nucléique, ADN, etc.) a déjà été suivie à la trace, et différents types de phénomènes (détection de séquences génétiques particulières, conformation des protéines, suivi de réactions enzymatiques, etc.) ont été mesurés *in vitro* [29], et plus récemment *in vivo* sur l'animal [30, 31, 32]. Ces dernières études sont remarquables, car il est souvent difficile de visualiser des systèmes vivants, en raison du bruit optique dû à la fluorescence intrinsèque du milieu cellulaire.

Les nanocristaux semi-conducteurs constituent ainsi aujourd'hui les marqueurs les plus performants existants du point de vue de la résistance au photoblanchiment. Cependant, ils présentent quelques inconvénients. Leur taille d'une quinzaine de nanomètres ne peut pas être négligée dans certaines applications. Ainsi, des nanocristaux, employés comme marqueurs de récepteurs au glutamate diffusant sur des neurones dans un environnement synaptique, présentent des difficultés à entrer dans la fente synaptique, dont la hauteur varie de 20 nm à 30 nm. En outre, les nanocristaux de semi-conducteurs clignotent de façon très importante, ce qui complique le suivi de biomolécules, notamment la reconstruction de leur trajectoire, mais aussi l'utilisation du signal émis pour suivre des processus dépendant du temps. Bien qu'encore mal compris, ce clignotement est attribué à l'ionisation du nanocristal, probablement lorsqu'un électron (ou un trou) transite par effet tunnel vers des pièges non radiatifs situés à la surface du nanocristal [34]. Une fois ionisé, le nanocristal est dans un état noir où il n'émet plus de fluorescence. Les paires électron/trou qui sont créées par la lumière d'excitation se recombinent avec la charge restante par des processus d'interaction entre plusieurs particules et cèdent leur énergie de recombinaison sans émission de photon. Enfin, les nanocristaux semi-conducteurs étant constitués d'éléments toxiques tels que Cd et Se, leur utilisation pour observer des phénomènes *in vivo* chez l'homme soulève un certain nombre de questions de toxicité. Plusieurs tests de toxicologie ont été effectués avec des nanoparticules de CdSe ou CdSe/ZnS. Ils ont révélé qu'une exposition prolongée des nanocristaux, à la fois aux UV et à l'eau, pouvait conduire à leur oxydation en surface et à la libération d'ions Cd^{2+} [33]. Le degré de toxicité dépend fortement du mode d'administration des marqueurs dans les cellules et de la nature de la coque hydrophile enrobant les nanocristaux. Une solution alternative consiste à enrober les particules par une coque stabilisante de ZnS ; cependant, des efforts restent à fournir pour obtenir un marqueur entièrement biocompatible. Ainsi, à ce jour, si les nanocristaux semi-conducteurs ne constituent pas le marqueur biologique universel, ils restent néanmoins un grand espoir pour une utilisation prochaine *in vivo*.

2.2. Marquage biologique par des colloïdes métalliques

Les nanoparticules métalliques, essentiellement à base d'or et plus récemment d'argent, constituent une autre génération de marqueurs biologiques. Par comparaison aux structures organiques et aux nanocristaux semi-conducteurs, elles sont non toxiques, très résistantes à la corrosion et possèdent une réponse optique qui ne présente pas de fluctuations dans le temps. En outre, elles présentent une excellente stabilité et de multiples possibilités de fonctionnalisation chimique de leur surface. Comme les nanocristaux semi-conducteurs, elles sont essentiellement utilisées à des fins de marquage de biomolécules. Initialement repérées par microscopie électronique, elles ont par la suite été détectées optiquement, ce qui a permis l'étude de systèmes vivants.

Dès les années 1970, des nanoparticules d'or ont été utilisées en immunocytochimie pour localiser *in situ* des macromolécules marquées [35, 36]. Pourvus de groupements externes, qui permettent leur conjugaison avec les biomolécules choisies, des nanoparticules d'or (0,8 nm ou 1,4 nm de diamètre, contenant respectivement 11 atomes ou 67 atomes) ont été utilisées et détectées par microscopie électronique. Compte tenu de leur faible dimension, ces objets peuvent pénétrer jusqu'à une profondeur de 40 μm dans les tissus biologiques. Cette technique a donc donné accès pour la première fois à des informations majeures avec une résolution nanométrique. Elle a permis et permet encore de mieux voir, et donc de mieux comprendre, le comportement de biomolécules telles que les protéines, les cellules, l'ADN, etc. Cependant, cette technique n'offre qu'une vision statique des systèmes biologiques. Comme elle ne va de pair qu'avec l'usage de la microscopie électronique, elle est incompatible avec toute étude sur des systèmes vivants.

Dans l'objectif d'études *in vivo*, des efforts importants ont été consacrés à la recherche de méthodes de détection plus souples, notamment « tout optique ». L'avantage d'une détection optique de biomolécules est d'éviter le contact mécanique pour les étudier « à distance ». Ce sont des techniques apparues dans les années 1980. Elles sont basées sur l'exploitation des propriétés optiques singulières des nanoparticules métalliques. Ces propriétés spécifiques sont une conséquence de l'apparition d'une résonance dans leur spectre d'absorption : la résonance plasmon de surface. Celle-ci correspond à une oscillation cohérente des électrons de conduction, engendrée par leur interaction avec un champ électromagnétique extérieur (voir le tome 1, « Nanotechnologies et nanophysique », chapitre 7). Excitées au voisinage de leur résonance plasmon, les nanoparticules métalliques présentent une forte diffusion Rayleigh. Elles constituent ainsi des sondes très sensibles pour l'analyse de biomolécules [37]. Leur utilisation a permis de baisser considérablement le seuil de détection optique de structures biologiques et d'étudier des systèmes vivants. Les techniques de détection ont tellement progressé qu'il est même actuellement possible d'observer des protéines

isolées dans des cellules et de suivre leur diffusion au cours du temps. L'avantage de la détection d'objets isolés est l'accès à des comportements hétérogènes qui seraient cachées dans un ensemble par la mesure d'une moyenne, comme des fluctuations spécifiques liées à l'interaction d'une molécule avec son environnement proche par exemple. Cette dernière approche permet de jeter un nouveau regard sur les systèmes biologiques, car elle permet de connaître l'évolution temporelle des objets à l'échelle d'une molécule. Cependant, elle présente une limitation majeure liée au faible signal de l'objet unique étudié, qu'il s'agit d'isoler de tout signal provenant de l'environnement. Compte tenu du fait que l'intensité de la lumière diffusée diminue fortement avec le rayon R de la particule (variation en R^{-6}), il est actuellement impossible de détecter des particules d'or de diamètre inférieur à 40 nm de diamètre. La détection est rendue encore plus difficile dans un milieu diffusant de type cellulaire. Aussi l'usage de l'imagerie optique *in vivo* est limité à l'exploration des tissus accessibles en surface et au petit animal.
Une avancée plus récente et prometteuse pour visualiser les systèmes vivants est la détection par effet photothermique [38]. Cette technique est basée sur la détection par effet photothermique de l'échauffement local induit par absorption de la lumière sur une nanostructure métallique. Les nanostructures métalliques présentent en effet des valeurs relativement élevées de la section efficace d'absorption. Elles ne luminescent pas ou peu. L'absorption d'énergie induit une excitation des électrons de conduction du métal. Il s'ensuit une thermalisation des électrons grâce à des interactions électrons-électrons et à des interactions électrons-phonons du réseau métallique. Les phonons du réseau métallique interagissent avec les phonons du milieu environnant, donnant lieu à un transfert thermique. Ainsi, les particules métalliques deviennent des sources de chaleur et induisent une élévation locale de la température du milieu environnant, et par conséquent une modification d'indice du milieu. La méthode interférentielle est la plus sensible pour détecter cette variation locale. À l'heure actuelle, cette technique a permis *in vitro* de visualiser des systèmes biologiques constitués de cellules fixes marquées par des nanoparticules d'or de 5 nm de diamètre. L'élévation de température est estimée à quelques Kelvin pour cette taille de particules. Cette valeur est sans doute encore un peu élevée pour être acceptable sans dommage aux milieux biologiques, mais l'amélioration de la sensibilité de la détection devrait permettre d'abaisser ce niveau. Cependant, c'est une des seules méthodes de détection « tout optique » pouvant imager des nanoparticules métalliques dans des milieux diffusants. Elle devrait donc permettre très prochainement de développer l'imagerie et le marquage de cellules *in vivo*.
Outre leur utilisation à des fins de marquage, les nanoparticules métalliques peuvent également être utilisées pour établir la composition génétique d'échantillons biologiques. Une technique a été récemment mise au point pour tester la présence d'une séquence génétique spécifique dans une solution (une bactérie pathogène, par exemple) [39]. Elle utilise des nanoparticules d'or de 13 nm de diamètre sur lesquelles sont fixées des brins d'ADN. L'astuce est d'utiliser deux types de particules d'or. Les particules du premier type portent la moitié de la séquence-cible à reconnaître et l'autre moitié est fixée sur les particules du second type (figure 4.25). Les deux particules s'associent à la cible. Chacune des particules porte plusieurs brins et se lie donc à des séquences-cibles, qui forment comme des ponts entre les particules. De proche en proche, elles s'agglutinent et

forment un réseau. Les propriétés optiques des amas de particules changent alors. Quand les particules sont dispersées de façon aléatoire, la couleur est rouge ; quand elles forment un réseau, elle devient bleue. D'un coup d'œil, les particules d'or révèlent la présence ou non d'une séquence donnée. Cette technique apparaît très utile pour des tests rapides et portables d'ADN.

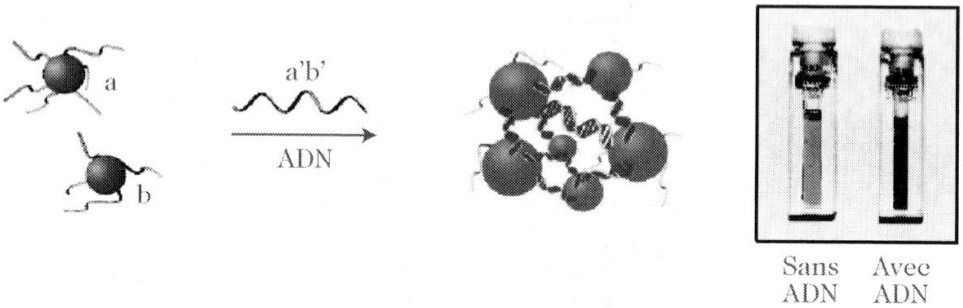

Figure 4.25. Utilisation de nanoparticules d'or pour détecter des séquences ADN (d'après [33]). Copyright 2004, avec l'autorisation d'Elsevier.

Avec cette nouvelle technique, les chercheurs espèrent avant tout réaliser des avancées en médecine : des diagnostics plus rapides afin de pouvoir dépister les maladies à un stade plus précoce, par exemple le cancer, les affections cardiovasculaires ou les infections virales, ainsi que de nouveaux traitements à l'aide de biomolécules.

Une autre application des colloïdes d'or concerne l'étude des moteurs moléculaires (voir le chapitre 5, « Nanomachines du vivant »).

3. Applications *in vivo*

L'administration par voie intravasculaire (injection ou perfusion) est *a priori* la méthode la plus générale pour atteindre n'importe quel organe ou tissu, car toutes les cellules sont alimentées directement ou non par la circulation sanguine (voir l'encadré 4) [40]. Pour être administrées par cette voie, les nanoparticules doivent non seulement ne pas s'agglomérer dans le sang ou y subir des réactions de dégradation prématurées, mais aussi être capables de déjouer les mécanismes complexes du système immunitaire, dont elles deviennent alors l'ennemi public numéro un. Il est donc nécessaire de commencer par préciser les mécanismes d'élimination plasmatique des nanoparticules, les facteurs influençant leur biodistribution et les solutions développées pour les rendre furtives vis-à-vis du système immunitaire. Ensuite, les solutions qui consistent à les adresser le plus spécifiquement possible vers la cible seront présentées.

Enfin, nous serons en mesure d'aborder les applications médicales actuelles et à venir des nanoparticules administrées par voie intraveineuse, autant sur le plan diagnostique que thérapeutique.

Encadré 4. Le compartiment sanguin

Le système circulatoire est composé de deux sous-systèmes : le système cardiovasculaire et le système lymphatique. Les vaisseaux lymphatiques collectent la lymphe, qui baigne les organes et récupère en partie les déchets des cellules. Elle est très riche en lymphocytes et se trouve filtrée au niveau des ganglions lymphatiques avant d'être rejetée dans le compartiment sanguin juste avant le cœur. Le système lymphatique joue un rôle important dans le système immunitaire car, lors d'une infection quelconque, l'agent infectieux se retrouve très rapidement dans la lymphe. Le sang est un tissu composé de cellules réparties dans un liquide appelé plasma. L'ensemble est véhiculé dans le système circulatoire dans un flux unidirectionnel rythmé par les contractions du cœur. Le plasma est constitué d'eau, de sels minéraux, de molécules organiques telles que des glucides, des lipides et des protides. Les principales cellules sanguines sont présentées dans le tableau 4.2.

Tableau 4.2. Principaux types cellulaires rencontrés dans le compartiment sanguin.

Cellules sanguines	Taille (μm)	Concentration /mm^3	Durée de vie	Particularités et principales fonctions
Globules rouges ou érythrocytes ou hématies	7-8 en diamètre et 1-2 en épaisseur	4-6 millions	120 j	• Disques biconcaves dépourvus de noyau • Déformabilité permettant de s'adapter à tous les calibres des vaisseaux • Contiennent un pigment rouge (l'hémoglobine) qui se combine à l'oxygène au niveau des poumons pour former de l'oxyhémoglobine • Transportent l'oxygène dans tous les tissus
Globules blancs ou leucocytes		4 000-10 000		• Noyaux à plusieurs lobes qui ont fait croire à tort qu'ils étaient multinucléés et leur a valu le nom de polynucléaires • Leurs proportions relatives constituent la formule sanguine
dont 45 à 70 % de polynucléaires neutrophiles	10-12	1800-7000	1-4 j	• Interviennent dans les processus de défense de l'organisme (en particulier contre les agents bactériens)
1 à 3 % de polynucléaires éosinophiles et basophiles	12-18	60-350		• Rôle mal connu
20 à 40 % des lymphocytes	6-15	1 500-4 000		• Peuvent également circuler par voie lymphatique • Assurent la coordination des réponses immunitaires
3 à 7 % de monocytes	15-18	100-700		• Représentent la forme circulante du système des phagocytes mononucléés
Plaquettes ou thrombocytes	1,5-2	150 000-300 000	8-12 j	• Sans noyau • Interviennent dans la coagulation sanguine

Les parois internes des vaisseaux sanguins sont constituées par l'endothélium vasculaire, qui est une couche tissulaire spécialisée. Les cellules y sont jointives et solidaires les unes des autres grâce à des jonctions intercellulaires. L'endothélium peut résister à de fortes contraintes mécaniques (très élevées à proximité du cœur) et reste perméable à l'eau, aux substances de faible masse molaire et aux globules blancs. Au niveau de la barrière hémato-encéphalique (BHE), les jonctions serrées entre les cellules endothéliales empêcheraient tout transfert intercellulaire des molécules, obligeant celles-ci à traverser les cellules qui joueraient ainsi le rôle de filtres très sélectifs.

3.1. Devenir des particules dans le compartiment sanguin

3.1.1. Le système des phagocytes mononucléés et la vectorisation hépato-splénique (ciblage passif)

C'est le système des phagocytes mononucléés (SPM), appelé aussi système réticulo-endothélial, qui participe activement à l'extravasation de tout corps étranger de nature infectieuse ou non du système sanguin, constituant ainsi la première ligne de défense immunitaire. Il s'agit d'un ensemble de cellules macrophagiques organisées en réseau et placées à des endroits stratégiques dans l'organisme. On les trouve ainsi essentiellement dans la moelle osseuse où elles sont fabriquées, le sang où elles circulent sous la forme de monocytes, les alvéoles pulmonaires, la rate et surtout le foie où on les appelle « cellules de Kupffer ».

Leur rôle est de reconnaître et d'éliminer du compartiment sanguin les cellules sénescentes, les micro-organismes et les particules. En particulier dans ce dernier cas, le processus de clairance est souvent enclenché par une étape préliminaire, dite d'opsonisation, pendant laquelle des protéines circulantes (diverses sous-classes d'immunoglobulines, éléments du complément, fibronectine, etc.) s'adsorbent sur la surface des particules (figure 4.26). Ainsi marquées, les particules sont reconnues par les macrophages grâce à des récepteurs spécifiques. Elles sont ensuite internalisées par endocytose et s'accumulent dans des lysosomes où elles sont éventuellement dégradées par des enzymes lysosomiales. Ainsi, en quelques minutes, les particules sont éliminées du compartiment sanguin et se retrouvent fixées dans le foie (jusqu'à 90 %), la rate et en moindre proportion dans la moelle osseuse. On parle de biodistribution hépato-splénique.

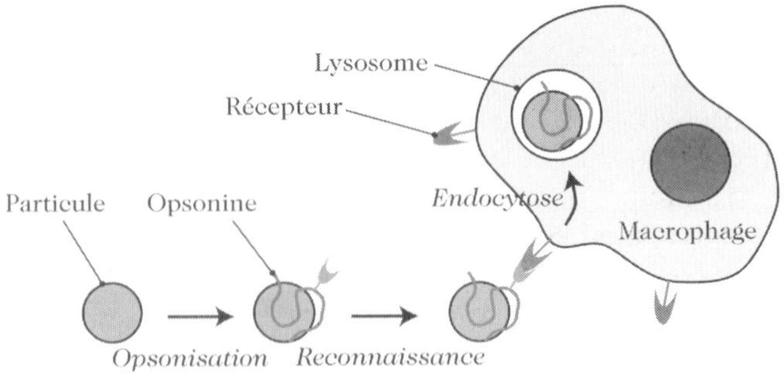

Figure 4.26. Représentation schématique des mécanismes mis en place par le SPM pour la reconnaissance et la clairance de nanoparticules accidentellement arrivées dans le compartiment sanguin.

Cette issue fatale pour les nanoparticules peut être mise à profit pour adresser spécifiquement des particules dans ces organes et diagnostiquer ou traiter des pathologies qui les concernent. On parle alors de vectorisation hépato-splénique ou ciblage passif, car spontanément géré par le SPM. Cependant, si les organes ciblés sont autres que le foie et/ou la rate, il faut impérativement inhiber ou du moins fortement ralentir le processus d'opsonisation. Il s'agit ainsi de rendre les particules furtives vis-à-vis du SPM et par conséquent augmenter leur probabilité de rencontrer leur cible.

3.1.2. Le design de particules à rémanence vasculaire prolongée

Pour allonger la demi-vie plasmatique, il est aujourd'hui bien établi qu'il faut freiner voire empêcher l'adsorption des opsonines en jouant à la fois sur la taille et les propriétés de surface des particules [41].
Ainsi, il a été montré que plus le rayon des particules est faible, plus les particules circulent longtemps dans le compartiment sanguin, car la valeur du rayon de courbure influe sur la nature et/ou la quantité d'opsonines adsorbées.
Par ailleurs, plus la densité de charges en surface est faible, plus le temps de résidence est allongé. Enfin, les particules hydrophobes sont si rapidement éliminées du compartiment sanguin, qu'il semblerait que l'étape préliminaire d'opsonisation ne soit même pas nécessaire à leur clairance. Au contraire, des particules dont la surface est particulièrement hydrophile ont toutes les chances de circuler longtemps, à l'image des globules rouges dont on explique la durée de vie de 120 jours par la présence à leur surface d'une barrière hydrophile de groupes oligosaccharides. Pour les particules synthétiques, il est possible de reproduire ce concept physico-chimique de répulsion stérique des protéines en recouvrant la surface des particules de macromolécules flexibles et hydrophiles. Arrangées plutôt perpendiculairement à la surface, elles s'organisent en brosse et forment une barrière stérique efficace.
Les macromolécules utilisées sont généralement des polysaccharides tels que le dextrane. Il est produit par fermentation bactérienne du sucrose, suivie d'une étape d'hydrolyse et de fractionnement pour donner des lots de différentes masses molaires (figure 4.27). D'autres macromolécules d'origine biologique ont été utilisées, telles que l'acide polysialique ou l'héparine, mais leur coût parfois élevé et/ou le risque de conséquences immunologiques freinent leur développement. Les macromolécules synthétiques ont été en conséquence largement plébiscitées. Ainsi le poly(éthylène glycol) PEG, de formule $HO\text{-}(CH_2\text{-}CH_2\text{-}O)_n\text{-}H$, est très utilisé en pharmacie galénique, où il est couramment conjugué à des principes actifs (petites molécules ou peptides, protéines, anticorps, oligonucléotides) pour réduire leur immunogénicité, augmenter leur demi-vie plasmatique (en diminuant la vitesse de clairance rénale) et par conséquent leur biodisponibilité [42]. La démarche est si courante que l'on parle de « pegylation ». Il peut être ancré à la surface au moment de la synthèse des particules, ou bien *a posteriori* greffé par l'une de ses extrémités ou tout simplement physisorbé. Dans ce dernier cas, il est alors utilisé sous la forme de copolymères à blocs, dont les principales familles sont les poloxamers® et les poloxamines® (figure 4.27) et où c'est le bloc plus hydrophobe poly(oxypropylène) POP qui interagit avec la surface de la particule, laissant les blocs poly(oxyéthylène) POE s'orienter spontanément vers l'extérieur. Pour une efficacité maximale vis-à-vis de l'opsonisation, la masse molaire des chaînes de PEG/POE doit être comprise entre 2 000 et 5 000 g/mol.

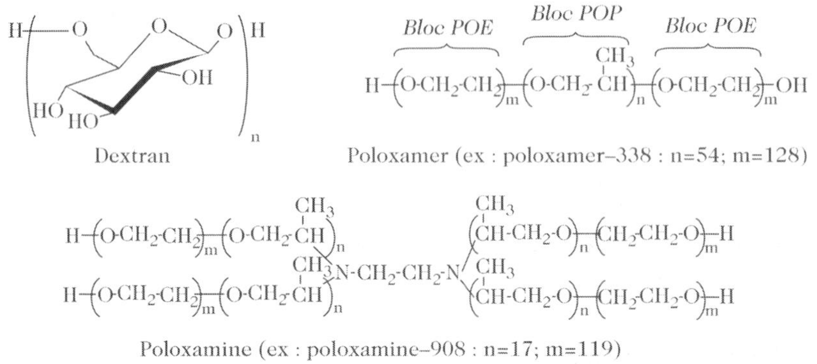

Figure 4.27. Macromolécules hydrophiles utilisées en couronne autour des particules injectées dans le compartiment sanguin pour allonger leur demi-vie plasmatique.

Ainsi, il est possible d'allonger à plusieurs heures la demi-vie plasmatique de particules rendues furtives. Si leur taille est suffisamment réduite, elles ont aussi la possibilité de quitter le compartiment sanguin dans les zones où l'épithélium vasculaire présente des discontinuités. En effet, l'intégrité de la barrière endothéliale est souvent perturbée à proximité de foyers infectieux et de certains types de tumeurs. Des particules furtives ont donc la possibilité de cibler passivement ces tissus et de s'y accumuler.
Par ailleurs, il a été montré que les particules furtives peuvent pénétrer dans le tissu cérébral d'animaux sains dont la barrière hémato-encéphalique (BHE) est réputée infranchissable pour la majorité des molécules thérapeutiques. Le mécanisme de franchissement n'est pas totalement élucidé, mais ces résultats ouvrent des perspectives diagnostiques et thérapeutiques prometteuses.

3.1.3. Le ciblage actif grâce au couplage de ligands à reconnaissance moléculaire

Pour viser une population cellulaire donnée (par exemple des cellules tumorales), il faut alors développer une stratégie au cas par cas, dite de ciblage actif. Elle consiste à fixer à la surface de la particule une molécule capable de se lier de manière spécifique avec des récepteurs de surface des cellules ciblées, selon un mécanisme de reconnaissance moléculaire tel que l'interaction antigène-anticorps (figure 4.28). Ces ligands doivent pouvoir être greffés à la surface des particules, ne pas perdre leur fonctionnalité d'adressage après greffage et ne pas compromettre la furtivité de l'ensemble. C'est pourquoi les anticorps, qui sont volumineux (environ 20 nm), de

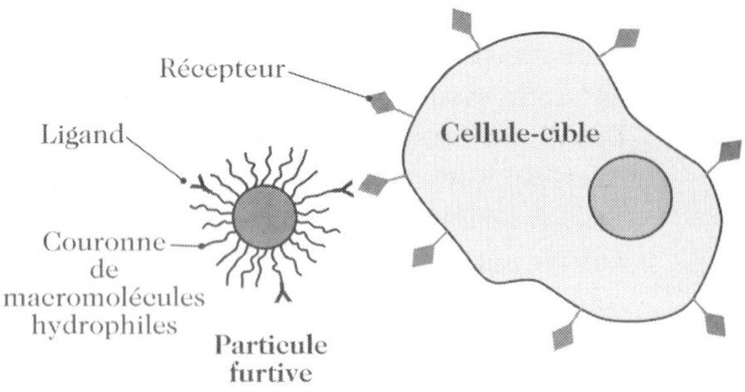

Figure 4.28. Représentation schématique du principe de reconnaissance moléculaire appliqué à la vectorisation d'une nanoparticule vers une cellule-cible. Le ligand greffé à la surface de la particule doit être spécifique des récepteurs présents à la surface de la cellule-cible.

synthèse coûteuse et qui présentent des risques d'immunogénicité, sont encore peu employés. Ils présentent aussi sans doute l'inconvénient d'être très trop spécifiques d'épitopes antigéniques qui, eux, évoluent dans le temps. C'est pourquoi on leur préfère à l'heure actuelle des peptides, des sucres ou des petites molécules telles que l'acide folique. Ce dernier est une vitamine du groupe B qui est essentielle au mécanisme de division cellulaire. Les récepteurs de l'acide folique sont donc hyper-exprimés à la surface des cellules qui en ont le plus besoin, comme les cellules tumorales [43]. Ainsi, des nanoparticules « décorées » en surface par l'acide folique permettraient de cibler plus spécifiquement les tumeurs.

3.2. Outils pour le diagnostic médical : agents de contraste pour l'IRM

L'imagerie par résonance magnétique (IRM) est très certainement la technique radiologique non invasive la plus performante dont la médecine dispose à l'heure actuelle [40, 44]. Elle est très indiquée pour les maladies osseuses et articulaires et celles du système nerveux central. Son développement spectaculaire ces 30 dernières années est le fruit de la découverte de matériaux à faible résistivité pour la conception d'aimants supraconducteurs et de l'amélioration des outils informatiques pour le stockage et le traitement des données.

3.2.1. L'imagerie par résonance magnétique

L'IRM utilise les propriétés de résonance magnétique nucléaire (RMN) des composants du corps humain et en particulier des protons de l'eau contenue dans les tissus, les membranes lipidiques, les protéines, etc. [45]. Son principe est identique à celui de la spectroscopie RMN utilisée en analyse chimique, en combinant un champ magnétique statique fort B_0 (jusqu'à 2 teslas dans les appareils hospitaliers de routine) et d'un champ radiofréquence perpendiculaire (5 MHz-100 MHz). Après l'impulsion radiofréquence, les spins des protons cherchent à se réaligner avec B_0. Ce phénomène de relaxation peut être décomposé en deux mécanismes indépendants : la relaxation longitudinale, qui correspond à l'augmentation progressive de la composante longitudinale de l'aimantation, et la relaxation transverse, qui est l'atténuation progressive de la composante transverse. Elles sont caractérisées respectivement par les temps de relaxation T_1 (durée nécessaire pour que 63 % de la composante longitudinale soit à nouveau acquise) et T_2 (durée nécessaire pour que 37 % de la composante transverse ait disparu).
Pour reconstruire une image en trois dimensions, les signaux RMN sont collectés dans chaque volume élémentaire de l'échantillon (voxel) et corrélés à leurs coordonnées d'origine. Pour cela, B_0 ou le champ radiofréquence doit varier dans l'espace pour qu'à chaque voxel corresponde une fréquence de résonance qui lui est propre. Les valeurs des relaxations sont traitées par une transformée de Fourier à deux dimensions. En jouant sur les paramètres de la séquence, en particulier le temps de répétition et le temps d'écho, l'opérateur obtient des images pondérées en T_1 ou en T_2. Parce qu'ils n'ont pas les mêmes temps de relaxation, les tissus, les graisses, les fluides, etc. peuvent être différenciés les uns des autres. Par exemple, les fluides ayant des T_2 très longs, les images pondérées en T_2 sont plus indiquées pour détecter certaines pathologies telles que les hémorragies internes et les lésions cancéreuses.

Au fur et à mesure du développement de la technique IRM, il est apparu que l'utilisation d'agents de contraste exogènes permettait d'améliorer la délimitation des tissus et par conséquent la valeur du diagnostic. Leur action est indirecte, car il s'agit de substances dont les propriétés magnétiques permettent d'augmenter les vitesses de relaxation des protons qui sont à proximité. Ainsi, sur les images IRM, ce ne sont pas les agents de contraste que l'on voit, mais la conséquence de leur présence. Cette propriété est appelée la relaxivité et se définit par $R_1 = 1/T_1$ et $R_2 = 1/T_2$. Les différents agents de contraste utilisés sont décrits dans les paragraphes suivants. Ils sont désormais indiqués dans 40 % des examens IRM. Les efforts actuels consistent à créer des agents de contraste porteurs de ligands et donc capables de cibler des tissus ou des populations cellulaires spécifiques pour à la fois diminuer les doses administrées et rehausser le signal de la cible. Il s'agit du domaine en plein essor de l'imagerie moléculaire, qui s'intéresse aux phénomènes biologiques à l'échelle cellulaire et moléculaire et qui concerne aussi les techniques *in vivo* de tomographie par émission de positons (TEP), tomographie d'émission monophotonique (SPECT), imagerie optique dans le proche infrarouge et scintigraphie.

3.2.2. Les agents de contraste paramagnétiques (agents T_1)

La première génération est constituée d'ions fortement paramagnétiques tels que Gd^{3+} (7 électrons célibataires). Ils sont stabilisés sous la forme de complexes moléculaires pour diminuer leur toxicité inhérente (figure 4.29). Ils accélèrent la relaxation T_1 des protons avec lesquels ils sont en interaction directe. Ainsi, sur les images pondérées en T_1, ils contribuent à rehausser le signal (hypersignal ou contraste positif). Ils sont utilisés en clinique depuis la fin des années 1980 pour marquer les espaces intravasculaires et extracellulaires (fonction rénale, état de la BHE, etc.). Ils sont administrés à la concentration moyenne de 0,1 mmol/kg de patient. Leurs principales limites sont une demi-vie plasmatique assez courte (70 min-100 min), liée à leur faible masse molaire, et un contraste relativement faible dû au fait qu'il n'y a qu'un ion paramagnétique par molécule.

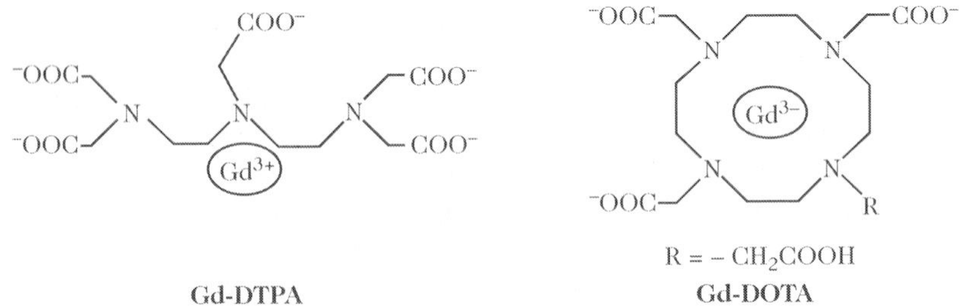

Figure 4.29. Structure chimique des chélates de gadolinium les plus couramment utilisés en tant qu'agents de contraste T_1 en IRM.

3.2.3. Les chélates métalliques paramagnétiques piégés ou greffés sur des particules

Pour allonger la rémanence vasculaire des chélates de gadolinium et simultanément augmenter leur concentration locale, les principales stratégies consistent à les greffer le long de macromolécules telles que le dextrane [46] ou à la surface de liposomes [47], ou encore de les confiner dans des particules de polymère [48]. Dans ce dernier cas, il s'agit de particules de type cœur-coquille dont le cœur à base d'acide polyacrylique est capable de complexer les ions Gd^{3+} et dont la coquille plus hydrophobe est poreuse et module l'accès des molécules d'eau jusqu'aux ions Gd^{3+} (figure 4.30). La dimension des nanoparticules, inférieure à 120 nm, leur permet de passer aisément dans le système vasculaire. La diminution de T_1 observée est proportionnelle au taux de charge en ions Gd^{3+} dans la particule.

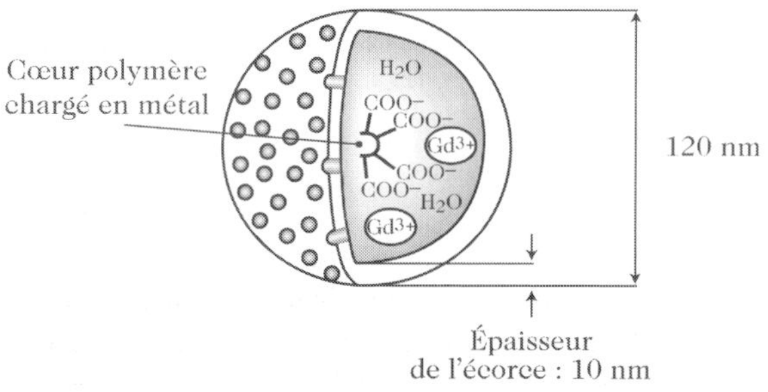

Figure 4.30. Représentation schématique d'une nanoparticule polymère cœur-coquille chargée en ions Gd^{3+} et utilisable en tant qu'agent de contraste T_1 pour l'IRM. D'après [48].

3.2.4. Les agents de contraste à susceptibilité magnétique (agents T_2)

Il s'agit d'une nouvelle génération d'agents de contraste qui sont désormais utilisés à l'hôpital. Il s'agit de nanoparticules d'oxydes de fer (magnétite Fe_3O_4 et maghémite Fe_2O_3-γ), dont le diamètre est de 3 nm-10 nm et qui sont plus ou moins agglomérées et encapsulées dans une couronne hydrophile de dextrane [11, 49]. Leur taille étant inférieure à celle d'un domaine magnétique, elles perdent leur aimantation dès que le champ magnétique est supprimé. Leur moment magnétique est néanmoins très supérieur à celui des composés paramagnétiques, d'où leur appellation de composés superparamagnétiques.

On les appelle communément (U)SPIO pour *(Ultrasmall) SuperParamagnetic Iron Oxide*. Ils sont obtenus très simplement par un procédé en une étape qui consiste en une coprécipitation alcaline de précurseurs de Fe(II) et de Fe(III) dans une solution aqueuse de dextrane [11] (voir la figure 4.13). Le rôle des macromolécules est de : 1) limiter la croissance des particules, 2) les stabiliser stériquement et 3) plus tard, *in vivo*, prévenir les phénomènes d'opsonisation. Elles sont administrées par perfusion à la concentration moyenne de 1 mg de fer par kg de patient. Après endocytose par les macrophages, elles finissent par être métabolisées dans les lysosomes. Ainsi après solubilisation, les ions métalliques rejoignent le pool de fer de l'organisme, qui est estimé à 3 500 mg par individu.

Les mesures de relaxivité montrent que, contrairement aux chélates de gadolinium, les (U)SPIO présentent des valeurs R_1 et R_2 élevées et différentes (tableau 4.3). Dans la plupart des cas, ils sont utilisés pour leur efficacité à réduire le signal sur les images pondérées en T_2 (hyposignal ou contraste négatif). De façon simplifiée, leur effet s'explique par les hétérogénéités de champ qu'ils créent dans leur environnement et leurs conséquences sur les molécules d'eau qui diffusent dans ces zones (déphasage entraînant un raccourcissement de T_2). Contrairement aux agents paramagnétiques, leur effet s'exerce à distance sans nécessiter un contact direct avec les molécules d'eau.

Tableau 4.3. Relaxivités mesurées à 37 °C et dosage (par kg de patient) d'agents de contraste IRM utilisés en clinique.

Agent de contraste	Exemple de dénomination commerciale	B_0	R_1 (mM.s)$^{-1}$	R_2 (mM.s)$^{-1}$	Dosage
Gd-DTPA	Magnevist® Schering, Berlin	1,0 T	3,4	3,8	0,1-0,3 mmol/kg
Gd-DOTA	Dotarem® Guerbet, Roissy	1,0 T	3,4	4,8	0,1 mmol/kg
SPIO	Endorem® Guerbet, Roissy	0,47 T	40	160	15 μmol_{Fe}/kg
USPIO	Sinerem® Guerbet, Roissy	0,47 T	23	49	2,6 mg_{Fe}/kg

Grâce à des étapes de fractionnement, il est possible de réduire la polydispersité en taille des (U)SPIO et de choisir la valeur médiane. On distingue les SPIO qui présentent un volume hydrodynamique supérieur à 40 nm et qui, malgré la présence du dextrane, sont rapidement accumulés dans les organes du SPM avec une demi-vie plasmatique inférieure à 10 min. Ils permettent ainsi l'imagerie du foie, où par exemple les tumeurs malignes et les métastases, qui sont typiquement dénuées de cellules de Kupffer, apparaissent sur les images pondérées en T_2 sous la forme de lésions hyperintenses par rapport au signal du foie qui s'est globalement effondré (figure 4.31). Les USPIO, aussi appelés MION pour *Monocrystalline Iron Oxide Nanocompounds*, ont un volume hydrodynamique plus faible. Leur demi-vie plasmatique est supérieure à deux heures et permet de faire l'imagerie des vaisseaux sanguins (angiographie). Les particules les plus fines peuvent s'échapper du compartiment sanguin via l'interstitium et basculer dans le système lymphatique. Après drainage ou capture par les macrophages, elles s'accumulent dans les ganglions lymphatiques dont elles permettent de faire l'imagerie (lymphographie) [50]. Un effondrement du signal traduit un fonctionnement normal des ganglions, alors qu'un hypersignal témoigne d'une perméabilité capillaire caractéristique d'une tumeur (figure 4.32).

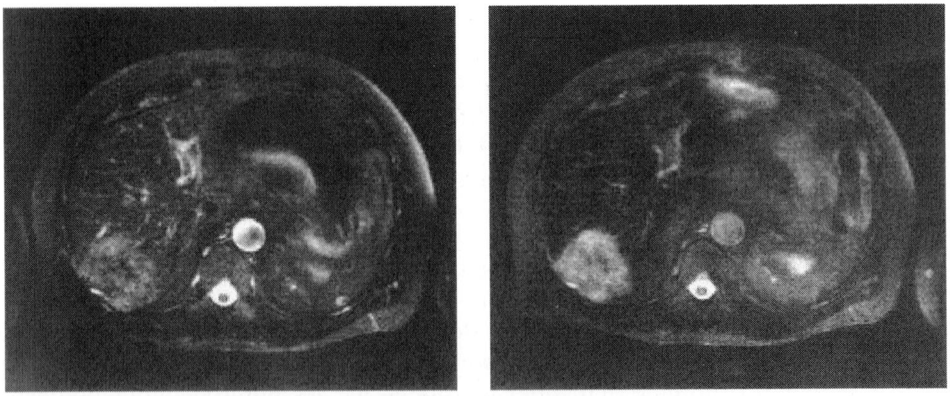

Figure 4.31. Images RM pondérées en T_2 d'un foie atteint de métastases montrant l'influence d'agents à susceptibilité magnétique sur le contraste. Sur l'image de gauche, le contraste naturel révèle les métastases sous la forme d'un hypersignal ; sur l'image de droite, l'infusion de SPIO (Endorem®) a provoqué l'effondrement du signal du foie sain et facilité le diagnostic. D'après [51] .

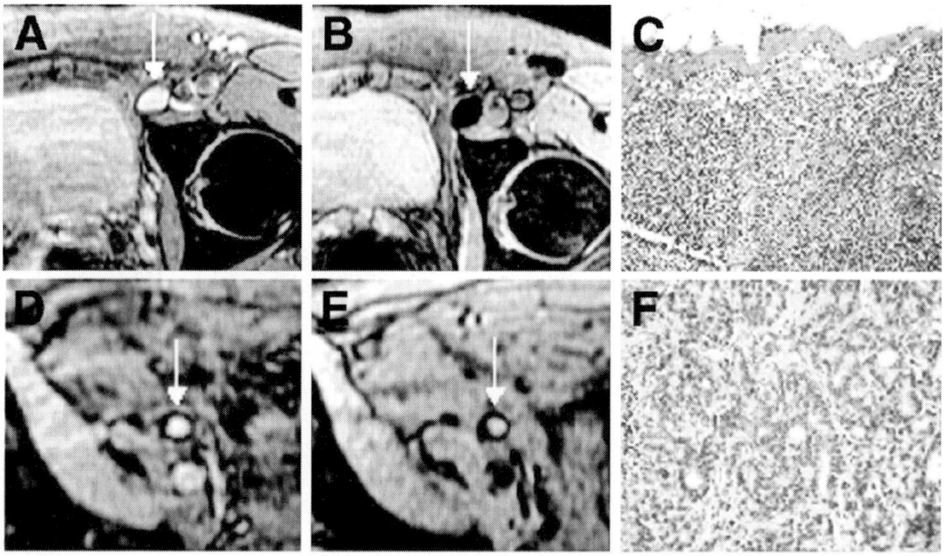

Figure 4.32. Images RM pondérées en T_2 de ganglions lymphatiques (signalés par la flèche) d'un patient atteint d'un cancer de la prostate montrant l'influence d'agents à susceptibilité magnétique sur le contraste. Sur la série d'images A-C, le ganglion est sain : le contraste naturel (image A) révèle le ganglion sous la forme d'un hypersignal ; 24 h après l'administration intraveineuse d'USPIO Sinerem® (image B), le signal s'est effondré de manière homogène, démontrant l'accumulation des nanoparticules et par conséquent l'intégrité de la fonction du ganglion. Le cliché C est une confirmation par coupe histologique (× 125, coloration hématoxyline et éosine). En comparaison, dans la série D-F, le ganglion a été gagné par la tumeur et sa perméabilité s'est donc accrue : l'administration d'USPIO ne modifie pas l'image, car les nanoparticules ne peuvent pas s'y accumuler (cliché F, × 200). D'après [52]. Copyright © 2003 Massachusets Medical Society. Tous droits réservés.

Parce que les interactions entre le dextrane et les cœurs magnétiques sont faibles, essentiellement de type Van der Waals ou ponts hydrogène, la modification chimique du dextrane est délicate et se traduit souvent par un phénomène de déplétion (désorption macromoléculaire). Pour remédier à cet inconvénient, qui est un frein sérieux au greffage efficace et reproductible de ligands, les recherches s'orientent vers une meilleure cohésion du système dextrane / oxyde de fer. Une première voie consiste à réticuler les macromolécules de dextrane par l'épichlorhydrine pour piéger mécaniquement les cœurs magnétiques et conduit aux CLIO (*Cross-Linked Iron Oxide*) (figure 4.33). La seconde est l'utilisation d'agents de couplage silanique de type $(RO)_3SiCH_2CH_2CH_2NH_2$ qui peuvent, d'une part, polycondenser à la surface de l'oxyde et, d'autre part, former des bases de Schiff

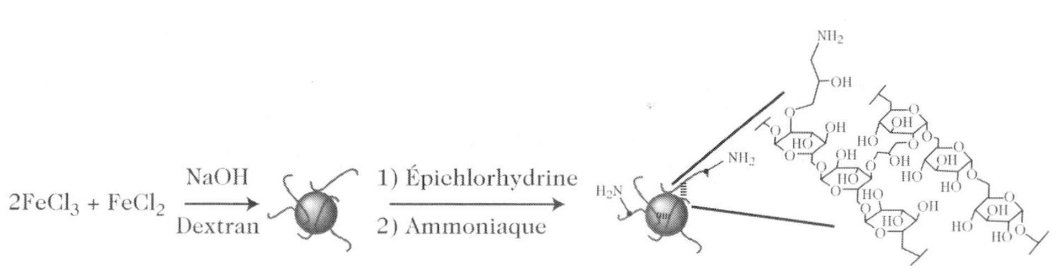

Figure 4.33. Représentation schématique de la synthèse en une étape de nanoparticules d'oxydes de fer encapsulées dans une couronne de dextrane réticulé et fonctionnalisées par des groupes amine. Adaptée de [53].

réductibles avec des macromolécules de dextrane préalablement oxydées. Cette nouvelle génération est dénommée VUSPIO pour *Versatile USPIO* (figure 4.34). Les premiers essais de greffage de ligands (anticorps IgG, acide folique...) ont montré *in vitro* (cultures cellulaires) et/ou *in vivo* (modèles animaux) que le ciblage des agents de contraste est possible. Cependant, les doses d'anticorps requises pour obtenir un contraste suffisant sont telles que leur développement commercial reste encore irréaliste.

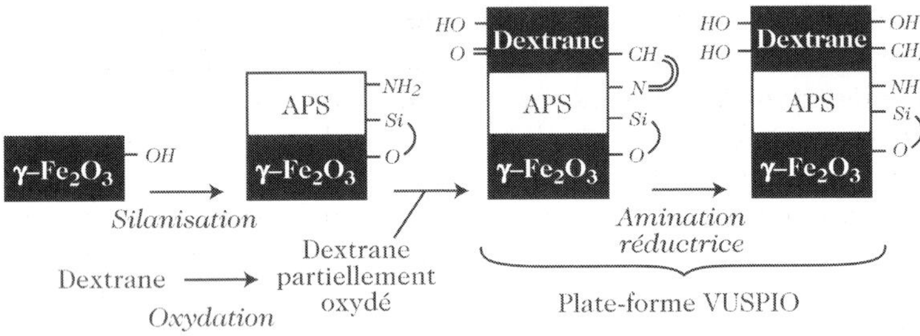

Figure 4.34. Représentation schématique de la synthèse multi-étape qui permet de greffer de manière covalente le dextrane sur les nanoparticules de maghémite. L'agent de couplage utilisé ici est le γ-aminopropyltriéthoxysilane (APS). Adaptée de [54].

3.3. Outils pour la thérapie

On sait depuis plus de 5 000 ans que la chaleur permet de traiter un grand nombre de maladies, et notamment certains cancers [40, 44]. En oncologie moderne, l'hyperthermie fait d'ailleurs partie des quatre principales solutions thérapeutiques, au même titre que l'ablation chirurgicale, la radiothérapie et la chimiothérapie, qui sont souvent combinées. Les techniques d'hyperthermie les plus récentes peuvent être classées en trois catégories : 1) contact avec un liquide chauffé depuis l'extérieur, 2) échauffement sans contact grâce des dispositifs dispensant de l'énergie à distance (ultrasons, micro-ondes, radiofréquences ou rayonnement infrarouge) et 3) implantation dans le corps humain de fibres optiques, d'antennes, de sondes ou de médiateurs capables *in vivo* de transporter ou de convertir en chaleur une énergie contrôlée depuis l'extérieur. La mise en œuvre de ces techniques est généralement lourde, avec des gestes chirurgicaux nécessaires pour un certain nombre d'entre elles. En outre, leur efficacité est loin d'être totale et universelle, c'est-à-dire applicable à tout type de cancer quels que soient sa nature, sa localisation, son étendue et son état d'avancement.
Ainsi, depuis plusieurs dizaines d'années, l'idée d'utiliser des particules suffisamment petites pour atteindre tous les tissus *via* le compartiment sanguin, équipées de ligands spécifiques des cellules-cibles et susceptibles de s'échauffer à distance, a fait son chemin. C'est assez naturellement vers les nanoparticules magnétiques que les chercheurs se sont tournés, car le corps humain ne contient pas de matériaux magnétiques et, sous certaines conditions d'amplitude et de fréquence, elles sont capables de libérer de la chaleur dans un champ magnétique alternatif. Plus récemment, ce sont des nanoparticules à base d'or qui ont été développées pour la photothermie [38].

3.3.1. L'hyperthermie magnétique

Pour créer un champ magnétique, il faut favoriser la composante magnétique du rayonnement aux dépens de sa composante électrique, en utilisant un solénoïde. D'un point de vue physiologique, les fréquences applicables doivent être supérieures à 50 kHz pour éviter les phénomènes d'électrostimulation neuromusculaire et inférieures à 10-100 MHz pour pénétrer suffisamment profondément dans le corps. En outre, le produit $H.\nu$ de l'amplitude H du champ magnétique et de la fréquence ν doit rester inférieur à $4{,}85 \times 10^8$ A/m.s pour permettre des séquences d'une heure sans désagrément pour le patient. En effet, il est impossible d'annuler complètement la composante électrique du rayonnement, ce qui risque d'entraîner un échauffement général des tissus et des fluides corporels sur le principe des courants de Foucault.
Les particules magnétiques peuvent s'échauffer selon trois mécanismes dépendant à la fois des paramètres H et ν du champ, des particules (propriétés magnétiques intrinsèques et chimie de la surface) et du milieu dans lequel elles sont dispersées. Au-delà d'une dizaine de nm de diamètre, les particules sont ferro- ou ferrimagnétiques et dissipent de la chaleur par pertes d'hystérésis. La quantité de chaleur dégagée est alors proportionnelle à la fréquence et à l'aire du cycle d'hystérésis. Lorsque la taille des particules est en deçà des 10 nm, la surface du cycle d'hystérésis est nulle et c'est le phénomène de relaxation de Néel qui contrôle l'échauffement. Enfin, quelle que soit la taille des particules, elles peuvent aussi choisir d'osciller sous l'effet du champ alternatif, et l'échauffement résulte alors des frictions avec le liquide environnant. Ce dernier phénomène est alors très sensible à la viscosité du milieu, à la présence de molécules ou macromolécules en surface et au fait que la particule soit fixée ou non sur sa cible. Quel que soit le mécanisme, il existe, pour chaque lot homogène de nanoparticules, une fréquence optimale pour laquelle la puissance d'absorption spécifique SLP (*specific loss power*) est maximale. La SLP permet de comparer l'efficacité des nanoparticules (tableau 4.4) et peut être mesurée assez simplement en enregistrant dans un calorimètre l'élévation de la température d'une dispersion colloïdale aqueuse en fonction du temps. À une température donnée, elle est alors proportionnelle à la pente de la courbe et à la capacité calorifique moyenne C du milieu :

$$\mathrm{SLP} = C\frac{\Delta T}{\Delta t}$$

Aujourd'hui, les chercheurs sont très loin de connaître et de maîtriser ces phénomènes, car les théories existantes sont rarement confirmées par les mesures expérimentales. Les efforts à mener concernent autant la synthèse de lots de nanoparticules de granulométrie, de chimie de surface et de stabilité colloïdale contrôlées, que le développement d'appareils spécifiques capables en particulier de balayer en fréquences pour déterminer les fréquences optimales.
Du point de vue clinique, les premiers essais sur l'homme ont été menés dès 2003 à l'hôpital de la Charité à Berlin. Parce que les enjeux économiques sont sans doute considérables, la nature chimique exacte des nanoparticules utilisées n'a pas été révélée. Il s'agirait de magnétite (Fe_3O_4) traitées en surface pour présenter des fonctions amine. Dans les conditions physiologiques de pH, elles sont donc protonées. La dispersion est stable en milieu physiologique, mais inutilisable pour une administration intraveineuse, car les particules ne sont pas furtives. Elles sont

Tableau 4.4. Puissances d'absorption spécifiques comparées de différentes dispersions de nanoparticules magnétiques. Les résultats entre auteurs sont difficilement comparables car les conditions expérimentales sont différentes [40].

Nanoparticule magnétique			Conditions expérimentales			
Composé magnétique	Diamètre du cœur (nm)	Couronne éventuelle	H (kA/m)	ν (Hz)	Milieu de dispersion	SLP ($W/g_{métal}$)
Fe_3O_4	100-150	-	7,2	880	Sérum physiologique	45 ± 3
γ-Fe_2O_3	100-150	-				42 ± 3
Fe_3O_4 (Endorem®)	6	Dextrane	6,5	300	Eau	< 0,1
γ-Fe_2O_3	< 10	-	8,0	1 000	Eau	115
		Dextrane 9 000 g/mol				170
		Dextrane > 70 000 g/mol				400
γ-Fe_2O_3	3	Dextrane	12,5	500	Eau	106
	5					524
	7					626

donc injectées directement dans les tumeurs, où elles sont capturées en grande quantité par les cellules tumorales. Le traitement thérapeutique consiste à alterner des séances de radiothérapie et d'hyperthermie dans un appareil à l'échelle humaine construit pour l'occasion ($H \sim 10$ kA/m et $\nu \sim 100$ kHz). Les résultats sont très encourageants et doivent être considérés comme une première étape. Les développements à venir consisteront à préparer des particules administrables par la voie intraveineuse, c'est-à-dire traitées en surface pour augmenter leur demi-vie plasmatique et cibler les cellules tumorales. Il s'agira également de trouver les conditions de champ et de fréquence optimales pour maximiser la SLP et par conséquent minimiser les doses injectées. Enfin, il faudra trouver le moyen de contrôler la température *in vivo* pour limiter le risque de surchauffe et donc de nécrose des tissus sains environnants. Une solution originale consisterait à utiliser des nanoparticules ferro- ou ferrimagnétiques dont la température de Curie serait ajustée juste au-dessus de la température qu'il conviendrait de ne pas dépasser *in vivo*. Ainsi, en atteignant cette température, chaque médiateur nanoparticulaire deviendrait son propre fusible en perdant ses propriétés magnétiques et donc son pouvoir d'échauffement [40]. Des études sont actuellement en cours.

3.3.2. La photothermie

L'idée est plus récente et consiste à utiliser les propriétés optiques de nanoparticules de silice de quelques dizaines de nanomètre de diamètre, recouvertes d'une fine couche d'or (morphologie cœur-coquille) ou de nanoparticules d'or (morphologie framboise) [55]. En raison de la géométrie du métal, elles absorbent presque

toutes les longueurs d'onde, mais celles qui captent l'énergie dans le proche infrarouge présentent le plus d'intérêt, car ces longueurs d'onde pénètrent dans le corps humain sur des profondeurs d'au moins 10 centimètres. Elles convertissent alors cette énergie en rayonnement infrarouge et chauffent ainsi localement leur environnement. L'application peut également concerner la thérapie cancéreuse grâce à un ciblage passif (rétention due à la perméabilité accrue de l'épithélium vasculaire, voir le paragraphe 3.1.2). Les études réalisées *in vivo* sur des souris montrent que le chauffage engendré par l'absorption infrarouge des nanoparticules sous l'effet d'un laser à diode (808 nm, 4 W/cm^2, 3 min) est suffisant pour détruire les cellules cancéreuses, tout en préservant les tissus sains aux alentours [56]. Dans cette étude, la rémission des tumeurs fut complète, prolongeant d'au moins trois mois la vie des animaux traités.
Des travaux ont également consisté à associer des colloïdes d'or à un polymère hydrogel thermosensible tel que le poly(N-isopropylacrylamide-co-acrylamide), qui présente la particularité de se contracter brutalement au-delà d'une certaine température, dite LCST (*Lowest Critical Solution Temperature*) [57]. Ce phénomène mécanique de retrait entraîne la libération des molécules initialement emprisonnées entre les macromolécules. Le dispositif permettrait ainsi de contrôler le relargage de médicaments par l'illumination optique de la zone d'intérêt. Des progrès restent néanmoins à accomplir, notamment pour rendre biocompatibles ces macromolécules thermosensibles.

4. Conclusions

Alors que les chimistes (bio)organiciens sont impliqués dans la recherche de principes actifs depuis des décennies et que les polyméristes s'ingénient depuis 20 ans à développer des capsules pour les délivrer, c'est au tour des chimistes de la matière minérale de structurer celle-ci à l'échelle nanométrique pour combiner ses propriétés magnétiques ou luminescentes uniques à des fins d'applications biomédicales. L'ensemble de ces outils devrait contribuer à accélérer la connaissance des mécanismes biologiques, à permettre des diagnostics de plus en plus précoces et à autoriser de nouvelles stratégies thérapeutiques. Cet aspect du développement des nanotechnologies vers la médecine est certainement l'un des plus beaux exemples où chimistes, physiciens, biologistes, pharmaciens et médecins travaillent ensemble dans un intérêt commun. À l'époque où l'opinion publique s'inquiète, à juste titre, des conséquences possibles des nanotechnologies sur l'homme et son environnement, n'oublions pas qu'une part non négligeable des recherches sur les nanoparticules n'a pour seul objectif que la survie et le confort de l'humanité.

Remerciements. Les auteurs tiennent à remercier pour leur précieux conseils Stéphane Mornet, Sébastien Vasseur, Frédéric Rocco, Jean-Marie Devoisselle, Catherine Dubernet, Jean-Michel Franconi, Vincent Dousset et de façon plus générale tous les membres du GDR CNRS n° 2486 Nanohybrides.

BIBLIOGRAPHIE

[1] JOLIVET J.P., dans *De la solution à l'oxyde : condensation des cations en solution aqueuse, chimie de surface des oxydes*, édité par InterEditions / CNRS Editions (1994).

[2] MASSART R., *IEEE Trans. Magn.*, MAG-17, 1247 (1981).

[3] GUPTA A.K. et GUPTA M., *Biomaterials*, **26**, 3995 (2005).

[4] PLUEDDEMANN E.P., dans *Silane coupling agents*, 2nde édition, Plenum Press, New York, 1991 ; PLUEDDEMANN E.P., dans *Silane and other coupling agents*, édité par Mittal K.L., VSP, 3 (1992).

[5] MARGEL S., GURA S., BAMNOLKER H., NITZAN B. TENNENBAUM T., BAR-TOOV B., HINZ M. et SELIGER H., dans *Scientific and Clinical Applications of Magnetic Carriers*, Plenum Press, New York (1997).

[6] DEL CAMPO A., SEN T., LELLOUCHE J.P. et BRUCE I.J., *J. Magn. Magn. Mater.*, **293**, 33 (2005).

[7] MUTIN P.B., GUERRERO G. et VIOUX A., *C. R. Chimie*, **6**, 1153 (2003).

[8] YEE C., KATABY G., ULMAN A., PROZOROV T., WHITE H., KING A., RAFAILOVICH M., SOKOLOV J. et GEDANKEN A., *Langmuir*, **15**, 7111 (1999).

[9] PORTET D., DENIZOT B., RUMP E., LEJEUNE J.J. et JALLET P., *J. Colloid Interface Sci.*, **238**, 37 (2001).

[10] FAUCONNIER N., PONS J.N., ROGER J. et BEE A., *J. Colloid Interface Sci.*, **194**, 427 (1997).

[11] MOLDAY R.S. et MACKENZIE D., *J. Immunol. Methods*, **52**, 353 (1982) ; MOLDAY R.S., *Brevet américain* n° 4 452 773 (1984).

[12] HARRIS L.A., GOFF J.D., CARMICHAEL A.Y., RIFFLE J.S., HARBURN J.J., ST. PIERRE T.G. et SAUNDERS M., *Chem. Mater.*, **15**, 1367 (2003).

[13] LIU Q., XU Z., FINCH J.A. et EGERTON R., *Chem. Mater.*, **10**, 3936 (1998).

[14] MORNET S., *Thèse de l'université Bordeaux-1* (2002) ; MORNET S., GRASSET F., PORTIER J., DUGUET E., *Eur. Cells Mater.*, **3**, 110 (2002).

[15] MURRAY C.B., NORRIS D.J. et BAWENDI M.G., *J. Am. Chem. Soc.*, **115**, 8706 (1993).

[16] BAILEY R.E., SMITH A.M. et NIE S., *Physica E*, **25**, 1 (2004).

[17] HINES M.A. et GUYOT-SIONNEST P., *J. Phys. Chem.*, **100**, 468 (1996).

[18] PENG X., SCHLEMP M.C., KADAVANICH A.V. et ALIVISATOS A.P., *J. Am. Chem. Soc.*, **109**, 7019 (1997).

[19] CHAN W.C.W. et NIE S., *Science*, **281**, 2016 (1998) ; BRUCHEZ M., MORONNE M., GIN P., WEISS S. et ALIVISATOS A.P., *Science*, **281**, 2013 (1998) ; ALDANA J., WANG Y.A. et PENG X., *J. Am. Chem. Soc.*, **123**, 8844 (2001).

[20] KIM S. et BAWENDI M.G., *J. Am. Chem. Soc.*, **125**, 14652 (2003).

[21] TRIBET C., AUDEBERT R. et POPOT J.L., *Proc. Natl. Acad. Sci. USA*, **93**, 15047 (1996) ; WU X.Y., LIU H.J., LIU J.Q., HALEY K.N., TREADWAY J.A., LARSON J.P., GE N.F, PEARLE F. et BRUCHEZ M.P., *Nature Biotechnol.*, **21**, 452 (2003) ; PETRUSKA M.A., BARTKO A.P. et KLIMOV V.I., *J. Am. Chem. Soc.*, **126**, 714 (2004) ; PELLIGRINO T., MANNA L., KUDERA S., LIEDL T., KOKTYSH D., ROGACH A.L., KELLER S., RADLER J., NATILE G. et PARAK W.J., *Nano. Lett.*, **4**, 703 (2004) ; PARAK W.J., PELLEGRINO T., PLANK C., *Nanotechnology*, **16**, R9 (2005).

[22] LIZ-MARZAN L.M., *Materials today*, **7**, 26 (2004).

[23] GITTINS D. et CARUSO F., *Chem. Phys. Chem.*, **1**, 110 (2002).

[24] BRUST M., WALKER M., BETHELL D., SCHIFFRIN D.J. et WHIMAN R., *J. Chem. Soc. Chem. Commun.*, 801 (1994).

[25] KOBAYASHI Y., HORIE M., KONNO M., RODRIGIEZ-GONZALEZ B. et LIZ-MARZAN L.M., *J. Phys. Chem.*, **107**, 7420 (2003).

[26] GITTINS D. et CARUSO F., *Chem. Phys. Chem.*, **1**, 110 (2002).

[27] BRUS L.E., *J. Phys. Chem.*, **80**, 4404 (1984).

[28] PETERMAN E.J.G., BRASSELET S. et MOERNER W.E., *J. Phys. Chem. A*, **103**, 10553 (1999).

[29] SUTHERLAND A.J., *Curr. Opin. Solid State Mater. Sci.*, **7**, 365 (2002) ; GAO X. et NIE S., *Trends Biotechnol.*, **21**, 371 (2003).

[30] CLAPP A.R., MEDINTZ I.L., MAURO J.M., FISCHER B.R. et BAWENDI M.G., *J. Am. Chem. Soc.*, **124**, 2293 (2002).

[31] DUBERTRET J., SKOURIDE P., NORRIS D.J. et NOIREAUX, *Science*, **298**, 1759 (2002).

[32] DAHAN M., LEVI S., LUCCARDINI C., ROSTAING P., RIVEAU B. et TRILLER A., *Science*, **302**, 442 (2003).

[33] OZKAN M., *Drug Discovery Today*, 9, **24**, 1065 (2004).

[34] BROKMANN X., HERMIER J.P., DESBIOLLES P. et DAHAN M., *Images de la Physique*, 126 (2005). http ://www.spm.cnrs-dir.fr/actions/publications/idp/IdP2005/20Brockmann.pdf

[35] FAULK W.P. et TAYLOR G.M., *Immunochemistry*, **8**, 1081 (1971).

[36] HAINFELD J.F. et POWELL R.D., *J. Histochem. Cytochem.*, **48**, 471 (2000).

[37] SCHULTZ S., SMITH D.R., MOCK J.J. et SCHULTZ D., *Proc. Natl. Acad. Sci.*, 97, 996 (2000).

[38] BOYER D., TAMARAT P, MAALI A., LOUNIS B. et ORRIT M., *Science*, 297, 1160 (2002).

[39] MIRKIN C.A., *Nature*, **382**, 607 (1996).

[40] MORNET S., GRASSET F., VASSEUR S. et DUGUET E., *J. Mater. Chem.*, **14**, 2161 (2004).

[41] MOGHIMI S.M., HUNTER A.C. et MURRAY J.C., *Pharmacol. Rev.*, **53**, 283 (2001).

[42] MONFARDINI C. et VERONESES F.M., *Bioconjugate Chem.*, **9**, 418 (1998).

[43] STELLA B., ARPICCO S., PERACCHIA M. T., DESMAËLLE D., HOEBEKE J., RENOIR M., D'ANGELO J., CATTEL L. et COUVREUR P., *J. Pharm. Sci.*, **89**, 1452 (2000).

[44] *Magnetism in Medicine,* édité par W. ANDRÄ et H. NOWAK, Wiley-VCH (1998).

[45] PANKHURST Q.A., CONNOLLY J., JONES S.K. et DOBSON J., *J. Phys. D : Appl. Phys.*, **36**, R167 (2003).

[46] BRASCH R.C., *Magn. Reson. Med.*, **22**, 282 (1991).

[47] UNGER E., TILCOCK C., AHKONG Q.F. et FRITZ T.A., *Invest. Radiol.*, **25**, S65 (1990).

[48] REYNOLDS C.H., ANNAN N., BESHAH K., HUBER J.H., SHABER S.H., LENKINSKI R.E. et WORTMAN J.A., *J. Am. Chem. Soc.*, **122**, 8940 (2000).

[49] BONNEMAIN B., *J. Drug Targeting*, 6, 167 (1998).

[50] BULTE J.W.M., DOUGLAS T., MANN S., VYMAZAL J., LAUGHLIN P.G. et FRANK J.A., *Acad. Radiol.*, **2**, 871 (1995).

[51] WALLIS F. et GILBERT F.J., *J. R. Coll. Surg. Edinb.*, **44**, 117 (1999).

[52] HARISINGHANI M.G., BARENTSZ J., HAHN P.F., DESERNO W.M., TABATABAEI S., HULSBERGEN VAN DE KAA C., DE LA ROSETTE J. et WEISSLEDER R., *New Engl. J. Med.*, **348**, 2491 (2003).

[53] SHEN T., WEISSLEDER R., PAPISOV M., BOGDANOV Jr. A. et BRADY T.J., *Magn. Reson. Med.*, **29**, 599 (1993).

[54] MORNET S., PORTIER J. et DUGUET E., *J. Magn. Magn. Mater.*, **293**, 127 (2005).

[55] HIRSCH L.R., STAFFORD R.J., BANKSON J.A., SERSHEN S., PRICE R.E., HAZLE J.D., HALAS N.J. et WEST J.L., *Proc. Natl. Acad. Sci. USA*, **100**, 13549 (2003).

[56] O'NEAL P., HIRSCH L.R., HALAS N.J., PAYNE J.D. et WEST J.L., *Cancer Lett.*, **209**, 171 (2004).

[57] SERSHEN S.R., WESTCOTT S.L., HALAS N.J. et WEST J.L., *J. Biomed. Mater. Res.*, **51**, 293 (2000).

Chapitre

5

Nanomachines du vivant

Marie-France Carlier*, Emmanuèle Helfer†, Richard Wade‡, Francis Haraux§

1. Introduction

La cellule vivante est un atelier à l'échelle microscopique dans lequel un ensemble de machineries modulaires assure, d'une manière spatialement et temporellement coordonnée, un ensemble d'activités internes à la cellule, telles que la synthèse d'éléments essentiels, le trafic intracellulaire, la dégradation des déchets, la division cellulaire, mais aussi la communication intercellulaire et les échanges avec le monde extérieur, soit la capacité de la cellule à changer de forme, à se déplacer au sein d'un tissu, ou à assurer sa défense contre les agressions (pathogènes, blessures...).

Ces nanomachines sont constituées d'assemblages macromoléculaires plus ou moins complexes, forgés par l'évolution, au sein desquels le travail produit est le fruit de changements d'interactions entre protéines, ou entre protéines et acides nucléiques, ou entre protéines et composants membranaires. Tous ces composants cellulaires ont une taille de l'ordre de quelques nanomètres, et c'est donc à l'échelle nanométrique que se déroule l'activité mécanique de ces nanomachines. Le caractère directionnel du travail effectué par les nanomachines biologiques est lié à une dissipation d'énergie. On peut citer, comme exemples d'assemblages protéiques, le protéasome, responsable de la dégradation des protéines, les moteurs moléculaires linéaires tels que l'actomyosine, responsable de la contraction musculaire, la microtubule-dynéine, responsable du mouvement flagellaire, la microtubule-kinésine, responsable du transport de vésicules, qui transforment l'énergie chimique en mouvement. Les assemblages acides nucléiques-protéines comprennent le ribosome, responsable de la synthèse des

* LEBS, CNRS, Gif-sur-Yvette. carlier@lebs.cnrs-gif.fr
† LEBS, CNRS, Gif-sur-Yvette. emmanuele.helfer@lebs.cnrs-gif.fr
‡ IBS, Grenoble. richard.wade@ibs.fr
§ LPM, CEA Saclay, Gif-sur-Yvette. francis.haraux@cea.fr

protéines, les polymérases, les hélicases, les facteurs d'élongation, les machineries de réplication et de réparation de l'ADN ; le fuseau mitotique représente un ensemble intégré de plusieurs de ces activités motrices qui engendrent la ségrégation des chromosomes. Les machineries qui couplent membrane et protéines comprennent les machines impliquées dans le métabolisme énergétique, comme le moteur rotatif ATP synthase, les cascades de signalisation, les complexes d'endocytose, de phagocytose, et également les assemblages dynamiques membrane-cytosquelette qui engendrent des forces de protrusion impliquées dans la migration et l'adhésion cellulaire. La notion de reconnaissance moléculaire et d'interface régulée entre composants biologiques est au cœur du mécanisme d'action des machineries et des réseaux biologiques [1]. Un grand nombre de protéines illustrent ce principe par leur organisation modulaire en domaines. La juxtaposition de domaines catalytiques de fonction connue et de domaines d'interaction avec différents partenaires facilite l'émergence de nouvelles fonctions biologiques. Elle permet également de créer des mécanismes de seuil, ou d'interrupteur biologique, en déclenchant l'activité d'un domaine seulement si plusieurs partenaires interagissent avec les domaines régulateurs. Un grand nombre de ces domaines d'interaction sont bien connus ; ils existent au sein de différentes protéines, en particulier dans les réseaux de signalisation cellulaire, et sont potentiellement utilisables comme blocs « *Lego* » de construction de nouvelles protéines.

Les nanomachines du vivant sont caractérisées par leur rendement élevé et leur fiabilité. Richard Feynman [2], dès 1959, s'est émerveillé devant les capacités des systèmes biologiques à anaboliser et cataboliser la biomasse, stocker et transférer l'information, s'auto-assembler et se reproduire, se mouvoir. Il a réalisé que les systèmes biologiques étaient des modèles remarquables d'outils miniaturisés, et que les concepts à la base de leur fonctionnement pouvaient être une source d'inspiration pour créer des nanomachines chimiques biomimétiques, contrôlables, dont les applications couvriraient un champ immense, depuis l'électronique moléculaire jusqu'à la nanomédecine.

De manière réciproque, les outils de la nanophysique, qui permettent d'observer et de manipuler des molécules individuelles comme les moteurs moléculaires, ont été d'un apport considérable pour comprendre les mécanismes biologiques de production de force et de mouvement, et relier les propriétés mécaniques aux propriétés chimiques de la matière vivante.

Enfin, les systèmes biologiques modulaires se prêtent à une approche de reconstitution d'un système fonctionnel, et de sa régulation, à partir d'un nombre minimal de composants cellulaires [3]. Ce type d'approche biomimétique a pour but de comprendre le mécanisme d'action en testant les concepts potentiels de fonctionnement du système. En outre, utiliser directement les molécules du vivant, dont la fonctionnalité a été optimisée par des millénaires d'évolution, comme pièces détachées dans la fabrication de nanostructures hybrides, associant le matériel biologique et des matériaux biocompatibles, présente une avantage évident dans les applications en bio-ingénierie et médecine.

Une description exhaustive de toutes les machines biologiques brièvement évoquées ci-dessus n'est pas envisageable dans le cadre de ce livre. Nous avons donc décidé de restreindre la présentation des nanomachines du vivant à quelques exemples de mécanismes de production de force et de mouvement dans une cellule vivante : 1) les processus motiles qui résultent de l'auto-assemblage spatialement dirigé de filaments d'actine contre une membrane (M.-F. Carlier et E. Helfer) ; 2) les moteurs moléculaires linéaires ATPases (myosines, kinésines, dynéines) en déplacement le long des filaments d'actine et des microtubules, polymères majeurs du cytosquelette (R. Wade) ; 3) un moteur rotatif : l'ATP synthase (F. Haraux). Une brève introduction aux polymères du cytosquelette, dont il est question dans les paragraphes 2 et 3 de ce chapitre, est présentée ci-dessous.

Chez les eucaryotes, l'espace intracellulaire est organisé par un ensemble de polymères fibreux appelé « cytosquelette » (figure 5.1). Ces fibres ont quelques nanomètres de diamètre et quelques micromètres de long. On distingue trois réseaux : les filaments d'actine (diamètre 7 à 8 nm), les filaments dits intermédiaires (diamètre 10 nm) et les microtubules (diamètre 25 nm). Les filaments d'actine et les microtubules jouent un rôle majeur dans la vie de la cellule : ils assurent le maintien de l'architecture cellulaire, mais aussi l'organisation de toute la motilité cellulaire en réponse aux signaux venant du monde extérieur. Les propriétés essentielles qui rendent compte de ces fonctions sont leur assemblage dynamique, dissipatif et leur polarité structurale.

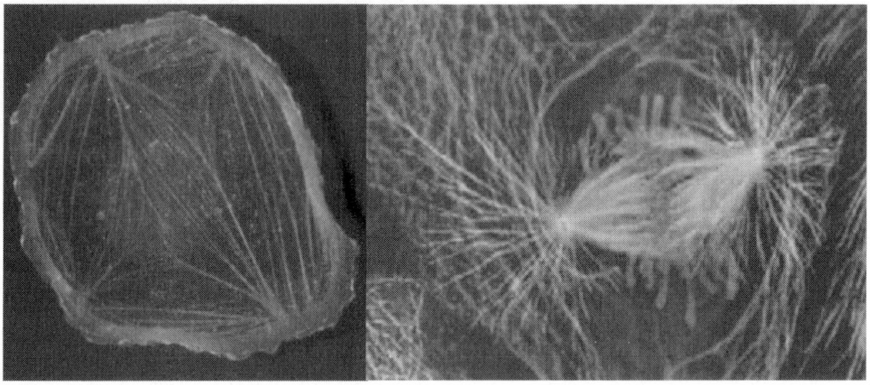

Figure 5.1. Organisation de l'espace intracellulaire par le cytosquelette. **À gauche** : visualisation de l'organisation des réseaux de filaments d'actine dans une cellule. Remarquer la présence des fibres de stress en câbles rigides, un réseau cortical périphérique de filaments et une zone riche en filaments, formant la bordure ondulante motile de la cellule. **À droite** : cellule en mitose. Le fuseau mitotique (en vert) est formé de microtubules (immunofluorescence anti-tubuline), les chromosomes sont colorés en bleu par le DAPI et le réseau de filaments intermédiaires est coloré en rouge (anti-vimentine). Voir le cahier couleurs au milieu de l'ouvrage.

Filaments d'actine et microtubules sont formés par l'auto-assemblage d'une protéine globulaire unique : l'actine et la tubuline respectivement. L'ATP (adénosine triphosphate) est fixé à l'actine monomérique, le GTP (guanosine triphosphate) à la tubuline (hétérodimère $\alpha\beta$) ; l'hydrolyse de l'ATP en ADP et du GTP en GDP est associée à l'assemblage des filaments d'actine et des microtubules respectivement. L'actine et la tubuline sont abondantes dans toutes nos cellules, hautement conservées dans le règne eucaryote et possèdent aussi des homologues ou lointains ancêtres dans le règne procaryote. L'assemblage de ces polymères est finement régulé *in vivo* par une grande variété de protéines associées. Ces polymères servent d'une part de rails qui guident le mouvement des ATPases motrices telles que les myosines (qui se déplacent le long des filaments d'actine) et les dynéines ou les kinésines (qui se déplacent le long des microtubules), assurant ainsi la contraction musculaire ou le transport intracellulaire ; d'autre part, les

variations de la dynamique d'assemblage de ces polymères et leur profonde réorganisation spatiale sont à l'origine des changements de forme et de motilité ou d'adhésion des cellules : par exemple, lors de l'entrée en mitose, les deux réseaux dépolymérisent et se réassemblent en des structures formant le fuseau mitotique et l'anneau contractile de cytocinèse. La dynamique des deux réseaux est de fait étroitement couplée pour assurer une réponse motile harmonieuse des cellules.
Les structures à résolution atomique de l'actine et de la tubuline (figure 5.2) sont connues. Des modèles atomiques du filament d'actine et du microtubule peuvent en être déduits.
Les propriétés d'auto-assemblage de l'actine et de la tubuline ont été largement étudiées *in vitro*, ainsi que de nombreux aspects de leur régulation par des protéines associées ; cependant, de constants progrès sont en cours dans ce domaine.

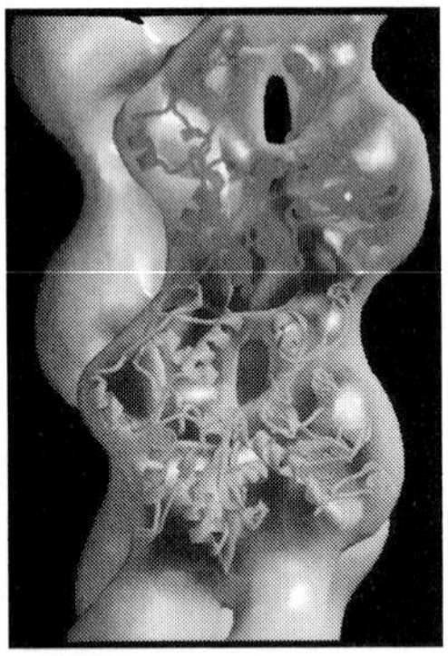

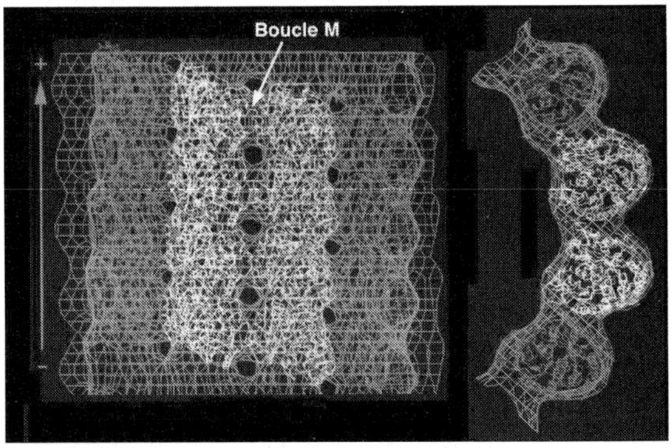

Figure 5.2. Structures de l'actine et de la tubuline. **À gauche** : structures cristallographiques de monomères d'actine (en vert et jaune) ajustées sur la reconstruction par microscopie électronique d'un filament d'actine (en gris) (d'après Sablin R.P., Dawson J.F., Van Look M.S., Spudich J.A., Egelman E.H., Fletterick R.J., « How does ATP hydrolysis control actin's association ? », *Proc. Natl. Acad. Sci. USA*, **99**(17), 10945-7, 2002). Copyright 2002, National Academy of Sciences, USA. **À droite** : modèle atomique du microtubule déduit des clichés de diffraction de microscopie électronique et de la structure de la tubuline à la résolution de 4 Å, dérivée de la diffraction électronique des polymères de tubuline-Zn (d'après Eva Nogales, « A structural view of microtubule dynamics », *Cell Mol Life Sci.*, **56(1-2)**, 133-42 (1999)). Avec l'aimable autorisation de Springer Science et Business Media. Voir le cahier couleurs au milieu de l'ouvrage.

2. Force et mouvement par assemblage dirigé des filaments d'actine

2.1. Généralités

Les cellules vivantes possèdent une architecture interne ou cytosquelette formée par trois réseaux de polymères protéiques : les microtubules, les filaments d'actine et les filaments intermédiaires. Cette architecture n'est pas figée, elle est hautement dynamique. Elle orchestre plusieurs fonctions vitales dans la cellule, elle joue le rôle de senseur du monde extérieur et son remodelage en réponse aux signaux extracellulaires permet à la cellule de changer de forme, de se polariser et de migrer de manière directionnelle, en contrôlant ses interactions avec les cellules voisines et la matrice extracellulaire [4]. Les réseaux d'actine et les microtubules réagissent de manière concertée dans l'établissement et le maintien de la polarité cellulaire au cours du mouvement.

Les changements de forme élémentaires des cellules sont la formation de protrusions membranaires de type lamellaire (lamellipode) ou digitiforme (filopode). Ces processus motiles sont engendrés par la polymérisation spatialement dirigée des filaments d'actine contre la membrane plasmique. Ils sont impliqués dans un grand nombre de processus physiologiques complexes, comme la migration des cellules embryonnaires et la formation du tube neural, la locomotion chimiotactique des neutrophiles ou des amibes, l'activation des lymphocytes T dans la réponse immunitaire, la cytocinèse, l'angiogenèse, la réparation des tissus blessés, l'extension des axones au cours du développement du système nerveux, la plasticité synaptique qui préside aux processus d'apprentissage et de mémoire.
Dans un organisme vivant, une cellule se déplace généralement dans les trois dimensions de l'espace au sein d'un tissu. Nous avons encore peu d'informations sur le mouvement en trois dimensions, les études au laboratoire se limitant à l'analyse des mouvements de migration 2D de cellules en culture sur un support (matrice extracellulaire).

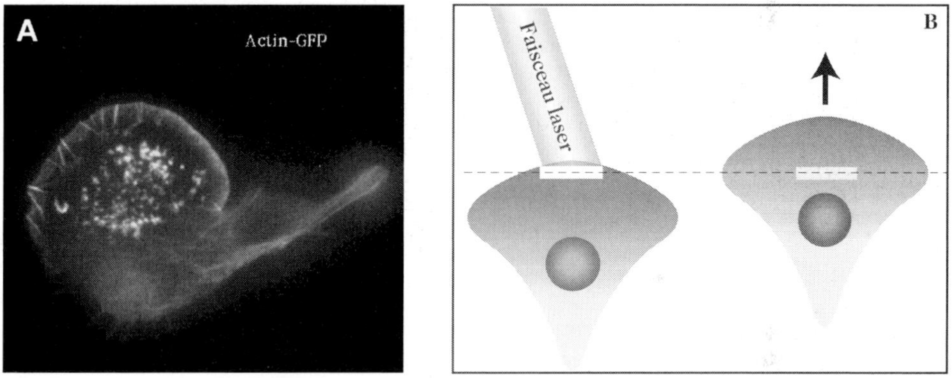

Figure 5.3. Polymérisation de l'actine dans le lamellipode d'une cellule en mouvement. **A.** Mélanocyte transfecté par l'actine-GFP (d'après la référence [7]). Le lamellipode contient un réseau dense polarisé de filaments d'actine. **B.** Dynamique de l'actine pendant le mouvement : une expérience de photoblanchiment est schématisée et montre que le réseau d'actine reste stationnaire par rapport au substrat tandis que la cellule avance, c'est-à-dire que les filaments d'actine polymérisent continuellement au bord avant de la cellule.

Les cellules en mouvement de reptation adoptent une morphologie polarisée : le corps cellulaire comprenant le noyau est à l'arrière, tandis que la cellule étend dans la direction du mouvement une protrusion lamellaire de faible épaisseur (200 nm) en forme d'éventail, de quelques micromètres de large, appelée lamellipode (figure 5.3A). Le mouvement de migration des cellules se déroule à des vitesses qui vont de 0,5 μm/min à 20 μm/min et consiste en un cycle répété de quatre étapes consécutives : protrusion (extension du lamellipode), adhésion au substrat, contraction à l'arrière de la cellule qui projette le corps cellulaire vers l'avant, rupture des adhésions à l'arrière [5]. Ces étapes peuvent se dérouler de manière hautement concertée ; on observe alors un mouvement de reptation continu, au cours duquel la cellule garde une morphologie stationnaire. Le déroulement correct du mouvement, avec conservation de l'intégrité de la cellule, nécessite que les réactions de protrusion et d'adhésion/dé-adhésion soient concertées. Les mécanismes qui assurent cette concertation ne sont pas connus.

En revanche, le mouvement de protrusion est engendré par la polymérisation dirigée des filaments d'actine contre la membrane ; son mécanisme moléculaire est raisonnablement bien compris et il a pu être reconstitué à partir de composants cellulaires purifiés.

Une expérience simple donne la démonstration visuelle de l'autonomie du lamellipode comme structure motile : le lamellipode, une fois détaché mécaniquement du reste de la cellule par microchirurgie à l'aide d'une fine aiguille, continue son mouvement de reptation tant que la source d'énergie chimique (ATP) qu'il contient le permet [6]. Ainsi, le lamellipode apparaît comme le siège d'une activité motile modulaire au sein de la cellule.

L'observation des filaments d'actine par microscopie à fluorescence dans la cellule en mouvement est possible en « live » grâce au marquage de l'actine cellulaire par la « *green fluorescent protein* » (GFP). Le lamellipode apparaît alors comme une région de la cellule très riche en actine, qu'on a pu appeler « actin factory », où les filaments d'actine forment un réseau polarisé en éventail, l'une des extrémités des filaments étant dirigée perpendiculairement au bord avant de la cellule en migration (figure 5.3A). Le mouvement de migration est aboli par les drogues qui inhibent la polymérisation de l'actine. La densité d'actine dans le réseau montre un gradient, forte au bord avant, plus faible vers l'arrière du lamellipode. Le gradient de densité d'actine aussi bien que la largeur du réseau sont maintenus stationnaires au cours du mouvement. L'analyse du retour de fluorescence après photoblanchiment du réseau d'actine dans une région près du bord avant montre que la tache sombre reste stationnaire par rapport au substrat tandis que la cellule avance, de nouveaux filaments fluorescents s'étant formés constamment au bord avant (figure 5.3B). L'ensemble de ces résultats a suggéré que les filaments d'actine polymérisent constamment, de manière insertionnelle, à une extrémité, au bord avant de la membrane, et dépolymérisent à l'autre extrémité, à l'arrière, du lamellipode, dans un mouvement de « tapis roulant » appelé « *treadmilling* » [7]. Des analyses plus fines de cette cinétique faites récemment en utilisant la technique de « *speckle fluorescence microscopy* » ont confirmé cette interprétation et précisé la vitesse de turnover des filaments individuels dans le lamellipode en extension [8].

Ces observations et leur analyse suggèrent que la polymérisation de filaments d'actine contre une membrane engendre une force de protrusion et est à l'origine du mouvement du bord avant des cellules. Ce phénomène de biologie cellulaire, par ses aspects moléculaires et macroscopiques, a attiré l'intérêt des biophysiciens et des biochimistes et soulevé des questions concernant le mécanisme de production de force par polymérisation dirigée, la relation entre les réactions moléculaires et les propriétés mécaniques, et la possibilité d'utiliser une approche biomimétique du mouvement.

Un sytème modèle d'étude du lamellipode a été providentiellement fourni par les pathogènes intracellulaires *Listeria monocytogenes*, *Shigella flexneri* et le virus de la vaccine. Ces pathogènes expriment à leur surface une protéine qui mime la machinerie cellulaire de la cellule hôte, induisent à leur surface la polymérisation de l'actine en filaments organisés en une « comète » et utilisent la force de propulsion ainsi produite pour se déplacer dans la cellule infectée, à des vitesses comparables à celle de l'avancée du lamellipode. Ces pathogènes ont été utilisés dans les années 1990-2000 comme modèles biochimiquement et génétiquement

manipulables du front de migration des cellules motiles. L'observation de leur mouvement dans les cellules infectées a permis pour la première fois d'apprécier la force considérable produite par la polymérisation de l'actine : ces pathogènes ne sont arrêtés ni par les obstacles (organites) intracellulaires, ni par la membrane plasmique qu'ils invaginent aisément, passant ainsi d'une cellule à l'autre du tissu épithélial de l'intestin, ce qui favorise leur dissémination.
La dynamique de l'actine dans le lamellipode doit être comprise dans le contexte des propriétés d'assemblage des filaments d'actine et de leur régulation par des protéines associées.

2.2. Dynamique d'assemblage de l'actine *in vitro* : propriétés intrinsèques

L'actine est une des protéines les plus conservées au cours de l'évolution, abondante dans toutes les cellules eucaryotes (20 à 500 µM, soit 5 à 10 % de la masse protéique de la plupart des cellules, 20 % de la masse protéique du muscle). La polymérisation de la G-actine (actine globulaire, monomérique) en filaments hélicoïdaux dits F-actine (actine filamenteuse) suit un processus de nucléation-croissance. En accord avec la structure hélicoïdale du filament, le noyau est formé de trois sous-unités d'actine, qui suffisent à amorcer l'hélice génétique du filament : en effet, les sous-unités au sein du filament sont connectées par une rotation de −167° accompagnée d'une élévation axiale de 2,7 nm [9]. Dans les conditions ioniques physiologiques, l'actine pure polymérise au-dessus d'une concentration critique, C_c, qui peut varier de 0,1 µM à 0,5 µM.
Une propriété majeure de l'actine, directement responsable de son rôle dans la motilité cellulaire, est d'être une ATPase. L'actine monomérique fixe une molécule d'ATP (G-ATP), l'ATP fixé à l'actine est hydrolysé en ADP au cours de la polymérisation, le phosphate inorganique est relâché en solution et les filaments d'actine sont donc essentiellement constitués d'actine F-ADP. Cette réaction étant irréversible, la polymérisation de l'actine est un processus dissipatif. Elle ne peut être décrite par les lois de la polymérisation réversible, selon lesquelles à l'équilibre le polymère coexiste avec le monomère à la concentration critique, définie comme la constante d'équilibre de dissociation monomère-polymère. Les filaments de F-actine sont dans un état stationnaire défini par un déséquilibre thermodynamique des échanges monomère-polymère aux deux extrémités : un léger excès de réactions de dissociation d'actine-ADP à l'extrémité pointue est compensé par un excès de réactions d'association d'actine-ATP à l'extrémité barbée, créant ainsi un flux net de sous-unités à travers le filament, appelé « *treadmilling* » (figure 5.4A). Ce cycle ATPase de l'actine est responsable du turnover des filaments, qui se fait donc de manière polarisée. L'étape cinétiquement limitante dans ce cycle est la dissociation de l'actine de l'extrémité pointue (0,5 s^{-1}). Cette réaction impose un turnover très lent des filaments d'actine pure *in vitro* (4 µm/heure environ). Dans les cellules vivantes, l'actine est polymérisée dans un état stationnaire et le processus de polymérisation de filaments doit donc être compris dans le contexte du « treadmilling ». En d'autres termes, les extrémités barbées des filaments sont constamment en allongement, sauf si elles sont bloquées par des protéines de coiffe, et les extrémités pointues sont constamment dans un régime de dépolymérisation. Ce processus est hautement régulé en vitesse par des protéines spécifiques et spatialement contrôlé par les voies de signalisation comme exposé ci-dessous.

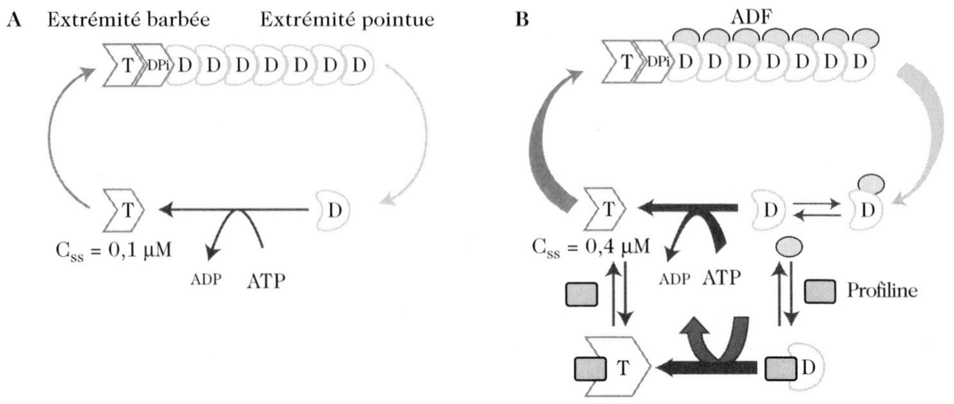

Figure 5.4. « Treadmilling » du filament.
A. Treadmilling intrinsèque de l'actine pure : la dissociation à l'extrémité pointue est l'étape limitante du cycle ATPase.
B. L'ADF accélère le treadmilling en augmentant la vitesse de dissociation de l'actine à l'extrémité pointue. La profiline favorise la réaction d'association à l'extrémité barbée.

2.3. Régulation de l'assemblage des filaments d'actine dans la motilité cellulaire

Dans une cellule, la morphologie du réseau de filaments d'actine rend compte de l'état motile de la cellule. On distingue deux réseaux majeurs. En premier lieu, des câbles de filaments arrangés en faisceaux antiparallèles, appelés **fibres de stress**, vont d'un point à l'autre de la cellule et forment une architecture rigide maintenue en tension par l'action de la myosine. Les points d'ancrage des fibres de stress sont les adhésions focales, assemblages protéiques complexes qui établissent un lien entre la matrice extracellulaire, la membrane plasmique et les filaments. Le turnover des filaments dans ces structures est très faible, indiquant que les extrémités barbées sont coiffées au niveau des points d'ancrage. En second lieu, une bande marginale corticale est formée d'un réseau de filaments plus diffus (voir la figure 5.1). Une cellule non motile adhère fortement au substrat et contient un nombre important de fibres de stress. Sous l'effet de stimuli extracellulaires tels que hormones, facteurs de croissance, agents chimiotactiques, etc., une cellule devient motile en réorganisant le cytosquelette actine. Les fibres de stress s'effondrent, la cellule se polarise et l'actine polymérise en un nouveau réseau au bord avant, engendrant ainsi le lamellipode dans lequel le turnover des filaments par treadmilling est très rapide (0,5 à 20 μm/min, soit deux ordres de grandeur plus rapide que le treadmilling des filaments observé *in vitro*). Les observations de biologie cellulaire peuvent être transcrites en termes de réactions biochimiques :

- **Le turnover des filaments** est régulé en vitesse et en efficacité par deux protéines régulatrices (voir la figure 5.4B) : la cofiline ou *Actin Depolymerizing Factor*, qui accélère la dépolymérisation des filaments à l'extrémité pointue, étape limitante du cycle ATPase, et la profiline, qui favorise les réactions d'association à l'extrémité barbée et augmente ainsi la processivité du cycle ATPase. Cet effet est reconstitué *in vitro* ; on voit une augmentation de 150 fois du treadmilling par addition de ADF + profiline, ce qui correspond au turnover des filaments mesuré dans le lamellipode.

- **Les filaments sont générés continuellement** au bord avant de la cellule, au niveau de la membrane, par une machinerie protéique associée à la membrane et directement contrôlée par la signalisation. Cette machinerie est une enzyme (protéines de la famille WASP) qui catalyse la réaction de branchement des filaments à l'extrémité barbée, multipliant ainsi par deux le nombre de filaments en croissance à chaque cycle catalytique (figure 5.5). Chaque extrémité de filament

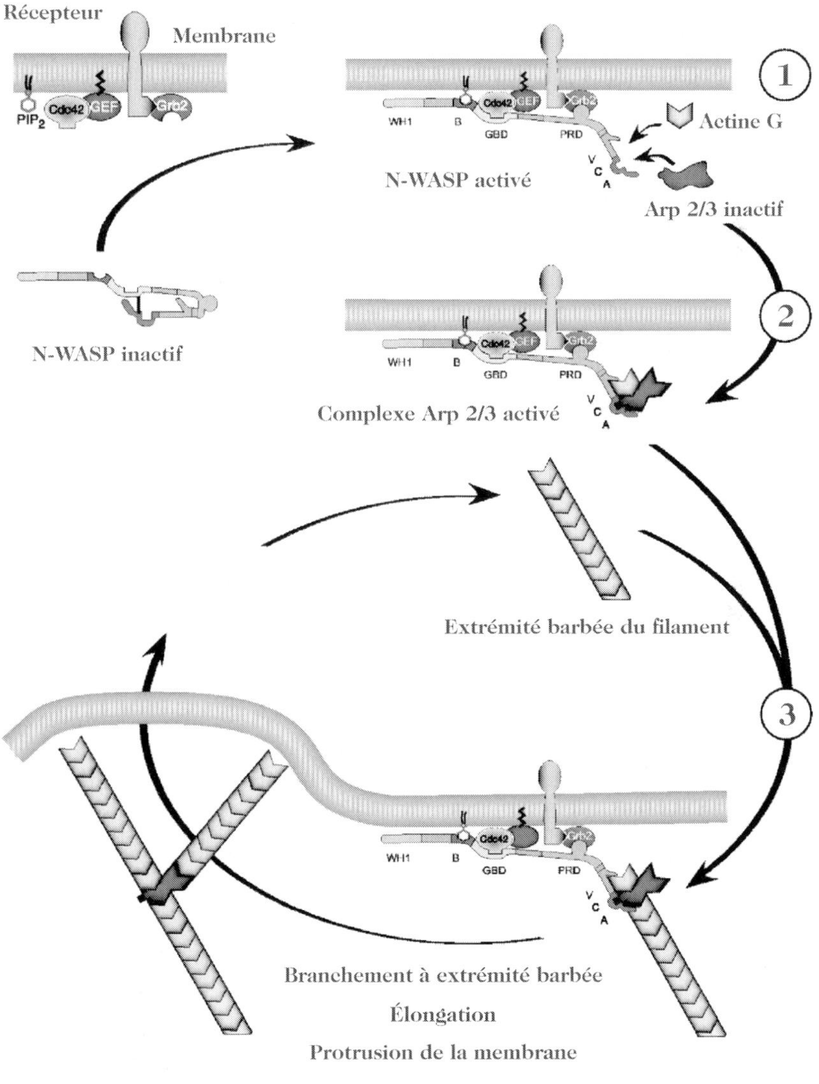

Figure 5.5. Mécanisme moléculaire de génération et de turnover rapide des filaments branchés dans le lamellipode. N-WASP est recruté et activé à la membrane par des molécules de signalisation (1). L'actine G et le complexe Arp2/3 se lient au domaine C-terminal de N-WASP pour former un complexe branchant (2). Ce complexe branchant s'associe à un un filament préexistant pour générer une branche (3) : les deux branches croissent à la même vitesse. N-WASP catalyse plusieurs cycles consécutifs de branchement et multiplie le nombre de filaments qui s'allongent contre la membrane. Voir le cahier couleurs au milieu de l'ouvrage.

peut exister dans deux états : un état attaché à la membrane via N-WASP pendant la réaction de branchement et un état détaché pendant la réaction de croissance. Les extrémités barbées libres dirigées contre la membrane sont en croissance rapide alimentée par le treadmilling, les extrémités pointues dépolymérisant à l'arrière du lamellipode. Un réseau polarisé de type fractal, dendritique, est ainsi construit. La polymérisation insertionnelle des filaments engendre une force de protrusion du lamellipode. En outre, le lamellipode adhère à la matrice extracellulaire par des « points focaux », à partir desquels sont initiés des faisceaux de filaments non branchés. L'assemblage de ces filaments est catalysé par une autre machinerie, un moteur processif d'assemblage, la formine.

- **La croissance des filaments** est arrêtée par les protéines de coiffe des extrémités barbées. La concentration de protéines de coiffe détermine la durée de vie (et donc la longueur moyenne) des filaments dans le réseau branché. En régime stationnaire, la morphologie du réseau, le nombre de filaments en croissance et la vitesse de protrusion sont constants, car la création des filaments par branchement est équilibrée par la disparition des filaments par l'action des protéines de coiffe. C'est le rapport entre la densité de surface de N-WASP et la concentration de protéines de coiffe qui détermine la densité de branchement.

En résumé, pour un biochimiste, la conception du mouvement par polymérisation dirigée d'actine contre un obstacle repose sur le principe d'une stimulation locale autocatalytique de la polymérisation, contrebalancée par l'inhibition de la croissance des filaments par un facteur soluble diffusif. La vitesse constante et la directionnalité du mouvement sont liées au caractère stationnaire (dissipatif) de la polymérisation : le treadmilling des filaments est le fuel du mouvement [10]. La vitesse du mouvement d'avancée du lamellipode doit dépendre de la concentration des protéines qui contrôlent le flux de treadmilling. Cette vision moléculaire du mécanisme de protrusion indique la nature et la fonction des composants cellulaires essentiels pour le mouvement, mais elle est insuffisante pour donner une description mécanistique de la production de force. Ce système original auto-organisé de production de force a attiré l'attention des physiciens de la matière molle, intéressés par les propriétés de gels stimulables que présentaient les filaments d'actine dans les processus motiles, et des mathématiciens cherchant à modéliser par une approche computationnelle le comportement de systèmes biologiques complexes. Les avancées issues de ces deux disciplines ont été possibles grâce à l'élaboration d'un système biomimétique dans lequel le mouvement d'une particule fontionnalisée est reconstitué *in vitro* à partir d'un nombre minimum de composants cellulaires purifiés.

2.4. Essai biomimétique de motilité

2.4.1. Motilité engendrée par la formation d'un réseau de filaments branchés

Le but de cet essai est de mimer le mouvement d'avancée du bord avant d'une cellule d'une manière chimiquement contrôlée, afin de mesurer les paramètres mécaniques (vitesse, force) engendrés par la polymérisation de l'actine et de les relier aux paramètres physico-chimiques sous contrôle. Une particule de taille micrométrique (microsphère, bâtonnet de verre), de taille et de forme variables, est fonctionnalisée par simple adsorption de la machinerie protéique N-WASP. La densité moyenne de surface de la protéine recouvrant la surface est contrôlable et mesurable. Cette particule est placée dans une solution d'actine contenant de l'ATP comme source d'énergie et les protéines régulatrices du treadmilling (ADF/cofiline, profiline, *capping protein*), ainsi que le complexe Arp2/3, substrat de N-WASP dans la réaction de branchement des filaments. On a prouvé que ce milieu de motilité reconstitué contient les éléments nécessaires et suffisants pour la propulsion constitutive de la particule, et sa robustesse se manifeste par la large gamme de concentration des protéines régulatrices dans laquelle le mouvement est observé [11]. La polymérisation insertionnelle à la surface solide fonctionnalisée engendre la formation d'un réseau de filaments branchés dont la morphologie est dictée par la géométrie de la particule (figure 5.6, A-C) : le réseau est une « comète » si la particule est sphérique, et adopte une morphologie lamellaire – comme dans un lamellipode – si la particule est un bâtonnet, le réseau s'organisant alors spontanément à partir d'une zone centrée autour de la génératrice du cylindre. Le mouvement et la formation du réseau d'actine sont observés en microscopie optique en contraste de phase, ou en fluorescence si les protéines utilisées dans l'essai (actine, Arp2/3) portent un fluorophore. Le milieu fonctionne comme un chemostat qui maintient une concentration stationnaire élevée de G-actine-ATP, de sorte que la vitesse de propulsion de la particule engendrée par la polymérisation stationnaire de l'actine est constante. Cette vitesse est de l'ordre de quelques μm/min, comme observé *in vivo*.

La reconstitution *in vitro* du mouvement valide les concepts présentés ci-dessus pour les bases moléculaires du mouvement. Les données montrent que le mouvement de propulsion d'une particule solide fonctionnalisée possède les mêmes caractéristiques (vitesse, identité des réactants, morphologie du réseau d'actine) que le mouvement de protrusion de la membrane plasmique, suggérant que les mécanismes moléculaires de production de force sont identiques dans les deux systèmes. Une étude récente utilisant la technologie des ARN antisens a montré que, *in vivo*, les protéines essentielles à la protrusion du lamellipode étaient les mêmes que celles qui ont été identifiées sur la base de leurs propriétés biochimiques.

L'essai biomimétique de motilité présente un grand nombre d'avantages pour analyser le mécanisme de production de force par polymérisation dirigée d'actine et tester les prédictions de différents modèles physiques du mouvement. En effet, la densité de surface de l'enzyme branchant les filaments et la concentration des différentes protéines régulatrices sont des paramètres contrôlables. Les particules peuvent être manipulées ou soumises à des forces externes. La mesure de la relation force/vitesse est donc envisageable. L'effet des forces externes sur la structure du réseau observée en microscopie est aussi possible en utilisant la double fluorescence de l'actine et de Arp2/3. Arp2/3 étant incorporé à chaque point de branchement des filaments, le rapport Arp2/3/actine dans le réseau donne la mesure de la densité de branchement (figure 5.6D).

2.4.2. Motilité engendrée par l'assemblage processif de filaments non branchés

L'essai de motilité reconstitué a été étendu au sytème d'assemblage processif des filaments par les molécules de formine immobilisées sur une particule [12]. Dans ce système, la polymérisation de filaments non branchés est catalysée par la formine qui, en association avec la profiline et l'actine, joue le rôle d'un véritable moteur d'assemblage processif. La formine reste associée à l'extrémité barbée en allongement pendant des périodes qui couvrent jusqu'à 4000 cycles consécutifs d'assemblage, soit la génération d'un filament de plusieurs micromètres de long (figure 5.6, E-F). Les formines étant assez proches les unes des autres à la surface de la particule, les filaments synthétisés par polymérisation insertionnelle s'associent en faisceaux et forment un réseau non branché qui engendre également la propulsion de la particule.

Dans les deux systèmes motiles basés sur la polymérisation en filaments branchés d'une part, non branchés d'autre part, il est remarquable que la vitesse de propulsion de la particule soit en rapport étroit avec la vitesse de polymérisation, indépendamment de l'organisation macroscopique et des propriétés mécaniques ou rhéologiques du réseau d'actine.

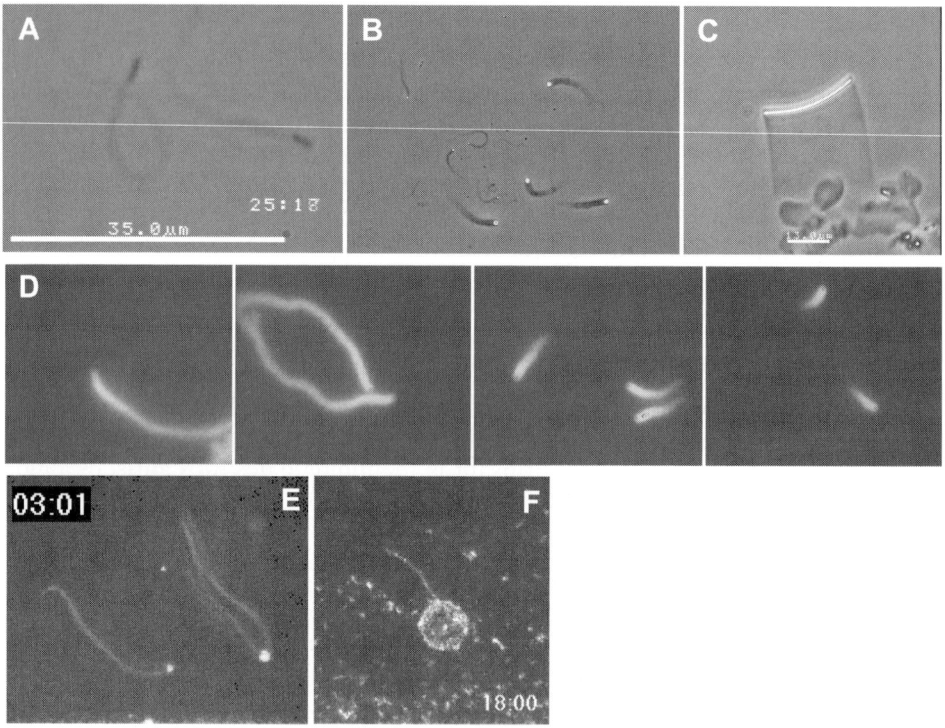

Figure 5.6. Reconstitution de la motilité par polymérisation dirigée des filaments d'actine : du modèle *Escherichia coli* aux systèmes biomimétiques. (Voir le cahier couleurs au milieu de l'ouvrage.)

A-C. Mouvement dans le milieu de motilité reconstitué contenant l'actine et 4 protéines pures, observation en contraste de phase : *Escherichia coli* (A) et des billes de différents diamètres (B) forment des comètes d'actine ; un bâtonnet de verre (C) génère un réseau lamellaire de filaments.

D. Utilisation de deux fluorophores pour suivre la densité de branchement des filaments en fonction d'une des protéines régulatrices : le milieu de motilité contient de l'actine-rhodamine et du Arp2/3-Alexa 488.

E-F. Essai biomimétique de motilité avec des microsphères fonctionnalisées par la formine ; observation en fluorescence (actine marquée par la rhodamine). Le milieu contient l'actine et la profiline, nécessaire à la fonction de moteur processif de la formine. (E) La formation d'un grand nombre de filaments non branchés par assemblage processif catalysé par la formine immobilisée engendre la propulsion de la bille. (F) Catalyse de l'assemblage processif d'un filament unique par une molécule de formine immobilisée sur une bille : le filament ne se détache qu'au bout de 22 minutes.

2.5. Mesure de la force produite par polymérisation dirigée d'actine

Le mouvement des bactéries *Listeria* ou de microsphères de polystyrène fonctionnalisées est étudié soit dans des extraits cellulaires de composition non contrôlée, soit dans le milieu de motilité reconstitué chimiquement contrôlé. Les trajectoires et les vitesses de propulsion peuvent être analysées. On évalue la force en appliquant une force externe pour ralentir le mouvement.

2.5.1. Micromanipulation par pinces optiques

Les premières mesures de force ont été réalisées par Gerbal *et al.* pour estimer l'interaction entre *Listeria* et sa comète d'actine [13]. L'utilisation de pinces optiques pour tenter de détacher la comète de la bactérie montre qu'une force de 10 pN est insuffisante pour les séparer. Cette expérience prouve que la comète d'actine et la bactérie sont fermement connectées et invalide l'un des premiers modèles physiques proposés pour expliquer le mécanisme de production de force (voir le paragraphe 2.6). La seconde expérience consiste à opposer une force à la force de propulsion, en essayant de piéger la bactérie avec la pince optique. On observe que la bactérie est temporairement stoppée, mais que la comète continue de s'allonger, ce qui provoque son flambage : la force de poussée résultant de la croissance de la comète augmente jusqu'à causer l'expulsion de la bactérie du piège optique. Après relaxation de la contrainte, la comète se détend et reprend sa forme initiale, ce qui prouve que la déformation est élastique. Cette conclusion a amené à proposer un modèle de propulsion par un gel élastique, qui est présenté dans le paragraphe 2.6.

2.5.2. Effet de la viscosité sur la propulsion de particules fonctionnalisées

Deux autres études expérimentales donnent une estimation de la force de propulsion : dans les deux cas, on applique une force externe variable en jouant sur la viscosité du milieu au moyen d'un polymère [14, 15]. La loi de Stokes a permis d'établir une relation force – vitesse. Les résultats des deux études sont différents : alors que McGrath *et al.* observent une décroissance biphasique de la vitesse, avec un fort ralentissement des bactéries pour des forces allant jusqu'à 50 pN, suivi d'une décroissance plus faible au-delà, Wiesner *et al.*, au contraire, mesurent un effet beaucoup moins important (10 % de diminution de la vitesse de propulsion) dans la gamme de forces explorée, jusqu'à $\sim$ 100 pN. Plusieurs hypothèses expliquent ces mesures contradictoires, notamment le fait que les deux équipes ont utilisé des techniques totalement différentes pour mesurer la viscosité induite par la méthylcellulose (viscosité locale de 10^4 Pa.s pour McGrath *et al.* ; viscosité nominale de quelques 10 Pa.s pour Wiesner *et al.*). Enfin, il est aussi possible que cette différence ne vienne que du système biochimique utilisé.

2.5.3. Mesures mécaniques de la déformation de membranes fonctionnalisées

Plus récemment, plusieurs groupes ont développé une nouvelle approche expérimentale, qui tend à se rapprocher de la protrusion membranaire : elle consiste à étudier des objets déformables fonctionnalisés, comme des vésicules ou des gouttes d'huile, dans des extraits cellulaires. La croissance d'un réseau d'actine peut entraîner leur déformation au cours de la propulsion. Les liposomes, dont les propriétés élastiques sont maintenant bien caractérisées [16], se déforment de manière significative sous l'effet d'une force externe : l'observation de leurs changements de forme permet de déduire les forces qui agissent sur eux. Il a donc paru naturel de les utiliser comme systèmes modèles pour reproduire le phénomène de déformation de la membrane cellulaire. L'étude de la forme de ces objets mous permet de déterminer la distribution locale des forces le long de leur contour. Des vésicules fonctionnalisées avec ActA [17, 18] ou des gouttes d'huiles recouvertes de VCA [19] se déplacent en générant une comète d'actine à l'arrière et sont déformées en forme de poire. Dans le cas des vésicules, les auteurs considèrent que la pression est homogène à l'intérieur et concluent que la vésicule est déformée sous l'action de forces compressives latérales et de forces rétractiles à l'arrière, estimées de l'ordre de plusieurs nN (figure 5.7). Dans le cas des gouttes d'huile, les auteurs tiennent compte des variations de tension de surface et du flux interne dans la goutte pour calculer une force de propulsion de l'ordre de 100 pN. Comme dans le cas des billes rigides, ces systèmes devraient par la suite être utilisés dans un milieu de protéines purifiées, afin d'établir la variation de ce phénomène en fonction des paramètres biochimiques et physiques contrôlables. Par ailleurs, l'utilisation de protéines marquées par un fluorophore permettrait aussi de suivre la ségrégation potentielle des activateurs à la surface des membranes.

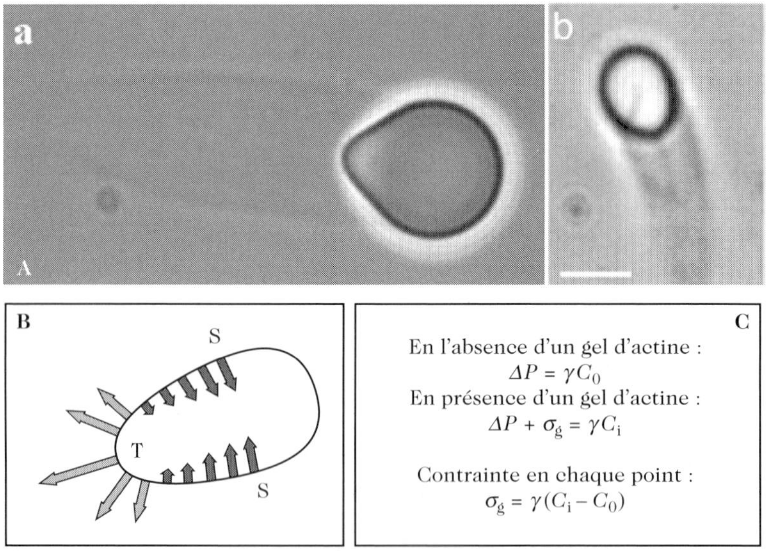

Figure 5.7. Propulsion d'objets déformables (d'après [17, 19]).
A. Photographies d'une goutte d'huile (a) et d'une vésicule (b) déformées par des comètes d'actine.
B. Schéma de la distribution de forces sur la surface : la vésicule subit des forces de compression latérales (en noir) et des forces de traction à l'arrière (en gris).
C. Principe de la mesure des forces locales : à l'avant, l'objet ne subit pas de contrainte locale puisqu'il n'y a pas de gel d'actine ; à l'arrière, la contrainte due à la présence du gel s'ajoute à celle due à la pression osmotique sur la surface. La mesure de la déformation ponctuelle (ou courbure C_i) de la surface donne directement la contrainte locale du gel d'actine σ_g en fonction de la tension de surface γ de la membrane.

2.5.4. Micromanipulation par micropipette

Les forces estimées dans les expériences décrites ci-dessus varient sur plusieurs ordres de grandeur, allant du fN à quelques nN, et les résultats sont parfois contradictoires. Il apparaît donc nécessaire de mesurer de manière directe la force produite par polymérisation d'actine, sur une large gamme de forces.

En 2004, Marcy *et al.* réalisent une expérience originale de micromanipulation afin de mesurer directement la force générée par la polymérisation de la comète d'actine [20]. La comète d'actine générée par une bille, fixée à une fibre de verre flexible (figure 5.8) et placée dans le milieu de motilité synthétique, est manipulée à l'aide d'une micropipette. Ce montage permet d'appliquer des forces externes de poussée ou de traction, jusqu'à quelques nN. Deux types de mesures sont réalisées : une mesure de traction rapide, à vitesse constante, pour estimer le module élastique du gel d'actine et la force nécessaire pour arracher la comète, et une mesure de la vitesse à force constante, en traction (force négative) ou en poussée (force positive). Les premières mesures montrent qu'une force de quelques nN est requise pour casser les connexions biochimiques entre la surface de la bille et le gel d'actine. La deuxième série de mesures donne une courbe force-vitesse qui met en évidence deux régimes : une partie linéaire pour les forces négatives (traction appliquée à la comète) et une décroissance plus lente pour les forces positives. Ce résultat est très différent de celui obtenu par McGrath *et al.* [15] ; en revanche les mesures de Wiesner *et al.* [14] s'inscrivent bien dans la courbe. L'extrapolation de la courbe indique qu'une force de 7 nN est requise pour arrêter la croissance de la comète.

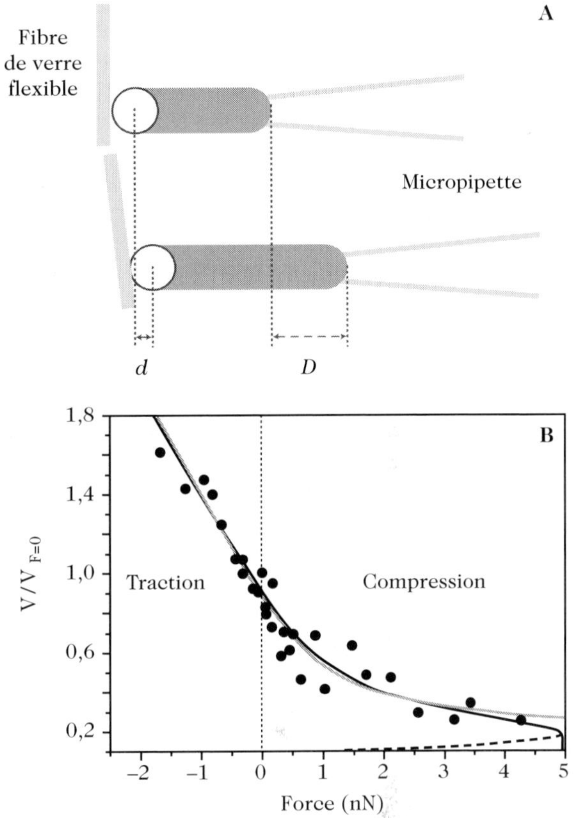

Figure 5.8. Mesure par micromanipulation de la force générée par polymérisation d'actine (d'après [20]).
A. Schéma expérimental du montage : le mouvement *d* de la bille résulte du déplacement *D* imposé par la micropipette et de l'élongation de la comète.
B. Courbe force-vitesse : les forces négatives correspondent à des expériences de traction de la comète par la micropipette ; les forces positives correspondent à des expériences de compression.

L'expérience de Marcy *et al.* est la plus achevée, jusqu'à présent. Néanmoins, cette expérience ne donne pas la réponse définitive au problème du mécanisme moléculaire de production de force. Une étude systématique de la variation de la relation force-vitesse avec les paramètres qui contrôlent le nombre de filaments s'impose. En effet, les mesures présentées sur la figure 5.8 sont réalisées avec des billes de diamètre et de densité de fonctionnalisation donnés. Du fait que le système est auto-organisé, il répond aux forces externes en créant de nouveaux filaments. Le nombre de filaments varie donc tout le long de la courbe. Nous ignorons si cette courbe peut être normalisée par le nombre de filaments pour obtenir une « courbe maîtresse », représentative du comportement de n filaments. En estimant grossièrement la densité de N-WASP à la surface, basée sur les travaux de Wiesner *et al.* [14], les auteurs déduisent une force par filament de quelque 10^{-2} pN, qui est clairement trop faible par rapport aux valeurs établies par Upadhyaya et van Oudenaarden [21]. La quantité d'activateurs a été surestimée dans ces expériences et nécessite encore des contrôles. Varier de manière contrôlée la densité d'activateur à la surface permettrait d'observer le comportement de la courbe force-vitesse en fonction du nombre de filaments initiés à la surface. Les progrès récents de la nanolithographie devraient permettre de fonctionnaliser une surface en déposant des molécules de N-WASP individuelles à des intervalles réguliers, contrôlables au nanomètre près [22]. Une autre quantité importante est la densité de branchement dans la comète : il est possible de mesurer l'évolution du taux de réticulation au moyen de protéines marquées en fluorescence (voir la figure 5.6 et le paragraphe 2.4.1). La comète d'actine est en effet un système autorégulateur qui modifie ses paramètres cinétiques en réponse à une force extérieure : l'application d'une force de poussée ou de traction devrait entraîner des modifications de structure de la comète.

2.5.5. Mesures de force par AFM

Une autre expérience possible pour mesurer la force d'un gel d'actine consiste à utiliser la microscopie à force atomique (AFM, *Atomic Force Microscope*) : cette technique permet d'explorer une large gamme de forces, de la centaine de pN à quelques µN. La fonctionnalisation de la pointe de l'AFM avec l'activateur de la polymérisation de l'actine va entraîner la croissance d'un gel à partir de la pointe, lorsque celle-ci est placée dans le milieu de motilité synthétique, à une très faible distance de la lamelle de verre. En atteignant la surface de la lamelle, on attend que le gel d'actine exerce une poussée, entraînant la déflexion de la pointe de l'AFM. La relation force-vitesse pourra être déduite de ce genre de mesures.

2.6. Les différents modèles théoriques proposés pour la production de force par polymérisation d'actine

Les expériences décrites ci-dessus montrent clairement que c'est bien la polymérisation de l'actine qui est à l'origine de la force qui déforme la membrane de la cellule ou propulse des objets tels que les billes, mais le mécanisme de production de cette force n'est pas encore clairement établi. En effet, si la base thermodynamique du mouvement semble bien établie, nous sommes encore loin de comprendre la relation entre les réactions biochimiques (polymérisation vectorielle contrôlée à une surface) et les propriétés mécaniques qui en résultent (forces et déplacements élémentaires à la surface de la particule). Plusieurs modèles ont donc été proposés pour expliquer ce processus, dont certains demandent encore à être validés.

Les modèles théoriques proposés aujourd'hui peuvent être classés en deux catégories : les modèles microscopiques basés sur les réactions biochimiques moléculaires et les propriétés individuelles des filaments, et les modèles mésoscopiques qui s'appuient sur les propriétés de l'ensemble des filaments considéré comme un « gel continu » d'actine.

2.6.1. Modèles microscopiques du mouvement par polymérisation d'actine

Dans la première catégorie, on trouve d'abord les modèles de « cliquet thermique » (*brownian ratchet*), en constante évolution depuis le modèle originel de Peskin en 1993 [23-26]. Dans la première version du cliquet thermique, Peskin a considéré que les fluctuations de position de la bactérie (ou de la membrane du lamellipode) permettaient l'insertion de monomères d'actine au bout des filaments, dans l'espace créé par l'éloignement de la bactérie ; l'allongement des filaments empêchait ensuite tout mouvement de la bactérie vers l'arrière [23]. La croissance des filaments d'actine aboutissait donc à un mouvement diffusif de l'objet vers l'avant, dont la vitesse dépendrait de la taille de la charge. Ce dernier point a été réfuté par le fait que *Listeria* et *Shigella* se déplacent à la même vitesse alors qu'elles sont de tailles différentes [24]. Mogilner et Oster ont donc adapté ce modèle à un « cliquet thermique élastique », qui considère cette fois que l'espace d'insertion des monomères est libéré par les fluctuations thermiques du filament d'actine, qui peut s'écarter de la paroi [25]. Ces deux premiers modèles de cliquet thermique reposent sur l'hypothèse selon laquelle les filaments d'actine ne sont pas attachés à la membrane de façon permanente et que les monomères s'insèrent lorsqu'un espace suffisant est libéré par fluctuations thermiques entre la paroi et l'extrémité barbée des filaments. Néanmoins, les expériences de micromanipulation par pinces optiques de Gerbal *et al.* ont clairement montré que la comète d'actine est solidement attachée à la bactérie : une force de 10 pN n'est pas suffisante pour détacher la comète d'actine de *Listeria* [13]. Le modèle a été actualisé récemment en « modèle de cliquet thermique attaché » pour tenir compte de l'attachement de la bactérie à la comète d'actine [26]. Dans cette version, les auteurs distinguent deux populations de filaments qui exercent des forces antagonistes sur la bactérie : des filaments attachés qui retiennent la bactérie et des filaments libres qui peuvent s'allonger et pousser la bactérie tant qu'ils ne sont pas coiffés (figure 5.9). La vitesse de propulsion prédite par ce modèle ne dépend pas du nombre de filaments existants, mais du rapport entre les deux types de filaments, attachés et libres. Elle est indépendante du taux de couverture des billes et de la vitesse de nucléation des filaments. Les auteurs prédisent également un comportement biphasique en fonction de la force extérieure : d'abord une décroissance rapide de la vitesse pour des forces de quelques dizaines de pN, suivie d'une décroissance plus lente au-delà. Cette théorie est en accord avec les résultats expérimentaux de MacGrath *et al.* [15], qui observent un effet spectaculaire de la viscosité, c'est-à-dire de la force visqueuse externe, sur le mouvement des bactéries. Cependant, les mesures effectuées par Wiesner *et al.* [14], dans lesquelles les billes montrent peu ou pas de ralentissement lorsque l'on augmente la viscosité du milieu, ne peuvent pas être expliquées par ce modèle.

Carlsson propose un modèle différent qui modélise la croissance de filaments d'actine contre un objet et qui compare les deux scénarios possibles de génération de

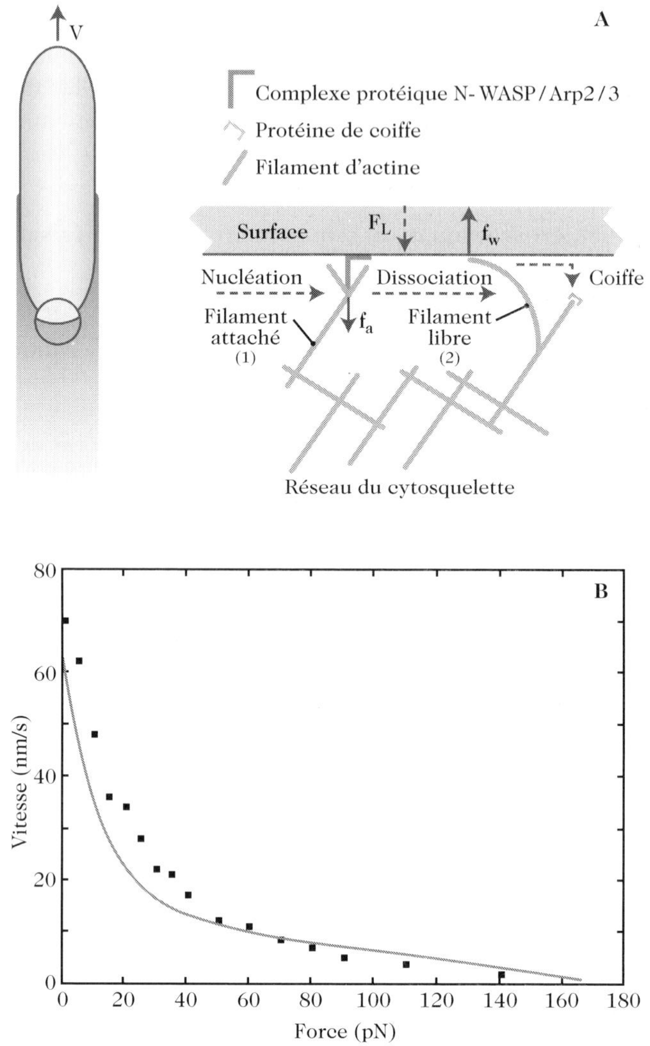

Figure 5.9. Modèle du cliquet brownien attaché (d'après [26]).
A. Réactions moléculaires au niveau des filaments d'actine : 1) les filaments attachés peuvent nucléer de nouveaux filaments ou se détacher de la surface ; 2) les filaments libres peuvent polymériser ou être coiffés par les protéines de coiffe (*capping protein*). La force de poussée générée par les filaments qui s'allongent est contrebalancée par la force de rétention due aux filaments attachés et à la force externe.
B. Prédiction de la vitesse de propulsion en fonction d'une force extérieure.

filaments à la surface [27, 28] : un processus de branchement autocatalytique et un processus de nucléation dendritique (figure 5.10). Dans le premier cas, le taux de formation de nouvelles branches est proportionnel au nombre de filaments ou à la quantité d'actine polymérisée près de la surface ; dans le deuxième cas, le taux est indépendant du nombre de filaments préexistants. En revanche, la force de propulsion exercée par la comète est proportionnelle au nombre de filaments dans les deux cas. En 2001, Carlsson a d'abord effectué une simulation stochastique de la croissance de filaments près d'une surface, dans le cas d'une génération autocatalytique seulement [27] : la vitesse de croissance était contrôlée par 5 phénomènes régulateurs (polymérisation à l'extrémité barbée, dépolymérisation à l'extrémité pointue, coiffe, branchement et détachement des branches). L'auteur a ensuite écrit un modèle qui est en accord avec les simulations initiales et il a en sus ajouté le processus de nucléation [28]. La principale hypothèse du modèle est que la formation de nouveaux filaments ne peut avoir lieu que dans une région proche de la surface, les filaments étant orientés de façon aléatoire par rapport à la surface. Les résultats portent sur la structure de la comète en fonction des paramètres cinétiques d'assemblage de l'actine. Le modèle de nucléation donne une relation force-vitesse biphasique très similaire à celle obtenue par Mogilner et Oster [26] et en accord avec les résultats expérimentaux de McGrath *et al.* Le modèle autocatalytique, lui, est plus en accord avec les observations de Wiesner *et al.* : l'espacement des branchements diminue avec des quantités croissantes de protéines de coiffe ; le taux de fonctionnalisation des billes affecte la densité des comètes d'actine mais pas la vitesse de propulsion ; enfin et surtout, il prédit une vitesse indépendante de la force dans la gamme 0 à 100 pN.

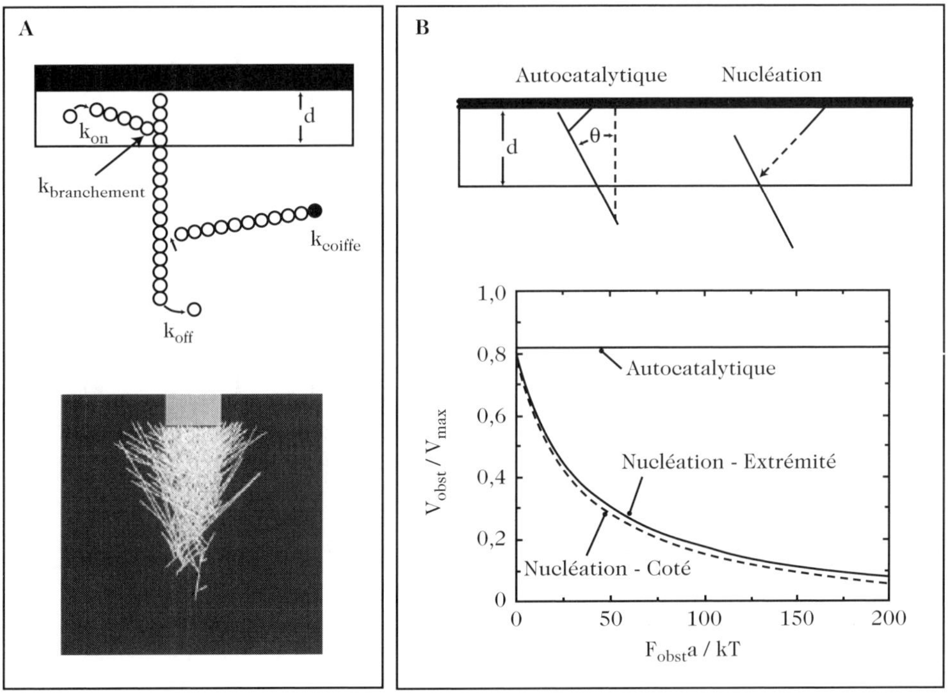

Figure 5.10. Croissance de réseaux branchés d'actine (d'après [27, 28]). Reproduit avec l'autorisation de la Biophysical Society.

A. Simulation de la croissance d'un réseau d'actine contre un obstacle : en haut, paramètres de la simulation ; en bas, simulation d'un branchement autocatalytique avec orientation préférentielle et restriction du branchement au bout barbé.

B. Modélisation de la croissance. En haut, schéma des deux processus de nucléation envisagés : dans le cas du branchement autocatalytique, les branches existantes génèrent de nouvelles branches près de la surface ; dans le cas de la nucléation dendritique, des filaments sont générés à la surface, indépendamment des filaments existants, et peuvent ensuite s'attacher au réseau de la comète. En bas, relations force-vitesse pour les deux modèles.

Les modèles respectifs de Mogilner et Oster et de Carlsson montrent d'importantes différences. Le premier ne tient pas compte de l'orientation des filaments, et le taux de formation ne dépend pas de la quantité de filaments existants, mais il considère la traction exercée par les filaments attachés à la surface. D'un autre côté, Carlsson ne considère pas l'attachement des filaments à la surface, mais il inclut explicitement l'orientation des filaments dans son modèle. Il ne prédit malheureusement pas de mécanisme de production de force.

2.6.2. Modèles mésoscopiques de production de force

La deuxième classe de modèles s'applique à une toute autre échelle en considérant le réseau d'actine comme un milieu continu élastique. Ce type d'analyse rend compte, non pas de l'action des filaments individuels, mais de leur action coopérative. Gerbal et Prost ont ainsi proposé un modèle de contrainte [29, 30]. Dans le cas plus simple d'un objet de géométrie sphérique, la particule est entourée d'un gel d'actine qui croît à partir de la surface et se réticule progressivement. Lorsqu'une nouvelle couche d'actine est insérée entre la surface et le gel par polymérisation des filaments, le gel préexistant est déformé, stocke de l'énergie élastique, qu'il relaxe en exerçant une contrainte qui se traduit pas une force élastique de propulsion. Lorsque la particule se déplace, il y a aussi un effet de friction entre le gel d'actine et l'objet qui, lui, s'oppose au mouvement. On obtient la relation force-vitesse en supposant un équilibre entre les forces internes de friction et de propulsion et la force externe (figure 5.11). Ce modèle permet aussi d'expliquer le cas particulier du mouvement saltatoire observé avec un mutant de *Listeria* [30, 31] et avec des microsphères de grand diamètre dans le milieu de motilité reconstitué [32].

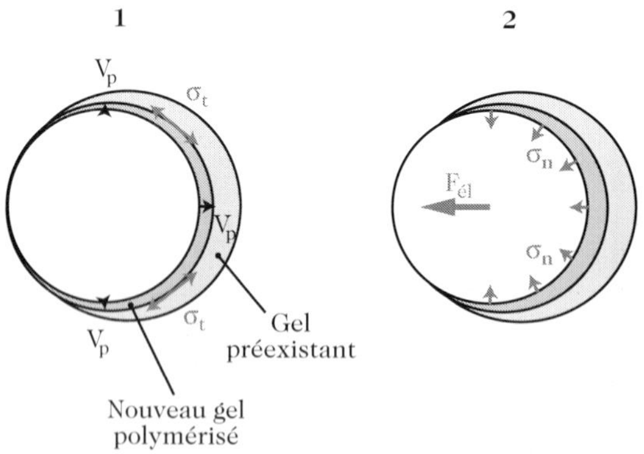

Figure 5.11. Modèle mésoscopique de contrainte : schéma des étapes de la production de force par un gel d'actine. La polymérisation insertionnelle d'actine (à la vitesse v_p) à l'interface gel d'actine/surface de l'objet déforme le gel préexistant qui emmagasine de l'énergie élastique ; la contrainte est maximale à la surface externe du gel et nulle à la surface interne contre l'objet (étape 1). L'intégration de cette contrainte se traduit par une tension qui induit une contrainte normale σ_n à la surface. L'intégrale de ces contraintes normales est la force élastique de propulsion $F_{él}$ (étape 2). Le déplacement de l'objet vers l'avant pour sortir du gel crée une friction sur la surface ; la résultante de cette friction est une force interne F_{fr} qui s'oppose au mouvement (étape 3). Ces deux forces internes s'équilibrent avec la force externe, F_{ext}, appliquée au système, ce qui impose la vitesse de la bille en régime stationnaire.

Remarquons que ce modèle mésoscopique est placé dans le cadre d'une géométrie convexe et ne peut pas s'appliquer à la géométrie concave de la membrane du lamellipode. La reconstitution d'un système *in vitro* de géométrie semblable à celle d'une protrusion membranaire est naturellement l'étape suivante dans le processus de biomimétisme développé jusqu'alors.

2.7. Perspectives

Toutes les études décrites ci-dessus portent sur la mesure de la force générée par une population de filaments dont, idéalement, on devrait faire varier la densité de manière contrôlée, si l'on veut tenter de ramener ce genre de résultats à une courbe force-vitesse normalisée pour un filament. Nous avons vu que, dans les systèmes utilisés jusqu'à maintenant, l'estimation du nombre exact de filaments reste toujours un problème. Il est donc sensé d'envisager une mesure de la force produite par un seul filament : cette expérience est réalisable avec la formine, qui initie la polymérisation de filaments uniques non branchés [12].

À long terme, l'expérience finale serait bien sûr la reconstitution d'un lamellipode artificiel. En effet, quasiment toutes les expériences de biomimétisme ont consisté à étudier la propulsion d'objets fonctionnalisés, mais il s'agit là de la reconstitution du mouvement des bactéries qui parasitent la cellule hôte et utilisent la cascade de signalisation cellulaire pour induire la polymérisation d'actine à leur surface. Se révélant plus maniables qu'une protrusion cellulaire, les bactéries ont servi d'outil pour étudier le mécanisme biochimique de la motilité basée sur l'actine. Aujourd'hui, les processus moléculaires sont assez bien établis et vont donc permettre de pousser plus loin le biomimétisme vers des systèmes *in vitro* plus proches des déformations membranaires.

Les vésicules, ou liposomes artificiels, sont des bicouches fermées qui modélisent la membrane cellulaire. En encapsulant le milieu de motilité dans ces vésicules et en fonctionnalisant leur surface, on peut imaginer pouvoir initier la polymérisation de l'actine contre leur paroi et générer une déformation. Quelques études ont déjà été réalisées dans ce but, mais elles sont restées au stade d'ébauche : elles ont essentiellement consisté à introduire de l'actine dans les liposomes et à déclencher sa polymérisation en volume. La croissance des filaments confinés a abouti soit à l'adsorption d'une « coque » de filaments sur les membranes [33], soit à la déformation anarchique des liposomes [34] (figure 5.12). Jusqu'à présent, personne n'a encore essayé de contrôler la polymérisation de manière dirigée et localisée. La prochaine étape consistera donc à fonctionnaliser les liposomes de façon à contrôler spatialement la croissance des filaments contre la membrane. Ce système sera aussi dans la même géométrie concave que celle du lamellipode.

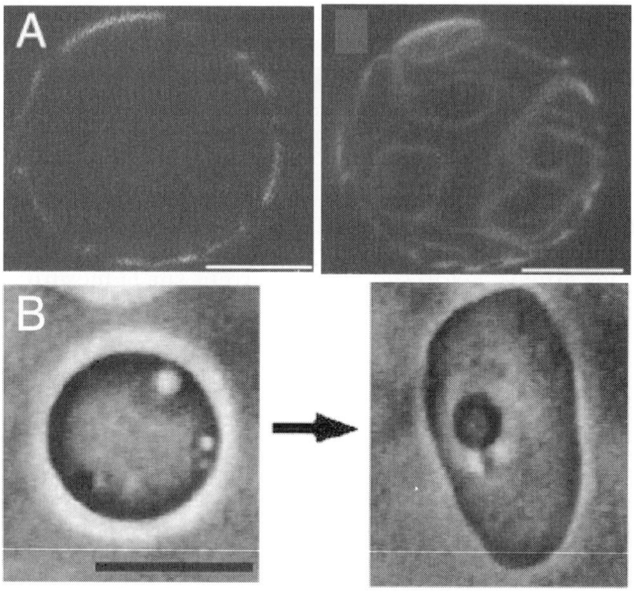

Figure 5.12. Vésicules contenant de l'actine polymérisée (d'après [33, 34]). **A.** Formation d'un cortex de filaments près de la membrane (observation en microscopie confocale). **B.** Déformation irrégulière d'une vésicule initialement sphérique.

3. Les moteurs moléculaires : myosines et kinésines

3.1. Introduction

Les moteurs moléculaires sont des nanomachines protéiques chargées de l'organisation de l'espace intracellulaire, du fonctionnement du muscle et du battement des cils et flagelles. Ces protéines motrices se déplacent le long des fibres du cytosquelette : les myosines se déplacent le long des filaments d'actine, les kinésines et les dynéines le long des microtubules. L'étude de ces moteurs moléculaires, engagée depuis de nombreuses années, est largement justifiée sur le plan fondamental et sur le plan médical. L'utilisation de toute la panoplie de méthodes interdisciplinaires à notre disposition, la chimie, la biologie et la physique, conduira à la compréhension des mécanismes moléculaires du fonctionnement de ces moteurs et éventuellement ouvrira la voie à de multiples applications médicales. Il sera certainement possible, tôt ou tard, de créer des moteurs biologiques chimériques et des nanomachines pour remplir des fonctions spécifiques, aussi bien *in vivo* qu'*in vitro*.

3.2. Filaments d'actine et microtubules

3.2.1. Organisation des filaments d'actine et de myosine dans le muscle

La masse musculaire est responsable d'environ 40 % de notre poids. Grâce à son abondance, le tissu musculaire est étudié depuis au moins 50 ans, en vue d'élucider les bases moléculaires du mouvement. Les striations transverses régulières, espacées de 2 à 3 μm, observées par microscopie optique suggèrent que les fibres musculaires soient hautement organisées sur le plan supramoléculaire, et ces fibres ont constitué l'un des premiers échantillons examinés à plus haute résolution par de nouvelles méthodes de microscopie électronique développées dans les années 1950. Les sarcomères ont été mis en évidence dans des sections fines de myofibrilles et leur organisation interne visualisée. Chaque sarcomère, d'environ 3 μm de long, est capable de se contracter de moitié par le glissement relatif des filaments minces et des filaments épais interagissant dans un réseau parallèle. Les filaments minces (actine-F), d'environ 9 nm de diamètre, sont constitués essentiellement d'une seule protéine, l'actine. Les filaments épais sont constitués d'une autre protéine, la myosine.

3.2.2. Tubuline et microtubules

Des mouvements bidirectionnels ont été visualisés pour la première fois dans les axones géants de calmars par microscopie optique à contraste interférentiel. Par la suite, ce « trafic » s'est révélé caractéristique des cellules neuronales et d'autres extensions cellulaires comme les cils et les flagelles. Ces mouvements correspondent au transport d'éléments impliqués dans la mise en place, l'entretien et le fonctionnement de ces longues extensions cellulaires. Ce trafic dépend de l'interaction des moteurs moléculaires avec les microtubules. Ceux-ci sont impliqués dans l'organisation spatiale intracellulaire pendant l'interphase et dans le mouvement des chromosomes pendant la division cellulaire. Les microtubules des cils et des flagelles sont extrêmement stables, tandis que ceux du fuseau mitotique s'assemblent et se désassemblent de façon très dynamique. Un microtubule est un cylindre creux de ~ 25 nm de diamètre, dont la paroi est constituée de molécules de tubuline hétérodimérique (αβ-tubuline) alignées tête-à-queue dans des « protofilaments » alignés le long de la paroi. Dans la plupart des cellules animales, la région située autour des centrosomes joue le rôle de centre organisateur (MTOC) pour la nucléation des microtubules. Le réseau de microtubules qui en résulte interagit avec de nombreux ligands, protéines et organites. Parmi les protéines associées aux microtubules se trouvent deux protéines motrices (la dynéine et la kinésine) pour lesquelles les microtubules constituent des sentiers directionnels. Des ligands d'origine végétale comme le taxol (obtenu à partir de l'écorce de l'if) stabilisent les microtubules, tandis que d'autres comme la colchicine (obtenue à partir du colchique d'automne) les déstabilisent. Des drogues agissant sur les microtubules ont des applications fondamentales et médicales importantes.

Les sous-unités α et β de l'hétérodimère αβ-tubuline sont constitués d'environ 450 résidus d'acides aminés chacune. α et β s'associent spontanément en dimère αβ qui est la forme fonctionnelle. Très souvent, plusieurs variants (isoformes) des deux types de tubuline coexistent dans les cellules eucaryotes : par exemple, il y a 6 α et 7 β dans les mammifères, 6 α et 9 β dans les plantes, 2 α et 2 β dans le champignon *A. nidulans* [35]. La séquence en acides aminés des protéines de chaque sous-famille est conservée à environ 60 %, tandis que la tubuline α et la tubuline β possèdent environ 40 % de similarité de séquence.

3.2.3. Similarités entre l'actine et la tubuline

Les protéines du cytosquelette, la tubuline et l'actine, sont parmi les protéines eucaryotes les plus conservées. La comparaison de leurs séquences d'acides aminés permet de construire des arbres phylogénétiques décrivant les relations évolutives entre l'ensemble des organismes eucaryotes. Des résultats similaires sont obtenus par la méthode « classique » utilisant les séquences de l'ARN ribosomal [36].

Bien que l'actine-F et les microtubules soient des polymères fibreux, ils résultent de l'auto-assemblage de protéines globulaires, l'actine et la tubuline. Dans les deux cas, l'assemblage s'effectue au moyen de deux paires d'interactions protéine-protéine. La première paire d'interactions est polaire et conduit à l'assemblage longitudinal, la formation de « protofilaments ». L'autre paire d'interactions s'effectue latéralement entre les protofilaments. Tandis que les interactions longitudinales actine-actine conduisent à la formation d'un filament hélicoïdal à deux brins, dans le cas des microtubules, les protofilaments voisins s'associent latéralement par l'interaction des monomères du même type, tubuline α avec tubuline α, et tubuline β avec tubuline β. Le résultat est un cylindre creux constitué de 13 protofilaments. Ce mécanisme d'assemblage confère aux filaments d'actine et aux microtubules une polarité structurale. Dans le cas des microtubules, les sous-unités β se trouvent à l'extrémité « plus » (assemblage rapide) et les sous-unités α à l'extrémité « moins ». Dans le réseau microtubulaire intracellulaire, les extrémités « moins » sont ancrées au centre organisateur, tandis que les extrémités « plus » s'allongent de manière radiale vers les parois cellulaires.

Il est possible de suivre l'assemblage de filaments ou de microtubules individuels *in vitro* par microscopie optique en contraste interférentiel ou en fluorescence. Lorsque l'état stationnaire d'assemblage est atteint, les polymères coexistent avec les monomères maintenus à une concentration constante. L'état stationnaire des filaments d'actine est dominé par le phénomène de « treadmilling » ou « polymérisation tête-à-queue », dans lequel l'extrémité barbée des filaments s'allonge tandis que l'extrémité pointue dépolymérise à la même vitesse. L'état stationnaire d'assemblage des microtubules est caractérisé par l'instabilité dynamique, qui est la conséquence directe du caractère dissipatif de l'assemblage des microtubules, dans lequel les extrémités plus et moins alternent entre des phases de dépolymérisation rapide suivies de polymérisation lente ; les transitions entre ces deux états ont été appelées « catastrophe » et « sauvetage ». Le caractère hautement dynamique des microtubules est à l'origine de la réorganisation rapide du réseau radial interphasique en un fuseau mitotique bipolaire, permettant la ségrégation des chromosomes.

3.3. Les protéines motrices

3.3.1. Moteurs associés aux filaments d'actine

La myosine a été découverte et isolée à partir du muscle en tant qu'ATPase (ATPase : enzyme catalysant l'hydrolyse de l'adénosine triphosphate), dont l'activité est stimulée par l'actine polymérisée en filaments. Dans les muscles et dans l'anneau contractile des cellules en cours de division, la myosine est organisée en filaments bipolaires. La myosine du muscle (myosine II) forme un complexe protéique de masse moléculaire totale d'environ 500 kDa. La myosine II possède deux chaînes lourdes et deux paires de chaînes légères, tandis que le nombre de chaînes légères est variable selon le type de myosine. Les chaînes lourdes

de la myosine s'associent en dimères de forme caractéristique, avec deux têtes globulaires et une longue tige de deux hélices α interagissant pour former une superhélice. La myosine est abondante dans les muscles et en faible quantité dans presque toutes les autres cellules eucaryotes. La comparaison des séquences des domaines globulaires permet de les classer en dix-huit sous-familles [37]. Le génome humain possède une quarantaine de gènes de myosines, connues ou prédites, appartenant à dix sous-familles. Par comparaison, seulement cinq myosines sont prédites dans la levure *S. Cerevisiae*. Trois myosines (myosines VIII, XI et XIII) sont apparemment spécifiques du règne végétal. Dix-sept myosines (4 myosines VIII et 13 myosines XI) sont prédites dans le génome de la première plante entièrement séquencé, *Arabidopsis thaliana*.
Les projets de séquençage du génome continuent de mettre en évidence un grand nombre de myosines dans des organismes eucaryotes ; cependant, leurs rôles précis ne sont pas totalement élucidés. Ces myosines, dites non conventionnelles, remplissent des fonctions importantes dans les différents muscles, mais aussi dans les systèmes sensoriels tels que l'ouïe, l'équilibre et la vue. Des maladies génétiques sont associées à des mutations des chaînes lourdes et légères. Des mutations de la chaîne lourde de la myosine II sont impliquées dans la cardiomyopathie hypertrophique familiale. Une mutation ponctuelle Arg403Gly, responsable d'un phénotype clinique sévère, est impliquée dans la mort subite de jeunes athlètes par arrêt cardiaque. Les myosines VI, VII et XV sont localisées dans l'oreille interne, et des mutations de ces protéines produisent des déformations des stéréo-cils des cellules sensorielles et sont impliquées dans la surdité d'origine génétique.

3.3.2. Moteurs associés aux microtubules

Le cerveau envoie des signaux électriques vers les muscles au moyen d'un réseau de lignes de transmission constituées par les axones des cellules nerveuses. L'axone est un tuyau très mince, environ un million de fois plus long que large (deux micromètres de diamètre et environ un mètre de long chez l'homme). Les signaux électriques et des échanges de composants cytoplasmiques doivent transiter du corps cellulaire du neurone au niveau du cerveau jusqu'aux ramifications terminales des axones en contact avec les muscles. La diffusion aléatoire (diffusion brownienne) est totalement inadaptée à cette tâche de transport directionnel, puisque quelques mois seraient nécessaires pour permettre à un objet de la taille d'une protéine de voyager d'un bout à l'autre de l'axone. Deux familles de moteurs moléculaires, les dynéines (moteur rétrograde assurant le transport vers le corps cellulaire du neurone) et les kinésines (moteur antérograde), capables de reconnaître spécifiquement leurs cargaisons, prennent en charge ce transport axonal. Ces deux protéines sont des enzymes chimiomécaniques dont la fonction est d'interagir sélectivement avec les microtubules et de convertir, par l'hydrolyse de l'ATP, l'énergie chimique en mouvement. Ces moteurs microtubulaires sont nécessaires à de multiples fonctions biologiques : le triage des protéines, l'organisation intracellulaire d'organites comme l'appareil de Golgi et le réticulum endoplasmique, le maintien de la polarité cellulaire, la séparation des pôles du fuseau mitotique et la ségrégation des chromosomes pendant la mitose.

- Il est reconnu depuis fort longtemps que **le mouvement des cils et des flagelles dépend de la dynéine**. En effet, les cils et les flagelles possèdent un organite,

l'axonème, caractérisé par son ultrastructure en neuf paires de microtubules arrangée sur un cercle autour de deux microtubules centraux. La courbure d'un cil ou d'un flagelle est induite par le mouvement synchronisé de centaines de molécules de dynéine le long des microtubules de l'axonème. Un processus de transport à l'intérieur de chaque flagelle est également nécessaire pour permettre le remplacement et l'assemblage de ses centaines de composants protéiques. La dynéine est un grand complexe protéique de 9 à 12 chaînes polypeptidiques d'environ 2 10^6 daltons, dont les chaînes lourdes de 500 kD possèdent une région globulaire interagissant avec les microtubules de façon dépendante de l'ATP. On distingue une forme à trois têtes (3 chaînes lourdes) et une autre à deux têtes. Une maladie masculine héréditaire, le syndrome de Kartaneger, est associée au dysfonctionnement de dynéines dû à une mutation. Les cils et les flagelles non fonctionnels provoquent la bronchite chronique et la stérilité.
Une autre forme de dynéine existe dans de nombreuses cellules. Celle-ci, la dynéine cytoplasmique, possède deux chaînes lourdes et plusieurs chaînes légères et est impliquée dans le transport d'organites dans les axones de cellules nerveuses et également dans la division cellulaire. Les deux types de dynéines interagissent avec les microtubules et par l'hydrolyse de l'ATP se déplacent vers l'extrémité « moins » des microtubules.

- **La kinésine** a été découverte dans les années 1980. Rapidement, les méthodes génétiques et immunologiques ont mis en évidence un nombre croissant de membres de la famille des kinésines. Plusieurs centaines sont connues actuellement, classées en 14 sous-familles d'après la séquence [38]. La kinésine native (380 kDa) est constituée de deux chaînes lourdes et deux chaînes légères. La chaîne lourde comprend deux têtes motrices de forme globulaire, une région linéaire organisée probablement en superhélice et une région distale globulaire interagissant avec les chaînes légères et des cargaisons spécifiques (figure 5.13).

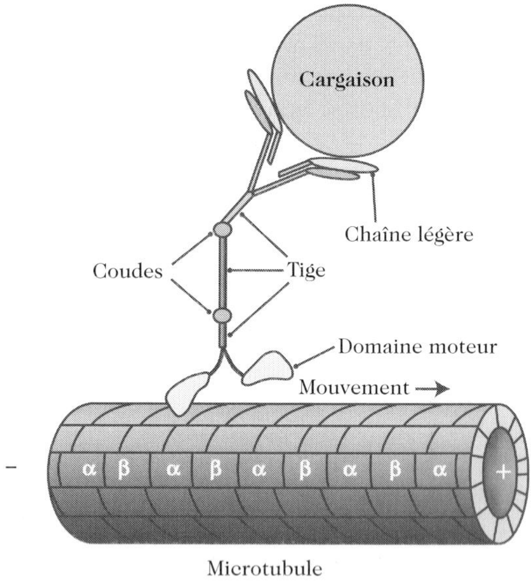

Figure 5.13. Représentation schématique d'une molécule de kinésine transportant sa cargaison le long d'un microtubule.

Une dizaine de kinésines différentes sont impliquées dans la division cellulaire. Ce sont des cibles potentielles de médicaments antimitotiques de grand intérêt en chimiothérapie. Des mutations des kinésines sont responsables de maladies génétiques comme la maladie de Charcot-Marie-Tooth (une mutation de la kinésine KIFB-β perturbe le transport axonal et conduit à une dégénération neurologique).
Les kinésines se déplacent le long d'un microtubule à des vitesses qui varient de 2 à 150 μm/min et dans une direction qui varie également selon le type de

kinésine. La directionnalité est liée à la position N-terminale ou C-terminale du domaine moteur dans la chaîne polypeptidique. On connaît également des kinésines dont le domaine moteur est en position centrale : ce sont alors des moteurs processifs de désassemblage des microtubules, qui jouent un rôle important dans la mitose. Les kinésines sont d'excellents modèles pour comprendre le fonctionnement des protéines motrices, puisque la taille du domaine moteur de la kinésine (environ 40 kD) est bien adaptée aux études de structure (la myosine et la dynéine ont une taille trois et dix fois plus grande, respectivement). Il est possible d'exprimer la chaîne lourde des kinésines dans des bactéries et d'obtenir la protéine pure sous une forme fonctionnelle.

3.4. Mouvement et forces

Le mouvement des myosines, kinésines et dynéines dépend de leurs interactions avec leurs partenaires respectifs (filament d'actine, microtubule) et de l'hydrolyse de l'ATP stimulée par cette interaction. Pour chaque molécule d'ATP, l'énergie libérée par la réaction ATP $\longrightarrow$ ADP+P_i est $\sim 10^{-19}$ J, vingt fois supérieure à l'énergie thermique k_BT. La principale résistance au mouvement des moteurs et de leurs cargaisons est due à la viscosité du milieu liquide, et l'inertie est négligeable (le nombre de Reynolds, qui exprime l'importance relative des forces d'inertie et de viscosité, est très faible pour les objets de taille inférieure au micromètre). Pour déplacer un moteur moléculaire sur une distance de 10 nanomètres contre une force de 1 pN (piconewton), on doit fournir un travail (W = force · distance) de $\sim 10^{-20}$ J. Dans ces conditions et pour un système parfaitement efficace, une molécule de kinésine devrait donc pouvoir se déplacer de 100 nm sur un microtubule pour chaque molécule d'ATP hydrolysée [4,39].

Une grande variété d'approches expérimentales sont utilisées pour mesurer :

- la vitesse de déplacement,
- le pas élémentaire de déplacement,
- la relation entre l'hydrolyse de l'ATP et le mouvement,
- la force générée par une molécule individuelle,
- le mécanisme élémentaire du mouvement.

Ces approches utilisent des méthodes optiques qui sont en constant progrès depuis une dizaine d'années. L'amélioration des performances de diverses méthodes de microscopie optique (la microscopie à fluorescence, la microscopie à champ noir, la microscopie à réflexion totale interne), couplée au développement des pinces optiques et au marquage par fluorescence de molécules individuelles, permet d'affiner des observations sur la myosine et la kinésine.

Les microtubules, avec leur forme cylindrique, sont des structures relativement rigides, et la kinésine conventionnelle (kinésine-1) est « processive », c'est-à-dire qu'elle effectue plusieurs cycles catalytiques consécutifs sur le même microtubule, couvrant des distances de l'ordre du micromètre, sans se détacher. Ces caractéristiques ont favorisé l'étude de la kinésine-1 dans deux types d'expériences (figure 5.14). Dans la première méthode, on suit par microscopie à contraste interférentiel le mouvement des microtubules glissant sur un tapis de kinésines immobilisées à la surface de verre d'une lamelle (figure 5.14A). La vitesse de déplacement (environ 1 μm/s en présence d'ATP) semble indépendante du nombre de molécules de kinésine en interaction avec le microtubule et de la structure monomérique ou dimérique de la kinésine. Quand un microtubule interagit avec une seule molécule de kinésine, le dimère se déplace processivement le long d'un protofilament du microtubule tandis que le monomère s'en détache fréquemment. Dans une deuxième méthode, un piège optique permet d'amener une bille de silice de 1 μm de diamètre portant la kinésine au voisinage d'un microtubule. En présence d'ATP, la kinésine attachée à la bille se déplace sur le microtubule et la bille est suivie par une technique interférentielle (figure 5.14B). Les mouvements aléatoires de la bille provoqués par l'excitation thermique (mouvements browniens) sont atténués par le piège. Des déplacements élémentaires de 8 nm sont mesurés, et cette distance correspond à la séparation des dimères de la tubuline le long des protofilaments des microtubules. Chaque pas de 8 nm est accompagné par l'hydrolyse d'une molécule d'ATP. Le piège optique permet aussi d'appliquer une force à la bille et de mesurer qu'une force de 5 pN arrête le mouvement de la kinésine [40]. Plus récemment, on a amélioré la précision en observant des billes de latex de 0,2 μm de diamètre par microscopie en champ noir en éclairage laser. Le pas « élémentaire » de 8 nm semble être composé de deux sous-pas de 4 nm, le premier étant rapide et le second plus lent. La force maximale exercée par une molécule de

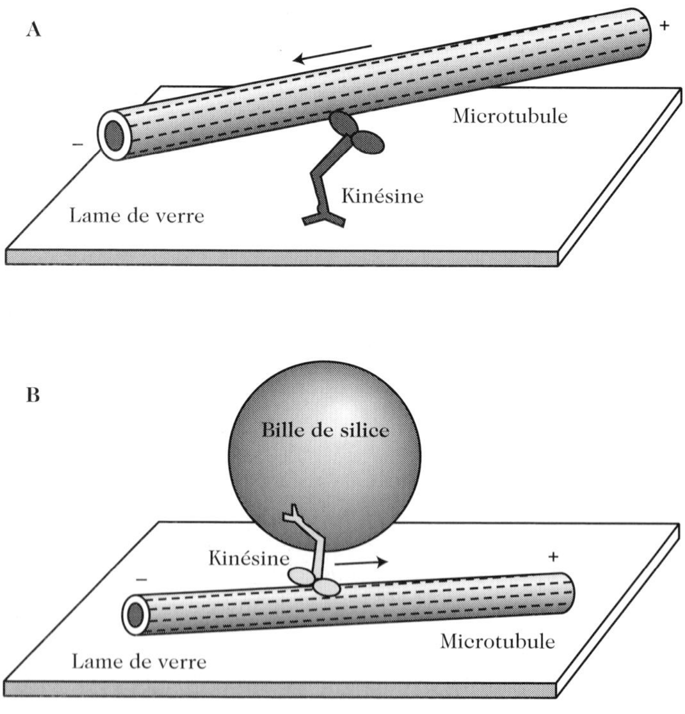

Figure 5.14. Schémas des expériences de mesures du pas de la kinésine.
A. La kinésine est attachée à la lame de verre d'une petite chambre de travail et interagit avec des microtubules injectés dans la chambre. Le mouvement des microtubules en présence d'ATP est suivi par microscopie à contraste interférentiel ou par microscopie à fluorescence.
B. Alternativement, les microtubules sont attachés à la lame et mis en présence de billes de silice (ou de polystyrène) couvertes de molécules de kinésine. La bille est souvent manipulée au moyen de pinces optiques et son mouvement est suivi par des méthodes interférentielles.

kinésine est $\sim$ 7 pN et la vitesse moyenne contre une force de 1 pN est d'environ 750 nm/sec, ce qui correspond à environ 100 pas individuels par seconde [41].
Les filaments d'actine sont beaucoup plus flexibles que les microtubules, et la myosine du muscle (myosine II) ne s'attache aux filaments d'actine que pendant une faible partie de son cycle d'hydrolyse de l'ATP. Pour travailler sur ce système, il a été nécessaire de tendre le filament d'actine entre deux pièges optiques grâce à des billes de silice attachées à chaque extrémité du filament (figure 5.15). Le fil est ensuite mis en contact avec une autre bille couverte de molécules de myosine. Des déplacements élémentaires de l'ordre de 5 nm et des forces de quelques pN ont été mesurés. Il est essentiel d'utiliser une approche statistique adéquate pour l'analyse de ces expériences en raison du faible rapport signal/bruit des données.
Une avancée remarquable a été réalisée il y a une dizaine d'années par Funatsu qui a réussi à visualiser, en utilisant l'onde évanescente (ou microscopie à réflexion totale interne, TIRF), des molécules fluorescentes individuelles de la myosine-Cy3 maléimide, grâce à la réduction par un facteur de l'ordre de 1000 du niveau de lumière parasite présent dans l'image [42]. Le très faible volume « éclairé » par l'onde évanescente près de la surface d'une lame de verre permet d'observer le comportement de quelques molécules individuelles, présentes dans une fraction infime de la solution. Il a été possible également de suivre l'hydrolyse de Cy3-ATP par la myosine-Cy5, ainsi que le déplacement processif d'une molécule de kinésine le long d'un microtubule sur des distances d'environ 600 nm (environ 75 pas individuels) [43]. Ce résultat suggère que la kinésine dimérique doit se déplacer en maintenant toujours l'une de ses deux têtes motrices en contact avec le microtubule.

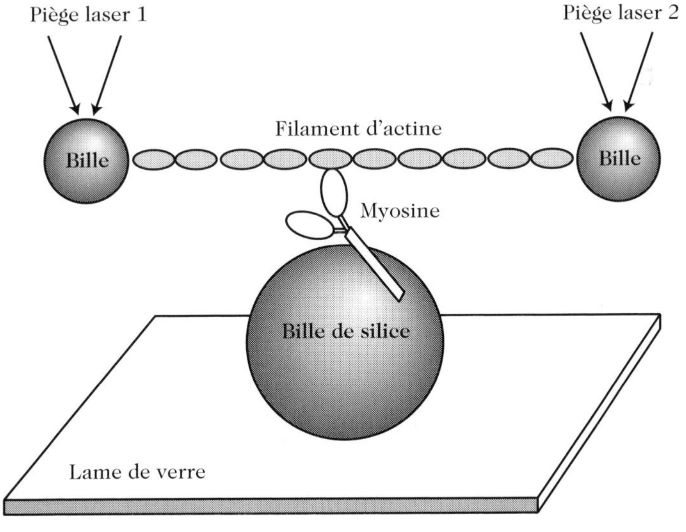

Figure 5.15. Schéma de l'expérience de mesure du pas de la myosine. Un filament d'actine est tendu entre deux pinces optiques et le mouvement d'une bille couverte de myosine est suivi par microscopie optique.

La myosine V est un moteur processif dont le déplacement élémentaire d'environ 36 nm est très grand comparé à celui de la myosine II [44-46]. L'utilisation de molécules fluorescentes individuelles permet, en principe, de suivre en détail le déplacement des moteurs tels que la myosine V, mais le problème fondamental associé à l'utilisation d'une seule molécule fluorescente est que la résolution est limitée par le faible nombre de photons émis comparé aux grandes billes fluorescentes ou aux nanocristaux. Remarquons tout d'abord que l'image optique d'une molécule fluorescente est beaucoup plus grande que la molécule elle-même. C'est une tache d'environ 250 nm correspondant à la limite de résolution imposée par la diffraction de la lumière visible selon le critère de Rayleigh (résolution = NA $\lambda/2$, où NA est l'ouverture numérique de l'objectif et λ la longueur d'onde de la lumière). L'intensité de lumière dans la tache suit une loi de distribution gaussienne. Il est possible de mesurer la position du pic avec une grande précision à condition d'enregistrer suffisamment de photons pour obtenir un rapport signal/bruit élevé. L'amélioration de la photostabilité des molécules fluorescentes et l'utilisation d'un microscope à épifluorescence à réflexion totale interne, équipé d'un détecteur CCD *slow scan* à faible niveau de bruit, permet d'obtenir une centaine d'images successives d'un seul fluorophore (émission totale d'environ 10^6 photons) [47]. L'image de la molécule fluorescente est localisée avec une précision de $\pm$ 1,5 nm et avec une résolution temporelle de 0,5 s entre les images successives. Une chaîne légère de la myosine V, marquée par une molécule fluorescente, est attachée à la région proche d'un des deux domaines moteurs. Pendant le mouvement de la myosine V, la tache fluorescente se déplace de 74 nm pendant un pas sur deux seulement, en accord avec un mécanisme pas à pas. Le déplacement est donc de 37 nm pour chaque pas élémentaire.

Une extension de cette méthode (SHREC) permet de visualiser simultanément la fluorescence de deux molécules à des longueurs d'onde différentes. Ainsi Spudich *et al.* ont pu marquer la **calmoduline** sur une cystéine introduite par mutation soit avec Cy3-maléimide, soit avec Cy5-maléimide [48]. Ces calmodulines sont échangées avec les chaînes légères natives de la myosine V. Par la suite, on utilise deux filtres pour observer simultanément la lumière émise par des molécules de Cy3 et de Cy5, localisées chacune sur un des domaines d'attachement des chaînes légères. En présence de l'ATP, on observe un décalage dans l'espace et dans le temps des traces de Cy3 et de Cy5, indiquant directement que la myosine V se déplace par pas successifs de chacune de ses deux têtes motrices.

La seule myosine se déplaçant vers l'extrémité « moins » des filaments d'actine, la **myosine VI**, est actuellement assez mystérieuse. La molécule native est un monomère et se déplace sur l'actine-F de façon non processive, avec un pas élémentaire de l'ordre de 18 nm [49]. Une protéine dimérique est obtenue par l'expression du domaine moteur avec une extension de type « *leucine zipper* ». Cette molécule dimérique se déplace de façon processive pas à pas (*hand over hand*), et chaque déplacement élémentaire est de 30 nm [50-52]. Ces résultats sont étonnants :

- Les dimères existent-ils *in vivo* et, si c'est le cas, comment s'effectue la régulation de la transition monomère – dimère ?
- Les déplacements élémentaires de la myosine VI et de la myosine V sont très similaires, malgré la grande différence de longueur de leurs régions d'interaction avec les chaînes légères. Cette région joue le rôle de « bras de levier » et est beaucoup plus courte dans la myosine VI que dans la myosine V.

3.5. Mouvement et conformation structurale

Deux méthodes physiques, la cristallographie aux rayons X et la résonance magnétique nucléaire (RMN), permettent de visualiser la structure des macromolécules. La cristallographie de très grandes protéines et des complexes protéiques ou nucléoprotéiques a pour but d'explorer, à l'échelle atomique, les changements de structure responsables des mécanismes fonctionnels d'une protéine.

Les structures des domaines moteurs (domaines catalytiques) de la myosine et de la kinésine sont connues depuis une bonne dizaine d'années. Actuellement, de nombreuses structures, provenant de différents organismes, sont disponibles dans la base de données (PDB = *Protein Data Bank* : http ://www.rcsb.org/pdb). Les premières structures de la myosine (obtenues en 1993) et de la kinésine (obtenues en 1996) ont provoqué, à l'époque, une énorme surprise [53-55]. Elles sont en effet très similaires, bien que le domaine moteur de la myosine (1150 acides aminés) soit environ trois fois plus grand que celui de la kinésine (340 acides aminés) (figure 5.16). D'autre part, leurs séquences ne possèdent pas de similarités significatives. Malgré ces différences, le cœur de chaque domaine moteur est constitué d'un feuillet β à huit brins flanqué de trois hélices de chaque côté.

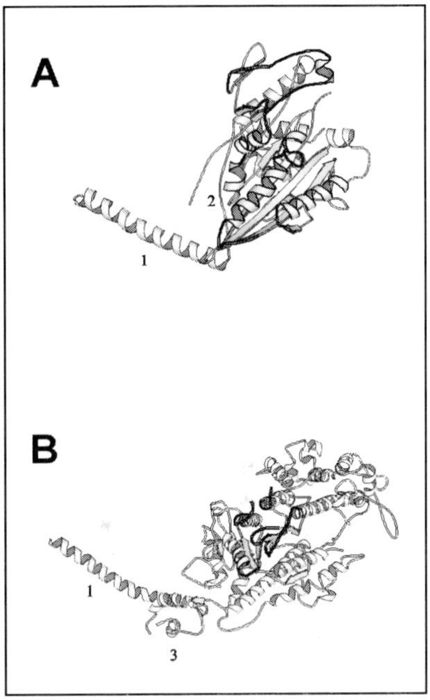

Figure 5.16. Organisation structurale des domaines moteurs de la kinésine (A) et de la myosine (B). Les domaines moteurs sont (1) les hélices α impliquées dans la dimérisation de la kinésine et qui jouent le rôle de bras de levier dans la myosine, (2) la région de la kinésine formant la jonction entre l'hélice et le domaine moteur, et (3) la région « convertisseur » de la myosine qui joue un rôle analogue.

Les sites catalytiques (sites de fixation du nucléotide) des deux protéines présentent de fortes analogies. Deux longues insertions d'acides aminés supplémentaires sont responsables en majeure partie de la supériorité en taille de la myosine par rapport à la kinésine [53]. De nombreux articles de revue décrivent en détail les travaux sur la relation structure-fonction de ces deux protéines [56].

3.5.1. Conformations de la myosine

Entre 1993 et 1999, les structures cristallographiques de différentes myosines ont mis en évidence des conformations qui semblaient liées à des étapes distinctes du cycle d'hydrolyse de l'ATP. Ensuite, un travail élégant sur le fragment S1 d'un seul isoforme de myosine (la myosine de la coquille Saint-Jacques) a montré clairement une relation entre la conformation de la tête de la myosine et le nucléotide présent dans le site actif (figure 5.17). Les trois structures obtenues (en absence de nucléotide, en présence de MgADP-VO4 (analogue de ADP· Pi) et en présence de MgADP) diffèrent notamment dans les positions de la région dite « convertisseur » et du bras de levier [57]. Bien que ces structures ne permettent pas de déduire le comportement de la myosine en présence d'actine, elles montrent clairement que le bras de levier responsable du déplacement de la myosine est capable d'effectuer de grands mouvements liés à de très faibles changements de conformation dans la région d'interaction avec le nucléotide.

Les mécanismes structuraux permettant à la myosine VI de se déplacer en sens inverse par rapport aux autres myosines ont été examinés récemment lors de la détermination de la structure cristallographique de la myosine VI produite par expression bactérienne [58]. Cette structure montre une molécule de calmoduline associée à un insert de 38 acides aminés dans la région du convertisseur. Cela dirige le bras de levier (associé à une deuxième calmoduline) dans une direction opposée à celle des autres myosines telles que la myosine V (voir la figure 5.17). Cette explication de l'inversion de direction du mouvement de translocation le long des filaments est semblable à celle qui est proposée pour les mouvements antérogrades ou rétrogrades des kinésines (voir ci-dessous).

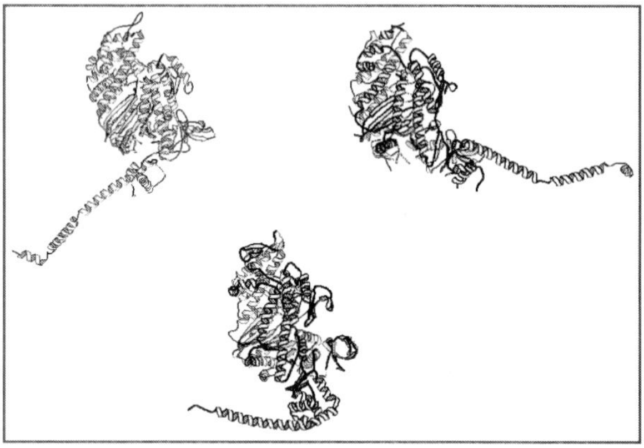

Figure 5.17. Conformations de la myosine. Les deux structures en haut représentent la myosine de la Coquille Saint-Jacques. La structure à gauche a été obtenue en présence d'ADP et de vanadate et correspond à un état de transition, tandis la structure à droite, en présence d'ADP seulement, correspond à un état détaché du filament d'actine. Le bras de levier démontre une très grande rotation [57]. La structure en bas représente la myosine VI qui se déplace en direction opposée aux autres myosines [58]. Les chaînes légères et la calmoduline ne sont pas représentées.

3.5.2. Structure et directionnalité des kinésines

Les structures cristallographiques des domaines moteurs de la kinésine conventionnelle (moteur antérograde) et du ncd (moteur rétrograde) à des résolutions de 0,18 nm et de 0,28 nm, respectivement, sont de manière surprenante très similaires. Ces protéines possèdent une forme en flèche d'une taille d'environ 75 Å × 45 Å × 45 Å; au cœur se trouve un feuillet β à 8 brins avec 3 hélices α de chaque côté (la structure du domaine moteur de la kinésine conventionnelle est représentée dans la figure 5.16A) [53, 54]. La quasi-identité de ces deux structures a suscité un grand étonnement, car ces deux kinésines se déplacent en directions opposées sur les microtubules. Il est donc clair que ce n'est pas la structure du domaine moteur qui est responsable de la directionnalité des kinésines.

Les méthodes cristallographiques ne sont pas adaptées à l'étude de la kinésine en interaction avec un microtubule (ni de la myosine en interaction avec un filament d'actine). Ce type de problème est abordable par cryomicroscopie électronique. Des images tridimensionnelles des dimères de la kinésine et du ncd en interaction avec les microtubules ont été obtenues à une résolution d'environ 3 nm par cryomicroscopie et reconstruction d'image sur ordinateur. Un seul domaine moteur de chaque dimère est attaché au microtubule. Le domaine moteur libre est orienté

dans la direction du mouvement, c'est-à-dire vers l'extrémité « plus » du microtubule pour la kinésine conventionnelle et vers l'extrémité « moins » pour le ncd [59]. Ce résultat suggère que la direction du mouvement dépend plutôt d'une région périphérique au domaine moteur.
Cette idée a été mise à l'épreuve par une série d'expériences utilisant des protéines artificielles (protéines chimériques) [60, 61]. Les kinésines possédant une queue de longueur suffisante dimérisent spontanément. Par génie génétique, le domaine moteur du ncd a été combiné avec la queue de la kinésine conventionnelle. Les directions de mouvement de la kinésine « sauvage » et de la chimère sont observées : la chimère se déplace vers l'extrémité plus du microtubule comme la protéine de type sauvage (figure 5.18). Dans l'expérience symétrique, on obtient

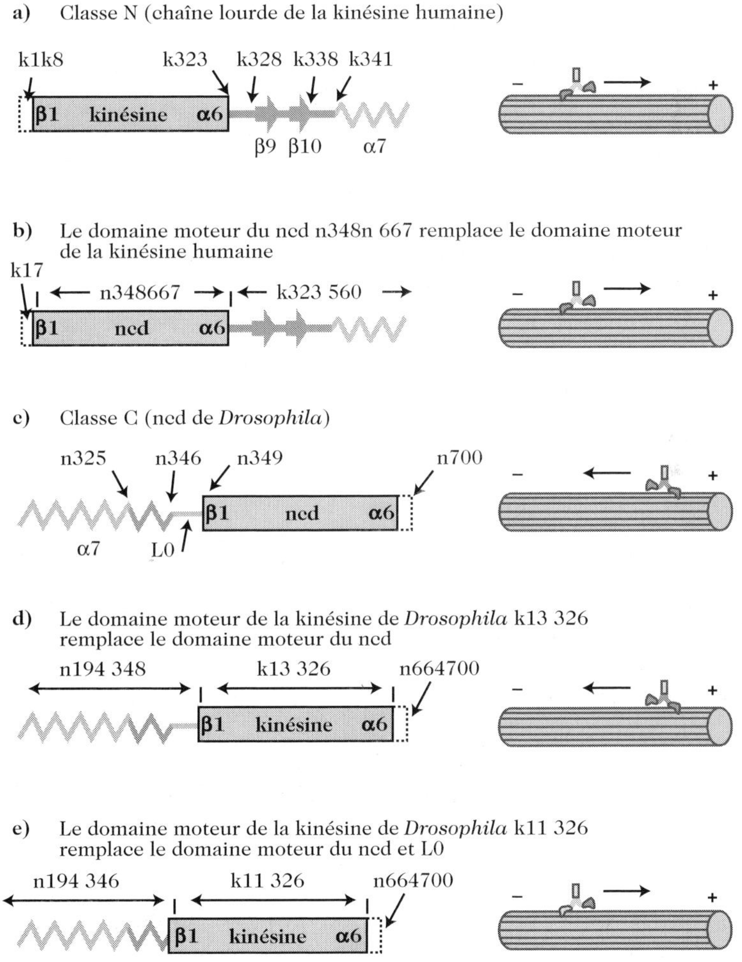

Figure 5.18. Mouvement des kinésines sauvages et des chimères le long des microtubules. La kinésine conventionnelle (kinésine-1) se déplace vers l'extrémité plus d'un microtubule tandis que le ncd (kinésine-14, le domaine moteur C-terminal) se déplace dans l'autre direction. Des protéines artificielles (chimères), construites en échangeant les domaines moteurs des deux types de kinésine, permettent de montrer que la direction du mouvement dépend d'une région située à l'extérieur du domaine moteur.

un déplacement vers l'extrémité moins du microtubule en remplaçant le domaine moteur du ncd par celui de la kinésine. Dans ce deuxième cas, la délétion de deux résidus (Gly347, Asp348) immédiatement adjacents au domaine moteur change la direction de déplacement. Ces expériences confirment que la direction du mouvement des kinésines dépend des régions situées à proximité du domaine moteur plutôt que de ce domaine lui-même. Les structures cristallographiques de dimères de kinésine conventionnelle et de ncd obtenues plus récemment montrent clairement que ces deux kinésines possèdent des régions de connexion très différentes entre le domaine moteur et la superhélice responsable de la dimérisation (figure 5.19) [62].

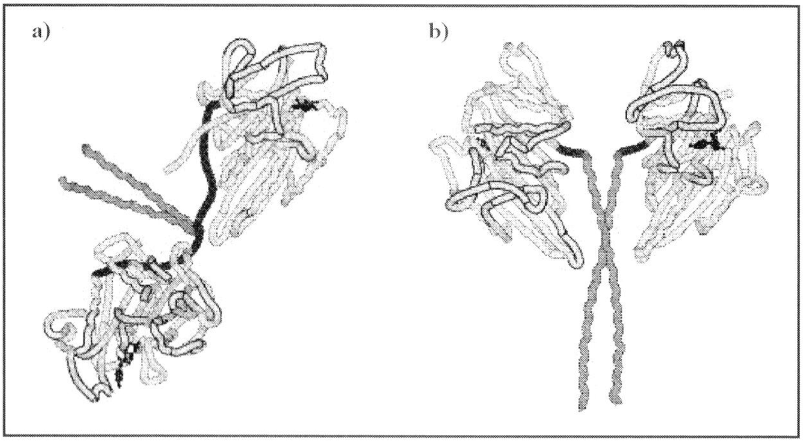

Figure 5.19. Position du domaine moteur dans les kinésines conventionnelle et ncd. **a)** N-kinésine : domaine moteur à l'extrémité N-terminale de la chaîne polypeptidique. **b)** C-kinésine : domaine moteur à l'extrémité C-terminale de la chaîne polypeptidique.

4. L'ATP synthase, le plus petit moteur moléculaire rotatif actuellement connu

4.1. Présentation de l'ATP synthase

L'ATP synthase est un complexe enzymatique ancré dans la membrane interne mitochondriale, la membrane photosynthétique chloroplastique et la membrane cytoplasmique bactérienne. Elle est donc présente dans tout le monde vivant, excepté les virus. Elle catalyse la condensation de l'ADP (adénosine diphosphate) et du phosphate inorganique en ATP (adénosine triphosphate), selon la réaction :

$$\text{adénosine-PO}_2^-\text{-O-PO}_2^-\text{-O}^- + \text{HPO}_4^{2-} + \text{H}^+$$
$$\rightleftarrows \text{adénosine-PO}_2^-\text{-O-PO}_2^-\text{-O-PO}_2^-\text{-O}^- + \text{H}_2\text{O} \quad (\text{à pH } 8).$$

Cette réaction est communément appelée « synthèse d'ATP ». La réaction inverse, l'hydrolyse de l'ATP, est couplée à un très grand nombre de processus biochimiques et fournit l'énergie nécessaire à ces processus. L'ATP est donc le carburant de la cellule, consommé en permanence, et constamment recyclé, en majeure partie par l'ATP synthase dans le cas des organismes pluricellulaires. Chaque jour, un homme au repos recycle une masse d'ATP de l'ordre de grandeur de sa masse corporelle. Dans l'ATP synthase, la réaction de synthèse d'ATP est couplée à un flux exergonique d'ions H^+ dépendant d'une différence transmembranaire de potentiel électrochimique, elle-même générée par des réactions d'oxydoréduction au niveau de la membrane (chaîne respiratoire ou chaîne photosynthétique). L'ATP synthase possède une partie membranaire appelée F_0 et une partie extrinsèque appelée F_1. La partie F_0 se comporte comme un canal conducteur aux protons, et la partie F_1 porte les sites de fixation de nucléotides, au nombre de six. Trois de ces sites sont catalytiques. Le rôle des trois sites non catalytiques est sujet à controverses. La partie F_1 isolée biochimiquement est capable d'hydrolyser l'ATP. On sait maintenant que l'ATP synthase est un moteur rotatif comprenant un rotor et un stator (figure 5.20).

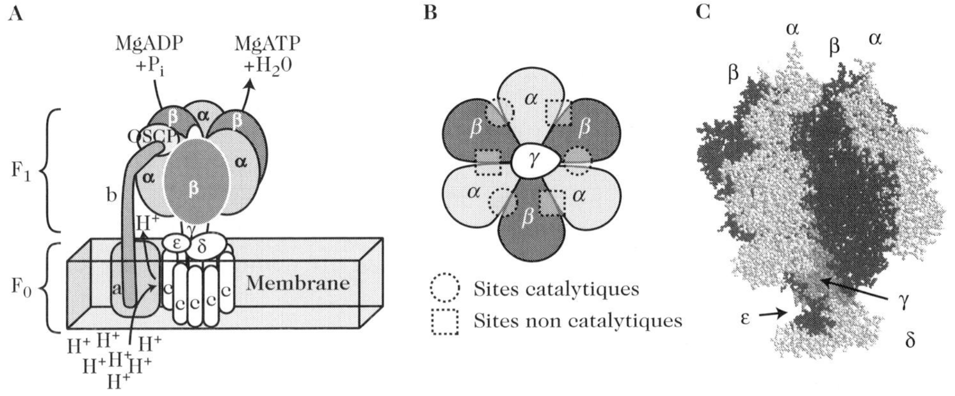

Figure 5.20. Architecture simplifiée de l'ATP synthase mitochondriale.
A. Disposition des différentes sous-unités. Toutes les sous-unités représentées ont un équivalent dans les ATP synthases bactérienne et chloroplastique, sauf ε. L'ATP synthase comprend une partie membranaire (F_0) et une partie extrinsèque (F_1) reliées par un pédoncule latéral. La structure de la partie extrinsèque est connue à une résolution atomique. Elle comprend un hétérohexamère de sous-unités α et β alternées en « quartiers d'orange », aux interfaces desquelles se trouvent les six sites de fixation de nucléotides et un axe central composé des sous-unités γ, δ et ε. La partie membranaire comprend la sous-unité a (appelée également sous-unité 6 dans la mitochondrie), une partie de la sous-unité b (sous-unité 4 dans la mitochondrie) et un anneau de plusieurs copies (10 dans la mitochondrie) de la sous-unité c (sous-unité 9 dans la mitochondrie). Le pédoncule comprend le reste de la sous-unité b, la sous-unité OSCP (nomenclature mitochondriale) et, dans le cas de la mitochondrie, d'autres sous-unités non représentées ici. La structure des sous-unités a et b n'est pas connue avec précision. Les sous-unités sont associées en deux sous-ensembles distincts, le rotor ($\gamma\delta\varepsilon c_{10}$, sous-unités en blanc) et le stator ($\alpha_3\beta_3$[OSCP]ab, sous-unités en gris ou noir). L'épaisseur de la membrane (environ 5 nm) donne l'échelle.
B. Disposition des sites catalytiques (○) et non catalytiques (□) dans l'hexamère $\alpha_3\beta_3$ vu de dessus.
C. Structure à haute résolution de la partie F_1 (image réalisée avec *Swiss PDB viewer* ; coordonnées atomiques du fichier *1E79* de la *Protein Data Bank*).

4.2. Comment l'ATP synthase a rejoint le club des moteurs moléculaires : histoire de deux sauts conceptuels

4.2.1. Un premier saut conceptuel : la théorie chimiosmotique

Les biochimistes ont longtemps recherché un hypothétique intermédiaire chimique entre les réactions d'oxydoréduction membranaires et la synthèse d'ATP.

Cette quête du Graal a été interrompue au début des années 1960 par le succès de la théorie chimiosmotique, qui a établi que l'intermédiaire recherché était en fait une circulation transmembranaire d'ions H^+. On a validé cette théorie notamment en montrant qu'on pouvait synthétiser de l'ATP à partir d'une différence de pH purement artificielle, obtenue en l'absence totale de réactions d'oxydoréduction.

4.2.2. Un deuxième saut conceptuel : de l'électrochimie à la nanomécanique

Les études biochimiques

D'innombrables études biochimiques et enzymologiques, jointes à des études topologiques et structurales [63], ont jeté les bases du mécanisme de l'ATP synthase [64] : mise en évidence de six sites de fixation de nucléotides, catalytiques et non catalytiques; identification des résidus protéiques les plus proches des nucléotides, puis structure des sites de fixation (figure 5.21) et de toute la partie extrinsèque ; mise en évidence du fonctionnement coopératif des sites catalytiques ; estimations de la stœchiométrie entre H^+ transportés et ATP synthétisé ; mise en évidence du fait que l'énergie récupérée par le transfert d'ions H^+ est principalement utilisée pour fixer l'ADP et/ou le phosphate et pour expulser l'ATP, et non pour l'étape chimique de synthèse d'ATP ; enfin, démonstration du fait que lors du fonctionnement de l'enzyme, un domaine particulier de la sous-unité γ interagit pendant une durée égale avec chacun des trois sites catalytiques. Cela a conduit à postuler un mécanisme rotatif qui a ensuite été démontré par des expériences en molécule unique.

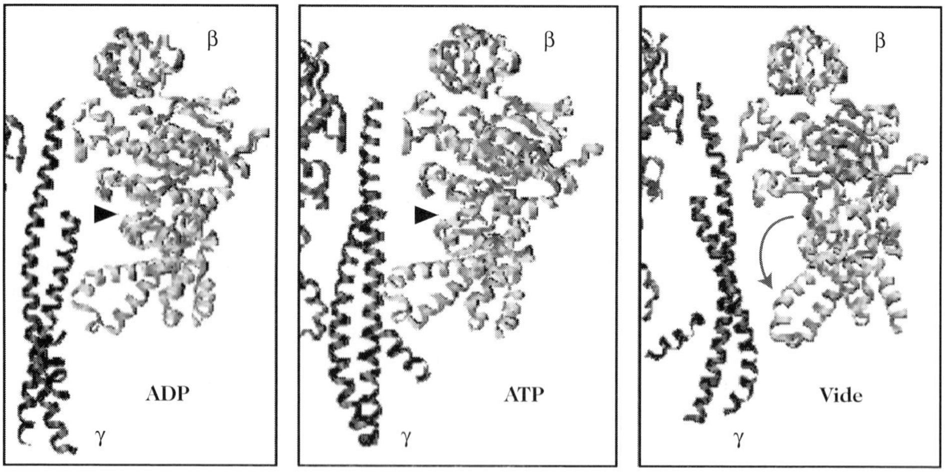

Figure 5.21. Conformations différentes des trois sous-unités β qui contribuent de façon majoritaire à la structure des sites catalytiques, dans le sous-complexe F_1 cristallisé. Chaque molécule de F_1 a un site catalytique rempli par l'ADP (à gauche), un site rempli par l'ATP (au milieu) et un site vide (à droite). L'emplacement où se fixe l'ATP ou l'ADP est indiqué par un triangle noir. La partie basse de la sous-unité β (côté membrane) interagit différemment avec γ selon l'occupation du site catalytique. Noter également l'ouverture du site catalytique vide (flèche). Cette structure est supposée donner un arrêt sur image des conformations successives rencontrées par chaque sous-unité β durant le cycle catalytique [63]. (Image réalisée avec *Swiss PDB viewer* ; coordonnées atomiques du fichier *1bmf* de la *Protein Data Bank*).

Les observations en molécule unique

La première observation de la rotation en molécule unique a été faite en 1994 dans le laboratoire de M. Yoshida, au Japon [65]. Un filament d'actine fluorescent avait été greffé à la base de la sous-unité γ de la partie extrinsèque d'une ATP synthase bactérienne, la partie supérieure de la couronne $\alpha_3\beta_3$ étant par ailleurs fixée sur un support. Une rotation du filament d'actine induite par l'hydrolyse d'ATP a pu alors être observée en microscopie. Elle s'effectuait dans le sens prévu par l'analyse cristallographique et était sensible à l'addition d'inhibiteur (figure 5.22). De nombreux raffinements ont été apportés plus tard à cette expérience. Tout d'abord, les expériences initialement réalisées sur la partie F_1 isolée ont été étendues à l'ATP synthase entière, en observant non plus la rotation de l'axe central de la partie F_1, mais celle de l'anneau des sous-unités c, qui forme la partie membranaire du rotor (voir les figures 5.20 et 5.24). Du point de vue détection, le changement majeur a été le remplacement du filament d'actine par un objet plus petit pour éviter d'être cinétiquement limité par la viscosité du solvant. Chaque perfectionnement a représenté une avancée importante dans la connaissance du mécanisme. Des exemples significatifs de ces avancées [66-68] sont indiqués dans la figure 5.23.

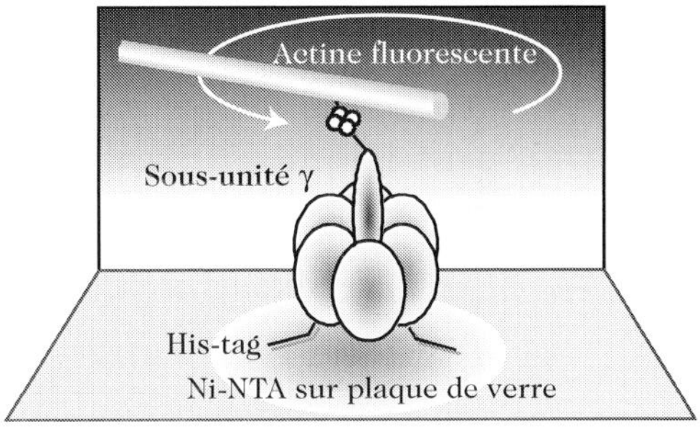

Figure 5.22. Premières expériences en molécule unique faites sur l'ATP synthase. Elles ont consisté à fixer l'enzyme sur un support par sa partie stator (sous-unités β) et à observer au microscope les mouvements d'un filament fluorescent d'actine greffé sur le rotor (sous-unité γ ou ε pour le sous-complexe F_1, sous-unités c pour le complexe F_0F_1). Le support était une plaque de verre recouverte d'une résine chargée en nickel ayant une forte affinité pour l'histidine. L'ancrage de l'enzyme était assuré par une étiquette polyhistidine introduite par mutagenèse à l'extrémité N-terminale des sous-unités β. L'introduction d'une cystéine sur le rotor a permis sa biotinylation, et donc sa fixation, *via* une molécule de streptavidine, au filament d'actine lui-même biotinylé. Ce filament avait une longueur comprise entre 1 et 2 μm. En présence d'ATP, sa rotation a pu être observée sur une faible proportion des molécules (environ 1 %). Elle s'effectue dans le sens inverse des aiguilles d'une montre vu d'en haut. Les vues successives du filament d'actine sont grossièrement schématisées à droite. À cause de l'amortissement dû aux frictions du filament d'actine avec le solvant, la rotation était lente et plus ou moins continue. Elle finissait par s'arrêter probablement à cause de frottements du filament d'actine sur le support [65].

Les expériences en molécule unique apportent donc des informations irremplaçables sur le mécanisme catalytique, en particulier sur la synchronisation des évènements sur les trois sites réactionnels. La plupart de ces expériences n'ont pas concerné la synthèse d'ATP, mais la réaction inverse d'hydrolyse. Cela est dû au fait que les techniques actuelles permettent très difficilement d'observer une molécule unique ancrée sur une membrane à travers laquelle est maintenue une force protomotrice. Deux publications seulement mentionnent une telle expérience. La première a utilisé une méthode assez indirecte (le FRET) pour visualiser les changements de position du rotor [69]. La seconde a nécessité de déconnecter l'hexamère $\alpha_3\beta_3$ du reste du stator, afin qu'il tourne en même temps que le rotor [70]. Dans ce dernier cas, il n'y a plus de déformation des sites catalytiques et l'enzyme tourne sans synthétiser d'ATP.

Les successeurs du filament d'actine	Les signaux détectés	Les informations nouvelles
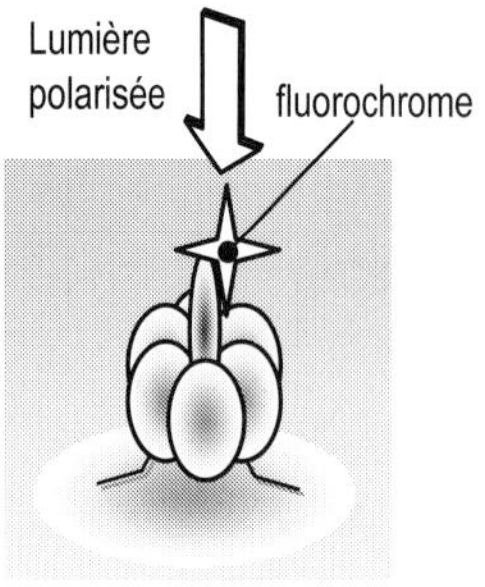 Marqueur fluorescent de petite taille fixé covalemment sur le rotor.	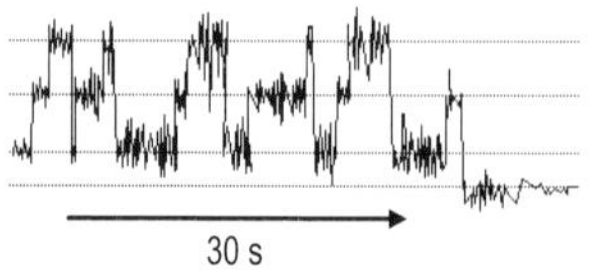 L'échantillon est éclairé par une lumière polarisée, et le signal mesuré est la **polarisation de fluorescence**. Durant l'hydrolyse de l'ATP, celle-ci prend trois valeurs discrètes qui se succèdent toujours dans le même ordre. Cela indique que le rotor passe par trois positions successives. La fréquence d'échantillonnage est rapide, de l'ordre de dix millisecondes.	**Interprétation :** la rotation s'effectue par paliers de 120 °, chaque palier correspondant à l'hydrolyse d'une molécule d'ATP. **Avantage de la technique :** la rotation n'est pas freinée est peut donc être observée dans des conditions plus proches du mode de fonctionnement normal. **Inconvénient** : l'observation d'un fluorochrome unique nécessite une lumière excitatrice très puissante, ce qui se traduit inévitablement par la destruction de la molécule fluorescente (photoblanchiment) au bout de quelques dizaines de secondes.
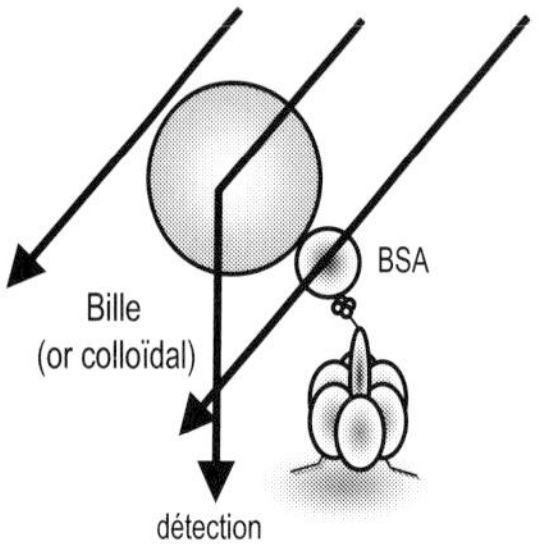 Bille d'or colloïdal fixée sur le rotor via une molécule de streptavidine et de BSA (= sérum-albumine).	 La lumière diffusée par la bille, détectée au microscope, permet de repérer de légères variations de position. 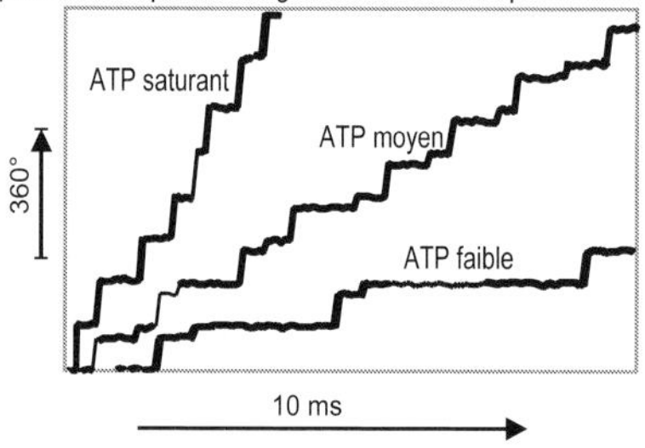 Ces variations de position sont traduites en déplacement angulaire.	**Information recueillie :** À concentration non saturante d'ATP, il est possible de subdiviser les étapes de rotation de 120 ° en deux sous-étapes, d'environ 80-90° et 40-30 °. Le délai moyen d'attente avant l'étape de 80-90 ° augmente quand la concentration d'ATP diminue. Le délai moyen d'attente avant l'étape de 40-30 ° (de l'ordre de la milliseconde) est indépendant de la concentration d'ATP. **Interprétation** : la fixation d'ATP induit une rotation de 80-90 °; une rotation de 40-30 ° se produit environ une milliseconde plus tard. Cette deuxième rotation accompagne l'hydrolyse d'ATP et/ou la libération de l'ADP et du phosphate.
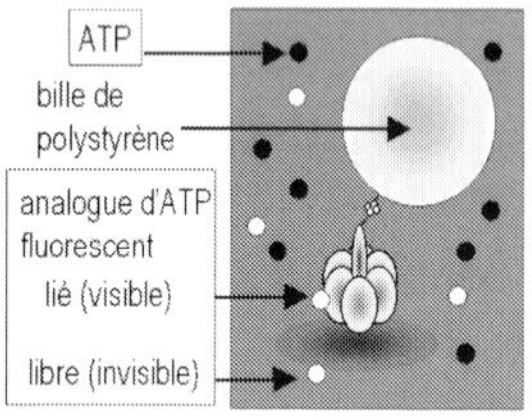 **Bille** : lumière diffusée. **Analogue fluorescent de l'ATP** : éclairé en lumière polarisée ; n'est visible que s'il est fixé et situé dans le plan de polarisation.	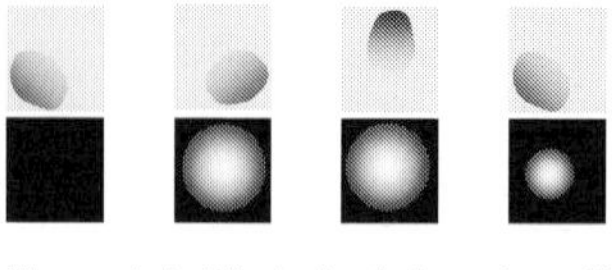 L'image de la bille (en haut) donne la position du rotor. La fluorescence (en bas) indique s'il y a un nucléotide fluorescent (ATP ou ADP) fixé, et s'il se trouve dans le plan de polarisation. Dans ce dernier cas, la lumière est plus forte. L'ATP fluorescent est dilué dans l'ATP non fluorescent pour qu'il n'y ait jamais plus d'un nucléotide fluorescent fixé à un moment donné.	**Informations recueillies :** La position du rotor détermine lequel des trois sites catalytiques est prêt à fixer l'ATP. La rotation de 80-90 ° s'effectue immédiatement après la fixation de l'ATP. Le rotor effectue deux tiers de tour entre le moment où une molécule d'ATP se fixe (donc apparaît) et le moment où elle est libéré sous forme d'ADP (donc disparaît). Lorsqu'une molécule d'ATP est fixée, elle est hydrolysée avant qu'une autre molécule d'ATP ne se fixe, mais l'ADP formé n'est pas libéré immédiatement.

Figure 5.23. Améliorations successives des observations en molécules uniques (d'après [66-68]).

Comment faire de l'ATP sans force protomotrice

Une des équipes japonaises spécialistes de la nanomécanique de l'ATP synthase est parvenue à actionner le rotor de façon complètement artificielle [71]. Pour cela, une nanobille magnétique a été greffée sur le rotor de l'ATP synthase, le stator étant immobilisé comme décrit précédemment. En appliquant un champ magnétique externe tournant dans un sens ou dans l'autre, une synthèse ou une hydrolyse d'ATP a été observée, selon le sens de rotation. Cette expérience n'était pas réalisée sur molécule unique, mais sur une population d'ATP synthases, le niveau d'ATP étant mesuré par une technique classique, la luminescence de la luciférine-luciférase. Il s'agit de la première démonstration du fait qu'il est possible de synthétiser de l'ATP de façon purement mécanique, en s'affranchissant de la force protomotrice.

4.3. Le mécanisme rotatif : état des lieux

Principes de base

L'ATP synthase comprend en fait deux moteurs moléculaires couplés. L'un est situé dans la partie extrinsèque et couple la rotation de l'axe central à la synthèse de l'ATP. L'autre, membranaire, est une turbine actionnée par le flux des protons. Nous allons examiner successivement le fonctionnement de ces deux moteurs en nous aidant d'une structure simplifiée (figure 5.24).

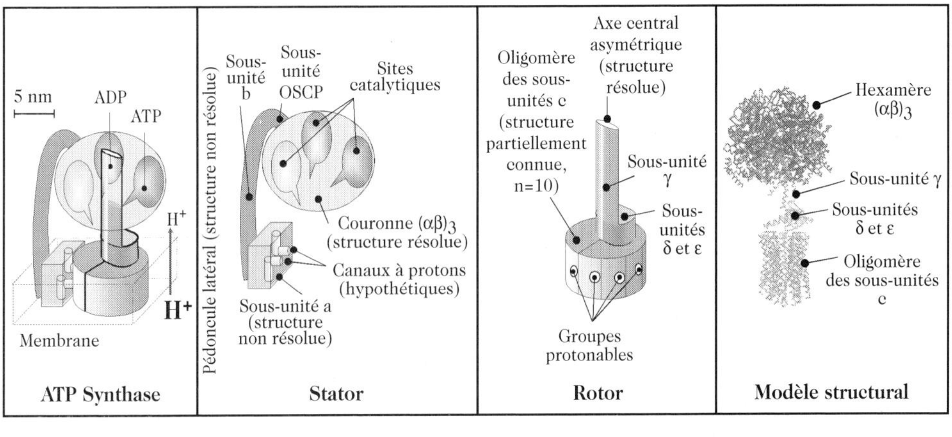

Figure 5.24. Représentation schématique d'une ATP synthase. Voir l'encadré 1.

Encadré 1. Représentation schématique d'une ATP synthase.
De gauche à droite de la figure 5.24 sont figurés le complexe entier, le stator, le rotor, et un modèle structural issu de l'analyse radiocristallographique.
À gauche, un élément de **membrane** est figuré. La membrane sépare deux compartiments entre lesquels est maintenue une différence de potentiel électrochimique du proton, symbolisée par deux symboles H^+ de taille différente. La flèche indique le sens spontané de migration des ions H^+.

Le schéma du **stator** montre une partie membranaire, une partie extrinsèque et un pédoncule latéral. Dans la sous-unité a sont figurés deux canaux à protons, dont l'existence est hypothétique. Chacun de ces canaux aurait une extrémité débouchant vers le milieu de la membrane, face à l'un des groupes protonables du rotor (voir le schéma voisin). L'autre extrémité déboucherait soit vers le compartiment du bas, soit vers celui du haut. Ainsi, ces deux canaux assureraient le cheminement des ions H^+ entre les compartiments délimités par la membrane et les groupes protonables du rotor, situés vers le milieu de la membrane.
Le schéma du **rotor** montre la partie membranaire constituée des sous-unités c. Chaque sous-unité c comporte un résidu protonable (aspartate dans les mitochondries et *E. coli*, glutamate dans le chloroplaste) situé au milieu de la membrane. La partie non membranaire forme un axe qui pénètre dans l'hexamère $\alpha_3 \beta_3$ du stator.

Dans le **modèle structural** (*1QO1* de la *Protein Data Bank*), seules les sous-unités α, β, γ, δ, ε et c sont visibles. Les sous-unités a, b et OSCP ont vraisemblablement été éliminées par la purification et/ou la cristallisation du complexe.

Fonctionnement de la partie catalytique

La synthèse de l'ATP est induite par la rotation de la sous-unité γ à l'intérieur de l'hexamère formé par les sous-unités α et β. La sous-unité γ est elle-même entraînée par le moteur membranaire. Du fait de son caractère asymétrique, la sous-unité γ déforme séquentiellement les trois sites catalytiques, les forçant successivement à fixer l'ADP et le phosphate et à expulser l'ATP. Un scénario plausible est présenté dans la figure 5.25.

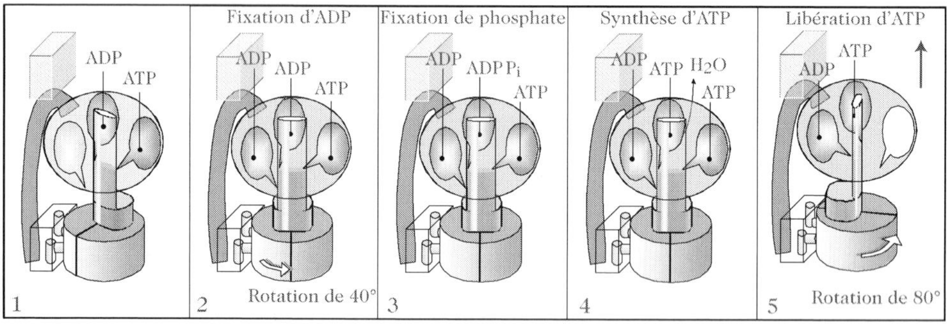

Figure 5.25. Couplage entre les mouvements du rotor et les différentes étapes de la synthèse de l'ATP. Voir l'encadré 2.

Encadré 2. Couplage entre les mouvements du rotor et les différentes étapes de la synthèse de l'ATP.
Le flux de protons à travers la partie membranaire du complexe n'est pas représenté sur la figure 5.25. Ce flux pousse le rotor dans le sens anti-horaire, mais celui-ci ne peut tourner que si les sites catalytiques sont dans certaines configurations. La rotation modifie les interactions entre l'axe central et les trois sites catalytiques, induisant des déformations séquentielles de ces sites qui modifient leur affinité pour les nucléotides. Le pédoncule latéral empêche l'hexamère $\alpha_3\beta_3$ de tourner en même temps que l'axe central. À partir des données enzymologiques, cristallographiques et

des observations de l'hydrolyse d'ATP en molécule unique, on peut proposer pour la synthèse d'ATP le scénario suivant :

- Dans l'état initial **(1)**, un site catalytique est occupé par une molécule d'ATP, un autre par une molécule d'ADP et le troisième est vide. Les deux premiers sites ont une configuration fermée et interagissent avec l'axe asymétrique du rotor. La position du rotor est stable.
- Une molécule d'ADP se fixe sur le site vide, modifiant sa conformation. Cela entraîne éventuellement des changements de conformation des sites non catalytiques adjacents (non représentés), voire, de proche en proche, des autres sites catalytiques. Mais cela est loin d'être démontré. Quoi qu'il en soit, ce changement de conformation débloque le rotor qui, mû par le flux de protons, tourne de 40°, aboutissant à l'état **(2)**. Les interactions du rotor avec les deux autres sites catalytiques sont modifiées.
- Avec cette nouvelle configuration, une molécule de phosphate inorganique (P_i) se fixe sur le site catalytique qui contenait initialement l'ADP, conduisant à l'état **(3)**. ADP et P_i forment spontanément une molécule d'ATP avec élimination d'une molécule d'eau. Cette étape, pratiquement iso-énergétique, ne nécessite aucun mouvement du rotor. On obtient l'état **(4)**.
- Ces nouveaux changements de conformation des sites catalytiques débloquent le rotor qui, entraîné par les protons, tourne de 80 °. Les interactions du rotor avec les sites catalytiques sont à nouveau modifiées, ce qui provoque l'expulsion d'une molécule d'ATP. On obtient l'état **(5)**, équivalent à l'état **(1)** à une rotation de 120 ° près. Un tiers de tour de rotor a donc abouti à la synthèse nette d'une molécule d'ATP dans le milieu, et le cycle peut continuer.

Fonctionnement du moteur membranaire

Le fonctionnement de la turbine membranaire actionnée par les protons est beaucoup plus spéculatif, notamment par manque de données structurales. Il existe cependant un modèle qui, sans faire l'unanimité, constitue une bonne hypothèse de travail (figure 5.26). Il fait intervenir deux acteurs : le mouvement brownien et l'incompatibilité entre charges électriques et milieu apolaire [72].

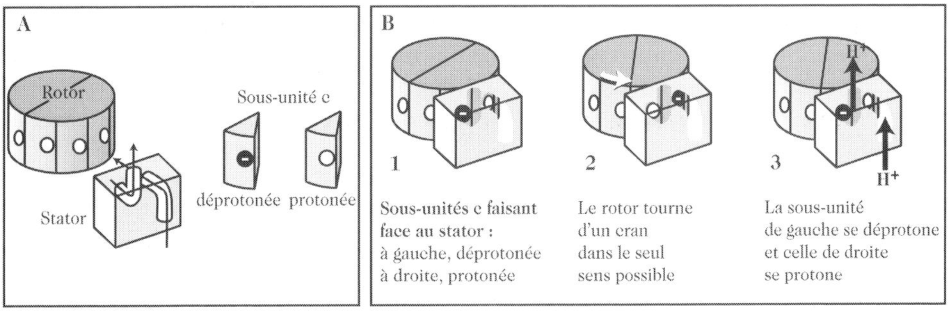

Figure 5.26. Mécanisme possible de la turbine membranaire. Voir l'encadré 3.

Encadré 3. Mécanisme possible de la turbine membranaire.
A. Voir la figure 5.26. Dissection de la partie membranaire montrant le stator et ses deux canaux à protons putatifs, ainsi que l'anneau des sous-unités c, qui peuvent être protonées ou déprotonées. La membrane (non représentée ici) sépare un compartiment inférieur, riche en ions H^+, d'un compartiment supérieur, pauvre en ions H^+, qui baigne la partie extrinsèque de l'ATP synthase.
B. Étapes de la rotation. Dans l'état **(1)**, le groupe protonable (carboxyle) communiquant avec le compartiment supérieur est maintenu déprotoné, donc chargé négativement. Celui communiquant avec le compartiment inférieur est protoné, donc neutre. Les autres groupes protonables, qui baignent dans la matrice lipidique, sont protonés. L'agitation brownienne tend à faire tourner le rotor de façon aléatoire. Cependant, la rotation dans le sens des aiguilles d'une montre est impossible du point de vue énergétique, car elle amènerait une charge négative face à la phase lipidique de très faible constante diélectrique. En revanche, la rotation dans l'autre sens est permise. Elle conduit à l'état **(2)**, amenant la charge négative en face du canal communiquant avec le compartiment inférieur. Un groupe protoné (neutre) se retrouve face au canal communiquant avec le compartiment supérieur. Puis, du fait des activités en ions H^+ des deux compartiments, le groupe chargé négativement se protone et le groupe voisin se déprotone, donnant l'état **(3)**. L'état **(3)** est analogue à l'état **(1)** après rotation d'un cran et le processus continue. Après un tour complet de la turbine, un nombre d'ions H^+ égal au nombre de sous-unités c a traversé la membrane. En dehors de l'existence des deux canaux conducteurs des ions H^+, ce modèle est très économe en hypothèses. D'autres phénomènes peuvent cependant jouer un rôle dans la rotation, comme par exemple des changements de conformation de la sous-unité c selon leur état de protonation. De tels changements ont été mis en évidence par RMN sur la sous-unité c isolée sous forme monomérique.

4.4. Liens entre thermodynamique, cinétique et nanomécanique

4.4.1. Énergie mécanique produite (consommée) par l'hydrolyse (la synthèse) d'ATP

Il est possible de calculer le couple mécanique maximal que peut produire l'hydrolyse d'une molécule d'ATP (ou, ce qui revient au même, le couple à appliquer pour synthétiser une molécule d'ATP). L'énergie produite par l'hydrolyse d'ATP (appelée « potentiel phosphate » dans le jargon des bioénergéticiens) est en effet :

$$\Delta G_p = \Delta G_0' - 2{,}3RT\log\frac{[ATP]}{[ADP]\,[P_i]} \quad \text{(par convention, l'énergie produite est négative)}$$

Dans des conditions expérimentales courantes ([ATP] = 2 mM, [ADP] = 10 μM, [Pi] = 1 mM), et à pH 7 et 20 °C, où $\Delta G_0' = -30\,\text{kJ}\cdot\text{mole}^{-1}$, on obtient $\Delta G = -60{,}7\ 30\,\text{kJ}\cdot\text{mole}^{-1}$, ce qui représente 10^{-19} J par molécule. Cette énergie devra faire tourner le rotor de 120°. Le couple qui s'appliquera alors sera donc : $\tau = \frac{3}{2\pi}10^{-19}\ \text{J} = 4{,}8\ 10^{-20}\ \text{J}$, soit encore 48 pN.nm.
Les expériences de rotation avec le filament d'actine ont permis d'estimer, par une méthode totalement différente, le couple exercé par l'hydrolyse d'une molécule d'ATP. Celui-ci a été calculé à partir de la vitesse moyenne de rotation du filament

et de ses propriétés hydrodynamiques supposées. Les valeurs obtenues sont de quelques dizaines de pN.nm [65], ce qui est du même ordre de grandeur que la valeur issue du calcul thermodynamique.

4.4.2. Étapes énergétiques

De nombreuses expériences enzymologiques ont suggéré que, lors de la synthèse d'ATP, les étapes réactionnelles utilisant l'énergie de la force protomotrice n'étaient pas la synthèse d'ATP, mais la fixation des substrats et la libération du produit [64]. Cela est corroboré par les expériences d'hydrolyse d'ATP en molécule unique, où les mouvements de rotation apparaissent couplés à la fixation d'ATP et à la libération d'ADP, mais pas à la réaction d'hydrolyse elle-même, qui pourrait être mécaniquement silencieuse [67, 68].

4.4.3. Un vieux problème revisité : la stœchiométrie H^+/ATP

Détermination thermodynamique

La stœchiométrie entre ions H^+ transportés et molécules d'ATP synthétisé a toujours été considérée comme étant un paramètre mécanistique important à connaître. La méthode la plus fréquemment employée pour l'estimer est thermodynamique. À l'équilibre entre synthèse et hydrolyse d'ATP, le ΔG global de la synthèse d'ATP et du transport des protons doit être nul, soit :

$$\Delta G_p + n\Delta\tilde{\mu}_{H_+} = 0$$

où ΔG_p est le « potentiel phosphate » défini plus haut, $\Delta\tilde{\mu}_{H_+}$ la différence de potentiel électrochimique du proton, et n cette fameuse stœchiométrie H^+/ATP.
Si $\Delta G>0$, on a synthèse nette d'ATP, et si $\Delta G<0$, on a hydrolyse d'ATP. On voit donc que plus n est élevé, plus la synthèse d'ATP est thermodynamiquement favorisée, ce qui est logique, puisque le système additionne l'énergie due au transfert de n ions H^+ pour synthétiser une seule molécule d'ATP. La force thermodynamique $\Delta\tilde{\mu}_{H_+}$ est donnée par la formule :

$$\Delta\tilde{\mu}_{H_+} = F\Delta\psi - 2{,}3RT\Delta pH$$

où $\Delta\psi$ est la différence de potentiel électrique transmembranaire et ΔpH la différence de pH transmembranaire. Les expériences pour déterminer n, qui se font généralement dans des mitochondries ou des chloroplastes, plus rarement dans des vésicules artificielles, consistent à se placer dans des conditions où le flux de protons produit par la chaîne de transfert d'électrons est exactement contrebalancé par les fuites membranaires, ce qui fait qu'aucun flux net de protons ne traverse les ATP synthases, qui sont donc à l'équilibre thermodynamique ($\Delta G=0$). On mesure alors ΔG_p (ce qui est relativement aisé) et $\Delta\tilde{\mu}_{H_+}$ (ce qui est extrêmement difficile) et on en déduit n. Les valeurs obtenues pour n ont été âprement discutées. Les valeurs les plus plausibles (obtenues par cette méthode ou par d'autres méthodes fonctionnelles tout aussi difficiles à mettre en œuvre) donnent environ 3 pour l'ATP synthase mitochondriale et environ 4 pour l'ATP synthase chloroplastique.

Stœchiométrie H^+/ATP et nombre de sous-unités c

Maintenant que l'on connaît mieux le mécanisme des ATP synthases, la signification structurale de la stœchiométrie H^+/ATP saute aux yeux. En effet, comme il y a trois sites catalytiques, le nombre de molécules d'ATP synthétisées par tour de roue est trois. Quant au nombre d'ions H^+ transportés par tour, il est selon toute vraisemblance égal au nombre de sous-unités c dans la turbine. La stœchiométrie H^+/ATP doit donc être égale au tiers du nombre de sous-unités c. Le nombre de sous-unités c a été déterminé dans un petit nombre de cas par des études structurales. Il est de 10 dans la mitochondrie de *S. cerevisiae* [73], de 14 dans le chloroplaste de *S. oleracea* [74], probablement de 10 dans la bactérie *E.coli* [75] et de 11 dans une autre bactérie, *I. tartaricus*, dont l'ATP synthase fonctionne avec des ions Na^+ au lieu d'ions H^+ [76]. Cela nous donnerait des stœchiométries H^+/ATP (ou Na^+/ATP) de 3,33 pour la mitochondrie, 4,67 pour le chloroplaste, 3,33 pour *E. coli* et 3,67 pour *I. tartaricus*. La comparaison avec les mesures thermodynamiques montre que les bioénergéticiens classiques n'ont pas si mal travaillé. Notons au passage que la stœchiométrie H^+/ATP déduite de la structure n'est jamais entière dans les cas étudiés ici.

Y a-t-il un intérêt à ce que le nombre de sous-unités c ne soit pas un multiple de trois ?

Selon plusieurs auteurs, le fait que le nombre de sous-unités c de l'ATP synthase ne soit pas un multiple de 3 augmenterait les performances cinétiques de l'enzyme, en évitant que les positions de repos de l'axe central γ dans la couronne $\alpha_3\beta_3$ ne coïncident trop souvent avec celles de l'anneau des sous-unités c dans la membrane. Cette coïncidence se traduit en effet par un puits d'énergie, et donc, en fin de compte, par une énergie d'activation élevée et une faible vitesse de réaction. Ce concept est illustré dans la figure 5.27 par un modèle mécanique simple basé sur une rotation discontinue (la déformation des sites catalytiques et la synthèse d'ATP ne sont pas représentées).

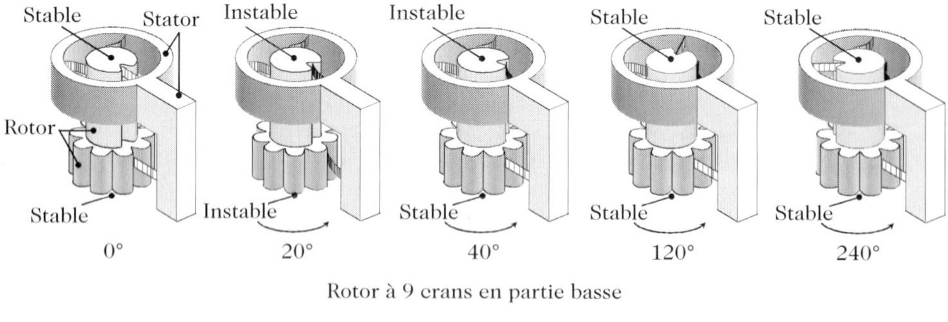

Figure 5.27. Modèle mécanique de l'ATP synthase figurant une rotation discontinue. Voir l'encadré 4.

Encadré 4. Modèle mécanique de l'ATP synthase figurant une rotation discontinue. Les positions stables, cause de la discontinuité, sont assurées par des échancrures du rotor où s'insère une lame élastique (voir la figure 5.27). Les trois lames du haut correspondent aux sites catalytiques, donnant trois positions de repos correspondant aux pauses observées sur molécule unique lors de l'hydrolyse d'ATP à substrat saturant. La lame du bas figure la zone de contact entre la partie membranaire du stator et l'anneau des sous-unités c. Le nombre d'échancrures en partie basse, qui donne le nombre de positions de repos, est égal au nombre de sous-unités c. On part d'une position dite « 0 ° » où la partie haute (extrinsèque) et la partie basse (membranaire) sont chacune stabilisée par un couple lame-échancrure. Dans le modèle présent dit « à neuf crans », où les crans de la partie basse sont de 40 °, cette double position de repos, particulièrement stable, se retrouvera après une rotation de 120 ° et une rotation de 240 °, c'est-à-dire trois fois par tour.

Dans le cas d'un rotor possédant dix crans de 36 °, ni une rotation de 3 crans (108 °), ni une rotation de 4 crans (144 °) de la partie basse ne correspondrait à une position stable en partie haute. Il faudrait attendre un tour complet pour que les deux positions stables coïncident à nouveau. La diminution de la fréquence de cette position doublement stable rend la rotation plus facile. On pourrait s'imaginer que l'effort nécessaire pour déformer les lames élastiques a un coût énergétique et diminue le rendement de l'opération. En fait, il n'en est rien, l'existence des positions de repos n'affectant que le temps nécessaire pour effectuer un tour. Il faut postuler que la déformation de ces lames imaginaires est générée par l'agitation brownienne, ce qui rend compte du fait bien connu que la vitesse croît avec la température.

Même si ce principe d'optimisation cinétique est séduisant, il faut rester prudent, car tout d'abord le nombre de sous-unités c n'est connu que pour un petit nombre d'ATP synthases. Ensuite, il est établi, au moins pour *E. coli*, que la tige latérale reliant les deux parties du stator est flexible. Cela implique que la partie extrinsèque du stator pourrait transitoirement tourner en tirant sur la tige, avant d'être rappelée en arrière et subir alors la déformation des sites catalytiques. L'axe central serait aussi légèrement élastique. Cela peut suffire à désynchroniser les positions de repos des parties membranaire et extrinsèque, quel que soit le nombre de sous-unités c.

Stœchiométrie H^+/ATP et démultiplication. Le problème des ATPases de type V

Une stœchiométrie H^+/ATP élevée favorise thermodynamiquement la synthèse d'ATP au détriment de l'hydrolyse. Cette règle est facile à transposer en termes mécaniques. Un nombre élevé de sous-unités c démultiplie fortement le couple généré par la force protomotrice, ce qui aide à forcer la déformation des sites catalytiques dans le sens de la synthèse d'ATP, même en présence du produit de la réaction, dont la refixation et l'hydrolyse poussent le rotor en sens inverse. Ce principe de cycliste s'applique également à la vaste famille des ATPases de type V, moteurs moléculaires structuralement et mécanistiquement proches des ATP synthases, mais dont la fonction est de créer une force protomotrice en hydrolysant de l'ATP. L'utilisation de cette force protomotrice est extrêmement variée : accumulation de neurotransmetteurs dans des vésicules présynaptiques, création d'un potentiel de membrane dans certaines cellules épithéliales, acidification interne des vésicules d'endocytose ou d'exocytose, etc. Qu'en est-il de la stœchiométrie H^+/ATP des V-ATPases ? Peu d'estimations fiables sont disponibles, mais la tendance générale est qu'elle serait plus faible que pour les ATP synthases, ce qui va bien dans le sens de favoriser l'hydrolyse d'ATP. Les V-ATPases possèdent également trois sites catalytiques, et on admettait généralement que leur rotor possédait seulement 6 segments protonables, contre 10-14 pour les ATP synthases. Ainsi, tout le monde était heureux. Ce bonheur fragile vient d'être remis en cause par une publication montrant que le rotor de la V-ATPase à Na^+ de la bactérie *Enterococcus hirae* comportait en fait 10 segments protonables [77]. Cette V-ATPase bactérienne est-elle une exception ? C'est peu probable. Il nous faut peut-être conclure (provisoirement) que le sens préférentiel de fonctionnement des ATP synthases et V-ATPases n'est pas dicté par la thermodynamique, mais par la cinétique, ainsi que par des mécanismes de régulation (voir plus loin).

5. En guise de conclusion

Les ATP synthases (et les V-ATPases) sont des enzymes extraordinaires, car elles couplent un processus électrochimique (transfert d'ions H^+) à une réaction chimique (synthèse d'ATP) par un processus mécanique qui est resté longtemps invisible. Elles sont un cas d'école pour qui veut aborder la thermodynamique et la cinétique à un niveau microscopique et faire le lien avec la nanomécanique. L'approche en molécule unique, qui apporte des informations irremplaçables, ouvre des percées majeures pour la compréhension du mécanisme. Cependant, le terrain avait été bien préparé par plus de trente ans d'expériences biochimiques et enzymologiques, approches qui restent évidemment d'actualité.
Quels sont les problèmes qui restent à résoudre ? Nous n'en citerons que quelques-uns :

- Le mécanisme de la partie F_1 commence à sortir de l'ombre, mais le détail du cycle catalytique et de la propagation des mouvements entre les différentes sous-unités n'est pas connu. Le rôle des trois sites non catalytiques est extrêmement controversé et reste donc un mystère.
- Le secteur F_0 reste une boîte noire, dont la structure demeure hypothétique. Les ATP synthases mitochondriales possèdent en outre des sous-unités supplémentaires dont l'étude structurale et topologique est en cours. Pour la plupart, elles sont vraisemblablement associées au pédoncule externe. Leur rôle est discuté.
- Enfin, bien que les ATP synthases soient des machines réversibles, il existe des mécanismes qui régulent, voire interdisent, totalement l'hydrolyse de l'ATP en l'absence de force protomotrice. Ces mécanismes ne sont pas les mêmes dans les ATP synthases mitochondriales, chloroplastiques et bactériennes. Ils sont étudiés depuis longtemps, mais les connaissances actuelles obligent à les interpréter en termes mécaniques. Dans certains cas (chloroplastes, certaines bactéries), une sous-unité constitutive pourrait agir comme un « cliquet moléculaire » [78]. Dans d'autres cas (mitochondries), un peptide inhibiteur soluble se coince à l'interface catalytique $\alpha\beta$ quand l'enzyme commence à hydrolyser l'ATP, et il en est éjecté par l'application d'une force protomotrice. La relation entre les changements de conformation de l'enzyme, la fixation du peptide inhibiteur et le blocage du mécanisme de rotation est complexe [79]. Toutes ces régulations, dont le mécanisme moléculaire en est au niveau du dégrossissage, sont intensivement étudiées. Leur élucidation est nécessaire pour comprendre vraiment ces fascinantes nanomachines que sont les ATP synthases.

Bibliographie

[1] Pawson T. et Nash P., *Science*, **300**, 445-452 (2003).

[2] Feynman R.P., Annual Meeting of the American Physical Society (1959) ; http://www.zyvex.com/nanotech/feynman.html

[3] Lowe C.R., *Curr. Opin. Struct. Biol.*, **10**, 428-434 (2000).

[4] Bray D., *Cell Movements*, Garland (2000).

[5] Lauffenburger D.A. et Horwitz A.F., *Cell*, **84**, 359-369 (1996).

[6] Euteneuer U. et Schliwa M., *Nature*, **310**, 58-61 (1984).

[7] Small J.V., Herzog M., Anderson K., *J. Cell Biol.*, **129**, 1275-1286 (1998).

[8] Ponti A., Machacek M., Gupton S.L., Waterman-Storer C.M., Danuser G., *Science*, **305**, 1782-1786 (2004).

[9] Holmes K.C., Popp D., Gebhard W., Kabsch W., *Nature*, **347**, 44-49 (1990).

[10] Pantaloni D., Le Clainche C., Carlier M.-F., *Science*, **292**, 1502-1506 (2001).

[11] Loisel T.P., Boujemaa R., Pantaloni D., Carlier M.-F., *Nature*, **401**, 613-616 (1999).

[12] Romero S., Le Clainche C., Didry D., Egile C., Pantaloni D., Carlier M.-F., *Cell*, **119**, 419-429 (2004).

[13] Gerbal F., Laurent V., Ott A., Carlier M.-F., Chaikin P., Prost J., *Eur. Biophys. J.*, **29**, 134-140 (2000).

[14] Wiesner S., Helfer E., Didry D., Ducouret G., Lafuma F., Carlier M.-F., Pantaloni D., *J. Cell Biol.*, **160**, 387-398 (2003).

[15] McGrath J.L., Eundamrong N.J., Fisher C.I., Peng F., Mahadevan L., Mitchison T.J., Kuo S.C., *Curr. Biol.*, **13**, 329-332 (2003).

[16] Evans E. et Rawicz W., *Phys. Rev. Lett.*, **64**, 2094-2097 (1990).

[17] Upadhyaya A., Chabot J.R., Andreeva A., Samadini A., van Oudenaarden A., *Proc. Natl. Acad. Sci. USA*, **100**, 4521-4526 (2003).

[18] Giardini P.A., Fletcher D.A., Theriot J., *Proc. Natl. Acad. Sci. USA*, **100**, 6493-6498 (2003).

[19] Boukellal H., Campas O., Joanny J.-F., Prost J., Sykes C., *Phys. Rev. E*, **69**, 061906-1–061906-4 (2004).

[20] Marcy Y., Prost J., Carlier M.-F., Sykes C., *Proc. Natl. Acad. Sci. USA*, **101**, 5992-5997 (2004).

[21] Upadhyaya A. et van Oudenaarden A., *Curr. Biol.*, **13**, R734-R744 (2003).

[22] ARNOLD M., CAVALCANTI-ADAM E.A., GLASS R., BLUMMEL J., ECK W., KANTLEHNER M., KESSLER H., SPATZ J.P., *Chemphyschem*, **5**, 383-388 (2004).

[23] PESKIN C.S., ODELL G.M., OSTER G.F., *Biophys. J.*, **65**, 316-324 (1993).

[24] GOLDBERG M.B. et THERIOT J.A., *Proc. Natl. Acad. Sci. USA*, **92**, 6572-6576 (1995).

[25] MOGILNER A. et OSTER G., *Biophys. J.*, **71**, 3030-3045 (1996).

[26] MOGILNER A. et OSTER G., *Biophys. J.*, **84**, 1591-1605 (2003).

[27] CARLSSON A.E., *Biophys. J.*, **81**, 1907-1923 (2001).

[28] CARLSSON A.E., *Biophys. J.*, **84**, 2907-2918 (2003).

[29] GERBAL F., NOIREAUX V., SYKES C., JÜLICHER F., CHAIKIN P., OTT A., PROST J., GOLSTEYN R.M., FRIEDERICH E., LOUVARD D., LAURENT V., CARLIER M.-F., *PRAMANA-J. Phys.*, **53**, 155-170 (1999).

[30] GERBAL F., CHAIKIN P., RABIN Y., PROST J., *Biophys. J.*, **79**, 2259-2275 (2000).

[31] LASA I., GOUIN E., GOETHALS M., VANCOMPERNOLLE K., DAVID V., VANDEKERCKHOVE J., COSSART P., *EMBO J.*, **16**, 1531-1540 (1997).

[32] BERNHEIM-GROSSWASSER A., WIESNER S., GOLSTEYN R.M., CARLIER M.-F., SYKES C., *Nature*, **417**, 308-311 (2002).

[33] LIMOZIN L., BÄRMANN M., SACKMANN E., *Eur. Phys. J. E*, **10**, 319-330 (2003).

[34] MIYATA H., NISHIYAMA S., AKASHI K., KINOSITA K. Jr, *Proc. Natl. Acad. Sci. USA*, **96**, 2048-2053 (1999).

[35] LUDUENA R.F., *Int. Rev. Cytol.*, **178**, 207-275 (1998).

[36] BALDAUF S.L., ROGER A.J., WENK-SIEFERT I., DOOLITTLE W.F., *Science*, **290**, 972-977 (2000).

[37] Myosin Homepage, http ://www.mrc-lmb.cam.ac.uk/myosin/myosin.html.

[38] Kinesin Homepage, http://www.proweb.org/kinesin/

[39] HOWARD J., *Ann. Rev. Physiol.*, **58**, 703-729 (1996).

[40] SVOBODA K. et BLOCK S.M., *Cell*, 77, 773-784 (1994).

[41] NISHIYAMA M., MUTO E., INOUE Y., YANAGIDA T., HIGUCHI H., *Nat. Cell Biol.*, **3**, 425-428 (2001).

[42] FUNATSU T., HARADA T., TOKUNAGA M., SALTO K., YANAGIDA T., *Nature*, **374**, 555-559 (1995).

[43] YILDIZ A., TOMISHIGE M., VALE R.D., SELVIN P.R., *Science*, **303**, 676-678 (2004).

[44] DE LA CRUZ E.M., WELLS A.L., ROSENFELD S.S., OSTAP E.M., SWEENEY H.L., *Proc. Natl. Acad. Sci. USA.*, **96**, 13726-13731 (1999).

[45] MEHTA A.D., RIEF M., SPUDICH J.A., SMITH D.A., SIMMONS R.M., *Science*, **283**, 1689-1695 (1999).

[46] Walker M.L., Burgess S.A., Sellers J.R., Wang F., Hammer J.A., Trinick J., Knight P.J., *Nature*, **405**, 804-807 (2000).

[47] Yildiz A., Forkey J.N., McKinney S.A., Ha T., Goldman Y.E., Selvin P.R., *Science*, **300**, 2061-2065 (2003).

[48] Churchman L.S., Okten Z., Rock R.S., Dawson J.F., Spudich J.A., *Proc. Natl. Acad. Sci. USA*, **102**, 1419-1423 (2005).

[49] Lister I., Roberts R., Schmidt S., Walker M., Trinick J., Viegel C., Buss F., Kendrick-Jones J., *Biochem. Soc. Trans.*, **32**, 685-688 (2004).

[50] Yildiz A., Park H., Safer D., Yang Z., Chen L.-Q., Selvin P.R., Sweeney H.L., *J. Biol. Chem.*, **279**, 37223-37226 (2004).

[51] Rock R.S., Ramamurthy B., Dunn A.R., Beccafico S., Rami B.R., Morris C., Spink B.J., Franzini-Armstrong C., Spudich J.A., Sweeney H.L., *Mol. Cell*, **17**, 603-609 (2005).

[52] Okten Z., Churchman L.S., Rock R.S., Spudich J.A., *Nat. Struct. Mol. Biol.*, **11**, 884-887 (2004).

[53] Sablin E.P., Kull F.J., Cook R., Vale R.D., Fletterick R.J., *Nature*, **380**, 550-555 (1996).

[54] Kull F.J., Sablin E.P., Lau R., Fletterick R.J., Vale R.D., *Nature*, **380**, 555-559 (1996).

[55] Rayment I., Rypniewski W.R., Schmidt-Base K., Smith R., Tomchick D.R., Benning M.M., Winkelmann D.A., Wesenberg G., Holden H.M., *Science*, **261**, 50-58 (1993).

[56] Sablin E.P. et Fletterick R.J., *Curr. Op. Struct. Biol.*, **11**, 716-724 (2001).

[57] Houdusse A., Szent-Györgyi A.G., Cohen C., *Proc. Natl. Acad. Sci.*, **97**, 11238-11243 (2000).

[58] Menetrey J., Bahloul A., Wells A.L., Yengo C.M., Morris C.A., Sweeney H.L., Houdusse A., *Nature*, **435**, 779-785 (2005).

[59] Arnal I., Metoz F., Debonis S., Wade R.H., *Curr. Biol.*, **6**, 1265-1270 (1996).

[60] Henningsen U., Schliwa M., *Nature*, **389**, 93-95 (1997).

[61] Endow S.A., Waligora K.W., *Science*, **281**, 1200-1202 (1998).

[62] Wade R.H. et Kozielski F., *Nat. Struct. Biol.*, **7**, 456-460 (2000).

[63] Abrahams J.P., Leslie A.G., Lutter R., Walker J.E., *Nature*, **370**, 621-628 (1994).

[64] Boyer P.D., *Biochim. Biophys. Acta.*, **1140**, 215-250 (1993).

[65] Noji H., Yasuda R., Yoshida M., Kinosita K. Jr, *Nature*, **386**, 299-302 (1997).

[66] Adachi K., Yasuda R., Noji H., Itoh H., Harada Y., Yoshida M., Kinosita K. Jr, *Proc. Natl. Acad. Sci. USA*, **97**, 7243-7247 (2000).

[67] Yasuda R., Noji H., Yoshida M., Kinosita K. Jr, Itoh H., *Nature*, **410**, 898-904 (2001).

[68] NISHIZAKA T., OIWA K., NOJI H., KIMURA S., MUNEYUKI E., YOSHIDA M., KINOSITA K. Jr, *Nat. Struct. Mol. Biol.*, **11**, 142-148 (2004).

[69] STEIGMILLER S., ZIMMERMANN B., DIEZ M., BÖRSCH M., GRÄBER P., *Bioelectrochemistry*, **63**, 79-85 (2004).

[70] ZHANG Y., WANG J., CUI Y., YUE J., FANG X., *Biochem. Biophys. Res. Commun.*, **331**, 370-374 (2005).

[71] ITOH H., TAKAHASHI A., ADACHI K., NOJI H., YASUDA R., YOSHIDA M., KINOSITA K. Jr, *Nature*, **427**, 465-468 (2004).

[72] JUNGE W., LILL H., ENGELBRECHT S., *Trends Biochem Sci.* **22**, 420-423 (1997).

[73] STOCK D., LESLIE A.G., WALKER J.E., *Science*, **286**, 1700-1705 (1999).

[74] SEELERT H., POETSCH A., DENCHER N.A., ENGEL A., STAHLBERG H., MÜLLER D.J., *Nature*, **405**, 418-429 (2000).

[75] JIANG W., HERMOLIN J. et FILLINGAME R.H., *Proc. Natl Acad. Sci. USA*, **98**, 4966-4971 (2001).

[76] STAHLBERG H., MÜLLER D.J., SUDA K., FOTIADIS D., ENGEL A., MEIER T., MATTHEY U., DIMROTH P., *EMBO Rep.*, **2**, 229-233 (2001).

[77] MURATA T., YAMATO I., KAKINUMA Y., LESLIE A.G., WALKER J.E., *Science*, **308**, 654-659 (2005).

[78] FENIOUK B., JUNGE W., *FEBS Lett.*, **579**, 5114-5118 (2005).

[79] CORVEST V., SIGALAT C., VENARD R., FALSON P., MUELLER D.M., HARAUX F., *J. Biol. Chem.*, **280**, 9927-9936 (2005).

CHAPITRE

6

SÉLECTION D'APTAMÈRES PAR ÉVOLUTION DARWINIENNE

Fabien CHAUVEAU*, Carine PESTOURIE†, Frédéric DUCONGÉ‡, Bertrand TAVITIAN§

« Rien en biologie ne fait sens si ce n'est au regard de l'évolution »
Theodosius Dobzhansky (1900-1975) [1].

Tout objet technique est défini par une structure à laquelle sont liés des propriétés, une fonction et un mode de fabrication. Un objet biologique est donc 1) une structure biochimique, organique ou à base organique, 2) qui possède une ou des propriétés biologiques (reconnaissance, structure, transformation...), 3) qui assure une fonction spécifique et 4) qui est fabriquée par un procédé biologique. Un nano-objet biologique est un objet biologique de dimension nanométrique, ce qui sous-entend qu'il s'agit d'une macromolécule ou d'un assemblage de macromolécules (diamètre d'une molécule d'hémoglobine : 6,5 nm).
En apprivoisant les enzymes qui produisent les macromolécules, les biotechnologies permettent aujourd'hui de créer ou de façonner des nano-objets biologiques via des procédés de fabrication très proches des mécanismes naturels de synthèse, mais qui ne nécessitent pas la présence d'un organisme vivant. Bien que récente et encore limitée, la maîtrise de la « boîte à outils » du vivant produit déjà des objets exploitables industriellement, y compris certains nano-objets artificiels présentant des propriétés remarquables, inconnues dans la nature.
Parmi les macromolécules biologiques, les acides nucléiques occupent une place centrale puisqu'ils définissent à la fois l'espèce et l'individu et sont le support chimique de l'hérédité. Ce sont aussi les seules molécules biologiques que l'on sache reproduire à l'identique par un mécanisme enzymatique simple et bien maîtrisé (la *Polymerase Chain Reaction* ou PCR, voir le chapitre 15), qui se prête particulièrement à la production en grande série. Les acides nucléiques sont parmi

* SHFJ-CEA, Orsay. fabien.chauveau@cea.fr
† SHFJ-CEA, Orsay. carine.pestourie@cea.fr
‡ SHFJ-CEA, Orsay. frederic.duconge@cea.fr
§ SHFJ-CEA, Orsay. bertrand.tavitian@cea.fr

les composés les plus utilisés en biologie à l'heure actuelle (sondes, amorces d'amplification...) comme en témoigne l'importance du marché des oligonucléotides (courtes séquences d'acides nucléiques) : 340 millions de dollars en 2003 et une prévision de 776 millions de dollars en 2010. Toutefois, l'utilisation des acides nucléiques repose la plupart du temps sur l'appariement canonique de type Watson-Crick des nucléobases, dont la séquence code l'information génétique, alors que leur richesse structurale reste peu exploitée. *A contrario*, l'évolution naturelle a sélectionné nombre d'ARN pour leurs activités catalytiques ou pour leur capacité à interagir avec des protéines ou d'autres classes de molécules.
C'est en se fondant sur ces deux propriétés des acides nucléiques, la capacité d'une séquence mère à engendrer une descendance et la capacité à interagir avec (ou à agir sur) d'autres molécules, qu'a été inventé le concept d'aptamère et la technologie SELEX en 1990. Aptamère est un néologisme formé sur le latin *aptus* (apte, approprié à)[1] et du suffixe -mère (unité de base composant un polymère) pour désigner un polymère adapté à une fonction. De façon plus précise, aptamère désigne une structure d'acides nucléiques issue de l'évolution d'une population ancestrale par sélection, à chaque génération successive, des structures les mieux adaptées à une fonction donnée. On reconnaît là les bases de la théorie darwinienne : génération de populations d'individus et sélection des individus les plus aptes.
Depuis ses premières descriptions voici 15 ans, la méthodologie SELEX s'est révélée d'une formidable fécondité, aussi bien sur le plan conceptuel que pour la production, aujourd'hui en cours d'industrialisation, d'aptamères d'intérêt médical ou technologique. Sur un plan conceptuel, l'apport des aptamères peut être considéré comme l'une des rares, sinon la seule, approche directe de validation de la théorie exposée par Darwin il y a 150 ans [2]. Sur le plan des applications, le temps qu'il aura fallu pour que les aptamères passent de l'invention de laboratoire à la mise sur le marché (13 ans) est du même ordre que la durée de développement d'un médicament « classique », ce qui suggère que nous ne sommes qu'au début de leur exploitation. À ce double titre, les aptamères sont des nano-objets « biotechnologiques » exemplaires.

1. Quelques aspects théoriques de l'évolution moléculaire[2]

1.1. Darwin et les bases de l'évolution

En 1859, Charles Darwin publie « *On the origin of species by means of natural selection or the preservation of favoured races in the struggle for life* » (Sur l'origine des espèces au moyen de la sélection naturelle ou le maintien des races favorisées dans la lutte pour la survie). Ce livre, qu'il mûrit depuis plus de 20 ans, est l'un des plus grands succès de l'édition scientifique ; le premier tirage est épuisé dans la journée.

---

[1] S'agissant d'aptamères dont la plupart sont des ligands biologiques, il est intéressant de noter que le dictionnaire Gaffiot donne comme autre sens d'*aptus* « qui se lie à, qui joint ».

[2] Le lecteur intéressé par une approche plus approfondie de ces questions pourra se référer à l'ouvrage de Philippe Luchetta, Marie-Christine Maurel, Dominique Higuet et Michel Vervoort, *Evolution moléculaire : Cours et questions de révisions*, Dunod, Collection Sciences Sup (2005).

La théorie de Darwin s'appuie sur un très grand nombre d'observations d'espèces vivantes, animales et végétales, sauvages et domestiques. Ernst Mayr [3] la résume comme fondée sur cinq observations, dont trois issues de l'écologie des populations et deux de la génétique. De ces cinq observations découlent trois inférences.

- Observation 1 : le potentiel reproducteur de chaque espèce est si grand qu'il devrait conduire à une croissance exponentielle des populations.
- Observation 2 : ceci n'est pas le cas puisque les populations sont à peu près stables.
- Observation 3 : les ressources naturelles sont limitées.
  – Inférence 1 : seule survit la fraction des individus qui a accès aux ressources. C'est la lutte pour l'existence.
- Observation 4 : il existe une variabilité des individus au sein d'une population.
- Observation 5 : beaucoup de ces variations sont héritables.
  – Inférence 2 : la survie à l'issue de la lutte pour l'existence dépend (en partie) de la constitution héréditaire de chaque individu. C'est le processus de sélection naturelle.
  – Inférence 3 : au cours des générations successives, ce processus conduit à un changement graduel de la population. Ce processus d'évolution peut conduire à l'apparition d'une nouvelle espèce. C'est l'origine des espèces.

Une théorie de l'évolution des espèces, phénomène dont la durée dépasse en général la durée de vie de l'expérimentateur, est difficilement accessible à la méthode expérimentale. Cependant, la théorie de Darwin fournit un cadre de réflexion d'une richesse telle que les biologistes s'en sont immédiatement emparé pour, comme le dit Dobzhansky, y confronter leurs résultats. Il est remarquable que cette théorie ait résisté dans son ensemble (sauf, peut-être, pour le caractère **graduel** des changements à l'origine des espèces) aux très nombreuses mises à l'épreuve qu'elle a subies au fur et à mesure des découvertes de la génétique et de la biologie moléculaire. Ainsi, la notion de gène s'accorde parfaitement avec celle du caractère variable de Darwin, de même que la ségrégation mendélienne avec l'héritabilité des caractères. La découverte du rôle des acides nucléiques dans la transmission héréditaire des caractères, puis l'élucidation de la structure en double hélice de l'ADN, ont fourni presqu'aussitôt une explication biochimique quasi parfaite de la transmission des caractères héréditaires.

1.2. Évolution moléculaire et propriétés des acides nucléiques

De façon remarquable, l'application stricte des principes de la théorie darwinienne à des populations de molécules *in vitro* conduit bien à une évolution par sélection des individus les plus aptes. Cela est à la base du principe de production des aptamères, que l'on peut considérer comme de nouvelles espèces dont la survie aura été favorisée, dans ce cas non par l'accès aux ressources du milieu naturel, mais par le critère de survie imposé par l'expérimentateur (sélection par évolution dirigée). Ce résultat découle de l'adéquation parfaite entre les propriétés fondamentales des acides nucléiques et les observations énoncées par Darwin.

1.2.1. Taille et diversité des populations

La dimension combinatoire de la diversité chimique des acides nucléiques étant d'ordre 4 (les quatre bases de l'ADN ou de l'ARN), le nombre de séquences différentes que l'on peut obtenir par combinaison aléatoire de ces quatre bases conduit à des populations de séquences très grandes dès que le nombre de bases de la séquence dépasse la dizaine. Ainsi, l'ensemble des séquences possibles dans un enchaînement de :
– 10 bases est de 4^{10}, soit un peu plus d'un million d'individus ;
– 100 bases est de 4^{100}, soit un peu plus de 10^{60} individus.
Pour fixer les idées, disons qu'une population contenant un seul représentant de chaque séquence possible d'un ADN de 80 bases représenterait une masse supérieure à celle de la Terre.
Il faut remarquer que la diversité des séquences n'est pas directement corrélée avec la diversité des structures obtenues qui, en règle générale et quoique difficilement appréciable, est moindre. Il n'en reste pas moins qu'il est aisé d'obtenir, par synthèse chimique, un nombre suffisamment grand de structures pour réaliser une sélection efficace à partir d'une population initiale de 10^{14} à 10^{15} séquences.

1.2.2. Stabilité de la taille de la population et limitation des ressources

Ces principes sont imposés directement par l'expérimentateur, qui limite volontairement la taille de la population qu'il génère lors de la création d'une nouvelle génération issue d'une fraction de la population initiale (voir la description de la méthode ci-dessous). La limitation des ressources est en fait le crible utilisé lors de l'étape de sélection des séquences conservées pour la génération suivante. La taille de la population de la génération suivante est déterminée par les conditions de fabrication (PCR) de cette population.

1.2.3. Diversité et héritabilité

Contrairement à la situation en milieu naturel, la diversité est ici principalement contenue dans la première population. Toutefois, un certain degré de diversité est introduit à chaque génération de nouvelle population, du fait des erreurs de copie de séquences (remplacement d'une base par une autre, délétions, etc.) liées aux imperfections de l'activité enzymatique.
Bien entendu, les séquences filles produites par la PCR restent globalement très proches des séquences mères ; il y a donc transmission héréditaire à chaque génération.

Dans ce chapitre, nous exposerons dans l'ordre les aspects théoriques sous-tendant le concept d'aptamère, notamment les propriétés structurales des acides nucléiques qui forment la base des aptamères, puis la méthodologie SELEX, avant d'aborder les propriétés des aptamères et leurs applications.

2. Caractéristiques structurales des acides nucléiques

Les acides nucléiques sont des polymères de nucléotides, constitués chacun d'un ribose, d'un groupement phosphate et d'une base hétérocyclique de type purine (A(dénine), G(uanine)) ou pyrimidine (T(hymine)/U(racile) ou C(ytosine)). Ce répertoire chimique pourtant limité à quatre monomères peut fournir une diversité structurale impressionnante, ce qui explique l'interaction des oligonucléotides avec un grand nombre de partenaires ou leurs activités catalytiques.

2.1. Généralités : la double hélice

L'ADN (Acide DésoxyriboNucléique) comme l'ARN (Acide RiboNucléique) peuvent former une double hélice, par l'appariement canonique des bases selon Watson et Crick (A lié à T/U via deux liaisons hydrogène ; G lié à C via trois liaisons hydrogène) de deux brins anti-parallèles (figure 6.1). L'hélice est stabilisée par l'interaction des électrons π des bases superposées de chaque brin (« *stacking* »), rejetant le squelette ribose-phosphate hydrophile vers l'extérieur. L'ADN forme le plus couramment une hélice de type B, avec une conformation des riboses C-2′ endo ou S(outh) et des bases faiblement inclinées, alors que l'ARN, du fait de l'encombrement stérique induit par le groupement hydroxyle en position 2′ du ribose, lui imposant une conformation C-3′ endo ou N(orth), adopte systématiquement une forme hélicoïdale de type A, où les bases sont fortement inclinées par rapport à l'axe de l'hélice. En conséquence, le sillon mineur de l'ADN est étroit et profond, alors que le sillon majeur, plus large et superficiel, interagit fortement avec les molécules d'eau environnantes. C'est l'inverse pour l'ARN, qui est cependant globalement moins hydraté.

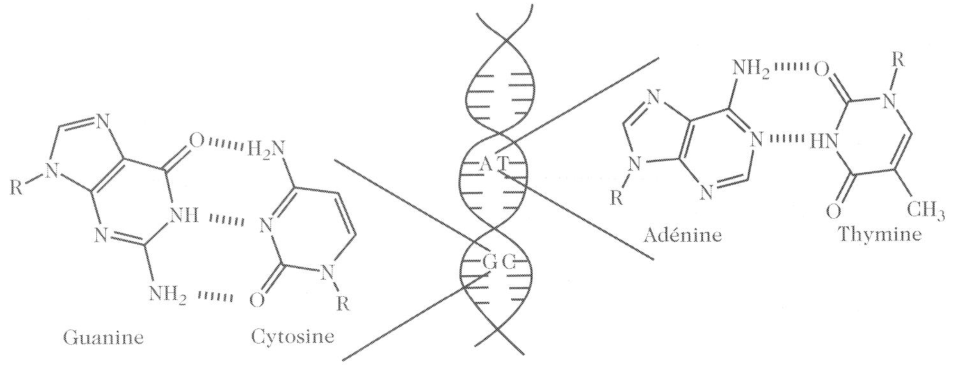

Figure 6.1. Appariement des bases selon Watson et Crick dans un double brin d'ADN.

La double hélice est la structure de base des acides nucléiques mono-brins par l'appariement de nombreuses régions complémentaires (au sens de Watson et Crick). Par analogie avec le vocabulaire décrivant la structure des protéines, on dira donc que l'hélice est la structure secondaire de base des oligonucléotides, tandis que la structure tertiaire décrit l'arrangement supra-hélicoïdal de la molécule. Au sein des hélices, des sites d'interaction spécifiques peuvent être formés par interactions dans ou hors du plan des bases hétérocycliques [4]. Mais les possibilités d'interaction de ce type sont peu accessibles, car les bases sont toutes orientées vers l'intérieur de l'hélice. Les sillons représentent des zones d'interaction plus favorables. Ainsi, de nombreux facteurs de transcription (protéines dites « en doigt de zinc ») se lient à l'ADN génomique via le grand sillon.

2.2. Sites d'interaction intra-hélicoïdaux

Dans le plan, de nombreux appariements de bases autres que Watson-Crick ont été décrits (figure 6.2). L'association G-U selon Wobble est couramment rencontrée, d'autres nécessitent un changement d'orientation des bases, voire leur énolisation ou une ionisation. Ces appariements non canoniques rendent plus accessibles certains groupes fonctionnels des bases en déformant localement la structure hélicoïdale, créant ainsi des sites de reconnaissance. Les associations selon Hoogsteen sont à l'origine de la formation d'un triplet de bases, voire d'une triple hélice. L'association d'un troisième brin dans l'un des sillons d'un double brin conduit à l'élargissement du sillon opposé. L'association de quatre bases dans un même plan par des liaisons hydrogène est exceptionnelle, sauf dans le cas des tétrades de G (structure caractéristique des télomères), où deux à trois plans de quatre G associées se superposent. Enfin, des plates-formes d'interaction avec des molécules aromatiques sont possibles par l'association de deux bases consécutives d'un même brin.

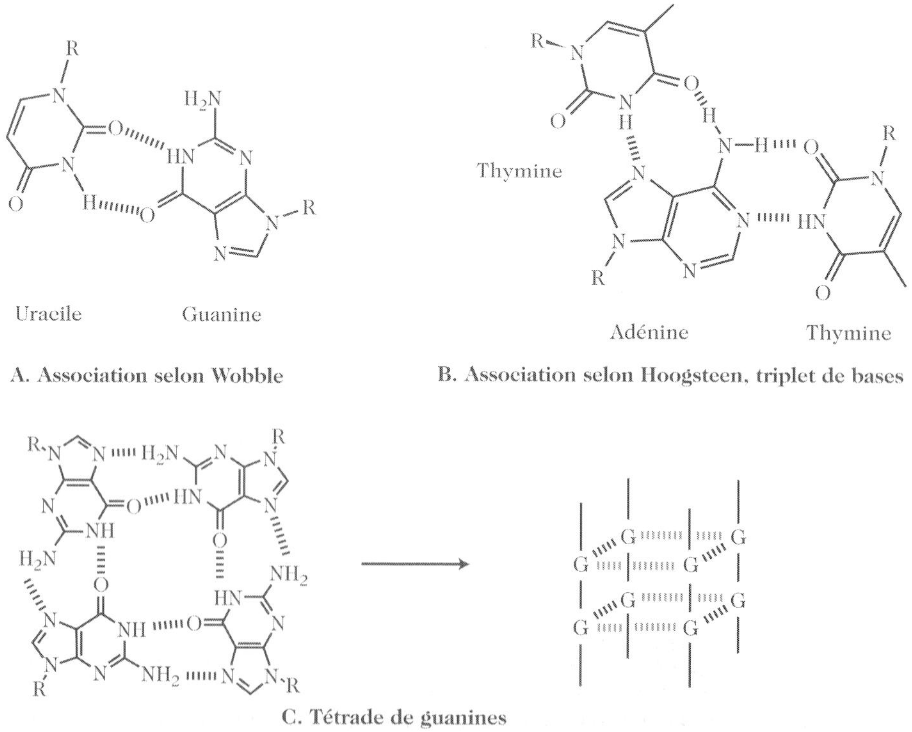

Figure 6.2. Appariements non canoniques des bases et formation de triplet/tétrade.

Hors du plan, le *stacking* inter-brins des bases (il est principalement intra-brin dans une hélice régulière), ou « *base zipper* », peut venir stabiliser la structure nucléique. On parle de la même manière de « *ribose zipper* » dans le cas d'ARN compactés où des riboses interagissent par liaison hydrogène entre leur groupement 2′-OH ; c'est notamment le cas lors de l'empilement des hélices adjacentes du ribozyme (ARN à activité catalytique), intron de groupe 1 de *Tetrahymena* [5]. Il participe à l'organisation supra-hélicoïdale des oligonucléotides, en stabilisant le rapprochement électrostatiquement défavorable des hélices, pour faire émerger une architecture tridimensionnelle compacte de la molécule.

2.3. De la structure secondaire à la structure tertiaire : l'arrangement supra-hélicoïdal

Les régions charnières de bases non appariées sont de toute première importance, et elles adoptent de fait des conformations très variées : saillies, jonctions, boucles, pseudo-noeuds, etc. [4] (figure 6.3).

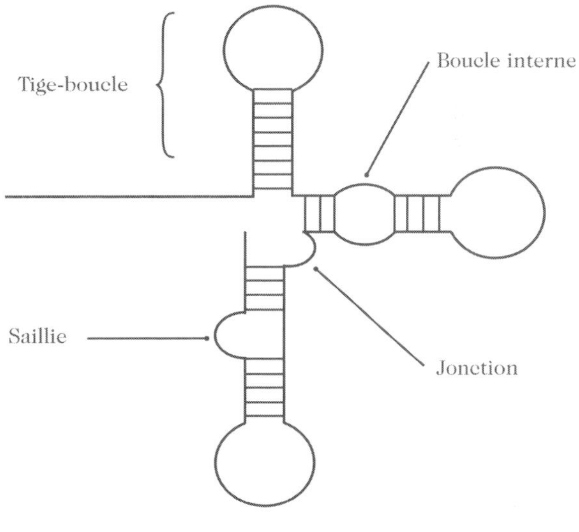

Figure 6.3. Principales structures rencontrées dans les acides nucléiques.

Une ou plusieurs bases non appariées peuvent se trouver au sein d'une hélice, et courber son orientation en formant une saillie. Elles sont soit orientées vers l'intérieur de l'hélice et stabilisées par *stacking*, soit rejetées vers l'extérieur et fournissent ainsi un site d'interaction privilégié par leur exposition. Ce type de structure est par exemple présent dans la structure ARN TAR du virus d'immunodéficience humaine (VIH) et sert de site d'ancrage à la protéine virale Tat qui est un puissant activateur de l'expression des gènes du VIH [6]. La connexion entre deux hélices orientées différemment est effectuée via une jonction ou « *turn* ». Différentes familles (*C-turn, U-turn*) ont été identifiées, d'après le nucléotide autour duquel s'effectue le changement d'orientation du brin, chacune caractérisée par une interaction stabilisatrice distincte. Un motif conservé UNR (N est n'importe quel nucléotide, R est une purine) identifie par exemple un *U-turn* dans un ARN. Le repliement d'un brin sur lui-même pour former une hélice donne lieu à une structure « en épingle à cheveux » ou « tige-boucle ». La taille de la région non appariée (boucle) est variable, mais les conformations des séquences consensus GNRA ou UNCG sont rendues particulièrement stables et rigides par l'appariement selon Wobble des première et dernière bases, un fort *stacking*, et un réseau de liaisons hydrogène. Une boucle peut être interne à une hélice et ménage, là aussi, d'importants sites d'interaction. Des structures très compactes de type « pseudo-nœud » peuvent aussi se former par l'interaction d'une tige-boucle avec une portion simple

brin. Dans ce cas, il y a un empilement coaxial de deux tiges dont les boucles croisent un sillon ou enjambent le squelette ribose-phosphate.
L'empilement d'hélices et le compactage de l'ensemble sont aussi la conséquence des interactions entre boucles : des boucles « s'embrassent » (« *kissing complexes* ») par appariement de résidus complémentaires issus de chacune, ou bien une boucle s'insère dans une hélice ou au sein d'une structure réceptrice complémentaire (« *docking* »). Ce type de structure a notamment été démontré lors d'une étude par cristallographie de l'intron de groupe 1 de *Tetrahymena*, qui montre l'insertion d'une tétraboucle dans une boucle interne.

2.4. Rôle des cations et des molécules d'eau

Ce haut degré de complexité et cette étonnante variété de structures ne sont possibles que grâce à la présence de cations et de molécules d'eau. Si les ions sont majoritairement délocalisés au sein d'une structure, assurant seulement l'électroneutralité de l'ensemble, il existe des sites de coordination spécifiques définis par l'arrangement local, notamment tertiaire, de l'oligonucléotide. Par exemple, Mg^{2+}, Ca^{2+} stabilisent l'empilement des hélices associé à une interaction entre boucles, et la présence de K^+, Na^+ est cruciale pour la formation de tétrades de G. Comme les ions, les molécules d'eau occupent des cavités électronégatives de la structure et forment parfois des réseaux organisés fortement liés, qui ne sont pas forcément extra-hélicoïdaux. Des liaisons hydrogène sont ainsi observées entre des molécules d'eau et les groupements polaires de bases non appariées, ou appariées de façon non canonique. De même, la structure en L caractéristique de l'ARN de transfert est stabilisée par des sites spécifiques de fixation d'ions métalliques, et par des molécules d'eau complétant leur sphère de coordination. Certains cations et molécules d'eau font donc partie intégrante de la structure finale de l'ensemble.

2.5. Liaison d'un aptamère à sa cible : exemples de structures résolues

Les aptamères bénéficient de la variété structurale « naturelle » des oligonucléotides pour la reconnaissance de molécules chimiquement diverses. Que celle-ci soit une petite molécule, un oligosaccharide, un peptide ou une protéine, la liaison d'un aptamère à sa cible doit être considérée comme un phénomène dynamique, imposant un réarrangement plus ou moins important d'une structure préexistante, voire l'adoption d'une nouvelle structure intégrant la cible [7]. La liaison à une petite molécule aromatique est beaucoup plus élaborée que la simple intercalation dans un acide nucléique double brin : la discrimation souvent relatée d'un aptamère ARN entre la théophylline et la caféine, qui ne diffèrent que par un groupement méthylique, est la conséquence de l'établissement d'une liaison hydrogène avec une C non appariée. L'orientation du ligand est telle que la caféine ne peut établir cette liaison. De manière étonnante, un aptamère ARN et un aptamère ADN, bien que structuralement différents à tous les niveaux, montrent une stratégie de reconnaissance identique de leur ligand commun, l'adénosine monophosphate (AMP) : celui-ci est apparié de manière spécifique à une G, en interaction avec une paire non canonique G-G. De même, des aptamères ARN et ADN se lient à l'arginine via l'interaction exclusive du groupement guanidinium positif avec des bases hétérocycliques, et non avec un groupement phosphate, comme c'est souvent le cas des protéines se liant à l'ADN cellulaire. L'unité p50 du facteur de transcription NF-κB lie ainsi un aptamère ARN en épingle à cheveux avec une boucle interne qui reproduit la structure locale de l'ADN naturellement reconnu [8]. L'étude d'aptamères reconnaissant des peptides est aussi révélatrice, puisqu'un peptide dérivé de la protéine Rev du virus de l'immunodéficience humaine (HIV-1), non structuré en solution, forme une hélice α accommodant le sillon majeur de l'aptamère ARN, élargi par des appariements non canoniques et un triplet de bases. Un exemple d'interaction avec le sillon mineur d'aptamères ARN est donné par les antibiotiques oligosaccharidiques néomycine et tobramycine, véritablement encapsulés grâce à une boucle dont l'un des résidus ferme l'accès au sillon. De fait, sur la base des structures de complexes élucidées jusqu'à présent (par diffraction des rayons X ou résonance magnétique nucléaire), **un principe fondamental de reconnaissance spécifique par un aptamère semble être l'inclusion importante du ligand au sein de l'architecture oligonucléotidique** : le ligand est manifestement un élément intrinsèque de la structure globale du complexe.

3. Présentation du SELEX

3.1. Historique

Les acides nucléiques bénéficient d'une importante palette d'interactions pour interagir spécifiquement avec un grand nombre de partenaires comme les protéines ou exercer une activité catalytique. Néanmoins, il est impossible de prédire leurs structures à partir de l'enchaînement primaire des monomères qui les composent, ainsi donc que les propriétés qu'ils pourraient avoir. Cependant, des stratégies de synthèse combinatoire peuvent permettre de sélectionner des structures d'acides nucléiques selon un critère donné.

En 1987, Struhl et ses collègues furent les premiers à combiner une synthèse aléatoire d'oligonucléotides et une sélection *in vitro* [9, 10]. Ils synthétisèrent des séquences double brins comprenant 23 nucléotides, et les séquences retenues sur une colonne de GCN4 (facteur de transcription) furent clonées et amplifiées *in vivo* en utilisant des bactéries. Après quatre tours de sélection-amplification, ils identifièrent ainsi des séquences double brins spécifiques du facteur de transcription GCN4. Dès cette époque, Struhl et ses collègues suggérèrent que cette méthode pourrait être améliorée par une amplification par PCR des séquences sélectionnées [10]. Quelques mois plus tard, Kinzler et Vogelstein furent les premiers à combiner sélection *in vitro* et amplification *in vitro* par PCR pour identifier les séquences spécifiques du facteur TFIIIA [11]. Néanmoins, ils n'utilisèrent pas des séquences aléatoirement synthétisées mais des fragments d'ADN humain comme population de départ. En fait, l'association complète de la synthèse aléatoire d'oligonucléotides, suivie d'une sélection et d'une amplification *in vitro*, fut développée en même temps par plusieurs laboratoires en 1990 [12-19].

Différents noms ont été attribués à ce principe de sélection : génétique *in vitro* [15], SELEX (Evolution Systématique de Ligands par enrichissement EXponentiel) [14], évolution moléculaire dirigée [20]. Les séquences issues de ce processus de sélection ont été baptisées **aptamères** par Ellington et Szostak [12]. Cette dénomination provient du latin « aptus » signifiant « être apte (adapté) à ».

3.2. Principe général de la sélection

Le principe général de la technique de sélection-évolution *in vitro* d'acides nucléiques a été décrit à de très nombreuses reprises [21-23]. Il repose toujours sur le même principe (figure 6.4). Une population d'oligonucléotides dénommés « candidats » est obtenue par synthèse chimique et comprend une séquence aléatoire obtenue en se plaçant dans des conditions qui permettent d'introduire, avec la même probabilité, une adénine, une thymine, une guanine ou une cytosine à chaque position. Ainsi, pour une séquence de n nucléotides, il y a donc 4^n possibilités. Cette séquence aléatoire est encadrée par deux séquences constantes indispensables aux différentes étapes enzymatiques faisant partie intégrante du processus de sélection.

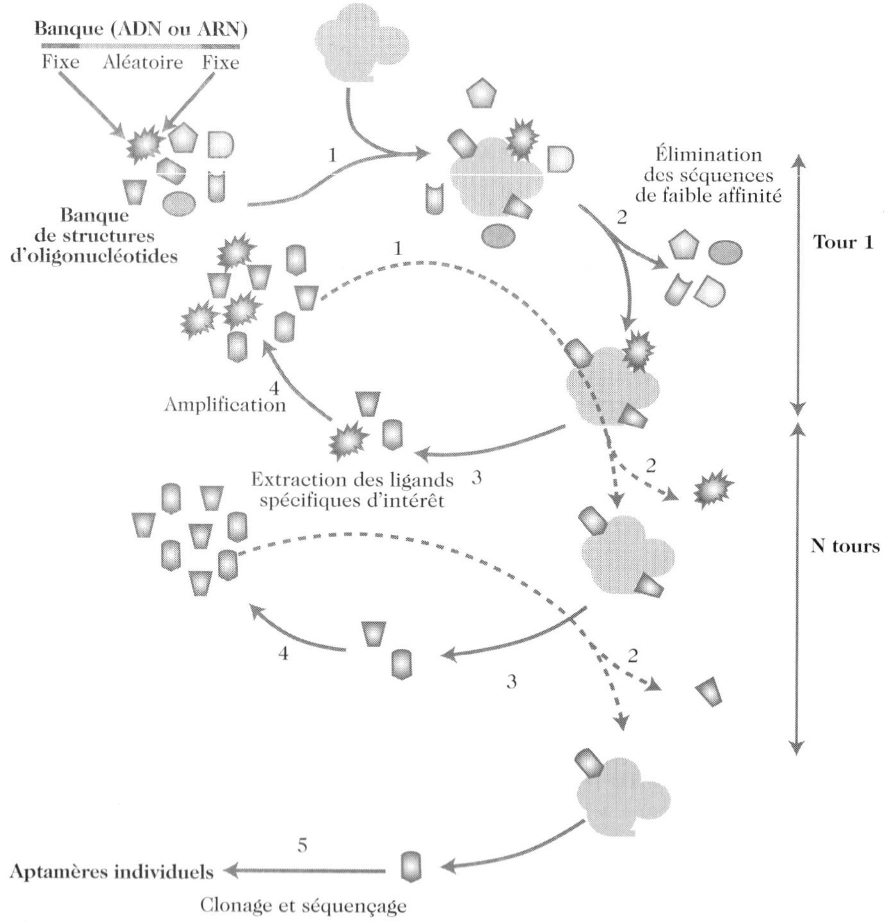

Figure 6.4. Principe général de la sélection d'aptamères par Evolution Systématique de Ligands par amplification EXponentielle (SELEX). Une population aléatoire d'oligonucléotides candidats est 1) synthétisée, 2) incubée avec la cible. Les séquences répondant au critère de sélection sont conservées, tandis que les autres sont éliminées. 3) Les séquences gagnantes sont extraites et 4) amplifiées par PCR (ou RT-PCR puis transcription *in vitro* lorsqu'il s'agit de banques d'ARN). La population sélectionnée peut alors entrer dans un nouveau cycle de sélection. Au cours des différents cycles réalisés, la population évolue vers les séquences qui résistent le mieux à la pression de sélection. 5) Les aptamères obtenus sont clonés, séquencés puis évalués selon leur aptitude à répondre au critère de sélection choisi.

Cette population aléatoire (généralement $10^{13} - 10^{15}$ séquences différentes) est ensuite soumise à une pression de sélection. Le critère de cette sélection peut être une activité catalytique ou une affinité pour une cible choisie. Les candidats répondant au crible de sélection sont séparés des autres, puis amplifiés par PCR pour servir à un nouveau cycle de sélection. Cette technique peut utiliser des ARN, à condition d'ajouter une étape de rétro-transcription avant de pouvoir amplifier l'ADNc ainsi obtenu par PCR. L'ADN amplifié est ensuite transcrit *in vitro* pour être utilisé pour un nouveau tour de sélection. La plupart des polymérases bactériennes utilisées lors de l'étape d'amplification sont connues pour engendrer naturellement un fort taux de mutations (environ une mutation toutes les 2×10^4 nucléotides incorporés). Ces dernières années, des efforts ont été faits pour réduire ce taux de mutations en modifiant ces polymérases de manière à les rendre plus fidèles. Mais, si ces optimisations sont cruciales pour des applications telles que le diagnostic de pathologies par PCR (SIDA, hépatite, etc.), elles sont en revanche délétères pour ce type de sélection, où les mutations générées par les polymérases font partie intégrante de l'évolution darwinienne de la population de séquences. Les mutations engendrent de la diversité dans les aptamères sélectionnés et peuvent permettre de créer de meilleurs aptamères qui n'étaient pas présents dans la banque d'origine. Certains accentuent même ce phénomène d'évolution *in vitro* en réalisant des amplifications dans des conditions où la fidélité de la polymérase est diminuée. Il est donc primordial de ne pas choisir les polymérases les plus fidèles lors de la mise en place d'un tel processus de sélection.
Différentes méthodes de sélection ont été utilisées. La méthode employée pour séparer les séquences répondant au critère de sélection de celles qui n'y répondent pas peut par exemple être la filtration sur membrane, l'immunoprécipitation, la chromatographie d'affinité, la méthode de séparation électrophorétique dite de retard sur gel, l'utilisation de billes magnétiques. Concernant les sélections d'aptamères sur la base de leur activité catalytique, les méthodes de partition employées sont différentes : il peut par exemple s'agir de retenir l'aptamère catalytique sur une colonne, par l'intermédaire d'une liaison covalente qu'il va lui-même former.
Au fur et à mesure des cycles, la population évolue de façon darwinienne vers les séquences présentant les meilleures qualités pour la fonction recherchée (voir la figure 6.4). Une fois la population enrichie en aptamères, une partie est clonée et séquencée. L'analyse comparative des séquences permet souvent de grouper les séquences en plusieurs classes, où la covariation et la conservation de certaines bases peuvent être utilisées pour en déduire des motifs structuraux critiques. La plupart du temps, des motifs structuraux consensus peuvent être identifiés. Cependant, ce type d'approche repose sur l'hypothèse d'une relation unique entre la séquence et la structure d'un aptamère, qui néglige le pléiomorphisme structural des oligonucléotides, c'est-à-dire leur capacité à adopter plusieurs conformations en équilibre (intramoléculaires comme intermoléculaires). Une technique pour minimiser ce phénomène, qui nuit à l'efficacité de la sélection, consiste à effectuer un choc thermique (refroidissement brutal après une dénaturation à haute température).
Ce caractère répétitif et la lourdeur de certaines étapes de ce protocole de sélection, limitant la possibilité pour un seul chercheur de poursuivre manuellement plusieurs sélections en parallèle, ont amené plusieurs équipes à réfléchir à des méthodes d'automatisation de la sélection. Depuis 1998, plusieurs sélections *in*

vitro automatisées ont été décrites pour permettre la sélection d'aptamères à haut débit [24], et plusieurs entreprises de biotechnologies utilisant les aptamères ont été créées [25].
Bien que toutes les méthodes de sélection par SELEX soient fondées sur le même principe, il est important de souligner qu'un certain nombre de paramètres sont susceptibles d'influencer le résultat final. Parmi eux, on peut citer :

- **la pression de sélection** (conditions de lavage devenant plus fortes au cours de la sélection, changement de concentration ionique, diminution du temps d'incubation ou de la concentration en candidats et/ou en cible, voire changement de système de sélection, ajout de compétiteurs non amplifiables) ;
- **l'élimination d'artéfacts** tels que des séquences sélectionnées sur leur capacité à se fixer sur un filtre ou la surface d'une chromatographie, par la mise en place d'étapes de contre-sélection adaptées. Ainsi, les candidats peuvent être tamisés sur une pré-chromatographie sans cible, et seuls ceux n'ayant pas d'affinité pour la surface de chromatographie seront utilisés pour la sélection. D'autres auteurs utilisent en plus une élution spécifique grâce à la cible libre. Un autre type d'élution spécifique consiste à décrocher les aptamères de leur cible en ajoutant au milieu de réaction le ligand naturel de la cible en question. Enfin, alterner différentes méthodes de sélection peut s'avérer la meilleure solution pour éviter les artéfacts.

3.3. Modifications chimiques

La modification chimique des nucléotides naturels s'avère un outil de choix pour surmonter l'obstacle majeur à l'utilisation *in vivo* des aptamères : la dégradation par les nucléases. Certaines modifications chimiques du ribose en 2′ augmentent la stabilité des oligonucléotides et sont compatibles avec l'utilisation des polymérases, condition nécessaire pour le SELEX (figure 6.5). Les nucléotides 2′-fluoro, 2′-amino, et plus récemment 2′-OMe [26] peuvent être employés dès le début de la sélection, pour constituer une banque d'oligonucléotides modifiés. Des aptamères contenant des 2′-aminopyrimidines ou des 2′-fluoropyrimidines ont été sélectionnés contre le facteur de croissance VEGF [27] et le facteur de croissance des kératinocytes [28]. Les aptamères identifiés dans chacun des cas étaient différents selon la chimie utilisée. Une approche alternative au remplacement de l'hydroxyle en 2′ du ribose consiste à modifier le squelette des acides nucléiques [29]. Cependant, les groupements chimiques utilisés sont rarement intégrés par les enzymes nécessaires au SELEX, à l'exception notable des nucléotides phosphorothioates et des nucléotides boranophosphates, où un oxygène non pontant du groupement phosphodiester est substitué par, respectivement, un soufre et un groupement borane (BH_3). Enfin, des modifications plus drastiques du lien phosphodiester (lien formacétale) ont parfois été utilisées pour l'étude d'aptamères. Les modifications affectant les bases restent rares, même si une sélection réussie employant des 5-(1-pentynyl)-2′-deoxyuridines a été décrite [30]. Tous ces nucléotides constituent des variations stériques, électroniques autour du motif naturel et ne sont pas sans conséquence sur la structure des oligonucléotides résultants. Leur introduction au sein de la séquence d'un aptamère, bien que participant d'un effort de diversification chimique, doit être soigneusement contrôlée. L'expérience acquise jusqu'à présent montre que les conséquences des modifications chimiques des aptamères introduites après la sélection sont difficilement prédictibles. D'où la construction d'oligonucléotides chimères, associant des blocs de nature chimique différente de manière à bénéficier d'une stabilité importante, sans affecter leur capacité à se lier à leur cible. Une autre stratégie d'obtention d'aptamères résistant aux nucléases exploite la chiralité des molécules du vivant : si un aptamère est sélectionné contre l'énantiomère non naturel d'une cible, alors l'énantiomère de cet aptamère (L-ADN ou L-ARN, appelé « *spiegelmer* ») reconnaît la cible naturelle, sans être substrat des nucléases, spécifiques des riboses de série énantiomérique D [31].

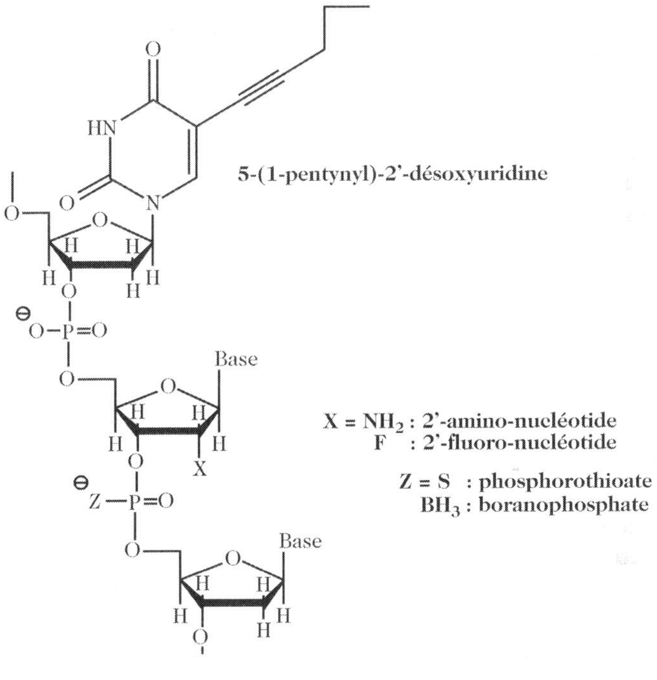

Figure 6.5. Nucléotides modifiés pouvant être utilisés lors de la sélection.

4. Applications

4.1. Aptamères comme outils d'étude

4.1.1. Étude des interactions acides nucléiques-protéines

Les interactions entre acides nucléiques et protéines ont souvent des rôles biologiques importants. Ainsi, l'expression de gènes est temporellement et spatialement régulée par l'interaction entre des séquences spécifiques d'acides nucléiques et des protéines de régulation. Les sélections *in vitro* ont régulièrement servi d'outils pour identifier ces interactions. Elles ont permis de déterminer des séquences d'ADN double brins spécifiques pour de nombreux facteurs de transcription, d'identifier des séquences ou des motifs structuraux ARN importants pour la fixation de nombreuses protéines, comme des facteurs nécessaires pour l'épissage, la terminaison de la transcription, la polyadénylation ou l'élongation de la traduction [22].

En analysant les résultats fournis par ces travaux, plusieurs principes peuvent être dégagés sur la sélection *in vitro*. Tout d'abord, de nombreux aptamères identifiés se sont montrés très éloignés du motif naturellement ciblé par ces protéines. Dans certains cas, ces aptamères ont une plus forte affinité pour la protéine que les séquences ARN originelles. Ainsi, une évolution *in vitro* permettrait d'identifier des motifs ayant une meilleure affinité pour une cible que ceux sélectionnés *in vivo* par une évolution naturelle. En fait, ce cas s'avère assez général lors de sélections *in vitro* contre des protéines se fixant sur des acides nucléiques et peut paraître assez logique. En effet, la sélection naturelle a optimisé les interactions protéines-acides nucléiques pour des fonctions biologiques impliquant plus de paramètres qu'une sélection *in vitro*. Par exemple, la réversibilité de l'interaction est un de ces paramètres, de même que la possibilité d'interaction avec plus d'un seul partenaire. Des aptamères de forte affinité pour leur cible ne possèdent pas forcément ces propriétés, ce qui pourrait expliquer qu'ils n'ont pas été sélectionnés par la nature. Une autre explication tient compte du fait que les séquences d'aptamères n'ont eu ni le temps ni le besoin d'être engendrées par la nature.

4.1.2. Étude des activités catalytiques des acides nucléiques

La technique de sélection *in vitro* a permis d'étudier l'activité des ARN catalytiques (ribozymes) naturels [32]. De nombreuses sélections *in vitro* ont été menées à partir de banques constituées de séquences de ribozymes connus, partiellement dégénérées ou avec des parties complètement aléatoires. Cela a permis d'identifier rapidement des séquences ou des motifs structuraux importants pour ces ribozymes.

La sélection *in vitro* a aussi permis de faire évoluer des ribozymes vers de nouvelles capacités catalytiques. Ainsi, une sélection *in vitro* a permis d'identifier des variants du ribozyme de groupe I de *Tetrahymena* qui coupe l'ARN en présence de Ca^{2+}, alors que ce ribozyme ne fonctionne normalement qu'en présence de Mg^{2+} ou Mn^{2+} [33]. Des variants de ce même ribozyme de groupe I ont aussi été identifiés pour couper de l'ADN, et même pour discriminer un substrat ADN d'un substrat ARN [34].

En plus d'identifier des variants de ribozymes connus, des sélections ont identifié des structures et des activités totalement nouvelles. Ainsi, partant d'une population comportant des séquences aléatoires de 220 nucléotides, il a été possible d'isoler des ribozymes catalysant la ligature de deux brins d'ARN [35]. Trois classes de ribozymes furent identifiées. La première catalysait la formation d'une liaison phosphodiester $3'$-$5'$, tandis que les deux autres catalysaient une liaison $2'$-$5'$. En créant une banque aléatoire dérivée de la première classe d'aptamères, Ekland et Bartel ont sélectionné un ribozyme qui catalyse la polymérisation de nucléotides triphosphates dirigée par une matrice [36]. L'obtention de ce ribozyme est un argument important en faveur de la théorie de l'évolution de la vie à partir d'un « monde à ARN », car cela démontre qu'un système uniquement composé d'ARN pourrait avoir la capacité de s'autoreproduire. Même si ce type de résultat pourrait permettre d'envisager la création de « nanomachines autoréplicatives », il

faut tout de même souligner que ce ribozyme est extrêment lent et présente une faible processivité (plusieurs heures pour l'incorporation d'une dizaine de nucléotides seulement).
Ce travail montre aussi qu'il est possible de faire évoluer des ribozymes vers des fonctions de plus en plus complexes. Des aptamères actifs ont été sélectionnés pour synthétiser un nucléotide, former une liaison peptidique ou une liaison entre deux carbones. La sélection *in vitro* a aussi permis d'isoler des ADN dotés d'activité catalytique (DNAzyme).

4.2. Aptamères comme outils de purification

Des molécules d'intérêt (protéines, oligonucléotides...) sont couramment isolées d'un mélange complexe par chromatographie d'affinité. Un aptamère biotinylé fixé à des billes recouvertes de streptavidine peut constituer la phase stationnaire [37]. L'aptamère dirigé contre la L-sélectine a été utilisé avec succès comme phase stationnaire pour la chromatographie d'affinité [38]. La chromatographie d'affinité a aussi permis de séparer des énantiomères par HPLC (*High-Performance Liquid Chromatography*). L'aptamère fixé à la colonne était spécifique de l'énantiomère D d'un oligopeptide et ne présentait pas d'affinité notable pour l'énantiomère L [39]. Cette stéréospécificité pourrait être utilisée pour purifier certaines molécules pharmaceutiques dont la forme active est dépendante d'une forme énantiomérique.
Des aptamères ont aussi été utilisés dans une méthode de purification par un système de puces à protéines nommé SELDI-MS (*Surface Enhanced Laser Desorption/Ionization-Mass Spectrometry*). Ce système de purification est souvent utilisé en amont d'analyse par spectrométrie de masse pour concentrer certaines protéines d'intérêt. Par rapport aux autres substrats associés à ce type de puce, anticorps, métaux, récepteurs, etc, les aptamères présentent plusieurs avantages. Ils sont faciles à synthétiser, à manipuler, et leur stabilité permet de régénérer la puce. De plus, leur petite taille facilite une plus forte couverture de surface. Cette méthode de purification et de préconcentration de protéines est prometteuse et ses applications pourraient être étendues à d'autres systèmes [40].
La sélection d'aptamères peut également être utilisée pour purifier et identifier des cibles thérapeutiques inconnues *a priori*. Ainsi, la sélection d'aptamères contre des cellules microgliales a permis d'identifier un nouveau marqueur d'angiogenèse [41] ; la sélection contre les cellules de glioblastome a conduit à l'émergence d'aptamères dirigés contre une protéine de la matrice extracellulaire [42]. Dans ces deux cas, après avoir obtenu des aptamères présentant une bonne affinité et une bonne spécificité pour le type cellulaire en question, les séquences sélectionnées ont servi à isoler leur protéine cible par chromatographie d'affinité avant une analyse par spectrométrie de masse [41, 42].

4.3. Aptamères comme outils de détection

Les aptamères ont été utilisés comme alternative aux anticorps dans de nombreuses techniques de détection. Ainsi, des aptamères ont été utilisés dans des approches comparables à la technique ELISA classique de type sandwich. De même, des aptamères se sont montrés aussi efficaces que des anticorps comme agents de détection pour les électrophorèses capillaires ou la cytométrie de flux. De par leur nature, les aptamères ont également permis de développer de nouvelles méthodes de détection, et leur utilisation comme biocomposant ouvre de nombreuses perspectives de développement pour les biocapteurs (composant qui associe une espèce biologique permettant une reconnaissance d'une molécule recherchée et un transducteur permettant de transformer l'événement de reconnaissance en un signal physique mesurable).

4.3.1. Méthode de détection utilisant la PCR

Contrairement aux anticorps, les aptamères bénéficient de l'amplification par PCR. Fredriksson a proposé une stratégie séduisante de détection ultrasensible de cible peu abondante (en quantité inférieure à la zeptomole (10^{-21} mole)) [43]. La protéine est détectée par l'action conjointe de deux aptamères de capture et d'une séquence permettant la détection, réalisée dans ce cas par PCR quantitative. La liaison concomitante de deux aptamères (un par monomère protéique) les amène à proximité l'un de l'autre, et une petite séquence oligonucléotidique peut alors se lier aux deux aptamères. L'utilisation d'un connecteur spécifique entraîne le rapprochement et la ligation enzymatique des extrémités libres des deux aptamères, ce qui génère une séquence ADN amplifiable par PCR quantitative. Cette méthode apporte à la fois une information sur l'identité de la protéine détectée (seul l'homodimère entraînant une amplification) et sur sa concentration. Aucune étape de lavage n'est ici nécessaire.
Une autre méthode utilise la protection de l'aptamère vis-à-vis de l'exonucléase I en présence de sa cible [44]. Les exonucléases sont les enzymes responsables de la dégradation des oligonucléotides de l'extrémité 3′ à l'extrémité 5′. La fixation d'un aptamère à sa cible peut le protéger de l'exonucléase et permettre ainsi de doser de manière indirecte la quantité de cible, en quantifiant par PCR la portion d'aptamère non dégradé en présence d'exonucléases.

4.3.2. Méthode de détection optique

Le réarrangement conformationnel de l'aptamère induit par la fixation de sa cible est fortement exploité pour des méthodes de détection optique. Jhaveri et son équipe ont démontré la possibilité d'introduire un fluorophore précisément dans ces régions subissant les changements conformationnels, de manière à ce que la liaison de la cible au récepteur (l'aptamère) induise un changement d'intensité de fluorescence. Le travail qu'ils présentent relate la sélection d'aptamères ARN fluorescents dirigés contre l'adénosine. Les aptamères sélectionnés ont été évalués selon leur affinité pour l'ATP, mais également pour leur capacité à induire une augmentation du signal fluorescent en présence de cette molécule [45].
Une autre technique de détection directe repose sur le principe du *beacon* (balise). Classiquement, il s'agit d'une séquence nucléotidique dessinée de manière à conduire à la formation d'une tige-boucle rapprochant les deux extrémités de la séquence. L'une des extrémités porte le fluorophore, dont le signal fluorescent sera « absorbé » par une molécule accepteuse placée à l'autre extrémité. De cette manière, il n'y a aucune émission détectable de fluorescence. En revanche, toute

déformation de la structure en tige-boucle qui entraîne l'éloignement du fluorophore de sa molécule accepteuse génère l'apparition d'un signal fluorescent. Un aptamère anti-thrombine a ainsi été modifié pour former un domaine double brin qui juxtapose une molécule fluorescente et son accepteur de signal à chaque extrémité. En présence de thrombine, l'aptamère reprend sa structure native en tétrade de G et défait la structure double brin, ce qui entraîne l'émission d'un signal fluorescent proportionnel à la quantité de cible présente [46].

4.3.3. Développement de puces à aptamères

Plusieurs équipes proposent d'utiliser les aptamères comme moyen de criblage à haut débit de protéines dont l'expression est liée à l'apparition de maladies, permettant ainsi d'émettre un diagnostic rapide et précis. La sensibilité et la spécificité sont les deux critères indispensables à la validation d'un test diagnostique. En effet, il faut des limites de détection très basses et un système capable de discriminer des formes protéiques parfois très proches entre les formes physiologiques et pathologiques. Les aptamères apparaissent en cela tout à fait adaptés. L'équipe de Larry Gold et la société *Somalogic* (Boulder, Colorado) proposent d'utiliser des photoaptamères comme agents de capture des biomarqueurs [47]. Le principe consiste à remplacer les liaisons faibles du complexe ligand/cible par des liaisons covalentes photo-induites. Cela permet de réaliser des lavages beaucoup plus stringents afin d'améliorer le rapport signal/bruit de fond. Pour cela, il faut incorporer à la séquence de l'aptamère une unité photoréactive, par exemple la 5-BromodéoxyUridine (BrdUrd). Une illumination à 308 nm va induire par transfert d'électron la formation d'une liaison covalente impliquant un acide aminé réactif (Tyr, Trp, His, Phe...). Ce type de formation de liaison covalente n'est donc, *a priori*, pas spécifique. Cependant, les travaux de Smith [48] démontrent que cette photo-induction de liaison covalente augmente de manière significative la spécificité des aptamères, d'autant plus que leur spécificité de départ était faible (l'effet sur les séquences ayant la meilleure spécificité de départ est quasi nul). Les protéines liées à leurs aptamères spécifiques (seules protéines présentes à la surface des puces) peuvent alors être révélées par une méthode universelle de coloration. Actuellement, le développement de ces techniques est en plein essor et les différentes techniques d'immobilisation des aptamères (billes, lames, fibres optiques...), de marquage, de détection représentent une nouvelle stratégie de développement de plates-formes de détection, pouvant se substituer avantageusement à l'utilisation des anticorps.

4.3.4. Utilisation d'aptamères pour l'imagerie moléculaire *in vivo*

Le faible poids moléculaire des aptamères (10 à 15 kDa contre 150 pour les anticorps), tout comme leur meilleure pénétration tissulaire et leur clairance sanguine plus rapide, font de ces oligonucléotides de bons candidats pour l'imagerie. La première étude publiée à ce sujet visait à visualiser l'inflammation grâce à un aptamère anti-élastase et montrait que l'image obtenue présentait un meilleur rapport signal sur bruit que celle obtenue avec l'anticorps de référence [49]. Actuellement, la pharmacocinétique des oligonucléotides *in vivo* est l'objet de nombreuses études. Le développement de méthodes de marquage robustes des oligonucléotides au fluor 18, associées à l'imagerie par tomographie d'émission de positons (TEP), ouvre la voie au développement des aptamères comme outils pour l'imagerie moléculaire *in vivo*, permettant le suivi quantitatif de leur concentration tissulaire au sein de divers organes dans les heures suivant l'injection [50].

4.4. Aptamères comme outils de régulation

Pour étudier la fonction d'un gène, et donc d'une protéine, il peut être utile de l'inactiver. Cette inactivation peut être définitive, comme pour la technique « *knock-out* », ou régulée, en plaçant le gène d'intérêt sous la dépendance d'un promoteur inductible. Cependant, ces techniques sont lourdes et nécessitent de modifier le génome de la cellule. Plusieurs approches alternatives utilisant les aptamères pour réguler artificiellement l'expression de gènes ont été décrites.

4.4.1. Contrôle de l'expression génique

Il est possible d'introduire en 5′ d'un ARNm plusieurs copies d'aptamères. En 1998, Werstuck a décrit le contrôle *in vitro* de la traduction exercé par des aptamères anti-tobramycine placés en amont de l'ARNm à traduire [51]. L'interaction de l'antibiotique avec l'aptamère inhibe la traduction de façon dose-dépendante (figure 6.6).

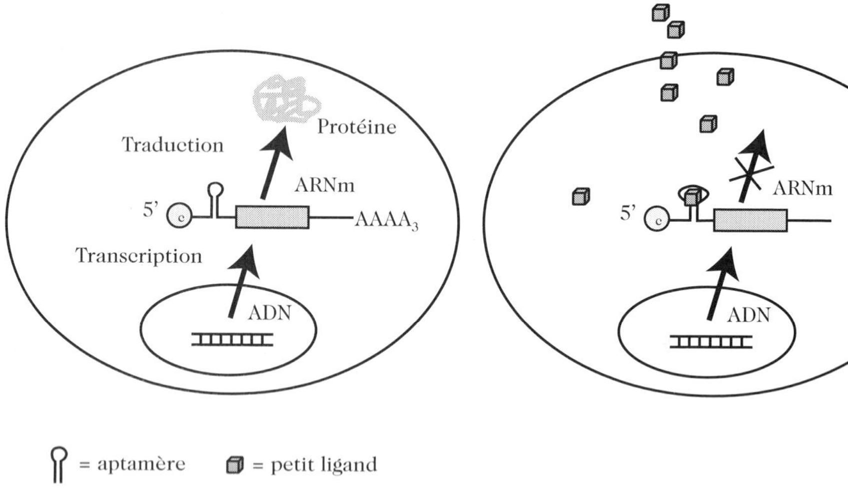

Figure 6.6. Régulation de l'expression des gènes par l'interaction ligand – aptamère.

Une autre stratégie repose sur l'utilisation d'un ribozyme à activité régulable par un aptamère. Le ribozyme actif peut s'autocliver et entraîner la dégradation de l'ARNm, et donc l'inhibition de l'expression du gène en question. L'interaction de l'aptamère avec sa cible entraîne un changement conformationnel tel que le ribozyme se déstructure et devient donc inactif. On utilise alors, pour nommer l'aptamère, le terme de « *riboswitch* ». Cette caractéristique est mise à profit pour constituer un véritable système de régulation « portable ».

4.4.2. Inhibition de l'activité protéique

Outre leur affinité, les aptamères montrent souvent des propriétés inhibitrices pour leur cible. Le fait de faire exprimer ces aptamères dans une cellule peut permettre d'inhiber *in cellulo* leur cible protéique. Ces séquences prennent alors le nom d'**intramères**.

Ainsi, dans le cadre de la recherche sur le HIV-1, un aptamère dirigé contre la protéine Rev a été cloné dans un vecteur d'expression RNA polymérase III dépendant. Cela a permis de produire dans un modèle cellulaire l'aptamère anti-Rev fonctionnel, inhibant la production de HIV-1 [52]. La protéine Rev agit au niveau du génome viral en se liant à son site de reconnaissance (RBE : *Rev Binding Element*) et est impliquée dans la régulation du transport de l'ARN viral du noyau au cytoplasme. D'autres exemples concernent des intramères dirigés contre des protéines nucléaires endogènes, comme les aptamères spécifiques de l'ARN polymérase II, qui n'interagissent pas avec les ARN polymérases I et III. L'expression constitutive chez la levure de cet intramère placé sous la dépendance du promoteur de l'ARN polymérase III se traduit par un défaut de croissance cellulaire, qui n'est pas observé lors de l'expression d'une séquence contrôle [53].

Shi et ses collègues ont obtenu l'expression d'intramères antagonistes d'une protéine régulatrice de l'épissage des ARN au niveau d'un organisme multicellulaire (*Drosophila melanogaster*). Ils ont obtenu une forte réversion du phénotype induit par la surexpression de la protéine cible grâce à l'expression régulée d'un aptamère ARN dans un animal transgénique [54].

Vuyisich et Beal mettent en relief l'inconvénient majeur de cette méthode : une fois que l'aptamère est exprimé dans la cellule et que la protéine cible est inhibée, il n'est plus possible de contrôler précisément le mécanisme dans le temps. Ce problème est particulièrement crucial si l'étude porte sur une protéine impliquée dans le déroulement du cycle cellulaire ou du développement précoce. La solution consiste à ajouter une étape durant le processus de sélection, outre les étapes de contre-sélection et de sélection en présence de la protéine cible : il s'agit d'une étape de dissociation de l'aptamère et de sa cible par addition d'une petite molécule (ici la néomycine connue pour sa propriété de liaison à l'ARN) [55]. La généralisation de cette méthode pourrait permettre d'inhiber une protéine *in vivo* par le biais d'un aptamère régulé par un ligand (LIRA) et de lever cette inhibition au moment souhaité par l'ajout d'une petite molécule (le ligand de l'aptamère).

Si la sélection *in vitro* d'aptamères est relativement aisée, le passage du tube à essai au vivant est souvent problématique. Nous venons de voir, concernant l'utilisation sur cellules vivantes d'aptamères destinés à agir sur des cibles intracellulaires, la solution qui consiste à faire exprimer les séquences directement à l'intérieur des cellules pour qu'elles puissent jouer leur rôle inhibiteur. Il est également intéressant d'obtenir des aptamères inhibiteurs de protéines extracellulaires comme les récepteurs membranaires. Dans ce cas, l'étape de purification de la cible préalable à la sélection entraîne de grandes modifications au niveau de la structure, puisque la protéine perd ses interactions membranaires. L'idée de diriger les sélections contre des cibles exprimées en conditions natives à la surface des cellules permet de s'affranchir de cette limitation cruciale. Ainsi, récemment, un aptamère a été sélectionné sur cellules vivantes contre le récepteur à activité tyrosine kinase oncogénique Ret^{C634Y}. Parmi les aptamères obtenus, l'un a non seulement montré de l'affinité pour sa cible, mais s'est également révélé capable d'entraîner une réversion du phénotype mutant en phénotype sauvage [56].

4.5. Aptamères comme outils thérapeutiques

La limite majeure de l'utilisation des oligonucléotides *in vivo* concerne leur biodistribution. Diverses approches sont actuellement en développement pour pallier cette difficulté. Cependant, contrairement aux autres thérapies basées sur l'utilisation des oligonucléotides (antisens, ARN interférents...) agissant au niveau des gènes ou des ARN messagers, les aptamères peuvent exercer leur fonction par association à des cibles extracellulaires. Ces marqueurs, plus accessibles, facilitent le passage des aptamères de leur utilisation *in vitro* à des applications thérapeutiques *in vivo*.

L'aptamère antithrombine est le premier à avoir été sélectionné contre une protéine extracellulaire. La thrombine est une enzyme plasmatique catalysant la conversion du fibrinogène soluble en sa forme polymérique insoluble, la fibrine, et joue un rôle clé dans le processus de l'hémostase. Après sa sélection, la taille de l'aptamère anti-thrombine a pu être réduite à 15 nucléotides sans perte d'affinité (Kd $\approx$ 25 nM). Cette séquence, même dans sa forme réduite, exerce une fonction d'inhibition sur sa protéine cible [57]. Une analyse structurale de cette séquence a par ailleurs permis de mettre en évidence la structure fonctionnelle en tétrade de G de cet aptamère et son interaction avec deux molécules de thrombine [58]. Une des boucles de cet aptamère interagit avec le site de liaison à l'héparine, une autre avec le site de liaison du fibrinogène. Cette cartographie illustre comment une courte séquence d'acides nucléiques peut se replier de façon extrêmement organisée pour interagir avec sa cible.

L'héparine est utilisée en routine pour inhiber la thrombine, de façon à éviter la formation de caillots caractéristiques de certaines pathologies, ou lors de certains actes chirurgicaux comme ceux nécessitant la mise en place de circulation extracorporelle. Cependant, son effet durable dans le temps est associé à un important risque hémorragique. La protamine sulfate peut être utilisée pour contrer cet effet, mais elle présente aussi une certaine toxicité. Contrairement à l'héparine, l'effet anticoagulant de l'aptamère ADN anti-thrombine disparaît quasi instantanément après la fin de la perfusion chez le singe cynomolgus [59]. Cette réversion rapide est due à la brève demi-vie des oligonucléotides dans la circulation sanguine (principalement du fait de la dégradation par les nucléases), qui est ici mise à profit.

Il est remarquable que la dégradation par les nucléases sanguines soit ainsi considérée comme un avantage. En effet, la plupart des applications *in vivo* exigent que les séquences soient stables. Ainsi, l'aptamère dirigé contre le facteur de coagulation IXa a été sélectionné à partir d'une banque d'ARN 2′F-Py [60, 61] (figure 6.7). Une molécule de cholestérol lui a été associée en 5′ après la sélection de façon à ralentir sa clairance sanguine. Cela a eu pour effet une augmentation importante de son temps de circulation sanguine, qui est passé de 10 minutes à 1 heure-1 heure 30, tandis que son activité anticoagulante demeurait constante *in vivo* plus d'une heure après une injection unique d'une dose de 0,5 mg/kg [61].

Cette dose est beaucoup plus faible que celle nécessaire pour induire une activité anticoagulante par injection constante d'aptamère anti-thrombine, 0,3 mg/kg/min [59]. Cependant, la possibilité de contrer instantanément l'effet anticoagulant est perdue puisque l'aptamère est stable dans la circulation sanguine. Rusconi *et al.* ont proposé une solution consistant à utiliser un antidote spécifique à chaque aptamère en se basant sur une propriété caractéristique des oligonucléotides. Ils ont dessiné une séquence de 17 nucléotides capable de s'associer à l'aptamère tel un antisens et entraînant une perte de conformation et, par conséquent, une perte de la fonctionnalité de l'aptamère. Cet antisens neutralise à plus de 95 % l'effet anticoagulant de l'aptamère et cela seulement 10 minutes après administration intraveineuse de 5 $mg.kg^{-1}$ d'antidote à des cochons [61].

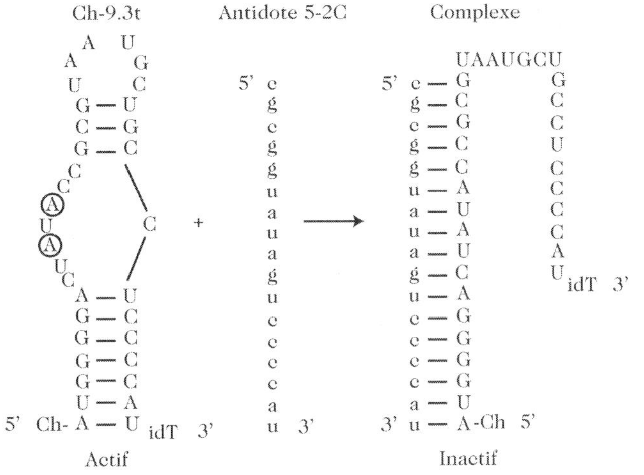

Figure 6.7. Représentation schématique du mécanisme d'inactivation de l'aptamère anti-coagulant dirigé contre le facteur de coagulation IXa (Ch-9.3t) par la séquence antidote (5-2C). Figure tirée de la référence [61].

L'aptamère peut également ne pas avoir lui-même d'effet thérapeutique, mais être considéré comme une molécule d'adressage [62]. Il est alors modifié avec l'objectif de lui ajouter une fonction thérapeutique, en assurant le transport du médicament vers sa cible. Une telle fonctionnalisation a été réalisée avec un aptamère anti-élastase neutrophile. Les neutrophiles sont recrutés sur les sites d'inflammation, où leur rôle consiste alors à sécréter de grandes quantités d'une sérine protéase : l'élastase. En conditions physiologiques, l'effet de l'élastase est finement régulé par des inhibiteurs de protéases endogènes contrôlant la dégradation des composants de la matrice extracellulaire. Une activité trop importante de l'élastase se traduit par diverses manifestations cliniques aiguës. Une première sélection d'aptamères contre l'élastase n'a pas permis d'obtenir un effet inhibiteur sur la protéase [63] ; en revanche, si l'on associe à l'aptamère sélectionné un inhibiteur de l'élastase de faible activité, l'effet inhibiteur est augmenté 100 000 fois [64].

Plusieurs dizaines d'aptamères à but thérapeutique sont actuellement en cours de développement contre diverses pathologies (cancer, inflammation, maladies autoimmunes, etc.) et ont montré des effets positifs sur des modèles animaux [65]. **Une dizaine d'aptamères sont en phase d'essais cliniques**, et un aptamère dirigé contre le facteur d'angiogenèse VEGF a obtenu l'approbation de la FDA (*Food and Drugs Administration*) aux États-Unis et est utilisé pour traiter la dégénérescence maculaire liée à l'âge (www.macugen.com).

5. Conclusion

Les aptamères peuvent être sélectionnés contre une multitude de cibles (protéines, petit ligands, cellules...), ce qui en fait **des agents capables de rivaliser avec les anticorps, voire même de les surpasser, pour certaines applications** (tableau 6.1). Toutefois, les propriétés d'association des aptamères à leur cible en font des molécules particulières. Comme les anticorps, ils adoptent des structures tridimensionnelles leur permettant de s'associer à leur cible. Mais, dans le cas des aptamères, cette association semble souvent beaucoup plus spécifique, certains aptamères étant capables de différencier des molécules très proches. Par exemple, l'aptamère anti-théophylline est capable de différencier son ligand d'une molécule de caféine pour lequel il a une affinité 10 000 fois plus faible, alors que théophylline et caféine ne diffèrent que par le remplacement d'un hydrogène par un groupement méthyle (à noter cependant que la caféine avait été utilisée pour la contre-sélection) [66]. Un autre avantage non négligeable présenté par les aptamères est qu'ils ne sont pas immunogènes, même à des doses 1 000 fois supérieures aux doses thérapeutiques. L'ensemble de ces propriétés font des aptamères des candidats de choix tant pour des applications diagnostiques que thérapeutiques [25, 67].

Tableau 6.1. Comparaison des propriétés relatives aux aptamères et aux anticorps.

	Aptamères	Anticorps
Affinité	De la nM à la pM	De la nM à la pM
Cibles possibles	Toutes	Difficulté contre des toxines ou des cibles peu immunogéniques
Processus de sélection	*In vitro*	Chez l'animal
Condition de sélection	Déterminée	Difficilement imposable
Stockage	Illimité	Limité
Stabilité thermique	Oui	Limité
Possibilité de synthèse chimique	Oui	Non
Variabilité inter-lots	Non	Possible
Modifications chimiques possibles	Grande variété	Limitées
Propriétés pharmacocinétiques	Modifiables	Difficiles à modifier
Immunogénicité	Très faible	Importante
Effet inhibiteur réversible	Antisens = antidote	Non

En utilisant le SELEX, l'expérimentateur utilise et reproduit le principe de Darwin de l'évolution des espèces dans un « nanomonde ». Le fait de travailler à une échelle moléculaire (les espèces étant ici des séquences d'oligonucléotides) permet de manipuler des milliards d'espèces dans quelques microlitres. De même, l'échelle

de temps est fortement réduite ; ainsi l'évolution d'espèces animales qui prendrait des siècles est réalisable avec des espèces moléculaires en quelques jours.
Leur facilité de mise en œuvre, leurs propriétés remarquables et leur vaste gamme d'applications promettent aux aptamères une place importante dans l'arsenal biotechnologique. La rapidité avec laquelle les aptamères se développent et le nombre croissant de nouvelles approches fondées sur l'évolution moléculaire darwinienne confirment cette impression, mais doivent aussi rendre modestes les auteurs de ce chapitre, qui risque de dater assez rapidement tant l'inventivité est grande dans ce domaine !
À titre d'exemple et pour conclure, signalons une des nombreuses pistes récemment ouvertes. La possibilité d'utiliser un mode de reproduction des aptamères par recombinaison non homologue a été démontrée [68]. Pour cela, après PCR, les séquences d'aptamères sont coupées en différents domaines, qui sont ensuite fusionnés de façon aléatoire. Ce mode de reproduction, jamais décrit dans la nature, peut être comparé à la combinaison des différentes parties du corps de différentes espèces (par exemple une patte d'éléphant avec un cou de girafe...). Cela pourrait augmenter considérablement les propriétés évolutives des aptamères et leur permettre une évolution plus rapide et plus performante sur des critères de sélection beaucoup plus complexes qu'une simple affinité.

BIBLIOGRAPHIE

[1] DOBZHANSKY T., « Nothing in Biology makes sense except in the light of evolution », *The American Biology Teacher*, **35**, 125-129 (1973).

[2] DARWIN C., *L'origine des espèces*, Garnier-Flammarion, Paris (1992).

[3] MAYR E., *Histoire de la biologie : diversité, évolution et hérédité*, Fayard, Paris (1989).

[4] HERMANN T., PATEL D.J., « Stitching together RNA tertiary architectures », *J. Mol. Biol.*, **294**, 829-49 (1999).

[5] CATE J.H., GOODING A.R., PODELL E., ZHOU K., GOLDEN B.L., SZEWCZAK A.A. et al., « RNA tertiary structure mediation by adenosine platforms [see comments] », *Science*, **273**, 1696-9 (1996).

[6] LASPIA M.F., RICE A.P., MATHEWS M.B., « HIV-I Tat protein increases transcriptional initiation and stabilizes elongation », *Cell*, **59**, 283-292 (1989).

[7] HERMANN T., PATEL D.J., « Adaptive recognition by nucleic acid aptamers », *Science*, **287**, 820-5 (2000).

[8] GHOSH G., HUANG D.B., HUXFORD T., « Molecular mimicry of the NF-kappaB DNA target site by a selected RNA aptamer », *Curr. Opin. Struct. Biol.*, **14**, 21-7 (2004).

[9] OLIPHANT A.R., STRUHL K., « The use of random-sequence oligonucleotides for determining consensus sequences », *Methods Enzymol.*, **155**, 568-82 (1987).

[10] OLIPHANT A.R., BRANDL C.J., STRUHL K., « Defining the sequence specificity of DNA-binding proteins by selecting binding sites from random-sequence oligonucleotides : analysis of yeast GCN4 protein », *Mol. Cell. Biol.*, **9**, 2944-9 (1989).

[11] KINZLER K.W., VOGELSTEIN B., « Whole genome PCR : application to the identification of sequences bound by gene regulatory proteins », *Nucleic Acids Res.*, **17**, 3645-53 (1989).

[12] ELLINGTON A.D., SZOSTAK J.W., « In vitro selection of RNA molecules that bind specific ligands », *Nature*, **346**, 818-822 (1990).

[13] ROBERTSON D.L., JOYCE G.F., « Selection in vitro of an RNA enzyme that specifically cleaves single-stranded DNA ». *Nature*, **344**, 467-468 (1990).

[14] TUERK C., GOLD L., « Systematic evolution of ligands by exponential enrichment : RNA ligands to bacteriophage T4 DNA polymerase », *Science*, **249**, 505-510 (1990).

[15] GREEN R., ELLINGTON A.D., SZOSTAK J.W., « In vitro genetic analysis of the tetrahymena self-splicing intron », *Nature*, **347**, 406-408 (1990).

[16] THIESEN H.J., BACH C., « Target Detection Assay (TDA) : a versatile procedure to determine DNA binding sites as demonstrated on SP1 protein », *Nucleic Acids Res.*, **18**, 3203-9 (1990).

[17] BLACKWELL T.K., KRETZNER L., BLACKWOOD E.M., EISENMAN R.N., WEINTRAUB H., « Sequence-specific DNA binding by the c-Myc protein », *Science*, **250**, 1149-1151 (1990).

[18] BLACKWELL T.K., WEINTRAUB H., « Differences and similarities in DNA-binding preferences of MyoD and E2A protein complexes revealed by binding site selection », *Science*, **250**, 1104-1110 (1990).

[19] POLLOCK R., TREISMAN R., « A sensitive method for the determination of protein-DNA binding specificities », *Nucleic Acids Res.*,**18**, 6197-6204 (1990).

[20] JOYCE G.F., « Directed molecular evolution », *Scient. Am.*, **267** (6), 48-55 (1992).

[21] OSBORNE S.E., MATSUMURA I., ELLINGTON A.D., « Aptamers as therapeutic and diagnostic reagents : problems and prospects », *Curr. Opin. Chem. Biol.*, **1**, 5-9 (1997).

[22] GOLD L., POLISKY B., UHLENBECK O., YARUS M., « Diversity of oligonucleotide functions », *Annu. Rev. Biochem.*, **64**, 763-97 (1995).

[23] FITZWATER T., POLISKY B., « A SELEX primer », *Methods Enzymol.*, **267**, 275-301 (1996).

[24] COX J.C., RUDOLPH P., ELLINGTON A.D., « Automated RNA selection », *Biotechnol. Prog.*, **14**, 845-50 (1998).

[25] BRODY E.N., GOLD L., « Aptamers as therapeutic and diagnostic agents », *J. Biotechnol.*, **74**, 5-13 (2000).

[26] BURMEISTER P.E., LEWIS S.D., SILVA R.F., PREISS J.R., HORWITZ L.R., PENDERGRAST P.S. et al., « Direct in vitro selection of a 2′-O-methyl aptamer to VEGF », *Chem. Biol.*, **12**, 25-33 (2005).

[27] GREEN L.S., KIRSCHENHEUTER G.P., CHARLTON J., GUIDOT D.M., REPINE J.M., « Nuclease resistant nucleic acid ligands to vascular permeability factor/vascular endothelial groth factor », *Chem. Biol.*, **2**, 683-695 (1995).

[28] PAGRATIS N., BELL C., CHANG Y., JENNINGS S., FITZWATER T., JELLINEK D. et al., « Potent 2′-amino-, and 2′-fluoro-2′-deoxyribonucleotide RNA inhibitors of keratinocyte growth factor », *Nature Biotech.*, **15**, 68-73 (1997).

[29] MICKLEFIELD J., « Backbone modification of nucleic acids : synthesis, structure and therapeutic applications », *Curr. Med. Chem.*, **8**, 1157-79 (2001).

[30] LATHAM J.A., JOHNSON R., TOOLE J.J., « The application of a modified nucleotide in aptamer selection : a novel thrombin aptamers containing 5-(1-pentynyl)-2′-deoxyurudine », *Nucleic Acid Res.*, **22**, 2817-2822 (1994).

[31] VATER A., KLUSSMANN S., « Toward third-generation aptamers : Spiegelmers and their therapeutic prospects », *Curr. Opin. Drug Discov. Devel.*, **6**, 253-61 (2003).

[32] KUMAR P.K.R., ELLINGTON A.D., « Artificial evolution and natural ribozymes », *FASEB J.*, **9**, 1183-1195 (1995).

[33] LEHMAN N., JOYCE G.F., « Evolution in vitro of an RNA enzyme with altered metal dependence », *Nature*, **361**, 182-185 (1993).

[34] TSANG J., JOYCE G.F., « Specialization of the DNA-cleaving activity of a group I ribozyme through in vitro evolution », *J. Mol. Biol.*, **262**, 31-42 (1996).

[35] BARTEL D.P., SZOSTAK J.W., « Isolation of new ribozymes from a large pool of random sequences », *Science*, **261**, 1411-1418 (1993).

[36] EKLAND E.H., BARTEL D.P., « RNA-catalysed RNA polymerization using nucleoside triphosphates », *Nature*, **383**, 192 (1996).

[37] DENG Q., GERMAN I., BUCHANAN D., KENNEDY R.T., « Retention and separation of adenosine and analogues by affinity chromatography with an aptamer stationary phase », *Anal. Chem.*, **73**, 5415-21 (2001).

[38] ROMIG T.S., BELL C., DROLET D.W., « Aptamer affinity chromatography : combinatorial chemistry applied to protein purification », *J. Chromatogr. B Biomed. Sci. Appl.*, **731**, 275-84 (1999).

[39] MICHAUD M., JOURDAN E., VILLET A., RAVEL A., GROSSET C., PEYRIN E., « A DNA aptamer as a new target-specific chiral selector for HPLC », *J. Am. Chem. Soc.*, **125**, 8672-9 (2003).

[40] DICK L.W. Jr., MCGOWN L.B., « Aptamer-enhanced laser desorption/ionization for affinity mass spectrometry », *Anal. Chem.*, **76**, 3037-41 (2004).

[41] BLANK M., WEINSCHENK T., PRIEMER M., SCHLUESENER H., « Systematic evolution of a DNA aptamer binding to rat brain tumor microvessels ; selective targeting of endothelial regulatory protein pigpen », *J. Biol. Chem.*, **276**, 16464-8 (2001).

[42] DANIELS D.A., CHEN H., HICKE B.J., SWIDEREK K.M., GOLD L., « A tenascin-C aptamer identified by tumor cell SELEX : systematic evolution of ligands by exponential enrichment ». *Proc. Natl. Acad. Sci. USA*, **100**, 15416-21 (2003).

[43] FREDRIKSSON S., GULLBERG M., JARVIUS J., OLSSON C., PIETRAS K., GUSTAFSDOTTIR S.M. et al., « Protein detection using proximity-dependent DNA ligation assays », *Nat. Biotechnol.*, **20**, 473-7 (2002).

[44] WANG X.L., LI F., SU Y.H., SUN X., LI X.B., SCHLUESENER H.J. et al., « Ultrasensitive detection of protein using an aptamer-based exonuclease protection assay », *Anal. Chem.*, **76**, 5605-10 (2004).

[45] JHAVERI S., RAJENDRAN M., ELLINGTON A.D., « In vitro selection of signaling aptamers, *Nat. Biotechnol.*, **18**, 1293-7 (2000).

[46] HAMAGUCHI N., ELLINGTON A., STANTON M., « Aptamer beacons for the direct detection of proteins, *Anal. Biochem.*, **294**, 126-31 (2001).

[47] PETACH H., GOLD L., « Dimensionality is the issue : use of photoaptamers in protein microarrays », *Curr. Opin. Biotechnol.*, **13**, 309-14 (2002).

[48] SMITH D., COLLINS B.D., HEIL J., KOCH T.H., « Sensitivity and specificity of photoaptamer probes », *Mol. Cell. Proteomics*, **2**, 11-8 (2003).

[49] CHARLTON J., SENNELLO J., SMITH D., « In vivo imaging of inflammation using an aptamer inhibitor of human neutrophil elastase », *Chem. Biol.*, **4**, 809-16 (1997).

[50] TAVITIAN B., « In vivo imaging with oligonucleotides for diagnosis and drug development », *Gut*, **52**, Suppl 4, iv40-7 (2003).

[51] WERSTUCK G., GREEN M.R., « Controlling gene expression in living cells through small molecule-RNA interactions », *Science*, **282**, 296-8 (1998).

[52] GOOD P.D., KRIKOS A.J., LI S.X., BERTRAND E., LEE N.S., GIVER L. et al., « Expression of small, therapeutic RNAs in human cell nuclei », *Gene. Ther.*, **4**, 45-54 (1997).

[53] THOMAS M., CHEDIN S., CARLES C., RIVA M., FAMULOK M., SENTENAC A., « Selective targeting and inhibition of yeast RNA polymerase II by RNA aptamers », *J. Biol. Chem.*, **272**, 27980-6 (1997).

[54] SHI H., HOFFMAN B.E., LIS J.T., « RNA aptamers as effective protein antagonists in a multicellular organism », *Proc. Natl. Acad. Sci. USA*, **96**, 10033-8 (1999).

[55] VUYISICH M., BEAL P.A., « Controlling protein activity with ligand-regulated RNA aptamers », *Chem. Biol.*, **9**, 907-13 (2002).

[56] CERCHIA L., DUCONGÉ F., PESTOURIE C., BOULAY J., AISSOUNI Y., GOMBERT K. et al., « Neutralizing aptamers from whole-cell SELEX inhibit the RET receptor tyrosine kinase », *PLoS Biol.*, **3**, e123 (2005).

[57] Bock L.C., Griffin L.C., Latham J.A., Vermaas E.H., Toole J.J., « Selection of single-stranded DNA molecules that bind and inhibit human thrombin », *Nature*, **355**, 564-6 (1992).

[58] Kelly J.A., Feigon J., Yeates T.O., « Reconciliation of the X-ray NMR structures of the thrombin-binding aptamer d(GGTTGGTGTGGTTGG) », *J. of Biochemistry*, **256**, 417-422 (1996).

[59] Griffin L.C., Tidmarsh G.F., Bock L.C., Toole J.J., Leung L.L., « In vivo anticoagulant properties of a novel nucleotide-based thrombin inhibitor and demonstration of regional anticoagulation in extracorporeal circuits », *Blood*, **81**, 3271-6 (1993).

[60] Rusconi C.P., Scardino E., Layzer J., Pitoc G.A., Ortel T.L., Monroe D. et al., « RNA aptamers as reversible antagonists of coagulation factor IXa », *Nature*, **419**, 90-4 (2002).

[61] Rusconi C.P., Roberts J.D., Pitoc G.A., Nimjee S.M., White R.R., Quick G. Jr. et al., « Antidote-mediated control of an anticoagulant aptamer in vivo », *Nat. Biotechnol.*, **22**, 1423-8 (2004).

[62] Hicke B.J., Stephens A.W., « Escort aptamers : a delivery service for diagnosis and therapy », *J. Clin. Invest.*, **106**, 923-8 (2000).

[63] Lin Y., Qiu Q., Gill S.C., Jayasena S.D., « Modified RNA sequence pools for in vitro selection », *Nucleic Acids Res.*, **22**, 5229-34 (1994).

[64] Lin Y., Padmapriya A., Morden K.M., Jayasena S.D., « Peptide conjugation to an in vitro-selected DNA ligand improves enzyme inhibition », *Proc. Natl. Acad. Sci. USA*, **92**, 11044-8 (1995).

[65] Pestourie C., Tavitian B., Ducongé F., « Aptamers against extracellular targets for in vivo applications », *Biochimie*, **87**, 921-30 (2005).

[66] Jenison R.D., Gill S.C., Pardi A., Polisky B., « High-resolution molecular discrimination by RNA », *Science*, **263**, 1425-1429 (1994).

[67] Cerchia L., Hamm J., Libri D., Tavitian B., de Franciscis V., « Nucleic acid aptamers in cancer medicine », *FEBS Lett.*, **528**, 12-16 (2002).

[68] Bittker J.A., Le B.V., Liu D.R., « Nucleic acid evolution and minimization by nonhomologous random recombination », *Nat. Biotechnol.*, **20**, 1024-9 (2002).

PARTIE II

LES MÉTHODES D'ÉTUDE DES NANOBIOTECHNOLOGIES

CHAPITRE

7

LES OUTILS OPTIQUES

Émilie RONCALI*, Bertrand TAVITIAN†, Isabelle TEXIER ‡, Philippe PELTIÉ§, François PERRAUT¶, Jérôme BOUTET||, Laurent COGNET**, Brahim LOUNIS††, Didier MARGUET‡‡, Olivier THOUMINE§§, Marc TRAMIER¶¶

1. Introduction aux microscopies de fluorescence

La fluorescence est un phénomène physique décrit pour la première fois en 1852 par le scientifique britannique George G. Stokes, célèbre pour ses travaux en mathématiques et hydrodynamique. Il observa l'émission lumineuse d'un minéral après excitation (absorption de la lumière par le minéral) à l'aide d'une lumière UV. Il formula alors la loi de Stokes, établissant que la longueur d'onde d'une émission de fluorescence est toujours supérieure à la longueur d'onde d'excitation utilisée pour générer cette lumière. Certains phénomènes dérogeant à cette règle ont été découverts ultérieurement, mais ne l'invalident pas. L'utilisation de lumières d'excitation dans le visible fut développée ultérieurement, lors de la découverte de nombreuses molécules aromatiques fluorescentes, appelées fluorophores. L'identification de ces composés et la maîtrise du phénomène physique permirent à partir de 1930 le développement d'outils de recherche en biologie, tels que les marquages par des fluorophores de certains tissus et bactéries, puis leur observation par fluorescence.

* CEA-DSV-I^{2}BM-SHFJ-LIME INSERM U 803, Orsay. emilie.roncali@cea.fr
† CEA-DSV-I^{2}BM-SHFJ-LIME INSERM U 803, Orsay. bertrand.tavitian@cea.fr
‡ LETI-DTBS, CEA Grenoble. isabelle.texier-nogues@cea.fr
§ LETI-MINATEC, CEA Grenoble. philippe.peltie@cea.fr
¶ LETI-MINATEC, CEA Grenoble. francois.perraut@cea.fr
|| LETI-MINATEC, CEA Grenoble. jerome.boutet@cea.fr
** CPMOH, Université Bordeaux 1 et CNRS, Talence. lcognet@u-bordeaux1.fr
†† CPMOH, Université Bordeaux 1 et CNRS, Talence. b.lounis@cpmoh.u-bordeaux1.fr
‡‡ Centre d'Immunologie de Marseille-Luminy, CNRS UMR 6102, INSERM UMR 631. marguet@ciml.univ-mrs.fr
§§ Institut Magendie, UMR CNRS 5091, Université Bordeaux 2. olivier.thoumine@pcs.u-bordeaux2.fr
¶¶ Institut Jacques Monod, Paris. tramier@ijm.jussieu.fr

Le microscope optique existant depuis le XIXe siècle a ainsi donné lieu au microscope à fluorescence : une voie d'éclairage par réflexion nécessaire à l'excitation des fluorophores a été ajoutée au microscope classique, ainsi qu'un système de filtrage adapté. La microscopie de fluorescence s'est imposée depuis comme un outil d'analyse biologique *in vitro* et *ex vivo* incontournable, et d'autres applications de la luminescence (phénomènes d'émission lumineuse dont la fluorescence est un cas particulier, voir le paragraphe 2) sont également nées. Des phénomènes non observables par microscopie optique classique ont ainsi pu être étudiés. Entre autres, la localisation de molécules dans les cellules, le suivi de processus intracellulaires et la détection de molécules uniques sont possibles grâce à la microscopie de fluorescence.

1.1. Principe de la microscopie de fluorescence classique

1.1.1. Principe et schéma du dispositif expérimental

La fluorescence est un phénomène d'émission lumineuse intervenant lors de la désexcitation d'une molécule fluorescente excitée par un éclairage externe (voir le paragraphe 2) [1]. Un microscope de fluorescence comporte donc au moins une voie d'excitation et une voie de détection.

La figure 7.1 représente un schéma simplifié d'un microscope fonctionnant en réflexion. Les rayons lumineux émis par la source (1) (typiquement une lampe à arc) traversent le filtre d'excitation (2), afin de sélectionner une faible bande spectrale optimale pour illuminer l'échantillon. Les caractéristiques de ce filtre passe-bande sont à adapter en fonction des molécules que l'on cherche à détecter. Le miroir dichroïque réfléchit les rayons issus de la source perpendiculairement à la direction incidente (3), afin d'orienter le faisceau vers l'échantillon. Ces rayons vont alors éclairer et exciter les molécules fluorescentes contenues dans l'échantillon (4). Les molécules excitées émettent une lumière de longueur d'onde supérieure à celle de l'éclairage, qui va être transmise par le miroir dichroïque (6) après passage dans l'objectif (5). En sortie du miroir dichroïque se trouve un filtre de type passe-haut appelé filtre d'émission (7), dont le rôle est d'éliminer de la voie de détection le signal d'excitation qui se réfléchit sur l'échantillon simultanément à l'excitation des molécules fluorescentes. Cette réflexion indésirable inhibe la détection du signal de par l'intensité de sa brillance, supérieure de plusieurs ordres de grandeur à l'émission de fluorescence. On soulignera le fait que le miroir dichroïque joue le même rôle, mais n'élimine pas suffisamment la lumière d'excitation, ce qui justifie la nécessité du filtre d'émission. La caméra CCD (9) détectera l'image de fluorescence ainsi formée. Une deuxième caméra CCD (11) peut enregistrer un signal de fluorescence semblable ou différent, récupéré de la voie verticale par le miroir semi-réfléchissant (8) et orienté par le miroir (10). Cela est utile pour faire de la détection avec plusieurs fluorophores émettant à différentes longueurs d'onde : en effet, le miroir semi-réfléchissant peut être dichroïque, dont le rôle serait de séparer plusieurs signaux de fluorescence émis à des longueurs d'onde différentes, issus de l'échantillon soumis à une ou plusieurs excitations.

Une voie d'excitation de l'échantillon par transmission n'est pas représentée sur la figure 7.1, mais est visible sur le schéma détaillé de la figure 7.2. Cet éclairage par une lampe de type halogène-tungstène permet l'éclairage de l'échantillon et

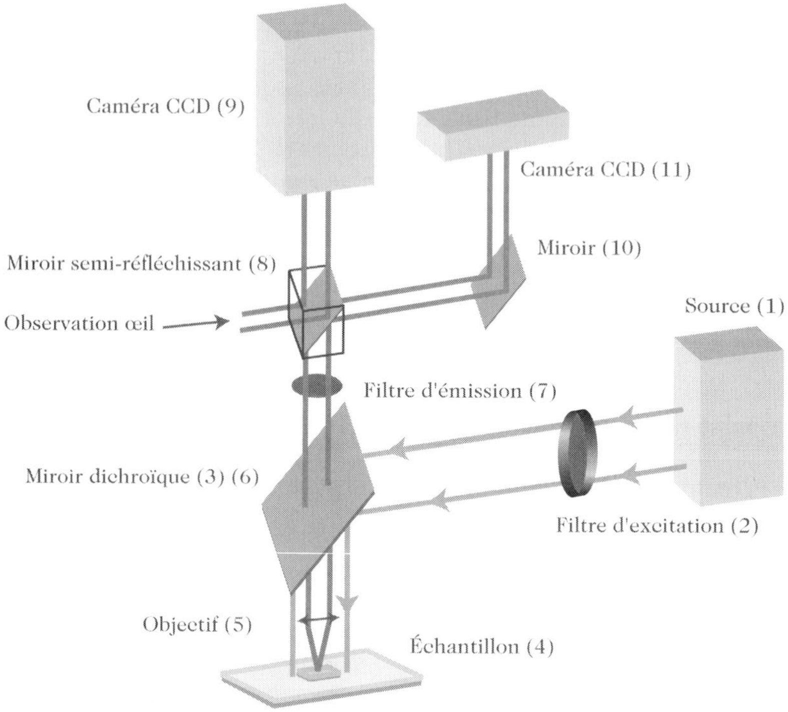

Figure 7.1. Schéma simplifié du fonctionnement du microscope de fluorescence en réflexion.

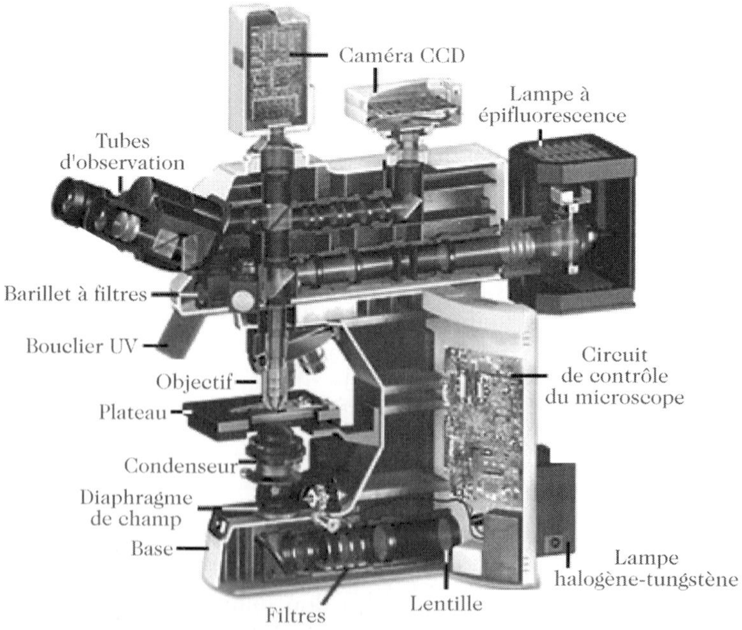

Figure 7.2. Schéma d'un microscope à fluorescence à deux modes de fonctionnement : en transmission (imagerie optique classique) ou en réflexion (imagerie de fluorescence) [1].

la réalisation d'observations microscopiques optiques classiques. Il peut être intéressant de superposer une « photographie » classique de l'échantillon avec l'image de fluorescence pour situer précisément les phénomènes.

1.1.2. Choix des filtres

Le choix des filtres et du miroir dichroïque nécessite une connaissance des propriétés optiques des molécules fluorescentes utilisées, ainsi que de l'échantillon dans lequel elles se trouvent. La figure 7.3 donne un exemple d'une combinaison de filtres adaptés à un fluorophore : l'Alexa Fluor® 555. Le spectre d'absorption présente un pic principal à 555 nm et un pic secondaire à 510 nm. Le spectre d'émission passe par un maximum à 570 nm. Le filtre d'excitation sera de préférence un filtre passe-bande étroit centré sur le pic d'absorption principal, c'est-à-dire 555 nm. Le filtre de réception (appelé aussi filtre d'émission) sera un filtre passe-haut éliminant le signal d'excitation, dont la longueur d'onde de coupure devra alors être supérieure à 555 nm. On choisit la longueur d'onde de coupure bloquant le maximum de signal d'excitation sans éliminer le pic d'émission. Ici, le filtre d'excitation retenu est un filtre passe-bande centré entre les deux pics d'absorption, car le décalage entre le pic d'émission et le pic d'absorption principal est trop faible pour choisir un filtre centré sur ce dernier. Le filtre de détection appuie le rôle du miroir dichroïque en éliminant la partie du spectre d'absorption qui n'est pas éliminée par celui-ci et en augmentant le blocage dans les zones où le dichroïque est efficace.

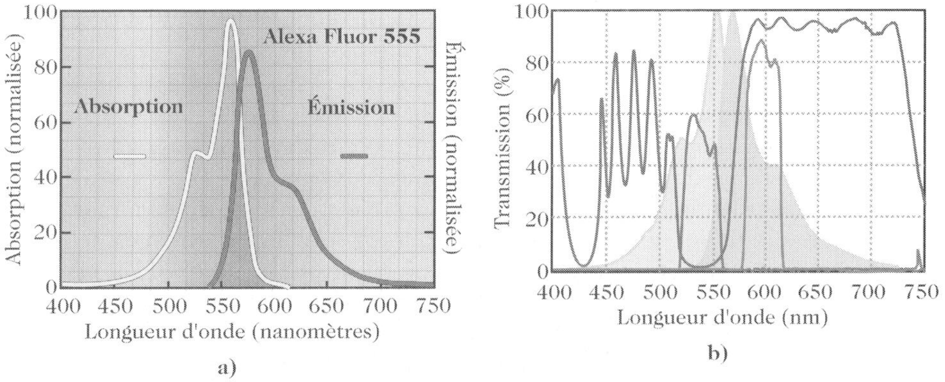

Figure 7.3. a) Spectres d'absorption et d'émission du fluorophore Alexa Fluor® 555, dont le pic d'absorption est au voisinage de 555 nm et le pic d'émission au voisinage de 570 nm [1]. **b)** Exemples de courbes de transmission de filtres et miroirs dichroïques : ici, le filtre d'excitation (courbe bleue) passe-bande étroit est situé entre les deux pics d'excitation. Le filtre d'émission (courbe rouge) correspondant est un passe-haut éliminant le signal d'excitation. Ce filtre assiste la coupure imparfaite réalisée par le miroir dichroïque (courbe verte) [2]. (Voir le cahier couleurs au milieu de l'ouvrage.)

La plupart des microscopes de fluorescence actuels possèdent des cubes dans lesquels sont intégrés le filtre d'excitation, le miroir dichroïque et le filtre d'émission. L'adaptation du microscope à un autre échantillon et un autre type de marquage se fait ainsi aisément par interversion des cubes. Quatre à six éléments peuvent être stockés dans un barillet auquel il suffit de faire effectuer une rotation pour positionner le cube adéquat. Ce montage a pour avantage de conserver l'alignement des composants optiques et de permettre une adaptation rapide du montage. Le schéma d'un tel cube de fluorescence est représenté sur la figure 7.4.

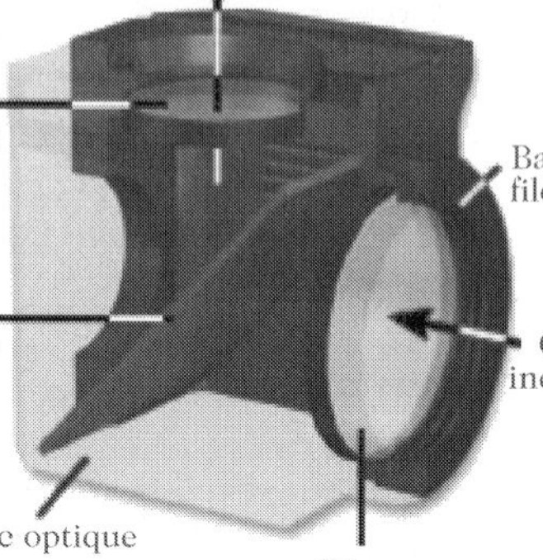

Figure 7.4. Schéma d'un cube de fluorescence [1].

1.2. Quelques exemples d'applications biologiques

1.2.1. Localisation dans les cellules

La microscopie de fluorescence permet de détecter la présence de molécules fluorescentes dans un échantillon et d'obtenir une information quant à la localisation et la concentration de ces molécules, par l'intermédiaire de la quantification de l'intensité lumineuse émise, directement liée à la concentration de fluorophores. Ces fluorophores peuvent ainsi servir de marqueurs : liés à d'autres molécules, ils permettent de mettre en évidence la présence de celles-ci et de suivre leur évolution (déplacement, concentration, etc.). Un marquage adapté offre la possibilité d'étudier de nombreux phénomènes biologiques, tant *in vitro* qu'*ex vivo*. Les différents marqueurs luminescents seront décrits dans le paragraphe 2.

L'accrochage des fluorophores aux molécules (marquage) peut s'effectuer par différentes techniques dépendant des propriétés de la molécule à marquer ainsi que du fluorophore. Le marquage des anticorps (immunomarquage), le marquage des séquences nucléotidiques (FISH, *Fluorescent In Situ Hybridization*) ont ainsi été mis au point.

Le greffage d'une biomolécule à un fluorophore et son évolution au sein d'un environnement biologique modifient cependant sa capacité d'émission lumineuse. Ainsi, le greffage au fluorophore d'une protéine ou d'une séquence d'ADN peut apporter une contrainte stérique tendant à diminuer le rendement quantique (intensité lumineuse produite/intensité lumineuse reçue) de celui-ci. D'autre part, la biomolécule marquée interagit avec l'environnement dans lequel elle se trouve, ce qui peut avoir pour effet d'éteindre partiellement ou totalement l'émission lumineuse de fluorescence. On distingue deux mécanismes, selon que cette extinction est réversible (phénomène d'inhibition ou de « *quenching* ») ou définitive (phénomène de photoblanchiment). L'environnement du fluorophore peut cependant accélérer ce processus. La figure 7.5 montre un exemple de marquage multiple de différents compartiments cellulaires mettant en évidence le photoblanchiment de certains fluorophores. Différentes parties des cellules sont marquées par différents fluorophores. Ce triple marquage met en évidence un photoblanchiment principalement du fluorophore marquant le noyau des cellules.

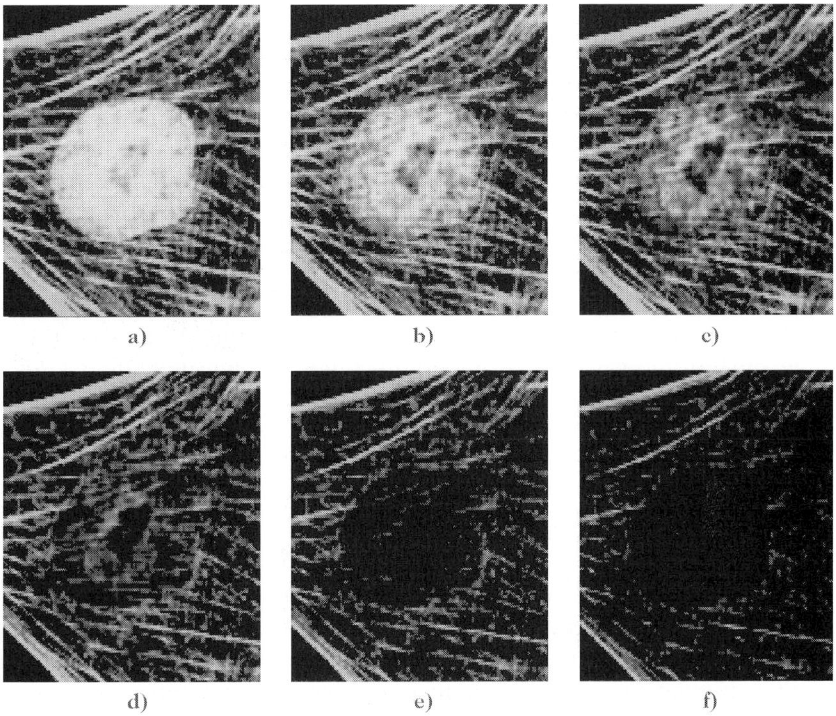

Figure 7.5. Fibroblastes d'épiderme de cerf Muntjac indien. Coloration des noyaux avec un dérivé du bis-benzimidazole (en bleu) ; coloration des mitochondries par Mito Tracker Red CMXRos® (en rouge) ; coloration du cytosquelette par une Alexa Fluor 488® (en vert). Images acquises toutes les deux minutes à l'aide d'une combinaison de filtres adaptés à l'excitation de chaque fluorophore parmi les trois, et une combinaison adaptée en détection. On observe une diminution de signal après 6-8 min au niveau des noyaux, tandis que les marquages des mitochondries et du cytosquelette résistent mieux au photoblanchiment, mais s'affadissent tout de même [1]. Voir le cahier couleurs au milieu de l'ouvrage.

1.2.2. Mesures de mobilité

Certaines équipes ont choisi d'étudier ces phénomènes de photoblanchiment afin d'en extraire des techniques d'imagerie novatrices, telles que le FRAP (*Fluorescence Recovery After Photobleaching*), où un photoblanchiment est provoqué volontairement de façon à mesurer la mobilité des molécules fluorescentes venant repeupler la zone blanchie. Cette technique contribue à la définition du modèle de la mosaïque fluide de la membrane cellulaire, notamment, et permet aussi de déterminer la capacité d'une molécule à passer la membrane cellulaire ou à interagir avec des composants de celle-ci.

1.2.3. Mesures d'interactions (FRET)

Certaines équipes ont, elles, choisi d'étudier les phénomènes d'inhibition de la fluorescence : cela a donné naissance à des techniques d'imagerie novatrices, telles que le FRET (*Fluorescence Resonance Energy Transfer*), destiné principalement à la recherche d'interactions moléculaires. Cette technique repose sur l'évaluation de la distance entre deux fluorophores, marqueurs chacun de deux molécules d'intérêt dont on souhaite voir les interactions. Après excitation d'un des deux fluorophores, dit donneur, l'énergie émise par celui-ci est transmise par résonance à l'autre fluorophore, dit accepteur. Ce transfert ne peut avoir lieu que si la distance entre les deux fluorophores est inférieure à 100 Å, et est distance-dépendant. L'interaction et la distance entre les deux fluorophores, et donc les deux molécules d'intérêt, peuvent ainsi être évaluées. Les détails de cette technique sont donnés dans le paragraphe 5.

D'autres techniques, reposant sur l'inhibition de fluorescence, le photoblanchiment ou les mesures de durées de vie (voir définition dans le paragraphe 2) sont présentées de manière détaillée dans le paragraphe 5 de ce chapitre. Ces techniques permettent la visualisation de phénomènes dynamiques intracellulaires, le suivi du mouvement de macromolécules et éventuellement la détection d'une molécule unique.

1.3. Microscopie confocale

1.3.1. Principe

Comme la microscopie optique classique, la microscopie de fluorescence n'est pas résolue en profondeur et produit une image sur une superposition de couches de l'échantillon. Cela conduit à un important bruit de fond. Une technique de microscopie innovante a été développée pour isoler un plan de coupe de l'échantillon : la microscopie confocale. Cette invention est attribuée à Marvin Minsky [5], qui présenta un prototype en 1955 et déposa un brevet en 1957.

Le microscope confocal comporte une source laser remplaçant la lampe à arc du microscope à épifluorescence classique. Le laser est diffracté par un collimateur de type « *pinhole* » (trou de très faible diamètre), afin d'élargir le faisceau et d'illuminer tout le champ de vue. Le faisceau focalisé par un objectif va exciter les fluorophores en un point de l'échantillon, précisément en un volume élémentaire centré sur ce point.

Un autre collimateur *pinhole* placé devant le tube photomultiplicateur détectant la lumière permet d'éliminer toute lumière provenant d'un plan autre que le plan focal. Un balayage dans deux directions dans le plan focal permet de construire point par point l'image de fluorescence de ce plan. La sélection d'un plan se fait par une translation verticale de l'échantillon, ce qui a pour effet de modifier la position du plan focal. Le collimateur a un rôle essentiel dans la définition de la résolution en profondeur : celle-ci est optimale quand l'ouverture du diaphragme est réduite à un diamètre correspondant à la limite de la diffraction. Cela a pour effet de minimiser les rayons issus du volume élémentaire excité autour du point focal.

L'un des principaux avantages du microscope confocal par rapport à la microscopie conventionnelle est la faible profondeur de champ – de l'ordre du micromètre – permettant d'obtenir une image d'un plan, ce qui augmente le rapport signal sur bruit et améliore le contraste ainsi que la sensibilité. L'enregistrement des différentes images en coupe peut aussi donner lieu à une reconstruction tridimensionnelle du signal de fluorescence. Ces « coupes » virtuelles conservent l'intégrité de l'échantillon contrairement aux coupes histologiques classiques, ce qui étend le champ des possibilités d'études *ex vivo*.

1.3.2. Schéma du microscope confocal

Un schéma de microscope confocal est donné sur la figure 7.6. Le faisceau de la source laser est élargi par passage dans un collimateur *pinhole*, puis réfléchi par le miroir dichroïque afin d'illuminer l'échantillon. Ce faisceau est focalisé sur un point du plan focal par l'objectif. Le plan focal est déterminé par la position verticale de l'échantillon. Les fluorophores excités émettent une lumière qui traverse l'objectif et est transmise par le miroir dichroïque. Cette lumière est en partie stoppée par un diaphragme *pinhole* de très petite ouverture. Cela a pour effet de sélectionner uniquement les rayons provenant du plan focal considéré. Il faut prendre en compte l'imperfection de la focalisation et le fait que l'on excite alors un volume élémentaire et non un point. La lumière est collectée par un tube photomultiplicateur, et un balayage dans le plan de l'échantillon permet de construire l'image en coupe de l'échantillon. Plusieurs coupes peuvent être acquises en translatant verticalement l'échantillon.

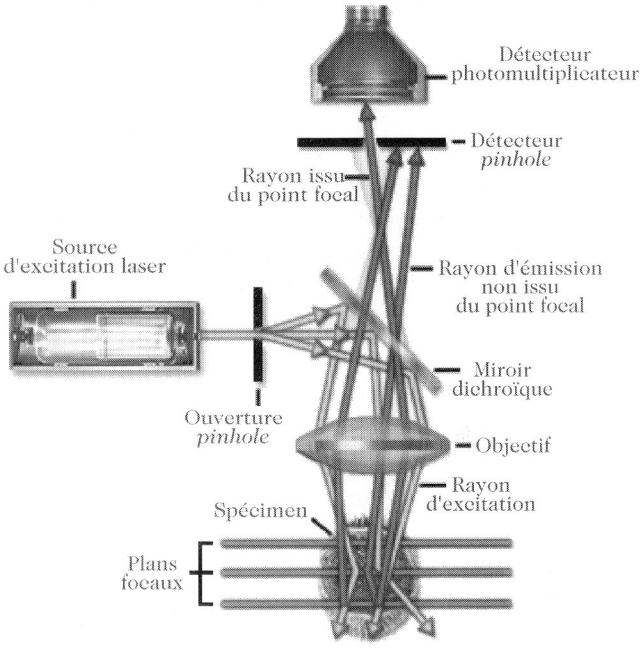

Figure 7.6. Schéma d'un microscope confocal. Les rayons gris clair sont les rayons issus de la source d'excitation. Les rayons gris foncé sont les rayons émis par fluorescence des fluorophores de l'échantillon. Seuls les rayons gris foncé issus du point focal sont présents après passage par le détecteur *pinhole* [3].

1.3.3. Exemple d'application

Voici un exemple d'utilisation du microscope confocal en imagerie intracellulaire. Sur la figure 7.7, on peut voir les images d'une cellule COS7 (dérivée de cellules rénales du singe vert d'Afrique).

La première image montre une cellule COS7 transfectée avec la GFP (*Green Fluorescent Protein*) exprimée dans les mitochondries, tandis que la deuxième montre une image de la même cellule marquée avec un anticorps dirigé contre le cytochrome C (protéine spécifique de la mitochondrie) et un anticorps secondaire marqué à la cyanine Cy3. Cette étude permet de localiser les mitochondries grâce à la GFP et plus précisément de situer le cytochrome C à l'intérieur de celles-ci.

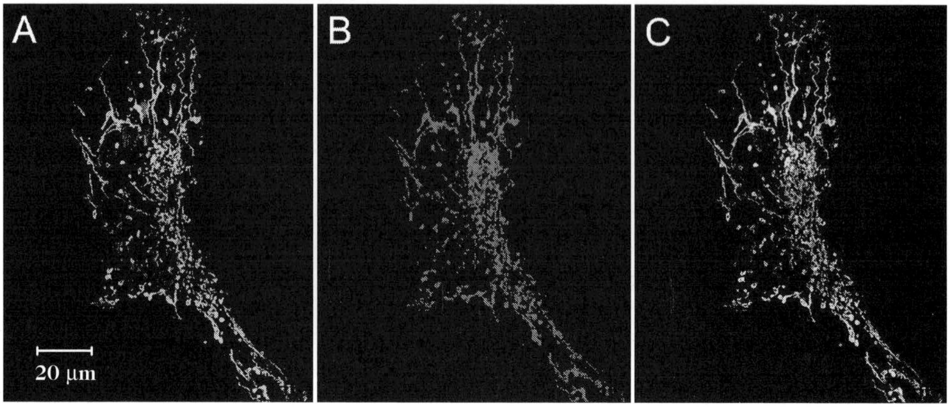

Figure 7.7. Exemple d'imagerie confocale intracellulaire. **A)** Image confocale d'une cellule COS7 transfectée avec la GFP exprimée dans les mitochondries. **B)** Image confocale de la même cellule marquée avec un anticorps dirigé contre le cytochrome C (protéine spécifique de la mitochondrie) et un anticorps secondaire marqué à la cyanine Cy3 (rouge). **C)** Superposition des deux images afin de montrer la colocalisation du cytochrome C et de la GFP. (Avec l'aimable autorisation de Kelly Rogers, Unité d'embryologie moléculaire, Institut Pasteur). Voir le cahier couleurs au milieu de l'ouvrage.

1.4. Microscopie bi- et multiphotonique

Il existe des techniques de microscopie alternatives à la microscopie confocale, telles que la microscopie biphotonique ou encore la microscopie multiphotonique. Ces techniques apportent des avantages en imagerie tridimensionnelle et permettent d'imager des cellules vivantes, des coupes cérébrales intactes, des embryons, ainsi que des organes entiers.

Le principe est décrit par le diagramme de Jablonski donné sur la figure 7.8 : un fluorophore excitable par un photon d'énergie E et de longueur d'onde λ est aussi excitable par deux photons d'énergie $E/2$, et donc de longueur d'onde 2λ, interagissant simultanément (dans une fenêtre temporelle de 10^{-18} s) avec ce fluorophore.

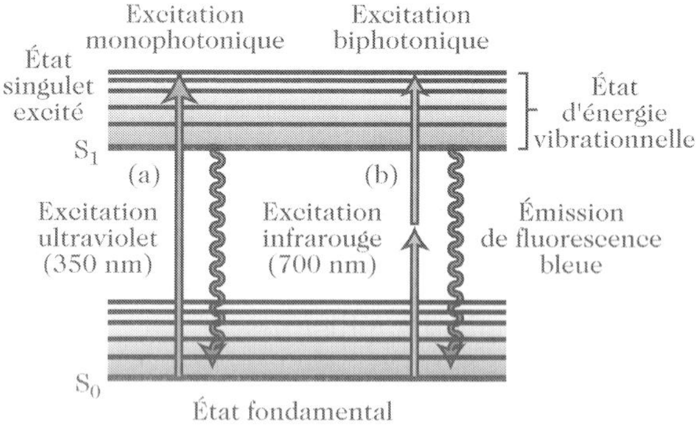

Figure 7.8. Diagramme de Jablonski pour une excitation mono- et biphotonique. L'énergie E d'un photon nécessaire pour faire passer le fluorophore de S_0 à S_1 est égale à la somme de l'énergie de deux photons $E/2$ étant absorbés simultanément par le fluorophore. La même émission de fluorescence a lieu dans les deux cas [4].

Cette technique nécessite un laser très puissant, fournissant une densité photonique suffisamment importante pour générer des paires de photons capable de créer l'excitation. On utilise généralement un laser pulsé dont le faisceau est focalisé spatialement, ce qui permet de limiter l'absorption des photons par d'autres fluorophores en dehors du point focal.

L'absence d'absorption en dehors du plan focal permet d'augmenter la profondeur de pénétration et de diminuer la phototoxicité. Ces propriétés font de la microscopie biphotonique une technique innovante et puissante pour l'imagerie d'échantillons épais ou de tissus vivants que l'on souhaite ne pas endommager.
L'idée peut être étendue à l'imagerie multiphotonique, partant du principe qu'une molécule excitable par un photon d'énergie E peut être excité par trois photons d'énergie $E/3$.

1.5. Conclusions et perspectives

Aujourd'hui, la microscopie de fluorescence est une technique d'analyse basique, incontournable dans un laboratoire de biologie. Elle concerne la biologie moléculaire, la biologie cellulaire, et va jusqu'à l'observation dans des coupes tissulaires. Ces études *in vitro* ou *ex vivo* constituent de plus une étape préliminaire à l'étude *in vivo*. L'enjeu des études *in vivo* a catalysé la mise au point de procédés permettant l'imagerie optique du corps entier chez le petit animal, qui sera abordée dans le paragraphe 3 de ce chapitre.
L'extension du domaine d'application des techniques de microscopie, la découverte de nombreuses molécules aux propriétés pouvant être exploitées pour le marquage, la nécessité toujours plus importante d'avoir une résolution temporelle et spatiale, créent aujourd'hui plus que jamais un contexte propice aux recherches en microscopie optique.

2. Les marqueurs

2.1. Introduction

La **luminescence** est le phénomène par lequel certaines molécules élevées à un état excité retournent à leur état fondamental en restituant une partie de l'énergie emmagasinée sous forme d'émission lumineuse. Lorsque l'excitation de la molécule a été produite par une source lumineuse externe, on parle de **fluorescence** (émission à partir d'un état excité de même multiplicité que l'état fondamental) ou de **phosphorescence** (émission à partir d'un état excité de multiplicité différente de l'état fondamental) [6]. Ces phénomènes se produisent pour toutes les molécules de façon plus ou moins intense et à différentes longueurs d'onde. Lorsque l'énergie qui permet aux molécules d'atteindre l'état excité provient d'une réaction chimique ou biochimique, on parle de **chimiluminescence** ou de **bioluminescence**. La bioluminescence a été découverte chez les lucioles et certaines espèces sous-marines. Le lecteur pourra se référer à l'ouvrage de Joseph R. Lakowicz [6] pour ce qui a trait à la théorie de la fluorescence. Nous ne ferons ici que définir les termes spécifiques nécessaires qui seront employés, et nous donnerons une description générale des marqueurs sans détailler la théorie sous-jacente aux phénomènes de luminescence.
Si le vivant peut présenter naturellement des propriétés de fluorescence intrinsèques dues notamment aux acides aminés aromatiques ou aux bases de l'ADN [6], il est plus aisé pour imager les tissus, cellules ou petits animaux, de faire appel à des marqueurs extrinsèques. De plus, le marquage extrinsèque offre une flexibilité importante quant au choix des longueurs d'onde d'émission du marqueur.

Parmi ces marqueurs, nous pouvons distinguer les marqueurs dits « exogènes », c'est-à-dire les molécules ou nanoparticules qui sont étrangères à la cellule, au tissu ou au petit animal que l'on souhaite étudier par imagerie. C'est le cas notamment des fluorophores organiques, des particules luminescentes et de tout marqueur synthétique en général. De tels marqueurs sont utilisés pour des analyses *in vivo*, mais aussi très largement pour toutes les détections *in vitro*, qu'il s'agisse du domaine de la biologie, que nous traiterons plus spécifiquement dans ce chapitre, ou d'autres domaines comme l'environnement ou l'agroalimentaire par exemple (détection d'ions, de polluants...). Dans le domaine de la biologie, nous avons affaire *in vitro* majoritairement à des systèmes de détections « passifs » biologiquement, fonctionnant sur des principes de reconnaissance moléculaire. Le marquage par un traceur fluorescent d'une des deux entités du couple sonde/cible rend alors aisée toute détection. Ces marqueurs « exogènes » pour le *in vitro* ou le *in vivo* seront décrits dans le paragraphe 2.2.
Lorsque l'on se restreint au domaine de la détection *in vivo* (cellule, tissu, petit animal), on peut également employer des systèmes de gènes rapporteurs. On modifie alors génétiquement l'organisme à étudier de façon à introduire dans son génome une construction d'ADN qui, après transcription, produira une protéine à l'origine de l'émission lumineuse, soit par fluorescence (cas de la famille des *Green Fluorescence Proteins*, GFP), soit par bioluminescence en présence d'un substrat extérieur (cas de la famille des luciférases). Ces constructions génétiques et leur mode de fonctionnement seront décrits dans le paragraphe 2.3.

2.2. Sondes exogènes

2.2.1. Critère de sélection d'un marqueur luminescent

Critères généraux

Le nombre important de marqueurs luminescents disponibles dans le commerce permet le choix de la molécule la plus adaptée à la modalité d'imagerie de fluorescence à laquelle on s'intéresse. Cependant, quel que soit le marqueur, on sélectionnera une molécule ayant un coefficient d'extinction molaire élevé[1], un fort rendement quantique d'émission[2], ainsi qu'une importante photostabilité ou résistance au photoblanchiment[3].
Les caractéristiques spectrales recherchées pour une application donnée (longueurs d'onde et largeurs des bandes d'émission et d'absorption, déplacement de Stokes[4]) sont déterminantes pour le choix du marqueur. Pour les analyses biologiques, des longueurs d'onde trop basses (< 350 nm) sont à éviter pour ne pas endommager le matériel génétique, les protéines à analyser ou l'environnement tissulaire. On peut aussi souligner que plus le déplacement de Stokes est important, plus l'élimination des photons incidents lors de la détection sera aisée, augmentant ainsi les rapports signal/bruit obtenus. Les caractéristiques physiques et

[1] Ce coefficient traduit la capacité d'une molécule à absorber la lumière d'excitation.
[2] Taux de conversion de la lumière absorbée en lumière réémise.
[3] Destruction des propriétés d'émission de la molécule lorsqu'elle est soumise à une irradiation lumineuse.
[4] Différence entre longueur d'onde d'émission et longueur d'onde d'excitation.

chimiques, telles que la sensibilité à l'environnement (solvant et tampon, pH, présence d'ions...), la solubilité et la durée de vie de luminescence[5], devront aussi être prises en compte lors du choix d'une molécule.

Critères spécifiques à l'*in vivo*

Des critères spécifiques de sélection des marqueurs sont à prendre en compte pour l'*in vivo*, dès que l'on s'intéresse aux cellules, tissus, et encore plus au petit animal. En effet, les capacités d'un tissu biologique à absorber ou diffuser la lumière varient en fonction de la longueur d'onde des photons, mais aussi en fonction de la nature de ce tissu [7]. De plus, les tissus, mais aussi les cellules, possèdent naturellement une autofluorescence (figure 7.9). Ces difficultés seront plus spécifiquement abordées dans le paragraphe 3 de ce chapitre, consacré aux systèmes de détection *in vivo*. On voit sur les figures 7.9 et 7.10 que l'imagerie de fluorescence *in vivo* est plus aisée dans la partie rouge du spectre visible. Ainsi, la figure 7.9 montre que l'autofluorescence des tissus diminue dans ce domaine spectral. La figure 7.10 indique la fenêtre optimale en imagerie *in vivo*, pour laquelle l'absorption des tissus et de l'eau est minimale. Cette fenêtre du proche infrarouge, entre 650 et 900 nm, correspond à une faible absorption des tissus, qui absorbent pour des longueurs d'onde plus basses, et une faible absorption de l'eau, dont l'absorption devient très importante pour les longueurs d'onde supérieures à 1 000 nm. Ces propriétés optiques des tissus sont d'autant plus contraignantes que la zone

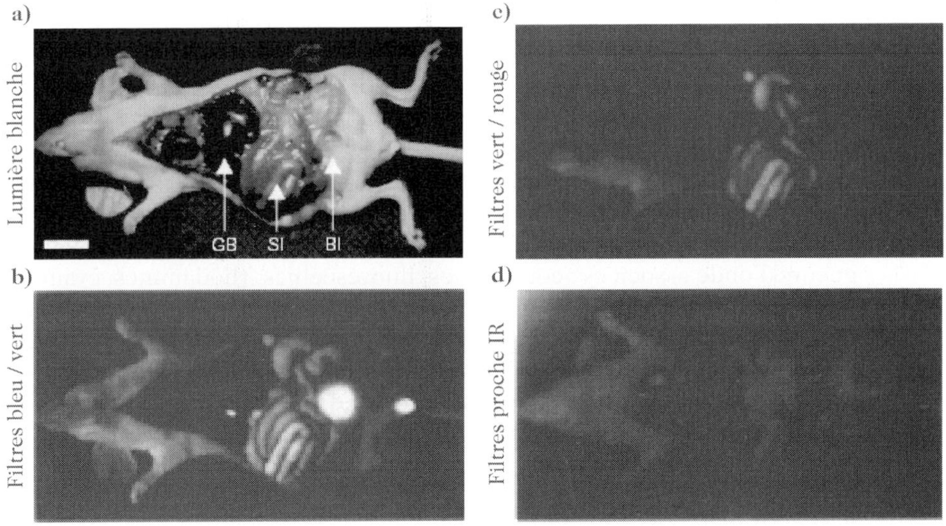

Figure 7.9. Propriétés d'autofluorescence des tissus pour différents organes. Une souris Nude est imagée après sacrifice **a)** en lumière blanche ou avec différentes combinaisons de filtres à une puissance incidente de 2 mW/cm^2 : **b)** bleu/vert (460-500 nm/505-560 nm) ; **c)** vert/rouge (525-555 nm/590-650 nm) ; **d)** proche infrarouge (725-775 nm/790-830 nm). GB : vésicule biliaire ; SI : petit intestin ; BI : vessie [8]. Copyright Elsevier (2003). Voir le cahier couleurs au milieu de l'ouvrage.

[5] Laps de temps pendant lequel on observe l'émission du marqueur après son excitation par une source pulsée. De l'ordre de la ns (10^{-9} s) pour un fluorophore organique, et jusqu'à des centaines de µs pour des chélates de lanthanides (voir les paragraphes 2.2.2 et 2.2.3).

d'étude que l'on souhaite imager est située en profondeur (voir le paragraphe 3 « Systèmes de détection *in vivo* »).

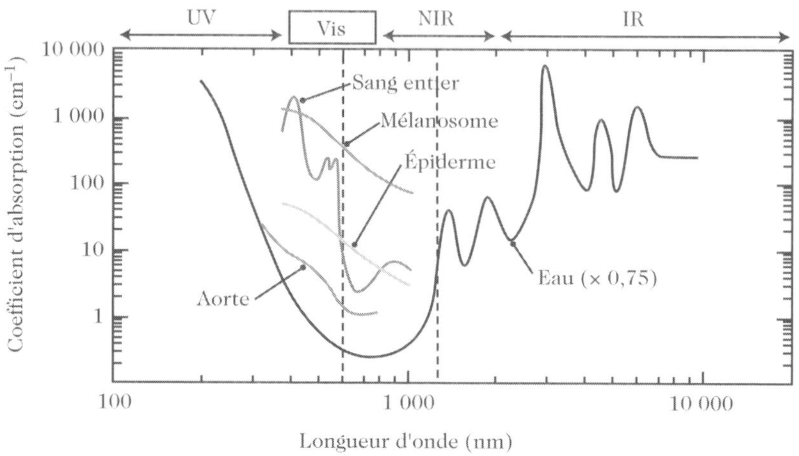

Figure 7.10. Exemples de propriétés d'absorption de certains tissus en fonction de la longueur d'onde [7].

Sur le plan chimique, on classe les marqueurs luminescents en trois catégories principales : les fluorophores organiques, les complexes inorganiques de lanthanides et les systèmes à bases de nanoparticules. Dans les paragraphes suivants, nous détaillons les propriétés de ces différents marqueurs.

2.2.2. Fluorophores organiques

Les molécules organiques disponibles dans le commerce sont nombreuses [6] et couvrent toute la largeur spectrale, du proche UV au proche infrarouge. La figure 7.11 donne les grandes familles de fluorophores et les domaines de longueurs d'onde associées : coumarines, fluorescéines, rhodamines, cyanines, bodipy (dérivés du boron dipyrrométhène), ainsi que quelques exemples de structures de ces fluorophores. Certaines sociétés commercialisent sous des noms génériques (Alexa Fluor®, Atto® dyes...) des séries de fluorophores couvrant tout le domaine visible avec des molécules empruntées à ces différentes familles.
Les fluorophores absorbant et émettant dans le proche UV ou le visible conviendront à des applications *in vitro*. Les fluorescéines (FITC, FAM, JOE...) peuvent présenter des problèmes de sensibilité au pH (fluorescent uniquement en milieu basique) et de photoblanchiment. Les rhodamines (ROX, TAMRA, Texas Red...), plus stables et peu affectées par le pH, auront toutefois des rendements quantiques de fluorescence moins élevés. Les bodipys ne présentent pas de dépendance de leurs propriétés optiques avec le pH ou la polarité des solvants, et sont des fluorophores non chargés.
Pour des applications *in vivo*, notamment l'imagerie optique à travers des tissus, il est nécessaire de travailler à des longueurs d'onde auxquelles l'absorption et la diffusion de la lumière par les tissus sont minimales, à savoir le rouge et le proche infrarouge (voir le paragraphe 2.2.1). Les fluorophores organiques de choix pour ce type d'applications sont donc les cyanines. Cependant, les molécules organiques

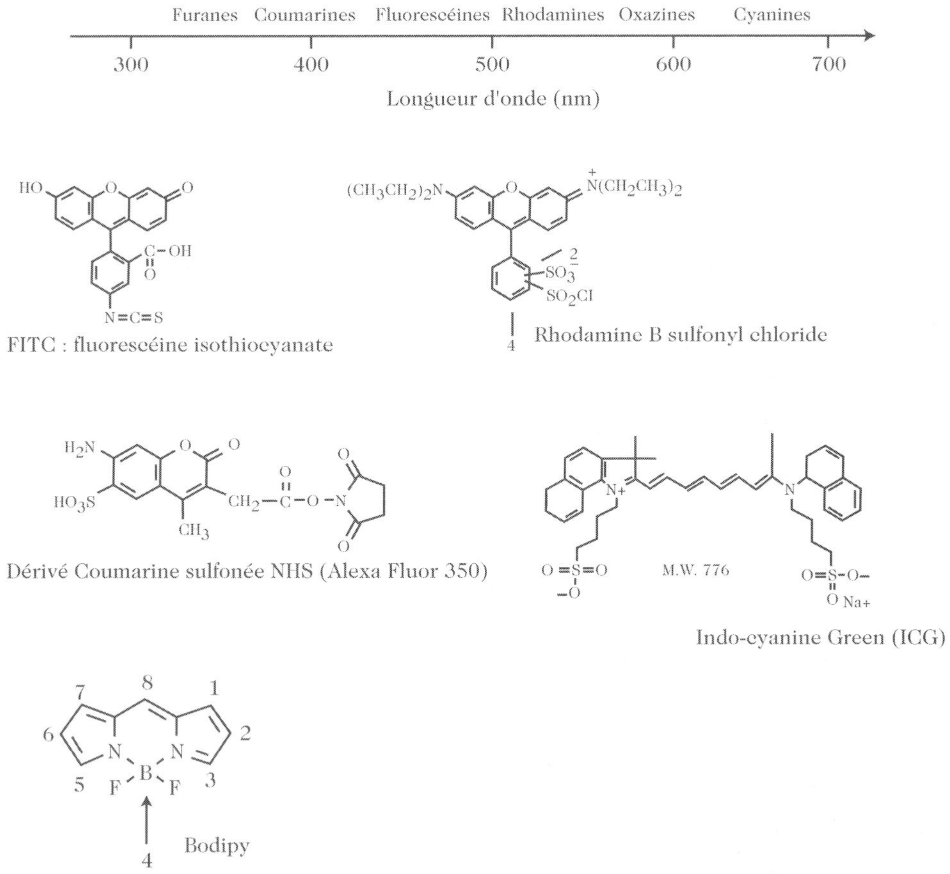

Figure 7.11. Principales familles de fluorophores organiques dans les différents domaines de longueur d'onde optiques.

émettant dans l'infrarouge ont des propriétés optiques peu optimales, notamment un faible rendement quantique (de 5 % à 40 % dans les solvants organiques) et une faible durée de vie de fluorescence[6]. De plus, ces grosses molécules aromatiques présentent des difficultés de solubilisation et une tendance forte à l'agrégation, et notamment à la formation de dimères [9].

Le nombre important de fluorophores commerciaux et leur utilisation facile en chimie organique rendent ces composés des marqueurs de choix pour réaliser des sondes optiques. Ils peuvent très aisément être couplés à toutes sortes de biomolécules, telles que des oligonucléotides, des peptides, des saccharides, etc., par différentes méthodes de synthèse. Bien que seules les injections d'ICG (*Indo Cyanine Green*) et de fluorescéine soient autorisées chez l'homme [7], de nombreuses études emploient ces composés *in vivo* sur cultures cellulaires ou chez le petit

[6] Durée de vie de l'état excité émettant la fluorescence. Typiquement de l'ordre de la ns pour un fluorophore organique.

animal. Leur taille moléculaire et la grande variété disponible de structures (chargées positivement, négativement, neutres) font que l'on peut les adapter pour obtenir *in vivo* la pharmacocinétique souhaitée lorsqu'ils sont greffés à une sonde biologique. De plus, il est possible de choisir des marqueurs dont les propriétés d'émission (rendement quantique et durée de vie de fluorescence) peuvent être modulées par l'environnement (solvant, température, présence d'ions, d'oxygène...) et la présence proche d'inhibiteurs de fluorescence. Cela fournit ainsi des candidats de choix pour l'étude d'interactions moléculaires (technique de FRET, voir le paragraphe 5 de ce chapitre), de diffusion en milieu biologique (technique de FRAP, FLIM, voir le paragraphe 1 de ce chapitre) ou des mesures locales, notamment dans le vivant, de paramètres physico-chimiques (pH, concentrations en ions, etc.). De nombreux exemples de sondes et des applications associées peuvent être trouvés dans le *Handbook of Fluorescence*, édité par *Invitrogen* [10].
Néanmoins, l'utilisation de ces marqueurs peut être limitée par leurs propriétés optiques, qui ne sont pas toujours adéquates aux applications voulues. La propriété la plus limitante de ces composés est leur vitesse élevée de photoblanchiment, qui rend difficile toute acquisition prolongée. Leur faible déplacement de Stokes peut également rendre délicat le filtrage entre la lumière incidente diffusée (à la longueur d'onde d'excitation du système) et le signal d'émission. La largeur importante de leur bande d'absorption et d'émission n'est pas favorable à l'emploi simultané de marqueurs différents : même sur une gamme étendue de 350 à 800 nm, il est difficile de faire des mesures avec plus de quatre marqueurs différents.

2.2.3. Chélates de lanthanides luminescents

La structure d'un chélate de lanthanide est formée de trois éléments (figure 7.12) : un motif chromophore organique collectant l'énergie d'excitation est greffé sur un ligand complexant un cation lanthanide inorganique (le plus souvent europium, terbium ou ruthénium). Un espaceur muni d'une fonction électrophile ou nucléophile permet de greffer via le ligand organique le complexe de lanthanide sur une sonde biologique permettant de cibler une molécule d'intérêt.

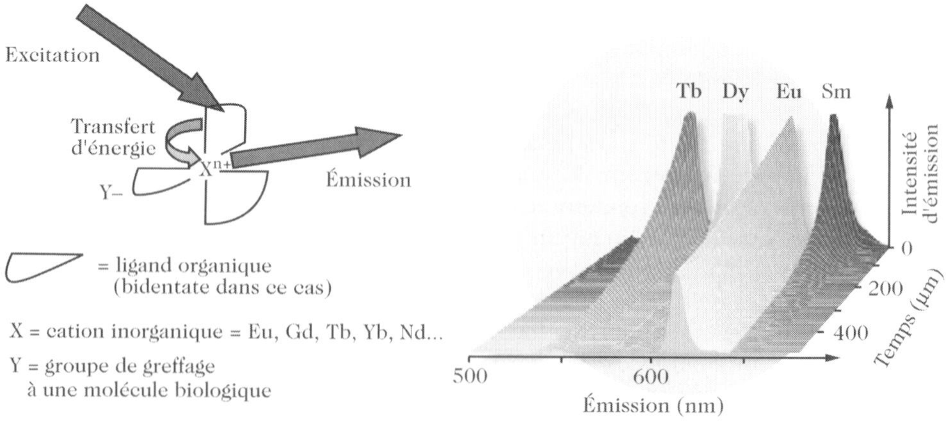

Figure 7.12. Structure et propriétés de chélates de lanthanides. **a)** Structure générale d'un chélate de lanthanide, dans ce cas avec trois ligands organiques bidentates. **b)** Spectres de luminescence et durées de vie des chélates de lanthanides proposés dans le système DELFIA® par *Perkin Elmer*. (Voir le cahier couleurs au milieu de l'ouvrage.)

La séparation des fonctions absorption (par le motif chromophore organique) et émission (par le cation) induit un important décalage de Stokes : les chromophores organiques utilisés absorbent en effet dans l'UV ou la partie bleue du spectre visible, alors que les cations utilisés réémettent dans le vert-rouge : 605 nm pour l'europium, 560 nm pour le terbium. De plus, les cations utilisés possèdent généralement une émission longue (de quelques centaines de nanosecondes à quelques centaines de microsecondes) : cela en fait des complexes particulièrement adaptés à des systèmes d'imagerie de fluorescence retardée.

Le principal désavantage des chélates de lanthanides est leur longueur d'onde d'excitation située dans le bleu. Si cela ne présente pas un inconvénient majeur pour développer des systèmes d'analyse et de diagnostic *in vitro* [11, 12], cette gamme spectrale est peu intéressante pour l'imagerie *in vivo*, car l'autofluorescence des tissus est alors importante et limite la sensibilité de détection. Les complexes de lanthanides sont donc peu adaptés à l'imagerie optique *in vivo*, à moins d'utiliser des dispositifs biphotoniques [13, 14].

Exemple d'application des chélates de lanthanides pour la détection d'analytes, basée sur des mesures de luminescence retardées dans le temps

Plusieurs systèmes commerciaux d'analyse d'interactions moléculaires (reconnaissance anti-gène/anti-corps, hybridation de l'ADN...) utilisant ces marqueurs sont commercialisés (exemples : systèmes TRACE® et HTRF® de *CisBio International*). Le principe de mesure utilisé dans de tels systèmes est décrit de façon simplifiée sur la figure 7.13. Les deux entités A et B dont on souhaite détecter l'interaction sont marquées, l'une, A, par le chélate de lanthanide, la seconde, B, par un fluorophore organique de courte durée de vie de fluorescence, accepteur de la

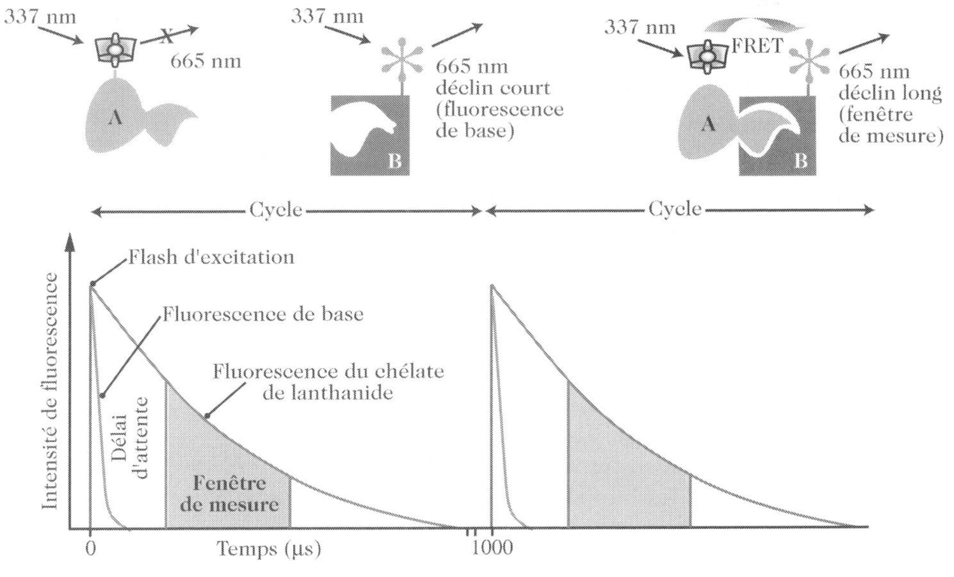

Figure 7.13. Principe de mesure du système HTRF® (*Homogeneous Time Resolved Fluorescence*) de *CisBio International* [15].

fluorescence du chélate. Il s'agit d'exploiter la longue durée de vie de luminescence du chélate et les longueurs d'onde d'émission différentes pour le chélate (620 nm dans le cas de la figure 7.13) et l'accepteur (665 nm dans le cas de la figure 7.13). Lorsque l'entité A marquée par le chélate est seule et est excitée à 337 nm, on ne recueille pas de signal à 665 nm. Lorsque l'entité B marquée par l'accepteur est seule et est excitée à 337 nm, on peut éventuellement avoir de la fluorescence à 665 nm, mais celle-ci aura la durée de vie courte de l'émission de l'accepteur. Lorsqu'il y a eu reconnaissance moléculaire entre A et B, le chélate excité à 337 nm transfère son énergie à l'accepteur, qui non seulement émet à 665 nm, mais voit sa durée de vie de fluorescence portée à celle du chélate (≈ quelques centaines de μs pour un complexe d'europium). En utilisant une excitation pulsée et en enregistrant le signal dans une fenêtre de mesure décalée par rapport à cette impulsion lumineuse, les fluorescences parasites (fluorescence de l'entité B non fixée à A, éventuellement du milieu tampon...) sont éliminées et seule est détectée la fluorescence émise après formation du complexe A-B.

2.2.4. Sondes à base de nanoparticules

Les nanoparticules fonctionnalisées, notamment par des molécules biologiques, ont fait l'objet du chapitre 4. Nous ne ferons ici que rappeler leurs principales propriétés et les avantages et inconvénients qu'elles présentent en tant que sondes optiques.

Les types de nanoparticules pouvant être utilisées comme sondes optiques sont :

- les nanocristaux semi-conducteurs luminescents (« *quantum dots* »),
- les nanocristaux d'oxydes de terres rares dopés,
- les nanoparticules de silice ou de polymère incorporant ou fonctionnalisées par les fluorophores préalablement cités (fluorophores organiques, complexes de lanthanides, « *quantum dots* »),
- les nanoparticules métalliques.

Les nanocristaux semi-conducteurs luminescents

Ces nouveaux marqueurs aux propriétés optiques très attrayantes concurrencent de plus en plus les fluorophores organiques aux propriétés optiques limitées (notamment en raison de leur important photoblanchiment) [16-20].

Structure

Les « *quantum dots* » sont des nanocristaux inorganiques de taille nanométrique. Ils sont composés d'un noyau semi-conducteur inorganique (CdS, CdSe, ZnO, InP, InAs, etc.), responsable de l'émission lumineuse, et sont en général recouverts d'une coquille inorganique (ZnS) augmentant le rendement quantique et limitant le photoblanchiment. La taille du cristal inorganique varie généralement entre 2 et 8 nm. Il est nécessaire de les fonctionnaliser par des molécules organiques pour y greffer des biomolécules et les utiliser pour des applications biologiques (figure 7.14).

Propriétés optiques

Le grand intérêt soulevé récemment par les *quantum dots* [16-20] résulte de leurs propriétés optiques d'émission. Celles-ci sont dues à la recombinaison d'une paire

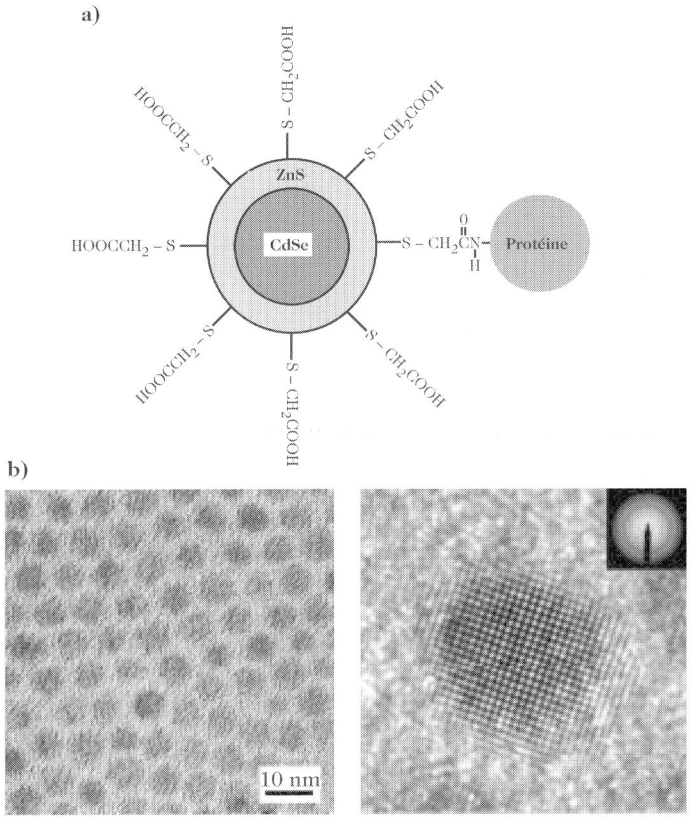

Figure 7.14. Structure des *quantum dots*. **a)** Schéma d'un *quantum dot* composé d'un cœur de CdSe, d'une coquille de ZnS, fonctionnalisé par des ligands acides mercaptoacétiques permettant le greffage d'une protéine [21]. **b)** Image haute résolution par microscopie électronique à transmission de quantum dots de PbS, mettant bien en évidence les plans cristallins de ces nanostructures [22]. Copyright Wiley-VCH Verlag GmbH & Co. KGaA. Reproduit avec autorisation.

électron-trou créée lors de l'excitation lumineuse dans le cœur nanocristal semi-conducteur [18]. Pour un même matériau semi-conducteur constituant le cœur de la nanoparticule, la longueur d'onde d'émission est déterminée par la taille des particules qui varie classiquement entre 2 et 8 nanomètres de diamètre. En effet, la taille de la particule gouverne directement l'énergie de la bande interdite (*bandgap*) du nanocristal semi-conducteur. Plus la taille des particules est importante, plus la bande interdite est petite et la longueur d'onde d'émission décalée vers le rouge (figure 7.15). Le choix du matériau semi-conducteur du cœur permet également de choisir la gamme de longueurs d'onde d'émission, par exemple CdS pour l'UV-bleu, CdSe pour le visible, CdTe pour l'infrarouge. Des nanocristaux dits de type II, pour lesquels la propriété de luminescence est assurée par une structure cœur-coquille (CdTe pour le cœur, CdSe pour la coquille par exemple), peuvent également être utilisés pour le proche infrarouge [23]. Plus récemment l'équipe de S. Nie a fait varier la composition du cœur de la particule pour obtenir un éventail de longueurs d'onde d'émission dans le proche infrarouge [24].

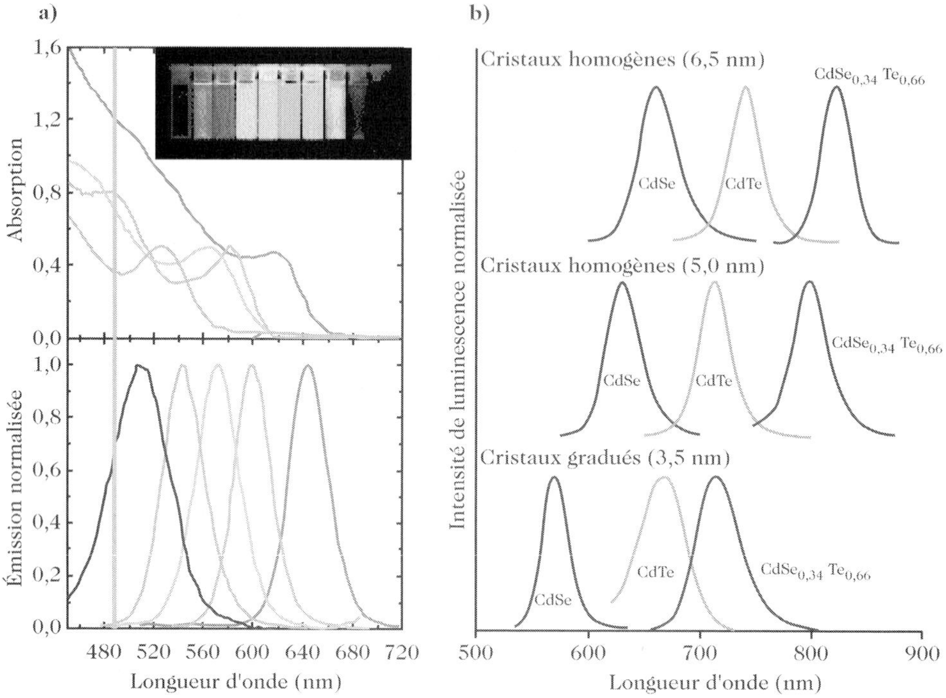

Figure 7.15. Propriétés optiques des *quantum dots* en fonction de leur taille ou de leur composition. **a)** Influence de la taille : spectres d'absorption et d'émission de nanocristaux de CdSe/ZnS recouverts par une coque de silice, de taille (cœur CdSe) : 2,7 nm (émission 544 nm, courbe verte), 3,1 nm (émission 576 nm, courbe marron), 4,1 nm (émission 595 nm, courbe orange) et 4,8 nm (émission 644 nm, courbe rouge) [25]. La ligne bleue verticale indique la longueur d'onde d'un laser argon à 488 nm, montrant que différents cristaux émettant à différentes longueurs d'onde peuvent être excités simultanément [19]. L'encart de la figure montre les couleurs d'émission de nanocristaux de CdSe/ZnS de différentes tailles éclairés par une lampe UV. Leurs longueurs d'onde d'émission sont respectivement de gauche à droite 443, 473, 481, 500, 518, 543, 565, 587, 610 et 655 nm [16]. Reproduit avec l'autorisation d'Elsevier. **b)** Influence de la composition : pour une même taille de nanocristaux, la longueur d'onde d'émission dépend de la nature et de la composition du matériau semi-conducteur constituant le cœur du *quantum dot* [24]. (Voir le cahier couleurs au milieu de l'ouvrage.)

La bande d'émission des *quantum dots* peut être très étroite, puisqu'elle est corrélée directement à la dispersion en taille des nanoparticules. Au contraire, leur large spectre d'absorption permet l'excitation simultanée à une seule longueur d'onde de nanocristaux de longueurs d'onde d'émission différentes (voir la figure 7.15 a) [16, 21, 26]. Cet important décalage de Stokes entre excitation et émission, couplé à l'étroitesse de la bande d'émission, permet d'utiliser facilement ces marqueurs pour de l'analyse multiplexée, comme cela a été démontré pour des dispositifs *in vitro* (utilisation d'un multiplexage de couleurs pour marquer des billes de polymères par un « code-barre optique » [27-29] (voir ci-après le paragraphe « Les particules de silice ou de polymères encapsulant ou greffées à des fluorophores »).

De plus, les *quantum dots* ont une vitesse de photoblanchiment très faible en comparaison des fluorophores organiques, et des rendements quantiques d'émission en tampon aqueux acceptables lorsque leur fonctionnalisation a été bien maîtrisée (10-15 %) [16-20, 25, 30-32]. Leur durée de vie d'émission (50-100 ns) en font des marqueurs de durée de vie intermédiaire entre les fluorophores organiques (ns) et les complexes de lanthanide ($\approx$ µs). Ces molécules possèdent également des sections efficaces d'absorption biphotonique de trois ordres de grandeur supérieures à celles des fluorophores organiques, ce qui en fait des marqueurs de choix pour la microscopie multiphotonique [33]. En revanche, si elles ne se photodégradent pas, prises individuellement sous irradiation continue, leur émission s'éteint par moment sans qu'il soit possible de le prévoir, de façon réversible. Ces processus de clignotement (*blinking*) limitent l'utilisation de ces marqueurs pour faire de l'imagerie de molécules uniques, mais ne portent pas à conséquence pour de la détection quantitative d'une assemblée de nanoparticules.

Fonctionnalisation

Des nanocristaux semi-conducteurs émettant dans le proche infrarouge sont disponibles commercialement (*Evident Technologies* ou *Invitrogen*) ou développés dans différentes équipes de recherche [16-20] avec des longueurs d'onde d'émission allant de 490 à 950 nm, et différents groupes chimiques ou biomolécules disponibles en surface (CO_2H, NH_2, biotine, streptavidine, protéine A, anti-corps, etc.). Différentes méthodes de fonctionnalisation et de solubilisation de ces nanocristaux, initialement synthétisés en solvant organique, ont été proposées (figure 7.16) [16-20]. L'obtention de nanocristaux monodispersés en tampons aqueux, greffés à des biomolécules et ayant conservé leurs propriétés optiques de façon satisfaisante, demeure néanmoins difficile. En effet, comme ces composés inorganiques hydrophobes sont synthétisés en solvant organique, où ils sont stabilisés par des ligands TOP (TOP = trioctylphosphine) et TOPO (TOPO = oxyde de trioctylphosphine), ils doivent être transférés ensuite en milieu aqueux.
Trois grandes stratégies de fonctionnalisation existent actuellement [16-20] et sont résumées dans la figure 7.16. La première (A) consiste à échanger les ligands hydrophobes utilisés pour stabiliser les nanocristaux au cours de leur synthèse en solvant organique, par des ligands amphiphiles sur lesquels une biomolécule peut être greffée. Cette stratégie peut aboutir à une diminution importante des propriétés d'émission. La seconde (B), assez semblable, consiste à stabiliser les *quantum dots* dès leur synthèse en solvant organique par des ligands TOP modifiés. La troisième (C) consiste en l'adsorption ou l'encapsulation des *quantum dots* dans des polymères ou copolymères. Ces polymères portent des groupes fonctionnels sur lesquels sont déjà greffés ou sur lesquels on peut greffer ultérieurement des biomolécules. Une telle stratégie peut poser des problèmes de reproductibilité et de maîtrise de la synthèse des polymères et de leur adsorption à la surface des nanocristaux. De plus, une mauvaise adsorption ou encapsulation du *quantum dot* peut avoir des conséquences graves au niveau de la toxicité de ces nanoparticules, puisque c'est la passivation des nanocristaux par la coque organique les entourant qui empêche toute oxydation puis fuite des atomes lourds hautement toxiques (Cd, Se...) constituant le cœur du *quantum dot*.

Biocompatibilité

Le manque d'informations concernant la toxicité de ces particules demeure le principal handicap de ces marqueurs, par rapport aux fluorophores organiques. Les métaux lourds (Cd, Te, Se...) qui les composent et les ligands phosphines utilisés pour leur fonctionnalisation sont tous connus pour leur toxicité aigue et chronique. Cependant, les partisans des *quantum dots* avancent que dans ces

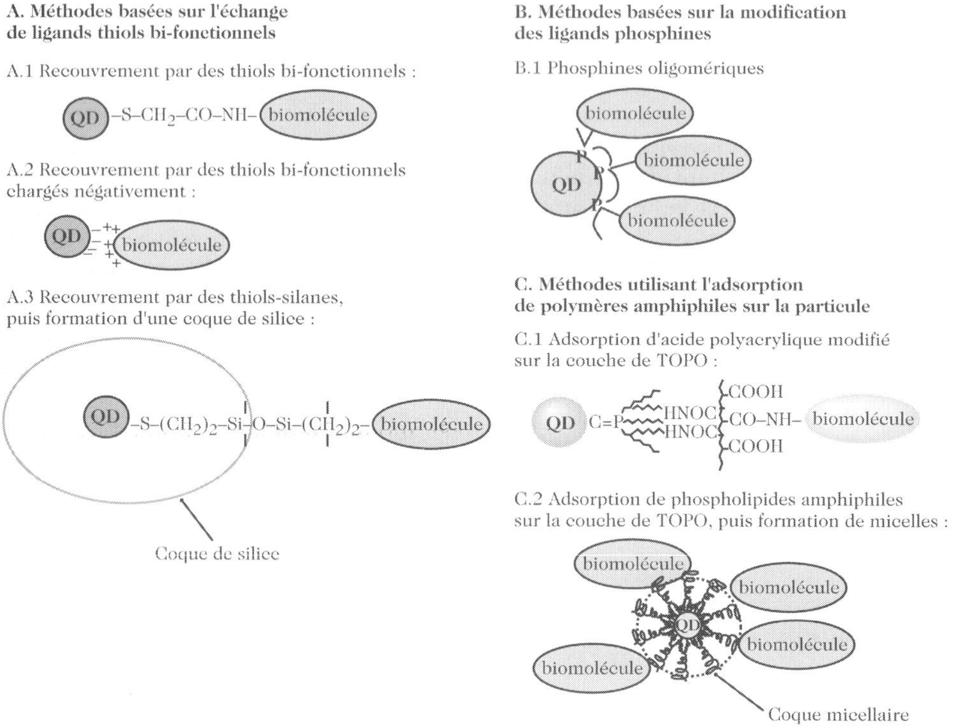

Figure 7.16. Fonctionnalisation des *quantum dots*, d'après [16]. **A)** Méthodes basées sur l'échange de ligands en utilisant des thiols bi-fonctionnels. A1 : toute une variété de thiols peut être proposée [26, 31]. Cette stratégie a été proposée par le groupe de Nie [21]. A2 : ce procédé, très analogue au précédent, en diffère par la méthode de greffage sur la couche de ligands organiques chargés négativement de la protéine, qui doit être ingénierée pour présenter une zone chargée positivement. Le couplage entre les deux entités se fait par interaction électrostatique et non de façon covalente comme en A1 ou A3. Cette technique a été développée dans le groupe de Mattoussi [32]. A3 : l'idée est de former une coque protectrice de silice pour encapsuler le quantum dot en utilisant des silane-thiols. Cette stratégie a été proposée dans le groupe d'Alivisatos [25, 26, 44]. **B)** Méthodes basées sur la modification des ligands phosphines. Elle a été utilisée jusqu'à présent dans le groupe de Bawendi [30]. **C)** Méthodes utilisant l'adsorption de polymères amphiphiles. C1 : le principe est d'adsorber sur la particule recouverte des ligands TOP/TOPO un polymère présentant des parties hydrophobes (qui vont interagir avec les chaînes hydrophobes des ligands TOPO) et des zones hydrophiles (pour la solubilisation en milieu aqueux), ainsi que des groupes de greffage de biomolécules. Cette technique est notamment celle utilisée par *Invitrogen* [45], et de telles particules ont permis le ciblage de tumeurs chez le petit animal [41]. C2 : au lieu d'utiliser un polymère organique, Dubertret *et al.* ont utilisé des phospholipides amphiphiles, capables après adsorption sur les ligands TOPO entourant le *quantum dot*, de s'auto-organiser en micelles pour enrober la nanoparticule [40].

nanocristaux, ces matériaux ne sont pas sous leur forme native mais passivés par une couche de ligands organiques qui empêche leur fuite et écrante leur toxicité. De plus, un calcul basé sur les quantités de nanocristaux injectés pour marquer des ganglions sentinelles chez le cochon ont montré que 400 pmol de *quantum dots* émettant dans le proche infrarouge (quantité injectée dans des cochons de 35 kg) représentent 9,9 μg/kg en Cd (dose 300 fois inférieure à la dose journalière toxique chez le rat), 7,3 μg/kg en Te, 2,4 μg/kg en Se, 4,1 μg/kg en phosphines [34], ce qui est bien au-dessous des quantités toxiques [34]. Toutes les études réalisées à ce jour sur cellules [35-37] ou sur petits animaux [33, 34, 38-42] ont démontré que les *quantum dots* pouvaient être stables et non toxiques *in vivo*, du moins tant qu'aucune fuite d'atome lourd ne se produit. De telles fuites pourraient être déclenchées par l'oxydation des nanocristaux, notamment via les ligands TOPO, causée par l'oxygène ou les radiations UV [43]. Une autre étude a montré que les *quantum dots* sont toxiques pour les cellules à des doses de 0,4 mg/mL, et que la croissance cellulaire est ralentie dès 0,1 mg/mL, même si aucune toxicité n'est observée pendant au moins 7 jours à une telle concentration [42]. Cela met en évidence le fait que les *quantum dots* ne sont pas stables à long terme en milieu acide, conditions qui peuvent être rencontrées dans quelques organes et vésicules [42]. La chimie de fonctionnalisation des *quantum dots* doit donc intégrer cette contrainte supplémentaire afin d'éviter toute fuite d'atome lourd du nanocristal et ce, à long terme, dans le cas d'une administration *in vivo*. Un autre aspect concernant leur utilisation en tant que marqueurs biologiques est leur taille qui est le plus souvent supérieure à 10 nm après fonctionnalisation par une biomolécule. Tout marquage modifiera donc les propriétés de ciblage ou d'internalisation dans les cellules ou les tissus du ligand biologique fonctionnalisé. Les fluorophores organiques, de plus petite taille que les *quantum dots*, modifient ces propriétés dans une moindre mesure que ces derniers.

Exemples d'application

Leurs propriétés optiques remarquables [16-20] font que ces nouveaux matériaux sont de plus en plus utilisés pour le marquage de cellules [17-21, 26, 35-37, 42, 46, 47], l'imagerie de fluorescence *in vivo* du petit animal [17, 33, 34, 38-41] (voir le paragraphe 3 de ce chapitre), ou l'analyse *in vitro* [16, 19, 20, 27, 31]. Un exemple d'application pour l'analyse multiplexée *in vitro* sera donné dans le paragraphe « Particules de silice ou de polymères encapsulant ou greffées à des fluorophores » page 287, et un exemple d'utilisation *in vivo* pour l'imagerie de fluorescence du petit animal dans le paragraphe 3.4.

Les nanocristaux de terres rares dopés

D'autres nanocristaux à base d'oxydes inorganiques ont été décrits comme marqueurs luminescents pour des applications biologiques *in vitro*.

Structure

Les nanocristaux d'oxydes inorganiques, de taille submicrométrique (typiquement 0,1-0,5 µm), sont des oxydes ou oxysulfures de terres rares, tels que l'oxyde d'yttrium, de vanadium, de gadolinium, etc. Les terres rares représentent le groupe des lanthanides : les éléments de numéro atomique compris entre 57 et 71, du lanthane au lutétium, auquel on ajoute, du fait de propriétés chimiques voisines, l'yttrium (Y) et le scandium (Sc). Pour leur conférer des propriétés optiques, on dope ces oxydes avec des ions absorbeurs et émetteurs, majoritairement des cations lanthanides. Ces nanocristaux possèdent donc des propriétés optiques très similaires à celles décrites précédemment pour les complexes de lanthanides (voir le paragraphe 2.2.3).

Propriétés optiques

La plupart des systèmes optiquement performants fonctionnent avec des cations métalliques de terres rares comme l'yttrium pour le cation absorbeur, et le terbium, l'erbium ou l'europium pour l'ion émetteur [48-50]. L'encapsulation de ces ions dans la matrice d'oxyde donne à ces nanocristaux des propriétés d'émission indépendantes de l'environnement extérieur (tampon, température, etc.), et une vitesse de photoblanchiment faible. De plus, les propriétés d'absorption et d'émission étant dues à des dopants différents, ces cristaux ont un déplacement de Stokes important (analogie avec les complexes de lanthanides décrits dans le paragraphe 2.2.3). Leur durée de vie de luminescence est également longue, de l'ordre de la milliseconde, ce qui permet d'utiliser une méthode d'acquisition retardée dans le temps et de s'affranchir ainsi de l'autofluorescence du milieu à analyser (voir le paragraphe 2.2.3). Ces matériaux présentent de plus des raies d'émission très fines [48-50].

Les nanocristaux d'oxyde sont généralement classés en tant que « *down-converting* » ou « *up-converting* ». Les nanocristaux d'oxyde qui absorbent la lumière à une longueur d'onde plus basse que celle qu'ils émettent sont dits « *down-converting* » (cas d'un fluorophore classique). Les nanocristaux d'oxyde appelés « *up-converting phosphors* » (UCP) absorbent quant à eux des photons de faible énergie (infrarouge) et émettent des photons d'énergie plus élevée dans le visible [48-50] (figure 7.17). L'origine de la luminescence des nanocristaux « *up-converting* » ou UCP est un processus multiphotonique [48-50]. Grâce à cette propriété, l'utilisation des nanocristaux « *up-converting* » permet de s'affranchir de l'autofluorescence des tampons d'analyse qui se produit toujours à une longueur d'émission supérieure à la longueur d'onde d'excitation. Cela permet ainsi une très bonne sensibilité de détection [49, 51-53].

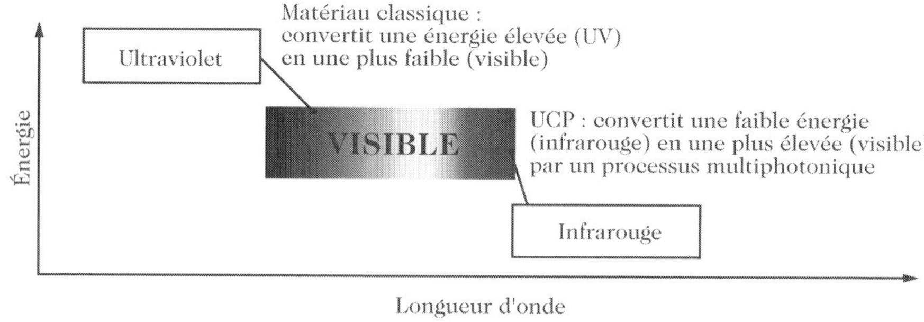

Figure 7.17. Transferts d'énergie dans les matériaux classiques et les nanocristaux up-converting, d'après [49].

Fonctionnalisation

La surface des nanocristaux d'oxyde non traités est formée d'oxydes, de fluorures ou d'oxysulfures. Ces surfaces « nues » ne peuvent être greffées à des biomolécules en utilisant une chimie standard. Les méthodes employées dans la littérature [49, 51-53] pour fonctionnaliser ce type de nanocristaux reposent sur la formation d'une coque de silice autour de la nanoparticule suivie de la fonctionnalisation de cette coque de silice par silanisation, ou sur l'adsorption non spécifique d'un polymère multifonctionnel à la surface du nanocristal. La couche organique ainsi obtenue sert ensuite de point d'ancrage aux biomolécules (protéines, ADN...) qui permettront d'utiliser ces marqueurs pour les détections analytiques voulues.

Exemples d'application

La société *SRI International* a développé intensément cette technologie de nanocristaux d'oxyde « *up-converting* » (« *up-converting phosphors technology* », UPT) pour l'analyse et le diagnostic *in vitro* [49, 51-53]. Les nanocristaux fonctionnalisés sont principalement utilisés pour des tests en bandelette à partir de fluides corporels (urine, salive, sang...). La sensibilité de détection obtenue avec les UPT semble meilleure que celle des sondes classiques à base de fluorophores organiques [53]. Ce type de test peut être utilisé pour différentes applications : détecter des antigènes dans les membranes de cellules et dans les tissus [49], détecter des protéines ou des acides nucléiques [51], et plus généralement tester les contaminations dans la nourriture ou dans l'environnement, réaliser des diagnostics vétérinaires (détection de virus ou d'infections).

Particules de silice ou de polymères encapsulant ou greffées à des fluorophores

Pour certaines applications telles que celles décrites dans ce paragraphe, il peut être souhaitable de disposer non pas d'un seul marqueur fluorescent, mais d'une entité comportant différents marqueurs (pour produire une série de signatures optiques différentes) ou le même marqueur mais en concentration plus importante, dans une même micro- ou nanostructure (pour amplifier le signal d'émission). À ces fins, on utilise des nanoparticules de polymère ou de silice encapsulant ou greffées aux marqueurs luminescents préalablement cités : les fluorophores organiques, les chélates de lanthanides et les *quantum dots*.

Structure et fonctionnalisation

Il existe deux grandes familles de ce type de nanoparticules.

Les nanoparticules polymériques, le plus souvent de taille micrométrique (1-5 μm), sont constituées d'une matrice de polymère organique telle que le polystyrène, le poly-méthylmétacrylate (PMMA), des dextrans [54], etc. Les fluorophores peuvent être piégés dans la matrice au cours de sa synthèse, ou postérieurement par gonflement du polymère et diffusion des fluorophores à l'intérieur [27-29, 54]. Une autre méthode consiste à polymériser directement un monomère marqué par un fluorophore organique. Les biomolécules par lesquelles on souhaite fonctionnaliser les particules sont ensuite greffées en utilisant les groupes fonctionnels portés par le polymère [54].

Les nanoparticules de silice sont obtenues par la synthèse de Stöber modifiée. Cette synthèse consiste en l'hydrolyse d'alkoxysilanes en présence du fluorophore à encapsuler dans la matrice de silice, en créant une microémulsion en présence d'un surfactant, afin de contrôler la taille des particules obtenues (la taille peut aller de 20 nm à 1 μm) [54, 55]. Cette synthèse est facile à mettre en œuvre et les procédés de greffage sur silice sont bien connus. Ainsi, la fonctionnalisation ultérieure des particules obtenues par des ligands organiques sur lesquels pourront être greffées des biomolécules est bien maîtrisée.

Propriétés optiques

Ces nanoparticules ont les propriétés optiques des molécules qu'elles encapsulent ou qui sont greffées à leur surface. Néanmoins, elles présentent généralement l'avantage d'une très grande photostabilité par rapport à celle du fluorophore qu'elles encapsulent : en effet, celui-ci est alors moins en contact avec l'oxygène dissous dans le milieu, qui est souvent à l'origine du photoblanchiment observé pour les fluorophores organiques [56-58]. De plus, la fonctionnalisation d'une biomolécule par une telle particule permet de la marquer avec plus d'un fluorophore, entraînant ainsi une amplification du signal et une plus grande sensibilité de détection. D'autre part, dans le cas de la détection de molécule unique, une telle particule permet d'avoir conjointement une bonne sensibilité de détection et un faible photoblanchiment, tout en s'abstrayant du processus de clignotement des *quantum dots*.

Exemples d'application

De telles nanostructures sont généralement à la base de systèmes de détection ou d'imagerie complexes. Nous citerons deux applications : la réalisation de « supports identifiés par un code-barre optique » pour l'analyse *in vitro* multiplexée, et le couplage d'une fonction d'imagerie à une fonction de délivrance de médicament pour la nanomédecine.

La réalisation de « supports identifiés par un code-barre optique » pour l'analyse multiplexée a fait l'objet de travaux par plusieurs groupes [27-29, 55]. Le principe d'une telle analyse est donné sur la figure 7.18. Des nanoparticules sont marquées

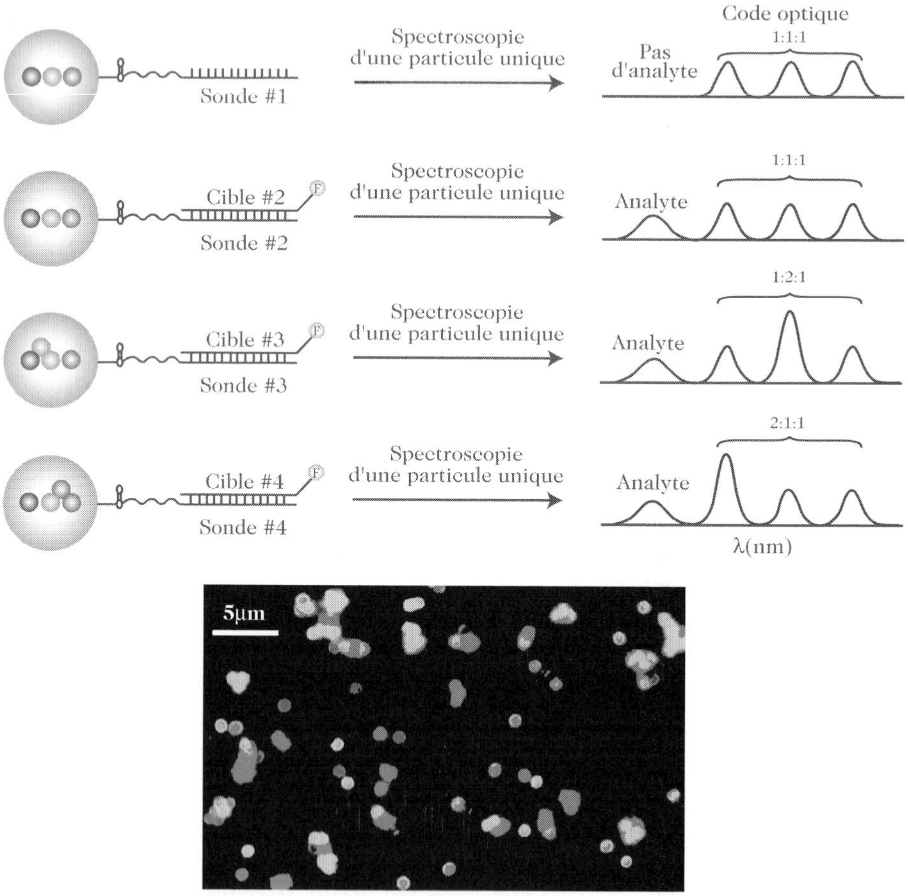

Figure 7.18. Principe d'une analyse en multiplexe. Dans le cas présenté en haut, la bille de polymère est marquée par des *quantum dots* de trois couleurs différentes et les cibles par de la fluorescéine. Le système est utilisé pour de la reconnaissance de séquences d'ADN [27]. La photographie du bas obtenue par microscopie de fluorescence montre la variété de couleurs d'émission (ici en nuances de gris) qui peut être obtenue à partir de quantum dots émettant à cinq couleurs différentes [27].

en quantités contrôlées par différents fluorophores ayant des propriétés d'émission distinctes. On obtient ainsi une bibliothèque de billes ayant chacune leur code-barre optique ou signature spectrale propre. Chaque bille est fonctionnalisée par une biomolécule sonde différente (une séquence d'oligonucléotide dans le cas de la figure 7.18). L'échantillon à analyser (la cible) est marqué par un fluorophore F émettant dans une zone du spectre optique différente de celle utilisée pour la signature optique de la bille support. Après reconnaissance moléculaire cible/sonde, les billes sont analysées une par une. Pour chaque sonde, identifiée par le code-barre optique de la particule sur laquelle elle est greffée, on détecte, grâce au fluorophore F, s'il y a eu reconnaissance ou non avec la cible complémentaire. L'étroitesse des pics d'émission des *quantum dots* (possibilité d'avoir beaucoup de signatures spectrales différentes dans le domaine 550-800 nm par exemple), et le fait qu'ils puissent tous être excités à une longueur d'onde commune (voir la figure 7.15) en font des candidats de choix pour cette application.
L'utilisation de nanoparticules marquées par un fluorophore peut également permettre de coupler la fonction de marqueur fluorescent à d'autres fonctionnalités, qui seront facilement greffées sur une plate-forme polymérique ou de silice. Nous voyons ainsi apparaître toutes les potentialités de telles structures complexes pour une multitude d'applications en biologie. Par exemple, l'équipe de Paras Prasad développe des nanoparticules de silice fluorescentes, fonctionnalisées par de l'ADN : grâce à ces structures, on peut suivre par fluorescence la transfection de gènes à l'intérieur du noyau de cellules [59]. L'objectif à terme est de disposer de nanoparticules capables de délivrer des molécules thérapeutiques dans des zones localisées, que l'on pourra identifier par fluorescence (approche nanomédecine).

Les nanoparticules métalliques

Si ces nanoparticules ne sont pas des marqueurs fluorescents à proprement parler, elles possèdent néanmoins des propriétés de diffusion de la lumière extrêmement remarquables, qui peuvent être exploitées pour des analyses optiques en biologie. C'est pourquoi nous leur consacrons ce bref paragraphe.

Structure

Les nanoparticules métalliques utilisées pour leurs propriétés optiques sont principalement des nanoparticules d'or ou d'argent. Elles peuvent être aujourd'hui produites avec des formes originales et en différentes tailles, et ce de façon contrôlée (figure 7.19) [60].

Propriétés optiques

Contrairement au cas des *quantum dots*, dont les propriétés optiques sont dues à la création d'une seule paire électron-trou sous l'effet d'une excitation lumineuse (voir, dans le paragraphe 2.2.4, « Les nanocristaux semi-conducteurs luminescents »), les propriétés optiques des nanoparticules métalliques sont dues à un mouvement collectif des électrons de la bande de plasmon du métal sous l'effet de la lumière. Ces nanocristaux métalliques ne possèdent pas de propriétés d'absorption et d'émission particulières. En revanche, ils possèdent des propriétés de diffusion de la lumière remarquables lorsqu'ils sont excités par une lumière dont la longueur d'onde peut se coupler avec la bande de plasmon du métal dans la nanoparticule. L'intensité incidente peut ainsi être amplifiée de plusieurs ordres de grandeur. La position de la bande de plasmon dépend très fortement de la taille

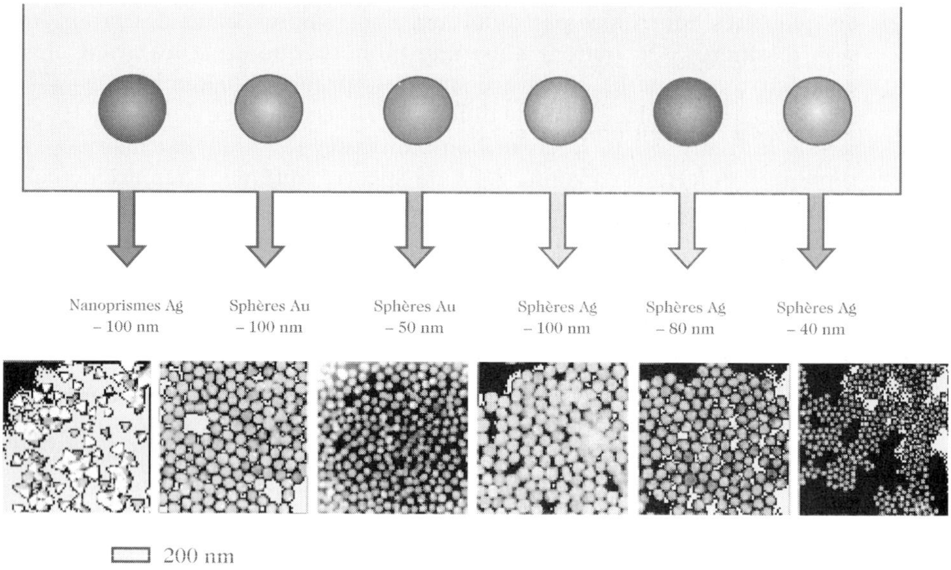

Figure 7.19. Formes et tailles de différentes nanoparticules métalliques, induisant différentes couleurs (propriétés de diffusion de la lumière différentes) [28].

et de la forme des nanocristaux, comme le montre la figure 7.19 [61]. Ces propriétés variables suivant la taille ou la forme peuvent être exploitées à des fins d'analyse biologique, comme nous le verrons ci-dessous.

Fonctionnalisation

La fonctionnalisation des nanocristaux d'or par des molécules organiques thiols est bien maîtrisée. Le seul problème est la faible résistance de cette fonctionnalisation en conditions réductrices.

Exemples d'application

Les deux exemples d'application que nous citerons concernent la reconnaissance moléculaire cible/sonde et l'utilisation de ces nanostructures pour l'amplification de signaux optiques.

L'équipe de C. Mirkin a beaucoup travaillé sur l'utilisation du déplacement de la bande de plasmon des particules (et donc du changement de couleur des solutions) lorsque leur taille grossit ou quand deux particules sont suffisamment proches pour être en interaction. Ainsi, la reconnaissance moléculaire entre deux entités (exemple l'hybridation de deux brins d'ADN complémentaires) peut entraîner le rapprochement de deux particules métalliques, dont le couplage des bandes de plasmon modifie la couleur de la solution [62].

D'autres travaux concernent l'utilisation de ces structures comme amplificateurs de signaux de fluorescence (travaux de l'équipe de J. Lakowicz [63]) ou de diffusion Raman (SERS, *Surface-Enhanced Raman Spectroscopy*) émis par des molécules adsorbées à leur surface. L'adsorption de molécules à la surface de ces particules permet dans le cas du SERS de leur donner une signature spectrale qui peut être analysée [64].

2.2.5. Conclusion sur les sondes exogènes

Nous avons décrit dans les paragraphes précédents un grand nombre de sondes avec des structures chimiques très différentes. Par conséquent, ces sondes ont des domaines d'applications différents, même si certains d'entre eux se recouvrent.
Ainsi, les chélates de lanthanides et les nanocristaux d'oxyde dopés par des lanthanides seront des outils de choix pour l'analyse *in vitro*. Grâce à leur propriétés optiques particulières (grand déplacement de Stokes, longue durée de vie d'émission, possibilité de *up-conversion* pour les nanocristaux), ils peuvent dans ce domaine apporter des solutions intéressantes et innovantes pour l'analyse biochimique. En effet, les processus d'*up-conversion* et la longue durée de vie d'émission de ces structures permettent la détection de leur émission avec une très grande sensibilité, grâce à une diminution très importante du bruit de mesure si l'on opère dans les domaines spectral ou temporel adéquats.
Les fluorophores organiques, avec leur chimie d'une extrême souplesse et l'offre commerciale existante très complète, couvrent tous les domaines de longueurs d'onde et d'applications de la fluorescence. La bonne connaissance des processus d'inhibition de leur fluorescence en font des systèmes de choix pour toutes les applications de reconnaissance moléculaire et dynamique cellulaire, avec des techniques telles que le FRET, le FLIM, etc., qui seront décrites dans le paragraphe 5.
Les *quantum dots* sont des matériaux très innovants aux propriétés optiques incomparables. Néanmoins, ils restent de taille nanométrique et peuvent ainsi perturber les mesures lorsqu'ils sont fonctionnalisés par une petite molécule dont on souhaite imager la localisation dans une cellule, ou la biodistribution dans un petit animal. Dans ce cas, un marquage par un fluorophore organique de taille nettement plus réduite peut s'avérer préférable. Cet inconvénient, inhérent à leur structure, fait qu'ils apparaissent comme des marqueurs complémentaires des fluorophores organiques, qu'ils ne pourront remplacer dans toutes les applications.
Les nanoparticules de polymère ou de silice chargées par plusieurs fluorophores sont intéressantes pour des applications plus complexes pour lesquelles il est nécessaire de rassembler dans une même entité différentes informations : soit différentes informations optiques pour réaliser une signature spectrale, soit une information optique couplée à d'autres fonctionnalités.
Les particules métalliques ne sont pas, quant à elles, utilisées en tant que marqueurs luminescents proprement dits, mais plutôt pour réaliser une amplification du signal en utilisant leurs propriétés de diffusion très importantes.

2.3. Sondes « endogènes » : les gènes rapporteurs

Un gène rapporteur est un gène codant pour une protéine facilement détectable, intégré artificiellement dans le génome des cellules d'une autre espèce et capable de s'y exprimer en produisant une protéine dont la présence rapporte son expression. Dans le cas qui nous intéresse ici, la présence de la protéine sera détectable par une méthode optique. La détection par imagerie optique de gènes rapporteurs est un outil extrêmement puissant pour étudier l'expression des gènes *in vivo* au niveau des cellules et des tissus chez le petit animal de laboratoire. Les applications, souvent complémentaires de l'utilisation de marqueurs luminescents

de type exogène décrits dans le paragraphe précédent, sont très nombreuses et concernent à la fois l'étude *in vivo* de l'expression des gènes et de son contrôle par des facteurs naturels, environnementaux, pharmacologiques ou autres, et le suivi de types cellulaires particuliers (prolifération tumorale, greffes, réactions immunitaires et inflammatoires, etc.) et d'espèces infectieuses (virus, bactéries, parasites).
Notons que le terme de sondes « endogènes » est à proprement parler incorrect, puisque ces sondes sont introduites artificiellement par manipulation génétique. Il est utilisé ici pour souligner que ces sondes sont, par opposition aux sondes exogènes décrites dans le paragraphe précédent, des protéines dépendant de la machinerie d'expression des protéines de l'organisme ou de la cellule dans lesquelles elles ont été introduites.

2.3.1. Construction d'un système de gène rapporteur

Remarque préliminaire importante. Ce paragraphe ne prétend pas décrire les méthodes de biologie moléculaire qui permettent d'introduire et d'exprimer un gène dans un système biologique, mais en donner quelques grandes lignes très brièvement et de façon schématique. Le lecteur intéressé est renvoyé aux ouvrages de biologie moléculaire qui traitent du sujet.

■ Définitions

Un gène se compose d'une séquence codante et de séquences qui contrôlent et régulent son expression. Dans la construction d'un système de gène rapporteur, on introduit la séquence codant pour la protéine rapporteuse exogène sous contrôle de séquences régulatrices, qui sont soit exogènes (étrangères à la cellule ou l'organisme receveur), soit endogènes (identiques aux séquences régulatrices de l'expression d'un gène de l'organisme receveur).
Dans le premier cas, le gène rapporteur est généralement placé sous contrôle d'éléments de régulation de gènes à expression constitutive forte, de façon à produire un signal indépendant des systèmes de contrôle d'expression de l'organisme receveur. Ce type de construction permet de suivre des cellules circulantes ou en prolifération, des agents infectieux, etc. Il existe toute une panoplie de systèmes de ce type permettant l'expression constitutive de gènes ; l'un des systèmes les plus connus est le promoteur de l'expression du cytomégalovirus (CMV).
Dans le second cas, au contraire, le gène rapporteur étant sous contrôle d'éléments régulateurs d'un gène naturellement présent dans les cellules, son expression dépendra des mêmes facteurs de contrôle que celle de ce dernier. La présence du signal optique traduira alors la mise en route de l'expression du gène endogène sous l'influence de l'environnement chimique, cellulaire, pharmacologique, ou autre. Ce système est très précieux pour explorer les mécanismes qui déclenchent ou inhibent l'expression d'un gène d'intérêt. La séquence codant pour le gène rapporteur peut au choix remplacer ou s'ajouter à la séquence codant pour le gène d'intérêt.
La figure 7.20 décrit un exemple de système de gène rapporteur, dans le cas où celui-ci est lié au gène d'intérêt et exprimé sous le contrôle du promoteur de ce dernier. L'expression du gène rapporteur optique est mise en évidence par une production de lumière par un mécanisme de bioluminescence ou de fluorescence.

Dans le cas d'une protéine fluorescente comme la GFP (*Green Fluorescent Protein*), l'éclairement à la longueur d'onde idoine suffit à générer une lumière bleue détectable par un capteur sensible (figure 7.20 a). Dans le cas d'une protéine bioluminescente comme la luciférase, la production de lumière est obtenue après injection du substrat, dont la transformation enzymatique par la luciférase produit des photons (figure 7.20 b).

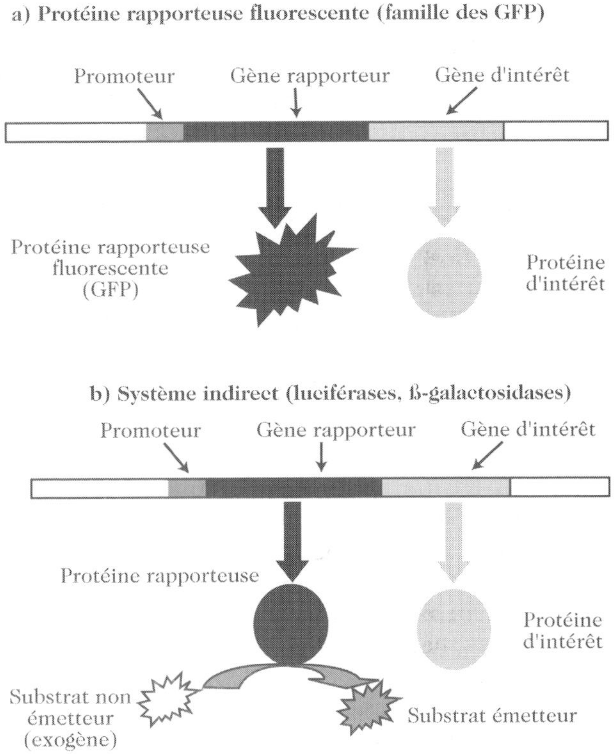

Figure 7.20. Visualisation de l'expression d'un gène d'intérêt par un gène rapporteur. **a)** Le gène d'intérêt est associé à un gène rapporteur fluorescent codant pour la protéine GFP. La détection de la protéine rapporteuse fluorescente (éclairage bleu-vert) permet la mise en évidence de la protéine d'intérêt. **b)** Le gène d'intérêt est associé à un rapporteur codant pour une luciférase, protéine impliquée dans la transformation enzymatique d'un substrat exogène qui est injecté. La réaction enzymatique entraîne une émission lumineuse.

Méthodes de construction : du gène à l'animal transgénique

Transfection cellulaire

Le système rapporteur peut être intégré par transfection dans des cellules qu'on pourra éventuellement suivre ensuite *in vivo* chez un animal après xénogreffe. Cette approche est très largement utilisée dans la recherche préclinique en cancérologie (détection des métastases, essais thérapeutiques, etc.), car elle permet de suivre très facilement le développement des modèles tumoraux [65], pour la mise au point des méthodes de thérapie génique et cellulaire, et pour les recherches sur les maladies infectieuses. Dans ce dernier cas, le gène rapporteur est introduit dans l'agent infectieux, qui est ensuite inoculé à un animal de laboratoire.

Très schématiquement, on peut décrire la technique de transfection cellulaire en quatre ou cinq étapes.

- La première étape est d'isoler le gène d'intérêt. La méthode est liée à la forme sous lequel le gène est disponible : plasmide, ou lié à un promoteur.

- La seconde étape consiste à réaliser et à amplifier la construction génique de façon à ce que le gène puisse s'exprimer une fois qu'il aura été introduit dans la cellule hôte : ajout des éléments régulateurs, éventuellement d'un promoteur viral, élimination des séquences non utiles pour l'expression, etc.
- Une fois la construction génique réalisée, son introduction dans la cellule peut se faire par plusieurs méthodes : on peut utiliser un vecteur viral ou bactérien, réaliser des recombinaisons homologues ou des fusions par des liposomes, ou encore utiliser des agents de transfection chimiques, un stress cellulaire ou l'électroporation.
- Il est ensuite nécessaire de contrôler : 1) l'efficacité de transfert ; cela se fait facilement par imagerie optique pour les gènes rapporteurs lumineux ; 2) que la transfection du gène rapporteur n'a pas transformé de façon délétère le phénotype de la cellule dans lequel on l'a introduit ; ce second point peut poser des problèmes délicats de choix des contrôles à réaliser.

Suivant les cas, on utilisera la population de cellules transfectées telle quelle ou après sous clonage par dilution limite. Cette seconde approche est plus longue car elle introduit une étape supplémentaire, mais elle permet de choisir les cellules ayant un niveau d'expression du gène rapporteur avantageux et éventuellement d'éliminer celles dont le phénotype n'est pas favorable.

Animal transgénique

La création d'un animal transgénique exprimant un gène rapporteur est une méthode longue et délicate, mais très puissante [66]. Elle permet en effet de suivre le produit de l'expression du gène rapporteur exactement comme s'il s'agissait de la protéine codée par ce dernier.
L'étape de transgenèse consistant à introduire dans l'animal le gène rapporteur placé sous les éléments de contrôle du gène d'intérêt peut se faire de deux façons :

- micro-injection pronucléaire de gènes en solution chez l'embryon,
- transfert par l'intermédiaire de cellules embryonnaires.

La micro-injection pronucléaire est une méthode bien maîtrisée chez certaines espèces. Cette méthode est très puissante car elle permet au gène d'intérêt d'être exprimé dans toutes les cellules de l'animal transgénique. Cette technique reste néanmoins délicate à réaliser, car elle consiste à injecter une solution contenant le gène d'intérêt directement dans le noyau des cellules en cultures. Chez la souris, il est possible d'injecter directement cette solution dans un œuf fécondé contenant les deux noyaux provenant des cellules sexuelles mâles et femelles. L'injection se fera donc dans l'un des deux noyaux avant leur fusion. L'embryon est ensuite transplanté dans l'utérus d'une femelle accepteuse pseudo-gestante (figure 7.21).
Pour certains animaux, il est possible de préparer des blastocystes transgéniques *in vitro*, qui seront ensuite transplantés chez une femelle receveuse.
Le transfert par l'intermédiaire de cellules embryonnaires utilise le caractère totipotent des cellules embryonnaires précoces. Celles-ci peuvent être prélevées sur un embryon dans le but d'être cultivées et de recevoir le gène d'intérêt. Les cellules modifiées contenant le gène rapporteur seront ensuite réintroduites dans un embryon à un stade précoce. Cette méthode ne permet pas d'obtenir des animaux transgéniques exprimant le gène rapporteur dans toutes leurs cellules, mais

des animaux chimères dont seule une partie des cellules expriment le transgène [66, 67].

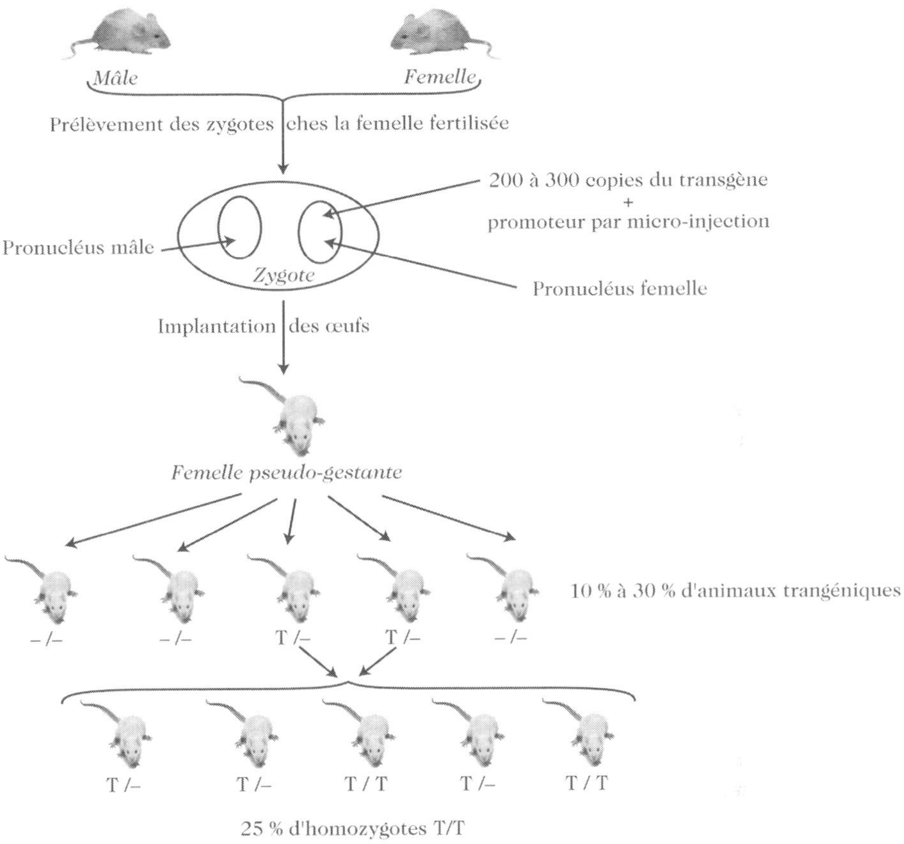

Figure 7.21. Exemple de transgenèse chez la souris par injection pronucléaire.

2.3.2. Systèmes de gène rapporteur utilisant la bioluminescence

Ce phénomène est présent naturellement chez divers organismes tels que les lucioles, certaines bactéries, ainsi que chez des organismes marins tels que les méduses et les pensées de mer. Ces différents organismes n'utilisent pas les mêmes mécanismes de production de lumière, et l'on dénombre plusieurs couples enzyme-substrat possédant la capacité de générer un signal de bioluminescence. Les principaux couples donnant lieu à des applications d'imagerie optique sont indiqués dans le tableau 7.1.

Il est important de préciser que les termes luciférase et luciférine sont génériques et font référence à l'enzyme et au substrat impliqués dans la réaction de bioluminescence sans définir leur structure, qui dépend de l'organisme d'origine. Ces réactions ont cependant une caractéristique commune au niveau moléculaire, car elles nécessitent toutes la présence d'oxygène ainsi que la formation d'un composé intermédiaire de type luciférase-peroxyde, dont la rupture des liaisons internes fournit l'énergie nécessaire à l'émission lumineuse.

Tableau 7.1. Différents couples enzyme-substrat utilisés en bioluminescence.

Organisme	Enzyme	Substrat	Cosubstrat/catalyseur
Méduse (*Aequorea victoria*)	Aequorine	Coelentérazine	Ca^{++}
• Luciole (*Photinus pyralis*) • Bactéries • Dinoflagellés	Luciférase	Luciférine	ATP
Pensée de mer (*Renilla reniformis*)	Luciférase	Coelentérazine	Aucun

Seules la luciférase de luciole (*Firefly*) et la luciférase de *Renilla* seront détaillées dans ce paragraphe. Le fonctionnement du système aequorine-coelentérazine est abordé dans le paragraphe 2.3.3 traitant du système aequorine-GFP.

Luciférase *Firefly*–luciférine

La luciférase de type *Firefly* [68, 69] est une protéine monomérique de 61 kDa très utilisée en imagerie de bioluminescence. Cette protéine catalyse l'oxydation de la luciférine selon les réactions décrites figure 7.22 : l'activation de la luciférine par la luciférase en présence d'ATP permet la formation d'un complexe instable qui émettra de la lumière lors de son retour à un état fondamental.

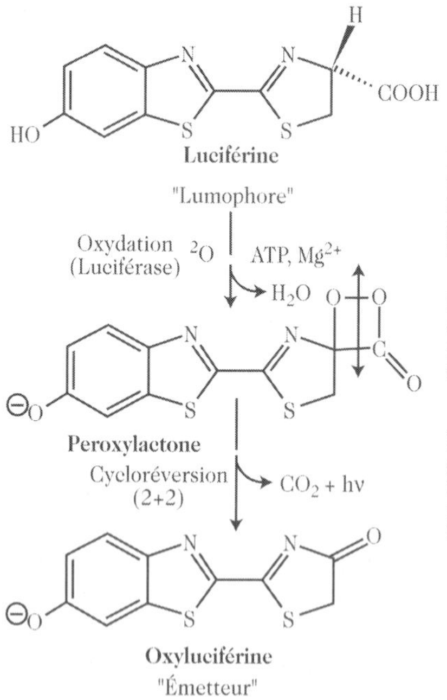

1. La luciférine est activé par l'ATP (adénosine triphosphate, intervenant dans la plupart des mécanismes énergétiques et présent dans toutes les cellules). Cette activation se fait en présence d'ions bivalents Mg^{2+}.

2. L'oxydation du complexe luciférine/luciférase/AMP en présence d'oxygène transforme la luciférine en une molécule énergétiquement instable portant une fonction peroxylactone oxyluciférine.

3. La nature instable de ce complexe à l'état excité entraîne un retour à un état stable d'énergie inférieure à celle de l'état excité, accompagné d'une décarboxylation et de l'émission d'un photon de bioluminescence d'intensité maximum à 540 nm.

Figure 7.22. Réaction d'oxydation de la luciférine par la luciférase *Firefly*.

Exemple d'application pour l'imagerie de tumeurs dans le petit animal

L'imagerie de bioluminescence utilisant le système luciférine/luciférase est bien adaptée à la détection de cellules cancéreuses par imagerie *in vivo* chez le petit animal. En effet, l'implantation de cellules cancéreuses transfectées avec le gène Luc codant pour la luciférase génère une tumeur qui, après injection de luciférine, produira une quantité de lumière proportionnelle au nombre de cellules, donc à la masse tumorale. À l'aide d'un dispositif d'imagerie adapté (voir le paragraphe 3 « Systèmes de détection *in vivo* »), ce marquage tumoral permet d'évaluer la charge tumorale et de caractériser l'efficacité de médicaments anticancéreux sur la tumeur.

On soulignera la rapidité de diffusion de la luciférine (quelques minutes) lorsqu'elle est injectée par voie intraveineuse ou intrapéritonéale. Cette diffusion a lieu dans l'intégralité du corps de l'animal et la luciférine pénètre rapidement dans les cellules [70]. Ces propriétés font du couple luciférase-luciférine un système idéal pour l'imagerie optique, car elle permet de suivre rapidement un grand nombre d'animaux par un procédé simple à mettre en œuvre. De plus, l'évacuation rapide de la luciférine réduit le temps de latence entre deux expériences d'imagerie *in vivo* du même animal à quelques heures. La figure 7.23 montre une cinétique de l'émission lumineuse par oxydation de la luciférine. La phase de décroissance intervenant après le pic est parfois plus lente selon la diffusion de la luciférine dans l'organisme cible. Il est important de connaître la cinétique précise dans le modèle animal utilisé, d'une part pour se placer au maximum d'efficacité du substrat (pic ou plateau) afin d'obtenir un bon contraste dans les images de bioluminescence, et d'autre part afin d'obtenir des mesure d'intensité des signaux comparables d'une expérience à l'autre.

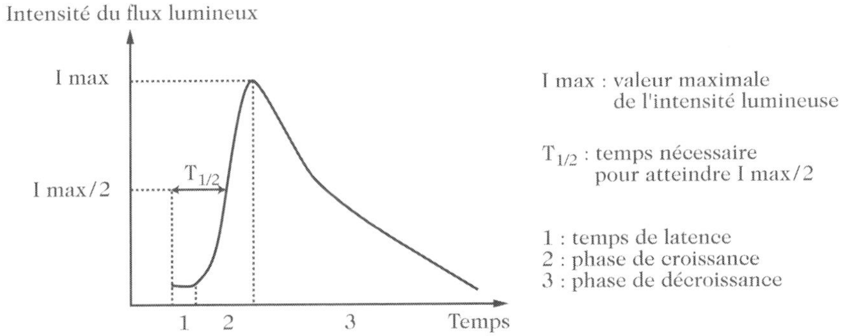

Figure 7.23. Allure d'une cinétique de réaction d'oxydation de la luciférine catalysée par la luciférase *Firefly*. L'administation de la luciférine est suivie d'un temps de latence, puis d'une phase de croissance de l'intensité lumineuse. La phase de décroissance de l'émission lumineuse peut être plus lente que sur la courbe présentée ci-dessus ; dans le cas d'une injection intrapéritonéale chez l'animal, on observe un plateau précédant la décroissance de l'intensité lumineuse.

Enfin, aucune production de lumière ne peut avoir lieu sans la présence de la luciférase, de la luciférine et de l'ATP, ce qui affranchit les expériences de tout bruit de fond d'origine biologique. Seul le bruit instrumental diminue le rapport signal sur bruit.

Comme nous l'avons déjà souligné plus haut, de nombreux autres types d'études, sur cellules, tissus ou petit animal, peuvent être menés avec le système luciférase-luciférine.

Luciférase *Renilla*–coelentérazine

La luciférase *Renilla*, extraite de *Renilla reniformis* (pensée de mer), est une protéine monomérique de 36k Da catalysant l'oxydation de la coelentérazine, ce qui produit une lumière dont le pic d'émission est à 480 nm. Ce substrat émet aussi de la lumière par autoluminescence : en effet, la coelentérazine peut s'oxyder sans présence de luciférase [71] et générer une émission lumineuse. Ce phénomène introduit un bruit qui diminue la sensibilité du système rapporteur luciférase-coelentérazine, par rapport au système luciférase-luciférine. La réaction ayant lieu lorsque la coelentérazine est introduite dans un organisme exprimant la luciférase *Renilla* est décrite figure 7.24. La luciférase joue ici le rôle de catalyseur et la réaction ne peut avoir lieu en l'absence d'oxygène.

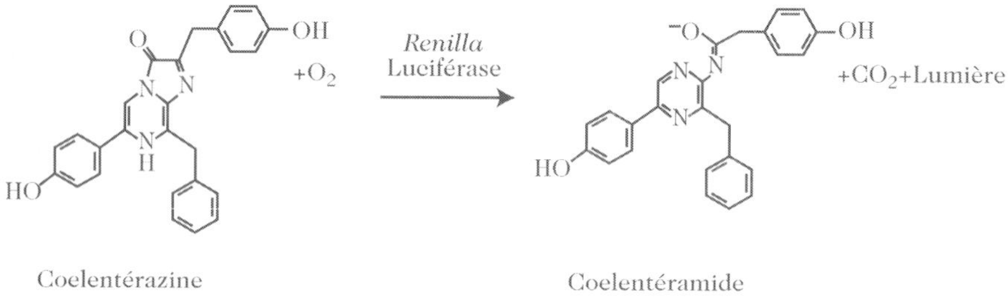

Figure 7.24. Réaction de bioluminescence catalysée par la luciférase de *Renilla* ; la coelentérazine est oxydée par la luciférase en présence d'oxygène et forme alors un complexe coelentéramide. La formation de ce complexe s'accompagne d'une émission lumineuse.

2.3.3. Systèmes basés sur la fluorescence : GFP et aequorine-GFP

GFP (Green Fluorescence Protein)

La principale application de gène rapporteur faisant appel à l'imagerie de fluorescence fait intervenir la protéine GFP, qui produit un signal lumineux vert sous éclairage ultraviolet. Initialement identifié chez la méduse *Aequorea victoria* [72], le gène GFP a été cloné [73] et utilisé comme gène rapporteur.

La protéine GFP a un poids moléculaire de 27 kDa et possède une architecture remarquable : le fluorophore, composé d'une séquence de 3 acides aminés sérine-tyrosine-glycine, est enchâssé dans une structure cylindrique de diamètre 30 Å et de hauteur 40 Å. Cette structure est formée de 11 feuillets β et d'une hélice α portant le fluorophore (figure 7.25).

La photoactivation de cette protéine entraîne une réaction autocatalytique conférant à la protéine un pouvoir d'émission lumineuse de fluorescence. Le pic d'absorption de la GFP se situe à 470 nm et son pic d'émission à 508 nm. La cyclisation entre un atome d'azote de la glycine et un carbone de la sérine crée une liaison chimique entre ces 2 acides aminés. Le cycle formé se déshydrate spontanément. L'oxygène environnant attaque alors une liaison de la tyrosine, ce qui a pour effet de former une double liaison entre celle-ci et la glycine. La molécule obtenue est le fluorophore produisant une émission lumineuse. La structure des molécules est décrite sur la figure 7.26.

Les applications de la GFP sont nombreuses et variées : cette protéine peut être utilisée pour le ciblage et l'étude de l'expression des gènes, pour la détection

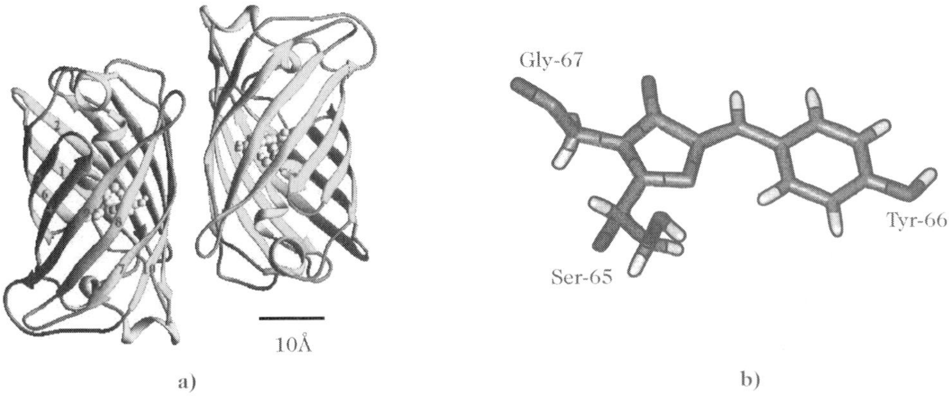

Figure 7.25. a) Structure 3D de la GFP. Le fluorophore central est porté par une hélice α. Cette structure se trouve au sein d'un cylindre de 11 feuillets β. **b)** Structure moléculaire de la GFP.

d'infections virales telles que le HIV, ou encore appliquée au suivi des interactions protéine-protéine dans les cellules par FRET (*Fluorescence Resonance Energy Transfer*[7]).
Des mutations du gène GFP [74] permettent d'obtenir des protéines émettant à d'autres longueurs d'onde que la GFP initialement clonée, dans le rouge ou le bleu par exemple. Cela peut être utile pour faire un multi-marquage ou simplement améliorer l'intensité de l'émission lumineuse. Par exemple, le remplacement de l'acide aminé Ser65 par Thr65 produit le mutant GFP65T, excitable à 490 nm et produisant une lumière 6 fois plus intense que la GFP.

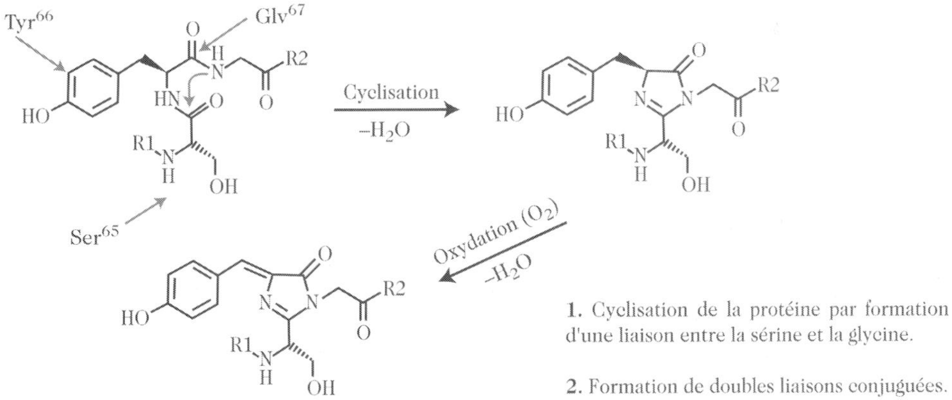

Figure 7.26. Changement de conformation de la GFP lors d'une excitation.

La figure 7.27 montre les nombreux spectres d'excitation et d'émission pouvant être obtenus par modification de la GFP. L'utilisation de cette protéine est donc étendue à une large gamme spectrale.

[7] Cette technique est présentée dans le paragraphe 1 « Introduction aux microscopies de fluorescence » et détaillée dans le paragraphe 4 « Autres systèmes de détection ».

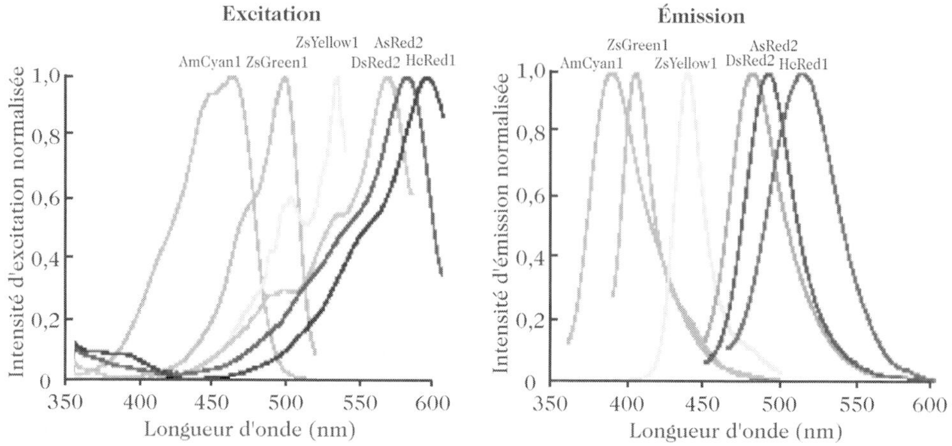

Figure 7.27. Présentation des spectres d'excitation et d'émission des différents mutants GFP. (Voir le cahier couleurs au milieu de l'ouvrage.)

Ce système souffre néanmoins d'un désavantage inhérent au phénomène de fluorescence : les tissus biologiques contiennent des fluorophores, dits endogènes, qui sont excités au même titre que la GFP par la lumière d'excitation. Il a cependant été observé que les fluorophores endogènes tels que le collagène sont sensibles à des excitations de faible longueur d'onde (typiquement dans le bleu-vert) et que l'autofluorescence est d'intensité plus faible que la fluorescence [75].

Aequorine-GFP

Découverte chez un type de méduses (*Aequorea victoria*) [75, 76], l'aequorine est une photoprotéine catalysant la production de lumière bleue (460 nm) lors de l'apport d'ions Ca^2+ et de coelentérazine. La sensibilité au calcium de l'aequorine en fait un outil pour le suivi des dynamiques calciques, notamment pour l'imagerie de l'activité neuronale [78].

Le système aequorine-GFP produit une lumière par un mécanisme de transfert d'énergie appelé BRET (*Bioluminescence Resonance Energy Transfer*) et décrit sur la figure 7.28. Sur cette figure, l'aequorine dite inactive représente un complexe d'apoprotéine, d'oxygène et de coelentérazine (pentagone noir). Lorsque l'aequorine est activée par la présence d'ions calcium, elle catalyse l'oxydation de la coelentérazine en coelentéramide (pentagone blanc). La désexcitation de la colentéramide s'accompagne d'une émission lumineuse à 470 nm correspondant à la lumière bleue produite par l'aequorine purifiée. Le transfert d'énergie *in vivo* entre l'état excité de la coelentéramide et la GFP permet l'émission de fluorescence par cette dernière dans le vert [79-81].

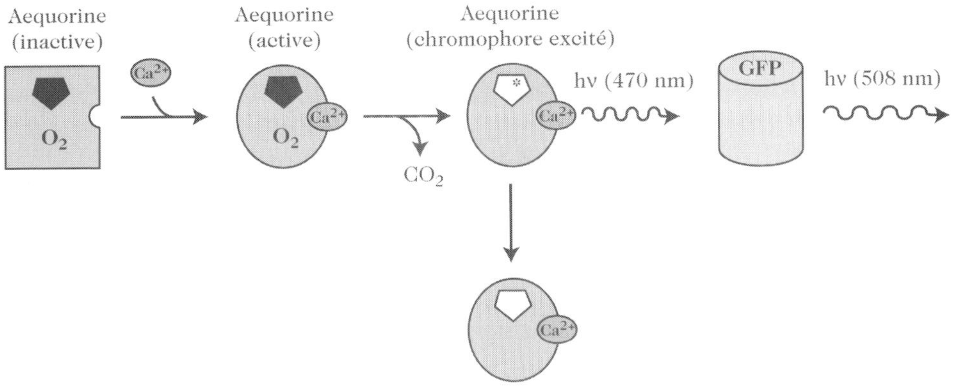

Figure 7.28. Mécanisme de production de lumière par le système aequorine-GFP : BRET.

2.4. Conclusion

Le nombre et la diversité des marqueurs optiques décrits ci-dessus, ainsi que la variété extraordinaires d'applications *in vivo* dont ils sont les supports, ont radicalement changé en quelques années des pans entiers de la recherche biomédicale fondamentale et appliquée, notamment pharmacologique. Il est probable que nous ne soyons qu'au début de cette nouvelle approche de la biologie, dans laquelle les phénomènes biologiques sont suivis par des approches non invasives, réalisant ainsi le vieux rêve des biologistes d'observer le vivant sans le détruire. Toutefois, il demeure indispensable de bien identifier les propriétés de ces marqueurs, tant endogènes qu'exogènes, notamment leurs caractéristiques spectrales (longueurs d'onde d'absorption et d'émission), afin d'optimiser les systèmes de détection associés qui vont être décrits dans les paragraphes suivants. Enfin, le comportement et les caractéristiques spectrales de ces marqueurs restent naturellement sensibles à l'environnement, et leur validation doit être menée *in fine* chez le vivant. Certaines de ces propriétés peuvent être handicapantes pour les applications *in vivo* et limiter le domaine de validité des marqueurs optiques et de l'instrumentation nécessaire à leur détection. D'autres, au contraire, comme la sensibilité au pH ou à la concentration en ions, pourront s'avérer intéressantes à exploiter pour des mesures locales de paramètres physiologiques dans le vivant.

3. Systèmes de détection *in vivo*

3.1. Introduction à l'imagerie optique *in vivo*

L'observation clinique commence toujours par un examen visuel approfondi du patient. D'autre part, l'observation microscopique des tissus s'est développée au point que des événements à l'échelle moléculaire peuvent désormais être observés directement. Le prochain défi consiste donc à mettre en évidence de tels événements moléculaires directement chez le patient. C'est le but de l'imagerie moléculaire [82, 83]. L'imagerie moléculaire permet une meilleure compréhension des mécanismes directement *in vivo,* comme le suivi de l'expression de gènes, l'analyse de la biodistribution des médicaments, l'efficacité des thérapies, dans une vaste gamme d'applications, comme l'oncologie, la cardiologie, etc.

L'imagerie moléculaire optique est issue de l'observation de deux phénomènes physico-chimiques d'émission lumineuse chez certains organismes vivants. Le premier, la bioluminescence, a été découvert chez les lucioles et certaines espèces sous-marines. L'imagerie de bioluminescence génère une information à la fois fonctionnelle et géographique, grâce à la spécificité des sondes moléculaires : par exemple, l'utilisation des systèmes de gènes rapporteurs permet un suivi dynamique de l'expression d'un gène. Le second phénomène est la fluorescence qui, par l'utilisation de substances fluorescentes liées à des molécules intervenant dans une activité métabolique connue (traceurs donnant une indication cinétique par exemple), permet de quantifier celle-ci ainsi que de la localiser dans le tissu biologique concerné. Il est aussi possible d'étudier de façon dynamique l'expression d'un gène à l'aide de gènes rapporteurs fluorescents comme les GFP (voir le paragraphe 2 « Les marqueurs »).

L'imagerie optique *in vivo* est une modalité d'imagerie moléculaire relativement récente en comparaison de l'imagerie nucléaire ou par résonance magnétique (IRM). Non invasive (c'est-à-dire ne demandant pas le prélèvement de tissus ou le sacrifice de l'animal, contrairement aux observations sous microscope), elle est basée sur la détection de photons de faible énergie (quelques électron-volts) dans la gamme visible (400-750 nm). La sensibilité des appareils de détection, leur faible coût et la facilité d'acquisition d'images, ainsi que les possibilités d'imagerie *in vivo* chez le petit animal, font de l'imagerie optique une technique à haut potentiel dans le contexte de l'imagerie moléculaire, malgré l'existence de limites dues aux propriétés optiques des tissus biologiques constituant un milieu complexe. Tandis que l'imagerie radio-isotopique telle que la TEP (tomographie par émission de positons) nécessite la présence d'un cyclotron, ainsi que des mesures de radioprotection très strictes, l'imagerie optique peut s'effectuer avec des appareils de petite taille, sans protection spécifique.

Il est de plus possible d'obtenir des images quantitatives à partir d'acquisitions de durée assez courtes (quelques minutes), du fait de la grande sensibilité des appareils de détection. Les méthodes d'imagerie *in vivo* non invasives représentent une avancée scientifique essentielle dans le domaine de la recherche médicale sur le petit animal. D'un point de vue éthique, l'imagerie non invasive prend tout son sens car elle permet de limiter le nombre d'animaux utilisés. En outre, chaque animal peut être imagé à plusieurs reprises, ce qui offre la possibilité de réaliser des études longitudinales dans le temps. Ces études sont plus précises, car elles s'affranchissent des variabilités interindividuelles inhérentes à un protocole expérimental où plusieurs animaux sont comparés. Enfin, le caractère non invasif ainsi que la sensibilité des appareils d'imagerie optique permettent de faire des études cinétiques, par exemple des études de biodistribution.

3.2. Principes de l'imagerie optique *in vivo*

3.2.1. Propriétés optiques des tissus

Diffusion et absorption

Il existe plusieurs types d'interactions entre les photons et la matière dans un milieu complexe tel qu'un tissu biologique (figure 7.29). Afin de choisir un marqueur fluorescent ou bioluminescent optimal, il est essentiel de tenir compte de toutes ces interactions.

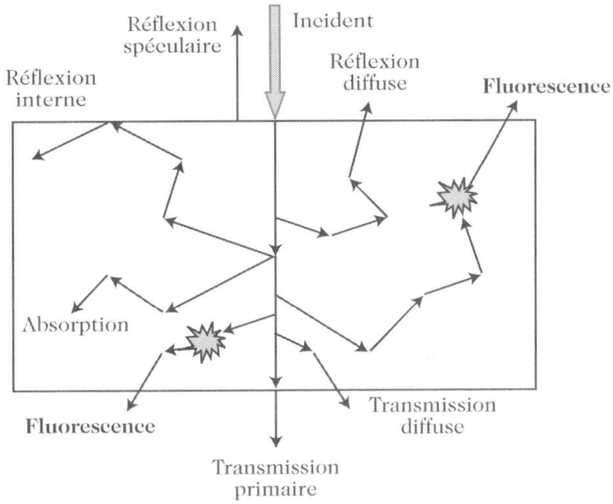

Figure 7.29. Description des interactions photons-matière.

Les photons peuvent être réfléchis de manière spéculaire (réflexion à la surface du tissu et à une longueur d'onde identique à la longueur d'onde incidente) ou diffusés (diffusions multiples dans la matière puis réflexion) (figure 7.29). On observe de même des photons transmis de manière directe ou diffuse. La capacité du milieu à diffuser les photons est caractérisée par un coefficient de diffusion appelé μ_s (dépendant de la longueur d'onde des photons incidents). μ_s est généralement exprimé en cm^{-1}. On peut définir un coefficient de diffusion μ_s' tenant compte d'un facteur d'anisotropie de la matière g : $\mu_s' = (1 - g)\mu_s$. g est le cosinus moyen de l'angle de diffusion et permet de considérer la variation de l'angle de diffusion selon la direction incidente.
Certains photons peuvent être absorbés et ne pas ressortir du tissu biologique (voir la figure 7.29). La propriété d'absorption du tissu dépend aussi de la longueur d'onde et est caractérisée par un coefficient μ_a généralement exprimé en cm^{-1}. L'intensité résultante I suit une loi exponentielle du type : $I = I_0 e^{\mu_a z}$, où z est la profondeur parcourue dans le milieu par le photon d'intensité initiale I_0.
La figure 7.29 représente la situation en fluorescence, dans laquelle les photons incidents d'excitation génèrent des photons d'émission après collision avec les fluorophores. Dans le cas d'une émission lumineuse par bioluminescence, où il n'y a pas d'éclairage extérieur mais une émission localisée à l'intérieur du tissu, ce schéma reste si l'on ne tient pas compte du trajet des photons incidents.
On s'intéresse à l'énergie transférée par les photons lors du déplacement de ces derniers dans une direction repérée par l'angle solide Ω et dans un petit volume centré sur le vecteur position r. Ce transfert d'énergie peut être décrit par la radiance d'énergie $L(\Omega, r, t)$ en W.m^{-2}.sr^{-1}.
Les diffusions dans le milieu peuvent être isotropes ou non. Dans le cas d'une diffusion non isotrope, on doit tenir compte de la probabilité $d\mu_s(\Omega', \Omega)$ qu'un photon soit diffusé d'une direction Ω' vers une direction Ω. On décrit ce phénomène en

faisant intervenir la fonction de phase de diffusion normalisée :

$$f(\Omega', \Omega) = \frac{d\,\mu_s(\Omega', \Omega)}{\mu_s}$$

Bilan énergétique sur un volume de tissu infinitésimal :
- perte de radiance d'énergie $L(\Omega,r)$,
- perte de radiance par diffusion,
- gain de radiance par diffusion de Ω' vers Ω,
- gain par la source d'excitation.

La variation de radiance d'énergie dans un volume est donnée par :

$$\frac{d\,L(\Omega, r)}{ds} = \sum \text{gain} + \text{pertes}$$

Le trajet des photons dans la matière peut être décrit par l'équation de transport radiatif de Boltzmann [84] issue du bilan énergétique précédent :

$$\Omega.\Delta L(\Omega,r) + (\mu_a + \mu_s).L(\Omega,r) = S(\Omega,r) + \mu_s \int_{4\pi} f(\Omega',\Omega).L(\Omega',r)\mathrm{d}\Omega'$$

L est la radiance d'énergie, dépendant de la position r du photon et de sa direction de propagation Ω. S représente le terme source. Cette équation permet de modéliser le comportement des photons dans la matière, et est ainsi la base de nombreux algorithmes de reconstruction (voir le paragraphe 3.2.3).

Ordre de grandeur des paramètres optiques des tissus

Les capacités d'un tissu biologique à absorber ou diffuser la lumière varient en fonction de la longueur d'onde des photons qui entrent en collision avec les particules du tissu, mais aussi en fonction de la nature de ce matériau. Ainsi, le tissu hépatique très vascularisé tendra à absorber la lumière, tandis que les os se comportent comme des réflecteurs et que d'autres tissus diffusent la lumière.
Les principaux absorbeurs des tissus biologiques sont l'hémoglobine et l'eau (figure 7.30). L'eau absorbe beaucoup au-delà de 900 nm. L'hémoglobine, présente sous deux formes, Hb et HbO_2 (forme oxygénée), absorbe pour sa part au-dessous de 650 nm. La région 650-900 nm, appelée fenêtre thérapeutique, est celle où les coefficients d'absorption dans les tissus sont les plus faibles, et la plus propice à la pénétration des photons en profondeur.
Des valeurs moyennes des coefficients optiques sont données dans le tableau 7.2. Les ordres de grandeurs des deux coefficients sont assez différents : dans le proche infra-rouge, μ_a est compris entre 0,01 et 0,5 cm^{-1} et μ'_s est compris entre 2 et 10 cm^{-1}. Le tableau indique aussi la variation des coefficients entre les différents tissus d'un même individu et entre individus. Noter les variations importantes liées au fait que les diverses mesures ont été réalisées par différents auteurs n'ayant pas utilisé les mêmes systèmes, qui pointent sur le niveau de confiance relativement faible qu'on peut avoir aujourd'hui dans ces mesures.

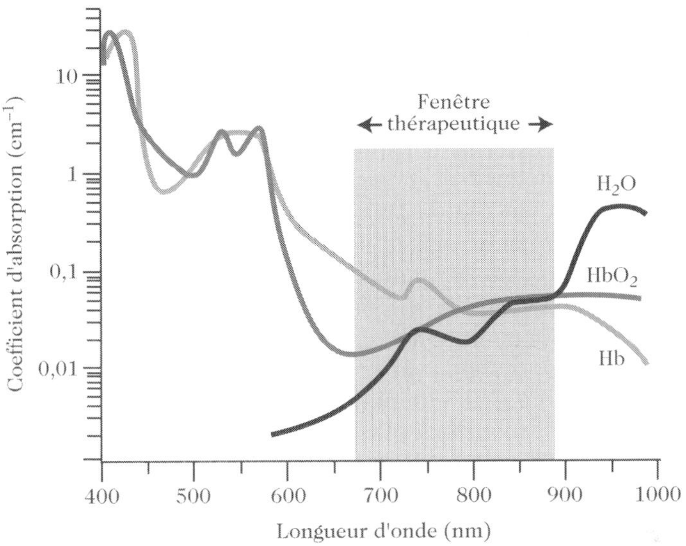

Figure 7.30. Spectres d'absorption de l'eau et de l'hémoglobine, principaux absorbeurs des tissus usuels [86].

Tableau 7.2. Coefficients optiques dans des tissus *in vitro* [87].

Auteurs	Tissu	Espèce	λ (nm)	μ_a (OD cm^{-1})	μ'_s (OD cm^{-1})	Séparation source-détecteur (cm)
Kurth *et al.* (1995)	Tête	Porcelet	670 ; 830	0,10 ; 0,07	3,5 ; 3,3	3
Fantini *et al.* (1999)	Tête	Porcelet	758 ; 830	0,07 ; 0,06	4,0 ; 3,6	1,5-3
Hueber *et al.* (2001)	Tête	Porcelet	758 ; 830	0,07 ; 0,06	3,0 ; 2,6	1,5-3
Doornbos *et al.* (1999)	Front Bras Pied	Homme	633 ; 700	0,04 ; 0,009 0,07 ; 0,04 0,03 ; 0,02	7,3 ; 6,7 4,0 ; 3,5 4,9 ; 4,1	0,18-1,68
Matcher *et al.* (1997)	Tête Avant-bras Mollet	Homme	800	0,07 0,10 0,07	4,1 3,0 4,08	4
Toricelli *et al.* (2001)	Tête Abdomen Bras	Homme	610-1010	0,07-0,16 0,009-0,09 0,09-0,22	7,1-4,3 6,1-3,5 5,3, 2,2	2
Cubeddu *et al.* (1999)	Bras	Homme	672 ; 818	0,12 ; 0,11	4,8 ; 3,9	2
Farrell et Patterson (1992)	Avant-bras	Homme	610-700	0,09-0,01	2,9 ; 2,5	0,1-1

3.2.2. Fluorescence et bioluminescence

Comparaison des deux phénomènes

Comme nous l'avons vu précédemment, la fluorescence n'a lieu qu'après excitation lumineuse externe, contrairement à la bioluminescence où l'émission se produit de façon endogène en présence d'un substrat. L'éclairage externe offre un paramètre de contrôle de la longueur d'onde d'excitation (donc indirectement de l'émission), tandis que le spectre d'émission de bioluminescence est fixe et reste limité commercialement. Néanmoins, cet avantage est nuancé par le fait que l'éclairage externe excite des fluorophores naturellement présents dans les tissus lors de son passage jusqu'à la cible. On a donc un phénomène d'autofluorescence limitant le rapport signal sur bruit.
Par ailleurs, l'intensité lumineuse de fluorescence dépend directement de la longueur d'onde d'excitation : plus l'absorption est intense à la longueur d'onde d'excitation, plus l'intensité d'émission est importante. Il faut donc se placer dans des conditions d'excitation optimale, auxquelles doit être couplée une détection appropriée : le signal d'excitation réfléchi, s'il se confond avec le signal de fluorescence, devra être éliminé. Cela est réalisé par un filtrage optique type passe-haut.
L'imagerie de bioluminescence permet *a contrario* l'acquisition d'images peu bruitées, puisqu'il n'y a pas d'émission lumineuse en absence de la sonde optique. Toutefois, elle est moins souple que l'imagerie de fluorescence, qui offre un large choix de molécules utilisables chez un même animal.
Dans les deux cas, le signal émis est *a priori* proportionnel à la concentration locale de molécules marquées. Néanmoins, la complexité de l'interaction photon/matière rend la quantification des données complexe, car plusieurs facteurs interviennent sur l'intensité du signal recueillie.

Choisir un système de marquage performant

Le paragraphe 3.2.1 a mis en évidence les principales contraintes spectrales dans le choix d'un système de marquage (voir également le paragraphe 2.). À partir des propriétés spectrales et de l'environnement biologique dans lequel interviendra le marquage, deux critères principaux vont conduire à définir une stratégie de marquage.
Le premier critère déterminant est l'objet à étudier. En effet, le choix d'un marquage exogène de type fluorophore ou le choix d'un système de gène rapporteur dépendra des études réalisées, ainsi que de la spécificité éventuelle du marquage par rapport à l'organe d'intérêt. Cette spécificité est généralement difficile à mettre au point et sera la contrainte principale pour le type de marquage à utiliser. Les études pharmacocinétiques et pharmacodynamiques, le criblage rapide de molécules seront plutôt réalisés avec des marqueurs exogènes fluorescents, tandis que les gènes rapporteurs sont réservés au suivi tumoral ainsi qu'à l'étude d'expression des gènes.
La profondeur que l'on cherche à atteindre est le second paramètre qui gouverne le choix de la longueur d'onde d'émission du marqueur à choisir. D'une manière générale, comme nous l'avons vu au paragraphe 3.2.1, « Ordre de grandeur des paramètres optiques des tissus », plus le marqueur absorbera/émettra dans la partie proche infrarouge du spectre optique (650-900 nm), plus la profondeur de visualisation dans les tissus sera grande. Les marqueurs bioluminescents offrent

malheureusement peu de choix dans les longueurs d'onde d'émission, majoritairement situées dans le bleu-vert. Plusieurs types de modifications sont à l'étude afin de proposer des systèmes possédant des caractéristiques spectrales décalées vers le rouge. Le remplacement d'un acide aminé dans le chromophore de la GFP permet par exemple d'obtenir des mutants émettant dans le jaune et le rouge.

3.2.3. Limitations de l'imagerie optique *in vivo*

Les ordres de grandeur précédents montrent bien que seules des structures peu profondes peuvent être imagées par cette technique, qui par conséquent ne peut pas s'appliquer à l'imagerie corps entier chez l'homme. Ces techniques sont en revanche bien adaptées aux études sur le petit animal tel que la souris ou le rat, ce qui permet de réaliser nombre d'études précliniques de biodistribution de molécules, d'efficacité des médicaments, de toxicité, etc.

Concernant l'homme, ces techniques peuvent permettre d'imager des tissus en surface, soit accessibles extérieurement, soit par endoscopie. Ainsi, des applications à la mammographie, à la dermatologie, à l'exploration de la cavité buccale (observations directes), ou encore à la détection de tumeurs dans l'utérus, l'œsophage ou lors d'interventions chirugicales (par endoscopie) peuvent être réalisées chez l'homme.

3.3. Dispositifs expérimentaux d'imagerie de fluorescence et de bioluminescence (irradiation continue)

On peut classer les appareils d'imagerie en deux catégories : les dispositifs de type imagerie planaire offrant des images en deux dimensions (2D) et les appareils de type tomographe permettant des acquisitions multi-vues et donc des informations en trois dimensions après reconstruction (3D) (voir le paragraphe 3.3.3.).

Le premier exemple donné ici sera celui d'un appareil 2D d'imagerie de bioluminescence et fluorescence.

3.3.1. Schéma du dispositif

Nous présentons ici l'exemple d'un système de détection optique *in vivo* consacré au petit animal, même si des appareils de mammographie optique ont déjà été mis au point par différentes équipes [88]. Le principe d'un dispositif BLI (*Bioluminescence Imaging*)/FRI (*Fluorescence Reflectance Imaging*) est présenté sur la figure 7.31.

L'animal est anesthésié et placé dans la chambre noire. Pour les images de fluorescence, l'excitation est obtenue par une source externe filtrée de façon à caler la longueur d'onde sur celle de l'excitation des fluorophores utilisés, puis diffusée sur tout le champ de vue (FOV). L'imagerie de bioluminescence, en revanche, n'a pas besoin d'une source d'excitation externe. La lumière émise par l'animal est collectée par un objectif puis transmise à la caméra CCD. On utilise généralement des caméras CCD intensifiées ou refroidies de façon à minimiser le bruit et à augmenter la sensibilité, notamment pour détecter les signaux de bioluminescence, qui sont de faible intensité. En imagerie de fluorescence, la lumière émise par l'animal est filtrée par un filtre de type passe-haut situé devant l'objectif afin d'éliminer le signal d'excitation réfléchi, qui est très intense et ne permettrait pas de détecter le signal de fluorescence.

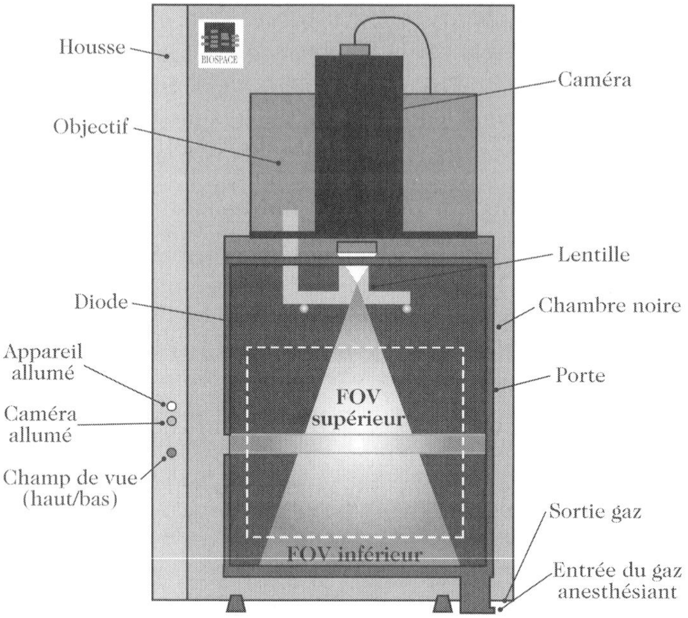

Figure 7.31. Dispositif d'imagerie de bioluminescence BLI et fluorescence FRI *in vivo* du petit animal.

3.3.2. Les différents dispositifs commerciaux

Les différents dispositifs commerciaux d'imagerie optique sont indiqués dans le tableau 7.3. Les appareils *Xenogen*, *Biospace*, *Bertold* et *Hamamatsu* sont surtout consacrés à l'imagerie de bioluminescence (BLI pour *Bioluminescence Imaging*), tandis que les autres appareils sont plutôt dédiés à la fluorescence (FLI pour *Fluorescence Imaging*). Toujours à la recherche d'un compromis entre résolution spatiale, résolution en profondeur et sensibilité, ces machines n'offrent pas toutes les mêmes performances et les mêmes possibilités d'application.

Tableau 7.3. Les différents dispositifs commercialisés.

Société	Système	Modalité d'imagerie
Xenogen	IVIS	BLI (+FLI)
Biospace	Photon Imager	BLI (+FLI)
Berthold	Night Owl	BLI (+FLI)
Hamamatsu	Aequoria	FLI (+BLI)
ART (GE *Healthcare*)	eXplore Optix	FLI
Kodak	Serie IS	BLI+FLI
Siemens	bonSAI	FLI
CRI	Maestro	FLI

3.3.3. Vers la tomographie optique

On sépare généralement les systèmes d'imagerie en deux catégories : systèmes « topographiques » et systèmes « tomographiques ». Les systèmes cités précédemment appartiennent à la première catégorie, car ils fournissent des images de surface avec peu d'information sur la profondeur. Le terme tomographie est utilisé pour décrire des systèmes qui fournissent des images en trois dimensions à partir de mesures prises en différents points à la surface de l'objet.

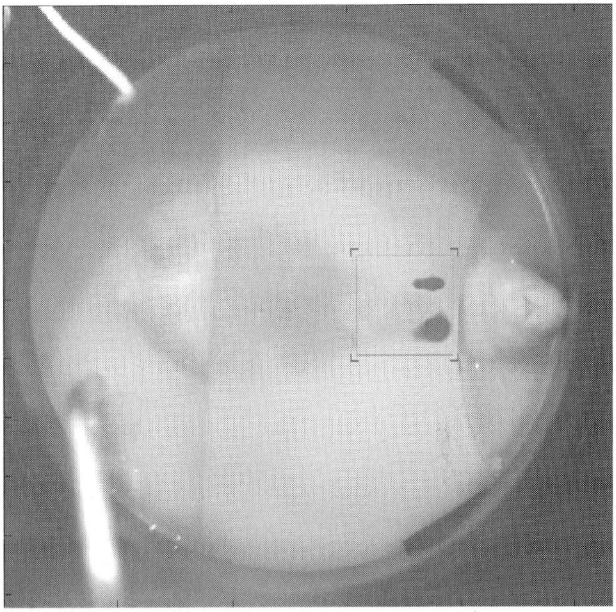

Figure 7.32. Exemple de reconstruction de tumeurs pulmonaires sur une souris, réalisée sur le tomographe du CEA-Grenoble : superposition de la projection du volume reconstruit et de l'image en lumière blanche.

L'objectif de ces mesures est la résolution du **problème inverse** ou reconstruction (figure 7.32).
À partir d'un jeu de mesures (correspondant à un couple source-détecteur), on souhaite remonter à une cartographie en volume de l'objet étudié en absorption, diffusion ou fluorescence, qui permette de faire la distinction entre les tissus sains et les tissus tumoraux par exemple. Des tomographes optiques sont développés pour le petit animal [89]. La recherche travaille sur les algorithmes de reconstruction pour améliorer la résolution spatiale des ces appareils.

3.4. Exemples d'application de l'imagerie de fluorescence et de bioluminescence

3.4.1. Détection de tumeurs pulmonaires chez la souris par un système de gène rapporteur (bioluminescence)

L'objectif est de suivre la croissance tumorale chez la souris Nude, variété de souris sans poil, ce qui facilite l'imagerie optique.
Toutes les études de bioluminescence ont été réalisées avec des souris Nude femelles. Ces souris sont des mutantes homozygotes pour le gène récessif *Nu*. Ce gène étant impliqué dans la thymogenèse, les souris Nude ne développent pas de thymus et présentent un déficit en lymphocytes T permettant l'implantation de xénogreffes.
Les cellules utilisées sont des cellules PC12 MEN-2A qui expriment le proto-oncogène humain RET 2A. Ces cellules sont transfectées de façon stable par le gène *Luc* cloné dans un plasmide d'expression eucaryote (pCDNA3+). La double

insertion de l'oncogène et de la luciférase permet le développement de tumeurs exprimant la luciférase. L'injection de ces cellules par voie intraveineuse génère la croissance de tumeurs pulmonaires. Les poumons étant situés en profondeur, il est intéressant d'utiliser un gène *Luc* muté codant pour une luciférase dite « rouge », qui produit une lumière rouge (contrairement à la luciférase produisant une lumière verte à 540 nm) moins absorbée par les tissus.

Les tumeurs pulmonaires sont observées après injection de luciférine par voie intraveineuse ou intrapéritonéale par un appareil d'imagerie de bioluminescence *in vivo*. La figure 7.33 présente les images réalisées quelques minutes après injection de luciférine par voie intraveineuse chez des souris ayant reçu une injection de cellules tumorales codant pour le gène *Luc* trois semaines plus tôt. L'acquisition se fait avec le *Photon Imager* développé par *Biospace Mesures*. Les deux souris présentent des tumeurs pulmonaires visibles par imagerie de bioluminescence en position dorsale et ventrale.

Le même type d'acquisition peut être reproduit quotidiennement afin de suivre l'évolution des tumeurs. La nature quantitative du signal de bioluminescence permet de corréler les variations d'intensité lumineuse avec le nombre de cellules tumorales et ainsi de suivre quantitativement leur évolution.

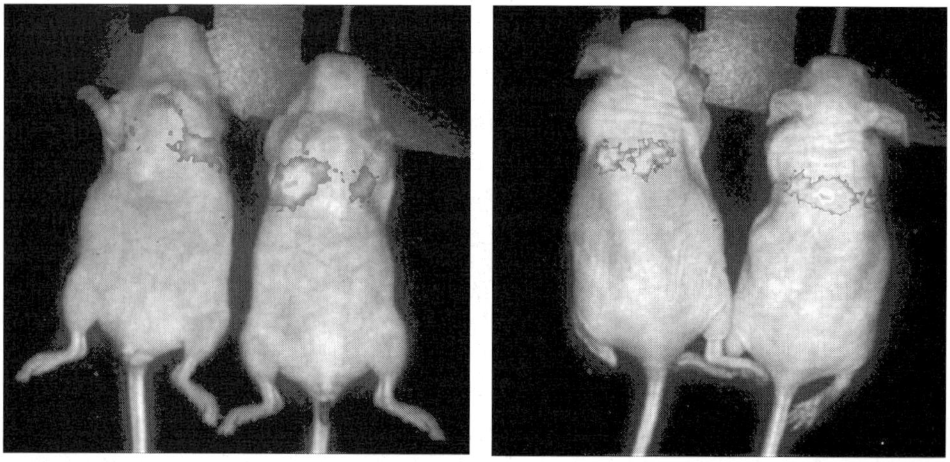

Figure 7.33. Deux souris présentant des tumeurs pulmonaires suite à une injection de cellules tumorales exprimant la luciférase (images de bioluminescence réalisées avec injection de luciférine par voie IV et acquisition de plusieurs minutes). Voir le cahier couleurs au milieu de l'ouvrage.

3.4.2. Détection de tumeurs sous-cutanées chez la souris par une sonde fluorescente activable

L'exemple qui suit démontre les potentialités de l'ingénierie moléculaire grâce à l'utilisation de sondes fluorescentes activables. Le concept de sonde activable, récemment introduit pour l'imagerie de fluorescence chez le petit animal [90], utilise une molécule dotée d'une activité biologique (ligand, substrat d'enzyme, etc.), marquée conjointement par un fluorophore et un inhibiteur de fluorescence. Non fluorescente lors de son injection à l'animal, la sonde ne le devient qu'après activation par le récepteur ou l'enzyme correspondant, qui induit un éloignement

physique (par clivage ou par changement conformationnel) du fluorophore et de l'inhibiteur. La fluorescence est alors émise, uniquement dans la zone d'intérêt à imager.
La figure 7.34 montre des images obtenues par imagerie FRI sur des souris Nude porteuses de tumeurs sous-cutanées, 10 minutes et 5 heures après injection d'une même molécule, soit marquée par la cyanine 5 (Amersham), soit marquée par une sonde activable construite à partir de ce même fluorophore [91, 92]. Toutes les images sont prises dans les mêmes conditions d'acquisition et avec une même quantité de fluorophore injectée. On met bien en évidence sur cet exemple l'avantage des sondes activables : le signal non spécifique hors de la zone d'intérêt est complètement éliminé, ce qui permet d'améliorer considérablement le contraste des images. Les images obtenues 5 h après injection des sondes activables montrent un bien meilleur contraste. De plus, pour les deux sondes activables de cet exemple, la rétention des molécules dans la tumeur est accrue, ce qui, couplé à l'activation progressive de la fluorescence, rend possible la visualisation des tumeurs avec un très bon contraste jusqu'à au moins 50 h après injection, alors que la sonde classique est très vite éliminée de l'organisme.

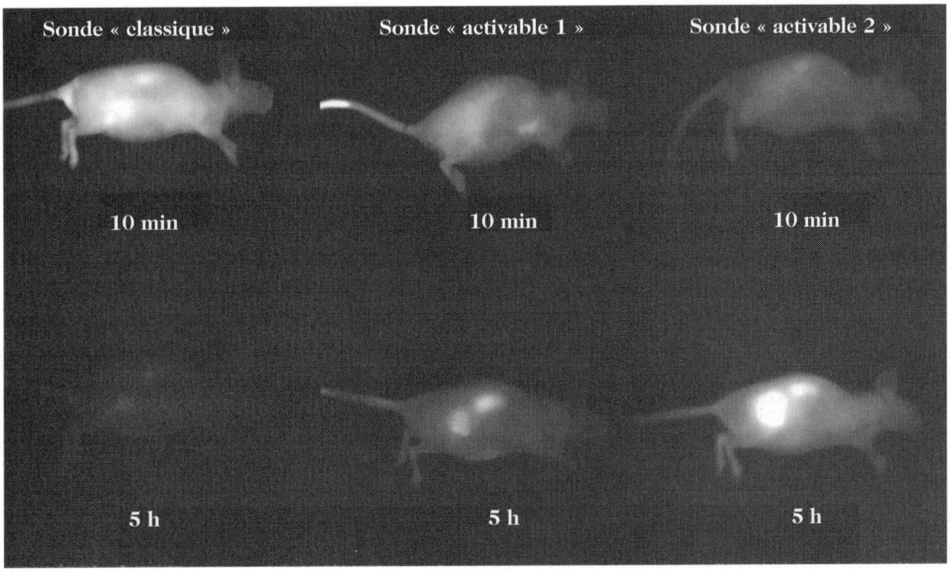

Figure 7.34. Images obtenues sur le dispositif FRI de la plate-forme d'imagerie optique du réseau Animage[8] sur des souris Nude porteuses de tumeurs sous-cutanées[9], 10 min et 5 h après injection d'une même molécule, soit marquée par Cy5, soit marquée par une fonction d'imagerie activable construite à partir de ce même fluorophore. La quantité de Cy5 injectée par voie intraveineuse dans la queue de l'animal anesthésié est de 20 nmol/animal [91, 92].

[8] Dispositif construit au CEA-Grenoble : excitation à 633 nm par une couronne de diodes constituant un champ d'éclairement homogène de 8 cm de diamètre avec une puissance de 50mW/cm^2 ; détection à 670 nm par une caméra CCD refroidie.
[9] Modèle TS/Apc (cancer du sein murin) ; 10^6 cellules injectées par souris 10 à 15 jours avant imagerie.

3.4.3. Vers des applications chez l'homme

Malgré les limites de l'imagerie optique chez l'homme, certaines applications peuvent être envisagées, comme le montre l'exemple de l'imagerie des ganglions sentinelles par des nanocristaux semi-conducteurs luminescents (*quantum dots*) (voir le paragraphe 2.2.4, « Les nanocristaux semi-conducteurs luminescents »). Le terme de ganglion sentinelle désigne le premier ganglion envahi lors de la métastase d'un cancer, par exemple du sein. Son repérage est essentiel pour guider l'exérèse des tissus envahis lors de l'intervention chirurgicale.

Des équipes du *Massassuchetts Institute of Technology* et du *Beth Israel Deaconess Medical Center* ont utilisé des *quantum dots* émettant dans le proche infrarouge pour imager ces ganglions sentinelles chez la souris puis le cochon (figure 7.35) [93]. Les *quantum dots* sont recouverts de ligands phosphines oligomériques [94], mais ne sont pas fonctionnalisés pour cibler une zone d'intérêt en particulier, et c'est leur taille (15-20 nm) qui provoque leur rétention dans ces tissus (figure 7.35).

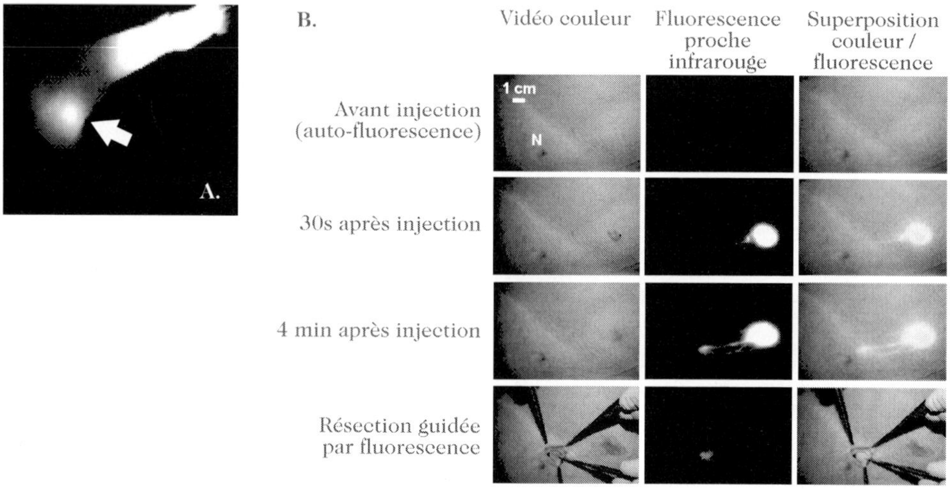

Figure 7.35. Imagerie de ganglions sentinelles par des *quantum dots* chez la souris (A) et le cochon (B) [93].

3.5. Imagerie de fluorescence résolue en temps

Nous allons décrire ici les spécificités d'une autre technique d'imagerie, qui utilise une source pulsée comme source de lumière, alors que l'illumination était continue dans les méthodes précédentes. Ces techniques sont pour l'instant un peu moins développées que les précédentes, mais elles font l'objet de nombreux travaux de recherche, pour des raisons que nous préciserons.

3.5.1. Principe des mesures temporelles

Les mesures temporelles permettent d'accéder à la mesure de l'intensité lumineuse en fonction du temps et de la longueur d'onde. Ainsi, comme en microscopie (voir le paragraphe 1), les mesures de diffusion permettent de sonder les temps de vie des différents fluorophores *in vivo*.

Un des problèmes déjà cité causé par l'utilisation de source d'intensité lumineuse continue est que le signal mesuré contient l'ensemble des photons diffusés et que les trajets suivis sont difficiles à reconstituer. L'approche temporelle permet d'enrichir l'information recueillie, grâce à des méthodes résolues en temps utilisant une source à impulsions très brèves. Les détecteurs analysent la distribution temporelle ou « temps de vol » de la lumière, appelée TPSF (*Time Point Spread Function*). La distinction peut donc être faite entre les différents photons, ceux qui arrivent les premiers et ont suivi une trajectoire en ligne droite (photons balistiques, très peu nombreux), puis ceux qui ont pratiquement suivi un chemin en ligne droite (photons « serpentiles») et enfin ceux qui ont été beaucoup plus diffusés (figure 7.36). L'intégrale du signal par rapport au temps représente le signal continu qui aurait été mesuré sur un détecteur continu. L'exploitation de l'ensemble du signal diffusé est donc plus riche que le simple signal continu.

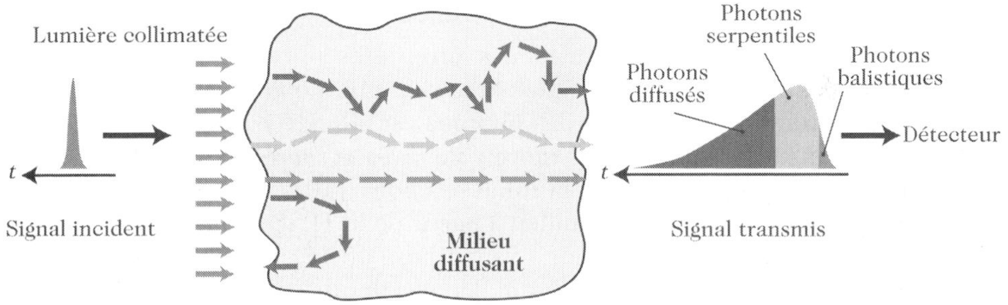

Figure 7.36. Schéma de la TPSF dans un milieu diffusant suite à une impulsion lumineuse très brève. On distingue les photons balistiques (« *ballistic* »), les photons serpentiles (« *snake* ») et les photons diffusés (« *diffuse scattered light* ») [96].

Une troisième méthode est une méthode fréquentielle utilisant une source modulée à haute fréquence. Elle est de façon théorique équivalente au temporel si l'on considère toutes les fréquences. En effet, on passe du signal temporel au fréquentiel en effectuant une transformée de Fourier. Nous ne détaillerons pas ici l'instrumentation associée ; des éléments pourront être trouvés dans la référence [97].

3.5.2. Techniques de systèmes d'imagerie résolus en temps

Sources de lumière

Les sources de lumière sont des sources laser, soit des diodes laser pulsées picosecondes (longueur d'onde fixe) soit des lasers (accordables en longueur d'onde ou non) pico- ou femtosecondes. Les préfixes « pico » et « femto » signifient que ces sources produisent des impulsions d'une largeur temporelle de l'ordre de quelque 10^{-12} et 10^{-15} seconde respectivement. Leur taux de répétition est de l'ordre de 50 à 100 MHz.

Détecteurs

Le premier est un système de **comptage de photons corrélés dans le temps** (TCSPC pour *Time Correlated Single Photon Counting*) [98]. Le détecteur est souvent un tube photomultiplicateur (PM). Le principe de la mesure est de détecter au plus un photon par impulsion lumineuse. Le temps écoulé entre l'impulsion de synchronisation et l'arrivée de chaque photon est enregistré par une électronique spécifique. L'acquisition est effectuée sur un grand nombre d'impulsions laser, ce qui permet de reconstituer l'histogramme du profil temporel des temps d'arrivée des photons (TPSF pour *Temporal Point Spread Function*).

Une **caméra à balayage de fente** [99] peut aussi être utilisée pour enregistrer les TPSF sur quelques points simultanément avec une résolution temporelle de 1 à 10 ps.

Enfin, le développement récent de **caméras rapides intensifiées** permet de réaliser des images résolues en temps, mais avec une moindre résolution (acquisition d'une fenêtre de 200 ps) [100].

3.5.3. Exploitation du signal temporel

Diffusion, absorption et fluorescence

La forme de la TPSF dépend des propriétés optiques de l'objet traversé. Par exemple, elle sera d'autant plus atténuée que l'objet est absorbant. Plus l'objet est diffusant, plus le trajet des photons est allongé par les diffusions successives, ce qui augmente leur temps moyen d'arrivée et élargit donc la TPSF. À l'aide d'un modèle de propagation de la lumière choisi [101], on peut donc remonter aux coefficients optiques d'un milieu à partir de la TPSF [102, 103].

À la diffusion et à l'absorption se superpose une éventuelle fluorescence des tissus et de la sonde marquée par des molécules fluorescentes. Une fluorescence simple se caractérise par un déclin exponentiel de durée τ, temps de vie du fluorophore. Pour un fluorophore seul, l'intensité est donnée par :

$$I(t) = I_0\, e^{-\frac{t}{\tau}}$$

où I_0 est l'intensité incidente et τ le déclin de fluorescence du fluorophore.

Signal global

Le signal global représente donc la convolution de la diffusion et de l'absorption avec le signal de fluorescence (s'il y en a un). Sur la figure 7.37, on observe le signal de fluorescence d'une inclusion de Cy5 (durée de vie environ 1,2 ns) dans un fantôme liquide. La première partie du signal est due au parcours dans le milieu diffusant, la seconde au déclin de fluorescence (figuré par une droite sur le graphe d'échelle semi-logarithmique).

La difficulté principale est de trouver la meilleure façon d'exploiter ce signal très riche en informations. Les travaux de

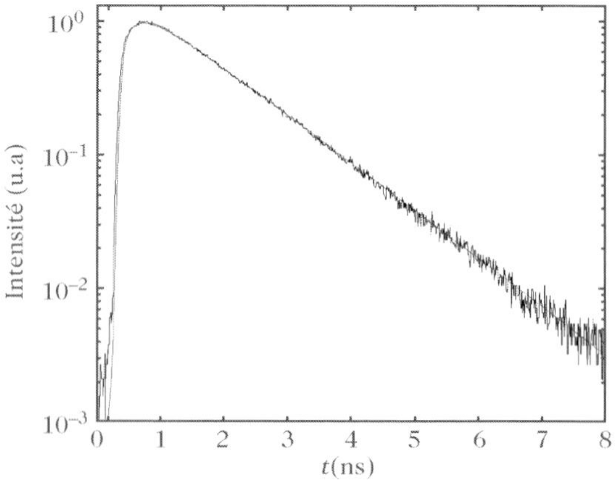

Figure 7.37. TPSF mesurée dans un milieu diffusant liquide contenant une inclusion de Cy5 de 1 mm^3, située 2 mm au-dessous des fibres source-détecteur (distance interfibre 2,5 mm) [104].

recherche en absorption-diffusion sont plus avancés qu'en fluorescence, mais les études continuent sur les deux plans pour améliorer le traitement et la résolution.

3.5.4. Applications

Les applications principales, comme pour l'imagerie en continue, concernent la cancérologie et l'exploration de l'activité cérébrale. La méthode a été initialement développée en utilisant comme source de contraste optique prenant les changements des propriétés d'absorption et de diffusion des tissus tumoraux ou d'une zone activée. Le développement des marqueurs fluorescents a permis ensuite d'augmenter le contraste optique et de développer un marquage spécifique pour favoriser la détection des petites tumeurs. Il faut souligner cependant que les tissus sont eux-mêmes fluorescents (**autofluorescence**), ce qui ajoute du bruit, même si le temps de vie associé à l'autofluorescence est différent de celui des sondes marquées.
Il reste malgré tout difficile de voir les tissus en profondeur ; aussi les principales applications chez l'homme sont la mammographie optique (figure 7.38) [105] et les explorations de surface : par exemple, la topographie du cerveau, la dermatologie [106] ou l'endoscopie (bronches, côlon, col de l'utérus).

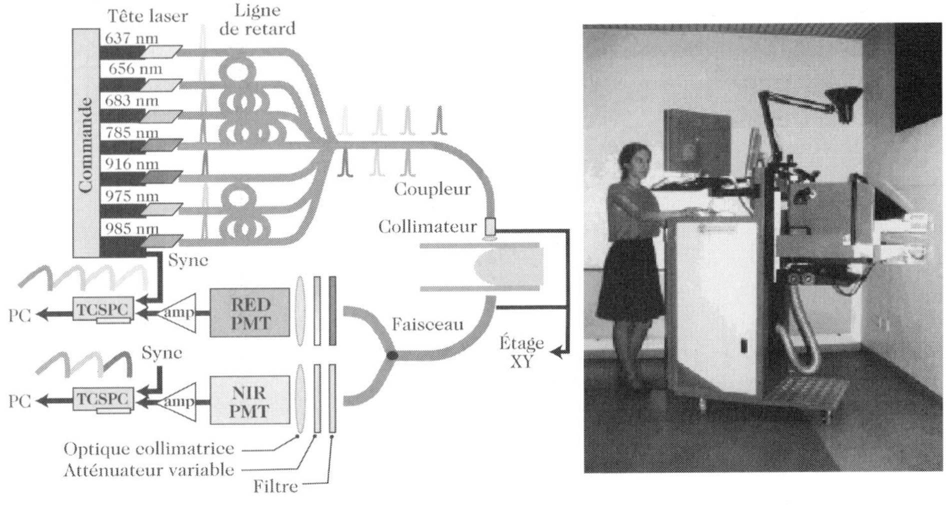

Figure 7.38. a) Schéma et **b)** photographie de MAMMOT-4, mammographe optique [105].

Les études se poursuivent pour développer des modèles et algorithmes de reconstruction performants [107] et pour adapter l'instrumentation, soit au petit animal [108] pour la recherche, soit à une utilisation en hôpital pour l'homme.

4. Systèmes de détection *in vitro*

4.1. Introduction sur les biopuces

4.1.1. Définition des biopuces

Le terme « biopuce » est issu de l'anglais « *biochip* » qui est en fait un terme plus générique utilisé pour désigner tous les microsystèmes appliqués pour des applications en biologie. Ces microsystèmes permettent de transformer un échantillon biologique (purification, séparation, changement de phase, amplification de l'ADN...). Pour la détection par reconnaissance moléculaire, le terme anglo-saxon usuellement employé est « *microarray* », dont la traduction française n'est pas satisfaisante. C'est pourquoi l'usage est d'utiliser le terme « biopuce » pour désigner les puces à reconnaissance moléculaire, et nous conserverons ce terme tout au long de ce paragraphe malgré le risque de confusion.

Dans la définition donnée par M. Pirrung [109], « une biopuce pour la détection est une surface plane monolithique comportant quelques centaines à quelques milliers de zones de reconnaissance moléculaire générant, après réaction avec un échantillon de composition donnée, un signal pouvant être détecté par une instrumentation de mesure ». Le plus fréquemment, ce signal est issu d'une diffusion de la lumière par fluorescence (voir le paragraphe 4.2) mais d'autres méthodes de transduction sont aussi utilisées (résonance de plasmon, interférométrie, détection électrochimique, etc., voir le paragraphe 4.3).

Dans le déroulement d'une analyse biologique, la biopuce intervient en avant-dernière étape (figure 7.39).

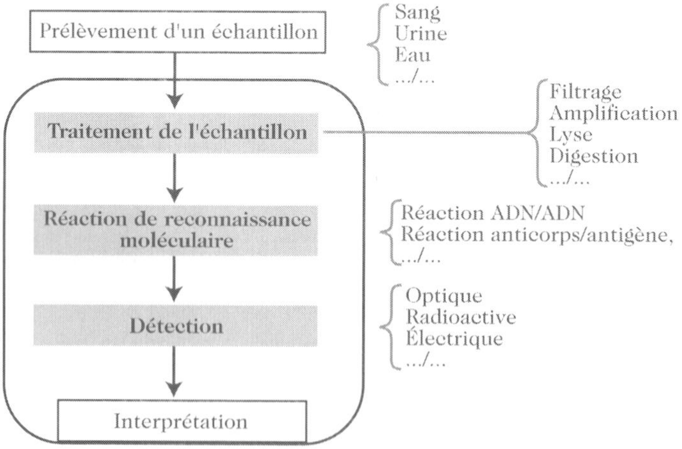

Figure 7.39. Synoptique simplifié du déroulement d'une analyse biologique.

Le principe d'une biopuce consiste à faire réagir des molécules (les cibles) présentes dans un liquide (antigènes, anticorps, peptides, fragments d'ADN) avec une surface comportant des petites zones rectangulaires ou circulaires appelées « plots », chaque plot comportant une famille bien déterminée de molécules permettant la capture locale de certaines cibles par reconnaissance moléculaire.

4.1.2. La reconnaissance moléculaire

On peut définir la réaction de reconnaissance moléculaire comme la propriété qu'ont deux molécules de s'associer pour former un duplexe, par exemple un couple anticorps/antigène ou deux monobrins complémentaires d'ADN. L'analogie du principe clé/serrure, introduit en 1894 par Fisher pour l'immunologie [110], est souvent utilisée pour expliquer le caractère spécifique de cette interaction (figure 7.40).

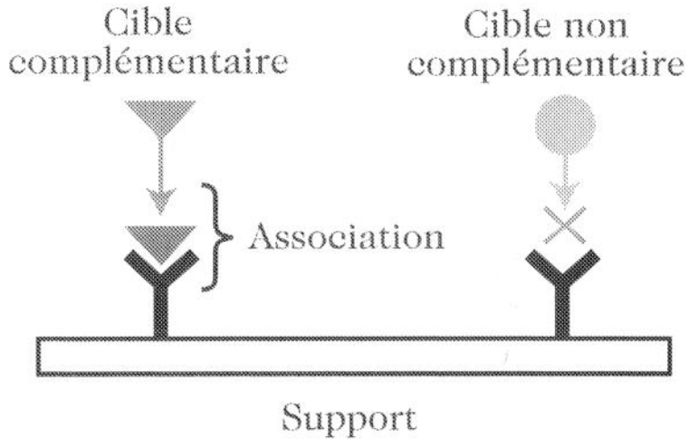

Figure 7.40. Illustration du principe de reconnaissance moléculaire. À gauche, « la clé et la serrure » correspondent : il y a formation d'un duplexe. À droite, il n'y a pas correspondance, donc pas formation de duplexe.

Ainsi, un anticorps « dirigé » vers une substance donnée pourra s'associer de façon plus ou moins spécifique sur certains groupements moléculaires de la substance. De même, un monobrin d'ADN pourra s'associer à un autre brin sous réserve que ces deux brins soient « complémentaires ».

En biologie moléculaire, la molécule d'ADN immobilisée à la surface est appelée « sonde de capture ». Ce terme n'est pas usuellement appliqué en immunoanalyse bien qu'il paraisse adapté. Par souci de simplification, nous l'emploierons pour tous les domaines d'application.

En appliquant ce principe à une biopuce, c'est-à-dire en déposant dans chacun des plots des sondes de capture spécifiques d'un type de sondes donné, il est alors possible de capturer des cibles de façon localisée (un type de cibles par position) et de déduire de la position la ou les espèces présentes dans l'échantillon (figure 7.41).

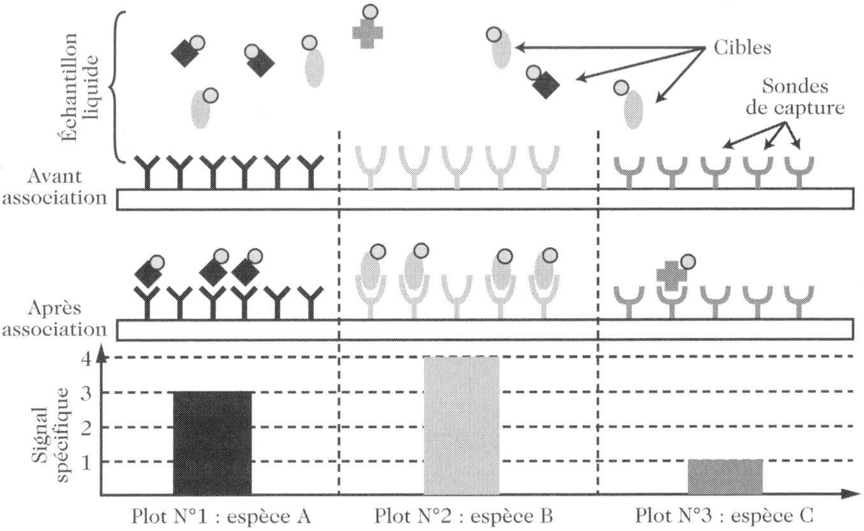

Figure 7.41. Illustration du principe d'exploitation de la reconnaissance moléculaire appliqué à une biopuce. Ici, trois plots sont représentés. Chaque plot (1, 2 et 3) comporte un type de cibles, reconnaissant respectivement les espèces A, B et C. Le signal mesuré pour chaque plot est alors proportionnel au nombre de cibles de chaque type.

Dans la plupart des cas, une étape de marquage intervient lors du processus de réaction ou de préparation de l'échantillon. Cette opération consiste à fixer sur chaque cible une molécule appelée « marqueur » ou « traceur ». Cette molécule possède en général des propriétés optiques permettant, avec un instrument adéquat, de la détecter. Ces marqueurs peuvent être de nature radioactive, électroactive ou magnétoactive (nanoparticules magnétiques) : le principe de détection le plus fréquemment employé est de nature optique (marqueurs fluorescents le plus souvent, absorbant, chimioluminescent, électroluminescent).
Après lecture avec un instrument adapté, on obtient une information sous la forme d'une image, dont le niveau d'intensité de chaque plot renseigne sur le type de cible capturé et, dans certains cas, sur la concentration de chaque espèce dans l'échantillon de départ.

4.1.3. Historique des biopuces

Le concept de biopuce est né grâce à des travaux débutés dès les années 1970 [111]. L'analyse d'échantillons biologiques via une lame « spottée » est décrite pour des plots de 8 mm environ [112] mais, au facteur d'échelle prêt, le système utilisé s'apparente à une biopuce (robot de dépôt pour le greffage des sondes de capture, détection en fluorescence avec un microscope).
Cette structure d'analyse multiplexe sur un support plan est repris par la suite dans le but de paralléliser les analyses. À partir de 1981, quelques articles et brevets décrivent des structures fortement apparentées à des biopuces [113-116]. Il semble que le terme « *microarray* » ait été utilisé pour la première fois par R. Ekins [114]. C'est dans cette décennie que la taille des plots est passée au-dessous du millimètre.
En 1991, l'équipe de M. Pirrung publie un article décrivant une méthode de synthèse *in situ* photodirigée de peptides [117]. Cette méthode, appliquée à l'ADN, a donné naissance aux puces « *Affymetrix* » qui permettent de travailler avec une surface comportant plusieurs centaines de milliers de plots.
Depuis, de nombreuses équipes et laboratoires fabriquent et/ou utilisent des biopuces pour la recherche, la mise au point de protocoles, le diagnostic.
Le concept de biopuce est donc assez ancien et peut être considéré comme un prolongement logique des travaux sur les supports de réaction, mais il présente quelques avantages importants que nous présenterons ci-après.

4.1.4. Originalité des biopuces

D'une certaine façon, une biopuce diffère peu d'une microplaque (96 puits de 7 mm de diamètre répartis sur une surface de 12×8 cm^2), d'autant plus que certaines puces ne sont pas planes (elles comportent des cuvettes). En poussant à l'extrême, une biopuce est peu différente d'un portoir de tubes à essais ou d'une lame d'immunofluorescence. Cependant, des différences existent et elles sont majeures.
Les biopuces, contrairement aux supports conventionnels de réaction (tubes, microplaques), autorisent des analyses avec de petits volumes d'échantillon. Grâce aux techniques de microfabrication, la taille de chaque zone de reconnaissance individuelle peut être très petite (de quelques centaines de micromètres à quelques micromètres). Par exemple, *Affymetrix* fabrique en série des puces pour le séquençage de l'ADN, dont les plots font 9 μm de côté pour un pas

de 11 μm : sur une surface de 25 mm^2, il est donc possible de placer plus de 200 000 plots, quand une microplaque comporte de 96 à 380 puits et une lame d'immunofluorescence une dizaine de zones. L'équipe de Mysiakos en Grèce a montré qu'il était possible de réaliser des largeurs inférieures au micromètre en utilisant une méthode d'activation localisée de surface par faisceau d'électrons [118]. La parallélisation des analyses peut donc être très grande, dans la mesure où les réactions multiples sont possibles. Ainsi, les puces à ADN permettent une analyse massivement parallèle d'échantillons, d'où un gain notable de temps. Certains travaux montrent qu'il est envisageable d'analyser entièrement un gène humain avec une seule expérience [119-123].

En général, une biopuce est associée à une chambre de réaction de très petites dimensions : le temps de diffusion des molécules du liquide vers les parois est donc très court, d'où une réduction de la durée du test et des volumes utiles d'échantillon. Il est ainsi possible, en quelques minutes, de détecter des concentrations de cibles de l'ordre du picomolaire (10^{-12} mole/litre) en immunoanalyse [124, 125] et en biologie moléculaire [126]. La réduction du volume de la chambre de réaction peut entraîner la réduction du volume des réactifs permettant cette réaction (enzymes, fluorophores, sondes de détection, etc.), d'où une réduction des coûts pour l'analyse.

Selon la configuration de la chambre de réaction (par exemple les puces capillaires [127]), il est possible de faire passer tout l'échantillon sur toutes les zones de reconnaissance moléculaire, alors qu'en support conventionnel, il est nécessaire de répartir l'échantillon dans tous les puits. Cette répartition entraîne en général une dilution qui ne va pas dans le sens de la rapidité du test, ni de sa sensibilité.

Enfin, les biopuces pour la détection sont compatibles avec des microsystèmes, communément appelés « *Lab on a Chip* », qui doivent permette de réaliser toutes les opérations de traitement d'un échantillon de façon automatique et compact [128]. Il est donc nécessaire de mettre au point des surfaces de réaction compatibles avec ce concept de laboratoire intégré, car on imagine mal terminer l'analyse d'un échantillon préparé dans un microsystème avec une détection en microplaque.

Ces quelques arguments en faveur des biopuces expliquent pourquoi, depuis plusieurs années, un travail considérable est effectué pour les utiliser dans de nombreux domaines. C'est ainsi que de nombreux laboratoires et sociétés proposent des configurations différentes de biopuces pour la reconnaissance moléculaire et la détection.

4.1.5. Exemples de biopuces

La géométrie la plus répandue est la puce sur lame de microscope (figure 7.42), pour laquelle les sondes de capture sont déposées par un robot de dépôt (voir le paragraphe 4.1.7) et lues avec un appareil à balayage (scanner, voir le paragraphe 4.2).

Certaines puces sont réalisées à l'intérieur de capillaires en verre de petites sections, de 100 à 500 μm typiquement (figure 7.43).

Pour ce genre de puces, chaque zone lumineuse correspond à un plot réagissant différemment avec l'échantillon. Ce type de puce est fabriqué via une procédure de photo-immobilisation (voir le paragraphe 4.1.7). Certaines puces sont fabriquées

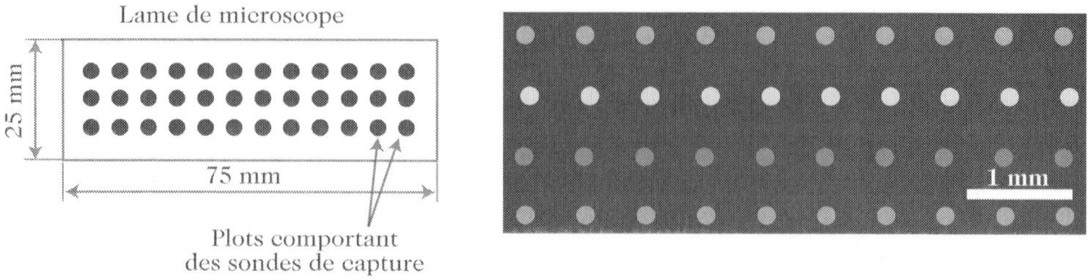

Figure 7.42. Exemple de biopuce sur lame de microscope et image obtenue après lecture avec un scanner. Le diamètre des plots est ici de 150 μm. Chaque ligne comporte les mêmes sondes de captures. Les colonnes comportent des sondes de captures différentes. Le niveau de couleur illustre la densité de cibles hybridées après réaction : du bleu au rouge selon la densité.

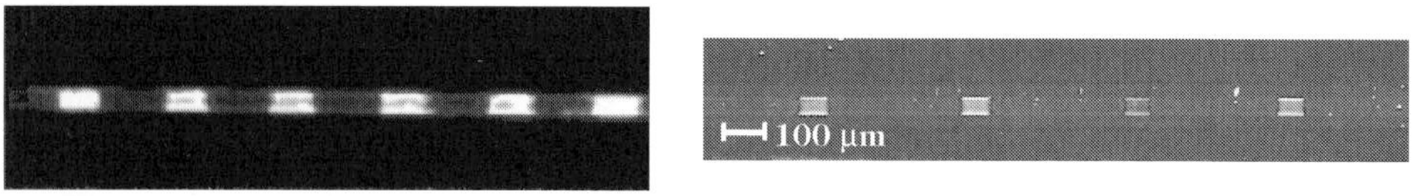

Figure 7.43. Exemples de biopuces réalisées dans un capillaire. L'image de gauche correspond à une puce à anticorps pour l'immunoanalyse [127]. L'image de droite correspond à une puce à ADN (CEA/DSV/DRDC/Biopuces et CEA/LETI).

sur un support en silicium microstructuré comportant des fonctions pour la détection ou l'immobilisation des sondes de capture (figure 7.44).

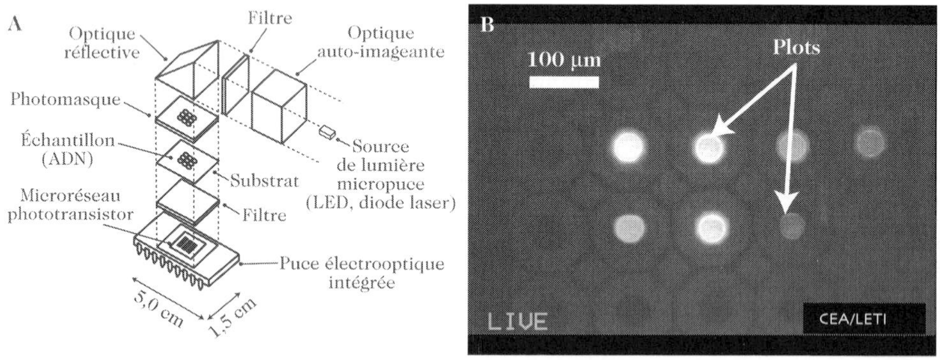

Figure 7.44. Exemples de biopuces sur support en silicium. La figure de gauche (A) représente une puce fabriquée directement sur un capteur d'image en fluorescence [173]. La figure de droite (B) représente une puce MICAM en fluorescence après hybridation dont les sondes de capture sont immobilisées par électropolymérisation (voir le paragraphe 4.1.7).

Il n'y a pas aujourd'hui de puces « universelles » applicables à toutes les situations : chaque domaine d'application et chaque utilisation particulière conduira à la conception d'une puce particulière. Les puces sur lame de microscope sont très utilisées en recherche, les autres se destinant déjà à des utilisations plus appliquées (diagnostic, pharmacologie, analyses en continu, etc.).

4.1.6. Domaines d'application

Les domaines d'application des biopuces sont multiples. Le diagnostic clinique (identification de pathogènes chez l'homme) est bien évidement un domaine pour lequel les biopuces constituent un outil puissant. La génomique est également un domaine très demandeur de ce type de technologie, afin de contribuer à l'établissement de cartes du génome, à l'identification de nouveaux gènes, à l'étude de la fonction des gènes et au séquençage de molécules d'ADN.
On note aussi que le criblage de molécules d'intérêt en pharmacie est un domaine d'utilisation important pour les biopuces. En effet, compte tenu du nombre très grand de molécules à tester, il est nécessaire de paralléliser massivement les analyses, et les biopuces peuvent le permettre.
Enfin, des études sont en cours pour des utilisations hors laboratoire, par exemple pour des applications militaires pour prévenir des actions de bioterrorisme (protection civile) et assurer la protection des troupes sur le terrain des opérations [129, 130]. De la même façon, l'utilisation pour la surveillance de l'environnement est à l'étude, pour détecter par exemple des polluants (hormones, pesticides [131]) ou toute forme de contamination naturelle ou d'origine industrielle. Dans ce dernier cas, le potentiel de compacité et de vitesse d'analyse qu'offrent les biopuces associées aux systèmes intégrés est un élément déterminant.

4.1.7. Principales méthodes de fabrication

Nous ne ferons ici qu'un bref survol des techniques de fabrication de biopuces. Une revue très complète de celles-ci a été publiée par M. Pirrung [109] et nous conseillons au lecteur intéressé de s'y référer.
Les méthodes de fabrication d'une biopuce relèvent tout d'abord de la chimie. En effet, il faut préparer la surface avant le dépôt discret des sondes de capture. Pour les surfaces à base de silice (verre, dérivés du silicium), la chimie des silanes est la plus fréquemment employée. Pour des surfaces conductrices (or, argent, platine), le greffage pourra être réalisé via l'électropolymérisation de monomères (par exemple le pyrole) liés aux brins sondes [132]. Ce principe s'applique très bien à une localisation précise à l'échelle de quelques micromètres si le support possède un réseau de microélectrodes pouvant être adressées individuellement. Une couche intermédiaire en dextran pourra être utilisée. Pour l'or, les intermédiaires surface/sondes pourront être des thiols. Pour le plastique, l'adsorption des molécules sondes est la technique la plus fréquente, en particulier pour les puces à protéines. Dans certains cas, on rencontre des supports hybrides, par exemple une base en plastique, une couche mince de silice et une chimie des silanes [133].
La principale méthode instrumentale pour fabriquer une biopuce est le dépôt de microgouttes à l'aide d'un robot. Le principe est très simple et s'apparente à celui des automates de préparation de microplaques ou des traceurs de dessin industriel. Un bras en mouvement selon les trois axes de l'espace prélève un liquide dans un récipient, puis le dépose en un lieu bien déterminé du support. Cette opération est répétée avec, entre chaque dépôt, le prélèvement d'une solution différente. Aujourd'hui, de nombreux appareils commerciaux existent et des sociétés de service proposent la fabrication à façon de biopuces par cette technique.
La méthode la plus proche des techniques de microélectronique est sans doute celle utilisée par *Affymetrix* [134]. Elle repose sur la combinaison d'étapes de

photo-insolation et de synthèse *in situ* de sondes de capture de type ADN : là où la lumière insole la surface, il y aura fixation de nucléotides élémentaires. Les sondes de capture sont ainsi assemblées, nucléotides après nucléotides, par étapes successives. Des variantes de la technique utilisée par *Affymetrix* existent, variantes concernant la chimie [135] ou la méthode d'insolation, par exemple en n'utilisant pas de masque physique, mais en dirigeant la lumière par un scanner [136] ou une matrice de micromiroirs semblable à celle des vidéoprojecteurs [137]. Ces techniques reposent sur le principe de la photodéprotection d'un groupement moléculaire actif (la lumière enlève une protection), qui peut être employée pour immobiliser des protéines via une neutravidine avec une liaison photolabile [138]. D'autres méthodes de greffage de sondes par procédé photodirigé existent, comme la photoactivation de surface (silane photoactivable [139]), ou encore la photo-immobilisation d'un groupement (la lumière contribue à la liaison), par exemple une photobiotine [140, 141, 142] ou une benzophénone [143].

4.2. Instruments conventionnels de lecture

Les premiers marqueurs utilisés ont été des traceurs radioactifs. Cette technique, encore largement employée à juste titre, est considérée comme une technique de référence. En effet, pour peu qu'on y mette le temps, l'émission de particules (souvent β) est toujours détectable, peu parasitée par d'autres sources, même si le marqueur est en quantité très faible, et ce type de traçage se prête bien à la quantification.

Néanmoins, aujourd'hui, ce type de détection est supplanté par la détection de type optique (marqueurs fluorescents), car la manipulation de tels traceurs est moins contraignante que la manipulation de radioéléments (traçabilité moins exigeante, peu de problèmes de sécurité), et la fluorescence a donné naissance à des appareils de détection beaucoup moins onéreux que les systèmes de détection de traceurs radioactifs. Par ailleurs, les systèmes de type « scanner » atteignent des performances en sensibilité de détection comparables aux systèmes de détection de traceurs radioactifs.

D'une manière générale, on distingue deux grandes familles d'appareils commerciaux :

- les systèmes basés sur des microscopes à épifluorescence,
- les systèmes à balayage laser (confocaux ou non).

4.2.1. Microscopes à épifluorescence

Il s'agit de microscopes tout à fait conventionnels, fonctionnant le plus souvent par réflexion (car beaucoup de biopuces ne sont pas ou peu transparentes), et dont l'illumination est assurée par une lampe xénon ou xénon/mercure de forte puissance (100 W, lampe à arc pour avoir une source assez ponctuelle), filtrée dans la longueur d'onde d'utilisation du fluorophore utilisé (figure 7.45). On parle d'épi-illumination, car le trajet de la lumière d'excitation et celui de la lumière d'émission du fluorophore est commun au niveau de l'objectif du microscope.

La séparation, ainsi que l'indique la figure 7.45, est assurée par un « cube dichroïque », constitué d'un filtre d'excitation pour isoler une bande spectrale

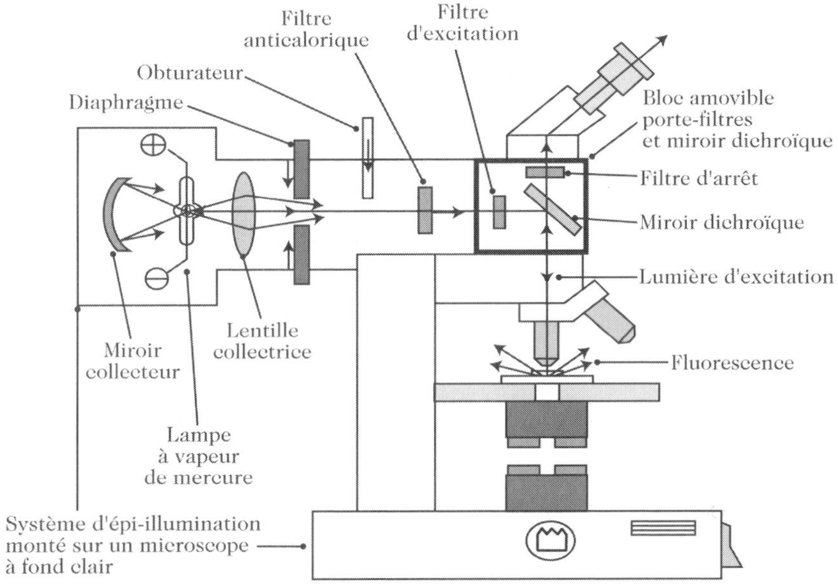

Figure 7.45. Schéma d'un microscope à épifluorescence.

autour de la longueur d'onde optimale du fluorophore, d'un miroir dichroïque réfléchissant la longueur d'onde d'excitation et transmettant l'émission du fluorophore, et d'un filtre d'arrêt éliminant toute lumière parasite (en particulier celle diffusée à la longueur d'onde d'excitation).

Le plus souvent, le corps du microscope est issu des grandes marques de microscopie, à savoir *Olympus*, *Leica*, *Zeiss* et *Nikon*, qui se partagent le marché de la microscopie de fluorescence. Afin de couvrir des champs variables, ces microscopes sont équipés d'une tourelle porte-objectifs munie de 4 à 6 objectifs (traditionnellement 5 ×, 10 ×, 20 ×, 40 ou 50 ×, 60 ×, 100 ×), objectifs à sec ou à immersion dans l'huile pour avoir une meilleur ouverture (à condition que l'huile en contact avec l'objet ne modifie pas les propriétés de la biopuce).

De même, si l'on veut pouvoir utiliser plusieurs fluorophores, on équipera l'installation d'une tourelle porte-cubes accueillant 4 à 6 cubes dichroïques. Aujourd'hui, le microscope est équipé d'une tête trinoculaire (deux oculaires et une sortie vidéo) et muni d'une caméra pour faire l'acquisition d'images. Un tel équipement devient ainsi non seulement un outil d'observation, mais aussi un instrument de quantification.

Il nous faut faire ici un petit aparté sur les caméras utilisées. On sait que la fluorescence observée est à des niveaux de signal (optique) très faibles, puisque moins de 10^{-6} de la puissance d'excitation va pénétrer dans l'objectif (en général, à partir d'une lampe à arc de 100 W, nous éclairons dans le bleu ou le vert avec 100 mW dans le plan objet, donc la quantité de fluorescence qui pénètre dans l'objectif est de l'ordre de 100 nW tout au plus sur tout le champ, si tout est fluorescent). Il faudra donc utiliser des caméras refroidies et *slow scan*, refroidies pour diminuer le bruit d'obscurité généré par l'agitation thermique des photoélectrons et *slow scan* pour ralentir la vitesse de balayage qui crée un bruit de lecture important sur une caméra au standard vidéo. Ainsi, on travaille à des cadences d'acquisition de quelques images par seconde, voire moins, et les temps d'intégration peuvent être de 10 ms à 10 s ou plus.

La biopuce à observer est posée sur une platine de translation X,Y. Cette platine, tout comme le dispositif de mise au point, les tourelles porte-objectifs et porte-cubes, peuvent être motorisées et la station est alors entièrement pilotée par ordinateur. Souvent, il est proposé, en même temps que le logiciel de pilotage de la caméra, un logiciel de traitement et d'analyse d'images ; on a ainsi un véritable outil de quantification de la fluorescence automatisé.

Le prix de tels systèmes, suivant le degré d'automatisation et la complexité du logiciel de traitement et d'analyse, varie de 10 à 100 keuros environ (ce prix est aussi fonction des performances de la caméra, des objectifs et du nombre de cubes dichroïques).

Les quatre grands constructeurs de microscopes cités plus haut offrent des solutions plus ou moins en « kit » ; certaines sociétés implantées dans les biotechnologies offrent des solutions tout intégrées « clés en main », tenant compte des spécificités des biopuces (surtout en ce qui concerne les outils d'analyse des images et les paramètres d'acquisition). On peut ainsi citer *Apibio* (figure 7.46) ou la société *Imstar* qui propose une solution très complète à au moins 4 « couleurs ».

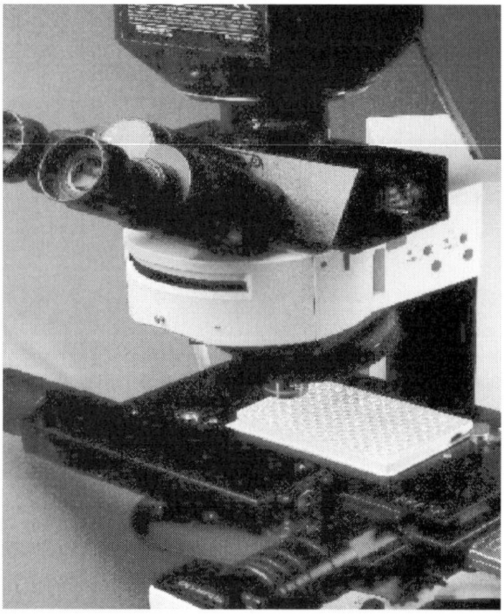

Figure 7.46. Système « Apimager » proposé par *Apibio* (les puces à ADN sont placées en fond de puit).

Ce type d'appareillage offre aujourd'hui des performances correctes, est très versatile (facilité de changer les grandissements, les fluorophores, etc.) et est à des prix abordables.

Le défaut principal inhérent à un système de microscopie conventionnelle est une résolution limitée et une lumière parasite importante puisque l'on éclaire tout le champ objet.

4.2.2. Systèmes à balayage laser

Depuis fort longtemps, les constructeurs de microscopes offrent des systèmes à balayage laser, essentiellement des microscopes confocaux, destinés principalement à l'imagerie tridimensionnelle. Faisons un petit rappel sur ce principe.

La microscopie conventionnelle utilise comme éclairage une lampe qui illumine tout le champ objet de manière assez homogène : c'est donc un éclairage incohérent (éclairage de type Köeler). Au contraire, dans la microscopie à balayage laser, il s'agit d'un faisceau laser (de faible puissance : quelques mW) qui est focalisé sur la surface à analyser en un point très petit (< 10 μm pour un objectif de

10 × ou plus) et qui est balayé sur cette surface point par point (ou alors c'est l'objet qui est déplacé grâce à une table de translation motorisée) : l'éclairage devient alors cohérent. Si de plus, on dispose dans le plan de détection un diaphragme, qui est conjugué du point source par rapport à l'objectif (d'où le terme confocal), on dispose d'un outil totalement cohérent (voir la théorie développé par Wilson dans son traité [122]), et Wilson montre bien que la résolution s'en trouve améliorée (parce que la réponse impulsionnelle est plus « fine »). D'autre part, toute lumière qui n'est pas issue du plan de mise au point est éliminée par le diaphragme (figure 7.47).

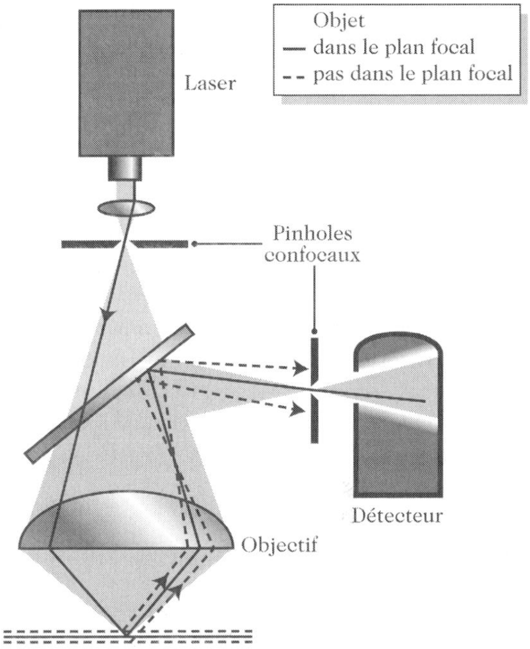

Figure 7.47. Schéma de principe d'un microscope confocal.

C'est ce que l'on appelle la profondeur de section, à ne pas confondre avec la profondeur de champ : la profondeur de champ est l'écart par rapport à la distance de mise au point pour lequel l'image n'est pas altérée (au sens résolution latérale, c'est-à-dire que l'image reste nette) ; la profondeur de section est l'écart par rapport au plan de mise au point pour lequel le détecteur ne reçoit plus de lumière. Ainsi, pour un microscope conventionnel, la profondeur de section est très grande, la profondeur de champ est définie par le grandissement de l'objectif utilisé (c'est-à-dire qu'en s'écartant du plan de mise au point, l'image devient floue, mais la quantité globale de lumière pénétrant dans l'objectif est inchangée) ; pour un microscope confocal, la profondeur de champ est identique, mais surtout lorsque l'on s'écarte du plan de mise au point, la lumière ne pénètre pas à travers le diaphragme et tout ce qui n'est pas dans le plan de mise au point est éliminé.

Avec l'apparition des biopuces, certains constructeurs ont mis au point des microscopes confocaux à fluorescence, dont les performances sont très bonnes : quelques micromètres de résolution, voire moins, profondeur de section très réduite à moins de 10 micromètres (ce qui permet de visualiser une couche fluorescente sous plusieurs mm de verre ou liquide potentiellement fluorescents et parasitant le signal utile). Ces microscopes utilisent des sources lasers. Les longueurs d'onde de ces lasers correspondent aux principaux fluorophores organiques utilisés ; ainsi on trouve des lasers argon (raies bleue et verte 488 et 514 nm), des lasers HeNe vert et rouge (543 et 633 nm), des lasers yag doublés (532 nm), voire des lasers argon/krypton et des lasers UV et IR.

Le faisceau est balayé sur l'objet à travers l'objectif par deux miroirs de type galvanométrique, ou le faisceau est fixe et l'objet est déplacé par des tables de translation motorisées. La séparation des faisceaux d'excitation et d'émission est réalisée par des cubes dichroïques traditionnels. Le principe a été décrit par Marvin Minsky en 1953, mais la première publication sur le sujet revient sans doute à Slomba (1970) et il faut attendre 1980 pour avoir les premiers systèmes commerciaux.
On ne sera pas étonné de retrouver les quatre grands constructeurs de microscopes proposant ces systèmes, auxquels il faut ajouter la société *BioRad*. Signalons aussi que *Leica* a breveté et réalisé une idée originale pour remplacer les filtres d'émission par un prisme et une fente réglable permettant de déplacer et d'affiner la largeur de la bande spectrale d'émission. Tous ces microscopes sont évidemment entièrement automatisés et dotés d'un logiciel complet d'analyse et de traitement d'image et de reconstruction 3D. Le prix de tels outils est à la hauteur des performances : 150 à 200 keuros suivant les configurations.
La figure 7.48 montre le système *Leica*.

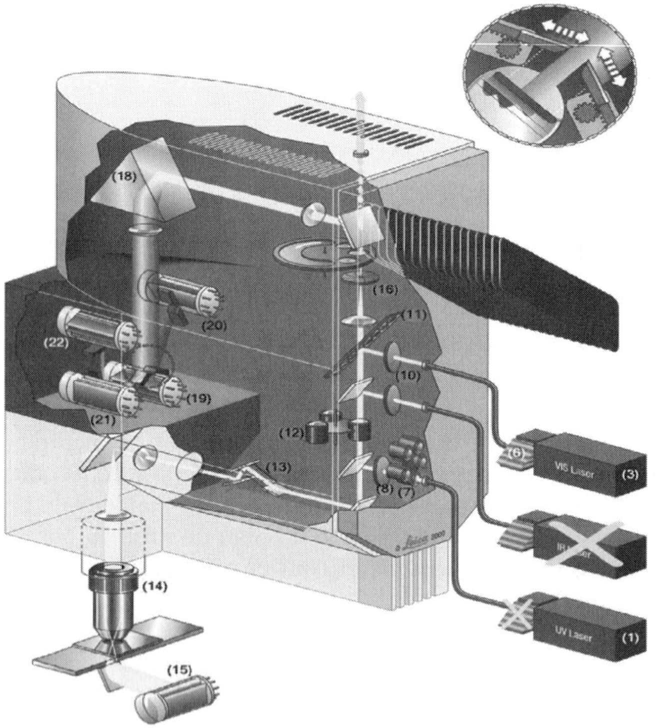

(1) Laser UV 351+354 nm
(3) Lasers gamme visible
Argon : 458, 476, 488, 514 nm
He-Ne vert : 543 nm
He-Ne rouge : 633 nm
(6) AOTF gamme visible :
filtre opto-acoustique accordable
(7) Optique d'adaptation UV pour 40×, 63×

(8) *Pinhole* d'excitation UV
(10) *Pinhole* d'excitation VIS
(11) Filtre dichroïque principal
DD458/514 nm, DD488/543,
TD488/543/633, RSP 500
RT30/70%
(12) Pupille d'illumination
ajustable à 3,6 nm
(13) «K» scanner avec rotateur
(14) Microscope (droit ou inversé)
et objectif

(15) Détecteur de lumière transmise + DIC
(16) *Pinhole* de détection confocal
(18) Spectrophotomètre à prisme
(19) Photomultiplicateur canal 1
(20) Photomultiplicateur canal 2
(21) Photomultiplicateur canal 3
(22) Photomultiplicateur canal 4

Figure 7.48. Schéma du microscope confocal proposé par la Société *Leica*.

Pour des biopuces « planes » type lame de microscope, sur lesquelles sont déposées des gouttes fluorescentes, le 3D n'est absolument pas nécessaire ; aussi certains constructeurs ont développé des machines spécifiques où le faisceau laser est fixe et où la lame à analyser est déplacé sur un champ réduit correspondant à la zone utile (soit 20 × 70 mm environ), et où la source de lumière contient 2, 3 ou 4 longueurs d'onde distinctes (HeNe 543 et 633 pour le couple Cy3/Cy5 par exemple). Ainsi, *General Scanning* a conçu un scanner relativement moins onéreux que ceux cités précédemment (100 keuros environ) à deux couleurs.

Pour la lecture des puces de type *Affymetrix*, *Hewlett Packard* (HP), aujourd'hui *Agilent*, et *Molecular Dynamics* ont aussi développé des scanners dédiés. Enfin, on trouve des outils plus récents tels que GenePix (*Axon Instruments*), GeneTac.

La société bioMérieux par le biais de son équipe mixte Leti/bioMérieux a développé un miniscanner confocal spécialement conçu pour les puces de type *Affymetrix*, baptisé « *lightscan* » et qui est sans doute le plus performant de sa génération. En utilisant des composants très bon marché (système de lecture de disque optique, système d'autofocalisation et de *tracking* de lecteur de disque optique), ce scanner est destiné à être commercialisé à un prix très attrayant, bien inférieur (facteur trois au moins) aux prix indiqués plus haut. La seule contrainte est de graver sur le verre servant de support des pistes transparentes servant pour la focalisation dynamique et le *tracking* (figure 7.49).

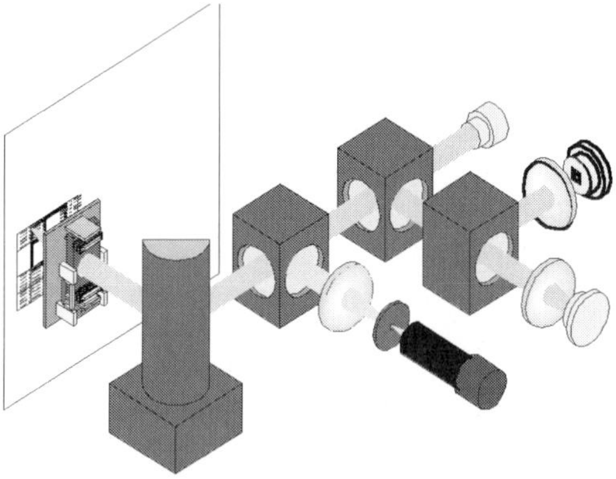

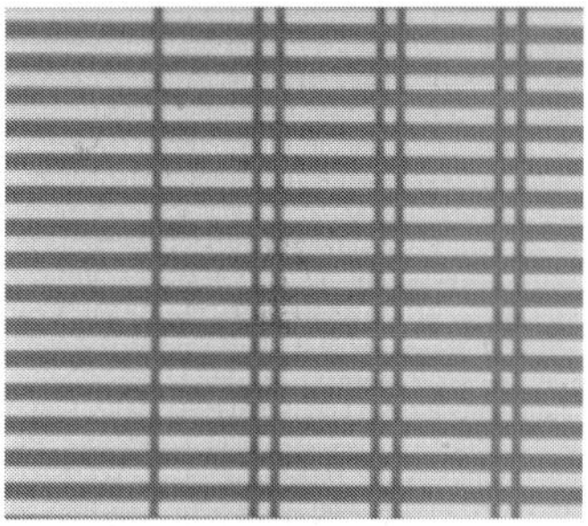

Figure 7.49. Microscanner confocal et structure de la puce (permettant focalisation et *tracking*) [172].

On ne peut pas terminer ce paragraphe sans évoquer la microscopie biphotonique. Cet outil principalement dédié à l'imagerie moléculaire et cellulaire est un peu en marge de ce chapitre ; néanmoins, on peut appliquer ces techniques sur les puces « cellules » qui commencent à émerger.

Le principe du microscope biphotonique utilise un laser à impulsions ultracourtes (100 fs), de longueur d'onde proche IR (690 nm à 1 000 nm), qui est focalisé sur l'objet à analyser. Au point de focalisation, la superposition de deux photons proche IR peut exciter le fluorophore avec une énergie comparable à celle produite avec un seul photon mais de longueur d'onde moitié ; ce fluorophore émettra donc dans une bande spectrale inférieure à la bande d'excitation du laser femtoseconde, ce qui est une distortion évidente de la loi de Stockes. L'avantage est que le système est naturellement confocal, puisque l'effet n'apparaîtra statistiquement qu'au point de focalisation de la lumière. De plus, on excite dans le proche IR, pour lequel les objets sont naturellement moins fluorescents que dans le visible (lames de verre support, cellules, tissus biologiques, tampons utilisés dans les biopuces, etc.), et la séparation excitation/émission est beaucoup plus facile dans cette configuration.

4.3. Détection par résonance de plasmon de surface ou SPR

La SPR est une technique de détection qui s'est imposée au milieu des années 1990 comme méthode de référence pour l'étude des interactions moléculaires en surface, en particulier pour les protéines. Elle offre en effet la possibilité de détecter au voisinage immédiat de la surface (100 à 300 nm) la présence de molécules sans marquer ces dernières. Les réactions peuvent être suivies en temps réel, ce qui permet d'enregistrer des cinétiques de réaction dont on peut déduire si deux familles de molécules réagissent entre elles ou non, la force de liaison, les constantes d'association et de dissociation ainsi que, après une étape de calibrage, la concentration en molécules.
Cette méthode s'est imposée suite aux développements, à la fin des années 1980, d'équipes de la société *Pharmacia* [144]. Pour l'étude des interactions, plusieurs techniques étaient utilisées sans qu'il n'y ait d'appareil de série stabilisé permettant la normalisation donc la comparaison rigoureuse des résultats obtenus par les différents laboratoires. On peut citer par exemple l'ellipsométrie [145], la corrélation de spectroscopie de fluorescence avec excitation par onde évanescente, le retour de fluorescence après photoblanchiment (FRAP) [146]. La première ne permet pas la mesure en temps réel alors que les dernières le permettent. En proposant un instrument permettant de manipuler les liquides de façon automatique, de réguler la température, d'analyser les résultats via un logiciel dédié et en proposant un microsystème fluidique, le *SensorChip* (peut-être la première réalisation commerciale d'un microsystème pour la biologie), et des procédures de greffage, *Pharmacia* a proposé un appareil permettant aux chercheurs de se concentrer sur leur domaine de recherche sans avoir à développer d'instrumentation spécifique. Le *Biacore* est progressivement devenu un appareil de laboratoire au même titre qu'un spectrophotomètre et la technique SPR s'est imposée comme la méthode de référence pour l'étude des interactions molécules/molécules. Par la suite, *Biacore* est devenu une société indépendante du groupe Pharmacia et a récemment été achetée par *General Electric*. Ce cheminement est intéressant à analyser : en effet, les différentes techniques de détection étaient intrinsèquement aussi puissantes les unes que les autres ; c'est la mise au point d'outils (cas de *Biacore*) permettant le travail en routine qui a imposé une technique plutôt qu'une autre.

4.3.1. Principe physique

La SPR est une méthode optique basée sur la mesure de la réflectivité d'une couche mince de métal (quelques dizaines à une centaine de nanomètres) déposée sur une surface de verre. L'or ou l'argent peuvent être utilisés mais l'or, plus stable dans les conditions d'utilisation, est généralement préféré. Si l'on éclaire, au travers d'un support en verre, la surface de métal avec de la lumière et si l'on mesure la réflectivité selon les angles d'incidence, on observe que pour un domaine angulaire assez étroit, la réflectivité est plus faible, voire nulle : les photons de l'onde lumineuse incidente excitent les électrons libres du réseau métallique qui entrent en résonance. Il y a alors transfert de l'énergie lumineuse pour entretenir la vibration des électrons. Cette vibration est à l'origine d'une onde appelée « plasmon » dont le vecteur d'onde est orienté parallèlement à la surface. Elle peut interagir dans le milieu sondé sur quelques dizaines de nanomètres de façon analogue à une onde évanescente optique dont elle a les propriétés et les caractéristiques. Si l'indice de réfraction du milieu sondé change au voisinage immédiat de la surface, l'angle d'incidence de la lumière pour lequel la résonance se produit change, ce qui permet par exemple de détecter l'adsorption de molécules, spécifiques ou non.

4.3.2. Interaction avec les molécules de surface

La fixation de biomolécules sur la surface entraîne une modification de l'indice optique du milieu, qui amène une modification de l'angle à laquelle la résonance SPR se produit (figure 7.50). En clair, il s'agit d'un décalage de la résonance dans la courbe de réponse.

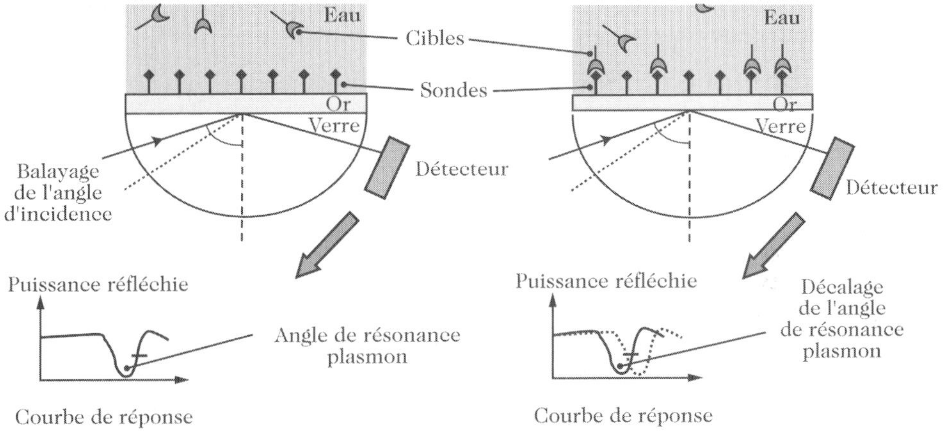

Figure 7.50. Modification de l'indice optique du milieu par fixation de biomolécules.

C'est une relation linéaire qui lie l'indice optique à la concentration des molécules en surface, ce qui simplifie les mesures et les calculs.
On comprend dès lors que l'état de surface, et en particulier la fonctionnalisation du senseur, est une étape essentielle d'une mesure de SPR.

4.3.3. Fonctionnalisation du senseur

On utilise généralement de l'or, car il est inerte (pas d'oxydation) et fonctionnalisable aux molécules biologiques. L'épaisseur de la couche est d'environ 50 nm.
Le choix du substrat a moins d'importance. Il peut s'agir de verre, de polyméta-crylate ou de polycarbonate.
Les molécules biologiques ne sont pas directement déposées sur l'or car elles ne tiendraient pas. On ajoute d'abord à un dextrose (chaîne linéaire de glucoses) un

radical sulfure (thiol) qui va s'accrocher à l'or par SAM (*Self Assembled Monolayer*). C'est une liaison qui fait en sorte que l'atome de soufre devienne un constituant du réseau cristallin de l'or. On parle « d'auto-assemblage », car les forces répulsives de Van der Walls entre les molécules de dextrose les poussent à s'aligner verticalement comme des épis de blé.
La fonctionnalisation s'achève en fixant la molécule biologique souhaitée au dextrose par une liaison peptidique (COOH-NH2).
Le capteur étant prêt à être utilisé, intéressons-nous aux différentes configurations de mesures.

4.3.4. Configuration des systèmes

On trouve trois différentes configurations pour générer le plasmon et mesurer l'angle :

- la réflexion totale atténuée, explicitée dans le paragraphe précédent,
- le couplage d'un laser dans un guide d'onde,
- le couplage dans un réseau. La lumière incidente est guidée dans une fibre optique jusqu'à atteindre une zone gravée en réseau (forme idéale sinusoïde 2 400 lignes/mm) et recouverte d'une fine couche métallique. En sortie du guide, une photodiode mesure l'atténuation de l'onde par la résonance plasmon.

La source est généralement une LED, une diode laser ou un laser solide polarisé P (parallèle au plan de la surface).
Le détecteur est une barrette de photodiodes ou une caméra CCD ou CMOS dans le cas d'un système multi-plots, ou un monodétecteur monté sur un bras goniométrique.
Le *Nomadics Spreeta* de *Texas Instruments* constitue un exemple de capteur bas coût et miniature (figure 7.51).

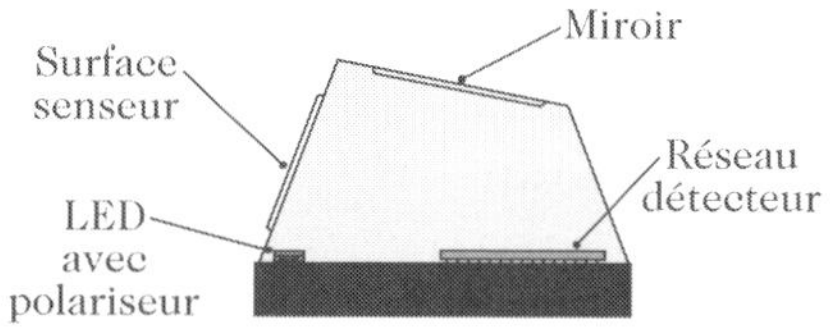

Figure 7.51. Composant *Nomadics Spreeta* de *Texas Instruments*.

La source de lumière est constituée d'une LED polarisée éclairant une surface d'or. La lumière réfléchie est mesurée par une barrette de photodiodes. L'ensemble est moulé dans une gangue de plexiglas. C'est à l'utilisateur de réaliser une chambre microfluidique qui viendra en contact avec le capteur et dont le rôle sera d'acheminer et d'évacuer les échantillons. Cette chambre est souvent réalisée en PDMS et ses dimensions dépendent de l'application (débit voulu, contrôle thermique ou pas, etc.).
Parmi les fabricants d'appareils industriels de SPR, on trouve également *Biacore*, *Autolab SPR*, *Genoptics*, *Plasmonic*, *Reichert* et *Ibis Biosensor*. Chacun de ces fabricants proposent également des protocoles biologiques adaptés aux différentes applications ciblées.

4.3.5. Applications

Ce type d'appareil trouve des applications dans la sécurité alimentaire ou la Défense (détection rapide de pathogènes ou de contaminants chimiques), l'étude de la qualité de l'eau et le diagnostic médical.
Plus précisément ce type d'appareil permet de détecter les interactions suivantes :

- protéine/protéine,
- ADN/ADN,
- protéine / ADN,
- lipide/protéine,
- systèmes hybrides de molécules,
- surfaces non biologiques également (produits chimiques ou gaz dissous en phase liquide).

Ces interactions pouvant également être mesurées par de nombreuses autres méthodes, quels sont les avantages et les inconvénients distinguant la SPR des méthodes traditionnelles ?

4.3.6. Avantages et inconvénients de la SPR

L'inconvénient majeur de ce type de mesure est la nécessité de travailler directement en contact avec la surface d'or. La principale méthode de greffage de molécules sur l'or est la liaison via des thiols (voir le paragraphe 4.1.7), mais ce type de liaison n'est pas très résistant et on observe une désorption des molécules immobilisées à la surface au cours de l'analyse. Une autre méthode consiste à polymériser un monomère pyrole (voir le paragraphe 4.1.7), mais cette technique n'est pas standardisée et demande un savoir-faire important. Enfin, il est possible d'utiliser une couche de dextran, mais cette couche est épaisse et sa porosité ne permet pas toujours de considérer que les interactions se font en surface. Une méthode alternative [147, 148] consiste à déposer, sur la couche d'or, une mince couche de silice et à coupler les molécules via des liaisons silanes. On observe alors un décalage de la position de la résonance mais pas d'atténuation handicapante. Cette technique n'est pourtant que très rarement utilisée tant les kits *Biacore* (liaisons thiols ou dextran) sont prédominants et adaptés au besoin des utilisateurs.
Certains fabricants (dont *Texas Instruments*) ont conçu des capteurs SPR jetables. Les capteurs réutilisables imposent quant à eux une étape de nettoyage précise et rigoureuse.
La mesure SPR présente cependant l'immense avantage de la simplicité de protocole (pas de marquage des cibles). Cela permet par exemple de mesurer plus d'échantillons dans un temps donné, pour un prix moindre, et dans certains cas, de donner l'alerte plus rapidement.
Sa sensibilité, quoique inférieure aux méthodes qui utilisent le marquage fluorescent, est suffisante dans bon nombre d'applications (typiquement 1 nM pour des réactions antigène/anticorps). La robustesse et la compacité des systèmes existants sont également des atouts importants de cette technique.

4.4. « Renforcement » de la fluorescence

Le terme « renforcement de fluorescence » désigne l'augmentation de signal observé au niveau d'un détecteur lorsque des molécules fluorescentes sont placées au voisinage immédiat d'une surface (quelques centaines de nanomètres au maximum), comme c'est le cas pour les biopuces. Le mot « renforcement » correspond à la traduction du terme anglais « *enhancement* ».

Lorsque des molécules fluorescentes sont placées de quelques nanomètres à quelques centaines de nanomètres d'une surface, le diagramme d'émission (distribution de l'énergie lumineuse dans l'espace) peut être fortement modifié et la capacité de ces molécules à transformer l'énergie d'excitation peut augmenter (temps de relaxation plus court). Ces deux phénomènes peuvent contribuer à augmenter la quantité de lumière qui atteint le détecteur jusqu'à un facteur 1 000 [149]. L'exploitation de ces propriétés a donc motivé de nombreux travaux pour réaliser des puces à renforcement de fluorescence dans le but d'améliorer les performances de détection. Les mécanismes à l'origine de ce renforcement sont assez complexes et leur description sort du cadre de cet ouvrage. Le lecteur intéressé et anglophone pourra se reporter à une revue très complète [150].

Ces phénomènes apparaissent par exemple avec une simple lame de verre : la quantité de lumière émise au travers du verre est plus importante que celle émise dans l'autre milieu, par exemple de l'air ou un liquide. La plus grande partie de l'énergie est donc émise dans le milieu d'indice de réfraction le plus élevé [151]. Le phénomène peut être encore plus intense si la surface est recouverte d'un métal ou d'une couche mince diélectrique (quelques centaines de nanomètres) d'indice de réfraction plus élevé que le support en verre ou en silice [152].

Certaines réalisations consistent à fabriquer un miroir accordé aux molécules fluorescentes en déposant sur un support de silicium une couche mince diélectrique [153, 154]. Le silicium peut être remplacé par un métal en or ou en argent [155]. Un renforcement d'un facteur dix est alors observé expérimentalement.

Une autre configuration, plus complexe, consiste à déposer sur un support transparent ou non un empilement de couches minces souvent appelé miroir de Bragg qui agit un peu à la façon d'un filtre interférentiel accordé sur un intervalle spectral étroit : l'accord entre le filtre qui fait office de cavité et les molécules fluorescentes permet de privilégier l'émission de fluorescence dans certaines directions, si possible vers le détecteur. Le renforcement obtenu peut aller jusqu'à un facteur 30. La figure 7.52 montre un exemple de renforcement de fluorescence.

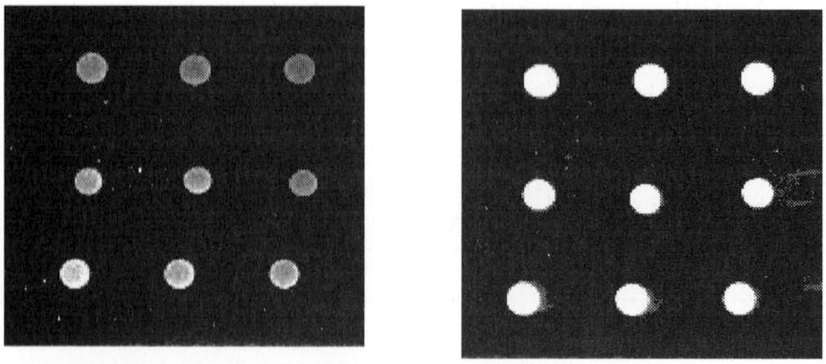

Figure 7.52. Puce avant renforcement de fluorescence (à gauche) et après (à droite).

Une alternative aux couches minces consiste à graver sur le support un réseau (période de quelques centaines de nanomètres, profondeur de gravure de quelques dizaines de nanomètres) sur lequel on dépose un oxyde métallique (par exemple Ta_2O_5) en couche mince (une centaine de nanomètres). Le renforcement observé avec cette structure est de l'ordre de 100 [156]. Cette structure présente l'avantage d'être compatible avec les systèmes de lecture en épi-illumination sans modification de ceux-ci, mais la gravure du réseau est une étape technologique coûteuse peu compatible avec l'emploi de puces jetables.
Le système le plus efficace présenté jusqu'alors permet ainsi d'augmenter d'un facteur 1 000 la quantité de lumière émise vers un détecteur [149]. C'est l'association de toutes les techniques évoquées précédemment qui permet d'obtenir un tel renforcement (dépôt d'un miroir de Bragg sur un réseau).
Ces résultats très encourageants n'ont eu que peu de répercussions pratiques dans le domaine des biopuces. En effet, si la fluorescence des marqueurs fluorescents est effectivement renforcée avec des lames test, ce résultat est moins probant sur des lames « biologiques », c'est-à-dire après une réaction biologique avec un échantillon comportant plusieurs familles de cibles. Comme l'a montré l'équipe de S. Quake [157], la détection de molécules fluorescentes individuelles est accessible avec un matériel modeste sous réserve d'avoir un support très propre. La limite de détection est imposée par l'autofluorescence des matériaux (support, tampon biologique, couches de fonctionnalisation) et par l'adsorption non spécifique (présence de cibles biologiques à l'endroit de la mesure sans qu'il y ait eu reconnaissance moléculaire par les sondes de captures). La fluorescence des cibles adsorbées de façon non spécifique est indissociable de celle émise par les cibles hybridées car elles sont de même nature. Le mécanisme de renforcement agit donc de la même façon pour les deux types de molécules (adsorbées spécifiquement ou non). Le rapport signal sur bruit n'est donc pas renforcé de la même façon que le signal brut. De plus, l'emploi d'un miroir, quelle que soit sa constitution, renvoie une proportion importante de lumière d'excitation vers le détecteur quand on utilise un montage en épi-illumination tel que celui équipant les microscopes et la plupart des scanners. Pour contourner cette contrainte, le LETI a développé un instrument de lecture dédié reprenant une configuration d'éclairage sous incidence oblique proposée par l'équipe de Mirzabekov et bien adaptée à cette application [158] (figure 7.53).
Une autre contrainte forte liée à l'utilisation des puces à renforcement est la dépendance du renforcement à la distance et à l'orientation des molécules à la surface. On observe en effet une modulation du facteur de renforcement selon la hauteur des molécules. Ces paramètres affectent le diagramme de rayonnement, le temps de vie de fluorescence et les performances de collection des objectifs [159]. Il est donc particulièrement difficile de comparer des résultats obtenus avec des chimies de couplages, des modèles biologiques distincts, des instruments différents... L'interprétation est donc sujette à beaucoup de précautions. Curieusement, cette contrainte gêne moins les biologistes, qui ont l'habitude de travailler par comparaison, que les physiciens qui ont du mal à appliquer les modèles théoriques de prévision.

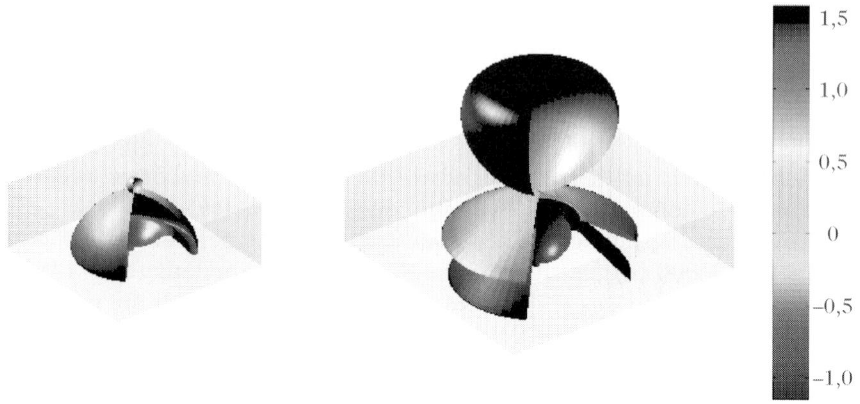

Figure 7.53. Indicatrices de diffusion avant (à gauche) et après (à droite) renforcement de fluorescence. (Voir le cahier couleurs au milieu de l'ouvrage.)

Si le renforcement de fluorescence n'a pour l'instant pas eu d'applications très marquantes (on signalera l'activité commerciale de *Genewave*, une *start-up* française qui vend ce type de produit et plus anciennement, celle de *Diagnostic Products Inc* avec le produit *Immunogold*), ce phénomène est présent dans la plupart des microsystèmes pour la biologie en raison de la cohabitation de différents matériaux (silicium, métal, diélectrique...). Il est donc impératif d'en tenir compte dans la conception de ces systèmes et dans l'interprétation des mesures. C'est donc un domaine où l'interaction entre biologie, chimie, optique et instrumentation doit être très forte.

4.5. Tendances actuelles en instrumentation pour la biologie

4.5.1. Introduction

Les systèmes de lecture des biopuces sont aujourd'hui à un niveau qui semble exploiter au mieux les techniques instrumentales. Les limites propres à l'instrumentation de lecture sont surtout celles imposées par la physique : limite de diffraction pour la séparation et la définition des puces, limite photonique pour la détection. Aujourd'hui, il est possible assez simplement de détecter des molécules fluorescentes individuelles [157] : l'énergie émise pour générer l'information est suffisante. Les véritables limites pour ces lecteurs, en fait, ne concernent pas la mesure physique, mais sont plutôt liées à la qualité biochimique de la biopuce (adsorption non spécifique de molécules, reproductibilité de préparation et de réaction) et aux contraintes d'utilisation (vitesse de lecture, encombrement, ergonomie, durée de la réaction pour des concentrations très faibles). C'est pourquoi les développements actuels se concentrent sur l'amélioration de ces points.

4.5.2. Les nouvelles contraintes

Depuis quelques années, de nouvelles contraintes sont apparues, plus liées à l'environnement d'utilisation. En particulier, une tendance forte pousse les acteurs de ce domaine à mettre au point des solutions permettant d'effectuer les analyses à l'extérieur d'un laboratoire. C'est par exemple :

- les analyses chez le médecin (comme aujourd'hui le diagnostic des angines bactériennes),
- les analyses dans des points de santé, non exécutées par un spécialiste,
- les analyses à domicile (comme le diagnostic de grossesse),
- les analyses dans les ambulances pour préparer les hospitalisations d'urgence.

Deux autres domaines d'applications sont demandeurs de systèmes hors laboratoire. Il s'agit d'applications militaires sur le terrain des opérations (protection des troupes) ou sur le territoire (protection civile) et de suivi de l'environnement (détection de polluants d'origines industrielles ou naturelles). On citera par exemple le système développé par le *Lawrence Livermore Laboratory* aux États-Unis pour les jeux Olympiques de Salt Lake City en 2002 [160] ou le système RIANA développé par l'Université de Tübingen pour la détection de pesticides et d'hormones dans les eaux susceptibles d'être consommées [131].

Pour toutes ces applications hors laboratoire, certaines contraintes imposées sont nouvelles, comme la compacité extrême des dispositifs (ils doivent être portables) ; ces dispositifs doivent être faciles à employer car utilisables par des non-spécialistes, autonomes (utilisation potentielle sur batteries) et robustes, tant en terme d'instrumentation qu'en rendu de résultats (analyse automatique sans l'aide d'un spécialiste).

Malgré les efforts consentis ces dernières années pour réduire l'encombrement des instruments conventionnels, augmenter l'ergonomie d'utilisation et l'automatisation des traitements de l'information, il n'est pas envisageable aujourd'hui de les utiliser dans ces conditions.

Un des axes de recherche pour y parvenir est d'intégrer au maximum les fonctions de détection dans la biopuce pour éviter les déréglages (augmentation de la robustesse), éviter les interfaces opto-mécaniques (augmentation de la robustesse et réduction du volume), supprimer les composants optiques conventionnels. Enfin, le choix de composants unitaires à faible consommation électrique (diodes électroluminescentes, photodiodes MOS) doit permettre de réduire la consommation électrique.

Le travail sur les biocapteurs allait déjà dans le sens de l'intégration de la détection, mais ces capteurs ne pouvaient pas prétendre au statut de « biopuce » (plutôt monoplexes). Les premières publications de principes de systèmes hautement intégrés apparaissent dans des brevets de H. Marsoner, qui a établi les premiers exemples de biopuces réalisées directement sur une matrice de capteurs [161]. Ce principe sera repris par différentes équipes par la suite (voir le paragraphe 4.5.3). Marsoner propose aussi d'intégrer simultanément les sources d'excitation et le détecteur à la biopuce avec une détection en fluorescence et une excitation par onde évanescente [162], principe qui sera repris près de vingt ans plus tard par des équipes allemandes et grecques [163].

Les différentes variantes seront décrites dans le paragraphe suivant, en détection optique et électrique.

4.5.3. L'intégration de la détection

Détection électrique ou électrochimique

Une solution très prometteuse pour la détection hautement intégrée est de réaliser une détection électrique : des signaux électriques sondent la surface de la biopuce et le résultat est donné sous forme de signal électrique. On comprend l'attrait de telles méthodes, car on supprime les étages optiques et on peut envisager de concevoir des systèmes qui s'apparentent aux composants de la microélectronique, donc très intégrés et compacts. Cela peut être fait avec ou sans marquage. Les techniques avec marquage mettront en œuvre des marqueurs électrochimiques (par exemple le férocène), des enzymes transformant un substrat en produit électroactif, ou des marqueurs électriques (nanoparticules d'or). On citera par exemple le travail très astucieux de l'équipe de C. Mirkin qui effectue un marquage des cibles avec des nanoparticules d'or, puis réalise une révélation à l'argent : selon la densité de cibles hybridées en surface, la connexion des deux électrodes est plus ou moins complète et renseigne sur la composition de l'échantillon (figure 7.54).

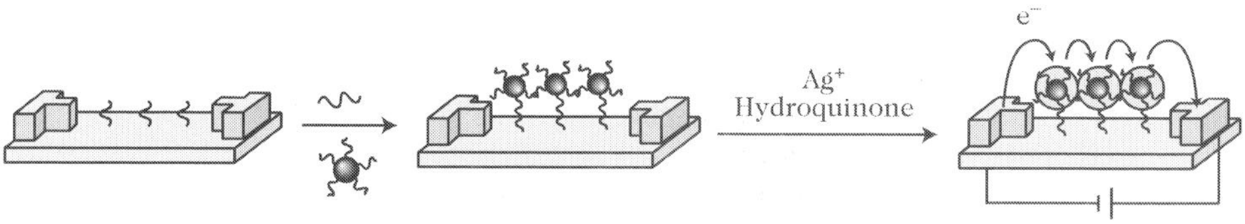

Figure 7.54. Principe de détection électrique par billes. D'après [164].

La détection sans marquage fera intervenir une méthode de mesure particulière, par exemple l'impédancemétrie [165], une transformation des cibles hybridées après l'exposition à un réactif (oxydation des guanines pour l'ADN [166]).
Le système de détection électrique sur biopuce le plus abouti aujourd'hui est sans doute l'œuvre de la société *Combimatrix* aux USA [128]. La biopuce est ici constituée de 1 000 plots en technologie CMOS, chaque plot étant associé à une microélectrode circulaire de 30 μm de diamètre. La détection est réalisée sur plusieurs plots par mesure électrochimique de l'activité d'enzymes (HRP) utilisées comme marqueurs. Les cibles sont des toxines (ricines), des bacilles (*Bacillus globigii*), des glycoprotéines. Ces essais montrent aussi qu'il est possible de détecter la présence de cinq analytes différents, ajoutés simultanément avec des temps d'incubation de 60 min. La limite de détection est très bonne : par exemple, pour la ricine, elle est donnée à 0,3 ng/mL après 60 min d'incubation, ce qui est comparable aux meilleurs systèmes optiques dédiés à ce type de cibles.
Malgré quelques succès et un fort engouement à la fin des années 1990, les méthodes de détection électrique pour les biopuces sont aujourd'hui fortement concurrencées par les méthodes optiques, car plusieurs équipes ont démontré le potentiel d'intégration de ces dernières.

Détection par marquage magnétique

Un autre procédé non optique présentant un fort potentiel d'intégration de la détection consiste à utiliser des nanoparticules magnétiques comme marqueurs. Les sondes de capture sont alors positionnées au dessus de microbobines (un plot par bobine) : le signal électrique issus des bobines n'est pas le même selon la présence ou non des nanoparticules liées aux cibles. Cette technique permet de détecter des concentrations d'ADN voisines de la fM [167].

Détection par des nanostructures

Une méthode basée sur l'utilisation de nanostructures a récemment été appliquée à la biologie. Il s'agit de greffer les sondes de capture sur une nanostructure en silicium ou en carbone. Ces structures sont lues électriquement et le signal mesuré est fonction de l'environnement chimique local. Quand des cibles s'associent aux sondes, cet environnement est suffisamment modifié pour entraîner une variation du signal mesuré, même en l'absence de marqueurs. Les travaux sur les nanostructures promettent des performances extrêmement intéressantes. Ainsi, Li et Hahm montrent qu'il est possible de détecter de 1 pM [168] à quelques fM [169] de cibles dans un temps voisin de la minute. Ces résultats sont prudemment contestés par une équipe du *Naval Reserach Laboratory* qui, à partir de résultats théoriques, montre que la probabilité est très faible pour qu'en quelques minutes et pour des concentrations de quelques fM, le plot ait capturé une molécule.

La détection optique intégrée

Les méthodes de transduction non optiques décrites précédemment ont montré leurs limites dès qu'elles sont utilisées pour des applications concrètes, pour lesquelles l'échantillon de départ est variable. Les principales critiques retenues contre la transduction optique sont la fragilité des instruments, leur encombrement, leur poids et leur incapacité à être rapidement reconfigurés.
Plusieurs équipes tentent aujourd'hui de contourner ces contraintes et ont réalisé des structures très prometteuses, sans sacrifier les performances de détection.

Détection optique avec intégration des détecteurs à la puce

Le principe, introduit originellement par Marsoner [161], consiste à greffer les sondes de capture directement sur des photodétecteurs.
Une première réalisation pour un unique plot a été publiée en 1996 par l'équipe de Lu [170], système permettant de réaliser une détection dans deux bandes spectrales différentes. La mise au point de systèmes matriciels a été proposée par le groupe « Genometrix » [171], en greffant les sondes de captures directement sur un capteur à transfert de charges (CCD). Cette application devait permettre d'effectuer une détection multiplexe en fluorescence ou en chimie luminescence. Cependant, le coût d'une biopuce était celui de la matrice CCD : cette technologie ne pouvait concurrencer les puces réalisées sur verre, d'autant plus que des principes de lecteurs compacts et peu coûteux apparaissaient [172].
Ce problème de coût disparaît aujourd'hui grâce aux progrès des capteurs d'image de type CMOS, encore appelés « *Active Pixel* », et qu'on retrouve dans les caméras bon marché dites « WebCam ». Vo-Dinh propose d'utiliser ces détecteurs en fluorescence, mais le système reste complexe en raison de la présence des sources de lumière pour exciter les marqueurs [173]. De plus, la nécessité d'utiliser des filtres très sélectifs pour séparer le signal de fluorescence de son excitation ne permet pas d'imaginer une puce mono-utilisation. Marsoner [162] propose plusieurs solutions pour contourner cette difficulté (excitation en onde évanescente, utilisation de la réflexion totale pour séparer l'excitation et l'émission), mais elles n'ont pas été mises en œuvre.

La réalisation la plus aboutie consiste à utiliser des enzymes comme marqueur, enzymes permettant la génération de lumière en présence d'un produit particulier : les marqueurs sont ici les sources de lumière. Il n'y a donc plus de source pour l'excitation ni de filtres pour séparer les énergies. F. Mallard et son équipe montrent des résultats très intéressants avec une puce à ADN multi-plots [126] (figure 7.55).

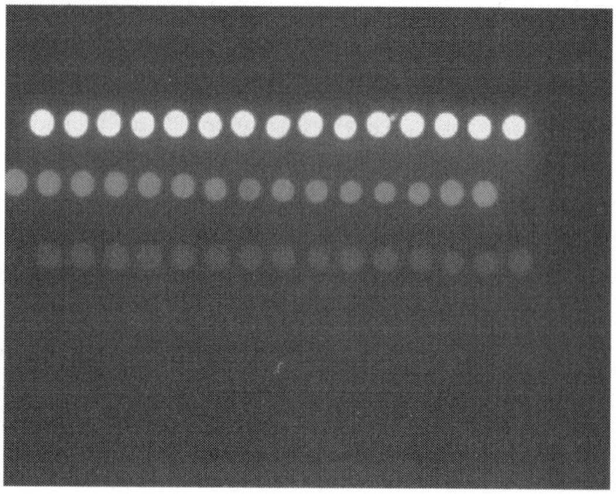

Figure 7.55. Image puce multi-plots sur CMos.

Simplification de l'optique de collection de la lumière

De nombreux travaux ont été menés pour adapter des systèmes d'optiques guidées à des applications de biologie. Dans la majorité des cas, ces capteurs, souvent nommés « bio-optrodes », sont utilisés en couplant de la lumière dans un guide d'onde (fibre optique, guide planaire) (figure 7.56). Cette lumière sonde le milieu biologique. La détection se fait le plus souvent en fluorescence [130, 174], parfois par diffusion de lumière par des nanoparticules [175]. Dans certains cas, la fraction de lumière fluorescente émise par les cibles hybridées et qui est couplée dans le guide est utilisée pour la détection [176, 177].

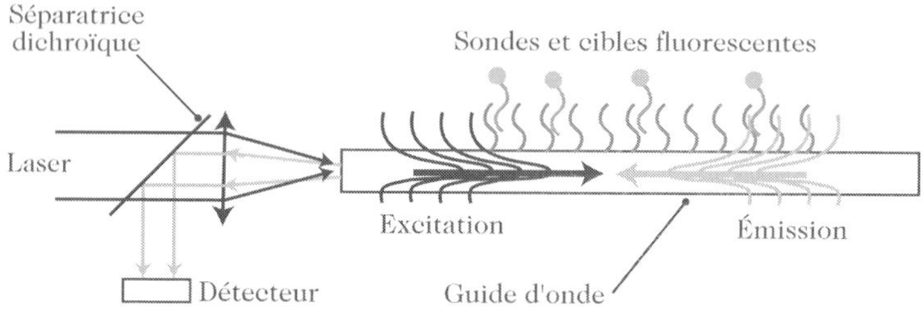

Figure 7.56. Principe de la détection par un guide d'onde avec excitation par onde évanescente et mesure du signal rétro couplé dans le guide.

La principale difficulté avec ce genre de système est de coupler la lumière d'excitation dans le guide optique, dont l'épaisseur varie de quelques micromètres à quelques centaines de nanomètres. Pour contourner cette difficulté, une alternative consiste à éclairer une puce dont chaque plot est déposé au-dessus d'un guide d'onde [178] : la mesure est réalisée sur la lumière dirigée en sortie de chaque guide. Dans ce cas, l'information spatiale (quel est le plot en cours de lecture) est donnée par la position du guide en sortie de puce : il n'y a alors pas de balayage mécanique et pas d'optique complexe.

Détection optique avec intégration des sources

Une autre voie en cours d'exploration est d'associer une source à chaque plot biologique et d'allumer les sources les unes après les autres, afin de réaliser un balayage sans organe mécanique (figure 7.57).

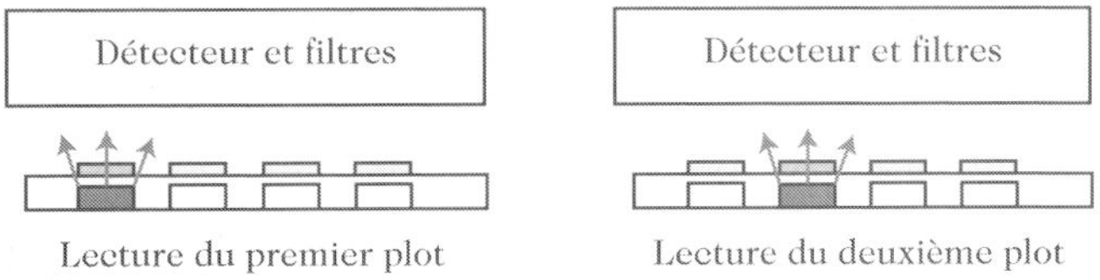

Figure 7.57. Principe de la détection sans pièce mécanique avec une puce à sources intégrées.

Une première étape pour parvenir à ce système a été d'éclairer la totalité de la puce avec une source pour l'excitation et de reproduire le balayage en utilisant une matrice de cristaux liquides placée devant le détecteur, dont un seul pixel est transparent [179].
Cependant, des matrices de diodes électroluminescentes à base de silicium sont assez coûteuses et le risque est que ces dispositifs ne puissent pas trouver d'application industrielle. Enfin, le filtrage de la lumière d'excitation dans la configuration décrite en figure 7.57 est difficile. Une alternative au problème du coût a été proposée par des équipes américaines [180]. Cette alternative consiste à utiliser des sources en polymères électroluminescents de type « O-Led » ou « P-Led » (pour *Organic Led* et *Polymer Led*), dont les coûts de fabrication sont potentiellement très faibles.
Une première utilisation d'une source de type P-Led intégrée au dispositif en biologie a été montrée en électrophorèse capillaire [181] : les résultats obtenus montrent des performances similaires à ceux d'une détection par microscope à épifluorescence.
La préfiguration d'un système complètement intégré pour une détection multiplexe est donnée pour un capteur chimique (détection de l'oxygène) : au système illustré sur la figure 7.44a est ajouté un film comportant des sources de type O-Led, pixellisées ou non, sources placées entre le détecteur CCD et la surface bioréactive [182]. Cette réalisation, qui n'a pas donnée lieu à des expériences en biologie, reste monoplexe.

Intégration sources et détecteur

L'intégration complète de la détection optique en fluorescence est montrée sur la figure 7.58 pour un unique plot et la détection de nanoparticules fluorescentes. L'empilement d'une photodiode (détection), d'un filtre (arrêt de l'excitation), d'un film électroluminescent de type P-Led bleu (excitation) et d'une chambre fluidique permet de détecter des nanoparticules qui s'adsorbent à la surface de la biopuce [183] .

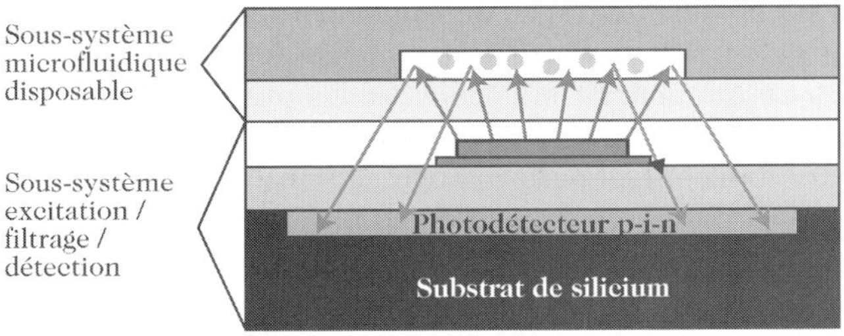

Figure 7.58. Principe d'un microsystème avec détection optique intégrée. D'après [183].

Cette réalisation apporte une réponse au problème du filtrage de la lumière d'excitation : ce filtrage est ici réalisé grâce à une couche de Cds. L'ensemble source, filtre et détecteur est monolithique. Compte tenu de la technologie de fabrication, ce dispositif est compatible avec une structure multi-plots.

Le travail le plus abouti aujourd'hui est sans doute celui présenté par les équipes de l'Institut de Micro-Électronique en Grèce et du *Fraunhofer Institut* en Allemagne [163]. Le dispositif est constitué d'un capillaire moulé dans du PDMS (700 μm de longueur, 240 μm de largeur et 140 μm de hauteur), puis rapporté sur le support de réaction comportant les sondes de capture et le système de détection. Ce dernier est réalisé dans un substrat de silicium, sur lequel on fabrique une source optique (LED), une fibre optique et un détecteur optoélectronique (figure 7.59). La LED et la photodiode sont réalisées en dopant correctement le substrat ; la fibre optique est fabriquée en déposant une couche de nitrure de silicium (25 μm de largeur, 150 nm de hauteur) au-dessus d'une couche de silice qui sert d'espaceur pour éloigner la fibre du substrat : cette fibre est en fait un guide plan. Par fabrication, la LED et le détecteur sont auto-alignés à la fibre. Le rendement de fabrication en laboratoire est donné à 95 %.

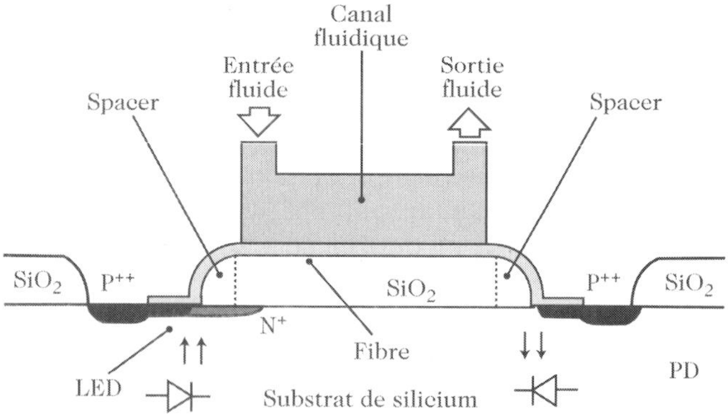

Figure 7.59. Principe de la détection intégrée selon Misiakos [163].

Les sondes de capture (biotines et/ou anticorps) sont greffées sur la fibre via une activation par plasma-O_2 puis silanisation (APTES). Les cibles sont marquées avant réaction avec le support par des particules d'or (8 à 10 nm de diamètre). Leur fixation sur les sondes est détectée en mesurant la perte de lumière engendrée par le découplage de la lumière guidée dans la fibre du fait de la présence des nanobilles. Ce découplage est important, car il y a création d'une onde plasmon du fait de la nature métallique des billes. C'est donc une technique de mesure qui s'apparente à une mesure de densité optique, avec tous les avantages que cela représente (pas de photoextinction, très peu d'influence de la composition du milieu sur la mesure, pas de dépendance thermique, grande stabilité). Le système permet de travailler en cinétique, car le découplage de la lumière dans le guide n'est causé que par les molécules cibles présentes dans le volume occupé par le champ lumineux évanescent ($\sim$ 200 nm de hauteur), et donc que par les cibles liées aux sondes. Les performances intrinsèques du détecteur sont très bonnes, puisque ces dernières sont limitées par les fluctuations de la source données à 0,5 % sur une longue durée.

Des essais ont été menés sur le couple avidine marquée/biotine immobilisée. En trente minutes, les limites de détection sont calculées, à partir de cinétiques enregistrées avec une concentration de 104 pM de cibles, à 3,8 pM (soit 3 fmoles, soit encore 230 pg/mL) et 13 pM (soit 0,3 amoles, soit encore 0,8 ng/mL), selon

qu'il y a ou non circulation. Une procédure de révélation à l'argent (20 min) permet d'abaisser cette limite de détection à 20 fM (soit 16 amoles, soit encore 1,2 pg/mL, soit encore, ramené au volume total de l'échantillon analysé, 810 µL, environ 10 millions de molécules), ce qui est remarquable.
Des essais de détection multiplexe ont été tentés avec ce dispositif, en analysant simultanément et sur deux plots (deux fibres) différents la streptavidine marquée et des anticorps anti-souris avec des concentrations de 52 pM pour la streptavidine et 1 nM pour les anticorps.
Le dispositif actuel comporte neuf guides distincts et une fluidique intégrée, le tout dans un conditionnement de moins de 2 cm de côté, avec un tuyau souple en entrée et un en sortie, plus toutes les connexions électriques pour un connecteur standard et enfin une carte électronique d'interface aboutie.
Ce travail démontre la faisabilité de l'intégration complète de la détection dans un consommable, sans sacrifier les performances.

Conclusion

L'intégration de la détection optique est possible via des dispositifs très performants, robustes et compacts, comme l'ont démontré les équipes du *Fraunhoffer Institut* et de l'IMEL [163], ou du CEA/LETI et de bioMérieux [126]. Ces premières démonstrations, très impressionnantes, n'exploitent que quelques-unes des possibilités offertes par la détection optique.
Le mariage du savoir-faire des chimistes, des biologistes, des opticiens et des microtechnologues doit permettre de répondre à toutes les nouvelles contraintes d'utilisation des biopuces.

5. Autres systèmes de détection – Analyse de la dynamique des interactions moléculaires

Les interactions moléculaires sont au cœur de tout système biologique : elles jouent un rôle essentiel lors du transfert et du stockage de l'information, lors de l'assemblage des macrocomplexes ou bien lors de la régulation de processus physiologiques. Pour rendre compte de cet extraordinaire dynamique du vivant, une méthodologie s'est spécifiquement développée autour des outils de fluorescence, qui comprend les techniques du retour de fluorescence après photoblanchiment (FRAP), le transfert d'énergie de fluorescence (FRET) en passant par la corrélation de fluorescence (FCS) et la détection de molécules individuelles (SPT). Si ces méthodes servent toutes à décrire le mode de diffusion des molécules, elles se distinguent les unes des autres par la quantification de paramètres qui leur sont propres. En ce sens, elles sont souvent complémentaires, sans nécessairement répondre aux mêmes questions fondamentales. Pour une revue récente des techniques d'imagerie dynamique, voir [184].

5.1. Retour de fluorescence après photoblanchiment (FRAP) et techniques associées

Le FRAP (*Fluorescence Recovery After Photobleaching*) a émergé à la fin des années 1970, grâce à l'introduction des lasers dans le domaine de la microscopie. Cette technique était initialement l'apanage d'un petit nombre de laboratoires experts et s'est progressivement démocratisée en biologie cellulaire avec la venue des microscopes confocaux, qui intègrent plusieurs lignes laser. Le FRAP et les techniques associées consistent à mesurer le retour (ou le déclin) de signal après extinction (ou activation) localisée d'une espèce fluorescente, permettant ainsi de sonder la dynamique locale de protéines ou de lipides dans différents compartiments cellulaires. L'exploitation des données apporte des informations sur la structure de ces compartiments et sur le rôle d'éventuelles interactions moléculaires.

5.1.1. Marquage fluorescent

Le FRAP repose sur le photoblanchiment d'une espèce fluorescente. Il nécessite donc un marquage préalable des molécules d'intérêt (figure 7.60). Cela peut être réalisé avec un anticorps ou un ligand conjugués à des fluorophores organiques (fluorescéine, rhodamine, cyanines) et dirigés contre une protéine exprimée à la surface cellulaire, ou en microinjectant une protéine purifiée marquée. Pour marquer les lipides, on peut directement utiliser des lipides conjugués à un fluorophore organique, ou des ligands marqués (par exemple la **toxine cholérique** qui possède une grande affinité pour les lipides GM1). Il faut prendre en compte ici la valence de la sonde utilisée : par exemple les anticorps ont deux sites de reconnaissance, et la toxine cholérique est par nature pentamérique, ce qui peut induire des phénomènes d'agrégation qui peuvent biaiser la mesure. La protéine d'intérêt peut aussi être marquée en fusionnant par génie génétique la séquence codant pour cette protéine à celle codant pour une protéine fluorescente type GFP ou DsRed, puis en faisant exprimer le gène entier dans les cellules étudiées. Pour les protéines membranaires, on peut de même leur ajouter une séquence peptidique extracellulaire (myc, HA, site de fixation de la toxine bungarique) et utiliser un anticorps ou un ligand de haute affinité reconnaissant cette séquence. Dans ces approches utilisant la **transfection**, il faut vérifier que le dommage causé aux cellules est minimal, et que les **protéines exogènes** sont des marqueurs fidèles des protéines endogènes, en terme de localisation et de fonction.

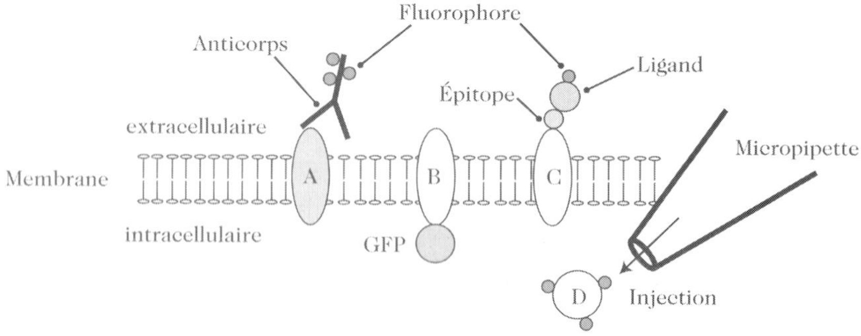

Figure 7.60. Différentes possibilités pour marquer une protéine en fluorescence. (A) Anticorps ou ligand reconnaissant une région extracellulaire du récepteur endogène, couplés à des fluorophores. (B) Transfection d'une protéine de fusion GFP. (C) Transfection d'une protéine de fusion avec épitope spécifique en N-terminal, reconnu par un ligand ou anticorps marqué. (D) Injection d'une protéine cytosolique purifiée et conjuguée à des fluorophores.

5.1.2. Photoblanchiment

Le photoblanchiment, ou extinction de fluorescence, est un processus complexe lié au fait qu'une molécule fluorescente ne peut effectuer qu'un nombre fini de cycles absorption/émission de photons, ce nombre étant spécifique de chaque fluorophore (typiquement entre 10^4 et 10^6). L'extinction s'explique par un réarrangement de la structure chimique du fluorophore, dû à des ruptures de liaisons covalentes par processus d'oxydation. L'oxygène est donc nécessaire à la réaction, et des agents antioxydants sont d'ailleurs utilisés dans les milieux de montage des échantillons fluorescents pour diminuer le photoblanchiment. Si l'on illumine une solution de fluorophores à intensité constante, on note une diminution progressive de la fluorescence émise. Une mesure précise montre en fait une décroissance exponentielle, à l'image d'un processus radioactif. Cela est dû au fait que l'extinction est un processus aléatoire, si bien que les fluorophores ne s'éteignent pas tous en même temps, mais les uns à la suite des autres, et cela à des temps variables. Soit $N(t)$ le nombre total de fluorophores dans un échantillon qui émettent au temps t. La probabilité pour qu'un nombre dN de fluorophores qui émettaient au temps t s'éteignent durant un intervalle de temps élémentaire dt est proportionnelle à $N(t)$, soit : $-dN/dt = kN(t)$, où k est une constante de temps (en s^{-1}). Si l'on note $N_0 = N(0)$ le nombre de fluorophores présents initialement, cette équation s'intègre en $N(t) = N_0 \exp(-kt)$. Cela reflète bien une décroissance exponentielle, avec une **demi-vie** égale à $\ln(2)/k$. Plus la puissance d'illumination est élevée, plus les cycles d'absorption/émission de photons sont rapprochés, et plus le photoblanchiment est rapide.

5.1.3. Montage optique

Dans la technique du FRAP, on exploite ce phénomène pour photoblanchir rapidement et localement des fluorophores. Puis on mesure le regain de fluorescence, lié à la diffusion des molécules fluorescentes provenant de régions adjacentes vers la zone initialement éteinte (figure 7.61). On utilise un laser de plusieurs dizaines de mW et de longueur d'onde adaptée au spectre d'absorption du fluorophore voulu. Le faisceau laser est dilaté à l'aide d'un téléscope en un faisceau parallèle de quelques mm, et pénètre dans un objectif de

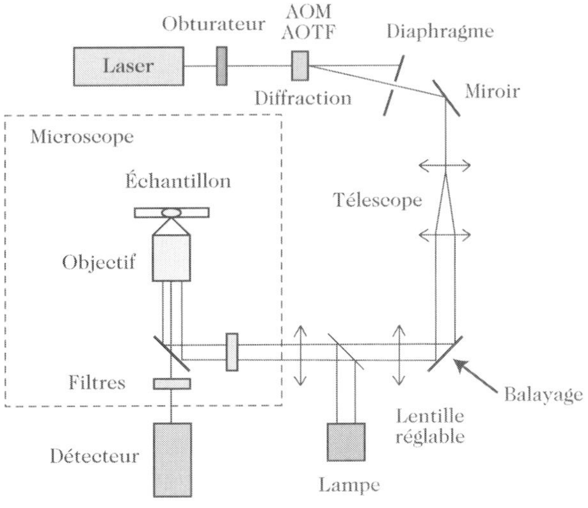

Figure 7.61. Montage expérimental pour le FRAP et les techniques associées. Les composants électroniques (AOM, obturateurs, miroirs galvanométriques) sont pilotés par ordinateur.

microscope de grande ouverture numérique (figure 7.62). Le montage le plus pratique est d'utiliser le port d'**épifluorescence**. Une lentille à l'entrée du microscope, montée sur un translateur trois axes, permet le centrage et la focalisation du faisceau. Le laser passe dans un **modulateur acousto-optique** pour alterner rapidement entre une intensité d'illumination faible pour la lecture du signal fluorescent et une intensité élevée pour photoblanchir. Ces composants optiques sont tous déjà présents dans un microscope confocal standard (voir le paragraphe 1 « Introduction aux microscopies de fluorescence »). Le diamètre de la zone photoblanchie dépend du taux de remplissage de l'objectif et de son ouverture numérique. En microscopie confocale, un balayage du faisceau laser permet de délimiter des zones de taille et de géométrie variables. Pour la détection, on utilise une **caméra numérique refroidie** ou un **photomultiplicateur**. Pour des processus de diffusion rapides (typiquement un lipide membranaire ou une protéine cytosolique, avec D de l'ordre de 1 $\mu m^2/s$), il est préférable d'utiliser le signal provenant de l'illumination laser à faible intensité (afin d'obtenir une lecture sans bruit de fond) et des détecteurs rapides (diode à avalanche, photomultiplicateur). Dans le cas de processus plus lents, pendant lesquels le spécimen observé peut bouger spontanément, ce qui est souvent le cas des échantillons vivants, il est nécessaire de former une image. On utilise pour cela soit une illumination en champ large (lampe à fluorescence à vapeur de mercure ou xénon), soit un balayage laser, ce qui est intrinsèquement plus lent.

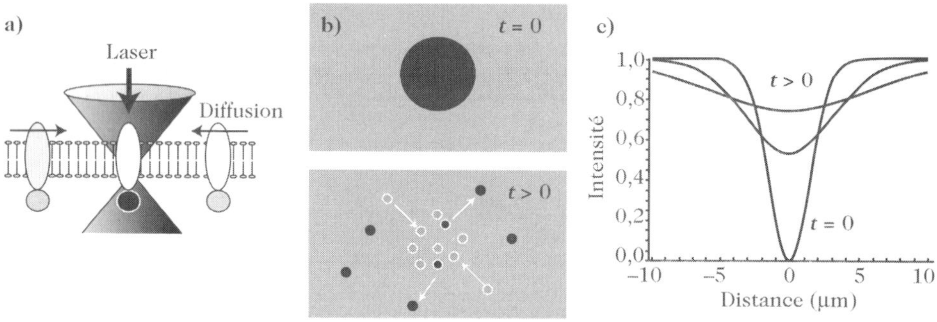

Figure 7.62. Principe d'une expérience de FRAP. **a)** Un faisceau laser focalisé vient photoblanchir les fluorophores. **b)** Au temps $t = 0$, la quasi-totalité de la fluorescence est éteinte dans une zone étroite, puis revient progressivement grâce à la diffusion de molécules fluorescentes ($t > 0$). **c)** Le profil d'intensité évolue en fonction du temps.

5.1.4. Précautions expérimentales

Il faut d'abord ajuster les paramètres d'illumination et d'acquisition. Il faut toujours choisir la plus faible intensité lumineuse pour sonder la fluorescence, en sacrifiant éventuellement la qualité des images. En effet, il ne faut absolument pas photoblanchir son échantillon pendant l'acquisition, ce qui fausserait la mesure par la suite. Acquérir une ligne de base de quelques points avant le photoblanchiment. Photoblanchir le plus rapidement possible, pour éviter la diffusion des molécules pendant ce temps de photoblanchiment. La profondeur de photoblanchiment dépend de l'intensité laser et du coefficient de diffusion de l'espèce étudiée. La fraction photoblanchie doit être suffisante pour mesurer un retour raisonnable, mais ne doit pas être nécessairement 100 %. L'acquisition de la phase de retour doit être ajustée à la cinétique, et doit comporter plus de points dans les phases rapides que dans les phases lentes, pour permettre un bon ajustement ultérieur. Arrêter l'enregistrement quand le retour de fluorescence atteint un plateau.

5.1.5. Interprétation des données

L'interprétation des courbes peut se faire avec différents modèles, qui vont dépendre du contexte expérimental et de la situation biologique. Dans le cas le plus simple, on distingue une fraction de molécules immobiles, et une fraction de molécules entièrement mobiles à laquelle est associée un coefficient de diffusion D constant (figure 7.63). Puisqu'on s'intéresse à un grand nombre de molécules, on peut utiliser une approche macroscopique et partir de l'équation de diffusion. À une dimension, elle s'écrit :

$$\frac{\partial C}{\partial \mathrm{t}} = D\frac{\partial^2 C}{\partial x^2}$$

où C est la concentration de molécules fluorescentes, t le temps et x une variable d'espace. Il faut poser des conditions initiales ($F = F_0$ à $t = 0$, immédiatement après photoblanchiment), des conditions limites ($F = F_\infty$ en $x \to \infty$, si l'on suppose un réservoir de fluorophores infini, ou $\partial C/\partial x = 0$ en $x = \pm L$, où L représente la demi-longueur de la cellule), plus une condition de continuité à la bordure de la zone photoblanchie $C(x = a_-) = C(x = a_+)$, où a est le rayon de la zone photoblanchie. Ces équations peuvent se résoudre par des méthodes analytiques, en particulier par transformées de Fourier-Laplace [185]. Leurs solutions s'écrivent généralement comme une série infinie de termes combinant des fonctions exponentielles du temps et des fonctions trigonométriques de la variable d'espace x [186]. En tronquant la série sur quelques dizaines de termes, on obtient une solution approximative satisfaisante. Cela permet d'extraire le coefficient de diffusion D de la molécule considérée. Pour une diffusion brownienne non biaisée, D est constant et il existe une relation simple entre le temps caractéristique du retour de fluorescence τ, et le rayon de la zone photoblanchie a : $D = a^2/\tau$. En revanche, si la diffusion est anormale, D va varier en fonction du rayon et du temps d'observation [187].

En combinaison avec des constructions de biologie moléculaire (protéines tronquées dans des régions cytoplasmiques ou extracellulaires), le FRAP a permis de montrer que la diffusion des protéines membranaires dépend essentiellement de leur structure et de leur mode d'ancrage à la membrane plasmique [188]. Des mesures fondées sur une variation du rayon de la zone éteinte ont révélé que la surface cellulaire est compartimentée en domaines [189]. La nature et la taille de ces domaines, liés par exemple à des assemblages lipidiques ou aux mailles du cytosquelette, sont encore très débattues [190]. Au niveau des courbes FRAP, la présence de domaines de confinement fait apparaître deux échelles de temps : aux temps courts, les protéines diffusent librement, mais aux temps longs elles montrent une diffusion anormale, liée à la difficulté de passer d'un compartiment à un autre. Grâce à l'utilisation de protéines fusionnées avec la GFP, il est devenu possible de sonder la diffusion latérale dans des compartiments intracellulaires et d'étudier des mécanismes de transport [191] entre compartiments, ou bien d'identifier les mécanismes d'association de complexes moléculaires [192].

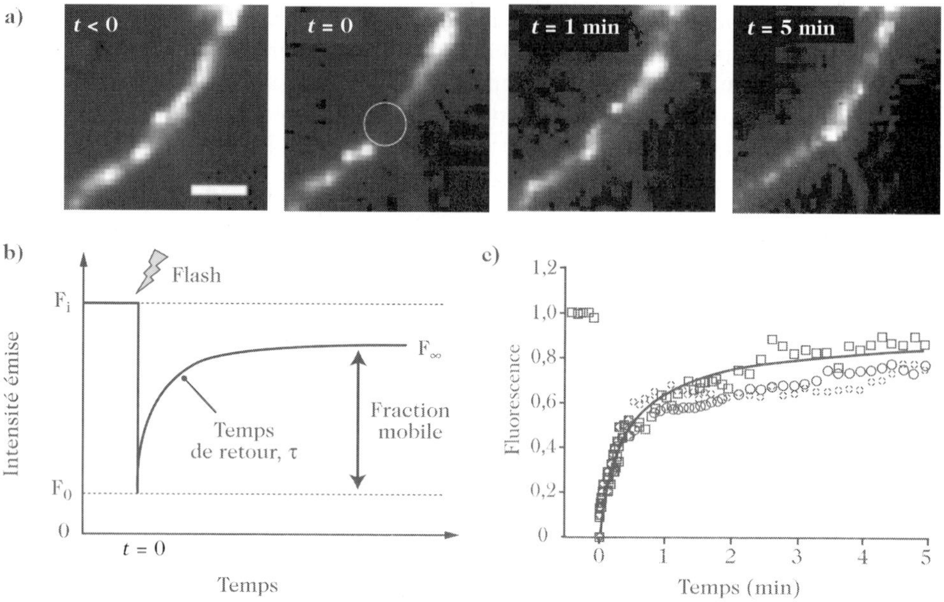

Figure 7.63. Expérience de FRAP. **a)** Séquence temporelle. Il s'agit de neurones transfectés avec une protéine d'adhésion, la N-cadhérine fusionnée à la GFP, qui est exprimée à la fois à la surface cellulaire et en intracellulaire. On photoblanchit une petite région de neurite au temps $t = 0$ (cercle). Barre d'échelle = 5 μm. **b)** Schéma théorique de l'expérience. **c)** Courbes obtenues sur trois cellules différentes pour l'expérience décrite ci-dessus, illustrant la variabilité. Les données sont normalisées entre 0 et 1, et une série de points est ajustée avec un modèle de diffusion unidimensionnelle non restreinte (courbe en traits pleins). Dans ce cas, la fraction mobile est de 100 %.

5.1.6. Techniques associées (iFRAP, FLIP, FLAP, PAF)

Il existe des variantes du FRAP, qui permettent de sonder des processus un peu différents. Le FLIP (*Fluorescence Loss In Photobleaching*) consiste à photoblanchir à intervalles répétés une zone d'intérêt (figure 7.64 a). On ne regarde pas le retour de fluorescence dans cette zone (qui reste toujours éteinte) mais la diminution de fluorescence dans des zones adjacentes, ce qui permet de tester s'il existe des connexions entre différents compartiments cellulaires.

Le iFRAP (*inverse* FRAP) consiste à photoblanchir la totalité d'un échantillon, sauf une région d'intérêt qu'on laisse fluorescente (figure 7.64 b). On mesure alors la décroissance de fluorescence au cours du temps, qui correspond à une fuite de fluorophores de la zone ciblée. Dans ces deux types d'expériences, il faut toutefois se méfier des processus de photodestruction dûs au fait qu'on illumine l'échantillon beaucoup plus que lors d'une séquence FRAP.

Le FLAP (*Fluorescence Localization After Photobleaching*) est un analogue du FRAP, qui nécessite l'expression d'une molécule marquée avec deux fluorophores différents (soit sur la même molécule, soit sur des molécules co-injectées ou cotransfectées). Le FLAP consiste à photoblanchir sélectivement un seul des fluorophores sur une zone étroite, puis à effectuer la différence entre le signal correspondant à l'espèce non photoblanchie et celui de l'espèce photoblanchie, pixel par pixel. Si les deux fluorophores sont colocalisés, on obtient une image entièrement noire. Dans la région photoblanchie, on obtient un signal positif, qui décroît au cours du temps à mesure que les molécules marquées diffusent ou s'échangent. Cette technique, ainsi que le PAF décrit ci-dessous, ont été utilisées en particulier pour sonder la dynamique d'échange entre actine globulaire et actine polymérisée [193-195].

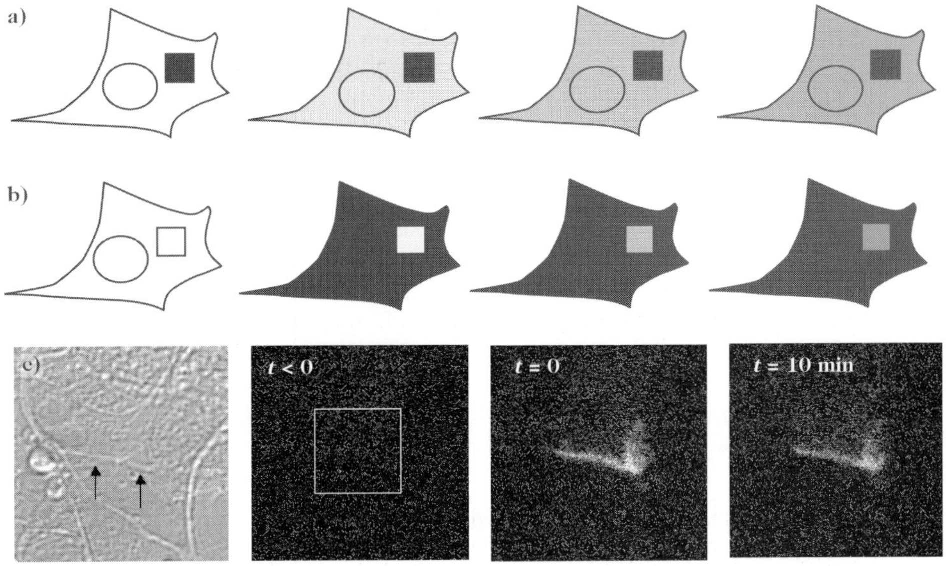

Figure 7.64. Variantes du FRAP. **a)** FLIP. Le carré noir représente la zone d'intérêt, qui est photoblanchie de façon répétée. La fluorescence décroit au cours du temps dans l'ensemble de la cellule, ce qui montre une continuité des compartiments. **b)** iFRAP. Le carré représente la zone non photoblanchie, qui perd de la fluorescence au cours du temps. **c)** Exemple de photoactivation. Il s'agit de cellules gliales transfectées avec une protéine d'adhésion (N-cadhérine) qui s'accumule aux jonctions (flèches sur l'image en transmission). La protéine est fusionnée à un variant GFP photoactivable, invisible avant photoactivation ($t < 0$). Au temps $t = 0$, on illumine un carré de 6×6 μm avec un faisceau laser bi-photon à 800 nm, ce qui permet de démasquer la fluorescence dans cette zone. Celle-ci diminue au cours du temps à cause du renouvellement des liens adhésifs dans ces jonctions.

La **photoactivation de fluorescence** (PAF) repose sur l'utilisation de fluorophores organiques activables ou de variants de la GFP, qui ont la propriété de n'émettre de la fluorescence que lorsqu'ils ont été excités par une forte illumination dans le proche ultraviolet, typiquement entre 350 et 400 nm [196]. Ce rayonnement produit un réarrangement structural irréversible du fluorophore qui le rend actif. La technique de PAF consiste à illuminer une zone étroite au temps $t = 0$, puis à enregistrer le déclin de fluorescence dans cette zone, dû à des processus de diffusion ou d'échange. On obtient en général des courbes miroir du FRAP (figure 7.64 c). Un inconvénient de la GFP photoactivable est qu'elle n'est pas fluorescente avant photoactivation, si bien qu'on a du mal à identifier les cellules transfectées (il faut cotransfecter avec un *reporter* rouge du type DsRed). Il existe maintenant des variants **photoconvertibles,** qui changent de longueur d'onde d'émission (par exemple du bleu au vert) après photoactivation à 400 nm, et qui permettent des mesures ratiométriques [197].

Il faut aussi mentionner le « *Fringe Pattern Photobleaching* », où l'on détruit la fluorescence non sur une région circulaire mais sur un réseau de franges d'interférences. Cela permet de sonder l'ensemble de la surface cellulaire et d'obtenir un meilleur rapport signal/bruit [198]. D'autre part, en variant le pas du réseau, on peut explorer plusieurs échelles de distances [199].

5.1.7. Avantages et inconvénients

Le FRAP, qui repose intrinsèquement sur l'analyse d'une cinétique, ne permet pas de suivre des variations temporelles des propriétés de diffusion d'une espèce. De plus, le paramètre qu'on appelle la fraction immobile est mal défini, difficile à corréler avec des propriétés fonctionnelles ou structurales spécifiques. D'autre part, le FRAP permet de sonder à la fois la surface cellulaire et des compartiments intracellulaires, mais puisqu'on photoblanchit les fluorophores sur tout l'axe optique, le retour de fluorescence peut comporter une contribution de molécules hors plan focal, qui est difficile à évaluer. Ce problème est moins évident en mode confocal, qui permet de sonder des coupes optiques relativement fines. Cependant, le FRAP confocal reste beaucoup plus complexe à interpréter que le FRAP spot. De plus, la taille de la zone photoblanchie devient souvent non négligeable par rapport au « réservoir de molécules fluorescentes ». Ce point est particulièrement sous-estimé par les expérimentateurs. Enfin, on sonde une population de fluorophores, ce qui permet une mesure moyenne assez fiable, mais qui masque une hétérogénéité possible au niveau individuel. D'autres techniques, que nous allons détailler maintenant, permettent de mesurer la mobilité de lipides et protéines membranaires en suivant seulement un petit nombre de molécules.

5.2. Spectroscopie par corrélation de fluorescence (FCS)

La FCS est une méthode expérimentale qui permet de documenter la mobilité des molécules en milieu biologique, mais aussi de mesurer des concentrations locales ou bien le degré de multimérisation d'un complexe moléculaire [200-203]. Cette méthode analytique se rapproche conceptuellement du FRAP, en ce sens qu'elle permet aussi de sonder des processus de relaxation s'opérant localement dans un système expérimental. Elle s'en écarte par le fait qu'en FCS, ce sont les fluctuations du signal, et non son intensité, qui deviennent la source d'information. Ces fluctuations sont incessantes et le plus souvent assimilées à un bruit stochastique perturbant l'enregistrement du signal. Cependant, les fluctuations temporelles d'un signal autour de sa valeur moyenne peuvent nous renseigner sur la dynamique du système étudié. L'intérêt renouvelé et croissant pour cette approche découle des progrès technologiques, permettant d'analyser directement des phénomènes en milieu biologique complexe, voire maintenant en milieu cellulaire [204-206]. Dans son application actuelle, ce sont des fluctuations de fluorescence (*Fluorescence Correlation Spectroscopy*, FCS) qui sont analysées. Les formalismes ont été décrits au début des années 1970 pour mesurer la diffusion et la dynamique d'interaction d'un agent intercalant de l'ADN [207]. Aujourd'hui, cette méthode est capable d'apporter des informations en temps réel sur des processus dynamiques intramoléculaires, sur la dynamique de diffusion et/ou d'association de complexes moléculaires. La FCS reste une mesure statistique d'ensemble, qui est réalisée par principe à faible concentration moléculaire. En ce sens, elle s'apparente à un enregistrement du signal provenant de molécules individuelles, lorsque le nombre moyen de molécules détectables dans le volume d'observation devient inférieur à l'unité.

Il est donc utile de résumer ici les potentialités offertes par la FCS, maintenant que cette méthode est entrée dans sa pleine maturité. Nous aborderons successivement son principe fondamental, sa mise en œuvre expérimentale, les précautions nécessaires à son application et l'interprétation des données qui en est faite dans ses divers modes.

5.2.1. Principe fondamental, concepts théoriques et atouts majeurs de la FCS

La FCS permet de quantifier un certain nombre d'observables qui, au travers des propriétés de diffusion d'éléments spécifiquement identifiables (c'est-à-dire des molécules fluorescentes), vont nous permettre d'accéder à une meilleure connaissance de paramètres environnementaux régulant le système observé. Pour percevoir pleinement l'intérêt de la FCS, raisonnons tout d'abord par analogie. Prenons deux personnes : l'une, A, cherche sa direction au milieu d'un hall de gare un jour de grand départ, l'autre, B, s'est perdue au milieu du désert. Comment ces personnes se déplacent-elles ? Interagissent-elles avec leur environnement ? Suivent-elles des directions préférentielles ? Forment-elles des groupes ? etc. De cette analogie, on conçoit immédiatement que les déplacements de A seront restreints par rapport à ceux de B. De même, les interactions de A avec son environnement seront bien supérieures à celles de B. On conçoit aussi qu'au travers de la comptabilisation des variations d'effectifs dans ce hall de gare, plus il y aura de personnes, moins les variations liées aux allées et venues seront perceptibles. Il est donc plus aisé d'identifier les fluctuations locales du nombre de molécules si le nombre moyen de molécules est faible. Cette dernière propriété est une des caractéristiques fondamentales de l'approche FCS : il devient possible de décrire la dynamique moléculaire d'un système sans en perturber fortement la biologie, puisqu'il n'est pas nécessaire de surexprimer un marqueur moléculaire pour établir des observables fiables d'un point de vue statistique.

• **Principe fondamental.** En solution, les molécules fluorescentes diffusent par mouvement brownien : elles entrent et sortent aléatoirement de la zone d'observation. Leur passage dans la lumière du laser se traduit par l'émission d'un flux de photons (figure 7.65). Ces signaux sont comptabilisés pour produire un signal global fluctuant. Les données brutes correspondent donc à l'enregistrement temporel d'un flux de photons émis par les molécules fluorescentes présentes dans le volume d'excitation. Pour un système donné, le nombre de photons émis par unité de temps dépend de paramètres extrinsèques (efficacité globale d'excitation du fluorophore, rendement de collection – efficacité de la détection – des photons émis par la sonde, géométrie du volume d'observation) et intrinsèques (nombre et temps de diffusion des molécules). Reste à relier les propriétés statistiques du signal fluctuant à la dynamique sous-jacente des molécules émettrices. Les outils les plus couramment utilisés dissèquent soit les fluctuations temporelles du signal (fonction d'autocorrélation, ACF), soit les fluctuations d'amplitude (distributions de probabilité). Enfin, d'autres méthodes analytiques ont été mises en œuvre comme l'analyse des moments ; celui de 1er ordre caractérise la moyenne de la distribution, alors que celui de 2e ordre décrit la variance de la distribution. Il faut cependant retenir que ces formalismes ne s'appliquent que si les hypothèses de stationnarité et d'ergodicité du signal sont respectées, ce qui peut être difficilement vérifiable expérimentalement en biologie.

• **Fonction d'autocorrélation.** L'idée de base est donc d'utiliser les fluctuations de la fluorescence $\delta F(t)$ autour de la valeur moyenne de fluorescence $\langle F \rangle$ pour obtenir les caractéristiques de diffusion des molécules. En admettant que l'intensité

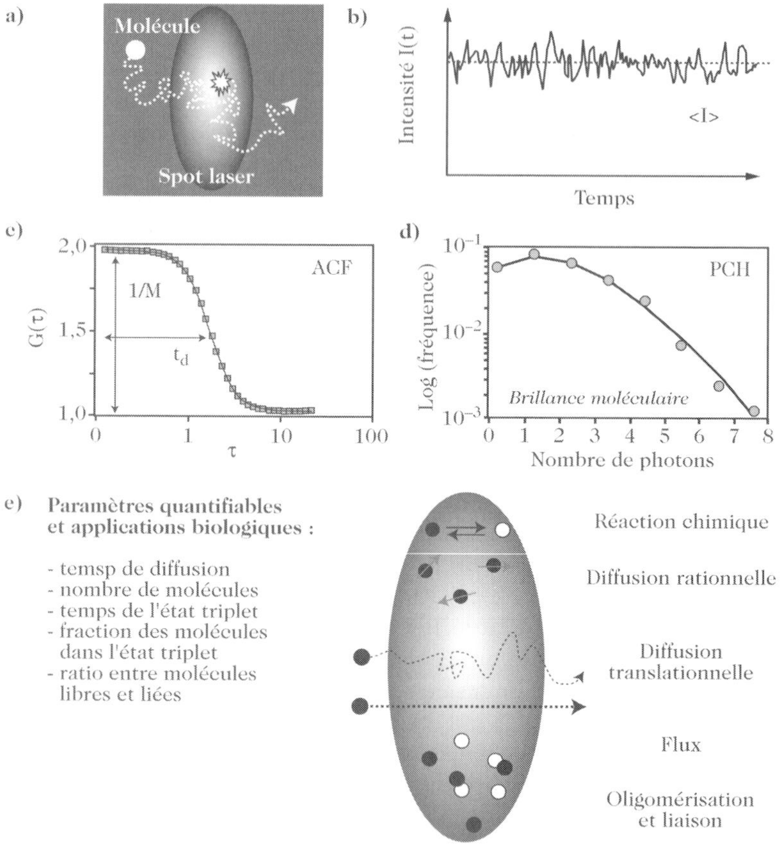

Figure 7.65. Principe de la FCS, traitement analytique et applications biologiques.

du signal est stationnaire et ergodique, la moyenne temporelle se confond alors avec la moyenne d'ensemble. Dans ce cas, la fonction d'autocorrélation $G(\tau)$ de l'intensité de fluorescence ne dépend que du laps de temps τ qui sépare deux détections :

$$G(\tau) = \frac{\langle \delta F(t) \cdot \delta F(t+\tau) \rangle}{\langle F(t) \rangle^2}$$

La solution analytique la plus communément utilisée fait l'hypothèse d'une distribution gaussienne tridimensionnelle de la lumière détectée [208]. Dans le cas idéal d'une seule espèce fluorescente suivant une diffusion translationnelle, la fonction $G(\tau)$ prend la forme suivante :

$$G(\tau) = 1 + \frac{1}{N}\left(\frac{1}{1+\tau/\tau_0}\right)\left(\frac{1}{1+\left(\omega_0^2/z_0^2\right)(\tau/\tau_0)}\right)^{\frac{1}{2}}$$

ω_0 et z_0 représentent respectivement le rayon du faisceau à $1/e^2$ dans le plan et le long de l'axe optique. Le rapport ω_0/z_0 est classiquement appelé le paramètre de structure S du volume de collection. τ_0 correspond au temps de relaxation de la diffusion translationnelle ; il est figuré par le temps à mi-hauteur de l'ACF et il relié au coefficient de diffusion translationnelle D [209] :

$$\tau_0 = \frac{\omega_0^2}{4D}$$

Pour un délai τ tendant vers l'infini, les fluctuations ne sont plus corrélables et la fonction $G(\tau)$ tend vers 1. Inversement, lorsque le délai τ qui sépare deux détections devient nul, tout les signaux s'autocorrèlent et la fonction $G(0)$ prend alors son amplitude maximale définie par l'équation suivante :

$$G(0) = 1 + \frac{1}{\langle N \rangle}$$

Ainsi, $G(0)$ donne une mesure directe du nombre moyen de molécules $\langle N \rangle$ dans le volume d'observation. Connaissant le volume effectif d'observation V_{eff}, on en déduit alors la concentration moléculaire $\langle C \rangle$:

$$\langle C \rangle = \frac{\langle N \rangle}{V_{eff}}$$

• **Distribution de probabilité.** Alors que la fonction d'autocorrélation décrit efficacement les fluctuations temporelles du signal, le calcul de la distribution de probabilité caractérise l'amplitude des fluctuations. Celle-ci est directement dépendante de la brillance des molécules et de leur nombre. Dans ce cas, il s'agit de décrire la probabilité de dénombrer k photons par unité de temps échantillonnant les données de fluctuation du signal recueillies en FCS. Cette probabilité est déterminée expérimentalement par l'histogramme de distribution du nombre de photons détectés (*Photon Counting Histogram*, PCH). Une expression théorique de la PCH a été développée en se fondant sur la théorie de détection des photons [204].

Deux observables importantes sont rendues accessibles. La première correspond à nouveau au nombre moyen de molécules $\langle N \rangle$ dans le volume d'observation, la seconde estime la brillance des molécules ε, qui est définie comme la valeur moyenne du nombre de photons détectés par échantillonnage de temps et par molécule. Cette approche a pu être généralisée pour les cas où plusieurs espèces moléculaires (multimérisation du marqueur fluorescent) coexistent.

En conclusion, l'ACF permet de distinguer différentes espèces moléculaires, mais cela n'est possible que dans les cas où une modification substantielle du coefficient de diffusion distingue les différentes sous-populations moléculaires. L'analyse PCH offre une alternative puissante, en analysant les différences de brillance moléculaire liée par exemple à la multimérisation d'une molécule. L'une et l'autre sont donc très complémentaires. Cela est d'autant plus vrai que dans nombre de systèmes biologiques, le contraste lié à des différences de brillance est d'amplitude plus élevée que celui résultant d'une différence des coefficients de diffusion.

5.2.2. Montage expérimental de FCS

Les développements technologiques ont profondément transformé l'instrumentation FCS, rendant la méthode accessible en microscopie. Expérimentalement, la fluorescence provenant d'un très petit volume par rapport à l'échantillon étudié est enregistrée avec un détecteur ultrasensible. Cela est réalisé avec l'aide d'un microscope à fluorescence en configuration confocale (figure 7.66). Le volume d'excitation du fluorophore est alors délimité par la focalisation du rayon laser par l'objectif du microscope et un diaphragme variable situé dans le plan image, bloquant le signal fluorescent ne provenant pas directement du plan focal. Les molécules fluorescentes traversant ce volume émettent des photons, qui sont collectés par l'objectif, puis focalisés dans un détecteur capable de compter les photons individuellement (photodiode à avalanche ou tube photomultiplicateur). Enfin, le détecteur est relié à une voie d'entrée du corrélateur qui calcule en temps réel la fonction de corrélation des signaux délivrés.

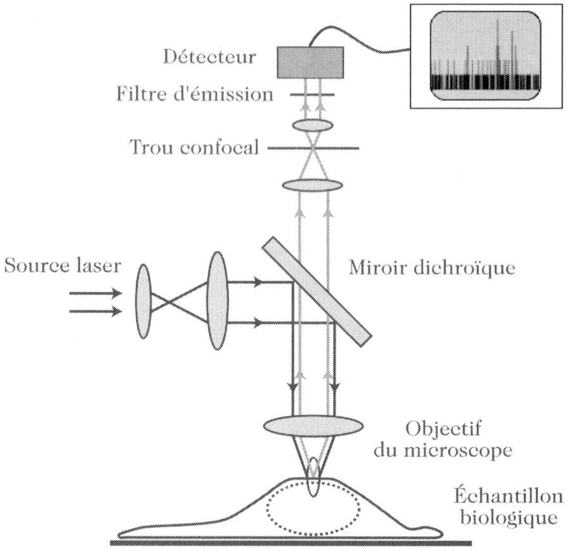

Figure 7.66. Montage FCS en mode d'excitation avec une source laser conventionnelle.

5.2.3. Résolution spatio-temporelle de la FCS et précautions expérimentales

En fonction des informations recherchées, plusieurs options permettent d'obtenir la résolution spatio-temporelle en adéquation avec le système biologique étudié. Nous résumerons ici les options concernant principalement la source laser d'excitation, les caractéristiques de l'objectif d'observation, et celles liées au mode de corrélation du signal.

Excitation un photon/deux photons (1P/2P)

Classiquement, la fluorescence d'une molécule résulte de l'absorption d'un photon apportant exactement la quantité d'énergie nécessaire à la transition : c'est le mode d'excitation 1P. Cependant, si au lieu d'apporter l'énergie de la transition par un photon unique, on l'apporte par deux photons d'énergie moitié (excitation 2P), il est possible de porter le fluorophore dans un état excité entraînant l'émission d'un photon fluorescent, exactement de la même façon que si elle avait été excitée par un photon unique. Deux modes d'excitation peuvent être produits en fonction de la disponibilité d'une source laser impulsionnelle ou non. Le mode d'excitation 2 photons (2P) requiert l'absorption quasiment simultanée (intervalle de temps inférieur à 10^{-15} s) de deux photons de longueur d'onde double de celle nécessaire à l'excitation conventionnelle par absorption d'un seul photon (1P).
Ces deux modes n'offrent pas les mêmes possibilités [210]. Si une seule espèce moléculaire est suivie, le mode 1P est certainement préférable (facilité de mis en œuvre, moindre coût, large gamme de fluorophores...). Le mode 2P présente surtout des avantages en rendant mesurable des fluorophores normalement excitables par des rayons ultraviolets. Comme ceux-ci induisent des dommages non négligeables, ils ne permettent pas de préserver les caractéristiques vitales des

échantillons biologiques. L'excitation 2P, en se plaçant dans le spectre infrarouge, élimine donc le problème. De façon non explicite, le profil d'excitation 2P de la plupart des fluorophores est beaucoup étendu qu'en mode 1P. Il est alors possible d'exciter simultanément plusieurs fluorophores normalement spectralement séparés en mode 1P. Comme nous le verrons plus loin, cette propriété, souvent perçue comme une contrainte, peut aussi se révéler expérimentalement bénéfique.
Concernant le photoblanchiment du fluorophore, le volume effectif d'excitation 1P est significativement plus large que celui en 2P. En conséquence, les molécules fluorescentes ainsi exposées sont susceptibles d'être photodétruites avant d'entrer dans le volume effectif de collection du signal. Les mécanismes d'excitation impliquant deux photons ont une efficacité qui n'est plus proportionnelle à l'intensité de la source d'excitation (comme en mode classique 1P), mais au carré de cette intensité. En conséquence, l'excitation 2P ne peut se produire qu'au plan focal, là où la densité de photons sera suffisamment élevée pour que l'absorption simultanée de deux photons par le fluorophore soit tangible. Il n'y a donc pas d'absorption en dehors du volume d'excitation proprement dit. Cependant, les puissances d'excitation alors requises peuvent contrebalancer ce bénéfice, en entraînant une disparition apparente de l'émetteur observé avant qu'il ne quitte physiquement le spot d'observation.

■ Taille du volume d'observation et résolution spatiale

En solution, il est simplement nécessaire de travailler avec un volume d'analyse suffisamment petit en regard du volume de solution pour considérer ce dernier comme un réservoir inépuisable de marqueurs moléculaires. En milieu cellulaire, ce paramètre devient critique pour pouvoir toujours considérer la cellule comme un réservoir infini de marqueurs. En fait, la taille du spot d'observation dépend de la longueur d'onde d'excitation λ (diamètre du volume inversement proportionnel à λ), de l'ouverture numérique de l'objectif (focalisation du laser et collection du signal accrues) et du réglage du montage optique (en remplissant très largement l'ouverture arrière de l'objectif, il est possible d'obtenir un volume optimal dont le diamètre est limité par la diffraction de la lumière). Dans les montages usuels, le diamètre du spot est d'environ 500 nm dans le plan et de 1,2 μm suivant l'axe optique. Cela définit un volume d'observation de l'ordre du femtolitre, soit l'équivalent du quart du volume d'une bactérie. Par ailleurs, les échantillons biologiques étant maintenus en vie en milieu aqueux, il est donc préférable de réaliser les mesures avec un objectif à immersion d'eau.

■ Corrélateurs et résolution temporelle

Avec les corrélateurs modernes, la FCS permet de caractériser en une seule mesure des temps de relaxation compris entre une cinquantaine de nanosecondes et plusieurs dizaines de millisecondes. Lorsque les phénomènes étudiés se manifestent avec une temporalité inférieure au temps mort des modules de comptage (de l'ordre de plusieurs dizaines de nanosecondes), il est nécessaire d'étendre la résolution temporelle en employant deux détecteurs en configuration de corrélation croisée, et ce après avoir divisé le signal à l'aide d'un cube semi-réfléchissant. On retiendra que pour analyser des échelles de corrélation de l'ordre de la microseconde, l'utilisation d'un seul détecteur sera suffisante, et le corrélateur fonctionnera alors en mode d'autocorrélation.

Photostabilité des fluorophores

Les fluctuations du signal étant censées traduire celles de la sonde moléculaire, il est important de documenter ses propriétés photophysiques (génération de triplet, états noirs, production de photons) afin de ne pas entacher l'interprétation des résultats. Par exemple, lors d'une mesure expérimentale de FCS, le spot d'observation est continuellement éclairé ; cela peut s'étendre de quelques secondes à plusieurs minutes. La source moléculaire émettrice peut donc s'éteindre avant même d'avoir quitté physiquement le spot d'observation. Le temps moyen de diffusion déduit de la fonction d'autocorrélation s'en trouve donc erroné. Ce fait est d'autant plus important que les molécules diffuseront lentement dans l'échantillon.

Un « bon » fluorophore est donc caractérisé non seulement par une efficacité quantique élevée et une large section d'absorption, mais aussi de façon plus cruciale par une très grande photostabilité. De fait, la fluorescéine n'est pas recommandée, et il existe de nouvelles molécules organiques avec des propriétés spectrales équivalentes et une photostabilité largement accrue. On recommandera donc à l'expérimentateur néophyte de se référer à la littérature avant d'établir son choix. Par ailleurs, les fluorophores synthétiques présentent l'inconvénient majeur de nécessiter leur couplage préalable direct ou indirect à la molécule d'intérêt. Le contrôle de cette étape est fastidieux, voire complexe, lorsque la molécule d'intérêt est intracellulaire. Aujourd'hui, les protéines autofluorescentes permettent d'étiqueter quasiment n'importe quelle protéine en préservant sa fonctionnalité. De nombreux variants existent, les plus courants restant les protéines dérivés de la *green fluorescent protein* (GFP). Pour certains variants, la photophysique a pu être documentée justement par des mesures FCS [211-213]. Ce sont donc des molécules de choix lorsque la génération de protéines recombinantes est possible.

Précision des mesures FCS

Celle-ci dépendra du nombre de molécules fluorescentes présentes en moyenne dans le spot d'observation. Compte tenu de la sensibilité de la méthode, il existe donc un compromis entre taille du spot et concentration moléculaire du marqueur, afin d'optimiser la résolution spatio-temporelle recherchée en fonction du meilleur rapport signal/bruit, du temps minimal de mesure et de la cinétique des événements rapportés. Pour un volume de l'ordre du femtolitre, cela représente des concentrations de l'ordre du nanomolaire pour l'espèce moléculaire analysée. Cette propriété peut être à la fois un atout et une difficulté. Bien souvent, la concentration du marqueur peut atteindre en milieu cellulaire des concentrations très supérieures au nanomolaire. À l'opposé, cela traduit la possibilité d'incorporer dans une cellule une molécule d'intérêt à des doses significativement faibles et donc sans incidence en regard de la fonctionnalité du système biologique.

Soulignons qu'il est maintenant possible de réaliser des mesures avec des concentrations moléculaires élevées [214]. Dans ce cas, l'utilisation de supports d'observation présentant des trous de 30 à 400 nm permet de créer un très petit volume d'observation (de l'ordre de 10^{-18} à 10^{-21} L), qui est donc de plusieurs ordres de grandeur inférieur à celui classiquement obtenu en microscopie confocale. Cet artifice permet maintenant de réaliser des mesures en milieu cellulaire pour lesquelles les concentrations moléculaires peuvent atteindre le micromolaire [215, 216].

5.2.4. Applications expérimentales

Mesures de concentration et d'agrégation moléculaire

Nous avons montré précédemment que l'amplitude de la fonction $G(0)$ correspondait à la réciproque du nombre de molécules N dans le volume de détection et qu'en définitive, cette mesure permettait de définir très précisément la concentration locale **absolue** si le volume effectif d'observation était précisément connu. Cependant, cette approche n'est expérimentalement pas aussi triviale : en effet, les mesures FCS se font nécessairement à de faibles concentrations. Or, les molécules ont souvent une tendance naturelle à s'adsorber de manière non spécifique sur les surfaces. Ce phénomène, qui est sans implication à fortes concentrations, devient rédhibitoire aux concentrations requises pour la FCS en réduisant la concentration de molécules libres.

Dans un certain nombre de cas, la détermination de la concentration locale **relative** suffit, comme lorsqu'il est nécessaire de contrôler l'expression de protéines fluorescentes intracellulaires. Cette valeur est beaucoup plus exacte puisqu'elle ne dépend plus de la taille du spot d'observation.

La brillance moléculaire est aussi un paramètre extrêmement utile : elle est calculée en divisant le taux de comptage moyen par le nombre de molécules dans le volume d'observation. Ce paramètre permet d'abord de déterminer les performances et l'évolution d'un montage optique en comparant la brillance de fluorophores de référence. Dans un système complexe, connaître la brillance moléculaire permet d'apprécier des paramètres environnementaux affectant les propriétés du fluorophore (*quenching*), ou bien une augmentation de fluorescence des objets due à un phénomène d'agrégation.

Temps de résidence : mobilité et interaction moléculaire

Par rapport à la dynamique temporelle, la FCS a des performances très étendues, communément entre la microseconde et la centaine de milliseconde. Déterminer les paramètres de diffusion de molécules biologiquement pertinentes a donc été l'objectif premier des analyses FCS en solution. Maintenant qu'il est devenu possible de structurer un très petit volume d'observation, la FCS est aussi applicable en milieu cellulaire. Il est alors important d'identifier quel processus est susceptible de rendre compte des temps de diffusion observés et, tout d'abord, d'éliminer tout artéfact associé à l'utilisation d'un fluorophore particulier. De nombreux fluorophores sont très lipophyles et tendent à s'associer aux membranes, avec pour conséquence de réduire significativement la diffusion, voire d'induire une déviation significative par rapport à une diffusion purement brownienne. L'étude comparative des mesures FCS d'une même molécule fluorescente en solution et en milieu cellulaire démontre l'importance de l'environnement sur ses propriétés de diffusion. Ainsi, le temps à mi-hauteur de l'ACF varie sur plusieurs ordres de grandeur entre des molécules dans une solution tampon, dans le cytosol, ou bien lorsque les molécules sont ancrées à la membrane plasmique. De nouvelles stratégies, qui permettent de s'adapter aux échelles de temps des processus étudiés, sont actuellement développées [202, 217, 218].

En milieu cellulaire, la diffusion d'une molécule d'intérêt s'écarte le plus souvent d'un comportement purement brownien. Plusieurs modèles ont été proposés pour rendre compte de ces déviations (diffusion anomale, hétérogénéité de la population observée, transport actif...), et le lecteur trouvera une littérature abondante sur ce sujet qui sort des objectifs de ce chapitre. Il est important de retenir que si les mesures FCS sont aisément mises en œuvre, il s'avère indispensable de recourir à des modèles théoriques pour ajuster les courbes expérimentales d'autocorrélation.

Comment les interactions moléculaires sont-elles objectivées par les mesures FCS ? Pour être observables, il faut nécessairement que les échelles temporelles auxquelles s'opèrent ces interactions/modifications moléculaires soient sensiblement supérieures au temps de résidence des molécules dans le spot d'observation. Deuxièmement, les modifications induites doivent être perceptible par un facteur 2 en terme de modification du temps de diffusion : identifier une interaction d'un composant moléculaire fluorescent F avec une molécule M n'est donc possible que si le rapport des masse entre le complexe FM et la molécule libre F est au moins égale à 8 (dépendance de D avec la racine cubique de la masse moléculaire). Expérimentalement, cela est réalisé par des mesures consécutives de FCS avec des temps d'intégration des mesures suffisamment courts. En décomposant l'ACF, il est même possible de quantifier le pourcentage des différentes populations contribuant aux fluctuations et donc d'évaluer la progression d'un phénomène biologique. Par exemple, il est possible d'analyser des équilibres chimiques ou bien de décrire la cinétique d'interaction d'un ligand avec son récepteur.

Récemment, on a démontré que la réalisation de mesures de diffusion à des échelles spatiales variables permettait d'identifier les mécanismes contraignant la libre diffusion d'une espèce moléculaire [202]. Ces mesures sont réalisées en modifiant le volume d'observation : lorsque l'ouverture arrière de l'objectif du microscope est partiellement rempli par le faisceau laser, le volume d'observation moins focalisé augmente en conséquence [219]. En analysant alors le temps moyen de résidence des molécules en fonction de la taille du volume d'observation, il est possible d'observer si la mobilité de différents composants de la membrane plasmique s'écarte ou non d'un processus brownien et d'en déduire l'origine du confinement moléculaire.

Corrélation croisée

Nous avons vu que des interactions ne seront pas analysables par FCS si la variation de masse résultant de la formation d'un complexe moléculaire est insuffisante. Pour circonvenir ce problème sans pour autant supporter les contraintes de géométrie moléculaire liées aux mesures d'interaction par FRET, il est possible de suivre simultanément deux espèces A et B, chacune portant un émetteur fluorescent différent. Lorsque celles-ci sont associées ou dans un même complexe/agrégat moléculaire, elles émettront conjointement un signal en traversant le spot d'observation. Dans ce cas, l'analyse sera focalisée sur la corrélation croisée des signaux de fluorescence, leur fréquence et leur amplitude nous renseignant sur le degré d'association moléculaire. Cette méthode, appelée corrélation croisée (FCCS, *fluorescence cross-correlation spectroscopy*), est en principe extrêmement sensible ; sa mise en œuvre est cependant plus complexe. Brièvement, il est tout d'abord nécessaire que les spectres d'émission des deux fluorophores se chevauchent le moins possible. Classiquement, les deux espèces seront excitées par des sources laser différentes, ce qui implique que les deux spots d'excitation se recouvrent en totalité pour être certain qu'une absence de corrélation croisée reflète bien une absence d'association moléculaire. L'utilisation d'une source d'excitation 2P est une excellente alternative. Les spectres d'excitation des fluorophores étant plus larges en mode 2P par rapport à ceux d'une excitation 1P, il est possible d'exciter deux fluorophores simultanément avec la même longueur d'onde, cela entraînant *de facto* le strict chevauchement des spots d'observation.

5.3. Suivi de particules et molécules individuelles

5.3.1. Aspects expérimentaux

La technique du *Single Particule Tracking* (SPT) a commencé à être utilisée dans les années 1990 [220]. Elle consiste à suivre par microscopie optique, le mouvement de petites particules couplées à des protéines ou lipides membranaires à la surface de cellules. Les particules couramment utilisées sont du latex (200-500 nm), de l'or colloïdal (40 nm) ou plus récemment des *quantum dots* (quelques nm). Les particules sont fonctionnalisées avec des groupements chimiques réactifs (sulfate, carboxylate, amine), permettant un greffage covalent d'anticorps ou de ligands contre un récepteur spécifique (figure 7.67 a). Les

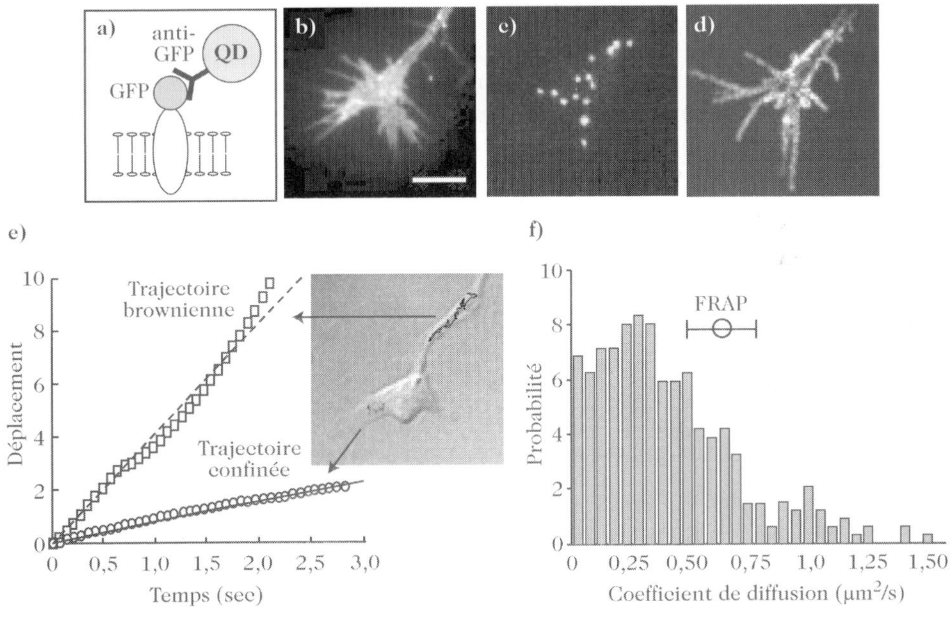

Figure 7.67. Illustration du suivi de particules individuelles. **a)** Une protéine d'adhésion neuronale (NrCAM) fusionnée avec GFP en extracellulaire est exprimée à la surface de neurones. Elle est reconnue par des *quantum dots* (QD) conjuguées à un anticorps contre la GFP. **b)** Signal fluorescent NrCAM-GFP au niveau d'un cône de croissance, l'extrémité motile des prolongements neuronaux. Barre d'échelle = 5 μm. **c)** Image des QD, qui se fixent spécifiquement à NrCAM-GFP, marquant un petit nombre de récepteurs. **d)** Les récepteurs diffusent à la surface cellulaire et entraînent les QD. L'image montre les trajectoires cumulées des QD. Noter que la quasi-totalité de la surface du cône de croissance est parcourue. **e)** Trajectoires de 1 minute pour deux QD, avec calcul du déplacement carré moyen (MSD). La forme du MSD permet de classifier le type de trajectoire (confinée ou brownienne). Un ajustement linéaire des premiers points permet de calculer un coefficient de diffusion instantané. **f)** Distribution des coefficients de diffusion pour une centaine de QD. Il s'agit d'une protéine GFP ancrée à la membrane par un groupement glycophosphatidyl inositol, pour laquelle des mesures de FRAP sont disponibles [190].

cellules sont incubées avec une solution diluée de particules pour obtenir un marquage ponctuel des récepteurs (figure 7.67 b,c). Les particules se déplacent alors en deux dimensions à la surface cellulaire (figure 7.67d).

5.3.2. Interprétation des trajectoires

L'environnement membranaire est si visqueux que le mouvement de la particule reflète la mobilité intrinsèque des récepteurs, et pas l'inverse. Cette hypothèse est d'autant plus valide que la particule utilisée est petite. Le repérage des particules se fait par analyse d'images avec des algorithmes souvent non commerciaux, et permet d'obtenir les trajectoires des particules sur des temps longs (figure 7.67e). Pour interpréter les résultats, on utilise la théorie du mouvement brownien, en calculant le **déplacement carré moyen** (MSD), qui est une fonction du temps. À deux dimensions :

$$\text{MSD}\ (n\Delta t) = \Sigma_{(i=1 \text{ à } N)}[(x_{i+n} - x_i)^2 + [(y_{i+n} - y_i)^2]$$

où x_i et y_i sont les coordonnées de la particule au temps $t = i\Delta t$ (Δt est l'intervalle de temps entre deux acquisitions). La forme du MSD permet d'identifier avec précision le type de mouvement. Par exemple, $MSD = 4Dt$ pour une marche aléatoire, $MSD = 4Dt^{\alpha}$ avec l'exposant $\alpha < 1$ pour une diffusion anomale, $MSD = v^2t^2$ pour un mouvement dirigé à la vitesse v. D'autres expressions plus complexes ont été formulées, par exemple pour une diffusion limitée par des obstacles [220]. Cette technique a ainsi permis de révéler une grande hétérogénéité de comportements à l'intérieur d'une même population de récepteurs [221]. Cela se reflète par une distribution très étalée des coefficients de diffusion (figure 7.67f). Mieux, le SPT a permis de corréler certains modes de mouvement à la présence et à l'activité de composants structuraux spécifiques. Par exemple, l'ancrage d'un récepteur d'adhésion au flux rétrograde d'actine dans les structures motiles (lamellipode, cône de croissance) se manifeste par un mouvement dirigé [222], l'association avec des domaines lipidiques se caractérise par une diffusion confinée [223]. L'utilisation de caméras rapides a permis de distinguer des transitions entre différents modes de mouvement et de mettre ainsi en évidence la structure très dynamique des membranes biologiques [224].

5.3.3. Avantages et inconvénients

Le SPT permet de mesurer la mobilité de molécules essentiellement à la surface cellulaire (on peut injecter des particules sondes dans les cellules, mais leur mobilité sera extrêmement réduite à cause de l'encombrement du cytoplasme, et l'on aura du mal à marquer un composant spécifique). En revanche, les particules peuvent être endocytées par les cellules en quelques minutes, ce qui fait apparaître artificiellement une fraction de particules peu mobiles. Une diminution de la mobilité des particules en fonction de leur taille (dans la gamme de 40-500 nm) a clairement été observée [225]. D'autre part, les anticorps ou ligands greffés sur les particules peuvent se fixer à plusieurs récepteurs, provoquant ainsi un regroupement local qui peut biaiser la mobilité de la particule. Si l'on abaisse la concentration d'anticorps, on réduit cet effet de réticulation, mais on risque de perdre la spécificité du marquage. Ces arguments font que les coefficients de diffusion mesurés en SPT sont en général plus petits que ceux obtenus en FRAP (figure 7.67f).

5.3.4. Détection de molécules fluorescentes individuelles

Principe et observations récentes

La détection de biomolécules individuelles est la transposition des méthodes de SPT, qui utilisent des marqueurs de tailles supérieures à $\sim$ 50 nm, à des marqueurs de tailles nanométriques (fluorophores, nanoparticules). Les premières observations de biomolécules individuelles par microscopie de fluorescence dans des cellules vivantes ont été réalisées à la fin des années 1990 [226-229]. Depuis, ce domaine est en pleine expansion.

La détection de molécules individuelles en biologie permet d'accéder à plusieurs types d'informations qui ne sont fournis par aucune autre méthode. En premier lieu, cela permet de connaître la distribution complète d'un paramètre sans se limiter à la connaissance de sa moyenne d'ensemble. Ainsi, des sous-populations même minoritaires pourront être étudiées, et des corrélations entre différents paramètres pourront être menées sur les différentes sous-populations. On pourra citer à titre d'exemple les études effectuées sur les récepteurs de neurotransmetteurs dans les synapses de neurones vivants, qui non seulement ont révélé l'existence de plusieurs sous-populations en termes de diffusion latérale dans la membrane cellulaire, mais également ont permis d'étudier les caractéristiques de la diffusion des récepteurs mobiles [230]. En deuxième lieu, les études effectuées sur des objets uniques permettent d'avoir accès aux fluctuations dynamiques d'un paramètre et de connaître ainsi toutes les sous-étapes de son évolution temporelle. En effet, il n'est alors pas nécessaire de synchroniser les molécules que l'on étudie (ce qui serait en pratique impossible dans des organismes vivants). Dans l'exemple précédent, l'existence d'échanges de récepteurs de neurotransmetteurs entre compartiments cellulaires (espaces synaptiques et extrasynaptiques) a pu être révélée pour la première fois. Enfin, nous citerons un troisième apport de la détection de molécules uniques par méthode optique. Il concerne la précision « sub-longueur d'onde » avec laquelle on peut déterminer la position spatiale d'une molécule. Elle est entièrement déterminée par le rapport signal/bruit avec lequel on détecte la molécule [231, 232]. Ainsi, en reprenant l'exemple précédent, la détection de récepteurs de neurotransmetteurs individuels a permis de mesurer le mouvement des récepteurs dans la synapse de neurones dont le diamètre ($\sim$ 300 nm) est de l'ordre de la longueur d'onde optique. La précision de pointé des molécules était de l'ordre de 45 nm.

Détails expérimentaux

Les difficultés principales dans l'obtention de signaux issus de fluorophores individuels dans des cellules vivantes proviennent du fait qu'à température ambiante, les fluorophores n'émettent qu'un nombre limité de photons avant de subir le phénomène de photoblanchiment (figure 7.68). Il en résulte qu'on ne pourra pas imager une molécule individuelle pendant un temps arbitrairement long, et que l'autofluorescence de la cellule peut constituer un signal de fond très gênant. En pratique, les meilleurs fluorophores peuvent être imagés pendant typiquement quelques secondes (en milieu physiologique, contenant en particulier de l'oxygène) et jusqu'à la centaine de secondes en milieu privé d'oxygène.

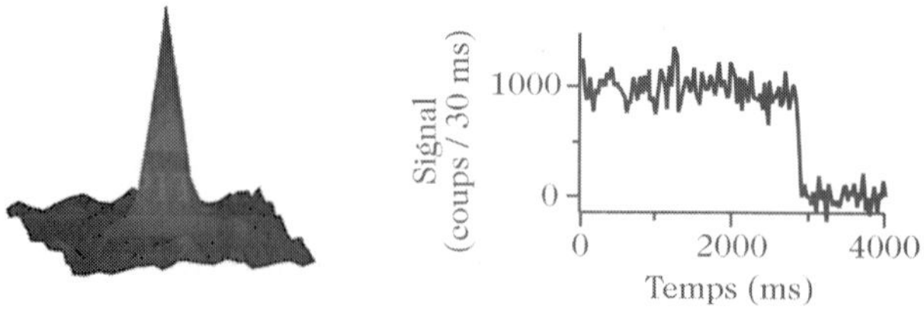

Figure 7.68. Représentation 3D du signal émis par une molécule Cy5 individuelle (à gauche) et son évolution temporelle (à droite). Le photoblanchiment digital de la molécule interrompt le signal recueilli.

Pour être détectés efficacement, les fluorophores doivent :

- émettre un nombre de photons suffisant pour être identifiés dans la fenêtre temporelle utilisée. Il est donc important d'utiliser un montage optique qui collecte efficacement les photons émis (objectifs de microscope à grande ouverture numérique, filtres optiques de grande qualité) et des détecteurs très bas bruits pour limiter le nombre de photons émis nécessaires à l'identification d'un fluorophore individuel. Il convient de noter que le phénomène de saturation de l'émission de la fluorescence ne permet pas d'augmenter à volonté le taux d'émission d'un fluorophore en augmentant l'intensité du laser excitateur. Ainsi, même en utilisant les détecteurs les plus sensibles, il est nécessaire d'utiliser des temps d'intégration supérieurs à typiquement la milliseconde afin de détecter des fluorophores individuels. Cela limite la cadence d'imagerie de molécules individuelles au kHz ;
- émettre un nombre des photons supérieur à celui émis par les molécules de leur environnement dans la bande spectrale utilisée, d'où l'utilisation de lasers, de filtres optiques de grande qualité et de géométries de détection particulières (microscopie confocale, à onde évanescente [233], mais aussi simplement en champ large [231, 234]).

5.3.5. *Quantum dots* et nanoparticules métalliques

Afin de contourner le problème du photoblanchiment, des nanoparticules luminescentes à semi-conducteurs (*quantum dots*) sont de plus en plus utilisées. En particulier, celles qui sont composées de CdSe émettent des radiations dans le visible, ce qui les rend directement utilisables dans les microscopes des biologistes [235]. Comparés aux molécules organiques, les principaux avantages des *quantum dots* résident dans la grande largeur de leur spectre d'excitation, l'étroitesse et l'accordabilité de leur spectre d'émission, ainsi que dans leur brillance et dans leur grande résistance au photoblanchiment. Il en résulte qu'ils peuvent être facilement imagés au niveau individuel pendant des durées de plusieurs minutes, ce qui en fait des marqueurs de biomolécules individuelles performants pour les applications en milieu cellulaire [236]. En revanche, ils présentent quelques désavantages. Ils ont tout d'abord la particularité de clignoter fortement, ce qui peut perturber l'identification d'objets en mouvement. Puis, fonctionnalisés afin d'être rendus biocompatibles, ils atteignent des tailles excédant la dizaine de nanomètres, ce qui les rend sensiblement plus encombrants que les molécules organiques. Ce problème fait que les *quantum dots* (et *a fortiori* les particules de latex) ne peuvent pas accéder aux jonctions intercellulaires, d'une largeur de quelques dizaines de nanomètres seulement.

Le marquage par particules métalliques est communément utilisé en biologie (microscopie électronique, suivi de particules). Les plus petites d'entre elles

(< 20nm) étaient jusqu'à ces dernières années exclusivement détectées par microscopie électronique. Récemment, des méthodes optiques en champ lointain, basées sur l'effet photothermique, ont été développées pour détecter des nanoparticules de seulement 1,4 nm [237, 238]. L'utilisation de méthodes photothermiques pour l'imagerie de biomolécules individuelles semble être une voie prometteuse comme méthode alternative à la fluorescence, puisqu'elles combinent la photostabilité des signaux et l'utilisation de marqueurs de tailles nanométriques [239].

5.4. Le FRET (*fluorescence resonance energy transfer*)

5.4.1. Introduction

Formalisé par Förster en 1948 [240], le FRET est un outil de caractérisation biochimique des assemblages macromoléculaires depuis les années 1950. Ce n'est que plus tard, dans les années 1990, grâce au développement de la GFP comme marqueur endogène de protéines [241] et aux divers développements technologiques dans le domaine de la microscopie de fluorescence, que le FRET a été introduit en biologie cellulaire pour caractériser et suivre les interactions de macromolécules en cellule, et plus particulièrement des protéines [242]. D'autres types d'applications du FRET ont également vu le jour, en construisant par ingénierie moléculaire des sondes portant le donneur et l'accepteur et susceptibles de changer de conformation en réponse à l'activité cellulaire.

5.4.2. Théorie du FRET

Le FRET est consécutif à une interaction électromagnétique se produisant entre deux molécules voisines de quelques nanomètres : une molécule fluorescente à l'état excité (le donneur) et une molécule non excitée dont le spectre d'absorption recouvre partiellement le spectre d'émission du donneur (l'accepteur). Un transfert d'énergie non radiatif, c'est-à-dire sans émission de photon, se produit alors, le donneur retournant à son état fondamental et l'accepteur absorbant l'énergie du donneur (figure 7.69a). Dans la plupart des cas, l'accepteur est une molécule fluorescente. Le FRET se caractérise alors par les intensités de fluorescence émises par le donneur et par l'accepteur. En absence de transfert, seul le donneur émet de la fluorescence. En revanche, en présence de transfert, la fluorescence du donneur diminue simultanément à une augmentation de la fluorescence de l'accepteur (figure 7.69b). L'efficacité de FRET correspond au rendement quantique du transfert, c'est-à-dire à la probabilité qu'une molécule donneuse excitée retourne à son état fondamental en transférant son énergie à l'accepteur plutôt qu'en se désexcitant par fluorescence. Cette efficacité, outre un facteur d'orientation entre les deux molécules, dépend en $1/R^6$ de la distance R qui sépare le donneur et l'accepteur (figure 7.69c). On appelle R_0 la distance de Förster qui correspond à la distance où E, l'efficacité de FRET, est de 50 %. On a :

$$E = \frac{1}{1 + \left(\dfrac{R}{R_0}\right)^6}$$

Chaque couple de molécules donneur/accepteur est caractérisé par son R_0, compris généralement entre 3 et 10 nm. Le FRET permet de caractériser une distance entre le donneur et l'accepteur de l'ordre de quelques nanomètres. En marquant les protéines d'intérêt avec des sondes fluorescentes (par exemple des fusions GFP, couple CFP/YFP, GFP/DsRed, ou en étiquetant les protéines avec des fluorophores organiques, couple FITC/TRITC, Cy3/Cy5...), puis en les introduisant dans les cellules, la mesure du FRET renseigne sur l'interaction qui peut exister entre les protéines, sachant que la distance pour qu'il y ait transfert (< 10 nm) est faible par rapport à la taille des protéines (figure 7.69d). Des variations de conformation d'une protéine portant le donneur et l'accepteur peuvent également être mises en évidence par la mesure du FRET, donnant naissance à des nombreuses sondes de l'activité cellulaire (sonde calcium [243], activité GDP/GTP [244], etc.) (figure 7.69e).

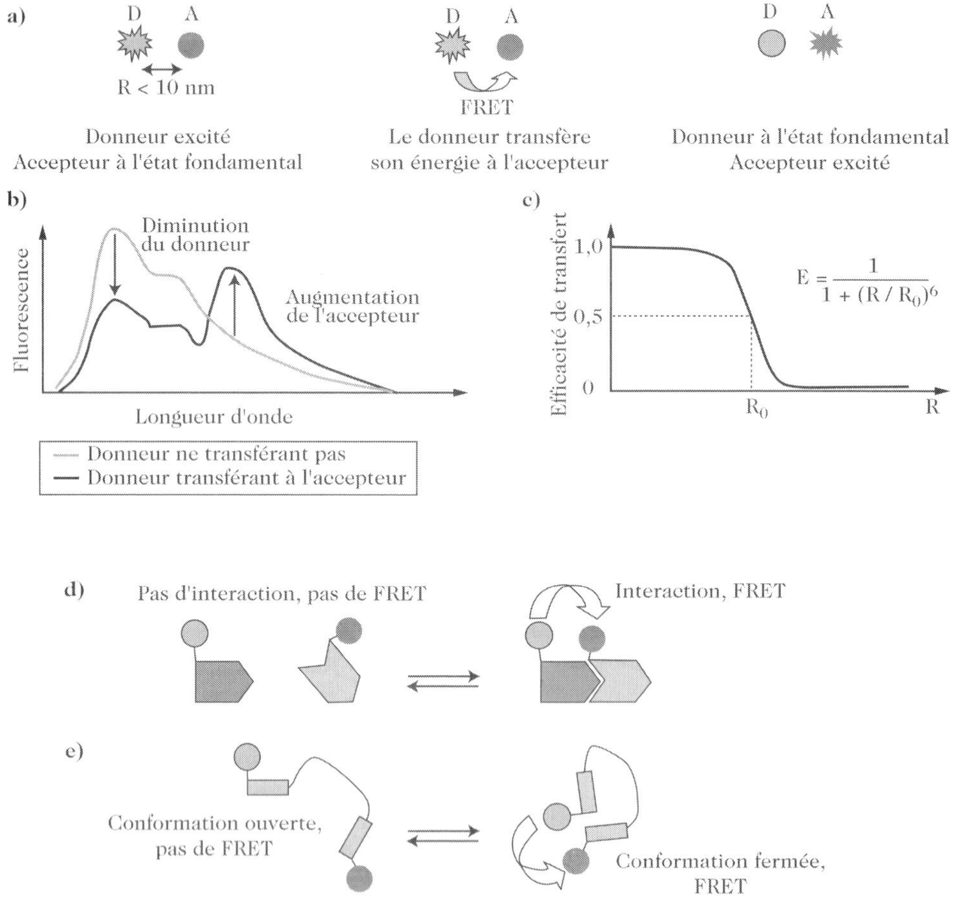

Figure 7.69. Théorie du FRET. **a)** Schéma de désexcitation du donneur par FRET. **b)** Spectres d'émission du donneur et de l'accepteur en absence et en présence de FRET. **c)** Efficacité de FRET en fonction de la distance donneur-accepteur. **d)** FRET intermoléculaire pour l'étude des interactions protéine-protéine. **e)** FRET intramoléculaire pour l'étude des conformations protéiques.

5.4.3. Méthodes de mesure du FRET

Par intensité de fluorescence

La méthode de base pour mesurer le FRET consiste à mesurer les intensités de fluorescence du donneur et de l'accepteur. On l'utilise en microscopie de fluorescence plein champ ou confocal. La méthode consiste à mesurer l'intensité de fluorescence pour trois combinaisons de filtres : (1)/(2) (filtre donneur), (1)/(4) (filtre FRET) et (3)/(4) (filtre accepteur) (figure 7.70). Ces intensités ne séparent pas le donneur et l'accepteur (par exemple, dans le filtre FRET, on mesure l'intensité de l'accepteur après excitation du donneur, additionnée à l'intensité du donneur qui passe dans le filtre (4)). Pour la correction, il est nécessaire de mesurer le donneur seul et l'accepteur seul. Une mesure qualitative de la diminution de l'intensité du donneur et de l'augmentation de l'intensité de l'accepteur est alors obtenue [245]. Mais pour mesurer quantitativement l'efficacité de FRET, d'autres mesures sont nécessaires pour s'affranchir des concentrations [246]. Si cette méthode est largement validée pour des mesures *in vitro* en cuvette, l'absence de contrôle des concentrations du donneur et de l'accepteur la rend délicate en cellule, excepté dans le cas particulier des sondes portant le donneur et l'accepteur où les concentrations sont identiques et où le ratio de fluorescence entre le filtre FRET et le filtre donneur correspond à une mesure du FRET [243, 244]. Ainsi, d'autres méthodes de mesure ont vu le jour.

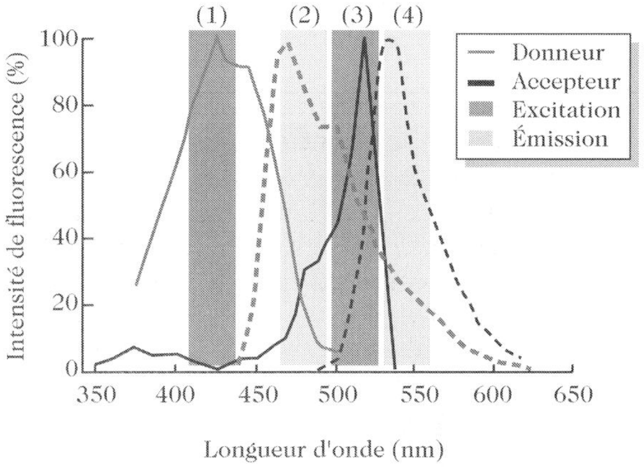

Figure 7.70. Caractéristiques spectrales des filtres donneur, FRET et accepteur pour la mesure du FRET par intensité sous microscope.

Par photoblanchiment de l'accepteur

Le photoblanchiment de l'accepteur consiste à mesurer la fluorescence du donneur en présence d'accepteur puis, après avoir photodétruit l'accepteur (en irradiant puissamment l'échantillon à la longueur d'onde d'excitation de l'accepteur), en absence de celui-ci (figure 7.71). Les mesures sont généralement menées à l'aide d'un microscope confocal qui permet, en augmentant la puissance du laser, de photoblanchir spécifiquement l'accepteur. Les images du donneur avant et après photoblanchiment de l'accepteur permettent de calculer l'image de l'efficacité de FRET dans la région où l'accepteur a été photodétruit. On a :

$$E = 1 - F_{av}/F_{ap}$$

où F_{av} et F_{ap} correspondent à l'intensité de fluorescence du donneur avant et après photoblanchiment de l'accepteur. Cette approche permet de s'affranchir des variations de concentration du donneur, puisque l'on mesure l'intensité de fluorescence du donneur sans et avec FRET sur un même échantillon [247]. Il demeure néanmoins de nombreuses difficultés expérimentales, notamment avec la photodestruction de l'accepteur qui peut générer une photoconversion biaisant la mesure (pour une revue des propriétés photophysiques de la GFP, voir [248]), mais aussi avec l'irréversibilité du photoblanchiment, rendant impossible le suivi temporel.

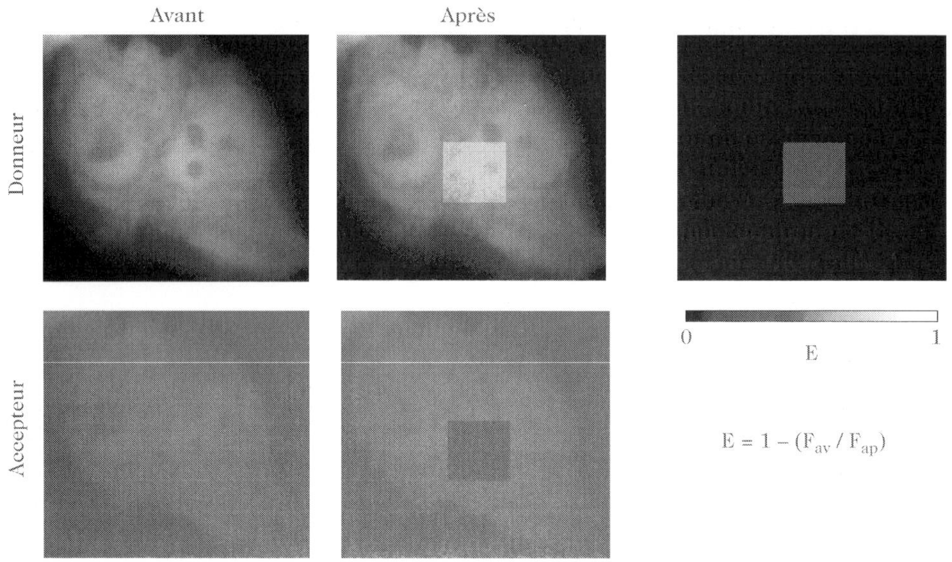

Figure 7.71. Mesure du FRET par photoblanchiment de l'accepteur. La méthode consiste à mesurer l'intensité du donneur avant et après photodestruction de l'accepteur. L'image de FRET dans la région photoblanchie se calcule avec les images d'intensité du donneur avant et après photoblanchiment.

Par durée de vie de fluorescence du donneur

La fluorescence est un phénomène transitoire. Une molécule fluorescente demeure à l'état excité pendant quelques nanosecondes. Cette durée de vie de fluorescence est caractéristique des différents phénomènes jouant sur sa désexcitation. Dans le cas où il n'y a pas de FRET, la durée de vie de fluorescence du donneur, τ_D, correspond à l'inverse de la constante de désexcitation par fluorescence, k_{fluo} :

$$\tau_D = 1/k_{\text{fluo}}$$

En revanche, lorsqu'il y a du FRET, la durée de vie de fluorescence du donneur en présence d'accepteur, τ_{DA}, diminue par addition de la désexcitation du donneur due au FRET :

$$\tau_{DA} = 1/k_{\text{fluo}} + k_{\text{FRET}}$$

La diminution de la durée de vie de fluorescence du donneur en présence d'accepteur par rapport à sa durée de vie en absence d'accepteur est une signature du FRET. L'efficacité de transfert correspond alors à :

$$E = 1 - \tau_{DA}/\tau_D$$

La mesure de la durée de vie de fluorescence a l'avantage d'être indépendante de la concentration. Un échantillon du donneur seul et un autre en présence d'accepteur sont comparés sans se soucier des concentrations. Dans notre exemple (figure 7.72), la mesure de durée de vie de fluorescence s'effectue en mode image (FLIM pour *Fluorescence Lifetime Imaging Microscopy*), en utilisant la technique de comptage de photons uniques corrélés en temps et en espace [249, 250]. Outre le fait que cette méthode est particulièrement adaptée pour le suivi temporel, c'est la seule méthode qui permette une quantification précise du phénomène de FRET. En effet, dans le cas d'une hétérogénéité dans l'échantillon (par exemple, lors d'une étude d'interaction protéine/protéine, seule une partie des protéines étiquetées avec le donneur interagissent avec leur partenaire), la mesure de l'efficacité de FRET par intensité ou photoblanchiment de l'accepteur va être une moyenne des différentes espèces (donneurs qui transfèrent et qui ne transfèrent pas), alors qu'il sera possible par la mesure des durées de vie de fluorescence de séparer ces espèces (figure 7.72) [251]. Or, la grandeur d'intérêt biologique dans l'étude des interactions entre protéines est la proportion de protéines qui interagissent, ce que seule la méthode par durée de vie de fluorescence permet de faire.

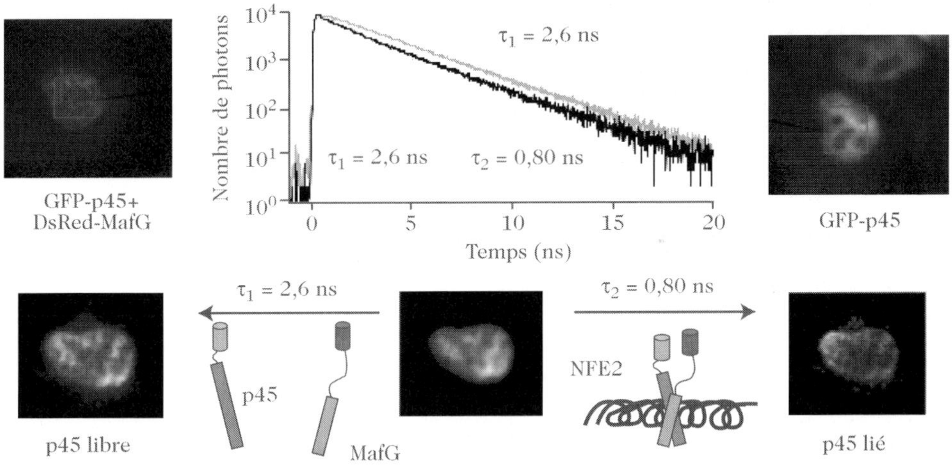

Figure 7.72. Mesure du FRET par durée de vie de fluorescence du donneur. En utilisant le FLIM, il est possible de mesurer les déclins de fluorescence du donneur seul et en présence d'accepteur et de les comparer (courbes verte et rouge). Dans notre exemple, la protéine p45 fusionnée à la GFP est exprimée seule ou en présence de la protéine MafG fusionnée à la DsRed. L'analyse de ces déclins permet de séparer la durée de vie de la GFP seule (2,6 ns) de celle de la GFP proche de la DsRed (0,8 ns soit 4,1 nm). Avec le FLIM, il est possible d'imager les contributions respectives de ces deux durées de vie, correspondant alors à l'image de p45 libre et de p45 lié à MafG. p45 et MafG sont les deux sous-unités du facteur de transcription NFE2.

5.4.4. Conclusion

La quantification de signaux fluorescents recèle de nombreuses difficultés, et le FRET est par essence une approche nécessitant une quantification précise. La mesure de durée de vie de fluorescence du donneur est sans aucun doute la méthode la plus prometteuse pour les applications en cellule sous microscope. De nombreuses solutions commerciales existent aujourd'hui pour effectuer ces mesures, ouvrant de multiples perspectives à cet outil en biologie.

Remerciements. Nous remercions Daniel Choquet qui a soutenu ce travail, Christelle Breillat, Françoise Rossignol et Delphine Bouchet pour les cultures de neurones et la biologie moléculaire, Edouard Saint-Michel pour les expériences de QD, Julien Falk pour les plasmides NrCAM-GFP, ainsi que le CNRS, le Ministère de la Recherche, et la Région Aquitaine pour le soutien financier.

Bibliographie

Introduction aux microscopies de fluorescence

[1] http ://www.microscopyu.com/articles/fluorescence/fluorescenceintro.html (25/01/06)

[2] http ://www.omegafilters.com/front/curvomatic/spectra.php (25/01/06)

[3] http ://www.microscopyu.com/articles/confocal/confocalintrobasics.html (25/01/06)

[4] http ://www.microscopyu.com/articles/fluorescencemultiphoton/multiphotonintro.html (25/01/06)

[5] Minsky M., « Microscopy Apparatus », U.S. Patent 301467, issued December, 1961. The 1956 patent application for the Confocal Scanning Microscope is partially reproduced in the Scanning article.

Les marqueurs

[6] Lakowicz J.R., *Principles of Fluorescence Spectroscopy, 2nd edition*, New York, Kluwer Academics/Plenum Publishers (1999).

[7] Vo-Dinh T., *Biomedical Photonics Handbook*, D.C. Press (2003).

[8] Frangioni J.V., « In vivo near-infrared fluorescence imaging, *Current Opinion in Chemical Biology*, **7**, 626-634 (2003).

[9] Metelev V., Weissleder R. et Bogdanov A., « Synthesis and properties of fluorescent NF-kB-recognizing hairpin oligodeoxyribonucleotide decoys », *Bioconjugate Chem.*, **15**(6), 1481-1487 (2004).

[10] Haugland R., *Handbook of fluorescent probes and research products, 9th edition*, Molecular Probes Inc. (2002).

[11] Hemmilä I. et Harju R., *Chapter 5*, in *Bioanalytical applications of labeling technologies*, I. Hemmilä, T. Stahlberg et P. Morttram, Editors, Walac Oy and EG& G Cie Pb. (1995).

[12] HEMMILÄ I. et WEBB S., « Time-resolved fluorometry : an overview of the labels and core technologies for drug screening applications », *Drug Discovery Today*, **2**(9), 373-381 (1997).

[13] PISZCZEK G. et al., « Multi-photon sensitized excitation of near infrared emitting lanthanides », *Journal of Fluorescence*, **12**(1), 15-17 (2002).

[14] WHITE G.F. et al., « Multi-photon excited luminescence of a lanthanide ion in a protein complex : Tb3+ bound to transferrin », *Photochem. Photobiol. Sci.*, **3**, 47-55 (2004).

[15] www.htrf-assays.com.

[16] CHAN W.C. et al., « Luminescent quantum dots for multiplexed biological detection and imaging », *Current Opinion in Biotechnology*, **13**, 40-46 (2002).

[17] GAO X. et al., « In vivo molecular and cellular imaging with quantum dots ». *Current Opinion in Biotechnology*, **16**, 63-72 (2005).

[18] SMITH A.M., GAO X. et NIE S., « Quantum dot nanocrystals for in vivo molecular and cellular imaging », *Photochemistry and Photobiology*, **80**, 377-385 (2004).

[19] MICHALET X. et al., « Quantum dots for live cells, in vivo imaging, and diagnostics », *Science*, **307**, 538-544 (2005).

[20] GREEN M., « Semiconductor quantum dots as biological imaging agents », *Angew. Chem. Int. Ed.*, **43**, 4129-4131 (2004).

[21] CHAN W.C. et NIE S., « Quantum dot bioconjugates for ultrasensitive nonisotopic detection », *Science*, **281**, 2016-2018 (1998).

[22] SARGENT E., « Infrared quantum dots », *Adv. Mater.*, **17**(5), 515-522 (2005).

[23] KIM S. et al., « Type II quantum dots : CdTe/CdSe (core/shell) and CdSe/ZnTe (core shell) heterostructures », *J. Am. Chem. Soc.*, **125**, 11466-11467 (2003).

[24] BAILEY R.E. et NIE S., « Alloyed semiconductor quantum dots : tuning the optical properties without changing the particle size », *J. Am. Chem. Soc.*, **125**, 7100-7106 (2003).

[25] GERION D. et al., « Synthesis and properties of biocompatible water-soluble silica-coated CdSe/ZnS semiconductor quantum dots », *J. Phys. Chem. B*, **105**, 8861-8871 (2001).

[26] BRUCHEZ M.P. et al., « Semiconductor nanocrystals as fluorescent biological labels », *Science*, **281**, 2013-2016 (1998).

[27] HAN M. et al., « Quantum-dot-tagged microbeads for multiplexed optical coding of biomolecules », *Nature Biotech.*, **19**, 631-635 (2001).

[28] ROSI N. et MIRKIN C., « Nanostructures in biodiagnostics », *Chemical Review*, **105**(4), 1547-1562 (2005).

[29] GAPONIK N. et al., « Toward encoding combinatorial libraries : charge driven microencapsulation of semiconductor nanocrystals luminescing in the visible and near IR », *Adv. Mater.*, **14**(12), 879-882 (2002).

[30] KIM S. et BAWENDI M.G., « Oligomeric ligands for luminescent and stable nonocrystal quantum dots », *J. Am. Chem. Soc.*, **125**, 14652-14653 (2003).

[31] PATHAK S. et al., « Hydroxylated quantum dots as luminescent probes for in-situ hybridization », *J. Am. Chem. Soc.*, **123**, 4103-4104 (2001).

[32] MATTOUSSI H. et al., « Self-assembly of CdSe-ZnS quantum dot bioconjugates using an engineered recombinant protein », *J. Am. Chem. Soc.*, **122**, 12142-12150 (2000).

[33] LARSON J.P. et al., « Water-soluble quantum dots for multiphoton fluorescence imaging in vivo », *Science*, **300**, 1434-1436 (2003).

[34] KIM S. et al., « Near-infrared fluorescent type II quantum dots for sentinel lymph node mapping », *Nature Biotechnology*, **22**(1), 93-97 (2004).

[35] PARAK W.J. et al., « Cell motility and metastatic potential studies based on quantum dot imaging of phagokinetic tracks », *Advanced Materials*, **14**(12), 882-885 (2002).

[36] JAISWAL J.K. et al., « Long-term multiple color imaging of live cells using quantum dot bioconjugates », *Nature Biotechnology*, **21**, 47-51 (2003).

[37] DERFUS A.M., CHAN W.C. et BHATIA S.N., « Intracellular delivery of quantum dots for live cell labeling and organelle tracking », *Advanced Materials*, **16**(12), 961-966 (2004).

[38] AKERMAN M.E. et al., « Nanocrystal targeting in vivo », *PNAS*, **99**(20), 12617-12621 (2002).

[39] BALLOU B. et al., « Non invasive imaging of quantum dots in mice », *Bioconjugate Chem.*, 79-86 (2004).

[40] DUBERTRET B. et al., « In vivo imaging of quantum dots encapsulated in phospholipid micelles », *Science*, **298**, 1759-1762 (2002).

[41] GAO X. et al., « In vivo cancer targeting and imaging with semiconductor quantum dots », *Nature Biotech.*, **22**(8) : p. 969-976 (2004).

[42] HOSHINO A. et al., « Applications of T-lymphoma labeled with fluorescent quantum dots to cell tracing markers in mouse body », *Biochem. Biophys. Res. Comm.*, **314**, 46-53 (2004).

[43] DERFUS A.M., CHAN W.C. et BHATIA S.N., « Probing the cytotoxicity of semiconductor quantum dots », *Nano-Letters*, **4**(1), 11-18 (2004).

[44] GERION D. et al., « Sorting fluorescent nanocrystal with DNA », *J. Am. Chem. Soc.*, **124**, 7070 (2002).

[45] WU X. et al., « Immunofluorescent labeling of cancer marker Her2 and other cellular targets with semiconductor quantum dots », *Nature Biotechnology*, **21**, 41-46 (2003).

[46] JAISWAL J.K. et al., « Use of quantum dots for live cell imaging », *Nature Methods*, **1**(1), 73-78 (2004).

[47] MITCHELL P., « Turning the spotlight on cellular imaging », *Nat. Biotechnol.*, **19**, 1013-1017 (2001).

[48] AUZEL F., « Upconversion and anti-Stokes processes with f and d ions in solids », *Chem. Rev.*, **104**, 139-173 (2004).

[49] ZIJLMANS H. et al., « Detection of cell and tissu surface antigens using up-converting phosphors : a new reporter technology », *Analytical Biochemistry*, **267**, 30-36 (1999).

[50] OSTERMAYER F., « Preparation and properties of infrared-to-visible conversion phosphors », *Metall. Trans.*, **752**, 747-755 (1971).

[51] CORSTJENS P. et al., « Lateral-flow and up-converting phosphor reporters to detect single-stranded nucleic acids in a sandwich-hybridization assay », *Analytical Biochemistry*, **312**, 191-200 (2003).

[52] NIEBDALA R.S. et al., « Detection of analytes by immunoassay using up-converting phosphor technology : a new reporter technology », *Analytical Biochemistry*, **293**, 22-30 (2001).

[53] VAN DE RIJKE F. et al., « Up-converting phosphor reporters for nucleic acid microarrays », *Nature Biotechnology*, **19**, 273-276 (2001).

[54] SANTRA S. et al., « Luminescent nanoparticle probes for bioimaging », *J. Nanosci. Nanotech.*, **4**(6), 590-599 (2004).

[55] BATTERSBY B. et al., « Optical barcoding of colloidal suspensions : applicatioons in genomics, proteomics and drug discovery », *Chem. Commun.*, 1435-1441 (2002).

[56] SANTRA S. et al., « TAT conjugated, FITC doped silica nanoparticles for bioimaging applications », *Chem. Commun.*, 2810-2811 (2004).

[57] OW H. et al., « Bright and stable core-shell fluorescent silica nanoparticles », *Nano-Letters*, **5**(1), 113-117 (2005).

[58] LI Z.F. et RUCKENSTEIN E., « Water-soluble poly(acrylic acid) grafted luminescent silicon nanoparticles and their use as fluorescent biological staining labels », *Nano-Letters*, **4**(8), 1463-1467 (2004).

[59] ROY I. et al., « Optical tracking of organically modified silica nanoparticles as DNA carriers : a nonviral, nanomedecine approach for gene delivery », *PNAS*, **102**(2), 279-284 (2005).

[60] SASTRY M. et al., « New approches to the synthesis of anisotropic, core-shell and hollow metal nanostructures », *J. Mater. Chem.*, **15**, 3161-3174 (2005).

[61] KELLY K. et al., « The optical properties of metal nanoparticles : the influence of size, shape and dielectric environment », *J. Phys. Chem. B*, **107**, 668-677 (2003).

[62] ELGHANIAN R. et al., « Selective Colorimetric Detection of Polynucleotides Based on the Distance-Dependent Optical Properties of Gold Nanoparticles », *Science*, **277**, 1078-1081 (1997).

[63] ASLAN K. et al., « Metal-enhanced fluorescence : an emerging tool in biotechnology », *Current Opinion in Biotechnology*, **16**, 55-62 (2005).

[64] CAO Y., JIN R. et MIRKIN C., « Nanoparticles with Raman spectroscopic fingerprints for DNA and RNA detection, *Science*, **297**, 1536-1540 (2002).

[65] PAROO Z. et al., « Validating Bioluminescence Imaging as a High-Throughput, Quantitative Modality for Assessing Tumor Burden », *Molecular Imaging*, **3**(2), 117-124 (2004).

[66] CIANA P. et al., « Engineering of a mouse for the in vivo profiling of estrogen receptor activity ». *Mol. Endocrinol.*, **15**, 1104-1113 (2001). Pour revue : MAGGI A. et CIANA P., « Reporter mice and drug discovery and development », *Nat. Rev. Drug Discov.*, **4**(3), 249-255 (2005).

[67] CLEMENS T.L. et al., « Analysis of osteocalcin expression in transgenic mice reveals a species difference in vitamin D regulation of mouse and human osteocalcin genes », *J. Bone Miner. Res.*, **12**, 1570-1576 (1997) .

[68] DE WET J.R. et al., « Cloning of firefly luciferase cDNA and the expression of active luciferase in Escherichia coli », *Proc. Natl. Acad. Sci. USA*, **82**, 7.69 -7873 (1985).

[69] WOOD K.V. et al., « Synthesis of active firefly luciferase by in vitro translation of RNA obtained from adult lanterns », *Biochem. Biophys. Res. Comm.*, **124**, 592-596 (1984).

[70] CONTAG C.H. et al., « Visualizing gene expression in living mammals using a bioluminescent reporter », *Photochem. Photobiol.*, **66**(4), 523-531 (1997).

[71] MATTHEWS J.C., HORI K. et CORMIER M.J., « Purification and properties of Renilla reniformis luciferase », *Biochemistry*, **16**, 85-91 (1977).

[72] SHIMOMURA O., « The discovery of aequorin and green fluorescent protein », *J. Microsc.*, **217**, 1-15 (2005).

[73] CHALFIE M. et al., « Green fluorescent protein as a marker for gene expression », *Science*, **263**, 802-805 (1994).

[74] SHANER NC et al., « Improved monomeric red, orange and yellow fluorescent proteins derived from Discosoma sp. red fluorescent protein », *Nat. Biotechnol.*, **22**(12), 1567-1572 (2004).

[75] TROY T. et al., « Quantitative Comparison of the Sensitivity of Detection of Fluorescent and Bioluminescent Reporters in Animal Models », *Molecular Imaging*, **3**(1), 9-23 (2004).

[76] RIDGWAY E.B. et ASHLEY C.C., « Calcium transients in single muscle fibers », *Biochem. Biophys. Res. Commun.*, **29**(2), 229-234 (1967).

[77] INOUYE S. et TSUJI F.I., « Aequorea green fluorescent protein. Expression of the gene and fluorescence characteristics of the recombinant protein », *FEBS Lett.*, **341**(2-3), 277-280 (1994).

[78] ROGERS K.L. et al., « Visualization of local Ca2+ dynamics with genetically encoded bioluminescent reporters », *Eur. J. Neurosci.*, **21**(3), 597-610 (2005).

[79] WILSON T. et HASTINGS JW., « Bioluminescence », *Annu. Rev. Cell. Dev. Biol.*, **14**, 197-230 (1998).

[80] JOHNSON F. H. et al., « Extraction, purification and properties of aequorin, a bioluminescent protein from the luminous hydromedusan, Aequorea », *Physiol.*, **60**, 85-103 (1962).

[81] JOHNSON F. H. et al., « Extraction, purification and properties of aequorin, a bioluminescent protein from the luminous hydromedusan, Aequorea », *J. Cell. Comp. Physiol.*, **59**, 223-239 (1962).

Systèmes de détection *in vivo*

[82] WEISSLEDER R., « Scaling down imaging : molecular mapping of cancer in mice », *Nature Reviews*, **2**, 1-8 (2002).

[83] MASSOUD T.F. et GAMBHIR S.S., « Molecular imaging in living subjects : seing fundamental biological processes in a new light », *Genes & Development*, **17**, 545-580 (2003).

[84] ISHIMARU A, *Wave propagation and scattering in random media*, Academic Press, New York (1978).

[85] CHEONG W.F., PRAHL S.A. et WELSH A.J., « A review of the optical properties of biological tissues », *IEEE J. Quantum Electron.*, **26**, 2166-2185 (1990).

[86] WEISSLEDER R., « A clearer vision for in vivo imaging », *Nature Biotechnology*, **19**, 316-317 (2001).

[87] HOLLIS V.S., *Non invasive monitoring of brain tissue temperature by near infrared spectroscopy*, Thesis, University of London, p. 65-66 (2002).

[88] TARONI P., TORRICELLI A., SPINELLI L., PIFFERI A., ARPAIA F., DANESINI G. et CUBEDDU R., « Time-resolved optical mammography between 637 and 985 nm : clinical study on the detection and identification of breast lesions », *Physics in Medicine and Biology*, **50**, 2469-2488 (2005).

[89] NTZIACHRISTOS V. et WEISSLEDER R., « Charge-coupled-device based scanner for tomography of fluorescent near-infrared probes in turbid media », *Medical Physics*, **29**, 803-809 (2002).

[90] WEISSLEDER R. et al., « In vivo imaging of tumors with protease activated near infrared fluorescent probes », *Nature Biotech.*, **17**, 375-378 (1999).

[91] TEXIER I. et al., « Vecteur biologique ciblé fonctionnalisé par une fonction d'imagerie », brevet EN 05 07784 (2005).

[92] RAZKIN J., JOSSERAND V., BOTURYN D., JIN Z., DUMY P., FAVROT MC., COLL J.-L. et TEXIER I., « Activable fluorescent probes for tumour-targeting imaging in live mice, *ChemMedChem*, **1**(10), 1069-1072 (2006) ; JIN Z., RAZKIN J., JOSSERAND V., BOTURYN D., GRICHINE A., TEXIER I., FAVROT M.-C., DUMY P., COLL J.-L., « In vivo non invasive optical imaging of receptor-mediated RGD internalization using self-quenched Cy5-labeled RAFT-c(-RGDfK)$_4$ », *Molecular Imaging*, **6**(1), 43-55 (2007).

[93] KIM S. et al., « Near-infrared fluorescent type II quantum dots for sentinel lymph node mapping », *Nature Biotechnology*, **22**(1), 93-97 (2004).

[94] Kim S. et Bawendi M.G., « Oligomeric ligands for luminescent and stable nonocrystal quantum dots », *J. Am. Chem. Soc.*, **125**, 14652-14653 (2003).

[95] NTZIACHRISTOS V. et WEISSLEDER R., « Charge-coupled-device based scanner for tomography of fluorescent near-infrared probes in turbid media », *Medical Physics*, **29**, 803-809 (2002).

[96] DUNSBY C. et FRENCH P.M.W., « Techniques for depth-resolved imaging through turbid media including coherence-gated imaging », *Journal of Physics D-Applied Physics*, **36**, R207-R227 (2003).

[97] GODAVARTY A., SEVICK-MURACA E.M. et EPPSTEIN M.J., « Three-dimensional fluorescence lifetime tomography », *Medical Physics*, **32**, 992-1000 (2005).

[98] BECKER W., BERGMANN A., BISCOTTI G. et RÜCK A., « Advanced time-correlated single photon counting technique », presented at Commercial and Biomedical Applications of Ultrafast Lasers IV (2004).

[99] ZINT C.V., UHRING W., TORREGROSSA M., CUNIN B. et POULET P., « Streak camera : a multidetector for diffuse optical tomography », *Applied Optics*, **42**, 3313-3320 (2003).

[100] D'ANDREA C., COMELLI D., PIFFERI A., TORRICELLI A., VALENTINI G. et CUBEDDU R., « Time-resolved optical imaging through turbid media using a fast data acquisition system based on a gated CCD camera », *Journal of Physics D-Applied Physics*, **36**, 1675-1681 (2003).

[101] PATTERSON M.S., CHANCE B. et WILSON B.C., « Time resolved reflectance and transmittance for the non invasive measurement of tissue optical properties », *Applied Optics*, **28**, 2331-2336 (1989).

[102] LIEBERT A., WABNITZ H., GROSENICK D., MOLLER M., MACDONALD R. et RINNEBERG H., « Evaluation of optical properties of highly scattering media by moments of distributions of times of flight of photons », *Applied Optics*, **42**, 5785-5792 (2003).

[103] CUBEDDU R., PIFFERI A., TARONI P., TORRICELLI A., VALENTINI G., « Experimental test of theoretical models for time-resolved reflectance », *Med. Phys.*, **9**, 1625-1633 (1996).

[104] LAIDEVANT A., DA SILVA A., BERGER M. et DINTEN J.-M., « Experimental study of time-resolved measurements on turbid media : determination of optical properties and fluorescent inclusions characterization », *Proceedings of SPIE*, **5859** (2005).

[105] TARONI P., TORRICELLI A., SPINELLI L., PIFFERI A., ARPAIA F., DANESINI G. et CUBEDDU R., « Time-resolved optical mammography between 637 and 985 nm : clinical study on the detection and identification of breast lesions », *Physics in Medicine and Biology*, **50**, 2469-2488 (2005).

[106] CUBEDDU R., PIFFERI A., TARONI P., TORRICELLI A., VALENTINI G., RINALDI F. et SORBELLINI E., « Fluorescence lifetime imaging : An application to the detection of skin tumors », *IEEE Journal of Selected Topics in Quantum Electronics*, **5**, 923-929 (1999).

[107] LAM S., LESAGE F. et INTES X., « Time domain fluorescent diffuse optical tomography : analytical expressions », *Optics Express*, **13**, 2263-2275 (2005).

[108] NTZIACHRISTOS V., MA X., YODH A.G. et CHANCE B., « Multichannel photon counting instrument for spatially resolved near infrared spectroscopy », *Review of scientific instruments*, **70**, 193-201 (1999).

Systèmes de détection *in vitro*

[109] PIRRUNG M.C., « How to Make a DNA Chip », *Angewandte Chemie International Edition*, **41** (8), 1276-1289 (2002).

[110] ZUBER E., « Approche biométrique de la dynamique de réactions antigène-anticorps », Thèse présentée devant l'Université Cl. Bernard-Lyon 1 (1997).

[111] WANG S.P., GRAYSTON J.T., « Immunologic relationship between genital TRIC, lymphogranuloma venereum, and related organisms in a new microtiter indirect immunofluorescence test », *Am. J. Ophthalmol.*, **70** (3), 367-374 (1970).

[112] GALLO G., RIGGS J.L., SCHACHTER J., EMMONS R.W., « Multiple-antigen slide test for detection of immunoglobulin M antibodies in newborn and infant sera by immunofluorescence », *J. Clin. Microbiol.*, **13** (4), 631-636 (1981).

[113] HAWKES R., « Identification of concanavalin A-binding proteins after sodium dodecyl sulfate-gel electrophoresis and protein blotting », *Analytical Biochemistry*, **123** (I 1), 143-146 (1982).

[114] EKINS R., CHU F., BIGGART E., « Development of microspot multi-analyte ratiometric immunoassay using dual fluorescent-labelled antibodies », *Analytica Chimica Acta*, **227**, 73-96 (1989).

[115] HIRSCHFELD S., « Assaying for a multiplicity of antigens or antibodies with a detection compound », US4 514 508 (1982).

[116] KHRAPKO K., LYSOV Yu., KHORLIN A., SHICK V., FLORENTIEV V. et MIRZABEKOV A., « An oligonucleotide hybridization approach to DNA sequencing », *FEBS Letters*, **256**, 118-122 (1989).

[117] FODOR S.P.A., READ J.L., PIRRUNG M.C., STRYER L., LU A.T., SOLAS D., « Light-directed, spatially addressable parallel chemical synthesis », *Science*, **251**, 767-773 (1991).

[118] GLEZOS N., MISIAKOS K., KAKABAKOS S., PETROUB P., TERZOUDIC G., « Electron beam patterning of biomolecules »,*Biosensors & Bioelectronics*, **17** (4), 279-282 (2002).

[119] DERISI J.L., IYER V.R., BROWN P.O., « Exploring the metabolic and genetic control of gene expression on a genomic scale », *Science*, **278**, 680-686 (1997).

[120] LASHKARI D.A., DERISI J.L., MCCUSKER J.H., NAMATH A.F., GENTILE C., HWANG S.Y., BROWN P.O., DAVIS R.W., « Yeast microarrays for genome wide parallel genetic and gene expression analysis », *Proc. Natl. Acad. Sci.*, **94**, 13057-13062 (1997).

[121] WASTIAUX G., *La microscopie optique moderne*, Tec et Doc Lavoisier (1994).

[122] WILSON T., *Confocal microscopy*, Academic Press (1990).

[123] WODICKA L., DONG H., MITTMANN M., HO M.H, LOCKHART D.J., « Genome-wide expression monitoring in Saccharomyces cerevisiae », *Nature Biotechnology*, **15**, 1359-1367 (1997).

[124] NARANG U., GAUGER P.R. et LIGLER F.S. « Capillary-Based Displacement Flow Immunosensor », *Anal. Chem.*, **69** (10), 1961-1964 (1997).

[125] CESARO-TADIC S., DERNICK G., JUNCKER D., BUURMAN G., KROPSHOFER H., MICHEL B., FATTINGER C., DELAMARCHE E., « High-sensitivity miniaturized immunoassays for tumor necrosis factor using microfluidic systems », *Lab on a chip*, **4** (6), 563-569 (2004).

[126] MALLARD F., MARCHAND G., GINOT F., CAMPAGNOLO R., « Opto-electronic DNA chip : high performance chip reading with an all-electric interface », *Biosensors and Bioelectronics*, **20** (9), 1813-1820 (2005).

[127] LIGLER F.S., BREIMER M., GOLDEN J.P., NIVENS D.A., DODSON J.P., GREEN T.M., HADERS D.P., SADIK O.A., « Integrating Waveguide Biosensor », *Anal. Chem.*, **74** (3), 713-719 (2002).

[128] DILL K., MONTGOMERY D.D., GHINDILIS A.L., SCHWARZKOPF K.R., RAGSDALE S.R., OLEINIKOV A.V., « Immunoassays based on electrochemical detection using microelectrode arrays », *Biosensors and Bioelectronics*, **20** (4), 736-742 (2004).

[129] YANG J.M., BELL J., HUANG Y., TIRADO M., THOMAS D., FORSTER A.H., HAIGIS R.W., SWANSON P.D., WALLACE R.B., MARTINSONS B., KRIHAK M., « An integrated, stacked microlaboratory for biological agent detection with DNA and immunoassays », *Biosensors and Bioelectronics*, **17** (6-7), 605-618 (2002).

[130] ROWE C.A., TENDER L.M., FELDSTEIN M.J., GOLDEN J.P., SCRUGGS S.B., MACCRAITH B.D., CRAS J.J., LIGLER F.S., « Array biosensor for simultaneous identification of bacterial, viral, and protein analytes », *Anal. Chem.*, **71** (17), 3846-52 (1999).

[131] TSCHMELAKA J., PROLL G., RIEDT J. et al., « Automated Water Analyser Computer Supported System (AWACSS) Part I : Project objectives, basic technology, immunoassay development, software design and networking », *Biosensors and Bioelectronics*, **20** (8), 1499-1508 (2005).

[132] LIVACHE T., ROGET A., DEJEAN E., BARTHET C., BIDAN G., TÉOULE R., « Preparation of a DNA matrix via an electrochemically directed copolymerization of pyrrole and oligonucleotides bearing a pyrrole group »,*Nucleic Acids Res.*, **22** (15), 2915–2921 (1994).

[133] HOLT D.B., GAUGER P.R., KUSTERBECK A.W., LIGLER F.S., « Fabrication of a capillary immunosensor in polymethyl methacrylate », *Biosensors and Bioelectronics*, **17** (1-2), 95-103 (2002).

[134] PEASE A.C., SOLAS D., SULLIVAN E.J., CRONIN M.T., HOLMES C.P., FODOR S.P.A., « Light-Generated Oligonucleotide Arrays for Rapid DNA Sequence Analysis », *PNAS*, **91**, 5022-5026 (1997).

[135] BEIER M., HOHEISEL J.H., « Production by quantitative photolithographic synthesis of individually quality checked DNA microarrays », *Nucleic Acids Res.*, **28**(4), e11 (2000).

[136] DONTHA N., NOWALL W.B., WERNER G., KUHR W.G., « Generation of Biotin/Avidin/Enzyme Nanostructures with Maskless Photolithography », *Anal. Chem.*, **69**(14), 2619-2625 (1997).

[137] SINGH-GASSON S., GREEN R.D., YUE Y., NELSON C., BLATTNER F., SUSSMAN M.R., CERRINA F., « Maskless fabrication of light-directed oligonucleotide microarrays using a digital micromirror array », *Nature Biotechnology*, **17**(10), 974-978 (1999).

[138] SILZEL J.W., CERCEK B., DODSON C., TSAY T., OBREMSKI R.J., « Mass-sensing multianalyte microarray immunoassay with imaging detection », *Clinical Chemistry*, **44**(9), 2036-2043 (1998).

[139] CONRAD D.W., DAVIS A.V., GOLIGHTLEY S.K., BART J.C., LIGLER F.S., « Photoactivable silanes for the site-specific immobilization of antibodies », *Proc. SPIE-Int. Soc. Opt. Eng.*, **2978**, 12-21 (1997).

[140] ROOST F.W.D., *Quantitative fluorescence microscopy*, Cambridge University Press (1991).

[141] ROUESSAC F. et ROUESSAC A., *Analyse chimique, méthodes et techniques instrumentales modernes*, Éditions Masson (1994).

[142] SABANAYAGAM C.R., SMITH C.S., CANTOR C.R., « Oligonucleotide immobilization on micropatterned streptavidin surfaces », *NAR*, **28**(8), E33-00 (2000).

[143] SELIGER H., HINZ M., HAPP E., « Arrays of Immobilized Oligonucleotides – Contributions to Nucleic Acids Technology », *Current Pharmaceutical Biotechnology*, **4**(6), 379-395 (2003).

[144] IVARSSON B., ULF J., SJOLANDER S., STANGHLBERG R., SJODIN H., « Optical biosensor system », US 5313264 (1989).

[145] BERG O.G., BLOMBERG C., « Association kinetics with coupled diffusional flows : Special application to the lac repressor-operator system », *Biophysical Chemistry*, **4**(I4), 367-381 (1976).

[146] THOMPSON N.L., BURGHARDT T.P. et AXELROD D., « Measuring surface dynamics of biomolecules by total internal reflection fluorescence with photobleaching recovery or correlation spectroscopy », *Biophysical Journal*, **33**(3), 435-454 (1981).

[147] BENNER R.E., DORNHAUS R., CHANG R.K., « Angular emission profiles of dye molecules excited by surface plasmon wawes at a metal surface », *Optics Communications*, **30**(2), 145-149 (1979).

[148] ATTRIDGE J.W., DANIELS P.B., DEACON J.K., ROBINSON G.A., DAVIDSON G.P., « Sensitivity enhancement of optical immunosensors by the use of a surface plasmon resonnance fluoroimmunoassay », *Biosensors and Bioelectronics*, **6**, 201-214 (1991).

[149] SULLIVAN K.G., KING O., SIGG C., HALL D.G., « Directionnal, enhanced fluorescence from molecules near a periodic surface », *Applied Optics*, **33**(13), 2447-2454 (1994).

[150] CHANCE R.R., PROCK A., SILBEY R., « Molecular fluorescence and energy transfert near interfaces », *Advanced in Chemical Physics*, Vol XXXVII - Prigogine I., Rice S.R., pages 1-65 (1978).

[151] ENDERLEIN J., RUCKSTUHL T., SEEGER S., « Highly efficient optical detection of surface generated fluorescence », *Applied Optics*, **38**(14), 724-732 (1999).

[152] PERRAUT F., CHATON P., POUTEAU P., « Amplification d'un signal de fluorescence émis par un échantillon surfacique », WO0140778 (2000).

[153] BRAS M., DUGAS V., BESSUEILLE F., CLOAREC J.P., MARTIN J.R., CABRERA M., CHAUVET J.P., SOUTEYRAND E., GARRIGUES M., « Optimisation of a silicon/silicon dioxide substrate for a fluorescence DNA microarray », *Biosensors and Bioelectronics*, **20**(I4), 797-806 (2004).

[154] STAMBOULI V., LABEAU M., MATKO I., CHENEVIER B., RENAULT O., GUIDUCCI C., CHAUDOUËT P., ROUSSEL H., NIBKIN D., DUPUIS E., « Development and functionalisation of Sb doped SnO_2 thin films for DNA biochip applications », *Sensors and Actuators B : Chemical*, **113**(I2), 1025-1033 (2006).

[155] LAKOWICZ J.R., MALICKA J., GRYCZYNSKI I., GRYCZYNSKI Z., GEDDES C.D., « Radiative decay engineering : the role of photonic mode density in biotechnology », *Journal of Physics D : Applied physics*, **36**, R240-R249 (2003).

[156] NEUSCHÄFER D., BUDACH W., WANKE C., CHIBOUT S.D., « Evanescent resonator chips : a universal platform with superior sensitivity for fluorescence-based microarrays », *Biosensors and Bioelectronics*, **18**(I4), 489-497 (2003).

[157] UNGER M., KARTALOV E., CHIU C.S., LESTER H.A., QUAKE S.R., « Single molecule fluorescence observed with mercury lamp illumination », *Biotechniques*, **27**(5), 1008-1014 (1999).

[158] YERSHOV G., BARSKY V., BELGOVSKIY A., KIRILLOV E., KREINDLIN E., IVANOV I., PARINOV S., GUSCHIN D., DROBISHEV A., DUBILEY S., MIRZABEKOV A., « DNA analysis and diagnostics on oligonucleotide microchips », PNAS, **93**(10), 4913-4918 (1996).

[159] HELLEN E.H, AXELROD A., « Fluorescence emission at dielectric and metal-film interfaces », *JOSA*, **14**, 337-350 (1987).

[160] HINDSON B.J., BROWN S.B., MARSHALL G.D., MCBRIDE M.T., MAKAREWICZ A.J., GUTIERREZ D.M., WOLCOTT D.K., METZ T.R., MADABHUSHI R.S., DZENITIS J.M., COLSTON B.W., « Development of an Automated Sample Preparation Module for Environmental Monitoring of Biowarfare Agents », *Anal. Chem.*, **76**(13), 3492-3497 (2004).

[161] MARSONER H. KARPF H., LEITNER A., « Sensor element for determination of concentration of substances », US 4755667 (1988).

[162] MARSONER H., KRONEIS H., KARPF H., WOLFBEIS O., LIST H., LEITNER A., « Sensor element for determination of concentration of substances », US 5039490 (1991).

[163] Misiakos K., Kakabakos S.E., Petrou P.S., Ruf H.H., « A Monolithic Silicon Optoelectronic Transducer as a Real-Time Affinity Biosensor », *Anal. Chem.*, **76** (5), 1366-1373 (2004).

[164] Park S., Taton T.A., Mirkin C.A., « Array-Based Electrical Detection of DNA with Nanoparticle Probes », *Science*, **295**(5559), 1503-1506 (2002).

[165] Singhal P., Kuhr W.G., « Ultrasensitive voltammetric detection of underivatized oligonucleotides and DNA », *Anal. Chem.*, **69**(23), 4828-4832 (1997).

[166] Popovich N.D., Eckhardt A.E., Mikulecky J.C., Napier M.E., Thomas R.S., « Electrochemical sensor for detection of unmodified nucleic acids », *Talanta*, **56**(5), 821-828 (2002).

[167] Sheehan P.E., Whitman L.J., « Detection Limits for Nanoscale Biosensors », *Nano Letters*, **5**(4), 803-807 (2005).

[168] Li Z., Chen Y., Li X., Kamins T.I., Nauka K., Williams R.S., « Sequence-Specific Label-Free DNA Sensors Based on Silicon Nanowires », *Nano Letters*, **4**(2), 245-247 (2004).

[169] Hahm J., Lieber C.M., « Direct Ultrasensitive Electrical Detection of DNA and DNA Sequence Variations Using Nanowire Nanosensors », *Nano Letters*, **4**(1), 51-54 (2004).

[170] Lu G.N., Ben Chouikha M., Sou G., Sedjil M., « Colour detection using a buried double p-n junction structure implemented in the CMOS process », *Electron. Lett.*, **213**, 594-596 (1996).

[171] Eggers M., Hogan M., Reich R.K., Lamture J., Ehrlich D., Hollis M., Kosicki B., Powdrill T., Beattie K., Smith S. et al., « A microchip for quantitative detection of molecules utilizing luminescent and radioisotope reporter groups », *Biotechniques*, **17**(3), 516-25 (1994).

[172] Perraut F., Lagrange A., Pouteau P., Peyssonneaux O., Puget P., McGall G., Menou L., Gonzalez R., Labeye P., Ginot F., « A new generation of scanners for DNA chips », *Biosensors and Bioelectronics*, **17**, 803-813 (2002).

[173] Vo-Dinh T., Alarie J.P., Isola N., Landis D., Wintenberg A.L., Ericson M.N., « DNA Biochip Using a Phototransistor Integrated Circuit », *Anal. Chem.*, **74**(2), 358-363 (1999).

[174] Lim D.V., « Detection of Microorganisms and Toxins with Evanescent Wave Fiber-Optic Biosensors », *Proceedings of the IEEE*, **91**(6), 902-907 (2003).

[175] Stimpson D.I., Hoijer J.V., Hsieh W.T., Jou C., Gordon J., Theriault T., Gamble R., Baldeschwieler J.D., « Real-time detection of DNA hybridization and melting on oligonucleotide arrays by using optical wave guides », *PNAS*, **92**(14), 6379-6383 (1995).

[176] Duveneck G.L., Pawlak M., Ehrat M., Neuschäfer D., Bär E., Budach W., Pieles U., « Novel bioaffinity sensors for trace analysis based on luminescence excitation by planar waveguides », *Sensors and Actuators B : Chemical*, **38**(1-3), 88-95 (1997).

[177] HOFMANN O., VOIRIN G., NIEDERMANN P., MANZ A., « Three-Dimensional Microfluidic Confinement for Efficient Sample Delivery to Biosensor Surfaces. Application to Immunoassays on Planar Optical Waveguides », *Anal. Chem.*, **74**(20), 5243-5250 (2002).

[178] LABEYE P., POUTEAU P., PERRAUT F., GINOT F., « Dispositif de lecture de fluorescence intégrée », FR 2846420 (2002).

[179] LUNDGREEN J.S., NEAL WATKINS A., RACZ D., LIGLER F.S., « A liquid crystal pixel array for signal discrimination in array biosensors », *Biosensors and Bioelectronics*, **15**, 417-421 (2000).

[180] CHOUDHURY B.J., SHINAR R., SHINAR J., « Luminescent chemical and biological sensors based on the structural integration of an OLED excitation source with a sensing component », Organic Light-Emitting Materials and Devices VII, Edited by Kafafi Z.H., Lane P.A., *Proceedings of the SPIE*, **5214**, 64-72 (2004).

[181] EDEL J.B., BEARD N.P., HOFMANN O., DEMELLO J.C., BRADLEY D.D.C., DEMELLO A.J., « Thin-film polymer light emitting diodes as integrated excitation sources for microscale capillary electrophoresis », *Lab on a Chip*, **4**(2), 136-140 (2004).

[182] SAVVATE'EV V., CHEN-ESTERLIT Z., AYLOTT J.W., CHOUDHURY B., KIM C.H., ZOU L., FRIEDL J.H., SHINAR R., SHINAR J., KOPELMAN R., « Integrated organic light-emitting device/fluorescence-based chemical sensors », *Applied Physics Letters*, **81**(24), 4652-4654 (2002).

[183] CHEDIAK J.A., LUO Z., SEO J., CHEUNG N., LEE L.P., SANDS T.D., « Heterogeneous integration of CdS filters with GaN LEDs for fluorescence detection microsystems », *Sensors and Actuators A : Physical*, **111**(I1), 1-7 (2004).

Références générales

KAMOUN P., *Appareils et méthodes en biochimie et biologie moléculaire*, Flammarion Médecine-sciences (1997).

LACOWICZ J.R., *Principle of fluorescence spectroscopy*, Kluwer Academic (1999).

PÉRÉ J.P., *La microscopie*, éd. Nathan (1994).

Autres systèmes de détection

[184] LIPPINCOTT-SCHWARTZ J., SNAPP E. et KENWORTHY A., *Nat. Rev. Mol. Cell. Biol.*, **2**(6), 444-56 (2001).

[185] CRANK J., *The mathematics of diffusion*, New York, Oxford University Press (1975).

[186] AXELROD D. et al., *Biophys. J.*, **16**(9), 1055-69 (1976).

[187] FEDER T.J. et al., *Biophys. J.*, **70**(6), 2767-73 (1996).

[188] EDIDIN M., ZUNIGA M.C. et SHEETZ M.P., *Proc. Natl. Acad. Sci. USA*, **91**(8), 3378-82 (1994).

[189] EDIDIN M. et STROYNOWSKI I., *J. Cell. Biol.*, **112**(6), 1143-50 (1991).

[190] KENWORTHY A.K. et al., J. *Cell. Biol.*, **165**(5), 735-46 (2004).

[191] COLE N.B. et al., *Science*, **273**(5276), 797-801 (1996).

[192] MARGUET D. et al., *Immunity*, **11**(2), 231-40 (1999).

[193] DUNN G.A. et al., *J. Microsc.*, **205**(Pt 1), 109-12 (2002).

[194] MALLAVARAPU A. et MITCHISON T., *J. Cell. Biol.*, **146**(5), 1097-106 (1999).

[195] MCGRATH J.L. et al., *Biophys. J.*, **75**(4), 2070-8 (1998).

[196] PATTERSON G.H. et LIPPINCOTT-SCHWARTZ J., *Science*, **297**(5588), 1873-1877 (2002).

[197] CHUDAKOV D.M. et al., *Nat. Biotechnol.*, **22**(11), 1435-9 (2004).

[198] MUNNELLY H.M. et al., *Biophys. J.*, **75**(2), 1131-8 (1998).

[199] DAVOUST J., DEVAUX P.F. et LEGER L., *EMBO J.*, **1**(10), 1233-8 (1982).

[200] SANCHEZ S.A. et GRATTON E., Acc. Chem. Res., **38**(6), 469-77 (2005).

[201] BACIA K. et al., *Biophys. J.*, **87**(2), 1034-43 (2004).

[202] LENNE P.-F. et al., *EMBO J.*, **25**(14), 3245-56 (2006).

[203] MARGEAT E. et al., *J. Mol. Biol.*, **306**(3), 433-42 (2001).

[204] CHEN Y. et al., *Biophys. J.*, **77**(1), 553-567 (1999).

[205] HESS S.T. et al., *Biochemistry*, **41**(3), 697-705 (2002).

[206] RIGLER R. et ELSON E., *Fluorescence correlation spectroscopy : theory and applications*, Springer series in chemical physics, ed. F.P. Schäfer, W. Zinth, and J.P. Toennies, Vol. 65, Springer-Verlag, Berlin, Heidelberg, New York (2001).

[207] MAGDE D., ELSON E.L. et WEBB W.W., *Phys. Rev. Lett.*, **29**, 705 (1972).

[208] RIGLER R. et al., *Eur. Bioophys. J.*, **22**, 169-75 (1993).

[209] ELSON E.L. et MAGDE D., *Biopolymers*, **13**(1), 1-27 (1974).

[210] SCHWILLE P. et al., *Biophys. J.*, **77**(4), 2251-65 (1999).

[211] SCHWILLE P. et al., *Proc. Natl. Acad. Sci. USA*, **97**(1), 151-6 (2000).

[212] HAUPTS U. et al., *Proc. Natl. Acad. Sci. USA*, **95**(23), 13573-8 (1998).

[213] CHEN Y. et al., *Biophys. J.*, **82**(1), 133-44 (2002).

[214] LEVENE M.J. et al., *Science*, **299**(5607), 682-6 (2003).

[215] WENGER J. et al., *Biophys. J.*, **(92)**3, 913-19 (2007).

[216] EDEL J.B. et al., *Biophys. J.*, **88**(6), L43-5 (2005).

[217] RUAN Q. et al., *Biophys. J.*, **87**(2), 1260-7 (2004).

[218] DIGMAN M.A. et al., *Biophys. J.*, **89**(2), 1317-27 (2005).

[219] WAWREZINIECK L. et al., *Proc. SPIE*, **5462**, 92-102 (2004).

[220] KUSUMI A., SAKO Y. et YAMAMOTO M., *Biophys. J.*, **65**(5), 2021-40 (1993).

[221] SIMSON R. et al., *Biophys. J.*, **74**(1), 297-308 (1998).

[222] FELSENFELD D.P., CHOQUET D. et SHEETZ M.P., *Nature*, **383**(6599), 438-40 (1996).

[223] DIETRICH C. et al., *Biophys. J.*, **82**(1 Pt 1), 274-84 (2002).

[224] VEREB G. et al., *Proc. Natl. Acad. Sci.* USA, **100**(14), 8053-8 (2003).

[225] KUCIK D.F., ELSON E.L. et SHEETZ M.P., *[published erratum appears in Biophys. J., 1999, Mar, **76**(3), 1720] Biophys. J.*, **76**(1 Pt 1), 314-22 (1999).

[226] UEDA M. et al., *Science*, **294**, 864-7 (2001).

[227] SCHUTZ G.J. et al., *EMBO J.*, **19**(5), 892-901 (2000).

[228] SEISENBERGER G. et al., *Science*, **294**, 1929-32 (2001).

[229] HARMS G.S. et al., *Biophys. J.*, **81**(5), 2639-46 (2001).

[230] TARDIN C. et al., *EMBO J.*, **22**(18), 4656-65 (2003).

[231] SCHMIDT C.E. et al., *J. Neurosci.*, **15**(5 Pt 1), 3400-7 (1995).

[232] THOMPSON R.E., LARSON D.R. et WEBB W.W., *Biophys. J.*, **82**(5), 2775-83 (2002).

[233] AXELROD D., *Methods Cell. Biol.*, **30**, 245-70 (1989).

[234] DICKSON R.M. et al., *Science*, **274**, 966-9 (1996).

[235] BRUCHEZ M.Jr et al., *Science*, **281**, 2013-6 (1998).

[236] DAHAN M. et al., *Science*, **302**, 442-5 (2003).

[237] BOYER D. et al., *Science*, **297**, 1160-3 (2002).

[238] BERCIAUD S. et al., *Phys. Rev. Lett.*, **93**(25), 257402 (2004).

[239] COGNET L. et al., *Proc. Natl. Acad. Sci. USA*, **100**(20), 11350-5 (2003).

[240] FÖRSTER T., *Ann. Phys.*, **2**, 55-75 (1948).

[241] TSIEN R.Y., *Ann. Rev. Biochem.*, **67**, 509-544 (1998).

[242] WOUTERS F.S., VERVEER P.J. et BASTIAENS P.I.H., *Trends Cell. Biol.*, **11**, 203-211 (2001).

[243] MIYAWAKI A. et al., *Nature*, **388**, 882-887 (1997).

[244] PERTZ O. et HAHN K.M., *J. Cell Sci.*, **117**, 1313-1318 (2004).

[245] GORDON G.W. et al., *Biophys. J.*, **74**, 2702-2713 (1998).

[246] STOCKHOLM D. et al., *J. Mol. Biol.*, **346**, 215-222 (2005).

[247] WOUTERS F. S. et al., *EMBO J.*, **17**, 7179-7189 (1998).

[248] SUBRAMANIAN V. et al., *Methods Enzymol.*, **360**, 178-201 (2003).

[249] TRAMIER M. et al., *Biophys. J.*, **83**, 3570-3577 (2002).

[250] EMILIANI V. et al., *Appl. Phys. Lett.*, **83**, 2471-2473 (2003).

[251] TRAMIER M. et al., *Methods Enzymol.*, **360**, 580-597 (2003).

CHAPITRE

8

NANOFORCE ET IMAGERIE

Christian LE GRIMELLEC*, Pierre-Emmanuel MILHIET†, Éric PEREZ‡, Frédéric PINCET§, Jean-Pierre AIMÉ¶, Valentina EMILIANI||, Olivier THOUMINE**, Thimothée LIONNET††, Vincent CROQUETTE‡‡, Jean-François ALLEMAND§§, David BENSIMON¶¶

1. Imagerie cellulaire et moléculaire en AFM

1.1. Introduction

L'invention du microscope à effet tunnel par Binnig et ses collaborateurs [1], prix Nobel de physique en 1986, est à l'origine d'une nouvelle famille de microscopes, dits à champ proche ou à sonde locale. Ces microscopes représentent des outils puissants pour étudier les propriétés de surface des échantillons. Leur principe commun consiste à balayer la surface d'un échantillon avec une sonde à une distance de l'ordre du nanomètre et à déterminer, point par point, la valeur d'une grandeur physique qui peut être, par exemple, un transfert d'électrons (microscope à effet tunnel), un flux de photons (microscope à champ proche optique) ou une force d'interaction (microscope à force atomique ou AFM pour *Atomic Force Microscope*) [2].

L'AFM, utilisé à l'air dans le vide, permet d'obtenir une résolution atomique sur des échantillons cristallins, mais son développement en biologie structurale vient de sa capacité à fonctionner en milieu liquide. Il permet d'observer la surface d'échantillons biologiques, qui vont de structures biologiques complexes comme

* UMR 5048 CNRS – 554 INSERM Université Montpellier 1. clg@cbs.cnrs.fr
† UMR 5048 CNRS – 554 INSERM Université Montpellier 1. pem@cbs.cnrs.fr
‡ LPS-ENS Paris. eric.perez@lps.ens.fr
§ LPS-ENS Paris. frederic.pincet@lps.ens.fr
¶ CPMOH, Université Bordeaux 1. j.p.aime@cpmoh.u-bordeaux1.fr
|| Laboratoire de Neurophysiologie et Nouvelles Microscopies, CNRS UMR 8154, INSERM S603, Université Paris 5. valentina.emiliani@univ-paris5.fr
** UMR CNRS 5091, PCS, Institut Magendie – Université Bordeaux 2. olivier.thoumine@pcs.u-bordeaux2.fr
†† LPS-ENS Paris. lionnet@lps.ens.fr
‡‡ LPS-ENS Paris. vincent.croquette@lps.ens.fr
§§ LPS-ENS Paris. allemand@lps.ens.fr
¶¶ LPS-ENS Paris. david.bensimon@lps.ens.fr

les membranes plasmiques de cellules eucaryotes jusqu'aux molécules uniques. C'est actuellement la seule technique permettant d'obtenir des résolutions subnanométriques dans un environnement physiologique. Tout d'abord utilisé en imagerie, il peut aussi servir d'instrument de dissection et de manipulation à l'échelle moléculaire et permettre d'évaluer les forces d'interactions intra ou intermoléculaires (voir le paragraphe 3 de ce chapitre). Par ses capacités et sa polyvalence, l'AFM s'est imposé comme un outil indispensable au développement des nanobiotechnologies.

1.2. Principe et fonctionnement de l'AFM

L'imagerie par AFM consiste à balayer, ligne par ligne, un échantillon adsorbé sur un support avec une pointe effilée, montée sur un cantilever très flexible et amenée au contact ou à une distance de quelques angströms de l'échantillon. Cette pointe est généralement en nitrure de silicium, et son extrémité présente un rayon de courbure de quelques nanomètres. La déflexion du cantilever, provoquée par l'interaction pointe-échantillon, est détectée par un système optique (diode à quadrants), et ce signal est utilisé pour minimiser la force appliquée sur l'échantillon par un système d'asservissement basé sur des céramiques piézo-électriques qui ajustent la hauteur de l'échantillon (figure 8.1). Ces déplacements verticaux permettent de reconstituer la topographie de surface de l'échantillon. Durant le balayage, la force d'interaction entre l'échantillon et la pointe sera maintenue constante. En milieu liquide, cette force résulte majoritairement des forces électrostatiques attractives ou répulsives à longue portée, des forces attractives de van der Walls et des forces répulsives interatomiques.

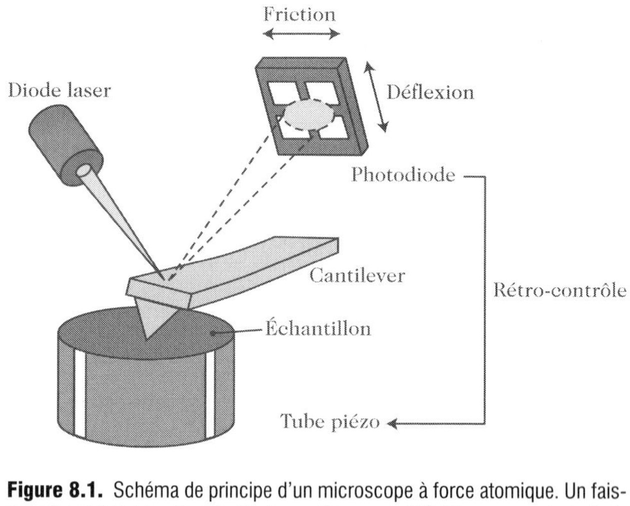

Figure 8.1. Schéma de principe d'un microscope à force atomique. Un faisceau laser dirigé sur l'extrémité du cantilever est réfléchi vers une photodiode à deux ou quatre quadrants. Les déplacements du faisceau sur la photodiode permettront de détecter les mouvements du cantilever. Le positionnement dans le plan et dans l'espace de la pointe par rapport à l'échantillon, avec une précision subatomique, est assuré durant le balayage par des céramiques piézo-électriques. Le système est piloté par un ordinateur qui reconstitue sous forme d'images 3-D les informations recueillies par la pointe.

Deux principaux modes d'imagerie sont utilisés en biologie : le mode contact et le mode oscillant (voir encadré 1). Le mode contact permet l'obtention d'images à haute résolution sur des objets peu rugueux (revue de [3]). Lors de l'étude d'échantillons faiblement adsorbés sur leur support ou de topographie très irrégulière comme les cellules, le mode contact peut entraîner des phénomènes de friction susceptibles d'endommager ou de décoller l'échantillon. Ces phénomènes sont à l'origine du développement du mode oscillant avec contact intermittent, souvent appelé « *tapping mode* ». Dans ce mode de fonctionnement, la pointe oscille à une haute fréquence, minimisant le contact entre la pointe et l'échantillon.

Encadré 1. Les modes de fonctionnement de l'AFM

L'échantillon est représenté en gris texturé, posé sur un support qui est souvent du mica.

• *Mode contact*

Le mode de fonctionnement où pointe et surface restent en contact ou quasi-contact s'appelle « mode contact ». Il consiste à balayer l'échantillon en maintenant une force constante entre la pointe et l'échantillon. Durant un balayage, un faisceau laser est dirigé vers le dos du cantilever au niveau de la pointe, puis réfléchi vers une diode à 4 quadrants (figure ci-dessous).

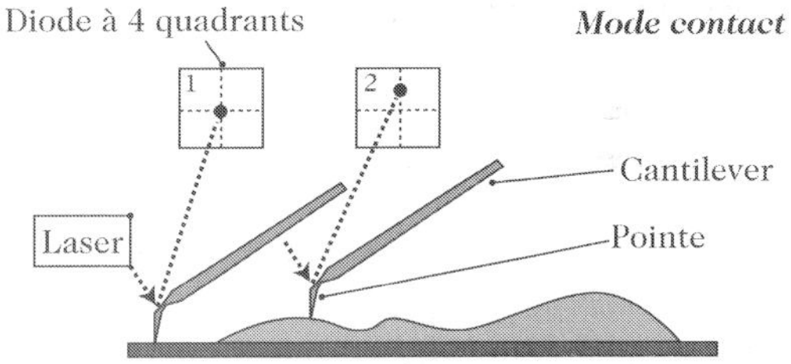

Dans le quadrant 1, lorsque la pointe est en contact avec le support, les signaux de déflexion (déplacement vertical) et de friction (déplacement horizontal) sont nuls. Si la pointe épouse la topologie d'un échantillon (quadrant 2), le signal de déflexion est augmenté. Ce signal est utilisé pour l'asservissement du système, et la hauteur de l'échantillon va être modifiée pour obtenir à nouveau une position centrale du faisceau laser (similaire au quadrant 1) et maintenir la force la plus faible possible entre la pointe et l'échantillon. Trois types d'images peuvent être collectés simultanément : 1) les images topographiques (iso-force) ou images hauteur, correspondant au déplacement de l'échantillon en z après asservissement ; 2) les images de déflexion correspondant à la dérivée des mouvements de réajustement de la position relative pointe-échantillon et qui font ressortir les détails de la surface (l'information hauteur est perdue) ; 3) les images de friction résultant de la torsion du cantilever.

• *Mode oscillant*

Le deuxième mode de fonctionnement est le mode oscillant dans lequel la pointe oscille à la fréquence de résonance du cantilever et ne touche que transitoirement la surface. C'est le signal d'amplitude de l'oscillation qui sert de signal de rétrocontrôle. Lorsque la pointe ne touche pas l'échantillon, elle oscille avec une amplitude dite libre ω_o. Lorsque la pointe est en contact avec l'échantillon, l'amplitude d'oscillation diminue et une amplitude de fonctionnement ω_f sera choisie, en deçà de laquelle la hauteur de l'échantillon sera ajustée par le système d'asservissement (figure ci-contre).

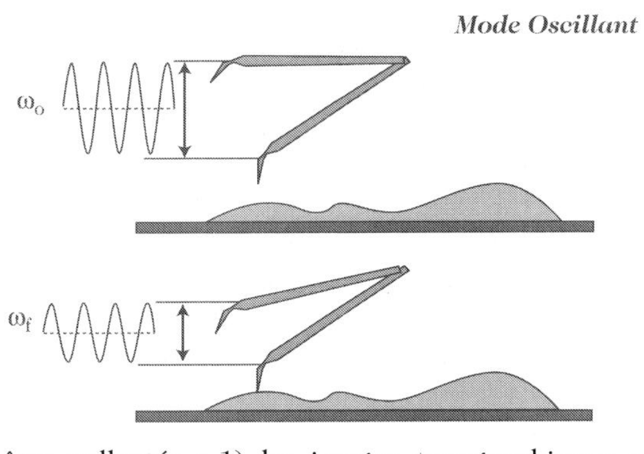

Quatre types d'images peuvent être collectés : 1) les images topographiques ou images hauteur ; 2) les images d'amplitude, correspondant à l'enregistrement des valeurs de l'écart quadratique moyen (RMS pour *Root Mean Square*) de ω ; 3) les images de phase, correspondant à un décalage de la phase du signal d'oscillation lors du contact pointe-échantillon. Ce signal dépend de la dissipation d'énergie lors de chaque contact transitoire et donne accès aux propriétés viscoélastiques locales ; 4) le signal de déflexion.

L'imagerie AFM impose que l'échantillon soit adsorbé sur un support plan et y adhère suffisamment pour n'être pas déplacé sous l'effet du balayage par la pointe. Les supports les plus utilisés, notamment pour la haute résolution de molécules isolées ou de complexes moléculaires, sont le mica (échantillons hydrophiles) et le graphite orienté HOPG (échantillons hydrophobes) qui présentent de grandes plages planes à l'échelle atomique. Les lamelles de verre, traitées ou non par des agents facilitant l'ancrage comme la polylysine, sont généralement utilisées comme substrat pour l'imagerie de cellules intactes ou d'extraits subcellulaires. Un élément essentiel à prendre en considération en AFM est la taille et la forme des objets à analyser. Les éléments piézo-électriques qui assurent les déplacements de la pointe ou de l'échantillon limitent actuellement à 100 μm environ la taille du balayage dans le plan, avec un débattement vertical maximum de 7 μm à 10 μm. Il est donc impossible, contrairement à la microscopie électronique, d'effectuer une visualisation préalable à faible grossissement pour sélectionner la zone d'intérêt. Enfin, le temps d'acquisition d'une image varie de 1 à 10 min selon la taille du balayage et la nature de l'échantillon. La spécificité de l'utilisation d'un AFM en biologie, comparée aux applications en physique et en chimie, réside dans la nécessité d'utiliser des forces de balayage les plus faibles possibles pour éviter de déformer les échantillons biologiques, qui sont généralement mous (constante de raideur de quelques millinewtons).

1.3. Imagerie de molécules solubles

L'imagerie d'acides nucléiques représente une des premières applications de l'AFM en biologie, et son utilisation a connu une recrudescence ces dernières années (plus de 160 publications sur les seuls derniers 18 mois dans la banque de données *PubMed*). L'AFM a permis d'étudier la structure d'ADN et d'ARN (taille, structure secondaire), ainsi que la condensation ou le « *bending* » d'ADN (voir revue de [4, 5]). L'AFM a également démontré sa capacité à étudier les interactions ADN-protéine. La liaison de la polymérase à ARN d'*Escherichia coli* avec sa cible ADN [6] ou la liaison de la protéine p53, une protéine suppresseur de tumeur, sur une cible spécifique ont pu être visualisées [7]. Dans ce dernier cas, l'AFM a également permis l'accès à la dynamique de cette interaction. La dynamique de complexes ADN-protéine a été également démontrée par AFM lors de la visualisation de la dégradation de l'ADN par l'endonucléase DNAseI [8]. Les expériences de ces trois publications présentent l'avantage d'avoir été réalisées en milieu liquide, alors que la majorité des expériences concernant l'imagerie d'acides nucléiques ont été et restent encore réalisées dans l'air ambiant. Des structures plus complexes, comme les nucléosomes, ont été aussi imagées par AFM, et notamment la dynamique de leur reconstitution *in vitro* (pour un exemple, voir [9]).
La qualité de l'imagerie AFM dépend beaucoup de l'adsorption des échantillons sur un support plan ; cette adsorption, en milieu liquide, doit s'effectuer sur la majorité de la molécule pour éviter le « flottement » de certains domaines dans

le tampon, phénomène qui nuit à la résolution (c'est un des problèmes rencontrés lors de l'imagerie de complexes nucléoprotéiques). Sauf dans quelques cas illustrés ci-dessous, cette contrainte est certainement à l'origine des images assez décevantes obtenues avec les protéines solubles.

Les premières protéines solubles pour lesquelles l'AFM a permis d'obtenir une haute résolution (environ 1 nm) sont GroEL et GroES, deux chaperonines de la bactérie *Escherichia coli* [10]. Cependant, cette qualité d'imagerie a été obtenue avec un cryo-AFM, un dispositif expérimental relativement lourd, développé par le groupe de Zhifeng Shao (Université de Virginie, États-Unis). Ce même type d'équipement a permis d'étudier les modifications de position des têtes de myosine, thiophosphorylées ou non [11], ou encore la structure de filaments d'actine [12]. D'autres éléments du cytosquelette comme les microtubules ont pu être observés en milieu liquide avec une résolution de quelques nanomètres, en utilisant un microscope AFM plus standard (*Ultramicroscopy*, 1995, 57(4), 337-43). D'une manière plus générale, il apparaît que les protéines organisées en biopolymères, comme le sont les acides nucléiques cités précédemment, sont plus appropriées à ce type d'imagerie, certainement à cause d'une certaine rigidité, comparée aux protéines globulaires. La structure et l'assemblage des fibrilles de collagène par fusion latérale ont pu être caractérisés avec une résolution nanométrique [13, 14]. Plus récemment, le groupe de M. Miles (Bristol, Royaume-Uni) a mis en évidence différentes conformations d'un glycopolymère (la mucine) et montré l'hétérogénéité de la population [15]. Cette capacité de l'AFM à pouvoir caractériser différentes espèces dans un mélange complexe est un avantage important sur les autres techniques de biologie structurale comme la RMN ou la cristallographie électronique.

Il est envisageable que la structure d'une molécule soluble, adsorbée sur un support pour l'imagerie avec l'AFM, puisse être différente de sa structure en solution. Toutefois, cette critique n'a pas lieu d'être lorsque cette adsorption mime un mécanisme naturel, comme dans le cas de certaines protéines de la coagulation ou de la matrice extracellulaire. À titre d'exemple, la structure des chaînes de sulfate d'héparane et de la laminine, ainsi que la dynamique structurale de cette molécule dans un environnement aqueux, ont pu être caractérisées par l'AFM [16].

L'AFM semble particulièrement adaptée à l'étude des peptides et des petites protéines qui forment des fibrilles ou des dépôts amyloïdes et qui sont associées à la maladie d'Alzheimer, du prion ou à certains types de diabète. La formation des fibrilles amyloïdes, ainsi que leur structure, peut s'observer en temps réel (revue de [17]). La majorité des études publiées a été réalisée à l'air, mais des travaux récents ont permis d'étudier la conformation en faisceau de structures filamenteuses dans un tampon physiologique [18]. Ces expériences ont également montré une différence marquée de la conformation des structures observées à l'air ou en liquide.

L'AFM a également permis d'obtenir des informations structurales très importantes dans le cas des peptides vecteurs étalés en monocouches avec une balance de Langmuir. Dans le cas du hCT(9-32), un fragment de la calcitonine humaine présentant des capacités de transfert à travers la membrane plasmique de cellules eucaryotes, l'AFM, en association avec d'autres techniques biophysiques comme la spectroscopie infrarouge à transformée de Fourier, a permis de caractériser l'organisation structurale de ce peptide [19]. Lorsqu'il se trouve en solution, le hCT(9-32) est non structuré, alors qu'il est organisé en hélices alpha lorsqu'il se trouve à l'interface eau-air. Dans cette condition expérimentale, l'AFM a montré que ce peptide formait des structures filamenteuses s'organisant en spirales (figure 8.2).

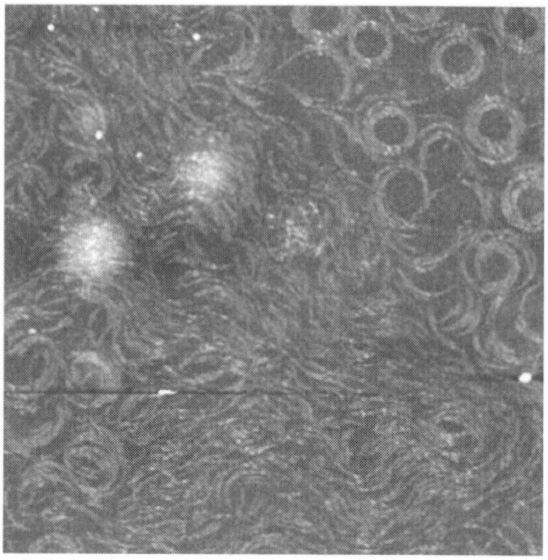

Figure 8.2. Imagerie AFM de peptides vecteurs étalés en monocouche. Le peptide vecteur hCT(9-32), un dérivé de la calcitonine, est déposé en monocouche sur une balance de Langmuir, compressé à 20 mN/m, puis transféré sur du mica. L'échantillon est examiné à l'air en mode contact [19]. L'image correspond à un balayage de 5 μm par 5 μm et l'échelle des hauteurs est de 10 nm. Les peptides s'organisent en filaments, enroulés en spirale, dont la hauteur est de 1 nm. Reproduit avec l'autorisation de la Biophysical Society.

1.4. Imagerie membranaire

1.4.1. Membranes modèles

Les systèmes membranaires, monocouches et bicouches lipidiques, contenant ou non un peptide ou une protéine insérés ou en interaction avec la membrane, constituent des modèles intéressants pour mieux comprendre les relations structure-fonction au sein des membranes biologiques. Les différents types de membranes modèles, leur fabrication, leur analyse et leurs principales utilisations sont développés dans le chapitre 2.

Les membranes modèles ont été largement utilisées pour étudier l'organisation latérale des lipides (revue de [20]). Dans de tels systèmes, l'AFM permet de visualiser les séparations de phase lipidique et a donné de nombreuses informations, non accessibles par d'autres techniques, sur l'existence, la forme et la taille des microdomaines membranaires, notamment pour les microdomaines de type *raft* (microdomaines membranaires enrichis en sphingolipides et cholestérol, présentant une résistance à la solubilisation au Triton X-100).

Ces systèmes membranaires artificiels permettent également la visualisation de la topographie de protéines transmembranaires, une fois reconstituées dans une bicouche lipidique. Dans des conditions favorables, ces protéines peuvent former des cristaux confinés à deux dimensions sur lesquels la résolution latérale peut atteindre 5 Å (revue de [21]). En utilisant des bicouches supportées, il est également possible de visualiser des protéines sous une forme non cristalline, ancrées ou associées à ces membranes. Des détails topographiques à une résolution latérale de 1 nm ont pu être observés avec la chaîne B de la toxine cholérique, associée à la membrane via le ganglioside GM1 [22], et avec la protéine Cry1Aa, une toxine d'insecte formant des pores [23]. Dans le cadre d'études portant sur les microdomaines membranaires de type *raft*, nous avons pu caractériser l'insertion préférentielle dans les phases lipidiques ordonnées de la phosphatase alcaline, une protéine possédant un ancrage de type glycosylphosphatidylinositol [24, 25] (figure 8.3). Même si la résolution obtenue n'a pas permis l'obtention de données structurales de cette protéine, sans doute à cause de son domaine extracellulaire volumineux, l'AFM a permis de visualiser sa répartition dans un mélange lipidique mimant la séparation de phase des membranes plasmiques de cellules eucaryotes. L'utilisation de membranes modèles a permis de contrôler finement le taux de cholestérol membranaire, un constituant des microdomaines de type *raft*.

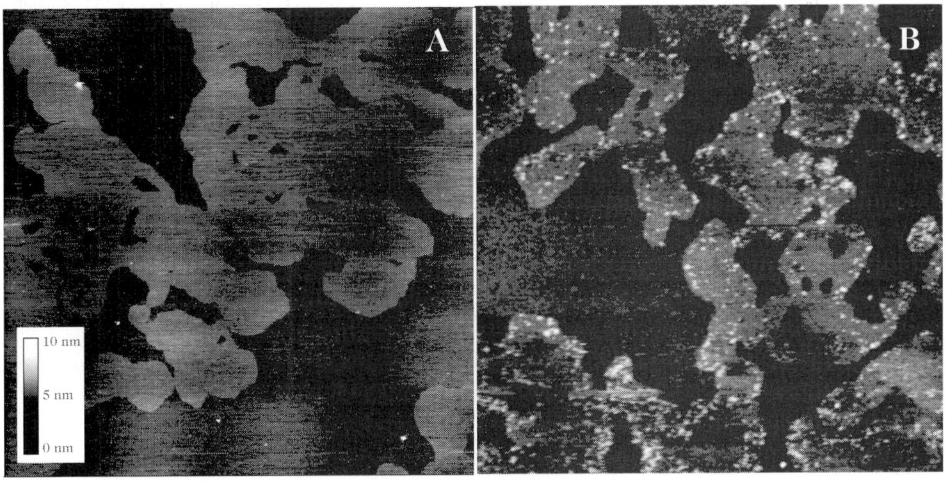

Figure 8.3. Insertion spontanée de la phosphatase alcaline dans une membrane modèle. La membrane modèle est une bicouche supportée sur mica d'un mélange binaire dioléoylphosphatidylcholine (DOPC)/dipalmitoylphosphatidylcholine (DPPC) (1:1), obtenue après fusion de petites vésicules unilamellaires. « A » correspond à l'image contrôle, où des domaines de phase gel (DPPC, en clair) alternent avec des domaines en phase fluide (DOPC, en foncé). La phase gel se situe environ 1 nm au-dessus de la phase fluide. Lorsque l'échantillon est incubé avec la phosphatase alcaline, une protéine possédant une ancre lipidique « glycosylphosphatidylinositol », son insertion, matérialisée par les points blancs (15 à 50 nm) est observée dans les domaines lipidiques en phase gel (panel B)[66]. Copyright Wiley-VCH Verlag GmbH & Co. KGaA. Les images correspondent à un balayage de 6 μm $\times$ 6 μm. L'échelle de hauteur est de 10 nm.

1.4.2. Imagerie subcellulaire et membranes natives

La membrane qui entoure les cellules eucaryotes contient des zones enrichies en lipides particuliers, cholestérol et sphingolipides, qui jouent un rôle important dans de nombreuses fonctions cellulaires. Sous l'action des détergents, ces zones membranaires se regroupent pour former de grands domaines qui résistent au traitement. La figure 8.4 montre que l'AFM permet de visualiser *in situ* ces structures extrêmement fragiles [26]. Elle illustre également la supériorité du mode oscillant, avec des leviers très souples, sur le mode contact dans le respect de l'imagerie 3-D des échantillons.

Plus généralement, la topographie des fragments membranaires, purifiés par les méthodes de fractionnement subcellulaires et adsorbés sur du mica, révèle en général une surface d'où émergent de très nombreuses structures, le plus souvent globulaires, qui très probablement correspondent aux protéines membranaires [27]. D'autres structures fréquemment observées, en forme de couronnes de 10 à 20 nm de diamètre entourant une dépression centrale, suggèrent une organisation de type pore transmembranaire. Comme pour les cellules intactes, l'exploitation de ces nouvelles informations sur l'organisation des membranes à l'échelle

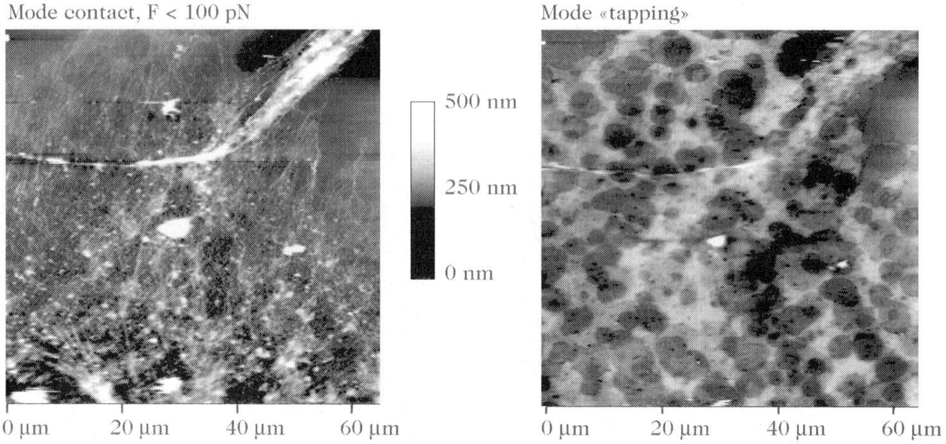

Figure 8.4. Imagerie AFM de fragments membranaires résistant à l'extraction au détergent (DRM). Les cellules CV-1 (fibroblastes de singe) sont traitées à 4 °C pendant 30 min avec 1 % Triton X-100 solubilisé dans du tampon Hank's. Elles sont ensuite fixées avec du paraformaldéhyde à 2 % puis imagées avec l'AFM utilisé en mode contact ou mode oscillant. En mode contact (figure de gauche), même à des forces inférieures à 100 pN, la pointe aplatit l'échantillon, faisant ressortir les éléments du cytosquelette (structures filamenteuses) qui sont mis en évidence. En revanche, en mode oscillant (figure de droite), ces éléments sont beaucoup moins visibles et les fragments membranaires résistant à l'extraction au détergent (en plus clair) alternent avec des zones extraites par le Triton X-100.

moléculaire va dépendre du développement des méthodes d'identification locale (voir le paragraphe 1.6). Dans certains cas privilégiés, la membrane native purifiée ne contient qu'un nombre limité de catégories de protéines. C'est le cas de fractions membranaires de l'appareil photosynthétique chez certaines bactéries. L'AFM est alors un outil unique pour la collecte d'informations sur l'organisation en conditions physiologiques des complexes supramoléculaires, et cela à une résolution proche de 10 Å [28] (figure 8.5). Certaines protéines membranaires, telles que celles des jonctions communicantes chez les eucaryotes ou la bactériorhodopsine chez *Halobacterium halobium,* s'organisent spontanément sous forme de réseau bidimensionnel pour exercer leur fonction. Les jonctions communicantes sont purifiées sous forme de plaques composées de deux membranes superposées et déposées sur le mica. Les faces membranaires cytoplasmiques, examinées dans du tampon, apparaissent peu structurées. La pointe, utilisée comme instrument de nanodissection, permet d'ôter la membrane supérieure et d'exposer la face extracellulaire de la deuxième membrane. L'arrangement en réseau hexagonal des canaux individuels (connexons) formant la jonction, qui émergent de la surface de 1,4 nm, peut alors s'observer avec une résolution latérale de 2,5 nm [29]. L'organisation trimérique de la bactériorhodopsine, pompe à protons à 7 hélices transmembranaires, est révélée avec une résolution latérale pouvant atteindre 5 Å et une résolution verticale entre 1 et 2 Å [21]. L'organisation dimérique de la rhodopsine dans les membranes des bâtonnets a été également démontrée récemment [30].

À côté de ces travaux remarquables au niveau des molécules individuelles, l'une des grandes forces de l'AFM réside également dans la possibilité d'imager en conditions physiologiques des organites ou des structures subcellulaires à l'échelle mésoscopique pour en étudier les relations structure-fonction. Ce domaine de

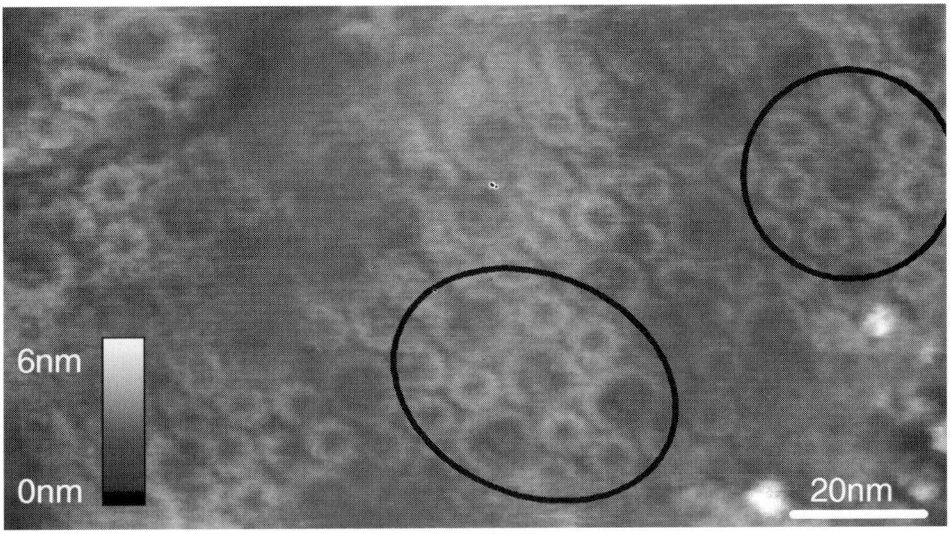

Figure 8.5. Imagerie haute résolution de complexes photosynthétiques de *Rhodospirillum photometricum*. Image gracieusement donnée par Simon Scheuring (Institut Curie, France).

taille échappe en effet à la caractérisation optique. Citons en exemple les travaux en AFM sur l'évolution de la structure de l'enveloppe nucléaire excisée d'oocytes de xénope, qui suggèrent l'existence de pores de petite taille à la périphérie des complexes formant les pores nucléaires de grande taille (NPC). Ces pores s'ouvrent en fonction de la concentration en calcium et en ATP et pourraient constituer une voie de passage préférentielle pour les ions, les NPC étant réservés au transport des macromolécules [31].

1.5. AFM et cellules : imagerie cellulaire, propriétés mécaniques et adhésion

L'obtention d'images 3-D de la surface de cellules dans un environnement physiologique constitua l'un des premiers objectifs biologiques de l'AFM. Les premières images, bien évidemment réalisées en mode contact, furent obtenues sur les bactéries *Escherichia coli* et *Halobacterium halobium*, des globules rouges et des lymphocytes séchés [32]. Très rapidement, le passage à l'imagerie en milieu liquide a permis d'imager les mêmes cellules sanguines fixées par du glutaraldéhyde, dans un tampon physiologique, avec la détection de formes en surface d'une taille de l'ordre de 10 nm [33]. L'observation de cellules normalement présentes en suspension posait déjà le problème de leur immobilisation sur un substrat dont les propriétés de surface avaient été modifiées pour permettre leur adsorption. Par la suite, l'identification des facteurs limitant la caractérisation topographique des cellules et des structures subcellulaires par AFM a débouché sur de nouvelles applications, propres aux microscopes à sonde locale, comme la détermination des propriétés mécaniques locales [34], des forces d'adhésion intercellulaires ou entre une cellule et son substrat [35] et la localisation de certaines fonctions cellulaires par imagerie de reconnaissance [36].

1.5.1. Topographie de cellules intactes

Les résultats obtenus sur cellules eucaryotes [37, 38], procaryotes [39] et végétales [40], objets de revues récentes [41, 42], démontrent que ce microscope donne des informations topographiques de la surface cellulaire, dans du tampon, à une résolution souvent supérieure à celle d'un microscope électronique à balayage. À l'échelle mésoscopique, domaine compris entre la limite inférieure de la microscopie optique ($\lambda/2$, soit $\sim$ 250 nm) et l'échelle moléculaire ($\leqslant$ 15 nm), l'AFM peut fournir une vision 3-D unique de la topographie de cellules vivantes dans leur environnement naturel. Cela est illustré par la visualisation du bourgeonnement d'un virus à la surface cellulaire et de l'apparition en fonction du temps de structures en forme de puits, d'un diamètre compris entre 100 et 180 nm, responsables de l'exocytose à la surface de cellules vivantes d'acini du pancréas stimulées par le mastoparan [43, 44]. L'utilisation du mode contact dans l'analyse topographique des cellules eucaryotes nécessite toutefois l'utilisation de forces de balayage à la limite des possibilités des équipements : la constante de raideur (force nécessaire pour comprimer ou étirer un ressort par unité de longueur) des leviers d'AFM les plus souples, de l'ordre de 10 mN/m, excède significativement la « constante de raideur » des membranes plasmiques, k_{mp}, proche le plus souvent du mN/m. Les conditions d'imagerie impliquent donc une déformation verticale de la surface, qui peut toutefois être limitée à $\sim$ 10 nm pour des forces de balayage de l'ordre de 20 pN [45]. Dans ces conditions, la présence de structures globulaires de quelques nm, associée à l'absence d'éléments visibles du cytosquelette dans des zones entières de la surface de cellules CV1, suggère qu'il est possible d'avoir accès, en AFM contact, aux structures mêmes de la membrane plasmique de cellules vivantes. L'étude de l'ultrastructure des surfaces cellulaires des bactéries [42] bénéficie des valeurs des k_{mp} plus élevées d'un ordre de grandeur que celles rencontrées chez les eucaryotes [46] et donne accès à une imagerie en mode contact sans déformation de l'objet étudié. Cet avantage se voit cependant en partie contrebalancé par la nécessité d'obtenir une immobilisation parfaite des bactéries sur leur support. L'utilisation du mode oscillant avec les leviers à faible constante de raideur ($\leqslant$ 0,06 N/m) (figure 8.6) s'est révélée une alternative très efficace pour la visualisation des cellules les plus molles. Dans ces conditions, la déformation des structures apparaît encore minimisée par rapport au mode contact en force limite (voir l'exemple précédent, figure 8.4). L'explication la plus probable de ces observations est que, dans les conditions d'amortissement minimales choisies (< 5 % de l'amplitude de l'oscillation), la pointe sonde la surface en régime attractif et image donc la surface sans la toucher. Une meilleure compréhension du comportement de ces leviers en mode oscillant en milieu liquide devrait clarifier ce point. La présence d'un glycocalix (et éventuellement de mucus), sorte de polymère constitué de sucres branchés, plus ou moins abondant selon les types cellulaires, et la mobilité importante des constituants membranaires (lipides et protéines) restent néanmoins des obstacles additionnels importants à une visualisation réellement moléculaire de la surface membranaire de cellules vivantes. La fixation par le paraformaldéhyde ou le glutaraldéhyde est encore très largement utilisée en biologie dans l'étude des relations structure-fonction des cellules. Elle aboutit à une mort cellulaire associée à une immobilisation des constituants. Elle entraîne aussi une augmentation très conséquente de la k_{mp}, qui est multipliée de

3 à 10 fois. L'imagerie 3-D de la surface de cellules de l'oreille interne, fixées et observées dans du tampon à une résolution de 3 nm [47], conforte l'hypothèse que cette condition expérimentale apparaît comme plus favorable pour la caractérisation des structures membranaires *in situ*.

Ces mêmes images soulèvent la question de l'identification des nombreuses structures présentes en surface et révélées par l'AFM. La microscopie optique en champ proche de marqueurs fluorescents et les techniques d'imagerie de reconnaissance récemment développées (voir le paragraphe 1.6) se présentent comme de bons candidats pour répondre à cette question. L'utilisation de la microscopie à conductance ionique [48, 49] représente également une piste intéressante, mais la nécessité d'éloigner la pointe de plus de 50 nm de la surface des cellules vivantes devrait limiter la résolution à la limite supérieure de l'échelle mésoscopique.

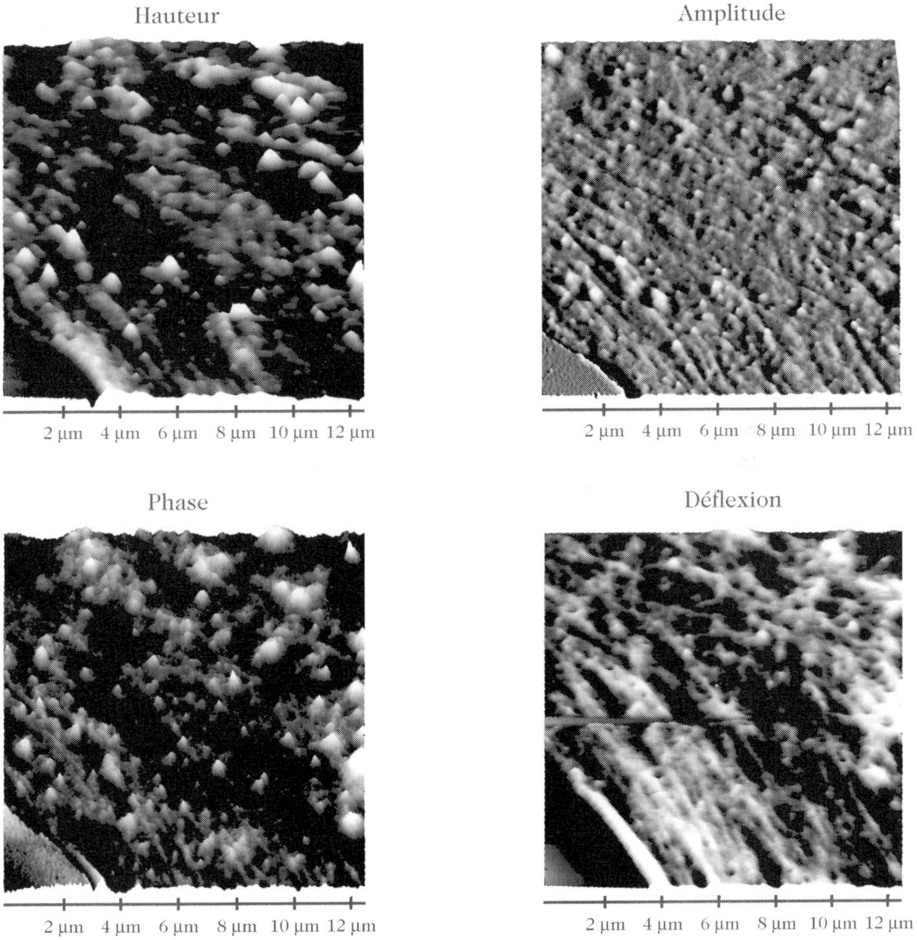

Figure 8.6. Imagerie de cellules CV-1 en mode oscillant. Images 3D de cellules CV-1 dans du tampon physiologique. Les images « hauteur » et « amplitude » font ressortir les propriétés topographiques de la surface. Les images de « phase » et de « déflexion » (signal DC en AC) sont fortement influencées par les propriétés mécaniques locales.

1.5.2. Propriétés mécaniques des cellules. Forces d'adhésion

L'utilisation de l'AFM comme moyen de détermination des propriétés mécaniques locales [50] repose sur la mesure de l'indentation de l'échantillon par la pointe d'AFM, sous l'effet de forces appliquées induisant cette déformation. Cette mesure permet d'évaluer les propriétés élastiques locales avec une résolution latérale d'une centaine de nm. Le module d'Young (constante élastique qui, pour un matériau homogène isotrope, lie la contrainte à la déformation) ainsi obtenu pour les cellules eucaryotes varie de ~ 0,2 à 200 kPa selon les types cellulaires et la position plus ou moins proche de la périphérie de la cellule [34, 51]. Les propriétés mécaniques locales cellulaires varient également en fonction des conditions physiologiques [52] et sous l'effet de diverses drogues [53]. Un travail récent propose l'utilisation des modèles de Chen et Tu comme une alternative au modèle de Hertz utilisé jusqu'à présent pour la détermination du module d'Young [54]. L'interprétation au niveau cellulaire du module d'élasticité déterminé par AFM reste à ce jour matière à discussion.
Les forces de cohésion qui lient les cellules entre elles assurent un rôle essentiel dans la migration des cellules, la liaison des lymphocytes à la paroi vasculaire, la formation et le maintien des tissus. Ces forces font intervenir des interactions entre protéines présentes à la surface de chaque cellule constituant le tissu ou l'organe. La mesure directe de ces forces d'interaction au niveau des cellules individuelles (de l'ordre de quelques dizaines de piconewtons) est maintenant possible grâce à l'AFM. Il suffit de disposer des cellules sur le levier d'AFM, soit en les cultivant sur ce levier, soit en les y accrochant par l'intermédiaire de protéines de liaison, et de les approcher jusqu'au contact de la surface de cellules cultivées sur support solide selon les conditions habituelles. L'influence des facteurs environnementaux (ions, pH, température, etc.) et de la modification par mutagenèse dirigée de protéines impliquées dans les interactions intercellulaires, sur les forces nécessaires à la séparation des cellules préalablement en contact, est une source d'information unique pour la compréhension des interactions entre cellules [35, 55].

1.6. Limites actuelles et développements

L'utilisation de plus en plus large de l'AFM en biologie structurale (~ 220 publications en 2000 dans la banque de données *PubMed* contre ~ 460 en 2004) a permis de mieux appréhender les limites actuelles de la technique et de proposer un certain nombre de développements décrits ci-dessous.

■ Diminuer la force appliquée sur l'échantillon

La plupart des structures biologiques sont relativement molles et délicates et peuvent être déformées par l'application de forces aussi faibles qu'un nanonewton. Dans ces conditions, un des principaux développements attendus en AFM concerne la mise au point de systèmes minimisant les forces appliquées sur l'échantillon. Plusieurs pistes sont actuellement explorées et sont majoritairement reliées au cantilever. La solution la plus logique consiste à utiliser des cantilevers à très faibles constantes de raideur (de petits cantilevers sont actuellement en développement), mais qui risquent d'être instables et/ou d'avoir des temps d'équilibration très longs. Une autre solution consiste à compenser la force appliquée par la pression de radiation des mouvements spontanés du cantilever à très faible force [56]. L'utilisation plus large du mode oscillant pourrait également permettre de diminuer la force appliquée en augmentant le facteur de qualité Q d'un cantilever oscillant en milieu liquide [57]. La solution idéale serait d'imager en mode non-contact, mais ce régime est actuellement difficile à contrôler avec des échantillons complexes en milieu liquide. Une solution originale a été proposée par le groupe de H. Hörber (États-Unis), qui a développé un nouveau microscope à champ proche, le microscope à force photonique ou PFM (*Photonic Force Microscopy*) [58]. Celui-ci utilise une bille de petite taille, piégée par un faisceau laser, pour remplacer la pointe de l'AFM et il permet d'appliquer des forces de l'ordre du piconewton.

Augmenter la résolution

L'amélioration de la résolution peut passer par la fabrication de cantilevers portant des pointes très effilées (ce point est discutable puisqu'il est déjà possible d'obtenir des résolutions de 5 Å). Actuellement, l'utilisation de nanotubes de carbone représente une piste intéressante, mais leur prix et la reproductibilité de leur fabrication limitent leur utilisation.

Augmenter la vitesse de balayage

Pour avoir accès à la dynamique des processus biologiques ou pour obtenir des images de cellules vivantes présentant une dynamique membranaire importante (voir le paragraphe 1.5), il est nécessaire d'augmenter la vitesse de balayage de l'échantillon. Le développement de petits cantilevers, qui permettent des balayages rapides et présentent des constantes de raideur faibles, est actuellement la voie majoritairement choisie par les fabricants d'AFM pour pouvoir atteindre la vitesse vidéo (25 images par seconde).

Identifier les structures observées

Le développement de l'imagerie de reconnaissance apparaît indispensable pour une utilisation plus aboutie de l'AFM sur des systèmes complexes comme des membranes natives ou des cellules intactes.

Un système relativement simple est le couplage de l'AFM avec un microscope à fluorescence. Plusieurs montages combinant AFM et microscopie à fluorescence récemment décrits [59-61] ont permis d'obtenir simultanément une image topographique avec une résolution nanométrique et l'identification de constituants de l'échantillon par fluorescence. Ce type de montage est toutefois limité par la résolution que l'on peut obtenir avec un microscope optique et qui est régie par les lois de la diffraction ($\sim$ 250 nm). Un des avantages de la microcopie de champ proche optique ou SNOM (voir le chapitre 7) est qu'elle n'obéit pas aux mêmes lois physiques. Les progrès récents dans cette technique, qui permet la détection de la fluorescence émise par une molécule unique et sa localisation, devraient permettre dans un avenir proche de combiner topographie et identification moléculaire avec une résolution de l'ordre de la dizaine de nanomètres.

Le système développé par le groupe de P. Hinterdorfer (Linz, Autriche) consiste à coupler de manière covalente un anticorps à la pointe du microscope et à réaliser simultanément une imagerie de topographie et une cartographie antigénique (figure 8.7) [36]. Cette stratégie très élégante doit encore être testée sur des systèmes complexes pour être validée.

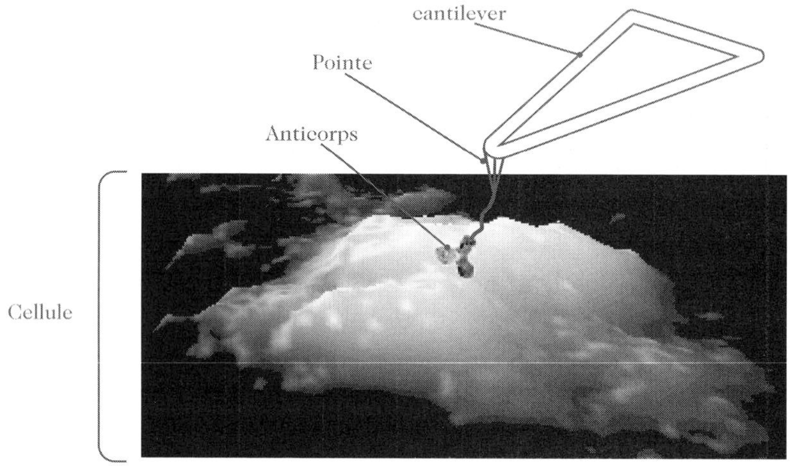

Figure 8.7. Imagerie de reconnaissance. Une cellule, représentée par cette image hauteur 3D obtenue par AFM utilisé en mode oscillant, est balayée par une pointe sur laquelle est couplée covalemment un anticorps reconnaissant une protéine d'intérêt. Lors du balayage, la reconnaissance antigène-anticorps va contraindre le cantilever et modifier le signal d'amplitude de ce dernier. Ce système permet d'obtenir simultanément la topologie et la distribution antigénique d'une protéine. L'échelle des couleurs en *z* pour la cellule est de 3 μm.

Enfin, des molécules d'amylase, sécrétées par un pore de fusion d'une cellule pancréatique, ont pu être identifiées par AFM grâce à un anticorps couplé à des billes d'or colloïdal, la forme sphérique des billes étant identifiable par la pointe [62].

Coupler l'AFM à d'autres techniques biophysiques

Il nous semble également important de combiner l'AFM avec d'autres techniques biophysiques, telles que la spectroscopie de corrélation de fluorescence qui permet d'évaluer la dynamique membranaire avec une excellente résolution temporelle, ou avec d'autres techniques de surface comme l'ellipsométrie ou la microbalance à cristal de quartz (voir le chapitre 9, paragraphes 2 et 6).

1.7. Développements en nanobiotechnologie et médecine

Le développement de l'AFM ces dernières années a permis des avancées significatives dans un grand nombre de disciplines scientifiques aussi variées que la physique, la chimie ou la biologie. Cette caractéristique en fait un des outils les plus intéressants pour le développement des nanobiotechnologies.
L'AFM représente un outil de nanodissection performant. Les premières expériences de nanodissection ont été réalisées sur l'ADN en augmentant la force appliquée [63], et il a été montré que l'AFM permettait l'extraction de matériel génétique de chromosomes avec une très grande précision [64]. Le groupe de Engel

(Bâle, Suisse) a utilisé la pointe de l'AFM comme un scalpel mécanique pour enlever des protéines associées à la membrane plasmique (revue dans [3]). Le contrôle de la manipulation de molécules sélectionnées par spectroscopie de force (voir le paragraphe 2) couplée à une imagerie haute résolution est une approche puissante pour obtenir des informations d'assemblages biomoléculaires.

Plus récemment, une opération sur une cellule vivante a été réalisée par AFM avec une nanoaiguille [65], laissant entrevoir la possibilité de réaliser de la nanochirurgie.

À terme, l'AFM pourrait permettre la fabrication de nanosystèmes, soit purement biologiques, soit en association avec d'autres composants, par exemple électroniques.

2. Machine à forces entre surfaces et micromanipulations

2.1. La machine à forces entre surfaces (SFA)

La machine à forces entre surfaces [67], communément appelée SFA (pour *Surface Force Apparatus*), mesure la force entre deux surfaces en fonction de leur distance en combinant mécanique et interférométrie de précision à l'échelle de 0,1 nm. C'est sur cette échelle de distance que varient les forces qui gouvernent les propriétés des colloïdes [68, 69] (un colloïde est une suspension de particules solides ou liquides dans un liquide). La théorie DLVO (portant les initiales de ses auteurs, Derjaguin, Landau, Verwey et Overbeek) [70], établie dans les années 1940, proposait que la stabilité des colloides est déterminée par deux forces, l'une attractive, les forces de van der Waals, et l'autre répulsive, les forces électrostatiques écrantées. Des progrès ont été faits par la suite pour décrire ces forces au niveau théorique, mais les mesures expérimentales étaient limitées. L'avènement de la technique SFA a permis des mesures qui autorisaient enfin une comparaison précise avec la théorie. Elle a aussi permis de décrire finement plusieurs autres contributions à ces forces, telles que les forces dues à la structuration d'un liquide près d'une surface solide, les interactions stériques dues à la présence d'un polymère, celles impliquées dans la reconnaissance entre un récepteur et son ligand et plusieurs autres. Cette technique permet aussi de suivre la déformation des surfaces lorsqu'elles adhèrent et de quantifier l'adhésion. Certaines versions du SFA permettent de mesurer les forces de frottement entre deux surfaces séparées par un film liquide d'épaisseur nanométrique et d'obtenir des informations sur la dynamique des liquides confinés [71].

La machine à forces entre surfaces comprend un dispositif mécanique combinant des translations à plusieurs niveaux de précision, permettant de varier la distance entre deux surfaces mises face à face : en général une translation micrométrique, une butée différentielle à ressorts dont un ressort est mille fois plus rigide que l'autre (précision 1 nm), et un tube piézo-électrique (précision 0,1 nm) (figure 8.8 et encadré) [67]. Le mica permet, en le clivant, d'obtenir des surfaces planes à l'échelle atomique sur quelques centimètres carrés, d'où son utilisation fréquente pour les études en SFA.

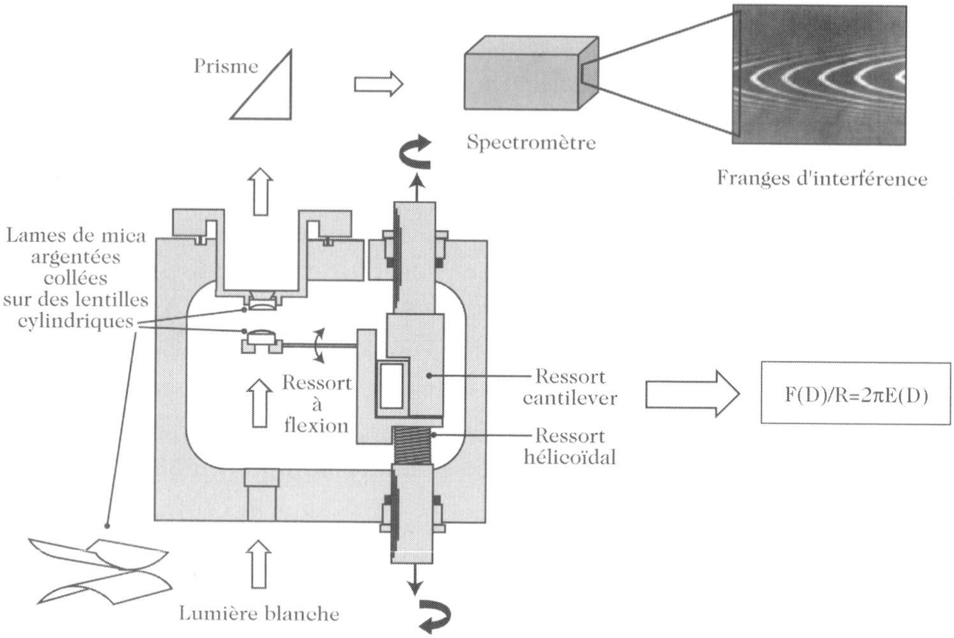

Figure 8.8. Machine à forces entre surfaces : voir l'encadré.

Encadré. Machine à forces entre surfaces (SFA)

La machine à forces entre surfaces comprend une translation mécanique à plusieurs niveaux de précision, permettant d'ajuster la distance entre les deux surfaces de mica. Le cylindre supérieur est relié à une translation et permet de positionner la surface du bas avec une précision micrométrique. Le cylindre inférieur, entraîné par une translation micrométrique, comprime un ressort hélicoïdal ; celui-ci pousse un ressort consistant en un parallélogramme déformable mille fois plus rigide, portant la surface du bas. Un déplacement de un micromètre du cylindre inférieur se traduit donc par un déplacement de la surface du bas de 1 nm. La surface supérieure est fixée sur un tube piézo-électrique se dilatant de 0,7 nm par volt. La surface du bas est fixée au parallélogramme déformable par un ressort à flexion, qui va mesurer la force entre les deux surfaces. La flexion du ressort est égale à la différence entre le mouvement de la base du ressort, imposé par les translations calibrées, et le changement de distance entre les surfaces mesuré optiquement.

La mesure interférométrique de la distance entre surfaces est obtenue en éclairant en lumière blanche l'interféromètre formé par les deux surfaces (voir la figure 8.9) et en analysant le spectre transmis. La lumière entre par le bas de l'appareil et sort par le haut, après avoir traversé les surfaces. Un objectif focalise l'image de l'interféromètre sur la fente d'entrée d'un spectroscope, de manière à avoir le point où les surfaces sont les plus proches centré sur la fente. Les franges d'interférences observées dans un spectroscope permettent de mesurer la distance entre les surfaces et, indépendamment, l'indice de réfraction du milieu les séparant. Elles permettent aussi de mesurer la forme des surfaces en contact pendant l'interaction, ce qui donne une information complète sur la géométrie des surfaces en interaction. Les surfaces sont courbes et la géométrie de cylindres croisés est équivalente à une géométrie sphère/plan lorsque la distance entre les surfaces est très inférieure à leur rayon de courbure. L'approximation de Derjaguin relie la force mesurée entre surfaces courbes à l'énergie potentielle d'interaction par unité de surface entre surfaces planes (voir l'équation (8.5)).

Deux lamelles de mica d'épaisseur rigoureusement égale, comprise entre 2 et 5 μm, et de taille 8 × 8 mm² sont collées sur des lentilles cylindriques de verre et disposées face à face dans le SFA, selon une géométrie de cylindres croisés. Lorsque le rayon de courbure des surfaces R est très supérieur à la distance la plus courte D entre celles-ci, cette géométrie est équivalente à une géométrie sphère/plan. L'une des lentilles est posée sur un ressort à flexion, qui sert à mesurer la force entre les surfaces. Les lames de mica sont argentées sur une face et disposées de façon à former un interféromètre de Fabry-Pérot, les surfaces argentées étant à l'extérieur de l'interféromètre, et les surfaces de mica vierges se faisant face (figure 8.9). La couche d'argent a un coefficient de transmission d'environ 5 % dans le visible. Pour des surfaces planes, si un tel interféromètre est éclairé en lumière blanche, les différentes longueurs d'onde vont traverser et se réfléchir aux différents dioptres, et le spectre transmis sera formé des longueurs d'onde correspondant à une interférence constructive (celles-ci correspondent à peu près aux modes propres de vibration des ondes lumineuses entre les deux miroirs d'argent). Ces longueurs d'onde observées dans un spectroscope forment des franges d'interférence appelées appelé franges d'égal ordre chromatique (FECO) qui dépendent de l'épaisseur des micas, de leur distance, et des indices de réfraction des différents milieux. La position des FECO permet d'obtenir la distance et l'indice de réfraction du milieu séparant les deux surfaces simultanément et indépendamment [72] (voir le tableau 8.1 donnant la précision des mesures) :

$$D = \frac{\lambda_n}{2\pi\mu_3} \arctan \frac{2\bar{\mu}\sin(n\pi F_n \Delta\lambda_n/\lambda_n)}{(1+\bar{\mu}^2)\cos(n\pi F_n \Delta\lambda_n/\lambda_n) \pm (\bar{\mu}^2 - 1)} \tag{8.1}$$

où λ_n est la longueur d'onde de la frange d'ordre n :

$$\Delta\lambda_n = \lambda_n - \lambda_n^0 \tag{8.2}$$

n est déduit des longueurs d'onde λ_n^0 des franges lorsque les micas sont au contact :

$$\frac{\lambda_{n-1}^0 - \lambda_n^0}{\lambda_{n-1}^0} = \frac{1}{nF_n} \tag{8.3}$$

avec

$$F_n = 1{,}024 + \frac{1}{n} \tag{8.4}$$

F_n est un facteur tenant compte de l'absorption lumineuse et du déphasage à la réflexion sur les couches d'argent. μ_3 est l'indice du milieu séparant les deux micas, $\bar{\mu}$ est égal à μ_3/μ_1, où μ_1 est l'indice du mica. Au dénominateur, le signe « + » correspond aux franges d'ordre impair, et le signe « – » aux franges d'ordre pair.

La mesure simultanée de la distance et de l'indice entre les deux surfaces de mica peut se comprendre en faisant une analogie avec les cordes vibrantes : considérons les modes propres d'une corde vibrante entre deux murs ; si l'on ajoute au milieu de la corde un morceau de masse linéique différente, les modes possédant un nœud de vibration au centre ne seront pas perturbés de la même façon que ceux ayant un ventre de vibration ; il en est de même pour les franges. De plus, ces

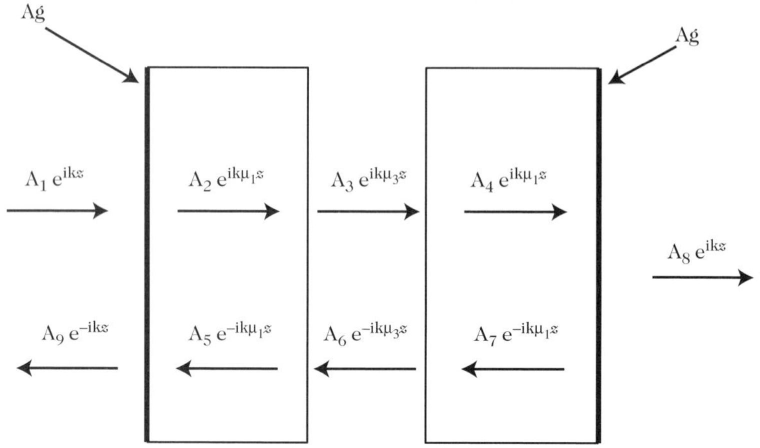

Figure 8.9. Interférométrie à ondes multiples. Deux lames de mica d'égale épaisseur et argentées sur la face extérieure de façon à transmettre environ 1-5 % dans le visible forment un interféromètre de Fabry-Pérot. Une onde incidente sur cet interféromètre va se réfléchir sur les différents dioptres. Lorsque de la lumière blanche est envoyée en incidence normale, les longueurs d'onde transmises correspondent à une interférence constructive et sont appelées les franges d'ordre chromatique égal (FECO). Le calcul de ces longueurs d'onde fait intervenir les équations de continuité du champ électromagnétique et les coefficients de réflexion et de transmission aux différents dioptres. Un interféromètre plan donnera des FECO correspondant à un nombre discret de longueurs d'onde, se présentant sous formes de raies dans le spectroscope. Si l'on change la distance entre les surfaces, les longueurs d'ondes des FECO changeront. Lorsque les surfaces de mica sont courbes et que la distance change donc en chaque point de l'interféromètre, les FECO sont alors courbes (voir la figure 8.8). Leur forme renseigne sur la géométrie des surfaces pendant leur interaction.

Tableau 8.1. Quelques ordres de grandeur des précisions sur les paramètres obtenus par les différentes techniques.

Technique	Force (N)	Énergie d'adhésion (J.m^{-2})	Distance (nm)
SFA	10^{-7}	10^{-6}	0,1-0,01
BFP	10^{-12}		5
Micromanipulation de cellules	10^{-9}		
Micromanipulation de vésicules		10^{-6}	

franges permettent de déterminer la forme des surfaces. L'approximation de Derjaguin [73] donne la relation linéaire entre la force entre les deux surfaces courbes $F(D)$ et l'énergie entre surfaces planes et parallèles $E(D)$ lorsque la force est suffisamment rapidement décroissante (au moins en $1/d^2$) :

$$F(D) = 2\pi RE(D) \tag{8.5}$$

Cette technique a permis d'obtenir les premières mesures des forces de van der Waals dans le domaine non retardé [74]. L'interaction de van der Waals, du nom de celui qui l'a découverte en étudiant le comportement des gaz réels par rapport à celui des gaz parfaits, est une force attractive dans la plupart des cas, se produisant aussi bien entre atomes ou molécules qu'entre objets macroscopiques. Elle résulte de la corrélation entre les dipôles instantanés ou permanents de ces derniers, et le régime de variation de cette force dépend de leur distance. Entre deux milieux séparés par une distance d, l'énergie d'interaction à courte distance (dans l'eau typiquement < 5 nm) est en $1/d^2$. Lorsque la distance est suffisamment grande, le temps mis par les ondes électromagnétiques pour aller d'un milieu à l'autre ne peut plus être négligé, et la variation évolue vers une loi en $1/d^3$ [67, 74]. La technique SFA a également permis d'obtenir les premières démonstrations qu'un liquide ordinaire tel que l'eau, lorsqu'il est confiné, peut adopter une structure en couches (figure 8.10) [75].

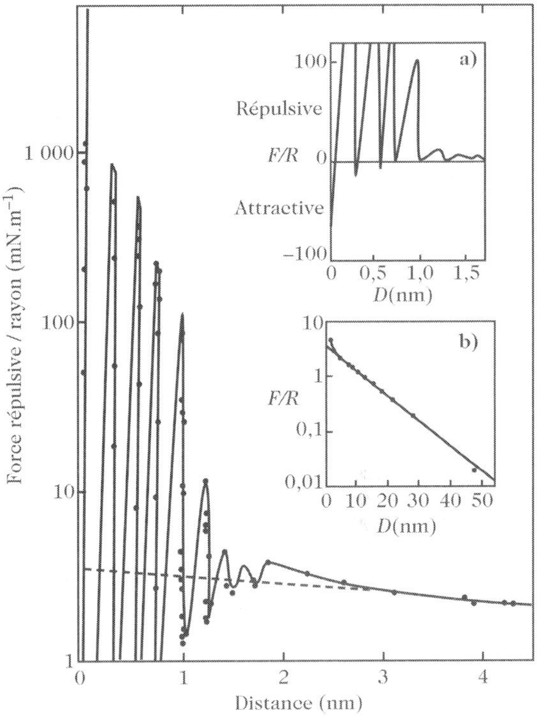

Figure 8.10. Force normalisée par le rayon de courbure (égale à $2\pi E$, où E est l'énergie d'interaction par unité de surface pour la même distance) entre des surfaces de mica immergées dans une solution à 10^{-3} M de KNO_3. L'insert (a) indique les forces aux séparations inférieures à 2 nm. L'insert (b) montre la force aux grandes séparations, supérieures à 2 nm ; la ligne continue indique la force électrostatique double-couche pour un potentiel de surface de −78 mV (figure provenant de la référence [75]).

C'est la mesure de la force entre les surfaces qui permet de mettre cette structuration en évidence : la force oscille en fonction de la distance, et la période spatiale des oscillations est de 0,25 nm, c'est-à-dire la taille d'une molécule d'eau.

Dans l'étude des cadhérines, protéines d'adhérence cellulaire, la résolution en distance du SFA a permis de mettre en évidence les propriétés des différents domaines extracellulaires de la protéine [76] (figure 8.11). Des bicouches lipidiques sont déposées sur le mica. Les parties extracellulaires des cadhérines, formées de cinq domaines (de taille 5,0 nm), sont adsorbées sur les bicouches par leur étiquette polyhistidine qui vient se fixer sur les têtes des lipides

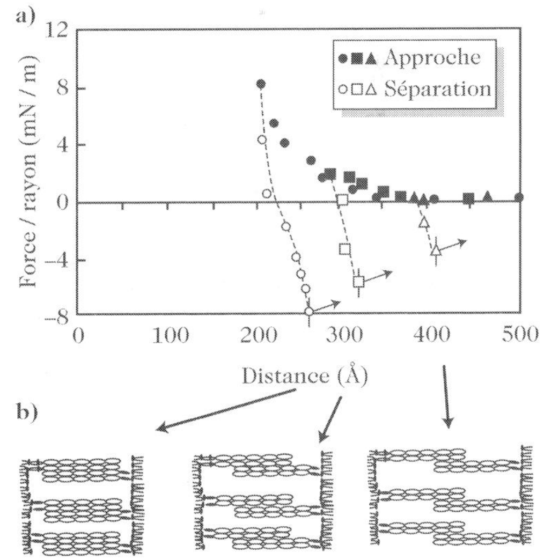

Figure 8.11. a) Profil de force normalisée par le rayon de courbure montrant trois minima d'énergie entre couches de cadhérines à une densité superficielle de $3{,}94.10^4$ cadhérine/μm^2. Les symboles pleins indiquent l'approche et les symboles vides la séparation. Les pointillés sont des guides pour l'œil. **b)** Positions relatives des protéines aux trois minima attractifs (figure provenant de la référence [76]).

fonctionnalisées de manière appropriée. Les forces sont mesurées en fonction de la distance et montrent des forces adhésives, avec des minima indiquant que les cadhérines peuvent se lier selon plusieurs modes, soit par tous leurs domaines extracellulaires, soit par quelques-uns de ces domaines.

La mesure des forces d'adhésion permise par le SFA a permis d'établir expérimentalement le lien entre énergie de liaison e_b et énergie libre d'adhésion W_a [77] dans le cas où chaque surface porte une couche compacte de molécules, pouvant former une liaison avec les molécules de l'autre surface. Dans ces expériences, des lipides dont la tête polaire est une base de l'ADN sont déposés en monocouche sur la surface du mica, avec les bases tournées vers le milieu aqueux. Les surfaces ainsi recouvertes d'une couche compacte d'adénine (A) ou de thymidine (T) pouvaient être mises en contact, et leur force de séparation mesurée (figure 8.12). Cette force de séparation est proportionnelle à l'énergie d'adhésion selon la théorie de Johnson, Kendall et Roberts (JKR) [78]. Cette théorie décrit l'adhésion entre des solides déformables : la force F nécessaire pour séparer une sphère (de rayon R) d'un plan est :

$$F = 3\pi R W_a/2 \tag{8.6}$$

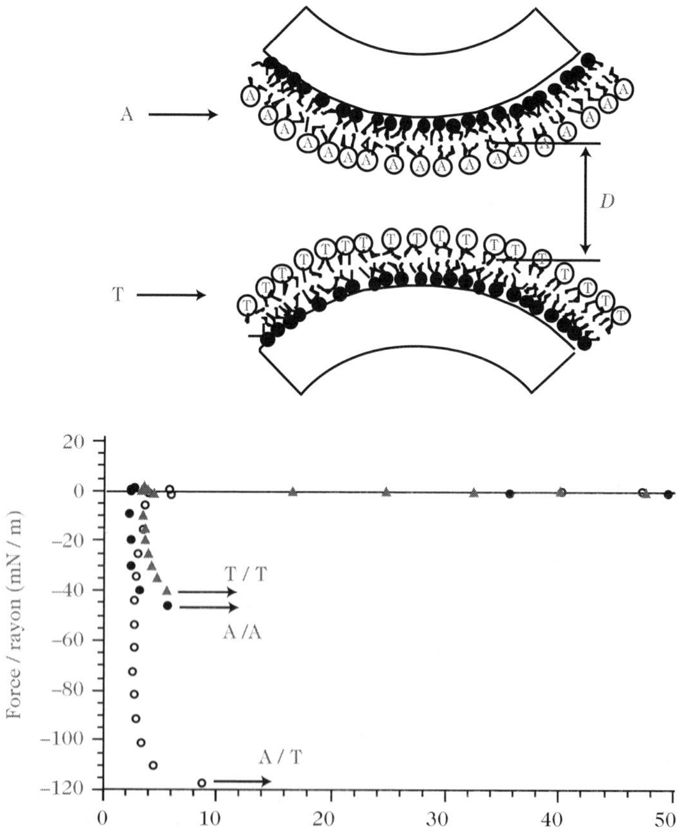

Figure 8.12. Force normalisée par le rayon de courbure en fonction de la distance entre surfaces de mica recouvertes d'une couche compacte d'adénosine (A) et de thymidine (T). Une force positive correspond à une répulsion et une force négative à une attraction. Les triangles et les cercles pleins représentent respectivement les expériences A/A et T/T. Les cercles vides représentent l'interaction A/T. Les flèches indiquent la force de séparation des surfaces.

où W_a est l'énergie libre d'adhésion des surfaces. Connaissant la densité ρ de A ou de T sur les surfaces, et l'énergie d'adhésion W_a obtenue à partir des mesures, il a été possible de montrer que l'énergie d'adhésion est l'énergie des liens A/T formés par unité de surface :

$$W_a = \rho e_b \frac{\exp(e_b/k_B T)}{1 + \exp(e_b/k_B T)} \quad \textbf{(8.7)}$$

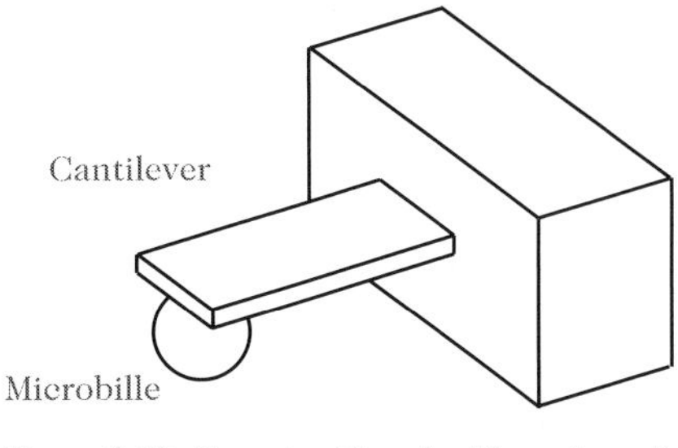

Figure 8.13. Une microbille est collée sur le cantilever d'un microscope à force atomique, ce qui permet de mesurer la force d'interaction entre la bille et un plan, donnant ainsi le même type d'informations que le SFA.

Depuis l'utilisation généralisée de l'AFM dans les laboratoires de recherche, plusieurs auteurs collent une microbille sur le cantilever d'un AFM (figure 8.13) et l'utilisent pour faire des mesures de forces entre surfaces [79]. Cela a l'avantage d'une mise en œuvre simplifiée, mais a l'inconvénient de ne donner, ni une mesure absolue de la distance entre les surfaces, ni une mesure de leur déformation pendant l'interaction.

2.2. Micromanipulations

Les micromanipulations de petits objets mous au moyen de micropipettes rendent aujourd'hui possible l'étude d'un grand nombre de phénomènes en rapport avec des processus biologiques tels que l'adhésion cellulaire, la fusion membranaire, mais également des interactions entre molécules individuelles. Elles n'offrent pas la résolution spatiale du SFA, mais permettent d'étudier des phénomènes où les forces et les énergies mises en jeu sont très faibles. Elles permettent de saisir des vésicules lipidiques d'une taille de quelques micromètres et de contrôler la tension de leur membrane par aspiration. On peut ainsi faire adhérer ou fusionner des vésicules fonctionnalisées. Les micropipettes permettent aussi de saisir des cellules, de les amener en contact puis de mesurer la force de leur adhérence. Le globule rouge maintenu par aspiration dans une micropipette constitue un ressort idéal pour les mesures de forces entre molécules individuelles, dans la mesure où l'on peut changer sa raideur de plusieurs ordres de grandeur en changeant simplement la pression d'aspiration. En fixant par des moyens appropriés des récepteurs sur le globule et des ligands sur une autre surface, il est possible de faire des mesures de spectroscopie de force de rupture de liaison unique.

2.2.1. Le *biomembrane force probe* (BFP) et la force de rupture d'une liaison entre deux molécules individuelles

Un globule rouge possède une membrane liée à un cytosquelette bidimensionnel de spectrine qui lui donne des propriétés élastiques remarquables, que l'on peut utiliser pour des études sur molécules individuelles [80, 81]. Lorsqu'un globule rouge est maintenu par aspiration ΔP dans une micropipette de diamètre intérieur R_p, sa membrane acquiert une tension τ, conformément à la loi de Laplace qui relie une différence de pression à la tension et à la courbure d'une surface ou d'une membrane :

$$\Delta P = \tau \left(\frac{1}{R_1} + \frac{1}{R_2} \right) \quad \textbf{(8.8)}$$

où R_1 et R_2 sont les deux rayons de courbure de la surface. Si une microbille est collée sur le côté libre du globule rouge (figure 8.14), l'ensemble pipette-globule-bille se comporte comme un ressort de raideur k :

$$k \approx \Delta P/C \tag{8.9}$$

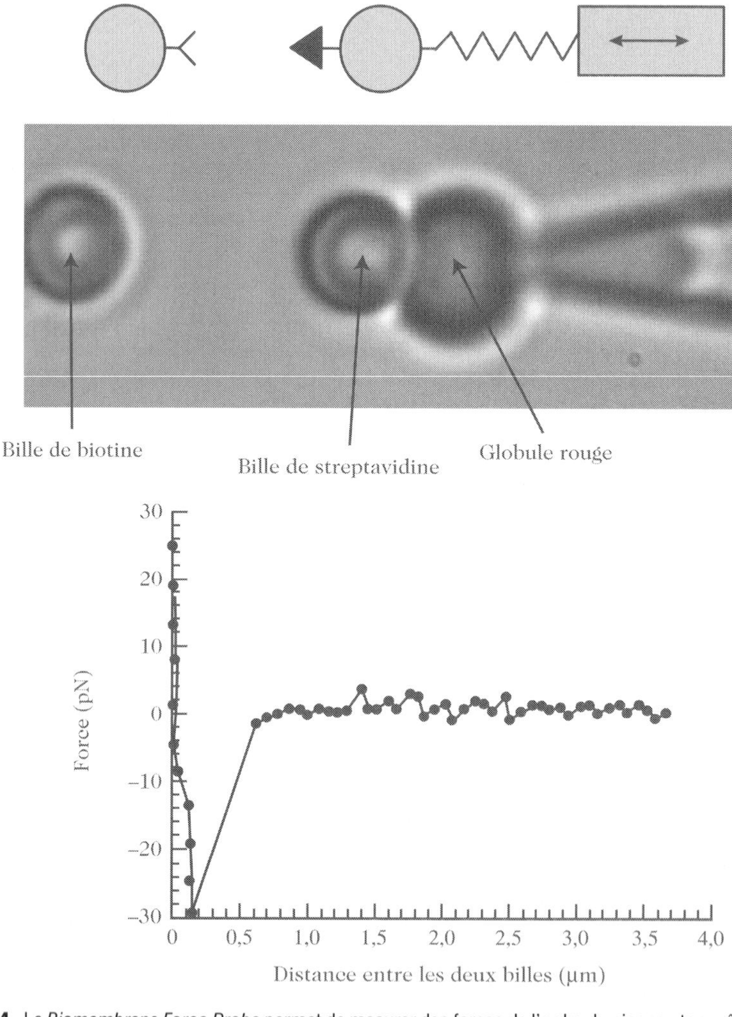

Figure 8.14. Le *Biomembrane Force Probe* permet de mesurer des forces de l'ordre du piconewton grâce à un ressort constitué d'un globule rouge maintenu par aspiration dans une micropipette. Les propriétés élastiques étonnantes du globule rendent ce système utilisable. La tension de la membrane peut être ajustée par la pression d'aspiration dans la micropipette selon la loi de Laplace (équation (8.8)). Plus la membrane du globule est tendue, plus celui-ci est rigide. Cela permet de faire varier sa rigidité de trois ordres de grandeur. Pour l'utiliser comme un dynamomètre, il faut avoir un repère permettant de mesurer l'élongation du globule. Cela est obtenu en collant une bille à la surface du globule d'un côté. Tout changement de distance entre la bille et la micropipette correspond à une extension ou une compression du ressort et donc à une force. Pour mesurer la force de rupture d'une liaison entre un récepteur et un ligand, les récepteurs sont ancrés sur la bille et les ligands fixés sur une autre surface. On approche la micropipette de l'autre surface (ici une bille) et l'on met la bille en contact avec l'autre surface, puis on sépare la micropipette de l'autre surface, tout en mesurant la force de séparation. Afin de s'assurer que la mesure est faite sur une liaison individuelle, la densité surfacique de récepteurs et de ligands est ajustée à une valeur suffisamment faible, de façon à ce que la probabilité de faire un lien lors d'un contact ne soit que de 0,1.

C étant un paramètre dépendant de τ et de la géométrie de l'ensemble globule/pipette :

$$C = \frac{\ln(2R_g/R_p) + \ln(2R_g/R_b)}{(1 - R_p/R_g)/\pi R_p} \tag{8.10}$$

dans lequel R_p, R_g et R_b sont respectivement les rayons de la pipette, du globule et de la zone de contact entre le globule et la bille. Ce ressort, appelé « *Biomembrane Force Probe* » ou BFP, peut être utilisé pour faire des mesures dynamométriques de la force de rupture d'une liaison individuelle entre un récepteur ancré sur la bille et un ligand fixé à une autre surface [80, 81]. L'un des points forts de cette technique est de pouvoir faire varier la constante de raideur du ressort de plusieurs ordres de grandeur, permettant, de ce fait, de mesurer des forces comprises entre 1 et 10^3 pN. L'allongement du ressort ainsi constitué est mesuré en suivant la distance bille-pipette. La position de la bille peut être mesurée par traitement d'image à 1-3 nm (voir le paragraphe 5 de ce chapitre) et la micropipette peut être placée sur un piézotranslateur de précision similaire (voir le tableau 8.1 donnant la précision des mesures).

La nature utilise des liaisons faibles pour effectuer des processus importants dans la matière vivante. Ce dispositif permet de sonder la force d'une telle liaison, par exemple entre un récepteur et un ligand individuels. À cette échelle d'énergie, les fluctuations thermiques jouent un rôle important et dispersent les résultats de mesure de la force de rupture de la liaison, indépendamment de l'erreur sur la mesure. Un grand nombre de mesures permettent d'obtenir la distribution de cette force et d'obtenir la force de rupture la plus probable f^*. En tirant lentement sur la liaison, la force de rupture mesurée sera faible, voire nulle, car une fluctuation thermique sera venue casser la liaison, contrairement à une mesure au cours de laquelle on tire rapidement. Dans une expérience de laboratoire, on applique le plus souvent une force f variant linéairement avec le temps t avec un taux de charge r tel que $f = rt$. L'échelle de temps sur laquelle on applique la force détermine la valeur la plus probable f^* de la force de rupture. La théorie prévoit que f^* varie linéairement avec $\ln(r)$ lorsque la forme du potentiel d'interaction récepteur/ligand ne contient qu'un seul puits de potentiel. Dans le cas de plusieurs puits de potentiel et de plusieurs barrières d'énergie à la séparation, la variation de f^* en fonction de $\ln(r)$ présente une succession de droites (figure 8.15), mais l'analyse théorique, plus complexe, reste à ce jour controversée, particulièrement dans le cas de plusieurs barrières d'énergie. La forme des distributions de forces de rupture dépend de la forme du potentiel d'interaction. Cette technique permet donc d'obtenir des informations sur la forme de ce potentiel.

2.2.2. Force d'adhésion de cellules vivantes

L'utilisation de micropipettes permet également de mesurer la force d'adhésion entre cellules vivantes (voir le tableau 8.1 donnant la précision des mesures). Cela permet de connaître la dynamique de l'adhésion entre cellules, de savoir si cette adhésion est déclenchée par des signaux et de comprendre l'origine de certaines pathologies. La méthode est la suivante [82, 83] (figure 8.16).

Deux cellules maintenues par aspiration, l'une faiblement (ΔP_1) et l'autre fortement, avec une micropipette peuvent être mises en contact. En écartant les deux micropipettes, les deux cellules en adhésion restent sur l'une des pipettes. La

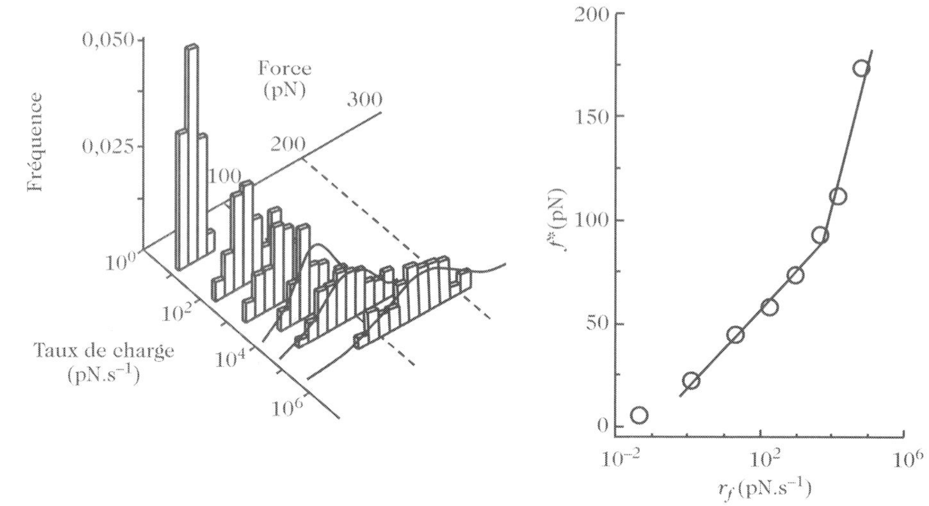

Figure 8.15. Force de rupture la plus probable d'une liaison individuelle entre streptavidine et biotine en fonction du taux de charge r. La force de rupture est mesurée un grand nombre de fois au même taux de charge avec le *biomembrane force probe*. La force la plus probable correspond au maximum de sa distribution ; elle est reportée dans le graphe de droite en fonction du taux de charge. (Figure provenant de la référence [81]).

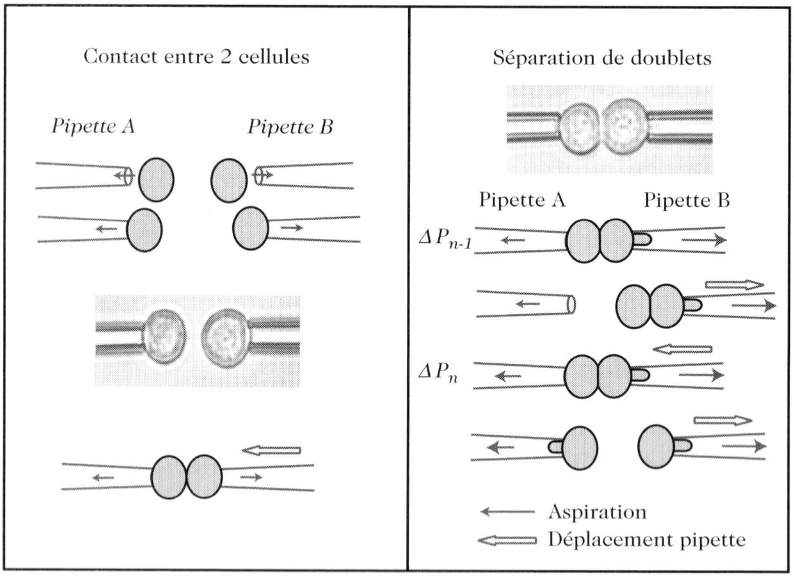

Figure 8.16. Mesure de la force d'adhésion de cellules vivantes. La cellule de droite est maintenue dans une micropipette par une aspiration forte, et celle de gauche par une aspiration faible. Les pipettes sont rapprochées pour mettre les cellules au contact, puis séparées. Le doublet de cellules reste dans la pipette de gauche. La pipette de gauche est repositionnée et la pression d'aspiration incrémentée. Les pipettes sont séparées à nouveau, la pression est incrémentée, et ainsi de suite jusqu'à ce que l'aspiration soit juste assez forte pour séparer les cellules. Cette pression multipliée par la section de la pipette donne la force de séparation des cellules.

pression d'aspiration faible est alors incrémentée (ΔP_2), les cellules remises en contact, puis les pipettes écartées de nouveau. Si les cellules restent en contact, le cycle est recommencé jusqu'à ce que les cellules se séparent, chacune restant sur sa pipette, pour une pression d'aspiration ΔP_n. La force de séparation des pipettes est alors :

$$\pi R_p^2(\Delta P_{n-1} + \Delta P_n)/2 \qquad (8.11)$$

2.2.3. Micromanipulation et énergie d'adhésion de vésicules

Les vésicules lipidiques sont des bicouches de lipides d'épaisseur nanométrique ($\sim$ 5 nm), refermées sur elles-mêmes. Il est possible de mesurer leur énergie d'adhésion en connaissant la tension de membrane (contrôlée par la pression d'aspiration, équation (8.8)) et l'angle de contact θ qu'elles font [84, 85, 86] (figure 8.17, et voir le tableau 8.1 donnant la précision des mesures). Le travail pour déplacer une unité d'aire de membrane sous tension τ est : $\tau(1 - \cos\theta)$. Le changement d'énergie interfaciale est W_a. À l'équilibre, l'énergie libre est minimale ($\delta F = 0$), ce qui donne :

$$W_a = \tau(1 - \cos\theta) \qquad (8.12)$$

Cette approche permet de mesurer les paramètres de l'adhésion entre deux membranes modèles.

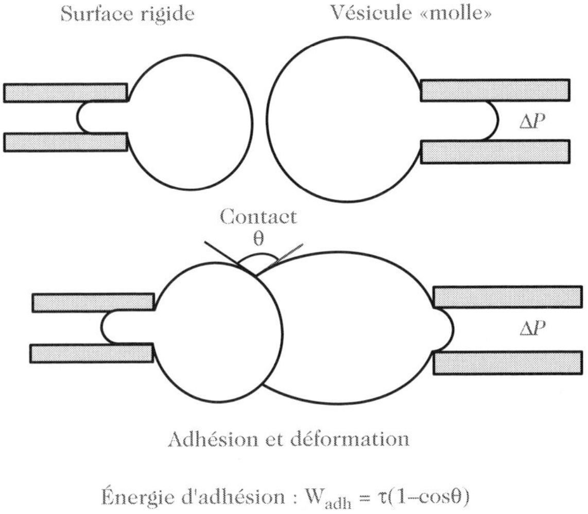

Figure 8.17. Mesure de l'énergie libre d'adhésion de deux vésicules par micromanipulation. La vésicule de gauche est rendue très rigide par une forte pression d'aspiration. Celle de droite est maintenue dans la micropipette par une aspiration modérée, qui produit une tension de membrane τ. Lorsqu'on met les deux vésicules au contact en déplaçant les micropipettes, les deux membranes des vésicules entrent en contact et l'angle de contact θ atteint une valeur d'équilibre qui permet d'évaluer l'énergie d'adhésion, $W_a = \tau(1 - \cos\theta)$.

3. Microscopie de force en mode contact et mode oscillant

3.1. Introduction

L'invention du microscope à effet tunnel en 1981 [87] constitua un événement majeur dans le domaine de la physique en raison de sa capacité à analyser la matière à l'échelle atomique : pour la première fois, il fut possible de rendre visible individuellement, dans l'espace réel, des atomes sur une surface plane. G. Binnig et H. Rohrer, les inventeurs du STM (*Scanning Tunneling Microscope*), obtinrent le prix Nobel en commun avec E. Ruska, l'inventeur du microscope électronique à balayage. Un grand nombre de métaux et semi-conducteurs furent ensuite analysés ; certains résultats ont largement dépassé le cercle scientifique pour faire l'objet d'articles s'adressant au grand public, tels que la manipulation d'atomes de R. Eigler [88].

Le STM peut seulement produire des images de surfaces conductrices, ce qui limite son application aux métaux et semi-conducteurs. Cette limitation fut levée en 1985, quand Binnig, Quate et Gerber inventèrent le microscope à force atomique (MFA) [89]. Comme pour le STM, une pointe très fine est approchée de la surface à analyser, mais plutôt que d'appliquer une différence de potentiel et de mesurer un courant tunnel, on mesure la force entre la pointe et la surface. Ainsi, le MFA peut s'appliquer à l'étude de n'importe quel type de surface. La conception des microscopes à force atomique est d'une remarquable simplicité : l'élément central est constitué d'une micropoutre flexible encastrée à une extrémité et dont l'extrémité libre est munie d'une pointe (figure 8.18). Cette simplicité, alliée à une capacité à produire des images dans une vaste gamme d'échelles spatiales sur des systèmes variés, explique le succès rapide et les multiples utilisations du MFA.

On peut exploiter cette micropoutre encastrée de deux façons. Soit en mode statique, et dans ce cas on mesure la flèche à l'extrémité libre de la poutre, correspondant à la flexion de celle-ci. Pour les faibles flexions, la force est simplement obtenue en multipliant la raideur en flexion par la flèche. L'alternative est d'exploiter les modes dynamiques. Le mode dynamique de la MFA consiste à faire osciller la pointe au voisinage d'un objet. On dispose ainsi d'un oscillateur qui est complètement défini par sa fréquence de résonance et son coefficient d'amortissement. Le principe de base est le suivant : les propriétés de cet oscillateur, par exemple la correspondance entre amplitude d'excitation et amplitude d'oscillation, ou encore la relation entre amplitude et fréquence, sont susceptibles d'évoluer lorsque l'oscillateur entre en interaction avec un objet.

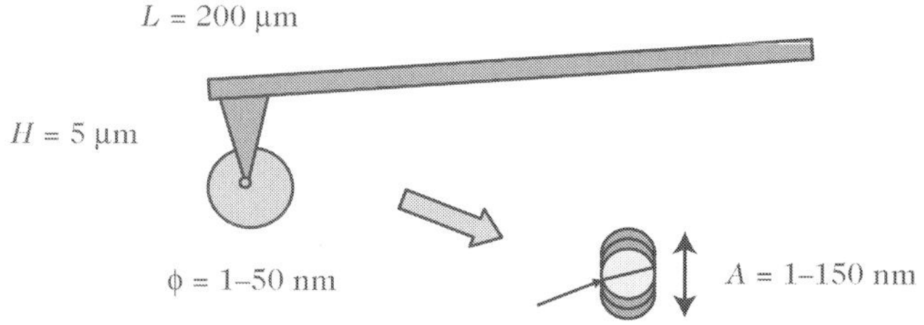

Figure 8.18. Schéma de la partie centrale d'une sonde locale de force : le levier et la pointe. On peut montrer assez facilement que cet ensemble poutre et pointe se comporte de façon identique à un ressort auquel on a fixé une sphère. H est la hauteur de pointe, L la longueur du levier et Φ le diamètre de l'extrémité de la pointe.

C'est via ces modifications du comportement de l'oscillateur lors de son interaction avec l'objet que l'on peut déterminer la forme de cet objet, ses propriétés mécaniques et éventuellement une certaine hétérogénéité chimique le constituant.

L'oscillateur ainsi constitué est formé d'un levier de section rectangulaire de quelques micromètres, sur une longueur de quelques centaines de micromètres. Ce sont des dimensions relativement grandes, qui impliquent que le levier est constitué de 10^{15} à 10^{16} atomes, et c'est avec cet objet que l'on mesure le comportement d'un atome ou d'une assemblée de quelques atomes. La raison principale est que l'on peut considérer l'ensemble comme un système à un seul degré de liberté, ce qui permet de le décrire comme un simple oscillateur harmonique.

Cette description reste valable pour un domaine assez large d'amplitudes d'oscillation, allant du nanomètre à la centaine de nanomètres.
Le décor ainsi fixé nous amène à oublier la structure quasi macroscopique de notre oscillateur, pour le réduire simplement à l'extrémité de la pointe. À titre de comparaison, à l'échelle de notre taille humaine, une expérience similaire conduirait à prendre le Mont-Blanc, le renverser, puis le faire osciller au-dessus de notre tête. Dans cette « expérience », l'évolution des oscillations de cette montagne ainsi retournée ne dépendrait que de l'interaction de son extrémité (quelques mètres) avec la population étudiée.
La taille effective de l'extrémité de la pointe est déterminée par la région de la surface qui interagit avec l'objet. En assimilant cette extrémité à une sphère, cela conduit à des diamètres de pointe variant entre le nanomètre et la dizaine de nanomètres. Dans quelques situations particulières, par exemple l'étude du silicium en ultravide, on peut montrer que l'image obtenue résulte de la variation de l'interaction entre quelques atomes de la pointe et quelques atomes de la surface, ceux-ci se comptant à l'unité.
Nous terminerons cette introduction en nous appuyant sur une représentation graphique des différentes méthodes disponibles pour imager les systèmes biologiques (figure 8.19).
L'idée très générale est de disposer de toute la panoplie d'outils permettant d'accéder à toutes les échelles, de l'angström au mètre, ainsi qu'aux domaines d'échelles de temps les plus larges possibles.
L'idée de visualiser les objets à l'échelle de l'assemblage moléculaire ou de la molécule, ainsi que d'observer ces assemblages en fonctionnement, est une idée ancienne et constitue l'un des fondements des multiples travaux réalisés en AFM. Nous en présentons quelques exemples ci-dessous. La première partie est dévolue aux mesures de force en mode statique, la seconde à l'imagerie et au mode oscillant en AFM.

3.2. Mesures de forces en mode contact (statique)

3.2.1. Mesure de la force de séparation des systèmes avidine-biotine et dérivées

Les mesures de force sont simples dans leur principe. En une position fixe dans le plan de la surface, on déplace verticalement celle-ci en l'approchant de la pointe. Quand la pointe vient au contact avec la surface et que l'on poursuit le déplacement, le levier présente une déflexion correspondant à une compression du ressort équivalent, décrivant la réponse mécanique de la poutre encastrée. En général, parce que la raideur du levier est finie, l'adhésion entre la pointe et la surface conduit à l'observation d'une hystérésis entre la courbe de force mesurée lors de l'approche et celle mesurée lors de la rétraction. Lorsque l'on effectue le mouvement en sens inverse en retirant la surface, s'il n'existe aucun objet entre la pointe et la surface, on mesure la force nécessaire au décollement de la pointe.
Dans le cas où il existe une macromolécule ou un ensemble ligand-récepteur situés entre la pointe et la surface, on mesurera soit le comportement élastique de la macromolécule, soit la force de la liaison entre le ligand et le récepteur.

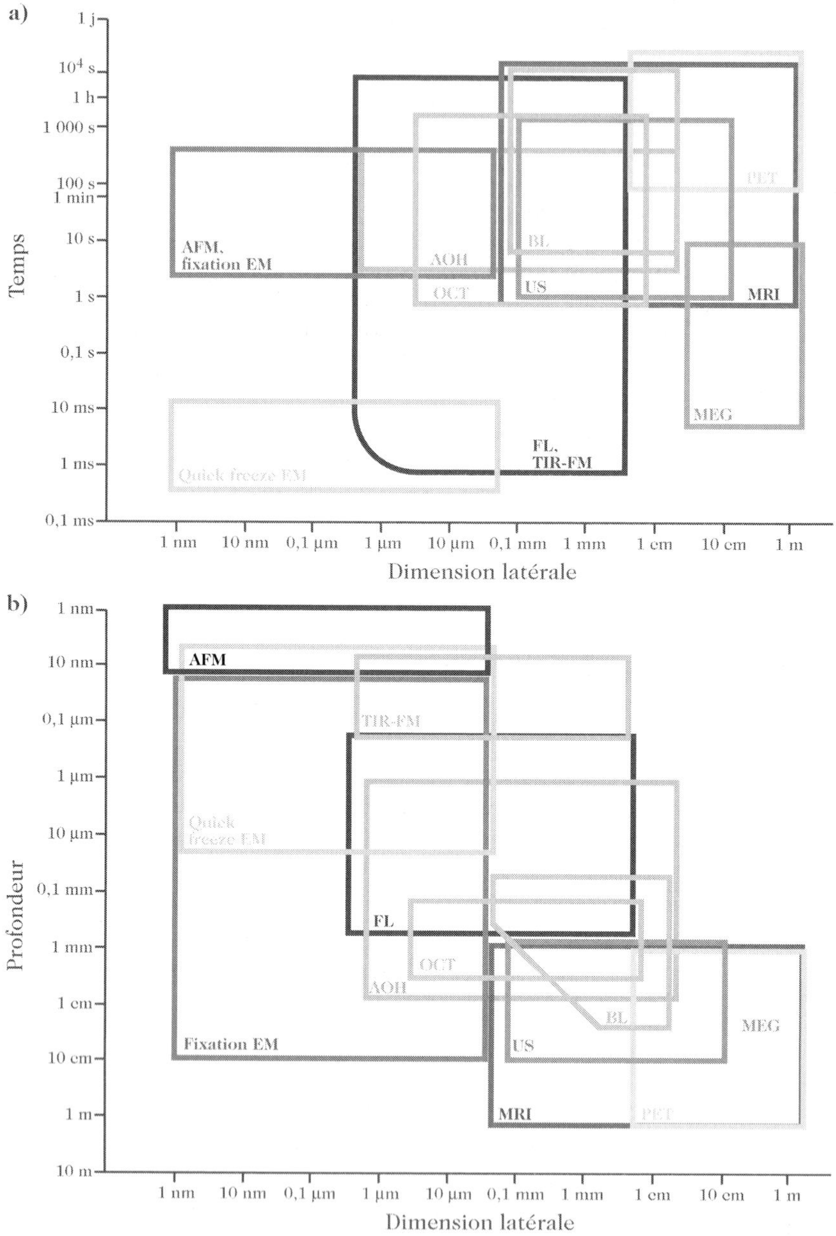

Figure 8.19. Différentes méthodes d'analyse du vivant d'après la référence [90]. Lexique : FL pour microscopie de fluorescence, EM microscopie électronique, AFM microscopie à force atomique, PET tomographie par émission de positrons, OCT tomographie en optique cohérente, BL bioluminescence, MRI imagerie par résonance magnétique, AOH histologie tout optique, TIR-FM microscopie de fluorescence par réflexion interne totale, MEG magnétoencéphalographie, US ultrasons. Ces « carrés » sont indicatifs et pour ce qui est de l'AFM requièrent quelques commentaires. Pour la gamme des temps, il est difficile d'atteindre les 500 ou 1 000 s du fait des dérives des céramiques piézoélectriques et cela même en asservissant la position de la surface. En revanche, pour les temps courts on peut atteindre des résolutions en temps de l'ordre de la ms. (Voir le cahier couleur au milieu de l'ouvrage.)

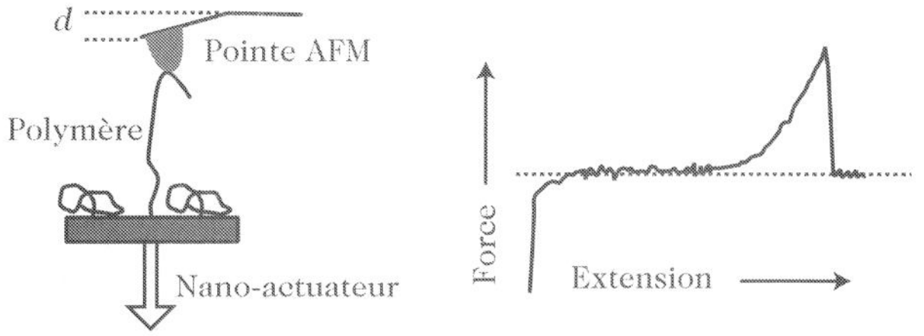

Figure 8.20. Le schéma de gauche représente une pointe AFM ayant récupéré une macromolécule qui s'étire sous la rétraction verticale de la surface. Le schéma de droite montre la variation de force correspondant à l'extension imposée à la chaîne. La force est obtenue en effectuant le produit entre la raideur du levier et la mesure de la flèche du levier.

Le schéma de la figure 8.20 représente une expérience typique de mesure d'élasticité d'une chaîne avec une pointe AFM. Une extrémité du levier est encastrée dans un support, alors que l'autre extrémité, où se situe la pointe, est libre. On montre que dans le cas où la flèche d est petite devant la longueur L du levier, la force appliquée en son extrémité varie linéairement avec la flèche : $F = \mathrm{k_L}d$. $\mathrm{k_L}$ est la constante de raideur du levier. Cette constante dépend du module d'élasticité E du levier, de sa taille et de sa forme. Pour un levier de section rectangulaire, avec W sa largeur, e son épaisseur et L sa longueur, la constante de raideur d'un levier encastré à une extrémité est $\mathrm{k_L} = E\dfrac{We^3}{4L^3}$. Pour un levier de section circulaire de rayon r, la raideur est $\mathrm{k_L} = E\dfrac{3\pi r^4}{4L^3}$.

Il existe de nombreuses mesures de l'élasticité de l'ADN et en général de macromolécules biologiques, par pinces optiques, pinces magnétiques ou micropipettes. Celles-ci sont décrites en détail dans les paragraphes 4 et 5 de ce chapitre. Dans cette partie, nous avons sélectionné quelques travaux centrés sur la mesure d'interaction spécifique dans les systèmes biologiques. Ces mesures se déclinent d'abord par des mesures de force puis, ce qui distingue l'AFM des autres techniques, par le recours à l'image, avec des contrastes à l'échelle du nanomètre, en parallèle avec ces mesures de force. Ainsi, l'AFM permet *a priori* de concevoir des expériences pour lesquelles on réalise, par exemple, le dépliement des protéines avec visualisation des modifications réalisées.

L'interaction forte entre le récepteur avidine et le ligand biotine est bien connue des biologistes et très souvent exploitée pour effectuer des assemblages moléculaires ou fonctionnaliser des séquences peptidiques. L'étude de la force de liaison entre l'avidine et la biotine fut naturellement à l'origine des premières expériences réalisées sur les mesures de forces de séparation entre espèces chimiques avec un microlevier (figure 8.21). Les travaux exploratoires dans ce domaine sont principalement l'œuvre du groupe de H.E. Gaub à Munich [113, 116, 117].

(extrait du site internet : www.mpibpc.gwdg.de/abteilungen/071/strept.html)

Quoique des interactions non spécifiques, typiquement les interactions de Van der Waals, puissent déterminer l'adhésion entre assemblages moléculaires, la sélectivité de l'interaction entre ligand et récepteur induit le caractère spécifique nécessaire pour régir l'organisation et l'activité de systèmes à multiples composantes. Le fait d'aborder l'étude de systèmes biologiques qui sont souvent contrôlés par des forces faibles implique qu'il sera difficile d'établir une classification entre interaction spécifique et non spécifique. Pour aborder ce problème, le groupe de Munich étudia des variantes de l'appariement basé sur le couple streptavidine-biotine (tableau 8.2).

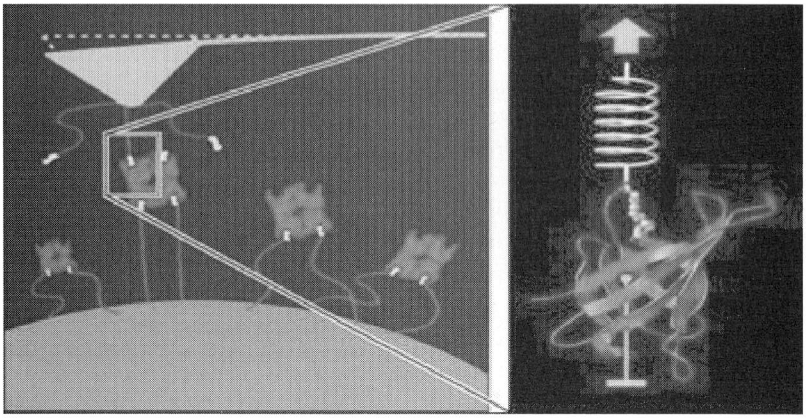

Figure 8.21. Représentation schématique des mesures de force de séparation du couple avidine-biotine avec un microscope à force atomique. L'avidine est un tétramère aménageant une cavité, ou réceptacle dans lequel s'insère la biotine. Sur le schéma de droite, l'AFM est représenté par un ressort.

Tableau 8.2. Mesures de force de séparation par AFM pour différents couples ligand-récepteur [116].

Ligand-récepteur	F_S (pN)
Avidine-biotine	160 ± 20
Avidine-iminobiotine	85 ± 10
Streptavidine-biotine	257 ± 25
Avidine-desthiobiotine	94 ± 10
Streptavidine-iminobiotine	135 ± 15

À partir de ces mesures, les auteurs déduisent une longueur effective du potentiel de la liaison entre le ligand et le récepteur. Cette longueur effective est trouvée être la même pour tous les couples, avec une valeur autour de $r_{\text{eff}} = 9{,}5\,\text{Å}$ [116]. Cette valeur commune suggère que ces systèmes possèdent des structures très similaires pour le réceptacle accueillant la biotine. Cependant, comme nous le verrons dans le paragraphe 3.2.2 pour le dépliement des polymères, il est apparu que, y compris pour ces couples, il existe un taux critique de charge, en deçà duquel la dissociation est suffisamment fréquente pour que la force la plus probable soit proche de zéro (voir la figure 8.15, paragraphe 2).

Pour des temps longs, les fluctuations thermiques sont suffisantes pour assister de façon significative la rupture de la liaison. C'est ce qui fut montré à l'aide de biomembranes utilisées comme capteur de force (voir le paragraphe 2). On voit que l'influence de la vitesse différencie les couples avidine-biotine et strepatividine-biotine. Dans le cas du couple avidine-biotine, pour des taux de charge inférieurs à la dizaine de pN par seconde, la force de rupture la plus probable est proche de zéro.

3.2.2. Courbes de force-extension sur différents polymères

Les expériences réalisées sur la titine constituent un bon exemple de mesures de dépliement des protéines par un microlevier AFM. La mesure des propriétés mécaniques de la titine revêt un intérêt particulier, car cette protéine se situe dans le tissu musculaire et est sujette à des variations de tension importante. Son rôle est de maintenir la structure en présence de contraintes. De ce point de vue, la façon dont une protéine se replie joue un rôle crucial sur la détermination de sa fonction. Cependant, il est difficile de déterminer le paysage énergétique de séquences peptidiques complexes. En conséquence, il est souvent impossible de prédire l'organisation de séquences à partir de la connaissance de la composition chimique des peptides, et encore plus d'inférer leurs propriétés, notamment la résistance au dépliement. Dès lors, le seul moyen qui demeure est de réaliser la mesure des forces qui provoqueront ces dépliements. Dans ce contexte, la titine, également appelée connectine, est un système exemplaire du fait que ses propriétés mécaniques sont essentielles pour ses fonctions biologiques. La contrainte passive développée par le muscle sarcomère sous l'action d'un étirement est principalement due à cette protéine. Cette protéine s'arrange en domaine d'immunoglobuline par paire (tandem Ig) ; ce tandem est une chaîne extensible qui résiste à la contrainte aux hautes élongations du sarcomère.

Dans la référence [117], les expériences conduisant à la mesure de courbes de force-extension portèrent sur la titine et une macromolécule, un polysaccharide, susceptible de produire des changements de conformation très rapides à forte extension. Les auteurs disposent ainsi de deux systèmes, le premier dont les temps caractéristiques de relaxation sont de l'ordre des temps expérimentaux, l'autre dont les temps caractéristiques sont beaucoup plus courts que les temps d'étirement.

Sous extension, une chaîne présente différents régimes de déformation. Pour les forces faibles (quelques pN), telles que celles exercées avec des pinces optiques ou magnétiques (voir les paragraphes 4 et 5 de ce chapitre), les mesures présentent des résultats en bon accord avec les modèles classiques d'élasticité entropique des polymères. À ce titre, les nombreuses études réalisées sur l'ADN sont exemplaires. Quelques aménagements aux modèles des chaînes idéales ou semi-rigides doivent être réalisés pour des domaines de force intermédiaires (quelques dizaines de pN), quand la réponse élastique du squelette de la chaîne doit être considérée. Quand les forces deviennent très conséquentes (plusieurs centaines de pN), comme on peut les atteindre avec un microscope de force, on sort du régime d'élasticité. Des changements notables de conformations des biopolymères apparaissent ; c'est le cas quand la structure de la protéine se déplie. On peut concevoir que lorsque les changements de conformation impliquent un grand nombre d'atomes, ces changements de conformation conduisent à des temps caractéristiques de réorganisation longs. Si ces temps tombent dans le domaine des temps expérimentaux, les courbes de force-extension présenteront des allures qui dépendront de la vitesse à laquelle l'étirement est effectué. Dans ce cas, il sera nécessaire de prendre en compte des aspects cinétiques lors du changement de conformation.

Les mesures de force sur le polymère polysaccharide et sur une séquence de 8 blocs de tandem Ig sont données sur les figures 8.22a et 8.22b. Sur le polysaccharide, pour des forces élevées se situant autour de 700 pN, on note la présence d'un plateau dans la courbe de force-extension. Pour un incrément d'extension relativement important de la chaîne, on note un accroissement faible de la force (figure 8.22a). Ce plateau est interprété comme la conséquence du basculement d'une liaison C-C du cycle du sucre. Malgré ces forces élevées et le changement de conformation qui l'accompagne, les courbes d'étirement (à l'aller) et de relâchement (au retour) sont identiques. Ces courbes ne montrent aucun effet d'hystérèse, ce qui conduit à considérer que la rotation de la liaison C-C est une transformation adiabatique.

Les mesures sur la titine concernent 8 blocs de domaines Ig. On observe un comportement caractéristique en dents de scie. Chaque dent correspond à un débobinage d'un bloc Ig. Le premier débobinage s'effectue sur le domaine le plus faible mécaniquement. Les forces que l'on mesure et la forme des courbes dépendent de la vitesse à laquelle s'effectue l'élongation (figure 8.23). Quand la conformation du squelette de la chaîne s'écarte de la chaîne idéale décrite par une marche aléatoire, la réponse élastique d'origine entropique doit prendre en compte le caractère localement rigide du polymère. Dans ce cas, on a à faire à un polymère semi-rigide dont le meilleur exemple est l'ADN, avec une longueur de persistance de 50 nm, caractérisant la longueur de corrélation de l'orientation du plan osculateur le long de la chaîne. Les caractéristiques des polymères semi-rigides décrites par Kratky et Porod sont obtenues avec le modèle du ver. Le modèle de la chaîne de ver donne la relation entre la force F et l'extension x de la chaîne [110] :

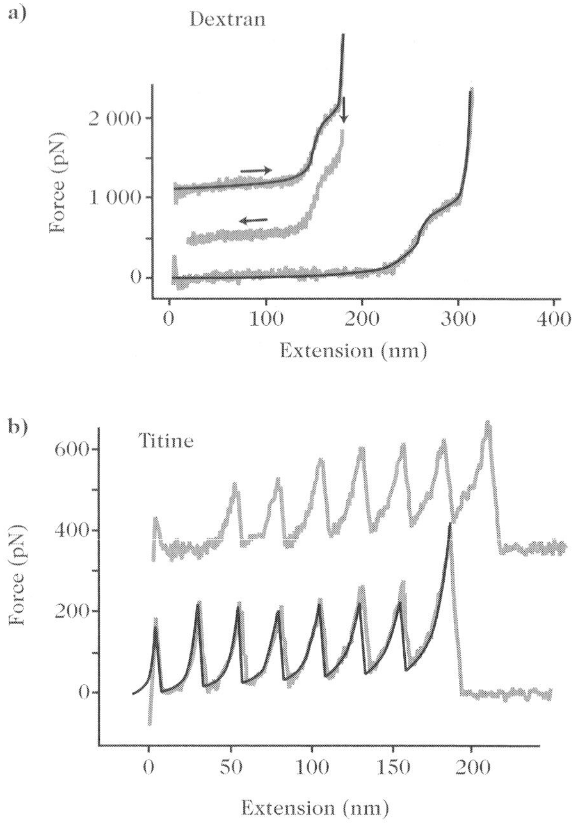

Figure 8.22. Courbes de force-élongation caractéristiques de deux types de polymère.
a) Trois courbes obtenues sur deux chaînes de dextran de différentes longueurs. Ces courbes montrent un plateau aux alentours de 700 pN, correspondant à la rotation d'une liaison C-C. Les courbes pour la chaîne la plus courte ont été décalées suivant l'ordonnée pour mieux les visualiser. La première courbe est obtenue lors de l'étirement, la seconde lors de la rétraction. Les courbes continues en noir correspondent aux résultats des simulations numériques incluant la réponse élastique d'un polymère semi-rigide (voir l'équation 8.13 et la figure 8.24).
b) Courbes de force obtenues sur une séquence de huit domaines d'immunoglobuline de la protéine musculaire titine. Chaque événement correspond au dépliement d'un domaine. Le domaine le plus faible se déplie en premier. La courbe noire en continu correspond au résultat d'une simulation numérique [117].

$$F(x) = \frac{k_B T}{p}\left(\frac{1}{4\left(1-\frac{x}{L}\right)^2} - \frac{1}{4} + \frac{x}{L}\right) \tag{8.13}$$

avec p la longueur de persistance qui décrit la corrélation angulaire de la tangente le long de la chaîne, L la longueur de contour, k_B la constante de Boltzmann. L'équation 8.13 donne la réponse élastique de la chaîne semi-rigide. Par construction, ce modèle n'est plus suffisant pour décrire les courbes observées, puisque la forme des courbes et la force nécessaire pour déplier les paires Ig dépendent de la vitesse de l'étirement (voir la figure 8.23).

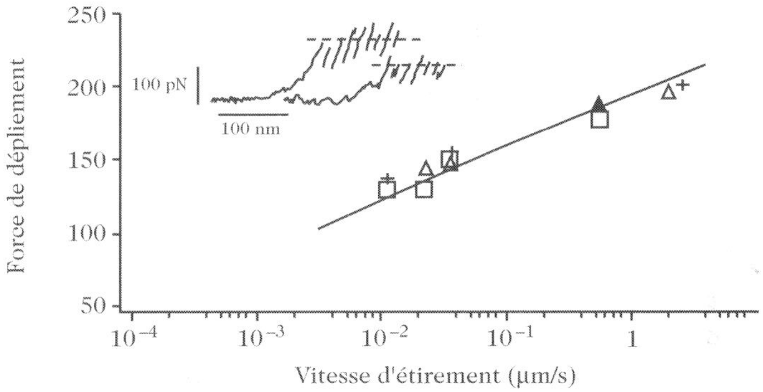

Figure 8.23. La force requise pour débobiner un domaine dépend de la vitesse d'étirement. Sur les courbes insérées, un segment de titine de 400 nm est étiré à une vitesse de 0,5 µm/s. À cette vitesse, la force moyenne pour le dépliement est de l'ordre de 190 pN. Quand la vitesse est de 0,01 µm/s, la force moyenne décroît à 130 pN. Le graphe en semi-log montre trois expériences différentes. Quand le taux d'étirement est diminué de trois ordres de grandeur, la force moyenne décroît jusqu'à 100 pN.

De façon similaire à ce qui fut introduit pour la mesure de la force de liaison des couples avidine-biotine, pour rendre compte des réponses mécaniques, il est nécessaire d'adjoindre à l'expression de la force donnée par l'équation (8.13) un terme tenant compte de l'influence des fluctuations thermiques. On peut introduire ce terme en considérant un modèle à deux états séparés par une barrière de potentiel. Dans le cas du polysaccharide dextran, ces deux états seront censés décrire les deux positions de la liaison carbone. Pour le bloc Ig, les deux états correspondent soit à l'état replié de la protéine I_f, soit à son état déplié I_u. La possibilité de passer d'un état à l'autre dépendra de la symétrie du système et des hauteurs respectives des barrières de potentiel.

Le dépliement d'une protéine par une force extérieure peut être décrit comme un processus où l'accroissement de la force extérieure diminue la hauteur de la barrière de potentiel. Ainsi, durant le temps de l'expérience d'étirement, les fluctuations thermiques seront d'autant plus efficaces pour aider à la transition de dépliement que la barrière de potentiel sera abaissée. En conséquence, avec un modèle à deux états dont la transition entre états peut être significativement assistée par les fluctuations thermiques, on s'attend à ce que la mesure de la force de dépliement de la protéine dépende de la vitesse d'étirement et, en particulier, s'abaisse quand la vitesse d'étirement est diminuée. De ce point de vue, le comportement présenté sur la figure 8.23 est tout à fait en accord avec la prédiction de E. Evans *et al.*, qui stipule que la force de dépliement est une fonction logarithme de la vitesse d'étirement [112].

Les schémas réactionnels pour les changements de conformation du tandem Ig et du polysaccharide sont donnés sur la figure 8.24.

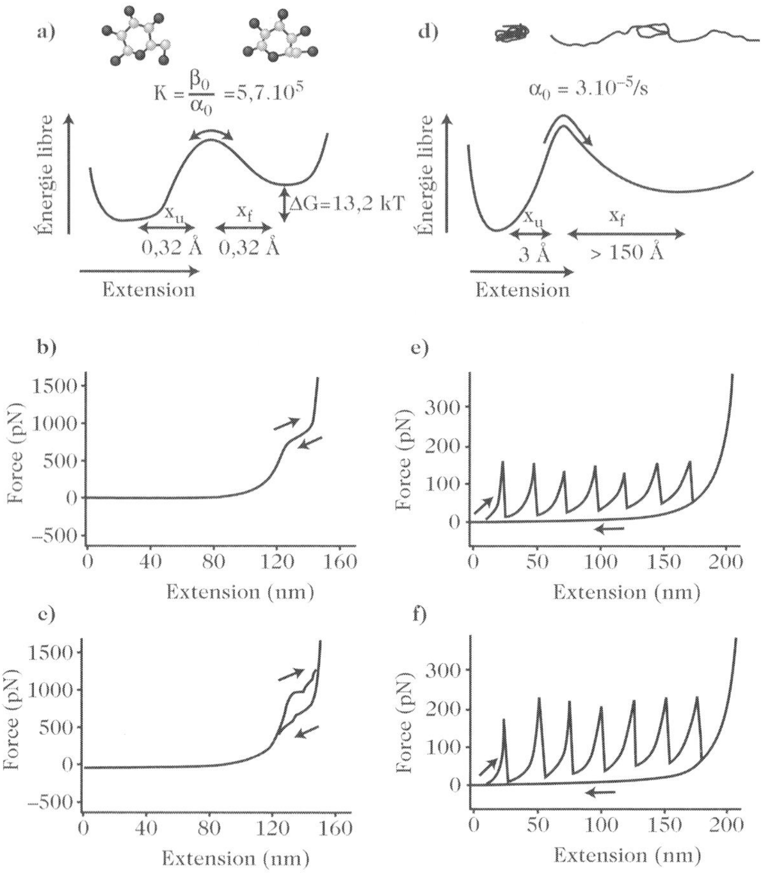

Figure 8.24. **a)** Paramètres du modèle à deux états pour le changement de conformation du dextran utilisés pour la simulation numérique (voir aussi la figure 8.22). **b)** Résultat d'une simulation des courbes de force-élongation en aller et retour à une vitesse d'étirement de 1 μm/s ; la transition s'effectue à l'équilibre thermodynamique. **c)** Résultat d'une simulation de ces mêmes courbes pour une vitesse d'étirement de 1 cm/s. On observe pour cette vitesse une hystérèse indiquant un comportement non adiabatique. **d)** Paramètres du modèle à deux états pour le changement de conformation des domaines Ig de la titine (voir aussi la figure 8.22). Le potentiel est asymétrique, avec une extension spatiale du potentiel dans l'état replié près de 2 ordres de grandeur plus petite que dans l'état déplié. **e)** Une simulation réalisée à vitesse très lente (0,01 μm/s) est donnée sur cette figure. **f)** Une simulation réalisée à plus haute vitesse (1 μm/s), correspondant aux mesures données dans la figure 8.22, est également reportée.

Comme le montrent les résultats reportés sur la figure 8.24, dans le cas du dextran, les courbes de force-élongation sont identiques à l'aller et au retour. Cette réversibilité indique que le retournement de l'angle de la liaison C-C est beaucoup plus rapide que les temps expérimentaux. C'est seulement au-dessus d'une vitesse d'étirement de 1 cm/s que l'on voit apparaître une hystérèse entre l'étirement et la rétraction. À titre indicatif, sachant que le retournement d'orientation correspond à une déformation de l'ordre de 0,65 Å, cela signifie qu'à cette vitesse, le temps expérimental pendant lequel s'effectue la déformation à cette échelle est de quelques nanosecondes. On en déduit que pour ces conditions expérimentales, non atteignables en microscopie de force, le retournement angulaire de la liaison est non adiabatique à cette échelle de temps.

Suivant le modèle proposé par G. Bell [109], puis développé par E. Evans [112], le modèle à deux états présenté dans la figure 8.24 conduit, en fonction de la force, à un taux de dépliement donné par :

$$\alpha(F) = \omega e^{-(\Delta G_{ud} - Fx_u)/k_B T} = \alpha_0 e^{Fx_u/k_B T} \quad \textbf{(8.14)}$$

et la dépendance en force du taux de repliement :

$$\beta(F) = \omega e^{-(\Delta G_f + Fx_f)/k_B T} = \beta_0 e^{-Fx_f/k_B T} \quad \textbf{(8.15)}$$

où ω est la fréquence caractéristique du système au fond des puits de potentiel et α_0 et β_0 les taux de repliement et de dépliement à l'équilibre thermodynamique.
Le modèle à deux états qui décrit le repliement et le dépliement des domaines Ig est fortement asymétrique. La largeur de la barrière d'activation pour forcer le dépliement est de 3 Å. D'autre part, pour une chaîne peptidique dépliée, à une force aussi faible que 10 pN, le polymère sera étiré de la moitié de sa longueur de contour. En conséquence, pour une chaîne de longueur de contour total de 30 nm, comme c'est le cas pour les domaine Ig, et pour cette force, la largeur de la barrière d'activation sera de l'ordre de 15 nm. En exploitant les équations (8.14) et (8.15), on voit que le taux de repliement sera au moins e^{-35} plus petit que le taux de dépliement. En d'autres termes, le repliement est bloqué. En conséquence, à l'échelle des temps des expériences AFM, le dépliement des protéines appartenant au domaine de la titine est un processus hors équilibre.

3.2.3. Dépliement des protéines et images

Nous terminerons cette partie en présentant une image montrant le résultat d'un dépliement de protéines. Ces résultats sont issus du groupe de A. Engel du *Biozentrum* à Bâle, groupe pionnier et de référence dans le domaine de l'imagerie de protéines par AFM en milieu liquide (voir les références [123, 125-129]). Les couches S des bactéries constituent des structures membranaires très simples. La partie interne de ces couches S est constituée de protéines organisées en hexagone et est appelée couche HPI (pour *Hexagonally Packed Intermediate*).
Chaque complexe protéique qui construit l'hexagone est constitué de six monomères. Le groupe de Bâle à réussi la performance de débobiner un à un ces monomères, puis d'imager le résultat. Plus précisément, cinq des six monomères furent dépliés et enlevés comme présenté sur la figure 8.25.

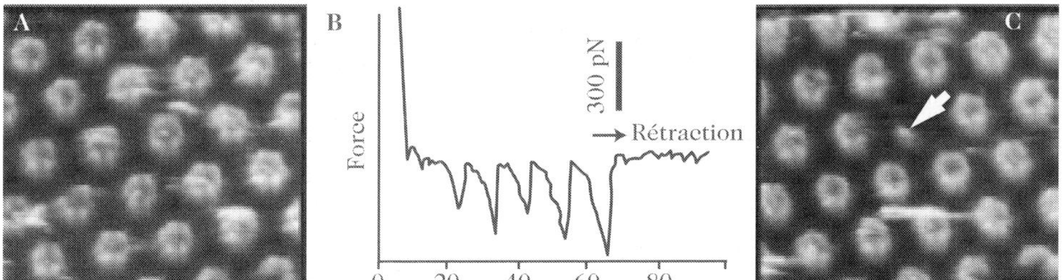

Figure 8.25. Débobinage d'un complexe protéique composé de plusieurs monomères. **A)** Surface interne d'une couche S (couche HPI) de l'archaebacterium *Deinoccocus radiodurans*. Les six protomères constituant le complexe protéique organisé en hexagone sont clairement identifiés. **B)** Courbes de force-élongation semblables à celles obtenues sur la titine, montrant le débobinage de cinq unités monomère du complexe protéique. **C)** Image réalisée dans la même région après la mesure de force. Sur le site du complexe monomérique, marqué par une flèche blanche, il ne reste plus qu'une unité monomère [127]. Copyright Elsevier (1997).

Il existe d'autres exemples, par exemple sur les boucles polypeptidiques des bactériorhodopsines, obtenus par le même groupe, ainsi que de nombreuses discussions et réalisations sur l'imagerie de protéines en milieu liquide. Ce dernier point est abordé succinctement dans le paragraphe 3.4.

3.3. Modes oscillants de l'AFM : introduction et définitions

3.3.1. L'AFM dynamique : une nanopointe oscillante

Il existe deux méthodes pour mesurer le comportement d'une nanopointe oscillante au voisinage d'une surface dans des situations de non-contact ou de contact intermittent.

• L'une consiste à fixer la phase de l'oscillateur à $-\pi/2$ et à maintenir l'amplitude d'oscillation constante : c'est le mode FM-AFM, pour modulation de fréquence. Les signaux extraits sont le déplacement de la fréquence de résonance $\Delta\nu$ et l'amplitude d'excitation a_{exc} qu'il est nécessaire d'appliquer pour maintenir constante l'amplitude d'oscillation. Le déplacement de la fréquence de résonance dépend uniquement des forces d'interaction conservatives. L'amplitude d'excitation a_{exc} est fonction uniquement des pertes d'énergie de l'oscillateur en interaction. Le signal extrait de la boucle d'asservissement qui maintient l'amplitude d'oscillation A_0 constante est une mesure du coefficient d'amortissement du levier.

• L'autre méthode consiste à fixer la fréquence et l'amplitude d'excitation : c'est le mode AM-AFM, pour modulation d'amplitude. Ce mode est communément appelé *tapping*. Les signaux mesurés sont les variations d'amplitude A et de phase ϕ. Les deux signaux mélangent les interactions conservatives et les pertes d'énergie. Ainsi, la variation d'amplitude résulte des interactions instantanées entre l'oscillateur et l'échantillon, mais également de l'amortissement supplémentaire lié à l'interaction, puisque la mesure est réalisée à une valeur d'excitation fixée a_{exc}. La phase contient également à la fois les variations d'amplitude et les variations de coefficient d'amortissement. Le tableau 8.3 résume les principales caractéristiques de ces deux modes.

Tableau 8.3. Caractéristiques des deux modes FM-AFM et AM-AFM.

FM-AFM **Phase constante $\varphi = -\pi/2$** **Amplitude d'oscillation constante A_0**	**AM-AFM** **Fréquence d'excitation constante ω_{exc}** **Amplitude d'excitation constante a_{exc}**
Mesure : 1) Le déplacement de la fréquence de résonance $\Delta\nu(A_0, D) = \nu(A_0, D) - \nu_0$ 2) L'amplitude d'excitation $a_{exc}(A_0, D)$; ou le coefficient d'amortissement : $$\gamma_{tot} = \gamma_0 + \gamma_{int}(A_0, D)$$ 3) Principe d'asservissement de la position verticale de la surface : en général une valeur fixe du déplacement de fréquence est utilisée pour asservir la distance pointe-échantillon, avec $\Delta\nu(A_0, D) < 0$.	Mesure : 1) L'amplitude d'oscillation A. 2) La phase ϕ. Avec la relation : $$\sin(\phi) = -\frac{\omega_{exc}A}{\omega_0 A_0}\left(1 + \frac{\gamma_{int}(A, D)}{\gamma_0}\right)$$ 3) Principe d'asservissement de la position verticale de la surface : en général, une valeur fixe de la réduction d'amplitude d'oscillation A est utilisée pour asservir la distance pointe-échantillon, avec $\Delta A(\omega_{exc}, a_{exc}, D) < 0$.

3.3.2. Sensibilité et bruit – exemple sur le mode FM-AFM

Initialement, ce mode a été conçu pour s'affranchir du temps de réponse de l'oscillateur imposé par la détection en amplitude dans des conditions d'ultrahaut vide [92].

Le déplacement en fréquence est instantané, donc *a priori* devrait permettre de s'affranchir de cet inconvénient. Ce n'est pas tout à fait exact : d'une part la mesure du déplacement de fréquence nécessite un temps de l'ordre de la ms, d'autre part pour que cette mesure soit pleinement significative, il est nécessaire de maintenir l'amplitude d'oscillation constante, ce qui restaure en partie l'effet du facteur de qualité.

L'utilisation du FM-AFM a pris son essor en 1995 après la démonstration de sa capacité à obtenir un contraste à l'échelle atomique sur la reconstruction de la 7×7 du silicium (111) [99, 103, 105], sur InP [104]. Depuis, de nombreuses autres expériences ont suivi, principalement par des groupes allemands et japonais, entraînant la création d'un congrès annuel dédié à cette technique dès 1998 (Osaka, 1998).

Dans un STM, la distance entre la pointe et la surface est contrôlée par le courant tunnel $I(z)$:

$$I_t(z) = I_0 \exp(-2\kappa z) \qquad \textbf{(8.16)}$$

I_0 est fonction du potentiel appliqué et des densités d'état électronique de la pointe et de la surface. κ est la longueur caractéristique de l'onde évanescente dans l'isolant (le vide entre la pointe et la surface). κ est donnée par :

$$\kappa = \sqrt{2m\Phi}/\hbar \qquad \textbf{(8.17)}$$

où m est la masse de l'électron, $\hbar$ la constante de Planck, Φ le travail de sortie de la jonction. Pour un métal, $\Phi \approx 4\,\text{eV}$ donne $\kappa \approx 1\,\text{A}^{-1}$. Quand z augmente d'un angström, le courant varie d'un ordre de grandeur. Le bruit sur la distance z est lié au bruit sur la mesure de courant. En notant $\delta x = \sqrt{\left\langle \left(x - \langle x \rangle\right)^2 \right\rangle}$ le niveau de bruit sur la quantité x, on a :

$$\delta z = \frac{\delta I_t}{\left|\dfrac{\partial I_t}{\partial z}\right|} \qquad \textbf{(8.18)}$$

Le courant tunnel est mesuré à l'aide d'un convertisseur courant-tension et le bruit est dominé par celui issu de la résistance du convertisseur : $n_R = \sqrt{4\text{k}_\text{B}TR}$ [102]. À 300 K, en prenant un courant tunnel $I_t = 100\,\text{pA}$, une largeur de bande pour la mesure $B = 1\,\text{kHz}$ et une résistance $R = 100\,\text{M}\Omega$, on obtient le bruit sur la tension V : $\delta V = \sqrt{4\text{k}_\text{B}TRB} = 40\,\mu\text{V}$, ce qui conduit à un bruit sur le courant $\delta I_t = 0{,}4\,\text{pA}$. Le bruit sur la distance pointe-surface sera :

$$\delta z = \frac{\sqrt{4\text{k}_\text{B}TB/R}}{2\kappa\,|I_t|} \approx 0{,}2\,\text{pm} \qquad \textbf{(8.19)}$$

Ce bruit intrinsèque très faible et une fonction exponentielle sensible aux variations de distance à l'échelle de l'angström constituent la base de la relative aisance avec laquelle des images à l'échelle atomique sont obtenues.

Pour le FM-AFM, la distance entre la pointe et la surface est contrôlée par le déplacement de la fréquence de l'oscillateur. Pour la force d'interaction, nous utiliserons l'expression correspondant au cas des forces de Van der Waals avec une interaction sphère-plan. C'est une interaction lentement variable avec la distance, qui doit être considérée comme une interaction à longue distance pour les contrastes à l'échelle atomique :

$$\nu(z) \approx \nu_0 \left[1 - \frac{HR}{6kA^{3/2}z^{3/2}}\right] \tag{8.20}$$

où k est la raideur du levier, A l'amplitude d'oscillation, H la constante de Hamaker (en joules) et R le rayon de la pointe. Pour conserver notre notation avec le STM, nous définissons la distance la plus proche par z. Par la suite, comme à l'accoutumée, elle sera notée Δ. Le bruit en z est donné par :

$$\delta z \approx \frac{\delta\nu}{\left|\frac{\partial \nu}{\partial z}\right|} \tag{8.21}$$

Le bruit sur la fréquence est donné par [92, 100] :

$$\delta\nu \approx \nu_0 \sqrt{\frac{2\mathrm{k_B}TB}{\pi^3 kA^2\nu_0 Q}} \tag{8.22}$$

à 300 K, $\mathrm{k_B}T \approx 4.10^{-21}$ J, avec $k = 10\,\mathrm{Nm}^{-1}$, $B = 1\,\mathrm{kHz}$, $A = 5\,\mathrm{nm}$, $\nu_0 = 200\,\mathrm{kHz}$, $Q = 20\,000$, on obtient $\delta\nu_0 \approx 10^{-1}$ Hz. La dérivée du déplacement de fréquence a pour expression :

$$\frac{\partial \nu(z)}{\partial z} \approx \nu_0 \frac{HR}{4kA^{3/2}z^{5/2}} \tag{8.23}$$

avec $H = 10^{-19}$ J, $R = 1$ nm et à une distance de 4 angström, l'équation (8.23) conduit à 44 Hz/angström, et avec l'équation (8.21) à un bruit en z, $\delta z \approx 0{,}2$ pm. En termes de force, cela conduit à des variations de force de l'ordre de 0,1 pN.

Une difficulté spécifique aux microscopes de force est la possibilité de dérives additionnelles à long temps, dues à la grande sensibilité mécanique du levier encastré. Ainsi, les variations environnementales (température, humidité) sont susceptibles de modifier les conditions d'acquisition des images. De ce point de vue, des mesures dans le vide ou en atmosphère contrôlée sont des conditions expérimentales qui améliorent la stabilité des mesures. Par exemple, une variation de température conduit à des dérives non négligeables. La fréquence de résonance du levier est donnée par :

$$\nu_0 \approx \frac{e}{L^2}\sqrt{\frac{E}{\rho}} = \frac{e}{L^2}v_s$$

où e est l'épaisseur, L la longueur, E le module élastique et v_s la vitesse du son. Avec α le coefficient de dilatation thermique, le déplacement relatif de la fréquence en fonction de la température est :

$$\frac{1}{\nu_0}\frac{\partial \nu_0}{\partial T} = \frac{1}{v_s}\frac{\partial v_s}{\partial T} - \alpha$$

avec, pour le silicium, $\alpha = 2{,}6.10^{-6}\,\mathrm{K}^{-1}$, $(1/v_s)\partial v_s/\partial T = -5{,}5.10^{-5}$ K, on obtient un décalage $\Delta\nu/\nu_0 \approx -5{,}8.10^{-5}\,\mathrm{K}^{-1}$, soit pour une fréquence de résonance de 200 kHz un déplacement de 6 Hz pour une variation de 0,5 K. C'est une dérive importante (voir l'équation 8.23), qui peut conduire à des variations de hauteur de plusieurs angströms.

3.3.3. Propriétés rhéologiques à l'échelle locale

Figure 8.26. Schéma descriptif d'un copolymère tribloc, formé d'une séquence centrale élastomère, dans le cas des expériences présentées un poly(isooctylacrylate), à laquelle sont fixées deux séquences thermoplastiques de poly(méthylmétacrylate), bien connu sous le nom de PMMA.

Un bon exemple d'exploitation du mode de modulation de fréquence est donné par l'étude des copolymères tribloc constitués d'une partie centrale élastomère et de deux séquences thermoplastiques (figure 8.26). Ces matériaux présentent une séparation de phase à l'échelle du nanomètre avec des propriétés mécaniques très différentes [106], la partie centrale étant beaucoup plus molle que les séquences extérieures. La synthèse de ces matériaux avec des longueurs de séquence bien définies est non triviale. L'idée principale est de disposer de matériaux possédant une mise en forme aisée, tout en combinant les propriétés mécaniques des différents constituants. Ainsi, on réalise des réseaux pour lesquels les nœuds ne sont plus chimiques, comme pour les matériaux vulcanisés, mais sont constitués par des nœuds vitreux. Ces systèmes présentent l'avantage de pouvoir être recyclés plus facilement par simple chauffage, à la différence des réseaux réticulés chimiquement. Des images de hauteur et de dissipation sont reportées dans la figure 8.27.

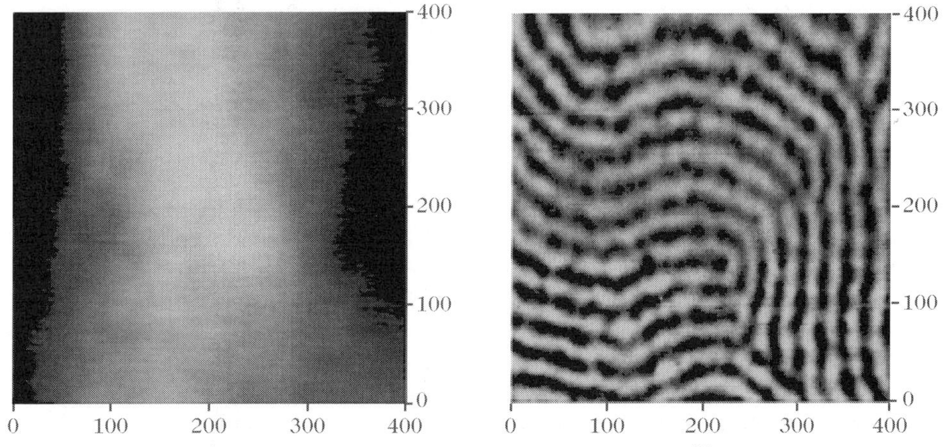

a) b)

Figure 8.27. a) Image de hauteur obtenue en maintenant fixe un déplacement de la fréquence de résonance de l'oscillateur MFA. Le contraste en hauteur est de 3 nm. **b)** Image de la dissipation enregistrée simultanément avec l'image de hauteur. Les zones éclairées indiquent que l'énergie dissipée par l'oscillateur est supérieure aux zones sombres. Ces zones correspondent à la partie élastomère.

La figure 8.27a ne montre aucun relief : la surface de copolymère est plane. L'image de l'énergie dissipée montre clairement la ségrégation de phase entre les séquences élastomères et les séquences thermoplastiques. Les zones éclairées indiquent que lorsque la pointe se situe au-dessus des zones élastomères, l'oscillateur MFA consomme plus d'énergie pour maintenir l'amplitude d'oscillation constante que lorsqu'il se situe au-dessus des zones thermoplastiques [95]. Les contrastes observés sont la conséquence directe de propriétés mécaniques différentes, résultant d'une réponse viscoélastique de l'échantillon sous l'action de la pointe oscillante. Les schémas de la figure 8.28 résument comment on peut amplifier les contrastes d'origine mécanique en jouant sur la distance moyenne entre l'extrémité de la pointe oscillante et la surface. Cette distance moyenne est contrôlée par l'amplitude du déplacement de fréquence de la résonance de l'oscillateur. Dans le domaine d'interaction attractive, plus le déplacement de fréquence négatif est élevé, plus la distance moyenne entre la pointe et la surface est proche. En conséquence, l'interaction entre la pointe et la surface augmente.

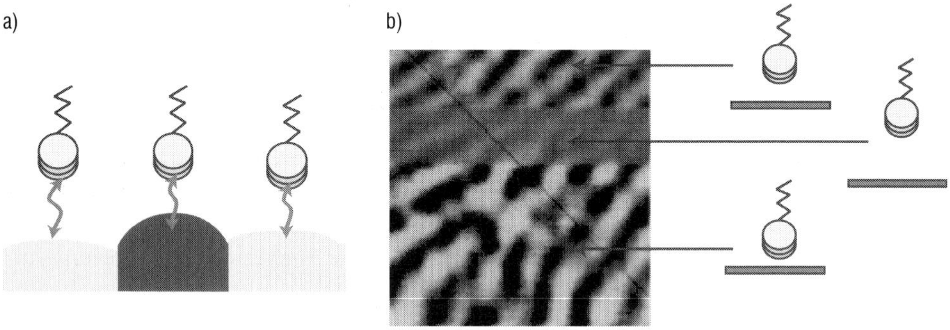

Figure 8.28. **a)** Schéma de l'interaction de la pointe sur les différents domaines. **b)** Image de dissipation montrant que le contraste évolue en fonction de la distance entre la pointe et la surface. Quand le déplacement de la fréquence de résonance est faible, correspondant à une force d'interaction faible entre la pointe et la surface, le contraste en dissipation s'estompe.

3.3.4. Mode AM-AFM, influence du facteur de qualité : étude de matériaux mous

Le mode AM-AFM a été utilisé pour la première fois pour contrôler l'approche d'une pointe afin de réaliser des mesures en champ proche optique [101]. Dès ces travaux, l'essentiel du comportement non linéaire du levier avait été établi. Puis vinrent l'émergence d'AFM commerciaux, qui contribuèrent au développement rapide du mode AM-AFM sous la dénomination de *tapping*. Le succès quasi-immédiat de ce mode vint de l'indéniable facilité à obtenir des images sur des matériaux mous, sans pour autant créer de dommage irréversible. La raison principale, au regard du mode statique de contact, est la réduction des forces de cisaillement entre la pointe et l'échantillon.

Comme nous l'avons vu précédemment pour le mode FM, le facteur de qualité est un paramètre qui contrôle non seulement le niveau de bruit, mais également la sensibilité. Le fait de disposer de ce paramètre en modulation d'amplitude peut devenir un critère important pour le choix du type de mesure en fonction des propriétés de l'échantillon.

Dans le cas de l'étude de matériaux mous, il est un critère déterminant. Afin de mieux situer son influence, nous allons aborder la relation entre la variation d'amplitude et l'interaction avec la surface dans le cadre d'une approche simplifiée. Cette approche consiste à considérer que la courbe de résonance de l'oscillateur se décale en bloc sans modifier sa forme générale.

En d'autres termes, la perturbation est suffisamment faible pour que l'interaction entre l'oscillateur AFM et la surface soit correctement décrite dans le cadre de la réponse linéaire. En coordonnées réduites, avec $u = \omega/\omega_0$, $a = A/A_0$, $d = D/A_0$, où D est la distance entre le levier au repos et la surface, les expressions pour l'oscillateur harmonique sont :

$$a(u) = \frac{1}{\sqrt{Q^2\left(1-u^2\right)^2 + u^2}} \tag{8.24}$$

$$\varphi(u) = \arctan\left(\frac{u}{Q(u^2-1)}\right) \tag{8.25}$$

La présence d'un gradient de force conduira à une translation sur l'axe des fréquences, dont le signe dépend du type d'interaction (figure 8.29) :

$$u'_F = u \pm \Delta u_F \approx \left[u \pm \frac{\nabla F(d)}{2k}\right] \tag{8.26}$$

Notons, pour être un peu plus complet, qu'en général l'interaction entre la pointe et la surface conduit à des comportements non linéaires de l'oscillateur, qui se traduisent par une déformation de la courbe de résonance [91, 93, 94, 108]. Pour les petits déplacements de fréquence, la variation d'amplitude correspondant à la pulsation fixée est évaluée par la relation :

$$\Delta a_F \cong \frac{\mathrm{d}a}{\mathrm{d}u}\Delta u_F \tag{8.27}$$

avec la pente de variation de l'amplitude en fonction de la fréquence :

$$\frac{\mathrm{d}a}{\mathrm{d}u} = -\frac{u\left[2Q^2\left(u^2-1\right)+1\right]}{\left[Q^2\left(u^2-1\right)^2+u^2\right]^{3/2}} \tag{8.28}$$

Cette expression se simplifie pour les fréquences d'excitation u situées à $-\pi/4$ ou $-3\pi/4$, qui sont également proches du maximum de sensibilité de l'oscillateur. À cette fréquence d'excitation, on a la relation $Q(u-1) = 1$, et avec $Q \gg 1$ qui permet d'utiliser $u \sim 1$:

$$\frac{\mathrm{d}a}{\mathrm{d}u} \approx Q \tag{8.29}$$

Au voisinage du maximum de sensibilité de la détection de variation d'amplitude, la pente est proportionnelle au facteur de qualité. D'un point de vue pratique, c'est une propriété importante pour l'obtention d'images avec une perturbation de l'échantillon la plus faible possible. Examinons le

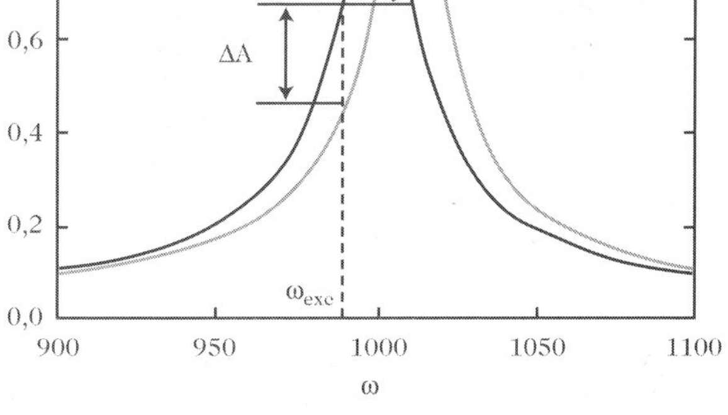

Figure 8.29. Déplacement de la courbe de résonance de l'oscillateur sous l'effet d'une perturbation faible. La forme lorentzienne de la courbe de résonance est préservée ; la largeur à mi-hauteur est inversement proportionnelle au facteur de qualité Q. En première approximation, la variation d'amplitude ΔA à pulsation fixée ω_{exc}, pour un déplacement $\Delta\omega$, peut être calculée à l'aide de l'expression (8.27).

cas pour lequel la surface présente une élasticité qui conduit à une raideur locale de contact finie.

Afin de simplifier notre propos, nous suivons la ligne développée dans la référence [107]. La surface est considérée comme simplement élastique, sans interaction attractive ni comportement visqueux. De plus, nous considérons une réponse linéaire de la force élastique de la surface en fonction de l'indentation de la pointe. Cette simplification revient à s'affranchir de la difficulté intrinsèque de la mécanique du contact, qui donne une variation non linéaire de la réponse élastique en fonction de l'indentation. En somme, l'approximation d'une réponse linéaire n'est pas correcte ; cependant cette simplification a le mérite estimable de conduire à des solutions analytiques qui permettent de décrire les grandes lignes du comportement de l'oscillateur.

Le paramètre qui nous intéresse est la variation de l'amplitude d'oscillation en fonction de la profondeur d'indentation δ_e de la pointe dans l'échantillon. Soit k_e la raideur du contact caractérisant la réponse élastique de l'échantillon. La raideur de contact est simplement le produit du diamètre de l'aire de contact par le module d'élasticité de la surface. Rappelons d'abord le résultat pour le mode statique, qui lie le déplacement du levier au déplacement vertical de la surface. Avec k la raideur du levier, la pente de variation de la flèche du levier δ_L est donnée par :

$$p(\delta_L) = \frac{1}{1 + \dfrac{k}{k_e}} \tag{8.30}$$

Pour le mode dynamique, la pente de variation de l'amplitude d'oscillation $p(A) = \delta A/\delta D$ est calculée à partir de l'équation [107] :

$$p(A) = \frac{1}{1 + b(A)\left(\dfrac{k}{Qk_e}\right)^{2/3}} \tag{8.31}$$

où $b(A)$ est une fonction de l'amplitude, et demeure quasi constant sur un bon domaine de variation de l'amplitude [107]. Le résultat principal apparaît en comparant les pentes calculées pour le mode statique et le mode oscillant. Dans le cas du mode statique, seul le rapport entre les raideurs intervient. On a deux cas limites. Si la surface est très molle et présente un comportement quasi liquide, le rapport des raideurs est grand et la pente est quasi nulle. Le levier ne sera pas défléchi quelle que soit la profondeur de pénétration de la pointe. À l'opposé, pour une surface dure conduisant à un rapport des raideurs proche de zéro, la pente est égale à un et conduit à une flèche du levier égale au déplacement de la surface. Dans le cas du mode oscillant, ce n'est pas uniquement la raideur du contact qui intervient, mais le produit de cette dernière par le facteur de qualité. En conséquence, le facteur de qualité peut accroître de façon significative l'influence des propriétés élastiques de la surface. Par exemple, considérons une raideur de contact de 10^{-2} Nm^{-1} et un levier de raideur 1 Nm^{-1}. En mode statique, le fléchissement du levier sera quasi nul, de l'ordre du pour cent du déplacement de la surface. En mode oscillant, avec un facteur de qualité $Q = 500$, la pente devient de l'ordre de 80 %.

Les résultats obtenus sur un polymère fondu, le polyisoprène, illustrent bien cette propriété (figures 8.30 et 8.31). Un polymère fondu présente un comportement liquide aux temps longs. Le temps caractéristique qui donne la limite entre le plateau caoutchoutique et le comportement liquide est une fonction en puissance du poids moléculaire de la chaîne. Dans la gamme des temps inférieurs au temps caractéristique, correspondant au plateau élastique, la raideur de contact est petite. Par exemple, pour un module élastique de 10^7 N.m^{-2} et un diamètre de contact de 10 nm, la raideur est $k_e = 0{,}1\,\text{N.m}^{-1}$. On obtient une variation simple du facteur de qualité en faisant varier la pression dans une enceinte à vide. En baissant la pression, la contribution visqueuse du gaz est réduite. Pour différents niveaux de pression, on voit l'évolution de la pente de variation de l'oscillateur. À 10^{-7} torr, avec un facteur de qualité $Q = 23\,000$, le polymère fondu apparaît aussi dur qu'une surface de silice, et cela malgré une raideur du levier élevée, de l'ordre de 30 N.m^{-1} [96].

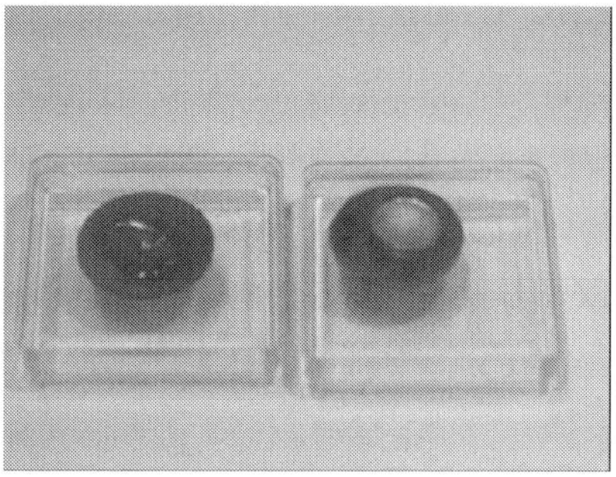

Figure 8.30. Échantillons de polyisoprène de poids moléculaire 10^6 et 200 000 daltons. Ce dernier est placé dans une bassine, qui est un creuset de calorimétrie différentielle, afin d'éviter l'écoulement du poids moléculaire le plus faible.

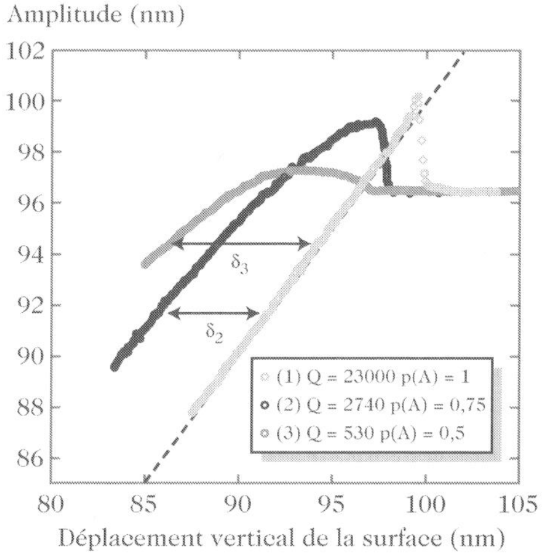

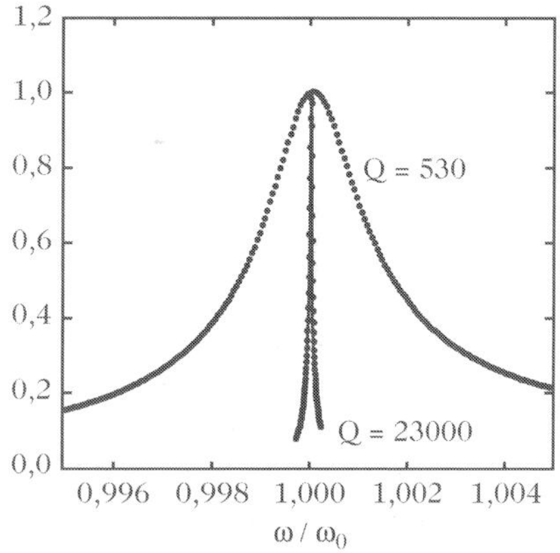

Figure 8.31. Variation de l'amplitude d'oscillation en contact intermittent sur un polymère fondu, le polyisoprène. À pression atmosphérique, $Q = 530$; à $p = 10$ mbar (7,5 torr), $Q = 2\,740$ et à $p = 2.10^{-7}$ torr, $Q = 23\,000$. La ligne en tiretés donne la position de la surface. Les flèches indiquent les maxima de profondeur d'indentation $\delta_3 = 8$ nm et $\delta_2 = 6$ nm pour $Q = 530$ et $Q = 2\,740$ respectivement [96]. Les courbes de résonance à pression atmosphérique et à 2.10^{-7} torr sont indiquées sur la figure de droite.

Ces résultats soulignent l'intérêt qu'il y a à exploiter un oscillateur à grand facteur de qualité pour l'étude des matériaux mous. C'est l'un des problèmes fondamentaux qui président à la difficulté d'exploiter le mode oscillant en milieu liquide. Nous allons dans ce qui suit présenter quelques tentatives pour imager en milieu liquide avec un mode oscillant. Nous donnerons des exemples qui illustrent le jalonnement de ces tentatives, sans entrer dans les détails des images obtenues. Celles-ci sont données avec plus de détails dans le paragraphe 1 « Imagerie cellulaire et moléculaire en AFM ».

3.4. Oscillations en milieu liquide

Les leviers généralement disponibles ont des dimensions de l'ordre de 150 micromètres pour la longueur, 20 à 30 micromètres pour la largeur et de l'ordre du (ou supérieur au) micromètre pour l'épaisseur. Contrairement aux mesures en ultra-haut vide, voire à l'air, l'approximation qui consiste à oublier l'ensemble du levier, pour ne considérer que l'extrémité de la pointe en interaction avec la surface, devient inacceptable en milieu liquide. En milieu liquide, l'ensemble du levier doit être pris en compte pour décrire de façon adéquate le mouvement et l'influence du fluide embarqué par le déplacement du levier. Aussi la difficulté principale est que la taille des leviers est toujours de quelques dizaines (pour la largeur) et centaines (pour la longueur) de micromètres, ce qui conduit inévitablement dans l'eau à des forces hydrodynamiques de l'ordre de quelques nanonewtons. Par rapport au vide, et même à l'air, on se trouve confronté au fait que ce n'est plus uniquement l'interaction entre la pointe et la surface qui gouverne le comportement oscillant du levier. Depuis un peu plus d'une dizaine d'années, de nombreux travaux expérimentaux et théoriques tentent de contourner cette difficulté [139, 141, 142]. D'un point de vue expérimental, les approches visent soit à réduire la taille des leviers, soit à exploiter une électronique permettant d'asservir en quadrature le mouvement du levier, et par là même à diminuer l'influence du mouvement visqueux.

Lorsqu'un levier de longueur L et de largeur W oscille en milieu liquide, il embarque avec lui une masse d'eau supplémentaire et subit un amortissement additionnel dû à la viscosité du liquide. L'expression de la masse additionnelle et du coefficient d'amortissement peuvent s'exprimer simplement de la façon suivante [137] :

$$\begin{cases} m_{\text{add}} = \rho_{\text{fluide}} \dfrac{\pi}{4} W^2 L \left(a_1 + a_2 \dfrac{\delta}{W} \right) \\ \gamma = \rho_{\text{fluide}} \dfrac{\pi}{4} W^2 L\omega \left(b_1 \dfrac{\delta}{W} + b_2 \left(\dfrac{\delta}{W} \right)^2 \right) \end{cases} \quad (8.32)$$

avec les coefficients numériques $a_1 = 1{,}0553$, $a_2 = 3{,}7997$, $b_1 = 3{,}8018$ et $b_2 = 2{,}7364$; δ est une longueur donnée par :

$$\delta = \sqrt{\frac{2\eta}{\rho_{\text{fluide}}\omega_{\text{fluide}}}}$$

avec η la viscosité et ρ_{fluide} la densité du liquide. δ est une sorte d'épaisseur de peau sur laquelle s'évanouit la vitesse imposée par l'oscillation du solide dans le fluide. On a ainsi, autour du solide oscillant, une onde évanescente qui caractérise le champ de vitesse dans le fluide. Avec une viscosité de l'eau de 1 cp (à 20,20 °C), on obtient une épaisseur $\delta \approx 1{,}4$ micromètre dans l'eau et 5,3 micromètres dans l'air. En utilisant l'expression de l'amortissement donnée par l'équation (8.17), pour un levier de raideur 30 N.m^{-1}, oscillant à la fréquence de résonance de 150 kHz avec une largeur de 20 micromètres et une longueur de 150 micromètres, on obtient à l'air un facteur de qualité $Q_{\text{air}} \approx 420$ et dans l'eau $Q_{\text{eau}} \approx 2{,}4$. Ces valeurs correspondent bien aux facteurs de qualité effectivement mesurés, montrant ainsi que l'amortissement vient principalement de la viscosité du fluide.

Compte tenu de ce que nous avons présenté précédemment, nous voyons bien qu'un facteur de qualité de 2,4 enlève quasiment toute sensibilité à l'oscillateur AFM. En milieu liquide, le seul point qui différencie le mode oscillant du contact est qu'en pratique les forces latérales demeurent plus réduites. Cependant, il reste à prouver de façon non ambiguë qu'il y a en l'état actuel un gain réel.

Plusieurs approches ont été proposées pour tenter de résoudre ces problèmes. D'importants efforts ont été effectués en travaillant à petites amplitudes par détection interférométrique [136]. Dès le début des études en liquide, de nombreux travaux ont été dévolus à l'exploitation de petits leviers [141, 142]. Comme l'indique l'expression (8.32), la traînée hydrodynamique varie comme le produit W^2L ; aussi réduire la largeur permet de diminuer de façon très significative la force hydrodynamique. Cependant, cette réduction impose de modifier le faisceau en réduisant la taille de la tache sur le dos du levier. Typiquement, cela impose de passer d'un diamètre de tache de la dizaine de micromètres à 2 à 3 micromètres et requiert un montage spécifique [141]. Le second point concerne le processus d'excitation : le mode d'excitation par un piézo-actuateur est le plus simple et le plus communément utilisé sur les appareils commerciaux. Son inconvénient majeur est qu'il conduit à mettre en résonance, via l'excitation acoustique, un grand nombre de modes qui n'ont pas de rapport avec les modes propres mécaniques du levier. Il existe d'autres méthodes, soit d'excitation magnétique, soit d'excitation électrostatique. L'excitation magnétique est *a priori* la mieux adaptée ; cependant, elle nécessite de déposer une bille de cobalt de plusieurs micromètres de diamètre. En conséquence, cette méthode limite le domaine d'exploitation des leviers à des leviers larges.

Parmi les nombreuses tentatives visant à exploiter les modes oscillants en milieu liquide, nous retiendrons une de celles qui nous paraît le plus exemplaire sur les objectifs fixés pour l'étude de l'activité de protéines [133]. L'objectif de Viani *et al.* est d'utiliser de très petits leviers pour observer en temps réel les interactions entre protéines. Les assemblages protéiques choisis sont les protéines chaperons GroES qui s'apparient et se dissocient des protéines GroEL. GroEL est une protéine qui répare les protéines mal synthétisées ou contenant des défauts de conformation. Les petits leviers sont des leviers rectangulaires d'une dizaine de micromètres de long et de quelques micromètres de large (figure 8.32). L'optique du microscope permet d'obtenir des taches de 3 micromètres, comparées à celles des microscopes commerciaux de 20 micromètres et plus. Les fréquences de résonance élevées (300 à 500 kHz) permettent des vitesses de balayage de la pointe sur la surface élevées, typiquement 10 Hz par ligne.

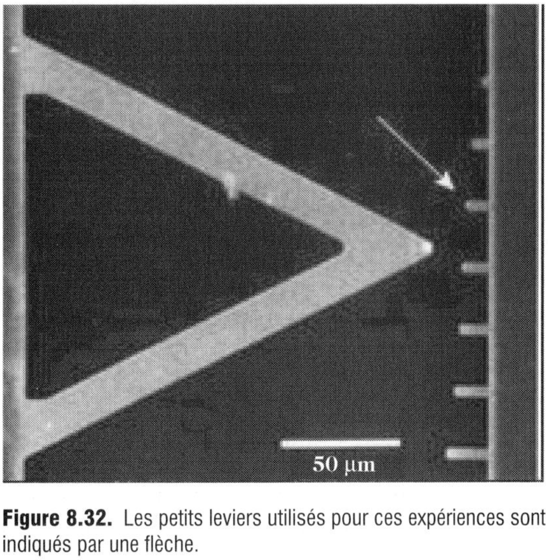

Figure 8.32. Les petits leviers utilisés pour ces expériences sont indiqués par une flèche.

Figure 8.33. Image de hauteur de GroEL adsorbé sur le mica dans une solution. L'échelle totale de hauteur est de 15 nm. Le canal central de GroEL est visible comme un point noir sur la protéine [133].

Les premières images sont prises sans magnésium et ATP, ni GroES (figures 8.33 et 8.34). Dans ces conditions, la dispersion en hauteur de GroEL n'excède pas 0,5 nm (figure 8.35). En revanche, quand GroES est ajouté avec Mg-ATP, les auteurs observent une variation de hauteur en paliers. L'amplitude de ces paliers est de 3,6 ± 1 nm. Cette variation de hauteur est en accord avec la variation de hauteur attendue si GroES se fixe sur GroEL. Ces variations de hauteur sont uniquement observées quand à la fois GroES et Mg-ATP sont présents dans la solution.

Quand on veut analyser avec quelques précisions la dynamique d'association et de dissociation de l'appariement de GroES avec GroEL, il devient nécessaire de s'affranchir des temps d'acquisition de l'image. Même dans le cas d'un balayage aussi rapide que 10 Hz par ligne, pour une image de 512 lignes, l'intervalle de temps de plus de 50 secondes entre chaque image devient rédhibitoire. Une façon d'améliorer la résolution temporelle en réduisant l'intervalle de temps entre chaque mesure est de stopper le balayage suivant un axe (voir la figure 8.34), voire les deux, et d'enregistrer les variations du levier oscillant au-dessus de GroEL.

C'est ce qui fut fait dans ces expériences : sur les figures 8.34 et 8.35 sont reportées des images pour lesquelles l'axe des X est l'axe des temps. Le balayage d'une ligne durant 25 s, avec 256 points par ligne, l'intervalle entre chaque mesure est de 100 ms. Sur la partie gauche de la figure 8.35, correspondant au dépôt de GroEL, les sections présentent des profils assez plats sans accidents particuliers. Ce résultat indique que la pointe demeure sur la protéine et que celle-ci ne montre pas de fluctuations de hauteur notable. Lorsque GroES et Mg-ATP sont ajoutés, on observe sur les sections des paliers avec des hauteurs de 3,6 nm ± 1. Ces valeurs sont en accord avec les différences de hauteur mesurées entre GroEL et le complexe formé par GroEL et GroES.

Les développements techniques des modes oscillants dans les milieux liquides font actuellement l'objet d'efforts soutenus. En particulier, l'effort se développe autour des excitations avec un piézo-actuateur avec, entre autres, de nombreux groupes japonais à Tokyo, Osaka et Kyoto. Citons les travaux de Kawakatsu exploitant un oscillateur oscillant à des fréquences de plusieurs MHz, ou les travaux exploitant un verrouillage de phase afin de s'assurer que l'oscillation du levier s'effectue à la résonance mécanique.

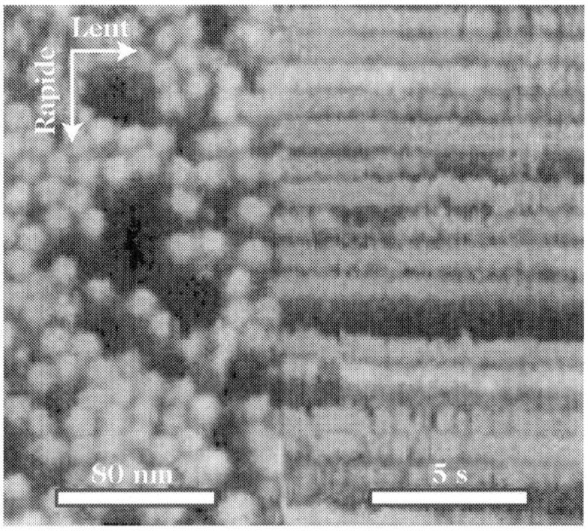

Figure 8.34. Principe de l'expérience et étude temporelle. Sur la partie gauche de l'image est donnée une image classique de hauteur en X,Y. Sur la partie droite, le déplacement suivant l'axe X est arrêté. L'axe des X est à présent un axe temporel. L'image est d'une seule ligne, avec un balayage uniquement selon l'axe des Y. Chaque ligne correspond à l'évolution d'une seule protéine à la position X,Y où a été décidé d'arrêter le balayage en X. Le temps entre deux mesures sur la même protéine est de 100 ms au lieu de 25 s dans une image X,Y.

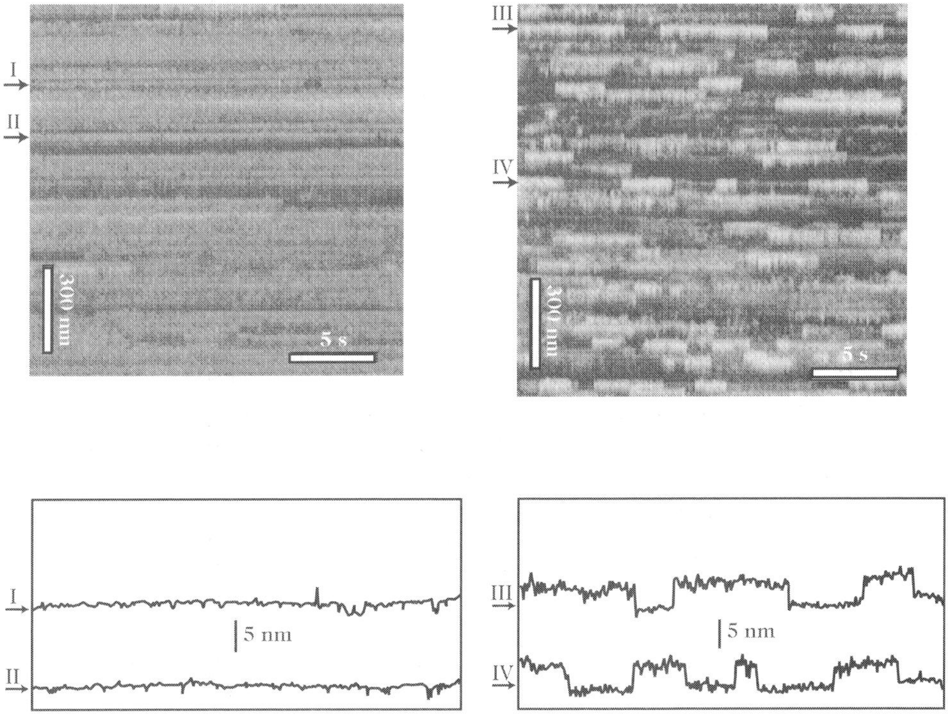

Figure 8.35. Association et dissociation des complexes GroES-GroEL. L'arrêt du balayage suivant X conduit à la production de « tubes » sur l'image, et l'échelle des X devient une échelle des temps. Les sections des lignes I et II ne présentent pas de structures particulières. Sur l'image de droite, GroES et Mg-ATP ont été ajoutés. Les sections III et IV montrent des paliers dont les hauteurs suggèrent que le complexe GroES-GroEL s'est formé.

Par ailleurs, des améliorations techniques se font jour actuellement et permettent de mieux contrôler la résonance mécanique des leviers [134]. Entre autres résultats, elles permettent, en exploitant les très petites amplitudes, d'étudier le confinement en milieu liquide [136, 138]. Sur la figure 8.36 sont présentées les variations de raideur et de dissipation régies par la mise en ordre de molécules fluides confinées entre une pointe oscillante et la surface. Ces résultats sont similaires à ceux qui furent obtenus avec une machine de force [135].

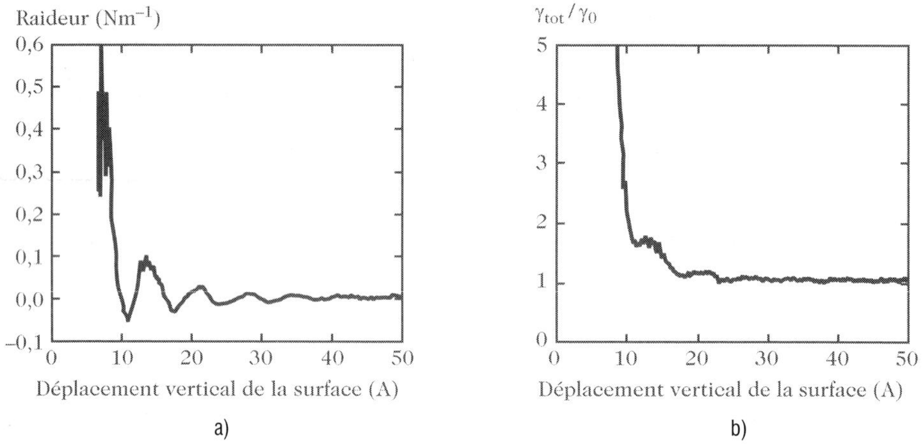

Figure 8.36. **a)** Variation de raideur des molécules confinées OMCTS en fonction de la distance pointe surface. La période est de 7,5 Å, correspondant à la taille de la molécule [138]. Ces mesures ont été obtenues avec une excitation acoustique et une amplitude d'oscillation de 2 Å. **b)** Variation correspondante de la fonction de dissipation. On distingue également les oscillations résultant de la structuration du liquide.

3.5. Mesure de force et images de hauteur : exemple de mesures sur l'ADN

3.5.1. Toucher ou ne pas toucher l'ADN avec une nanopointe oscillante

Les microscopies de force en mode oscillant mesurent des variations de force. En conséquence, les variations de hauteur obtenues à l'aide d'une image seront toujours, quel que soit le moyen de contrôle de la distance pointe-surface, le résultat d'une balance des interactions entre la pointe et les différentes zones de la surface. Pour illustrer notre propos, nous présentons quelques résultats expérimentaux obtenus sur l'ADN [130]. Les mesures sur l'ADN déposé sur différents supports ont fait l'objet de centaines de publications. Les objectifs sont variés : ils vont de l'interaction entre le support et l'ADN à l'étude comparative des différentes techniques de microscopie, à l'étude des conformations des chaînes à 2 D, voire à sa manipulation par une pointe AFM [132, 133].
Le principe de l'expérience est résumé par la figure 8.37. Suivant le choix des conditions expérimentales, on impose à la pointe soit d'osciller en touchant de façon intermittente l'ADN, soit d'osciller à distance de la chaîne. Dans le cas de contacts intermittents, l'image révélera un relief et éventuellement les propriétés mécaniques (réponse élastique et relaxation) de l'objet, dans le second cas nous mesurons des propriétés spécifiques des entités chimiques liées à l'interaction à

distance, telles que la polarisabilité électronique ou la distribution des charges électriques sur la molécule.

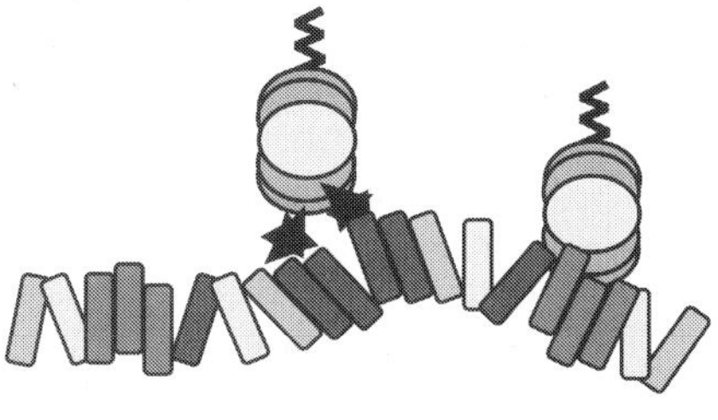

Figure 8.37. Les briques élémentaires, A, T, C, G, de l'ADN sont représentées par 4 teintes grisées différentes. Les deux situations de contact et non-contact de la pointe oscillante avec l'ADN sont représentées. Dans les deux cas, la structure locale des séquences peut conduire à des interactions différentes avec la pointe, ce qui se traduira en terme d'image par des reliefs différents.

Dans cette expérience, on utilise comme paramètre de contrôle l'évolution de l'amplitude d'oscillation en fonction de la distance pointe-surface. On fixe une fréquence d'excitation proche de la fréquence de résonance, puis on mesure l'amplitude quand la pointe est très loin de la surface. Soit A_∞ cette valeur, l'indice infini indiquant que la mesure a été réalisée très loin de la surface. On fixe alors une valeur de consigne de l'amplitude $A_c < A_\infty$. Tant que l'amplitude d'oscillation n'atteint pas la valeur A_c, on approche la surface de la pointe oscillante ; lorsque celle-ci est atteinte, la surface est balayée horizontalement et une boucle électronique asservit la position verticale de la surface afin de maintenir la valeur de l'amplitude d'oscillation égale à A_c. Ce sont ces variations des positions verticales qui sont enregistrées et produisent les images présentées. Notons également que l'on peut enregistrer simultanément d'autres images contenant des informations complémentaires sur l'évolution des propriétés de l'oscillateur, telles que les variations de phase.

Le contrôle des situations de contact et de non-contact se réalise aisément en faisant varier l'amplitude de l'excitation de l'oscillateur, ce qui conduit à varier la valeur de A_∞. Cette façon de procéder peut se comprendre qualitativement de la façon suivante. Dans la plupart des cas, tant que la pointe n'est pas à une distance de l'ordre du nanomètre, l'interaction attractive entre la pointe et l'objet est négligeable. Ainsi, excepté si elle touche, pour des amplitudes d'oscillation de quelques dizaines de nanomètres, la pointe n'aura une interaction notable avec la surface que pendant une fraction de la période, qui dépend de la valeur de cette amplitude. Plus celle-ci sera grande, moins l'interaction liée aux situations de non-contact sera déterminante. Aux très grandes amplitudes, parce que le temps passé à proximité de la surface devient petit par rapport à la période, l'interaction attractive aura un effet négligeable sur les propriétés de l'oscillateur. *A contrario*, si l'on utilise une petite amplitude, ces interactions sont privilégiées.

La balance entre ces situations dépend également de l'intensité et de la nature des interactions, et de la taille de l'extrémité de la pointe. Si les différents constituants chimiques conduisent à des distributions spatiales des moments dipolaires, on s'attend à trouver des zones sur une image qui correspondent soit à des situations de non-contact, soit à des situations de contact, pour une même valeur de consigne de l'amplitude. C'est un moyen de produire des images qui traduisent l'hétérogénéité des propriétés physico-chimiques de l'objet analysé.

En résumé, à petites amplitudes, le comportement de l'oscillateur sera déterminé par les interactions attractives ou les situations de non-contact, alors qu'à grandes amplitudes, son comportement sera dominé par les interactions répulsives ou les situations de contact.

La figure 8.38 montre des images de l'ADN obtenues en exploitant différentes amplitudes d'oscillation, allant progressivement de situations où la pointe touche de façon intermittente l'ADN à des situations pour lesquelles la pointe survole l'ADN. Toutes les zones sont identiques, seules les conditions d'analyse sont modifiées.
La figure centrale représente la forme de l'objet et le rectangle en pointillés montre la zone dans laquelle des coupes ont été extraites (voir la figure 8.39). L'ADN étudié est une séquence de 2 500 paires de base dont l'arrangement des nucléotides est quelconque. Ces images reportent les variations de «hauteur» de la surface qui sont nécessaires pour maintenir l'amplitude de consigne constante. Les zones les plus illuminées correspondent aux zones de la surface les plus hautes si les variations de l'amplitude d'oscillation sont uniquement dues au relief. Pour simplifier, si nous omettons la contribution de la réponse mécanique de l'ADN, c'est effectivement le cas pour la figure 8.38a. Sur cette première figure, la pointe touche par intermittence en tout point de la surface, y compris sur l'ADN. Sur toute la surface, le comportement de l'oscillateur est dominé par les interactions répulsives : nous avons dans ce cas un relevé topographique de la surface.
Sur la figure 8.38b, l'amplitude d'oscillation a été réduite, et la figure montre des différences notables. En premier lieu, une partie de l'ADN n'est plus illuminée ; l'ADN a perdu sa hauteur. Un résultat encore plus marquant est la sur-illumination qui longe la macromolécule. Cette sur-illumination correspond à une « hauteur » plus grande par rapport à l'ADN. En pratique, cela signifie que la nanopointe oscillante ressent la surface à une distance plus grande quand elle est au voisinage de la macromolécule. On peut démontrer [130] que l'on rencontre une situation de ce type si l'interaction attractive est localement suffisamment forte par rapport aux autres zones. Pour ce choix d'amplitude, nous trouvons une condition d'analyse particulièrement discriminatoire. Sur la surface greffée et sur la majeure partie de l'ADN, la pointe touche par intermittence, alors qu'au voisinage de l'ADN elle ne touche plus.
Cette sur-illumination signe la présence d'une interaction attractive particulièrement forte sur le pourtour de l'ADN. Lorsque l'on réduit encore l'amplitude, ce phénomène s'amplifie : sur la figure 8.38c, seules quelques zones (les petites zones sombres) de l'ADN ne sont pas survolées.
Pour la plus petite amplitude (figure 8.38d), la pointe survole à une distance plus éloignée de la surface. Il en résulte que le contraste est moins marqué, et nous observons moins de détails que sur la figure 8.38b. Cette évolution est particulièrement nette lorsque l'on compare la figure 8.38c et la figure 8.38b.
Une façon un peu différente de visualiser ces résultats est d'effectuer des coupes sur la même zone de l'image pour les différentes conditions de mesure (figure 8.39). En passant de l'amplitude de 49 nm à l'amplitude de 11 nm, on voit l'ADN (flèche du centre) s'enfoncer, ou plus exactement, on voit des épaulements croître au bord de l'ADN, l'importance de ces épaulements masquant l'ADN lui-même. Lorsque l'on amplifie l'effet dû à l'interaction attractive, l'ADN disparaît et les épaulements ont tendance à se recouvrir (figure 8.39, en bas). Pour traduire cette évolution, il est nécessaire d'introduire un surcroît d'interaction sur une zone très localisée. Une explication possible à l'existence d'une interaction localement plus forte au voisinage de l'ADN est la formation de lignes de dipôles. L'origine de ces dipôles peut s'expliquer de la façon suivante : l'ADN, qui est un

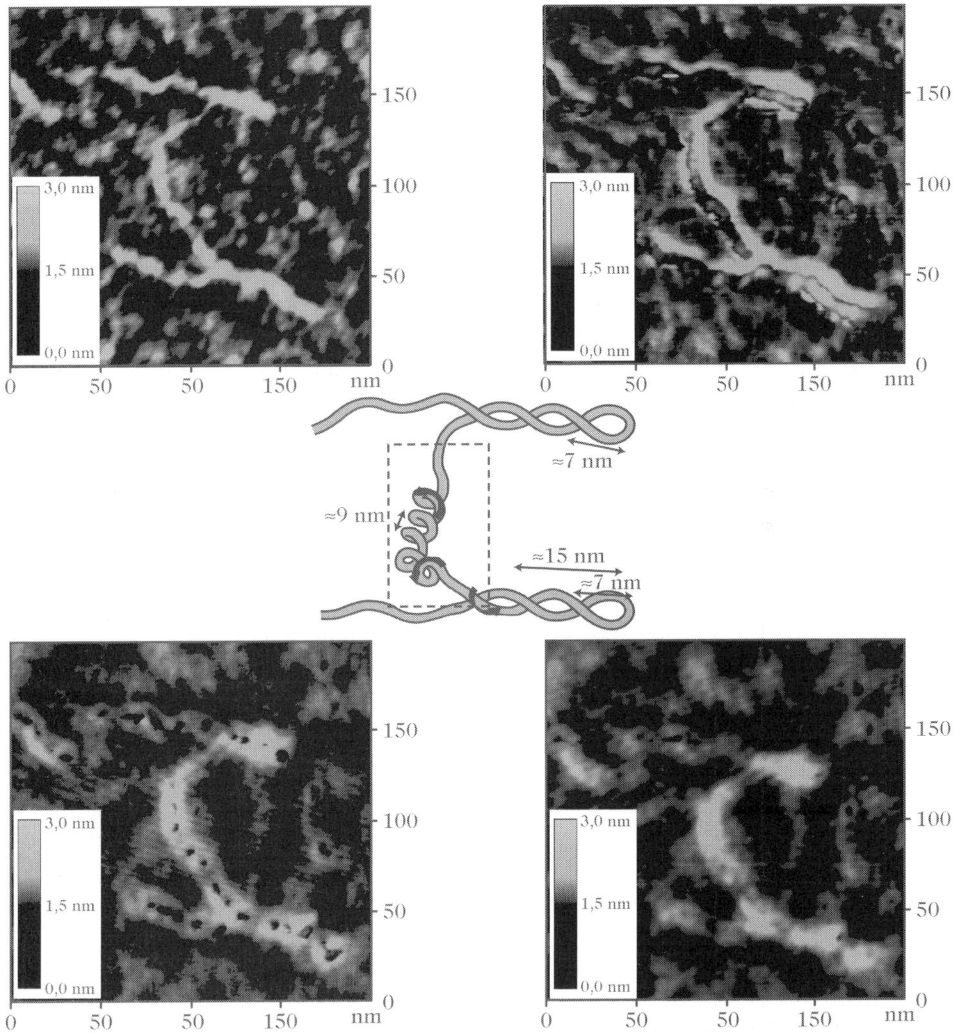

Figure 8.38. Images sur l'ADN, pour lesquelles on passe progressivement de situations où la pointe touche puis survole. **a)** $A_\infty = 49$ nm ; **b)** $A_\infty = 11$ nm ; **c)** $A_\infty = 9$ nm ; **d)** $A_\infty = 6$ nm. (Voir le cahier couleurs au milieu de l'ouvrage.)

acide, porte à pH 7 un anion par unité élémentaire ; la silice greffée amine que nous utilisons présente, elle, à ce pH, des groupes amines chargés positivement (figure 8.40 et 8.41).

La présence de lignes de dipôles augmente de façon substantielle l'interaction attractive entre la pointe et la surface tout en préservant la localité de l'interaction. Dans des conditions expérimentales pour lesquelles l'oscillateur est à la frontière entre les régimes répulsif et attractif, lorsque la pointe passe sur la ligne de dipôles, une surélévation notable de la surface doit être observée. Sur la figure 8.42, une simulation numérique illustre plus en détail l'effet de ces lignes de dipôles ; le résultat est mis en regard avec les résultats expérimentaux. On voit

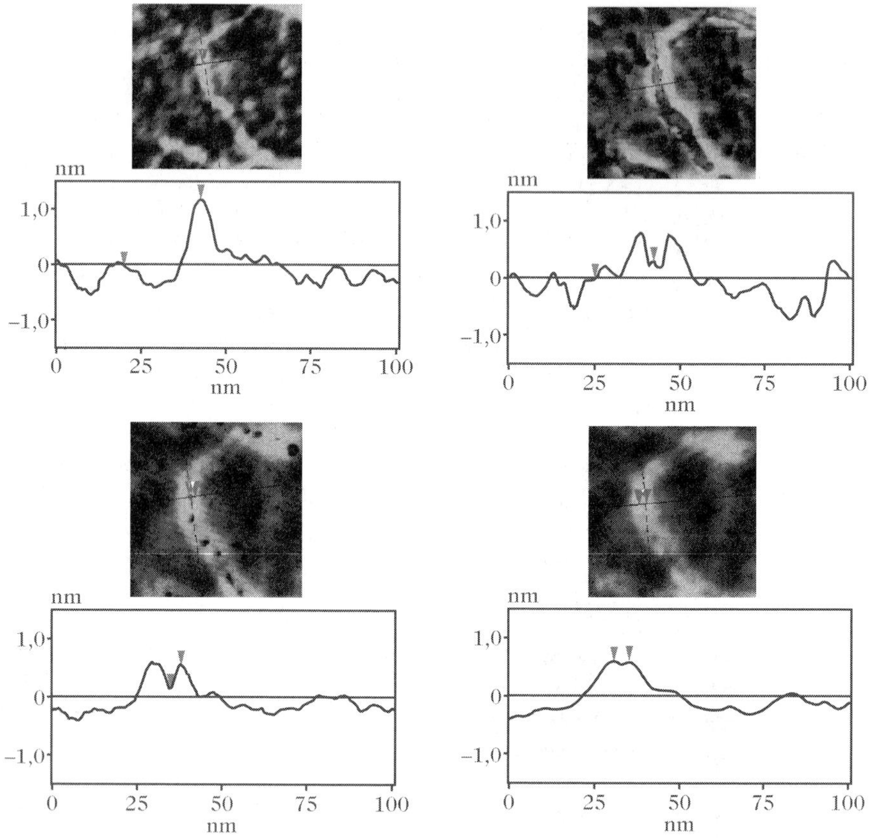

Figure 8.39. Sections d'images obtenues à des amplitudes d'oscillation décroissantes. De gauche à droite et de haut en bas : 49 nm, 11 nm, 9 nm, 6 nm. Plus l'amplitude d'oscillation est faible, plus l'interaction attractive entre l'objet et la pointe domine le comportement de l'oscillateur. Par exemple, pour l'image en bas à droite obtenue avec l'oscillation à 6 nm, l'ADN apparaît plus large et sans structure. L'image la plus riche en informations correspond à l'amplitude 11 nm, où l'on observe les surstructures et l'on met en évidence la présence d'une interaction attractive locale le long de la chaîne plus intense.

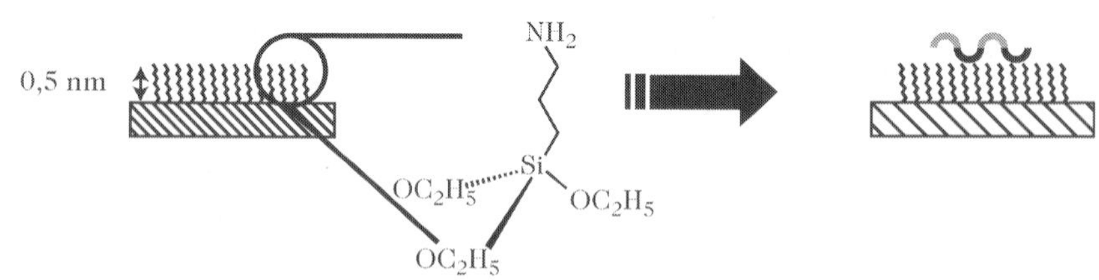

Figure 8.40. La MFA nécessite de fixer l'objet à analyser sur une surface. Pour l'ADN, qui est un acide, la meilleure façon est de préparer une surface basique. C'est le cas avec une silice greffée avec des molécules silanes terminées amine qui, à un pH de 7, sont protonées.

ainsi, au travers de ces expériences, à quel point la notion de hauteur en microscopie de force est avant tout le résultat d'une balance dans les interactions entre la pointe et l'objet d'une part, et la pointe et le support d'autre part.

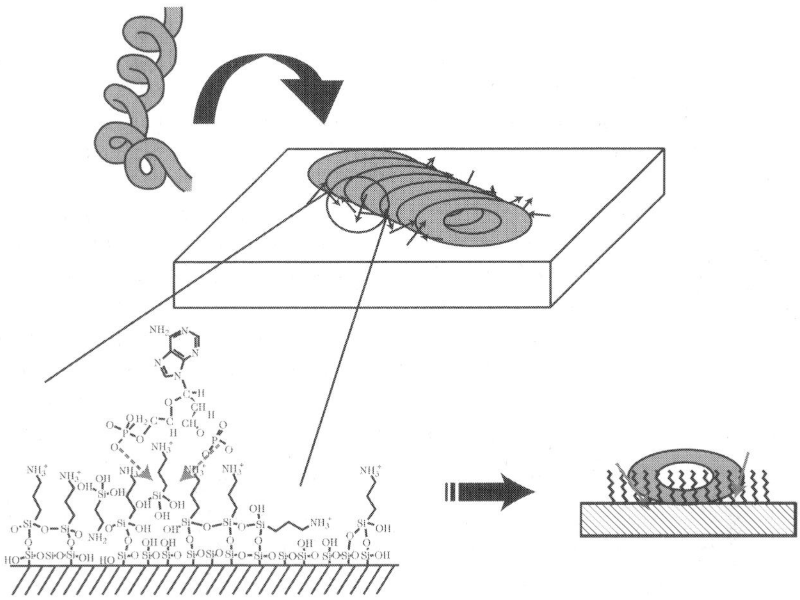

Figure 8.41. Ce schéma illustre l'approche développée pour comprendre la sur-illumination observée le long de l'ADN en régime attractif. On considère deux lignes de dipôles d'orientation aléatoire le long de la surstructure.

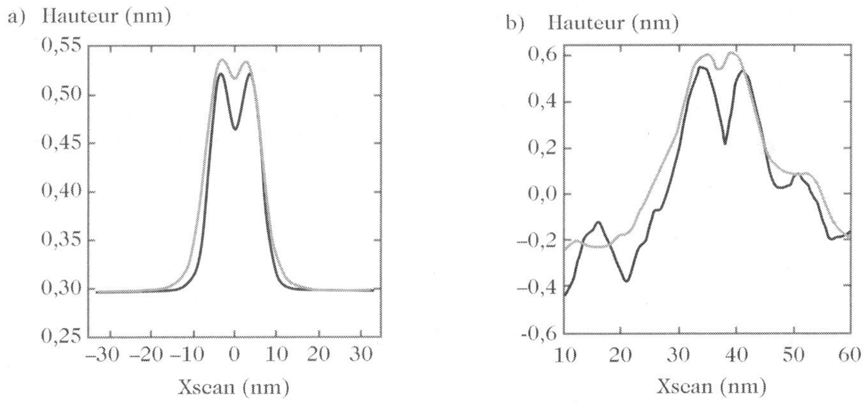

Figure 8.42. a) Simulations numériques de l'influence de lignes de dipoles d'orientation aléatoire sur l'asservissement en hauteur d'un microscope en force dynamique pour deux amplitudes d'oscillation (15 nm et 7 nm). **b)** Loupe des profils observés pour les amplitudes d'oscillation de 9 nm et 6 nm (correspondant aux deux figures du bas de la figure 8.39).

Parce que l'AFM dynamique est avant tout une microscopie très sensible aux variations d'interaction imposées par des objets de la taille du nanomètre, voire inférieure, cette microscopie permet à la fois de révéler les différentes structures de l'ADN (relevé topographique) et d'identifier des propriétés spécifiques à l'échelle locale par une exploitation appropriée des régimes d'interaction entre la pointe et l'objet d'étude.

3.5.2. L'ADN vu du chromosome au nucléosome

Le groupe d'Éric Le Cam, à l'Institut Gustave Roussy, s'attache depuis de nombreuses années à l'étude structurale et dynamique de l'interaction de l'ADN avec les protéines au moyen des techniques de microscopie électronique et d'AFM. Nous rapportons ici une étude consacrée à l'organisation hiérarchique du compactage de l'ADN au sein du noyau [124] (figure 8.43).

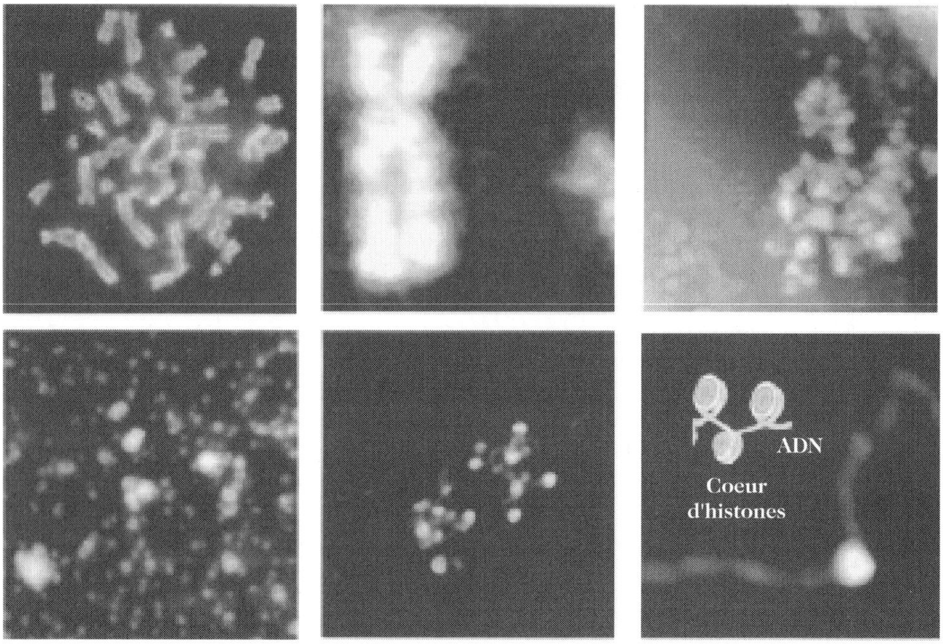

Figure 8.43. Visualisation de l'organisation hiérarchique de l'ADN au sein du noyau.

L'ADN est une macromolécule dont la longueur de contour est supérieure au mètre. Elle est compactée pour se retrouver dans le noyau des cellules, noyau dont la taille n'excède pas la dizaine de micromètres de diamètre. Pour que l'ADN se retrouve dans une cage aussi étroite, différents niveaux hiérarchiques d'organisation sont nécessaires. Sur la figure 8.43, en haut à gauche, est représenté l'ensemble des chromosomes d'une cellule humaine au moment de la métaphase de la division cellulaire (taille de l'image 50 μm). La deuxième image montre les deux parties du chromosome contenant la même information génétique. Lors de la division cellulaire, les deux parties se sépareront dans les deux cellules filles (taille de l'image 7 μm). La 3e image montre un débobinage partiel du chromosome ; seule une partie du bras est visible à droite. L'ADN est compacté par des protéines que l'on ne peut observer à cette échelle (taille de l'image 5 μm). La 4e image, en bas à gauche, correspond à un grossissement de l'image précédente. La structure est moins compacte et l'on commence à discerner des enroulements de l'ADN autour de protéines (taille de l'image 1,2 μm). Pour mieux étudier ces structures à l'échelle plus locale, le groupe de l'IGR a isolé les protéines enroulant l'ADN – ces protéines s'appellent des histones – pour les placer au contact de l'ADN. La 5e image montre l'enroulement de cet ADN en présence des histones (taille de l'image 400 nm). La dernière image est une loupe de la compaction entre l'ADN et l'histone.

Remerciements. Nous remercions le Docteur E. Perez pour ses remarques sur les mesures de force de liaison entre les couples avidine-biotine.

4. La technique des pinces optiques

4.1. Principes de base et paramètres majeurs

Les pinces optiques sont une technique de microscopie qui repose sur l'utilisation d'un faisceau laser fortement focalisé. Cette technique permet de piéger et de manipuler des particules diélectriques en exerçant sur elles des forces de l'ordre de quelques piconewtons. La première démonstration expérimentale du piégeage optique remonte à 1986 et est due à Ashkin *et al.* [143]. Ces auteurs ont montré que lorsque des particules réfringentes étaient illuminées par un faisceau laser focalisé, ces particules étaient attirées vers les régions d'intensité laser maximale. Le principe du piégeage optique peut se comprendre simplement avec les lois de l'optique géométrique. À chaque fois qu'un rayon lumineux traverse l'interface diélectrique milieu/particule, il se produit un changement de quantité de mouvement associé au phénomène de réfraction, et caractérisé à la fois par un changement de vitesse et de direction de la lumière. La conservation de la quantité de mouvement implique que si la quantité de mouvement d'un rayon lumineux change d'une quantité vectorielle $\overrightarrow{\Delta p}$, le diélectrique doit subir un changement de quantité de mouvement opposé, $-\overrightarrow{\Delta p}$, et donc une force $\overrightarrow{f}$ égale à la variation de quantité de mouvement par unité de temps.

La force totale exercée par le faisceau laser sur une sphère diélectrique peut se calculer en représentant le faisceau comme un ensemble de rayons indépendants et en faisant la somme des contributions de chacun des rayons. Qualitativement, on peut se faire une idée de la direction de la force de piégeage en considérant le changement de quantité de mouvement associé à deux rayons incidents r_1 et r_2, qui sont réfractés en deux rayons r_1^1 et r_2^1 (figure 8.44). Le point P serait la position d'intersection des deux rayons en l'absence de sphère. Les vecteurs $-\overrightarrow{f_1}$ et $-\overrightarrow{f_2}$ représentent les forces dues à la réfraction des deux rayons. Par symétrie, la force résultante $\overrightarrow{F}$ est dirigée le long de l'axe optique et pointe vers P.

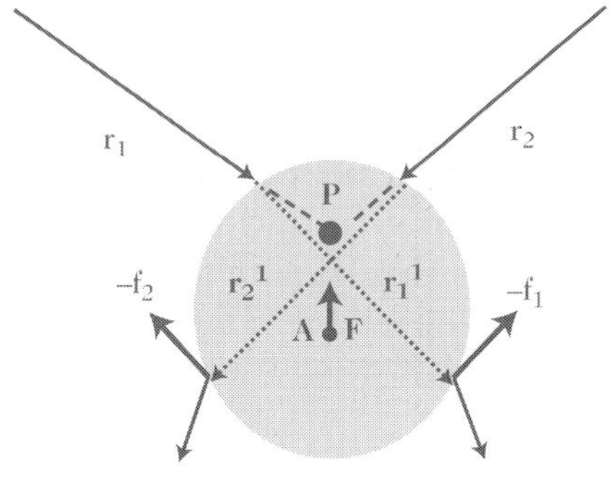

Figure 8.44. Principe des pinces optiques. La force de rappel $\overrightarrow{F}$ est dirigée depuis le centre de la bille (A) vers la position (P) où les deux faisceaux intersectent en l'absence de sphère.

De plus, il faut considérer une force de dispersion liée à l'absorption et à la réflexion de la lumière par la particule diélectrique. Cette force est dirigée suivant l'axe optique et dans le sens de propagation du faisceau. La position d'équilibre de la particule dépend de la résultante de ces deux forces (force de rappel et force de dispersion) et va donc se situer proche du point focal, un peu décalée dans la direction de propagation du faisceau laser. Dans ces conditions, la particule est piégée et un balayage latéral ou axial du faisceau laser permet de déplacer la particule dans les trois directions. On peut aussi travailler avec un faisceau laser fixe et déplacer l'échantillon.

La qualité d'un piège optique dépend de trois paramètres essentiels. Tout d'abord de la différence d'indice de réfraction entre la particule diélectrique (1,57 pour des billes en verre, 1,35 pour des billes en latex) et le milieu environnant (typiquement de l'eau ou un milieu faiblement salin, indice 1,33), qui augmente le processus de réfraction. Ensuite, la force du piège augmente linéairement avec l'intensité laser. En pratique, on utilise des puissances laser entre 10 mW et 1 W, correspondant à une force de 10-1 000 pN et à un flux lumineux de 10^6-10^8 W/cm^2 au plan focal. Lorsqu'on utilise les pinces optiques en biologie, il faut éviter une détérioration de l'échantillon liée à la chaleur ou au photo-dommage générés par de telles puissances. On préfère ainsi utiliser des lasers dont la longueur d'onde se situe dans le proche infrarouge (700-1 300 nm), là où les tissus biologiques sont les plus transparents. Enfin, à puissance laser constante, le piégeage est d'autant plus efficace que le faisceau laser est focalisé, et pour cela il faut utiliser des objectifs de microscope à forte ouverture numérique (typiquement 1,3 ou au-dessus).

4.2. Estimation de la constante de raideur du piège

En première approximation, un piège optique se comporte comme un ressort, c'est-à-dire que la force F exercée sur une bille de taille micrométrique est proportionnelle à la distance x entre le centre de la bille et le centre du piège ($F = -kx$). Le paramètre le plus pertinent à caractériser est ainsi la raideur du piège, k. Plusieurs méthodes existent pour estimer la valeur de k [144-146].

Une première méthode consiste à superposer une force de friction latérale sur une microsphère piégée dans un milieu liquide. Pour cela, on déplace l'échantillon avec une platine motorisée, le piège restant fixe, ou bien on utilise une chambre à flux laminaire. La relation de Stokes nous donne la force imposée : $F = -6\pi\eta rv$, où η est la viscosité du fluide, r le rayon de la microsphère et v la vitesse de l'écoulement autour de la bille. Sous l'effet de cette force, la bille toujours piégée va adopter une position d'équilibre décalée d'une distance Δx par rapport au centre du piège. En mesurant les valeurs de Δx pour différentes vitesses v, on trouve facilement la valeur de k. Au-delà d'une vitesse critique, qui dépend de l'intensité laser utilisée, la bille s'échappe du piège. Cette vitesse détermine la force maximale du piège, aussi appelée **force d'échappement**.

Une autre façon de calibrer la constante de raideur du piège consiste à mesurer le spectre en fréquences des fluctuations de position. Comme décrit dans le paragraphe 5.2, le mouvement d'une particule brownienne à l'intérieur d'un piège optique de raideur k dans un fluide de viscosité η est approximé par l'équation de Langevin (ici à une dimension, par simplicité) :

$$\gamma \frac{\mathrm{d}x}{\mathrm{d}t} + kx = F(t)$$

Le premier terme correspond à la force de friction visqueuse, $\gamma = 6\pi\eta r$ étant le coefficient de viscosité, le deuxième terme est la force de rappel ; toutes deux sont contrebalancées par les forces de fluctuations browniennes $F(t)$.
La transformée de Fourier de l'équation de Langevin permet de déduire la transformée de Fourier $X(f)$ de la variable $x(t)$, à partir de laquelle on obtient la densité spectrale $S_x(f) = |X(f)|^2$:

$$S_x(f) = \frac{\mathrm{k_B}T}{\gamma\pi^2(f_c^2 + f^2)}$$

où $f_c = k/2\pi\gamma$ est la **fréquence de coupure**.
Pour réaliser ces mesures, il faut utiliser un détecteur de position qui possède une résolution temporelle meilleure que cette fréquence de coupure. On mesure les fluctuations de position $x(t)$ et on calcule le spectre correspondant $S_x(f)$. On ajuste la fonction précédente sur la courbe obtenue expérimentalement. Sur cette courbe, pour $f \ll f_c$ on extrapole la valeur de $S_x(0)$ à partir de laquelle on extrait la constante de raideur du piège :

$$k = \frac{2\mathrm{k_B}T}{\pi S_0 f_c}$$

ou directement de la mesure de f_c et de la relation $k = f_c 2\pi\gamma$, si γ est connue.
Enfin, une dernière méthode consiste à utiliser le principe d'équipartition de l'énergie. On déduit la constante de raideur du piège de l'expression suivante :

$$\frac{1}{2}k\left\langle x^2\right\rangle = \frac{1}{2}\mathrm{k_B}T$$

où x est le déplacement de la particule par rapport à sa position moyenne $x = 0$ et les crochets représentent la moyenne de x sur un grand nombre de positions.

4.3. Les différentes pinces optiques

4.3.1. Les pinces optiques multi-pièges

Plus récemment ont été développés des systèmes de pinces optiques multi-pièges [147-150]. Dans ce montage, le faisceau laser parcourt plusieurs positions de façon cyclique, en utilisant un système de balayage rapide, par exemple à l'aide de **miroirs galvanométriques** ou de **déflecteurs acousto-optiques** (AOD). On peut ainsi créer un réseau de plusieurs pièges à géométrie variable. Lorsque le faisceau laser revient sur une position après avoir parcouru l'ensemble du réseau, la particule piégée à cet endroit n'a pas eu le temps de s'éloigner suffisamment et est de nouveau capturée. L'utilisation de déflecteurs rapides et d'une source laser intense (pour n pièges, il faut *a priori* n fois la puissance d'un piège unique) est ici d'une importance capitale, car le temps pour parcourir l'ensemble des positions doit être inférieur au temps caractéristique de diffusion (typiquement ~ 200 ms pour une particule de 1 μm). De plus, en jouant sur les positions décrites par le faisceau laser, le réseau multi-pièges peut être reconfiguré de façon dynamique (figure 8.45).

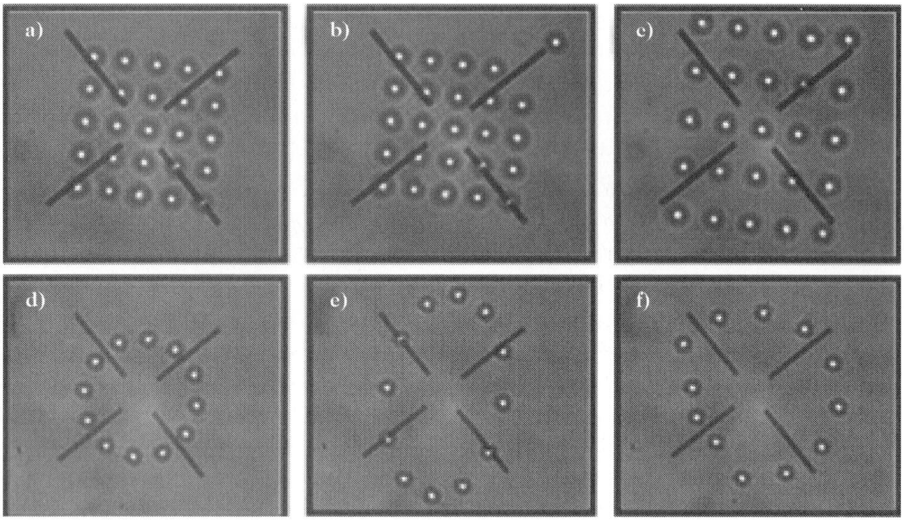

Figure 8.45. Des billes de 2 μm positionnées en réseau carré (a-c) ou circulaire (d-f). Les deux géométries peuvent être étendues ou déformées dans des directions arbitraires.

4.3.2. Les pinces optiques multi-forces

Une amélioration supplémentaire du système des pinces optiques est les pinces optiques **multi-forces**. Dans ce cas, on peut construire un réseau multi-pièges comme précédemment, mais cette fois en contrôlant la puissance laser adressée individuellement sur chaque élément du réseau, ce qui détermine la force du piège à cet endroit [150]. La façon la plus simple de réaliser ce montage est de jouer sur le nombre de passages que le faisceau laser effectue pour chaque position. Lorsque le faisceau laser balaye une position donnée plus souvent que ses voisines, l'intensité moyenne en cette position y sera plus élevée, ce qui va constituer un piégeage plus robuste. Ainsi, la force de chaque piège peut être choisie indépendamment, permettant de réaliser des réseaux multi-forces tels que celui montré sur la figure 8.46a.

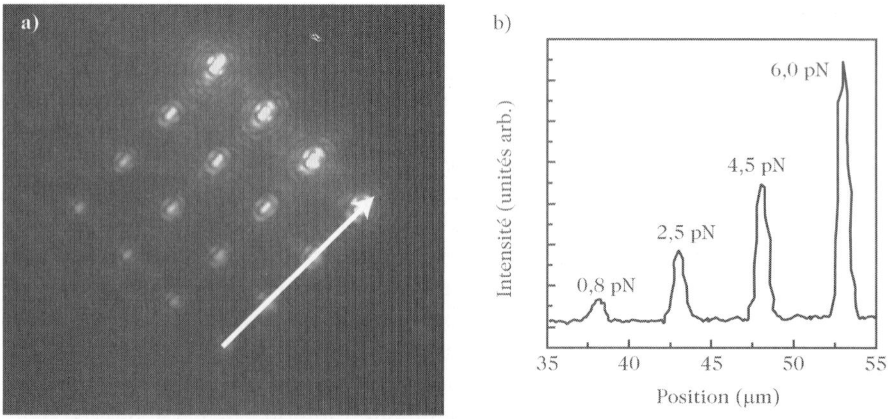

Figure 8.46. a) Distribution des intensités laser sur un réseau de 4 × 4 points, réfléchies sur une lamelle de verre et imagées par une caméra CCD. L'intensité en un point du réseau est déterminée par le temps moyen que le laser passe en ce point. **b)** Profil des intensités laser correspondant au trajet de la flèche représentée en (a), avec sur chaque pic la valeur de la force d'échappement mesurée indépendamment.

La figure 8.46b montre le profil des intensités laser et des forces de piège correspondant à ce réseau [150].

4.3.3. Les pinces optiques tridimensionnelles ou holographiques

Un autre moyen de créer des pinces optiques multiples consiste à utiliser une méthode holographique, qui permet de générer simultanément plusieurs points focaux. En bref, on insère un **élément optique diffractant** (DOE) sur le trajet optique de façon à moduler le front d'onde du faisceau laser, produisant ainsi des points optiques organisés en géométries arbitraires. L'élément le plus délicat dans cette approche consiste à fabriquer le DOE. Le point de départ est de choisir le type de réseau multi-pièges que l'on veut créer (une forme circulaire, une ligne ou toute autre géométrie plus complexe), puis de remonter à la distribution de lumière qui correspond aux ondes se propageant depuis les pièges. On peut ainsi calculer la distribution spatiale des phases et des intensités dans un plan défini en amont (profil A). De même, on peut calculer la distribution de lumière du laser de piégeage dans un plan B (profil B) séparé du plan A par un petit volume (figure 8.47).

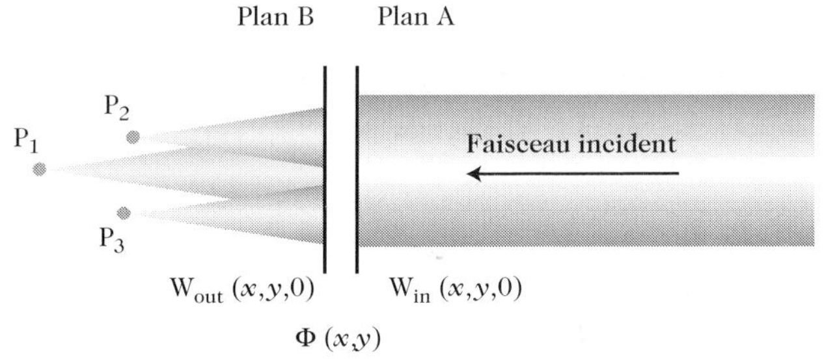

Figure 8.47. Pour calculer le profil de l'élément diffractant DOE, le point de départ est de déterminer la répartition spatiale que l'on veut créer, puis de travailler dans le sens inverse de la propagation de la lumière, pour trouver la distribution du champ électromagnétique, W_{out} (x, y), qui serait engendré au niveau du plan A par des ondes sphériques se propageant depuis les pièges (P_1, P_2, P_3). $W_{in}(x, y)$ représente la distribution du champ électromagnétique correspondant au faisceau laser de piégeage au niveau d'un plan B. $\Phi(x, y)$ représente la modulation de phase à imposer au faisceau incident pour reproduire la distribution W_{out} (x, y) à la sortie du DOE et pour converger sur les trois points P_1, P_2, P_3.

Une fois que les deux distributions sont déterminées, on peut calculer la **modification du front d'onde** que l'on doit imposer sur le faisceau incident traversant le volume compris entre les plans A et B, de façon à reproduire le profil A. Ainsi, le faisceau laser passant à travers le DOE produira le réseau voulu de points focalisés. Expérimentalement, la modulation de phase est obtenue en contrôlant localement l'épaisseur d'un matériau transparent, par exemple par gravure sur plaque de verre avec des techniques conventionnelles de lithographie [151,152]. La phase du faisceau laser est alors modulée spatialement, parce que ses différentes composantes doivent traverser des chemins optiques différents dans l'épaisseur du DOE. En conséquence, le front d'onde est déformé de façon statique.

Ce système de pinces optiques holographiques comportant une modulation statique de la phase a été récemment amélioré par l'utilisation d'un **modulateur spatial de lumière** (SLM) guidé par ordinateur, qui permet de moduler le faisceau laser de façon dynamique. Ici, la modulation de phase est réalisée en contrôlant localement l'orientation de molécules dans un film de **cristaux liquides**. Grâce à la relaxation rapide de la matrice de cristaux liquides, on peut réaliser un contrôle de la position du point focal en temps réel (inférieur à la milliseconde) [153-155]. Les pinces optiques holographiques ont plusieurs avantages sur les systèmes de pinces optiques conventionnels :

1) La génération de points focaux multiples n'est plus limitée au plan focal de l'objectif, mais peut être étendue à un réseau 3D (figure 8.48). À titre d'exemple, la figure 8.48 montre huit billes organisées en structure cubique et mises en rotation, ainsi que le profil de phase correspondant imposé sur le SLM [156].

2) Le mode du laser de piégeage peut être modifié [157-159]. Le mode laser le plus commun, appelé mode électrique transverse (TEM_{00}), est celui qui correspond à un faisceau circulaire gaussien. Avec un élément optique holographique, on peut par exemple transformer un mode TEM_{00} en un mode dit Laguerre-gaussien. Ce dernier est caractérisé par un front d'onde hélicoïdal (figure 8.49). Alors qu'un faisceau gaussien forme un point unique après focalisation, le mode hélicoïdal donne un tore. Ce phénomène est à l'origine de deux propriétés intéressantes. Premièrement, le centre de la région de focalisation est sombre. Deuxièmement, les distributions de lumière de configuration toroïdale sont associées à un **moment cinétique orbital**. Ainsi, la focalisation toroïdale, souvent appelée « **vortex optique** », peut être utilisée pour piéger des particules refléchissantes, absorbantes ou de faible indice de réfraction, qui sinon seraient endommagées ou repoussées par un piège optique standard. Cet effet permet aussi, en transférant le moment cinétique à l'objet piégé, de lui appliquer un couple et donc de le faire pivoter sur lui-même [160].

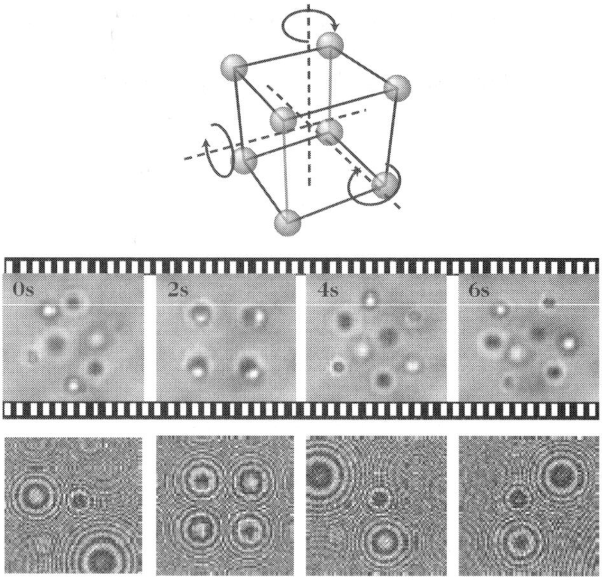

Figure 8.48. Rotation d'une structure cubique constituée de billes de silice de 2 μm, séparées chacune de 5 μm, et hologrammes correspondants [156].

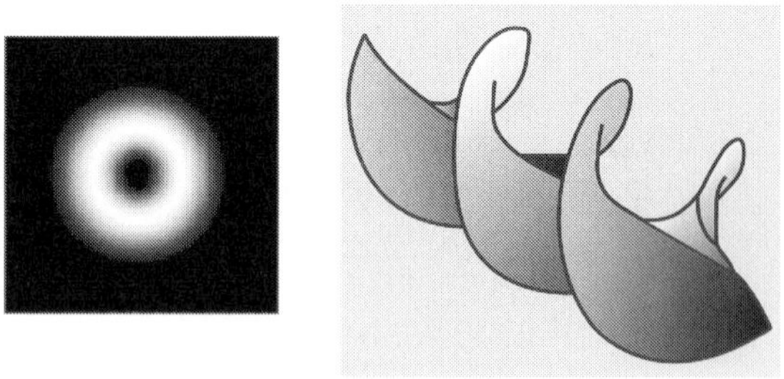

Figure 8.49. Mode hélicoïdal d'un faisceau Laguerre-gaussien, et profil torique obtenu après focalisation.

4.4. Montage expérimental

Un montage de pinces optiques classique (figure 8.50) est en général construit autour d'un microscope inversé, de façon à laisser la partie supérieure libre pour manipuler l'échantillon. Après contrôle du faisceau (miroirs, déflecteurs, SLM) et expansion, le faisceau laser est dirigé, via un **miroir dichroïque** réfléchissant l'infrarouge (IR), vers un objectif de grande ouverture numérique. Pour maximiser la composante de gradient par rapport aux forces de dispersion, on contrôle le facteur d'expansion du laser pour remplir légèrement en excès la pupille d'entrée de l'objectif. Dans la plupart des applications, il est utile de pouvoir à la fois manipuler avec les pinces optiques et faire de l'imagerie de fluorescence. Pour cela, le miroir dichroïque est positionné entre le bloc de filtres pour l'épifluorescence et l'objectif (voir la figure 8.50). Une autre solution est d'utiliser dans le bloc un dichroïque double (réfléchissant à la fois l'infrarouge et la longueur d'onde d'excitation du fluorophore voulu). Ainsi, on peut focaliser sur l'échantillon la lumière venue du système d'épi-illumination avec le même objectif utilisé pour piéger, et récolter simultanément des images en fluorescence. Récemment, des stratégies expérimentales nouvelles ont été proposées pour combiner les pinces optiques avec les **techniques d'onde évanescente** (TIRF) (voir le chapitre 7, paragraphe 2) ou de balayage 3D [161, 162].

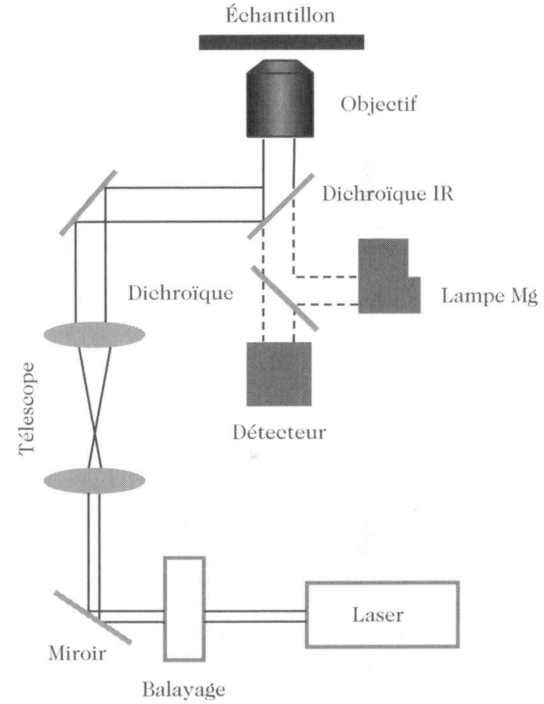

Figure 8.50. Schéma d'un montage de pinces optiques.

Pour mesurer de petits écarts de position (donc de petites forces), il faut une bonne résolution spatiale. Pour ces applications, le détecteur de choix est une diode à quadrants [163], qui permet une résolution spatiale de quelques nanomètres et une résolution temporelle de l'ordre de la microseconde. La diode est située au-dessus du condenseur ; on projette sur elle le faisceau laser diffusé par la particule, avec une boucle de rétroaction vers la platine ou les déflecteurs. Ce système permet par exemple d'asservir le piège à une certaine position par rapport à l'objet piégé, pour travailler à force constante.

4.5. Applications des pinces optiques à la biologie

Depuis leur découverte, les pinces optiques suscitent de plus en plus d'intérêt dans la recherche en biologie. Nous détaillons ci-dessous quelques-unes de leurs applications. Pour une liste plus exhaustive, consulter la référence [164].

4.5.1. Mécanotransduction cellulaire

Les cellules sont sensibles aux signaux chimiques, mais aussi à leur environnement mécanique immédiat. Celui-ci peut être lié aux processus généraux d'adhésion et de migration cellulaire ou, dans certains tissus, à des forces spécifiques (écoulement dans les vaisseaux sanguins, ondes acoustiques dans l'oreille interne). La façon dont les cellules réagissent et s'adaptent à ces contraintes mécaniques, en modulant par exemple l'expression de gènes et le recrutement local de protéines, est appelée **mécanotransduction**. L'environnement mécanique module ainsi des fonctions cellulaires essentielles, telles que morphologie, prolifération et différenciation. Pour étudier les processus de mécanotransduction, on soumet typiquement la cellule à une force externe reproduisant au mieux les contraintes qui peuvent exister *in vivo*, puis on mesure différents paramètres mécaniques ou biochimiques.

Pour comprendre la transduction de forces adhésives, une expérience utilisant les pinces optiques a été beaucoup utilisée. Elle consiste à placer des microsphères recouvertes de ligands extracellulaires spécifiques sur la surface dorsale de cellules en migration, mimant des sites d'adhésion ponctuels (figure 8.51). Puis, à l'aide du piège optique, les billes sont soumises à des forces d'intensité variable, et la réaction cellulaire est mesurée par différents tests. Ce type d'approche a permis de montrer que l'application d'une force locale lors du contact initial entre des microsphères recouvertes de fibronectine (une protéine de la matrice extracellulaire) et le lamellipode d'un fibroblaste (prolongement de la cellule, composé principalement d'actine, que les cellule forment pour pouvoir s'ancrer au support pendant la migration) engendre un renforcement des liens entre récepteurs intégrines et le cytosquelette d'actine [165]. Une combinaison des pinces optiques avec une observation en fluorescence de la distribution de protéines fusionnées à la GFP a permis de montrer que ce phénomène de renforcement est lié à une accumulation de protéines associées (vinculine et paxilline) et est sous la dépendance de processus enzymatiques [166]. On a montré par exemple que la quantité de vinculine-GFP recrutée autour de billes recouvertes de fibronectine est proportionnelle à la force appliquée [166, 167]. Le système de pinces optiques multi-forces offre ici l'avantage de pouvoir mesurer **simultanément** la réponse cellulaire à une

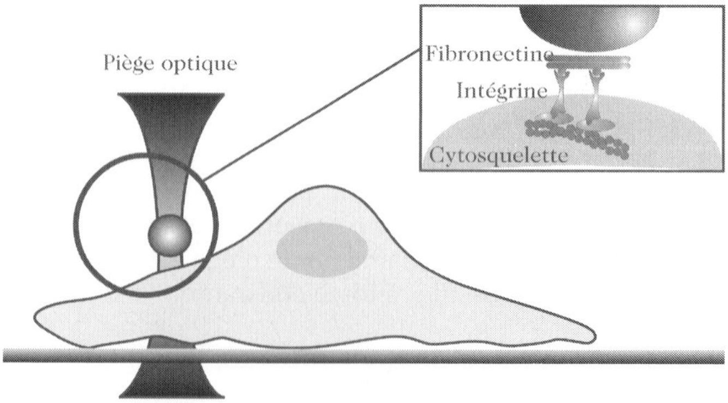

Figure 8.51. Schéma d'une expérience typique de mécanotransduction. Une bille recouverte de fibronectine est placée à la surface d'un fibroblaste, grâce au piège optique. Le recrutement de récepteurs spécifiques (intégrines) au site de contact permet de former un lien transmembranaire avec le cytosquelette d'actine sous-jacent.

gamme de forces. La figure 8.52 montre ainsi le recrutement de vinculine-GFP par des billes soumises à des forces différentes sur la même cellule, grâce au système multi-forces. Elle illustre le fait que le recrutement de vinculine au niveau de sites d'adhésion est bien proportionnel à la force appliquée [167].

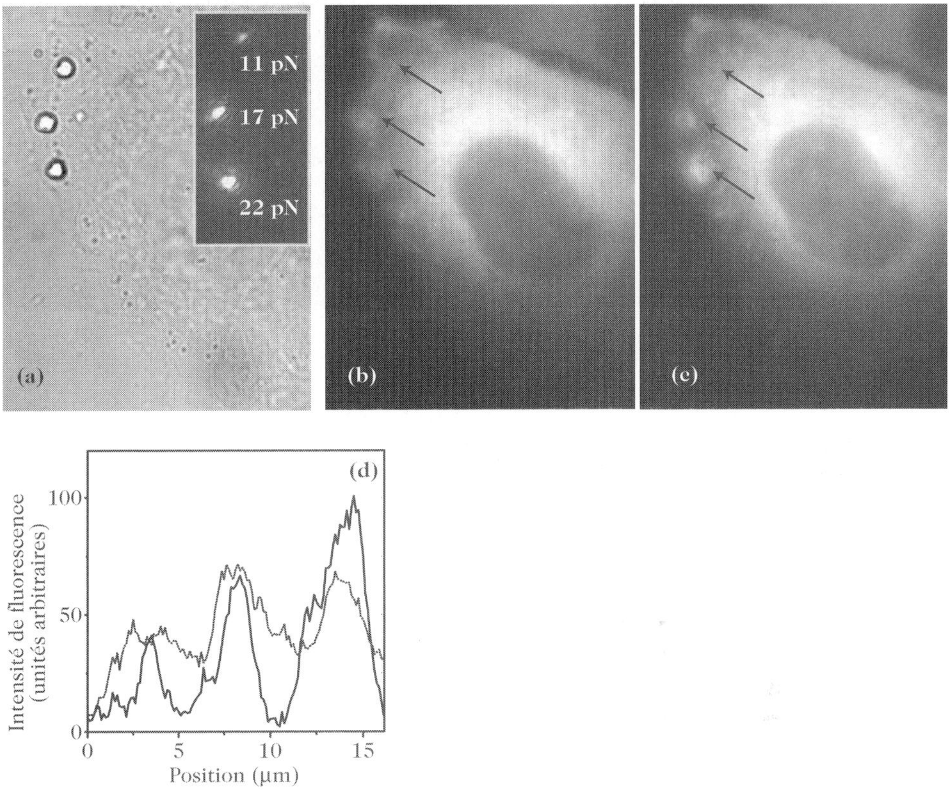

Figure 8.52. Renforcement des contacts adhésifs en réponse à une force externe. Sur le cortex d'une cellule HeLa transfectée par la vinculine-GFP, on a placé trois billes recouvertes de fibronectine. **a)** Image DIC de la cellule. Grâce au système de pinces optiques multi-forces, les billes sont capturées par trois pièges de raideur différentes (en insert). **b, c)** Distribution de la fluorescence vinculine-GFP aux temps $t = 5$ min et $t = 15$ min. Noter l'accumulation de signal, montrant le recrutement sélectif de vinculine-GFP au niveau des billes sur lesquelles sont appliquées les plus grandes forces. **d)** Profils des intensités de fluorescence au temps $t = 5$ min et $t = 15$ min, montrant que le niveau de recrutement de vinculine-GFP est proportionnel à la force appliquée sur la bille.

Récemment, un montage plus complexe, qui autorise à la fois une manipulation par pinces optiques et une mesure de signaux FRET (voir le chapitre 7, paragraphe 3), a permis de relier la force mécanique à l'activation d'enzymes telles que **Rac**, **Rho** ou **Src** [168, 169]. Ces protéines ont la particularité de pouvoir se trouver dans un état actif (lié au GTP) ou inactif (lié au GDP). Leur marquage avec un fluorophore unique ne permet pas de distinguer ces deux états. En revanche, si la même protéine est associée à deux fluorophores qui sont **partenaires FRET** (par exemple CFP et YFP), et que l'activation de cette protéine est associée à un changement de conformation, on est capable de détecter un signal FRET lié au rapprochement des deux fluorophores, caractérisant ainsi l'état actif de la molécule. Un exemple en est donné sur la figure 8.53 [179], qui montre des cellules sur lesquelles sont posées des microsphères recouvertes de fibronectine. Au bout de 15 minutes, on enregistre un signal FRET autour des billes soumises à une force, qui caractérise sans ambiguïté l'activation de l'enzyme Src.

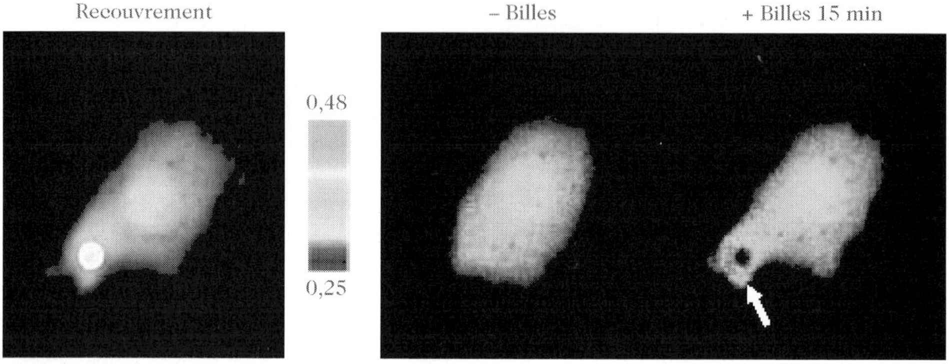

Figure 8.53. Activation de Src au voisinage de microbilles recouvertes de fibronectine et placées sur le cortex de cellules endothéliales humaines. L'échelle de couleur code le signal FRET, lié à la sonde Src utilisée [169].

L'avènement récent des pinces optiques holographiques devrait permettre une amélioration des protocoles expérimentaux décrits ci-dessus, grâce à la possibilité d'adapter dynamiquement la distribution des pièges optiques et ainsi la répartition des stimuli mécaniques sur la cellule. Par exemple, la figure 8.54 montre un réseau 3D de billes attaché à la surface d'une cellule ronde [170].

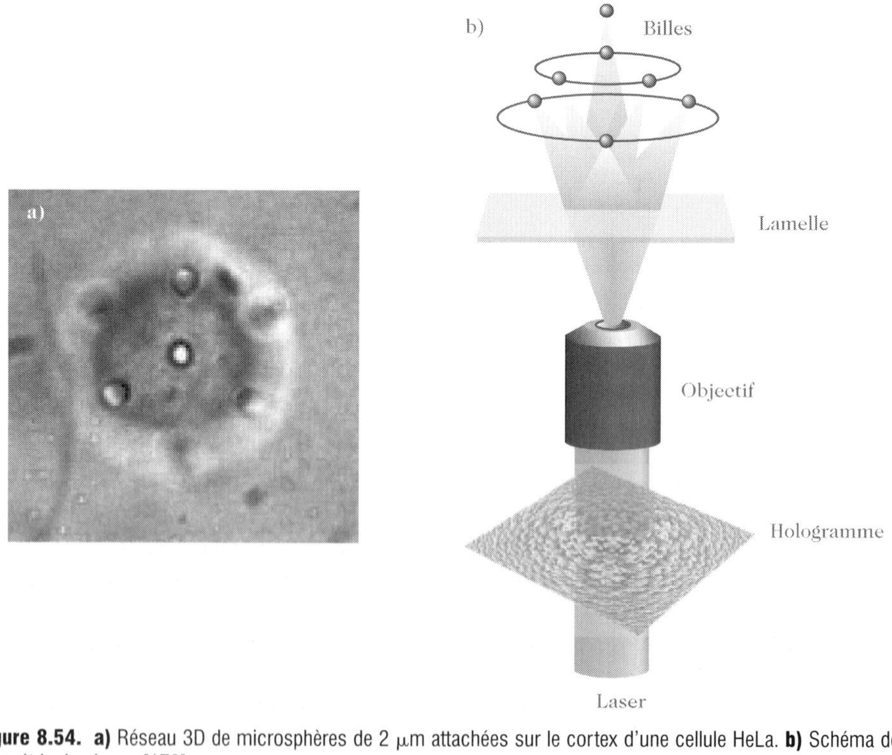

Figure 8.54. a) Réseau 3D de microsphères de 2 μm attachées sur le cortex d'une cellule HeLa. **b)** Schéma de la géométrie du réseau [170].

4.5.2. Manipulation de cellules entières

Il est fondamentalement plus difficile de piéger des cellules entières (diamètre de 5-15 µm) que des microsphères synthétiques, et ce pour plusieurs raisons : 1) la différence d'indice de réfraction entre une cellule vivante (en moyenne autour de 1,35) et le milieu physiologique (1,33) est faible ; 2) leur taille est considérablement supérieure à la longueur d'onde du laser de piégeage (on considère que les conditions de capture sont optimales lorsque l'objet a une taille de l'ordre de la longueur d'onde) ; 3) la cellule a souvent une morphologie irrégulière, ce qui produit une distribution de force anisotrope lorsqu'elle est illuminée par un faisceau à symétrie cylindrique ; 4) la cellule est un matériau vivant, ce qui limite la puissance lumineuse qu'il faudrait utiliser pour compenser les désavantages 1)-3). Néanmoins, plusieurs types de micromanipulations optiques sur des cellules entières ont été réalisées avec succès.

Les pinces optiques ont été utilisées comme outil de tri, par exemple pour étudier la régénération de synapses entre un photorécepteur et les cellules sur lesquelles il projette [171]. Pour cela, un système de culture avec deux compartiments a été mis au point, l'un des compartiments contenant des cellules adhérentes, l'autre des cellules en suspension. Les groupes cellulaires sont assemblés en amenant avec le piège optique des cellules en suspension vers les cellules adhérentes.

Les pinces optiques ont aussi été utilisées pour imposer des forces à l'échelle de cellules entières. Par exemple, des fibroblastes manipulés individuellement sont autorisés à former des contacts brefs avec une surface de verre recouverte de fibronectine, puis on tire sur la cellule en déplaçant le piège optique verticalement. On peut ainsi mettre en évidence la formation de liens adhésifs uniques entre la fibronectine et son récepteur, et caractériser les constantes cinétiques et la force de cette interaction [172].

D'autres études sur des globules rouges ou des cellules nucléées ont permis de caractériser les propriétés viscoélastiques associées à la déformation cellulaire, lorsque la cellule est étirée entre deux pièges optiques [173] ou dans un système à double lasers antiparallèles [174].

Enfin, des bactéries individuelles peuvent être maintenues dans un piège optique pour étudier leur adaptation à des changements de concentration en nutriments, à l'intérieur de microchambres confinées [175].

4.5.3. Mesures optiques de picoforces en biologie

Une des applications pour lesquelles les pinces optiques se sont révélées un outil incomparable est la mesure de forces faibles entre molécules biologiques. Par exemple, les forces exercées par des moteurs moléculaires sur des polymères du cytosquelette ont pu être détectées à l'échelle de la molécule individuelle [176-178]. Le type de montage correspondant à ces expériences est décrit sur la figure 8.55. Typiquement, des microbilles recouvertes d'un petit nombre de molécules spécifiques (myosine, kinésine) sont mises en contact respectivement avec un filament d'actine ou un microtubule, qui ont sédimenté sur une surface de verre. Une fois que l'interaction entre les deux molécules a eu lieu, et en présence de source d'énergie (**hydrolyse d'adénosine tri-phosphate**, ATP), le moteur tend à se déplacer sur le filament, tirant la microsphère hors du piège. Le moteur stoppe lorsque la bille s'est éloignée d'une distance suffisante Δx par rapport à sa position d'origine ($x = 0$, centre du piège), pour que la force de rappel du piège contrebalance exactement la force maximale générée par le moteur, F. Cette position d'équilibre est donnée par la relation $F = k\Delta x$, où k est la constante de raideur du piège, définie au paragraphe 4.2 et calibrée dans l'expérience. Une mesure de Δx donne ainsi la valeur de la force du moteur, F, inconnue *a priori,* et plus généralement le diagramme force-vitesse du moteur.

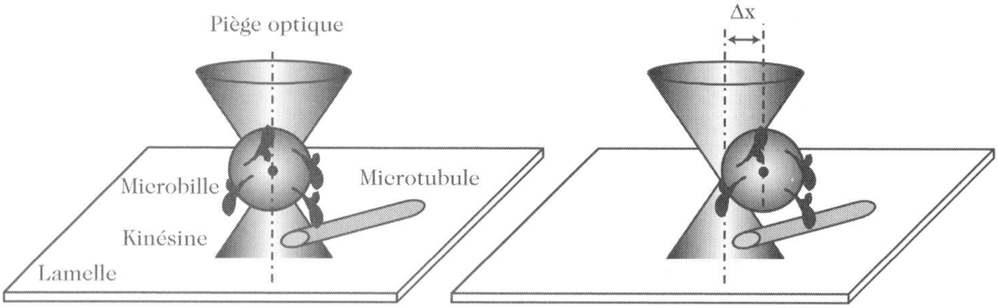

Figure 8.55. Schéma type d'une expérience de pinces optiques permettant d'étudier le fonctionnement des moteurs moléculaires. Une microbille recouverte de kinésine est placée au contact d'un microtubule, visualisé par contraste interférentiel. Lors de l'interaction avec le microtubule, la kinésine déplace la bille de sa position initiale, d'une valeur Δx.

Une expérience analogue a été mise au point pour mesurer des interactions entre molécules d'adhésion. Dans ce cas, un substrat est recouvert d'une densité connue de récepteurs, et une bille recouverte du ligand correspondant est balayée le long de la surface. On peut détecter des événements d'adhésion uniques lorsque la bille s'éloigne du centre du piège et estimer les forces de rupture correspondantes, qui se caractérisent par le fait que la bille revient brusquement dans le piège [178].

5. Les pinces magnétiques

5.1. Principe général

La micromanipulation de molécules ou d'objets biologiques nécessite un moyen d'appliquer une force dans la gamme des piconewtons (pN) et d'en mesurer l'effet. Comme l'ont décrit les paragraphes précédents de ce chapitre, il existe plusieurs façons d'appliquer une force : grâce à une fibre de verre souple, au levier d'un microscope atomique ou par piégeage optique (pinces optiques). Finalement, les forces magnétiques offrent également la possibilité d'appliquer une force à l'aide de billes magnétiques dont la taille varie de quelques centaines de nanomètres à quelques micromètres. Ces billes sont depuis longtemps employées par les biologistes, qui savent traiter leur surface pour les couvrir de protéines ou d'anticorps multiples. Le principe des pinces magnétiques est donc très simple : une fois que les billes magnétiques ont été attachées à l'objet biologique d'intérêt, il suffit d'approcher des aimants ou d'alimenter des électroaimants pour exercer une force sur ces billes (figure 8.56). En réglant la distance entre les aimants et les billes (ou le courant circulant dans les électroaimants), on peut aisément moduler la force

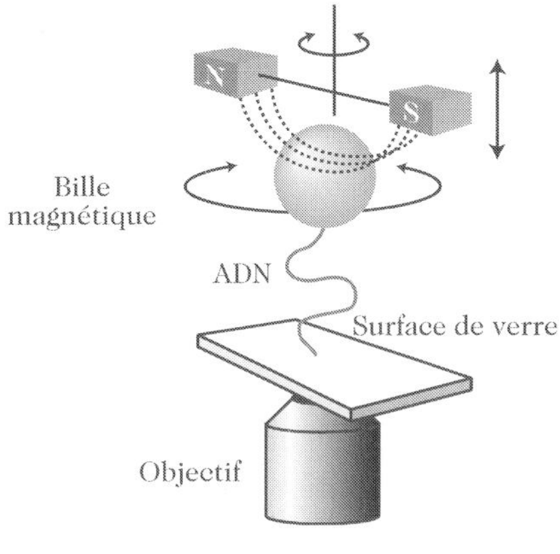

Figure 8.56. Principe des pinces magnétiques : une bille magnétique est attachée à l'une des extrémités d'une molécule d'ADN, tandis que la seconde extrémité est fixée à la lamelle de verre supportant l'échantillon. Deux aimants placés au-dessus de l'échantillon exercent une force verticale qui tire la bille vers le haut. Un objectif de microscope permet d'observer l'image de la bille par le dessous. Le dessin n'est pas à l'échelle : la bille mesure typiquement 1 micromètre, la molécule d'ADN quelques micromètres, les aimants quelques millimètres, et l'entrefer séparant les aimants est d'un millimètre.

appliquée. Par ailleurs, il est possible de changer la direction de cette force ou son orientation. Les points techniques qu'il faut maîtriser sont : la conception d'aimants ou d'électroaimants permettant d'appliquer des forces importantes, la mesure précise de la position de la bille magnétique et la mesure de la force appliquée.

La conception d'aimants est un problème technique qui dépend de l'utilisation souhaitée : le plus souvent, les géométries envisageables sont limitées par le dispositif d'observation de l'échantillon (passage du chemin optique d'éclairement, observation à l'aide d'un objectif à immersion). Les aimants permanents au samarium-cobalt et au néodyme-fer-bore permettent de réaliser des dispositifs performants. Les électroaimants sont intéressants car ils permettent de moduler la force magnétique rapidement dans le temps ; cependant, ils requièrent un système de refroidissement ainsi qu'un moyen de mesurer le champ magnétique directement, car les pièces polaires rendent la relation entre le champ magnétique et le courant de commande hystérétique.

Incontestablement, les pinces magnétiques offrent le système expérimental le plus simple pour appliquer une force à une molécule unique. En revanche, comme pour les autres systèmes de micromanipulation, la mesure de la force appliquée est un peu plus délicate : la force varie de façon non linéaire avec la distance qui sépare les aimants de la bille magnétique étudiée, ce qui nécessite une technique de calibration. Heureusement, le mouvement brownien qui agite tous les objets de petite taille offre une méthode idéale que nous allons discuter ici.

Les dispositifs de micromanipulation présentent deux types de mode opératoire : certains imposent la position de l'objet et d'autres la force appliquée. Les micropipettes, les capteurs d'AFM ou les pinces optiques appartiennent à la première catégorie. Ils permettent de positionner les objets avec précision dans l'espace ; on mesure la force appliquée en évaluant la déflection de la micropipette, du cantilever d'AFM, ou encore le décalage de la position de la bille par rapport au centre du piège optique. Dans le cas des pinces magnétiques réalisées avec des aimants permanents, on travaille cette fois à force constante et on observe la position prise par la bille sous cette contrainte. Suivant l'utilisation, un mode opératoire est souvent mieux adapté que l'autre, ce qui devrait conduire au choix de la technique. Curieusement, la plupart des applications de micromanipulation réclament plutôt une force constante qu'une position constante, et très souvent les utilisateurs de pinces optiques asservissent la position de leur piège pour obtenir un système développant une force constante. Cette approche étant assez complexe au niveau expérimental, l'utilisation de pinces magnétiques permet d'atteindre ce but bien plus simplement. En remplaçant les aimants permanents par des électroaimants, il est possible de transformer le système de pinces magnétiques en un dispositif de micromanipulation imposant la position de l'objet, comme nous le décrivons à la fin de ce chapitre.

5.2. Un modèle mécanique de capteur de force : une bille attachée à un ressort

Presque tous les capteurs de force utilisés en micromanipulation sont constitués d'un marqueur associé à un élément élastique, un ressort. Dans le cas de l'AFM par exemple, le cantilever constitue les deux éléments à la fois ; pour les pinces optiques, le marqueur est une bille, tandis que le rôle de ressort est joué par la force de rappel vers le centre du piège optique. Dans le cas des pinces magnétiques, le marqueur est la bille magnétique, tandis que le ressort est constitué par la molécule qui est accrochée à la bille. De façon simplificatrice, on peut modéliser ces capteurs par une bille attachée à un ressort, comme sur la figure 8.57.

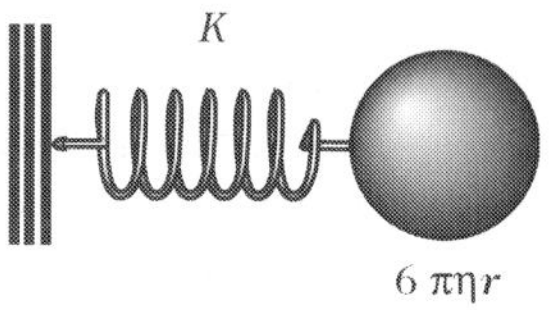

Figure 8.57. Modélisation des capteurs de force par un ressort associé à un élément dissipatif, représenté ici par une bille. Le capteur est maintenu par un ressort de raideur K ; il est par ailleurs plongé dans un milieu (généralement de l'eau) exerçant un frottement visqueux proportionnel à sa vitesse instantanée. Pour une bille de rayon r, le coefficient reliant la force visqueuse à la vitesse est donné par $\mu = 6\pi\eta r$, où η est la viscosité du fluide (pour l'eau, $\eta \approx 10^{-3}$ N.s.m^{-2}).

Si nous repérons la position de la bille par la coordonnée x, nous pouvons écrire l'équation différentielle qui régit le mouvement de la bille. La bille est plongée dans l'eau qui, à l'échelle du micromètre, est extrêmement visqueuse. Les forces qui agissent ainsi sur cette bille sont évidemment celles exercées par le ressort ($F_{\text{ressort}} = Kx$), ainsi que la force visqueuse proportionnelle à la vitesse de déplacement de la bille. Cette force visqueuse impose par exemple une vitesse limite V_{lim} à une bille libre sur laquelle on applique une force F constante : $V_{\text{lim}} = F/6\pi\eta r$. À l'échelle microscopique, les effets visqueux sont tellement grands que l'inertie de la bille est très souvent négligeable. À titre d'exemple, lorsqu'on relâche brusquement la force entraînant une bille de 1 micromètre de diamètre, celle-ci s'arrête en une microseconde ! Pour simplifier notre modèle, nous négligeons donc les termes d'inertie dans l'équation du mouvement, qui devient :

$$6\pi\eta r \frac{\mathrm{d}\,x}{\mathrm{d}\,t} + Kx = F \tag{8.33}$$

Cette équation se résout aisément si nous choisissons une force F qui varie de façon sinusoïdale dans le temps :

$$X(\omega) = \frac{F(\omega)}{K\left(1 - \mathrm{i}\,\dfrac{\omega}{\omega_0}\right)} \tag{8.34}$$

avec $\omega_0 = 2\pi f_0 = \dfrac{K}{6\pi\eta r} = 1/\tau$

Ce type de réponse est une lorentzienne caractérisée par une réponse homogène pour les basses fréquences ($f < f_0$) et une réponse qui décroît avec la fréquence

quand celle-ci est supérieure à la fréquence f_0. Cette fréquence f_0 est caractéristique du capteur : elle définit sa bande passante.
Le mouvement brownien peut être modélisé par une force aléatoire F_L dont l'amplitude est indépendante de la fréquence (jusqu'à des fréquences très grandes). Comme $F_L(\omega)$ est une variable aléatoire de valeur moyenne nulle mais de variance constante, les fluctuations de position spontanées du capteur (qui définissent la limite ultime de sensibilité) ont un spectre de fréquence lorentzien comme la fonction de réponse (c'est le résultat du théorème de fluctuation-dissipation). Il reste à définir l'amplitude de $F_L(\omega)$: pour cela, nous pouvons utiliser le théorème de l'équipartition de l'énergie [179]. Comme notre capteur baigne dans un environnement à la température T, chacun de ses degrés de liberté possède une énergie moyenne de $\frac{1}{2}\mathrm{k_B}T$ (où $\mathrm{k_B}$ est la constante de Boltzmann, $\mathrm{k_B} = \mathrm{R/N_a}$, où R est la constante des gaz parfaits et $\mathrm{N_a}$ le nombre d'Avogadro). Pour notre capteur, le théorème de l'équipartition s'écrit :

$$\frac{1}{2}Kx^2 = \frac{1}{2}\mathrm{k_B}T \quad \textbf{(8.35)}$$

Cette égalité peut aussi s'écrire dans l'espace des fréquences, ce qui permet de calculer $F_L(\omega)$.
On obtient ainsi :

$$F_L^2 = 24\pi\eta r\mathrm{k_B}T \quad \textbf{(8.36)}$$

Cette relation peut paraître surprenante, car elle ne fait pas intervenir la raideur K du capteur, comme on pourrait s'y attendre en considérant le théorème de l'équipartition. En fait, c'est bien la bonne relation pour évaluer le bruit du capteur, car le théorème de fluctuation-dissipation dit en substance que les fluctuations de celui-ci ont pour origine les termes dissipatifs de l'équation du mouvement. Le seul terme dissipatif est ici celui relié aux termes visqueux (ils apparaissent dans le $6\pi\eta r$) ; le ressort n'est pas dissipatif et n'entre donc pas directement dans la formule donnant le bruit.
La raideur du capteur K joue néanmoins un rôle, celui de fixer la bande passante. Par ailleurs, nous venons de parler des fluctuations de force du capteur, mais nous serons souvent intéressés par ses fluctuations de position qui, elles, font intervenir K.

5.3. Mesure de la position de la bille avec une résolution de quelques nanomètres

Dans les pinces magnétiques, les aimants appliquent une force à la bille magnétique dont il faut détecter les déplacements avec une grande précision. Si le microscope optique a une résolution limitée à une fraction de la longueur d'onde (résolution optique du microscope), cette limitation ne s'applique pas aux déplacements d'un objet. En effet, la diffraction induite par l'objectif impose une limite théorique à la séparation de deux objets très proches ; cependant, un objet peut, lui, être positionné avec une précision qui n'est limitée que par la valeur de l'intensité émise par cet objet. Avec une simple caméra vidéo reliée à un microscope optique, il est possible de mesurer les déplacements d'une bille micrométrique avec une précision nanométrique. Cette opération est intuitive dans le plan d'observation, elle l'est moins dans la troisième direction, c'est-à-dire celle de la propagation de la lumière, z.

5.3.1. Suivi d'une bille dans le plan d'observation

L'image de la bille obtenue avec un microscope et une caméra est un tableau à deux dimensions de pixels, dont chacun représente un niveau de gris de l'image s'étendant sur une zone équivalente à 100×100 nm. La mesure de la position de la bille dans le plan d'observation revient à déterminer la position du centre de l'image de la bille obtenue par vidéo. Plusieurs méthodes existent pour cette opération : la plus simple consiste à calculer le barycentre des pixels de l'image de la bille, ce qui nécessite de discriminer une frontière définissant l'intérieur de l'extérieur de l'image de la bille. Cela se fait par seuillage des niveaux de gris, méthode assez facile à mettre en œuvre, mais dont le résultat est souvent peu satisfaisant car très sensible aux conditions d'éclairement de la bille (c'est le problème du seuillage). Nous préférons une méthode un peu plus complexe en termes de calcul, mais qui s'avère beaucoup plus robuste : deux images consécutives de la même bille diffèrent par un léger décalage en position qui peut être évalué en calculant le maximum du produit de corrélation des deux images [180]. Cette méthode présente plusieurs avantages : elle ne nécessite aucune hypothèse quant à l'apparence de l'objet observé (celui-ci peut être sombre, brillant, voire plus complexe) et elle est largement insensible aux fluctuations d'éclairement.
En pratique, nous ne faisons pas le produit de corrélation de deux images, ce qui prendrait beaucoup de temps de calcul. Nous moyennons une dizaine de lignes et une dizaine de colonnes centrées sur la position précédente de la bille et nous calculons le produit de corrélation à une dimension de ces profils, moyennés avec leur symétrique obtenu en inversant l'ordre des points dans ces profils. Nous calculons les fonctions de corrélation en utilisant la transformée de Fourier rapide (FFT) qui permet d'accélérer le calcul. Nous obtenons ainsi le double du décalage en x et en y de la bille avec la position de la bille obtenue à l'image précédente. L'interpolation entre les pixels de la fonction de corrélation se fait en approchant le profil par un polynôme quadratique dont on calcule la position du maximum. L'utilisation de la FFT permet de filtrer les profils moyennés afin d'éviter les problèmes de moiré numérique, qui constituent la principale source d'erreur dans cette interpolation [181]. L'ensemble de ces calculs dure 100 microsecondes sur un processeur cadencé à 2 GHz ; le suivi de la bille est donc possible en temps réel pour la plupart des caméras.

5.3.2. Suivi d'une bille dans la direction z perpendiculaire au plan d'observation

Mesurer la position de la bille dans la troisième direction est un peu plus délicat mais très intéressant. Nous avons tous tourné la molette d'un projecteur pour faire la mise au point d'une image. Lors de cette opération, nous remarquons que nous savons discerner si nous nous approchons ou si nous nous écartons de la mise au point mais, lorsque l'image est floue, il est difficile de dire de quel côté nous devons tourner la molette. Pour mesurer la position verticale de la bille, nous sommes confrontés au même problème. Si nous défocalisons un peu le microscope, nous pouvons alors dire quand la bille s'approche ou s'écarte de la mise au point, mais il faut toujours que la défocalisation garde le même signe. Pour apprécier au mieux cet effet, nous avons constaté qu'un éclairage parallèle de l'échantillon fait apparaître des anneaux de diffraction qui décorent l'image de la bille [182] et dont le diamètre apparent est d'autant plus grand que la bille s'écarte du point de focalisation, comme le montre la figure 8.58. Ces anneaux sont clairement visibles lorsque la distance séparant la bille du point de focalisation ne dépasse pas 10 à 15 micromètres.

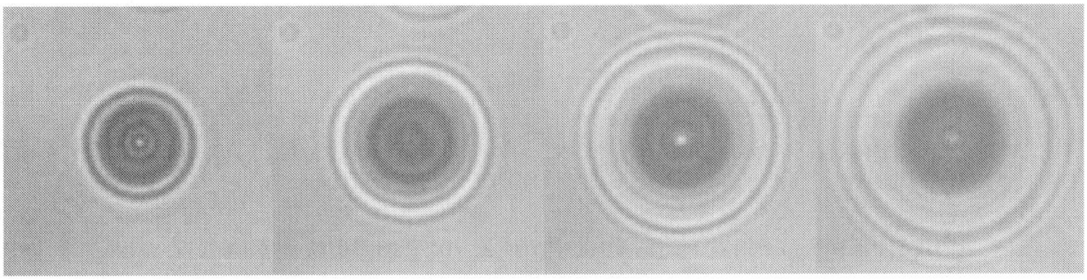

Figure 8.58. Images d'une bille fixe observée en éclairage parallèle pour quatre hauteurs différant d'un micromètre entre chaque image. La forme de ces anneaux est utilisée par le programme pour déterminer la hauteur de la bille.

En suivant la position du centre de la bille dans le plan d'observation, nous pouvons alors calculer le profil radial de l'image de la bille qui reflète ces anneaux. Sur la figure 8.59, nous avons tracé ces profils radiaux en fonction de la distance de la bille au point de focalisation (situé au bas de l'image). À partir de cette image, il est possible d'inverser le processus que nous venons de décrire : si nous prenons le profil radial de la bille à une hauteur inconnue, il est possible de le comparer à cette image et de dire à quelle hauteur se trouvait la bille. La comparaison du profil radial avec cette image de calibration se fait par une méthode de moindres carrés, qui permet de dire quel profil de l'image de calibration ressemble le plus au profil observé. On peut alors interpoler entre les profils de l'image de calibration et obtenir la position de la bille avec une précision de quelques nanomètres.

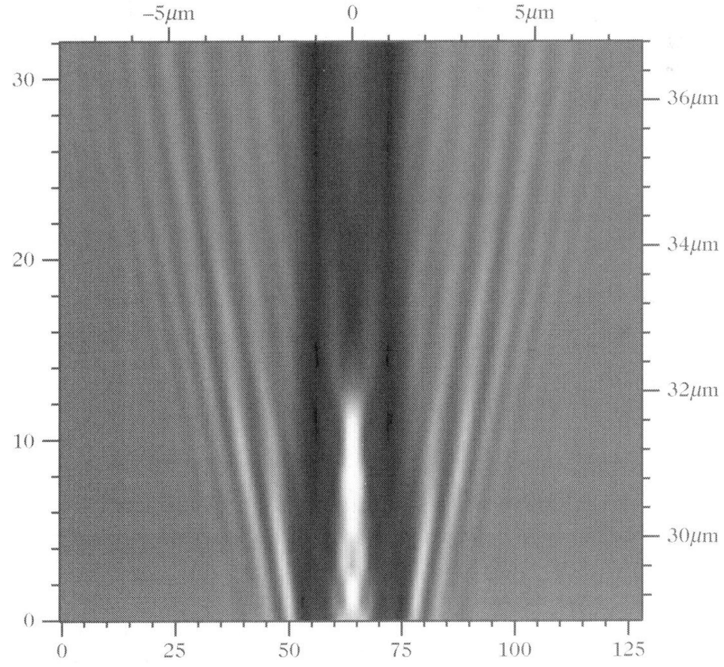

Figure 8.59. Image de calibration d'une bille.

Le calcul de la position verticale de la bille requiert plus de temps de processeur que le suivi de la position horizontale. L'étape la plus longue est celle qui permet d'obtenir le profil radial moyen. En effet, pour chacun des 10^4 pixels entourant la bille, il faut calculer la distance de celui-ci avec le centre de la bille, ce qui demande de calculer 10^4 racines carrées. Cela demande environ 500 microsecondes sur un processeur cadencé à 2 GHz (en utilisant les instructions faisant des opérations en parallèle). Cependant, ce temps permet largement de suivre plusieurs billes en temps réel en utilisant une caméra vidéo.

5.4. Calibration de la mesure de force par le mouvement brownien

Les aimants appliquent une force constante et reproductible sur la bille : en effet, le gradient de champ responsable de cette force varie sur une échelle de distance du millimètre (la taille de l'entrefer). À l'échelle de la molécule d'ADN (quelques micromètres), ce gradient est constant. La force exercée sur la bille est égale au produit de ce gradient (qui ne dépend que des aimants) par l'aimantation de la bille (qui varie de 30 % de bille à bille pour un type donné). Nous avons développé une mesure de la force agissant sur la bille qui ne repose pas sur les propriétés magnétiques des aimants et de la bille. Le système de la bille attachée par une molécule de longueur l et sur laquelle on exerce une force verticale F est équivalent à un pendule inversé, constamment agité par les chocs des molécules d'eau contre la bille (figure 8.60).

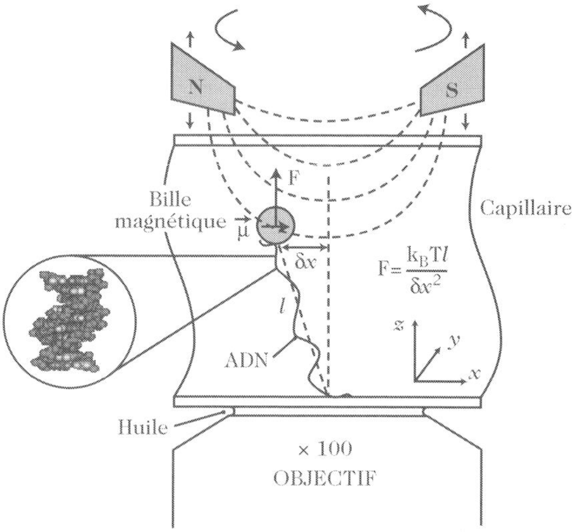

Figure 8.60. Principe de la mesure de force par le suivi du mouvement brownien. La bille attachée à la lamelle de verre par la molécule d'ADN se comporte comme un pendule inversé ; le mouvement brownien agite ce pendule autour de sa position d'équilibre. Plus la force magnétique est grande, plus le pendule est rigide et moins grandes sont les fluctuations de celui-ci. Le théorème de l'équipartition permet de relier ces fluctuations à la raideur du pendule. En inversant cette relation, on obtient une formule permettant de déterminer la force appliquée à la bille à partir de ses fluctuations quadratiques moyennes, de l'allongement de la molécule et de la température.

Les mouvements de la bille dans le plan (x, y) normal à la force F sont soumis à une force assimilable à un ressort de raideur $K = F/l$. Le principe de la détermination de la force est de mesurer ses fluctuations browniennes horizontales $\langle \delta x^2 \rangle$ et l'extension l de la molécule qui lui est attachée [183]. Ces quantités sont reliées à F par le théorème de l'équipartition : $F = k_B Tl/\langle \delta x^2 \rangle$ (où T est la température absolue).

Pour réaliser concrètement la mesure, nous positionnons les aimants, puis nous enregistrons pendant quelques minutes les fluctuations horizontales de la bille et nous déterminons l'extension l de la molécule en suivant la position verticale de la bille. Nous répétons cette opération en faisant varier la distance des aimants pour cinq ou six points choisis, pour faire varier notablement l'extension de la molécule. Nous obtenons ainsi une **courbe de force** de la molécule d'ADN étudiée [183, 184] (figure 8.61). Cette courbe est très bien décrite par le modèle du ver [185, 186]. Elle permet d'une part de garantir que nous avons bien une seule molécule accrochée à la bille (deux molécules sont deux fois plus difficiles à étirer qu'une seule) et d'autre part d'établir une table de correspondance entre la position des aimants et la force exercée sur la molécule pour la bille étudiée. Après cette calibration qui dure une demi-heure, nous n'avons plus besoin de mesurer directement les forces ; nous choisissons la force de traction en imposant la position des aimants en fonction de la table établie.

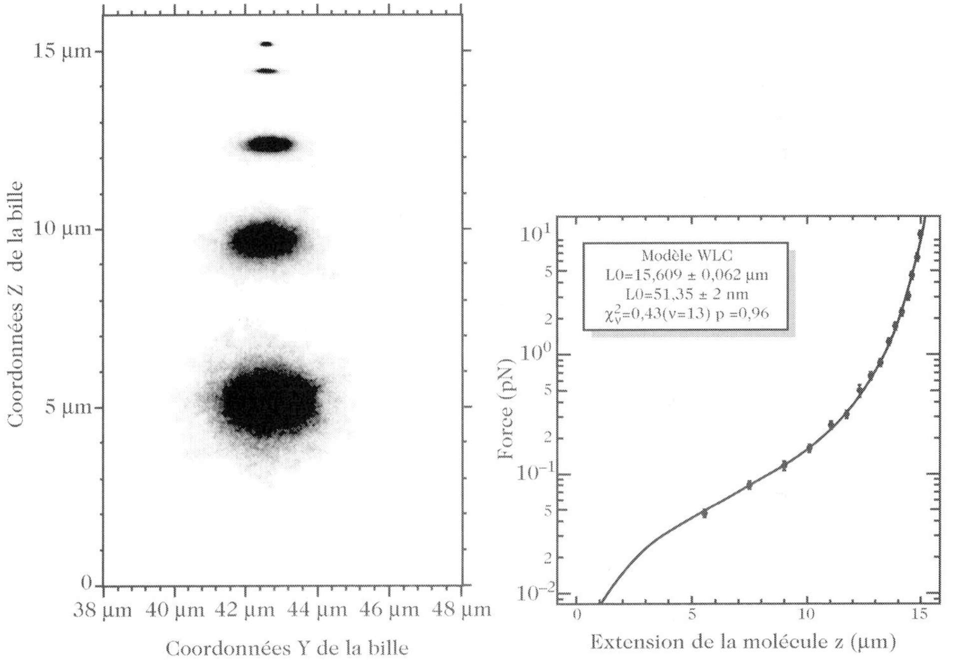

Figure 8.61. Mesure de force faite en analysant le mouvement brownien de la bille. À gauche, nuages représentant la position d'une bille attachée par une molécule de 15,6 micromètres et soumise à différentes forces. Aux petites forces, les fluctuations sont importantes, quasi isotropes, et la molécule est faiblement étirée. Aux forces plus importantes, les fluctuations sont beaucoup moins importantes, anisotropes, et la molécule est fortement étirée. En appliquant la méthode décrite dans la figure précédente, on peut déduire la force réellement appliquée. À droite, nous avons reproduit la courbe force/extension de la molécule d'ADN et nous la comparons au modèle théorique du modèle du ver, qui décrit l'élasticité d'un polymère [185, 186].

En pratique, la mesure des fluctuations quadratiques moyennes $\langle \delta x^2 \rangle$ est faite dans le domaine spectral, ceci permettant de vérifier sa validité et de supprimer les dérives basses fréquences provenant des dérives de température, qui conduisent à une surestimation de $\langle \delta x^2 \rangle$.

Le spectre des fluctuations de position δx présente l'allure d'une lorentzienne que nous avons décrite précédemment et qui est caractérisée par une fréquence de coupure f_0. Toutefois, la fréquence d'échantillonnage $f_{caméra}$ limite la mesure en fréquence à des valeurs inférieures à $f_{caméra}/2$, ce qui fixe une borne supérieure aux forces mesurables. Par ailleurs, la mesure de f_0 permet de s'assurer que le terme visqueux correspond à celui que l'on attend. Finalement, la mesure dans l'espace de Fourier permet d'évaluer l'erreur faite sur la mesure de $\langle \delta x^2 \rangle$.

5.5. Les aimants utilisés pour les pinces magnétiques

Les aimants sont évidemment un point clef du système de pinces magnétiques. En général, on cherche à obtenir la force la plus grande possible, ce qui veut dire le gradient de champ magnétique le plus intense possible. Comme par ailleurs les billes sont paramagnétiques, leur aimantation croît avec le champ magnétique, qu'il faut également maximiser. Les aimants constitués de samarium-cobalt et de néodyme-fer-bore sont les meilleurs pour cette application. Par ailleurs, des contraintes géométriques sont fixées par la présence de l'objectif du microscope et le fait que la lumière arrive verticalement par le dessus. De ce fait, la disposition des aimants adoptée est celle où le champ magnétique est horizontal, produit par deux aimants séparés par un mince entrefer laissant passer la lumière. Au niveau de l'entrefer, le champ atteint environ 1 tesla, puis il décroît rapidement dans la direction z en s'éloignant des aimants. Il est facile de mesurer la courbe $B(z)$ donnant le champ magnétique en fonction de la distance depuis les aimants. Cette fonction est assez voisine d'une exponentielle. En première approximation, on peut écrire : $B(z) = B_0 \exp(-z/z_0)$, où z_0 est donné par la dimension de l'entrefer. L'aimantation de la bille varie comme une loi de Langevin : elle est donc proportionnelle au champ magnétique, $M = \mu H$, lorsqu'il est petit et sature à M_s au-delà d'un champ caractéristique H_0. μ et H_0 dépendent des billes utilisées ; typiquement H_0 vaut 0,1 T. La force magnétique agissant sur la bille est proportionnelle au produit du gradient du champ par l'aimantation. En dérivant la courbe $B(z)$ et en utilisant la courbe d'aimantation fournie par le fabricant des billes, on obtient la valeur théorique de la force appliquée. Cette valeur est en bon accord avec la valeur expérimentale mesurée en analysant le mouvement brownien, comme décrit au paragraphe précédent. Les écarts éventuels ont pour origine les variations de taille (et donc d'aimantation) des billes et l'erreur sur la mesure de la dérivée du champ magnétique produit par les aimants ; ces erreurs sont de l'ordre de 20 à 30 %.

Dans l'hypothèse simplificatrice $B(z) = B_0 \exp(-z/z_0)$, la force vaut :

$$F(z) = 2\mu \frac{B_0^2}{z_0} \exp(-2z/z_0)$$

dans le régime d'aimantation linéaire, puis aux champs forts :

$$F(z) = M_s \frac{B_0}{z_0} \exp(-z/z_0).$$

La force appliquée varie rapidement avec la distance z ; la dimension de l'entrefer z_0 donne la longueur caractéristique de variation de la force avec z. Pour augmenter la force, on a intérêt à diminuer z_0. Cependant, on ne peut pas réduire trop cet entrefer car, d'une part, il faut laisser passer la lumière et, d'autre part, pour bénéficier de l'augmentation de la force, il faut pouvoir s'approcher très près (à l'échelle de l'entrefer) des aimants. Il y a donc un compromis à trouver ; en pratique z_0 est une fraction de millimètre. Ce paramètre détermine également la distance sur laquelle on peut considérer la force constante. Si l'on veut que la force varie de moins de 5 % lorsque la bille bouge de 10 micromètres, il faut que z_0 soit plus grand que 200 micromètres.

Avec un entrefer de 0,6 mm (figure 8.62), les forces maximales atteintes varient fortement avec le diamètre des billes (comme le cube). Pour des billes *Dynal* de 1 micromètre (*MyOne*), cette force maximale atteint 10 pN ; elle dépasse les 100 pN pour des billes *Dynal* de 2,8 micromètres (M280) et approche le nN pour les billes de 4,5 micromètres (M450). En revanche, il est très facile d'obtenir des forces de faible amplitude puisque la force décroît exponentiellement avec la distance, la seule limitation étant le poids des billes (0,3 pN pour les billes de 4,5 micromètres, quelques dizaines de femtonewtons pour les M280 et les *MyOne*).

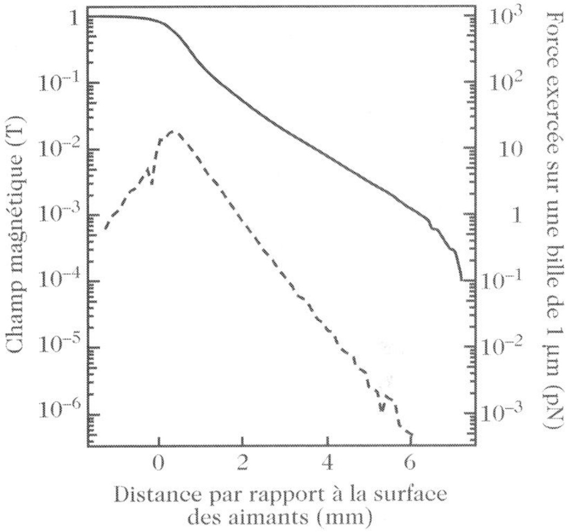

Figure 8.62. Champ magnétique (en trait plein) et force exercée sur une bille de diamètre 1 μm (en tiretés) par un couple d'aimants permanents NeFeB (5 × 5 × 6 mm) séparés par un entrefer de 0,6 mm.

5.6. Avantages des pinces magnétiques

Les pinces magnétiques permettent de tordre une molécule

L'un des avantages des pinces magnétiques est la possibilité qu'elles offrent de faire tourner la bille sur elle-même. Comme le champ magnétique est horizontal et que son gradient est vertical, en faisant tourner les aimants autour de l'axe vertical, on garde le gradient vertical du champ constant, mais on fait tourner le champ magnétique. Les billes paramagnétiques présentent une anisotropie de leur susceptibilité magnétique et de ce fait suivent la direction du champ, comme le fait une boussole. Dès qu'un angle entre l'aimantation de la bille et le champ magnétique des aimants apparaît, un couple magnétique fort tend à annuler cet angle. L'ordre de grandeur de ce couple est donné par la force appliquée et le rayon de la bille, soit des pN par micromètre. Les couples qu'exercent les molécules biologiques sont de l'ordre du pN par nm, soit mille fois plus faible. Ils sont donc négligeables en pratique. Les pinces magnétiques imposent ainsi la direction angulaire de la bille, en adaptant le couple magnétique nécessaire, tandis qu'elles travaillent à force constante. De ce fait, les pinces magnétiques permettent de contrôler la position angulaire des billes sur lesquelles elles agissent. En revanche, il est difficile de mesurer directement le couple qu'elles produisent.

Si nous attachons la molécule d'ADN à ses extrémités en plusieurs points, la rotation de la bille contrôle la torsion de la molécule d'ADN [183, 187]. Cette contrainte de torsion n'existe que si la molécule est fixée en plusieurs points à la surface, mais surtout si elle ne présente aucun *nick*, c'est-à-dire aucune interruption de l'un des brins de la double hélice d'ADN. En effet, ce type de défaut permet de relaxer toute contrainte de torsion, puisque la molécule peut alors tourner librement autour des simples liaisons chimiques du brin intact.
Si le rôle éventuel joué par la force de traction sur une molécule d'ADN *in vivo* n'a pas été établi, la contrainte de torsion est en revanche un paramètre biologique fondamental. Pour le caractériser, on compare le nombre de tours n ajoutés ou enlevés à la molécule au nombre de tours Lk_0 que présente la double hélice en l'absence de contrainte, à savoir un tour toutes les 10,5 paires de bases. Le rapport de ces deux nombres, $\sigma = n/Lk_0$, permet de comparer des molécules de taille différente.
L'effet de la torsion sur une molécule d'ADN a été étudié avec soin par White [188]. Il se comprend facilement si nous le transposons au cas d'un tube de caoutchouc. Si nous tordons ce tube régulièrement en maintenant une force de traction constante, celui-ci oppose un couple proportionnel à l'angle de torsion. Si maintenant, nous relâchons la force de traction en maintenant l'angle de torsion constant, une instabilité ne tarde pas à apparaître sous forme de « tortillons », bien connus sur les fils des combinés téléphoniques. Lors de leur formation, le couple de torsion diminue de façon notable. Les tortillons absorbent une part importante de la contrainte. En fait, cette instabilité est le résultat d'une compétition entre deux mécanismes, dont les contributions énergétiques sont la torsion pure et la courbure. Pour les faibles contraintes, le tube reste droit afin de minimiser son énergie de courbure. Aux fortes contraintes, l'énergie de torsion est trop grande, et il devient rentable de payer l'énergie nécessaire pour courber la molécule afin de former des boucles qui réduisent la torsion. Le comportement de la molécule d'ADN est très similaire. Il faut cependant ajouter l'effet des fluctuations thermiques qui adoucissent l'apparition de l'instabilité d'entortillements (encore appelés **plectonèmes**). Ces tortillons produisent un raccourcissement de la molécule. Ainsi, si nous appliquons une faible force sur une molécule d'ADN et si nous portons son allongement en fonction du nombre de tours n qui lui est appliqué, nous observons une courbe en cloche. L'extension est maximale pour une contrainte nulle, elle diminue linéairement lorsque n augmente et ce, quel que soit son signe. Ce comportement correspond à la courbe symétrique de la figure 8.63, qui est en excellent accord avec les prédictions théoriques [12] ; il permet, par ailleurs, de suivre très précisément les changements de torsion de la molécule induits par des éléments extérieurs (enzymes).
Lorsque nous répétons cette mesure avec une force de traction plus importante (1 pN), nous observons un comportement dissymétrique en fonction de σ. Pour $\sigma > 0$, la molécule se raccourcit comme précédemment ; en revanche, pour $\sigma < 0$, cette longueur ne semble plus dépendre de σ. Cette dissymétrie relative au signe du degré de torsion est prévisible puisque la double hélice d'ADN est chirale. La transition que nous décrivons correspond à l'apparition d'une « bulle de dénaturation ». En sous-enroulant la double hélice, nous provoquons l'apparition d'une petite région où les liaisons hydrogène qui maintiennent les bases complémentaires des deux brins cèdent sous la contrainte (voir la figure 8.63) [190]. Le

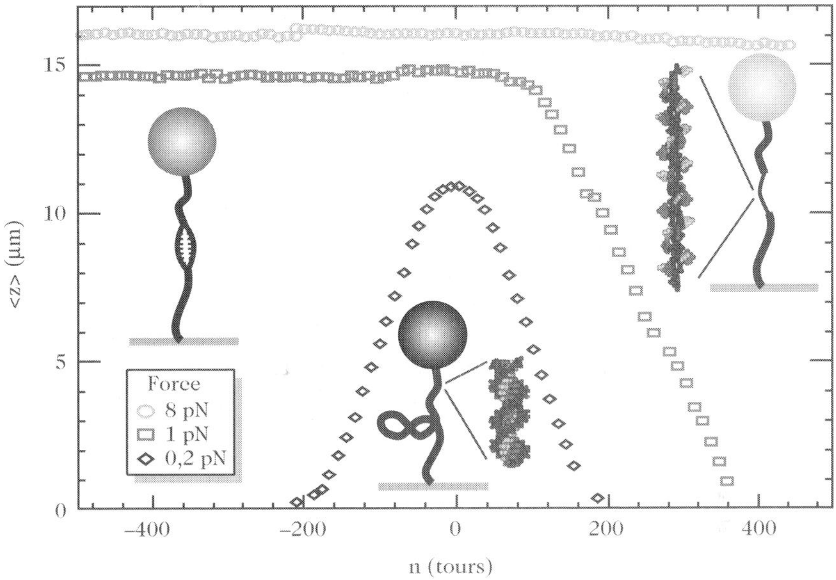

Figure 8.63. Courbes de l'extension d'une molécule d'ADN en fonction du nombre de tours appliqués (à force constante). À faible force, la molécule d'ADN forme des boucles (semblables à celles qui peuvent apparaître dans un câble téléphonique) qui raccourcissent la molécule dès qu'on la tourne dans un sens ou dans l'autre (courbe avec des losanges). Aux forces intermédiaires, le même phénomène se produit mais uniquement lorsque l'on ajoute des tours ; pour $n < 0$, le couple de torsion est suffisant pour dénaturer les bases (courbe avec des rectangles) [189]. Aux forces élevées, une nouvelle phase de l'ADN apparaît lorsque n est positif : l'ADN-P [191].

même phénomène est observé sur une corde à deux torons que l'on déroule. Aux hautes forces, une nouvelle phase de l'ADN apparaît lorsque n est positif : l'ADN-P [191].

Les pinces magnétiques permettent de vérifier la présence de *nicks* ou de croiser deux molécules en un seul point

La possibilité de faire tourner la bille sur elle-même permet rapidement d'effectuer une sélection des billes en fonction des propriétés torsionnelles de la molécule qui les ancre à la surface de verre. Une caractéristique des pinces magnétiques est leur parallélisme : elles appliquent une force de traction sur de nombreuses billes en même temps, dans la mesure où les aimants font quelques millimètres de largeur. En déplaçant l'échantillon dans le champ de vue du microscope, il est facile de sélectionner la molécule sur laquelle on va travailler parmi plusieurs centaines. Cela est très commode car on ne contrôle ni le nombre, ni le type de molécules qui sont attachées à une bille. Par exemple, dans certaines situations, on recherche des billes attachées par une seule molécule d'ADN possédant au minimum un *nick* [192] ; pour les trouver, il suffit d'appliquer une force d'environ 1 pN (qui étire fortement la molécule) et de faire tourner les aimants dans le sens des aiguilles d'une montre. Seules les billes qui sont attachées par une seule molécule d'ADN présentant un *nick* ne changent pas d'extension avec la rotation des aimants. Les molécules sans *nick* forment des plectonèmes qui raccourcissent la molécule au fur et à mesure que les aimants tournent. Les billes attachées par plusieurs molécules se raccourcissent également quand les molécules s'entortillent entre elles. Il est également possible de détecter facilement les billes attachées par deux molécules (comme on peut le voir sur la figure 8.64), car ce système se comporte comme une balançoire : l'extension observée est maximale quand les deux molécules sont parallèles et se raccourcit brutalement dès que la bille fait un demi-tour dans un sens ou dans l'autre [193]. Ce type de test prend quelques secondes à réaliser ; il est donc possible de l'appliquer à un nombre important de billes pour trouver celle qui convient.

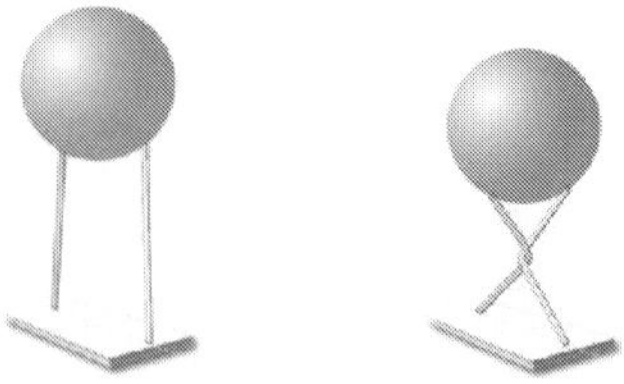

Figure 8.64. Croisement de deux molécules induit par la rotation de la bille. Dans certains cas, la bille se trouve attachée à la lamelle par deux molécules. Celles-ci sont séparées par une distance variable *e*, en moyenne comparable au rayon de la bille. Une rotation d'un tour appliquée à la bille provoque un croisement unique des deux molécules. Cet état est facilement observable par la réduction de hauteur qu'il provoque.

5.7. Exemples d'études faites avec les pinces magnétiques

Le dispositif des pinces magnétiques permet d'étirer une molécule d'ADN et d'en mesurer l'extension avec une résolution de quelques nanomètres. Or, un grand nombre d'enzymes agissent sur l'ADN et produisent un changement de longueur de cette molécule. Certaines provoquent directement un changement de structure de la molécule, comme RecA qui recouvre l'ADN et en change à la fois l'extension et le pas hélical [194]. Mais dans bien des cas, la sensibilité de l'expérience est suffisante pour mesurer l'action d'une seule enzyme. Nous discutons ici de quelques exemples brièvement et invitons le lecteur à consulter les références pour plus d'informations.

5.7.1. Mise en évidence de la boucle d'ADN formée par GalR

Le premier exemple que nous avons choisi est le répresseur de la galactosidase (GalR) : cette enzyme est l'analogue du répresseur de la lactose (LacR) étudié par Jacob et Monod lors de leur analyse de l'opéron lactose. GalR inhibe la synthèse de la galactosidase (l'enzyme qui digère le galactose) en empêchant l'ARN-polymérase d'accéder au promoteur du gène correspondant. Pour ce faire, GalR forme une boucle d'ADN contenant le promoteur en s'accrochant à deux séquences spécifiques situées de part et d'autre de celui-ci. En présence de galactose, GalR se détache, le promoteur devient accessible et le galactose est dégradé. Pour visualiser ce mécanisme, nous avons préparé une molécule d'ADN contenant les deux séquences spécifiques séparées par 119 bp et nous avons attaché cette molécule entre une bille magnétique et la lamelle de verre (figure 8.65) [195]. À basse force, en ajoutant dans la solution l'enzyme GalR, ainsi que son cofacteur Hu, nous observons un raccourcissement de la molécule : la boucle se forme. Évidemment, si nous tirons très fort sur la molécule, la boucle s'ouvre complètement. Il existe un régime de force intermédiaire où la force appliquée compense l'énergie d'accrochage ; dans cette situation, la molécule présente des fluctuations de longueur importante, passant de l'état boucle ouverte à l'état boucle fermée sur des périodes de quelques secondes de façon aléatoire, comme on peut le voir sur la figure 8.66.

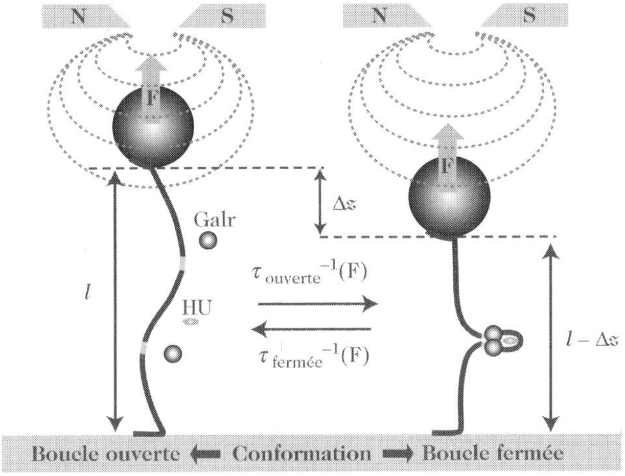

Figure 8.65. Principe du test d'activité du répresseur GalR : une molécule d'ADN contenant deux séquences d'accrochage pour GalR est soumise à une force de traction de 1 pN par l'intermédiaire d'une bille magnétique. Lorsque GalR est présente dans la solution, avec l'aide de Hu elle forme une boucle que l'on détecte par le raccourcissement qu'elle provoque.

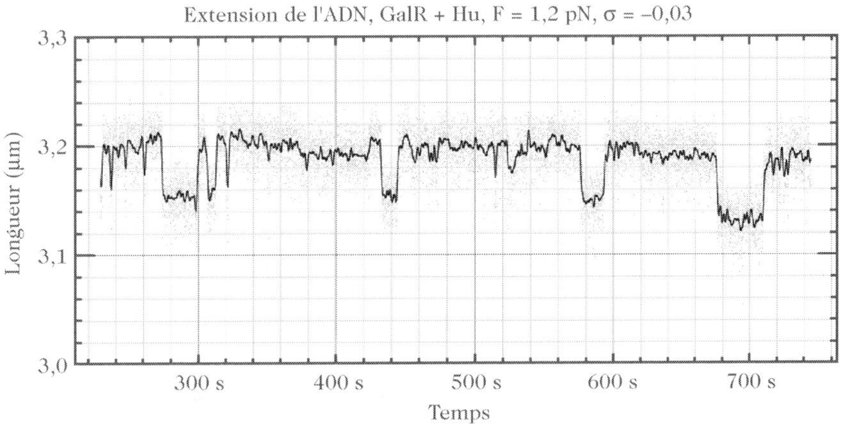

Figure 8.66. Signal de type télégraphique illustrant l'accrochage suivi du décrochage de GalR au cours du temps. Plus la force de traction est grande et plus la boucle reste longtemps ouverte.

5.7.2. Observation de la séparation des brins de l'ADN par l'hélicase UvrD

La structure de l'ADN, où l'information génétique est codée par la séquence des bases à l'intérieur de la double hélice, constitue à la fois un avantage – les bases sont protégées d'éventuelles dégradations – et un inconvénient, dans la mesure où l'accessibilité de cette information aux acteurs cellulaires est rendue difficile. De nombreux processus cellulaires requièrent donc l'ouverture transitoire de la double hélice, afin de pouvoir lire, copier, traduire ou réparer les bases de l'ADN. Ce sont les hélicases qui réalisent cette opération au sein de la cellule. Ces enzymes s'insèrent dans la double hélice, puis progressent le long d'un brin en cassant les liaisons hydrogène liant les deux brins. Ces moteurs moléculaires font l'objet d'une intense activité visant à mieux comprendre leurs mécanismes. De fait, ces enzymes, ou plus précisément leurs dysfonctionnements, sont impliqués dans de nombreuses maladies génétiques graves, conduisant par exemple à un vieillissement prématuré du patient.

Le fonctionnement des hélicases peut être vu comme la transformation de l'ADN double brin en deux simples brins. Pour détecter l'action d'une hélicase, nous appliquons une force de 30 pN sur une molécule d'ADN double brin présentant une cassure simple brin nécessaire à l'enzyme pour démarrer son action [192]. À basse concentration d'enzyme, nous observons des phases d'activité d'une hélicase par un allongement de la molécule au fur et à mesure que les brins de l'ADN sont séparés (l'ADN simple brin étant plus long que le double brin à cette force). Comme on peut le voir sur la figure 8.67, la vitesse de l'enzyme est assez régulière. Par ailleurs, nous pouvons aussi mesurer en temps réel le temps d'action, le nombre de bases dégrafées et de nombreux paramètres cinétiques difficilement accessibles dans les expériences faites en tubes à essai. Ces expériences sont possibles car l'hélicase est « processive », c'est-à-dire qu'elle réalise un grand nombre de cycles réactionnels avant de se décrocher de l'ADN, chaque cycle donnant lieu à un mouvement de la protéine – un « pas » – de quelques paires de bases le long de son substrat. Ici, nous ne pouvons pas distinguer chaque pas, mais nous pouvons évaluer leur taille à partir des fluctuations de vitesse que nous observons.

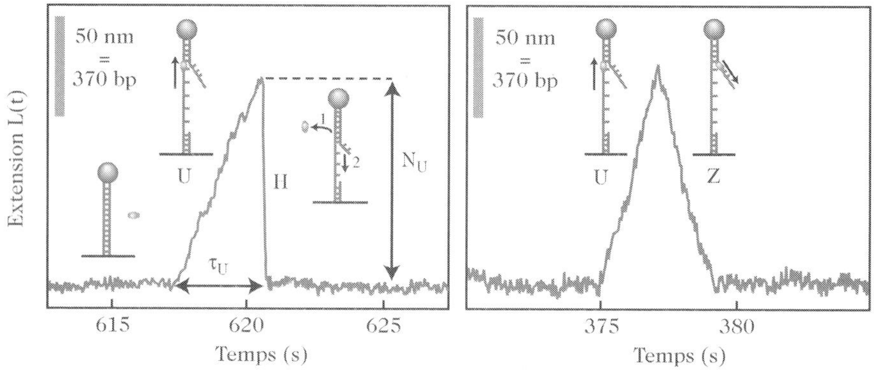

Figure 8.67. Action de l'hélicase UvrD sur une molécule d'ADN présentant une cassure simple brin. Allongement en fonction du temps de la molécule soumise à une force constante de 30 pN. Lorsque l'enzyme travaille, la molécule s'allonge de façon régulière car l'ADN simple brin est plus long que le double brin à cette force. Souvent l'action de l'hélicase s'arrête brutalement, provoquant une rapide réduction de longueur correspondant à la reformation de l'ADN double brin (courbe de gauche). Nous observons souvent un retour progressif à la longueur originelle de la molécule (courbe de droite). Ce comportement inattendu correspond au fait que l'hélicase change de brin d'ADN au cours de son action. Ce type de phénomène est indétectable dans les expériences classiques faites sur les hélicases. La concentration de l'hélicase est de 0,5 nM, tandis que celle de l'ATP est de 0,5 mM. La solution contient par ailleurs Tris 25 mM, $MgCl_2$ 3mM, DTT 1 mM.

5.7.3. Résolution des nœuds d'une molécule d'ADN par les topoisomérases

Chacune de nos cellules doit confiner au sein de son noyau – qui mesure au plus dix micromètres de diamètre – l'ensemble de nos chromosomes, qui mesurent chacun une dizaine de centimètres. Cette densité extrême de l'ADN pose de nombreux défis à la cellule. En particulier, lors de la réplication de ces longues molécules, des enchevêtrements de nœuds se forment inévitablement. Toutefois, ceux-ci sont rapidement résolus par d'étonnantes enzymes appartenant à la famille des topoisomérases qui, comme leur nom l'indique, peuvent modifier la topologie de la molécule d'ADN. Cette famille est divisée en deux groupes, les topoisomérases de type I qui sont capables de couper temporairement un seul des brins de l'ADN et les topoisomérases de type II qui coupent les deux brins. En ouvrant une brèche dans un seul brin de la double hélice, les topoisomérases de type I permettent à la molécule de tourner autour de l'autre brin et relâchent ainsi la contrainte de torsion. Les topoisomérases de type II, quant à elles, se fixent au point de jonction de deux molécules d'ADN, coupent les deux brins de l'une d'elles et passent la molécule intacte à travers cette coupure, tout en gardant fixées les deux extrémités, qu'elles recollent parfaitement après le passage de la molécule. Cette opération qui permet d'enlever les nœuds et de démêler des molécules enchevêtrées nécessite la présence d'un cofacteur énergétique : l'ATP. La topoisomérase II joue un rôle clé au cours du cycle cellulaire. Ses inhibiteurs sont fréquemment utilisés comme agents anticancéreux : ils conduisent à l'impossibilité de démêler les chromosomes filles lors de la réplication, entraînant le suicide de la cellule. L'effet cytotoxique vise donc en premier lieu les cellules tumorales, car celles-ci subissent de fréquentes divisions.

Les mécanismes moléculaires mis en jeu lors du cycle catalytique des topoisomérases sont loin d'être complètement compris. Les expériences permettant de les caractériser sont délicates, car il est difficile de changer la torsion d'une molécule dans un tube à essai.

Lorsque nous croisons deux molécules en tournant la bille de la figure 8.68 d'un tour, nous préparons la configuration moléculaire reconnue par les topoisomérases [193]. Si la solution contient de l'ATP (la source d'énergie nécessaire à la plupart des opérations enzymatiques), une enzyme peut s'accrocher au croisement et le dénouer, permettant à l'extension de retrouver sa valeur initiale. On peut alors imprimer un nouveau tour à la bille, générant un nouveau croisement que l'enzyme va s'empresser de dénouer, etc. Chaque événement correspond à un seul cycle enzymatique, d'autant plus facile à détecter que le changement d'extension correspond à une fraction de micromètre, comme on peut le voir sur la figure 8.69.

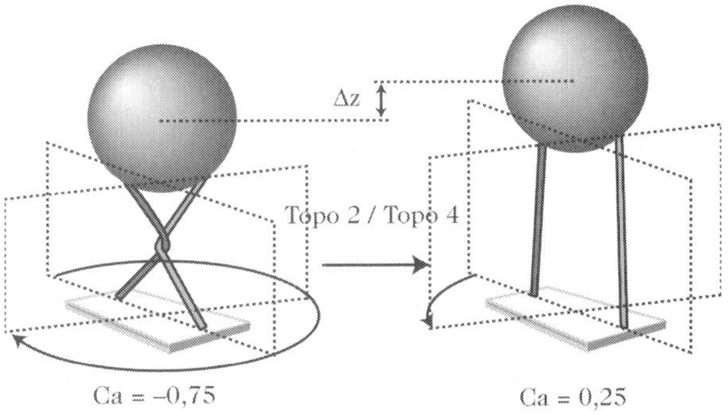

Figure 8.68. Principe d'action de la topoisomérase sur le croisement de deux molécules d'ADN. En tournant la bille d'un tour, nous passons d'une situation où les molécules ne se croisent pas (à droite) à celle où elles se croisent (à gauche). La topoisomérase se fixe alors sur le croisement et fait passer une molécule à travers l'autre, dénouant ainsi le croisement (à droite). Dès lors, l'enzyme ne peut plus agir. Le changement de hauteur entre les deux configurations permet de déterminer le moment où s'effectue l'action de l'enzyme.

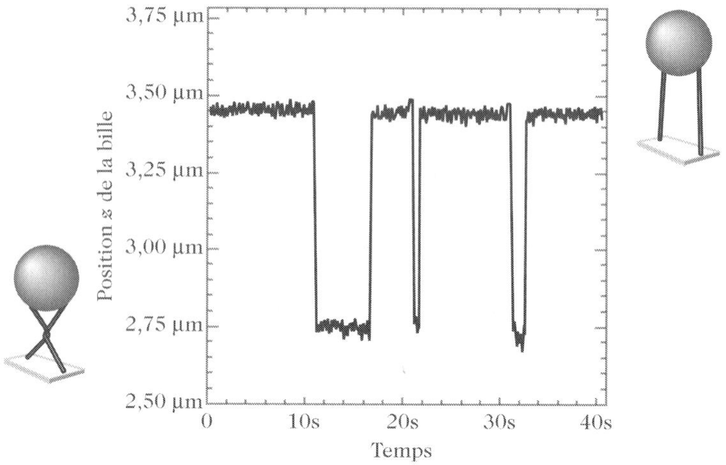

Figure 8.69. Signal expérimental montrant l'action d'une topoisomérase. Lorsque l'extension du système atteint 3,45 micromètres, les deux molécules sont parallèles ; quand elles se croisent, la distance se réduit à 2,75 micromètres. En présence de topoisomérases dans la solution, on n'observe aucun changement de longueur lorsque les molécules sont parallèles. En revanche, chaque fois que l'on fait faire un tour aux aimants, la bille se rapproche d'abord de la paroi, puis lorsque l'enzyme dénoue le croisement, on observe une remontée brutale de l'extension. Ici, nous avons répété l'opération trois fois. À chaque fois l'enzyme a agi ; cependant, elle l'a fait après un temps très variable.

Ce type d'expérience permet de détecter les cycles enzymatiques un à un, et donc d'analyser le fonctionnement de l'enzyme au cours du temps. D'autre part, il permet d'étudier l'influence de l'angle de croisement des molécules, un paramètre que les expériences enzymatiques traditionnelles ne permettent pas de contrôler. Les pinces magnétiques permettent également d'étudier l'élasticité de molécules d'ADN simple brin [196], de l'ARN [197], de la chromatine [198], de l'ADN double brin recouvert par différentes enzymes [199]. Elles permettent aussi d'étudier l'énergie d'appariement des deux brins de la double hélice [200]. Par ailleurs, l'activité de nombreuses autres enzymes a été étudiée à l'échelle de la molécule unique grâce aux pinces magnétiques. Citons par exemple : les ADN-polymérases [201], les ARN-polymérases [202], les topoisomérases de type I [203] et II [204], les hélicases [192], le complexe RuvAB [205], les condensines [206], EcoR124 [207], FtsK [208], etc.

5.8. Comment manipuler un objet avec des pinces magnétiques

Le système de pinces magnétiques que nous avons décrit jusqu'à maintenant permet d'appliquer une force verticale et une rotation. Ce dispositif est idéal pour sonder l'élasticité d'une molécule d'ADN, cependant il ne permet pas de manipuler véritablement une bille ou une cellule, comme le fait naturellement un système de pinces optiques. Cela est faisable au prix de quelques modifications que nous décrivons ici brièvement. Le résultat est particulièrement intéressant pour sonder les propriétés viscoélastiques de la cellule ou de son noyau.
Comme les systèmes magnétiques exercent plutôt une force constante, le déplacement d'une bille dans les trois directions de l'espace nécessite deux nouvelles modifications : il faut pouvoir moduler la direction de la force appliquée et il faut

contrôler la position de la bille en ajustant rapidement l'intensité de la force. Pour ce faire, il est utile d'utiliser plutôt des électroaimants que des aimants permanents. Il est nécessaire d'en utiliser plusieurs afin de pouvoir changer la direction de la force.

Plusieurs façons de disposer les bobines des électroaimants sont possibles. Sur la figure 8.70, nous avons décrit une configuration hexagonale, qui permet d'appliquer une force dans les trois directions de l'espace. Pour réaliser une véritable micromanipulation, ce système est associé à la mesure de la position de la bille dans les trois directions et à un circuit d'asservissement, qui module les courants dans les électroaimants afin de maintenir la bille à une position définie [181]. La symétrie d'ordre six du dispositif permet de faire tourner la bille par pas de 60 degrés. Les forces accessibles dans ce dispositif (20 pN pour les billes M450 de *Dynal*) sont moins grandes que celles obtenues avec des aimants permanents.

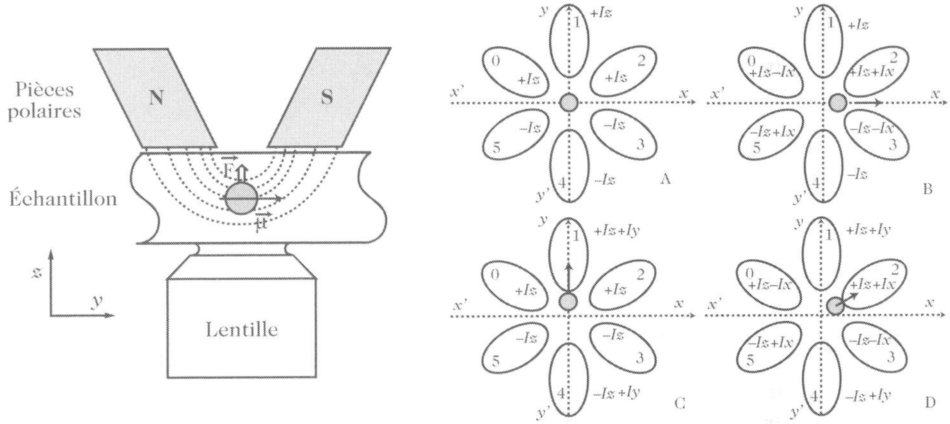

Figure 8.70. Système de pinces magnétiques permettant de manipuler une bille dans les trois directions de l'espace. Ce dispositif utilise six électroaimants placés au-dessus de l'échantillon, répartis suivant les axes d'un hexagone. Le principe consiste à réaliser un champ magnétique principal horizontal en utilisant les bobines (0, 1, 2) comme pôle nord et (3, 4, 5) comme pôle sud. Le gradient de champ vertical permet de tirer la bille dans la direction *z*. Si l'on dissymétrise les courants circulant dans les bobines par rapport à l'axe *x*, on produit une force horizontale entraînant la bille selon *y*. En appliquant des courants opposés dans les bobines (1) et (4) on produit une force selon *y*. Pour manipuler la bille, il faut mesurer sa position en trois dimensions et moduler les courants circulant dans les bobines pour déplacer la bille vers la position souhaitée.

De nombreux systèmes de pinces magnétiques sont des hybrides des deux types que nous venons de décrire (force constante et position constante), en particulier ceux destinés aux mesures sur les cellules. En effet, la viscoélasticité mise en jeu dans le cytoplasme ou sur la membrane est beaucoup plus grande que celle de l'eau ; il faut donc appliquer des forces élevées pour obtenir des déplacements significatifs se faisant à des vitesses lentes. Des électroaimants avec un entrefer de quelques dizaines ou centaines de micromètres permettent d'obtenir les forces dépassant les 100 pN nécessaires au mouvement. Par ailleurs, la vitesse des billes est suffisamment faible pour que l'opérateur puisse piloter ces déplacements sans asservissement [209].

BIBLIOGRAPHIE

On consultera dans la même collection la référence générale :

AIGOUY L., DE WILDE Y. et FRÉTIGNY C., *Les nouvelles microscopies*, Belin (2006).

Imagerie cellulaire et moléculaire en AFM

[1] BINNIG G. et al., *Phys. Rev. Lett.*, **49**, 57-61 (1982).

[2] BINNIG G., QUATE C.F. et GERBER C., *Physical Review Letters*, **56**(9), 930-933 (1986).

[3] FOTIADIS D. et al., *Micron*, **33**(4), 385-397 (2002).

[4] HANSMA H.G., *Annu. Rev. Phys. Chem.*, **52**, 71-92 (2001).

[5] HANSMA H.G., KASUYA K. et OROUDJEV E., *Current Opinion in Structural Biology*, **14**(3), 380-385 (2004).

[6] BUSTAMANTE C. et al., *J. Biol. Chem.*, **274**(24), 16665-8 (1999).

[7] JIAO Y.K. et al., *Journal of Molecular Biology*, **314**(2), 233-243 (2001).

[8] ABDELHADY H.G. et al., *Nucleic Acids Res.*, **31**(14), 4001-5 (2003).

[9] VIRSTEDT J. et al., *Journal of Structural Biology*, **148**(1), 66-85 (2004).

[10] MOU J.X. et al., *FEBS Lett.*, **381**(1-2), 161-164 (1996).

[11] SHENG S.T. et al., *Journal of Biological Chemistry*, **278**(41), 39892-39896 (2003).

[12] SHAO Z., SHI D. et SOMLYO A.V., *Biophys. J.*, **78**(2), 950-8 (2000).

[13] GALE M. et al., *Biophys. J.*, **68**(5), 2124-2128 (1995).

[14] CHRISTIANSEN D.L., HUANG E.K. et SILVER F.H., *Matrix Biology*, **19**(5), 409-420 (2000).

[15] ROUND A.N. et al., *Journal of Structural Biology*, **145**(3), 246-253 (2004).

[16] CHEN C.H. et HANSMA H.G., *J. Struct. Biol.*, **131**(1), 44-55 (2000).

[17] DING T.T. et HARPER J.D., *Methods Enzymol.*, **309**, 510-25 (1999).

[18] MORENO-HERRERO F. et al., *Biophys. J.*, **86**(1Pt1), 517-25 (2004).

[19] WAGNER K. et al., *Biophysical Journal*, **87**(1), 386-395.

[20] MILHIET P.E., GIOCONDI M.C. et LE GRIMELLEC C., http://www.thescientificworld.com **3**, 59-74 (2003).

[21] ENGEL A., GAUB H.E. et MULLER D.J., *Curr. Biol.*, **9**(4), R133-6 (1999).

[22] MILHIET P.E. et al., *Single Mol.*, **2**, 109-112 (2001).

[23] VIE V. et al., *J. Membr. Biol.*, **180**(3), 195-203 (2001).

[24] SASLOWSKY D.E. et al., *Journal of Biological Chemistry*, **277**(30), 26966-26970 (2002).

[25] MILHIET P.E. et al., *EMBO Reports*, **3**(5), 485-490 (2002).

[26] GIOCONDI M.C. et al., *J. Struct. Biol.*, **131**(1), 38-43 (2000).

[27] LE GRIMELLEC C. et al., *Scanning Microsc.*, **9**(2), 401-411 (1995).

[28] SCHEURING S., RIGAUD J.L. et STURGIS J.N., *EMBO Journal*, **23**(21), 4127-4133 (2004).

[29] HOH J.H. et al., *Biophys. J.*, **65**(1), 149-63 (1993).

[30] FOTIADIS D. et al., *Nature*, **421**(6919), 127-128 (2003).

[31] SHAHIN V. et al., *Faseb. J.*, **15**(11), 1895-901 (2001).

[32] GOULD S.A.C. et al., *J. Vac. Sci. Technol.*, **A8**, 369-373 (1990).

[33] BUTT H.J. et al., *J. Struct. Biol.*, **105**(1-3), 54-61 (1990).

[34] RADMACHER M., *IEEE Eng. Med. Biol. Mag.*, **16**(2), 47-57 (1997).

[35] BENOIT M. et al., *Nat. Cell Biol.*, **2**(6), 313-7 (2000).

[36] STROH C. et al., *Proc. Natl. Acad. Sci. USA*, **101**(34), 12503-7 (2004).

[37] LE GRIMELLEC C. et al., *Biophys. J.*, **67**(1), 36-41 (1994).

[38] RADMACHER M. et al., *Science*, **257**(5078), 1900-5 (1992).

[39] DUFRENE Y.F., *Micron*, **32**(2), 153-65 (2001).

[40] CRÈVECOEUR M. et al., *Protoplasma*, **212**, 46-55 (2000).

[41] LESNIEWSKA E. et al., *Methods in Cell Biology*, **68**, 51-65 (2002).

[42] DUFRENE Y.F., *Nature Reviews Microbiology*, **2**(6), 451-460 (2004).

[43] HORBER J.K. et al., *Scanning Microsc.*, **6**(4), 919-29 ; discussion 929-30 (1992).

[44] SCHNEIDER S.W. et al., *Proc. Natl. Acad. Sci. USA*, **94**(1), 316-21 (1997).

[45] LE GRIMELLEC C. et al., *Biophys. J.*, **75**(2), 695-703 (1998).

[46] VELEGOL S.B. et LOGAN B.E., *Langmuir*, **18**, 5256-5262 (2002).

[47] LE GRIMELLEC C. et al., *J. Comp. Neurol.*, **451**(1), 62-9 (2002).

[48] HANSMA P.K. et al., *Science*, **243**(4891), 641-3 (1989).

[49] SHEVCHUK A.I. et al., *Biophys. J.*, **81**(3), 1759-64 (2001).

[50] BURNHAM N.A. et COLTON R.J., *J. Vac. Sci. Technol.*, **A7**, 2906-2913 (1989).

[51] WEISENHORN A. et al., *Nanotechnology*, **4**, 106-113 (1993).

[52] MATZKE R., JACOBSON K. et RADMACHER M., *Nat. Cell. Biol.*, **3**(6), 607-10 (2001).

[53] ROTSCH C. et al., *Ultramicroscopy*, **86**(1-2), 97-106 (2001).

[54] MAHAFFY R.E. et al., *Biophysical Journal*, **86**(3), 1777-1793 (2004).

[55] ZHANG X. et al., *Am. J. Physiol. Heart Circ. Physiol.*, **286**(1), H359-67 (2004).

[56] TOKUNAGA M. et al., *Biochem. Biophys. Res. Commun.*, **231**(3), 566-9 (1997).

[57] TAMAYO J. et al., *Biophysical Journal*, **81**(1), 526-537 (2001).

[58] JENEY S., FLORIN E.L. et HORBER J.K., *Methods Mol. Biol.*, **164**, 91-108 (2001).

[59] BURNS A.R., *Langmuir*, **19**(20), 8358-8363 (2003).

[60] GRADINARU C.C. et al., *Ultramicroscopy*, **99**(4), 235-245 (2004).

[61] KASSIES R. et al., *Journal of Microscopy Oxford*, **217**, Part 1, 109-116 (2005).

[62] CHO S.J. et al., *Cell. Biol. Int.*, **26**(1), 35-42 (2002).

[63] HANSMA H.G. et al., *Science*, **256**(5060), 1180-4 (1992).

[64] THALHAMMER S. et al., *J. Struct. Biol.*, **119**(2), 232-7 (1997).

[65] OBATAYA I. et al., *Nano Letters*, **5**(1), 27-30 (2005).

[66] MILHIET P.E. et al., *Single Mol.*, **3**(2-3), 136-141 (2002).

Machine à forces entre surfaces et micromanipulations

[67] ISRAELACHVILI J.N. et ADAMS G.E., *J. Chem. Soc. Faraday I*, **74**, 975-1001 (1978).

[68] CABANE B., S. HÉNON S., *Liquides, solutions, dispersions, émulsions, gels*, éditions Belin (2003).

[69] VERWEY E.J.W. et OVERBEEK J.Th.G., *Theory of the stability of lyophobic colloids*, Elsevier, Amsterdam (1948).

[70] ISRAELACHVILI J.N., *Intermolecular and Surface Forces*, Academic Press Limited, London (1991).

[71] HOMOLA A.M., ISRAELACHVILI J.N., GEE M.L., MC GUIGGAN P.M., *Journal of Tribology-Transactions of the ASME*, **111**, 675-682 (1989).

[72] ISRAELACHVILI J.N., *J. Colloid. Interface Sci.*, **44**, 259-272 (1973).

[73] DERJAGUIN B.V., Kolloid-Z, **69,** 155 (1934).

[74] ISRAELACHVILI J.N., TABOR D., *Proc. Roy. Soc. London Series A-Mathematical and Physical Sci.*, **331**, 19-38 (1972).

[75] ISRAELACHVILI J.N., PASHLEY R.M., *Nature*, **306,** 249-250 (1983).

[76] SIVASANKAR S., BRIEHER W., LAVRIK N., GUMBINER B., LECKBAND D., *Proc. Nat. Acad. Sci.*, **96**, 11820-11824 (1999).

[77] PINCET F., PEREZ E., BRYANT G., LEBEAU L.etMIOSKOWSKI C., *Phys. Rev. Lett.*, **73**, 2780-2784 (1994).

[78] JOHNSON K.L., KENDALL K. et ROBERTS A.D., Proc. Roy. Soc. London A, **324**, 301 (1971).

[79] NALASKOWSKI J., VEERAMASUNENI S., HUPKA J., MILLER J.D., *J. Adh. Sci. Nd Tech.*, **13,** 1519-1533 (1999).

[80] EVANS E., RITCHIE K., MERKEL R., *Biophys. J.*, **68**, 2580-2587 (1995).

[81] MERKEL R., NASSOY P., LEUNG A., RITCHIE K., EVANS E., *Nature*, **397**(6714), 50-53 (1999).

[82] CHU Y.S., THOMAS W.A., EDER O., PINCET F., PEREZ E., THIERY J.-P. et DUFOUR S., *J. Cell. Biol.*, **167,** 1163-1194 (2004).

[83] CHU Y.S., DUFOUR S., THIERY J.-P., PEREZ E., PINCET F., *Phys. Rev. Lett.*, **94**, 028102 (2005).

[84] EVANS E., *Colloid Surfaces*, **43**, 327-347 (1990).

[85] PINCET F., PEREZ E., LOUDET J.C., LEBEAU L., *Phys. Rev. Lett.*, **87**, 178101-1-4 (2001).

[86] GOURIER C., PINCET F., PEREZ E., ZHANG Y.-M., MALLET J.-M., SINAŸ P., *Angew. Chemie*, **44**(11), 1683-1687 (2005).

Microscopie de force en mode contact et mode oscillant

Références générales sur le champ proche et la MFA

[87] BINNIG G. et ROHRER H., *Helv. Phys. Acta*, **55**, 726 (1982) ; Nobel Lecture, *Rev. Mod. Phys.*, **59**, 615 (1987).

[88] EIGLER D.M., SCHWEITZER E.K., *Nature*, **344**, 524 (1990).

[89] BINNIG G., QUATE C.F. et GERBER C., *Phys. Rev. Lett.*, **56**, 930 (1986).

[90] TSIEN R.Y., « Imagining imaging's future », *Nature Cell Biology*, **5**, S16-S21, septembre (2003).

[91] AIMÉ J.P., BOISGARD R., NONY L., COUTURIER G., *Phys. Rev. Let.*, **89**, 3388 (1999).

[92] ALBRECHT T.R., GRÜTTER P., HORNE D., RUGAR D., *J. Appl. Phys.*, **69**, 668 (1991).

[93] ANCZYCOWSKY B., KRÜGER D., FUCHS H., *Phys. Rev. B*, **53**, 15485 (1996).

[94] BOISGARD R., MICHEL D., AIMÉ J.P,. *Surf. Sci.*, **401**, 199 (1998).

[95] DUBOURG F., MARSAUDON S., AIMÉ J.P., LECLÈRE PH, LAZZARONI R., *Eur. Phys. J. E*, **6**, 387 (2001).

[96] DUBOURG F., AIMÉ J.P., COUTURIER G., SALARDENNE J., *Eur. Phys. Let.*, **62**, 671 (2003).

[97] DÜRIG U., *Appl. Phys. Let.*, **76**, 1203 (2000).

[98] GARCIA R., PEREZ R., *Surf. Sci. Reports*, **47**, 197 (2002).

[99] GIESSIBL F.J., *Science*, **267**, 68-71 (1995).

[100] GIESSIBL F.J., BIELEFELDT H., HEMBACHER S., MANNHART J., *Appl. Surf. Science*, **140**, 352, (1999).

[101] GLEYZES P., KUO P.K., BOCCARA A.C., *Appl. Phys. Lett.*, **58**, 25, (1991).

[102] HOROWITZ P., HILL W., *The Art of Electronics*, Cambridge Univ. Press (1989).

[103] KITAMURA S., IWATSUKI M., *Jpn. J. Appl. Phys.*, Part 2, **34**, L145 (1995).

[104] SUGAWARA Y., OHTA M., UEYAMA H., MORIAT S., *Science*, **270**, 1646 (1995).

[105] LÜTHI R., MEYER E., BAMMERLIN M., BARATOFF A., LEHMANN T., HOWALD L., GERBER Ch., GÜNTHERODT H.J., *Z. Phys. B*, **100**, 165, (1996).

[106] MARSAUDON S., DUBOURG F., LECLÈRE P., LAZZARONI R., AIMÉ J.P., *Langmuir*, **16**, 8432, (2000).

[107] NONY L., BOISGARD R., AIMÉ J.P., *J. Chem. Phys.*, **111**, 1615 (1999).

[108] WANG L., *Appl. Phys. Let.*, **73**, 3781 (1998).

Mesures de force

[109] BELL G., *Science*, **200**, 618 (1978).

[110] BUSTAMANTE C., MARKO J.F., SIGGIA E.D, SMITH S., *Science*, **265,** 1599 (1994).

[111] CLAUSEN-SHAUMANN H., SEITZ M., KRAUTBAUER R. et GAUB H.E, « Force spectroscopy with single bio-molecules », *Current Opinion in Chemical Biology*, **4**, 524 (2000).

[112] EVANS E., RITCHIE K., *Biophys. J.*, **72,** 1541 (1997).

[113] FLORIN E.-L., MOY V.T., GAUB H.E., *Science*, **264**, 415 (1994).

[114] MERKEL R, NASSOY P., LEUNG A., RITCHIE K. et EVANS E., *Nature*, **397**, 50 (1999).

[115] MERKEL R. « Force spectroscopy on single passive biomolecules and single biomolecular bonds », *Physics Reports*, **346**, 343-385 (2001).

[116] MOY V.T., FLORIN E.-L., GAUB H.E., *Science*, **266**, 257 (1994).

[117] RIEF M., FERNANDEZ J.M., GAUB H.E., « Elastically Coupled Two-Level Systems as a model for biopolymer Extensibility », *Phys. Rev. Let.*, **81**, 4764 (1998).

[118] KRATKY O. et POROD G., *Rec. Trav. Chim.*, **68**, 1106 (1949).

[119] NONY L., BOISGARD R., AIMÉ J.P., *J. Chem. Phys.*,**111**, 1615 (1999).

[120] RIEF M., OESTERHELT F., HEYMANN B. et GAUB H.E., « Single Molecule Force Spectroscopy on Polysaccharides by Atomic Force Microscopy », *Science*, **275**, 1295 (1997).

[121] OESTERHELT F., OESTERHELT D., PFEIFFER MI, ENGEL A., GAUB H.E., MULLER D.J., « Unfolding pathways of individual bacteriorohodopsins », *Science*, **288**, 143 (2000).

[122] ZHUANG X., RIEF M., « Single-molecule folding », *Current Opinion in Structural Biology*, **13**, 88-97 (2003).

Images d'objets biologiques

[123] ENGEL A., LYUBCHENKO Y. et MÜLLER D., « Atomic force microscopy : a powerful tool to observe biomolecules at work », *Trends Cell Biol.*, **9**, 77-80 (1999).

[124] MICHEL D., LE CAM E. « La microscopie de force atomique permet l'exploration du matériel génétique », *Pour la Science*, **272**, 110 (2000).

[125] MÜLLER D.J., SCHABERT F.A., BÜLDT G. et ENGEL A., « Imaging purple membranes in aqueous solutions at subnanometer resolution by atomic force microscopy », *Biophys. J.*, **68**, 1681-1686 (1995).

[126] MÜLLER D.J., BULDT G. et ENGEL A., « Force-induced conformational change of bacteriorhodopsin », *J. Mol. Biol.*, **249**, 239-243 (1995).

[127] MÜLLER D.J., SCHOENENBERGER C.A., SCHABERT F. et ENGEL A., « Structural changes in native membrane proteins monitored at subnanometer resolution with the atomic force microscope : a review », *J. Struct. Biol.*, **119**, 149-57 (1997).

[128] MÜLLER D.J., FOTIADIS D. et ENGEL A., « Mapping flexible protein domains at subnanometer resolution with the atomic force microscope », *Febs Letters*, **430**, 105-11 (1998).

[129] MÖLLER C., ALLEN M., ELINGS V., ENGEL A. et MÜLLER D.J., « Tapping mode atomic force microscopy produces faithful high-resolution images of protein surfaces », *Biophys. J.*, **77**, 1150-1158 (1999).

[130] NONY L., BOISGARD R., AIMÉ J.P., *Biomacromolécules*, **2**, 827 (2001).

[131] PASTRÉ D., PIETREMENT O., FUSIL S., LANDOUSY F., JEUSSET J., DAVID M.O., HAMON L., LE CAM E., ZOZIME A., *Biophys. J.*, **85**, 2507-2518 (2003).

[132] RIVETTI C., GUTHOLD M., BUSTAMANTE C., J. Mol. Bio., **264**, 919 (1996).

[133] VIANI M.B. et al., *Nature Structural Biology*, **7**, 644 (2000).

Aspects techniques sur l'oscillation d'un microlevier en milieu liquide

[134] FUKUMA T., KIMURA M., KOBAYASHI K., MATSUHIGE K. et YAMADA H., *Rev. Sci. Instrum.*, **76**, 53704 (2005).

[135] ISRAELACHVILI J., *Intermolecular and Surface Forces*, Academic Press., London, 2e ed. (1998).

[136] JEFFERY S., HOFFMANN P.M., PETHICA J.B., RAMANUJAN C., OZER H.O., ORAL A., *Phys. Rev. B*, **70**, 54114 (2004).

[137] MAALI A., HURTH C., BOISGARD R., JAI C., COHEN-BOUHACINA T. et AIMÉ J.-P., *J. Appl. Phys.*, **97**, 074907 (2005).

[138] MAALI A., COHEN-BOUHACINA T., AIMÉ J.P., COUTURIER G., résultats non publiés (2005).

[139] SADER J.E., *J. Appl. Phys.*, **84**, 64 (1998).

[140] TUCK E.O., *Journ. of Eng. Math.*, **3**, 29-44 (1969).

[141] VIANI M.B., SCHÄFFER T.E., CHAND A., RIEF M., GAUB H.E. et HANSMA P.K., *J. Appl. Phys.*, **86**, 2258 (1999).

[142] WALTER D.A., CLEVELAND J.P., THOMPSON N.H., HANSMA P.K., WENDMAN M.A., GURLEY G. et ELINGS V., *Rev. Scie. Instrum.*, **67**, 3583 (1996).

La technique des pinces optiques

[143] ASHKIN A. et al., « Observation of a single-beam gradient force optical trap for dielectric particles », *Opt. Lett.*, **11**, 288 (1986).

[144] GITTES F. et SCHMIDT C.F., in *Methods in Cell Biology*, edited by M.P. Sheetz, Academic, New York, p. 129 (1998).

[145] CAPITANO M., ROMANO G., BALLERINI R., GIUNTINI M., DUNLAP D. et FINZI L., « Calibration of optical tweezers with differential interference contrast signals », *Rev. Sci. Instrum.*, **73**, 1687 (2002).

[146] BECHHOEFER J. et WILSON S., « Faster, cheaper, safer optical tweezers for undergraduated laboratory », *Am. J. Phys.*, **70**, 393 (2002).

[147] SASAKI K. et al., « Pattern formation and flow control of fine particles by laser-scanning manipulation ». *Opt. Lett.*, **16**, 1463 (1991).

[148] VISSCHER K., BRAKENHOFF G. et KROL J.J., « Micromanipulation by multiple optical traps created by a single fast scanning trap integrated with the bilateral confocal scanning laser microscope », *Cytometry*, **14**, 105 (1993).

[149] VISSCHER K., GROSS S.P. et BLOCK S.M., « Construction of multiple-beam optical traps with nanometer-resolution », *IEEE J. Sel. Top. Quantum Electron.*, **2**, 1066 (1996).

[150] EMILIANI V. et al., « Multi-force optical tweezer to generate gradients of force », *Opt. Express*, **12**, 3906 (2004).

[151] DUFRESNE E. et GRIERET D.G., « Optical tweezer arrays and optical substrates created with diffractive optics », *Rev. Sci. Instrum.*, **69**, 1974 (1998).

[152] COJOC D. et al., « Design and Fabrication of diffractive optical elements for optical tweezers arrays by means of e-beam lithography », *Microel. Eng.*, **61-62**, 963 (2002).

[153] GRIER D.G., « A revolution in optical manipulation », *Nature*, **424**, 810 (2003).

[154] CURTIS J.E., KOSS B.A. et GRIER D.G., « Dynamic holographic optical tweezers », *Opt. Comm.*, **207**, 169 (2002).

[155] MELVILLE H.G.F., MILNE G.F. et al., « Optical trapping of three dimensional structures using dynamic holograms », *Opt. Express*, **11**, 3562 (2003).

[156] LEACH J., SINCLAIR G., JORDAN P., COURTIAL J., PADGETT M.J., COOPER J., LACZIK Z.J., « 3D manipulation of particles into crystal structures using holographic optical tweezers », *Opt. Express*, **12**, 220 (2004)

[157] GAHAGAN K.T. et SWARTZLANDER G.A. Jr, « Optical vortex trapping of particles », *Opt. Lett.*, **21**, 827 (1996).

[158] CURTIS J.E., KOSS B.A. et GRIER D., « Dynamic holographic optical tweezers », *Opt. Commun.*, **207**, 169 (2002).

[159] RODRIGO P.J., DARIA V.R. et GLUCKSTAD J., « Real-time interactive optical micromanipulation of a mixture of high- and low- index particles », *Opt. Express*, **12**, 1417 (2004).

[160] O'Neil T. et Padgett M.J., « Three-dimensional optical confinement of micron-sized metal particles and the decoupling of the spin and orbital angular momentum within an optical spanner », *Opt. Comm.*, **185**, 139 (2000).

[161] Lang M.J., Fordyce P.M., Engh A.M., Neuman K.C. et Block S.M., « Simultaneous, coincident optical trapping and single-molecule fluorescence », *Nat. Meth.*, **22**, 133 (2004).

[162] Emiliani V., Cojoc D., Ferrari E., Garbin V., Durieux C., Coppey-Moisan M., Di Fabrizio E., « Wave front engineering for living cells microscopy », *Opt. Express*, **13**, 1405 (2005).

[163] Rohrbach A. et Stelzer E.H.K., *J. Appl. Phys.*, **91**, 5474 (2002).

[164] *Methods in Cell Biology*, edited by M.P. Sheetz, Academic, New York (1998).

[165] Choquet D., Felsenfeld D. et Sheetz M.P., « Extracellular matrix rigidity causes strengthening of integrin-cytoskeleton linkages », *Cell*, **88**, 39 (1997).

[166] Galbraith C.G., Yamada K.M. et Sheetz M.P., « The relationship between force and focal complex development », *J. of Cell Biol.*, **159**, 695 (2002).

[167] Emiliani V., Sanvitto D., Coppey M., Durieaux C. (*submitted*).

[168] Del Pozo M.A., Kiosses W.B., Alderson N.B., Meller N., Hahn K.M. et Schwartz M.A., « Intergin regulate GTPRac localized effector interaction through dissociation of Rho-GDI », *Nature Cell Biol.*, **4**, 232 (2002).

[169] Wang Y., Botvinick E.L., Zhao Y., Berns M.W., Usami S., Tsien R.Y. et Chien S., *Nature*, **434**, 1040 (2005).

[170] Di Fabrizio E., Cojoc D., Emiliani V., Cabrini S., Coppey-Moisan M., Ferrari E., Garbin V. et Altissimo M., « Microscopy of Biological Sample Through Advanced Diffractive Optics From Visible to X-Ray Wavelength Regime », *Microscopy Research And Technique*, **65**, 252 (2004).

[171] Townes-Anderson E. et al., « Micromanipulation of retinal neurons by optical tweezers », *Molecular Vision*, **4**, 12 (1998).

[172] Thoumine O., Kocian P., Kottelat A., Meister J.J., « Short term binding of fibroblasts to fibronectin : optical tweezers experiments and probabilistic analysis », *Eur. Biophys. J.*, **29**, 398 (2000).

[173] Lenormand G., Henon S., Richert A., Simeon J. et Gallet F., « Direct measurement of the area expansion and shear moduli of the human red blood cell membrane skeleton », *Biophys. J.*, **81**, 43 (2001).

[174] Guck J., Ananthakrishnan R., Mahmood H., Moon T.J., Cunningham C.C. et Kas J., « The optical stretcher : a novel laser tool to micromanipulate cells », *Biophys. J.*, **81**, 767 (2001).

[175] Umehara S., Wakamoto Y., Inoue I. et Yasuda K., « On-chip single-cell microcultivation assay for monitoring environmental effects on isolated cells », *Biochem. and Biophys. Research Com.*, **305**, 534 (2003).

[176] Finer J., Simmons R.M. et Spudich J.A., « Single myosin molecule mechanics : piconewton forces and nanometer steps », *Nature*, **368**,113 (1994).

[177] SVOBODA K. et BLOCK S., « Force and velocity measured for single kinesin molecules », *Cell*, **77**, 773 (1994).

[178] COPPIN C.M., FINER J.T., SPUDICH J.A. et VALE R.D., « Detection of sub-8-nm movements of kinesin by high-resolution optical trap microscopy », *Proc. Natl. Acad. Sci USA*, **93**, 1913 (1996).

Les pinces magnétiques

[179] KUBO R., *Journal of Physical society of Japan*, **12**, 570 (1957) ; KUBO R., « The fluctuation-dissipation theorem », *Rep. Prog. Phys.*, **29**, 255-284 (1966).

[180] GELLES J., SCHNAPP B. et SHEETZ M., « Tracking kinesin-driven movements with nanometre-scale precision », *Nature*, **331**,450–453 (1988).

[181] GOSSE C., CROQUETTE V., « Magnetic tweezers : Micromanipulation and force measurement at the molecular level », *Biophys. J.*, **82**, 3314 (2002).

[182] OVRYN B., « Three-dimensional forward scattering particle image velocimetry applied to a microscopic field of view », *Experiments in Fluids (Suppl)*, S175-S184, Springer Verlag (2000).

[183] STRICK T.R., ALLEMAND J.-F., BENSIMON D., BENSIMON A., CROQUETTE V., « The elasticity of a single supercoiled DNA molecule », *Science*, **271**,1835 (1996).

[184] SMITH S.B., FINZI L., BUSTAMANTE C., « Direct Mechanical Measurements of the Elasticity of Single DNA-Molecules by using Magnetic Beads », *Science*, **258**(5085), 1122 (1992).

[185] BUSTAMANTE C., MARKO J.F., SIGGIA E.D., SMITH S., « Entropic elasticity of lambda-phage DNA », *Science*, **265**(5178),1599-60 (1994).

[186] BOUCHIAT C., WANG M.D., ALLEMAND J.-F., STRICK T.R., BLOCK S.M. et CROQUETTE V., « Estimating the persitence length of a worm-like chain molecule from force-extension measurements », *Biophys. J.*, **76**, 409-413 (1999).

[187] STRICK T.R., ALLEMAND J.-F., BENSIMON D., CROQUETTE V., « Behavior of supercoiled DNA », *Biophys. J.*, **74**, 2016 (1998).

[188] WHITE J., « Self linking and the Gauss integral in higher dimensions », *Am. J. Math.*, **91**, 693-728 (1969).

[189] BOUCHIAT C. et MÉZARD M., « Elasticity theory of a supercoiled DNA molecules », *Phys. Rev. Lett.*, **80**, 1556-9 (1998) ; MOROZ J. et NELSON P., « Torsional directed walks, entropic elasticity and DNA twist stiffness », *Proc. Natl. Acad. Sci. USA*, **94**, 14418-22 (1998).

[190] STRICK T.R., CROQUETTE V., BENSIMON D., « Homologous pairing in stretched supercoiled DNA », *Proc. Natl. Acad. Sci. USA*, **95**,10579 (1998).

[191] ALLEMAND J.-F., BENSIMON D., LAVERY R., CROQUETTE V., « Stretched and overwound DNA forms a Pauling-like structure with exposed bases », *Proc. Natl. Acad. Sci. USA*, **95**, 14152 (1998) .

[192] Dessinges M.N., Lionnet T., Xi X.G., Bensimon D., Croquette V., « Single-molecule assay reveals strand switching and enhanced processivity of UvrD », *Proc. Natl. Acad. Sci. USA*, **101**, 6439 (2004), doi :10.1073/pnas.0306713101

[193] Charvin G., Bensimon D., Croquette V., « Single-molecule study of DNA unlinking by eukaryotic and prokaryotic type-II topoisomerases », *Proc. Natl. Acad. Sci. USA*, **100**(17), 9820-5 (2003).

[194] Fulconis R., Bancaud A., Allemand J.-F., Croquette V., Dutreix M., Viovy J.L., « Twisting and untwisting a single DNA molecule covered by RecA protein », *Biophys. J.*, **87**(4), 2552 (2004).

[195] Lia G., Bensimon D., Croquette V., Allemand J.-F., Dunlap D., Lewis D.E.A., Adhya S.C., Finzi L., « Supercoiling and denaturation in Gal repressor/heat unstable nucleoid protein (HU)-mediated DNA looping », *Proc. Natl. Acad. Sci. USA*, **100**, 11373 (2003), doi :10.1073/pnas.2034851100

[196] Dessinges M.N., Maier B., Zhang Y.H., Peliti M., Bensimon D., Croquette V., « Stretching single stranded DNA, a model polyelectrolyte », *Phys. Rev. Lett.*, **89**, 248102 (2002).

[197] Abels J.A., Moreno-Herrero F., van der Heijden T., Dekker C., Dekker N.H., « Single-molecule measurements of the persistence length of double-stranded RNA », *Biophys. J.*, **88**(4), 2737-44 (2005). Epub Jan 14 (2005).

[198] Zlatanova J., Leuba S.H., « Magnetic tweezers : a sensitive tool to study DNA and chromatin at the single-molecule level », *Biochem. Cell Biol.*, **81**, 151 (2003) ; Leuba S.H., Karymov M.A., Tomschik M., Ramjit R., Smith P., Zlatanova J., « Assembly of single chromatin fibers depends on the tension in the DNA molecule : magnetic tweezers study », *Proc. Natl. Acad. Sci. USA*, **100**, 495, PNAS publications (2003).

[199] Ali B.M.J., Amit R., Braslavsky I., Oppenheim A.B., Gileadi O., Stavans J., « Compaction of single DNA molecules induced by binding of integration host factor (IHF) », *Proc. Natl. Acad. Sci. USA*, **98**, 10658 (2001) ; Skoko D., Wong B., Johnson R.C., Marko J.F., « Micromechanical analysis of the binding of DNA-bending proteins HMGB1, NHP6A, and HU reveals their ability to form highly stable DNA-protein complexes », *Biochemistry*, **43**, 13867 (2004).

[200] Danilowicz C., Kafri Y., Conroy R.S., Coljee V.W., Weeks J., Prentiss M., « Measurement of the phase diagram of DNA unzipping in the temperature-force plane », *Phys. Rev. Lett.*, **93**, 078101 (2004) ; Danilowicz C., Coljee V.W., Bouzigues C., Lubensky D.K., Nelson D.R., Prentiss M., « DNA unzipped under a constant force exhibits multiple metastable intermediates », *Proc. Natl. Acad. Sci. USA*, **100**, 1694, PNAS publications (2003).

[201] Maier B., Bensimon D., Croquette V., « Replication by a single DNA polymerase of a stretched single-stranded DNA », *Proc. Natl. Acad. Sci. USA*, **97**, 12002 (2000).
doi :10.1073/pnas.97.22.12002

[202] REVYAKIN A., EBRIGHT R.H., STRICK T.R., « Promoter unwinding and promoter clearance by RNA polymerase : detection by single-molecule DNA nanomanipulation », *Proc. Natl. Acad. Sci. USA*, **101**, 4776, PNAS publications (2004).

[203] KOSTER D.A., CROQUETTE V., DEKKER C., SHUMAN S., DEKKER N.H., « Friction and torque govern the relaxation of DNA supercoils by eukaryotic topoisomerase IB », *Nature*, **434**(7033), 671-4 (2005) ; DEKKER N.H., RYBENKOV V.V., DUGUET M., CRISONA N.J., COZZARELLI N.R., BENSIMON D., CROQUETTE V., « The mechanism of type IA topoisomerases », *Proc. Natl. Acad. Sci. USA*, **99**, 12126 (2002).
doi :10.1073/pnas.132378799

[204] STRICK T.R., CROQUETTE V., BENSIMON D., « Single-molecule analysis of DNA uncoiling by a type II topoisomerase », *Nature*, **404**, 901 (2000), doi :10.1038/35009144 ; CRISONA N.J., STRICK T.R., BENSIMON D., CROQUETTE V., COZZARELLI N.R., « Preferential relaxation of positively supercoiled DNA by E-coli topoisomerase IV in single-molecule and ensemble measurements », *Genes Dev.*, **14**, 2881(2000).

[205] DAWID A., CROQUETTE V., GRIGORIEV M., HESLOT F., « Single-molecule study of RuvAB-mediated Holliday-junction migration », *Proc. Natl. Acad. Sci. USA*, **101**, 11611 (2004), doi :10.1073/pnas.0404369101 ; AMIT R., GILEADI O., STAVANS J., « Direct observation of RuvAB-catalyzed branch migration of single Holliday junctions », *Proc. Natl. Acad. Sci. USA*, **101**, 11605, PNAS publications (2004).

[206] STRICK T.R., KAWAGUCHI T., HIRANO T., « Real-time detection of single-molecule DNA compaction by condensin I », *Curr. Biol.*, **14**, 874 (2004).

[207] SEIDEL R., VAN NOORT J., VAN DER SCHEER C., BLOOM J.G.P., DEKKER N.H., DUTTA C.F., BLUNDELL A., ROBINSON T., FIRMAN K., DEKKER C., « Real-time observation of DNA translocation by the type I restriction modification enzyme EcoR124I », *Nat. Struct. Mol. Biol.*, **11**, 838 (2004).

[208] SALEH O.A., PERALS C., BARRE F.X., ALLEMAND J.-F., « Fast, DNA-sequence independent translocation by FtsK in a single-molecule experiment », *Embo J.*, **23**, 2430 (2004) ; SALEH O.A., BIGOT S., BARRE F.X., ALLEMAND J.-F., « Analysis of DNA supercoil induction by FtsK indicates translocation without groove-tracking », *Nat. Struct. Mol. Biol.*, **12**(5), 436-40 (2005).

[209] MATTHEWS B.D., LAVAN D.A., OVERBY D.R., KARAVITIS J., INGBER D.E., « Electromagnetic needles with submicron pole tip radii for nanomanipulation of biomolecules and living cells », *Applied Physics Letters*, **85**(14), 2968-2970 (2004) ; AMBLARD F., YURKE B., PARGELLIS A. et LEIBLER S., « A magnetic manipulator for studying local rheology and micromechanical properties of biological systems », *Rev. Sci. Instrum.*, **67**, 1-10 (1996) ; HOSU B.G., JAKAB K., BANKI P., TOTH F.I., FORGACS G., « Magnetic tweezers for intracellular applications », *Rev. Sci. Instrum.*, **74**, 4158 (2003).

CHAPITRE

9

LES MÉTHODES DE SURFACE

Danièle ALTSCHUH*, Sylvie RICARD-BLUM†, Vincent BALL‡, Mélanie GAILLET§, Pierre SCHAAF¶, Bernard SENGER||, Bernard DESBAT**, Philippe LAVALLE ††, Jean-François LEGRAND ‡‡

1. Les biocapteurs basés sur la résonance plasmonique de surface : l'interprétation des données

1.1. Introduction

1.1.1. Définition d'un biocapteur

Un biocapteur est un appareil analytique qui associe physiquement un récepteur biologique et un transducteur [1]. Le transducteur traduit l'interaction entre le récepteur et sa cible en un signal interprétable. Aucune étape additionnelle, comme la séparation entre molécules libres et complexées ou l'addition d'un réactif supplémentaire, ne sont nécessaires.

Les biocapteurs ont été classés en fonction du mode de transduction ou de la nature du récepteur biologique [2, 3, 4]. Les modes de transduction applicables à toutes les interactions moléculaires, sans marquage des molécules et quelle que soit leur nature, détectent, soit un changement de masse sur une surface (résonance plasmonique de surface, biocapteurs acoustiques), soit un changement de chaleur (calorimétrie) [5]. Parmi les appareils utilisant ces modes de transduction, ceux actuellement les plus utilisés en biologie sont basés sur la

* CNRS-Université Louis Pasteur Strasbourg. daniele.altschuh@esbs.u-strasbg.fr
† IBCP UMR 5086 CNRS-Université Lyon 1. s.ricard-blum@ibcp.fr
‡ INSERM U 595-ULP Strasbourg. vincent.ball@medecine.u-strasbg.fr
§ HORIBA Jobin Yvon SA, Chilly-Mazarin. mélanie.gaillet@jobinyvon.fr
¶ ICS, CNRS-ULP Strasbourg. schaaf@ics.u-strasbg.fr
|| INSERM U 595-ULP Strasbourg. bernard.senger@medecine.u-strasbg.fr
** LPCM, Université Bordeaux 1. b.desbat@lpcm.u-bordeaux1.fr
†† INSERM U 595-ULP Strasbourg. philippe.lavalle@medecine.u-strasbg.fr
‡‡ ICS, CNRS-ULP Strasbourg. legrand@ics.u-strasbg.fr

résonance plasmonique de surface (*Surface Plasmon Resonance* : SPR). Les biocapteurs SPR les plus répandus étant les appareils *Biacore*® (*Biacore AB*, Uppsala, Suède ; http://www.biacore.com/)[1], nous discuterons de l'interprétation des données SPR obtenues pour cette configuration.

1.1.2. La technologie *Biacore*

La configuration des instruments *Biacore*® et leur principe sont schématisés sur la figure 9.1. L'une des molécules, appelée ici le ligand, est immobilisée sur une interface biospécifique appelée surface *sensor* (figure 9.2). L'autre molécule, appelée ici l'analyte, est injectée sur cette surface à un flux continu grâce à un système microfluidique (figure 9.1b). La surface est illuminée par un faisceau de lumière polarisée monochromatique, de telle manière que toute la lumière soit réfléchie (conditions de réflexion interne totale). Le phénomène de résonance plasmonique de surface (SPR) entraîne une chute d'intensité dans le faisceau réfléchi à un angle défini, appelé angle de résonance. La position de l'angle de résonance dépend de l'indice de réfraction près de la surface, lui-même dépendant d'un certain nombre de facteurs dont la masse de molécules à la surface. L'enregistrement du déplacement de l'angle de résonance en fonction du temps permet de suivre l'association et la dissociation entre l'analyte et le ligand immobilisé (figure 9.1c). La variation d'angle de résonance (ou signal SPR), exprimée en unités arbitraires,

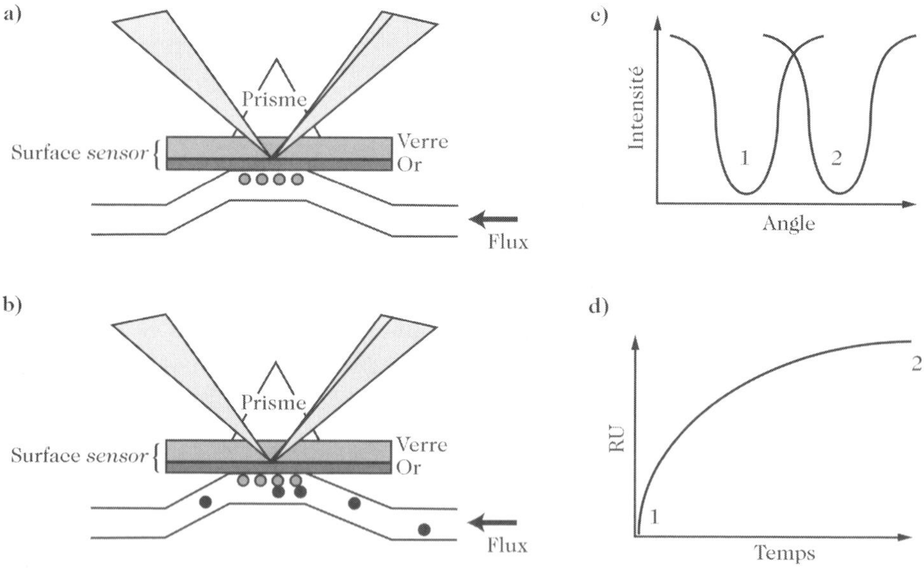

Figure 9.1. Principe de la technologie *Biacore*. **a)** Un ligand a été immobilisé de manière covalente sur la surface *sensor*. L'angle de résonance est en position 1. **b)** L'analyte est injecté sur la surface dans un flux continu. S'il se lie au ligand immobilisé, l'angle de résonance se déplace vers la position 2. **c)** Le détecteur mesure la position de cet angle (minimum d'intensité lumineuse) à chaque instant. **d)** Le déplacement de l'angle, exprimé en « unités de résonance » (RU), est tracé en fonction du temps, générant ainsi un « sensorgramme ».

---

[1] *Biacore* est une marque déposée de *Biacore AB*.

appelées « unités de résonance » (RU), est tracée en fonction du temps. Les courbes d'interaction qui en résultent sont appelées sensorgrammes (figure 9.1d). Une variation de 1 000 RU correspond à une déviation de l'angle de résonance de 0,1 degré et à une fixation de 1 ng de protéine par mm^2 de surface. La relation entre masse moléculaire (MM) par unité de surface et variation de signal est la même pour toutes les protéines, mais diffère pour d'autres espèces moléculaires (acides nucléiques, carbohydrates, lipides...).
Les données SPR peuvent être interprétées de manière qualitative (détection de liaison). Nous nous intéresserons plus particulièrement aux informations quantitatives qui peuvent être extraites de l'analyse mathématique des sensorgrammes : paramètres cinétiques et affinité à l'équilibre de l'interaction, concentration active d'analyte et stœchiométrie de liaison. En effet, peu de technologies permettent une description mathématique aussi détaillée des données expérimentales.

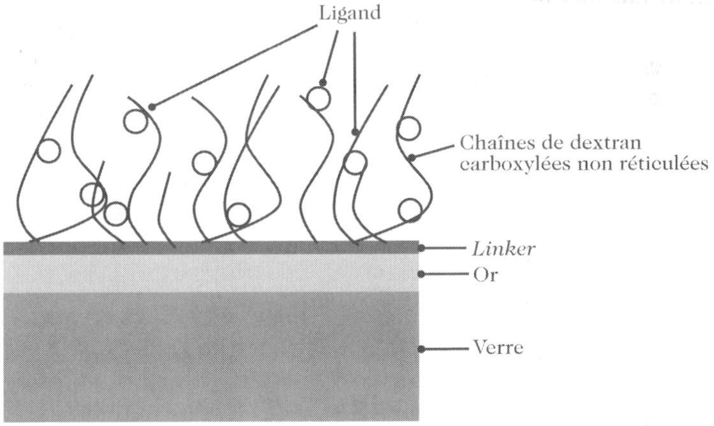

Figure 9.2. La surface *sensor* est composée d'un support en verre, recouvert d'une couche d'or sur laquelle les interactions moléculaires ont lieu. En effet, le phénomène SPR se produit lorsqu'une fine couche de métal, riche en électrons libres (ici l'or), est déposée à l'interface entre deux milieux d'indice de réfraction différents (ici le verre et le milieu aqueux). Les surfaces commercialisées par la société *Biacore* sont classiquement greffées avec un hydrogel de dextran (polysaccharide composé d'unités de glucose) carboxylé et non réticulé, d'une épaisseur moyenne de 100 nm. La matrice de dextran permet d'une part le couplage covalent du ligand sur les groupements carboxyls, et d'autre part une augmentation de la sensibilité de la réponse parce qu'il est possible de greffer davantage de molécules dans un volume de gel que sur une surface plane. Les chaînes de dextran sont relativement mobiles parce qu'elles ne sont pas réticulées. L'interaction a par conséquent lieu non sur une phase solide, mais dans une phase semi-liquide.

1.1.3. Les données expérimentales ou sensorgrammes

Un sensorgramme est typiquement constitué de trois phases (figure 9.3). Les phases d'injection de l'analyte et de post-injection sont utilisées pour l'évaluation des données. L'interaction ligand-analyte est réversible et obéit à la loi d'action de masse. Les évènements d'association et de dissociation ont lieu aussi bien durant les phases d'injection que de post-injection. La prédominance de l'un ou l'autre évènement dépend des concentrations respectives en molécules libres et liées à (ou près de) la surface et des paramètres cinétiques de l'interaction. Nous décrirons dans un premier temps les équations utilisées pour évaluer des données *Biacore*, puis les conditions expérimentales à respecter pour produire des données interprétables à l'aide de ces équations.

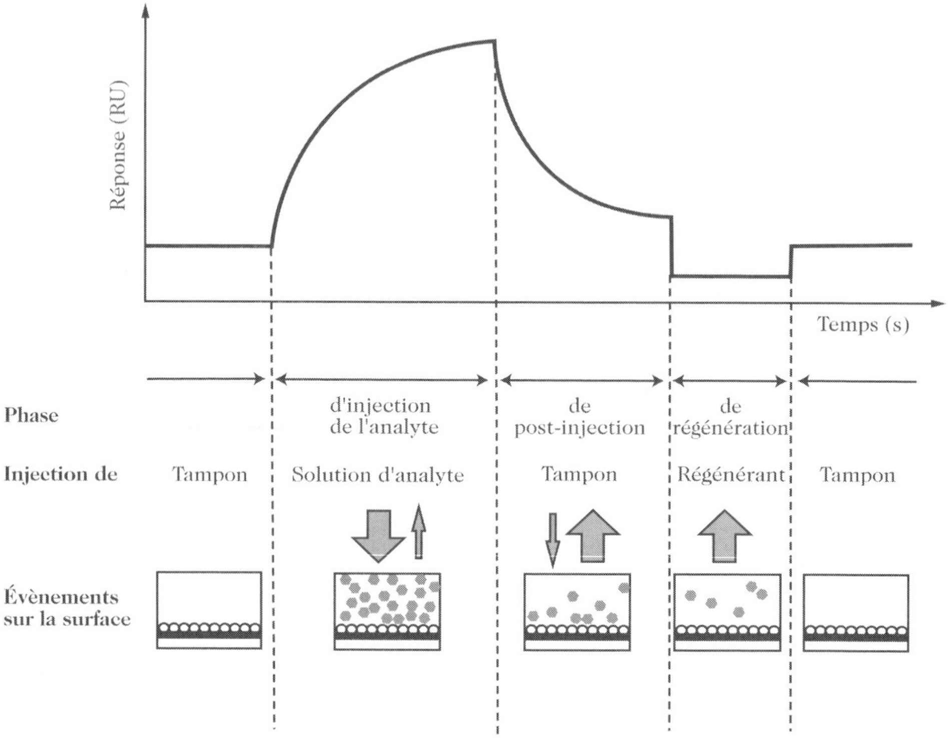

Figure 9.3. Les phases d'un sensorgramme. La surface schématisée ici porte un ligand immobilisé de manière covalente. Elle est maintenue en permanence sous un flux de solvant (tampon seul, solution contenant l'analyte, solution de régénération). Initialement la réponse (RU) est stable. Phase d'injection de l'analyte : le flux de tampon est remplacé par un flux d'analyte, et la réponse augmente si l'analyte interagit avec le ligand immobilisé et que la masse de molécules à la surface *sensor* augmente. Phase de post-injection : le flux d'analyte est remplacé par un flux de tampon, et la réponse diminue si le complexe se dissocie. Phase de régénération : une solution de régénération est injectée pour éliminer tout analyte encore lié. La surface portant le ligand pourra ainsi être utilisée pour une nouvelle expérience.

1.2. Évaluation des données SPR

Les équations développées ci-dessous sont extraites des références [6-11].

1.2.1. Interaction en solution

Soit une interaction réversible entre un analyte A et un ligand L monovalents, tous deux en solution :

$$A + L \Longleftrightarrow AL$$

Selon la loi d'action de masse, « la vitesse d'une réaction est proportionnelle aux concentrations de chacune des substances réactantes » : la vitesse de formation du complexe dépend des concentrations en analyte libre (A_{libre}) et ligand libre (L_{libre}), et de la constante cinétique d'association k_a, également dénotée $k_{on}(k_a \times A_{\text{libre}} \times L_{\text{libre}})$; la vitesse de dissociation du complexe dépend de la concentration en complexe (AL) et de la constante cinétique de dissociation k_d, également dénotée $k_{off}(k_d \times AL)$. La vitesse de la réaction est alors la différence entre ces deux quantités :

$$\frac{\mathrm{d}AL}{\mathrm{d}t} = (k_a \times A_{\text{libre}} \times L_{\text{libre}}) - (k_d \times AL) \quad \textbf{(9.1)}$$

1.2.2. Interaction sur une surface

Les interactions qui ont lieu sur une surface portant l'un des deux partenaires de l'interaction sont influencées par le transport des molécules libres vers la surface par diffusion. Si le processus de liaison est rapide par rapport au transport, un gradient de concentration d'analyte se forme au-delà de la surface. Le modèle standard permettant de décrire ce type d'interaction (par exemple un analyte se liant aux récepteurs présents sur une surface cellulaire) divise le volume au-delà de la surface en deux compartiments [6], proche et distant de la surface, que nous appellerons interne et externe, respectivement (figure 9.4). La vitesse de réaction observée dépend alors de deux phénomènes. Le premier est le transport de molécules d'analyte entre les deux compartiments, lui-même dépendant d'un coefficient de transport (k_{transp}). L'autre phénomène est le processus de liaison entre l'analyte et le ligand immobilisé, qui dépend des paramètres cinétiques de l'interaction. La concentration d'analyte libre dans le compartiment externe est dénotée A_0, et celle dans le compartiment interne, près de la surface et donc disponible pour se lier au ligand immobilisé, est dénotée A_{surf}.

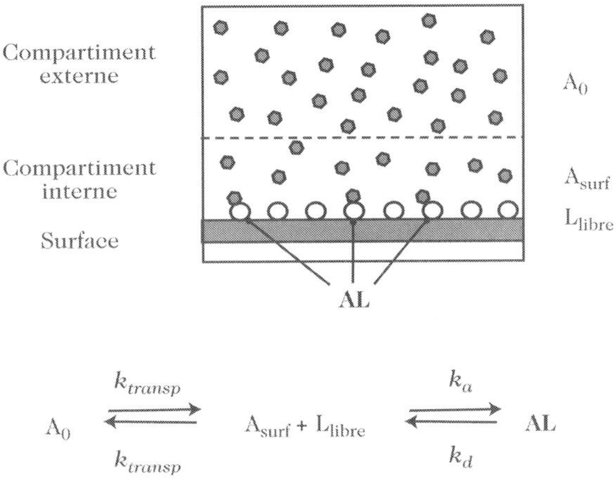

Figure 9.4. Représentation schématique du modèle en deux compartiments. A_0 et A_{surf} sont les concentrations en analyte dans les compartiments « interne » et « externe », respectivement. L_{libre} est la concentration en ligand libre sur la surface. *AL* est la concentration en complexe.

1.2.3. Interaction dans une cellule de flux (*flow cell*) *Biacore*

Dans la configuration *Biacore*, l'analyte est transporté vers la surface par diffusion et convection, car il est injecté dans un flux continu. D'autre part, l'interaction ligand-analyte a lieu, non sur une surface plane, mais dans un volume de gel (classiquement une matrice de dextran). Différents modèles tenant compte de ces phénomènes ont été développés et confrontés aux données expérimentales, afin de définir les équations décrivant l'interaction moléculaire dans ces conditions particulières et/ou les conditions expérimentales à respecter pour l'exploitation des données. Il a été montré que le modèle « en deux compartiments » est suffisant pour décrire le système dans la majorité des cas [6, 8, 9].

Le modèle considère que les concentrations en analyte libre dans les deux compartiments sont uniformes dans l'espace. La concentration en analyte libre dans le compartiment externe (A_0) est constante au cours du temps (flux continu d'analyte) et égale à la concentration injectée. La concentration en analyte libre dans le compartiment interne (A_{surf}) varie au cours du temps parce que l'analyte est transporté entre les deux compartiments, et parce qu'il peut s'associer et se dissocier du ligand immobilisé. Les équations utilisées pour l'interprétation des données décrivent d'une part la vitesse de formation du complexe (équation 9.2) et, d'autre part, la variation de la concentration d'analyte libre près de la surface en fonction du temps (équation 9.3). Le coefficient de transport k_{transp} dépend du coefficient de diffusion de l'analyte, de la géométrie de la cellule et du flux volumétrique de solvant.

$$\frac{\mathrm{d}AL}{\mathrm{d}t} = (k_a \times A_{\text{surf}} \times L_{\text{libre}}) - (k_d \times AL) \tag{9.2}$$

$$\frac{\mathrm{d}A_{\text{surf}}}{\mathrm{d}t} = (k_{\text{transp}} \times A_0) - (k_{\text{transp}} \times A_{\text{surf}}) - (k_a \times A_{\text{surf}} \times L_{\text{libre}}) + (k_d \times AL) \tag{9.3}$$

Ce mode de fixation, attendu pour une interaction entre un analyte monovalent et un ligand présenté sur une surface, est équivalent au modèle dit « de Langmuir ». Le modèle de Langmuir est largement utilisé pour décrire des phénomènes d'adsorption de particules sur une surface, lorsque le nombre de sites d'adsorption sur la surface est fixé, que chaque site ne peut adsorber qu'une particule et que les interactions entre particules sont négligées.

1.2.4. Transposition aux données *Biacore*

La correspondance entre les grandeurs intervenant dans les équations (9.2) et (9.3) et les données *Biacore*, ainsi que les unités de mesure, sont données dans le tableau 9.1.

En données *Biacore*, les équations (9.2) et (9.3) s'écrivent, respectivement :

$$\frac{\mathrm{d}R}{\mathrm{d}t} = k_a \times A_{\text{surf}} \times (R_{\max} - R) - k_d \times R \tag{9.4}$$

$$\frac{\mathrm{d}A_{\text{surf}}}{\mathrm{d}t} = (k_t \times A_0) - (k_t \times A_{\text{surf}}) - (k_a \times A_{\text{surf}} \times (R_{\max} - R)) + (k_d \times R) \tag{9.5}$$

A_{surf} n'est pas constant au cours du temps, mais change lentement, permettant de faire l'approximation que $\mathrm{d}A_{\text{surf}}/\mathrm{d}t = 0$ (état de quasi-équilibre [6, 8, 9]), d'où :

$$A_{\text{surf}} = \frac{(k_t \times A_0) + (k_d \times R)}{k_t + (k_a \times (R_{\max} - R))} \tag{9.6}$$

Lorsqu'on substitue A_{surf} dans l'équation (9.4), on obtient :

$$\frac{\mathrm{d}R}{\mathrm{d}t} = \frac{k_a}{1 + k_a \times (R_{\max} - R)/k_t} \times A_0 \times (R_{\max} - R) - \frac{k_d}{1 + k_a \times (R_{\max} - R)/k_t} \times R \tag{9.7}$$

L'équation (9.7) est utilisée pour décrire la vitesse de réaction observée dans la configuration *Biacore*. Elle peut aussi s'écrire :

$$\frac{\mathrm{d}R}{\mathrm{d}t} = k_+ \times A_0 \times (R_{\max} - R) - k_- \times R \tag{9.8}$$

Tableau 9.1. Correspondance entre la notation conventionnelle et les données *Biacore*.

Notation générale	Notation *Biacore*	Définition
AL (M)	R (RU)	Concentration en complexe : la réponse R est proportionnelle à la masse d'analyte lié au ligand immobilisé, et donc à la concentration de complexe.
A_0 (M)	A_0 (M)	Concentration en analyte libre à l'injection .
A_{surf} (M)	A_{surf} (M)	Concentration en analyte libre près de la surface.
L_{libre} (M)	$R_{max} - R$ (RU)	Concentration en ligand libre : différence entre les sites totaux [&] (R_{max}) et liés (R).
k_a ($M^{-1}.s^{-1}$)	k_a ($M^{-1}.s^{-1}$)	Constante (ou paramètre)[SS] cinétique d'association.
k_d (s^{-1})	k_d (s^{-1})	Constante (ou paramètre)[SS] cinétique de dissociation.
k_{transp} (m/s)	k_t (RU/M.s) [§]	Coefficient de transport de masse : décrit le transport d'analyte entre les deux compartiments.

[&] R_{max}, la concentration en sites ligands totaux, est donnée par la réponse SPR à saturation de la surface par l'analyte. R_{max} et R ont par conséquent une même unité de mesure (RU d'analyte lié).

[SS] Le terme « paramètre » remplace souvent le terme « constante » lorsque l'un des deux partenaires de l'interaction, immobilisé sur une surface, ne peut diffuser librement.

[§] $k_t = r \times k_{transp}$, r étant un facteur pour convertir la réponse en concentration de surface.

avec les constantes de vitesse effectives, k_+ et k_- :

$$k_+ = \frac{k_a}{1 + k_a \times (R_{\max} - R)/k_t} \quad \textbf{(9.9)}$$

$$k_- = \frac{k_d}{1 + k_a \times (R_{\max} - R)/k_t} \quad \textbf{(9.10)}$$

L'ordre de grandeur des différents paramètres de l'équation (9.7) est illustré dans les paragraphes suivants à l'aide de sensorgrammes simulés et expérimentaux.

1.2.5. Modèles d'interaction complexes

Le fait que des données expérimentales cinétiques ne soient pas interprétables à l'aide des équations développées ci-dessus peut avoir trois causes : mauvaises conditions expérimentales, complexité (hétérogénéité, agrégation) des molécules, complexité du processus de liaison. Après avoir écarté les deux premières éventualités par un contrôle rigoureux des molécules et des conditions expérimentales (voir les paragraphes 1.3 et 1.4), des modèles d'interaction complexes peuvent être appliqués pour l'interprétation des données. Ces modèles tiennent compte, par exemple, d'un transport de masse partiel, de la bivalence de l'analyte, de l'hétérogénéité du ligand, d'un changement conformationnel suite à la liaison [7].

1.3. Mesures en conditions cinétiques ou de transport de masse

Des informations différentes sont extraites des données expérimentales suivant que la vitesse de réaction mesurée soit contrôlée par les paramètres cinétiques de l'interaction (conditions dites « cinétiques » ; figure 9.5a) ou par le transport des molécules vers la surface (conditions dites « de transport de masse » ; figure 9.5b).

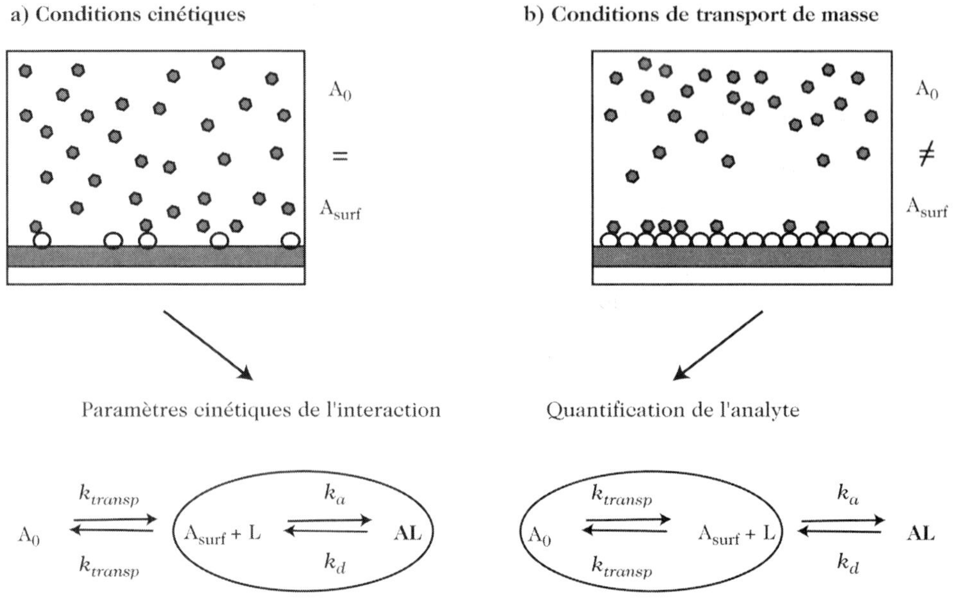

Figure 9.5. Représentation schématique des conditions **a)** cinétiques et **b)** de transport de masse au cours de la phase d'injection de l'analyte.

1.3.1. Conditions expérimentales cinétiques

Des informations sur les paramètres cinétiques de l'interaction moléculaire sont obtenues lorsque le transport de l'analyte vers la surface n'est pas limitant, de telle sorte que la vitesse de réaction mesurée ($\mathrm{d}R/\mathrm{d}t$) dépende uniquement des paramètres cinétiques (k_a et k_d) de l'interaction.

L'équation (9.7) indique que ces conditions sont remplies lorsque $k_a \times R_{\max} \ll k_t$. De manière schématique, on peut dire que toute molécule d'analyte formant un complexe avec le ligand immobilisé est remplacée par une molécule d'analyte libre apportée par le flux de soluté, et que toute molécule d'analyte qui se dissocie de la surface est lavée par le flux de tampon. Par conséquent, durant la phase d'injection de l'analyte, la concentration d'analyte libre près de la surface équivaut à la concentration injectée : $A_{\text{surf}} = A_0$ (figure 9.5a). Cette concentration est constante durant tout le temps d'injection de l'analyte et dans toute la cellule. Le modèle en deux compartiments n'est plus nécessaire. La seule différence par rapport à une interaction en solution est que le ligand ne peut pas diffuser librement, ce qui peut conduire à une sous-estimation des paramètres cinétiques [8]. Le ligand possède cependant un certain degré de liberté s'il est lié à un polymère flexible (comme un gel de dextran non réticulé).

Si $k_a \times R_{\max} \ll k_t$, l'équation (9.7) devient équivalente à l'équation (9.4) avec $A_{\text{surf}} = A_0$:

$$\frac{\mathrm{d}R}{\mathrm{d}t} = k_a \times A_0 \times (R_{\max} - R) - k_d \times R \tag{9.11}$$

d'où, après intégration :

$$R = \frac{k_a \times A_0 \times R_{\max} \times \left(1 - e^{-(k_a \times A_0 + k_d)t}\right)}{k_a \times A_0 + k_d} \quad \textbf{(9.12)}$$

Cette relation décrivant la variation de la réponse en fonction du temps, lorsque les conditions expérimentales cinétiques sont remplies, permet de calculer les valeurs de k_a et k_d par régression non linéaire. En pratique expérimentale, des solutions d'analyte à différentes concentrations sont injectées sur une surface portant le ligand, et les paramètres ajustés sont k_a, k_d et $R_{\max}$ (figure 9.6). Les méthodes d'intégration numérique sont utilisées pour rechercher la valeur de chacun de ces paramètres, compatible avec l'ensemble des données expérimentales (phases d'injection et de post-injection pour toutes les concentrations d'analyte injectées). Des paramètres statistiques permettent d'évaluer la qualité de l'ajustement.

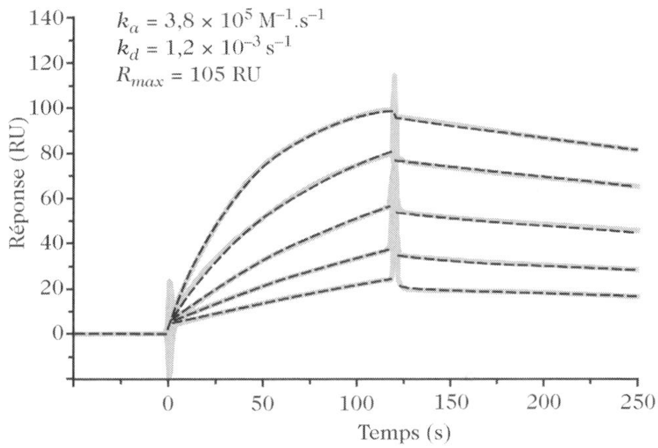

Figure 9.6. Illustration d'une expérience de mesures cinétiques. Un ligand protéique a été immobilisé sur la surface *sensor*. L'analyte, à cinq concentrations (4, 8, 16, 32 et 64 nM), a été injecté, suivi par l'injection d'une solution d'acide chlorhydrique 50 mM pour régénérer la surface. La figure montre la superposition des 5 sensorgrammes (lignes grises épaisses ; l'étape de régénération n'est pas montrée). Le meilleur ajustement possible entre les données expérimentales et théoriques a été cherché par intégration numérique et traitement global des données [10], permettant de trouver les valeurs de k_a, k_d et $R_{\max}$ compatibles avec l'ensemble des données expérimentales. Les lignes noires discontinues correspondent aux sensorgrammes théoriques simulés à l'aide de l'équation (9.12) en utilisant ces valeurs.

Conditions particulières

– Durant la phase de post-injection, en conditions cinétiques, $A_{\text{surf}} = 0$

$$\frac{\mathrm{d}R}{\mathrm{d}t} = -k_d \times R \quad \text{d'où} \quad R = R_0 e^{-k_d(t-t_0)} \quad \textbf{(9.13)}$$

avec R_0 et t_0 la réponse et le temps, respectivement, au début de la zone de post-injection évaluée.

– À l'équilibre :

$$\frac{\mathrm{d}R}{\mathrm{d}t} = 0 \quad \text{d'où, d'après (9.11)} \quad R = \frac{K_a \times A_0 \times R_{\max}}{K_a \times A_0 + 1} \quad \textbf{(9.14)}$$

Lorsque l'interaction est de faible affinité ($K_a \leqslant 10^6\,\mathrm{M}^{-1}$), l'état d'équilibre est atteint durant les premières secondes de la phase d'injection, temps court durant lequel le mélange entre tampon et solution d'analyte ne permet pas toujours l'interprétation des données cinétiques (figures 9.7a et 9.7c). De même, la phase de post-injection n'est pas toujours interprétable. L'équation (9.14) permet dans ce cas de calculer l'affinité à l'équilibre ($K_a = k_a/k_d = 1/K_d$), en traçant la réponse à l'équilibre (*Req*) en fonction de la concentration d'analyte injectée (figures 9.7b et 9.7d).

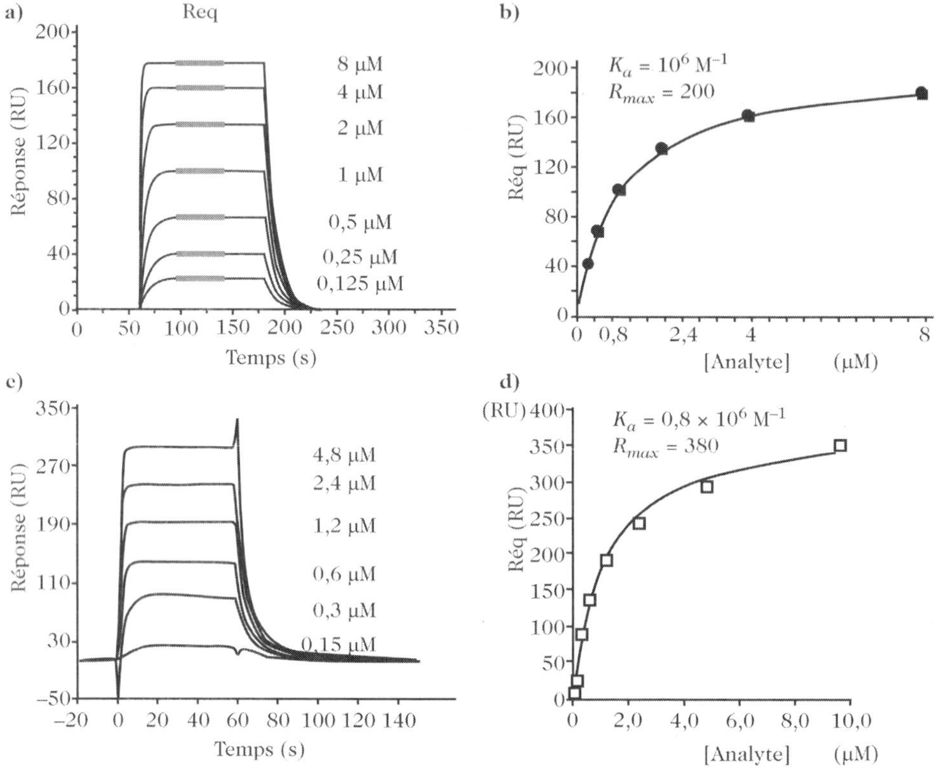

Figure 9.7. Illustration de mesures d'affinité à l'équilibre. **a)** et **b)** : données simulées. **a)** Sensorgrammes attendus pour l'injection de 7 concentrations d'analyte (entre 125 et 8 000 nM) sur une surface de ligand (R_{max} = 200 RU). Les paramètres cinétiques utilisés pour la simulation sont $k_a = 10^5$ M^{-1}.s^{-1}, $k_d = 0{,}1$ s^{-1}, d'où $K_a = 10^6$ M^{-1}. **b)** Le tracé de la réponse à l'équilibre en fonction de la concentration d'analyte est interprété à l'aide de l'équation (9.14). Les valeurs de K_a et R_{max} qui en découlent sont indiquées.
c) et **d)** : données expérimentales adaptées de [12]. **c)** La surface porte un ligand protéique. Des solutions d'analyte ont été injectées, suivies par l'injection d'une solution de régénération. La figure montre la superposition de six sensorgrammes (étape de régénération omise). **d)** Le tracé de la réponse à l'équilibre en fonction de la concentration d'analyte, interprété à l'aide de l'équation (9.14), permet de trouver les valeurs de K_a et R_{max}.

1.3.2. Conditions de transport de masse total

Des informations concernant la concentration active d'analyte sont obtenues lorsque la vitesse de réaction observée d*R*/dt est contrôlée par le transport de l'analyte vers la surface et est indépendante des paramètres cinétiques [8]. L'équation (9.7) indique que ces conditions, dites de transport de masse total, sont réalisées lorsque $k_a \times R_{max} \gg k_t$, et que *R* est négligeable (début de la phase d'injection de l'analyte). Dans ce cas, la vitesse de la réaction devient proportionnelle à la concentration en analyte injecté A_0. De manière schématique, on peut dire que chaque molécule d'analyte approchant de la surface est capturée sous forme de complexe ligand-analyte, et que la concentration d'analyte libre près de la surface A_{surf} est nulle (voir la figure 9.5b).

Pour évaluer la concentration active d'analyte dans un échantillon inconnu, une courbe d'étalonnage reliant la vitesse de réaction peu après l'injection d'analyte (R négligeable par rapport à R_{max}) à la concentration en analyte est établie. La figure 9.8 simule les phases d'injection d'un analyte en conditions proches du transport de masse total. On voit que la vitesse de réaction est constante durant le temps de l'injection d'analyte (du moins initialement), contrairement à ce qui est observé dans des conditions cinétiques, où dR/dt diminue au fur et à mesure que moins de sites ligands libres sont disponibles (voir la figure 9.6).

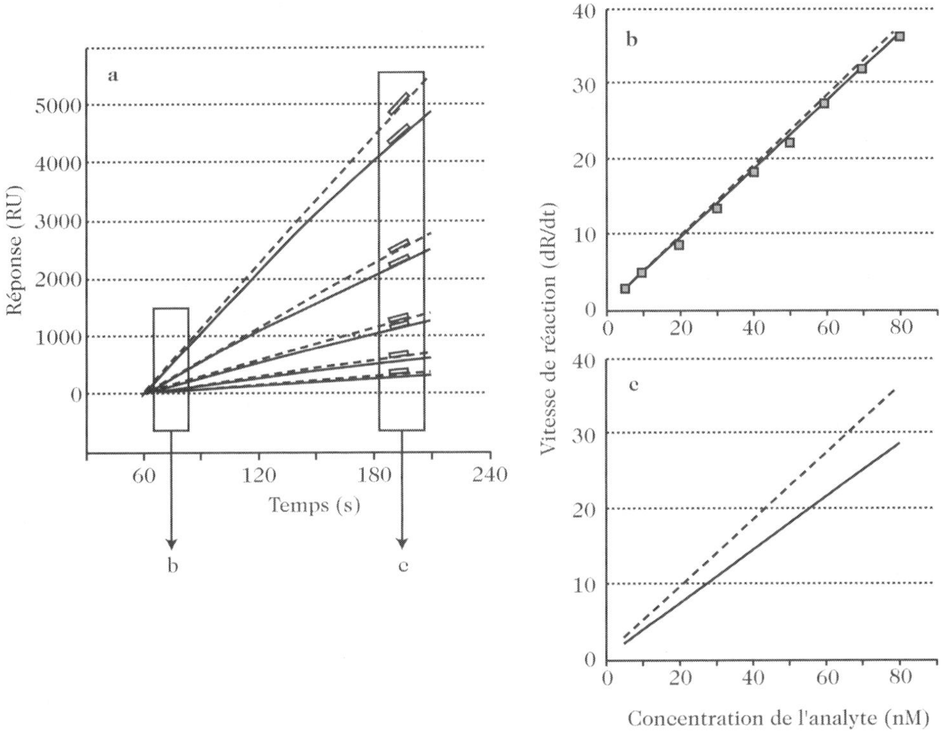

Figure 9.8. Établissement d'une courbe d'étalonnage. Les données sont simulées pour deux interactions d'affinités $K_a = 10^6\ M^{-1}$ (traits continus) et $10^{10}\ M^{-1}$ (traits pointillés), avec $k_a = 10^5\ M^{-1}.s^{-1}$ et $k_d = 10^{-1}\ s^{-1}$ et $10^{-5}\ s^{-1}$, respectivement. **a)** Superposition des sensorgrammes correspondants à l'injection de 5 solutions (à 5, 10, 20, 40 et 80 nM) d'analyte (MM 50 000 Da) sur une surface portant une forte densité de ligand (R_{max} = 30 000 RU), à un flux de 10 µL/min et à 25 °C. La vitesse de réaction est calculée, soit 10 s, soit 190 s après le début de l'injection d'analyte. **b)** La vitesse de réaction (dR/dt), calculée 10 s après l'injection, est tracée en fonction de la concentration injectée pour les interactions d'affinité $10^6\ M^{-1}$ (traits continus) et $10^{10}\ M^{-1}$ (traits pointillés) : la vitesse de réaction est proportionnelle à la concentration d'analyte injecté et les deux droites sont superposables. Les carrés blancs représentent des données expérimentales réelles obtenues dans ces conditions. Cette courbe d'étalonnage est utilisée pour mesurer la concentration active d'analyte dans un échantillon inconnu. **c)** La vitesse de réaction (dR/dt), calculée 190 s après l'injection, est tracée en fonction de la concentration injectée. Les courbes obtenues pour les interactions d'affinité $10^6\ M^{-1}$ et $10^{10}\ M^{-1}$ ne sont plus superposables, parce que les conditions de transport de masse total ne sont plus réalisées pour l'interaction de plus faible affinité.

1.3.3. Ajustement des conditions expérimentales

Les conditions expérimentales sont contrôlées en ajustant le rapport $(k_a \times R_{max})/k_t$. Nous avons vu que le coefficient de transport k_t dépend du coefficient de diffusion

de l'analyte, de la géométrie de la cellule et du flux volumétrique de solvant. Parmi ces paramètres, ceux qui sont ajustables sont la température et la viscosité du solvant, qui influencent la diffusion de l'analyte, et le flux. Les deux premiers paramètres sont généralement fixés dans les mesures biologiques, pour des raisons d'homogénéité entre expériences. Le flux intervient dans k_t par sa racine cubique. Une augmentation du flux de 10 à 100 microL/min n'augmente le coefficient de transport que par un facteur 2,15 à 25 °C. C'est donc la grandeur ($k_a \times R_{\max}$) qui est le plus souvent ajustée pour se placer en conditions, soit cinétiques, soit de transport de masse : la densité de ligand immobilisé (qui détermine $R_{\max}$) est diminuée pour réaliser des conditions cinétiques et augmentée pour réaliser des conditions de transport de masse.
Deux méthodes sont employées pour déterminer si l'interaction est influencée par le transport de masse. La première consiste à injecter une solution d'analyte sur la surface de ligand à différents flux. En conditions cinétiques, la vitesse de réaction observée (RU/s) est indépendante du flux (indépendante de k_t), alors qu'en conditions de transport de masse total, elle varie avec le flux. Alternativement, il est possible de calculer l'influence du transport de masse si les paramètres cinétiques de l'interaction sont connus. La figure 9.9 correspond à une simulation, illustrant les sensorgrammes qui seraient obtenus pour différentes valeurs de k_a et k_d, à faible ($R_{\max} = 200$ RU) densité de ligand.

1.4. Autres mises au point expérimentales

L'évaluation quantitative des données SPR impose l'obtention de courbes reflétant strictement l'interaction spécifique d'un analyte et d'un ligand homogènes. La conception d'une expérience SPR en vue de générer de telles données a été décrite en détail [7, 13]. Nous résumerons les éléments de base, qui sont l'élimination de tout signal non spécifique et le contrôle de l'état et de la concentration des partenaires moléculaires.

1.4.1. Élimination du signal non spécifique

Surface de référence

La réponse SPR dépend de la masse des molécules à la surface *sensor*, mais également d'autres facteurs, comme la pression, la température, ou la composition du tampon. La surface de référence permet de retrancher le signal généré par ces facteurs (signal non spécifique) du signal total, et d'obtenir ainsi un signal spécifique correspondant à l'interaction analyte-ligand. Une surface de référence idéale mime les propriétés physico-chimiques de la surface ligand (masse de molécules, degré de charge et d'hydrophobicité...), mais pas ses propriétés de liaison à l'analyte. Cette situation idéale est rarement réalisable. La référence est souvent une surface ayant subi le même traitement que la surface ligand, sauf l'immobilisation de ce dernier. Lorsque la surface ligand contient une masse importante de molécules (> 500-1 000 RU), il est souhaitable de produire une surface de référence contenant une quantité équivalente de matériel, mais inactive vis-à vis de l'analyte étudié : par exemple un anticorps d'une spécificité différente de celui de la surface ligand, un acide nucléique de séquence différente de celle de l'acide nucléique utilisé comme ligand.

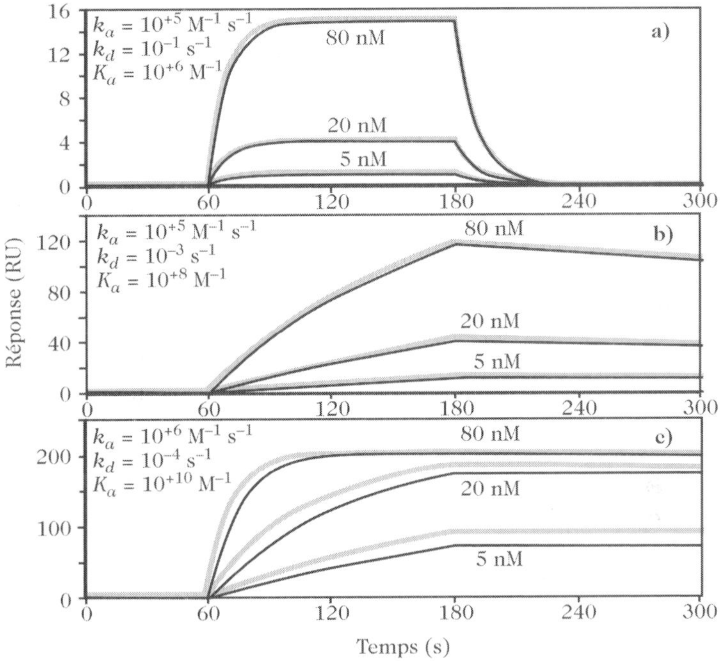

Figure 9.9. Simulations de sensorgrammes. Les courbes simulées à l'aide du logiciel *BIAsimulation* [11] représentent la superposition de sensorgrammes correspondants à l'injection de trois concentrations différentes d'analyte (5, 20 et 80 nM) sur une surface ligand ($R_{\max}$ = 200 RU). Les phases d'injection de l'analyte et de post-injection ont une durée de 2 min. L'analyte a une MM de 25 000 Da, le flux est de 30 μL/min, et la température est de 25 °C. Les courbes noires tiennent compte du transport de masse et correspondent aux données attendues dans une expérience *Biacore*. Les courbes grises illustrent ce que serait la vitesse de la réaction en conditions cinétiques. Une superposition des courbes grises et noires indique que les conditions cinétiques sont réalisées pour cette expérience, ce qui est le cas pour les exemples (a) et (b). En revanche, une interaction caractérisée par $k_a = 10^6$ M^{-1}.s^{-1} et $k_d = 10^{-4}$ s^{-1} serait influencée par le transport de masse (exemple (c)). Il faudrait par conséquent diminuer la concentration de ligand immobilisé pour réaliser des conditions cinétiques.

La figure 9.10 illustre une expérience complexe, conçue pour analyser la capacité d'une série de peptides à se lier à l'oncoprotéine E6 [12]. La protéine ne peut pas être couplée de manière covalente à la surface *sensor* en raison de sa fragilité (inactivation par le couplage et/ou les solutions de régénération). Le couplage covalent des peptides impliquerait l'utilisation d'un grand nombre de surfaces *sensor*. Les peptides ont par conséquent été exprimés sous forme recombinante, fusionnés à la glutathione-S-transférase (GST) qui peut être capturée par des anticorps anti-GST immobilisés de manière covalente sur la surface. L'étape de régénération élimine l'analyte et le ligand GST-peptide, permettant ainsi de cribler toute la banque de fusions GST-peptide sur une même surface. Dans ces expériences, les surfaces contiennent une quantité relativement importante de protéines : 15 000 à 18 000 RU d'anticorps et 500 à 1 000 RU de GST-peptide. Une surface sans protéine, ou portant seulement l'anticorps, ne constitue pas une référence adéquate. Celle-ci a été réalisée par l'injection de l'analyte sur une surface anticorps ayant capturé une fusion GST-peptide « blanc », ce dernier correspondant à une séquence non reconnue par l'oncoprotéine E6. Cet exemple illustre comment générer des données cinétiques de bonne qualité (comme celles de la figure 9.7c) avec un système moléculaire difficile (fragilité de la protéine, faible affinité de l'interaction).

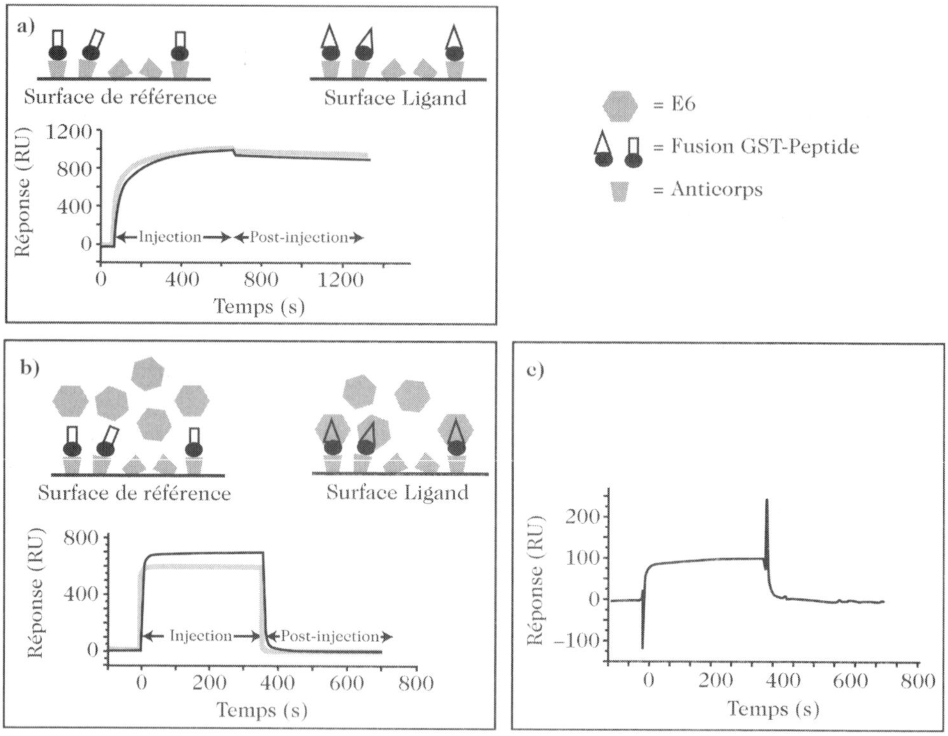

Figure 9.10. Soustraction du signal obtenu sur la cellule de référence. Des anticorps anti-GST ont été immobilisés sur la surface. **a)** Un GST-peptide blanc et un GST-peptide positif sont injectés sur les surfaces dénommées « référence » et « ligand », respectivement. La superposition des sensorgrammes correspondants montre des niveaux de réponse (masse de protéines à la surface) équivalents (environ 1 000 RU). **b)** L'analyte, à une concentration de 10 μM, est injecté sur les deux surfaces. La superposition des sensorgrammes montre une réponse plus importante sur la surface ligand que sur la surface de référence. **c)** Après déduction des signaux « ligand » et « référence », un sensorgramme reflétant l'interaction entre analyte et peptide-GST positif est obtenu.

Double référence *(double referencing)*

L'utilisation d'une surface de référence est suffisante dans la majorité des cas pour obtenir des données interprétables. Cependant, les données peuvent être encore améliorées par la soustraction d'une deuxième référence : le signal obtenu par injection d'une solution sans analyte sur la surface ligand. Cette procédure permet d'éliminer en particulier de petits bruits générés par l'instrumentation, comme par exemple le mouvement des valves, effets extrêmement reproductibles pour une cellule et une méthode donnée (temps et volume d'injection, flux et nombre d'injections identiques) [13].

Calibration DMSO

Le DMSO (diméthyl sulfoxyde) est largement utilisé pour solubiliser des molécules chimiques de petite taille, et générant par conséquent un faible signal lors de leur liaison au ligand. Le DMSO provoque un changement d'indice de réfraction important par rapport à ce faible signal spécifique attendu. Le changement d'indice de réfraction lié au DMSO est en outre légèrement différent sur différentes surfaces. Une « calibration DMSO » consiste à mesurer la variation d'indice de réfraction en fonction de la concentration de DMSO injectée, et cela sur chaque surface utilisée. Les données obtenues sur la surface ligand seront doublement corrigées : par déduction du signal enregistré sur la surface de référence, et par compensation de la différence de réponse DMSO sur les deux surfaces [14, 15].

Interactions non spécifiques

Les signaux provenant d'interactions non spécifiques sont généralement plus faibles dans un biocapteur que dans des essais classiques, qui font intervenir l'addition d'un certain nombre de révélateurs de la formation du complexe, avec pour conséquence une amplification du bruit de fond. Si un signal non spécifique (provenant par exemple de liaisons ioniques ou hydrophobes) est observé sur le canal de référence, il est important d'appliquer des mesures simples qui peuvent contribuer à l'annuler ou à le réduire. L'interprétation quantitative précise des données sera alors optimale, même pour un faible signal spécifique. Par exemple :

- purifier l'analyte si le signal non spécifique provient de molécules contaminantes ;
- éviter les concentrations moléculaires élevées (risques d'agrégation ou de dénaturation des protéines) ;
- diminuer les charges négatives de la matrice (lorsque la solution injectée contient des molécules chargées positivement) ;
- adapter le tampon : par exemple augmentation de la concentration saline pour l'écrantage des charges ; addition d'un détergent pour empêcher l'agrégation de molécules ou leur adsorption sur les canaux et supports, etc.

Ces procédures ont été appliquées à l'interaction E6-peptide [12] illustrée par les figures 9.7 et 9.10, pour abolir toute liaison non spécifique sur le canal de référence. Le signal SPR observé sur ce canal sur la figure 9.10b est dû uniquement au changement de tampon.

1.4.2. Contrôle des molécules

Pour que les équations développées ci-dessus soient valables, le ligand et l'analyte doivent être homogènes, et l'analyte doit être monovalent. La présence de sous-populations moléculaires avec différentes affinités de liaison génère des cinétiques complexes. La multivalence ou l'agrégation de l'analyte conduit à des phénomènes d'avidité : l'analyte ancré par plusieurs points sur la surface présentant des sites ligands répétitifs a tendance à ne plus se dissocier, ce qui conduit à une affinité apparente jusqu'à 500 fois supérieure à l'affinité réelle [16]. Le ligand doit également être pur s'il est immobilisé de manière covalente, alors que la purification de l'analyte n'est pas requise.

La caractérisation et le contrôle des espèces moléculaires étudiées jouent un rôle primordial dans l'enregistrement de données interprétables. Les règles de préparation des échantillons sont spécifiques à chaque système moléculaire et n'entrent pas dans le cadre de ce chapitre. Cependant, deux des points discutés ci-dessous, l'immobilisation et la régénération des surfaces, participent à l'homogénéité des sites ligands. Enfin, l'ajustement et/ou la connaissance des concentrations moléculaires sont requises pour des mesures quantitatives.

Régénération des surfaces

La régénération permet de réutiliser la surface ligand, ce qui est souhaitable non seulement pour des questions pratiques (gain de temps, économie de supports), mais aussi pour permettre de réaliser une série d'expériences dans des conditions similaires. L'étape de régénération doit éliminer toute substance adsorbée sur la surface, et cela sans affecter l'activité du ligand (figure 9.11). L'identification d'une solution de régénération adéquate peut être une étape limitante de la mise au point des conditions expérimentales, par exemple si le ligand immobilisé est sensible et/ou lorsque l'interaction est difficile à dissocier. Lorsque aucune solution de régénération adéquate n'est identifiée, une conception expérimentale alternative consiste à capturer le ligand via une première molécule (le plus souvent un anticorps) immobilisée de manière covalente (comme illustré sur la figure 9.10). L'étape de régénération élimine dans ce cas le ligand capturé et l'analyte, et chaque nouveau cycle devra par conséquent comporter une étape de capture du ligand avant l'injection de l'analyte.

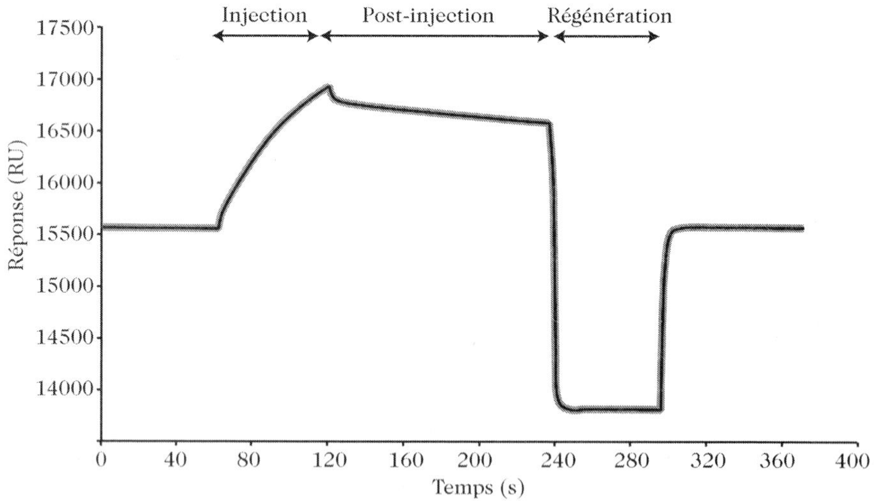

Figure 9.11. Reproductibilité des données par une régénération correcte. Cette figure montre la superposition de 4 sensorgrammes correspondant à l'injection, répétée 4 fois, d'un analyte et d'une solution de régénération. Les conditions expérimentales sont identiques : flux, concentration d'analyte, temps et volume d'injection de l'analyte et de la solution de régénération. Les 4 sensorgrammes sont confondus, illustrant la précision et la reproductibilité des données enregistrées. La ligne de base est stable (dissociation totale de l'analyte après régénération) et les phases d'injection et de post-injection sont superposées (activité conservée du ligand après régénération).

Les solutions de régénération les plus couramment utilisées sont les solutions acides, basiques, salines, de chaotropes, détergents et dénaturants. Pour éviter d'abîmer le ligand immobilisé et/ou l'instrumentation, ces solutions sont injectées en « pulse » (temps de contact < 2 min). L'utilisation de mélanges de composés a été préconisée [17]. Dans tous les cas, il est impératif de s'assurer de la compatibilité entre les solutions injectées et l'instrumentation, selon les recommandations du constructeur.

Immobilisation du ligand

L'immobilisation « orientée » du ligand est préconisée parce qu'elle assure une présentation homogène des sites de liaison. Par exemple, un peptide peut être immobilisé via une cystéine (couplage thiol) unique N- ou C-terminale, ou par l'extrémité N-terminale (couplage amine) s'il ne contient aucune lysine. Les molécules biotinylées en une seule position peuvent être couplées via la streptavidine. Un ligand capturé par une première molécule peut également être orienté, si la molécule de capture est elle-même homogène (par exemple un anticorps monoclonal).
Niveau d'immobilisation du ligand : la réponse étant proportionnelle à la masse de molécules liées, la relation entre réponse SPR maximale attendue à saturation ($R_{\max}$) et niveau de ligand immobilisé (R_{ligand}), pour des protéines, est :

$$\frac{R_{\text{ligand}}}{R_{\max}} = \frac{MM_{\text{ligand}}}{MM_{\text{analyte}}} \quad \textbf{(9.15)}$$

avec MM_{ligand} et MM_{analyte} la masse moléculaire du ligand et de l'analyte, respectivement. Cette relation est utilisée pour évaluer le niveau d'immobilisation du ligand, R_{ligand}, à réaliser pour obtenir une réponse analyte maximale donnée. Elle permet également d'extraire un certain nombre d'informations des données, comme une évaluation de la stœchiométrie de l'interaction, ou de l'état des molécules. Par exemple :

- un R_{max} expérimental $<$ R_{max} calculé suggère qu'une proportion du ligand est inactive ou inaccessible, ou une stœchiométrie de liaison $\neq 1$;
- un R_{max} expérimental $>$ R_{max} calculé suggère que l'analyte se fixe sous forme multimérique (analyte agrégé ou stœchiométrie de liaison $\neq 1$).

Concentration active de l'analyte

Elle doit être connue pour résoudre l'équation (9.11) lors de mesures cinétiques. Les méthodes de mesure de concentration classiques (densité optique, Bradford, etc.) donnent la concentration totale en molécules. Les préparations moléculaires peuvent contenir une proportion non négligeable de molécules inactives [18], ce qui conduit à surévaluer la concentration d'analyte et à sous-évaluer la valeur de k_a. Il existe peu de méthodes de mesure de concentration active indépendantes d'une référence interne : la connaissance préalable de la concentration dans une préparation supposée active à 100 %. Une possibilité est d'utiliser l'équation (9.7) pour simuler la vitesse de réaction initiale pour différentes concentrations d'analyte, en conditions de transport de masse total, et à un flux donné. La courbe d'étalonnage théorique (comme illustré sur la figure 9.8b) reliant la vitesse de réaction à la concentration active est ensuite utilisée pour mesurer la concentration active dans un échantillon injecté au même flux, sur une surface en conditions de transport de masse total.

1.5. Applications

La réponse SPR étant basée sur une variation de masse moléculaire, la technologie peut en principe être appliquée à toutes les interactions moléculaires et à tout type de molécules (protéines, acides nucléiques, sucres, lipides, petites molécules chimiques). De nombreuses applications de la technologie *Biacore* ont été décrites depuis la mise sur le marché du premier appareil (revues par Myszka [19], Rich et Myszka [20-24], Van Regenmortel [25], Homola [26], Karlsson [27]), et dans de nombreux domaines, tels que la virologie [28, 29], la bactériologie [30], l'agroalimentaire [31], les interactions hôte-pathogènes [32], l'immunologie [33], la conception de médicaments [34], ou encore la protéomique [35, 36]. La SPR permet de caractériser des interactions biomoléculaires en déterminant la stœchiométrie, les paramètres cinétiques, les paramètres thermodynamiques ainsi que les constantes d'affinité. Elle sert également à réaliser des cartographie d'épitopes, à étudier les mécanismes d'auto-assemblage des protéines et à effectuer la « pêche aux ligands » (*ligand fishing*), c'est-à-dire la capture dans un milieu biologique complexe des partenaires d'une molécule donnée et leur identification par couplage avec la spectrométrie de masse (BIA-MS). Ce couplage est une des applications qualitatives ou semi-quantitatives de la SPR, qui incluent la mise en évidence d'une interaction, le criblage de banques de petites molécules et l'étude des interactions entre des cellules et un ligand immobilisé. Les développements actuels concernent quatre domaines principaux : l'agroalimentaire, l'immunogénicité, la protéomique et la découverte de médicaments [27]. La SPR est également utilisée comme méthode de détection pour les puces à protéines (voir le chapitre 18).

Le but n'est pas de couvrir ici de façon exhaustive l'ensemble des travaux qui ont été réalisés à l'aide de la technologie *Biacore* en recherche fondamentale et en recherche appliquée, car ils ont été recensés dans des revues récentes [19-27]. L'essentiel de ce paragraphe est consacré aux développements récents réalisés dans les différents domaines d'application de cette technologie.

1.5.1. Interactions protéines-protéines

De nombreuses études ont concerné les interactions protéines-protéines de taille et de fonction variées. Bien que de nombreux développements récents de l'analyse par SPR concernent les petites molécules, cette technologie permet également de déterminer les constantes cinétiques et d'affinité d'interactions établies par des macromolécules comme la molécule de procollagène dont la masse moléculaire est d'environ 450 kDa [37]. Beaucoup de travaux ont été consacrés à la caractérisation d'anticorps, et donc aux interactions antigène-anticorps, et le développement de dosages immunologiques basés sur la SPR a fait l'objet d'une revue [33]. Les interactions protéines-protéines sont déterminantes pour un grand nombre de réactions du système immunitaire, et il a ainsi été montré par SPR que la protéine C1q du complément reconnaît la protéine prion immobilisée et que, sous cette forme immobilisée, la protéine prion subit un changement conformationnel qui serait analogue à celui qui se produit lors de la conversion de la forme normale de la protéine prion à la forme pathogène [38]. La SPR a été utilisée pour analyser la cinétique et la thermodynamique de l'interaction entre une enzyme et un inhibiteur [39], les enzymes étant des catalyseurs biologiques qui sont en général de nature protéique. La cartographie de sites d'interaction sur des macromolécules nécessite l'immobilisation sur la *sensor chip* non pas des molécules entières, mais de leurs domaines, ce qui permet de localiser le site de fixation dans la macromolécule [40], et les acides aminés impliqués dans les interactions étudiées peuvent être identifiés par l'étude de protéines mutées [41]. L'influence de l'état d'oligomérisation des protéines sur leur capacité à interagir avec leurs ligands peut également être déterminée par SPR [42].

Des assemblages supramoléculaires comme les fibrilles amyloïdes qui se forment dans le cerveau de patients atteints de la maladie d'Alzheimer [43, 44, 45] nécessitent l'établissement d'interactions protéine-protéine. Des données cinétiques ont été obtenues avec des fibrilles amyloïdes immobilisées sur la *sensor chip* sur lesquelles se fixe le peptide amyloïde Aβ(1-40) injecté sous forme soluble. Les résultats obtenus montrent que l'élongation des fibrilles est décrite par un modèle de polymérisation comportant trois étapes dont la première est réversible [45]. La SPR a également été utilisée pour identifier des petites molécules susceptibles d'inhiber l'agrégation et la toxicité cellulaire du peptide Aβ et pour caractériser ses interactions avec différents ligands. Il a ainsi été montré que les ligands du peptide Aβ qui ont la plus forte affinité pour le peptide altèrent son agrégation et confèrent la protection la plus importante contre la toxicité cellulaire [46]. L'application de la SPR à l'étude des interactions impliquées dans la formation des fibrilles amyloïdes et leur impact sur les mécanismes moléculaires de la maladie d'Alzheimer ont fait l'objet de deux revues [47, 48].

1.5.2. SPR et structure des protéines

Une des applications de la technologie *Biacore* est l'étude des relations structure-fonction des protéines [25]. Plusieurs équipes ont utilisé la SPR et plus particulièrement la technique *Biacore* pour analyser les changements de conformation de protéines immobilisées. Sota *et al.* [49] ont développé une méthodologie permettant de suivre directement par SPR les changements conformationnels survenant lors de la dénaturation d'une protéine immobilisée soumise à un pH acide. L'utilisation combinée de la SPR et d'anticorps monoclonaux a permis de détecter les changements conformationnels d'une protéine, l'ovalbumine, soumise à une irradiation [50]. Le changement de conformation induit par un agent chaotrope, le chlorure de guanidinium, a été mis en évidence par SPR en utilisant le Triton X100 comme une sonde hydrophobe permettant de suivre le dépliement des protéines, c'est-à-dire la perte de leur structure native. Ce détergent s'adsorbe sur la partie hydrophobe de la protéine, qui est exposée lors du dépliement, et la mesure par SPR de son adsorption permet d'évaluer l'état de dépliement de la protéine [51]. Le repliement d'une protéine peut aussi être suivi par SPR, comme cela a été montré pour une enzyme, la luciférase [52]. La technologie *Biacore* constitue donc un outil permettant d'optimiser les conditions de repliement d'une protéine immobilisée. Mannen *et al.* [53] ont étudié l'influence de tampons de pH différents sur le comportement de protéines immobilisées et ont montré que les modifications du signal SPR étaient liées à la charge globale de la protéine et aux changements conformationnels survenant aux différents pH. Il faut néanmoins noter que, selon les travaux de Paynter et Russell [54], le signal SPR enregistré lors de l'exposition de protéines immobilisées à différents pH serait plutôt dû à des effets d'interaction électrostatique. En utilisant le dichroïsme circulaire et la spectroscopie infrarouge à transformée de Fourier, May et Russell [55] ont établi qu'il était possible de corréler les modifications du signal SPR à la structure secondaire de polypeptides immobilisés (poly-L-lysine, poly-L-acide glutamique et une protéine, la concanavaline A). Une diminution du signal SPR correspond à un taux élevé de structures β, de tours ou de structures non ordonnées, alors qu'une augmentation du signal traduit une présence importante d'hélices α [55]. La SPR permet également de suivre en temps réel la lente transition conformationnelle réversible qui se produit dans une enzyme lors de la fixation de son substrat. Cela a été montré lors de la fixation de la phénylalanine sur la phénylalanine hydroxylase [56].

1.5.3. Interactions acides nucléiques – protéines

Les interactions entre des agents thérapeutiques et les molécules d'ADN cibles ou les facteurs de transcription sont particulièrement importantes pour la conception et le développement de médicaments, car ces interactions sont susceptibles de modifier considérablement l'expression de gènes spécifiques. Les facteurs de transcription sont des protéines qui régulent la transcription d'un gène (la synthèse d'une molécule d'ARN à partir d'une molécule d'ADN) en se fixant sur son promoteur. La revue publiée par Gambari [57] décrit les approches basées sur la SPR qui permettent le développement d'oligonucléotides formant une triple hélice, d'analogues de l'ADN (les « *peptide nucleic acids* »), de médicaments se liant à l'ADN et de molécules leurres susceptibles d'altérer la transcription.
Les complexes ARN-protéines sont dynamiques et leur cinétique, qui est importante pour l'assemblage des complexes ribonucléoprotéiques et la capacité de l'ARN à migrer d'un compartiment cellulaire à l'autre, a été suivie par SPR [58]. La technologie *Biacore* est aussi utilisée pour caractériser les interactions ADN-ADN ou ADN-ARN. La SPR permet ainsi de mettre en évidence une réaction d'hybridation entre une séquence cible en solution et une sonde immobilisée sur la *sensor chip*, et donc de détecter une séquence d'ADN amplifiée par PCR (*Polymerase Chain Reaction* : amplification d'un fragment d'ADN de petite taille par action d'une polymérase, d'amorces spécifiques et de nucléotides dans un thermocycleur) [59].

1.5.4. Interactions protéines – sucres

Une revue décrivant l'utilisation de la SPR dans le domaine de la glycobiologie rassemble les travaux basés sur l'immobilisation de sucres, de glycoconjugués ou de lectines qui sont des protéines possédant un domaine non catalytique de liaison réversible à des mono- ou oligosaccharides spécifiques [60]. La SPR a ainsi permis d'obtenir des informations sur la spécificité des lectines et sur la structure des oligosaccharides. La SPR est utilisée pour caractériser les interactions des protéines avec des sucres simples et des sucres complexes comme les glycosaminoglycanes, qui sont des polymères linéaires d'unités disaccharidiques. Plusieurs études ont été réalisées avec l'héparine ou l'héparane sulfate pour déterminer la taille minimale ainsi que les caractéristiques structurales des glycosaminoglycanes qui sont nécessaires à leur interaction avec des protéines [61, 62]. La caractérisation des interactions de plusieurs enzymes avec des polysaccharides sulfatés a montré qu'il existe une bonne corrélation entre les affinités déterminées par SPR et l'activité inhibitrice de ces polysaccharides mesurée par un test fonctionnel [63]. Des méthodes ont également été conçues pour caractériser les interactions entre des protéines et des sucres associés à des lipides (des glycolipides) dans un environnement membranaire artificiel constitué par des liposomes pour mimer leur environnement naturel, qui est la bicouche lipidique de la membrane plasmique [64]. Les protéines d'intérêt sont injectées à la surface des liposomes capturés à la surface de la *sensor chip* et contenant différents glycolipides.

1.5.5. Interactions dans un environnement mimant un environnement membranaire

La SPR est utilisée également pour l'étude de la fixation des protéines sur leur récepteur [65] et plus généralement des interactions ligands-récepteurs [66]. Les interactions entre les récepteurs membranaires et leurs ligands, ainsi que les interactions entre des petites molécules et des constituants membranaires tels que les lipides, sont d'un intérêt majeur pour le développement de nouvelles molécules thérapeutiques. L'importance des biocapteurs basés sur la SPR dans la conception de médicaments a été soulignée dans une revue récente [34]. Plusieurs études décrivant des conditions d'étude des interactions de médicaments avec des liposomes immobilisés ont été récemment publiées [67, 68]. L'une d'entre elles concerne 78 médicaments, incluant des inhibiteurs de kinases, de la thrombine et de l'anhydrase carbonique [68]. Les interactions de protéines kinases, qui sont des cibles thérapeutiques majeures, avec des petites molécules qui sont des inhibiteurs potentiels, ont également été étudiées [69]. L'étude SPR réalisée avec les enzymes immobilisées a permis de confirmer l'activité inhibitrice des molécules analysées, de caractériser la cinétique de leur interaction avec les protéines kinases et d'identifier les inhibiteurs compétitifs en effectuant des expériences de compétition avec l'ATP [69].

La SPR peut aussi fournir des données utiles pour l'évaluation de la perméabilité intestinale de médicaments et la prédiction de leur absorption orale chez l'homme, qui sont des paramètres importants pour le développement de médicaments. Kim *et al.* [70] ont mis au point une méthode d'étude par SPR des interactions entre un médicament et la membrane plasmique spécialisée des cellules épithéliales de l'intestin, appelée bordure en brosse. Ils ont pour cela immobilisé des vésicules de bordure en brosse isolées à partir de tissu sur une *sensor chip* L1 et injecté 14 médicaments à leur surface. Il est possible de tester 100 composés à une seule concentration en 24 heures dans les conditions expérimentales qu'ils ont utilisées.

1.5.6. Interactions avec des micro-organismes et des cellules eucaryotes

Le ligand immobilisé sur la *sensor chip* doit être purifié, mais l'analyte peut être une molécule purifiée, un milieu biologique complexe tel que le sérum, l'urine ou un surnageant d'hybridome [71], des fractions subcellulaires [72], un virus, une bactérie comme les Salmonelles [30] ou des cellules vivantes. Des travaux ont en effet été réalisés en injectant des cellules entières sur des ligands immobilisés. Il n'est pas possible dans ces conditions de déterminer les constantes cinétiques et d'affinité des interactions établies, car seule une partie des cellules se trouve

dans le champ évanescent, mais cette approche qualitative permet de déterminer si les récepteurs présents à la surface des cellules injectées reconnaissent le ligand immobilisé. Des interactions entre des cellules et des sucres ont été étudiées, comme par exemple celles de cellules Jurkat exprimant la L-sélectine, une molécule d'adhésion, avec un dérivé du galactose [73]. Des interactions entre des cellules et des protéines ont également été caractérisées, par exemple entre les polynucléaires neutrophiles et le collagène I [74], entre une lignée de cellules neuronales et la forme soluble du précurseur de la protéine β-amyloïde [75], ou encore entre les érythrocytes et des immunoglobulines M spécifiques des groupes sanguins [76] pour détecter les antigènes des groupes sanguins. Nous étudions actuellement l'interaction de cellules d'ovaire de hamster chinois (CHO : *Chinese Hamster Ovary*) avec des polysaccharides et des récepteurs de la famille des intégrines immobilisés (Ricard-Blum *et al.*, résultats non publiés).
Des micro-organismes peuvent être immobilisés sur une *sensor chip* pour étudier leurs interactions avec différents partenaires. Abad *et al.* [77] ont ainsi immobilisé des adénovirus et vérifié par microscopie électronique et à l'aide d'anticorps monoclonaux que les virus étaient intacts après immobilisation. Ils ont été utilisés pour détecter la réponse immunitaire de patients traités par thérapie génique à base d'un vecteur adénovirus et pour réaliser l'isotypage des anticorps détectés. Cette approche pourra être appliquée aux études d'interaction des virus et de leurs récepteurs ou des virus avec des médicaments antiviraux.

1.5.7. Courbes d'isoaffinité (*RaPID plot*)

Les paramètres cinétiques déterminés par la technologie *Biacore* pour une série de composés, des inhibiteurs potentiels par exemple, peuvent être représentés sous forme de diagrammes bidimensionnels, dans lesquels l'axe des abscisses correspond aux valeurs des constantes cinétiques de dissociation et l'axe des ordonnées à celles des constantes cinétiques d'association. Les composés possédant la même constante d'affinité se trouvent sur la même diagonale [78]. Cette représentation des données est appelée *RaPID plot* (*Rate Plane with Isoaffinity Diagonals*). Elle a été utilisée pour la portion variable de la chaîne lourde d'anticorps dirigés contre l'antigène spécifique de la prostate [79] et pour la caractérisation d'anticorps de camélidés à différentes températures [80]. Cette représentation est utile pour sélectionner parmi les molécules ayant un affinité donnée celles qui présentent les caractéristiques cinétiques désirées.

1.5.8. Mesure de concentrations

La mesure de concentration par la technologie *Biacore* a de nombreuses applications dans le domaine agroalimentaire, notamment pour détecter des additifs ou des molécules telles que les hormones, les vitamines et les antibiotiques. La rapidité avec laquelle le résultat est obtenu, une fois les conditions expérimentales mises au point, est un atout décisif dans ce domaine. La SPR est par exemple utilisée pour mesurer la concentration des vitamines B5 [81] et B12 [82] dans les aliments et des protéines liant le folate dans le lait [31]. Elle sert à la détection du lait de vache dans le lait de brebis ou de chèvre [83], des agents pathogènes comme celui provoquant la listériose, *Listeria monocytogenes* [84], des hormones dans le lait [85] et dans les tissus animaux tels que la viande [86], des antibiotiques de la famille des β-lactamines dans le lait [87] ou d'un autre antibiotique, le chloramphénicol, dans les aliments [88]. Cette technologie peut aussi être employée dans le domaine de la santé pour déterminer la concentration active de protéines recombinantes qui font l'objet d'études cliniques [89] ou la concentration dans les fluides biologiques de molécules impliquées dans des processus pathologiques. L'interleukine-8, une cytokine, a ainsi pu être dosée par SPR dans la salive de patients atteints de cancer, avec une limite de détection de 184 nM [90].

2. Ellipsométrie

2.1. Introduction

Mesurer la matière à l'échelle de l'angström nécessite des techniques ultraprécises de caractérisation.

Basée sur la mesure du changement d'état de polarisation de la lumière après réflexion sur une surface, l'ellipsométrie est une technique très précise pour l'analyse de couches ultraminces. Elle permet de sonder des épaisseurs allant de quelques angströms à plusieurs dizaines de micromètres pour les monocouches et multicouches. Une large gamme de propriétés des matériaux est également accessible par cette technique, comme les constantes optiques, le *gap* optique, la composition chimique, la cristallinité, l'homogénéité des couches en surface et en profondeur (rugosité, porosité, interface, gradient d'indice, anisotropie, etc.).

Forte de sa popularité comme technique de laboratoire, les industriels ont largement contribué à sa simplification et son automatisation. L'ellipsométrie fait partie de l'environnement industriel depuis plus d'une dizaine d'années et est sollicitée à de nombreux stades : de l'optimisation et la validation de procédés au contrôle qualité et en ligne.

Utilisée dans des domaines aussi variés que l'électronique, les télécommunications, les écrans plats, les couches optiques, elle offre toute sa puissance et sa polyvalence pour les applications en bio- et nanotechnologies.

Technique non destructive, elle offre une sensibilité sans égale avec des tailles de spot pouvant atteindre 10 μm. Technique modulaire, elle fonctionne également de façon *in situ*, s'adapte facilement sur tout type de réacteur pour piloter le suivi de croissance ou de gravure des couches et permet d'effectuer des mesures cinétiques rapides.

2.2. Rappels théoriques sur la lumière et la polarisation

2.2.1. Description des ondes électromagnétiques

La lumière est une onde électromagnétique qui se propage en fonction du temps. Elle est composée d'un champ électrique $\overrightarrow{E}$ et d'un champ magnétique $\overrightarrow{B}$, tous deux perpendiculaires à la direction de propagation (figure 9.12).

Les champs électrique et magnétique sont liés par les équations de Maxwell ; on peut donc représenter l'onde par un seul de ces champs, en général le champ électrique.

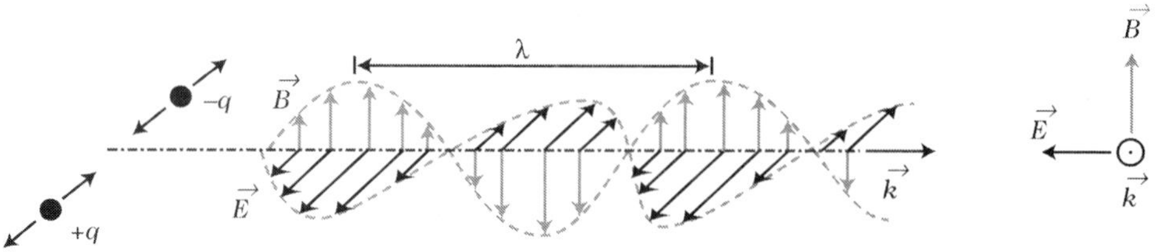

Figure 9.12. Onde électromagnétique.

L'équation générale d'une onde plane monochromatique est :

$$\vec{E}(\vec{r},t) = e^{i(\omega t - \vec{k}.\vec{r} + \varphi)}\vec{E}_0$$

où :

- $\vec{r}$ est le vecteur position du point considéré,
- $\vec{k}$ est le vecteur d'onde, dont la norme vaut $2\pi c/\lambda$, c étant la vitesse de la lumière et λ la longueur d'onde,
- φ est la phase à l'origine.

Supposons $\vec{k}$ orienté selon l'axe z, les composantes du champ électrique de l'onde prennent la forme :

$$E_x(z,t) = A_x \cos(\omega t - kz + \varphi_x)$$
$$E_y(z,t) = A_y \cos(\omega t - kz + \varphi_y)$$

2.2.2. Propriétés des ondes électromagnétiques

Les différents états de polarisation

La polarisation est une des propriétés des ondes lumineuses.

La polarisation d'une onde se réfère au comportement dans le temps du vecteur champ électrique qui représente cette onde, en un point déterminé de l'espace. En le décomposant en ses deux composantes orthogonales, son comportement dans le temps est rigoureusement sinusoïdal. Polariser une onde consiste à donner une trajectoire définie à l'extrémité du champ électrique. L'état de polarisation est déterminé par deux paramètres, la phase et l'amplitude relatives des composantes du champ électrique $\vec{E}$.

Polarisation linéaire

La lumière est polarisée linéairement si la différence de phase $\varphi = \varphi_y - \varphi_x$ vaut $\varphi = 0$ ou $\varphi = \pi$. E_x et E_y sont alors proportionnels :

$E_y = \dfrac{A_y}{A_x}E_x$ pour $\varphi = 0$ et $E_y = -\dfrac{A_y}{A_x}E_x$ pour $\varphi = \pi$, qui est l'équation d'une droite.

Polarisation circulaire

Dans le cas particulier où le déphasage vaut 90°, $\varphi = \pm\dfrac{\pi}{2}$, et que les deux composantes ont la même amplitude, $A_x = A_y = A$, la polarisation est circulaire.

Alors : $E_x = A\cos(\omega t - kz + \varphi_x)$

$$E_y = A\cos(\omega t - kz + \varphi_x \pm \pi/2) = \pm A\sin(\omega t + \varphi_x)$$

Le sens de rotation est le sens trigonométrique autour de l'axe z si $\varphi = -\frac{\pi}{2}$ et le sens opposé si $\varphi = +\frac{\pi}{2}$. Dans le premier cas, la polarisation est dite circulaire gauche, dans le second, circulaire droite.

Polarisation elliptique

Si A_x et A_y sont différents, mais que φ reste égal à $\pm\pi/2$, alors :

$$E_x = A_x \cos(\omega t - kz + \varphi_x) \quad \text{et} \quad E_y = \pm A_y \sin(\omega t - kz + \varphi_x)$$

D'où : $\frac{E_x^2}{a^2} + \frac{E_y^2}{b^2} = 1$

en posant $a^2 = A_x^2$ et $b^2 = A_y^2$, $2a$ et $2b$ étant respectivement les longueurs du grand et du petit axe de l'ellipse.

La polarisation est elliptique droite si $\varphi = \pi/2$ et elliptique gauche si $\varphi = -\pi/2$.

Le cas général est obtenu pour :

$$E_x = A_x \cos(\omega t - kz + \varphi_x) \quad \text{et} \quad E_y = A_y \cos(\omega t - kz + \varphi_y).$$

Dans le cas général où $\varphi \neq \pm\frac{\pi}{2}, \pm\,\pi$, les composantes $E_x(z,t)$ et $E_y(z,t)$ de la lumière vérifient :

$$\left(\frac{E_x}{A_x}\right)^2 + \left(\frac{E_y}{A_y}\right)^2 - 2\frac{\cos\varphi}{A_x A_y}E_x E_y = \sin^2\varphi, \quad \text{avec} \quad \varphi = \varphi_y - \varphi_x$$

C'est l'équation d'une ellipse dans le système d'axes x, y.

Comme le montrent les illustrations suivantes (figure 9.13), la figure décrite par le champ électrique est alors une ellipse, qui peut devenir un cercle ou s'aplatir en une ligne. Ces différentes formes définissent les trois états de polarisation de l'onde : on dit que l'onde est polarisée elliptiquement (figure 9.13c), circulairement (figure 9.13b) ou rectilignement (figure 9.13a).

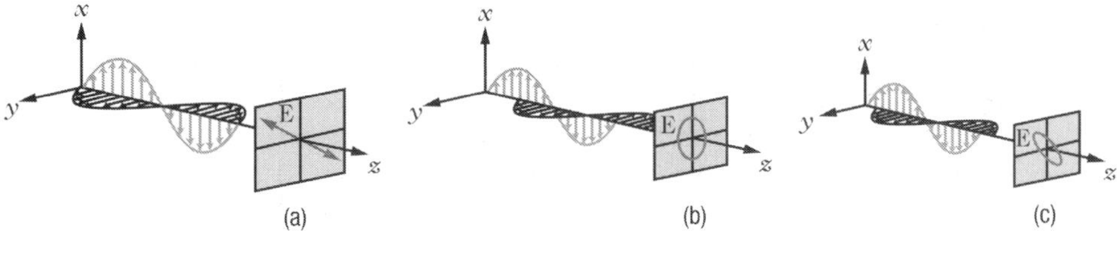

Figure 9.13. Les différents états de polarisation de la lumière : **a)** rectiligne, **b)** circulaire et **c)** elliptique.

Interaction lumière/matière – Comportement ondulatoire

Dans un milieu homogène et isotrope, l'onde se propage en ligne droite. Lors d'un changement de milieu de propagation, il y a réflexion et réfraction. Une partie de l'onde électromagnétique repart vers le milieu d'origine : c'est la réflexion. La seconde partie de l'onde se propage dans le second milieu avec un changement de direction : c'est la réfraction. Si le milieu est absorbant, l'onde s'atténue au fur et à mesure qu'elle se propage.

Les lois de Snell-Descartes décrivent le comportement de la lumière à l'interface de deux milieux (figure 9.14).

Chaque milieu est caractérisé par sa capacité à ralentir la lumière, modélisée par son indice de réfraction n qui s'exprime sous la forme :

$$n = \frac{c}{v}$$

où v est la vitesse de la lumière dans ce milieu et c est la vitesse de la lumière dans le vide.

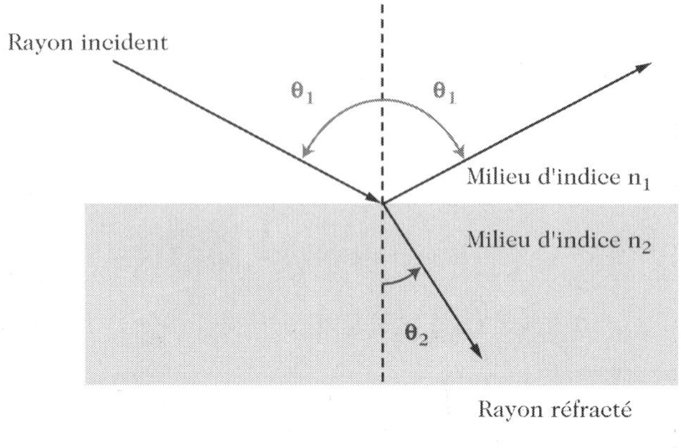

Figure 9.14. Interaction de la lumière avec une interface plane parallèle séparant deux milieux différents.

La loi de la réflexion s'énonce ainsi :

- le rayon réfléchi est dans le plan d'incidence (défini dans le paragraphe 2.2.3),
- les angles incident θ_1 et réfléchi θ_2 vérifient : $\theta_2 = -\theta_1$.

La loi de la réfraction s'énonce ainsi :

- le rayon réfracté est dans le plan d'incidence,
- les indices de réfraction n_1 et n_2 de chacun des milieux et les angles incident θ_1 et réfracté θ_2 sont liés par la relation dite de Snell-Descartes : $n_1 \sin\theta_1 = n_2 \sin\theta_2$.

2.2.3. La réflexion de la lumière

Définition du plan d'incidence

L'ellipsométrie est une technique basée sur l'étude de l'analyse de la lumière réfléchie d'une surface. Lors d'une réflexion en incidence oblique, le plan d'incidence est défini par le faisceau incident et la normale à l'échantillon (figure 9.15).

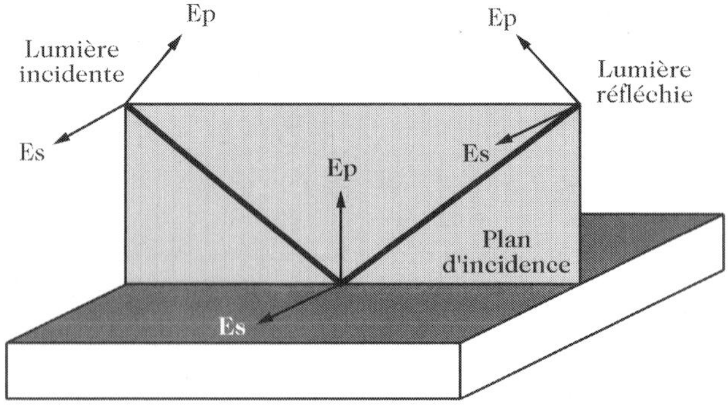

Figure 9.15. Définition du plan d'incidence et repérage des composantes du champ électrique incident et réfléchi.

La vibration incidente peut être décomposée en deux composantes E_p^i et E_s^i, respectivement parallèle (p) et perpendiculaire (s) au plan d'incidence. Ces deux vibrations subissent la réflexion et donnent respectivement les composantes réfléchies E_p^r et E_s^r.

Les coefficients de réflexion de Fresnel

Les coefficients de Fresnel interviennent dans la description du phénomène de réflexion-réfraction des ondes électromagnétiques à l'interface entre deux milieux, dont l'indice de réfraction est différent.
Ils sont obtenus en considérant les relations de continuité du champ électromagnétique à une interface, données par :

$$r_p = \frac{n_2 \cos\theta_1 - n_1 \cos\theta_2}{n_2 \cos\theta_1 + n_1 \cos\theta_2} \quad \text{et} \quad r_s = \frac{n_1 \cos\theta_1 - n_2 \cos\theta_2}{n_1 \cos\theta_1 + n_2 \cos\theta_2}$$

avec les caractéristiques respectives de l'incidence et de la réfraction (n_1,θ_1) et (n_2,θ_2).
Dans le cas pratique, la plupart des matériaux sont souvent absorbants et leur indice de réfraction est complexe, tel que : $\tilde{n} = n - ik$.
Les coefficients de Fresnel peuvent également être exprimés sous la forme du rapport entre l'amplitude du champ électrique réfléchi et incident :

$$r = \frac{E_r}{E_i} \quad \text{et} \quad t = \frac{E_t}{E_i}$$

où E_i, E_r et E_t sont les amplitudes associées respectivement au champ électrique incident, réfléchi et transmis.

Réflexion de la lumière par une couche mince

Les paragraphes précédents traitaient du cas simple de la réflexion de la lumière sur une interface air/substrat.
Le modèle suivant (figure 9.16) traite d'un système à 3 phases comprenant un substrat d'indice $\tilde{n}_2$, recouvert d'un film d'épaisseur d et d'indice $\tilde{n}_1$, immergés dans un milieu ambiant d'indice $\tilde{n}_0$. Nous supposons le cas idéal où chacun des milieux est homogène et isotrope.
Le coefficient de réflexion global de ce système est la somme de toutes les réflexions multiples relatives aux interfaces 1 et 2, soient r_{01} et r_{12} :

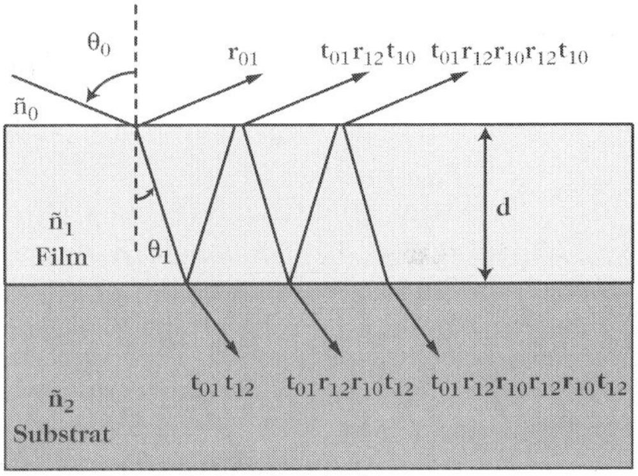

Figure 9.16. Réflexions multiples de la lumière à la surface d'un substrat recouvert d'une couche d'épaisseur *d*.

$$r_{\text{total}} = \frac{\mathrm{r}_{01} + \mathrm{r}_{12}\exp(-\mathrm{i}\cdot 2\beta)}{1 + \mathrm{r}_{01}\mathrm{r}_{12}\exp(-\mathrm{i}\cdot 2\beta)}$$

où $\beta = \left(\frac{2\pi \cdot \mathrm{d}}{\lambda}\right)\tilde{n}_1 \cos\theta_1$ est le déphasage introduit lors de la réflexion entre deux rayons consécutifs.
En tenant compte de la polarisation de l'onde incidente selon l'axe s ou p, il vient :

$$r^s_{\text{total}} = \frac{E^r_{s\,\text{total}}}{E^i_s} = \frac{r^s_{01} + r^s_{12}\exp(-i\cdot 2\beta)}{1 + r^s_{01}r^s_{12}\exp(-i\cdot 2\beta)}$$

$$r^p_{\text{total}} = \frac{E^r_{p\,\text{total}}}{E^i_p} = \frac{r^p_{01} + r^p_{12}\exp(-i\cdot 2\beta)}{1 + r^p_{01}r^p_{12}\exp(-i\cdot 2\beta)}$$

Ce modèle à une couche peut être généralisé dans le cadre d'un échantillon constitué de n couches. Il se traite à l'aide du formalisme matriciel d'Abélès qui permet de calculer les coefficients de Fresnel globaux pour ce type d'empilement et de remonter ainsi aux fonctions diélectriques de chaque couche. Il est basé sur le fait que les équations qui gouvernent la propagation d'une onde dans un milieu sont linéaires et que la continuité des champs à l'interface de deux milieux isotropes est traitée par une matrice de transfert.

Théorie des milieux effectifs

Dans ce qui précède, nous avons considéré des couches homogènes et isotropes, limitées par des surfaces planes et parallèles, cas idéal qui ne correspond pas souvent à la réalité des couches minces. Les matériaux et surfaces rencontrés présentent des hétérogénéités qui peuvent prendre différentes formes : mélange de phases, oxydation, rugosité, etc. Dans l'hypothèse où ces défauts peuvent être considérés comme petits devant la longueur d'onde, les propriétés optiques de ces matériaux sont décrits dans la théorie des milieux effectifs.

Elle consiste à associer localement une constante diélectrique aux hétérogénéités et, par une moyenne spatiale, à considérer le milieu comme macroscopiquement homogène et lui attribuer ainsi une constante diélectrique effective.

Le modèle effectif le plus simple est une interpolation linéaire entre les propriétés optiques de matériaux tels que : $\widetilde{\varepsilon} = f_A\widetilde{\varepsilon}_A + f_B\widetilde{\varepsilon}_B + f_C\widetilde{\varepsilon}_C$

avec $\widetilde{\varepsilon}$ la constante diélectrique effective complexe, f_A, f_B, f_C les fractions volumiques et $\widetilde{\varepsilon}_A$, $\widetilde{\varepsilon}_B$, $\widetilde{\varepsilon}_C$ les constantes diélectriques de chaque matériau constituant le milieu effectif. Le total des fractions volumiques doit être égal à un et l'équation est valide pour un modèle à trois constituants ou deux, dans le cas où f_C est égal à zéro.

Il existe principalement deux théories du milieu effectif : le modèle de Maxwell-Garnett et le modèle de Bruggeman, utilisés en fonction de la façon dont les matériaux sont arrangés.

Le modèle de Maxwell-Garnett consiste en des inclusions d'un ou de deux matériaux (notées B et C) totalement environnées par un milieu hôte (noté A) :

$$\frac{\widetilde{\varepsilon} - \widetilde{\varepsilon}_A}{\widetilde{\varepsilon} + 2\widetilde{\varepsilon}_A} = f_B\frac{\widetilde{\varepsilon}_B - \widetilde{\varepsilon}_A}{\widetilde{\varepsilon}_B + 2\widetilde{\varepsilon}_A} + f_C\frac{\widetilde{\varepsilon}_C - \widetilde{\varepsilon}_A}{\widetilde{\varepsilon}_C + 2\widetilde{\varepsilon}_A}$$

Dans le cas où les inclusions sont réparties uniformément, la constante diélectrique du milieu effectif est donnée par :

$$\widetilde{\varepsilon} = \widetilde{\varepsilon}_h\frac{\widetilde{\varepsilon}_i(1 + 2f) + 2\widetilde{\varepsilon}_h(1 - f)}{\widetilde{\varepsilon}_i(1 - f) + \widetilde{\varepsilon}_h(2 + f)}$$

avec $\widetilde{\varepsilon}_h$ la constante diélectrique du milieu hôte, $\widetilde{\varepsilon}_i$ la constante diélectrique des inclusions, et f la fraction volumique des inclusions.

Ce modèle est limité à des inhomogénéités de forme granulaire réparties en faible proportion dans le milieu hôte.

Le second modèle, celui de Bruggeman, n'est pas limitatif du nombre de constituants du mélange. Il traite chacun d'eux de manière équivalente en ne tenant compte que de leur proportion. La constante diélectrique d'un tel milieu doit vérifier :

$$\sum_i f_i\frac{\widetilde{\varepsilon}_i - \widetilde{\varepsilon}}{\widetilde{\varepsilon}_i + 2\widetilde{\varepsilon}} = 0$$

où $\widetilde{\varepsilon}_i$ est la constante diélectrique de chaque constituant et f_i la concentration relative de chaque constituant. Ce modèle est le plus largement utilisé dans les analyses d'ellipsométrie. Il définit un milieu hétérogène global, sans arrangement particulier de ses constituants.

Dans la pratique (figure 9.17), la théorie des milieux effectifs est très utilisée pour modéliser trois types de couches :

- une rugosité : couche composée à 50/50 du matériau de la couche rugueuse et d'air,
- une interface : couche composée à x % du matériau 1 et $(1-x)$ % du matériau 2,
- un matériau polycristallin : couche composée de x % du matériau cristallin et $(1-x)$ % du matériau amorphe.

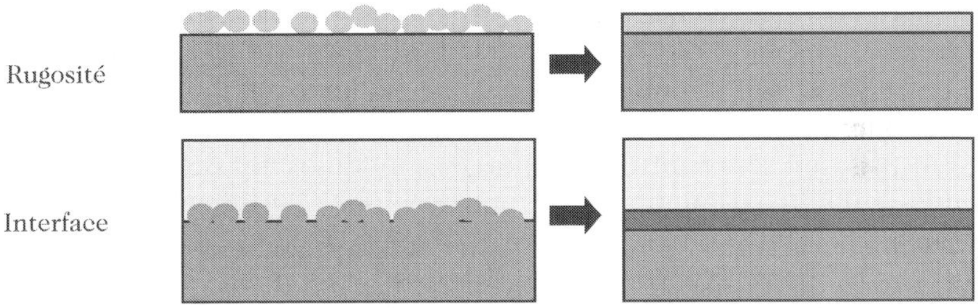

Figure 9.17. Représentation schématique d'un échantillon rugueux et présentant une interface, et leurs équivalents par la théorie des milieux effectifs.

2.3. Les principes fondamentaux et les possibilités de l'ellipsométrie

2.3.1. Principe de l'ellipsométrie

L'ellipsométrie est définie comme étant une méthode optique d'analyse, basée sur la mesure du changement de l'état de polarisation d'une lumière polarisée, après réflexion en incidence oblique, sur la surface à étudier (figure 9.18).

Lorsqu'une onde lumineuse interagit avec un matériau, son état de polarisation est modifié. La mesure de la variation de polarisation entre l'onde incidente et l'onde réfléchie permet de déduire des informations sur les propriétés de l'échantillon.

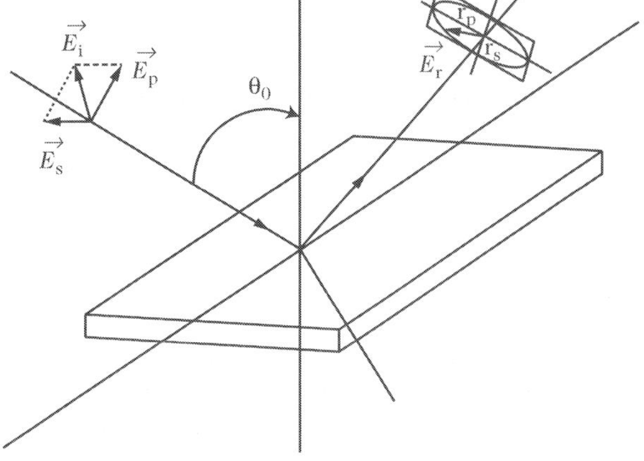

Figure 9.18. Représentation du champ électrique dans une réflexion par une surface plane.

La réflexion par une surface plane fait alors apparaître les coefficients r_p et r_s, qui caractérisent le nouvel état de polarisation du faisceau.
Dans le cas général, les coefficients de réflexion sont complexes, de la forme :

$$r_p = \frac{E_p^r}{E_p^i} = |r_p|\, e^{i\delta_p} \quad \text{et} \quad r_s = \frac{E_s^r}{E_s^i} = |r_s|\, e^{i\delta_s}$$

Dans la pratique, l'ellipsomètre évalue le rapport ρ de ces deux coefficients que l'on exprime par :

$$\rho = \frac{r_p}{r_s} = \tan\Psi\, e^{i\Delta}$$

avec $\tan\Psi = \dfrac{|r_p|}{|r_s|}$ et $\Delta = \delta_p - \delta_s$

C'est l'équation de base de l'ellipsométrie. Ψ et Δ sont les deux paramètres qu'un ellipsomètre mesure et qui représentent la variation d'état de polarisation lors de la réflexion. On les nomme les angles ellipsométriques. Dans le cas général, le domaine de définition de ces angles est $0 \leqslant \Psi \leqslant 90$ et $0 \leqslant \Delta \leqslant 360$.
Tan(psi), qui représente le rapport des modules des deux coefficients r_p et r_s, traduit la modification de l'amplitude, et plus précisément l'atténuation des composantes du champ électrique. Δ représente le déphasage entre les deux composantes *s* et *p* du champ électrique introduit par la réflexion sur l'échantillon.
Notons qu'à partir du rapport ρ, on définit la fonction diélectrique complexe du matériau massif par :

$$\tilde{\varepsilon} = \tilde{n}_1^2 = \tilde{n}_0^2 \sin^2\theta_0 \left[1 + \left(\frac{1-\rho}{1+\rho}\right)^2 \tan^2\theta_0\right]$$

La fonction diélectrique dépend de l'angle d'incidence θ_0, de l'indice n_0 du milieu dans lequel on effectue la mesure, ainsi que des angles Ψ et Δ à travers ρ. En conclusion, la mesure des angles ellipsométriques (Ψ,Δ) d'un substrat permet de déterminer par inversion directe l'indice complexe du matériau : $\tilde{n}_1 = n_1 + ik_1$.

2.3.2. Les possibilités de la technique

Contrairement à la plupart des méthodes optiques, l'ellipsométrie mesure deux grandeurs simultanément (d'une part le module $\|\rho\| = \left\|\dfrac{r_p}{r_s}\right\| = \tan(\Psi)$ et d'autre part la phase $\Delta = \delta_p - \delta_s$). Ce caractère bidimensionnel est fondamental et confère à la technique sa très grande sensibilité. Pour la mesure d'épaisseur, l'ellipsométrie est souvent comparée à la réflectométrie. Les spectroréflectomètres procurent une mesure spectroscopique du rapport des intensités réfléchies et incidentes. Ils ont l'avantage d'une grande simplicité de conception et d'une bonne résolution spatiale, mais sont limités par la nature de la seule quantité mesurée : une intensité. D'autre part, les mesures sont affectées par les fluctuations de la source et permettent de caractériser une épaisseur minimale de l'ordre de 10 nm.
L'ellipsométrie permet de caractériser de façon très précise les couches minces, surfaces et interfaces. Elle conduit à trois types d'informations :

- **Les épaisseurs allant de quelques angströms jusqu'à plusieurs dizaines de micromètres :** l'échantillon analysé peut être une simple monocouche déposée sur un substrat ou un empilement de multicouches complexes. La technique très sensible permet aisément de détecter une couche native, une interface ou encore des rugosités de surface. Pour cette dernière, de nombreux articles font référence à la très bonne corrélation entre les mesures d'AFM et l'ellipsométrie.

• **Les constantes optiques :**

– indice de réfraction (n),

– coefficient d'extinction (k).

• **Les propriétés des matériaux, telles que :**

– la composition des alliages semi-conducteurs de type III-V ou II-VI ;

– la microstructure, c'est-à-dire si la couche est plus ou moins dense ou poreuse. Il est possible de quantifier la quantité de vide au sein d'une couche poreuse ;

– la cristallinité. L'exemple le plus représentatif concerne le silicium, dont les trois types (cristallin, semi-cristallin ou amorphe) possèdent des constantes optiques très différentes ;

– le *gap* optique *Eg* ;

– l'homogénéité des couches en surface ou en profondeur. Les couches dues aux méthodes de dépôt, d'élaboration, de recuit, etc., sont souvent inhomogènes. L'ellipsométrie permet de caractériser ces inhomogénéités par l'intermédiaire des gradients d'indices optiques, de l'anisotropie ou encore des phénomènes de dépolarisation dus par exemple à des rugosités trop fortes.

Ses principaux avantages sont :

– un caractère non destructif,

– une grande sensibilité, jusqu'à quelques monocouches atomiques,

– la possibilité de contrôle en temps réel d'une croissance ou gravure de matériaux.

2.4. Instrumentation

2.4.1. Les différentes configurations d'ellipsomètres

Introduction

Il existe sur le marché trois technologies principales utilisées pour la fabrication d'ellipsomètres. Elles sont toutes les trois basées sur un montage optique analogue à celui présenté sur la figure 9.19 : source de lumière – polariseur – échantillon – analyseur – détecteur.

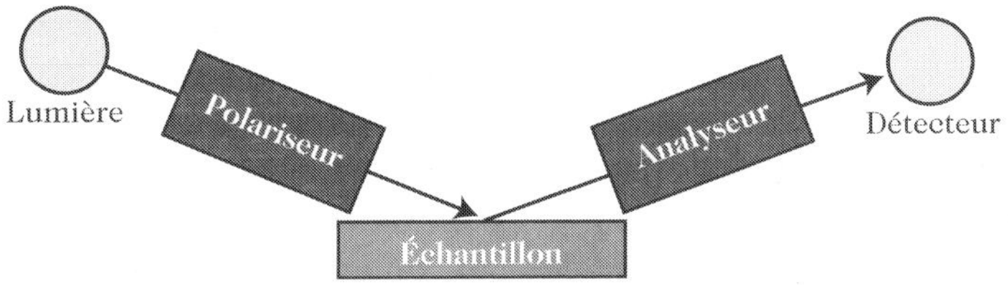

Figure 9.19. Schéma optique général d'un ellipsomètre.

Le principe de l'ellipsométrie consiste à envoyer sur l'échantillon, en incidence oblique, un faisceau de lumière dont la polarisation est connue (passage à travers le polariseur), et d'analyser la polarisation réfléchie (passage à travers l'analyseur). Rappelons que le changement de polarisation est dû à l'interaction avec l'échantillon, qui va nous permettre de remonter à ses propriétés.
Ce sont différents éléments (modulateur, compensateur) pouvant être ajoutés sur la chaîne optique qui vont largement contribuer à la sensibilité d'analyse d'un ellipsomètre.
Outre ces différences de configuration, il existe deux grandes familles d'ellipsomètres.

L'ellipsomètre laser permet la mesure des paramètres (Ψ, Δ) à une seule longueur d'onde, généralement celle de l'hélium-néon 632,8 nm. Pour deux paramètres mesurés, deux quantités peuvent être déterminées, telles que l'épaisseur et l'indice de réfraction d'une monocouche transparente déposée sur un substrat connu. Ces ellipsomètres ont l'avantage d'être très précis, mais sont limités à des applications simples.

L'ellipsomètre spectroscopique intègre une source de lumière blanche qui permet de couvrir une large gamme spectrale, de l'ultraviolet lointain (FUV, *Far Ultra Violet*) au proche infrarouge (NIR, *Near Infra Red*) (typiquement de 190 nm à 2 000 nm). Les angles ellipsométriques (Ψ, Δ) seront mesurés à chaque longueur d'onde, et par conséquent la caractérisation de structures complexes, telles que des empilements multicouches, les inhomogénéités des matériaux, etc., est possible.
Il est à noter que les ellipsomètres spectroscopiques comprennent un système de sélection de longueur d'onde qui peut être de deux sortes : un monochromateur réalise une acquisition séquentielle (longueur d'onde par longueur d'onde), une CCD permet une acquisition simultanée.

Ellipsomètre à annulation

Le principe de ces ellipsomètres est basé sur l'extinction du signal pour déterminer les angles ellipsométriques Ψ et Δ. Ils utilisent un polariseur suivi d'un compensateur (typiquement une lame quart d'onde), qui vont respectivement transformer la polarisation linéaire en polarisation elliptique.
Le compensateur a pour rôle d'annuler le retard introduit par la réflexion sur l'échantillon, de façon à rendre la polarisation de nouveau linéaire : le compensateur joue alors un rôle symétrique à l'échantillon. L'ajustement successif du polariseur et de l'analyseur conduit à l'extinction (ou annulation) du signal.
Cette technique classique est précise, mais les mesures sont lentes et difficiles à automatiser. Ainsi, ces ellipsomètres ont été supplantés par les ellipsomètres à modulation, qui tirent leurs informations par la variation d'intensité sur le détecteur.

Ellipsomètre à éléments tournants

La modulation de polarisation peut être obtenue de trois façons : rotation du polariseur, de l'analyseur ou d'un compensateur.
Les ellipsomètres à polariseur et analyseur tournants existent depuis une quinzaine d'années. Ils sont bien adaptés à l'étude spectroscopique puisque la réponse

de tous les éléments, hormis la surface à étudier, est indépendante de la longueur d'onde. En outre, ces systèmes sont sensibles à la polarisation résiduelle de la source ou du détecteur, ou encore aux inhomogénéités du polariseur/analyseur dues à la rotation du faisceau. Ces imperfections peuvent être partiellement réduites par la calibration du système, mais peuvent donner lieu à des erreurs importantes. La fréquence de rotation est de l'ordre de la centaine de hertz.
Le calcul des angles ellipsométriques pour ces deux types de systèmes permet d'obtenir $\tan\Psi$ et $\cos\Delta$. Il en résulte une indétermination sur le signe de Δ , qui est connu à 180° près. La précision sur Δ est donc faible dans les régions où Δ est égal à 0 ou 180°, régions correspondant aux applications sur substrat transparent, comme le verre ou le plastique. Enfin, Δ est le paramètre le plus sensible aux petites variations, comme les couches ultraminces, les couches à faible contraste d'indice ; ces deux technologies sont donc imprécises pour ce type d'applications avancées.
Un ellipsomètre à compensateur tournant est composé des mêmes éléments que l'ellipsomètre à annulation décrit précédemment, mais la lame quart d'onde est motorisée, tournant typiquement à quelques centaines de hertz. Ce type de système permet de s'affranchir de toutes les contraintes de polarisation au niveau de la source et du détecteur, mais nécessite un calibrage spectral du compensateur, ce qui est source d'erreurs systématiques sur la mesure.
L'équation du signal de ces ellipsomètres donne $\tan\Delta$, $\tan\Psi$; il en résulte que les angles ellipsométriques sont définis sans ambiguité.

Ellipsomètre à modulation de phase

Le montage optique inclut un modulateur photoélastique qui se trouve avant l'analyseur ; tous les éléments sont fixes, et la modulation de polarisation est effectuée grâce au modulateur qui est un élément biréfringent. Ce type d'ellipsomètre ne requiert donc aucune caractéristique particulière au niveau de la polarisation pour la source et le détecteur. Les mesures sont possibles sur une large gamme spectrale avec une grande rapidité d'acquisition. L'utilisation d'un modulateur photoélastique ne nécessite pas un alignement très précis (pas d'éléments en rotation). En revanche, cette technologie requiert une électronique performante, capable de réaliser l'acquisition et l'analyse des harmoniques d'ordre 0, 1 et 2 du signal modulé à une fréquence de 50 kHz. En outre, le modulateur est un élément chromatique qui nécessite d'être calibré en fonction de la longueur d'onde.
Cet ellipsomètre permet la mesure de $\tan\Delta$ et $\sin 2\Psi$. En utilisant deux configurations de mesure (rotation du modulateur), les angles ellipsométriques sont définis sans ambiguïté puisque la combinaison des deux mesures donne $\tan\Delta$ et $\tan\Psi$.
La description de cet ellipsomètre est développée dans les paragraphes suivants.

2.4.2. Description de l'ellipsomètre à modulation de phase

Les différents éléments optiques

La chaîne optomécanique de l'ellipsomètre à modulation de phase est représentée sur la figure 9.20.
Elle se compose des éléments suivants :
- **Une source de lumière.** La source utilisée est une lampe à arc xénon dont le spectre s'étend du proche infrarouge à l'ultraviolet (190-2 100 nm).

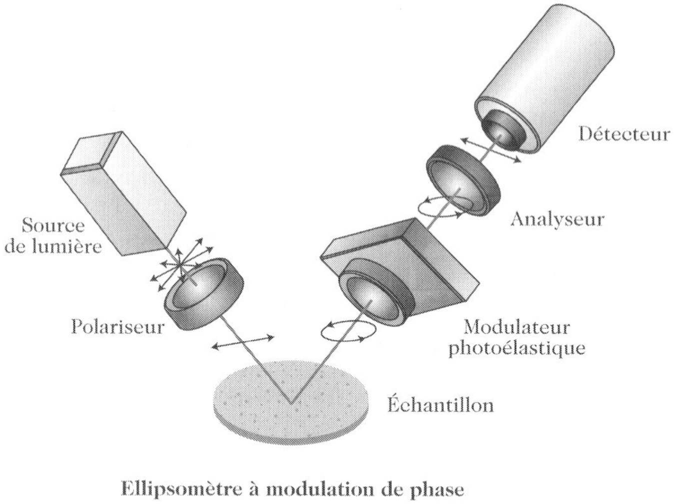

Figure 9.20. Chaîne optomécanique de l'ellipsomètre à modulation de phase UVISEL.

• **Un polariseur.** Un polariseur est un dispositif qui, lorsqu'il est éclairé par une lumière incidente quelconque, délivre une lumière dont l'état de polarisation est bien défini. Il s'agit d'un polariseur linéaire qui délivre une polarisation rectiligne. Il est caractérisé par un taux d'extinction de l'ordre de 10^{-5}. Le type Glan est utilisé pour couvrir une gamme spectrale visible (240-830 nm) ; le type Rochon est utilisé pour descendre dans l'ultraviolet (190 nm et moins).

• **Un modulateur photoélastique.** Le modulateur photoélastique est un barreau de silice parallélépipédique, fonctionnant par effet photoélastique (figure 9.21). Ses propriétés optiques sont modifiées lorsqu'on lui applique une contrainte. Si dans son état d'équilibre, le barreau est optiquement isotrope d'indice n_0, il devient biréfringent sous contrainte uniaxiale. L'axe de la contrainte définit un axe propre d'indice n_1. Dans un modulateur photoélastique, on fait varier la contrainte sinusoïdalement ; la biréfringence s'en trouve alors modulée à la pulsation ω. La modulation du barreau est obtenue par sa mise en résonance, entretenue par une ou plusieurs céramiques piézo-électriques reliées à l'électronique de commande, produisant cette contrainte de cisaillement. La fréquence de résonance du barreau est $f = \omega/2\pi = 50\,\text{kHz}$, permettant des acquisitions très rapides jusqu'à 1 ms/point.

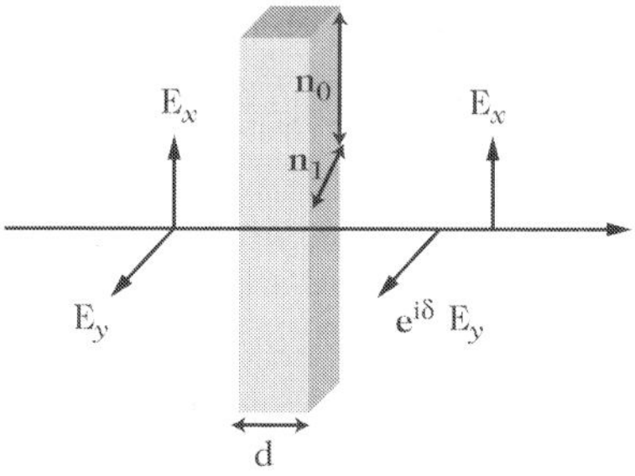

Figure 9.21. Schéma du principe du fonctionnement du modulateur photoélastique.

Le déphasage introduit entre les deux composantes du champ électrique $\vec{E}$ s'exprime alors par :

$$\delta(t) = A \sin \omega t$$

où $A = \dfrac{2\pi d(n_1 - n_0)}{\lambda}$

• **Un analyseur.** Identique au polariseur d'entrée, l'analyseur est situé dans le bras de sortie, après le modulateur photoélastique. Il va analyser l'état de polarisation du faisceau réfléchi.
• **Un monochromateur.** Le monochromateur placé à la suite de l'analyseur permet de sélectionner les longueurs d'onde issues de la source xénon. Un réseau motorisé est utilisé pour séparer les différentes longueurs d'onde du faisceau et diriger le faisceau de longueur d'onde choisie vers la fente de sortie. Le temps de mesure couvrant la gamme spectrale 190-2 100 nm est de l'ordre de cinq minutes. Le monochromateur a l'avantage de pouvoir contrôler le pas d'acquisition et la résolution spectrale, donnant une mesure très précise et reproductible. Sa position dans la chaîne optique peut entraîner un flux de lumière parasite, qui peut s'additionner au flux du faisceau ellipsométrique. Pour pallier cet inconvénient, une estimation du bruit ambiant est effectuée à chaque pas d'acquisition en obturant la source, ce qui permet de soustraire le flux parasite sous forme de composante continue.
• **Un détecteur.** Le détecteur va mesurer l'intensité de la lumière réfléchie sur l'échantillon à chaque longueur d'onde. Le monochromateur intègre un ou plusieurs détecteurs selon la gamme spectrale couverte par l'ellipsomètre. Le photomultiplicateur est utilisé pour la détection des spectres UV-visible 240-830 nm. Son gain est ajustable et permet d'obtenir un très bon rapport signal/bruit (très bonne linéarité et très grande dynamique). Une photodiode InGaAs est utilisée pour couvrir le proche infrarouge (850-2 100 nm).

Principe de la mesure

Nous allons donner ici le principe de base de la mesure pour un ellipsomètre à modulation de phase. On considère pour cela l'intensité lumineuse finale $I(\omega,t)$ recueillie au niveau du détecteur. Elle est proportionnelle au carré de l'amplitude du champ électrique $\overrightarrow{E}$ résultant de la traversée de toute la chaîne optique de l'ellipsomètre.
Son expression dans le formalisme de Jones est :

$$I(\omega,t)\alpha E_t E_t^* = I[I_0 + I_S \sin\delta(t) + I_C \cos\delta(t)] \quad \textbf{(9.16)}$$

avec :
• $I_0 = 1 - \cos 2\Psi . \cos 2A + \cos 2(P-M). \cos 2M.(\cos 2A - \cos 2\Psi) + \cos 2(P-M). \sin 2A. \sin 2M. \sin 2\Psi. \cos\Delta$
• $I_S = \sin 2(P-M). \sin 2A. \sin 2\Psi. \sin\Delta$
• $I_C = \sin 2(P-M).[\sin 2M.(\cos 2\Psi - \cos 2A) + \sin 2A. \cos 2M. \sin 2\Psi. \cos\Delta]$
Les configurations de mesure correspondent à des expressions simplifiées.
P – M = 45° et A = 45°.
Configuration II : M = 0°.
Configuration III : M = 45°.
On a alors :
• $I_0 = 1$
• $I_S = \sin 2\Psi. \sin\Delta$
• $I_C = \sin 2\Psi. \cos\Delta$ config. II
• $I_{C'} = \cos 2\Psi$ config. III
Le signal périodique S issu du photomultiplicateur est de la forme :

$$S(t) = S_0 + S_1 e^{i\omega t} + S_2 e^{2i\omega t} \quad \textbf{(9.17)}$$

Le formalisme de mesure réside dans l'identification des équations (9.16) et (9.17). Les étapes sont les suivantes :

- analyse harmonique du signal, qui permet d'extraire la composante continue S_0, le fondamental S_1 (50 kHz) et l'harmonique S_2 (100 kHz) ;
- calculs des différents coefficients correctifs ;
- détermination de I_0, I_S et I_C ;
- déduction des angles ellipsométriques Ψ et Δ .

Pour résumer : une onde incidente, polarisée linéairement, est envoyée en incidence oblique sur un échantillon. L'onde réfléchie, modulée et polarisée, est ensuite analysée par un deuxième analyseur.
On effectue une analyse harmonique du signal relative à la fréquence de modulation de la polarisation. La connaissance des amplitudes des différentes harmoniques permet de remonter aux angles ellipsométriques Ψ et Δ .

2.5. Analyses des données ellipsométriques

2.5.1. Approche générale

La difficulté pour l'utilisateur est moins dans l'instrumentation que dans l'analyse des données. L'ellipsométrie est une technique indirecte dans le sens où les paramètres mesurés (Ψ , Δ) ne sont pas les quantités physiques que nous souhaitons déterminer (épaisseur, indice de réfraction...) de l'échantillon. Un modèle mathématique est nécessaire pour les déterminer.
L'analyse d'un échantillon par ellipsométrie se fait en quatre étapes (figure 9.22).
1) La mesure des données ellipsométriques (Ψ_{exp}, Δ_{exp}) en fonction des longueurs d'onde.
2) La construction d'un modèle, qui décrit l'échantillon mesuré. L'échantillon est composé d'un nombre de couches discrètes et bien déterminées, possédant des valeurs d'épaisseur et de constantes optiques. Les valeurs initiales de ce modèle permettent donc de calculer les angles ellipsométriques (Ψ_{th}, Δ_{th}) de l'échantillon. À cette étape, nous sélectionnons les propriétés inconnues de l'échantillon comme paramètres d'ajustement (ou de *fitting*).
3) Le processus de *fit* est utilisé pour ajuster les paramètres sélectionnés de l'échantillon théorique aux données expérimentales mesurées de façon à obtenir le plus petit χ^2 possible, défini par l'équation suivante :

$$\chi^2 = \min \sum_{i=1}^{n} \left[\frac{(\Psi_{\text{th}} - \Psi_{\text{exp}})_i^2}{\Gamma_{\Psi,i}} + \frac{(\Delta_{\text{th}} - \Delta_{\text{exp}})_i^2}{\Gamma_{\Delta,i}} \right]$$

avec Γ l'erreur expérimentale sur les angles ellipsométriques.
Cette procédure de minimisation est basée sur des algorithmes mathématiques (*Levenberg-Marquardt, Simplex*) inclus dans le logiciel.
4) La détermination des propriétés de l'échantillon dépend des résultats du processus d'ajustement. Si ceux-ci ne sont pas satisfaisants (χ^2 élevé), un nouveau modèle ou de nouveaux paramètres doivent être utilisés jusqu'à ce que la meilleure description de l'échantillon soit obtenue. Dans l'exemple de la figure 9.22, l'addition d'une rugosité à la surface de la couche de TiO_2 entraîne une amélioration certaine du χ^2, qui passe de 2,1 à 1,6.

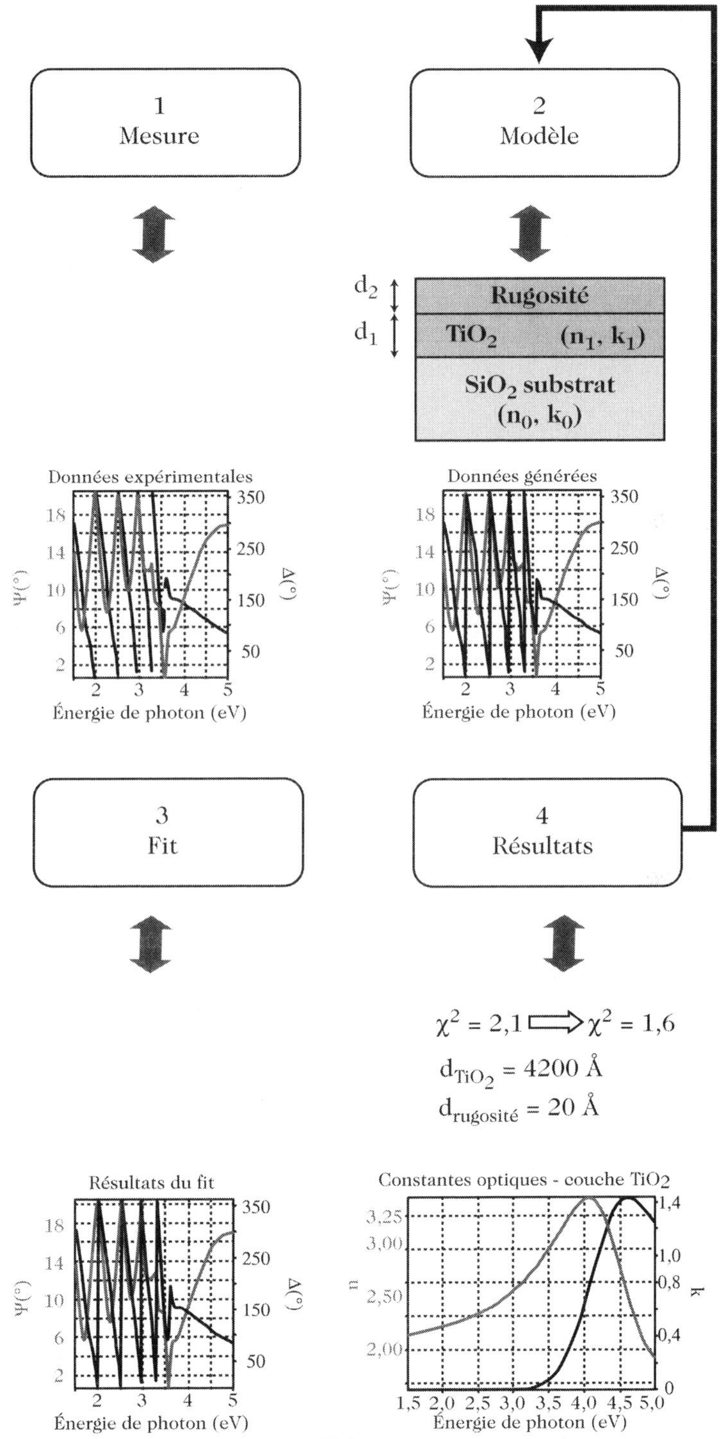

Figure 9.22. Schéma représentant les quatre étapes d'analyse d'un échantillon par ellipsométrie.

L'analyse des données ellipsométriques engendre des outils informatiques et mathématiques importants (bibliothèque de constantes optiques de matériaux, algorithmes de régression, calcul matriciel, modèles de dispersion, de mélange). Cependant, toute cette complexité ne transparaît pas aux yeux de l'utilisateur, qui ne fait que sélectionner leur utilisation à travers le logiciel.

Dans la pratique, la difficulté première de la modélisation consiste à initialiser les valeurs des paramètres à ajuster de manière à ce qu'ils ne soient pas trop éloignés de la solution finale. Cela nécessite de collecter un minimum d'informations sur l'échantillon mesuré (nombre de couches, matériaux, méthodes de dépôt...). En effet, plus les informations seront complètes, plus l'élaboration du modèle sera facilitée et permettra de le faire évoluer dans la bonne direction, comme ajouter une rugosité, une interface ou un gradient d'indice, etc.

2.5.2. Véracité des résultats

À la fin du processus d'ajustement, la valeur du χ^2 obtenue est le premier indicateur d'un bon ou mauvais modèle, de même que le graphe obtenu comparant la mesure expérimentale à l'ajustement du modèle théorique.

L'algorithme de régression donne une matrice de corrélation, ainsi qu'une estimation de l'incertitude sur chacun des paramètres (tableau 9.2).

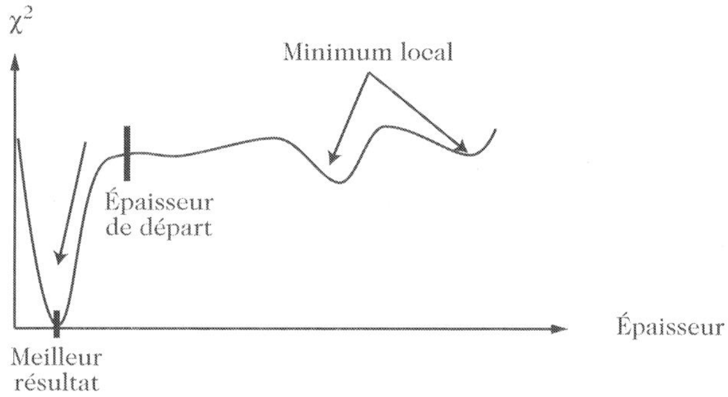

Figure 9.23. Explication du comportement de l'algorithme qui, à partir d'une épaisseur de départ, peut soit trouver le meilleur résultat indiqué par le plus faible χ^2, soit évoluer vers des minimum locaux qui peuvent donner une bonne approximation du résultat, mais qui n'est pas la meilleure solution.

Une forte corrélation entre les paramètres ajustés (valeur proche de 1) indique que la solution n'est pas unique, mais dépend explicitement des données initiales. On peut alors évoluer vers un minimum local (figure 9.23).

Dans ce cas, deux approches sont possibles.

- **Diminuer le nombre de paramètres ajustés.** La convergence de l'algorithme est d'autant plus difficile que le nombre d'inconnues est grand. En général, cette approche permet d'augmenter la répétabilité du processus d'ajustement. Il peut être utile également d'identifier les paramètres fortement corrélés et d'en fixer un ou plusieurs.
- **Augmenter le nombre de mesures indépendantes et les combiner.** Plus le nombre de données expérimentales utilisé est important sur l'échantillon, plus la corrélation entre les différents paramètres ajustés diminuera. Il existe différentes possibilités pour augmenter le nombre des données expérimentales : la variation de l'angle d'incidence consiste à effectuer des mesures à plusieurs angles d'incidence, un échantillon transparent peut être également mesuré en transmission, permettant de combiner (Ψ_{exp}, Δ_{exp}, T_{exp}).

Tableau 9.2. Exemple d'un rapport d'analyse obtenu pour une couche de SiN déposée sur c-Si.

χ^2 minimization on Is, Ic

$Is = Sin(2\Psi)\times Sin(\Delta)$, $Ic = Sin(2\Psi)\times Cos(\Delta)$
$\chi^2 = 0.272912$
Iterations Number = 52

Parameters

1) L1 Thickness [Å]		=	633.677 ± 1.192
2) sin_new_2	n^∞	=	2.0624500 ± 0.0225921
3) sin_new_2	ωg	=	4.0511840 ± 0.0361128
4) sin_new_2	fj	=	0.2953432 ± 0.0108736
5) sin_new_2	ω j	=	4.8043700 ± 0.1590894
6) sin_new_2	Γj	=	2.2623150 ± 0.0751214

Correlation matrix

=1=	=2=	=3=	=4=	=5=	=6=
1.000	0.398	0.114	0.042	−0.529	−0.017
	1.000	0.506	0.584	−0.929	0.427
		1.000	0.844	−0.180	0.543
			1.000	−0.284	0.882
				1.000	−0.197
					1.000

Initial data for fit

Model File : wafer8_lpcvd-nitrid.mdl
Fitting Choice : Default
Fitting Routine : Simple Fit
Experimental file : wafer8.spe

Spectrum

Range : 1.5000 - 4.7000 eV
Increment : 0.0500 eV
Points Number : 65

Finalement, une règle élémentaire à suivre est que la solution doit avoir un sens physique : mathématiquement, on peut obtenir un bon résultat, mais qui n'est pas réaliste, tel que des épaisseurs nulles ou négatives, des constantes optiques qui ne sont pas physiques.

2.6. Applications

2.6.1. Caractérisation de l'adsorption de protéine sur une surface

Le complexe biotine-avidine est largement étudié dans le cadre des puces à ADN. Ces grosses protéines possèdent chacune quatre sites de reconnaissance indépendants qui sont utilisés pour immobiliser facilement un grand nombre de biomolécules comme des protéines, des enzymes, sans avoir recours à des agents chimiques.

L'ellipsométrie a été utilisée en deux temps afin de caractériser l'épaisseur de la couche de biotine déposée, puis l'assemblage biotine-avidine. La mesure a été effectuée sur la gamme 260-830 nm à un angle d'incidence de 70°.

Le modèle utilisé consiste en une monocouche de biotine déposée sur un substrat de c-Si (figure 9.24). Une épaisseur de 38 Å est trouvée après l'ajustement ; les propriétés optiques sont gardées fixes lors du *fitting* (figure 9.25).

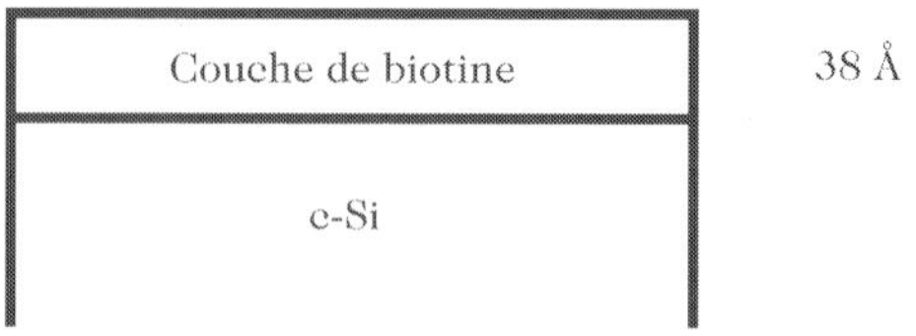

Figure 9.24. Modèle utilisé pour l'analyse de l'échantillon biotine/c-Si.

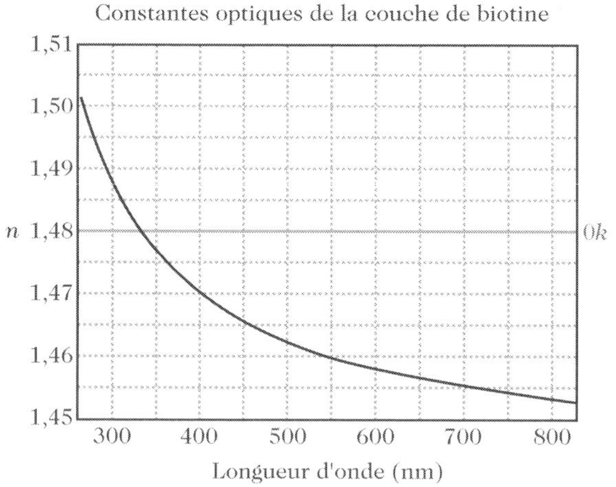

Figure 9.25. Propriétés optiques de la couche de biotine fixées durant l'étape de *fit*.

Le complexe biotine-avidine a été caractérisé en milieu aqueux. La mesure a été effectuée au sein d'une cellule contenant l'échantillon immergé dans l'eau déminéralisée.

Un modèle monocouche a été également utilisé, tenant compte du milieu ambiant différent (ici l'eau déminéralisée).

L'épaisseur de la couche trouvée est de 62 Å, ce qui montre la grande affinité de la biotine envers l'avidine. Le résultat du *fit* montre le très bon accord entre le modèle utilisé (ligne) et la mesure expérimentale (étoiles) illustré par la figure 9.26.

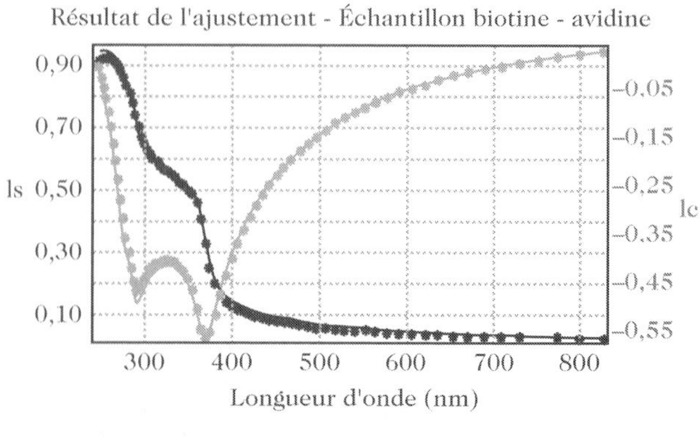

Figure 9.26. Résultat de la procédure d'ajustement.

2.6.2. Suivi cinétique de l'adsorption de la protéine BSA sur différentes surfaces

La cellule liquide contient le substrat et est remplie par une solution de PBS (*Phosphate Buffered Saline*) (annotation ① sur les figures 9.27, 9.28 et 9.29). Puis la

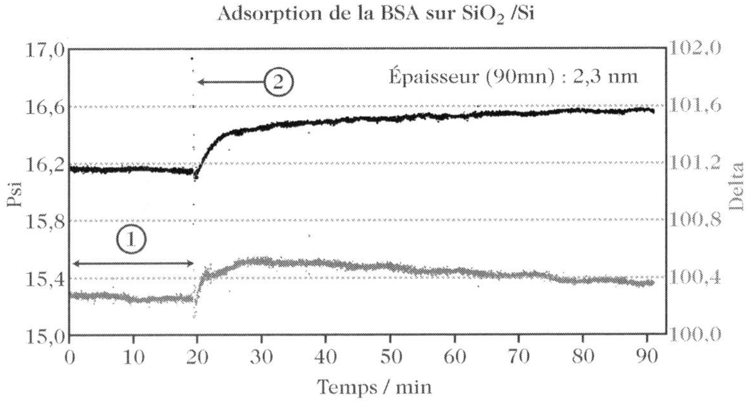

Figure 9.27. Suivi cinétique de l'adsorption de la protéine BSA sur une interface de SiO_2.

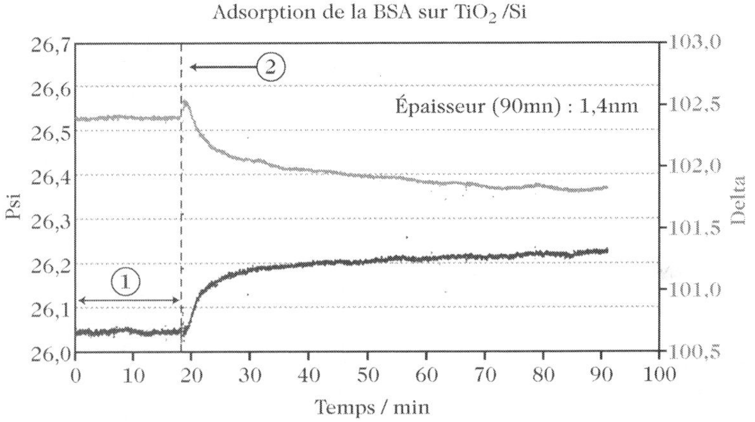

Figure 9.28. Suivi cinétique de l'adsorption de la protéine BSA sur une interface de TiO_2.

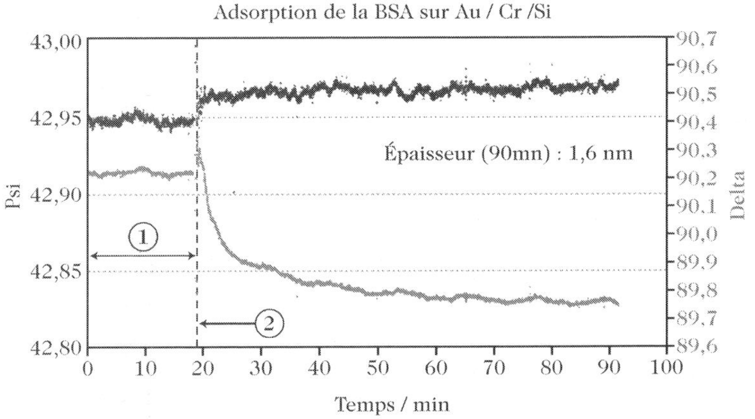

Figure 9.29. Suivi cinétique de l'adsorption de la protéine BSA sur une interface de Au.

solution de protéine de sérum albumine bovine (BSA) est introduite de façon à obtenir une concentration finale de protéine de 0,1 mg/L (annotation ② sur les figures 9.27, 9.28 et 9.29). Le suivi cinétique des angles (Ψ_{exp}, Δ_{exp}) permet de caractériser l'évolution de l'adsorption de la protéine sur la surface. Cette étude montre une interaction préférentielle de la protéine pour une surface recouverte d'une couche de silice.

2.6.3. Caractérisation d'une couche d'ADN déposée sur de l'or

Les échantillons consistent en une fine couche d'ADN déposée sur de l'or. Les chaînes d'ADN composées d'un nombre de bases différents (15, 25 ou 35 bases) sont de différentes longueurs. La réalisation d'un biocapteur optique nécessite la caractérisation précise de l'épaisseur de la couche d'ADN.
Deux difficultés caractérisent ce type d'applications : des couches ultraminces et un indice de réfraction inconnu. L'ajustement simultané des deux paramètres engendre souvent une forte corrélation, indiquant que la solution n'est pas unique. Le tableau 9.3 résume les épaisseurs trouvées pour les différentes chaînes d'ADN en fonction de l'indice de réfraction considéré gardé fixe pendant la procédure de *fitting* (seule l'épaisseur est autorisée à varier).

Tableau 9.3. Épaisseur de la couche d'ADN en fonction de l'indice de réfraction.

	Épaisseur (Å) de la couche d'ADN		
Indice de réfraction de la couche (*n* à 633 nm)	Chaîne ADN composée de 15 bases	Chaîne ADN composée de 25 bases	Chaîne ADN composée de 35 bases
1,4	35	27	15
1,45	33	25	13
1,47	32	24	13
1,50	30	23	12

2.6.4. Caractérisation d'un capteur à base de carbone nanotube

La structure (figure 9.30) est composée d'une fine couche d'ITO (*Indium Tin Oxide*) servant d'électrode, sur laquelle est déposée une couche épaisse de carbone nanotube (CNT). De par leurs formes tubulaires, les nanotubes de carbone introduisent une anisotropie au sein de la couche. Il s'agit d'une anisotropie uniaxe perpendiculaire à la surface. On peut remarquer un indice de réfraction particulièrement bas, caractéristique des nanotubes, ainsi qu'une absorption non négligeable pour l'axe extraordinaire dans le proche infrarouge. Les propriétés optiques de la couche de CNT (figure 9.31) ont été

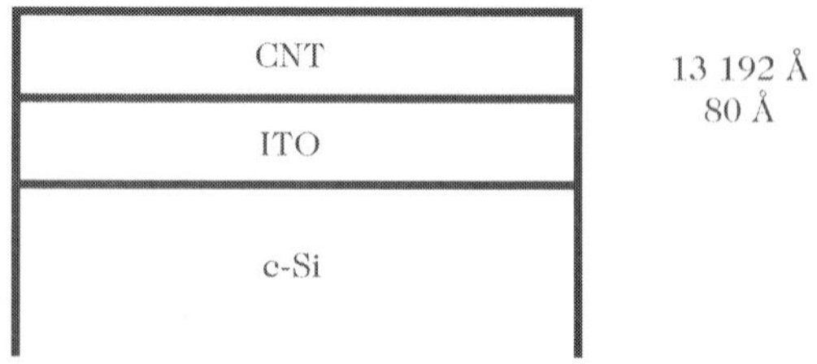

Figure 9.30. Modèle utilisé pour l'analyse de l'échantillon CNT/ITO/c-Si.

modélisées en utilisant un oscillateur de Lorentz absorbant, dont la formule est la suivante :

$$\varepsilon = \varepsilon_\infty + \frac{(\varepsilon_s - \varepsilon_\infty)\omega_t^2}{\omega_t^2 - \omega^2 + i\Gamma_0\omega}$$

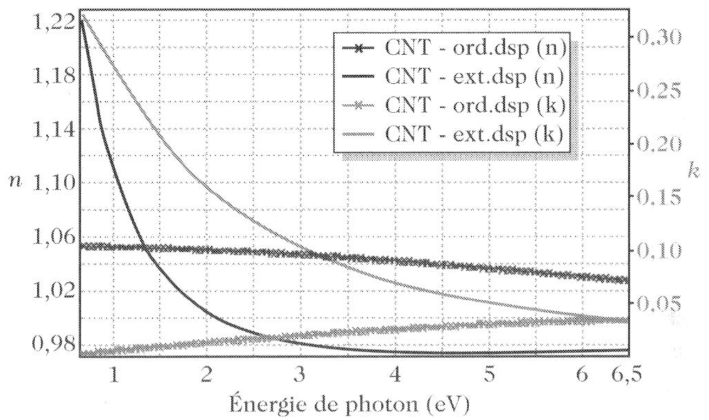

Figure 9.31. Propriétés optiques de la couche de carbone nanotube.

La figure 9.32 montre le très bon accord entre les données expérimentales et le modèle utilisé.

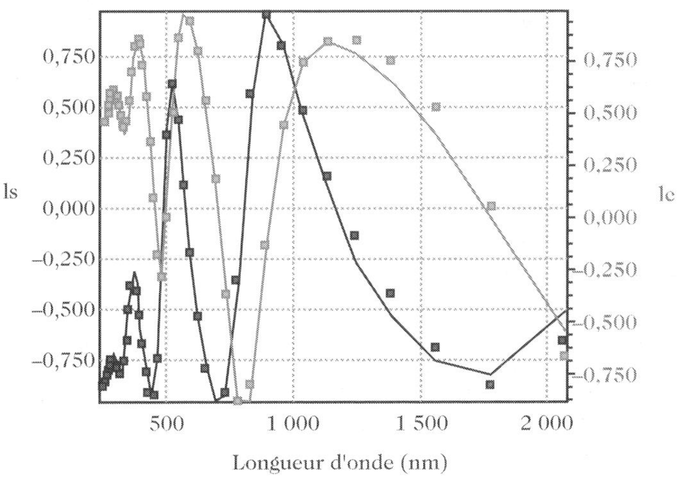

Figure 9.32. Résultat de la procédure d'ajustement.

2.6.5. Caractérisation d'une couche de Langmuir-Blodgett (LB) photosensible

L'application générale de cette analyse porte sur une meilleure compréhension des phénomènes physico-chimiques impliqués dans certains phénomènes biologiques (tels que la formation des lésions cancérigènes de l'ADN induites par le rayonnement UV ou encore la formation des structures secondaires des protéines).

L'échantillon consiste en une couche mince de Langmuir-Blodgett déposée sur du quartz. Cette couche est photosensible au-delà de 2,6 eV. Un très bon résultat de *fit* est obtenu (χ^2 = 0,22) sur la gamme 0,6-2,3 eV pour un modèle à deux couches présentant une interface dense. L'épaisseur totale du film est de 555 Å (figure 9.33).

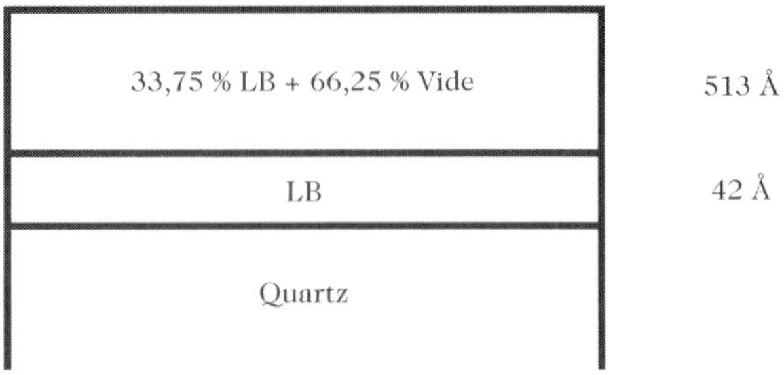

Figure 9.33. Modèle utilisé pour l'analyse de l'échantillon LB/quartz.

La décorrélation des paramètres ainsi qu'une meilleure description des pics d'absorption de la couche sont apportées par l'ajustement simultané sur trois données expérimentales (Is, Ic, T) (figure 9.34).

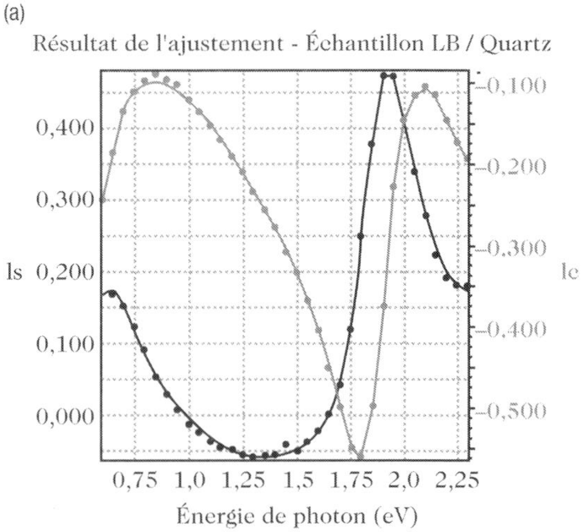

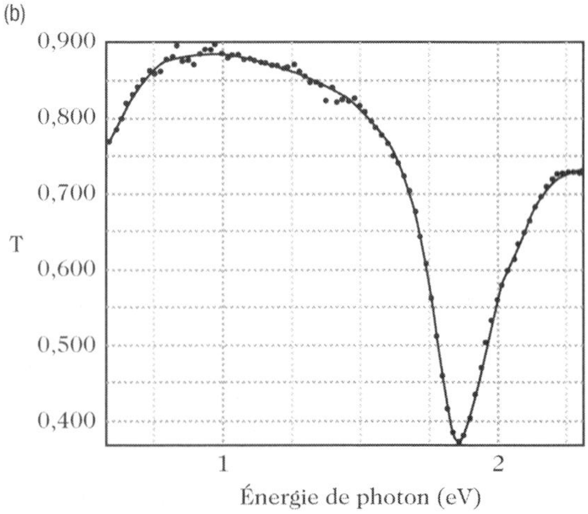

Figure 9.34. Résultat de la procédure d'ajustement en utilisant **a)** la mesure ellipsométrique (Is, Ic) et **b)** la mesure en transmission (T) en fonction de la longueur d'onde.

Un quadruple oscillateur de Lorentz absorbant a été utilisé pour déterminer les constantes optiques de la couche de Langmuir-Blodgett (figure 9.35).

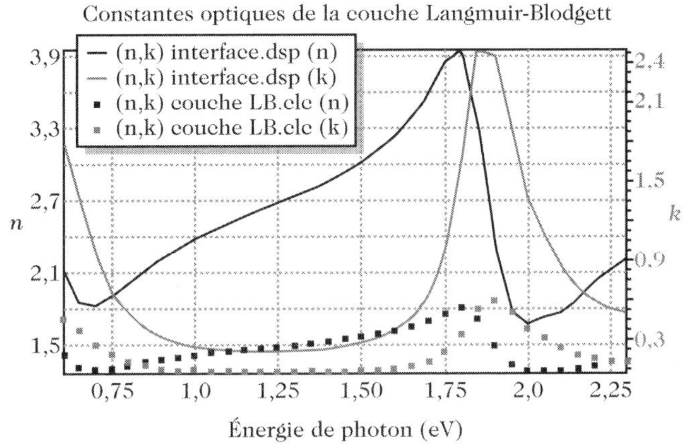

Figure 9.35. Propriétés optiques de la couche de Langmuir-Blodgett. La figure illustre bien l'inhomogénéité de la couche en profondeur, avec des constantes optiques beaucoup plus fortes à l'interface qu'en haut de la couche.

2.7. Conclusion

Les applications bio-nanotechnologiques sont fortement demandeuses de techniques non destructives pour la caractérisation des phénomènes d'interface entre le substrat et les matériaux biologiques.

L'ellipsométrie apporte dans ce domaine de nombreux avantages : détection des épaisseurs de l'ordre de l'angström, suivi cinétique, travail en milieu ambiant ou liquide. La principale limitation vient à l'heure actuelle des valeurs initiales de l'indice de réfraction des matériaux biologiques. Ces indices sont souvent non répertoriés dans la littérature, de par l'expérience de la technique qui est encore récente dans ce domaine ; il est conseillé de n'ajuster que les épaisseurs et de garder l'indice de la couche fixe, avec une valeur moyenne qui se situe souvent aux environs de $n = 1{,}5$.

3. Spectroscopie optique par guide d'ondes

3.1. Généralités sur les biosenseurs optiques

La spectroscopie optique par guide d'ondes est une méthode d'analyse de surface qui repose sur la propagation d'une onde évanescente le long d'une interface solide-liquide lorsque l'indice de réfraction de la phase solide est supérieur à celui de la phase liquide et lorsque l'angle d'incidence de l'onde sur la surface est supérieur à l'angle limite pour la réflexion totale. Cette méthode a été mise au point vers le milieu des années 1980 à l'École Polytechnique Fédérale de Zürich [98]. De par son principe, cette méthode d'analyse est appropriée pour servir en tant

que biosenseur [99], puisqu'un grand nombre d'interactions relevantes pour la biologie se produisent à une interface solide-liquide.
Il existe plusieurs grands types de biosenseurs, basés sur des modes d'analyse différents. On distingue [100] :
– **les biosenseurs basés sur un mode de détection électrique**. Ce type de détection peut être employé lorsque le produit d'une réaction enzymatique est oxydé ou réduit et que le courant ou le changement de capacité interfaciale qui en résulte est enregistré ;
– **les biosenseurs basés sur un mode de détection thermique** : la chaleur de réaction produite (au sens algébrique) lors d'un phénomène de reconnaissance biologique est enregistrée à l'aide d'un thermocouple ;
– **les biosenseurs mécaniques** dans lesquels les phénomènes de liaison entre un ligand et un récepteur se manifestent par un changement de fréquence propre d'un cristal piézo-électrique sur lequel l'un des partenaires de la liaison est greffé. Les détecteurs basés sur la microbalance à cristal de quartz font partie de cette famille (voir le paragraphe 6) ;
– **les biosenseurs interférométriques**, basés notamment sur des interféromètres de Mach- Zender ;
– **les biosenseurs optiques** pour lesquels les changements de composition d'une interface se traduisent par une modification de leur réflectivité. La spectroscopie des plasmons de surface, la spectroscopie infrarouge ou de fluorescence en mode réflexion totale atténuée, la réflectométrie à balayage angulaire, les différentes techniques ellipsométriques et la spectroscopie des modes propres couplés dans un guide d'ondes font partie de cette famille de biosenseurs optiques.
Nous étudierons en détail la spectroscopie des modes propres couplés dans un guide d'ondes à optique intégrée. Il est néanmoins utile de rappeler brièvement quelques points communs à tous les biosenseurs optiques.

- La plupart d'entre eux permettent d'étudier des molécules non modifiées par des marqueurs fluorescents ou radioactifs.

- On peut suivre non seulement la cinétique de fixation d'un ligand soluble sur son récepteur immobilisé à la surface du substrat solide, mais également la cinétique de désorption du ligand. Cette caractéristique du guide d'ondes à optique intégrée est commune aux appareils à résonance des plasmons de surface et à l'ellipsométrie *in situ*.

Les phénomènes étudiés se produisent à une interface solide-liquide. Pour cette raison, la constante d'affinité apparente obtenue n'est pas directement comparable à sa valeur obtenue en milieu homogène (par des expériences de dialyse à l'équilibre ou par divers types de spectroscopies). En effet, la concentration du ligand en contact avec la surface n'est pas forcément identique à la concentration en solution homogène loin de l'interface. La concentration du ligand dans un film liquide mince au voisinage de l'interface diminue lors du processus de fixation, mais augmente par suite de la diffusion du cœur de la solution vers ce film. La prise en compte de la diffusion et également de la convection (agitation dans la cuvette de mesure, flux de la solution au-dessus de la surface du biosenseur) sont nécessaires pour la description détaillée des processus de fixation. Ces contraintes sont communes à tous les biosenseurs.

Notons que dans le cas de la spectroscopie des plasmons de surface, où l'on utilise encore souvent un gel immobilisé sur la surface d'or, on peut greffer les molécules de récepteur sur les groupes actifs du gel, qui joue alors le rôle de réservoir tridimensionnel de ces molécules. Cela a pour effet de rapprocher les conditions de mesure des conditions effectives qui règnent au sein d'un milieu biologique et aussi d'augmenter la sensibilité de l'analyse (car on augmente le nombre de molécules de récepteur par rapport à la situation où ces molécules sont greffées sur un substrat plan). En revanche, cela augmente considérablement la difficulté de l'analyse du signal, du fait de la modification du transport des molécules d'analyte à travers les pores du gel par rapport à la solution aqueuse [101].

3.2. Principe physique de la spectroscopie optique des modes propres couplés dans un guide d'ondes

3.2.1. Caractéristiques optiques d'un film de biomolécules liées à une interface

La quantité de biomolécules fixées à une interface est donnée par la quantité d'excès de Gibbs :

$$\Gamma = \int_0^{\infty} \left[C_A(z) - C_{bulk}\right] dz \quad \textbf{(9.18)}$$

où l'axe z est l'axe perpendiculaire au plan moyen de l'interface (figure 9.36). La détermination de Γ, qui représente le nombre ou la masse de molécules fixées par unité de surface, nécessite donc la connaissance du profil de concentration interfacial, $C_A(z)$. Dans l'équation (9.18), C_{bulk} représente la concentration en molécules d'intérêt au cœur de la solution, c'est-à-dire loin de la surface d'étude. Le plus souvent, lorsque l'on étudie la fixation de biomolécules à une interface solide-liquide, on assimile ce profil de concentration à un profil en créneau : la concentration en biomolécules déposées est constante et égale à C_A pour z variant de 0 à d_A, où d_A correspond à l'une des dimensions géométriques de la biomolécule étudiée (le rayon hydrodynamique d'une protéine, la valeur de son grand axe ou de son petit axe si la protéine peut être assimilée à un ellipsoïde, la longueur d'un brin d'ADN immobilisé à l'interface, etc.) (figure 9.36). Le plus souvent, ce profil de concentration en créneau est justifié par la nature compacte des biomolécules comme les protéines ou l'ADN.

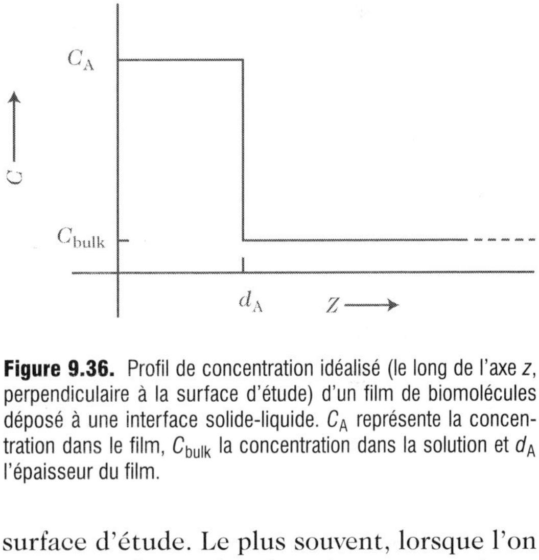

Figure 9.36. Profil de concentration idéalisé (le long de l'axe z, perpendiculaire à la surface d'étude) d'un film de biomolécules déposé à une interface solide-liquide. C_A représente la concentration dans le film, C_{bulk} la concentration dans la solution et d_A l'épaisseur du film.

Si l'on suppose de plus que $C_A \gg C_{bulk}$ dans l'équation (9.18), la quantité de molécules déposées par unité de surface s'écrit :

$$\Gamma = C_A d_A \quad \textbf{(9.19)}$$

Mais la concentration du soluté au sein du film mince adsorbé est directement proportionnelle à l'indice de réfraction de la solution contenue dans ce film

[102, 103] :

$$n_A = n_C + C_A dn/dc \quad \textbf{(9.20)}$$

Dans la relation (9.20), n_C est l'indice de réfraction de la solution d'analyte et dn/dc le taux de variation de l'indice de réfraction du soluté avec la concentration dans le solvant. La validité de cette relation a été démontrée expérimentalement [104]. Si l'on reporte la relation (9.20) dans la relation (9.19), on obtient :

$$\Gamma = \frac{(n_A - n_C)\, d_A}{dn/dc} \quad \textbf{(9.21)}$$

Cette relation implique que la détermination du nombre de molécules déposées par unité de surface lors du processus de reconnaissance moléculaire entre un récepteur immobilisé et un ligand soluble nécessite la mesure de n_A, d_A, n_C et dn/dc. L'indice de réfraction du solvant pur et la valeur de dn/dc sont mesurés de façon indépendante à l'aide d'un réfractomètre (il est conseillé de faire ces mesures à la même longueur d'onde que celle délivrée par la source du biosenseur optique afin de s'affranchir des effets de dispersion). La mesure optique consiste donc à déterminer les valeurs de l'indice n_A et de l'épaisseur optique d_A du film adsorbé. Il s'agit donc de déterminer **deux** inconnues. Notons que pour un film déposé présentant une anisotropie optique, il faut déterminer deux indices de réfraction pour un film biaxial (une bicouche lipidique par exemple) ou trois indices de réfraction pour un milieu triaxial.
On peut s'interroger sur la validité de l'équation (9.21), qui repose sur le profil de concentration lié au profil d'indice de réfraction représenté sur la figure 9.36. Il a cependant été démontré que le produit $(n_A - n_C)\, d_A$ représente un invariant optique, c'est-à-dire une grandeur physique qui ne dépend pas du profil d'indice de réfraction choisi pour modéliser l'interface [105]. Si l'on peut douter des valeurs individuelles calculées pour n_A et d_A, qui reposent effectivement sur un modèle d'interface ne correspondant pas nécessairement à la réalité, la valeur du produit $(n_A - n_C)\, d_A$ est robuste. Intéressons-nous maintenant à la détermination des valeurs de n_A et de d_A par spectroscopie optique par guide d'ondes.

3.2.2. Principe et description de la technique de la spectroscopie par guide d'ondes

Dans la spectroscopie optique par guide d'ondes, un faisceau lumineux monochromatique est envoyé sur un réseau de diffraction incorporé dans un guide d'ondes (F). Le guide, déposé sur un substrat de silice (S), est constitué d'un milieu de haut indice de réfraction, typiquement fait d'un mélange de silice et de dioxyde de titane [107]. Il est au contact d'une solution (C) (solution aqueuse dans notre cas) contenant le soluté dont on désire étudier la fixation à l'interface solide-liquide. L'indice de réfraction n_F du guide est supérieur à l'indice n_S du substrat en silice, qui est lui-même supérieur à l'indice n_C de la solution. Nous noterons d_F l'épaisseur du film guide d'ondes. Une couche supplémentaire (A), d'épaisseur d_A et d'indice de réfraction n_A, est généralement déposée sur le guide d'ondes. Cette couche constitue l'objet d'étude (dans notre laboratoire, il s'agit d'une multicouche de polyélectrolytes ou de polypeptides). L'ensemble du dispositif est schématisé sur la figure 9.37.
Le faisceau laser arrive à l'interface silice-air sous un angle d'incidence α. Nous noterons z l'axe perpendiculaire au guide et x l'axe perpendiculaire à z et situé

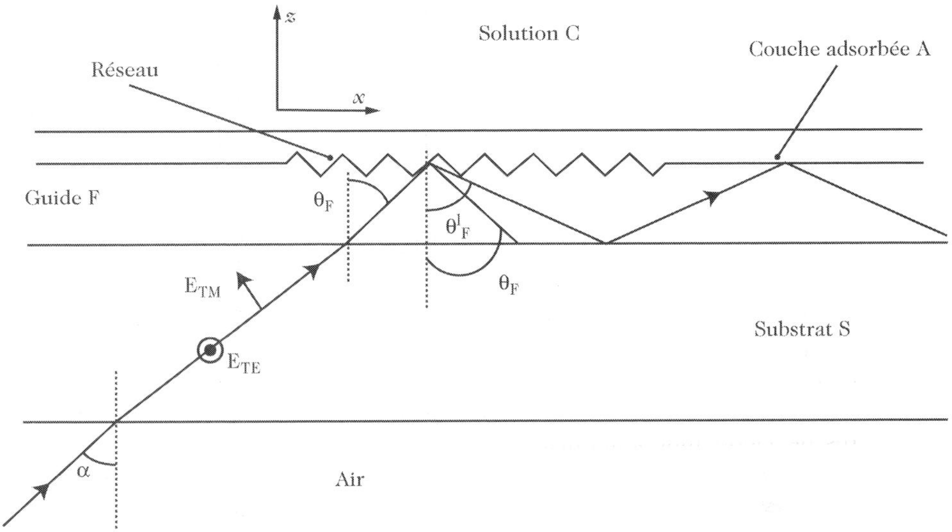

Figure 9.37. Schéma de principe de la constitution du spectromètre utilisé en spectroscopie optique par guide d'ondes. Les directions z et x correspondent à la direction perpendiculaire au plan de l'interface et à la direction de propagation le long du guide d'ondes, respectivement. Les deux composantes du champ électrique correspondant aux deux polarisations « transverse électrique » (TE) et « transverse magnétique » (TM) ont été indiquées. α et θ_F sont les angles d'incidence à l'interface air-verre et verre-film guide d'ondes, respectivement.

dans le plan d'incidence (voir la figure 9.37). Le faisceau laser est réfracté aux interfaces air-silice et silice-guide. Le faisceau incident est caractérisé par un vecteur d'onde $\overrightarrow{k}$, dont la composante k_x a pour expression :

$$k_x = \frac{2\pi}{\lambda} n_{air} \sin \alpha \tag{9.22}$$

Le vecteur d'onde ainsi que les autres grandeurs caractéristiques d'une onde électromagnétique sont définis en annexe A, à la fin de ce paragraphe 3.
Lors de chaque réfraction, la composante k_x du vecteur d'onde reste inchangée. Par conséquent, le faisceau laser arrive sur le réseau de diffraction du guide sous un angle θ_F (voir la figure 9.37), tel que :

$$n_F \sin \theta_F = n_{air} \sin \alpha \tag{9.23}$$

Le réseau de diffraction présent dans le film guide d'ondes diffracte la lumière, non seulement dans la direction $\theta = \theta_F$, mais également dans d'autres directions θ_F^l, telles que :

$$N = n_F \sin \theta_F^l = n_{air} \sin \alpha + \frac{l\lambda}{\Lambda} \tag{9.24}$$

où l est un entier appelé l'ordre de diffraction, λ représente la longueur d'onde du faisceau incident et Λ représente le pas du réseau de diffraction intégré dans le film guide d'ondes.
Lorsque l'un des faisceaux diffractés se propage dans le guide, il y a couplage entre le faisceau incident et le guide. La composante k_x du vecteur d'onde de l'onde

diffractée est alors égale à :

$$k_{x,F} = \frac{2\pi}{\lambda}N = k_0.N \tag{9.25}$$

La propagation de l'onde dans le guide peut être considérée comme une succession de réflexions sur les deux interfaces du guide (voir la figure 9.37). Lors de chaque réflexion, il y a un changement de phase de l'onde réfléchie. Soient $\Phi_{S,F}$ et $\Phi_{F,C}$ les déphasages introduits lors des réflexions respectivement aux interfaces silice-guide et guide-solution (ou guide-couche adsorbée dans le cas où un film de biomolécules est déposé sur le guide). Pour obtenir la propagation de l'onde diffractée dans le guide, il faut qu'il y ait des interférences constructives entre le faisceau initial et le faisceau réfléchi aux interfaces S/F et F/C. Cela impose la relation :

$$2k_{z,F}\, d_F + \Phi_{S,F} + \Phi_{F,C} = 2\pi m \tag{9.26}$$

où m est un entier appelé l'ordre du guide et $k_{z,F}$ représente la composante en z du vecteur d'onde de l'onde diffractée. D'autre part, la composante $k_{z,F}$ vérifie la relation :

$$k_{z,F}^2 + k_0^2 N^2 = n_F^2\, k_0^2 \tag{9.27}$$

qui découle directement de l'équation d'onde d'une onde électromagnétique. L'équation d'onde d'une onde électromagnétique, ainsi que les équations de continuité des champs électrique et magnétique lors d'une réflexion à une interface solide-liquide, sont données en annexe A, à la fin de ce paragraphe 3.

Toute onde électromagnétique peut être décomposée en une onde polarisée perpendiculairement au plan d'incidence, appelée onde transverse électrique (TE) ou onde s, et une onde polarisée dans le plan d'incidence, appelée onde transverse magnétique (TM) ou onde p. Si un film est déposé à la surface du guide, les déphasages induits par les réflexions successives dépendent non seulement de l'épaisseur et de l'indice de réfraction du film, mais également de la polarisation de l'onde considérée.

En spectroscopie optique par guide d'ondes, le faisceau laser hélium-néon (HeNe, $\lambda = 632{,}8$ nm), incident sur la surface du guide, est polarisé linéairement, mais contient les deux composantes TE et TM (voir la figure 9.37). Un balayage de l'angle d'incidence α est alors effectué. Pour cela, le guide d'ondes et la cellule d'injection, dans laquelle circule la solution tampon ou la solution contenant les biomolécules à adsorber, sont montés sur un goniomètre, lui-même placé sur une platine motorisée. La réalisation expérimentale de ce principe est représentée sur la figure 9.38.

Pour la plupart des angles d'incidence, la relation (9.26) n'est pas vérifiée. Les ondes diffractées ne peuvent donc pas se propager dans le guide. Mais lorsque l'angle d'incidence α atteint la valeur pour laquelle cette relation est vérifiée, il y a couplage entre l'onde incidente et le guide. Un détecteur (photodiode) placé à chacune des deux sorties du guide permet de mesurer l'intensité de la lumière qui se propage dans le guide et donc de déterminer les angles de couplage relatifs aux deux polarisations. Nous travaillons avec des guides monomodes, dans lesquels seul le mode correspondant à $m = 0$ peut se propager. Par ailleurs, les réseaux imprimés sur le guide sont tels que seul l'ordre 1 ($l = 1$) peut être diffracté. Il existe un angle de couplage pour chacune des polarisations TE et TM. À chaque angle de couplage correspond un indice effectif de réfraction N_{TE} ou N_{TM}, suivant

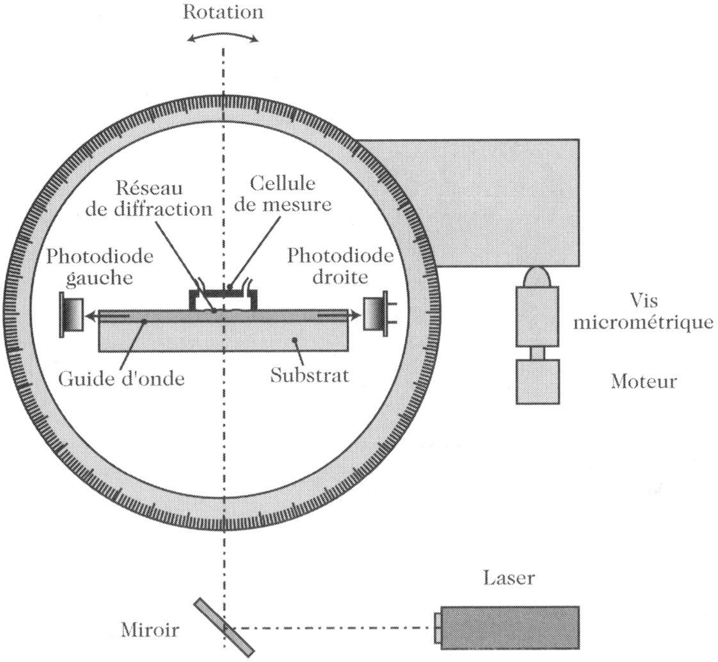

Figure 9.38. Schéma du montage expérimental permettant le couplage des ondes TE et TM dans un guide d'ondes plan. Un ordinateur contrôle le moteur qui permet de faire tourner la cellule de mesure avec les photodiodes. Lorsque les conditions de couplage sont remplies, le faisceau diffracté par le réseau se propage dans le guide jusqu'aux photodiodes. Pour déterminer les angles de couplage, l'appareil effectue un balayage de –8 à +8 degrés par rapport à un angle de référence arbitraire et mesure les quatre angles de couplage (deux pour la polarisation TE et deux pour la polarisation TM) : les valeurs absolues moyennes des angles (TE ou TM) correspondent aux deux angles de couplage.

qu'il s'agit de l'angle relatif à la polarisation TE ou TM. Comme le guide d'ondes est symétrique, en balayant l'angle d'incidence entre deux valeurs symétriques ($-\alpha_{max}$, $+\alpha_{max}$), on trouve deux angles de couplage pour chaque polarisation, l'un à droite du guide, l'autre à gauche. La moyenne de la valeur absolue de ces deux angles fournit avec précision la valeur de l'angle de couplage, sans qu'il soit nécessaire de déterminer le zéro de notre appareil. Un exemple de spectre est représenté dans l'insert de la figure 9.39.

3.2.3. Traitement du signal

Il faut d'abord effectuer le traitement du signal en l'absence de film, afin de déterminer les caractéristiques du seul guide d'ondes, à savoir son indice de réfraction n_F et l'épaisseur du film, d_F, qui constitue à proprement parler le guide d'ondes. Cette étape sert de calibration. On adsorbe ensuite les molécules considérées et on détermine les nouvelles valeurs de N_{TE} et N_{TM} lors de l'adsorption. Ces valeurs de N_{TE} et de N_{TM} sont directement calculées à partir des valeurs des angles d'incidence qui permettent le couplage d'une onde dans le guide. Le balayage du guide est effectué périodiquement, ce qui permet un enregistrement régulier des valeurs de N_{TE} et de N_{TM}. La périodicité de ces mesures conditionne la résolution temporelle de l'appareil. Notre appareil, construit à l'Unité 595 de l'INSERM, possède

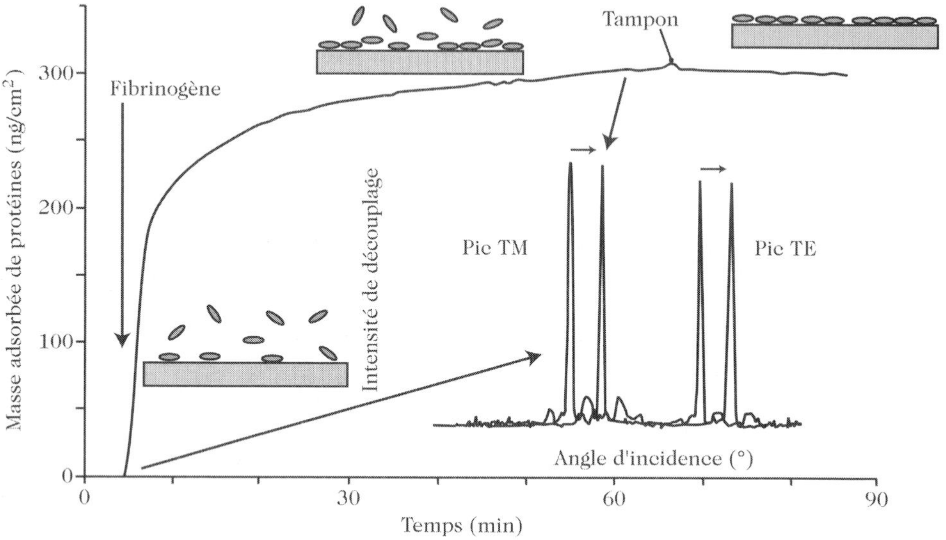

Figure 9.39. Évolution de la position des pics TE et TM (en insert) et évolution de la concentration surfacique lors de la mise en contact de la surface du guide d'ondes avec une solution de protéines. Lorsque les positions des pics, α_{TE} et α_{TM}, ne changent plus avec le temps, la quantité de molécules adsorbées a atteint une valeur constante.

une résolution temporelle de l'ordre de 100 s. Les valeurs successives de N_{TE} et de N_{TM} permettent de déterminer l'indice et l'épaisseur du film en fonction du temps. En considérant le substrat de silice (indice n_{S}), le guide (indice n_{F}) et la solution (indice n_{C}) qui circule au-dessus de la surface, l'équation de phase s'écrit pour les deux polarisations :

$$2k_{\text{z,F}}\, d_F + \Phi_{\text{F,S}} + \Phi_{\text{F,C}} = 0 \tag{9.28}$$

Dans le guide F, l'onde subit la réflexion totale interne et les composantes des vecteurs d'onde sont réelles. Dans les deux milieux S et C, le champ est évanescent et le vecteur d'onde est imaginaire pur. Le coefficient de réflexion r d'une interface est défini par :

$$r = \frac{E_{\text{r}}}{E_{\text{i}}} \tag{9.29}$$

avec E_{i} et E_{r} les amplitudes respectives du champ électrique de l'onde incidente et de l'onde réfléchie par l'interface. Ce coefficient est un nombre complexe qui s'écrit :

$$r = |r| \exp(i\Phi) \tag{9.30}$$

avec Φ le déphasage entre l'onde incidente et l'onde réfléchie et $|r| = 1$, puisque la réflexion de l'onde est totale. Les coefficients de réflexion aux interfaces F/C et S/F s'écrivent donc :

$$\begin{aligned} r_{\text{F,C}} &= \exp(i\Phi_{\text{F,C}}) \\ r_{\text{F,S}} &= \exp(i\Phi_{\text{F,S}}) \end{aligned} \tag{9.31}$$

Ces coefficients de réflexion ainsi que les déphasages sont calculés suivant la méthode des matrices [106, 108].

Les composantes des vecteurs d'onde, perpendiculaires à l'interface, ont donc comme expressions :

$$\begin{cases} k_{z,F} = k_0 \, (n_F^2 - N^2)^{1/2} \\ k_{z,S} = ik_0 \, (N^2 - n_S^2)^{1/2} \\ k_{z,C} = ik_0 \, (N^2 - n_C^2)^{1/2} \end{cases} \qquad \textbf{(9.32)}$$

avec $k_{z,F}$, $k_{z,S}$, $k_{z,C}$ la composante normale aux interfaces des vecteurs d'onde, respectivement dans le guide, dans le substrat de silice et dans la solution. N représente soit N_{TE}, soit N_{TM}, suivant que l'on analyse les déphasages des ondes « s » ou « p ».

Les coefficients de réflexion donnés par l'équation (9.31) peuvent alors être calculés par une méthode matricielle [106], qui est exposée en annexe B à la fin de ce paragraphe. Dans cette méthode, le film est décomposé en couches homogènes et isotropes, chacune d'elles étant caractérisée par son épaisseur et son indice de réfraction, qui sont les grandeurs recherchées, ce qui permet ainsi de calculer la quantité de molécules adsorbées dans cette couche, en utilisant l'équation (9.21).

3.2.4. Conséquences : résolution et sensibilité de la méthode

La résolution angulaire est de 3.10^{-4} degré, ce qui conduit à une résolution en indice de réfraction effectif (ΔN) de l'ordre de 10^{-5} d'après l'équation (9.24). On peut calculer qu'il en résulte une limite de détection de l'ordre de quelques $ng.cm^{-2}$ [100]. Sachant qu'une monocouche de protéines correspond à une quantité adsorbée de l'ordre de 100 $ng.cm^{-2}$, on voit que la limite de détection intrinsèque de la méthode correspond à quelques pour cent d'une monocouche. C'est pour cette raison que la spectroscopie optique par guide d'ondes a été abondamment utilisée pour étudier la dynamique de l'adsorption protéique.

Si l'on voulait suivre un phénomène très rapide, on pourrait se contenter de suivre l'évolution temporelle d'un seul pic de couplage de la lumière dans le guide d'ondes : cela permettrait d'avoir accès qualitativement à des cinétiques rapides, mais au détriment d'une détermination quantitative. Notons que pour pallier cet inconvénient, un nouveau concept d'appareil est en train d'émerger : un guide d'ondes optique dans lequel la lumière entre dans le guide d'ondes sous incidence rasante et où le réseau de diffraction sert à émettre hors du guide d'ondes les radiations qui se propagent effectivement le long du guide. L'angle d'émission de cette lumière hors du guide, qui correspond à la valeur de α_{TE} ou de α_{TM}, est mesuré par une rangée de photodiodes parallèles à la surface du guide d'ondes.

3.3. Quelques exemples d'utilisation de la spectroscopie optique des modes propres couplés dans un guide d'ondes

3.3.1. Réactions antigène-anticorps et comparaison avec d'autres techniques

Comme la méthode de la résonance des plasmons de surface, la spectroscopie par guide d'ondes a été amplement utilisée pour détecter des antigènes dans un fluide biologique lorsque des anticorps spécifiques sont immobilisés en surface. Cela est possible grâce à la très bonne sensibilité de la technique et aussi grâce à la faible valeur du volume de la cuvette de mesure (typiquement entre 20 et 50 µL). Il

faut noter qu'il faut rajouter à ce volume celui des tuyauteries de connexion. Ces tuyaux peuvent cependant être rendus très courts et, en choisissant une « bonne » cuvette de mesure, on peut travailler avec moins de 100 µL de solution.
Il est intéressant de comparer les résultats obtenus par spectroscopie par guide d'ondes avec ceux obtenus par ellipsométrie et par microbalance à cristal de quartz (QCM) lors de l'adsorption de différentes protéines sur des substrats recouverts d'un film mince de TiO_2, ainsi que lors de l'exposition de ces surfaces saturées en protéines à leurs anticorps respectifs. Les courbes expérimentales et un diagramme récapitulatif sont représentés sur la figure 9.40. Il apparaît que les résultats obtenus par les deux techniques optiques sont très proches les uns des autres, mais significativement plus faibles que ceux obtenus par microbalance à cristal de quartz. Ce résultat n'est pas surprenant, puisque les techniques optiques sont sensibles à la masse sèche des molécules déposées (qui elle seule contribue à l'augmentation de l'indice de réfraction du film), tandis que les techniques acoustiques comme la QCM sont sensibles non seulement à la masse des molécules liées, mais encore à l'eau liée directement à ces molécules ou en interaction hydrodynamique avec le film adsorbé.

3.3.2. Utilisation de la spectroscopie des modes propres couplés dans un guide d'ondes pour le suivi de la construction de multicouches de polyélectrolytes

Depuis quelques années, nous cherchons à fonctionnaliser la surface de biomatériaux avec des substances actives insérées dans des films multicouches de polyélectrolytes (voir le chapitre 21 pour les applications de ces films multicouches de polyélectrolytes). Ce type de films est obtenu par adsorption séquentielle de polycations et de polyanions sur la surface d'une interface chargée dans les conditions physico-chimiques du dépôt [111]. Le suivi de la construction du film multicouche de polyélectrolytes par une méthode d'analyse *in situ* est indispensable à une bonne caractérisation du mécanisme de croissance du film multicouche [112, 113]. Le suivi par OWLS de la construction d'une multicouche PEI-$(PGA\text{-}PAH)_n$, où PEI, PGA, PAH et n représentent respectivement la polyéthylèneimine, l'acide poly-L-glutamique, la polyallylamine et le nombre de paires de couches déposées, est représenté sur la figure 9.41. De façon surprenante, le signal brut, c'est-à-dire la valeur de N_{TE} (et celle de N_{TM} non représentée sur la figure 9.41a), n'augmente plus de façon continue après le dépôt de la sixième paire de couches, alors que des expériences effectuées avec la microbalance à cristal de quartz montrent que la quantité de matière déposée continue de croître bien au-delà de la septième paire de couches [113]. Au contraire, dans l'expérience correspondant à la figure 9.41, la valeur de N_{TE} augmente lors de l'injection du polyanion et diminue d'autant lors de l'injection du polycation. Cette observation nous a permis de comprendre une caractéristique essentielle des films multicouches tels que PGA/PAH (figure 9.41) ou HA/PLL [112] (HA représentant l'acide hyaluronique et PLL la poly-L-lysine). Lorsque l'on calcule l'évolution de l'épaisseur optique dans le cadre d'un modèle de monocouche homogène et isotrope, on s'aperçoit que ces films sont caractérisés par une augmentation exponentielle de l'épaisseur optique (voir la figure 9.41b). Quand le film continue de croître au-delà d'une distance caractéristique, qui est de l'ordre de grandeur de la profondeur de pénétration des ondes évanescentes, on s'attend à ce que les valeurs de N_{TE} et de N_{TM} atteignent

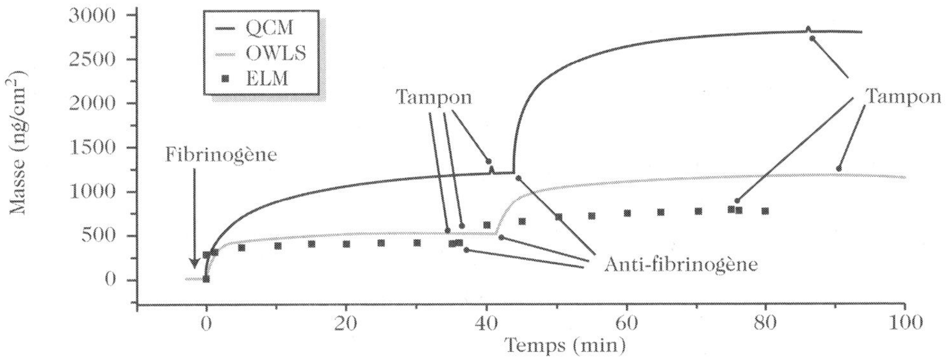

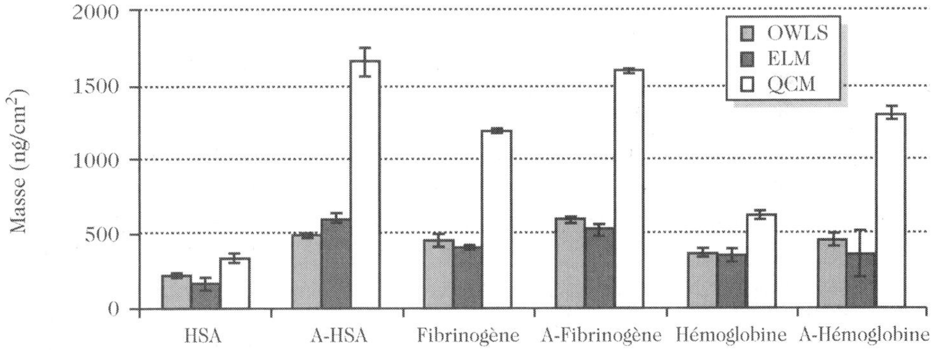

Figure 9.40. **a)** Cinétiques d'adsorption du fibrinogène humain dissous à 80 μg.mL^{-1} dans du tampon HEPES à 10 mM et à pH 7,4 sur des surfaces modifiées par un dépôt de TiO_2 de 10 nm d'épaisseur. Les différentes courbes correspondent aux quantités adsorbées mesurées par ellipsométrie (ELM), par spectroscopie par guide d'ondes (OWLS), et par microbalance à cristal de quartz (QCM). Après rinçage au tampon (symbolisé par des flèches), les surfaces sont mises au contact d'une solution d'antifibrinogène (anticorps polyclonaux) à 80 μg.mL^{-1} avant une nouvelle phase de rinçage au tampon (de nouveau représenté par des flèches). **b)** Résumé des expériences comparatives effectuées avec diverses protéines (l'albumine sérique humaine (HSA), un anticorps dirigé contre l'albumine sérique humaine (A-HSA), le fibrinogène humain, un anticorps polyclonal dirigé contre le fibrinogène, l'hémoglobine humaine et un anticorps polyclonal dirigé contre l'hémoglobine humaine) et diverses techniques expérimentales, l'ellipsométrie (ELM), la spectroscopie par guide d'ondes (OWLS) et la microbalance à cristal de quartz (QCM). Données reproduites d'après la référence [110].

un plateau. Cela signifierait que l'onde évanescente issue du guide d'ondes n'est plus sensible aux changements des propriétés optiques du film près de l'interface entre le film multicouche et la solution de polyélectrolytes. Cet effet est observé pour des films multicouches tels que ceux construits à partir de poly-4-styrène sulfonate de sodium et de polyallylamine. En revanche, N_{TE} et N_{TM} subissent des variations cycliques lors de la construction de films tels que PEI-(PGA-PAH)$_n$ (voir la figure 9.41a). Cela signifie que le dépôt de polyélectrolytes, bien au-delà de la profondeur de pénétration de l'onde évanescente dans le film multicouche, se traduit par des changements de l'indice de réfraction du film **dans la zone effectivement sondée par l'onde évanescente**. Cela nous a permis de suggérer une diffusion de l'un au moins des deux polyélectrolytes utilisés dans les films lors de leur adsorption, suivie d'une diffusion hors du film lors de sa mise en contact

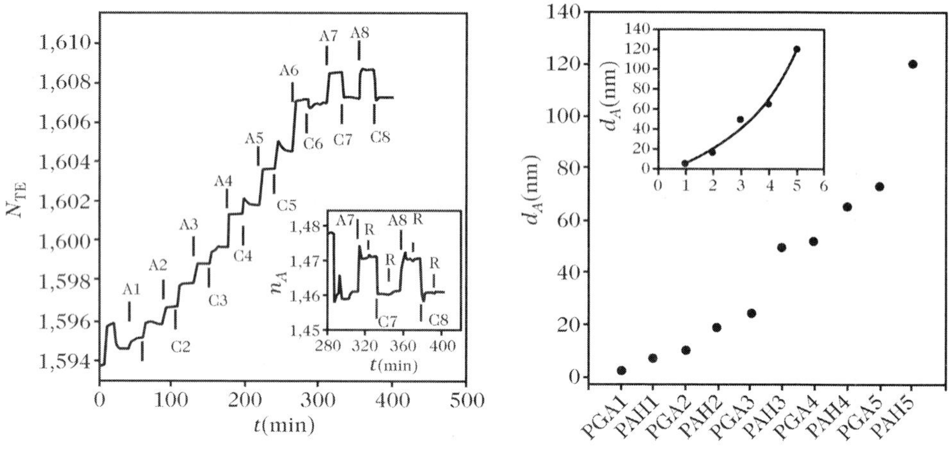

Figure 9.41. **a)** Utilisation de la spectroscopie par guide d'ondes pour suivre la construction de films multicouches de polyélectrolytes sur un guide d'ondes constitué d'un mélange d'oxyde de silicium et d'oxyde de titane. Les polyélectrolytes utilisés ont été l'acide poly-L-glutamique (chargé négativement dans les conditions de l'étude) et la polyallylamine (chargée positivement dans les conditions de l'étude), dissous à 5 mg.mL^{-1} dans un tampon MES-TRIS à pH = 7,4 et en présence de chlorure de sodium à 100 mM. Les injections de polycations et de polyanions sont représentées par C et A, respectivement. À partir du dépôt de la septième couche de polyanion, l'évolution de l'indice de réfraction apparent pour l'onde polarisée TE devient cyclique. Des courbes identiques sont obtenues pour la polarisation TM. **b)** Évolution de l'épaisseur optique du film multicouche (d'après la référence [113]) dont la construction a été représentée en (a). L'insert représente l'ajustement de l'évolution de l'épaisseur optique en fonction du nombre de bicouches déposées par une fonction exponentielle.

avec une solution de polyélectrolytes de signe opposé. La diffusion dans le film doit alors se traduire par une augmentation de l'indice moyen du film et donc par une augmentation de N_{TE} et de N_{TM}. La diffusion hors du film doit au contraire se traduire par une diminution de l'indice du film, donc par une diminution de N_{TE} et N_{TM}. L'analyse de la figure 9.41a suggère que le PGA est capable de diffuser dans le film lors de son adsorption sur le film et de diffuser hors du film, lorsque celui-ci est mis au contact d'une solution de PAH. L'existence de ces phénomènes de diffusion dans et hors du film multicouche a été démontrée par microscopie confocale à balayage laser et est à l'origine de la croissance exponentielle de l'épaisseur du film [114].

3.4. Conclusions

Dans cette partie, nous avons décrit les principes physiques de base utilisés en spectroscopie par guide d'ondes, ainsi que l'exploitation du signal brut en vue du calcul des propriétés optiques du film déposé à l'interface solide-liquide. Nous avons démontré que cette technique de caractérisation *in situ* permettait de suivre des processus de reconnaissance moléculaire d'intérêt biologique ou de comprendre des mécanismes de croissance de films auto-assemblés avec une très bonne sensibilité et une bonne résolution temporelle. Cette technique peut également être employée en chimie analytique pour le suivi de la qualité de l'eau et pour la mesure de concentration de gaz toxiques à la sortie d'une chaîne de production industrielle.

Annexe A. Réflexion de la lumière par une interface parfaite (interface de Fresnel)

Pour comprendre l'ensemble des techniques optiques de caractérisation des interfaces, dont la spectroscopie optique par guide d'ondes, il nous faut d'abord comprendre comment la lumière se réfléchit sur une interface parfaite, dite de Fresnel. Une telle interface présente une variation abrupte de l'indice de réfraction lors du passage d'un milieu à un autre (par exemple d'un substrat solide à un liquide en contact avec lui). À cette fin, il est utile de rappeler les équations de Maxwell qui, dans un milieu non magnétique, s'écrivent [106] :

$$\vec{\nabla} \wedge \vec{E} = -\frac{\partial \vec{B}}{\partial t} \quad \textbf{(A.1)}$$

$$\vec{\nabla} \wedge \vec{H} = \vec{j} + \frac{\partial \vec{D}}{\partial t} \quad \textbf{(A.2)}$$

$$\vec{\nabla} . \vec{B} = 0 \quad \textbf{(A.3)}$$

$$\vec{\nabla} . \vec{D} = \rho \quad \textbf{(A.4)}$$

Dans les équations (A.1) à (A.4), $\vec{E}$, $\vec{B}$, $\vec{H}$, $\vec{D}$, $\vec{j}$ et ρ représentent le champ électrique, l'induction magnétique, le champ magnétique, le déplacement électrique, la densité de courant et la densité volumique de charges, respectivement. Dans les milieux non chargés, les densités de charge et de courant électrique sont nulles ($\vec{j} = 0$ et $\rho = 0$). Par ailleurs, $\vec{D}$ est relié à $\vec{E}$ par la relation :

$$\vec{D} = \varepsilon \varepsilon_0 \vec{E} \quad \textbf{(A.5)}$$

où ε est la constante diélectrique du milieu et ε_0 la permittivité diélectrique du vide. La constante diélectrique est reliée à l'indice de réfraction du milieu par la relation :

$$\varepsilon = n^2 \quad \textbf{(A.6)}$$

et est en général un nombre complexe. Les équations de Maxwell conduisent à l'équation d'onde :

$$\Delta \vec{E} = \frac{\varepsilon}{c^2} \frac{\partial^2 \vec{E}}{\partial t^2} \quad \textbf{(A.7)}$$

où Δ représente l'opérateur appelé « laplacien ». Par ailleurs, les ondes planes et monochromatiques sont définies par une équation de la forme :

$$\vec{E} = \vec{E_0} \exp(i(\omega t - \vec{k} . \vec{r})) \quad \textbf{(A.8)}$$

où $\vec{k}$ représente le vecteur d'onde, ω la pulsation, t le temps, $\vec{r}$ la position spatiale et $\vec{E_0}$ un vecteur constant. En insérant la relation (A.8) dans l'équation (A.7) et en utilisant la relation (A.6), on trouve que :

$$k^2 = \left(\frac{2\pi}{\lambda}\right)^2 n^2 \quad \textbf{(A.9)}$$

où λ représente la longueur d'onde de la lumière dans le vide.

Montrons maintenant qu'un milieu absorbant est caractérisé par un indice de réfraction complexe. L'intensité d'un rayon lumineux est donnée par $I = EE^*$. Supposons que l'onde lumineuse se propage suivant la direction de l'axe des x. D'après la loi de Beer-Lambert, l'intensité est donnée par :

$$I = I_0 \exp(-\alpha\, x) \tag{A.10}$$

où α est le coefficient d'atténuation. Or, si la lumière se propage suivant l'axe des x, la relation (A.8) devient :

$$\overrightarrow{E} = \overrightarrow{E_0} \exp(i(\omega t - kx)) \tag{A.11}$$

Supposons que $n = n' + i\,n''$. On a donc aussi $\overrightarrow{k} = \overrightarrow{k}' + i\,\overrightarrow{k''}$, en vertu de la relation (A.9). Finalement l'intensité lumineuse devient :

$$I = E_0 E_0^* \exp(-2k''x) \tag{A.12}$$

On voit donc que :

$$\alpha = 2.\frac{2\pi}{\lambda} n'' \tag{A.13}$$

La loi de Beer-Lambert implique donc que l'indice de réfraction possède une partie imaginaire, n''.
Des relations de Maxwell, on déduit également que pour une onde plane :

$$\overrightarrow{B} = \frac{\overrightarrow{k} \wedge \overrightarrow{E}}{\omega} \tag{A.14}$$

Par ailleurs, on peut démontrer qu'à l'interface entre deux milieux diélectriques on a :

$$\begin{aligned} D_{z,1} &= D_{z,2} \\ E_{x,1} &= E_{x,2} \\ B_{z,1} &= B_{z,2} \\ B_{x,1} &= B_{x,2} \end{aligned} \tag{A.15}$$

où l'axe des x est parallèle et l'axe des z est perpendiculaire à l'interface. Les quatre relations (A.15) expriment les conditions aux limites, dont on se sert pour le calcul des coefficients de réflexion.

Annexe B. Méthode des matrices

Dans cette approche, le film déposé est décomposé en ν strates parallèles au substrat, homogènes et isotropes. La $j^{\text{ème}}$ strate est caractérisée par son épaisseur, d_j, et son indice de réfraction, n_j. Les champs électriques incidents et réfléchis sont alors donnés par :

$$\begin{pmatrix} E_i \\ E_r \end{pmatrix} \propto \mathbf{I}_F^{-1}\mathbf{I}_1\mathbf{L}_1\mathbf{I}_1^{-1}\mathbf{I}_2\mathbf{L}_2\mathbf{I}_2^{-1} \ldots\ldots\ \mathbf{I}_\nu\mathbf{L}_\nu\mathbf{I}_\nu^{-1}\mathbf{I}_C \begin{pmatrix} 1 \\ 0 \end{pmatrix} \tag{B.16}$$

à un facteur multiplicatif près, sans importance puisqu'il s'élimine dans le rapport E_r / E_i de l'équation (9.29). Chaque strate d'indice j est caractérisée par deux matrices notées $\mathbf{I}_j$ et $\mathbf{L}_j$ ($\mathbf{I}_j^{-1}$ étant la matrice inverse de $\mathbf{I}_j$). L'expression de ces matrices est la suivante :

$$\mathbf{I}_j = \begin{pmatrix} 1 & 1 \\ \dfrac{k_j}{n_j^{2\rho}} & \dfrac{-k_j}{n_j^{2\rho}} \end{pmatrix} \tag{B.17}$$

et

$$\mathbf{L}_j = \begin{pmatrix} \exp(ik_j d_j) & 0 \\ 0 & \exp(-ik_j d_j) \end{pmatrix} \quad \textbf{(B.18)}$$

où l'expression des k_j est donnée par la relation (9.32) et où $\rho = 0$ pour l'onde TE et $\rho = 1$ pour l'onde TM. Les matrices $\mathbf{I}_F^{-1}$ et $\mathbf{I}_C$ traduisent les propriétés optiques du film guide d'ondes et de la solution aqueuse, respectivement. Dans l'équation (B.18), i est tel que $i^2 = -1$.
Si le film est considéré comme une couche unique, une seule strate est nécessaire ($\nu = 1$). En revanche, il convient de faire appel à un modèle bicouche ($\nu = 2$) pour ajuster l'équation (B.16) aux données expérimentales dans le cas de l'adsorption de protéines sur des films multicouches de polyélectrolytes. Dans ce type d'expériences, le modèle de la monocouche homogène et isotrope est utilisé pour calculer les paramètres optiques du film multicouche. Ceux-ci sont introduits dans les éléments des matrices $\mathbf{I}_1$ et $\mathbf{L}_1$ des équations (B.16) dans la deuxième étape, qui a pour but de déterminer les paramètres optiques de la seconde couche (couche de protéines adsorbées) à partir de la mesure des valeurs de N_{TE} et de N_{TM} obtenues au cours de la cinétique d'adsorption des protéines. On trouvera des indications pratiques d'analyse des données expérimentales dans la référence [109].

4. Spectroscopies vibrationnelles

4.1. Généralités

Une molécule peut être considérée comme formée de N atomes de masses m_i, reliés entre eux par des ressorts plus ou moins rigides suivant la force, k_j, des liaisons. Du fait de cette organisation, les molécules sont animées de vibrations. Pour une molécule, non linéaire, à N atomes, on dénombre $3N$-6 vibrations. Ces vibrations sont quantifiées et s'effectuent pour chacune d'elles à des énergies bien précises correspondant aux énergies des photons infrarouges. Lors d'une vibration, ce ne sont pas uniquement les masses qui se déplacent, mais également les charges portées par les atomes ; il y a donc, dans certains cas, création d'une polarisabilité ou d'un dipôle oscillant qui peut interagir avec le champ électrique d'une onde électromagnétique. En ce qui concerne la spectroscopie infrarouge, à certaines fréquences, l'énergie transportée par l'onde électromagnétique est absorbée quand la fréquence excitatrice est égale à celle du niveau vibrationnel. Dans le cas de la spectroscopie Raman, l'onde excitatrice est diffusée avec changement de fréquence ; l'écart entre les fréquences de l'onde excitatrice et de l'onde diffusée correspond à la fréquence du niveau vibrationnel. Toutes les vibrations d'une molécule ne sont pas actives en infrarouge et en Raman. Elles apparaissent en spectroscopie infrarouge uniquement si elles entraînent une variation de la dérivée du moment dipolaire, $(\partial\mu/\partial q)$, et elles sont actives en Raman si elles produisent une variation du tenseur de polarisabilité dérivé, $(\partial\alpha/\partial q)$ [115]. La variation du moment dipolaire est un vecteur qui pour chaque vibration possède une direction bien définie par rapport aux axes géométriques de la molécule. La variation de la polarisabilité est un tenseur d'ordre 3 suivant les axes de la molécule.

Dans le cas de la spectroscopie infrarouge, on peut démontrer que l'intensité d'un mode est proportionnelle au carré du produit scalaire du vecteur champ électrique de l'onde incidente avec le vecteur dérivé du moment dipolaire :

$$I \propto \left(\frac{\partial \vec{\mu}}{\partial q}.\vec{E}\right)^2 = \left(\frac{\partial \mu}{\partial q}\right)^2.E^2.(\cos\theta)^2 \quad \textbf{(9.33)}$$

où θ est l'angle entre le champ électrique excitateur et la direction du vecteur $\partial\vec{\mu}/\partial q$.

L'intensité d'un mode sera d'autant plus intense que le terme $\partial\mu/\partial q$ sera important, mais également que le champ électrique sera colinéaire avec la direction de la dérivée du moment dipolaire. Du fait de la sensibilité des spectroscopies vibrationnelles aux constantes de forces entre atomes, ce sont des méthodes souvent utilisées pour caractériser les molécules, mais également les changements qu'elles peuvent subir lors d'interactions avec leur environnement. De plus, lorsque les systèmes peuvent être organisés, elles permettent de remonter à l'orientation des groupes moléculaires.

Dans le cas de la dispersion de nano-objets dans un milieu liquide ou solide, les spectroscopies vibrationnelles dans leurs formes traditionnelles permettent de préciser la nature des liaisons de ces systèmes. C'est ainsi que la spectroscopie Raman permet de discerner sans ambiguïté l'état des liaisons C-C dans des molécules ou macrostructures de type C60 ou carbone dur [116]. Dans certains cas, du fait de la taille des objets, il peut y avoir des difficultés d'interprétations vibrationnelles lorsque les objets sont intermédiaires entre l'état moléculaire isolé et un état cristallin.

Comme indiqué précédemment, les spectroscopies vibrationnelles ont un très grand intérêt pour l'étude de nano-objets déposés sur des surfaces. Il se pose cependant un double problème de détection des bandes et de compréhension des spectres. Du fait de la petite taille des objets analysés, leurs absorptions caractéristiques ne peuvent être que faibles ; il faut donc utiliser des méthodes qui permettent d'observer ces systèmes avec une grande sensibilité. Par ailleurs, au voisinage d'une interface, du fait de la présence d'une onde incidente et d'une onde réfléchie, se forment des champs électriques anisotropes dépendant de la polarisation du faisceau incident. Du fait de l'expression (9.33), les spectres seront sensibles à l'orientation des groupes moléculaires. Par ailleurs, les spectres infrarouges de films minces sont souvent déformés, et cela d'autant plus que l'intensité du mode est intense, du fait de la présence de multiples réflexions au sein des films.

Dans la suite du texte, nous présenterons successivement les règles qui régissent les champs électriques aux interfaces, les techniques de transmission et de réflexion IR conventionnelles qui en découlent, ainsi que les techniques de modulation qui permettent une augmentation de la sensibilité de la spectroscopie infrarouge. Dans le paragraphe suivant, nous décrirons les possibilités actuelles de la spectroscopie Raman et des spectroscopies Raman de résonance et Raman exalté de surface (SERS). Enfin, dans un dernier paragraphe, nous présenterons les perspectives actuelles des méthodes vibrationnelles couplées avec des techniques de microscopie à champ proche.

4.2. Spectroscopie infrarouge

4.2.1. Réflexion externe : IRRAS (*Infrared Reflexion Absorption Spectroscopy*)

Quelle que soit la spectroscopie infrarouge de surface ou d'interface envisagée, il est nécessaire pour comprendre les spectres infrarouges de déterminer les champs électriques produits près des interfaces et, pour cela, il faut définir au préalable les polarisations d'une onde électromagnétique qui rencontre une interface.

Une onde électromagnétique est dite polarisée parallèlement (p) lorsque le champ électrique de l'onde est contenu dans le plan d'incidence défini par la normale à la surface et à la direction de l'onde incidente (figure 9.42). Une onde électromagnétique est polarisée perpendiculairement (s) lorsque le champ électrique de l'onde est perpendiculaire au plan d'incidence (figure 9.42). Le plus souvent, on définit un référentiel associé à l'interface avec z suivant la normale à la surface, x dans le plan d'incidence et y perpendiculaire au plan d'incidence. On peut en déduire que dans le cas le plus courant, pour lequel il n'y a pas de rotation du plan de polarisation lors de la réflexion, la polarisation p ne peut produire un champ que suivant z et x, alors que la polarisation s ne peut produire un champ que suivant y.

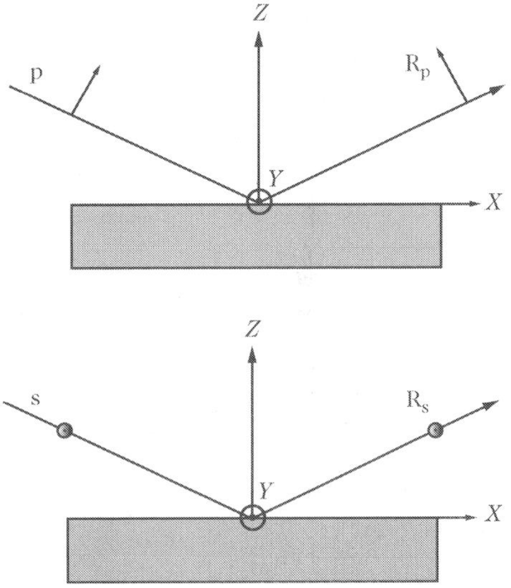

Figure 9.42. Définition des polarisations *p* et *s* et des axes *xyz* d'une interface plane.

La répartition des champs au voisinage d'un substrat ne dépend que de l'absorption de celui-ci à la fréquence ν de l'onde excitatrice. Cette absorption est directement reliée à sa constante diélectrique complexe : $\widehat{\varepsilon}(\nu) = \varepsilon_r + i\varepsilon_i$ et donc à son indice complexe : $\widehat{n}(\nu) = n + ik$, puisque dans le cas où la susceptibilité magnétique est égale à 1 : $\widehat{\varepsilon}(\nu) = \widehat{n}^2$. Le coefficient d'extinction k est directement relié à l'absorption du milieu considéré, mais également à sa conduction à la fréquence de l'onde excitatrice [117]. On peut donc s'attendre à deux comportements près d'une surface, suivant que les substrats sont conducteurs (absorbants), tels que les métaux, ou isolants (diélectriques) comme la silice. Les champs anisotropes au voisinage des surfaces proviennent de la combinaison des champs incident et réfléchi, du fait que l'onde réfléchie subit un déphasage dans le temps, qui est directement relié à l'indice complexe de la surface.

Substrats conducteurs dans l'infrarouge

Dans cette catégorie se trouvent essentiellement les métaux et certains semi-conducteurs, ainsi que l'oxyde d'étain dopé à l'indium (ITO), qui sert d'électrode conductrice transparente dans la plupart des systèmes d'affichages. Comme on le voit sur la figure 9.43, à la surface d'un métal, les champs produits par une onde électromagnétique sont très anisotropes et dépendent à la fois de la polarisation et de l'angle d'incidence de l'onde.

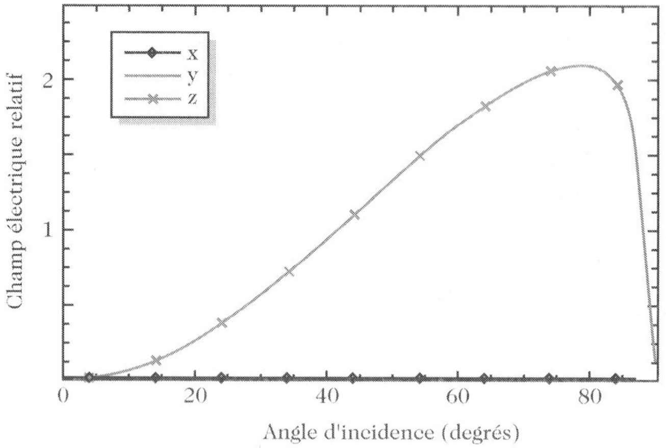

Figure 9.43. Variation de l'intensité des champs électriques suivant *x*, *y* et *z* à la surface d'un métal en fonction de l'angle d'incidence.

L'onde polarisée *s* produit un champ très faible alors que la polarisation *p* produit un champ dirigé uniquement suivant *z*. Ce comportement s'explique par la quasi-impossibilité de créer un potentiel électrostatique à la surface d'un conducteur. Par ailleurs, le champ produit par *p* suivant *z* s'intensifie pour passer par un maximum pour un angle d'incidence rasant.
Comme le montre la figure 9.44, l'extension de l'anisotropie des champs est assez importante : elle est de plusieurs milliers d'angströms dans l'infrarouge. Les couches minces de cette épaisseur seront donc excitées de façon anisotrope suivant *x*, *y* et *z*.

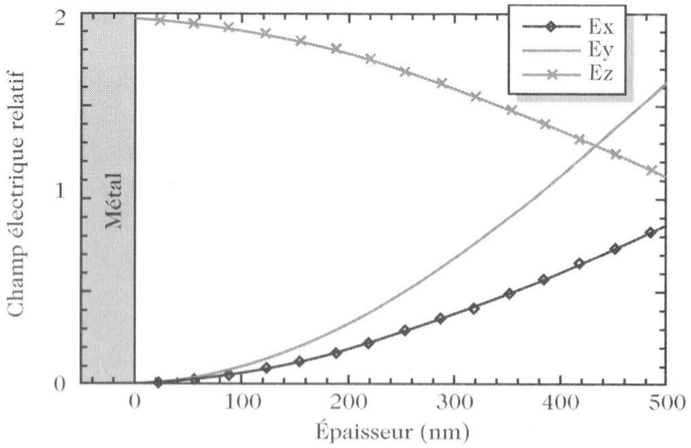

Figure 9.44. Variation des champs électriques suivant *x*, *y* et *z* en fonction de la distance à la surface d'un métal ($i = 75°$).

Les propriétés précédentes vont conditionner la méthode infrarouge utilisée pour étudier les films minces à la surface d'un conducteur. Du fait de cette conduction

et donc de l'absorption associée, il n'est pas envisageable d'analyser l'échantillon par transmission ; les échantillons seront donc étudiés en réflexion.
D'après l'expression (9.33), on remarque que les intensités des bandes sont d'autant plus fortes que le champ excitateur est grand. Il faut donc, sur un conducteur, utiliser un angle d'incidence important pour satisfaire cette condition.
Étant donné que les spectromètres infrarouges FTIR fonctionnent en « simple faisceau » (il faut enregistrer un signal de référence puis le signal de l'échantillon, et le rapport du second signal sur le premier donne le spectre de l'échantillon) et que l'onde polarisée *s* ne produit aucun champ, elle peut servir pour enregistrer un signal de référence.
L'onde polarisée *p* permet, quant à elle, de détecter le spectre des molécules déposées sur la surface. Le spectre obtenu résultera du rapport des deux réflectances polarisées : $S = R_p/R_s$. La technique IRRAS sur conducteur possède deux avantages :
– sous incidence rasante, on bénéficie d'un champ intensifié et donc de bandes d'absorption plus intenses ;
– le champ étant uniquement suivant z, dans l'expression (9.33), $\overrightarrow{E}$ peut être remplacé par $\overrightarrow{E_z}$. θ est alors l'angle entre la normale à la surface et la variation du moment dipolaire. Il existe donc une règle de sélection de surface, qui indique que les intensités des absorptions sont proportionnelles au carré de $\cos\theta$.
Il en découle qu'une absorption dans le plan n'est pas détectée, alors qu'une absorption dirigée suivant z sera intensifiée. Un exemple d'application de cette règle est donné sur la figure 9.45.

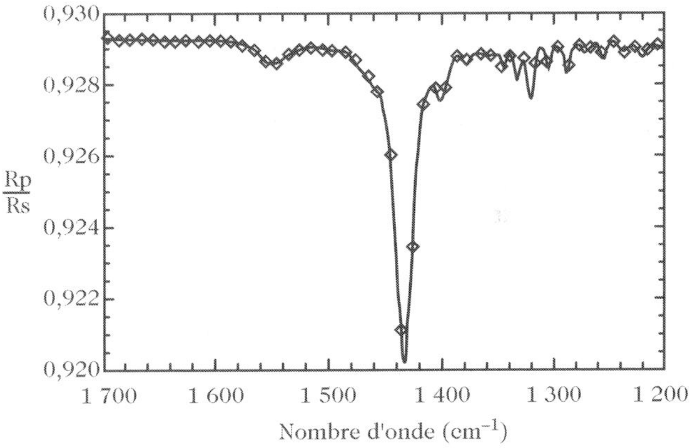

Figure 9.45. Spectre IRRAS de cinq couches d'arachidate de cadmium sur or (e = 12,5 nm).

Le spectre IRRAS présenté est celui de cinq couches de Langmuir-Blodgett d'arachidate de cadmium sur or ; l'épaisseur du film formé est de l'ordre de 12,5 nm. La molécule est formée d'une longue chaîne carbonée $(CH_2)_{18}CH_3$ et d'une extrémité polaire carboxylate COO^-. La vibration intense à 1418 cm^{-1} est caractéristique de la vibration symétrique du carboxylate, alors que la bande faible à 1 560 cm^{-1} est caractéristique de la vibration antisymétrique du même groupe. Le spectre d'une phase isotrope de ce même composé montre que l'antisymétrique est deux fois plus intense que la symétrique ; l'écart observé avec le spectre du film mince indique une orientation préférentielle du système avec l'axe C_2 du carboxylate proche de la normale à la surface. L'orientation des chaînes est quasi verticale, car les déformations CH_2 vers 1 450 cm^{-1} ont disparu et qu'apparaissent entre 1 350 et 1 250 cm^{-1} des bandes de progressions (couplage des vibrations « *wagging* » et

« *twisting* » des groupes CH_2), normalement très faibles, et dirigées suivant l'axe des chaînes.

Il faut souligner un dernier point, inhérent à l'excitation des molécules avec un champ suivant la normale à la surface. Le champ électrique possède une direction longitudinale par rapport à la couche ; c'est pourquoi ce sont les composantes longitudinales optiques (LO) de chaque mode qui apparaissent et non pas les composantes transverses optiques (TO). Les composantes LO sont décalées vers les hautes fréquences par rapport aux modes TO, dans la majeure partie des cas. Le décalage est d'autant plus marqué que les absorptions sont intenses. Il est de l'ordre de quelques dixièmes de cm^{-1} pour des bandes faibles, quelques cm^{-1} pour les bandes fortes des composés organiques et peut dépasser 100 ou 200 cm^{-1} pour les absorptions très fortes des composés inorganiques.

Substrats diélectriques dans l'infrarouge

Il est plus difficile de prévoir l'anisotropie des champs à la surface d'un diélectrique ; seuls les calculs à l'aide des relations de Fresnel permettent d'obtenir leur répartition en fonction de la polarisation et de l'angle d'incidence. Sur la figure 9.46 sont présentées les valeurs et l'extension des champs pour trois angles d'incidence sur un diélectrique d'indice 1,45. On remarque sur ces courbes qu'il

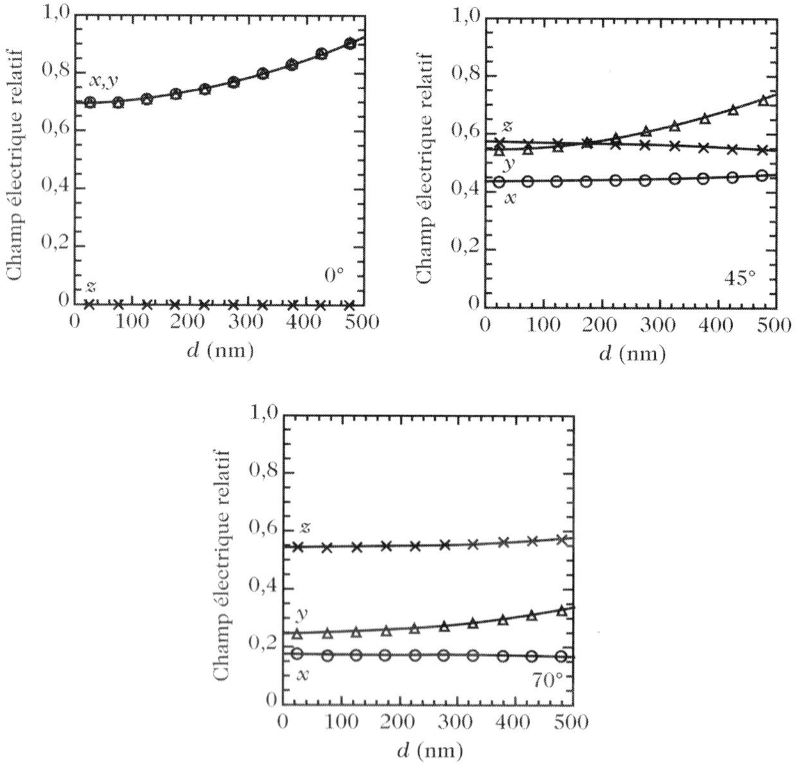

Figure 9.46. Champs électriques suivant x, y, z à la surface d'un diélectrique en fonction de d (distance à la surface) et de l'angle d'incidence i ($i = 0°, 45°, 70°$).

n'y a pas de phénomène d'intensification suivant une direction privilégiée et que la répartition des champs varie beaucoup avec l'incidence. Le champ suivant z devient prédominant pour les grands angles, mais reste du même ordre de grandeur que le champ suivant y produit par la composante s.

Du fait de ces croisements de champs électriques, les spectres peuvent devenir compliqués, car les composantes TO et LO vont pouvoir apparaître simultanément. Afin de rendre l'analyse des spectres plus simple, il est préférable de n'utiliser que la composante s qui produit un champ uniquement dans le plan suivant y. Il suffit ensuite de choisir l'angle d'incidence pour lequel les bandes sont les plus intenses. On peut montrer que pour un substrat d'indice $n = 1{,}45$, cet angle est au voisinage de 60°. Lors de l'enregistrement du spectre, les signaux sont normalisés par le spectre du substrat servant de référence. Sur la figure 9.47 sont présentés, dans le domaine de fréquence des carbonyles, les spectres polarisés p et s d'une couche mince de PMMA (polyméthylméthacrylate) sur verre.

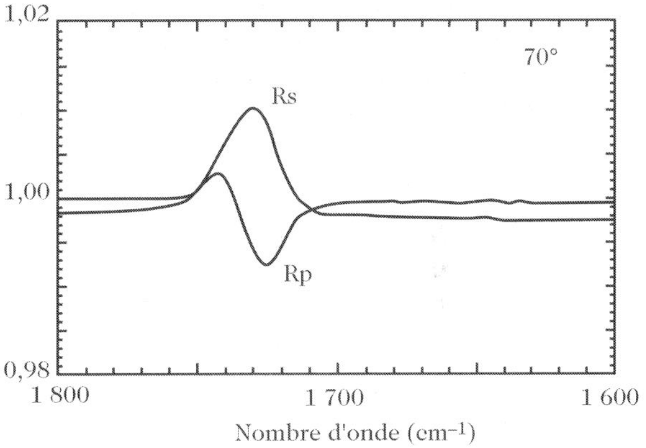

Figure 9.47. Spectres IRRAS suivant p et s d'une couche mince (20 nm) de PMMA sur du verre. Normalisation par les spectres p et s du verre de référence.

Le spectre de la composante p est plus complexe que celui de la composante s, car il contient les composantes TO et LO dans des directions opposées. La TO est située à 1 732 cm^{-1} et dirigée vers le bas, alors que la LO est située vers 1 740 cm^{-1} et dirigée vers le haut. La composante R_s est plus simple puisqu'elle ne contient que la composante TO. Cette composante est cependant inversée par rapport à son observation avec la polarisation p. Cet exemple montre qu'il est possible d'étudier des couches minces sur diélectrique, notamment en utilisant la polarisation s. La règle de sélection dans ce cas est assez simple, elle est inverse de celle des substrats conducteurs ; l'intensité d'une bande est proportionnelle au carré du sinus de l'angle θ. Les bandes seront intenses pour des composantes $(\partial\mu/\partial q)$ contenues dans le plan et éteintes lorsque les directions des dérivés du moment dipolaire seront verticales.

Remarques. L'obtention d'un spectre de réflexion infrarouge sur diélectrique est relativement simple à faire ; en revanche, l'interprétation peut devenir très difficile lorsque l'on se rapproche d'une bande d'absorption du substrat. En effet, il est à peu près impossible de comprendre les déformations spectrales dues au mélange des modes vibrationnels du substrat et du film.

En résumé, la spectroscopie IRRAS est une technique relativement simple pour obtenir des informations sur la nature, l'organisation et l'orientation des molécules au voisinage des surfaces. Cependant, cette méthode a le désavantage de nécessiter deux spectres enregistrés à des moments différents. Les fluctuations du spectromètre et de l'environnement limitent le rapport signal/bruit des spectres et rendent difficile l'obtention des spectres de monocouches ou de sous monocouches. Afin d'augmenter le rapport signal/bruit de l'IRRAS, il a été proposé une technique différentielle en temps réel (PMIRRAS) d'étude des couches minces sur les métaux [118].

4.2.2. Spectroscopie PMIRRAS (*Polarization Modulation Infrared Absorption Spectroscopy*)

Le principe de cette méthode consiste à réaliser une modulation de polarisation du faisceau incident à une fréquence élevée par rapport aux fréquences d'intensités produites par un interféromètre infrarouge. Le schéma du montage PMIRRAS, sur la figure 9.48, montre que le faisceau infrarouge sortant du spectromètre est d'abord polarisé, puis traverse un modulateur photoélastique qui produit une modulation rapide de la polarisation entre les états p et s. Le faisceau se réfléchit ensuite sur l'échantillon, sous incidence rasante, avant d'être focalisé sur un détecteur sensible.

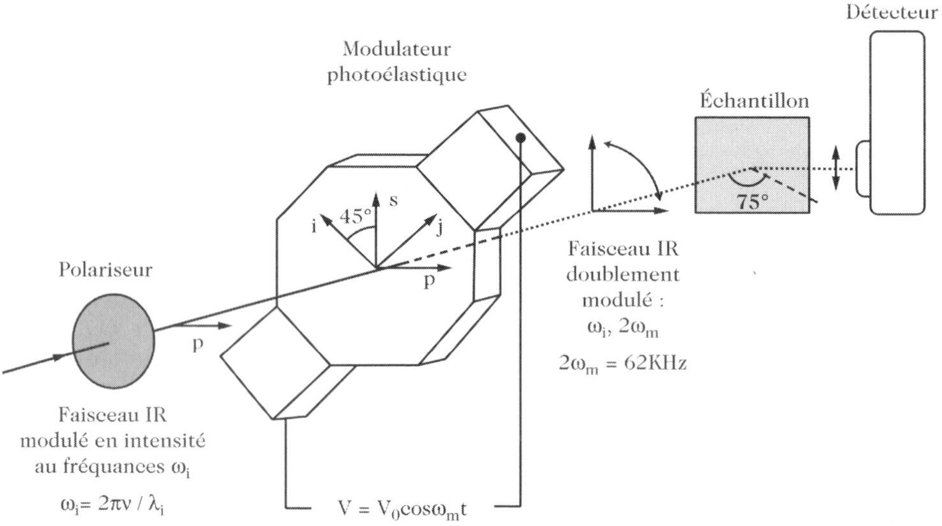

Figure 9.48. Schéma du montage PMIRRAS.

Le modulateur photoélastique est constitué d'un cristal isotrope qui devient alternativement biréfringent à l'aide de la contrainte produite à 45° par des cristaux piézo-électriques modulés à la fréquence ω_m. Le signal à la sortie du détecteur a pour expression :

$$I_d = C.I_0.(\omega_i)\left[\left\{\left(R_p + R_s\right) + \left(R_p - R_s\right).J_0\right\} + \left(R_p - R_s\right).J_2 \cos 2.\omega_m.t\right] \quad \textbf{(9.34)}$$

C est une constante qui dépend de la réponse du détecteur à chaque fréquence ; ω_i sont les fréquences de modulation d'intensité produites par l'interféromètre ; elles sont comprises le plus souvent entre 100 Hz et 5 kHz. J_2 et J_0 sont des fonctions de Bessel introduites par le modulateur du fait qu'il ne peut pas être demi-onde simultanément pour toutes les longueurs d'ondes. ω_m est la fréquence de modulation des piézo-électriques ($\omega_m \propto 30$ kHz). R_p et R_s sont les réflectances polarisées respectivement suivant p et s.

Le signal I_d contient deux termes, l'un modulé à basse fréquence, surtout sensible à la somme des réflectances polarisées, et l'autre doublement modulé à basse fréquence et haute fréquence ($2\omega_m$), proportionnel à la différence des réflectances. Il est possible électroniquement de séparer les deux composantes et d'obtenir les spectres des parties somme et différence. En normalisant le signal de la différence par celui de la somme, on obtient un signal dont l'expression est :

$$S = \frac{\left(R_p - R_s\right).J_2}{\left(R_p + R_s\right) + \left(R_p - R_s\right).J_0} \quad \textbf{(9.35)}$$

Comme sur un conducteur, R_p est proche de R_s, le signal peut se simplifier pour donner l'expression :

$$S = \frac{\left(R_p - R_s\right).J_2}{\left(R_p + R_s\right)} \quad \textbf{(9.36)}$$

Ce signal est uniquement sensible aux absorptions dépendantes de la polarisation ; le spectre ne sera pas sensible aux absorptions isotropes de l'environnement (H_2O, CO_2, etc.). R_s sert de signal de référence et R_p de signal d'échantillonnage. En fait, la spectroscopie PMIRRAS permet de transformer l'interféromètre simple faisceau en un double faisceau. Sur la figure 9.49 est reporté le spectre PMIRRAS obtenu en un seul balayage (temps d'acquisition de l'ordre de la seconde) d'une couche mince de 8 nm d'un polypeptide de synthèse, le PBG (polybenzylglutamate), sur or. Le gain d'au moins un ordre de grandeur sur le rapport signal/bruit permet d'obtenir un spectre convenable en un temps très court. Les spectres PMIRRAS sur conducteur possèdent la même règle de sélection que l'IRRAS ; à partir du spectre présenté sur la figure 9.49, il est possible d'en déduire que le polypeptide possède une structure secondaire en hélice α et que les axes des hélices sont contenus dans le plan du substrat.

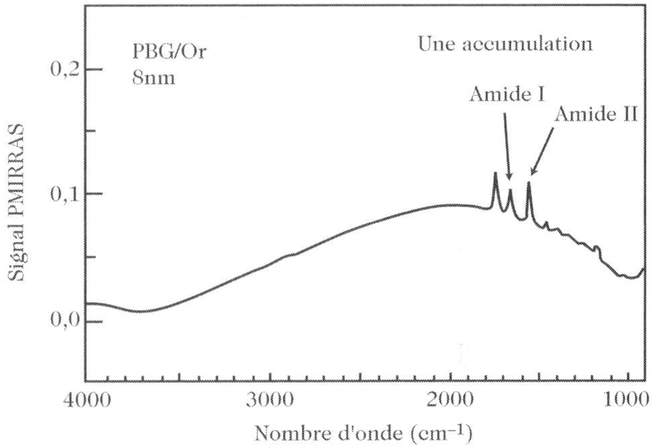

Figure 9.49. Spectre PMIRRAS d'une couche de polybenzylglutamate sur or réalisé en un balayage du miroir mobile de l'interféromètre.

Le spectre possède une forme caractéristique, qui provient de la présence de la fonction de Bessel J_2 dans l'expression de S. Le spectre peut être corrigé de cette fonction pour donner le signal IRRAS : (R_p/R_s) [118].

Dans le cas d'un diélectrique, l'expression (9.35) ne peut pas être simplifiée. De plus, les réflectances polarisées étant très différentes, le signal contient une contribution importante du substrat. Les spectres des films minces ne pourront s'observer qu'en normalisant avec le signal PMIRRAS du substrat seul : $S_n = S$ (échantillon)/S(substrat). À l'origine, le PMIRRAS a été mis au point pour étudier uniquement les films sur substrat conducteur, et c'est en 1992 que Blaudez *et al.* [119] ont démontré la possibilité de l'utiliser également sur des surfaces non conductrices solides ou liquides. L'étude a montré que l'application du PMIRRAS sur diélectrique n'est possible que pour un domaine limité d'angles d'incidence, qui dépend de l'indice du substrat (l'angle optimum est égal à 75° pour le verre et l'eau). Sur ce type de substrat, il existe une règle de sélection originale qui conduit à ce que les bandes associées à des vibrations dans le plan apparaissent positivement sur les spectres, alors que les bandes associées à des vibrations perpendiculaires au substrat apparaissent négativement sur les spectres. Par ailleurs, il existe un angle « magique » pour lequel les bandes disparaissent des spectres. Cet angle est égal à 38° pour l'eau et 39° pour le verre. Plus quantitativement, les intensités des bandes sont proportionnelles à l'expression : $I \propto \sin^2\theta - \sin^2\theta_m$, θ_m étant l'angle magique. Cette règle de sélection peut se vérifier sur le spectre d'une monocouche d'arachidate de cadmium déposée sur verre, présenté sur la figure 9.50.

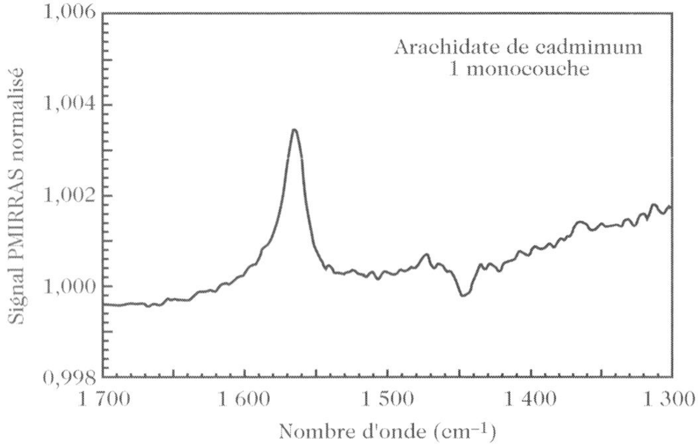

Figure 9.50. Spectre PMIRRAS normalisé d'une monocouche d'arachidate de cadmium (2,5 nm) sur verre.

Nous avons vu sur la figure 9.45 que la vibration antisymétrique du carboxylate à 1 565 cm^{-1} est située dans le plan ; pour cette raison, elle donne sur le verre une vibration positive. La vibration symétrique du carboxylate à 1445 cm^{-1} est dirigée suivant la normale à la surface ; elle apparaît donc négativement sur ce spectre. On décèle également vers 1 465 cm^{-1} une bande positive associée aux vibrations de déformations CH_2, car elles sont orientées plutôt dans le plan.

En résumé, il est possible avec les différentes techniques infrarouges de transmission et de réflexion d'analyser des systèmes de taille nanométrique déposés sur la plupart des substrats et d'obtenir ainsi des informations précises sur la nature des molécules, leur organisation ainsi que leur orientation. Cependant, la spectroscopie infrarouge est surtout sensible aux vibrations polaires, qui entraînent une forte variation du moment dipolaire. Elle est parfois presque aveugle à certaines vibrations. Nous verrons dans le prochain paragraphe que la spectroscopie Raman est alors très complémentaire car, à l'inverse de la spectroscopie infrarouge, les modes polaires ont des intensités faibles en spectroscopie Raman, alors que les modes peu polaires, qui entraînent d'importants changements du nuage électronique, donnent des bandes intenses en Raman. Par ailleurs, il est également possible d'effectuer des analyses en microscopie infrarouge en mode transmission et réflexion. Dans ce cas, on peut obtenir des spectres ayant des résolutions latérales de l'ordre de la dizaine de micromètres. Il est cependant exclu d'utiliser la méthode PMIRRAS et d'avoir accès, avec cette résolution latérale, à des couches dont l'épaisseur est inférieure à 100 nm.

4.2.3. Transmission infrarouge

Dans certains cas (fluorine, germanium, silicium, etc.), les diélectriques peuvent être suffisamment transparents dans l'infrarouge pour permettre l'obtention des spectres des échantillons en transmission sous incidence normale. Dans ce cas, la règle de sélection sur l'orientation des moments de transition est simple, car sous incidence normale l'onde ne peut créer qu'un champ électrique dans le plan. Le silicium est particulièrement intéressant pour ce type d'étude. Pour des raisons de transparence, celui-ci doit être poli double face et non dopé. Il faut cependant savoir que les spectres de transmittance obtenus auront des intensités faibles, car en film mince les intensités de transmission sont inversement proportionnelles à $(2+n_s)$, n_s étant l'indice du substrat. Comme l'indice du silicium dans l'infrarouge est de l'ordre de 3,4, cet effet produit une réduction importante du signal.

4.3. Spectroscopie Raman

4.3.1. Principe

La spectroscopie Raman provient d'un phénomène de diffusion inélastique avec changement de fréquence. Ce n'est pas un processus résonant d'absorption : pour cette raison, c'est un processus de faible intensité, qui n'a été découvert qu'en 1928 [120]. Le principe du montage de spectroscopie Raman est assez simple : il suffit d'exciter un échantillon à une fréquence monochromatique, élevée (UV-visible-PIR) par rapport aux fréquences du moyen infrarouge, et d'observer à l'aide d'un réseau dispersif les fréquences émises autour de la fréquence d'excitation. Les écarts de fréquences sont directement reliés aux niveaux vibrationnels de l'échantillon (figure 9.51).

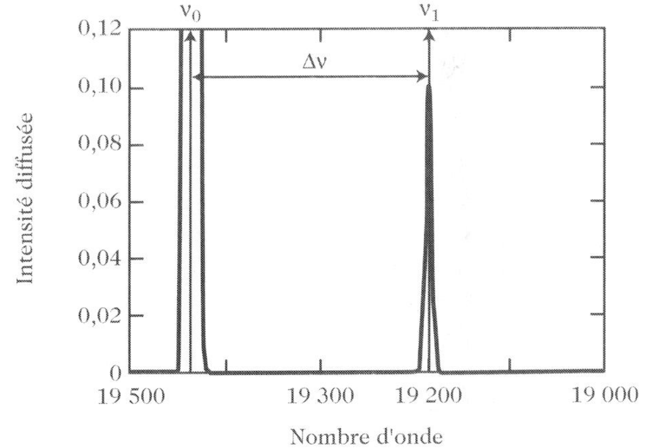

Figure 9.51. Représentation schématique d'un spectre Raman. ν_0 est la fréquence de diffusion Rayleigh de l'excitatrice, ν_1 la fréquence de diffusion Raman. La différence de fréquence $\nu_0 - \nu_1$ est égale au niveau vibrationnel ν_v.

La spectroscopie Raman a connu depuis sa découverte des améliorations successives qui en font actuellement une méthode de caractérisation très efficace. Elle s'est implantée dans les laboratoires à partir du développement des lasers et elle bénéficia successivement de l'amélioration des détecteurs et de la possibilité de la coupler avec un microscope [121]. Plus récemment, du fait de l'utilisation de filtres « *notch* », sont apparus des spectromètres très lumineux qui permettent, en un temps très court, d'obtenir le spectre d'un échantillon. De plus, du fait du couplage avec des microscopes confocaux (figure 9.52), ces appareils permettent de réaliser une cartographie 2D et 3D avec une résolution latérale de l'ordre de 1 µm et une résolution longitudinale de 2 à 3 µm. La taille du point de focalisation est telle, que des échantillons ayant un volume de 1 μm^3 peuvent être analysés, ce qui correspond à des masses de l'ordre du picogramme. Comme on le voit sur la figure 9.52, le laser d'excitation est totalement réfléchi par la lame séparatrice « *notch* » M, avant d'être focalisé par la lentille L_1. Du fait du changement de fréquence, les émissions Raman traversent M avant d'être focalisées sur le trou confocal P. Le trou P ne laisse passer que l'image du point de focalisation, car tous les autres points en dehors du niveau de focalisation donnent des images P' et P" beaucoup plus grandes que le trou confocal et sont donc obturées.

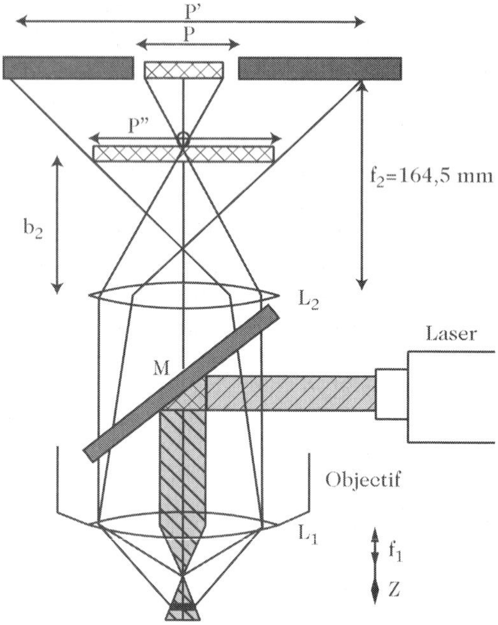

Figure 9.52. Schéma de montage d'un microscope Raman confocal.

Après avoir traversé le trou confocal, les longueurs d'onde sont dispersées par un réseau avant d'être recueillies sur un détecteur CCD plan. Du fait de la confocalité, on peut obtenir le spectre d'interfaces enterrées ou d'objets sous une surface (1 à 3 mm), la matière, au-dessus de l'échantillon, ne donnant aucune contribution au spectre Raman.

Remarques. L'intensité Raman est reliée à la valeur des termes du tenseur d'ordre 3 de la polarisabilité dérivée associé à la vibration considérée :

$$(\alpha') = \begin{pmatrix} \alpha'_{xx} & \alpha'_{xy} & \alpha'_{xz} \\ \alpha'_{yx} & \alpha'_{yy} & \alpha'_{yz} \\ \alpha'_{zx} & \alpha'_{zy} & \alpha'_{zz} \end{pmatrix}$$

En Raman conventionnel, le tenseur est symétrique, et un mode vibrationnel est actif si au moins l'un des éléments est non nul. Le fait d'avoir les intensités Raman dépendantes d'un tenseur signifie qu'un champ créé dans une direction peut produire une émission dans une autre direction. Ce qui *a priori* complique les déterminations des orientations en fonction des champs interfaciaux.

Cependant, pour la majeure partie des vibrations, les termes diagonaux, lorsqu'ils existent, sont plus intenses que les termes croisés. Il en découle que si l'on crée un champ dans le plan (x,y), ce seront essentiellement les vibrations dont les termes

$\alpha_{xx'}$ et $\alpha_{yy'}$ seront non nuls qui apparaîtront sur le spectre. Les vibrations sensibles uniquement à $\alpha_{zz'}$ auront tendance à s'éteindre. Il en résulte une règle de sélection simple qui permet d'avoir également des informations sur l'orientation des systèmes moléculaires.
La spectroscopie Raman possède deux défauts.
• L'échantillon subit une puissance par unité de volume très forte, car toute l'énergie d'un laser est focalisée sur un volume très faible. Certains échantillons ne supportent pas cette puissance et peuvent se dégrader (formation de carbone pour certains composés organiques) ou changer de structure.
• L'échantillon peut contenir des impuretés fluorescentes en faible quantité, mais comme le phénomène de fluorescence est beaucoup plus intense que le phénomène Raman, le spectre des impuretés peut masquer ou déformer le spectre Raman de l'échantillon.

4.3.2. Méthodes d'intensification du signal

Malgré les développements présentés ci-dessus, la spectroscopie Raman conventionnelle est dépendante d'un signal faible à l'origine. Il n'y a pas de difficulté pour obtenir le spectre des produits purs ou en concentration suffisante en solution, mais cela devient plus problématique lorsque le nombre de molécules est faible au niveau du point de focalisation, comme dans le cas des systèmes très dilués ou localisés près d'une interface. Pour pallier cette difficulté, il faut utiliser, comme en infrarouge, toutes les méthodes qui permettent d'intensifier le signal Raman. Trois méthodes peuvent êtres envisagées pour augmenter la détectivité de la spectroscopie Raman.

Composition d'une onde incidente et réfléchie

Dans le montage de microscopie Raman, l'excitation se fait dans l'axe du microscope ; pour cette raison, le champ électrique du laser ne peut créer qu'un champ perpendiculaire à cet axe, c'est-à-dire dans le plan du substrat si l'on analyse une interface plane. Dans ces conditions, on retrouve les mêmes règles que pour l'infrarouge au niveau d'une surface. Pour un substrat conducteur, l'onde excitatrice ne produit aucun champ dans le plan, alors que celui-ci est maximum pour un diélectrique. Il en résulte que le même échantillon en couche ultramince ne donnera pas de spectre dans le premier cas, alors qu'il sera assez facile de l'obtenir dans le second cas. Comme en infrarouge, on peut tirer parti de la composition des champs incident et réfléchi pour réaliser des assemblages de couches qui intensifient le spectre Raman d'une couche déposée sur cet assemblage. En effet, si l'on regarde l'intensité effective du champ électrique produit à la surface d'un métal recouvert d'une couche de silice (figure 9.53), on s'aperçoit que le champ résultant est beaucoup plus intense à 700 Å de la surface que près de la surface. Le rapport des champs est de l'ordre de 20, ce qui se traduira par des rapports similaires sur les spectres Raman. Il est donc plus judicieux de placer le film ou le système à étudier sur un assemblage métal plus 70 nm de silice que directement sur le métal. Ces courbes confirment également que, sur un métal, les champs dans le plan sont très faibles et ne permettront que difficilement l'obtention de spectres Raman, à moins de concevoir une focalisation sous incidence rasante.

Les courbes des champs effectifs montrent que l'intensification est produite par une interférence ; au-delà de 70 nm, le champ commence à diminuer et passe périodiquement par des minima et des maxima. Un phénomène similaire est obtenu pour des substrats peu absorbants mais fortement réfléchissants comme le silicium.

Remarque. Ce phénomène est également effectif en microscopie d'épifluorescence, où l'intensité de fluorescence dépend de l'amplitude du champ électrique effectif.

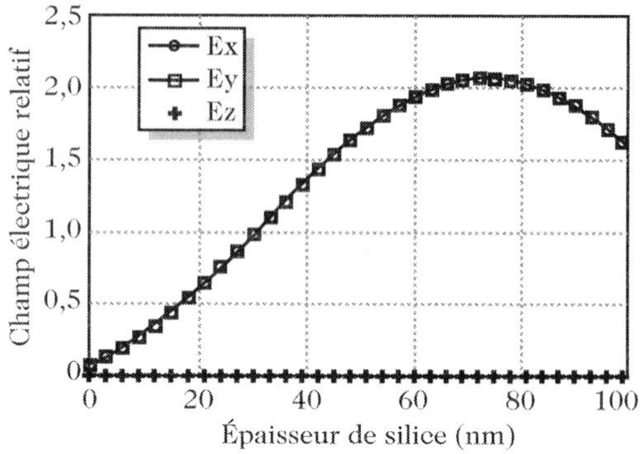

Figure 9.53. Variations du champ électrique produit sous incidence normale dans un film mince de silice sur métal (λ = 488 nm).

Raman de résonance

Une autre méthode d'intensification du signal Raman vient de la possibilité de faire du Raman de résonance. En Raman conventionnel, la fréquence du faisceau d'excitation ne correspond pas à une fréquence absorbée par l'échantillon. Cependant, on peut montrer que pour certaines molécules, lorsque l'excitation du laser se rapproche d'une bande d'absorption, on obtient une très forte intensification de certaines bandes de l'échantillon. L'intensification dans certains cas peut atteindre 10^6 : le Raman est alors résonant.

Pour se placer dans ces conditions, il faut disposer sur le spectromètre Raman de plusieurs longueurs d'ondes d'excitation, afin de choisir celle qui donnera l'intensification la plus grande. Le Raman de résonance présente une difficulté supplémentaire, qui provient de l'absorption du laser par l'échantillon : sans disposition particulière, celui-ci est dégradé. Pour éviter cela, plusieurs montages sont utilisés de façon à ce que l'échantillon ne soit pas excité toujours au même endroit. Dans le cas d'une solution, on utilise une cellule à circulation, alors que, dans le cas des solides, on fait vibrer soit le laser, soit l'échantillon.

Remarque. La spectroscopie Raman de résonance possède, comme la fluorescence, l'avantage de la sélectivité. En effet, si une molécule est constituée de groupes résonants et non résonants, on peut suivre, en fonction des longueurs d'ondes d'excitation, le comportement des divers groupes de la molécule.

Effet SERS

Il existe une autre possibilité d'intensification des signaux Raman : l'effet SERS (*Surface Enhanced Raman Scattering*) ou effet Raman exalté de surface. Cet effet a été mis en évidence en 1975 sur des traces de pyridine adsorbées sur des couches rugueuses d'or ou d'argent [122]. Les intensifications peuvent êtres très importantes et proviennent essentiellement de la création de champs électriques très intenses à la surface des particules métalliques de la couche rugueuse. Ces champs résultent, entre autres, du couplage résonant des champs entre particules voisines. Pour cette raison, il faut que la préparation des surfaces, en ce qui concerne la taille et la distance entre particules, soit parfaitement maîtrisée. Les particules

d'or et d'argent sont les plus favorables, en raison des indices de ces métaux dans le visible.
Malgré le désavantage de devoir utiliser un type défini de surface, l'effet SERS possède le double avantage de ne pas utiliser une excitation dans une bande d'absorption de l'échantillon et d'être très sélectif vis-à-vis des molécules proches des grains métalliques. Cette dernière propriété est due à ce que l'extension des champs intensifiés est confinée à l'environnement proche de la surface des grains.

4.4. Perspectives des spectroscopies vibrationnelles dans l'étude des nano-objets

Comme le montrent les paragraphes précédents, les spectroscopies vibrationnelles sont des outils performants pour étudier des réunions ou des assemblages de nanosystèmes. C'est notamment le cas dans l'étude des nanotubes de carbone par spectroscopie Raman. Il existe actuellement des voies nouvelles qui se développent pour réaliser la spectroscopie vibrationnelle de nano-objets uniques. L'une de ces voies consiste à essayer de coupler un microscope à champ proche avec un spectromètre.
Dans ce domaine, c'est la spectroscopie Raman qui est la plus avancée (SNOM-Raman) car elle possède la même problématique que le SNOM (pour *Scanning Near-field Optical Microscope*) en fluorescence. Cette méthode permet de descendre au-dessous de la limite de diffraction de la lumière visible et d'atteindre des résolutions latérales de l'ordre de quelques centaines d'angströms. C'est ainsi que R.M. Stöckle et *al.*, en 2000 [123], ont reporté le spectre Raman d'un film mince de C60 sur du verre. Ils estiment que le domaine sondé fait 55 nm, ce qui est proche de la taille de l'extrémité de la pointe (50 nm) utilisée pour l'expérience. Le volume observé est donc très faible, et l'on peut estimer que le nombre de molécules analysées dans ces conditions est de l'ordre de 10^4, bien plus faible que le nombre de molécules nécessaires pour la microscopie Raman optique.
L'adaptation de la microscopie à champ proche est plus difficile en infrarouge, du fait de la sensibilité plus faible des détecteurs, des longueurs d'onde plus grandes que dans le visible et des bandes d'absorptions moins intenses. Des équipes développent cependant des appareillages de laboratoire qui permettent, sur certains systèmes, de montrer la faisabilité de ce type d'expérience. Afin de faciliter les problèmes de détection, de luminosité et de couplage avec un spectromètre, les sources utilisées sont des diodes lasers accordables. Dans ces conditions, l'imagerie d'un échantillon se fait à des fréquences bien définies, caractéristiques des absorptions. Malgré ces difficultés, des travaux récents ont montré la faisabilité de ce type d'expérience. C'est ainsi que Taubner et *al.* [124] ont présenté des résultats tout à fait remarquables sur l'étude d'inclusions de faibles tailles ($\approx$ 500 nm) dans un polymère, dans lequel le champ observé est de 2,5 $\times$ 3,5 μm et la résolution latérale de 100 nm. Cette résolution est bien meilleure que celle que l'on obtient avec un microscope optique (10 μm) et laisse espérer la disponibilité d'instruments commerciaux dans quelques années.
En résumé, les méthodes de spectroscopies vibrationnelles progressent en détectivité et résolution, en parallèle avec la miniaturisation des systèmes à analyser. On peut penser que dans une dizaine d'année, des instruments permettant l'étude systématique des nanostructures seront disponibles.

5. Microscopie à l'angle de Brewster

La microscopie à l'angle de Brewster est une technique développée au début des années 1990 [125, 126], basée sur les propriétés de réflexion d'une lumière polarisée sur un diélectrique. Le diagramme de Fresnel des réflectances polarisées d'un diélectrique (non absorbant pour la longueur d'onde considérée) montre qu'il existe un angle θ_b, dit de Brewster, pour lequel une onde électromagnétique polarisée dans le plan d'incidence (p) est complètement réfractée et n'est donc plus réfléchie (figure 9.54).

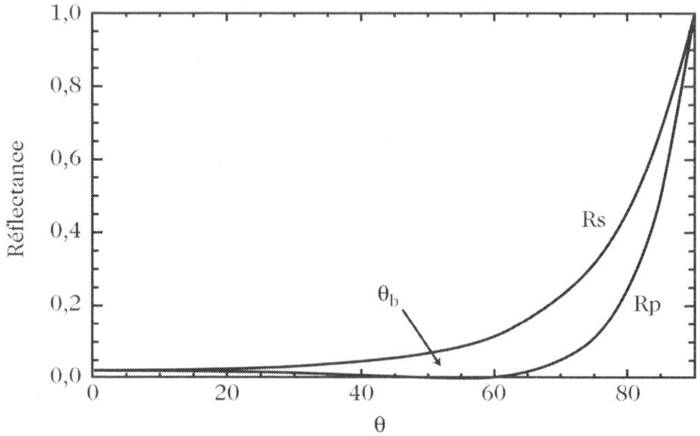

Figure 9.54. Diagramme de Fresnel des composantes R_p et R_s polarisées parallèlement et perpendiculairement au plan de polarisation.

Dans l'air, l'angle θ_b est relié à l'indice de réfraction n_s du substrat par l'expression : $n_s = tg\theta_b$ (tableau 9.4).

Tableau 9.4. Variation de l'angle de Brewster en fonction de l'indice du substrat.

Indice	Angle de Brewster
1,333	53°12
1,450	55°40
2,400	67°30

À l'angle de Brewster, lorsque la surface diélectrique est recouverte par un film mince ayant un indice n_f différent de celui du substrat, une partie de l'onde est réfléchie. Comme le montrent les figures 9.55a et 9.55b, l'intensité réfléchie est d'autant plus grande que l'indice n_f est différent de n_s et que l'épaisseur du film est importante.

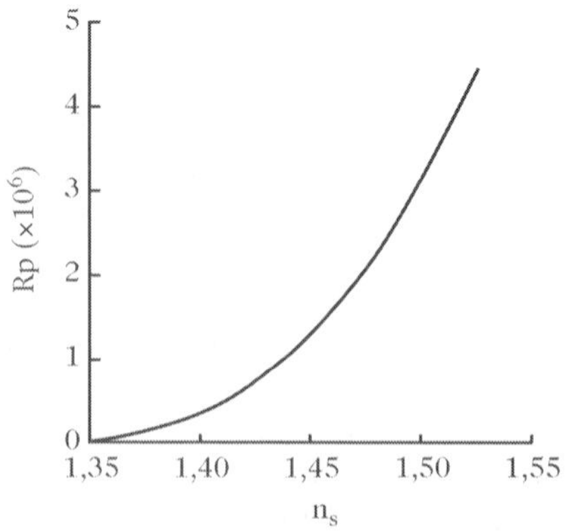

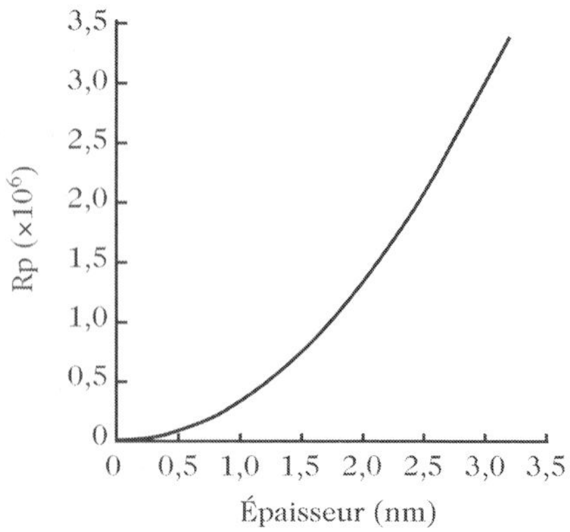

Figure 9.55. Variation de Rp à l'angle de Brewster : **a)** en fonction de l'indice de la couche à épaisseur fixe (e = 2 nm) ; **b)** en fonction de l'épaisseur de la couche à indice fixe (n = 1,45).

Il est donc possible, sur un substrat diélectrique, de détecter avec une grande sensibilité les zones où se trouvent les molécules, par contraste avec les zones non couvertes du substrat qui ne donnent pas de réflexion.
Des instruments basés sur ce principe ont été conçus pour étudier, à la surface de l'eau, les domaines formés par les couches de Langmuir et de Gibbs (monocouches de molécules amphiphiles non solubles ou partiellement solubles dans l'eau).
Sur la figure 9.56 est présenté le schéma de montage de ce type d'appareil. Il est essentiellement formé d'un goniomètre de précision, permettant un très bon contrôle des angles des faisceaux incident et réfléchi. L'un des bras du goniomètre porte le laser d'excitation et son polariseur, alors que le deuxième bras porte une caméra CCD sensible. Le faisceau réfléchi, après avoir traversé un polariseur, est focalisé par l'intermédiaire d'un objectif de microscope sur le détecteur de la caméra. Un laser d'une puissance de quelques mW est suffisant pour détecter la réflexion du film mince.

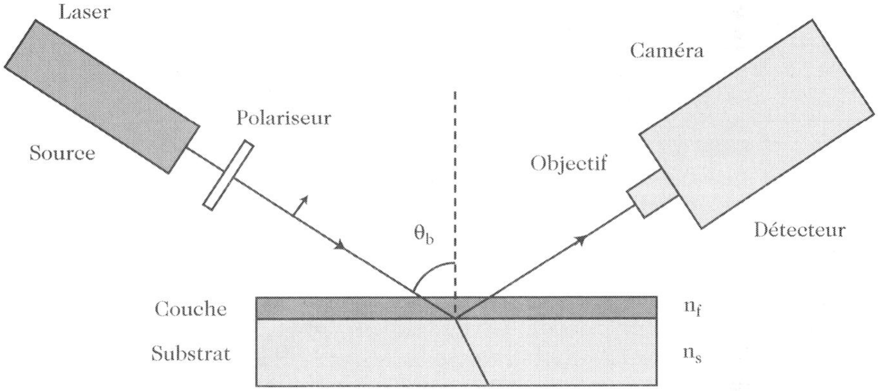

Figure 9.56. Schéma d'un microscope à l'angle de Brewster.

Les objectifs utilisés ont typiquement des grossissements de × 5, × 10 ou × 20, ce qui donne des champs d'observations de 900 × 1 200 µm, 450 × 600 µm et 200 × 300 µm, avec des résolutions latérales respectives de 5 µm, 2 µm et 1 µm. Par ailleurs, du fait de l'observation inclinée, pour une position donnée de l'objectif, seul un ruban étroit de l'image est net. Pour pallier cela, lors de l'enregistrement d'une image, l'objectif, par l'intermédiaire d'un scanneur, effectue un mouvement de va-et-vient permettant de faire la mise au point successivement sur les différentes parties du champ. L'ordinateur pilotant l'appareil permet de reconstituer une image nette en combinant toutes les zones focalisées. L'incidence inclinée produit également une compression de l'image suivant la direction d'observation ; cette déformation peut être facilement corrigé par un programme de traitement d'image en multipliant la direction compressée par un facteur égal à $1/\cos\theta_b$. Dans le cas de l'eau, ce facteur est égal à 1,666.
Il faut souligner que la mise en pratique de la microscopie à l'angle de Brewster ne peut se faire qu'en éliminant complètement la réflexion de la face arrière. Dans le cas de l'eau, on place au fond de la cuve un biseau en verre noir qui absorbe presque complètement l'onde réfractée.

Sur la figure 9.57a est présenté, comme exemple, une image Brewster brute obtenue pour une couche de lipides fluorés déposés sur l'eau. Les zones sombres correspondent à la surface de l'eau (ou à des zones dans lesquelles les molécules sont très diluées), alors que les zones claires correspondent aux microdomaines dans lesquels se rassemblent la plupart des lipides. Après correction de dimension, on obtient la figure 9.57b, qui traduit mieux la forme des domaines et leurs tailles. L'image est encore entachée d'un fort vignettage (le centre est beaucoup plus lumineux que les bords), mais celui-ci peut être également corrigé (figure 9.57c).

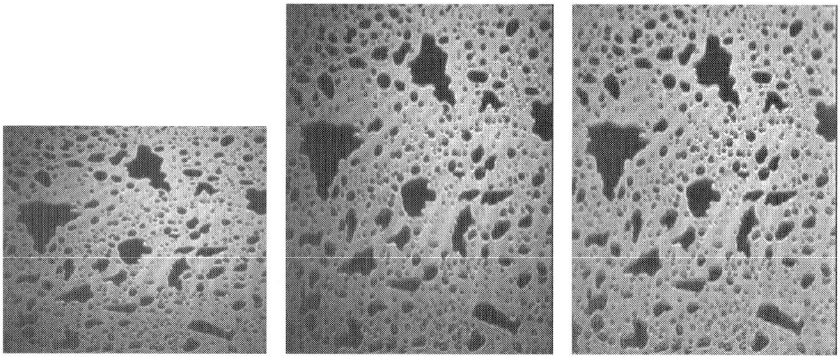

Figure 9.57. Images Brewster d'une couche lipidique fluorée à l'interface air/eau. Chaque image fait 450 mm suivant la largeur de la page et 600 mm suivant l'autre direction : **a)** image originale, **b)** image corrigée de la déformation des distances et **c)** image corrigée du vignettage.

Telle quelle, la microscopie à l'angle de Brewster est une méthode relativement simple pour obtenir des informations sur l'organisation de microdomaines à la surface des diélectriques. Elle a d'autres potentialités, qui permettent de dépasser le simple enregistrement d'images. Tout d'abord, le signal vidéo de la caméra peut être enregistré. On peut donc obtenir un film de la formation de domaines sur une surface et aborder ainsi l'aspect cinétique et le mécanisme de cette structuration, même si dans ce cas une seule zone de l'image est nette. Par ailleurs, les images obtenues sont la traduction des réflectances absolues en niveaux de gris par la caméra. Si les niveaux de gris peuvent êtres calibrés en fonction des vitesses d'obturation de la caméra, il est alors possible d'envisager la détermination des réflectances pour évaluer l'épaisseur des couches observées. En effet, à l'aide des relations de Fresnel, on peut obtenir l'expression de la réflectance R_p à l'angle de Brewster, en fonction de l'épaisseur e et de l'indice n_f du film mince (équation 9.37). Comme pour une couche donnée, l'indice de réfraction n_f peut être estimé, il est alors facile d'évaluer l'épaisseur e des films.

Expression de la réflectance polarisée p d'un film mince d'épaisseur e et d'indice n_f sur un diélectrique d'indice n_s observé à son angle de Brewster :

$$R_p(e) = \left[\frac{n_f \cos\theta_b - \sqrt{\left(n_f^2 - \sin\theta_b^2\right)\left(1 + n_s^2\right)}}{n_f \cos\theta_b + \sqrt{\left(n_f^2 - \sin\theta_b^2\right)\left(1 + n_s^2\right)}} \right]^2 \left(\frac{n_f^2 - \sin\theta_b^2}{n_f^2} \right) 16\pi^2 n_f^2 \left(\frac{e}{\lambda}\right)^2 \tag{9.37}$$

Lors d'une expérience, il faut donc réaliser la calibration de la caméra à ses diverses vitesses d'obturation. Il est possible, pour cela, d'utiliser les propriétés de réflexion du substrat autour de l'angle de Brewster. Si l'on connaît parfaitement l'indice du substrat, on peut déterminer théoriquement la courbe des réflectances polarisées parallèlement au plan d'incidence autour de l'angle de Brewster. Cette variation est représentée sur la figure 9.58 dans le cas de l'eau.

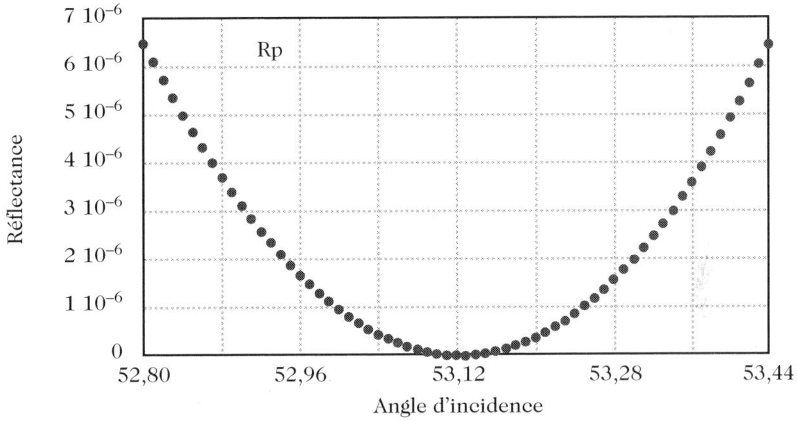

Figure 9.58. Variation de *Rp* autour de l'angle de Brewster de l'eau.

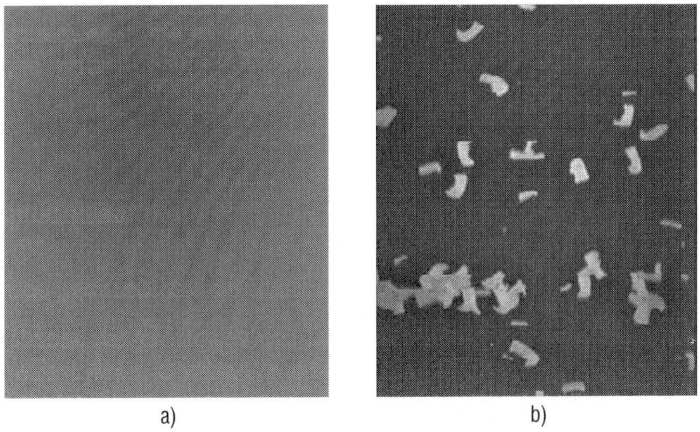

Figure 9.59. Images Brewster de couches de cholestérol à l'interface air/eau : **a)** avant le collapse, temps d'obturation de la caméra 1/50 s ; **b)** après le collapse, temps d'obturation de la caméra 1/500 s.

En début d'expérience, on enregistre les niveaux de gris donnés par la caméra dans le cas du substrat seul en explorant les angles autour de θ_b, puis il suffit de faire la correspondance entre les niveaux de gris et les valeurs de réflectances absolues. Sur la figure 9.59 est présenté un exemple d'application de cette méthode. Le cholestérol forme une monocouche stable de Langmuir à l'interface air/eau sur la figure 9.59a . Cependant, au-delà du « collapse », il se forme des domaines (gris clairs sur la figure 9.59b traduisant une croissance tridimensionnelle du cholestérol. L'image 9.59a a été enregistrée au 1/50 s, alors que l'image 9.59b a été enregistrée au 1/500 s, de façon à ce que l'intensité réfléchie plus importante des domaines ne sature pas la caméra.

À l'aide des courbes de calibration, nous avons déterminé que l'épaisseur de la monocouche était proche de 1,8 nm, alors que celle des domaines observés sur la figure 9.59b était voisine de 5,2 nm, ce qui indique la formation de tricouches.

Ces résultats montrent que la transition entre le système 2D et 3D pour le cholestérol se fait directement d'une monocouche à une tricouche, sans passer par une bicouche. De plus, la forme des domaines indique qu'à température ambiante, ils sont dans un état cristallin ou cristal liquide, car dans le cas d'une phase fluide isotrope, les domaines, à l'interface air/eau, sont circulaires.
Par ailleurs, sur la base du montage de microscopie à l'angle de Brewster, en ajoutant une lame compensatrice après le polariseur du laser, on a réalisé des ellipsomètres imageurs (*Beaglehole Instruments, Nanofilm Technologie, Optrel, Sopra*). En plus des avantages de résolutions latérales et de champ d'observation du Brewster, ces instruments possèdent la possibilité d'étudier n'importe quelle interface plane, gaz/liquide, gaz/solide, liquide/solide et liquide/liquide, sans être limités par la nature du substrat. Sur la figure 9.60 est présenté un exemple d'utilisation de ce type d'instrument pour étudier le greffage de monocouches organiques sur le silicium. La zone claire correspond au greffage d'une couche de 2,5 nm d'épaisseur, alors que la zone noire correspond à la surface du silicium et donc à un défaut de greffage.

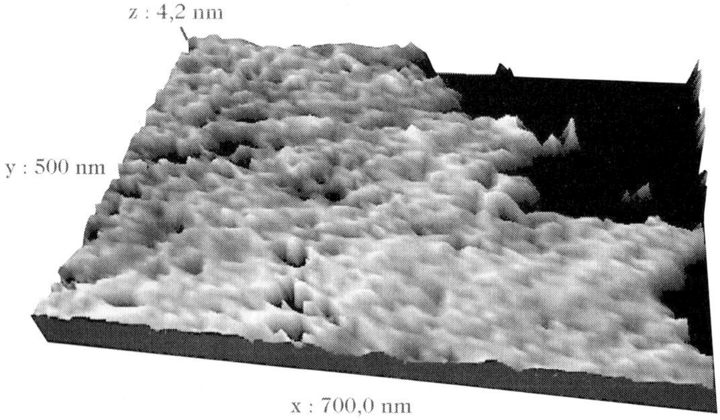

Figure 9.60. Image ellipsométrique d'une couche organique greffée sur du silicium (λ = 532 nm).

En résumé, la microscopie à l'angle de Brewster et l'imagerie ellipsométrique sont des techniques d'imagerie relativement simples à mettre en œuvre et qui permettent d'obtenir des informations topographiques sur les microdomaines qui se forment aux interfaces planes. Dans le cas de l'ellipsométrie, il est même possible d'étudier des interfaces enterrées. Si la résolution latérale de ces méthodes n'excède pas 1 µm, en revanche, la résolution longitudinale est de l'ordre de 0,1 nm.

6. La microbalance à cristal de quartz avec mesure de la dissipation

6.1. Introduction

La microbalance à cristal de quartz (QCM, « *quartz crystal microbalance* ») est un appareil de mesure de la masse d'un film mince, basé sur le principe de la variation de la fréquence de résonance d'une lame de quartz due à l'augmentation de masse induite par le dépôt du film (figure 9.61).

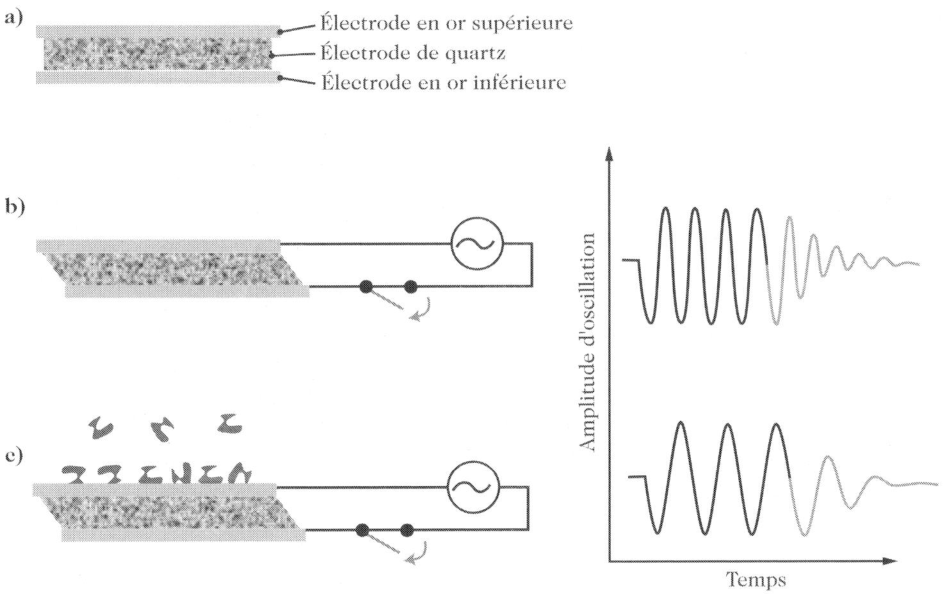

Figure 9.61. **a)** Schéma de l'appareillage de QCM comportant un cristal de quartz entouré de deux électrodes permettant son oscillation après mise sous tension. **b)** Le cristal mis sous tension oscille à sa fréquence propre (courbe noire). Après coupure du courant, l'amortissement de l'oscillation (courbe grise) est observée. **c)** Lors de l'adsorption d'objets sur le cristal (molécules, cellules, particules, etc.), la fréquence d'oscillation diminue (courbe noire) et l'amortissement de l'oscillation après coupure du courant dépend de la viscoélasticité et de l'épaisseur du dépôt.

À la fin des années 1950, l'appareil fut développé pour mesurer la masse d'un dépôt rigide et parfaitement solidaire du cristal (film métallique par exemple), dans le vide ou l'air. À partir des années 1980, la technique a été étendue à la mesure dans des environnements liquides (tampons, milieux de culture, solvants, etc.) [127]. Ainsi, l'appareillage de QCM a grandement contribué à l'étude de l'adsorption de protéines et de polymères à des interfaces liquides/solides [128], notamment en raison de sa grande sensibilité qui peut atteindre jusqu'à 1 nanogramme par cm^2. Plus récemment, les mesures ont été étendues à de nombreuses autres investigations, notamment à l'étude de la formation de bicouches lipidiques à partir de vésicules lipidiques [129], de la reconnaissance spécifique antigène/anticorps [130], de l'hybridation d'ADN [131], de la modification de conformation de protéines après adsorption [132], de l'adhésion et de l'étalement cellulaires [133], de l'activité d'enzymes vis-à-vis d'un substrat immobilisé [134], de la biominéralisation de phosphate de calcium [135], de l'adhésion bactérienne et de la formation de biofilms [128], etc. Tous ces domaines d'étude exigent de plus en plus de précision dans les mesures et d'informations permettant d'interpréter les différents mécanismes mis en jeu.

Dans ces conditions, il est nécessaire de tenir compte de la dissipation d'énergie à la fois dans le film et dans le liquide qui est à son contact. Le cristal lui-même est en réalité un oscillateur amorti, et l'analyse théorique complète de l'ensemble cristal-film-liquide doit en tenir compte [136]. Dans la suite de ce paragraphe, nous montrerons comment les caractéristiques viscoélastiques du film et du liquide, ainsi que le coefficient d'amortissement du cristal, sont reliés à la fréquence de résonance de l'ensemble et à l'amortissement de ses oscillations après coupure de la tension excitatrice appliquée au cristal (voir la figure 9.61). Nous exposerons successivement le cas du cristal dans le vide, celui du cristal en contact avec un liquide visqueux, et enfin celui du cristal recouvert d'un film homogène en contact avec un liquide visqueux. Nous montrerons ensuite comment le formalisme peut être étendu à un nombre virtuellement illimité de films superposés, chacun ayant ses propres caractéristiques (module élastique de cisaillement, viscosité de cisaillement, masse volumique, épaisseur). Les possibilités de la méthodologie seront illustrées à l'aide d'exemples simulés et expérimentaux.

6.2. Loi générale de vibration d'un oscillateur harmonique amorti soumis à des forces

Au voisinage de ses fréquences de résonance (fréquence fondamentale et harmoniques d'ordres impairs), le cristal de quartz est traité comme un oscillateur harmonique amorti dont la masse est égale à la moitié de celle du cristal [137]. Son paramètre d'amortissement γ' et sa constante de raideur k sont reliés aux propriétés viscoélastiques du quartz. Par ailleurs, les propriétés viscoélastiques du film déposé sur le cristal et celles du milieu liquide semi-infini en contact soit avec le film, soit directement avec le cristal, sont modélisées par des éléments de Voight-Kelvin, dont chacun est constitué par un ressort et un piston en parallèle [138]. Notons que si le film est composé de plusieurs couches de natures différentes, chacune d'elles doit en principe être représentée par un élément qui lui est propre.

Soit u le déplacement d'un point quelconque de la surface supérieure du cristal, le long de l'axe Ox, parallèle à la surface du cristal, qui indique sa direction de vibration. Dans sa forme la plus générale, la variation de u au cours du temps est régie par l'équation :

$$\frac{1}{2}m_{\mathrm{q}}\frac{\partial^2 u}{\partial t^2} = -\gamma'\frac{\partial u}{\partial t} - ku + F_{\mathrm{p}} + F_{\mathrm{ext}} \quad \textbf{(9.38)}$$

où m_{q} représente la masse par unité d'aire du cristal (dans la suite, $m_{\mathrm{q}}/2$ sera noté M), t est le temps, F_{p} est la force par unité d'aire qu'exerce un milieu quelconque en contact avec la face supérieure du cristal, et F_{ext} représente la force oscillante excitatrice (par unité d'aire) imposée au cristal par la tension électrique qui lui est appliquée.

La description du comportement mécanique du cristal fait largement appel à la notion de transformée de Fourier (TF) de fonctions du temps. La TF d'une fonction f sera notée $\widetilde{f}$.

6.3. Cristal dans le vide

Quand le cristal vibre dans le vide (figure 9.62) ($F_p = 0$), l'équation du mouvement se simplifie en :

$$M\left(\frac{\partial^2 u}{\partial t^2} + \gamma_a\frac{\partial u}{\partial t} + \omega_1^2 u\right) = F_{\mathrm{ext}} \quad \textbf{(9.39)}$$

avec $\gamma_a = \dfrac{\gamma'}{M}$ et $\omega_1 = \sqrt{\dfrac{k}{M}}$. La pulsation ω_1 correspond à la fréquence de résonance fondamentale, f_1, de l'oscillateur non amorti ($\omega_1 = 2\pi f_1$). Si une

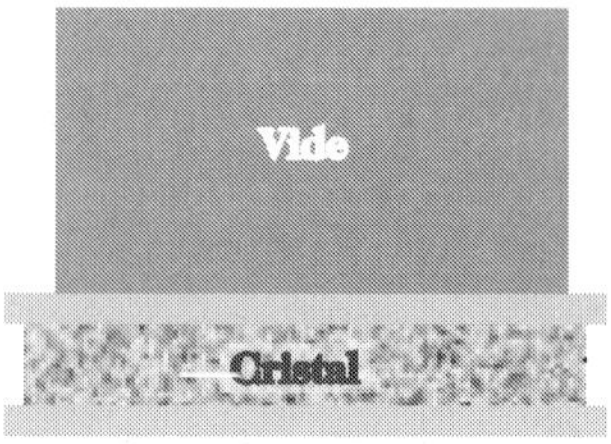

Figure 9.62. Illustration schématique d'un cristal de QCM placé dans le vide.

couche d'un matériau parfaitement rigide, de masse m par unité d'aire, est déposée sur le cristal, cette masse oscille exactement comme le dessus du cristal, en admettant qu'il n'existe aucun glissement à l'interface matériau/cristal. La force appliquée par le cristal à la couche déposée est alors $m\dfrac{\partial^2 u}{\partial t^2}$. En vertu du principe d'action et de réaction, la force opposée s'applique à la surface supérieure du cristal. Cette force correspond à F_{p} dans l'équation (9.38) qui devient :

$$M\frac{\partial^2 u}{\partial t^2} = -\gamma'\frac{\partial u}{\partial t} - ku - m\frac{\partial^2 u}{\partial t^2} + F_{\text{ext}} \qquad \textbf{(9.40)}$$

Le déplacement u vérifie donc l'équation :

$$(M + m)\left(\frac{\partial^2 u}{\partial t^2} + \gamma_{\text{b}}\frac{\partial u}{\partial t} + \Omega_1^2 u\right) = F_{\text{ext}} \qquad \textbf{(9.41)}$$

où $\gamma_{\text{b}} = \dfrac{\gamma'}{M + m}$ et $\Omega_1 = \sqrt{\dfrac{k}{M + m}} \approx \omega_1\left(1 - \dfrac{m}{2M}\right)$, en supposant que $m \ll M$. On retrouve ainsi la relation de Sauerbrey [139], qui exprime le changement de la fréquence de résonance en fonction de m :

$$\Delta f_1 = \frac{\Omega_1 - \omega_1}{2\pi} = -\frac{mf_1}{2M} = -\frac{m}{C_1} \qquad \textbf{(9.42)}$$

où C_1 est la constante de Sauerbrey définie par :

$$C_1 = \frac{2M}{f_1} \qquad \textbf{(9.43)}$$

Cette constante est donnée par le fabricant du cristal et est habituellement déterminée à la fréquence fondamentale f_1. La masse déposée, m, peut aussi être mesurée à une fréquence qui est un multiple impair de la fréquence fondamentale. Pour l'harmonique d'ordre ν ($f_\nu = \nu f_1$), le décalage de fréquence est Δf_ν et la masse m s'obtient à partir de la relation de Sauerbrey réécrite sous la forme :

$$m = -\frac{C_1}{\nu}\Delta f_\nu \qquad \textbf{(9.44)}$$

Cette relation montre que si le film déposé se comporte effectivement comme un film parfaitement rigide et solidaire du cristal, les rapports $\dfrac{\Delta f_\nu}{\nu}$, obtenus pour $\nu = 1, 3$, etc., sont tous égaux.

6.4. Cristal en contact avec un milieu visqueux

Considérons à présent le cristal en contact avec un milieu semi-infini, visqueux et homogène (par exemple une solution tampon), mais sans film déposé à sa surface (figure 9.63).

Figure 9.63. Illustration schématique d'un cristal de QCM placé en contact avec un liquide visqueux caractérisé par sa viscosité η_m et sa masse volumique ρ_m.

Dans le fluide visqueux, caractérisé par sa viscosité η_m et sa masse volumique ρ_m, l'équation de Navier-Stokes s'écrit :

$$\frac{\partial \vec{v}_m}{\partial t} + (\vec{v}_m.\vec{\nabla})\vec{v}_m = -\frac{1}{\rho_m}\vec{\nabla}p + \frac{\eta_m}{\rho_m}\Delta\vec{v}_m + \vec{F}_m \quad \textbf{(9.45)}$$

où $\vec{v}_m$ et $\vec{F}_m$ représentent respectivement la vitesse d'un élément du fluide et une force externe s'y appliquant, et p représente la pression. Nous négligerons les effets de la pression ainsi que le terme non linéaire, $(\vec{v}_m.\vec{\nabla})\vec{v}_m$. De plus, nous traitons le cas où aucune force externe ne s'applique au fluide. En outre, étant donné que le fluide ne se déplace que dans la direction de vibration du cristal, l'équation vectorielle (9.45) se réduit à une équation scalaire à une dimension. Cette équation est vérifiée par la fonction inconnue v_m, qui dépend du temps et d'une seule variable spatiale, à savoir la distance z à la surface supérieure du cristal. L'équation (9.45) se ramène ainsi à une équation de diffusion scalaire :

$$\frac{\partial v_m}{\partial t} = \frac{\eta_m}{\rho_m}\frac{\partial^2 v_m}{\partial z^2} \quad \textbf{(9.46)}$$

La TF de cette équation par rapport au temps conduit à :

$$\frac{\partial^2 \widetilde{v}_m}{\partial z^2} = i\omega\frac{\rho_m}{\eta_m}\widetilde{v}_m \quad \textbf{(9.47)}$$

La solution générale de cette équation est :

$$\widetilde{v}_m(z) = \widetilde{v}_0\exp(-ik_m z) + \widetilde{v}_1\exp(ik_m z) \quad \textbf{(9.48)}$$

avec :

$$k_m = \sqrt{-i\omega\frac{\rho_m}{\eta_m}} = (1-i)\sqrt{\frac{\omega\rho_m}{2\eta_m}} = \frac{1-i}{\delta} \quad \textbf{(9.49)}$$

où δ est la profondeur de pénétration visqueuse [138]. Puisque $\widetilde{v}_m(z)$ doit tendre vers 0 quand z tend vers l'infini, le coefficient $\widetilde{v}_1$ doit être nul et l'équation (9.48) se réduit à :

$$\widetilde{v}_m(z) = \widetilde{v}_0 \exp\left(-(1+i)\sqrt{\frac{\omega\rho_m}{2\eta_m}}z\right) \equiv \widetilde{v}_0 \exp\left(-(1+i)\frac{z}{\delta}\right) \quad \textbf{(9.50)}$$

L'effet du milieu visqueux sur la fréquence de résonance du cristal sera discuté dans le paragraphe suivant, en tant que cas particulier du système cristal-film-fluide, plus général, qui sera décrit ci-dessous.

6.5. Cristal recouvert d'un milieu viscoélastique stratifié en contact avec un milieu visqueux

Nous abordons maintenant le cas général d'un film constitué de couches successives, chacune d'elles étant homogène et délimitée par des plans parallèles à la surface du cristal (figure 9.64).

En raison de la structure du film, ses propriétés ne varient qu'avec la position, z, par rapport à la surface supérieure du cristal située en $z = 0$. La face supérieure du film est, quant à elle, en contact avec un fluide visqueux qui s'étend virtuellement jusqu'à $z = \infty$. Nous généralisons ainsi le résultat de Voinova *et al.* [138] pour un film constitué d'une ou de deux couches à un nombre, n, quelconque de couches.

À cette fin, nous allons adapter la méthode d'Abélès, développée dans le domaine de l'optique pour le calcul des coefficients de réflectivité d'un film présentant un profil d'indice de réfraction.

Chaque couche est caractérisée par son module élastique de cisaillement, sa viscosité de cisaillement, sa masse volumique et son épaisseur. Ainsi, la $j^{\text{ème}}$ couche ($1 \leqslant j \leqslant n$) est caractérisée par les quatre paramètres μ_j , η_j , ρ_j et d_j. Le fluide en contact avec le film est traité comme la $(n + 1)^{\text{ème}}$ couche du système et est caractérisé par sa viscosité η_{n+1} et sa masse volumique ρ_{n+1}. Ces deux paramètres ont été notés respectivement η_m et ρ_m dans le paragraphe 6.4, notation qui sera reprise plus tard. Notons aussi que le fluide visqueux semi-infini ($d_{n+1} = \infty$) ne présente pas de rigidité ($\mu_{n+1} = 0$). Précisons enfin que les couches sont numérotées à partir de la surface du cristal. La première couche est comprise entre les plans $z = z_0 = 0$ et $z = z_1 = d_1$. La $j^{\text{ème}}$ couche est comprise entre les plans $z = z_{j-1} = d_1 + d_2 + \cdots + d_{j-1}$ et $z = z_j = z_{j-1} + d_j$. L'épaisseur totale du film est égale à $d \equiv z_n$. Le fluide visqueux s'étend de $z = z_n$ à $z = \infty$.

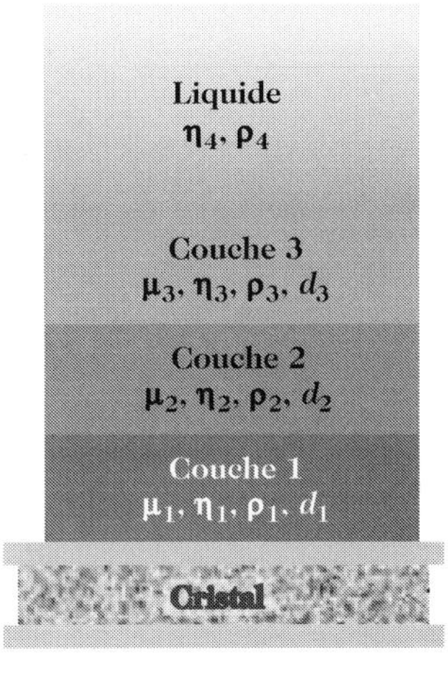

Figure 9.64. Illustration schématique d'un cristal de QCM sur lequel un film est déposé. Dans cet exemple, le film est constitué de trois couches successives, caractérisées chacune par son module élastique de cisaillement, sa viscosité de cisaillement, sa masse volumique et son épaisseur. Un liquide visqueux est en contact avec le film.

Pour calculer la réponse du cristal, il nous faut évaluer la contrainte de cisaillement, σ_{xz}, que le film applique à la surface supérieure du cristal. En effet, comme nous le verrons, la force F_p (voir l'équation (9.38)) est reliée à σ_{xz}. Comme le film est stratifié, nous allons procéder couche par couche. Pour alléger la notation, nous écrirons σ au lieu de σ_{xz}. Pour la $j^{\text{ème}}$couche, la contrainte de cisaillement est définie par :

$$\sigma_j = \mu_j \frac{\partial u_j}{\partial z} + \eta_j \frac{\partial v_j}{\partial z} \tag{9.51}$$

Elle représente la force, parallèle à la direction de vibration du cristal, qui s'applique à une unité d'aire située entre les plans $z = z_{j-1}$ et $z = z_j$ et parallèle à ceux-ci. Dans l'équation (9.51), u_j et v_j désignent respectivement le déplacement et la vitesse ($v_j = \partial u_j/\partial t$) d'un point à l'intérieur de la $j^{\text{ème}}$ couche. Ces deux grandeurs sont fonctions de t et z. Dans la $j^{\text{ème}}$ couche viscoélastique, l'équation de Navier-Stokes incluant l'élasticité conduit à :

$$\frac{\partial v_j}{\partial t} = \frac{1}{\rho_j}\frac{\partial \sigma_j}{\partial z} = \frac{\mu_j}{\rho_j}\frac{\partial^2 u_j}{\partial z^2} + \frac{\eta_j}{\rho_j}\frac{\partial^2 v_j}{\partial z^2} \tag{9.52}$$

En appliquant la TF par rapport au temps à cette équation, on obtient :

$$\frac{\partial^2 \widetilde{v}_j}{\partial z^2} = -\frac{\omega^2 \rho_j}{\mu_j^*}\widetilde{v}_j \tag{9.53}$$

où $\mu_j^* = \mu_j + i\omega\eta_j$ est le module de cisaillement complexe de la $j^{\text{ème}}$ couche. La solution générale de l'équation (9.53) est :

$$\widetilde{v}_j(z) = \widetilde{v}_j^+(z) + \widetilde{v}_j^-(z) \tag{9.54}$$

avec :

$$\begin{cases} \widetilde{v}_j^+(z) = \widetilde{v}_{j,0}^+ \exp(ik_j z) \\ \widetilde{v}_j^-(z) = \widetilde{v}_{j,0}^- \exp(-ik_j z) \end{cases} \tag{9.55}$$

où $\widetilde{v}_{j,0}^+$ et $\widetilde{v}_{j,0}^-$ sont des constantes imposées par les conditions aux limites aux deux plans qui définissent la couche, et k_j est le nombre complexe défini par :

$$k_j = \omega\sqrt{\frac{\rho_j}{\mu_j^*}} \tag{9.56}$$

En remplaçant μ_j^* par sa définition, on obtient :

$$k_j = \omega\left(\frac{\rho_j^2}{\mu_j^2 + \omega^2\eta_j^2}\right)^{\frac{1}{4}}\left[\cos\left(\frac{1}{2}\arctan\left(\frac{\omega\eta_j}{\mu_j}\right)\right) - i\sin\left(\frac{1}{2}\arctan\left(\frac{\omega\eta_j}{\mu_j}\right)\right)\right] \tag{9.57}$$

L'inverse de la partie réelle de ik_j définit la profondeur de pénétration, δ^*, pour un milieu viscoélastique, et généralise la définition de δ donnée par l'équation (9.49). Cette grandeur a un grand intérêt pratique, car elle correspond à la distance caractéristique sur laquelle le film peut être sondé par la microbalance. Comme Voinova *et al.* [138], nous définissons le paramètre $\chi = \mu_j/\omega\eta_j$, ce qui permet de donner l'expression suivante de δ^* :

$$\delta^* = \sqrt{\frac{2\eta_j}{\omega\rho_j}}\sqrt{\frac{1+\chi^2}{\sqrt{1+\chi^2}-\chi}} \equiv \delta\sqrt{\frac{1+\chi^2}{\sqrt{1+\chi^2}-\chi}} \tag{9.58}$$

Si $\mu_j = 0$, δ^* se ramène à δ. On peut remarquer que pour ω, ρ_j et η_j fixés, δ^* croît de façon monotone avec μ_j. En revanche, pour ω, ρ_j et μ_j fixés, δ^* présente un minimum en $\eta_j = \sqrt{3}\mu_j/\omega$, dont la valeur est $\frac{2}{\omega}\sqrt{\frac{2\mu_j}{\rho_j}}$ (figure 9.65).

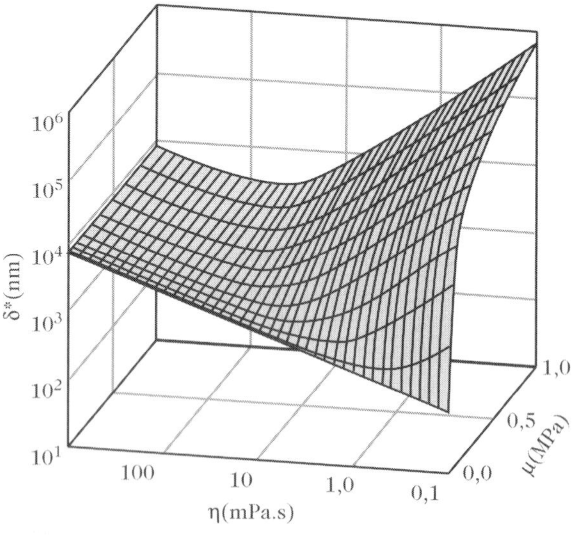

Figure 9.65. Profondeur de pénétration δ^* en fonction du module élastique de cisaillement μ et de la viscosité de cisaillement η, à $f = 5$ MHz et $\rho = 1$ g.cm^{-3}, calculée d'après l'équation (9.58).

L'équation (9.54) peut être écrite pour les plans situés aux hauteurs $z = z_{j-1}$ et $z = z_j$, qui délimitent la $j^{\text{ème}}$ couche. En utilisant l'équation (9.55), on observe alors que les composantes de la vitesse sur le plan inférieur sont reliées à celles sur le plan supérieur par la relation matricielle :

$$\begin{pmatrix} \widetilde{v}_j^+(z_{j-1}) \\ \widetilde{v}_j^-(z_{j-1}) \end{pmatrix} = \begin{pmatrix} \exp(-ik_j d_j) & 0 \\ 0 & \exp(ik_j d_j) \end{pmatrix}\begin{pmatrix} \widetilde{v}_j^+(z_j) \\ \widetilde{v}_j^-(z_j) \end{pmatrix} \tag{9.59}$$

avec $d_j = z_j - z_{j-1}$. Dans ce qui suit, la matrice 2×2 définie par la relation (9.59) sera notée $\mathbf{L}_j$. À l'interface séparant les couches j et $j+1$, la condition de non-glissement (ou condition de continuité) implique l'égalité des vitesses et des contraintes de cisaillement (ou de leurs TF) de part et d'autre de l'interface :

$$\begin{cases} \widetilde{v}_j(z_j) = \widetilde{v}_{j+1}(z_j) \\ \widetilde{\sigma}_j(z_j) = \widetilde{\sigma}_{j+1}(z_j) \end{cases} \tag{9.60}$$

La combinaison des relations (9.51), (9.54), (9.55) et la relation $\widetilde{u}_j = \widetilde{v}_j / i\omega$ permettent d'exprimer la TF de la contrainte de cisaillement dans la $j^{\text{ème}}$ couche :

$$\widetilde{\sigma}_j = \mu_j \frac{\partial \widetilde{u}_j}{\partial z} + \eta_j \frac{\partial \widetilde{v}_j}{\partial z} = \frac{\mu_j^*}{i\omega} \frac{\partial \widetilde{v}_j}{\partial z} = \frac{k_j \mu_j^*}{\omega} \left[\widetilde{v}_j^+(z) - \widetilde{v}_j^-(z) \right] \tag{9.61}$$

Alors, les relations (9.60) associées à la relation (9.54) peuvent se réécrire :

$$\begin{cases} \widetilde{v}_j^+ + \widetilde{v}_j^- = \widetilde{v}_{j+1}^+ + \widetilde{v}_{j+1}^- \\ k_j \mu_j^* (\widetilde{v}_j^+ - \widetilde{v}_j^-) = k_{j+1} \mu_{j+1}^* (\widetilde{v}_{j+1}^+ - \widetilde{v}_{j+1}^-) \end{cases} \tag{9.62}$$

à l'interface, c'est-à-dire en $z = z_j$. Ces deux égalités s'expriment par la relation matricielle :

$$\begin{pmatrix} 1 & 1 \\ k_j \mu_j^* & -k_j \mu_j^* \end{pmatrix} \begin{pmatrix} \widetilde{v}_j^+ \\ \widetilde{v}_j^- \end{pmatrix} = \begin{pmatrix} 1 & 1 \\ k_{j+1} \mu_{j+1}^* & -k_{j+1} \mu_{j+1}^* \end{pmatrix} \begin{pmatrix} \widetilde{v}_{j+1}^+ \\ \widetilde{v}_{j+1}^- \end{pmatrix} \tag{9.63}$$

dans laquelle les quatre composantes de vitesse sont encore définies en $z = z_j$. La matrice 2×2 du membre de gauche de l'équation (9.63) est notée $\mathbf{M}_j$ et celle apparaissant dans le membre de droite est notée $\mathbf{M}_{j+1}$. Il découle alors de l'équation (9.63) que :

$$\begin{pmatrix} \widetilde{v}_j^+ \\ \widetilde{v}_j^- \end{pmatrix} = \mathbf{M}_j^{-1} \mathbf{M}_{j+1} \begin{pmatrix} \widetilde{v}_{j+1}^+ \\ \widetilde{v}_{j+1}^- \end{pmatrix} \tag{9.64}$$

où l'inverse de $\mathbf{M}_j$ est défini par :

$$\mathbf{M}_j^{-1} = \frac{1}{2} \begin{pmatrix} 1 & \dfrac{1}{k_j \mu_j^*} \\ 1 & -\dfrac{1}{k_j \mu_j^*} \end{pmatrix} \tag{9.65}$$

Les équations (9.59) et (9.64) permettent de relier la vitesse dans la première couche, à la hauteur $z = 0$, à la vitesse dans le liquide à la hauteur $z = z_n = d$:

$$\begin{pmatrix} \widetilde{v}_1^+(z=0) \\ \widetilde{v}_1^-(z=0) \end{pmatrix} = \mathbf{L}_1 \mathbf{M}_1^{-1} \mathbf{M}_2 \mathbf{L}_2 \mathbf{M}_2^{-1} \mathbf{M}_3 \ldots \mathbf{L}_n \mathbf{M}_n^{-1} \mathbf{M}_{n+1} \begin{pmatrix} 0 \\ \widetilde{v}_{n+1}^-(z_n) \end{pmatrix} \tag{9.66}$$

On notera que $3n$ matrices sont impliquées dans le produit matriciel. Les $3n - 1$ premières matrices contiennent les caractéristiques des n couches constituant le film, et la dernière matrice dépend des caractéristiques du milieu visqueux. Notons aussi que $\widetilde{v}_{n+1}^+(z_n) = 0$ est imposé par la condition aux limites $\widetilde{v}_{n+1}(z \to \infty) \to 0$ (comme dans l'équation (9.48) qui s'applique au cas où le liquide est en contact direct avec le cristal). Le produit matriciel conduit à une matrice résultante $\mathbf{R} = \begin{pmatrix} R_{11} & R_{12} \\ R_{21} & R_{22} \end{pmatrix}$, et donc à :

$$\begin{pmatrix} \widetilde{v}_1^+(z=0) \\ \widetilde{v}_1^-(z=0) \end{pmatrix} = \widetilde{v}_{n+1}^-(z_n) \begin{pmatrix} R_{12} \\ R_{22} \end{pmatrix} \tag{9.67}$$

Puisque $F_p = \sigma(z=0)$, il découle des expressions (9.61) et (9.67) que la TF de la force par unité d'aire exercée sur le cristal par l'ensemble film-liquide s'écrit :

$$\begin{aligned} \widetilde{F}_p = \widetilde{\sigma}(z=0) = \frac{\mu_1^*}{i\omega} \frac{\partial \widetilde{v}_1}{\partial z}\bigg|_{z=0} &= \frac{k_1 \mu_1^*}{\omega} (\widetilde{v}_1^+(z=0) - \widetilde{v}_1^-(z=0)) \\ &= \frac{k_1 \mu_1^*}{\omega} (R_{12} - R_{22}) \widetilde{v}_{n+1}^-(z_n) \end{aligned} \tag{9.68}$$

La relation (9.67), associée aux expressions (9.54) et (9.55), conduit à la TF de la vitesse dans la première couche en $z = 0$:

$$\widetilde{v}_1(z=0) = \widetilde{v}_1^+(z=0) + \widetilde{v}_1^-(z=0) = (R_{12} + R_{22}) \widetilde{v}_{n+1}^-(z_n) \tag{9.69}$$

Sachant que $\widetilde{v}_1 = i\omega \widetilde{u}_1$, l'expression (9.69) devient :

$$\widetilde{v}_{n+1}^-(z_n) = \frac{i\omega \widetilde{u}_1}{R_{12} + R_{22}} \tag{9.70}$$

En introduisant cette relation dans l'équation (9.68), on obtient l'expression de $\widetilde{F}_p$ en fonction des caractéristiques du film et du liquide et de la TF du déplacement en $z = 0$:

$$\widetilde{F}_p = i k_1 \mu_1^* \frac{R_{12} - R_{22}}{R_{12} + R_{22}} \widetilde{u}_1(z=0) \tag{9.71}$$

En raison de la continuité (condition de non-glissement), $\widetilde{u}_1(z=0)$ dans le film est identique à $\widetilde{u}$, qui représente la TF du déplacement d'un point de la surface supérieure du cristal. Par conséquent, la TF de l'équation du mouvement (équation (9.38)) conduit à :

$$\widetilde{u} = \frac{F_0}{M \left(-\omega^2 + i\gamma_a \omega + \omega_1^2 - \dfrac{i k_1 \mu_1^*}{M} \dfrac{R_{12} - R_{22}}{R_{12} + R_{22}} \right)} \tag{9.72}$$

où l'on a supposé que F_{ext} est donné par $F_{\text{ext}} = F_0 \exp(i\omega t)$. Il s'ensuit que $\widetilde{F}_{\text{ext}}$ a été remplacé par F_0. La fréquence qui annule la partie réelle du dénominateur du membre de droite de la relation (9.72) constitue une bonne approximation de la fréquence de résonance, correspondant à la présence du film déposé sur le cristal et à celle du fluide visqueux au-dessus du film. Il en découle que le décalage de fréquence est donné par :

$$\Delta f_{\text{film+fluide}} = \frac{\Delta\omega}{2\pi} \approx -\frac{1}{4\pi M \omega_1} \text{Re} \left(i k_1 \mu_1^* \frac{R_{12} - R_{22}}{R_{12} + R_{22}} \right)_{\omega = \omega_1} \tag{9.73}$$

Pour un oscillateur harmonique régi par l'équation (9.39), le facteur de dissipation (inverse du facteur de qualité) au voisinage de la résonance est donné par $D = \dfrac{\gamma_a}{\omega_1}$.

Quand le cristal est recouvert d'un film viscoélastique en contact avec un fluide visqueux, le facteur de dissipation devient [140] :

$$D_{\text{film+fluide}} = \frac{1}{\omega_1}\left[\gamma_a - \operatorname{Im}\left(\frac{i\sqrt{\rho_1\mu_1^*}}{M}\frac{R_{12}-R_{22}}{R_{12}+R_{22}}\right)_{\omega=\omega_1}\right] \quad \textbf{(9.74)}$$

Dans les équations (9.73) et (9.74), le membre de droite est évalué en $\omega = \omega_1$. Si le décalage de fréquence et le facteur de dissipation doivent être calculés pour l'harmonique d'ordre $\nu > 1$, ω_1 est simplement remplacé par $\omega_\nu = \nu\omega_1$ dans ces équations.

L'équation (9.73) donne la variation de la fréquence de résonance quand le cristal est recouvert d'un film viscoélastique en contact avec un milieu visqueux, par rapport à la fréquence de résonance du même cristal dans le vide. L'équation (9.73) exprime le facteur de dissipation du cristal également pour l'ensemble cristal-film-fluide.

Du point de vue expérimental, il est commode d'utiliser l'ensemble cristal-fluide (où le fluide est par exemple la solution tampon) comme système de référence. Ce système peut être vu comme une forme particulière du système général, où les paramètres μ, η et ρ de toutes les couches du film sont égaux entre eux et égaux à ceux du liquide visqueux. Le produit matriciel $\mathbf{R}$ se réduit alors à $\mathbf{R} = \mathbf{L}_1\mathbf{L}_2 \ldots \mathbf{L}_j \ldots \mathbf{L}_n$. Puisque $\mathbf{L}_j$ est une matrice diagonale, quel que soit j, $\mathbf{R}$ est une matrice diagonale également, et par conséquent $\frac{R_{12}-R_{22}}{R_{12}+R_{22}} = -1$. Il s'ensuit que le décalage de fréquence et le facteur de dissipation deviennent :

$$\Delta f_{\text{tampon}} = \frac{\Delta\omega}{2\pi} \approx -\frac{1}{4\pi M}\sqrt{\frac{\rho_m\eta_m\omega_1}{2}} \quad \textbf{(9.75)}$$

et :

$$D_{\text{tampon}} = \frac{1}{\omega_1}\left(\gamma_a + \frac{1}{M}\sqrt{\frac{\rho_m\eta_m\omega_1}{2}}\right) \quad \textbf{(9.76)}$$

où l'indice « n+1 » a été remplacé par « m » pour indiquer de façon explicite que ces deux équations s'appliquent au système particulier film-milieu visqueux. En soustrayant les équations (9.75) et (9.76) respectivement des équations (9.73) et (9.74), on obtient :

$$\begin{aligned}\Delta f &= \Delta f_{\substack{\text{film+}\\\text{tampon}}} - \Delta f_{\text{tampon}} \\ &\approx -\frac{1}{4\pi M\omega_1}\left[\operatorname{Re}\left(ik_1\mu_1^*\frac{R_{12}-R_{22}}{R_{12}+R_{22}}\right)_{\omega=\omega_1} - \omega_1\sqrt{\frac{\rho_m\eta_m\omega_1}{2}}\right] \quad \textbf{(9.77)}\end{aligned}$$

$$\begin{aligned}\Delta D &= D_{\substack{\text{film+}\\\text{tampon}}} - D_{\text{tampon}} \\ &\approx -\frac{1}{M\omega_1}\left[\operatorname{Im}\left(i\sqrt{\rho_1\mu_1^*}\frac{R_{12}-R_{22}}{R_{12}+R_{22}}\right)_{\omega=\omega_1} + \sqrt{\frac{\rho_m\eta_m\omega_1}{2}}\right] \quad \textbf{(9.78)}\end{aligned}$$

Les expressions (9.77) et (9.78) constituent les relations de base servant à analyser les données expérimentales dans le but d'en tirer les paramètres du film. Ici également, $\nu\omega_1$ doit remplacer ω_1 si les mesures correspondent à des harmoniques d'ordres supérieurs à 1. Pour éviter toute ambiguïté, il peut être utile de préciser que Δf et ΔD, donnés par les équations (9.77) et (9.78), reflètent la présence du film déposé, mais ne sont pas identiques à Δf et ΔD qui seraient mesurés si le film était en contact avec le vide.

Dans le cas particulier d'un film considéré comme une couche unique (milieu 1) déposé sur le cristal et en contact avec un fluide visqueux (milieu 2), le rapport $\left(\frac{R_{12}-R_{22}}{R_{12}+R_{22}}\right)_{\omega=\omega_1}$ s'écrit explicitement :

$$\left(\frac{R_{12}-R_{22}}{R_{12}+R_{22}}\right)_{\omega=\omega_1} = -\left[\frac{i\sin(k_1d_1)+(1+i)\sqrt{\frac{\rho_2\eta_2\omega}{2\rho_1\mu_1^*}}\cos(k_1d_1)}{\cos(k_1d_1)-(1-i)\sqrt{\frac{\rho_2\eta_2\omega}{2\rho_1\mu_1^*}}\sin(k_1d_1)}\right]_{\omega=\omega_1} \quad \textbf{(9.79)}$$

D'après l'équation (9.56), le produit k_1d_1 peut s'écrire $\frac{\rho_1 d_1}{\sqrt{\rho_1\mu_1^*}}$. Par ailleurs, le produit $\rho_1\mu_1^*$ se développe en $\rho_1\mu_1 + i\omega\rho_1\eta_1$. Par conséquent, le milieu 1 n'est caractérisé que par les trois paramètres indépendants $\rho_1\mu_1$, $\rho_1\eta_1$ et $\rho_1 d_1$. Cela signifie que toute augmentation (respectivement diminution) de ρ_1 peut être exactement compensée par une diminution (respectivement augmentation) contraire des paramètres μ_1, η_1 et d_1. Notons encore que le produit $\rho_1 d_1$ représente la masse par unité d'aire du film déposé, y compris les molécules de solvant présentes dans le film [131, 141].

6.6. Simulation numérique de la réponse de la microbalance

Dans ce qui suit, nous nous intéresserons aux variations des fréquences de résonance et des facteurs de dissipation de systèmes cristal-fluide et cristal-film-fluide. Le film déposé sur le cristal sera considéré comme une couche unique et homogène ($n = 1$). Ces données seront simulées à l'aide des équations (9.77), (9.78) et (9.79) pour différentes combinaisons du module élastique de cisaillement, de la viscosité de cisaillement et de l'épaisseur de la couche, la masse volumique du film étant fixée à 1 g.cm^{-3}. Par ailleurs, la masse volumique du fluide visqueux (solvant) sera fixée à 1,009 g.cm^{-3}, et sa viscosité à 0,91 mPa.s. Ces valeurs numériques correspondent à une solution aqueuse de NaCl de concentration 0,15 M à 25 °C. Nous examinerons ensuite le problème inverse, où les quantités Δf et ΔD sont mesurées et où les paramètres du film doivent en être déduits.

Dans le premier exemple (figure 9.66), le module de cisaillement est fixé à 0. Le film est donc considéré comme un milieu purement visqueux. Sa viscosité est fixée à 5 mPa.s (ordre de grandeur des viscosités trouvées par Höök *et al.* pour une couche de protéines adsorbées sur le cristal (voir le tableau 1 dans la référence [131])). Les parties A et B de la figure 9.66 montrent $\Delta f/\nu$ et ΔD en fonction de l'épaisseur d du film pour la fréquence fondamentale ($\nu = 1, f_1 = 5$ MHz) et les trois harmoniques impairs correspondant à $\nu = 3$, 5 et 7. Les profondeurs de pénétration respectives sont $\delta^* = 564$, 326, 252 et 213 nm. Rappelons que Δf et ΔD tels que donnés par les équations (9.77) et (9.78) représentent les variations de f et D engendrées par la présence du film « inséré » entre le cristal et le solvant, étant entendu que le système cristal-solvant joue le rôle de référence. On observe que $\Delta f/\nu$ et ΔD deviennent pratiquement insensibles à d au-delà d'une certaine valeur de l'épaisseur. Cette distance maximale de sondage est de l'ordre de $2\delta^*$, qui décroît avec ν. En outre, on observe dans la partie A que les quatre courbes sont indiscernables tant que l'épaisseur reste inférieure à environ 100 nm. Cela signifie que la couche se comporte comme un film de Sauerbrey à épaisseur suffisamment faible. Dans la partie C, ΔD est représenté en fonction de $\Delta f/\nu$. Le point terminal de chaque spirale correspond à de nombreuses valeurs de l'épaisseur conduisant toutes à la même combinaison (Δf, ΔD).

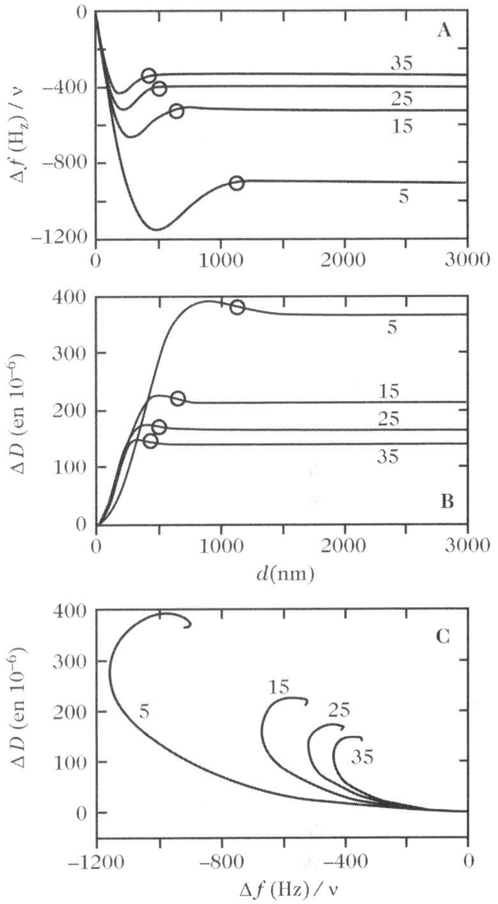

Figure 9.66. Décalage de la fréquence de résonance (A) et du facteur de dissipation (B) du cristal recouvert d'une couche unique en contact avec un liquide visqueux, en fonction de l'épaisseur du film, *d*. Le film est caractérisé par $\mu = 0$ et $\eta = 5$ mPa.s, et le fluide par $\eta = 0{,}91$ mPa.s. Dans la partie C, la variation du facteur de dissipation est tracée en fonction de la variation de fréquence. Les courbes sont étiquetées par la fréquence de résonance (en MHz) du cristal. Le système cristal-fluide sert de référence. La masse volumique du film est arbitrairement fixée à 1 g.cm^{-3}. Les abscisses des cercles placés sur les courbes (parties A et B) indiquent la valeur de $2\delta^*$.

Le deuxième exemple (figure 9.67) illustre le cas d'un film viscoélastique qui présente à la fois une rigidité ($\mu = 0{,}2$ MPa) et une viscosité ($\eta = 5$ mPa.s), son épaisseur variant de 0 nm à 6 000 nm. Les valeurs numériques de μ et η se situent dans les ordres de grandeur trouvés par Höök *et al.* pour une couche de protéines Mefp-1 (*mussel adhesive protein*) adsorbées sur le cristal recouvert d'or et réticulées (voir le tableau 1 dans la référence [131]). Les parties A et B de la figure 9.67 montrent respectivement $\Delta f/\nu$ et ΔD en fonction de l'épaisseur du film, tandis que la partie C présente ΔD en fonction de $\Delta f/\nu$. Qualitativement, la figure 9.67 s'apparente à la figure 9.66. Il existe cependant une différence notable entre les résultats correspondant à ces deux exemples. Les profondeurs de pénétration pour les quatre fréquences (5, 15, 25 et 35 MHz) valent ici respectivement 1 553, 435, 295 et 237 nm. L'augmentation de δ^* par rapport à l'exemple illustré par la figure 9.66 a pour conséquence un amortissement moindre des oscillations du décalage en fréquence et du facteur de dissipation, surtout pour la fréquence la plus basse ($f_1 = 5$ MHz). Il est intéressant de noter que pour la même valeur de la viscosité, qui est le paramètre déterminant la dissipation d'énergie, la longueur de pénétration croît quand le module élastique croît, bien que celui-ci ne soit pas impliqué dans la dissipation.

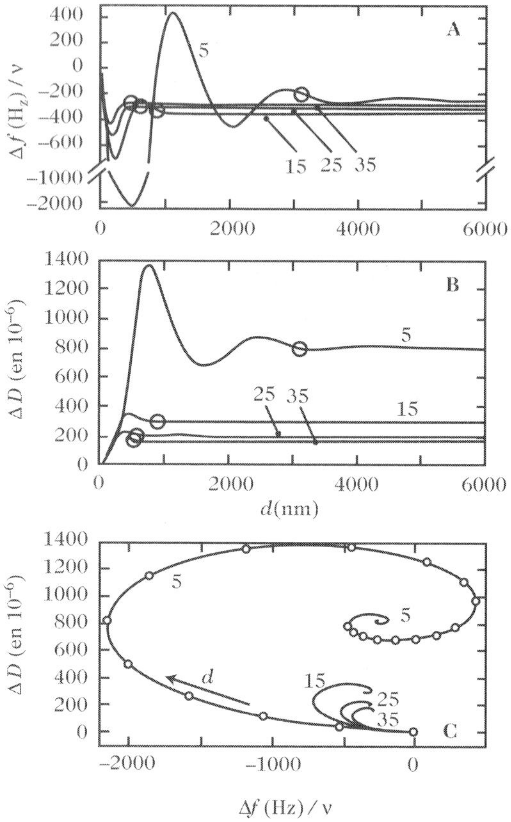

Figure 9.67. Décalage de la fréquence de résonance (A) et du facteur de dissipation (B) du cristal recouvert d'une couche unique en contact avec un liquide visqueux, en fonction de l'épaisseur du film, *d*. Le film est caractérisé par $\mu = 0{,}2$ MPa et $\eta = 5$ mPa.s, et le fluide par $\eta = 0{,}91$ mPa.s. Dans la partie C, la variation du facteur de dissipation est tracée en fonction de la variation de fréquence. Les courbes sont étiquetées par la fréquence de résonance (en MHz) du cristal. Le système cristal-fluide sert de référence. La masse volumique du film est arbitrairement fixée à 1 g.cm^{-3}. Les abscisses des cercles placés sur les courbes (parties A et B) indiquent la valeur de $2\delta^*$. Dans la partie C, la flèche indique le sens de l'épaisseur croissante. Les disques blancs figurant sur la courbe « 5 » correspondent aux épaisseurs 0, 100, 200, ..., 2 000 nm.

Ces deux exemples démontrent qu'il existe pour un film donné une épaisseur limite au-delà de laquelle les mesures deviennent illusoires. En d'autres termes, la croissance d'un film ne peut être suivie que jusqu'à un certain stade. Ainsi, en raison de l'atténuation de l'onde acoustique, l'ajout de matière supplémentaire ne peut pas être détecté. La limite de détection dépend des paramètres μ et η du film, qui sont évidemment inconnus dans une expérience réelle. On ne peut donc pas prédire l'épaisseur à partir de laquelle la microbalance deviendra incapable de renseigner sur la construction d'un film donné.

6.7. Analyse d'une expérience : construction d'un film multicouche de polyélectrolytes

Les films de multicouches de polyélectrolytes sont obtenus par dépôt sur des substrats solides de couches de polycations et de polyanions alternativement. Ces dépôts sont réalisés par simple trempage des substrats dans chaque solution de polycations et de polyanions tour à tour. La construction est donc très simple, et l'avantage majeur de ces films réside dans le contrôle précis de leurs épaisseurs en choisissant le nombre de couches déposées.

À titre d'exemple, nous examinons la construction d'un film multicouche de polyélectrolytes [142-147]. Une couche précurseur de poly(éthylèneimine) (PEI) est tout d'abord adsorbée sur le cristal par simple mise en contact de la solution de PEI avec le cristal (physisorption). Ce premier dépôt est suivi du dépôt alterné d'un polysaccharide naturel, l'acide hyaluronique (HA), et d'un polyaminoacide, la poly-L-lysine (PLL), dissous dans des solutions de NaCl 0,15 M à pH 4 (tableau 9.5). Dans ces conditions, les chaînes de HA sont chargées négativement (polyanions), les chaînes de PEI et de PLL sont chargées positivement (polycations).

Tableau 9.5. Récapitulatif des polyélectrolytes et de leurs conditions d'utilisation pour la construction de multicouches $PEI/(HA/PLL)_X$.

Polyélectrolytes	Abréviation usuelle	pH de la solution de polyélectrolyte	Force ionique de la solution de polyélectrolyte	Charge du polyélectrolyte
Acide hyaluronique	HA	4	0,15 M	négative
Poly-L-lysine	PLL	4	0,15 M	positive
Poly(éthylèneimine)	PEI	4	0,15 M	positive

Les fréquences de résonance et les dissipations en présence de la solution de NaCl seule servent de valeurs de référence et sont mesurées avant le dépôt des polyélectrolytes. Les fréquences de résonance et les dissipations sont ensuite mesurées à l'issue de la phase de rinçage qui suit chaque dépôt de polyélectrolyte. Les résultats expérimentaux correspondant à la construction d'un film $PEI/(HA/PLL)_8$ sont donnés sur la figure 9.68. On observe dans la partie A que les courbes ne se superposent pas, ce qui indique que le film ne se comporte pas comme un film de Sauerbrey. Cela est confirmé par les valeurs élevées de la dissipation (partie B). Par ailleurs, on notera que l'évolution des variations de fréquence (partie A) n'est pas monotone, ce qui donne lieu aux spirales représentées dans la partie C. Cet exemple montre que l'augmentation progressive de la masse du film ne se traduit pas nécessairement par une diminution systématique des fréquences de résonance. L'interprétation intuitive des courbes de la partie A serait donc très hasardeuse.

Les données expérimentales ont été analysées à l'aide du formalisme exposé ci-dessus en vue d'en extraire les paramètres du film. Celui-ci a été traité comme une couche unique, de masse volumique arbitrairement fixée à 1 $g.cm^{-3}$. Les paramètres issus de cette analyse sont donnés dans la figure 9.69.

On notera tout d'abord que les paramètres μ et η restent grossièrement constants dans cet exemple. Il est utile de mentionner que cela n'est pas toujours le cas. Il n'est pas rare de voir le paramètre μ présenter de fortes fluctuations et le paramètre η tendre à augmenter au cours de la construction d'un film. Le sens physique de telles évolutions demeure obscur, et il faut donc rester très prudent quant aux conclusions que l'on pourrait en tirer. Au contraire, l'épaisseur prévue par le modèle croît comme on s'y attendait (si l'on excepte les petites diminutions apparentes d'épaisseur correspondant aux dépôts des couches HA_7 et HA_8 et qui peuvent être dues à des processus de gonflement/dégonflement du film [146]).

Dans ce paragraphe, nous avons généralisé l'analyse de Voinova *et al.* en vue du traitement de données expérimentales fournies par la microbalance à cristal de quartz

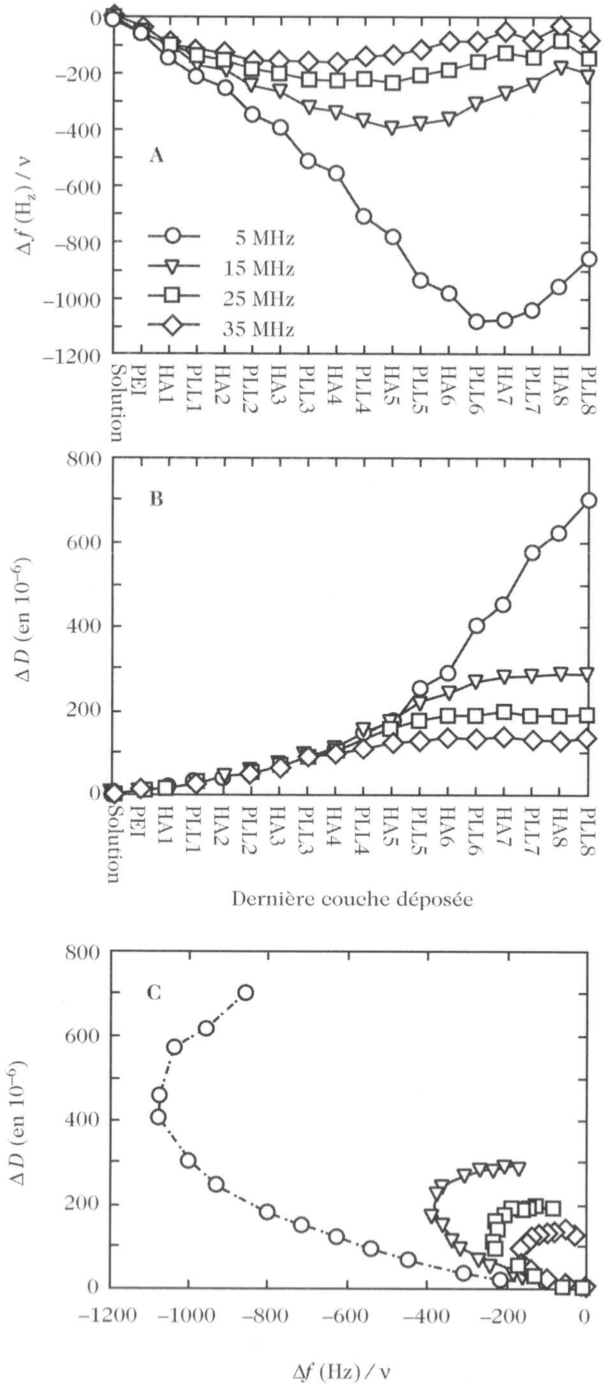

Figure 9.68. Variations expérimentales des fréquences de résonance (A) et du facteur de dissipation (B) observées au cours de la construction d'un film multicouche de polyélectrolytes PEI/(HA/PLL)$_8$. L'apparition de spirales dans le diagramme ΔD en fonction de $\Delta f/\nu$ (partie C) souligne la non-monotonie de l'évolution de Δf visible dans la partie A.

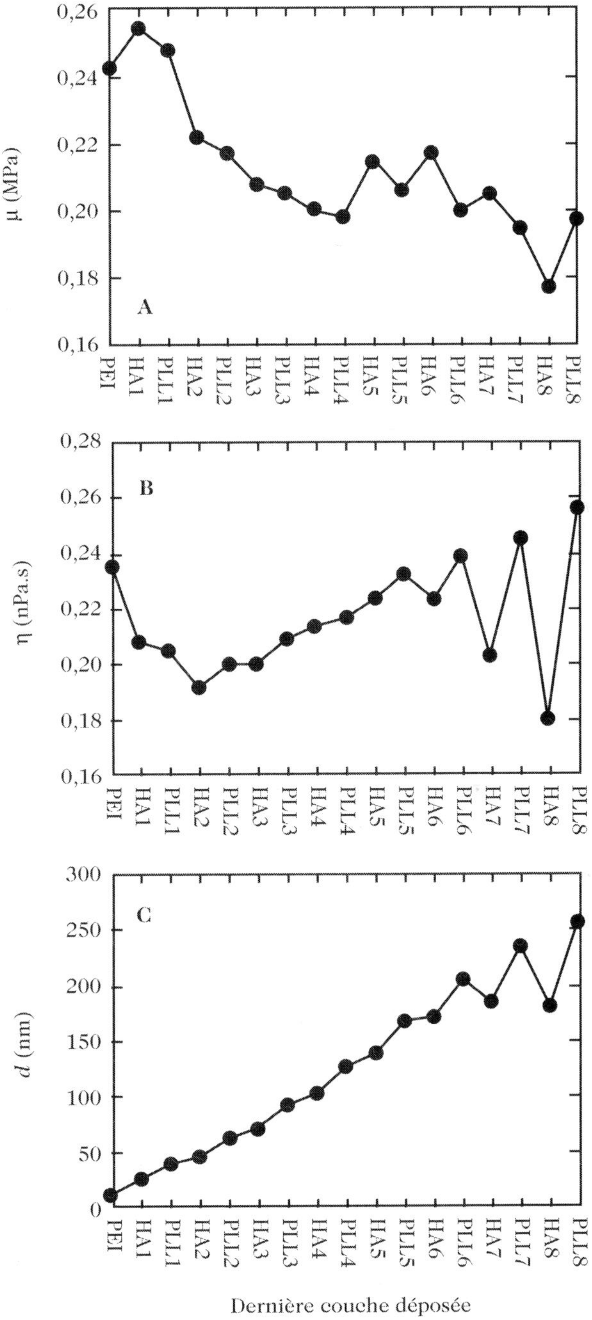

Figure 9.69. Valeurs des paramètres du film PEI/(HA/PLL)$_8$ construit en présence d'une solution aqueuse de NaCl à 0,05 M et pH 4 et déduites des expériences : module élastique de cisaillement (A), viscosité de cisaillement (B) et épaisseur (C) si le film présente une masse volumique de 1 g.cm^{-3}.

avec dissipation. Les exemples donnés à titre d'illustration montrent qu'il est en général difficile d'interpréter intuitivement ces données et qu'il convient donc de recourir à un modèle qui tient compte à la fois des variations des fréquences de résonance et des facteurs de dissipation, pour extraire au moins l'évolution de l'épaisseur du film au cours de sa construction.

7. Réflectométrie de rayons X et de neutrons en incidence rasante

Les rayons X, qui ont une longueur d'onde de l'ordre du nanomètre ($\lambda \approx 0{,}1$ nm), ont été amplement utilisés au cours du siècle passé pour déterminer la structure des édifices cristallins, depuis l'échelle atomique jusqu'à celle des assemblages très complexes que constituent les protéines ou les virus. Aujourd'hui, dans les laboratoires ainsi qu'auprès des sources de rayonnement synchrotron, de nouvelles approches basées sur la réflectométrie des rayons X sont utilisées pour analyser les surfaces de liquides ou de solides et la structure de films minces à l'échelle du nanomètre [148]. La réflectométrie des neutrons thermiques (dont la longueur d'onde est aussi de quelques dixièmes de nanomètres) constitue un outil très complémentaire de ces études structurales de surfaces et d'interfaces grâce, en particulier, à l'apport que constitue la variation de contraste entre les espèces moléculaires hydrogénées et deutérées [149].

7.1. Réflexion des rayons X par une interface plane, angle critique et loi de Fresnel

On a longtemps pensé, après les premières tentatives de déviation ou de réflexion d'un faisceau réalisées par Röntgen (1895), que les rayons X se propageaient en ligne droite, quelles que soient les interfaces ou les matériaux traversés. Ces observations ont conduit à la conclusion que l'indice de réfraction des rayons X devait toujours être voisin de $n = 1$. De fait, pour observer la réflexion des rayons X sur la surface plane d'un solide ou d'un liquide, il est nécessaire d'utiliser de faibles angles d'incidence α voisins de l'incidence rasante. La réflexion est totale pour les angles d'incidence $\alpha < \alpha_c$ (angle critique de réflexion totale), puis elle chute très rapidement dès que l'incidence augmente.

Le coefficient de réflexion $R(\alpha) = I_r(\alpha)/I_O$ est défini comme le rapport de l'intensité réfléchie I_r dans la direction spéculaire ($\alpha = \alpha_r = \alpha_i$) par l'intensité I_O du faisceau incident (figure 9.70).

L'existence d'un domaine angulaire où la réflexion est totale correspond au fait que, dans la matière condensée, on peut définir un indice de réfraction des rayons X légèrement inférieur à l'unité. Plus précisément, la loi de la réfraction dite de Snell-Descartes ($\sin i = n \sin r$) nous fournit une relation entre l'indice n du milieu matériel et l'angle critique de réflexion totale $\alpha_c = (\pi/2 - i_c)$, qui correspond à la condition $r = \pi/2$:

$$n = 1 - \delta = \cos\alpha_c \approx 1 - \alpha_c^2/2 \qquad \textbf{(9.80)}$$

On peut montrer que l'écart à l'unité de l'indice n dépend essentiellement de la longueur d'onde λ des rayons X et de la densité électronique ρ_e du milieu réfléchissant :

$$\delta \approx \alpha_c^2/2 = \lambda^2 \rho_e \frac{r_e}{2\pi} \qquad \textbf{(9.81)}$$

avec $r_e = 2{,}8.10^{-5}$ Å, le rayon classique de l'électron.

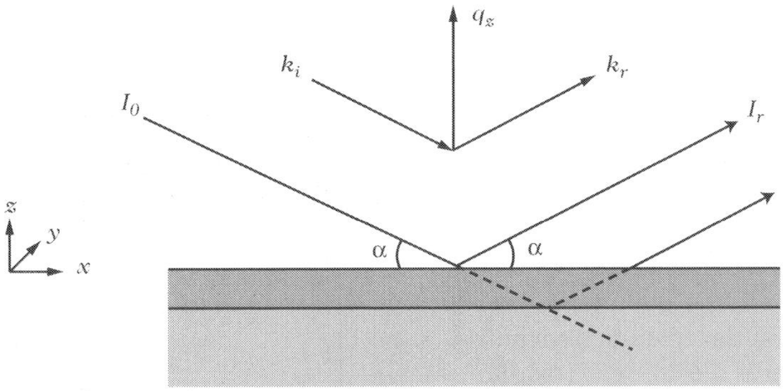

Figure 9.70. Schéma montrant la géométrie de réflexion spéculaire sur une surface plane (N.B. : l'angle d'incidence α est très exagéré pour la clarté de la figure). Le faisceau incident d'intensité I_0 est caractérisé par le vecteur d'onde $\overrightarrow{k_i}$. Le faisceau réfléchi est caractérisé par le vecteur d'onde $\overrightarrow{k_r}$. Son intensité I_r résulte de la combinaison des réflexions partielles sur les différentes interfaces. Le vecteur de diffusion, normal à l'interface, $\overrightarrow{q} = \overrightarrow{q_z} = \overrightarrow{k_r} - \overrightarrow{k_i}$.

Pour $\lambda = 0{,}15$ nm, on obtient ainsi :

- $\alpha_c = 2{,}9$ mrad et $\delta = 4{,}5.10^{-6}$ pour la surface libre de l'eau,
- $\alpha_c = 3{,}5$ mrad et $\delta = 6.10^{-6}$ pour la silice, à la surface du silicium,
- $\alpha_c = 5$ mrad et $\delta = 2.10^{-5}$ pour la surface de l'or.

Comme illustré sur la figure 9.70 , l'angle de réflexion spéculaire peut aussi être caractérisé par le vecteur de diffusion $\overrightarrow{q_z}$, de module $q_z = 4\pi(\sin\alpha)/\lambda \approx 4\pi\alpha/\lambda$. En utilisant cette quantité, on pourra dans la suite s'affranchir de la dépendance en longueur d'onde des phénomènes observés, et définir un vecteur de diffusion critique $\overrightarrow{q_c}$, avec $q_c = 0{,}038(\rho_e)^{1/2}$.

N.B. Pour tout un ensemble de matériaux et de longueurs d'onde, les valeurs de n, δ, α_c et q_c peuvent être calculées sur le site : http://www-cxro.lbl.gov/optical_constants/

Les lois classiques de l'optique, qui rendent compte du phénomène de réflexion totale, peuvent aussi être utilisées pour décrire la chute du coefficient de réflexion, au-delà de l'angle critique α_c (ou encore du vecteur de diffusion critique $\overrightarrow{q_c}$). En effet, en l'absence d'absorption notable, la formule de Fresnel :

$$I(q)/I_O = \left[(q_z - (q_z^2 - q_c^2)^{1/2})/(q_z + (q_z^2 - q_c^2)^{1/2}\right]^2 \qquad \textbf{(9.82)}$$

prévoit, pour $q \gg q_c$, un comportement asymptotique représenté par le coefficient de réflexion de Fresnel $R_F(q)$:

$$I(q)/I_O \approx R_F\ (q) = q_c^4\ /\ 16q^4 \qquad \textbf{(9.83)}$$

Pour une interface, plane en moyenne, mais légèrement rugueuse, l'intensité réfléchie est en partie diffusée autour de la direction spéculaire. Le coefficient de réflexion dans la direction spéculaire, $R_F\ (q)$, est alors affecté d'une correction similaire au facteur de Debye-Waller utilisé en radiocristallographie et tel que :

$$R_F\ (q,\sigma) = R_F(q)\exp(-q^2\sigma^2/2) \qquad \textbf{(9.84)}$$

où σ est la valeur quadratique moyenne de la rugosité de l'interface. Compte tenu de l'importance de cet effet sur l'intensité réfléchie, l'état de planéité des surfaces solides utilisées doit être particulièrement soigné. Quant aux surfaces libres des liquides, à température ambiante, les ondes capillaires, excitées thermiquement, donnent une rugosité qui, pour la surface de l'eau, a une valeur moyenne $\sigma = 0{,}3$ nm.

7.2. Interférences créées par une couche homogène d'épaisseur nanométrique

Si l'interface est constituée d'une couche homogène de quelques nanomètres d'épaisseur (voir la figure 9.70), la réflexion partielle des rayons X sur les surfaces supérieure et inférieure de la couche produit des interférences qui se traduisent par une modulation périodique du coefficient de réflexion $I(q)/I_O$. La période δq de cette modulation est essentiellement déterminée par l'épaisseur e de la couche, soit :

$$\delta q = 2\pi/e \qquad \textbf{(9.85)}$$

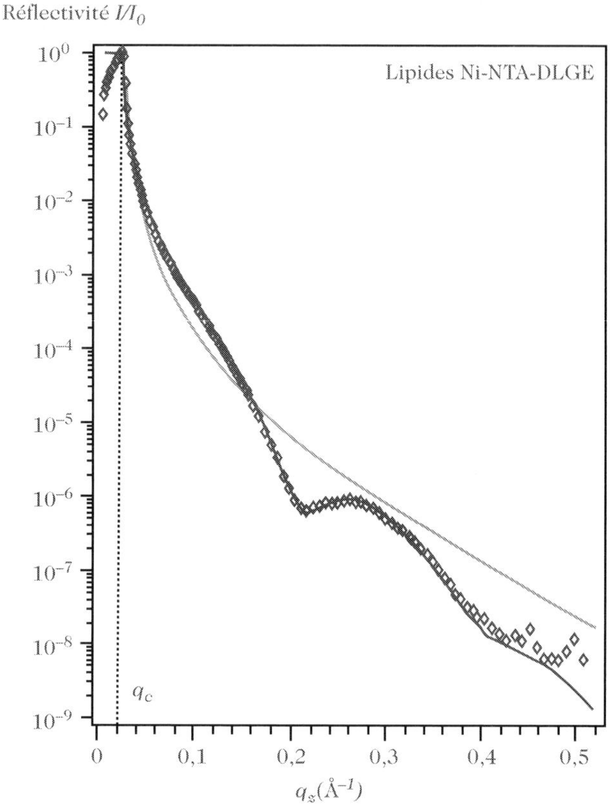

Figure 9.71. Courbes de réflectivité spéculaire sur la surface libre de l'eau (L. Martel *et al.*, 2002). La valeur q_C correspond à l'angle critique de réflexion totale. Dans la région des très petits angles d'incidence ($q_Z < q_C$), la section horizontale du faisceau est supérieure à la dimension de la cuve et la réflexion « totale » n'est effective qu'au voisinage de $q_Z = q_C$. La courbe grise correspond à la réflectivité de Fresnel à la surface de l'eau pure, affectée d'un effet de la « rugosité » qui n'est sensible qu'au-delà de $3q_C$. La réflectivité mesurée après avoir déposé sur la surface de l'eau une monocouche de lipides ligands NiNTA-DLGE est représentée par les losanges. La courbe noire en traits pleins est celle calculée à l'aide du profil de densité de la figure 9.72 (ligne grise).

Quant à l'amplitude de la modulation, elle dépend de la réflectivité et donc du contraste de densité électronique à la surface entre l'air et la couche mince, ainsi qu'à la surface entre la couche mince et le substrat. Pour analyser un profil expérimental de réflectivité comme celui de la figure 9.71, on peut calculer, à l'aide de la formule de Fresnel appliquée à chaque surface, une courbe de réflectivité théorique, dont les paramètres, épaisseurs et densités électroniques moyennes de la couche mince et du substrat, sont ajustés pour décrire au plus près la courbe expérimentale. Les rugosités de chacune des surfaces doivent aussi être prises en compte dans cette procédure d'ajustement.

De façon plus générale, on peut calculer la réflectivité d'une interface plane à partir de son profil de densité électronique $\rho(z)$ ou, plus précisément, de la dérivée $d\rho(z)/dz$, car la réflexion est produite par les variations de densité électronique. La transformée de Fourier de cette quantité permet de calculer la courbe de réflectivité, c'est-à-dire la variation de l'intensité réfléchie $I(q)/I_O$ en fonction du vecteur de diffusion $\vec{q}$. Il vient alors :

$$I(q)/I_O = R_F(q)\left[\int (d\rho(z)/dz)\exp(iqz)dz\right]^2 \quad \textbf{(9.86)}$$

L'exemple présenté sur la figure 9.71 a été obtenu avec une monocouche de phospholipides, déposée à la surface de l'eau. Du fait de la différence de densité électronique entre la région des têtes polaires hydrophiles et la région des chaînes aliphatiques hydrophobes, un meilleur ajustement de la courbe expérimentale est obtenu en considérant un modèle de deux couches homogènes superposées, au-dessus de la surface de l'eau (figure 9.72). Du fait de la réduction de la tension de surface due à la présence de la couche lipidique amphiphile, il apparaît qu'une rugosité d'environ 0,5 nm doit aussi être prise en compte pour chacune des trois interfaces. En utilisant la formule ci-dessus, cette rugosité des interfaces peut être décrite par un profil « arrondi » de la densité électronique moyenne.

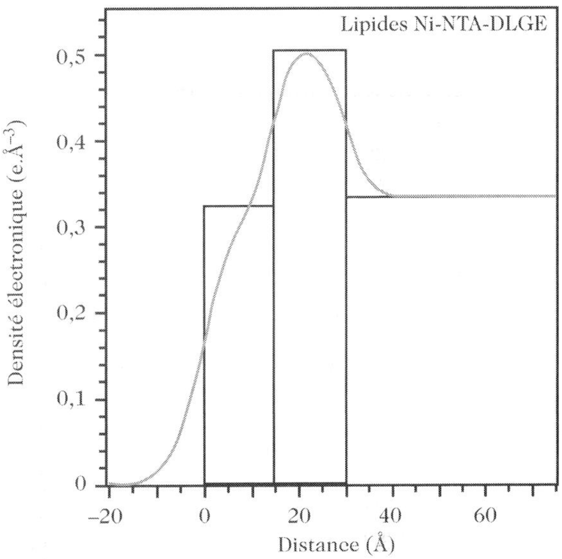

Figure 9.72. Profils de densité électronique $\rho(z)$ utilisés pour modéliser la courbe de réflectivité de la figure 9.71. En l'absence de rugosité (lignes noires), on a, à partir de la surface, une première couche d'épaisseur $d_1 = 1,5$ nm et de densité électronique $\rho = 0,32$ électron/Å^3, qui correspond aux chaînes aliphatiques hydrophobes des lipides, puis une couche d'épaisseur $d_2 = 1,5$ nm et de densité électronique $\rho = 0,5$ électron/Å^3, qui correspond à l'ensemble de la tête polaire des lipides, y compris le groupement NTA qui chélate un ion nickel servant à immobiliser les protéines. Au-delà de 3 nm, on retrouve la densité électronique de la sous-phase $\rho = 0,34$ électron/Å^3.

7.3. Détermination du profil de densité d'une couche stratifiée, résolution

Lorsqu'il est possible de mesurer, dans un large domaine angulaire, la courbe de réflectivité d'une interface, son profil de densité électronique peut être analysé, plus en détails, en utilisant un modèle de couches stratifiées de différentes épaisseurs, densités électroniques et rugosités. Dans une description dite « cinématique » de la réflectivité de chaque interface, le coefficient de réflexion entre deux couches consécutives est calculé en fonction de celui de l'interface inférieure. La formule de récurrence pour le coefficient de réflexion entre les couches n–1 et n s'écrit :

$$R_{n-1,n}(q) = a_{n-1}^2 [R_{n,n+1}(q) + R_F(q)\exp(-q^2\sigma^2/2)]/[1 + R_{n,n+1}(q)R_F(q)\exp(-q^2\sigma^2/2)]$$

Avec : $R_F(q)$, le coefficient de Fresnel de l'interface entre les couches n et $n-1$,

σ, la rugosité de l'interface entre les couches n et $n-1$,

$a_n = \exp(-iqd_n)$, le facteur de déphasage produit par la couche n d'épaisseur d_n.

La réflectivité résultante de la multicouche stratifiée est donnée par le module carré du coefficient de réflexion $R_{0,1}(q)$ de la première interface. Un tel algorithme est utilisé dans plusieurs programmes de calcul téléchargeables sur le *web* : *Parratt32* (C. Braun, HMI, Berlin) [150] et *ReflX* (R. Ober, Collège de France, Paris) [151].

À titre d'illustration, la figure 9.73 montre une courbe de réflectivité assez riche en détails, enregistrée pour une monocouche de protéines immobilisées sous une monocouche de lipides ligands à la surface de l'eau [152]. Le profil de densité électronique est calculé à l'aide d'un modèle de 30 couches stratifiées de même épaisseur, mais de densité électronique ajustable. Le profil de densité donnant le meilleur ajustement du modèle aux données expérimentales est présenté sur la figure 9.74.

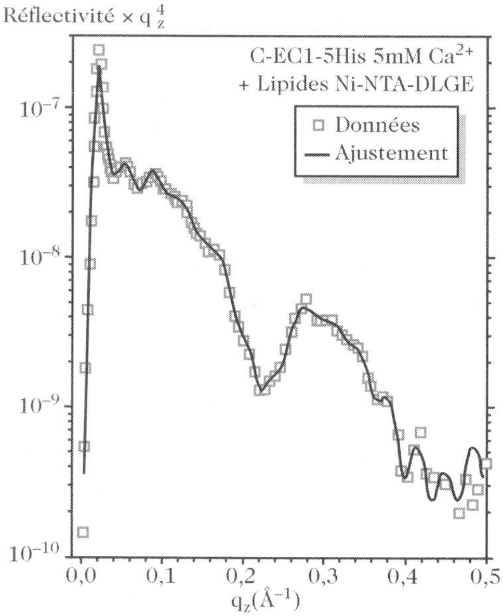

Figure 9.73. Courbe de réflectivité spéculaire sur la surface de l'eau (L. Martel *et al.*, 2002). Après avoir déposé à la surface une monocouche de lipides-ligands NiNTA-DLGE, des protéines dotées d'une séquence polyhistidine en C-terminal ont été incubées dans la sous-phase pendant 10 heures. On a représenté ici la réflectivité $I(q_z)/I_0$ multipliée par q_z^4, et donc affranchie du coefficient de Fresnel qui tend à masquer la modulation. Les carrés représentent les valeurs mesurées, la ligne continue la courbe calculée avec le profil de densité représenté sur la figure 9.74 (ligne grise). La protéine recombinante est une protéine d'adhérence cellulaire. Elle contient les cinq domaines extracellulaires de la C-cadhérine de *Xénopus*.

L'épaisseur de la couche correspond à une orientation pratiquement perpendiculaire à la surface de ces protéines de forme allongée. Le profil de densité peut donc être comparé aux données structurales connues des sous-unités de la protéine (figure 9.75).

Le choix de cet exemple est aussi destiné à mettre en lumière les limites de la méthode en termes de résolution spatiale et de sensibilité. Le domaine mesurable d'intensité réfléchie étant limité à $q_{\max} = 5$ nm^{-1}, cela correspond dans l'espace direct à une résolution théorique maximum donnée par $d_n = \pi/q_{\max} = 0{,}6$ nm. Dans les faits, des résultats bien reproductibles ont été obtenus en se limitant à un découpage en tranches horizontales d'épaisseur $d_n = 0{,}9$ nm. Il faut souligner par ailleurs que, dans chaque tranche, la densité électronique est moyennée sur des distances macroscopiques parallèlement à la surface. On ne peut donc envisager d'extraire d'information structurale détaillée que pour des couches denses de molécules ayant une orientation assez bien définie par rapport à la surface. Même densifiée, la couche de protéines renferme une quantité d'eau de l'ordre de 50 %. Elle présente donc une densité électronique qui n'est que de 15 à 20 % supérieure à celle de l'eau, ce qui produit un contraste assez faible par rapport à la sous-phase. Pour cette raison, les résultats présentés ici n'ont pu être obtenus qu'en utilisant une source de rayons X très brillante, à l'Installation Européenne de Rayonnement Synchrotron (*European Synchrotron Radiation Facility*, ESRF, Grenoble) [153].

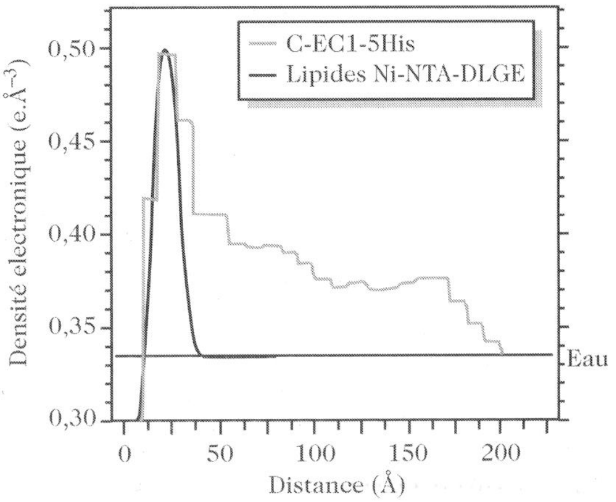

Figure 9.74. Profil vertical de densité électronique utilisé pour modéliser la courbe de réflectivité de la figure 9.73. Au voisinage de la surface, on retrouve la couche d'une épaisseur de 3 nm qui correspond aux lipides ligands, puis une couche d'environ 16 nm correspondant aux cinq domaines extracellulaires des C-cadhérines qui présentent une certaine modulation de densité.

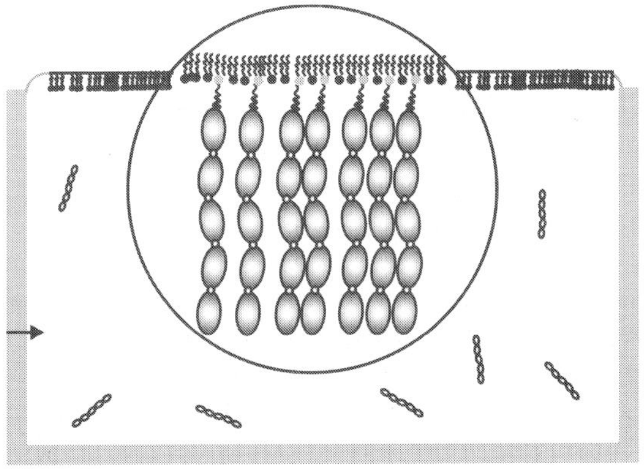

Figure 9.75. Schéma représentant les cinq domaines extracellulaires de C-cadhérines dotés d'une séquence hexa-histidine qui permet de les immobiliser à la surface de l'eau sur une monocouche de lipides chélatant le nickel.

7.4. L'apport de la réflectométrie de neutrons : la variation de contraste

Les faisceaux de neutrons thermiques, dont la longueur d'onde est de l'ordre du nanomètre, peuvent aussi être utilisés pour analyser la structure des surfaces et interfaces planes, à l'échelle du nanomètre, par une méthode de réflectométrie comparable à celle décrite ci-dessus pour les rayons X. La principale différence est la nature de l'interaction des neutrons avec la matière condensée. Alors que les rayons X interagissent essentiellement avec les électrons et sont donc sensibles aux variations de densité électronique, les neutrons ne sont diffusés que par les noyaux atomiques. La première conséquence est une variation du pouvoir diffusant entre les différents isotopes du même atome. Pour l'atome d'hydrogène, en particulier, cette différence est très importante et l'utilisation d'eau lourde ou d'autres molécules marquées par le deutérium est déterminante pour les études structurales de biomolécules par diffusion de neutrons [154, 155]. Contrairement aux rayons X de longueur d'onde voisine de l'angström, qui sont rapidement absorbés par quelques millimètres de matière condensée, les neutrons thermiques, qui n'interagissent qu'avec les noyaux, peuvent, dans certains matériaux, traverser des épaisseurs de plusieurs centimètres. La réflectivité des neutrons est donc particulièrement bien adaptée à l'étude des interfaces solides enfouies ou des interfaces solide/liquide. Ajoutons cependant que les faisceaux de neutrons thermiques qui sont disponibles auprès d'un réacteur comme celui de l'Institut Laue-Langevin (Grenoble) ont des flux de plusieurs ordres de grandeur inférieurs aux flux de rayons X. On utilisera donc des échantillons plans de surfaces aussi grandes que possible pour augmenter le signal.

Pour calculer la réflectivité d'une interface plane, les mêmes formules que pour les rayons X sont utilisées, en remplaçant la densité électronique $\rho(z)$ par la « densité de longueur de diffusion » :

$$\rho_c(z) = \sum_i c_i b_{ci}$$

avec c_i la concentration volumique de l'isotope i et b_{ci} la longueur de diffusion cohérente, qui dépend de l'isotope i considéré.

L'exemple qui est présenté sur la figure 9.76 concerne des bicouches de phospholipides déposées sur la surface plane d'un bloc de silicium en contact avec une solution tampon [156]. Pour obtenir le meilleur contraste aux interfaces lipide/eau, la solution est réalisée avec de l'eau lourde D_2O. Par ailleurs, comme le bloc de silicium monocristallin est particulièrement transparent pour les neutrons de longueur d'onde supérieure à 0,63 nm (pas de diffraction, ni de diffusion), on mesure la réflectivité sur la face interne du silicium. La courbe de réflectivité mesurée jusqu'à q_{max} = 2,5 nm^{-1} permet de déterminer un profil de densité avec une résolution de l'ordre de 1,2 nm, mais en changeant le contraste : par exemple, en répétant la mesure avec des mélanges H_2O-D_2O, on obtient une bien meilleure précision sur l'épaisseur des films d'eau de part et d'autre de la première bicouche. Sous l'effet de la température, les bicouches de phospholipides passent d'une phase « gel » à une phase « fluide », ce qui se traduit par une modification de la distance d'équilibre et de la rugosité de la deuxième bicouche.

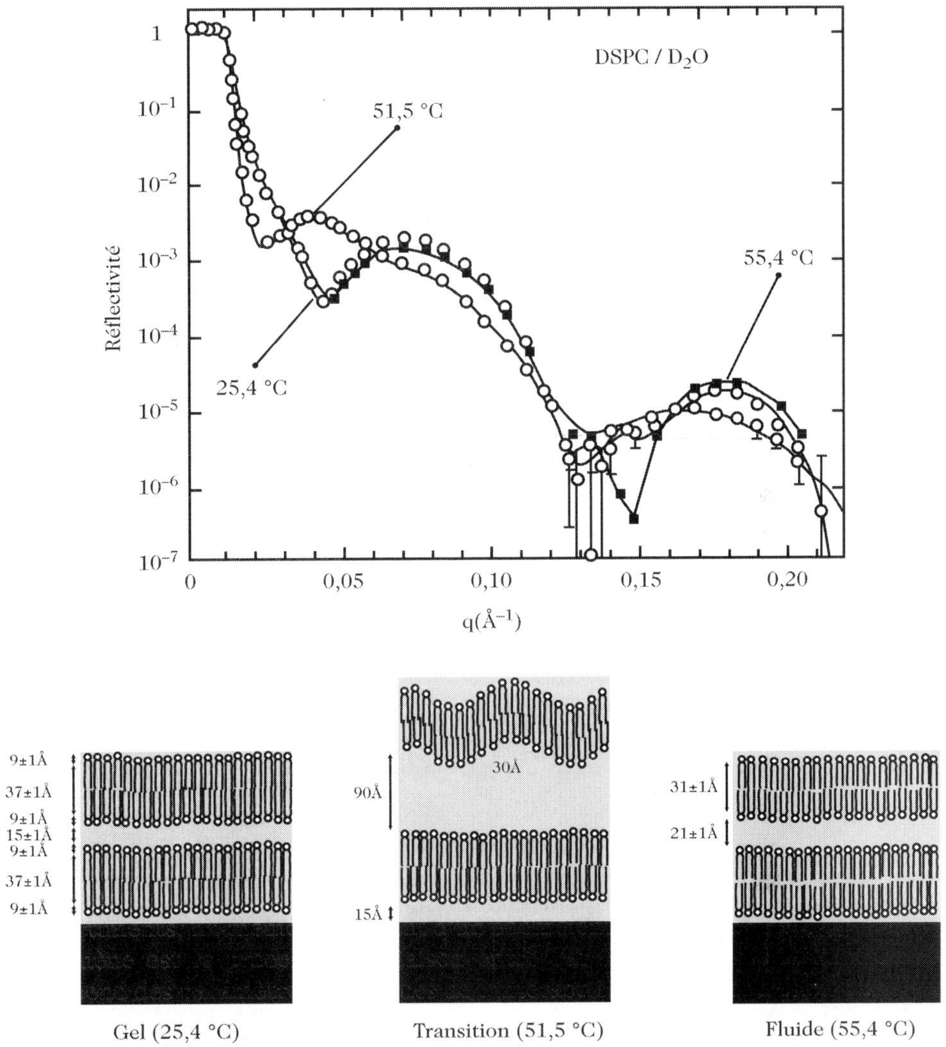

Figure 9.76. Courbes de réflectivité de neutrons par une double bicouche de phospholipides (DSPC) déposée à l'interface entre un bloc de silicium et un tampon à base d'eau lourde. À chacune des trois températures, l'ajustement de la courbe expérimentale avec un profil de densité de longueur de diffusion permet de déterminer les épaisseurs et les rugosités des couches de lipides et d'eau lourde schématisées aux trois températures.

BIBLIOGRAPHIE

Les biocapteurs basés sur la résonance plasmonique de surface

[1] SCHELLER F.W., WOLLENBERGER U., WARSINKE A. et LISDAT F., « Research and development in biosensors », *Curr. Opin. Biotechnol.*, **12**, 35-40 (2001).

[2] D'ORAZIO P., « Biosensors in clinical chemistry », *Clin. Chim. Acta*, **334**, 41-69 (2003).

[3] ROGERS K.R., « Principles of affinity-based biosensors », *Mol. Biotechnol.* **14**, 109-29 (2000).

[4] RODRIGUEZ-MOZAZ S., MARCO M.P., LOPEZ DE ALDA M.J. et BARCELO D., « Biosensors for environmental monitoring of endocrine disruptors : a review article », *Anal. Bioanal. Chem.*, **378**, 588-98 (2004).

[5] COOPER M.A., « Label-free screening of bio-molecular interactions », *Anal. Bioanal. Chem.*, **377**, 834-42 (2003).

[6] GOLDSTEIN B., COOMBS D., HE X., PINEDA A.R. et WOFSY C., « The influence of transport on the kinetics of binding to surface receptors : application to cells and BIAcore », *J. Mol. Recognit.*, **12**, 293-9 (1999).

[7] KARLSSON R. et FALT A., « Experimental design for kinetic analysis of protein-protein interactions with surface plasmon resonance biosensors », *J. Immunol. Methods*, **200**, 121-33 (1997).

[8] KARLSSON R., ROOS H., FÄGERSTAM L. et PERSSON B., « Kinetic and concentration analysis using BIA technology », *Methods : A Companion to Methods in Enzymology*, **6**, 99-110 (1994).

[9] MYSZKA D.G., HE X., DEMBO M., MORTON T.A. et GOLDSTEIN B., « Extending the range of rate constants available from BIACORE : interpreting mass transport-influenced binding data », *Biophys. J.*, **75**, 583-94 (1998).

[10] *BIAevaluation Software Handbook*, Biacore AB, Uppsala, Sweden (2004).

[11] *BIAsimulation Software Handbook*, Biacore AB, Uppsala, Sweden (1996).

[12] ZANIER K., CHARBONNIER S., BALTZINGER M., NOMINE Y., ALTSCHUH D. et TRAVE G., « Kinetic analysis of the interactions of human papillomavirus E6 oncoproteins with the ubiquitin ligase E6AP using surface plasmon resonance », *J. Mol. Biol.*, **349**, 401-12 (2005).

[13] MYSZKA D.G., « Improving biosensor analysis », *J. Mol. Recognit.*, **12**, 279-84 (1999).

[14] KARLSSON R. et STAHLBERG R., « Surface plasmon resonance detection and multispot sensing for direct monitoring of interactions involving low-molecular-weight analytes and for determination of low affinities », *Anal. Biochem.*, **228**, 274-80 (1995).

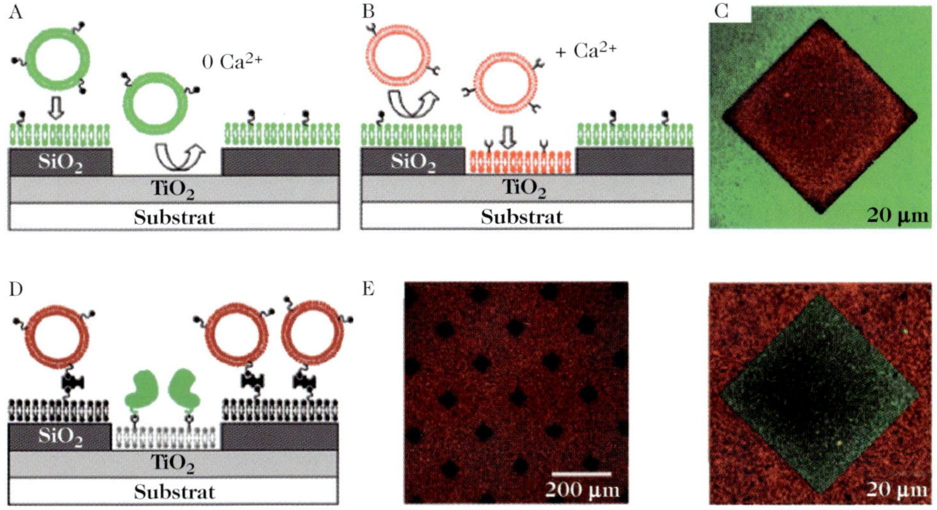

Figure 2.23. Nanostructuration de substrats au moyen de bicouches supportées [42]. Voir page 78.

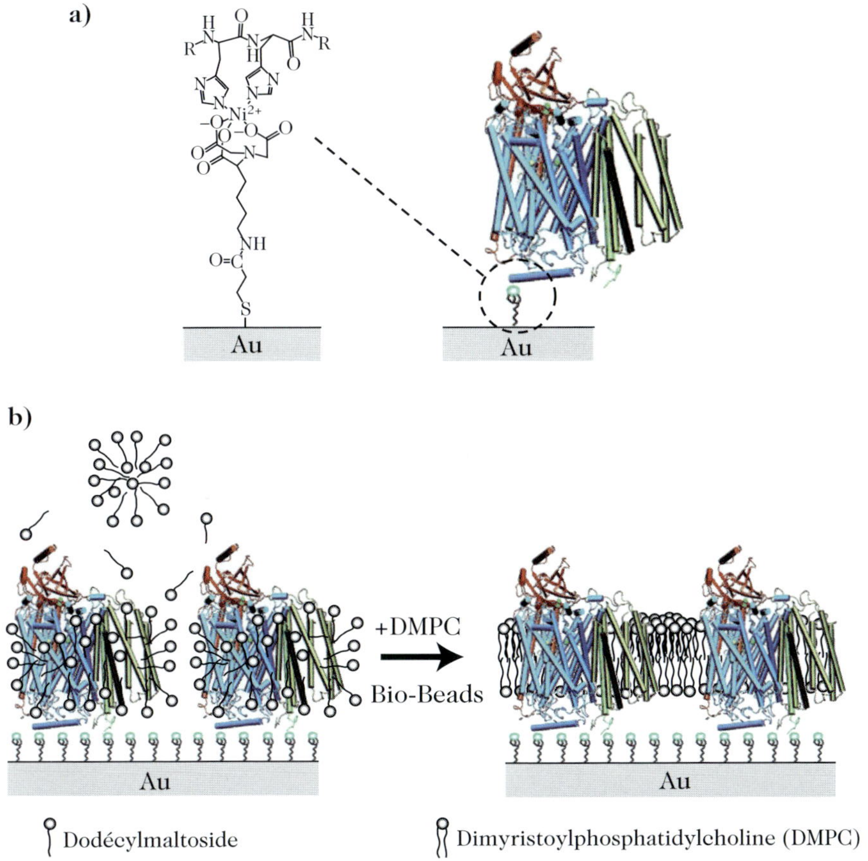

Figure 2.30. Représentation schématique de la reconstitution d'une membrane suspendue incorporant une protéine membranaire, la cytochrome c oxydase, immobilisée par l'intermédiaire d'un complexe Ni-NTA/His. Voir page 89.

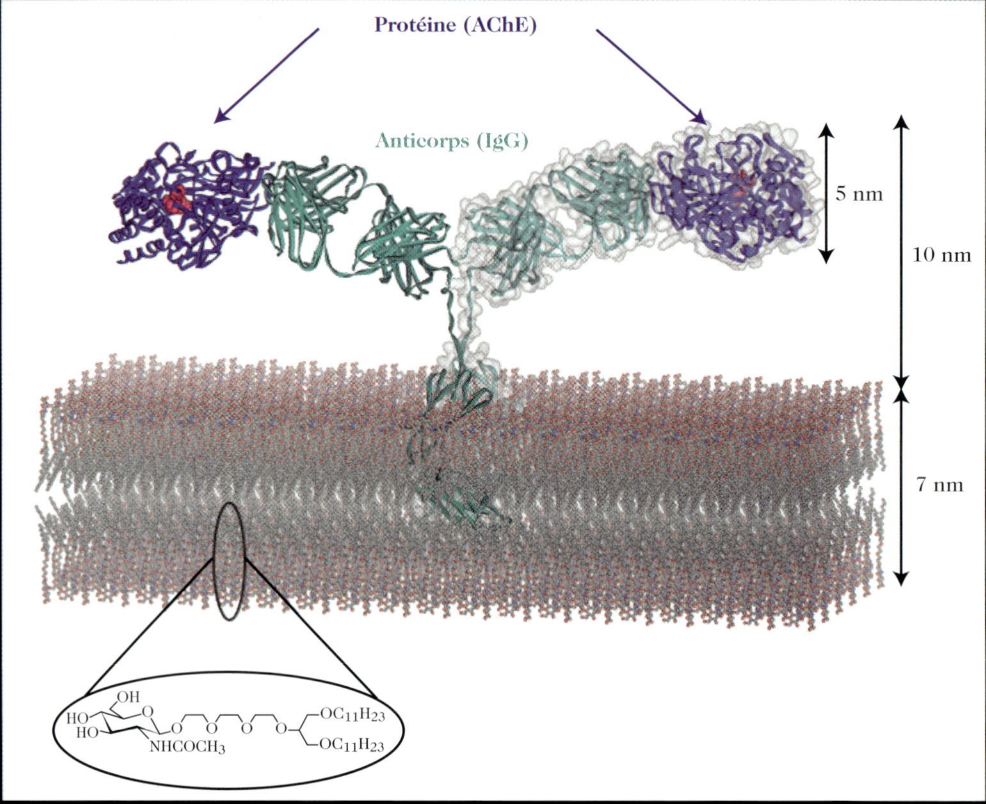

Figure 2.34. Modèle structural d'une membrane biomimétique fonctionnalisée, dédiée à l'immobilisation orientée de protéines. Cette membrane a été obtenue par combinaison de deux techniques basées sur les propriétés d'auto-assemblage des molécules biologiques (vésicules protéo-lipidiques étalées à l'interface air/tampon et technique de Langmuir-Blodgett) qui permet l'orientation préférentielle de l'anticorps (ou immunoglobuline G, IgG) dans la bicouche transférée (voir le texte). La bicouche lipidique est constituée d'un néoglycolipide de synthèse aux chaînes hydrocarbonées fluides à température ambiante (conformation gauche). L'anticorps est retenu dans la bicouche par le biais d'interactions présumées de type sucre-sucre, entre les résidus glycosylés de la protéine et les têtes polaires du glycolipide, et de type hydrophobe, entre le fragment Fc de l'anticorps (région enrichie en résidus aliphatiques) et les chaînes hydrocarbonées du glycolipide. Dans ce modèle, la protéine (monomère de l'acétylcholinestérase, AChE) est associée à la bicouche lipidique fonctionnalisée après transfert LB sur support solide, par reconnaissance spécifique de l'anticorps monoclonal non inhibiteur. Cette membrane biomimétique, stable structuralement, peut retenir l'activité de la protéine pendant plusieurs mois. D'après Godoy *et al.* [133].

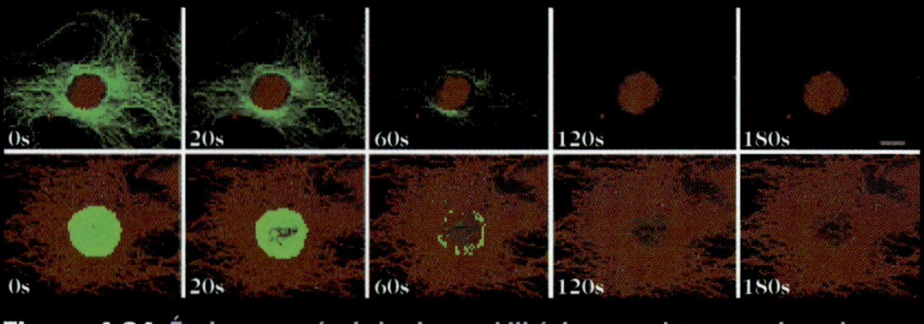

Figure 4.24. Étude comparée de la photostabilité de nanocristaux semi-conducteurs (en rouge) et du colorant Alexa 488 (en vert). Images en fluorescence de cellules 3T3 prises à différents intervalles sur une durée totale de trois minutes (excitation à 505 nm). D'après [33].

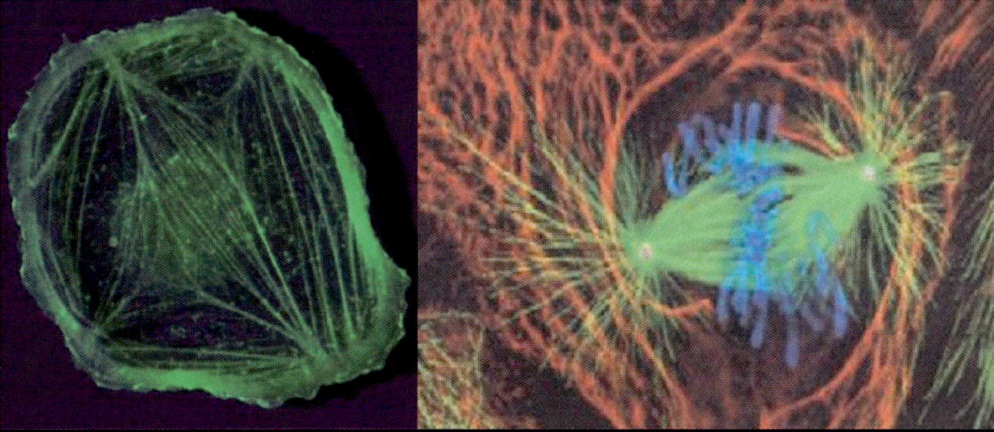

Figure 5.1. Organisation de l'espace intracellulaire par le cytosquelette. **À gauche** : visualisation de l'organisation des réseaux de filaments d'actine dans une cellule. Remarquer la présence des fibres de stress en câbles rigides, un réseau cortical périphérique de filaments et une zone riche en filaments, formant la bordure ondulante motile de la cellule. **À droite** : cellule en mitose. Le fuseau mitotique (en vert) est formé de microtubules (immunofluorescence anti-tubuline), les chromosomes sont colorés en bleu par le DAPI et le réseau de filaments intermédiaires est coloré en rouge (anti-vimentine).

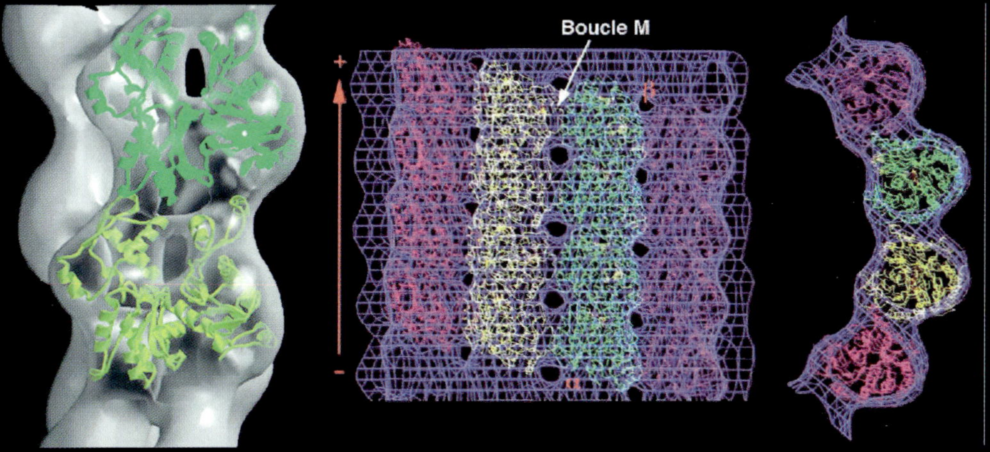

Figure 5.2. Structures de l'actine et de la tubuline. **À gauche** : structures cristallographiques de monomères d'actine (en vert et jaune) ajustées sur la reconstruction par microscopie électronique d'un filament d'actine (en gris) (d'après Sablin E.P., Dawson J.-F., Van Look M.S., Spudich J.A., Egelman E.H., Fletterick R.J., « How does ATP hydrolysis control actin's associations ? », *Proc. Natl. Acad. Sci. USA*, **99** (17), 10945-7, 2002). **À droite** : modèle atomique du microtubule déduit des clichés de diffraction de microscopie électronique et de la structure de la tubuline à la résolution de 4 Å, dérivée de la diffraction électronique des polymères de tubuline-Zn (d'après Eva Nogales, « A structural view of microtubule dynamics », *Cell Mol Life Sci.*, **56** (1-2), 133-42, 1999).

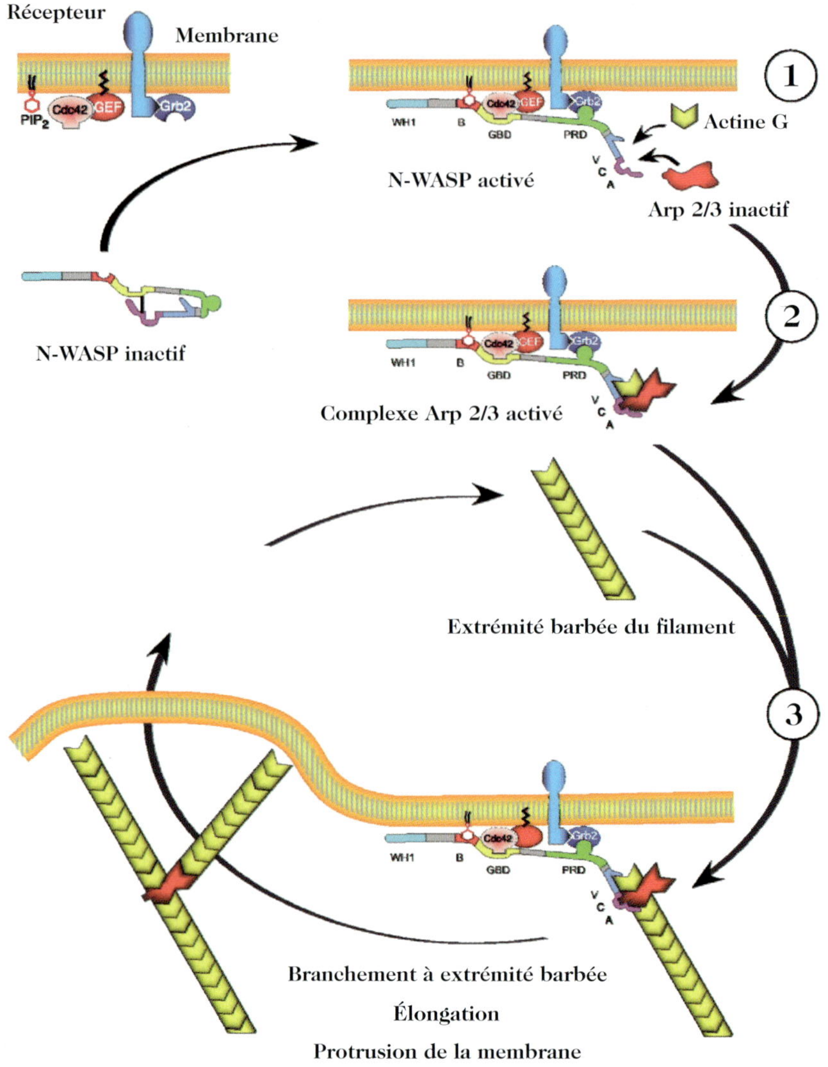

Figure 5.5. Mécanisme moléculaire de génération et de turnover rapide des filaments branchés dans le lamellipode. N-WASP est recruté et activé à la membrane par des molécules de signalisation (1). L'actine G et le complexe Arp2/3 se lient au domaine C-terminal de N-WASP pour former un complexe branchant (2). Ce complexe branchant s'associe à un un filament préexistant pour générer une branche (3): les deux branches croissent à la même vitesse. N-WASP catalyse plusieurs cycles consécutifs de branchement et multiplie le nombre de filaments qui s'allongent contre la membrane.

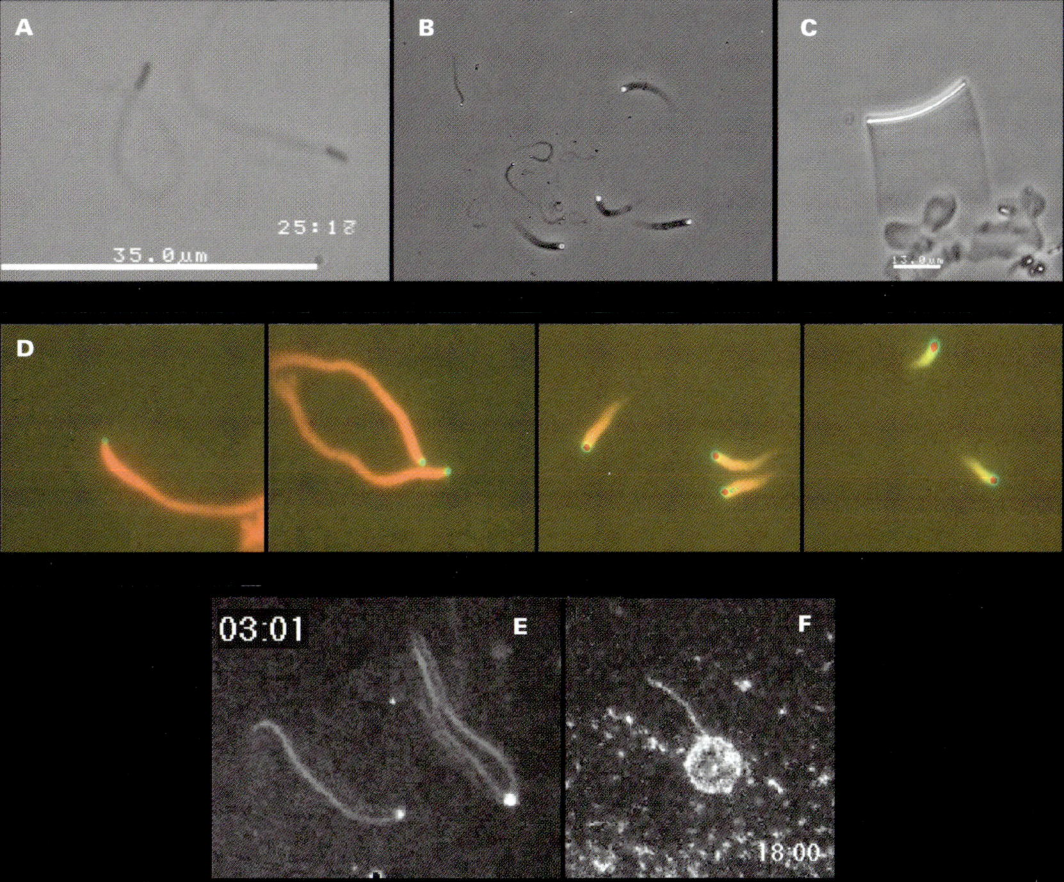

Figure 5.6. Reconstitution de la motilité par polymérisation dirigée des filaments d'actine : du modèle *Escherichia coli* aux systèmes biomimétiques.

A-C. Mouvement dans le milieu de motilité reconstitué contenant l'actine et 4 protéines pures, observation en contraste de phase : *Escherichia coli* (A) et des billes de différents diamètres (B) forment des comètes d'actine ; un bâtonnet de verre (C) génère un réseau lamellaire de filaments.

D. Utilisation de deux fluorophores pour suivre la densité de branchement des filaments en fonction d'une des protéines régulatrices : le milieu de motilité contient de l'actine-rhodamine et du Arp2/3-Alexa 488.

E-F. Essai biomimétique de motilité avec des microsphères fonctionnalisées par la formine ; observation en fluorescence (actine marquée par la rhodamine). Le milieu contient l'actine et la profiline, nécessaire à la fonction de moteur processif de la formine. (E) La formation d'un grand nombre de filaments non branchés par assemblage processif catalysé par la formine immobilisée engendre la propulsion de la bille. (F) Catalyse de l'assemblage processif d'un filament unique par une molécule de formine immobilisée sur une bille : le filament ne se détache qu'au bout de 22 minutes.

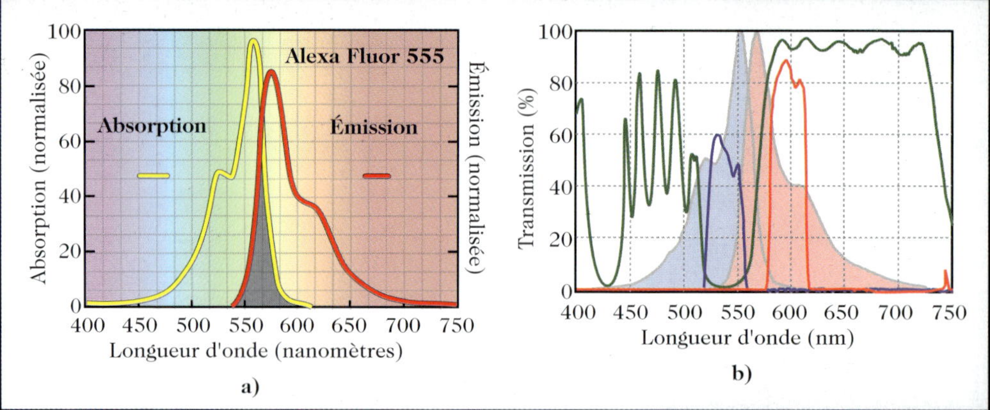

Figure 7.3. a) Spectres d'absorption et d'émission du fluorophore Alexa Fluor® 555, dont le pic d'absorption est au voisinage de 555 nm et le pic d'émission au voisinage de 570 nm [1]. **b)** Exemples de courbes de transmission de filtres et miroirs dichroïques : ici, le filtre d'excitation (courbe bleue) passe-bande étroit est situé entre les deux pics d'excitation. Le filtre d'émission (courbe rouge) correspondant est un passe-haut éliminant le signal d'excitation. Ce filtre assiste la coupure imparfaite réalisée par le miroir dichroïque (courbe verte) [2].

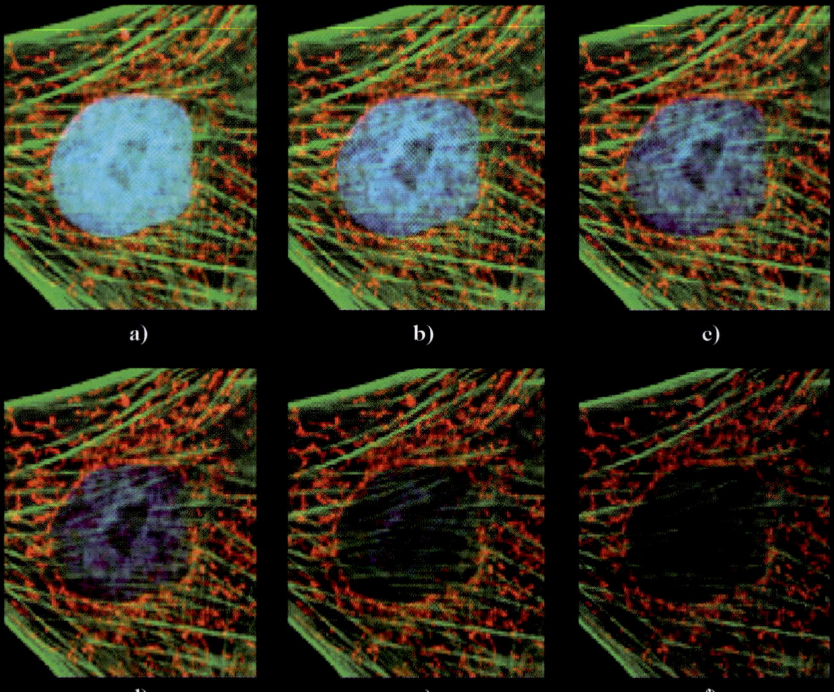

Figure 7.5. Fibroblastes d'épiderme de cerf Muntjac indien. Coloration des noyaux avec un dérivé du bis-benzimidazole (en bleu); coloration des mitochondries par Mito Tracker Red CMXRos® (en rouge); coloration du cytosquelette par une Alexa Fluor 488® (en vert). Images acquises toutes les deux minutes à l'aide d'une combinaison de filtres adaptés à l'excitation de chaque fluorophore parmi les trois, et une combinaison adaptée en détection. On observe une diminution de signal après 6-8 min au niveau des noyaux, tandis que les marquages des mitochondries et du cytosquelette résistent mieux au photoblanchiment, mais s'affadissent tout de même [1].

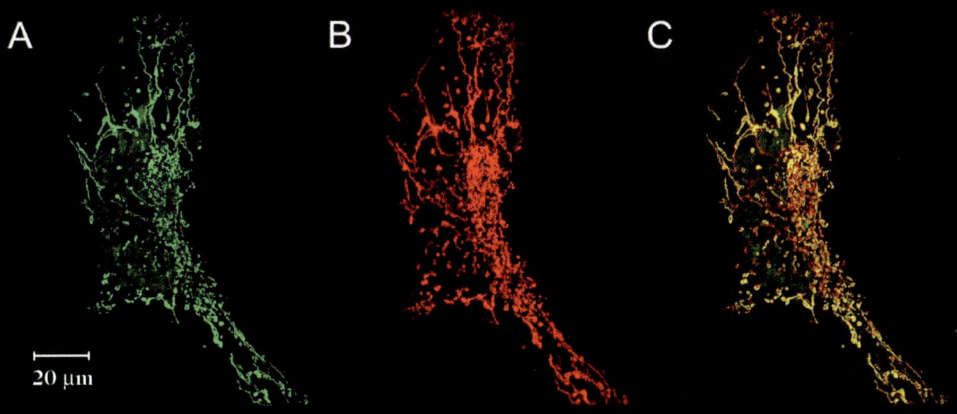

Figure 7.7. Exemple d'imagerie confocale intracellulaire. **A)** Image confocale d'une cellule COS7 transfectée avec la GFP exprimée dans les mitochondries. **B)** Image confocale de la même cellule marquée avec un anticorps dirigé contre le cytochrome C (protéine spécifique de la mitochondrie) et un anticorps secondaire marqué à la cyanine Cy3 (rouge). **C)** Superposition des deux images afin de montrer la colocalisation du cytochrome C et de la GFP. (Avec l'aimable autorisation de Kelly Rogers, Unité d'embryologie moléculaire, Institut Pasteur).

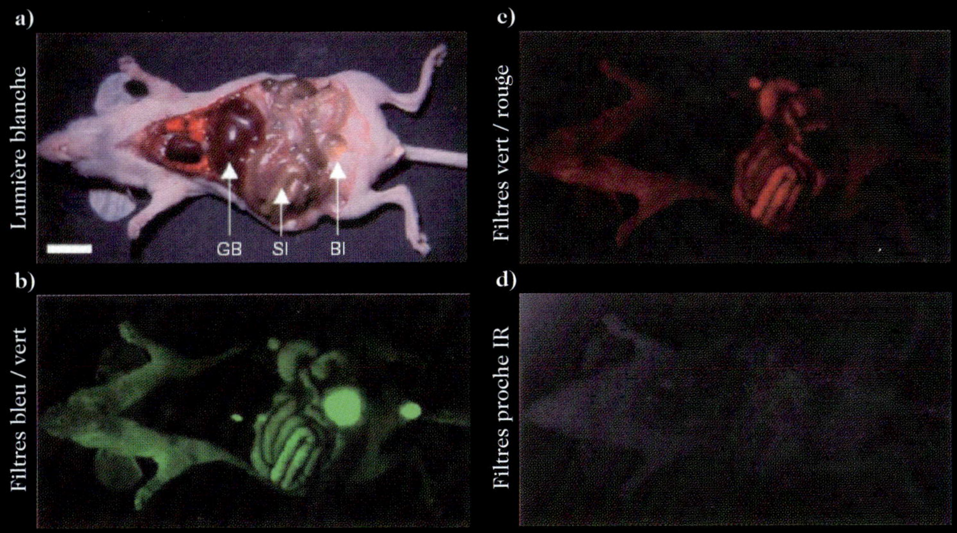

Figure 7.9. Propriétés d'autofluorescence des tissus pour différents organes. Une souris Nude est imagée après sacrifice **a)** en lumière blanche ou avec différentes combinaisons de filtres à une puissance incidente de 2 mW/cm^2 : **b)** bleu/vert (460-500 nm/505-560 nm) ; **c)** vert/rouge (525-555 nm/590-650 nm) ; **d)** proche infrarouge (725-775 nm/790-830 nm). GB : vésicule biliaire ; SI : petit intestin ; BI : vessie [8].

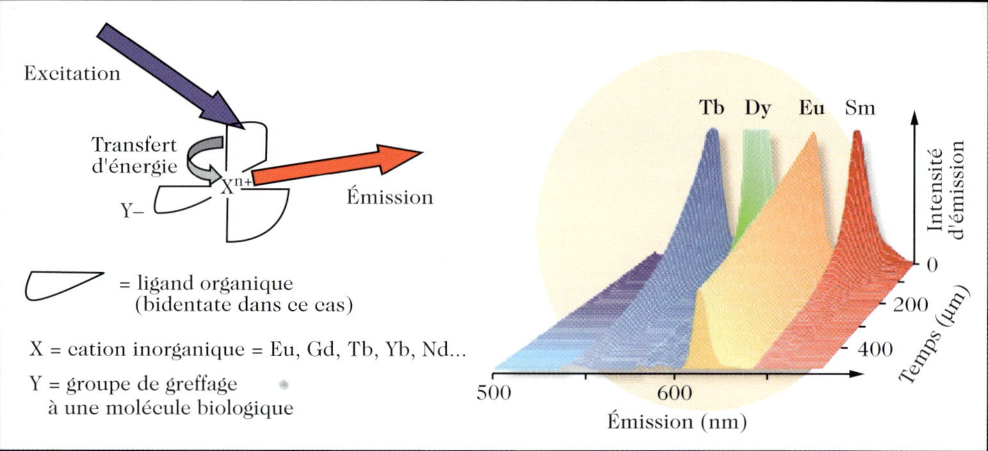

Figure 7.12. Structure et propriétés de chélates de lanthanides. **a)** Structure générale d'un chélate de lanthanide, dans ce cas avec trois ligands organiques bidentates. **b)** Spectres de luminescence et durées de vie des chélates de lanthanides proposés dans le système DELFIA® par *Perkin Elmer*.

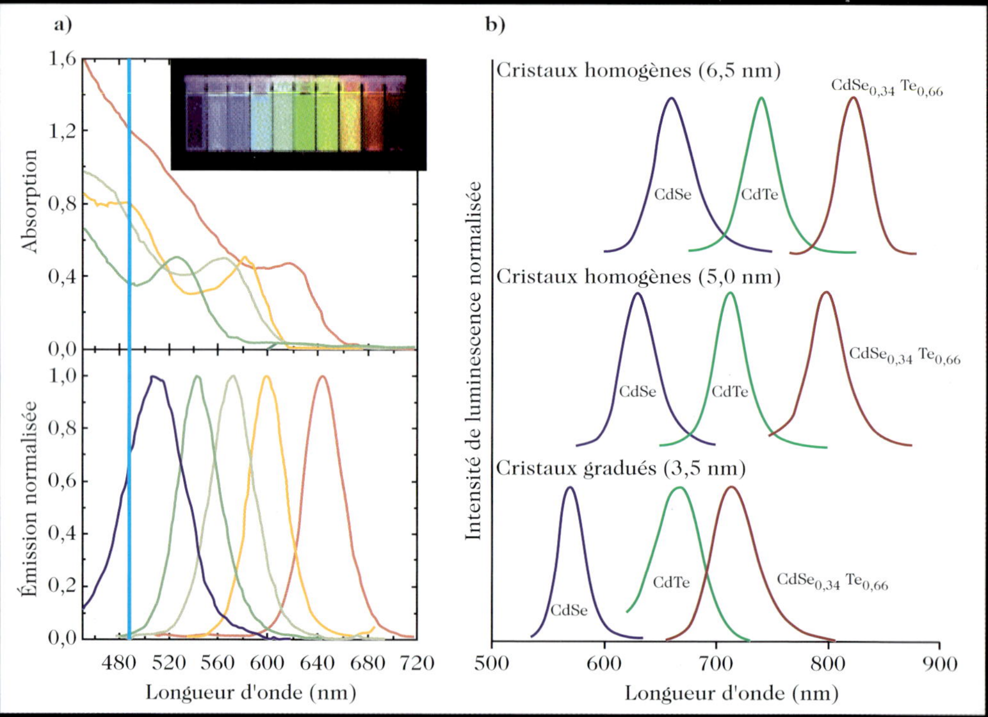

Figure 7.15. Propriétés optiques des *quantum dots* en fonction de leur taille ou de leur composition. **a)** Influence de la taille : spectres d'absorption et d'émission de nanocristaux de CdSe/ZnS recouverts par une coque de silice, de taille (cœur CdSe) : 2,7 nm (émission 544 nm, courbe verte), 3,1 nm (émission 576 nm, courbe marron), 4,1 nm (émission 595 nm, courbe orange) et 4,8 nm (émission 644 nm, courbe rouge) [25]. La ligne bleue verticale indique la longueur d'onde d'un laser argon à 488 nm, montrant que différents cristaux émettant à différentes longueurs d'onde peuvent être excités simultanément [19]. L'encart de la figure montre les couleurs d'émission de nanocristaux de CdSe/ZnS de différentes tailles éclairés par une lampe UV. Leurs longueurs d'onde d'émission sont respectivement de gauche à droite 443, 473, 481, 500, 518, 543, 565, 587, 610 et 655 nm [16]. **b)** Influence de la composition : pour une même taille de nanocristaux, la longueur d'onde d'émission dépend de la nature et de la composition du matériau semi-conducteur constituant le cœur du *quantum dot* [24].

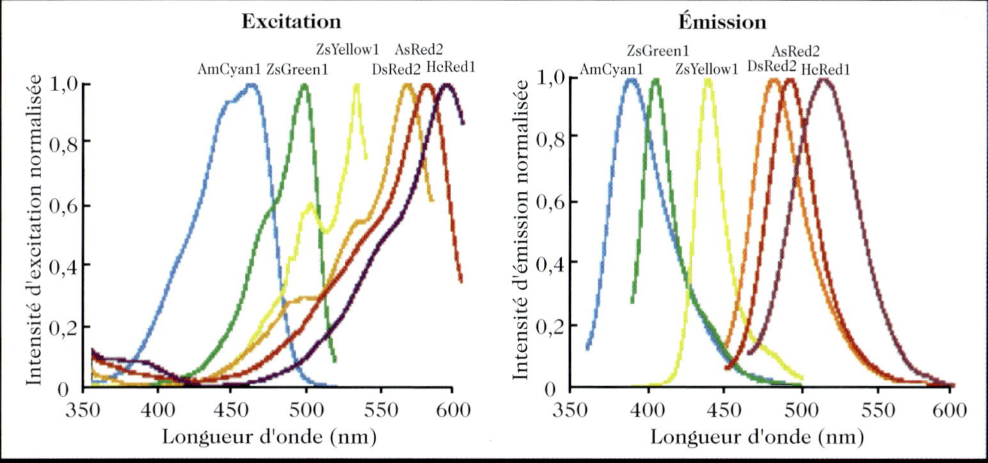

Figure 7.27. Présentation des spectres d'excitation et d'émission des différents mutants GFP.

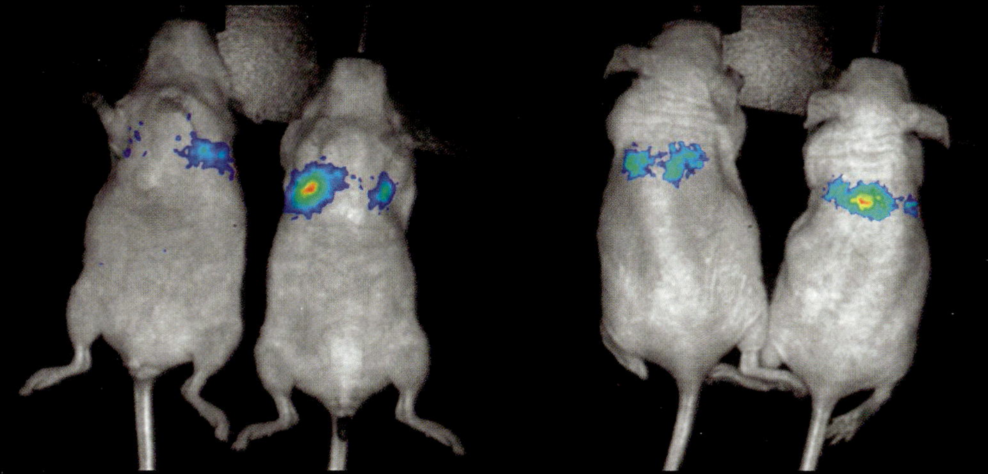

Figure 7.33. Deux souris présentant des tumeurs pulmonaires suite à une injection de cellules tumorales exprimant la luciférase (images de bioluminescence réalisées avec injection de luciférine par voie IV et acquisition de plusieurs minutes).

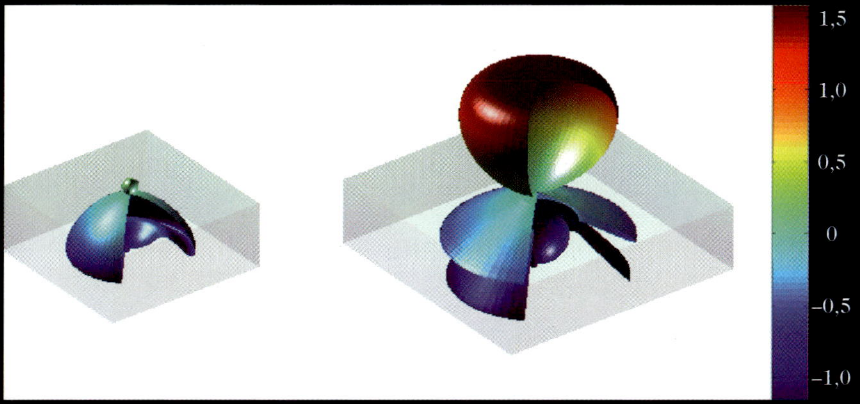

Figure 7.53. Indicatrices de diffusion avant (à gauche) et après (à droite) renforcement de fluorescence.

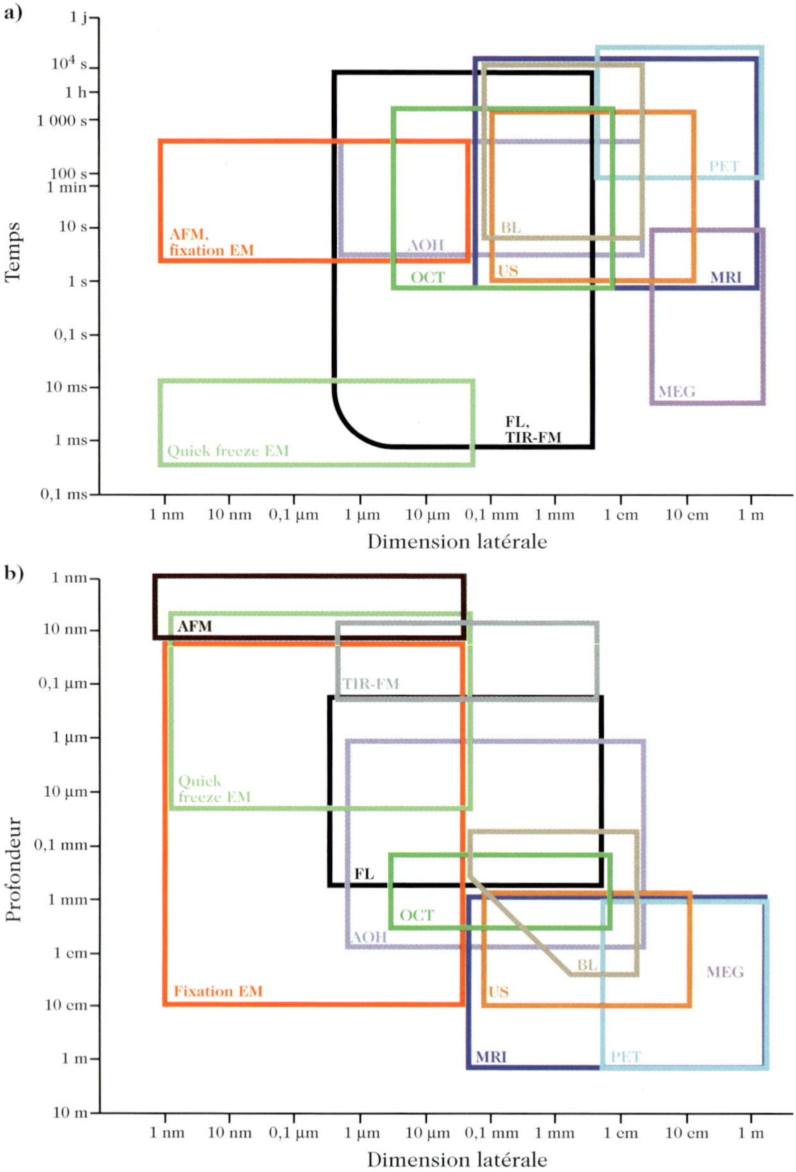

Figure 8.19. Différentes méthodes d'analyse du vivant d'après la référence [90]. Lexique : FL pour microscopie de fluorescence, EM microscopie électronique, AFM microscopie à force atomique, PET tomographie par émission de positrons, OCT tomographie en optique cohérente, BL bioluminescence, MRI imagerie par résonance magnétique, AOH histologie tout optique, TIR-FM microscopie de fluorescence par réflexion interne totale, MEG magnétoencéphalographie, US ultrasons. Ces « carrés » sont indicatifs et pour ce qui est de l'AFM requièrent quelques commentaires. Pour la gamme des temps, il est difficile d'atteindre les 500 ou 1 000 s du fait des dérives des céramiques piézoélectriques et cela même en asservissant la position de la surface. En revanche, pour les temps courts on peut atteindre des résolutions en temps de l'ordre de la ms

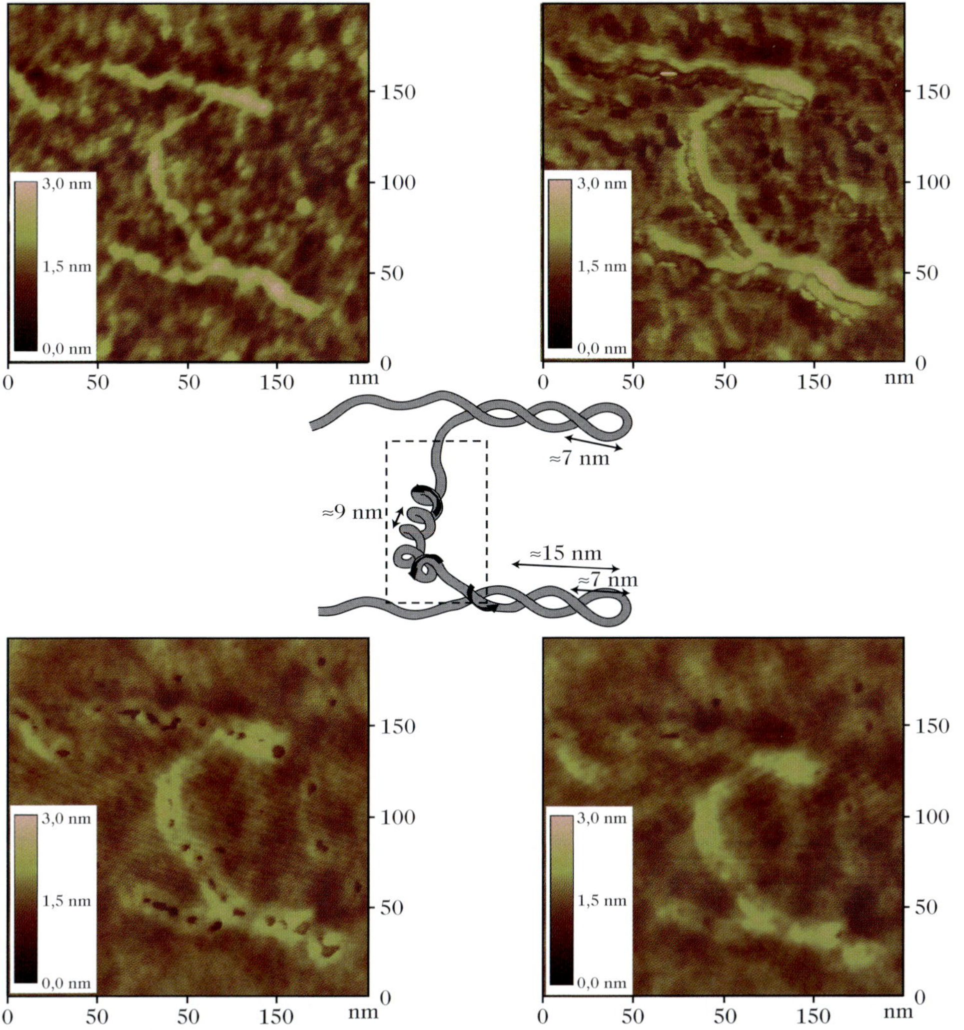

Figure 8.38. Images sur l'ADN, pour lesquelles on passe progressivement de situations où la pointe

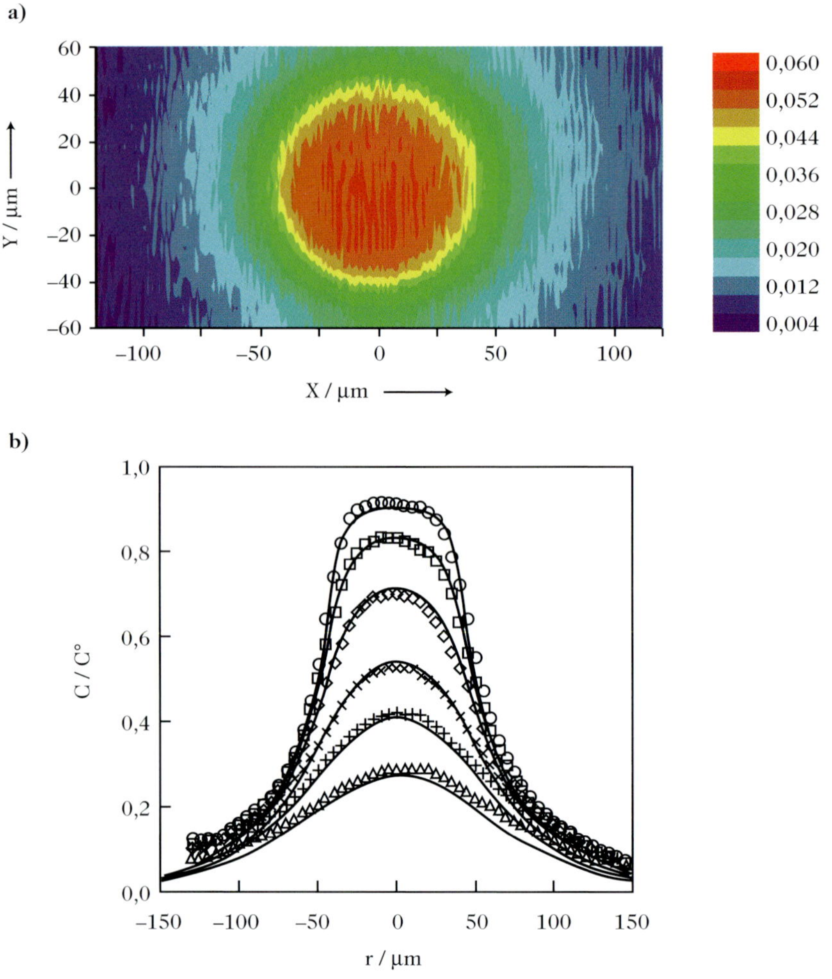

Figure 11.15. Réduction de Ru $(NH_3)_6Cl_3$, 5 mM dans 0,1 M KF à une microélectrode de platine de 40 µm. **a)** Cartographie à deux dimensions de courants mesurés par une nanoélectrode de 80 nm de rayon à proximité de la microélectrode en régime stationnaire. La nanoélectrode parcourt un plan parallèle à la surface de la microélectrode, à une distance verticale *z* de 5 µm et à une vitesse de 8 $µm.s^{-1}$. **b)** Profils de concentration expérimentaux (symboles) établis à différentes distances verticales *z* de la surface de la microélectrode : *z* = 5 (cercles), 9 (carrés), 16 (diamants), 28 (croix inclinées), 40 (croix), et 57 µm (triangles). Les courbes correspondent aux profils théoriques calculés à partir du modèle de la convection naturelle avec δ = 135 µm [63].

Mesures

Échantillons

	E01	E02	E03	E04	E05	E06	E07	
G01	1,03	5,42	0,03	8,25	0,14	3,34	5,78	0,00
G02	6,18	1,45	6,89	0,25	5,06	7,25	0,00	8,22
G03	6,13	4,50	6,99	0,48	3,56	1,54	2,66	0,41
G04	4,76	0,33	0,01	0,96	1,22	5,87	0,00	3,85
G05	1,03	5,42	0,03	8,25	0,14	3,34	5,78	0,00
G06	6,18	1,45	6,89	0,25	5,06	7,25	0,00	8,22
G07	6,13	4,50	6,99	0,48	3,56	1,54	2,66	0,41
G08	4,76	0,33	0,01	0,96	1,22	5,87	0,00	3,80
G09	6,13	4,50	6,99	0,48	3,56	1,54	2,66	0,41
G10	4,76	0,33	0,01	0,96	1,22	5,87	0,00	3,80
G11	1,03	5,42	0,03	8,25	0,14	3,34	5,78	0,00
G12	6,18	1,45	6,89	0,25	5,06	7,25	0,00	8,22
G13	6,13	4,50	6,99	0,48	3,56	1,54	2,66	0,41
G14	4,76	0,33	0,01	0,96	1,22	5,87	0,00	3,80
G15	6,13	4,50	6,99	0,48	3,56	1,54	2,66	0,41
G16	4,76	0,33	0,01	0,96	1,22	5,87	0,00	3,85
G17	1,03	5,42	0,03	8,25	0,14	3,34	5,78	0,00
G18	6,18	1,45	6,89	0,25	5,06	7,25	0,00	8,22
G19	6,13	4,50	6,99	0,48	3,56	1,54	2,66	0,41
G20	4,76	0,33	0,01	0,96	1,22	5,87	0,00	3,85

Colorisation
avant classification

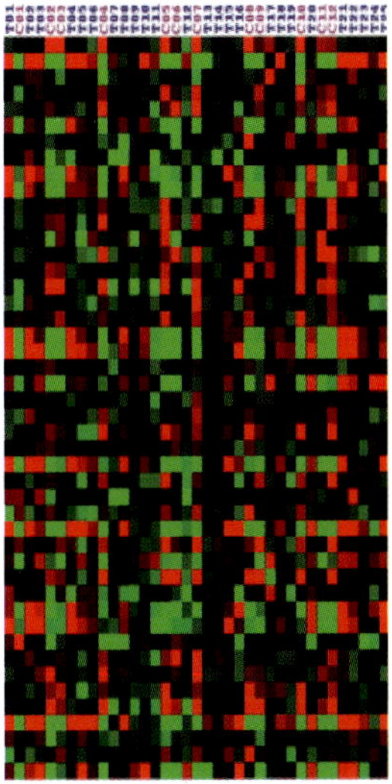

Analyse

1) Mesure de corrélations entre gènes et entre échantillons

2) Gènes et échantillons sont classés selon leurs similarités

Regroupement
après classification

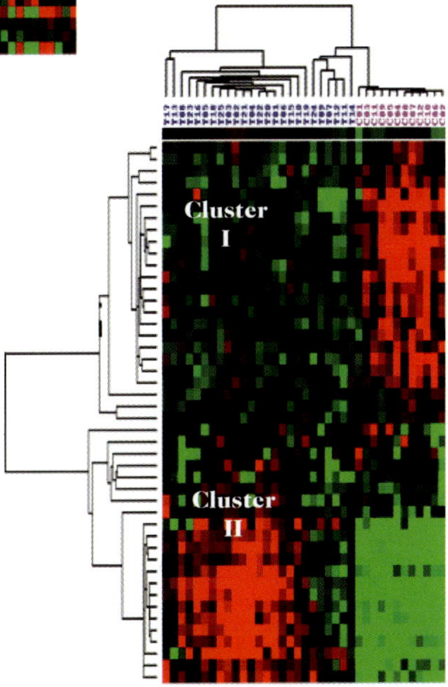

Figure 17.3 Schéma du protocole d'analyse par la méthode de classification hiérarchique

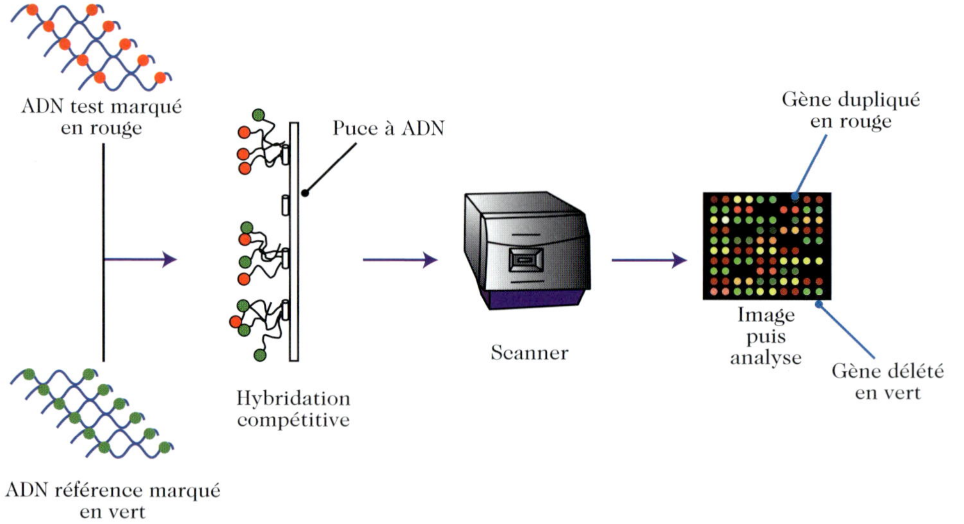

Figure 17.5. Principe de la « puce-CGH ». Le dépôt est réalisé par un robot muni d'une matrice de 4 aiguilles creuses de 80 µm de diamètre qui déposent environ 1 nL de sondes sur chaque spot de la puce. Les sondes déposées sur la puce sont soit des BAC (*Bacterial Artificial Chromosome*), soit des oligonucléotides. La cible est l'ADN génomique extrait des cellules. L'objectif est d'étudier les réarrangements chromosomiques (duplication ou délétion de gènes) dans le génome testé.

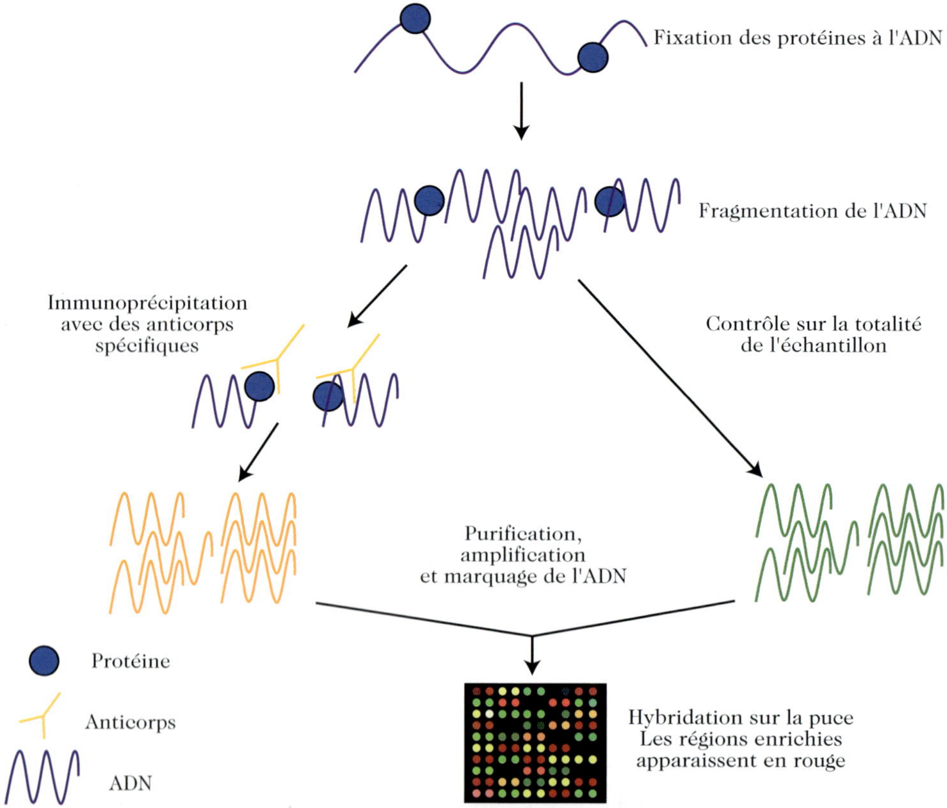

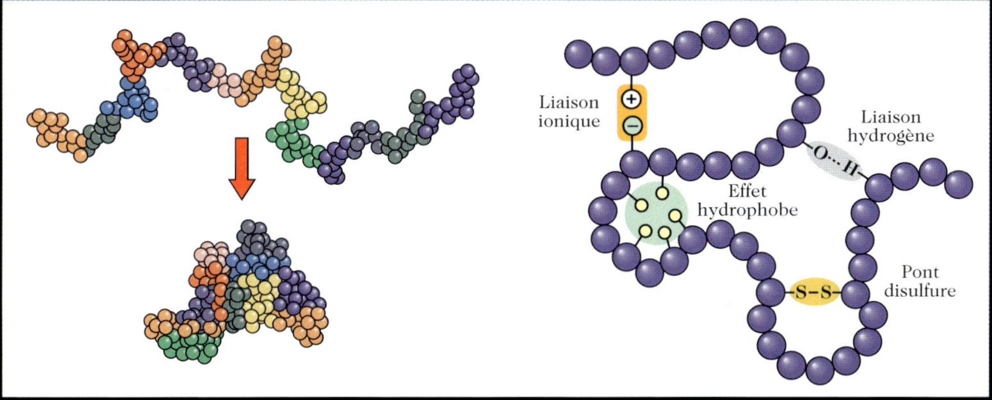

Figure 18.1. a) Repliement d'une protéine pour adopter une structure tridimensionnelle. **b)** Liaisons maintenant la structure tridimensionnelle des protéines.

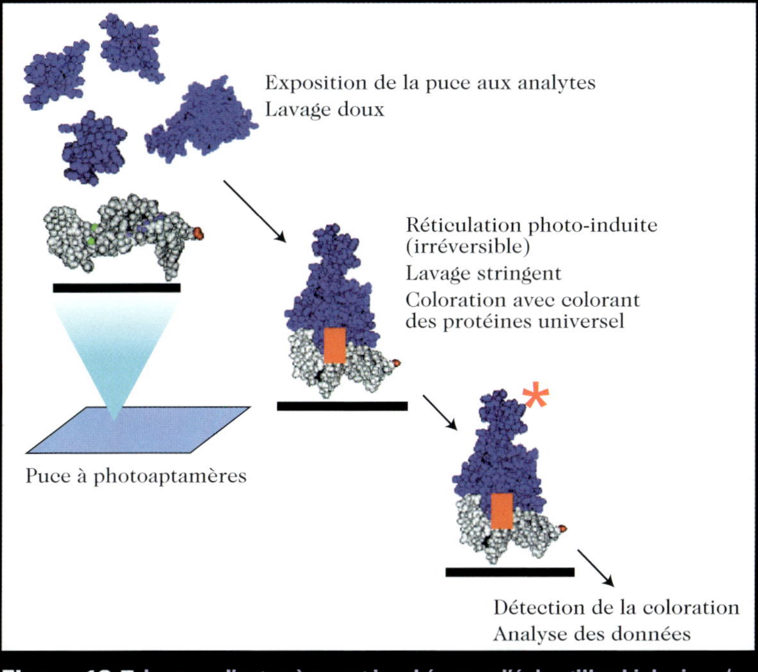

Figure 18.7. La puce d'aptamères est incubée avec l'échantillon biologique (un sérum par exemple), puis lavée pour éliminer les analytes liés de façon non spécifique sur le support. La puce est ensuite soumise à un processus de réticulation photoinduit pour lier par covalence les analytes spécifiquement liés aux aptamères déposés sur la puce. (Petach H., Gold L., « Dimensionality is the issue : use of photoaptamers in protein microarrays », *Curr. Opin. Biotechnol.*, **13**, 309-14, 2002).

Figure 17.6. Principe de la technologie « ChIP on chip » : l'immunoprécipitation de chromatine (ChIP) sur puce (on chip). Les sondes sont des oligonucléotides ou des produits de PCR spécifiques de régions intergéniques ou de régions spécifiques situées en dehors des gènes. Les dépôts sur la puce sont réalisés par un robot muni d'aiguilles, dans les mêmes conditions que pour les « puces-CGH ». Les cibles sont les produits de PCR issus de l'immunoprécipitation de chromatine avec un anticorps spécifique de la protéine étudiée. Grâce à cette technologie, il est possible de localiser et d'étudier tous les sites de fixation d'une protéine d'intérêt sur l'ensemble du génome.

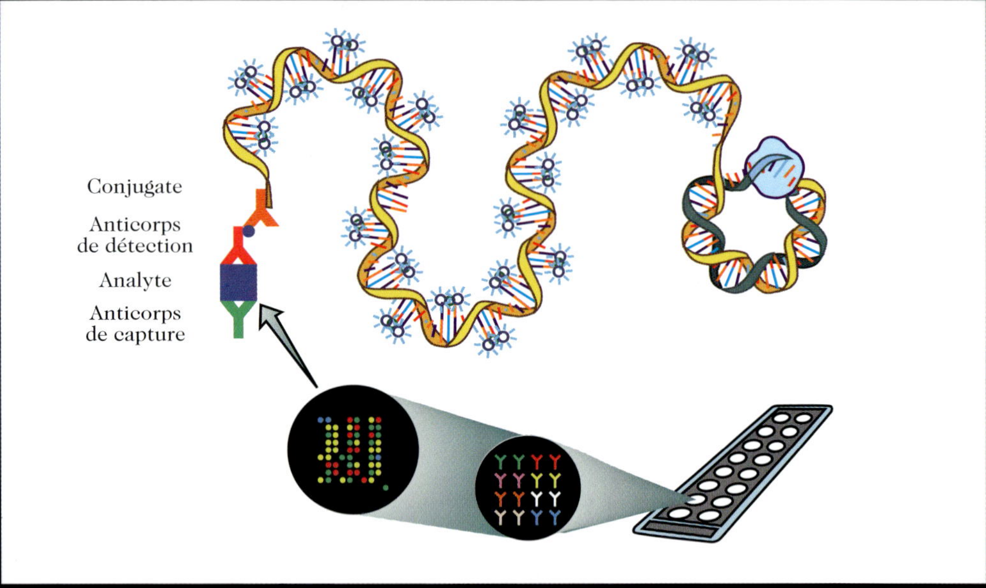

Figure 18.11. Représentation d'un dosage immunologique avec amplification du signal par RCA. L'analyte est capturé par un anticorps immobilisé sur la puce. Il est détecté par un deuxième anticorps biotinylé (anticorps de détection). Celui-ci réagit avec un anticorps anti-biotine (*conjugate*) conjugué à un oligonucléotide pré-annelé avec l'ADN circulaire qui sert de modèle. La réplication par RCA génère un long monobrin d'ADN, qui est ensuite hybridé avec un oligonucléotide fluorescent. (Shao W. et al., « Optimization of Rolling-Circle Amplified Protein Microarrays for Multiplexed Protein Profiling », *J. Biomed. Biotechnol.*, **5**, 299-307, 2003).

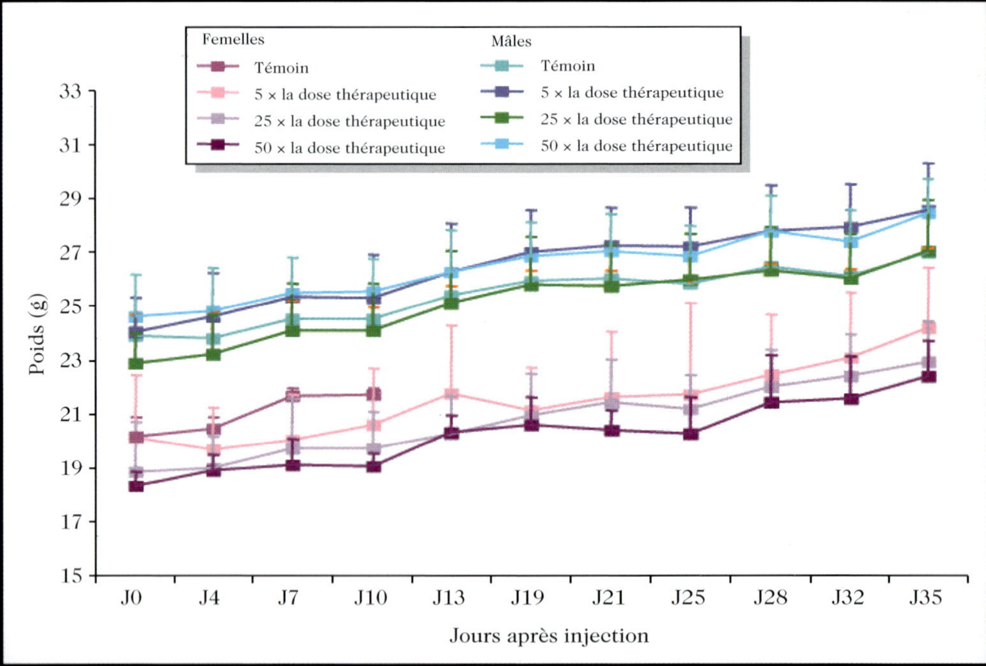

Figure 25.21. Évolution du poids de souris C57Bl6 après injection de doses croissantes de particules nanoMag.

[15] FROSTELL-KARLSSON A., REMAEUS A., ROOS H., ANDERSSON K., BORG P., HAMALAINEN M. et KARLSSON R., « Biosensor analysis of the interaction between immobilized human serum albumin and drug compounds for prediction of human serum albumin binding levels », *J. Med. Chem.*, **43**, 1986-92 (2000).

[16] NIEBA L., KREBBER A. et PLUCKTHUN A., « Competition BIAcore for measuring true affinities : large differences from values determined from binding kinetics », *Anal. Biochem.*, **234**, 155-65 (1996).

[17] ANDERSSON K., HAMALAINEN M. et MALMQVIST M., « Identification and optimization of regeneration conditions for affinity-based biosensor assays. A multivariate cocktail approach », *Anal. Chem.*, **71**, 2475-81(1999).

[18] ZEDER-LUTZ G., BENITO A. et VAN REGENMORTEL M.H., « Active concentration measurements of recombinant biomolecules using biosensor technology », *J. Mol. Recognit.*, **12**, 300-9 (1999).

Applications

[19] MYSZKA D.G., « Survey of the 1998 optical biosensor literature », *J. Mol. Recognit.*, **12**, 390-408 (1999).

[20] RICH R.L., MYSZKA D.G., « Survey of the 1999 surface plasmon resonance biosensor literature », *J. Mol. Recognit.*, **13**, 388-407 (2000).

[21] RICH R.L., MYSZKA D.G., « Survey of the year 2000 commercial optical biosensor literature », *J. Mol. Recognit.*, **14**, 273-94, Review (2001).

[22] RICH R.L., MYSZKA D.G., « Survey of the year 2001 commercial optical biosensor literature », *J. Mol. Recognit.*, **15**, 352-76, Review (2002).

[23] RICH R.L., MYSZKA D.G., « Survey of the year 2002 commercial optical biosensor literature », *J. Mol. Recognit.*, **16**, 351-82, Review (2003).

[24] RICH R.L., MYSZKA D.G., « Survey of the year 2003 commercial optical biosensor literature », *J. Mol. Recognit.*, **18**, 1-39, Review (2005).

[25] VAN REGENMORTEL M.H., « Analysing structure-function relationships with biosensors », *Cell. Mol. Life Sci.*, **58**, 794-800, Review (2001).

[26] HOMOLA J., « Present and future of surface plasmon resonance biosensors », *Anal. Bioanal. Chem.*, **377**, 528-39, Review (2003).

[27] KARLSSON R., « SPR for molecular interaction analysis : a review of emerging application areas », *J. Mol. Recognit.*, **17**, 151-61, Review (2004).

[28] TIMMINS J., SCHOEHN G., RICARD-BLUM S., SCIANIMANICO S., VERNET T., RUIGROK R.W., WEISSENHORN W., « Ebola virus matrix protein VP40 interaction with human cellular factors Tsg101 and Nedd4 », *J. Mol. Biol.*, **326**, 493-502 (2003).

[29] DESMARIS F., LEMAIRE D., RICARD-BLUM S., CHATRENET B, FOREST E., « Structural characterization of the feline-immunodeficiency-virus envelope glycoprotein 36 ectodomain for the development of new antivirals », *Biochem. J.*, **389**, 559-567 (2005).

[30] Bokken G.C., Corbee R.J., van Knapen F., Bergwerff A.A., « Immunochemical detection of *Salmonella* group B, D and E using an optical surface plasmon resonance biosensor », *FEMS Microbiol. Lett.*, **222**, 75-82 (2003).

[31] Indyk H.E., Filonzi E.L., « Direct optical biosensor analysis of folate-binding protein in milk », *J. Agric. Food Chem.*, **52**, 3253-8 (2004).

[32] Nanao M., Ricard-Blum S., Di Guilmi A.M., Lemaire D., Lascoux D., Chabert J., Attree I. et Dessen A., « Type III secretion proteins PcrV and PcrG from *Pseudomonas aeruginosa* form a 1 :1 complex through high affinity interactions », *BMC Microbiol.*, **3**, 21 (2003).

[33] Mullett W.M., Lai E.P., Yeung J.M., « Surface plasmon resonance-based immunoassays », *Methods*, **22**, 77-91, Review (2000).

[34] Lofas S., « Optimizing the hit-to-lead process using SPR analysis », *Assay Drug. Dev. Technol.*, **2**, 407-15, Review (2004).

[35] Natsume T., Nakayama H., Isobe T., « BIA-MS-MS : biomolecular interaction analysis for functional proteomics », *Trends Biotechnol.*, **19**(10 Suppl.), S28-33, Review (2001).

[36] Yuk J.S., Ha K.S., « Proteomic applications of surface plasmon resonance biosensors : analysis of protein arrays », *Exp. Mol. Med.*, **37**, 1-10, Review (2005).

[37] Ricard-Blum S., Bernocco S., Font B., Moali C., Eichenberger D., Farjanel J., Burchardt E.R., van der Rest M., Kessler E. et Hulmes D.J.S., « Interaction properties of the procollagen C-proteinase enhancer protein shed light on the mechanism of stimulation of BMP-1 », *J. Biol. Chem.*, **277**, 33864-33869 (2002).

[38] Blanquet-Grossard F., Thielens N.M., Vendrely C., Jamin M., Arlaud G.J., « Complement protein C1q recognizes a conformationally modified form of the prion protein », *Biochemistry*, **44**, 4349-56 (2005).

[39] Myszka D.G., Abdiche Y.N., Arisaka F., Byron O., Eisenstein E., Hensley P., Thomson J.A., Lombardo C.R., Schwarz F., Stafford W., Doyle M.L., « The ABRF-MIRG'02 study : assembly state, thermodynamic, and kinetic analysis of an enzyme/inhibitor interaction », *J. Biomol. Tech.*, **14**, 247-69 (2003).

[40] Cseh S., Vera L., Matsushita M., Fujita T., Arlaud G.J., Thielens N.M., « Characterization of the interaction between L-ficolin/p35 and mannan-binding lectin-associated serine proteases-1 and -2 », *J. Immunol.*, **169**, 5735-43 (2002).

[41] Gregory L.A., Thielens N.M., Matsushita M., Sorensen R., Arlaud G.J., Fontecilla-Camps J.C., Gaboriaud C., « The X-ray structure of human mannan-binding lectin-associated protein 19 (MAp19) and its interaction site with mannan-binding lectin and L-ficolin », *J. Biol. Chem.*, **279**, 29391-7 (2004).

[42] TEILLET F., DUBLET B., ANDRIEU J.P., GABORIAUD C., ARLAUD G.J., THIELENS N.M., « The two major oligomeric forms of human mannan-binding lectin : chemical characterization, carbohydrate-binding properties, and interaction with MBL-associated serine proteases », *J. Immunol.*, **174**, 2870-7 (2005).

[43] MYSZKA D.G., WOOD S.J., BIERE A.L., « Analysis of fibril elongation using surface plasmon resonance biosensors », *Methods Enzymol.*, **309**, 386-402 (1999).

[44] HASEGAWA K., ONO K., YAMADA M., NAIKI H., « Kinetic modeling and determination of reaction constants of Alzheimer's beta-amyloid fibril extension and dissociation using surface plasmon resonance », *Biochemistry*, **41**, 13489-98 (2002).

[45] CANNON M.J., WILLIAMS A.D., WETZEL R., MYSZKA D.G., « Kinetic analysis of beta-amyloid fibril elongation », *Anal. Biochem.*, **328**, 67-75 (2004).

[46] CAIRO C.W., STRZELEC A., MURPHY R.M., KIESSLING L.L., « Affinity-based inhibition of beta-amyloid toxicity », *Biochemistry*, **41**, 8620-9 (2002).

[47] CAIRO C.W., KIESSLING L.L., « Immobilized amyloid-b experiments using SPR technology », *Biacore Journal*, **1**, 4-7 (2003).

[48] AGUILAR M.I., SMALL D.H., « Surface plasmon resonance for the analysis of beta-amyloid interactions and fibril formation in Alzheimer's disease research », *Neurotox. Res.*, **7**, 17-27, Review (2005).

[49] SOTA H., HASEGAWA Y., IWAKURA M., « Detection of conformational changes in an immobilized protein using surface plasmon resonance », *Anal. Chem.*, **70**, 2019-24 (1998).

[50] MASUDA T., YASUMOTO K., KITABATAKE N., « Monitoring the irradiation-induced conformational changes of ovalbumin by using monoclonal antibodies and surface plasmon resonance », *Biosci. Biotechnol. Biochem.*, **64**, 710-6 (2000).

[51] YAMAGUCHI S., MANNEN T., ZAKO T., KAMIYA N., NAGAMUNE T., « Measuring adsorption of a hydrophobic probe with a surface plasmon resonance sensor to monitor conformational changes in immobilized proteins », *Biotechnol. Prog.*, **19**, 1348-54 (2003).

[52] ZAKO T., HARADA K., MANNEN T., YAMAGUCHI S., KITAYAMA A., UEDA H., NAGAMUNE T., « Monitoring of the refolding process for immobilized firefly luciferase with a biosensor based on surface plasmon resonance », *J. Biochem. (Tokyo)*, **129**, 1-4 (2001).

[53] MANNEN T., YAMAGUCHI S., HONDA J., SUGIMOTO S., KITAYAMA A., NAGAMUNE T., « Observation of charge state and conformational change in immobilized protein using surface plasmon resonance sensor », *Anal. Biochem.*, **293**, 185-93 (2001).

[54] PAYNTER S., RUSSELL D.A., « Surface plasmon resonance measurement of pH-induced responses of immobilized biomolecules : conformational change or electrostatic interaction effects ? », *Anal. Biochem.*, **309**, 85-95 (2002).

[55] MAY L.M., RUSSELL D.A., « The characterization of biomolecular secondary structures by surface plasmon resonance », *Analyst*, **127**, 1589-95 (2002).

[56] STOKKA A.J., FLATMARK T., « Substrate-induced conformational transition in human phenylalanine hydroxylase as studied by surface plasmon resonance analyses : the effect of terminal deletions, substrate analogues and phosphorylation », *Biochem. J.*, **369**, 509-18 (2003).

[57] GAMBARI R., « Biospecific interaction analysis (BIA) as a tool for the design and development of gene transcription modifiers », *Curr. Med. Chem. Anti-Canc. Agents*, **1**, 277-91, Review (2001).

[58] KATSAMBA P.S., PARK S., LAIRD-OFFRINGA I.A., « Kinetic studies of RNA-protein interactions using surface plasmon resonance », *Methods*, **26**, 95-104, Review (2002).

[59] WANG R., MINUNNI M., TOMBELLI S., MASCINI M., « A new approach for the detection of DNA sequences in amplified nucleic acids by a surface plasmon resonance biosensor », *Biosens. Bioelectron.*, **20**, 598-605 (2004).

[60] DUVERGER E., FRISON N., ROCHE A.C., MONSIGNY M., « Carbohydrate-lectin interactions assessed by surface plasmon resonance », *Biochimie*, **85**, 167-79, Review (2003).

[61] SADIR R., BALEUX F., GROSDIDIER A., IMBERTY A., LORTAT-JACOB H., « Characterization of the stromal cell-derived factor-1alpha-heparin complex », *J. Biol. Chem.*, **276**, 8288-96 (2001).

[62] RICARD-BLUM S., FERAUD O., LORTAT-JACOB H., RENCUROSI A., FUKAI N., DKHISSI F., VITTET D., IMBERTY A., OLSEN B.R., VAN DER REST M., « Characterization of endostatin binding to heparin and heparan sulfate by surface plasmon resonance and molecular modeling : role of divalent cations », *J. Biol. Chem.*, **279**, 2927-36 (2004).

[63] SHEN B., SHIMMON S., SMITH M.M., GHOSH P., « Biosensor analysis of the molecular interactions of pentosan polysulfate and of sulfated glycosaminoglycans with immobilized elastase, hyaluronidase and lysozyme using surface plasmon resonance (SPR) technology », *J. Pharm. Biomed. Anal.*, **31**, 83-93 (2003).

[64] MACKENZIE C.R., HIRAMA T., « Quantitative analyses of binding affinity and specificity for glycolipid receptors by surface plasmon resonance », *Methods Enzymol.*, **312**, 205-16 (2000).

[65] SOLA M., BAVRO V.N., TIMMINS J., FRANZ T., RICARD-BLUM S., SCHOEHN G., RUIGROK R.W., PAARMANN I., SAIYED T., O'SULLIVAN G.A., SCHMITT B., BETZ H., WEISSENHORN W., « Structural basis of dynamic glycine receptor clustering by gephyrin », *EMBO J.*, **23**, 2510-2519 (2004).

[66] PATTNAIK P., « Surface plasmon resonance : applications in understanding receptor-ligand interaction », *Appl. Biochem. Biotechnol.*, **126**, 79-92 (2005).

[67] ABDICHE Y.N., MYSZKA D.G., « Probing the mechanism of drug/lipid membrane interactions using Biacore », *Anal. Biochem.*, **328**, 233-43 (2004).

[68] FROSTELL-KARLSSON A., WIDEGREN H., GREEN C.E., HAMALAINEN M.D., WESTERLUND L., KARLSSON R., FENNER K., VAN DE WATERBEEMD H., « Biosensor analysis of the interaction between drug compounds and liposomes of different properties ; a two-dimensional characterization tool for estimation of membrane absorption », *J. Pharm. Sci.*, **94**, 25-37 (2005).

[69] NORDIN H., JUNGNELIUS M., KARLSSON R., KARLSSON O.P., « Kinetic studies of small molecule interactions with protein kinases using biosensor technology », *Anal. Biochem.*, **340**, 359-68 (2005).

[70] KIM K., CHO S., PARK J.H., BYUN Y., CHUNG H., KWON I.C., JEONG S.Y., « Surface plasmon resonance studies of the direct interaction between a drug/intestinal brush border membrane », *Pharm. Res.*, **2**, 1233-9 (2004).

[71] CANZIANI G.A., KLAKAMP S., MYSZKA D.G., « Kinetic screening of antibodies from crude hybridoma samples using Biacore », *Anal. Biochem.*, **325**, 301-7 (2004).

[72] MOREL G., RICARD-BLUM S., ARDAIL D., « Kinetics of internalization and subcellular binding sites for T3 in mouse liver », *Biol. Cell*, **86**, 167-74 (1996).

[73] GESTWICKI J.E., CAIRO C.W., MANN D.A., OWEN R.M., KIESSLING L.L., « Selective immobilization of multivalent ligands for surface plasmon resonance and fluorescence microscopy », *Anal. Biochem.*, **305**, 149-55 (2002).

[74] LANG K., HATT H., NIGGEMANN B., ZAENKER K.S., ENTSCHLADEN F., « A novel function for chemokines : downregulation of neutrophil migration », *Scand. J. Immunol.*, **57**, 350-61 (2003).

[75] HOFFMANN J., PIETRZIK C.U., KUMMER M.P., TWIESSELMANN C., BAUER C., HERZOG V., « Binding and selective detection of the secretory N-terminal domain of the alzheimer amyloid precursor protein on cell surfaces », *J. Histochem. Cytochem.*, **47**, 373-82 (1999).

[76] QUINN J.G., O'KENNEDY R., SMYTH M., MOULDS J., FRAME T., « Detection of blood group antigens utilising immobilised antibodies and surface plasmon resonance », *J. Immunol. Methods*, **206**, 87-96 (1997).

[77] ABAD L.W., NEUMANN M., TOBIAS L., OBENAUER-KUTNER L., JACOBS S., CULLEN C., « Development of a biosensor-based method for detection and isotyping of antibody responses to adenoviral-based gene therapy vectors », *Anal. Biochem.*, **310**, 107-13 (2002).

[78] SZWAJKAJZER D., CAREY J., « RaPID plots : affinity and mechanism at a glance », *Biacore Journal*, **1**, 19 (2003).

[79] SAERENS D., KINNE J., BOSMANS E., WERNERY U., MUYLDERMANS S., CONRATH K., « Single domain antibodies derived from dromedary lymph node and peripheral blood lymphocytes sensing conformational variants of prostate-specific antigen », *J. Biol. Chem.*, **279**, 51965-72 (2004).

[80] GENST E., HANDELBERG F., VAN MEIRHAEGHE A., VYNCK S., LORIS R., WYNS L., MUYLDERMANS S., « Chemical basis for the affinity maturation of a camel single domain antibody », *J. Biol. Chem.*, **279**, 53593-601 (2004).

[81] HAUGHEY S.A., O'KANE A.A., BAXTER G.A., KALMAN A., TRISCONI M.J., INDYK H.E., WATENE G.A., « Determination of pantothenic acid in foods by optical biosensor immunoassay », *J. AOAC Int.*, **88**, 1008-14 (2005).

[82] KALMAN A., GIRARD P., WAHLSTRÖM L., « A biosensor-based method for the determination of vitamin B12 concentration in food products », *Biacore Journal*, **4**, 16-17 (2004).

[83] HAASNOOT W., SMITS N.G., KEMMERS-VONCKEN A.E., BREMER M.G., « Fast biosensor immunoassays for the detection of cows' milk in the milk of ewes and goats », *J. Dairy Res.*, **71**, 322-9 (2004).

[84] LEONARD P., HEARTY S., QUINN J., O'KENNEDY R., « A generic approach for the detection of whole *Listeria monocytogenes* cells in contaminated samples using surface plasmon resonance », *Biosens. Bioelectron.*, **19**, 1331-5 (2004).

[85] GILLIS E.H., GOSLING J.P., SREENAN J.M., KANE M., « Development and validation of a biosensor-based immunoassay for progesterone in bovine milk », *J. Immunol. Methods*, **267**, 131-8 (2002).

[86] JOHANSSON A., « New Biacore tests for the control of illegal hormones in meat production », *Biacore Journal*, **4**, 18 (2004).

[87] GUSTAVSSON E., « Biacore methods for detection of β-lactam antibiotics in milk », *Biacore Journal*, **2**, 22-23 (2003).

[88] FERGUSON J., BAXTER A., « The measurement of chloramphenicol in food products using Qflex®kit chloramphenicol », *Biacore Journal*, **2**, 16-17 (2003).

[89] ABRAHAM R., QUIMBY M., « Validation of a Biacore®C concentration assay », *Biacore Journal*, **3**, 12-15 (2003).

[90] YANG C.Y., BROOKS E., LI Y., DENNY P., HO C.M., QI F., SHI W., WOLINSKY L., WU B., WONG D.T., MONTEMAGNO C.D., « Detection of picomolar levels of interleukin-8 in human saliva by SPR », *Lab. Chip*, **5**, 1017-23 (2005).

Ellipsométrie

[91] AZZAM R.M.A. et BASHARA N.M., *Ellipsometry and polarized light*, Elsevier, Amsterdam (1987).

[92] TOMPKINS H.G. et MCGAHAN W.A., *Spectroscopic Ellipsometry and Reflectometry. A user's Guide*, Wiley, New York (1999).

[93] STCHAKOVSKY M., Thèse de l'université Paris-Sud (1991).

[94] TOMPKINS H.G. et IRENE E.A., *Handbook of Ellipsometry*, William Andrew, Norwich, Springer, Germany (2005).

[95] PALIK E.D., *Handbook of optical constants of solids*, Academic Press, Orlando (1985).

[96] AGIUS B., *Surfaces, interfaces et films minces : observation et analyse*, Dunod, Paris (1993).

[97] FLEURY P., MATHIEU J.P., *Lumière*, Eyrolles, Paris (1961).

Spectroscopie optique par guide d'ondes

[98] Tiefenthaler K., Lukozs W., *J. Opt. Soc. Amer. B*, **6**, 209 (1989).

[99] Ziegler C., Göpel W., *Curr. Opin. Chem. Biol.*, **2**, 585 (1998).

[100] Ramsden J.J., *J. Molec. Recogn.*, **10**, 109 (1997).

[101] Schuck P., *Biophys. J.*, **70**, 1230 (1996).

[102] De Feijter J.A., Benjamins J., Veer F.A., *Biopolymers*, **17**, 1759 (1978).

[103] Ball V., Ramsden J.J., *Biopolymers*, **46**, 489 (1998).

[104] Kekicheff P., Laughlin R.G., Munyon R.L., *Langmuir*, **17**, 4693 (2001).

[105] Mann E.K., Heinrich L., Voegel J.-C., Schaaf P., *J. Chem. Phys.*, **105**, 6082 (1996).

[106] Born M., Wolf E., *Principles of Optics*, 7th Edition, Cambridge University Press (1999).

[107] Goutev N., Nickolov Z.S., Ramsden J.J., *J. Raman Spectrosc.*, **27**, 897 (1996).

[108] Picart C., Ladam G., Senger B., Voegel J.-C., Schaaf P., Cuisinier F.J.G., Gergely C., *J. Chem. Phys.*, **115**, 1086 (2001).

[109] Picart C., Gergely C., Arntz Y., Voegel J.-C., Schaaf P., Cuisinier F.J.G., Senger B., *Biosensors & Bioelectron.*, **20**, 553 (2004).

[110] Höök F., Vörös J., Rodahl M., Kurrat R., Böni P., Ramsden J.J., Textor M., Spencer N.D., Tengvall P., Gold J., Kasemo B., *Colloids and Surfaces B*, **24**, 155 (2002).

[111] Decher G., *Science*, **277**, 1232 (1997).

[112] Picart C., Lavalle Ph., Hubert P., Cuisinier F.J.G., Decher G., Schaaf P., Voegel J.-C., *Langmuir*, **17**, 7414 (2001).

[113] Boulmedais F., Ball V., Schwinté P., Frisch B., Schaaf P., Voegel J.-C., *Langmuir*, **19**, 440 (2003).

[114] Picart C., Mutterer J., Richert L., Luo Y., Prestwich G.D., Schaaf P., Voegel J.-C., Lavalle Ph., *Proc. Natl. Acad. Sci. USA*, **99**, 12531 (2002).

Spectroscopies vibrationnelles

[115] Nakamoto K., *Infrared and Raman Spectra of Inorganic and Coordination Compounds. Part A :Theory and Applications in Inorganic Chemistry*, Vol. 1, John Wiley & Sons Inc. (1997).

[116] Hipps K.W., Crosby G.A., *J. Phys. Chem.*, **83**, 555 (1979).

[117] *Optical Properties of Solids*, édité par F. Abelès, North-Holland Publishing Company (1972).

[118] Buffeteau T., Desbat B., Blaudez D., Turlet J.M., **54**, 11, 1641 (2000).

[119] Blaudez D., Buffeteau T., Cornut J.C., Desbat B., Escafre N., Pezolet M., Turlet J.M., *Appl. Spectrosc.*, **47**, 869 (1993).

[120] RAMAN C.V., KRISHNAN K.S., *Nature*, **121**(3048), 501 (1928).

[121] DELHAYE M., DHAMELINCOURT P., *J. Raman Spectroscopy*, **3**, 3342 (1975).

[122] FLEISCHMANN M., HENDRA P.J., MCQUILLAN A., *Chem. Phys. Lett.*, **26**, 163-166 (1974).

[123] STÖCKLE R.M., SUH Y.D., DECKERT V., ZENOBI R., *Chem. Phys. Lett.*, **318**, 131-136 (2000).

[124] TAUBNER T., HILLENBRAND R., KEILMANN F., *Applied Physics Letters*, **85**, 5064-5066 (2004).

Références générales :

Handbook of Vibrational Spectroscopy, Vol. 1-5, édité par J.M. Chalmers et P. Griffiths, John Wiley & Sons (2002).

The Raman effect, Vol. 1-2, édité par A. Anderson, John Wiley & Sons (1973).

Microscopie à l'angle de Brewster

[125] HENON S., MEUNIER J., *Rev. of Sci. Instr.*, **62**, 936 (1991).

[126] HÖNIG D., MÖBIUS D., *J. Phys. Chem.*, **95**, 4590 (1991).

La microbalance à cristal de quartz

[127] NOMURA T., OKUHARA M., *Anal. Chim. Acta*, **142**, 281-284 (1982).

[128] RODAHL M., HOOK F., FREDRIKSSON C., KELLER C.A., KROZER A., BRZEZINSKI P., VOINOVA M.V, KASEMO B., *Faraday Discuss.*, **107**, 229-246 (1997).

[129] KELLER C.A., KASEMO B., *Biophys. J.*, **75**, 1397-1402 (1998).

[130] HÖÖK F., RODAHL M., BRZEZINSKI P., KASEMO B., *Langmuir*, **14**, 729-734 (1998).

[131] HÖÖK F., KASEMO B., NYLANDER T., FANT C., SOTT K., ELWING H., *Anal. Chem.*, **73**, 5796-5804 (2001).

[132] HÖÖK F., RAY A., KRAVE U., NORDEN B., KASEMO B., *Langmuir*, **17**, 8305-8312 (2001).

[133] WEGENER J., SEEBACH J., JANSHOFF A., GALLA, H.J., *Biophys. J.*, **78**, 2821-2833 (2000).

[134] SNABE T., PETERSEN S.B., *Chem. Phys. Lipids*, **125**, 69-82 (2003).

[135] TANAHASHI M., KOKUBO T., MATSUDA T., *J. Biomed. Mater. Res.*, **31**, 243-249 (1996).

[136] RODAHL M., HÖÖK F., KROZER A., BRZEZINSKI P., KASEMO B., *Rev. Sci. Instrum.*, **66**, 3924-3930 (1995).

[137] MECEA V.M., *Sensors and Actuators A*, **40**, 1-27 (1993).

[138] VOINOVA M.V., RODAHL M., JONSON M., KASEMO B., *Physica Scripta*, **59**, 391-396 (1999).

[139] SAUERBREY G., *Z. Phys.*, **155**, 206-222 (1959).

[140] RODAHL M., KASEMO B., *Sensors and Actuators A*, **54**, 448-456 (1996).

[141] HÖOK F., VÖRÖS J., RODAHL M., KURRAT R., BÖNI P., RAMSDEN J.J., TEXTOR M., SPENCER N.D., TENGVALL P., GOLD J., KASEMO B., *Colloid Surf. B*, **24**, 155-170 (2002).

[142] DECHER G., HONG J.D., SCHMITT J., *Thin Solid Films*, **210**, 831-835 (1992).

[143] DECHER G., *Science*, **277**, 1232-1237 (1997).

[144] BERTRAND P., JONAS A., LASCHEWSKY A., LEGRAS R., *Macromol. Rapid. Comm.*, **21**, 319-348 (2000).

[145] LADAM G., SCHAAD P., VOEGEL J.-C., SCHAAF P., DECHER G., CUISINIER F.J.G., *Langmuir*, **16**, 1249-1255 (2000).

[146] PICART C., LAVALLE Ph., HUBERT P., CUISINIER F.J.G., DECHER G., SCHAAF P., VOEGEL J.-C., *Langmuir*, **17**, 7414-7424 (2001).

[147] PICART C., MUTTERER J., RICHERT L., LUO Y., PRESTWICH G.D., SCHAAF P., VOEGEL J.-C., LAVALLE PH., *Proc. Natl. Acad. Sci. U. S. A.*, **99**, 12531-12535 (2002).

Réflectométrie de rayons X et de neutrons en incidence rasante

[148] BENATTAR J.J., « La réflectivité des rayons X », *La Recherche*, **244**, 722-731 (1992).

[149] DAILLANT J., GIBAUD A., *X-Ray and Neutron Reflectivity : Principles and Applications*, Lecture Notes in Physics, Springer-Verlag (1999).

[150] PARRATT L., *The Reflectivity Tool*, Hahn-Meitner-Institut Berlin,
http://www.hmi.de/bensc/software/refl/parratt/parratt.html

[151] BARDON S., OBER R., VALIGNAT M.P., VANDENBROUCK F., CAZABAT A.M., DAILLANT J., *Phys. Rev. E*, **59**, 6808-6818 (1999).

[152] MARTEL L., JOHNSON C., BOUTET S., AL-KURDI R., KONOVALOV O., ROBINSON I, LECKBAND D. ET LEGRAND J.F., *J. Phys. IV France*, **C 12**, 365-371 (2002).

[153] KONOVALOV O., MYAGKOV I., STRUTH B. et LOHNER K., *Eur. Biophys. J.*, **31**, 1758-1768 (2001).

[154] JOHNSON C.P., FRAGNETO G., KONOVALOV O., DUBOSCLARD V., LEGRAND J.F., LECKBAND D.E., *Biochemistry*, **44**, 546-554 (2005).

[155] LÖSCHE M., *Current topics in Membranes*, **52** (2002).

[156] FRAGNETO G., CHARITAT T., GRANER F., MECKE K., PERINO-GALLICE L., BELLET-AMALRIC E., *Europhys. Lett.*, **53**, 100-106 (2001).

CHAPITRE

10

SPECTROMÉTRIE DE MASSE

Delphine PFLIEGER*, Éric FOREST†, Joëlle VINH‡

Depuis une vingtaine d'années, la spectrométrie de masse permet la mesure de masse précise de molécules d'intérêt biologique (protéines, acides nucléiques, oligosaccharides, etc). Au cours des dix dernières années, la technologie a poursuivi son évolution vers une miniaturisation permettant une consommation plus faible d'échantillon.

En particulier, la source nanoélectrospray (avec nébulisation en ligne ou en aiguille) permet de travailler à des débits de quelques dizaines de nanolitres/min. Elle présente de nombreuses applications, aussi bien dans le domaine de la protéomique que dans celui de la structure, de la dynamique et des interactions des protéines.

Le couplage de cette source avec la nanoHPLC permet la séparation et l'analyse en ligne de mélanges complexes disponibles en faibles quantités. Elle offre ainsi des avantages par rapport à l'HPLC classique, malgré un certain nombre de contraintes liées aux faibles diamètres et aux faibles débits.

Le couplage de l'électrophorèse capillaire avec la source electrospray donne également des résultats intéressants, avec un certain nombre d'avantages et de contraintes.

Enfin, des développements sont en cours pour coupler des puces à cette source, permettant ainsi séparation et analyse en ligne.

1. Spectrométrie de masse : principe et définitions

La spectrométrie de masse est devenue une approche quasi incontournable dans l'étude et la caractérisation des biomolécules, notamment pour l'étude structurale des peptides et des protéines. La cartographie par mesure des masses moléculaires

* SMBN, UMR 7637 CNRS, ESPCI Paris. delphine.pflieger@espci.fr
† IBS, UMR 5075 CNRS/CEA/UJF Grenoble. eric.forest@ibs.fr
‡ SMBN, UMR 7637 CNRS, ESPCI Paris. joelle.vinh@espci.fr

de mélanges peptidiques obtenus par digestion enzymatique de type endoprotéase permet d'identifier une protéine. Il est possible de mettre en évidence des différences de masse moléculaire correspondant à la présence de **modifications post-traductionnelles** ou de ponts disulfure lorsque la séquence primaire en acides aminés est connue, par comparaison entre la masse théorique attendue et la masse expérimentale mesurée pour chaque peptide. L'analyse par spectrométrie de masse peut être **couplée à des digestions enzymatiques**, pour déterminer les séquences en acides aminés avec des enzymes de type aminopeptidase, carboxypeptidase. Des études de **biologie cellulaire** se sont aussi développées ces dernières années. Les analyses par spectrométrie de masse de mélanges de peptides peuvent être réalisées directement à partir d'organes ou de cellules uniques, par exemple l'analyse de neurones géants [1] ou de cellules d'organe sécréteur d'écrevisse [2].

1.1. Qu'est-ce que la spectrométrie de masse ?

La spectrométrie de masse permet de **transformer des molécules dans leur état naturel en ions à l'état gazeux** et d'obtenir leur masse moléculaire m en analysant leur **rapport de masse/charge**, noté m/z, où m est la masse du composé et z sa charge.

1.2. Le spectromètre de masse

Un spectromètre de masse est un appareil qui permet de mesurer le rapport masse/charge (m/z) des ions formés à partir de l'échantillon analysé. Il est toujours constitué des parties suivantes (figure 10.1) :
- **une source d'ions** dans laquelle se produit le passage en phase gazeuse (vaporisation/sublimation/désorption) de l'échantillon à analyser, l'ionisation des molécules, mais aussi la décomposition des ions,
- **un analyseur** qui permet de trier les ions en fonction de leur rapport m/z,
- **un détecteur** qui compte les ions en leur associant leur rapport m/z,
- **un enregistreur** pour le traitement du signal et la visualisation des spectres,
- **un système d'étalonnage** qui permet de corréler la grandeur réelle mesurée et le rapport m/z.

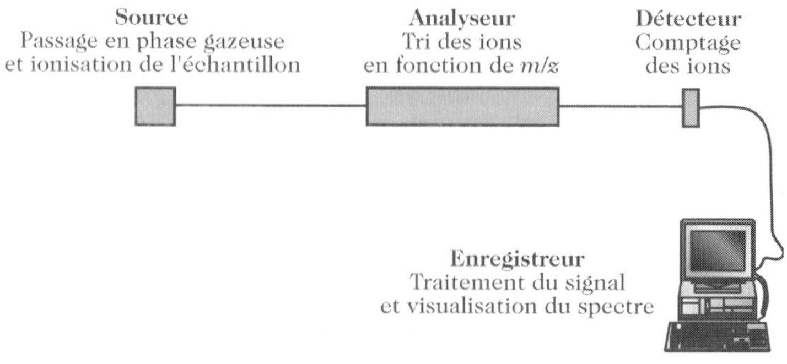

Figure 10.1. Schéma de principe d'un spectromètre de masse.

1.3. Quelques définitions en spectrométrie de masse

• **Dalton.** Unité de masse moléculaire, défini comme un douzième de la masse d'un atome de carbone ^{12}C (1,66.10^{-24} g), approximativement égal à la masse d'un atome ^{1}H.
• **Gamme de masse.** Ce sont les rapports masse/charge (m/z) minimum/maximum détectables avec le spectromètre de masse. La gamme de masse est fonction des caractéristiques technologiques de l'analyseur.
• **Ion moléculaire.** L'ion moléculaire est utilisé pour désigner la molécule intacte ionisée. Cependant, ce terme est aussi utilisé pour désigner les formes ioniques à nombre impair d'électrons, comme le radical cation M^{+} et le radical anion M^{-}. Les ions formés en ESI et en MALDI sont souvent des espèces à nombre pair d'électrons, comme $[M+H]^{+}$ ou $[M–H]^{-}$ et sont appelés ions protonés ou déprotonés, ou parfois ions pseudo-moléculaires (cela est également le cas avec les modes d'ionisation FAB, LSIMS, etc.).
• **Masse moyenne.** La masse moyenne d'une molécule est calculée en utilisant les masses atomiques moyennes des éléments individuels la constituant (C = 12,011 ; H = 1,008 ; N = 14,007 ; O = 15,999 ; etc.). C'est le centroïde de la distribution isotopique.
• **Masse monoisotopique.** La masse monoisotopique d'une molécule est calculée en utilisant la masse de l'isotope le plus abondant des éléments individuels la constituant (C = 12,00000 ; H = 1,007825 ; O = 15,9949 ; etc.).
• **Précision en masse.** Il faut distinguer les erreurs de détermination propre de m/z et les ambiguïtés dues au processus d'ionisation.
• **Erreur de détermination de m/z.** Erreur systématique (erreur théorique, erreur instrumentale de calibration, erreur de l'opérateur). La précision peut être évaluée avec l'écart type de la moyenne après des mesures successives. L'indication d'un écart type ne signifie pas que la valeur vraie est dans l'intervalle défini, mais indique le degré de hasard de la mesure. Les erreurs systématiques doivent être mesurées avec un composé de masse connue. Lorsqu'un seul spectre peut être obtenu sur un échantillon biologique en faible quantité, l'écart type peut être évalué en déterminant la masse à chaque acquisition (10 acquisitions par exemple), et la moyenne peut donner la masse moléculaire avec son écart type. Si le système d'acquisition donne directement la moyenne des 10 acquisitions, il ne donne pas la mesure de l'écart type. Bien sûr, les moyennes sont identiques, mais la première méthode est plus informative.
• **Perte de précision provoquée pendant le processus d'ionisation.** Erreur accidentelle (fragmentation, agrégation, modification structurale, présence d'adduits). Dans la plupart des cas, ces ambiguïtés sont mises en évidence expérimentalement, avec des mesures sur des composés connus. Un appareil précis peut donner un ordre de précision de masse indépendamment de la résolution en masse pour un échantillon contenant un unique composé. Un faible pouvoir de résolution est compatible avec une précision de mesure de masse importante. Il faut toutefois remarquer qu'en MALDI les adduits de protéines sont une source d'élargissement des pics. Ils dépendent de la nature de la protéine elle-même. L'étalonnage n'est pas toujours possible, car les adduits ne peuvent pas toujours être résolus. C'est un exemple de perte de précision par manque de résolution.

• **Résolution.** On peut distinguer pouvoir de résolution en masse et résolution de masse. Ils désignent tous deux le pouvoir séparateur du spectromètre de masse pour deux ions de masses voisines M et $M + \Delta M_x$, tels que leurs deux pics adjacents dans un spectre de masse ont même taille et même profil (gaussien, lorentzien ou triangulaire) avec un taux de superposition donné (10 % de vallée par rapport à la ligne de base, largeur de pic à mi-hauteur, etc.), noté par l'indice x.
• **Résolution de masse.** C'est la différence de masse (ou plutôt de rapport m/z), ΔM_x, qui sépare deux pics adjacents de masses M et $M + \Delta M_x$.
• **Pouvoir de résolution en masse.** Nombre sans dimension : $R = M/\Delta M_x$ (ou $\Delta M_x/M$ selon les auteurs...).
Le pouvoir de résolution à 10 % de vallée peut aussi être calculé avec un seul pic, en faisant l'approximation que la largeur à 5 % de hauteur d'un seul pic est égale à la distance des sommets de deux pics séparés par une vallée à 10 % de hauteur. Cette valeur est appelée pouvoir de résolution théorique. Dans ce cas, le calcul ne tient pas compte des problèmes de différence de profil des pics (figure 10.2).

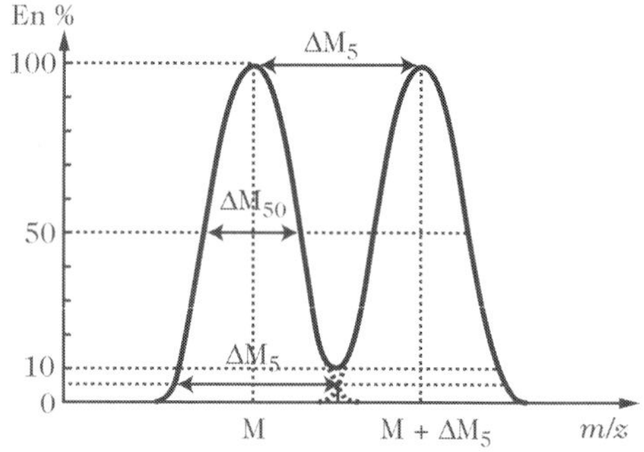

Figure 10.2. Calcul de la résolution.

Une autre définition standard utilise la largeur de pic ΔM_{50}, c'est-à-dire la largeur du pic à mi-hauteur (notée parfois FWHM pour *Full Width at Half Maximum height*).
• **Sensibilité.** C'est la quantité minimale de produit nécessaire pour avoir un signal sur un spectre de masse avec un rapport signal/bruit donné. La sensibilité absolue d'un appareil est mesurée en coups/mg de produit.

2. Sources d'ionisation des biomolécules

2.1. Développement des applications en biologie/biochimie

Au cours du XXe siècle, les techniques de spectrométrie de masse ont été appliquées à de nombreuses disciplines, de la recherche spatiale à l'étude des propriétés physico-chimiques des matériaux. Une des premières analyses de peptide fut réalisée dans les années 1960 en impact électronique (IE) [3] sur la fortuitine, un peptide de 1 359 Da. Mais ensuite, pendant vingt ans, la spectrométrie de masse appliquée à l'étude des peptides et des protéines stagna. Les véritables applications biochimiques pour l'étude des peptides et des protéines ne prirent leur essor qu'au début des années 1980, avec la découverte de l'ionisation par bombardement d'atomes rapides (FAB), très rapidement relayée par les techniques de désorption de plasma (PDMS), de LSIMS (pour *Liquid Secondary Ion Mass Spectrometry*), d'électrospray (ESI) et de désorption/ionisation laser assistée pas matrice (MALDI). Parallèlement aux techniques d'ionisation, les analyseurs en temps de vol (TOF) ou à filtre quadripolaire ont été développés. Si, jusque vers le début des années 1990, les appareils à secteurs ont dominé la spectrométrie de masse à haute résolution, les spectromètres de masse à temps de vol, quadripôles ou trappe ionique, moins chers et plus simples de mise en œuvre, ont aujourd'hui une place prépondérante pour les applications en biologie et/ou en biochimie. Cependant, le coût des appareils à très haute résolution diminuant, ils redeviennent d'actualité (exemple : les appareils à analyseur à résonance ionique cyclotronique ou à piégeage orbital (ou Orbitrap) à transformée de Fourier).

2.1.1. PDMS, FAB et LSIMS

L'application de la spectrométrie de masse dans les études des **macrobiomolécules** repose en grande partie sur la découverte en 1980 de nouveaux modes d'ionisation des molécules polaires et labiles. Ces composés peuvent en effet être ionisés par impact avec des **faisceaux primaires d'atomes ou d'ions** très énergétiques. Il s'agit des modes d'ionisation PDMS (permettant l'analyse des polypeptides non dérivés et des protéines), FAB et LSIMS. Le succès de ces méthodologies conduisit à la création d'une nouvelle discipline, qui s'attaqua à l'étude structurale des biomolécules d'importance fondamentale dans les sciences biomédicales. Le principe général de l'ionisation est illustré sur la figure 10.3.

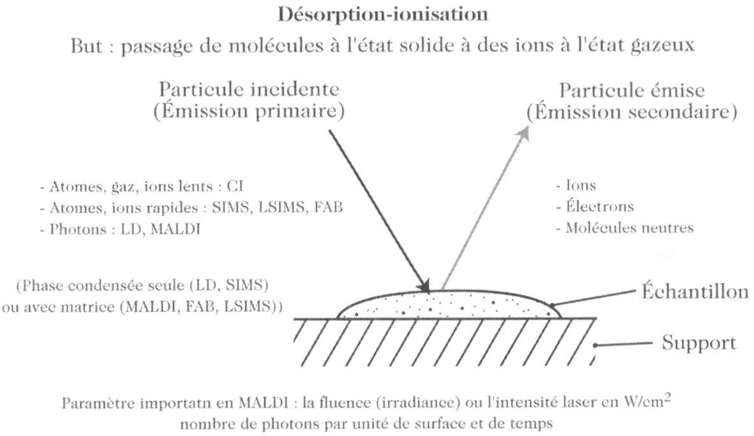

Figure 10.3. Principe général de l'ionisation d'échantillon à l'état solide.

La **PDMS** (pour *Plasma Desorption Mass Spectrometry*) fut développée en 1974 par Torgerson *et al* [4]. Elle permettait l'analyse de molécules organiques de grande taille, non volatiles, comme certains peptides non dérivés [5] ou comme l'insuline [6]. Cette technique utilise les produits de la fission nucléaire du ^{252}Cf, qui passent à travers une fine paroi d'aluminium où est déposé l'échantillon. Sa gamme de masse atteint environ 20 kDa.
Deux ans après la publication de Torgerson sur la PDMS, Benninghoven présentait en 1976 [7] le concept de **SIMS** (pour *Secondary Ion Mass Spectrometry*). Cette technique consiste à focaliser un faisceau d'ions primaires sur l'échantillon solide. Cela provoque une onde de choc dans l'échantillon et l'expulsion d'ions secondaires et de molécules. Cependant, les signaux obtenus en SIMS étaient éphémères, car la surface d'impact était rapidement détruite par le flux d'ions

primaires à haute énergie. Barber eut l'idée d'adapter cette technique en utilisant tout d'abord un faisceau primaire d'atomes d'argon à 3-10 keV au lieu du faisceau d'ions primaires, cela pour éviter les phénomènes de charge de surface qui étaient supposés gêner la focalisation des ions dans le spectromètre de masse [8]. L'échantillon est introduit dans la source en présence d'une matrice liquide peu volatile, de type glycérol, thioglycérol ou acide 3-nitrobenzylique. Cette technique d'ionisation fut appelée **FAB** (pour *Fast Atom Bombardment*). Puis, Barber eut l'idée d'utiliser cette matrice liquide avec un faisceau d'ions césium primaires à 20-30 keV au lieu d'un faisceau d'atomes rapides. L'utilisation d'ions primaires provoque le même phénomène d'émission d'ions secondaires que l'utilisation d'atomes primaires. La charge des particules facilite la focalisation du faisceau primaire. Cette technique fut appelée **LSIMS** (pour *Liquid Secondary Ion Mass Spectrometry*). Avec une matrice liquide, la surface est constamment renouvelée en échantillon, ce qui permet d'obtenir des spectres d'ions secondaires sur une plus longue durée. Très peu de temps après la publication de l'analyse de l'insuline en PDMS [6], les spectres de la même protéine en ionisation LSIMS furent publiés à leur tour [9, 10].
Cependant, toutes ces techniques souffrent d'un certain nombre de limitations majeures. La gamme de masse est limitée : les cas exceptionnellement favorables atteignent 25 kDa. La sensibilité n'est pas aussi bonne que voulue : quelques dizaines de picomoles sont nécessaires pour une analyse de protéine, et l'analyse de mélanges est sujette à des effets notoires de suppression de signal, ce qui la rend beaucoup trop sélective.

2.1.2. ESI et MALDI

En 1988, deux nouvelles techniques de spectrométrie de masse étaient décrites. Cela étendait énormément le champ d'application de la spectrométrie de masse pour l'analyse des protéines et des peptides, et semblait corriger les inconvénients des méthodes développées précédemment. Lors de l'*American Society of Mass Spectrometry Conference* de juin 1988 à San Francisco (Californie, États-Unis), John Fenn, de l'université de Yale, présenta l'application de **l'électrospray** (ESI, pour *ElectroSpray Ionization*) à l'analyse de protéines. Cela constituait une véritable innovation pour la spectrométrie de masse des biomolécules de haute masse moléculaire. Quelques mois plus tard, lors de l'*International Mass Spectrometry Conference* à Bordeaux (France), Franz Hillenkamp présentait un autre mode d'ionisation, appelé **MALDI** (pour *Matrix-Assisted Laser Desorption/Ionization*). Il montra, lors de sa présentation, la mesure de masse de protéines allant jusqu'à 117 kDa par spectrométrie de masse à temps de vol. Le MALDI semblait aussi prometteur que l'ESI. John Fenn et Koichi Tanaka ont reçu ensemble le prix Nobel de chimie en 2002 pour « le développement de méthodes pour l'identification et l'analyse structurale des macrobiomolécules biologiques » et « le développement de méthodes douces de désorption et d'ionisation pour l'analyse par spectrométrie de masse de macromolécules biologiques ».
Les modes d'ionisation ESI et MALDI permettent tous deux la production efficace d'ions moléculaires de grands biopolymères [11]. En 1988, une question se posait : quelle technique deviendrait la future méthode de choix dans un laboratoire de chimie des protéines? Il semble aujourd'hui qu'il n'y a pas lieu de trancher, en

reprenant Peter Roepstorff en 1996 [12] : « *In fact, at present, I consider the two techniques to be highly complementary. They have both dramatically improved the perspectives for the application of mass spectrometry in protein chemistry to such an extend that protein chemistry laboratories without access to these two techniques or at least one of them cannot be considered up to date* ».

2.2. L'électrospray (ESI)

La contribution de la spectrométrie de masse aux connaissances actuelles en biologie reste encore relativement modeste. Cependant, la spectrométrie de masse en mode électrospray, l'ESI, au même titre que le MALDI, est maintenant considérée comme essentielle dans ce domaine. De plus, de nouvelles possibilités apparaissent avec le développement rapide des technologies associées (tant du point de vue instrumental que du point de vue méthodologique). Nous verrons qu'il est possible d'augmenter la sensibilité de l'analyse en miniaturisant la source. Ce mode d'ionisation est couramment associé aux analyseurs à filtre quadripolaire, mais il a aussi été plus récemment couplé aux analyseurs en temps de vol à accélération orthogonale (notés oaTOF).

2.2.1. Principe d'ionisation

Nous ne reprendrons pas ici les aspects mécanistiques de l'ionisation ESI. Deux revues offrent une description détaillée de cette source d'ionisation [13, 14]. Le **processus** peut être simplement décrit. Une solution d'échantillon est introduite dans un **capillaire** qui est porté à un haut potentiel électrique. Le champ électrique intense appliqué à la sortie du capillaire provoque la formation d'un **nuage de gouttelettes chargées** qui traversent simultanément un gradient de champ électrique et un gradient de pression dans la direction de l'analyseur du spectromètre de masse. Pendant ce transport, la taille des gouttelettes diminue par évaporation du solvant par **explosions « coulombiennes » successives** (divisions spontanées de la gouttelette chargée en gouttelettes plus petites, provoquées par une charge surfacique très élevée) (figure 10.4). L'application d'une pression à l'entrée du capillaire peut faciliter la nébulisation, suivant le débit utilisé et la composition du solvant [15]. De plus, un flux de gaz (de l'azote en général) est appliqué à l'interface pour aider à l'évaporation du solvant. Certaines interfaces sont aussi chauffées. Les ions formés sous pression atmosphérique sont alors canalisés par un ensemble d'échantillonneurs, c'est-à-dire un ensemble d'orifices sous pompage, vers l'analyseur où règne un vide poussé.
Le processus d'électrospray peut être scindé en trois étapes :
1) formation des goutelettes,
2) diffusion des goutelettes,
3) formation d'ions en phase gazeuse.
Si l'extrémité du capillaire est portée à un potentiel positif, les cations vont s'accumuler à la surface, ce qui provoque la formation d'un cône de Taylor à l'extrémité du capillaire, selon l'axe du champ appliqué (voir la figure 10.4). Lorsque ce champ est suffisamment intense, le cône s'étire en un long filament, qui se décompose en gouttelettes chargées positivement lorsque la force électrostatique l'emporte sur la tension superficielle [16]. Le diamètre des gouttes est de l'ordre

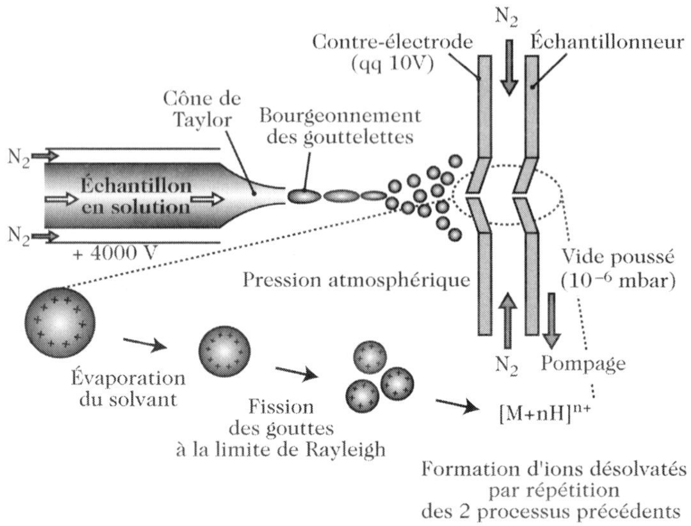

Figure 10.4. Processus ESI : schéma de principe.

du micromètre et dépend du potentiel électrique, du débit de la solution et de la nature du solvant. L'évaporation du solvant provoque une diminution du diamètre des gouttes. Or, la charge sphérique maximale pour la stabilité d'une goutte chargée de diamètre d est proportionnelle à $d^{3/2}$. L'explosion « coulombienne » de la goutte en gouttelettes plus petites se produit donc à la limite de Rayleigh. C'est la limite pour laquelle les répulsions électrostatiques des charges l'emportent sur la tension superficielle qui garantissait la cohésion de la goutte. Divers modèles théoriques ont été proposés : les deux principaux modèles sont le modèle de résidus chargés et le modèle d'évaporation ou désorption ionique.

Le courant ionique de l'électrospray est peu dépendant de la conductivité de la solution, en général 0,1 mA à 0,3 mA, le courant d'ions intégrés réellement transmis (moyenne temporelle de tous les ions) étant de 10 pA à 100 pA. Cela est dû aux effets suppresseurs des tampons ou à des problèmes de compétition d'ionisation. Les ions formés en mode positif sont des **espèces multiprotonées**.

2.2.2. Espèces multichargées

Les spectres ESI présentent en général un ensemble de pics correspondant aux **ions multichargés de type $[M+n\mathrm{H}]^{n+}$** où M correspond à la masse moléculaire de la molécule analysée, et n au nombre de charges portées par cette molécule ionisée. La masse M peut-être déterminée très simplement par déconvolution du spectre et transformation de ce dernier en une courbe masse-intensité. Par exemple, pour deux pics successifs de rapports m/z mesurés sur le spectre m_1 et m_2 (avec $m_1 < m_2$), et de charges n_1 et n_2 (avec $n_1 = n_2 + 1 = n + 1$), nous savons que :

$$m_1 = \frac{M + n_1}{n_1} = \frac{M + n + 1}{n + 1}$$

$$m_2 = \frac{M + n_2}{n_2} = \frac{M + n}{n}$$

On peut donc calculer l'état de charge n et la masse moléculaire M :

$$n = \frac{m_1 - 1}{m_2 - m_1}$$

$$M = \frac{(m_2 - 1)(m_1 - 1)}{m_2 - m_1}$$

Puisque l'électrospray fournit des ions multichargés, l'analyse de protéines de hautes masses moléculaires (supérieures à 100 kDa) peut être réalisée avec des **analyseurs de gamme de masse limitée**. L'électrospray a donc souvent été couplé à un **analyseur quadripolaire** pour son faible coût, et sa simplicité d'utilisation. Mais il a aussi été couplé aux spectromètres de masse à secteurs magnétiques [17, 18], à trappe ionique [19-23], aux analyseurs à résonance ionique cyclotronique par transformée de Fourier [24-30] et aux analyseurs TOF [31-37].
Pour augmenter la sensibilité de l'électrospray, la source a été peu à peu miniaturisée pour devenir le « **microélectrospray** » (microESI) ou le « **nanoélectrospray** » (nanoESI). Dans un analyseur en temps de vol ou dans les trappes ioniques, tous les ions effectivement produits dans la source peuvent être transmis au détecteur, contrairement aux analyseurs quadripolaires ou à secteurs magnétiques qui fonctionnent en balayage. Cela améliore donc aussi la sensibilité.

2.2.3. Préparation de l'échantillon

La préparation de l'échantillon est *a priori* simple : le composé à analyser doit être dissous à une concentration de 1 fmol.mL^{-1} à 10 pmol.mL^{-1} dans un solvant de type méthanol (ou acétonitrile)/H_2O 1:1 (v/v) contenant 1 % à 5 % (v/v) d'acide acétique (ou 1 % d'acide formique), pour le mode positif, ou 5 à 50 mM d'acétate d'ammonium (ou en présence de NH_4OH) en présence d'un solvant halogéné comme le trifluoroéthanol pour stabiliser les anions, pour le mode négatif. De nombreux solvants organiques sont compatibles avec l'ESI.
Cependant, les tensioactifs, les substances non volatiles et les sels sont mal tolérés. Les sels perturbent le processus d'électrospray et forment une série d'adduits de type $M+Na^+$, $M+K^+$, $M+H+Na^{2+}$, etc., ce qui complique le spectre et diminue la sensibilité. La présence de tampon Tris est transparente. Les débits dans le capillaire d'injection sont de l'ordre du mL.min^{-1} pour l'ESI standard et de l'ordre du nL.min^{-1} pour le nanoESI.

2.2.4. Limitations

L'utilisation courante de l'ESI est en fait limitée par la sensibilité et la résolution des spectromètres de masse conventionnels, notamment avec l'utilisation de quadripôles. De grosses molécules multichargées peuvent être analysées, mais la complexité des spectres et le besoin d'une plus grande résolution, d'une plus grande précision de mesure de masse, d'une plus grande sensibilité et d'une plus grande gamme dynamique (pour détecter les produits de dissociation de faible intensité) sont encore des facteurs limitants pour la détermination de séquences des gros biopolymères.
Le mode ESI suppose une grande pureté de l'échantillon, et la présence d'autres composés ou la micro-hétérogénéité de nombreux biopolymères peuvent limiter

son champ d'application. D'autres facteurs limitants existent, comme la très faible quantité de matériel disponible. La recherche d'informations structurales détaillées nécessitant des analyses MS/MS, ou encore la caractérisation des interactions faibles non covalentes spécifiques, exigent une préparation particulière des échantillons biologiques (due notamment à l'intolérance de l'ESI pour les matrices biologiques courantes).
Pour l'analyse de faibles quantités de mélanges de produits biologiques, l'électrospray seul fournit parfois des informations insuffisantes sur chacun des composés. Le couplage de la spectrométrie de masse avec des techniques de séparation est une alternative très intéressante lorsque la quantité d'échantillon disponible diminue : couplage avec la chromatographie en phase liquide (CPL), l'électrophorèse capillaire ou l'électrochromatographie capillaire.

2.2.5. Amélioration de la sensibilité en ESI MS : microspray, nanospray, picospray !

L'ESI est un mode d'ionisation à efficacité très élevée. Malheureusement, l'efficacité d'échantillonnage et de transmission des ions dans le spectromètre de masse est beaucoup plus faible, puisqu'elle est estimée inférieure à 10^{-3} [38]. Cela est surtout dû aux effets de charge spatiale dans la source et à la faible efficacité de transport des ions à l'interface entre la source et l'analyseur. La sensibilité de l'ESI, de l'ordre de la picomole, n'est malheureusement pas suffisante pour de nombreuses analyses en biologie.
Certaines applications, les plus intéressantes mais aussi les plus délicates, nécessitent des techniques d'analyse au niveau de la cellule unique, dans laquelle les quantités des composés majoritaires sont parfois estimées à quelques dizaines d'attomoles. Les techniques de détection comme la fluorescence induite par laser ou la détection électrochimique sont extrêmement sensibles et peuvent être associées à des techniques de séparation à haute résolution comme l'électrophorèse capillaire. Toutefois, l'identification des composés reste uniquement fondée sur leur mobilité électrophorétique. Les avancées de l'ESI ont rapidement suggéré que de tels niveaux de sensibilité ne sont pas hors d'atteinte. Les ions des spectres obtenus en mode ESI proviennent uniquement de la solution d'échantillon. Il n'y a pas de matrice. Cela est un avantage de l'ESI par rapport aux techniques comme le FAB ou le MALDI qui, à une sensibilité donnée, peuvent être limitées par le bruit chimique dû à la matrice. La source ESI a été miniaturisée au cours des années 1990 pour apporter une meilleure sensibilité d'analyse. Ces efforts de miniaturisation ont été menés par différents groupes. Emmett et Caprioli [39] l'appelèrent le « microspray ». Wilm et Mann [40, 41] l'appelèrent le « nanospray ». Et finalement, le groupe de McLafferty présenta son « picospray », qui fonctionnait avec un débit légèrement inférieur [42] !
Le groupe de Smith avait mené une étude sur l'utilisation de faibles débits en ESI, notamment pour coupler l'électrophorèse capillaire à l'ESI MS. Il montra que la diminution du débit permettait d'augmenter la sensibilité, d'améliorer la stabilité du spray et d'utiliser des solvants aqueux. L'extrémité du capillaire est décapée à l'acide fluorhydrique (HF) pour réduire l'épaisseur de la paroi avant de la recouvrir d'argent. En utilisant des capillaires de 5 mm de diamètre interne, il a été possible de séparer des protéines et d'effectuer une mesure de masse précise avec environ 600 amol de chaque protéine [43, 44].

Emmett et Caprioli [39] utilisèrent un capillaire de plus grand diamètre (50 mm de diamètre interne) avec un débit plus élevé (environ 800 nL.min^{-1}). L'extrémité du capillaire était aussi décapée avec HF pour obtenir une épaisseur de paroi de 10-20 mm. L'application du potentiel se faisait en utilisant simplement la conductivité de la solution. Pour les analyses de peptides, le capillaire a été rempli de phase stationnaire, pour réaliser une concentration et un dessalage en ligne. De cette façon, il a été possible d'analyser la méthionine enképhaline à partir de 10 mL à 100 amol.mL^{-1}. Ce système a permis d'étudier *in vivo* le métabolisme d'antagonistes des récepteurs GABA B dans le cerveau de rat après microdialyse [45].
Wilm et Mann ont utilisé pour leur nanospray un capillaire de verre étiré de 1-3 mm de diamètre interne. Le capillaire a été recouvert de métal, et 1 mL de la solution d'échantillon a été directement placé dans le capillaire avant son montage dans la source. Le débit est estimé à 20 nL.min^{-1} et est maintenu par le processus d'électrospray lui-même. Il est initié et stabilisé par une faible pression appliquée à l'entrée du capillaire [40]. Ce dispositif a permis de séquencer des fragments tryptiques au niveau de la femtomole [46].
Enfin, le groupe de McLafferty a utilisé pour son picospray un capillaire de silice fondue étiré (5-20 mm de diamètre interne dans sa longueur, 1-5 mm de diamètre interne à son extrémité) et décapé (50-80 mm d'épaisseur de paroi). Le débit est estimé dans ce cas à environ 1,5 nL.min^{-1}. Couplé à un spectromètre de masse FT-ICR, il a permis d'analyser 10 amol de cytochrome c [42], ou de mesurer la masse de l'anhydrase carbonique dans un unique globule rouge [47].
Ces résultats représentent des progrès encourageants pour l'analyse ultrasensible de peptides et de protéines au niveau de l'attomole (10^{-18} mol) ou de la zeptomole (10^{-21} mol). Des problèmes méthodologiques sont cependant encore présents. L'amélioration des traitements des surfaces internes des capillaires (diminution des pertes d'échantillon, amélioration de la qualité de séparation) reste un défi fondamental. L'amélioration des procédures de préparation et de manipulation des échantillons et des tampons est aussi utile pour éviter d'obstruer les capillaires, problème courant avec les faibles diamètres.
Les principaux avantages apportés par la miniaturisation sont les suivants :

- Avec de tels débits, la nécessité d'un gaz ou d'un liquide support (« *sheath flow* ») a été éliminée.
- Le potentiel électrique moindre nécessaire à un spray stable permet de placer l'aiguille d'ionisation à l'intérieur du vortex de gaz pénétrant dans l'appareil de spectrométrie de masse, d'où une meilleure transmission de l'échantillon dans la première région de vide [48].
- La diminution du débit d'infusion permet de générer des gouttes chargées plus petites. Celles-ci possèdent un rapport surface sur volume plus grand, ce qui favorise la désorption des ions en phase gazeuse. Un cône de Taylor stable à faible débit nécessite alors de réduire les dimensions des capillaires d'ionisation, qui sont disponibles commercialement avec différents diamètres internes depuis plusieurs années.

La meilleure performance d'ionisation et la plus grande efficacité d'échantillonnage ont un effet drastique sur la sensibilité de l'analyse. Ainsi, Wilm et Mann estimèrent à une molécule sur 390 analysées, la proportion d'échantillon réellement introduite dans l'analyseur, avec la source nanoESI débitant à 20 nL/min

[40]. Auparavant, Smith *et al* avaient mesuré une efficacité de transfert dans l'analyseur de seulement $1/10^4$ avec une source ESI classique travaillant à 3-6 µL/min [49]. Dès 1995, l'équipe de McLafferty obtenait une limite de détection de l'ordre de l'attomole avec sa source ESI miniaturisée et un spectromètre de masse FTICR (Analyse par Transformée de Fourier de la Résonance Cyclotronique des Ions) [47]. Ces nouvelles interfaces ESI apportent ainsi une meilleure limite de détection, permettent une plus faible consommation d'échantillon et sont enfin plus tolérantes aux tampons et aux sels [40, 50].

2.3. MALDI

2.3.1. Historique

Depuis que Karas et Hillenkamp ont décrit la désorption/ionisation laser assistée par matrice (MALDI, pour *Matrix-Assisted Laser Desorption/Ionization*) [51], qui permet d'analyser des protéines de plus de 100 kDa, cette technique s'est répandue autant dans les groupes de spectrométrie de masse que dans les groupes de biochimie. Le MALDI peut être appliqué à une large gamme de molécules d'intérêt biologique. Il permet de travailler sur une grande gamme de masse (moins de 1 kDa à plusieurs centaines de kDa) avec une bonne précision de mesure de masse (surtout pour les peptides et les petites protéines), une préparation et une mise en œuvre relativement simples, une grande rapidité d'analyse, et une relative tolérance vis-à-vis des tampons, des sels et de nombreux tensioactifs. Les impulsions laser sont employées depuis 1976 [52] pour produire des peptides ionisés à partir d'échantillons solides en spectrométrie de masse. Ces recherches préliminaires et les applications qui suivirent pendant 10 ans ne s'avérèrent utiles que pour quelques peptides courts. La probabilité d'obtenir un spectre de masse utile dépendait des propriétés physiques spécifiques du peptide (spectres de photo-absorption, volatilité, etc.). Comme l'illustre la figure 10.3, les sources d'ions par désorption laser (LD pour *Laser Desorption*) sont physiquement très similaires aux sources d'ions secondaires (SIMS pour *Secondary Ion Mass Spectrometry*), à ceci près que les particules énergétiques utilisées pour l'irradiation sont des photons laser. De nombreux lasers ont été utilisés et ont montré des performances très comparables. Les composés organiques déposés sur une surface pouvaient être analysés par désorption laser avec la production d'ions intacts jusqu'à des masses moléculaires d'environ 1 000 Da. Au-delà de cette masse, les espèces détectées étaient presque toujours des produits de dissociation de la molécule d'origine [53]. De plus, la longueur d'onde et la durée d'impulsion des lasers disponibles étaient restreintes et ne permettaient pas de s'adapter aisément aux différents composés. L'utilisation d'une matrice comme médiateur pour les expériences de désorption/ionisation laser présentait des avantages évidents. Il fallait « simplement » rechercher des composés petits, polaires, solubles dans les solvants adaptés aux macrobiomolécules, ayant une forte absorption à la longueur d'onde du laser utilisé, capables de co-désorber et de transférer leur charge à de plus gros composés bio-organiques. Bien que le principe fût accepté dès 1984, il fallut trois ans pour trouver un tel composé et valider ce concept.

Deux groupes, l'un en Allemagne, l'autre au Japon, s'attaquèrent au problème. Tanaka *et al.* [54] développèrent une méthode utilisant une poudre de métal finement divisée en suspension dans du glycérol comme matrice. Le bombardement de différents échantillons mélangés à cette matrice par photons laser UV permit d'obtenir des spectres de masse pour des molécules de masses moléculaires allant jusqu'à plus de 30 kDa avec une bonne sensibilité et un bon rapport signal/bruit. Dans le groupe d'Hillenkamp, Karas *et al.* [55] avaient observé que dans la plupart des dépôts d'échantillons analysés en LD, la lumière laser était très peu, voire pas du tout, absorbée par le dépôt. Presque toute l'énergie était absorbée par le substrat, alors que les échantillons étaient transparents aux photons. Pour améliorer le processus d'émission des ions, ils eurent l'idée d'augmenter le domaine d'interaction échantillon/substrat en mélangeant les deux afin d'obtenir un solide composite. Le substrat était devenu une matrice solide maintenant les molécules d'analyte et les protégeant des effets destructeurs du laser. L'acide nicotinique, qui absorbe à la longueur d'onde 266 nm (quatrième harmonique du laser Nd:YAG), permit de désorber des protéines de plus de 10 kDa [Karas 1988], puis 100 kDa l'année suivante [56]. La méthode utilisant une matrice solide avait une sensibilité 500 à 1 000 fois supérieure à celle utilisant le glycérol, et produisait un signal de meilleure qualité. Pour ces raisons, la méthode employant une matrice solide présentée par Hillenkamp et Karas éclipsa rapidement celle de Tanaka. Elle fut appelée MALDI (*Matrix-assisted Laser Desorption/Ionization*).

2.3.2. Principe d'ionisation

La technique MALDI utilise en général un faisceau laser pulsé travaillant dans l'UV (quoique certains instruments aient été développés dans l'IR, malgré la construction plus délicate des sources IR), pour désorber et ioniser un mélange de matrice/échantillon co-cristallisé sur une surface métallique. La matrice permet de minimiser la dégradation de l'échantillon provoquée par l'absorption de l'énergie du faisceau laser incident. L'énergie transmise par le laser est absorbée par la matrice, et cet apport d'énergie provoque son expansion en phase gazeuse en entraînant les molécules d'échantillon (figure 10.5).

L'irradiation laser provoque l'éjection des molécules d'échantillon et de matrice en phase gazeuse. L'échantillon est ionisé majoritairement par transfert de protons, soit avant désorption dans la phase solide, soit par collision après désorption avec la matrice excitée ou avec d'autres molécules du plasma pour former des ions mono- ou multichargés de type $[M+nH]^{n+}$. Les **ions monochargés** $\mathbf{[M+H]^+}$ sont en général majoritaires dans les spectres MALDI. L'origine des protons a été récemment étudiée : les protons labiles (des groupes carboxyliques ou hydroxyliques) de la matrice, du solvant, voire de l'échantillon lui-même, ainsi que les protons non labiles de la matrice semblent être impliqués [61]. Le mécanisme exact du processus MALDI n'est pas complètement connu. Ce processus peut se scinder en quatre étapes majeures (voir la figure 10.5) :

1) tir et impact de photons laser,

2) ablation des ions et molécules de matrice sur la surface métallique de la cible,

3) expansion du nuage éjecté par ablation dans la source et ionisation des neutres,

4) extraction des ions par application d'un champ électrique vers l'analyseur.

Des lasers de longueurs d'onde variées produisent essentiellement le même effet. Cela suggère que le mécanisme d'excitation de la matrice n'est pas important pour l'émission de biopolymères ionisés. Les lasers UV impliqueraient un processus d'excitation électronique de la matrice, suivi par un transfert de l'énergie interne vers des niveaux d'énergie d'excitation vibrationnelle plus élevés, alors que les lasers IR fourniraient directement un apport d'énergie vibrationnelle sur certains degrés de liberté (par exemple le laser Er:YAG agit sur les mouvements d'élongation de la liaison O-H) [62]. Les excitations induites par le laser sont d'une part rapidement converties en mouvements thermiques des molécules de matrice dans un volume de cristal situé à proximité de la surface [63], et d'autre part transférées vers les molécules d'analyte [62]. Ces mouvements seraient suffisamment violents pour rompre les liaisons intermoléculaires responsables de la cohésion du cristal, et pour provoquer l'ablation d'une portion de la surface du cristal. Cependant, les mécanismes de transfert d'énergie électronique en énergie vibrationnelle et rotationnelle selon les degrés de liberté des molécules sont totalement inconnus. Bencsura *et al.* ont récemment montré que ces transferts dépendent de l'amplitude de l'augmentation brutale d'énergie interne des molécules de matrice, et par extension de la fluence des impulsions laser utilisées [62].

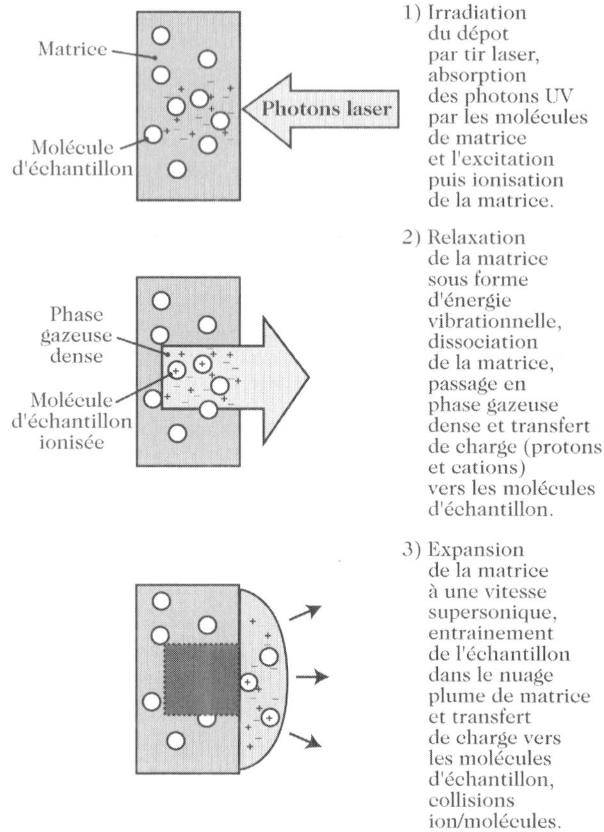

Figure 10.5. Ionisation MALDI : schéma de principe (d'après [57-60]).

Lorsque les ions sont formés en phase gazeuse, ils peuvent être accélérés par application d'un champ électrostatique vers l'analyseur.

La source MALDI est en général couplée à un **analyseur en temps de vol** (TOF pour *Time-of-Flight*) qui est bien adapté à l'ionisation pulsée par désorption laser. Il n'y a pas de raison fondamentale cependant pour limiter le MALDI au TOF. Le MALDI peut aussi être couplé à un analyseur à résonance ionique cyclotronique à transformée de Fourier [64-68], à une trappe ionique [69-72], à un analyseur à secteur magnétique [73, 74], et à des combinaisons de secteur/trappe ionique, secteur/TOF, TOF/trappe ionique et TOF/TOF [60].

2.4. Nano SIMS et microscopie ionique

Les techniques de désorption par émission secondaire suite à l'irradiation de l'échantillon solide par bombardement d'atomes rapides (FAB, *Fast Atom Bombardment*) ou d'ions (SIMS, *Secondary Ions Mass Spectrometry*) sont restées longtemps en retrait pour les applications biologiques. Pourtant, aujourd'hui, le SIMS compte parmi les méthodes d'ionisation les plus sophistiquées et puissantes pour l'imagerie en biologie. Introduite à l'origine dans les années 1960 par Castaing et Slodzian [75], cette technique souffrait de limitations dues à son manque de résolution dans le cadre de l'imagerie (0,5 à 1 μm) et au bruit induit par l'ajout de matrice pour l'analyse de solutés purifiés. Le mécanisme peut être mis en parallèle avec celui du MALDI, où l'irradiation primaire se fait par des photons au lieu d'ions ou d'atomes rapides. Lorsqu'un échantillon solide est irradié par des ions primaires d'une énergie de quelques keV, une partie des particules émises de la plaque est ionisée (voir la figure 10.3). Le SIMS consiste en l'analyse par spectrométrie de masse de ces ions secondaires. Il donne ainsi des informations sur la composition élémentaire, isotopique et moléculaire des couches supérieures des couches atomiques proches de la surface extérieure de l'échantillon préparé sur la cible.

Le SIMS a donc repris un essor considérable à la fin des années 1990 avec le développement de l'imagerie SIMS ou microscopie ionique [76] et avec la commercialisation d'un premier instrument par la société *Cameca*, qui rendait cette technologie accessible aux laboratoires d'imagerie en biologie. L'approche en chimie analytique est confrontée à un problème général lorsqu'il s'agit de réaliser des analyses au niveau de compartiments subcellulaires, afin de comparer des états différents d'un type de tissus ou de cellules pour mieux comprendre l'implication de molécules particulières dans les organites. Les approches conventionnelles partent d'un fractionnement cellulaire et de la mesure des fractions ainsi purifiées. Cependant, cette approche peut souffrir d'un biais induit par une redistribution artéfactuelle des analytes d'intérêt d'une localisation physiologique donnée vers d'autres sites intracellulaires de plus grande affinité mais ne relevant plus de la physiologie de la cellule.

Les dernières évolutions des techniques analytiques se penchent vers la détection directe à l'échelle subcellulaire des composés d'intérêt dans les tissus et/ou les cellules. Par exemple, la microscopie confocale a été utilisée pour l'imagerie de cations dans la cellule, Ca^{2+} et Na^{+}, avec le support de molécules à fluorescence inductible en présence de cations spécifiques [77, 78], pour les études d'immunocytochimie de récepteurs via des anticorps fluorescents, ou pour l'imagerie de molécules par fluorescence ou par microscopie multi-photons [79, 80]. Le canon à électrons a aussi été utilisé, par exemple pour l'étude de la composition élémentaire de sous-compartiments cellulaires tels que le réticulum endoplasmique [81, 82]. Les techniques d'imagerie utilisant le SIMS sont apparues progressivement en biologie et en médecine et prennent une importance croissante grâce à leur sensibilité et à la possibilité de détection des isotopes et d'imagerie moléculaire au niveau de la cellule unique et de ses compartiments subcellulaires.

Le plus gros problème reste la préparation des échantillons. Le SIMS est réalisé sous vide, ce qui interdit l'analyse de cellules vivantes. Pour que les cellules étudiées soient représentatives de leur état natif et de la distribution biochimique physiologique, il faut mettre au point des préparations d'immobilisation en cryogénie.

2.4.1. Instrumentation

Les microscopes ioniques associent la source SIMS avec deux types d'analyseurs majoritaires : les analyseurs à secteurs [75] et les analyseurs à temps de vol [83]. Les instruments à secteurs magnétiques, qui demeurent les plus répandus actuellement, offrent une résolution spatiale à l'échelle submicrométrique. De nombreuses configurations actuelles dérivent du travail original de Castaing et Slodzian [75]. D'autres instruments permettant d'atteindre de plus hautes résolutions spatiales ont été développés [84, 85]. La résolution spatiale est obtenue par un faisceau d'ions, qui peut être focalisé sur des surfaces d'environ 50 nm de diamètre en Cs^+ et 150 nm en O_2^+ et qui peut ensuite balayer la totalité de l'échantillon. Comme dans de nombreuses configurations expérimentales, plus la résolution est élevée et plus la sensibilité baisse

Typiquement, une source nanoSIMS est composée d'une optique primaire et d'une optique secondaire couplées sur l'analyseur et le détecteur du spectromètre de masse. La source primaire contient une optique pour focaliser les faisceaux d'ions primaires O_2^+ ou Cs^+. Ces ions sont accélérés à l'énergie souhaitée (keV). Le faisceau est ensuite focalisé par des lentilles électrostatiques vers l'échantillon porté à environ 3 000 à 4 500 V sous vide (10^{-9} torr). Le bombardement du faisceau d'ions primaires sur la surface de l'échantillon produit des ions secondaires caractéristiques : la plupart des liaisons chimiques sont rompues et des atomes et/ou des fragments de molécules sont éjectés des couches superficielles de l'échantillon sur une épaisseur de 1-2 nm, soit sous la forme de neutres, soit sous la forme de particules chargées, qui sont alors extraites de la source via la lentille d'immersion et focalisées avec plusieurs lentilles de transfert. L'image ionique de chaque zone d'irradiation est alors enregistrée. Pour reconstituer ensuite l'image de l'échantillon entier, celui-ci est ensuite balayé, et les données sont rassemblées point par point pour une reconstitution 3D (espace xy, rapport m/z). La quantification, comme dans le cas de l'électrospray et du MALDI, reste encore sujette à réserve.

2.4.2. Préparation de l'échantillon

Selon le type d'échantillon (tissu, cellules), le type de préparation diffère. De plus, l'échantillon doit être conducteur puisqu'il est porté à un potentiel de quelques kV. Les cellules doivent être fixées pour éviter toute diffusion des solutés intra- et extracellulaires, ou intraorganites dans la cellule même. Toutes les molécules peuvent ainsi subir des effets de diffusion et de redistribution artéfactuelle ; les petits ions comme Ca^{2+}, Na^+ et K^+, comme les protéines, peuvent diffuser dans des tissus fixés [86]. De plus, la fixation dans des matrices aqueuses polymériques, qui est couramment utilisée pour la microscopie à transmission d'électrons, n'est pas tolérée pour une analyse en spectrométrie de masse. Enfin, la congélation et le séchage induisent souvent des dégradations des cellules en modifiant la morphologie de l'échantillon d'origine. Une méthode de congélation très brutale permet cependant de préserver la structure de surface des couches atomiques jusqu'à environ 10 μm d'épaisseur [87, 88, 89]. Il faut enfin s'affranchir des contaminations provenant du milieu extracellulaire, qui contient de surcroît de nombreux sels non volatils gênants pour l'analyse en spectrométrie de masse. Un lavage drastique perturberait l'équilibre des cellules jusqu'à provoquer leur lyse. Pour l'imagerie SIMS des tissus, de petits morceaux du tissu sont congelés rapidement pour fixer au mieux les espèces diffusantes. Le tissu congelé est alors découpé avec un microtome en tranches d'environ 0,5 à quelques micromètres avant d'être plaqué sur le support porté à basse température, ce qui permet d'obtenir une bonne adhérence et une bonne conductivité [90, 91]. Les tranches sont finalement recouvertes d'une pellicule de Au/Pd pour optimiser la conductivité de l'ensemble. Des amas d'or, $(Au_3)^+$, ont aussi été utilisés récemment comme source d'ions primaires. Cela a permis d'augmenter considérablement l'émission d'ions secondaires de lipides et de peptides. Cette source a été testée avec succès, d'une part sur des tranches de cerveau de souris [92] et, d'autre part, sur des pattes de souris, pour caractériser la dystrophie musculaire de Duchenne [93].

3. Analyseurs

3.1. Généralités

Les analyseurs classiques les plus courants associés aux sources ESI et MALDI sont :
– le filtre quadripolaire ou **quadripôle** (Q = quadripôle),
– la **trappe ionique**, tridimensionnelle ou bidimensionnelle,
– le **temps de vol** (TOF = *Time Of Flight*),
– les pièges à résonance cyclotronique à transformée de Fourier (FT-ICR = *Fourier Transform Ion Cyclotron Resonance*),
– et toutes les combinaisons de ces analyseurs...
Les appareils à secteurs magnétiques qui sont encore utilisés en microscopie ionique sont beaucoup moins sensibles et devraient peu à peu être remplacés par les TOF.
Un analyseur est caractérisé par au moins trois paramètres clés :
– la résolution,
– la gamme de masse accessible,
– la sensibilité.
Le quadripôle et le TOF offrent des caractéristiques (pouvoir de résolution, gamme de masse) bien adaptées à l'analyse d'échantillon biologique, avec une relative simplicité d'utilisation. Le TOF est un analyseur qui mesure le temps de vol des échantillons et relie ce temps de vol à leur rapport masse/charge. Le quadripôle est un analyseur qui fonctionne comme un filtre, en ne laissant passer à un temps donné qu'un rapport masse/charge donné, et réalise un balayage de la gamme de masse intéressante. Il est classique désormais de combiner quadripôle et TOF, comme nous le verrons plus loin.
La trappe ionique offre quelques caractéristiques intéressantes : une sensibilité très élevée et la possibilité de réaliser avec un seul analyseur des études

structurales assez complètes. Sa gamme de masse est en revanche moins élevée (4-6.10^3).
Le tableau 10.1 résume les caractéristiques des différents types d'analyseurs.

Tableau 10.1. Caractéristiques des analyseurs classiques.

Analyseur	Résolution (M/ΔM)	Gamme de masse	Précision
Trappe d'ions 3D	1 (full scan) à 1 000 (haute rés.)	4.10^3 Da	100-300 ppm
Trappe d'ions 2D	10 (full scan) à 10 000 (haute rés.)	4.10^3 Da	100-300 ppm
Q	1	4.10^3 Da	100-300 ppm
TOF	10^4	3.10^5 Da	< 30 ppm
Orbitrap	5.10^4	5.10^3 Da	<5 ppm
FT-ICR	10^5	5.10^3 Da	< 3 ppm

La résolution des instruments de type trappe ionique varie énormément en fonction de la vitesse de balayage : c'est pourquoi nous ne donnons que des fourchettes larges compatibles avec des temps d'analyse rapide dans le cadre de couplage LC-MS notamment.
La sensibilité est en général estimée globalement pour l'association d'un type de source d'ions et d'analyseur. Elle varie énormément avec le développement des instruments. Actuellement, il est possible de détecter des quantités de l'ordre de la femtomole (10^{-15} mole) avec tous ces instruments.

3.2. TOF (*Time Of Flight*) ou temps de vol

Le MALDI est généralement utilisé en association avec l'analyseur en temps de vol (TOF), comme nous l'avons déjà souligné. L'analyse en TOF est bien adaptée à la nature pulsée de la désorption MALDI. De plus, comme l'analyse en TOF n'a **en théorie pas de limite maximale de gamme de masse**, elle est compatible avec le MALDI, qui produit des ions de rapport m/z élevé.
Les ions formés dans la source par impact laser sont alors accélérés par un champ électrique uniforme intense. Tous les ions possédant un rapport m/z donné acquièrent la même énergie cinétique. Les ions entrent alors dans l'analyseur libre de champ, où ils gardent une vitesse constante. Le temps que les ions vont mettre pour atteindre le détecteur sera donc corrélé à leur rapport m/z. Plus un ion sera lourd, c'est-à-dire plus son rapport m/z sera élevé, plus il sera lent. Plus il sera petit et léger, plus il sera rapide. En utilisant un laser pulsé, et en mesurant le temps de vol des ions, c'est-à-dire le temps qu'ils mettent pour atteindre le détecteur, il est possible de déterminer leur rapport masse/charge. En théorie, on peut mesurer des masses infiniment élevées ; en pratique, la limite est d'environ 300 000 Da.

3.2.1. Mode linéaire

L'analyseur en temps de vol (TOF) sépare les ions en fonction de leur vitesse lorsqu'ils se déplacent dans un tube de vol. Dans la source, à l'entrée de l'analyseur, un paquet d'ions est généré. Ces ions sont accélérés dans le tube de vol par un champ électrique appliqué entre la plaque porte-échantillon et la grille d'extraction (tension accélératrice 10-25 kV). Puisque les ions sont accélérés sur une même distance l_{acc}, par la même force F, ils acquièrent tous la même énergie cinétique. Une population d'ions, avec une **distribution de masse** donnée, mais avec une **même énergie cinétique** commune à tous les ions, a une **distribution de vitesse** v_f définie. La vitesse moyenne v_f de chaque ion est inversement proportionnelle à la racine carrée du rapport m/z de l'ion considéré.

Une fois accélérés, les ions entrent dans un **tube de vol** (de longueur L = 1-3 m en général) libre de champ (figure 10.6). Les ions se séparent dans ce tube de vol en fonction de la vitesse acquise dans la zone d'accélération, avant d'atteindre le détecteur placé à l'autre extrémité du tube de vol. Pour une longueur de vol L et une tension accélératrice V_{acc} données, la durée écoulée t_{total} entre l'extraction des ions et leur arrivée au détecteur est proportionnelle à la racine carrée du rapport m/z des ions.

Les ions de rapport m/z le plus petit arriveront les premiers. Le spectre est obtenu en mesurant le signal enregistré par le détecteur comme une fonction temps-intensité pour chaque paquet d'ions envoyé. Comme tous les ions sont détectés, les analyseurs TOF ont une très haute sensibilité.

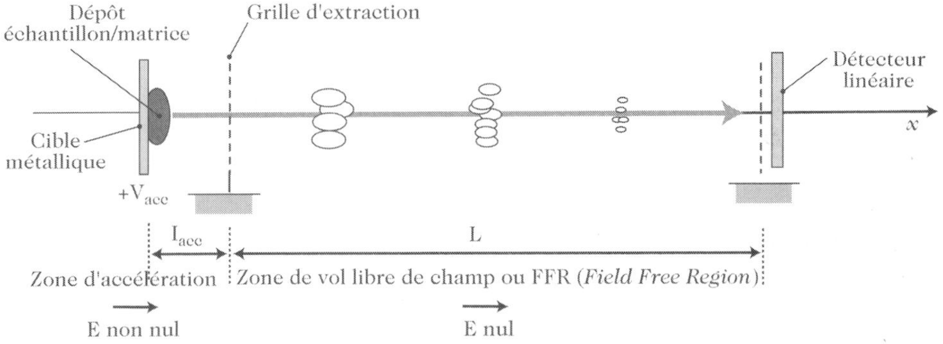

Figure 10.6. Schéma de principe du temps de vol (TOF) linéaire.

Le pouvoir de résolution d'un temps de vol est limité par différents facteurs : distribution d'énergie initiale, localisation des ions avant accélération, durée et distance d'accélération, etc. Les analyseurs TOF travaillant en mode linéaire sont souvent limités par leur résolution ($M/\Delta M_{50}$ environ 2 000).

3.2.2. Mode réflectron

Si en théorie tous les ions de même rapport de masse/charge acquièrent la même énergie cinétique, en pratique ce n'est pas tout à fait vrai, car on observe une distribution d'énergie cinétique initiale des ions, avant même accélération, ce qui limite la résolution en masse. En effet, tous les ions de même rapport m/z ne mettront pas exactement le même temps pour arriver au détecteur, ce qui provoque un élargissement des pics. Pour augmenter la résolution, on utilise un réflectron, ou miroir électrostatique. On applique un champ électrique de direction opposée, les ions sont freinés et font demi-tour. Cela allonge le temps de vol et permet de refocaliser les ions de même rapport m/z et d'énergie cinétique différente sur le détecteur du réflectron. La résolution de l'analyse sera ainsi nettement améliorée pour les peptides par exemple.

La méthode de focalisation la plus efficace actuellement développée est le **réflectron**. Il est principalement constitué d'un **miroir électrostatique**, qui impose un champ électrique s'opposant à la progression des ions. Ce champ électrique est de direction opposée à la direction du champ accélérateur. Les ions font donc demi-tour et sortent du réflectron avec une vitesse longitudinale de sens opposé à leur vitesse initiale. Les ions les plus énergétiques pénètrent plus profondément dans le champ du réflectron et vont donc mettre plus de temps pour être réfléchis alors qu'ils sont arrivés avant les ions les moins énergétiques dans le réflectron. Cela permet de focaliser tous les ions de même rapport m/z sur un plan. L'optique de l'instrument peut alors être ajustée pour que les ions soient légèrement déviés vers un autre détecteur, hors de l'axe de déplacement longitudinal des ions (figure 10.7).

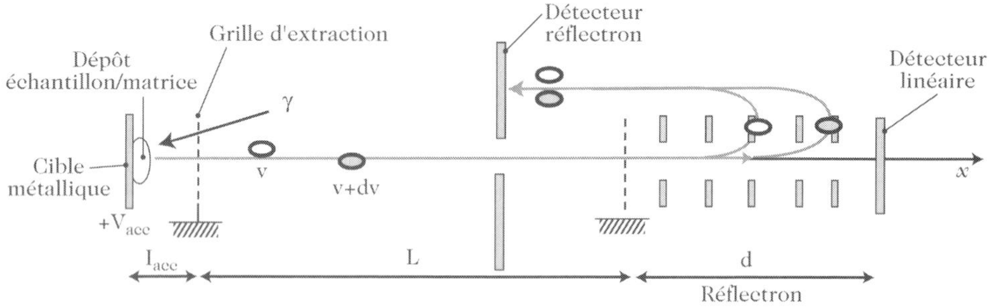

Figure 10.7. Schéma de principe du temps de vol (TOF) réflectron.

Le miroir électrostatique permet d'allonger la distance de vol sans augmenter la taille de l'instrument. Le détecteur du réflectron est placé sur le plan de focalisation des ions de même rapport m/z. Le réflectron corrige la dispersion en énergie cinétique, mais il ne corrige pas la dispersion en temps.

3.2.3. Comparaison mode linéaire/mode réflectron

En mode linéaire, un peptide donne un seul pic correspondant à la masse moyenne de ce composé.

L'utilisation du mode réflectron permet de distinguer pour une même espèce les différents isotopes. Pour un peptide, on peut considérer que le premier pic correspond au pic monoisotopique, c'est-à-dire à l'espèce constituée des isotopes les plus abondants de plus faible masse (^{1}H, ^{12}C, ^{16}O, ^{14}N) et que le second pic correspond majoritairement aux espèces portant un carbone ^{13}C, par exemple. La résolution est clairement améliorée (figure 10.8).

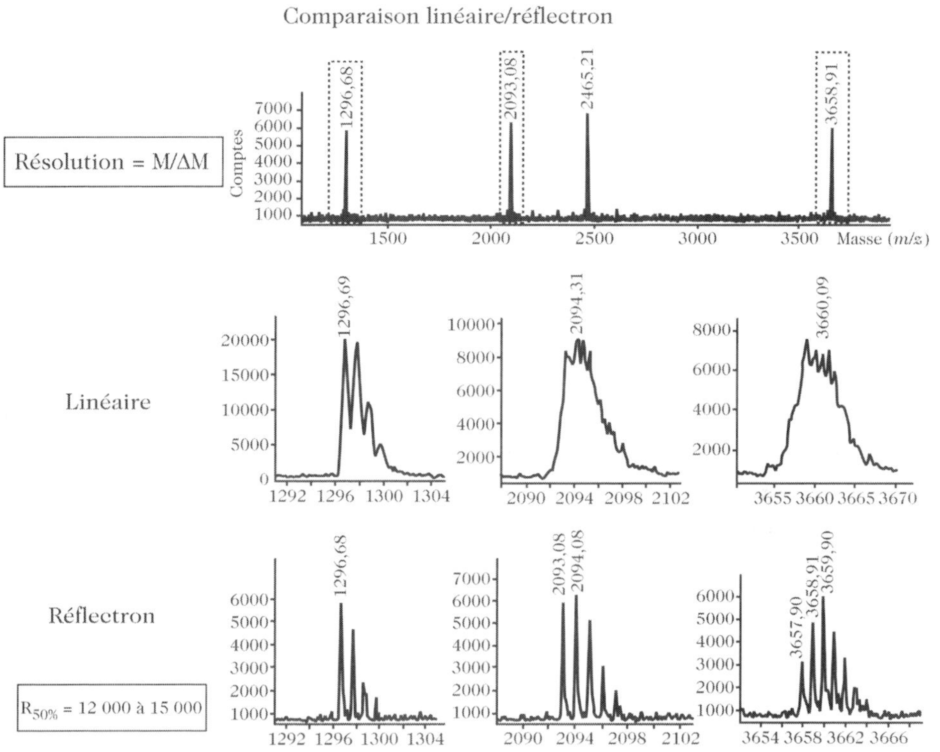

Figure 10.8. Comparaison de la résolution obtenue sur un mélange de peptides standard en mode linéaire et en mode réflectron.

3.2.4. Temps de vol en accélération orthogonale

Pour coupler un analyseur en temps de vol à une source d'ions continue, il faut pouvoir **échantillonner les ions** au cours du temps, pour les introduire de façon discontinue dans l'analyseur. Le principe de l'accélération hors axe est connu depuis les années 1960 grâce aux travaux réalisés dans les laboratoires de développement de la société *Bendix* (1964). L'accélération orthogonale ne fut cependant décrite que 15 ans plus tard.

Dans un analyseur en temps de vol à accélération orthogonale (oaTOF, pour *orthogonal acceleration TOF*), les ions sont échantillonnés à partir d'un faisceau d'ions incidents parallèle provenant d'une source continue. Ce faisceau d'ions de faible énergie est contenu dans une région d'accélération d'ions, maintenue à l'origine libre de champ. Un champ électrique est alors appliqué sous forme d'une impulsion rapide sur les électrodes délimitant cette région. Ce champ induit une force strictement et exclusivement normale à l'axe du faisceau d'ions incidents. Comme ce faisceau est parallèle, tous les ions ont une vitesse moyenne nulle et une très faible dispersion de la vitesse dans la direction de la force, avant son application. La largeur finie du faisceau donne une dispersion spatiale qui peut être facilement corrigée par refocalisation. La dispersion en vitesse est négligeable.

Les avantages sont nombreux : haute efficacité d'échantillonnage des ions dans le temps, correction simultanée de la dispersion en vitesse et dans l'espace, amélioration (sans réflectron) du pouvoir de résolution, efficacité maximale pour les hautes masses, dispersion temporelle minimale. Le couplage d'un analyseur à champ magnétique avec un analyseur en temps de vol à accélération orthogonale permet encore d'améliorer la résolution, car le faisceau d'ions est plus fin.

3.3. Analyseur quadripolaire

Les analyseurs quadripolaires sont constitués de quatre barres métalliques, portées à des potentiels électriques constants, de signe identique deux à deux, et diamétralement opposées. L'ensemble crée un champ électrique constant, auquel est ajoutée une composante variable. Le champ électrique résultant est dirigé perpendiculairement à la trajectoire idéale des ions. Les ions accélérés suivant l'axe du quadripôle conservent leur vitesse dans cette direction, mais subissent une force transversale résultant de l'action du champ électrique. Seuls les ions dont la trajectoire est maintenue entre les quatre barres pourront être détectés. Pour une valeur de champ électrique donnée, le quadripôle ne laisse passer que les ions résonants, c'est-à-dire possédant un rapport m/z donné. En faisant varier le champ électrique de façon régulière, on peut donc balayer une gamme de m/z donnée.

3.3.1. Quadripôle et théorie

L'analyseur quadripolaire est probablement l'analyseur le plus répandu en spectrométrie de masse. Il est constitué de quatre barreaux, de section hyperbolique ou circulaire, disposés autour de la trajectoire des ions dans l'analyseur. Il permet de filtrer les ions en fonction de leur rapport m/z. Chaque paire de barreaux diamétralement opposés est portée à un potentiel électrique de signe opposé à l'autre paire de barreaux (figure 10.9). **Ce potentiel résulte de la superposition d'une composante continue U et d'une composante sinusoïdale V.cos(ωt).**

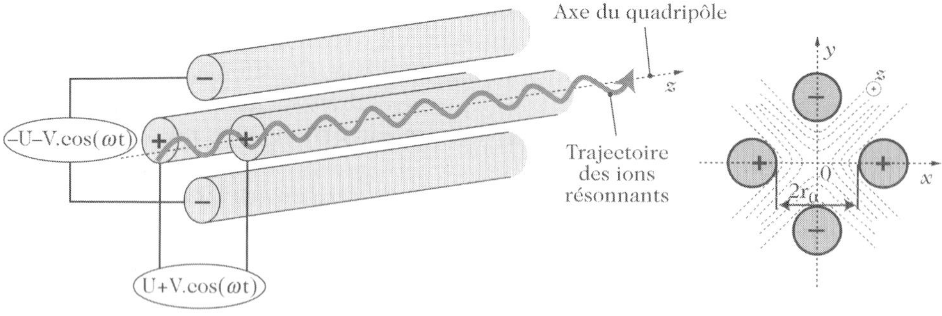

Figure 10.9. Schéma d'un quadripôle.

Les trajectoires des ions de rapport m/z donné sont régies par les équations de Mathieu. La résolution de ces équations nous donne un domaine de stabilité, c'est-à-dire l'ensemble des couples de valeurs de a et q (définies dans l'encadré ci-dessous) pour lesquelles les ions d'un rapport m/z donné vont « passer le champ électrique » créé entre les quatre barres. À ces valeurs (a, q) correspondent des valeurs d'amplitude U et V, et de fréquence ω.

Équations de Mathieu pour un quadripôle à barres cylindriques

Pour une distance $2r_0$ séparant deux barres diamétralement opposées :

$$\frac{\partial_2 x}{\partial\,(^{\omega t}/_2)^2} + [a + 2q\cos(2\,(^{\omega t}/_2)\,x)] = 0$$

$$\frac{\partial_2 y}{\partial\,(^{\omega t}/_2)^2} + [a + 2q\cos(2\,(^{\omega t}/_2)\,y)] = 0$$

où $a = \dfrac{8zeU}{mr_0^2\omega^2}$ et $q = \dfrac{4zeV}{mr_0^2\omega^2}$; soit $\dfrac{a}{q} = \dfrac{2U}{V}$.

3.3.2. Quadripôle et pratique

Nous n'essaierons pas de résoudre ces équations ! Il est possible de décrire qualitativement le fonctionnement du quadripôle.

La composante alternative induit une oscillation de la trajectoire des ions. Lorsque le potentiel électrique appliqué sur les barres de droite et de gauche est positif, la force dérivée repousse les ions positifs vers le plan vertical, puis lorsque le potentiel électrique appliqué sur les barres du haut et du bas est à son tour positif, les ions sont repoussés vers le plan horizontal (figure 10.10).

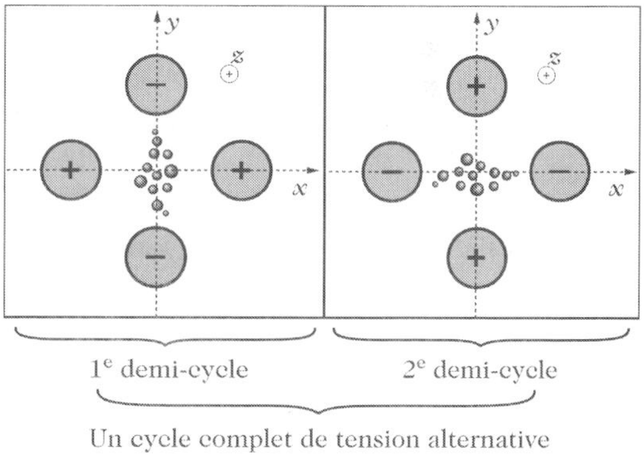

Figure 10.10. Oscillation des potentiels sur les barreaux (section).

L'amplitude de cette oscillation dépend du rapport m/z des ions. Au-dessous d'une valeur seuil minimale de m/z, les ions ont une accélération (et une amplitude d'oscillation) trop élevée et entrent en collision avec les barres du quadripôle : ils sont arrêtés. Le quadripôle agit comme **filtre passe-haut**. La valeur seuil dépend de l'amplitude V et de la fréquence ω de la tension alternative.

La composante continue agit en combinaison avec la composante alternative comme un **filtre passe-bas**. Les ions de rapport m/z plus élevé qu'une valeur seuil maximale ont une accélération plus faible, et l'effet de la composante continue est proportionnellement plus important sur leur trajectoire. Ils ne se refocalisent pas suivant l'axe z du quadripôle au cours du cycle de tension alternative de fréquence ω. Peu à peu ils dérivent et s'éloignent de l'axe sous l'influence de la composante continue. À la sortie de l'analyseur, leur trajectoire a trop dévié pour leur permettre d'atteindre le détecteur. La valeur seuil dépend des deux amplitudes U et V et de la fréquence ω de la tension alternative.

La **combinaison des filtres passe-haut et passe-bas** permet de sélectionner un rapport m/z. Les valeurs de la fréquence et du rapport U/V sont déterminées pour que les valeurs seuil minimale et maximale soient les plus proches possibles, afin d'avoir la meilleure résolution possible. En effectuant un balayage en tension,

à fréquence et à rapport U/V fixes, on réalise un balayage des rapports m/z des ions résonnants. Les ions de rapports m/z différents vont successivement pouvoir passer le champ, sachant que le rapport m/z des ions sélectionnés varie linéairement avec les tensions U et V. Les autres ions auront des trajectoires instables et seront filtrés sans aller jusqu'au détecteur.
Le quadripôle est un analyseur peu onéreux, compact, à balayage rapide, avec une bonne efficacité de transmission. Sa gamme de masse maximale est comprise entre m/z 2 000 et m/z 8 000. La résolution de ces analyseurs est fonction de la masse mesurée M ; en pratique $R = 2M$ à 50 % de vallée (soit pour $M = 7\,000$, $R_{50} = 14\,000$).

3.4. La trappe ionique

3.4.1. Le piège à ions tridimensionnel

Paul et Steinwedel ont décrit la trappe ionique tridimensionnelle en 1960.
Cet analyseur est constitué d'une électrode hyperbolique annulaire en forme de diabolo, couverte de deux calottes sphériques ou électrodes chapeau reliées entre elles électriquement (figure 10.11). Conceptuellement, on peut voir la trappe ionique comme un quadripôle circulaire ou torique, dont la barre intérieure serait réduite à un point fictif, la barre extérieure est devenue un cercle et les deux barres supérieure et inférieure deux calottes.

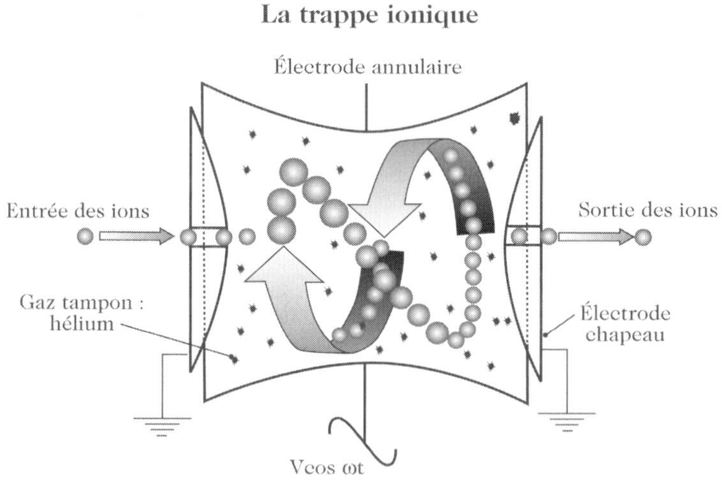

Figure 10.11. Schéma d'un piège à ions tridimensionnel.

La superposition de tensions continues et alternatives permet d'obtenir une sorte de « quadripôle à trois dimensions » dans lequel les ions sont gardés captifs (« piégés ») sur une trajectoire formant une sorte de huit à trois dimensions appelée courbe de Lissajous. La trappe à ions est un analyseur de masse à balayage qui fait appel à la détection par fréquence de résonance.
Le principe de balayage est différent. Les ions de différents rapports m/z sont présents simultanément dans la trappe, et ils seront expulsés en fonction de leur rapport m/z pour enregistrer le spectre.

Pour chaque valeur de m/z, les ions oscillent en direction radiale et axiale (axe des z) à des fréquences propres et différentes de la radiofréquence (RF) appliquée aux électrodes. En superposant à la RF une tension alternative (AC) selon z, de même fréquence que la fréquence de résonance des ions d'un m/z donné, on transfère de l'énergie à ces ions. Leur trajectoire selon z (axe de la symétrie torique) est déstabilisée : c'est l'expulsion rayonnante. Si l'on balaie la fréquence de la tension AC, on expulse successivement les ions de même rapport m/z.
La trappe ionique est un analyseur peu onéreux, mais limitant dans la gamme de masse. La masse minimale de la gamme de masse d'acquisition est une fonction de la masse maximale choisie (par exemple, si l'on veut détecter les ions jusqu'à 2 000 Da, la masse minimale d'acquisition sera d'environ 200 Da).
On analyse des ions de rapport $m/z = 8\,000$ mais, si le rapport m/z est trop faible, alors les ions ne sont pas piégés. Leur sensibilité est comparable à celle du TOF. En revanche, la dynamique des trappes ionique étant faible, la résolution peut être largement réduite lorsqu'une espèce est très abondante dans la trappe.

3.4.2. Le piège à ions linéaire

Le même principe de balayage peut être appliqué sur un système multipolaire qui jouera le rôle de l'électrode annulaire, encadrée de part et d'autre d'électrodes annexes (multipôle ou lentilles) qui joueront le rôle des électrodes chapeau. Ainsi, le piège est réalisé au centre du quadripôle central. Ses dimensions permettent de bénéficier d'un volume de piégeage plus important et donc de minimiser les interactions ioniques et les effets de charges d'espace à nombre d'ions présents donné. La sensibilité du dispositif est ainsi améliorée, d'autant plus que l'efficacité de transfert et de piégeage est plus importante.

3.5. Analyseur à résonance cyclotronique et à transformée de Fourier

De nouvelles trappes ioniques bidimensionnelles sont actuellement développées et mises sur le marché par les constructeurs. Leur géométrie différente permet notamment une meilleure capacité de remplissage et une meilleure efficacité de transmission vers le détecteur (figure 10.12).
La spectrométrie de masse à résonance cyclotronique et transformée de Fourier fut développée en 1974 par Comisarow et Marshall [94, 95]. Cette technique trouve des applications dans des domaines variés, de la chimie analytique à la chimie physique des réactions ion/molécule. De récents développements technologiques de cet analyseur ont permis de l'adapter aux sources d'ionisation douces comme l'électrospray (ESI) ou la désorption/ionisation laser en présence d'une matrice (MALDI), et en ont fait un outil extrêmement puissant pour l'analyse de macrobiomolécules. Ainsi, l'augmentation du champ magnétique (jusqu'à 20 tesla sur certains appareils) a permis l'analyse de grosses protéines en ESI à haute résolution et avec une grande sensibilité [96]. Il faut aussi citer l'analyse de l'hémoglobine contenue dans un unique globule rouge [97]. Lors des derniers congrès de spectrométrie de masse, les applications liées à l'étude de l'environnement se sont aussi multipliées. Par exemple, Alomary *et al.* ont présenté, au congrès de *l'American Society of Mass Spectrometry* en 1998, des analyses de pesticides et de dioxines dans les eaux à une sensibilité atteignant la partie par quadrillion (ppq) [98] !

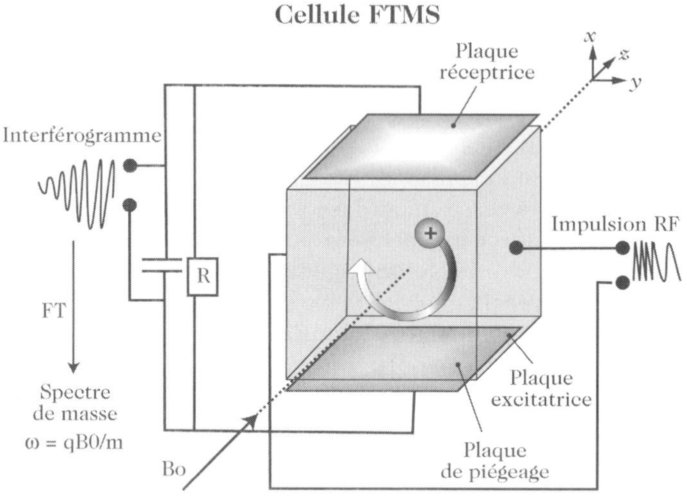

Figure 10.12. Schéma d'une cellule FT-ICR.

La spectrométrie de masse par transformée de Fourier (FT : *Fourier transform*) de la résonance cyclotronique des ions (ICR : *Ion Cyclotronic Resonance*) est une technique ayant une excellente linéarité entre la fréquence cyclotronique et le rapport masse/charge d'un ion, dans des conditions constantes de champ magnétique. Elle est dénommée sous l'abréviation FT-ICR MS ou FT MS.

Principe de la transformée de Fourier : un signal dont on mesure l'intensité en fonction du temps est composé d'une superposition de plusieurs fréquences, chacune avec son intensité. La transformée de Fourier permet de retrouver les fréquences composantes et leurs intensités.

L'analyse des ions, en FT MS, se déroule en trois étapes qui sont :
- le piégeage des ions,
- l'excitation des ions,
- la détection des ions.

L'analyseur FT-ICR repose sur le principe de résonance cyclotronique des ions. Les ions sont produits dans la source, puis sont stockés dans la cellule d'un analyseur à résonance cyclotronique située dans un champ magnétique homogène créé par un aimant puissant. Les ions sont maintenus sur une orbite circulaire par le champ magnétique avec une fréquence donnée par : $w = qB/m$, où w est la fréquence cyclotronique (rad.s^{-1}), B est le champ magnétique (T), et m/q est le rapport masse/charge des ions.

La résonance cyclotronique peut être induite en appliquant un champ électrique variable, par exemple un champ sinusoïdal. Lorsque la fréquence de cette composante sinusoïdale est égale à la fréquence cyclotronique des ions, les conditions de résonance sont atteintes et les ions sont accélérés vers un plus grand rayon de gyration. Ceci est la base de l'analyse en spectrométrie de masse : les ions qui ne sont pas associés à cette fréquence cyclotronique ne seront pas accélérés. Le spectromètre de masse à FT-ICR détecte le courant image induit par le mouvement des ions stockés dans la cellule de l'analyseur. C'est ce qui est illustré sur la figure 10.12 pour un groupe d'ions positifs en résonance cyclotronique cohérente entre deux électrodes. Lorsque les ions s'éloignent de l'électrode 1 et se rapprochent de l'électrode 2, le champ électrique induit provoque le déplacement des électrons du circuit externe vers la résistance. Ils vont s'accumuler sur l'électrode 2. Sur l'autre moitié de l'orbite cyclotronique, les électrons quittent l'électrode 2 et s'accumulent sur l'électrode 1 quand les ions s'approchent. Le flux d'électrons dans le circuit externe est appelé le courant image. Ce signal peut alors être amplifié pour être détecté. Il est ainsi possible de détecter les ions sans collision sur les électrodes.

En pratique, les ions sont injectés dans une cellule cylindrique de quelques centimètres de diamètre disposée dans un champ magnétique de quelques teslas, par exemple 3T. Pour un tel champ, la fréquence cyclotronique vaut 1,72 MHz à la masse de 28 Th et 12,03 KHz à 4 000 Th. La technique consiste à exciter simultanément tous les ions présents dans le cyclotron par un balayage rapide d'une large gamme de fréquences, dans un temps de l'ordre de la microseconde. Cela a pour résultat, non seulement de provoquer une trajectoire passant à proximité de la paroi perpendiculaire à l'orbite, mais surtout de mettre les ions en phase. Cela permet de transformer l'onde complexe détectée en fonction du temps en une relation « intensité en fonction de la fréquence » par la méthode de la transformée de Fourier.

Un appareil FT-ICR (*Fourier Transform Ion cyclotron Resonance*) est adapté à l'analyse de mélanges complexes. La résolution atteint 8 10^6.

4. Couplage séparation en phase liquide – spectrométrie de masse

4.1. Techniques chromatographiques

4.1.1. IEC : chromatographie d'échange d'ions

En chromatographie d'échange d'ions, la phase stationnaire de la colonne porte des groupes chimiques chargés, avec lesquels les solutés ionisés vont pouvoir établir des interactions électrostatiques. Ainsi, la chromatographie d'échange de cations (SCXLC, pour *Strong Cation Exchange*) utilise une phase stationnaire portant des charges négatives, alors que la chromatographie d'échange d'anions (SAXLC, pour *Strong Anion Exchange*) utilise une phase stationnaire portant des charges positives. La figure 10.13 représente le cas d'une séparation d'un polypeptide par SCXLC.

Cette chromatographie peut être couplée à la chromatographie de phase inversée, permettant alors une séparation 2-D.

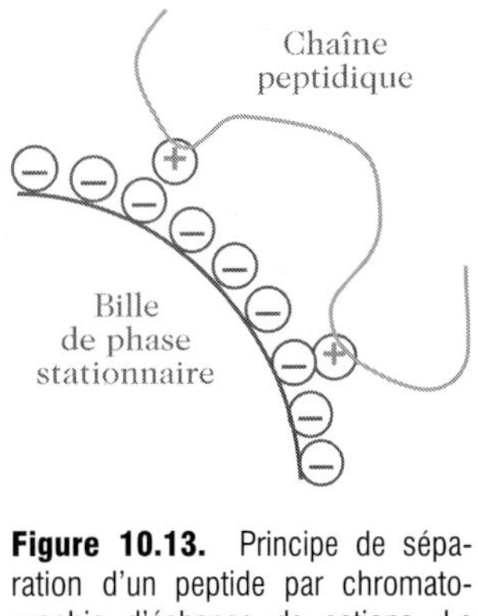

Figure 10.13. Principe de séparation d'un peptide par chromatographie d'échange de cations. Le soluté est chargé positivement, et peut interagir avec la phase stationnaire anionique.

4.1.2. RPLC : chromatographie liquide à polarité de phases inversée

Entre les années 1940 et 1970, la chromatographie d'échange d'ions, qui sépare en première approximation les analytes en fonction de leur charge, est restée la technique de chromatographie dominante pour l'analyse d'acides aminés et de petits peptides. Mais des progrès en HPLC (chromatographie en phase liquide à haute performance) ont ravivé l'intérêt pour les phases stationnaires non polaires. En 1977, Molnar et Horvath ont testé une colonne greffée octadécyle sur des peptides provenant de la digestion de protéines. Ils ont obtenu une séparation rapide et plus efficace que sur des colonnes d'échange d'ions, sauf pour les acides aminés polaires et les peptides faiblement retenus [99]. A la fin des années 1970, la RPLC s'est retrouvée sur le devant de la scène pour l'analyse de peptides. En chromatographie à polarité de phases inversée, une colonne contenant de la phase stationnaire hydrophobe, telle que des particules de silice greffées par des groupes aliphatiques (octyles C8, octadécyles C18), est mise en oeuvre. Les solutés sont séparés en fonction de l'importance de leur interaction avec la phase stationnaire, donc en fonction de leur hydrophobicité.

Les conditions opératoires généralement employées pour la séparation de peptides à la fin des années 1970 sont les suivantes [100, 101] :

– les colonnes sont remplies de particules de silice greffées par des chaînes alkyles (octadécyles le plus souvent) ;

– le pH des phases mobiles est acide, entre 2 et 4, et par exemple imposé par un tampon phosphate ;

– l'acétonitrile ou le méthanol est utilisé comme modificateur apolaire, généralement en élution programmée ; celle-ci s'impose en effet pour séparer un mélange de peptides présentant une gamme de polarités très étendue.

La séparation des peptides sur supports à polarité de phases inversée est essentiellement dictée par l'hydrophobicité [102] et peut faire intervenir un mécanisme de formation de paires d'ions avec l'anion du tampon acide [103]. À pH acide (environ 2-3), les fonctions acides carboxyliques des chaînes latérales sont neutres, et les fonctions amines protonées peuvent s'associer avec le contre-ion du tampon (figure 10.14) ; cette réduction de charge du peptide a pour effet d'accroître sa rétention.

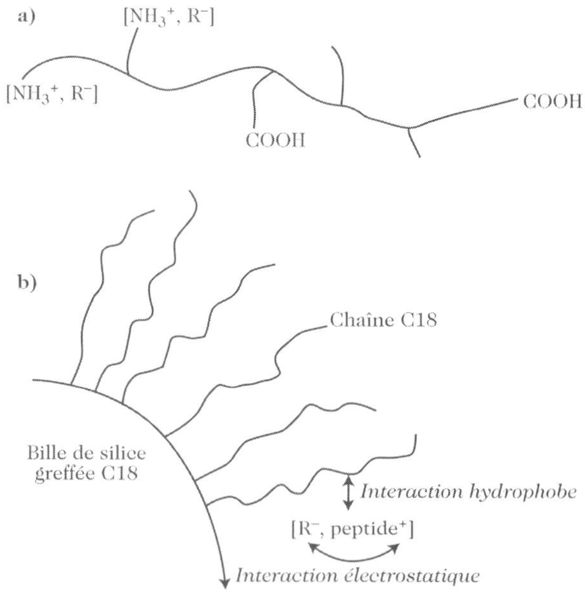

Figure 10.14. a) Représentation schématique d'un peptide dans la phase mobile acide de RPLC. Ses fonctions amines primaires sont chargées positivement, et peuvent former des paires d'ions avec le contre-ion de l'acide (par exemple trifluoroacétate dans le cas de l'acide trifluoroacétique). La notation R symbolise le caractère aliphatique, hydrophobe du contre-ion. Les fonctions acides carboxyliques du peptide sont neutres. **b)** Représentation de l'interaction de la paire d'ions avec les greffons octadécyles.

4.2. Techniques électrophorétiques

4.2.1. CE/CZE : électrophorèse capillaire (de zone)

En électrophorèse capillaire, les espèces sont séparées en fonction de leur mobilité électrophorétique. L'échantillon est introduit dans un capillaire, aux extrémités duquel est appliquée une tension. Les parois du capillaire de silice sont chargées négativement (silanols déprotonés) ; les protons libérés en solution donnent lieu à un flux électroosmotique (EOF) lors de l'application de la tension. Les solutés neutres vont migrer à la vitesse de l'EOF, alors que les analytes chargés positivement vont migrer à une vitesse résultant de la somme de l'EOF et de leur propre mobilité (figure 10.15). Les analytes chargés négativement migrent vers l'anode, et ne sont pas détectés.

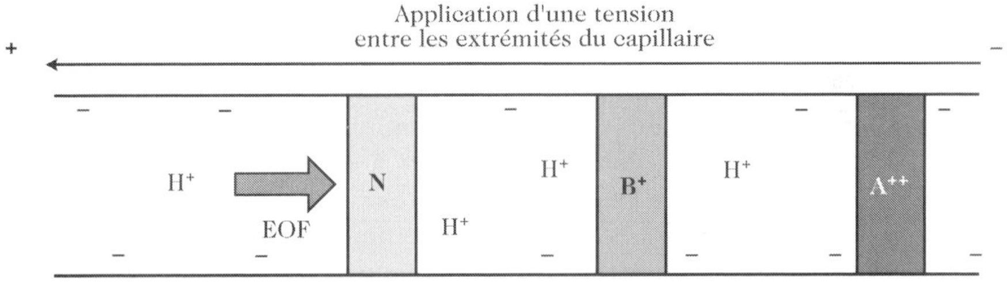

Figure 10.15. Principe de la séparation par électrophorèse capillaire (CE). Les analytes chargés (B^+ et surtout A^{++}) migrent plus vite que les neutres N.

4.2.2. CEC : électrochromatographie

L'électrochromatographie est une technique hybride associant l'électrophorèse capillaire et la chromatographie. Le capillaire de silice mis en œuvre contient de la phase stationnaire (soit sous forme d'un film couvrant la surface interne du capillaire, soit sous forme de particules de silice greffées) avec laquelle les analytes peuvent interagir. Lorsqu'une tension est appliquée entre les extrémités du capillaire, un EOF est créé. Les analytes possèdent une affinité plus ou moins grande pour la phase stationnaire, ce qui conditionne leur séparation. La différence majeure avec la chromatographie en phase liquide (LC) est qu'aucune pression n'est appliquée ; la phase mobile est mise en mouvement par l'application d'une tension.

4.2.3. CIEF : isoélectrofocalisation capillaire

En isoélectrofocalisation capillaire, les analytes – généralement peptides ou protéines – sont séparés en fonction de leur pI. Un gradient de pH est généré dans le capillaire à l'aide d'ampholytes (ou zwitterions), molécules qui portent à la fois une fonction acide et une fonction basique. Ces ampholytes doivent posséder des pI qui couvrent la gamme de pH nécessaire à la séparation des protéines. Une solution basique est placée à la cathode, et une solution acide à l'anode. À l'application d'une tension entre les extrémités du capillaire, les analytes et les ampholytes migrent jusqu'à atteindre une position dans le capillaire où ils sont globalement neutres. Un équilibre est alors atteint. Les espèces séparées suivant leur pI sont finalement amenées au détecteur, par exemple par l'application d'une pression à l'entrée du capillaire.

5. Quel appareil de spectrométrie de masse coupler aux techniques séparatives ? ESI ou MALDI ?

5.1. Couplages avec l'HPLC

La RPLC présentée précédemment pour la séparation de peptides protéolytiques peut être couplée avec la spectrométrie de masse, pour qu'elle identifie les peptides analysés. Depuis la fin des années 1980, les deux techniques d'ionisation ESI et MALDI se sont imposées pour l'analyse de biomolécules, et elles sont comparées ici dans le domaine plus précis des analyses protéomiques par RPLC-MS/MS. En aval de la source d'ionisation, différents types d'analyseurs peuvent être choisis, qui sont comparés ici en termes de sensibilité, de résolution, de gamme dynamique et de débit d'analyse, autant de critères à considérer pour l'étude de mélanges complexes de peptides en faibles quantités.

La source électrospray est la plus fréquemment associée aux techniques de séparation en phase liquide, car elle permet une analyse en ligne par spectrométrie de masse de l'effluent de la colonne ou du capillaire. Les interfaces microspray sont compatibles avec des débits généralement inférieurs au μL/min, alors que la source nanospray, qui emploie des capillaires dont l'orifice est de 1 à 2 μm, est capable de produire un signal stable à quelques nL/min [104].

Les références bibliographiques utilisant des sources ESI ultérieurement à ces développements de miniaturisation ne sont pas toujours précises dans les termes employés : la distinction n'est pas souvent faite entre sources ESI, microESI et nanoESI. Néanmoins, les techniques séparatives capillaires travaillent généralement à des débits de l'ordre de quelques nL à quelques centaines de nL par minute, de sorte que l'ionisation associée est de type microESI ou nanoESI. Les faibles débits optimaux pour les sources miniaturisées (1-10 μL/min) et le gain en sensibilité offert par les colonnes de faibles diamètres ont encouragé le développement de systèmes de petites dimensions.

La source MALDI est longtemps restée au second plan dans les couplages LC-MS/MS, notamment parce qu'elle utilise des échantillons à l'état solide (figure 10.16), et ne permet donc pas une analyse directe en ligne. Des robots de haute précision ont dû être développés pour déposer l'éluat de la colonne

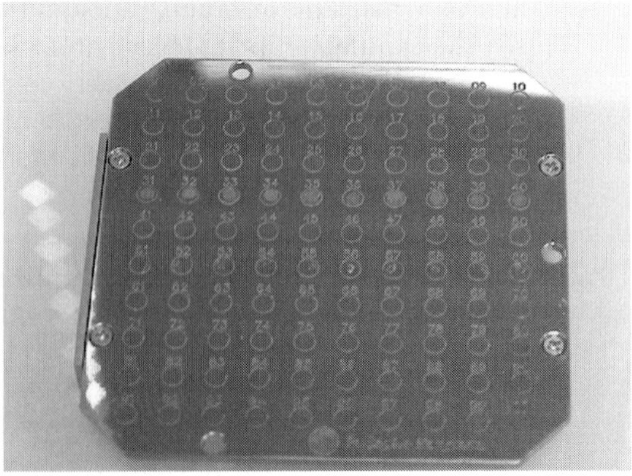

Figure 10.16. Photographie d'une plaque d'échantillons MALDI. Elle peut recevoir 100 dépôts. Quelques échantillons cristallins y sont visibles.

analytique. L'analyse MS/MS est obtenue grâce à des appareils de type MALDI-IT [105], MALDI-Q-TOF [106, 107, 108] ou MALDI-TOF-TOF [109], qui résultent parfois de l'ajout d'une source « faite maison » [106, 108]. Ce type d'interface MALDI-MS/MS n'est disponible en version commerciale que depuis deux ans.
En considérant une fenêtre d'élution d'une heure pour une séparation LC, environ 60 dépôts contenant une minute d'éluat (soit environ 200 nL) sont formés. Une haute fréquence de tirs laser est requise pour que l'approche LC-MALDI-MS/MS soit compétitive avec le couplage LC-ESI-MS/MS en termes de débit d'analyse. Aussi, des logiciels permettant de fusionner les données issues de chaque dépôt ont dû (ou doivent encore) être développés. Malgré des exigences particulières qui ont été satisfaites par des développements techniques récents, **le couplage LC-MALDI-MS/MS présente un certain nombre d'avantages uniques**, qui ont été soulignés dans plusieurs études en 2003 [110-113].
Une colonne de plus grand diamètre peut être utilisée, qui permet un chargement plus important en échantillon. La concentration des peptides est alors obtenue sur la plaque MALDI [111].
Des peptides de plus grandes masses qu'en ESI-MS/MS peuvent être analysés [110].
Des traitements supplémentaires de l'échantillon, tels qu'une digestion enzymatique pour révéler des modifications post-traductionnelles, peuvent être opérés sur la plaque MALDI. Le même échantillon peut alors être analysé avant et après ce traitement, pour repérer les peptides dont les masses ont changé.
La source MALDI permet de découpler l'analyse MS et MS/MS. Cela présente un avantage dans le cadre d'analyses comparatives. Il est ainsi possible de sélectionner spécifiquement à la fragmentation les peptides détectés avec des abondances différentes dans deux échantillons comparés [114].
Des ions donnant des signaux plus faibles peuvent être sélectionnés, et la durée de fragmentation peut être augmentée, au détriment seulement de la durée d'analyse. *A contrario*, le couplage LC-ESI-MS/MS consiste à fragmenter préférentiellement les ions donnant les signaux les plus intenses. En outre, la durée de MS/MS est nécessairement limitée, du fait de l'élution continue des peptides. Ainsi, des spectres MS/MS de meilleur rapport signal sur bruit doivent pouvoir être obtenus en MALDI-MS/MS à partir de peptides faiblement détectés.
Avec ce couplage MALDI-MS/MS hors ligne, il est enfin possible « d'arrêter le temps » : un échantillon donnant des résultats non satisfaisants peut être analysé à nouveau, après un traitement supplémentaire (chimique, enzymatique) du dépôt, ou simplement en insistant sur la fragmentation de certains peptides.
L'équipe de Moseley a analysé le produit de digestion tryptique de ribosomes de mitochondries de bœuf. Les deux approches LC-MS/MS, utilisant une source ESI et MALDI, ont été employées. Seulement 63 % des peptides ont été caractérisés en commun dans les deux cas, de sorte que chacune des stratégies analytiques apporte des informations spécifiques [115]. De plus, des types d'ions fragments différents ont été observés avec les deux sources : les spectres MS/MS fournis par chaque couplage pourraient être complémentaires [116]. Il est cependant possible que les espèces monochargées générées dans la source MALDI soient globalement plus difficiles à fragmenter que les espèces multichargées formées en ESI.

5.2. Couplages avec les techniques électrophorétiques

Les différentes techniques électrophorétiques ont également été couplées à la spectrométrie de masse ESI ou MALDI [117].

Les interfaces CE-ESI-MS sont principalement basées sur des interfaces LC-MS développées auparavant, avec la contrainte supplémentaire de continuité du circuit électrique.

L'interface à gaine liquide coaxiale, utilisant trois capillaires concentriques, est la plus couramment utilisée [118]. Le capillaire central, utilisé pour la séparation CE, est inséré dans la région à pression atmosphérique de la source ESI au moyen d'un tube métallique. Ce tube, placé de façon concentrique autour du capillaire, sert d'aiguille ES et délivre le liquide gaine permettant de fermer le circuit électrique entre le tampon de CE et l'aiguille ES. Un troisième tube concentrique en acier amène le gaz nébuliseur. Le liquide gaine, ayant un débit de quelques µL/min, contient un solvant volatil (comme le méthanol) pour favoriser la nébulisation. Le choix de la concentration de l'électrolyte doit être un compromis entre l'efficacité de la séparation (nécessitant des forces ioniques élevées) et l'efficacité de la nébulisation (demandant de faibles concentrations en sels). Une variante consiste à remplacer le liquide gaine par un liquide complément via un té. Des interfaces nanospray ont également été développées, en permettant de s'affranchir de ce liquide gaine. Un liquide complément peut cependant être inséré en parallèle pour stabiliser la nébulisation [119].

La complexité des échantillons cliniques a été abordée par le couplage CE-MS. C'est ainsi que des urines et des sérums de patients ont été analysés pour rechercher des marqueurs de maladies rénales [120], de diabète ou d'hyperplasie de la prostate [121].

Les trois types d'interfaces développés pour la CE-MS ont aussi été utilisés pour coupler l'électrochromatographie (CEC) à la MS. À cause des effets de dilution, la sensibilité de l'interface coaxiale est 20-40 fois inférieure à celle de la nanospray [122]. Les applications principales ont concerné l'analyse de peptides modèles et de lysats de protéines.

L'isoélectrofocalisation capillaire (CIEF) couplée en ligne à la MS est considérée comme un vrai système de séparation 2-D et une alternative aux gels 2-D. De nombreux articles ont été publiés. En particulier, les capacités de séparation de la CIEF-ESI-FTICR-MS ont été démontrées en analysant des lysats de cellules de *Escherichia coli* et de *Deinococcus radiodurans* [123].

Sans être du couplage en ligne, des associations CE-MALDI ont aussi été mises en œuvre. Des développements ont été effectués pour automatiser le dépôt des analytes sur la plaque MALDI après séparation CE, avec des applications sur des protéines standards, des lysats de protéines ou de cellules, etc. [124].

6. Nanotechnologies pour l'interface MS

La meilleure sensibilité au niveau de la source nanoélectrospray étant obtenue à des débits de quelques dizaines de nL/min [125], les connexions entre les différents éléments de chromatographie et la MS doivent veiller à limiter le plus possible les volumes morts pour éviter les élargissements de pics en aval de la colonne LC. Les faibles volumes ainsi mis en jeu sont sensibles aux fuites et aux phénomènes de bouchage. C'est pourquoi des développements sont entrepris pour intégrer différentes étapes en amont de l'ionisation électrospray au sein de systèmes microfluidiques. La technologie des systèmes microélectromécaniques (MEMS pour *microelectromechanical system*) permet de fabriquer des canaux microfluidiques, de diamètre interne compris entre 10 et 100 µm, qui ont été surtout exploités pour les séparations électrophorétiques sur puce à l'origine. Des deux types d'ionisation (nanoESI et MALDI), le nanoESI est l'interface la plus couramment retenue puisqu'elle travaille en solution, ce qui la rend plus facilement compatible avec un système microfluidique. De nombreuses solutions pour ce couplage ont été proposées depuis 1997 [126], avec les premiers travaux de Ramsey [127] et Karger [128] sur des supports en verre. Cependant, l'aiguille d'électrospray était peu adaptée en termes de profil et parce que les matériaux utilisés (quartz ou verre) étaient trop hydrophiles. Une nouvelle conception utilisa ensuite du polycarbonate, mieux adapté au problème de mouillage [129], mais de moins bonne efficacité de séparation. Une solution mixte constituée de l'assemblage d'une puce microfluidique en verre sur laquelle était collé un capillaire pour l'électrospray fut présentée par le groupe d'Aebersold [130]. Mais un des problèmes majeurs était l'alignement du capillaire avec les canaux microfluidiques. Les solutions suivantes ont peu à peu intégré l'aiguille de nébulisation dans le circuit microfluidique, sur des supports en silice, ou des supports polymériques, qui ont ensuite été commercialisés.

6.1. Puce microfluidique associant chromatographie et pointe nanospray

Les systèmes courants associant la nanoLC et la MS incorporent généralement une colonne d'enrichissement-dessalage permettant de préconcentrer de larges volumes d'échantillon dans des solutions salines. Un système microfluidique associant ces différents éléments ainsi qu'une pointe nanoélectrospray dans une seule puce a été commercialisé récemment par la société *Agilent*. Il permet l'analyse d'un mélange de peptides avec un instrument de type TOF ou trappe ionique, avec une sensibilité de détection inférieure à la femtomole [131].

La partie centrale de cette nouvelle technologie est une puce microfluidique réutilisable en polymère. Plus petite qu'une carte de crédit, cette puce intègre des colonnes d'enrichissement et de séparation de l'échantillon d'un système LC nanodébit avec les différentes connexions et une pointe nanoélectrospray. Cette technologie élimine la moitié des connexions typiquement nécessaires dans un système LC-MS nanodébit, réduisant ainsi considérablement les possibilités de fuites et de volumes morts et facilitant l'utilisation de ce type d'analyse.

L'autre élément du système est l'interface qui peut être montée sur un TOF ou une trappe ionique. Cette interface permet une insertion rapide et précise de la puce, lui donnant ainsi une position optimale par rapport au spectromètre de masse.

La puce est fabriquée en laminant des films de polyimide, avec des canaux creusés au laser, des sorties et des frittés. Les colonnes d'enrichissement et de séparation sont remplies avec de la phase inverse de chromatographie classique. La puce est prise en sandwich dans une vanne permettant le chargement de l'échantillon et sa séparation.

On a analysé 20 fmol de lysats de BSA digérée à la trypsine, avec une séparation reproductible à des débits de 100 à 400 nL/min. Deux peptides de la BSA ont pu

être identifiés en interrogeant une banque de données après MS-MS et injection de 600 amol de lysat [122].
L'intégration de la chromatographie 2D en ligne a aussi été effectuée en insérant une colonne échangeuse d'ions directement sur la vanne, permettant ainsi d'aborder la complexité et la diversité du protéome du plasma [132].

6.2. Puce multipointes nanospray

Un autre type de système d'infusion nanoESI a été conçu par Zhang *et al.* [133]. Il a été par la suite commercialisé par la société *Advion* [134]. Le support est réalisé par gravure ionique profonde (DRIE, pour *Deep Reactive Ion Etching*) sur un support de silice au travers duquel est dessiné un canal, et une pointe (10 μm ID × 30 μm OD) y est connectée sur une face. Un réservoir sur la face opposée peut contenir le liquide pour analyse en infusion directe, et la mise sous tension pour formation de l'électrospray se fait par jonction liquide à l'arrière de la puce. Il est aussi possible de connecter à ce système une séparation en phase liquide avec de très faibles volumes morts. Par la suite, ce système fut démultiplié sur des puces multicanaux portant 96, 384 ou encore 1 536 pointes parallèles pour nanoélectrospray [135]. Cette solution a été commercialisée pour réaliser des analyses à haut débit, en format miniaturisé, à coût réduit, pour les plates-formes d'analyse spécialisées. Elle est adaptable à la plupart des spectromètres de masse distribués à l'heure actuelle.

Bibliographie

[1] Hsieh S., Dreisewerd K., van der Schors R.C., Jimenez C.R., Stahl-Zeng J., Hillenkamp F., Jorgenson J.W., Geraerts W.P. et Li K.W., « Separation and identification of peptides in single neurons by microcolumn liquid chromatography-matrix-assisted laser desorption/ionization time-of-flight mass spectrometry and postsource decay analysis », *Anal. Chem.*, **70(9)**, 1847-52 (1998).

[2] Redeker V., Toullec J.Y., Vinh J., Rossier J. et Soyez D., « Combination of peptide profiling by matrix-assisted laser desorption/ionization time-of-flight mass spectrometry and immunodetection on single glands or cells », *Anal. Chem.*, **70(9)**, 1805-11 (1998).

[3] Barber M., *Biochem. Biophys. Res. Commun.*, **18**, 469-473 (1965).

[4] Torgerson D.F., Skowronski R.P. et Macfarlane R.D., « New approach to the mass spectrometry of non-volatile compounds », *Biochem. Biophys. Res. Commun.*, **60**, 616-621 (1974).

[5] Macfarlane R.D. et Torgerson D.F., « Californium-252 plasma desorption mass spectrometry », *Science*, **191**, 920-925 (1976).

[6] Hålekausson P., Kamenski I., Sundquist B., Fohlman J., Perterson P., McNeal C.J. et Macfarlane R.D., « 127-I plasma desorption mass spectrometry of insulin », *J. Am. Chem. Soc.*, **104**, 2948-2949 (1982).

[7] BENNINGHOVEN A., JASPERS D. et SICHTERMANN W., « Secondary-ion emission of amino acids », *Appli. Phys.*, **11**, 35-39 (1976).

[8] BARBER M., Fast Atom Bombardment of Solids (FAB) : « A New Ion Source for Mass Spectrometer », *J. Chem Soc. Chem. Comm.*, **1981**, 325-327 (1981).

[9] BARBER M., BORDOLI R.S., ELLIOT G.J., SEDGWICK R.D., TYLER A.N. et GREEN B.N., « Fast Atom Bombardment mass spectrometry of bovine insulin and other large peptides », *J. Chem. Soc. Chem. Comm.*, **1982**, 936-938 (1982).

[10] DELL A. et MORRIS H.R., « Fast Atom Bombardment-high field magnetic mass spectrometry of 6000 Da polypeptides », *Biochem. Biophys. Res. Commun.*, **106**, 1456-1461 (1982).

[11] CHAIT B.T. et KENT S.B., « Weighing naked proteins : practical, high-accuracy mass measurement of peptides and proteins », *Science*, **257**(5078), 1885-94 (1992).

[12] ROEPSTORFF P., *Mass spectrometry in the analysis of peptides and proteins, past and present*, in *Protein and Peptides Analysis by Mass Spectrometry*, J.R. Chapman Editor, Humana Press, Totowa, NJ, 1-7 (1996).

[13] COLE R.B., « Some tenets pertaining to electrospray ionization mass spectrometry », *J. Mass Spectrom.*, **35(7)**, 763-72 (2000).

[14] CECH N.B. et ENKE C.G., « Practical implications of some recent studies in electrospray ionization fundamentals », *Mass Spectrom. Rev.*, **20(6)**, 362-87 (2001).

[15] WHITEHOUSE C.M., DREYER R.N., YAMASHITA M. et FENN J.B., « Electrospray interface for liquid chromatographs and mass spectrometers », *Anal. Chem.*, **57**, 675 (1985).

[16] GASKELL S.J., « Electrospray : Principles and Practices », *J. Mass Spectrom.*, **32**, 677-688 (1997).

[17] GALLAGHER R.T., CHAPMAN J.R. et MANN M., « Design and performance of an electrospray ion source for a doubly-focusing magnetic sector mass spectrometer », *Rapid Commun. Mass Spectrom.*, **4**, 369-372 (1990).

[18] CHAPMAN J.R., GALLAGHER R.T., BARTON E.C., CURTIS J.M. et DERRICK P.J., « Advantages of high-resolution and high-mass range magnetic-sector mass spectrometry for electrospray ionization », *Org. Mass Spectrom.*, **27**, 195-203 (1992).

[19] NIESSEN W.M., « Advances in instrumentation in liquid chromatography-mass spectrometry and related liquid-introduction techniques », *J. Chromatogr. A*, **794(1-2)**, 407-35 (1998).

[20] ARNOTT D., HENZEL W.J. et STULTS J.T., « Rapid identification of comigrating gel-isolated proteins by ion trap-mass spectrometry », *Electrophoresis*, **19(6)**, 968-80 (1998).

[21] QIN J., HERRING C.J. et ZHANG X., « De novo peptide sequencing in an ion trap mass spectrometer with ^{18}O labeling », *Rapid Commun. Mass Spectrom.*, **12(5)**, 209-16 (1998).

[22] MCLUCKEY S.A., VAN BERKEL G.J., GOERINGER D.E. et GLISH G.L., « Ion trap mass spectrometry. Using high-pressure ionization », *Anal. Chem.*, **66(14)**, 737A-743A (1994).

[23] HENION J., WACHS T. et MORDEHAI A., « Recent developments in electrospray mass spectrometry including implementation on an ion trap », *J Pharm Biomed Anal*, **11(11-12)**, 1049-61 (1993).

[24] AMSTER I.J., « Fourier Transform Mass Spectrometry », *J. Mass Spectrom.*, **31**, 1325-1337 (1996).

[25] BRUCE J.E., SMITH V.F., LIU C., RANDALL L.L. et SMITH R.D., « The observation of chaperone-ligand noncovalent complexes with electrospray ionization mass spectrometry », *Protein Sci.*, **7(5)**, 1180-5 (1998).

[26] CASSADY C.J. et CARR S.R., « Elucidation of isomeric structures for ubiquitin $[M + 12H]^{12+}$ ions produced by electrospray ionization mass spectrometry », *J. Mass Spectrom.*, **31(3)**, 247-54 (1996).

[27] MCLAFFERTY F.W., SENKO M.W., LITTLE D.P., WOOD T.D., O'CONNOR P.B., SPEIR J.P., CHORUSH R.A. et KELLEHER N.L., « Electrospray ionization and Fourier-transform Mass Spectrometry in biomedical research », in *Proceedings of the 13th International MS Conference*, Budapest, Hungary, John Wiley & Sons (1994).

[28] SOLOUKI T., REINHOLD B.B., COSTELLO C.E., M O.M., GUAN S. et MARSHALL A.G., « Electrospray ionization and matrix-assisted laser desorption/ionization Fourier transform ion cyclotron resonance mass spectrometry of permethylated oligosaccharides », *Anal. Chem.*, **70(5)**, 857-64 (1998).

[29] TOLIC L.P., BRUCE J.E., LEI Q.P., ANDERSON G.A. et SMITH R.D., « In-trap cleanup of proteins from electrospray ionization using soft sustained off-resonance irradiation with fourier transform ion cyclotron resonance mass spectrometry », *Anal. Chem.*, **70(2)**, 405-8 (1998).

[30] YANG L., LEE C.S., HOFSTADLER S.A., PASA-TOLIC L. et SMITH R.D., « Capillary Isoelectric Focusing-electrospray ionization Fourier transform ion cyclotron resonance mass spectrometry for protein characterization », *Anal. Chem.*, **70**, 3235-3241 (1998).

[31] VERENTCHIKOV A.N. et STANDING K.G., « Reflecting time-of-flight mass spectrometry with an electrospray ion source and orthogonal extraction », *Anal. Chem.*, **66**, 126-133 (1994).

[32] MIRGORODSKAYA O.A., SHEVCHENKO A.A., CHERNUSHEVICH I.V., DODONOV A.F. et MIROSCHIKOV A.I., « Electrospray ionization time-of-flight mass spectrometry in protein chemistry », *Anal. Chem.*, **66**, 99-107 (1994).

[33] BURDICK D.J. et STULTS J.T., « Analysis of peptide synthesis products by electrospray ionization mass spectrometry », *Methods Enzymol.*, **289**, 499-519 (1997).

[34] FIGEYS D., LOCK C., TAYLOR L. et AEBERSOLD R., « Microfabricated device coupled with an electrospray ionization quadrupole time-of-flight mass spectrometer : protein identifications based on enhanced-resolution mass spectrometry and tandem mass spectrometry data », *Rapid Commun. Mass Spectrom.*, **12(20)**, 1435-44 (1998).

[35] OLLING A., BREIMER M.E., PELTOMAA E., SAMUELSSON B.E. et GHARDASHKHANI S., « Electrospray ionization and collision-induced dissociation time-of- flight mass spectrometry of neutral glycosphingolipids », *Rapid Commun. Mass Spectrom.*, **12(10)**, 637-45 (1998).

[36] SHEVCHENKO A., CHERNUSHEVICH I., ENS W., STANDING K.G., THOMSON B., WILM M. et MANN M., « Rapid de novo peptide sequencing by a combination of nanoelectrospray, isotopic labeling and a quadrupole/time-of-flight mass spectrometer », *Rapid Commun. Mass Spectrom.*, **11(9)**, 1015-24 (1997).

[37] MORRIS H.R., PAXTON T., DELL A., LANGHORNE J., BERG M., BORBOLI R.S., HOYES J. et BATEMAN R.H., « High Sensitivity Collisionally-activated Decomposition Tandem Mass Spectrometry on a Novel Quadrupole/Orthogonal-acceleration Time-of-flight Mass Spectrometer », *Rapid Commun. Mass Spectrom.*, **10**, 889-896 (1996).

[38] SMITH R.D., LIGHT-WAHL K.J., WINGER B.E. et GOODLETT D.R., *Electrospray Ionization*, in *Biological Mass Spectrometry : present and future*, T. Matsuo *et al.* Editors., John Wiley and Sons, Baffinslane, Chischester, West Sussex, UK, 41-74 (1995).

[39] EMMETT M.R. et CAPRIOLI R.M., « Micro-Electrospray Mass Spectrometry : Ultra-High-Sensitivity Analysis of Peptides and Proteins », *J. Am. Soc. Mass Spectrom.*, **5**, 605-613 (1994).

[40] WILM M. et MANN M., « Analytical Properties of the Nanoelectrospray Ion Source », *Anal. Chem.*, **68(1)**, 1-8 (1996).

[41] WILM M.S. et MANN M., « Electrospray and Taylor-Cone theory, Dole's beam of macromolecules at last ? », *Int. J. Mass Spectrom. Ion Processes*, **136**, 167-180 (1994).

[42] VALASKOVIC G.A., KELLEHER N.L., LITTLE D.P., AASERUD D.J. et MCLAFFERTY F.W., « Attomole-sensitivity electrospray source for large-molecule mass spectrometry », *Anal. Chem.*, **67(20)**, 3802-5 (1995).

[43] SMITH R.D., WALH J.H., GOODLETT D.R. et HOFSTADLER S.A., *Anal. Chem.*, **65**, 574A-584A (1993).

[44] WAHL J.H., GOODLETT D.R., UDSETH H.R. et SMITH R.D., *Anal. Chem.*, **64**, 3194-3196 (1992).

[45] ANDREN P.E., EMMETT M.R., DAGUE B.B., STEULET A.F., WALDMEIER P. et CAPRIOLI R.M., « Blood-brain barrier penetration of 3-aminopropyl-n-butylphosphinic acid (CGP 36742) in rat brain by microdialysis/mass spectrometry », *J. Mass Spectrom.*, **33(3)**, 281-7 (1998).

[46] Wilm M., Shevchenko A., Houthaeve T., Breit S., Schweigerer L., Fotsis T. et Mann M., « Femtomole sequencing of proteins from polyacrylamide gels by nano- electrospray mass spectrometry », *Nature*, **379(6564)**, 466-9 (1996).

[47] Valaskovic G.A., Kelleher N.L. et McLafferty F.W., « Attomole protein characterization by capillary electrophoresis-mass spectrometry », *Science*, **273**(5279), 1199-202 (1996).

[48] Davis M.T., Stahl D.C., Hefta S.A., Lee T.D., « A microscale electrospray interface for on-line, capillary liquid chromatography/tandem mass spectrometry of complex peptide mixtures », *Anal Chem.*, **67(24)**, 4549-56 (1995).

[49] Smith R.D., Loo J.A., Edmonds C.G., Barinaga C.J., Udseth H.R., « New developments in biochemical mass spectrometry : electrospray ionization », *Anal Chem.*, **62(9)**, 882-99 (1990).

[50] Juraschek R., Dulcks T., Karas M., « Nanoelectrospray : more than just a minimized-flow electrospray ionization source », *J. Am. Soc. Mass Spectrom.*, **10(4)**, 300-8 (1999).

[51] Karas M. et Hillenkamp F., « Laser desorption ionization of proteins with molecular masses exceeding 10 000 Daltons », *Anal. Chem.*, **60**, 2299-2301 (1988).

[52] Posthumus M.A., Kistemeker P.G. et Menzelaar H.L.C., *Anal. Chem.*, **60**, 985 (1978).

[53] Hillenkamp F., *Laser induced ion formation from organic solids*, in *Ion formation from organic solids*, A. Benninghoven Editor, Springer Verlag, Berlin, 190-205 (1983).

[54] Tanaka K., Waki H., Ido Y., Akita S., Yoshida Y. et Yoshida T., « Protein and polymer analysis up to m/z 100,000 by laser ionization time-of-flight mass spectrometry », *Rapid Commun. Mass Spectrom.*, **2**, 151-153 (1988).

[55] Karas M., Bachmann D., Bahr U. et Hillenkamp F., « Matrix-Assisted Laser Desorption of Non-Volatile Compounds », *Int. J. Mass Spectrom. Ion Processes*, **78**, 53-68 (1987).

[56] Karas M., Bahr U. et Hillenkamp F., « UV laser matrix desorption/ionization mass spectrometry of proteins in the 100 000 Dalton range », *Int. J. Mass Spectrom. Ion Processes*,. **92**, 231-242 (1989).

[57] Karas M., Bahr U., Ingendoh A., Nordhoff E., Stahl B., Strupat K. et Hillenkamp F., « Principles and applications of matrix-assisted UV-laser desorption/ionization Mass Spectrometry », *Anal. Chim. Acta*, **241**, 175-185 (1990).

[58] Cotter R.J., *Time of flight mass spectrometry : instrumentation and applications to biological research*, ed. A.C. Society, Washington D.C. (1997).

[59] Hillenkamp F., Karas M., Beavis R.C. et Chait B.T., « Matrix-assisted laser desorption/ionization mass spectrometry of biopolymers », *Anal. Chem.*, **63**, 1193A-1202A (1991).

[60] FENSELAU C., « MALDI MS and strategies for protein analysis », *Anal. Chem.*, **69(21)**, 661A-665A (1997).

[61] WONG C.K.L., SO M.P. et CHAN T.-W.D., « Origins of the proton in the generation of protonated polymers and peptides in matrix-assisted laser desorption/ionization », *Eur. J. Mass Spectrom.*, **4**, 223-232 (1998).

[62] BENCSURA A., NAVALE V., SADEGHI M. et VERTES A., « Matrix-Guest Energy Transfer in Matrix-Assisted Laser Desorption », *Rapid Commun. Mass Spectrom.*, **11**, 679-682 (1997).

[63] CARROLL J.A. et BEAVIS R.C., « Matrix-Assisted Laser Desorption and Ionization », in *Laser desorption and Ablation*, J.C. Miller et R.F. Haglund Jr, Editors, In *Series Experimental Methods in Physical Sciences*, Chap. 7 (1999).

[64] LI Y., HUNTER R.L. et MCIVER Jr R.T., « High resolution mass spectrometer for protein chemistry », *Nature*, **370**(4 August), 393-395 (1994).

[65] MCIVER R.T., LI Y. et HUNTER R.L., « High resolution laser desorption mass spectrometry of peptides and proteins », *Proc. Natl. Acad. Sci. USA*, **91**, 4801-4805 (1994).

[66] SOLOUKI T., MARTO J.A., WHITE M.W., GUAN S. et MARSHALL A.G., « Attomole Biomolecule Mass Analysis by Matrix-Assisted Laser desorption/Ionization Fourier Transform Ion Cyclotron Resonance », *Anal. Chem.*, **67**, 4139-4144 (1995).

[67] SHENG L.S., COVEY J.E., SHEW S.L., WINGER B.E. et CAMPANA J.E., « Matrix-assisted laser desorption ionization Fourier-transform mass spectrometry », *Rapid Commun. Mass Spectrom.*, **8**, 498-500 (1994).

[68] CASTORO J.A., WILKINS C.L., WOODS A.S. et COTTER R.J., « Peptide amino sequence analysis using matrix-assisted laser desorption/ionization and Fourier transform mass spectrometry », *Biol. Mass Spectrom.*, **30**, 94-98 (1995).

[69] JONSCHER K.R. et YATES J.R., « Matrix-assisted laser desorption ionization/Quadrupole Ion Trap Mass Spectrometry of Peptides », *J. Biol. Chem.*, **272**(3, January 1997), 1735-1741 (1997).

[70] SCHWARTZ J.C. et BIER M.E., « Matrix-assisted laser desorption of peptides and proteins using a quadrupole ion trap mass spectrometer », *Rapid Commun. Mass Spectrom.*, **7**, 27-32 (1993).

[71] DOROSHENKO V.M. et COTTER R.J., « A quadrupole ion trap/time-of-flight mass spectrometer with a parabolic reflectron », *J. Mass Spectrom.*, **33(4)**, 305-18 (1998).

[72] CHAMBERS D.M., GOERINGER D.E., MCCLUKEY S.A. et GLISH G.L., « Matrix-assisted laser desorption of biological molecules in the quadrupole ion trap mass spectrometer », *Anal. Chem.*, **65**, 14-20 (1993).

[73] BORDOLI R.S., HOWES K., VICKERS R.G., BATEMAN R.H. et HARVEY D.J., « Matrix-assisted laser desorption Mass Spectrometry on a magnetic sector

instrument fitted with an array detector », *Rapid Commun. Mass Spectrom.*, **8**, 585-589 (1994).

[74] HILL J.A., ANNAN R.S. et BIEMANN K., « Matrix-assisted laser desorption ionization with a magnetic mass spectrometer », *Rapid Commun. Mass Spectrom.*, **5** : 395-399 (1991).

[75] CASTAING R., SLODZIAN G., « Microanalyse par émission ionique secondaire », *J. Microsc.*, **1**, 395-410 (1962).

[76] CHANDRA S., SMITH D.R., MORRISON G.H, « Subcellular imaging by dynamic SIMS ion microscopy », *Anal Chem.*, Feb 1, **72(3)** 104A-114A (2000).

[77] TSIEN R.Y., « Fluorescent probes of cell signaling », *Ann. Rev. Neurosci.*, **12**, 227-254 (1989).

[78] MIYAWKI A. et al., « Fluorescent indicators for Ca^{2+} based on green fluorescent proteins and calmodulin », *Nature*, **388**, 882-887 (1997).

[79] YEUNG E.S., « Following single cell dynamics with native fluorescence microscopy », *Anal. Chem.*, **71**, 522A-529A (1999).

[80] MAITI S., SHEAR J.B., WILLIAMS R.M., ZIPFEL W.R., WEBB W.W., « Measuring serotonin distribution in live cells with three-photon excitation », *Science*, **275**, 530-532 (1997).

[81] SOMLYO A.P., BOND M., SOMLYO A.V., « Calcium content of mitochondria and endoplasmic reticulum in liver frozen rapidly in vivo », *Nature*, **314**, 622-625 (1985).

[82] BUCHANAN R.A., LEAPMAN R.D., O CONNELL M.F., REESE T.S., ANDREWS S.B., « Quantitative scanning transmission electron microscopy of ultrathin cryosections : subcellular organelles in rapidly frozen liver and cerebellar cortex », *J. Struct. Biol.*, **110**, 245-255 (1993).

[83] SALLY L., MCARTHUR, MARIE C., VENDETTUOLI, BUDDY D., RATNER et DAVID G., « Castner Methods for Generating Protein Molecular Ions in ToF-SIMS », *Langmuir*, **20**, 3704- 3709 (2004).

[84] LEVI-SETTI R., CHABALA J.M., WANG Y.-L., « Aspects of high resolution imaging with a scanning ion microprobe », *Ultramicroscopy*, **24**, 97-114 (1988).

[85] SLODZIAN G., DAIGNE B., GIRARD F., BOUST F., HILLION, F., « Scanning secondary ion analytical microscopy with parallel detection », *Biol. Cell.*, **74**, 43-50 (1992).

[86] VOS J.W., HEPLER P. K., « Calmodulin is uniformly distributed during cell division in living stamen hair cells of Tradescantia virginiana », *Protoplasma*, **201**, 158-171 (1998).

[87] CHANDRA S., MORRISON G.H., WOLCOTT C.C., « Imaging intracellular elemental distribution and ion fluxes in cultured cells using ion microscopy : a freeze-fracture methodology », *J. Microsc.* (Oxford), **144**, 15-37 (1986).

[88] AUSSERER W.A., CHANDRA S., MORRISON G.H., « Morphological and elemental integrity of freeze-fractured, freeze-dried cultured cells during ion microscopic analysis », *J. Microsc.* (Oxford), **154**, 39-57 (1989).

[89] CHANDRA S., MORRISON G.H., « Sample preparation of animal tissues and cell cultures for secondary ion mass spectrometry (SIMS) microscopy », *Biol. Cell*, **74**, 31-42 (1992).

[90] PACHOLSKI M.L., CANNON D.M. JR, EWING A.G., WINOGRAD N., « Static time-of-flight secondary ion mass spectrometry imaging of freeze-fractured, frozen-hydrated biological membranes », *Rapid Commun. Mass Spectrom.*, **12**, 1232-1235 (1998).

[91] SOD E.W., CROOKER A.R., MORRISON G.H., « Biological cryosection preparation and practical ion yield evaluation for ion microscopic analysis », *J. Microsc.* (Oxford), **160**, 55-65 (1990).

[92] TOUBOUL D., HALGAND F., BRUNELLE A., KERSTING R., TALLAREK E., HAGENHOFF B., et LAPRÉVOTE O., « Tissue molecular ion imaging by gold cluster ion bombardment », *Anal. Chem.*, **76**, 1550-9 (2004).

[93] TOUBOUL D., BRUNELLE A., HALGAND F., DE LA PORTE S., LAPREVOTE O., « Lipid imaging by gold cluster time-of-flight secondary ion mass spectrometry : application to Duchenne muscular dystrophy », *J. Lipid Res.*, **46**, 1388-95 (2005).

[94] COMISAROW M.B., MARSHALL A.G., « Fourier transform ion cyclotron resonance spectroscopy », *Chem. Phys. Lett.*, **25**, 282-283 (1974).

[95] MARSHALL A.G., COMISAROW M.B., « Frequency-sweep fourier transform ion cyclotron resonance spectroscopy », *Chem. Phys. Lett.*, **26**, 489-490 (1974).

[96] SENKO M.W. et al., « Electrospray ionization Fourier transform ion cyclotron resonance at 9.4 T », *Rapid. Comm. Mass Spectrom.*, **10**, 1824-1828 (1996).

[97] HOFSTADLER S.A. et al., « Analysis of single cells with capillary electrophoresis electrospray ionization Fourier transform ion cyclotron resonance mass spectrometry », *Rapid. Comm. Mass Spectrom.*, **10**, 919-922 (1996).

[98] ALOMARY A., ANDERSON T., KAHL S. et SOLOUKI T., « Development of Mass Spectral Methods for Direct and Low Level Analysis of Environmental Pollutants », # 363, *46th Amer. Soc. for Mass Spectrom., Annual Conf. on Mass Spectrometry and Allied Topics*, Orlando, FL, May (1998).

[99] MOLNAR I., HORVATH C., « Separation of amino acis and peptides on non-polar stationary phases by high-performance liquid chromatography », *J. Chromatogr.*, **142**, 623-640 (1977).

[100] MÖNCH W., DEHNEN W., « High-performance liquid chromatography of peptides », *J. Chromatogr.*, **140**, 260-262 (1977).

[101] O'HARE M.J., NICE E.C., « Hydrophobic high-performance liquid chromatography of hormonal polypeptides and proteins on alkylsilane-bonded silica », *J. Chromatogr.*, **171**, 209-26 (1979).

[102] MÖNCH W., DEHNEN W., « High-performance liquid chromatography of polypeptides and proteins on a reversed-phase support », *J. Chromatogr.*, **147**, 415-418 (1978).

[103] Hancock W.S., Bishop C.A., Prestidge R.L., Harding D.R., Hearn M.T., « Reversed-phase, high-pressure liquid chromatography of peptides and proteins with ion-pairing reagents », *Science*, **200(4346)**, 1168-70 (1978).

[104] Abian J., Oosterkamp A.J., Gelpi E., « Comparison of conventional, narrow-bore and capillary chromatography/mass spectromery for electrospray ionization mass spectrometry : practical considerations », *J. Mass Spectrom.*, **34**, 244-254 (1999).

[105] Krutchinsky A.N., Kalkum M., Chait B.T., « Automatic identification of proteins with a MALDI-quadrupole ion trap mass spectrometer », *Anal Chem.*, **73(21)**, 5066-77 (2001).

[106] Krutchinsky A.N., Zhang W., Chait B.T., « Rapidly switchable matrix-assisted laser desorption/ionization and electrospray quadrupole-time-of-flight mass spectrometry for protein identification », *J. Am. Soc. Mass Spectrom.*, **11(6)**, 493-504 (2000).

[107] Griffin T.J., Gygi S.P., Rist B., Aebersold R., Loboda A., Jilkine A., Ens W., Standing K.G., « Quantitative proteomic analysis using a MALDI quadrupole time-of-flight mass spectrometer », *Anal Chem.*, **73(5)**, 978-86 (2001).

[108] Wattenberg A., Organ A.J., Schneider K., Tyldesley R., Bordoli R., Bateman R.H., « Sequence dependent fragmentation of peptides generated by MALDI quadrupole time-of-flight (MALDI Q-TOF) mass spectrometry and its implications for protein identification », *J. Am. Soc. Mass Spectrom.*, **13(7)**, 772-83 (2002).

[109] Bienvenut W.V., Deon C., Pasquarello C., Campbell J.M., Sanchez J.C., Vestal M.L., Hochstrasser D.F., « Matrix-assisted laser desorption/ionization-tandem mass spectrometry with high resolution and sensitivity for identification and characterization of proteins », *Proteomics*, **2(7)**, 868-76 (2002).

[110] Griffin T.J., Lock C.M., Li X.J., Patel A., Chervetsova I., Lee H., Wright M.E., Ranish J.A., Chen S.S., Aebersold R., « Abundance ratio-dependent proteomic analysis by mass spectrometry », *Anal Chem.*, **75(4)**, 867-74 (2003).

[111] Griffin T.J., Li X.-J., Lock C.M., Chervetsova I., Marelli M., Aitchison J.D., Aebersold R., « Complex protein mixture analysis by LC-MALDI-TOF hybrid mass spectrometry : evaluating the performance and potential for high throughput proteomic analysis », *51st Conference on Mass Spectrometry and Allied Topics*, Poster WPX487 ; Montreal, Quebec, Canada, June 8-12 (2003).

[112] Bodnar W.M., Blackburn R.K., Krise J.M., Moseley M.A., « Exploiting the complementary nature of LC/MALDI/MS/MS and LC/ESI/MS/MS for increased proteome coverage », *J. Am. Soc. Mass Spectrom..* **14(9)**, 971-9 (2003).

[113] HANSEN A.M., NIELSEN P.F., JENSEN O.N., KROGH T.N., « Differences and complementarities of LC-Qtof and LC-MALDI TOFTOF datasets », *51st Conference on Mass Spectrometry and Allied Topics*, Poster WPW446, Montreal, Quebec, Canada, June 8-12 (2003).

[114] GRIFFIN T.J., LOCK C.M., LI X.J., PATEL A., CHERVETSOVA I., LEE H., WRIGHT M.E., RANISH J.A., CHEN S.S., AEBERSOLD R., « Abundance ratio-dependent proteomic analysis by mass spectrometry », *Anal Chem.*, **75(4)**, 867-74 (2003).

[115] BODNAR W.M., BLACKBURN R.K., KRISE J.M., MOSELEY M.A., « Exploiting the complementary nature of LC/MALDI/MS/MS and LC/ESI/MS/MS for increased proteome coverage », *J. Am. Soc. Mass Spectrom.*, **14(9)**, 971-9 (2003).

[116] WATTENBERG A., ORGAN A.J., SCHNEIDER K., TYLDESLEY R., BORDOLI R., BATEMAN R.H., « Sequence dependent fragmentation of peptides generated by MALDI quadrupole time-of-flight (MALDI Q-TOF) mass spectrometry and its implications for protein identification », *J. Am. Soc. Mass Spectrom.*, **13(7)**, 772-83 (2002).

[117] STUTZ H., « Advances in the analysis of proteins and peptides by capillary electrophoresis with matrix-assisted laser desorption/ionization and electrospray-mass spectrometry detection », *Electrophoresis*, **26**, 1254-90 (2005).

[118] DING J. et VOUROS P., « Advances in CE/MS », *Anal Chem.*, **71**, 378A-385A (1999).

[119] HSIEH F., BARONAS E., MUIR C. ET MARTIN S.A., « A novel nanospray capillary zone electrophoresis/mass spectrometry interface », *Rapid Commun Mass Spectrom.*, **13**, 67-72 (1999).

[120] WITTKE S., FLISER D., HAUBITZ M., BARTEL S., KREBS R., HAUSADEL F., HILLMAN M., GOLOVKO I., KOESTER P., HALLER H., KAISER T., MISCHAK H. et WEISSINGER E., « Determination of peptides and proteins in human urine with capillary electrophoresis-mass spectrometry, a suitable tool for the establishment of new diagnostic markers », *J. Chromatogr. A*, **1013**, 173-181 (2003).

[121] GUZMAN N. « Determination of immunoreactive gonadotropin-releasing hormone in serum and urine by on-line immunoaffinity capillary electrophoresis coupled to mass spectrometry », *J. Chromatogr. B*, **749**, 197-213 (2000).

[122] BARCELO-BARRACHINA E., MOYANO E. et GALCERAN M.T., « State-of-the-art of the hyphenation of capillary electrochromatography with mass spectrometry », *Electrophoresis*, **25**, 1927-48 (2004).

[123] JENSEN P.K., PASA-TOLIC L., PEDEN K.K., MARTINOVIC S., LIPTON M.S., ANDERSON G.A., TOLIC N., WONG K. K. et SMITH R.D., « Mass spectrometric detection for capillary isoelectric focusing separations of complex protein mixtures », *Electrophoresis*, **21**, 1372-80 (2000).

[124] PAGE J.S., RUBAKHIN S.S. et SWEEDLER J.V., « Single-neuron analysis using CE combined with MALDI MS and radionuclide detection », *Anal Chem.*, **74**, 497-503 (2002).

[125] SCHMIDT A., KARAS M., DÜLCKS T., « Effect of Different Solution Flow Rates on Analyte Ion Signals in Nano-ESI MS, or : When Does ESI Turn into Nano-ESI ? », *J. Am. Soc. Mass Spectrom.*, **14**, 492–500 (2003).

[126] SUNG W.C., MAKAMBA H., CHEN S.H., « Chip-based microfluidic devices coupled with electrospray ionization-mass spectrometry », *Electrophoresis*, **26**, 1783-91 (2005).

[127] RAMSEY R.S., RAMSEY J.M., « Generating Electrospray from Microchip Devices Using Electroosmotic Pumping », *Anal. Chem.*, **69**, 1174-1178 (1997).

[128] XUE Q., FORET F., DUNAYEVSKIY Y.M., ZAVRACKY P.M., MCGRUER N.E., KARGER B.L., « Multichannel Microchip Electrospray Mass Spectrometry », *Anal. Chem.*, **69(3)**, 426-430 (1997).

[129] WEN J., LIN. Y., XIANG F., MATSON D.W., UDSETH H.R., SMITH R.D., « Microfabricated isoelectric focusing device for direct electrospray ionization-mass spectrometry », *Electrophoresis*, **21**, 191-197 (2000).

[130] FIGEYS D., NING Y., AEBERSOLD R., « A microfabricated device for rapid protein identification by microelectrospray ion trap mass spectrometry », *Anal Chem.*, **69(16)**, 3153-60 (1997).

[131] YIN H., KILLEEN K., BRENNEN R., SOBEK D., WERLICH M. et VAN DE GOOR T., « Microfluidic chip for peptide analysis with an integrated HPLC column, sample enrichment column, and nanoelectrospray tip », *Anal Chem.*, **77**, 527-33 (2005).

[132] FORTIER M.H., BONNEIL E., GOODLEY P. et THIBAULT P., « Integrated microfluidic device for mass spectrometry-based proteomics and its application to biomarker discovery programs », *Anal Chem.*, **77**, 1631-40 (2005).

[133] SCHULTZ G.A., CORSO T.N., PROSSER S.J., ZHANG S., « A fully integrated monolithic microchip electrospray device for mass spectrometry », *Anal Chem.*, **72**, 4058-63 (2000).

[134] ZHANG S., VAN PELT C.K., HENION J.D., « Automated chip-based nanoelectrospray-mass spectrometry for rapid identification of proteins separated by two-dimensional gel electrophoresis », *Electrophoresis*, **24**, 3620-32 (2003).

[135] DETHY J.M., ACKERMANN B.L., DELATOUR C., HENION J.D., SCHULTZ G.A., « Demonstration of direct bioanalysis of drugs in plasma using nanoelectrospray infusion from a silicon chip coupled with tandem mass spectrometry », *Anal Chem.*, **75(4)**, 805-11 (2003).

CHAPITRE

11

DYNAMIQUE ET CARACTÉRISATION ÉLECTRIQUE DU TRANSPORT

Nathalie PICOLLET-D'HAHAN[*], Christian AMATORE[†], Stéphane ARBAULT[‡], Laurent THOUIN[§], Anne-Laure BIANCE[¶], Ghani OUKHALED[||], Loïc AUVRAY[**], Jérémie WEBER[††], Nicolas MINC[‡‡], Jean-Louis VIOVY[§§]

1. Canaux ioniques et patch-clamp

« Quatre molécules-canaux, trois ions, deux pompes ainsi que de l'ATP suffisent [...] pour créer une horloge biologique réglable qui fonctionne sans relâche et de manière spontanée. »

J.-P. CHANGEUX, *L'homme neuronal*, Ed. Fayard, Paris, 1993.

Les canaux ioniques se situent à l'interface de deux spécialités : celle de la biologie en tant que relais physiologique et celle de la physique à l'échelle du picoampère et du millivolt. C'est la complémentarité de ces deux univers qui a permis l'émergence de cette technique innovante qu'est le **patch-clamp**. En permettant d'accéder directement à l'activité de la protéine-canal, le patch-clamp a révolutionné l'étude des biomembranes à l'échelle moléculaire.

[*] iRTSV Biopuces, CEA Grenoble. nathalie.picollet-dhahan@cea.fr
[†] ENS Paris. christian.amatore@ens.fr
[‡] ENS Paris. stephane.arbault@ens.fr
[§] ENS Paris. laurent.thouin@ens.fr
[¶] Université de Marne-la-Vallée. anne-laure.biance@univ-mlv.fr
[||] Laboratoire MPI, Université d'Évry. abdel-ghani.oukhaled@univ-evry.fr
[**] Laboratoire MPI, Université d'Évry. loic.auvray@univ-evry.fr
[††] Fluigent, Paris. jeremie.weber@fluigent.com
[‡‡] Laboratoire de Physico-chimie Curie, Institut Curie, Paris. nicolas.minc@curie.fr
[§§] Laboratoire de Physico-chimie Curie, Institut Curie, Paris. jean-louis.viovy@curie.fr

Cette partie présente la mise en œuvre expérimentale de cette technique d'électrophysiologie, après en avoir rappelé les concepts physiques de base, et illustre l'implication des canaux ioniques au cœur des grandes fonctions cellulaires. Enfin, leur place privilégiée est mise en lumière, en tant que cibles moléculaires d'intérêt thérapeutique dans le traitement des « canalopathies ».
Si le patch-clamp se positionne comme « standard » pour l'étude de l'activité électrique des cellules, force est de constater les évolutions technologiques actuelles qui en découlent, permettant d'allier performance et haut débit pour la découverte de nouvelles molécules.
Tout au long de cette partie, le lecteur sera guidé vers les ouvrages de référence sur la biologie des canaux, la méthodologie du patch-clamp et l'émergence des techniques d'électrophysiologie parallélisée.

1.1. Qu'est-ce qu'un canal ionique ?

Évoquer un souvenir, lire un livre, lever le bras, etc., toutes ces actions sont la résultante d'une activité électrique complexe régie par des milliards de cellules nerveuses. Ces cellules communiquent grâce à des flux électriques qui entrent et sortent grâce à ces structures privilégiées essentielles que sont les canaux ioniques.
Il y a un siècle, ces minuscules orifices étaient déjà suspectés ! Mais ce n'est qu'il y a vingt ans que les chercheurs ont eu la preuve que ces orifices ou canaux étaient des édifices polyvalents formés de protéines. Lorsque des ions se déplacent dans ces canaux (ion est tiré du grec *ienai* qui signifie « se déplacer »), un courant ionique et donc électrique est généré. Sans l'aide de la biologie moléculaire, le canal serait resté un modèle de pore membranaire caractérisé par un filtre de sélectivité et des portes d'activation ou d'inactivation. Comme nous le verrons dans cette partie, ce sont les techniques d'extraction d'ARN messagers et d'expression hétérologue des protéines qui, couplées au patch-clamp, ont permis de déterminer notamment la structure en acides aminés, les sites d'interaction des ouvreurs ou inhibiteurs des canaux, de mieux comprendre les mécanismes qui sous-tendent la sélectivité ionique et la perméation [1, 2].
Pour résumer, si l'on tente de définir ce qu'est un canal ionique, une question apparaît : de quel point de vue se place-t-on ? Pour l'électrophysiologiste, un canal est une résistance au travers de laquelle peut se dissiper un courant. Pour le biologiste cellulaire, un canal est un vecteur de flux ioniques. Pour le biologiste moléculaire, un canal est un complexe protéique constitué de sous-unités, elles-mêmes composées de domaines et de segments, remplissant les fonctions de « portes » et de « zones régulatrices ». C'est réellement la convergence d'approches méthodologiques différentes qui a permis d'étudier la protéine-canal sous ces divers angles et de mieux en comprendre la structure et le fonctionnement.

1.1.1. Un canal ionique, comment ça marche ?

Toute cellule puise les molécules et ions dont elle a besoin du fluide extracellulaire. Ce trafic de molécules et d'ions a lieu de part et d'autre de la membrane plasmique (exemples : glucose, Na^+, Ca^{2+}) et, dans les cellules eucaryotes, de part et d'autre de membranes de compartiments intracellulaires (noyau, réticulum endoplasmique, mitochondrie) (exemples : mRNA, Ca^{2+}, ATP). Si la bicouche lipidique est perméable à l'eau (phénomène d'osmose) et à quelques petites molécules non chargées telles que O_2 et CO_2 qui diffusent librement, notons en revanche qu'elle n'est pas perméable aux ions (cations tels que K^+, Na^+, Ca^{2+} ou anions tels que Cl^-, HCO_3^-), aux petites molécules hydrophiles comme le glucose ou à des macromolécules comme les protéines et l'ARN. Dans cette partie, nous examinerons uniquement comment les ions sont transportés à travers la membrane cellulaire, c'est-à-dire la diffusion facilitée. Celle-ci a lieu à travers des protéines ou des assemblages de protéines « enchâssées » dans la membrane. Ces protéines transmembranaires forment des canaux emplis d'eau à travers lesquels l'ion passe dans le sens de son gradient électrochimique. En d'autres termes, la conductance augmente lorsque le gradient électrochimique croît dans le sens favorable à un transfert des ions, de la solution la plus concentrée vers la solution la moins concentrée. Ces canaux qui facilitent la diffusion peuvent être ouverts ou fermés. En anglais, ils sont dits « *gated* » ou gérés par un mécanisme de « porte ».

1.1.2. Propriétés des canaux

Les membranes biologiques hébergent des canaux d'une grande diversité, ayant des propriétés biophysiques, physiologiques et pharmacologiques différentes.

Mode d'activation

Il existe plusieurs catégories de canaux ioniques : chémo-sensibles (ou *ligand-gated*), mécano-sensibles (ou *mechanicaly-gated*), voltage-dépendants (ou *voltage-gated*), photo-sensibles (ou *light-gated*) ou « récepteurs-canaux » couplés à une protéine G [1, 3].

- **Canaux chémo-sensibles.** Ces canaux s'ouvrent ou se ferment en réponse à la liaison de petites molécules de signalisation ou ligands. Qu'ils soient extracellulaires ou intracellulaires, ces ligands ne sont jamais transportés quand le canal s'ouvre. Les ligands extracellulaires se lient au canal sur sa face extracellulaire. Il s'agit par exemple de neurotransmetteurs comme l'acétylcholine qui provoque l'ouverture de canaux cationiques et initie l'impulsion nerveuse ou la contraction musculaire. La liaison de GABA[1] (acide gamma-aminobutyrique) au niveau de certaines synapses inhibe la création de l'influx nerveux. Les ligands intracellulaires se lient sur la face cytosolique de la protéine. Des seconds messagers comme l'AMP cyclique régulent des canaux impliqués dans l'initiation d'influx nerveux en réponse à des odeurs ou de la lumière. L'ATP est aussi nécessaire pour ouvrir des canaux chlorure et faire sortir le Cl^- ou le bicarbonate (HCO_3^-) hors de la cellule. Notons que même si l'énergie libérée par l'hydrolyse de l'ATP est nécessaire pour ouvrir ce canal, il n'y a pas de transport actif puisque les ions diffusent dans le sens de leur gradient de concentration.
  Des canaux K_{ATP}, canaux potassiques inhibés par l'ATP intracellulaire, ont également été décrits dans les cellules bêta pancréatiques, dans les muscles cardiaques, squelettiques et lisses, ainsi que dans certains neurones [4]. Leur probabilité d'ouverture, peu sensible au potentiel, dépend de la concentration d'ATP sur la face interne de la membrane. Ces canaux contribuent à maintenir

[1] Il existe deux grands types de récepteurs GABAergiques, situés dans le cerveau : 1) le $GABA_A$ sensible au muscimol (agoniste) et à la picrotoxine (antagoniste). La fixation du GABA sur son site de reconnaissance provoque l'ouverture d'un canal chlore, qui, laissant passer les ions Cl^-, produit l'hyperpolarisation de la cellule cible et 2) le $GABA_B$ (voir « récepteurs couplés à une protéine G »).

le potentiel de membrane à des valeurs négatives dans des conditions pathologiques (anoxie) où la concentration en ATP intracellulaire est anormalement abaissée.

- **Canaux mécano-sensibles.** La déformation mécanique de cellules, la pression ou l'étirement de la membrane sont des stimuli mécaniques qui vont induire l'ouverture de certains canaux. Citons par exemple les ondes acoustiques dans les cellules de l'oreille interne, qui ouvrent des canaux induisant des pulses nerveux que le cerveau interprète comme du son. Les mécanismes d'action de ces canaux ne sont pas entièrement élucidés. On suppose que la pression exercée sur la membrane est transmise au canal soit directement par les lipides membranaires, soit indirectement via des éléments du cytosquelette ou extracellulaires [1].
- **Canaux voltage-dépendants.** Dans des cellules dites « excitables », comme les neurones ou les cellules musculaires, certains canaux s'ouvrent ou se ferment en réponse à des changements de charges (mesurés en volts) à travers la membrane plasmique. Parmi ces canaux sensibles au potentiel, on trouve les canaux K^+ « rectifiants sortants » dont la conductance augmente avec la dépolarisation (voir dans le paragraphe 1.4.1, l'encadré « conventions de signe et définitions »), des canaux Na^+ et Ca^{2+} (canaux de type T ou L) des cellules excitables. Le fonctionnement de ces canaux repose sur l'existence de systèmes à une ou deux portes sensibles au potentiel et commandant l'ouverture du canal. Ces portes sont en fait des charges électriques portées par les acides aminés formant le canal [5].
- **Canaux photo-sensibles.** Les micro-organismes (comme par exemple l'algue verte *Chlamydomonas*) se développent souvent par phototaxie. Les photorécepteurs sont dans ce cas des protéines transmembranaires (de 7 hélices), canaux ioniques appelés *channelopsin* ou *channelrhodopsin* (ChR1 et ChR2) [6], qui sont sensibles à la lumière et laissent passer sélectivement des ions H^+ (ChR1) ou des cations (ChR2) [7]. La plupart des opsines sont en réalité des protéines G (protéines liant le GTP) couplées à des récepteurs qui, de façon indirecte, ouvrent un canal. À la différence de ces opsines, ChR2 est unique car elle contient le canal lui-même. L'expression hétérologue de ce canal peut être très utile pour manipuler le pH intracellulaire ou le potentiel de membrane, simplement par illumination.
- **Récepteurs couplés à une protéine G.** Dans un certain nombre de cas, récepteur et canal sont deux protéines différentes et séparées l'une de l'autre. Le couplage est assuré par une protéine G qui module directement, ou via un second messager, l'activité du canal [1]. Prenons comme exemple le récepteur $GABA_B$[1]. La protéine G est elle-même couplée à un canal Ca^{2+}. Dans ce cas, elle entraîne une diminution des courants calciques et donc une diminution de la libération du neurotransmetteur au niveau des terminaisons. Couplée à un canal K^+, la protéine G augmente la conductance aux ions K^+ et induit donc une hyperpolarisation des neurones post-synaptiques. La liaison du GABA sur les récepteurs $GABA_A$ ou $GABA_B$ entraîne une inhibition de la neurotransmission.

Notons que des canaux sélectifs aux ions Ca^{2+}, K^+ et Cl^- sont également présents dans les membranes des organites intracellulaires tels que le réticulum sarcoplasmique, les mitochondries et le noyau. Ces canaux sont dits endocellulaires. De

façon non exhaustive, citons les récepteurs de l'inositol 1,4,5-triphosphate (InsP3) et les récepteurs de la ryanodine (RyRs), qui jouent un rôle crucial dans des fonctions dépendantes du Ca^{2+} telles que le couplage excitation-contraction, la fertilisation ou encore la sécrétion.
Ce sont notamment les mesures de patch-clamp qui ont permis de connaître les propriétés fines des canaux ioniques et, en particulier, de montrer que la diffusion facilitée est un phénomène de tout ou rien, dans la mesure où le canal est soit fermé, soit ouvert.
Les canaux ioniques sont caractérisés par leur mode d'activation, comme nous venons de le voir. Ils sont également décrits selon leur spécificité ionique, leur comportement cinétique et leur propriété de conductance.

Sélectivité

La plupart des canaux ne laissent passer qu'une seule catégorie d'ions. On parle de sélectivité ou spécificité ionique. Les canaux potassiques sont ainsi plus perméables aux ions potassium qu'aux ions sodium. Hodgkin et Keynes ont montré en 1955 que de multiples ions passaient dans ces canaux en file indienne. Les travaux de Chris Miller dans les années 1980 ont démontré l'existence de 4 sites de liaison d'ion dans un pore. Récemment, les travaux de McKinnon (prix Nobel de chimie 2003) [8] ont permis de visualiser ces sites de liaison dans la structure cristalline de canaux potassiques. La sélectivité des canaux calciques pour des ions divalents et non monovalents a été démontrée dans les années 1980 à la suite des travaux de Wolf Almers, Richard Tsien et Peter Hess. La sélectivité ionique des canaux est due d'une part à la taille du pore, estimée à 3,3 × 3,3 angströms pour les canaux K^+ sensibles au potentiel, à 3,1 × 5,1 angströms pour les canaux Na^+ sensibles au potentiel et à 6,5 × 6,5 angströms pour les récepteurs nicotiniques. D'autre part, les ions en solution sont entourés d'un nuage de molécules d'eau (ou manteau d'hydratation). Lorsqu'ils entrent dans un canal, ils perdent la plupart de ces molécules d'eau, qui sont remplacées par des interactions avec des groupes polaires d'acides aminés formant les parois du pore. C'est donc la capacité des ions inorganiques à former des liaisons hydrogène avec les atomes d'oxygène du pore qui va conditionner leur perméation, plus que la taille des ions elle-même. En d'autres termes, un ion plus petit qu'un autre pourra être moins perméant, car moins apte à former des liaisons hydrogène.

Gating

Le processus de « *gating* » est la propriété des canaux de modifier la perméabilité aux ions en réponse à des stimuli électriques ou chimiques. Il s'agit en d'autres termes du mécanisme de transition d'un état ouvert à un état fermé, et réciproquement. Ce processus semble reposer sur des mécanismes de changements conformationnels des protéines-canal.
Les recherches actuelles se concentrent sur les mécanismes moléculaires qui régissent cette « machinerie » de fermeture ou d'ouverture. Des progrès sont attendus de la combinaison de techniques hautement performantes. Ainsi, d'un côté, la cristallographie aux rayons X permet d'accéder à des données de structures, d'images des canaux; d'un autre côté, nous disposons d'enregistrements d'activité électrique. Certains chercheurs travaillent en cryomicroscopie électronique pour déterminer la structure protéique. Cette technique est moins

résolutive que la cristallographie aux rayons X, mais est plus souple pour accéder aux différents états conformationnels de la protéine. Une autre approche repose sur l'exploitation des techniques de fluorescence, pour accéder aux mouvements de résidus ou de domaines de la protéine. Les recherches convergent aussi vers le couplage de ces différentes approches avec l'électrophysiologie (voir le chapitre 19 « Les puces à cellules »).

1.2. Rôle physiologique des canaux ioniques

C'est grâce à la technique du patch-clamp que l'implication fondamentale des canaux ioniques dans toute fonction cellulaire a été clairement établie. Il est désormais possible d'expliquer avec une approche moléculaire les propriétés de potentiel de membrane, de potentiel d'action et leurs variations en fonction de leur environnement. Les canaux ioniques, ces protéines « sentinelles » au cœur de la membrane biologique, contrôlent les flux de part et d'autre de cette barrière. S'ils assurent les échanges d'ions entre la cellule et son milieu extérieur, ils gèrent également les échanges entre le milieu intracellulaire (ou cytosol) et les organites. Qui plus est, ils établissent un lien de signalisation entre les cellules et jouent un rôle de jonction ou de communication dans des fonctions telles que la sécrétion, l'excrétion, l'odorat, la contraction, l'excitabilité, etc. [1, 2, 3].

1.2.1. Conséquences d'un changement d'activité des canaux

Trois types d'effets successifs, un peu à la manière d'une cascade réactionnelle, peuvent se produire à la suite d'un changement d'activité du canal.
1. L'effet primaire est un changement du potentiel de membrane, avec un flux ionique sortant de K^+ et un flux net entrant de Na^+ dans le cas, par exemple, d'une membrane perméable au Na^+ et au K^+.
2. De ce fait, comme effet secondaire, les concentrations ioniques de part et d'autre de la membrane auront tendance à changer. Même si ces flux ioniques sont contrebalancés par des transferts actifs (pompes), il n'en demeure pas moins que des variations transitoires des concentrations ioniques sont notables et peuvent avoir des effets physiologiques à court terme. Ces effets peuvent induire l'activation de transporteurs ou d'enzymes sensibles au Ca^{2+} ou même avoir des conséquences au niveau de la cellule entière sur des changements de volume, par exemple, suite à une activation de canaux sodiques.
3. Enfin, comme effet tertiaire, de nombreuses activités enzymatiques (comme celles de la calmoduline ou de la phospholipase C par exemple) sont catalysées par une faible variation d'ion cytoplasmique. Il faut savoir que le calcium est l'ion qui joue un rôle physiologique majeur dans les organismes, notamment dans la contraction musculaire ou la transmission synaptique, soit en activant des canaux potassiques sensibles au calcium, soit en inhibant certains canaux des membranes endocellulaires ou en modulant l'activité de canaux sensibles au potentiel.

1.2.2. Grandes fonctions cellulaires

Diverses grandes fonctions cellulaires mettent en jeu les canaux ioniques : excitation (potentiel d'action), transmission synaptique (canaux pré- et post-synaptiques), transduction (récepteurs couplés à des protéines G, récepteurs-canaux), contraction, sécrétion (insuline, exocrine), division cellulaire, réponse immunitaire, etc. D'autres fonctions sont suspectées plus récemment d'être également régies par des canaux, telles que l'adhésion et la migration cellulaire (phosphorylation de canaux K^+), l'apoptose[2] (canaux K^+ et Ca^{2+}), la cancérisation (canaux K^+ comparables aux hERG[3], canaux Na_v, canaux Cl^-) et la résistance multidrogue (canaux Na^+, K^+, Cl^-). Notons néanmoins qu'il est souvent difficile de savoir si une altération du fonctionnement ou de l'expression de canaux sera la cause ou la conséquence d'un dysfonctionnement cellulaire.

1.3. Des dysfonctionnements à la pharmacologie

Comme la physiologie, la pathologie est appréhendée en termes de dysfonctionnements tissulaires et cellulaires. Certaines pathologies sont liées à une hyperexcitation ou hyperexcitabilité de voies nerveuses, ou au contraire à une altération de la conduction nerveuse. Nous présenterons ici deux exemples de pathologies dans lesquelles sont impliqués des canaux ioniques, qui apparaissent comme autant de cibles thérapeutiques d'intérêt : la douleur et la sclérose en plaques (ou polyneuropathie démyélinisante). Le canal est aussi l'un des éléments d'où naissent les pathologies. Une trentaine de pathologies liées à un dysfonctionnement de canaux ioniques ont été identifiées. Ces pathologies ou « canalopathies » ont pour origine des mutations spontanées touchant les gènes codant pour les canaux ioniques [9]. On illustrera là encore ces maladies par plusieurs exemples, la liste n'étant pas exhaustive : mucoviscidose, myotonies, cardiopathies et cancers [3, 10].

1.3.1. Les canaux de la douleur

La nociception est due à l'activation de canaux spécifiques dans les neurones sensoriels. Citons deux canaux récemment clonés qui sont impliqués dans la transduction des messages nociceptifs : le canal détecteur d'acide (ASIC pour *acid-sensing ion channel*) est activé lors d'une acidose associée à une inflammation ou à l'ischémie, et le canal activé par la chaleur (élévation de 22 °C à 48 °C) (VR1 ou *vanilloid receptor subtype 1*) est aussi activé par la capsaïcine, le constituant piquant et irritant de certains types de piment. Les anesthésiques locaux bloquent la plupart des canaux ioniques, en particulier les canaux Na^+ sensibles au potentiel, en interagissant avec un récepteur du canal. De même, les opioïdes sont connus pour inhiber des canaux Ca^{2+} transitoires et activer des canaux K^+ rectifiants entrants (voir dans le paragraphe 1.4.1, l'encadré « conventions de signe et définitions »). Ces deux actions contribuent à hyperpolariser les neurones, à réduire la fréquence des potentiels d'action et à inhiber la libération des neurotransmetteurs.

1.3.2. Sclérose en plaques

La sclérose en plaques est une atteinte évolutive du système nerveux central, au cours de laquelle des plaques éparses de myéline (couverture protectrice des fibres nerveuses) de l'encéphale et de la moelle épinière sont détruites. L'une

[2] Apoptose ou mort cellulaire programmée : processus naturel d'élimination des cellules surnuméraires, endommagées ou âgées.
[3] Canaux hERG : *Human eag related gene*.

des thérapies envisagées de la sclérose en plaques et des autres polyneuropathies démyélinisantes consisterait à utiliser des bloqueurs de canaux K^+ (par exemple la 4-AP, ou 4-aminopyridine). Ce blocage aurait pour effet d'augmenter la durée des potentiels d'action, c'est-à-dire d'augmenter les courants locaux et ainsi d'améliorer la conduction dans les axones démyélinisés. Selon la médecine populaire chilienne, les effets bénéfiques d'une plante herbacée du nom de *Ruta graveolens* sont reconnus pour améliorer les symptômes de la sclérose en plaques par un effet de blocage des courants K^+ du nœud de Ranvier (zone d'interruption de la gaine de myéline le long d'un axone, qui permet la conduction par sauts des signaux électriques).

1.3.3. Mucoviscidose

La mucoviscidose, ou fibrose kystique, est la maladie héréditaire létale la plus fréquente dans les populations européennes et nord-américaines, touchant une naissance sur 2000. Le gène responsable de cette maladie fut découvert et cloné en 1989. Il code pour la protéine CFTR qui est un canal Cl^- activé par la protéine kinase A. Sur ce gène, une délétion de trois nucléotides codant pour une phénylalanine en position 508 représente 70 % des allèles mutés. Cette mutation ΔF508 affecte l'adressage de la protéine à la membrane qui, de ce fait, reste bloquée et est dégradée dans le réticulum endoplasmique. D'autres mutations affectent la régulation ou la conductance de CFTR. Il en résulte un défaut de sécrétion de Cl^-, accompagné d'une diminution de sécrétion de Na^+ et d'eau vers le compartiment muqueux. Au niveau des poumons, cela a pour conséquence d'épaissir le mucus et de favoriser une inflammation chronique due au développement de bactéries pathogènes. Ainsi, l'activation de CFTR aurait pour effet de stimuler l'efflux de chlore par les cellules épithéliales et d'inhiber l'influx de Na^+. Des approches de pharmacothérapie et de thérapie génique pour corriger ces défauts de transport des ions Cl^- sont en cours de développement.

1.3.4. Myotonies

Diverses pathologies sont liées à un dysfonctionnement des canaux Na^+ (paralysie hyperkaliémique), Cl^- (maladie de Thomsen, maladie de Becker) et Ca^{2+} (paralysie hypokaliémique) du muscle squelettique. De façon générale, ce sont des expériences de mutations dirigées et d'expression hétérologue de protéines mutées qui ont permis de mieux comprendre les conséquences des mutations sur le fonctionnement du canal et d'élucider, du moins partiellement, la relation entre la mutation et les symptômes cliniques de ces maladies.

1.3.5. Cardiopathies. Syndrome cardiaque de l'onde QT longue

Diverses pathologies cardiaques se caractérisent par un espace QT anormalement long, visible sur l'électrocardiogramme, ainsi que par une onde T déformée. L'intervalle QT correspond au temps de systole ventriculaire, qui va du début de l'excitation des ventricules jusqu'à la fin de leur relaxation. L'origine commune des divers syndromes (arythmies, tachycardies, torsades de pointes, fibrillation ventriculaire) est un dérèglement dans la repolarisation du potentiel d'action ventriculaire, consécutif à diverses mutations de canaux potassium ou sodium rapides. Trois gènes sont particulièrement impliqués : ils codent pour le canal KvLQT1,

hERG et SCN5A. Leurs multiples mutations conduisent aux formes LQT1, LQT2 et LQT3 du syndrome.
On a montré récemment que certains médicaments utilisés en thérapie induisaient des arythmies cardiaques. Certaines personnes acquièrent le syndrome du QT long du fait du blocage par des médicaments des canaux hERG. Si cet intervalle QT du potentiel d'action s'avère trop long, le muscle ventriculaire n'est plus en mesure de répondre de façon uniforme aux battements et il en résulte une désynchronisation des cellules vers une activité électrique chaotique et une mort subite. Du fait de leurs effets secondaires au niveau cardiaque, certains médicaments ont été retirés du marché [11]. Ces canaux hERG sont désormais utilisés dans le processus de développement pharmaceutique, comme sonde d'effets secondaires des nouveaux médicaments [12].

1.3.6. Cancers

La progression du cycle cellulaire dépend de la translocation d'ions à travers la membrane. On a observé dans plusieurs types cellulaires (poumons, vessie, prostate ou sein) une inhibition de la prolifération cellulaire lorsque des antagonistes des canaux potassiques sont appliqués. Dans le cancer du sein, on a montré que le contrôle de la prolifération cellulaire et la progression du cycle cellulaire dépendent de l'activité des canaux potassiques.
Prenons par exemple les canaux IK(Ca), canaux potassiques activés par le calcium. Ces canaux sont impliqués dans la prolifération des cellules dans le cancer de la prostate. Decker *et al.* [13] ont montré que les canaux potassiques sont impliqués dans la transformation oncogénique. L'utilisation de bloqueurs sélectifs de IK(Ca), la mesure du calcium intracellulaire et l'introduction du gène humain codant pour le canal IK(Ca) dans les cellules Jurkat T ont montré que les canaux IK(Ca) régulent la prolifération des cellules T en contrôlant l'influx de calcium [14]. L'entrée de calcium est régulée par hyperpolarisation (voir dans le paragraphe 1.4.1, l'encadré « conventions de signe et définitions ») de la membrane plasmique par IK(Ca). Il est à noter que les effets de IK(Ca) sont les mêmes si les cellules sont peu ou très métastatiques.
Citons un autre exemple : les canaux BK(Ca), canaux potassiques activés par le calcium présentant de larges courants. Ces canaux sont impliqués dans différents mécanismes cellulaires tels que le contrôle du tonus artériel [15] ou encore la génération et la maintenance de l'hypertension [16]. Ces canaux sont sensibles à la charybdotoxine (ChTX) et à l'ibériotoxine (IbTX). Des études ont montré que l'expression des canaux BK(Ca) se perd au cours du développement et réapparaît au moment de la prolifération cellulaire qui se produit lors d'une lésion ou d'une maladie [17]. Les canaux BK(Ca) sont exprimés dans une lignée cellulaire issue d'un cancer du sein (MCF-7) [18]. On a également montré que les canaux BK(Ca) sont impliqués dans l'activation des lymphocytes B [19] et dans la régulation du calcium qui intervient lors de l'activation des lymphocytes T humains [20]. Ouadid-Ahidouch *et al.* ont montré que l'expression des canaux BK(Ca) est dépendante du cycle cellulaire et que ces canaux semblent plus intervenir au cours de la phase S qu'au cours de la phase G1 du cycle cellulaire. Les canaux BK(Ca) contribuent donc à la maintenance de la synthèse de l'ADN, en augmentant l'induction des agents mitogènes lors de l'augmentation de la concentration calcique [21]. Des expériences d'inhibition des canaux BK(Ca) par des antagonistes spécifiques

(ChTX ou IbTX) ont montré que les canaux BK(Ca) n'ont d'effet ni dans la croissance des méningiomes [22], ni dans le cancer de la prostate [23] ; en revanche, ils interviennent dans la croissance des astrocytomes [24] et dans la prolifération de la rétinopathie [25].

Toujours dans la famille des canaux potassiques, les canaux hERG[3] sont des canaux voltage-dépendants dérivés de la famille de canaux eag (*ether a-go-go*). Le rôle de ces canaux est bien connu dans la repolarisation du potentiel d'action cardiaque [26]. Ces canaux sont exprimés dans plusieurs lignées tumorales, ainsi que dans des cellules cancéreuses primaires telles que l'adénocarcinome de l'endomètre [27], la leucémie myéloïde [28] et la leucémie lymphoïde [29]. L'expression de hERG permet la croissance des cellules tumorales et donc le développement de cancers en l'absence d'inducteur de l'apoptose [30]. La croissance des tumeurs est liée à une altération du potentiel électrique de repos de la membrane des cellules cancéreuses. Les canaux hERG peuvent moduler ce potentiel de repos [31], en dépolarisant la membrane [32]. L'inhibition de ces canaux induit une diminution de la prolifération cellulaire [31]. La surexpression de canaux eag induit des transformations qui donnent aux cellules des caractéristiques de cellules tumorales. Dans les leucémies, les canaux hERG modulent la progression du cancer au travers du cycle mitotique. En effet, on a montré que le gène qui code pour la protéine hERG est principalement exprimé au cours de la phase S du cycle cellulaire [33]. Les cellules d'un « côlon cancéreux » expriment la protéine hERG, alors que ces même cellules n'expriment pas hERG dans un « côlon sain» [34]. Le rôle des canaux hERG dans les tumeurs solides primaires telles que le cancer colorectal peut déterminer l'acquisition de caractéristiques qui vont par la suite conduire à un cancer invasif et métastatique. La détection immunohistochimique de hERG peut représenter dans le futur un facteur de pronostic. Les canaux hERG pourront également constituer de nouvelles cibles moléculaires thérapeutiques, dans le futur, pour soigner le cancer.

Les canaux potassiques voltage-dépendants ont un rôle dans la prolifération cellulaire. Si ces canaux sont inhibés, on observe une inhibition de la prolifération cellulaire à la fois dans les cellules peu ou très métastatiques du cancer de la prostate [35, 36, 37]. Le niveau d'expression des canaux potassiques voltage-dépendants semble être associé à la progression métastatique. En d'autres termes, plus le nombre de métastases augmente et plus l'expression des canaux est importante [23].

Ces quelques exemples ne constituent pas une liste exhaustive, mais permettent d'illustrer l'implication des canaux potassiques dans le phénomène de cancérisation et montrent que l'activité de recherche dans ce domaine est intense. D'autres catégories de canaux, comme les canaux calciques, sont également impliquées dans la prolifération cellulaire et dans l'apoptose [38].

1.4. Comment étudier les canaux ioniques de façon directe ?

1.4.1. Concepts de base

La notion d'électricité animale ou bioélectricité apparaît déjà au XVIIIe siècle avec les travaux de Galvani (1737-1798), de Volta (1745-1827) et de Du Bois-Reymond (1818-1896). L'existence d'une différence de potentiel électrique entre l'intérieur et l'extérieur des cellules, dans les nerfs et les muscles de grenouille, était alors mise en évidence. L'hypothèse du potentiel de membrane, qui marque le commencement véritable de l'histoire des canaux, est proposée en 1902 par Bernstein. Selon cette hypothèse, la membrane des cellules au repos est sélectivement perméable aux ions K^+, et le potentiel de membrane créé par la diffusion transmembranaire passive de ces ions est égal à leur potentiel d'équilibre ou potentiel de Nernst (décrit en 1888). Il a fallu plus de soixante-dix ans pour que l'on voit fonctionner ces canaux à l'échelle élémentaire et pour connaître leur structure [2].

Le modèle de Hodgkin-Huxley

Le modèle de Hodgkin et Huxley, établi à partir de l'axone géant de calmar, va plus loin dans l'interprétation et stipule que le potentiel de repos est effectivement proche du potentiel d'équilibre pour l'ion potassium (E_K) et que, de plus, le potentiel d'action résulte d'une augmentation rapide et transitoire de la perméabilité sélective au sodium. Cette augmentation est suivie, avec un décalage dans le temps, de la perméabilité au potassium. Les auteurs ont apporté la preuve expérimentale de cette théorie du potentiel d'action auto-propagé et ont montré pour la première fois l'indépendance des conductances sodique et potassique. Pour établir ce modèle, ils ont utilisé la technique du potentiel imposé (voltage clamp) qui consiste, dans le cas des axones géants, à insérer deux électrodes dans le corps de l'axone : l'une impose le potentiel V_m de membrane à une valeur choisie et l'autre, via un amplificateur à contre-réaction, délivre un courant I égal et de sens opposé au courant ionique transmembranaire, tendant à annuler la différence $V_i - V_m$, V_i étant le potentiel imposé.

Mise en équation de la théorie ionique. Potentiel de Nernst. Loi d'Ohm

Les mouvements d'un ion (par exemple un ion positif X) dépendent de sa perméabilité membranaire et de son gradient de concentration de part et d'autre de la membrane. Il en résulte un flux net de l'ion, du compartiment le plus concentré C_1 vers le compartiment le moins concentré C_2. C'est ce qu'on appelle un gradient de concentration.

Ce déplacement de charges positives induit un excès de charges négatives à la surface de la membrane, qui tend à retenir les ions X dans C_1 et à freiner leur déplacement vers C_2. Il apparaît donc un gradient électrique.

La somme de ces deux forces, chimique et électrique, est appelée potentiel électrochimique transmembranaire. Ce potentiel est nul quand les deux forces sont égales et de sens opposé. Le système est alors dit à l'équilibre et le flux net de X est nul. Ce potentiel d'équilibre, appelé potentiel de diffusion de l'ion X, E_x, est donné par l'équation de Nernst :

$$E_x = \frac{\mathrm{R}T}{z\mathrm{F}} \ln \frac{[X]\,C_2}{[X]\,C_1} = 58{,}2\,\mathrm{Log}\,\frac{[X]\,C_2}{[X]\,C_1}$$

avec :

– R : constante des gaz parfaits = $8{,}31.\mathrm{V.C.K^{-1}.mol^{-1}}$,

– T : température en K,

– z : valence de l'ion X,

– F : constante de Faraday = $9{,}65.10^4\ \mathrm{C.mol^{-1}}$,

– E_x en mV.

Lorsque, dans une situation physiologique donnée, le potentiel transmembranaire change, un flux net d'ions se produit et génère un courant dont le sens est déterminé par la différence V_m moins le potentiel d'équilibre pour l'ion X. Sa valeur est donnée par :

$$I_x = G_x(V_m - E_x)$$

où G est la conductance électrique donnée en siemens. $V_m - E_x$ est le gradient électrochimique exprimé en volts. G étant l'inverse de la résistance R, résistance de la membrane au transfert d'ions X, l'équation devient :

$$V_m - E_x = R_x.I_x$$

Si $V_m - E_x > 0$: le courant est sortant, dirigé de la face interne à la face externe de la membrane.
Si $V_m - E_x < 0$: le courant est entrant. (Voir l'encadré « conventions de signe »).

Conventions de signe et définitions
Les courants **entrants** correspondent à des influx de cations ou efflux d'anions. Ils sont représentés dirigés vers le bas et leur valeur est affectée du signe « – ». Les canaux **rectifiants entrants** favorisent le flux ionique dans le sens entrant.
Les courants **sortants** correspondent à des efflux de cations ou influx d'anions. Ils sont représentés dirigés vers le haut et leur valeur est affectée du signe « + ». Les canaux **rectifiants sortants** favorisent le flux ionique dans le sens sortant.
La **dépolarisation** est la positivation progressive du potentiel membranaire qui au repos est négatif par rapport au milieu extracellulaire. À l'inverse, la **repolarisation** est la négativation progressive du potentiel membranaire. L'**hyperpolarisation** se traduit par un passage à une valeur « plus négative » du potentiel transmembranaire.

Genèse du potentiel de membrane

Dans les cellules, les ions de part et d'autre de la membrane sont distribués de façon inégale. Les ions K^+ sont concentrés à l'intérieur, alors que les ions Na^+, Ca^{2+} et Cl^- sont concentrés à l'extérieur. La plupart des cellules étant plus perméables aux ions K^+, ceux-ci ont tendance à sortir sous l'effet de leur gradient de concentration. Les charges positives se retrouvent alors en déficit sur la face interne et en excès sur la face externe. Cette séparation de charges forme un condensateur virtuel dont la capacité est d'environ 1 $\mu F/cm^2$. Cette différence de distribution en charges crée un champ électrique qui s'oppose à la sortie de K^+. L'équilibre est atteint lorsque le gradient électrique contrebalance exactement le gradient de concentration, c'est-à-dire lorsque :

$$V \approx V_K = \frac{\mathrm{R}T}{\mathrm{F}} \operatorname{Log} \frac{[K]\,e}{[K]\,i} \approx -80\,\mathrm{mV} \quad (\text{à } 20\,°\mathrm{C})$$

C'est la libre perméabilité membranaire du potassium (et du chlore) qui explique que le potentiel de repos est négatif, environ –80 mV. La membrane est en réalité plus ou moins perméable à plusieurs espèces ioniques. Ainsi, leur potentiel est situé entre les potentiels d'équilibre des différents ions perméants. La valeur du potentiel de membrane dépend donc des conductances relatives pour les différents ions. On comprend donc que tout changement relatif d'une conductance spécifique modifie le potentiel de membrane, qui se rapprochera alors du potentiel d'équilibre de l'ion le plus perméant.

Courants capacitifs. Courants ioniques

Ce changement de potentiel de membrane se traduira par un transfert net de charges tel que $Q = CV$, avec C la capacité mesurée en farads. Ce transfert de charges induit un courant dit capacitif. En effet, la cellule se comporte, du fait de la fine épaisseur de sa membrane (environ 10 nm), comme un condensateur formé de deux milieux conducteurs salins (milieux intracellulaire et extracellulaire), séparés l'un de l'autre par un isolant : la bicouche lipidique (figure 11.1). La capacité est la propriété à accumuler ou à stocker des charges lorsqu'une différence de potentiel est appliquée de part et d'autre de cette membrane. Elle est proportionnelle à l'aire et inversement proportionnelle à la distance séparant les deux couches conductrices ou milieux salins conducteurs.

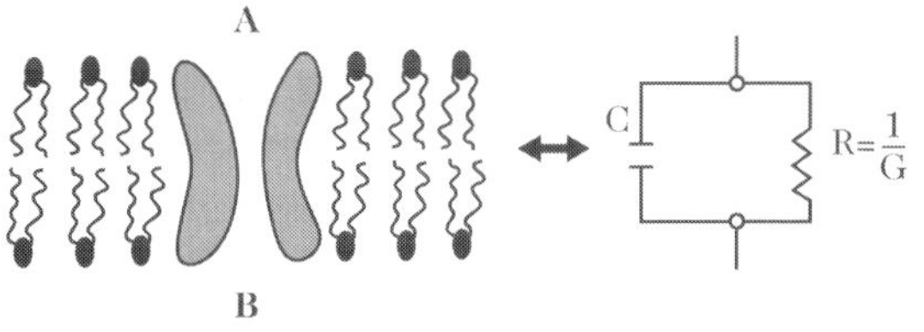

Figure 11.1. Schéma d'une bicouche lipidique (membrane cellulaire). À gauche : représentation d'une protéine-canal transmembranaire enchassée dans la bicouche et séparant un milieu extracellulaire conducteur (A) d'un milieu intracellulaire conducteur (B). À droite : schéma électrique équivalent mettant en parallèle une capacitance et une résistance.

Si un courant est appliqué à la membrane, soit par des canaux ioniques ailleurs dans la cellule, soit par une électrode, ce courant « rechargera » tout d'abord la capacité membranaire, puis il changera le potentiel membranaire. Cela est illustré en représentant la membrane comme une impédance de résistance R en parallèle avec une capacité C (voir la figure 11.1).

Quelques ordres de grandeur

Épaisseur des membranes biologiques : inférieure à 10 nm.

Un potentiel transmembranaire de 100 mV produit un champ électrique de 10^5 V/cm.

Capacité d'une biomembrane : 1 μF/cm^2 (0,01 pF/μm^2).

Nombre d'ions K^+ transférés dans un canal par seconde : $10^6 - 10^7$.

1.4.2. Historique du patch-clamp

L'histoire et l'étude des canaux ioniques ont été jalonnées par deux périodes phares. La première, comme nous l'avons évoqué, au début des années 1950 : Hodgkin et Huxley, parallèlement à Fatt et Katz, découvrent les canaux sodiques et potassiques sensibles au potentiel. La seconde est marquée par la technique du patch-clamp, développée par Neher et Sakmann au tournant des années 1980 [39, 40, 41].

En effet, si le modèle de Hodgkin et Huxley était applicable dans toutes les cellules excitables, les physiologistes se heurtaient à deux problèmes : d'une part, voir fonctionner un canal unitaire était impossible et, d'autre part, l'empalement des cellules par deux électrodes selon la technique du potentiel imposé ne s'adaptait pas à l'enregistrement de courants sur des petites cellules d'une dizaine de μm de diamètre. Ce fut ainsi, en 1976, l'apparition du patch-clamp qui devait résoudre ce problème. Ces deux « révolutions » ont conduit de façon synergique à l'extension de l'électrophysiologie vers de nouvelles préparations biologiques, issues du monde animal ou végétal, et à un véritable couplage de la biophysique aux approches de biologie moléculaire et cellulaire. Depuis l'avènement de la biologie moléculaire, l'électrophysiologie est devenue moléculaire.

Si révolutionnaire soit-elle, la technique du patch-clamp, telle qu'elle est pratiquée actuellement, est le fruit d'améliorations successives, comme cela apparaît dans le discours de Erwin Neher en 1992, lors de la réception du prix Nobel : *« Nous fîmes de nombreuses tentatives pour améliorer le seal (décapage de la surface des cellules, enduction de la surface des pipettes, inversion des charges superficielles du verre de pipette...), avec peu de succès. Vers 1980, nous avons observé par hasard que la valeur du seal augmentait brusquement de plus de deux fois lorsqu'on appliquait une légère succion à la pipette. »* [42]. Le *seal* (ou scellement entre la membrane cellulaire et la pipette) résultant, de l'ordre du gigaohm ($1\ G\Omega = 10^9\ \Omega$) fut appelé *gigaseal*. L'amélioration du scellement diminuait fortement le bruit de fond.

Ainsi, le patch-clamp désigne la technique du potentiel imposé à un fragment de membrane biologique et permet d'enregistrer des courants unitaires provenant de canaux individuels (*single channel recording*). Notons que le patch-clamp est également utilisé, par abus de langage, pour désigner la technique du potentiel imposé à une cellule entière *(whole cell recording*). Dans ce dernier cas, le courant macroscopique enregistré est celui provenant de canaux uniformément répartis à la surface de toute une cellule [2, 43].

1.4.3. Mise en œuvre expérimentale

Imposer (*clamp*) un potentiel à tout ou partie (*patch*) de la membrane d'une cellule, telle est la définition du patch-clamp. On dit que la membrane est « clampée » au potentiel de commande, c'est-à-dire au potentiel fixé par l'expérimentateur. Le courant qui traverse toute la membrane, ou seulement une partie de celle-ci, sera ainsi enregistré à ce potentiel donné. De façon classique, on impose des sauts de potentiel à la membrane et on enregistre le courant qui la traverse au travers des canaux ioniques ouverts par ce saut de potentiel. La mise en œuvre des expériences de patch-clamp passe par la « chaîne de montage » suivante [2, 44] : la cellule est reliée via une micropipette de patch à une tête d'amplificateur (ou préamplificateur ou convertisseur courant-tension), elle-même connectée à un amplificateur, lui-même relié à un ordinateur (figure 11.2). Nous allons voir que chacune de ces étapes nécessite une préparation bien spécifique et des précautions tout aussi particulières.

■ Préparation biologique

• **Cultures primaires.** Des cellules généralement organisées en tissus (tranches organotypiques) aux suspensions cellulaires adaptées à la mesure de patch-clamp, il y a toute une série d'étapes de préparation qui vont conditionner les mesures de courants. Ces étapes de mise en culture primaire regroupent des phases de dissociation enzymatique, en général couplées à des dissociations mécaniques, des phases de purification par tri pour obtenir des suspensions homogènes, dépourvues d'amas, d'agrégats, de débris cellulaires ou de cellules mortes. À ce titre, des

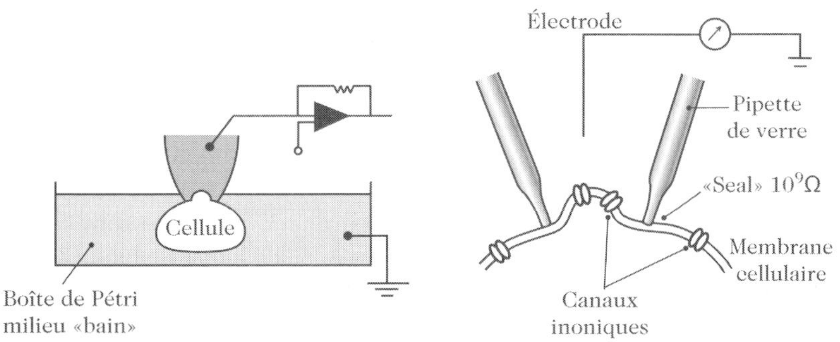

Figure 11.2. Schéma de la configuration patch-clamp. À gauche : pipette de verre « scellée » à la surface de la cellule, elle-même adhérente en fond de boîte de Pétri. À droite : agrandissement de la zone de contact cellule-pipette, qui définit le *gigaseal*, scellement hautement résistif.

techniques de gradients (*Percoll*) ou de cytométrie de flux permettent d'enrichir les populations à 85 % ou à 95 %. La culture cellulaire « sélective » peut également, sur des critères d'adhérence, de prolifération ou de résistance à des agents toxiques, être un outil de sélection cellulaire [2].

• **Expression hétérologue.** Aujourd'hui, des approches de biologie moléculaire permettent de faire exprimer de façon artificielle, dans des systèmes dits hétérologues, des gènes codant pour les canaux ioniques d'intérêt. L'expression est en effet artificielle, car les canaux sont surexprimés, et donc en surnombre par rapport aux canaux natifs, et déconnectés d'autres canaux ioniques. Ces manipulations s'envisagent bien évidemment avec des canaux ioniques clonés, sur lesquels on cherchera à effectuer des études biochimiques de la structure moléculaire et à accéder aux propriétés intrinsèques du canal (perméation, activation et inactivation, rectification, régulations pharmacologiques...). Les systèmes hétérologues utilisés sont par exemple des cellules de grosse taille, telles que l'ovocyte de xénope (entre 300 μm et 1 mm de diamètre), que l'on prélève et que l'on soumet à une microinjection d'ARNm ou d'ADNc respectivement dans le cytoplasme ou le noyau. L'analyse en patch-clamp nécessitera une préparation particulière, qui consiste à ôter la membrane vitelline à l'aide de pinces ou par digestion enzymatique [45]. Par expérience, on peut noter une dissymétrie dans l'expression des canaux, qui est majoritaire dans le pôle animal (zone pigmentée) par rapport au pôle végétal (zone claire). En général, l'expérimentateur s'arrange pour « patcher » le côté pigmenté (zone sombre) de l'œuf. Notons que l'ovocyte de xénope est un outil d'électrophysiologie très répandu depuis 1971, date à laquelle son intérêt en tant que support d'expression de protéines de structure ou d'enzymes du métabolisme est apparu. Aujourd'hui, il est devenu le support d'expression de transporteurs de pompes et de canaux ioniques.

Des cellules de mammifères de tailles plus conventionnelles et adaptées à la configuration d'enregistrement de cellules entières (telle que les CHO, HeLa, HEK, Jurkat..., de 15 à 20 μm de diamètre) sont également utilisées en transfection. Les plasmides qui contiennent le gène codant pour la protéine-canal comportent en général aussi le gène codant pour une protéine fluorescente comme la GFP ou *Green Fluorescent Protein*, ce qui permet un contrôle optique de la transfection. Le rendement de ces transfections transitoires demeure relativement faible (variant de 30 % à 60 %). Il est également possible, par ingénierie moléculaire et entretien par cultures successives avec pression de sélection, de créer des lignées d'expression stable qui ont incorporé à 100 % le gène d'intérêt. Dans ce cas, les plasmides qui contiennent le gène codant pour la protéine-canal comportent en général aussi le gène de résistance à certaines molécules telles que des antibiotiques, dissoutes dans le milieu de culture. Par exemple, les cellules CHO (*Chinese Hamster Ovary*) sont sensibles au méthotrexate et meurent lorsqu'elles sont incubées avec cette molécule. En revanche, ces même cellules CHO, co-transfectées par le gène codant pour CFTR (qui est le canal chlorure défaillant dans des cas de mucoviscidose), et par une forme mutée du gène codant pour l'enzyme insensible au méthotrexate, résistent à cette molécule. Cette « pression de sélection » permet ainsi de sélectionner les cellules ayant reçu le gène CFTR. Certaines équipes ont construit des outils moléculaires et cellulaires également pertinents, comme les cellules inductibles. Ainsi, des lignées cellulaires transfectées par exemple avec le gène codant pour le canal $K_V1.2$ vont exprimer plus ou moins de protéine selon son temps d'incubation dans la tétracycline [46]. Un tel modèle « d'expression à façon » ou « sur commande » permettra à lui seul, en faisant varier ce temps d'incubation, de créer une gradation de signal électrique. En effet, à un temps d'incubation « proche de zéro », le taux de protéine exprimée est très faible et le modèle permettra une analyse en « canal unique ». En revanche, à des temps plus longs, de 4 à 15 heures, il sera possible d'accéder à des courants macroscopiques en configuration « cellule entière ». Ces approches restent artificielles dans la mesure où le canal d'intérêt ne se trouve pas forcément dans son environnement véritable, dit natif. La cellule tient ici un rôle d'accueil ou d'hébergement du canal afin d'en faciliter l'étude en patch-clamp.

- **Microtransplantation.** Des approches assez récentes permettent cette fois de reconstituer *in vitro* la diversité naturelle de récepteurs et canaux ioniques endogènes et, ainsi, de reproduire et de quantifier la réponse électrophysiologique de membranes natives. La technique de microtransplantation a été développée par le groupe de R. Miledi et consiste à extraire des membranes natives provenant de lignées cellulaires neuronales ou de prélèvements de cerveau humain, et à constituer des vésicules [47]. Ces vésicules sont collectées et microinjectées dans l'ovocyte de xénope. Par fusion membranaire, les canaux natifs se retrouvent adressés à la membrane de l'ovocyte et prêts à être « patchés » après 12 heures de latence (comparativement aux trois jours d'expression dans le cas de la microinjection d'ARN).

Environnement de la préparation biologique

Notons également d'autres facteurs qui vont conditionner la réalisation du scellement et la qualité des enregistrements : le protocole de mise en culture primaire (asepsie, milieux glucosés et tamponnés, absence de calcium pour éviter les connexions intercellulaires, choix de l'enzyme de digestion, oxygénation, température...) et les conditions d'immobilisation de la cellule « prête à être patchée » en fond de boîte de Pétri. En effet, le matériau choisi (plastique, verre...), le mode de fixation des cellules (collagène, polyamines, Matrigel, fibres de carbone...), le type de support (boîte, membrane filtre...) et la densité cellulaire (monocouche, cellules isolées...) vont fortement influencer la morphologie cellulaire, la répartition des canaux à la membrane, l'adhérence et donc certaines conductions ioniques, voire dans certains cas faire évoluer la physiologie cellulaire (notons que celle-ci n'évolue pas en culture dans le cas de lignées cellulaires) [2].

Micropipettes

Les micropipettes sont obtenues à partir de tubes de verre. Pour ce faire, on utilise une « étireuse » qui permet, après avoir fixé le tube à ses deux extrémités, de sorte que son milieu se situe face au filament chauffant (tungstène), de le séparer en deux. Deux cycles de températures sont programmés et permettent d'effiler le tube : un premier chauffage à haute température et assez rapide étire le capillaire (jusqu'à un diamètre de 200-300 µm) ; le second chauffage se déroule à plus faible température et a pour but de poursuivre la fonte du segment de verre sur un temps plus long, jusqu'à ce que le tube effilé se rompe franchement. Cette préparation nécessite une étape de mise au point des rampes de température, selon la géométrie et le diamètre de pipette choisi (en général, une pointe ultrafine de 2 à 4 µm est recherchée). Ce diamètre est contrôlé par mesure de résistance après remplissage du capillaire avec une solution électrophysiologique (saline conductrice). Cette résistance est déduite de la mesure du courant résultant d'une dépolarisation de quelques mV. De nombreux paramètres de ces pipettes vont conditionner la réussite du patch-clamp : le choix du verre (différents types de verres dits durs ou mous) [48], qui sera fait en fonction du type cellulaire que l'on veut étudier, le diamètre d'ouverture de l'extrémité, qui va conditionner le type de configuration d'enregistrement, l'état de surface de l'extrémité de la pipette et la microrugosité, qui vont conditionner la qualité du scellement avec la membrane cellulaire. À ce propos, certains expérimentateurs vont améliorer la phase de préparation des pipettes en « polissant » leurs extrémités à l'aide d'une microforge portée au rouge, sous microscope. Enfin, la propreté des pipettes influencera également la qualité du scellement. On accordera un soin tout particulier aux conditions de stockage de ces pipettes. À ce propos, les capillaires avant étirement sont en général placés dans un bécher rempli d'éthanol dégazé. Les capillaires sont ensuite séchés à l'étuve. On étirera les micropipettes de façon extemporanée, c'est-à-dire juste avant l'expérience.
D'un point de vue électrique, la pipette crée un bruit électrique parasite. En effet, en formant un condensateur de capacité C (pF) (la paroi de verre séparant deux milieux conducteurs), elle crée un bruit de haute fréquence lorsqu'elle se combine aux résistances des solutions (bain et pipette). Pour réduire cette capacité et le bruit associé, il est possible d'enduire la pointe de la pipette d'un isolant électrique comme le Sylgard, une résine qui se polymérise à une température d'environ 80 °C [48].

Micromanipulation

Aspects mécaniques : descente de la pipette sur la cellule

La micropipette ainsi préparée est remplie au 1/3 de solution électrophysiologique (à l'aide d'une seringue équipée d'un tube en plastique fin et souple). On veillera par légers tapotements du doigt à éliminer les bulles d'air à l'intérieur de la pipette, ces bulles risquant de biaiser les mesures de courants en augmentant artificiellement la résistance de la pipette, du fait d'une rupture de la conduction électrique. La pipette ainsi remplie est « enfilée » sur un filament d'électrode chloruré (voir l'encadré « électrodes Ag/AgCl ») et vissée sur le « *holder* », lui-même fixé sur l'extrémité de la tête d'amplificateur (figure 11.3). La micropipette est enfoncée jusqu'à buter sur la gaine d'étanchéité (joint en caoutchouc). C'est par l'intermédiaire de ce fil, qui baigne dans le milieu intra-pipette, que les courants traversant la membrane seront conduits jusqu'au circuit d'enregistrement. Cette « tête d'ampli » est elle-même positionnée sur un support fixé sur la table anti-vibrations, permettant un mouvement selon les axes x, y et z. À l'aide d'une vis macrométrique, l'expérimentateur descend délicatement la pipette vers la cellule à patcher, puis à l'aide de vis micrométriques et sous contrôle visuel grâce à un microscope relié à une caméra vidéo, il affine sa micromanipulation jusqu'à venir mettre l'extrémité de la pipette au contact de la cellule. Dans un premier temps, l'expérimentateur exerce une pression positive en soufflant (à la bouche !) délicatement via un tube en plastique souple connecté au support. Ce flux préviendra une éventuelle obstruction de l'électrode par des particules et également nettoiera très localement la zone de membrane destinée à recevoir la pipette. Ensuite, la pointe de la pipette arrive au contact de la membrane qui s'invagine, c'est-à-dire qu'elle s'insère sous la pointe de la pipette. L'expérimentateur visualise et contrôle cette invagination à l'écran (particulièrement visible sur l'ovocyte de xénope). À ce moment-là, il libère la pression positive et aspire légèrement à travers le tube en plastique. Il se forme alors un contact très étroit entre les molécules de la membrane et les molécules de verre. On parle de scellement ou « *seal* ». La formation du *seal* est l'objectif commun des « patcheurs ». Sa réussite va dépendre, comme nous l'avons vu, de la géométrie et de l'état de surface de la pipette, mais également de la morphologie cellulaire, de l'ensemble cellule-pipette et de facteurs environnementaux comme l'absence de vibrations et de déplacement d'air. C'est pourquoi on utilise une table anti-vibrations montée sur coussin d'air qui délimite l'espace de mesure. La forte résistivité électrique du scellement va permettre des enregistrements de courants faiblement bruités et impose l'utilisation d'une cage de Faraday pour protéger la mesure de toute source de bruits parasites comme les rayonnements électromagnétiques. Afin de s'affranchir du côté « manuel » (ou oral) et aléatoire du scellement, certains auteurs ont proposé d'automatiser ces étapes de contrôle de la pression intra-pipette à l'aide de valves solénoïdes afin de standardiser la procédure [49].

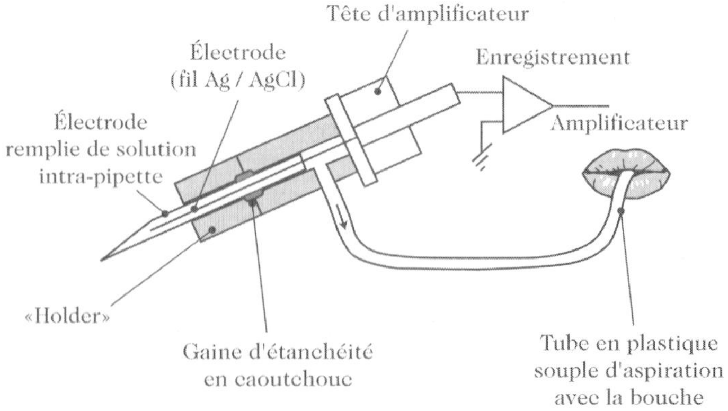

Figure 11.3. Assemblage de la micropipette de verre, contenant l'électrode de mesure, sur le « *holder* » et la tête d'amplificateur.

Des électrodes en Ag/AgCl

À la différence des électrodes en or ou en titane, les électrodes d'argent chlorurées sont non polarisables. L'électrode Ag/AgCl est sélective aux ions Cl^- et son potentiel est fonction de l'activité des ions Cl^- dans la solution. Elle convertit les courants ioniques des solutions en flux d'électrons dans le métal et participe à la réaction chimique réversible avec les ions de la solution :

$$Ag + Cl^- \rightleftharpoons AgCl + e^-.$$

Il n'y a donc pas de charges accumulées sur l'électrode au cours de la réaction ; son potentiel est stable. La régénération régulière des électrodes par chloration (eau de Javel) évitera toute dérive potentielle.

Aspects électriques

Outre sa fonction mécanique de porte-support de la micropipette, la tête d'amplificateur a deux fonctions électriques : elle mesure le courant qui traverse la membrane, ou le « patch » de membrane, et transfère le signal de stimulation jusqu'à la membrane.
La tête d'amplificateur contient deux éléments : le connecteur du porte-électrode et l'amplificateur opérationnel (circuit intégré). Notons que certaines têtes d'amplificateur commerciales peuvent aussi contenir des systèmes de refroidissement des composants électroniques pour diminuer le bruit électronique parasite, des systèmes de compensation de la capacité ou des artefacts de stimulation.

- **Le connecteur** reliant la tête d'amplificateur à la pipette de patch est constitué d'un matériel diélectrique avec un fil conducteur central relié à l'entrée de l'amplificateur opérationnel. Cela diminue fortement le bruit de fond du système.
- **L'amplificateur opérationnel** et les résistances représentent la partie centrale de la tête d'amplificateur. L'amplificateur est caractérisé par une forte résistance d'entrée (supérieure à 10^{12} ohms) et un faible bruit de sortie. Cette résistance d'entrée est très grande pour que la résistance de la pipette soit négligeable. La valeur de la tension de sortie de l'amplificateur est proportionnelle à la valeur du courant I mesuré, ce qui explique l'autre appellation de l'amplificateur : convertisseur courant-tension. Il convertit le signal d'entrée de haute résistance en un signal de sortie de basse résistance, accessible à tout appareil d'enregistrement. Du fait qu'il convertisse de très faibles courants en tension, le préamplificateur est placé sous cage de Faraday. Il comprend un ensemble de blocs de composants électroniques qui permettent d'étalonner et de corriger le signal sortant de la tête d'amplificateur, ainsi que le signal de stimulation qui entre dans la tête d'amplificateur. De façon générale, les amplificateurs renferment un système de compensation du potentiel existant entre la solution intra-pipette et la solution du bain, un système de compensation de la capacité de l'électrode, un système de compensation des résistances séries et de la capacité de la membrane, un système de commande du potentiel de maintien, des filtres passe-bas et passe-haut, et un système de soustraction du courant de fuite. Les résistances séries sont situées à la pointe de la pipette et sont dues à la présence de petits morceaux de membrane, qui obstruent toujours un peu la pipette. Ces résistances sont très variables d'une expérience à l'autre. Une tension de l'ordre du mV est envoyée dans l'amplificateur et ressort sous forme de tensions de 0 à 5 V transmises à

la carte d'acquisition via le PC. Des logiciels permettent l'enregistrement des signaux venant de l'amplificateur et la mise en forme des protocoles de stimulation (sauts de potentiel) (pour en savoir plus, voir [2, 44]).

Illustrons par un exemple son fonctionnement. Rappelons tout d'abord que la membrane d'une cellule peut être réduite à son équivalent électrique (voir la figure 11.1) : une résistance de membrane R_m d'environ 10^8 ohms et un générateur de courant. Un potentiel de membrane V_m, établi de part et d'autre de la membrane, résulte du courant I généré par les ions passant à travers des canaux ioniques ouverts. La valeur V_m est fixée par l'expérimentateur à V_c, valeur du potentiel de commande (figure 11.4). Sont également connues la valeur du potentiel de sortie V_o et la valeur de la résistance R_f, fixée entre 50 mégaohms et 10 gigaohms selon les têtes d'amplificateur (ajustement du gain).

Dans notre exemple, on cherche à mesurer le courant qui traverse la membrane lors d'un saut de potentiel de –80 mV (potentiel de maintien) à –20 mV. On ajuste V_c au niveau du stimulateur et l'amplificateur impose que V_m soit égal à chaque instant à V_c.

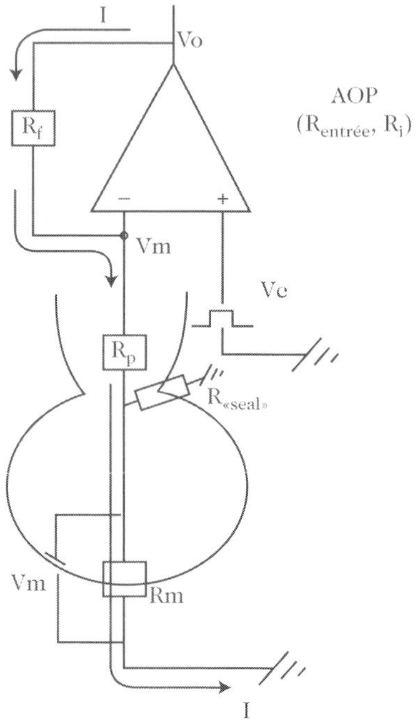

Figure 11.4. Principe du fonctionnement de la tête d'amplificateur.

Quelques ordres de grandeur de *R* en configuration *whole-cell*
Le milieu intracellulaire est en continuité avec le milieu intra-pipette à travers une résistance globale de $R_p + R_m + R_{seal}$, telle que :
- R_p, R pipette : 10^6 ohms
- R_i, R entrée : 10^{12} ohms
- R_s, R stimulateur : 10^4 ohms
- R_m, R membrane : 10^8 ohms
- R_f, R « *feed-back* » ou « contre-résistance » : 10^{12} ohms
- R_{seal} : 10^9 ohms

Soit R globale = 10^{12} ohms.

Pour que $V_m = V_c$, l'amplificateur opérationnel va générer une valeur de potentiel V_o qui induira un courant I dans le circuit $R_f \Rightarrow R_{pipette} \Rightarrow R_m \Rightarrow R_{bain} \Rightarrow$ terre, jusqu'à ce que le potentiel au point V_m devienne égal à celui au point V_c, soit –20 mV. Suite au saut de potentiel, il y a ouverture des canaux de la membrane et, de ce fait, la résistance R_m diminue, le courant I change, ainsi que V_o. Ce changement d'intensité de courant ne reflètera qu'un changement de résistance de membrane, étant donné le fait que les valeurs de R_f, R_p, R_{bain} sont constantes. En appliquant la loi d'Ohm $I = V/R$, le calcul de I se fait automatiquement à partir de V_o sur la base de l'équation :

$$I = (V_o - V_m)/R_f = (V_o - V_c)/R_f.$$

Envisageons maintenant le cas « anormal » où la résistance d'entrée de l'amplificateur ne soit pas très élevée (exemple $R_i = 10^7$ ohms au lieu de 10^{12} ohms). La conséquence sera double : le potentiel de membrane sera court-circuité et la mesure de I faussée. La résistance globale devient égale à $1{,}1.10^7$ ohms, soit dix fois plus faible que R_m : le courant I va donc passer à travers le circuit électronique de faible résistance (c'est-à-dire la résistance d'entrée de l'amplificateur) au lieu de passer à travers la membrane.
Envisageons également le cas d'un scellement cellule-pipette insuffisant (d'une résistance inférieure au gigaohm) et/ou le cas d'impuretés au niveau de l'extrémité de la pipette par exemple. La conséquence sera une mesure du courant transmembranaire fortement bruitée dans le cas d'un mauvais seal (dans ce cas, R_{seal} diminue et on n'a pas accès à R_m) et/ou biaisée par la présence d'impuretés (dans ce cas, R_p augmente et on n'a pas accès à R_m).

1.4.4. Enregistrement de courants

Formation du scellement et configurations d'enregistrement

Le scellement : la mise en jeu de processus physico-chimiques encore peu connus

La formation du scellement met en jeu des processus *a priori* moléculaires, mais néanmoins peu élucidés à l'heure actuelle (figure 11.5). Plusieurs hypothèses pouvant expliquer la nature des interactions ont été avancées, telles que des charges électrostatiques, des liaisons hydrogène entre lipides et verre, des ponts calciques, des forces de Van der Waals, etc. Il semble en tous cas que le scellement se produise entre la membrane et l'extrémité de la pipette en verre, mais surtout entre la membrane invaginée dans la pipette et les parois du verre. Ce manque de connaissances exactes des interactions membrane/pipette constitue actuellement, comme nous le verrons au chapitre 19 « Puces à cellules », un obstacle majeur pour le choix du matériau dans le développement de puces patch-clamp, ainsi que la géométrie et la taille du site de mesure de la cellule. Il est en effet bloquant de ne pouvoir mimer ou reproduire au niveau d'une micro-ouverture dans un substrat planaire (puce patch-clamp) les propriétés très fines de couplage membrane-pipette.

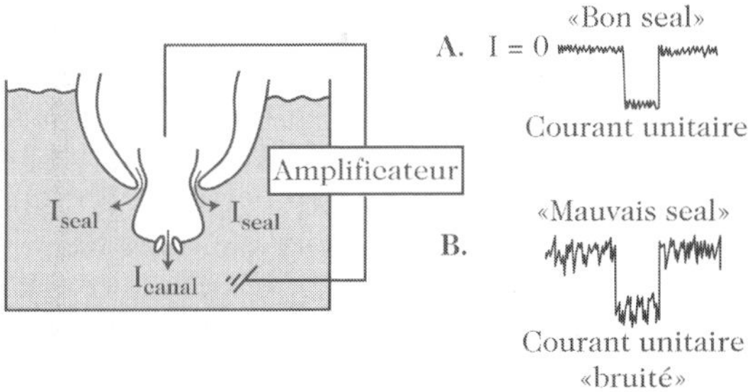

Figure 11.5. Illustration du scellement ou *seal* cellule-pipette et conséquences d'un mauvais *seal* (soit une valeur de *seal* inférieure au gigaohm (*gigaseal*)) sur la qualité de l'enregistrement en canal unitaire ou *single channel* (A). Si le courant est 10 fois plus important à travers le seal (fuites dues à un mauvais scellement (B)) qu'à travers le canal, alors les fluctuations statistiques de courant seront $\sqrt{10}$, soit 316 % plus élevées que dans le cas d'un « *seal* parfait », selon M. Joffre [2].

Le scellement : une stabilité électrique et mécanique

Une fois obtenu, le scellement stabilise l'interface entre cellule et pipette et, en même temps, induit une forte barrière de diffusion des ions, ainsi que la délimitation de deux compartiments indépendants dont on peut, plus ou moins facilement, changer la composition ionique. Dès lors que cette stabilité est obtenue, quatre configurations d'enregistrement des courants ioniques sont possibles, par micromanipulation mécanique (figure 11.6).

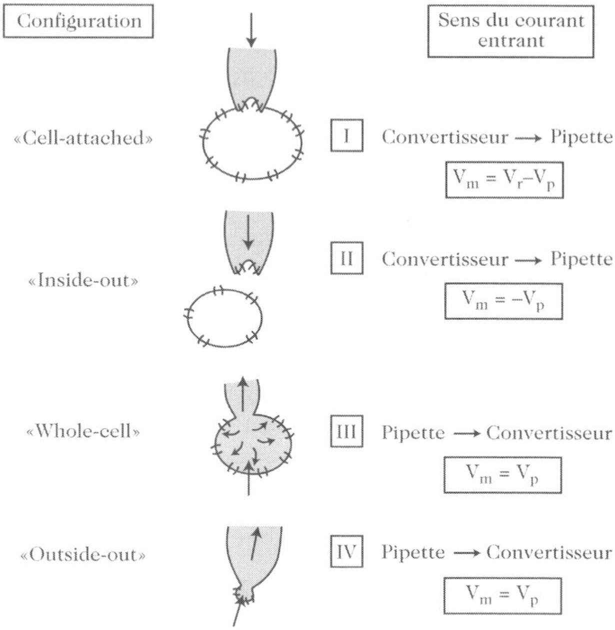

Figure 11.6. Les différentes configutations d'enregistrement de courants ioniques en patch-clamp.

1. Une fois le scellement réalisé, la pipette est toujours maintenue au contact de la cellule et emprisonne dans son extrémité un petit nombre de canaux (en général entre 1 et 100). Cette configuration est dite cellule attachée ou *cell-attached* [50].

2. Suite à cette configuration, lorsque le morceau de membrane est arraché par simple retrait de la pipette, on obtient la configuration *inside-out,* c'est-à-dire que le morceau de membrane reste fixé à la pipette et c'est sa face interne qui devient exposée au milieu extracellulaire. Dans cette configuration, il devient alors possible de moduler le milieu intérieur de la cellule.

3. Pour obtenir la configuration cellule entière ou *whole-cell* , il faut revenir à la configuration du scellement initial. Mais cette fois, la membrane fixée à la pipette est rompue et, dès lors, pipette et cytosol communiquent. Cette rupture de membrane peut être obtenue selon plusieurs procédés : soit par une forte dépression sous aspiration, soit par application d'une impulsion électrique de 1 V sur une durée de quelques microsecondes à quelques millisecondes. On enregistre alors les courants résultant des N canaux répartis sur la membrane. Dans cette configuration, les conditions physiologiques sont « biaisées » dans la mesure où la diffusion du milieu intra-pipette modifie le contenu du milieu intracellulaire. Une « astuce » moins invasive permet de remédier à ce problème : on applique un agent perméabilisant de type antibiotiques polyènes (amphotéricine, nystatine). Ces molécules forment des canaux dans les membranes (on parle également de *membrane partitioning*) contenant cholestérol ou ergostérol. Ces agents qui tendent à perforer la membrane, après avoir été introduits dans la micropipette, forment des canaux qui sont perméables aux cations monovalents et au Cl^-, mais excluent les ions multivalents tels que Ca^{2+} ou Mg^{2+}. Notons que la conductance des canaux formés par l'amphotéricine est deux fois plus importante que celle des canaux formés par la nystatine. Par ailleurs, la présence de ces agents « perforants » va affecter la qualité du scellement, et des précautions expérimentales particulières seront prises. Comme nous l'avons vu, certains systèmes d'expression hétérologues des canaux, comme les cellules CHO, HEK ou les fibroblastes, se prêtent efficacement à l'analyse en patch-clamp dans cette configuration. En revanche, des cellules volumineuses comme l'ovocyte de xénope ne s'y prêtent pas, car le potentiel ne peut être imposé et réparti de façon uniforme sur la totalité de la membrane. Dans ce cas, on utilisera la technique des doubles électrodes intracellulaires, l'une imposant le potentiel, l'autre mesurant le courant.

4. Une fois la configuration cellule entière obtenue, on peut retirer la pipette. Un morceau de membrane se détache alors de la cellule et vient former une demi-vésicule à l'extrémité de la pipette. La face extracellulaire est cette fois exposée au milieu bain. C'est la configuration *outside-out.*

Quelle configuration choisir ?

- Les configurations *cell attached, inside out* et *outside out* permettent d'étudier les canaux ioniques à l'échelon individuel. La mesure de l'intensité du courant élémentaire à des potentiels imposés, en présence de solutions ioniques variées, permet de déterminer la conductance du canal et sa sélectivité ionique. La mesure du temps fractionnel d'ouverture (ou probabilité d'ouverture) permet d'étudier l'effet d'agents de régulation ou de bloquants. Dans ces configurations, on travaille en général à l'état stationnaire.
- Dans la configuration *whole-cell*, on ne distingue plus les courants individuels et on mesure les courants produits par l'application séquentielle de sauts de potentiel à durée fixe de valeurs variables. Cette configuration est particulièrement adaptée aux courants des tissus excitables, car elle renseigne sur les propriétés électriques des courants étudiés.

Enregistrement et analyse de courants ioniques

Courants unitaires

Un canal ne peut exister que dans un état ouvert ou un état fermé. L'activité du canal induite par un changement extrêmement rapide de configuration moléculaire se manifeste par des créneaux, des sauts *(steps)* rectangulaires de courant, dont l'amplitude est fixée par le gradient électrochimique des ions environnants et par la conductance propre au canal. Leurs durées reflètent la présence du canal dans l'état ouvert ou l'état fermé [51]. Ce sont des grandeurs aléatoires dépendantes des mécanismes de *gating* (d'ouverture/fermeture) propre au canal. En plus de réarrangements intramoléculaires rapides qui se produisent pour passer d'un état à l'autre, il faut également un saut énergétique suffisant pour franchir les barrières d'énergie libre séparant les deux états. Ce franchissement aléatoire de la barrière d'énergie est dû à des vibrations rapides de la protéine-canal, liées à son énergie thermique. Ces vibrations s'effectuent à une fréquence d'environ 10^{-11} à 10^{-12} par seconde. Retenons le caractère aléatoire des transitions entre états.

La limitation du bruit est essentielle pour l'enregistrement de courants unitaires inférieurs à 1 pA. On recherchera des conditions expérimentales qui permettent un rapport amplitudes signal/bruit supérieur à 3. Le bruit dominant est le bruit thermique du scellement, que l'on cherchera à réduire. Choisir un verre de pipette peu bruyant (verre dur tel que *Pyrex* ou quartz) peut contribuer favorablement à la diminution du bruit, ainsi que d'autres « astuces », telles que de limiter à 2 ou 3 millimètres l'immersion de la pointe.

Analyser les courants unitaires (en général, un canal est le siège d'un courant de 2,5 pA) sert à comprendre la cinétique de fonctionnement d'un canal, accéder à son nombre d'états de conductance, aux vitesses de transition entre états, etc. Ainsi, l'enregistrement se présente comme une séquence d'évènements d'ouverture et de fermeture (figure 11.7). Cet enchaînement d'évènements est analysé très finement, voire modélisé et représenté de façon spécifique sous forme d'histogrammes d'amplitudes, des temps d'occupation des états... Cette analyse fine d'un courant unitaire aboutit à la détermination de cinétiques individuelles [2, 52].

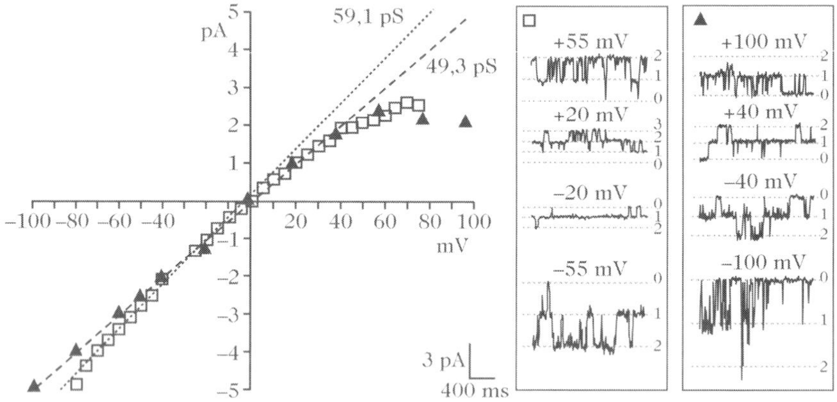

Figure 11.7. Enregistrements de courants unitaires de canaux K_{ATP} du muscle squelettique à des potentiels variés (à droite) et courbe I-V correspondante (à gauche). Avec l'autorisation de C. Arnoult [51].

Courants macroscopiques

En appliquant à l'ensemble de la membrane cellulaire un potentiel déterminé et en ajustant les compositions de milieux intracellulaires et extracellulaires, on peut atteindre des courants macroscopiques (de l'ordre de plusieurs nanoampères, voire microampères), issus de la sommation de N canaux répartis quasi uniformément sur la membrane. Cette fois, à l'inverse de l'analyse des courants unitaires, le but est de caractériser un canal par son comportement moyen. S'agissant d'une population de N canaux, on pense aisément que la probabilité globale pour ces N canaux d'effectuer une transition est égale à la probabilité pour un seul canal d'effectuer N transitions. Ainsi, les courants macroscopiques rendent compte du comportement de N évènements aléatoires.

D'un point de vue expérimental, on retrouve ici la même contrainte d'établir un scellement très résistif afin de diminuer le bruit de fond du signal. Par ailleurs, le passage en configuration cellule entière introduit deux phénomènes nouveaux liés à la rupture de la membrane : une modification brutale du potentiel imposé à la membrane et un nouvel équilibre ionique et chimique entre la pipette et le cytoplasme (dialyse). La résistance de pipette se trouve alors en série avec la résistance d'accès qui caractérise la zone de jonction avec le cytosol.

Les variantes du patch-clamp

Comme nous l'avons évoqué, la technique du patch-clamp ne peut s'adapter à l'étude des grosses cellules telles que l'ovocyte de xénope et, dans ce cas, la technique des doubles électrodes sera préférée. La flexibilité du patch-clamp, ses potentialités d'évolution et d'extension, sa souplesse d'utilisation en font justement toute la performance. L'expérimentateur a su mettre à profit cette polyvalence pour réussir à adapter la technique ou la plate-forme [53] du patch-clamp à des problématiques bien spécifiques.

Revenons au cas de l'ovocyte, pour lequel il est difficile d'imposer à l'aide d'une électrode unique un potentiel homogène sur la totalité de la membrane. Si l'on cherche néanmoins à travailler en configuration cellule attachée, une solution consiste à utiliser des pipettes de diamètre plus important, de l'ordre de 10 µm au lieu des 2 µm conventionnellement utilisés. Les scellements ne dépassant en général pas une centaine de mégaohms ont donné à cette technique le nom de « *loose patch-clamp* » ; elle reste adaptée aux mesures sur muscles, neurones tels que l'axone géant de calmar. Citons également la technique de « *giant-membrane patch recording* » qui permet également, avec des pipettes de 10 à 40 µm de diamètre, d'accéder à des macrofragments de membrane et, de ce fait, à des densités plus fortes de canaux.

Sur petites cellules, lors du passage en configuration *whole-cell* , la rupture de la membrane représente un traumatisme pour la cellule qui voit le remplacement de son milieu cytoplasmique par un milieu pipette de composition ionique connue et contrôlée. Un lavage des métabolites et autres facteurs cytosoliques vitaux de la cellule se produit, et une perte des fonctions cellulaires peut apparaître. On assiste ainsi au phénomène de *run-down* qui traduit une inactivation de certains canaux. Pour remédier à ce problème, une technique de perforation ou de « dialyse » de la membrane par des agents antibiotiques (amphotéricine B, nystatine, voir la page 652) est utilisée. Le morceau de membrane ne subit plus de rupture, mais est perméabilisée par la formation de pores de quelques angströms de diamètre qui assurent la connexion électrique entre cellule et pipette, tout en préservant le contenu vital de la cellule. Cette technique est utilisée notamment pour l'étude des mécanismes de signalisation, l'étude de l'exocytose dans les cellules sécrétrices, l'étude de la réponse cellulaire à des changements métaboliques ou d'osmolarité.

La technique d'enregistrement sur coupes de tissus a également été introduite afin d'étudier la réponse d'une cellule dans son architecture cellulaire et tissulaire originelle. Ces expériences sont notamment réalisées sur des tranches organotypiques de cerveaux de jeunes rats, fraîchement préparées. Cette technique permet d'étudier des évènements rapides et de faible amplitude grâce à une grande qualité d'enregistrement due essentiellement à un rapport signal sur bruit élevé. Elle permet d'étudier les interactions entre évènements biochimiques et électriques. Par exemple, le couplage de cette approche à l'imagerie calcique par fluorescence permet de suivre les mouvements calciques liés à l'exocytose de neurotransmetteurs et la réponse électrique neuronale.

D'autres variantes ont été introduites pour étudier par exemple la dynamique de l'exocytose, dont l'étape finale de fusion membranaire se traduit par des variations de capacités membranaires de l'ordre du femtofarad, que l'on cherche à mesurer. Dans d'autres situations, comme par exemple lors de l'étude de canaux d'endomembranes cellulaires, on utilisera la technique des membranes artificielles, enrichies en canaux ioniques purifiés (revue détaillée dans [2]).

1.4.5. Les autres techniques indirectes d'étude des canaux ioniques

Comme nous venons de le voir, seule la technique du patch-clamp permet une approche directe de l'activité électrique des canaux, dans la mesure où elle permet d'accéder soit au courant électrique, soit à la quantification d'un flux d'ions transmembranaire. Il est sans doute bon de replacer cette technique parmi des méthodes indirectes que nous ne détaillerons pas ici : la **technique de liaison** (*binding*), qui permet de détecter l'interaction d'un composé marqué radioactivement avec un canal ionique, la **technique de flux,** qui suit à l'aide de radio-isotopes (Rb pour les canaux potassiques, Li pour les canaux sodiques) le flux d'ions spécifiques à travers la cellule et, enfin, les techniques basées sur la **fluorescence,** qui mesurent le potentiel de membrane ou les modifications des concentrations ioniques comme étant le résultat de flux ioniques. Ces mesures indirectes sont réalisées à partir de sondes fluorescentes (exemple de Fura-2 ou Indo-1 comme sondes calciques), dont le spectre est modifié suite aux variations de potentiel de membrane ou de concentration ionique (revue dans [58]).
Il est également possible de mesurer le potentiel de membrane par une approche extracellulaire. Bien que moins informative que la mesure du potentiel de membrane intracellulaire, la mesure extracellulaire peut néanmoins informer sur l'activité du potentiel d'action dans une population de cellules, comme par exemple dans des petits réseaux de neurones, des tranches de cerveau ou de tissu cardiaque. Une approche très innovante d'interfaçage bio-électronique a été élaborée et mise en œuvre par l'équipe du professeur Fromherz [54, 55]. Le potentiel de membrane produisant un champ électrique important peut être couplé à un semi-conducteur à effet de champ qui permet l'amplification des courants extracellulaires (voir le chapitre 19 « Puces à cellules »).

1.5. Conclusion : évolution du patch-clamp et révolution vers une électrophysiologie « haut débit »

Le champ très large d'applications de la technique du patch-clamp, incluant les nouvelles voies thérapeutiques qu'elle permet d'envisager, reflète le souhait des chercheurs d'exploiter toujours plus les performances et les potentialités de cette technique. Des stratégies d'analyse toujours plus sophistiquées émergent et tendent, en mettant à profit les principes et les concepts innovants de base, à affiner notre connaissance et notre compréhension de la physiologie cellulaire, de la physiopathologie et de la pharmacologie moléculaire.
Ainsi, au fil de ces évolutions scientifiques et techniques, le canal ionique est passé de l'état de concept à celui d'acteur majeur de la signalisation cellulaire pour atteindre une identité moléculaire en tant que protéine insérée dans la membrane, siège d'une relation structure-fonction complexe. Enfin, il est au cœur même de

pathologies qui lui sont dédiées (canalopathies). Les canaux ioniques sont devenus ainsi des molécules d'intérêt médical croissant comme cibles thérapeutiques potentielles. L'analyse fonctionnelle de ces protéines-canal représente un véritable goulet d'étranglement dans le processus de découverte de nouveaux composés pharmacologiques actifs et constitue un défi majeur pour l'industrie pharmaceutique qui cherche à découvrir et à valider des molécules innovantes, ciblant spécifiquement ces canaux et autres transporteurs membranaires [56, 57]. Enfin, du fait de leur biosélectivité, ces canaux sont désormais les candidats idéaux pour le développement de biocapteurs utilisés pour la détection de pathogènes ou de toxines.
Comme nous l'avons vu dans cette partie, la technique du patch-clamp, bien que performante, est très sensible aux interférences et nécessite une infrastructure lourde pour s'en affranchir (cage de Faraday, table anti-vibrations...). Elle requiert un doigté d'expert dans la mise en œuvre expérimentale (positionnement de la pipette de verre par micromanipulation, réalisation du scellement avec contrôle sous microscope...). Ne s'improvise pas électrophysiologiste qui veut ! En général, il faut compter une bonne première année de thèse pour acquérir la maîtrise de la technique, ses subtilités et la patience adéquate ! Qui plus est, un « patcheur » senior réalisera au mieux environ 20 mesures par jour. Face à cette réalité de laboratoire, il y a celle de l'industrie pharmaceutique : le nombre de plus en plus important de molécules candidates et de protéines mutantes générées respectivement par les nouvelles techniques de chimie combinatoire et de génétique combinatoire et le besoin de nouveaux outils de criblage dits « haut débit », fiables, efficaces et consommant peu d'échantillons, qui devient urgent [58, 59, 60]. Il est clair que le patch-clamp, dans sa configuration actuelle (une pipette = une mesure) ne peut répondre à ce besoin. Et pourtant, il demeure essentiel de pouvoir exploiter sa performance et ses potentialités en termes de résolution. Tel est le défi technologique des années 2000 : comment concilier patch-clamp et haut débit ? Comment faire que le patch-clamp soit exploité à grande échelle et donc devienne accessible à des non-experts du domaine ? Comment peut-il devenir « plate-forme » de criblage ou équipement commun sans toute une infrastructure contraignante ? Comment peut-il répondre à l'analyse de millions de cellules par semaine ? Toutes ces questions montrent la nécessité de révolutionner littéralement le concept même de micropipette de patch-clamp [61]. Nous verrons au chapitre 19 comment les « puces à cellules » apportent une part de réponse à ces questions et représentent une ouverture sur une nouvelle ère technologique et scientifique.

2. Ampérométrie

L'utilisation des techniques modernes de génomique, d'imageries locales, des méthodes de microscopie à champ proche et leur couplage ont permis d'accroître à un degré extraordinaire notre compréhension structurale de phénomènes biologiques fondamentaux à l'échelle cellulaire.
Dans de nombreux cas, de plus en plus fréquents, l'architecture des organites cellulaires ou celle des assemblages biologiques cellulaires dans les tissus vivants commence à être parfaitement comprise, pratiquement jusqu'à l'échelle moléculaire ou supramoléculaire. Néanmoins, malgré cette description de plus en plus fine du paysage fonctionnel cellulaire, celle des mécanismes moléculaires de la

communication intra- ou intercellulaire reste souvent confuse ou tout au moins grossière. Cette dichotomie peut paraître surprenante, mais elle s'explique aisément dès que l'on conçoit que les molécules chimiques et biologiques qui définissent les routes de communication cellulaire correspondent à des quantités extrêmement faibles (du millier au million de molécules en neurotransmission par exemple), émises pendant des temps extrêmement brefs ou selon des modulations temporelles rapides. La véritable information, pour une molécule donnée, échangée entre une source et un récepteur cellulaire, consiste donc essentiellement en une variation différentielle du flux de sa concentration. Seule cette information infinitésimale transitoire a donc un sens et cela explique la difficulté extrême de son obtention.

On peut s'étonner que la nature ait sélectionné des moyens de communication fondés sur ce principe, c'est-à-dire très peu de molécules émises et reçues dans des volumes généralement de l'ordre du femtolitre. Cependant, les réponses des détecteurs moléculaires biologiques sont fondées d'une part sur une détection sélective, et d'autre part sur des vitesses de réactions chimiques ou biochimiques. Or dans une cellule, pour un couple substrat-détecteur donné, la vitesse de réaction molécule-substrat dépend de la probabilité de rencontre entre la molécule et le substrat, c'est-à-dire de la concentration de la molécule dans une zone de taille nanométrique centrée sur le substrat. Si l'on pense par exemple à une synapse neuronale, une dizaine de milliers de molécules seulement constituent un « bit » d'information. Cela semble extraordinairement faible à l'échelle macroscopique. De plus, compte tenu de la nature chimique des neurotransmetteurs et de leurs propriétés spectroscopiques, il est impossible d'observer les flux correspondants, même avec les meilleures méthodes spectroscopiques actuelles. Cependant, ces molécules ou ions sont émis dans un espace (synapse) lui aussi infiniment petit, de sorte que dans cette synapse, la concentration varie de manière importante (micro- à millimolaire). Les détecteurs implantés sur la surface de la membrane du neurone récepteur n'ont donc aucun problème pour détecter cinétiquement le bit d'information.

Cet exemple de nanotechnologie naturelle est parfaitement illustratif des problématiques biologiques traitées dans ce chapitre et des principes des méthodes électrochimiques faradiques utilisées pour les résoudre. Celles-ci sont fondées sur la mise en oeuvre d'ultramicroélectrodes, c'est-à-dire d'électrodes de dimensions micro- à nanométrique, dont nous présenterons les principales propriétés. Pour éviter toute confusion avec d'autres phénomènes (courants ioniques, courants capacitifs, etc.) et avec les méthodes d'analyse correspondantes, présentées par ailleurs dans ce chapitre, nous allons tout d'abord rappeler brièvement les principes des mesures électrochimiques faradiques.

2.1. Aspects et principes fondamentaux de l'électrochimie faradique

Toute expérience électrochimique englobe nécessairement deux grandes familles de phénomènes, qu'il convient de séparer du fait de leurs natures physicochimiques différentes et des énergies mises en jeu.

On parle d'électrochimie *stricto sensu* lorsqu'un ou plusieurs électrons sont transférés de l'électrode vers un substrat chimique ou inversement. Il s'agit d'une véritable réaction chimique entre un réactif, l'électron ou un trou, et un édifice

chimique. Cette réaction met en jeu des énergies de l'ordre de l'électron-volt et présente une étape d'activation, c'est-à-dire une barrière d'activation chimique. Par référence aux travaux pionniers de Faraday, on désigne plus particulièrement cette classe sous le terme d'**électrochimie faradique**.
Simultanément, la structuration de l'interface électrode – solution, la résistance du milieu, etc., impliquent des phénomènes physiques électrostatiques et électrocinétiques généralement de l'ordre de grandeur de kT. Toute modification du potentiel de l'interface ou passage d'un courant dans la cellule impose des modifications des équilibres physiques mis en œuvre. Il en résulte généralement un courant lié à un déplacement d'ions, mais n'impliquant aucune modification chimique des substrats. On parle alors de courants ioniques (c'est-à-dire capacitifs, comme cela sera expliqué plus bas), électro-osmotiques, électrophorétiques, et plus généralement de **phénomènes non faradiques**.
Ces types de phénomènes sont souvent confondus involontairement, car il est bien évident que l'un et l'autre sont très finement couplés. Cela introduit une confusion dommageable à la compréhension des phénomènes électrochimiques. Pour cette raison, nous allons commencer par examiner séparément chaque classe de phénomènes selon leur nature faradique (chimique, eV) ou non faradique (physique, kT).

2.1.1. Processus non faradiques

Nature de l'interface électrode – solution

La présence de porteurs de charge immobiles à une interface électrode – électrolyte et l'existence d'une différence de potentiel électrique à cette interface imposent qu'une accumulation de charge s'établisse de part et d'autre de l'interface. La charge portée par l'électrode est constituée soit par un excès d'électron, soit dans le cas contraire par un déficit d'électron. Du côté de l'électrolyte, la charge à l'électrode se trouve compensée à la fois par une accumulation d'ions de charge opposée et par un défaut en ions de même charge que celle portée par l'électrode. Il se forme alors à l'interface une **double couche électrochimique**, à l'intérieur de laquelle s'instaure une différence de potentiel. Comme dans toute jonction, cette différence de potentiel s'établit à la manière d'un condensateur chargé pour lever la discontinuité du potentiel. Cette situation peut être plus complexe s'il y a intervention de phénomènes d'adsorption spécifique, tant d'ions que de molécules neutres.
Suivant la nature de l'électrode et celle de l'électrolyte, il existe un potentiel pour lequel l'interface ne comporte pas de charge. C'est le **potentiel de charge nulle** noté E_{eq}. Lorsque le potentiel de l'électrode est imposé ou modifié, celui-ci devient nécessairement inférieur ou supérieur à E_{eq}. Pour une différence négative, la surface de l'électrode est alors chargée négativement. Les cations contenus dans la solution et les dipôles présents (tels que par exemple les molécules de solvant) sont attirés à l'interface. Bien que l'épaisseur de la zone où il y a accumulation de charge dans l'électrode puisse être considérée comme très faible, il n'en est pas de même pour la couche de solution à l'intérieur de laquelle la distribution ionique cesse d'être électriquement neutre. En effet, une différence de potentiel à l'interface impose une structuration complexe de la solution, du fait des différences entre nature et comportement des ions ou molécules polaires, et de la faible densité de porteurs de charge.

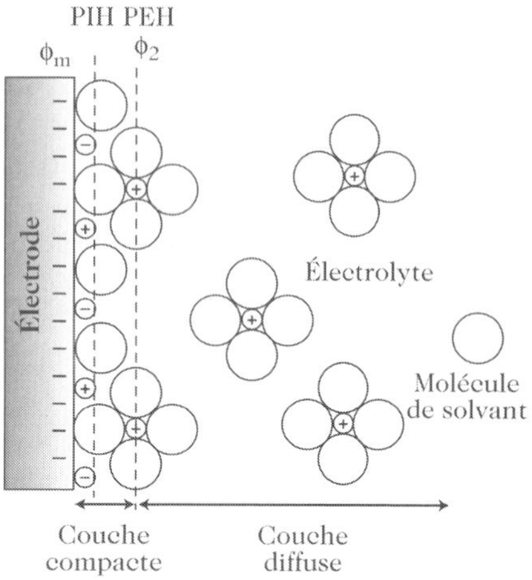

Figure 11.8. Modèle de la double couche électrochimique. ϕ_m est le potentiel de l'électrode et ϕ_2 le potentiel en solution au plan externe de Helmholtz (PEH). PIH désigne le plan interne de Helmholtz.

La double couche électrique qui se crée alors est composée d'une **couche compacte** ou **couche de Helmholtz** hautement organisée, formée d'ions et de dipoles fortement adsorbés à l'interface (figure 11.8). Elle correspond à la distance minimale d'approche (de l'ordre de quelques angströms) des ions excédentaires venant compenser l'excès de charge à l'électrode. On distingue toutefois le **plan interne de Helmoltz** (PIH), plan où les ions sont spécifiquement adsorbés sur l'électrode, du **plan externe de Helmoltz** (PEH), plan où sont maintenus les ions solvatés (voir la figure 11.8). L'épaisseur de cette zone est fixée par la sphère de solvatation de ces ions et par l'intercalation entre ces ions et l'électrode d'une couche de molécules de solvant adsorbées. Au-delà, les ions solvatés (non spécifiquement adsorbés) sont soumis d'une part à des forces électrostatiques à grande distance, indépendantes de leurs propriétés chimiques, et d'autre part, à l'agitation thermique au sein de la solution. Cela a pour conséquence d'établir une zone de charge d'espace tridimensionnelle, appelée **couche diffuse** ou **couche de Gouy-Chapman,** à l'intérieur de laquelle ces ions se répartissent en équilibrant les deux contraintes.

La distribution du potentiel à l'interface s'effectue ainsi dans une zone globale dont l'épaisseur dépend de la concentration ionique totale en solution. Celle-ci atteint généralement quelques dizaines d'angström (longueur de Debye). Dans les conditions usuelles où la concentration de l'électrolyte est suffisamment grande, la différence de potentiel dans la couche diffuse est rendue très faible (c'est-à-dire $(\phi_2 - \phi_s)$ de l'ordre de la dizaine de millivolts). C'est alors principalement à l'intérieur de la couche compacte que la variation de potentiel entre l'électrode et la solution s'instaure (voir la figure 11.8).

Avant d'échanger des électrons avec l'électrode, une espèce électroactive non spécifiquement adsorbée sera donc soumise, à sa distance minimale d'approche (c'est-à-dire au plan externe de Helmoltz), à la différence de potentiel $(\phi_m - \phi_2)$.

Capacité interfaciale

Le comportement électrique de la double couche électrochimique est responsable des phénomènes capacitifs observés, même dans des circonstances où ne se produit aucune réaction électrochimique. Ces courants ainsi mesurés relèvent de **processus non faradiques** car ne faisant intervenir aucun transfert d'électron à l'interface électrode – électrolyte.

Ainsi, tout changement du potentiel d'une électrode conduira nécessairement à une réorganisation des ions et dipôles dans la double couche électrochimique et à une modification de charge à l'interface. Cela se traduira par un flux d'électrons dans le circuit extérieur, qui sera mesuré comme un **courant de charge** de la capacité interfaciale. En électrochimie, les courants de charge ou courants capacitifs sont à minimiser lors de la réalisation des expériences. Ils s'additionnent en effet aux **processus faradiques** étudiés, c'est-à-dire aux processus mettant en œuvre un transfert d'électron à l'interface couplé à une transformation chimique d'espèce (voir ci-après).

Le schéma électrique équivalent d'un montage à deux électrodes (figure 11.9.a) est constitué de deux capacités C_d en série, représentant la double couche électrochimique aux deux électrodes, et d'une résistance R_s représentant la résistance de la solution (figure 11.9.b). Si l'une des deux électrodes n'est pas idéalement polarisable et son potentiel fixe, sa capacité dans le circuit pourra être négligée, de sorte qu'appliquer une différence de potentiel entre deux électrodes reviendra à traiter de façon classique le problème d'un circuit RC (figure 11.9c), où la seule capacité à considérer est celle de l'électrode de mesure. La variation du courant à l'interface qui découle d'un échelon de potentiel est alors donnée par la relation :

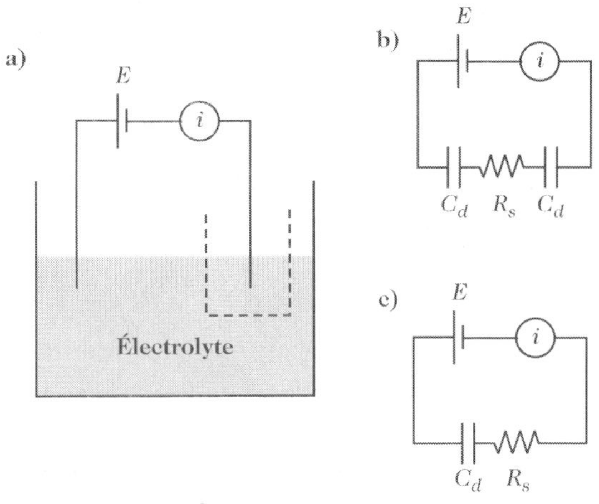

Figure 11.9. Montage à deux électrodes. **a)** Cellule électrochimique. **b, c)** Schémas électriques équivalents en absence de processus faradique lorsque la seconde électrode est polarisable (b) ou non polarisable (c).

$$i = \frac{\Delta E}{R_s} e^{\frac{-t}{R_s C_d}} \tag{11.1}$$

Le courant décroît en fonction du temps de façon exponentielle et tend vers zéro avec une constante de temps associée égale à $T = R_s C_d$. Lorsque la double couche électrochimique se sera entièrement réorganisée après l'application d'un nouveau potentiel à l'électrode, le courant capacitif deviendra suffisamment négligeable par rapport à la composante faradique. Le courant de charge de la double couche électrochimique constituera alors un problème uniquement pour les expériences menées à temps court. Il faut noter toutefois que le terme $R_s C_d$ diminuera avec la taille de l'électrode.

2.1.2. Processus faradiques

Les **réactions électrochimiques** mettent en œuvre des réactions d'oxydation ou de réduction au moyen d'électrodes qui peuvent être métalliques ou bien constituées d'un matériau conducteur électronique :

$$\text{Ox} + n\text{e}^- = \text{Red} \tag{11.2}$$

Ces réactions résultent donc de **transfert de charge** ou **transfert d'électron** à l'interface électrode-électrolyte entre un conducteur électronique et un conducteur ionique. Les espèces pouvant participer à une réaction électrochimique à la surface d'une électrode sont qualifiées d'**électroactives**. Elles peuvent être des espèces organiques, inorganiques, neutres ou chargées.

Une réaction électrochimique correspond à une électrolyse locale de la solution au voisinage immédiat d'une électrode et donne lieu à la mesure d'un **courant faradique** dans le circuit extérieur :

$$\frac{i}{nF} = \frac{\mathrm{d}N}{\mathrm{d}t} \tag{11.3}$$

F est la constante de Faraday ($F = 96\ 485$ C.mol^{-1}) et N le nombre de moles d'espèces électroactives consommées à chaque électrode du circuit pour n moles d'électrons échangés. La réaction globale de la cellule électrochimique résulte en effet d'un couplage entre une réaction d'oxydation à l'anode et une réaction de réduction à la cathode. Ces processus faradiques prennent place parallèlement aux processus non faradiques. Le schéma électrique équivalent à une interface est alors composé d'une impédance Z dite faradique, s'ajoutant au circuit RC précédent (figure 11.10).

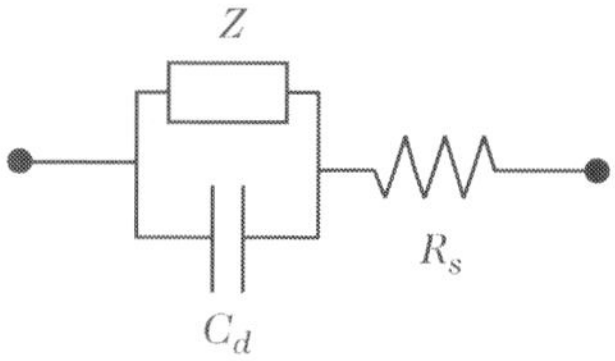

Figure 11.10. Schéma électrique équivalent des processus faradiques et non faradiques à chaque interface.

Pour qu'une réaction électrochimique puisse se produire à l'une des deux électrodes, il faut d'une part qu'il y ait maintien de l'**électroneutralité** au sein de la solution (c'est-à-dire en dehors des deux double couches) et que la charge transférée à la seconde électrode soit identique mais de signe opposé. D'autre part, cette réaction n'aura lieu que si la différence de potentiel E entre les deux électrodes est suffisamment importante pour excéder l'énergie libre ΔG de la réaction globale de la cellule. La différence de potentiel E_{appl} appliquée aux bornes de la cellule est égale à :

$$E_{\mathrm{appl}} = E + iR_{\mathrm{s}} \tag{11.4}$$

où le terme iR_{s} correspond au **potentiel de chute ohmique** dû à la résistance de la solution. Sa contribution peut être minimisée grâce à une conception adéquate de la cellule et de l'instrumentation, ainsi qu'une composition appropriée de l'électrolyte.

Généralement, les réactions électrochimiques ne sont étudiées qu'à une seule électrode appelée **électrode indicatrice**, l'autre électrode (**électrode auxiliaire**) ne servant uniquement qu'au passage du courant dans l'électrolyte. De plus, afin de pouvoir mesurer le potentiel de l'électrode indicatrice, une troisième électrode (**électrode de référence**), de potentiel connu et non polarisée, est introduite dans le montage. L'électrode auxiliaire peut être quelconque, pour peu qu'elle n'affecte pas la réaction électrochimique étudiée à l'électrode indicatrice. Elle sera pour cela suffisamment éloignée et placée parfois dans un compartiment séparé (voir la figure 11.9.a).

Bien que les conditions puissent être réunies pour que la réaction soit thermodynamiquement favorable (c'est-à-dire différence de potentiel appliquée suffisamment positive ou négative), la vitesse de la réaction et par conséquent le courant mesuré dépendront de processus cinétiques intrinsèques à la nature de la réaction électrochimique, tels que :

– la vitesse du transfert d'électron à l'interface,

– le transfert de masse des espèces électroactives de la solution vers l'électrode,
– les réactions chimiques précédant ou bien suivant le transfert d'électron.

Transfert d'électron

La réaction est, de par sa nature chimique, un acte élémentaire et elle est donc du premier ordre par rapport aux deux espèces électroactives associées (équation (11.2)). Pour une électrode, sa vitesse est donnée par l'expression :

$$v = \frac{i}{nFS} = k_{an}C_{ox}^{el} - k_{cat}C_{red}^{el} \tag{11.5}$$

où k_{an} et k_{cat} sont respectivement les constantes de vitesse des processus d'oxydation et de réduction de la réaction électrochimique envisagée. C_{ox}^{el} et C_{red}^{el} représentent les concentrations des espèces électroactives à l'interface (oxydant et réducteur, équation (11.2)) et S la surface de l'électrode. Les constantes de vitesse obéissent, comme dans tout processus chimique élémentaire, à une loi d'activation d'Arrhénius et dépendent du potentiel appliqué à l'électrode indicatrice via les modifications de charge électrostatique :

$$k_{cat} = k_0 e^{-\frac{\alpha nF}{RT}(E-E^0)} \tag{11.6}$$

$$k_{an} = k_0 e^{\frac{(1-\alpha)nF}{RT}(E-E^0)} \tag{11.7}$$

k_0 représente la constante de vitesse standard, E^0 le potentiel standard et α le coefficient de transfert de charge du système électrochimique considéré. α représente la fraction de l'énergie électrique totale (c'est-à-dire $nF(E - E^0)$) utilisable pour surmonter la barrière d'activation. La combinaison des équations (11.5) à (11.7) donne alors l'expression du courant en fonction du potentiel :

$$i = nFSk_0\left[C_{ox}^{el}e^{-\frac{\alpha nF}{RT}(E-E^0)} - C_{red}^{el}e^{\frac{(1-\alpha)nF}{RT}(E-E^0)}\right] \tag{11.8}$$

Lorsque le potentiel appliqué est suffisamment élevé (c'est-à-dire $|E - E^0| > 0$), l'un des deux termes devient prédominant par rapport à l'autre. La réaction électrochimique donne lieu, suivant le cas, à un processus de réduction ($(E - E^0) < 0$) ou à un processus d'oxydation ($(E - E^0) > 0$). Lorsque la vitesse de la réaction devient importante, les concentrations à l'électrode C_{ox}^{el} et C_{red}^{el} varient de façon significative par rapport aux valeurs en solution. Le courant devient alors rapidement limité par le transport de masse des espèces électroactives de la solution vers l'électrode.

Transport de masse

Le transport de masse en solution intervient du fait de l'existence du gradient de potentiel électrochimique imposé par chaque électrode, mais il résulte aussi de la convection naturelle ou forcée de la solution. Le courant est proportionnel au flux J de chaque espèce électroactive participant à la réaction électrochimique, par la relation :

$$i = \pm nFSJ \tag{11.9}$$

Pour une espèce de charge z et de coefficient de diffusion D, le flux J est composé de trois termes (équation (11.10)), représentant chacun la contribution d'un mode de transport :
– la **diffusion**, qui résulte d'un gradient local de concentration ∇C,

– la **migration**, qui est un déplacement d'espèces chargées dû à un gradient local de potentiel électrique $\nabla\Phi$,
– la **convection**, qui est issue de mouvements locaux de solution animés d'une vitesse $\vec{v}$.

$$J = -D\nabla C - \frac{zF}{RT}DC\nabla\Phi + Cv \qquad \textbf{(11.10)}$$

La contribution relative de la migration au transport d'une espèce électroactive diffère d'un point à l'autre de la solution, mais elle peut intervenir autant que les deux autres modes au voisinage immédiat de l'électrode. Cependant, pour des raisons pratiques qui consistent à mener des expériences dans des conditions où le transport de masse puisse être parfaitement contrôlé par les propriétés chimiques, ce mode de transport est souvent rendu expérimentalement négligeable par l'ajout en solution d'une quantité importante d'**électrolyte support**. Ce dernier, placé en concentration nettement supérieure à celles des espèces électroactives, prend en charge le transport du courant par migration entre les deux électrodes. Restent alors les expériences qui mettent en œuvre un régime hydrodynamique de la solution bien spécifique, puis celles où il n'y a pas de régime convectif (c'est-à-dire lorsque la solution n'est pas agitée et l'électrode immobile). Dans ce dernier cas, la diffusion est le principal mode de transport, exception faite de la convection naturelle de la solution qui intervient à partir d'une centaine de micromètres de la surface de l'électrode.

2.1.3. Détection ampérométrique

Les méthodes de détection ampérométrique consistent à appliquer des échelons de potentiels à l'électrode indicatrice et à mesurer en retour le courant faradique résultant. Le potentiel peut être constant ou varier de façon continue, puis le courant peut être mesuré en fonction du temps ou du potentiel [64, 65]. Dans ce qui suit, seules seront présentées les méthodes pour lesquelles le transport des espèces électroactives est limitant, c'est-à-dire les méthodes dont le principe revient à appliquer de brusques variations de potentiels de fortes amplitudes et à mesurer le courant transitoire. Ces techniques dites de **chronoampérométrie** sont parmi les plus utilisées en électrochimie.
Comme nous l'avons mentionné plus haut, la plupart des expériences sont menées dans des conditions où le transport par migration est rendu négligeable. S'il n'y a pas de convection au sein de la solution, le courant mesuré est seulement régi par les lois classiques de la diffusion.

Simple saut de potentiel

La méthode la plus simple revient à appliquer un saut de potentiel à l'interface étudiée, tel que décrit par la figure 11.11a. Le potentiel initial (E_i) est choisi de telle sorte qu'il n'y ait au départ aucune réaction électrochimique possible. Par exemple, pour une espèce oxydable, le principe consiste à fixer un potentiel suffisamment négatif par rapport au potentiel standard du couple rédox (c'est-à-dire $n(E_i - E^0) \ll 0$), puis à imposer un saut de potentiel d'amplitude $\Delta E = (E_f - E_i)$. Le courant mesuré est un courant transitoire (figure 11.11b), dont la décroissance avec le temps est fonction ou non de l'amplitude ΔE. Lorsque le potentiel final E_f est proche du potentiel standard E^0 de la réaction électrochimique, la réponse du courant dépend de l'amplitude ΔE. Le transfert d'électron est dans ce cas le processus limitant, cinétiquement ou bien thermodynamiquement. En revanche, lorsque la différence $n(E_f - E^0)$ augmente, la réponse du courant tend vers un comportement limite indépendant de ΔE, où le transport de masse devient le processus limitant, la réaction électrochimique étant entièrement déplacée à l'interface.

En faisant varier ΔE, il est possible, pour un temps d'échantillonnage θ fixé, d'établir un **voltamogramme** représentant le courant transitoire en fonction du potentiel appliqué à l'électrode (figure 11.11c). La courbe intensité-potentiel prend alors la forme d'une vague dont les caractéristiques sont celles d'une limitation du courant par les deux types de processus mis en jeu (transfert d'électron et transport de masse).

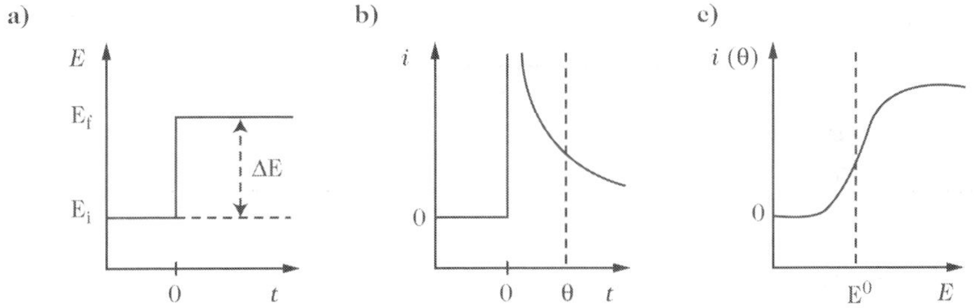

Figure 11.11. Principe de la chronoampérométrie à simple saut de potentiel. **a)** Saut de potentiel imposé à l'électrode. **b)** Réponse du courant à l'électrode. **c)** Voltamogramme à courant échantillonné.

Lorsque les conditions expérimentales sont telles que la diffusion est le seul mode de transport pour $n(E_f - E^0) \gg 0$, l'établissement de la réponse théorique du courant en fonction du temps fait appel à la résolution de la seconde loi de Fick :

$$\frac{\partial C}{\partial t} = D\nabla^2 C \tag{11.11}$$

En régime de diffusion linéaire, c'est-à-dire au voisinage d'une électrode plane de surface infinie, l'équation devient :

$$\frac{\partial C}{\partial t} = D\frac{\partial^2 C}{\partial x^2} \tag{11.12}$$

où x représente la distance par rapport au plan de l'électrode. Sa résolution, associée aux conditions aux limites propres à ce type d'expérience, aboutit à la **relation de Cottrell** :

$$i = \frac{nFSDC^0}{(\pi Dt)^{1/2}} \tag{11.13}$$

L'appauvrissement en espèces électroactives au voisinage de la surface de l'électrode obéit ainsi à une relation en $t^{-1/2}$, qui est la caractéristique d'un processus entièrement limité par la diffusion, avec pour limite à temps long une valeur nulle du courant (c'est-à-dire un gradient nul de concentration à l'interface). Dans les conditions pratiques, cette relation est vérifiée pour des électrodes de taille importante (de taille millimétrique et plus). Elle comporte cependant des limitations expérimentales qui sont dues, d'une part aux processus non faradiques prenant place à temps court (courant capacitif associé à la charge de la double couche électrochimique, paragraphe 2.1.1) et, d'autre part, à l'influence à temps long de la convection naturelle de la solution, dont l'effet sur le transport de masse des espèces ne devient plus négligeable. Dans ce dernier cas, le courant à temps infini atteint une limite non nulle (voir les exemples expérimentaux donnés ci-après, paragraphe 2.2.2).

En considérant un champ de diffusion sphérique, qui est observé pour les électrodes à symétrie sphérique de plus faible taille (de taille micrométrique et submicrométrique), la seconde loi de Fick (11.11) s'écrit différemment. Par exemple, pour une électrode hémisphérique, de rayon r_0, elle devient :

$$\frac{\partial C}{\partial t} = D\left[\frac{\partial^2 C}{\partial r^2} + \frac{2}{r}\frac{\partial C}{\partial r}\right] \tag{11.14}$$

où r est la distance par rapport au centre de l'électrode. La résolution de cette équation aboutit au courant de diffusion :

$$i = nFSDC^0\left[\frac{1}{(\pi Dt)^{1/2}} + \frac{1}{r_0}\right] \tag{11.15}$$

dont le premier terme, observable à temps court, correspond à l'équation de Cottrell et le second à une constante telle que :

$$\lim_{t\to\infty} i = \frac{nFSDC^0}{r_0} \tag{11.16}$$

L'origine de cette limite à temps long provient du fait que le gradient de concentration de l'espèce ne s'annule pas au voisinage de l'électrode comme pour une électrode plane. La diffusion sphérique convergente, qui domine à temps long, permet en effet d'assurer un apport d'espèce constant, avec un flux fixé en partie par la géométrie et la faible taille de l'électrode.

Double saut de potentiel

Cette méthode est l'une des techniques électrochimiques de base faisant intervenir une inversion de courant. Elle consiste dans un premier temps à électrogénérer comme précédemment une espèce au voisinage de l'électrode, puis à inverser le sens de l'électrolyse pour étudier les propriétés et/ou la réactivité chimique de cette dernière. Le potentiel appliqué à l'électrode est un créneau ou double saut de potentiel, de durée fixée θ, dont la différence ΔE est telle que $n|E_f - E^0| \gg 0$ (figure 11.12).

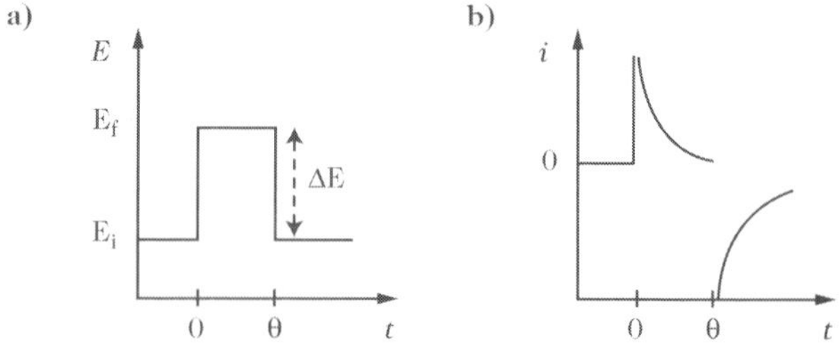

Figure 11.12. Principe de la chronoampérométrie à double saut de potentiel. **a)** Créneau de potentiel imposé à l'électrode. **b)** Réponse du courant à l'électrode.

Pendant l'intervalle de temps θ, une espèce est localement générée puis, après inversion du potentiel, consommée à l'électrode. Au cours de ces deux phases, les courants mesurés sont des courants de diffusion. Pour une électrode plane, lorsque $t < \theta$, le courant suit la loi de Cottrell (équation (11.13)), alors que pour $t > \theta$, il est donné par la relation :

$$i = \frac{nFSD^{1/2}C^0}{\pi^{1/2}}\left[\frac{1}{(t-\theta)^{1/2}} - \frac{1}{t^{1/2}}\right] \tag{11.17}$$

En calculant par exemple le rapport des intensités de courant obtenues respectivement aux temps d'échantillonnage θ (équation (11.13)) et 2θ (équation (11.17)), il vient :

$$\frac{i(2\theta)}{i(\theta)} = 1 - \frac{1}{\sqrt{2}} = 0{,}293 \tag{11.18}$$

Expérimentalement, ce test est fréquemment effectué de façon à juger de la stabilité chimique des espèces électroactives mises en jeu à l'issu d'un transfert électronique. En effet, tout écart par rapport à cette valeur théorique traduira l'intervention à l'électrode de certaines complications d'ordre cinétique ou bien réactionnel. Si, par exemple, l'espèce générée n'est pas stable sur une échelle de temps équivalente à θ, et qu'elle se décompose pour donner des produits non électroactifs au potentiel de détection E_i, le rapport $i(2\theta)/i(\theta)$ sera en toute logique inférieur à 0,293 (équation (11.18)). Un traitement quantitatif de ces données est réalisable sur le plan théorique pour nombre de processus complexes, pour peu que la nature chimique de ces derniers soient identifiables expérimentalement.

2.2. Profils de concentration

2.2.1. Notion de couche de diffusion

La zone de solution au contact de l'électrode, où les concentrations des espèces électroactives diffèrent de celles de la solution, est dénommée **couche de diffusion**. Elle résulte de l'appauvrissement ou de l'enrichissement local en espèces du fait de la réaction électrochimique ayant lieu à cette électrode. Sur un plan théorique, la résolution des équations de diffusion, qu'elle soit analytique ou numérique, décrit parfaitement le transport par diffusion des espèces, pour différentes géométries et dimensions d'électrodes.

En régime de diffusion linéaire avec simple saut de potentiel, la résolution de l'équation (11.12) conduit aux profils de concentration suivants :

$$C = C^0 erf\left[\frac{x}{2\,(Dt)^{1/2}}\right] \tag{11.19}$$

où *erf* représente la fonction d'erreur. Cette relation décrit les variations théoriques des concentrations à l'interface pour une espèce électroactive entièrement consommée à l'électrode (figure 11.13a). Il faut rappeler par ailleurs que le gradient de concentration à l'interface est une représentation du flux de cette espèce et par conséquent une indication du courant mesuré (équation (11.13)). Une estimation de l'épaisseur de la zone où $C \neq C^0$ est donnée d'après le modèle approché de Nernst en considérant un flux constant, égal à sa valeur à la surface de l'électrode (c'est-à-dire à $x = 0$) :

$$J = -D\left(\frac{\partial C}{\partial x}\right)_{x=0} \approx -D\frac{C^0 - C^{el}}{\delta} \tag{11.20}$$

δ représente l'épaisseur équivalente de la couche de diffusion (figure 11.13b). En régime de diffusion linéaire, la combinaison des équations (11.9), (11.13) et (11.20) montre que :

$$\delta = (\pi D t)^{1/2} \quad \textbf{(11.21)}$$

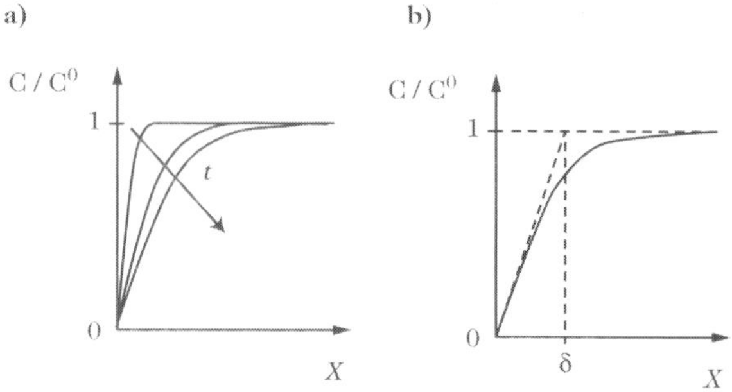

Figure 11.13. Profil de concentration à une interface d'une espèce consommée en régime de diffusion linéaire. **a)** Variation en fonction du temps (équation 11.19). **b)** Modèle approché de Nernst où δ est l'épaisseur de la couche de diffusion.

L'épaisseur de la couche de diffusion pour des électrodes de grandes dimensions (de taille millimétrique et plus) suit dans ce cas une loi en $t^{1/2}$ et tend théoriquement vers l'infini. Cependant, l'influence de la **convection naturelle** de la solution à temps long limite en pratique son expansion à une valeur limite δ_{conv}, qui n'excède pas expérimentalement quelques centaines de micromètres (voir ci-après). Cette valeur est imposée par l'hydrodynamique locale de la solution et elle est par conséquent liée aux conditions expérimentales.

Pour les électrodes de tailles inférieures (de taille micrométrique et submicrométrique), où le régime de diffusion peut être assimilé à un régime de diffusion sphérique, la résolution de l'équation (11.14) donne les profils de concentration suivants :

$$C = C^0 \left[1 - \frac{r_0}{r} erfc\left(\frac{r - r_0}{2\,(Dt)^{1/2}}\right)\right] \quad \textbf{(11.22)}$$

où *erfc* représente la fonction d'erreur complémentaire. Comme $(r - r_0)$ est dans ce cas la distance à partir de la surface de l'électrode, ces profils de concentration sont très semblables à ceux obtenus dans le cas de la diffusion linéaire (équation (11.19)). La différence réside ici dans le terme r_0/r. La combinaison des équations (11.9), (11.15) et (11.20) montre qu'à temps court, c'est-à-dire pour des épaisseurs telles que $(\pi D t)^{1/2} \ll r_0$, δ suit la même loi de variation qu'en régime de diffusion linéaire (équation (11.21)). En revanche, pour $(\pi D t)^{1/2} \gg r_0$, la couche de diffusion tend vers une épaisseur fixe, comparable à la taille de l'électrode, soit $\delta = r_0$.

Cette dernière condition ($(\pi D t)^{1/2} \gg r_0$) est une des caractéristiques fondamentales [66] des électrodes dénommées **ultramicroélectrodes** [67, 68, 69]. Il s'agit d'électrodes de taille micrométrique ou submicrométrique pour lesquelles un régime stationnaire, **purement diffusionnel**, s'établit rapidement à leur surface. Il faut souligner que cette classe d'électrodes ne se définit pas seulement par rapport aux dimensions intrinsèques des électrodes, mais aussi par rapport aux conditions expérimentales employées. En effet, un régime stationnaire n'est purement diffusionnel qu'à partir du moment où il n'est pas soumis à une influence notable de la convection naturelle sur l'établissement des couches de diffusion. Les valeurs limites de δ développées au voisinage de ces électrodes doivent pour cela être suffisamment faibles par rapport à l'épaisseur limite δ_{conv} imposée par l'hydrodynamique de la solution. Autrement dit, pour être immunes aux effets de la convection, ces électrodes doivent être de tailles bien inférieures à δ_{conv}.

Dans les conditions classiques en électrochimie, cela implique des électrodes de dimensions égales ou inférieures à la dizaine de micromètres (voir des exemples expérimentaux ci-après).

2.2.2. Mesures par ultramicroélectrodes

De par leurs faibles dimensions, les ultramicroélectrodes présentent des propriétés fondamentales offrant de nombreux avantages en électrochimie, qui permettent de les utiliser dans des conditions jugées extrêmes. Un des principaux intérêts concerne la résolution spatiale des mesures associée à la faible épaisseur de leurs couches de diffusion. Le courant mesuré n'est sensible qu'aux processus physicochimiques opérant à cette échelle, couplés de façon directe ou indirecte à la réaction électrochimique. Cette caractéristique intrinsèque permet de les employer en tant que capteurs ou sondes locales de toutes espèces électroactives présentes dans le milieu analysé et notamment, comme nous le verrons par la suite, pour des espèces d'intérêt biologique (voir le paragraphe 2.4). La résolution spatiale des mesures est imposée par la taille de l'électrode indicatrice utilisée comme sonde. Elle sera d'autant améliorée que la taille sera négligeable par rapport au domaine de solution exploré. Cette propriété a ouvert la voie à de nombreuses applications d'analyse à l'échelle d'une cellule vivante.

Deux autres avantages découlent directement de leurs faibles dimensions [66-69]. Il convient de mentionner en premier lieu la résolution temporelle des mesures, ou constante de temps R_sC_d de la cellule électrochimique (équation (11.1)). Le produit R_sC_d dépend de la taille de la microélectrode et s'avère d'autant plus faible que l'électrode est petite (R_sC_d est proportionnel à r_0 pour une électrode hémisphérique dès que r_0 est supérieur à quelques nanomètres). À temps court, le courant capacitif correspondant à la charge de la double couche électrochimique se trouve alors minimisé par rapport au courant faradique, et cette propriété peut être mise à profit pour le suivi de processus chimiques ou biologiques rapides associés au transfert d'électron (par exemple, la libération de neurotransmetteurs par une cellule vivante, voir paragraphe 2.4.1). Le second avantage résulte d'une diminution sensible du potentiel de chute ohmique R_si (équation (11.4)), en régime transitoire ou stationnaire (R_si est proportionnel à r_0 pour une électrode hémisphérique en régime transitoire et décroît vers une limite constante à temps long). Cette caractéristique présente un intérêt majeur pour l'étude de milieux résistifs comportant peu d'électrolyte support ou bien de milieux concentrés, voire purs, conduisant à la mesure de densités de courant élevées.

Les exemples expérimentaux qui sont reportés ci-après ont pour objectif d'illustrer les potentialités des ultramicroélectrodes lorsqu'elles sont employées en tant que sondes locales de concentration [62, 66-69] au cours de processus physicochimiques. La détection ampérométrique permet en effet de relier aisément les variations de courant aux gradients locaux de concentration. La technique employée pour établir ces profils de concentration consiste à placer une ultramicroélectrode à l'intérieur de la couche de diffusion générée au voisinage d'une surface active, puis à déplacer l'ultramicroélectrode en tous points de la couche afin de réaliser sa cartographie. Dans les exemples présentés, la surface active examinée est une seconde électrode, dite génératrice, de plus grande dimension et polarisée à un potentiel fixe.

La figure 11.14 montre un premier exemple de détection ampérométrique réalisée au voisinage d'une électrode millimétrique en régime de diffusion linéaire, dans les conditions où la diffusion est le seul processus limitant aux temps courts [62, 70]. Ces mesures représentent la modification en fonction du temps du profil de concentration de l'espèce électrogénérée selon une direction orthogonale au plan de l'électrode génératrice (figure 11.14a). Conformément aux prévisions théoriques, la taille des couches de diffusion varie à temps court et suit avec un parfait accord l'équation (11.19) (figure 11.14b). Ce n'est pas le cas, en revanche, pour des temps excédant plusieurs secondes, où un régime de diffusion stationnaire, hydrodynamique ou convectif, se met progressivement en place, contrôlé par la convection naturelle de la solution. Dans le cas de la figure 11.14, l'épaisseur de la couche de diffusion tend vers une limite dont la valeur s'avère fixée par les conditions hydrodynamiques et opératoires (figure 11.14b). Il est possible de rendre compte de la transition entre les deux régimes en développant un modèle approprié, intégrant les effets de la convection naturelle de la solution [62].

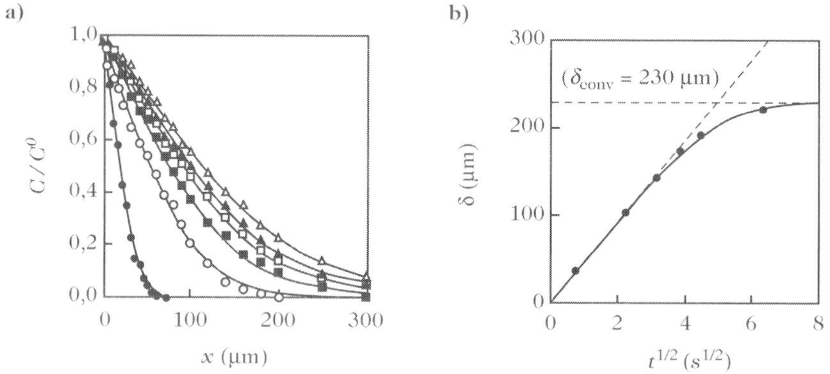

Figure 11.14. Oxydation de $Fe(CN)_6^{4-}$ 10 mM dans 1 M KCl à une électrode de platine de 0,6 mm de rayon. **a)** Profils de concentration expérimentaux de $Fe(CN)_6^{3-}$ mesurés avec une microélectrode de 2 μm environ de rayon (données représentées par des symboles) et profils de concentration théoriques (courbes en train plein) calculés pour $D = (5{,}7 \pm 0{,}5)\ 10^{-6}\ cm^2.s^{-1}$ et $\delta_{conv} = 230$ μm. Les concentrations ont été mesurées pour différents temps de polarisation (de gauche à droite 0,5, 5, 10, 15, 20 et 40 s). **b)** Variation de l'épaisseur de la couche de diffusion δ estimée à partir des données de (a). La courbe en trait plein dans (b) représente le comportement théorique prévu par le modèle de la convection naturelle [62].

La résolution des mesures peut être grandement améliorée en employant des électrodes sondes de taille submicrométrique. Dans ces conditions, les courants détectés correspondent à un volume d'échantillonnage de quelques femtolitres ou inférieur. Le deuxième exemple choisi (figure 11.15) représente ainsi une série de profils de concentration établis au voisinage d'une électrode de taille micrométrique. La sonde est une électrode de taille nanométrique, déplacée dans les trois directions de l'espace à l'aide d'une platine d'un **microscope électrochimique à balayage** (ou SECM, *Scanning Electrochemical Microscope*) [75]. La cartographie consiste en une série de profils obtenus en parcourant des plans parallèles à la surface de l'électrode génératrice. Ces profils correspondent au régime de diffusion stationnaire atteint rapidement au voisinage des ultramicroélectrodes (voir ci-dessus). Les épaisseurs de couches de diffusion développées sont en effet du même ordre de grandeur que les dimensions caractéristiques de l'électrode génératrice (figure 11.15b). Dans le cas présent, il y a une influence modérée de la convection naturelle de la solution, conformément à la taille de l'électrode génératrice.

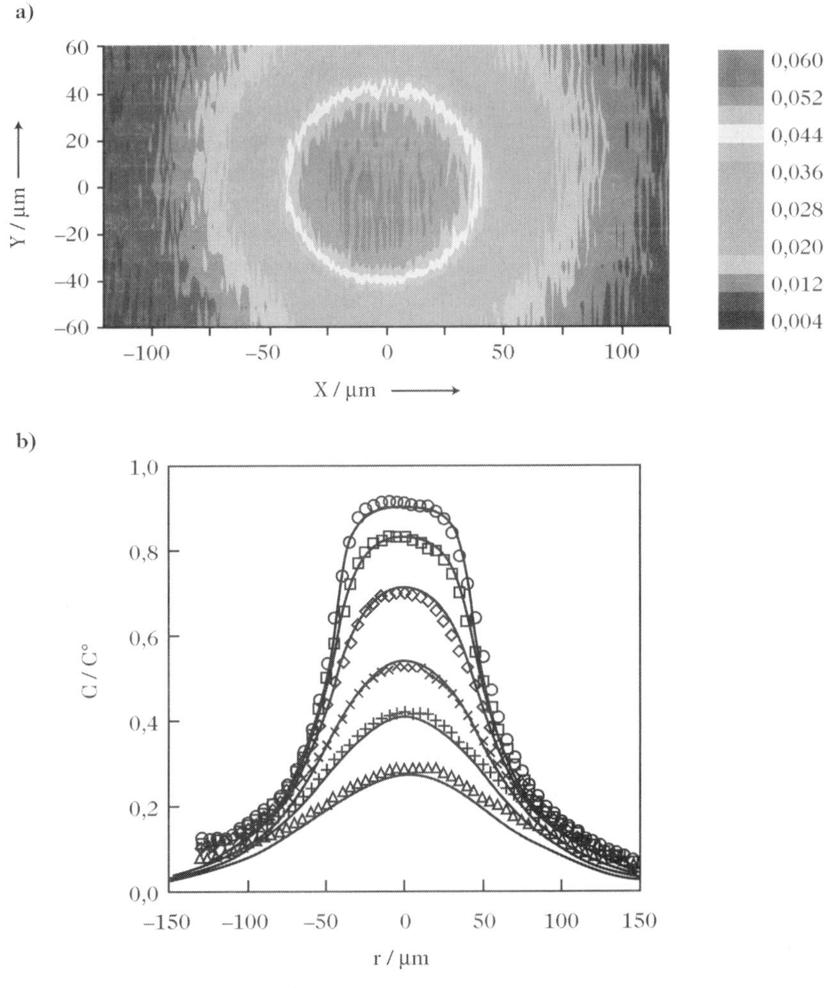

Figure 11.15. Réduction de $Ru(NH_3)_6Cl_3$, 5 mM dans 0,1 M KF à une microélectrode de platine de 40 μm. **a)** Cartographie à deux dimensions de courants mesurés par une nanoélectrode de 80 nm de rayon à proximité de la microélectrode en régime stationnaire. La nanoélectrode parcourt un plan parallèle à la surface de la microélectrode, à une distance verticale z de 5 μm et à une vitesse de 8 $\mu m.s^{-1}$. **b)** Profils de concentration expérimentaux (symboles) établis à différentes distances verticales z de la surface de la microélectrode : $z = 5$ (cercles), 9 (carrés), 16 (diamants), 28 (croix inclinées), 40 (croix), et 57 μm (triangles). Les courbes correspondent aux profils théoriques calculés à partir du modèle de la convection naturelle avec $\delta_{conv} = 135$ μm [63]. Voir le cahier couleurs au milieu de l'ouvrage.

2.3. Conclusion sur la détection électrochimique faradique

Nous venons de voir dans le paragraphe précédent qu'une électrode placée à un potentiel adéquat pouvait détecter l'existence d'une concentration d'espèce électroactive à sa surface immédiate. Dans le cas d'une ultramicroélectrode, celle-ci ne détecte que les molécules existant dans un volume de rayon comparable au sien et joue donc le rôle d'un véritable microscope confocal. L'information sur la composition chimique du volume micro- ou nanoscopique étudié est entièrement de nature faradique, puisqu'elle correspond uniquement à l'intensité des réactions électrochimiques se produisant à l'interface (équation (11.5)).
Une variation du courant détecté renseigne ainsi directement sur toute variation de la concentration de l'espèce électroactive dans le volume détecté, comme cela a été illustré par la figure 11.14a. Par voie de conséquence, les variations temporelles du courant stationnaire représentent exactement les flux extérieurs qui « remplissent » ou « vident » le volume micro- ou nanoscopique d'échantillonnage, c'est-à-dire les flux qui y contrôlent la concentration de l'espèce électroactive cible.
Ces flux peuvent avoir une origine biologique, comme nous le verrons par la suite. Les méthodes d'analyses locales fondées sur les courants sont donc essentiellement différentes de celles fondées sur des mesures électrophysiologiques (voir le paragraphe 1 de ce chapitre) ou électrophorétiques (voir le paragraphe 4 de ce chapitre) qui reflètent, quant à elles, des mouvements ioniques locaux sans réaction électrochimique associée. De plus, du fait de leur nature cinétique, les courants faradiques ne sont influencés que par la concentration locale et non pas par la quantité d'espèce électroactive (équation (11.5) et figure 11.14a), ce qui est un avantage extraordinaire en analyse du vivant, puisque généralement les phénomènes biologiques conduisent à l'émission de très faibles quantités d'espèces (femtomoles – 10^{-15} – à zeptomoles – 10^{-21}), mais présentes localement en très fortes concentrations.
Dans la suite de cette partie, nous allons illustrer ces principes par la présentation de deux études de processus biologiques fondamentaux à l'échelle d'une cellule vivante, réalisées grâce à l'emploi d'ultramicroélectrodes.

2.4. Synapses artificielles : applications biologiques sur cellule unique

2.4.1. Application à la mesure de l'exocytose vésiculaire de neurotransmetteurs

Le premier domaine d'application de la mesure électrochimique sur cellule unique a été historiquement celui de l'analyse de l'exocytose vésiculaire de neurotransmetteurs [76, 77, 78]. Ce mécanisme biologique est celui permettant la transmission d'information entre neurones dans les synapses dites chimiques (à la différence des synapses électriques ou des canaux ioniques transmettant un signal par dépolarisation membranaire successive), mais aussi celui de la libération d'hormones dans le sang. Littéralement, « exocytose » veut dire « vider un contenu ». En effet, les molécules de neurotransmetteurs (dopamine, sérotonine, adrénaline, GABA...) sont empaquetées dans des vésicules contenues à l'intérieur de la cellule émettrice. Ces vésicules, générées par le réticulum endoplasmique, sont délimitées par une membrane phospholipidique de nature analogue à celle de la membrane cellulaire et contiennent très souvent une matrice protéique à caractère polyélectrolytique anionique, dans laquelle le neurotransmetteur cationique est piégé à haute concentration (typiquement, plusieurs centaines de millimoles) [79, 80]. Les vésicules sont transportées vers la membrane cellulaire via le cytosquelette et, suite à un stimulus adéquat conduisant très souvent à une entrée d'ions calcium dans le milieu intracellulaire, elles vont fusionner (totalement ou partiellement) avec la membrane pour délivrer rapidement leur contenu en messagers vers le milieu extracellulaire [81-84].

Une majorité des travaux expérimentaux d'analyse de l'exocytose a été réalisée sur le modèle des cellules chromaffines des glandes surrénales, plutôt que sur des neurones. Les neurones sont en effet toujours particulièrement difficiles à isoler et à cultiver et, de plus, la détection des neurotransmetteurs libérés ne peut se faire qu'en dehors de la zone d'émission la plus importante, c'est-à-dire à l'extérieur du bourgeon synaptique. À l'opposé, les cellules chromaffines, impliquées normalement dans la gestion des flux d'adrénaline (et d'autres hormones) dans le sang, peuvent être isolées et mises en culture facilement pour étudier leur sécrétion de catécholamines par exocytose vésiculaire. Ces cellules d'environ 10 μm de diamètre disposent en effet dans leur cytoplasme d'un grand nombre de vésicules (plusieurs milliers) de diamètre moyen 0,3 μm et contenant chacune en moyenne environ 3 millions de molécules de catécholamines (essentiellement de l'adrénaline, minoritairement de la noradrénaline et de la dopamine).

L'activation de l'ouverture des canaux calciques membranaires, par dépolarisation locale (injection d'une solution d'ions K^+ 55 mM) ou par un flux d'ions divalents (solution d'ions Ba^{2+} 2 mM), conduit à une augmentation transitoire de la concentration cytoplasmique en calcium. Cela déclenche instantanément ($t \ll$ milliseconde) la formation de connexions supramoléculaires de nature protéique, qui s'établissent entre la membrane de la cellule et celle de la vésicule sous-jacente (figure 11.16, phases I et II). Cette connexion conduit à la formation d'un pore de fusion transmembranaire qui met en contact les milieux extracellulaire et interne à la vésicule, initiant ainsi la libération des neurotransmetteurs stockés dans la vésicule. Bien que la nature du pore de fusion (purement protéique ou lipidique, ou encore protéo-lipidique) soit encore sujette à controverse dans la littérature [85-88], celui-ci se comporte comme un canal transitoire dont le diamètre initial est de l'ordre de quelques nanomètres (valeur déterminée par les mesures électrophysiologiques, voir le paragraphe 4 de ce chapitre, ou via la méthode décrite ici [89]). Néanmoins, ce canal ne se comporte pas au cours de l'exocytose comme la plupart des canaux protéiques ioniques, puisqu'il peut devenir très rapidement instable (à l'échelle de la milliseconde), se déstructurer pour entraîner la fusion des membranes cellulaire et vésiculaire. L'origine (ou les origines) de son instabilité est certainement multiple, notamment en considérant le fait que la structure du pore ainsi que celle des vésicules peut varier entre les différents types de cellules libérant les neurotransmetteurs et que plusieurs mécanismes régulateurs d'origine biologique peuvent intervenir. Dans le cas plus précis des cellules chromaffines, des travaux récents fondés sur la physico-chimie des matrices polyélectrolytiques et des membranes ont validé l'hypothèse que la matrice vésiculaire se déstructure et gonfle sous l'effet de l'échange des cations catécholamines sortants et remplacés par des cations monovalents (Na^+, K^+) et des molécules d'eau entrant dans la vésicule [79, 89, 90]. La pression sur la membrane vésiculaire et la tension mécanique sur la structure du pore due au gonflement de la matrice conduisent à terme à la rupture du pore de fusion et à la fusion des membranes (figure 11.16, phase III). Cette fusion se poursuit alors irréversiblement jusqu'à l'exposition complète de la matrice vésiculaire au milieu extérieur (figure 11.16, phase IV), en surface de la membrane cellulaire. Les molécules de catécholamines peuvent ainsi diffuser hors de la matrice gonflée et atteindre rapidement leur cible dans l'environnement cellulaire (ou être transportées dans le sang depuis la glande surrénale).

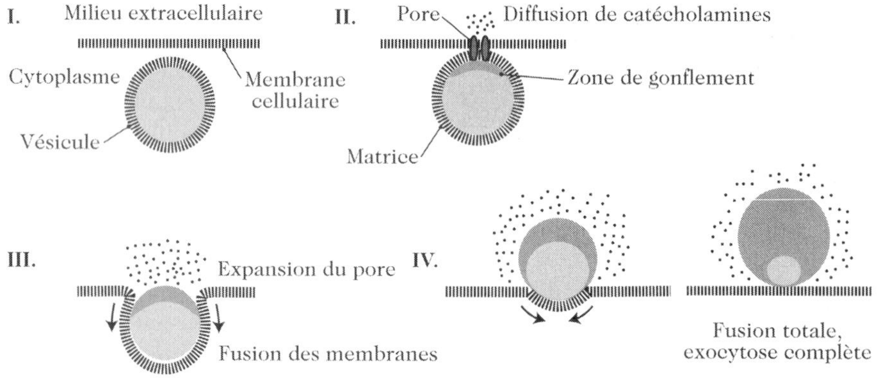

Figure 11.16. Représentation schématique des différentes étapes de l'exocytose d'une vésicule de sécrétion des catécholamines (contenant une matrice dense).

Les différentes phases de l'exocytose avaient été mises en évidence initialement grâce à la microscopie électronique et aux méthodes électrophysiologiques, dont la mesure de capacité électrique membranaire (technique de « patch-clamp » avec une microélectrode de verre, voir le paragraphe 1 de ce chapitre) [91, 92], puis plus récemment par spectroscopie de fluorescence à onde évanescente (voir le chapitre 7 « Les outils optiques ») [93, 94]. Mais si le pouvoir de ces méthodes au niveau descriptif est devenu exceptionnel, leurs résolutions cinétiques sont insuffisantes pour tenter d'observer la dynamique de la phase II et, plus encore, d'identifier le (les) processus provoquant la transition entre pore de fusion (phase II) et fusion des membranes (phase III). Le développement des ultramicroélectrodes et la mise en évidence de leurs propriétés particulières au cours des deux dernières décennies (voir le paragraphe 2.2.2) ont permis leur emploi dans une configuration de « synapse artificielle » et, ainsi, de mesurer par ampérométrie les flux de neurotransmetteurs émis par une cellule unique au cours d'une série de processus d'exocytose vésiculaire. La résolution des mesures ampérométriques des flux libérés est à l'heure actuelle de l'ordre du millier de molécules par milliseconde. Le courant détecté à l'ultramicroélectrode reproduit alors très fidèlement le flux d'émission vésiculaire en temps réel et, plus particulièrement, le flux libéré par le pore nanométrique avant son expansion et la libération massive de molécules messagers. Cette phase est identifiable par la présence d'un « pied » précédant le pic d'exocytose (figure 11.17) [92]. De plus, les mesures ampérométriques ont démontré qu'il existait différentes formes de ces pieds, correspondant à différentes dynamiques du phénomène de libération à travers le pore de fusion [95, 96].

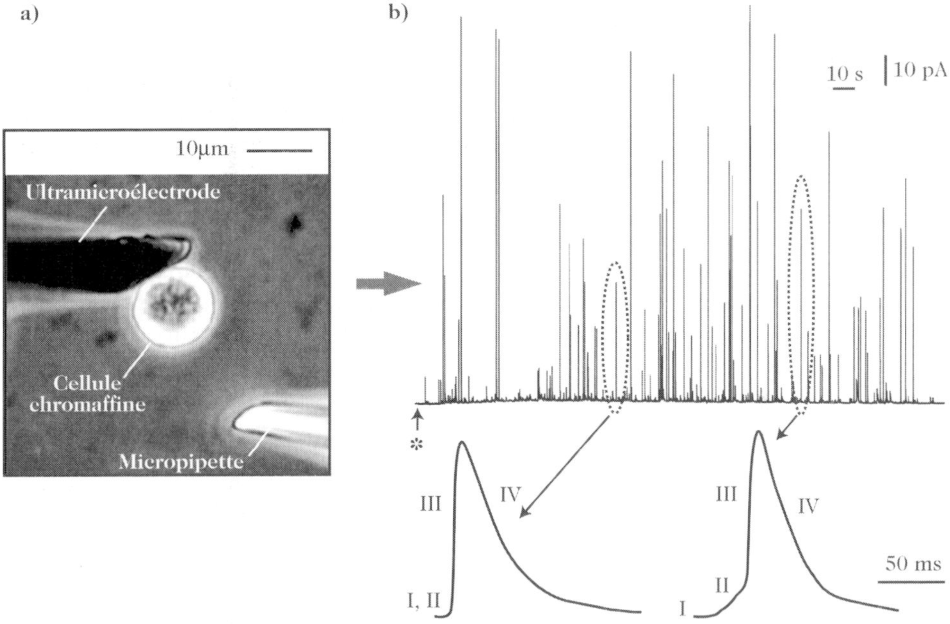

Figure 11.17. Détection par une ultramicroélectrode de carbone de l'exocytose vésiculaire de catécholamines par une cellule chromaffine bovine. **a)** Observation au microscope optique de la « synapse artificielle ». L'ultramicroélectrode est placée à une distance d < 1 μm de la membrane cellulaire et un microcapillaire est placé dans l'environnement de la cellule pour injecter une solution de stimulation (Ba^{2+} 2 mM, au temps * sur la trace). **b)** Trace ampérométrique (E = + 650 mV vs. Ag/AgCl) détectée au cours de la sécrétion cellulaire. Chaque pic correspond à l'exocytose d'une vésicule, dont il décrit parfaitement la dynamique. La phase transitoire du pore de fusion est directement observable dans ≈ 30 % des cas par un pied de courant précédant le pic (pic de droite en comparaison avec un pic sans pied à gauche).

La grande précision de ces mesures a permis récemment de proposer et de tester quantitativement des modèles théoriques décrivant l'exocytose vésiculaire. Il est en effet devenu possible d'exploiter quantitativement chacune des phases du phénomène (phases II, III et IV) et de remonter au comportement dynamique de la membrane vésiculaire [89, 97]. Le flux de catécholamines libéré et observé en temps réel, grâce au temps de réponse faible des ultramicroélectrodes (voir le paragraphe 2.2.2 pour les explications théoriques), est considéré comme le produit de convolution de deux processus cinétiques, la vitesse d'ouverture du pore et de découvrement de la matrice d'une part, et la cinétique de diffusion des catécholamines dans la matrice d'autre part. L'hypothèse du contrôle de ces processus par les changements d'état de la matrice vésiculaire a été posée et confirmée, plus particulièrement dans le cas de l'exocytose des cellules chromaffines. L'échange entre cations catécholamines vésiculaires et cations monovalents du milieu externe conduit nécessairement à la déstructuration et au gonflement de la matrice. Tant que la membrane de la vésicule emprisonne la matrice, le gonflement est empêché géométriquement et a donc pour effet d'augmenter la pression interne sur les membranes. Cette pression se répercute directement sur la structure du pore connectant membranes vésiculaire et cellulaire. Le phénomène persiste jusqu'au moment où l'énergie de tension de surface du pore compense son énergie de bord. Lorsque ce point est atteint, le pore devient nécessairement instable et doit rompre, ce qui provoque la fusion irréversible des membranes. La vitesse d'expansion du pore est alors contrôlée principalement par la dissipation visqueuse de son énergie de tension superficielle. Le pore accroît ainsi son diamètre de façon quasi exponentielle, exposant de plus en plus de surface de la matrice à la solution, ce qui se traduit par une forte augmentation du flux de catécholamines libéré (phase III).

Le processus évolue jusqu'à ce que la matrice n'exerce plus de pression sur la face interne de la membrane vésiculaire, qui relaxe donc sa tension superficielle. Le transfert de la membrane vésiculaire dans la membrane cellulaire se fait alors avec une variation d'énergie de tension quasi nulle. Seule reste à prendre en compte, à ce point du processus, l'énergie plus faible de la structure torique de la membrane au niveau de la jonction avec la vésicule. Cette énergie, proportionnelle au périmètre du tore, est assimilable à une énergie de bord et tend donc à se dissiper en diminuant son rayon. La dissipation visqueuse de l'énergie provoque donc une variation linéaire du rayon de la zone de jonction entre membranes. En conclusion, la matrice joue un rôle déterminant, en provoquant tout d'abord la rupture du pore initial, puis en maintenant sous tension la membrane au début de sa fusion avec la membrane cellulaire. À l'issue de la phase III, la matrice n'a généralement relâché que 20 %-30 % de son contenu et se trouve complètement exposée au fluide extracellulaire. Le reste des molécules de catécholamines est donc ensuite émis par simple diffusion sphérique à partir de la matrice.

Sur la base de ces concepts, une modélisation des pics ampérométriques d'exocytose des cellules chromaffines a été effectuée [89, 98]. Elle a permis d'extraire les cinétiques d'ouverture du pore ou de découvrement de la matrice et la cinétique de diffusion des catécholamines dans la matrice (figure 11.18). La comparaison des pics expérimentaux et de pics modèles créés à partir de la convolution de ces phénomènes cinétiques et diffusionnels démontre la validité générale de ces concepts de l'exocytose pour les vésicules contenant une matrice à cœur dense, telles qu'on peut les observer dans les cellules chromaffines des glandes surrénales, certains neurones ou dans les mastocytes du système immunitaire. Les développements futurs des analyses électrochimiques, à l'échelle de chaque événement d'exocytose et de leur modélisation théorique,

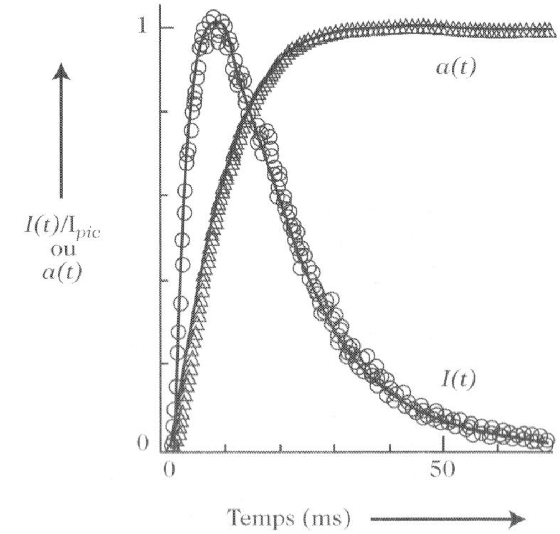

Figure 11.18. Pic ampérométrique d'exocytose détecté au cours de la sécrétion de catécholamines par une cellule chromaffine (trait plein) et signal théorique calculé (cercles) à partir de la courbe a(t) (allure sigmoïdale, triangles), représentant la variation de la fraction de surface de la membrane vésiculaire intégrée dans la membrane cellulaire. a(t) est calculée à chaque instant à partir du courant expérimental par déconvolution des processus diffusionnels [89].

permettront probablement d'ouvrir de nouvelles voies de compréhension des processus pathologiques perturbant la transmission d'informations nerveuses ou hormonales par exocytose.

2.4.2. Application à la détection des espèces actives du stress oxydant

L'analyse par ultramicroélectrode au niveau de la cellule vivante a trouvé au cours de ces dix dernières années un champ d'application particulièrement important dans l'étude de la libération d'espèces actives conduisant au stress oxydant cellulaire. Le stress oxydant a généralement été défini comme l'ensemble des processus conduisant à la modification, la déstructuration, la dégénérescence ou la mortalité d'une cellule, suite à sa production non contrôlée d'espèces à caractère oxydant, peroxydant, nitrant, nitrosant, etc. [99-102]. Les sites d'action de ces espèces sont multiples, incluant l'ADN (à différents niveaux), les lipides membranaires, certains acides aminés des protéines et des enzymes [102-104]. Les modifications de ces macromolécules sont normalement réparées par des enzymes spécialisées (par exemple les complexes de réparation de l'ADN) ou prévenues par élimination directe des espèces nocives, grâce aux antioxydants et à des enzymes spécifiques (catalase, SOD, peroxydases, etc.). Néanmoins, lorsque ces modifications ont lieu et se répètent, elles peuvent conduire au cours du temps à la perte de fonctions d'un organe, d'un tissu ou d'un organisme tout entier. Il est maintenant démontré que le stress oxydant peut être à l'origine ou participer à un nombre important de pathologies humaines, telles que certains cancers (peau, foie, poumons...), des infections virales, des maladies neuro-dégénératives (Alzheimer), les maladies cardio-vasculaires... [102, 105-107].

Les méthodes analytiques employées dans ce domaine d'étude de la biologie et de la médecine étaient jusqu'à récemment de type indirect et fondées sur la détection des produits de dégradation issus à long terme du stress oxydant. L'apport essentiel de l'analyse à l'échelle de la cellule a donc été de pouvoir détecter les espèces initiatrices du stress oxydant et de caractériser leurs mécanismes de libération. Ces espèces issues du métabolisme de l'oxygène constituent une famille de composés dérivés de la production enzymatique, par différentes sources, de deux espèces de faible poids moléculaire et porteuses d'un électron non apparié : l'ion superoxyde $O_2^{\bullet-}$ et le monoxyde d'azote $NO^{\bullet}$. Ces espèces primaires ne sont en tant que telles que faiblement oxydantes (chimiquement, ce sont des réducteurs). Elles ont plutôt un rôle de messager, de régulateur de certaines activités métaboliques. Ainsi, la première fonction biologique de $NO^{\bullet}$ ayant été démontrée est celle du contrôle de la dilatation des vaisseaux et artères par induction du relâchement des cellules musculaires lisses entourant les cellules endothéliales (productrices du $NO^{\bullet}$) composant le conduit vasculaire [108]. L'ion superoxyde a quant à lui pour cible principale des protéines de régulation du développement et de la multiplication cellulaire. Néanmoins, $O_2^{\bullet-}$ dismute rapidement en peroxyde d'hydrogène (H_2O_2) et conduit par les réactions dites de Fenton et d'Haber-Weiss à une espèce fortement réactive, le radical hydroxyle ($OH^{\bullet}$), initiateur des peroxydations lipidiques et de modifications des bases de l'ADN [104, 109]. L'anion superoxyde réagit par ailleurs très rapidement avec le monoxyde d'azote pour former les peroxynitrites ($ONOO^-$ et sa forme acide ONOOH), conduisant à la nitration d'acides aminés, mais aussi donnant lieu à quantité d'autres espèces encore plus réactives ($NO_2^{\bullet}$,

NO_2^+, $ONOOCO_2^-$...), au fort pouvoir nitrant et nitrosant. On comprend dès lors l'intérêt de ces analyses pour les équipes biomédicales qui étudient le stress oxydant ou qui cherchent à maîtriser pharmacologiquement ses effets, afin de pouvoir quantifier et identifier, au niveau d'une cellule et en temps réel, les espèces primaires conduisant à terme aux modifications métaboliques et pathologiques.

L'analyse selon la méthode de synapse artificielle de la production d'$O_2^{\bullet-}$ et de $NO^{\bullet}$, ou de leurs dérivés, par une cellule vivante a été appliquée à différents types cellulaires, en particulier les cellules de la peau (fibroblastes et kératinocytes) [110-112] et les cellules du système immunitaire (lymphocytes, monocytes, macrophages) [111, 113, 114]. Nous présenterons, comme exemple démontrant les possibilités offertes par les analyses électrochimiques, l'étude de la libération par des fibroblastes de peau humaine des espèces dérivées de l'ion superoxyde et du monoxyde d'azote. Les fibroblastes constituent les cellules majoritaires du derme de la peau. Ils étaient considérés il y a encore peu comme de simples cellules conjonctives, support plus ou moins passif des kératinocytes composant l'épiderme. Néanmoins, des études récentes ont montré que le rayonnement UVA de la lumière solaire pénétrait la peau jusqu'au derme et avait des effets importants sur le métabolisme oxydatif des fibroblastes, dont les modifications peuvent être à l'origine de cancérogenèses [115].

Les études du stress oxydant à l'échelle d'un fibroblaste ont été fondées sur l'emploi d'ultramicroélectrodes modifiées, ce qui est souvent le cas pour l'analyse de composés d'intérêt biologique où l'on cherche à obtenir une haute sélectivité vis-à-vis de nombreux interférents possibles. Les ultramicroélectrodes de carbone mises au point au cours des mesures ampérométriques de l'exocytose, précédemment décrites, ont été modifiées par un dépôt de platine (noir de platine) micrométrique ou submicrométrique offrant une importante surface sensible et une grande activité catalytique, notamment vis-à-vis de plusieurs dérivés de $O_2^{\bullet-}$ et de $NO^{\bullet}$ [112, 116]. La sélectivité de détection entre ces différents dérivés est apportée par le choix du potentiel appliqué à l'électrode en ampérométrie, puisque les réponses électrochimiques de ces espèces (voir la figure 11.11c) sur les électrodes platinées sont bien distinctes (différences de E^0 et de constantes de transfert électronique). Les premières études à l'échelle d'un fibroblaste ont montré que lors d'une activation brève par un stress physique de la cellule, provoquée par une dépolarisation locale de sa membrane grâce à un microcapillaire, des « bursts » (ou bouffées) rapides et de forte intensité de flux d'espèces étaient détectés au niveau de l'ultramicroélectrode, placée à quelques micromètres de la surface cellulaire pour éviter une distorsion par retour des composés oxydés sur la cellule [110, 117] (figure 11.9). Il a été démontré que cette sécrétion cellulaire correspondait localement, c'est-à-dire au niveau de la membrane, à des concentrations élevées d'espèces (de l'ordre du millimolaire). Cependant, sa cinétique ne correspond pas à une libération par simple diffusion de dérivés de $O_2^{\bullet-}$ et de $NO^{\bullet}$ à partir d'un contenant initial tel qu'une vésicule, mais elle est le fruit d'un processus actif de production enzymatique de ces espèces simultané à leur libération. Pour s'en convaincre, il suffit de comparer la durée des pics d'exocytose, limitée par un processus de diffusion (voir la figure 11.17), avec celle des pics détectés ici (3 ordres de grandeurs de différence).

La nature des espèces libérées au cours du stress oxydant cellulaire a été déterminée sur la base de mesures ampérométriques à de multiples potentiels et sur

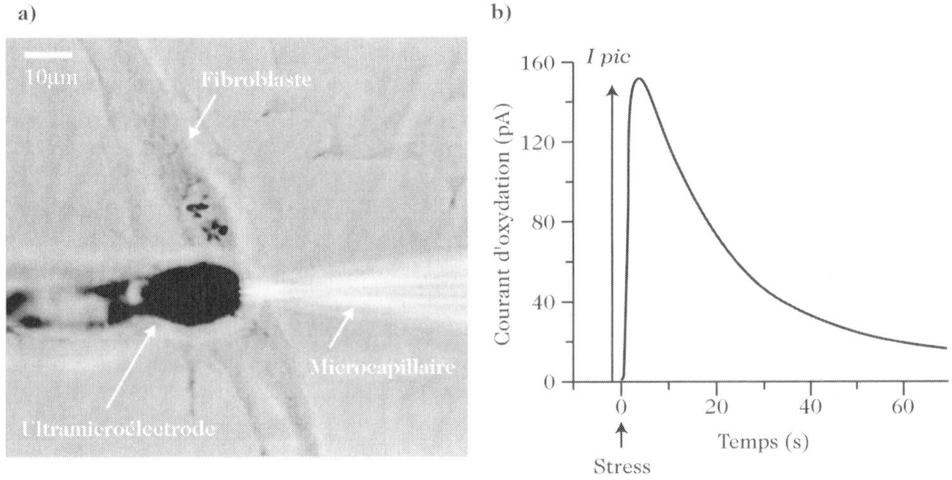

Figure 11.19. Détection par une ultramicroélectrode des espèces produites au cours d'un stress oxydant à l'échelle d'un fibroblaste humain. **a)** Observation au microscope optique de la « synapse artificielle » constituée d'un fibroblaste (issu de peau humaine, en culture sur le fond d'une boîte de Petri) et d'une ultramicroélectrode de carbone platinée placée à une distance d = 5 μm de la membrane cellulaire. La pointe d'un microcapillaire en verre placé entre la surface de l'électrode et la cellule permet de réaliser un stress bref (dépolarisation locale) dans la membrane cellulaire et ainsi d'activer les enzymes produisant $O_2^{\bullet-}$ et $NO^{\bullet}$. **b)** Trace ampérométrique (E = +650 mV *vs*. ECSS) détectée au cours de la réponse de stress oxydant d'un fibroblaste [112]. Reproduit avec l'autorisation de The Royal Society of Chemistry.

un échantillon élevé de cellules (figure 11.20a) [112]. Il a ainsi été possible de représenter les variations de l'amplitude des signaux en fonction du potentiel de mesure et de créer une courbe expérimentale équivalente à un voltamogramme stationnaire (voir la figure 11.11c). Ce type de courbe courant-potentiel donne une signature électrochimique de l'espèce ou des espèces électroactives détectées à la surface des ultramicroélectrodes et peut donc être comparée à la signature, dans ce même mode d'analyse électrochimique, de solutions des espèces supposées produites dans les premières étapes du stress oxydant. La courbe obtenue à partir des mesures cellulaires présente trois « vagues » d'oxydation identifiables (numérotées I, II, III sur la figure 11.20b), correspondant par conséquent à la détection d'au moins trois produits. La comparaison avec les réponses *in vitro* des dérivés de $O_2^{\bullet-}$ et de $NO^{\bullet}$ a montré que les vagues II et III provenaient respectivement de la détection du monoxyde d'azote et des nitrites. La vague I ne présente pas les caractéristiques d'une vague d'oxydation simple due à un seul type de composé, mais est le fruit du mélange, dans une zone de potentiels proches, de deux vagues d'oxydation dues au peroxyde d'hydrogène et au peroxynitrite. La somme de ces réponses *in vitro*, ajustées en concentration par rapport aux courants détectés sur cellule, conduit à un voltamogramme (trait plein noir, figure 11.20b) dont l'adéquation avec les points de mesure *ex vivo* est excellente. Ces résultats ont montré par conséquent que l'activation d'un stress oxydant chez un fibroblaste isolé conduisait à la libération simultanée d'un cocktail de composés qu'il était possible de déterminer et de quantifier sélectivement par ampérométrie [112, 118].

Différents contrôles biochimiques (enzymes et inhibiteurs spécifiques) ont conforté les hypothèses posées sur la nature chimique des espèces et ont permis

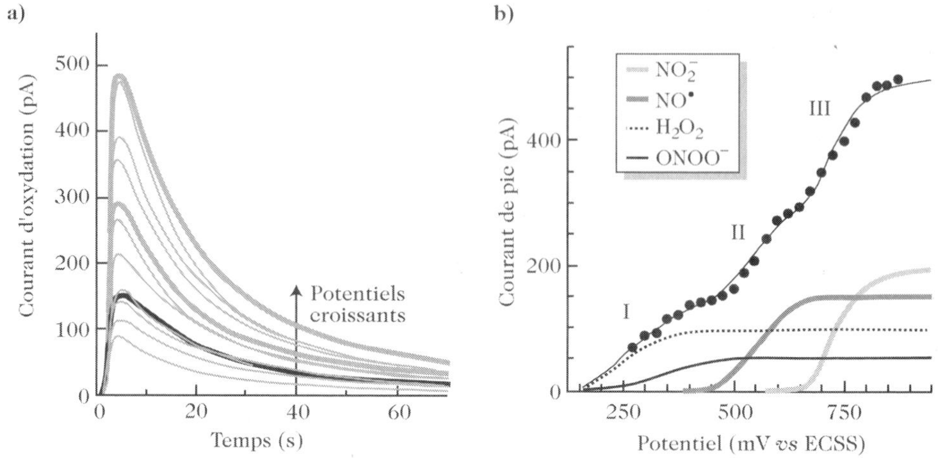

Figure 11.20. Détermination des espèces produites au cours du stress oxydant de fibroblastes humains en culture. **a)** Étude en fonction du potentiel de l'ultramicroélectrode ($300 \leqslant E \leqslant 850$ mV *vs.* ECSS) de la réponse de stress oxydant détectée par ampérométrie. **b)** Évolution du courant maximal des pics ampérométriques en (a) en fonction du potentiel de détection (points noirs). Cette courbe décrit trois vagues distinctes (I, II, III) qui ont été comparées aux vagues d'oxydation de solutions de H_2O_2, $ONOO^-$, NO_2^- et $NO^•$ obtenues *in vitro* avec les mêmes ultramicroélectrodes. L'amplitude des vagues des quatre composés a été ajustée pour correspondre à l'amplitude de la réponse sur cellule, permettant ainsi de construire un voltamogramme global (trait noir fin) en excellente adéquation avec les points issus des mesures *ex vivo* [112].

d'identifier définitivement comme sources de production deux systèmes enzymatiques, l'un de type NADPH oxydase et l'autre de type NO synthase, synthétisant respectivement les deux espèces primaires, $O_2^{•-}$ et $NO^•$ (figure 11.21a) [116]. Le processus induit par la dépolarisation membranaire et les variations de concentration en ions calcium entre milieu intra- et extracellulaire conduit ainsi à une activation conjointe des deux systèmes enzymatiques et à une production simultanée (à l'échelle de temps des mesures, c'est-à-dire $t_{\text{réponse}} < 100$ ms) des deux espèces primaires. Cela conduit à la libération d'un flux de l'ensemble des dérivés observé à l'ultramicroélectrode par un pic de courant, lequel atteint son maximum en moins d'une seconde (voir la figure 11.20a). Par ailleurs, la configuration de « synapse artificielle » garantit un facteur de collecte maximal du flux d'espèces libéré puisque le capteur est positionné à proximité de la source biologique. Comme nous l'avons explicité en introduction, cela minimise les temps de diffusion des espèces électroactives (voir le paragraphe 2.1.4) et prévient donc toute distorsion des cinétiques des phénomènes observés. Sur la base de ces principes, les pics de courant sont directement convertis selon la loi de Faraday en flux (Φ) d'espèces libérées par la cellule (figure 11.21b) :

$$\Phi_j = \frac{I_j}{(n_j F)} \qquad \textbf{(11.23)}$$

Cette conversion tient compte pour chaque espèce (j) du nombre d'électrons échangés (n_j) lors de son oxydation électrochimique à la surface de l'ultramicroélectrode et donne finalement une valeur plus représentative que la mesure du courant, de l'amplitude des échanges entre la cellule et son environnement lors de sa réaction au stress.

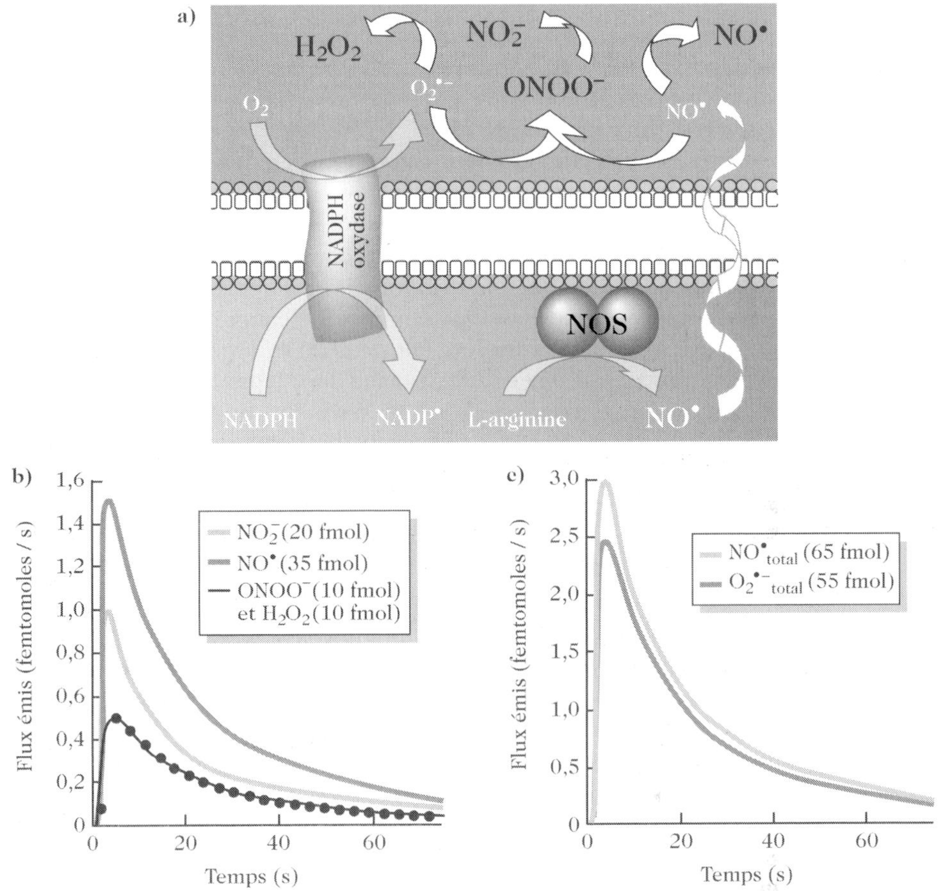

Figure 11.21. a) Hypothèse de schéma réactionnel pour la production des espèces du stress oxydant des fibroblastes à partir de l'activation de deux systèmes enzymatiques localisés à la membrane, de type NADPH oxydase et NO synthase. **b)** Caractérisation du flux de chaque espèce (H_2O_2, $ONOO^-$, NO_2^- et $NO^{\bullet}$) libérée par un fibroblaste au cours de la réponse de stress oxydant. Les flux ont été calculés selon la loi de Faraday à partir des variations de courant ampérométrique (voir les figures 11.20a et 11.20b) correspondant à chaque composé. **c)** Sur la base du schéma réactionnel en (a), une estimation des flux initiaux de production des espèces primaires $O_2^{\bullet-}$ et $NO^{\bullet}$ a été réalisée. Sont données entre parenthèses en (b) et (c) les quantités totales d'espèces produites en intégrant chaque courbe de flux en fonction du temps [116, 118].

À partir des courbes de flux des espèces libérées par les fibroblastes (figure 11.21b), il a été possible de reconstituer les flux de production initiaux des deux espèces primaires, $O_2^{\bullet-}$ et $NO^{\bullet}$ (figure 11.21.c). Toutes les espèces détectées sont en effet issues directement de l'anion superoxyde et du monoxyde d'azote, ou encore de leur produit de couplage, l'anion peroxynitrite :

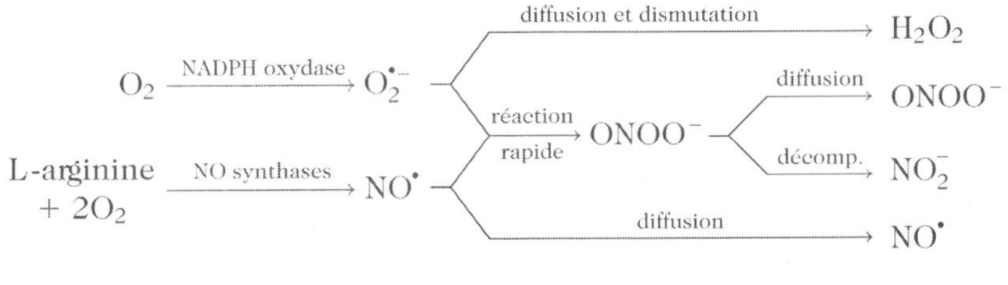

(11.24)

Il est donc possible de reconstituer les flux primaires par les expressions suivantes :

$$(\Phi_{O_2^{\bullet -}})^{prod} = 2(\Phi_{H_2O_2})^{mes} + (\Phi_{ONOO^-})^{mes} + (\Phi_{NO_2^-})^{mes} \quad \textbf{(11.25)}$$

$$(\Phi_{NO^{\bullet}})^{prod} = (\Phi_{NO^{\bullet}})^{mes} + (\Phi_{ONOO^-})^{mes} + (\Phi_{NO_2^-})^{mes} \quad \textbf{(11.26)}$$

De plus, chaque courbe de flux peut être intégrée pour quantifier la libération ou production totale de chaque espèce par la cellule (valeurs entre parenthèses sur les figures 11.21b et 11.21c). Les valeurs qui ont été déterminées, d'une dizaine à quelques dizaines de femtomoles, sont considérées comme infinitésimales à l'échelle macroscopique et seraient indétectables quelle que soit la méthode analytique ou spectroscopique classique employée. Néanmoins, dans les conditions de la synapse artificielle, la détection se fait dans un volume équivalent à celui de l'environnement immédiat d'une cellule, espace dans lequel elle va réaliser la majorité de ses échanges avec d'autres cellules ou des cibles moléculaires. Cet « espace de vie » de la cellule, de quelques picolitres (ou inférieur), reçoit donc une quantité de messagers ou de molécules de défense, dans le cas présent du stress oxydant, correspondant à des variations de concentration très significatives (micro- à millimolaires). Dans la mesure où les courants électrochimiques faradiques reflètent une cinétique chimique (équation (11.5)), ils sont sensibles à la concentration (c'est-à-dire à la probabilité de contact de l'espèce électroactive avec l'électrode). Cela explique pourquoi la méthode de « synapse artificielle » permet de détecter et de résoudre des phénomènes mettant en jeu des quantités si infinitésimales de messagers, pourvu que leur concentration dans l'espace « synaptique artificiel » soit élevée. Il s'agit en effet de la même stratégie que celle sélectionnée par la Nature dans les synapses neuronales ou musculaires, par exemple.

2.4.3. Conclusion

Ces deux exemples d'analyse selon le principe de la synapse artificielle réalisée entre une ultramicroélectrode et une cellule vivante illustrent les très grandes possibilités offertes par ce type de capteur et démontrent l'intérêt des techniques électrochimiques micro- et nanométriques pour l'étude d'un grand nombre de processus biologiques impliquant des échanges dynamiques de molécules messagers électroactives. La limite actuelle de résolution des mesures ampérométriques, de l'ordre de 1 000 molécules/milliseconde, permet une analyse très fine des flux échangés par des objets biologiques, aussi bien de taille micrométrique comme une cellule, que de dimension nanométrique comme le pore de fusion au cours de l'exocytose vésiculaire de neurotransmetteurs. Les futures évolutions de cette méthodologie permettront certainement d'améliorer encore cette résolution et de pouvoir à terme détecter l'activité d'une molécule biologique unique comme, par exemple, une enzyme membranaire.

3. Transport de macromolécules à travers des nanopores naturels et artificiels. Détection électrique

3.1. Introduction

Le transport d'objets colloïdaux ou de macromolécules à travers des canaux ou des pores de rayon très petit intervient dans de nombreux processus naturels ou technologiques. En chimie, le premier exemple est celui de la filtration, auquel se rattachent les techniques de chromatographie d'exclusion stérique et d'électrophorèse capillaire. En biologie, nous mentionnons les exemples de la synthèse des biopolymères (ADN, ARN, protéines et polysaccharides), le transport extranucléaire d'ARN messager [119], la translocation et la sécrétion de protéines [120], l'infection d'une cellule par certains virus [121] (figure 11.22). Les exemples biologiques sont particulièrement fascinants à cause de leur complexité, de leur précision et du caractère sélectif et souvent actif du transport.

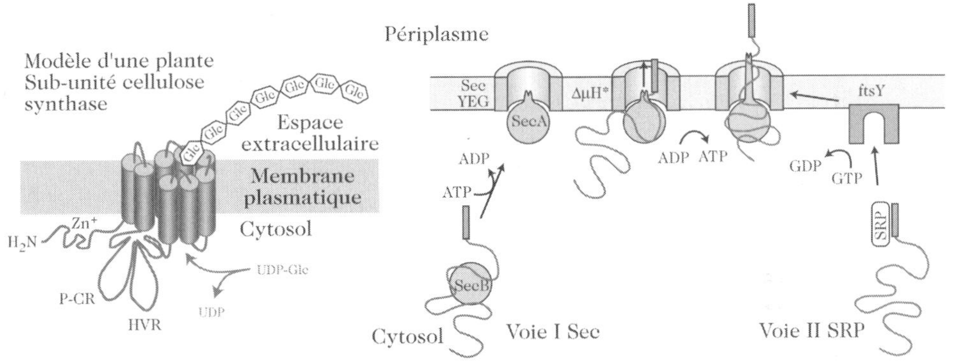

Figure 11.22. Exemples biologiques de transport de molécules à travers des nanopores. À gauche, synthèse de la cellulose. À droite, sécrétion de protéines à travers une membrane bactérienne.

L'étude à l'échelle moléculaire des phénomènes cités est difficile [122, 123], et une véritable révolution s'est produite quand John Kasianowicz, Eric Brandin, Daniel Branton et David Deamer [124], ainsi que George Church et Richard Baldarelli [125], ont montré en 1996 qu'on observait directement par une technique électrique très simple le passage d'une molécule unique d'ADN ou d'ARN simple brin à travers un pore protéique nanométrique inséré dans une bicouche de lipides (figure 11.23). Quand la membrane de lipides est soumise à une différence de potentiel électrique de 100 mV, une chaîne de polymère passant à travers le pore

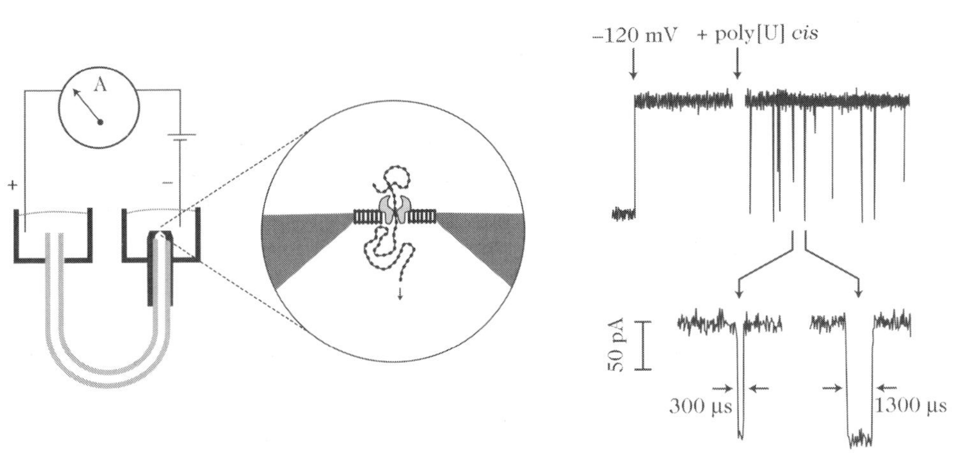

Figure 11.23. À gauche, montage permettant de détecter électriquement le passage d'une macromolécule à travers un nanopore. À droite, trace électrique du passage de poly-uracil (poly-U) à travers un pore d'α-hémolysine, tiré de [124].

induit par bouchage une chute de courant électrique de l'ordre de 100 pA, qui dépend de la nature chimique de la chaîne, de sa longueur, de la largeur du canal et de la force ionique. Cette variation de courant est facilement mesurable par les techniques modernes d'électrophysiologie si sa durée dépasse quelques microsecondes.

La méthode de détection électrique est la même que celle utilisée à une échelle plus macroscopique dans le compteur « Coulter » [126]. Dans le contexte biologique de l'étude des protéines membranaires, elle se rattache à la technique du « patch-clamp » [127] et à l'étude électrophysiologique du fonctionnement de canaux ioniques uniques [127, 128] reconstitués dans des bicouches lipidiques dites « planes », déposées sur un orifice séparant deux compartiments remplis d'une solution d'électrolyte (figure 11.24) et soumis à une différence de potentiel électrique [129]. L'idée de faire passer une chaîne de polymère dans un pore protéique est aussi associée à une suggestion ancienne de J. Zimmerberg et A. Parsegian [130] de mesurer le diamètre interne de canaux protéiques en y faisant passer des chaînes de taille croissante jusqu'au blocage [131] (voir la figure 11.24) et à l'hypothèse que le phage lambda puisse injecter son ADN à travers son récepteur de la membrane extérieure d'*E. Coli*, la maltoporine LamB [132].

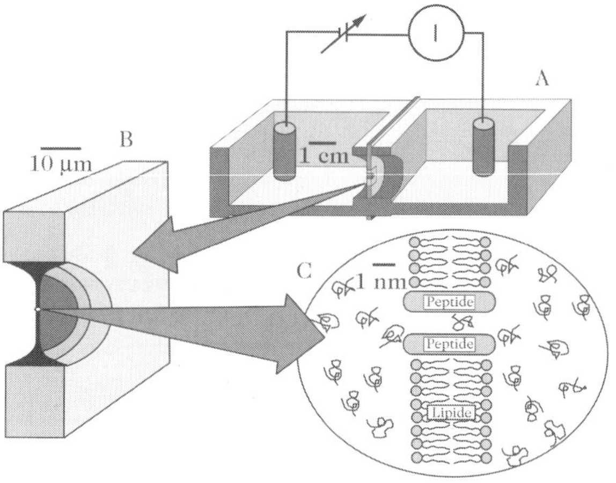

Figure 11.24. Schéma de la proposition d'expérience de Zimmerberg et Parsegian mettant en évidence le passage de polymères dans des canaux protéiques insérés dans une bicouche lipidique plane. Tiré de [131].

Depuis, plusieurs équipes dans le monde explorent théoriquement [133] et expérimentalement les applications nombreuses du transport de macromolécules dans des nanopores. Ces applications concernent le séquençage ultra-rapide d'ADN et d'ARN [134], la manipulation de macromolécules biologiques [135], le développement de nanocapteurs chimiques ou biologiques [136], l'étude des propriétés fondamentales de chaînes de polymères confinés [137] et la recherche de nouveaux canaux, qu'ils soient naturels (protéiques [138]) ou artificiels, synthétiques (à base de molécules cycliques [139], de nanotubes de carbone [140], de révélations de traces d'irradiation aux ions lourds [141]) ou nanolithographiés [142].

Il est apparu rapidement qu'un moyen d'étendre les travaux sur les canaux protéiques et de contourner certaines limitations de leur utilisation, comme la fragilité des membranes des lipides et des protéines et le manque de variabilité des tailles de pores, était d'utiliser des nanocanaux artificiels. Il n'existe pas actuellement de moyens simples et standards de fabriquer des canaux nanométriques, mais la lithographie par faisceau d'ions focalisé [142, 143] ou par faisceau d'électrons [144], suivie éventuellement d'un rebouchage partiel et contrôlé, a déjà permis d'obtenir des résultats intéressants, à la fois sur la fabrication et sur le passage de molécules [142]. L'un des intérêts des techniques issues de la microélectronique est qu'elles permettent d'intégrer dans un même dispositif les canaux, les électrodes et tout l'environnement électrique, chimique et microfluidique nécessaire [145].

Historiquement, Charles Bean et Ralph de Blois ont réalisé en 1974 les premières expériences de transport de particules dans des pores artificiels uniques [146]. Leurs canaux, issus de membranes « Nuclépores » inventées dans les laboratoires de *General Electric* [147], étaient gravés chimiquement par révélation de traces d'irradiation aux ions lourds de haute énergie, et le rayon le plus petit avoisinait 30 nm. Ces canaux « Nuclépores » ont aussi servi de modèle (controversé) de canaux ioniques dans des expériences pionnières de « patch-clamp » sur des membranes poreuses artificielles [148]. On réalise maintenant des irradiations avec un ion unique [141], donnant naissance à un pore conique dont la dimension la plus petite est 2 nm [149].

Il existe deux revues détaillées décrivant l'étude du transport de molécules dans des pores par des méthodes électriques. La principale, rédigée par Hagan Bailey et Charles Martin [150], décrit l'ensemble des résultats obtenus dans ce domaine jusqu'à l'année 2000 et ignore donc les expériences récentes sur les nanopores artificiels. La seconde [151] est principalement consacrée à l'étude de la dynamique de molécules d'ADN simple brin dans des pores protéiques. Un livre rassemble également les contributions d'une conférence sur le sujet en 1999 [152]. Nous tenterons de présenter ici une description complète mais pédagogique du sujet, en insistant sur les concepts de base. Nous présenterons d'abord, calculs à l'appui, le principe de la détection électrique du passage d'une particule dans un pore. Nous donnerons ensuite les éléments permettant de comprendre la physique du transport de macromolécules neutres ou chargées dans un pore. Nous décrirons enfin les différents systèmes étudiés, naturels ou artificiels, et les expériences effectuées sur ceux-ci.

Une omission importante concerne la manipulation de structures biologiques et l'étude de forces par translocation à travers des nanopores utilisés comme « nanopinces » (figure 11.25). Ce sujet difficile nécessiterait un chapitre à part pour être traité avec suffisamment de pédagogie. Les premières expériences avaient pour but d'étudier le dégrafage d'ADN double brin [135, 153]. Les projets en cours concernent la manipulation de structures secondaires d'ARN, le dépliement mécanique de protéines et l'étude des interactions ADN-protéine et protéine-protéine.

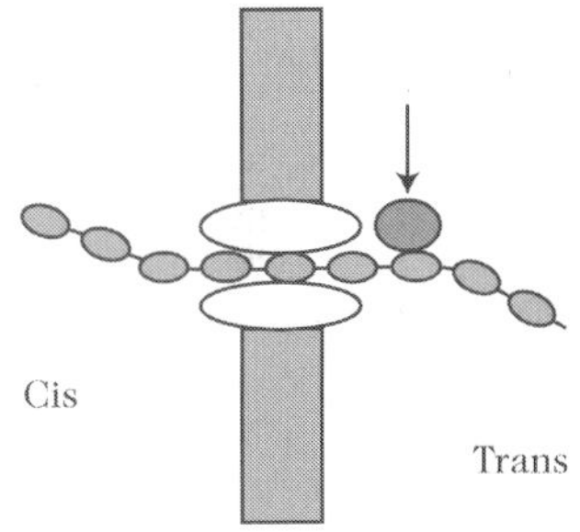

Figure 11.25. Nanopore utilisé comme « nanopince » et machine de forces. Un champ électrique bien orienté tire sur un complexe macromoléculaire bloqué dans le pore. En augmentant le champ, on mesure la force nécessaire pour briser le complexe. La mesure du courant électrique permet de suivre les évènements et de rétroagir sur le potentiel appliqué.

3.2. Détection électrique du transport de particules dans un pore

3.2.1. Résistance électrique d'un pore

Nous considérons un pore rectiligne cylindrique de diamètre D percé perpendiculairement dans une membrane électriquement isolante, d'épaisseur L, séparant deux compartiments remplis d'un électrolyte de conductivité électrique σ. Une différence de potentiel électrique V est appliquée entre le compartiment de droite (*cis*) et celui de gauche (*trans*). On distingue deux cas :

– **Si la membrane est épaisse** ($L \gg D$), les effets de bord sont négligeables et la résistance électrique R du pore est donnée par l'expression classique $R = L/\sigma S$, où S est l'aire de la section du pore : $S = \pi D^2/4$. En prenant $\sigma = 11\ \Omega^{-1}.\mathrm{m}^{-1}$, la conductivité d'une solution molaire de KCl, $L = 5$ nm l'épaisseur d'une bicouche de lipide et $D = 1$ nm le diamètre d'un canal ionique assez large comme l'α-hémolysine, on trouve $R = 0{,}6$ G Ω. Le courant prédit pour une différence de potentiel $V = 100$ mV a pour intensité $I = 170$ pA .

– **Si au contraire la membrane est mince** ($L \ll D$), la résistance (dite résistance d'« accès » R_a) est déterminée par la forme des lignes de champ électrique dans l'électrolyte à l'entrée et à la sortie du pore. En supposant que les lignes de courant sont uniformément réparties sur les demi-espaces d'entrée et de sortie du pore, on estime simplement $R_a = 2/\pi\sigma D$. La résolution de l'équation de Laplace [154] (cité par [128]) donne la relation exacte $R_a = 1/\sigma D$.

3.2.2. Effets de charge de surface et de constante diélectrique

La plupart des canaux nanométriques obtenus par gravure ou attaque chimique sont chargés électriquement par dissociation spontanée de groupes de surface ou adsorption d'ions lorsqu'ils sont mis en contact avec une solution aqueuse. La charge des ions de surface, par exemple négative, est compensée dans la solution par une couche d'ions mobiles positifs. Cette couche est localisée au voisinage de la paroi sur une épaisseur microscopique, fixée par l'agitation thermique et la concentration totale en ions. La surface chargée attire les ions de signe opposé (appelés contre-ions) et repousse les ions de même signe. L'ensemble forme une « double couche » électrostatique dont l'épaisseur est donnée par la longueur d'écran de Debye. La structure de la double couche a été analysée qualitativement par Helmholtz au XIXe siècle et quantitativement par Gouy et Chapman au début du XXe siècle, anticipant la théorie de Debye-Hückel des électrolytes. Elle joue un rôle important en électrochimie et en physique des colloïdes [155]. L'existence d'une couche diffuse d'ions conduit à de nombreux effets qui connaissent un regain d'intérêt à cause des nanotechnologies, en particulier l'effet d'« électro-osmose », qui permet de créer des écoulements uniformes par application d'un champ électrique. Les effets électrostatiques sont importants également dans les pores protéiques, particulièrement les canaux ioniques, car le signe et la répartition des charges dans les canaux sont à l'origine de leur sélectivité. Il existe une abondante littérature sur ce sujet [128], ainsi que de nombreuses simulations numériques [156, 157, 158].

Les canaux ioniques sont insérés dans des bicouches de lipides, qui sont des milieux de basse constante diélectrique ε_r. C'est aussi le cas de certaines membranes où sont percés les pores nanolithographiés. Typiquement, ε_r vaut 2 pour une bicouche de lipide ou une membrane organique et 4 pour la silice. Un ion situé au cœur d'un canal ionique étroit est comme placé dans un milieu de constante diélectrique 40 fois plus petite que celle de l'eau ($\varepsilon_w = 80$) et son énergie électrique est en ordre de grandeur presque 40 fois plus grande que son énergie électrique dans l'eau. Une barrière de potentiel diélectrique élevée s'oppose ainsi au passage des ions dans un canal étroit.

Le traitement général des effets de charges de surfaces [159] et de constante diélectrique nécessite des calculs lourds ou des simulations numériques poussées. Nous n'en ferons ici qu'une présentation approximative, en séparant les deux problèmes et en nous limitant au cas simple des canaux dont le diamètre des pores est inférieur à la longueur de Debye. Les effets étudiés sont alors dominants.

Charge de surface et conductance d'un canal

Les ions assurant la conduction électrique dans un canal sont soumis au champ électrique appliqué, aux forces stériques et électrostatiques exercées par les parois et à l'agitation thermique. Leur mouvement est décrit par une équation dite de Poisson-Nernst-Planck, qui combine l'équation de Poisson de l'électrostatique et l'équation de Nernst-Planck (dite aussi de Smoluchowski) du mouvement brownien de diffusion des ions dans un champ appliqué. À ces équations s'ajoute éventuellement l'équation de Navier-Stokes si les effets d'écoulement électro-osmotique sont importants. Si la concentration en électrolyte est suffisamment grande pour que la longueur de Debye soit inférieure au diamètre du canal, la résistance du canal est donnée par les lois macroscopiques décrites précédemment. Le cas nouveau apparaît aux petites concentrations en électrolytes, quand les porteurs de charges majoritaires sont les contre-ions de la surface du canal. La conductance G du canal tend alors vers une constante proportionnelle à la charge de surface du canal. Cet effet a été récemment observé dans des canaux [160] et des tubes très minces de silice [161] (figure 11.26).

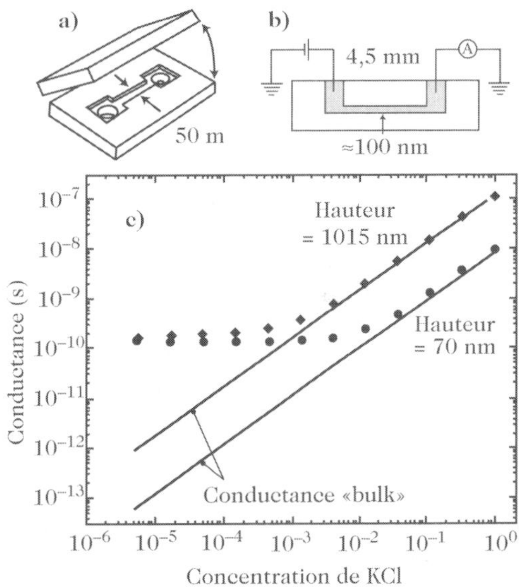

Figure 11.26. Schéma **a)** de l'assemblage de nanocanaux minces et **b)** de la mesure de conductance. L'épaisseur des canaux est indiquée sur la figure. **c)** Conductance des canaux en fonction de la concentration en sel dans la solution, tirée de [160].

Effet de constante diélectrique

Une charge q placée dans l'eau (constante diélectrique $\varepsilon_w = 80$), au voisinage d'un milieu extérieur de basse constante diélectrique ε_e, induit dans ce milieu des charges de polarisation de même signe qu'elle et qui la repoussent. Cet effet conduit à une augmentation de l'énergie de surface d'une solution d'électrolyte

(étudiée par Onsager et Saramas). Le calcul du champ électrique d'un ion placé au centre d'un canal cylindrique infiniment long percé dans une membrane de constante diélectrique ε_e et rempli d'eau est classique [162]. Il a été étendu par A. Parsegian et d'autres à la situation d'un pore de longueur finie [163]. Une description simplifiée et semi-quantitative de cette situation est possible [164]. L'idée initiale est due à P.-G. de Gennes.
Le milieu diélectrique extérieur est moins perméable que l'eau au champ électrique et canalise le flux du champ électrostatique créé par la charge q le long du pore. À cause des charges de polarisation, la composante normale du champ électrique à la surface est pratiquement nulle quand le rapport $\varepsilon_w/\varepsilon_e$ tend vers l'infini. En première approximation, le champ $E(x)$ à une distance x de la charge grande devant le diamètre D du pore est parallèle à l'axe du pore et constant. L'équation de la conservation du flux fixe $E(x)$:

$$2\frac{\pi}{4}D^2\varepsilon_w\varepsilon_0\,|E(x)| = q$$

On en déduit :

$$|E| = \frac{2q}{\pi\varepsilon_w\varepsilon_0 D^2}$$

Cependant, aux grandes distances r, la charge apparaît complètement insérée dans le milieu extérieur et on attend une valeur du champ électrique donnée par la loi de Coulomb dans la matrice extérieure :

$$E(r) = \frac{q}{4\pi\varepsilon_e\varepsilon_0 r^2}$$

Le raccordement des deux lois définit une « longueur de fuite » s :

$$s = \frac{1}{2\sqrt{2}}\left(\frac{\varepsilon_w}{\varepsilon_e}\right)^{1/2} D$$

qui s'introduit aussi à partir de la résolution directe et complète de l'équation de Poisson en série de Fourier-Bessel. La longueur s est la dimension de la distribution des charges de polarisation le long de l'axe du pore. Avec $\varepsilon_w = 80$ et $\varepsilon_e = 2$, on obtient $s = 2{,}24D$, soit 4,5 nm pour un canal comme l'α-hémolysine du staphylocoque doré, qui mesure 2 nm de large et 5 nm de long. Quand la force ionique est faible, les lignes de champ sont presque complètement canalisées dans le canal.
En raccordant les potentiels électrostatiques dans les différentes régions, on obtient l'expression du potentiel électrique au voisinage de la charge q pour $r \ll D$. Dans cette région, le potentiel est à une constante près celui donné par la loi de Coulomb dans l'eau :

$$V(r) = \frac{q}{4\pi\varepsilon_w\varepsilon_0 r} + \frac{q}{2\pi\varepsilon_e\varepsilon_0}\left\{\frac{4}{\sqrt{2}}\left(\frac{\varepsilon_e}{\varepsilon_w}\right)^{1/2} - 3\left(\frac{\varepsilon_e}{\varepsilon_w}\right)\right\}$$

La constante, notée V_0, représente le potentiel créé par les charges de polarisation au point où se trouve la charge q. L'énergie de polarisation diélectrique de la charge q est alors qV_0. C'est la hauteur de la barrière énergétique ressentie par un ion traversant la membrane.

3.2.3. Résistance d'un pore cylindrique conducteur contenant une sphère isolante

La discussion de ce paragraphe s'inspire des références [145] et [146]. J. C. Maxwell est le premier à avoir calculé la variation de résistance électrique due à la présence de billes sphériques en suspension diluée dans un fluide conducteur [165]. En notant ρ_{eff} la résistivité effective d'une solution de billes isolantes infiniment diluée et ρ la résistivité de l'électrolyte pur, Maxwell obtient la relation $\rho_{eff} = \rho(1 + 3f/2 + \cdots)$, où f est la fraction volumique de la solution occupée par les billes ($f \ll 1$). On en déduit une première estimation de la variation de résistance d'un pore cylindrique de longueur L et de diamètre D, quand le diamètre du pore est très grand devant le rayon de la bille. On néglige les effets de confinement et on applique directement la formule précédente. La fraction volumique f d'une bille de diamètre d dans le pore est $f = 2d^3/3D^2$. La résistance R^* du pore contenant la bille est alors :

$$R^* = \left(\frac{4\rho L}{\pi D^2}\right)\left(1 + \frac{d^3}{D^2 L}\right)$$

En introduisant la variation relative de la résistance $\Delta R/R = (R^* - R)/R$, on obtient

$$\frac{\Delta R}{R} = \frac{d^3}{D^2 L}$$

La relation précédente est indépendante de la conductivité de l'électrolyte.

On traite aussi simplement le cas des billes presque aussi larges que le pore ($d \leqslant D$) à l'aide d'une méthode de Rayleigh citée par Maxwell. Selon Rayleigh, la contribution dominante à la résistance totale est donnée par l'expression usuelle de la résistance d'un pore cylindrique de section lentement variable, utilisée localement :

$$R = \rho \int_{-L/2}^{L/2} \frac{dz}{A(z)}$$

$A(z)$ est l'aire de la section annulaire entre la sphère et le cylindre à l'abscisse z. Si l'origine est prise au centre de la sphère, supposée centrée sur l'axe du pore, $A(z) = \pi/4(D^2 - d^2 + 4z^2)$ pour $z \leqslant d/2$. On trouve tout calcul fait que la variation relative de résistance est donnée par la formule :

$$\frac{\Delta R}{R} = \frac{D}{L}\left[\frac{\arcsin(d/D)}{(1-(d/D)^2)^{1/2}} - \frac{d}{D}\right]$$

Il existe des expressions couvrant pratiquement tout le domaine $0 \leqslant d \leqslant D$. C'est le cas en particulier de la formule semi-empirique suivante donnée par C. P. Bean [146] :

$$\frac{\Delta R}{R} = \frac{d^3}{D^2 L}\left[\frac{1}{1 - 0{,}8(d/D)^3}\right]$$

Des calculs plus poussés permettent aussi de traiter le cas de particules qui ne sont pas dans l'axe du pore [166].

Les calculs précédents ou ceux cités permettent d'interpréter les variations relatives d'intensité lors du passage d'une particule sphérique dans un canal, mais ils ne permettent pas d'interpréter la forme complète du signal, qui dépend du temps de résidence de la particule dans le pore, de son mouvement plus ou moins aléatoire et des forces qui s'exercent sur elle. La description de ce mouvement est complexe ; elle fait intervenir en particulier les écoulements du solvant induits par le mouvement de la particule et les forces de friction associées. Plusieurs travaux classiques sont consacrés à cette question [167, 168].

Les premières expériences ont été faites sur des canaux nucléopores uniques par Deblois et Bean [28]. La figure 11.27 montre un exemple plus récent particulièrement démonstratif.

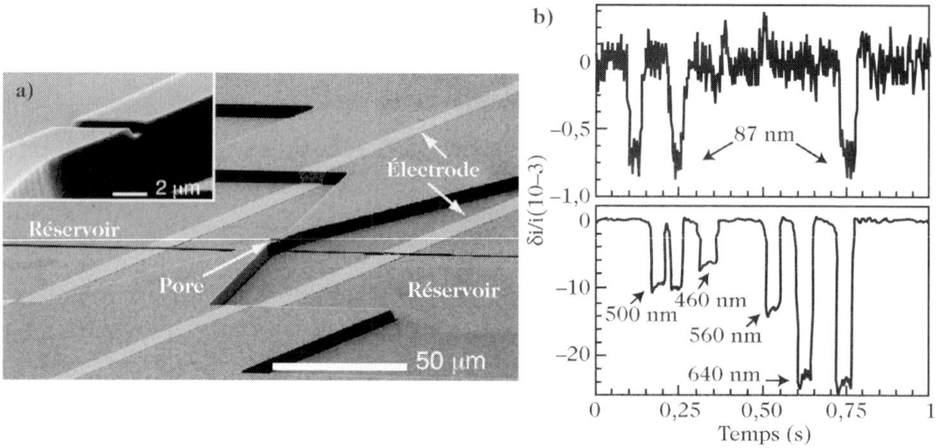

Figure 11.27. **a)** Photographie du dispositif permettant la détection électrique de billes à travers des microcanaux. **b)** Signature électrique du passage de billes à travers ces nanocanaux. Tiré de [145].

3.3. Polymères confinés dans des pores. Statique et dynamique

Les premiers travaux théoriques consacrés aux polymères confinés [164, 169, 170] sont nés dans le contexte du renouveau de la physique des polymères, de la naissance des nouvelles techniques de chromatographie et de la crise du pétrole, qui rendait économiquement intéressante la technique de récupération assistée du pétrole par injection de solutions de polymères dans les roches poreuses pétrolifères.

Nous distinguons le cas des pores longs, où la longueur des pores est beaucoup plus grande que la taille d'une chaîne de polymère, et celui des pores courts où la longueur du pore est petite devant la longueur d'une chaîne. Le premier cas est celui de la **chromatographie** et des techniques de séparation et de filtration, le second est réalisé dans les expériences récentes sur les canaux protéiques ou les membranes nanolithographiées très minces. Il correspond à la situation hypothétique d'une expérience de **séquençage** . Les effets de confinement sont prédominants dans le premier cas, négligeables dans le second. Il faut aussi distinguer les cas très différents des polymères neutres de celui des polymères chargés électriquement, appelés aussi **polyélectrolytes**.

Une chaîne de polymère neutre et flexible est décrite dans le modèle le plus simple par une marche « au hasard » de N pas, le nombre de monomères dans la chaîne, chacun de longueur a, la taille d'un monomère. Une chaîne aléatoire est un objet statistiquement invariant d'échelle, de dimension fractale égale à 2. En l'absence de perturbations extérieures, la valeur quadratique moyenne de la distance entre les extrémités de la chaîne est $R = N^{1/2}a$. La structure de chaînes réelles en bon solvant – c'est le cas ordinaire – est différente de celle des chaînes idéales à cause de l'interaction dite « de volume exclu » entre monomères. Un monomère préfère le contact des molécules de solvant à celui des autres monomères ; cela crée une répulsion effective à courte portée entre monomères. Une chaîne à volume exclu est modélisée par une marche aléatoire sans recoupement. Comme la marche « au hasard », c'est un objet invariant d'échelle, fluctuant et « critique » au sens des transitions de phase. La valeur quadratique moyenne de la distance entre extrémités de la chaîne dépend maintenant de la dimension de l'espace : $R \approx aN^{\nu}$; ν est un exposant critique, il vaut 1 sur une ligne et environ 0,6 ($\simeq 3/5$) à 3 dimensions [171].

3.3.1. Polymères neutres

Structure d'une chaîne confinée dans un pore

La structure d'une chaîne de polymère neutre et flexible dans un pore cylindrique est représentée sur la figure 11.28 telle qu'elle a été prédite par Mohammed Daoud et Pierre-Gilles de Gennes en 1977 [170]. La structure de la chaîne est tridimensionnelle aux distances inférieures au diamètre du pore D, car les monomères ignorent la présence des parois du pore. En revanche, la chaîne est unidimensionnelle à grande échelle. Il en ressort une image en collier de perles (ou « blobs ») alignées, dans laquelle chaque perle de diamètre D contient un morceau de chaîne tridimensionnelle, contenant $g = (D/a)^{5/3}$ monomères. La longueur de la chaîne est la longueur totale des perles côte à côte :

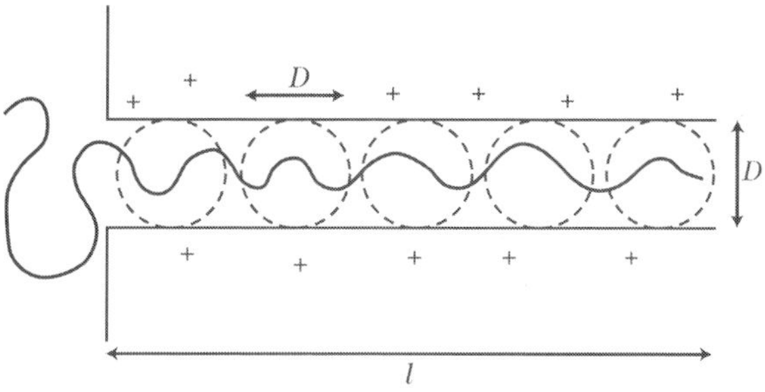

Figure 11.28. Structure d'une chaîne de polymère neutre entrant dans un canal (tirée de [177]).

$$R = (N/g)D = Na(a/D)^{2/3} \quad \textbf{(11.27)}$$

La relation précédente est confirmée depuis longtemps par des simulations numériques [172]. Les chaînes greffées sur une surface ont une structure unidimensionnelle analogue à celle d'une chaîne dans un pore de diamètre équivalent à la distance entre points d'ancrage. Il a été possible de vérifier expérimentalement, par diffusion des neutrons, que l'épaisseur d'une couche greffée est bien donnée par l'expression (11.27) [173]. Une observation directe d'ADN fluorescent confiné dans des nanocanaux de silice a récemment donné lieu à un test très élégant de cette loi [174] (figure 11.29).

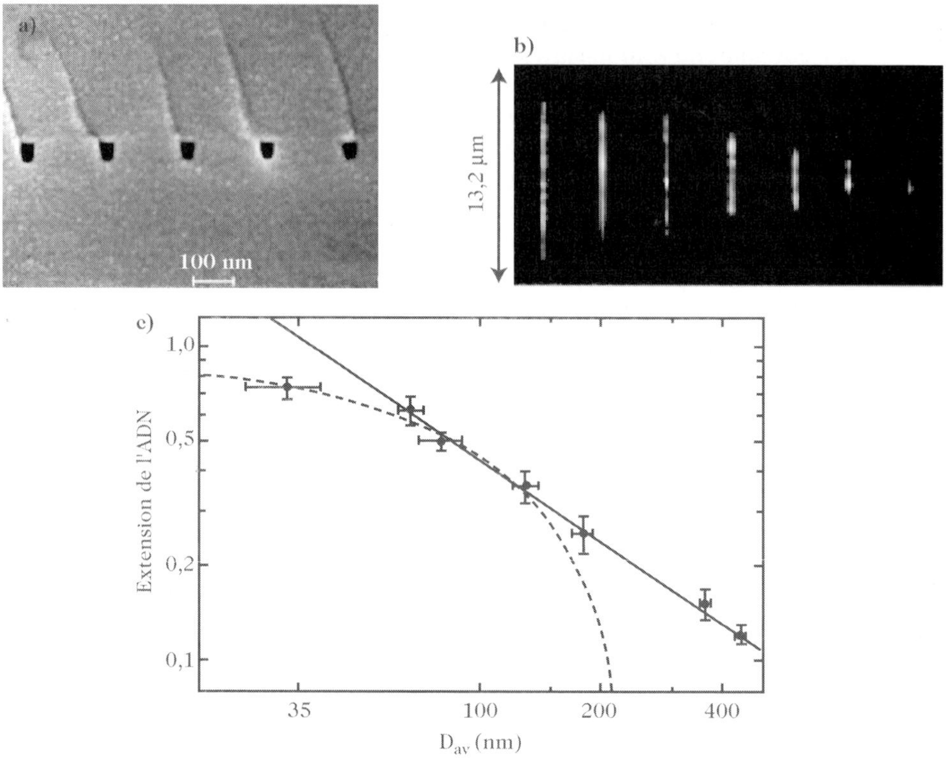

Figure 11.29. a) Photographie de canaux nanométriques (section 30 x 40 nm^2) imprimés dans une matrice de plexiglas recouverte de silice, tiré de [174]. **b)** Molécule unique d'ADN viral (phage λ) fluorescent confinée dans des canaux nanométriques de taille décroissante (de 30 x 40 nm^2 à 440 x 440 nm^2 de gauche à droite) identiques à ceux de la figure 11.22 centre. **c)** L'expérience montre que le confinement étire les chaînes d'ADN.

Coefficient de partage

Dans l'esprit d'une description en loi d'échelle analogue à celle des phénomènes critiques, il est naturel d'attribuer l'énergie d'agitation thermique k_BT (k_B, constante de Boltzmann, T, température) à un domaine corrélé, perle ou « blob », de dimension D. L'énergie libre d'une chaîne est alors $F \approx k_BT\,(N/g) = Nk_BT\,(a/D)^{5/3}$. En comparant cette énergie libre avec celle d'une chaîne en solution diluée non confinée, qui est d'ordre k_BT, on calcule le « coefficient de partition » q, rapport des concentrations en monomères à l'équilibre dans le pore et en volume :

$$q = \frac{c_p}{c_b} = \exp - \alpha N \left(\frac{a}{D}\right)^{5/3} \tag{11.28}$$

où α est une constante d'ordre 1.

Ce coefficient est exponentiellement petit pour des grandes chaînes, ce qui indique qu'une grande chaîne isolée ne rentre pratiquement jamais spontanément dans un pore petit.

Les premières observations de perméation de macromolécules à travers des « Nuclépores » sont en accord qualitatif avec cette loi [122]. Récemment, une vérification expérimentale quantitative de cette prédiction théorique du coefficient de partage a été faite en observant la fréquence de passage de chaînes neutres de polyéthylène-glycol courtes à travers un nanopore protéique d'α-hémolysine [175].

Forçage osmotique

Un moyen de faire rentrer une grande chaîne dans un pore est d'exercer une force qui l'entraîne ou la pousse. Le premier cas est réalisé avec des écoulements, le second par des forces d'origine osmotique. En augmentant la concentration d'une solution de polymère en volume, nous augmentons l'intensité des interactions de volume exclu qui compriment les chaînes et les forcent à s'enchevêtrer : c'est le régime semi-dilué, qui correspond à une concentration de monomères c supérieure à la concentration de recouvrement $c*$, donnée par la concentration moyenne à l'intérieur d'une pelote isolée : $c* \approx N/R^3 = 1/N^{4/5}a^3$. Dans une solution semi-diluée, les interactions de volume exclu se font sentir aux courtes distances et sont écrantées aux grandes distances, car les répulsions entre chaînes compensent les répulsions à l'intérieur d'une chaîne. La longueur de corrélation ξ des interactions de volume exclu ou **longueur d'écran** est la distance moyenne en point d'enchevêtrement. Elle est égale au rayon d'une chaîne isolée à $c = c*$ et vaut a, la taille d'un monomère, en l'absence de solvant. Une interpolation en loi de puissance, justifiée par la théorie des phénomènes critiques, conduit à la relation $\xi = a(ca^3)^{-3/4}$, vérifiée expérimentalement. Une solution semi-diluée de polymères est un empilement compact de domaines corrélés de taille ξ ou « blobs ». La pression osmotique Π est proportionnelle à l'énergie libre par unité de volume, donnée par la loi d'échelle de Widom selon la prescription k_BT par « blob », $\Pi \approx k_BT/\xi^3$. Une chaîne en solution semi-diluée rentrera dans un pore de taille D quand le potentiel chimique de ses monomères sera supérieur à celui des monomères confinés. Cela se produit quand la longueur de corrélation devient inférieure au diamètre du pore, $\xi \leqslant D$. L'interprétation géométrique de la condition de pénétration d'un pore par une solution diluée de polymères est simple : la taille des blobs en solution doit être inférieure au diamètre du pore (figure 11.30). Au seuil, les blobs d'une chaîne en solution et d'une chaîne isolée confinée sont identiques. Cette condition implique la conclusion paradoxale et source de controverses qu'un polymère fondu est capable d'envahir des pores de n'importe quelle taille. Contrairement à une idée souvent émise, il n'existe pas d'entropie de confinement pour les chaînes d'un fondu de polymères [171].

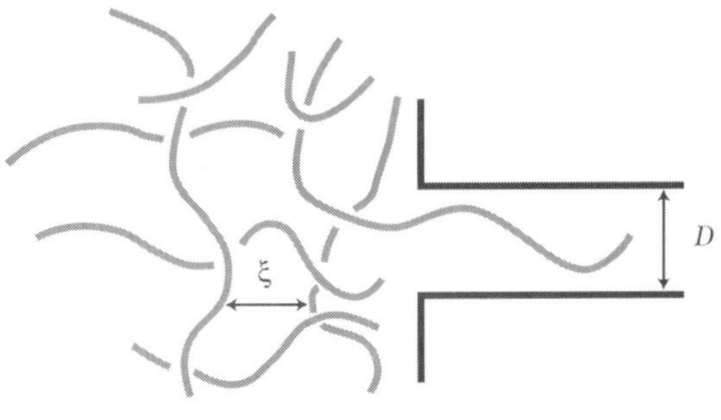

Figure 11.30. Représentation schématique d'une solution semi-diluée de polymères de longueur de corrélation ξ à l'entrée d'un pore de largeur D.

Des observations d'effets de seuil en accord avec les prédictions ont été faites dans [122] et [123], mais il n'existe pas de vérification complète de la loi à cause de la difficulté à varier la taille des pores dans une série d'expériences. L'observation la plus spectaculaire d'un effet de seuil a été effectuée sur un pore protéique d'α-hémolysine et des chaînes de poly(éthylèneglycol) de masse 35 000 daltons [176]. Elle est présentée sur la figure 11.31. Ce cas ne correspond pas strictement au cas d'un pore infiniment long, car la dimension de la chaîne est du même ordre de grandeur que la longueur du pore, 5 nm ; néanmoins le phénomène d'entrée est dans ce cas le même que pour un pore long.

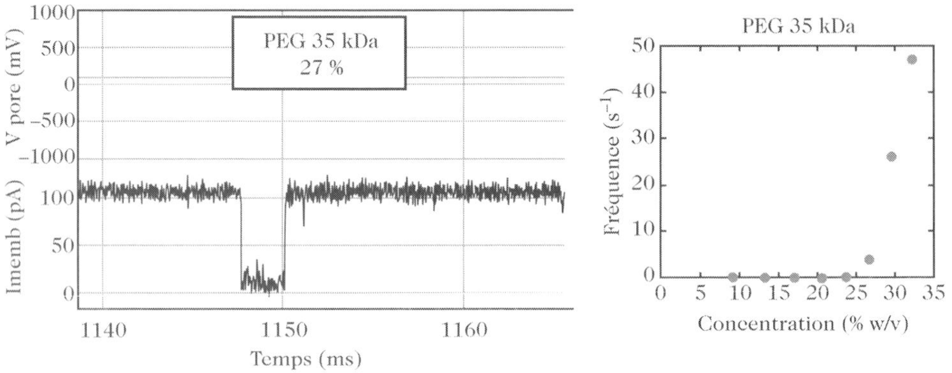

Figure 11.31. À gauche, courant mesuré au passage d'une chaîne de poly(éthylène-glycol) de masse 35 000 daltons dans un pore d'α-hémolysine. À droite, fréquence de passage de ce polymère en fonction de la concentration de la solution en g/mL.

Dynamique des chaînes à l'entrée et dans un pore

Un rappel sur la dynamique des chaînes de polymères [171]

Toute particule ou molécule en solution est soumise à l'action des molécules du solvant qui se traduit par deux effets : une force de friction s'oppose au mouvement moyen et une force aléatoire donne lieu au mouvement « brownien » d'agitation thermique.

La force de friction $\overrightarrow{\mathbf{f}_v}$ est proportionnelle à la vitesse moyenne relative $\overrightarrow{\mathbf{v}}$ de la molécule de soluté et des molécules de solvant, $\overrightarrow{\mathbf{f}_v} = -\zeta_0 \overrightarrow{\mathbf{v}}$, où ζ_0 est le coefficient de friction de la molécule. Ce dernier est donné en ordre de grandeur par la relation de Stokes $\zeta_0 = 6\pi\eta_s a$, où η_s est la viscosité du solvant et a le rayon de la molécule.

L'agitation thermique donne lieu au phénomène de diffusion caractérisé par le coefficient de diffusion D_m, relié à ζ_0 par la relation d'Einstein $D_m = k_B T/\zeta_0$.

Dans ce cadre, la dynamique d'une chaîne de polymère est décrite en attribuant un coefficient de friction ζ_0 à chaque monomère. En supposant que la force de frottement totale sur la chaîne est la somme des forces de frottement individuelles sur chacun des monomères, on attribue à la chaîne un coefficient de friction $N\zeta_0$, où N est l'indice de polymérisation, et un coefficient de diffusion $D_c = k_B T/N\zeta_0$. Cette description n'est cependant pas complète. Elle ne s'applique dans le meilleur des cas qu'au mouvement global d'une chaîne et pas à ses mouvements internes, et elle néglige aussi les « interactions hydrodynamiques » : le mouvement d'un monomère crée un écoulement qui perturbe le mouvement des autres. Les interactions hydrodynamiques sont négligeables dans des structures très ouvertes, mais elles sont importantes pour des pelotes aléatoires en solution. À cause d'elles, le solvant à l'intérieur d'une chaîne est entraîné à la même vitesse que la macromolécule, et celle-ci se comporte du point de vue hydrodynamique comme une sphère de rayon R, le rayon de la chaîne. Comme Bruno Zimm l'a montré le premier en 1956, le coefficient de diffusion d'une chaîne est alors $D_c = k_B T/6\pi\eta_s R$, et le temps de relaxation d'une chaîne est en ordre de grandeur R^2/D_c, soit $\tau \sim \frac{\eta_s R^3}{k_B T}$.

Succion d'une chaîne par un écoulement

Une macromolécule est entraînée dans un pore par un flux de solvant. Il existe dans ce dernier cas un flux critique nécessaire à l'insertion d'une chaîne linéaire [177]. L'écoulement à l'entrée d'un canal est convergent et « élongationnel », et les forces de friction visqueuse tendent à allonger une macromolécule flexible. Une chaîne entrera dans un pore si elle est suffisamment allongée et sa dimension latérale suffisamment réduite. La discussion précise est délicate car le phénomène est dynamique. Le critère de déformation d'une chaîne fait intervenir le produit sans dimension du gradient de vitesse $\dot{\gamma}$ par le temps de relaxation τ de la macromolécule ; la déformation n'est forte que si $\dot{\gamma}\tau \geqslant 1$. À cause de la conservation du flux, le champ de vitesse est donné approximativement par $v(r) \approx \frac{J}{r^2}$, où r est la distance au centre du disque d'entrée et J le flux de solvant. Le gradient de vitesse vaut $\dot{\gamma} = \nabla v \approx \frac{J}{r^3}$. Dans le modèle de Zimm décrit brièvement au paragraphe précédent, le temps de relaxation d'une chaîne est $\tau \sim \frac{\eta_s R^3}{k_B T}$, où η_s est la viscosité du solvant [171]. La condition $\nabla v.\tau = 1$ définit la dimension r_c de la zone près de l'entrée du pore où la contrainte visqueuse exercée sur la chaîne est grande. Si la contrainte est très forte, chaque monomère suit l'écoulement du solvant indépendamment des autres. La déformation d'une chaîne est « affine » tant qu'elle n'est pas complètement étirée ; la déformation de la chaîne et la déformation d'un élément de volume de solvant sont proportionnelles. La dimension latérale $r_\perp$ de la chaîne à une distance r du pore est alors $r_\perp(r) = \frac{r}{r_c}R$ et vaut $r_\perp = \frac{D}{r_c}R$ au niveau du pore [171]. Une chaîne sera aspirée dans le pore si $r_\perp < D$ ou $R < r_c$. Cette condition est satisfaite si le flux à travers le pore est supérieur à un flux critique J_c donné par :

$$J_c = \frac{k_B T}{\eta_s}$$

Cette valeur est indépendante de la taille des pores et de la longueur des chaînes. Dans l'image des « blobs » décrite au début de ce paragraphe, elle correspond au moment où la force de Stokes $\eta_s D v$ sur un « blob » de taille D est comparable à la force entropique $\frac{k_B T}{D}$ qu'il faut exercer pour le confiner (v est la vitesse moyenne du solvant dans le pore, reliée au flux par $v \sim \frac{J}{D^2}$).

Dynamique d'une chaîne confinée

F. Brochard et P.-G. de Gennes [178] ont étudié le mouvement brownien d'une chaîne de polymère neutre et flexible dans un pore. Le problème est subtil. On penserait, en raisonnant par analogie avec le cas tridimensionnel, qu'une chaîne confinée entraîne le solvant dans son mouvement, mais cela est impossible. La conservation du courant dans un canal unidimensionnel imposerait qu'une seule chaîne déplace le solvant dans tout le canal. Le solvant doit être au repos à l'extérieur d'une chaîne en mouvement et cela impose une recirculation du solvant dans la chaîne, montrée schématiquement sur la figure 11.32.

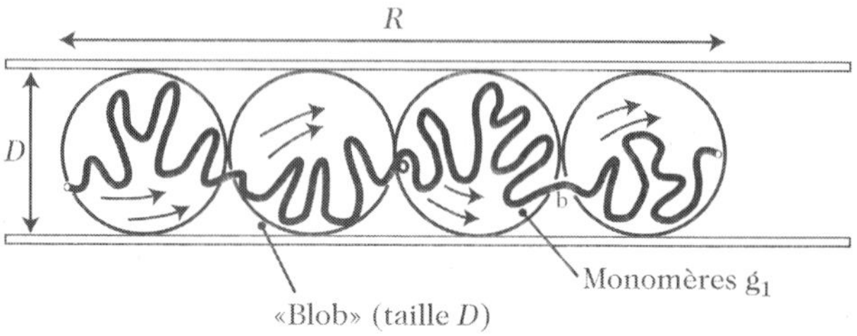

Figure 11.32. Dynamique d'une chaîne de polymère dans un canal (tirée de [178]).

Les conditions aux limites imposent que les interactions hydrodynamiques dans un canal décroissent exponentiellement au-delà d'une distance caractéristique, égale à la largeur du canal ; on dit que les interactions hydrodynamiques sont « écrantées ». Il s'ensuit que les recirculations se font sur une échelle égale au diamètre du pore. En prenant en compte cet effet, la mobilité μ d'une chaîne est celle d'un collier linéaire de N/g perles de diamètre D, affectée chacune d'un coefficient de friction d'ordre $\eta_s D$. Elle est donnée par la relation :

$$\zeta = \frac{1}{\mu} \approx \frac{N}{g}\eta_s D = \eta_s R = \eta_s N a \left(\frac{a}{D}\right)^{2/3}$$

Si le passage d'une molécule à travers un pore est uniquement diffusif, le coefficient de diffusion est $D_f = \mu k_B T$ et le temps de passage τ à travers le pore s'écrit :

$$\tau = \frac{L_{pore}^2 \eta_s N a}{k_B T}\left(\frac{a}{D}\right)^{2/3},$$

où L_{pore} est la longueur du pore. Ce temps varie linéairement avec N, la masse de la chaîne.

Passage à travers des pores courts

Les expériences mentionnées en introduction ont suscité de nombreux travaux consacrés à l'étude théorique ou à la simulation numérique de la dynamique de passage d'une chaîne de polymère à travers des pores très minces [179-184], mais il existe peu d'études expérimentales systématiques.

Le cas le plus simple est celui d'une **chaîne linéaire rigide et électriquement neutre**. Le mouvement est purement aléatoire et diffusif. Le temps de passage τ (on définirait plus rigoureusement un temps moyen de premier passage) est donné en ordre de grandeur par la loi du mouvement brownien $\tau = \dfrac{L^2}{D_f}$, L étant la longueur de la chaîne et D_f le coefficient de diffusion de la molécule. La valeur de ce coefficient de diffusion dépend de l'importance relative des différentes forces de frottement :

– si la friction visqueuse du solvant sur la chaîne à l'extérieur du pore est beaucoup plus grande que la friction dans le pore, le coefficient de diffusion s'écrit :

$$D_f \approx \frac{k_B T}{\eta_s N a}$$

car la friction est proportionnelle à la longueur de la molécule. Le temps de passage varie alors comme le cube de la longueur de la chaîne ($\tau \propto N^3$).
– dans le cas contraire, le coefficient de diffusion vaut :

$$D_f \approx \frac{k_B T}{\eta_s x},$$

x est la longueur sur laquelle s'effectue la friction, typiquement la longueur du pore. Dans ce cas, le temps de passage est proportionnel au carré de la longueur de la chaîne ($\tau \propto N^2$).

Le cas d'une **chaîne neutre et flexible** est plus complexe. Comme Lee et Obukhov l'ont remarqué les premiers [179], le passage d'une chaîne flexible à travers un pore étroit et court modifie peu sa conformation et la friction du solvant est beaucoup plus petite que celle s'exerçant sur une chaîne linéaire rigide (figure 11.33). Imaginons une situation où l'on tire une extrémité d'une pelote polymère à travers un trou à la vitesse v. La portion de la pelote en amont du trou se meut à une vitesse moyenne très faible V. V est déterminée par la condition que le temps de débobinage totale de la pelote $t = \frac{L}{v}$, où $L = Na$ est la longueur totale du « fil », soit le même que le temps de translation de la pelote sur elle-même $\frac{R}{V}$, où R est le rayon de la pelote. Donc $V \simeq \frac{R}{L}v = vN^{-1/2}$.

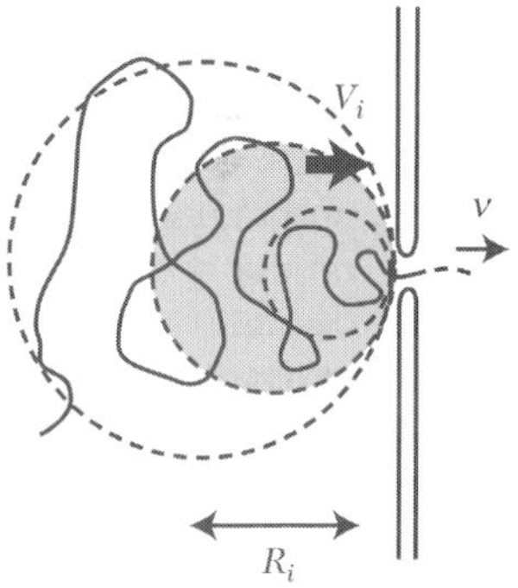

Figure 11.33. Schéma représentant la friction qui s'exerce sur une chaîne de polymères à travers un nanopore (tiré de [179]).

Dans ce cas, la force de friction sur la pelote est celle d'une sphère de rayon R allant à la vitesse V, $f\ \eta_s RV$. On en déduit la mobilité de la chaîne $\mu \simeq \eta_s R$, le coefficient de diffusion $D_f = k_B T/\mu$ et le temps de passage $\tau \sim N^2$ pour une chaîne idéale. Ce résultat est le même à un facteur près que celui trouvé pour une friction localisée au niveau du pore. Il est en accord avec les simulations numériques existantes [183].

Il n'existe pas d'observations expérimentales de ces lois, car les grandes chaînes flexibles et neutres ne passent pas spontanément à travers les pores de longueur finie actuellement utilisés. Des expériences ont été faites sur des systèmes concentrés, où le passage est facilité par des effets d'écran décrits précédemment [176]. Dans ce cas, la contribution à la cinétique de passage des effets de reptation en solution au voisinage du pore ne semble pas négligeable.

3.3.2. Polymères chargés

Les polyélectrolytes sont des macromolécules ionisables, chargées en solution aqueuse, très courantes dans la nature. Les biopolymères, acides nucléiques, protéines, polysaccharides sont des polyélectrolytes. Leur densité de charge souvent très élevée (qui peut dépendre du pH) leur donne des propriétés originales. Les monomères chargés le long de la chaîne se repoussent mutuellement et cela tend à rigidifier les molécules, mais les ions en solution écrantent les interactions électrostatiques. La structure et les propriétés des solutions en volume restent mal connues, particulièrement dans le régime semi-dilué, malgré de nombreux travaux théoriques et expérimentaux [185, 186, 187].

Lors d'une expérience de translocation, les polyélectrolytes sont entraînés par le fort champ électrique qui règne dans le pore et qui est nécessaire pour la détection électrique du passage des molécules. Rappelons qu'une différence de potentiel V de l'ordre de 100 mV appliquée sur une distance de 5 nm, l'épaisseur d'une bicouche de lipides, conduit à un champ électrique de 20 millions de V/m. Il suffit qu'une charge élémentaire e se trouve dans le pore pour que l'énergie potentielle associée eV soit 4 fois plus grande que l'énergie d'agitation thermique k_BT. Dans le cas de l'ADN simple brin par exemple, les effets de l'agitation thermique sont petits. Les expériences de passage d'ADN relativement petits à travers des nanopores protéiques d'hémolyse montrent que le temps de translocation est proportionnel à la longueur de la molécule et que la fréquence des translocations est proportionnelle au facteur de Boltzmann du potentiel appliqué [188]. Ces résultats sont sensiblement modifiés pour des ADN double brins très longs passant dans des nanopores artificiels : les effets de flexibilité et de friction du solvant sur la partie de la macromolécule n'ayant pas encore franchi le pore sont importants et conduisent à un temps de translocation variant comme $R^2 \sim N^{1,2}$ [189].

La conformation et les propriétés de polyélectrolytes confinés dans des pores ont été très peu étudiées théoriquement et expérimentalement, deux exceptions étant les références [164] et [190]. La situation la plus intéressante est celle où les polyélectrolytes sont dissous en l'absence de sel ajouté ; les effets électrostatiques sont alors les plus forts. En l'absence de charge de surfaces, deux effets empêchent une chaîne linéaire chargée d'entrer dans un pore, la répulsion par les charges de polarisation discutée précédemment et l'éventuelle compression du nuage de contre-ions qu'il faut effectuer pour assurer la neutralité électrique autour de la chaîne quand la longueur de Debye κ^{-1}est supérieure au diamètre du pore (figure 11.34). On montre que l'entrée spontanée d'une chaîne dans un pore assez long est improbable dès que $\kappa^{-1} \geqslant D/2$.

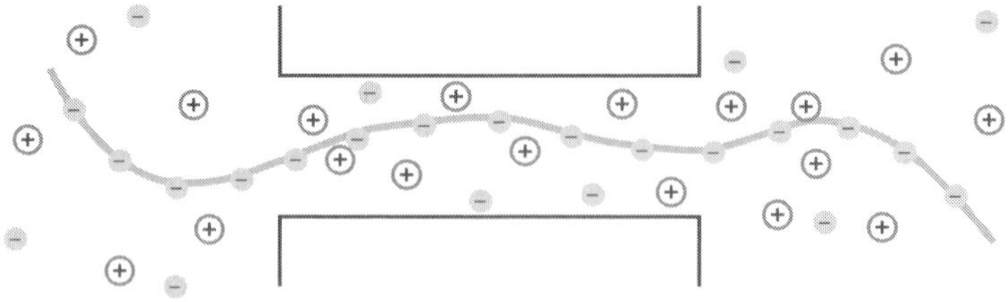

Figure 11.34. Si un pore est suffisamment long, il est avantageux de confiner les contre-ions autour d'une chaîne pour assurer localement l'électroneutralité, même si la longueur de Debye est supérieure au diamètre du pore [164].

La figure 11.35 montre les résultats d'une expérience de translocation d'un polyélectrolyte assez court, le dextrane sulfate, à travers un pore d'hémolysine en fonction de la force ionique de la solution. La fréquence de passage des chaînes à travers le pore diminue fortement quand la force ionique diminue fortement (à concentration de chaîne constante) et s'annule dès que la concentration en électrolyte devient inférieure à 0,1 M. Ce seuil correspond à une longueur de Debye κ^{-1} de 1 nm égale au rayon du pore, confirmant ainsi la prédiction théorique. Bien entendu, cet effet doit dépendre du champ électrique appliqué. L'étude reste à faire.

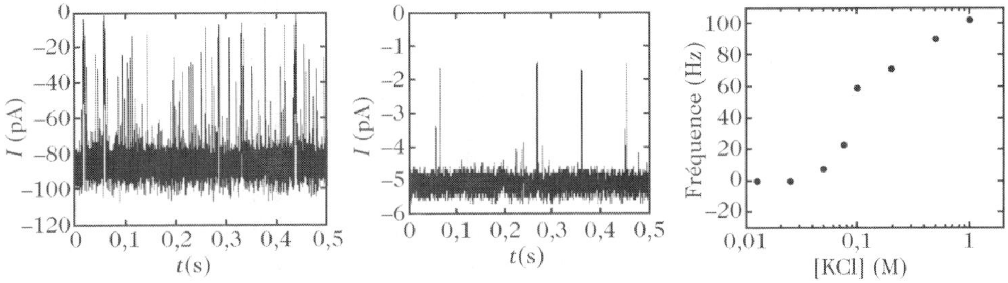

Figure 11.35. Expérience de translocation de dextrane sulfate (de masse molaire égale à 8 500) à travers un pore protéique d'hémolysine soumis à une différence de potentiel de 100 mV. À gauche, le courant électrique montrant le passage des macromolécules est mesuré pour une concentration d'électrolyte égale à 1 M. Au milieu, la concentration d'électrolyte vaut 0,05 M. À droite, la courbe de la fréquence de passage en fonction de la concentration d'électrolyte montre que le passage des chaînes est empêché au-dessous d'une concentration seuil.

3.4. Quelques systèmes naturels et artificiels

Les expériences sur le transport de macromolécules à travers des nanopores ont été réalisées sur plusieurs types de pores, des pores protéiques et des pores synthétiques artificiels. Les pores protéiques sont les plus faciles à obtenir, du moins pour certains, et les plus performants. Ils sont moins larges et plus courts que les pores synthétiques. Nous avons déjà cité quelques exemples d'utilisation des pores ; nous décrivons plus particulièrement dans ce paragraphe leur fabrication et leur mise en œuvre.

3.4.1. Membranes lipidiques planes et nanopores biologiques

Les lipides sont des molécules amphiphiles possédant une partie hydrophile, la tête polaire, et une partie hydrophobe, formée d'une ou plusieurs chaînes carbonées. En solution aqueuse, les parties hydrophobes sont insolubles et, selon leur géométrie, les molécules de lipides s'assemblent spontanément en différents types d'agrégats, micelles sphériques ou cylindriques, bicouches planes, avec les têtes polaires à la surface de l'agrégat au contact de l'eau et les chaînes hydrophobes à l'intérieur. Dans une bicouche lipidique, les molécules sont tête-bêche et les têtes polaires sont assemblées en feuillet plan de part et d'autre d'une partie centrale constituée elle aussi de deux feuillets de chaînes. L'épaisseur de la bicouche est approximativement égale à deux fois la longueur des chaînes lipidiques. Les bicouches formées de phospholipides naturels (par exemple la phosphatidylcholine-lécithine) sont le constituant de base des membranes des cellules biologiques et de structures artificielles comme les vésicules [191, 192].
Mueller et Rudin ont découvert en 1962 [129] qu'on pouvait déposer une bicouche lipidique macroscopique unique sur un cadre ou sur un orifice macroscopique de

quelques centaines de micromètres de diamètre baignant dans l'eau, de la même façon qu'on peut former des films de savons dans l'air. Ces objets sont appelées « bicouches lipidiques planes » ou membranes de lipides « noires » (« *Black Lipid Membranes* ») à cause de leur extrême finesse (typiquement 5 nm), par analogie avec les films « noirs » de savon (appelé « noir » car ne réfléchissant pas la lumière). Ces bicouches lipidiques planes ont très vite servi de support pour l'insertion de protéines membranaires et l'étude de leur fonctionnement *in vitro*. Une classe particulièrement importante de protéines membranaires est celle des canaux ioniques, qui sont des protéines ou des assemblages de protéines disposés de façon à former un canal central permettant le transport d'ions ou éventuellement d'autres molécules à travers la membrane de lipide, qui sinon serait isolante du point de vue électrique [128]. En plaçant des électrodes de part et d'autre de la bicouche et en imposant une différence de potentiel (voir la figure 11.23), on peut mesurer le courant électrique à travers la membrane et en particulier détecter directement le courant et les fluctuations de courant à travers un canal protéique unique inséré dans la bicouche, courant dont l'intensité dans KCl 1 M est typiquement de l'ordre d'un picoampère pour une différence de potentiel de 100 mV . Ces études ont été pendant longtemps le seul moyen d'étudier le fonctionnement des canaux ioniques [193] et ont ouvert la voie à des techniques similaires, mais plus évoluées, comme celle du « patch-clamp » [127].

Les canaux ioniques ont souvent des diamètres intérieurs très petits, qui ne laisseraient pas passer des chaînes de polymères. Il existe des protéines membranaires qui n'ont pas cet inconvénient. La plus utilisée est l'α-hémolysine, une toxine sécrétée par le staphylocoque doré. Elle favorise *in vivo* la rupture des globules rouges des organismes infectés. Les canaux d'α-hémolysine ont été cristallisés et leur structure a été déterminée par diffraction des rayons X [194] (figure 11.36). Ils sont formés d'un assemblage de sept sous-unités identiques qui délimitent un pore dont la longueur vaut 5 nm et le diamètre 2,6 nm. Ce diamètre est relativement grand à l'échelle moléculaire et peut laisser passer une molécule d'ADN simple brin.

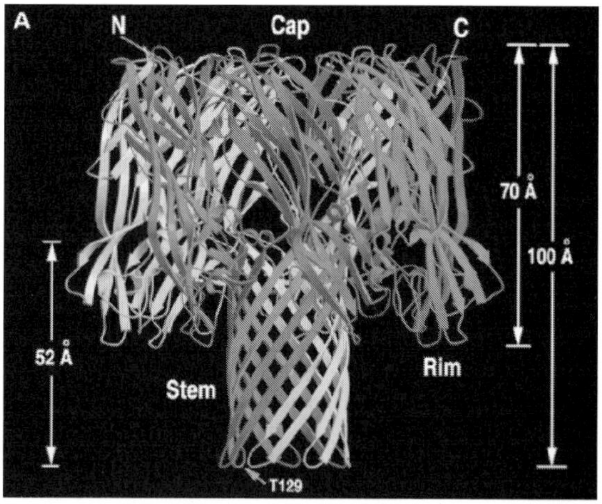

Figure 11.36. Structure d'un heptamère de l'hémolysine du staphylocoque doré [194]. On distingue différentes zones, le « chapeau » (*Cap*), la « tige » transmembranaire (*Stem*) et le bord (*Rim*).

3.4.2. Membranes et nanopores artificiels

Les systèmes artificiels sont souvent chimiquement inertes et biologiquement plus robustes que les pores protéiques ; ils offrent l'avantage d'une grande variabilité de géométrie (taille et longueur du canal variable) et sont enfin bien localisés dans l'espace, contrairement aux canaux protéiques qui bougent dans la membrane lipidique. Récemment, plusieurs voies ont été explorées pour permettre l'obtention de pores de faibles dimensions dans des membranes électriquement isolantes. Il existe de nombreuses techniques de fabrication. Nous passons brièvement en revue les différentes méthodes utilisées. Comme précédemment, nous distinguons les canaux (plus longs que larges) des pores.

Fabrication de nanocanaux

La fabrication des « nanocanaux » ayant un rapport d'aspect bien supérieur à 1, typiquement entre 100 et 10 000, a précédé celle des « nanopores » dont le rapport d'aspect est d'ordre 1. Les nanocanaux ont souvent des diamètres supérieurs à ceux des nanopores. Les méthodes de fabrication sont nombreuses. La référence historique reste l'irradiation par ions lourds de haute énergie qui conduit aux canaux de type « Nuclépore » ; on peut aussi citer l'étirement de micropipettes de verre. Plus récemment, les sources de nanocanaux se sont diversifiées.
L'amélioration de la résolution de la microfluidique classique, à base de PDMS, a permis la fabrication de canaux en PDMS de dimensions variant entre 100 nm et 1 μm. Une lithographie électronique dans une résine de PMMA dessine les canaux dont le motif est transféré par nano-impression [195]. Le passage d'ADN dans de tels canaux a été observé électriquement [145] et en fluorescence [196].
Les nanotubes de carbone sont également une source de nanocanaux intéressante. Ils ont l'avantage d'avoir une section proche de 50 nm et uniforme sur presque 100 μm. Les nanotubes de carbone sont montés sur un microscope, puis incorporés dans un bloc de résine. Le système est alors coupé grâce à un microtome, ce qui permet de fabriquer des tranches de nanotubes de 600 nm d'épaisseur. Le passage de billes de polystyrène a été détecté électriquement à travers ces tubes [140].
Une équipe [197] a fabriqué plus récemment des systèmes similaires en silice, à partir de tubes en silicium créé par CVD (*Chemical Vapor Deposition*), dont le motif a été transféré sur la silice par une technique d'oxydation et de gravure (figure 11.37). Le rayon intérieur des tubes est aussi de l'ordre de 50 nm. La translocation d'ADN à travers ces tubes a été détectée et des effets de la charge des parois du tube sur le courant mesuré ont été mis en évidence.

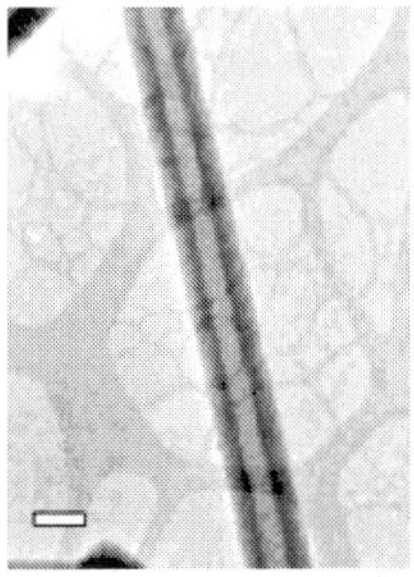

Figure 11.37. Image en microscopie électronique à transmission d'un nanotube de silice, tirée de [197]. La barre blanche vaut 100 nm. Copyright 2005, American Chemical Society.

Fabrication de nanopores

Les nanopores, plus difficiles à fabriquer que les nanocanaux, ont l'avantage d'augmenter la résolution spatiale du potentiel de confinement exercé sur une macromolécule. Un polymère n'est plus simplement confiné dans un tube, mais pincé sur une faible section de sa chaîne, ce qui est avantageux pour des applications de type séquençage. Les nanopores sont percés dans des membranes organiques ou minérales. Deux voies distinctes sont aujourd'hui explorées : l'irradiation de membranes organiques par des ions lourds, dérivée des méthodes utilisées dès les années 1970 par C. P. Bean et ses collaborateurs [146] pour faire des « Nuclépores », et l'irradiation d'une membrane céramique par un faisceau focalisé.

Irradiation de membranes organiques par des ions lourds de haute énergie

Cette méthode dite de « *track-etch* » produit des pores de différentes géométries dans des membranes de polymères organiques. Plusieurs types de membranes commerciales ont été utilisées comme du poly(éthylènetéraphtalate), des polycarbonates ou des polyimides. Une lithographie faite à partir d'ions lourds de haute énergie (par exemple des ions Xe à 140 MeV) permet de percer la membrane. Chaque ion brise des liaisons chimiques sur son passage et laisse une trace (« *track* ») dans la membrane, que l'on révèle chimiquement (« *etch* ») en la plongeant dans une solution d'hydroxyde de sodium. L'optimisation du développement (temps, ajouts ou non de tensioactifs à l'hydroxyde de sodium, développement différentiel de chaque côté de la membrane) ainsi que du mode de fabrication de la membrane polymère permet d'obtenir des pores de géométrie et de taille contrôlées (pores cylindriques, coniques ou doubles coniques, avec des tailles variant entre 10 nm et 5 µm, figure 11.38) [149]. Contrairement aux autres techniques de lithographie, cette méthode présente l'avantage d'avoir une très bonne résolution (inférieure à 10 nm). En effet, un seul ion lourd suffit à transformer le matériau, ce qui limite les effets de diffraction ou de diffusion. La taille de la trace laissée par l'ion varie entre 2 et 3 nm. De telles membranes percées sont aujourd'hui commercialisées (membranes « Nuclépores »), car elles constituent des filtres très efficaces et accessibles à une large gamme de solvants. Cette voie de fabrication nécessite cependant l'accès à de grands équipements tels qu'un accélérateur de particules, et le nombre d'ions traversant la membrane va dépendre du temps d'exposition dans l'accélérateur. Il est donc difficile d'obtenir une faible densité de pores et d'en isoler un seul. Bean avait déjà réussi dans les années 1970 à détecter électriquement le passage d'une bille à travers une telle membrane, et plus récemment le passage de polymère (ADN ou porphyrine) a aussi été observé [149].

Figure 11.38. Image en microscopie électronique à balayage d'un pore conique dans une membrane organique, tirée de [149]. Copyright 2004, American Chemical Society.

Irradiation de membranes céramiques par des faisceaux focalisés (ions ou électrons)

Des techniques classiques issues de la microélectronique permettent également de générer des pores uniques à l'échelle nanométrique. Quatre groupes au moins dans le monde explorent la fabrication de ces systèmes [142, 143, 144, 198]. On distingue en général quatre étapes dans la fabrication de nanopores artificiels utilisés pour détecter le passage de molécules ou d'objets colloïdaux.

Étape 1 : fabrication de membranes céramiques. Des membranes suspendues sont fabriquées par des méthodes classiques : une couche mince du matériau constitutif de la membrane est déposé sur un substrat qui est ensuite gravé par sa face arrière. Les matériaux choisis ont été le nitrure de silicium [142, 198], la silice [144] ou le carbure de silicium [143], en raison de l'adéquation entre leurs propriétés électriques (isolants ou semi-conducteurs à large bande) et mécaniques (haut module d'Young).

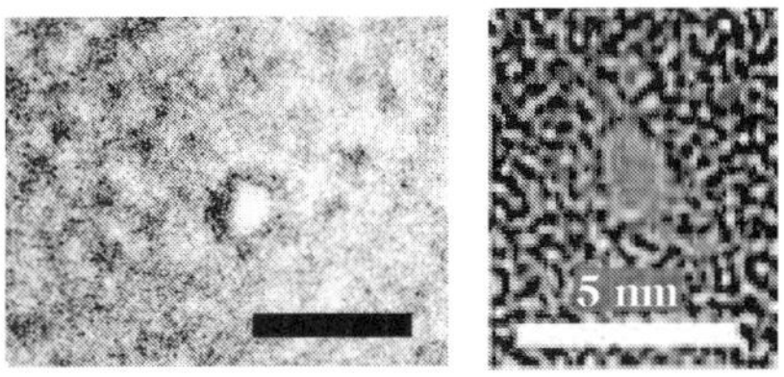

Figure 11.39. Nanopores percés dans des membranes céramiques. À gauche : nanopore de 3 nm dans une membrane de SiC percé par FIB [143] ; à droite : nanopore de 3 nm dans une membrane de Si_3N_4 percé par EBL [198].

Étape 2 : perçage de la membrane (figure 11.39). La première technique pour percer des membranes est la **gravure directe** avec un faisceau d'ions focalisé (FIB). Les ions ont alors une énergie suffisante pour enlever de la matière et creuser la membrane (ce phénomène est appelé « *sputtering* »), puis la percer si elle est suffisamment fine. Suivant la taille du faisceau d'ions ainsi que l'épaisseur de la membrane, des résolutions variant entre 3 nm et 50 nm ont été obtenues. La seconde technique consiste en une **lithographie** électronique ou ionique dans une couche de PMMA, permettant l'obtention de pores de 1 nm [198] à 20 nm [144] de large.

Étape 3 : rebouchage partiel du trou. Si la résolution moléculaire n'est pas atteinte lors du perçage, deux méthodes ont été envisagées pour reboucher le trou. Le trou peut être partiellement rebouché par le dépôt d'un matériau isolant sur la membrane percée. Cette méthode a été testée efficacement par le groupe d'Harvard, en déposant de l'alumine monocouche par monocouche [199] sur la membrane percée. Le trou peut aussi être rebouché en favorisant la diffusion des espèces à son voisinage. Cette diffusion peut être accélérée par le balayage d'un faisceau d'électrons au bord du trou (directement dans le microscope électronique à transmission) ou par balayage d'un faisceau d'ions. Les électrons vont chauffer localement le matériau alors que les ions vont agiter les espèces en surface. Si le rapport d'aspect du trou est favorable (trou plus long que large), cette diffusion se traduira par une diminution du diamètre du trou (figure 11.40). Dans le cas contraire, le trou sera élargi. Les mécanismes physiques qui induisent le rebouchage partiel du trou restent encore incompris.

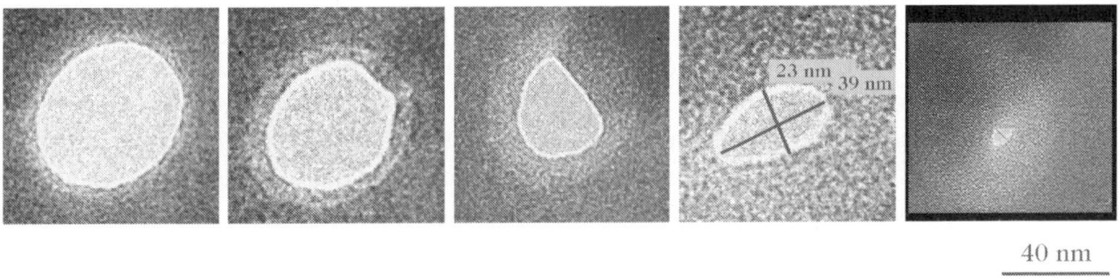

Figure 11.40. Rebouchage d'un trou dans une membrane de carbure de silicium à l'intérieur d'un microscope électronique à transmission. (A.L. Biance et J. Gierak).

Étape 4 : intégration du dispositif. Le dispositif est en général intégré dans une matrice microfluidique, en PDMS, permettant la circulation des liquides sans exercer de pression sur la membrane fine, donc fragile, et l'intégration des électrodes. Le schéma d'un tel dispositif est représenté sur la figure 11.41, ainsi que le courant mesuré suite au passage d'une molécule d'ADN.

Les expériences réalisées avec ce type de système ont essentiellement été la détection du passage d'ADN double brin et l'étude du repliement de la macromolécule lors de son passage.

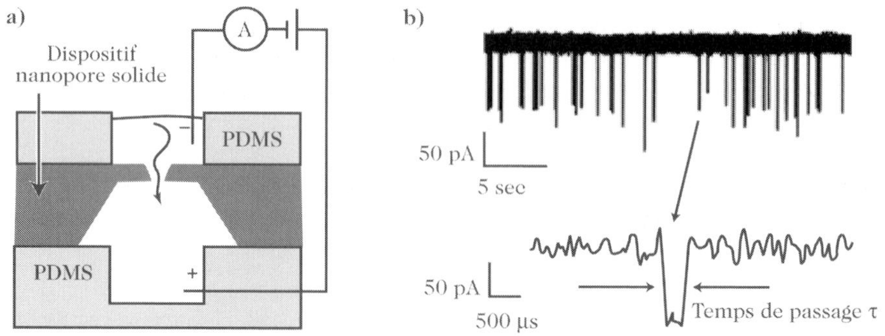

Figure 11.41. a) Schéma du dispositif en PDMS (région grise) permettant l'intégration de la membrane percée. **b)** Trace de courant obtenu suite au passage d'ADN à travers un nanopore de silice. Tiré de [144].

Les groupes de recherche développant ce type de dispositifs sont encore très peu nombreux, et aucune des techniques présentées ci-dessus ne semble à ce jour plus performante que les autres. Beaucoup reste à faire.

3.5. Conclusion et perspectives

La détection électrique du transport de macromolécules à travers des nanopores est une technique nouvelle. Son application à des systèmes biologiques est encore limitée. La perspective d'utilisation de cette technique comme méthode de séquençage est sérieuse, mais un long travail de mise au point sera nécessaire, nécessitant probablement une modification chimique des pores et différentes astuces technologiques comme l'intégration d'électrodes pour augmenter la résolution. Nul ne sait si les efforts effectués aboutiront dans un délai raisonnable. D'autres applications sont cependant très intéressantes à plus court terme. La plus importante est probablement l'utilisation de nanopores comme outils de micromanipulation de macromolécules biologiques et comme machines de force. Une autre utilisation est la possibilité de réaliser des systèmes biomimétiques de translocation actifs, comme les appareils de translocation eucaryotes et procaryotes et les différents systèmes protéiques de synthèse de bio-macromolécules. Il est possible de greffer des molécules motrices et des catalyseurs dans des pores naturels ou artificiels. Des études sont actuellement en cours. D'un point de vue technique, il apparaît intéressant de coupler la détection électrique du passage des molécules à une détection optique basée sur différentes techniques de fluorescence, dont le transfert d'excitation entre une molécule donneuse greffée sur une chaîne confinée et une molécule accepteuse greffée sur la paroi du pore.

Remerciements. Les résultats originaux présentés ici sont issus des travaux financés par l'Action Concertée Incitative « Nanosciences » dans le cadre d'un projet intitulé « Extrusion moléculaire », associant Philippe Guégan, Laurent Bacri et Jérôme Mathé de l'équipe Matériaux Polymères aux Interfaces (MPI) de l'université d'Évry, Catherine Amiel et Véronique Wintgens du Laboratoire de Recherches sur les Polymères (LRP, Université Paris 12 et CNRS), Jacques Gierak et Ali Madouri du laboratoire de Photonique et Nanostructures (LPN) du CNRS à Marcoussis,

Yong Chen du LPN et du laboratoire Pasteur de l'École Normale Supérieure, Élie Raphäel du laboratoire de Physico-Chimie Théorique de l'ESPCI et Jean-Louis Sikorav du département de Biologie du CEA à Saclay. Ce chapitre leur doit beaucoup et nous les remercions chaleureusement.

4. Techniques électrophorétiques

4.1. Introduction

Les grandes avancées récentes de la biologie moléculaire ont ouvert une nouvelle ère pour la médecine, l'industrie pharmaceutique et les biotechnologies. Elles reposent largement sur les améliorations des techniques d'analyse de macromolécules biologiques. L'électrophorèse est sans doute l'une des plus importantes d'entre elles. La séparation de fragments d'ADN est en particulier au cœur de toutes les méthodes de séquençage, qui ont par exemple récemment permis la lecture complète du génome humain et constituent le fondement de la plupart des méthodes de diagnostic pour les maladies génétiques. Les fragments à séparer peuvent s'échelonner depuis la centaine de millions de bases (taille d'un chromosome) ou la dizaine de milliers de bases (taille d'un gène), jusqu'à la centaine voire la dizaine de bases (produits de PCR, gènes coupés par des enzymes de restriction). Les séparations doivent ainsi pouvoir se faire sur quasiment 8 ordres de grandeurs. Des techniques d'électrophorèse ont ainsi été développées et adaptées pour chacune de ces échelles.
Nous présenterons dans cette partie les différentes méthodes existantes et les principaux mécanismes physiques sous-jacents à ces techniques de séparation d'ADN. Puis nous décrirons plus spécifiquement les perspectives apportées par la miniaturisation.

4.2. Migration d'une espèce chargée en solution

L'électrophorèse est le terme générique utilisé pour décrire le mouvement d'une espèce chargée induit par un champ électrique dans une solution conductrice (encore appelée électrolyte). Lorsque cette espèce (molécule, macromolécule ou nanoparticule) est mise en solution, une couche de contre-ions se forme à sa périphérie, appelée couche de Stern. Dans la couche de fluide immédiatement autour de la molécule, les contres-ions sont considérés comme adsorbés de façon permanente (voir la figure 11.8).
Il existe également une région autour de la molécule où les contres-ions sont plus concentrés que dans le reste de la solution, mais pas immobilisés comme dans la couche de Stern. Cette région est appelée couche diffuse. L'ensemble des deux couches est appelé double couche électrique. On définit en conséquence une longueur d'écrantage de la charge de la molécule, correspondant à la taille de cette double couche appelée longueur de Debye (λ_d). Au-delà de cette longueur, l'effet de la charge de la molécule ne se fait plus ressentir dans le milieu.
Si l'on applique maintenant un champ extérieur, il exerce une force sur la molécule, mais aussi sur les ions l'entourant. En particulier, le nuage d'ions d'épaisseur λ_d, entourant la molécule, contient un excès de contre-ions qui sont entraînés dans

le sens opposé à la molécule. Ils interagissent de façon hydrodynamique avec cette dernière. La vitesse de la molécule va ainsi dépendre de l'épaisseur de la couche de Debye. Cette vitesse étant, pour des champs raisonnables (les champs électriques appliqués sont généralement inférieurs à 400 V/cm), proportionnelle au champ appliqué, on utilisera la mobilité définie comme le rapport vitesse sur champ.
Pour une couche de Debye petite devant la taille de la particule ($\lambda_d \ll R$), le cisaillement est essentiellement contenu dans la couche d'épaisseur λ_d et l'on montre que la mobilité électrophorétique μ vaut :

$$\mu = \frac{\varepsilon_b \varepsilon_0 \zeta}{\eta},$$

où η représente la viscosité du liquide, ε_0 la permittivité du vide, ε_b la constante diélectrique de l'électrolyte, et ζ, le potentiel zêta, représente le potentiel sur la surface où apparaît le cisaillement dans le fluide. On remarque que, dans ce dernier cas (qui est celui dans lequel on se trouve pour les molécules d'ADN, uniformément chargées), la mobilité est indépendante de la taille de la particule. **On ne peut donc pas séparer des particules de grande taille (par rapport à la longueur de Debye) uniformément chargées en solution libre.** Le champ électrique ne permettant pas à lui seul la séparation, il faut faire migrer les objets à séparer dans des réseaux d'obstacles, avec lesquels ils vont interagir, afin de les séparer en fonction de leur taille ou de leur conformation. Les réseaux peuvent être formés par des gels de polymères ou nano-fabriqués.

Principaux types d'électrophorèse

Dans un premier temps, l'électrophorèse a été développée sur gel. Un gel de polymères (acrylamide, agarose) est utilisé comme matrice de séparation. Des puits creusés dans celui-ci permettent d'introduire l'ADN. Le gel baigne dans une solution d'électrolyte dans laquelle est appliqué un champ électrique. Cette technique est encore couramment utilisée en biologie moléculaire, notamment pour la séparation d'ADN de taille moyenne (plusieurs milliers de bases).
Depuis une vingtaine d'années, **l'électrophorèse sur gel est de plus en plus remplacée par l'électrophorèse capillaire** . Dans ce cas, un capillaire d'environ 50 μm de diamètre pour 50 cm de longueur en silice fondue est rempli d'une solution de polymères enchevêtrés (les gels ne sont pas utilisés dans les capillaires pour des raisons pratiques : difficulté d'introduction du gel, cassure du gel...). Chaque extrémité du capillaire trempe dans une solution tampon, et un champ électrique est appliqué entre ces deux extrémités (figure 11.42).
L'électrophorèse capillaire permet une grande automatisation et un gain en sensibilité et en vitesse d'analyse. En effet, le fort rapport surface/volume des capillaires permet une bonne dissipation thermique, et autorise ainsi l'application de champs beaucoup plus forts que sur gel (de l'ordre de 100 à 500 V/cm).
De plus en plus, la recherche se tourne vers la miniaturisation des systèmes d'électrophorèse. Dans ce cas-là, le canal de séparation est gravé dans une puce (des réseaux de systèmes microfluidiques peuvent êtres gravés sur la même puce). Il peut être rempli d'une solution de polymères enchevêtrés ou comporter des structures gravées (voir le paragraphe 4.4). L'intérêt de cette approche réside dans la possibilité d'intégrer sur la même puce différentes opérations (par exemple extraction d'ADN, amplification de ce dernier, puis séparation), ainsi que dans

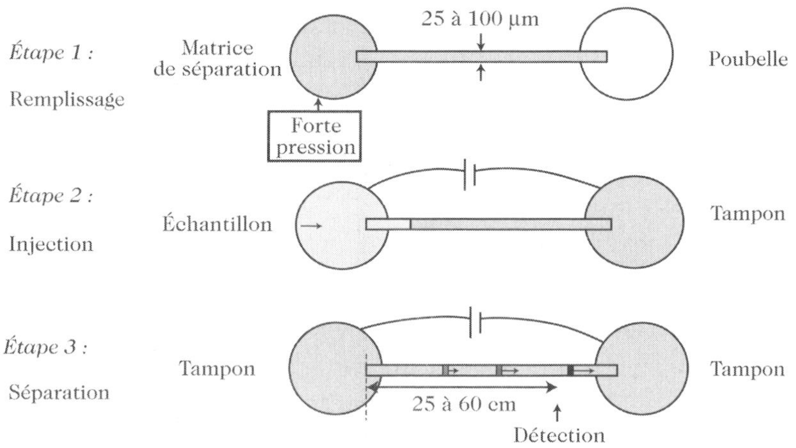

Figure 11.42. Déroulement d'une expérience d'électrophorèse capillaire. Étape 1, injection de la solution de polymère dans le capillaire. Étape 2, injection électrocinétique de l'ADN dans le capillaire. Étape 3, mise en mouvement des ADN par un fort champ électrique, séparation puis détection directement dans le capillaire.

une réduction de la consommation d'échantillon et des temps de séparations. Nous allons décrire l'utilisation de matrices de polymères pour électrophorèse en capillaire ou sur puce, et notamment pour des applications de séparations d'ADN. Enfin, nous présenterons les applications plus spécifiquement dédiées aux puces, et faisant également intervenir des réseaux gravés.

4.3. Utilisation de matrices de polymères

4.3.1. Les solutions de polymères enchevêtrés

En solution diluée, les chaînes de polymères sont isolées hydrodynamiquement les unes des autres. Quand on concentre la solution, jusqu'à une concentration limite C^* (dite concentration d'enchevêtrement), les chaînes commencent à interagir les unes avec les autres (figure 11.43) et forment un réseau. On parle alors de solution de polymères enchevêtrés (ou de solution semi-diluée). Ce sont ces enchevêtrements qui vont former le réseau d'obstacles qui « freine » les molécules d'ADN sélectivement selon leur taille.

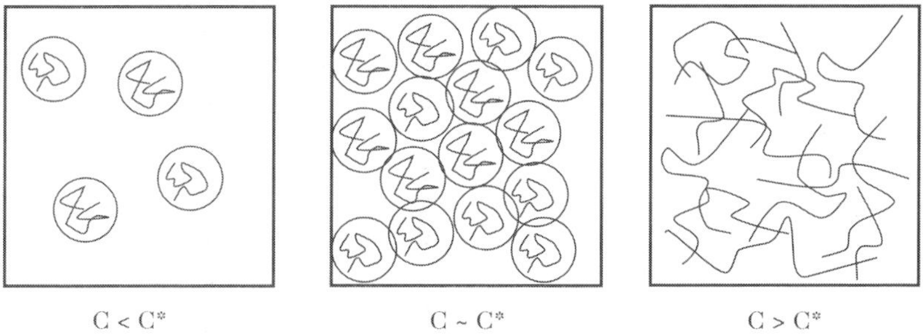

Figure 11.43. Concentration d'enchevêtrement. Pour C > C*, il y a formation d'un gel physique (liaisons non covalentes entre les polymères). On se place dans ce dernier cas pour former un réseau d'obstacles permettant de séparer les ADN.

4.3.2. Les différents régimes de migrations de l'ADN en solution semi-diluée

Les régimes de migrations décrits dans ce chapitre sont, en première approximation, applicables aussi bien aux gels qu'aux solutions de polymères enchevêtrés. En fonction de la taille du rayon de giration de l'ADN par rapport à la taille des pores du réseau de polymère, il existe différents régimes de migration. Ces modèles sont résumés sur la figure 11.44. Les régimes permettant une séparation de l'ADN sont le régime d'Ogston (II) et le régime de reptation (III). Les tailles de pore des solutions de polymères enchevêtrés vont typiquement du nanomètre à la centaine de nanomètres, ce qui conduit à une gamme de séparation possible de quelques dizaines de bases à une dizaine de milliers de bases d'ADN. Or, les besoins en séparation d'ADN s'échelonnent de quelques dizaines de bases à quelques millions de bases.

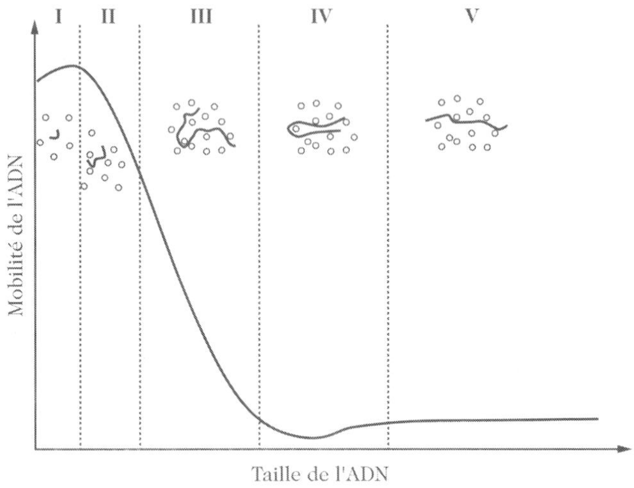

Figure 11.44. Différents régimes de migration de l'ADN. Ce diagramme représente la mobilité de l'ADN en fonction de sa taille dans une matrice de polymères (les cercles représentent les fibres de polymère). **I** : les ADN sont très petits, ils migrent comme en solution libre. **II** : on est dans le régime d'Ogston [1], la séparation se fait comme une filtration. **III** : les ADN sont plus grands que la taille des pores du réseau, ils migrent par reptation et leur mobilité décroît comme l'inverse de leur taille. **IV** est un régime intermédiaire : il se peut que les molécules soient bloquées dans une forme de U, ce qui engendre un minimum dans la courbe de mobilité. En **V**, migration avec orientation : les chaînes sont orientées par le champ, la séparation n'est plus possible.

4.3.3. Le revêtement de surface

Le rapport surface/volume des capillaires et des microcanaux étant très grand, les effets de surface deviennent de plus en plus importants au fur et à mesure qu'on miniaturise les systèmes de séparation. Ainsi, la solution de polymères utilisée comme matrice de séparation va également jouer un rôle essentiel au niveau des parois. En effet, au pH des séparations (autour de 8), du fait de la présence de groupements silanols ionisés (4-5 silanols/nm^2), la paroi du capillaire de silice est chargée négativement (figure 11.45). Les contre-ions contenus dans la solution vont ainsi être plus concentrés au niveau de la paroi sur une distance de l'ordre de la longueur de Debye. Lors de l'application du champ électrique, la couche de solvant chargée positivement va être entraînée vers l'électrode négative. Par viscosité, elle entraîne avec elle tout le reste du solvant, créant ainsi un flux appelé flux électroosmotique ou EOF (*Electroosmotic Flow*). Le profil du flux est de type bouchon, c'est-à-dire que la vitesse est uniforme dans toute la section du capillaire à part le long des parois sur une distance de l'ordre de la longueur de Debye

(figure 11.45, gauche). Ainsi, l'électroosmose ne modifie *a priori* que les temps de migration et pas la dispersion des pics.
Cependant, les échantillons d'ADN que l'on sépare contiennent des impuretés, par exemple des protéines. Celles-ci s'adsorbent sur les surfaces solides et créent ainsi des hétérogénéités de charge, et donc de flux électroosmotique. Ces hétérogénéités peuvent engendrer des recirculations du solvant (figure 11.45, droite), conduisant ainsi à un élargissement des pics et à une non-reproductibilité. Au bout de 3-4 séparations, le capillaire peut être rendu inutilisable. Un gros enjeu de l'électrophorèse capillaire est donc de s'affranchir de l'électroosmose en découplant les phénomènes électrocinétiques de la double couche au niveau de la paroi du reste du fluide, et en empêchant l'adsorption de solutés à la paroi du capillaire. Pour cela, une solution consiste à recouvrir la paroi du capillaire par une couche de polymères neutres. La matrice de séparation peut parfois jouer ce rôle en s'adsorbant à la surface du canal de séparation (dans le cas contraire, il faut faire appel à d'autres stratégies plus contraignantes telles que le greffage covalent de polymères neutres).

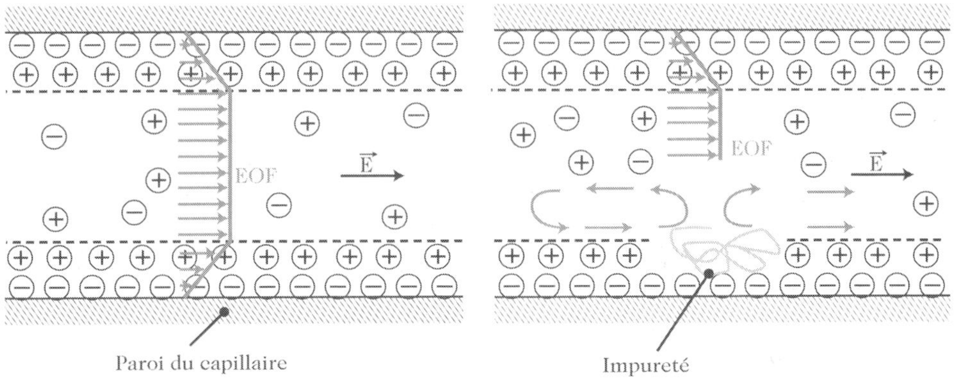

Figure 11.45. Flux électroosmotique de type bouchon, avec densité de charges uniforme (à gauche) et recirculations en présence d'hétérogénéités (à droite). Les charges négatives correspondent aux groupements silanols de la paroi du capillaire. Les charges positives correspondent à l'excès de contre-ions positifs sur une distance de l'ordre de la longueur de Debye.

4.3.4. Quelques exemples de matrices de polymères

Polymères thermo-épaississants

Les solutions de polymères enchevêtrés sont assez visqueuses, ce qui rend difficile le remplissage des capillaires ou des microcanaux. Une solution à ce problème a été trouvée en synthétisant des polymères peu visqueux à température ambiante, et capables d'accroître considérablement leur viscosité suite à une montée en température [201]. Ils sont constitués d'un « squelette » acrylamide portant des greffons NIPAM (N-isopropylacrylamide) à LCST (*Low Critical Solution Temperature*), qui sont solubles à basse température et précipitent lorsque la température augmente. Ainsi, quand la température augmente, les greffons forment des micelles de quelques nanomètres, distantes de quelques dizaines de nanomètres, et reliées entre elles par les chaînes du squelette. Un gel physique a ainsi été constitué par un phénomène d'auto-organisation lié à un équilibre entre entropie et enthalpie. Le réseau d'obstacles nécessaire à la séparation est ainsi créé. Contrairement aux gels traditionnels, cette gélification est réversible, et le milieu redevient liquide à la température ambiante, ce qui permet de remplacer aisément la solution au sein du canal (figure 11.46). Cette auto-organisation a été étudiée par diffusion de neutrons [202], et on voit clairement apparaître par augmentation de température un pic de Bragg, qui signe l'organisation du milieu et permet d'en déterminer les caractéristiques.

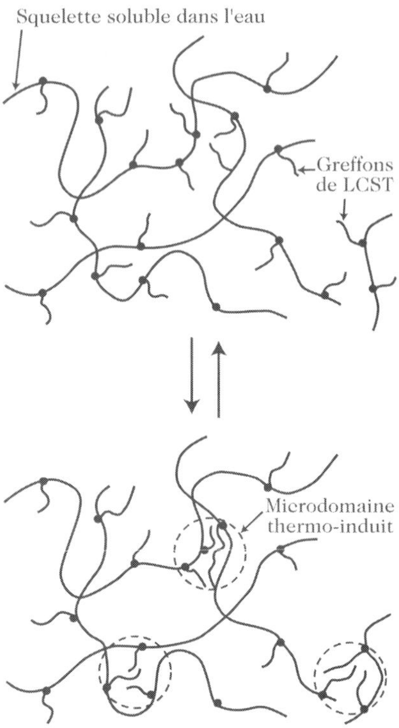

Figure 11.46. Polymères thermosensibles . En haut, à température ambiante, il y a un peu d'enchevêtrement mais la viscosité est relativement faible. En bas, à plus haute température (la transition se fait en général entre 30 °C et 40 °C), il y a formation de micelles de poly-N-isopropylacrylamide, créant ainsi le réseau d'obstacles. D'après [201].

Polymères à revêtement de surface dynamique

On a vu que le revêtement de surface est essentiel pour une bonne séparation. Dans les débuts de l'électrophorèse capillaire, on a utilisé des polymères hydrophiles greffés de façon covalente sur les parois du capillaire [203]. Cependant, cela implique un traitement chimique de chaque capillaire, ce qui est coûteux ou fastidieux. Afin de simplifier les opérations, il est possible d'utiliser des solutions de polymères qui vont jouer à la fois le rôle de matrice de séparation et celui de revêtement de surface. Pour ce faire, on peut, comme précédemment, utiliser un copolymère ayant un squelette en polyacrylamide afin d'avoir des bonnes propriétés de séparation. On lui associe cette fois des greffons en polydiméthylacrylamide (PDMA). Le PDMA s'adsorbe à la surface du capillaire et il y a formation de boucles d'acrylamide (figure 11.47), empêchant l'adsorption de solutés à la surface du

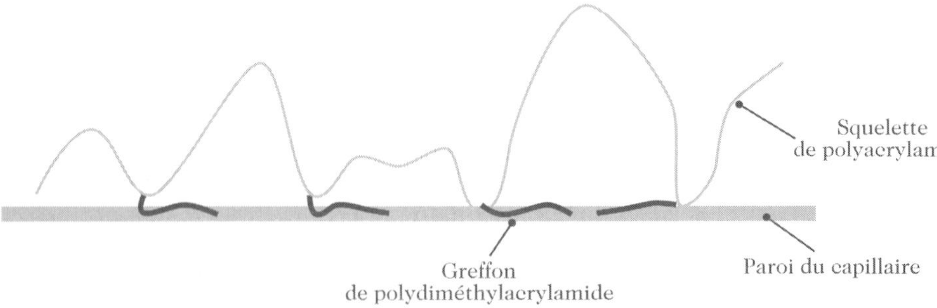

Figure 11.47. Adsorption du polymère à la surface du capillaire par les greffons en PDMA et formation de boucles d'acrylamide.

capillaire [204, 205]. Ces copolymères conduisent à de très bonnes séparations d'ADN simple brin et double brin, comme sur la figure 11.48.

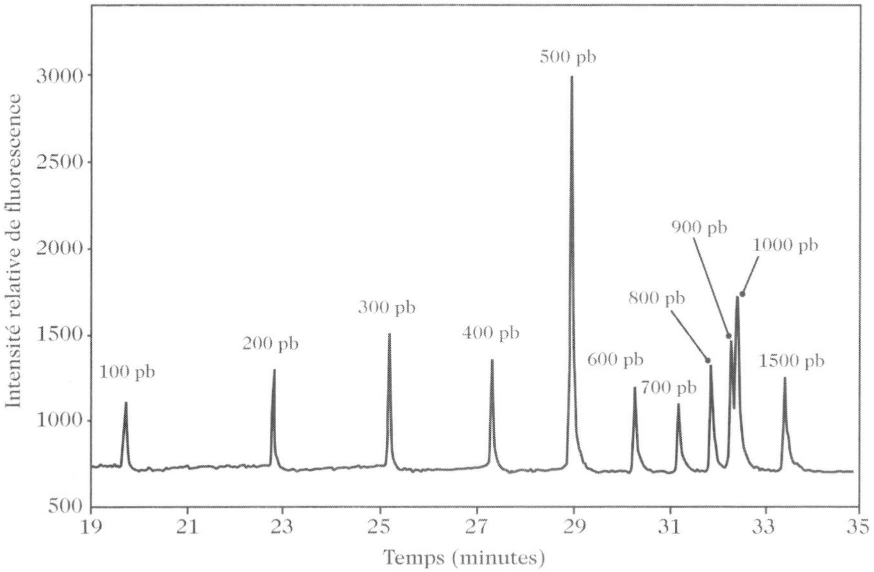

Figure 11.48. Séparation d'une échelle d'ADN double brin dans du P(AM-PDMA).

4.4. Systèmes microfluidiques pour la séparation de longs ADN

La séparation de molécules d'ADN est importante à toutes les échelles de taille. L'électrophorèse sur gel ne discrimine plus ces molécules à partir d'un seuil avoisinant 50 000 paires de bases, celles-ci étant devenues trop grosses pour la taille des pores qui peuvent être obtenus dans un gel (voir la figure 11.44, régime V). Ces séparations peuvent néanmoins se faire en pulsant le champ (c'est-à-dire en changeant périodiquement sa direction), mais cette technique appelée « champs pulsés » [206, 207] est extrêmement lente (une séparation nécessite typiquement 24 h).

La séparation de longs ADN n'a pas non plus donné de résultats concluants en électrophorèse capillaire à cause d'instabilités électrohydrodynamiques [208, 209, 210].

Pour résoudre ce problème, la microfabrication a permis de concevoir des « gels artificiels » présentant une gamme de pores bien adaptée à la taille de ces très longues molécules. Des structures variées, utilisant des effets stériques et/ou entropiques ont été proposées au cours des dernières années, et ont permis des gains en temps atteignant parfois un facteur de l'ordre de 100 par rapport aux techniques classiques d'électrophorèse pulsée sur gel.

4.4.1. Réseaux d'obstacles microfabriqués et auto-assemblés

C'est seulement quelques années après l'apparition des premiers dispositifs microfluidiques [211] que fut démontrée la possibilité de séparer de longues molécules d'ADN en des temps record dans des réseaux d'obstacles microlithographiés [212]. Le principe est d'utiliser des techniques de microfabrication directement empruntées à la microélectronique pour concevoir des « gels artificiels » ayant une taille de pore de l'ordre du micromètre. À l'origine, ces réseaux ont été fabriqués en silicium. Aujourd'hui, on tend à leur préférer des matériaux transparents et meilleurs isolants tels que le verre et les matériaux plastiques. Ces derniers présentent en outre l'avantage d'avoir un faible coût, ce qui ouvre des perspectives très intéressantes dans les analyses de routine [213]). Ces réseaux (figure 11.49) ont ainsi permis de mettre en évidence une différence notable de mobilité entre ADN ayant des tailles supérieures à 100 kpb, en contradiction avec le modèle de reptation avec orientation (voir la figure 11.44).

Figure 11.49. Photographie en microscopie électronique de réseaux d'obstacles en quartz. Les barres blanches mesurent 1 μm. Tiré de [216]. Copyright 2004, American Chemical Society.

Si le concept des réseaux d'obstacles microlithographiés a sans doute été inspiré du principe de l'électrophorèse sur gel, la possibilité d'observer en microscopie de fluorescence la migration des ADN dans la matrice a mis en valeur des mécanismes de séparation totalement différents. Ces observations montrent que ce sont en fait les collisions des molécules sur les obstacles qui vont déformer les polyélectrolytes, les immobilisant pendant un temps dépendant de la longueur de la chaîne [214]. Dans un réseau long d'approximativement 1 cm, les molécules d'ADN effectueront des centaines de collisions sur les obstacles de la matrice avant d'atteindre le point de détection. Chacune de ces collisions peut être divisée en plusieurs étapes, présentées sur la figure 11.50c.

1) La molécule entre en collision avec l'obstacle et se déforme depuis sa conformation de pelote statistique (image c1).

2) L'ADN s'étire dans une forme de U autour de l'obstacle (image c2).

3) La molécule s'échappe dans un mouvement de type « corde autour d'une poulie » (images c3-c5).

4) Finalement libre, elle relaxe vers sa forme de pelote et une autre collision peut commencer (image c6).

La durée de ce cycle croît avec la longueur de la molécule et il faut imaginer la séparation comme une course d'obstacles, dans laquelle les concurrents de plus grandes tailles mettent plus de temps à négocier les obstacles, menant à des possibilités de séparation. Des modèles ont récemment permis de calculer, dans des réseaux réguliers, vitesses et dispersions en vitesse pour chaque ADN de taille différente à partir de la densité d'obstacles et de l'intensité du champ électrique appliqué [215].

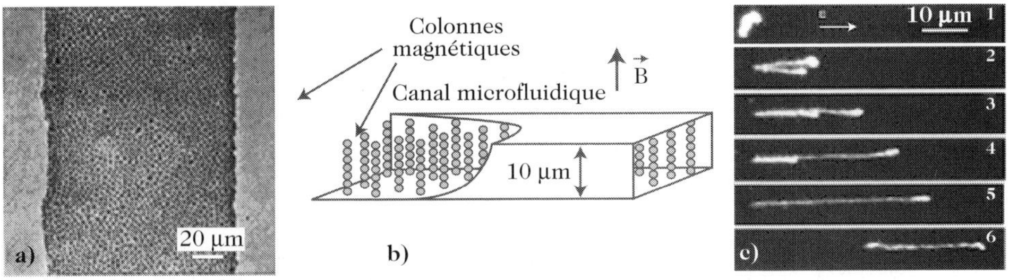

Figure 11.50. a) Microphotographie du réseau de colonnes auto-organisé au sein du canal de séparation, par l'application d'un champ magnétique (perpendiculaire au plan de l'image). **b)** Représentation schématique tridimensionnelle du réseau présenté en (a). **c)** Collision d'une molécule individuelle d'ADN fluorescente avec une colonne magnétique (observation par vidéomicroscopie de fluorescence : données non publiées).

Plus récemment, d'autres travaux [216] ont consisté à améliorer la qualité des séparations, principalement en augmentant la densité d'obstacles, cette fois fabriqués en quartz (voir la figure 11.49). Ces réseaux ont permis de discriminer des ADN dans la même gamme de taille en quelques dizaines de secondes.
Une alternative économique et commode à ces réseaux microfabriqués consiste à utiliser des matrices de séparation à base de colonnes magnétiques auto-assemblées. On part pour cela d'une suspension de particules colloïdales magnétiques nanométriques. En l'absence de champ magnétique, ces suspensions sont fluides. Si on les soumet à un champ magnétique uniforme au sein d'un canal, il se forme des colonnes dont le diamètre peut, selon les conditions (concentration de l'émulsion, hauteur du canal), varier entre la taille d'une particule (la centaine de nanomètres) et plusieurs micromètres [217] (voir la figure 11.50). Ce principe a été utilisé [218, 219] pour la séparation de grandes molécules d'ADN (jusqu'environ 150 000 paires de bases), et des temps de séparation de l'ordre de la minute ont également été obtenus. Ces colonnes magnétiques offrent une alternative très peu coûteuse aux systèmes fabriqués par microlithographie. De plus, une fois le champ magnétique coupé, une simple surpression suffit à rincer l'émulsion redevenue fluide et les canaux sont à nouveau utilisables.

4.4.2. Séparation par diffusion

Le même groupe qui avait mis au point les premiers réseaux lithographiés a, quelques années plus tard, développé des réseaux asymétriques utilisant cette fois les différences entre les constantes de diffusion d'ADN de tailles différentes pour les séparer [220]. Sur la figure 11.51, on voit que les obstacles sont inclinés par rapport à la direction du champ électrique (direction verticale). Les molécules migrent cette fois sans se déformer et les courts ADN, plus sensibles au mouvement brownien, vont diffuser plus rapidement latéralement et verront leurs trajectoires beaucoup plus déviée par les obstacles (trajectoire de droite) que les plus longs (trajectoire de gauche). Le grand avantage de ce principe est qu'il est *a priori* beaucoup plus simple de récupérer les produits séparés en fin de course que dans les systèmes de séparation « linéaires » : il s'agit d'une séparation en continu, bien adaptée à des applications micro (ou nano !) préparatives.

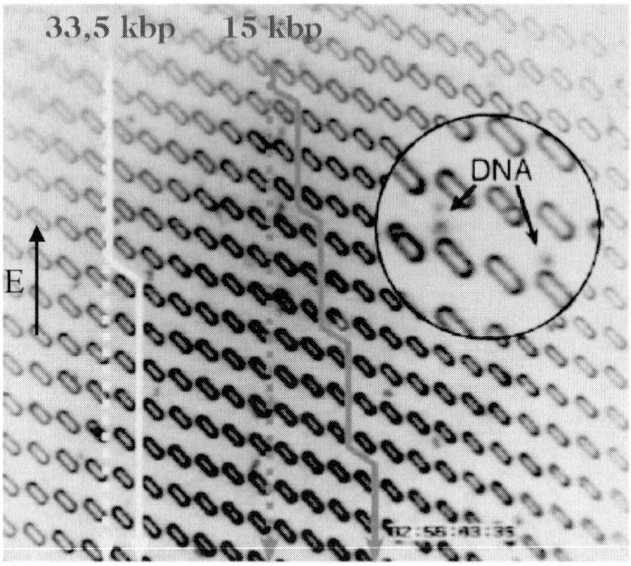

Figure 11.51. Réseau asymétrique d'obstacles en silicium et représentation de deux molécules d'ADN de taille différentes séparées par diffusion [220]. Copyright 1999 National Academy of Sciences, USA.

4.4.3. Séparations entropiques

Enfin, il est possible de réaliser des séparations de macromolécules en jouant sur la conformation et donc l'entropie de la molécule. Un premier système de séparation fait de pièges entropiques a ainsi été proposé pour séparer de longues molécules d'ADN [22]. Le dispositif en silicium est composé, comme le montre la figure 11.52, d'une alternance régulière entre zones plus fines (90 nm) que le rayon de gyration de toutes les molécules à séparer et zones plus profondes que celui-ci. Lorsqu'une molécule migre dans une zone profonde, elle est en conformation de pelote. Elle doit se déformer lorsqu'elle rentre dans une zone fine. Ce procédé alterné produit une différence de mobilité entre les différentes tailles d'ADN et offre donc la possibilité de séparer. Étrangement, les auteurs rapportent une mobilité plus grande pour les plus longues chaînes et proposent un modèle qui montre que la probabilité d'échapper à un piège est proportionnelle à la surface de contact entre la molécule et la zone profonde, et augmente donc avec la taille de la molécule. Ces grandes molécules s'échappent plus vite car elles ont plus de monomères qui voient la fente de sortie et qui vont pouvoir former la tête de proue du polymère.

Le même groupe a plus tard proposé un système appelé *Entropic recoil* (rembobinage entropique) [222], qui avait préalablement été envisagé théoriquement [223]. L'idée présentée sur la figure 11.52 est de plaquer des ADN sur un réseau de plots alignés, espacés d'une centaine de nanomètres, puis d'appliquer un champ électrique pendant un court espace de temps, durant lequel les molécules vont s'étirer dans le réseau. Lorsqu'on supprime alors le champ, les petites molécules se retrouvent piégées dans le réseau et ne peuvent pas se rembobiner à cause des obstacles environnants. Les grandes molécules, quant à elles, n'auront étiré qu'une partie de leur chaîne, le gros de la pelote restant à l'extérieur du réseau ; elle peuvent rembobiner le bras et leur centre de masse n'aura pas bougé. En appliquant alors une série d'impulsions, on déplace la courte molécule sans faire bouger la grande, obtenant ainsi des séparations excellentes. Néanmoins, il semble que la séparation de beaucoup d'espèces à la fois soit plus compliquée, puisque le système fonctionne dans un régime de tout ou rien, déplaçant toutes les molécules au-dessous d'un certain seuil de taille et laissant les autres immobiles.

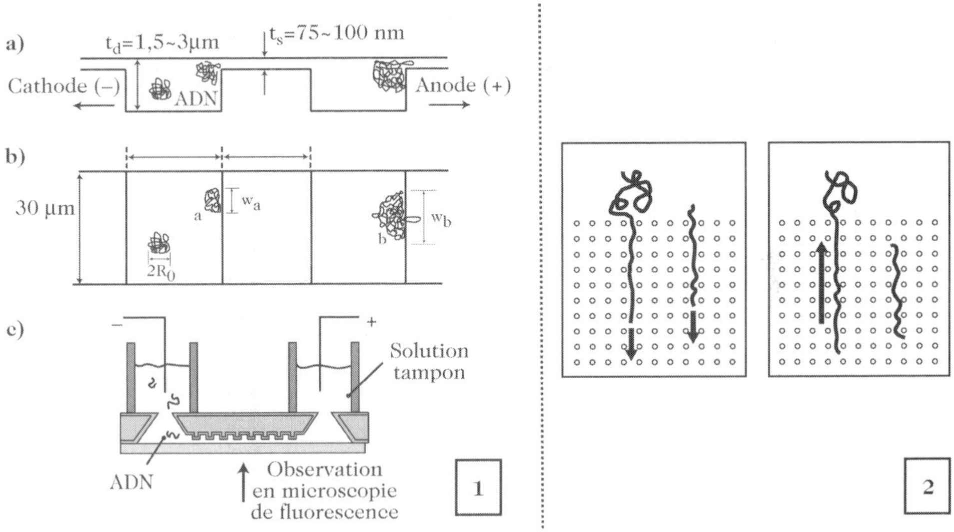

Figure 11.52. **1)** Séparation par pièges entropiques : **a)** Vue latérale du canal ; alternance entre zones fines et épaisses. **b)** Vue de dessus ; la probabilité d'échapper au piège est proportionnelle à la largeur *w* représentée sur le schéma. **c)** Vue d'ensemble du dispositif. Tirée de [221]. **2)** Principe du rembobinage entropique, impulsion de champ électrique et réponses d'une molécule courte (à droite) et d'une molécule longue (à gauche). Tiré de [213].

4.5. Conclusion

Les techniques de séparation électrophorétiques sont encore au centre de bon nombre de processus analytiques en biologie. Les dispositifs d'électrophorèse sur gel sont ainsi présents communément dans tous les laboratoires de biologie. Les appareils d'électrophorèse capillaire sont indispensables aux études génétiques à haut débit telles que le séquençage ou les détections de mutations. Ces systèmes commencent à être de plus en plus remplacés par des dispositifs d'électrophorèse miniaturisés, pour l'instant majoritairement au niveau du laboratoire de recherche, mais déjà en routine pour certains diagnostics dans l'industrie pharmaceutique. Ces systèmes miniatures apportent la promesse d'intégrer différentes étapes d'une chaîne analytique au sein d'une même puce qui constituerait un véritable laboratoire sur puce (*Lab on a chip*), réduisant dans le même temps le coût, l'encombrement et le temps d'analyse. Si pour la séparation de fragments d'ADN relativement courts, la transposition à des systèmes miniatures s'est faite de manière relativement directe, la séparation de très longs ADN a, quant à elle, constitué un terrain d'exercice particulièrement fertile pour l'imagination et a donné naissance à de nouveaux mécanismes de séparation.

BIBLIOGRAPHIE

Canaux ioniques et patch-clamp

[1] DUBOIS J.-M., *Les canaux ioniques cellulaires*, Coll. Communication cellulaire (1999).

[2] JOFFRE M., *Electrophysiologie moléculaire : la technique du patch-clamp (tome I)*, Editeurs des Sciences et des Arts, Hermann (2001).

[3] JOFFRE M., *Electrophysiologie moléculaire : propriétés, structure moléculaire et rôles physiologiques des canaux ioniques (tome II)*, Editeurs des Sciences et des Arts, Hermann (2001).

[4] ASCROFT F.M., « Adenosine 5'-triphosphate-sensitive potassium channels », *Ann. Rev. Neurosc.*, **11**, 97-118 (1988).

[5] BEZANILLA F., « Voltage sensor movements », *J. Gen. Physiol.*, **120**, 465-473 (2002).

[6] NAGEL G., OLLIG D., FUHRMANN M., KATERIYA S., MUSTI A.M., BAMBERG E., HEGEMANN P., « Channelrhodopsin-1 : a light-gated proton channel in green algae », *Science*, **296**, 2395-2398 (2002).

[7] NAGEL G., SZELLAS T., HUHN W., KATERIYA S., ADEISHVILI N., BERTHOLD P., OLLIG D., HEGEMANN P., BAMBERG E., « Channelrhodopsin-2 : a directly light-gated cation-selective membrane channel », *PNAS*, **100**(24), 13940-5 (2003).

[8] http://www.hhmi.org/news/mackinnon.html (site Web de R. Mc Kinnon, prix Nobel de Chimie, 2003).

[9] ASHCROFT F., *Ion channels and disease : Channelopathies*, Academic Press, 2000.

[10] NIEMEYER B.A., MERY L., ZAWAR C., SUCKOW A., MONJE F., PARDO L.A., STÜHMER W., FLOCKERZI V., HOTH M., « Ion channels in health and disease », *EMBO reports*, **21**(71), 568-573 (2001).

[11] RODEN D.M., « Drug-induced prolongation of the QT interval », *New England J. Med.*, **19**, 2231-38 (2004).

[12] TAO H., SANTA ANA D., GUIA A., HUANG M., LIGUTTI J., WALKER G., SITHIPHONG K., CHAN F., GUOLIANG T., ZOZULYA Z., SAYA S., PHIMMACHACK R., SIE C., YUAN J., WU L., XU J., GHETTI A., « Automated tight seal electrophysiology for assessing the potential hERG liability of pharmaceutical compounds », *Assay Drug Dev. Technol.*, **2**(5), 497-506 (2004).

[13] DECKER K., KOSCHINSKI A., TROULIARIS S., TAMURA T., DREYER F., REPP H., « Activation of a Ca2+-dependent K+ current by the oncogenic receptor protein tyrosine kinase v-Fms in mouse fibroblasts », *Naunyn Schmiedebergs Arch. Pharmacol.*, **357**(4), 378-84 (1998).

[14] FANGER C.M., RAUER H., NEBEN A.L., MILLER M.J., RAUER H., WULFF H., ROSA J.C., GANELLIN C.R., CHANDY K.G., CAHALAN M.D. « Calcium-activated potassium channels sustain calcium signaling in T lymphocytes . Selective blockers and manipulated channel expression levels », *J. Biol. Chem.*, **276**(15), 12249-56 (2001).

[15] CATACUZZENO L., PISCONTI D.A., HARPER A.A., PETRIS A., FRANCIOLINI F., « Characterization of the large-conductance Ca-activated K channel in myocytes of rat saphenous artery », *Pflugers Arch.*, **441**(2-3), 208-18 (2000).

[16] LIU J.J., CHAO J.R., JIANG M.C., NG S.Y., YEN J.J., YANG-YEN H.F., « Ras transformation results in an elevated level of cyclin D1 and acceleration of G1 progression in NIH 3T3 cells », *Mol. Cell. Biol.*, 15(7) :3654-63 (1995).

[17] RANSOM C.B., SONTHEIMER H., « BK channels in human glioma cells ». *J. Neurophysiol.*, **85**(2), 790-803 (2001). Erratum in : *J. Neurophysiol.*, Apr, **85**(4) : following table of contents (2001). *J. Neurophysiol.*, **85**(6), 4 (2001).

[18] OUADID-AHIDOUCH H., ROUDBARAKI M., AHIDOUCH A., DELCOURT P., PREVARSKAYA N., « Cell-cycle-dependent expression of the large Ca^{2+}-activated K^+ channels in breast cancer cells », *Biochem. Biophys. Res. Commun.*, **316**(1), 244-51 (2004).

[19] PARTISETI M., CHOQUET D., DIU A., KORN H., « Differential regulation of voltage- and calcium-activated potassium channels in human B lymphocytes », *J. Immunol.*, 1, **148**(11), 3361-8 (1992).

[20] LIN C.S., BOLTZ R.C., BLAKE J.T., NGUYEN M., TALENTO A., FISCHER P.A., SPRINGER M.S., SIGAL N.H., SLAUGHTER R.S., GARCIA M.L. et al., « Voltage-gated potassium channels regulate calcium-dependent pathways involved in human T lymphocyte activation ». *J. Exp. Med.*, 1, **177**(3), 637-45 (1993).

[21] KODAL H., WEICK M., MOLL V., BIEDERMANN B., REICHENBACH A, BRINGMANN A. « Involvement of calcium-activated potassium channels in the regulation of DNA synthesis in cultured Muller glial cells », *Invest. Ophthalmol. Vis. Sci.*, **41**(13), 4262-7 (2000).

[22] MOLL V., WEICK M., MILENKOVIC I., KODAL H., REICHENBACH A., BRINGMANN A., « P2Y receptor-mediated stimulation of Muller glial DNA synthesis », *Invest. Ophthalmol. Vis. Sci.*, **43**(3), 766-73 (2002).

[23] PARIHAR A.S., COGHLAN M.J., GOPALAKRISHNAN M., SHIEH C.C., « Effects of intermediate-conductance Ca^{2+}-activated K^+ channel modulators on human prostate cancer cell proliferation », *Eur. J. Pharmacol.*, 27, **471**(3), 157-64 (2003).

[24] BASRAI D, KRAFT R, BOLLENSDORFF C, LIEBMANN L, BENNDORF K, PATT S. « BK channel blockers inhibit potassium-induced proliferation of human astrocytoma cells », *Neuroreport.*, 25, **13**(4), 403-7 (2002).

[25] BRINGMANN A., FRANCKE M., PANNICKE T., BIEDERMANN B., KODAL H., FAUDE F., REICHELT W., REICHENBACH A., « Role of glial $K(^+)$ channels in ontogeny and gliosis : a hypothesis based upon studies on Muller cells », *Glia*, 1, **29**(1), 35-44 (2000).

[26] Sanguinetti M.C., Jiang C., Curran M.E., Keating M.T., « A mechanistic link between an inherited and an acquired cardiac arrhythmia : hERG encodes the IKr potassium channel », *Cell*, **81**(2), 299-307 (1995).

[27] Cherubini A., Taddei G.L., Crociani O., Paglierani M., Buccoliero A.M., Fontana L., Noci I., Borri P., Borrani E., Giachi M., Becchetti A., Rosati B., Wanke E., Olivotto M., Arcangeli A., « hERG potassium channels are more frequently expressed in human endometrial cancer as compared to non-cancerous endometrium », *Br. J. Cancer.*, **83**(12), 1722-9 (2000).

[28] Pillozzi S., Brizzi M.F., Balzi M., Crociani O., Cherubini A., Guasti L., Bartolozzi B., Becchetti A., Wanke E., Bernabei P.A., Olivotto M., Pegoraro L., Arcangeli A., « hERG potassium channels are constitutively expressed in primary human acute myeloid leukemias and regulate cell proliferation of normal and leukemic hemopoietic progenitors », *Leukemia*, **16**(9), 1791-8 (2002).

[29] Smith G.A., Tsui H.W., Newell E.W., Jiang X., Zhu X.P., Tsui F.W., Schlichter L.C., « Functional up-regulation of hERG K^+ channels in neoplastic hematopoietic cells », *J. Biol. Chem.*, 24, **277**(21), 18528-34 (2002).

[30] Wang H., Zhang Y., Cao L., Han H., Wang J., Yang B., Nattel S., Wang Z., « hERG K^+ channel, a regulator of tumor cell apoptosis and proliferation », *Cancer Res.*, 1, **62**(17), 4843-8 (2002).

[31] Bianchi L., Wible B., Arcangeli A., Taglialatela M., Morra F., Castaldo P., Crociani O., Rosati B., Faravelli L., Olivotto M., Wanke E., « hERG encodes a K^+ current highly conserved in tumors of different histogenesis : a selective advantage for cancer cells? », *Cancer Res.*, 15, **58**(4), 815-22 (1998).

[32] Arcangeli A., Bianchi L., Becchetti A., Faravelli L., Coronnello M., Mini E., Olivotto M., Wanke E., « A novel inward-rectifying K^+ current with a cell-cycle dependence governs the resting potential of mammalian neuroblastoma cells », *J. Physiol.*, 1, **489** (Pt 2), 455-71 (1995).

[33] Crociani O., Guasti L., Balzi M., Becchetti A., Wanke E., Olivotto M., Wymore R.S., Arcangeli A., « Cell cycle-dependent expression of hERG1 and hERG1B isoforms in tumor cells », *J. Biol. Chem.*, 31, **278**(5), 2947-55 (2003).

[34] Lastraioli E., Guasti L., Crociani O., Polvani S., Hofmann G., Witchel H., Bencini L., Calistri M., Messerini L., Scatizzi M., Moretti R., Wanke E., Olivotto M., Mugnai G., Arcangeli A., « hERG1 gene and hERG1 protein are overexpressed in colorectal cancers and regulate cell invasion of tumor cells », *Cancer Res.*, 15, **64**(2), 606-11 (2004).

[35] Skryma R.N., Prevarskaya N.B., Dufy-Barbe L., Odessa M.F., Audin J., Dufy B., « Potassium conductance in the androgen-sensitive prostate cancer cell line, LNCaP : involvement in cell proliferation », *Prostate*, 1, **33**(2), 112-22 (1997).

[36] Fraser S.P., Grimes J.A., Djamgoz M.B., « Effects of voltage-gated ion channel modulators on rat prostatic cancer cell proliferation : comparison

of strongly and weakly metastatic cell lines », *Prostate*, 15, **44**(1), 61-76 (2000).

[37] Laniado M.E., Fraser S.P., Djamgoz M.B., « Voltage-gated $K^{(+)}$ channel activity in human prostate cancer cell lines of markedly different metastatic potential : distinguishing characteristics of PC-3 and LNCaP cells », *Prostate*, 1, **46**(4), 262-74 (2001).

[38] Carafoli E., « Calcium signaling : a tale for all seasons », *PNAS*, 5, **99**(3), 1115-22 (2002).

[39] Hamill O.P., Marty A., Neher E., Sakmann B., Sigworth F.J., « Improved patch-clamp techniques for high-resolution current recording from cells and cell-free membrane patches », *Pflugers Arch.*, **391**(2), 85-100 (1981).

[40] Lindau M., Neher E., « Patch-clamp techniques for time-resolved capacitance measurements in single cells », *Pflugers Arch.*, **411**(2), 137-46 (1988).

[41] Sakmann B. et Neher E., « Patch-clamp techniques for studying ionic channels in excitable membranes », *Annu. Rev. Physiol.*, 46455-72 (1984).

[42] Neher E., Nobel lecture. « Ion channels for communication between and within cells », *The Embo. J.*, **11**, 1679-1692 (1992).

[43] Teulon J., « Le patch-clamp en bref », *M/S*, 5, **20**, 1-2 (2004).

[44] The Axon Guide for Electrophysiology and Biophysics Laboratory Techniques (1993). http://www.moleculardevices.com/transition/

[45] Wang M.H. « A technical consideration concerning the removal of oocyte vitelline membranes for patch-clamp recording », *Biochem. Biophys. Res. Com.*, **324**, 971-972 (2004).

[46] Trapani J.G., Korn S.J., « Control of ion channel expression for patch-clamp recordings using an inducible expression system in mammalian cell lines », *BMC Neurosci.*, 2, **4**(1), 15 (2003).

[47] Palma E., Torchia G., Limatola C., Trettel F., Arcella A., Cantore G., DiGennaro G., Manfredi M., Esposito V., Quarato P.P., Miledi R., Eusebi F., « BDNF modulates $GABA_A$ receptors microtransplanted from the human epileptic brain to Xenpus oocytes », *PNAS*, 102, **5**, 1667-1672 (2005).

[48] Rae J.L. et Levis R.A., « Glass technology for patch-clamp electrodes », *Methods in Enzym.*, **207**, 66-92 (1992).

[49] Heyward P.M., Shipley M.T., « A device for automated control of pipette internal pressure for patch-clamp recording », *J. Neurosci. Methods.*, 15, **123**(1), 109-15 (2003).

[50] Mason M.J., Simpson A.K., Mahaut-Smith M.P., Robinson H.P., « The interpretation of current-clamp recordings in the cell-attached patch-clamp configuration », *Biophys. J.*, **88**(1), 739-50 (2005).

[51] VIVAUDOU M.B., ARNOULT C., VILLAZ M., « Skeletal muscle ATP-sensitive K+ channels recorded from sarcolemmal blebs of split fibers : ATP inhibition is reduced by magnesium and ADP », *J. Membrane Biol.*, **122**, 165-175 (1991).

[52] *Single-Channel recording*, Seconde édition, Édité par B. SACKMANN et E. NEHER. Plenum Press, New York, 1995.

[53] JAMIESON C.V., MACDONALD A.G., « A method of patch-clamp recording in hyperbaric oxygen », *Undersea Hyperb. Med.*, **29**(4), 286-93 (2002).

[54] HUTZER M., FROMHERZ P., « Silicon chip with capacitors and transistors for interfacing organotypic brain slice of rat hippocampus », *Eur. J. Neurosc.*, **19**, 2231-2238 (2004).

[55] BRAUN D. et FROMHERZ P., « Imaging neuronal resistance on silicon chip using fluorescent voltage-sensitive dye », *Biophys. J.* , **87**, 1351-1359 (2004).

[56] WILLUMSEN N.J., BECH M., OLESEN S.P., JENSEN B.S., KORSGAARD M.P. et CHRISTOPHERSEN P., « High throughput electrophysiology : new perspectives for ion channel drug discovery », *Receptors and Channels*, **9**(1), 3-12 (2003).

[57] OWEN D. et SILVERTHORNE A., « Channelling drug discovery, current trends in ion channel discovery research », *Drug discovery world*, 348-61 (2002).

[58] XU J., CHEN Y. et LI M., « High-throughput technologies for studying potassium channels-progresses and challenges », *Drug discovery today*, **3**(1), 32-38 (2004).

[59] WOOD C., WILLIAMS C. et WALDRON G.J., « Patch-clamping by numbers », *Drug discovery today*, **9**(10), 434-441 (2004).

[60] WANG X. et LI M., « Automated electrophysiology : high throughput of art », *Assay Drug Dev. Technol.*, **1**(5), 695-708 (2003).

[61] STETT A., BUCHER V., BURKHARDT C., WEBER U., NISCH W., « Patch-clamping of primary cardiac cells with micro-openings in polyimide films », *Med. Biol. Eng. Comput.*, **41**(2), 233-40 (2003).

Ampérométrie

[62] AMATORE C., SZUNERITS S., THOUIN L. et WARKOCZ J.-S., *J. Electroanal. Chem.*, **500**, 62 (2001).

[63] BALTES N., THOUIN L., AMATORE C. et HEINZE J., *Angew. Chem. Int. Ed*, **43**, 1431 (2004).

[64] BARD A.J. et FAULKNER L.R., *Electrochemical Methods*, John Wiley & Sons, Inc. (2001).

[65] Southampton-Electrochemistry-Group, *Instrumental Methods in Electrochemistry*, Ellis Horwood (1990).

[66] AMATORE C., in *Physical Electrochemistry* (I. Rubinstein ed.), Eds Marcel Dekker, New York, p. 131 (1995).

[67] WIGHTMAN R.M. et WIPF D.O., in *Electroanalytical chemistry*, Vol. 15 (A. J. Bard ed.), Eds Marcel Dekker, New York, p. 267 (1989).

[68] MONTENEGRO M.I., QUEIROS M.A. et DASCHBACH J.L., *Microelectrodes : Theory and Applications*, Kluwer Academic Press, Dordrecht (1991).

[69] AMATORE C., ARBAULT S., MAISONHAUTE E., SZUNERITS S. et THOUIN L., in *New Trends in Molecular Electrochemistry*, Vol. Chapitre 12 (C. Amatore et A. Pombeiro eds.), FontisMedia, Lausanne, p. 385 (2004).

[70] AMATORE C., SZUNERITS S., THOUIN L. et WARKOCZ J.-S., *Electroanalysis*, **13**, 646 (2001).

[71] AMATORE C., SZUNERITS S. et THOUIN, *Electrochem. Commun.*, **2**, 248 (2000).

[72] AMATORE C., SZUNERITS S., THOUIN L. et WARKOCZ J.-S., *Electrochem. Commun.*, **2**, 353 (2000).

[73] AMATORE C., PEBAY C., SCIALDONE O., SZUNERITS S. et THOUIN L., *Chem. Eur. J.*, **7**, 2933 (2001).

[74] AMATORE C., KNOBLOCH K. et THOUIN L., *Electrochem. Commun.*, **6**, 887 (2004).

[75] BARD A.J. et MIRKIN M.V., *Scanning electrochemical microscopy*, Marcel Dekker, Inc., New York-Basel (2001).

[76] JANKOWSKI J.A., SCHROEDER T.J., HOLZ R.W. et WIGHTMAN R.M., *J. Biol. Chem.*, **267**, 18329 (1992).

[77] FINNEGAN J.M., PIHEL K., CAHILL P.S., HUANG L., ZERBY S.E., EWING A.G., KENNEDY R.T. et Wightman R.M., *J. Neurochem.*, **66**, 1914 (1996).

[78] WIGHTMAN R.M., JANKOWSKI J.A., KENNEDY R.T., KAWAGOE K.T., SCHROEDER T.J., LESZCZYSZYN D.J., NEAR J.A., DILIBERTO E.J. et VIVEROS O.H., *P.N.A.S. USA*, **88**, 10754 (1991).

[79] NANAVATI C. et FERNANDEZ J.M., *Science*, **259**, 963 (1993).

[80] BORGES R., MACHADO J.D., ALONSO C., BRIOSO M.A. et GOMEZ J.F., in *Chromogranins : Functional and Clinical Aspects*, Vol. 482, Kluver Academic Publishers, Amsterdam, p. 69 (2000).

[81] GALLI T., MARTINEZ-ARCA S. et PAUMET F., *MS-Médecine Sciences*, **18**, 1113 (2002).

[82] BURGOYNE R.D., FISHER R.J., GRAHAM M.E., HAYNES L.P. et MORGAN A., *Biochem. Soc. Trans.*, **29**, 467 (2001).

[83] HUMEAU Y., DOUSSAU F., GRANT N.J. et POULAIN B., *Biochimie*, **82**, 427 (2000).

[84] RIZO J. et SUDHOF T.C., *Nat. Struct. Biol.*, **5**, 839 (1998).

[85] PETERS C., BAYER M.J., BUHLER S., ANDERSEN J.S., MANN M. et MAYER A., *Nature*, **409**, 581 (2001).

[86] CHEN Y.A. et SCHELLER R.H., *Nat. Rev. Mol. Cell Biol.*, **2**, 98 (2001).

[87] ALMERS W., *Nature*, **409**, 567 (2001).

[88] WEBER T., ZEMELMAN B.V., MCNEW J.A., WESTERMANN B., GMACHL M., PARLATI F., SOLLNER T.H. et ROTHMAN J.E., *Cell*, **92**, 759 (1998).

[89] AMATORE C., BOURET Y., TRAVIS E.R. et WIGHTMAN R.M., *Biochimie*, **82**, 481 (2000).

[90] AMATORE C., ARBAULT S., BONIFAS I., BOURET Y., ERARD M. et GUILLE M., *Chemphyschem.*, **4**, 147 (2003).

[91] ZIMMERBERG J., CURRAN M., BRODWICK M. et COHEN F.S., *Biophys. J.*, **51**, A357 (1987).

[92] CHOW R.H., VONRUDEN L. et NEHER E., *Nature*, **356**, 60 (1992).

[93] ZENISEK D., STEYER J.A. et ALMERS W., *Nature*, **406**, 849 (2000).

[94] OHEIM M., LOERKE D., STUHMER W. et CHOW R.H., *Eur. Biophys. J. Biophy.*, **27**, 83 (1998).

[95] AMATORE C., ARBAULT S., BONIFAS I., BOURET Y., ERARD M., EWING A.G. et SOMBERS L.A., *Biophys. J.*, **88**, 4411 (2005).

[96] SOMBERS L.A., HANCHAR H.J., COLLIVER T.L., WITTENBERG N., CANS A., ARBAULT S., AMATORE C. et EWING A.G., *J. Neurosci.*, **24**, 303 (2004).

[97] AMATORE C., BOURET Y. et MIDRIER L., *Chem.-Eur. J.*, **5**, 2151 (1999).

[98] AMATORE C., BOURET Y., TRAVIS E.R. et WIGHTMAN R.M., *Angew. Chem. Int. Edit.*, **39**, 1952 (2000).

[99] WINK D.A. et MITCHELL J.B., *Free Rad. Biol. Med.*, **25**, 434 (1998).

[100] DEDON P.C. et TANNENBAUM S.R., *Arch. Biochem. Biophys.*, **423**, 12 (2004).

[101] MCCORD J.M., *Am. J. Med.*, **108**, 652 (2000).

[102] HALLIWELL B. et GUTTERIDGE J.M.C., *Free Radicals in Biology and Medecine*, Oxford University Press, Oxford (1999).

[103] SQUADRITO G.L. et PRYOR W.A., *Free Rad. Biol. Med.*, **25**, 392 (1998).

[104] BERGAMINI C.M., GAMBETTI S., DONDI A. et CERVELLATI C., *Curr. Pharm. Design*, **10**, 1611 (2004).

[105] KRAEMER K.H., LEE M.M., ANDREWS A.D. et LAMBERT W.C., *Arch. Dermatol.*, **130**, 1018 (1994).

[106] GRISHAM M.B., GRANGER D.N. et LEFER D.J., *Free Rad. Biol. Med.*, **25**, 404 (1998).

[107] VALKO M., MORRIS H. et CRONIN M.T.D., *Curr. Med. Chem.*, **12**, 1161 (2005).

[108] IGNARRO L.J., BUGA G.M., WOOD K.S., BYRNS R.E. et CHAUDHURI G., *P.N.A.S. USA*, **84**, 9265 (1987).

[109] CADET J., SAGE E. ET DOUKI T., *Mutat. Res.-Fund. Mol. M.*, **571**, 3 (2005).

[110] ARBAULT S., PANTANO P., JANKOWSKI J.A., VUILLAUME M. ET AMATORE C., *Anal. Chem.*, **67**, 3382 (1995).

[111] ARBAULT S., PANTANO P., SOJIC N., AMATORE C., BEST-BELPOMME M., SARASIN A. et VUILLAUME M., *Carcinogenesis*, **18**, 569 (1997).

[112] AMATORE C., ARBAULT S., BRUCE D., DE OLIVEIRA P., ERARD M. et VUILLAUME M., *Faraday Discuss.*, **116**, 319 (2000).

[113] LACHGAR A., SOJIC N., ARBAULT S., BRUCE D., SARASIN A., AMATORE C., BIZZINI B., ZAGURY D. et VUILLAUME M., *J. Virol.*, **73**, 1447 (1999).

[114] PORTERFIELD D.M., LASKIN J.D., JUNG S.K., MALCHOW R.P., BILLACK B., SMITH P.J.S. et HECK D.E., *Am. J. Physiol.-Lung C.*, **281**, L904 (2001).

[115] STARY A., ROBERT C. et SARASIN A, *Mutat. Res.-Dna Repair*, **383**, 1 (1997).

[116] AMATORE C., ARBAULT S., BRUCE D., DE OLIVEIRA P., ERARD M., SOJIC N. et VUILLAUME M., *Analusis*, **28**, 506 (2000).

[117] ARBAULT S., EDEAS M., LEGRAND-POELS S., SOJIC N., AMATORE C., PIETTE J., BEST-BELPOMME M., LINDENBAUM A. et VUILLAUME M., *Biomed. and Pharmacother.*, **51**, 430 (1997).

[118] AMATORE C., ARBAULT S., BRUCE D., DE OLIVEIRA P., ERARD M. et VUILLAUME M., *Chem.-Eur. J.*, **7**, 4171 (2001).

Transport de macromolécules à travers des nanopores. Détection électrique

[119] CITOVSKY V., ZAMBRYSKI P., « Transport of nucleic acids through membrane channels : snaking through small holes », *Annu. Rev. Microbiol.*, **47**, 167-197 (1993).

[120] MATLACK K., MOTHES W., RAPOPORT T., « Protein translocation : tunnel vision », *Cell*, **92**, 381-390 (1998).

[121] BERRIER C., BONHIVERS M., LETELLIER L., GHAZI A., « High conductance channel induced by the interaction of phage lambda with its receptor maltoporin », *FEBS Letters*, 476 129-133 (2000) ; LAMBERT O., LETELLIER L., GELBART W.M., RIGAUD J.L., « DNA delivery by phage as a strategy for encapsulating toroidal condensates of arbitrary size into liposomes », *Proc. Nat. Acad. Sci.*, **97**, 7248-7253 (2000) .

[122] GUILLOT G., LÉGER L., RONDELEZ F., « Diffusion of large flexible chains through model porous membranes », *Macromolecules*, **18**, 2531-2537 (1985).

[123] LAL J., SINHA S.K., AUVRAY L., « Structure of polymer chains confined in Vycor », *J. Phys. II*, **7** 1597-1615 (1997) ; GILBERT E.P., AUVRAY L., LAL J., « Structure of polyelectrolyte chains confined in nanoporous glass », *Macromolecules*, **34**, 4942-4948 (2001).

[124] KASIANOWICZ J.J., BRANDIN E., BRANTON D., DEAMER D.W., « Characterization of individual polynucleotide molecules using a membrane channel », *Proc. Nat. Acad. Sci.*, **93**, 13770-13773 (1996).

[125] CHURCH G.M., DEAMER D.W., BRANTON D., BALDARELLI R., KASIANOWICZ J., « Characterization of individual polymer molecules based on monomer-interface interactions », US Patent 5,795,782, Aug. 18 (1998).

[126] COULTER W.H., « Means for counting particles suspended in fluid », US Patent 2656508, Oct. 20 (1953).

[127] SAKMANN B. et NEHER E. eds, *Single Channel Recording*, Plenum Press (1995).

[128] HILLE B, *Ion channels of excitable membranes*, Sinauer Associates, 3e éd. (2001).

[129] MUELLER P., RUDIN D.O., TI TIEN H., WESCOTT W. C., « Reconstitution of cell membrane structure in vitro and its transformation into an excitable system », *Nature*, **194**, 979-980 (1962) ; MUELLER P., RUDIN D.O., TI TIEN H., WESCOTT W. C, « Methods for the formation of single bimolecular lipid membranes in aqueous solution », *J. Phys. Chem.*, **67**, 534-535 (1963).

[130] ZIMMERBERG J., PARSEGIAN V.A., « Polymer inaccessible volume changes during opening and closing of a voltage-dependant ionic channel », *Nature*, **323**, 36-39 (1986).

[131] BEZRUKOV S. M., VODYANOY I., PARSEGIAN V.A., « Counting polymers moving through a single ion channel », *Nature*, **370**, 279-281 (1994).

[132] Note in ref. [124] et ref. [125].

[133] LUBENSKY D.K. et NELSON D.R., *Biophys. J.*, **77**, 1824 (1999) ; MUTHUKUMAR M., *J. Chem. Phys.*, **111**, 10371 (1999) ; CHUANG J., KANTOR Y. et KARDAR M., *Phys. Rev. E*, **65**, 011802 (2002).

[134] AKESON M., BRANTON D., KASIANOWICZ J.J., BRANDIN E., DEAMER D.W., *Biophys. J.*, **77**, 3227 (1999).

[135] BATES M., BURNS M., MELLER A. *Biophys. J.*, **84**, 2366 (2003).

[136] HOWORKA S., NAM J., BAYLEY H., KAHNE D., *Angew. Chem. Int. Ed.*, **43**, 842 (2004).

[137] MOVILEANU L., CHELEY S. , BAYLEY H., *Biophys. J.*, **85**, 897 (2003).

[138] SZABO I., BATHORI G., TOMBOLA F., BRINI M., COPPOLA A., ZORATTI M., « DNA translocation across planar bilayers containing Bacillus subtilis ion channels », *J. Biol. Chem.*, **272**, 25275-25282 (1997).

[139] BACRI L., BENKHALED A., GUEGAN P., AUVRAY L., « Ionic channel behavior of modified cyclodextrins inserted in lipid membranes », *Langmuir*, **21**(13), 5842-5846 (2005).

[140] SUN L., CROOKS R., « Single Carbon Nanotube Membranes : A Well-Defined Model for Studying Mass Transport through Nanoporous Materials », *Journal of American Chemical Society*, **122**(49), 12340-12345 (2000).

[141] SIWY Z., APEL P., DOBREV D., NEUMANN R., SPOHR R., TRAUTMANN C., VOSS K., « Ion transport through asymmetric nanopores prepared by ion track etching », *Nuclear instruments and methods in physics research, Section B*, **208**, 143-148 (2003).

[142] LI J., STEIN D., MCMULLAN C., BRANTON D., AZIZ M.J., GOLOVCHENKO J.A., « Ion beam sculpting at nanometer length scales », *Nature*, **412**, 166-169 (2001).

[143] BIANCE A.-L., GIERAK J., BOURHIS E., MADOURI A., LAFOSSE X., PATRIARCHE G., OUKHALED G., ULYSSE C., GALAS J.-C., CHEN Y., AUVRAY

L., « Focused ion beam sculpted membranes for nanoscience tooling », *Microelectronic Engineering*, **83**, 1474-1477 (2006).

[144] STORM A.J., CHEN J.H., LING X.S., ZANDBERGEN H.W., DEKKER C., « Fabrication of solid-state nanopores with single-nanometer precision », *Nature Materials*, **2**, Aug., 537 (2003).

[145] SALEH O.A., « A novel resistive pulse sensor for biological measurements », PhD thesis, January, Princeton University (2003).

[146] DEBLOIS R.W., BEAN C.P., « Counting and Sizing of Submicron Particles by the Resistive Pulse Technique », *The Review of Scientific Instruments*, **41**(7), 909 (1970).

[147] FLEISCHER R.L., ALTER H.W., FURMAN S.C., PRICE P.B., et WALKER R.M., « Particle Track Etching : Diverse technological uses range from virus identification to uranium exploration », *Science*, **178**, 255-263 (1972).

[148] PASTERNAK C.A., ALDER G.M., APPEL P.Y., BASHFORD C.L., KORCHEVY.E., LEV A.A., ROSTOVTSEVA T.K., ZHITARIUK N.I., « Model pores for biological membranes : the properties of track-etched membranes », *NIM B*, **105**, 332-334 (1995).

[149] MARA A., SIWY Z., TRAUTMANN C., WANG J., KAMME F., « An asymmetric polymer nanopore for single molecule detection », *Nano Letters*, **4**, 497-501 (2004) ; HEINS E.A., SIWY Z., BAKER L.A. et MARTIN C.H., « Detecting Single Porphyrin Molecules in a Conically Shaped Synthetic Nanopore », *Nano Letters*, **5**(9), 1824 -1829 (2006).

[150] BAYLEY H., MARTIN C., « Resistive-Pulse sensing – From microbes to molecules », *Chem. Rev.*, **100**, 2575-2594 (2000).

[151] MELLER A., « Dynamics of polynucleotide transport through nanometrescale pores », *J. Phys. : Condens. Matter*, **15**, R581–R607 (2003).

[152] *Structure and dynamics of confined polymers*, J.J. Kasianowicz et M. Kellermayer eds, Kluwer Academic Publisher (2002).

[153] MATHÉ J., VISRAM H., VIASNOFF V., RABIN Y. et MELLER A., « Nanopore force spectroscopy of individual DNA hairpin molecules », *Biophysical Journal*, **87**, 3205 (2004) ; MATHÉ J., AKSIMENTIEV A., NELSON D.R., SCHULTEN K. et MELLER A., « Orientation discrimination of single stranded DNA inside the α-Hemolysin membrane channel », *Proc. Nat. Acad. Sci.*, **102**, 12377-12382 (2005).

[154] JEANS J., *The Mathematical Theory of Electricity and Magnetism*, Cambridge University Press (1925) ; Hall J.E., « Access resistance of a small circular pole », *J. Gen. Phys.*, **66**, 531-532 (1975)

[155] ISRAELACHVILI J., *Intermolecular and surface forces*, Academic Press (1992).

[156] ROUX B., « Ion conduction and selectivity in K+ channels », *Ann. Rev. Biomol. Struc. Dyn.*, **34**, 153-171 (2005).

[157] AKSIMENTIEV A. et SCHULTEN K., « Imaging alpha-hemolysin with molecular dynamics : ionic conductance, osmotic permeability and the electrostatic potential map », *Biophys. J.*, **88**, 3745–3761 (2005).

[158] NOSKOV S.Y., IM W. et ROUX B., « Ion Permeation through the alpha-Hemolysin Channel : Theoretical Studies Based on Brownian Dynamics and Poisson-Nernst-Plank Electrodiffusion Theory », *Biophys. J.*, **87**, 2299-2309 (2004).

[159] LEVINE S., MARRIOTT J.R., ROBINSON K., « Theory of Electrokinetic Flow in a Narrow Parallel-plate Channel », *J. Chem. Soc., Faraday Trans.*, **2**, 1-11 (1975).

[160] STEIN D., KRUITHOF M., DEKKER C., *Phys. Rev. Lett.*, **93**, 035901-1 – 035901-5 (2004).

[161] DAIGUJI H., YANG P., MAJUMDAR A., *Nanolett.*, **4**, 137-142 (2004).

[162] SMYTHE W.R., *Static and dynamic electricity*, McGraw-Hill, p. 204 (1968) ; DURAND É., *Électrostatique tome III*, Masson, p. 234 (1966).

[163] PARSEGIAN A., « Energy of an ion crossing a low dielectric membrane : solutions to four relevant electrostatic problems », *Nature*, **221**, 844-846 (1969) ; LEVITT D.G., « Electrostatic calculations for an ion channel », *Biophys. J.*, **22**, 209-218 (1978) ; JORDAN P.J., « Electrostatic modelling of ion pores », *Biophys. J.*, **39**, 157-164 (1982).

[164] AUVRAY L., « Sur quelques propriétés de solutions de macromolécules rigides et de polyélectrolytes dans un milieu poreux modèle », Thèse de 3e cycle, université Paris-Sud (1982).

[165] MAXWELL J.C., *A Treatise on Electricity and Magnetism*, Clarendon Press at Oxford, 3rd volume, p. 440 (1891), reprinted by Dover.

[166] BERGE L., JØSSANG T. et FEDER J., « Off-axis response for particles passing through long apertures in Coulter-type Counters », *Meas. Sci. Technol.*, **1**, 471-474 (1990).

[167] HAPPEL J., BYRNE B.J., « Motion of a Sphere and Fluid in a Cylindrical Tube », *Ind. Eng. Chem.*, **46**, 1181-1186 (1954).

[168] ANDERSON J.L. et QUINN J.A., « Restricted Transport in Small Pores, a Model for Steric Exclusion and Hindered Particle motion », *Biophys. J.*, **14**, 131-150 (1974).

[169] CASSASA E.F., *J. Polymer Sci.*, **B5**,773 (1967).

[170] DAOUD M., DE GENNES P.G., « Statistics of macromolecular solutions trapped in small pores », *J. Physique*, **38**, 85-93 (1977).

[171] DE GENNES P.G., *Scaling Concepts in Polymer Physics*, Cornell University Press (1979).

[172] WALL F., SEITZ W.A., CHIN J.C., DE GENNES P.G., « Statistics of self-avoiding walks confined to strips and capillaries », *P.N.A.S.*, **75**, 2069-2070 (1978).

[173] AUROY P., AUVRAY L., LÉGER L., « Characterization of the brush regime for grafted polymer layers at the solid-liquid interface », *Phys. Rev. Lett.*, **66**, 719-722 (1991).

[174] REISNER W. et al., *Phys. Rev. Lett.*, **94**, 196101 (2005).

[175] MOVILEANU L., BAYLEY H., « Partitioning of a polymer into a nanoscopic protein pore obeys a simple scaling law », *P.N.A.S.*, **98**(18), 10137-10141 (2001).

[176] OUKHALED A., AMIEL C., BACRI L., RAPHAËL É., SIKORAV J.L., AUVRAY L., « Transport of single neutral and charged macromolecules through proteinic nanopores », *Proceedings of the 40th Intern. IUPAC Symp. on Macromolecules, Paris 4-9 juillet 2004, e-Polymers 2005*, n° E 002, L1188 (2005).

[177] DE GENNES P.-G., « Flexible Polymers in Nanopores », *Advances in Polymer Science*, **138**, 92-105 (1999).

[178] BROCHARD F., DE GENNES P.-G., « Dynamics of confined polymer chains », *J. Chem. Phys.*, **67**, 52-56 (1977).

[179] LEE N., OBUKHOV S., « Diffusion of a Polymer Chain through a Thin Membrane », *J. Phys. II France*, **6**, 195-204 (1996).

[180] SUNG W., PARK P.J., « Polymer translocation through a pore in a membrane », *Phys. Rev. Lett.*, **77**, 783 (1996).

[181] LUBENSKY D.K., NELSON D.R., « Driven Polymer Translocation Through a Narrow Pore », *Biophys. J.*, **77**, 1824 (1999).

[182] MUTHUKUMAR M., « Polymer translocation through a hole », *J. Chem. Phys.*, **111**, 10371 (1999).

[183] CHUANG J., KANTOR Y., KARDAR M., « Anomalous dynamics of translocation », *Phys. Rev. E*, **65**, 011802 (2001).

[184] SAKAUE T., RAPHAËL E., « Dynamics of polymer translocation », *Macromolecules*, **39**, 2621-2628 (2006).

[185] OOSAWA F., *Polyelectrolytes*, Marcel Dekker Ed., New York (1971).

[186] DE GENNES P.-G., PINCUS P., VELASCO R.M., BROCHARD F., *J. de Phys.*, **37**, 1461 (1976).

[187] BARRAT J.L., JOANNY J.F., *Advances in Chemical Physics*, Vol. XCIV (1996).

[188] MELLER A., BRANTON D., « Single molecule measurements of DNA transport through a nanopore », *Electrophoresis*, **23**, 2583-2591 (2002).

[189] STORM A.J., STORM C., CHEN J., ZANDBERGEN H., JOANNY J.F., DEKKER C., « Fast DNA translocation through a solid-state nanopore », *Nanolett.*, **5**, 1193-1197 (2005).

[190] GILBERT E.P., AUVRAY L., LAL J., « Structure of polyelectrolyte chains confined in nanoporous glass », *Macromolecules*, **34**, 4942-4998 (2001).

[191] ISRAELACHVILI J., *Intermolecular and surface forces*, Academic Press (1992).

[192] SCHECHTER E., *Biochimie et Biophysique des membranes*, Masson (1997).

[193] Miller C. (ed), *Ion channel reconstitution*, Plenum Publishing Corporation (1985).

[194] SONG L., HOBAUGH M.R., SHUSTAK C., CHELEY S., BAYLEY H., GOUAUX J.E., « Structure of Staphylococcal alpha-hemolysin, a heptameric transmembrane pore », *Science*, **274**, 1859-1865 (1996).

[195] Lahmani M., Dupas C., Houdy Ph., Les nanosciences – Nanotechnologies et nanophysique, Belin (2004).

[196] Tegenfeldt J.O., Austin R.H. et al., « The dynamics of genomic length DNA in 100 nm channel », PNAS, **101**(30), 10979-10983 (2004).

[197] Fan R., Karnik R., Yue M., Li D., Majumdar A., Yang P., « DNA Translocation in Inorganic Nanotubes », *Nanoletters*, **5**(9), 1633-1637 (2005).

[198] Heng J.B., Ho C., Kim T., Timp R., Aksimentiev A., Grinkova Y.V., Sligar S., Schulten K. et Timp G., « Sizing DNA Using a Nanometer-Diameter Pore », *Biophysical Journal*, **87**, 2905–2911 (2004).

[199] Chen P., Mitsui T., Farmer D.B., Golovchenko J., Gordon R.G., Branton D., « Atomic Layer Deposition to Fine-Tune the Surface Properties and Diameters of Fabricated Nanopores », *Nano Letters*, **4**(7), 1333-1337 (2004).

Techniques électrophorétiques

[200] Viovy J.-L., *Rev. Mod. Phys.*, **72**, 813-872 (2000).

[201] Sudor J., Barbier V., Thirot S., Godfrin D., Hourdet D., Millequant M., Blanchard J., Viovy J.-L., « New block-copolymer thermoassociating matrices for DNA sequencing : effect of molecular structure on rheology and resolution », *Electrophoresis*, **22**(4), 720-8 (2001).

[202] Barbier V., Hervé M., Sudor J., Brulet A., Hourdet D., Viovy J.-L., *Macromolecules*, **37**, 5682-5691 (2004).

[203] Hjerten J., *Chromatogr.*, **347**, 191-198 (1985).

[204] Barbier V., Buchholz B.A., Barron A.E., Viovy J.L., « Comb-like copolymers as self-coating, low-viscosity and high-resolution matrices for DNA sequencing », *Electrophoresis*, **23**(10), 1441-9 (2002).

[205] Weber J., Barbier V., Pages-Berhouet S., Caux-Moncoutier V., Stoppa-Lyonnet D., Viovy J.-L., « A high-throughput mutation detection method based on heteroduplex analysis using graft copolymer matrixes : application to brca1 and brca2 analysis », *Anal. Chem.*, **76**(16) :4839-48 (2004).

[206] Schwartz D.C. et Cantor C.R., *Cell*, **37**, 67-75 (1984).

[207] Carle G.F. et Olson M.V., *Nucleic Acids Res.*, **12**, 5647-5666 (1984).

[208] Mitnik L., Heller C., Prost J., Viovy J.-L., « Segregation in DNA solutions induced by electric fields », *Science*, **267**, 219-222 (1995).

[209] Magnusdottir S., Isambert H., Heller C., Viovy J.-L., « Electrohydrodynamically induced aggregation during constant and pulsed field capillary electrophoresis of DNA », *Biopolymers*, **49**(5), 385-401 (1999).

[210] Isambert H., Prost J., Ajdari A., Viovy J.-L., « Electrohydrodynamic Patterns in charged Colloidal Solutions », *Physical Review Letters*, **78**, 5, 971-974 (1997).

[211] MANZ A., GRABER N., WIDMER H.M., « Miniaturised total chemical analysis systems : a novel concept for chemical sensing », *Sens. Actuators B*, **1**, 244 (1990).

[212] VOLKMUTH W.D., AUSTIN R.H., « DNA electrophoresis in microlithographic arrays », *Nature*, **358**, 600-602 (1992).

[213] SLATER G.W., GUILLOUZIC S., GAUTHIER M.G., MERCIER J.-F., KENWARD M., MCCORMICK L.C., TESSIER F., « Theory of DNA electrophoresis (approximately 1999-2002 (1/2)) », *Electrophoresis*, **23**, 3791-3816 (2002).

[214] VOLKMUTH W.D., DUKE T., WU M.C., AUSTIN R.H. et SZABO A, « DNA electrodiffusion in a 2D array of posts », *Physical Review Letters*, **72**, 2117-2120 (1994).

[215] MINC N., VIOVY J.-L. et DORFMAN K.D., « Non-Markovian Transport of DNA in Microfluidic Post Arrays », *Physical Review Letters*, **94**, 198105 (2005).

[216] KAJI N., TEZUKA Y., TAKAMURA Y., UEDA M., NISHIMOTO T., NAKANISHI H., HORIIKE Y., BABA Y., « Separation of long DNA molecules by quartz nanopillar chips under a direct current electric field », *Anal. Chem.*, **76**, 15-22 (2004).

[217] LAWRENCE E.M., IVERY M.L., FLORES G.A., LIU J., BIBETTE J., RICHARD J., « Field-Induced structure of confined ferrofluid emulsion », *J. Intl. J. Mod. Phys. B*, **8**, 2765-2777 (1994).

[218] DOYLE P., BIBETTE J., BANCAUD A., VIOVY J-L., « Self-assembled magnetic matrices for DNA separation chips », *Science*, **295**, 2237 (2002).

[219] MINC N., FUTTERER C., DORFMAN K.D., BANCAUD A., GOSSE C., GOUBAULT C. et VIOVY J.-L., « Quantitative microfluidic separation of DNA in self-assembled magnetic matrixes », *Anal. Chem.*, **76**, 3770-6 (2004).

[220] CHOU C.F., BAKAJIN O., TURNER S.W.P., DUKE T., CHAN S.S., COX E.C., CRAIGHEAD H.G., DARNTON N., HAN J., AUSTIN R.H., « Sorting by diffusion : An asymmetric obstacle course for continuous molecular separation », *Proc. Natl. Acad. Sci. USA*, **96**, 13762-13765 (1999).

[221] HAN J., CRAIGHEAD H.G., « Separation of long DNA molecules in a microfabricated entropic trop array », *Science*, **288**, 1026-1029 (2000).

[222] CABODI M., TURNER S.W.P., CRAIGHEAD H.G., « Entropic recoil separation of long DNA molecules », *Anal. Chem.*, **74**, 5169-5174 (2002).

[223] LONG D., HARDEN J.L., VIOVY J.-L., « Séparation de polyélectrolytes par perméation de membranes poreuses », *Compte rendu de l'Académie des Sciences*, série II, **321**, 239-246 (1995).

CHAPITRE

12

LA MICROFLUIDIQUE : CONCEPTS ET APPLICATIONS EN SCIENCES DE LA VIE

Axel BUGUIN*, Yong CHEN†, Pascal SILBERZAN‡

1. Introduction

L'apparition au début des années 1990 du concept de microsystèmes d'analyse globale [1] (*Micro Total Analysis Systems*, µTAS) ou de microlaboratoires sur puce (*Lab on-a-chip*) a permis d'envisager de nouvelles applications pour l'utilisation de dispositifs microfabriqués, en particulier à des fins d'analyses chimiques ou biologiques [2]. Les avantages de ce type d'approche sont nombreux et d'une importance telle que ce domaine a pris un essor explosif ces dernières années. Outre les aspects de fabrication de masse, d'intégration, de coût, etc., qui sont repris dans d'autres chapitres du présent ouvrage, la possibilité de travailler sur des quantités minimes d'échantillons permet d'envisager bon nombre d'analyses sous un angle original. Cependant, cette percée indiscutable nécessite elle-même l'élaboration d'outils permettant de manipuler ces faibles quantités de liquides dans une puce. C'est à ce défi qu'entend répondre la microfluidique.

> **Remarque.** Pour fixer les idées, le volume d'une goutte de 100 µm de diamètre est de l'ordre de 1 nL. Les micropipettes classiques manipulent des volumes supérieurs au µL.

Une vision de type « microplomberie » serait cependant réductrice. La mise en mouvement des fluides est souvent indissociable de la manipulation des espèces

* Centre de Recherche, UMR CNRS 168, Institut Curie, Paris. axel.buguin@curie.fr
† Département de Chimie, ENS Paris. yong.chen@ens.fr
‡ Centre de Recherche, UMR CNRS 168, Institut Curie, Paris. pascal.silberzan@curie.fr

présentes, et nous décrirons à la fin de ce chapitre des dispositifs intégrés dans lesquels les échantillons sont amenés dans la puce, puis manipulés de manière à obtenir l'effet escompté (séparation, cristallisation, etc.). Une autre caractéristique de cette discipline est son positionnement à l'interface de plusieurs disciplines traditionnelles (physique, chimie, biologie, « engineering ») et aux marges des grands domaines de la nanoscience et de la nanotechnologie.

Si l'on s'intéresse plus directement aux aspects biologiques, l'étendue de la complexité des phénomènes du vivant et leur analyse nécessitent des méthodes de plus en plus sensibles et sélectives (et par corollaire locales) pour réaliser *in vitro*, en temps réel, des mesures plus quantitatives [3]. Ces microlaboratoires sur puce sont aujourd'hui capables d'accomplir certaines tâches sophistiquées (tri cellulaire et détection de cellules rares, extraction et purification d'ADN génomique à l'échelle d'une cellule unique, cristallisation de protéines, etc. [4]). Certains dispositifs sont déjà commercialisés [5] et, instruits par la capacité extraordinaire de miniaturisation et d'intégration de la microélectronique, on peut raisonnablement anticiper un essor considérable de la recherche et du développement industriels dans les années à venir.

Comme nous l'avons mentionné plus haut, un des aspects actuels de la microfluidique consiste plus à faire circuler un liquide dans un canal de quelques micromètres à quelque 10 μm de diamètre. En cela, il ne s'agit pas d'une discipline nouvelle à proprement parler puisque de telles problématiques apparaissent déjà, par exemple, dans les imprimantes à jet d'encre, les injecteurs diesel ou l'électrophorèse capillaire [6]. La microfluidique ne révolutionne donc pas les concepts et les méthodes classiques de l'hydrodynamique. Toutefois, la nature nous offre des exemples de systèmes beaucoup plus élaborés qu'un simple microcanal : on peut mentionner à titre d'exemple les systèmes circulatoires des végétaux et des animaux (figure 12.1). Ces systèmes intègrent, outre les moyens de diriger les fluides (les vaisseaux), les moyens de les mettre en mouvement (cœur ou pression osmotique), de permettre des échanges avec d'autres fluides (poumons) et de les stopper (valves).

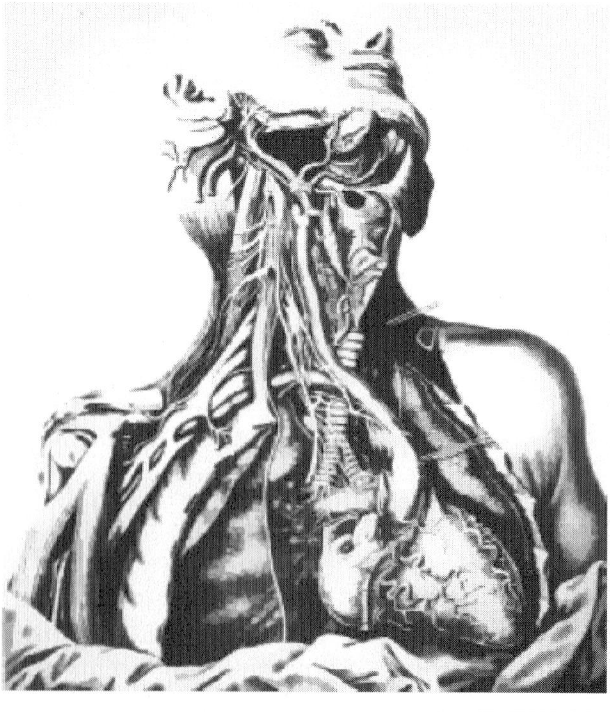

Figure 12.1. Planche d'anatomie (Antonio Scarpa (1752-1832)). Un système microfluidique complexe [7].

Les techniques de microfabrication actuelles, principalement développées sur la base des méthodes utilisées en microélectronique, permettent aujourd'hui d'imaginer des systèmes aussi complexes sur la base de matériaux synthétiques. Sans prétendre atteindre le niveau de complexité que présente le vivant, les efforts technologiques actuels visent à proposer des solutions rudimentaires à toutes ces fonctions, dans le but de les intégrer ultérieurement. Bien évidemment, et c'est aussi une perspective importante, les domaines d'application s'étendent vers la chimie combinatoire. Dans ce domaine, une réduction des volumes de solvant utilisés s'accorde tout à fait avec la prise de conscience actuelle de l'importance de l'écologie.

Après un bref rappel des implications d'une réduction en taille sur la mécanique des fluides, nous décrirons dans ce chapitre quelques-unes des solutions proposées pour réaliser les fonctions rudimentaires évoquées plus haut, en nous attardant succinctement sur les méthodes de fabrication en elles-mêmes. Nous présenterons enfin quelques exemples illustratifs des incursions de la microfluidique vers les sciences du vivant.

2. Physique des écoulements microfluidiques

2.1. Mécanique des fluides aux échelles microscopiques

Ce paragraphe a pour but de rappeler brièvement quelques notions fondamentales de la mécanique des fluides au travers des changements qu'occasionne l'application des lois de conservation classiques de la mécanique à une « microparticule fluide » (liquide ou gaz) [8].

2.1.1. La notion de particule fluide

La notion de « particule fluide », concept de base en mécanique des fluides, consiste à introduire une échelle de longueur qui permet de traiter le système de manière continue (elle est donc bien supérieure à une taille moléculaire, tout en restant bien inférieure à la taille du contenant du fluide, le canal). Pour les numériciens, spécialistes des résolutions par éléments finis, c'est la taille du maillage. Cette particule doit être bien plus petite que la taille du système que l'on cherche à décrire. Ainsi, pour le météorologue, une particule de taille inférieure à 10 km sera déjà très petite, alors que pour la personne intéressée par la microfluidique et travaillant avec des canaux de 10 µm de diamètre, une taille de 1 µm sera sans doute trop grande. Aux toutes petites échelles (la molécule), le problème est propre à la mécanique statistique : la particule fluide doit comporter un nombre N de molécules suffisamment grand pour pouvoir négliger les fluctuations des grandeurs qui lui sont associées. Pour la microfluidique, le premier problème consistera donc à déterminer s'il existe une échelle de taille intermédiaire adaptée entre la taille de la molécule et celle du canal.

Remarque. Cette description en termes de « particule fluide », bien qu'acceptable dans la majorité des cas (en particulier pour les liquides), cesse donc d'être valable lorsque N est trop petit : ce sera par exemple le cas des gaz raréfiés, ou lorsque le fluide contient des particules de taille mésoscopique (cas des suspensions colloïdales), où une approche continue cesse d'être valable [9].

2.1.2. Relation fondamentale de la dynamique

La particule fluide est un système qu'il est impossible de circonscrire et qui sert uniquement à définir une échelle de taille (et donc un élément de volume) sur laquelle il est possible d'appliquer en tout point de l'espace la relation fondamentale de la dynamique :

$$\rho \frac{d\boldsymbol{v}}{dt} = \sum \boldsymbol{f_V} \tag{12.1}$$

en supposant le fluide incompressible ($\mathrm{div}(\boldsymbol{v}) = 0$, ce qui traduit la relation de conservation de la matière) et où $\boldsymbol{v}$ est la vitesse du fluide, ρ sa masse volumique, $\boldsymbol{f_V}$ est l'ensemble des forces volumiques s'appliquant à l'élément de volume ; $\boldsymbol{v}$ est donc un champ de vitesse : il dépend à la fois du temps et des coordonnées d'espace. L'opérateur de dérivation peut donc être réécrit et la relation prend la forme :

$$\rho \left(\frac{\partial \boldsymbol{v}}{\partial t} + (\boldsymbol{v} \cdot \boldsymbol{\nabla})\boldsymbol{v} \right) = \sum \boldsymbol{f_V} \tag{12.2}$$

Remarque. On peut bien évidemment adjoindre à cette relation les forces d'entraînement des référentiels accélérés, mais nous verrons plus loin qu'une diminution en taille permet de négliger ces forces [8].

2.1.3. Les forces volumiques

En l'absence de force extérieure $\boldsymbol{f_{V ext}}$ (comme l'application d'un champ de gravité, électrique ou magnétique), il est d'usage en mécanique des fluides de séparer les forces volumiques (divergence du tenseur des contraintes généralisé $\overline{\overline{\boldsymbol{\sigma}}}_g$) en deux contributions : les forces de pression p et les forces visqueuses ($\overline{\overline{\boldsymbol{\sigma}}}_g = -p\overline{\overline{\boldsymbol{I}}} + \overline{\overline{\boldsymbol{\sigma}}}$), où $\overline{\overline{\boldsymbol{I}}}$ est le tenseur identité et $\overline{\overline{\boldsymbol{\sigma}}}$ est le tenseur des contraintes (contribution visqueuse). La divergence de cette dernière grandeur est proportionnelle au cisaillement dans l'hypothèse d'un fluide newtonien, où l'on suppose que la force volumique nécessaire pour faire glisser des couches de fluides de viscosité η les unes sur les autres est :

$$\mathrm{div}(\overline{\overline{\boldsymbol{\sigma}}}) = \eta \boldsymbol{\Delta v}$$

L'équation 12.2 devient alors (équation de Navier-Stokes) :

$$\rho \left(\frac{\partial \boldsymbol{v}}{\partial t} + (\boldsymbol{v} \cdot \boldsymbol{\nabla})\boldsymbol{v} \right) = \boldsymbol{f_{V ext}} - \boldsymbol{\nabla} p + \eta \boldsymbol{\Delta v} \tag{12.3}$$

Remarque. L'hypothèse de fluide newtonien est extrêmement réductrice et l'étude de la relation $\overline{\overline{\boldsymbol{\sigma}}} = f(\boldsymbol{\nabla v})$ constitue une discipline à part entière, pour laquelle la microfluidique propose également des solutions [10].

2.1.4. Les nombres sans dimension

L'estimation des contributions non linéaires de l'équation 12.3, dans l'hypothèse stationnaire ($\frac{\partial \boldsymbol{v}}{\partial t} = 0$), en l'absence d'une définition précise des forces volumiques, conduit à comparer les termes en $\rho(\boldsymbol{v}\cdot\nabla)\boldsymbol{v}$ et en $\eta\Delta\boldsymbol{v}$, ce qui mène naturellement à l'introduction du nombre de Reynolds, qui est un des fameux nombres sans dimension de cette discipline :

$$\mathrm{Re} = \frac{|\rho(\boldsymbol{v}\cdot\nabla)\boldsymbol{v}|}{|\eta\Delta\boldsymbol{v}|} \approx \frac{\rho U L}{\eta} \approx \frac{UL}{\nu} \tag{12.4}$$

où L est une échelle de longueur caractéristique du système considéré, U la vitesse typique d'écoulement et $\nu = \eta/\rho$ le coefficient de diffusion visqueuse (viscosité cinématique) du fluide.

Le nombre de Reynolds diminue lorsque la taille du système diminue. Pour fixer les idées, dans un canal de diamètre $L \approx 10$ µm, pour une vitesse caractéristique du fluide de l'ordre du cm/s, on aura pour l'eau ($\nu = 10^{-6}$ m^2/s) : $\mathrm{Re} \approx 10^{-1}$. Cette faible valeur du nombre de Reynolds montre qu'à ces échelles, la contribution du terme convectif par rapport au terme visqueux est pratiquement toujours négligeable, ce qui nous ramène donc à une équation 12.3 linéaire. La convection (turbulence) est absente des systèmes microfluidiques, les écoulements sont laminaires et rendent les processus de mélange (gouvernés uniquement par la diffusion visqueuse) plus lents (figure 12.2).

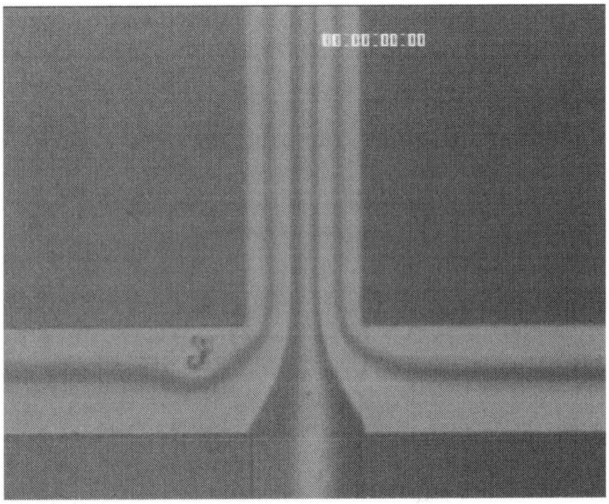

Figure 12.2. Écoulement laminaire dans un microcanal (100 µm) observé en microscopie de fluorescence : le canal possède 9 entrées alimentées alternativement avec un liquide fluorescent et incolore.

> **Remarque.** Le nombre de Reynolds peut également être vu comme le rapport entre un temps de diffusion et un temps de convection. À ce titre, il est analogue aux nombres de Péclet associés à la diffusion d'une particule (UL/D, équation de Fick) et à la diffusion thermique (UL/κ, équation de Fourier).

2.1.5. Les conditions aux limites

La résolution complète de l'équation 12.3 (impossible analytiquement dans la plupart des cas) nécessite la donnée de conditions aux limites pour notre système. Mis à part les cas des fluides raréfiés ou des interfaces particulières [11], ces conditions sont robustes et imposent [8] :

– l'annulation de la vitesse à une interface solide pour un fluide visqueux (non-glissement) ;

– la continuité des contraintes tangentielle et normale à une interface entre deux fluides 1 et 2.

$$\sigma_{t1} = \sigma_{t2} \quad (12.5)$$

$$\sigma_{n1} - \sigma_{n2} = \gamma\left(1/R + 1/R'\right) \quad (12.6)$$

où R et R' sont les rayons de courbure principaux de l'interface entre 1 et 2.

Remarque 1. De nombreuses expériences montrent que l'hypothèse de vitesse nulle à une interface solide n'est pas vérifiée à des échelles nanoscopiques [11]. Pour des nanocanaux, on ne pourra plus négliger ce phénomène de glissement.
Remarque 2. L'équation 12.6, qui n'est rien d'autre que la loi de Laplace, revêt une importance particulière en microfluidique. Elle est principalement responsable des problèmes de remplissage rencontrés dans les canaux de petites dimensions (piégeage de bulles d'air).

2.2. Mise en mouvement des fluides

Si la réalisation d'un microcanal dans un des matériaux évoqués dans le paragraphe précédent est relativement simple, il en va tout autrement de la mise en mouvement des fluides ou des particules qu'il contient. Un tour d'horizon des différentes méthodes envisageables pour « donner vie » au système s'avère donc nécessaire. Plusieurs stratégies sont possibles selon que l'on désire déplacer le fluide lui-même, ou bien des particules, des gouttes ou des molécules dispersées dans ce fluide.

2.2.1. Mise en mouvement par différence de pression : les écoulements de Poiseuille

À faible nombre de Reynolds, l'équation 12.3, dans le cas d'un canal cylindrique (d'axe z, de diamètre R et de longueur l) soumis à une différence de pression ΔP entre ses deux entrées, s'écrit :

$$\Delta v_z = -\frac{\Delta P}{\eta l} \quad (12.7)$$

La résolution ne pose pas de problème dans cette géométrie et conduit (avec la condition aux limites $v_z\ (r = R) = 0$) à un écoulement pour lequel le profil de vitesses est parabolique (figure 12.3). Ces écoulements portent le nom de Poiseuille.

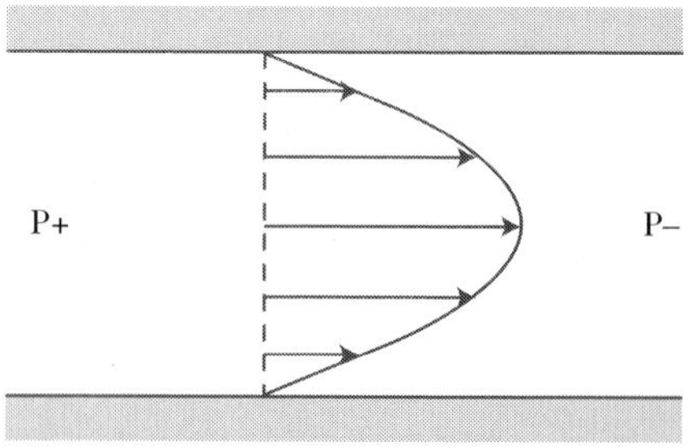

Figure 12.3. Profil de vitesse (parabolique) observé à faible nombre de Reynolds dans un canal cylindrique rempli de fluide et soumis à une différence de pression $\Delta P = P_+ - P_-$.

$$v_z(r) = \frac{\Delta P}{4\eta l}(R^2 - r^2) \quad (12.8)$$

où r est la distance au centre du canal.

Remarque 1. La plupart des méthodes de microfabrication conduisent à des canaux de section rectangulaire qui rendent la résolution exacte de l'équation 12.3 plus délicate (pour des canaux à rapport d'aspect proche de 1), mais qui ne changent pas la forme générale de la solution.
Remarque 2. La vitesse varie dans la section du canal, ce qui a une influence majeure sur le pouvoir de résolution des méthodes de séparation [12]. La vitesse moyenne dans la section du canal reste malgré tout de l'ordre de $\overline{v}_z \approx \frac{\Delta P}{\eta l} R^2$.

Pour transporter une solution aqueuse dans un canal de 10 μm de diamètre sur des distances de l'ordre du centimètre en environ une seconde, il sera donc nécessaire d'appliquer des pressions de l'ordre de $\Delta P = 1$ bar (correspondant à 10 m de hauteur d'eau). L'utilisation d'un dispositif basé sur la pression hydrostatique nécessite donc la mise en œuvre d'un système macroscopique (dont les dimensions sont incompatibles avec le désir de miniaturisation) pour mettre les fluides en mouvement aux vitesses considérées. Dans la même ligne, des systèmes macroscopiques similaires utilisant un gaz comme réservoir de pression ou un système qui impose le débit, tel qu'un pousse-seringue, sont envisageables. Ce type de solution trouve, malgré tout, ses limites dans la nécessité d'interfacer le dispositif microscopique (le réseau de microcanaux) avec le système permettant d'imposer les écoulements. L'expérimentateur se retrouvera vite confronté au problème d'un dispositif très complexe occupant une surface très réduite (≈ 1 cm^2), mais dont le système de commande (application des pressions ou des débits) occupera un volume énorme (en n'oubliant pas les problèmes de fuites liés à une multiplication des connexions avec le monde macroscopique).
Ce type de système permet donc de générer un écoulement de type Poiseuille au sein du fluide, ce qui permet de transporter des solutés (molécules, protéines, particules) en des temps courts. Ici, on entend par temps courts : « à des vitesses suffisamment grandes pour pouvoir négliger la diffusion des solutés » (grand nombre de Péclet). Toutefois, pour un écoulement de Poiseuille, en fonction de sa position dans l'épaisseur du canal (équation 12.8), le soluté n'aura pas la même vitesse de déplacement. Ce phénomène bien connu (dispersion de Taylor), qui conduit à une exaltation de la dispersion, peut nuire gravement au pouvoir de résolution des méthodes de séparation. Bien qu'utilisé habilement dans certaines de ces méthodes (fractionnement par couplage flux-force, FFF), ce phénomène disperse les suspensions en n'étant pas assez efficace pour convenir comme solution aux problèmes de mélange.

Remarque. Outre l'électroosmose, sur laquelle nous reviendrons dans le paragraphe suivant, plusieurs stratégies peuvent être utilisées pour limiter ce problème de dispersion de Taylor : la plus simple consiste à déplacer le soluté dans une goutte de solvant au sein d'un fluide porteur immiscible. On circonscrit ainsi au volume de cette goutte tout phénomène de diffusion et de dispersion [37].

Notons enfin qu'il existe une analogie formelle entre mécanique des fluides et circuits électriques qui, bien que délicate à mettre en application, mérite d'être explorée du point de vue de la microfluidique [13].

2.2.2. Mise en mouvement par un champ électrique : l'électroosmose

Une alternative aux déplacements de liquides induits par une différence de pression hydrostatique consiste à appliquer un champ électrique le long du canal. L'interaction de ce champ avec les parois chargées du canal met le fluide en mouvement. Cet effet est appelé l'électroosmose [14].

La surface d'un solide en contact avec une solution aqueuse porte généralement une charge qui dépend des conditions de pH. Cependant, cet excès de charges de surface est toujours compensé par un excès de contre-ions au voisinage de la surface, dont le profil de concentration dépend de la force ionique du solvant. L'action d'un champ électrique sur cette accumulation de charges mobiles produit (par couplage électro-hydrodynamique) un écoulement appelé écoulement électroosmotique.

Calculons tout d'abord cette distribution de charges. L'équation de Poisson relie le potentiel électrique ψ à la densité de charges ρ :

$$\Delta\psi = -\frac{\rho}{\varepsilon_0\varepsilon_r} \tag{12.9}$$

où ε_0 est la permittivité du vide ($\approx$ 8,85 $10^{-12}\,\mathrm{J}^{-1}\cdot\mathrm{C}^2\cdot\mathrm{m}^{-1}$) et ε_r la permittivité relative du milieu (≈ 80 pour l'eau).

À l'équilibre, le nombre d'ions de chaque type est donné par une distribution de Boltzmann et on obtient pour un électrolyte symétrique :

$$\rho = n_0\left(-ze\cdot\exp\left(\frac{-ze\psi}{\mathrm{k_B}T}\right) + ze\cdot\exp\left(\frac{ze\psi}{\mathrm{k_B}T}\right)\right) \tag{12.10}$$

où n_0 est le nombre d'ions loin de la surface, z la valence de ces ions, e la charge élémentaire, T la température et $\mathrm{k_B}$ la constante de Boltzmann.

L'approximation de Debye-Hückel considère le cas limite où $e\psi \ll \mathrm{k_B}T$. On obtient alors, en combinant les équations 12.9 et 12.10 :

$$\psi = \psi_0\cdot\exp(-\kappa\cdot x) \tag{12.11}$$

où :

$$\kappa^2 = 2\frac{z^2e^2n_0}{\varepsilon_0\varepsilon_r\mathrm{k_B}T} \tag{12.12}$$

κ^{-1} est la longueur de Debye ; elle décrit la portée des interactions électrostatiques dans le milieu.

Pour un ion monovalent à une concentration de 0,1 M, $\kappa^{-1}\sim 1$nm ; si la concentration tombe à 10^{-7} M, ce qui est le cas de l'eau pure, $\kappa^{-1}\sim 1\ \mu$m.

L'application d'un champ électrique parallèlement à cette surface met les contreions en mouvement sur une épaisseur κ^{-1}, et l'on peut déduire le profil de la vitesse $v(x)$ par l'équation de Navier-Stokes.

$$\rho E + \eta\frac{\partial^2 v}{\partial x^2} = 0 \tag{12.13}$$

En couplant cette équation avec l'équation 12.9, on obtient :

$$E\varepsilon_0\varepsilon_r\frac{\partial^2\psi}{\partial x^2} = \eta\frac{\partial^2 v}{\partial x^2} \tag{12.14}$$

On résout l'équation 12.14 en tenant compte des conditions aux limites habituelles : la vitesse est nulle sur la surface, et l'on définit le potentiel sur la surface comme le potentiel ζ. Loin de la surface, $\frac{\partial \psi}{\partial x} = \frac{\partial v}{\partial x} = 0$.

On arrive alors à :

$$v(x) = \frac{\varepsilon_0 \varepsilon_r E}{\eta} (\psi(x) - \zeta) \quad \textbf{(12.15)}$$

Si l'on néglige la couche de Debye d'épaisseur κ^{-1} devant le diamètre du canal, il s'agit d'un écoulement bouchon (la vitesse est quasi constante sur toute la section du canal) qui prend la valeur V_{eo} avec :

$$V_{eo} = -\varepsilon_0 \varepsilon_r E\zeta/\eta \quad \textbf{(12.16)}$$

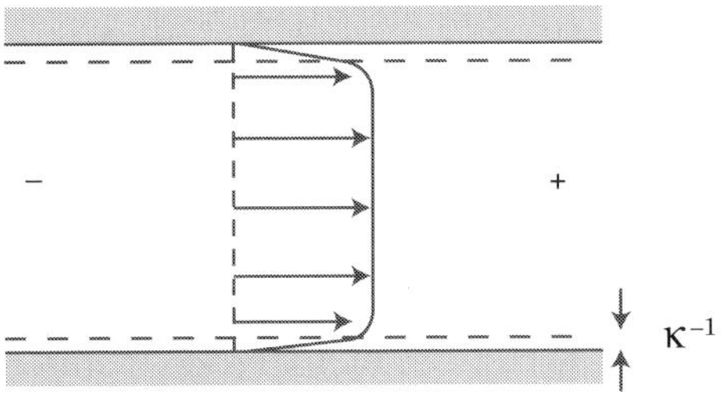

Figure 12.4. Profil de vitesse dans le cas d'un écoulement électroosmotique (cas d'une surface chargée positivement). La vitesse du fluide est constante sur la section du canal (hors couche de Debye, très exagérée sur la figure). Il est instructif de comparer ce profil à un profil de type Poiseuille (voir la figure 12.3).

Remarque 1. L'électroosmose est le pendant direct de l'électrophorèse des particules. En effet, une particule chargée se déplace sous l'effet d'un champ électrique par le même mécanisme que celui présenté plus haut pour décrire le mouvement du fluide induit par des surfaces chargées immobiles.
Remarque 2. L'électroosmose est un moyen extrêmement efficace de mettre des fluides en mouvement. De plus, parce qu'elle engendre un écoulement de type bouchon, cette méthode permet de réduire considérablement les problèmes, très gênants dans la mise en œuvre des méthodes de séparation, de dispersion de Taylor.
Remarque 3. Un courant fort appliqué dans un canal va non seulement avoir un effet de transport sur les charges mobiles, mais également produire un échauffement par effet Joule, qui peut devenir important. Les microsystèmes, dissipant mieux la chaleur du fait de leurs dimensions, sont de ce point de vue un progrès par rapport aux techniques existantes.

2.2.3. Solutions alternatives

Il reste délicat aujourd'hui d'adresser un grand nombre de canaux à l'aide de pressions. Il est beaucoup plus facile d'adresser des tensions ou des courants électriques en disposant judicieusement des électrodes, ce que la technologie mise au point pour la microélectronique nous permet de faire en routine. Ainsi, l'implantation, avec son système d'adressage, sur le substrat d'un réseau de canaux, d'un grand nombre de petites résistances chauffantes ou d'électrodes [15] semble une solution séduisante. Certains laboratoires se sont donc intéressés aux différents moyens alternatifs qu'offre la physico-chimie pour mettre les fluides en mouvement. Souvent, la voie choisie est de manipuler des gouttelettes posées sur un substrat et d'utiliser les propriétés de capillarité au voisinage de la ligne triple pour les faire se déplacer. Comme pour les écoulements diphasiques, le confinement du soluté au sein de cette microgoutte permet d'éliminer les problèmes de diffusion et de dispersion de Taylor.

Une première possibilité consiste en l'utilisation d'un chauffage très localisé (gradient de température) appliqué au bord d'une goutte. Ce phénomène utilise la variation de la tension interfaciale avec la température : l'effet Marangoni thermique. L'application d'un gradient de température permet de briser l'équilibre des forces capillaires sur le contour de la ligne triple et met donc la goutte en mouvement [16, 17]. Cette méthode présente deux handicaps majeurs. Elle nécessite l'application de gradients de température, là où il est parfois nécessaire (principalement en biologie) de maintenir une température constante. En outre, même si théoriquement de très faibles gradients thermiques sont nécessaires pour la mise en mouvement d'une goutte, le phénomène d'hystérésis d'angle de contact, qui évolue dans le temps à cause de différentes sources de pollution [18], rend cette méthode délicate à mettre en œuvre pratiquement.

Il est également possible d'utiliser des champs électriques pour mettre les gouttes en mouvement : un champ électrique appliqué à une goutte d'eau posée sur un substrat solide va abaisser son angle de contact : c'est ce que l'on appelle l'électromouillage [19]. Par un simple adressage à l'aide d'électrodes, il est donc possible de varier localement la mouillabilité du substrat et, en créant des gradients de mouillage entre l'avant et l'arrière de la goutte, de mettre celle-ci en mouvement, de la scinder en deux ou de forcer deux gouttes à se mélanger [20]. Des séries d'électrodes convenablement placées et adressées vont donc être en mesure d'imposer à ces gouttes un mouvement aisément contrôlable par un adressage des microélectrodes. D'autres stratégies ont utilisé une corrugation de la surface, qui introduit une polarité et qui permet un déplacement macroscopique des gouttes par des successions d'étalement-rétraction [21].

Remarque. C'est au voisinage de la ligne triple que le champ électrique est le plus fort, par effet de pointe. Ces champs très forts ont tendance à altérer la surface de la couche isolante, ce qui conduit souvent à des phénomènes d'hystérésis irréversibles (vieillissement).

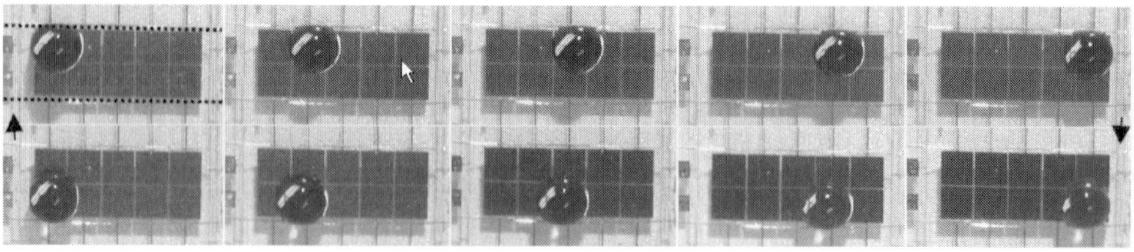

Figure 12.5. Transport d'une goutte d'eau par adressage successif des électrodes sous-jacentes (les carrés visibles sous la goutte). La contre-électrode, invisible sur l'image, est un mince fil d'or utilisé comme un « caténaire ». Chaque électrode mesure 800 μm de côté. (D'après [22]).

Toutefois, l'intégration de dispositifs utilisant l'électromouillage reste délicate et nécessite encore des progrès pour parvenir à une plus grande souplesse d'utilisation.

Mentionnons pour terminer quelques technologies moins courantes. On peut ainsi utiliser des puces gravées sur un support de compact-disque et générer les écoulements par la force centrifuge induite par la rotation du disque [23]. D'autres travaux montrent que l'on peut efficacement utiliser des ondes de surface

ultrasonores générées à la surface d'un cristal piézo-électrique pour manipuler des gouttes de liquide [24].
L'ensemble de ces exemples montre qu'aucune solution n'a encore réussi à s'imposer vis-à-vis des autres et souligne l'extraordinaire activité de ce domaine.

3. Fabrication, matériaux, fonctions

Plusieurs filières technologiques ont été développées depuis ces dernières années. L'un des points spécifiques à la microfluidique reste la fabrication de canaux **fermés** (c'est-à-dire qu'après l'étape de gravure, il faut « coller » un plafond pour fermer le dispositif). Cette contrainte impose des développements particuliers, tels que le collage anodique, pour assembler le quatrième côté sur la structure gravée. Le silicium est le matériau qui permet la meilleure définition en gravure directe. La filière du silicium, directement issue de la microélectronique, a ainsi naturellement apporté les développements technologiques les plus importants. La filière verre permet des gains significatifs en coûts. Elle est souvent choisie pour les qualités du matériau : le verre est en effet un très bon isolant électrique, il est chimiquement inerte et optiquement transparent. La troisième filière utilise les polymères pour des raisons de coûts et de fabrication en grande série. Elle dérive essentiellement d'une miniaturisation des techniques de plasturgie (moulage par injection, structuration à chaud...). Pour les laboratoires de recherche, la filière de lithographie douce, qui utilise en particulier l'élastomère de polydiméthylsiloxane (PDMS), occupe une place particulière, puisque ce matériau, extrêmement simple à mettre en œuvre, permet des prototypages rapides. Outre les problèmes évidents de compatibilité chimique avec les différents solvants utilisables en fonction des applications, les polymères ont des propriétés de perméabilité aux gaz ou aux liquides qui peuvent être problématiques ou au contraire utilisées avantageusement.
Avant de détailler ces différents modes de fabrication, mentionnons d'autres techniques telles que la stéréo-lithographie, l'ablation laser, etc., et gardons en tête que les méthodes hybrides (qui combinent deux ou plusieurs techniques de fabrication) sont souvent plébiscitées.
Il faut noter que la réalisation d'un dispositif microfluidique peut présenter des difficultés techniques distinctes de celles rencontrées en microélectronique. La miniaturisation des dispositifs n'est pas simplement un problème de microfabrication. Il s'agit d'établir des nouveaux concepts et de trouver de nouvelles solutions en mettant en œuvre des compétences multiples : science des matériaux, techniques de microfabrication, hydrodynamique, micromécanique, microélectronique, optique, électromagnétisme, chimie analytique, biochimie, etc. De ce point de vue, la microfluidique est intrinsèquement pluridisciplinaire et, à ce titre, l'intégration de différentes fonctionnalités sur la même puce (qui reste le but recherché) représente un véritable défi technologique. Enfin, par sa jeunesse autant que par son large champ d'applications, il est difficile de définir les briques de base qui constitueront l'ossature de cette discipline, comme on peut le faire aujourd'hui pour la microélectronique. La très grande variété des applications, des besoins et des outils à mettre en œuvre laisse entrevoir un développement lent, où il est peu probable qu'une seule filière technologique suffise à satisfaire aux nombreuses applications envisagées.

3.1. La lithographie

La première étape, commune à toutes les filières, consiste a transférer un « dessin » sur un substrat. Ce transfert s'effectue par l'intermédiaire d'un film mince de polymère. Le plus souvent, on procède en utilisant des techniques éprouvées de photolithographie [25]. On dépose tout d'abord une fine couche de résine photosensible sur un substrat, que l'on insole ensuite par un rayonnement ultraviolet à travers un masque optique sur lequel est dessiné le circuit microfluidique que l'on souhaite graver. Après cette exposition de la couche de résine, on révèle le motif dans une solution chimique, ce qui se traduit par une reproduction des motifs du masque en négatif ou en positif selon le type de résine utilisée. Cette couche de résine sert alors de masque protecteur pour le micro-usinage du substrat via une attaque chimique (dite « gravure humide ») ou une attaque par ions réactifs (« gravure sèche » ou RIE, d'après les initiales anglo-saxonnes (*Reactive Ion Etching*)). Il ne reste ensuite qu'à nettoyer la plaquette de la résine résiduelle.
La lithographie par nanoimpression est une technique récente de reproduction de motifs de surface de très haute résolution [30]. Cette technique, qui vise à se substituer à la photolithographie classique, présente l'avantage de pouvoir répliquer les motifs d'un moule dans une résine qui joue alors le rôle de masque lors de l'étape d'usinage du substrat par RIE. La fidélité de réplication est telle qu'elle permet de reproduire jusqu'aux plus petits motifs définis par lithographie par faisceau d'électrons. La technique comprend deux étapes. On commence par imprimer les motifs dans une couche de polymère déposée sur un substrat à partir d'un moule structuré obtenu par les techniques classiques (lithographie par faisceau d'électrons suivie de RIE). Une fois le film de polymère structuré, le substrat lui-même est alors usiné par RIE.
Pour faciliter la séparation après moulage, la surface du moule doit être traitée pour la rendre anti-adhésive. Soulignons que si l'étape de fabrication du moule nécessite l'emploi d'une technique conventionnelle coûteuse de lithographie haute résolution, ce moule peut ensuite être utilisé un très grand nombre de fois pour des réplications successives. Des polymères thermoplastiques tels que le polyméthylmétacrylate (PMMA) et le polycarbonate (PC) sont généralement utilisés pour le moulage. L'impression s'effectue à une température supérieure à la température de transition vitreuse (T_g) du polymère et sous une pression suffisante (quelques dizaines de bars pour le PMMA) pendant quelques minutes. On refroidit ensuite le système tout en maintenant la pression. Quand la température est inférieure à T_g, la pression est relâchée et le moule est séparé de l'échantillon. Le relief imprimé dans la couche de polymère est ensuite transféré jusqu'au substrat par une étape de RIE.
Le rendement de la nanoimpression est potentiellement très élevé puisqu'il s'agit d'un procédé parallèle. Cependant, à cause du chauffage et du refroidissement, la durée totale d'impression peut devenir trop longue pour certaines applications délicates. Cette technique pose aussi des problèmes d'alignement à haute précision. C'est pourquoi une méthode alternative a été proposée : elle consiste à mouler d'abord un mélange liquide de monomère et de catalyseur, puis à le solidifier sous irradiation UV, à travers un moule transparent. L'avantage de cette technique repose sur son procédé à température ambiante et à basse pression, ainsi que sur sa plus grande vitesse de duplication et son pouvoir d'alignement de précision [30].

3.2. Les différentes filières

3.2.1. Filière du silicium

Cette filière a été développée en parallèle avec celle mise au point pour la production de microsystèmes pour d'autres types applications telles que les microactionneurs, les accéléromètres, les têtes de microinjecteurs, etc. [26, 27, 28]. Dans ce cas, après l'usinage du matériau par RIE comme présenté ci-dessus, on scelle le « plafond » sur les microstructures avec une lamelle de pyrex par collage anodique. On obtient ainsi un dispositif microfluidique prêt à être utilisé. D'autres techniques de micro-usinage telles que l'ablation laser et l'électroérosion peuvent également être utilisées pour la réalisation de microstructures de tailles relativement grandes.

Afin de réaliser des dispositifs de fonctionnalités plus sophistiquées, on cherche à intégrer sur la même puce des éléments d'activation et de détection, capables d'administrer et d'analyser *in situ* des flux complexes. La figure 12.6 illustre cette possibilité sur un composant élémentaire à intégrer : il s'agit d'une micropompe à membrane composée de deux microvalves assemblées en sens opposé et d'une membrane d'activation piézo-électrique. Plus généralement, l'actuation peut se faire par forces électrostatiques, électromagnétiques, thermo-pneumatiques, etc. [28]. La fabrication de ce type d'éléments est donc une opération complexe impliquant une chaîne d'opérations délicates. Si l'intégration de plusieurs types d'éléments sur la même puce ne pose pas de problème de principe, la mise en œuvre, beaucoup plus difficile, ne peut être envisagée que pour une application majeure. Cela étant, la technologie de micro-usinage du silicium reste un choix stratégique intéressant pour le long terme, puisqu'elle permet d'intégrer tous types de composants du silicium, microélectronique, microoptique, micromécanique et microfluidique, sur la même puce.

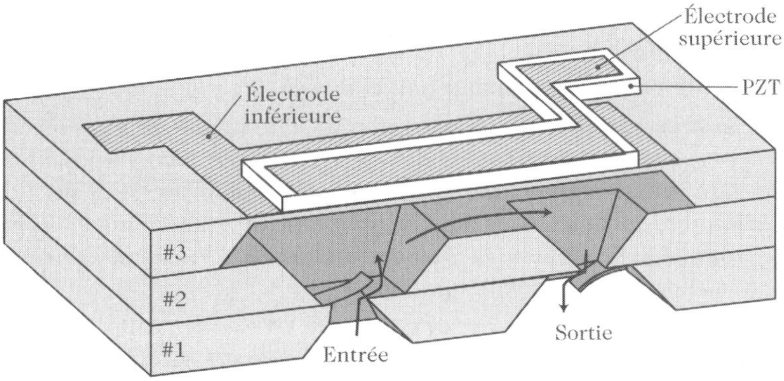

Figure 12.6. Schéma de principe d'une micropompe à membrane. On intègre dans ce dispositif deux chambres de travail, arrangées en sens opposé, chacune ayant deux parties séparées par une valve. Lorsque la membrane munie d'un actuateur piézo-électrique est déformée, la pression de la partie haute des deux chambres varie de sorte que l'une des deux portes se ferme et l'autre s'ouvre en alternance. Ainsi, un flux s'établit de la chambre gauche à la chambre droite. (D'après [29]).

3.2.2. Filière verre

Le verre (les verres devrait-on dire plutôt, tant les détails de composition chimique diffèrent d'un échantillon à l'autre) est traditionnellement le matériau de choix pour la plupart des expériences de chimie et de biologie. On réalise classiquement des microstructures dans le verre en faisant suivre l'étape de photolithographie par une attaque chimique à l'acide fluorhydrique (HF). Après le micro-usinage et la réalisation de trous de connexions, la plaque de verre microstructurée est finalement fermée avec une autre plaque de verre par collage thermique ou collage chimique avec de l'acide fluorhydrique dilué. D'autres méthodes de gravure telles que l'ablation laser et la RIE sont aussi utilisables. Dans le cas de la RIE, des systèmes de gravure spécifiques doivent être utilisés. Il est également possible d'utiliser directement la lithographie optique ou électronique pour insoler localement des microstructures sur des verres particuliers photosensibles. Après recuit, la partie insolée évolue d'un état amorphe vers un état polycristallin, beaucoup plus soluble dans l'acide, servant de développeur.

3.2.3. Filière plastique

Le moulage par injection, dans lequel on injecte le polymère fondu sur la forme à reproduire, est la méthode la plus répandue dans la structuration des objets plastiques. Pour réaliser les micro/nanostructures d'un dispositif microfluidique tout plastique, il est possible et plus simple de mouler directement une plaque de plastique sur un moule préalablement usiné [30] suivant les techniques décrites plus haut. Ce moule peut être en silicium ou dans un autre matériau (métal...). L'un des avantages des techniques de moulage est de permettre de réaliser en une seule étape des microcanaux de grande profondeur et des nanostructures peu profondes. Plusieurs solutions techniques ont été proposées, parmi lesquelles on distingue :

- **l'impression directe**, qui consiste à presser le moule sur la surface d'une plaque plastique (PMMA par exemple) à une température légèrement inférieure à la température de transition vitreuse T_g mais à une pression relativement élevée. C'est le matriçage à chaud (*hot embossing*) ;
- **l'impression thermique** dans une couche mince de polymère thermoplastique déposée sur un substrat rigide. Ici, on se place bien au-dessus de T_g de manière à faire fondre le polymère, et on applique une pression sur l'ensemble moule-polymère-substrat. Une fois la température redescendue, le polymère maintenant solide se détache facilement du moule. C'est le matriçage par nanoimpression thermique (*thermal nanoimprint*) ;
- **l'impression assistée par une lumière UV** : on travaille à température ambiante en utilisant un moule transparent et un mélange liquide de prépolymère et d'agent de réticulation sensible au rayonnement ultraviolet. Ici, le moule se remplit par les forces de capillarité sans qu'il ne soit nécessaire d'appliquer de pression. Après l'insolation, le polymère maintenant solide se détache facilement du moule. C'est le matriçage par nanoimpression à froid (*cold nanoimprint*) ;
- **la compression de granulés de polymère thermoplastique** à une température supérieure à T_g (donc dans l'état liquide) pour former après refroidissement une plaquette plastique entière. En compressant directement des granulés de

polymère tel que le PMMA, le PC ou les copolymères d'oléfines cycliques (COC) entre deux plaquettes de silicium à haute température, l'une des deux portant des micro- et nanostructures gravées, toutes les structures de surface du moule peuvent être reproduites avec une grande précision. C'est le moulage par compression (*compression molding*).

Le collage entre deux plaques plastiques de surfaces nanotexturées est une étape critique : on doit assurer une bonne étanchéité sans boucher les canaux ou déformer les nanostructures. On a démontré que le collage thermique moléculaire, qui consiste à mettre en contact deux plaques plastiques à une température proche de la température de transition vitreuse du polymère sous faible pression, est une technique fiable et efficace à tous points de vue [30].

> **Remarque.** Pour certaines applications, le choix du matériau est aussi dicté par la biocompatibilité. Ni le silicium, ni le verre, ni la plupart des plastiques ne sont *a priori* biocompatibles. Leur utilisation pratique en milieu biologique passe donc par des traitements de surface appropriés, qui ont été l'objet de développements intenses ces dernières années.

3.3. Les élastomères de silicone

Le polydiméthylsiloxane (PDMS) est un élastomère de silicone transparent (avec une faible fluorescence intrinsèque), biocompatible et perméable aux gaz. Ces qualités le rendent très attractif pour de nombreuses applications.

La méthode de structuration utilisée est la **lithographie douce** qui est très facile à mettre en œuvre [31]. Cette technique consiste à reproduire en négatif des motifs d'un moule obtenu par d'autres techniques de microfabrication. Ainsi, on part de substrats de verre ou de silicium usinés suivant les méthodes décrites plus haut. On peut aussi partir directement de structures microfabriquées en résine épaisse par photolithographie et s'affranchir ainsi des étapes de gravure. La méthode consiste donc à mélanger le précurseur (PDMS non réticulé, donc liquide) et le réticulant (contenant également le catalyseur) et à verser ce mélange sur le moule. Après réticulation pendant plusieurs heures à 60-80 °C, le PDMS a réticulé en un élastomère souple en suivant très fidèlement la géométrie du moule. Il est alors facile de le démouler. Pour faciliter cette étape, la surface du moule peut être préalablement modifiée par un traitement anti-adhésif. Enfin, des accès aux canaux pour l'injection des liquides sont ménagés par perçage du caoutchouc à l'aide d'un poinçon, et le dispositif est ensuite scellé contre une plaque de verre pour avoir une bonne étanchéité. De part sa simplicité de mise en œuvre, la lithographie douce est une solution intéressante parce qu'à la portée de tous ceux qui souhaitent pratiquer la microfluidique avec un minimum d'investissement.

Cette méthode permet également de construire des circuits microfluidiques plus complexes à plusieurs niveaux. Par exemple, on peut superposer deux canaux perpendiculaires séparés par une fine membrane du même élastomère (figure 12.7). Lorsqu'un des canaux est mis sous pression (avec de l'air comprimé par exemple), la membrane est déformée et ferme ainsi le canal adjacent (vanne pneumatique). En plaçant trois de ces vannes au travers du même canal principal et en les activant séquentiellement, on génère alternativement une différence de pression autour de chaque vanne ; on force ainsi le liquide à se déplacer de façon contrôlée (micropompe péristaltique) [32]. À partir de cette architecture de base, on peut réaliser des dispositifs microfluidiques sophistiqués. Pour cette raison, la lithographie douce est considérée comme une technologie de grande potentialité, non seulement pour la recherche académique, mais aussi pour le développement de prototypes industriels.

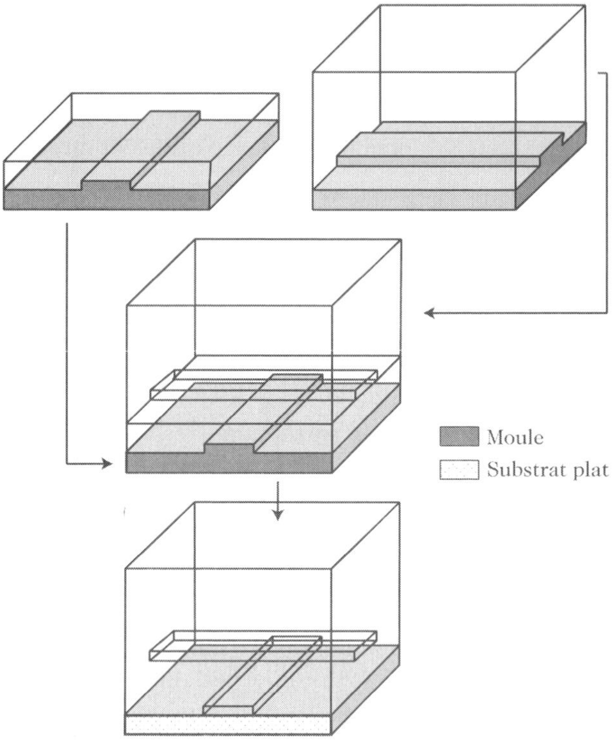

Figure 12.7. Schéma de principe de fabrication d'une microvanne par lithographie douce à deux niveaux : on réalise d'abord deux canaux en PDMS, l'un de commande, l'autre de travail. Après séparation, on superpose ces deux canaux sur un substrat et on applique une surpression dans le canal de commande. La membrane séparant les deux canaux se déforme, et le canal de travail se ferme. (D'après [32]).

Remarque. Le PDMS est un caoutchouc hydrophobe, ce qui peut poser des problèmes, par exemple pour le remplissage des canaux. Cependant, sa surface peut aisément être modifiée chimiquement par un plasma d'oxygène de faible puissance. Par un tel traitement, la surface du matériau devient non seulement hydrophile, mais également suffisamment réactive chimiquement pour pouvoir être utilisée comme support de greffage de monocouches moléculaires. Ainsi, il devient possible d'appliquer des traitements minimisant l'adsorption non spécifique sur les structures ou les parois, ou au contraire d'y greffer des molécules d'intérêt pour l'application choisie.

En conclusion, plusieurs méthodes de fabrication sont potentiellement utilisables pour la réalisation de dispositifs microfluidiques. Le choix de ces méthodes doit dépendre de la stratégie particulière à chaque utilisateur. Une combinaison de ces méthodes est souvent nécessaire lorsque la fabrication implique une intégration des éléments de différentes fonctionnalités. Pour la production des dispositifs jetables, la filière plastique représente le meilleur choix (figure 12.8). Pour la recherche, la filière PDMS basée sur la lithographie douce à plusieurs niveaux est souple et efficace pour de nombreuses applications. Enfin, les filières silicium et verre constituent un axe de recherche et de développement pour une fabrication de haute performance et une intégration de grande complexité.

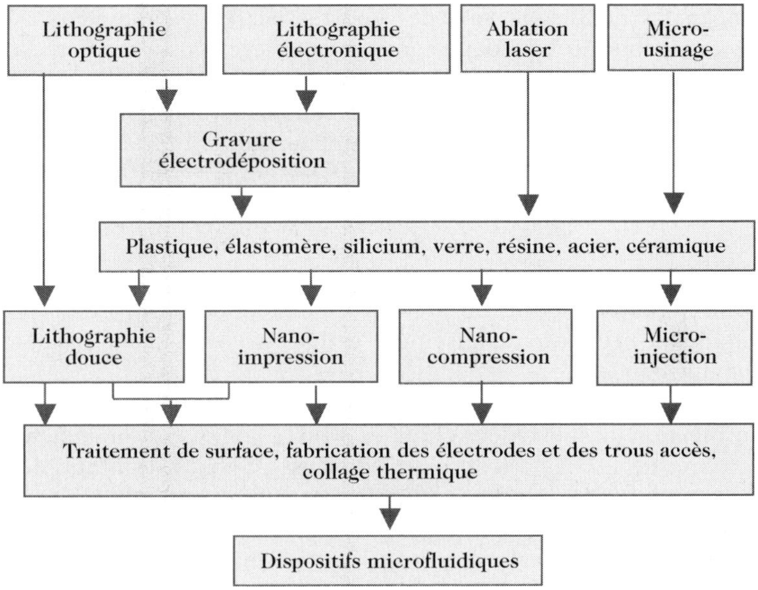

Figure 12.8. Fabrication de dispositifs microfluidiques plastiques pour une production de masse.

3.4. Composants élémentaires : pomper, mélanger, séparer... dans des microvolumes

Nous avons présenté précédemment les deux approches principales permettant la mise en mouvement d'un fluide dans un microcanal : l'application d'une différence de pression et l'effet d'électroosmose. En pratique, la mise en mouvement locale d'un liquide peut aussi être contrôlée par des microvannes ou des micropompes à membrane ou péristaltiques. Par ailleurs, l'écoulement peut également être activé et contrôlé par les forces capillaires, des ondes acoustiques de surface, etc. Enfin, une autre méthode intéressante est l'utilisation d'un faisceau laser, soit pour faire tourner un amas de microbilles dans un canal microfluidique à l'aide de pinces optiques, soit pour changer l'état du polymère qui est placé à l'intérieur du canal [33].

Une des fonctions clés pour la microfluidique est le mélange. Nous avons vu qu'une des caractéristiques des écoulements microfluidiques est leur laminarité. Dans un microcanal passif, le mélange entre deux liquides ne peut donc s'opérer que par diffusion : même pour des systèmes de quelques dizaines de micromètres, le processus est trop lent pour pouvoir être efficace pratiquement. Cependant, en gravant des microstructures sur les parois du canal, on peut effectivement changer les trajets des deux liquides et forcer ainsi le mélange en alternant des couches très fines des deux fluides : à ces très petites échelles, la diffusion devient un mécanisme efficace et rapide de mélange [34]. Une autre méthode de mélange consiste à injecter alternativement les deux liquides dans un microcanal en utilisant des micropompes péristaltiques ou l'effet électrocinétique.

> **Remarque.** Les écoulements diphasiques présentés plus haut permettent des mélanges rapides au sein des gouttes par les écoulements générés dans ces gouttes lors de leur déplacement dans le canal. Cet effet est amplifié si les gouttes sont forcées dans des coudes ou des chicanes. Cela a des conséquences intéressantes : puisque le mélange est rapide dans chaque goutte, on peut les considérer comme des réacteurs indépendants.

Un autre point important concerne le contrôle des températures dans ces dispositifs intégrés. Des microélectrodes sont souvent utilisées pour chauffer un endroit donné du dispositif, ce qui permet d'ajuster la réactivité chimique ou biologique des différentes espèces en présence. Lorsque des temps de réponse rapides sont requis, on peut avantageusement utiliser une impulsion laser focalisée pour un chauffage localisé.

D'autres fonctions de base, telles que la concentration, le filtrage, l'extraction et la purification de substances chimiques ou biologiques, ont également fait l'objet de nombreuses études ces dernières années [35]. Les résultats sont souvent publiés dans les comptes rendus de conférences (en particulier µTAS) et les journaux comme *Analytical Chemistry, Lab on a Chip, Electrophoresis*, etc.

En ce qui concerne la détection, les méthodes conventionnelles de mesure et d'analyse sont applicables pour la microfluidique en tenant compte du changement d'échelle. À l'échelle micrométrique, les méthodes les plus sensibles sont souvent celles de l'électrochimie et de l'optique. La détection d'espèces biologiques par les mesures de résonance de plasmons de surface est une méthode particulièrement sensible. Les plasmons de surface sont excités par une onde évanescente dans une mince couche métallique (en général en or). Pour un métal donné, la résonance est observée avec une lumière polarisée à un angle d'incidence bien défini. Cet angle change sensiblement avec l'environnement au voisinage de la surface, permettant ainsi de détecter les espèces chimiques ou biologiques adsorbées même en très faible quantité. En couplant cette méthode de détection à la technique de l'encrage moléculaire, les parois des éléments microfluidiques peuvent être fonctionnalisées et il est possible d'intégrer cette mesure au dispositif.

4. Exemples d'applications

4.1. Cristallisation des protéines

La fonction des protéines est intimement liée à leur structure. Pour déterminer celle-ci, on utilise principalement la diffraction de rayonnement (X ou électronique), qui nécessite des cristaux de taille raisonnable et de bonne qualité (peu d'impuretés et de joints de grains). Dès lors, la cristallisation des protéines purifiées est souvent une des étapes limitantes. C'est également une étape qui nécessite un « *screening* » de nombreuses conditions opératoires et qui peut donc bénéficier directement de l'approche parallèle de la microfluidique. Après un bref rappel des principes généraux qui gouvernent les processus de cristallisation, nous survolerons quelques solutions et les avantages offerts par la microfluidique pour parvenir à cette fin, au travers de trois exemples concrets.

Pour obtenir un cristal à partir d'une solution de protéines solubles (ou solubilisées), le principe physico-chimique utilisé consiste à y ajouter des agents de cristallisation (solvants organiques, sels, polymères...) ; ensuite, on enrichit la solution (diffusion de vapeur, dialyse...) pour dépasser le seuil de cristallisation. Les protéines transmembranaires, généralement insolubles, posent le plus de problèmes, car elles ne peuvent être purifiées qu'en très petites quantités.

Les agents de cristallisation sont utilisés pour inhiber ou exalter les différentes interactions (électrostatiques, liaisons hydrogène, de Van der Waals) existant naturellement entre les protéines ou avec l'eau. Même s'il est possible de dégager des lois de comportement générales, les proportions relatives de tel ou tel agent permettant d'obtenir le meilleur cristal dépendent de la protéine à cristalliser d'une manière difficile à prévoir. On se retrouve donc vite confronté à la recherche d'un optimum (le meilleur cristal possible) dans un diagramme de phase à plusieurs paramètres. La résolution de ce problème exige donc un lourd investissement en temps (balayage des paramètres), lui même souvent limité par la difficulté d'obtenir de grandes quantités de protéines purifiées.

Actuellement, la solution la plus efficace pour répondre à ce type de problème consiste à utiliser des plates-formes robotisées qui réalisent automatiquement les mélanges. Mais ces installations sont lourdes (place occupée et maintenance) et coûteuses. Elles permettent la manipulation de volumes de quelques dizaines de nL.

Ce domaine est donc un terrain propice pour la microfluidique, car elle offre la perspective de pouvoir manipuler de plus petits volumes (petites quantités de matière), de manière hautement parallèle, à faible coût, et ce dans un espace restreint.

La diminution du volume de protéines utilisé pour tester un seul point du diagramme de phase (correspondant à un mélange) est bien sûr intéressante puisqu'elle permet d'explorer un plus grand nombre de paramètres. Toutefois, une réduction trop importante des volumes pose également certains problèmes pour ce type d'application, comme par exemple :

– l'augmentation du rapport surface/volume : si les protéines ou les agents de cristallisation s'adsorbent aux parois, il devient difficile de contrôler précisément les concentrations ;

– la petite taille des cristaux obtenus, qui deviennent difficiles à manipuler et à observer.

Les solutions proposées aujourd'hui en microfluidique utilisent des volumes caractéristiques de l'ordre du nL.

L'avantage majeur tient en réalité au fait que la microfluidique rend possible la juxtaposition d'un grand nombre de chambres de mélange sur une surface réduite (plusieurs centaines par cm^2). Ensuite, et c'est là que réside toute la difficulté, il faut être capable d'ajuster précisément la concentration des différents solutés dans chacune de ces chambres.

Pour transporter les solutés, la principale difficulté provient des phénomènes de diffusion et de dispersion de Taylor (voir le paragraphe 2.2.1). La concentration n'est pas homogène au sein du fluide vecteur et évolue en fonction de la distance à parcourir. Il paraît donc difficile, en utilisant un simple écoulement de Poiseuille, d'imposer des conditions précises de concentration à l'intérieur de chaque chambre.

À cela s'ajoutent les problèmes de mélange des solutions. Nous n'avons mentionné que l'aspect thermodynamique (diagramme de phase) pour former un cristal, mais bien évidemment il est nécessaire de tenir compte de sa cinétique de formation. Dans le cas d'une cristallisation rapide (temps de réaction plus rapide que le temps de diffusion des solutés dans la chambre de mélange), il est nécessaire d'ajouter un dispositif pour accélérer le mélange des solutions.

Finalement, les propriétés physico-chimiques (viscosité, tension de surface, force ionique...) des différentes solutions que l'on cherche à mettre en présence changent en fonction du type et de la concentration de l'agent de cristallisation. Selon la technique employée pour déplacer les liquides, la vitesse pourra dépendre de l'un de ces paramètres et chaque solution aura sa propre vitesse de déplacement pour des conditions externes identiques.

Plusieurs solutions existent pour pallier ces problèmes :

– confiner les solutions dans des microgouttes et les transporter à l'aide d'un fluide vecteur non miscible ;

– piéger le fluide en utilisant des microvannes.

La technique de lithographie douce décrite plus haut se prête bien à ce type de fabrication, et, mis à part quelques cas particuliers [36], pratiquement toutes les solutions proposées l'utilisent.

4.1.1. Approche série [37, 38]

Cette méthode consiste à fabriquer des trains de gouttelettes de compositions différentes (chacune représente un point du diagramme de phase) et à les transporter dans un liquide (une huile) non miscible. Nous avons présenté ce mode de transport plus haut dans ce chapitre. Pour produire ces gouttes (quelques 10 nL), on réalise une buse d'injection à trois entrées (le nombre d'entrées peut varier) : une pour la solution de protéines, une pour le milieu et une pour l'agent de cristallisation. En fonction des pressions relatives sur chacune de ces entrées, on génère au niveau de la buse des gouttes de compositions variables qui sont entraînées dans une huile. En dirigeant ce train de gouttes vers un tube capillaire en verre, il est ensuite possible d'analyser leur contenu par un cliché de diffraction X, qui rend compte de la qualité des cristaux obtenus en fonction de la composition. Utilisée dans ces conditions, cette méthode est un peu « brutale » puisque les conditions de cristallisation sont imposées dès la formation des gouttes. On peut cependant explorer le diagramme de phase dans des conditions plus douces en utilisant une huile perméable à l'eau. Il suffit de juxtaposer deux gouttes de concentrations différentes et, par simple diffusion de vapeur, la goutte la moins concentrée se « videra » dans sa voisine jusqu'à atteindre les conditions de cristallisation. Cette approche n'est pas limitée à ce domaine et peut également être utilisée en chimie combinatoire (pour laquelle d'autres procédés de fabrication doivent être envisagés).

4.1.2. Perméabilité et lithographie douce [39]

La microfabrication à base d'élastomères silicones s'est rapidement répandue en raison de son faible coût et de sa facilité de mise en œuvre. Ce type de matériau possède néanmoins des propriétés particulières : il est en particulier perméable aux gaz et à la vapeur d'eau. Les propriétés de diffusion des gaz dans le silicone sont d'ailleurs utilisées dans certaines techniques de séparation (pervaporation). Ces propriétés, souvent gênantes dans d'autres types d'applications, peuvent être mises à profit (en adaptant la géométrie des canaux et les conditions extérieures) pour venir enrichir la concentration en soluté d'une zone du dispositif fluidique et parvenir ainsi de manière douce et régulière à des conditions où la cristallisation a lieu.

4.1.3. Approche parallèle [40]

Cette approche est de loin la plus prometteuse, mais aussi la plus délicate à mettre en œuvre. Elle exige l'intégration à même le système d'un dispositif de vannes et de pompes. La première solution proposée consistait en un réseau de 144 chambres de réaction (25 nL pour chaque mélange), elles-mêmes alimentées par 48 puits remplis manuellement. Dans cet exemple, les liquides sont mélangés par diffusion suite à l'ouverture d'une vanne péristaltique. Ce système offre l'avantage d'une lecture rapide (< 1 h) et directe des meilleures conditions de cristallisation.

4.2. Séparation de molécules d'ADN

Les chapitres du présent ouvrage consacrés à l'électrophorèse (voir en particulier le chapitre 11) présentent les enjeux et soulignent les difficultés liées à cette approche, qui reste la technique de référence en ce qui concerne le fractionnement en taille des molécules d'ADN. La première démarche qui a été mise en œuvre dans les systèmes microfluidiques est une simple transposition de l'électrophorèse capillaire en microcanaux. Plus qu'une amélioration des performances, de toute manière limitée par la physique de l'électrophorèse des polyélectrolytes, il s'agit ici de jouer sur les possibilités pratiques induites par une stratégie de miniaturisation (diminution des volumes d'analyse, vitesse d'analyse, portabilité des systèmes, etc.). Un effet supplémentaire apporté par la réduction des échelles est une meilleure dissipation de la chaleur, qui permet l'utilisation de champs électriques plus intenses. De fait, des résultats importants ont été rapportés, en utilisant des stratégies consistant majoritairement à miniaturiser et intégrer sur une même puce des technologies bien maîtrisées. On citera par exemple le travail de Burns *et al.* [17], dans lequel les différentes étapes de transport de réactifs, PCR et analyse sont combinées sur une même puce.
D'autres techniques utilisant ou non des champs électriques ont cependant été mises en œuvre et nous en passons quelques-unes en revue dans ce court paragraphe. Le choix des matériaux dépend des techniques choisies. Lorsque ce sont des champs électriques qui sont préférés pour mettre en mouvement les particules à séparer, les matériaux même faiblement conducteurs tels que le silicium sont proscrits, et les systèmes sont fabriqués dans des isolants tels que le verre ou les plastiques, ce qui n'est pas sans poser quelques problèmes, en particulier vis-à-vis du contrôle de l'électroosmose. Lorsque la mise en mouvement se fait par une

différence de pression, il est nécessaire que le matériau puisse supporter des pressions importantes, et les plastiques et autres élastomères peuvent alors devenir difficiles à utiliser.

Enfin, il convient de citer les limites intrinsèques à l'utilisation de champ forts en électrophorèse : non seulement, au-delà d'une certaine valeur, augmenter le champ ne permet que très marginalement d'améliorer la résolution de la technique, mais les champs très forts amènent avec eux des instabilités conduisant à la formation d'agrégats d'ADN qui se séparent physiquement du reste de la solution [41].

4.2.1. Des gels artificiels

Une autre approche, plus originale, consiste à se passer complètement du gel et à recréer l'effet de « tamis » dans les pores par des obstacles physiques. Dès 1992, les expériences pionnières du groupe de R. Austin aux États-Unis ont montré que l'on pouvait exploiter pleinement les possibilités de la microfabrication en remplaçant les gels classiquement utilisés en électrophorèse par des réseaux de piliers microfabriqués [42]. Les techniques de lithographie présentées plus haut permettent en effet de fabriquer des piliers dont le diamètre et l'espacement sont de l'ordre du micromètre ou moins, du même ordre de grandeur que le rayon de giration des molécules elles-mêmes. Ces expériences, couplées à la possibilité de visualiser des molécules individuelles d'ADN, ont permis de progresser très efficacement dans la compréhension des mécanismes mis en jeu lors de la migration de ces longues molécules dans des géométries complexes qui possèdent certaines des caractéristiques d'un gel réel.

Pour pousser l'analogie un cran plus loin, des stratégies d'électrophorèse en champ pulsé (ECP) ont été rapportées dans la littérature. Là encore, l'idée est simple dans son principe puisqu'il s'agit de transposer l'ECP en gel, qui est la méthode de référence pour la séparation des longues molécules d'ADN, mais qui, si elle offre des performances inégalées en termes de résolution, reste lente. On amène les molécules dans un réseau hexagonal de piliers par un champ électrique et on les soumet à des séquences de champs dont l'orientation varie au cours du temps. La technique exploite les régimes transitoires : à un instant donné, les molécules s'étirent dans le réseau de plots suivant la direction du champ. Au moment du changement d'orientation, il faut à la molécule un certain temps pour s'aligner selon cette nouvelle direction. Ce temps dépend de la taille de la molécule et permet donc un tri en fonction de ce paramètre. Ici, la microfabrication permet non seulement de reproduire les conditions des gels, mais aussi, en créant un réseau extrêmement bien défini, d'améliorer considérablement l'efficacité du dispositif. Certaines versions de ce dispositif permettent une séparation en continu en des temps extrêmement courts [43, 44] (figure 12.9). Enfin, l'adaptation de ce type de dispositifs aux échelles nanométriques commence à voir le jour, avec des performances très prometteuses [45].

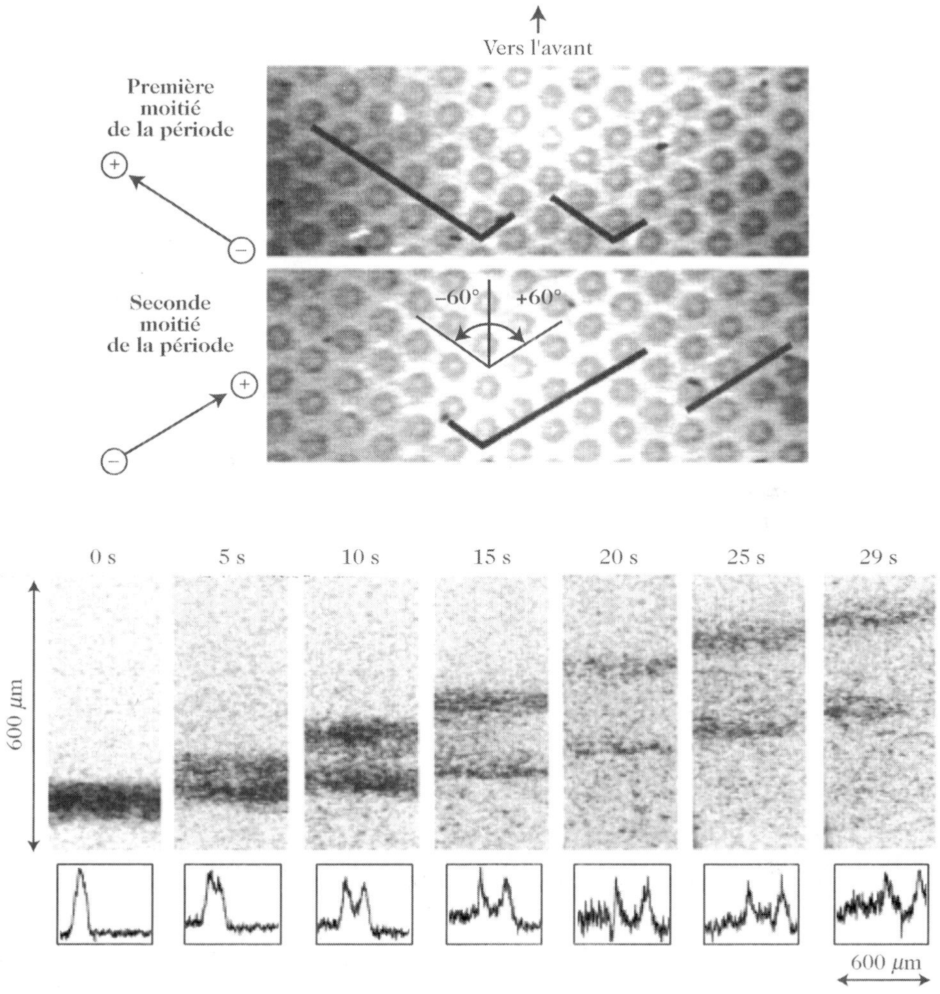

Figure 12.9. Évolution schématique de deux chaînes d'ADN dans une microstructure hexagonale. Les piliers font 2 μm de diamètre. L'angle entre les deux directions successives que prend le champ est de 120°. Les molécules les plus courtes sont plus rapides en moyenne car elles ont le temps de se réorienter à chaque changement d'application du champ. Sur l'image du bas, on obtient une séparation très rapide entre les molécules d'ADN λ (∼ 50 kbp) et T4 (∼ 170 kbp) avec un champ pulsé sur une période d'une seconde. D'après [44].

4.2.2. Nanostructures

Les expériences consistant à faire passer les molécules d'ADN dans un pore protéique sont présentées dans le chapitre 11 du présent ouvrage. Dans la même ligne, il a été montré qu'il est possible de fabriquer des nanocanaux scellés dans lesquels on force l'entrée des molécules d'ADN par l'application d'un champ électrique. On parvient aujourd'hui à fabriquer des canaux dont le diamètre s'approche de la longueur de persistance des molécules (∼ 50 nm), ce qui les étire jusqu'à une longueur proche de leur longueur bout à bout. Le mode de détection privilégié est la vidéo-microscopie de fluorescence. En prenant des images de molécules individuelles, on mesure la longueur des chaînes et on accède ainsi à leur masse.

En moyennant les images correspondant à une seule molécule, on parvient à d'excellentes résolutions. On peut également utiliser le champ électrique pour faire défiler les chaînes devant une micro- (ou, mieux encore, une nano-) ouverture. La durée de passage donne alors la longueur de la chaîne [46]. Si des protéines sont fixées sur celle-ci, on peut les localiser précisément sur la chaîne.
Si l'on s'intéresse maintenant à l'entrée des chaînes dans ces nanostructures, on s'attend à ce qu'elles subissent une forte variation d'entropie liée à la diminution du nombre de configurations possibles. On a proposé d'utiliser cet effet en soumettant les molécules à des séries de constrictions-élargissements, à nouveau en utilisant des champs électriques. Les molécules répondent effectivement différemment à ces obstacles suivant leur taille, et ces dispositifs conduisent à des séparations efficaces, mais encore imparfaitement comprises théoriquement [47]. Il semble en effet que se superposent aux effets entropiques initialement pris en compte des effets d'interactions fortes avec les surfaces, ce qui souligne une caractéristique commune aux dispositifs travaillant aux échelles nanométriques : les rapports surface/volume devenant importants, un contrôle drastique des caractéristiques physico-chimiques de ces surfaces est d'une importance capitale.

4.2.3. Micro-diélectrophorèse

Nous avons vu comment l'utilisation de champs électriques continus pouvait permettre des séparations basées sur l'électrophorèse. Les gradients de ces champs électriques jouent également un rôle important. En effet, lorsque le champ n'est pas homogène spatialement, une particule de permittivité complexe différente de celle du milieu ambiant subit une force $\boldsymbol{f}$:

$$\boldsymbol{f} \propto a^3 \alpha \nabla |E|^2 \tag{12.17}$$

où a est le rayon de la particule et α sa polarisabilité.
Cet effet est appelé effet diélectrophorétique.
Le signe de cette force dépend en général de la fréquence. Lorsqu'elle tend à attirer les particules vers les zones de champs forts, on parle de diélectrophorèse (DEP) positive, et dans le cas inverse de DEP négative.
Plusieurs points capitaux distinguent la DEP de l'électrophorèse :

- C'est le gradient du carré de l'amplitude du champ électrique qui intervient dans l'expression de la force. On peut donc observer cet effet en champ continu (mais il se superpose alors à l'électrophorèse, ce qui peut être gênant) comme en champ alternatif.
- En conséquence de ce premier point, l'utilisation de champs alternatifs permet de travailler près des électrodes et de créer les gradients directement dans le milieu. En effet, les champs continus seraient source de phénomènes électrochimiques dont la manifestation la plus évidente est l'électrolyse.

Cet effet, connu depuis longtemps, a retrouvé une « nouvelle jeunesse » par son intégration dans des microsystèmes où les échanges thermiques avec l'extérieur sont optimisés et les effets thermiques minimisés. Ainsi, la DEP est maintenant utilisée couramment pour manipuler et/ou caractériser des particules, depuis les molécules d'ADN jusqu'aux cellules [48]. Cependant, puisque l'effet repose sur un gradient, il faudrait, pour parvenir à déplacer ces particules sur des distances

macroscopiques, soit maintenir un gradient à grande échelle, soit coupler ce phénomène avec un flux macroscopique. Une autre solution consiste à générer des microgradients successifs et à faire se déplacer les particules de proche en proche par pas élémentaires.
De tels systèmes ont été proposés et validés sur de longues molécules d'ADN ou sur des systèmes modèles tels que des billes de latex, et il a été montré que cette succession de déplacements élémentaires conduisait effectivement à des déplacements macroscopiques qui dépendent fortement des caractéristiques des particules et en particulier de leur taille ou de leur mobilité [49].

4.2.4. Séparations en continu avec un champ fixe

Nous avons vu précédemment que certains dispositifs microfabriqués permettaient de reproduire les conditions de l'électrophorèse en champ pulsé et d'espérer atteindre des séparations en continu. D'autres dispositifs ont été proposés, qui utilisent une direction unique du champ dans un esprit qui rappelle celui que nous avons abordé dans les expériences de DEP, où le déplacement global se faisait par une succession de déplacements individuels. Le premier de ces dispositifs utilise une brisure de symétrie gauche-droite obtenue en forçant les molécules sur des obstacles physiques (des piliers) rectangulaires inclinés. Comme le prédit la théorie, les grandes molécules sont défléchies avec un angle plus important que les petites. Cependant, outre certaines limitations dues à la physique du problème, les valeurs angulaires obtenues sont très faibles et les temps d'analyse longs [50]. Il est cependant possible d'augmenter l'efficacité de ce dispositif en l'attaquant sous un angle non nul. En fait, il est même possible de se passer du détail des inclinaisons des piliers en les attaquant sous un angle convenablement choisi. En effet, il existe deux directions principales dans ce problème : l'une est celle qui porte le champ macroscopique qui injecte les molécules (écoulement hydrodynamique ou, la plupart du temps, champ électrique), l'autre est une des directions cristallographique du réseau de piliers. Lorsque ces deux directions sont proches, les molécules peuvent préférer la direction cristallographique, plus facile, à celle du champ. Cet effet dépendant de leur taille, il s'agit d'un mode de tri entre les différentes particules. Ce mode de tri a été mis en évidence très clairement sur des billes de latex en imposant un réseau de pièges optiques [51] ou de micropiliers [52].

4.3. Tri cellulaire

L'approche classique en biologie cellulaire consiste à travailler sur un grand nombre de cellules et à accéder aux paramètres pertinents à partir d'une mesure globale, moyennée sur un grand nombre de cellules. Dans certains cas, cette démarche peut se révéler insuffisante. Il devient alors nécessaire d'effectuer des mesures sur cellules uniques, qui reflètent mieux la variabilité et la diversité intrinsèques au vivant. C'est une des motivations du tri cellulaire : retenir chaque cellule individuellement et l'analyser, par exemple sous l'angle génétique. Mais l'usage donne également d'autres sens à ce terme. En particulier, il peut être nécessaire de séparer des populations distinctes de cellules sur la base de différences claires de caractéristiques physico-chimiques (niveau d'adhésion sur des surfaces fonctionnalisées, élasticité...) avec la meilleure efficacité possible. Une dernière application concerne la détection de cellules rares (rare pouvant signifier jusqu'à une sur des millions). Ce dernier cas est pertinent en particulier dans la détection précoce ou la récidive de certaines maladies (cancer du sein).

Ces dernières années, notre compréhension des processus intervenant en biologie cellulaire a considérablement progressé aux niveaux subcellulaire et moléculaire. Il reste cependant difficile de trier et de manipuler des cellules uniques de façon systématique. La taille d'une cellule est typiquement de l'ordre de 10 à 100 μm. Le temps de réaction biochimique peut, lui, varier dans une plage très large (de la milliseconde à l'heure). De plus, les cellules sont des objets vivants et fragiles. Les méthodes de manipulation et d'analyse doivent donc s'adapter à ces échelles et à ces exigences, à savoir que la sensibilité de détection des substances cellulaires ou subcellulaires doit être extrêmement élevée. La microfluidique propose des solutions pour relever certains aspects de ce défi en raison des nombreux avantages mentionnés précédemment.

Traditionnellement, dans le monde macroscopique, le tri cellulaire est souvent effectué par cytométrie de flux, méthode qui consiste à analyser optiquement (fluorescence et diffusion) les caractéristiques des cellules passant une par une devant un détecteur. Chaque cellule est ensuite enfermée dans une goutte dont la trajectoire est contrôlée par un champ électrique, de manière à trier et collecter les cellules suivant les propriétés choisies. C'est le principe du tri par activation de fluorescence (*fluorescence activated cell sorting*, FACS) qui est massivement utilisé dans les laboratoires de biologie cellulaire. Les dispositifs microfluidiques réalisés jusqu'à présent pour le tri cellulaire (μFACS) sont en réalité une version hybride : la partie de détection et d'analyse reste macroscopique, tandis que l'injection et le déplacement des cellules peuvent s'effectuer dans des microcanaux, en utilisant par exemple l'effet électroosmotique [53], l'effet diélectrophorétique [54], les pinces optiques [55], etc. Ici, la microfluidique offre l'avantage de pouvoir contrôler les écoulements dans des canaux de taille comparable à celle de la cellule. Cet effet de confinement permet en particulier de sonder les interactions inter-cellulaires ou l'interaction des cellules avec les parois du canal (préalablement greffées avec des molécules d'intérêt). On tire ici profit de l'augmentation considérable du rapport surface/volume en contraignant les cellules à interagir avec une surface [56].

De nombreuses solutions restent à explorer au niveau de la sensibilité de la détection dans ces microsystèmes. L'analyse peut être effectuée sur la base des propriétés optiques (absorption, diffraction, fluorescence, etc.), électriques (conductance, impédance, etc.), mécaniques (modules d'Young par utilisation des ultrasons), de réactivité chimique ou électrochimique, ou autres propriétés physicochimiques.

Le diagnostic de certains cancers passe par la détection de cellules pathologiques en très faibles quantités dans des prélèvements biologiques dont le volume est par nature nécessairement limité (par exemple des prélèvements sanguins ou des prélèvements de moelle osseuse). Typiquement, il s'agit d'identifier une seule cellule spécifique sur 10 millions dans un temps raisonnable, de l'ordre de l'heure. Dans ce cas, un tri à deux étapes peut s'avérer intéressant [57]. Sur la figure 12.10, les cellules sont d'abord injectées dans le canal de grande taille (clair) avec une vitesse suffisante pour que plusieurs millions de cellules passent en moins d'une

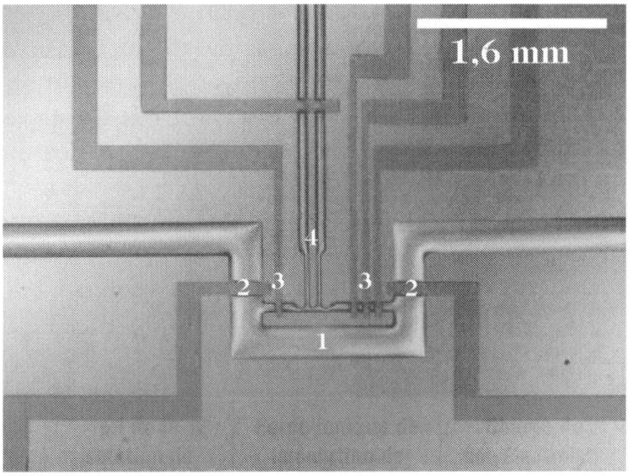

Figure 12.10. Microphotographie d'un dispositif de tri cellulaire à deux niveaux. Les canaux de commande (vannes et pompes péristaltiques) apparaissent en gris sombre, les canaux fluidiques en clair. Lorsque la cellule d'intérêt est détectée dans la partie centrale du grand canal (1), on ferme son entrée et sa sortie par les vannes (2). Puis on active les quatre vannes de petite taille (3) pour la déplacer et la faire sortir par les canaux plus fins (4). D'après [57]. Copyright 2004, avec l'autorisation d'Elsevier.

heure. Lorsqu'une cellule rare est identifiée dans la zone centrale (en U), les deux vannes (bandes foncées) du grand canal sont fermées. À l'aide des quatre vannes de contrôle, les cellules de la zone centrale se déplacent une par une dans la partie fine du canal, ce qui permet de localiser la cellule en question puis de la faire sortir par les deux microcanaux plus fins.

Les systèmes microfluidiques, outre l'aspect de réduction en tailles, présentent des possibilités d'intégration : l'opération de tri cellulaire peut donc être intégrée dans un dispositif plus complexe présentant d'autres fonctionnalités. On peut, par exemple, envisager un dispositif réalisant la suite de fonctions : tri cellulaire, lyse des cellules, extraction d'ADN d'une seule cellule, amplification par PCR de cet ADN, puis analyse par électrophorèse capillaire avec des gels artificiels comme mentionnés précédemment. Ainsi, la plupart des opérations d'analyse des cellules uniques peuvent être enchaînées sur une même puce microfluidique, ce qui laisse entrevoir une diminution considérable du temps et du coût d'analyse pour de très nombreuses applications.

Le tri cellulaire en microfluidique illustre particulièrement bien le caractère pluridisciplinaire de cette discipline. Il implique de façon explicite les compétences de nombreux domaines : la microfabrication, la micromécanique, l'hydrodynamique, l'optique, l'électronique, l'informatique, la chimie, la biochimie et l'immunologie. La recherche sur cette thématique présente encore des opportunités et des défis considérables, s'agissant par exemple de la rapidité et de la sensibilité de détection, de l'intégration de sources d'excitation et de capteurs à hautes performances, etc. En développant les applications appropriées dans les domaines du diagnostic et de la recherche biomédicale, les dispositifs pour le tri cellulaire pourraient être parmi les premiers à trouver un marché pour la microfluidique.

5. Conclusion

Les capacités récentes à administrer des liquides en très faibles quantités et à manipuler des objets dans un dispositif microfluidique de manière contrôlée et précise ont d'ores et déjà permis des avancées significatives dans les domaines de la chimie, de la biologie ou de la physique. De fait, la microfluidique est devenue en un temps record un outil de base de recherche fondamentale et appliquée. C'est également, nous l'avons vu, un terrain sur lequel l'inventivité des chercheurs trouve largement le moyen de s'exprimer.

Du point de vue industriel, nous n'en sommes qu'au commencement, mais les efforts de recherche consentis par les grands groupes montrent l'intérêt suscité par cette technologie. Les rapprochements et alliances auxquelles nous assistons nous indiquent également, d'une part que la technologie n'a pas encore convergé vers une ou des solutions susceptibles de faire office de standard et, d'autre part, que la microfluidique pour les sciences de la vie n'a de sens que combinée avec de réelles questions et défis biologiques.

Dans une perspective plus large, tout en restant dans le domaine de la biologie, c'est sans doute dans sa faculté à communiquer avec le monde du vivant que cette discipline trouvera un essor majeur. En effet, la nature produit et utilise depuis des millions d'années des vaisseaux microscopiques pour transporter des substances chimiques (nutriments, hormones, gaz, déchets...). On voit là les deux démarches possibles qui s'ouvrent à nous :

- S'inspirer de ces exemples vivants pour construire des analogues synthétiques biomimétiques qui permettront d'appréhender des problèmes classiques avec des approches nouvelles. On peut même imaginer des dispositifs hybrides incluant des protéines fonctionnelles, ce qui permettrait de remplir un certain nombre de fonctions plus efficacement que des dispositifs « tout synthétiques » ne pourraient le faire.
- Interfacer des dispositifs « intelligents » avec des organismes vivants. On pense ici en particulier au domaine médical avec des sondes, des capteurs, etc., permettant des mesures et leur transmission en temps réel avec, éventuellement, une communication avec d'autres composants actifs. Cette démarche permettrait l'implémentation des différentes fonctions souhaitées en améliorant la qualité des soins ou des analyses (moins invasifs et traumatisants), tout en gardant de faibles coûts de fabrication par rapport à ce qui existe actuellement.

Il est vraisemblable que ces deux stratégies, qui nous semblent encore relever de la science-fiction, donneront lieu à des réalisations importantes d'ici quelques années.

BIBLIOGRAPHIE

Dans la même collection, on lira : P. TABELING, *Introduction à la microfluidique*, Belin (2003).

[1] MANZ A., GRABER N., WIDMER H.M., *Sens. Actuators B*, **1**, 244 (1990).

[2] a) BEEBE D.J., MENSING G.A., WALKER G.M., *Annu. Rev. Biomed. Eng.*, **4**, 261 (2002) ;

b) REYES D.R., IOSSIFIDIS D., AUROUX P.-A. et MANZ A., *Anal. Chem.*, **74**, 2623-2636 (2002).

[3] Schwarz M.A., Hauser P.C., « Recent developments in detection methods for microfabricated analytical devices », *Lab on Chip*, **1**, 1-6 (2001).

[4] Andersson H, Van den Berg A., « Microfluidic devices for cellomics : a review », *Sens. Actuators B*, **92**, 315-325 (2003).

[5] On se réfèrera par exemple aux sites des sociétés *Caliper* (http ://www.caliperls.com) ou *Agilent* (http ://www.chem.agilent.com).

[6] Lacher N.A., Garrison K.E., Martin R.S. et al., « Microchip capillary electrophoresis / electrochemistry », *Electrophoresis*, **22**, 2526-2536 (2001).

[7] Scarpa A., in *Tabulae Neurologicae*, Pavie (1794).

[8] Guyon E., Hulin J.P., Petit L., in *Hydrodynamique physique*, EDP Science (CNRS), Paris (1991).

[9] Jones D., Leary B., Boger D.V., « The rheology of a concentrated colloidal suspension of hard spheres », *J. Coll. Interf. Sci.*, **147** (2), 479-495 (1991).

[10] Srivastava N., Davenport R.D., Burns M.A., « Nanoliter viscometer for analyzing blood plasma and other liquid samples », *Analytical Chemistry*, **77** (2), 383-392 (2005).

[11] Pit R., Hervet H., Leger L., « Direct experimental evidence of slip in hexadecane at solid interfaces », *Phys. Rev. Lett.*, **85** (5), 980-983 (2000).

[12] Taylor G., « Dispersion of soluble matter in solvent flowing slowly through a tube », *Proc. Roy. Soc. Ser.*, **A 219** (1137), 186-203 (1953).

[13] Ajdari A., « Steady flows in networks of microfluidic channels : building on the analogy with electrical circuits », *Comptes rendus Physique*, **5**, 539 (2004).

[14] Levich V.G., in *Physico-Chemical Hydrodynamics*, Prentice Hall, Englewood (1962).

[15] Hunt T.P., Lee H., Westervelt R.M., « Addressable micropost array for the dielectrophoretic manipulation of particles in fluid », *Applied Physics Letters*, **85** (26), 6421-6423 (2004).

[16] Brzoska J.B., Brochard-Wyart F., Rondelez F., « Motions of droplets on hydrophobic model surfaces induced by thermal gradients », *Langmuir*, **9** (8), 2220-2224 (1993).

[17] Burns M.A., Mastrangelo C.H., Sammarco T.S., Man F.P., Webster J.R., Johnsons B.N., Foerster B., Jones D., Fields Y., Kaiser A.R., Burkes D.T., « Microfabricated structures for integrated DNA analysis », *Proc. Natl. Acad. Sci. USA*, **93**, 5556-5561 (1996).

[18] de Gennes P.-G. , Brochard-Wyart F. et Quéré D., in *Gouttes, bulles, perles et ondes,* Belin, Paris (2002) ; 2e édition avec CD-ROM (2005).

[19] Vallet M., Berge B., Vovelle L., « Electrowetting of water and aqueous solutions on poly(ethylene terephthalate) insulating films », *Polymer*, **37** (12), 2465-2470 (1996).

[20] a) CHO S.K., MOON H.J., KIM C.J., « Creating, transporting, cutting, and merging liquid droplets by electrowetting-based actuation for digital microfluidic circuits », *J. Microel. Syst.*, **12** (1), 70-80 (2003) ;

b) WASHIZU M., « Electrostatic actuation of liquid droplets for microreactor applications », *IEEE Trans. Indust. Appl.*, **34**, 732–7 (1998).

[21] BUGUIN A., TALINI L., SILBERZAN P., « Ratchet-like topological structures for the control of micro-drops », *Applied Physics A*, **75**, 207 (2002).

[22] FOUILLET Y., JEANSON H., CHARTIER I., BUGUIN A., SILBERZAN P., « Moving droplets with a micro catenary », *Houille Blanche*, **4**, 37 (2003).

[23] HIRSCHBERG D., PALMBERG C., JÖRNVALL H., BERGMAN T., GUSTAFSSON M., « Integrated Sample Preparation and MALDI Mass Spectrometry on a Microfluidic Compact Disk », *Analytical Chemistry*, **76**, 253-502 (2004).

[24] WIXFORTH A., « Acoustically driven planar microfluidics », *Superlattices and Microstructures*, **33**, 389–396 (2003).

[25] MADOU M., in *Fundamentals of Microfabrication*, CRC Press, Boca Raton (1997).

[26] RAI-CHOUDHURY P. (Ed.), *Handbook of Microlithography, Microfabrication and Microsystemes*, Vol. 1 et 2, SPIE Press (1997).

[27] CHEN Y. et PÉPIN A., « Nanofabrication : conventional and non conventional methods », *Electrophoresis*, **22**, 187 (2001).

[28] KOCH M., EVANS A. et BRUNNSCHWEILER A., in *Microfluidic technology and applications*, Research Studies Press Ltd., England (2000).

[29] KOCH M., HARRIS N., EVANS A.G.R., WHITE N.L., BRUNNSCHWEILER A., *Proceedings Transducers'97*, Chicago (1997).

[30] CHEN Y. et PÉPIN A., Nanolithographies émergentes, in *Les Nanosciences. 1. Nanotechnologies et nanophysique*, Ph. Houdy, C. Dupas, M. Lahmani (Eds.), Belin, Paris, page 152 (2004).

[31] XIA Y. et WHITESIDES G.M., « Soft Lithography », *Angew. Chem. Int. Ed.*, **37**, 550 (1998).

[32] UNGER M.A., CHOU H.-P., THORSEN T., SCHERER A et QUAKE S.R., « Monolithic microfabricated valves and pumps by multilayer soft lithography », *Science*, **288**, 113 (2000).

[33] TERRAY A., OAKEY J., MARR D., *Science*, **296**, 1843 (2002).

[34] STROOCK A.D., DERTINGER S.K.W., AJDARI A., MEZIC I., STONE H.A., WHITESIDES G.M., « Chaotic Mixer for Microchannels », *Science*, **295**, 647-651 (2002).

[35] Voir *Proceedings* des conférences internationales μTAS (*Micro Total Analysis Systems)* de chaque année publiés par Kluwer, Dortrecht, Netherlands.

[36] SANJOH A. et TSUKIHARA T., *Journal of Crystal Growth*, **196**, 691 (1999).

[37] ZHENG B., TICE J.D. et ISMAGILOV R.F., *Adv. Mater.*, **16**, 1365 (2004).

[38] ZHENG B., TICE J.D., ROACH L.S. et ISMAGILOV R.F., *Angew. Chem. Int. Ed.*, **43**, 2508 (2004).

[39] VERNEUIL E., BUGUIN A. et SILBERZAN P., *Europhys. Lett.*, **68**, 412 (2004).

[40] HANSEN C.L., SKORDALAKES E., BERGER J.M. et QUAKE S.R., *Proc. Nat. Acad. Sci.*, **99**, 16531 (2002).

[41] ISAMBERT H., AJDARI A., VIOVY J.L., PROST J., *Phys. Rev. Lett.*, **78**, 971-974 (1997).

[42] VOLKMUTH W., AUSTIN R.H., « DNA electrophoresis in microlithographic arrays », *Nature*, **358**, 600-602 (1992).

[43] HUANG L.R. et al., « A DNA prism for high-speed continuous fractionation of large DNA molecules », *Nature Biotech.*, **20**, 1048 (2002).

[44] BAKAJIN O., DUKE T.A.J., TEGENFELDT J., CHOU C.-F., CHAN S.S., AUSTIN R.H., COX E.C., « Separation of 100-Kilobase DNA Molecules in 10 Seconds », *Anal. Chem.*, **73**, 6053-6056 (2001).

[45] KAJI N., TEZUKA Y., TAKAMURA Y., UEDa M., NISHIMOTO T., NAKANISHI H., HORIIKE Y., BABA Y., *Anal. Chem.*, **76**, 15–22 (2004).

[46] TEGENFELDT J., PRINZ C., CAO H., CHOU S., REISNER W., RIEHN R., WANG Y.M., COX E., STURM J., SILBERZAN P., AUSTIN R., « The dynamics of genomic-length DNA molecules in 100 nanometer channels », *Proc. Natl. Acad. Sci. USA*, **101**, 10979 (2004).

[47] HAN J., CRAIGHEAD H.G., « Separation of Long DNA Molecules in a Microfabricated Entropic Trap Array », *Science*, **288**, 1026 (2000).

[48] SCHNELLE T., MÜLLER T., HAGEDORN R., VOIGT A., FUHR G., « Single microelectrode dielectrophoretic tweezers for manipulation of suspended cells and particles », *Biochim. Biophys. Acta*, **1428**, 99-105 (1999).

[49] GORRE-TALINI L., SPATZ J., SILBERZAN P., « Dielectrophoretic ratchets », *Chaos*, **8**, 650 (1998).

[50] HUANG L.R., SILBERZAN P., TEGENFELDT J.O., COX E.C., STURM J.C., AUSTIN R.H., CRAIGHEAD H., « The role of molecular size in ratchet fractionation », *Physical Review Letters*, **89**, 178301 (2002).

[51] KORDA P.T., TAYLOR M.B., GRIER D.G., *Phys. Rev. Lett.*, **89**, 128301 (2002).

[52] HUANG L.R., COX E.C., AUSTIN R.H., STURM J.C., « A microfluidic tango : separation without dispersion », *Science*, **304**, 987 (2004).

[53] FU A.Y., CHOU H.P., SPENCE C., ARNOLD F.H., QUAKE S.R., *Anal. Chem.*, **74**, 2451-2457 (2002).

[54] FIEDLER S., SHIRLEY S.G., SCHNELLE T. et FUHR G., *Anal. Chem.*, **70**,1909-1915 (1998).

[55] ENGER J., GOKSÖR M., RAMSER K., HAGBERG P. et HANSTORP D., *Lab on a Chip*, **4**, 196 (2004).

[56] MCCLOSKEY K.E., CHALMERS J.J. et ZBOROWSKI M., *Anal. Chem.*, 75, 6868-6874 (2003).

[57] STUDER V., JAMESON R., PELLEREAU E., PÉPIN A., CHEN Y., *Microelectronic Engineering*, **73-74**, 852-857 (2004).

CHAPITRE

13

TRAITEMENT DE L'INFORMATION

Pierre GRANGEAT*

1. Nanobiotechnologies et systèmes d'information

1.1. Les nanobiotechnologies

L'exploration du monde biologique à l'échelle nanométrique constitue un domaine nouveau. Cette exploration est notamment rendue possible grâce aux progrès de la technologie, qui fournissent les outils pour réaliser des dispositifs capables de mesurer à cette échelle-là.

Il s'agit d'une nouvelle fenêtre pour observer le monde du vivant, très riche et très diversifiée. De nombreux moyens d'investigation détaillés dans ce livre cherchent à fournir des informations physiques, chimiques, biologiques complémentaires pour en cerner l'organisation et le fonctionnement. À ces échelles-là, seule une instrumentation dédiée permet d'appréhender les phénomènes. L'observation directe n'est plus accessible à nos sens.

Un domaine d'application important est la médecine moléculaire, qui cherche à expliquer les mécanismes de la vie et de la maladie par la présence et la quantification d'entités moléculaires spécifiques. Cela amène à combiner des informations au niveau des gènes, des protéines, des cellules et des organes. Il est alors nécessaire d'associer des instruments de diagnostic moléculaire, soit *in vitro*, comme les biopuces ou les laboratoires sur puce, soit *in vivo*, comme les sondes de biopsie moléculaire, et des instruments d'imagerie moléculaire pour aider à localiser l'information moléculaire dans les organismes vivants de manière non destructive. Cela concerne aussi bien les recherches précliniques pour la mise au point de médicaments que les applications médicales chez l'homme. La génomique à travers les puces à ADN et à ARN [1] a révolutionné les méthodes d'investigation des

* CEA-LETI, MINATEC, Grenoble. pierre.grangeat@cea.fr

cellules et des processus cellulaires [2, 3]. Le séquençage du génome humain a ouvert de nouvelles voies vers la compréhension des mécanismes fondamentaux du fonctionnement du monde du vivant [4]. Une nouvelle révolution est en train de se mettre en place à travers l'analyse du protéome [5-8]. Le protéome désigne l'ensemble des protéines que l'on peut trouver dans un milieu biologique donné comme le plasma sanguin. L'objectif est de caractériser certaines maladies par des signatures reconnues sur des profils protéomiques déterminés à partir de prélèvements comme une prise de sang ou une biopsie [9-13]. L'enjeu est la détection précoce des maladies et la personnalisation des soins [14].

Un autre domaine important en nanomédecine et en nanobiologie est le contrôle de l'activité électrique ou mécanique en utilisant des réseaux de microélectrodes ou des dispositifs de type MEMS (*Micro Electro-Mechanical Systems*), voire NEMS (*Nano Electro-Mechanical Systems*). Ces dispositifs sont bien adaptés pour développer la suppléance ou l'assistance fonctionnelle pour le traitement de certaines insuffisances (insuffisances cardiaques, troubles cérébraux, etc.), pour l'aide aux handicapés ou aux personnes âgées. Ils sont aussi utilisés pour étudier les transports ioniques à travers les membranes cellulaires [15].

1.2. Les systèmes d'information

À l'époque de la société de l'information, les instruments d'observation ont pour objectif de fournir une représentation numérique des milieux explorés. Ils constituent ainsi une interface entre le monde réel et le monde numérique. Ils permettent de représenter par une liste de nombres numériques les objets observés. Cette représentation numérique constitue alors une source d'information, qui sera ensuite analysée, visualisée, enregistrée et diffusée par des systèmes de traitement numérique adaptés. Cette vision se retrouve dans la notion de convergence NBIC (Nanotechnologie-Biologie-Information-Cognition) où sont associés ces différents domaines de recherche. L'information constitue alors le lien entre la technologie et la connaissance, appliqué à un domaine privilégié : la biologie.

Dans ce chapitre, nous allons principalement nous intéresser aux **traitements de l'information numériques** proches du capteur, qui permettent de corriger les défauts et d'extraire l'information numérique recherchée. Nous donnerons ensuite quelques grands principes de **l'analyse de données**. Mais nous n'aborderons pas plus en détails le domaine immense de la bioinformatique [16-19], dont l'objet principal est l'intégration, l'exploitation et la modélisation des données. Nous nous restreindrons donc aux traitements de l'information liés à la génération des données.

Ce domaine du traitement de l'information appliqué aux nanobiotechnologies est cependant très vaste du fait de la diversité des moyens pouvant être mis en œuvre. Nous allons donc plutôt chercher à introduire les concepts nécessaires pour définir ces traitements. Nous donnerons quelques exemples. Mais nous ne chercherons pas à décrire de manière exhaustive toutes les techniques. L'approche retenue est décrite sur la figure 13.1. Par interaction avec le milieu observé, le nanosystème de mesure fournit un ensemble de signaux électroniques numériques. Il est ensuite nécessaire de mettre en place des traitements numériques pour obtenir la représentation de l'information recherchée. Les signaux électroniques sont ainsi traités pour reconstruire la représentation numérique souhaitée.

Ce traitement inclut une étape de prétraitement pour corriger les défauts des capteurs et améliorer l'information, et une étape de traitement pour extraire l'information. Cette représentation numérique fournit les données d'entrée aux traitements d'analyse de données, qui cherchent notamment à extraire une description paramétrique ou symbolique, pour aider l'utilisateur à interpréter les mesures et à prendre les décisions appropriées. Une représentation synthétique de l'architecture d'un système d'information est donnée sur la figure 13.2. Le traitement de l'information est mis en œuvre sur un calculateur. L'interaction avec le milieu physique est réalisée grâce à des capteurs ou des actionneurs. L'utilisateur commande le système à travers une interface telle qu'un clavier ou une souris. L'écran permet d'afficher la représentation calculée. Celle-ci peut être archivée sur un dispositif approprié, tel qu'une mémoire de masse, ou communiquer vers d'autres utilisateurs distants à travers un réseau de communication. Inversement, le calculateur accède sur sa mémoire de masse ou à travers le réseau aux connaissances nécessaires pour construire ou analyser les données, comme c'est le cas lorsque nous utilisons l'accès à des bases de données à distance.

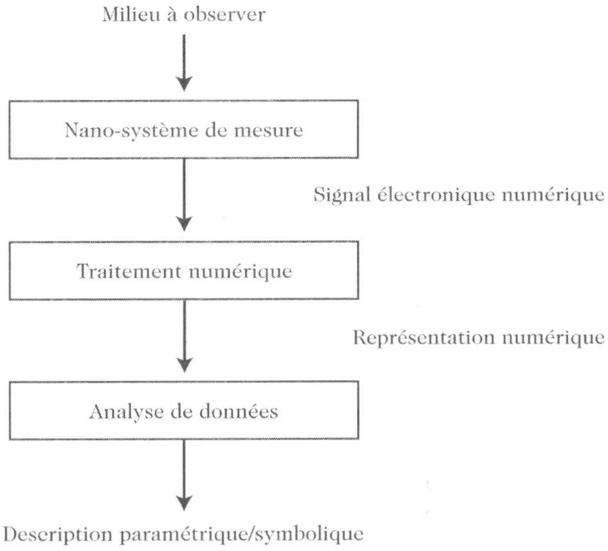

Figure 13.1. Les principales étapes d'un procédé de traitement de l'information.

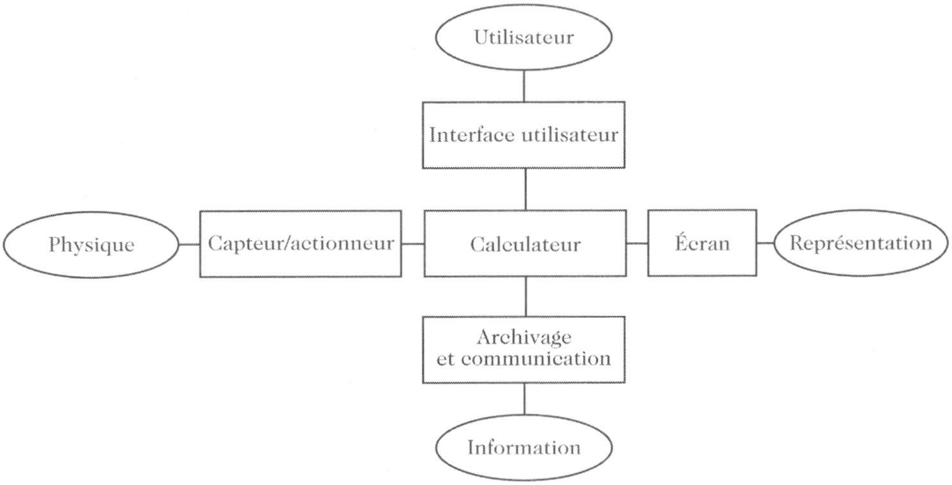

Figure 13.2. Architecture d'un système d'information.

1.3. Trois exemples

Nous allons maintenant exposer trois exemples de problèmes de traitement de l'information rencontrés en nanobiotechnologie.

1.3.1. Puce à hybridation cible/sonde

Une puce à hybridation [1, 20] est un composant permettant de reconnaître dans un mélange contenant des cibles moléculaires la présence de sondes moléculaires disposées sélectivement sur un ensemble de plots de la biopuce (figure 13.3). Nous caractérisons le mélange de cibles par un vecteur c(*j*) définissant le nombre de cibles de type *j* présentes dans le mélange et qui doivent être reconnues.

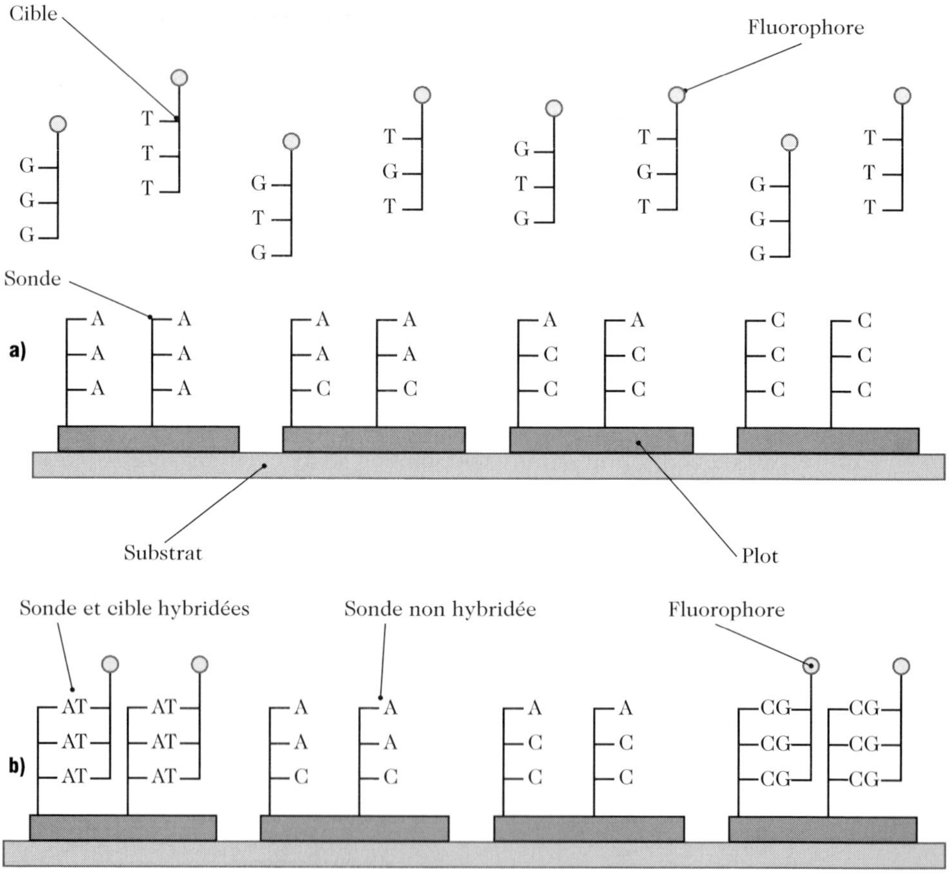

Figure 13.3. Schéma de principe d'une puce à hybridation cible/sonde. **a)** Biopuce fonctionnalisée au contact de la solution pour réactions d'hybridation. **b)** Biopuce après hybridation prête pour la reconnaissance par fluorescence.

Ce mélange est mis en interaction avec un réseau de plots sur lesquels ont été greffées des sondes (voir la figure 13.3a). Après interaction, nous notons p(*i*) le nombre de cibles qui ont été hybridées sur le plot *i* avec la sonde associée (voir la figure 13.3b). Dans l'exemple de la figure 13.3, l'hybridation se fait par création de liaisons spécifiques entre les bases A et T d'une part, et les bases C et G d'autre part. Seuls les brins comportant des séquences A, C, G, T une à une complémentaires vont donner lieu à hybridation. Dans ce cas, nous interprétons le procédé en disant que la sonde a reconnu la cible. Sur la figure 13.3, le principe est illustré sur des brins à 3 bases. Dans la réalité, nous utilisons des oligonucléotides possédant entre 15 et 80 bases.

Dans une mesure optique par fluorescence, les cibles sont dotées d'un marqueur fluorescent. Après avoir rincé la biopuce, seuls les plots sur lesquels il y a eu hybridation sont porteurs de fluorophores (voir la figure 13.3b). Pour réaliser la lecture, le plot est excité avec un rayonnement laser, et l'intensité m(i) du signal de fluorescence sur le plot i est mesurée. Nous présentons sur la figure 13.4 l'image de fluorescence d'une puce Affymetrix réalisée par l'équipe commune bioMérieux – LETI.

Figure 13.4. Image de fluorescence d'une puce Affymetrix (source : équipe commune bioMérieux – LETI).

Le premier problème résolu par le traitement est le calcul à partir des mesures m(i) d'un signal r(i) restauré, tenant compte des défauts du capteur et du principe de mesure. Dans une approche de type **quantification**, l'objectif du traitement est ensuite de calculer pour chaque sonde j le nombre de cibles associées c(j) qui étaient présentes dans le mélange. Cela nécessite de connaître un modèle fonctionnel pour chacune des étapes d'hybridation et de lecture. Dans une approche de type **détection**, l'objectif de l'analyse est de décider pour chaque plot si la sonde j était présente ou pas dans la solution. Cette décision est prise par exemple par des procédés de seuillage ou de classification.

1.3.2. Chromatographie peptidique et spectrométrie de masse

Considérons un mélange de peptides caractérisés par un vecteur c(j) définissant le nombre de molécules du peptide j présent dans un mélange à analyser. Ce mélange est injecté dans une colonne de chromatographie. Notons p(j,L,t) le nombre de peptides de type j présents à la sortie de la colonne de chromatographie à l'instant t, L paramétrant la longueur de la colonne de chromatographie.

À chaque instant t, le mélange à la sortie de la colonne de chromatographie est ionisé, puis injecté dans un spectromètre de masse. Notons m(v,t) le spectre de masse à l'instant t, où v représente le temps de vol des ions dans le spectromètre de masse ou le rapport masse sur charge associé.

Par traitement, nous calculons un signal r(*v*,*t*) restauré de façon à compenser les défauts du système d'acquisition. Ensuite, dans une approche de type quantification, nous cherchons à calculer pour chaque peptide *j* le nombre de molécules c(*j*) qui étaient présentes dans le mélange à l'entrée de la colonne. Cela nécessite de connaître un modèle fonctionnel pour chacune des étapes de chromatographie, d'ionisation et de spectrométrie. Enfin, dans une approche de type détection, par analyse de données, nous devons décider si le peptide *j* était présent ou pas dans la solution. Cette décision est prise par exemple par seuillage ou par classification. Par analyse de données, nous cherchons aussi à reconnaître quelles protéines correspondent aux peptides détectés.

1.3.3. Imagerie

Un système d'imagerie réalise la cartographie d'un paramètre physique. En imagerie morphologique, où l'on étudie plutôt l'architecture ou la topologie d'une scène ou d'un objet, ce paramètre peut être par exemple une densité d'absorption, un indice de réfraction, une profondeur. En imagerie fonctionnelle, où l'on étudie le fonctionnement ou le métabolisme d'un organisme à travers des marqueurs naturels ou artificiels, ce paramètre correspondra à une densité de marqueurs ou une densité d'émetteurs, si ces marqueurs sont étiquetés avec des éléments soit radioactifs, soit luminescents ou fluorescents. Notons *f* la fonction décrivant la répartition spatiale de ce paramètre. Ce paramètre est observé à l'aide d'un système d'imagerie qui fournit une image *m*. Différents systèmes d'imagerie sont envisageables comme les microscopes à champs proche, les microscopes électroniques, les microscopes confocaux, les systèmes d'imagerie par plasmon (SPR) [21, 22] ou par holographie numérique, et enfin l'imagerie spectrométrique [23].
Le premier objectif du traitement est de calculer un signal *r* restauré. Nous cherchons par exemple à reconstruire la fonction *f* initiale ayant permis de générer l'image *m* mesurée [24, 25]. Ce problème devient encore plus délicat quand il s'agit de reconstruire une image tridimensionnelle *f* à partir d'un ensemble de projections bidimensionnelles *m* mesurées suivant différentes incidences. Cela correspond aux problèmes de tomographie [26, 27]. Par analyse d'image, nous cherchons ensuite à reconnaître les formes caractéristiques des objets cibles ou à différencier par classification les images pathologiques des autres.

Dans chacun de ces exemples, il s'agit de déterminer des concentrations infimes de molécules ou de réaliser des images nanométriques. Beaucoup de ces techniques relèvent donc de la nanocaractérisation. Les vecteurs et les paramètres d'information dépendent des phénomènes physiques mis en jeux.
D'une manière générale, nous pouvons distinguer trois principaux types de fonction pour ces dispositifs :

- La première est **une fonction de détection**. Il s'agit de décider si telle molécule est présente ou pas dans un milieu, ou de diagnostiquer la présence d'une maladie ou d'une mutation génétique ou d'un agent. L'information finale est binaire : il y a présence ou absence de l'élément à détecter. D'un point de vue statistique, nous parlons de test statistique. Nous définissons souvent un seuil associé à une fonction de décision pour traiter ce type d'information. Nous caractérisons un tel processus par sa sensibilité, c'est-à-dire sa capacité à minimiser les faux négatifs, associés au fait qu'il est décidé que l'élément n'est pas présent alors qu'il est présent physiquement, et sa spécificité, c'est-à-dire sa capacité à rejeter les faux positifs, associés au fait qu'il est décidé que l'élément est présent alors qu'il ne l'est pas physiquement.

- La deuxième est **une fonction d'observation**. Quand nous réalisons l'analyse d'un mélange, nous souhaitons dresser la liste des constituants. Quand nous prenons l'image d'une cellule, nous souhaitons voir et identifier les différents organes. Cette fonction est caractérisée par les limites de résolution des instruments.
- La troisième est **une fonction de quantification**. Nous souhaitons déterminer précisément la concentration des molécules dans un mélange, ou la densité d'un traceur dans une image fonctionnelle pour évaluer le niveau d'activité. Cette fonction est caractérisée par la précision, la fidélité et la dynamique des mesures. Un paramètre important est le rapport signal sur bruit.

1.4. Les verrous technologiques

Du fait de la réduction des dimensions, les nanobiotechnologies imposent de surmonter des verrous technologiques que nous pouvons résumer ainsi :

- **Les effets d'échelle** : le passage aux dimensions nanométriques change les ordres de grandeur pour les phénomènes physiques mis en jeu [28]. Ainsi, certains phénomènes deviennent prépondérants devant d'autres, par exemple dans les écoulements microfluidiques ou dans les interactions entre les molécules et les substrats, et les modèles fonctionnels décrivant le principe des mesures doivent être adaptés. C'est le cas par exemple en spectroscopie d'impédance. Le modèle standard est le modèle de Randles, qui décrit le comportement dynamique d'une réaction redox dans le cas de la diffusion semi-infinie [29]. Il comprend une résistance, une impédance de diffusion de Warburg et un condensateur de double couche interfaciale. Ce modèle n'est plus adapté quand les phénomènes redox se passent sur des microélectrodes fonctionnalisées, et il faut des modèles plus évolués comme les modèles à dérivée non entière pour décrire les phénomènes de diffusion-convexion mis en jeu [30]. La réduction de la taille des capteurs s'accompagne aussi généralement d'une augmentation du bruit de mesure [31].
- **Les effets de parallélisation et de haut débit** : les analyses à haut débit sur les biopuces nécessitent de multiplexer les mesures, c'est-à-dire de réaliser simultanément les mesures. Nous passons alors d'un principe de mesure élémentaire de type SISO (*Single Input Single Output*) à un principe de type MIMO (*Multiple Input Multiple Output*) [32]. Un concept simple est un concept d'adressage matriciel, où les entrées sont réalisées suivant les lignes du dispositif et les sorties suivant les colonnes [33]. Sur de tels dispositifs, il est alors nécessaire de proposer des traitements adaptés pour identifier à partir de ces relations entrée-sortie le comportement et les paramètres de chaque cellule élémentaire. Par ailleurs, le passage à des mesures haut débit nécessite d'étudier des compromis entre le débit des mesures et la résolution et la sensibilité des dispositifs.

C'est par exemple le cas dans les procédés d'analyse où, dans la phase de séparation physico-chimique des composants, il faut tenir compte des cinétiques des réactions chimiques et des phénomènes de transport.

- **La fiabilité des mesures** : plusieurs sources d'erreur viennent perturber les mesures. La première concerne les effets de dispersion sur les composants lors de leur fabrication ou lors de leur évolution au cours du temps ; la réduction des dimensions des composants de détection s'accompagne inéluctablement d'une grande dispersion des caractéristiques telles que le gain, la linéarité, la dynamique de mesure, les paramètres fonctionnels. La deuxième source d'erreur concerne le bruit sur les mesures, lié en particulier au fait que les interactions produisant le signal sont des phénomènes aléatoires. Enfin la troisième source d'erreur correspond aux phénomènes parasites tels que les hybridations non spécifiques, les contaminants, les phénomènes de diffusion. Ces sources d'erreur imposent de mettre en place des prétraitements correcteurs et des traitements régularisant afin d'améliorer la robustesse des dispositifs. Cela amène aussi, quand c'est possible, à mettre en place des procédés d'asservissement relevant des techniques de contrôle-commande en automatique pour maîtriser la qualité des mesures réalisées.
- **La spécificité des interfaces avec la biologie** : l'exploration *in vivo* sur des organismes vivants (cellules, micro-organismes, plantes, organes, animaux, patients) impose des contraintes, comme par exemple :
  – la biocompatibilité, pour que les mesures soient compatibles avec les conditions de vie,
  – l'évolution dans le temps des observations, liée au fait que les organismes vivants sont des organismes animés,
  – la complexité des phénomènes observés que nous décrivons ci-après.
  Des méthodes de traitement dédiées sont alors nécessaires.
- **La complexité des mesures** : les milieux biologiques sont souvent très complexes. Un liquide comme le sang ou le sérum contient une grande diversité de molécules et de cellules sur une très grande dynamique de concentration. On compte 35 000 gènes, plusieurs milliers d'ARN messagers et plusieurs millions de protéines possibles dans une cellule humaine. Par ailleurs, de nombreuses molécules comme les molécules d'ADN ou les protéines sont reliées entre elles par des réseaux fonctionnels [34]. Cela veut dire que l'exploration du vivant impose une approche multi-paramétrique, combinant plusieurs moyens physiques d'exploration et associant aussi une description multi-échelle allant du nano- vers le macroscopique. La structure tridimensionnelle des objets comme les molécules ou les cellules apporte aussi de l'information quant à l'organisation spatiale des phénomènes. Par ailleurs, les phénomènes biologiques sont variables dans le temps, et l'étude de leur cinétique est primordiale pour les études fonctionnelles. Devant cette complexité, la notion importante est alors l'intégration des données pour combiner toutes ces investigations. Cette grande quantité de données à traiter nécessite de mettre en œuvre des moyens de calculs importants, tels que des processeurs intégrés au niveau des composants, des fermes de processeurs ou des grilles de calcul, et souvent d'avoir accès à des bases de données par l'intermédiaire de moyens de télécommunication adaptés.

1.5. Les automates de mesure

D'un point de vue fonctionnel, les analyses biochimiques comportent généralement des étapes de manipulation cherchant à séparer par des procédés physicochimiques les composants, des étapes de lecture et des étapes de traitement de l'information. Sur des analyses complexes, l'enchaînement de ces étapes doit être réalisé par un automate qui contrôle et coordonne. Un exemple d'automate correspond aux robots qui vont déposer les gouttes à analyser sur les biopuces. Ces automates doivent coordonner les échanges de matières, les procédés de traitement physico-chimiques, les procédés de lecture, les procédés de traitement numérique. Dans le cadre des nanobiotechnologies, une voie de recherche importante correspond aux laboratoires sur puce, où toutes ces étapes devront être miniaturisées et intégrées sur un microsystème [35-40]. Cela permettra notamment de travailler avec des quantités d'échantillons ou de réactifs plus faibles, d'améliorer l'efficacité des réactions en augmentant le rapport surface sur volume. Par ailleurs, il deviendra possible d'associer sur un même composant le traitement physico-chimique et le traitement de l'information embarqué. En médecine moléculaire, ces laboratoires sur puce rendent possibles de nouveaux usages de type borne de santé, en allant vers des systèmes d'analyse décentralisés autonomes pouvant être utilisés au lit du malade, chez le médecin ou dans les officines d'analyse biologique, voire au domicile du patient. Cela contribuera au développement de la médecine personnalisée. Mais d'autres domaines bénéficieront de cette possibilité de transporter les mesures, comme le contrôle de l'environnement ou la lutte contre le bioterrorisme ou les armes biologiques.

1.6. À propos du plan de ce chapitre

Le plan de ce chapitre est organisé en suivant la chaîne de traitement caractéristique des systèmes d'information, introduite ci-dessus et illustrée sur la figure 13.1. Nous présentons au paragraphe 2 les différentes formes que la représentation numérique peut prendre et les notions fondamentales pour éviter les erreurs. Les prétraitements sont décrits au paragraphe 3 et l'extraction de l'information au paragraphe 4. Enfin, l'analyse de l'information est introduite au paragraphe 5.

2. Représentation de l'information

2.1. Les structures de données

Les représentations de l'information disponibles en nanobiotechnologies sont variées. Le codage informatique est toujours une liste de valeurs discrètes et quantifiées. Mais cette liste peut correspondre à des structures différentes, suivant ce que ces données représentent et suivant leurs dimensions. Nous allons maintenant décrire les principales structures de données rencontrées.
Sur un profil moléculaire, il s'agit d'une liste de valeurs associées aux différentes molécules recherchées. Ces valeurs représentent les quantités de molécules en

solution. Ces quantités sont par exemple définies par des concentrations ou par des nombres de molécules. Cette liste de valeurs est regroupée dans un vecteur de données.

Les interactions entre les molécules dans un réseau métabolique sont représentées par des graphes relationnels décrivant les molécules qui interagissent entre elles et les constantes des réactions cinétiques associées. Ces graphes sont analogues à ceux utilisés pour décrire de manière formelle les réseaux d'automates finis.

Le courant mesuré sur une électrode dans une mesure électrochimique, ou la tension sur une mesure de potentiel électrique, ou l'intensité du rayonnement de fluorescence associé à une excitation laser sont des signaux à une dimension (1D). Dans les circuits électroniques proches des capteurs, ils existent souvent de manière analogique et ils sont représentés par une fonction. Un convertisseur analogique-numérique va transformer ces signaux continus en une série de valeurs numériques discrètes appelées échantillons. Dans les systèmes où sont effectuées en parallèle plusieurs mesures, comme sur les réseaux d'électrodes, les valeurs à un instant donné sont représentées par un vecteur, chaque indice repérant l'élément réalisant la mesure. Les signaux temporels échantillonnés définiront alors une série numérique vectorielle.

Les mesures spectrales correspondent aussi à une série de valeurs discrètes associées à chacune des composantes spectrales investiguées. Celles-ci peuvent être par exemple des fréquences électriques ou mécaniques, ou des énergies nucléaires ou électromagnétiques, ou des rapports masse sur charge en spectrométrie de masse. Ces spectres sont aussi représentés par des vecteurs de valeurs numériques.

En analyse chromatographique, nous sommes amenés à étudier des séquences temporelles de spectres en fonction du temps d'arrivée en sortie de la colonne de chromatographie. Cela définit alors une série vectorielle de valeurs numériques qui peuvent être représentées sous forme d'une image ou spectrogramme.

Les images constituent une forme de signal muldimensionnelle. Les images représentent la répartition spatiale d'un paramètre physique caractéristique. Quand cette répartition spatiale est étudiée sur une surface à deux indices, le plus souvent un plan, nous parlons d'image bidimensionnelle (2D). C'est le cas en particulier de tous les dispositifs microscopiques étudiant l'état d'une surface. C'est le cas aussi des coupes tomographiques transverses fournies par les dispositifs de tomographie. Cependant, les objets vivants explorés, comme les cellules, les organes, les animaux, les patients, ont une structure volumique. Il est alors souhaitable de réaliser une imagerie tridimensionnelle (3D) pour localiser convenablement l'information étudiée. Pour étudier une évolution dans le temps, nous réalisons des séquences d'images. Chaque image est décrite de manière continue par une fonction et de manière discrète, après échantillonnage, par un vecteur. Ce vecteur est défini par une concaténation des lignes de l'image. Les séquences d'images sont associées à une série numérique vectorielle.

Certains dispositifs étudient la répartition spatiale d'un spectre de mesure. C'est le cas par exemple sur les dispositifs TOF-SIMS (*Time Of Flight-Secondary Ion Mass Spectrometry*) [41] ou sur les dispositifs d'imagerie par spectroscopie d'impédance. Nous pouvons alors les assimiler à des images tridimensionnelles, où deux des dimensions correspondent aux variations spatiales et la troisième aux variations spectrales.

D'un point de vue informatique, ces listes de valeurs numériques sont rassemblées dans un fichier. Elles constituent une donnée élémentaire pour un examen. Pour réaliser des campagnes de mesure ou des examens en routine, il est nécessaire d'utiliser des moyens d'archivage appropriés de ces données, appelés aussi bases de données. Les données associées à un même patient, ou à une même expérimentation, sont rassemblées dans un même dossier ou répertoire. Ces répertoires peuvent combiner des données fournies par différents types de mesures. Nous parlons alors de multi-modalité. Quand il s'agit d'explorer systématiquement un grand nombre de cas, comme pour l'exploration du génome ou du protéome, ou l'étude de cohortes de patients, nous constituons alors des banques de données.

2.2. Échantillonnage et quantification

La transformation d'un signal continu en un signal discret est appelé échantillonnage. La transformation inverse est appelée reconstruction. Elle met en œuvre des techniques d'interpolation appropriées. Pour qu'un signal échantillonné puisse redonner de manière exacte le signal continu original, il faut que l'opération d'échantillonnage vérifie le théorème de Shannon, qui stipule que la fréquence d'échantillonnage doit valoir au moins le double de la fréquence de coupure du signal. Cette condition doit bien être prise en compte pour étudier des objets très petits devant la taille des échantillons. Sinon, nous constatons des erreurs dites de recouvrement de spectre ou « *aliasing* ».
Ces données échantillonnées sont ensuite quantifiées grâce à un convertisseur analogique-numérique. Ce convertisseur est caractérisé par sa dynamique de mesure et son pas de quantification. Après quantification, nous obtenons des mesures codées généralement sur 1, 2 ou 4 octets, 1 octet correspondant à 8 bits (*binary digits*).

2.3. Le bruit de mesure

La génération d'un signal électrique à partir d'un phénomène physique met en jeu des productions et des transports d'électrons ou de trous dans des matériaux. Ces interactions sont régies par des lois statistiques. Le signal mesuré comportera donc toujours des fluctuations aléatoires appelées bruit de mesure [31]. Ce bruit de mesure sera d'ailleurs de plus en plus important quand nous nous approcherons de dimensions nanométriques, proches des dimensions atomiques ou moléculaires. Il est donc nécessaire de prendre en compte ces fluctuations dans la description des mesures. Le bruit est caractérisé par sa densité de probabilité, ou moment d'ordre 1, généralement décrite par son écart-type, et par sa fonction d'autocorrélation, ou moment d'ordre 2, décrivant le niveau de dépendance entre des échantillons voisins [24]. La fonction d'autocorrélation est souvent décrite par la densité spectrale de puissance du bruit, qui correspond à sa transformée de Fourier. Sur un capteur, le phénomène d'interaction qui permet de générer le signal est souvent réparti sur tout un volume ou sur toute une surface. Aussi la réduction de la taille des échantillons pourra être accompagnée d'une augmentation de la dépendance entre les échantillons voisins.

2.4. Mesure directe ou indirecte

Dans certains cas, l'analyse des données peut être réalisée directement à partir du signal mesuré. C'est le cas dans l'exemple 1 décrit au paragraphe 1.3.1, où nous souhaitons détecter sur chaque plot s'il y a eu hybridation ou pas. Dans l'exemple 2 (paragraphe 1.3.2), le spectre permet de détecter directement si un peptide de rapport masse/charge donné est présent ou absent. Mais dans d'autres cas, cette observation directe n'est plus suffisante. L'instrument de mesure est caractérisé par une transformation directe reliant le paramètre physique recherché aux mesures. Pour retrouver le paramètre physique à partir de ces mesures indirectes, il faut résoudre le problème inverse, c'est-à-dire calculer le paramètre physique à partir d'un système d'équations défini par le problème direct et les mesures. C'est le cas généralement quand nous souhaitons faire une mesure quantitative de concentration. Dans l'exemple 1, le paramètre important est la concentration des molécules présentes dans la solution, alors que la grandeur mesurée est l'intensité du rayonnement de fluorescence. Dans l'exemple 2, le paramètre recherché est la concentration des peptides présents dans la solution, alors que la grandeur mesurée est le spectrogramme de masse. Dans l'exemple 3 (paragraphe 1.3.3), à partir d'une imagerie par spectroscopie d'impédance, nous souhaitons retrouver la cartographie de la concentration des dépôts moléculaires réalisés sur la surface étudiée. Dans un microscope à force atomique, la profondeur de chaque point de la surface de l'objet sera déduite de la force d'interaction entre le capteur et l'objet. Ce problème se rencontre aussi sur les dispositifs tomographiques comme les microscopes électroniques, où les images mesurées correspondent à une projection de la densité d'atténuation suivant la direction du rayonnement de mesure. Pour remonter à la cartographie tridimensionnelle de cette densité d'atténuation, nous réalisons des projections suivant différents angles de mesure. Nous reconstruisons ensuite l'objet en inversant le système d'équations défini par cet ensemble de projections [26].

3. Corriger les capteurs et améliorer l'information

L'objectif de cette phase du traitement de l'information, appelée aussi prétraitement, est de préparer les données pour qu'elles soient prêtes, soit pour un usage direct par l'utilisateur, soit pour les traitements numériques ultérieurs. Il s'agit en particulier de corriger les défauts liés aux détecteurs et aux conditions d'usage pour une exploitation standardisée des mesures. Cela nécessite de corriger les erreurs systématiques liées aux principes de détection et aux technologies mises en œuvre. Ce prétraitement des données cherche à fournir des mesures idéales suivant les critères suivants :
– **linéarité**, au sens où sur un objet complexe dont le paramètre caractéristique étudié est une combinaison linéaire de paramètres caractéristiques d'objets élémentaires, la mesure réalisée sur l'objet complexe est égale à la combinaison linéaire des mesures associées aux objets élémentaires,
– **indépendance** vis-à-vis des autres mesures, des dispersions sur les composants et des conditions expérimentales,
– **reproductibilité** et **robustesse**,

– **sans aberrations**,
– avec une **bonne localisation géométrique, spatiale ou temporelle**, quand cela est nécessaire.

Pour tenir de tels objectifs, il est nécessaire de mettre en place des traitements numériques, que nous allons maintenant décrire. D'un point de vue mathématique, il s'agit de définir une transformation entre une liste de mesures brutes et une liste de mesures prêtes à l'emploi. Des chapitres généraux sur les méthodes de prétraitement en traitement d'image sont proposés dans les ouvrages de Jahne [24] et de Maitre [25], et une présentation des approches de prétraitement et de normalisation appliquées à l'analyse des biopuces est décrite dans le livre de Draghici [1].

3.1. Linéarité et calibrage

Cette étape consiste à mettre en œuvre une conversion entre données brutes et données d'usage. On procède en définissant une loi de conversion, soit en utilisant une formule explicite, soit en utilisant une table de conversion.

Le premier exemple est un traitement de calibrage de la réponse d'un détecteur [32, 42, 43, 44]. Nous réalisons un ensemble de mesures sur des valeurs étalons. Ces mesures peuvent être représentées sur un graphique, avec en abscisse les grandeurs physiques et en ordonnée les valeurs mesurées (figure 13.5). Nous cherchons alors par traitement à faire passer une **courbe d'étalonnage** par ces points de mesure. Le plus souvent, nous nous donnons un modèle de loi de conversion, qui peut être un modèle linéaire ou polynomial. Nous estimons par **régression** les paramètres de cette courbe. L'étude statistique de ces mesures définit des marges d'erreur associées aux courbes limites de la bande de régression. Ensuite, quand une mesure est réalisée, nous recherchons sur cette courbe d'étalonnage la grandeur physique associée. Les mesures d'étalonnage qui se situent en dehors de la bande de régression sont déclarées comme des mesures aberrantes.

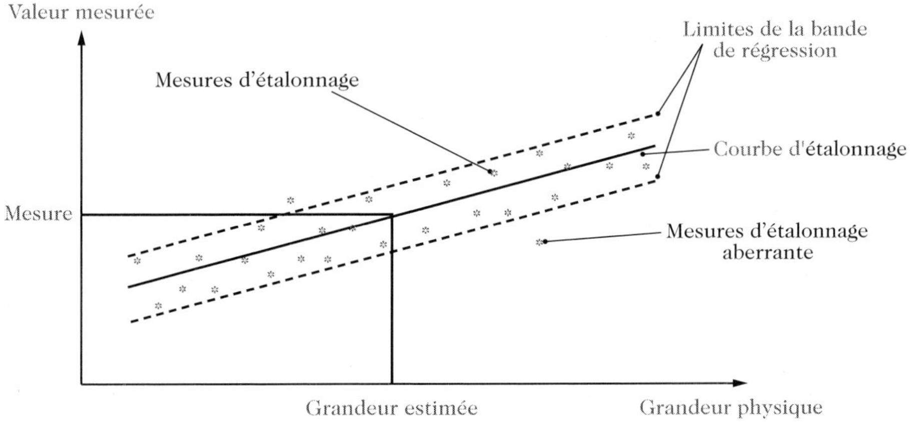

Figure 13.5. Estimation d'une grandeur physique à partir d'une valeur mesurée par étalonnage et régression.

Cette étape de conversion permet aussi d'introduire une conversion des mesures comme une conversion logarithmique. Cela est nécessaire pour exploiter des mesures suivant des lois exponentielles, comme la loi d'atténuation d'un rayonnement dans la matière, ou des croissances géométriques comme les lois de multiplication d'espèces biologiques. Cette étape sert aussi pour convertir la grandeur électrique mesurée par le système électronique en une grandeur physique recherchée.

Cette conversion peut enfin être utilisée pour corriger la dispersion sur le gain et sur la dynamique des mesures. Par exemple, sur un système d'imagerie, nous cherchons à adapter la dynamique des mesures de façon à utiliser pleinement la dynamique d'affichage des écrans grâce à des tables de conversion (LUT : *look up table*). Nous pouvons aussi faire en sorte que l'histogramme des valeurs affichées soit le plus uniforme possible par égalisation d'histogramme [45], pour adapter l'image aux capacités d'analyse de notre système de vision.

3.2. Indépendance et normalisation

Dans le cas précédent, nous avons considéré une mesure élémentaire. Si maintenant nous devons réaliser plusieurs mesures simultanément, il est possible que la loi de conversion précédente ne soit plus suffisante. C'est le cas par exemple sur les systèmes d'imagerie, où la mesure sur un pixel est influencée par les mesures sur les autres pixels. D'un point de vue physique, c'est le cas si des phénomènes physiques parasites comme du rayonnement diffusé viennent perturber la mesure. Dans les prétraitements, nous devons tenir compte des cas où ces effets parasites créent une différence de niveau ou *offset*, qu'il va falloir corriger. Deux familles d'approches peuvent être envisagées.

La première famille d'approches cherche à **estimer la valeur du niveau de fond sur un pixel à partir de pixels voisins**. Les valeurs sont analysées de manière relative. Nous calculons alors la différence entre la valeur mesurée et le niveau de fond estimé. Cette estimation peut être réalisée par calcul d'une valeur moyenne ou par calcul d'une valeur interpolée en faisant passer une surface par les valeurs des pixels voisins.

La deuxième famille d'approches cherche à **utiliser des points de référence ou des points de contrôle** correspondant à des mesures où l'on sait que seul l'offset est présent. Nous pouvons par exemple utiliser des points de mesure hors de la zone de l'objet, ou des points de mesure où la valeur mesurée est forcée à zéro (mesure de blanc). Dans ce cas, l'estimation de l'offset sera faite en calculant une valeur interpolée à partir de ces points de référence.

Des approches analogues peuvent être développées pour corriger les variations temporelles d'un signal. Là aussi, des offsets peuvent apparaître, par exemple du fait de phénomènes de rémanence. Nous les corrigeons alors soit par soustraction d'une valeur moyenne glissante, soit par soustraction à partir d'échantillons temporels de référence.

3.3. Bruit et filtrage

Du fait de la nature statistique des phénomènes mis en jeu pour créer le signal électronique, toute mesure est nécessairement aléatoire. En traitement de l'information, nous modélisons ce phénomène en caractérisant la mesure par l'addition d'un signal déterministe et d'un bruit aléatoire. Les capteurs sont généralement des dispositifs intégrateurs qui vont moyenner la grandeur mesurée suivant la surface active du capteur ou suivant la fenêtre temporelle de mesure. Plus nous cherchons à faire une mesure résolue spatialement ou temporellement, plus le rapport signal sur bruit entre la valeur moyenne du signal et l'écart-type du bruit est faible. Le bruit de mesure constitue donc une limitation sur les dispositifs de nanotechnologie.

La principale technique pour réduire le bruit est de calculer une moyenne sur plusieurs mesures. Ces mesures peuvent provenir d'une duplication des acquisitions dans le temps ou suivant plusieurs capteurs. Dans le cas des systèmes d'acquisition de signal ou d'images, une solution consiste à calculer cette valeur moyenne en combinant les valeurs voisines spatialement ou temporellement. Nous parlons alors de filtrage spatial ou temporel [24, 25]. Dans un filtrage linéaire, nous remplaçons la valeur d'un échantillon par une combinaison linéaire des valeurs des échantillons voisins. Des approches plus élaborées reposant sur une décomposition en ondelettes des images sont aussi proposées [25, 46]. Les ondelettes sont des bases de fonctions qui assurent une bonne localisation en espace et en fréquence, permettant ainsi une analyse conjointe espace-fréquence, des filtrages adaptatifs spatialement et des traitements multi-échelles. Cette localisation dans l'espace n'est pas vérifiée par les fonctions trigonométriques utilisées par l'analyse de Fourier. L'inconvénient des filtres linéaires est de lisser l'image ou le signal. Quand cela constitue une forte limitation, nous réalisons un filtrage non linéaire, comme un filtre de rang ou un filtre attribuant un poids différent aux échantillons suivant un critère lié au niveau de variation du signal ou de l'image [47].

En nanotechnologie, l'utilisation de techniques issues de la microélectronique permet d'envisager de substituer une mesure unique sur un capteur par un grand nombre de mesures sur plusieurs capteurs. L'un des intérêts est alors de pouvoir introduire ces traitements numériques de lissage pour obtenir un niveau de bruit équivalent. Mais comme il s'agit de traitements numériques, nous disposons alors de plus de degrés de liberté pour adapter les traitements aux critères de qualité recherchés, notamment en introduisant des traitements non linéaires.

3.4. Mesures aberrantes

L'introduction de technologies de fabrication massive issues de la microélectronique apporte de nombreux avantages, mais crée aussi des contraintes. En particulier, il est possible que certains points de mesure ne fonctionnent pas et ne donnent pas de signal de mesure, ou donnent un signal aberrant. C'est le cas par exemple sur les capteurs d'imagerie ou sur les biopuces. Il convient alors de pouvoir identifier ces capteurs et de traiter les mesures de manière appropriée.

Pour décider si une mesure est en défaut, il faut pouvoir détecter un comportement aberrant. Un comportement aberrant peut correspondre par exemple à une mesure d'étalonnage où le point défini par la valeur étalon et la valeur mesurée s'écartent de la courbe moyenne d'étalonnage d'une distance supérieure à la distance imputable au bruit de mesure (voir la figure 13.5). Un autre exemple est de comparer la valeur aux valeurs voisines dans l'espace ou dans le temps. Si cet écart est trop important par rapport au bruit de mesure, alors la valeur est déclarée comme mesure en défaut.

Une fois identifiées, ces valeurs par défaut peuvent être, soit rejetées, soit remplacées par une valeur calculée à partir des valeurs voisines par filtrage ou par interpolation. En imagerie, quand l'erreur ne concerne que quelques pixels répartis aléatoirement sur l'image, nous utilisons par exemple des filtres médians, où la valeur aberrante sera remplacée par la valeur médiane des valeurs voisines.

3.5. Distorsions et corrections géométriques

Sur les systèmes d'imagerie, en plus du niveau de mesure sur chaque pixel, il faut aussi déterminer ses coordonnées dans le plan image. Cette localisation est faite, soit par construction du capteur, soit par mesure s'il s'agit de systèmes à balayage. Quand la localisation géométrique doit être précise, il est souvent nécessaire de procéder à un redressement géométrique de l'image. Un principe simple est de réaliser l'image d'une mire de points ou d'un quadrillage et d'identifier la transformation géométrique qui permettra de transformer les positions mesurées en positions redressées. Cela définit une loi de déformation. Il s'agit ensuite de calculer par interpolation sur l'image brute les valeurs à attribuer à tout point de l'image redressée en suivant cette loi de déformation.
Cette problématique de recalage géométrique des données se retrouve aussi quand il s'agit de comparer des images prises sur une population de spécimens et que nous souhaitons mettre en correspondance des zones d'intérêt pour les comparer. Ces transformations géométriques permettent alors de normaliser les données pour s'affranchir des différences morphologiques entre spécimens.
Cette problématique se retrouve aussi sur les mesures spectrométriques pour aligner différents spectres afin de pouvoir les comparer. Une approche consiste à utiliser des pics de référence et à déformer les spectres pour les mettre en correspondance [48].

4. Extraire l'information

4.1. Extraire les grandeurs physiques

Les dispositifs d'acquisition nanobiotechnologiques constituent une interface entre le monde du vivant et le monde de l'information numérique. Cette interface met en jeu des phénomènes physico-chimiques qui vont transformer des grandeurs physiques que nous souhaitons caractériser en des mesures électroniques. Dans les étapes de prétraitement, nous nous sommes intéressés à mettre en forme les mesures électroniques. Dans cette étape de traitement, l'objectif est d'extraire l'information, c'est-à-dire de retrouver les grandeurs physiques recherchées à partir des mesures électroniques.
Les exemples d'applications sont variés. Le premier cas simple est l'extraction d'un signal d'une mesure bruitée pour réduire les fluctuations statistiques et s'affranchir des autres composants [31, 49]. Un cas plus complexe est le mélange des signaux recherchés [32, 50]. Cette situation se produit quand nous cherchons à multiplexer les mesures. Ce multiplexage se produit par exemple quand nous réalisons des mesures spectrométriques sur un mélange [51] ou des mesures électriques sur un réseau d'électrodes parallélisées. Il s'agit alors de retrouver les signaux élémentaires ou les paramètres physiques associés à partir des mesures.

Un autre exemple correspond aux systèmes d'imagerie microscopique, par exemple en imagerie confocale, où du fait des limitations sur les dispositifs de mesure, l'image observée contient un certain flou par rapport à l'image idéale recherchée. L'objectif du traitement sera alors de restaurer l'image et de calculer une image proche de l'image exacte recherchée [52].

Un autre cas est la tomographie, où les mesures constituent un ensemble de projections de la cartographie du paramètre recherché suivant différentes incidences de mesure [26, 27]. C'est le cas en imagerie d'atténuation ou en imagerie d'émission. Chaque projection correspond à l'accumulation de la densité d'absorbeur ou d'émetteur dans la direction de mesure. La reconstruction d'image consiste alors à calculer la répartition spatiale de cette densité à partir des mesures projections. Cette problématique se généralise aux procédés de nanocaractérisation, utilisant différents moyens physiques pour explorer la surface ou l'intérieur d'un milieu biologique comme une cellule ou une surface fonctionnalisée suite à un dépôt chimique (imagerie SPR, microscopie à champ proche, etc.).

Les mesures en biochimie nécessitent souvent une manipulation et des transports microfluidiques. Ces transports induisent souvent des phénomènes de convexion-diffusion qui influent sur la composition des mélanges et sur la précision des analyses. Nous devons alors retrouver la composition du mélange initial à partir des mesures en sortie du système d'analyse.

Un dernier exemple correspond à l'estimation d'une quantité de produits hybridés à partir de mesures électrochimiques sur des capteurs immunologiques ou d'ADN [29, 53-56].

4.2. L'approche système

Pour mettre en place ces traitements, l'approche système (figure 13.6) consiste à décrire le principe de mesure par un système comportant des grandeurs d'entrée X correspondant aux signaux d'excitation, des paramètres physiques P caractérisant l'état du dispositif, et des grandeurs de sortie définies par les mesures M [53, 57-60]. Ce système est modélisé par un ensemble G de relations reliant ces variables sous la forme : $G(X, P, M) = 0$

Suivant les applications, l'information recherchée pourra correspondre, soit aux grandeurs d'entrée X, par exemple l'image de l'échantillon à l'entrée d'un microscope, soit aux paramètres physiques P, par exemple la concentration des dépôts fluorescents sur un dispositif de mesure par fluorescence excitée par laser.

Ces relations prennent différentes formes suivant les applications. Dans les approches continues, les grandeurs d'entrée X et de sortie M sont des fonctions. Nous distinguons alors les **approches intégrales,** où les mesures M sont reliées aux entrées par une transformation intégrale de première espèce associée à un noyau d'intégration caractéristique du système étudié [57], appelée également équation de Fredholm, et les **approches différentielles**, où les grandeurs sont reliées par des équations aux dérivées partielles (EDP) [61]. Dans les approches discrètes, les grandeurs d'entrée et de sortie sont des vecteurs reliés par exemple par des relations matricielles. Nous distinguons alors les approches déterministes et les approches statistiques utilisées si nous souhaitons décrire la nature aléatoire des grandeurs et des interactions de mesure.

Ces relations résultent de modèles physiques décrivant les équations d'interaction. Cependant, dans de nombreux cas, les modèles physiques peuvent être trop complexes ou trop détaillés et introduire un nombre de paramètres trop important, qu'il n'est pas toujours aisé de renseigner. C'est souvent le cas en biologie et en médecine. Dans ce cas, nous cherchons à simplifier le modèle pour obtenir un modèle fonctionnel ne prenant en compte que les variables d'intérêt et reproduisant le plus fidèlement possible le comportement, c'est-à-dire les relations de cause à effet entre les variables d'entrée et de sortie et les paramètres. Les variables non maîtrisées seront incluses dans un terme d'erreur systématique imputable à la modélisation approchée. Le choix d'un modèle approprié fait partie de l'art du « traiteur d'information ».

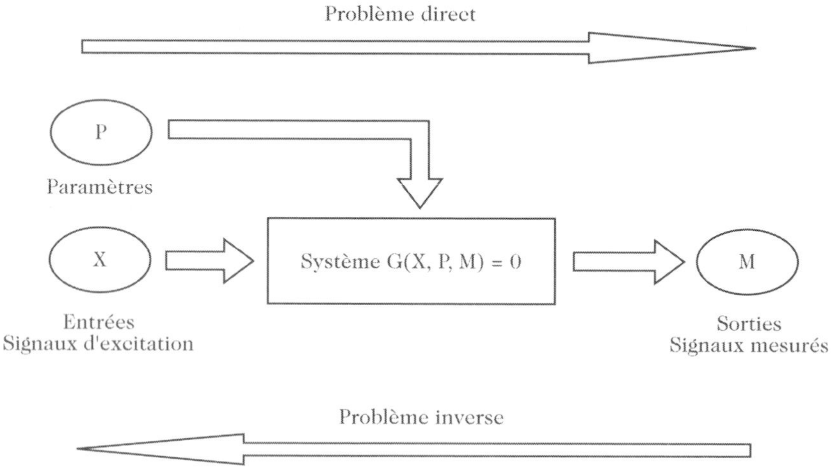

Figure 13.6. L'approche système et les problèmes inverses.

4.3. Les problèmes inverses

Une fois le principe de mesure modélisé, il s'agit maintenant de calculer l'information recherchée à partir des mesures et d'une connaissance, soit des paramètres, quand l'information est portée par les entrées, soit des données d'entrée, quand l'information est associée aux paramètres. Il s'agit donc de résoudre l'équation G(X, P, M) = 0, à partir des mesures et des grandeurs connues.

Cette problématique relève de la démarche générale des problèmes inverses [51, 57, 62]. Pour définir cette solution, plusieurs notions ont été définies par les mathématiciens et les traiteurs d'information. Nous appelons problème direct la transformation qui consiste à calculer les mesures connaissant les entrées et les paramètres (voir la figure 13.6). Dans un certain nombre de cas, comme en imagerie tomographique ou en restauration d'image, cette transformation est connue de manière explicite. Nous utilisons alors une description de l'instrument, par exemple par une équation de convolution avec la réponse impulsionnelle du dispositif, ou par une transformation comme la transformation de Fourier, la transformation de Radon ou la transformation rayons X [26]. La transformation de Radon d'une fonction est définie comme l'ensemble des intégrales sur les hyperplans d'un espace et la transformation rayons X comme l'ensemble des intégrales sur les droites de l'espace. En dimension 2, ces deux transformations sont équivalentes. La transformation rayons X modélise les mesures réalisées sur des dispositifs comme les tomographes à rayons X ou les microscopes électroniques, où un rayonnement est atténué entre un point source et un détecteur. Elle est aussi utilisée pour décrire des mesures de densité d'émetteurs le long de droites de mesure, comme c'est le cas en tomographie d'émission si nous négligeons les phénomènes parasites comme l'auto-atténuation du rayonnement. Dans d'autres cas, cette transformation est connue de manière implicite en résolvant une équation aux dérivées partielles. Si nous souhaitons par exemple décrire le transport d'une solution dans un dispositif microfluidique, il faudra résoudre l'équation de la dynamique des fluides, connaissant les conditions initiales définies par le mélange en entrée et les paramètres physiques des équations de transport.

Les problèmes inverses consistent à **retrouver l'information recherchée à partir des mesures** (voir la figure 13.6). Pour simplifier l'exposé, nous nous placerons dans le cas où les inconnues seraient les grandeurs d'entrée et où les paramètres physiques seraient supposés connus. Il s'agit donc de résoudre l'équation $G(X, P, M) = 0$ connaissant P et M.

Plusieurs difficultés peuvent apparaître pour mettre en œuvre ce calcul. Ces difficultés vont découler du fait que les problèmes directs décrivant les principes de mesure sont qualifiés de mal posés, au sens où l'un au moins des critères suivants est vérifié :

- **Non-existence de la solution** : du fait des erreurs sur les mesures ou sur les modèles, il se peut qu'aucune entrée ne puisse se transformer exactement en des sorties correspondant aux mesures.
- **Non-unicité de la solution** : du fait d'un nombre insuffisant de mesures, il y a ambiguïté et plusieurs solutions correspondent aux mesures.
- **Instabilité** : une petite perturbation sur les mesures entraîne une perturbation importante sur la solution.

Des algorithmes généraux relevant de l'algèbre linéaire existent pour les systèmes de mesure discrets décrits par des systèmes d'équations linéaires. Cela sera le cas d'une manière générale quand nous considérerons de petites variations autour d'un point de fonctionnement.

Un problème général est le calibrage des paramètres instrumentaux. Il est réalisé généralement en plaçant en entrée des étalons de mesure et en résolvant pour ces étalons le système d'équations $G(X, P, M) = 0$ par rapport aux variables P.

Dans certaines conditions, il se peut que les paramètres physiques ne soient pas tous connus. Une stratégie consiste alors à enchaîner des résolutions alternées, en estimant alternativement X connaissant P et P connaissant X.

4.4. Les solutions régularisées

Le calcul d'une solution impose de mettre en place une méthode de calcul numérique donnant un résultat acceptable. Une stratégie consiste à lisser les bruits de mesure, à réduire la complexité du problème direct et, si nécessaire, à lisser la solution calculée. Une autre stratégie consiste à définir une solution inverse généralisée. Pour cela, nous définissons une norme dans l'espace des solutions et

une norme dans l'espace des mesures. Ces normes sont des expressions mathématiques caractérisant la distance entre deux éléments d'un espace euclidien [61]. Nous définissons alors la solution inverse généralisée comme l'entrée X de norme minimum dont les mesures associées définies par le problème direct appliqué à la solution s'approchent le mieux des mesures M réalisées, c'est-à-dire minimisent la norme de l'écart entre la mesure associée et la mesure réalisée.
Cette solution étant généralement très perturbée, nous définissons alors une solution inverse généralisée régularisée, en additionnant à la norme à minimiser un terme de pénalité tenant compte de la régularité de la solution. Nous recherchons alors une solution réalisant un compromis entre régularité et adéquation aux mesures.
Une approche statistique devient nécessaire quand les perturbations ou les bruits de mesure sont très importants. Dans ce cas, nous décrivons les solutions et les mesures comme des processus aléatoires [51]. Nous cherchons alors la solution la plus probable au sens d'un critère donné. Les critères les plus utilisés sont le maximum de vraisemblance, qui recherche la solution telle que la mesure corresponde à la sortie associée la plus probable, et les approches bayésiennes, où la solution retenue maximise la probabilité d'avoir une solution conditionnellement aux mesures réalisées [63]. Ces notions montrent notamment qu'une solution calculée dépend bien entendu des mesures, mais aussi des approches mises en œuvre pour la calculer. Ce calcul permet en particulier d'introduire les connaissances *a priori* sur la solution quand cela est nécessaire.
Toutes ces notions sont maintenant bien connues dans les domaines de l'imagerie ou de l'instrumentation physique. Leur usage en nanobiotechnologie est encore peu répandu. Cela semble pourtant primordial pour fournir des mesures fiables et quantitatives.

5. Analyser l'information

L'objectif de l'analyse de l'information est de fournir les outils à l'utilisateur pour décrire les mesures et pour l'aider dans son interprétation et dans sa prise de décision [17]. Sur des dispositifs complexes comme des systèmes de mesure parallélisés, des spectromètres ou des systèmes d'imagerie, l'information fournie est très riche et très complexe à analyser. L'analyse est alors réalisée en plusieurs étapes :
- la sélection des mesures d'intérêt,
- l'identification de paramètres statistiques liés aux lois aléatoires de réalisation des mesures,
- l'identification de paramètres géométriques liés à la répartition dans l'espace ou dans le temps de mesures d'intérêt,
- la classification des mesures à partir de ces paramètres pour aider à la décision.

Dans ce paragraphe, nous allons décrire les principales approches associées à chacune de ces étapes.

5.1. La sélection des mesures d'intérêt

Il s'agit de sélectionner, soit des points caractéristiques, comme les pics sur un spectre [64] ou les maxima et minima sur une courbe de voltampérométrie cyclique, soit des régions d'intérêt, comme un spot sur une image de biopuces [1]. Nous distinguons alors :

– **les approches manuelles**, où l'utilisateur sélectionne ces mesures sur un écran grâce à une interface graphique adaptée,

– **les approches semi-automatiques**, où l'utilisateur prépositionne des points près des mesures à sélectionner pour guider l'algorithme, qui va les identifier ensuite automatiquement,

– **les approches automatiques**, où la reconnaissance des mesures d'intérêt est faite sans intervention de l'utilisateur.

Le passage à l'analyse de données sur des dispositifs de mesure haut débit impose de développer des approches les plus automatiques possibles.

Un premier exemple est la détection des pics d'un spectre en cherchant la courbe gaussienne qui approche le mieux la forme des mesures. Cela est réalisé par exemple en identifiant les points qui maximisent la corrélation avec des primitives comme des formes gaussiennes [32].

Un deuxième exemple en imagerie correspond aux algorithmes de reconnaissance d'objets [24, 25]. Cela est pertinent quand la région à analyser est définie par cet objet. Nous procédons alors, soit par une approche contour, où l'algorithme détecte les points de l'image à la frontière entre les régions voisines, soit par une approche région, où l'algorithme partitionne l'image en régions suivant l'appartenance aux objets étudiés. Ces deux approches sont complémentaires. Une approche très utilisée pour la détection de régions d'intérêt est la morphologie mathématique [65].

5.2. L'analyse statistique

Le calcul des paramètres est réalisé à partir des mesures numériques appartenant à la région d'intérêt.

Un premier type de paramètres décrit la loi de réalisation d'une mesure élémentaire associée à l'histogramme des valeurs. Mais nous nous contentons souvent de valeurs simples comme la moyenne ou la variance. Une approche plus détaillée consiste à calculer par régression les facteurs indépendants qui permettent de décrire au mieux les mesures [66].

Un deuxième type de paramètres décrit les lois de répartition dans l'espace ou dans le temps de ces mesures. Dans cette catégorie, nous trouvons notamment les coefficients de corrélation avec des formes données, par exemple les gaussiennes, les filtrages adaptés avec des signaux de forme connue, les calculs des moments comme le centre de gravité et les moments d'inertie si nous assimilons les points de mesure à un ensemble de points ayant pour masse la valeur mesurée. Nous trouvons aussi les paramètres de texture décrivant les lois de corrélation entre des valeurs voisines.

5.3. L'analyse géométrique

Il s'agit de paramétrer le support spatial ou temporel des mesures d'intérêt.

En imagerie, pour décrire une forme, nous utilisons la surface ou le périmètre. D'autres paramètres plus élaborés caractérisent la circularité (rapport du périmètre au carré sur la surface), ou décrivent les contours par des descripteurs de Fourier ou des dimensions fractales [24].

Mais nous pouvons aussi paramétrer les transformations qui déforment une forme connue en une forme mesurée. Par exemple, nous déterminons les paramètres d'une transformation affine, qui décrit une combinaison de translations, de rotations et d'homothéties. Une autre approche consiste à déterminer la position de points de contrôle sur des grilles déformables. Ce cas se présente en médecine ou en biologie quand nous disposons d'atlas ou d'images de référence.

D'un point de vue temporel, nous déterminons par exemple la durée d'un événement.

Sur une séquence d'images, nous analysons par exemple la vitesse de déplacement d'un objet comme une cellule animée, soit d'une manière globale, soit sous forme paramétrée, soit sous forme d'un champ continu de vecteurs de déplacement.

5.4. Les méthodes de classification

Il s'agit ensuite de décider, soit à partir des mesures d'intérêt, soit le plus souvent à partir des paramètres associés, si un signal est présent ou absent, ou d'une manière générale de classifier les mesures, c'est-à-dire de les attribuer à des classes caractéristiques [17, 67-71]. Le premier cas est un cas particulier à deux classes, l'une associée à la présence du signal, l'autre à son absence.

Pour réaliser cette classification, nous avons besoin de modèles de classes et de règles de classification. Ces règles de détermination peuvent être **déterministes**. Nous caractérisons alors par exemple chaque classe par un vecteur de paramètres de référence. Nous définissons une distance dans l'espace des paramètres, par exemple la distance euclidienne standard. La classe associée à un vecteur de paramètres de référence est définie alors comme l'ensemble des paramètres pour lesquels la distance à ce vecteur de référence est minimum par rapport aux distances aux vecteurs de référence des autres classes (figure 13.7).

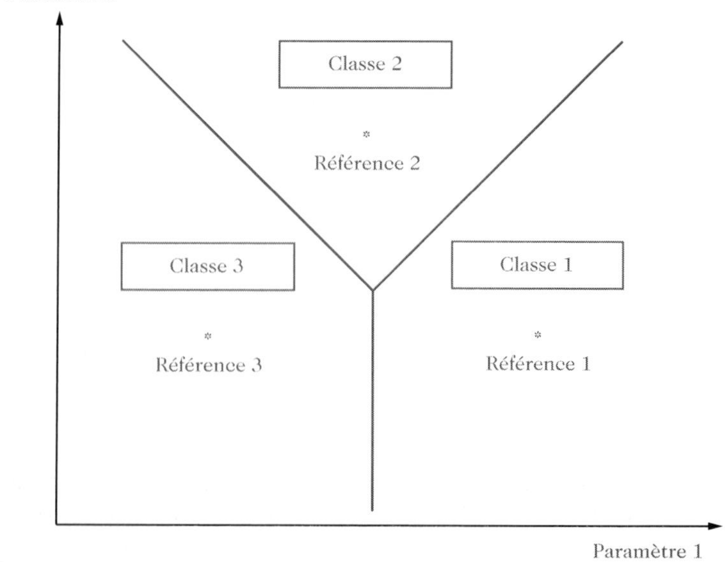

Figure 13.7. Exemple de classification : structuration d'un espace à deux paramètres en trois classes définies par trois vecteurs de référence, pour un critère de classification fondé sur la distance minimum aux vecteurs de référence.

Ces règles de détermination peuvent aussi être **statistiques**. Dans ce cas, nous définissons la loi de probabilité de réalisation d'un jeu de paramètres quand l'événement recherché correspond aux différents vecteurs de paramètres de référence. Nous utilisons par exemple des lois normales. Quand une mesure est réalisée, nous calculons pour chaque classe la probabilité d'avoir les paramètres estimés. Nous attribuons alors la mesure à la classe qui obtient la probabilité maximum, c'est-à-dire qui maximise la vraisemblance de cette mesure.

Ces traitements de classification sont aussi utilisés pour identifier les mesures aberrantes. Quand la distance au vecteur de référence représentant une classe est trop grande, ou quand la probabilité de réalisation est trop faible, nous en déduisons que la mesure est anormale. Une telle mesure sera alors rejetée du processus d'analyse.

Pour appliquer ce procédé de classification, il est nécessaire de connaître ces classes. Pour cela, nous procédons par apprentissage. Pour définir cet apprentissage, il faut disposer d'un jeu de données d'apprentissage représentatives. Nous distinguons alors les approches supervisées et les approches non supervisées. Dans les approches supervisées, nous connaissons pour chaque mesure d'apprentissage le nom de la classe à laquelle elle appartient. Il s'agit alors de positionner les frontières entre les paramètres, de façon à séparer au mieux ces mesures. Dans les approches décrites ci-dessus, chaque classe est définie par un vecteur de paramètres de référence qu'il s'agit d'identifier. Dans les approches statistiques, nous cherchons aussi à identifier les paramètres définissant les lois de probabilité. Dans les approches non supervisées, nous devons inférer ces classes. Nous utilisons alors des règles de construction précises caractérisant le regroupement de paramètres. L'algorithme cherche alors à répartir les données en classes qui satisfassent au mieux ces critères de construction. L'intérêt d'une telle approche est de pouvoir être entièrement automatisée. L'inconvénient est que les classes identifiées ne correspondent pas nécessairement à des classes d'objets physiques.

Dans l'approche **connexionniste** [67], nous définissons un réseau de neurones reliant les paramètres en entrée et les processus de décision. Cela est mis en œuvre par un automate hautement parallélisé. Sur un neurone formel, le traitement consiste à affecter en sortie le résultat d'une fonction de seuillage appliquée sur une somme pondérée des entrées. Il s'agit donc d'un discriminateur linéaire complexe.

Dans l'approche **structurelle** [67], un objet est analysé comme un ensemble de composants et de connexions. Une première approche est de décrire par une structure de graphe les relations entre chacun de ces composants. Le problème de décision et de classification se résout alors par des algorithmes de comparaison de graphes. La deuxième approche est de décrire, par une structure syntaxique définie par des règles de construction, des objets complexes à partir de leurs composants. Ces approches structurelles permettent d'aller vers une analyse fonctionnelle des mesures, voire de définir des ontologies. Nous passons ainsi des résultats de l'analyse de données à une connaissance du fonctionnement biologique des phénomènes observés.

Remerciements. Je remercie F. Perraut de l'équipe commune bioMérieux – CEA-LETI de m'avoir fourni l'image de biopuce présentée sur la figure 13.4.

Bibliographie

[1] Draghici S., *Data Analysis Tools for DNA Microarrays*, Chapman & Hall/CRC Eds (2003).

[2] Lockhart D.J. et Winzeler E.A., « Genomics, gene expression and DNA arrays », *Nature*, **405** (15 June), 827-836 (2000).

[3] Shih I.-M. et Wang T.-L., « Apply innovative technologies to explore cancer genome », *Current Opinion in Oncology*, **17**(1), 33-38 (2005).

[4] Fitch J.P. et Sokhansanj B., « Genomic engineering : moving beyond DNA sequence to function », *Proceedings of the IEEE*, **88**(12), 1949-1948 (2000).

[5] Anderson N.L. et Anderson N.G., «The human plasma proteome », *Molecular and cellular Proteomics*, **1.11**, 845-867 (2002).

[6] Rabilloud T., « Progrès récents et évolutions en analyse protéomique », *Spectra Analyse*, **31**(225), 26-31 (2002).

[7] Petricoin E., Wulfkuhle J. et al., « Clinical proteomics : revolutionizing disease detection and patient tailoring therapy », *Journal of Proteome Research*, **3**, 209-217 (2004).

[8] Petricoin E. et Liotta L.A., « Proteomic approaches in cancer risk and response assessment », *Trends in Molecular Medicine*, **10**(2), 59-64 (2004).

[9] Veenstra T.D., Prieto D. et al., « Proteomic patterns for early cancer detection », *Drug Discovery Today*, **9**, 889-897 (2004).

[10] Wiesner A., « Detection of tumor markers with ProteinChip (R) technology », *Current Pharmaceutical Biotechnology*, **5**(1), 45-67 (2004).

[11] Steel L.F., Haab B.B. et al., « Methods of comparative proteomic profiling for disease diagnostics », *Journal of Chromatography B : Analytical Technologies in Biomedical and Life Sciences*, **815**(1-2), 275-284 (2005).

[12] Vlahou A. et Fountoulakis M., « Proteomic approaches in the search for disease biomarker », *Journal of Chromatography B*, **814**, 11-19 (2005).

[13] Xiao Z., Prieto D. et al., « Proteomic patterns : their potential for disease diagnosis », *Molecular and Cellular Endocrinology*, **230**, 95-106 (2005).

[14] Wulfkuhle J., Espina V. et al., « Genomic and proteomic technologies for individualisation and improvement of cancer treatment », European Journal of Cancer, **40**, 2623-2632 (2004).

[15] Sigworth F.J. et Klemic K.G., « Microchip technology in ion-channel research», *IEEE Transactions on Nanobioscience*, **4**(1), 121-127 (2005).

[16] Boguski M.S. et McIntosh M.W., « Biomedical informatics for proteomics », *Nature*, **422** (13 March), 233-237 (2003).

[17] Li L., Tang H. et al., « Data mining techniques for cancer detection using serum proteomic profiling », *Artificial Intelligence in Medicine*, **32**, 71-83 (2004).

[18] PENKETT C.J. et BAHLER J., « Navigating public microarray databases », *Comparative and Functional Genomics*, **5**(6-7), 471-479 (2004).

[19] RAJAPPA M., SHARMA A. et al., « Bioinformatics and its implications in clinical medicine : a review », *International Medical Journal*, **11**(2), 125-129 (2004).

[20] LIOTTA L.A., V. ESPINA V. et al., « Protein microarrays : meeting analytical challenges for clinical applications », Cancer Cell, **3** (April), 317-325 (2003).

[21] RELLA R., SPADAVECCHIA J. et al., « Liquid phase SPR imaging experiments for biosensors applications », *Biosensors and Bioelectronics*, **20**, 1140-1148 (2004).

[22] YUK J.S. et HA K.S., « Proteomic applications of surface plasmon resonance biosensors : analysis of protein arrays », *Experimental and Molecular Medicine*, **37**(1), 1-10 (2005).

[23] CHAURAND P., SCHWARTZ S.A. et al. « Imaging mass spectrometry : principles and potentials », *Toxicologic Pathology*, **33**(1), 92-101 (2005).

[24] JAHNE B., *Digital Image Processing : Concepts, Algorithms, and Scientific Applications*, Springer (1997).

[25] MAITRE H., *Le Traitement des Images*, Hermès Science Publications (2003).

[26] GRANGEAT P., *La tomographie : Fondements mathématiques, imagerie microscopique et imagerie industrielle*, Hermès Science Publications (2002).

[27] GRANGEAT P., *La tomographie médicale : Imagerie morphologique et imagerie fonctionnelle*, Hermès Science Publications (2002).

[28] MADOU M.J. et CUBICCIOTTI R., « Scaling issues in chemical and biological sensors », *Proceedings of the IEEE*, **91**(6), 830-838 (2003).

[29] DIARD J.-P., LE GORREC B. et al., *Cinétique Electrochimique*, Hermann (1996).

[30] CHIBANE A., GRANGEAT P. et al., « Application de modèles à dérivée non entière à la détection électrochimique sur biopuce », 20e Colloque GRETSI sur le Traitement du Signal et des Images, Louvain-la-Neuve (2005).

[31] BERGERMANN T., QUIAOIT F. et al., « Statistical issues in signal extraction from microarrays », *Proceedings of the SPIE*, **4266**, 24-34 (2001).

[32] SHARAF M.A., ILLMAN D.L. et al., *Chemometrics*, John Wiley & Sons Eds (1986).

[33] ZHONG Z., WANG D. et al., « Nanowire crossbar arrays as address decoders for integrated nanosystems », *Science*, **302** (21 November), 1377-1379 (2003).

[34] TAVAZOIE S., HUGHES J.D. et al., « Systematic determination of genetic network architecture », *Nature Genetics*, **22** (July) : 281-285 (1999).

[35] BRIVIO M., FOKKENS R.H. et al., « Integrated micro-fluidic system enabling (bio)chemical reactions with on-line MALDI-TOF mass spectrometry », *Anal. Chem.*, **74**, 3972-3976 (2002).

[36] HONG J.W. et QUAKE S.R., « Integrated nanoliter systems », *Nature Biotechnology*, **21**(10), 1179-1183 (2003).

[37] JIN L.J., FERRANCE J. et al., « A microchip-based proteolytic digestion system driven by electroosmotic pumping », *Lab. Chip*, **3**, 11-18 (2003).

[38] PUGET P., « Les laboratoires sur puce : une revue des technologies mises en œuvre », *Spectra Analyse*, **32**(233), 29-32 (2003).

[39] SARRUT N., BOUFFET S. et al., « Enzymatic digestion and liquid chromatography in micro-pillar reactors – Hydrodynamic versus electroosmotic flow », MicroTAS 2004 Conference (2004).

[40] SAUER S., LANGE B.M.H. et al., « Miniaturization in functional genomics and proteomics », *Nature Reviews : Genetics*, **6** (June), 465-476 (2005).

[41] BELU A.M., GRAHAM D.J. et al., « Time-of-flight secondary ion mass spectrometry : techniques and applications for the characterization of biomedical surfaces », *Biomaterials*, **24** : 3635-3653 (2003).

[42] BEEBE K.R. et KOWALSKI B.R., « An introduction to multivariate calibration and analysis », *Anal. Chem.*, **59**(17), 1007 A - 1016 A (1987).

[43] FLATEN G.R. et WALMSLEY A.D., « A design of experiment approach incorporating layered designs for choosing the right calibration model », *Chemometrics and Intelligent Laboratory Systems*, **73**, 55-66 (2004).

[44] FRANÇOIS N., GOVAERTS B et al., « Optimal designs for inverse prediction in univariate nonlinear calibration models », *Chemometrics and Intelligent Laboratory Systems*, **74**, 283-292 (2004).

[45] GONZALES R.C. et WINTZ P., *Digital image processing*, Addison-Wesley (1987).

[46] NIKOLOV S.G., HUTER H. et al., « De-noising of SIMS images via wavelet shrinkage », *Chemometrics and Intelligent Laboratory Systems*, **34**, 263-273 (1996).

[47] LUKAC R., PLATANIOTIS K.N. et al., « A multichannel order-statistic technique for cDNA microarray image processing », *IEEE Transactions on Nanobioscience*, **3**(4), 272-285 (2004).

[48] WALCZAK B. et WU W., « Fuzzy warping of chromatograms », *Chemometrics and Intelligent Laboratory Systems*, **77**, 173-180 (2005).

[49] FEULADE R.N. et BROWN S.D., « An inverse model for target detection », *Chemometrics and Intelligent Laboratory Systems*, **77**, 75-84 (2005).

[50] GIDDINGS J.C., « Concepts and comparisons in multi-dimensional separation », *J. of High Resolution Chromatography & Chromatography Communications*, **10**, 319-323 (1987).

[51] MOHAMMAD-DJAFARI A., GIOVANNELLI J.-F. et al., « Regularization, maximum entropy and probabilistic methods in mass spectrometry data processing problems », *Int. Journal of Mass Spectrometry*, **215**(1-3), 175-193 (2002).

[52] VANDEGINSTE B.G.M. et KOWALSKI B.R., « Spatial enhancement and restoration of chemical images from secondary ion mass spectrometry and ion scattering spectrometry», *Anal. Chem.*, **55**, 557-564 (1983).

[53] GIRAULT H.H., *Electrochimie physique et analytique*, Presses Polytechniques et Universitaires Romandes (2001).

[54] DRUMMOND T.G., HILL M.G. et al., « Electrochemical DNA sensors », *Nature Biotechnology*, **21**(10), 1192-1198 (2003).

[55] FABRY P. et FOULETIER J., *Microcapteurs Chimiques et Biologiques – Applications en Milieu Liquide*, Éditions Hermès (2003).

[56] MIRSKY V.M., *Ultrathin electrochemical chemo- and biosensors – technology and performance*, Springer (2004).

[57] BONNET M., *Problèmes inverses : de l'expérimentation à la modélisation*, Editions TEC & DOC (1999).

[58] LJUNG L., *System Identification - Theory for the User*, Prentice Hall PTR (1999).

[59] LANDAU I.D. et BESANÇON-VODA A., *Identification des Systèmes*, Hermès Science Publications (2001).

[60] DEWE W., MARINI R.D. et al., «Development of response models for optimising HPLC methods », *Chemometrics and Intelligent Laboratory Systems*, **74**, 263-268 (2004).

[61] ANDREWS L.C. et PHILLIPS R.L., *Mathematical techniques for engineers and scientists*, SPIE Press (2003).

[62] DEMOMENT G., IDIER J. et al., Problèmes inverses en traitement du signal et de l'image. *Techniques de l'Ingénieur*, Traité TELECOMS, TE 5235-1, TE 5235-25 (2001).

[63] IDIER J., *Approche bayésienne pour les problèmes inverses*, Hermès Science Publications (2001).

[64] YASUI Y., MCLERRAN D. et al., « An automated peak identification/calibration procedure for high-dimensional protein measures from mass spectrometres », *Journal on Biomedicine & Biotechnology*, **4**, 242-248 (2003).

[65] ANGULO J. et SERRA J., «Automatic analysis of DNA microarray images using mathematical morphology », *Bioinformatics*, **19**(5), 553-562 (2003).

[66] TYLER B., « Interpretation of TOF-SIMS images : multivariate and univariate approaches to image denoising, image segmentation and compound identification », *Applied Surface Science*, **203-204**, 825-831 (2003).

[67] BELAID A. et BELAID Y, *Reconnaissance des Formes : Méthodes et Applications*, InterEditions (1992).

[68] CHEN Y., DOUGHERTY E.R. et al., « Ratio-based decisions and the quantitative analysis of cDNA microarray images », *Journal of Biomedical Optics*, **2**(4), 364-374 (1997).

[69] BEN-DOR A., SHAMIR R. et al., « Clustering gene expression », *Journal of Computational Biology*, **6**(3/4), 281-297 (1999).

[70] BROWN M.P.S., GRUNDY W.N. et al., « Knowledge-based analysis of microarray gene expression data using support vector machines », *PNAS*, **97**(1), 262-267 (2000).

[71] FU L.M. et YOUN E.S., « Improving reliability of gene selection from microarray functional genomics data », *IEEE Transactions on Information Technology in Biomedicine*, **7**(3), 191-196 (2003).

Chapitre

14

La dynamique moléculaire. Observer la matière en mouvement

Christophe Chipot*

1. Introduction

La connaissance à un niveau atomique des aspects structuraux et dynamiques des systèmes organisés est particulièrement importante pour mieux comprendre les fonctions de ces édifices moléculaires complexes. Dans de nombreux cas, l'obtention du détail microscopique par les techniques expérimentales conventionnelles s'avère impossible. Cependant, la véritable explosion des moyens informatiques amorcée depuis une dizaine d'années, et le développement d'algorithmes performants, rendent possible l'étude d'assemblages nanomoléculaires de complexité croissante par les méthodes de la chimie théorique.
Ce chapitre a pour vocation d'examiner une facette de la chimie théorique, que constituent les simulations statistiques de la mécanique moléculaire. L'objectif de celles-ci est d'accéder au détail atomique de phases condensées au travers « d'expériences informatiques ». Pour ce faire, de nombreuses techniques sont actuellement disponibles, parmi lesquelles la dynamique moléculaire, la dynamique stochastique et ses cas particuliers — par exemple, la dynamique brownienne ou la dynamique de Langevin — ou encore les simulations de Monte Carlo. Ces différentes approches théoriques peuvent être vues à bien des égards comme le pont reliant l'observation expérimentale macroscopique à son pendant microscopique. Dans ce qui suit, nous discuterons essentiellement de la dynamique moléculaire [1].

* EDAM, UMR CNRS/UHP 7565, Université Henri Poincaré, Vandœuvre-lès-Nancy.
christophe.chipot@edam.uhp-nancy.fr

1.1. Relier le microscopique au méso– et macroscopique

Pour pouvoir corréler les propriétés du système microscopique avec celles de la phase macroscopique, il est impératif de s'affranchir des effets de bord. Dans la pratique, on a recours aux conditions de limites périodiques, qui consistent à répliquer l'ensemble fini de particules réparties dans une boîte généralement parallélépipédique, selon les trois directions de l'espace (figure 14.1). Il est apparu que la reproduction fiable de grandeurs thermodynamiques, à partir d'échantillons de tailles réduites, justifiait *a posteriori* cette approche. Le caractère pseudo-infini du système ainsi généré nous contraint à effectuer certaines approximations quant au traitement des interactions entre molécules [2]. En particulier, l'approximation dite de « l'image minimale » suppose que chaque particule i de la cellule centrale interagit avec l'image la plus proche de toutes les autres particules j. Par ailleurs, l'introduction d'une sphère de troncature, ou *cut-off*, permet de supprimer les interactions au-delà d'une distance arbitraire, définie comme étant inférieure ou égale à la moitié du plus petit côté de la cellule de simulation (figure 14.2). Il paraît absolument évident que ces approximations seront d'autant plus valables que la portée des interactions sera réduite. Si le cas des interactions de dispersion ou de répulsion, de portée limitée,

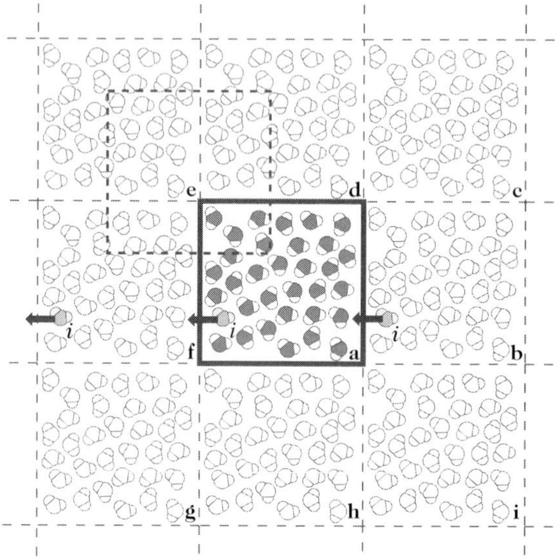

Figure 14.1. Vue bidimensionnelle d'une cellule de simulation répliquée dans les trois dimensions de l'espace. En utilisant les conditions de limites périodiques, lorsque la molécule *i* quitte la boîte centrale **a**, ses images dans les cellules fantômes voisines se déplacent de manière similaire. La boîte en pointillés, à cheval sur les cellules **a**, **d**, **e** et **f**, symbolise la convention de l'image minimale.

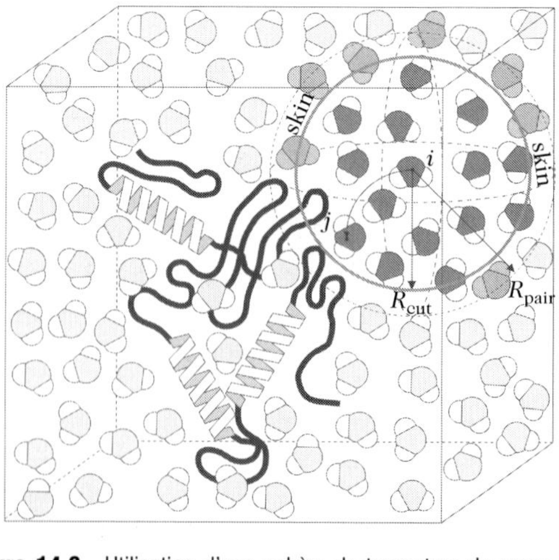

Figure 14.2. Utilisation d'une sphère de troncature de rayon R_{cut} pour limiter le calcul des interactions de la particule *i* avec ses voisins dans la convention de l'image minimale. Une sphère de rayon R_{pair}, supérieur à R_{cut}, est employée pour établir une liste de tous les voisins de *i*. Cette liste de paires de particules $\{i,j\}$ est mise à jour périodiquement. L'espace compris entre les sphères de rayon R_{cut} et R_{pair} est connu sous le nom de « skin ».

ne soulève généralement aucune difficulté, il n'en va pas de même pour certaines interactions électrostatiques. La taille du système évoluant globalement en r^3, on admet que le traitement des interactions en $1/r^n$ — où $n < 3$ — dans le contexte d'un modèle à distance de troncature, sera vraisemblablement erroné. Pour faire face à cette situation, il est recommandé d'employer une méthode de type somme de réseau, comme Ewald-Kornfeld [3] ou Ladd [4], qui consiste à évaluer les interactions d'une molécule avec toutes les autres situées dans la cellule centrale, ainsi que dans toutes les cellules images. Adopter une telle approche accroît, en revanche, de façon considérable le coût global du calcul, mais s'avère rigoureusement indispensable pour décrire correctement les interactions à très longue portée.

1.2. Les simulations de dynamique moléculaire sont-elles légitimes ?

Est-il légitime de recourir aux simulations moléculaires pour modéliser des phases condensées ? En toute rigueur, l'étude complète d'un système aussi complexe qu'un liquide moléculaire nécessite la résolution de l'équation de Schrödinger dépendant du temps, pour un ensemble important {électrons + noyaux}. Une telle approche reste totalement illusoire, en dépit des progrès récents réalisés dans le domaine des calculs à croissance linéaire, nous contraignant, de fait, à nous limiter à une description classique de la dynamique du système. Même dans ce cadre, ne serait-ce que pour des raisons de temps de calcul, les simulations moléculaires quantiques sont généralement restreintes à un nombre de particules compris entre la centaine et quelques milliers.

Le principe de la dynamique moléculaire, particulièrement simple, consiste à générer les trajectoires d'un ensemble fini de particules en intégrant de façon numérique les équations classiques du mouvement. Cette approche, *a priori* discutable, se trouve justifiée par deux faits remarquables : 1) compte tenu de l'approximation de Born-Oppenheimer, il est possible de dissocier le mouvement des électrons de celui des noyaux, et, 2) du fait que, dans la majorité des cas, la longueur d'onde de de Broglie associée à une particule soit nettement inférieure à la distance intermoléculaire, les effets quantiques sont globalement négligeables. Les trajectoires ainsi déterminées sont utilisées pour évaluer les propriétés statiques et dynamiques par des moyennes temporelles, qui coïncident avec les moyennes statistiques pour des systèmes dits **ergodiques** :

$$\lim_{t \to \infty} \overline{\mathcal{A}}_t = \langle \mathcal{A} \rangle \tag{14.1}$$

Ici, $\mathcal{A}$ désigne une propriété quelconque, observable, $\overline{\mathcal{A}}_t$ sa moyenne temporelle, et $\langle \mathcal{A} \rangle$ sa moyenne d'ensemble statistique. Dans la pratique, on constate que le postulat d'ergodicité, qui suppose que tous les micro-états du système sont visités au cours d'une unique trajectoire, est vérifié, tout au moins pour des liquides simples.

2. Les principes fondamentaux de la dynamique moléculaire

En dynamique moléculaire classique [1, 2, 5], la trajectoire des différentes composantes du système moléculaire est générée par intégration des équations de Newton du mouvement, qui pour chaque particule i, s'écrivent :

$$\begin{cases} m_i \dfrac{\mathrm{d}^2\mathbf{x}_i(t)}{\mathrm{d}t^2} = \mathbf{f}_i(t) \\ \mathbf{f}_i(t) = -\dfrac{\partial \mathcal{V}(\mathbf{x})}{\partial \mathbf{x}_i(t)} \end{cases} \tag{14.2}$$

$\mathcal{V}(\mathbf{x})$ est la fonction énergie potentielle du système à N particules, qui ne dépend que des coordonnées cartésiennes $\{\mathbf{x}_i\}$. Les équations (14.2) sont intégrées numériquement en utilisant un pas, δt, infinitésimal, garantissant la conservation de l'énergie du système, typiquement $1\text{-}2 \cdot 10^{-15}$ s (figure 14.3). Le choix de δt est intimement lié à la fréquence de vibration des liaisons covalentes du système. Les liaisons chimiques impliquant des atomes d'hydrogène vibrent avec des fréquences plus importantes, ne pouvant être décrites qu'avec des pas d'intégration réduits.

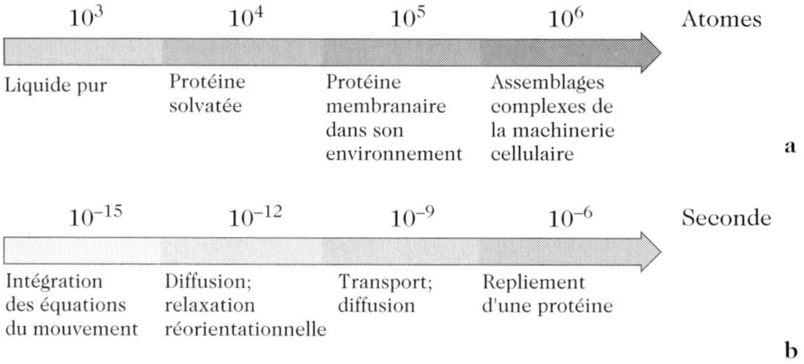

Figure 14.3. Échelles de taille (**a**) et de temps (**b**) accessibles à la dynamique moléculaire. Le plus gros système moléculaire modélisé à ce jour est le mouvement de l'ARN de transfert dans le ribosome, soit $2{,}64 \cdot 10^6$ atomes [6]. La simulation en environnement explicite la plus longue à ce jour reste le repliement d'un fragment de 47 résidus de la villine, sur une durée de 10^{-6} s [7].

Nous verrons dans la suite de ce chapitre qu'il est possible de recourir à des pas d'intégration plus élevés, soit en figeant les degrés de liberté associés à de hautes fréquences de vibration grâce à des algorithmes de dynamique moléculaire sous contraintes, soit en éliminant ces degrés de liberté dans le cadre de modèles dits à gros grain, ou *coarse grained*.

2.1. Validité des simulations de dynamique moléculaire

Il est, cependant, parfaitement illusoire d'espérer générer une trajectoire **exacte** aux temps longs, dès lors que les équations newtoniennes du mouvement sont résolues numériquement, avec un pas d'intégration fini. L'exactitude de la solution des équations (14.2) n'est, cependant, pas aussi cruciale qu'il n'y paraît au premier abord. Ce qui importe, en revanche, est que le comportement statistique de la trajectoire soit, quant à lui, correct, pour garantir la reproduction des propriétés dynamiques et thermodynamiques du système avec suffisamment de précision. Cette condition n'est remplie que si l'intégrateur utilisé pour propager le mouvement possède la propriété de symplecticité [8, 9, 10]. Un propagateur dit **symplectique** conserve la métrique invariante de l'espace phase. Il en résulte que l'erreur associée à ce propagateur est nécessairement bornée :

$$\lim_{n_{\text{pas}} \to \infty} \left(\frac{1}{n_{\text{pas}}} \right) \sum_{k=1}^{n_{\text{pas}}} \left| \frac{\mathcal{E}(k\delta t) - \mathcal{E}(0)}{\mathcal{E}(0)} \right| \leqslant \varepsilon_{\text{MD}} \qquad \textbf{(14.3)}$$

Ici, n_{pas} désigne le nombre de pas de la simulation, $\mathcal{E}(0) \equiv \mathcal{H}(\mathbf{x},\mathbf{p}_x;0)$ l'énergie totale initiale du système équilibré, et ε_{MD} la borne supérieure de conservation de l'énergie — 10^{-4} constitue une valeur acceptable. En supposant que le pas d'intégration est limité, l'intégration des équations du mouvement ne donne pas lieu à une croissance erratique de l'erreur de conservation de l'énergie, qui pourrait affecter significativement le comportement statistique de la dynamique moléculaire aux temps longs. Il est intéressant de noter que pour un système hamiltonien, la propriété de symplecticité entraîne que le jacobien :

$$\mathbf{J}(\mathbf{\Gamma}_{\delta t},\mathbf{\Gamma}_0) = \frac{\partial(\mathbf{\Gamma}^1_{\delta t}, \ldots, \mathbf{\Gamma}^N_{\delta t})}{\partial(\mathbf{\Gamma}^1_0, \ldots, \mathbf{\Gamma}^N_0)} \qquad \textbf{(14.4)}$$

est unitaire. $\mathbf{\Gamma}_0$ représente le vecteur initial de l'espace des phases à N dimensions, contenant toutes les variables de position, $\mathbf{x}$, et d'impulsion, $\mathbf{p}_x$, décrivant le système.

2.2. Intégration à pas multiple des équations du mouvement

Comme nous l'avons souligné précédemment, la nature à longue portée des interactions charge-dipôle, c'est-à-dire en $1/r^2$, et, *a fortiori*, des interactions charge-charge, c'est-à-dire en $1/r$, impose l'utilisation d'algorithmes adaptés pour la prise en compte de telles contributions, pouvant augmenter le coût de la simulation de façon significative. Nous pouvons donner une écriture plus formelle des équations du mouvement :

$$\mathbf{\Gamma}_t = \mathrm{e}^{i\mathcal{L}t}\, \mathbf{\Gamma}_0 \qquad \textbf{(14.5)}$$

où $\mathcal{L}$ désigne l'opérateur de Liouville permettant de générer une distribution $\varrho(\mathbf{\Gamma},t)$ pour un ensemble thermodynamique donné, selon :

$$\frac{\partial \varrho(\mathbf{\Gamma},t)}{\partial t} = -i\mathcal{L}\varrho(\mathbf{\Gamma},t) \qquad \textbf{(14.6)}$$

et en appliquant la formule de Trotter :

$$\mathrm{e}^{i\mathcal{L}\Delta t} = \mathrm{e}^{i\mathcal{L}_1\Delta t/2}\, \mathrm{e}^{i\mathcal{L}_2\Delta t}\, \mathrm{e}^{i\mathcal{L}_1\Delta t/2} + \mathcal{O}(\Delta t^3) \qquad \textbf{(14.7)}$$

dans laquelle $i\mathcal{L} = i\mathcal{L}_1 + i\mathcal{L}_2$, la déconvolution des contributions à courte et à longue portées devient évidente. Ainsi, des pas d'intégration de longueurs différentes peuvent être utilisés en fonction de la nature de l'interaction considérée. En découpant, par exemple, l'hamiltonien total, $\mathcal{H}(\mathbf{x},\mathbf{p}_x)$, régissant le comportement du système en une contribution cinétique $\mathcal{T}(\mathbf{p}_x)$, de valence $\mathcal{V}_{\text{valence}}(\mathbf{x})$, et électrostatique à courte, $\mathcal{V}_{\text{short}}(\mathbf{x})$, et à longue, $\mathcal{V}_{\text{long}}(\mathbf{x})$, portées, il s'ensuit que :

$$\begin{aligned} \mathrm{e}^{i\mathcal{H}(\mathbf{x},\mathbf{p}_x)\Delta t} &= \mathrm{e}^{i\mathcal{V}_{\text{long}}(\mathbf{x})\Delta t/2} \left\{ \mathrm{e}^{i\mathcal{V}_{\text{short}}(\mathbf{x})\Delta t/2n} \left[\mathrm{e}^{i\mathcal{V}_{\text{valence}}(\mathbf{x})\Delta t/2pn} \right.\right. \\ &\times \mathrm{e}^{i\mathcal{T}(\mathbf{p}_x)\Delta t/pn} \\ &\left.\left. \times\ \mathrm{e}^{i\mathcal{V}_{\text{valence}}(\mathbf{x})\Delta t/2pn} \right]^p \mathrm{e}^{i\mathcal{V}_{\text{short}}(\mathbf{x})\Delta t/2n} \right\}^n \mathrm{e}^{i\mathcal{V}_{\text{long}}(\mathbf{x})\Delta t/2} \end{aligned} \quad \textbf{(14.8)}$$

Cette partition des diverses contributions de $\mathcal{H}(\mathbf{x},\mathbf{p}_x)$ constitue l'idée centrale des approches dites à pas d'intégration multiples, comme r-RESPA (*reversible reference system propagator algorithm*) [11]. Il met clairement en évidence l'utilisation de pas distincts pour la mise à jour de ces contributions, réduisant de fait l'investissement informatique de la simulation de manière appréciable.

3. La fonction énergie potentielle

Cette fonction constitue la clé de voûte des calculs moléculaires, car son rôle est de reproduire les interactions intra- et intermoléculaires du système aussi fidèlement que possible. En principe, cette fonctionnelle s'écrit comme une somme de N termes :

$$\mathcal{V}(\mathbf{x}) = \sum_i v_1(\mathbf{x}_i) + \sum_i \sum_{j>i} v_2(\mathbf{x}_i,\mathbf{x}_j) + \sum_i \sum_{j>i} \sum_{k>j>i} v_3(\mathbf{x}_i,\mathbf{x}_j,\mathbf{x}_k) + \ldots \quad \textbf{(14.9)}$$

dans laquelle $v_1(\mathbf{x}_i)$, $v_2(\mathbf{x}_i,\mathbf{x}_j)$ ... représentent le potentiel intramoléculaire, le potentiel d'interaction de paires ... $\mathcal{V}(\mathbf{x})$ caractérise donc un problème à N corps, même si l'on peut arguer du fait que $v_2(\mathbf{x}_i,\mathbf{x}_j)$ constitue sans doute le terme le plus significatif de la contribution intermoléculaire [2]. Ce point de vue est d'ailleurs à l'origine de l'approximation de paires, dans laquelle les effets d'ordre supérieur sont partiellement inclus dans un potentiel effectif :

$$\mathcal{V}(\mathbf{x}) \simeq \sum_i v_1(\mathbf{x}_i) + \sum_i \sum_{j>i} v_2^{\text{effectif}}(\mathbf{x}_{ij}) \quad \textbf{(14.10)}$$

Cette approximation est utilisée dans la plupart des champs de force usuels, en particulier ceux destinés à l'étude de systèmes macromoléculaires, pour lesquels le temps de calcul est intimement relié à la complexité de $\mathcal{V}(\mathbf{x})$.

3.1. Signification des différents termes du champ de force

Parmi les fonctions énergie potentielle recourant à une description effective, additive de paires, nous avons souvent eu recours à celle de la suite de programmes AMBER [12, 13] :

$$
\begin{aligned}
\mathcal{V}(\mathbf{x}) &= \sum_{\text{liaisons}} k_r\,(r - r_0)^2 + \sum_{\text{angles}} k_\theta\,(\theta - \theta_0)^2 \\
&+ \sum_{\text{dièdres}} \sum_{n} \frac{V_n}{2}\,[1 + \cos(n\phi - \gamma)] \\
&+ \frac{1}{k_{\text{vdW}}^{\text{1-4}}} \sum_{\substack{i<j \\ \{i,j\}\in \text{1-4}}} \varepsilon_{ij} \left[\left(\frac{R^*_{ij}}{r_{ij}}\right)^{12} - 2\left(\frac{R^*_{ij}}{r_{ij}}\right)^{6} \right] \\
&+ \frac{1}{k_{\text{Coulomb}}^{\text{1-4}}} \sum_{\substack{i<j \\ \{i,j\}\in \text{1-4}}} \frac{q_i q_j}{4\pi\epsilon_0\epsilon_1 r_{ij}} \\
&+ \sum_{\substack{i<j \\ \{i,j\}> \text{1-4}}} \varepsilon_{ij} \left[\left(\frac{R^*_{ij}}{r_{ij}}\right)^{12} - 2\left(\frac{R^*_{ij}}{r_{ij}}\right)^{6} \right] + \sum_{\substack{i<j \\ \{i,j\}> \text{1-4}}} \frac{q_i q_j}{4\pi\epsilon_0\epsilon_1 r_{ij}}
\end{aligned}
\tag{14.11}
$$

dans laquelle k_r et r_0 représentent, respectivement, la constante de force de liaison et la longueur de liaison à l'équilibre, k_θ et θ_0 la constante de force angulaire et l'angle de valence à l'équilibre, $V_n/2$, n et γ la barrière de torsion, sa périodicité et sa phase. ϵ_0 et ϵ_1 sont respectivement la permittivité du vide et la permittivité relative ; q_i est la charge partielle portée par l'atome i. R^*_{ij} et ε_{ij} correspondent aux paramètres de van der Waals pour la paire atomique $\{i,j\}$, obtenus à partir des règles de combinaison de Lorentz-Berthelot :

$$
\left\{
\begin{aligned}
\varepsilon_{ij} &= \sqrt{\varepsilon_i\,\varepsilon_j} \\
R^*_{ij} &= R^*_i + R^*_j
\end{aligned}
\right.
\tag{14.12}
$$

Compte tenu du fait que, lors de leur paramétrisation, généralement à partir de calculs quanto-chimiques sophistiqués, les dièdres contiennent d'emblée une composante électrostatique et de van der Waals, la plupart des champs de force usuels font une distinction entre les interactions d'atomes séparés par exactement trois liaisons chimiques (termes dits « 1–4 »), et toutes les autres, dès lors que $\{i,j\}$ ne sont pas séparés par une ou deux liaisons (figure 14.4). Les contributions « 1–4 » sont pondérées par les facteurs $1/k_{\text{vdW}}^{\text{1-4}}$ et $1/k_{\text{Coulomb}}^{\text{1-4}}$ apparaissant dans l'expression (14.11).

La description des angles dièdres constitue un aspect particulièrement crucial de la mise au point de fonctions énergie potentielle. Le comportement du potentiel de torsion, $\mathcal{V}(\phi)$, est souvent trop complexe pour qu'un seul terme de la série de Fourier dans l'équation (14.11) soit suffisant pour en garantir une restitution fidèle. Le cas des phospholipides est une bonne illustration de cette difficulté. En effet, la clé d'une reproduction précise lors d'une simulation statistique des paramètres d'ordre, S_{CD}, des chaînes aliphatiques réside dans la description des dièdres de celles-ci par un potentiel approprié. Seul un potentiel à plusieurs termes sera capable de rendre compte du subtil équilibre *trans-gauche* le long des caténaires. Le potentiel de Ryckaert et Bellemans [14],

$$\mathcal{V}(\phi) = \sum_{i=1}^{6} a_i \cos^i \phi \tag{14.13}$$

dans lequel les coefficients a_i ont été optimisés sur la base de la rotation interne du n-butane, est employé le plus souvent pour la simulation de bicouches phospholipidiques.

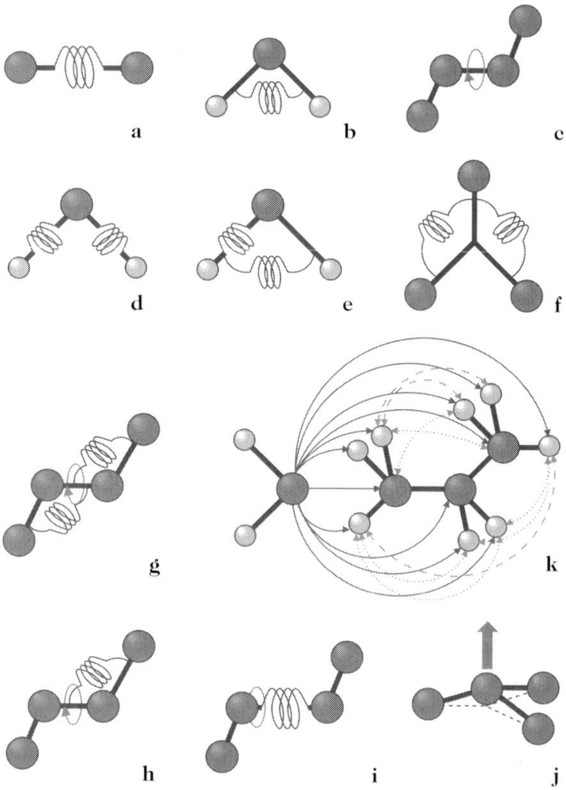

Figure 14.4. Illustration des différents termes d'une fonction énergie potentielle empirique. Les termes **a-j** représentent le champ de force de valence, parmi lesquels **d-j** sont des termes dits « croisés ». **j** est un terme dit de *out-of-plane*, garantissant que l'atome central reste dans le plan des trois voisins auxquels il est lié chimiquement. **k** caractérise les interactions coulombiennes et de van der Waals d'atomes non liés chimiquement : Interactions intermoléculaires (trait plein), interactions intramoléculaires dites « 1–4 » (pointillés), et interactions intramoléculaires > 1–4 (tirets).

3.2. Paramétrisation des termes d'atomes non liés

Tout aussi subtil est l'équilibre entre les différents termes du champ de force. La composante torsionnelle ne représente qu'une facette de cet équilibre. Le choix des paramètres de Lennard-Jones, R^*_{ij} et ε_{ij}, et des charges partielles, q_i, n'est pas moins critique, dans la mesure où la justesse de celui-ci conditionne la précision des quantités thermodynamiques calculées. Une fonction énergie potentielle est un édifice dont les éléments constitutifs ont été calibrés pour la reproduction globale de propriétés physico-chimiques clés, sans qu'à ces éléments ne soit nécessairement attachée une signification physique ou chimique.

Une des approches en vogue pour la mise au point de modèles de charges ponctuelles consiste en un ajustement sur le potentiel électrostatique, véritable empreinte digitale de la molécule. En se limitant à un développement monopolaire, le jeu optimal de N_{atomes} charges nettes atomiques, $\{q_k\}$, est obtenu en minimisant la fonctionnelle :

$$f(\{q_k\}) = \sum_{i=1}^{N_{\text{points}}} \left[V^{\text{référence}}(\mathbf{x}_i) - \sum_{j=1}^{N_{\text{atomes}}} \frac{q_j}{r_{ij}} \right]^2 \tag{14.14}$$

où $V^{\text{référence}}(\mathbf{x}_i)$ est le potentiel électrostatique évalué au point $\mathbf{x}_i$ d'une grille de N_{points} entourant la molécule. $V^{\text{référence}}(\mathbf{x}_i)$ est obtenu par les calculs de la chimie quantique, soit $\langle\Psi|1/\mathbf{x}_i|\Psi\rangle$, généralement à un niveau de sophistication avancé. La détermination des paramètres de Lennard-Jones se révèle souvent plus délicate. Une voie possible consiste en un ajustement des contributions de répulsion et de dispersion à partir d'un nombre élevé de calculs quanto-chimiques très fins, réalisés sur différentes configurations. Cette approche est généralement applicable à des systèmes de taille réduite, comme par exemple l'hétéro-dimère formamide-eau, pour lequel on souhaite définir le potentiel d'interaction de van der Waals atome-atome. Une approche plus heuristique, alternative aux calculs de la chimie quantique, repose sur les simulations statistiques. Partant d'un jeu de paramètres de Lennard-Jones, $\{R^*_{ij}, \varepsilon_{ij}\}$, donné, peut-on reproduire quantitativement les grandeurs thermodynamiques fondamentales d'un liquide moléculaire, comme sa densité, ρ, son enthalpie de vaporisation, ΔH_{vap}, voire son coefficient de diffusion, D ?

3.3. Au-delà des champs de forces usuels

Dans de nombreux cas, la description minimaliste imposée par la fonctionnelle (14.11) peut s'avérer insuffisante. Comme c'est le cas de la plupart des champs de force usuels, cette fonctionnelle a un but polyvalent, même si elle a été, au départ, conçue pour l'étude de biopolymères et, plus particulièrement, de protéines et d'acides nucléiques.

3.3.1. Décrire la liaison chimique au niveau classique

L'investigation plus fine de petites molécules organiques, souvent nécessaire dans le domaine émergent du *drug design de novo*, requiert un niveau de calcul dépassant les hypothèses simplistes de l'expression (14.11). Parmi celles-ci, on peut citer le remplacement du terme harmonique d'élongation de liaison (voir la figure 14.4a) par un potentiel dissociatif de Morse :

$$\mathcal{V}(r) = D_0 \left[e^{-\alpha(r-r_0)} - 1\right]^2 \tag{14.15}$$

dans lequel D_0 représente précisément l'énergie de dissociation et r_0 la longueur de liaison d'équilibre. La description harmonique, elle-même, peut apparaître inadaptée, dès lors que les effets d'anharmonicité ne sont plus négligeables. Aussi bien pour l'élongation de liaisons que pour la déformation d'angles de valence, des corrections cubiques et quartiques peuvent être nécessaires :

$$\mathcal{V}(r) = k_r\,(r - r_0)^2 \left[1 - k'_r\,(r - r_0) + k''_r\,(r - r_0)^2\right] \tag{14.16}$$

où k'_r et k''_r sont les constantes de force pour les contributions cubiques et quartiques.

3.3.2. Couplage entre liaison chimique et angle de valence

L'ouverture d'un angle de valence a pour résultat de réduire les longueurs de liaison, effet clairement absent dans l'équation (14.11). Pour corriger ce défaut, on peut enrichir la fonction énergie potentielle de termes dits de couplage, comme par exemple :

$$\mathcal{V}(r\text{-}\theta) = k_{r\theta}\,(r - r_0)\,(\theta - \theta_0) \tag{14.17}$$

Outre le *stretch-bend* caractérisé par l'expression ci-dessus, il est possible d'introduire d'autres termes de couplage dans $\mathcal{V}(\mathbf{x})$, comme le montre la figure 14.4, e-i. Hormis l'alourdissement du calcul de la fonction énergie potentielle à chaque pas, δt, d'intégration des équations (14.2), l'introduction de termes de couplage implique également un effort supplémentaire de paramétrisation.

3.3.3. Au-delà du simple jeu de charges ponctuelles

Le traitement de l'électrostatique est sans doute le plus problématique, et ce à bien des égards. Tout d'abord, dans la mesure où l'approximation monopolaire de la relation (14.14) n'est pas nécessairement suffisante pour n'importe quelle molécule. Il peut alors être désirable d'inclure des dipôles permanents au simple modèle de charges centrées sur les atomes. Plus cruciaux sont les effets d'induction, évidemment absents dans l'approximation additive de paires (14.10). Pour pallier cette difficulté, le nombre de solutions disponibles reste limité. L'approche la moins onéreuse, encore très largement utilisée dans les simulations de systèmes macromoléculaires, consiste à accroître artificiellement les charges nettes atomiques, de façon à ce que ces dernières reproduisent un moment dipolaire permanent caractéristique, non pas de la phase gazeuse, mais d'un environnement polaire. Il s'agit là d'une représentation des effets de polarisation au sens « moyen » du terme. Plus rigoureuse, mais également bien plus coûteuse, la solution de choix consiste à introduire explicitement des contributions de polarisabilité dans le champ de force [15]. Dans ce cas, la contribution électrostatique totale s'écrit comme :

$$\mathcal{V}_{\text{élec}}(\mathbf{x}) = \frac{1}{2} \sum_i q_i\, V_i \tag{14.18}$$

Ici, le potentiel électrostatique, V_i, naît de deux sources : d'une part, des charges ponctuelles du système, d'autre part, des moments multipolaires induits au site i. En nous limitant ici au moment dipolaire induit, $\boldsymbol{\mu}_i$, lié linéairement au champ électrique, $\mathbf{E}_i$, créé en ce point par tous les autres sites polarisables $j \neq i$, à savoir $\boldsymbol{\mu}_i = \alpha_i\, \mathbf{E}_i$, le potentiel s'exprime sous la forme :

$$V_i = \sum_{j \neq i} \left[\frac{q_j}{4\pi\epsilon_0 r_{ij}} + \frac{\mathbf{r}_{ij} \cdot \boldsymbol{\mu}_j}{4\pi\epsilon_0 r_{ij}^3} \right] \tag{14.19}$$

Même en utilisant comme point de départ au temps $t + \delta t$ les moments induits, $\boldsymbol{\mu}_i$, obtenus au temps t, la convergence de ces derniers au cours d'une simulation de dynamique moléculaire d'un liquide polarisable accroît le temps de calcul d'un facteur au mieux égal à 2 par rapport à une simulation dans l'approximation additive de paires [16].

3.3.4. Modèles « tout atome » ou « gros grain » ?

Aux antipodes des simulations tout atome avec prise en compte explicite des effets d'induction, des approches plus rudimentaires ont été envisagées, permettant de repousser les limites conventionnelles de la dynamique moléculaire, tant en termes de taille du système que d'échelle de temps (voir la figure 14.3). Les descriptions dites à gros grain répondent à ces deux impératifs en réduisant de façon significative le nombre de particules du système et en autorisant l'emploi de pas d'intégration considérablement plus importants — typiquement $\delta t = 40$ fs, par élimination des degrés de liberté les plus durs.

Dans le cas précis de la figure 14.5, le rapport entre le nombre d'atomes dans les descriptions tout atome et en atomes unifiés ou gros grain est de l'ordre de 2 ou 9, respectivement. Les potentiels d'interaction utilisés sont souvent sensiblement différents de ceux des modèles tout atome ou en atomes unifiés. Si le terme électrostatique est généralement coulombien, voire une interaction de dipôles ponctuels, le terme de van der Waals peut être régi par des potentiels de type Lennard-Jones modifié, par exemple 6–9, ou par un potentiel de Gay et Berne [17]. Il est intéressant de noter qu'en dépit de leur nature très rudimentaire, les modèles gros grain sont à même de reproduire certaines propriétés physiques structurales du système à un niveau semi-quantitatif. C'est le cas, par exemple, des profils de densité atomiques de bicouches lipidiques [18, 19].

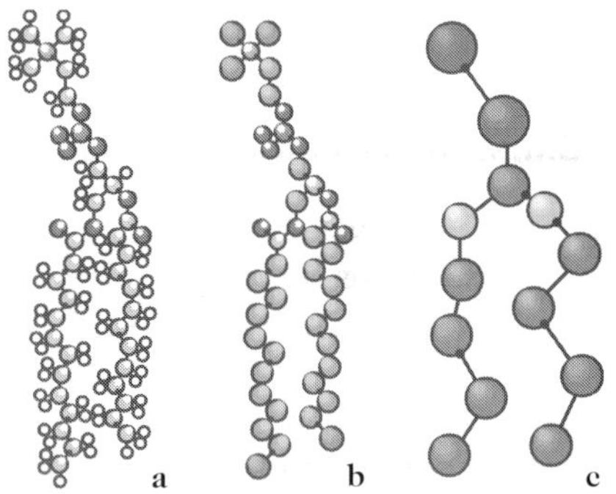

Figure 14.5. Description tout atome (**a**) *vs* description en atomes unifiés (**b**) *vs* description gros grain, ou *coarse grained* (**c**) d'une unité lipidique. Alors qu'en modèle d'atomes unifiés, les groupements méthylène, $-CH_2-$, et méthyl, $-CH_3$, sont traités comme des sphères de van der Waals, ce sont plusieurs groupements méthylène et méthyl qu'englobe une sphère de van der Waals dans la description gros grain.

4. Intégration des équations du mouvement

4.1. Les intégrateurs de la dynamique moléculaire

Il existe plusieurs approches pour intégrer numériquement les équations de Newton du mouvement (14.2). Parmi celles-ci, nous en distinguerons ici trois. Sans doute la plus simple, l'algorithme de Verlet est basé sur l'utilisation du triplet $\{\mathbf{x}_i(t), \mathbf{x}_i(t - \delta t), \mathbf{a}_i(t)\}$, où $\mathbf{a}_i(t) = \ddot{\mathbf{x}}_i(t) = \mathrm{d}^2\mathbf{x}_i(t)/\mathrm{d}t^2 = \mathbf{f}_i(t)/m_i$ désigne l'accélération de la particule i [20] (figure 14.6). La modification des positions des particules est obtenue à partir d'un développement en série de Taylor de la position en $t - \delta t$ et en $t + \delta t$, conduisant à :

$$\mathbf{x}_i(t + \delta t) = 2\mathbf{x}_i(t) - \mathbf{x}_i(t - \delta t) + \mathbf{a}_i(t)\,\delta t^2 \qquad \textbf{(14.20)}$$

qui implique des possibilités d'erreurs en $\mathcal{O}(\delta t^4)$. Il est à noter que les vitesses, $\mathbf{v}_i(t) = \dot{\mathbf{x}}_i(t) = \mathrm{d}\mathbf{x}_i(t)/\mathrm{d}t$, n'interviennent pas directement dans cette formule.

Elles ont été éliminées lors du développement en série de Taylor de $\mathbf{x}_i(t + \delta t)$ et de $\mathbf{x}_i(t - \delta t)$. Bien que non nécessaires à la description des trajectoires, leur calcul est obligatoire pour évaluer l'énergie cinétique, $\mathcal{T}(\mathbf{p}_x)$, qui ne dépend que des variables d'impulsion $\mathbf{p}_x$, et, par conséquent, de l'énergie totale, $\mathcal{E} \equiv \mathcal{H}(\mathbf{x},\mathbf{p}_x)$, du système, selon :

$$\mathbf{v}_i(t) = \frac{\mathbf{x}_i(t + \delta t) - \mathbf{x}_i(t - \delta t)}{2\,\delta t} \tag{14.21}$$

conduisant, à chaque pas d'intégration, à des erreurs en $\mathcal{O}(\delta t^2)$.

Exercice. À partir du développement en série de Taylor de la position, $\mathbf{x}$, en $t - \delta t$ et en $t + \delta t$, retrouver l'expression (14.20). En déduire que l'erreur associée est en $\mathcal{O}(\delta t^4)$.

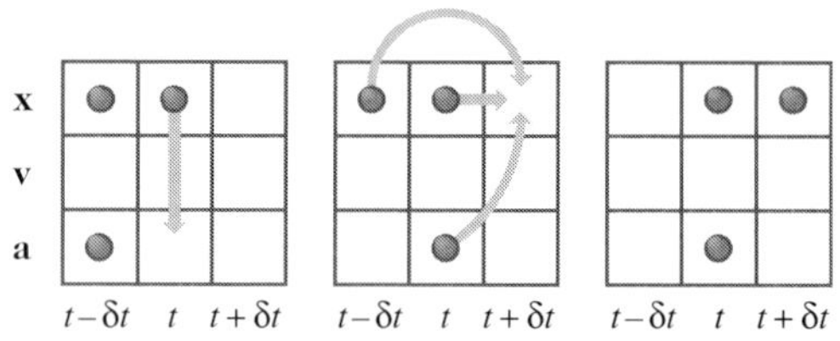

Figure 14.6. Synopsis de l'intégration des équations du mouvement grâce à l'algorithme de Verlet. Il convient de noter que ce schéma ne fait pas intervenir explicitement les vitesses des particules du système. Partant du triplet $\{x_i(t), x_i(t - \delta t), a_i(t)\}$, à gauche, l'accélération en t est évaluée et permet d'accéder à la position en $t + \delta t$, à droite.

L'algorithme *leap frog* (figure 14.7), dérivé du précédent, utilise le triplet :

$$\{\mathbf{x}_i(t), \mathbf{v}_i(t - \delta t/2), \mathbf{a}_i(t)\}.$$

L'origine de son nom (*leap frog* signifiant « saute-mouton ») apparaît clairement dans l'écriture de l'algorithme :

$$\begin{cases} \mathbf{x}_i(t + \delta t) & = & \mathbf{x}_i(t) + \mathbf{v}_i\left(t + \dfrac{\delta t}{2}\right)\delta t \\ \mathbf{v}_i\left(t + \dfrac{\delta t}{2}\right) & = & \mathbf{v}_i\left(t - \dfrac{\delta t}{2}\right) + \mathbf{a}_i(t)\,\delta t \end{cases} \tag{14.22}$$

Dans la pratique, la première étape est le calcul de $\mathbf{v}_i(t + \delta t/2)$, à partir duquel on déduit $\mathbf{v}_i(t)$, nécessaire à l'évaluation du terme cinétique $\mathcal{T}(\mathbf{p}_x)$, selon :

$$\mathbf{v}_i(t) = \frac{\mathbf{v}_i\left(t + \dfrac{\delta t}{2}\right) + \mathbf{v}_i\left(t - \dfrac{\delta t}{2}\right)}{2} \tag{14.23}$$

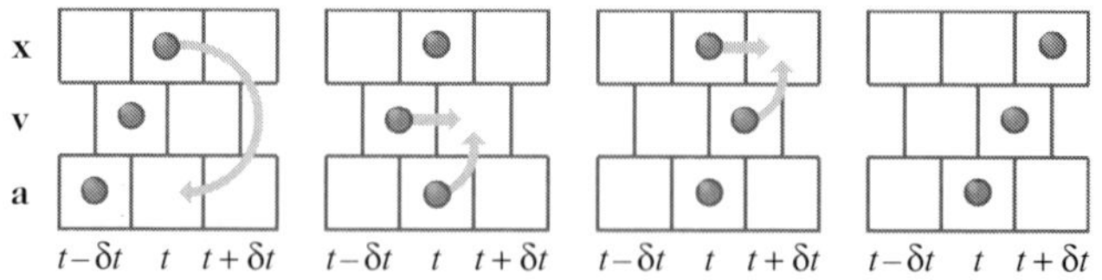

Figure 14.7. Synopsis de l'intégration des équations du mouvement grâce à l'algorithme *leap frog*. Partant du triplet $\{x_i(t), v_i(t - \delta t/2), a_i(t)\}$, à gauche, l'accélération en t et la vitesse en $t + \delta t/2$ sont déduites, permettant d'accéder à la position en $t + \delta t$, à droite.

Enfin, l'algorithme Verlet-vitesses (figure 14.8) corrige le défaut principal des algorithmes de Verlet classique et *leap frog*, à savoir la définition des vitesses, dont l'erreur associée est en $\mathcal{O}(\delta t^2)$. L'incorporation explicite des vitesses dans l'algorithme de Verlet peut s'écrire :

$$\left\{\begin{array}{lcl} \mathbf{x}_i(t + \delta t) & = & \mathbf{x}_i(t) + \mathbf{v}_i(t)\,\delta t + \dfrac{1}{2}\,\mathbf{a}_i(t)\,\delta t^2 \\ \mathbf{v}_i(t + \delta t) & = & \mathbf{v}_i(t) + \dfrac{\mathbf{a}_i(t) + \mathbf{a}_i\,(t + \delta t)}{2}\,\delta t \end{array}\right. \tag{14.24}$$

Ce schéma implique les deux étapes suivantes :

$$\mathbf{v}_i\left(t + \frac{\delta t}{2}\right) = \mathbf{v}_i(t) + \frac{1}{2}\,\mathbf{a}_i(t)\,\delta t \tag{14.25}$$

qui permet, alors, d'évaluer les forces thermodynamiques $\mathbf{f}_i$, ainsi que les accélérations $\mathbf{a}_i$, au temps $t + \delta t$. À la suite de quoi :

$$\mathbf{v}_i\,(t + \delta t) = \mathbf{v}_i\left(t + \frac{\delta t}{2}\right) + \frac{1}{2}\,\mathbf{a}_i\,(t + \delta t)\,\delta t \tag{14.26}$$

dont on peut déduire l'énergie cinétique à l'instant $t + \delta t$, alors que l'énergie potentielle, $\mathcal{V}(\mathbf{x})$, au même moment, est calculée dans la boucle des forces.

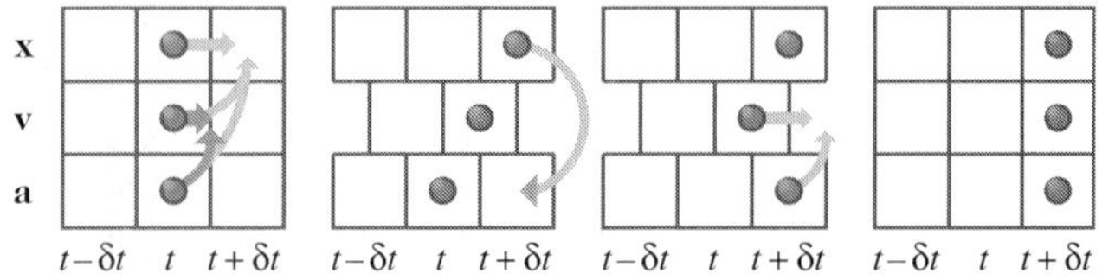

Figure 14.8. Synopsis de l'intégration des équations du mouvement grâce à l'algorithme de Verlet-vitesses. La généralisation du schéma décrit dans la figure 14.6 aux vitesses des particules permet d'accéder à la position, la vitesse et l'accélération en $t + \delta t$.

4.2. Intégration sous contraintes

En certaines circonstances, il peut être souhaitable de geler un ensemble de degrés de liberté au cours de la simulation de dynamique moléculaire grâce à l'introduction de contraintes holonomes. Celles-ci permettent d'éliminer les degrés de liberté durs du système, correspondant aux fréquences de vibration les plus élevées, en particulier la vibration de liaisons covalentes impliquant des atomes d'hydrogène. En maintenant au cours du temps la longueur de ces liaisons à la valeur nominale, il est possible d'augmenter sensiblement le pas d'intégration, δt, des équations du mouvement sans, toutefois, compromettre la conservation de l'énergie totale du système.

Geler des degrés de liberté dans le cadre de la dynamique moléculaire équivaut à résoudre les équations du mouvement sous contraintes. Dans le cas d'une longueur de liaison chimique figée, la contrainte s'écrit :

$$\chi_{ij}(t) = |\mathbf{x}_j(t) - \mathbf{x}_i(t)|^2 - d_{ij}^2 \tag{14.27}$$

où d_{ij} désigne la longueur d'équilibre de la liaison chimique. Il s'ensuit qu'outre la force, $\mathbf{f}_i$, due aux interactions intra- et intermoléculaires, une force de contrainte, $\mathbf{g}_i$, apparaît dans les équations du mouvement :

$$m_i\,\frac{\mathrm{d}^2\mathbf{x}_i(t)}{\mathrm{d}t^2} = \mathbf{f}_i + \mathbf{g}_i \tag{14.28}$$

Cette force de contrainte est définie par :

$$\mathbf{g}_i = -\sum_j \lambda_{ij}(t)\ \nabla_i \chi_{ij}(t) = -2\sum_j \lambda_{ij}(t)\ \mathbf{x}_{ij}(t) \qquad \textbf{(14.29)}$$

où $\lambda_{ij}(t)$ est le multiplicateur de Lagrange associé à la contrainte le long de la liaison chimique entre les atomes i et j. Combinées à l'intégrateur de Verlet (14.20), les équations du mouvement prennent la forme :

$$\mathbf{x}_i(t + \delta t) = \mathbf{x}_i(t) + \delta t\ \mathbf{v}_i(t) + \frac{\delta t^2}{2m_i}\ \left[\mathbf{f}_i(t) + \mathbf{g}_i(t)\right] \qquad \textbf{(14.30)}$$

Les équations du mouvement contraintes sont résolues, dans la plupart des cas, en suivant un schéma itératif de type Gauss-Seidel — c'est-à-dire de résolution une par une des équations d'un système linéaire — jusqu'à ce que chaque contrainte holonome soit vérifiée.

Exercice. Établir les équations du mouvement contraintes pour une molécule triatomique, dans laquelle les longueurs de liaison d_{21} et d_{23} sont gelées et l'angle de valence $\theta(1,2,3)$ peut varier à travers le potentiel intramoléculaire.

Lors de l'intégration simultanée des équations de Newton du mouvement, l'énergie totale du système est conservée, et, pour peu que le volume soit maintenu constant, la simulation générera un ensemble statistique microcanonique, c'est-à-dire $(N,V,\mathcal{E})$. Une telle situation n'est, cependant, pas toujours adaptée et il peut être désirable de réaliser des simulations dans lesquelles la température, ou la pression, sont des grandeurs indépendantes, et non des propriétés dérivées (tableau 14.1).

Tableau 14.1. Exemples d'ensembles thermodynamiques accessibles aux simulations de dynamique moléculaire. U représente l'énergie interne du système, S son entropie et A son énergie libre d'Helmholtz. $P_\perp$ désigne la pression normale et $P_\parallel$ la pression latérale appliquée à la boîte de simulation.

Ensemble	Énergie libre	Hamiltonien conservé
$(N,V,\mathcal{E})$		$\mathcal{H}(\mathrm{x},\mathrm{p_x}) = U$
(N,V,T)	$A = U - TS$	$\mathcal{H}(\mathrm{x},\mathrm{p_x}) \simeq \sum_i \frac{1}{2m_i}(p_{xi}^2 + p_{yi}^2 + p_{zi}^2) + \mathcal{V}(\mathrm{x})$
$(N,P_\perp,\mathcal{A},T)$	$A = U - TS + P_\perp V$	$\mathcal{H}(\mathrm{x},\mathrm{p_x}) \simeq \sum_i \frac{1}{2m_i}(p_{xi}^2 + p_{yi}^2 + p_{zi}^2) + \mathcal{V}(\mathrm{x}) + P_\perp V$
$(N,P_\parallel,\mathcal{A},T)$	$A = U - TS + P_\parallel V$	$\mathcal{H}(\mathrm{x},\mathrm{p_x}) \simeq \sum_i \frac{1}{2m_i}(p_{xi}^2 + p_{yi}^2 + p_{zi}^2) + \mathcal{V}(\mathrm{x}) + P_\parallel V$
(N,V,γ,T)	$A = U - TS - \gamma\mathcal{A}$	$\mathcal{H}(\mathrm{x},\mathrm{p_x}) \simeq \sum_i \frac{1}{2m_i}(p_{xi}^2 + p_{yi}^2 + p_{zi}^2) + \mathcal{V}(\mathrm{x}) - \gamma\mathcal{A}$
$(N,P_\perp,\gamma,T)$	$A = U - TS + P_\perp V - \gamma\mathcal{A}$	$\mathcal{H}(\mathrm{x},\mathrm{p_x}) \simeq \sum_i \frac{1}{2m_i}(p_{xi}^2 + p_{yi}^2 + p_{zi}^2) + \mathcal{V}(\mathrm{x}) + P_\perp V - \gamma\mathcal{A}$

4.3. Dynamique moléculaire à température constante

Plusieurs méthodes, plus ou moins sophistiquées, permettant la réalisation de simulations de dynamique moléculaire isothermes ont été proposées. La plus simple, sans doute, consiste à recalibrer périodiquement les vitesses d'un facteur $\sqrt{T/T_{\mathcal{T}}}$, où $T_{\mathcal{T}}$ désigne la température cinétique instantanée — soit $2\mathcal{T}(\mathbf{p}_x)/3Nk_B$, avec k_B la constante de Boltzmann — et T la température désirée. Cependant, l'application de ce facteur à chaque pas d'intégration ne conduit pas à une dynamique moléculaire newtonienne, à proprement parler. La mécanique newtonienne implique que soient conservées l'énergie et la quantité de mouvement. Une dynamique moléculaire à température cinétique constante nécessite que soient résolues les équations du mouvement contraintes [2] :

$$\begin{cases} \dot{\mathbf{x}}_i = \dfrac{\mathbf{p}_{x,i}}{m_i} \\ \dot{\mathbf{p}}_{x,i} = \mathbf{f}_i - \xi(\mathbf{x};\mathbf{p}_x)\,\mathbf{p}_x \end{cases} \tag{14.31}$$

dans lesquelles $\xi(\mathbf{x};\mathbf{p}_x)$ peut être assimilé à un coefficient de friction garantissant que $\dot{T}_{\mathcal{T}} = 0$. Cette contrainte est choisie de manière à perturber le moins possible la trajectoire newtonienne :

$$\xi(\mathbf{x};\mathbf{p}_x) = \frac{\sum_i \mathbf{p}_{x,i}\cdot\mathbf{f}_i}{\sum_i |\mathbf{p}_{x,i}|^2} \tag{14.32}$$

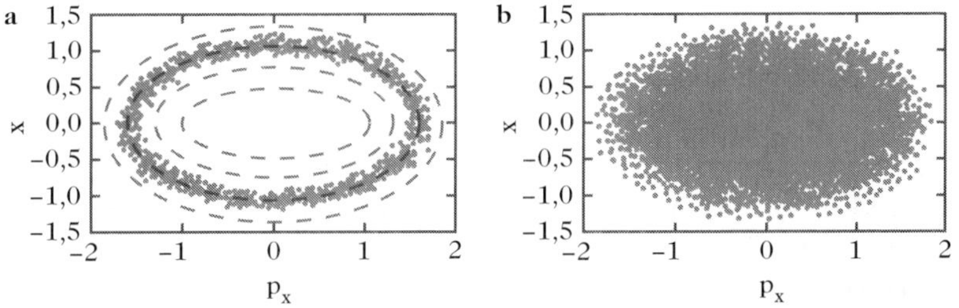

Figure 14.9. Dynamique moléculaire à température constante dans le cas simpliste de l'oscillateur harmonique unidimensionnel. Dans l'espace des positions, x, et des impulsions, p_x, le système évolue sur des orbites d'énergie constante. Dans le cas d'un nombre de degrés de liberté extrêmement restreint, l'échantillonnage généré par l'algorithme de Nosé-Hoover est fortement non ergodique (**a**). L'aspect chaotique de la simulation peut être recouvré, au moins en partie, par la variante des thermostats en chaîne de Nosé-Hoover [21] (**b**).

Une seconde approche, plus rigoureuse, consiste à introduire dans les équations du mouvement un degré de liberté, s, supplémentaire. La vitesse de la particule i s'écrit alors $\mathbf{v}_i = s\,\dot{\mathbf{x}}_i = \mathbf{p}_{x,i}/m_i s$. Au degré de liberté s, assimilable au thermostat du système, sont associés les termes potentiel et cinétique :

$$\begin{cases} \mathcal{V}_s = \dfrac{(f+1)\,\ln s}{\beta} \\ \mathcal{T}_s = \dfrac{1}{2}\,\mathcal{Q}\,\dot{s}^2 \end{cases} \tag{14.33}$$

où $\mathcal{Q}$ désigne le paramètre d'inertie thermique, qui régule les fluctuations de la température, f le nombre de degrés de liberté du système ($3N - 3$ si l'impulsion totale $\mathbf{p}$ est constante) et $\beta \equiv 1/k_BT$. Une telle approche est connue sous le vocable de lagrangien étendu, dans la mesure où celui-ci prend, à présent, la forme $\mathcal{L}_s(\mathbf{x};\mathbf{p}_x) = \mathcal{T}(\mathbf{p}_x) + \mathcal{T}_s(\mathbf{p}_x) - \mathcal{V}(\mathbf{x}) - \mathcal{V}_s(\mathbf{x})$. Les équations du mouvement peuvent alors être réétablies comme :

$$\begin{cases} \ddot{\mathbf{x}}_i = \dfrac{\mathbf{f}_i}{m_i s^2} - 2\,\dfrac{\dot{s}\dot{\mathbf{x}}}{s} \\ \mathcal{Q}\ddot{s} = \displaystyle\sum_i m_i \dot{x}_i^2 s - \dfrac{f+1}{\beta s} \end{cases} \tag{14.34}$$

Ce formalisme, proposé par Nosé [22], a été revisité par Hoover [23], qui y a supprimé le paramètre s dépendant du temps. Dans les équations du mouvement contraintes (14.36), le terme de friction est maintenant donné par une équation différentielle du premier ordre :

$$\dot{\xi} = \frac{f}{\mathcal{Q}}\, k_B\,(T_{\mathcal{T}} - T) \tag{14.35}$$

La quantité conservée ici est l'hamiltonien :

$$\mathcal{H}_s(\mathbf{x};\mathbf{p}_x) = \mathcal{T}(\mathbf{p}_x) + \mathcal{T}_s(\mathbf{p}_x) + \mathcal{V}(\mathbf{x}) + \mathcal{V}_s(\mathbf{x})$$

Les équations dites de Nosé-Hoover peuvent être résumées sous la forme :

$$\begin{cases} \dot{\mathbf{x}}_i = \dfrac{\mathbf{p}_{x,i}}{m_i} \\ \dot{\mathbf{p}}_{x,i} = \mathbf{f}_i - \xi(\mathbf{x};\mathbf{p}_x)\,\mathbf{p}_x \\ \dot{\xi} = \dfrac{f}{\mathcal{Q}}\, k_B\,(T_{\mathcal{T}} - T) \end{cases} \tag{14.36}$$

Comme le suggère la figure 14.9, le chaos généré par l'algorithme de Nosé-Hoover est insuffisant pour décrire la distribution canonique de petits systèmes comportant peu de degrés de liberté. Une approche alternative, incluant plusieurs thermostats couplés, comme celle de Martyna *et al.* [21], est recommandée dans ce genre de situation. Toutefois, dans la grande majorité des cas, la multiplication des degrés de liberté crée suffisamment de chaos pour que le système possède un comportement ergodique ou quasi ergodique.
La dernière approche, dite *weak coupling* [24], consiste à relaxer la température cinétique instantanée $T_{\mathcal{T}}(t)$ vers une valeur de référence T, selon :

$$\frac{\mathrm{d}T_{\mathcal{T}}(t)}{\mathrm{d}t} = \frac{T - T_{\mathcal{T}}(t)}{\tau_T} \tag{14.37}$$

où τ_T représente précisément le temps de relaxation associé aux fluctuations de température. L'énergie cinétique est modifiée d'une quantité $\Delta\mathcal{T}$ donnée par :

$$\Delta\mathcal{T} = \frac{1}{2}\,(\chi^2 - 1)\, N\, k_B\, T_{\mathcal{T}}(t) \tag{14.38}$$

durant un pas d'intégration δt, en procédant au réajustement des vitesses d'un facteur χ, tel que :

$$\chi = \left[1 + \frac{\delta t}{\tau_T}\left(\frac{T}{T_T(t)} - 1\right)\right]^{1/2} \tag{14.39}$$

Ce couplage apériodique à un « réservoir de chaleur », grâce à un processus du premier ordre, ne conduit pas à des réponses oscillantes aux changements de température. En revanche, il a été prouvé que cet algorithme ne conduisait pas rigoureusement à une distribution canonique, à la différence de l'approche de Nosé et Hoover.

Quelque peu en marge des algorithmes isothermes de la dynamique moléculaire, la dynamique de Langevin offre également la possibilité de contrôler la température dans les simulations statistiques. L'idée de base de cette approche repose sur l'adjonction aux forces conservatives d'une force de friction proportionnelle à la vitesse. La friction annule l'énergie cinétique du système. Une force aléatoire, $f(t)$, est alors introduite pour permettre au système de diffuser :

$$m_i \frac{\mathrm{d}^2\mathbf{x}_i}{\mathrm{d}t^2} = -\frac{\mathrm{d}\mathcal{V}(\mathbf{x})}{\mathrm{d}x} - \gamma\, m_i \frac{\mathrm{d}\mathbf{x}_i}{\mathrm{d}t} + f(t) \tag{14.40}$$

où γ est un paramètre scalaire contrôlant la friction. $f(t)$ est un bruit blanc gaussien de moyenne nulle, $\langle f(t)\rangle = 0$, et obéissant au théorème de fluctuation-dissipation [25] :

$$\langle f(t)\, f(t')\rangle = \frac{2\, m_i\, \gamma\, \delta(t - t')}{\beta} \tag{14.41}$$

qui est la condition à la génération d'une distribution canonique.

4.4. Dynamique moléculaire à pression constante

Là encore, plusieurs méthodes, plus ou moins sophistiquées, permettent de maintenir la cellule de simulation à une pression constante au cours du temps. Il peut, en effet, être désirable, dans certaines situations, de générer des trajectoires dans l'ensemble isobare-isotherme (N,P,T).

Tout comme pour le maintien de la température à une valeur constante, le formalisme du lagrangien étendu est applicable à la pression. Initialement proposée par Andersen [26], cette méthode implique le couplage du système à une variable externe, V, caractérisant le volume de la boîte de simulation. Ce couplage symbolise l'action qu'exercerait un piston sur le système, à laquelle on associe les termes cinétique et potentiel :

$$\begin{cases} \mathcal{V}_V = \dfrac{1}{2}\, m_P\, \dot{V}^2 \\ \mathcal{T}_V = P\, V \end{cases} \tag{14.42}$$

où m_P est assimilable à la masse du piston, et P représente la pression désirée. La mise à l'échelle des variables de position, $\mathbf{x}$, et de vitesse, $\mathbf{v}$, sous la forme $\mathbf{s} = \mathbf{x}/V^{1/3}$ et $\dot{\mathbf{s}} = \mathbf{v}/V^{1/3}$, permet d'écrire les énergies cinétique et potentielle comme :

$$\mathcal{V}(\mathbf{x}) \equiv \mathcal{V}(V^{1/3}\mathbf{s}) \qquad \text{et} \qquad \mathcal{T}(\mathbf{p}_x) = \frac{1}{2}\, m\, V^{2/3} \sum_i \dot{s}_i^2 \tag{14.43}$$

Il s'ensuit qu'à partir du lagrangien $\mathcal{L}_V(\mathbf{x};\mathbf{p}_x) = \mathcal{T}(\mathbf{p}_x) + \mathcal{T}_V(\mathbf{p}_x) - \mathcal{V}(\mathbf{x}) - \mathcal{V}_V(\mathbf{x})$, il est possible d'établir les nouvelles équations du mouvement de Andersen [26] :

$$\begin{cases} \ddot{\mathbf{s}}_i = \dfrac{\mathbf{f}_i}{m_i V^{1/3}} - \dfrac{2}{3}\dfrac{\dot{\mathbf{s}}_i \dot{V}}{V} \\ \ddot{V} = \dfrac{P_{\mathcal{P}} - P}{m_P} \end{cases} \tag{14.44}$$

dans lesquelles la force, $\mathbf{f}_i$, et la pression instantanée dérivée du viriel :

$$P_{\mathcal{P}} = \frac{1}{V}\left(\frac{N}{\beta} - \frac{1}{2}\sum_i \mathbf{x}_i \cdot \mathbf{f}_i\right) \tag{14.45}$$

sont évaluées à partir des coordonnées et des impulsions non remises à l'échelle. Ici, la quantité conservée au cours de la dynamique moléculaire est l'hamiltonien du système étendu, $\mathcal{H}_V(\mathbf{x};\mathbf{p}_x) = \mathcal{T}(\mathbf{p}_x) + \mathcal{T}_V(\mathbf{p}_x) + \mathcal{V}(\mathbf{x}) + \mathcal{V}_V(\mathbf{x})$, c'est-à-dire son enthalpie, à laquelle s'ajoute une contribution cinétique de $\frac{1}{2}k_BT$ due à la fluctuation du volume de la boîte. Il convient de souligner que, formellement, cet algorithme génère une distribution isobare-isenthalpique (N,P,H). Son couplage à un thermostat, tel que celui régi par l'équation (14.34), permet d'accéder à l'ensemble isobare-isotherme.

Il a été observé que cette approche conduisait à des oscillations de $P_{\mathcal{P}}$, dépendant de la masse du piston, m_P. Feller *et al.* [27] ont proposé un schéma supprimant cet effet indésirable en amortissant le degré de liberté du piston au travers de l'équation de Langevin. En reprenant l'équation (14.44), il vient :

$$\begin{cases} \ddot{\mathbf{s}}_i = \dfrac{\mathbf{f}_i}{m_i V^{1/3}} - \dfrac{2}{3}\dfrac{\dot{\mathbf{s}}_i \dot{V}}{V} \\ \ddot{V} = \dfrac{P_{\mathcal{P}} - P}{m_P} - \gamma\dot{V} + R(t) \end{cases} \tag{14.46}$$

où γ désigne la fréquence de collision, et $R(t)$ est une force aléatoire, tirée d'une distribution gaussienne de moyenne nulle. Il est intéressant de noter que $R(t)$ satisfait à la relation de fluctuation-dissipation :

$$\langle R(t_1)R(t_2)\rangle = \frac{1}{m_P}\frac{2}{\beta}\,\kappa(t_1 - t_2) \tag{14.47}$$

dans laquelle $\kappa(t)$ représente un facteur d'amortissement.

Une seconde approche, proposée par Berendsen *et al.* [24], est une extension à la pression de la méthode *weak coupling*, décrite précédemment. Tout comme pour l'algorithme à température constante, les équations du mouvement sont modifiées suite à la relaxation de la pression instantanée $P_{\mathcal{P}}(t)$ vers une valeur de référence P, selon :

$$\frac{\mathrm{d}P_{\mathcal{P}}(t)}{\mathrm{d}t} = \frac{P - P_{\mathcal{P}}(t)}{\tau_P} \tag{14.48}$$

où τ_P est le temps de relaxation associé aux fluctuations de pression. En réajustant les coordonnées atomiques et la taille de la cellule périodique par un facteur ς, le volume total se voit modifié de $\Delta V = (\varsigma^3 - 1)\, V$, ce qui, naturellement, entraîne une variation de pression, s'exprimant alors sous la forme :

$$\Delta P = \frac{\Delta V}{\beta_T \; V} \tag{14.49}$$

dans laquelle β_T désigne la compressibilité isotherme. En résolvant les équations (14.48) et (14.49) pour une valeur de ς donnée, il vient :

$$\varsigma = \left[1 - \beta_T \; \delta t \; \frac{P - P_{\mathcal{P}}(t)}{\tau_P}\right]^{1/3} \tag{14.50}$$

Tout comme pour la température, cet algorithme ne conduit pas à un ensemble thermodynamique clairement défini.

5. Traitement rigoureux des interactions électrostatiques

Un aspect particulièrement critique des simulations de la dynamique moléculaire concerne le traitement approprié des interactions électrostatiques. Pour d'évidentes raisons de coût, la troncature sphérique, dont nous avons parlé précédemment, reste encore très largement utilisée, surtout lorsque les échelles de temps explorées dépassent le domaine de la nanoseconde, ce qui est le cas, par exemple, de la simulation de bicouches phospholipidiques. Si la nature à longue portée des interactions dipôle-dipôle en $1/r^3$ est suffisamment limitée pour garantir une reproduction satisfaisante des propriétés structurales et des moyennes d'ensemble statistique du système, il n'en reste pas moins que l'influence de ces interactions sur des processus complexes comme le repliement de protéines mériterait un examen plus détaillé. La présence d'espèces ioniques est nettement plus problématique, dans la mesure où l'utilisation d'un *cut-off* sphérique induit de nombreux artéfacts faussant clairement les simulations réalisées. Il est d'ailleurs nécessaire de souligner que, même en se limitant à des espèces dipolaires, l'emploi d'une troncature sphérique entraîne une singularité des dérivées de l'énergie potentielle à la frontière du *cut-off*. Les effets délétères de cette troncature sphérique peuvent être atténués par l'adjonction d'une fonction dite de *switching* [2], remplaçant le comportement abrupt de type Heavyside par une décroissance plus douce au voisinage de la sphère. Cette approche ne résout, toutefois, en rien les difficultés introduites par la présence d'ions dans le système. Une méthode pour traiter plus rigoureusement les interactions charge-charge et charge-dipôle, *a priori* peu onéreuse, repose sur la théorie de Debye-Hückel et la résolution de l'équation de Poisson-Boltzmann linéarisée [28]. Comme l'illustre la figure 14.11, cette méthode, connue sous le vocable de champ de réaction généralisé, n'élimine cependant pas totalement les artéfacts lorsque $r \rightarrow R_{\text{cut-off}}$, le rayon de troncature. L'approche sans doute la plus rigoureuse est celle proposée par Ewald [3]. Partant du fait que la somme coulombienne,

$$\mathcal{V}_{\text{Coulomb}}(\mathbf{x}) = \sum_{i<j} \frac{q_i q_j}{4\pi\epsilon_0\epsilon_1 r_{ij}} \tag{14.51}$$

étendue à la boîte centrale ainsi qu'à toutes ses voisines, ne converge pas formellement, l'idée directrice de la méthode dite des sommes d'Ewald (figure 14.10) consiste à décomposer la relation (14.51) en une somme dans l'espace direct et une somme dans l'espace réciproque :

$$\sum_{\mathbf{n}} \frac{1}{|\mathbf{n}|}\mathcal{F}(\mathbf{n}) + \sum_{\mathbf{m}} \frac{1}{|\mathbf{m}|}[1 - \mathcal{F}(\mathbf{n})] \tag{14.52}$$

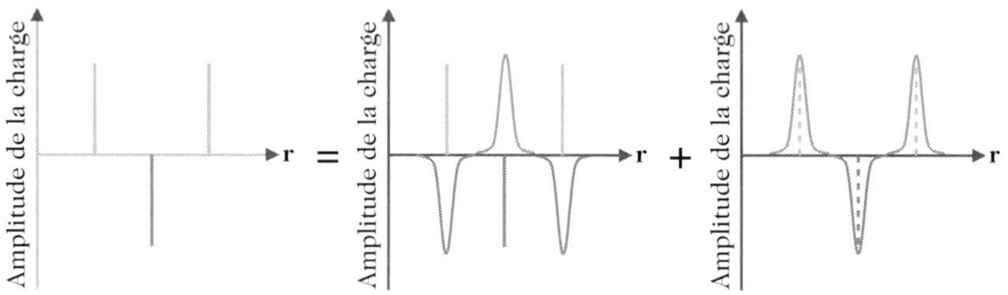

Figure 14.10. Composantes d'une somme d'Ewald dans un système unidimensionnel de charges ponctuelles. Dans l'espace direct, chaque charge est entourée d'une distribution de charge gaussienne, $\varrho_i(\mathbf{x})$, d'amplitude égale, mais de signe opposé. Cette contribution est contrebalancée dans l'espace réciproque par une distribution gaussienne $\varrho_j(\mathbf{x})$ de signe contraire.

En entourant chaque charge ponctuelle du système d'une distribution de charge gaussienne :

$$\varrho_i(\mathbf{x}) = q_i \alpha^3 \, \frac{\exp(-\alpha^2 r^2)}{\sqrt{\pi^3}} \tag{14.53}$$

où α est un paramètre positif caractérisant la largeur de la distribution gaussienne, la première somme converge rapidement quand $\mathbf{n} \longrightarrow \infty$, car $\mathcal{F}(\mathbf{n})$ décroît très rapidement. La contribution dans l'espace direct est de courte portée (voir la figure 14.10). La seconde somme évaluée dans l'espace réciproque utilise une transformée de Fourier pour résoudre l'équation de Poisson, c'est-à-dire $\nabla^2 V_i(\mathbf{x}) = -4\pi\varrho_i(\mathbf{x})$. La transformée décroît rapidement, et la somme converge de la même manière [29].

L'implantation des sommes de réseaux selon le schéma proposé par Ewald dans un code de dynamique moléculaire utilisant un champ de force macromoléculaire, comme celui décrit par l'équation (14.11), peut se résumer par :

$$\begin{aligned}
\mathcal{V}_{\text{Ewald}}(\mathbf{x}) &= \frac{1}{2V\epsilon_0} \sum_{\mathbf{k}\neq\mathbf{0}} \frac{\exp(-k^2/4\alpha^2)}{k^2} \left[\sum_j q_j \exp(-i\mathbf{k}\cdot\mathbf{r}_j)\right] \\
&\times \left[\sum_j q_j \exp(i\mathbf{k}\cdot\mathbf{r}_j)\right] \\
&+ \frac{1}{4\pi\epsilon_0} \sum_i \sum_{j>i} \frac{q_i q_j}{r_{ij}} \operatorname{erfc}(\alpha r_{ij}) - \frac{\alpha}{4\pi^{3/2}\epsilon_0} \sum_i q_i^2 \\
&+ \frac{1}{4\pi\epsilon_0} \sum_i \sum_{j>i}^{j \text{ lié à } i} \frac{q_i q_j}{r_{ij}}
\end{aligned}$$

Le premier terme correspond à une somme dans l'espace réciproque sur les vecteurs **k** ; α est un paramètre positif caractérisant la largeur de la distribution de charge gaussienne entourant chaque charge ponctuelle du système. Le second terme correspond à une somme dans l'espace direct ; $\mathrm{erfc}(x)$ est la fonction erreur complémentaire, soit $1 - \mathrm{erf}(x)$. Les troisième et quatrième contributions sont correctives, compte tenu du fait que la somme dans l'espace réciproque porte sur toutes les paires atomiques $\{i,j\}$, incluant, par conséquent, les termes *self*, 1–2 et 1–3.

Formellement, l'investissement informatique impliqué dans l'approche classique des sommes de réseau d'Ewald est $\mathcal{O}(N^2)$, où N est le nombre de particules formant le système. Ce coût, comme l'ont montré d'une part Perram *et al.* [31], et Fincham [32], d'autre part, peut être réduit à $\mathcal{O}(N^{3/2})$ grâce à un choix judicieux de la largeur des distributions gaussiennes, α, du nombre de vecteurs **k**, et de la troncature des interactions de paires dans l'espace direct. D'une manière générale, il est nécessaire que soient équilibrés les temps CPU investis dans l'évaluation des sommes de l'espace direct et de l'espace réciproque pour atteindre une croissance en $N^{3/2}$.

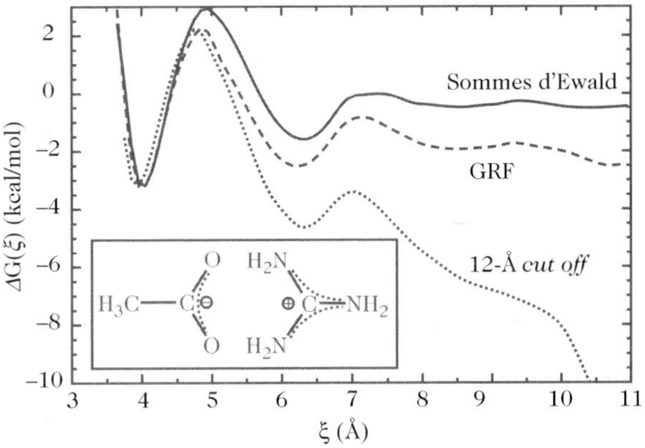

Figure 14.11. Profil d'énergie libre caractérisant l'approche d'un cation guanidinium d'un anion acétate dans la géométrie C_{2v}, en phase aqueuse [30]. Le profil en trait plein correspond à une simulation en somme d'Ewald (EW) — α = 0,3 Å^{-1} ; celui en tirets, à une simulation avec champ de réaction généralisé (GRF) — $R_{\text{cut-off}}$ = 12 Å ; celui en pointillés, à une simulation avec troncature sphérique (SC) — $R_{\text{cut-off}}$ = 12 Å.

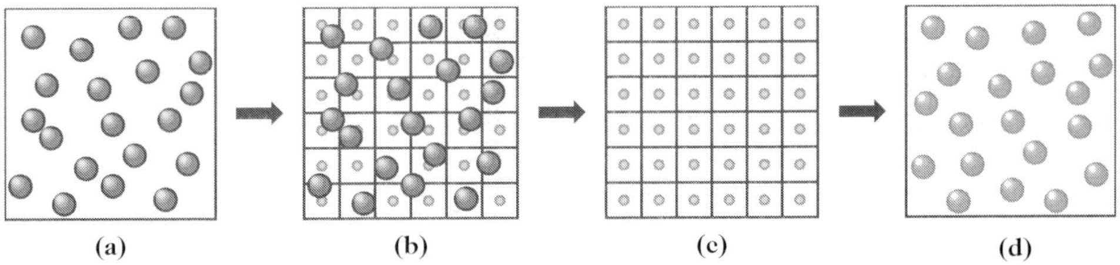

Figure 14.12. Approche de type *particle-mesh* sur un réseau bidimensionnel. **(a)** Système de particules chargées. **(b)** Les charges sont interpolées sur une grille bidimensionnelle. **(c)** En utilisant une approche de transformée de Fourier rapide (FFT) [33], le potentiel et les forces sont évalués en chaque point de la grille. **(d)** Les forces sont interpolées en retour vers les particules, dont la position est ensuite mise à jour.

Des alternatives moins onéreuses à l'approche d'Ewald classique reposent sur une évaluation de la somme dans l'espace réciproque grâce à une transformée de Fourier rapide (FFT) [33]. Une grille tridimensionnelle remplissant l'espace dans lequel est réalisée la simulation de dynamique moléculaire est construite. Les charges portées par les particules constituant le système sont interpolées sur cette grille, et la distribution de charge correspondante, $\varrho(\mathbf{x})$, est calculée. En recourant à la méthode FFT, la transformée de la distribution de charge, $\hat{\varrho}(\mathbf{k})$, est déterminée sur la base des vecteurs $\mathbf{k}$ de l'espace réciproque. La contribution à longue portée du potentiel électrostatique est alors évaluée selon $\hat{V}_{\text{long}}(\mathbf{k}) = \hat{\mathcal{G}}(\mathbf{k})\hat{\varrho}(\mathbf{k})$, où $\hat{\mathcal{G}}(\mathbf{k})$ est la fonction d'influence définie par $\hat{\mathcal{G}}(\mathbf{k}) = \hat{\lambda}(\mathbf{k})/\epsilon_0 k^2$, dans laquelle $\lambda(\mathbf{x})$ est une distribution dépendant des seules caractéristiques géométriques de la boîte de simulation. Par transformée inverse, la contribution $V_{\text{long}}(\mathbf{x})$ est estimée aux différents points de la grille tridimensionnelle. Les forces d'origine électrostatique sont alors déterminées par dérivation numérique du potentiel. Enfin, le champ électrique et le potentiel sont interpolés de la grille vers la position des particules (figure 14.12). Ce schéma constitue l'idée centrale des algorithmes de type *particle-mesh* [34, 35], comme *particle-mesh Ewald* (PME) ou *particle-particle-particle-mesh* [36] (P^3M), dont le coût est formellement en $\mathcal{O}(N \ln N)$.

6. Quelques propriétés accessibles à partir des simulations

6.1. Propriétés structurales issues des simulations

Parmi les propriétés statiques qu'il est possible d'extraire des trajectoires générées au cours de simulations de dynamique moléculaire, les grandeurs structurales sont particulièrement intéressantes, dans la mesure où elles rendent compte de l'ordre local du système moléculaire. Les fonctions de distribution radiale, $g(x)$, indiquent la probabilité de trouver une paire d'atomes séparés par une distance x, par rapport à la probabilité attendue pour une distribution totalement aléatoire à la même densité [2, 25, 37] (figure 14.13). La définition de $g(x)$ passe par l'intégration de la fonction de distribution configurationnelle sur toutes les positions atomiques, à l'exception de celles de deux atomes marqués :

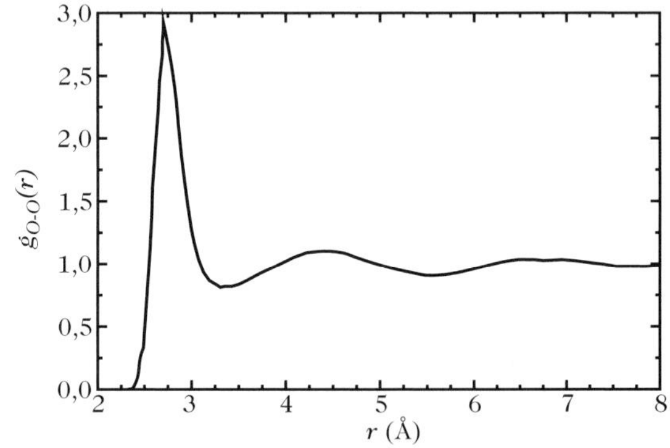

Figure 14.13. Fonction de distribution radiale oxygène-oxygène de l'eau TIP4P [38], obtenue à partir d'une simulation de dynamique moléculaire à 300 K.

$$g(\mathbf{x}_1;\mathbf{x}_2) = \frac{N(N-1)}{\rho^2 \int e^{-\beta\mathcal{V}(\mathbf{x}_1,\ldots,\mathbf{x}_N)}\, d\mathbf{x}_1 \ldots d\mathbf{x}_N} \int e^{-\beta\mathcal{V}(\mathbf{x}_1,\ldots,\mathbf{x}_N)}\, d\mathbf{x}_3 \ldots d\mathbf{x}_N \qquad (14.54)$$

où ρ désigne la densité du liquide. Pour un système dans lequel les atomes seraient tous identiques, la fonction de distribution radiale se simplifie comme une moyenne d'ensemble sur des paires d'atomes :

$$g(\mathbf{x}) = \frac{V}{N^2}\left\langle \sum_i \sum_{j \neq i} \delta(\mathbf{x} - \mathbf{x}_{ij}) \right\rangle \quad \textbf{(14.55)}$$

Pour une paire d'atomes $\{i,j\}$, la fonction de distribution radiale peut être facilement évaluée par la relation :

$$g_{ij}(r) = \frac{\langle n_j(r + \delta r)\rangle}{4\pi\rho_j \int r^2 \mathrm{d}r} \quad \textbf{(14.56)}$$

dans laquelle $\langle n_j(r + \delta r)\rangle$ correspond au nombre moyen de sites j, dont la distance à i est comprise entre r et $r + \delta r$; ρ_j est la densité moyenne de sites j dans l'échantillon considéré.

Exercice. À partir de l'équation (14.55), retrouver l'expression de la fonction de distribution radiale, $g_{ij}(r)$.

Une seconde quantité tout aussi pertinente pour apprécier l'ordre du liquide moléculaire est le facteur de Kirkwood, $G_K(R)$, dépendant de la distance [39]. Cette grandeur caractérise la corrélation entre le moment dipolaire $\boldsymbol{\mu}_i$ d'une molécule i de référence et celui porté par les molécules voisines j contenues dans une sphère de rayon R centrée en i :

$$G_K(R) = \frac{\left\langle \sum_{i,j;r_{ij}<R} \boldsymbol{\mu}_i \cdot \boldsymbol{\mu}_j \right\rangle}{N\mu^2} \quad \textbf{(14.57)}$$

Le facteur de Kirkwood est particulièrement sensible au traitement de l'électrostatique au cours de la simulation. Une troncature sphérique est à l'origine de nombreux artéfacts détériorant la corrélation dipôle-dipôle au bord de la sphère.

6.2. Propriétés dynamiques issues des simulations

La dynamique moléculaire, comme son nom l'indique, permet également d'accéder à des propriétés dynamiques du système étudié. Parmi celles-ci, les fonctions de corrélation temporelle sont très informatives sur les temps de relaxation des différents degrés de liberté de ce système [1, 2]. D'une façon très générale, la corrélation entre deux quantités $\mathcal{B}$ et $\mathcal{B}'$ est donnée par le coefficient :

$$c_{\mathcal{B}\mathcal{B}'} = \frac{\langle \delta\mathcal{B}\, \delta\mathcal{B}'\rangle}{\sigma(\mathcal{B})\, \sigma(\mathcal{B}')} \quad \textbf{(14.58)}$$

où $\delta\mathcal{B} = \mathcal{B} - \langle\mathcal{B}\rangle$, avec $\langle\mathcal{B}\rangle$ la moyenne d'ensemble statistique sur la grandeur $\mathcal{B}$; $\sigma(\mathcal{B}) = \sqrt{\langle\mathcal{B}^2\rangle - \langle\mathcal{B}\rangle^2}$. $c_{\mathcal{B}\mathcal{B}'}$ varie entre 0 et 1, 0 correspondant à l'absence de corrélation. Cette formulation peut être généralisée au cas où $\mathcal{B}$ et $\mathcal{B}'$ sont évaluées à des instants distincts. Il s'ensuit que la fonction de corrélation s'écrit :

$$c_{\mathcal{B}\mathcal{B}'}(t) = \frac{\langle \delta\mathcal{B}(t)\ \delta\mathcal{B}'(0)\rangle}{\sigma(\mathcal{B})\ \sigma(\mathcal{B}')} \tag{14.59}$$

La moyenne temporelle au numérateur est effectuée sur toutes les origines des temps. Dans l'éventualité où $\mathcal{B}' \equiv \mathcal{B}$, la fonction calculée est une fonction dite d'auto-corrélation, définie par :

$$c_{\mathcal{B}\mathcal{B}}(t) = \frac{\langle \delta\mathcal{B}(t)\ \delta\mathcal{B}(0)\rangle}{\langle \delta\mathcal{B}(0)\ \delta\mathcal{B}(0)\rangle} \tag{14.60}$$

L'intégration de la fonction de corrélation, entre $t = 0$ et $t = \infty$, conduit au temps de corrélation. À titre d'illustration, considérons le temps de corrélation réorientationnel du benzène dans l'eau (figures 14.14 et 14.15). Il s'agit d'une simulation nécessairement plus longue que pour un liquide pur, étant donné que la moyenne statistique ne porte que sur une seule molécule.

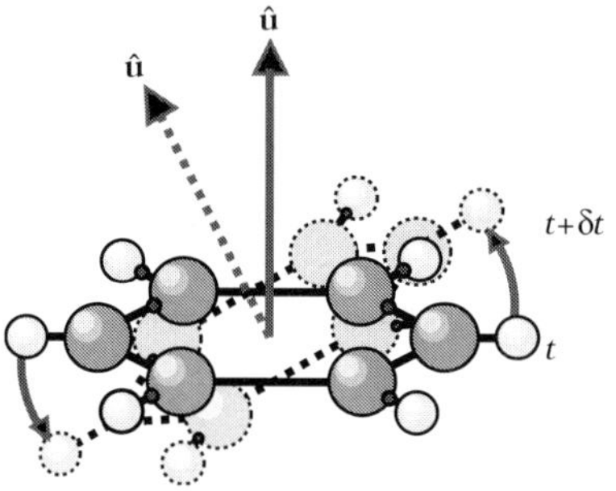

Figure 14.14. Réorientation d'une molécule de benzène au cours du temps. û est le vecteur unitaire porté par l'axe C_6 de la molécule.

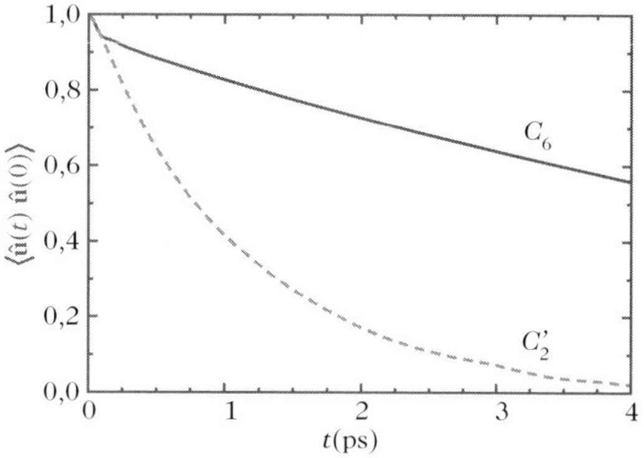

Figure 14.15. Fonctions d'auto-corrélation réorientationnelles du benzène dans l'eau liquide à 300 K. L'intégration des profils conduit aux temps de corrélation $\tau(C_6) = 2{,}4$ ps et $\tau(C_2') = 0{,}5$ ps.

La quantité évaluée ici est le coefficient d'auto-corrélation $c_{\hat{\mathbf{u}}\hat{\mathbf{u}}}(t) = \langle \hat{\mathbf{u}}(t)\hat{\mathbf{u}}(0)\rangle$, où $\hat{\mathbf{u}}$ est le vecteur unitaire porté par l'axe C_6 ou l'axe C_2' du benzène. Le tenseur d'inertie de la molécule laisse, toutefois, supposer que le mouvement de rotation autour de C_2' sera plus rapidement décorrélé que celui autour de C_6.

À partir de la connaissance des fonctions de corrélation, non pas sur la grandeur $\mathcal{B}$, mais sur sa dérivée, $\dot{\mathcal{B}}$, les simulations numériques permettent d'accéder aux coefficients de transport. La dynamique moléculaire à l'équilibre offre, par exemple, la possibilité d'estimer le coefficient de diffusion, D, via l'intégrale [2] :

$$D = \frac{1}{3}\int_0^{\infty} \langle \dot{\mathbf{x}}_i(t) \cdot \dot{\mathbf{x}}_i(0)\rangle\ dt \tag{14.61}$$

dans laquelle $\dot{\mathbf{x}}_i(t) \equiv \mathbf{v}_i(t)$ est la vitesse du centre de masse de la molécule i. Pour des temps suffisamment longs, D peut être obtenu en recourant à la relation d'Einstein :

$$D = \frac{1}{3} \frac{\langle |\mathbf{x}_i(t) - \mathbf{x}_i(0)|^2 \rangle}{2t} \qquad \textbf{(14.62)}$$

6.3. Dynamique moléculaire et énergie libre

Nous avons vu que la dynamique moléculaire était à même de renseigner le modélisateur sur les propriétés structurales, mais également dynamiques du système qu'il étudie. Nous allons à présent montrer qu'à partir d'un ensemble de configurations générées par dynamique moléculaire, il est possible d'accéder à des quantités thermodynamiques fondamentales, comme l'énergie libre, qui permet de prédire la propension d'espèces chimiques à s'associer ou à réagir.
À bien des égards, les premières pierres formant la base des calculs d'énergie libre ont été posées par Kirkwood [40], Zwanzig [41] et Bennett [42]. En 1954, Zwanzig a proposé une stratégie basée sur des principes simples de la mécanique statistique, permettant le calcul de différences d'énergie libre, ΔA, entre deux états thermodynamiques, a et b, d'un système, et baptisée perturbation thermodynamique (*free energy perturbation* ou FEP) :

$$\Delta A = -\frac{1}{\beta} \ln \langle \exp\{-\beta\, [\mathcal{H}_b(\mathbf{x}, \mathbf{p}_x) - \mathcal{H}_a(\mathbf{x}, \mathbf{p}_x)]\}\rangle_a \qquad \textbf{(14.63)}$$

Ici, $\mathcal{H}_a(\mathbf{x}, \mathbf{p}_x)$ est l'hamiltonien du système à N particules dans l'état thermodynamique a. $\langle \cdots \rangle_a$ désigne une moyenne évaluée sur un ensemble de configurations représentatives de cet état. Dans la plupart des cas, les états a et b sont suffisamment orthogonaux pour que l'application brute de l'équation (14.64) ne soit pas envisageable. Dans la pratique, le chemin réactionnel entre les deux états est scindé en une série de sous-états intermédiaires, non physiques, connectés par l'intermédiaire d'un paramètre de couplage. Formellement, l'équation (14.64) peut être exprimée en terme d'intégrale continue, conduisant ainsi à l'approche dite de l'intégration thermodynamique (*thermodynamic integration* ou TI) :

$$\Delta A = \int_0^1 \left\langle \frac{\partial \mathcal{H}(\mathbf{x}, \mathbf{p}_x; \lambda)}{\partial \lambda} \right\rangle_\lambda \mathrm{d}\lambda \qquad \textbf{(14.64)}$$

où λ est le paramètre de couplage liant l'état a, soit $\lambda = 0$, à l'état b, soit $\lambda = 1$.

Exercice. Partant de l'expression originale de l'énergie libre d'Helmholtz, $A = -1/\beta \ln Q$, où Q désigne la fonction de partition canonique, montrer que la différence d'énergie libre entre deux états a et b peut s'écrire comme la moyenne d'ensemble (14.64).

La méthode dite *umbrella sampling* (US) [43] constitue une autre route, apparentée aux calculs FEP ou TI, capable de fournir des résultats directement comparables à l'expérience. Dans le cadre de cette approche, l'échantillonnage le long d'un paramètre d'ordre, ξ — c'est-à-dire une véritable coordonnée de réaction — peut être restreint à une portion finie de l'espace configurationnel grâce à des potentiels externes de biais, $\mathcal{V}_{\text{ext}}(\xi)$, judicieusement choisis. Torrie et Valleau ont démontré que l'on peut recouvrer la moyenne d'ensemble sans biais d'une quantité

$\mathcal{B}$ à partir d'un ensemble statistique biaisé :

$$\langle \mathcal{B} \rangle = \frac{\langle \mathcal{B} \exp\left[-\beta \mathcal{V}_{\text{ext}}\right]\rangle_{\text{biais}}}{\langle \exp\left[-\beta \mathcal{V}_{\text{ext}}(\xi)\right]\rangle_{\text{biais}}} \quad \textbf{(14.65)}$$

Il s'ensuit que le profil d'énergie libre le long de ξ peut directement être déterminé à partir de la probabilité, $\mathcal{P}_{\text{bias}}(\xi)$, de rencontrer le système aux différentes valeurs du paramètre d'ordre calculées dans l'espace configurationnel biaisé :

$$A(\xi) = -\frac{1}{\beta} \ln \mathcal{P}_{\text{bias}}(\xi) - \mathcal{V}_{\text{ext}}(\xi) + A_0 \quad \textbf{(14.66)}$$

où A_0 est une constante. Une des limitations de la méthode US réside dans la nécessité de définir, sans connaissance préalable, la forme des potentiels externes $\mathcal{V}_{\text{ext}}(\xi)$, ce qui peut s'avérer une tâche ardue dans le cas de problèmes qualitativement nouveaux. Une solution attractive à ce problème est offerte par la méthode de force adaptive de biais (ABF) [46], qui repose sur l'intégration de la force moyenne exercée le long de ξ et obtenue à partir d'une simulation de dynamique moléculaire non contrainte [44]. Au cours de la simulation, une force de biais est estimée de façon à fournir, lorsqu'appliquée au système, un hamiltonien pour lequel aucune force moyenne résiduelle n'agit selon ξ. Par conséquent, toutes les valeurs accessibles du paramètre d'ordre sont échantillonnées avec la même probabilité, améliorant *de facto* la précision des énergies libres ainsi estimées.

Comme le montre la figure 14.16, la coïncidence des estimations de l'énergie libre d'hydratation du méthane à partir de deux approches distinctes (ABF et FEP) suggère, indépendamment de la qualité intrinsèque du champ de force, que la méthodologie de ces calculs est aujourd'hui parfaitement domptée. Cet exemple souligne en outre le rôle joué par les calculs d'énergie libre comme lien tangible entre la théorie et l'expérience.

Cette section n'a pour évidence aucune prétention à être exhaustive. En l'espèce, le lecteur intéressé est invité à se référer aux ouvrages spécialisés (référence [47]), pour de plus amples détails.

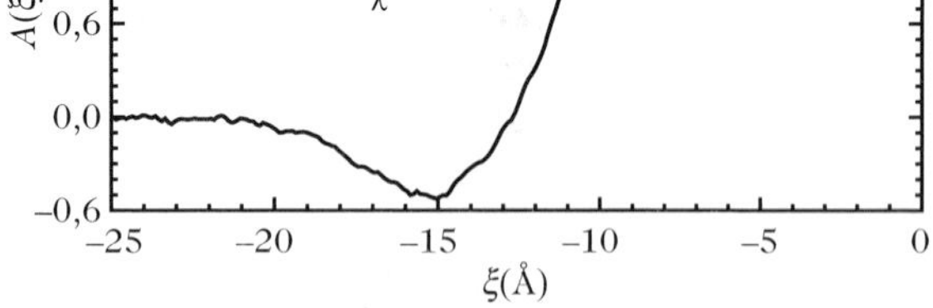

Figure 14.16. Estimation de l'énergie libre d'hydratation du méthane par transfert entre la phase air et la phase aqueuse et par annihilation (simulation directe) et création (simulation inverse) en milieu aqueux (insert). Dans le premier cas, une molécule de méthane évolue librement le long de la normale à l'interface formée par une lame d'eau en équilibre avec sa phase vapeur, grâce à l'approche ABF. Dans le second cas, les interactions que forme le méthane avec l'eau sont progressivement annulées ou créées en fonction de λ. Ces deux approches fournissent quantitativement le même résultat, $2{,}4 \pm 0{,}4$ kcal/mol [44], en bon accord avec la valeur expérimentale de 2,0 kcal/mol [45].

7. Dynamique moléculaire et parallélisme

Parmi les limitations intrinsèques de la dynamique moléculaire, la plus contraignante est sans doute son coût informatique pour l'exploration de systèmes moléculaires complexes sur des échelles de temps significatives. La complexité croît avec le nombre d'atomes, qui, dans le cas de systèmes biologiques, dépasse aisément 10 000. Pour de tels assemblages, il est souvent difficile d'atteindre des durées de simulation compatibles avec la réalité physique du phénomène modélisé, qui s'étend sur une échelle allant de la nano- à la microseconde. Cette difficulté provient du pas utilisé pour intégrer les équations du mouvement, incommensurable face aux durées de simulations envisagées. Le cas de la modélisation des membranes biologiques, dans lesquelles les mouvements collectifs des chaînes lipidiques relaxent sur une échelle s'étendant de 10^{-11} à 10^{-6} seconde, en est une bonne illustration. Cette échelle de temps est à comparer au pas d'intégration typique de la dynamique moléculaire, d'environ $2 \cdot 10^{-12}$ seconde, qui garantit la conservation de l'énergie du système. L'émergence des modèles « gros grain », libérés des degrés de liberté les plus durs du système, permet l'intégration des équations du mouvement avec des pas de temps de l'ordre de $40 \cdot 10^{-12}$, ouvrant ainsi de nouvelles perspectives vers l'exploration de phénomènes complexes sur des échelles de temps de l'ordre de la microseconde. Toutefois, en raison de leur nature rudimentaire, ces modèles ne fournissent qu'une image qualitative des processus étudiés. Une description atomistique des systèmes moléculaires et les limitations qui leur sont associées sont le prix à payer pour accéder au quantitatif.

Au cours des quinze dernières années, le développement d'architectures parallèles a augmenté de façon considérable les ressources informatiques disponibles, reculant ainsi les limites usuelles des simulations de la dynamique moléculaire. En particulier, les ordinateurs massivement parallèles à instructions multiples et à données multiples (MIMD) ont rendu possible l'échantillonnage de l'espace des phases sur des durées jusqu'ici encore jamais atteintes pour des assemblages moléculaires complexes. Avec l'apparition de telles architectures, différentes stratégies de parallélisation ont vu le jour. La plus simple d'entre elles consiste en une décomposition de la tâche de calcul par paquets d'atomes, comme le montre la figure 14.17. L'ensemble des N particules du système sont réparties sur les n_{proc} processeurs disponibles. Un tableau **a** défini en mémoire centrale contient toutes

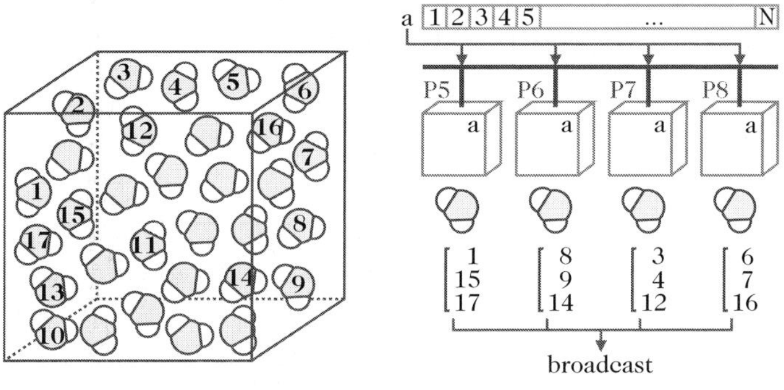

Figure 14.17. Décomposition de la tâche par paquets d'atomes. Le travail réalisé par la boucle centrale de calcul des forces est scindé sur les différents processeurs disponibles, chacun d'eux traitant un jeu d'atomes raisonnablement proches dans l'espace.

les informations sur la position des particules. Cette information est nécessairement partagée sur l'ensemble des processeurs pour le calcul des forces impliquant des particules n'appartenant pas à un même paquet.

On voit d'emblée que le paradigme de découpage en groupe d'atomes est limité à des systèmes de taille modeste et requiert un investissement en mémoire considérable. La parallélisation de la tâche en scindant le calcul des forces sur les n_{proc} processeurs disponibles est sans conteste plus performante en terme de mémoire (figure 14.18). Dans cette approche, les interactions de paires sont évaluées par blocs répartis sur les différents processeurs. Ce schéma offre l'avantage certain de pouvoir réutiliser un code scalaire de dynamique moléculaire, en parallélisant les routines coûteuses en termes d'effort de calcul. L'emploi de directives de compilation comme OpenMP, dans le cadre d'architectures à mémoire partagée, se prête particulièrement bien à cette stratégie [48]. La difficulté d'implémentation naît de la possibilité qu'a l'atome i d'interagir simultanément avec l'atome j et avec l'atome k, ces contributions étant évaluées par des blocs distincts. Dans ce cas, la mise à jour de la force, $\mathbf{f}_i$, exercée sur i, à partir des contributions de j et k, ne peut être réalisée en même temps sur des *threads* (fils d'exécution) distincts.

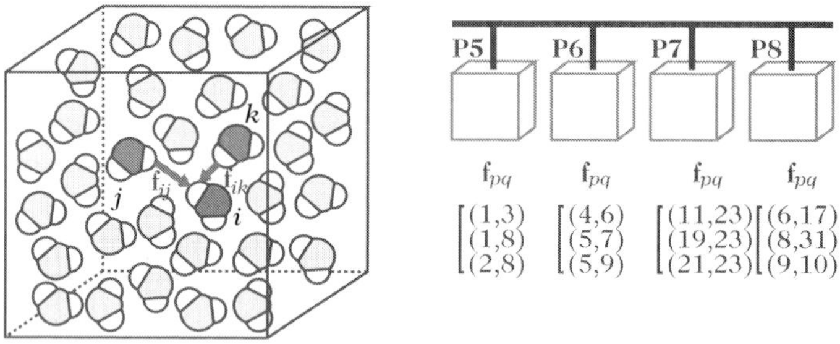

Figure 14.18. Parallélisation de la tâche par découpage du calcul des forces. La boucle centrale de calcul des forces est scindée sur les différents processeurs disponibles et les contributions à la force exercée sur l'atome courant, *i*, sont évaluées de façon concomitante.

On voit dans la stratégie de découpage du calcul des forces une limite asymptotique rapide des performances en fonction de n_{proc}. Cette solution est séduisante dès lors qu'elle s'applique à des systèmes de taille raisonnable, sur des architectures à nombre limité de processeurs — typiquement $n_{\text{proc}} < 16$. L'alternative la plus prometteuse et la plus performante aux deux approches précédentes est le paradigme de décomposition en domaines spatiaux, décrit dans la figure 14.19. L'idée centrale de cette stratégie consiste en un découpage de la cellule de simulation en n_{cell} sous-cellules traitées, dans le meilleur des cas, de façon quasi indépendante par les n_{proc} processeurs de l'architecture. L'indépendance totale n'est pas possible, même dans le cas de fluides atomiques, car une communication, ne serait-ce que minimale, est nécessaire pour la mise à jour des forces exercées sur les différentes particules du système. La situation se complique substantiellement lorsqu'une même molécule, une protéine par exemple, s'étend sur plusieurs sous-boîtes contiguës. Cela explique, entre autres, que le développement d'un programme de dynamique moléculaire parallèle à décomposition en domaines ne peut être réalisé que *ex nihilo*, suivant un mode de pensée distinct des philosophies de découpage en paquets d'atomes ou de forces, et donc sans la possibilité de recycler un ancien code scalaire.

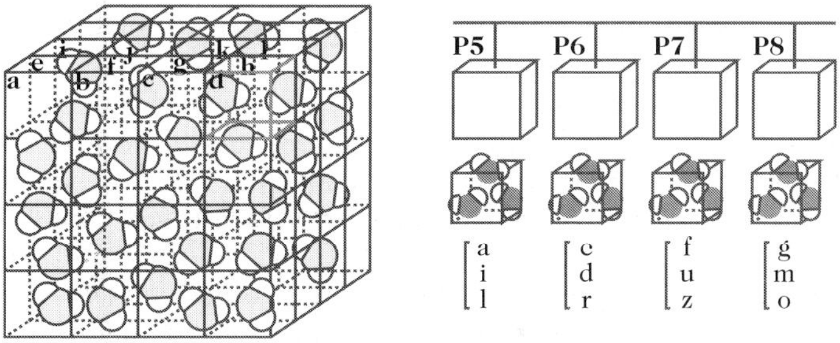

Figure 14.19. Décomposition en domaines spatiaux. La boîte de simulation est découpée en plusieurs cellules, dont le traitement est assuré par les différents processeurs de l'architecture parallèle. Afin d'équilibrer la charge de travail, la boîte est scindée en un plus grand nombre de cellules que de processeurs disponibles.

Ce schéma a connu un certain nombre d'améliorations, dont le détail sort largement du cadre de ce chapitre. Néanmoins, il convient de mentionner, parmi les plus importantes d'entre elles, l'équilibre de charge, ou *load balancing*, qui répartit les $n_{\text{cell}} \gg n_{\text{proc}}$ sur les processeurs disponibles et les déplace au cours des premiers pas de la simulation, de façon à ce que l'effort de calcul soit similaire sur tous les processeurs. Cette stratégie est disponible dans de nombreux codes de dynamique moléculaire, comme, par exemple, NAMD [49], aujourd'hui l'un des plus utilisés pour la modélisation de systèmes biologiques complexes.

8. Conclusion

Les quelques exemples présentés dans ce texte donnent un aperçu du champ d'investigation accessible aux simulations numériques pour traiter des problèmes auxquels peut être confronté quotidiennement le modélisateur. Ce champ d'investigation va en s'élargissant au fur et à mesure que le rapport prix/performance des ordinateurs de calcul intensif diminue. En outre, l'accès aux architectures massivement parallèles, encore cependant inégal de par le monde, ouvre la voie à des applications particulièrement ambitieuses pour la dynamique moléculaire. L'étude de systèmes macromoléculaires d'intérêt physico-chimique ou biologique, sur des échelles de temps significatives, en est l'illustration. En retournant à la figure 14.3 du début de ce chapitre et en observant la littérature de ces dernières années, on constate que la dynamique moléculaire permet aujourd'hui d'aborder assez facilement des systèmes d'environ 10^5 atomes sur une durée de quelques nanosecondes. Dans ce registre de taille et de temps, entre, par exemple, l'étude des fluctuations d'une protéine membranaire dans son environnement naturel. Combinée à des calculs d'énergie libre nous émancipant des limitations de l'échantillonnage Boltzmann, la dynamique moléculaire permet, de surcroît, de modéliser des phénomènes lents se produisant dans de tels systèmes, comme le transport assisté de petites molécules par une protéine membranaire dédiée [50].

Néanmoins, les progrès réalisés durant ces dernières années suggèrent deux réflexions. En premier lieu, la qualité du calcul entrepris est fortement conditionnée par la stratégie de simulation choisie. En fonction du problème, certaines approches sont à proscrire et il devient nécessaire de se tourner vers des méthodes plus rigoureuses, et souvent plus onéreuses. C'est le cas du traitement de l'électrostatique, limité dans sa forme la moins chère à une approximation additive de

paires et à une troncature sphérique des forces à longue portée, mais pouvant, dans une forme plus sophistiquée, inclure une somme de réseaux, voire des modèles de polarisabilités distribuées. Si la méthodologie est à présent bien établie et robuste, tout ne peut pas encore être simulé par la dynamique moléculaire, attendu que l'intégration numérique des équations de Newton du mouvement est réalisée par pas infinitésimaux de 1 à 2 fs, qu'il faut comparer aux échelles de temps explorées, ainsi qu'à la taille du système considéré.
Par ailleurs, la nature du système à étudier requiert la plus grande prudence dans la paramétrisation de la fonction énergie potentielle. Si, fruits de nombreuses années de développement, les champs de force classiques ont atteint la maturité nécessaire pour aborder avec confiance des assemblages macromoléculaires variés, il n'en reste pas moins que de nombreuses applications demandent d'importants efforts supplémentaires de mise au point. C'est le cas, par exemple, des membranes lipidiques, pour lesquelles l'emploi de fonctionnelles multi-usage ne constitue pas une solution satisfaisante. Enfin, si avec l'apparition de l'outil **modélisation moléculaire**, généralisé à toutes les facettes de la chimie, il est tentant de recourir de plus en plus aux simulations numériques, dans la majorité des situations, les codes utilisés ne doivent pas être considérés comme des « boîtes noires ». En tout état de cause, seul un examen attentif des résultats obtenus, une analyse détaillée des trajectoires générées et un contrôle approfondi des propriétés thermodynamiques dérivées confirmeront la justesse et le sens physico-chimique des calculs entrepris [51].

Remerciements

Je tiens à remercier mes collègues François Dehez, Jérôme Delhommelle et Mounir Tarek pour avoir accepté de relire ce texte et pour me faire part de leurs commentaires, ainsi que de leurs suggestions pour en améliorer le contenu.

Bibliographie

[1] Frenkel D., Smit B., *Understanding molecular simulations : From algorithms to applications*, Academic Press, San Diego (1996).

[2] Allen M.P., Tildesley D.J., *Computer Simulation of Liquids*, Clarendon Press, Oxford (1987).

[3] Ewald P., « Die Berechnung optischer und elektrostatischer Gitterpotentiale », *Ann. Phys.*, **64**, 253-287 (1921).

[4] Ladd A.J.C., « Long-range dipolar interactions in computer simulations of polar liquids », *Mol. Phys.*, **36**, 463-474 (1978).

[5] van Gunsteren W.F., Berendsen H.J.C., « Computer simulation of molecular dynamics : Methodology, applications, and perspectives in chemistry », *Angew. Chem. Int. Ed. Engl.*, **29**, 992-1023 (1990).

[6] SANBONMATSU K.Y., SIMPSON J., TUNG C.S., « Simulating movement of tRNA into the ribosome during decoding », *Proc. Natl. Acad. Sci. USA*, **102**, 15854-15859 (2005).

[7] DUAN Y., KOLLMAN P. A., « Pathways to a protein folding intermediate observed in a 1-microsecond simulation in aqueous solution », *Science*, **282**, 740-744 (1998).

[8] TUCKERMAN M.E., MARTYNA G.J., « Understanding modern molecular dynamics : Techniques and applications », *J. Phys. Chem. B*, **104**, 159-178 (2000).

[9] LEIMKUHLER B., REICH S., *Simulating Hamiltonian dynamics*, Cambridge University Press (2005).

[10] HAIRER E., LUBICH C., WANNER G., « Geometric numerical integration. Structure-preserving algorithms for ordinary differential equations. » in *Springer series in computational mathematics*, **vol. 31**, Springer-Verlag, Berlin, 2e édition (2006).

[11] MARTYNA G.J., TUCKERMAN M.E., TOBIAS D.J., KLEIN M.L., « Explicit reversible integrators for extended systems dynamics », *Mol. Phys.*, **87**, 1117-1128 (1996).

[12] CORNELL W.D., CIEPLAK P., BAYLY C.I., GOULD I.R., MERZ Jr. K.M., FERGUSON D.M., SPELLMEYER D.C., FOX T., CALDWELL J.C., KOLLMAN P.A., « A second generation force field for the simulation of proteins, nucleic acids, and organic molecules », *J. Am. Chem. Soc.*, **117**, 5179-5197 (1995).

[13] KOLLMAN P., DIXON R., CORNELL W., FOX T., CHIPOT C., POHORILLE A., « The development/application of a "minimalist" force field using a combination of ab initio and experimental data. » in *Computer simulation of biomolecular systems : Theoretical and experimental applications*, Van Gunsteren, W.F. ; Weiner, P.K., Eds. Escom, The Netherlands, pp. 83-96 (1997).

[14] RYCKAERT J., BELLEMANS A., « Molecular dynamics of liquid alkanes », *Chem. Soc. Faraday Discuss.*, **66**, 95-106 (1978).

[15] CHIPOT C., ÁNGYÁN J.G., « Continuing challenges in the parametrization of intermolecular force fields. Towards an accurate description of electrostatic and induction terms », *New J. Chem.*, **29**, 411-420 (2005).

[16] WANG W., SKEEL R.D., « Fast evaluation of polarizable forces », *J. Chem. Phys.*, **123**, 164107 (2005).

[17] GAY J.G., BERNE B.J., « Modification of the overlap potential to mimic a linear site-site potential », *J. Chem. Phys.*, **74**, 3316-3319 (1981).

[18] SHELLEY J.C., SHELLEY M.Y., REEDER R.C., BANDYOPADHYAY S., KLEIN M.L., « A coarse grain model for phospholipid simulations », *J. Phys. Chem. B.*, **105**, 4464-4470 (2001).

[19] NIELSEN S.O., LOPEZ C.F., SRINIVAS G., KLEIN M.L., « Coarse grain models and the computer simulation of soft materials », *J. Phys. : Condens. Matter*, **16**, R481-R512 (2004).

[20] VERLET L., « Computer "experiments" on classical fluids. I. Thermodynamical properties of Lennard-Jones molecules », *Phys. Rev.*, **159**, 98-103 (1967).

[21] MARTYNA G.J., KLEIN M.L., TUCKERMAN M.E., « Nosé-Hoover chains : The canonical distribution via continuous dynamics », *J. Chem. Phys.*, **97**, 2635-2645 (1992).

[22] NOSÉ S., « A molecular dynamics method for simulations in the canonical ensemble », *Mol. Phys.*, **52**, 255-268 (1984).

[23] HOOVER W. G., « Canonical dynamics : Equilibrium phase-space distributions », *Phys. Rev.*, *A31*, 1695-1697 (1985).

[24] BERENDSEN H.J.C., POSTMA J.P.M., VAN GUNSTEREN W.F., DINOLA A., HAAK J.R., « Molecular dynamics with coupling to an external bath », *J. Chem. Phys.*, **81**, 3684-3690 (1984).

[25] MCQUARRIE D.A., *Statistical mechanics*, Harper and Row, New York (1976).

[26] ANDERSEN H.C., « Molecular dynamics simulations at constant pressure and/or temperature », *J. Chem. Phys.*, **72**, 2384-2393 (1980).

[27] FELLER S.E., ZHANG Y.H., PASTOR R.W., BROOKS B.R, « Constant pressure molecular dynamics simulations — The Langevin piston method », *J. Chem. Phys.*, **103**, 4613-4621 (1995).

[28] BARKER J.A., « Reaction field, screening, and long-range interactions in simulations of ionic and dipolar systems », *Mol. Phys.*, **83**, 1057-1064 (1994).

[29] TOUKMAJI A.Y., BOARD Jr. J.A., « Ewald summation techniques in perspective : A survey », *Comput. Phys. Comm.*, **95**, 73-92 (1996).

[30] ROZANSKA X., CHIPOT C., « Modeling ion-ion interaction in proteins : A molecular dynamics free energy calculation of the guanidinium-acetate association », *J. Chem. Phys.*, **112**, 9691-9694 (2000).

[31] PERRAM J.W., PETERSEN H.G., DE LEEUW S.W., « An algorithm for the simulation of condensed matter which grows as the 3/2 power of the number of particles », *Mol. Phys.*, **65**, 875-889 (1988).

[32] FINCHAM D., « Optimisation of the Ewald sum for large systems », *Mol. Sim.*, **13**, 1-9 (1994).

[33] COOLEY James W., TUKEY John W., « An algorithm for the machine calculation of complex Fourier series », *Math. Comput.*, **19**, 297-301 (1965).

[34] DARDEN T.A., YORK D.M., PEDERSEN L.G., « Particle mesh Ewald : An $N \log N$ method for ewald sums in large systems », *J. Chem. Phys.*, **98**, 10089-10092 (1993).

[35] ESSMAN U., PERERA L., BERKOWITZ M., DARDEN T., LEE H., PEDERSEN L.G., « A smooth particle mesh Ewald method », *J. Chem. Phys.*, **103**, 8577-8593 (1995).

[36] HOCKNEY R.W., EASTWOOD J.W., *Computer simulation using particles*, IOP Publishing Ltd., Bristol, England (1988).

[37] CHANDLER D., *Introduction to modern statistical mechanics*, Oxford University Press (1987).

[38] JORGENSEN W.L., CHANDRASEKHAR J., MADURA J.D., IMPEY R.W., KLEIN M.L., « Comparison of simple potential functions for simulating liquid water », *J. Chem. Phys.*, **79**, 926-935 (1983).

[39] Neumann M., Steinhauser O., « The influence of boundary conditions used in machine simulations on the structure of polar systems », *Mol. Phys.*, **39**, 437-54 (1980).

[40] Kirkwood J.G., « Statistical mechanics of fluid mixtures », *J. Chem. Phys.*, **3**, 300-313 (1935).

[41] Zwanzig R.W., « High-temperature equation of state by a perturbation method. I. Nonpolar gases », *J. Chem. Phys.*, **22**, 1420-1426 (1954).

[42] Bennett C.H., « Efficient estimation of free energy differences from Monte Carlo data », *J. Comp. Phys.*, **22**, 245-268 (1976).

[43] Torrie G.M., Valleau J.P., « Nonphysical sampling distributions in Monte Carlo free energy estimation : Umbrella sampling », *J. Comput. Phys.*, **23**, 187-199 (1977).

[44] Hénin J., Chipot C., « Overcoming free energy barriers using unconstrained molecular dynamics simulations », *J. Chem. Phys.*, **121**, 2904-2914 (2004).

[45] Ben-Naim A., Marcus Y., « Solvation thermodynamics of nonionic solutes », *J. Chem. Phys.*, **81**, 2016-2027 (1984).

[46] Darve E., Pohorille A., « Calculating free energies using average force », *J. Chem. Phys.*, **115**, 9169-9183 (2001).

[47] Chipot C. Calculating free energy differences from perturbation theory. in *Free energy calculations. Theory and applications in chemistry and biology*, Chipot, C. ; Pohorille, A., Eds. Springer Verlag, Berlin-Heidelberg (2006).

[48] Couturier R., Chipot C., « Parallel molecular dynamics using OpenMP on a shared memory machine », *Comp. Phys. Comm.*, **124**, 49-59 (2000).

[49] Phillips J.C., Braun R., Wang W., Gumbart J., Tajkhorshid E., Villa E., Chipot C., Skeel L., Schulten K., « Scalable molecular dynamics with NAMD », *J. Comput. Chem.*, **26**, 1781-1802 (2005).

[50] Tajkhorshid E., Nollert P., Jensen M.Ø., Miercke L.J.W., O'Connell J., Stroud R. M., Schulten K., « Control of the selectivity of the aquaporin water channel family by global orientational tuning », *Science*, **296**, 525-530 (2002).

[51] van Gunsteren W.F., Mark A.E., « Validation of molecular dynamics simulation », *J. Chem. Phys.*, **108**, 6109-6116 (1998).

PARTIE III

LES APPLICATIONS DES NANOBIOTECHNOLOGIES

CHAPITRE

15

LA PCR EN TEMPS RÉEL

Alexandre EVRARD [*], Nathalie BOULLE [†], Georges LUTFALLA [‡]

Introduction

L'amplification de l'ADN par *Polymerase Chain Reaction* (PCR) a connu un développement important ces dernières années, et la PCR en temps réel supplante actuellement les techniques de PCR classique dans de nombreux domaines (quantification d'acides nucléiques, génotypage). Cette nouvelle approche est fondée sur la détection et la quantification d'un signal fluorescent proportionnel à la quantité d'amplicons générée pendant la réaction de PCR. La détection en temps réel est réalisée grâce au couplage d'un thermocycleur et d'un fluorimètre. Ce chapitre présente les principes généraux de la PCR quantitative en temps réel, les étapes intervenant dans la mise au point de cette technique, ainsi que des exemples d'applications d'importance médicale.

1. Présentation de la PCR en temps réel

1.1. La PCR (*Polymerase Chain Reaction*)

La réaction en chaîne, plus couramment désignée sous le terme anglais de PCR (*Polymerase Chain Reaction*) , permet d'obtenir un grand nombre de copies d'un fragment d'ADN double brin de séquence connue. Cette technique d'amplification de l'ADN, mise au point en 1985 par K. Mullis (*Cetus Corporation*), a connu un développement spectaculaire en quelques années et a révolutionné les stratégies

[*] Laboratoire de Toxicologie du Médicament, Faculté de Pharmarcie, Montpellier. aevrard@univ-montp1.fr

[†] Laboratoire de Biologie cellulaire et hormonale, Hôpital Arnaud de Villeneuve, Montpellier. n-boulle @chu-montpellier.fr

[‡] DIMNP, CNRS, Université Montpellier 2. lutfalla@infobiogen.fr

utilisées jusqu'alors en biologie moléculaire. La PCR a en effet de multiples applications, telles que la détection d'un ADN en faible quantité, le clonage ou des analyses quantitatives, que nous développerons plus loin.

1.1.1. Principe de la réaction en chaîne ou PCR

La réaction de PCR repose sur l'utilisation d'une enzyme thermostable, **l'ADN polymérase**, capable de recopier un brin d'ADN sous forme d'un brin d'ADN complémentaire (voir structure de l'ADN et complémentarité des bases A, G, C et T). Lors de la réaction de PCR, deux amorces synthétiques, en général d'une vingtaine de bases, sont utilisées; elles s'hybrident chacune spécifiquement sur l'un des deux brins d'ADN, aux extrémités du fragment que l'on cherche à amplifier, et vont servir de point de départ à l'ADN polymérase (figure 15.1A).
L'amplification d'ADN par PCR est basée sur la répétition de cycles, chaque cycle comprenant trois étapes : **étapes de dénaturation, d'hybridation et d'élongation**.

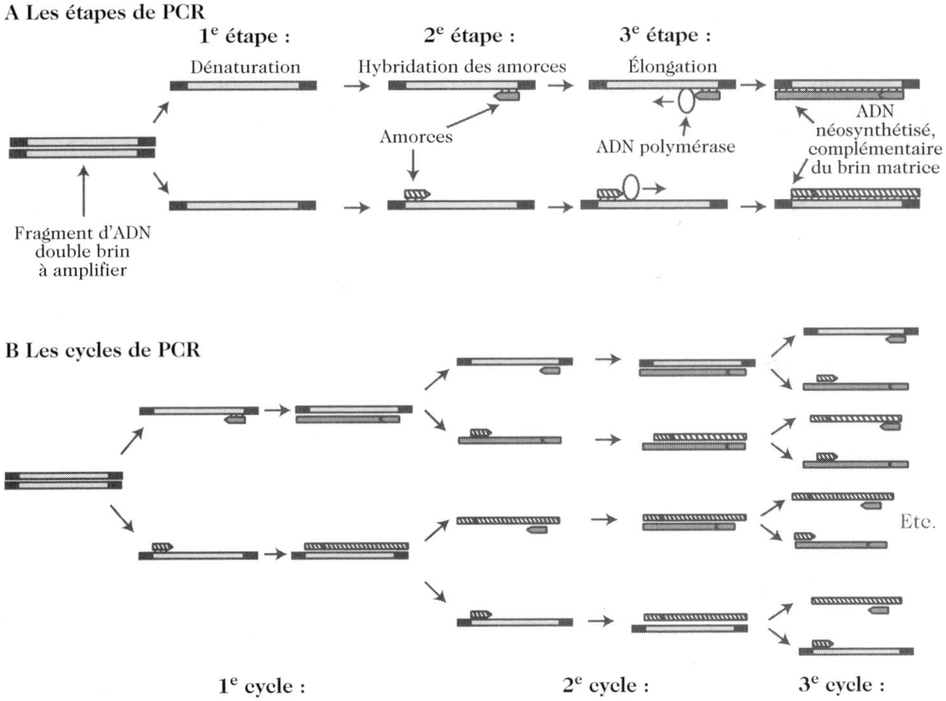

Figure 15.1. Principe de la réaction en chaîne. **A.** Les étapes composant un cycle de PCR. **B.** Enchaînement des cycles de PCR.

La première étape – étape de **dénaturation** – consiste à séparer par une brève élévation de température les deux brins d'ADN composant l'ADN à amplifier. Une fois l'ADN dénaturé, la température est diminuée afin de permettre l'**hybridation** spécifique des deux amorces, chacune sur l'un des 2 brins d'ADN. Dans la troisième étape, appelée étape d'**élongation**, l'ADN polymérase, en présence des quatre désoxyribonucléotides triphosphates (dATP, dGTP, dCTP, dTTP), synthétise les

brins d'ADN complémentaires des brins d'ADN dissociés, en débutant la synthèse à partir des amorces. Ces cycles de PCR – dénaturation, hybridation, élongation – sont répétés un grand nombre de fois, chaque fragment d'ADN synthétisé à la fin d'un cycle (ou **amplicon**) servant de matrice d'ADN pour le cycle suivant (figure 15.1B). Ainsi, à la fin d'une réaction de PCR (composée de 20 à 40 cycles en général), le fragment d'ADN initial est-il fortement amplifié.
La réaction de PCR « classique », telle que nous l'avons décrite, est réalisée dans des appareils appelés **thermocycleurs** permettant d'ajuster la température du milieu réactionnel afin d'enchaîner les étapes composant les cycles de PCR. Les thermocycleurs de nouvelle génération sont capables, grâce à l'effet Peltier (voir l'encadré 1), de variations de température extrêmement rapides, ce qui permet de réaliser la totalité des cycles et de l'amplification en deux heures environ.

Encadré 1. Effet Peltier
L'effet Peltier est un effet thermo-électrique permettant de chauffer ou de refroidir un milieu donné. Si l'on considère un conducteur dont la température ne varie pas, la chaleur (énergie thermique Jq) reçue ou cédée par ce conducteur est proportionnelle au courant (J) ; ainsi, $Jq = \mathrm{a}\,J$, où a est la constante de Peltier. Si l'on met en contact deux conducteurs ayant des constantes a_1 et a_2 différentes, une partie de la chaleur est transférée vers l'extérieur. La chaleur transférée est $\mathrm{d}Jq/\mathrm{d}t = (\mathrm{a}_1 - \mathrm{a}_2)J$. L'inversion du sens du courant permet au contraire de refroidir l'extérieur. Dans les thermocycleurs, plusieurs conducteurs de constantes a différentes sont juxtaposés, ce qui permet de faire varier et d'ajuster rapidement la température du milieu réactionnel.

1.1.2. Cinétique de la réaction de PCR

Une réaction de PCR suit une loi exponentielle tant que le substrat (c'est-à-dire l'ADN à amplifier) reste le facteur limitant.
Si le rendement (Rdt) de la PCR est optimal[1] (Rdt = 1), le nombre de fragments d'ADN générés double à chaque cycle. On obtient alors l'équation suivante :

$$\text{Au cycle } n, \qquad \mathrm{Q}_n = \mathrm{q}_0 \times 2^n$$

où Q_n est la quantité d'ADN amplifiée au bout de n cycles,
q_0 est la quantité initiale de l'ADN que l'on cherche à amplifier.
Lorsque la réaction de PCR progresse, les réactifs (et non plus l'ADN à amplifier) deviennent limitants et le taux d'amplification décroît progressivement. La cinétique de la réaction de PCR se caractérise alors par un plateau où le nombre d'amplicons générés devient très faible.
La cinétique d'une PCR peut être représentée en trois phases : une première phase où le nombre d'ADN amplifiés (amplicons) est au-dessous du seuil de détection (**bruit de fond**), une phase exponentielle, puis une phase de plateau (figure 15.2A). L'ADN amplifié après n cycles peut être évalué une fois la PCR arrêtée, par marquage à l'aide d'un intercalant de l'ADN double brin tel que le bromure d'éthydium. L'ADN ainsi marqué est ensuite visualisé après migration sur un gel d'agarose (figure 15.2B).

[1] En pratique, le rendement d'une PCR est souvent < 1 (voir le paragraphe 2.3).

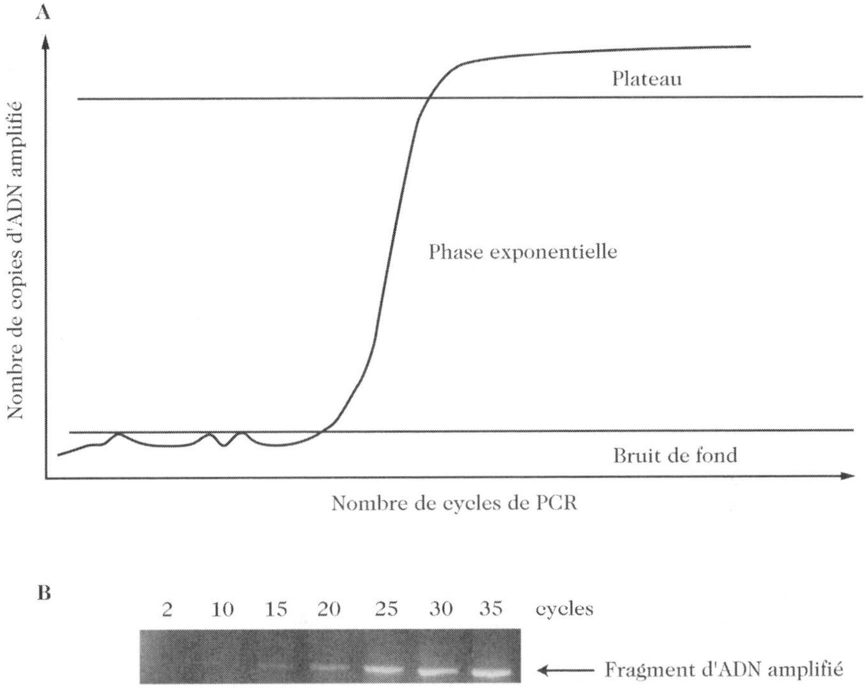

Figure 15.2. A. Cinétique d'une réaction de PCR. **B.** Visualisation des fragments d'ADN amplifiés sur gel d'agarose après marquage par le bromure d'éthydium (intercalant de l'ADN double brin).

À partir de cette cinétique, il est théoriquement possible de déterminer la quantité d'ADN initiale (q_0) d'un échantillon (figure 15.3). Ainsi, si QA_n et QB_n sont les quantités d'ADN amplifiées au cycle n des échantillons A et B respectivement, le rapport des quantités d'ADN initiales entre ces deux échantillons A et B (qA_0 et qB_0) est donné par :

$$\frac{QA_n}{QB_n} = \frac{qA_0 \times 2^n}{qB_0 \times 2^n}$$

Cette mesure est comparative (comparaison de deux échantillons entre eux ou comparaison d'un échantillon par rapport à une gamme d'étalonnage).

Une telle quantification nécessite de travailler **en point final**, c'est-à-dire que l'on arrête la réaction de PCR pour tous les échantillons (ici les échantillons A et B) au bout de n cycles (figure 15.3). La quantité d'ADN des échantillons A et B amplifiée au bout de ces n cycles (QA_n et QB_n) peut être évaluée par exemple par marquage de l'ADN au bromure d'éthydium et visualisation sur gel d'agarose (voir la figure 15.2B). Des méthodes de détection plus sensibles ont été proposées, telles que l'utilisation d'une amorce fluorescente pendant la réaction de PCR, qui permet de marquer et de quantifier l'ADN amplifié.

Ces mesures restent cependant semi-quantitatives et manquent de sensibilité. De plus, expérimentalement, elles sont parfois difficilement applicables, car elles nécessitent qu'au cycle n tous les échantillons soient détectables et que toutes les PCR soient dans la phase exponentielle de l'amplification et non dans la phase de plateau.

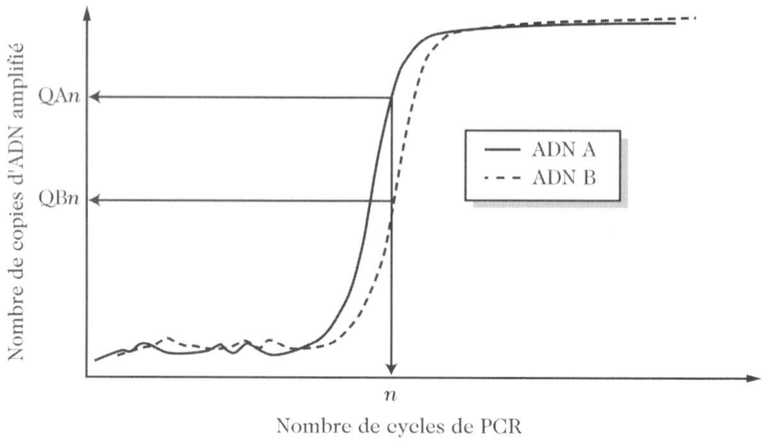

Figure 15.3. PCR classique et quantification de l'ADN (méthode « point final »).

1.1.3. Principe et intérêt de la PCR quantitative en temps réel

La PCR quantitative en temps réel est une approche récente basée sur le suivi « en direct » de la réaction de PCR par la détection et la quantification d'un fluorophore qui s'intègre dans les produits d'ADN amplifiés. Au cours de la PCR, l'émission du fluorophore, mesurée cycle par cycle, est directement proportionnelle à la quantité d'amplicons générés. Cette approche est réalisée grâce au couplage entre un thermocycleur et un détecteur de fluorescence. Différents formats de fluorescence sont actuellement disponibles et seront développés dans le paragraphe suivant.

La cinétique de la PCR en temps réel est identique à celle que nous avons décrite au paragraphe 1.1.2. La quantification par PCR en temps réel est ici basée sur la détermination du Ct (« *Cycle threshold* ») ou Cp (« *Crossing point* »), qui représente le nombre de cycles à partir duquel la réaction d'amplification devient détectable, c'est-à-dire significativement plus élevée que le bruit de fond (figure 15.4). Plus la quantité d'ADN initiale dans le milieu réactionnel sera importante, plus rapide sera le démarrage de la phase exponentielle de la réaction de PCR. Ainsi, le nombre de cycles de PCR nécessaire à la détection des produits d'amplification (et donc le Ct) sera d'autant plus faible que la concentration initiale en ADN (q_0) sera plus importante. Le principe de la quantification par PCR en temps réel est donc fondamentalement différent de celui de la PCR « classique » en point final, puisque l'on s'intéresse ici au « démarrage » de la réaction de PCR, correspondant au tout début de la phase exponentielle de la réaction. La quantification par PCR en temps réel n'est donc pas affectée par l'épuisement des réactifs caractérisant la phase de plateau. Par ailleurs, l'amplification et la détection des produits amplifiés étant réalisées dans un même tube, on évite ainsi les manipulations post-PCR, sources de contamination.

Le mode de détection cycle par cycle des produits amplifiés et l'utilisation du début de la phase exponentielle de la PCR pour la quantification font de la PCR en temps réel un outil de quantification d'ADN beaucoup plus sensible et reproductible que les techniques semi-quantitatives utilisées jusqu'alors. Il est ainsi possible de détecter et de mesurer par cette technique une quantité aussi faible que

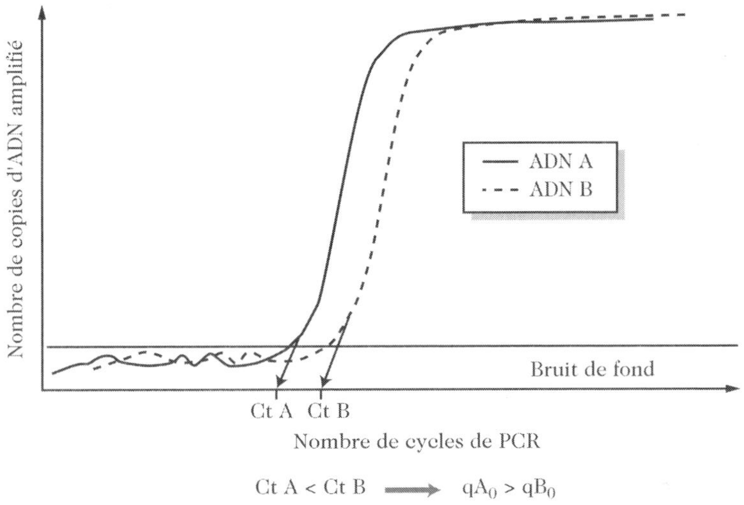

Figure 15.4. PCR en temps réel et quantification de l'ADN.

10 copies d'ADN dans un mélange réactionnel [1]. De plus, la gamme de quantification peut être étendue, jusqu'à 10 log pour certains paramètres.

En plus de la quantification, d'autres applications de la PCR en temps réel, reposant sur la détection par fluorescence de l'ADN amplifié, se sont largement développées ces dernières années (recherche de mutations, génotypage) et seront présentées dans les paragraphes suivants.

1.2. Les différents appareillages utilisés pour la PCR quantitative en temps réel

Encore récemment, deux ou trois appareils de PCR quantitative en temps réel étaient disponibles sur le marché [1]. Actuellement, plus d'une douzaine d'appareils sont proposés (voir [2] et le document de la société *Eurogentec* : www.enrogentec.com, *Technical Resources*, *Documentation*, « *Your one-stop-shop real-time PCR supplier* »). Ces appareils diffèrent par le principe du thermocycleur, par le nombre de filtres optiques disponibles permettant l'analyse de différents fluorophores dans le milieu réactionnel, par les supports de réaction et par le nombre d'échantillons analysables, ainsi que par la durée de la réaction PCR. Les logiciels permettant d'exploiter les résultats de la PCR quantitative peuvent présenter également des différences.

La plupart des appareils de PCR quantitative en temps réel proposés actuellement sont basés sur le principe de l'effet Peltier décrit plus haut, qui permet des changements rapides de température (de l'ordre de 3 °C par seconde). Un des premiers appareils de ce genre fut le GeneAmp® SDS 5700, commercialisé par la société *Applied Biosystem*. Un principe tout à fait différent est utilisé par le Light Cycler® commercialisé par la société *Roche Diagnostic*, qui fut également un des premiers appareils de PCR en temps réel commercialisé. Dans ce dernier cas, les changements de température sont obtenus grâce à de l'air pulsé circulant à travers l'appareil. La réaction de PCR est ici réalisée dans un fin capillaire de verre, permettant des transitions de température extrêmement rapides au niveau du milieu réactionnel (20 °C par seconde).

Le nombre de filtres optiques disponibles sur l'appareil de PCR en temps réel conditionne le nombre de fluorophores différents détectables dans une même réaction de PCR (ou PCR multiplexe). La quantité de filtres disponibles dans les appareils de PCR quantitative varie de 2 (DNA Engine Opticon® 2 – société *Biorad* par exemple) à 5 ou 6 filtres pour les appareils les plus récents (ABI 7300 et 7500 Real-Time PCR Systems – société *Applied Biosystem*, ou Light Cycler® 2.0 Instrument – société *Roche Diagnostic*). L'excitation des fluorophores peut, quant à elle, être réalisée par un laser ou une lampe halogène. De nombreux appareils de PCR quantitative utilisent des plaques de 96 puits pour réaliser les réactions de PCR. Des appareils plus récents ont une capacité augmentée à 384 puits (ABI Prism SDS 7900 HT – société *Applied Biosystem*). D'autres appareils sont de capacité plus faible (32 capillaires en verre pour le LightCycler® – société *Roche Diagnostic*). Le volume des milieux réactionnels varie également selon les appareils, de 10 à 100 µL. Le temps d'une réaction de PCR en temps réel est lui aussi variable, de 30 minutes pour les appareils les plus rapides (Smartcycler® – société *Cepheid*) à 1 heure (LightCycler® – société *Roche Diagnostic*) ou 2 heures pour la plupart des autres appareils. Enfin, le Smartcycler® (société *Cepheid*) a été conçu pour mener plusieurs réactions de PCR quantitative simultanément.

Tout récemment, une nouvelle avancée vient d'être proposée par la société *Applied Biosystem* avec l'élaboration de puces permettant de faire de la PCR en temps réel à haut débit (TaqMan® *Low density Array*). Ces puces contiennent jusqu'à 384 puits dans lesquels ont été déposés sous forme lyophilisée les réactifs nécessaires à la réaction de PCR en temps réel (milieu réactionnel, ADN polymérase et amorces spécifiques des gènes à quantifier). Pour lancer la réaction de PCR, l'utilisateur ajoute simplement sur la puce l'ADN matrice à amplifier sous forme soluble, avant d'introduire cette puce dans l'appareil de PCR en temps réel. Ces puces peuvent être fabriquées à façon en sélectionnant un panel de gènes d'intérêt dont les amorces spécifiques seront déposées par le fabricant dans chacun des puits, permettant ainsi d'effectuer simultanément un grand nombre de réactions de PCR quantitative en temps réel.

1.3. Les différents formats de fluorescence

1.3.1. Marqueurs fluorescents de l'ADN

La détection d'acides nucléiques, grâce à des marqueurs fluorescents comme le bromure d'éthydium, le SybrGreen I (SG) ou le PicoGreen (PG), est devenue une application majeure en biologie moléculaire, aussi bien dans le domaine expérimental que diagnostique. Ainsi, depuis sa commercialisation au début des années 1990, le SybrGreen a été utilisé successivement dans la détection d'acides nucléiques en gel ou en solution, dans les techniques d'imagerie par fluorescence, dans l'analyse par cytométrie en flux et, plus récemment, dans la PCR en temps réel et l'électrophorèse capillaire. La structure chimique de base du SybrGreen et du PicoGreen est une cyanine monomérique (figure 15.5). Les premières expériences de PCR en temps réel ont été réalisées avec du bromure d'éthydium, qui s'intercale dans la double hélice d'ADN. Ces propriétés intercalantes entraînent des cassures de l'ADN et donc des réactions de PCR non optimales. Ainsi, le bromure d'éthydium a rapidement été remplacé par le SybrGreen I et ses analogues.

Figure 15.5. Structures chimiques des marqueurs fluorescents ayant comme motif de base une cyanine monomérique.

Le SybrGreen I se fixe dans le petit sillon de la double hélice d'ADN, entraînant l'émission d'une fluorescence à 530 nm, alors que la fluorescence du colorant en solution, non fixé à l'ADN, est négligeable. Cette propriété est mise à profit lors de la réaction de PCR, au cours de laquelle le signal fluorescent croît au fur et à mesure que la quantité d'ADN néo-synthétisé augmente. Les molécules de SybrGreen I se fixent de manière régulière sur l'ADN (environ une molécule toutes les 10 paires de bases), et la fluorescence émise est donc proportionnelle à la longueur des fragments amplifiés. La fluorescence maximale est obtenue à la fin de l'étape d'élongation (figure 15.6A)

Les marqueurs fluorescents peuvent simplement être ajoutés aux mélanges traditionnels de PCR contenant de l'eau, du tampon, du $MgCl_2$, des nucléotides et une ADN polymérase thermostable. Leur utilisation est simple et peu coûteuse et ils permettent de s'affranchir de la conception, parfois fastidieuse, de sondes fluorescentes spécifiques et de nouveaux sets d'amorces. L'inconvénient majeur de ces marqueurs est leur absence de spécificité, dans la mesure où ils se fixent sur n'importe quelle séquence d'ADN double brin. Ainsi, les amplifications non spécifiques et les dimères d'amorces vont être responsables d'une fluorescence parasite qui viendra s'ajouter au signal spécifique et fausser la quantification de la séquence cible. L'utilisation de ces marqueurs nécessite donc une mise au point rigoureuse et une optimisation maximale des conditions de PCR. L'utilisation des courbes de fusion en fin de PCR permet de vérifier les températures de fusion (T_m, *Melting Temperature*) des produits amplifiés et de s'assurer de la spécificité du signal (voir le paragraphe 2).

En PCR en temps réel, les marqueurs fluorescents sont utilisés essentiellement pour la quantification des acides nucléiques. Cependant, ils peuvent également être utilisés dans certaines applications de génotypage par l'analyse des courbes de fusion (voir les paragraphes 2 et 3). Par exemple, une délétion de quelques paires de bases dans un gène d'intérêt entraînera une modification de T_m suffisante pour être détectée avec du SybrGreen. Récemment, la société *Idaho* a commercialisé un nouveau marqueur, le LCGreen, permettant la réalisation de courbes de fusion à haute résolution dans le but de détecter de très petites variations de séquence. Les propriétés particulières de fixation à l'ADN de ce nouveau marqueur permettraient même la détection de polymorphismes portant sur une seule paire de bases (SNP, *Single Nucleotide Polymorphisms*), ce qui n'est actuellement réalisable qu'avec des sondes fluorescentes.

1.3.2. Sondes nucléiques fluorescentes

Les sondes utilisées pour la PCR en temps réel sont des oligonucléotides de taille variable couplés à un ou plusieurs fluorophores. Selon les cas, une ou deux sondes sont nécessaires à la détection de la fluorescence. Quel que soit le type de sondes, l'émission de la fluorescence est conditionnée à l'hybridation de la sonde sur la séquence cible. Les sondes permettent une plus grande spécificité par rapport aux intercalants vus précédemment. En revanche, leur sensibilité est moindre puisqu'une seule molécule de fluorophore se fixe par brin d'ADN néosynthétisé. Les sondes ne remplacent pas les amorces classiques nécessaires à l'amplification et doivent être capables de s'hybrider sur la séquence cible à l'intérieur de la zone délimitée par les amorces (sauf pour les sondes de type « scorpion »). La chimie de ces sondes est en plein essor et de nombreux systèmes sont actuellement proposés. Nous détaillerons uniquement les systèmes les plus représentés sur le marché.

Sondes d'hydrolyse

Les sondes d'hydrolyse, dites « TaqMan », sont historiquement les plus utilisées. Le principe est l'utilisation d'une sonde unique qui porte en 5′ un fluorophore et en 3′ un absorbeur de fluorescence ou « quencher ». Le quencher est capable d'absorber la fluorescence émise par le fluorophore et de dissiper celle-ci sous forme de chaleur. Lors de l'étape d'hybridation, la sonde s'hybride de manière spécifique en même temps que les amorces de PCR (ce qui impose une température d'hybridation voisine pour les amorces et la sonde). Lors de l'élongation, l'activité exonucléasique de l'ADN polymérase hydrolyse la sonde en libérant le fluorophore en 5′ ; celui-ci, une fois éloigné de son quencher, va émettre une fluorescence caractéristique que l'on va mesurer à la fin de l'élongation (figure 15.6B). Dans ce cas, c'est donc le nombre de molécules de fluorophore libérées de la sonde qui est proportionnel à la quantité d'ADN cible amplifié.
Plusieurs types de fluorophores et de quenchers sont disponibles sur le marché et permettent de choisir les longueurs d'onde d'excitation et d'émission que l'on souhaite utiliser (tableau 15.1). Il est à noter que certains fluorophores comme le TAMRA peuvent également être utilisés comme quencher. L'utilisation de deux fluorophores différents sur des sondes spécifiques de deux cibles différentes permet notamment la réalisation de PCR multiplexes (voir le paragraphe 2).

		Absorption (nm)	Émission (nm)
Fluorophores	FAM	492	515
	TET	521	536
	JOE	527	548
	HEX	535	556
	TAMRA	555	580
	ROX	575	602
	Cy3	552	565
	Cy5	651	674
	Cy7	743	767
Quenchers	Methyl Red	410	-
	ElleQuencher	650, 600	-
	TAMRA	555	580

Tableau 15.1. Longueurs d'onde d'excitation et d'émission de différents fluorophores et quenchers utilisables avec les sondes TaqMan.

Sondes d'hybridation

Contrairement aux sondes d'hydrolyse, les sondes d'hybridation s'utilisent en couple. La première sonde est marquée en 3′ avec un fluorophore donneur (classiquement la fluorescéine) et la seconde sonde est marquée en 5′ avec un fluorophore accepteur (LC red 640 ou LC red 705). La seconde sonde est également phosphorylée en 3′ pour éviter une extension d'amorce par la polymérase. Les deux sondes sont conçues pour s'hybrider sur la séquence cible en respectant une distance comprise entre 1 et 5 nucléotides entre les deux sondes. Dans cette configuration, les fluorophores donneur et accepteur sont juxtaposés et permettent un transfert d'énergie par résonance (FRET : *Fluorescence Resonance Energy Transfer*). L'émission de fluorescence est détectée à 640 nm ou 705 nm selon le fluorophore choisi (figure 15.6C). Lors de l'élongation, la polymérase décroche les sondes et la fluorescence disparaît. La détection ne se fait donc plus à la fin de l'élongation, comme pour le SyberGreen et les sondes TaqMan, mais à la fin de l'hybridation, où la fluorescence est maximale.
Les sondes d'hybridation sont utilisables aussi bien pour la quantification d'acides nucléiques que pour la recherche de mutations ponctuelles. Pour le génotypage, la stratégie est de combiner l'utilisation des sondes et les courbes de fusion

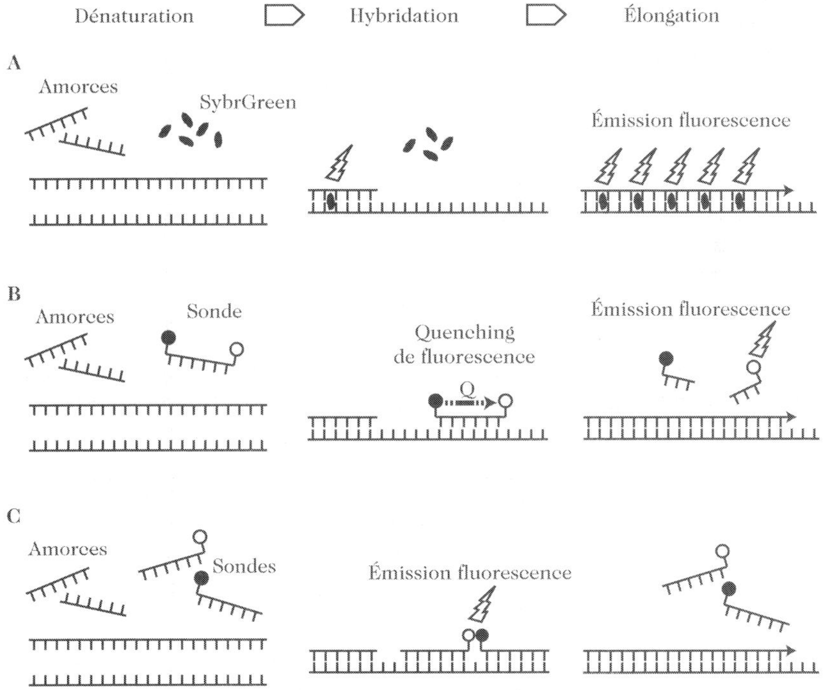

Figure 15.6. Principe des formats de fluorescence les plus couramment utilisés en PCR en temps réel. **A.** SybrGreen : lors de la dénaturation, le fluorophore est sous forme libre et aucune fluorescence n'est détectable. Lors de l'hybridation, le SybrGreen commence à se fixer pour donner une fluorescence maximale à la fin de l'élongation. **B.** Sondes d'hydrolyse : la fluorescence du fluorophore est inhibée par la présence du quencher à proximité. Après hybridation et au cours de l'élongation, la sonde est hydrolysée par l'ADN polymérase, libérant ainsi le fluorophore qui va émettre selon sa longueur d'onde propre. **C.** Sondes d'hybridation : les deux sondes s'hybrident à proximité l'une de l'autre sur la séquence cible et réalisent un transfert d'énergie par résonance entre le fluorophore donneur et le fluorophore accepteur.

post-PCR. Dans ce cas, on ne s'intéresse pas à la dénaturation de la cible elle-même, mais à la déshybridation des sondes de la cible. Les sondes doivent s'hybrider sur la séquence porteuse de la mutation à détecter ; si la mutation est présente, la sonde s'hybride en créant un mésappariement (*mismatch*), ce qui entraîne une diminution de la température de fusion. Ce changement de T_m peut être détecté en réalisant la courbe de fusion post-PCR. Cette méthode ne permet pas la détection de nouvelles mutations, mais permet un génotypage extrêmement rapide et fiable de mutations connues (voir le paragraphe 3). L'absence de manipulation post-PCR minimise le risque de contamination et rend cette technique particulièrement attractive pour les laboratoires de diagnostic, notamment avec les machines adaptées au haut débit.

Les balises moléculaires

Les balises moléculaires (ou sondes MB pour *Molecular Beacon*) sont des sondes présentant une structure en épingle à cheveux et qui portent, comme les sondes d'hydrolyse, en 5′ un fluorophore et en 3′ un absorbeur de fluorescence ou « quencher » (figure 15.7). À l'état non hybridé, la sonde est repliée sur elle-même grâce

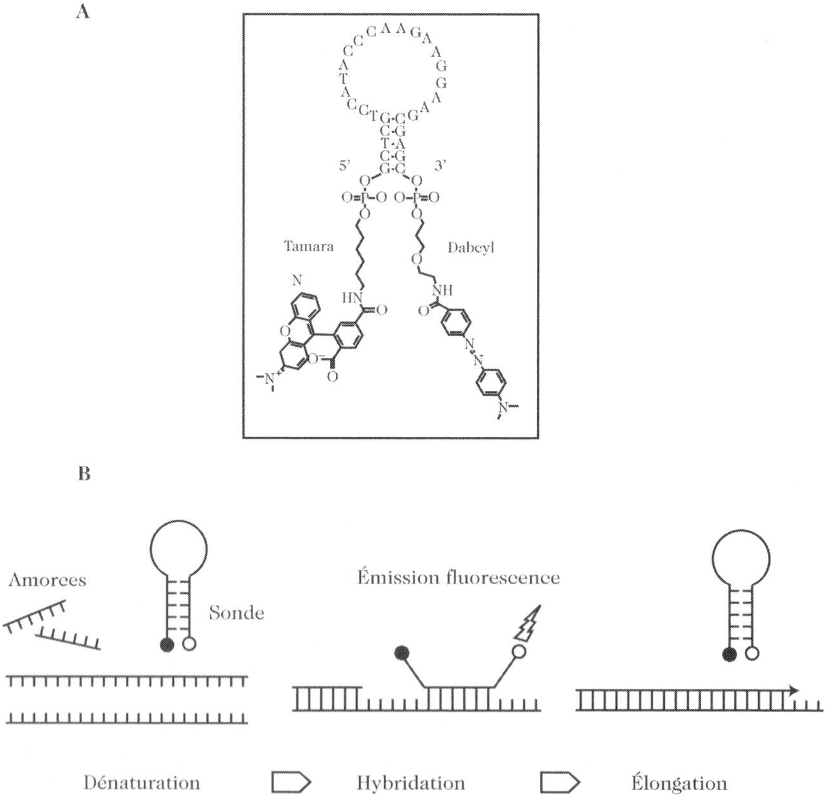

Figure 15.7. Principe d'utilisation des balises moléculaires. **A.** Structure : la complémentarité partielle de la sonde permet un repliement en épingle à cheveux, permettant ainsi la juxtaposition du fluorophore et de son quencher. **B.** Lors de l'hybridation de la sonde sur sa cible, le fluorophore et son quencher s'éloignent, libérant ainsi une fluorescence détectée en temps réel par l'instrument.

à la complémentarité partielle de sa séquence. Dans cette configuration, le fluorophore et le quencher sont proches l'un de l'autre et aucune fluorescence n'est détectée. Au cours de l'étape d'hybridation, la séquence nucléotidique formant la boucle s'hybride sur la séquence cible, éloignant ainsi le fluorophore et son quencher l'un de l'autre. Les balises moléculaires sont classiquement utilisées pour la quantification d'acides nucléiques, mais la réalisation de courbes de fusion post-PCR est également possible pour des applications de génotypage.

■ **Les sondes « scorpion »**

Malgré leur structure proche des balises moléculaires, ces sondes diffèrent des autres sondes déjà décrites, car elles jouent à la fois le rôle de sondes et d'amorces de PCR, réalisant ainsi un marquage intramoléculaire. Elles présentent une structure en épingle à cheveux permettant la juxtaposition d'un fluorophore et d'un quencher à l'état non hybridé. La sonde est liée de manière covalente via le quencher à l'extrémité 5′ de l'amorce sens (figure 15.8). Après élongation, le brin néosynthétisé est lié définitivement à la sonde. Après dénaturation, on effectue une étape d'hybridation à une température qui va favoriser l'hybridation intramoléculaire de la sonde sur la séquence cible avoisinante. Lors de cette étape, la sonde acquiert une conformation dite « en scorpion », éloignant ainsi le fluorophore et son quencher. Ce type de sonde peut être utilisé aussi bien pour la quantification d'acides nucléiques que pour la détection de mutations ponctuelles.

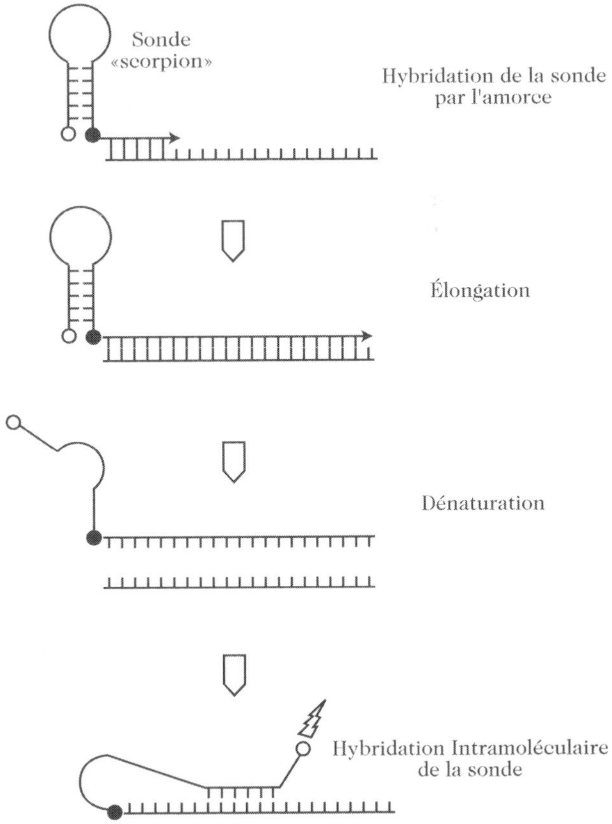

Figure 15.8. Principe d'utilisation des sondes « scorpion ». La sonde s'hybride par l'amorce sens liée de manière covalente au quencher. Après élongation, le nouveau brin d'ADN est lié à la sonde qui se replie sur la séquence cible avoisinante, libérant ainsi le fluorophore de son quencher.

2. Mise au point d'une expérience de PCR quantitative en temps réel

Ce paragraphe sera développé autour d'une application au sens strict de la PCR quantitative, c'est-à-dire dans laquelle il s'agit de mesurer une quantité de matrice de manière relative par rapport à des échantillons de référence. Cette quantification peut devenir absolue si les références le sont. Nous verrons à la fin de ce chapitre comment les principes exposés ci-dessous s'appliquent aux autres domaines de la PCR en temps réel, notamment le génotypage (voir le paragraphe 3).
Le point clef de la mise au point d'une expérience de PCR quantitative en temps réel est la spécificité du produit amplifié. L'expérience ne sera à proprement parler « quantitative » que si un seul type de fragment d'ADN est amplifié dans chaque tube. Il est donc nécessaire de travailler en « *Hot Start* » (voir l'encadré 2). Lors de la mise au point de telles expériences et quel que soit le format de fluorescence qui sera utilisé pour les expériences ultérieures (sonde d'hybridation, d'hydrolyse...), il est nécessaire de commencer par une mise au point utilisant un marqueur de fluorescence qui marque toutes les molécules d'ADN amplifiées, tel que le SYBR Green (voir le paragraphe 1.3). Mettre au point les expériences avec des sondes de fluorescence séquence-spécifiques serait une erreur, car il est alors impossible d'avoir accès à toutes les réactions de polymérisation qui ont eu lieu dans chaque tube. La mise au point présentée ici sera donc décrite en utilisant le SYBR Green pour suivre les quantités d'ADN amplifiées.

Encadré 2. La PCR « hot start »

Dans une réaction de PCR, lors de la première montée en température, l'échantillon n'ayant pas encore été dénaturé, il n'est pas rare que les amorces soient plus ou moins hybridées, soit sur elles-mêmes, soit entre elles. Elles peuvent alors constituer des matrices amorcées sur lesquelles l'ADN polymérase va pouvoir agir et donc changer partiellement leur spécificité, avec pour conséquence l'apparition ultérieure de produits d'amplification indésirables. De ce fait, les utilisateurs de PCR avaient réalisé que l'ajout de l'ADN polymérase après la dénaturation initiale permettait d'augmenter la spécificité des réactions de PCR. Le « hot start » était né. De nos jours, il existe deux grandes méthodes de « hot start ». La première méthode consiste à utiliser une ADN polymérase complexée à un anticorps spécifique qui bloque son activité. Elle est inactive lors de la première montée en température. L'étape de dénaturation initiale de trois minutes est suffisante pour dénaturer complètement l'anticorps et libérer l'enzyme active. La seconde méthode utilise le fait que le pH de tous les tampons biologiques dépend de la température. On modifie chimiquement la polymérase par l'addition de groupements chimiques qui inactivent l'enzyme. Ces groupements sont choisis de telle façon que leur liaison à l'enzyme soit stable au pH du tampon à basse température, mais instable au pH du tampon à 95 °C. L'enzyme se trouve alors activée lors des étapes de dénaturation qui, de ce fait, doivent être rallongées. On parle abusivement de « l'autoactivation » de l'enzyme.

2.1. Courbes d'amplification et de dénaturation

Une expérience de PCR en temps réel se déroule en trois phases successives (figure 15.9) : une phase de dénaturation initiale des échantillons (95 °C ; dans le cas du « hot start », activation de l'ADN polymérase), une phase d'amplification avec une répétition de cycles dénaturation/hybridation/élongation (98 °C/65 °C/72 °C) et une phase terminale de dénaturation progressive qui sert à appréhender la qualité des molécules d'ADN amplifiées.

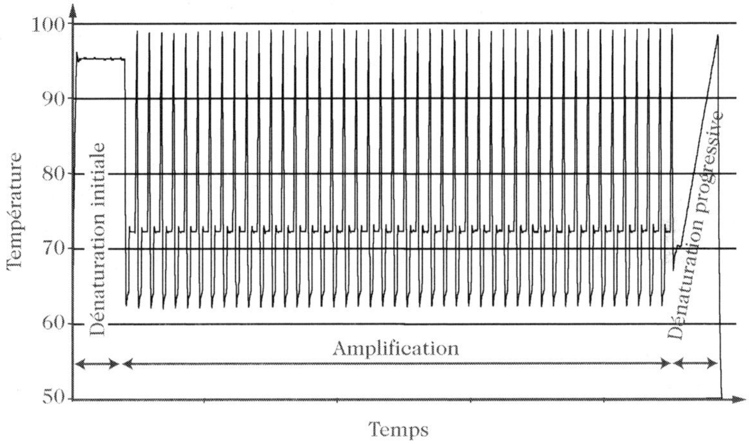

Figure 15.9. Évolution de la température en fonction du temps au cours d'une expérience type de PCR en temps réel.

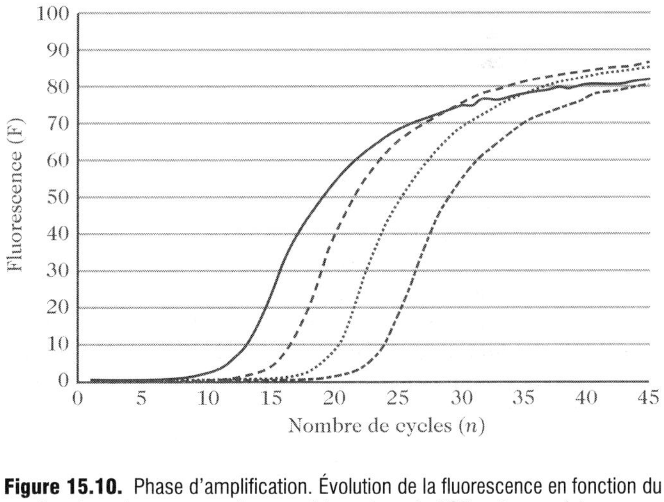

Figure 15.10. Phase d'amplification. Évolution de la fluorescence en fonction du nombre de cycles au cours d'une expérience type de PCR en temps réel.

À la fin de chaque cycle d'élongation, on mesure la fluorescence de chaque échantillon, ce qui revient à mesurer la quantité d'ADN amplifié. La figure 15.10 présente les résultats d'amplification avec une gamme de concentration initiale de matrice à amplifier : un échantillon et trois dilutions successives de 10 en 10. Pour chaque échantillon, on observe quatre phases. Dans une première phase, le signal de fluorescence ne peut être distingué du bruit de fond, puis dans une deuxième phase, qui dure quelques cycles, le signal croît de manière exponentielle ; dans une troisième phase, il croît de manière linéaire, avant d'atteindre un plateau (quatrième phase). Les courbes présentées sur la figure 15.10 sont en fait des courbes « corrigées » : à chaque valeur mesurée, on a soustrait la valeur mesurée au premier cycle. On parle de « correction arithmétique ».

Encadré 3. Choix des températures d'hybridation et de dénaturation

La température d'hybridation est un paramètre qu'il faut ajuster pour chaque paire d'amorces (voir le paragraphe 2.2). Dans l'expérience représentée sur la figure 15.1, la température d'hybridation utilisée est de 65 °C.

La température de dénaturation utilisée est généralement de 95 °C, mais, pour certaines matrices particulièrement riches en GC, il est nécessaire de travailler plutôt à 98 °C. Les temps d'incubation aux différentes étapes dépendent à la fois du système enzymatique choisi et du type d'appareillage utilisé. Si le système « hot start » choisi est celui de la polymérase couplée à un anticorps, une dénaturation initiale de 3 minutes suffit à activer entièrement l'ADN polymérase, mais si le système choisi est celui de l'« autoactivation », il est alors nécessaire de procéder à une dénaturation initiale plus longue et de rajouter des temps de dénaturation plus longs à chaque cycle. Il faut aussi adapter les temps utilisés à l'appareillage, car les temps de transfert de température peuvent varier très fortement d'un appareillage à l'autre (voir le paragraphe 1.2)

Pendant la phase de dénaturation progressive (voir la figure 15.9), les échantillons d'ADN double brin sont progressivement chauffés et la fluorescence est mesurée en permanence. La figure 15.11A présente l'évolution de la fluorescence en fonction de la température. Dans le cas simple où un seul fragment d'ADN a été amplifié (figure 15.11A, courbe 1), après une baisse lente de la fluorescence, qui est due à la variation de pH consécutive à l'évolution de la température, on observe une chute brusque de la fluorescence, qui traduit la dénaturation des molécules d'ADN double brin amplifiées. Pour cette raison, on parle de « courbe de fusion ». Le point d'inflexion de la courbe lors de cette dénaturation

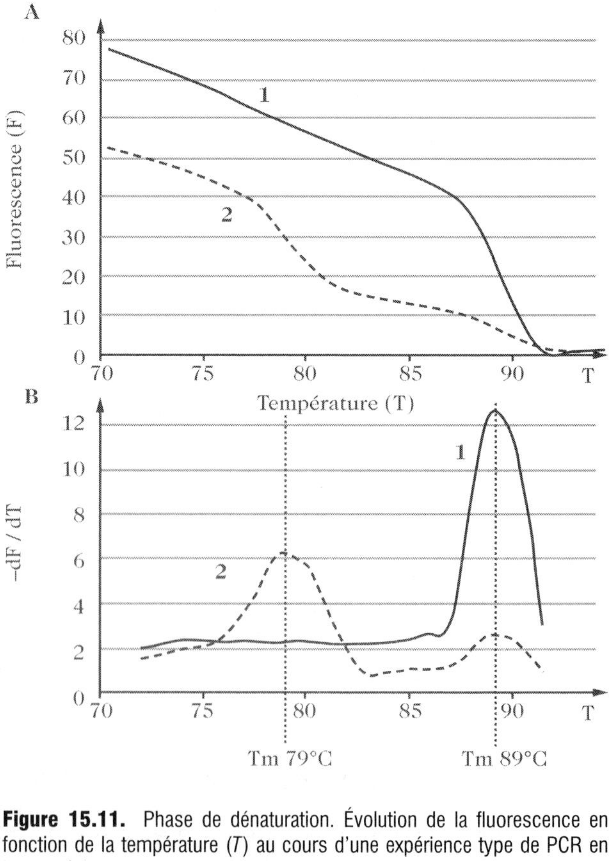

Figure 15.11. Phase de dénaturation. Évolution de la fluorescence en fonction de la température (*T*) au cours d'une expérience type de PCR en temps réel.

(repéré par le maximum de la dérivée, figure 15.11B) est pris comme mesure du T_m des molécules amplifiées. Cette mesure du T_m des molécules d'ADN amplifiées est le pendant en PCR en temps réel de la mesure de la taille des molécules amplifiées en PCR classique. Si plusieurs types de produits ont été amplifiés (figure 15.11, courbe 2), on observe facilement les deux étapes de dénaturation, et l'étude de la dérivée révèle autant de pics que de produits différents amplifiés (si toutefois ils ont des T_m différents ; deux produits sont amplifiés dans la figure 15.11, courbe 2).

Encadré 4. Influence du pH sur la fluorescence
Comme bon nombre de fluorochromes, l'intensité de la fluorescence du SYBR Green complexé à l'ADN dépend du pH. La diminution du pH, qui est linéaire lors de la montée en température, induit une diminution linéaire de l'intensité de fluorescence du SYBR Green.

2.2. Détermination de la température d'hybridation optimale : spécificité

Lors de la mise au point d'une expérience de PCR quantitative, il faut d'abord choisir une paire d'amorces oligonucléotidiques pour la réaction de PCR. Une fois ce choix opéré et les oligonucléotides synthétisés, il va falloir tester si ces amorces sont compatibles avec une expérience robuste de quantification. Pour cela, la première étape consiste à vérifier qu'on peut trouver des conditions dans lesquelles ce couple d'amorces n'amplifie qu'un seul fragment d'ADN et que le fragment d'ADN amplifié est bien celui souhaité. On commence donc par tester la capacité de cette paire d'oligonucléotides à amorcer l'amplification d'ADN en utilisant différentes températures d'hybridation (voir l'encadré 3). Typiquement, avec des oligonucléotides de 20 bases, on teste des températures d'hybridation des amorces entre 60 °C et 70 °C. Les amplifications sont réalisées en utilisant ces différentes températures d'hybridation, sur des échantillons d'ADN contenant (témoins positifs) ou ne contenant pas (témoins négatifs) la matrice à amplifier. À ce stade, une paire d'amorces est considérée comme convenable si l'on peut trouver une température d'hybridation pour laquelle on n'observe d'amplification que sur les témoins positifs et si l'amplification n'engendre qu'un seul produit spécifique. Dans le cas où plusieurs produits sont amplifiés, la courbe de dénaturation se présente comme sur la figure 15.11 (courbe 2 en pointillés). Il est fréquent de devoir tester plusieurs couples d'amorces avant d'en trouver un convenable. Si la paire d'amorces est convenable, on purifie le produit amplifié, et on peut alors soit l'analyser sur gel d'agarose, soit le séquencer, afin de déterminer s'il s'agit bien du fragment d'ADN désiré. Si la séquence confirme que le fragment amplifié est bien le produit souhaité, on peut poursuivre la mise au point des expériences par la détermination du rendement de la PCR en temps réel.

2.3. Détermination du rendement de l'amplification : efficacité

Sur la figure 15.10, nous avions présenté des courbes d'amplification où la fluorescence des échantillons est représentée en fonction du nombre de cycles de

PCR. Sur une telle représentation, on observe que la période pendant laquelle l'amplification est exponentielle est relativement courte, et que rapidement certains facteurs deviennent limitants et limitent l'amplification, qui devient linéaire pour ensuite atteindre un plateau. Il est évident que si l'on veut faire de la quantification, il faut considérer la réaction d'amplification avant qu'un quelconque facteur autre que la concentration initiale de matrice ne vienne la perturber. Il est donc nécessaire de travailler dans la phase exponentielle de la PCR. Afin de mieux appréhender la phase d'amplification exponentielle, il est nécessaire de changer de représentation et d'adopter une représentation du logarithme de la fluorescence en fonction du nombre de cycles (figure 15.12A). Sur cette figure, on porte en ordonnée la quantité d'ADN amplifiée, qui est directement proportionnelle à la fluorescence mesurée ; l'unité est arbitraire. On observe que la plupart des courbes sont chaotiques au-dessous du niveau de fluorescence « 1 ». Cela est dû au seuil de sensibilité et de discrimination des systèmes de mesure de l'intensité de fluorescence. On se limite donc à l'étude de la portion linéaire des courbes d'amplification dans cette représentation logarithmique. Dans le cas présenté, les courbes sont linéaires pendant 4 cycles successifs, avec des valeurs de fluorescence comprises entre 1 et 10. La figure 15.12B présente pour chaque échantillon les quatre points correspondants des courbes d'amplification. Pour chaque échantillon, une droite de régression linéaire de ces quatre points est dessinée.

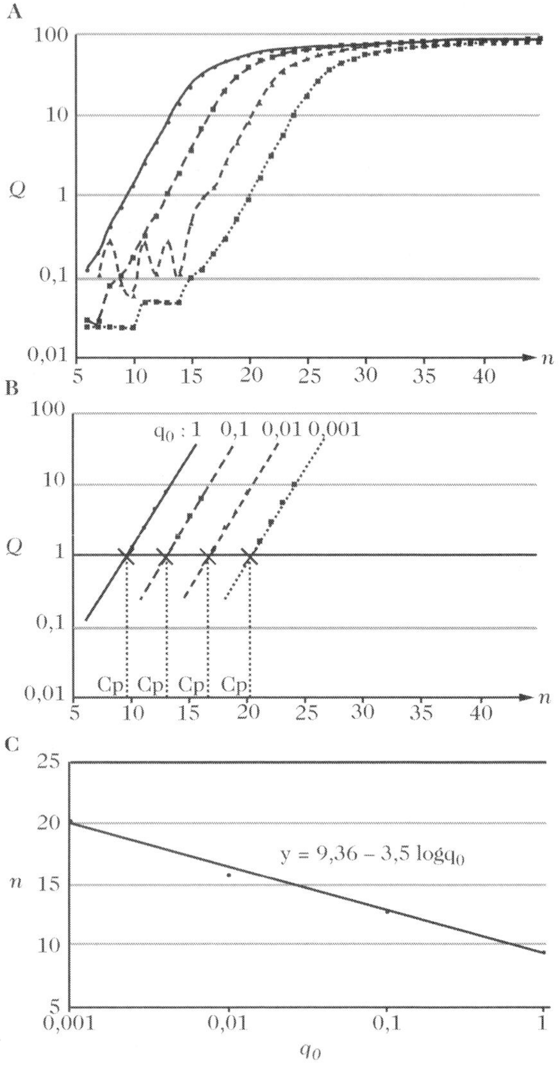

Figure 15.12. Détermination du rendement de PCR. **A.** Évolution de la quantité de produit amplifié en fonction du nombre de cycles (*n*). **B.** Déterminantion des Cp (« crossing point »). **C.** Corrélation entre les Cp exprimés en nombre de cycles et les quantités initiales d'ADN.

Voyons comment utiliser cette représentation pour faire de la quantification. Soit q_0 la quantité initiale de matrice dans un échantillon donné. Au bout d'un nombre

n de cycles d'amplification, on s'attend à avoir une quantité Q de produit amplifié avec $Q = q_0 2^n$ (voir le paragraphe 1.1.2). Or, en pratique, aucune réaction de PCR n'a un rendement de 1 ; on ne peut donc pas considérer qu'à chaque cycle d'amplification, la quantité d'ADN a exactement doublé. La relation qui lie Q et q_0 s'écrit donc $Q = q_0(1 + \rho)^n$, où ρ est le rendement de la réaction de PCR. Comme l'intensité de la fluorescence est directement proportionnelle à la quantité d'ADN amplifiée, cette équation est donc celle des courbes qui lient l'intensité de la fluorescence au nombre de cycles d'amplification. Si l'on passe en logarithmes (figure 15.12B), on obtient :

$$\log Q = \log q_0 + n \log(1 + \rho)$$

On voit donc que les pentes des droites de régression dessinées sur la figure 15.12B sont directement liées au rendement de la réaction de PCR. Les droites sont d'autant plus relevées que le rendement est meilleur (c'est-à-dire proche de 1). On ne pourra faire de quantification que si, pour une même expérience, toutes ces droites de régression sont bien parallèles, c'est-à-dire si le rendement de la réaction est le même pour tous les échantillons. Comme le rendement n'est jamais exactement le même dans tous les échantillons d'une gamme étalon, il est plus intéressant d'utiliser une autre méthode pour le calcul du rendement.

Intéressons-nous au nombre de cycles nécessaires pour arriver à un niveau de fluorescence donné dans des échantillons avec des quantités initiales différentes de matrice. Ces points d'intersection ou « *crossing points* » sont aussi notés « Cp » et exprimés en termes de nombre de cycles. On repart de l'équation $Q = q_0(1 + \rho)^n$, d'où l'on peut déduire la relation qui, pour une valeur Q donnée, lie n et q_0 :

$$n \log(1 + \rho) = \log Q - \log q_0 \qquad \text{d'où :} \qquad n = \frac{\log Q}{\log(1 + \rho)} - \frac{\log q_0}{\log(1 + \rho)}$$

On peut donc placer sur le graphe 15.12C les quatre point d'intersection entre les droites de régression représentées en figure 15.12B et la droite horizontale d'ordonnée « 1 », et obtenir ainsi le diagramme de n en fonction de q_0, qui est représenté en figure 15.12C. On trace alors la droite de régression linéaire de ce diagramme, dont la pente est une mesure du rendement :

$$-\frac{1}{\log(1 + \rho)}$$

Avec un rendement théorique de 1, on obtiendrait une pente à –3,32. Dans le cas présenté, on obtient une pente de –3,5, ce qui correspond à un rendement de PCR de 0,93, ce qui est très bon. L'expérience prouve que les résultats sont d'autant plus reproductibles que le rendement de la PCR est élevé.

Les couples d'amorces pour lesquels on ne peut pas trouver de conditions expérimentales donnant un rendement supérieur à 0,8 ne peuvent pas être utilisés pour des quantifications délicates. En général, il est possible de modifier et d'améliorer le rendement de la réaction de PCR en modifiant la température d'hybridation des amorces lors des cycles d'amplification (attention à la spécificité !).

2.4. Le principe de la quantification : quantification relative

En PCR quantitative, on ne fait pas de la quantification absolue, mais de la quantification relative. En effet, on va comparer l'amplification obtenue dans un échantillon donné avec les amplifications obtenues sur une gamme étalon.

Considérons une expérience du type de celle reportée dans la figure 15.12, mais dans laquelle, en plus des échantillons de la gamme de dilution de 10 en 10 que nous considérerons comme une gamme étalon, nous incluons deux échantillons A et B avec des concentrations initiales de matrice inconnues. À l'issue de l'amplification, on commence par vérifier que, dans tous les échantillons, la nature de l'ADN amplifié est la même (voir le paragraphe 2.1). Pour cela, on commence par vérifier que les courbes de fusion (du type de celles présentées sur la figure 15.11) sont les mêmes. Dans l'expérience présentée sur la figure 15.11, les deux échantillons contenaient une quantité initiale équivalente d'une matrice d'ADN censée donner un produit amplifié avec un T_m de 89 °C mesuré par la courbe de fusion. L'échantillon 2 (figure 15.11, courbe 2) possède une deuxième matrice amplifiable par le même couple d'amorces, donnant un produit amplifié de T_m plus bas, égal à 79 °C. On observe que l'amplification du fragment d'ADN de T_m à 79 °C a fortement perturbé l'amplification du fragment d'ADN de T_m à 89 °C. Du fait de cette interférence, il n'est pas possible de faire de la PCR quantitative si l'on amplifie plusieurs fragments simultanément dans le même échantillon. Nous verrons plus loin que cette règle peut présenter des exceptions.

Pour la quantification proprement dite, on utilise une représentation identique à celle de la figure 15.12B, en incluant tous les échantillons. La figure 15.13 présente les résultats. On observe que pour l'échantillon A, la courbe d'amplification (dans cette représentation log) est bien parallèle aux courbes de la gamme étalon. Pour l'échantillon B, la courbe d'amplification n'est pas parallèle à celles de la gamme étalon. Le rendement de la PCR n'a donc pas été le même pour cet échantillon que pour les points de la gamme étalon, et on ne peut pas faire de quantification sur ce point. Le plus souvent, un tel comportement traduit un problème de qualité de l'échantillon. Le problème peut être résolu soit en repurifiant l'échantillon, soit en le diluant suffisamment pour que les impuretés n'interfèrent plus avec la PCR.

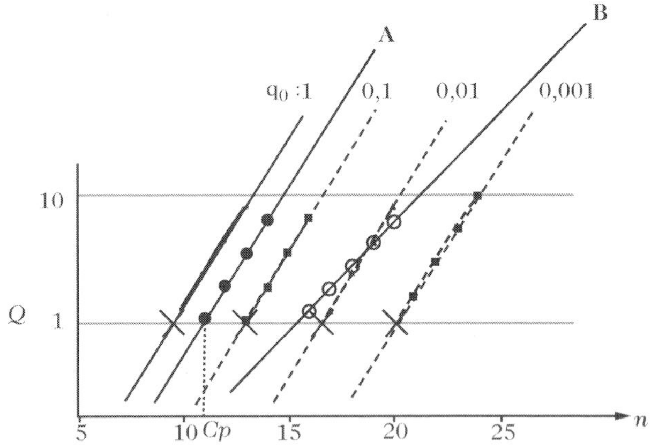

Figure 15.13. Principe de la quantification relative.

Pour déterminer la quantité initiale de matrice q_0 présente dans l'échantillon A, on détermine l'abscisse (en termes de nombres de cycles) du point d'intersection entre la droite de régression correspondante et la droite d'ordonnée « 1 » (*crossing point* ou Cp). Ce nombre est reporté sur la figure 15.12C et est utilisé pour calculer la valeur q_0 correspondante. Comme toute mesure, elle est entachée d'erreurs ; aucun résultat sérieux ne peut être présenté sans pratiquer au moins trois répliquats et présenter les résultats sous forme d'un intervalle de confiance.

2.5. La PCR multiplexe

L'idée de la PCR multiplexe est d'autant plus séduisante que si l'on utilise des formats de fluorescence type sondes d'hybridation, d'hydrolyse ou autres systèmes spécifiques de séquence, on peut marquer chaque molécule d'intérêt par une couleur différente et donc multiplier le nombre de mesures par échantillon (voir le paragraphe 1.3).

Comme nous l'avons vu plus haut, il est difficile de faire de la PCR quantitative si l'on prétend amplifier simultanément plusieurs molécules dans le même échantillon. En effet, la réaction de PCR atteignant rapidement des conditions limitantes (voir l'encadré 5), les molécules les plus abondantes dans l'échantillon initial vont s'amplifier correctement, alors que les molécules les moins abondantes ne seront pas amplifiées en quantité suffisante pour être détectées. L'utilisation la plus courante de la PCR multiplexe consiste en l'amplification simultanée de plusieurs loci à partir d'ADN génomique dans le cadre d'expériences de génotypage (voir le paragraphe 3.2). Par définition, tous les loci sont au départ en quantité à peu près similaire. Si les couples d'amorces utilisés pour amplifier les différents loci ont des rendements voisins, ces différents loci seront amplifiés de manière similaire et, avec des sondes appropriées, on pourra génotyper simultanément plusieurs loci.

Il est cependant possible de trouver des conditions dans lesquelles on puisse faire de la PCR multiplexe avec des échantillons contenant des quantités très variables de matrices à quantifier. L'idée est alors de se placer dans des conditions dans lesquelles l'amplification des molécules les plus abondantes s'arrête avant que les conditions ne deviennent limitantes pour les molécules les moins abondantes. Pour ce faire, on utilise une quantité limitante d'amorces pour amplifier le fragment le plus abondant. Du fait de son abondance, et malgré les amorces limitantes, la quantification sur ce fragment est correcte. Comme l'amplification de ce premier fragment n'a pas « épuisé » le milieu réactionnel, l'amplification du deuxième fragment peut alors se faire correctement.

Encadré 5. Amplifications non spécifiques et conditions limitantes

En général, les mélanges réactionnels pour PCR quantitative sont dosés de manière telle que le premier élément qui va devenir limitant dans la réaction sera les nucléotides. Ils sont dosés de manière à permettre l'amplification d'une quantité de matériel qui donne un signal de fluorescence 50 à 100 fois supérieur au niveau à partir duquel on a une bonne courbe dose/réponse. Typiquement, dans les exemples présentés dans ce chapitre, un niveau compris entre 50 et 100. Dans ces conditions, une fois que l'amplification de la molécule d'intérêt a eu lieu, il n'est pas possible d'amplifier d'autres molécules dans l'échantillon. Cela est relativement important, car la PCR est tellement puissante qu'il est fréquent qu'un couple d'amorces finisse, au bout d'un nombre important de cycles, par amplifier autre chose que la matrice spécifique. Il y a deux manière d'éviter les problèmes liés à ces amplifications non spécifiques : soit trouver un couple de *primer* « parfait », soit limiter la quantité de nucléotides pour arrêter les amplifications dès qu'on a eu suffisamment de matériel amplifié dans de bonnes conditions pour faire de la quantification. Les couples d'amorces parfaits étant difficiles à trouver, on choisit en général de limiter la quantité de nucléotides dans les milieux réactionnels. Afin de contourner ce problème pour faire de la PCR multiplexe, on peut au contraire augmenter la quantité de nucléotides, mais limiter la quantité d'amorces, afin que l'amplification d'un fragment donné soit limitée par la consommation des amorces spécifiques avant que les autres éléments du mélange réactionnel ne deviennent limitants. De cette manière, et sans préfigurer de l'abondance relative des différentes matrices, il est possible d'amplifier plusieurs fragments. L'inconvénient de cette méthode est qu'une concentration limitante d'amorces peut perturber la quantification des faibles quantités de matrice ; la reproductibilité des résultats devient mauvaise.

3. Exemples d'applications de la PCR en temps réel

3.1. Apport de la PCR en temps réel pour la quantification de génomes viraux

La quantification de molécules d'ADN par PCR quantitative en temps réel entre dans des champs médicaux variés tels que la virologie, la bactériologie ou encore la cancérologie. Cette quantification peut être utilisée selon les cas pour faire un diagnostic, établir un marqueur pronostique ou suivre l'efficacité d'un traitement. L'apport de la PCR en temps réel en pharmacogénétique sera développé dans le paragraphe 3.2. Nous présenterons ici une application de la PCR en temps réel en virologie, portant sur le diagnostic et le suivi de l'infection par le virus de l'hépatite C.

Le virus de l'hépatite C a été identifié en 1989. L'infection par ce virus représente un véritable problème de santé publique de par le nombre de personnes contaminées (600 000 à 800 000 personnes en France) et de par la forte propension qu'a ce virus à provoquer une infection hépatique chronique (cirrhose), qui peut évoluer vers une lésion cancéreuse du foie (carcinome hépatocellulaire). Les modes de contamination de ce virus sont la voie parentérale (transfusions avant 1990, toxicomanie), la voie sexuelle et la voie nosocomiale (matériel médical contaminé au cours d'hémodialyse, d'endoscopie avec biopsies, d'acupuncture...).

Le virus de l'hépatite C (HCV) est un flavivirus dont le génome est constitué d'un ARN simple brin d'environ 10 000 nucléotides. Il est caractérisé par une grande variabilité génétique. La variabilité génétique est plus ou moins importante selon la partie du génome considérée (figure 15.14). Ainsi, la région en 5′ de l'ARN viral (5′ NC) est-elle conservée entre les différents variants, alors que les régions E1 et E2/NS1 présentent le plus haut niveau de variabilité. Cette variabilité génétique a conduit à la classification du HCV en 6 génotypes principaux, dont la réponse aux différents traitements antiviraux varie considérablement .

L'infection aiguë par le HCV est cliniquement inapparente dans la plupart des cas. L'ARN du virus est le premier marqueur détectable dans le sérum de la personne contaminée, 7 à 21 jours après l'infection. Les anticorps anti-HCV, témoins de la réaction immunitaire, apparaissent plus tardivement, 20 à 150 jours après la contamination. La guérison de l'infection aiguë est définie par l'absence d'ARN du HCV détectable dans le sérum du patient. Ainsi, le diagnostic d'une hépatite

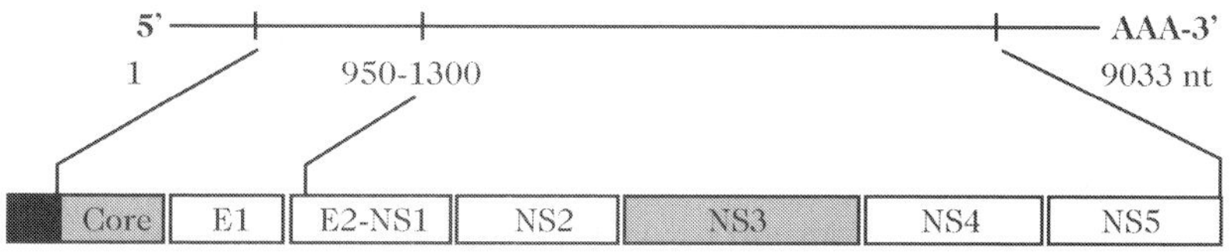

Figure 15.14. Structure du génome du virus de l'hépatite C (figure aimablement communiquée par le Dr J. Ducos – CHU de Montpellier).

virale C repose sur la sérologie (détection des anticorps anti-HCV dans le sérum) et la biologie moléculaire (détection du génome viral par PCR, détermination du génotype viral par séquençage).

Le développement de la PCR quantitative en temps réel a permis la mise au point d'une méthode sensible de quantification du génome du HCV dans le sérum. La quantification de ce génome viral nécessite au préalable d'extraire l'ARN total présent dans le sérum de la personne testée. Cet ARN doit ensuite être transcrit en ADN, car la réaction de PCR ne peut pas être réalisée à partir d'une matrice d'ARN. Pour cela, on réalise une étape intermédiaire appelée **transcription inverse**, qui consiste à synthétiser à partir de l'ARN une copie d'ADN complémentaire, à l'aide d'une enzyme d'origine virale appelée reverse transcriptase. Cet ADN complémentaire est alors utilisé comme ADN matrice pour la réaction de PCR quantitative. Les amorces choisies pour amplifier le génome du virus de l'hépatite C se positionnent sur la région la plus conservée du génome viral (core), afin de reconnaître et de quantifier la totalité des 6 génotypes viraux (voir la figure 15.14). La quantification du génome viral dans un échantillon sérique inconnu est mesurée par PCR quantitative en temps réel à partir du Cp obtenu (*crossing point* : voir le paragraphe 2), Cp que l'on compare à ceux d'une gamme de standards internationaux s'étendant de 10 à 10^8 Unités Internationales (UI) par mL (figure 15.15).

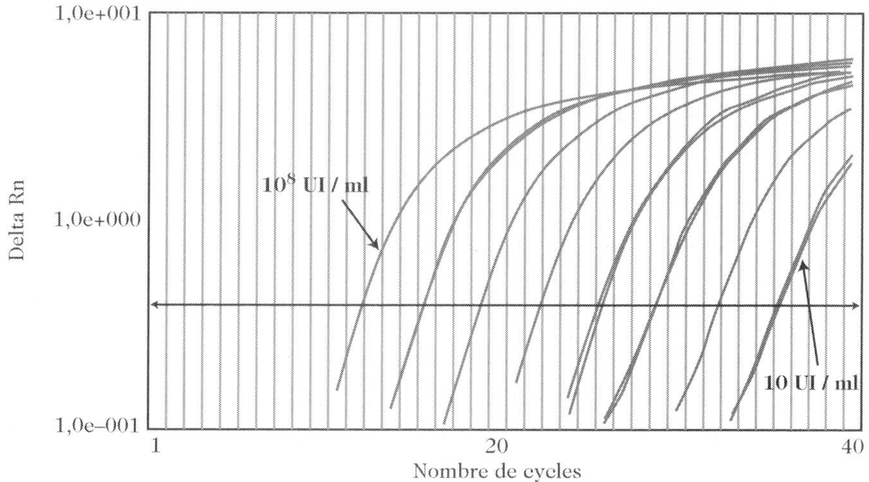

Figure 15.15. Exemple de gamme de standards internationaux utilisée en PCR quantitative en temps réel pour la quantification de la charge virale du virus de l'hépatite C (figure aimablement communiquée par le Dr J. Ducos – CHU de Montpellier).

La quantité de génome viral dans le sérum (encore appelée charge virale) est donc mesurée à partir de la gamme étalon et exprimée en UI/mL de sérum. La PCR quantitative en temps réel a permis d'améliorer de manière significative la sensibilité de la détection du génome du virus de l'hépatite C, actuellement de l'ordre de 20 UI/mL (représentant environ 100 copies / mL de génome viral), par rapport aux techniques de quantification préexistantes. La quantification du génome viral lors du diagnostic initial a une valeur diagnostique, mais c'est aussi un élément de prise en charge thérapeutique. On considère en effet qu'une charge virale supérieure à 800 000 UI/mL est importante et impose le traitement du patient à l'aide d'agents antiviraux (interféron, ribavirine). La mesure par PCR quantitative de la charge virale a également un intérêt dans le suivi de la réponse thérapeutique. Ainsi, lors d'un traitement antiviral, dont la durée varie en fonction du génotype du HCV, l'efficacité thérapeutique est suivie par la mesure de la charge virale sérique au bout d'un mois de traitement, à la fin du traitement, puis 6 mois après la fin du traitement. La détection du génome viral par PCR quantitative au bout de ces 6 mois signe une rechute de l'infection. En revanche, le patient est considéré comme définitivement guéri lorsque le génome viral est indétectable par PCR quantitative deux ans après l'arrêt du traitement.

La mesure de la charge virale du HCV par PCR quantitative en temps réel fait maintenant partie des examens de routine des laboratoires de virologie médicale, apportant des informations essentielles pour le diagnostic et le suivi thérapeutique des patients. Par ailleurs, l'utilisation pour cette quantification de standards internationaux comme gamme d'étalonnage a permis de normaliser et de comparer les résultats obtenus entre différents laboratoires. Cette utilisation en routine hospitalière passe par un contrôle rigoureux des différentes étapes de la PCR quantitative, de l'extraction d'ARN à partir du sérum des patients jusqu'à la réalisation de la PCR quantitative en temps réel. Celle-ci a été facilitée récemment par l'automatisation de toutes ces étapes, ce qui permet d'éviter les contaminations éventuelles lors de la PCR et d'améliorer la reproductibilité des résultats rendus.

D'autres applications de la PCR quantitative en temps réel pour la quantification d'ADN ont été mises au point en virologie ou dans d'autres disciplines médicales, et cette approche quantitative sera certainement amenée à se développer dans les années à venir dans les laboratoires d'analyse médicale.

3.2. Apport de la PCR en temps réel en pharmacogénétique

3.2.1. Introduction à la pharmacogénétique

La pharmacogénétique est l'étude des mécanismes génétiques responsables des variations interindividuelles de réponse à un traitement médicamenteux. La variabilité de cette réponse, du point de vue de l'efficacité comme de la toxicité, est un problème majeur de santé publique. En effet, on estime que 100 000 décès par an aux États-Unis sont dus aux effets secondaires des médicaments (soit la quatrième cause de mortalité) et que le coût lié à cette iatrogénie atteindrait 100 milliards de dollars. En France, l'Agence Française de Sécurité Sanitaire des Produits de Santé a estimé que 128 000 hospitalisations (soit un coût de 320 millions d'euros) étaient liées à une prescription médicamenteuse mal adaptée. La pharmacogénétique s'intéresse plus particulièrement aux médicaments dits « à marge

thérapeutique étroite », dont le surdosage entraîne des effets particulièrement délétères, et aux médicaments concernés par une variabilité interindividuelle de réponse thérapeutique importante. C'est le cas notamment pour les chimiothérapies anticancéreuses ou les médicaments utilisés en psychiatrie.
Les différences de sensibilité aux médicaments ont souvent pour origine des variations génétiques du métabolisme et du transport ainsi que des cibles pharmacologiques. Ainsi, la quantité et la fonctionnalité des enzymes responsables des biotransformations, comme pour les autres protéines de l'organisme, dépendent essentiellement de l'information génétique qui les code. Or, ces gènes peuvent présenter une certaine variabilité dans leur séquence d'un individu à l'autre : c'est la notion de polymorphisme génétique. Ces variations de séquence peuvent être des mutations ponctuelles ou SNP (*Single Nucleotide Polymorphism*), des délétions partielles ou totales, ou des amplifications géniques (plusieurs copies d'un même gène). Ces variations vont entraîner des changements phénotypiques quantitatifs ou qualitatifs (figure 15.16) à l'origine des différences de réponses interindividuelles.

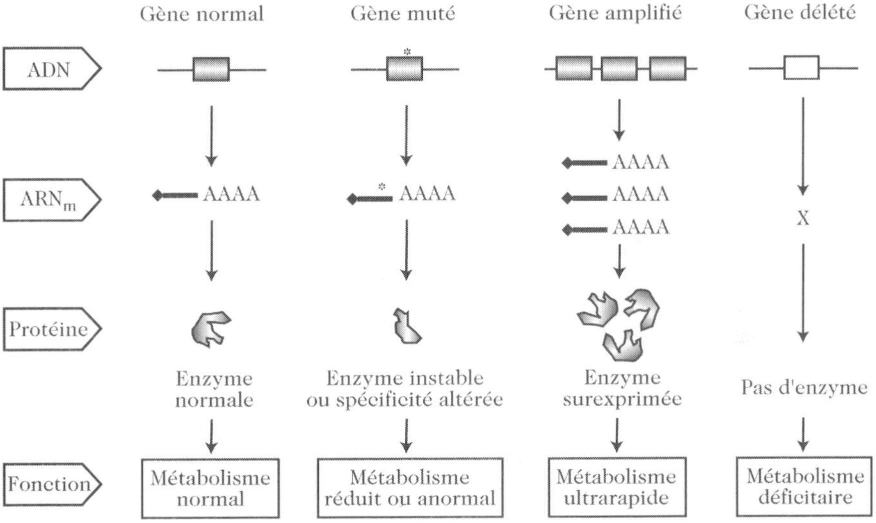

Figure 15.16. Conséquences des différents polymorphismes génétiques sur l'expression des enzymes responsables de la biotransformation des médicaments et impact fonctionnel sur le métabolisme.

Jusqu'à récemment, seules quelques méthodes de phénotypage comme les mesures des activités enzymatiques ou l'utilisation de substrats-tests pouvaient être utilisées pour prédire la réponse thérapeutique ou toxique à un médicament. Les progrès de la biologie moléculaire et l'identification des polymorphismes génétiques impliqués dans la variabilité phénotypique ont permis le développement de nouveaux tests génétiques plus rapides, plus reproductifs et surtout adaptés à un criblage haut débit par les techniques modernes comme les puces à ADN et la PCR en temps réel. Le prérequis à l'utilisation de ces tests est de s'assurer que le test génotypique mis en place permet de prédire à coup sûr un phénotype donné. Cela nécessite des études préalables de corrélation génotype/phénotype, qui restent encore un champ d'investigation considérable en biologie médicale.

3.2.2. Exemples d'applications en pharmacogénétique

Afin d'illustrer l'apport de la PCR en temps réel en pharmacogénétique, nous allons décrire, à titre d'exemple, le cas du gène de la dihydropyrimidine déshydrogénase (DPD) et celui du gène du cytochrome P450 2D6. Ces deux exemples permettent de montrer l'intêret de cette technique pour ses deux applications principales qui sont, d'une part la recherche de mutations ponctuelles, et d'autre part la quantification d'ADN. Le préalable à toute analyse génotypique est l'obtention d'ADN génomique facilement purifiable à partir de n'importe quelle cellule de l'organisme. On utilise classiquement les lymphocytes d'un échantillon sanguin ou des cellules de la muqueuse buccale recueillies par un bain de bouche.

■ Dihydropyrimidine déshydrogénase (DPD)

La dihydropyrimidine désydrogénase est une enzyme que l'on trouve essentiellement dans le foie et les lymphocytes. Son rôle physiologique est de transformer l'uracile, une base pyrimidique précurseur de l'ADN, en dihydrouracile. Elle transforme également le 5-fluorouracile en son métabolite inactif, le 5-dihydrofluorouracile. Le 5-fluorouracile est l'un des médicaments anticancéreux les plus utilisés au monde. Après son administration à un patient atteint de cancer, 80 % de la dose est dégradé par la DPD. Or, on s'est aperçu que certaines personnes, déficientes en DPD, développaient des toxicités très sévères, parfois mortelles, après une administration de 5-fluorouracile. Il est donc particulièrement important de dépister les patients déficients en DPD avant traitement pour éviter une réaction toxique majeure. Des études de pharmacogénétique ont montré que la déficience en DPD était souvent liée à une mutation ponctuelle située dans le site d'épissage de l'exon 14 (note : les exons forment la partie codante d'un gène, l'épissage est le mécanisme biologique qui permet l'assemblage des exons pour former un ARN messager). La présence de cette mutation (une guanine remplacée par une cytosine) perturbe l'épissage et conduit à la formation d'un ARNm dépourvu de l'exon 14 (exon « skipping ») et à une enzyme tronquée non fonctionnelle (figure 15.17A).

Le génotypage systématique de la DPD chez tous les patients traités par 5-fluorouracile est aujourd'hui envisageable par la PCR en temps réel, en réalisant une courbe de fusion post-PCR avec des sondes allèle-spécifiques fluorescentes. La figure 15.17B montre un exemple de génotypage avec des sondes d'hybridation utilisant la technique du FRET (voir « Sondes d'hybridation », dans le paragraphe 1.3.2). Une des deux sondes recouvre la mutation à rechercher. La présence de la mutation entraîne un mésappariement avec la sonde et une diminution de la température de fusion. Ainsi, la sonde se « décroche » plus facilement quand la température augmente, et la fluorescence détectée décroît plus rapidement. Cette technique, extrêmement fiable et rapide, permet de détecter les mutations homozygotes (deux allèles mutés) ou hétérozygotes (un seul allèle muté).

■ Cytochrome P450 2D6 (CYP450 2D6)

Les cytochromes P450 (CYP450) forment une famille d'enzymes hépatiques dites « de phase I » qui sont responsables de la biotransformation de nombreuses substances étrangères à l'organisme (xénobiotiques). Le CYP450 2D6 est responsable du métabolisme d'un grand nombre de médicaments (antidépresseurs,

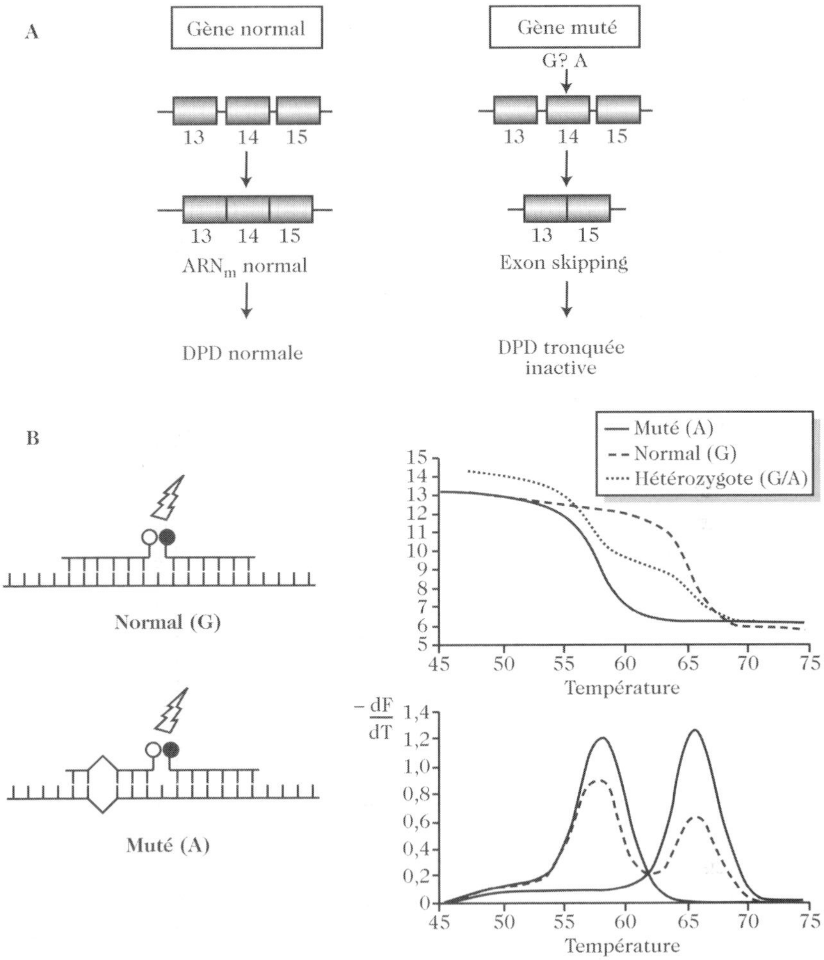

Figure 15.17. A. Conséquence de la mutation G ⟶ A de l'exon 14 de la dihydropyrimidine déshydrogénase (DPD) : la mutation abolit un site d'épissage et conduit à une protéine tronquée non fonctionnelle. **B.** Génotypage de la mutation par PCR en temps réel. L'une des deux sondes marquées s'hybride sur la mutation à détecter. La présence de la mutation se traduit par la création d'un mésappariement qui réduit la température de fusion. La comparaison des T_m entre séquence mutée et sauvage permet de détecter une mutation homozygote ou hétérozygote. (Les T_m sont plus facilement calculés à partir des courbes dérivées $-dF/dT$).

morphiniques, antiarythmiques...), et son niveau d'expression influence donc la réponse thérapeutique ou toxique. Le gène codant pour le CYP450 2D6 présente de nombreux polymorphismes, permettant de classer les individus en métaboliseurs lents, intermédiaires ou ultrarapides. Une des variations génotypiques fréquemment observée est une duplication du gène, entraînant une surexpression de l'enzyme.

La figure 15.18 présente le « dosage » du gène du CYP450 2D6 par PCR en temps réel. Le principe est une quantification relative comme celle précédemment décrite (voir le paragraphe 2). L'objectif est de comparer un individu B (dont le statut est inconnu) à un individu A normal (pour lequel le gène n'est pas dupliqué). Pour cela, on a besoin d'un standard interne qui permettra de tenir compte d'une éventuelle différence de quantité initiale d'ADN entre les deux échantillons. On utilise donc un deuxième gène non polymorphe et toujours présent en copie unique chez tous les individus (par exemple le gène de l'albumine, figure 15.18A). Les courbes d'amplification pour ces deux gènes et pour les deux individus permettent d'obtenir les valeurs de Ct (*crossing threshold* : voir le paragraphe 2 ; figure 15.18B). Ces valeurs sont ensuite reportées sur les droites de calibration préalablement établies et permettent d'obtenir les quantités d'ADN correspondantes (figure 15.18C). Le nombre de gènes du CYP 2D6 (N) est ensuite exprimé par rapport à l'individu de référence pour lequel $N = 1$. Cette technique de « dosage » de gène permet ainsi de dépister les duplications de gène ($N = 2$), mais aussi les délétions homozygotes ($N = 0$) ou les délétions hétérozygotes ($N = 0,5$).

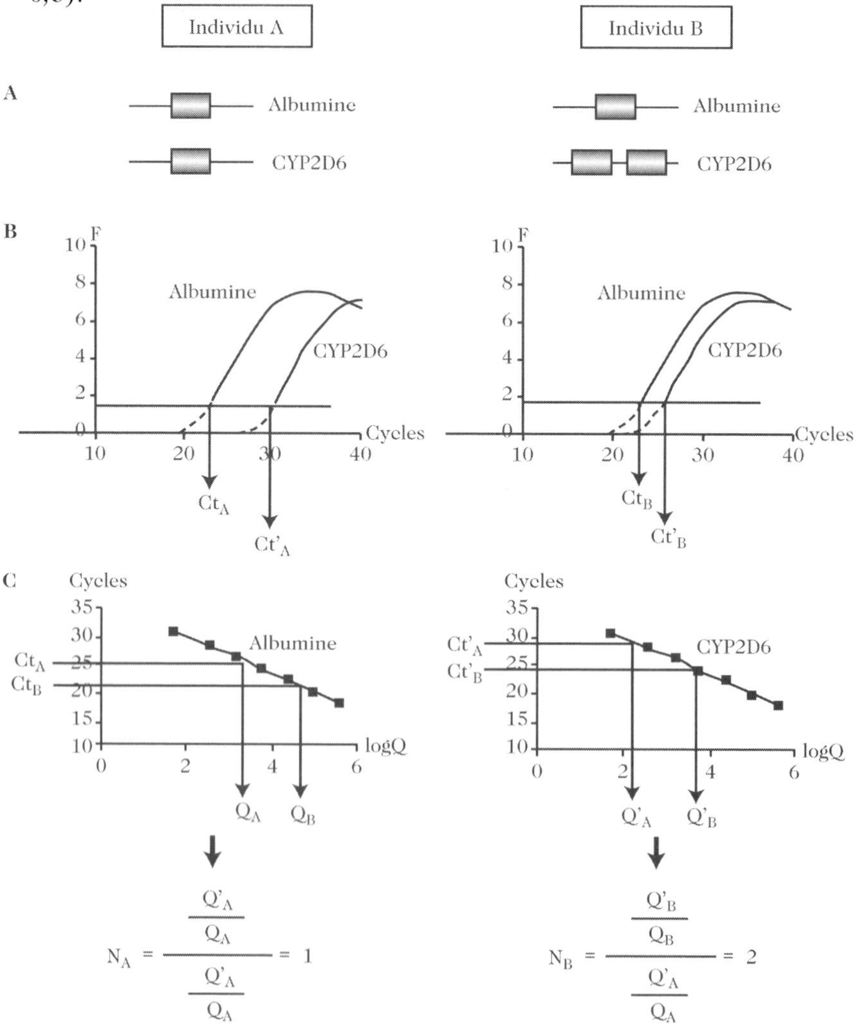

Figure 15.18. Principe de la quantification relative du gène du cytochrome P450 2D6 par PCR en temps réel. **A.** L'individu B à tester est comparé à un individu A de référence, chez qui le gène n'est pas dupliqué. Le gène de l'albumine sert de standard interne pour normaliser les quantités initiales d'ADN. **B.** Les courbes d'amplification permettent d'obtenir les valeurs de Ct. **C.** Les quantités d'ADN correspondantes sont obtenues à partir des droites de calibration pour les deux gènes.

Bibliographie

[1] Bustin S., « Absolute quantification of mRNA using real-time reverse transcription polymerase chain reaction assays », *J. Mol. Endocrinol.*, **25**, 169-193 (2000).

[2] Bustin S., « Quantification of mRNA using real-time reverse transcription PCR (RT-PCR) : trends and problems », *J. Mol. Endocrinol.*, **29**, 23-39 (2002).

CHAPITRE

16

LES BIOCAPTEURS : DE L'ÉLECTRODE À GLUCOSE AUX BIOPUCES

Loïc BLUM*, Christophe MARQUETTE†

Le concept de biocapteur est né il y a plus de 40 ans lorsque Clark et Lyons [1] ont eu l'idée d'effectuer des mesures spécifiques de concentration de glucose en détectant l'oxygène consommé au cours de l'oxydation enzymatique de ce métabolite, catalysée par la glucose oxydase, grâce à un capteur électrochimique. L'enzyme était dans ce cas utilisée en solution, confinée à l'extrémité du capteur. Parallèlement, au cours des années 1960, se développaient des études portant sur les propriétés des enzymes immobilisées et leur utilisation et, en 1967, une « électrode à enzyme » (*enzyme electrode*) pour le dosage spécifique du glucose était décrite par Updike et Hicks [2]. Dans ce travail, la glucose oxydase était incluse dans un gel de polyacrylamide. En immobilisant l'uréase dans ce même type de matrice, Guilbault et Montalvo [3] ont décrit en 1969 la première électrode à enzyme associée à une mesure potentiométrique pour le dosage de l'urée par détection des ions ammonium (NH_4^+) apparus au cours de la réaction.
Ces travaux fondateurs ont ouvert la voie à de nombreux développements associant non seulement des enzymes et une détection électrochimique, mais aussi d'autres types de biomolécules et d'autres principes de détection [4-6]. On peut ainsi définir de façon plus précise un biocapteur comme un dispositif de mesure dont la composante sensible est de nature biologique. L'élément biologique sensible, ou **biorécepteur**, est capable de reconnaître spécifiquement une substance cible présente dans un milieu complexe. La reconnaissance spécifique engendre un signal physico-chimique qui est traduit par le **transducteur** en un signal électrique mesurable et interprétable (figure 16.1).

* ICBMS UMR 5246 CNRS-Université Lyon 1. loic.blum@univ-lyon1.fr
† ICBMS UMR 5246 CNRS-Université Lyon 1. christophe.marquette@univ-lyon1.fr

Le biorécepteur est en général immobilisé et au contact du transducteur, constituant ainsi la couche sensible du biocapteur. Il agit comme un filtre extrêmement sélectif par rapport à un capteur chimique. Les biocapteurs constituent ainsi un outil puissant pour des analyses hautement spécifiques. En contrepartie, la fragilité inhérente de l'élément biologique impose des conditions d'utilisation douces, notamment en ce qui concerne la température, le pH et la force ionique.

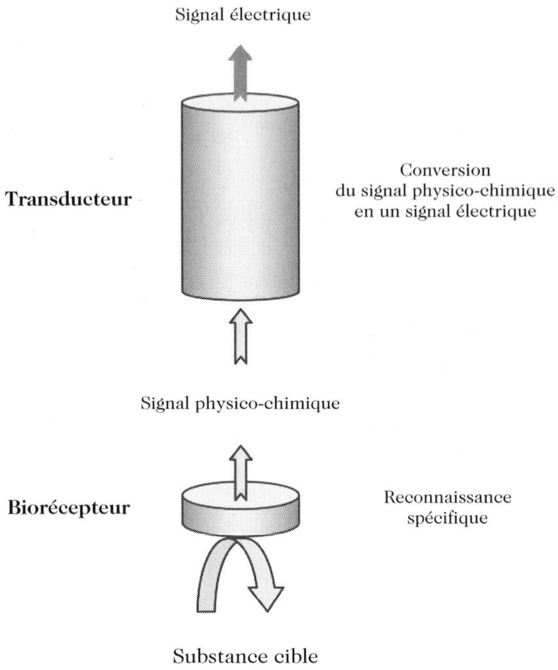

Figure 16.1. Schéma de principe d'un biocapteur.

Selon la nature du signal physico-chimique généré par la reconnaissance moléculaire, différents modes de transduction sont utilisés :

– électrochimique (électrodes à détection ampérométrique ou potentiométrique, transistors à effet de champ),
– massique (quartz piézo-électriques),
– thermique (thermistances),
– optique (fibres optiques et systèmes optoélectroniques).

1. Les biorécepteurs

En théorie, toute structure biochimique ou biologique capable de reconnaissance spécifique est potentiellement utilisable pour l'élaboration de couches sensibles. Historiquement, c'est essentiellement à partir de structures protéiques telles que les enzymes et les anticorps qu'ont été élaborés les premiers biocapteurs. Par la suite, l'utilisation d'autres systèmes moléculaires a été décrite, notamment celle d'acides nucléiques (ADN ou ARN), ces derniers étant surtout exploités pour la conception de biopuces dont le principe sera décrit au paragraphe 7.

Bien que des réalisations intégrant des récepteurs membranaires, des organites subcellulaires ou des coupes fines de tissus biologiques aient été rapportées, ces travaux restent marginaux et beaucoup d'entre eux n'ont pas dépassé le stade académique. En effet, une entité biologique isolée de son milieu naturel est souvent très fragile, donc instable, et impose des conditions de manipulation parfois incompatibles avec une utilisation en routine.

Certains micro-organismes, essentiellement des bactéries et des levures, peuvent également jouer le rôle d'élément sensible d'un biocapteur.

Dans une acception plus large de la définition d'un biorécepteur, on pourra inclure des structures artificielles que l'on peut qualifier de biomimétiques, dans la mesure où elles sont conçues pour intégrer la fonction de reconnaissance spécifique de certaines biomolécules. Il s'agit essentiellement des anticorps catalytiques, des polymères à empreinte moléculaire et des récepteurs artificiels.

1.1. Les biorécepteurs naturels

1.1.1. Les structure protéiques : les enzymes et les anticorps

Les protéines sont des macromolécules naturelles constituées d'un enchaînement d'acides aminés liés entre eux par des liaisons amide (liaisons peptidiques). Il existe vingt acides aminés principaux constitutifs des protéines et ils possèdent tous un groupement carboxyle et un groupement amine portés par le même atome de carbone. Les deux autres substituants de cet atome de carbone sont un hydrogène et une chaîne latérale dont la nature détermine un acide aminé particulier. Le poids moléculaire des acides aminés varie entre 75 pour la glycine et 204 pour le tryptophane. Comme le nombre d'acides aminés d'une protéine peut varier d'une cinquantaine à plusieurs milliers, le poids moléculaire d'une protéine peut donc se situer entre quelques milliers et plusieurs centaines de mille.
La nature et l'ordre d'enchaînement des acides aminés d'une protéine constituent sa structure primaire. Certains acides aminés ne peuvent être présents qu'en un seul exemplaire dans une protéine donnée, ou même pas du tout, alors que d'autres peuvent apparaître un grand nombre de fois. Les possibilités de structure primaire sont donc quasiment infinies. À titre d'exemple, la plupart des bactéries produisent environ 3 000 protéines différentes, alors que l'organisme humain produit plusieurs dizaines de milliers de protéines différentes. Chaque protéine a en réalité une structure tridimensionnelle déterminée par l'organisation de la chaîne polypeptidique dans l'espace. Cette organisation constitue les structures secondaire et tertiaire, qui sont stabilisées par un certain nombre de liaisons covalentes (ponts disulfure) et non covalentes (liaisons hydrogène, interactions hydrophobes, ioniques et de Van der Waals). Enfin, certaines protéines possèdent plusieurs chaînes polypeptidiques ayant chacune leur structure primaire, secondaire et tertiaire, mais s'associant entre elles pour former une structure quaternaire.
L'organisation spatiale d'une protéine joue un rôle prépondérant dans sa fonction et notamment dans ses propriétés de reconnaissance spécifique, si elle en possède.
Les enzymes possèdent une activité catalytique. Pratiquement toutes les réactions qui se déroulent dans les organismes vivants sont catalysées par des enzymes. Plusieurs milliers d'enzymes différentes ont été découvertes dans différents organismes. Les réactifs d'une réaction catalysée par une enzyme sont appelés des substrats. Au cours d'une réaction catalysée par une enzyme, les substrats se lient transitoirement à l'enzyme et forment un complexe. La structure tridimensionnelle de ces biocatalyseurs est caractéristique et particulière pour chaque enzyme. La conformation est telle que l'enzyme renferme une poche, appelée site actif, dans laquelle les substrats peuvent pénétrer et interagir avec l'enzyme. Il se produit alors un changement de conformation de l'enzyme, permettant l'établissement d'autres interactions avec le substrat et facilitant le passage de celui-ci à

l'état de transition. Une fois l'état de transition atteint, le substrat est transformé en produit qui se détache de l'enzyme. Cette dernière reprend sa conformation initiale et se retrouve intacte ; elle peut ainsi engager un nouveau cycle catalytique. La formation d'un complexe spécifique enzyme-substrat distingue les enzymes des autres catalyseurs. Une enzyme ne catalyse qu'un seul type de réaction (oxydation, hydrolyse...) et, le plus souvent, limite son action à un seul composé (substrat) ou à une seule famille de composés. C'est d'ailleurs cette spécificité qui explique le très grand nombre d'enzymes différentes existant dans les organismes vivants. En effet, une multitude de réactions différentes sont nécessaires à la vie et des centaines de composés différents sont impliqués dans ces réactions. De plus, l'efficacité catalytique de ces protéines est largement supérieure à celle des catalyseurs chimiques.

Les anticorps (Ac) sont des protéines spécialisées qui peuvent reconnaître spécifiquement un antigène (Ag), c'est-à-dire une protéine ou une autre macromolécule étrangère à l'organisme, et former un complexe antigène-anticorps. Les anticorps sont sécrétés par des cellules spécialisées chez les vertébrés et font partie du système immunitaire de défense. Les anticorps ont un poids moléculaire d'environ 150 000 et sont formés de 4 chaînes polypeptidiques dont l'arrangement spatial forme un Y. Ils ont deux sites de liaison pour l'antigène, situés sur chacune des branches du Y. Les anticorps sont extrêmement spécifiques pour les composés qui ont provoqué leur formation, d'où leur utilité comme réactifs pour l'analyse.

1.1.2. Les cellules entières

Les biocapteurs à cellules entières exploitent la caractéristique que peuvent avoir certaines souches de micro-organismes de métaboliser préférentiellement un composé particulier (le plus souvent organique), cette assimilation s'accompagnant de la production et de l'excrétion d'une substance détectable par un système de transduction. Les biocapteurs à cellules microbiennes souffrent le plus souvent par rapport aux biocapteurs à enzymes d'un manque de sélectivité, dû à l'existence de plusieurs systèmes enzymatiques au sein de chaque cellule, et d'un temps de réponse en général long (plusieurs dizaines de minutes). Cependant, pour certaines applications, une mesure globale est préférée à une mesure spécifique et dans ce cas les biocapteurs à cellules entières sont particulièrement adaptés. Le domaine de l'environnement est particulièrement concerné, dans la mesure où il est parfois préférable d'apprécier le pouvoir toxique global d'un échantillon plutôt que d'essayer de détecter spécifiquement la présence d'un toxique particulier.

1.2. Les biorécepteurs artificiels

1.2.1. Les anticorps catalytiques

Bien que des anticorps possédant naturellement une activité catalytique aient été identifiés dans certaines pathologies, la plupart des anticorps catalytiques (ou **abzymes**) utilisés pour la conception de biocapteurs ont été produits artificiellement [7]. La principale approche pour obtenir des anticorps catalytiques consiste à produire des anticorps dirigés contre un composé analogue de l'état de transition d'une réaction donnée. Parmi les différents anticorps obtenus, certains auront à la fois la capacité de reconnaissance spécifique des anticorps classiques et une activité catalytique permettant de transformer la substance cible (l'antigène) par un processus similaire à celui de la réaction enzymatique et avec une efficacité comparable. Le principe est simple, mais sa mise en œuvre présente un certain nombre de difficultés, notamment en ce qui concerne la conception des structures mimant l'état de transition.

1.2.2. Les polymères à empreintes moléculaires

L'impression moléculaire (*molecular imprinting*) consiste à créer dans un polymère synthétique des sites récepteurs, spécifiques d'une substance cible [8]. Des empreintes moléculaires, images complémentaires de la cible choisie, sont formées par mise en contact de la cible ou d'un analogue de celle-ci avec un mélange de monomères portant des groupements fonctionnels capables de se lier à la cible par des interactions non covalentes (liaisons hydrogène, interactions hydrophobes, interactions ioniques). La substance cible agit ainsi comme un gabarit (*template*) autour duquel va se former le polymère.

La polymérisation est effectuée en présence d'un monomère réticulant, afin d'obtenir une structure tridimensionnelle rigide comportant des sites complémentaires de la substance cible. Après élimination de la cible, on obtient un polymère à empreintes moléculaires capable de reconnaître spécifiquement la substance cible (figure 16.2).

Ces systèmes sont souvent élaborés pour la conception de capteurs et de systèmes analytiques pour lesquels il est difficile de trouver ou d'obtenir des biorécepteurs naturels de type enzyme ou anticorps.

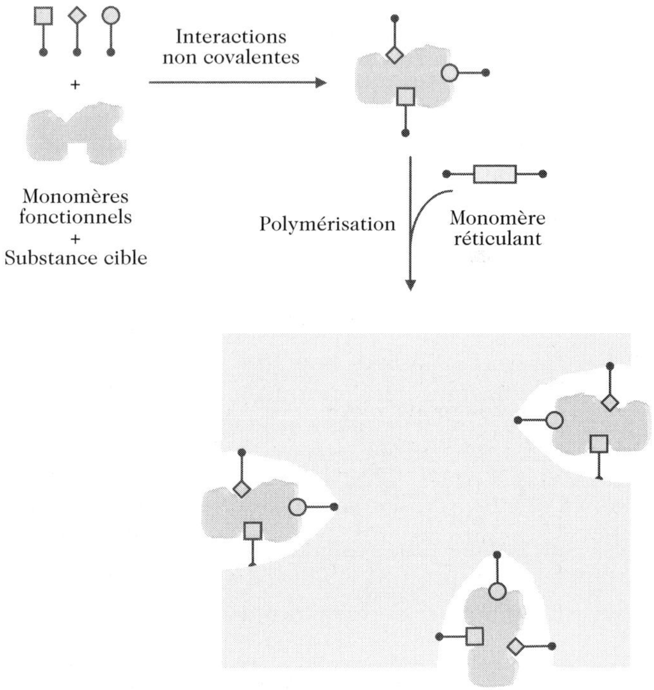

Figure 16.2. Schéma des principales étapes de préparation d'un polymère à empreintes moléculaires.

Cette approche est séduisante, mais les résultas sont parfois décevants, la principale difficulté résidant dans le choix judicieux des monomères à utiliser pour la polymérisation.

1.2.3. Les récepteurs artificiels

Les récepteurs artificiels sont des composés organiques obtenus par synthèse, de telle sorte que leur structure comporte un site complémentaire de la substance cible. Les interactions cible-récepteur sont en général de type liaison hydrogène et, dans le cas idéal, seule la substance cible peut se fixer. À titre d'exemple, un récepteur synthétique pour l'urée est présenté sur la figure 16.3.

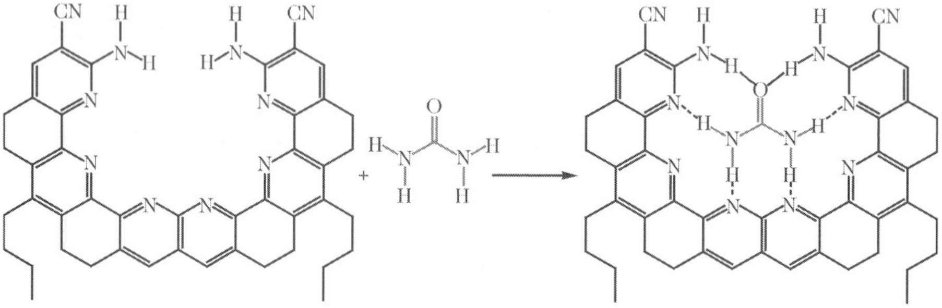

Figure 16.3. Récepteur synthétique pour l'urée ($H_2N\text{-}CO\text{-}NH_2$). L'urée se fixe spécifiquement par l'intermédiaire de liaisons hydrogène sur le récepteur, qui présente une structure complémentaire [9].

1.3. Utilisation des systèmes ligand-récepteur

Les polymères à empreintes moléculaires, les récepteurs artificiels ou encore les anticorps forment avec leur substance cible un complexe de type ligand-récepteur sans production d'un signal physico-chimique, contrairement aux enzymes. La formation spécifique de ces complexes peut malgré tout être détectée qualitativement et quantitativement, soit par des méthodes directes, soit par des méthodes indirectes.

Les méthodes indirectes mettent en jeu un deuxième système moléculaire, biologique ou non, capable d'émettre spécifiquement un signal physico-chimique révélateur de la formation spécifique du complexe ligand-récepteur. Par exemple, dans le cas des dosages immunologiques classiques, la révélation du complexe Ag-Ac est effectuée par l'intermédiaire d'un bioconjugué, soit rendu catalytique par couplage à une enzyme, soit marqué par une sonde luminescente ou par un élément radioactif. De la même manière, dans un immunocapteur, c'est-à-dire un biocapteur permettant d'effectuer des dosages immunologiques, c'est le bioconjugué lui-même qui émet le signal physico-chimique traduit par le transducteur en signal électrique. Ces systèmes essentiellement développés pour les dosages immunologiques sont transposables à la plupart des systèmes ligand-récepteur.

Les méthodes directes sont les méthodes qui ne nécessitent pas de marquage ; elles incluent les mesures de variations de masse, de propriétés optiques (variations d'absorbance, de fluorescence ou d'indice de réfraction) ou de propriétés électriques, dues uniquement à la formation spécifique du complexe ligand-récepteur.

Les anticorps classiques, les polymères à empreintes moléculaires et les récepteurs artificiels sont dépourvus d'activité catalytique et ne transforment pas leur substance cible, qui reste complexé au biorécepteur. Une opération de dissociation du complexe et de lavage est donc nécessaire dans ce cas avant de pouvoir réutiliser le biocapteur.

2. Les méthodes d'immobilisation

Le biorécepteur doit être au contact intime du transducteur et peut être directement immobilisé à la surface de ce dernier mais, le plus souvent, l'élément sensible est immobilisé sur, ou dans, un support artificiel. Les techniques d'immobilisation ont été initialement développées pour les enzymes, mais sont pour la plupart applicables aux différents types de biorécepteurs [10-12]. Les méthodes d'immobilisation sont habituellement réparties en cinq catégories : l'adsorption, l'inclusion, le confinement, la réticulation et le couplage covalent sur support activé (figure 16.4). Des supports de différents types et de différentes natures ont été utilisés ; quelques exemples en sont mentionnés dans le tableau 16.1. Les supports membranaires sont généralement les plus adaptés à la réalisation de biocapteurs.

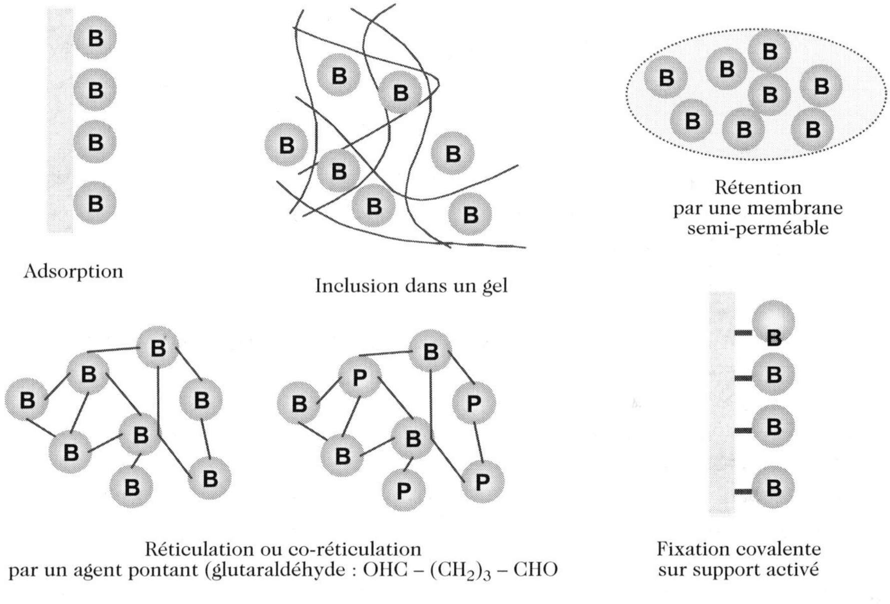

Figure 16.4. Les différentes méthodes d'immobilisation du biorécepteur (B). P représente une protéine inactive de type sérum albumine bovine.

Tableau 16.1. Exemples de supports d'immobilisation.

Type d'immobilisation	Type de support
Adsorption	Agarose, alumine, amidon, carbone, cellulose, collagène, collodion, gel de silice, résines échangeuses d'ions, verre poreux, polyamide, polystyrène, polyuréthane
Inclusion	Gels (alginate, amidon, carraghénane, gélatine, polyacrylamide, polysiloxane, polystyrène, polyvinylalcool, silice)
Confinement	Membranes de dialyse et membranes d'ultrafiltration
Couplage covalent	Polyaminoacides et protéines (acide polyglutamique, copolymère d'acide L-glutamique et de L-alanine, collagène, fibroïne) Polysaccharides (acide polygalacturonique, agarose, amidon, cellulose, chitine, dextrose) Polymères synthétiques (polyacrylamide, polyamide, polyméthacrylate, polystyrène, polyvinylalcool) Supports inorganiques (gel de silice, or, quartz, verre poreux)

2.1. L'adsorption

L'adsorption est simplement due à des interactions entre le biorécepteur et son support. Si ce dernier est non chargé, des liaisons de faible énergie (liaisons hydrogène, de Van der Waals, hydrophobes) s'établissent entre le biorécepteur et le support. S'il est chargé, des liaisons ioniques viennent s'ajouter aux liaisons précédentes. Toutefois, les biorécepteurs ainsi immobilisés peuvent facilement se désorber sous l'effet d'une variation de pH ou de la force ionique, et cette méthode est donc peu utilisée pour la mise en œuvre de biocapteurs.

2.2. L'inclusion

Cette méthode consiste à incorporer le biorécepteur dans un polymère se présentant généralement sous forme de gel. Le biorécepteur n'est donc pas directement lié à son support.
Cette technique, également simple à mettre en œuvre, permet une répartition homogène du biorécepteur dans le gel, mais elle peut s'avérer dommageable pour les structures biologiques, qui peuvent être altérées par les réactifs employés lors de la polymérisation. L'inclusion est principalement utilisée pour l'immobilisation de cellules entières ou de fractions subcellulaires.

2.3. Le confinement

Dans la technique de confinement, le biorécepteur reste en solution à l'intérieur d'un compartiment limité par une membrane semi-perméable qui ne laisse passer que les petites molécules. Le biorécepteur reste ainsi en solution à l'intérieur d'un microcompartiment, d'un volume de l'ordre du µL ou inférieur, limité par la membrane.

2.4. La réticulation

L'utilisation d'agents bifonctionnels tels que le glutaraldéhyde ($CHO\text{-}(CH_2)_3\text{-}CHO$) a permis la réticulation de molécules d'enzymes entre elles ou leur co-réticulation en présence d'une protéine inactive (sérum albumine ou gélatine). La réticulation est également utilisée pour accroître la stabilité des complexes enzyme-support obtenus après adsorption ou inclusion.

2.5. Le couplage covalent sur support activé

La fixation covalente de biorécepteurs, essentiellement des protéines, sur supports activés se fait par l'établissement de liaisons covalentes entre des groupements fonctionnels du support et des groupements fonctionnels du biorécepteur n'intervenant pas dans le processus de reconnaissance moléculaire. Les méthodes les plus courantes mettent en jeu les groupements -COOH, $\text{-}NH_2$, -OH et -SH du support. Ces groupements sont chimiquement peu réactifs, et il est donc nécessaire de les transformer en fonctions activées afin de pouvoir réagir dans des conditions douces avec les groupements fonctionnels du biorécepteur. Dans le cas des protéines, la fixation se fait par l'intermédiaire des groupements fonctionnels portés par les chaînes latérales des acide aminés – amine, imine, amide, hydroxyle, carboxyle, thiol –, également par l'intermédiaire du groupement *N*-terminal ou *C*-terminal, ou encore par l'intermédiaire de la partie glucidique dans le cas de glycoprotéines. Quelques-unes des principales méthodes d'activation sont brièvement décrites ci-dessous.

2.5.1. Activation des groupements carboxyliques

Technique à l'acyl-azoture : les groupements carboxyliques sont tout d'abord estérifiés par du méthanol en milieu acide, puis transformés en hydrazides par un traitement à l'hydrazine et enfin en acyl-azoture (traitement par $NaNO_2$) qui, par réaction avec les groupements aminés du biorécepteur, donnera une liaison de type amide.
Technique aux carbodiimides : les carbodiimides (R1-N=CN-R2) réagissent en milieu acide avec les groupements -COOH pour donner un dérivé *O*-acylisourée susceptible d'établir une liaison de type amide avec un groupement $-NH_2$ du biorécepteur.

2.5.2. Activation des groupements aminés

Technique aux sels de diazonium : les fonctions amines aromatiques peuvent être traitées par $NaNO_2$ pour donner un sel de diazonium, qui peut réagir avec un noyau imidazole (résidu histidine) ou un noyau phénolique (résidu tyrosine).

2.5.3. Activation des groupements hydroxyle

Technique au bromure de cyanogène : le traitement de supports portant des groupements α-glycol par du bromure de cyanogène (CNBr) permet d'obtenir des imidocarbonates pouvant réagir avec les groupements aminés d'un biorécepteur pour donner des isourées *N*-substituées.

2.5.4. Activation des groupements sulfhydryle

La formation de ponts disulfures (-S-S-) entre un groupement thiol du support et un groupement thiol du biorécepteur est rendu possible après activation du support par le 2,2′-dipyridyldisulfure. Cette méthode permet d'effectuer une immobilisation covalente réversible d'un biorécepteur. Théoriquement, il suffit de traiter le support avec un agent réducteur des groupements sulfhydryle (dithiothréitol, cystéine, β-mercaptoéthanol) pour régénérer le support et le biorécepteur.
Ces méthodes d'activation de supports sont relativement simples quant à leur principe, mais sont souvent d'une mise en œuvre lourde. Il existe actuellement des supports préactivés prêts à l'emploi, disponibles dans le commerce, avec lesquels l'immobilisation s'effectue en quelques minutes par simple mise en contact du support et d'une solution contenant le biorécepteur.

3. Les biocapteurs à détection électrochimique

3.1. Les électrodes enzymatiques

Une électrode à enzyme(s) est constituée d'une préparation enzymatique (le biorécepteur) immobilisée et d'un capteur électrochimique à détection potentiométrique ou ampérométrique (le transducteur) capable de détecter spécifiquement une espèce chimique impliquée dans la réaction enzymatique.

3.1.1. Les capteurs électrochimiques utilisés

Plusieurs types de capteurs électrochimiques sélectifs sont utilisables pour réaliser une électrode à enzyme. On peut en distinguer deux types, les capteurs à détection potentiométrique et les capteurs à détection ampérométrique.
La détection potentiométrique est opérée à courant constant ou nul. On mesure alors une variation de potentiel, qui est proportionnelle au logarithme de la concentration de l'espèce réactive. L'exemple le plus courant de ce type de capteur est l'électrode de pH. C'est la composition particulière de la membrane de verre de l'électrode qui confère la sensibilité aux ions H_3O^+. En modifiant cette composition de façon adéquate, on peut obtenir des électrodes sensibles à d'autres ions (Na^+, K^+, NH_4^+). Les électrodes potentiométriques à diffusion gazeuse permettent de mesurer dans une solution la pression partielle d'un gaz dissous. Elles sont constituées d'une électrode de pH et d'une membrane hydrophobe perméable aux gaz. Entre l'électrode de verre et la membrane hydrophobe, on place une solution de remplissage, dont la composition dépend de la nature du gaz dont on veut mesurer la teneur. La pression partielle de CO_2 et de NH_3 peut être mesurée à l'aide de telles électrodes.
Avec les capteurs à **détection ampérométrique,** on travaille à potentiel constant. On mesure alors une variation de courant, qui est directement proportionnelle à la concentration de l'espèce réactive. Il s'agit d'électrodes métalliques (Pt, Au, Ag) auxquelles la tension de polarisation est imposée par un polarographe ou un polarostat, qui permet également de mesurer la variation de courant consécutive à l'oxydation ou à la réduction électrochimique de l'espèce réactive.
Les capteurs à détection ampérométrique permettent principalement de mesurer la concentration en peroxyde d'hydrogène et la pression partielle d'oxygène (pO_2). Pour réaliser la mesure de H_2O_2, l'électrode métallique, le plus souvent en platine, est portée à un potentiel positif et constant, compris entre +600 et +700 mV par rapport à une électrode de référence $Ag/AgCl/Cl^-$. L'eau oxygénée s'oxyde au contact de l'électrode polarisée selon la réaction :

$$H_2O_2 \rightarrow O_2 + 2\,H^+ + 2\,e^- \tag{16.1}$$

La variation de courant qui en résulte est alors directement proportionnelle à la quantité de peroxyde d'hydrogène oxydée.
La mesure de pO_2 est effectuée au moyen d'une électrode de Clark. Ce capteur comprend une électrode métallique sur laquelle est plaquée une membrane hydrophobe, le plus souvent en téflon, uniquement perméable aux gaz. En imposant un potentiel constant de l'ordre de −700 mV par rapport à une électrode de référence $Ag/AgCl/Cl^-$, l'oxygène dissous qui entre en contact avec l'électrode est réduit, et la variation de courant est directement proportionnelle à la pression partielle d'oxygène de la solution :

$$\frac{1}{2}\,O_2 + 2\,H^+ + 2\,e^- \rightarrow H_2O_2 \tag{16.2}$$

3.1.2. Exemple de l'électrode à glucose

La réaction d'oxydation du glucose, catalysée par la glucose oxydase (GOD), permet d'illustrer les différents types de capteurs électrochimiques utilisables.

La réaction se déroule en deux étapes et fait intervenir une structure organique non protéique, fermement liée à l'enzyme, la flavine adénine dinucléotide ou FAD. La FAD est une coenzyme d'oxydoréduction capable alternativement d'accepter et de céder deux électrons. Dans un premier temps, le glucose est oxydé par le complexe GOD-FAD pour donner la gluconolactone et le complexe réduit GOD-$FADH_2$ (figure 16.5). La gluconolactone subit rapidement une hydrolyse réversible en acide gluconique, alors que dans un deuxième temps le complexe GOD-$FADH_2$ est oxydé par l'oxygène moléculaire pour redonner le complexe GOD-FAD et du peroxyde d'hydrogène.

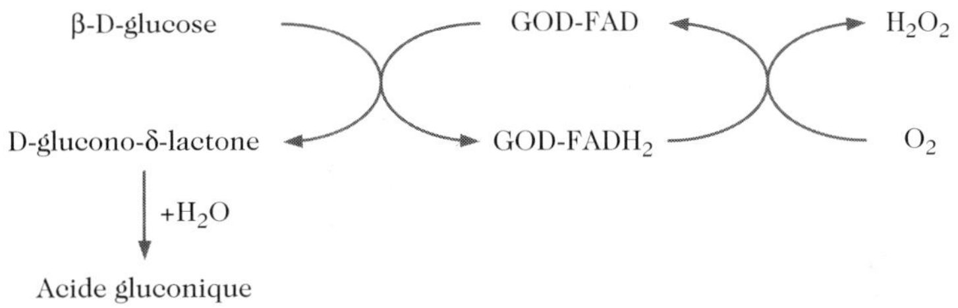

Figure 16.5. L'oxydation du glucose en gluconolactone, catalysée par la glucose oxydase (GOD), s'accompagne de la réduction du groupement prosthétique FAD en $FADH_2$, qui est ensuite oxydé par l'oxygène moléculaire pour redonner le FAD et du peroxyde d'hydrogène.

L'apparition d'acide gluconique peut en principe être détectée par une électrode de pH, mais en pratique, les réactions enzymatiques se déroulant en milieu tamponné, les variations de pH sont très faibles. On peut également effectuer le dosage du glucose en détectant soit la consommation d'oxygène (électrode à oxygène), soit l'apparition du peroxyde d'hydrogène (électrode métallique). Ces électrodes enzymatiques, avec lesquelles une espèce impliquée dans la réaction est directement détectée par un capteur électrochimique, sont dites de 1e génération. Le principe d'une électrode à enzyme pour le dosage du glucose, avec détection ampérométrique du peroxyde d'hydrogène apparu, est illustré par la figure 16.6.

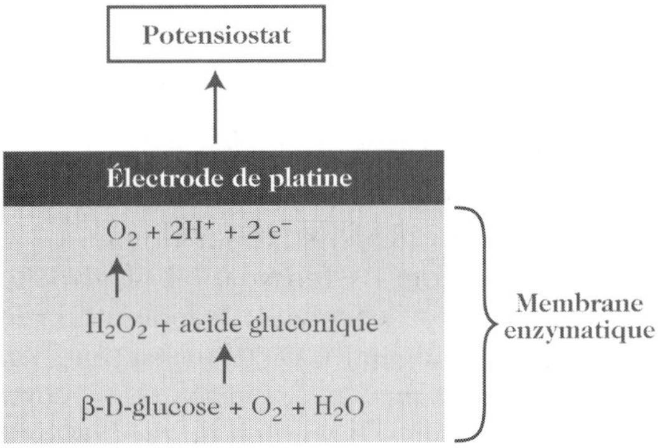

Figure 16.6. Schéma de principe d'une électrode à glucose. Le peroxyde d'hydrogène apparu au cours de la réaction d'oxydation du glucose, catalysée par la glucose oxydase immobilisée sur une membrane, est détecté par une électrode de platine polarisée à 650 mV *vs* Ag/AgCl.

D'autres oxydases fonctionnent selon le même schéma que celui de la glucose oxydase, en catalysant spécifiquement l'oxydation de certains substrats avec consommation d'oxygène et formation de peroxyde d'hydrogène, et peuvent donc être utilisées pour le développement de différentes électrodes enzymatiques. Les biocapteurs mis au point selon ce principe peuvent présenter une réponse dont l'intensité dépend non seulement de la concentration de la substance-cible, mais aussi de la pression partielle d'oxygène. De plus, principalement dans le cas de la détection de H_2O_2, les interférences électrochimiques ne sont pas rares, dans la mesure où d'autres composés peuvent s'oxyder à ce potentiel de travail (généralement entre +600 et +700 mV *vs* Ag/AgCl). Afin de s'affranchir de ces interférences, trois types de solutions ont été proposées :

- **montage différentiel à deux capteurs**, l'un étant une électrode enzymatique proprement dite et l'autre un capteur semblable au premier, mais comportant une membrane sans enzyme qui ne détectera donc que les interférences électrochimiques. On obtient alors la réponse spécifique en soustrayant la réponse du capteur non enzymatique de la réponse du capteur enzymatique ;
- **utilisation d'une membrane sélective** ne laissant diffuser vers l'électrode métallique que les petites molécules non chargées, les espèces interférentes étant le plus souvent chargées. C'est la solution proposée par YSI (*Yellow Spring Instruments*, États-Unis), la première société à avoir commercialisé en 1974 un analyseur de glucose intégrant une électrode enzymatique ;
- **emploi de médiateurs redox**, en solution ou fixés sur des électrodes, pouvant être oxydés à un faible potentiel, ce qui minimise les risques d'interférences électrochimiques. Dans le cas de l'oxydation enzymatique du glucose par la glucose oxydase, le médiateur sous forme oxydée (MED_{ox}) se substitue à l'oxygène :

$$\text{GOD-FADH}_2 + 2\ \text{MED}_{\text{ox}} \rightarrow \text{GOD-FAD} + 2\ \text{MED}_{\text{red}} \qquad \textbf{(16.3)}$$

Le médiateur réduit (MED_{red}) est réoxydé électrochimiquement. L'intensité du courant d'oxydation est ainsi corrélée à la concentration de glucose. Certains colorants, des quinones, ainsi que le ferrocène et ses dérivés, sont utilisés comme médiateurs.

Outre les électrodes à oxydase, on peut concevoir des électrodes à **déshydrogénase**. Il existe plusieurs centaines de déshydrogénases qui catalysent des réactions d'oxydoréduction différentes en présence d'une coenzyme particulière, le NAD (ou nicotinamide adénine dinucléotide) :

$$\text{Substrat} + \text{NAD}^+ \rightarrow \text{Produit} + \text{NADH} + \text{H}^+ \qquad \textbf{(16.4)}$$

NAD^+ et NADH représentent respectivement les formes oxydée et réduite de la coenzyme. Au cours de la réaction enzymatique, le substrat réduit est oxydé en présence de NAD^+ pour donner le produit de réaction oxydé et du NADH plus un proton. La réoxydation électrochimique directe du NADH est théoriquement possible. Cependant, le potentiel élevé de détection du NADH ($\geqslant$ 800 mV *vs* Ag/AgCl) limite cette utilisation. Pour contourner cette difficulté, on peut utiliser des médiateurs redox pour réoxyder le NADH en NAD^+, et on mesurera alors le courant d'oxydation du médiateur réduit.

Un cas intéressant est celui de l'oxydation du L-lactate, qui peut être détecté par l'action de la lactate oxydase selon le même principe que la glucose oxydase, mais également par l'action de la lactate déshydrogénase. L'enzyme du muscle des mammifères fonctionne avec le couple NAD^+/NADH, alors que la lactate déshydrogénase de micro-organismes peut fonctionner *in vitro* avec le couple ferricyanure/ferrocyanure. Une électrode à L-lactate a donc été conçue selon ce principe. L'enchaînement des réactions d'oxydoréduction est présenté sur la figure 16.7.

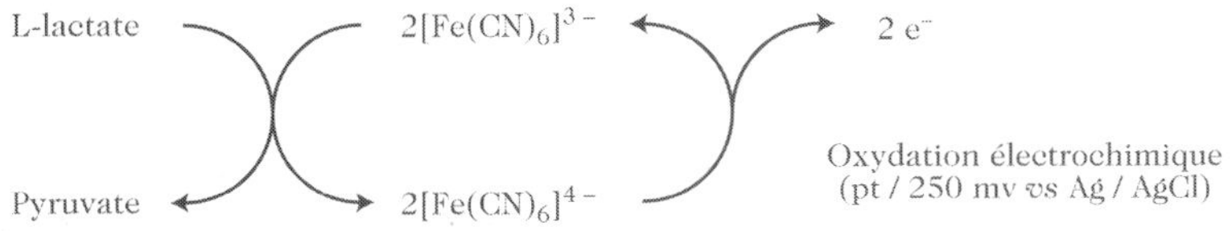

Figure 16.7. Schéma des réactions mises en jeu pour l'oxydation enzymatique du L-lactate, catalysée par la lactate déshydrogénase, en présence de ferricyanure.

Les électrodes enzymatiques qui impliquent l'utilisation d'un médiateur sont appelées des électrodes de 2e génération. Avec les électrodes enzymatiques de 3e génération, qui ne seront pas développées dans ce chapitre, on réalise un transfert direct d'électrons entre l'électrode et le site catalytique de l'enzyme.

Le nombre de réalisations possibles peut être étendu par la mise en œuvre de systèmes multi-enzymatiques faisant intervenir des réactions fonctionnant en séquence. Quelques exemples de systèmes mono- ou multi-enzymatiques de ce type sont présentés dans le tableau 16.2.

Tableau 16.2. Exemples de systèmes enzymatiques conduisant à la consommation d'oxygène ou à la production de peroxyde d'hydrogène.

Analyte	Réactions enzymatiques	Enzymes impliquées
Cholestérol	Cholestérol + O_2 → cholesténone + H_2O_2	Cholestérol oxydase
D-Glutamate	D-Glutamate + O_2 → α-cétoglutarate + NH_3 + H_2O_2	Glutamate oxydase
L-Lactate	L-Lactate + O_2 → pyruvate + H_2O_2	L-Lactate oxydase
Pyruvate	Pyruvate + HPO_4^{2-} + O_2 → acétyl phosphate + CO_2 + H_2O_2	Pyruvate oxydase
Créatinine	Créatinine + H_2O → créatine Créatine + H_2O → urée + sarcosine Sarcosine + O_2 → glycine + formaldéhyde + H_2O_2	Créatininase Créatinase Sarcosine oxydase
Lactose	Lactose + H_2O → β-D-galactose + β-D-glucose β-D-glucose + O_2 → D-glucono-δ-lactone + H_2O_2	Galactosidase Glucose oxydase
Maltose	Maltose + H_2O → 2 β-D-glucose β-D-glucose + O_2 → D-glucono-δ-lactone + H_2O_2	Glucoamylase Glucose oxydase
Saccharose	Saccharose + H_2O → β-D-fructose + α-D-glucose α-D-glucose → β-D-glucose β-D-glucose + O_2 → D-glucono-δ-lactone + H_2O_2	Invertase Mutarotase Glucose oxydase

3.1.3. Exemple de l'électrode à urée

La réaction d'hydrolyse de l'urée, catalysée par l'uréase, conduit à la production de gaz carbonique et d'ammoniac, qui sont ionisés en milieu aqueux. Le pourcentage d'espèces ionisées dépend alors de la valeur du pH du milieu réactionnel. Les différentes réactions mises en jeu sont les suivantes :

$$CO(NH_2)_2 + H_2O \rightarrow CO_2 + 2\,NH_3 \tag{16.5}$$

$$CO_2 + H_2O \rightarrow HCO_3^- + H^+ \tag{16.6}$$

$$NH_3 + H_2O \rightarrow NH_4^+ + OH^- \tag{16.7}$$

Une détection potentiométrique peut être mise en œuvre pour plusieurs des espèces impliquées :

- CO_2, par une électrode à diffusion gazeuse sensible au gaz carbonique,
- NH_3, par une électrode à diffusion gazeuse sensible à l'ammoniac,
- NH_4^+, par une électrode spécifique à membrane de verre.

Les interférences possibles du CO_2 atmosphérique rendent délicat l'emploi d'une électrode à diffusion gazeuse sensible au gaz carbonique.
De même, l'électrode à NH_4^+ est sujette à des interférences, principalement les ions Na^+ et K^+ difficilement éliminables des échantillons à doser.
L'utilisation d'une électrode à NH_3, bien que théoriquement possible, pose le problème de la compatibilité de fonctionnement de l'enzyme et du capteur électrochimique en ce qui concerne le pH. En effet, à pH 7, qui est le pH optimal de fonctionnement de l'uréase, l'ammoniac est totalement ionisé sous la forme NH_4^+. Or, la sensibilité maximale de l'électrode à NH_3 est obtenue à un pH fortement alcalin ($\geqslant 12$). Cette valeur est totalement incompatible avec le maintien de l'activité catalytique de l'uréase, qui est dénaturée irréversiblement à pH > 8,5. Les seules solutions envisageables sont alors de travailler à une valeur de pH de l'ordre de 8, mais avec une sensibilité très réduite du capteur électrochimique, ou bien de réaliser l'étape enzymatique et l'étape électrochimique séparément, chacune se déroulant à leur pH optimal.
Cette dernière solution a été retenue pour concevoir un analyseur automatique dans lequel un microréacteur à uréase a été constitué par immobilisation de l'enzyme sur des microbilles introduites dans une colonne (longueur $\sim$ 1 cm, diamètre $\sim$ 0,5 cm). L'échantillon à doser est injecté en tête de colonne dans laquelle le pH est égal à 7. En sortie de colonne, les ions ammonium, produits par l'hydrolyse de l'urée à pH neutre, sont totalement transformés en ammoniac par une solution alcaline de pH > 12. Une électrode à NH_3 est placée en aval de la zone de mélange de la solution alcaline avec le flux sortant de la colonne. Le capteur fonctionne alors à son pH optimal avec un maximum de sensibilité.

3.2. Les ENFET ou ISFET à enzymes

Les biocapteurs enzymatiques à transistor à effet de champ (*ENFET = enzyme field effect transistor*) associent une préparation enzymatique et un transistor à effet de champ de type ISFET (*ion sensitive field effect transistor*). Ces transistors possèdent une structure de MOSFET (*metal oxide semiconductor field effect transistor*) constituée d'un substrat en silicium de type *p*, dont la surface est oxydée afin de former une couche isolante de SiO_2. Par un procédé de photolithographie, deux zones sont dégagées de la couche isolante, pour créer deux régions dopées en impuretés de type *n* : la source et le drain (figure 16.8).

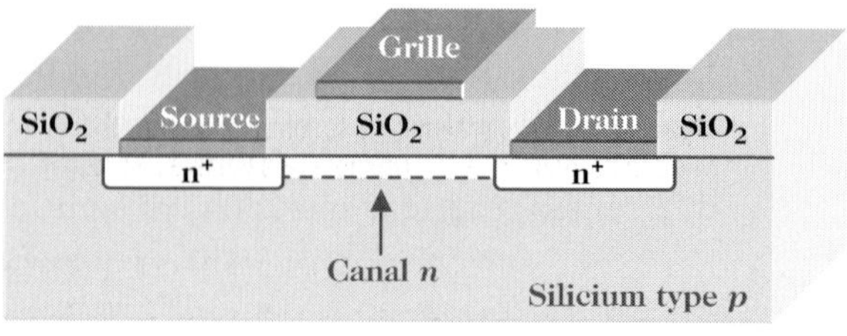

Figure 16.8. Représentation schématique d'un MOSFET.

Le silicium est le matériau de base des semi-conducteurs. Dans le silicium à l'état pur (non dopé), la conduction électronique est insignifiante. Pour donner de la conductivité au silicium, on introduit des impuretés sous forme atomique dans le cristal. On obtient un semi-conducteur de type *n* en dopant le cristal avec des atomes du groupe V de la classification périodique des éléments (P ou As). Ces atomes ont un électron de valence de plus que le silicium et peuvent donc céder des électrons au cristal. En dopant le cristal avec des atomes du groupe III (B ou Al), on obtient un semi-conducteur de type *p*. Ces atomes ont un électron de valence de moins que le silicium et leur présence au sein d'un réseau cristallin de silicium crée des « pièges » immobiles qui capturent les électrons libres. La source et le drain sont recouverts de métal afin de permettre un contact électrique. Au-dessus du canal entre la source et le drain, la surface isolante en SiO_2 est également recouverte de métal ; cette zone constitue la grille. En appliquant un faible potentiel positif, V_d, au drain et un potentiel suffisamment grand, V_g, à la grille, le champ électrique créé dans le substrat induira l'apparition d'un courant dans le canal entre la source et le drain. Avec un montage électrique adéquat, l'intensité du courant est directement proportionnelle à V_g.

Le principe de l'ISFET a été décrit pour la première fois en 1970 par Bergveld [13]. La grille est remplacée par une membrane sélective sensible aux ions et, le dispositif devant fonctionner avec des solutions, le potentiel de grille est imposé au moyen d'une électrode de référence (figure 16.9).

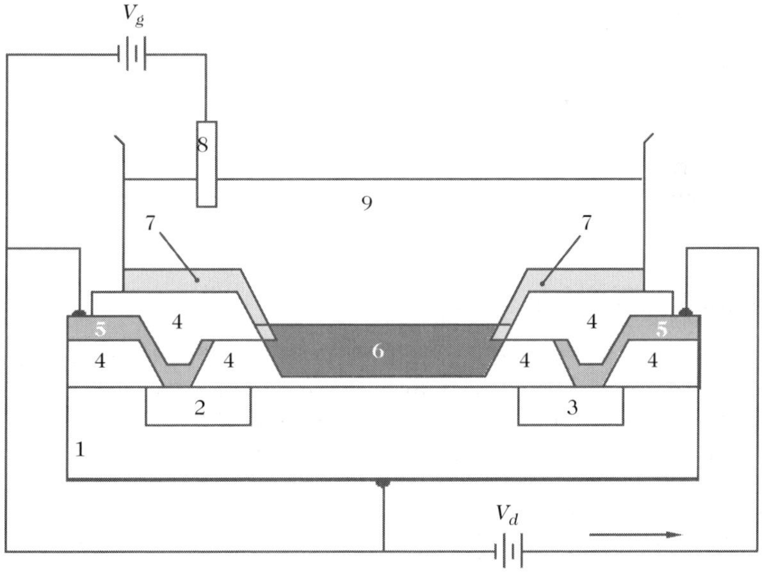

Figure 16.9. Représentation schématique d'un ISFET. 1) substrat ; 2) source ; 3) drain ; 4) couche de SiO_2 isolant ; 5) contact métallique ; 6) membrane sélective ; 7) résine isolante ; 8) électrode de référence ; 9) milieu réactionnel.

Les ISFET sensibles au pH sont principalement utilisés pour concevoir des ENFET, et ces biocapteurs font donc intervenir des réactions enzymatiques au cours desquelles des ions H^+ sont consommés ou produits. L'enzyme est immobilisée sur la membrane sélective sous forme d'un film mince de quelques μm d'épaisseur.

Parmi les réactions enzymatiques utilisées, ou peut citer l'oxydation du glucose par la glucose oxydase (voir la figure 16.5, détection de l'acide gluconique), l'hydrolyse de l'urée par l'uréase (réactions 16.5-16.7), l'hydrolyse de la pénicilline par la pénicillinase (réaction 16.8) ou l'hydrolyse de l'acétylcholine par l'acétylcholinestérase (réaction 16.9).

$$\text{pénicilline} + H_2O \rightarrow \text{pénicilloate} + H^+ \qquad \textbf{(16.8)}$$

$$\text{acétylcholine} + H_2O \rightarrow \text{choline} + \text{acétate} + H^+ \qquad \textbf{(16.9)}$$

La miniaturisation est le principal atout de ces biocapteurs, les dimensions des ISFET utilisés pour le développement de biocapteurs étant en général de l'ordre de quelques dixièmes de mm en largeur et en hauteur et de quelques mm en longueur. Un autre point positif, découlant de ce faible encombrement, est la possibilité de réaliser des multibiocapteurs, c'est-à-dire d'associer dans un même dispositif plusieurs biocapteurs de spécificité différente, ce qui permet en une opération unique la mesure de concentration de différentes espèces. Le faible coût des FET, dû à une production de masse pour les besoins de la microélectronique, constitue un autre avantage pour ces transducteurs. En revanche, les faiblesses actuelles des ENFET résident dans la difficulté à réaliser un film enzymatique de très faible épaisseur et à le disposer précisément sur la membrane sélective. De plus, un ISFET nécessite pour son fonctionnement la présence d'une électrode de référence qui, à l'heure actuelle, ne peut atteindre la taille d'un transistor à effet de champ.

4. Les biocapteurs à transduction massique

Le principe physique de ce mode de transduction repose sur le phénomène de piézo-électricité observé avec certains matériaux comme le quartz. La détection massique par l'intermédiaire d'un cristal piézo-électrique est fondée sur le principe selon lequel la fréquence propre de vibration d'un cristal oscillant dépend de la masse de substance adsorbée à sa surface (les microbalances à quartz sont présentées de façon plus détaillées dans le chapitre 9).
Dans certaines conditions bien définies, la variation de la fréquence de résonance du cristal est directement proportionnelle à la quantité de matière présente à sa surface.
Tous les cristaux possèdent une fréquence naturelle de vibration appelée fréquence de résonance, qui dépend de leur nature chimique, de leur taille, de leur forme et de leur masse. Avec un cristal piézo-électrique, les vibrations engendrent un champ électrique oscillant de même fréquence que les vibrations. Inversement, un cristal piézo-électrique placé dans un champ électrique oscillant vibrera à la même fréquence que le champ électrique. L'équation de Sauerbrey, établie empiriquement, exprime la relation entre la masse de fines couches de métal déposées à la surface d'un cristal de quartz et la variation correspondante de la fréquence de résonance de ce cristal :

$$\Delta f = \mathrm{k} f^2 \Delta m / A \qquad \textbf{(16.10)}$$

où Δf est la variation de fréquence (Hz), k une constante dont la valeur dépend de la nature du cristal, f la fréquence de résonance (Hz) du cristal avant le dépôt, Δm la masse déposée (g) et A la surface recouverte par le dépôt (cm^2). Cette équation permet de calculer la sensibilité d'un cristal donné. Par exemple, pour des cristaux de quartz de 9 Mz et 15 MHz, les sensibilités sont respectivement de 400 Hz/μg et 2 600 Hz/μg. Si la fréquence peut être mesurée avec une précision de 0,1 Hz, la limite de détection est de l'ordre de 10 à 100 pg. D'autres substances que les métaux peuvent modifier la fréquence de résonance d'un cristal piézo-électrique, et cela a été mis à profit pour concevoir des biocapteurs à transduction piézo-électrique.

Les cristaux de quartz ayant une fréquence de résonance de 5, 9 ou 15 MHz sont les plus communément utilisés pour le développement de biocapteurs. Ils se présentent le plus souvent sous la forme d'un disque de quelques mm de diamètre avec une épaisseur d'environ 0,15 mm. Les électrodes métalliques, le plus souvent en or, utilisées pour induire un champ électrique oscillant perpendiculaire à la surface du disque, ont une épaisseur de 0,3 μm à 1 μm et un diamètre de quelques mm, inférieur à celui du disque de quartz, et sont disposées sur chaque face. Le disque est ainsi pris en sandwich entre ces deux électrodes.

En pratique, un système de détection piézo-électrique consiste en deux circuits oscillants : un cristal oscillant de détection et un cristal oscillant de référence. Le cristal oscillant de référence est physiquement identique au cristal oscillant de mesure, mais ne comporte pas de biorécepteur immobilisé. Un compteur de fréquence est connecté sur chaque circuit oscillant, et la différence de fréquence entre les deux cristaux peut ainsi être obtenue.

Pour la mesure proprement dite, la différence de fréquence (Δf_1) entre le cristal de mesure et le cristal de référence est tout d'abord déterminée. Après la mise en contact de l'échantillon avec le cristal de mesure, celui-ci est rincé et séché et la nouvelle différence de fréquence est mesurée (Δf_2). La variation de la différence de fréquence ($\Delta f = \Delta f_2 - \Delta f_1$) est alors corrélée à la quantité de substance adsorbée sur le cristal de mesure.

Les principales applications concernent les dosages immunologiques, en phase liquide ou gazeuse, et la détection de certaines substances volatiles (tableau16.3).

Tableau 16.3. Exemples d'applications de biocapteurs à transduction massique.

Analyse en phase liquide		**Analyse en phase gazeuse**	
Substance cible	**Biorécepteur**	**Substance cible**	**Biorécepteur**
Candida albicans	Ac-anti *Candida*	Formaldéhyde	Formaldéhyde déshydrogénase
Salmonella thyphimurium	Ac-anti *Salmonella*	Cocaïne	Ac-anti cocaïne
Tranferrine humaine	Ac-anti transferrine	Parathion	Ac-anti parathion
Albumine humaine	Ac-anti albumine		
ADN de *S. thyphimurium*	ADN de *S. thyphimurium*		
Pesticides organophosphorés et carbamates	Acétyl-cholinestérase		

Pour les dosages immunologiques, un antigène ou un anticorps (Ac) est immobilisé sur le cristal et, après réaction du biorécepteur avec sa substance cible, la mesure est effectuée. On parle alors de dosage immunologique direct.

La détection de substances volatiles par un biocapteur à cristal piézo-électrique a été développée pour le formaldéhyde et les pesticides organophosphorés. Pour le formaldéhyde, le biorécepteur est la formaldéhyde déshydrogénase. En ce qui concerne les pesticides organophosphorés, leur détection peut se faire soit par la mesure de l'inhibition de l'acétylcholinestérase, qui est dans ce cas immobilisée sur un cristal, soit par dosage immunologique après immobilisation d'un anticorps spécifique. Enfin, il faut souligner que l'un des tout premiers capteurs à ADN était un capteur à transduction massique pour la détection de salmonelles, dans lequel un oligonucléotide complémentaire d'une séquence spécifique du genre salmonelle était immobilisé sur un cristal de quartz.

5. Les thermistances à enzyme

Les variations d'enthalpie (ΔH) qui accompagnent les réactions enzymatiques sont de l'ordre de -25 à $-100\,\text{kJ/mol}$ et peuvent être détectées par calorimétrie. La quantité de chaleur (Q) dégagée au cours d'une réaction est proportionnelle à la variation d'enthalpie de cette réaction et au nombre de moles ayant réagi (n) :

$$Q = n\Delta H \tag{16.11}$$

La quantité de chaleur peut également être exprimée en fonction de la capacité calorifique du système (C) et de la variation de température (ΔT) :

$$Q = C\Delta T \tag{16.12}$$

Ainsi, la variation de température est directement proportionnelle à la variation d'enthalpie et au nombre de moles qui réagissent, et inversement proportionnelle à la capacité calorifique.

$$\Delta T = n\Delta H/C \tag{16.13}$$

La mesure de la variation de température induite par une réaction enzymatique peut donc être exploitée pour développer des biocapteurs. Cependant, les variations de température restent faibles, comme le montre l'exemple de l'oxydation du glucose catalysée par la glucose oxydase. La variation d'enthalpie de cette réaction est égale à $-80\,\text{kJ/mol}$. Dans un système à flux continu alimenté par une solution aqueuse à un débit de 1 mL/min, l'introduction d'1 mL d'échantillon de glucose 1 mM produira une variation de température de seulement 0,01 °C. Il est ainsi nécessaire de disposer de capteurs de température très sensibles, et la thermistance est, à l'heure actuelle, le transducteur de température le plus adapté.

Dans la majorité des dispositifs développés pour la transduction thermique, l'élément biologique est constitué d'une colonne d'enzyme immobilisée sur des microbilles (verre ou Sépharose). Les dimensions intérieures de la colonne sont de quelques mm de diamètre et de 15 à 30 mm de hauteur. La colonne, disposée dans une enceinte calorifugée, est alimentée par un flux de réactifs dans lequel l'échantillon est injecté par un dispositif extérieur. La majeure partie de la chaleur produite par la colonne enzymatique est transportée hors de la colonne par le flux de réactifs. La température du flux est mesurée en sortie de colonne par une thermistance et, afin d'augmenter la stabilité de la ligne de base, une mesure différentielle est effectuée en disposant une thermistance de référence à l'entrée de la colonne.

Les thermistances à enzyme ne permettent d'effectuer qu'une mesure globale de la variation d'enthalpie du système qui comprend, outre la réaction enzymatique, les interactions entre les différentes espèces présentes dans le milieu réactionnel. La mesure n'est alors pas rigoureusement spécifique de la réaction enzymatique impliquée. Une solution consiste à utiliser une colonne inactive de référence, qui permet d'effectuer en parallèle des mesures en absence de réaction enzymatique et de les soustraire aux valeurs obtenues avec la colonne contenant le biorécepteur.

Certaines réactions enzymatiques ont une variation d'enthalpie très faible et les mesures ne sont pas assez sensibles. Dans ce cas, plusieurs solutions ont été proposées pour amplifier la variation de température : il s'agit de l'amplification chimique, de l'amplification enzymatique et de l'utilisation de solvants organiques.

L'amplification chimique consiste à travailler en présence d'un composé dont l'interaction avec l'un des produits de la réaction enzymatique s'accompagne d'une forte variation d'enthalpie. C'est le cas du Tris (tris-hydroxyméthylaminométhane), dont l'enthalpie de protonation est égale à $-47{,}5\,\mathrm{kJ/mol}$ et qui réagit avec un produit de réaction acide. Par exemple, la variation d'enthalpie de l'hydrolyse de l'acétylcholine par l'acétylcholinestérase (voir la réaction 16.9) est voisine de zéro. Malgré cela, la choline peut être dosée par calorimétrie, car l'hydrolyse enzymatique de l'acétylcholine s'accompagne de la production d'un proton qui peut interagir avec le Tris si celui-ci est présent dans le milieu réactionnel. Dans ces conditions, la réaction globale est fortement exothermique.

L'amplification enzymatique consiste à co-immobiliser une ou plusieurs enzymes qui fonctionnent en séquence avec la réaction enzymatique spécifique. Chaque réaction contribue à la variation d'enthalpie du système, et la mesure correspond à la somme des enthalpies de réaction. Par exemple, avec des enzymes de type oxydase, l'action catalytique s'accompagne généralement de la production d'H_2O_2 et il est possible d'associer la catalase, qui catalyse la transformation du peroxyde d'hydrogène en oxygène et eau avec une variation d'enthalpie égale à $-100\,\mathrm{kJ/mol}$. La quantité de chaleur dégagée par ces systèmes multi-enzymatiques est très importante, et la mesure est donc plus sensible.

Les réactions enzymatiques en solvant organique. La variation de température étant inversement proportionnelle à la capacité calorifique du système, on peut envisager d'accroître la sensibilité de détection en travaillant en présence de solvants organiques puisqu'ils ont une capacité calorifique environ trois fois plus faible que celle de l'eau. Néanmoins, toutes les enzymes ne fonctionnent pas en milieu organique. La majorité des réactions étudiées impliquent des substrats de nature lipidique ainsi que des lipases. Par exemple, la lipoprotéine lipase est utilisée pour la mesure de concentration des triglycérides et, lorsque la réaction est mise en œuvre dans du cyclohexane, le signal obtenu (c'est-à-dire la quantité de chaleur produite) est environ 2,5 fois plus important que dans une phase aqueuse.

D'une façon générale, quel que soit le système réactionnel mis en œuvre pour développer les thermistances à enzyme, les limites de détection sont le plus souvent de l'ordre de 1 à 10 μM.

6. Les biocapteurs à fibre optique

Un biocapteur à fibre optique peut être défini comme l'association d'une phase réactive et d'un système de transduction composé d'une fibre optique ou d'un faisceau de fibres optiques couplé à un détecteur de lumière [14]. La phase réactive est constituée d'un élément biologique immobilisé, parfois associé à un ou plusieurs co-réactifs, eux-mêmes immobilisés. La reconnaissance biospécifique engendre alors directement ou indirectement un signal optique qui sera transmis au détecteur de lumière par une fibre optique. Ces biocapteurs sont pour la plupart basés sur des mesures de fluorescence, d'absorbance/réflectance, ou de bioluminescence et de chimiluminescence. Lorsque des mesures de fluorescence ou d'absorbance/réflectance sont exploitées, il est nécessaire d'intégrer une source de lumière au dispositif (figure 16.10).

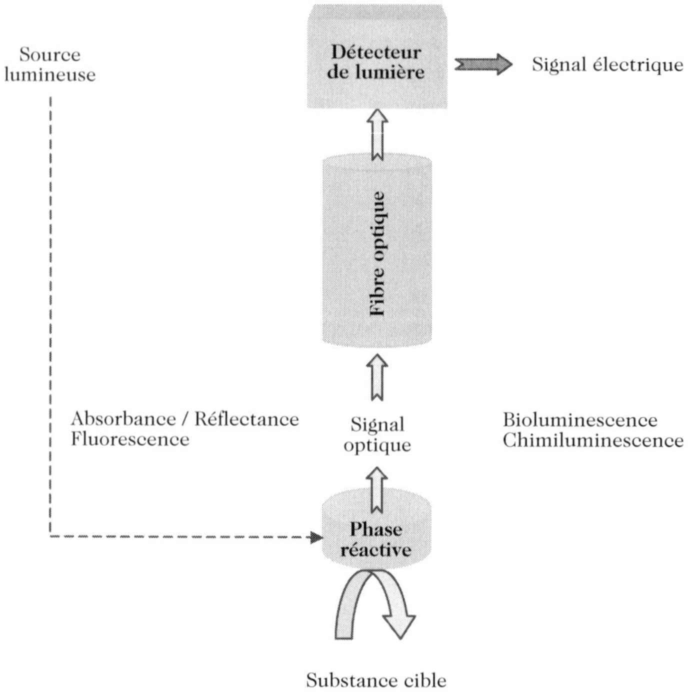

Figure 16.10. Schéma de principe d'un capteur à fibres optiques. La substance cible est reconnue spécifiquement par un biorécepteur présent dans la phase réactive. La reconnaissance spécifique se traduit par l'émission ou la modification d'un signal lumineux qui est transmis par une fibre optique ou un faisceau de fibres jusqu'à un détecteur de lumière.

6.1. Les capteurs chimiques à fibre optique

De nombreux capteurs chimiques à fibre optique, basés pour la plupart sur des mesures de fluorescence ou d'extinction de fluorescence, d'absorbance et/ou de réflectance, ont été décrits [14]. Parmi ces dispositifs, ce sont essentiellement les capteurs de pH, à oxygène ou à NH_3 qui constituent la base du système de transduction de certains biocapteurs à fibre optique.

6.1.1. Les capteurs de pH

Les variations d'absorbance du rouge de phénol en fonction du pH ont été exploitées. Après son immobilisation, l'indicateur coloré, dont le pKa en solution est égal à 7,9, possède un pKa de 7,6. La forme basique de l'indicateur absorbe à 558 nm alors qu'à 600 nm, aucune forme n'absorbe. La valeur du rapport de l'intensité réfléchie à 558 nm sur l'intensité réfléchie à 600 nm est fonction du pH, qui peut être mesuré à 0,01 unité près entre 7,0 et 7,4.
Certains fluorophores ont, selon leur forme acide ou basique, des propriétés spectrales différentes. Les formes acide et basique de la 4-méthylumbelliférone émettent à des longueur d'onde différentes pour une même longueur d'onde d'excitation. Le rapport des intensités mesurées à ces deux longueurs d'onde est proportionnel au pH. Pour un autre fluorophore, le 8-hydroxy-1,3,6-pyrènetrisulfonate (HPTS), la forme basique est sélectivement excitée à 470 nm alors que la forme acide l'est à 405 nm. Dans ce cas, c'est la valeur du rapport des intensités de fluorescence résultant de l'excitation à 405 nm et 470 nm qui est corrélée au pH. La gamme de réponses de ces capteurs n'est que de 1 à 2 unités pH autour du pKa de l'indicateur utilisé.

6.1.2. Les capteurs à NH_3

Les capteurs optiques à ammoniac sont des capteurs de pH modifiés par mise en contact avec un microréservoir contenant une solution d'un sel d'ammonium. La paroi de ce réservoir étant uniquement perméable aux gaz, l'ammoniac présent dans l'échantillon diffuse dans la solution interne et modifie le pH de cette solution. À l'équilibre, le pH mesuré dans la solution interne est proportionnel à la pression partielle d'ammoniac dans l'échantillon.

6.1.3. Les capteurs à oxygène

Ces capteurs sont principalement basés sur les mesures d'extinction de fluorescence. Les fluorophores utilisés sont l'acide pyrène butyrique, le perylène dibutyrate et le 9,10 diphénylanthracène. L'intensité de fluorescence diminue en fonction inverse de la pression partielle d'oxygène.

6.2. Configurations des biocapteurs à fibre optique

La configuration des biocapteurs à fibre optique dépend de la nécessité ou non de disposer d'une source de lumière. La phase réactive contenant le biorécepteur est située à l'extrémité de la fibre ou du faisceau de fibres. Le réactif peut être immobilisé par adsorption ou covalence sur une membrane synthétique, ou confiné derrière une membrane semi-perméable.
Lorsqu'une source de lumière est requise, la lumière est conduite jusqu'à la phase réactive soit à l'aide d'un dispositif de fibres bifurquées, soit à l'aide d'une fibre unique (ou d'un faisceau unique), conduisant également le signal optique provenant de la phase réactive. Dans le premier cas, il s'agit d'un faisceau de fibres dont l'une des extrémités a été divisée en deux parties. L'une d'elles est couplée à la source lumineuse et l'autre au détecteur. À l'extrémité commune, les brins

du faisceau sont en général distribués de façon aléatoire et sont en contact avec la phase réactive. Lorsqu'une même fibre transporte la lumière de la source lumineuse jusqu'à la phase réactive, puis de la phase réactive jusqu'au détecteur, un séparateur permet d'orienter la lumière émergente sur le détecteur. Enfin, lorsque la lumière est émise directement par la phase réactive (cas des réactions de bioluminescence et de chimiluminescence), la fibre ou le faisceau de fibres sont directement connectés, au détecteur de lumière (figure 16.11).

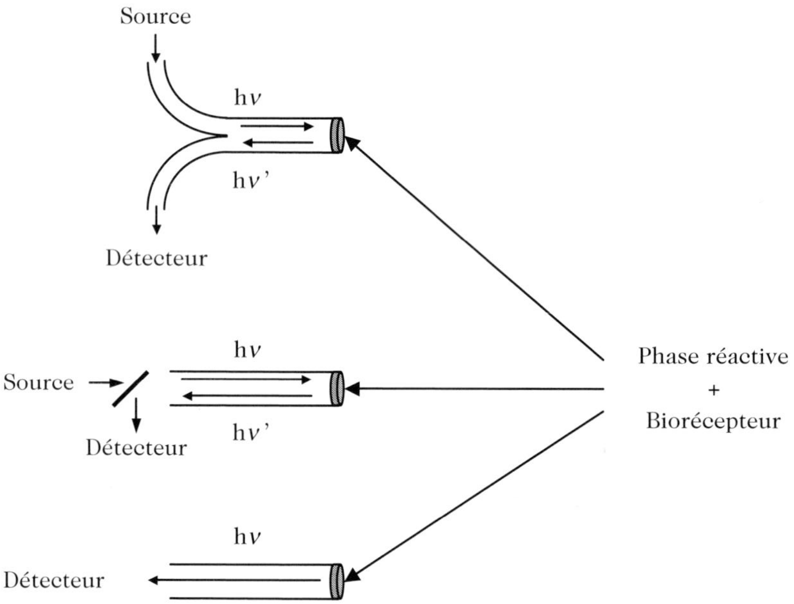

Figure 16.11. Les différentes configurations d'un biocapteur à fibre optique selon le type de détection utilisé. En haut : faisceau de fibres bifurquées. Au milieu : la même fibre ou le même faisceau de fibres conduit la lumière de la source lumineuse à la phase réactive, puis de la phase réactive jusqu'au détecteur de lumière. Ces deux configurations sont utilisées pour les biocapteurs à fibre optique à détection de fluorescence ou d'absorbance. Dans la configuration du bas, utilisée pour des biocapteurs à fibre optique basés sur des mesures de bioluminescence ou de chimiluminescence, la lumière émise directement par la phase réactive est conduite au détecteur par la fibre optique ou par un faisceau de fibres optiques.

6.3. Biocapteurs enzymatiques à fibre optique

Ces biocapteurs impliquent une réaction enzymatique dont l'un des substrats ou produits de réaction est détecté directement par fluorescence ou absorbance, ou bien indirectement par un capteur chimique à fibres optiques (pH, O_2, NH_3) s'il ne présente aucune propriété optiquement mesurable. L'enzyme est disposée sur une membrane placée à l'extrémité d'une fibre ou d'un faisceau de fibres, ou confinée à l'extrémité du biocapteur.

6.3.1. Détection indirecte par capteur chimique

Lorsque la réaction enzymatique met en jeu soit une consommation, soit une apparition de protons, d'oxygène ou d'ammoniac, il est possible de détecter ces espèces avec le capteur adapté. Quelques exemples de biocapteurs à fibres optiques réalisés à partir de capteurs chimiques sont présentés dans le tableau 16.4.

Tableau 16.4. Exemples de biocapteurs à fibre optique réalisés à partir de capteurs chimiques.

Substance cible	Enzyme	Réaction enzymatique	Capteur chimique
Cholestérol	Cholestérol oxydase	cholestérol + O_2 → cholesténone + H_2O_2	O_2
Éthanol	Alcool oxydase	éthanol + O_2 → acétaldéhyde + H_2O_2	O_2
Glucose	Glucose oxydase	glucose + O_2 + H_2O → gluconate + H^+ + H_2O_2	O_2, pH
Lactate	Lactate monooxygénase	L-lactate + O_2 → acétate + CO_2 + H_2O	O_2
Pénicilline	Pénicillinase	pénicilline + H_2O → pénicilloate + H^+	pH
Urée	Uréase	urée + H_2O → CO_2 + 2 NH_3	pH, NH_3

6.3.2. Détection directe par fluorescence

Comme indiqué précédemment, le NADH (nicotinamide adénine dinucléotide réduit) est la coenzyme de nombreuses déshydrogénases (voir la réaction 16.4), et ses propriétés de fluorescence ont été mises à profit pour développer des biocapteurs à fibre optique associés à une déshydrogénase spécifique immobilisée. La vitesse d'apparition ou de consommation de la coenzyme réduite peut être suivie par fluorimétrie et corrélée à la concentration du deuxième substrat de la réaction. Quelques réalisations fonctionnant selon ce principe ont été décrites pour le dosage du glucose, du lactate, du pyruvate et de l'éthanol. Généralement, la sensibilité de ces capteurs est faible et la limite de détection est de l'ordre du millimolaire ou de quelques dizaines de micromolaires.

6.3.3. Détection directe par absorbance

L'apparition du produit de réaction d'une enzyme immobilisée peut être suivie par spectrophotométrie UV ou visible. Ce type de biocapteur à fibre optique a été décrit pour la mesure du glucose. Le principe est celui de la mesure spectrophotométrique du peroxyde d'hydrogène, apparu au cours de l'oxydation enzymatique du glucose, par l'intermédiaire d'une réaction auxiliaire catalysée par la peroxydase en présence d'un substrat chromogène. La glucose oxydase est immobilisée sur une membrane de nylon positionnée à l'extrémité d'un faisceau bifurqué. Celui-ci est placé dans une petite cellule de mesure contenant la peroxydase et le réactif chromogène en solution. L'apparition du produit coloré est alors suivie à l'aide du faisceau de fibres couplé à un spectrophotomètre, et la relation entre l'absorbance et la concentration de glucose est linéaire de 10 μM à 1 mM.

6.4. Biocapteurs d'affinité

6.4.1. Biocapteurs à lectine

Les lectines sont des protéines particulières capables d'établir spécifiquement des liaisons réversibles avec certains mono- ou oligosaccharides. Un biocapteur implantable à fibre optique a été développé pour la mesure du glucose *in vivo*.

Son principe repose sur la compétition entre le glucose et du dextran (polymère de glucose) marqué par de l'isothiocyanate de fluorescéine (FITC-dextran) pour se fixer sur une lectine (la concanavaline A) immobilisée sur les parois internes d'une membrane semi-perméable [15]. La concanavaline A peut se lier aussi bien avec le glucose libre qu'avec le glucose polymérisé. La membrane semi-perméable est ajustée à l'extrémité d'une fibre optique de 300 µm de diamètre et, en l'absence de glucose, le dextran, qui ne peut diffuser à travers les parois de la membrane semi-perméable, se fixe sur la lectine. La lectine immobilisée se trouve en dehors du cône d'illumination de la fibre optique et la fluorescence est alors minimale (figure 16.12). Dans un milieu contenant du glucose en solution, ce sucre diffuse à travers la membrane semi-perméable et peut se fixer sur la concanavaline A à la place du FITC-dextran. Ce dernier, n'étant plus lié à la lectine, se trouve dans le volume illuminé par la fibre et l'augmentation de fluorescence qui en résulte peut être corrélée à la concentration de glucose dans le milieu, entre 0,5 g/L et 2 g/L.

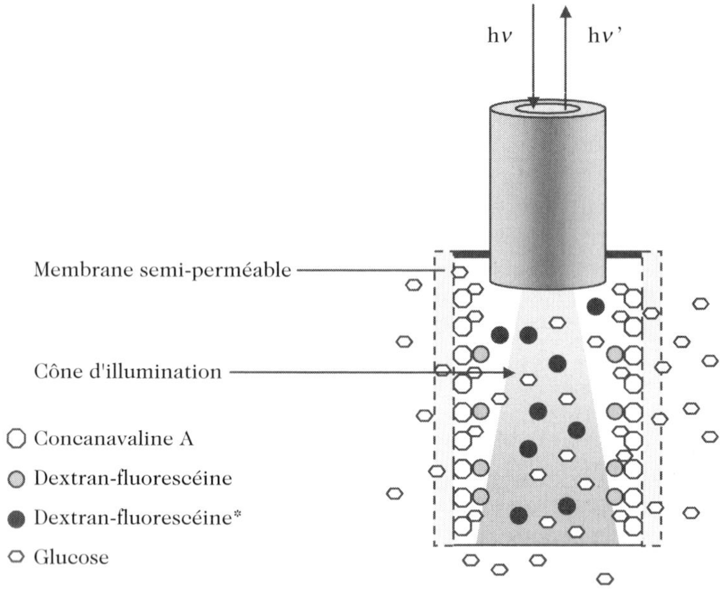

Figure 16.12. Principe d'un biocapteur d'affinité à fibre optique pour le dosage du glucose. Le glucose libre présent dans l'échantillon entre en compétition avec le dextran marqué par la fluorescéine pour se fixer sur la concanavaline A immobilisée. Lorsque le conjugué dextran-fluorescéine est dans le cône d'illumination, la fluorescéine est excitée et la fluorescence augmente.

6.4.2. Biocapteurs à fibres optiques pour la détection d'ADN

Un faisceau de fibres optiques a été assemblé, dans lequel chaque fibre d'un diamètre de 200 µm porte à son extrémité une sonde oligonucléotidique différente. L'hybridation d'oligonucléotides complémentaires marqués à la fluorescéine est détectée par la mesure d'intensité de fluorescence grâce à une caméra CCD (pour *Charge Coupled Device*) placée à l'extrémité non réactive de ce biocapteur (figure 16.13). Une démonstration de faisabilité a été décrite pour l'analyse simultanée de plusieurs séquences d'ADN [16].

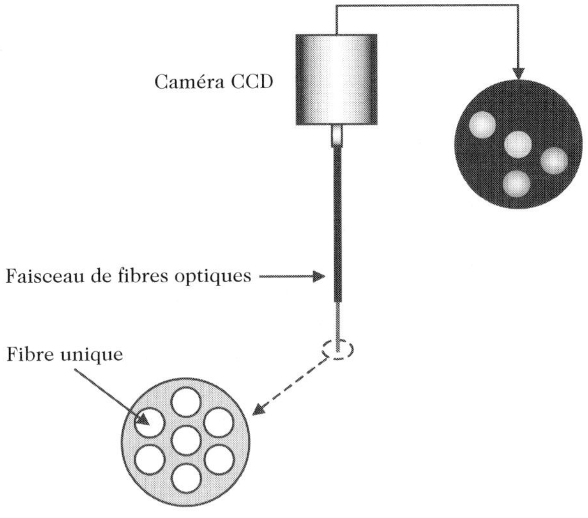

Figure 16.13. Biocapteur à fibres optiques pour la détection de séquences d'ADN. Les oligonucléotides sondes sont immobilisés à l'une des extrémités de chaque fibre. Les autres extrémités sont connectées à une caméra CCD qui permet de visualiser sur quelles fibres ont eu lieu les hybridations des brins complémentaires marqués à la fluorescéine.

6.5. Biocapteurs à détection de chimiluminescence et de bioluminescence

Ces biocapteurs exploitent le phénomène d'émission de lumière qui se produit au cours de certaines réactions [17]. La chimiluminescence est une émission de lumière résultant d'une réaction chimique. La bioluminescence, qui est le phénomène d'émission de lumière observé chez certains organismes vivants, peut être considérée comme un cas particulier de chimiluminescence, dans lequel une protéine, le plus souvent enzymatique (l'enzyme est dans ce cas appelée luciférase), est impliquée dans la réaction génératrice de lumière.

De nombreux organismes bioluminescents ont été répertoriés, mais seulement quelques-uns ont fait l'objet d'études biochimiques approfondies. Les systèmes bioluminescents les plus utilisés dans le domaine de l'analyse sont celui de la luciole, qui permet la détection spécifique et sensible de l'ATP (adénosine triphosphate) (figure 16.14), le système bienzymatique de certaines bactéries essentiellement marines pour la détection du NADH (nicotinamide adénine dinucléotide réduit) (figure 16.15) et le système de la méduse *Aequorea* pour la détection des ions calcium.

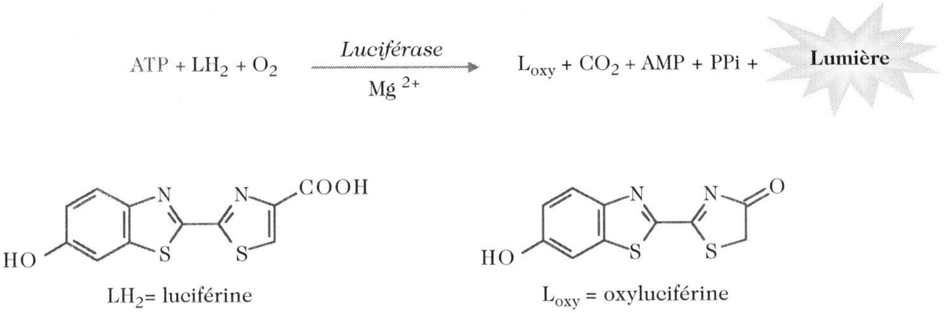

Figure 16.14. Réaction de bioluminescence catalysée par la luciférase de luciole. La luciférine, substrat spécifique produit par la luciole et qui peut être synthétisé chimiquement, subit une décarboxylation oxydative en oxyluciférine. La lumière émise au cours de cette réaction est jaune-vert avec un maximum à 560 nm.

Les gènes des luciférases qui catalysent les réactions d'émission de lumière chez la luciole et chez les bactéries luminescentes sont également utilisés en biologie moléculaire comme gènes marqueurs. Un gène marqueur est inséré à l'intérieur d'un autre gène et il est exprimé en même temps que le gène dans lequel il a été inséré. Dans un milieu contenant les substrats nécessaires à la réaction de bioluminescence, l'émission de lumière a lieu, servant ainsi de témoin de l'expression de l'autre gène plus difficilement détectable.

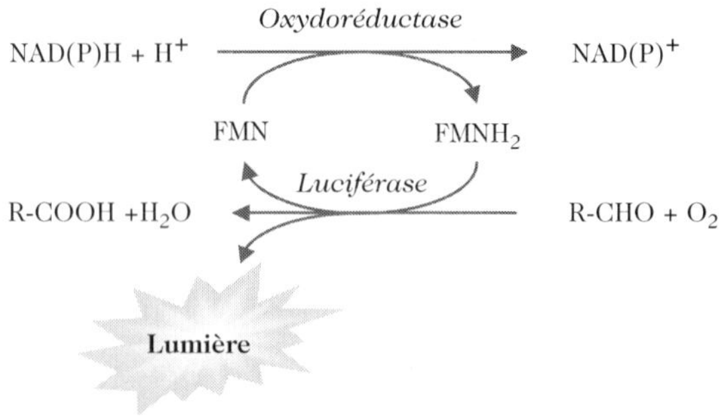

Figure 16.15. Système bienzymatique bactérien pour la détection du NADH ou du NADPH par bioluminescence. R-CHO désigne un aldéhyde aliphatique à longue chaîne et R-COOH l'acide gras correspondant. *In vitro*, l'aldéhyde généralement utilisé est le décanal. La lumière émise est de couleur bleue avec un maximum à 490 nm.

Outre l'analyse directe d'ATP et de NADH, le couplage de ces réactions de bioluminescence avec d'autres réactions enzymatiques spécifiques permet le dosage de nombreux métabolites.

Les réactions de chimiluminescence mettent en jeu des composés synthétiques et de très nombreux luminophores ont été étudiés. Cependant, un nombre restreint d'entre eux est utilisé dans le domaine de l'analyse biologique et biochimique. La réaction la plus exploitée dans le domaine des biocapteurs est la chimiluminescence du luminol.

La réaction de chimiluminescence du luminol se produit en milieu alcalin et en présence de peroxyde d'hydrogène. Cette réaction d'émission de lumière peut donc être couplée à des réactions enzymatiques générant H_2O_2, comme l'oxydation du glucose catalysée par la glucose oxydase. En travaillant dans des conditions adaptées, il est ainsi possible de mesurer par luminescence la concentration de glucose dans un échantillon.

D'autres applications de ces réactions de chimiluminescence concernent des techniques d'immunoanalyse et plus généralement de détection de couples affines. Deux grands principes peuvent alors être mis en œuvre : soit le luminophore est utilisé en tant que marqueur d'un composé par couplage chimique avec ce composé (marquage analogue à un marquage radioactif), soit un des composés non luminescents intervenant dans la réaction d'émission de lumière ou permettant de produire un luminophore est utilisé comme marqueur.

C'est le cas de la peroxydase du raifort, qui peut catalyser la réaction de chimiluminescence du luminol en présence de peroxyde d'hydrogène (figure 16.16). Un bioconjugué peroxydase peut ainsi être détecté en additionnant au milieu réactionnel du luminol et du peroxyde d'hydrogène. La phosphatase alcaline, enzyme qui catalyse l'hydrolyse des esters phosphoriques, peut également être utilisée comme marqueur. On utilise dans ce cas un substrat synthétique stable non luminescent (un dérivé de 1,2-dioxétane), qui est hydrolysé par l'action de la phosphatase alcaline en un produit instable se décomposant en émettant de la lumière.

L'intérêt des réactions de bio- et chimiluminescence réside dans la grande sensibilité des techniques d'analyse exploitant ces réactions. En effet, l'instrumentation

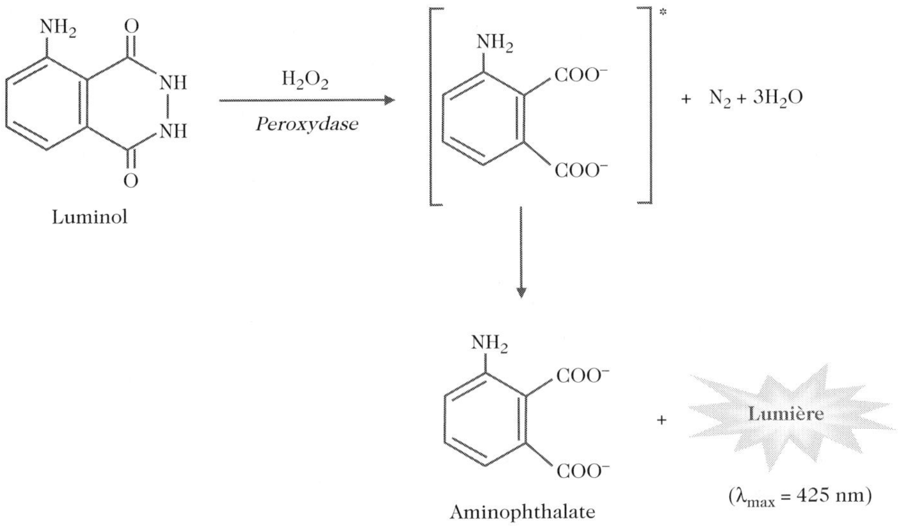

Figure 16.16. Réaction de chimiluminescence du luminol catalysée par la peroxydase.

actuellement disponible permet de mesurer de façon très sensible une émission de lumière et par conséquent d'atteindre, pour les composés impliqués dans ces réactions de luminescence, des niveaux de détection plus bas que ne le permettent les méthodes spectrophotométriques, fluorimétriques ou électrochimiques. Par ailleurs, les analyses reposant sur le principe de la mesure d'émission de lumière autorisent le traitement d'échantillons présentant une certaine turbidité, alors que les dosages spectrophotométriques rendent impossible l'analyse de tels échantillons.

Les biocapteurs développés à partir de réactions de bioluminescence ou de chimiluminescence ont le plus souvent été adaptés à des systèmes à flux continu pour des mesures par FIA (*flow injection analysis*), ce qui permet ainsi une automatisation totale ou partielle des procédés d'analyse (figure 16.17).

6.5.1. Biocapteurs chimiluminescents

Les biocapteurs à détection de chimiluminescence ont été développés pour la mesure du peroxyde d'hydrogène [17, 18]. Les réactions de chimiluminescence prennent tout leur intérêt lorsqu'elles sont couplées à des réactions catalysées par des oxydases du type de celles utilisées avec les capteurs à détection ampérométrique et générant du peroxyde d'hydrogène [20-25].

6.5.2. Biocapteurs électrochimiluminescents

Il existe une alternative à la peroxydase pour déclencher la chimiluminescence du luminol en présence de peroxyde d'hydrogène. Il s'agit de l'électro-oxydation du luminol, en appliquant un potentiel de l'ordre de +400 mV à +500 mV par rapport à Ag/AgCl. Cette possibilité a été exploitée plus récemment afin de développer des biocapteurs électro-optiques pour la détection du glucose, du cholestérol, du lactate et de la choline [26-29]. Ces dispositifs ont été miniaturisés, notamment en utilisant des électrodes de carbone obtenues par sérigraphie [30, 31].

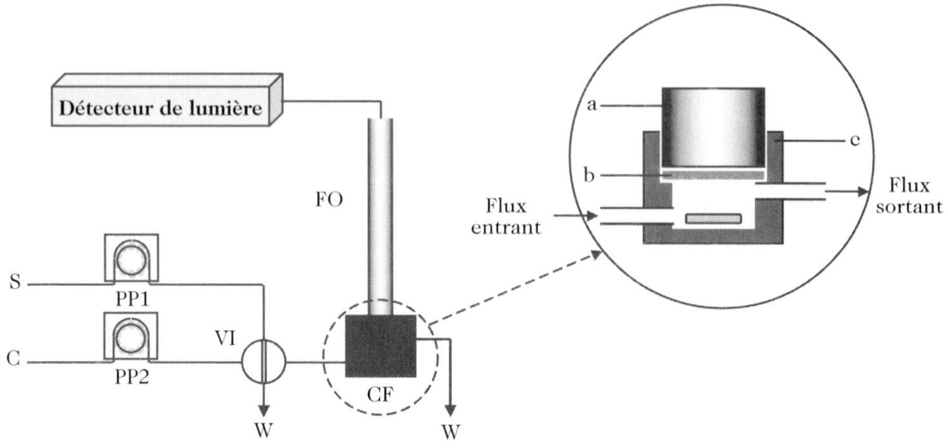

Figure 16.17. Schéma d'un biocapteur à fibres optiques inséré dans un système à analyse par injection dans le flux pour des mesures de bioluminescence ou de chimiluminescence. FO : fibre optique ; CF : cellule à flux ; S : échantillon ; C : flux de réactifs ; PP1 et PP2 : pompes péristaltiques ; VI : vanne d'injection ; W : vidange. Détails de la cellule à flux : a) fibre optique ; b) membrane sensible contenant le biorécepteur ; c) cellule à flux continu étanche à la lumière extérieure. Le biorécepteur peut être la luciférase de luciole pour la mesure d'ATP, le système bienzymatique bactérien oxydoréductase-luciférase pour la mesure de NADH ou de NADPH, ou la peroxydase du raifort qui catalyse la réaction de chimiluminescence du luminol en présence de peroxyde d'hydrogène.

6.5.3. Biocapteurs bioluminescents

Dans les biocapteurs à détection de bioluminescence, deux types de réactions d'émission de lumière sont impliqués : la réaction de bioluminescence de la luciole pour le dosage de l'ATP et le système bioluminescent oxydoréductase-luciférase qui permet la détection du NADH ou du NADPH. Les limites de détection pour l'ATP et le NADH sont, avec un tel système, respectivement égales à 20 pM et 0,3 nM [19, 32, 33]. Par ailleurs, en co-immobilisant des déshydrogénases spécifiques avec le système bioluminescent bactérien, il est possible de mesurer des concentrations de sorbitol, d'éthanol ou d'oxaloacétate avec une limite de détection de l'ordre du nanomolaire [34-36]. De même, en couplant la réaction de bioluminescence de la luciole avec des réactions enzymatiques impliquant de l'ATP, il a été possible de développer des biocapteurs optiques à ADP et AMP [37, 38].

7. Les biopuces

Les biopuces sont des dispositifs miniaturisés permettant une analyse parallèle. Le principe général des biopuces exploite les propriétés d'interactions spécifiques, de type récepteur-ligand, de certaines biomolécules. Ces dispositifs sont constitués d'un support de quelques centimètres carrés structuré en microzones ou plots (plusieurs centaines à plusieurs milliers sur une même puce) sur lesquels sont immobilisés les récepteurs. Au contact d'un échantillon, contenant éventuellement les ligands correspondants, chaque récepteur captera son ligand, formant ainsi sur chaque plot un complexe spécifique qui sera par la suite détecté.

Actuellement, on distingue différentes catégories de biopuces : les puces à ADN, les puces à protéines, les puces à sucres et les puces à cellules entières.

Les premières réalisations sont apparues au début des années 1990 et concernaient les puces à ADN. Le gigantesque projet de séquençage du génome humain a suscité l'émergence de cette technologie. Le **génome** est l'ensemble des gènes portés par les chromosomes d'un organisme. L'expression du génome aboutit à la synthèse de protéines dont la structure primaire (séquence en acides aminés) est déterminée par celle de l'ADN (acide désoxyribonucléique). Cette expression est réalisée par deux mécanismes principaux, la transcription et la traduction, qui font intervenir d'autres acides nucléiques, les ARN ou acides ribonucléiques.

Les acides nucléiques (ribonucléiques et désoxyribonucléiques) sont des polymères de quatre nucléotides (ou nucléosides monophosphates) différents qui dérivent de quatre bases différentes. Trois bases sont communes à l'ADN et l'ARN : l'adénine (A), la cytosine (C) et la guanine (G) ; la quatrième base est la thymine (T) pour l'ADN et l'uracile (U) pour l'ARN. L'ordre dans lequel s'enchaînent les différentes bases constitutives d'un acide nucléique représente sa structure primaire.

L'ADN, support de l'information génétique, est constitué de 2 brins d'acides nucléiques complémentaires enroulés en double hélice (ADN bicaténaire), dans laquelle les bases d'un brin s'apparient avec celles de l'autre brin grâce à des liaisons hydrogène, selon une complémentarité C/G et A/T. Il se forme 3 liaisons hydrogène entre C et G et 2 liaisons hydrogène entre A et T (figure 16.18).

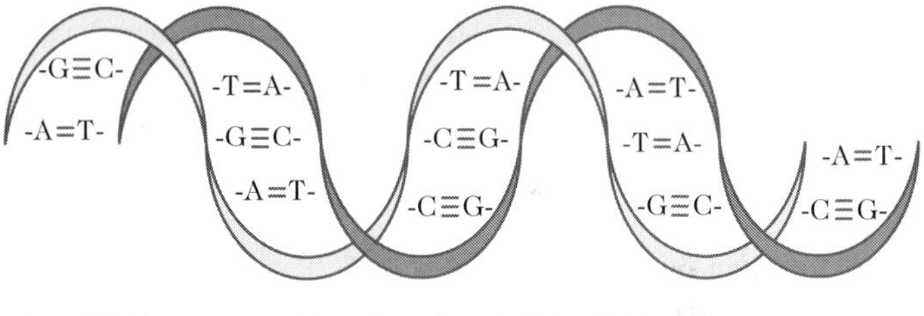

Figure 16.18. Représentation schématique de la double hélice d'ADN.

Dans la **transcription**, l'information génétique portée par l'ADN est transcrite en ARN qualifiés d'ARN messagers (ARNm). Au cours de ce processus, il se produit une séparation localisée et temporaire de deux brins, engendrant une courte région monocaténaire qui servira de matrice pour la synthèse d'ARNm en formant un court hybride ADN-ARN selon une complémentarité C/G et A/U. La structure primaire des ARN transcrits est ainsi parallèle à celle de l'ADN (figure 16.19). L'ensemble des ARNm transcrits à partir du génome dans des conditions définis (état physiologique, type cellulaire) représente le **transcriptome**. Il est technologiquement possible de synthétiser en laboratoire un ADN dont la séquence est complémentaire de celle d'une matrice d'ARNm. Un ADN synthétique préparé de cette manière est appelé ADN complémentaire ou **ADNc**.

Dans la **traduction**, la structure transcrite sur certains ARN s'exprime enfin par la synthèse de protéines dont la structure primaire traduit en acides aminés l'information portée par la structure primaire de l'ADN. L'ensemble des protéines exprimées dans un type cellulaire donné sous des conditions données définit le **protéome**.

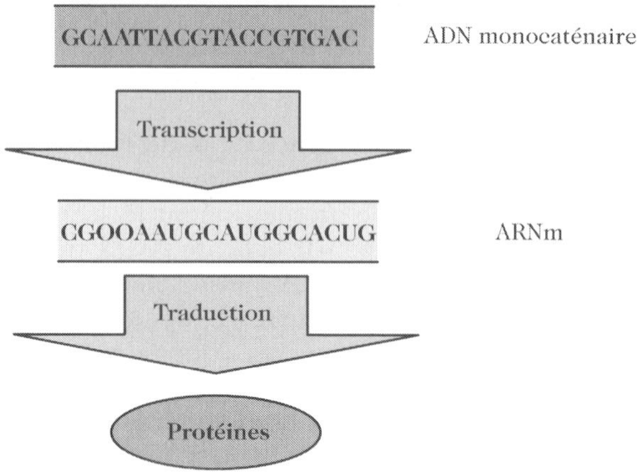

Figure 16.19. Schéma de l'enchaînement des processus de transcription et de traduction conduisant à la synthèse de protéines.

Le génome humain contiendrait environ 30 000 gènes, auxquels correspondraient autant de protéines différentes. Le génome est identique dans chaque cellule, mais les gènes peuvent avoir une expression différente, fonction du stade de développement, du type cellulaire et de l'état normal, pathologique ou stressé de la cellule. L'analyse du transcriptome permet ainsi de déterminer le niveau d'expression des gènes d'une cellule dans un état donné. Mais l'information sur les taux d'ARNm n'est pas suffisante pour analyser la régulation de l'expression des gènes. Le degré d'activité des protéines renseigne sur les variations de fonctionnement d'une cellule.

On comprend donc que l'analyse du génome, du transcriptome et du protéome, qui revêt un intérêt majeur pour mieux comprendre le fonctionnement cellulaire, est extrêmement complexe et nécessite des outils performants permettant des milliers de mesures en parallèle. Les biopuces peuvent répondre à ces exigences.

7.1. Les puces à ADN

Le principe de fonctionnement des puces à ADN est fondé sur le phénomène d'hybridation moléculaire par appariement entre des séquences complémentaires de brins d'acides nucléiques (voir le chapitre 17).

Les brins d'ADN immobilisés sur la puce sont les sondes qui vont permettre de s'associer spécifiquement par hybridation à des brins complémentaires présents dans un échantillon. Dans la littérature anglo-saxonne, différents termes décrivant cette technologie sont utilisés : *DNA chip, DNA microarray* et *gene microarray*. Formellement, il existe une distinction entre *DNA microarray* et *DNA chip* fondée sur la nature des fragments d'ADN immobilisés. À l'origine, le terme de *DNA microarray* désignait des microsystèmes intégrant des sondes d'ADNc d'environ 500 à 5 000 bases, alors que la *DNA chip* ou puce à ADN comprend des plots d'oligonucléotides de 20 à 80 bases. L'usage courant ne fait plus cette distinction et ces termes sont actuellement utilisés de façon interchangeable.

La miniaturisation permet d'effectuer par l'intermédiaire des biopuces des tests plus rapides et plus sensibles. La parallélisation permet l'analyse simultanée de centaines ou de milliers de paramètres et/ou d'échantillons. Les applications potentielles ou déjà développées des puces à ADN concernent aussi bien le domaine scientifique que médical, pharmaceutique, agroalimentaire, ou bien celui de l'environnement. Outre le séquençage par hybridation déjà évoqué, les analyses de mutation, le diagnostic de maladies génétiques ou infectieuses, l'identification de cibles pour la recherche thérapeutique, la détermination de l'effet toxique de certaines substances, la détection des séquences provenant d'organismes génétiquement modifiés dans les semences ou dans certains aliments, la détection d'agents infectieux dans l'alimentation, l'air ou l'eau sont autant d'applications où les biopuces constituent un outil plus performant que les techniques classiques.

7.1.1. Le support des puces à ADN et l'immobilisation des sondes

Le matériau de base des puces à ADN est le plus souvent du silicium, du verre ou un polymère synthétique. L'immobilisation des sondes peut être réalisée directement sur ces supports par un traitement chimique approprié, permettant l'établissement d'une liaison covalente entre les brins d'ADN et la surface de la puce. Dans certaines biopuces, la surface est structurée de telle sorte que chaque plot est en fait une microélectrode d'or ou de platine. L'immobilisation des sondes peut, dans ce cas, être chimique ou électrochimique.

Le développement de puces à ADN de grande capacité, c'est-à-dire comprenant plusieurs centaines ou plusieurs milliers de plots, donc de sondes différentes, nécessite une automatisation du procédé d'immobilisation. Le problème majeur à résoudre est celui de l'adressage, c'est-à-dire l'immobilisation d'une sonde donnée sur un plot de position définie. De multiples exemplaires de la même sonde sont en fait fixés sur un même plot. Afin de réaliser cette opération avec précision et fiabilité, deux approches essentiellement ont été élaborées. Il s'agit soit du greffage direct de sondes déjà synthétisées, soit de la synthèse *in situ*.

Cette dernière technique, développée par *Affymetrix*, le leader mondial actuel dans le domaine des biopuces, consiste en l'élaboration des sondes par dépôt successif des quatre nucléotides constitutifs de l'ADN sur un support en verre. La surface des plots est modifiée par la fixation de groupements chimiques photolabiles pouvant être activés par la lumière. Une fois activés, ces groupements réagissent avec un nucléotide, lui-même protégé par un groupement photolabile, ce qui permet sa fixation. L'utilisation de masques lithographiques de configurations définies permet d'illuminer et donc d'activer sélectivement les plots de la puce où doit être immobilisé un nucléotide particulier (A, T, C ou G). Cette opération est répétée successivement avec chaque nucléotide et avec un masque particulier jusqu'à la synthèse complète des sondes. L'application de ce procédé permet d'obtenir des puces avec des sondes d'une longueur maximum de 30 bases.

Le greffage direct d'oligonucléotides déjà synthétisés permet de fixer des sondes de longueur plus importante, pouvant atteindre une soixantaine de bases. L'adressage peut alors être mécanique grâce une micropipette robotisée qui délivre à l'adresse voulue un infime volume, de l'ordre de quelques nanolitres, de la solution d'oligonucléotides à immobiliser. Une variante sophistiquée consiste à utiliser le principe de l'impression à jet d'encre, qui consiste en la propulsion de très petites gouttes de liquide, d'un volume inférieur au nanolitre. La société *Cis-bio international* et le CEA ont mis au point un procédé d'adressage électrochimique sur une puce de silicium à plots d'or. Sur chaque sonde, présynthétisée, une molécule de pyrrole est préalablement fixée. Le greffage des sondes est ensuite effectué par co-polymérisation électrochimique avec du pyrrole libre. On réalise l'adressage en appliquant un potentiel sur une électrode définie, ce qui déclenche la polymérisation et donc la fixation de l'oligonucléotide choisi.

7.1.2. La lecture des puces à ADN

Lire une puce consiste à repérer à quelles adresses les hybridations se sont opérées et ainsi à pouvoir identifier dans l'échantillon traité la nature, donc la séquence, des fragments d'ADN qui ont réagi. La détection par fluorescence est actuellement la plus répandue et a été presque systématiquement adoptée pour l'élaboration de puces à ADN. Cette technique nécessite le marquage préalable de toutes les cibles potentielles par un fluorophore. Ainsi, les signaux de fluorescence ne seront émis qu'à partir des plots où les cibles marquées se seront hybridées avec les sondes de séquence complémentaire (figure 16.20).

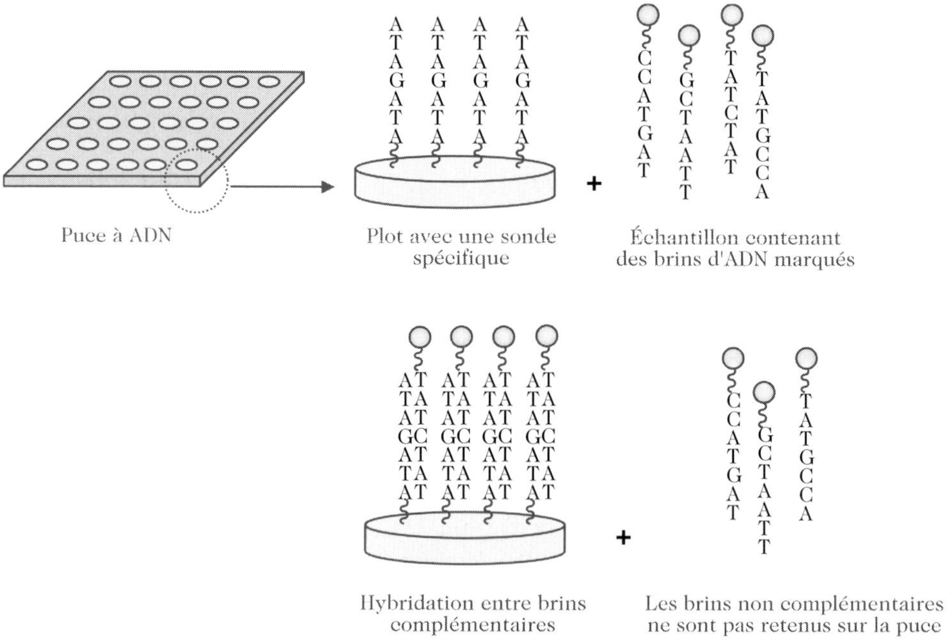

Figure 16.20. Représentation schématique du principe de fonctionnement d'une puce à ADN.

D'autres procédés de détection sont en cours de développement. Le marquage peut être effectué non pas par un fluorophore, mais par une molécule détectable par chimiluminescence ou par électrochimiluminescence [39-42]. Certains procédés de lecture évitant le marquage sont à l'étude, mais souffrent à l'heure actuelle d'un manque de sensibilité et sont sujets aux interférences de la matrice de l'échantillon. Ces techniques sont fondées soit sur la variation d'une grandeur électrique observée lors de l'hybridation (variation d'impédance ou bien variation de la densité de charges détectée par un transistor à effet de champ), soit sur la résonance des plasmons de surface.

7.2. Les puces à protéines et autres biopuces

Les puces à protéines sont développées à la fois pour l'analyse de l'expression au niveau des protéines et pour l'analyse des interactions spécifiques de certaines protéines avec d'autres composants (voir le chapitre 18). En d'autres termes, certaines réalisations sont destinées à l'identification et à la quantification des protéines présentes dans un échantillon, alors que d'autres biopuces sont développées pour des études d'interaction protéine/protéine, protéine/ADN, protéine/lipide, enzyme/substrat ou plus généralement protéine/ligand. Le principe de la mise en œuvre des puces à protéines est identique à celui des puces à ADN, c'est-à-dire l'immobilisation de récepteurs sur les plots d'un réseau de microsurfaces. Les mêmes types de supports sont utilisés, avec des principes d'immobilisation similaires mais des chimies différentes.

L'immobilisation des protéines est souvent plus problématique que celle des acides nucléiques, du fait de la fragilité plus importante de ces structures par rapport à l'ADN et aussi de leur plus grande différence de réactivité. En effet, un acide nucléique est immobilisé par l'intermédiaire de son nucléotide terminal, dont la réactivité chimique est similaire, qu'il s'agisse de A, T, C ou G. En revanche, les protéines sont immobilisées par l'intermédiaire des chaînes latérales des acides aminés. Or, l'implication de la chaîne latérale d'un acide aminé dans une liaison chimique peut modifier les propriétés structurales et fonctionnelles d'une protéine. C'est pourquoi, quand cela est possible, les protéines sont immobilisées par l'intermédiaire de leur acide aminé *N*-terminal ou *C*-terminal, ou bien par l'intermédiaire d'une courte séquence peptidique ajoutée artificiellement à la séquence de la protéine, ou encore par l'intermédiaire de leur partie glucidique pour les glycoprotéines.

Différents types de puces à protéines peuvent être réalisés selon la nature des récepteurs immobilisés. En effet, selon l'application recherchée, la puce peut être conçue par immobilisation de différentes protéines en tant que récepteurs ou bien par l'immobilisation de récepteurs de protéines, ces récepteurs pouvant eux-mêmes être de nature protéique (cas des anticorps) ou non. En fait, une puce à protéines est une puce de type ligand/récepteur, les protéines pouvant jouer l'un ou l'autre rôle selon la nature des interactions étudiées.

Le mode de détection utilisé pour les puces à protéines est identique à celui des puces à ADN, la fluorescence étant le plus courant. D'autres types de lecture sont également à l'étude, incluant des techniques de chimiluminescence et d'électrochimiluminescence [43, 44].

Pour l'étude des interactions spécifiques sucre/protéine, des sucres particuliers, sous forme d'oligomère ou de polymère, sont immobilisés sur une puce afin de détecter les protéines qui interagissent spécifiquement avec ces structures osidiques. On parlera alors de puces à sucres.

Les puces à cellules *(cell-on-chips)* sont des microsystèmes destinés à analyser de façon individuelle des cellules vivantes dont la taille est de l'ordre de quelques dizaines de micromètres (voir le chapitre 19). Ainsi, les effets toxiques ou bénéfiques de tel ou tel composé pourront être analysés au niveau d'une seule cellule, mais de façon parallèle. Grâce à la miniaturisation, on réalise une économie appréciable d'échantillon souvent coûteux. Le format biopuce qui apporte le parallélisme des analyses accroît l'efficacité de cette approche.

8. Conclusion

Nous avons décrit les grands types de biocapteurs développés sans prétention d'exhaustivité, non seulement pour des raisons didactiques, mais aussi parce qu'il est impossible de traiter dans le détail toutes les approches décrites pour ces types de réalisations.
La nature duale des biocapteurs, c'est-à-dire un élément biologique associé à un transducteur physique, leur confère indubitablement des caractéristiques très attractives.
Le caractère opérationnel d'un biocapteur est habituellement évalué sur la base de quatre critères : spécificité, stabilité du biorécepteur, réutilisation, seuil de détection.

La spécificité est apportée par le biorécepteur, le plus souvent une enzyme. La spécificité est une propriété intrinsèque d'une enzyme et ne peut pratiquement pas être modulée. Certaines enzymes ont une spécificité très étroite ; c'est par exemple le cas de la glucose oxydase qui ne reconnaît que le β-D-glucose. D'autres ont une spécificité plus large, comme les phosphatases qui peuvent catalyser l'hydrolyse de très nombreux monoesters phosphoriques naturels ou synthétiques.

La stabilité est l'aptitude à maintenir les propriétés de reconnaissance spécifique et, le cas échéant, catalytiques au cours du temps. La stabilité est également une propriété intrinsèque du biorécepteur. Cependant, certains paramètres expérimentalement contrôlables comme le pH, la nature du tampon ou la température, peuvent jouer un rôle sur la stabilité. La stabilité des biorécepteurs peut être modulée, de préférence positivement, par l'utilisation de certains additifs. Mais il ne s'agit, le plus souvent, que de solutions ponctuelles valables pour un biorécepteur ou une protéine particulière.

La réutilisation de l'élément sensible du biocapteur est rendue possible par le fait même de l'immobilisation. Mais, selon le type d'application envisagée (analyse au coup par coup, en continu, capteur d'alerte), la cadence d'analyse désirée, les contrainte liées à la régénération de l'élément sensible après une utilisation, cette particularité ne sera pas systématiquement exploitée. Le concept du capteur jetable à usage unique est une approche qui est de plus en plus proposée.

Le seuil de détection n'est pas toujours le paramètre le plus déterminant. Il est souvent plus important de considérer la gamme dynamique de mesure qui permettra d'apprécier l'adéquation entre les performances du biocapteur et les exigences de l'utilisateur. Par exemple, un biocapteur à éthanol pour le suivi de fermentations alcooliques ne nécessite pas un seuil bas, dans la mesure où les échantillons à doser ont une teneur en alcool comprise entre 0,5 % et 12 % (vol./vol.), c'est-à-dire entre 0,08 $mol.L^{-1}$ et 2 $mol.L^{-1}$. En revanche, d'autres applications nécessiteront des limites de détection extrêmement faibles, de l'ordre du picomolaire ou du femtomolaire.

Les performances des biocapteurs sont très variables. La limite de détection ainsi que la gamme dynamique de mesure dépendent à la fois des propriétés intrinsèques du biorécepteur (caractéristiques cinétiques pour une enzyme, constante d'affinité pour un anticorps), mais également du type de transduction associée à la reconnaissance moléculaire. Quelques valeurs moyennes de limite de détection sont indiquées ci-dessous :

- 0,1 μmol.L^{-1} pour de nombreuses électrodes enzymatiques,
- 10-100 μmol.L^{-1} pour de nombreux ENFET,
- quelques ng pour les biocapteurs à transduction massique,
- 1 μmol.L^{-1} pour les thermistances à enzymes,
- 10 μmol.L^{-1} pour les biocapteurs optiques à détection de fluorescence,
- 0,01 μmol.L^{-1} pour les biocapteurs optiques à détection de chimiluminescence,
- 10 pmol.L^{-1} à 0,1 nmol.L^{-1} pour les biocapteurs optiques à détection de bioluminescence.

Les principales applications des biocapteurs concernent le contrôle des bioprocédés, l'analyse médicale et l'environnement. Il apparaît ainsi une grande diversité de situations et il est difficile de définir pour une même substance-cible un biocapteur universel. Selon l'utilisation envisagée, l'architecture de l'instrumentation pourra varier considérablement. À titre d'exemple, la mesure du glucose sur sang total est un paramètre important à suivre chez les diabétiques, mais aussi dans un fermenteur pour conduire un procédé de fabrication. À partir du même principe de base, la conception de l'instrument sera tout à fait différente, car le cahier des charges pour une utilisation optimale sera très différent dans chacun de ces cas.
Certaines applications n'exigeront qu'un simple biocapteur d'alerte indiquant le dépassement d'un certain seuil. Il sera important de savoir que l'on se situe dans une gamme particulière de valeurs inférieures au seuil et, dans ce cas, la limite de détection plus que la précision sera privilégiée (contrôle de l'environnement). Dans d'autres cas, il faudra connaître avec une bonne précision la concentration d'un composé dans le milieu afin de piloter un système de régulation.
La miniaturisation des biocapteurs est une préoccupation permanente. En ce qui concerne les capteurs électrochimiques, les ISFET sont déjà des transducteurs miniaturisés pour lesquels une réduction d'échelle est encore possible [45]. Des capteurs miniaturisés à détection ampérométrique sont facilement concevables, soit par la technique de sérigraphie, soit par les techniques de photolithogravure. La sérigraphie (*screen-printing*) permet, par l'utilisation de masques, de déposer sur un support solide des couches de composition et de géométrie différentes. L'immobilisation de biomolécules dans ou sur ces couches permet de réaliser différents assemblages moléculaires structurés. La sérigraphie permet d'obtenir des électrodes de quelques dizaines de μm, alors que les techniques de la microélectronique permettent de descendre à des échelles beaucoup plus petites. Dans ce domaine, les nanotubes de carbone pourront très probablement constituer des électrodes nanométriques utilisables pour la conception de nanobiocapteurs.
Les capteurs optiques se prêtent également assez bien à la miniaturisation. En effet, des réalisations avec des fibres optiques de quelques dizaines de μm ont déjà été rapportées. De plus, des capteurs optiques, sans fibre, au format biopuce, ont été récemment décrits, dans lesquels le support d'immobilisation était le capteur de lumière lui-même (photodétecteur CMOS) [46].
La miniaturisation du transducteur implique de disposer de méthodes particulières d'immobilisation du biorécepteur. En effet, pour des surfaces de quelques μm^2, voire quelques nm^2, il est impossible d'utiliser des supports de

biorécepteurs tels que des membranes synthétiques qui seront ensuite associés étroitement au transducteur. Des approches innovantes doivent être imaginées. Différentes solutions sont déjà proposées et utilisées pour les biopuces, permettant de déposer en un endroit précis un tout petit volume (< 1 nL) de solution de biorécepteur. D'autres pistes actuellement explorées concernent l'utilisation de nanostructures lipidiques artificielles en monocouches ou en bicouches (voir le chapitre 2).

Le développement des laboratoires sur puce (voir le chapitre 20), qui sont de véritables laboratoires d'analyses miniaturisés, nécessite la mise au point non seulement de biopuces, mais également de biocapteurs miniaturisés.

Enfin, il faut souligner que l'élaboration de tels systèmes miniaturisés n'est réalisable que grâce un travail multidisciplinaire impliquant des biologistes, des biochimistes, des physiciens de la microélectronique et de l'optique, des spécialistes de la mécanique des fluides et des chimistes.

Bibliographie

[1] Clark L.C. Jr. et Lyons C., *Ann. NY Acad. Sci.*, **102**, 29-45 (1962).

[2] Updike S.J. et Hicks G.P., *Nature*, **214**, 986-988 (1967).

[3] Guilbault G.G. et Montalvo J.G., *J. Am. Chem. Soc.*, **91**, 2164-2165 (1969).

[4] Blum L.J. et Coulet P.R., *Biosensors Principles and Applications*, Marcel Dekker, New York (1991).

[5] Yang V.C. et Ngo T.T., *Biosensors and their Applications*, Kluwer Academic, New York (2000).

[6] Cooper J. et Cass T., *Biosensors, Practical Approach*, 2nd edition, Oxford University Press, Oxford (2004).

[7] Stevenson J.D. et Thomas N.R., *Nat. Prod. Rep.*, **17**, 535-577 (2000).

[8] Haupt K., *Analyst*, 126(6), 747-756 (2001).

[9] Bell T.W., Hext N.M. et Khasanov A.B., *Pure & Appl. Chem.*, **70**(12), 2371-2377 (1998).

[10] Mosbach K., *Methods in Enzymology, Vol. 44, Immobilized Enzymes*, Academic Press, New York (1976).

[11] Mosbach K., *Methods in Enzymology, Vol. 135-137, Immobilized Enzymes and Cells*, Academic Press, New York (1987).

[12] Taylor R.F., *Protein Immobilization*, Marcel Dekker, New York (1991).

[13] Bergveld P., *IEEE Trans. Biomed. Eng.*, BME **17**, 70-71 (1970).

[14] Wolfbeis O.S., *Fiber Optic Chemical Sensors and Biosensors, Vol. 1 et 2*, CRC Press, Boca Raton (1991).

[15] SCHULTZ J.S., MANSOURI S. et GOLDSTEIN I.J., *Diabetes Care*, **5**, 245-253 (1982).

[16] FERGUSON J.A., BOLES T.C., ADAMS C.P. et WALTS D.R., *Nature Biotechnology*, **14**(13), 1681-1684 (1996).

[17] BLUM L.J., *Bio- and Chemi-Luminescent Sensors*, World Scientific, Singapore (1997).

[18] FREEMAN T.M. et SEITZ W.R., *Anal. Chem.*, **50**, 1242-1246 (1978).

[19] BLUM L.J., GAUTIER S.M. et COULET P.R., *Anal. Lett.*, **21**, 717-726 (1988).

[20] BLUM L.J., *Enzyme Microb. Technol.*, **15**, 407-411 (1993).

[21] BERGER A. et BLUM L. J., *Enzyme Microb. Technol.*, **16**, 979-984 (1994).

[22] HLAVAY J. et GUILBAULT G.G., *Anal. Chim. Acta*, **299**, 91-96 (1994).

[23] LAPP H., SPOHN U. et JANASEK D., *Anal. Lett.*, **29**, 1-17 (1996).

[24] TSAFACK V.C., MARQUETTE C.A., PIZZOLATO F. et BLUM L.J., *Biosensors Bioelectronics*, **15**, 125-133 (2000).

[25] DEGIULI A. et BLUM L.J., *J. Med. Biochem.*, **4**, 32-42 (2000).

[26] MARQUETTE C.A. et BLUM L.J., *Anal. Chim. Acta*, **381**, 1-10 (1999).

[27] MARQUETTE C.A., RAVAUD S. et BLUM L.J., *Anal. Lett.*, **33**, 1779-1796 (2000).

[28] MARQUETTE C.A., LECA B.D. et BLUM L.J., *Luminescence*, **16**, 159-165 (2001).

[29] TSAFACK V.C., MARQUETTE C.A., LECA B. et BLUM L.J., *Analyst*, **125**, 151-155 (2000).

[30] LECA B. et BLUM L.J., *Analyst*, **125**, 789-791 (2000).

[31] LECA B., VERDIER A.M. et BLUM L.J., *Sensors Actuators B*, **74**, 190-193 (2001).

[32] BLUM L.J., GAUTIER S.M. et COULET P.R., *Anal. Chim. Acta*, **226**, 331-336 (1989).

[33] GAUTIER S.M., BLUM L.J. et COULET P.R., *Anal. Chim. Acta*, **235**, 243-253 (1990).

[34] GAUTIER S.M., BLUM L.J. et COULET P.R., *J. Biolumin. Chemilum.*, **5**, 57-63 (1990).

[35] MICHEL P.E., GAUTIER S.M. et BLUM L.J., *Anal. Lett.*, **29**, 1139-1155 (1996).

[36] MICHEL P.E., GAUTIER S.M. et BLUM L.J., *Enzyme Microb. Technol.*, **21**, 108-116 (1997).

[37] MICHEL P.E., GAUTIER S.M. et BLUM L.J., *Anal. Chim. Acta*, **360**, 89-99 (1998).

[38] MICHEL P.E., GAUTIER S.M. et BLUM L.J., *Talanta*, **47**, 167-181(1998).

[39] MARQUETTE C.A., THOMAS D., DEGIULI A. et BLUM L.J., *Anal. Bioanal. Chem.*, **377**, 922-928 (2003).

[40] MARQUETTE C.A. et BLUM L.J., *Anal. Chim. Acta*, **506**, 127-132 (2004).

[41] MARQUETTE C.A. et BLUM L.J., *Biosensors Bioelectronics*, **20**, 197-203 (2004).

[42] CALVO-MUÑOZ M.L., DUPONT-FILLIARD A., BILLON M., GUILLEREZ S., BIDAN G., MARQUETTE C. etBLUM L.J., *Bioelectrochemistry*, **66**(1-2), 139-143 (2005).

[43] MARQUETTE C.A., DEGIULI A., IMBERT-LAURENCEAU E., MALLET F., CHAIX C., MANDRAND B. et BLUM L.J., *Anal. Bioanal. Chem.*, **381**, 1019-1024 (2005).

[44] MARQUETTE C.A., IMBERT-LAURENCEAU E., MALLET F., CHAIX C., MANDRAND B. et BLUM L.J., *Anal. Biochem.*, **340**(1), 14-23 (2005).

[45] GALDIN-RETAILLEAU S., BOURNEL A. et DOLLFUS P., in *Les Nanosciences, Vol. 1, Nanotechnologies et nanophysique*, Belin, Paris, 345-371 (2004).

[46] MALLARD F., MARCHAND G., GINOT F et CAMPAGNOLO R., *Biosensors Bioelectronics*, **20**, 1813–1820 (2005).

CHAPITRE

17

LES PUCES À ADN

Catherine NGUYEN*, Xavier GIDROL†

1. Introduction

La génomique a révolutionné la recherche biologique et biomédicale. Cette révolution était prévisible, car liée à deux facteurs : la quantité sans cesse croissante de séquençages des génomes et le développement de nouvelles technologies capables de les exploiter. Jusqu'à présent, en raison de contraintes techniques, les analyses de biologie moléculaire étaient limitées à un ou quelques paramètres par expérience, donnant relativement peu d'informations par rapport à la complexité des systèmes étudiés. Cette approche gène par gène est incomplète pour comprendre les systèmes biologiques contenant plusieurs milliers de gènes ; une vision globale au niveau de l'ADN, de l'ARN et des protéines est indispensable. Le simple déchiffrage du génome ne suffit pas pour appréhender la fonction des gènes et pour mieux comprendre le fonctionnement des cellules et des organismes ; des études fonctionnelles opérant sur des génomes entiers sont nécessaires. Parmi ces nouvelles méthodes d'analyse moléculaire à grande échelle figurent les puces à ADN pour l'étude du génome et du transcriptome. La notion d'intégration d'un grand nombre de données s'appuyant sur un support de surface limitée, dont on pouvait aisément imaginer une grande miniaturisation, a conduit les biologistes à emprunter le nom de **puce** pour ce nouvel outil, par analogie avec la microélectronique.

Au début des années 1990, le développement des puces à ADN sur membrane de Nylon [1, 2], puis sur lame de verre [3] ou de silicium [4], a permis pour la première fois une mesure simultanée de la concentration à l'équilibre de la totalité des ARN messagers (ARNm) ou transcrits d'une cellule. L'utilisation des puces à ADN offre un large champ d'applications, tant au niveau fondamental que clinique. Elle permet de caractériser à l'échelle pangénomique les modifications survenant à l'intérieur d'une cellule ou d'un tissu, comme par exemple l'étude de polymorphismes, la détection de mutations, la mesure du nombre de copies d'un gène. Au niveau du transcriptome, elle permet la caractérisation de gènes différentiellement exprimés, l'établissement d'un profil caractéristique d'un état biologique donné et la mise en évidence de voies de régulation.

* TAGC, INSERM ERM 206, Marseille. nguyen@tagc.univ-mrs.fr
† LEFG, IRCM, CEA Évry. xavier.gidrol@cea.fr

Grâce à cette technologie, il a été notamment possible d'établir des signatures moléculaires caractéristiques de certains types de tumeurs humaines. Citons par exemple les leucémies [5] et les cancers du sein [6, 7]. Les contours de nouveaux groupes de patients, indécelables par les approches histologiques traditionnelles, ont ainsi pu être définis. Les applications médicales des puces à ADN sont nombreuses. La caractérisation et l'utilisation des signatures moléculaires au niveau des gènes exprimés devraient se généraliser pour de nombreuses pathologies et aider les cliniciens à établir des diagnostics précoces, des pronostics ou des orientations thérapeutiques pour les malades.

Puces à ADN : définition

Les puces à ADN sont des supports solides sur lesquels sont déposés de manière ordonnée des milliers de molécules d'ADN correspondant aux gènes que l'on souhaite analyser. Leur analyse, basée sur le principe de l'hybridation moléculaire, permet d'effectuer des études jusqu'alors réalisées au moyen des techniques classiques de biologie moléculaire (Northern ou Southern blots), mais avec deux différences majeures qui sont : 1) la séquence génomique connue est immobilisée sur le support solide et 2) une miniaturisation qui permet d'intégrer de nombreuses sondes en parallèle. Plusieurs dizaines de milliers de sondes sur un support de quelques centimètres carrés atteignent un tel degré d'intégration qu'il est possible de réaliser ces études sur l'ensemble des gènes d'un organisme complexe en une seule expérience.

Cependant, pour parvenir à étudier les systèmes biologiques complexes à l'échelle pangénomique, de nouveaux outils et notamment de nouvelles biopuces seront nécessaires. Il devient possible aujourd'hui d'utiliser les puces à ADN pour d'autres applications que l'étude du transcriptome. Des combinaisons variées de sondes – objets biologiques déposés ou synthétisés sur la puce – et de cibles – objets biologiques étudiés grâce à la puce – permettent une multitude d'applications répertoriées dans le tableau 17.1.

Tableau 17.1. Les différentes puces à ADN. Les sondes sont les objets biologiques déposés ou synthétisés sur la puce, les cibles correspondent aux objets biologiques à mesurer grâce à la puce. (Abréviations : CGH = *Comparative Genome Hybridization* ; ChIP on chip = immunoprécipitation de chromatine sur puce ; siARN = *short interfering ARN* ; BAC = *Bacterial Artificial Chromosome* ; AC = anticorps).

Type de Puce	Applications	Nature des sondes, objets biologiques déposés sur la puce	Nature des cibles, objets biologiques étudiés grâce à la puce
Puce à ADN	Transcriptome	ADNc, oligonucléotides des cadres de lecture	ARN messagers
ChIP on chip	Analyse des sites de fixation des protéines sur le génome	ADNc, oligonucléotides des régions promotrices ou inter géniques	ADN génomique immunoprécipité par un AC spécifique
Array-CGH	Analyse des réarrangements chromosomiques	ADNc clones de BAC	ADN génomique
Puce à siARN	Étude de la fonction des gènes en gain de fonction	ARN double brin, plasmides	Cellules
Puce à vecteur d'expression	Étude de la fonction des gènes en perte de fonction	Plasmides	Cellules

2. Puces à ADN : analyse du transcriptome

2.1. Principe de l'analyse du transcriptome

La technologie des puces à ADN est basée sur l'hybridation d'un jeu ordonné de molécules d'ADN fixées sur un support solide (les sondes) avec une cible marquée, préparée à partir de l'ADN ou de l'ARN d'un échantillon biologique. Tout repose sur la capacité remarquable qu'ont les séquences de deux brins complémentaires d'ADN à s'apparier avec une parfaite fidélité, malgré la grande complexité de la molécule. Des études réalisées en solution dans les années 1960 ont montré que le taux de réassociation du duplex dépendait du pourcentage de G + C et de la concentration saline [8], et qu'un simple brin fixé sur une membrane prévient sa réassociation avec son brin complémentaire, tout en permettant l'hybridation avec son ARN complémentaire en solution [9].

Lors de l'hybridation, les molécules marquées en solution vont se fixer sur les molécules d'ADN correspondant présentes sur la puce. Après lavages et exposition, on obtient une image de l'hybridation avec des signaux quantifiables, d'intensité variable selon le spot, représentant en fait différents niveaux d'amplification ou d'expression du gène correspondant [2, 10, 11]. Ces intensités sont ensuite quantifiées, normalisées, puis les résultats sont analysés et visualisés à l'aide d'outils bioinformatiques, dont le degré de sophistication est en constante évolution. Le principe est décrit sur la figure 17.1.

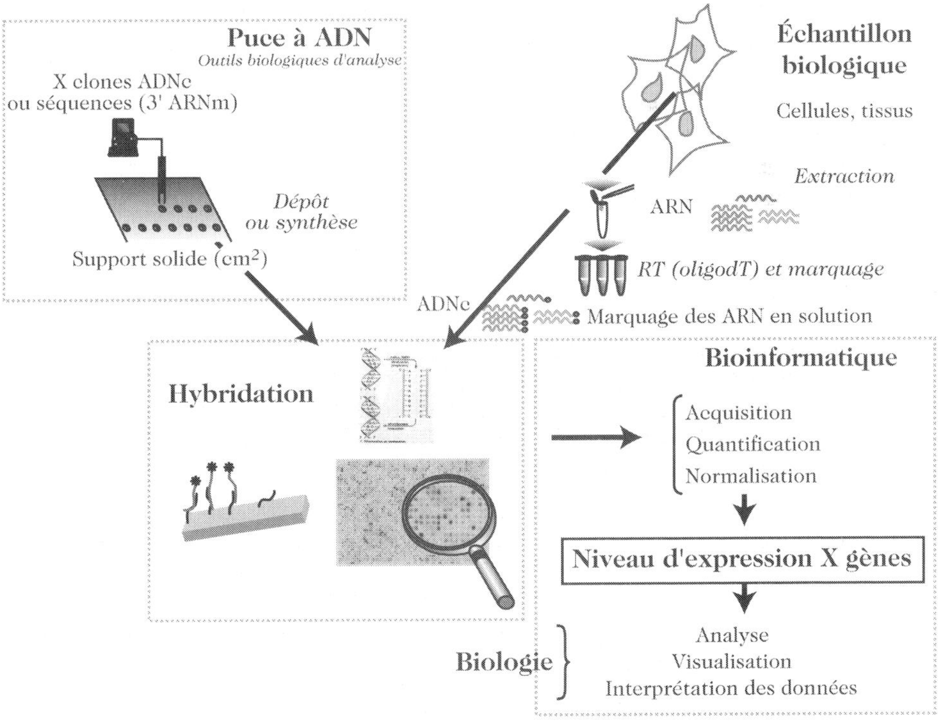

Figure 17.1. L'analyse par puces à ADN est une approche à cinq composantes : **1)** la puce à ADN, en tant que révélateur de l'événement ; **2)** l'échantillon biologique et son traitement en tant qu'acteur ; **3)** l'hybridation intervenant dans la mécanique de la révélation ; **4)** la bioinformatique en tant que vecteur d'analyse et **5)** la connaissance de son modèle biologique en tant qu'interprète.

2.2. Les différents types de puces à ADN pour les approches transcriptomes

Il existe deux grands types de puces à ADN : les puces confectionnées à partir de dépôts d'ADN complémentaire (ADNc) et les puces confectionnées à partir d'oligonucléotides, soit par dépôt sur le support solide comme pour les ADNc, soit par synthèse *in situ*.

2.2.1. Les différents types de supports et de fabrication

Les premières puces ont été réalisées à partir du dépôt des clones bactériens tels quels sur les supports solides : dans ce cas, il s'agit de membranes de Nylon, qui sont ensuite traitées afin de fixer l'ADN [1]. Ces réseaux formellement appelés filtres à « haute densité », dont les clones sont déposés de façon ordonnée au moyen de robots, ont été les précurseurs des macroréseaux fabriqués à partir de produits d'amplification de ces mêmes clones par PCR. On distingue alors deux types de puces selon leur degré d'intégration des sondes : les macroréseaux (*macroarrays*) intégrant quelques dizaines ou centaines de sondes au centimètre carré (espace inter spots de 1 mm à 2 mm) et les microréseaux (*microarrays*) intégrant plusieurs milliers de sondes au centimètre carré [12]. Ces supports poreux offrent une grande surface de dépôt et, de par leurs caractéristiques physico-chimiques, sont réutilisables (déshybridation/réhybridation), autorisant ainsi des expériences multiples, indépendantes et à moindre coût [13].
Parallèlement se sont développées des puces à ADNc sur support lame de verre prétraité, cette technologie associée à la détection de signaux fluorescents permettant une plus grande intégration des sondes. Ces lames, le plus souvent de microscope, sans aspérités, rigides et transparentes, améliorent l'acquisition des images et leurs traitements. Elles sont recouvertes d'une couche de poly-lysine, ou encore de silanes aminoréactifs qui augmentent à la fois l'hydrophobicité et l'adhérence de l'ADN qui y est déposé. De plus, elles limitent la diffusion de la goutte d'ADN déposée [14]. Ce support présente l'avantage d'être un matériau rigide, pouvant tolérer de hautes températures sans déformation [15, 16]. Du fait de sa non-porosité, il autorise un très faible volume d'hybridation et ainsi en augmente la cinétique. Mais ce support présente l'inconvénient que la surface de fixation disponible soit plus réduite et donc diminue le nombre de sondes disponibles par μm^2. Il a une autofluorescence négligeable, ce qui en fait le support de choix associé à une détection du signal par marquage fluorescent. Cette dernière méthode permet de marquer par des fluorochromes différents deux ARN, voire plus, et de les analyser simultanément.

2.2.2. Les puces à ADNc

Dans ce cas, il est nécessaire d'établir une collection de sondes spécifiques de tous les gènes que l'on veut analyser, comme par exemple les 25 000 gènes actuellement dénombrés dans le génome humain. Cette collection est réalisée à partir de banques de clones d'ADNc obtenus par transcription inverse des ARN messagers d'une cellule ou d'un tissu donné. La sélection des clones s'appuie sur leur séquençage, réalisé sous forme d'EST (*Expressed Sequence Tag*) qui permet leur identification [17, 18]. Dans ce contexte, l'approche internationale par le consortium *IMAGE*, qui a produit plusieurs millions de clones partiellement séquencés, a

littéralement stimulé pour ne pas dire jeté les bases des approches transcriptomes par puces [19, 20]. Le tri par des outils bioinformatiques de ces morceaux de séquences a permis d'établir des jeux minimaux de clones représentatifs de gènes uniques [21]. L'avantage de ces *arrays* est leur flexibilité, avec la possibilité de confectionner des puces à façon contenant les gènes d'intérêt, à un coût relativement moindre par rapport aux « puces à oligos ». Mais ils nécessitent une vigilance de tous les instants dans la gestion des clones et des produits PCR, afin d'obtenir et de maintenir les collections en bon état.
Les problèmes rencontrés avec les méthodes s'appuyant sur les ADNc sont liés au fait qu'il y a 10 % à 20 % d'erreurs dans la correspondance entre l'ADNc et son gène d'origine, que les ADNc ne permettent pas de différencier la réponse de gènes homologues appartenant à des familles multigéniques et, surtout, que ces méthodes nécessitent une mise à jour constante de nouvelles banques d'ADNc. Tout cela a conduit la communauté scientifique à s'orienter plutôt vers des approches oligonucléotides plus facilement contrôlables.

2.2.3. Les puces à oligomères

Le deuxième type de puces, dites à oligos ou à oligomères, repose sur la seule connaissance de la séquence du génome à étudier et ne nécessite ni l'établissement préalable de collections de clones ni la préparation des produits de PCR. De façon générale, les puces à oligos ont été essentiellement développées sur des supports lame de verre ou silicium prétraités, afin de fixer de façon covalente les acides nucléiques. Une difficulté de cette méthode repose sur le choix des oligonucléotides spécifiques de chaque gène. Ceux-ci doivent avoir un comportement similaire lors de l'hybridation (température de fusion voisine), tout en étant hautement spécifiques des gènes à étudier [22, 23].
Dans cette catégorie de puces, on retrouve une fabrication par dépôt d'oligonucléotides présynthétisés et la fabrication par synthèse *in situ* des séquences oligomères, qui s'appuie sur des stratégies combinatoires en quelques étapes de couplage. Dans le premier cas, différents types de distributeurs permettent la délivrance des oligomères présynthétisés sur la surface, par dépôt à l'aide de plumes solides ou creuses [15, 24, 25, 26], ou encore jet d'encre [27]. Cette dernière technique de dépôt est également utilisée pour la synthèse des oligomères directement sur le support [28].
Le deuxième type de puces s'appuie sur des systèmes où la synthèse des oligonucléotides est réalisée *in situ* par une série de réactions de protection-déprotection des groupements réactifs, jusqu'à l'obtention de l'ensemble des différents oligomères à la longueur voulue. Il existe différents systèmes de déprotection.
La technologie développée par la société *Affymetrix* est réalisée à l'aide d'émission lumineuse à travers un masque de protection, ne laissant passer le faisceau lumineux que sur des sites sélectionnés de cette surface [29]. Cette synthèse réalisée sur un support en silicium par des techniques de photolithographie est issue de la technologie des microprocesseurs. Cette photodéprotection extrêmement localisée permet les réactions chimiques de synthèse dans des bains, sur les nucléotides sélectionnés, déprotégés et déjà fixés de façon covalente au support. Le système est itératif jusqu'à obtention de la longueur d'oligomère désirée [30]. La méthode s'appuie sur l'obtention d'oligonucléotides de 20 à 25 mères, spécifiques de chaque gène. Le choix de cette taille d'oligomères (20-25 mères) est

lié à des contraintes de fabrication obligeant à représenter chaque gène par plusieurs oligonucléotides (une vingtaine environ) pour compenser le relatif manque de spécificité de ces éléments à l'hybridation.

Une autre approche de fabrication par photolithographie sans masque a été développée récemment. Ce synthétiseur MAS (*Maskless Array Synthetizer*) remplace simplement les masques en chrome par un masque virtuel généré par un ordinateur [31]. Il s'appuie sur un faisceau lumineux dirigé à l'aide d'un système de micromiroirs, dont l'orientation est pilotée par un ordinateur (le système DMD, pour *Digital Micromirror Device*) [32]. Le programme synchronise l'exposition lumineuse et les cycles de synthèse chimique qui suivent. Les étapes sont répétées avec différents masques virtuels jusqu'à la taille souhaitée d'oligonucléotide, et ce dans le schéma désiré. Les intérêts de cette approche sont sa grande souplesse pour réaliser des puces à façon, le fait qu'elle ne requiert pas un environnement spécial et enfin la précision de la synthèse, qui permet de fabriquer des puces à très haute résolution. Une puce de 76 000 éléments a été synthétisée sur 16 μm^2, avec un système qui théoriquement devrait permettre la synthèse d'un demi-million d'oligonucléotides de séquences différentes. Cette technologie a une très grande capacité d'intégration, à un moindre coût par rapport à la technique *Affymetrix*, mais nécessite des équipements de détection comprenant des lasers associés à un microscope confocal.

On peut également réaliser la synthèse en confinant les éléments chimiques physiquement, en utilisant des masques ou des barrières, de la même manière que précédement ; ce procédé permet de synthétiser des puces très complexes par quelques étapes couplant des méthodes combinatoires [16]. L'un des avantages de cette méthode est qu'elle permet de tester la qualité de la synthèse des oligomères, et d'étudier précisément les caractéristiques de l'hybridation des acides nucléiques.

Toutes ces méthodes visent une très grande intégration des sondes, jusqu'à plusieurs centaines de milliers d'oligonucléotides différents au centimètre carré, avec un potentiel de miniaturisation très important, et elles présentent l'avantage de synthétiser la séquence choisie sur n'importe quel point de la surface.

2.2.4. Les puces de troisième génération

Il n'était pas question dans le paragraphe précédent de faire la revue exhaustive de tous les développements dans le domaine des puces à ADN. Mais il faut souligner que chaque méthode a ses forces et ses faiblesses et qu'aujourd'hui il reste encore beaucoup à faire pour répondre aux critères idéals de fabrication d'une puce à ADN. On voudrait pouvoir définir et fabriquer une puce très rapidement (quelques heures) ; que cette étape soit programmable afin de pouvoir décider de la séquence et du site à chaque expérience. On aimerait avoir une résolution spatiale permettant de réduire la taille et la quantité de matériel biologique utilisé dans les réactions d'hybridation. On voudrait avoir le choix de fixer en 3 min ou 5 min les sondes avec ou sans éléments intercalants et de la taille désirée, afin de pouvoir tester les différentes méthodes d'hybridation et/ou d'extension enzymatique.

Clairement, il n'existe pas de méthode qui réponde à toutes ces exigences, ce qui ouvre des perpectives de développement. À valeur d'exemple, ce paragraphe fait brièvement état de la synthèse des oligonucléotides par un adressage direct électrochimique et décrit le fonctionnement des puces sur billes.

La synthèse d'oligomères directe par électrochimie est réalisée sur un support solide en contact avec une brosse de microélectrodes permettant d'induire une production d'acide extrêmement localisée, par l'application d'un courant sur chaque électrode, déprotégeant ainsi la molécule ciblée. Ce système permet de contrôler la réaction dans un bain, en minimisant la formation de produit secondaire à chaque étape requise pour la synthèse.
Grâce à cette approche, il est possible d'accéder facilement à n'importe quelle position de la surface et de varier les séquences à la demande, d'une fabrication sur l'autre. Comme dans ce système il n'y a pas de déplacement entre chaque étape de couplage, il n'y a pas de perte d'information entre l'outil d'impression et la surface à traiter, ce qui évite ainsi une dégradation de l'image chimique du composé final. Il s'agit ici d'appliquer des méthodes chimiques classiques, rapides, dont la synthèse ne dépend pas de l'oriention de l'oligonucléotide ou de son analogue, pour lequel des réactifs standards sont disponibles. C'est à l'évidence une méthode qui peut être appliquée à la synthèse d'autres molécules pour générer d'autres types de puces [33], mais qui ne répond pas encore à tous les critères mentionnés.
La technologie s'appuyant sur un assemblage de surface contenant des billes, où chaque bille porte de multiples copies de la séquence d'un gène, semble l'approche qui va révolutionner l'analyse de demain des génomes, aussi bien en termes de séquençage systématique, d'analyse de polymorphismes que de niveau d'expression des gènes.
Le principe consiste en une bille de 3 μm de diamètre, sur laquelle sont fixés : 1) *n* fois le même oligomère correspondant à la séquence du gène que l'on cherche à analyser, 2) une séquence d'identification de la bille [34] (figure 17.2). Une première étude a ainsi été réalisée avec 1 536 billes différentes, chaque type de billes pouvant fixer jusqu'à 70 000 copies de l'oligomère d'intérêt. L'ensemble des billes est ensuite assemblé dans des loges de différentes formes, susceptibles dans la première expérience décrite de contenir jusqu'à 50 000 billes différentes, ce qui revient à avoir en moyenne 30 fois chaque catégorie de billes par loge. Si la preuve du concept a d'abord été évaluée dans des systèmes standards, type plaque à 96 puits, la démarche s'est très rapidement développée sur des supports de type lame de verre, aux dimensions utilisées par toutes les autres technologies, permettant ainsi d'exploiter les systèmes de lecture déjà en place dans les laboratoires. Cette technologie a un potentiel de miniaturisation réel ; elle permet de travailler avec de très petites quantités d'échantillons et d'obtenir des résultats s'appuyant sur des études ayant une « statistique robuste », généralement difficiles à obtenir avec les autres approches. En effet, ces analyses dépendent du nombre d'expériences que l'on peut réaliser et donc de la taille et du nombre d'échantillons biologiques [35].

2.3. Petit recueil d'applications des puces à ADN

Pour conclure, on peut aisément identifier un certain nombre d'applications, qui ne seront pas développées dans la suite de ce chapitre, comme par exemple la détection de la présence de microorganismes pathogènes au sein d'échantillons biologiques, en s'appuyant sur une puce intégrant des cibles spécifiques de chacun de ces microorganismes [36, 37]. Cette approche peut être particulièrement utile dans la détermination de la présence d'organismes pathogènes dans

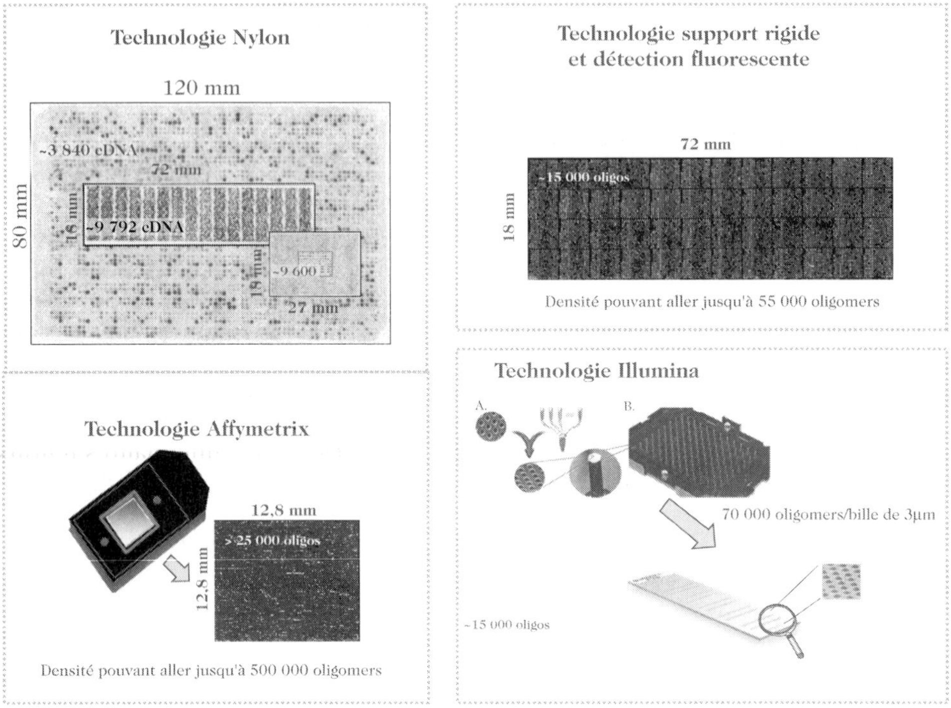

Figure 17.2. Les différents types de puces utilisées aujourd'hui. Les technologies Nylon faisant appel à la détection soit radioactive, soit colorimétrique, ont leurs capacités d'intégration qui dépendent du système de *spotting*, de la réaction physico-chimique du support et du système de détection. Parmi les technologies sur support rigide, on retrouve le pendant des technologies précédentes, mais avec une très grande capacité d'intégration, développées aussi bien dans le monde académique qu'industriel. Les technologies *Affimetrix* et *Illumina* sont des produits du monde industriel. D'après http://www.affymetrix.com/index.affx et d'après http://www.illumina.com/ ; Gunderson et al., *Genome Res.*, **14**, 870-7 (2004).

l'alimentation, lors d'infections, ou simplement dans la détection de certaines souches bactériennes, etc.

Une autre application basée sur le principe de séquençage par hybridation [38], utilisée dans le cadre de la vérification de séquences connues, s'applique maintenant à du séquençage *de novo* grâce à la technologie des billes [39].

Cette méthode de séquençage par hybridation a également été appliquée à la détection de mutations par reséquençage [40], cherchant ainsi à caractériser, dans un échantillon d'ADN, des mutations des gènes d'intérêt impliqués par exemple dans une pathologie. Ce type de puces a été utilisé pour caractériser les variants plus ou moins pathogènes de microorganismes [41], les mutations du génome mitochondrial chez l'homme, les mutations de gènes tels que BRCA1 [42] ou encore le gène de la protéase du VIH [43], etc.

Enfin, la dernière application consiste à caractériser, au sein du génome, les sites de polymorphisme touchant un seul nucléotide, les SNP (*Single Nucleotide Polymorphism*). Ces puces SNP permettent d'interroger simultanément des milliers de points de polymorphisme sur l'ensemble d'un génome et d'en établir des cartes [44]. Elles sont un des outils de la caractérisation des maladies multifactorielles, notamment pour la recherche de liaisons génétiques entre sites de polymorphisme et phénotypes [45, 46].

2.4. Quelques réflexions sur l'analyse des données du transcriptome

L'analyse de données des puces reste encore aujourd'hui la partie la plus difficile à traiter. On distingue différentes étapes ; les premières, liées au choix technologique, sont relativement standardisées, ce qui n'est pas le cas pour les méthodes permettant de conduire à une interprétation pertinente des données.
Pour identifier des gènes candidats d'une voie biologique ou d'une pathologie, les premières approches s'appuient sur des méthodes permettant de filtrer les informations, avec pour objectif, d'une part de réduire la masse de données issues des *microarrays* et, d'autre part, d'éliminer le plus possible de faux positifs.
Il y a eu depuis beaucoup de développements, avec l'émergence de nombreuses nouvelles méthodes d'analyses statistiques de données, dont la pertinence par rapport à la question biologique n'a pas toujours été éprouvée. Ces méthodes nécessitent une coopération entre statisticiens et biologistes, laquelle est difficile par manque de compréhension mutuelle entre ces deux communautés n'utilisant pas les mêmes langages. Aujourd'hui, si les problème rencontrés dans l'analyse de données sont en partie résolus, il n'existe toujours pas de solution « clé en main ». Cela n'a pas découragé la communauté scientifique de se lancer dans l'approche transcriptome, comme en témoigne une analyse du nombre de publications dans *pubmed* entre 1998 et 2004 [47].

2.5. Les applications transcriptomes

La mesure simultanée du niveau d'expression de plusieurs milliers de gènes dans un échantillon biologique est l'application qui a mis l'utilisation des puces à ADN au premier plan dans les approches à grande échelle en biologie.
Cette approche permettant une vision intégrée de la machinerie d'une cellule ou d'un tissu dans son environnement normal, pathologique ou expérimental, a d'abord été utilisée pour identifier des gènes dont la fonction n'était pas connue. Il s'agit alors d'établir un catalogue des gènes exprimés dans des cellules ou tissus d'intérêt, pour permettre au chercheur de sélectioner les meilleurs gènes candidats à la question biologique posée. On parle alors de criblage différentiel quantitatif. Quel que soit le choix technologique, cette approche a été utilisée avec succès, comme en témoignent les nombreuses publications : nous en citerons quelques-unes à titre d'exemple. Le criblage différentiel a permis d'identifier des gènes d'expressions spécifiques du tissu musculaire [48], des gènes associés à une particularité pathologique comme le caractère tumoral [49], ou encore des gènes jouant un rôle fondamental dans une voie de développement comme, par exemple, l'ontogenèse thymique. Dans ce dernier cas, les travaux s'appuient sur des modèles transgéniques chez la souris [50]. La principale limitation de cette méthode est qu'elle ne renseigne pas sur les raisons des modulations d'expression observées. En particulier, certains gènes ont des variations d'expression qui ne sont pas liées à la question ciblée. Ainsi, une analyse s'adressant à plusieurs échantillons du même type, soumis à plusieurs traitements de stimulation et/ou d'inhibition et prélevés à différents moments, apporte plus d'informations biologiques que la simple comparaison entre deux états.
Ce constat a amené la communauté biologique au concept de profil d'expression génique, où l'objectif est de caractériser moléculairement un état donné des

divers échantillons associés à un phénotype, comme par exemple les différents états tumoraux [6, 51]. Dans cette approche, l'analyse comparative des profils a pour but de classifier les échantillons sur la base du transcriptome, avec l'espoir d'identifier de nouveaux sous-types non repérés par des facteurs classiques et pertinents en termes diagnostiques et/ou pronostiques. Quels que soient les outils d'analyse bioinformatiques utilisés, l'objectif est de regrouper les échantillons les plus semblables entre eux sur la base de leur profil d'expression et de regrouper également les gènes ayant des expressions similaires dans les échantillons étudiés. Parmi les différents systèmes de classification qui font encore l'objet de nombreuses recherches en bioinformatique, l'outil le plus utilisé jusqu'à présent est le logiciel de classification hiérarchique développé par Eisen *et al.* à Standford : le programme *cluster* [52] (figure 17.3). Cette méthode mesure le degré de similarité des échantillons et des gènes par le coefficient de corrélation de Pearson, calculé sur la base des niveaux d'expression génique. Ces distances de corrélation permettent de regrouper les profils les plus apparentés entre eux, sous la forme d'un arbre de distance de similarité. Une échelle de couleur est couplée aux mesures d'expression pour permettre la visualisation de la classification de l'ensemble des résultats. Les résultats sont généralement représentés sous la forme d'un tableau en échelle de couleurs.

Dans des situations particulièrement complexes de pathologies multifactorielles humaines, ce traitement des données d'expression permet une classification aussi efficace que les méthodes histocliniques usuelles [53, 54]. Mais surtout, dans certains cas, elle conduit à l'identification de nouveaux critères mieux corrélés avec le devenir des patients [55, 56].

L'analyse du profil d'expression permet d'associer simultanément une analyse « diagnostique » d'un état et une identification de gènes candidats pouvant répondre à la question biologique posée (cible thérapeutique, gène de régulation d'une voie métabolique, etc.). Dans ce contexte, avec l'idée de réaliser un criblage différentiel performant, certaines équipes ont physiquement microdisséqué les échantillons de tissus, afin d'analyser des profils d'expression de régions homogènes. L'objectif étant de minimiser le nombre de gènes « *irrelevants* » résultant de la complexité des tissus [57, 58]. Parallèlement s'est développé le concept inverse où l'on cherche à réaliser la microdissection des tissus par le profil d'expression. Cette idée originale, appréhendée par le biais de lignées cellulaires isolées à partir de différents tissus, s'appuie sur le fait qu'il doit y avoir une connexion logique entre la fonction d'un gène et son profil d'expression dans les différents tissus ; le corrolaire étant que l'expression d'un gène dont la fonction est connue peut révéler un nouvel aspect du phénotype d'une cellule ou d'un tissu [59].

On arrive ainsi à la notion de microdissection virtuelle, documentée dans les travaux de notre équipe [60]. Ces travaux s'appuient sur des modèles de souris transgéniques invalidées pour des gènes impliqués dans l'ontologie du développement thymocytaire. Cette étude a montré que l'on pouvait microdisséquer virtuellement les régions d'un organe aussi complexe que le thymus. Ces profils d'expression ont identifié différents compartiments cellulaires, types cellulaires, dans leurs divers états au cours du développement. De plus, elle a montré que la méthode permet de révéler une partie des voies de régulation qui gouvernent le fonctionnement des cellules et des tissus.

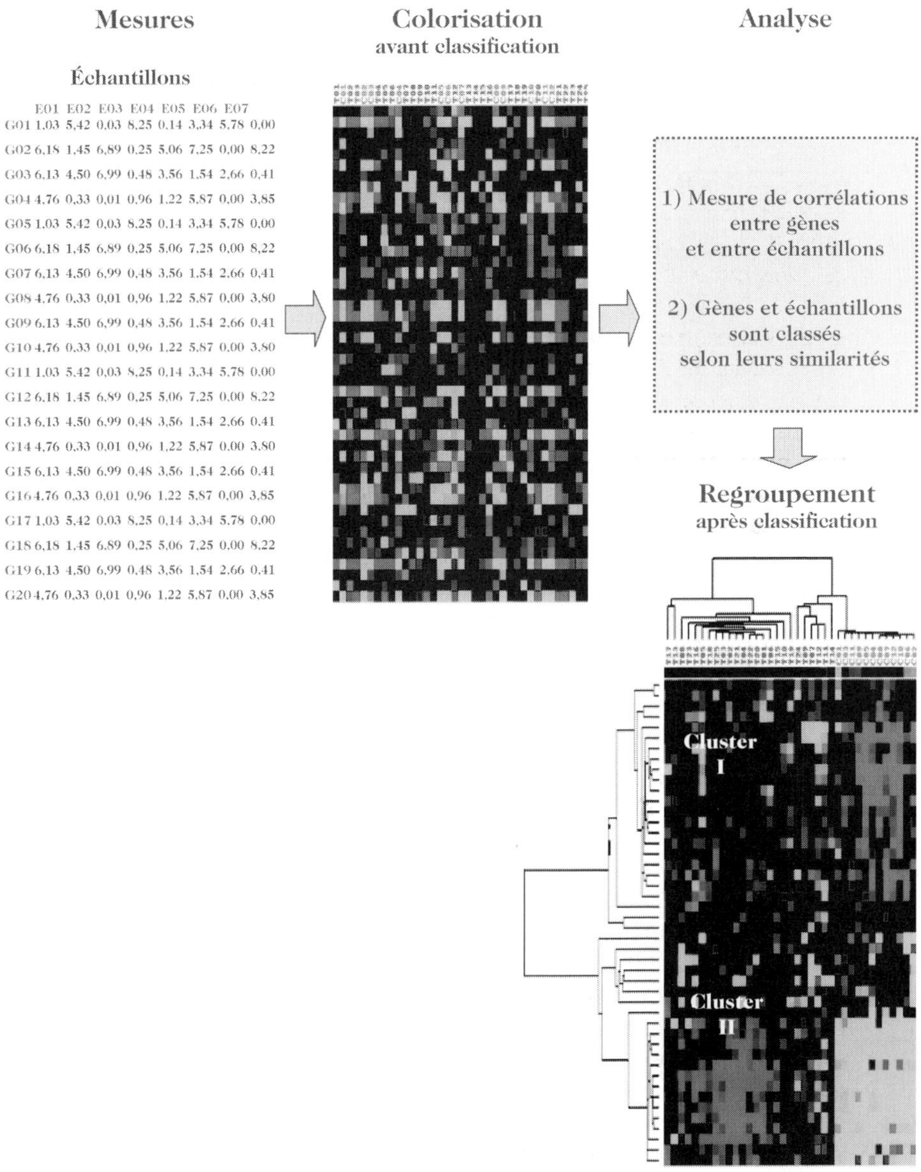

Figure 17.3. Schéma du protocole d'analyse par la méthode de classification hiérarchique. Voir le cahier couleurs au milieu de l'ouvrage.

Dans cette dernière application du transcriptome, qui concerne la caractérisation des voies de régulation, on n'a aucune difficulté à faire un catalogue des études où sont associés les profils d'expression et des voies de régulations (figure 17.4). On y retrouve des études s'appuyant sur des mutants d'inactivation génique bloquant la signalisation d'une cascade métabolique, ainsi que toutes les approches s'intéressant à des cinétiques de réponses à des effecteurs. Ces dernières permettent de mettre en évidence des vagues successives de gènes activés ou réprimés sur la voie métabolique de la molécule ciblée, ainsi que sur d'autres voies corégulées.

Ce type d'analyse permet non seulement d'établir une vision plus claire de l'activité cellulaire dans diverses conditions, mais aussi de déceler différents points potentiels d'intervention thérapeutique au sein de la cellule.

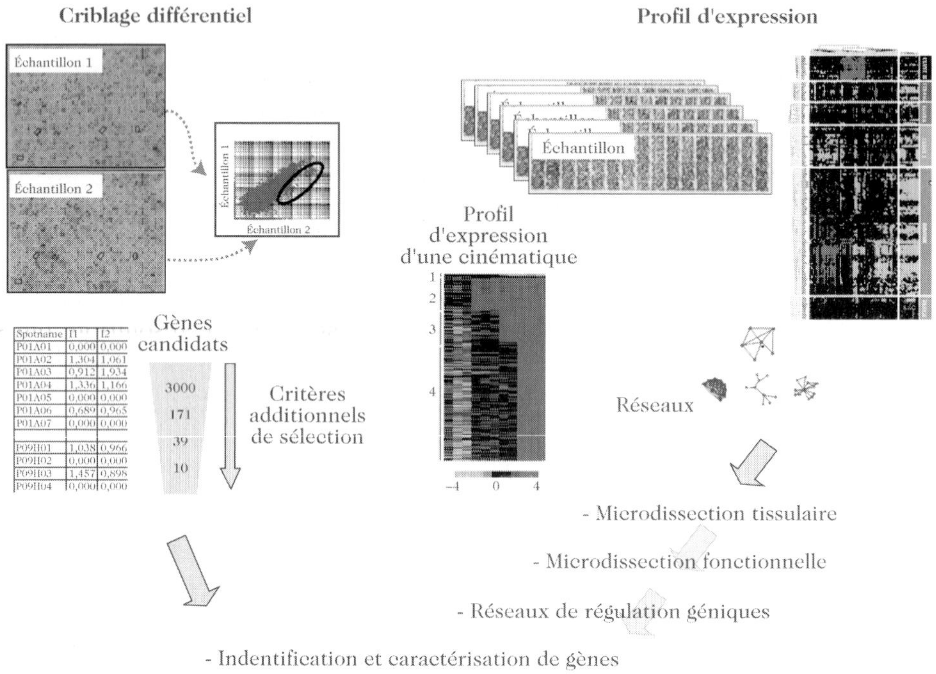

Figure 17.4. Schéma résumant les différentes applications en fonction du type d'analyse s'appuyant sur le niveau d'expression des gènes.

Pour conclure, il apparaît de plus en plus évident que les gènes dont le profil d'expression est similaire, autrement dit coexprimés, ont une forte probabilité d'avoir des mécanismes communs de régulation. L'un des mécanismes de corégulation engage des séquences cibles dans les promoteurs des gènes, ces séquences pouvant être identiques ou similaires et reconnues par un/des facteur(s) de transcription commun(s), comme cela a été montré chez la levure [61]. Ce type d'approche, combinant puces à ADN, algorithmes de classification hiérarchique et recherche systématique de motifs consensus d'ADN dans des promoteurs potentiels, peut permettre la détermination de réseaux de régulation transcriptionnelle dans des organismes séquencés [62].

Dans la première partie de ce chapitre consacré aux puces à ADN, nous avons longuement évoqué les applications en analyse du transcriptome. Dans cette deuxième partie, nous passerons en revue d'autres applications des puces à ADN (voir le tableau 17.1), au-delà du transcriptome, en expliquant leur principe de fonctionnement et en donnant des exemples qui illustrent leur utilisation en recherche biomédicale.

3. Puces à ADN : au-delà du transcriptome

3.1. Puce-CGH

3.1.1. Principe

La CGH (*Comparative Genome Hybridization*) permet d'étudier, dans des cellules en métaphase, les réarrangements chromosomiques de grandes tailles, tels que les duplications de gènes ou les délétions. Cette approche utilise un ADN de référence et un ADN test marqué avec deux marqueurs fluorescents différents, qui sont ensuite hybridés de manière compétitive sur des chromosomes normaux en métaphase de cellules préalablement déposées sur une lame de microscope [63]. Le ratio de fluorescence détecté indique le nombre relatif de chaque copie d'ADN dans l'ADN test, par rapport à l'ADN de référence. Cependant, le facteur limitant de cette approche et de ses applications reste la faible résolution, qui se situe autour de 5 à 10 Mbases pour les délétions et de 2 Mb pour les amplifications. Plus récemment, ce problème a été résolu en partie grâce aux « puces-CGH » : de la CGH sur puce, qui offre une bien meilleure résolution. Cette technologie est basée sur le même principe que la CGH classique, mais des clones génomiques (fragments d'ADN génomique clonés dans un plasmide) sont ordonnés puis déposés sur une puce (figure 17.5). La première « puce-CGH » a été décrite dès 1997 [64]. La première puce couvrant l'ensemble du génome humain avec 3 360 clones d'ADNc a été utilisée pour cartographier les amplifications et les délétions de gènes dans le cancer du sein chez l'homme [65]. La « puce-CGH » est actuellement la méthode la plus efficace pour détecter et localiser des gains ou des pertes de matériel génétique simultanément. De nombreuses études utilisent cette technique, notamment en cancérologie.

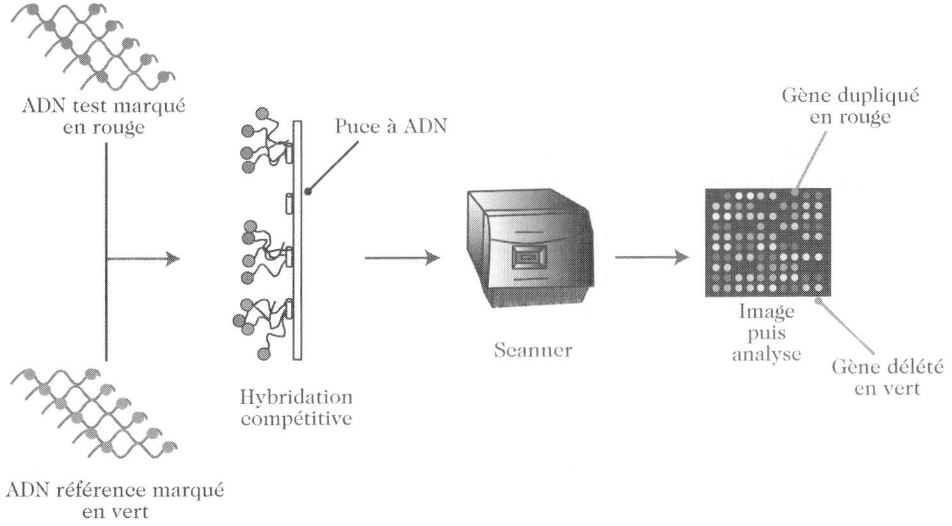

Figure 17.5. Principe de la « puce-CGH ». Le dépôt est réalisé par un robot muni d'une matrice de 48 aiguilles creuses de 80 μm de diamètre qui déposent environ 1 nL de sondes sur chaque spot de la puce. Les sondes déposées sur la puce sont soit des BAC (*Bacterial Artificial Chromosome*), soit des oligonucléotides. La cible est l'ADN génomique extrait des cellules. L'objectif est d'étudier les réarrangements chromosomiques (duplication ou délétion de gènes) dans le génome testé. Voir le cahier couleurs au milieu de l'ouvrage.

Les « puces-CGH » présentent de nombreux avantages. Ainsi, il n'est pas nécessaire de travailler sur des cellules en division comme pour la CGH conventionnelle. Le génome entier peut être analysé en une seule expérience, au lieu de mille expériences de FISH (*fluorescent in situ hybridization*) indépendantes. La résolution est bien meilleure : elle varie entre 1 et 5 Mb, mais pourrait descendre vers 100 kb en déposant plus de clones sur la puce. La puce est très spécifique et génère très peu de faux positifs et pratiquement pas de faux négatifs. Elle offre également une meilleure sensibilité que la CGH conventionnelle. Enfin, la technologie est rapide car une partie de la procédure est automatique. Le nombre de clones sur la puce, de même que le choix de la méthode d'amplification des clones, sont cruciaux pour la qualité finale des expériences. Les « puces-CGH » présentent aussi un certain nombre de limitations, comme par exemple l'incapacité de détecter des aberrations chromosomiques qui ne se traduisent pas par des changements significatifs du nombre de copies des gènes. Le bruit de fond et la qualité des clones peuvent aussi limiter leur potentiel.

3.1.2. Applications

La CGH est aujourd'hui la méthode la plus efficace pour détecter et localiser toutes sortes d'aberrations chromosomiques résultant de gains ou de pertes de matériel génétique. Cependant, nous ne traiterons ici que de quelques applications spécifiques des « puces-CGH ».

Le syndrome de Prader-Willi (PWS) résulte de délétions de 3 à 5 Mb sur le chromosome 15. Ces délétions ne sont pas détectables par la CGH traditionnelle. À l'aide d'une puce couvrant tout le génome humain avec une résolution de 1 Mb, il a été possible de détecter chez trois patients des délétions allant de 1,5 à 2,9 Mb dans la région suspectée du chromosome 15 [66]. De même, nous avons développé, en collaboration avec une équipe de l'Institut Gustave Roussy, une puce qui permet la détection d'aberrations non détectables par les méthodes traditionnelles chez des patients atteints de neuroblastome [67].

L'atrésie congénitale de l'oreille (CAA) a été fréquemment décrite chez des patients présentant des anomalies chromosomiques, notamment des délétions sur le bras long du chromosome 18 ; cependant, la région spécifiquement impliquée restait inconnue. En utilisant une puce spécifique du chromosome 18, il a été possible de définir une région candidate pour la CAA. En effet, il a été trouvé chez 20 patients une région commune de 5 Mb, sur le chromosome 18, systématiquement absente chez tous les patients [68].

3.2. ChIP on chip

3.2.1. Principe

Bien qu'il n'existe pas de bonne traduction, le terme anglais est relativement explicite sur le principe de cette méthode, l'immunoprécipitation de chromatine sur puce (figure 17.6). Ces puces permettent d'étudier les sites de fixation de protéines sur l'ADN. C'est le cas par exemple des facteurs de transcription, des histones, des enzymes de réparation de l'ADN, etc. Grâce aux puces, il est possible à présent de caractériser en une seule expérience tous les sites de fixation d'une

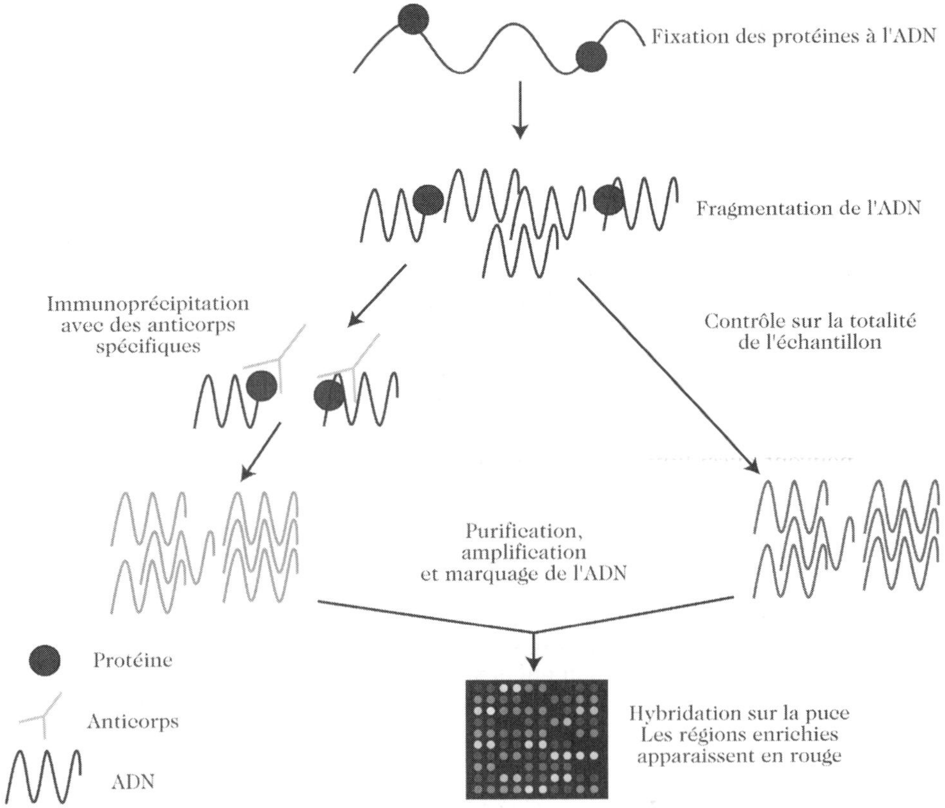

Figure 17.6. Principe de la technologie « ChIP on chip » : l'immunoprécipitation de chromatine (ChIP) sur puce (on chip). Les sondes sont des oligonucléotides ou des produits de PCR spécifiques de régions intergéniques ou de régions spécifiques situées en dehors des gènes. Les dépôts sur la puce sont réalisés par un robot muni d'aiguilles, dans les mêmes conditions que pour les « puces-CGH ». Les cibles sont les produits de PCR issus de l'immunoprécipitation de chromatine avec un anticorps spécifique de la protéine étudiée. Grâce à cette technologie, il est possible de localiser et d'étudier tous les sites de fixation d'une protéine d'intérêt sur l'ensemble du génome. Voir le cahier couleurs au milieu de l'ouvrage.

protéine d'intérêt, à un instant donné, sur l'ensemble d'un génome. Des cellules sont lysées, puis la chromatine est isolée et fragmentée par sonication pour générer des fragments d'ADN d'environ 1 kb. Les fragments de chromatine sont ensuite immunoprécipités par un anticorps spécifique dressé contre la protéine d'intérêt. Les protéines sont éliminées du précipitat, puis l'ADN est amplifié, en incorporant des nucléotides marqués pour permettre le suivi des cibles. Cet ADN amplifié et marqué est hybridé sur des puces, sur lesquelles ont été déposées au préalable, à l'aide d'un robot de microdépôts, toutes les régions d'intérêt situées en dehors des cadres de lecture (ORF). Cela peut être les régions intergéniques, comme chez la levure par exemple, ou des régions promotrices comme chez les eucaryotes supérieurs. Après hybridation, les puces sont lues avec un scanner traditionnellement utilisé pour les « puces transcriptome ». L'analyse consiste ensuite à déterminer les régions enrichies par l'immunoprécipitation. En effet, ces régions correspondent à des zones sur lesquelles s'est préférentiellement fixée la protéine étudiée.

3.2.2. Applications

Les réseaux de régulation génétique

Les facteurs de transcription sont des protéines qui contrôlent la différenciation, le développement, le cycle cellulaire et d'autres grandes fonctions biologiques, en modulant l'expression des gènes. Pour ce faire, ils agissent sur des éléments régulateurs placés en amont des gènes, soit par fixation directe sur ces éléments, soit de manière indirecte, par interactions avec d'autres facteurs liés à ces éléments de régulation. Il existe plusieurs méthodes pour identifier les gènes cibles d'un facteur de transcription. Une des méthodes consiste à caractériser des éléments régulateurs potentiels en amont de certains gènes par une analyse bioinformatique des séquences, mais à cause de la dégénérescence du code génétique, ces éléments régulateurs sont parfois difficiles à identifier. Les approches bioinformatiques sont aussi limitées dans la capacité à caractériser les éléments de régulation plus complexes. En outre, si l'effet du régulateur se fait via l'interaction avec d'autres protéines, les éléments régulateurs resteront indétectables par bioinformatique. La méthode de « ChIP on chip » fournit donc une stratégie particulièrement intéressante, voire incontournable, pour identifier les gènes cibles d'un facteur de transcription.

Les « ChIP on chip » ont récemment été utilisées, notamment chez la levure, pour étudier par exemple les sites de fixation de l'ARN polymérase III sur le génome de la levure [69], ou bien encore les sites de fixation de facteurs de transcription [70]. Chez l'homme, en revanche, la situation est beaucoup plus délicate, car les régions intergéniques sont très longues et mal définies. Plusieurs approches sont possibles pour contourner ce problème. Il est possible d'utiliser sur une puce des produits de PCR correspondant aux régions proximales des promoteurs. C'est aussi la stratégie que nous avons préférée dans notre laboratoire. D'autres équipes utilisent des puces sur lesquelles sont déposés des îlots CpG, considérant que ces derniers sont surtout présents dans les régions promotrices des gènes. Grâce à ces outils, divers travaux ont permis de caractériser les réseaux de régulation du cycle cellulaire [71] ou ceux de la formation des muscles [72].

Tableau 17.2. Les différentes puces pour le « ChIP on chip ». Abréviations : AC = anticorps ; îlots CpG = régions de l'ADN riches en G et en C.

Type de Puce	Avantages	Inconvénients
ChIP sur les îlots CpG	Puces faciles à fabriquer	Cibles faiblement définies, mauvaise annotation des clones, limité par les performances des AC, faible résolution
ChIP sur les régions promotrices	Puces faciles à fabriquer, sondes parfaitement caractérisées et annotées	Limité par la performance des AC. Présence d'un biais
ChIP sur des puces oligonucléotides	Haute résolution, moins de biais	Coût très élevé. Très gourmand en matériel biologique

Épigénétique et modelage de la chromatine

Sur le même type de puces, d'autres protéines peuvent aussi être étudiées ; c'est le cas par exemple des protéines de la chromatine, les histones notamment, ou des enzymes de modification de l'ADN, telles que les méthylases. Ainsi, il a été possible de cartographier les sites de fixation des protéines interagissant spécifiquement avec les sites 5mCpG (méthylation en 5' de la cytosine) pour identifier de nouvelles cibles d'une inactivation épigénétique dans les cancers [73]. Des cartes génomiques de la modification des histones dans les cellules de mammifères commencent aussi à apparaître ; c'est le cas par exemple pour les di- et triméthylation de la lys4 de la protéine H3 et pour l'acétylation d'H3 dans les cellules humaines. Enfin, le groupe de protéines polycomb (PcG) forme des complexes d'hétérochromatine. Plusieurs sites de fixation des PcG ont été identifiés chez l'homme par intégration de résultats de « ChIP on chip » et d'analyse du transcriptome [74].

3.3. Quand les puces à ADN deviennent des puces à cellules

3.3.1. Principe de la transfection massivement parallèle sur puce

L'analyse à haut débit du gain et de la perte de fonction d'un gène dans des cultures cellulaires, pour déterminer par exemple la fonction des gènes inconnus, passe par une étape de transfection « inverse » et simultanée de plusieurs milliers d'acides nucléiques différents sur puce [75]. Très souple et d'un coût réduit, ce format dérivé des puces à ADN consiste à déposer des plasmides mélangés à un polymère et à un agent de transfection sur une lame de verre, au moyen d'un robot traditionnellement utilisé pour la fabrication des puces à ADN. La puce est ensuite placée dans une fiole de culture et recouverte d'une couche monocellulaire de cellules adhérentes. Les acides nucléiques déposés sur la lame vont alors diffuser localement et pénétrer dans les cellules en contact direct avec le dépôt, d'où l'appellation de transfection inverse [76] (figure 17.7).

Puces à vecteurs d'expression

Grâce à la transfection massivement parallèle sur puce, des collections entières de gènes humains, clonés dans un vecteur d'expression, peuvent être transfectées pour étudier l'effet du gain de fonction de chacun des gènes, grâce à la synthèse de la protéine correspondante dans des îlots de cellules transfectées. Il est alors possible d'analyser les phénotypes d'intérêt (apoptose, prolifération, etc.) résultant de cet excès de protéine dans les îlots de cellules. Ainsi, notre équipe dispose d'une collection de 16 000 ADN complémentaires (ADNc) (dont 70 % sont de pleine longueur) clonés sous le contrôle d'un promoteur fort permettant une synthèse exacerbée du produit des gènes.

Puces à siARN

La découverte de l'ARN interférence (ARNi) permet l'extinction systématique *in vitro* de l'expression d'un gène dans des cellules d'eucaryotes, ce qui était jusqu'alors particulièrement difficile [77, 78]. Plus récemment, il s'est avéré que les « *short interfering RNA* » ou siARN permettaient une extinction très efficace dans les cellules de mammifères [77]. Même si l'utilisation de l'ARNi diffère de la technologie « *knock-out* », dans la mesure où l'extinction complète de l'expression du gène est difficile, cette caractéristique n'est pas forcément problématique et peut même constituer un avantage majeur pour étudier les protéines dont l'absence totale s'avérerait létale pour la cellule. En outre, l'induction temporelle de l'extinction grâce aux ARNi permet de réaliser des cinétiques d'extinction graduelle

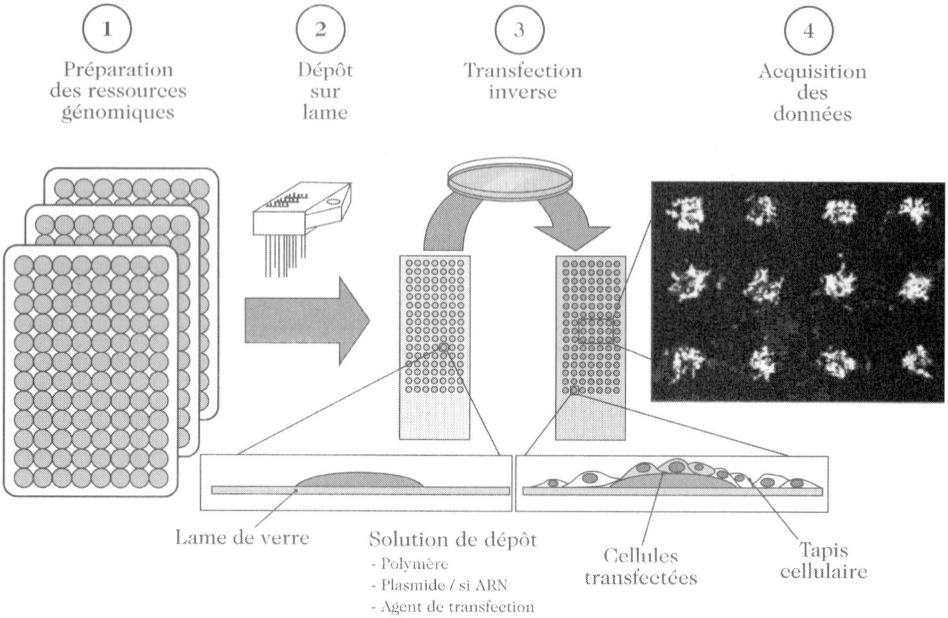

Figure 17.7. Puce à cellules. Les sondes sont des acides nucléiques (vecteur d'expression ou ARN interférent) déposés mécaniquement sur la puce comme pour les « ChIP on chip ». Les dépôts font entre 200 μm et 400 μm de diamètre. Les cibles sont des cellules déposées en monocouche sur la puce. L'objectif est d'obtenir des milliers d'îlots de cellules transfectées par ces différents acides nucléiques et d'étudier leur phénotype.

du gène étudié et éventuellement d'en observer les effets initiaux. Il est donc possible d'utiliser les puces à cellules pour transfecter des milliers de siARN en parallèle et d'analyser les phénotypes d'intérêt résultant de l'absence de la protéine dans les îlots de cellules modifiées. Nous disposons aujourd'hui d'une collection de 1 800 siARN et nous espérons à terme obtenir une collection qui comporte un siARN pour chacun des gènes humains. Alternativement, il est aussi possible de transfecter des plasmides permettant la transcription *in vivo* de l'ARN interférent (« *short hairpin RNA* » ou shRNA). Ces vecteurs particuliers peuvent supprimer l'expression d'un gène de la même manière qu'un siARN.

3.3.2. Applications

Explorations fonctionnelles des génomes

Les perturbations cellulaires engendrées dans des cellules cultivées sur ce type de puces peuvent être suivies selon plusieurs approches. Une fois le tapis cellulaire fixé, l'analyse phénotypique résultant du gain ou de la perte de fonction des gènes peut être effectuée par : immunofluorescence (IF) à l'aide d'anticorps spécifiques de cibles d'intérêt, hybridation *in situ* pour localiser au niveau subcellulaire des ARN messagers, et autoradiographie pour suivre des biomolécules ou un principe actif marqués avec un radionucléide. Mais l'analyse peut également se porter sur des cellules vivantes et en temps réel pour suivre différentes fonctions cellulaires, telles que la division, la synthèse et la translocation de protéines, les flux de calcium intracellulaire, la synthèse d'ATP, etc.

Plusieurs aspects de la vie cellulaire peuvent ainsi être élucidés sur puces. La prolifération cellulaire (de cellules primaires ou de lignées) est suivie par immunofluorescence dirigée contre la protéine PCNA (« *Proliferating Cell Nuclear Antigen* »), naturellement exprimée dans des cellules en prolifération, mais également contre un nucléotide modifié ajouté au milieu (5-bromo-2'-désoxyuracile) incorporé dans l'ADN cellulaire lors de la phase S. La différenciation est suivie également par IF en choisissant d'autres marqueurs spécifiques du type cellulaire étudié, comme par exemple la desmine dans des cellules myogéniques. L'apoptose, quant à elle, est suivie à l'aide d'un inhibiteur de caspases (de l'anglais *cysteinyl-aspartate-cleaving proteases*) marqué par un fluorophore. À défaut de fournir des indications précises sur les mécanismes moléculaires impliqués dans les phénotypes étudiés, ces analyses devraient cependant permettre d'accélérer significativement l'annotation fonctionnelle du génome.

Autres applications

Les applications des puces à cellules ne se limitent pas à l'exploration fonctionnelle. Différents types d'événements cellulaires peuvent être étudiés grâce à des gènes rapporteurs. Les puces à cellules sont adaptables à la mesure de l'affinité potentielle d'un ligand pour des protéines réceptrices exprimées à la surface des cellules transfectées. Il suffit pour cela de déposer sur la puce les vecteurs d'expression de la collection de protéines étudiées et de suivre la fixation du ligand sur les îlots de cellules qui les expriment. La possibilité de réaliser des criblages à haut débit, tout en utilisant de très faibles volumes, rend ce format de biopuces particulièrement attractif pour l'industrie pharmaceutique. Sur la même base, on peut également envisager la caractérisation de récepteurs viraux inconnus sur les membranes des cellules humaines.

3.4. Futurs développements et conclusion

Nous sommes en train d'assister à l'émergence d'une nouvelle génération de puces à ADN à haute résolution et à haut débit. Dans le futur, il est vraisemblable que des puces avec de longs oligonucléotides (de 50 à 100 bases) remplaceront les puces contenant des BAC ou des produits de PCR (*Polymerase Chain Reaction*), comme c'est déjà le cas pour les analyses du transcriptome. Ces développements permettront d'accroître considérablement la résolution et la couverture des génomes, à un coût raisonnable. Parallèlement devraient être développées des sondes fluorescentes plus efficaces et des chimies de surface qui permettront un renfort de fluorescence, une augmentation de la sensibilité et du rapport signal/bruit. En conséquence, ces puces devraient être plus reproductibles. Enfin, le nombre de spots par unité de surface devrait augmenter pour atteindre des millions de spots sur une puce standard. Il est donc probable que les développements futurs permettront l'analyse quasi simultanée du transcriptome, des réarrangements chromosomiques, des protéines se fixant à l'ADN, sur une seule puce et pour un génome entier, avec une résolution de 1 kb à 3 kb.

Bibliographie

[1] GRESS T.M., HOHEISEL J.D., LENNON G.G., ZEHETNER G. et LEHRACH H., « Hybridization fingerprinting of high-density cDNA-library arrays with cDNA pools derived from whole tissues », *Mamm Genome*, **3**, 609-19 (1992).

[2] NGUYEN C., ROCHA D., GRANJEAUD S., BALDIT M., BERNARD K., NAQUET P. et JORDAN B.R., « Differential gene expression in the murine thymus assayed by quantitative hybridization of arrayed cDNA clones », *Genomics*, **29**, 207-16 (1995).

[3] SCHENA M., SHALON D., DAVIS R.W. et BROWN P.O., « Quantitative monitoring of gene expression patterns with a complementary DNA microarray », *Science*, **270**, 467-70 (1995a).

[4] LOCKHART D.J., DONG H., BYRNE M.C., FOLLETTIE M.T., GALLO M.V., CHEE M.S., MITTMANN M., WANG C., KOBAYASHI M., HORTON H. et al., « Expression monitoring by hybridization to high-density oligonucleotide arrays », *Nat Biotechnol*, **14**, 1675-80 (1996a).

[5] GOLUB T.R., SLONIM D.K., TAMAYO P., HUARD C., GAASENBEEK M., MESIROV J.P., COLLER H., LOH M.L., DOWNING J.R., CALIGIURI M.A. et al., « Molecular classification of cancer : class discovery and class prediction by gene expression monitoring », *Science*, **286**, 531-7 (1999).

[6] BERTUCCI F., HOULGATTE R., BENZIANE A., GRANJEAUD S., ADELAIDE J., TAGETT R., LORIOD B., JACQUEMIER J., VIENS P., JORDAN B. et al., « Gene expression profiling of primary breast carcinomas using arrays of candidate genes », *Hum Mol Genet*, **9**, 2981-91 (2000).

[7] PEROU C.M., SORLIE T., EISEN M.B., VAN DE RIJN M., JEFFREY S.S., REES C.A., POLLACK J.R., ROSS D.T., JOHNSEN H., AKSLEN L.A. et al., « Molecular portraits of human breast tumours », *Nature*, **406**, 747-52 (2000).

[8] BISHOP J.O., « Molecular hybridization of ribonucleic acid with a large excess of deoxyribonucleic acid », *Biochem J*, **126**, 171-85 (1972).

[9] GILLESPIE D. et SPIEGELMAN S., « A quantitative assay for DNA-RNA hybrids with DNA immobilized on a membrane », *J Mol Biol*, **12**, 829-42 (1965).

[10] SCHENA M., SHALON D., HELLER R., CHAI A., BROWN P.O. et DAVIS R.W., « Parallel human genome analysis : microarray-based expression monitoring of 1000 genes », *Proc Natl Acad Sci USA*, **93**, 10614-9 (1996).

[11] TAKAHASHI N., HASHIDA H., ZHAO N., MISUMI Y. et SAKAKI Y., « High-density cDNA filter analysis of the expression profiles of the genes preferentially expressed in human brain », *Gene*, **164**, 219-27 (1995).

[12] GRANJEAUD S., BERTUCCI F. et JORDAN B.R., « Expression profiling : DNA arrays in many guises », *Bioessays*, **21**, 781-790 (1999).

[13] LORIOD B., VICTORERO G et NGUYEN C., *cDNA micro (and macro) arrays with radioctive detection*, Heidelberg, Springer-Verlag (2000).

[14] Duggan D.J., Bittner M., Chen Y., Meltzer P. et Trent J.M., « Expression profiling using cDNA microarrays », *Nat Genet*, **21**, 10-4 (1999).

[15] Cheung V.G., Morley M., Aguilar F., Massimi A., Kucherlapati R. et Childs G., « Making and reading microarrays », *Nat Genet*, **21**, 15-9 (1999).

[16] Southern E., Mir K. et Shchepinov M., « Molecular interactions on microarrays », *Nat Genet*, **21**, 5-9 (1999).

[17] Adams M.D., Kelley J.M., Gocayne J.D., Dubnick M., Polymeropoulos M.H., Xiao H., Merril C.R., Wu A., Olde B., Moreno R.F. et al., « Complementary DNA sequencing : expressed sequence tags and human genome project », *Science*, **252**, 1651-6 (1991).

[18] Okubo K., Hori N., Matoba R., Niiyama T. et Matsubara K., « A novel system for large-scale sequencing of cDNA by PCR amplification », *DNA Seq*, **2**, 137-44 (1991).

[19] Auffray C., Behar G., Bois F., Bouchier C., Da Silva C., Devignes M.D., Duprat S., Houlgatte R., Jumeau M.N., Lamy B. et al., « [*IMAGE* : molecular integration of the analysis of the human genome and its expression] », *C. R. Acad Sci III*, **318**, 263-72 (1995).

[20] Lennon G., Auffray C., Polymeropoulos M. et Soares M. B., « The *IMAGE* Consortium : an integrated molecular analysis of genomes and their expression », *Genomics*, **33**, 151-2 (1996).

[21] Schuler G.D., Boguski M.S., Stewart E.A., Stein L.D., Gyapay G., Rice K., White R.E., Rodriguez-Tome P., Aggarwal A., Bajorek E. et al., « A gene map of the human genome », *Science*, **274**, 540-6 (1996).

[22] Lockhart D.J., Dong H., Byrne M.C., Follettie M.T., Gallo M.V., Chee M.S., Mittmann M., Wang C., Kobayashi M., Horton H. et al., « Expression monitoring by hybridization to high-density oligonucleotide arrays [see comments] », *Nat Biotechnol*, **14**, 1675-80 (1996b).

[23] Rouillard J.M., Zuker M. et Gulari E., « OligoArray 2.0 : design of oligonucleotide probes for DNA microarrays using a thermodynamic approach », *Nucleic Acids Res*, **31**, 3057-62 (2003).

[24] Bertucci F., Bernard K., Loriod B., Chang Y. C., Granjeaud S., Birnbaum D., Nguyen C., Peck K. et Jordan B. R., « Sensitivity issues in DNA array-based expression measurements and performance of nylon microarrays for small samples », *Hum Mol Genet*, **8**, 1715-22 (1999).

[25] Schena M., Shalon D., Davis R.W. et Brown P.O., « Quantitative monitoring of gene expression patterns with a complementary DNA microarray [see comments] », *Science*, **270**, 467-70 (1995b).

[26] Shalon D., Smith S.J. et Brown P.O., « A DNA microarray system for analyzing complex DNA samples using two- color fluorescent probe hybridization », *Genome Res*, **6**, 639-45 (1996).

[27] Blanchard A.P., Kaiser R.J. et Leroy L.E., « Synthetic DNA arrays », *Biosensors and Bioelectronics*, **11**, 687-690 (1996).

[28] HUGHES T.R., MAO M., JONES A.R., BURCHARD J., MARTON M.J., SHANNON K.W., LEFKOWITZ S.M., ZIMAN M., SCHELTER J.M., MEYER M.R. et al., « Expression profiling using microarrays fabricated by an ink-jet oligonucleotide synthesizer », *Nat Biotechnol*, **19**, 342-7 (2001).

[29] MCGALL G., LABADIE J., BROCK P., WALLRAFF G., NGUYEN T. et HINSBERG W., « Light-directed synthesis of high-density oligonucleotide arrays using semiconductor photoresists », *Proc Natl Acad Sci USA*, **93**, 13555-60 (1996).

[30] LIPSHUTZ R.J., FODOR S.P., GINGERAS T.R. et LOCKHART D.J., « High density synthetic oligonucleotide arrays », *Nat Genet*, **21**, 20-4 (1999).

[31] SINGH-GASSON S., GREEN R.D., YUE Y., NELSON C., BLATTNER F., SUSSMAN M.R. et CERRINA F., « Maskless fabrication of light-directed oligonucleotide microarrays using a digital micromirror array », *Nat Biotechnol*, **17**, 974-8 (1999).

[32] SAMPSELL J., « Digital micromirror device and its application to projection displays », *J. Vac. Sci.Technol.*, **B12**, 324263246 (1994).

[33] EGELAND R.D. et SOUTHERN E. M., « Electrochemically directed synthesis of oligonucleotides for DNA microarray fabrication », *Nucleic Acids Res*, **33**, e125 (2005).

[34] GUNDERSON K.L., KRUGLYAK S., GRAIGE M.S., GARCIA F., KERMANI B.G., ZHAO C., CHE D., DICKINSON T., WICKHAM E., BIERLE J. et al., « Decoding randomly ordered DNA arrays », *Genome Res*, **14**, 870-7 (2004).

[35] KUHN K., BAKER S.C., CHUDIN E., LIEU M.H., OESER S., BENNETT H., RIGAULT P., BARKER D., MCDANIEL T.K. et CHEE M.S., « A novel, high-performance random array platform for quantitative gene expression profiling », *Genome Res*, **14**, 2347-56 (2004).

[36] BEHR M.A., WILSON M.A., GILL W.P., SALAMON H., SCHOOLNIK G.K., RANE S. et SMALL P.M., « Comparative genomics of BCG vaccines by whole-genome DNA microarray », *Science*, **284**, 1520-3 (1999).

[37] SALAZAR N.M. et CAETANO-ANOLLES G., « Nucleic acid scanning-by-hybridization of enterohemorrhagic Escherichia coli isolates using oligodeoxynucleotide arrays », *Nucleic Acids Res*, **24**, 5056-7 (1996).

[38] DRMANAC S., KITA D., LABAT I., HAUSER B., SCHMIDT C., BURCZAK J. D. et DRMANAC R., « Accurate sequencing by hybridization for DNA diagnostics and individual genomics », *Nat Biotechnol*, **16**, 54-8 (1998).

[39] BRENNER S., JOHNSON M., BRIDGHAM J., GOLDA G., LLOYD D.H., JOHNSON D., LUO S., MCCURDY S., FOY M., EWAN M. et al., « Gene expression analysis by massively parallel signature sequencing (MPSS) on microbead arrays », *Nat Biotechnol*, **18**, 630-4 (2000).

[40] HACIA J. G., « Resequencing and mutational analysis using oligonucleotide microarrays », *Nat Genet*, **21**, 42-7 (1999).

[41] TROESCH A., NGUYEN H., MIYADA C.G., DESVARENNE S., GINGERAS T.R., KAPLAN P.M., CROS P. et MABILAT C., « Mycobacterium species identification and rifampin resistance testing with high-density DNA probe arrays », *J Clin Microbiol*, **37**, 49-55 (1999).

[42] HACIA J.G., BRODY L.C., CHEE M.S., FODOR S.P. et COLLINS F.S., « Detection of heterozygous mutations in BRCA1 using high density oligonucleotide arrays and two-colour fluorescence analysis », *Nat Genet*, **14**, 441-7 (1996).

[43] KOZAL M.J., SHAH N., SHEN N., YANG R., FUCINI R., MERIGAN T.C., RICHMAN D.D., MORRIS D., HUBBELL E., CHEE M. et al., « Extensive polymorphisms observed in HIV-1 clade B protease gene using high-density oligonucleotide arrays », *Nat Med*, **2**, 753-9 (1996).

[44] WANG D.G., FAN J.B., SIAO C.J., BERNO A., YOUNG P., SAPOLSKY R., GHANDOUR G., PERKINS N., WINCHESTER E., SPENCER J. et al., « Large-scale identification, mapping, and genotyping of single-nucleotide polymorphisms in the human genome », *Science*, **280**, 1077-82 (1998).

[45] CHESLER E.J., LU L., SHOU S., QU Y., GU J., WANG J., HSU H.C., MOUNTZ J.D., BALDWIN N.E., LANGSTON M.A. et al., « Complex trait analysis of gene expression uncovers polygenic and pleiotropic networks that modulate nervous system function », *Nat Genet*, **37**, 233-42 (2005).

[46] HUBNER N., WALLACE C.A., ZIMDAHL H., PETRETTO E., SCHULZ H., MACIVER F., MUELLER M., HUMMEL O., MONTI J., ZIDEK V. et al., « Integrated transcriptional profiling and linkage analysis for identification of genes underlying disease », *Nat Genet*, **37**, 243-53 (2005).

[47] LORING J.F., « Evolution of microarray analysis », *Neurobiol Aging* (2005).

[48] PIETU G., ALIBERT O., GUICHARD V., LAMY B., BOIS F., LEROY E., MARIAGE-SAMPSON R., HOULGATTE R., SOULARUE P. et AUFFRAY C., « Novel gene transcripts preferentially expressed in human muscles revealed by quantitative hybridization of a high density cDNA array », *Genome Res*, **6**, 492-503 (1996).

[49] DERISI J., PENLAND L., BROWN P.O., BITTNER M.L., MELTZER P.S., RAY M., CHEN Y., SU Y.A. et TRENT J.M., « Use of a cDNA microarray to analyse gene expression patterns in human cancer [see comments] », *Nat Genet*, **14**, 457-60 (1996).

[50] WURBEL M.A., PHILIPPE J.M., NGUYEN C., VICTORERO G., FREEMAN T., WOODING P., MIAZEK A., MATTEI M.G., MALISSEN M., JORDAN B.R. et al., « The chemokine TECK is expressed by thymic and intestinal epithelial cells and attracts double- and single-positive thymocytes expressing the TECK receptor CCR9 », *Eur J Immunol*, **30**, 262-71 (2000).

[51] ALIZADEH A.A., EISEN M.B., DAVIS R.E., MA C., LOSSOS I.S., ROSENWALD A., BOLDRICK J.C., SABET H., TRAN T., YU X. et al., « Distinct types of diffuse large B-cell lymphoma identified by gene expression profiling », *Nature*, **403**, 503-11 (2000).

[52] EISEN M.B., SPELLMAN P.T., BROWN P.O. et BOTSTEIN D., « Cluster analysis and display of genome-wide expression patterns », *Proc Natl Acad Sci USA*, **95**, 14863-8 (1998).

[53] BERTUCCI F., SALAS S., EYSTERIES S., NASSER V., FINETTI P., GINESTIER C., CHARAFE-JAUFFRET E., LORIOD B., BACHELART L., MONTFORT J. et al., « Gene expression profiling of colon cancer by DNA microarrays and correlation with histoclinical parameters », *Oncogene*, **23**, 1377-91 (2004).

[54] STEENMAN M., CHEN Y.W., LE CUNFF M., LAMIRAULT G., VARRO A., HOFFMAN E. et LEGER J.J., « Transcriptomal analysis of failing and nonfailing human hearts », *Physiol Genomics*, **12**, 97-112 (2003).

[55] BERTUCCI F., NASSER V., GRANJEAUD S., EISINGER F., ADELAIDE J., TAGETT R., LORIOD B., GIACONIA A., BENZIANE A., DEVILARD E. et al., « Gene expression profiles of poor-prognosis primary breast cancer correlate with survival », *Hum Mol Genet*, **11**, 863-72 (2002).

[56] MAGRANGEAS F., NASSER V., AVET-LOISEAU H., LORIOD B., DECAUX O., GRANJEAUD S., BERTUCCI F., BIRNBAUM D., NGUYEN C., HAROUSSEAU J.L. et al., « Gene expression profiling of multiple myeloma reveals molecular portraits in relation to the pathogenesis of the disease », *Blood*, **101**, 4998-5006 (2003).

[57] NAKAMURA T., FURUKAWA Y., NAKAGAWA H., TSUNODA T., OHIGASHI H., MURATA K., ISHIKAWA O., OHGAKI K., KASHIMURA N., MIYAMOTO M. et al., « Genome-wide cDNA microarray analysis of gene expression profiles in pancreatic cancers using populations of tumor cells and normal ductal epithelial cells selected for purity by laser microdissection », *Oncogene*, **23**, 2385-400 (2004).

[58] ZHU G., REYNOLDS L., CRNOGORAC-JURCEVIC T., GILLETT C.E., DUBLIN E.A., MARSHALL J.F., BARNES D., D'ARRIGO C., VAN TRAPPEN P.O., LEMOINE N.R. et al., « Combination of microdissection and microarray analysis to identify gene expression changes between differentially located tumour cells in breast cancer », *Oncogene*, **22**, 3742-8 (2003).

[59] ROSS D.T., SCHERF U., EISEN M.B., PEROU C.M., REES C., SPELLMAN P., IYER V., JEFFREY S.S., VAN DE RIJN M., WALTHAM M. et al., « Systematic variation in gene expression patterns in human cancer cell lines », *Nat Genet*, **24**, 227-35 (2000).

[60] PUTHIER D., JOLY F., IRLA M., SAADE M., VICTORERO G., LORIOD B. et NGUYEN C., « A general survey of thymocyte differentiation by transcriptional analysis of knockout mouse models », *J Immunol*, **173**, 6109-18 (2004).

[61] TAVAZOIE S., HUGHES J.D., CAMPBELL M.J., CHO R.J. et CHURCH G.M., « Systematic determination of genetic network architecture », *Nat Genet*, **22**, 281-5 (1999).

[62] BRAZMA A. et VILO J., « Gene expression data analysis », *FEBS Lett*, **480**, 17-24 (2000).

[63] KALLIONIEMI A. et al., « Comparative genomic hybridization for molecular cytogenetic analysis of solid tumors », *Science*, **258,** 818-821 (1992).

[64] SOLINAS-TOLDO S. et al., « Matrix-based comparative genomic hybridization : biochips to screen for genomic imbalances », *Genes Chromosomes Cancer*, **20**, 399-407 (1997).

[65] POLLACK J.R. et al., « Genome-wide analysis of DNA copy number changes using cDNA microarrays », *Nat. Genet.*, **23**, 41-46 (1999).

[66] VISSER L.E. et al., « Array-based comparative genomics hybridization for the genome wide detection of submicroscopic chromosomal abnormalities », *Am. J. Hum. Genet.*, **73**, 1261-1270 (2003).

[67] GUILLAUD-BATAILLE M. et al., « Detecting single DNA copy number variations in complex genomes using one nanogram of starting DNA and BAC-array CGH », *Nuc. Acid. Res.*, **32**, e112 (2004).

[68] VELTMAN J.A. et al., «Definition of a critical region on chromosome 18 for congenital aural atresia by array-CGH », *Am. J. Hum. Genet.*, **72**, 1578-1584 (2003).

[69] HARISMENDY O. et al., « Genome wide location of yeast RNA polymerase III transcription machinery », *EMBO J.*, **22,** 4738-4747 (2003).

[70] REN B. et al., « Genome wide location and function of DNA binding proteins », *Science,* **290,** 2306-2309 (2000).

[71] REN B. et al., « E2F integrates cell cycle progression with DNA repair, replication and G(2)/M check-points », *Genes Dev.,* **16**, 245-256 (2002).

[72] BLAIS A. et al., « An initial blueprint for myogenic differentiation », *Genes Dev.,* **19**, 553-569 (2005).

[73] BALLESTAR E. et al., « Methyl-CpG binding proteins identify novel sites of epigenetic inactivation in human cancer », *EMBO J.*, **22,** 6335-6345 (2003).

[74] KIRMIZIS A. et al., « Silencing of human polycomb target genes is associated with methylation of histone H3 Lys 27 », *Genes Dev.,* **18,** 1592-1605 (2004).

[75] ZIAUDDIN J. et al., « Microarrays of cells expressing defined cDNAs », *Nature,* **411,** 107-110 (2001).

[76] BAGHDOYAN S. et al., « Quantitative analysis of highly parallel transfection in cell microarrays », *Nucleic Acids Res.,* **32**, e77 (2004).

[77] ELBASHIR S.M., HARBORTH J., LENDECKEL W., YALCIN A., WEBER K. et TUSCHL T., « Duplexes of 21-nucleotide RNAs mediate RNA interference in cultured mammalian cells », *Nature*, **411**, 494-8 (2001).

[78] FIRE A., XU S., MONTGOMERY M.K., KOSTAS S.A., DRIVER S.E. et MELLO C.C., « Potent and specific genetic interference by double-stranded RNA in Caenorhabditis elegans », *Nature*, **391**, 806-11 (1998).

CHAPITRE

18

LES PUCES À PROTÉINES

Sylvie RICARD-BLUM*

Introduction

Les protéines sont des acteurs majeurs de la vie cellulaire et sont impliquées dans de nombreux processus physiologiques et pathologiques. Les variations dans l'expression des ARN messagers n'étant pas systématiquement corrélées à celles des protéines, ces dernières reflètent mieux le fonctionnement des cellules et les puces à protéines apportent donc des informations complémentaires par rapport aux puces à ADN. Elles sont utilisées notamment pour l'analyse des profils d'expression protéiques, la détection de protéines au sein de milieux biologiques complexes, ou encore l'étude des interactions protéines-protéines qui donnent des indications sur les fonctions des protéines [1-7]. Elles présentent les mêmes avantages que les puces à ADN en termes d'analyses à haut débit, de miniaturisation et d'automatisation.

Après un rappel sur les protéines ce chapitre abordera les étapes nécessaires à la réalisation de puces à protéines sur des supports plans et traitera de la production et de l'immobilisation des protéines sur un support solide, de la nature des différents supports et des méthodes de détection. Le format particulier des puces à protéines en suspension sera détaillé dans la deuxième partie (paragraphe 3). La diversité des puces à protéines et leurs applications seront présentées dans la troisième partie (paragraphe 4) qui inclura des exemples d'applications thérapeutiques (interactions protéines-médicaments) et diagnostiques. La conclusion fera le point sur les perspectives de développement des puces à protéines.

Un certain nombre de revues figurent dans la liste de références bibliographiques pour les lecteurs désireux d'approfondir leurs connaissances dans le domaine des puces à protéines. Ce chapitre n'a en effet pas pour ambition d'être une revue détaillée et exhaustive faisant le point sur l'état de l'art des puces à protéines, mais plutôt de fournir au lecteur les éléments de base nécessaires à la compréhension de leur conception et de leurs applications.

* UMR 5086 CNRS – Université Lyon 1. s.ricard-blum@ibcp.fr

1. Rappels sur les protéines

Les protéines sont des macromolécules présentes dans les organismes vivants et essentielles à leur fonctionnement. Elles sont formées d'une succession d'acides aminés liés les uns aux autres dans un ordre précis. Il existe une vingtaine d'acides aminés différents. Au sein d'une protéine, deux acides aminés successifs sont reliés entre eux par une liaison covalente, la liaison peptidique. La masse moléculaire des protéines varie de quelques milliers à quelques centaines de milliers de daltons (Da). Le dalton est une unité de masse moléculaire, appelée ainsi en hommage à John Dalton qui a développé une théorie atomique de la matière. Un dalton est très exactement égal au 1/12e de la masse d'un atome de carbone.

Les protéines se replient sur elles-mêmes pour adopter une conformation tridimensionnelle précise (figure 18.1a) et possèdent des formes variées. Certaines protéines telles que l'albumine sont globulaires, tandis que d'autres comme le collagène ont une forme de bâtonnet et peuvent s'assembler en fibres. La fonction biologique d'une protéine est intimement liée à sa forme, qui est maintenue par des liaisons de faible énergie (liaisons hydrogène, hydrophobes ou ioniques) établies entre les acides aminés de la protéine repliée (figure 18.1b). La structure tridimensionnelle de certaines protéines est également maintenue par des liaisons covalentes, les ponts disulfures. La rupture de ces liaisons par des agents chimiques, des solvants organiques ou des variations de température et de pH entraîne un dépliement de la protéine. Ce changement de forme s'accompagne généralement d'une perte de la fonction de la protéine, qui est dite dénaturée.

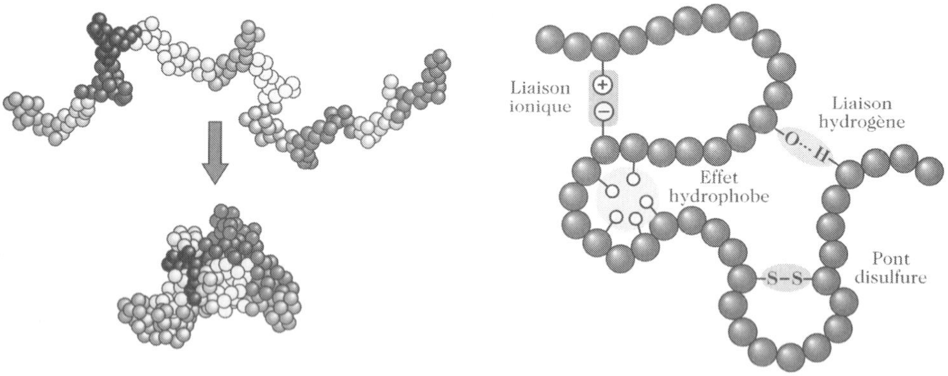

Figure 18.1. **a)** Repliement d'une protéine pour adopter une structure tridimensionnelle. **b)** Liaisons maintenant la structure tridimensionnelle des protéines. (http://ici.cegep-ste-foy.qc.ca/profs/gbourbonnais/pascal/fya/chimcell/notesmolecules/proteines_2.htm) (Voir le cahier couleurs au milieu de l'ouvrage.)

Les protéines ont des fonctions très diverses. Elles peuvent jouer un rôle structural, notamment pour la construction des structures cellulaires et extracellulaires, et assurer la contraction musculaire. Elles sont également impliquées dans le transport de substances chimiques dans le sang – c'est le cas de l'oxygène qui est transporté par l'hémoglobine – ou à travers la membrane des cellules dans laquelle elles forment des petits canaux (aquaporines). De nombreuses hormones comme l'insuline et l'hormone de croissance sont des protéines, de même que la quasi-totalité des enzymes, qui sont les catalyseurs des réactions chimiques se déroulant dans les cellules et les tissus. D'autres protéines, les anticorps (figure 18.2), participent à la défense de l'organisme contre les infections.

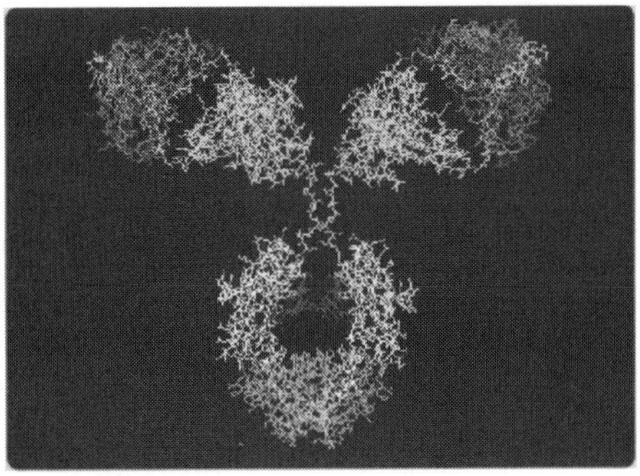

Figure 18.2. Une molécule d'anticorps (www.physics.purdue.edu/people/faculty/nolte.shtml.).

Chaque protéine possède un plan de fabrication spécifié dans son gène. Cette information est traduite par la machinerie cellulaire en un enchaînement linéaire d'acides aminés pour constituer la protéine. Il est maintenant possible de produire *in vitro* une protéine donnée en insérant son gène dans une bactérie ou une cellule de levure, d'insecte ou de mammifère. La protéine ainsi obtenue est appelée protéine recombinante.

2. Réalisation de puces à protéines sur des supports plans

Une puce à protéines est formée classiquement d'un support solide plan sur lequel sont immobilisées des protéines, qui vont elles-mêmes fixer de façon sélective des molécules cibles présentes dans l'échantillon étudié. Les réactifs et les échantillons peuvent être délivrés à la surface de la puce par un système microfluidique. Plusieurs modes nécessitant ou non le marquage des molécules cibles permettent de détecter leur fixation sur les protéines immobilisées. Le signal obtenu est ensuite analysé grâce à des outils bioinformatiques mais le traitement et la gestion des données ne seront pas traités ici. Le principe général d'une puce à protéines est présenté sur la figure 18.3.

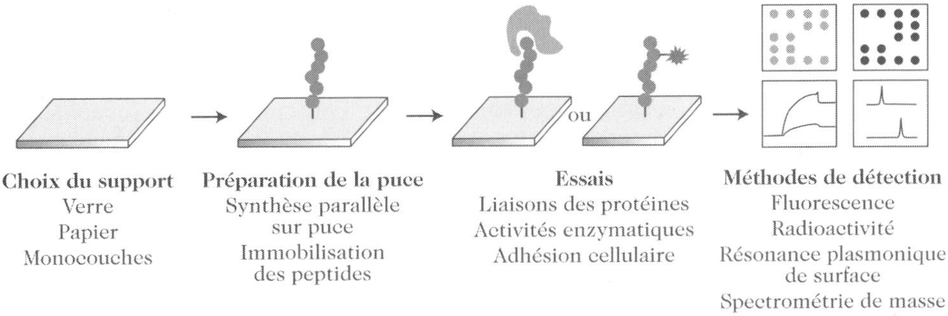

Figure 18.3. Principe d'une puce à protéines ou à peptides. Les protéines ou les peptides sont déposés sur le support plan. La puce est ensuite mise en contact avec les échantillons solubles à analyser. Les partenaires présents dans l'échantillon réagissent spécifiquement avec les protéines immobilisées, puis leur fixation est détectée par l'une des méthodes suivantes – fluorescence, radioactivité, résonance plasmonique de surface et spectrométrie de masse (représentées sur le schéma) – ou par microscopie à force atomique. (Min D.H., Mrksich M., « Peptide arrays : towards routine implementation », *Curr. Opin. Chem. Biol.*, **8**, 554-8, 2004).

2.1. Préparation des protéines purifiées

Les protéines nécessaires à la réalisation d'une puce à protéines doivent être disponibles sous forme soluble et native, c'est-à-dire correctement repliées. La diversité de la structure des protéines rend difficile leur production et leur purification à grande échelle par une méthode unique et plusieurs approches sont possibles [7]. L'une d'elles consiste à extraire et purifier des protéines à partir de tissus, de milieux de culture ou de liquides biologiques mais c'est un procédé long et fastidieux qui nécessite la mise au point des conditions de purification pour chaque protéine et ne peut pas être utilisé à grande échelle. Elle est donc très peu utilisée. La production de protéines recombinantes est actuellement la méthode privilégiée pour la fabrication de puces à protéines. Une autre approche consiste à transfecter sur la puce des cellules avec les gènes d'intérêt et à produire les protéines *in situ*, directement sur la puce.

2.1.1. Protéines recombinantes

La méthode la plus couramment utilisée consiste à produire des protéines recombinantes possédant une étiquette (« *tag* ») située à l'extrémité N- ou C-terminale de la protéine. L'addition d'une étiquette aux protéines recombinantes permet d'utiliser le même protocole de purification pour toutes les protéines. Cette étiquette permet la purification des protéines par affinité, puis leur capture sur le support de la puce par le même principe. L'inconvénient de cette approche est que les modifications post-traductionnelles des protéines recombinantes diffèrent en général de celles des protéines naturelles. Les étiquettes utilisées sont la glutathion S-transférase (GST, 26 kDa) ainsi qu'une séquence polyhistidine de 4 à 6 résidus consécutifs. L'histidine peut se lier à un complexe acide nitrilotriacétique-nickel (NTA-Ni), dans lequel le nickel est lié par chélation à l'acide nitrilotriacétique. L'ion nickel possède six sites libres dans sa sphère de coordination, et quatre de ces six sites sont occupés lorsqu'il est chélaté par un groupement NTA. Les deux sites vacants peuvent lier deux molécules d'histidine par l'intermédiaire de leur atome d'azote qui présente une forte affinité pour le nickel. Cette liaison est mise à profit pour fixer ces protéines ayant une étiquette polyhistidine sur un support contenant le complexe NTA-Ni. Elle a été utilisée à grande échelle pour capturer 6 566 échantillons protéiques représentant 5 800 protéines de levure sur une lame de verre revêtue de nickel [8].
Certaines puces à protéines sont réalisées non pas avec des protéines entières mais avec des domaines protéiques qui possèdent une autonomie de repliement [7, 9, 10]. Cela permet la localisation plus rapide d'une activité ou d'un site d'interaction dans une partie spécifique de la protéine [10]. Les domaines sont produits sous forme recombinante.

2.1.2. Production de protéines *in situ*

Les protéines sont produites *in situ* sous forme recombinante avec une étiquette. L'avantage majeur de cette approche réside dans le fait que les protéines sont fixées sur la puce par un système de capture spécifique de l'étiquette et qu'il n'est pas nécessaire de les purifier. Cela est intéressant dans le cas des protéines membranaires, qui sont particulièrement insolubles et sont difficiles à produire et à purifier .

La production de protéines directement sur la puce peut se faire de deux façons. La première, acellulaire, est réalisée en présence de l'ADN codant pour les protéine d'intérêt et de lysat de réticulocytes de lapin pour assurer la transcription et la synthèse des protéines *in vitro*. Le système « *Discern Array* » consiste à amplifier des gènes par PCR (*Polymerase Chain Reaction*) ou RT-PCR (*Reverse Transcriptase PCR*), et à synthétiser *in vitro*, en présence de lysat de réticulocytes de lapin, les protéines avec une étiquette polyhistidine sur des microplaques ou des billes magnétiques revêtues du complexe NTA-Ni. Les protéines sont immobilisées *in situ* après leur synthèse, sans étape de purification [11]. Une approche acellulaire similaire a été développée pour produire et capturer sur une lame de verre des protéines contenant une étiquette GST. Ces puces sont parfois désignées sous le nom de « *Nucleic Acid Programmable Protein Array* » ou NAPPA [12] (figure 18.4).

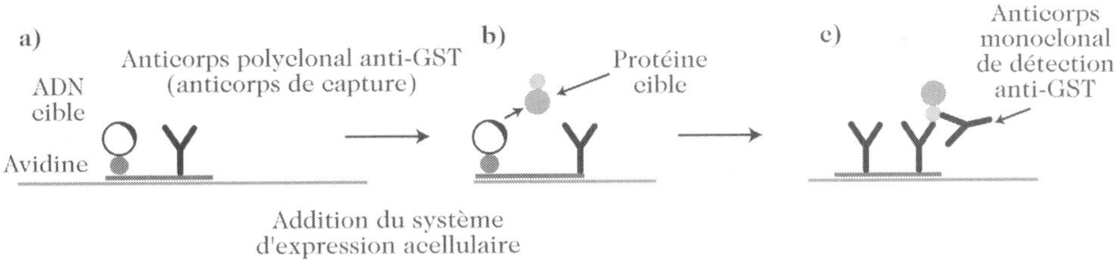

Figure 18.4. Transfection et production de protéines recombinantes *in situ* (*Nucleic Acid Programmable Protein Array*. **a)** L'ADN biotinylé est immobilisé sur la surface par l'avidine qui est fixée de façon covalente sur la surface, de même que l'anticorps polyclonal anti-GST. **b)** Production *in situ* des protéines recombinantes portant l'étiquette GST en présence de lysat de réticulocytes de lapin. **c)** Les protéines exprimées sont capturées par l'anticorps anti-GST immobilisé sur la surface. L'immobilisation des protéines recombinantes peut être contrôlée par addition d'un anticorps monoclonal dirigé contre la GST. (Ramachandran N. et al., « Self-assembling protein microarrays », *Science*, **305**, 86-90, 2004).

La deuxième approche nécessite la présence de cellules. Elle consiste à réaliser sur la puce la transfection des cellules par les gènes d'intérêt, la production par les cellules transfectées des protéines avec une étiquette et enfin leur capture sur le support de la puce. Ziauddin et Sabatini [13] ont ainsi déposé des plasmides sur une lame de verre sur laquelle ils ont incubé des cellules qui ont exprimé les protéines d'intérêt. Un des avantages de ces puces à cellules transfectées est la possibilité de cribler l'effet de l'expression d'un gène donné sur des cellules vivantes.

2.1.3. Production de peptides

Dans de nombreux cas, l'activité biologique d'une protéine est retrouvée dans des peptides plus courts présents dans sa séquence. Cela a conduit au développement de puces à peptides qui sont préparées soit par synthèse *in situ* de peptides sur une membrane, soit par immobilisation sur une puce de peptides préalablement synthétisés [14, 15]. Les deux techniques principales utilisées pour la synthèse parallèle de nombreux peptides sur un support solide sont la photolithographie et la méthode SPOT. La photolithographie repose sur l'existence de groupes protecteurs photolabiles ce qui permet la synthèse uniquement sur les zones du support

qui sont illuminées. Une puce comportant 1 024 peptides a été conçue de cette façon [14]. La deuxième méthode est la méthode SPOT, dans laquelle les peptides sont synthétisés par le dépôt séquentiel de petits volumes (de l'ordre du microlitre) d'acides aminés activés sur une membrane poreuse [16].
Alternativement, les peptides d'intérêt peuvent être synthétisés en fonction de leur taille par voie chimique ou produits sous forme recombinante avant leur immobilisation sur le support [14]. L'une des méthodes mises en œuvre consiste à ajouter un résidu de cystéine à l'extrémité des peptides pour utiliser la même chimie d'immobilisation sur le support pour tous les peptides. L'addition d'une molécule de biotine permet la capture des peptides biotinylés sur une surface préalablement recouverte d'avidine. Les puces à peptides sont utilisées dans le domaine de l'immunologie pour cartographier des épitopes, analyser des substrats de kinases [17] ou concevoir des inhibiteurs de protéases [18].

2.2. Les supports des puces à protéines

Le support choisi doit permettre d'obtenir des spots de protéines de bonne qualité, se manipuler facilement, avoir une faible fixation non spécifique des protéines, ce qui conditionne la spécificité de la puce, et être compatible avec le système de détection choisi.

2.2.1. Supports plans

Les membranes de nitrocellulose sont utilisées comme support pour immobiliser des protéines. La société *Pierce* commercialise des membranes permettant 384 dépôts *DiscoverLight Protein Array Kits*). Les lames de verre sont les supports les plus couramment utilisés pour la fabrication de puces à protéines, tandis que le silicium [19] a pour l'instant une utilisation plus restreinte. Ces deux supports rigides, le verre et le silicium, sont des supports de choix pour l'automatisation. Le système *Ciphergen* utilise de l'aluminium fonctionnalisé pour la capture d'extraits cellulaires, tissulaires ou de fluides biologiques.

2.2.2. Supports non plans

Les supports non plans tels que des microsphères et des nanoparticules, qui forment des puces en « suspension », seront détaillés dans le paragraphe 3 de ce chapitre.

2.3. Procédés d'immobilisation des protéines sur la puce

La fixation des protéines sur un support solide ne doit pas altérer leur fonctionnalité ni leur stabilité. Il est donc impératif de maintenir la structure native, tridimensionnelle, des protéines. La situation idéale est l'obtention de protéines bien repliées, espacées et ayant une orientation uniforme à la surface de la puce [20] (figure 18.5a). En pratique, les protéines ont en général une orientation et un degré de dénaturation divers et des protéines peuvent s'adsorber de façon non spécifique sur le support de la puce (figure 18.5b).

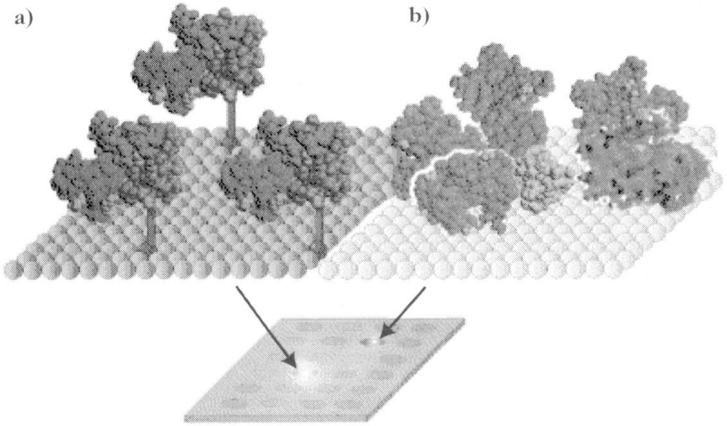

Figure 18.5. Schéma de protéines immobilisées sur une puce. **a)** Immobilisation des protéines dans des conditions idéales. Les protéines présentent une orientation uniforme, elles sont correctement repliées et leur espacement est optimal pour permettre l'établissement d'interactions protéine-protéine. **b)** Situation non idéale dans laquelle les protéines sont immobilisées dans des orientations diverses, présentent des degrés divers de dénaturation, et dans laquelle des protéines sont adsorbées non spécifiquement à la surface de la puce. (Lee Y.S., Mrksich M., « Protein chips : from concept to practice », *Trends Biotechnol.*, **20** (12 Suppl), S14-8, 2002).

Les protéines peuvent être fixées sur le support de façon covalente par des réactifs chimiques qui peuvent modifier leur structure ou bien par des méthodes non covalentes qui respectent leur intégrité et permettent de les orienter à la surface de la puce et d'obtenir une surface homogène. Les différents modes d'immobilisation sont schématisés sur la figure 18.6.

2.3.1. Immobilisation covalente

Les protéines peuvent être immobilisées sur un support solide par des liaisons covalentes qui conduisent à une fixation forte et de haute densité des protéines. Elles peuvent être réalisées sur des lames de verre activées par des groupements époxy, amine primaire ou aldéhyde. Plus de 10 000 protéines ont été déposées à une densité de 1 600 spots/cm^2 sur des lames de verre activées par des groupements aldéhyde [21]. Cette méthode nécessite la modification chimique des protéines, ce qui peut altérer leur structure native, leur fonctionnalité et les rendre partiellement ou totalement inaccessibles à leurs partenaires.

2.3.2. Immobilisation non covalente

L'immobilisation non covalente préserve l'intégrité, la structure et l'activité des protéines. Elle peut être réalisée de plusieurs façons. L'immobilisation par adsorption/absorption sur une membrane (nitrocellulose ou difluorure de polyvinylidène) n'entraîne pas de modification de la protéine, et ces membranes possèdent une capacité de fixation importante. Les protéines peuvent également être insérées sans modification chimique dans un gel tridimensionnel basé sur l'acrylamide dont la capacité de fixation est importante. Ces deux méthodes présentent l'inconvénient de ne pas orienter les protéines (figure 18.6) ce qui peut diminuer leur capacité à interagir avec leurs partenaires.

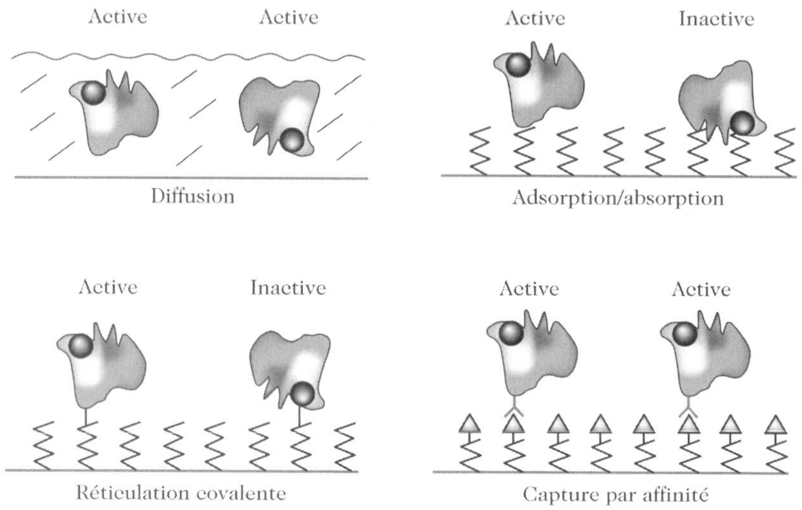

Figure 18.6. Les différentes méthodes d'immobilisation des protéines sur un support solide : diffusion dans un gel, adsorption/absorption sur une membrane, réticulation covalente et capture par affinité (• : site fonctionnel de la protéine) (Zhu H., Snyder M., « Protein chip technology », *Curr. Opin. Chem. Biol.*, **7**, 55-63, 2003.)

2.3.3. Capture par affinité

Il existe plusieurs agents de capture [22] pour immobiliser les protéines de façon orientée (voir la figure 18.6).

Des anticorps monoclonaux, dirigés soit contre la protéine à capturer, soit contre l'étiquette des protéines recombinantes, sont utilisés pour capturer des protéines sur un support solide. Cela nécessite l'immobilisation de l'anticorps sur le support, suivie de la capture spécifique et non covalente des protéines d'intérêt. Ainsi, 5 800 protéines de levure exprimant l'étiquette polyhistidine ont été capturées sur une lame de verre revêtue de nickel [8].

Les protéines peuvent également être capturées par des aptamères et des photoaptamères (figure 18.7) qui sont des agents de capture très spécifiques [23]. Ils sont capables de reconnaître une grande variété de cibles (protéines, petites molécules, acides nucléiques) avec une haute affinité et une haute spécificité. Les aptamères sont conçus à l'image des anticorps avec une partie constante, invariable, qui expose une boucle peptidique de séquence variable. Ils sont sélectionnées pour leur capacité à reconnaître spécifiquement une protéine cible.

La streptavidine immobilisée sur un support solide est utilisée pour capturer des protéines biotinylées. Ce système est basé sur la forte affinité de la streptavidine pour la biotine ($K_D \sim 10^{-13}$ M). Une méthode d'immobilisation sur silicium basée sur ce système a été développée [19]. Le silicium est recouvert d'un matériel inorganique qui confère une charge négative à la surface de la puce, puis d'un polymère organique (poly(L-lysine)-grafted-poly(éthylène glycol)) dont la partie polyéthylène glycol est biotinylée. La présence de la biotine permet de capturer des protéines conjuguées à la streptavidine. Les spots obtenus ont un diamètre de 50 µm.

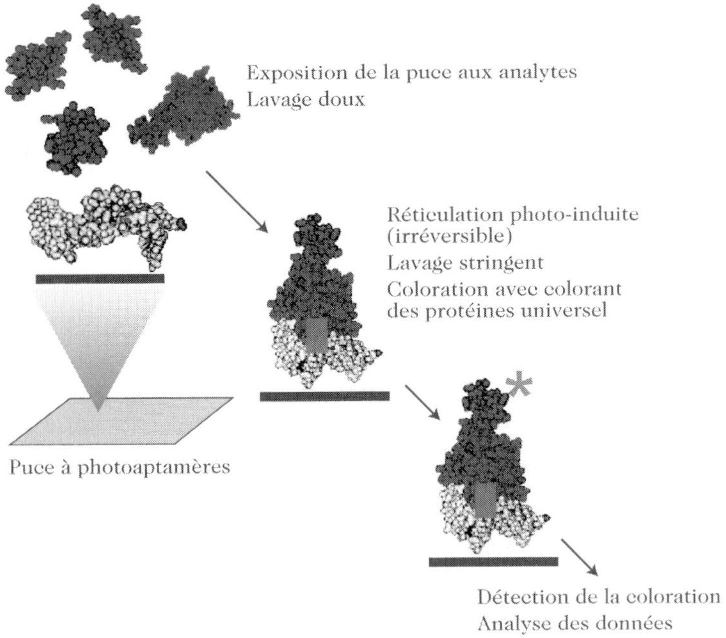

Figure 18.7. La puce d'aptamères est incubée avec l'échantillon biologique (un sérum par exemple), puis lavée pour éliminer les analytes liés de façon non spécifique sur le support. La puce est ensuite soumise à un processus de réticulation photoinduit pour lier par covalence les analytes spécifiquement liés aux aptamères déposés sur la puce. (Petach H., Gold L., « Dimensionality is the issue : use of photoaptamers in protein microarrays », *Curr. Opin. Biotechnol.*, **13**, 309-14, 2002). (Voir le cahier couleurs au milieu de l'ouvrage).

2.4. Dépôt des protéines

Des robots sont utilisés pour fabriquer les puces à protéines. Les protéines peuvent être déposées sur la surface par l'intermédiaire d'aiguilles très fines qui établissent un contact avec la surface et délivrent de très faibles volumes de protéines. Un autre mode de dépôt consiste à pulvériser les protéines sous forme de très fines gouttes à la surface de la puce. Cette technique, qui n'implique pas de contact entre le système qui délivre les protéines et la surface de la puce, est parfois désignée sous le nom de jet d'encre par analogie avec le fonctionnement des imprimantes. La taille des spots obtenus dépend du mode de dépôt choisi ainsi que des caractéristiques de solubilité de la protéine et du tampon dans lequel elle est dissoute. Elle est en général comprise entre 150 µm et 200 µm et les volumes de protéine délivrés sont inférieurs au nanolitre.
Packard bioscience a développé une technologie de dépôt non-contact originale (*tipnology*) basée sur la technologie piézo-électrique dont le principe est la distribution de picogouttes d'échantillon (de l'ordre de 333 pL) sur un support. Cette

technologie est remarquable par sa reproductibilité et l'uniformité des spots produits et par sa souplesse [24].

Des protéines ont été déposées à la surface d'une puce par électrospray [25, 26]. L'électrospray est une technique d'ionisation qui consiste à soumettre les protéines en solution à un champ électrique intense, ce qui provoque la formation de microgouttelettes chargées. Un des avantages de cette technique est que les dépôts de protéines peuvent être considérés comme secs, étant donné que les microgouttelettes sèchent en une milliseconde dans les conditions optimales [26]. C'est un paramètre important car le stockage des protéines en milieu humide peut provoquer une diminution de leur activité et de leur solubilité. Le dépôt par électrospray préserve donc la structure et la fonction des protéines au cours de la fabrication de la puce. Des volumes d'un microlitre sont soumis à l'ionisation par électrospray et des spots de 30 à 40 μm de diamètre espacés de 125 μm ont été obtenus [26].

Les techniques de lithographie sont également employées pour déposer les protéines à la surface d'une puce. Elles consistent à dessiner des motifs dans la matière, l'outil d'écriture étant en général un rayonnement dont l'interaction avec la surface de l'échantillon est localisée spatialement [27]. Ces techniques nouvelles et performantes de gravure et de dépôt à très petite échelle (quelques dizaines de nanomètres) représentent un enjeu majeur dans la réalisation de structures de très petite taille. Elles sont décisives pour la miniaturisation des dépôts sur les puces à protéines (figure 18.8).

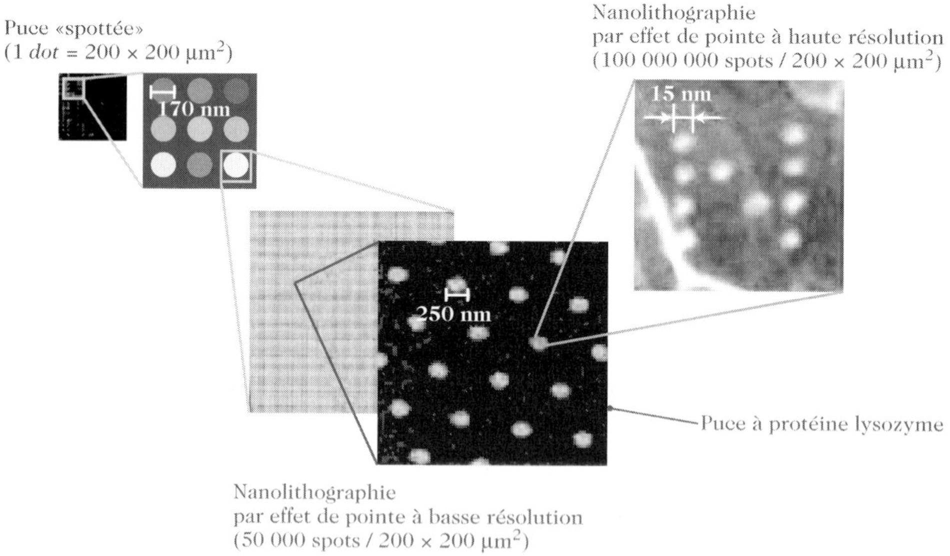

Figure 18.8. Illustration de la résolution obtenue par nanolithographie à champ proche pour la fabrication des puces à protéines. (Ginger D.S., Zhang H., Mirkin C.A., « The evolution of dip-pen nanolithography », *Angew. Chem. Int. Ed. Engl.*, **43**, 30-45, 2004). Copyright Wiley-VCH Verlag GmbH & Co. KGaA. Reproduit avec autorisation.

La nanolithographie par effet de pointe ou lithographie par pointe à balayage (*Dip-Pen Nanolithography*) [28] a été utilisée pour la fabrication de puces à protéines.

C'est une technique d'écriture séquentielle dans laquelle un faisceau de particules est finement focalisé en un point de l'espace, puis déplacé pixel après pixel pour dessiner le motif désiré. Elle utilise la pointe d'un microscope électronique à effet tunnel qui est revêtue de la protéine à déposer, laquelle constitue en quelque sorte une encre biologique [28, 29]. La nanolithographie en champ proche à l'aide d'une pointe a été utilisée pour créer des spots de 200 à 350 nm de diamètre sur lesquels des immmunoglobulines G et du lysozyme ont été adsorbés [30]. Des dépôts de collagène de 30 à 50 nm de largeur (figure 18.9) ont été réalisés par cette technique sur un support de mica recouvert d'or [31].

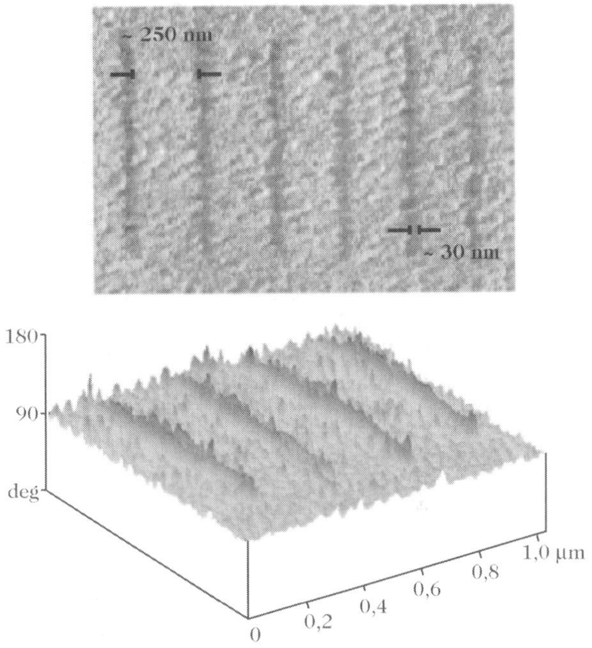

Figure 18.9. Dépôts de collagène de 30 nm $\pm$ 4,6 nm de largeur réalisés par lithographie en champ proche à l'aide d'une pointe. (Wilson D.L. et al., « Surface organization and nanopatterning of collagen by dip-pen nanolithography », *Proc. Natl. Acad. Sci. USA*, **98**, 13660-4, 2001). Copyright (2001) National Academy of Sciences, USA.

L'immobilisation de protéines ayant une étiquette polyhistidine par la lithographie en champ proche à l'aide d'une pointe a nécessité une adaptation de cette technique. En effet, la rugosité des lames de verre revêtues du complexe NTA-Ni se prête mal à des dépôts précis à l'échelle nanométrique et l'utilisation du mica comme support plus lisse n'est pas satisfaisante car les traitements nécessaires à son utilisation conduisent à l'élimination du nickel de la surface. On dépose donc les protéines sur des régions ionisées de la surface métallique de nickel en appliquant un potentiel électrique sur la pointe du microscope électronique à effet tunnel [32].

2.5. Systèmes de détection

De nombreux systèmes sont utilisables pour détecter la fixation de partenaires sur les puces à protéines [33] (figure 18.10). Certaines méthodes, la colorimétrie, la radioactivité et la fluorescence, nécessitent l'utilisation de molécules marquées par un groupe « rapporteur ». Ce groupe peut être un chromogène, un fluorophore ou un isotope radioactif. La chimiluminescence a également été utilisée pour détecter des immunoglobulines E sériques à l'aide d'une puce à allergènes [34]. La radioactivité a été utilisée pour une puce « universelle » pour détecter les interactions protéines-protéines, protéines-ADN et protéines-ARN [35]. Les protéines immobilisées sur une membrane de nitrocellulose ont réagi séquentiellement avec une sonde protéique marquée par [γ-^{32}P]ATP, une sonde d'ADN simple brin marquée au ^{32}P et une sonde d'ARN messager marquée au ^{32}P. Les protocoles de blocage et de lavage ont été optimisés pour chaque type de sonde et le signal a été visualisé par autoradiographie [35]. L'analyse des activités enzymatiques de type kinase dans le protéome de la levure a également été effectuée avec de l'ATP marqué au ^{32}P [36].

La détection peut être directe, indirecte ou de type sandwich (figures 18.10c, 18.10d et 18.10e). La détection directe se fait par des anticorps marqués qui reconnaissent les protéines immobilisées sur la puce et la sensibilité de la détection peut être augmentée par une étape d'amplification avec le système avidine-biotine (figure 18.10c). Une variante de la méthode directe consiste à immobiliser sur chaque spot de la puce un mélange de protéines qui est soumis à une réaction

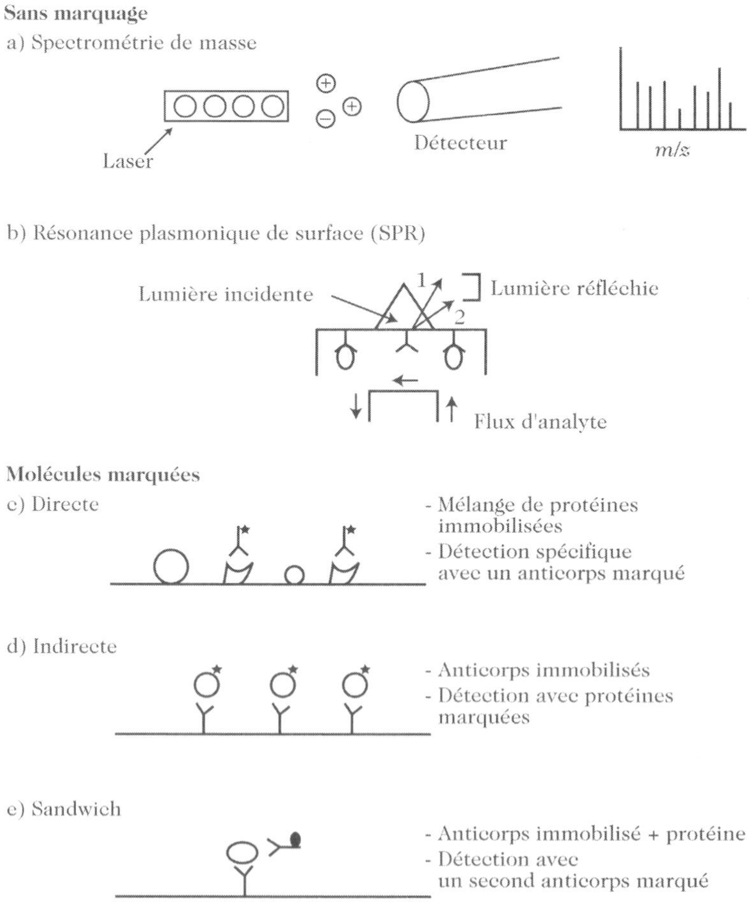

Figure 18.10. Stratégies de détection mises en œuvre pour les puces à protéines, sans marquage (**a**, **b**) ou nécessitant des molécules marquées (**c**, **d** et **e**). (Espina V. et al., « Protein microarray detection strategies : focus on direct detection technologies », *J. Immunol. Methods*, **290**, 121-33, 2004).

avec un seul anticorps marqué. Cette puce est appelée puces à protéines en phase inverse [37]. La détection indirecte est basée sur un anticorps qui capture spécifiquement des molécules marquées dans un milieu complexe (figure 18.10d). La méthode sandwich nécessite de disposer de deux anticorps dont l'un est fixé sur le support et capture la molécule d'intérêt tandis que l'autre détecte le complexe antigène-anticorps formé (figure 18.10e).
D'autres méthodes ne nécessitent pas le marquage des molécules impliquées et ne risquent donc pas d'altérer leur structure ni leur activité biologique. Il s'agit de la spectrométrie de masse, de la résonance plasmonique de surface (figure 18.10a et 18.10b) et de la microscopie à force atomique.

2.5.1. Détection par fluorescence

C'est la méthode la plus utilisée car elle est extrêmement sensible et possède une très bonne résolution. Elle nécessite l'utilisation de molécules de détection fluorescentes qui vont se fixer sur les molécules ayant réagi avec les protéines immobilisées à la surface de la puce. La fluorescence est mesurée par des appareils spécifiques qui utilisent généralement un laser pour exciter les fluorophores fixés sur la puce. Deux modes de détection sont possibles, soit la capture d'un « instantané » de la puce avec une caméra CCD (*Charged Coupled Device*) réalisée par des *array imagers*, soit la lecture de la puce point par point à l'aide d'un tube photomultiplicateur (*array scanner*). L'étude réalisée avec une puce sur laquelle étaient immobilisées 5 800 protéines de levure a utilisé la détection par fluorescence [8].
Une technique, désignée sous le nom de *Rolling Circle Amplification* (RCA), peut être utilisée pour amplifier le signal de fluorescence obtenu sur des puces à protéines [38, 39, 40]. Un oligonucléotide est fixé à un anticorps anti-biotine qui se fixe à l'anticorps biotinylé utilisé pour la détection (figure 18.11). En présence d'une séquence d'ADN circulaire comme modèle et de nucléotides, l'ADN polymérase allonge l'oligonucléotide. Ce dernier, toujours attaché à l'anticorps anti-biotine, est ensuite hybridé avec de courts oligonucléotides fluorescents qui apportent de très nombreux fluorophores, augmentant ainsi la sensibilité de la détection. Une limite de détection de 0,5 pg/mL est atteinte avec les meilleures paires d'anticorps dans un format de type sandwich [39].
Une autre méthode destinée à augmenter la sensibilité de la détection par fluorescence sur les puces à protéines consiste à appliquer la technique du guide d'onde planaire [41, 42]. Elle a été mise au point par la société *Zeptosens*. Un film de 150 nm d'épaisseur de Ta_2O_5, matériau optique et diélectrique largement utilisé dans les multicouches optiques, est déposé sur un support de verre transparent [42]. Un champ évanescent fort, qui a une profondeur de pénétration limitée (200 nm) dans le milieu adjacent, est créé à la surface le long du trajet de la lumière dans le guide d'onde (figure 18.12). Toutes les molécules d'une zone de la puce situées dans le champ évanescent sont excitées simultanément et seuls les fluorophores confinés près de la surface sont excités pour l'émission de fluorescence. Le principe de détection restreint à la surface permet des mesures *in situ* des protéines liées à la surface de la puce sans étapes de lavage. La limite de détection de cette technique est de 2 pM pour un anticorps marqué par un fluorophore et déposé dans un spot. Cette concentration correspond à une quantité de 0,8 zeptomole ($0{,}8 \cdot 10^{-21}$ mole) d'anticorps [42].

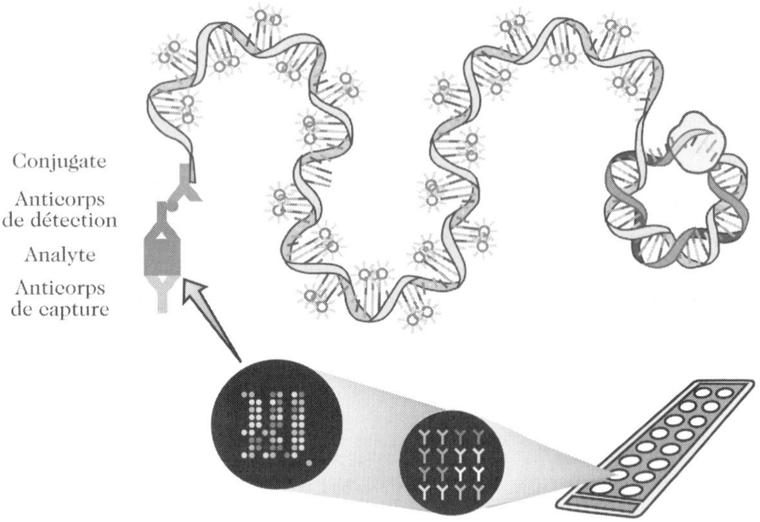

Figure 18.11. Représentation d'un dosage immunologique avec amplification du signal par RCA. L'analyte est capturé par un anticorps immobilisé sur la puce. Il est détecté par un deuxième anticorps biotinylé (anticorps de détection). Ce dernier réagit avec un anticorps anti-biotine (*conjugate*) conjugué à un oligonucléotide pré-annelé avec l'ADN circulaire qui sert de modèle. La réplication par RCA génère un long monobrin d'ADN qui est ensuite hybridé avec un oligonucléotide fluorescent. (Shao W. et al., « Optimization of Rolling-Circle Amplified Protein Microarrays for Multiplexed Protein Profiling », *J. Biomed. Biotechnol.*, **5**, 299-307, 2003). (Voir le cahier couleurs au milieu de l'ouvrage.)

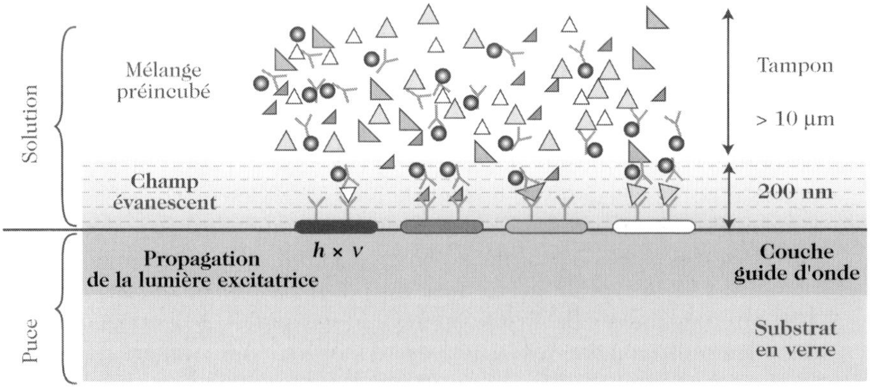

Figure 18.12. Application de la technique du guide d'onde pour détecter la fluorescence confinée à la surface des puces à protéines. Les anticorps sont immobilisés sur la puce qui est ensuite mise en présence d'un mélange préincubé d'échantillon et d'anticorps de détection couplés à des fluorophores. Seuls les fluorophores liés à la surface de la puce sont excités. Les signaux corrélés à la quantité d'analyte capturée sur chaque spot sont enregistrés par une caméra CCD (Joos T.O., Stoll D., Templin M.F., « Miniaturised multiplexed immunoassays », *Curr. Opin. Chem. Biol.*, **6**, 76-80, 2002).

Les nanocristaux fluorescents conjugués à des anticorps peuvent être utilisés comme systèmes rapporteurs fluorescents. Ces nanocristaux inorganiques, appelés *quantum dots*, sont beaucoup plus brillants que les fluorophores organiques. De plus, ils ont une durée d'émission de lumière bien supérieure ce qui limite considérablement le phénomène de photoblanchiment. Les nanocristaux fluorescents conduisent donc à une augmentation de la sensibilité de détection et leurs propriétés spectrales en font des outils adaptés aux expériences de marquage multi-couleurs. La streptavidine et la biotine ainsi que des anticorps conjugués à des nanocristaux fluorescents sont commercialisés, ce qui facilite leur utilisation comme système de détection pour les puces à protéines. Ce mode de détection a déjà été décrit pour des puces à oligonucléotides [43].

2.5.2. Détection par résonance plasmonique de surface

La résonance plasmonique de surface est une méthode optique qui ne nécessite pas de marquage des protéines impliquées. L'absence de marquage est un avantage dans la mesure où l'introduction de groupes ou molécules rapporteurs sur une protéine peut modifier sa capacité à interagir avec d'autres molécules, soit en provoquant un changement de conformation, soit en interférant avec le ou les sites d'interaction avec ses partenaires. Cette technique nécessite que la surface de la puce soit recouverte d'un métal riche en électrons et l'or est souvent choisi en raison de son absence de réactivité vis-à-vis des molécules biologiques.

Ce mode de détection a permis d'étudier des interactions entre des antigènes (peptides ou protéines) et des anticorps [44, 45, 46, 47], entre des protéines et l'ADN [45], et de détecter la présence de pathogènes tels qu'*Escherichia coli* O157:H7, *Salmonella typhimurium*, *Legionella pneumophila* et *Yersinia enterocolitica* à l'aide d'anticorps [48]. Jusqu'à 400 interactions antigène-anticorps peuvent être détectées simultanément en une heure par résonance plasmonique de surface à l'aide d'une caméra CCD (système *Flexchip* développé par HTS et commercialisé par *Biacore*). Les 400 spots sont répartis sur une surface d'un cm^2 et le volume d'échantillon délivré est d'environ 50 µL [49]. La détection par résonance plasmonique de surface en mode imagerie se prête bien à l'automatisation et plusieurs systèmes sont actuellement commercialisés.

La résonance plasmonique de surface permet le suivi des interactions en temps réel, ce qui donne accès aux constantes cinétiques et d'affinité des interactions. L'utilisation de l'imagerie par résonance plasmonique de surface comme système de détection pour les puces à protéines [50] fournit donc des indications qualitatives et quantitatives sur les interactions moléculaires. Une limite de détection de 0,5 nM a été rapportée pour un couple antigène-anticorps donné et il est possible de calculer le coefficient d'adsorption K_{abs} qui peut être comparé à la constante de dissociation à l'équilibre mesurée en solution [44]. Des données cinétiques (constantes cinétiques d'association et de dissociation) ont été obtenues pour des interactions protéines-peptides et pour le clivage enzymatique par le facteur Xa de peptides immobilisés sur une puce [46].

La résonance plasmonique de surface peut être combinée à d'autres méthodes telles que la spectrométrie de masse pour identifier les protéines ayant réagi avec la puce à protéines ou la microscopie à force atomique pour déterminer la topologie de surface de la puce à protéines [50].

2.5.3. Détection par microscopie à force atomique

La microscopie à force atomique ne nécessite pas de marquage des protéines et fournit des informations sur les modifications topologiques de la surface qui accompagnent la fixation de molécules sur les protéines immobilisées. Des données sur l'orientation des protéines immobilisées et capturées et sur la stœchiométrie des interactions peuvent être obtenues dans certains cas [30]. La microscopie à force atomique permet de mesurer par exemple le changement de hauteur qui se produit lors d'une réaction entre un antigène et un anticorps [30, 51].
Un profil de hauteur montrant la fixation d'un anticorps anti-immunoglobuline G (anti-IgG) de lapin sur une immunoglobuline G est présenté sur la figure 18.13. La molécule d'IgG, qui a une forme de Y, a une hauteur de 14,5 nm, une largeur de 8,5 nm et une épaisseur de 4,0 nm. La hauteur des immunoglobulines G déposées sur la puce est mesurée par microscopie à force atomique comme étant égale à 6,5 ± 0,9 nm (n = 10, figure 18.13a) ce qui indique l'existence d'une monocouche d'IgG adsorbée sur la puce. Lorsque la puce est mise en présence d'anti-IgG de lapin, on observe une augmentation de la hauteur de chaque dépôt d'IgG (12,1 ± 1,3 nm (n = 10, figure 18.13b). Cette valeur suggère qu'une seule molécule d'anti-IgG se fixe sur une molécule d'IgG et que la stœchiométrie de l'interaction est 1:1 [30].

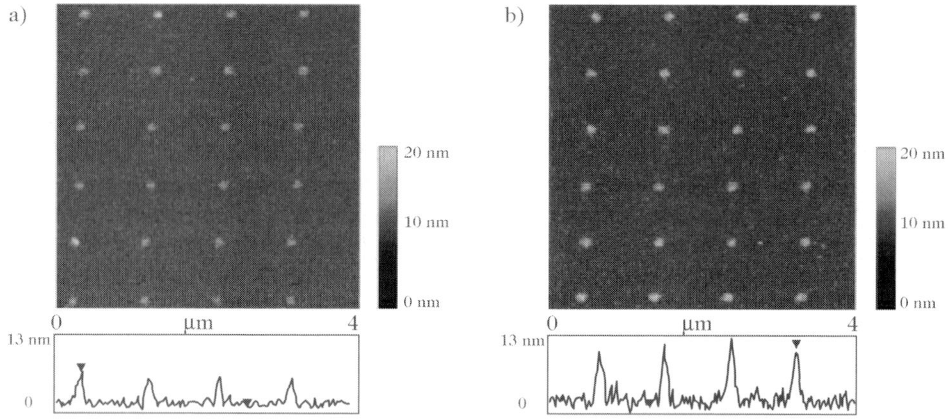

Figure 18.13. Image et profil de hauteur d'IgG de lapin déposées sur une couche d'acide 16-mercaptohexadécanoïque dont le motif a été obtenu par nanolithographie par effet de pointe et qui est fixée sur une lame de verre revêtue d'une couche d'or, **a**) avant et **b**) après contact avec une solution contenant du lysozyme, des anti-IgG de mouton préparées chez la chèvre, des anti-IgG humaines et des anti-IgG de lapin (Lee K.B. *et al.*, « Protein nanoarrays generated by dip-pen nanolithography », *Science*, **295**, 1702-5, 2002).

2.5.4. Détection par spectrométrie de masse

Tout comme la résonance plasmonique de surface et la microscopie à force atomique, cette méthode ne requiert pas le marquage des protéines étudiées. La société *Ciphergen* a développé une approche qui combine la chromatographie pour immobiliser les protéines sur des barrettes et la spectrométrie de masse SELDI-TOF (*Surface Enhanced Laser Desorption/Ionization-Time Of Flight*) pour détecter et caractériser les protéines fixées [52]. Les barrettes utilisées comme supports

constituent des puces à protéines de faible densité (8 à 16 spots d'un diamètre de 2 millimètres). Il existe plusieurs types de barrettes fonctionnalisées qui permettent de capturer les protéines de façon covalente ou non en fonction de leur hydrophobicité, de leur charge et de leur éventuelle capacité à chélater des métaux. Le seuil de détection est de l'ordre de la femtomole.
La principale application de cette technique est l'établissement de profils d'expression protéique. La comparaison du profil protéique de deux échantillons susceptibles de présenter des différences (échantillons normaux et pathologiques, traités et non traités) permet d'identifier des cibles thérapeutiques, des marqueurs de diagnostic ou de suivi de l'efficacité d'un traitement. Les extraits biologiques bruts (sérum, urine, milieux de culture, extraits tissulaires) sont déposés sur une barrette, les protéines contenues dans ces échantillons étant retenues sur la barrette en fonction de la fonctionnalisation de celle-ci. Après des lavages destinés à éliminer les protéines fixées de façon non spécifique, la barrette est insérée dans un détecteur SELDI-TOF qui détermine les masses moléculaires des différentes protéines capturées. Cette approche peut également être utilisée pour étudier des interactions moléculaires, analyser des modifications post-traductionnelles et cartographier des épitopes.

3. Autres formats de puces à protéines

D'autres formats que le format plan ont été utilisés pour les puces à protéines. Des puces à protéines ont en effet été développées à l'aide de microbilles [53, 54, 55] ou de nanoparticules en suspension [55, 56]. Ce sont des puces tridimensionnelles dont la cinétique de réaction se fait en solution. Un des avantages est que chaque élément de la puce, constitué par une microbille ou une nanoparticule, est indépendant. Cette flexibilité permet de tester un nombre limité de protéines sans avoir à fabriquer une nouvelle puce avec toutes les protéines d'intérêt. L'identification des billes repose sur un codage fluorescent et celui des nanoparticules (nanotubes) sur un codage optique de l'ordre du micromètre. Un paramètre optique intrinsèque se substitue à la localisation physique qui est utilisée pour les puces à format plan (figure 18.14).
La société *Qiagen*, maintenant alliée à *Luminex*, a développé des puces à protéines en phase liquide (*LiquiChip Protein Suspension Array*). Cette approche est basée sur des microbilles en suspension de 5,6 μm de diamètre sur lesquelles sont immobilisées des molécules de capture (des anticorps par exemple) qui vont interagir avec leur partenaire en solution (l'analyte). L'analyte fixé sur la bille est ensuite détecté par une molécule « rapporteur » qui lui est spécifique et qui est marquée par un fluorophore (figure 18.15a).
Chaque microbille a une signature spectrale spécifique obtenue en faisant varier le rapport de deux colorants organiques. L'analyte capturé est détecté par un troisième colorant lié à la molécule « rapporteur ». La détection de l'analyte capturé est effectuée grâce à un cytomètre de flux comportant deux lasers. Un des lasers est utilisé pour la détection de la microbille et l'autre pour celle du fluorophore qui est associé à l'analyte capturé à la surface de la microbille (figure 18.15b). Ce système d'analyses multiplexes permet de quantifier simultanément jusqu'à 100 paramètres dans un échantillon sans étape de lavage, en associant une centaine de

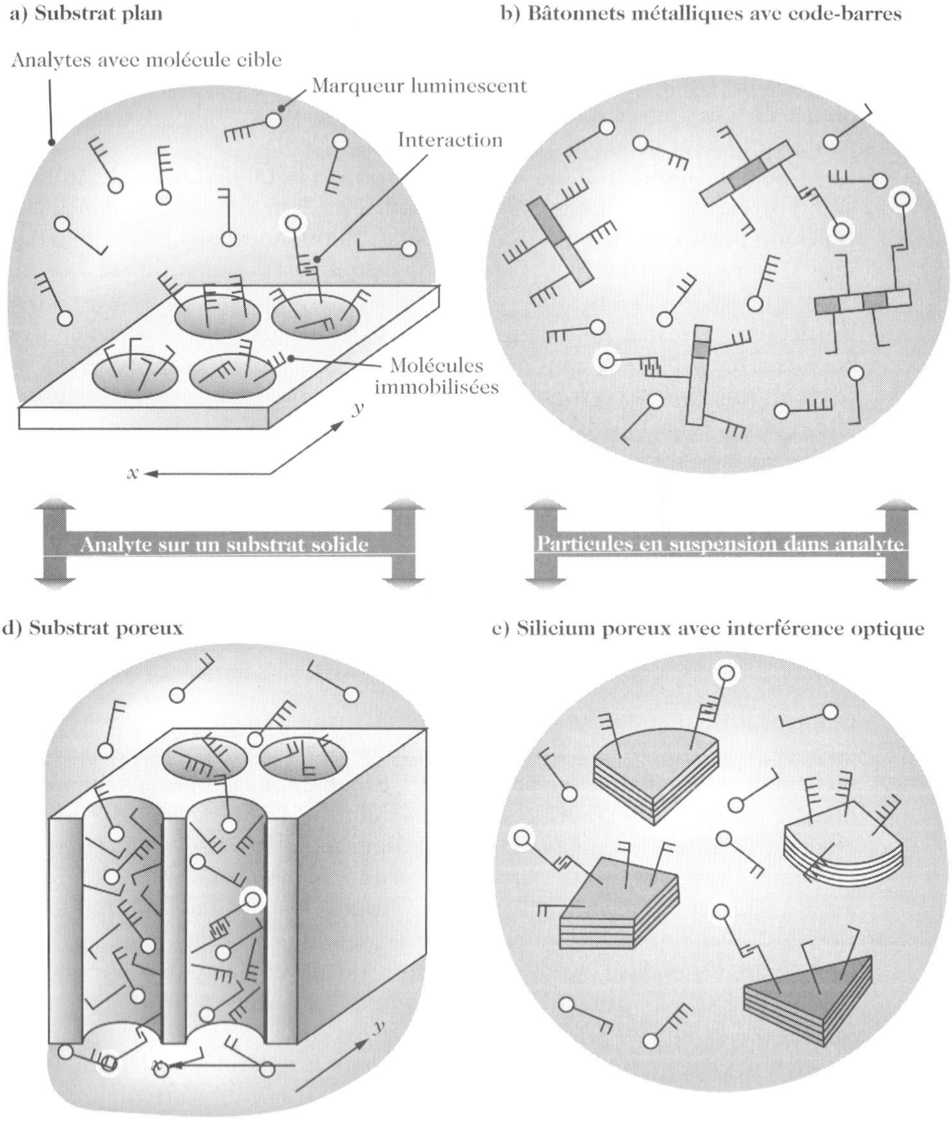

Figure 18.14. Les puces à protéines peuvent être réalisées sur des supports solides (a, d) ou en suspension (b, c). Les molécules fixant l'analyte sont identifiées **a)** par leurs coordonnées *x* et *y* sur un support plan, **b)** par leur codage optique pour des nanoparticules métalliques en forme de bâtonnets, **c)** par l'interférence de couleur individuelle des fragments de silicium poreux dont les propriétés optiques dépendent de la porosité (la couleur ne naît pas de l'absorption sélective de la lumière, mais d'un phénomène d'interférence optique) et **d)** par leurs coordonnées *x* et *y* dans un substrat poreux. (Lehmann V., « Barcoded molecules », *Nat. Mater.*, 1, 12-13, 2002).

microbilles portant des molécules de capture différentes. Il peut détecter environ un picogramme d'analyte et possède donc une sensibilité importante. Le *Liqui-Chip Array* permet d'analyser toutes les interactions impliquant des protéines, et notamment des dosages immunologiques, des interactions protéines-protéines, des essais enzymatiques (kinases, phosphatases et protéases), des essais de type récepteurs-ligands et des interactions protéines-acides nucléiques.

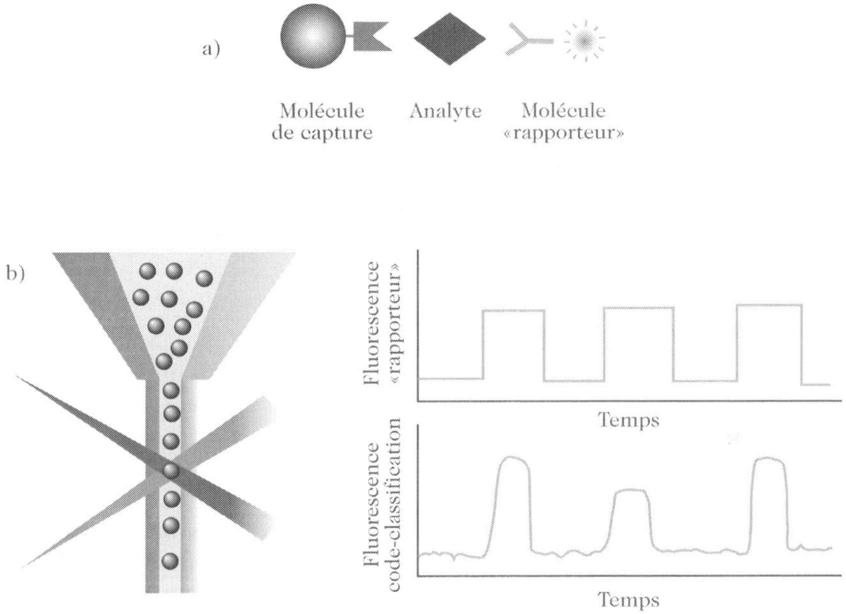

Figure 18.15. a) Principe du *LiquiChip Assay*. Les molécules de capture sont immobilisées sur les billes par des techniques classiques : réaction de couplage covalente, capture par affinité utilisant le système avidine-biotine ou une étiquette polyhistidine. **b)** Détection simultanée de la fluorescence liée aux microbilles et de la fluorescence de la molécule « rapporteur ». (http://www1.qiagen.com/Products/Protein/Assay/LiquiChipSystem/)

4. Applications des puces à protéines

Les applications des puces à protéines sont très variées. Bien qu'elle soit un peu arbitraire, une des classifications proposées pour les puces à protéines distingue les puces analytiques et les puces fonctionnelles [3, 50].

4.1. Puces analytiques

Les puces analytiques (puces à antigènes ou à anticorps, figure 18.16) sont utilisées pour détecter à grande échelle la présence de protéines d'intérêt dans un milieu complexe et pour déterminer des variations dans l'expression des protéines en incubant la puce à anticorps avec des extraits biologiques [53, 57]. Ce sont des outils puissants pour la protéomique. L'analyse des profils d'expression protéique peut être réalisée à l'échelle d'un génome, d'une cellule, d'un tissu ou bien dans le cadre de la comparaison de deux échantillons pour déterminer les différences existant par exemple entre un profil normal et un profil pathologique. Cette dernière approche est utilisée pour identifier des marqueurs de diagnostic ou de pronostic.

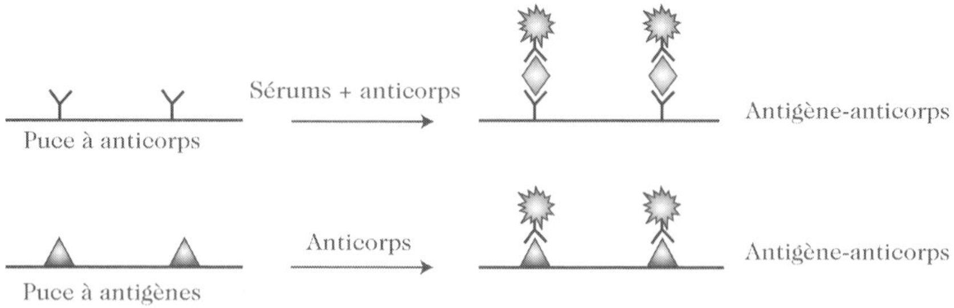

Figure 18.16. Puces à protéines analytiques (Zhu H., Snyder M., « Protein chip technology », *Curr. Opin. Chem. Biol.*, **7**, 55-63, 2003).

Les puces à anticorps sont utilisées pour quantifier les protéines dans des milieux complexes et peuvent être utilisées soit en détection directe, soit avec un format de type sandwich ce qui nécessite la sélection d'une paire d'anticorps pour chaque protéine d'intérêt [58]. De nombreux fabricants proposent des puces à anticorps. C'est le cas de *Clontech* dont les puces comportent 512 anticorps monoclonaux immobilisés en double dépôt sur une lame de verre (*Ab Microarray 500*) et sont destinées à la mesure rapide et simultanée de l'abondance relative de plusieurs centaines de protéines natives.

Les puces à antigènes détectent les anticorps sériques dans des maladies infectieuses, auto-immunes [59, 60, 61] ou des réactions allergiques. Une puce comportant 196 autoantigènes déposés sur une lame de verre a été fabriquée pour détecter les autoanticorps présents dans le sérum de patients atteints de maladies auto-immunes telles que le lupus érythémateux ou l'arthrite rhumatoïde. La détection a été faite par fluorescence [60]. Des puces représentant les protéomes des tissus qui sont les cibles des pathologies auto-immunes ont été conçues. Il s'agit de la puce à protéome synovial (650 autoantigènes potentiels), la puce pour les pathologies des tissus conjonctifs [59], ou encore la puce à myéline (500 protéines et peptides) qui a été utilisée pour suivre l'évolution des autoanticorps dans une encéphalomyélite auto-immune expérimentale [62]. Des puces comportant 430 protéines et peptides du protéome des virus d'immunodéficience acquise de l'homme et du singe ont permis de suivre la réponse immunitaire de singes lors d'essais vaccinaux [63].

Des puces à allergènes ont été développées pour caractériser le profil d'anticorps (IgE) des patients vis-à-vis d'un grand nombre d'allergènes en une seule analyse [64]. Des travaux sur les allergènes d'arbres et d'herbes ont été réalisés avec des allergènes recombinants immobilisés de façon covalente sur une lame de verre. Chaque allergène est déposé en triplicat sur une lame de verre. Le diamètre des spots varie de 180 à 250 μm et correspond approximativement à 1 ng de protéine par spot. La puce à allergènes est mise en présence d'une très faible quantité de sérum (20 μL) et les IgE présentes dans le sérum du patient se fixent sur les allergènes correspondants. Ils sont ensuite détectés par des anti-IgE conjugués à un fluorophore puis la fluorescence de la puce est lue par un scanner de fluorescence. Cette technologie permet d'analyser simultanément jusqu'à 400 allergènes avec 20 μL de sérum alors que les tests conventionnels nécessitent 50 μL de sérum par allergène [65].

4.2. Puces fonctionnelles

Les puces fonctionnelles permettent, comme leur nom l'indique, l'étude fonctionnelle des protéines et sont également des outils très utiles pour le diagnostic et l'identification de nouvelles cibles thérapeutiques (figure 18.17).

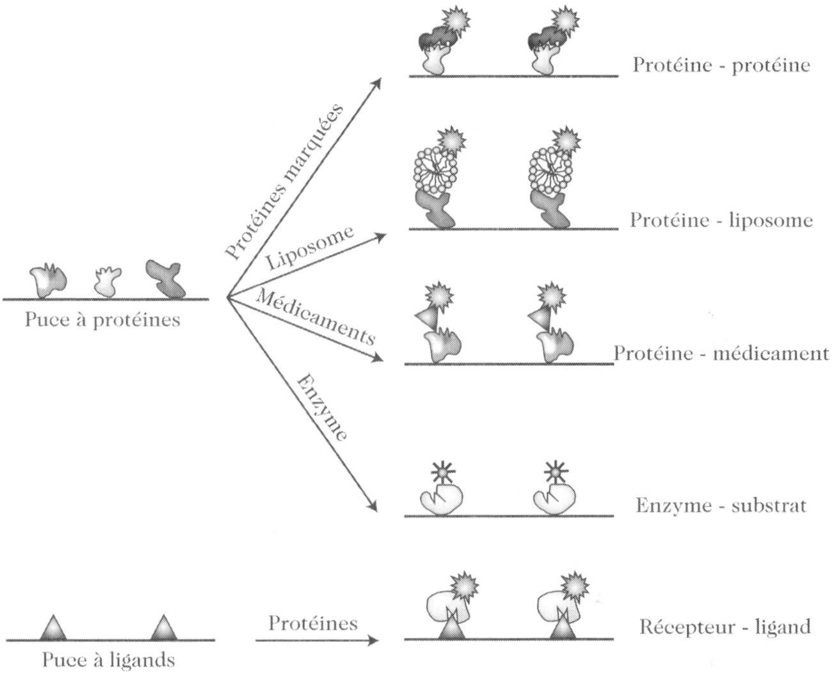

Figure 18.17. Différentes puces à protéines fonctionnelles (Zhu H., Snyder M., « Protein chip technology », *Curr. Opin. Chem. Biol.*, **7**, 55-63, 2003).

Les puces à protéines sont utilisées pour analyser à haut débit les interactions moléculaires impliquant des protéines, pour cartographier les sites d'interaction et pour obtenir des indications sur leurs fonctions [2, 21, 66]. Les principales interactions étudiées sont les interactions protéines-protéines et protéines-ADN [7, 67]. Une puce comportant 5 800 protéines de la levure *Saccharomyces cerevisiae* a été réalisée pour étudier les interactions protéines-protéines et protéines-phospholipides, permettant ainsi la mise en évidence de 150 protéines se liant aux phosholipides [8]. Cette puce a également été utilisée pour cribler la spécificité et les réactions croisées d'anticorps [68] et pour étudier les interactions protéines-ADN [69]. On a identifié 200 protéines se liant à l'ADN dont la moitié n'était pas connue pour se lier à l'ADN [69]. La commercialisation de cette puce (*Yeast ProtoArray*^{TM}) par la société *Protometrix - InVitrogen Corporation* fait suite aux travaux de Zhu *et al.* [8].

Les interactions enzyme-substrat peuvent également être étudiées à l'aide de puces à protéines. La caractérisation de 119 protéines kinases de la levure *S. cerevisiae* avec 17 substrats différents a été effectuée à l'aide d'une puce à protéines. Les substrats ont été immobilisés sur la puce qui a ensuite été incubée

avec une kinase et de l'ATP marqué au ^{33}P [36]. Kramer *et al.* [70] ont identifié 21 substrats potentiels de la kinase CK2alpha parmi 768 protéines immobilisées sur une puce.
Les puces à protéines présentent également un intérêt pour la recherche de nouvelles cibles thérapeutiques et de nouveaux médicaments [71]. Elles sont utilisées pour étudier les interactions entre les protéines et les petites molécules [21]. Les domaines d'application incluent la pharmacogénomique et la pharmacogénétique, qui font appel entre autres à l'étude des interactions protéines-médicaments.
La pharmacogénomique consiste à identifier les gènes impliqués dans l'efficacité d'une molécule thérapeutique et ses effets secondaires ou/et indésirables (toxicogénomique). Elle conduit à une meilleure compréhension des mécanismes d'action des médicaments en étudiant les interactions moléculaires établies entre ces médicaments et le produit des gènes concernés, c'est-à-dire les protéines puisque celles-ci sont les cibles potentielles de ces médicaments. Les puces à protéines, qui peuvent être utilisées pour caractériser les interactions protéines-médicaments, sont donc des outils de choix pour la pharmacogénomique.
La pharmacogénétique cherche à caractériser l'influence de la variabilité génétique sur la réponse des patients aux traitements thérapeutiques. Cette étude des modifications des réponses pharmacologiques sous l'influence de l'hérédité aboutira dans le futur à l'élaboration de traitements personnalisés et nécessite l'utilisation de puces à protéines pour caractériser les interactions protéines-médicaments et/ou pour suivre le profil d'expression protéique au cours d'un traitement. Les puces à protéines peuvent donc être utiles pour individualiser et améliorer les traitements, notamment du cancer, et des puces à protéines dites en phase inverse [37] ont été développées dans ce but. Ces puces sont réalisées en immobilisant sur le support de la puce le sérum ou bien le lysat protéique ou cellulaire préparé à partir de biopsies [72].

5. Conclusion

L'utilisation des puces à protéines se développe dans le domaine de la recherche pour l'analyse à haut débit d'interactions établies par les protéines. Certaines puces sont fabriquées non pas à partir de protéines entières mais avec des domaines fonctionnels des protéines pour cartographier les sites d'interaction. Les puces à peptides sont utilisées pour déterminer les séquences impliquées dans les interactions ou les épitopes dans le cas d'antigènes.
Les puces à protéines sont également de plus en plus utilisées dans le domaine de la santé, notamment pour le diagnostic, la recherche de nouvelles cibles thérapeutiques et le criblage de molécules susceptibles d'avoir une activité pharmacologique. Des systèmes automatisés sont commercialisés, ce qui facilite la mise en œuvre de cette technologie en standardisant les protocoles et en améliorant la reproductibilité des résultats. La reproductibilité ainsi que la détermination de standards sont indispensables pour comparer les résultats d'un laboratoire à l'autre et pour l'utilisation en routine des puces à protéines comme outils de diagnostic. L'amélioration de la stabilité des protéines immobilisées sur la puce est également un paramètre à optimiser pour envisager leur utilisation en routine et

pour faciliter le stockage des puces. Des puces rassemblant les protéines spécifiques d'un tissu ou d'une pathologie sont en cours de développement et un des domaines majeurs d'application des puces à protéines pourrait être dans le futur la médecine personnalisée [73].

L'évolution technologique des puces portera sur la miniaturisation des puces à protéines pour augmenter le nombre d'analyses effectuées simultanément et diminuer le volume d'échantillon biologique nécessaire à ces analyses. Les micropuces seront remplacées par les nanopuces qui utilisent approximativement le 1/10 000e de la surface occupée par une micropuce classique. Environ 1 500 nanospots pourraient être placés sur une surface occupée par un seul spot d'une micropuce.

L'utilisation de nanosphères adressables et codées est une voie prometteuse pour la réalisation de puces en phase liquide ou en suspension, plus flexibles que les puces réalisées sur des supports plans et rigides. L'augmentation de la sensibilité et de la spécificité de la détection sera poursuivie avec l'utilisation des nanocristaux (*quantum dots*) et le développement de la chimiluminescence. La nécessité de distribuer les échantillons et des réactifs à la surface de la puce à protéines conduira à l'adjonction de systèmes microfluidiques, ce qui fera converger le développement des puces à protéines avec celui des laboratoires sur puces qui connaît un essor majeur actuellement.

Quant aux supports, l'avenir est peut-être aux BioCD dont un prototype a été proposé par David Nolte de l'Université de Purdue (USA). Au lieu de contenir des données digitales, la surface des BioCD contiendrait des molécules qui pourraient mesurer le taux des protéines dans le sang de patients (http://news.uns.purdue.edu/UNS/html4ever/2004/040518. Nolte.CD.html).

Les BioCD pourraient donc permettre d'ici une dizaine d'années de réaliser des tests rapides et peu coûteux qui « cribleraient » les patients pour de nombreuses pathologies. *Eppendorf Array Technologies* propose déjà des puces à ADN sur disque compact (BioCD). Le format CD a également fait l'objet de développements récents pour la conception de microlaboratoires (*Gyrolab™ Workstation, Gyros AB*, Uppsala, Suède).

BIBLIOGRAPHIE

[1] TEMPLIN M.F., STOLL D., SCHRENK M., TRAUB P.C., VOHRINGER C.F., JOOS T.O., « Protein microarray technology », *Drug Discov. Today*, **7**, 815-22, Review (2002).

[2] SCHWEITZER B., PREDKI P., SNYDER M., « Microarrays to characterize protein interactions on a whole-proteome scale », *Proteomics*, **3**, 2190-9, Review (2003).

[3] ZHU H., SNYDER M., « Protein chip technology », *Curr. Opin. Chem. Biol.*, **7**, 55-63, Review (2003).

[4] LABAER J., RAMACHANDRAN N., « Protein microarrays as tools for functional proteomics », *Curr. Opin. Chem. Biol.*, **9**, 14-9, Review (2005).

[5] LUEKING A., CAHILL D.J., MULLNER S., « Protein biochips : A new and versatile platform technology for molecular medicine », *Drug Discov. Today*, **10**, 789-94, Review (2005).

[6] POETZ O., SCHWENK J.M., KRAMER S., STOLL D., TEMPLIN M.F., JOOS T.O., « Protein microarrays : catching the proteome », *Mech. Ageing Dev.*, **126**, 161-70, Review (2005).

[7] SAKANYAN V., « High-throughput and multiplexed protein array technology : protein-DNA and protein-protein interactions », *J. Chromatogr. B Analyt. Technol. Biomed. Life Sci.*, **815**, 77-95, Review (2005).

[8] ZHU H., BILGIN M., BANGHAM R., HALL D., CASAMAYOR A., BERTONE P., LAN N., JANSEN R., BIDLINGMAIER S., HOUFEK T., MITCHELL T., MILLER P., DEAN R.A., GERSTEIN M., SNYDER M., « Global analysis of protein activities using proteome chips », *Science*, **293**, 2101-5 (2001).

[9] ESPEJO A., COTE J., BEDNAREK A., RICHARD S., BEDFORD M.T., « A protein-domain microarray identifies novel protein-protein interactions », *Biochem. J.*, **367**, 697-702 (2002).

[10] NEWMAN J.R., KEATING A.E., « Comprehensive identification of human bZIP interactions with coiled-coil arrays », *Science*, **300**, 2097-101 (2003).

[11] HE M., TAUSSIG M.J., « DiscernArray technology : a cell-free method for the generation of protein arrays from PCR DNA », *J. Immunol. Methods*, **274**, 265-70 (2003).

[12] RAMACHANDRAN N., HAINSWORTH E., BHULLAR B., EISENSTEIN S., ROSEN B., LAU A.Y., WALTER J.C., LABAER J., « Self-assembling protein microarrays », *Science*, **305**, 86-90 (2004).

[13] ZIAUDDIN J., SABATINI D.M., « Microarrays of cells expressing defined cDNAs », *Nature*, **411**, 107-10 (2001).

[14] MIN D.H., MRKSICH M., « Peptide arrays : towards routine implementation », *Curr. Opin. Chem. Biol.*, **8**, 554-8, Review (2004).

[15] PANICKER R.C., HUANG X., YAO S.Q., « Recent advances in peptide-based microarray technologies », *Comb. Chem. High Throughput Screen*, 7 (6), 547-56, Review (2004).

[16] FRANK R., « The SPOT-synthesis technique. Synthetic peptide arrays on membrane supports – principles and applications », *J. Immunol. Methods*, **267**, 13-26, Review (2002).

[17] SCHUTKOWSKI M., REINEKE U., REIMER U., « Peptide arrays for kinase profiling », *Chembiochem.*, **6**, 513-21, Review (2005).

[18] EICHLER J., « Synthetic peptide arrays and peptide combinatorial libraries for the exploration of protein-ligand interactions and the design of protein inhibitors », *Comb. Chem. High Throughput Screen*, **8**, 135-43, Review (2005).

[19] RUIZ-TAYLOR L.A., MARTIN T.L., ZAUGG F.G., WITTE K., INDERMUHLE P., NOCK S., WAGNER P., « Monolayers of derivatized poly(L-lysine)-grafted poly(ethylene glycol) on metal oxides as a class of biomolecular interfaces », *Proc. Natl. Acad. Sci. USA*, **98**, 852-7 (2001).

[20] LEE Y.S., MRKSICH M., « Protein chips : from concept to practice », *Trends Biotechnol.*, **20**(12 Suppl), S14-8 (2002).

[21] MACBEATH G., SCHREIBER S.L., « Printing proteins as microarrays for high-throughput function determination », *Science*, **289**, 1760-3 (2000).

[22] ELIA G., SILACCI M., SCHEURER S., SCHEUERMANN J., NERI D., « Affinity-capture reagents for protein arrays », *Trends Biotechnol.*, **20**(12 Suppl), S19-22, Review (2002).

[23] PETACH H., GOLD L., « Dimensionality is the issue : use of photoaptamers in protein microarrays », *Curr. Opin. Biotechnol.*, **13**, 309-14, Review (2002).

[24] LOUNICI S., TAHAR J., « La technologie piézo-électrique et la production de biopuces », *Forum Labo et Forum Biotech* (2002).

[25] MOROZOV V.N., MOROZOVA T.Ya., « Electrospray deposition as a method for mass fabrication of mono- and multicomponent microarrays of biological and biologically active substances », *Anal. Chem.*, **71**, 3110-7 (1999).

[26] AVSEENKO N.V., MOROZOVA T.Ya., ATAULLAKHANOV F.I., MOROZOV V.N., « Immobilization of proteins in immunochemical microarrays fabricated by electrospray deposition », *Anal. Chem.*, **73**, 6047-52 (2001).

[27] VIEU C., La course vers l'infiniment petit : pourquoi et comment ? », *Signaux. Journal de l'Association des Anciens Élèves de l'ISEP*, n°93, décembre 1998 (volume consacré aux nanotechnologies).

[28] GINGER D.S., ZHANG H., MIRKIN C.A., « The evolution of dip-pen nanolithography », *Angew. Chem. Int. Ed. Engl.*, **43**(1), 30-45, Review (2004).

[29] WOUTERS D., SCHUBERT U.S., « Nanolithography and nanochemistry : probe-related patterning techniques and chemical modification for nanometer-sized devices », *Angew. Chem. Int. Ed. Engl.*, **43**, 2480-95 (2004).

[30] LEE K.B., PARK S.J., MIRKIN C.A., SMITH J.C., MRKSICH M., « Protein nanoarrays generated by dip-pen nanolithography », *Science*, **295**, 1702-5 (2002).

[31] WILSON D.L., MARTIN R., HONG S., CRONIN-GOLOMB M., MIRKIN C.A., KAPLAN D.L., « Surface organization and nanopatterning of collagen by dip-pen nanolithography », *Proc. Natl. Acad. Sci. USA*, **98**, 13660-4 (2001).

[32] AGARWAL G., NAIK R.R., STONE M.O., « Immobilization of histidine-tagged proteins on nickel by electrochemical dip pen nanolithography », *J. Am. Chem. Soc.*, **125**(24), 7408-12 (2003).

[33] ESPINA V., WOODHOUSE E.C., WULFKUHLE J., ASMUSSEN H.D., PETRICOIN E.F. 3rd, LIOTTA L.A., « Protein microarray detection strategies : focus on direct detection technologies », *J. Immunol. Methods*, **290**, 121-33, Review (2004).

[34] FALL B.I., EBERLEIN-KONIG B., BEHRENDT H., NIESSNER R., RING J., WELLER M.G., « Microarrays for the screening of allergen-specific IgE in human serum », *Anal. Chem.*, **75**, 556-62 (2003).

[35] GE H. « UPA, a universal protein array system for quantitative detection of protein-protein, protein-DNA, protein-RNA and protein-ligand interactions », *Nucleic Acids Res.*, **28**(2), e3 (2000).

[36] ZHU H., KLEMIC J.F., CHANG S., BERTONE P., CASAMAYOR A., KLEMIC K.G., SMITH D., GERSTEIN M., REED M.A., SNYDER M., « Analysis of yeast protein kinases using protein chips », *Nat. Genet.*, **26**, 283-9 (2000).

[37] LIOTTA L.A., ESPINA V., MEHTA A.I., CALVERT V., ROSENBLATT K., GEHO D., MUNSON P.J., YOUNG L., WULFKUHLE J., PETRICOIN E.F. 3rd, « Protein microarrays : meeting analytical challenges for clinical applications », *Cancer Cell*, **3**(4), 317-25, Review (2003).

[38] SCHWEITZER B., WILTSHIRE S., LAMBERT J., O'MALLEY S., KUKANSKIS K., ZHU Z., KINGSMORE S.F., LIZARDI P.M., WARD D.C., « Inaugural article : immunoassays with rolling circle DNA amplification : a versatile platform for ultrasensitive antigen detection », *Proc. Natl. Acad. Sci. USA*, **97**, 10113-9 (2000).

[39] KINGSMORE S.F., PATEL D.D., « Multiplexed protein profiling on antibody-based microarrays by rolling circle amplification », *Curr. Opin. Biotechnol.*, **14**, 74-81, Review (2003).

[40] SHAO W., ZHOU Z., LAROCHE I., LU H., ZONG Q., PATEL D.D., KINGSMORE S., PICCOLI S.P., « Optimization of Rolling-Circle Amplified Protein Microarrays for Multiplexed Protein Profiling », *J. Biomed. Biotechnol.*, **5**, 299-307 (2003).

[41] JOOS T.O., STOLL D., TEMPLIN M.F., « Miniaturised multiplexed immunoassays », *Curr. Opin. Chem. Biol.*, **6**, 76-80, Review (2002).

[42] PAWLAK M., SCHICK E., BOPP M.A., SCHNEIDER M.J., OROSZLAN P., EHRAT M., « Zeptosens' protein microarrays : a novel high performance microarray platform for low abundance protein analysis », *Proteomics*, **2**, 383-93 (2002).

[43] LIANG R.Q., LI W., LI Y., TAN C.Y., LI J.X., JIN Y.X., RUAN K.C., « An oligonucleotide microarray for microRNA expression analysis based on labeling RNA with quantum dot and nanogold probe », *Nucleic Acids Res.*, **33**, e17 (2005).

[44] WEGNER G.J., LEE H.J., CORN R.M., « Characterization and optimization of peptide arrays for the study of epitope-antibody interactions using surface plasmon resonance imaging », *Anal. Chem.*, **74**, 5161-8 (2002).

[45] WEGNER G.J., LEE H.J., MARRIOTT G., CORN R.M., « Fabrication of histidine-tagged fusion protein arrays for surface plasmon resonance imaging studies of protein-protein and protein-DNA interactions », *Anal. Chem.*, **75**, 4740-6 (2003).

[46] WEGNER G.J., WARK A.W., LEE H.J., CODNER E., SAEKI T., FANG S., CORN R.M., « Real-time surface plasmon resonance imaging measurements for the multiplexed determination of protein adsorption/desorption kinetics and surface enzymatic reactions on peptide microarrays », *Anal. Chem.*, **76**, 5677-84 (2004).

[47] KANDA V., KARIUKI J.K., HARRISON D.J., MCDERMOTT M.T., « Label-free reading of microarray-based immunoassays with surface plasmon resonance imaging », *Anal. Chem.*, **76**, 7257-62 (2004).

[48] OH B.K., LEE W., CHUN B.S., BAE Y.M., LEE W.H., CHOI J.W., « The fabrication of protein chip based on surface plasmon resonance for detection of pathogens », *Biosens. Bioelectron.*, **20**, 1847-50 (2005).

[49] USUI-AOKI K., SHIMADA K., NAGANO M., KAWAI M., KOGA H., « A novel approach to protein expression profiling using antibody microarrays combined with surface plasmon resonance technology », *Proteomics*, **5**, 2396-401 (2005).

[50] YUK J.S., HA K.S. « Proteomic applications of surface plasmon resonance biosensors : analysis of protein arrays », *Exp. Mol. Med.*, **37**, 1-10, Review (2005).

[51] JONES V.W., KENSETH J.R., PORTER M.D., MOSHER C.L., HENDERSON E., « Microminiaturized immunoassays using atomic force microscopy and compositionally patterned antigen arrays », *Anal. Chem.*, **70**, 1233-41 (1998).

[52] TANG N., TORNATORE P., WEINBERGER S.R., « Current developments in SELDI affinity technology », *Mass Spectrom. Rev.*, **23**, 34-44, Review (2004).

[53] ZHOU H., ROY S., SCHULMAN H., NATAN M.J., « Solution and chip arrays in protein profiling », *Trends Biotechnol.*, **9**(10 Suppl), S34-9, Review (2001).

[54] NOLAN J.P. et SKLAR L.A., « Suspension array technology : evolution of the flat array paradigm », *Trends Biotechnol.*, **20**, 9-12 (2002).

[55] LEHMANN V., « Barcoded molecules », *Nat. Mater.*, **1**, 12-13 (2002).

[56] CUNIN F., SCHMEDAKE T.A., LINK J.R., LI Y.Y., KOH J., BHATIA S.N., SAILOR M.J., « Biomolecular screening with encoded porous-silicon photonic crystals », *Nat. Mater.*, **1**, 39-41 (2002).

[57] JENKINS R.E., PENNINGTON S.R., « Arrays for protein expression profiling : towards a viable alternative to two-dimensional gel electrophoresis ? », *Proteomics*, **1**, 13-29, Review (2001).

[58] NIELSEN U.B., GEIERSTANGER B.H., « Multiplexed sandwich assays in microarray format », *J. Immunol. Methods*, **290**, 107-20, Review (2004).

[59] HUEBER W., UTZ P.J., STEINMAN L., ROBINSON W.H., « Autoantibody profiling for the study and treatment of autoimmune disease », *Arthritis Res.*, **4**, 290-5, Review (2002).

[60] ROBINSON W.H., DIGENNARO C., HUEBER W., HAAB B.B., KAMACHI M., DEAN E.J., FOURNEL S., FONG D., GENOVESE M.C., DE VEGVAR H.E., SKRINER K., HIRSCHBERG D.L., MORRIS R.I., MULLER S., PRUIJN G.J., VAN VENROOIJ W.J., SMOLEN J.S., BROWN P.O., STEINMAN L., UTZ P.J., « Autoantigen microarrays for multiplex characterization of autoantibody responses », *Nat. Med.*, **8**, 295-301 (2002).

[61] ROBINSON W.H., STEINMAN L., UTZ P.J., « Protein arrays for autoantibody profiling and fine-specificity mapping », *Proteomics*, **3**, 2077-84, Review (2003).

[62] Robinson W.H., Fontoura P., Lee B.J., de Vegvar H.E., Tom J., Pedotti R., DiGennaro C.D., Mitchell D.J., Fong D., Ho P.P., Ruiz P.J., Maverakis E., Stevens D.B., Bernard C.C., Martin R., Kuchroo V.K., van Noort J.M., Genain C.P., Amor S., Olsson T., Utz P.J., Garren H., Steinman L., « Protein microarrays guide tolerizing DNA vaccine treatment of autoimmune encephalomyelitis », *Nat. Biotechnol.*, **21**, 1033-9 (2003).

[63] Neuman de Vegvar H.E., Amara R.R., Steinman L., Utz P.J., Robinson H.L., Robinson W.H., « Microarray profiling of antibody responses against simian-human immunodeficiency virus : postchallenge convergence of reactivities independent of host histocompatibility type and vaccine regimen », *J. Virol.*, **77**, 11125-38 (2003).

[64] Harwanegg C, Hiller R. « Protein microarrays in diagnosing IgE-mediated diseases : spotting allergy at the molecular level », *Expert. Rev. Mol. Diagn.*, **4**, 539-48, Review (2004).

[65] Deinhofer K., Sevcik H., Balic N., Harwanegg C., Hiller R., Rumpold H., Mueller M.W., Spitzauer S., « Microarrayed allergens for IgE profiling », *Methods*, **32**, 249-54, Review (2004).

[66] Smith M.G., Jona G., Ptacek J., Devgan G., Zhu H., Zhu X., Snyder M., « Global analysis of protein function using protein microarrays », *Mech. Ageing Dev.*, **126**, 171-5, Review (2005).

[67] Korf U., Wiemann S., « Protein microarrays as a discovery tool for studying protein-protein interactions », *Expert. Rev. Proteomics*, **2**, 13-26 (2005).

[68] Michaud G.A., Salcius M., Zhou F., Bangham R., Bonin J., Guo H., Snyder M., Predki P.F., Schweitzer B.I., « Analyzing antibody specificity with whole proteome microarrays », *Nat. Biotechnol.*, **21**, 1509-12 (2003).

[69] Hall D.A., Zhu H., Zhu X., Royce T., Gerstein M., Snyder M., « Regulation of gene expression by a metabolic enzyme », *Science*, **306**, 482-4 (2004).

[70] Kramer A., Feilner T., Possling A., Radchuk V., Weschke W., Burkle L., Kersten B., « Identification of barley CK2alpha targets by using the protein microarray technology », *Phytochemistry*, **65**, 1777-84 (2004).

[71] Zhou F.X., Bonin J., Predki P.F., « Development of functional protein microarrays for drug discovery : progress and challenges », *Comb. Chem. High Throughput Screen*, **7**, 539-46, Review (2004).

[72] Wulfkuhle J., Espina V., Liotta L., Petricoin E., « Genomic and proteomic technologies for individualisation and improvement of cancer treatment », *Eur. J. Cancer.*, **40**(17), 2623-32, Review (2004).

[73] Jain K.K., « Applications of biochips : from diagnostics to personalized medicine », *Curr. Opin. Drug Discov. Devel.*, **7**, 285-9, Review (2004).

CHAPITRE

19

LES BIOPUCES À CELLULES

Bruno LE PIOUFLE*, Nathalie PICOLLET-D'HAHAN†

1. Puces pour l'analyse et le traitement de cellules vivantes

Une puce à cellules est un microsystème, appareillé de fonctions électroniques et microfluidiques, destiné à la micromanipulation ou à l'analyse de cellules vivantes. Les premières publications dans ce domaine de recherche en plein émergence datent de la fin des années 1980. Ainsi, une biopuce permettant la fusion de deux cellules par électro-perméabilisation de la membrane cytoplasmique est décrite par Washizu [1].

1.1. De la cellule unique aux tissus reconstitués sur puce : une grande variété structurelle de puces à cellules

Les laboratoires de recherche proposent plusieurs structures de puces à cellules, permettant l'analyse simultanée ou séquentielle de cellules uniques, de groupe cellulaires ou de tissus cellulaires reconstitués sur puce. Les cellules sont arrangées de manière matricielle sur une puce à cellules parallèles, de façon à permettre une analyse parallélisée de ces dernières, tandis qu'elles sont examinées et traitées une à une dans un microcanal lorsqu'il s'agit d'une puce à cellules série. Contrairement à ces types de biopuces destinées à l'analyse haut débit d'un grand nombre de cellules, les puces à cellule unique sont focalisées sur l'analyse d'une seule cellule isolée.

* CNRS UMR 8029, ENS Cachan, Bruz. pioufle@bretagne.ens-cachan.fr
† iRTSV, Biopuces, CEA Grenoble. nathalie.picollet-dhahan@cea.fr

1.1.1. Les biopuces cellulaires parallèles

À l'instar des puces ADN, où un grand nombre d'oligonucléotides sont rangés de manière matricielle, les puces cellulaires parallèles rangent en matrice des cellules vivantes. En chaque point de la matrice, les cellules peuvent être isolées, si le type cellulaire le permet (cas des cellules sanguines par exemple), ou cultivées en groupe (la plupart des cellules adhérentes ne peuvent survivre qu'en groupe). L'objectif de ces puces est de permettre une parallélisation massive de l'analyse ou du traitement cellulaire. Un microdispositif permettant la culture de cellules isolées ou de petits groupes cellulaires dans une matrice de micropuits est décrit par Le Pioufle *et al.* [2]. Chaque puit est appareillé de façon à solliciter la cellule (ou le groupe de cellules) de manière électrique ou fluidique. Les applications visées couvrent le transfert de gène, le tri cellulaire, le criblage en pharmacologie. Une approche complémentaire, combinant les concepts de puce ADN et de biopuce à cellules, est proposée par Bailey *et al.* [3] : des gènes, préalablement disposés en matrice sur la puce, transfectent les cellules mises en culture sur le support en fonction de leur position dans la matrice (figure 19.1). Cette approche pour obtenir une **lipofection** différentielle sur puce a été reprise par la suite par Yoshikawa *et al.* [4] avec des cellules primaires, plus pertinentes pour les applications médicales visées. Ce concept de transfection cellulaire sur puce ADN est décrit plus en détail dans le chapitre 17 « Les puces à ADN ».

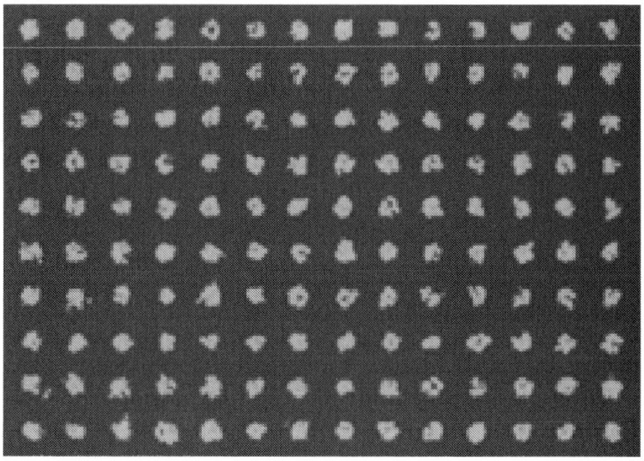

Figure 19.1. Transcription inverse par ADNc de GFP (*Green Fluorescent Protein*) disposés en matrice sur une puce. Les cellules cultivées sur ce support expriment le gène en fonction de leur position dans la matrice.

1.1.2. Les biopuces séries

Les biopuces séries gèrent l'analyse, le traitement et le tri des cellules de manière séquentielle. Ce concept de puce cellulaire se rapproche d'une cytométrie en flux miniature. Les cellules circulent dans un microcanal, isolées les unes des autres, peuvent être aiguillées vers d'autre microcanaux, triées, ou temporairement immobilisées en vue d'une analyse ou d'un traitement, en utilisant les principes physiques décrits ci-dessous. Un exemple de ces microdispositifs convoyant par microfluidique les cellules est présenté dans les références [5, 6].

1.1.3. Les biopuces pour la manipulation et l'analyse de cellules uniques

Ces microdispositifs permettent d'isoler et positionner précisément une cellule unique dans une zone de la puce destinée à son analyse et/ou à son traitement. Dans les travaux de Huang *et al.* [7], la cellule cible est entraînée, puis immobilisée dans une microchambre d'analyse, grâce à une micro-ouverture permettant de générer un flux d'aspiration. La conception de la puce permet la focalisation d'un champ électrique et donc sa concentration sur la cellule immobilisée, perméabilisant sa membrane cytoplasmique et permettant ainsi le transfert de gènes (figure 19.2). Provenant de la même université (Berkeley), d'autres chercheurs proposent une méthode alternative pour électroporer une cellule unique ou mesurer les potentiels transmembranaires d'un ensemble de cellules uniques (patch-clamp) en attirant par succion cette ou ces cellules sur l'embouchure de microcanaux fluidiques en polymères [8, 9]. Une méthode alternative, combinant microfluidique et champ électrique est proposée par Seger *et al.* [10] : la cellule unique est isolée et en équilibre entre deux champ de forces, étant poussée par un courant microfluidique sur un champ de forces répulsif produit par diélectrophorèse négative. Là encore, l'application visée est l'électroporation d'une cellule unique.

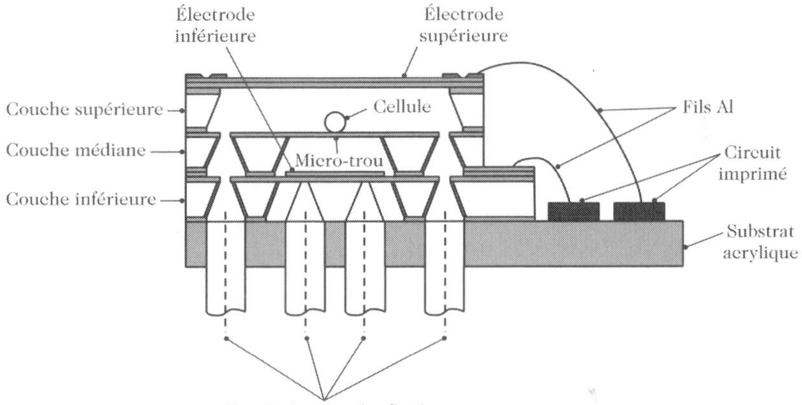

Figure 19.2. Biopuce pour l'électroporation d'une cellule unique : la cellule est amenée précisément sur une ouverture fluidique dans la chambre supérieure et soumise à un champ d'électroporation. L'observation se fait au travers de l'électrode supérieure qui est transparente. Copyright Elsevier (2001). Avec l'aimable autorisation de Boris Rubinski.

1.1.4. Les modèles tissulaires sur puce

Dans ce cas, il s'agit de reconstituer sur puce des modèles physiologiques pertinents. Le but à terme est de permettre l'analyse *ex vivo* de modèles physiologiques comportementaux, ou encore de reconstruire sur puce un organe artificiel. Des cultures de tissus ou d'architectures cellulaires sont effectuées sur une puce appareillée pour recueillir les signaux physiologiques électriques ou biochimiques pertinents. Les travaux les plus fréquents dans ce domaine concernent les réseaux de neurones sur puce [11], mais les équipes de recherche ciblent également des tissus de cellules cardiaques [12], de cellules du foie [13], de cellules musculaires [14], ou encore l'association et la communication entre divers tissus cellulaires [15].

1.2. Méthodes de micromanipulation des cellules

Les biopuces cellulaires ont la capacité de convoyer, guider, mettre en réseau, trier, positionner précisément les cellules à analyser et/ou traiter sur la partie active de la puce. Plusieurs méthodes de micromanipulation des cellules, séries ou parallèles, sont envisagées.

Par diélectrophorèse

Un gradient de champ électrique génère une force sur la cellule du fait de sa différence de permittivité diélectrique complexe avec le milieu environnant. Dans les travaux rapportés dans [5] ou [16], les cellules sont immobilisées séquentiellement dans une cage diélectrophorétique pour leur analyse en vue de leur tri. Dans [17], une puce à cellules parallèle pour le rangement simultané en matrice de cellules par diélectrophorèse est décrite. Le principe de la diélectrophorèse, évoqué dès 1951 par Pohl et utilisé pour déplacer les particules électriquement neutres mais polarisables [18], est en effet applicable aux cellules vivantes. Des microdispositifs ont montré la faisabilité d'utiliser ce principe pour la séparation cellulaire [19], la fusion cellulaire [20] ou le tri cellulaire [21, 22]. L'expression de la force de diélectrophorèse à laquelle est soumise une cellule (modélisée en première approximation par une sphère de rayon r, de permitivité ε_c et de conductivité σ_c) est [23] :

$$\vec{F} = 2\pi r^3 \varepsilon_m \mathrm{Re}\,[K(\omega)]\,\vec{\nabla}\left(E^2\right)$$

où : $\varepsilon_c^* = \varepsilon_c - j\dfrac{\sigma_c}{\omega}$, $\quad \varepsilon_m^* = \varepsilon_m - j\dfrac{\sigma_m}{\omega}$, $\quad K(\omega) = \dfrac{\varepsilon_c^* - \varepsilon_m^*}{\varepsilon_c^* + 2\varepsilon_m^*}$

ε_c, ε_m, σ_c, σ_m représentant les constantes diélectriques et les conductivités respectives de la cellule et de son milieu d'immersion ; ω et E représentent respectivement la pulsation et l'intensité efficace du champ électrique.

Dans le cas où $\mathrm{Re}[\mathrm{K}(\omega)] < 0$, les cellules sont amenées par force de diélectrophorèse négative vers les minima de champ. Dans le cas opposé (diélectrophorèse positive), les cellules sont amenées vers les maxima de champ.

Par voie mécanique ou fluidique

Un microdispositif applique une force mécanique à la cellule pour la mettre en mouvement : un micropousseur ferromagnétique, mû par une force extérieure magnétique, convoie une cellule unique (un ovocyte dans le cas étudié) [24]. La force mécanique peut également être produite par un mouvement fluidique : les cellules sont dirigées vers les emplacements destinés à les recueillir sur la puce, en utilisant la force produite par l'aspiration de micro- ou nano-capillaires [25, 26]. Ces capillaires traversent le substrat en quartz [25] ou en silicium [26] de la puce. Une dépression appliquée sous le substrat crée un flux du milieu de culture passant par ces ouvertures, entraînant les cellules qui vont se micro-positionner pour obturer ce flux. Dans le cas de [25], les micro-ouvertures sont obtenues par bombardement ionique du substrat en quartz, suivi d'un usinage chimique à l'acide fluoridrique (HF). Dans le cas de [26], une gravure anisotropique KOH et TMAH de canaux orthogonaux sur les deux faces d'un substrat silicium permet d'obtenir ces ouvertures submicrométriques à l'intersection de ces deux canaux.

Par voie biochimique

Une microstructuration du substrat permet de guider l'adhésion cellulaire sur des surfaces prédéfinies. Dans [27], les cellules sont amenées à proliférer sur des surfaces fonctionnalisées par des protéines d'affinité, délimitées par des zones répulsives pour les cellules (polyéthylène glycol, PEG, par exemple). Dans [28], les surfaces actives de la puce sont fonctionnalisées par des anticorps permettant la reconnaissance spécifique de divers types cellulaires. Ces méthodes permettent de positionner précisément les cellules sur la puce par l'emploi de couches moléculaires auto-assemblées sur des surfaces très précisément délimitées sur la puce. Pour ce faire, des tampons polymères, sur lesquels sont adsorbées les molécules constituant la couche précurseur, sont le plus souvent utilisés pour appliquer ces molécules sur le substrat. Une méthode alternative consiste à greffer cette première couche de molécules sur une surface d'or par des liaisons thiol : dans ce cas, les surfaces d'or sont délimitées sur le substrat par photolithographie. Les couches suivantes sont auto-assemblées, jusqu'à la couche de molécules d'adhésion ou de reconnaissance des cellules d'intérêt.

Par voie optique

On utilise le principe des pinces optiques [29], permettant la lévitation et l'immobilisation d'une cellule unique au point focal d'un laser. Ces différentes méthodes d'immobilisation peuvent être combinées, comme dans [30] où la force de diélectrophorèse est combinée aux pinces optiques.

1.3. Méthodes de caractérisation des cellules en microculture sur puce

Les biopuces cellulaires sont appareillées pour caractériser les cellules ou analyser leur comportement face à des sollicitations environnementales. La biopuce doit interpréter la donnée physique pertinente caractérisant au mieux la réponse cellulaire (réponse protéique, transcriptome, mécanotransduction, réponse électrique, réponse d'un canal ionique...). Les cellules en microculture sur la puce sont sollicitées optiquement, mécaniquement ou électriquement ; de même, la réponse cellulaire est observée par voie optique, mécanique ou électrique. À titre d'exemples :

- L'expression protéique d'une cellule peut être détectée et étudiée de manière dynamique sur une puce. Pour cela, on détectera par voie optique l'expression d'un transgène associant le promoteur du gène d'intérêt à un gène codant pour une protéine fluorescente (GFP, *Green Fluorescent Protein* , dans la plupart des cas). Les puces cellulaires proposées par Huang *et al.* [7] utilisent ce principe pour valider l'efficacité du transfert de gène par électroporation. De même, les puces cellulaires proposées par Wu *et al.* [31] utilisent ce principe pour évaluer l'efficacité d'un produit pharmacologique sur une matrice de cellules transgéniques.
- L'utilisation de biopuces cellulaires peut s'avérer très pertinente pour étudier l'interaction mécanique entre la cellule et son substrat de culture, la mécanotransduction, ainsi que pour l'étude de la motilité cellulaire. Diverses structures mécaniques sont proposées dans la littérature pour mesurer les forces exercées par la cellule sur son support. Un réseau de microleviers permet de mesurer avec une grande précision les forces exercées par des fibroblastes en migration sur la puce (la précision de mesure atteinte est de 0,2 nN) [32]. Des nanobilles fluorescentes sont incluses dans le polymère supportant la culture cellulaire [33]. Les déformations élastiques du polymère induisent des déplacements mesurables des nanobilles et permettent de mesurer les forces appliquées par la cellule en migration. Une cartographie des forces sur toute la surface d'interaction cellulaire peut ainsi être obtenue. Une approche parallèle est proposée

[34], dans laquelle les cellules adhèrent et exercent des forces motrices sur une matrice de plots en polymère fonctionnalisés par une protéine d'adhérence : la déformation des plots permet de remonter aux efforts mécaniques (figure 19.3). Plus récemment encore, les microsystèmes cellulaires trouvent leur application en microrobotique ; ainsi, Xi *et al.* [35] montrent la faisabilité d'un microrobot dont les pattes sont constituées de tissus musculaires en culture sur la puce.

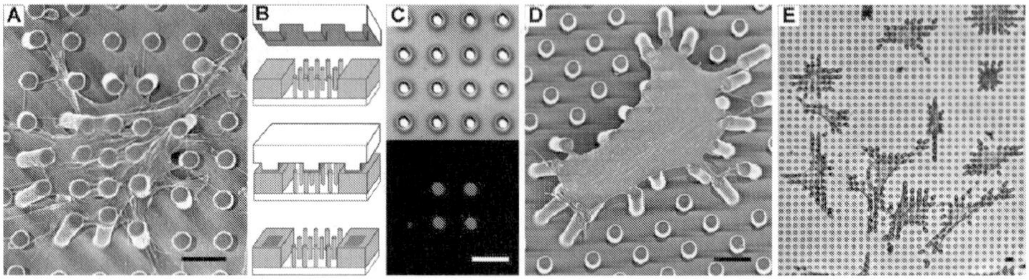

Figure 19.3. Mesure des forces exercées par une cellule sur son substrat par déformation de plots polymères. Les plots sont fonctionnalisés par de la fibronectine permettant l'adhésion cellulaire. Copyright 2003 National Academy of Sciences, USA. Avec l'aimable autorisation de Christopher Chen.

- Les biopuces à cellules, étant issues des technologies propres à la microélectronique, intègrent naturellement les fonctionnalités permettant d'analyser les cellules en recueillant leur réponse électrique, en les caractérisant par leur impédance, ou par leur potentiel membranaire. Gawad *et al.* [36] proposent un microdispositif pour la caractérisation en flux, sur une biopuce de type série, de cellules non adhérentes par spectroscopie d'impédance. Les cellules sont préfocalisées entre les électrodes par diélectrophorèse négative avant caractérisation, ce qui est avantageux pour la reproductibilité de la mesure, et permet d'autre part le tri cellulaire après analyse. Concernant les cellules adhérentes, de nombreux travaux existent dans la littérature, concernant la mesure du potentiel membranaire de neurones en microculture sur puce [37, 38, 39]. Dans [40], les signaux sont recueillis à partir d'architectures neuronales *ex vivo* définies par confinement microfluidique sur la puce (figure 19.4). Les applications potentielles de ces travaux sont importantes en pharmacologie et en toxicologie [41]. Dans cette optique, l'analyse de l'impact d'un composé à tester est avantageusement complétée par la mesure de l'activité des canaux ioniques de ces neurones en culture. Les

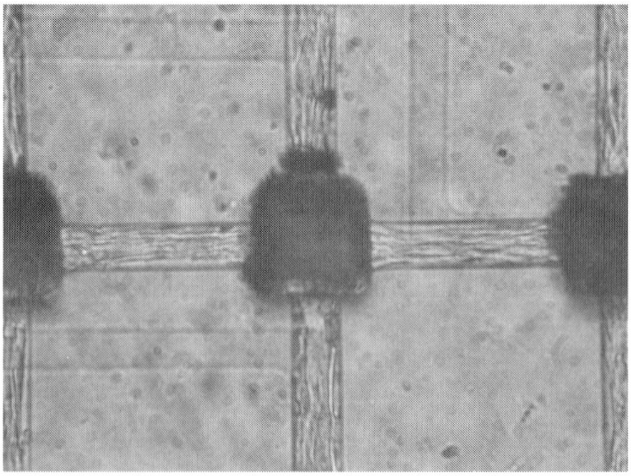

Figure 19.4. Réseau de neurones sur puce MEDPROBE^{TM} (*Panasonics*) : les potentiels membranaires des groupes de neurones sont recueillis par des électrodes ; les groupes de neurones communiquent par les faisceaux d'axones guidés par des canaux microfluidiques en polydiméthylsiloxane. D'après F. Morin *et al.* [45].

techniques de patch-clamp (voir le paragraphe 2), qui donnent accès à ces données, sont compatibles avec la miniaturisation, comme en témoignent plusieurs publications [42, 43, 44] (figure 19.5).

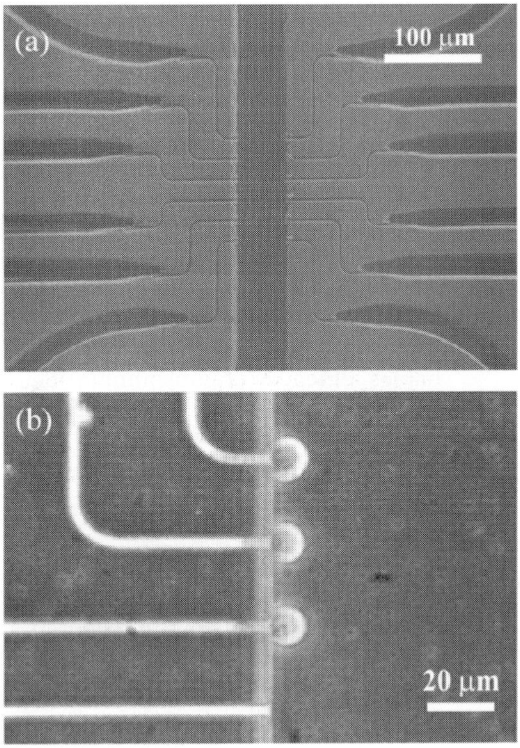

Figure 19.5. Électrophysiologie sur puce microfluidique (patch-clamp en moyenne (a) et haute (b) densité d'intégration). Avec l'aimable autorisation de Luke P. Lee.

2. Puces patch-clamp

2.1. Puces patch-clamp : motivations ?

2.1.1. Les limites du patch-clamp face aux enjeux de l'industrie pharmaceutique

La genèse et la transmission des signaux électriques présents dans les cellules sont sous la dépendance de protéines transmembranaires spécialisées : **les canaux ioniques** (voir le chapitre 11). Ces canaux sont impliqués dans des processus tant physiologiques que pathologiques [46]. Ils assurent l'émission et la propagation d'influx électriques activateurs, transforment les stimuli physiques ou chimiques en signaux électriques qui se propagent vers le système nerveux, assurent les communications de la cellule avec le milieu extérieur. D'autre part, le canal ionique est à l'heure actuelle identifié comme l'un des éléments moléculaires d'où naissent des pathologies appelées « canalopathies ». Certaines anomalies neurologiques, cardio-vasculaires, rénales, endocrines, exocrines, musculaires, etc., sont en effet les conséquences de mutations spontanées touchant des canaux sodium, potassium, calcium et chlorure.

L'analyse fonctionnelle de ces protéines-canal représente un véritable goulet d'étranglement dans le processus de découverte de nouveaux composés pharmacologiques actifs et constitue un défi majeur pour l'industrie pharmaceutique, qui

vise à découvrir et à valider des molécules innovantes ciblant spécifiquement ces canaux et autres transporteurs membranaires [47, 48].
Si le patch-clamp demeure la technique de référence pour l'étude de ces canaux [49], en permettant d'accéder directement aux courants générés par les flux ioniques, cette technique n'est cependant pas adaptée à une approche de criblage haut-débit, ne pouvant être ni miniaturisée ni automatisée [50, 51]. Bien que performante, elle est en effet très vulnérable aux interférences, requiert un doigté d'expert dans la mise en œuvre expérimentale et offre un faible rendement de tests. Néanmoins, devant le nombre de plus en plus important de molécules candidates et de protéines mutantes, engendrées respectivement par les nouvelles techniques de chimie combinatoire et de génétique combinatoire, on assiste à un besoin urgent de nouveaux outils de criblage (HTS, *High-Throughput Screening*) fiables, efficaces et consommant peu d'échantillons.

2.1.2. Positionnement des techniques d'étude des canaux ioniques dans le cycle de développement d'un médicament

Comme nous l'avons présenté dans le chapitre 11, seule la technique du patch-clamp permet d'étudier de façon directe les propriétés électriques de canaux ioniques individuels ou de récepteurs protéiques naturels ou recombinants. Aussi élégante et performante soit-elle, elle présente des inconvénients qui l'empêchent de révolutionner la recherche sur les récepteurs et le développement de médicaments. Cette recherche et développement est réalisée selon une chaîne de valeurs dans laquelle les techniques employées doivent répondre à un certain nombre de critères. L'élaboration de molécules d'intérêt thérapeutique ou le test de molécules issues de vastes chimiothèques (voir l'encadré 1) requiert ce panel de techniques à différents stades. En d'autres termes, même les techniques indirectes (voir le chapitre 11) vont être employées dans certaines phases du processus de recherche-développement, car elles suffiront à ce stade à répondre à la question posée. La technique du patch-clamp, bien que la plus performante et la plus directe, souffre d'un trop faible débit pour pouvoir répondre aux besoins des tests à moyen ou haut débit de l'industrie pharmaceutique (figure 19.6).

Encadré 1. Notions de criblage et de débit

- **Chimiothèque** : banque de centaines à des milliers de composants chimiques, qui peut être découpée en librairies dédiées à différentes utilisations. Le format de stockage varie. Le corps de la chimiothèque est souvent sous forme poudre. À partir de ces poudres sont fabriquées des chimiothèques liquides en plaques à puits (96, 384...), qui sont utilisées en HTS (*High-Throughput Screening*).
- « **Criblage** » : il représente la sélection de molécules d'intérêt thérapeutique potentiel et susceptibles de devenir des médicaments.
- « **Criblage haut débit** » ou HTS : utilisé par l'industrie pharmaceutique pour rechercher des candidats médicaments au sein de chimiothèques avec 96, 384 ou 1536 expériences simultanément. À partir de 10 000 données / jour : 1 donnée = 1 concentration d'un médicament par test.
- **Criblage primaire** : 500 000/1 million de composés par campagne. Sélection de *hits* (touches).

• **Criblage secondaire** : la capacité est moins critique. Le but est de valider les *hits* en *leads* (molécules candidates) en pratiquant le *cherry picking* (prendre les *hits*/reformater les plaques/reconfirmer).
• **Contre-criblage** ou *counter screen* : vérification sur cellules non transfectées.
• **Safety screening profiling** : sur canaux hERG ; nécessité d'augmenter les capacités de tests pour détecter très tôt les effets secondaires.
• **Faible débit** (laboratoire académique) : 100 mesures / jour.
• **Paramètres importants** du criblage : vitesse, robustesse du test et coût ; actuellement, le coût maximum accepté est de 0,5 dollar / donnée pour le HTS.

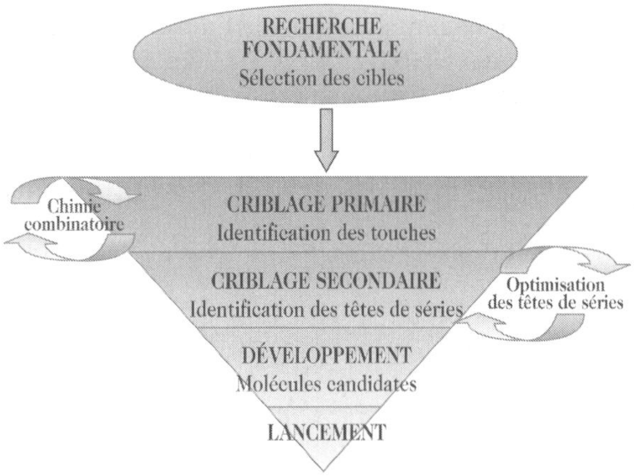

Étape \ Technique	Patch-clamp	Liaison	Flux	Fluorescence
Recherche fondamentale	++	++	++	+
Premier criblage	–	++	++	++
Second criblage	++	–	++	++
Criblage toxicologique	++	–	+	++

++ Très employée ; + Peu employée ; – Non utilisée.

Figure 19.6. En haut : cycle de recherche-développement et cycle de criblage et de synthèse des médicaments candidats. **En bas** : techniques d'étude des canaux ioniques dans la chaîne de valeur de recherche et développement des molécules actives.

2.2. Émergence de nouvelles plates-formes de patch-clamp

2.2.1. Introduction

Dans le domaine de la recherche sur les canaux ioniques, les années 2000 sont marquées par l'émergence de nouvelles technologies, selon deux directions privilégiées : **l'enregistrement automatisé sur cellules avec des électrodes conventionnelles et les systèmes de patch sur puce** [50, 52].
L'histoire assez récente du « patch-clamp automatisé » s'est faite selon une évolution très rapide, tant sur le plan technologique que sur le plan économique, avec l'émergence d'une dizaine de sociétés *spin-off* ou *start-up* entre les années 2000

et 2003, en Europe (Allemagne, Suède) et aux États-Unis. On constatera qu'en 2005, seuls deux ou trois leaders, dont l'activité s'est renforcée par la fusion ou le rachat de sociétés, s'identifient clairement sur le marché. Malgré l'arrivée en 2003 des premiers systèmes commercialisés, des évolutions techniques sont attendues, comme nous le verrons à la fin de ce chapitre, pour répondre à des besoins utilisateurs non encore satisfaits. Les projets de recherche dans ce domaine, dont celui sur lequel travaille le CEA de Grenoble, se positionnent à ce stade avec pour objectif de combler les « manques » technologiques qui permettront de répondre aux souhaits des industriels en pharmaceutique ou biotechnologie, mais également aux besoins des laboratoires de recherche académiques. Nous verrons que les différentes approches partent finalement d'un même concept, mais se différencient sur certaines « briques de base » souvent liées à un savoir-faire, à des compétences bien spécifiques ou à une infrastructure bien maîtrisée localement.

2.2.2. Microélectrodes et enregistrement de courants cellulaires automatisé

Commençons ce paragraphe par un bref historique, avec il est vrai déjà quelques balbutiements d'innovation dans les années 1990 ! Une des premières idées reposait sur l'automatisation du patch-clamp en conservant sa configuration actuelle, c'est-à-dire le format micropipette de verre (figure 19.7a). L'idée était de contrôler informatiquement et de façon automatique un procédé manuel, complexe et répétitif, dans le but d'atteindre un meilleur rendement de criblage et une meilleure reproductibilité. Dans les années 1990 déjà, des systèmes robots permettaient d'automatiser le patch-clamp sur cellules de mammifères. Il s'agissait par exemple d'un système de reconnaissance cellulaire automatique et de mesure sur 8 cellules individualisées dans des chambres séparées. Le rendement des tests était de 30 à 100 données par jour. Néanmoins, les cellules étant en culture et « patchées » sur des surfaces solides, le système nécessitait une sélection précise de la cellule et un système de positionnement de la pipette tel que les électrodes d'enregistrement en verre ne se cassent pas. Un autre système a été introduit en Grande-Bretagne pour patcher « en aveugle » des cellules de mammifères (figure 19.7b). Ce système présente les cellules à patcher au niveau de l'électrode, le tout se passant à l'interface air-liquide dans un capillaire de verre. L'avantage de cette « interface patch-clamp » est qu'elle évite les problèmes dus aux vibrations et ne nécessite pas un positionnement ultra-précis de l'électrode. Le dispositif actuel, composé d'une seule chambre d'enregistrement, propose un rendement de tests similaire à celui du patch-clamp manuel, avec plus de 50 % de succès en configuration cellule-entière. Les générations « 18 chambres » nécessitaient de gros efforts focalisés sur la parallélisation : pas si facile de mettre des pipettes (48) en réseau...

Toujours fondé sur cette idée de « pipettes en réseau », un système robotisé de mesures parallélisées (8 électrodes) au format 96 puits a été introduit en Allemagne [53]. L'idée était alors plutôt nouvelle et inattendue : le *seal* était réalisé sur cellules placées à l'intérieur des micropipettes (figure 19.7c). Autre exemple d'un domaine qui tente de défier le dogme associé au patch-clamp.

Les innovations concernent également l'environnement du patch conventionnel lui-même et l'introduction « d'accessoires » qui en optimisent la mise en œuvre. Ainsi, un système de microfluidique à flux laminaire haute vitesse permet, grâce à ses multicanaux, des applications de composés multiples sur une même cellule patchée et est adapté aux tests de canaux qui se désensibilisent très rapidement [54].

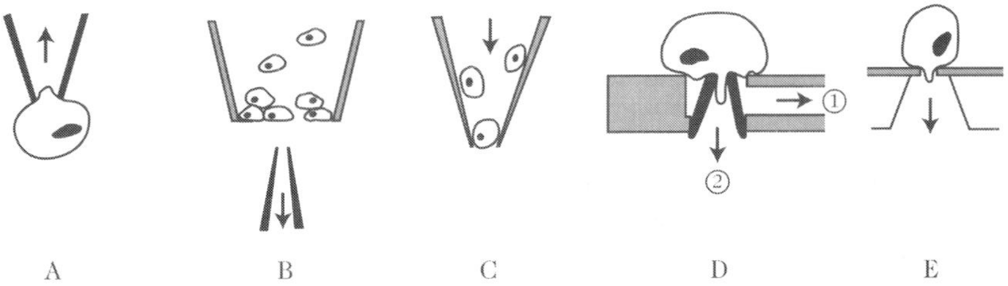

Figure 19.7. Les différentes configurations de patch-clamp. **A.** Patch-clamp classique (micropipette). **B.** « Interface-patch » (micropipette au contact d'une cellule suspendue par gradient de densité). **C.** « Flip-the-Tip » (cellules positionnées à l'intérieur d'une pipette). **D.** Cellules positionnées (canal d'aspiration 1) et scellées (canal d'aspiration 2) par deux canaux distincts. **E.** Patch-clamp planaire (cellules positionnées et scellées sur une puce microstructurée. La flèche indique le sens de l'aspiration.

Comme nous l'avons vu au chapitre 11, l'ovocyte de xénope est un modèle très répandu en patch et présente l'avantage de sa grande taille. Dans la technique de doubles électrodes, l'expérimentateur « empale » l'ovocyte de deux microcapillaires de verre, dans lesquels les électrodes baignent au sein de liquide physiologique. Remplacer les deux bras de l'expérimentateur par deux bras robots tombait presque sous le sens. Certains laboratoires ont saisi cette idée, qui s'avérait très pertinente dans l'objectif d'enregistrements automatisés sur ovocytes [55, 56]. Ainsi, des systèmes robotisés de mesure ont été inventés dans les années 1990, indépendamment dans plusieurs laboratoires pharmaceutiques. En 1994, un prototype a été proposé pour une mesure séquentielle sur ovocytes complètement automatisée, pouvant enregistrer sur des formats de plaques 96 puits. D'autres dispositifs ont suivi, comme par exemple un système d'enregistrement par doubles électrodes capable d'analyser simultanément 8 ovocytes, permettant plusieurs centaines de mesures par jour.

La course technologique n'en était qu'à son début ! Il s'avérait que ni le patch-clamp automatisé ni les systèmes robotisés de mesure sur ovocytes ne parvenaient à converger vers un très fort degré de parallélisme et de miniaturisation. Les développements plus avant sur des systèmes de criblage haut débit demeurent de plus en plus difficiles en raison de la complexité à contrôler et à positionner des électrodes de mesures multiples. Fort de ce constat, beaucoup d'acteurs académiques et industriels se sont lancés dans le développement de systèmes de mesures des canaux ioniques sur puces. Nous n'évoquerons dans ce chapitre que les systèmes de « patch-on-a-chip » et non les systèmes de mesure de fluorescence sur puce.

2.2.3. Systèmes de mesures sur puces

Dans les dernières années, les technologies de microfabrication ont été utilisées pour développer des « biopuces » afin d'améliorer de façon significative le rendement des tests biologiques (revue : [57]). On peut citer par exemple les puces à ADN pour le séquençage, la détection de mutations, les études d'expression de gènes. En immobilisant un grand nombre de sondes d'ADN sur différents sites d'accroches, organisés typiquement en réseaux lignes / colonnes, des expériences d'hybridation d'ADN hautement parallélisées ont pu être menées. De même, des biopuces ont été développées pour la séparation électrophorétique de molécules et pour la diélectrophorèse, et tout autre procédé de manipulation cellulaire basé sur des approches physiques. Enfin, il est à noter un très fort engouement pour le développement de systèmes « lab-on-chip » ou laboratoires sur puces intégrés et fonctionnels. Ainsi, de façon « naturelle », on assiste à l'extension de ces biopuces dans le domaine de l'analyse de canaux ioniques. Comme nous le verrons, l'objectif n'est pas de réinventer les principes même de l'électrophysiologie, mais plutôt de les reconfigurer en les adaptant à un nouveau format d'analyse.

Bref historique

Le patch-clamp sur puce est issu de la recherche académique internationale. Les récentes sociétés qui tentent de maîtriser et de vendre cette technique en témoignent, et les publications scientifiques sont autant de faits marquants qui laissent entrevoir une révolution possible de la technique conventionnelle du patch-clamp.
En Suisse, des équipes de recherche innovent dans la technique de positionnement de la cellule à analyser (flux électrophorétique) [58]. À l'Université de Yale (New Haven) aux États-Unis, une nouvelle technologie de fabrication d'électrodes a été développée [59, 60], et ces travaux de recherche sont d'ailleurs supervisés par Fred Sigworth, qui a participé à l'avènement du patch-clamp avec Bert Sackmann et Erwin Neher. Cette technologie a abouti à la réalisation d'une plate-forme de test industrialisée qui intègre des puces planaires permettant des mesures électriques multiples, simultanées, sur 16 cellules uniques [61]. Cette course technologique, comme nous le disions, est en plein essor. C'est en 2004 que le leader mondial sur le marché de l'électrophysiologie planaire s'impose [62], face auquel trois sociétés ou *start-up* européennes se positionnent [63, 64, 65, 66, 67].

Le principe du « patch sur puce » ou « patch-clamp planaire »

Réaliser un réseau de micropipettes présente rapidement des limites, entre fragilité du système, encombrement et parallélisation des mesures. Une idée nouvelle est née, accompagnée d'un concept nouveau. L'idée innovante était de substituer les micropipettes d'enregistrement traditionnelles (voir la figure 19.7a) par une puce plane, de dimension moyenne de quelques millimètres carrés et de moins d'un millimètre d'épaisseur, comportant un réseau d'orifices de 1 à 2 micromètres de diamètre. Il s'agissait finalement de considérer la partie essentielle de la micropipette, celle qui interfacait directement la membrane cellulaire, à savoir son extrémité de 1 à 2 micromètres de diamètre. Le reste de la micropipette étant finalement le conduit fluidique, qui avait à la fois le rôle de réservoir de solution saline et le rôle d'électrode de mesure. Le format puce présentait alors un certains nombre d'avantages (voir l'encadré 2) et ouvrait la voie vers de nouvelles potentialités.

Encadré 2. Patch-clamp planaire : avantages et interrogations

Les avantages du format planaire ou puce

- Plusieurs sites de mesures sur un même substrat ⇒ parallélisation
- Méthodes de fabrication matures ⇒ précision et reproductibilité des sites de mesure

- Cellules sur substrat plan ⇒ amélioration de la stabilité et de la longévité du scellement
- Taille réduite et compacte de la puce ⇒ réduction des interférences électroniques
- Volumes réduits des chambres ⇒ réduction des volumes de réactifs
- Approche microfluidique ⇒ dispense de médicaments facilitée
- Gamme étendue de matériaux diélectriques ⇒ grande variété de substrats
- Similitude au format « lames » ⇒ couplage aux techniques de microscopie

Interrogations soulevées par le format « puce patch-clamp »

- Le *gigaseal* est-il possible sur un autre matériau que le verre ?
- Comment la géométrie du trou, la rugosité de surface et autres propriétés vont-elles affecter le *gigaseal* ?
- Comment les sites de mesure sont-ils contrôlés de façon individuelle ?
- Comment automatiser les enregistrements ?
- Comment minimiser les interférences électroniques entre les différents sites ?
- Comment gérer la très grande quantité de données générée ?
- Prix d'un instrument et prix du test ?

De cette idée innovante découlait un concept nouveau. Du fait de cette nouvelle configuration planaire, en effet, il s'agissait d'amener et d'immobiliser une cellule unique sur le site de mesure (microtrou) et non plus d'amener l'extrémité d'une micropipette sur une cellule immobilisée au fond d'une boîte de Pétri. Ce concept de « patch-clamp inversé » allait introduire de nouvelles contraintes technologiques.
En pratique (figure 19.8), la suspension cellulaire est placée sur la puce par un système de microfluidique et l'adressage d'une cellule sur le microtrou peut être réalisé par divers procédés. Une fois la cellule immobilisée sur le microtrou, le contact cellule / orifice s'établit en quelques secondes et la formation du scellement hautement résistif (*gigaseal*) se produit, souvent favorisée par une dépression via un canal d'aspiration. La puce comporte plusieurs micro-ouvertures pour le positionnement rapide de plusieurs cellules et la mesure en parallèle des courants générés. Les solutions de part et d'autre de la puce peuvent être rapidement échangées par un système de microfluidique, permettant ainsi une variation des conditions de mesures sur les mêmes cellules. Ce système permet de s'affranchir des contraintes expérimentales du patch-clamp (table anti-vibrations, micromanipulateur, étirage de pipettes, doigté d'expert...). Ce système vise à optimiser le rendement des tests sans perdre en résolution temporelle des mesures.
Si ce concept est devenu général, des innovations technologiques ou de procédés sont mises en œuvre par les différents acteurs pour tenter de lever les verrous techniques qui apparaissent. L'un des verrous majeurs réside dans l'étape déterminante du patch-clamp : la formation du *gigaseal*. On conçoit ainsi aisément l'importance du choix du matériau dans la conception et la réalisation de la puce. D'autre part, concevoir une électronique pour un site de mesure (comme en patch-clamp classique) et n sites de mesures soulève des difficultés. De même, obtenir une parallélisation et une indépendance des mesures introduit des contraintes microfluidiques. Toutes les solutions apportées ne passent néanmoins pas par une renaissance des théories qui ont fait leur preuve. Ainsi, par exemple, il ne s'agira

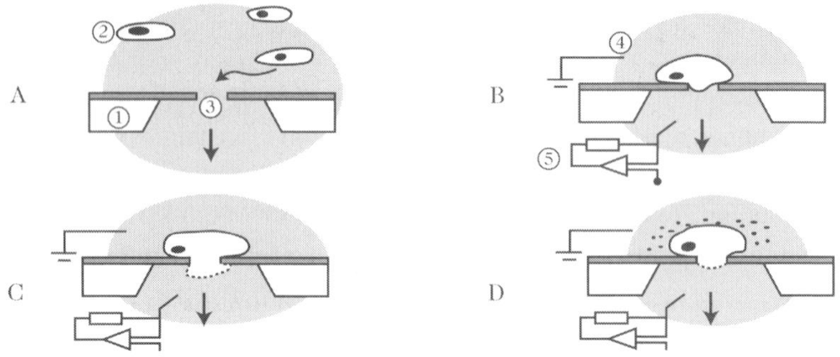

Figure 19.8. Schéma de principe d'un enregistrement en « cellule entière » (voir le chapitre 11) sur puce patch-clamp. **A.** Positionnement d'une cellule sur le microtrou d'une puce planaire sous aspiration (1 : puce, 2 : cellule, 3 : micro-ouverture). **B.** Scellement et réalisation du gigaseal (4 : électrode Ag/AgCl, 5 : pré-amplificateur). **C.** Passage en configuration « cellule-entière » sous aspiration plus forte. **D.** Enregistrement en « cellule entière » avec dispense de médicaments dans la chambre supérieure.

pas de réinventer l'électronique du patch-clamp, mais de l'adapter à un nouveau format, de la miniaturiser, de l'intégrer... Regardons de plus près chacun de ces verrous technologiques et les solutions proposées par les uns et les autres.

Dispositifs planaires : variation sur la configuration des puces

Puces en matrice

L'organisation des sites de mesures en matrice est la plus répandue (figure 19.9a). Certaines puces, par exemple, se présentent en réseaux de 48 micro-ouvertures (soit une matrice de 8 × 6) avec 16 puits analysés en parallèle [63]. Ce format est adaptable aux systèmes de robot-pipette conventionnels (tête de 2 rangées de 8 pipettes) qui sont déjà utilisés par les industriels pour remplir ou vider les plaques à puits dans lesquelles sont stockées les chimiothèques. Ainsi, en utilisant un tel bras robotisé, les cartes de 48 micro-ouvertures sont remplies (dispense des médicaments) en 3 étapes. De même, certaines cartes se présentant en matrice de 8 × 48 sites de mesures sont alimentées par un bras pipeteur de 12 canaux [68].

Puces en barrettes

Certains auteurs ont développé des barrettes de 16 afin qu'elles s'adaptent au format plaque à puits pour la dispense des médicaments (96 puits par exemple, soit : 12 × 8) (figure 19.9b) [61]. Ce format offre une certaine souplesse pour la mise en œuvre de la fluidique, alors que le format matriciel présente vite un problème d'encombrement dans l'architecture des canaux ou pistes électriques que l'on cherche à intégrer. D'autres auteurs proposent également une barrette de 4 chambres et un système de 16 en développement [66].

Puces au format « transverse »

Un réseau de microfluidique au format circulaire a été proposé par une équipe de recherche de Berkeley (figure 19.9c) [69, 70]. Dans l'une de leur réalisation, le micropore est en fait remplacé par la jonction entre canaux de microfluidiques qui rayonnent sur un format disque à partir d'une chambre ronde centrale et d'une lame de verre qui ferme les canaux. Ce format permet de limiter les volumes utilisés, de réduire les couplages capacitifs parasites entre le canal et la chambre et facilite les échanges de milieux pendant l'expérience.

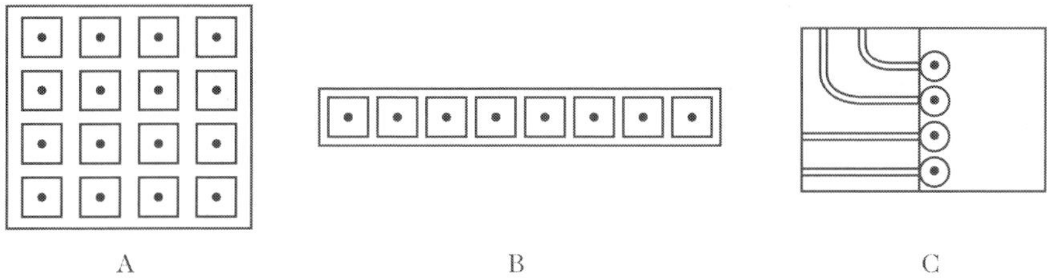

Figure 19.9. Variation sur la configuration des puces. **A.** Puces en matrices (exemple ici de 4 × 4 sites de mesures). **B.** Puces en barette (exemple ici de 8 sites de mesures). **C.** Puces « transverses » où chaque site de mesure (ici 4) est formé à l'intersection du canal de fluidique et de la lame de verre.

Les verrous technologiques : quelles solutions ?

Choix du matériau

Comme nous l'avons vu au chapitre 11, les mécanismes moléculaires mis en œuvre lors de la formation du *gigaseal* entre micropipette et membrane restent à l'heure actuelle assez méconnus. De ce fait, il est difficile d'établir le cahier des charges du matériau idéal. Seule l'expérience « de terrain » a permis de faire remonter un certain nombre de paramètres, dont on sait qu'ils conditionnent la qualité et la tenue du scellement. Ainsi, l'état de surface du matériau en contact avec la cellule est primordial : il doit être propre, non rugueux, hydrophile et rendu adhérent. À l'heure actuelle, trois types de matériaux font référence pour cette application : le verre, le polymère PDMS (polydiméthylsiloxane) et le silicium.

- **Les puces en verre** : le verre représente le matériau de référence puisqu'il est très bon diélectrique (constante diélectrique de 4) par rapport au silicium ($\varepsilon_r = 10$), il interagit fortement avec les membranes lipidiques, il est peu onéreux et ses propriétés optiques permettent le couplage à des approches de spectroscopie ou d'imagerie. La contrainte de ces puces en quartz réside dans la microfabrication d'ouvertures dont la géométrie doit être précise. Des techniques de gravure par projection d'ions lourds ont été développées [71, 72, 73]. Toutefois, il semble difficile d'envisager l'intégration électronique de ce type de matériau. Les performances actuelles en termes de valeur de scellement et pourcentage de réussite figurent dans les tableaux 19.1 et 19.2
- **Les puces polymères** : le groupe de Sigworth de l'Université de Yale a été le premier à démontrer la faisabilité du PDMS comme substrat de patch-clamp sur puce sur des ovocytes de xénopes [59]. La probabilité d'enregistrer des courants ioniques *a fortiori* sur petites cellules de mammifères reste néanmoins faible (10 %) (tableaux 19.1 et 19.2), mais sa facilité de fabrication en fait un matériau accessible en laboratoire. Encore une fois, les auteurs ont utilisé et « détourné » les propriétés intéressantes de diélectrique du PDMS, bien connu des électrophysiologistes sous le nom de *Sylgard* (voir le chapitre 11), au format planaire. Le PDMS est utilisé ici après un traitement par plasma oxygène afin de rendre sa surface hydrophyle. Ce changement d'état est temporaire, les molécules du polymère restaurant la nature hydrophobe du PDMS. Le temps de réversion dépend du temps de traitement de la surface et de l'environnement du lieu de conservation (pour une conservation à l'air, la puce doit être utilisée dans la demi-heure qui suit le traitement, et dans les deux heures si elle est conservée dans l'eau).

Tableau 19.1. Performances de la technologie « patch-clamp pipette automatisé ».

Innovation	Taux de gigaseal	Passage en whole-cell[1]	Rendement whole-cell
« Interface patch-clamp »	nd	Aspiration	50-60 %
Cellule dans pipette [53]	75-82 %	Aspiration (pertes < 10 %)	80 %
[63]	nd	Aspiration	nd

nd : non disponible

Tableau 19.2. Performances de la technologie « patch-clamp sur puce ».

Innovation	Taux de gigaseal	Passage en whole-cell	Rendement whole-cell
Puce en verre + modification de surface [61]	1 Gohm avec DEP[2]	Aspiration (pertes < 1%)	>75 %
Puce en PDMS [59, 60]	50 % sous aspiration, 13 % Gigaseal sur ovocytes	Aspiration	50 %
Puce en verre [65]	Double aspiration		
Puce en Si + Si_3N_4 + charges [58]	Électrophorèse		
Puce hybride en plastique avec surface en verre. Plaque 384 [68, 62]	Aspiration 20-250 Mohms	Amphotéricine	60-80 % 95 %
Puce en verre [67]	Aspiration Gohms 30-50 %	Aspiration	30-50 %
Puce en silicium + matériau non conducteur biocompatible [63]	Canaux fluidiques planaires/pompes électro-osmotiques		

Ce traitement de la surface du PDMS pour les mesures d'électrophysiologie peut représenter une certaine lourdeur expérimentale, puisqu'il implique l'intégration d'un système à plasma pour l'équipement du patch-clamp. Le PDMS est un matériau transparent. Cette neutralité optique permettrait d'intégrer des équipements de microscopes pour la combinaison des mesures. Toutefois, son instabilité et sa difficulté à être industrialisé le rendent peu propice à cette application. Les études menées sur ce matériau relèvent plus du prototypage et de la recherche fondamentale pour la validation de concepts que de l'industrialisation. D'autres polymères sont également utilisés comme le polyimide ou le polyéthylène téréphtalate, dans lesquels des micro-ouvertures sont usinées. Pour augmenter la résistance de scellement, ces puces sont traitées en surface par un dépôt d'oxyde de silicium [62].

- **Les puces silicium** : le silicium est utilisé revêtu d'une couche d'oxyde thermique (SiO_2) ou de nitrure de silicium (Si_3N_4, $\varepsilon_r = 4{,}5$) afin de réduire la capacité (d'une centaine de picofarads au départ à une dizaine, comparativement au verre de capacitance d'environ 1 picofarad) et rendre la surface hydrophile. Les procédés de microfabrication étant bien maîtrisés, le silicium présente des avantages en tant que matériau industrialisable [63, 74, 75]. Le silicium présente

[1] Configuration « cellule entière » avec accès à la globalité des courants ioniques. Voir le chapitre 11.
[2] DEP : diélectrophorèse

des avantages en termes de coût, du fait de la fabrication collective des puces et également de par la possibilité d'intégrer au sein de la puce des éléments actifs, de nouvelles fonctions électroniques (intégration des pré-amplificateurs, par exemple [63]).

Une idée pertinente consiste également à prendre le meilleur de chacun des matériaux, à les assembler afin d'exploiter au mieux leurs propriétés. Cette idée a fait naître les puces « hybrides », comportant des parties polymères pour ce qui est du « packaging » ou « emballage » de la puce, souvent des parties non actives qui peuvent s'envisager sur des grandes surfaces, et des parties silicium dédiées aux sites de mesures, car ce sont soit les parties actives dans lesquelles on peut en effet intégrer l'électronique, soit les parties microstructurées présentant une géométrie et un état de surface bien contrôlés. Les travaux de Pantoja [76] illustrent bien la combinaison du silicium et du PDMS pour la microfluidique. De façon générale, les puces sont vendues « encapsulées » dans un support polymère.

Positionnement et capture d'une cellule unique

Dans la thématique de recherche et développement sur les « puces à cellules », la problématique de manipulation de la cellule unique est assez commune (voir le chapitre 11). Le défi en patch-clamp planaire consiste à attirer, à guider avec précision puis à immobiliser une cellule unique sur un microtrou, à partir d'une population cellulaire [77, 78].

Le protocole le plus répandu est celui utilisé en patch-clamp conventionnel : l'aspiration. Cette fois, celle-ci se fait sous la cellule et non plus dessus, et tend à être automatisée pour s'affranchir du côté contraignant et aléatoire d'une aspiration « à la bouche ». Notons en passant que ce côté aléatoire est peut-être la solution d'un bon scellement. En effet, le dosage du niveau de dépression à appliquer se fait à l'appréciation de l'expérimentateur, qui effectue des paliers, des arrêts selon le comportement de la cellule. Il procède finalement à un asservissement pression / résistance de scellement, puisqu'il module son aspiration en visualisant la valeur de résistance et la stoppe lorsque la valeur souhaitée est atteinte. Il est ainsi très difficile d'établir un cycle de pression « standard », qui serait *a priori* différent d'un expérimentateur à l'autre. Et pourtant, un tel diagramme de pressions serait bien utile pour la phase d'automatisation du *seal*. La mise en œuvre de l'aspiration doit se faire dans un temps très court pour éviter toute sédimentation autour du microtrou. Les cellules venues adhérer à la périphérie du trou ne seront plus sensibles à la dépression et ne gagneront jamais l'orifice. Le rayon d'influence de l'aspiration autour du trou peut d'ailleurs être évalué expérimentalement.

D'autres procédés de capture, souvent couplés à l'aspiration pour l'étape de scellement, sont proposés. Un procédé innovant de positionnement par flux électrophorétique avait été mis en œuvre par C. Schmidt [58]. Il permettait d'amener avec succès une vésicule membranaire de type liposome ou structure lipidique artificielle sur un microtrou. Le principe en est le suivant : une différence de potentiel de plusieurs centaines de millivolts est imposée à travers une membrane de nitrure de silicium de 100 μm d'épaisseur, et ce champ électrique guide de petites particules chargées vers le microtrou. Une couche additionnelle de 20 nm de SiO_2 modifiée par des aminosilanes ou par adsorption de polylysines rend possible la formation de *gigaseals* sur liposomes, mais pas sur des cellules de type eucaryote. Les champs électriques plus intenses requis auraient provoqué des lésions cellulaires.

Un autre procédé de « piège diélectrophorétique » permet d'immobiliser une cellule dans un puits de potentiel créé à l'aide d'un quadripôle situé au-dessus de la micro-ouverture [79].

Un procédé par « aspiration concentrique » [65] dissocie de façon élégante le guidage de la cellule de son scellement. Il s'agit d'une puce en quartz présentant deux ouvertures concentriques, elles-mêmes reliées à deux canaux de microfluidiques distincts. Une aspiration de fluide à travers le canal de 10 μm d'ouverture guide la cellule vers l'ouverture interne du canal, d'environ 1 μm de diamètre. Ce canal intérieur fonctionne comme l'intérieur d'une pipette de patch.

Une autre configuration de puce, développée par une équipe en Suisse [80] et par une équipe de Berkeley aux États-Unis [81], présente en sa surface une microbuse qui mime l'extrémité de la micropipette et aide la cellule à « s'asseoir » sur le site de mesure. Quel que soit le dispositif, une aspiration finale est toujours appliquée pour permettre l'invagination de la membrane sur les parois du trou.

Réalisation du seal : des paramètres très influents

Que l'on utilise une puce en patch-clamp planaire ou pour détecter les propriétés électroniques de neurones (voir ci-dessous), l'objectif est commun : minimiser l'espace existant entre la surface de la puce et la membrane cellulaire afin d'accéder à des enregistrements hautement résolutifs. Un neurone adhère à une surface inerte avec un espace résiduel de l'ordre de 60 à 100 nm [82]. L'épaisseur du film de fluide entre cellule et substrat dépend du type cellulaire, du traitement de surface, etc. La question est de savoir si l'aspiration est suffisante pour éliminer cet espace. Dans le cas du patch-clamp, **la réponse est non, pas toujours**. L'expérience montre que la réalisation du *seal* va dépendre en fait d'un ensemble de paramètres liés notamment au substrat mais aussi, comme nous le verrons ensuite, au type et à la qualité cellulaire. La littérature tente de rassembler les paramètres de surface optimum pour une puce « idéale ». Ainsi, il ressort qu'une surface diélectrique, hydrophile, lisse, ainsi qu'une micro-ouverture de section ronde, d'un diamètre d'environ 2 μm, aux bords lisses et peu anguleux, d'épaisseur entre 2 et 10 μm... sont autant de paramètres favorables. Des réalisations ont montré qu'une épaisseur de membrane de nitrure de silicium de 120 nm ne procurait pas une surface de contact entre les parois du trou et la membrane suffisante pour la formation d'un *gigaseal* [71]. Quoi qu'il en soit, la recette miracle combinant judicieusement tous ces attributs n'a pas encore été trouvée. De ce fait, le taux d'obtention du *seal* reste faible (entre 40 et 80 %) et peu reproductible. Une des « briques de base » qui témoigne de savoir-faire spécifiques réside dans ce traitement ou chimie de surface, qui fait souvent l'objet de brevets et dont le secret est bien gardé. Les efforts convergent en effet vers la mise au point d'une topologie et de revêtements (*surface coating*) adéquats, formés de films très fins, de polymères ou de molécules bioactives qui tendront à améliorer le scellement et aussi à guider la progression cellulaire vers le site de mesure.

Notons cependant que dans les dispositifs en développement, la notion de *gigaseal* est toute relative ! En effet, certains auteurs se détachent de cette perspective et ne chercheront pas à accéder au *gigaseal* « coûte que coûte ». Une résistance de scellement de l'ordre de 100 Mohms est parfois jugée suffisante ou du moins tolérable dans l'analyse de courants suffisamment larges. De plus, une approche statistique considérant la mise en œuvre de n scellements en parallèle est vue comme un atout pour augmenter la probabilité d'en réussir ! 50 % de réussite

(soit le rendement en patch classique) sur 96 cellules en même temps au lieu de 1... sera toujours une belle performance. Qui plus est, seules les cellules qui statistiquement ont réussi leur scellement et passage en « whole-cell » recevront le médicament, ce qui limite les pertes de composés. Une autre stratégie pour augmenter les chances de scellement consiste à réaliser des tests par redondance avec des « quadruplicats » pour chaque composé, même si cette procédure s'avère longue. Pour pallier ce problème, des auteurs ont adopté un système d'enregistrement de courants moyennés sur 384 populations cellulaires disposées en fond de plaque à puits, chacun des puits étant pourvu de multiples sites d'analyse.
Dans tous les cas, l'expérience a montré qu'une fois que la cellule (ou des débris cellulaires) a adhéré sur le microtrou, il reste un résidu très difficile à enlever et qui empêche tout nouveau scellement. C'est pour cela que la puce est envisagée comme partie consommable et qu'il est impératif de réussir du premier coup le premier contact de la cellule avec le site de mesure. Il n'y a pas de seconde chance possible.

Fluidique : micro ou macro ?

Dans les dispositifs actuels, la fluidique qui alimente la puce est généralement au format capillaire et s'appuie sur l'utilisation de robots de dispense avec pipetage pour la dispense de médicaments et/ou des cellules. Certains dispositifs incluent une fluidique planaire proposée avec des pompes électro-osmotiques pour la gestion des fluides, qui s'affranchit donc de l'application de pression (figure 19.10a). La dispense de médicaments, qui sont souvent des composés fortement hydrophobes, soulève des contraintes au niveau des matériaux. Ceux-ci ne doivent pas présenter de risques d'adsorption des médicaments, qui risqueraient de biaiser les tests dose-réponse. D'autre part, ils doivent être inertes et ne pas relarguer de composés chimiques ou des molécules adsorbées pendant le test précédent. Des traitements de surface appropriés sont envisagés pour s'affranchir de ces problèmes, comme par exemple un dépôt de silice sur la carte polymère. Des canaux de fluidique planaire, un faible volume de chambre d'analyse et la dispense en flux laminaire sont autant de pistes pour réduire le volumes des échantillons précieux, à savoir les cellules et les médicaments, et pour optimiser les temps de lavage et les temps de cycle [83]. S'il est pertinent de miniaturiser les pistes fluidiques pour les molécules précieuses, il est clair qu'une échelle macrofluidique peut être conservée en amont de la puce pour ce qui est des réservoirs de milieux (milieu électrophysiologique, milieux de lavage, eau, alcool...). En revanche, l'intégration de la microfluidique devrait permettre de réaliser des échanges de solutions très rapides sur les deux faces de la puce. Ce flux, néanmoins, doit permettre de créer un front laminaire de ligands pour cibler la cellule, éviter toute turbulence et toute déstabilisation mécanique de la cellule alors patchée.

Mesure électrique : intégration ?

Les acteurs dans ce domaine proposent soit une mesure de type « mix and read » (figure 19.10b), soit une mesure en flux continu (figure 19.10c). Le « mix and read » désynchronise l'étape de dispense de médicaments et celle de la mesure électrique. De ce fait, cette méthode ne permet pas en temps réel de réaliser par des échanges fluidiques rapides (souvent une vingtaine de millisecondes) l'analyse de certains types de canaux tels que les canaux chémo-sensibles. En revanche, le système en continu (voir la figure 19.10c) repose sur une microfluidique plus intégrée qui prend en compte sans discontinuer toutes les étapes du test, depuis la mesure sans médicament, la dispense de médicaments et le lavage complet de la cellule, et permet d'analyser plus finement les interactions fonctionnelles de composés chimiques sur les canaux ioniques. Dans les systèmes actuels, l'électronique demeure externe. Certains systèmes, par exemple, comportent à l'extérieur de la plate-forme de mesure proprement dite 8 amplificateurs deux voies superposés. Intégrer doit présenter un intérêt réel. Il semble effectivement plus judicieux de chercher à intégrer les pré-amplificateurs ou convertisseurs courant-tension afin qu'ils soient au plus près des sites de mesure. Intégrés sur la puce, ils seraient aussi moins sensibles aux interférences extérieures. De plus, miniaturiser, c'est réduire les capacitances et de ce fait augmenter la résolution des signaux enregistrés. Sigworth propose à terme la fabrication de réseaux d'amplificateurs monolithiques. Des premiers pas vers l'intégration de l'électronique sont apparus avec des cartes qui intègrent 48 pré-amplificateurs ou des amplificateurs contenant 48 unités mais non intégrés à la puce. Un support mobile déplace cet amplificateur pendant la mesure.

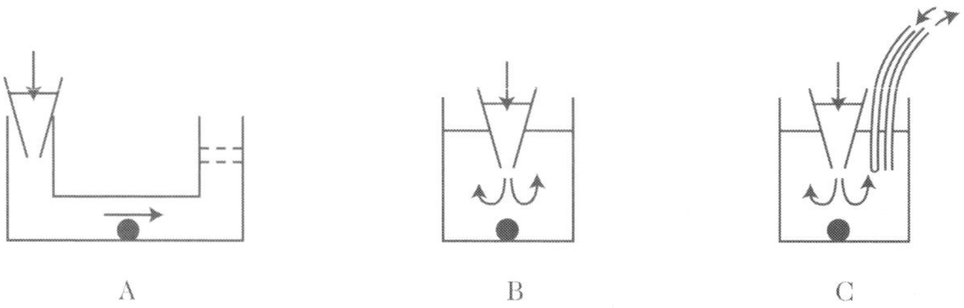

Figure 19.10. Schématique des systèmes de perfusion de ligands (adapté de [90]). **A.** Pompe électro-osmotique guidant le flux. **B.** « Mix and read » : la mesure électrique est désynchronisée de la dispense de médicaments. **C.** Système en continu : la solution est modifiée pendant la mesure électrique.

Adéquation entre préparation cellulaire et mesure sur puce

Inverser le concept du patch-clamp conventionnel introduit des contraintes également sur l'échantillon biologique à analyser. Il s'agit désormais de déplacer une cellule unique vers une puce qui demeure fixe et non plus d'amener une pipette sur une cellule immobilisée au fond d'une boîte de Pétri. Cette nuance impose de sélectionner la bonne cellule et de la manipuler individuellement des autres. De quels moyens dispose-t-on pour contrôler le choix de cette cellule ? D'aucun ! Les systèmes proposés travaillent en aveugle où, avec chance, l'aspiration permet de piéger une cellule ! Et seul un contrôle électrique par mesure de la résistance de scellement indique qu'une cellule est positionnée, puis scellée. Cette étape « aléatoire » doit voir ses chances de réussite optimisées. Pour cela, un travail est mené en amont au niveau de la suspension cellulaire : celle-ci doit être homogène, dépourvue d'agrégats, de débris membranaires, de poussières, de cellules mortes. Les cellules doivent présenter une morphologie ronde, une bonne intégrité membranaire et être individualisées. Des protocoles fondés sur une amélioration des conditions de culture, de digestion, de resuspension, de centrifugation sont mis au point [84]. Le choix judicieux des milieux cellulaires qui vont permettre la reprise et aussi la conservation des cellules avant la dispense fait également l'objet de mises au point particulières. Les systèmes actuels utilisent des lignées cellulaires qui expriment de façon assez homogène le même type de canal ionique (voir le chapitre 11) ; donc, si une cellule est piégée, on en connaît *a priori* les caractéristiques électriques. Que se passe-t-il si l'on s'intéresse à des cellules transfectées transitoirement et qui expriment à environ 50 % de taux d'expression le canal d'intérêt ? Là encore, de façon statistique, il y a **une certaine probabilité** de capturer une cellule transfectée, mais le rendement est faible. Cette probabilité est d'autant plus élevée que le nombre de cellules par chambre d'analyse est élevé. Si ce besoin d'une grande quantité d'échantillons reste une moindre contrainte pour les lignées d'expression stables en général disponibles en quantité, il est une réelle contrainte pour l'analyse de cultures primaires ou lignées transitoires. Les recherches actuelles vont dans le sens d'une réduction des volumes d'échantillons, comme nous l'avons vu avec l'intégration de la microfluidique. Des efforts convergent également vers le tri de cellules en amont ou des systèmes de patch planaire qui permettraient de coupler observation microscopique et mesure électrique. Dans cet objectif, des substrats transparents de type verre, quartz, silice ou certains polymères seront préférés à d'autres.

Interfacer le vivant et la microélectronique

Les travaux de Peter Fromherz, à l'Institut Max Planck en Allemagne, ont démontré la faisabilité du premier circuit cellulo-électronique [85, 86, 87]. En plaçant des neurones d'escargots (car bien gros et facilement isolables) entre des plots de probimide sur un circuit électronique, il démontre que le signal émis par la puce électronique transite par les deux neurones connectés par une synapse (connexion établie via des molécules chimiques ou neurotransmetteurs) et est de nouveau transféré à la puce. C'est l'interfaçage parfait entre cellules et microélectronique ! La puce comprend un stimulateur en silicium et la récupération du signal se fait par un FET (ou transistor à effet de champ). Les plots de probimide servent à matérialiser une cage autour des corps cellulaires des neurones, laissant sortir les dendrites, sortes de bras du neurone, pour réaliser les synapses avec les neurones voisins. Les corps cellulaires sont ainsi immobilisés sur les parties actives du silicium et n'ont plus tendance à se déplacer aléatoirement lors de leur extension dendritique. Les signaux extracellulaires enregistrés restent assez bruités [85]. Néanmoins, le couplage entre système vivant et semi-conducteur est bel et bien démontré. En termes d'applications, en positionnant ces dispositifs à proximité de cellules individualisées, il est possible de mesurer la réponse cellulaire à la présence de médicaments ou d'hormones. Cette découverte ouvre de vastes horizons vers le développement de capteurs en médecine. Il faut considérer ce système électronique comme à la fois l'électrode extracellulaire et l'amplificateur de courant. Quand la cellule envoie une impulsion électrique, les ions circulent dans la région extracellulaire et ce flux ionique induit, par couplage capacitif, des charges dans le canal de conduction du FET qui modulent le courant entre la source et le drain. Les auteurs développent de nouveaux systèmes basés sur l'utilisation de polymères semi-conducteurs, qui présentent l'avantage d'être transparents et de permettre ainsi un accès optique à l'interface cellule-substrat. De plus, ces polymères sont utilisés pour envoyer des signaux électriques aux cellules et assurent une communication non toxique, dans les deux sens. Un autre atout réside dans la fonctionnalisation chimique de ces substrats et le greffage de groupes actifs comme des peptides ou des antigènes, qui peuvent permettre de mieux contrôler et stabiliser l'adhérence de la cellule sur le FET.

Ces interfaces extracellulaires représentent une alternative au côté invasif du patch-clamp ou des électrodes intracellulaires et au côté toxique des sondes fluorescentes sensibles au voltage par exemple. De ce fait, des enregistrements sur du long terme, pour suivre l'évolution du profil électrique d'une cellule sous l'influence de médicaments, sont possibles.

Réseaux de microélectrodes ou MEA

De nombreux dispositifs ont été développés, dans lesquels des cellules mais aussi des tissus sont mis en culture et étudiés *in vitro*. C'est en fait l'une des premières applications des systèmes intégrés en « cellomique » [88]. Les cultures cellulaires placées dans les chambres d'analyse sont utilisées pour des études d'effets de médicaments, de réponses osmotiques, de cytogénique et d'immunologie, de métabolisme, etc. Des puces intégrées avec des canaux de fluidiques dédiés à la dispense de nutriments ont été présentées par Heuschkel [89]. Des réseaux multiélectrodes (ou MEA, *Multi-Electrodes Arrays*) sont mis en interface avec la culture cellulaire pour à la fois enregistrer et stimuler les signaux membranaires. Des réseaux d'électrodes 3D en forme de micropointes ont aussi été proposés afin de permettre l'enregistrement de couches cellulaires profondes dans des tranches organotypiques. Ces « microchambres électroniques » permettent l'interaction électrique très localisée entre neurones ou cellules cardiaques et peuvent être utilisées pour étudier les effets de médicaments sur des canaux ioniques [90, 91]. Ces cultures cellulaires peuvent aussi être intégrées sur des capteurs multiparamétriques [92].

2.3. Une révolution «culturelle» ? Quelles perspectives ?

2.3.1. « Patch contre haut débit »

Ce titre de revue de J. Comley [93], parue en 2003, met bien l'accent sur la divergence d'opinion existant autour de **l'électrophysiologie haut débit**. Ce changement d'échelle dans l'électrophysiologie a fait naître beaucoup d'espoirs et d'attentes au sein de la communauté scientifique des canaux ioniques. L'auteur met en évidence les points de vue qui opposent les électrophysiologistes traditionnels et les « screeners » (fervents du haut débit), notamment en ce qui concerne les spécifications attendues et le mode opératoire de ces nouveaux instruments (tableau 19.3). Y aurait-il déconnexion entre ceux qui développent des technologies et le véritable utilisateur final [94] ?

Les « patcheurs » accordent la priorité à **la qualité des enregistrements**. Ainsi, ils n'adhérent pas au principe de la mesure dissociée « avant » le médicament et « après » le médicament. Cette séquence discontinue amène une perte d'information, comme des cinétiques de réponses très rapides de certains canaux. En revanche les « screeners » se présentent plus pragmatiques et trouvent un compromis dans l'obtention de *seal* de 150 Mohm, qui peut néanmoins donner une réponse pharmacologique de base identique à celle qu'ils obtiendraient en patch-clamp classique. Et c'est cette réponse « oui/non » sur l'effet d'un médicament que les « patcheurs » trouvent trop restrictive. Seule la découverte de nouvelles cibles avec ce système pourraient convaincre les « patcheurs » sur cette technologie. Certains industriels [47] pensent que ces nouveaux outils peuvent révolutionner le processus de développement de nouveaux médicaments, qui se présente

Tableau 19.3. Pour ou contre... le patch-clamp conventionnel.

Avantages	**Inconvénients**
Haut contenu informatif : – contrôle du voltage – cellule unique – résolution temporelle	Nécessite une longue formation et un doigté d'expert
Haute sensibilité : – pico-ampères (pA) – molécule unique	Faible rendement (< 10 cell/j)
Flexibilité : – changements des solutions	Lourdeur expérimentale
Applicabilité : – tout type de canaux	Inadapté au criblage primaire
Peu de faux négatifs (par rapport aux méthodes indirectes)	Non adapté à l'automatisation et à la parallélisation

comme un véritable entonnoir avec un million de molécules à cribler au départ et la mise sur le marché d'un médicament sortant ! L'électrophysiologie haut débit peut permettre de réduire en temps certaines phases de ce processus, telles que le criblage « primaire » ou du moins un premier criblage de petites chimiothèques spécifiques, en donnant, au-delà d'une simple réponse « oui/non », des informations sur les propriétés cinétiques, la spécificité ionique, la sensibilité au voltage et la longévité d'action des médicaments. L'impact se manifesterait également, selon les auteurs [47, 63], dans l'étape de validation ou de confirmation des « touches » *(hits)* et lors de la phase d'optimisation des molécules candidates (figure 19.11). De même, l'électrophysiologie haut débit permettra, en lançant des programmes de contre-criblage (de canaux hERG[3] par exemple, voir le chapitre 11), de détecter très tôt les effets secondaires des médicaments, avant même l'étape de pharmacovigilance.

Les « patcheurs », s'ils parviennent à se convaincre de la performance technologique, pensent néanmoins que ces systèmes ne remplaceront pas l'expérimentateur patch-clamp expert. Celui-ci gardera sa place dans la mise au point des tests et l'interprétation des résultats. Dans cette période de « mise en confiance », c'est déjà l'aptitude d'un système à générer des *seals* hautement résistifs et reproductibles qui sera un facteur important pour convaincre la communauté des électrophysiologistes d'adopter une technologie donnée. Néanmoins, selon Netzer [95], il faudra faire une évaluation préalable des projets de l'industrie pharmaceutique ou des compagnies de biotechnologie, afin de sélectionner la technologie adéquate pour répondre à des besoins précis. Ainsi, pour le besoin de campagnes de criblage, la stratégie sera probablement de combiner plusieurs technologies. Une approche HTS de 30 000, 100 000 ou 500 000 composés utilisant les techniques de liaison ou de fluorescence (voir le chapitre 11) permettra de détecter les premiers « *hits* ». Les composés ainsi sélectionnés (environ 1 % à 2 % du total) et ces mêmes composés synthétisés chimiquement seront ensuite évalués par des systèmes d'électrophysiologie automatisée moyen débit, qu'il reste selon l'auteur à optimiser.

---

[3] Canal potassique (*human ether-à-go-go related gene* (hERG)) responsable de la repolarisation du potentiel d'action ventriculaire. Cibler ces canaux permet d'éliminer les molécules candidates qui auraient des effets secondaires potentiels au niveau cardiaque.

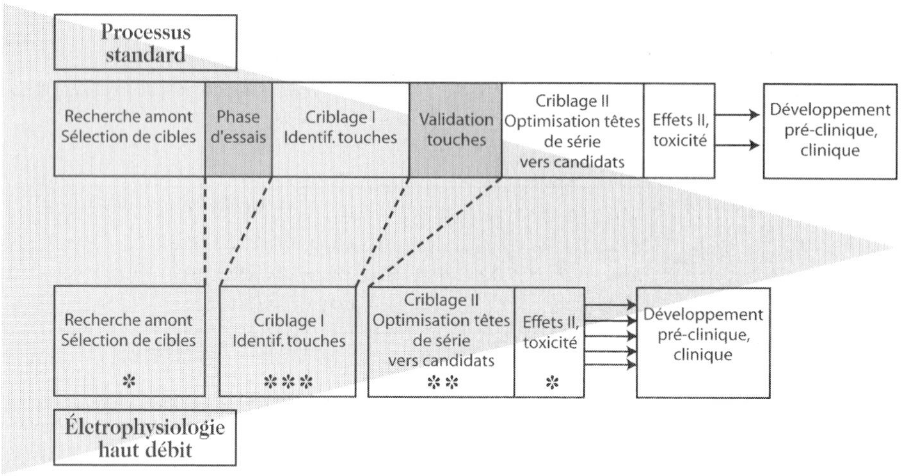

Figure 19.11. Chaîne de découverte de nouveaux modulateurs de canaux ioniques et impact attendu de l'électrophysiologie haut débit sur certaines étapes du processus (adapté de [47]).

Du fait d'une meilleure compréhension de leur génétique et de leur biologie moléculaire, on prévoit dans l'avenir de diagnostiquer toujours plus de pathologies comme étant liées à un dysfonctionnement de canaux ioniques. L'électrophysiologie haut débit se positionnerait comme un outil incontournable de découverte de nouveaux canaux, parmi ceux codés par les 300 gènes identifiés dans le programme de génome humain (http://www.ornl.gov/sci/techresources/Human_Genome/home.shtml) [96, 97].

2.3.2. Évolutions technologiques attendues

Couplage entre électrophysiologie et fluorescence

Dans le domaine des « cell on chip », les efforts actuels convergent vers une analyse multiparamétrique de la cellule unique, afin d'obtenir en temps réel une signature fonctionnelle et phénotypique, complète et pertinente. Dans le domaine des canaux ioniques également, il y a la volonté d'associer à cette signature électrique une signature phénotypique avec la détection optique de caractéristiques morphologiques et membranaires, l'enregistrement de signaux chimiques ou l'analyse de ligands. Bref, obtenir une signature électronique et moléculaire multiple. Les sondes fluorescentes sont des outils très utiles pour suivre les mouvements moléculaires de protéines. L'enregistrement simultané de changement de fluorescence et de courants ioniques a permis par exemple de mieux comprendre comment les canaux voltage-dépendants « sentent » le voltage. De telles études ont été faites sur des populations de canaux, mais réussir à corréler les changements spectroscopiques d'un fluorophore avec des courants ioniques unitaires serait particulièrement plus informatif [98].

Déjà en patch-clamp classique, des essais de couplage de la micropipette de verre à une nanopipette de microscopie imageant la surface membranaire ont été réalisés en 2002 [99]. En effet, ce développement a été motivé par le fait que pas ou peu d'outils permettent une approche à la fois fonctionnelle et spatiale des canaux ioniques. Or, les fonctions cellulaires sont souvent gouvernées par la distribution spatiale de ces protéines à la surface membranaire. Ainsi le « *smart patch-clamp* » ou patch-clamp scanner se présente comme une approche spatio-fonctionnelle hautement résolutive (100 nm), qui permet d'étudier les canaux ioniques des compartiments subcellulaires et des nanostructures. Brièvement, une nanopipette montée sur un piézo en x, y, z permet d'obtenir la topographie de la surface cellulaire sous contrôle d'une SICM (*Scanning Ion Conductance Microscopy*). Une fois la structure d'intérêt identifiée, la nanopipette sert à enregistrer des courants ioniques en configuration « cellule attachée » ou « inside-out ». Une telle approche permet d'accéder à des nanostructures intracellulaires invisibles en microscopie classique. On peut l'utiliser pour tout canal fonctionnel sans forcément en connaître la structure moléculaire et sans avoir à fixer la cellule. Contrairement aux techniques de marquage biochimique, cette approche fournit des caractéristiques fonctionnelles de la distribution protéique. Enfin, elle peut s'utiliser sur des petites cellules et des submicrostructures inaccessibles en patch-clamp conventionnel. Les applications possibles concernent également la cartographie de canaux mécano- ou chémo- sensibles, dans la mesure où la nanopipette peut délivrer des stimuli chimiques, électriques ou mécaniques.

■ Course technologique et... biologique

Les prouesses réalisées en microtechnologie, en chimie, en outils de caractérisation (comme en AFM, *Atomic Force Microscopy* [100]) permettront peut-être un jour de déterminer la « puce candidate idéale » qui rassemblera toutes les propriétés requises pour le gigaseal [101]. L'expérience montre aussi qu'une grande variabilité des résultats est liée à la variabilité biologique et que le type cellulaire, la taille de la cellule, son intégrité membranaire et son niveau d'expression de canaux sont autant de facteurs qui contribuent à faire varier le taux de succès des tests. En poussant à l'extrême ces observations, il faudrait pratiquement concevoir, développer et mettre au point une puce en fonction d'un modèle cellulaire donné [102]. La notion de « puce universelle » semble utopique, même si des équipes développent des systèmes d'analyse flexible qui tendent à s'adapter à toute géométrie de puce. On a ainsi observé que les cellules CHO[4] se patchaient très bien sur puce, à la différence des HEK[5], alors que le contraire est observé en patch-pipette.

Une évolution intéressante dans ce domaine serait de concentrer ces efforts sur l'optimisation des lignées cellulaires pour l'expression de canaux ioniques cibles, et le vainqueur de cette course technologique sera sans doute celui qui proposera en association avec de nouveaux outils, une démarche service et qualité en biologie cellulaire...

Wang et Li, dans une revue de 2003 [51], envisagent l'avenir en termes de prédictions et leur vision s'oriente vers un système sophistiqué, multifonctions et capable de produire des données à la fois nombreuses et de haute qualité. Ce système serait également pourvu d'une microfluidique toujours plus intégrée, incluant des fonctions actives telles que la diélectrophorèse, afin de trier des cellules d'intérêt parmi une population hétérogène et ensuite de les transporter vers les sites d'enregistrement. « *The electrophysiologist's dream* » en d'autres termes.

---

4 CHO : *Chinese Hamsters Ovarian cells.*

5 HEK : *Human Embryonic Kidney cells.*

2.3.3. Canaux ioniques ou biocapteurs ?

Imaginer qu'une interaction moléculaire se traduise par un changement de conductance électrique, qu'une molécule unique vienne actionner un interrupteur électrique, suffisamment sensible pour convertir ce signal chimique en courant très faible détectable et amplifiable... Nous touchons là du doigt la définition de ce que l'on appelle un biocapteur, c'est-à-dire un capteur intégrant un élément sensible biologique ou dérivé. Le canal ionique semble, de par ses propriétés biophysiques (spécificité, sélectivité, stabilité, etc.), répondre à cette définition. Un système très élégant a été décrit par Cornell en 1997 (figure 19.12) [103], qui montre que la conductance d'une population de canaux ioniques est modifiée suite à un évènement de reconnaissance biologique. La dimension de ce biocapteur peut être réduite pour devenir un constituant d'un circuit microélectronique. Il peut servir au typage cellulaire, à la détection de grosses protéines, de virus, d'anticorps, d'ADN, d'électrolytes, de médicaments, de pesticides ou tout autre composant de faible poids moléculaire. Le « canal-biocapteur » de Cornell comprend une membrane lipidique, incluant la gramicidine (polypeptide membranaire bactérien dont la double hélice forme un canal au travers duquel s'effectuent les échanges d'ions sodium ou potassium entre la bactérie et son milieu) et attachée à une électrode d'or. La gramicidine est elle-même fixée à des anticorps reconnaissant spécifiquement l'analyte. La gramicidine possède deux

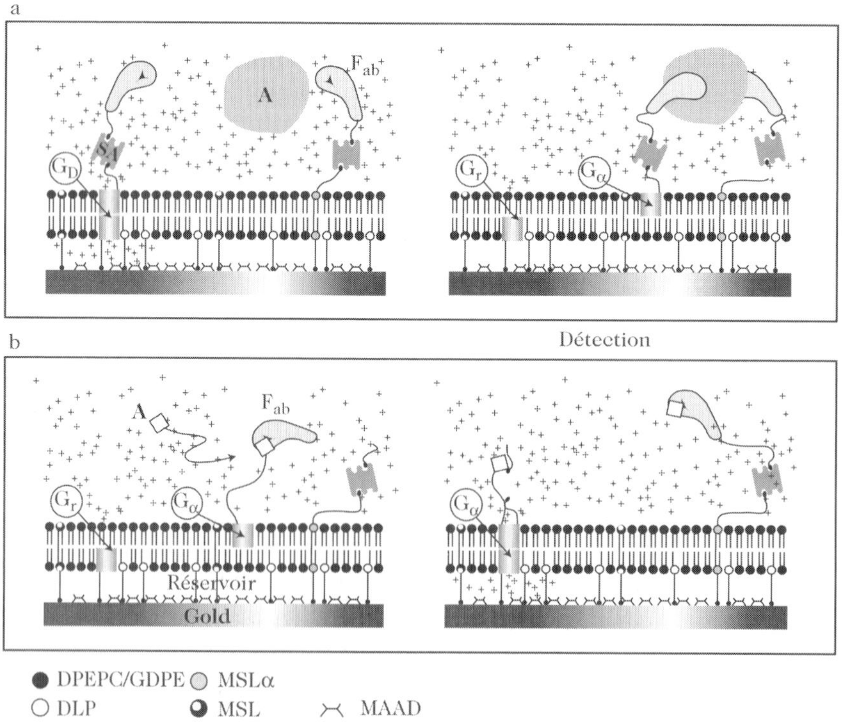

Figure 19.12. Un biocapteur utilisant le canal ionique comme interrupteur. Modèle de biocapteur moléculaire combinant un mécanisme de reconnaissance biologique avec une technique de transduction du signal (extrait de [103]).

sous-unités (ici, l'une ancrée dans la membrane, l'autre mobile) qui, une fois assemblées, forment un canal conducteur. En l'absence d'analyte, la sous-unité mobile diffuse dans la membrane et de façon aléatoire forme un dimère conducteur. En revanche, en présence d'analyte, celui-ci se lie aux anticorps et forme un complexe qui maintient la sous-unité canal mobile éloignée de sa partenaire ancrée dans la membrane. Cela empêche la formation du dimère conducteur et diminue la conductance électrique de la membrane. Les performances de ce capteur sont réelles, puisqu'une molécule unique de gramicidine facilite le flux de plus d'un million d'ions par seconde.

2.3.4. Conclusion

Les réalisations technologiques et les premiers systèmes disponibles apportent clairement la preuve du concept du « patch-clamp sur puce ». Néanmoins, le haut débit en pharmacologie n'est pas encore totalement disponible et il reste certains verrous à lever tels que l'intégration et le couplage de la microfluidique, de l'électronique, de l'optique... et au final également la gestion des données. Le rêve de certains se projette vers un système complet capable de fournir des signatures moléculaires multiples, en temps réel et à l'échelle de la cellule unique [76].
Il est clair que ces nouvelles plates-formes de tests ont pour ambition d'accélérer la découverte de nouvelles molécules actives, ciblant spécifiquement les canaux ioniques. Là est le point critique, car les canaux ioniques présentent une forte similarité moléculaire dans la partie « pore » et, de ce fait, toute petite molécule hydrophobe interagira « facilement » avec la protéine. Il faut donc travailler sur les banques de molécules en *designant* une assez grande diversité de structures pour réussir à trouver celle qui modulera de façon spécifique l'activité du canal. Ce sont ces développements en chimie qui, couplés au criblage haut débit, permettront d'améliorer l'identification de molécules candidates de qualité très tôt dans le processus de découverte de médicaments [104].

BIBLIOGRAPHIE

Puces pour l'analyse et le traitement de cellules vivantes

[1] WASHIZU M., in *Proc. of Integrated micro-motion systems*, 417-432 (1989).

[2] LE PIOUFLE B., SURBLED P., CHUN H.S., FUJITA H., NAGAI H., MURAKAMI Y. et TAMIYA E., in *Proc. of Transducers'99*, Sendai (J), 768-771 (1999).

[3] BAILEY S.N., WU R.Z. et SABATINI D.M., *Drug Discovery Today*, **7**, S113-S118 (2002).

[4] YOSHIKAWA T., UCHIMURA E., KISHI M., FUNERIU D.P., MIYAKE M. et MIYAKE J., *Journal of controlled release*, **96**, 227-232 (2003).

[5] GRADL G., MÜLLER T., PFENNIG A., SHIRLEY S., SCHNELLE T. et FÜHR G., in *Proc. of Micro Total Analysis Systems*, 443-446 (2000).

[6] HUANG Y. et RUBINSKY B., *Sensors and Actuators A : Physical*, **104**, 205-212 (2003).

[7] HUANG Y. et RUBINSKY B., *Sensors and Actuators A*, **89**, 242-249 (2001).

[8] KHINE M., LAU A., IONESCU-ZANETTI C., JEONGGI S. et LEE L.P., *Lab on a Chip*, **5**, 38-43 (2005).

[9] SEO J., IONESCU-ZANETTI C., DIAMOND J., LAL R. et LEE L.P., *Applied Physics Letters*, **84**, 1973-1975 (2004).

[10] SEGER U., GAWAD S., SCHEER A. et RENAUD P., in *Proc. of MicroTAS* (Nara), **2**, 796-798 (2002).

[11] FROMHERZ P., *Eur. Biophys. J.*, **31**, 228-231 (2002).

[12] STEINHOFF G., BAUR B., WROBEL G., INGEBRANDT S., OFFENHAÜSSER A., DADGAR A., KROST A., STUTZMANN M. et EICKHOFF M., *Applied Physics Letters*, **86**, 033901 (2005).

[13] LECLERC E., SAKAI H. et FUJII T., in *Proc. of IEEE-EMBS*, 104-105 (2002).

[14] TOUROVSKAIA A., FIGUEROA-MASOT X. et FOLCH A., *Lab on a Chip*, **5**, 14-19 (2005).

[15] GRISCOM L., CHATEAU Y., PENNEC J.-P., MISERY L. et LE PIOUFLE B., in *Proc. of IEEE-EMBS*, 184-187 (2005).

[16] CUI L. et MORGAN H., *J. Micromech. Microeng.*, **10**, 72-79 (2000).

[17] FRÉNÉA M., LHERMITE H., LE PIOUFLE B. et FUJITA H., in *Proc. of IEEE-EMBS* (USA), 140-143 (2002).

[18] POHL H.A. et KALER K., *Cell Biophysics*, **1**, 15-28 (1979).

[19] WANG X.B., HUANG Y. et BURT J.P.H., *J. Phys. D : Appl. Phys.*, **26**, 1278-1285 (1993).

[20] MASUDA S., WASHIZU M. et NANBA T., *IEEE Trans. Industry Applicat.*, **25**, 732-737 (1989).

[21] WASHIZU M., NANBA T. et MASUDA S., *IEEE transactions on industry applications*, **26**, 352-356 (1990).

[22] FIEDLER S., SHIRLEY S.G. et SCHNELLE T., *Anal. Chem.*, **70**(9), 1909-15 (1998).

[23] JONES T.B., *Electromechanics of particles*, Cambridge University Press (1995).

[24] GAUTHIER M. et PIAT E., in *Proc. of IEEE-EMBS*, **2**, 3199-3204 (2002).

[25] FERTIG N., GEORGE M., KLAU M., MEYER C., TILKE A., SOBOTTA C., BLICK R.H. et BEHRENDS J.C., *Receptors Channels*, **9**, 29-40 (2003).

[26] TIXIER-MITA A., MITA Y., COZIC K., FRENEA M., LE PIOUFLE B. et FUJITA H., in *Proc. of MicroTAS*, **2**, 888-890 (2002).

[27] OSTUNI E., CHEN C.S., INGBERG D.E. et WHITESIDES G.M., *Langmuir*, **17**, 2828-2834 (2001).

[28] REVZIN A., SEKIN K., SIN A., TOMPKINS R.G. et TONER M., *Lab on a Chip*, **5**, 14-19 (2005).

[29] ASHKIN A., DZIEDZIC J.M. et YAMANE T., *Nature*, **330**, 769-771 (1987).

[30] FUHR G.R. et REICHLE C., in *Proc. of MicroTAS* (Enschede), 261-264 (2000).

[31] WU R.Z., BAILEY S.N. et SABATINI D.M., *Trends in Cell Biology*, **12**, 485-488 (2002).

[32] GALBRAITH C.G. et SHEETZ M.P., *PNAS*, **94**, 9114-9118 (1997).

[33] PELHAM R.J. Jr. et WANG Y.-L., *Mol. Biol. Cell*, **10**, 935-945 (1999).

[34] TAN J.L., TIEN J., PIRONE D.M., GRAY D.S., BHADRIRAJU K. et CHEN C.S., *Proc. Natl. Acad. Sci.* USA, **100**, 1484-9 (2003).

[35] XI J., SCHMIDT J.J. et MONTEMAGNO C.D., *Nature Materials*, **4**, 180-184 (2005).

[36] GAWAD S., BATARD P., SEGER U., METZ S. et RENAUD P., in *Proc. of MicroTAS* (Nara), **2**, 649-651 (2002).

[37] CLAVEROL-TINTURE E. et PINE J., *Journal of Neuroscience Methods*, **117**, 13-21 (2002).

[38] DENYER M.C.T., RIEHLE M., BRITLAND S.T. et OFFENHAUSER A., *Medical & Biological Engineering & Computing*, **36**, 638-644 (1998).

[39] DEGENAAR P., LE PIOUFLE B., GRISCOM L., TIXIER A., MURAKAMI Y., YOKOYAMA K., TAMIYA E. et FUJITA H., *Journal of Biochemistry*, **130**, 367-376 (2001).

[40] MORIN F., DENOUAL M., GRISCOM L., LE PIOUFLE B., FUJITA H. et TAMIYA E., in *Proc. of MicroTAS* (Nara), **2**, 515-517 (2002).

[41] PANCRAZIO J.J., GRAY S.A., SHUBIN Y.S., KULAGINA N., CUTTINO D.S., SHAFFER K.M., EISMANN K., CURRAN A., ZIM B., GROSS G.W. et O'SHAUGHNESSY T.J., *Biosensors and Bioelectronics*, **18**, 1339-1347 (2003).

[42] FERTIG N., BLICK R.H. et BEHRENDS J.C., *Biophys. J.*, **82**, 3056-62 (2002).

[43] KLEMIC K.G., KLEMIC J.F., REED M.A. et SIGWORTH F.J., *Biosens. Bioelectron.*, **17**, 597-604 (2002).

[44] SIGWORTH F.J. et KLEMIC J.F., *IEEE Transactions on Nanobioscience*, **4**, 1536-1241 (2005).

[45] MORIN F., DENOUAL M., GRISCOM L., LE PIOUFLE B., FUJITA H. et TAMIYA E., in *Proc. of MicroTAS* (Japan), **1**, 578-580 (2002).

Puces patch-clamp

[46] NIEMEYER B.A., MERY L., ZAWAR C., SUCKOW A., MONJE F., PARDO L.A., STUHMER W., FLOCKERZI V. et HOTH M., « Ion channels in health and disease », 83rd Boehringer Ingelheim Fonds International Titisee Conference, *EMBO Rep.*, **2**(7), 568-73 (2001).

[47] WILLUMSEN N.J., BECH M., OLESEN S.P., JENSEN B.S., KORSGAARD M.P. et CHRISTOPHERSEN P., « High throughput electrophysiology : new perspectives for ion channel drug discovery », *Receptors Channels*, **9**(1), 3-12 (2003).

[48] WOOD C., WILLIAMS C. et WALDRON G.J., « Patch clamping by numbers », *Drug discovery today*, **9**(10), 434-441 (2004).

[49] HAMILL O.P., MARTY A., NEHER E., SAKMANN B. et SIGWORTH F.J., « Improved patch-clamp techniques for high-resolution current recording from cells and cell-free membrane patches », *Pflugers Arch.*, **391**(2), 85-100 (1981).

[50] XU J., CHEN Y. et LI M., « High-throughput technologies for studying potassium channels-progresses and challenges », *Drug discovery today*, **3**(1), 32-38 (2004).

[51] WANG X. et LI M., « Automated electrophysiology : high throughput of art », *Assay Drug Dev. Technol.*, **1**(5), 695-708 (2003).

[52] OWEN D. et SILVERTHORNE A., « Channeling drug discovery, current trends in ion channel discovery research », *Drug discovery world*, 348-61 (2002).

[53] LEPPLE-WIENHUES A. et FERLINZ K., « Flip the Tipp : an automated, high quality, cost-effective patch-clamp screen », *Receptors and Channels*, **9**, 13-17 (2003).

[54] SINCLAIR J., PIHL J., OLOFSSON J., KARISSON M., JARDEMARK K., CHIU D.T., ORWAR O., « A cell based bar code reader for high-throughput screening of ion channel-ligand interactions », *Anal. Chem.*, **74**, 6133-6138 (2002).

[55] SHIEH C.C., TRUMBULL J.D., SARTHY J.F., MCKENNA D.G., PARIHAR A.S., ZHANG X.F., FALTYNEK C.R. ET GOPALAKRISHNAN M., « Automated Parallel Oocyte Electrophysiology Test station (POETs) : a screening platform for identification of ligand-gated ion channel modulators », *Assay Drug Dev. Technol.*, **1**(5), 655-663 (2003).

[56] TRUMBULL J.D., MASLANA E.S., MCKENNA D.G., NEMCEK T.A., NIFORATOS W., PAN J.Y., PARIHAR A.S., SHIEH C.C., WILKINS J.A., BRIGGS C.A. et al., « High throughput electrophysiology using a fully automated, multiplexed recording system », *Receptors Channels*, **9**(1), 19-28 (2003).

[57] ANDERSSON H. et VAN DEN BERG A. « Microfluidics devices for cellomics : a review », *Sensors and Actuators B*, **92**, 315-325 (2003).

[58] SCHMIDT C., MAYER M. et VOGEL H., « A chip-based biosensor for the functional analysis of single ion channels », *Angew. Chem. Int. Ed. Engl.*, **39**(17), 3137-3140 (2000).

[59] KLEMIC K.G., KLEMIC J.F., REED M.A. et SIGWORTH F.J., « Micromolded PDMS planar electrode allows patch clamp electrical recordings from cells », *Biosens. Bioelectron.*, **17**(6-7), 597-604 (2002).

[60] SIGWORTH F.J. et KLEMIC K.G., « Patch clamp on a chip », *Biophys. J.*, **82**(6), 2831-2832 (2002).

[61] XU J., GUIA A., ROTHWARF D., HUANG M., SITHIPHONG K., OUANG J, TAO G., WANG X. et WU L., « A benchmark study with sealchip planar patch-clamp technology », *Assay Drug Dev. Technol.*, **1**(5), 675-684 (2003).

[62] SCHROEDER K., NEAGLE B., TREZISE D.J. et WORLEY J., « Ionworks HT : a new high-throughput electrophysiology measurement platform », *J. Biomol. Screen.*, **8**(1), 50-64 (2003).

[63] ASMILD M., OSWALD N., KRZYWKOWSKI K.M., FRIIS S., JACOBSEN R.B., REUTER D., TABORYSKI R., KUTCHINSKY J., VESTERGAARD R.K., SCHRODER R.L. et al., « Upscaling and automation of electrophysiology : toward high throughput screening in ion channel drug discovery », *Receptors Channels*, **9**(1), 49-58 (2003).

[64] STETT A., BUCHER V., BURKHARDT C., WEBER U. ET NISCH W., « Patch-clamping of primary cardiac cells with micro-openings in polyimide films », *Med. Biol. Eng. Comput.*, **41**(2), 233-240 (2003 a).

[65] STETT A., BURKHARDT C., WEBER U., VAN STIPHOUT P. et KNOTT T., « Cyto-centering : a novel technique enabling automated cell-by-cell patch clamping with the Cytopatch chip », *Receptors Channels*, **9**(1), 59-66 (2003 b).

[66] BRUGGEMANN A., GEORGE M., KLAU M., BECKLER M., STEINDL J., BEHRENDS J.C. et FERTIG N., « High quality ion channel analysis on a chip with the NPC technology », *Assay Drug Dev. Technol.*, **1**(5), 665-673 (2003).

[67] BRUEGGEMANN A., GEORGE M., KLAU M., BECKLER M., STEINDL J., BERHENDS J.C. et FERTIG N., « Ion channel drug discovery and research : the automated nano-patch-clamp technology », *Current drug discovery*, 191-96 (2004).

[68] KISS L., BENNETT P.B., UEBELE V.N., KOBLAN K.S., KANE S.A., NEAGLE B. et SCHROEDER K., « High throughput ion-channel pharmacology : planar-array-based voltage clamp », *Assay Drug Dev. Technol.*, **1**(2), 127-135 (2003).

[69] SEO J., IONESCU-ZANETTI C., DIAMOND J., LAL R. et LEE L.P., « Integrated multiple patch-clamp array chip via lateral cell trapping junctions », *Applied physics letters*, **84**(11), 1973-1975 (2004).

[70] IONESCU-ZANETTI C., SHAW R.M., SEO J., JAN Y.N., JAN L.Y., LEE L.P., « Mammalian electrophysiology on a microfluidic plateform », *PNAS*, **102**(26), 9112-9117 (2005).

[71] FERTIG N., TILKE A., BLICK R.H., KOTTHAUS J.P., BEHRENDS J.C., TEN BRUGGENCATE G., « Stable integration of isolated cell membrane patches in a nanomachined aperture », *Applied Phys. Lett.*, **77**, 1218-1221 (2000).

[72] FERTIG N., BLICK R.H. et BEHRENDS J.C., « Whole cell patch clamp recording performed on a planar glass chip », *Biophys. J.*, **82**(6), 3056-3062 (2002).

[73] FERTIG N., GEORGE M., KLAU M., MEYER C, TILKE A., SOBOTTA C., BLICK R.H. et BEHRENDS J.C., « Microstructured apertures in planar glass substrates for ion channel research », *Receptors Channels*, **9**(1), 29-40 (2003).

[74] PICOLLET-D'HAHAN N., SORDEL T., GARNIER-RAVEAUD S., SAUTER F., RICOUL F., PUDDA C., MARCEL F. et CHATELAIN F., « A silicon-based "Multi-Patch" device for ion channel current sensing », *Sensor letters*, **2**(2), 91-94 (2004).

[75] SORDEL T., GARNIER-RAVEAUD S., SAUTER F., PUDDA C., MARCEL F., DE WAARD M., ARNOULT C., VIVAUDOU M., CHATELAIN F., PICOLLET-D'HAHAN N., « Hour-glass SiO_2 coating increases the performance of planar patch-clamp », *J. of Biotechnology*, **125**, 142-154 (2006).

[76] PANTOJA R., NAGARAH J.M., STARACE D.M., MELOSH N.A., BLUNCK R., BEZANILLA F. et HEATH J.R., « Silicon chip-based patch-clamp electrodes integrated with PDMS microfluidics », *Biosens. Bioelectron.*, **20**(3), 509-17 (2004).

[77] THIELECKE H., STIEGLITZ T., BEUTEL H., MATTHIES T., RUF H.H. et MEYER J.U., « Fast and precise positioning of single cells on planar electrode substrates », *IEEE Eng. Med. Biol. Mag.*, **18**(6), 48-52 (1999).

[78] CHEUNG K.C., KUBOW T. et LEE L.P., « Individually addressable planar patch clamp array », *IEEE Eng. Med. Biol. Mag.* (2002).

[79] WO 02/077259 A2.

[80] LEHNERT T., GIJS M.A.M., NETZER R. et BISCHOFF U., « Realization of hollow SiO2 micronozzles for electrical measurments on living cells », *Applied physics letters*, **81**(26), 5063-5065 (2002).

[81] KUBOW T.M., CHEUNG K.C., BENTLEY L.F. et LEE L.P., « Microfabricated patch-clamp array for neural mems application », *Materials research society*, 729197-202 (2002).

[82] JENKNER M., MULLER B., FROMHERZ P., « Interfacing a silicon chip to pairs of snail neurons connected by electrical synapses », *Biol. Cybern.*, **84**(4), 239-49 (2001).

[83] MATTHEWS B. et JUDY J.W., « Characterization of a micromachined planar patch-clamp for cellular electrophysiology », *IEEE-EMBS International Conference on Neural Engineering*, 648-651 (2003).

[84] TAO H., GUIA A., SITHIPHONG K., MIU P., LIGUTTI J., WU L. et XU J., « Cell isolation for high quality electrophysiological measurements on planar electrodes » (2004).

[85] STRAUB B., MEYER E., FROMHERZ P., « Recombinant maxi-K channels on transistor, a prototype of iono-electronic interfacing », *Nat. Biotechnol.*, **19**(2), 121-4 (2001).

[86] KAUL R.A., SYED N.I., FROMHERZ P., « Neuron-semiconductor chip with chemical synapse between identified neurons », *Phys. Rev. Lett.*, 23, **92**(3), 038102 (2004).

[87] BRAUN D. et FROMHERZ P., « Imaging neuronal seal resistance on silicon chip using fluorescent voltage-sensitive dye », *Biophys. J.*, **87**(2), 1351-9 (2004).

[88] HUTZLER M. et FROMHERZ P. « Silicon chip with capacitors and transistors for interfacing organotypic brain slice of rat hippocampus », *Eur. J. Neurosci.*, **19**(8) :2231-8 (2004).

[89] HEUSCHKEL M.O., GUERIN L., BUISSON B., BERTRAND D., RENAUD P., « Buried microchannels in photopolymer for delivering of solutions to neurons in a network », *Sensors and actuators B-chemical*, **48**, 356-361 (1998).

[90] HEUSCHKEL M.O., FEJTL M., RAGGENBASS M., BERTRAND D., RENAUD P., « A three-dimensional multi-electrode array for multi-site stimulation and recording in acyte brain slices », *J. of neurosciences Meth.*, **114**, 135-148 (2002).

[91] STETT A. et al., « Biological applications of microelectrode arrays in drug discovery and basic research », *Anal. and Bioanal. Chem.*, **377**, 486-495 (2003).

[92] BRISCHWEIN M. et al., « Functional cellular assays with multiparametric silicon chips », *Lab on a Chip*, **3**, 2324-2400 (2004).

[93] COMLEY J., « Patchers V screeners : divergent opinion on high throughput electrophysiology », *Drug discovery world* fall (2003).

[94] CHIEN K., « Twenty questions : The state of ion channel research in 2004 », *Nature Reviews Drug Discovery*. 3239-278 (2003).

[95] NETZER R., « The new generation of patch-clamp equipment », *DDT*, 9, **14**, 593 (2004).

[96] VENTER J.C. et al., « The sequence of the human genome », *Science*, **291**, 1304-1351 (2001).

[97] WORLEY J.F. et MAIN M.J., « An industrial perspective on utilizing functional ion channel assays for HTS », *Receptors and Channels*, **8**, 269-282 (2002).

[98] SIGWORTH F.J. et KLEMIC K.G., « Microchip technology in ion-channel research », *IEEE, Transactions in Nanobioscience*, 4, **1**, 121-127 (2005).

[99] GORELIK J., GU Y., SPOHR H.A., SHEVCHUK A.I. et al., « Ion channels in small cells and subcellular structures can be studied with a smart patch-clamp system », *Biophys. J.*, 83, **6**, 3296-3303 (2002).

[100] GULLO M.R., AKIYAMA T., FREDREIX P.L., TONIN A., STAUFER U., ENGEL A., DE ROOIJ N.F., « Towards a planar sample support for in situ experiments in structural biology », *Microelectronic. Eng.*, **78-79**, 571-574 (2005).

[101] MCDOWELL M., GRAY E., « An optimal cell detection technique for automated patch clamping », *NASA/TM*, 1-8 (2004).

[102] PANDEY S., MEHROTRA R., WYKOSKY S. et WHITE M.H., « Characterization of a MEMS BioChip for planar patch-clamp recording », *Solid-State Electronics*, **48**(10-11), 2061-2066 (2004).

[103] CORNELL B.A., BRAACH-MAKSVYTIS V.L.B., KING L.G., OSMAN P.D.J., RAGUSE B., WIECZOREK L., PACE R.J., « A biosensor that uses ion-channel swithes », *Nature*, **387**, 580-583 (1997).

[104] LACHNIT W., XIE M., CURTIS R., CASTLE N., « Drug discovery technology for ion channels », *DDT*, **6**(12), S17-S18.

Chapitre

20

Laboratoires sur puce

Pierre Puget*

1. Le concept général

La détection ou la mesure fiable et rapide de la concentration de molécules biologiques ou chimiques d'intérêt dans un échantillon est un problème clé pour de nombreux domaines tels que l'analyse de l'environnement, le diagnostic médical ou l'industrie agroalimentaire. La réponse à ce problème se fait classiquement selon deux approches. La première, proposée par les capteurs biologiques (biocapteurs) et chimiques, vise à réaliser une mesure *in situ* dans l'échantillon. Les contraintes de limites de détection, de spécificité et éventuellement de stabilité sont entièrement reportées sur le capteur. La seconde approche, proposée par les systèmes d'analyse totale (« *Total Analysis Systems* » selon la terminologie anglo-saxonne), consiste à traiter l'échantillon selon un protocole composé d'étapes telles que des extractions, des purifications, des concentrations, et dont la dernière étape est la détection proprement dite. Cette dernière se fait dans des conditions plus favorables que précédemment et permet d'obtenir une meilleure mesure, ce qui peut justifier la complexité supplémentaire du traitement. C'est cette approche qui est mise en œuvre dans la plupart des méthodes de recherche de pathogènes, que ce soit à partir d'échantillons biologiques (cas du diagnostic *in vitro* en particulier) ou de prélèvements dans l'environnement. L'instrumentation classiquement utilisée pour la réalisation de ces protocoles consiste en un ensemble d'appareils de table ou de paillasse, encombrants et nécessitant une alimentation en courant électrique par le secteur. Il existe cependant un grand nombre d'applications particulières (précisées un peu plus loin dans le texte), pour lesquelles on recherche des instruments d'analyse présentant une ou plusieurs des caractéristiques suivantes :

* DTBS/DIR, CEA-LETI, MINATEC, Grenoble. pierre.puget@cea.fr.

- une utilisation possible en dehors d'un laboratoire, c'est-à-dire des instruments de taille la plus petite possible, peu gourmands en énergie, peu sensibles aux conditions externes de température, hygrométrie, vibrations, etc.,
- une mise en œuvre possible par un personnel non spécialisé, voire pouvant fonctionner en mode automatique,
- éventuellement la possibilité de traiter un grand nombre d'échantillons dans un temps limité (typiquement pour les applications de type criblage haut débit),
- la capacité de traiter des échantillons de petite taille,

tout en assurant un haut niveau de performances, en particulier en termes 1) de limite de détection, qui doit être la plus basse possible, 2) de spécificité (capacité à détecter une molécule particulière dans un mélange complexe) et 3) de rapidité. Face à ces besoins, depuis une trentaine d'années, le développement des microtechnologies a permis l'évolution extraordinaire de l'électronique (augmentation des performances, baisse des coûts). Les microtechnologies se caractérisent par le fait que les objets formés de motifs de taille caractéristique de l'ordre du micromètre sont fabriqués de façon collective sur une tranche de matériau (le « *wafer* »), permettant ainsi de diviser par plusieurs ordres de grandeur le coût de plusieurs étapes de fabrication. Au-delà de la stricte microélectronique et des circuits intégrés, ces procédés de fabrication ont été mis en œuvre pour d'autres applications, en particulier pour réaliser des dispositifs miniaturisés, les microsystèmes, qui représentent des solutions technologiques crédibles pour répondre aux besoins d'instruments d'analyse présentés ci-dessus. L'apport des microtechnologies pour l'analyse biologique et chimique est multiple et varié. On peut en citer les composantes suivantes, la liste n'étant probablement pas exhaustive :

- des technologies d'usinage et d'assemblage collectifs permettant de fabriquer des objets incluant des motifs de taille de l'ordre du micromètre ou au-dessous,
- des principes d'actuation mécanique ou électromécanique (par exemple électrostatique ou piézo-électrique),
- des fonctions optoélectroniques, que ce soit des détecteurs ou des sources (intéressantes pour toutes les détections fondées sur la fluorescence ou la chimiluminescence),
- d'autres méthodes de transduction, par exemple magnétique (avec les magnétorésistances géantes, capables de détecter de façon très sensible la présence de micro- ou nanoparticules magnétiques employées classiquement en analyse biologique et médicale) ou électrochimique,
- la possibilité de réaliser des fonctions électroniques analogiques ou numériques pour l'acquisition ou le traitement du signal.

C'est dans ce contexte, à la fois de besoins en nouveaux systèmes d'analyse et d'offre apportée par les microtechnologies, que le concept de laboratoire sur puce ou de système miniaturisé d'analyse totale (μTAS pour « *micro Total Analysis Systems* ») fut pour la première fois proposé par Andreas Manz en 1990 [1]. Depuis cette date, les laboratoires sur puce se définissent ainsi comme des microsystèmes implantant une ou plusieurs étapes d'un protocole d'analyse biologique ou chimique. Le domaine des laboratoires sur puce s'est largement développé dans les années 1990, tant au niveau du nombre d'acteurs, de publications scientifiques, de brevets, de sociétés et produits commerciaux créés. Plusieurs articles de revue

de très bonne qualité existent dans la littérature [2-5], ainsi que des ouvrages spécialisés [6]. Le lecteur intéressé pourra y trouver des compléments à ce chapitre.
Les domaines applicatifs qui ont tiré depuis une dizaine d'années les développements relatifs aux laboratoires sur puce sont principalement dans le domaine des sciences de la vie au sens large. Dans le domaine du diagnostic *in vitro* en particulier, les analyses (en particulier en Europe) sont prescrites par un médecin et effectuées par un laboratoire. Éventuellement d'ailleurs, le prélèvement de l'échantillon et l'analyse ne se font pas au même endroit. Il résulte de cette organisation 1) un délai significatif entre la prescription du test et l'obtention du résultat et 2) une organisation complexe pour la gestion des échantillons et des résultats, donc chère et source d'erreurs médicales. Il existe donc un besoin pour des tests rapides permettant au médecin de prendre des décisions quasi immédiates, que ce soit pour une consultation classique, en médecine d'urgence ou en salle d'opération. On parle dans ce cas de systèmes de diagnostic au point d'intervention (« *point of care* » en anglais) [7]. Ces besoins en diagnostic peuvent se transposer assez directement au domaine de la médecine vétérinaire où il existe également un besoin en systèmes d'analyse rapides utilisables facilement, dans une étable par exemple. Dans le cadre du contrôle agroalimentaire, les systèmes de détection s'orientent vers la recherche de pathogènes contaminants [8], mais aussi, du fait des contraintes réglementaires d'affichage de la composition des produits, vers la détection d'organismes génétiquement modifiés [9].
Dans le domaine du contrôle de l'environnement, que ce soit pour l'analyse de l'air [10] ou de l'eau [11], on recherche également des systèmes portables de hautes performances, pour la recherche de polluants d'origine industrielle, mais aussi dans le cadre de la protection biologique ou chimique liée à la défense ou contre le bioterrorisme [12, 13]. La recherche spatiale, en particulier dans le cadre de la recherche de formes de vie extraterrestre, finance des développements de systèmes automatiques de recherches de traces d'acides aminés dans le sol de la planète Mars [14].
Les laboratoires sur puce, enfin, sont intéressants pour le criblage haut débit qui fournit principalement à l'industrie pharmaceutique des outils d'analyse, où un test chimique ou biologique est répété un grand nombre de fois en faisant varier les réactifs d'entrée. Les contraintes de portabilité s'effacent ici pour privilégier :

- la capacité à réaliser les tests en parallèle pour minimiser la durée d'une campagne de tests,
- le coût du test élémentaire en diminuant la quantité de réactifs utilisée.

Les dispositifs, contrairement aux applications précédentes, ne sont pas à usage unique, mais sont utilisés en général pour un grand nombre de tests.

2. Les fonctions implantées

Comme nous l'avons vu plus haut, un laboratoire sur puce réalise une ou plusieurs opérations d'un protocole d'analyse. Dans le cas de l'analyse biologique, un protocole complet se décompose généralement en trois grandes opérations (figure 20.1) :

- La plus critique est la reconnaissance moléculaire où on fait réagir l'analyte recherché appelé la « cible », le plus souvent une protéine ou un fragment d'acide nucléique, avec une molécule connue, présente dans le système, la « sonde », capable de réagir spécifiquement avec la cible recherchée. Cette sonde peut être un anticorps (cas des immuno-essais), une autre protéine, ou une séquence d'ADN complémentaire de la séquence d'acide nucléique recherchée ;
- L'extraction des analytes a pour but de faire passer l'analyte recherché d'une matrice ou d'un milieu initial gazeux, liquide ou solide dans une solution tamponnée adaptée ;
- La préparation d'échantillon a pour but d'amener l'analyte recherché dans les conditions physico-chimiques optimales pour la reconnaissance moléculaire : concentration, élimination d'interférant, force ionique, pH, température, addition d'autres composés chimiques, etc. Dans le cas particulier où l'analyte recherché est un acide nucléique, la préparation d'échantillon peut comporter une étape d'amplification, généralement par PCR (« *Polymerase Chain Reaction* »)[15].

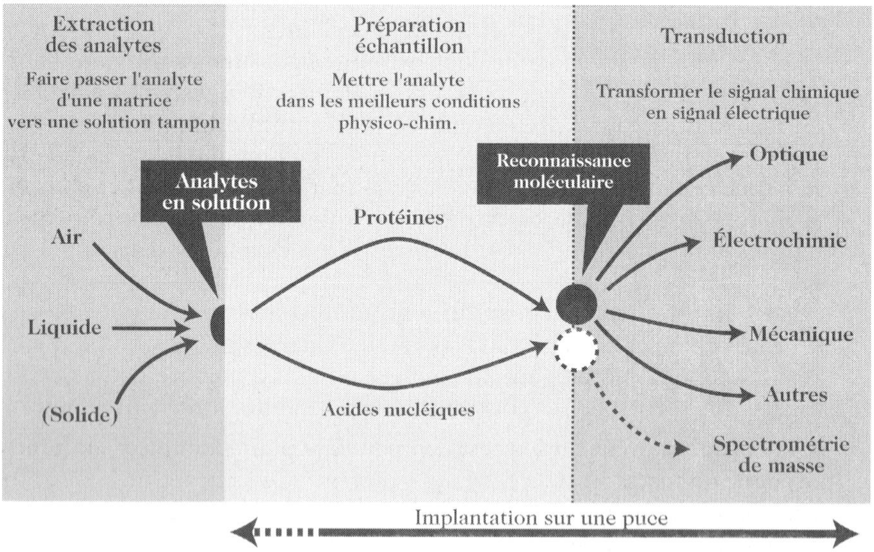

Figure 20.1. Étapes principales d'un protocole d'analyse biologique ou chimique.

Dans le cas général, au-delà de l'analyse biologique, les protocoles implantés peuvent différer du schéma précédent mais les principes restent similaires et les opérations de bases, détaillées ci-dessous, sont communes.

Le schéma de la figure 20.1 s'applique aux analyses moléculaires. Il existe d'autres laboratoires sur puce destinés spécialement au traitement des cellules [16, 17]. Ceux-ci font l'objet du chapitre 19 du présent ouvrage et ne seront pas spécialement détaillés ici.

2.1. Préparation d'échantillon

Les fonctions relatives à l'extraction des analytes et la préparation d'échantillon sont pour la plupart des méthodes connues par ailleurs en chimie analytique et qui sont miniaturisées grâce aux microtechnologies. Des articles de revue bien documentés se focalisent sur ces opérations. En particulier [18], la plus générale et systématique, donne de très nombreux exemples de réalisation, alors que [19] s'attache davantage aux principes physico-chimiques sous-jacents (thermodynamique, cinétique). Dans ce paragraphe, nous verrons comment les principales fonctions liées à la préparation d'échantillon peuvent être implémentées sur une puce.

2.1.1. Filtrage

Le filtrage a pour but d'éliminer des débris ou des particules solides présents dans une solution. On peut réaliser des filtres au sein d'un laboratoire sur puce de plusieurs façons. La plus simple du point de vue du principe consiste à graver des structures en forme de piliers espacés d'une distance inférieure au diamètre des particules à retenir. Un exemple d'une telle réalisation est décrit dans la référence [20]. La figure 20.2 montre le détail d'un tel filtre destiné à retenir des particules. Selon un principe un peu différent, et au prix d'une technologie plus complexe, le filtre peut se présenter sous forme de membrane réalisée dans le plan du substrat [21].

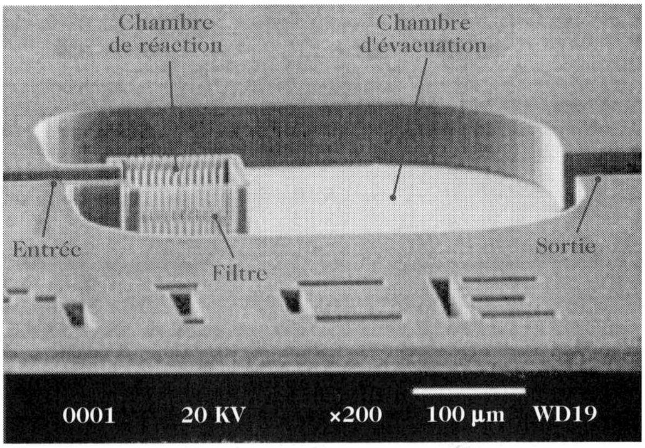

Figure 20.2. Structure de piliers destinés à filtrer des billes présentes dans un échantillon [20].

La limitation couramment mentionnée de ces deux approches vient du fait que les performances du filtre sont étroitement dépendantes de la résolution spatiale avec laquelle les structures sont réalisées. Ce sont les caractéristiques du procédé de fabrication, incluant à la fois des étapes éventuelles de lithographie et des étapes de mise en forme (gravure, moulage ou autre forme d'usinage par exemple) qui vont déterminer la résolution spatiale finale obtenue. Les procédés courants permettent d'atteindre une résolution spatiale de l'ordre du micromètre, ce qui fixe la limite de la taille minimale des particules que l'on peut retenir avec ces filtres (de l'ordre de 1,5 µm). Les procédés de fabrication courants permettent d'atteindre des résolutions spatiales beaucoup mieux contrôlées suivant l'épaisseur des couches déposées, c'est-à-dire selon la direction normale au plan du substrat. La réalisation de couches sacrificielles permet ainsi d'abaisser la taille des particules pouvant être retenues par les filtres. Une telle réalisation est proposée dans la référence [22]. Le filtre ainsi réalisé permet d'obtenir avec une très bonne reproductibilité des pores de 25 nm environ.

2.1.2. Séparations par phénomènes de transport

Alors que l'approche précédente est fondée sur un principe mécanique, on peut également séparer des molécules ou des nanoparticules d'entités plus grosses en exploitant d'autres phénomènes qui n'impliquent pas de mise en contact du dispositif microfluidique avec les fractions solides de l'échantillon, évitant ainsi par exemple les risques de colmatage du filtre.
Un premier principe utilisé est la discrimination par la diffusion dans un écoulement laminaire [23]. En effet, les écoulements dans des capillaires submillimétriques à des vitesses inférieures au centimètre par seconde sont tels que les écoulements sont toujours laminaires et complètement exempts de turbulence (voir le chapitre 12 du présent ouvrage). Dans un réseau de capillaires en H tel que celui de la figure 20.3, les deux écoulements entrant dans le réseau ne se mélangent que par diffusion dans la section centrale. En conséquence, une particule introduite par le bras du haut aura une chance d'autant plus grande de ressortir par le bras du bas que sa constante de diffusion sera plus importante. Plus précisément, les temps moyens mis par deux objets (molécules ou particules) pour parcourir une même longueur L sont inversement proportionnels au rapport de leurs constantes de diffusion respectives. Pour une protéine dans l'eau pure à température ambiante, la constante de diffusion est de l'ordre de $5 \cdot 10^{-11}$ m^2s^{-1}, pour un ADN simple brin de 20 bases, elle est de $15 \cdot 10^{-11}$ m^2s^{-1}, alors qu'elle est de 10^{-13} m^2s^{-1} pour une sphère de 1 µm de diamètre, soit respectivement 500 et 150 fois plus faible que pour les molécules précédentes. Il est possible ainsi de créer des conditions d'écoulement telles qu'à la sortie du dispositif de la figure 20.3, la concentration en fractions légères soit pratiquement uniforme dans la totalité du capillaire, alors que les particules les plus lourdes n'ont pratiquement pas diffusé dans la partie « basse » du capillaire, permettant ainsi de recueillir une partie de l'échantillon exempte de particules les plus grosses. Ce principe a été également exploité pour la réalisation d'un test immunologique [24]. Dans ce travail, les auteurs exploitent la différence de constantes de diffusion entre un antigène (léger) et un anticorps, libre ou fixé à une particule. Ils montrent que le profil du gradient de concentration entre les veines de solutions d'anticorps et d'antigènes est non seulement détectable, mais également dépend de la concentration d'antigènes, ce qui permet ainsi de réaliser ainsi un test immunologique.

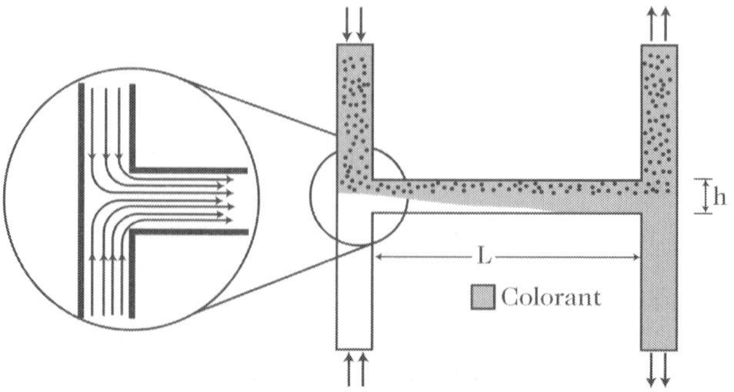

Figure 20.3. Séparation par diffusion dans un réseau de capillaires en H [23].

Une variante « active » de ce principe consiste à combiner l'écoulement avec une attraction électrostatique sur les entités à séparer [25]. Le champ électrique est perpendiculaire à la direction de l'écoulement. Ainsi, les particules sont déviées de leur trajectoire rectiligne d'un angle plus ou moins grand suivant la mobilité électrophorétique des molécules. Ce principe de séparation, inventé initialement dans des géométries « macroscopiques », a été implanté dans des dispositifs microfluidiques.

2.1.3. Extraction phase solide

Le principe de la chromatographie d'affinité est de retenir sur la surface d'une phase solide les analytes d'intérêt présents dans une solution, tout en laissant passer les composés indésirables ou les solvants. Dans un second temps, le dispositif est rincé, ou élué par un faible volume de tampon au sein duquel les analytes se retrouvent purifiés et en général concentrés. Dans le cas de la chromatographie liquide, la phase solide interagit avec les analytes présents dans l'échantillon de telle sorte que leur temps de passage dans la colonne diffère de l'un à l'autre, permettant ainsi de les séparer. Ces deux principes ont été implantés avec succès dans des laboratoires sur puce. Plusieurs approches différentes ont été proposées. Elles ont en commun l'objectif de maximiser les interactions entre les molécules présentes dans la solution et la phase solide constituant le dispositif. Les différentes phases stationnaires et matériaux sont comparés dans la référence [26].
La première approche consiste à mettre en forme la phase solide, essentiellement par gravure du matériau. La structure la plus typique est une forêt de piliers au sein de laquelle l'échantillon circule. Le composant de la figure 20.4 montre une telle structure, fonctionnalisée avec du C18 pour réaliser une colonne de chromatographie liquide [27].

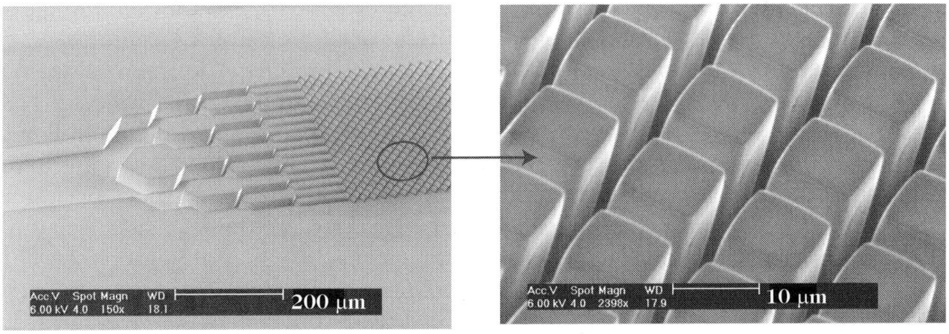

Figure 20.4. Microcolonne de chromatographie comportant une structure en piliers fonctionnalisée avec du C18 [27].

La seconde approche consiste à immobiliser au sein d'une chambre de réaction des billes préalablement fonctionnalisées. Dans le cas de la référence [28], les auteurs ont usiné une chambre de réaction d'un volume de 330 picolitres (soit une surface de 200 μm de côté environ pour une profondeur de 10 μm), limitée par des « murs » laissant un interstice de 1 μm seulement entre le fond du composant et son couvercle, bloquant ainsi les billes (figure 20.5). Celles-ci sont introduites dans le dispositif par un canal latéral.

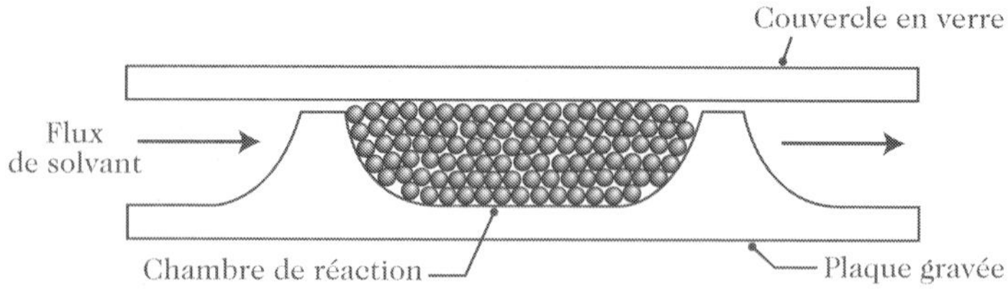

Figure 20.5. Billes fonctionnalisées immobilisées dans une chambre de réaction [28].

La troisième approche enfin, proposée depuis les années 2000 par l'équipe de Jean Fréchet à l'université de Berkeley, consiste à inclure dans le composant un polymère poreux qui joue le rôle de phase solide. Après usinage des capillaires, ceux-ci sont remplis d'une solution de monomères puis polymérisés par insolation UV. Le choix des monomères permet la conception de polymères poreux ayant des caractéristiques bien contrôlées d'hydrophobicité, charges de surface, fonctionnalisations diverses, etc. Les premiers travaux ont concerné des laboratoires sur puce en silice ou en verre [29] et se sont étendus ensuite aux polymères [30].
Entre ces trois approches, les rapports surface sur volume atteignables sont, d'après [31], inférieurs à 10^6 m^{-1} pour les structures fonctionnalisées, de l'ordre de 10^7 m^{-1} pour les billes fonctionnalisées immobilisées, et entre 10^6 et 10^7 m^{-1} pour les polymère poreux.

2.1.4. Particules magnétiques

Les approches précédentes de filtrage et de chromatographie se fondaient sur l'utilisation d'une phase solide immobilisée. Il est également possible d'utiliser une phase solide fractionnée sous forme de particules, de taille de l'ordre de quelques micromètres ou au-dessous. Ces particules sont en général fonctionnalisées. Par rapport à une phase solide immobilisée, elles présentent l'avantage de rester en suspension, à condition que leur taille soit de l'ordre du micromètre ou moins. Les réactions chimiques entre des analytes du tampon et la surface des particules sont ainsi plus rapides, surtout si le liquide est agité. Cependant, si l'on veut rincer ces particules et éluer les analytes comme dans le cas d'une chromatographie d'affinité, il est nécessaire aussi de temps en temps de fixer ces particules. C'est pourquoi on utilise des particules magnétiques. Aux tailles considérées, elles sont « superparamagnétiques », ce qui leur permet de se sédimenter sous l'effet d'un champ magnétique et de perdre toute aimantation et ainsi de se disperser de nouveau en l'absence de champ. L'action sur ces billes peut se faire par des aimants permanents externes [32] ou des microbobines intégrées [33].

2.1.5. Extraction liquide-liquide

L'extraction liquide-liquide est un procédé courant en génie chimique. Deux phases liquides non miscibles (par exemple une solution aqueuse et un solvant organique) sont mises en contact dans une structure en H déjà vue sur la figure 20.3. Des molécules présentes dans la première phase et ayant une affinité supérieure pour la seconde passeront ainsi de la première à la seconde phase et pourront ainsi être extraites. Dans ce cas encore, le rendement de l'extraction dépendra des facteurs géométriques de la zone de contact et des constantes de diffusion des molécules d'intérêt dans les liquides concernés. En particulier, la diminution des tailles, en diminuant les temps de diffusion et en augmentant les rapports surface sur volume, permet une augmentation très importante du rendement d'extraction [34].

2.1.6. PCR

Pour les acides nucléiques, l'amplification, en particulier par PCR, est une, sinon l'étape clé de l'analyse. En effet, lorsqu'elle est pratiquée, l'amplification simplifie la détection en relâchant particulièrement les contraintes sur les limites de sensibilité. La particularité de la PCR, du point de vue de sa mise en œuvre, est la nécessité de faire subir à l'échantillon une succession de cycles thermiques à 2 ou 3 paliers de température, et cela jusqu'à une trentaine de fois. L'implantation de la PCR au sein d'un laboratoire sur puce, outre les aspects habituels de stockage de réactifs, de leur mélange et de biocompatibilité, représente également un problème ardu de thermique. Plusieurs principes existent pour faire subir des cycles thermiques à l'échantillon. Le premier est naturellement de chauffer et refroidir soit le dispositif dans sa totalité, soit localement la zone où se trouve l'échantillon. Une autre solution est de créer au sein du laboratoire sur puce plusieurs zones à températures différentes, correspondant aux températures de consigne des différents paliers. On fait subir les cycles thermiques à l'échantillon en le faisant circuler séquentiellement dans les différentes zones [35].
Il existe également plusieurs moyens de chauffage et de refroidissement. Le contact avec un corps thermostaté (qui peut être un élément à effet Peltier) est la solution la plus courante, à la fois pour le chauffage et le refroidissement. Le chauffage par effet Joule est évidemment utilisable et en général facilement intégrable. D'autres approches sont plus originales. On peut citer par exemple l'illumination par rayonnement infrarouge [36] ou l'utilisation de réactions chimiques endo- ou exothermiques [37]. Des informations supplémentaires pourront être trouvées dans la référence [38].

2.2. Transduction

Le problème de la transduction dans un laboratoire sur puce est celui de la génération d'un signal mesurable (essentiellement optique ou électrique) qui traduit si une réaction chimique spécifique a lieu ou non. Les modes de transduction pouvant être mis en œuvre [39] sont :

- **optique**, où la réaction peut induire la génération de photons (chimiluminescence), la coloration du milieu réactionnel, l'accumulation ou l'activation de marqueurs fluorescents, la modification des caractéristiques optiques d'une interface optique ;
- **mécanique**, où une réaction d'hybridation en surface d'un matériau perturbe les caractéristiques de celui-ci. Ce peut être le facteur d'amortissement ou la fréquence propre d'un oscillateur à quartz (« microbalances à quartz » ou QMB en anglais), une onde acoustique de surface (*Surface Acoustic Wave* ou SAW en anglais) ou la déflexion d'un microcantilever [40] ;

- **électrique**, où la réaction chimique peut modifier un potentiel électrochimique sur une électrode, une impédance entre des électrodes ou créer un effet de champ sur la grille d'un transistor [41, 42] ;
- **magnétique**, où la molécule cible est marquée par une particule magnétique de taille submicrométrique qui peut être détectée par un capteur magnétique intégré dans le microsystème [43].

Le choix d'un système de détection se fait là encore en combinant plusieurs critères de performances, de coût, de portabilité, dont l'importance relative dépendra des applications. Pour comparer les avantages et les inconvénients respectifs de toutes ces méthodes, on peut les positionner sur un graphe bidimensionnel dont l'une des dimensions est la complexité imposée par la détection sur le protocole de préparation de l'échantillon. Le cas le plus défavorable est celui où le principe de détection impose une étape de marquage chimique de la molécule que l'on cherche à détecter. Cette étape supplémentaire se traduit par une complexité accrue du protocole embarqué et par là même du dispositif à réaliser. L'autre axe traduit la portabilité potentielle du système de lecture avec pour extrêmes, d'une part un système de lecture qui peut être complètement embarqué sur le microsystème, d'autre part un système de lecture lourd, nécessairement sous forme d'un appareil « de table ». Dans le graphe de la figure 20.6, on voit ainsi que les méthodes de fluorescence, qui sont les plus répandues, sont aussi les plus pénalisantes d'un point de vue système, tant du point de vue de la préparation d'échantillon que de la portabilité de la fonction. Inversement, les méthodes mécaniques semblent plus intéressantes sur les deux points de vue.

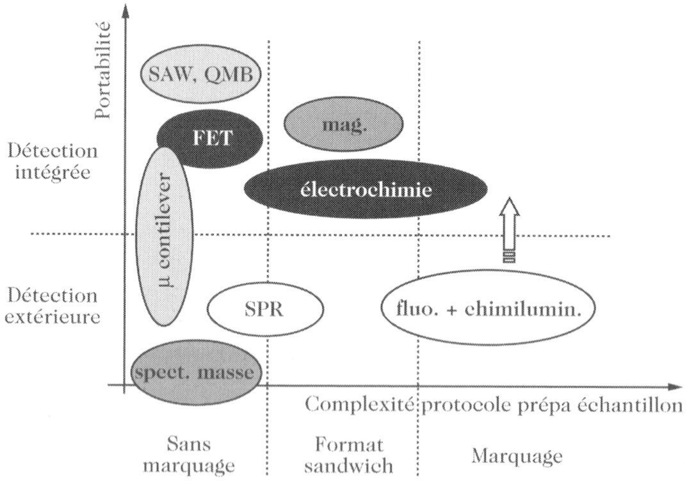

Figure 20.6. Comparaison des différentes méthodes de détection. Les méthodes optiques, électriques, mécaniques, et magnétiques sont représentées respectivement en blanc, noir, gris clair et gris foncé.

Cependant, quand on considère les performances de ces méthodes, en particulier en termes de sensibilité (figure 20.7), on voit que la fluorescence est nettement plus performante que les méthodes concurrentes précédemment citées. C'est pour cette raison qu'aujourd'hui, la compétition entre méthodes est très ouverte. D'autres méthodes, mettant en œuvre des nanostructures fonctionnalisées comme des nanofils [44, 45] ou des membranes biomimétiques fonctionnalisées par des protéines membranaires [46, 47], permettant la détection sans marquage de molécule unique, semblent être des méthodes d'avenir.

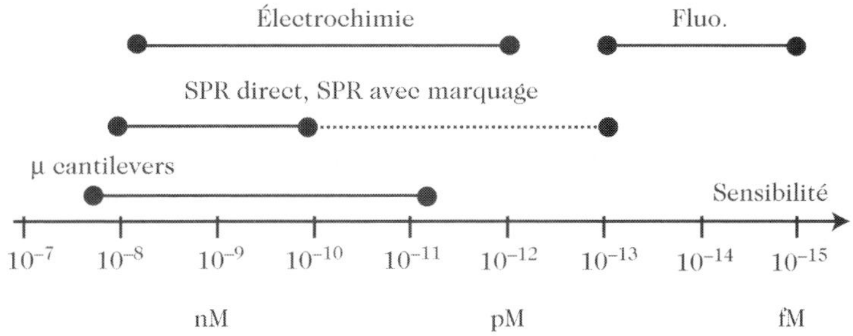

Figure 20.7. Sensibilité comparée des différentes méthodes de détection. Les valeurs ont été prises dans la littérature, sans avoir fait l'objet d'une comparaison rigoureuse sur un modèle biologique unique.

Un cas particulier de détection est la spectrométrie de masse, qui présente des performances inégalées en termes de sensibilité et de capacité de discrimination et qui est utilisée tant pour la détection d'acides nucléiques [48] que de protéines [49]. Nous le considérons à part, car il nous semble qu'il ne sera utilisé que sous forme d'une instrumentation lourde sans pouvoir être intégré, ni totalement, ni en partie, au sein d'un microsystème.

3. Les aspects technologiques

Après avoir considéré les laboratoires sur puce sous un angle fonctionnel, il est également utile de les considérer sous un angle technologique. Nous présenterons dans cette section les matériaux et les diverses technologies qui y sont associées et qui permettent de les mettre en forme, de les assembler, et d'en fonctionnaliser leurs surfaces. Sur ce sujet également, le lecteur désirant approfondir le sujet pourra utilement trouver des compléments dans les références [50, 51].

Le choix des matériaux utilisés et les procédés d'élaboration résultent d'une optimisation multi-critères, prenant en compte les fonctions et les performances attendues du dispositif, son coût et le volume de production. Doivent être en particulier considérés :

- les propriétés chimiques (pour la biocompatibilité et la fonctionnalisation chimique des surfaces), les propriétés thermiques, et éventuellement les propriétés optiques et électriques (essentiellement pour la détection) des matériaux,
- les procédés de mise en forme/usinage, d'assemblage, de fonctionnalisation chimique des surfaces, de conditionnement (*packaging*) utilisables, qui doivent être compatibles entre eux et compatibles avec le matériel biologique employé,
- le coût total de production du dispositif, prenant en compte à la fois le coût du matériau brut et le coût des procédés. Le coût de production d'un dispositif unitaire peut dépendre assez fortement du volume de production.

Les matériaux les plus couramment utilisés sont 1) des polymères sous diverses formes [52], 2) le verre, le quartz et le silicium [53]. Les polymères ont pour avantage leur coût et leur facilité de mise en œuvre, en particulier au niveau de leur mise en forme. Le silicium a pour avantage la capacité à implanter des fonctions électriques ou électroniques (par exemple pour la détection), sa très bonne conduction thermique et la possibilité d'usiner des structures de taille de l'ordre du micromètre avec des procédés très bien maîtrisés [54, 55]. Il a pour inconvénient principal un coût de fabrication relativement élevé pour des objets de surface même modeste (au-delà de quelques mm^2), si les objets fabriqués ne sont pas de très grande diffusion. Les propriétés principales des matériaux, leurs points forts et leurs points faibles sont synthétisés dans le tableau 20.2 (voir page 994).
Au niveau des procédés, une filière technologique complète permettant la fabrication de laboratoires sur puce doit comporter nécessairement les étapes suivantes :

- **mise en forme du matériau**, pour passer d'un format brut à l'objet de formes et de dimensions finales. Le format de départ peut être soit une galette (ou « wafer ») ou une plaque dans le cas des matériaux minéraux, soit un volume, un film, une plaque, des particules, un liquide dans le cas des polymères ;
- **traitement de surface / fonctionnalisation**, pour greffer soit des molécules, soit des sondes biologiques pour assurer une réaction de reconnaissance moléculaire (comme dans le cas des puces à ADN par exemple : voir le chapitre 17 de cet ouvrage) ;
- **assemblage et *packaging***, qui permettent d'assembler les diverses pièces ou sous-ensembles qui constituent le laboratoire sur puce complet. Une opération classique est l'assemblage d'un couvercle plan sur une partie inférieure qui comporte des canaux et des chambres de réactions ouverts, usinés par un procédé ou un autre suivant les matériaux.

Le tableau 20.1 ci-dessous présente les filières technologiques et leurs étapes principales pour les matériaux couramment utilisés. Les informations concernant le traitement de surface et la fonctionnalisation, présentes dans le tableau 20.2, ne sont pas répétées ici.

Tableau 20.1. Filières technologiques et opérations principales en fonction des divers matériaux utilisés.

Filières \ Matériaux	Verre	Si	SU8	Élastomère PDSM	PMMA, PC
Mise en forme	grav. humide DRIE* moulage	photolithographie + gravure		casting	matriçage moulage usinage
Traitement de surface / fonctionnalisation	silanisation	SiO_2 + id verre		activation plasma	activation UV
Assemblage packaging	procédés hautes températures		collage localisé basse température		

* DRIE : gravure ionique réactive profonde (de l'anglais *Deep Reactive Ion Etching*)

Matériaux inorganiques

Les filières verre et silicium, en ce qui concerne la mise en forme et l'assemblage, sont en général directement issues des filières employées par ailleurs pour la fabrication des microsystèmes électromécaniques (*Micro Electro Mechanical Systems*, MEMs) [53-55]. La mise en forme repose sur une gravure des matériaux selon des formes définies par un masque de résine photosensible préalablement déposée, insolée et révélée. Cela permet d'obtenir à la fois une résolution spatiale (bien au-delà du micromètre) et une reproductibilité excellentes. Au niveau de l'assemblage et du *packaging*, les procédés classiquement utilisés pour les MEMs sont des procédés haute température, qui les rendent compatibles avec les applications biologiques, parfois avec difficulté. Le matériel biologique, constitué par exemple de sondes moléculaires, est détruit à ces températures. On a donc le choix, soit de fonctionnaliser le dispositif après assemblage, soit d'utiliser des méthodes de collage à basse température empruntées aux filières polymères.

Matériaux polymères

Les filières polymères sont extrêmement variées, notamment en ce qui concerne la mise en forme. La résine époxy SU8 est photosensible et peut être usinée par des techniques courantes de salle blanche vues précédemment. Son utilisation comme matériau structurel est en plein essor.

Cependant, la plupart des polymères sont mis en forme par des techniques de réplication d'un moule métallique ou de silicium réalisé par ailleurs. Les élastomères, et en particulier le PDMS, sont formés par polymérisation de la forme liquide (« *casting* ») préalablement introduite dans un moule. Cette technique, introduite par l'équipe de Whitesides à l'Université d'Harvard, peut être mise en œuvre sans équipement très sophistiqué. Elle est particulièrement adaptée à la réalisation de prototypes [56]. Les techniques d'emboutissage, en particulier « à chaud », permettent l'impression d'un moule dans un polymère thermoplastique ramolli par élévation de sa température [57]. Les techniques de moulage par injection sont également utilisées dans certains matériaux comme le polycarbonate [58].

Enfin, les polymères sont également aptes à être usinés par ablation de matière. Une voie est la photoablation, en utilisant un laser excimère UV illuminant le matériau à travers un masque. Une autre voie, plus intéressante pour la production en grands volumes, est la gravure plasma d'une feuille de polyimide recouverte de cuivre [59].

Microfluidique

La microfluidique, qui est l'art de mouvoir, stocker, distribuer des réactifs et des échantillons liquides dans un dispositif miniaturisé, typiquement un laboratoire sur puce, est une technologie clé pour la conception et la réalisation d'un tel système, en particulier lorsqu'il s'agit d'enchaîner plusieurs étapes successives d'un protocole complet. Un chapitre complet du présent ouvrage lui est consacré et nous invitons les lecteurs intéressés à s'y reporter (voir le chapitre 12).

Tableau 20.2. Propriétés comparées des matériaux employés pour les laboratoires sur puce.

Fonctions \ Matériaux	Verre	Silicium	Polymères		
			Résine photosensible SU8	**Élastomère PDMS**	**PMMA, polycarbonate**
Structure/mise en forme	Le verre est un bon matériau de structure, bon marché, mais dont la mise en forme est moins aisée que pour le silicium.	Matériau très cher, mais les procédés de mise en forme sont très bien maîtrisés, fiables et matures d'un point de vue industriel. Dans le cas d'une production de très gros volume, les coûts de production sont relativement bon marché.	Le matériau brut est relativement bon marché, ce qui fait des polymères le matériau de choix pour des réalisation de dimensions importantes (de l'ordre de plusieurs centimètres). Les procédés de mise en forme pour des structures de taille supérieure à quelques dizaines de micromètres sont bien maîtrisés et matures technologiquement. Cependant, les procédés de « post-processing » (implantation de fonctions électriques, packaging) sont relativement chers.		
Optiques	Excellent	Inadapté		Très bon	
Électriques		Les fonctions électroniques liées à la transduction et au traitement de signal peuvent être facilement implantées sur la puce.	Difficile aujourd'hui, même si des travaux de recherche pour réaliser des fonctions électroniques compatibles avec des supports polymères sont en cours.		
Thermique		Très bon conducteur thermique. Intéressant dans le cas d'un cyclage thermique comme pour la PCR (voir le chapitre15).	Conduction thermique faible		
Fonctionnalisation	La chimie de surface du verre est bien maîtrisée. On peut greffer facilement des molécules biologiques sur du verre sur une couche intermédiaire auto-organisée de silane.	Le silicium est naturellement recouvert d'oxyde amorphe qui se fonctionnalise comme du verre. Des chimies qui permettent de greffer de façon covalente des molécules directement sur le silicium sont récemment apparues.	Les propriétés de surface ne sont pas toujours faciles à maîtriser. Jusqu'à récemment, les procédés de fonctionnalisation étaient moins bien maîtrisés que dans le cas des matériaux minéraux, mais ce retard relatif devrait se combler à terme.		

4. Conclusion

Le domaine des laboratoires sur puce est extrêmement dynamique du point de vue des efforts de recherche et développement qu'il mobilise. En une quinzaine d'années, de nombreuses fonctions élémentaires ont été étudiées et implantées sur des dispositifs miniaturisés. Ces fonctions concernent en particulier la reconnaissance moléculaire et la transduction, ainsi que certains procédés relatifs à la préparation d'échantillons. Pour chaque fonction élémentaire, plusieurs approches différentes sont proposées, et il n'est pas toujours évident, comme nous l'avons vu par exemple dans le cas particulier des méthodes de détection, d'établir la supériorité de telle ou telle.

L'intégration d'un protocole complet d'analyse reste un défi majeur, et peu de réalisations ont vu le jour, même au simple niveau de la preuve de concept. On peut citer les références [60-62] ainsi que les différentes réalisations de l'équipe de Steve Quake (par exemple [63, 64]) parmi les plus remarquables. L'enchaînement des différentes étapes passe par une maîtrise complète de la microfluidique, ce qui reste un point difficile.

D'un point de vue industriel enfin, un certain nombre de produits ont vu le jour au cours des dernières années. Les plus populaires sont le « Bioanalyser » d'*Agilent*. Cette société a également commercialisé plus récemment une microcolonne de chromatographie liquide. Ces produits ne réalisent qu'une fonction particulière et non pas encore un protocole complexe. D'autres sociétés, de profil « *start-up* », telles que *Fluidigm*, issue de l'équipe de Steve Quake précédemment mentionné, proposent des produits plus complexes spécialisés pour une application particulière. La technologie particulière employée ne les destine pas non plus, au moins à court terme, à un emploi délocalisé « de terrain ». La production en gros volumes de laboratoires sur puce dédiés à une application particulière ne se fera pas avant quelques années et passera par l'émergence d'un marché de masse, qui pourra être le diagnostic *in vitro*, le contrôle agroalimentaire, ou le contrôle de l'environnement.

Bibliographie

[1] Manz A., Graber N. et Widmer H.M., « Miniaturized total chemical analysis systems : A novel concept for chemical sensing », *Sensors and Actuators B : Chemical*, **1**(1-6), 244-248 (1990).

[2] Bange A., Halsall H.B. et Heineman W.R., « Microfluidic immunosensor systems », *Biosensors and Bioelectronics*, **20**, 2488-2503 (2005).

[3] Vilkner T., Janasek D. et Manz A., « Micro Total Analysis Systems. Recent Developments », *Analytical Chemistry*, **76**(12), 3373 (2004).

[4] Reyes D.R. et al., « Micro Total Analysis Systems. 1. Introduction, Theory, and Technology », *Analytical Chemistry*, **74**(12), 2623-2636 (2002).

[5] Auroux P.-A. et al., « Micro Total Analysis Systems. 2. Analytical Standard Operations and Applications », *Analytical Chemistry*, **74**(12), 2637-2652 (2002).

[6] Oosterbroek R.E. et van den Berg A., *Lab-on-a-chip, Miniaturized Systems for (bio)Chemical Analysis and Synthesis*, ed. R.E. Oosterbroek et A. van den Berg, Elsevier, 394 (2003).

[7] Tüdős A.J., Besselink G.A.J. et Schasfoort R.B.M., « Trends in miniaturized total analysis systems for point-of-care testing in clinical chemistry », *Lab on a Chip*, **1**(2), 83-95 (2001).

[8] Hobson N.S., Tothill I. et Turner A.P.F., « Microbial detection », *Biosensors and Bioelectronics*, **11**(5), 455-477 (1996).

[9] Ahmed F.E., « Detection of genetically modified organisms in foods », *Trends in biotechnology*, **20**(5), 215-223 (2002).

[10] Koester C.J., Simonich S.L. et Esser B.K., « Environmental Analysis », *Analytical Chemistry*, **75**, 2813-2829 (2003).

[11] Richardson S.D., Water analysis : « Emerging contaminants and current issues », *Analytical Chemistry*, **75**(12), 2831-2857 (2003).

[12] Iqbal S.S. et al., « A review of molecular recognition technologies for detection of biological threat agents », *Biosensors and Bioelectronics*, **15**(11-12), 549-578 (2000).

[13] Wang J., « Microchip devices for detecting terrorist weapons », *Analytica Chimica Acta*, **507**(1) 3-10 (2004).

[14] Skelley A.M. et al., « Development and evaluation of a microdevice for amino acid biomarker detection and analysis on Mars », *P.N.A.S. USA*, **102**(4), 1041-1046 (2005).

[15] White T.J., « The future of PRC technology : diversification of technologies and applications », *Trends in Biotechnology*, **14**(12), 478-483 (1996).

[16] Le Pioufle B., Frenea M. et Tixier A., « Biopuces pour le traitement de cellules vivantes : micromanipulation des cellules par voie électrique ou microfluidique », *Comptes Rendus Physique*, **5**(5), 589-596 (2004).

[17] El-Ali J., Sorger P.K. et Jensen K.F., « Cells on chips », *Nature*, **442**(7101), 403 (2006).

[18] Lichtenberg J., de Rooij N.F. et Verpoorte E., « Sample pretreatment on microfabricated devices », *Talanta*, **56**(2), 233-266 (2002).

[19] Pawliszyn J., « Sample preparation : Quo Vadis ? », *Analytical Chemistry*, **75**(11), 2543-2558 (2003).

[20] Andersson H. et al., « Micromachined flow-through filter-chamber for chemical reactions on beads », *Sensors and Actuators B : Chemical*, **67**(1-2), 203-208 (2000).

[21] XING X. et al., « Micromachined membrane particle filters », *Sensors and Actuators A : Physical*, **73**(1-2), 184-191 (1999).

[22] DESAI T.A. et al., « Nanoporous anti-fouling silicon membranes for biosensor applications », *Biosensors and Bioelectronics*, **15**(9-10), 453-462 (2000).

[23] BRODY J.P. et YAGER P., « Diffusion-based extraction in a microfabricated device », *Sensors and Actuators A : Physical*,. **58**(1), 13-18 (1997).

[24] HATCH A. et al., « A rapid diffusion immunoassay in a T-sensor », *Nature Biotechnology*, **19**(5), 461-465 (2001).

[25] RAYMOND D.E., MANZ A., WIDMER H.M., « Continuous Sample Pretreatment Using a Free-Flow Electrophoresis Device Integrated onto a Silicon Chip », *Anal. Chem.*, **66**, 2858-2865 (1994).

[26] STACHOWIAK T.B., SVEC F. et FRECHET J.M.J., « Chip electrochromatography », *Journal of Chromatography A*, **1044**(1-2), 97-111 (2004).

[27] SARRUT N. et al., « Enzymatic digestion and liquid chromatography in micropillar reactors ; hydrodynamic versus electroosmotic driven flow », *in* Photonics West, Microfluidics, BioMEMS and Medical Microsystems III, San Jose, California : *SPIE-Int. Soc. Opt. Eng.* (2005).

[28] OLESCHUK R.D. et al., « Trapping of bead-based reagents within microfluidic systems : On-chip solid-phase extraction and electrochromatography », *Analytical Chemistry*, **72**(3), 585-590 (2000).

[29] YU C. et al., « Monolithic porous polymer for on-chip solid-phase extraction and preconcentration prepared by photoinitiated in situ polymerization within a microfluidic device », *Analytical Chemistry*, **73**(21), 5088-5096 (2001).

[30] STACHOWIAK T.B. et al., « Fabrication of porous polymer monoliths covalently attached to the walls of channels in plastic microdevices », *Electrophoresis*, **24**(21), 3689-3693 (2003).

[31] LION N. et al., « Microfluidic systems in proteomics », *Electrophoresis*, **24**(21), 3533-3562 (2003).

[32] FAN Z.H. et al., « Dynamic DNA hybridization on a chip using paramagnetic beads », *Analytical Chemistry*, **71**(21), 4851-4859 (1999).

[33] CHOI J.-W. et al., « Development and Characterization of Microfluidic Devices and Systems for Magnetic Bead-Based Biochemical Detection », *Biomedical Microdevices*, **3**(3), 191-200 (2001).

[34] TOKESHI M. et al., « Continuous-flow chemical processing on a microchip by combining microunit operations and a multiphase flow network », *Analytical Chemistry*, **74**(7), 1565-1571 (2002).

[35] HASHIMOTO M. et al., « Rapid PCR in a continuous flow device », *Lab on a Chip*, **4**(6), 638-645 (2004).

[36] GIORDANO B.C. et al., « Polymerase chain reaction in polymeric microchips : DNA amplification in less than 240 seconds », *Analytical Biochemistry*, **291**(1), 124-132 (2001).

[37] GUIJT R.M., et al., « Chemical and physical processes for integrated temperature control in microfluidic devices », *Lab on a Chip*, **3**(1), 1-4 (2003).

[38] ROPER M.G., EASLEY C.J. et LANDERS J.P., « Advances in polymerase chain reaction on microfluidic chips », *Analytical Chemistry*, **77**(12), 3887-3893 (2005).

[39] SCHWARZ M.A. et HAUSER P.C., « Recent developments in detection methods for microfabricated analytical devices », *Lab on a Chip*, **1**(1), 1-6 (2001).

[40] FRITZ J. et al., « Translating Biomolecular Recognition into Nanomechanics », *Science*, **288**(5464), 316-318 (2000).

[41] DRUMMOND G., HILL M.G. et BARTON J.K., « Electrochemical DNA sensors », *Nature Biotechnology*, **21**(10), 1192-1199 (2003).

[42] BAKKER E. et QIN Y., « Electrochemical Sensors », *Anal. Chem.*, **78**(12), 3965-3984 (2006).

[43] MILLER M.M. et al., « Detection of a micron-sized magnetic sphere using a ring-shaped anisotropic magnetoresistance-based sensor : A model for a magnetoresistance-based biosensor », *Applied Physics Letters*, **81**(12), 2211-2213 (2002).

[44] CUI Y. et al., « Nanowire Nanosensors for Highly Sensitive and Selective Detection of Biological and Chemical Specie », *Science*, **293**, 1289-1292 (2001).

[45] PATOLSKY F., ZHENG G. et LIEBER C.M., « Nanowire-based biosensors », *Analytical Chemistry*, **78**(13), 4261 (2006).

[46] GU L.-Q., CHELEY S. et BAYLEY H., « Capture of a Single Molecule in a Nanocavity », *Science*, **291**, 636-640 (2001).

[47] SALEH O.A. et SOHN L.L., « An Artificial Nanopore for Molecular Sensing », *Nano Letters*, **3**(1), 37-38 (2003).

[48] GUT I.G., « Automation in Genotyping of Single Nucleotide Polymorphisms », *Human Mutation,* **17**, 475-492 (2001).

[49] AEBERSOLD R. et Mann M., « Mass spectrometry-based proteomics », *Nature*, **422**, 198-207 (2003).

[50] HIERLEMANN A. et al., « Microfabrication Techniques for Chemical/Biosensors », *Proceedings of the IEEE*, **91**(6), 839-863 (2003).

[51] VERPOORTE E.M.J. et DE ROOIJ N.F., « Microfluidics Meets MEMS », *Proceedings of the IEEE*, **91**(6), 930-953 (2003).

[52] BECKER H. et LOCASCIO L.E., « Polymer microfluidic devices », *Talanta*, **56**(2), 221-378 (2002).

[53] SPEARING S.M., « Materials issues in microelectromechanical systems (MEMS) », *Acta Materialia*, **48**(1), 179-196 (2000).

[54] KOVACS G.T.A., MALUF N.I. et PETERSEN K.E., « Bulk micromachining of silicon », *Proceedings of the IEEE*, **86**(8), 1536-1551 (1998).

[55] BUSTILLO J.M., HOWE R.T. et MULLER R.S., « Surface micromachining for microelectromechanical systems », *Proceedings of the IEEE*, **86**(8), 1552-1574 (1998).

[56] DUFFY D.C. et al., « Rapid prototyping of microfluidic systems in poly(dimethylsiloxane) », *Analytical Chemistry*, **70**(23), 4974-4984 (1998).

[57] HECKELE M. et SCHOMBURG W.K., « Review on micro molding of thermoplastic polymers », *Journal of Micromechanics and Microengineering*, **14**(3), R1-R14 (2004).

[58] NOERHOLM M. et al., « Polymer microfluidic chip for online monitoring of microarray hybridizations », *Lab on a Chip*, **4**(1), 28-37 (2004).

[59] ROSSIER J.S. et al., « Plasma etched polymer microelectrochemical systems », *Lab on a Chip*, **2**(3), 145-150 (2002).

[60] ANDERSON R.C. et al., « A miniature integrated device for automated multistep genetic assays », *Nucleic Acids Research*, **28**(12), E60 (2000).

[61] LIU R.H. et al., « Self-Contained, Fully Integrated Biochip for Sample Preparation, Polymerase Chain Reaction Amplification, and DNA Microarray Detection », *Analytical Chemistry*, **76**(7), 1824-1831 (2004).

[62] EASLEY C.J. et al., « A fully integrated microfluidic genetic analysis system with sample-in-answer-out capability », *Proceedings of the National Academy of Sciences*, **103**(51), 19272-19277 (2006).

[63] HONG J.W. et al., « A nanoliter-scale nucleic acid processor with parallel architecture », *Nature Biotechnology*, **22**(4), 435-439 (2004).

[64] HONG J.W. et al., « Molecular biology on a microfluidic chip », *Journal of Physics : Condensed Matter*, **18**(18) (2006).

CHAPITRE

21

MULTICOUCHES DE POLYÉLECTROLYTES

Pierre SCHAAF*, Jean-Claude VOEGEL†

1. Le concept

1.1. Les multicouches de polyélectrolytes : construction et propriétés

Le dépôt alterné de polyanions (polymères chargés négativement) et de polycations (polymères chargés positivement) conduit à la formation de films appelés multicouches de polyélectrolytes. L'étude de ces films, découverts dans les années 1990 [1, 2], connaît un essor considérable, notamment en raison de leurs nombreuses applications. Ces films sont en effet utilisés pour fabriquer des diodes électroluminescentes [3], des surfaces anti-réfléchissantes de la lumière [4], des supports de filtration de l'eau [5] et des supports servant à la séparation de molécules chirales [6]. Le dépôt alterné d'espèces positives et négatives peut également conduire à la fabrication de films dont la résistance mécanique avoisine celle de l'acier [7]. Des applications dans le domaine des biosenseurs et surtout celui des biomatériaux sont actuellement envisagées [8]. C'est ce dernier aspect que nous développerons dans ce chapitre.

Les polyélectrolytes sont des polymères chargés, généralement solubles en solution aqueuse. Lorsqu'une surface que nous supposerons chargée négativement est mise au contact d'une solution de polycations (polyélectrolytes chargés positivement), les chaînes vont immédiatement interagir avec la surface par le biais d'interactions électrostatiques et s'y adsorber. Comme l'ensemble des polymères, les polyélectrolytes ne s'adsorbent pas à plat sur la surface, mais forment des boucles et des queues. Cette adsorption est généralement irréversible, et le remplacement

* Institut Charles Sadron, Strasbourg. schaaf@ics.u-strasbg.fr
† INSERM, Université Louis Pasteur (ULP), Strasbourg. jean-claude.voegel@medecine.u-strasbg.fr

de la solution de polycations par le solvant (eau) seul ne conduit qu'à très peu de désorption. L'origine de l'irréversibilité de l'adsorption résulte de la formation de nombreux points d'ancrage des longues chaînes de polymères avec les surfaces. Même si l'énergie d'interaction entre un monomère, l'unité de base d'un polymère, et une surface est faible, l'établissement de nombreux points de contact rend l'interaction entre un polymère et une surface très forte. D'autre part, pour qu'une chaîne se désorbe, il faut que tous les points d'ancrage avec la surface se rompent simultanément ; or, un tel événement est hautement improbable.

Jusqu'à la fin des années 1980, on pensait que l'adsorption d'un polyélectrolyte sur une surface de charge opposée s'arrêterait dès lors que la surface serait globalement neutre, c'est-à-dire lorsque les charges apportées par le polyélectrolyte compenseraient exactement celles initialement présentes à la surface. Or, il n'en est rien ; lorsque l'adsorption d'un polyélectrolyte sur une surface s'arrête, celle-ci est à nouveau chargée, mais de signe contraire. Elle est alors du même signe que celui du polyélectrolyte adsorbé lors du dernier dépôt. Lors de l'adsorption, il y a donc surcompensation de charge, conséquence de la formation de boucles et de queues créées par les chaînes. Cet excès de charge, positif dans ce cas, peut donc servir de point d'ancrage au dépôt d'autres polyélectrolytes, des polyanions cette fois. Là encore, lorsque le processus de dépôt se termine, la surface présente un excès de charge qui sera négatif. Ainsi, lors de chaque adsorption d'un polyélectrolyte, il y a surcompensation de charge, ce qui permet au processus de construction d'être poursuivi à volonté. On construit ainsi des films que l'on appelle multicouches de polyélectrolytes [2]. Le principe de la construction d'une multicouche de polyélectrolytes est représenté schématiquement sur la figure 21.1.

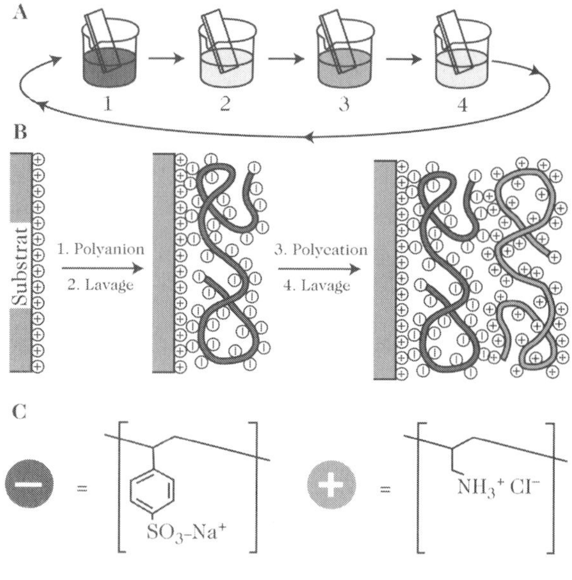

Figure 21.1. Schéma de principe de la construction de multicouches de polyélectrolytes. **A.** Une surface chargée est trempée dans une solution de polyanions, représentée en gris foncé (1). Après adsorption, la surface est rincée avec une solution aqueuse (2), puis trempée dans une solution de polycations, représentée en gris clair (3). Cette étape est à nouveau suivie d'une étape de rinçage (4), et le cycle peut recommencer. **B.** Chaque étape de dépôt conduit à la formation d'une couche de polyélectrolytes qui se rajoute au film, donnant ainsi une multicouche de polyélectrolytes. **C.** Exemple d'un couple polyanion/polycation beaucoup étudié (polyanion : polystyrène sulfonate (PSS) ; polycation : chlorure de poly(allylamine) (PAH)). Figure tirée de la référence [2].

Comme on le voit, le moteur de la construction est la surcompensation des charges lors de chaque cycle de dépôt, mise en évidence par la mesure de l'évolution du potentiel zêta au cours de la construction [9]. La figure 21.2 montre une telle évolution lors de chaque cycle d'adsorption pour une multicouche de type poly(styrène sulfonate)/poly(allylamine).

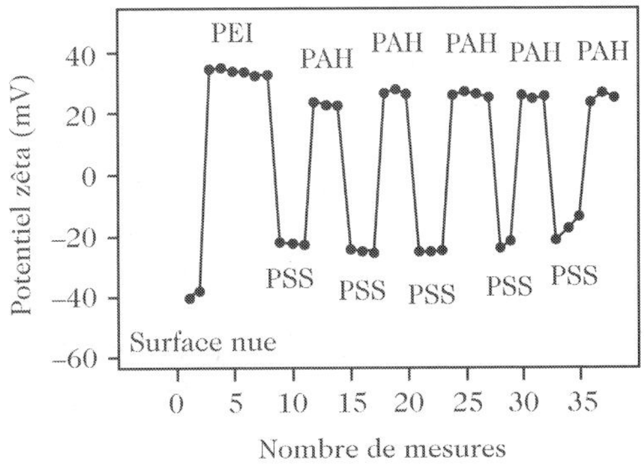

Figure 21.2. Évolution du potentiel zêta lors de la construction d'une multicouche de type poly(styrène sulfonate)/poly(allylamine). Figure tirée de la référence [9].

1.2. Origine physique des interactions entre polyanions et polycations

La formation des complexes de type polyanion/polycation ou des multicouches de polyélectrolytes provient principalement d'interactions de type électrostatique entre chaînes de charges opposées. Ces interactions ne résultent en général pas directement de l'attraction entre les charges négatives des polyanions et les charges positives des polycations. Si tel était le cas, la complexation entre un polyanion et un polycation serait exothermique ; or, cette réaction peut être endothermique. En fait, l'origine de cette interaction est surtout d'origine entropique. En effet, une chaîne de polyélectrolyte étant chargée, elle est entourée de contre-ions qui se répartissent autour d'elle sur une distance de l'ordre de la longueur de Debye. C'est la longueur caractéristique au-delà de laquelle les charges sont écrantées dans la solution. Ainsi, si une chaîne de polyanion est plongée dans une solution aqueuse contenant comme sel de fond NaCl, il y aura, au voisinage de la chaîne, un excès d'ions Na^+, réduisant ainsi la mobilité de ces ions. À l'inverse, au voisinage d'une chaîne de polycation, il y aura un excès d'ions Cl^-. Ces petits ions peuvent s'approcher près des charges portées par les chaînes et donc diminuer fortement l'énergie d'interaction électrostatique. Lorsque la chaîne de polyanion s'approche de celle de polycation, la neutralisation de certaines charges ne se fait plus exclusivement par les contre-ions, mais peut se faire également par le biais des groupements de charge opposée portés par l'autre chaîne. Ce mécanisme conduit à une libération des contre-ions qui se trouvaient au voisinage des deux chaînes (figure 21.3).

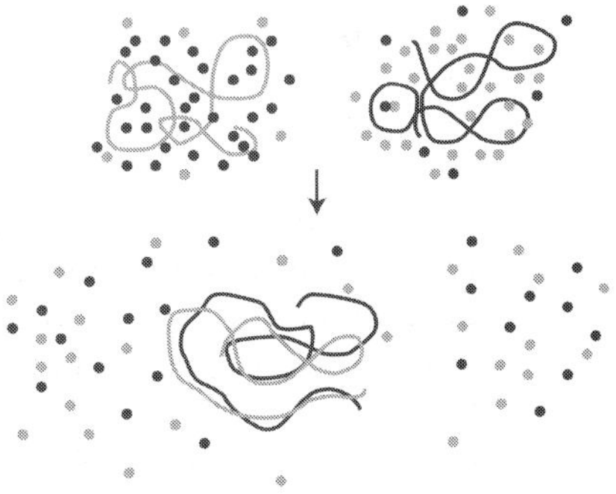

Figure 21.3. L'interaction d'un polyanion et d'un polycation conduit au relargage de contre-ions dans la solution. Avant interaction, les polyanions en gris clair (respectivement polycations en gris foncé) sont entourés de cations, points gris foncé (respectivement anions, points gris clair) qui forment principalement le nuage de contre-ions. Lors de l'interaction entre les polyanions et le polycations, il y a relargage de ces petits ions. Ce relargage s'accompagne d'une augmentation d'entropie du système et constitue l'un des moteurs de l'interaction attractive entre polyanions et polycations.

Par le biais de ce relargage, les contre-ions deviennent plus mobiles, ce qui augmente l'entropie S de la solution : $\Delta S > 0$. Souvent, les charges portées par les chaînes sont aussi plus volumineuses que les petits ions qui jouent le rôle de contre-ions. Les charges positives portées par les polycations ne peuvent donc pas se rapprocher aussi près des charges négatives portées par les polyanions que les ions Cl^-. L'interaction polyanion-polycation est alors énergétiquement défavorable (réaction endothermique), c'est-à-dire que la variation d'enthalpie ΔH (essentiellement variation de l'énergie interne) est positive. Cependant, pour que la réaction ait lieu, c'est la variation d'énergie libre ΔG qui doit être négative :

$$\Delta G = \Delta H - T\Delta S \quad \textbf{(21.1)}$$

où T est la température du système. Généralement, le terme $T\Delta S$ l'emporte sur le terme ΔH et la variation d'énergie libre est négative. La réaction de complexation entre un polyanion et un polycation, et donc aussi la formation de multicouches de polyélectrolytes, est donc principalement d'origine entropique.

Les contre-ions des chaînes de polyélectrolytes jouent donc un rôle primordial dans les interactions électrostatiques. Ainsi, une augmentation de la concentration en sel des solutions de polyélectrolytes lors de la construction des films va réduire la longueur de Debye et l'étendue des nuages de contre-ions. La conséquence directe est une diminution de la longueur caractéristique d'interaction. De plus, la variation d'entropie lors de la libération des contre-ions sera également réduite, impliquant ainsi une diminution de l'interaction entre les chaînes de polyélectrolytes. Une augmentation de la concentration en sel réduira aussi les interactions entre charges de même signe d'une même chaîne. Celle-ci perdra alors une partie de sa rigidité, et sa longueur de persistance diminuera. Cet effet a pour conséquence la formation de multicouches de polyélectrolytes moins denses et plus épaisses. Ainsi, pour un film de type poly(styrène sulfonate)/poly(allylamine) (PSS/PAH), Ladam *et al.* [9] ont trouvé que l'incrément d'épaisseur par bicouche était de 2,7 nm pour une concentration en NaCl de 0,01 M et de 6 nm pour une concentration de 0,9 M.

2. Films à croissance linéaire et films à croissance exponentielle

2.1. Films à croissance linéaire

La possibilité de construire des films en alternant l'adsorption de polyanions et de polycations fut découverte en 1992 par G. Decher et ses collaborateurs [1]. Les premières études ont montré que l'épaisseur de ces films augmentait linéairement avec le nombre de cycles de dépôt, l'incrément d'épaisseur par paire de couches étant typiquement de l'ordre de quelques nanomètres (figure 21.4).

La structure de tels films fut étudiée par réflectivité de neutrons. On utilise alors, lors de certaines étapes de la construction, des polyélectrolytes deutérés à la place de leurs homologues hydrogénés (figure 21.5a).

Ces polyélectrolytes possèdent les mêmes propriétés chimiques et physicochimiques, mais interagissent différemment avec les neutrons. Or, un faisceau de neutrons monocinétiques se comporte comme un faisceau de lumière monochromatique. La longueur d'onde associée à un tel faisceau est typiquement de l'ordre de 10-50 nm, c'est-à-dire le domaine de longueur approprié à l'exploration des multicouches. Lorsqu'un tel faisceau est envoyé sur une multicouche comportant des couches deutérées réparties de façon périodique au sein du film, on observe des interférences constructives pour certains angles d'incidence, donnant lieu à des pics de Bragg (figure 21.5b). Le phénomène est identique aux taches de diffraction observées lors de la réflexion des rayons X par des cristaux.

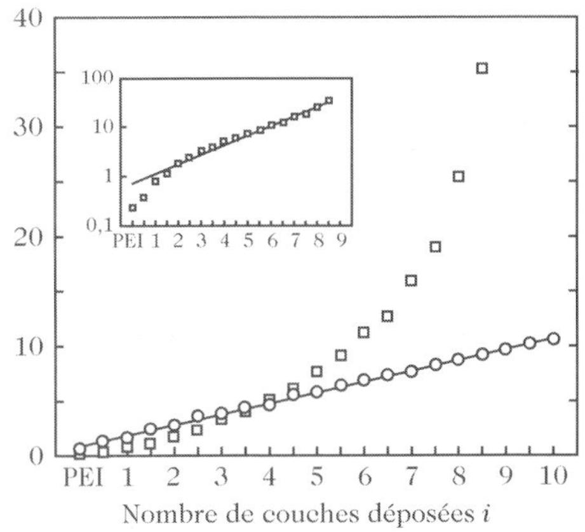

Figure 21.4. Évolution de l'épaisseur optique d'un film de type poly(styrène sulfonate)/poly(allylamine), dont la croissance est linéaire, et d'un film de type poly(L-lysine)/acide poly(L-glutamique), dont la croissance est exponentielle. L'épaisseur optique est définie comme le produit de l'épaisseur d_A par la différence entre l'indice de réfraction n_A du film et l'indice de réfraction n_C de la solution. Cette grandeur est directement proportionnelle à la masse du film et constitue la grandeur la plus précisément mesurée par les techniques optiques. Courbe tirée de : Lavalle P., Gergely C., Cuisinier F.J.G., Decher G., Schaaf P., Voegel J.C., Picart C., *Macromolecules*, **35**, 4458-4465 (2002).

Une analyse précise des données a montré que chaque couche n'interpénètre que les plus proches voisines, conduisant à une structure de type « millefeuille moléculaire » (figure 21.5c) [2]. Une telle observation suggère que lors de chaque étape d'adsorption, les polyélectrolytes de la solution n'interagissent qu'avec ceux de charges opposées formant la couche la plus externe du film. En particulier, aucun des polyélectrolytes ne diffuse perpendiculairement au film. En revanche, une diffusion latérale des polyélectrolytes au sein de leur couche d'adsorption a été observée. La formation de tels films correspond en fait à la formation de complexes polyanion/polycation en surface.

L'une des questions centrales qui se pose alors concerne l'atteinte de l'électroneutralité au sein de ces films. Deux possibilités non exclusives peuvent être envisagées :

1) Lors de la construction, les masses des polyélectrolytes qui s'adsorbent sont telles que le nombre de charges positives apportées par les polycations est égal au nombre des charges négatives portées par les polyanions.

2) On peut également envisager un excès de l'un des deux types de charge, qui est alors compensé par des contre-ions de charge opposée présents au sein du film [10].

Des expériences menées à l'aide d'ions radioactifs semblent plutôt valider la première hypothèse, mais la question n'est pas encore définitivement tranchée.

On peut construire des films à croissance linéaire avec deux types de polyélectrolytes : des polyélectrolytes forts, pour lesquels le degré d'ionisation est peu sensible aux variations de pH, et des polyélectrolytes faibles, pour lesquels la charge est sensible au pH. Dans les deux cas, la force ionique des solutions de polyélectrolytes utilisées lors de la construction des films constitue un paramètre important, qui influence fortement l'épaisseur d'une bicouche déposée. Comme nous l'avons déjà vu, plus la force ionique est importante, plus l'augmentation de l'épaisseur par bicouche est grande. Ce résultat provient de l'écrantage des charges lorsque la

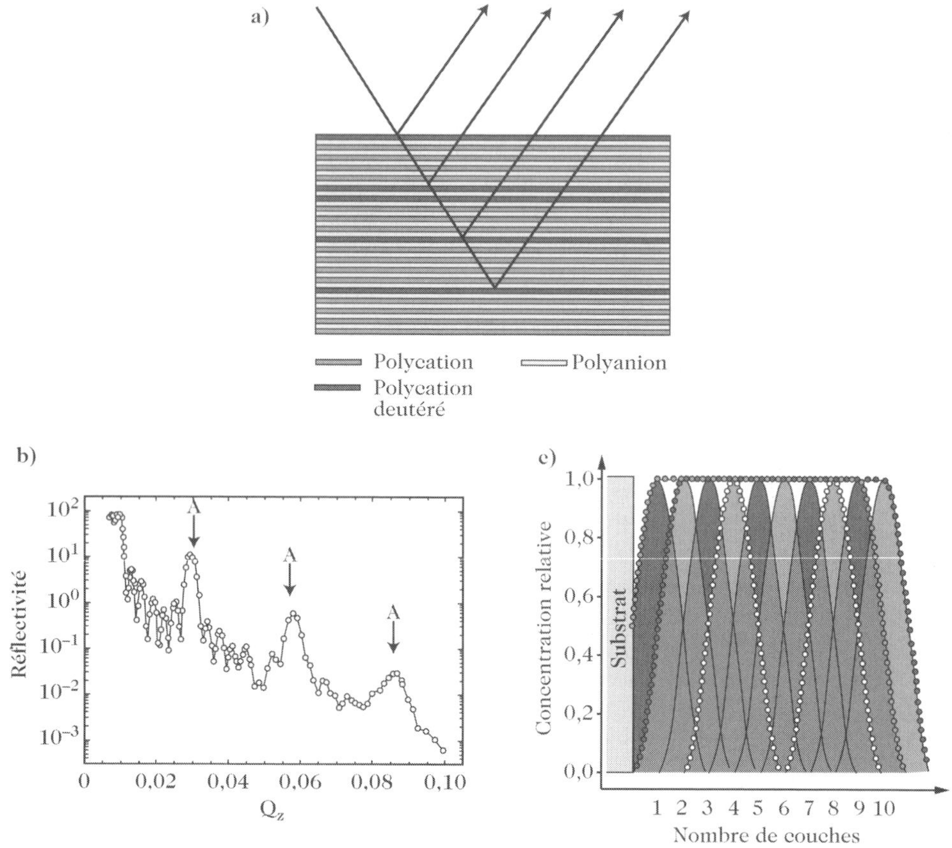

Figure 21.5. a) Représentation schématique d'une multicouche de polyanions (en gris clair) et de polycations (en gris foncé), pour laquelle certaines couches de polycations ont été remplacées par des couches de polycations deutérés (en noir). **b)** Lorsqu'un faisceau de neutrons arrive sur un tel film, les couches deutérées réfléchissent davantage les neutrons. Lorsque les couches deutérées sont réparties de façon périodique dans le film, il y a pour certaines directions réfléchies des interférences constructives, qui donnent des pics de Bragg. **c)** L'analyse de ces courbes permet de proposer un modèle périodique de la répartition des polyanions et des polycations dans le film. Chaque couche interpénètre uniquement ses plus proches voisines. La grandeur Q_Z de la figure 21.5b correspond au vecteur de diffusion donné par $Q_Z = \frac{2\pi}{\lambda} \sin\left(\frac{\theta}{2}\right)$, où λ correspond à la longueur d'onde du faisceau de neutrons et θ à l'angle de diffraction ; A correspond aux pics de Bragg. La courbe c) est tirée de la référence [2]).

force ionique devient importante, ce qui par voie de conséquence entraîne une forme plus globulaire des polyélectrolytes dissous en solution. Pour les multicouches construites à partir de polyélectrolytes faibles, le pH de la solution lors de la construction est également un facteur important influençant l'épaisseur du film [11], avec comme règle générale que plus les deux polyélectrolytes sont chargés, plus ils conduisent à des couches de faible épaisseur ; une faible densité de charge portée par l'un des deux polyélectrolytes lors de la construction d'un film conduit à une forte épaisseur. Il existe cependant une valeur critique du degré d'ionisation, en deçà de laquelle le film ne peut plus se construire.

2.2. Films à croissance exponentielle

Le dépôt alterné de polyanions et de polycations ne conduit pas uniquement à des films dont l'épaisseur croit linéairement avec le nombre n de couches, mais on observe également des films dont l'épaisseur augmente exponentiellement avec n. Ces films furent découverts à la fin des année 1990, lorsque l'on commença à étudier des multicouches à base de polypeptides et/ou de polysaccharides [12]. Ce mode de croissance permet, avec un nombre limité de cycles de dépôts, d'atteindre des épaisseurs qui varient de quelques centaines de nanomètres à plusieurs dizaines de micromètres. Le mécanisme conduisant à une croissance exponentielle est totalement différent de celui qui conduit à des films à croissance linéaire. En effet, il a été montré que pour la croissance exponentielle, l'un au moins des deux polyélectrolytes utilisés lors de la construction du film doit diffuser « dans » et « hors » de l'architecture lors de chaque étape de la construction [13]. Le mécanisme de croissance est schématiquement représenté sur la figure 21.6.

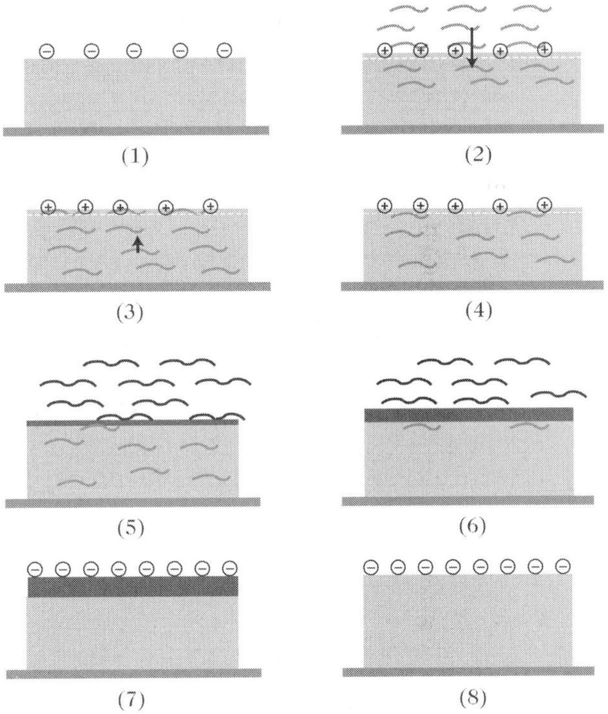

Figure 21.6. Représentation schématique du processus physique qui conduit à la croissance exponentielle d'un film. On représente ici le cas d'un film où le polycation (lignes une fois ondulées) peut diffuser dans et hors du film alors que le polyanion (lignes deux fois ondulées) ne diffuse pas. (1) film en construction après adsorption du polyanion chargé négativement ; (2) rajout de polycations qui diffusent dans la construction ; (3) après avoir retiré le surnageant, les polycations libres commencent à diffuser hors du film ; (4) l'ensemble des polycations ne sort pas du film ; une fraction des polycations reste sous une forme libre dans le film ; (5) addition de polyanions accompagnée par la diffusion des polycations libres hors de l'édifice ; (6) l'ensemble des polycations libres quittent le film et forment des complexes avec les polyanions à l'interface entre le film et la solution, et participent à la croissance du film ; (7) une nouvelle couche se forme sur l'édifice ; (8) elle est chargée négativement. Le processus est prêt à se poursuivre par addition de polycations.

Supposons que le polycation est l'espèce diffusante et considérons le film après l'étape de rinçage qui suit le dépôt de polyanion (figure 21.6-1). Le film présente alors à son sommet un excès de charges négatives. Lorsqu'il est placé au contact d'une solution de polycations, les chaînes arrivant d'abord au contact du film interagissent avec les polycations présents à l'interface entre le film et la solution par un mécanisme comparable à celui observé pour les films à croissance linéaire. Mais, contrairement aux films à croissance linéaire, des polycations diffusent également à l'intérieur du film et constituent ce que nous appellerons des chaînes libres (figure 21.6-2). Le processus d'adsorption s'arrête lorsque le potentiel chimique des polycations libres dans le film est égal au potentiel chimique des polycations dans la solution. Parce que le film est au contact d'une solution de polycations, il y aura apparition, à l'interface film/solution, d'un excès de charges positives (figure 21.6-3). Lors du rinçage, une partie des polycations libres du film peut diffuser hors du film vers la solution (figure 21.6-4). L'excès de charges positives du film crée aussi une barrière de potentiel électrostatique que les chaînes de polycations doivent franchir. Or, la diffusion des polycations libres hors du film réduit leur concentration dans le film, ainsi que leur potentiel électrochimique, tandis que la barrière d'énergie à franchir pour diffuser hors du film augmente. Lorsque la hauteur de cette barrière dépasse kT (kT représentant l'énergie thermique), la diffusion hors du film ralentit rapidement, et le processus est totalement stoppé lorsque la hauteur de cette barrière devient très largement supérieure à kT. Il reste alors des polycations libres dans le film à la fin de l'étape de rinçage. Lorsque ce film est mis au contact de la solution de polyanions, les chaînes négatives vont d'abord interagir avec l'excès de charges positives présent à l'interface film/solution, faisant disparaître la barrière d'énergie électrostatique, et tous les polycations libres du film diffusent hors du film (figure 21.6-5). Lorsqu'ils atteignent l'interface film/solution, ils sont complexés par les polyanions présents dans la solution et près de l'interface. Ces complexes restent liés à la multicouche et constituent la nouvelle couche. Le processus de dépôts de polyanions s'arrête lorsque tous les polycations libres du film auront été complexés (figure 21.6-6). On observe donc que la masse de complexes formés qui se rajoute au film est proportionnelle à la quantité de polyanions libres dans le film avant sa mise au contact avec la solution de polycations (figure 21.6-7). Cette quantité est elle-même proportionnelle à la masse ou l'épaisseur du film. On est donc en présence d'un processus de croissance pour lequel l'incrément de masse lors de chaque nouvelle étape d'addition de polycations est proportionnelle à la masse ou l'épaisseur du film. Un tel film croît donc exponentiellement avec le nombre de dépôts.

La confirmation de ce mécanisme de croissance fut apportée par des expériences de microscopie optique confocale. La figure 21.7 représente une section d'un film de type acide hyaluronique/poly-L-lysine (HA/PLL).

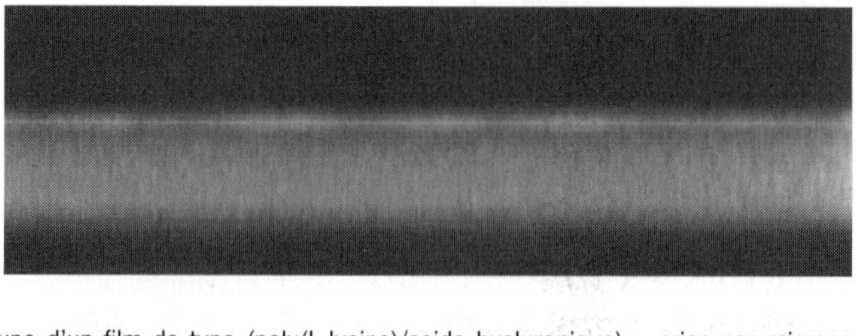

Figure 21.7. Coupe d'un film de type (poly(L-lysine)/acide hyaluronique)$_{20}$ prise par microscopie confocale. La dernière étape de la construction a été réalisée avec de l'acide hyaluronique marqué au *Texas Red* (rouge) et de la poly(L-lysine) marquée à la fluorescéine (vert). Cette image prouve que la poly(L-lysine) diffuse dans l'ensemble du film lors de cette étape (voir le texte). L'épaisseur du film est de l'ordre de 4 micromètres. Cette image est tirée de la référence [13].

Pour construire ce film, 19 bicouches de poly(L-lysine/acide hyaluronique) ont d'abord été déposées en utilisant des polyélectrolytes non marqués. La 20e étape de dépôt a été réalisée en utilisant de l'acide hyaluronique marqué au *Texas Red*, agent fluorescent qui émet dans le rouge, et de la poly-L-lysine marquée à la fluorescéine, un agent fluorescent qui émet dans le vert. On observe néanmoins que l'ensemble du film est devenu vert, alors qu'une bande rouge décore le haut du film (petite bande plus claire sur la figure 21.7). On en déduit alors que la PLL diffuse dans le film, alors que l'acide hyaluronique ne diffuse pas. Des expériences similaires ont permis de montrer que la PLL diffusait également hors du film après mise en contact avec une solution d'acide hyaluronique.

Les films à croissance exponentielle semblent davantage ressembler à des gels formés de complexes qu'à une structure périodique bien organisée, telle que celle des multicouches à croissance linéaire. Par abus de langage, on utilise néanmoins le terme « multicouche » pour désigner ces films, en référence à la méthode de dépôt.

2.3. Différents procédés de fabrication des multicouches

La plupart des films décrits dans la littérature sont obtenus en plongeant les supports alternativement dans des solutions de polyanions puis de polycations, les deux étapes d'adsorption étant séparées par une étape de rinçage (voir la figure 21.1). Cette dernière permet d'éliminer l'excès de polyélectrolytes en contact avec la surface et faiblement lié au film. Lors de chaque étape de dépôt, le support est généralement au contact des solutions de polyélectrolytes pendant 5-20 minutes, et l'étape de rinçage dure entre 5 et 10 minutes. Une autre méthode consiste à amener les solutions de polyélectrolytes au contact du support en les faisant couler au-dessus de la surface. Cette approche est particulièrement utilisée pour des études au cours desquelles la construction des films est suivie *in situ*. Les temps caractéristiques des différentes étapes sont identiques à la méthode par trempage. Les cinétiques d'adsorption des polyélectrolytes sont limitées par leur diffusion de la solution vers le film. La construction d'un film comportant une vingtaine de bicouches peut donc nécessiter plus d'une dizaine d'heures.

Pour accélérer la formation des multicouches, on peut également utiliser une méthode appelée « *spin-coating* » [14]. Dans cette méthode, les solutions de polyélectrolytes sont déposées alternativement sur un substrat qui tourne à grande vitesse (plusieurs centaines de tours par minute). Lors de chaque dépôt, la goutte s'étale sur la surface par l'action de la force centrifuge pour former un film dont l'épaisseur est de l'ordre du micromètre. Lors de leur étalement, les chaînes de polyélectrolyte s'ancrent sur la multicouche de charge opposée. Conjointement à l'étalement, on observe également une évaporation, conduisant à une augmentation de la concentration de la solution de polyélectrolyte au-dessus du film. Ce phénomène semble conduire à une densification des multicouches. Les chaînes de la solution en excès sont entraînées par le liquide. Après chaque étape de dépôt, on effectue une étape de rinçage pour laquelle la solution de polyélectrolyte est remplacée par du tampon pur. Le rinçage permet d'éliminer l'excès de polyélectrolytes et de prévenir la formation de complexes polyanion/polycation en solution au-dessus du film. Cette méthode est beaucoup plus rapide que la procédure classique par trempage, mais nécessite le dépôt sur un substrat plan.

Une troisième façon de réaliser des multicouches consiste à déposer les polyélectrolytes par pulvérisations alternées de solutions de polyanions et de polycations sur un substrat orienté verticalement [15]. Cette orientation est nécessaire de façon à permettre l'élimination naturelle des excès de polyélectrolytes au voisinage du film par drainage induit par la gravité. Il en résulte que seule une faible fraction des polyélectrolytes pulvérisés reste à la surface. Cette fraction sèche typiquement en quelques minutes. Le drainage et l'étalement très rapide des fines gouttelettes arrivant à la surface accélèrent considérablement le phénomène de diffusion-convection des polyélectrolytes vers la surface et augmentent donc leurs cinétiques d'adsorption. Les différentes étapes de pulvérisation peuvent ainsi être très brèves (typiquement entre 1 et 20 secondes). Cette brièveté constitue une différence essentielle avec la construction des films par trempage et réduit considérablement le temps de contact nécessaire pour le dépôt d'une couche. Chaque étape de dépôt est suivie par une étape de rinçage, au cours de laquelle du tampon est pulvérisé sur le substrat. Malgré les différences entre les méthodes par trempage et par pulvérisation, les multicouches obtenues par les deux approches présentent des structures et des croissances très similaires. Il a été montré que l'on peut même s'affranchir des étapes de rinçage, ce qui conduit à des films qui croissent continûment mais qui sont plus rugueux. Enfin, on peut non seulement éviter les étapes de rinçage, mais aussi pulvériser simultanément les polyanions et polycations [16]. On obtient alors des films que l'on ne peut plus qualifier de « multicouches de polyélectrolytes », mais dont l'épaisseur augmente avec le temps de pulvérisation. Il faut cependant noter que la pulvérisation simultanée n'est pas possible avec tous les couples polyanion/polycation et on ne sait pas aujourd'hui prévoir *a priori* les couples pour lesquels ce mode de dépôt est utilisable. Les méthodes de fabrication des films de polyélectrolytes par pulvérisation sont intéressantes, car elles sont facilement transposables du laboratoire aux procédés industriels. Elles devraient donc connaître dans l'avenir un fort développement.

3. Fonctionnalisation biologique des films

Il existe différents modes de fonctionnalisation des multicouches de polyélectrolytes. On peut rendre certains films totalement bio-inertes en choisissant convenablement les types de polyélectrolytes et les conditions de dépôts [17]. On peut également rendre des films biologiquement actifs en y insérant des protéines [18], des peptides actifs [19, 20] et même des médicaments [21]. Nous allons maintenant passer en revue ces différents modes de fonctionnalisation.

3.1. Films bio-inertes

Des films bio-inertes sont des films qui résistent à l'adsorption protéique et/ou à l'adhérence cellulaire. Leur mise au point constitue un objectif majeur pour l'élaboration de matériaux destinés à être mis au contact du milieu sanguin, tels que les implants ou les biosenseurs par exemple. Le recouvrement de matériaux par des chaînes de poly(éthylène-glycol) (PEG) représente l'une des voies les plus utilisées pour atteindre cet objectif. Les méthodes de préparation de telles surfaces

sont cependant lourdes et ne sont pas applicables à tous les types de supports et à toutes les géométries. En 1999, Elbert *et al.* [22] ont déposé des multicouches alginate/poly-(L-lysine) sur des supports solides de gélatine, de matrice extracellulaire produite par des fibroblastes ou de collagène de type I. Ces films constituaient un premier exemple de multicouches à croissance exponentielle bio-inertes vis-à-vis de fibroblastes humains. D'autres multicouches à base de polysaccharides, comme les films acide hyaluronique/poly-(L-lysine) et acide hyaluronique/chitosan, se sont également révélés non adhérents vis-à-vis d'autres types de cellules comme les chondrosarchomes [23] ou les ostéoblastes. La particularité de ces films est d'être extrêmement hydratés. Des films non adhérents ont également été obtenus à partir d'acide polyacrylique et la poly(allylamine).
Ainsi, des films pour lesquels le polyanion et le polycation étaient tous deux déposés à pH 2,0 se sont montrés très résistants vis-à-vis de l'adhésion cellulaire, aussi bien lorsque le film s'achevait par la couche de polycation que par la couche de polyanion. Par ailleurs, aucune corrélation entre l'adhérence des cellules et l'adsorption de protéines, comme le fibrinogène ou le lysozyme, n'a pu être constatée pour de tels films. Un comportement similaire avait été noté vis-à-vis de ces mêmes cellules lorsque l'acide polyacrylique était remplacé par l'acide polyméthacrylique, le poly(styrène sulfonate) ou le chlorure de poly(diallyldiméthylammonium). Une corrélation directe entre le caractère non adhérent des films et leur capacité, une fois séchés, à gonfler lorsqu'ils sont remis au contact d'une solution aqueuse a été mise en évidence : plus la capacité de gonfler d'une multicouche est importante, plus ce film semble être non adhérent pour les cellules [17]. Ce résultat suggère également que le caractère non adhérent d'un film multicouches de polyélectrolytes est d'autant plus marqué que son degré d'hydratation est important.
Des études par micromanipulation ont été menées pour déterminer les forces d'adhésion entre des chondrosarcomes et des films de type (poly-(L-lysine)/acide poly-(L-glutamique))$_n$ [23]. Alors que pour les films s'achevant par l'acide polyglutamique, les forces d'adhésion sont très faibles, voire nulles, elles sont beaucoup plus importantes sur les films se terminant par la polylysine et décroissent avec le nombre *n* de bicouches. Il a aussi été montré que de tels films peuvent empêcher l'adhésion et la prolifération de bactéries, en particulier pour des films du type (acide poly-(L-glutamique)/poly-(L-lysine))$_n$ terminés par trois bicouches de (polylysine/PGA-PEG), où PGA-PEG représente des chaînes d'acide poly(L-glutamique) sur lesquelles sont couplées de façon covalente des chaînes de poly(éthylène glycol) de masse 2 000 Da [24]. De telles architectures réduisent de plus de 92 % l'adhésion de bactéries telles que *Escherichia coli*. D'autres multicouches résistant à l'adsorption protéique ont également été décrites. Ainsi, à pH 7,4, des protéines telles que le lysozyme, les immunoglobulines, l'albumine sérique humaine (HSA) et la fibronectine ne s'adsorbent pratiquement pas à la surface de films portant des charges opposées à celles de la protéine pour les architectures basées sur le dépôt alterné de poly(éthylèneimine) et d'acide polyacrylique ou de poly(éthylèneimine) et d'acide polymaléique, alors qu'elles s'adsorbent de manière significative sur des films incluant des bases fortes ou des films de type poly(éthylèneimine)/poly(vinylsulfate) [17, 25].
L'élaboration de multicouches non adhérentes constitue non seulement un objectif en soi, mais s'inscrit aussi dans une stratégie qui consiste à fonctionnaliser ensuite sélectivement de telles surfaces afin d'induire l'adhésion d'un type

cellulaire spécifique. Pour atteindre un tel objectif, des films non adhérents seront fonctionnalisés par des peptides spécifiques de l'adhésion d'un type cellulaire donné. Des études sont actuellement en cours dans ce domaine dans plusieurs laboratoires qui envisagent des applications biomédicales pour de tels films de polyélectrolytes, notamment pour le recouvrement de surfaces de biomatériaux.

3.2. Fonctionnalisation par insertion de protéines

Les multicouches peuvent être fonctionnalisées en adsorbant des protéines au sommet d'une architecture ou en insérant une ou plusieurs protéines, identiques ou non, à différents niveaux de l'édifice lors de leur construction. Ces protéines doivent cependant conserver une structure proche de celle de leur forme native et après enfouissement pouvoir interagir avec des cellules déposées au sommet du film.

Nous avons décrit dans le paragraphe précédent des multicouches qui se comportaient de façon non adsorbante vis-à-vis des protéines. Celles-ci constituent cependant des exceptions et l'adsorption de protéines à la surface de films multicouches est généralement observée. L'étude de l'adsorption de différentes protéines sur des films de type (poly(styrène)/poly(allylamine)) a montré que les quantités adsorbées sont supérieures lorsque la charge globale des protéines est opposée à celle de la multicouche, bien que les quantités adsorbées ne soient pas nulles, et loin d'être négligeables lorsque les protéines sont de même signe que le film (figure 21.8) [26]. Cela provient vraisemblablement du fait que toute protéine, bien que globalement chargée à un certain pH, porte toujours des groupements positifs et négatifs. La construction du film sur la couche de protéines adsorbées peut être poursuivie, permettant ainsi leur enfouissement dans l'architecture. L'utilisation de protéines fluorescentes a permis de montrer que des protéines, comme la protéine A,

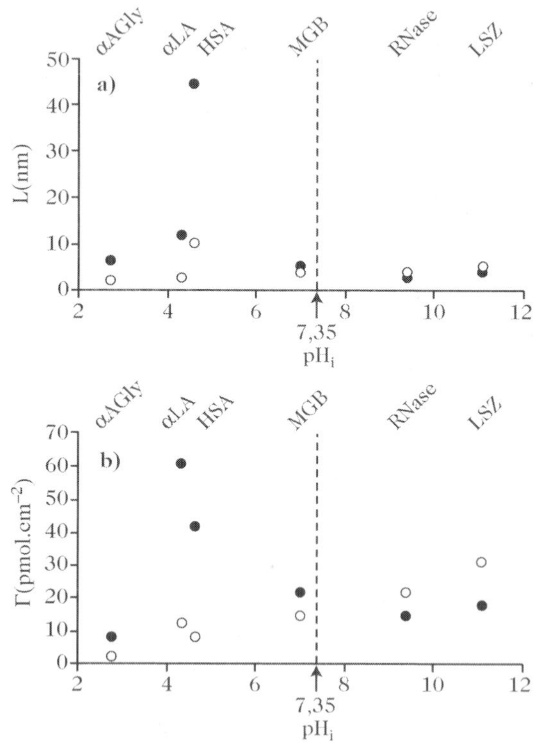

Figure 21.8. Épaisseur L et masse Γ de couches de différentes protéines adsorbées sur des multicouches de type PEI-$(PSS\text{-}PAH)_3$ (•) et PEI-$(PSS\text{-}PAH)_3$-PSS (○), en fonction du point isoélectrique pH_I des protéines. L'adsorption se fait à pH 7,35, 0,15 M en NaCl. PEI : poly(éthylèneimine) ; PSS : poly(styrène sulfonate) ; PAH : poly(allylamine) ; α-AGly : α_1-glycoprotéine acide ; αLA : α-lactalbumine ; HSA : albumine sérique humaine ; MGB : myoglobine ; RNase : ribonucléase A ; LSZ : lysozyme. Figure tirée de : Ladam G., Schaaf P., Cuisinier F.G.J., Decher G., Voegel J.-C., *Langmuir*, **17**, 878-882 (2001).

enfouies dans un film à croissance linéaire de type (poly-(L-lysine)/acide poly(L-glutamique)) n'étaient pas capables de diffuser dans la direction perpendiculaire au film et restaient donc confinées dans la couche de dépôt [18]. Une diffusion latérale a, en revanche, été observée pour une fraction importante des molécules d'albumine humaine sérique adsorbées ou insérées dans des films à croissance linéaire de type (poly(styrène sulfonate)/poly(allylamine)) [27, 28].

La conservation de l'activité biologique des protéines insérées dans les films nécessite d'éviter leur dénaturation. Les polyélectrolytes en général et les multicouches de polyélectrolytes en particulier semblent bien remplir ce rôle. Ainsi, il a été démontré que la glucose isomérase, la glucosamylase, la glucose oxydase et la peroxydase incluses dans les multicouches de polyélectrolytes conservent toute leur activité enzymatique. De même, des immunoglobulines G enfouies sous un faible nombre de couches de polyélectrolytes conservent leur activité et interagissent avec leurs antigènes [29]. Des analyses en spectroscopie infrarouge par transformée de Fourier ont également montré que des protéines insérées au sein des films multicouches conservent la structure secondaire de leur forme native [30]. Par ailleurs, la présence des polyélectrolytes empêche la formation de feuillets β intermoléculaires et stabilise des protéines comme le fibrinogène d'une dénaturation thermique.

La communication cellulaire qui doit apparaître entre les cellules déposées au sommet de l'architecture et les protéines enfouies dans l'assemblage de polyélectrolytes représente un élément primordial pour ce type de fonctionalisation. Cet aspect a été étudié pour un système modèle [18]. La protéine A est une molécule aux propriétés pro-inflammatoires. Ainsi, la présence de protéines A au contact de monocytes conduit à la production de TNFα. TNFα peut donc servir de révélateur du contact entre des monocytes et la protéine A. Des expériences ont ainsi été menées au cours desquelles la protéine A avait été insérée à différent niveaux dans des films multicouches de type (acide poly(glutamique)/poly-(L-lysine)) (PLL/PGA), sur lesquels ont ensuite été déposés des monocytes. La production de TNFα a alors été suivie dans le temps. On observe que cette production augmente pendant les deux premières heures de contact entre les cellules et le film lorsque la protéine A est recouverte par 10 paires de couches de PGA/PLL. La production de TNFα sature ensuite dans le temps sur une période d'au moins 12 heures. On a également réalisé des expériences au cours desquelles la production de TNFα a été mesurée après 4 heures et 12 heures de contact entre les cellules et des films, pour différents niveaux d'enfouissement allant de 10 à 30 bicouches de PGA/PLL. La production de TNFα est sensiblement identique, quelle que soit la localisation de la protéine A dans la multicouche (figure 21.9).

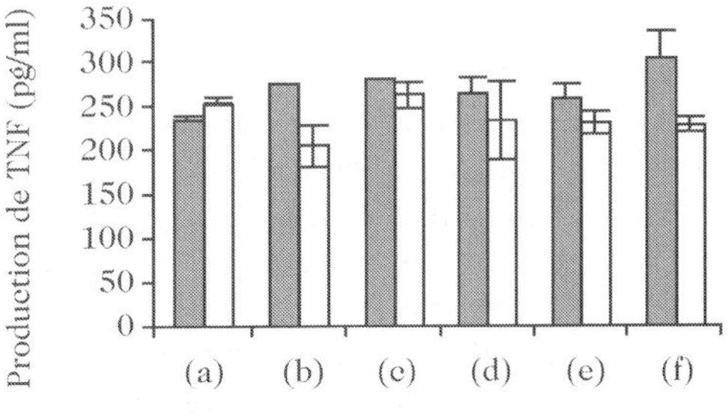

Figure 21.9. Production de TNFα par des monocytes déposés sur différentes multicouches contenant la protéine A. Celles-ci sont déposées sur un film précurseur de type PEI-PGA-PLL et insérées sous *n* bicouches de type PGA-PLL (a : $n = 0$; b : $n = 10$; c : $n = 15$; d : $n = 20$; e : $n = 25$; f : $n = 30$). Les barres pleines correspondent à des mesures effectuées après 4 heures de contact entre les cellules et le film, alors que les barres creuses correspondent à des mesures effectuées après 12 heures de contact. PEI : poly(éthylèneimine) ; PGA : acide poly-(L-glutamique) ; PLL : poly-(L-lysine). Données tirées de la référence [18].

Enfin, on a montré que le remplacement de la PLL par son homologue D (PDL) conduit à une absence de production de TNFα. Par ailleurs, des expériences de microscopie optique confocale ont montré que la protéine A ne diffuse pas verticalement dans le film. L'ensemble de ces résultats suggère que les monocytes arrivent au contact de la protéine A enfouie dans la multicouche en dégradant localement le film. Cette hypothèse fut confirmée par l'observation de pseudopodes développés par les cellules jusqu'au contact de la couche de protéine A. Cette dégradation est vraisemblablement d'origine enzymatique, ce qui explique l'absence de production de TNFα lorsque la PLL est remplacée par la PDL.

L'absence de dégradation du film déposé sur la proteine A, lorsque le recouvrement est réalisé par des polypeptides de la forme D au lieu de la forme L, ouvre une possibilité de modulation de la destruction du film par des mélanges des formes D et L pour la polylysine et l'acide polyglutamique.

Il s'avère que de tels mélanges, associés à une variation du nombre de bicouches recouvrant la protéine A, permettent une bonne modulation de la réponse dans un intervalle de temps de 0 à 6 heures (figure 21.10). On notera en particulier que cette approche permet de déclencher la réponse totale dans un intervalle de temps d'une heure [31].

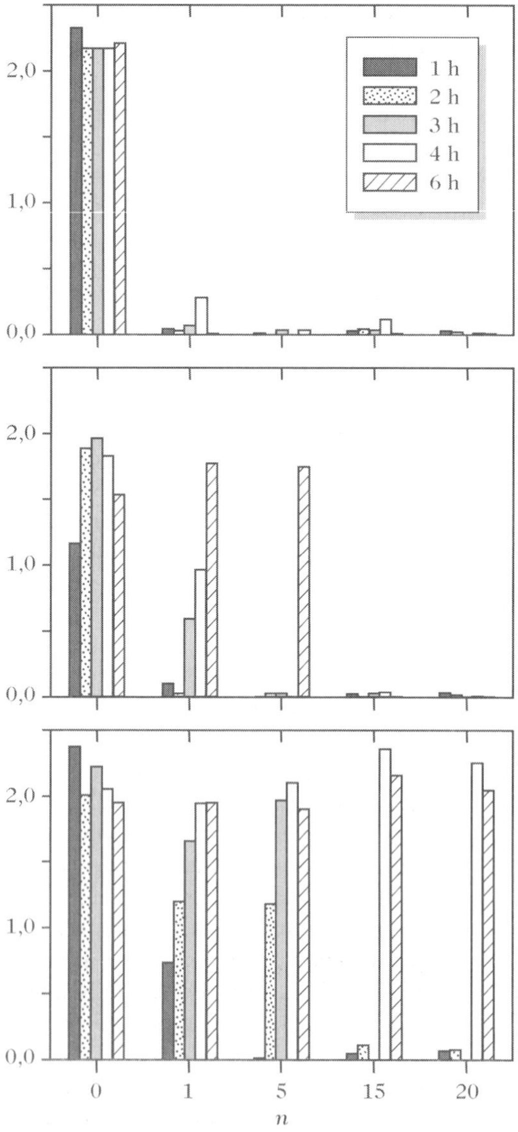

Figure 21.10. Production de TNFα pour des monocytes déposés sur des architectures constituées par des mélanges des formes L et D de la polylysine et de l'acide polyglutamique (respectivement PLL et PDL ou PLGA ou PDGA). Les mélanges sont exprimés en x % de PDL ou PDGA et en (1-x) % de PLL ou PLGA dans les solutions servant à la préparation des films. Les architectures utilisées sont du type $(PLL/PLGA)_5$-PLL-PA-$(PDL_xPLL_{1-x}/PDGA_xPLGA_{1-x})_n$-$PDL_xPLL_{1-x}$, avec n = 0, 1, 5, 15, 20 et x variant entre 0 et 1. Lorsque n = 0, alors la bicouche du haut du film PDL_xPLL_{1-x} n'existe pas. Histogramme du haut : x > 0,5 ; histogramme du milieu : x proche de 0,3 et 0,4 ; histogramme du bas : x voisin de 0,1 et 0,2. Ces résultats sont tirés de la référence [31].

Des assemblages constitués par une alternance de protéines et de polyélectrolytes ont également été réalisés [32, 33]. La formation de liens covalents entre protéines par l'utilisation de glutaraldéhyde permet de stabiliser le film et même d'éliminer par rinçage les polyélectrolytes non couplés. Ainsi, des assemblages constitués uniquement d'albumine ou d'albumine et d'héparine ont été réalisés [34]. Ces films sont destinés au recouvrement d'équipements médicaux utilisés au contact de plasma sanguin. La passivation des surfaces par ce type de films constitués exclusivement d'albumine a été matérialisée par une absence presque totale d'adsorption d'IgG à partir de plasma sanguin sur ces supports. De tels traitements semblent donc prévenir le contact direct entre la surface et les cellules ou les protéines du plasma sanguin. Les constructions s'achevant par une couche d'héparine semblent, quant à elles, posséder des propriétés anticoagulantes mises en évidence par leur réaction avec l'antithrombine. L'utilisation de polyélectrolytes naturels, tels que le chitosan et le dextran sulfate, pour la construction des films permet de moduler des propriétés pro- ou anticoagulantes vis-à-vis du milieu sanguin [35, 36]. La force ionique des solutions de polyélectrolytes utilisées pour la construction des films joue un rôle primordial dans leurs propriétés. La structure des films varie surtout lorsque les concentrations en sel sont comprises entre 0,2 et 0,5 M NaCl. L'augmentation de la concentration saline conduit à une augmentation de l'épaisseur de chaque couche déposée, ainsi qu'à une augmentation de l'excès de charges (négatives) observé après chaque dépôt de dextran. Ainsi, après le dépôt de la troisième paire de couches et pour une teneur saline supérieure à 0,5 M, le film est procoagulant lorsqu'il s'achève par du chitosan et anticoagulant lorsque l'assemblage se termine par du dextran. Les propriétés anticoagulantes sont expliquées par l'excès de charges introduites par la couche externe de dextran. Pour les autres conditions (taux de sel plus faibles et donc films plus minces), on observe toujours des propriétés procoagulantes. Des assemblages similaires obtenus par des dépôts successifs de chitosan et d'héparine dissous dans des solutions de NaCl (1 M) présentent des propriétés anticoagulantes importantes, indépendamment de la nature de la dernière couche déposée.

Les films à croissance exponentielle, en particulier de type HA/PLL ou HA/chitosan, atteignent souvent des épaisseurs de plusieurs micromètres après le dépôt d'un nombre limité de paires de couches (typiquement de 15 à 20). De tels films, constitués *a priori* de biopolymères très biocompatibles, possèdent néanmoins de très faibles potentialités en terme d'adhérence et de prolifération cellulaire (en particulier pour différents types de cellules primaires telles que chondrocytes, fibroblastes, cellules épithéliales, ostéoblastes...). L'origine principale de cette propriété qui handicape leur utilisation est sans doute leur très fort degré d'hydratation, empêchant les cellules de s'ancrer fortement à leur surface. Une façon de remédier à ce problème consiste à réticuler chimiquement les films [37]. Pour des films contenant des polyanions présentant des groupement carboxyliques et des polycations présentant des groupements amines, cela peut se faire, par exemple, à l'aide de la carbodiimide combinée à la N-hydroxysulfo-succinimide, qui conduit à la formation de liaisons amides. Il a ainsi été montré que la réticulation d'une multicouche de type (HA/PLL) conduit à une bonne adhérence et prolifération de chondrosarcomes, alors que la même architecture non réticulée était fortement résistante à l'adhésion de ces cellules.

3.3. Fonctionnalisation par des peptides

Une autre voie de fonctionnalisation consiste à inclure dans l'architecture d'un film des polyélectrolytes modifiés par couplage covalent d'un peptide (figure 21.11). On a démontré la validité de cette approche en mesurant la réponse de mélanocytes (B16-F1) déposés sur des architectures de type $(PGA/PLL)_n$ dont les molécules de poly-(L-lysine) (PLL) ont été remplacées dans certaines couches par d'autres chaînes de PLL, sur lesquelles a été couplée de l'α-mélanocortine (α-MSH), qui est un peptide biologiquement actif [19]. Cette hormone peptidique est un stimulateur potentiel de la mélanogenèse et conduit, lorsqu'elle est mise au contact de mélanocytes, à une cascade de réactions au sein des cellules. Ainsi, au bout de quelques heures, on observe la production d'AMP cyclique, et au bout de quelques jours la production de mélanine. Ces deux molécules ont été utilisées pour mettre en évidence l'activité biologique de films renfermant des chaînes contenant la PLL-α-MSH. On a observé que l'activité aux temps courts, évaluée par la production d'AMP cyclique, de tels films dans lesquels sont enfouies les molécules de PLL-α-MSH, dépend de la profondeur d'enfouissement du polyélectrolyte modifié, alors que la réponse aux temps longs (production de mélanine) ne varie pas jusqu'à un recouvrement de PLL-α-MSH par au moins 25 bicouches de (PGA/PLL). Dans cette étude, le mécanisme de communication cellulaire n'a pas pu être démontré de façon rigoureuse et pourrait avoir différentes origines. Les films de type (PGA/PLL) sont à croissance exponentielle et on sait que les deux polyélectrolytes sont capables de diffuser dans, et hors de, l'ensemble du film lors de chaque étape de construction.

La communication cellulaire pourrait alors aussi résulter de la diffusion de PLL-α-MSH vers les cellules au contact avec le film. Par ailleurs, la communication cellulaire pourrait également être due à la dégradation des multicouches par les cellules, comparable à celle notée pour l'interaction de monocytes avec la protéine A insérée dans des films réalisés à l'aide du même système de polyélectrolytes. Néanmoins, cette seconde possibilité ne peut constituer la seule voie de signalisation, car l'insertion, dans l'architecture $(PGA/PLL)_n$, de plusieurs couches de (PSS/PAH) non dégradables par les enzymes n'empêche pas totalement la communication cellulaire. Il a également été montré que les multicouches de type PLL/PGA renfermant des chaînes de PLL-α-MSH possèdent également des propriétés anti-inflammatoires [20].

$HS\text{-}CH2\text{-}CH_2\text{-}CO\text{-}SER\text{-}TYR\text{-}SER\text{-}NLE\text{-}GLU\text{-}HIS\text{-}PHE\text{-}ARG\text{-}TRP\text{-}GLY\text{-}LYS\text{-}PRO\text{-}VAL\text{-}NH_2$

Figure 21.11. Exemple de peptide (α-MSH) que l'on peut envisager de coupler à une chaîne de polypeptide afin de fonctionnaliser, après son insertion, le film multicouche.

3.4. Fonctionnalisation par des médicaments

Les multicouches de polyélectrolytes peuvent également être fonctionnalisées par insertion de médicaments. Ainsi, le pyroxicam, une molécule connue pour ses propriétés anti-inflammatoires, a récemment été inséré dans des films de type $(PGA/PLL)_n$ [21]. La molécule est représentée sur la figure 21.12b. Le pyroxicam est très peu soluble dans l'eau. Il est donc généralement administré sous la forme de complexes avec des molécules de cyclodextrine. Celles-ci se présentent sous la forme de cages (figure 21.12a), dans lesquelles peuvent s'insérer les molécules de pyroxicam.

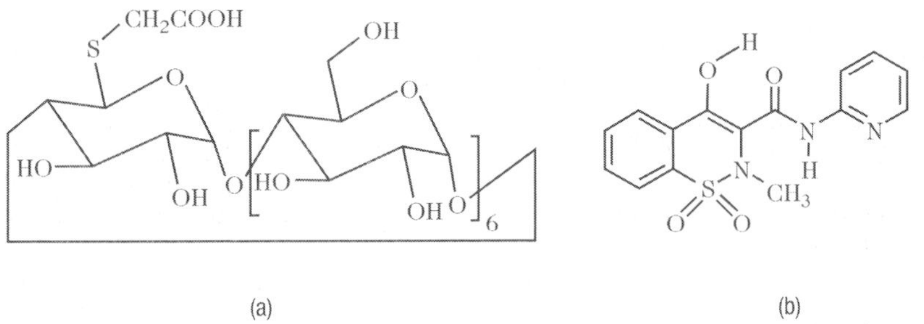

Figure 21.12. a) Structure chimique de la 6A-carboxyméthylthio-β-cyclodextrine. **b)** Structure chimique du pyroxicam.

Afin de pouvoir insérer ces complexes dans les multicouches de polyélectrolytes, une cyclodextrine chargée, la 6A-carboxyméthylthio-β-cyclodextrine, a été utilisée. Les propriétés anti-inflammatoires ont été mises en évidence en recouvrant les films fonctionnalisés par le pyroxicam avec des monocytes. Ces cellules ont ensuite été stimulées par un lipopolysaccharide. En l'absence de produit anti-inflammatoire, cela conduirait naturellement à la production de TNF-α, un marqueur d'inflammation. Or, en présence de pyroxicam dans les multicouches, une nette diminution de la production de TNF-α par les monocytes a été observée, signe de l'activité anti-inflammatoire des films (figure 21.13).

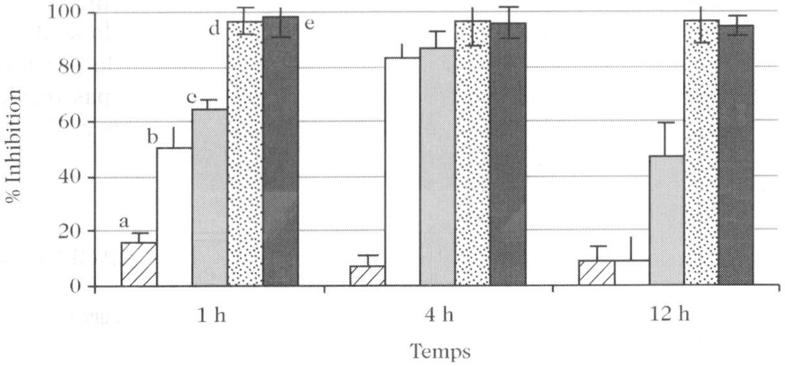

Figure 21.13. Inhibition de la production de TNF-α sécrété par des monocytes incubés avec 10 ng.mL^{-1} de lipopolysaccharide et déposés sur des multicouches contenant des complexes cyclodextrine-pyroxicam (cCDPx). Les cellules ont été déposées sur différents films : (a) PEI-(PGA-PLL)$_6$-Px ; (b) PEI-(PGA-PLL)$_6$-cCDPx ; (c) PEI-(PGA-PLL)$_6$-cCDPx-PLL-(PGA-PLL)$_3$; (d) PEI-(PGA-PLL)$_3$-cCDPx-PLL-(PGA-PLL)$_3$-cCDPx-PLL-(PGA-PLL)$_3$; (e) PEI-(PGA-(PLL-cCDPx)$_3$PLL. Les temps d'incubation en présence de lipopolysaccharide ont été variés de 1 h, 4 h à 12 h avant la mesure de la production de TNF-α. Px : pyroxicam ; cCDPx : complexe cyclodextrine-pyroxicam. (Figure tirée de la référence [21]).

3.5. Vers des nanoréacteurs

Nous avons vu que des protéines peuvent être incluses dans des films multicouches tout en conservant leur activité biologique. Il en va de même des enzymes. Le maintien de l'activité d'enzymes incluses dans des films multicouches de polyélectrolytes a d'abord été évalué sur des architectures de type enzyme/polyélectrolyte, comme PEI/GOD ou POD/PSS (PEI : poly(éthylèneimine) ; PSS : poly(styrène sulfonate) ; GOD : glucose oxydase ; POD : peroxydase) [38, 39, 40]. La première enzyme (GOD) catalyse la réaction entre le β-glucose et O_2, avec production de H_2O_2 et de D-glucono-δ lactone, qui oxyde un colorant, le DA67. La POD catalyse cette dernière réaction. Des constructions renfermant les deux types d'enzymes GOD et POD ont ensuite été réalisées. Les assemblages étaient formés de 4 bicouches de PEI-PSS (film précurseur), sur lesquelles avaient été déposées successivement deux bicouches de POD-PSS et deux bicouches de PEI-GOD. La réaction en deux étapes successives impliquant les deux enzymes est initiée par rajout de glucose et du colorant DA67 dans la solution au-dessus de la construction. Des édifices réalisés par insertion de glucamylase (GA), qui catalyse la conversion de l'amidon en β-glucose, ont également été construits sur des supports constitués de membranes d'ultrafiltration. Ainsi un assemblage formé, du sommet du film vers le bas, de deux bicouches de PEI/GA et de deux bicouches de PEI/GOD, permet à nouveau d'obtenir du H_2O_2 par conversion de l'amidon en β-glucose, cette réaction étant catalysée par la GA. Le β-glucose est à son tour transformé en D-glucono-δ galactone (au contact de la GOD) avec production de H_2O_2 qui, en solution en présence de POD, permet l'oxydation du colorant DA67, comme le montre la figure 21.14.

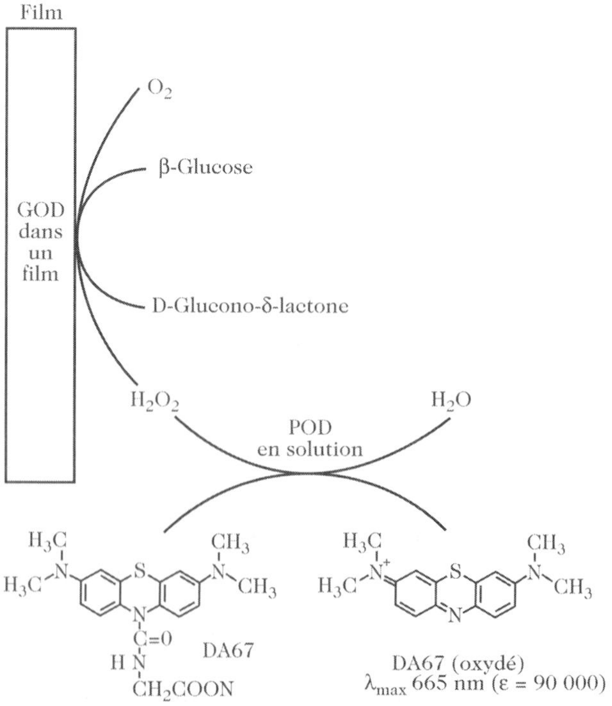

Figure 21.14. Processus séquentiel de réactions enzymatiques utilisant la glucose-oxydase (GOD) immobilisée dans le film, ainsi que la peroxydase (POD) en solution (3 mL, pH 7 et 25 °C) : glucose, 56 mM (0,01 mg/mL) ; POD, 0,004 mg/mL ; DA67, 10 mM (0,004 mg/mL). Tiré de : Onda M., Ariga K., Kunitake T., *J. Biosci. Bioeng.*, **87**, 69-75 (1999).

Des constructions conduisant à une cascade de deux à trois réactions enzymatiques peuvent donc être obtenues par un assemblage judicieux de polyélectrolytes et d'enzymes, ce qui conduit à des édifices dont le produit des réactions intermédiaires réagit avec les molécules localisées au voisinage. De tels édifices constituent des nanoréacteurs. Une optimisation de la distance de séparation entre les couches enzymatiques permet d'augmenter le rendement de la réaction multi-étapes. De telles constructions multi-enzymatiques miment par exemple les organites naturels et pourraient permettre la réalisation des réactions en plusieurs étapes avec des produits de réaction intermédiaires instables. De telles réactions sont difficiles à mener en solution lorsque les enzymes sont dissoutes dans la solution. De plus, ces assemblages ne consomment que peu d'enzymes.

4. Particules creuses réalisées avec des multicouches

On peut également recouvrir des particules colloïdales de multicouches de polyélectrolytes, le cœur des particules pouvant être dissous après dépôt du film. Le processus de fabrication est schématiquement représenté sur la figure 21.15.

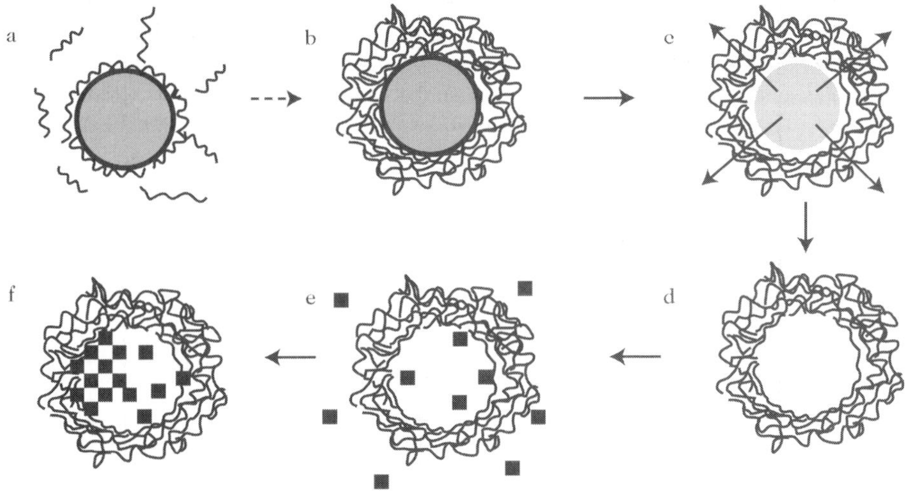

Figure 21.15. Adsorption séquentielle de polyélectrolytes (a) chargés positivement et (b) négativement sur des particules chargées négativement. Après dissolution du cœur de la particule (c), on obtient des particules creuses (d). Le rajout d'un colorant à la suspension (e) permet de charger l'intérieur des particules en faisant varier la force ionique ou la composition en solvant. Tiré de : Sukhorukov G., Dähne L., Hartmann J., Donath E., Möhwald H., *Adv. Mater.*, **12**, 112-115 (2000).

Les particules supports peuvent être synthétiques (inorganiques, organiques) ou biologiques. Un des premiers supports utilisés pour cette application a été la mélamine formaldéhyde [41], dont la dissolution par HCl est facile. Une autre solution a consisté à utiliser des précipités protéiques, et la destruction du cœur central est effectuée à l'aide d'hypochlorite de sodium. On peut aussi jouer sur la solubilité ou rajouter un agent complexant tel que l'EDTA dans le cas de $CaCO_3$ ou $CdCO_3$ [42]. La calcination de particules de SiO_2 couvertes d'un film multicouche conduit à des particules creuses et poreuses, avec un film de SiO_2 résiduel sous les polyélectrolytes.

La grande variété de matériaux que l'on peut utiliser pour la fabrication des membranes des particules creuses permet aussi de contrôler leur perméabilité. En termes d'applications, on recherche souvent une libération contrôlée sur une période longue ou une libération rapide et ponctuelle d'un principe actif. La variation de l'épaisseur du film permet la modulation de cette libération sur un ordre de grandeur en temps, mais une libération rapide est plus facile à mettre en œuvre. Une inclusion de protéines (enzymes) sous forme cristalline permet, après une dissolution progressive, la libération rapide du contenu protéique. La libération peut aussi être induite par la rupture de la paroi de la particule, provoquée par exemple par un choc osmotique, tandis que l'insertion des polyélectrolytes de faible masse permet la destruction de l'architecture par une simple variation de la force ionique. Une solution alternative concerne l'inclusion dans les constructions de dérivés sensibles à la chaleur, à la lumière ou à la pression.
L'induction de libérations réversibles et répétitives pourrait être obtenue par une modulation de la perméabilité des films. L'inclusion de canaux ioniques comparables à ceux trouvés dans les membranes cellulaires pourrait constituer une autre voie originale. La diffusion d'espèces plus volumineuses peut aussi être induite par des variations de pH [43]. Ainsi, les molécules de dextran marquées à la fluorescéine s'adsorbent à l'extérieur de capsules de PSS/PAH préparées à pH 8 et, par abaissement du pH à 6, ces molécules diffusent vers le cœur des particules. Lorsque le pH atteint 8, on observe la présence de molécules marquées uniquement à l'intérieur des particules. Une alternance des pH permet des réactions réversibles et le changement de perméabilité résulte d'une ionisation partielle du polyélectrolyte à pH 8, qui devient totale à pH 6. Les répulsions entre les polyélectrolytes conduisent à une certaine porosité dans le film construit à pH 8 et permettent la diffusion des molécules de dextran à travers la membrane.
Les capsules creuses pourraient trouver de multiples applications dès lors qu'elles pourront facilement être chargées par des molécules actives. Des voies chimiques ou physiques sont envisagées à cet effet. On peut ainsi établir un équilibre de Donnan en utilisant des parois de capsules qui sont imperméables aux polyélectrolytes. Pour de telles constructions, le rajout d'un polyacide à l'extérieur permet la diffusion de protons vers l'intérieur des particules, induisant des variations de pH de 1 à 4 unités. La différence de pH entraîne des variations de porosité qui permettent alors de charger les particules creuses. Une manière différente d'emprisonner une enzyme consiste à l'adsorber sur le support sur lequel le film est construit, mais avant le dépôt des premières couches ou en l'incluant dans les premières couches de l'architecture (vers l'intérieur de la capsule creuse). Si ces premières couches sont constituées de polyélectrolytes dégradables [44], les enzymes peuvent être libérées à l'intérieur des capsules après dissolution des couches internes. Une caractéristique majeure des particules poreuses découle de la propriété de diffusion des petites molécules à travers les films, alors que cela n'est pas possible pour les masses plus élevées. Ainsi, l'encapsulation d'enzymes permet de les protéger contre les réactions des protéases de haut poids moléculaire. Cette propriété a été démontrée pour la chymotrypsine et la peroxydase du raifort [45]. La protection semble efficace, mais elle s'accompagne toutefois d'une perte de l'activité biologique. Plus récemment, ce concept a également amené au recouvrement de particules colloïdales d'or, dont la taille n'est que de quelques nanomètres [46]. Le cœur de ces particules peut être dissous à l'aide de HF.

5. Vers des architectures plus complexes

Nous avons vu précédemment qu'il était possible de construire des films à croissance linéaire (PSS/PAH par exemple) et des films à croissance exponentielle (HA/PLL par exemple). À part la forte différence notée dans l'épaisseur après le dépôt d'un nombre donné de bicouches, les films à croissance linéaire sont plus durs et ne permettent pas la diffusion de protéines, de polypeptides, voire de complexes moléculaires perpendiculairement au plan du film. À l'inverse, les films à croissance exponentielle permettent une large diffusion de ces mêmes espèces, en particulier des polypeptides et des molécules de faible masse moléculaire. Ces propriétés peuvent être mises à profit pour réaliser des films à compartiments, en alternant des domaines à croissance linéaire et d'autres à croissance exponentielle. De telles architectures ont été réalisées en déposant par exemple des films $(PSS/PAH)_m$ sur d'autres films de type $(HA/PLL)_n$ [47]. Des édifices constitués de trois réservoirs (HA/PLL) séparés par deux barrières (PSS/PAH) ont ainsi été réalisés (figure 21.16).

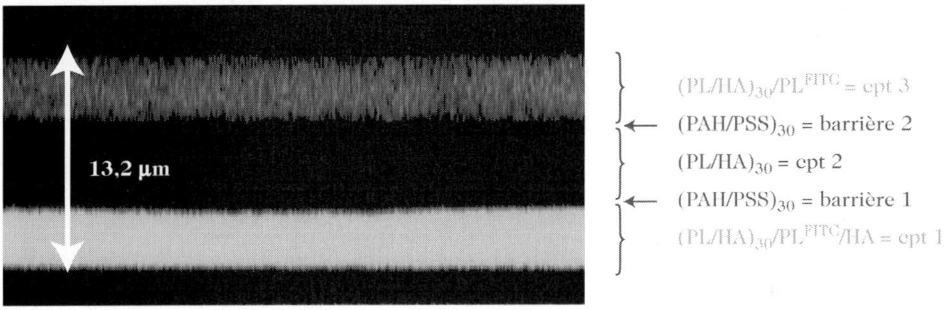

Figure 21.16. Film multicouche de polyélectrolytes formé des domaines constitués par des réservoirs obtenus par alternance d'acide hyaluronique et de polylysine (film à croissance exponentielle) et d'autres domaines (barrières) formés par une alternance de polystyrènesulfonate et de poly-allylamine (film à croissance linéaire). Le rajout de PL^{FITC} dans la dernière bicouche du réservoir indique clairement que le réservoir se remplit totalement de polylysine fluorescente, mais uniquement le réservoir concerné. On remarquera aussi l'efficacité des barrières PSS/PAH, qui empêchent la diffusion de PLL d'un réservoir à l'autre. (Reproduit avec autorisation d'après [47]. Copyright (2004) American Chemical Society).

L'utilisation de PLL marquée à la fluorescéine pour la réalisation de la dernière couche de PLL dans les compartiments HA/PLL 1 et 3 a permis de montrer la localisation de la fluorescence à l'intérieur de chaque compartiment. De telles expériences démontrent que chaque film linéaire de type PSS/PAH joue bien le rôle recherché de barrière. On envisage maintenant de charger chaque compartiment avec différents médicaments dans le but de les libérer progressivement. De plus, chaque réservoir pourra être chargé par la quantité ajustée de manière adéquate, selon l'épaisseur du compartiment et de la concentration utilisée en solution, pour remplir le compartiment correspondant. Un des problèmes majeurs restant à résoudre concerne le contrôle de la dégradation des films « barrières ».

Une autre manière de charger de façon importante des films polyélectrolytes ou de multifonctionnaliser des constructions peut être obtenue en incluant dans les films des vésicules de phospholipides. Ainsi, des vésicules formées essentiellement de 1-palmitoyl-2-oléoyl-sn-glycéro-3-phosphatidylcholine (POPC) ont été décrites dans la littérature [48, 49]. Elles avaient été stabilisées par recouvrement d'une couche de poly-(D-Lysine) avant leur insertion dans des multicouches de polyélectrolytes à croissance exponentielle. Il a été montré que ces vésicules peuvent être intégrées sans se rompre ni coalescer (figure 21.17).

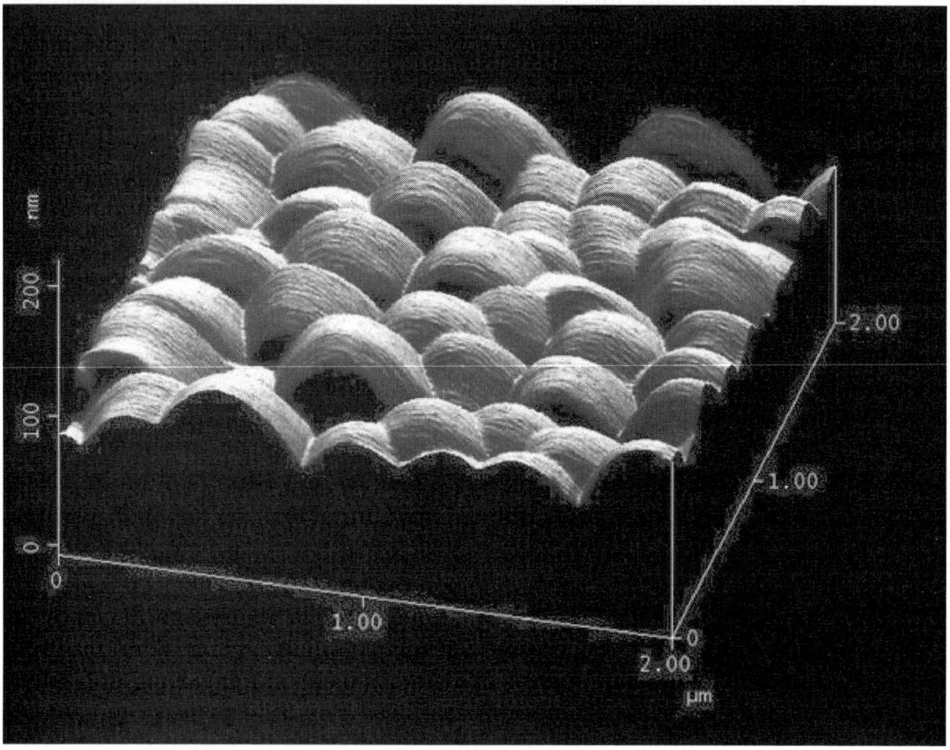

Figure 21.17. Image AFM de vésicules obtenues à l'aide de 1-palmitoyl-oléoyl-sn-glycéro-3-phosphatidylcholine (POPC), de glycérol et de 1-palmitoyl-2-oléoyl-sn-glycéro-3-phosphatidyl-DL-glycérol (POPG). Les vésicules sont stabilisées par recouvrement de PDL. Les vésicules sont recouvertes par deux bicouches de PGA-PAH. (Source : M. Michel, Institut Charles Sadron (CNRS), Strasbourg).

Ces vésicules constituent donc des outils intéressants pour la fonctionnalisation des films. On peut obtenir la multifonctionnalisation en mélangeant des liposomes renfermant différents réactifs et en les incluant dans l'architecture à un niveau précis de la construction. On peut aussi imaginer d'inclure par strates, à différents niveaux de l'édifice, des liposomes contenant des réactifs ou des médicaments différents dans le cas d'applications biomédicales. Il se pose aussi à ce niveau le problème du déclenchement de la réaction. Pour les applications biomédicales, les cellules doivent pouvoir interagir avec les médicaments, ce qui nécessite une ouverture ou dissolution progressive des enveloppes des vésicules. Les liposomes dans les films peuvent aussi contenir des réactifs qui conduisent à des dérivés instables ou ayant une stabilité limitée, mais utilisés par le milieu dès sa formation. Dans ce cas, l'ouverture des vésicules peut être déclenchée par exemple par l'application d'une force au sommet de l'édifice.

6. Perspectives

Les multicouches de polyélectrolytes constituent un outil très souple pour fonctionnaliser, voire multi-fonctionnaliser, des biomatériaux. Les études menées jusqu'à présent avaient principalement pour objet de démontrer la validité des concepts. Les travaux s'orientent maintenant vers des applications précises, comme la réalisation de surfaces aux propriétés anti-bactériennes et anti-inflammatoires. Pour d'autres applications, on s'oriente vers des films dans lesquels sont incorporés des facteurs de croissance et des peptides d'adhésion. Les multicouches de polyélectrolytes appliquées au domaine des biomatériaux devraient donc connaître encore un surcroît d'activité au cours des prochaines années.

BIBLIOGRAPHIE

[1] DECHER G., HONG J.D., SCHMITT J., *Thin Solid Films*, **210**, 831-835 (1992).

[2] DECHER G., *Science*, **277**, 1232-1237 (1997).

[3] FOU A.C., ONITSUKA O., FERREIRA M., RUBNER M.F., HSIEH B.R., *J. Appl. Phys.*, **79**, 7501-7509 (1996).

[4] HILLER J., MENDELSOHN J.D., RUBNER M.F., *Nature Materials*, **1**, 59-63 (2002).

[5] STANTON B.W., HARRIS J.J., MILLER M.D., BRUENING M.L., *Langmuir*, *19*, 7038-7042 (2003).

[6] RMAILE H.H., SCHLENOFF J.B., *J. Am. Chem. Soc.*, **125**, 6602-6603 (2003).

[7] MAMEDOV A., KOTOV N.A., PRATO M., GULDI D.M., WICKSTED J.P., HIRSCH A., *Nature Materials*, **1**, 190-194 (2002).

[8] SCHULTZ P., VAUTIER D., RICHERT L., JESSEL N., HAIKEL Y., SCHAAF P., VOEGEL J.-C., OGIER J., DEBRY C., *Biomaterials*, **26**, 2621-2630 (2005).

[9] LADAM G., SCHAAD P., VOEGEL J.C., SCHAAF P., DECHER G., CUISINIER F.J.G., *Langmuir*, **16**, 1249-1255 (2000).

[10] SCHLENOFF J.B., LY H., LI M., *J. Am. Chem. Soc.*, **120**, 7626-7634 (1998).

[11] SHIRATORI S.S., RUBNER M.F. *Macromolecules*, **33**, 4213-4219 (2000).

[12] PICART C., LAVALLE P., HUBERT P., CUISINIER F.J.G., DECHER G., SCHAAF P., VOEGEL J.C., *Langmuir*, **17**, 7414-7424 (2001).

[13] PICART C., MUTTERER J., RICHERT L., LUO Y., PRESTWICH G.D., SCHAAF P., VOEGEL J.C., LAVALLE P., *Proc. Natl. Acad. Sci. USA*, **99**, 12531-12535 (2002).

[14] LEE S.S., HONG J.D., KIM C.H., KIM K., KOO J.P., LEE K.B., *Macromolecules*, **34**, 5358-5360 (2001).

[15] SCHLENOFF J.B., DUBAS S.T., FARHAT T., *Langmuir*, **16**, 9968-9969 (2000).

[16] PORCEL C.H., IZQUIERDO A., BALL V., DECHER G., VOEGEL J.-C., SCHAAF P., *Langmuir*, **21**, 800-802 (2005).

[17] MENDELSOHN J.D., YANG S.Y., HILLER J., HOCHBAUM A.I., RUBNER M.F., *Biomacromolecules*, **4**, 96-106 (2003).

[18] JESSEL N., ATALAR F., LAVALLE P., MUTTERER J., DECHER G., SCHAAF P., VOEGEL J.C., OGIER J., *Adv. Mater.*, **15**, 692-695 (2003).

[19] CHLUBA J., VOEGEL J.C., DECHER G., ERBACHER P., SCHAAF P., OGIER J., *Biomacromolecules*, **2**, 800-805 (2001).

[20] BENKIRANE-JESSEL N., LAVALLE P., MEYER F., AUDOUIN F., FRISCH B., SCHAAF P., OGIER J., DECHER G., VOEGEL J.-C., *Adv. Mater.*, **16**, 1507-1511 (2004).

[21] BENKIRANE-JESSEL N., SCHWINTÉ P., FALVEY P., DARCY R., HAÏKEL Y., SCHAAF P., VOEGEL J.-C., OGIER J., *Adv. Funct. Mater.*, **14**, 174-182 (2004).

[22] ELBERT D.L., HERBERT C.B., HUBBELL J.A., *Langmuir*, **15**, 5355-5362 (1999).

[23] RICHERT L., LAVALLE P., VAUTIER D., SENGER B., STOLTZ J.-F., SCHAAF P., VOEGEL J.-C., PICART C., *Biomacromolecules*, **3**, 1170-1178 (2002).

[24] BOULMEDAIS F., FRISCH B., ETIENNE O., LAVALLE P., PICART C., OGIER G., VOEGEL J.C., SCHAAF P., EGLES C., *Biomaterials*, **25**, 2003-2011 (2004).

[25] MULLER M., RIESER T., DUBIN P.L., LUNKWITZ K., *Macromol. Rapid Comm.*, **22**, 390-395 (2001).

[26] LADAM G., SCHAAF P., CUISINIER F.G.J., DECHER G., VOEGEL J.-C., *Langmuir*, **17**, 878-882 (2001).

[27] SZYK L., SCHAAF P., GERGELY C., VOEGEL J.-C., TINLAND B., *Langmuir*, **17**, 6248-6253 (2001).

[28] SZYK L., SCHWINTÉ P., VOEGEL J.-C., SCHAAF P., TINLAND B., *J. Phys. Chem. B*, **106**, 6049-6055 (2002).

[29] CARUSO F., FURLONG D.N., ARIGA K., ICHINOSE I., KUNITAKE T., *Langmuir*, **14**, 4559-4565 (1998).

[30] SCHWINTÉ P., VOEGEL J.-C., PICART C., HAIKEL Y., SCHAAF P., SZALONTAI B., *J. Phys. Chem. B*, **105**, 11906-11916 (2001).

[31] BENKIRANE-JESSEL N., LAVALLE P., HÜBSCH E., HOLL V., SENGER B., HAÏKEL Y., VOEGEL J.-C., OGIER G., Schaaf P., *Adv. Funct. Mater.*, **15**, 648-654 (2005).

[32] HOUSKA M., BRYNDA E., *J. Coll. Int. Sci.*, **188**, 243-250 (1997).

[33] BRYNDA E., HOUSKA M., *J. Coll. Int. Sci.*, **183**, 18-25 (1996).

[34] BRYNDA E., HOUSKA M., In *Protein Architecture : Interfacing Molecular Assemblies and Immobilization Biotechnology*, Moehwald H., Ed., Marcel Dekker, Inc., New York, pp. 251-285 (2000).

[35] SERIZAWA T., YAMAGUCHI M., MATSUYAMA T., AKASHI M., *Biomacromolecules*, **1**, 306-309 (2000).

[36] SERIZAWA T., YAMAGUCHI M., AKASHI M., *Biomacromolecules*, **3**, 724-731 (2002).

[37] RICHERT L., BOULMEDAIS F., LAVALLE P., MUTTERER J., FERREUX E., DECHER G., SCHAAF P., VOEGEL J.-C., PICART C., *Biomacromolecules*, **5**, 284-294 (2004).

[38] SCHULER C., CARUSO F., *Macromol. Rapid Comm.*, **21**, 750-753 (2000).

[39] CARUSO F., SCHULER C., *Langmuir*, **16**, 9595-9603 (2000).

[40] ARIGA K., KUNITAKE T., In *Protein Architecture : Interfacing Molecular Assemblies and Immobilization Biotechnology*, Moehwald H., Ed., Marcel Dekker, Inc., New York, pp. 169-191 (2000).

[41] GAO C.Y., MOYA S., LICHTENFELD H., CASOLI A., FIEDLER H., DONATH E., MOHWALD H., *Macromolecular Materials and Engineering*, **286**, 355-361 (2001).

[42] ANTIPOV A.A., SUKHORUKOV G.B., DONATH E., MOHWALD H., *J. Phys. Chem. B*, **105**, 2281-2284 (2001).

[43] SUKHORUKOV G.B., ANTIPOV A.A., VOIGT A., DONATH E., MOHWALD H., *Macromol. Rapid Comm.*, **22**, 44-46 (2001).

[44] RADTCHENKO I.L., SUKHORUKOV G.B, MOHWALD H., *Colloids and Surfaces a-Physicochemical and Engineering Aspects*, **202**, 127-133 (2002).

[45] TIOURINA O.P., ANTIPOV A.A., SUKHORUKOV G.B., LARIONOVA N.L., LVOV Y., MOHWALD H., *Macromolecular Bioscience*, **1**, 209-214 (2001).

[46] SCHNEIDER G., DECHER G., *Nano Letters*, **4**, 1833-1839 (2004).

[47] GARZA J.M., SCHAAF P., MULLER S., BALL V., STOLTZ J.F., VOEGEL J.-C., LAVALLE P. *Langmuir*, **20**, 7298-7302 (2004).

[48] MICHEL M., IZQUIERDO A., DECHER G., VOEGEL J.-C., SCHAAF P., BALL V., *Langmuir*, **21**, 7854-7859 (2005).

[49] MICHEL M., VAUTIER D., VOEGEL J.-C., SCHAAF P., BALL V., *Langmuir*, **20**, 4835-4839 (2004).

CHAPITRE

22

BIOINTÉGRATION DES MATÉRIAUX

Joëlle AMÉDÉE*, Laurence BORDENAVE†, Marie-Christine DURRIEU‡, Jean-Christophe FRICAIN§, Laurent POTHUAUD¶

1. Le concept d'ingénierie tissulaire et cellulaire

L'extraordinaire augmentation de la longévité humaine justifie des besoins croissants en organes de remplacement. Les réussites remarquables obtenues par les transplantations classiques (réussites techniques associées à la multiplication des médicaments antirejets et à la maîtrise de leur administration) sont aussi accompagnées de différents inconvénients, au premier rang desquels on trouve la pénurie du nombre de greffons : la liste des demandeurs s'allonge, l'opposition aux prélèvements d'organes progresse, le nombre de transplantations d'organes plafonne. De plus, il s'est avéré au cours des dernières années que les transplantations d'organes présentaient un risque significatif de transmission d'agents pathogènes. Enfin, l'inconvénient majeur réside dans l'obligation du suivi d'un traitement immunosuppresseur. Scientifiques et médecins ont depuis longtemps cherché des solutions alternatives à la transplantation d'organes humains.
Selon la définition élaborée à Chester en 1986 par la Conférence de Consensus organisée sous l'égide de la *Société Européenne des Biomatériaux*, les biomatériaux sont des matériaux non vivants, utilisés dans un appareil médical et conçus pour interagir avec des systèmes biologiques, qu'ils participent à la constitution d'un dispositif à visée diagnostique ou à celle d'un substitut de tissu ou d'organe, ou encore à celle d'un dispositif de suppléance (ou d'assistance) fonctionnelle.

* INSERM U577, Université Bordeaux 2. joelle.amedee@bordeaux.inserm.fr
† INSERM U577, Université Bordeaux 2. laurence.bordenave@biophys.u-bordeaux2.fr
‡ INSERM U577, Université Bordeaux 2. marie-christine.durrieu@bordeaux.inserm.fr
§ INSERM U577, Université Bordeaux 2. jean-christophe.fricain@u-bordeaux2.fr
¶ MEDIMAPS, PTIB, CHU Xavier Arnosan, Pessac. lpothuaud@medimaps.fr

Depuis les dispositifs médicaux à usage unique jusqu'aux prothèses implantées à demeure, une grande variété de produits impliquent l'utilisation de biomatériaux. Le secteur des biomatériaux regroupe 4 000 produits différents, issus de technologies et de matériaux généralement développés pour d'autres finalités, et il est intéressant de rappeler que peu ou aucun des biomatériaux ne sont issus de technologies spécifiques à finalité biomédicale [1]. La caractéristique commune des biomatériaux est la **biocompatibilité**, propriété dont le caractère multiparamétrique en fait une fonction difficile à mesurer ou à évaluer objectivement.

Dans les domaines mettant en jeu des biomatériaux et des matériels implantables, le degré d'exigence en matière de biocompatibilité est plus ou moins élevé selon les dispositifs considérés, les paramètres à prendre en compte étant la durée globale de la confrontation avec l'organisme du patient concerné, le site anatomique impliqué, l'aire des surfaces de contact avec les tissus.

La biocompatibilité d'un implant implique qu'il soit bien accepté par les tissus d'accueil, voire bien intégré au sein de ces derniers, d'où le terme de biointégration couramment utilisé pour désigner le résultat idéal que peu (sinon aucun) de biomatériaux synthétiques permettent d'observer.

À l'évidence, le résultat observable est conditionné par l'évolution de la réaction inflammatoire aiguë consécutive à l'implantation et par le comportement des cellules des tissus périimplantaires. Les matériaux doivent posséder à la fois des propriétés structurales adaptées à la fonction attendue et des propriétés superficielles garantissant l'instauration de relations positives à l'interface matériau-tissus. Selon la nature du matériau, la structure de sa surface, ses caractéristiques physico-chimiques superficielles et sa micromorphologie, ces cellules vont être capables d'adhérer au matériau, de s'étaler, de migrer, de proliférer, de synthétiser et de sécréter les composants d'une nouvelle matrice extracellulaire, et de contribuer ainsi à l'édification d'un néotissu au sein duquel l'implant est parfaitement intégré. Cette intégration peut s'accompagner ou non d'une résorption de l'implant.

Pour doter les matériaux de moyens propres à leur permettre de mieux s'intégrer au sein des tissus receveurs, le concept d'ingénierie tissulaire prévoit d'associer dans un même système une composante artificielle d'origine synthétique ou naturelle (élaborée à partir d'un ou plusieurs biomatériaux rationnellement fonctionnalisés) et une composante cellulaire ou tissulaire d'origine autologue (un ou plusieurs types de cellules), aptes à participer à la néoformation des tissus à remplacer, ou à réparer ou à assurer la fonction de l'organe à substituer. Il s'agit là d'un champ de recherche et développement assez nouveau de la biotechnologie, qui combine divers aspects de la médecine et de la biologie, de la biologie cellulaire et moléculaire, de la science des matériaux et de l'ingénierie, en vue de régénérer, de réparer ou de remplacer des tissus malades. **L'ingénierie tissulaire est une spécialité multidisciplinaire en plein essor**, au carrefour des sciences du vivant et des sciences de l'ingénieur, qui utilise le biomimétisme. Elle tire parti entre autres des avancées réalisées par les spécialistes de biologie du développement et de biologie cellulaire (possibilité de cultures de cellules différenciées) et des progrès réalisés par les spécialistes des biomatériaux et du génie des procédés. Le développement de ces stratégies, une fois maîtrisés le choix du support, le choix et l'exploitation du matériel cellulaire, devrait déboucher sur de nouvelles familles de produits, aux côtés des médicaments, des dispositifs médicaux et des transplantations de tissus ou d'organes (dont les limites et les risques sont bien connus), dont médecins et chirurgiens pourront faire bénéficier les patients pour l'amélioration de leur qualité de vie.

L'ingénierie tissulaire représente certainement la nouvelle génération des biomatériaux et matériels implantables. Parmi les applications actuelles de ce domaine de la médecine régénérative figure le traitement des maladies ou des blessures de la peau, des cartilages et des os, des valves cardiaques et des vaisseaux sanguins.

Ainsi, l'ingénierie tissulaire est susceptible de servir trois objectifs :

– mettre au point des procédés de régénération ou de réparation tissulaire *in situ* stimulée ou induite par l'apport de cellules compétentes, ou de facteurs bioactifs adéquats (approche de type thérapie cellulaire). *Remarque* : ces facteurs pourraient être apportés de manière auto-contrôlable par des cellules qui ne sont pas nécessairement celles qui participent à la reconstruction tissulaire ou par des supports « intelligents » ;

– élaborer *in vitro* des ébauches de substituts d'organes ou de tissus (destinés à être implantés) combinant un support matriciel et des cellules (en général d'origine autologue) ;

– élaborer *in vitro* des équivalents bioartificiels d'organes ou de tissus destinés à servir de modèles d'étude, en pharmacologie et en cosmétologie.

La reconnaissance des biomatériaux par les cellules à l'échelle moléculaire peut être obtenue par deux grands types de conception. La première approche dote les biomatériaux de la propriété de **bioactivité** en incorporant des molécules bioactives solubles (facteurs de croissance, anticorps...) à des supports, de façon à obtenir un relargage de ces molécules qui vont déclencher ou moduler la néoformation tissulaire. L'autre approche consiste à incorporer des peptides proadhésifs aux biomatériaux par des modifications chimiques ou physiques, au cours de modifications de surface ou de modification au cœur des biomatériaux [2].

2. Modifications de surfaces des matériaux

2.1. Utilisation de nanoparticules comme système de délivrance de principes actifs

L'objectif général est de doter les dispositifs implantables de la capacité de s'opposer au développement de différents processus infectieux et/ou inflammatoires qui peuvent suivre leur mise en place.

Aujourd'hui, pour pallier ces effets, sont proposées l'administration d'un médicament par voie générale, ainsi que l'administration locale d'antibiotiques en chirurgie osseuse.

- **Lorsqu'un médicament est administré par voie générale**, il se distribue dans tout l'organisme, et sa concentration sur le site visé (c'est-à-dire susceptible d'être le siège d'un processus infectieux et/ou inflammatoire et/ou néoplasique) ne peut dépasser le seuil d'efficacité que si la dose administrée est suffisamment élevée, au risque d'exposer le patient à des effets toxiques.

  Les substances pharmacologiquement administrées par voie orale ou parentérale présentent souvent une demi-vie trop courte pour atteindre l'effet local recherché et des risques de toxicité générale.

- **Depuis 1970, les ciments aux antibiotiques sont utilisés dans la chirurgie des prothèses articulaires.** Dix ans plus tard [3], une étude suédoise a montré que chez 1688 patients ayant eu une prothèse totale de hanche, seul le ciment à la gentamicine était aussi efficace que l'antibioprophylaxie systémique. Le ciment imprégné aux antibiotiques est très utilisé en Europe [4]. En France, il existe deux préparations commercialisées, utilisant soit la gentamycine, soit une association d'érythromycine et de colimycine. On peut également préparer du « ciment aux antibiotiques », notamment à la vancomycine, en salle d'opération dans des conditions non standardisées. Le facteur limitant de cette méthode est la libération non contrôlée (en terme de concentration et de durée) du principe actif utilisé.
  Pour pallier ces inconvénients, se développent des systèmes de délivrance de principes actifs, appelés « *Drug delivery system* (DDS) ». Le principe de ces DDS est de délivrer des substances pharmacologiquement actives *in situ*, de façon prolongée, régulière, en quantité suffisante et non toxique.

Quelles sont les limites des méthodes ou produits existants pour répondre à ces besoins ?

- La cinétique de libération du principe actif n'est pas maîtrisée puisqu'aucun dispositif ne permet d'ajuster son relargage et donc de pérenniser son action sur une durée prédéfinie.
- Une partie du principe actif n'est pas libéré puisqu'il se trouve piégé trop profondément dans le ciment.

Des polymères stimulables présentant des fonctions réactives obtenues par encapsulation ou adsorption des principes actifs directement dans le matériau ou dans des billes, elles-mêmes adsorbées ou greffées sur le matériau, ont déjà été décrits [5, 6].
Toutefois, l'adsorption ne permet pas une libération contrôlée du principe actif. Quant à l'encapsulation, si elle peut permettre une libération contrôlée du principe actif, elle est en revanche incompatible avec une utilisation prolongée et/ou lorsque le matériau est soumis à de fortes contraintes (flux, frottement...).
Pour une délivrance locale de médicaments efficace chez l'homme, les principaux défis à relever sont : 1) le choix du principe actif à utiliser, 2) l'évaluation chez l'animal de la dose systémique précédemment mise en évidence comme étant effective localement, et 3) l'identification du véhicule biocompatible susceptible de délivrer le principe actif.

Un exemple détaillé : conception, élaboration de surfaces susceptibles de délivrer de façon contrôlée un principe actif [7, 8]

Idéalement, un implant devrait autoriser la libération contrôlée, au niveau du site d'implantation du biomatériau (sur une période de temps ajustable), d'un principe actif sélectionné fixé de manière covalente en surface de ce dernier (figure 22.1). L'utilisation de nanoparticules (figure 22.2) est par définition indiscutable puisque celles-ci permettent à la fois d'accroître la surface spécifique du matériau, afin de garantir une concentration suffisante en molécules bioactives, et d'introduire facilement plusieurs fonctions chimiques ou principes actifs à la surface du biomatériau (voir la figure 22.1).

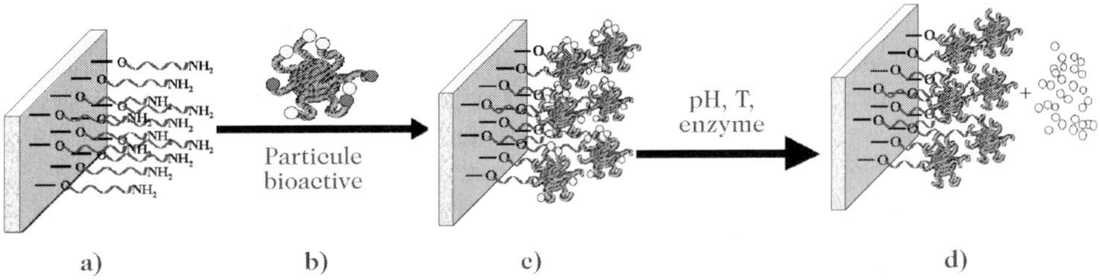

Figure 22.1. Schématisation de la surface d'un biomatériau permettant la délivrance de principes actifs. **a)** Fonctionnalisation ou greffage du biomatériau ; **b)** synthèse des nanoparticules fonctionnalisées par le principe actif ; **c)** fixation des nanoparticules sur le biomatériau ; **d)** libération du principe actif.

La synthèse des nanoparticules est réalisée en une seule étape [9-11]. Ces nanoparticules polymères sont stimulables et présentent des fonctions réactives (F) de type acide, amine, alcool, chlorure d'acide, etc., en périphérie (fonctions permettant leur fixation en surface du biomatériau préfonctionnalisé) (figure 22.3). Ces particules seront obtenues par copolymérisation par métathèse (ROMP, de *Ring-opening Olefin Metathesis Polymerization*) en milieu dispersé (émulsion, mini- et micro-émulsion, dispersion, suspension) de cyclo-oléfines avec des macromonomères α-ω-fonctionnalisés par une entité polymérisable et une fonction réactive (A) ou un principe actif (B) (figure 22.3).

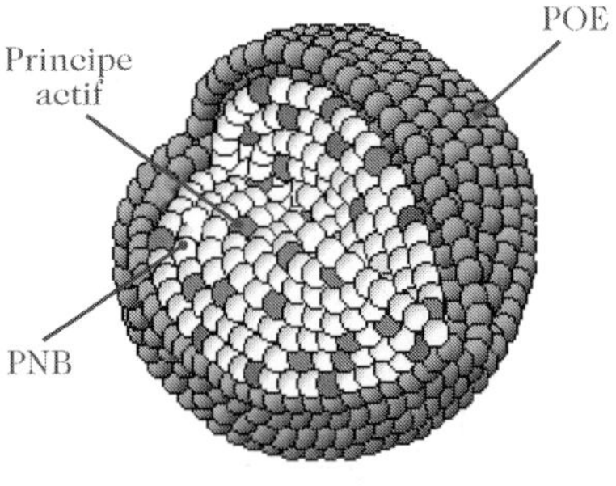

Figure 22.2. Schématisation de la structure de nanoparticules fonctionnalisées par un principe actif.

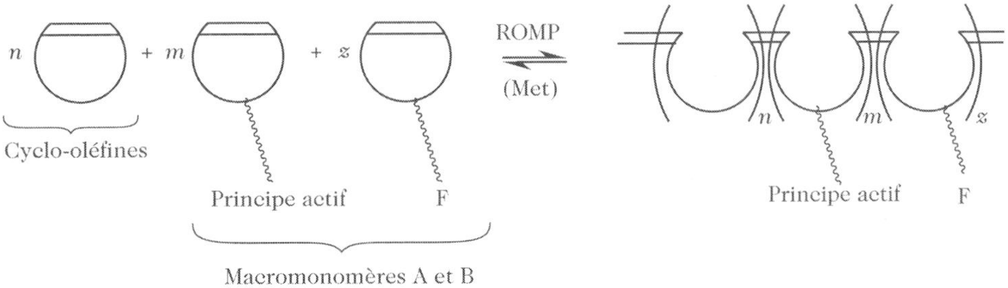

Figure 22.3. Schéma de principe de la synthèse de nanoparticules bifonctionnalisées.

Le monomère de base est une cyclo-oléfine, le norbornène. Très réactif en polymérisation par métathèse, il permet d'atteindre des rendements en polymère élevés. Par ailleurs, le polynorbornène (PNB) est un polymère non cytotoxique dont l'utilisation a déjà été envisagée pour la réalisation de sondes trachéotomiques. Les macromonomères (A et B) sont des oligomères de polyoxyde d'éthylène (POE). Ils sont fonctionnalisés à l'une de leurs extrémités par une unité norbornényle, entité choisie pour sa réactivité élevée en polymérisation par métathèse, et à l'autre extrémité par une fonction réactive de type acide (A) ou par le principe actif (B) via un pont amide clivable.

La fixation covalente des particules sur le matériau est réalisée par condensation de deux fonctions réactives antagonistes, l'une se trouvant sur le matériau et l'autre sur les particules. On peut citer à titre d'exemple les couples acide/amine, acide/alcool, acide/chlorure d'acide, alcool/chlorure d'acide, etc.
Préalablement à cette fixation, il apparaît clairement la nécessité de modifier la surface du matériau afin de fixer en surface les fonctions recherchées. La fonctionnalisation permet de créer à la surface du support des fonctions chimiques réactives, c'est-à-dire des fonctions utilisables pour la fixation par liaison covalente d'une autre molécule (voir le paragraphe 2.2) [12-21].
Une réaction de clivage de la liaison particule-principe actif, actionnée par le contact du matériau avec le milieu physiologique, par une modification du pH ou par une modification locale de la température, pourrait libérer de façon contrôlée la molécule bioactive sous sa forme native (voir la figure 22.1).

2.2. Fonctionnalisation des surfaces des biomatériaux à l'échelle macrométrique

Depuis les dernières décennies, les scientifiques issus des sciences des matériaux, de l'ingénierie de surface, de la chimie, de la physique, de la biologie, de la biochimie et de la médecine s'attachent à fonctionnaliser des matériaux dans le but d'obtenir des interactions spécifiques cellules-matériaux.
Parmi les méthodes employées, on peut distinguer celles qui reposent sur une fonctionnalisation par modifications chimiques non spécifiques. C'est le cas des modifications par plasma en présence d'atmosphères diverses dont la nature va conditionner la modification. C'est aussi le cas lorsqu'une surface est activée par rayonnement ionisant électromagnétique (β, γ) ou particulaire (bombardement d'électrons ou d'ions). Le résultat est souvent mal contrôlé et multifonctionnel. L'introduction de fonctions acide carboxylique ou aminées, de groupes fluorés, etc., est relativement classique et exploitée industriellement [22, 23]. Les modifications obtenues peuvent améliorer aussi bien l'adhésion cellulaire que repousser les protéines ou les cellules selon le ou les groupes fonctionnels introduits. Ainsi, une séquence Arg-Gly-Asp (RGD) favorisera la fixation biospécifique de cellules [24], alors que des greffons PEG diminueront l'interaction avec les protéines et les plaquettes [25].
Des activations plus spécifiques peuvent être obtenues en mobilisant la chimie de couplage sur des groupes fonctionnels initialement présents ou introduits comme intermédiaires de synthèse. Ainsi, la présence de groupes acide carboxylique ou amine primaire permet de coupler des composés amine primaire ou secondaire ou acide carboxylique, respectivement, à l'aide d'agents de couplages tels que le dicyclocarbodiimide ou DCC. La littérature contient de nombreux exemples de couplage impliquant des peptides, notamment des peptides portant la séquence RGD, des protéines enzymatiques, des hormones peptidiques, des anticorps, etc.

Un exemple détaillé : la fonctionnalisation de matériaux par des peptides RGD

Sur les plans fondamental et expérimental, l'élaboration d'organes artificiels hybrides, associant une composante cellulaire ou tissulaire et une composante artificielle matricielle d'origine naturelle ou synthétique, permet d'améliorer les propriétés de biointégration de ces substituts.

La séquence Arg-Gly-Asp (RGD) est de loin la séquence peptidique la plus efficace et la plus employée pour stimuler l'adhésion cellulaire en surface de matériaux. Depuis la découverte de cette séquence peptidique comme ayant un rôle médiateur de l'attachement cellulaire [26], de nombreux scientifiques ont déposé des peptides contenant cette séquence particulière en surface de biomatériaux pour promouvoir l'attachement cellulaire [20, 27-33]. Les récepteurs membranaires appartenant à la superfamille des intégrines reconnaissent cette séquence RGD et favorisent l'attachement. Les intégrines [34] sont des hétérodimères formés de deux sous-unités, α et β, qui contiennent dans leur portion extracellulaire des sites de liaison spécifiques dont l'activité requiert la présence de calcium et qui reconnaissent la séquence consensus tripeptidique, Arg-Gly-Asp (RGD). Ce motif constitue la structure centrale des ligands de tous les membres de la famille des intégrines, la séquence d'acides aminés qui entoure le motif RGD déterminant la spécificité de chaque protéine de la matrice pour une ou plusieurs intégrines. L'adhésion cellulaire réalisée par le biais des intégrines comprend une cascade de quatre événements [35] : l'attachement cellulaire, l'étalement cellulaire, l'organisation du cytosquelette d'actine et la formation de contacts focaux.

Une liaison stable des peptides RGD en surface est essentielle pour permettre une forte adhésion cellulaire. En effet, la formation des plaques d'adhésions focales ne peut apparaître que si les ligands résistent aux forces contractiles des cellules [36-38]. Une simple adsorption de peptides RGD en surface n'entraîne qu'un très faible attachement cellulaire [39-42]. Par ailleurs, les inconvénients des techniques d'adsorption sont la nécessité d'une quantité relativement importante de protéines/peptides, leur relargage éventuel indésirable et/ou la diffusion des molécules bioactives loin de l'interface tissu-implant où ces biomolécules sont désirées. En revanche, les techniques de couplage induisent une opportunité d'immobilisation et d'orientation des biomolécules, permettant l'obtention d'une réponse physiologique plus rapide et spécifique en exposant les sites actifs appropriés au niveau de l'interface.

Afin de permettre une liaison stable peptides/surface, les peptides RGD doivent être greffés de manière covalente au matériau, c'est-à-dire via des groupements fonctionnels tels que des fonctions carboxyliques, hydroxyles ou amines. Étant donné que tous les matériaux ne possèdent pas ces groupements fonctionnels en leur surface, ceux-ci doivent être introduits par des traitements physiques ou chimiques, l'hydrolyse en milieu alcalin, la réduction, l'oxydation.

Les groupements fonctionnels nécessaires à l'immobilisation de peptides peuvent être générés dans le cas des polymères par « mélange » avec d'autres polymères qui contiennent ces groupements fonctionnels. Par exemple, le poly(tétrafluoroéthylène) (PTFE) [43], le polystyrène (PS) [44] et le poly(acide lactique) [45] ont été revêtus avec de la poly(L-lysine) (PLL) par adsorption. Les fonctions amines libres de la PLL peuvent être utilisées pour d'autres modifications.

Par exemple, des fonctions hydroxyles sont créées en surface de poly(vinyl acétate) via une hydrolyse [46] en milieu alcalin. Une aminolyse du poly(γ-méthyl L-glutamate) par des diamines telles que l'hydrazine hydratée, l'éthylènediamine ou l'hexaméthylènediamine conduit à la formation de surfaces fonctionnalisées par des fonctions amines, qui peuvent être utilisées dans le cadre d'immobilisation de peptides [47]. Les groupements carbonyls présents en surface du poly(aryléther

éther ketones) (PEEK) peuvent être réduits à l'aide du borohydrure de sodium pour générer des fonctions hydroxyles en vue d'une future fonctionnalisation [48]. Le poly(éthylène téréphtalate) (PET) peut être, soit traité à l'aide de borohydrure de sodium pour obtenir une fonctionnalisation uniforme de fonctions hydroxyles, soit oxydé pour obtenir des fonctions terminales carboxyliques [49] (figure 22.4). Des modifications ultérieures peuvent permettre l'obtention de matériaux présentant différentes fonctions chimiques (NH_2, NCS, NCO, OSO_3H).

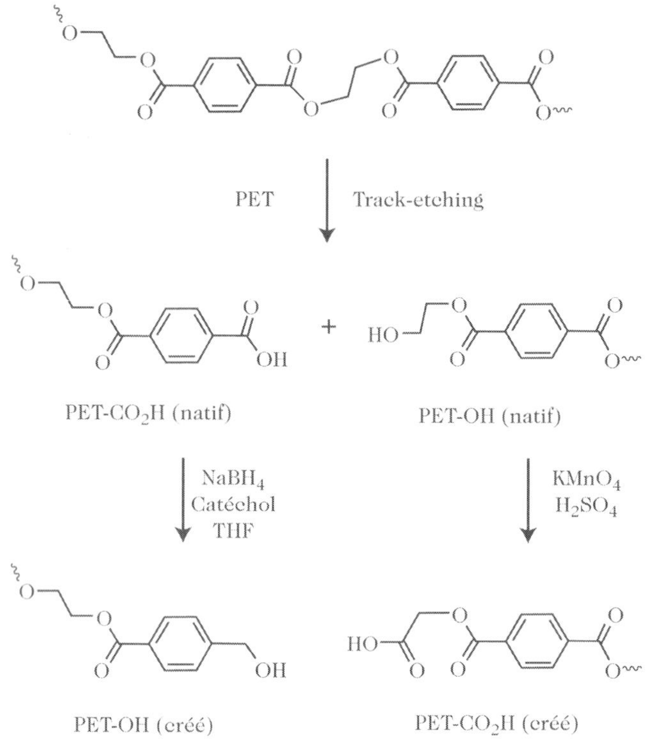

Figure 22.4. Fonctionnalisation du PET par « track-etching » et traitements chimiques (Hersel U., *Biomaterials*, **24**, 4385-415, 2003).

Dans la majorité des cas, les peptides RGD sont liés aux matériaux via une liaison amide stable. Cela est généralement réalisé par le biais de la réaction entre les fonctions carboxyliques actives présentes en surface du matériau et l'azote nucléophile terminal du peptide. Les fonctions carboxyliques peuvent être activées grâce à un agent de couplage tel que le 1-éthyl-3-(3-diméthylaminopropyl)-carbodiimide (EDC, aussi référencé comme un carbodiimide soluble dans l'eau, WSC), le dicyclohexyl-carbodiimide (DCC) ou le carbonyl diimidazole (CDI) (figure 22.5). Dans le but de fonctionnaliser des surfaces de titane à l'aide de molécules organiques bioactives, les matériaux titane peuvent être traités par voie chimique de manière à nettoyer les matériaux de façon reproductible et à les réoxyder [28, 50]. Une oxydation contrôlée est bénéfique, puisque la couche d'oxyde et les fonctions hydroxyles sont nécessaires au couplage subséquent de molécules et biomolécules. Les molécules silanes et les molécules thiols sont probablement les

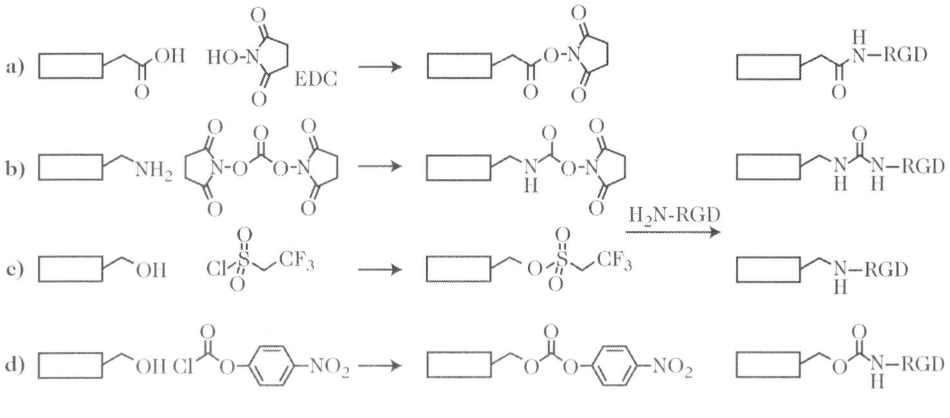

Figure 22.5. Les peptides RGD, par le biais de leur fonction N-terminale, réagissent avec les différents groupements présents en surface du matériau : **a)** groupements carboxyliques préactivés avec un carbodiimide et NHS pour générer un ester actif ; **b)** groupements amines préactivés avec DSC ; **c)** groupements hydroxyles préactivés pour former des trésylates ; **d)** groupements hydroxyles préactivés pour former du p-nitrophényl carbonate (Hersel U., *Biomaterials*, **24**, 4385-415, 2003).

plus utilisées pour la fonctionnalisation de surfaces métalliques. Une modification biomimétique d'un alliage de titane (TA6V) a été réalisée sous atmosphère, température et pression contrôlées, afin d'éviter la présence d'eau physisorbée ou une contamination par des composés carbonés [28]. Une stratégie de greffage de peptides consiste à modifier les sites hydroxyles présents en surface et implique le greffage d'un aminosilane en surface du titane, la fixation d'un agent intermédiaire bifonctionnel (succinimidyl maléimidopropionate (SMP)) sur les fonctions amines et la fixation d'un peptide RGDC (C : cystéine) sur la fonction maléimide [28] (figure 22.6).

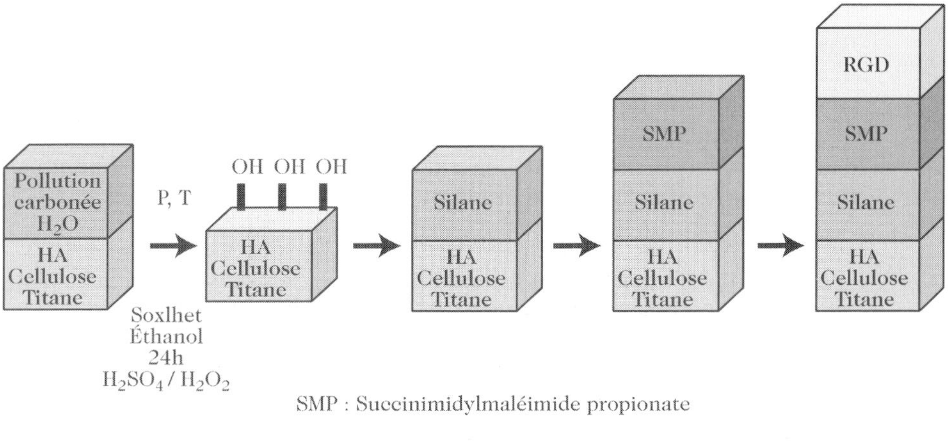

Figure 22.6. Schématisation d'une stratégie de fonctionnalisation de matériaux par des peptides RGD via deux molécules intermédiaires [28].

Les figures 22.5 et 22.7 présentent différentes voies possibles de fixation de peptides RGD en surface de matériaux.

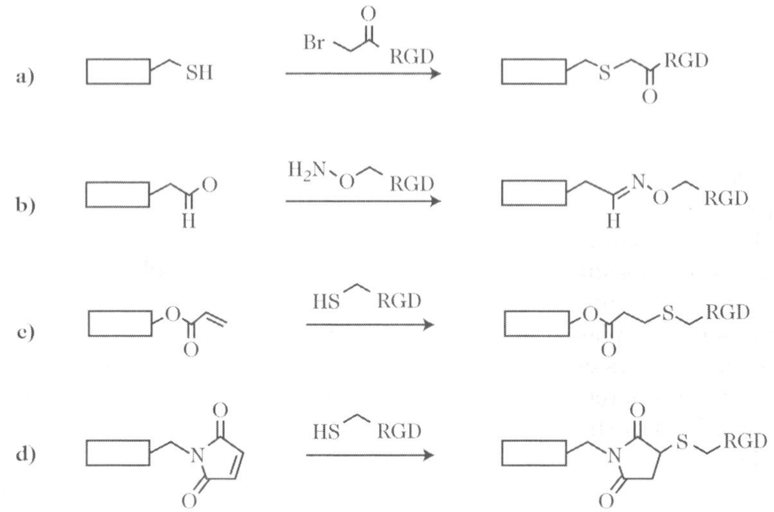

Figure 22.7. Couplage chimique entre deux fonctions antagonistes. **a)** Réaction entre une fonction thiol et une fonction bromoacétyl du peptide ; **b)** réaction entre une fonction aldéhyde et une fonction aminooxy du peptide ; **c)** réaction entre une fonction acrylate et une fonction thiol du peptide ; **d)** réaction entre une fonction maléimide et une fonction thiol du peptide (Hersel U., *Biomaterials*, **24**, 4385-415, 2003).

2.3. Intérêt de la nanotopochimie contrôlée et des nanodomaines

Les concepteurs de dispositifs médicaux implantables capables d'assurer un service fonctionnel pérenne sont toujours à la recherche de biomatériaux permettant la biointégration de ces dispositifs. On entend par biointégration **l'absence de réaction inflammatoire chronique** qui pourrait faire suite à la réaction inflammatoire aiguë consécutive à l'implantation du dispositif, et **la reconstruction des tissus d'accueil** autour des biomatériaux constitutifs (voir au sein de ces derniers lorsqu'ils sont dotés d'une porosité adéquate), selon un schéma conforme au modèle originel de ces tissus. Un tel résultat est évidemment conditionné par le comportement des cellules périimplantaires, pour qui tout biomatériau intrus devrait dès lors constituer une base d'édification des néotissus souhaités.
Cette construction tissulaire implique plusieurs processus interdépendants :

- nettoyage du site par les polynucléaires neutrophiles,
- adhésion, étalement, migration, prolifération, synthèse matricielle de la part de cellules spécifiques du tissu considéré,
- recrutement de cellules endothéliales ou de leurs précurseurs destinés à la reconstruction d'une néovascularisation.

Tous ces processus ne pourront s'amorcer, se dérouler et aboutir au résultat attendu que dans la mesure où les cellules concernées auront avec le biomatériau des relations spatiales et moléculaires similaires à celles qu'elles ont avec leur matrice naturelle. Outre son rôle dans la régulation de la disponibilité de divers cytokines et facteurs de croissance, cette matrice détermine le comportement des cellules et leur expression phénotypique en exposant des ligands pro-adhésifs spécifiquement reconnaissables par les intégrines cellulaires. Les cellules adhérentes se trouvent dès lors dans un champ de contraintes, dont elles optimisent la distribution spatiale par une concentration organisée des récepteurs membranaires (phénomène de *clustering*), conjuguée à l'exploitation de la plasticité de la matrice extracellulaire. Ce champ de contraintes optimisé est à son tour inducteur de phénomènes de mécanotransduction qui vont stimuler l'expression phénotypique des cellules.

On peut recourir à différentes stratégies pour obtenir l'adhérence de cellules différenciées sur un biomatériau. On peut par exemple préadsorber sur le biomatériau une protéine matricielle connue pour ses vertus pro-adhésives. Toutefois, l'absence de plasticité du support limite les possibilités d'optimisation du champ de contraintes créé par les liens adhésifs souscrits par les cellules et, de ce point de vue, on perçoit bien l'intérêt de supports dotés d'un certain relief, c'est-à-dire capables d'offrir un environnement tridimensionnel aux cellules. Une autre stratégie consiste à biofonctionnaliser les supports en leur associant des peptides pro-adhésifs ; ceux-ci peuvent être théoriquement répartis de manière homogène avec une densité optimale, ou mieux répartis de manière hétérogène par paquets selon une distribution topodéterminée.

Ces quelques considérations montrent tout l'intérêt qu'il y a à concevoir des matériaux avec une surface dont la topographie et la topochimie sont définies à l'échelle des acteurs cellulaires et moléculaires impliqués dans les processus déterminants de la reconstruction des tissus autour de ces matériaux. De nombreux travaux [51], fondés sur la mise en œuvre de matériaux dotés d'un relief superficiel caractérisé par la présence de rainures, de plots ou de puits de taille micrométrique ou submicrométrique, distribués selon un schéma géométrique prédéfini, ont montré la sensibilité de cellules ensemencées à la surface de ces matériaux, à ces détails topographiques. Notons cependant que, outre leur incidence sur l'environnement spatial des cellules, ces détails pouvaient également se distinguer par des caractéristiques physico-chimiques locales différentes de celles du reste de la surface du matériau. D'autres études [51], moins nombreuses parce que plus délicates à réaliser, ont montré justement l'influence des caractéristiques physico-chimiques superficielles locales sur le comportement des cellules. On connaît les phénomènes de ségrégation qui caractérisent la microstructure des polyétheruréthaneurée (PEUU) et qui sont à l'origine de la formation de microdomaines révélables à la surface de ces polymères et se distinguant par leurs énergies libres superficielles respectives. Lyman [51] a montré qu'en faisant varier la masse moléculaire, c'est-à-dire la longueur de chaîne, du polyéthylèneglycol participant à la structure de ces PEUU, l'énergie libre superficielle de ces derniers ne variait pas beaucoup. En revanche, la taille des microdomaines résultant de la ségrégation des segments PEG (*soft segments*) variait, ce qui pouvait expliquer des différences quantitatives et qualitatives entre les phénomènes d'adsorption de protéines à partir de sérum sur ces matériaux, et des différences de comportement de cellules cultivées sur ces matériaux, dont on sait qu'il est sensible à la nature et à la conformation des protéines adsorbées. Cependant, dans l'exemple qui vient d'être considéré, la nanotopochimie superficielle, qui semble influencer (indirectement) le comportement des cellules, se caractérise par une distribution statistique de deux types de nano/microdomaines, dont les tailles respectives sont déterminées par la structure primaire du polymère de départ. Dès lors est clairement apparu l'intérêt de disposer de matériaux dont la nano/microtopochimie superficielle se caractériserait par une distribution conforme à un schéma géométrique prédéterminé, mais modulable, de deux types de micro/nanodomaines, différant l'un de l'autre par leur énergie libre superficielle, ou mieux par l'exposition ou non de ligands spécifiques. Ces nouveaux modèles d'étude permettraient de définir quelles sont la distribution et la fonctionnalité de micro/nanodomaines les plus favorables à l'adhésion de tel ou tel type cellulaire, à sa prolifération et à sa différenciation ou au maintien de celle-ci. En choisissant judicieusement le type de fonctionnalisation de chacun des types de microdomaines, on peut espérer obtenir l'adhésion sélective d'un type cellulaire sur l'un d'entre eux, et celle d'un autre type cellulaire sur l'autre ; on aurait donc là la possibilité d'établir des modèles coplanaires de coculture.

Considérant la plasticité de la matrice extracellulaire, produit et support naturel des cellules, dont le rôle positif a déjà été souligné, il est possible de concevoir des supports artificiels offrant aux cellules une assise dotée de vertus similaires. Il est possible en effet de greffer à la surface d'un matériau polymère, situation la plus favorable, mais également à la surface d'autres matériaux, un polymère caractérisé par une température de transition vitreuse (*Tg*) voisine de 37 °C [51]. Une fonctionnalisation topodéterminée de la couche greffée à température inférieure à cette *Tg*, par des ligands pro-adhésifs vis-à-vis des cellules, devrait permettre de disposer d'un support dont elles pourraient d'un point de vue mécanique s'accommoder plus aisément au profit de leur expression phénotypique dans des conditions classiques de culture à 37 °C. Ajoutons que cette plasticité superficielle à l'échelle moléculaire pourrait être avantageusement conjuguée avec les effets favorables d'une microtopographie contrôlée.

3. Exemples d'applications de la biointégration de biomatériaux

3.1. Applications dans le domaine du tissu osseux

Les matériaux au service de la reconstruction osseuse doivent répondre à une réelle attente des cliniciens, souhaitant disposer d'un matériau facilement disponible. Celui-ci doit être exempt de risques pour le receveur et doit permettre une colonisation tissulaire et/ou une libération locale et différée de substances pharmacologiquement actives, susceptibles de moduler la réponse inflammatoire, réduire les risques infectieux ou encore stimuler la néoformation osseuse. L'élaboration de tels matériaux pour la reconstruction osseuse doit aussi tenir compte d'un ensemble d'exigences, comme l'état de surface du matériau, une porosité relativement importante pour permettre la vascularisation rapide de l'implant, ainsi que de bonnes propriétés mécaniques. En effet, dans le cas de l'implantation de biomatériaux de substitution osseuse, et plus particulièrement dans le cas de matériaux macroporeux, l'intégration de ces derniers est étroitement liée à la néovascularisation de ces implants. De fait, l'une des difficultés majeures en ingénierie tissulaire osseuse est de recréer des volumes importants de tissu osseux, sachant que les implants ou les transplants doivent être vascularisés rapidement pour assurer, en particulier, la survie des cellules susceptibles de reconstruire le tissu (apport de nutriments, d'oxygène...). Il est cependant important de mentionner qu'en dehors du diagnostic et de l'imagerie, les applications des nanoparticules dans le domaine de la reconstruction osseuse restent à ce jour exploratoires. Il est pourtant clair que ce sont des enjeux importants pour la mise au point de nouveaux matériaux innovants.

L'une des stratégies développées sur le plan expérimental consiste à **fonctionnaliser les matériaux par des nanoparticules chargées de principes actifs** tels que des facteurs de croissance susceptibles d'activer la vascularisation des implants. Parmi ces facteurs, l'utilisation de facteurs angiogènes de type VEGF ou d'oligopeptides correspondant à leur séquence [52] pour fonctionnaliser un biomatériau, afin de favoriser à la fois la formation osseuse et la vascularisation de l'implant, s'avère à ce jour pertinente. Bien que la faisabilité de ce concept ait été démontrée sur le plan fondamental [52], le mode de vectorisation de ces facteurs de croissance et leur délivrance restent à ce jour peu maîtrisés. L'utilisation de particules d'hydroxyapatite comme vecteurs de tels facteurs de croissance commence à être décrite dans la littérature [53].

Une méthode complexe modifiée de coprécipitation a été employée pour préparer des nanosphères chargées de protéines ostéoinductrices, les « *Bone Morphogenetic Protein* (BMP) ». Trois polymères de différentes charges ont été employés comme matériaux d'emballage pour élaborer le dispositif de délivrance de la BMP, en présence de la phosphatidylcholine comme stabilisateur [54].

L'utilisation de nanoparticules comme systèmes de délivrance d'antibiotiques constitue à ce jour une voie de recherche plus classique [55]. Récemment, des nanoparticules de sulfate de calcium ont été utilisées comme systèmes de délivrance de vancomycine et de gentamycine pour pallier les problèmes infectieux liés à l'implantation de matériaux [56]. De la même façon, des antibiotiques ont été associés à des carbonates de calcium (aragonite) de porosités différentes, permettant la diffusion locale et progressive de principes actifs : le métronidazole utilisé en parodontologie ou le sulfate de gentamicine, utilisé en orthopédie pour le traitement d'éventuels foyers infectieux .

Une deuxième approche pour améliorer la biointégration de substituts osseux consiste à **associer avec ces matériaux des cellules ostéogéniques capables de construire un tissu minéralisé au sein la matrice**. L'état de surface du matériau conditionne en partie la réponse des cellules susceptibles de le coloniser, et la mise au point d'une surface bioactive va être déterminante pour les propriétés ostéoconductrices du matériau. Toute modification de surface doit en effet respecter un grand nombre d'exigences biologiques, mécaniques, physiques et chimiques. Il est important de rappeler que les premiers évènements biologiques associés à l'implantation du biomatériau sont les mécanismes d'adsorption de protéines circulantes. En effet, lors du premier contact de la surface avec le milieu environnant, des molécules d'eau, des ions et des solutés de faibles poids moléculaires s'adsorbent rapidement à la surface. L'adsorption de protéines est la résultante de l'ensemble de ces interactions solide-liquide. Ces phénomènes conditionnent en partie l'adhésion et l'étalement cellulaire. Il apparaît ainsi important de contrôler l'état de surface du matériel utilisé en implantologie et d'offrir une surface bioactive pour les cellules et le tissu-hôte. Les traitements de surface susceptibles de modifier la topographie, la rugosité du matériau, sa chimie de surface, ou encore l'immobilisation de ligands, sont des stratégies employées en ingénierie des matériaux pour favoriser leur interaction avec le milieu vivant.

La fonctionnalisation des matériaux par des ligands adhésifs tels que les protéines de la matrice extracellulaire [57] constitue à ce jour une voie de recherche largement explorée en vue de stimuler l'adhésion, l'étalement et la colonisation cellulaire des matériaux [58]. Cette stratégie pourrait dans un deuxième temps être améliorée grâce à l'apport des nanotechnologies ou encore la mise en place de macrodomaines susceptibles de recruter différentes populations cellulaires impliquées dans la reconstruction et le remodelage du tissu osseux. La création de macrodomaines de diamètres différents (10, 50, 100 et 200 micromètres), au sein desquels différentes séquences peptidiques contenant ou non le motif Arginine-Glycine-Acide aspartique (RGD) pourraient être greffées, devrait permettre de sélectionner une séquence spécifique d'un type cellulaire donné et la taille optimale des domaines susceptibles de favoriser l'adhésion cellulaire [59] .
Enfin, l'association entre des surfaces présentant à la fois des microtopographies rugueuses et des séquences peptidiques semble avoir une forte influence sur la fonction ostéoblastique [60]. En effet, Tosatti *et al.* [61] ont étudié la différenciation d'une lignée ostéoblastique (MG63) cultivée sur des surfaces lisses et rugueuses modifiées par des couches monomoléculaires adsorbées de copolymères poly-L-lysine polyéthylène glycol (PLL-g-PEG) fonctionnalisés avec le peptide GCRGYGRGDSPG. Leurs résultats montrent une différenciation accrue sur les surfaces associant microtopographies rugueuses et séquence peptidique.
Catledge *et al.* [62] on montré l'intérêt d'utiliser des alliages de titane ou de cobalt-chrome nanostructurés pour promouvoir l'adhérence de cellules mésenchymateuses ostéogéniques et l'amélioration de la biointégration des implants orthopédiques et dentaires. De la même façon, Webster *et al.* [63] ont mis en évidence sur des alliages de Ti, de Ti6Al4V et de CoCrMo nanophasés une adhésion importante des cellules de type ostéoblastique par rapport aux alliages non structurés.

3.2. Applications dans le domaine vasculaire

L'atteinte à l'intégrité du système vasculaire, d'origine multifactorielle, est au premier rang de la mortalité dans les pays occidentaux. Ce phénomène lent et irréversible conduit soit à l'obstruction, soit à la dilatation des vaisseaux, engageant le pronostic fonctionnel et parfois vital. Les solutions actuelles sont symptomatiques et permettent de restaurer la circulation sanguine, en remplaçant le segment artériel défectueux par un substitut vasculaire synthétique ou biologique.
Depuis plusieurs décennies, les chirurgiens vasculaires disposent de conduits tubulaires en tricots ou en tissus de polyester pour la revascularisation artérielle, et plus récemment de polytétrafluoroéthylène expansé, sans toutefois que ceux-ci répondent pleinement au cahier des charges de la prothèse vasculaire idéale. En utilisation clinique, tous les matériels utilisables sont potentiellement thrombogènes et l'amélioration constatée de leur pérennité fonctionnelle, encore très insuffisante, est surtout due aux progrès accomplis par les thérapeutiques antithrombotiques auxquelles les patients sont astreints.
Ainsi, les prothèses actuellement utilisées ont prouvé qu'elles étaient acceptables en position aortique ou aorto-iliaque, mais de pérennité incertaine pour les revascularisations de petit calibre (moins de 6 mm de diamètre) : coronarienne et périphérique sous l'arcade crurale, ce qui représente entre 35 000 et 40 000 interventions annuelles en France. Pour la réalisation de pontages fémoro-poplités ou

jambiers, la veine saphène interne autologue représente le matériel de substitution le plus performant, à condition qu'elle soit encore disponible et de bonne qualité. En dehors de ces circonstances, force est de recourir à une revascularisation prothétique, même s'il est bien connu que la perméabilité est significativement meilleure avec la veine saphène.

L'élaboration de substituts vasculaires susceptibles d'assurer un service fonctionnel permanent sans le secours de thérapeutiques antithrombotiques constitue toujours un défi au XXIe siècle [64, 65]. Les solutions doivent permettre le contrôle de la relation entre le sang et la paroi des conduits prothétiques, et ce contrôle passe par la mise au point de matériaux combinant des propriétés superficielles garantissant leur hémocompatibilité et des propriétés structurales adaptées à la confection de conduits tubulaires répondant aux critères de comportement mécanique à satisfaire pour un substitut vasculaire.

Ainsi, plusieurs stratégies sont concevables [66] pour améliorer la perméabilité à long terme des prothèses vasculaires, et la recherche dans ce domaine fait appel à des études chimiques, physiques et biologiques, dont les objectifs communs visent entre autres la réduction du caractère thrombogène de la surface du conduit prothétique et la réduction de la réaction hyperplasique intimale touchant préférentiellement la zone péri-anastomotique distale.

Parmi les nombreuses voies de recherche engagées, **l'un des axes qui prévaut consiste en l'imitation de la paroi vasculaire naturelle dans son aptitude à contrôler la thrombogenèse** : le recouvrement de la surface endoluminale de prothèses artérielles, préalablement à leur implantation, par un néoendothélium à partir de cellules endothéliales provenant du receveur, apparaît comme une solution séduisante. Cette stratégie relève du concept d'ingénierie tissulaire.

La création sur la paroi interne de la prothèse d'une monocouche endothéliale continue est une condition déterminante dans une revascularisation pour une perméabilité durable. En effet, l'endothélium vasculaire, organe particulièrement actif d'un point de vue métabolique, contribue largement au maintien de la balance entre thrombose et hémostase et au maintien de l'homéostasie des cellules musculaires lisses et autres types cellulaires. La surface luminale endothéliale physiologique est parfaitement hémocompatible et thromborésistante, et aucun des biomatériaux à usage vasculaire ne possède les propriétés de thromborésistance de l'endothélium normal ; en outre, si l'endothélialisation spontanée d'une prothèse vasculaire est usuelle pour de nombreux modèles animaux, ce phénomène n'est pas observé chez l'homme, même si quelques rares cas ont été rapportés.

Le concept d'endothélialisation a connu deux procédés, selon le mode opératoire mis en œuvre : protocole en une seule étape ou peropératoire, actuellement abandonné, et protocole en deux étapes ou différé [67]. Les résultats des essais cliniques les plus récents rapportés dans la littérature, à condition que le revêtement endothélial du substitut soit complet au moment de l'implantation, permettent d'envisager avec optimisme l'utilisation de telles structures cellularisées [68].

Pour favoriser *in vitro* l'adhésion de cellules endothéliales au polytétrafluoroéthylène expansé particulièrement hydrophobe, pour inciter leur prolifération éventuelle et enfin pour améliorer leur résistance à l'arrachement sous contraintes de cisaillement, des traitements de la face interne prothétique s'avèrent nécessaires [2, 69, 70].

4. Évaluation *in vivo* des produits de l'ingénierie tissulaire

Les produits de l'ingénierie tissulaire (PIT), par nature complexes, nécessitent de nombreux tests précliniques avant les essais thérapeutiques chez l'homme. Si une série non négligeable de tests peut être réalisée *in vitro* (caractérisation physico-chimique, cytotoxicité, hémocompatibilité *in vitro*), l'utilisation de modèles animaux est nécessaire pour démontrer la biocompatibillité du produit, qu'il s'agisse d'un simple dispositif médical ou d'ingénierie tissulaire.

4.1. L'utilisation de modèles animaux

Pourquoi l'utilisation de modèles animaux est-elle nécessaire pour évaluer les produits de l'ingénierie tissulaire? En dehors d'une réponse à des exigences réglementaires (FDA, marquage CE) qui sont en évolution perpétuelle, les modèles animaux sont les seuls modèles permettant de mimer la situation clinique pour laquelle est destiné le PIT. Ils permettent donc une validation préclinique du concept, quel que soit le domaine d'application : peau, cartilage, os, vaisseaux, pancréas, etc. Cette validation doit permettre de sélectionner le dispositif le plus performant, de démontrer les bénéfices cliniques du produit et enfin d'évaluer les risques liés à son utilisation. De plus, les modèles animaux sont les seuls modèles permettant de tester et d'améliorer la procédure chirurgicale de mise en place de substituts bioactifs. Enfin, les modèles animaux sont nécessaires pour comprendre et démontrer certaines propriétés des PIT. À titre d'exemple, les produits issus de l'ingénierie du tissu osseux sont caractérisés par trois propriétés principales : **résorption**, **ostéoconduction** (capacité du substitut de guider la formation osseuse à son contact) et **ostéoinduction** (capacité du substitut d'induire la formation d'os en site ectopique). La résorption peut être évaluée *in vitro* dans des solutions modèles mimant les fluides interstitiels ou la chambre de résorption de l'ostéoclaste. Cependant, ces milieux n'ont pas une bonne valeur prédictive de la résorption du matériau : si l'on prend l'exemple de la cellulose régénérée par procédé viscose oxydée à l'acide périodique, celle-ci est complètement dégradée en 48 h *in vitro*, alors qu'elle est toujours présente après un mois d'implantation dans le condyle fémoral de lapin [71]. Si le matériau est colonisé par des cellules, ces processus de résorption sont impossibles à étudier *in vitro*, dans la mesure où les conditions du milieu de culture ne peuvent pas être corrélées avec les milieux de dégradation. Concernant l'ostéoconduction, des milieux spécifiques susceptibles d'induire la formation de phosphates de calcium ont été développés [72]. Cependant, si ces milieux sont utiles pour réaliser des revêtements de phosphates de calcium, ils ne permettent pas de sélectionner les matériaux en fonction de leurs propriétés ostéoconductrices. La cellulose macroporeuse, qui est rapidement recouverte d'une couche de phosphate de calcium dans ces solutions, ne permet pas une néoformation osseuse à l'intérieur des macropores après un mois d'implantation dans le condyle fémoral de lapin [71]. Enfin, par définition, l'ostéoinduction ne peut être explorée que dans des modèles d'étude *in vivo,* le plus souvent en site sous-cutané ou intramusculaire [73].

4.2. Quel modèle animal ? Pour quelle application ?

Le choix du modèle animal va dépendre de différents paramètres :
– la question posée (biocompatibilité, aspects toxicologiques et pharmacologiques, fonction et performance clinique des dispositifs),
– la nature du dispositif d'ingénierie tissulaire,
– la technique d'implantation,
– les coûts d'achat, de garde et d'intervention,
– la durée de vie des animaux,
– les considérations éthiques.

L'étude *in vivo* des PIT se déroule en plusieurs étapes. Au cours des phases initiales, des petits animaux sont utilisés afin de discriminer les composants potentiels du dispositif (matrice, cellules et facteurs de croissance) et de tester la faisabilité du dispositif. Dans une seconde étape, les PIT seront évalués sur des modèles animaux cliniquement pertinents [74].

Quel que soit le domaine d'application, les animaux les plus couramment utilisés sont les souris, rats, lapins, chiens, brebis, chèvres, porcs et primates. Ils présentent chacun des caractéristiques propres, indiquant ou contre-indiquant leur utilisation pour tester les PIT [75-77].

- **Souris**. La petite taille de ces animaux ne permet pas leur utilisation comme modèle clinique pertinent. En revanche, pour des raisons éthiques et financières, les souris sont souvent utilisées en première intention pour tester la faisabilité des PIT et mettre en évidence certaines propriétés telles que l'ostéoinduction pour les substituts osseux cellularisés [73]. De plus, l'utilisation de modèles originaux de souris mutantes représente une voie d'étude d'avenir pour comprendre la pathologie et développer des PIT pertinents.
- **Rats**. Ils présentent les mêmes avantages que les souris, avec une taille légèrement supérieure qui facilite les manipulations. Dans le domaine vasculaire, ils sont utilisés pour l'étude de l'ingénierie tissulaire du myocarde et, dans une moindre mesure, du fait de leur petite taille, pour l'ingénierie des vaisseaux. Dans le domaine osseux, ils sont utilisés pour tester l'effet de PIT sur la cicatrisation de néodéfauts, évaluer le concept de thérapie génique locale ou l'utilisation topique de facteurs de croissance.
- **Lapins**. Pour des raisons anatomiques et financières, le lapin est un animal intermédiaire intéressant entre les petits et les gros animaux. Il est utilisé en première intention pour étudier des PIT artériels [75] et osseux [78]. Cependant, la taille des vaisseaux et l'absence de sollicitations mécaniques osseuses limitent la pertinence clinique de ce modèle, ce qui justifie le recours en deuxième intention à de gros animaux.
- **Chiens**. Les chiens ont été très utilisés dans le domaine vasculaire et osseux, car ils ont une durée de vie permettant les études à long terme et une taille suffisante pour permettre des interventions chirurgicales aisées. Cependant, leur utilisation tend à diminuer en raison du bruit qu'ils provoquent, de la pression des opinions publiques souvent hostiles et de leur coût.
- **Brebis et chèvres.** Leur durée de vie et leur poids à l'âge adulte sont compatibles avec des études à long terme. Les brebis à l'âge adulte ont un poids de 70 kg environ, permettant des sollicitations mécaniques comparables à celles

de l'homme, ce qui en fait un modèle intéressant en orthopédie. La brebis est également un animal adapté pour tester les valves cardiaques, dans la mesure où cet animal est proche de l'homme tant en termes de propriétés mécaniques des valves que de paramètres hémodynamiques du flux. La chèvre, qui possède un long coup, permet un accès aisé aux artères carotides, qui sont des sites fréquents d'implantation des PIT vasculaires.

- **Porcs.** Le porc est un animal couramment utilisé en expérimentation animale, car il a une anatomie et une physiologie proches de l'homme. Cependant, sa croissance rapide et son poids important limitent son utilisation à long terme. Des races spéciales de mini-porcs peuvent être utilisées à des fins expérimentales, mais leur coût et leur rareté limitent leur utilisation.
- **Primates.** Les primates sont les animaux qui d'un point de vue anatomique et physiologique ressemblent le plus à l'homme. Leur longue durée de vie et leur poids adapté permettent des études à long terme. Cependant, pour des raisons éthiques et financières, leur utilisation est prohibée quand un animal plus bas dans l'échelle phylogénétique peut être utilisé. Pour ces raisons, l'emploi des primates dans le domaine de l'ingénierie tissulaire est relativement marginal.

4.3. Les méthodologies usuelles d'évaluation *in vivo* des produits de l'ingénierie tissulaire

Les méthodologies utilisées pour étudier *in vivo* les PIT peuvent être classées en méthodes *in vivo* et *ex vivo*. Ces méthodes varient en fonction du type de PIT.
Les méthodes d'étude *in vivo* sont le plus souvent issues du domaine médical. Malgré leur intérêt indéniable, ces méthodologies sont rarement employées, certainement en raison d'une dichotomie entre le monde scientifique et le monde médical et d'une difficulté d'accès aux différents appareillages. Cependant, ces dernières années, des plates-formes d'imagerie spécialement dédiées à la recherche ont vu le jour en France, ce qui laisse entrevoir une volonté de recours à ces techniques d'avenir, qui devraient permettre une économie substantielle d'animaux et le développement de techniques de suivi spécifiques des PIT, y compris chez l'homme. Dans le domaine de l'étude des PIT vasculaires, les techniques employées sont l'angiographie et le Doppler. Dans le domaine osseux, les techniques employées sont : la radiographie, la tomodensitométrie, la scintigraphie et plus récemment l'IRM, la tomographie d'émission de positrons et le microscanner. L'une des limites actuelles de ces méthodes d'investigation est leur résolution, qui n'est pas toujours suffisante par rapport à la taille des macropores des matrices utilisées en ingénierie tissulaire.
Les méthodes d'étude *ex vivo* sont les plus couramment utilisées en ingénierie tissulaire vasculaire et osseuse. La méthode d'analyse la plus fréquente est l'examen histologique qualitatif et quantitatif couplé à des systèmes d'analyse d'image [78]. L'observation peut se faire sur des coupes simplement colorées pour différencier les éléments cellulaires et matriciels ou sur des coupes traitées par des anticorps pour révéler des structures plus spécifiques. Le tissu osseux est un tissu particulier dans la mesure où il peut être étudié en histologie calcifiée ou non. En l'absence de décalcification, il faut réaliser une inclusion en résine et les coupes seront faites à l'aide d'un microtome adapté. Les coupes non décalcifiées

permettent une étude qualitative et quantitative des travées osseuses, mais ne permettent pas une bonne analyse des structures cellulaires du fait de l'épaisseur souvent importante des coupes. Des fluorochromes à tropisme osseux peuvent être utilisés en complément pour suivre la néoformation osseuse [79]. De même, des traceurs radioactifs incorporables à l'os (calcium 45) peuvent servir de marqueurs fonctionnels de l'os et être mesurés quantitativement sur des autoradiographies ou directement sur coupes à l'aide du bêta-imageur [79]. Enfin des analyses par méthode PIXE (*proton induce X ray emission*) ont été réalisées sur coupes non décalcifiées pour mettre en évidence des modifications au niveau atomique. Plus classiquement, l'histologie décalcifiée est utilisée, associée ou non à des techniques d'histochimie ou d'immunocytochimie, pour caractériser la réponse cellulaire au PIT (inflammation, dégénérescence, nécrose, cicatrisation *ad integrum*...). Actuellement, des techniques de biologie moléculaire (western blot, hybridation *in situ*, PCR quantitative...) sont aussi couramment employées pour analyser les mécanismes de la réparation tissulaire en présence de PIT.
Malgré le développement de techniques *in vitro* ou de simulation de plus en plus performantes, le recours aux modèles animaux pour analyser les PIT est malheureusement toujours d'actualité. L'usage de ces modèles doit se faire en tenant compte des considérations éthiques propres à l'expérimentation animale, qui résident dans le choix et le nombre des animaux ainsi que dans les conditions expérimentales. À l'avenir, il serait souhaitable de définir des modèles d'études animaux et des méthodologies standards afin de permettre les comparaisons entre les différentes études.

5. Moyens d'exploration associés à l'ingénierie tissulaire

L'ingénierie tissulaire fournit une large gamme de possibilités pour combiner cellules, protéines et matériaux au sein d'un même biomatériau dédié à la réparation tissulaire, telle que la réparation osseuse ou la réparation vasculaire. Les techniques d'imagerie jouent un rôle majeur à la fois dans le développement de nouvelles technologies de l'ingénierie tissulaire – en fournissant des outils d'aide à l'élaboration et à l'optimisation de biomatériaux – et également dans leur validation *in situ* dans des modèles animaux précliniques, ainsi qu'en clinique chez l'homme.
Différentes techniques de microscopie (optique, acoustique, électronique à balayage, à force atomique, etc.) permettent une évaluation des tissus biologiques à l'échelle cellulaire et/ou microstructurelle, une évaluation de la surface des matériaux et des molécules adsorbées ou une évaluation de l'interface tissu/matériau.
Lors des expérimentations *in situ* sur modèles animaux, l'intérêt se porte plus spécifiquement sur l'intégration et l'efficacité des biomatériaux implantés. Les techniques d'imagerie tridimensionnelles à haute résolution, telles que la microtomographie à rayonnement synchrotron [80], la microtomographie à rayons X [81, 82] ou la microscopie à résonance magnétique [83], permettent de reconstruire des volumes de tissus néoformés et d'en extraire des informations relatives à la minéralisation, à la microarchitecture ainsi qu'à la microvascularisation de ces tissus néoformés.

Un des enjeux des années à venir réside dans le développement et l'exploitation de techniques d'imagerie non invasives permettant une évaluation morphologique et/ou fonctionnelle au cours d'un suivi longitudinal chez le même animal, conduisant alors à une diminution importante des variations biologiques intragroupe, à une réduction du nombre de sacrifices, ainsi qu'à une réduction des coûts expérimentaux. Les techniques d'imagerie à haute résolution dédiées aux modèles expérimentaux animaux, telles que la microtomographie à rayons X [81] ou la microscopie à résonance magnétique [84, 85], font l'objet de progrès considérables tant au niveau des techniques et des matériels associés qu'au niveau des logiciels d'exploitation et d'analyse des données. Les techniques d'imagerie nucléaire à haute résolution, telles que la PET (*positron emission tomography*) ou la SPECT (*single photon emission computed tomography*), bénéficient également de développements importants, avec notamment le développement de nouveaux traceurs qui permettent de multiplier les applications pour les modèles expérimentaux animaux [86].

Les techniques d'imagerie exploitées en clinique chez l'homme sont encore limitées à ce jour. La radiographie et le scanner X constituent les examens les plus utilisés pour suivre l'intégration de biomatériaux [87]. Ces techniques ont des valeurs diagnostique et pronostique limitées ; leur résolution et leur qualité d'image ne permettent pas en effet une évaluation précise. Il est fort probable, toutefois, que les développements actuels, orientés vers les techniques d'imagerie non invasives à haute résolution dédiées aux modèles expérimentaux animaux – telles que la microtomographie à rayons X ou la microscopie à résonance magnétique [88] – conduisent dans les années à venir à une amélioration considérable des performances de ces techniques pour des applications chez l'homme [89].

L'exploitation optimale des images numériques issues des différentes techniques d'imagerie réside essentiellement dans le développement d'outils d'analyses d'images permettant une évaluation quantitative [78]. Ainsi, une technique d'imagerie quantitative intègre non seulement la technique d'imagerie, mais également des techniques spécifiques de quantification par analyses d'images, ainsi que des techniques spécifiques d'interprétation à des fins de diagnostic et/ou de monitoring. Les techniques numériques de modélisation et/ou de simulation sont également exploitées en association avec les techniques d'imagerie. Cette association est notamment bénéfique pour optimiser le design des matériaux [90, 91].

BIBLIOGRAPHIE

[1] BAQUEY C., MARMEY P., GUILLEMOT F., PORTÉ-DURRIEU M.C., « Des matériaux aux biomatériaux : une conversion qui passe par des modes d'élaboration et de traitement de surface appropriés », *Ann. Chim. Sci. Mat.*, **28**, 109-121 (2003).

[2] SHIN H., JO S., MIKOS A.G., « Biomimetic materials for tissue engineering », *Biomaterials*, **24**(24), 4353-64 (2003).

[3] JOSEFSSON G., LINDBERG L., WIKLANDER B., « Systemic antibiotics and gentamicin-containing bone cement in the prophylaxis of postoperative infections in total hip arthroplasty », *Clin. Orthop.*, **159**, 194-200 (1981).

[4] HANSSEN A.D., OSMON D.R., NELSON C.L., « Prevention of deep periprosthetic joint infection », *J. Bone Joint Surg.*, **78-A**, 458-471 (1996).

[5] VOEGEL J.C., DECHER G., SCHAAF P., « Multicouches de polyélectrolytes dans le domaine des biotechnologies », *Actualité chimique 2003*, novembre, 30-34 (2003).

[6] KAVANAGH C.A., ROCHEV Y.A., GALLAGHER W.M., DAWSON K.A., KEENAN A.K., « Local drug delivery in restenosis injury : thermoresponsive co-polymers as potential drug delivery systems », *Pharmacology & Therapeutics*, **102**, 1-15 (2004).

[7] DURRIEU M.C., HÉROGUEZ V., QUEMENER D., « Synthèse de nanoparticules polymères rendues stimulables et réactives grâce à l'ancrage covalent à leur périphérie d'entités réactives et de principes actifs à libération contrôlée, France patent 04/06707. 2004 (21 juin 2004).

[8] DURRIEU M.C., HÉROGUEZ V., QUEMENER D., BAQUEY C., « Biomatériaux bioactifs pour le relargage contrôlé de principes actifs », France patent 4/06708. 2004 (21 juin 2004).

[9] CHEMTOB A., HEROGUEZ V., GNANOU Y., « Dispersion ring-opening metathesis polymerization of latex particles using PEO based stabilizers », *Macromolecules*, **35**, 9262 (2002).

[10] QUEMENER D., CHEMTOB A., HEROGUEZ V., GNANOU Y., « Synthesis of latex by ring-opening metathesis polymerization », *Polymer*, **46**, 1067-1075 (2005).

[11] QUEMENER D., HEROGUEZ V., GNANOU Y., « Synthesis of acid-sensitive latices by ring-opening metathesis polymerization », *J. Polym. Sci., Part A : Polym. Chem.*, **43**, 217-229 (2004).

[12] BARTOUILH DE TAILLAC L., PORTÉ-DURRIEU M.C., LABRUGÈRE C., BAREILLE R., AMÉDÉE J., BAQUEY C., « Grafting of RGD peptides to cellulose to enhance human osteoprogenitor cells adhesion and proliferation », *Composites Science and Technology*, **64**, 827-837 (2004).

[13] BAQUEY C., PALUMBO F., PORTÉ-DURRIEU M.C., LEGEAY G., TREASSAUD A., D'AGOSTINO R., « Plasma treatment of expanded polyterafluoroethylene offers a way to biofunctionalization of its surface », *Nuclear Instruments and Methods in Physics Research B*, **151**, 255-262 (1999).

[14] DURRIEU M.C., « Conception, élaboration et caractérisation de matériaux bioactifs », *ITBM-RBM*, **26**, 229-237 (2005).

[15] LABRUGÈRE C., PORTÉ-DURRIEU M.C., BAQUEY C., « Suivi du greffage peptidique de biomatériaux par spectrométrie XPS », *Le Vide : science, technique et applications*, **308**, 324-333 (2003).

[16] PORTÉ-DURRIEU M.C., AYMES-CHODUR C., VERGNE C., BETZ N., BAQUEY C., « Surface treatment of biomaterials by gamma and swift heavy ions grafting », *Nuclear Instruments and Methods in Physics Research B*, **151**, 404-415 (1999).

[17] PORTÉ-DURRIEU M.C., AYMES-CHODUR C., BETZ N., BROUILLAUD B., ROUAIS F., LE MOËL A. et al., « Synthesis of biomaterials by swift heavy ion grafting : preliminary results of haemocompatibility », *Nuclear Instruments and Methods in Physics Research B*, **131**, 364-375 (1997).

[18] PORTÉ-DURRIEU M.C., PALLU S., LABRUGÈRE C., BAREILLE R., AMÉDÉE J., DARD M. et al., « Grafting RGD containing peptides onto hydroxyapatite to promote osteoblastic cells adhesion », *J. Mater. Sci. : Mater. in Med.*, **15**, 779-786 (2003).

[19] PORTÉ-DURRIEU M.C., GUILLEMOT F., PALLU S., LABRUGÈRE C., BROUILLAUD B., AMÉDÉE J. et al., « Cyclo-DfKRG RGD peptides grafting onto Ti-6Al-4V : Physical Characterization and interest towards Human Osteoprogenitor cells », *Biomaterials*, **25**, 4837-4846 (2003).

[20] BAQUEY C., PALUMBO F., PORTÉ-DURRIEU M.C., LEGEAY G., TRESSAUD A., D'AGOSTINO R., « Plasma treatment of expanded PTFE offers a way to a biofunctionalization of its surface », *Nuclear Instruments and Methods in Physics Research B*, **151**, 255-262 (1999).

[21] PORTÉ-DURRIEU M.C., AYMES-CHODUR C., BAREILLE R., BROUILLAUD B., BETZ N., BAQUEY CH., « Development of heparin-like polymers using swift heavy ion and gamma radiation – Part I : preparation and characterization of the material », *Journal of Biomedical Material Research*, **52**(1), 119-227 (2000).

[22] HULAK I., LEGEAY G., « An industrial three dimensional surface treatment system and its applications », *Le Vide*, **54**(284), 211-214 (1995).

[23] FAVIA P., D'AGOSTINO R., PALUMBO F., « Grafting of chemical groups onto polymers by means of RF plasma treatments : a technology for biomedical applications », In : Bordage M.C., Gleizes A., editors, *J. Physique-IV*, C4.199-C4.208 (1997).

[24] LIU L., LI S., GARREAU H., VERT M., « Selective enzymatic degradations of poly(L-lactide) and poly(e-caprolactone) blend films », *Biomacromolecules*, **1**(2), 350-359 (2000).

[25] CHEO S.H.Y., WANG P., TAN K.L., HO C.C., KANG E.T., « Surface modification of natural rubber latex films via grafting of poly(ethylene glycol) for reduction in protein adsorption and platelet adhesion », *J. Mater. Sci. : Mater. Med.*, **12**(5), 377-384 (2001).

[26] PIERSCHBACHER M.D., RUOSLAHTI E., « Cell attachment activity of fibronectin can be duplicated by small synthetic fragments of the molecule », *Nature*, **309**, 30-33 (1984).

[27] RUOSLAHTI E., PIERSCHBACHER M.D., « New perspectives in cell adhesion : RGD and integrins », *Science*, **238**, 491-497 (1987).

[28] PORTÉ-DURRIEU M.C., GUILLEMOT F., PALLU S., LABRUGÈRE C., BROUILLAUD B., BAREILLE R. et al., « Cyclo-(DfKRG) peptide grafting onto Ti-6Al-4V : physical characterization and interest towards human osteoprogenitor cells adhesion », *Biomaterials*, **25**, 4837-4846 (2004).

[29] XIAO S.J., TEXTOR M., SPENCER N.D., SIGRIST H., « Covalent attachment of cell-adhesive, (Arg-Gly-Asp)-containing peptides to titanium surfaces », *Langmuir*, **14**, 5507-5516 (1998).

[30] REZANIA A., THOMAS C.H., BRANGER A.B., WATERS C.M., HEALY K.E., « The detachment strengh and morphology of bone cells contacting materials modified with a peptide sequence found within bone sialoprotein », *J. Biomed. Mater. Res.*, **37**, 9-19 (1997).

[31] REZANIA A., JOHNSON R., LEFKOW A.R., HEALY K.E., « Bioactivation of metal oxide surfaces. 1. Surface characterization and cell response », *Langmuir*, **15**, 6931-6939 (1999).

[32] PORTÉ-DURRIEU M.C., PALLU S., GUILLEMOT F., LABRUGÈRE C., BAREILLE R., AMÉDÉE J. et al., « Grafting RGD containing peptides onto hydroxyapatite to promote osteoblastic cells adhesion », *J. Mater. Sci. : Mater. Med.*, **15**, 779-786 (2004).

[33] BARTOUILH DE TAILLAC L., PORTÉ-DURRIEU M.C., LABRUGÈRE C., BAREILLE R., AMÉDÉE J., BAQUEY C., « Grafting of RGD peptides to cellulose to enhance human osteoprogenitor cells adhesion and proliferation », *Composites Science and Technology*, **64**, 827-837 (2004).

[34] VAN DER FLIER A., SONNENBERG A., « Function and interactions of integrins », *Cell Tissue Res*, **305**, 285-298 (2001).

[35] LEBARON R.G., ATHANASIOU K.A., « Extracellular matrix cell adhesion peptides : functional applications in orthopedic materials », *Tissue Eng.*, **6**, 85-103 (2000).

[36] KATZ B.Z., ZAMIR E., BERSHADSKY A., KAM Z., YAMADA K.M., GEIGER B., « Physical state of the extracellular matrix regulates the structure and molecular composition of cell-matrix adhesions », *Mol. Biol. Cell*, **11**, 1047-1060 (2000).

[37] PELHAM R.J. Jr., WANG Y.L., « Cell locomotion and focal adhesions are regulated by the mechanical properties of the substrate », *Biol. Bull.*, **194**, 348-350 (1998).

[38] CHOQUET D., FELSENFELD D.P., SHEETZ M.P., « Extracellular matrix rigidity causes strengthening of integrin-cytoskeleton linkages », *Cell*, **88**, 39-48 (1997).

[39] HARRISON D., JOHNSON R., TUCCI M., PUCKETT A., TSAO A., HUGHES J. et al., « Interaction of cells with UHMWPE impregnated with the bioactive peptides RGD, RGE or Poly-L-lysine », *Biomed. Sci. Instrum.*, **34**, 41-6 (1997).

[40] MC CONACHIE A., NEWMAN D., TUCCI M., PUCKETT A., TSAO A., HUGHES J. et al., « The effect on bioadhesive polymers either freely in solution or covalently attached to a support on human macrophages », *Biomed. Sci. Instrum.*, **35**, 45-50 (1999).

[41] HEALY K.E., TSAI D., KIM J.E., « Osteogenic cell attachment to degradable polymers », *Mater. Res. Soc. Symp. Proc.*, **252**, 109-114 (1992).

[42] DETTIN M., CONCONI M.T., GAMBARETTO R., PASQUATO A., FOLIN M., DI BELLO C. et al., « Novel osteoblast-adhesive peptides for dental/orthopedic biomaterials », *J. Biomed. Mater. Res.*, **60**(3), 466-71 (2002).

[43] WALLUSCHECK K.P., STEINHOFF G., KELM S., HAVERICH A., « Improved endothelial cell attachment on ePTFE vascular grafts pretreated with synthetic RGD-containing peptides », *Eur. J. Vasc. Endovasc.*, **12**, 321-330 (1996).

[44] VARANI J., INMAN D.R., FLIGIEL S.E., HILLEGAS W.J., « Use of recombinant and synthetic peptides as attachment factors for cells on microcarriers », *Cytotechnology*, **13**, 89-98 (1993).

[45] YANG X.B., ROACH H.I., CLARKE N.M., HOWDLE S.M., QUIRK R., SHAKESHEFF K.M. et al., « Human osteoprogenitor growth and differentiation on synthetic biodegradable structures after surface modification », *Bone*, **29**, 523-531 (2001).

[46] BREUERS W., KLEE D., HOCKER H., MITTERMAYER C., « Immobililization of a fibronectin fragment at the surface of a polyetherurethane film », *J. Mater. Sci. : Mater. Med.*, **2**, 106-109 (1991).

[47] KUGO K., OKUNO M., MASUDA K., NISHINO J., MASUDA H., IWATSUKI M., « Fibroblast attachment to Arg-Gly Asp peptide-immobilized poly(g-methyl L-glutamate) », *J. Biomater. Sci. Polym. Ed.*, **5**, 325-337 (1994).

[48] PORTÉ-DURRIEU M.C., LABRUGÈRE C., VILLARS F., LEFEBVRE F., DUTOYA S., GUETTE A. et al., « Development of RGD peptides grafted onto silica surfaces : XPS characterization and human endothelial cell interactions », *J. Biomed. Mater. Res.*, **46**, 368-375 (1999).

[49] MARCHAND-BRYNAERT J., « Surface modifications and reactivity assays of polymer films and membranes by selective wet chemistry », *Recent Res. Polym. Sci.*, **2**, 335-361 (1998).

[50] GUILLEMOT F., PORTÉ-DURRIEU M.C., LABRUGÈRE C., BAQUEY C., « Ti^{4+} to Ti^{3+} conversion of TiO_2 uppermost layer by low-temperature vacuum annealing : interest for titanium biomedical applications », *Journal of Colloid and Interface Science*, **255**, 75-78 (2002).

[51] ADAMO C.T., MAILHOT J.M., SMITH A.K., BORKE J.L., « Connexin-43 expression in oral-derived human osteoblasts after transforming growth factor-beta and prostaglandin E2 exposure », *J. Oral Implantol.*, **27**(1), 25-31 (2001).

[52] NARMONEVA D.A., ONI O., SIEMINSKI A.L., ZHANG S., GERTLER J.P., KAMM R.D. et al., « Self-assembling short oligopeptides and the promotion of angiogenesis », *Biomaterials*, **26**(23), 4837-46 (2005).

[53] MATSUMOTO T., OKAZAKI M., INOUE M., YAMAGUCHI S., KUSUNOSE T., TOYONAGA T. et al., « Hydroxyapatite particles as a controlled release carrier of protein », *Biomaterials*, **25**(17), 3807-12 (2004).

[54] JIANG B.B., GAO C.Y., HU L., SHEN J.C., « Water-dispersed bone morphogenetic protein nanospheres prepared by co-precipitation method », *J. Zhejiang Univ. Sci.*, **5**(8), 936-40 (2004).

[55] PATKA P., HAARMAN H.J., BAKKER F.C., « Bone transplantation and bone replacement materials », *Ned. Tijdschr. Geneeskd.*, **142**(16), 893-6 (1998).

[56] RAUSCHMANN M.A., WICHELHAUS T.A., STIRNAL V., DINGELDEIN E., ZICHNER L., SCHNETTLER R et al., « Nanocrystalline hydroxyapatite and calcium sulphate as biodegradable composite carrier material for local delivery of antibiotics in bone infections », *Biomaterials*, **26**(15), 2677-84 (2005).

[57] GEISSLER U., HEMPEL U., WOLF C., SCHARNWEBER D., WORCH H., WENZEL K., « Collagen type I-coating of Ti6Al4V promotes adhesion of osteoblasts », *J. Biomed. Mater. Res.*, **51**(4), 752-60 (2000).

[58] GRONOWICZ G., MCCARTHY M.B., « Response of human osteoblasts to implant materials : integrin-mediated adhesion », *J. Orthop. Res.*, **14**(6), 878-87 (1996).

[59] HASENBEIN M.E., ANDERSEN T.T., BIZIOS R., « Micropatterned surfaces modified with select peptides promote exclusive interactions with osteoblasts », *Biomaterials*, **23**(19), 3937-42 (2002).

[60] EL-GHANNAM A.R., DUCHEYNE P., RISBUD M., ADAMS C.S., SHAPIRO I.M., CASTNER D. et al., « Model surfaces engineered with nanoscale roughness and RGD tripeptides promote osteoblast activity », *J. Biomed. Mater. Res. A*, **68**(4), 615-27 (2004).

[61] TOSATTI S., SCHWARTZ Z., CAMPBELL C., COCHRAN D.L., VAN DEVONDELE S., HUBBELL J.A. et al., « RGD-containing peptide GCRGYGRGDSPG reduces enhancement of osteoblast differentiation by poly(L-lysine)-graft-poly(ethylene glycol)-coated titanium surfaces », *J. Biomed. Mater. Res. A*, **68**(3), 458-72 (2004).

[62] CATLEDGE S.A., VOHRA Y.K., BELLIS S.L., SAWYER A.A., « Mesenchymal stem cell adhesion and spreading on nanostructured biomaterials », *J. Nanosci. Nanotechnol.*, **4**(8), 986-9 (2004).

[63] WEBSTER T.J., EJIOFOR J.U., « Increased osteoblast adhesion on nanophase metals : Ti, Ti6Al4V, and CoCrMo », *Biomaterials*, **25**(19), 4731-9 (2004).

[64] VARA D.E.S., SALACINSKI H.J., KANNAN R.Y., BORDENAVE L., HAMILTON G., SEIFALIAN AM., « Cardiovascular tissue engineering : state of the art », *Pathologie Biologie*, **53**(10), 599-612 (2005).

[65] KANNAN R.Y., SALACINSKI H.J., BUTLER P.E., HAMILTON G., SEIFALIAN A.M., « Current status of prosthetic bypass grafts : a review », *J. Biomed. Mater. Res. B : Appl. Biomater.*, **74**(1), 570-81 (2005).

[66] THOMAS A.C., CAMPBELL G.R., CAMPBELL J.H., « Advances in vascular tissue engineering », *Cardiovasc. Pathol.*, **12**(5), 271-6 (2003).

[67] BORDENAVE L., REMY-ZOLGHADRI M., FERNANDEZ P., BAREILLE R., MIDY D., « Clinical performance of vascular grafts lined with endothelial cells », *Endothelium*, **6**(4), 267-75 (1999).

[68] MEINHART J.G., DEUTSCH M., FISCHLEIN T., HOWANIETZ N., FROSCHL A., ZILLA P., « Clinical autologous in vitro endothelialization of 153 infrainguinal ePTFE grafts », *Ann. Thorac. Surg.*, **71**(5 Suppl), S327-31 (2001).

[69] LI C., ZHENG Y., IMRAN M., « In vitro study of cell-promoting multiple-armed peptides », *J. Biomed. Mater. Res. A*, **71**(1), 134-42 (2004).

[70] HERSEL U., DAHMEN C., KESSLER H., « RGD modified polymers : biomaterials for stimulated cell adhesion and beyond », *Biomaterials*, **24**(24), 4385-415 (2003).

[71] LAURENCE S., BAREILLE R., BAQUEY C., FRICAIN J.C., « Development of a resorbable macroporous cellulosic material used as hemostatic in an osseous environment », *J. Biomed. Mater. Res. A*, **73**(4), 422-9 (2005).

[72] KOKUBO T., KUSHITANI H., SAKKA S., KITSUGI T., YAMAMURO T., « Solutions able to reproduce in vivo surface-structure changes in bioactive glass-ceramic A-W », *J. Biomed. Mater. Res.*, **24**(6), 721-34 (1990).

[73] BAREILLE R., LAFAGE-PROUST M.H., FAUCHEUX C., LAROCHE N., WENZ R., DARD M. et al., « Various evaluation techniques of newly formed bone in porous hydroxyapatite loaded with human bone marrow cells implanted in an extra-osseous site », *Biomaterials*, **21**(13), 1345-52 (2000).

[74] HUNZIKER E.B., « Tissue engineering of bone and cartilage. From the preclinical model to the patient », *Novartis Found Symp. 2003*, **249**, 70-8 ; discussion 78-85, 170-4, 239-41 (2003).

[75] RASHID S.T., SALACINSKI H.J., HAMILTON G., SEIFALIAN A.M., « The use of animal models in developing the discipline of cardiovascular tissue engineering : a review », *Biomaterials*, **25**(9), 1627-37 (2004).

[76] BUMA P., SCHREURS W., VERDONSCHOT N., « Skeletal tissue engineering-from in vitro studies to large animal models », *Biomaterials*, **25**(9), 1487-95 (2004).

[77] KHAN S.N., LANE J.M., « Spinal fusion surgery : animal models for tissue-engineered bone constructs », *Biomaterials*, **25**(9), 1475-85 (2004).

[78] POTHUAUD L., FRICAIN J.C., PALLU S., BAREILLE R., RENARD M., DURRIEU M.C. et al., « Mathematical modelling of the distribution of newly formed bone in bone tissue engineering », *Biomaterials*, **26**(33), 6788-97 (2005).

[79] FRICAIN J.C., GRANJA P.L., BARBOSA M.A., DE JESO B., BARTHE N., BAQUEY C., « Cellulose phosphates as biomaterials. In vivo biocompatibility studies », *Biomaterials*, **23**(4), 971-80 (2002).

[80] WEISS P., OBADIA L., MAGNE D., BOURGES X., RAU C., WEITKAMP T. et al., « Synchrotron X-ray microtomography (on a micron scale) provides three-dimensional imaging representation of bone ingrowth in calcium phosphate biomaterials », *Biomaterials*, **24**(25), 4591-601 (2003).

[81] GASSER J.A., INGOLD P., GROSIOS K., LAIB A., HAMMERLE S., KOLLER B., « Noninvasive monitoring of changes in structural cancellous bone parameters with a novel prototype micro-CT », *J. Bone Miner. Metab.*, **23** Suppl., 90-6 (2005).

[82] JIANG Y., ZHAO J., LIAO E.Y., DAI R.C., WU X.P., GENANT H.K., « Application of micro-CT assessment of 3-D bone microstructure in preclinical and clinical studies », *J. Bone Miner. Metab.*, **23** Suppl., 122-31 (2005).

[83] TRAORE A.S., WOERLY S., DOAN V.D., MAROIS Y., GUIDOIN R., « In vivo magnetic resonance imaging and relaxometry study of a porous hydrogel implanted in the trapezius muscle of rabbits », *Tissue Eng.*, **6**(3), 265-78 (2000).

[84] POTHUAUD L., MAJUMDAR S., « Magnetic Resonance Imaging », In : The Physical Measurement of Bone, Langton C.M. and Njeh C.F. editors, Institute of Physics Publishing (IoP), p. 475-510 (2004).

[85] MIRAUX S., SERRES S., THIAUDIERE E., CANIONI P., MERLE M., FRANCONI J.M., « Gadolinium-enhanced small-animal TOF magnetic resonance angiography », *Magma*, **17**(3-6), 348-52 (2004).

[86] GREEN M.V., SEIDEL J., VAQUERO J.J., JAGODA E., LEE I., ECKELMAN W.C., « High resolution PET, SPECT and projection imaging in small animals », *Comput. Med. Imaging Graph.*, **25**(2), 79-86 (2001).

[87] BELTRAME F., CANCEDDA R., CANESI B., CROVACE A., MASTROGIACOMO M., QUARTO R. et al., « A simple non invasive computerized method for the assessment of bone repair within osteoconductive porous bioceramic grafts », *Biotechnol. Bioeng.*, **92**(2), 189-98 (2005).

[88] JIANG Y., ZHAO J., WHITE D.L., GENANT H.K., « Micro CT and Micro MR imaging of 3D architecture of animal skeleton », *J. Musculoskelet. Neuronal Interact.*, **1**(1), 45-51 (2000).

[89] WANG G., ZHAO S., YU H., MILLER C.A., ABBAS P.J., GANTZ B.J. et al. « Design, analysis and simulation for development of the first clinical micro-CT scanner », *Acad. Radiol.*, **12**(4), 511-25 (2005).

[90] SUN W., DARLING A., STARLY B., NAM J., « Computer-aided tissue engineering : overview, scope and challenges », Biotechnol. Appl. Biochem., **39**(Pt 1), 29-47 (2004).

[91] LIN C.Y., KIKUCHI N., HOLLISTER S.J., « A novel method for biomaterial scaffold internal architecture design to match bone elastic properties with desired porosity », *J. Biomech.*, **37**(5), 623-36 (2004).

CHAPITRE

23

LES VECTEURS VIRAUX POUR LE TRANSFERT DE GÈNES *IN VIVO*

Étienne THÉVENOT*, Noëlle DUFOUR†, Nicole DÉGLON‡

1. Introduction

1.1. Transfert de gènes *in vivo*

Le transfert d'ADN dans le noyau d'une cellule eucaryote (**transfert de gène**) est un concept central de la biologie moderne. Le transfert est dit **somatique** lorsqu'il porte sur des organes d'un individu déjà constitué. Il est dit **germinal** lorsqu'il concerne les gamètes ou l'œuf fécondé, avec pour objectif de transmettre à la descendance la modification génétique apportée [1]. L'introduction efficace de matériel génétique dans une cellule somatique ou germinale et le contrôle de son expression dans le temps ont permis des avancées majeures pour comprendre la fonction des gènes *in vivo*[1] (génomique fonctionnelle) et proposer des approches thérapeutiques innovantes (thérapie génique). L'efficacité du transfert de gènes est conditionnée par le véhicule (**vecteur**) utilisé. Les caractéristiques recherchées pour ce vecteur sont :

– l'obtention de stocks de titre élevé du vecteur de manière simple et reproductible ;
– l'absence de toxicité liée à la **transduction** (transfert du matériel génétique dans la cellule cible et son expression par celle-ci) et de réaction immunitaire de l'organisme contre le vecteur et/ou la protéine thérapeutique ;

* L2MA, CEA Saclay. etienne.thevenot@cea.fr
† I2BM et MIRCen, CEA Saclay. noelle.dufour@cea.fr
‡ I2BM et MIRCen, CEA Saclay. nicole.deglon@cea.fr

1 C'est-à-dire dans l'organisme vivant.

- la stabilité dans le temps de l'expression du gène d'intérêt et la possibilité de régulation (pour contrôler par exemple l'expression de la protéine thérapeutique à un niveau physiologique ou pour mettre fin à l'expression au terme du traitement) ;
- une transduction des cellules quiescentes aussi efficace que celle des cellules en division.

Les vecteurs actuels appartiennent à deux catégories : les vecteurs **non viraux** et les vecteurs **viraux**. Dans les vecteurs non viraux, l'ADN est complexé à des polymères, des lipides ou des détergents cationiques (décrits dans le chapitre 3 « Complexes supramoléculaires d'ADN »). Ces vecteurs ont l'avantage de réduire le risque de toxicité et de réaction immunologique. *In vivo*, cependant, leur efficacité est moindre que celle des vecteurs viraux en termes de nombre de cellules transfectées et de durée de l'expression du transgène[2]. C'est pourquoi les vecteurs viraux sont majoritairement utilisés pour le transfert de gènes chez l'animal et chez l'homme.

1.2. Vecteurs viraux

Les virus recombinants, dont la taille est comprise entre 20 et 100 nm, jouent un rôle important dans les technologies de la santé, aussi bien pour comprendre la fonction des gènes *in situ* dans l'organisme que pour développer des stratégies thérapeutiques innovantes.
Dans ce chapitre, nous présenterons les principaux types de vecteurs viraux utilisés actuellement pour le transfert de gène et les principes communs qui assurent la production de virus recombinants non pathogènes et efficaces. Nous décrirons également les spécificités de ces différents vecteurs, qui guident le choix de l'expérimentateur en fonction du type cellulaire ciblé. Dans un deuxième temps, nous illustrerons les deux grandes applications des vecteurs viraux que sont le transfert de gène à visée thérapeutique, d'une part, et la génération de modèles animaux d'autre part. Pour terminer, nous verrons les améliorations récentes des vecteurs, qui permettent de suivre par imagerie et de réguler l'expression du transgène, une fois celui-ci transféré dans l'organisme.

2. Principaux types de vecteurs viraux

Les virus disposent d'un matériel génétique qui est essentiel pour leur réplication. Les vecteurs viraux sont dérivés des virus par génie génétique en remplaçant ce matériel génétique par la cassette d'intérêt, qui contient typiquement un promoteur et le **transgène** d'intérêt (figure 23.1). Par conséquent, le vecteur viral conserve la capacité de pénétrer dans la cellule cible et de faire exprimer le transgène, mais il ne peut s'y répliquer. Le principe commun pour construire les vecteurs viraux à partir des virus sauvages a donc consisté à exciser des génomes viraux les séquences responsables de la pathogénicité et celles impliquées dans

[2] Le transfert d'ADN nu (électroporation) est relativement peu efficace dans l'organisme. Ce type de transfert de gène ne sera pas traité dans cet ouvrage, mais le lecteur intéressé pourra se reporter à la revue : Andre F. et Mir L.M., *Gene Ther.*, **11** (Suppl 1), S33-42 (2004).

la réplication. Ces dernières seront exprimées uniquement lors de la phase de production par transfection transitoire pour générer, par complémentation, les particules virales.

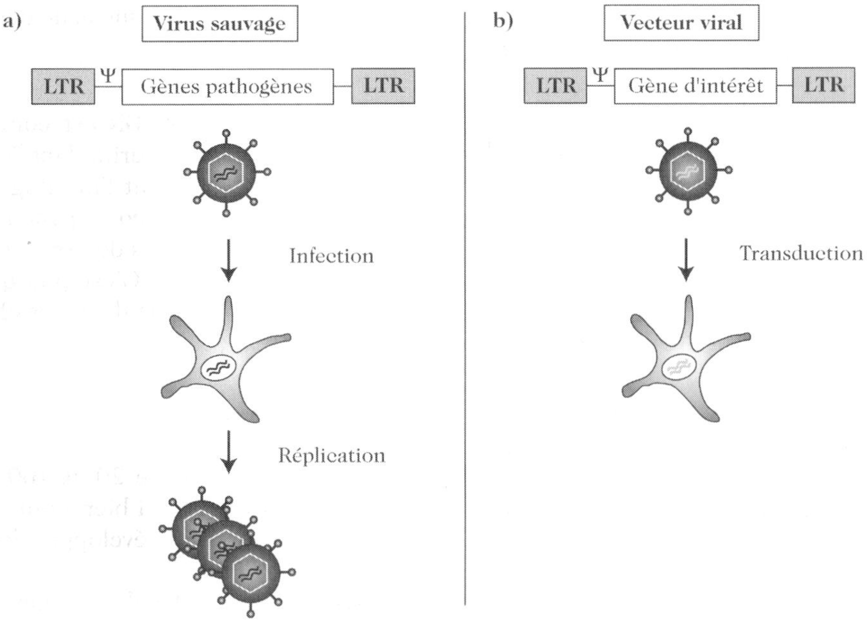

Figure 23.1. Construction d'un vecteur viral à partir d'un virus sauvage par modification de son génome. Les vecteurs viraux (**b**) sont dérivés des virus sauvages (**a**) par modification de leur génome : les gènes nécessaires à la réplication et responsables de la pathogénicité sont excisés et remplacés par le gène d'intérêt que l'on souhaite transférer (transgène). En revanche, certaines séquences non codantes sont conservées (par exemple, dans le cas des rétrovirus, la séquence Ψ qui est indispensable lors de la production pour que le génome soit encapsidé au sein d'une particule virale, ainsi que les séquences LTR qui, lors de la transduction, sont nécessaires à la rétrotranscription du génome, et donc à l'expression du gène d'intérêt).

Toutes les familles de virus ont été utilisées pour générer des vecteurs viraux. Chacune possède en effet des caractéristiques propres, et la richesse des vecteurs disponibles est un facteur clé pour répondre aux spécificités de chaque pathologie (taille du transgène à transférer, type cellulaire ciblé, stabilité de l'expression dans le temps, intégration chromosomique du transgène). Nous présenterons dans un premier temps les vecteurs viraux les plus couramment utilisés, qui sont dérivés des rétrovirus et lentivirus, des adénovirus et des virus adéno-associés[3] (tableau 23.1), ce qui nous permettra ensuite d'expliciter leurs applications biomédicales chez l'homme et chez l'animal pour traiter et modéliser les pathologies.

---

[3] Un cinquième type de vecteurs viraux, dérivés du virus de l'herpès simplex (HSV), possède l'avantage d'une grande capacité de clonage théorique (plusieurs dizaines de kb). Toutefois, l'utilisation de ces vecteurs est limitée par leur toxicité et leur immunogénicité, et par la chute d'expression du transgène observée dans certains tissus comme le cerveau. Ces vecteurs ne seront pas présentés dans ce chapitre, qui se restreint volontairement aux vecteurs actuellement les plus performants pour le transfert de gène, mais le lecteur intéressé pourra se reporter à la revue : Goins F.W. et al., *Methods Mol. Biol.*, **246**, 257-99 (2004).

Tableau 23.1. Quatre principaux types de vecteurs viraux utilisés pour le transfert de gène *in vivo*.

Vecteur	Famille de virus	Taille (nm)	Titre (TU/mL)	Capacité maximale (kb)
MLV	Rétrovirus (ARN)	100	10^6-10^9	7-8
Lentiviral	Rétrovirus (ARN)	100	10^6-10^9	7-8
Adéno-associé	Parvovirus (ADN sb)	20-30	10^9-10^{13}	4,5
Adénoviral	Adénovirus (ADN db)	80-120	10^{10}-10^{12}	20-35

sb : simple brin ; db : double brin ; TU : *transducing unit* (nombre de cellules transduites, voir la définition de cette unité ci-après). Parmi les revues consacrées à ces quatre vecteurs viraux, citons Barquinero et Perez-Melgosa (2004), *Gene Ther.*, **11** (Suppl 1), S3-9 (vecteurs rétroviraux), Delenda (2004), *J. Gene Med.*, **6** (Suppl 1), S125-38 (vecteurs lentiviraux), Tenenbaum et al. (2004), *J. Gene Med.*, **6** (Suppl 1), S212-22 (vecteurs AAV), et Volpers et Kochanek (2004), *J. Gene Med.*, **6** (Suppl 1), S164-71 (vecteurs adénoviraux).

2.1. Vecteurs rétroviraux et lentiviraux

2.1.1. Vecteurs rétroviraux

Les **rétrovirus** se distinguent des autres virus par les deux mécanismes de **rétrotranscription** et d'**intégration** chromosomique de leur génome dans la cellule cible. Le génome des rétrovirus est composé d'ARN. Lors du cycle d'infection d'un rétrovirus sauvage, cet ARN est rétrotranscrit en ADN, formant ainsi le génome **proviral**. Celui-ci s'intègre alors dans le génome de la cellule cible et utilise la machinerie de transcription et de traduction de l'hôte. Morphologiquement, les virions sont des particules enveloppées d'environ 100 nm de diamètre, présentant une capside interne qui protège un génome formé de deux molécules identiques d'ARN de 10 kb environ. Les rétrovirus possèdent trois classes de gènes essentiels (figure 23.2) :

1) ***gag*** code les protéines de structure (en particulier la protéine de capside) ;
2) ***pol*** code les enzymes rétrotranscriptase (permettant de convertir le génome ARN en ADN pendant le cycle de rétrotranscription) et intégrase (nécessaire à l'intégration du génome proviral dans le génome de la cellule hôte) ;
3) ***env*** code la glycoprotéine d'enveloppe.

Leur génome contient en outre des **séquences *cis*-régulatrices**[4] (voir la figure 23.2) nécessaires à son encapsidation au sein des particules virales (séquence Ψ) et, après infection de la cellule cible, à sa rétrotranscription, à son intégration chromosomique, et à l'expression des trois classes de gènes viraux (séquences situées dans le *long terminal repeat*, LTR).

Le **tropisme** des rétrovirus (c'est-à-dire leurs types cellulaires cibles) est déterminé par la glycoprotéine d'enveloppe, qui se lie au récepteur de la cellule cible. Ainsi, le virus Moloney de la leucémie murine (MLV) infecte uniquement les cellules de souris. Il est possible de diversifier la population cible du vecteur viral

[4] Une étape clé de la régulation de l'expression des gènes se situe au niveau du démarrage de la transcription : elle est contrôlée par la fixation de protéines (facteurs *trans*-régulateurs) sur des séquences d'ADN (séquences *cis*-régulatrices) localisées dans le voisinage de la séquence codante.

en remplaçant *env* par le gène d'enveloppe d'un autre virus (c'est-à-dire de **pseudotyper** le vecteur). L'utilisation de la protéine G du virus de la stomatite vésiculaire (VSV-G) permet, par exemple, de générer un vecteur viral capable de transduire une grande variété de types cellulaires de mammifères (**amphotrope**). Un deuxième avantage des particules virales pseudotypées VSV est leur meilleure résistance mécanique, ce qui permet de les concentrer plus de 1 000 fois par ultracentrifugation.

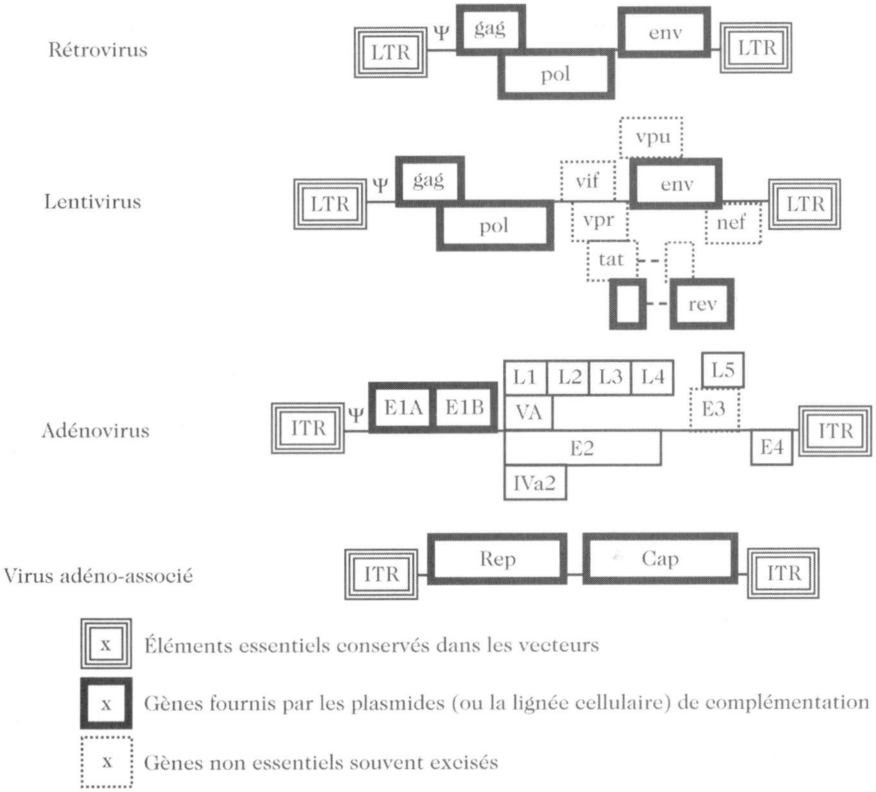

Figure 23.2. Schémas des virus couramment utilisés pour dériver des vecteurs viraux recombinants. Les gènes ou les séquences *cis*-régulatrices essentiels sont conservés dans les vecteurs (ils sont représentés sur le schéma avec une bordure triple) ou fournis transitoirement par complémentation lors de la production (bordures en gras). Les séquences non essentielles sont souvent excisées (bordures en pointillés). Seuls les éléments génétiques majeurs sont représentés, et les génomes ne sont pas à l'échelle. Dans les versions de deuxième et troisième génération des vecteurs adénoviraux, davantage de gènes viraux ont été excisés. Ψ : séquence d'encapsidation ; LTR (respectivement ITR) : *long* (resp. *inverted*) *terminal repeat*. (Verma I.M. et Weitzman M.D. (2005), *Annu. Rev. Biochem.*, **74**, 711-38).

Les vecteurs dérivés du MLV ont été obtenus par excision des gènes *gag*, *pol* et *env* du génome viral. Seules ont été conservées les séquences virales nécessaires à l'encapsidation (Ψ) du génome viral lors de la production puis, lors de la transduction, à sa rétrotranscription et à son intégration (LTR). La cassette d'intérêt est insérée à la place des séquences virales excisées (voir les figures 23.1 et 23.2). Par conséquent, les vecteurs rétroviraux ne sont pas réplicatifs. Ils n'exploitent que les phases précoces du cycle viral nécessaires pour assurer l'introduction d'un transgène de façon stable dans le génome d'une cellule.

Le vecteur rétroviral dérivé du MLV est actuellement le plus utilisé dans les protocoles de thérapie génique. Toutefois, une limitation des rétrovirus simples est leur incapacité à infecter des cellules post-mitotiques[5]. De plus, les tentatives pour générer des animaux transgéniques grâce à ces vecteurs ont été infructueuses[6] : l'expression du transgène est réprimée, notamment par méthylation des séquences promotrices lors du développement de l'animal. Ces limitations ont conduit depuis 1996 à développer des vecteurs issus d'une sous-famille particulière de rétrovirus, les lentivirus.

2.1.2. Vecteurs lentiviraux

Introduction

Les **lentivirus** sont des rétrovirus dont le génome est plus complexe que celui du MLV. Leur nom provient de la longue période d'incubation des maladies dont ils sont responsables. Le plus connu et le mieux étudié d'entre eux est le **virus de l'immunodéficience humaine** (VIH). En plus de *gag*, *pol* et *env*, leur génome comprend deux gènes qui régulent directement l'expression des gènes viraux (*tat* et *rev*) et quatre gènes accessoires (*vpr*, *vif*, *vpu* et *nef*) qui ont des fonctions importantes durant le cycle et la propagation virale et dans la pathogénicité du virus (voir la figure 23.2). Les lentivirus possèdent la particularité de pouvoir infecter à la fois les cellules mitotiques et post-mitotiques, grâce à un mécanisme actif d'import nucléaire du génome proviral.

Vecteur recombinant

Le développement de vecteurs non réplicatifs dérivés du VIH date du milieu des années 1990. Plusieurs améliorations ont été apportées avec les générations ultérieures de vecteurs lentiviraux dans les domaines du titre viral, de la biosécurité et du niveau d'expression du transgène [2, 3]. D'une part, les vecteurs les plus récents dits SIN (*self-inactivating*) comportent une délétion du promoteur viral située dans la région U3 du LTR 3' (figure 23.3). Cette excision a un double objectif : premièrement, elle élimine les éléments transcriptionnels viraux qui risquent d'interférer soit avec le promoteur du transgène, soit avec les gènes cellulaires voisins du site d'intégration ; deuxièmement, elle limite les risques de recombinaison avec un virus sauvage. D'autre part, l'ajout de la séquence de régulation post-transcriptionnelle WPRE (*woodchuck hepatitis virus posttranscriptional regulatory element*) du virus de l'hépatite de la marmotte permet d'augmenter l'expression du transgène d'un facteur 2 à 5 dans différents types cellulaires [3].
Les vecteurs lentiviraux transduisent sur le long terme à la fois des cellules non différenciées (cellules souches pluripotentes) et les cellules différenciées. Leur efficacité a d'ores et déjà été démontrée dans le système nerveux, le système hématopoïétique et, dans une moindre mesure, le foie. Des vecteurs ont également été dérivés des lentivirus d'autres espèces (lentivirus félin, équin, simien et bovin).

---

[5] C'est-à-dire des cellules qui ne se divisent pas, comme c'est le cas pour la plupart des neurones.
[6] Le principe consiste à transduire un ovocyte fécondé (zygote, première cellule de l'animal) par un vecteur rétroviral. Celui-ci permet l'intégration du transgène dans l'un des chromosomes du zygote. Dès lors, le transgène fait partie intégrante du génome de l'animal. À ce titre, il est répliqué au cours de chaque division cellulaire et se retrouve dans toutes les cellules de l'animal.

Production des vecteurs lentiviraux

La production des vecteurs lentiviraux se déroule sur une semaine. Elle consiste à transfecter une lignée cellulaire avec le matériel génétique nécessaire à la fabrication de particules virales, puis à récolter le surnageant et à concentrer ces particules par ultracentrifugation [2, 4]. Le matériel génétique transféré est dans la plupart des cas réparti dans quatre **plasmides**[7] :

1) un plasmide vecteur codant l'ARN viral qui va être encapsidé,
2) deux plasmides de *trans*-complémentation codant les protéines virales nécessaires à la production de la particule virale (notamment les protéines de structure, *gag*, et les enzymes, *pol*),
3) un plasmide qui code la glycoprotéine d'enveloppe (figure 23.3).

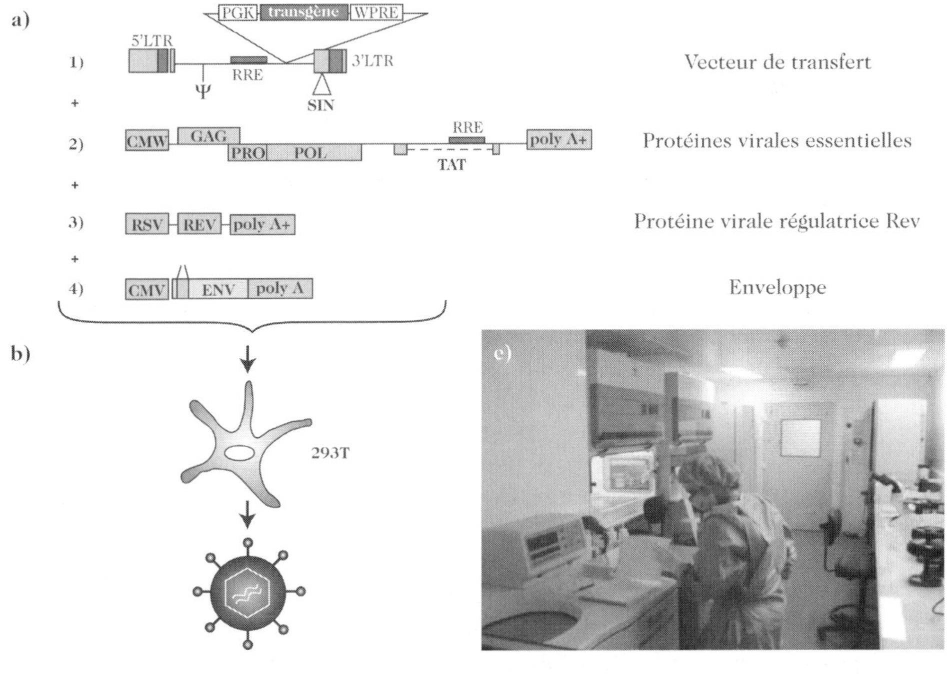

Figure 23.3. Production des stocks lentiviraux par transfection transitoire. **a)** Les quatre plasmides utilisés lors de la production codent d'une part le génome modifié du virus contenant le transgène d'intérêt (vecteur de transfert) et, d'autre part, les gènes viraux nécessaires à la complémentation en *trans* lors de la production. **b)** Après cotransfection dans la lignée cellulaire 293T, les cellules produisent des particules virales dont le génome se compose uniquement des séquences codées par le vecteur de transfert. Ces particules conservent ainsi la capacité de pénétrer dans une cellule hôte et d'y faire exprimer le transgène d'intérêt, mais ne peuvent plus se répliquer. **c)** Les particules lentivirales sont récoltées du surnageant de culture par ultracentrifugation en environnement confiné de niveau L3.

[7] Les plasmides sont des molécules d'ADN circulaires capables de se répliquer de façon autonome une fois transférées dans une bactérie. En biologie moléculaire, les plasmides sont utilisés en routine notamment pour stocker un gène d'intérêt : l'intégrité de la séquence de ce gène est alors préservée et il peut être amplifié à l'identique en très grand nombre, après transfert dans une bactérie et mise en culture de celle-ci.

Seul le plasmide « vecteur de transfert » code le génome qui sera encapsidé dans les particules lentivirales. Les trois autres plasmides de complémentation servent uniquement à la fabrication des particules virales. L'absence de la séquence d'encapsidation Ψ dans ces plasmides assure que les séquences virales qu'ils contiennent (notamment les gènes *gag*, *pol* et *env*) ne sont pas encapsidées. En outre, la séparation physique de ces séquences dans quatre plasmides différents permet de réduire le risque de reconstitution d'un génome viral sauvage par recombinaison : un tel événement nécessiterait en effet trois recombinaisons successives entre les différents plasmides de complémentation et le vecteur de transfert. Le protocole de coprécipitation au phosphate de calcium dans la lignée cellulaire 293T permet une transfection simple et très efficace des quatre plasmides[8].
La production virale est réalisée dans des conditions de confinement de niveau L3, conformément à la législation française[9]. Les surnageants sont récoltés 48 h après la transfection et les particules virales sont sédimentées par ultracentrifugation. Le stock viral, aliquoté et congelé à – 80 °C, se conserve pendant plusieurs années. À ce stade, le vecteur viral peut être déclassé en niveau L2 pour les expériences *in vitro*[10] et *in vivo*, sous réserve que le transgène ne soit pas lui-même classé en niveau L3 et que la quantité totale de vecteur manipulée soit inférieure à 2 μg de p24 (voir ci-après la définition de cette unité).

Titre

La méthode de titration du stock lentiviral la plus couramment utilisée est la quantification de la **protéine de capside p24** grâce à un test ELISA. Après l'ultracentrifugation, qui permet une concentration d'un facteur 1 000, le titre obtenu est généralement de l'ordre de 10^5 ng de p24 par millilitre. Il est également possible de quantifier l'ARN génomique viral par RT-PCR quantitative [5] (voir le chapitre 15 « La PCR en temps réel »).
La fonctionnalité du vecteur peut être déterminée *in vitro* dès lors que l'on dispose d'une méthode pour visualiser l'expression du transgène (activité enzymatique ou anticorps). La méthode consiste à réaliser une infection de la lignée cellulaire 293T avec une dilution sériée du stock viral puis à compter le nombre de cellules exprimant le transgène. Le titre obtenu (en nombre de cellules transduites, *transducing unit*, TU), qui peut varier selon la nature et la taille du transgène, est généralement de l'ordre de 10^8 TU/mL.

Contrôle de l'absence de virus réplicatifs

Pour garantir la biosécurité des lots, l'absence de contamination par des virus réplicatifs (*replication-competent lentivirus*, RCL) est systématiquement contrôlée à l'issue de la production [6]. Une méthode consiste à infecter la lignée cellulaire avec le vecteur viral puis à contrôler, après changement du milieu, l'absence de protéine p24 (ou de génome ARN viral) dans le surnageant [7].

---

[8] Les tentatives pour s'affranchir de la transfection plasmidique en générant des lignées cellulaires stables exprimant les protéines de complémentation se sont heurtées jusqu'ici à la toxicité de VSV-G et de certaines protéines lentivirales (intégrase).
[9] Principes de la Commission de Génie Génétique concernant le classement des opérations mettant en œuvre des vecteurs dérivés de lentivirus.
[10] C'est-à-dire avec des cellules en culture.

2.2. Vecteurs adénoviraux

2.2.1. Virus sauvage

Les adénovirus sont des virus de taille moyenne qui ont été isolés chez différentes espèces d'oiseaux et de mammifères. Chez l'homme, ils sont responsables d'infections respiratoires bénignes. Les particules adénovirales, non enveloppées, ont un diamètre de 80 nm à 120 nm. Les adénovirus sont capables d'infecter à la fois les cellules mitotiques et post-mitotiques. Ils demeurent sous forme **épisomale** (c'est-à-dire non intégrée dans un chromosome) dans le noyau. Le génome adénoviral consiste en une molécule d'ADN linéaire double-brin de 36 kb qui code plus d'une douzaine de gènes.

L'entrée des adénovirus dans la cellule hôte débute par la fixation du virus à la surface cellulaire grâce à son interaction avec le récepteur CAR (*coxsackievirus and adenovirus receptor*). L'infection est un processus très rapide et efficace qui débute par l'entrée de l'adénovirus dans la cellule par endocytose : environ 40 % des particules internalisées se complexent aux pores nucléaires et libèrent leur ADN dans le noyau 2 h après l'infection. Commence alors la première phase d'expression protéique, dite **précoce**, qui est suivie par une seconde phase dite **tardive** (débutant environ 10 heures après). La réplication du génome viral a lieu entre les deux phases. Les extrémités du génome sont des **séquences inversées répétées** (ITR) d'environ 100 pb servant d'origine de réplication (voir la figure 23.2). À l'issue de la phase tardive, 10^3 à 10^4 virions ont été assemblés dans le noyau de la cellule infectée. Finalement, 30 à 40 heures après le début de l'infection, la cellule meurt et les virions sont libérés, ce qui marque la fin du cycle reproductif.

Parmi les gènes à expression précoce (désignés par la lettre E pour *early*), E1A (gène dit « très précoce » ou *immediate early*) contrôle en *trans* l'expression de tous les autres gènes précoces. E1B, en association avec E1A, permet de transformer la cellule hôte[11]. E3 code des protéines qui bloquent la réponse inflammatoire et qui permettent aux cellules infectées d'échapper au système immunitaire.

2.2.2. Vecteur recombinant

Au début des années 1970, l'adénovirus a d'abord été utilisé comme vaccin administré par voie orale. L'absence d'effets secondaires majeurs et l'innocuité des infections adénovirales chez des individus immunocompétents furent des arguments clés en faveur de l'utilisation de ce virus comme vecteur de thérapie génique chez l'homme. Le premier transfert de gène *in vivo* à l'aide d'un vecteur adénoviral a été réalisé en 1990 [8]. À ce jour, les vecteurs adénoviraux ont été utilisés dans 26 % des 1 020 essais cliniques de thérapie génique (recensés par le *Journal of Gene Medicine*, voir ci-après). Ils sont délétés de la région E1 (E1A et B) du génome viral, responsable de l'activation de la transcription et de la réplication virale (voir la figure 23.2). Il est possible de déléter en supplément la région E3, dont la présence n'est pas indispensable pour la viabilité et la propagation virale. Les vecteurs adénoviraux AdΔE1ΔE3 dits **de première génération** ont une

[11] La transformation cellulaire est l'acquisition par une cellule d'un ou de plusieurs des caractères propres à la cellule maligne : par exemple, la perte de l'inhibition de contact et/ou la croissance illimitée (immortalité).

capacité de clonage de 7,5 kb. Un des avantages majeurs de ces vecteurs est la possibilité de produire relativement aisément des stocks de titre élevé (typiquement 10^{11} TU/mL).
Les principes de construction et de production sont essentiellement les mêmes que pour les autres vecteurs viraux. Les adénovirus recombinants sont produits dans la lignée cellulaire 293, qui exprime constitutivement les protéines E1A et E1B et permet donc de *trans*-complémenter l'activité de la région E1. Classiquement, les vecteurs adénoviraux sont générés par recombinaison homologue *in situ* dans cette lignée cellulaire. Le vecteur est ensuite purifié par plage de lyse, de façon à obtenir une population clonale, puis amplifié jusqu'à obtention d'un stock viral. Toutefois, la production des virus à ADN (adénovirus et virus adéno-associés) se distingue de celles des rétrovirus par le fait que les particules virales s'accumulent non pas dans le milieu de culture, mais dans les cellules, qui doivent par conséquent être lysées pour récupérer le vecteur.
Les vecteurs adénoviraux ont un large tropisme, incluant à la fois les cellules en prolifération et les cellules quiescentes. En 1993, la remarquable efficacité de ces vecteurs pour le transfert de gènes dans les cellules du système nerveux central des mammifères (SNC) a été démontrée [9]. Depuis, de nombreuses études ont confirmé que l'adénovirus recombinant est un vecteur de choix pour le transfert de gène dans le SNC [10, 11].
Malgré la délétion de la région E1, les gènes viraux sont exprimés à faible niveau dans les cellules transduites par les vecteurs de première génération. Il en résulte une toxicité directe du vecteur et une immunogénicité des produits des gènes viraux. La réponse immune des lymphocytes T cytotoxiques peut provoquer l'élimination des cellules transduites. C'est pourquoi de nouveaux vecteurs adénoviraux **de haute capacité** ou *gutless* ont été développés. Toutes les séquences virales ont été éliminées de ces vecteurs, hormis les ITR et le signal d'encapsidation Ψ [12].

2.3. Vecteurs adéno-associés

Le **virus adéno-associé** (AAV) est parmi les plus petits (20 nm) et les plus simples des virus eucaryotes[12]. Il est non pathogène pour l'homme, et les vecteurs qui en ont été dérivés se sont révélés très efficaces pour le transfert de gène. Il appartient à la famille des *dependovirus* et, caractéristique unique dans le monde des virus animaux, nécessite les gènes supplémentaires de virus auxiliaires pour se répliquer. Ces gènes peuvent être fournis par l'adénovirus (d'où son nom, car l'AAV a été découvert associé à ce virus) ou par l'herpès virus. Les particules virales sont constituées principalement de protéines et d'ADN en proportions égales. La capside confère aux virions une stabilité considérable, les rendant notamment résistants à des températures élevées (1 h à 50 °C). Cette particularité permet de lyophiliser les vecteurs AAV après purification, ce qui simplifie leur conservation et leur transport.
Le génome de l'AAV est composé d'ADN simple-brin linéaire d'environ 5 kb de long et comporte deux gènes : *rep* code les fonctions virales de réplication et d'intégration, et *cap* code les protéines structurelles de capside (voir la figure 23.2). *Rep*

[12] Eucaryotes : ensemble des êtres vivants dont le matériel génétique est enfermé, au sein de la cellule, dans une structure appelée noyau, par opposition aux procaryotes qui regroupent l'ensemble des bactéries.

et *cap* sont encadrés par des séquences inversées répétées terminales (ITR). Les ITR sont nécessaires pour l'encapsidation du génome dans les capsides virales et pour son intégration dans le chromosome cellulaire. Le vecteur viral est construit en remplaçant les gènes *rep* et *cap* par la cassette d'expression du transgène d'intérêt. Les particules virales sont produites par cotransfection plasmidique dans la lignée cellulaire 293, afin de produire en *trans* les gènes *rep* et *cap* ainsi que les gènes adénoviraux requis pour la réplication de l'AAV.

L'AAV sauvage est capable de s'intégrer dans un site précis du chromosome 19 humain sous l'action de la protéine Rep. En revanche, les vecteurs, qui sont délétés pour le gène *rep*, s'intègrent de manière aléatoire. Les vecteurs dérivés d'AAV sont capables d'infecter à la fois les cellules en division et les cellules quiescentes. Chez la souris, le chien et le singe, l'expression de gènes transférés par des vecteurs AAV est stable dans les cellules à longue durée de vie, comme dans le muscle, le foie et le cerveau. En raison de l'efficacité et de la stabilité de la transduction des cellules musculaires, un vecteur de type AAV2 a, par exemple, été utilisé avec succès pour corriger un défaut d'expression de la **dystrophine** dans un modèle murin de myopathie [13]. L'expression à long terme par les vecteurs AAV résulte des génomes qui se sont intégrés, ainsi que d'une fraction d'entre eux restés sous forme extrachromosomique.

L'inconvénient majeur des vecteurs dérivés d'AAV est leur faible capacité de clonage. En effet, seuls les transgènes d'une taille inférieure à 4,7 kb peuvent être inclus dans ces vecteurs, ce qui restreint leur utilisation au transfert des gènes de petite taille sous le contrôle de séquences promotrices également réduites. Cette limitation peut cependant être surmontée dans certains cas par l'utilisation de gènes « raccourcis » [14], comme le mini-gène CFTR (*cystic fibrosis transmembrane conductance regulator*, muté chez les patients atteints de mucoviscidose). Récemment, une alternative a été proposée, reposant sur le mécanisme de concatémérisation des génomes AAV avant intégration. La cotransduction par deux vecteurs AAV induit des concatémères qui, s'ils ont été conçus avec des sites d'épissage correctement placés, permettent de reformer une molécule entière de taille supérieure à 4,7 kb par un processus de transépissage après transcription [15].

3. Applications biomédicales de la plate-forme virale

Le transfert de gènes grâce aux vecteurs viraux est utilisé chez l'homme et chez l'animal pour traiter et modéliser les pathologies [16]. La thérapie génique regroupe les applications du transfert de gènes à visées thérapeutiques. À l'inverse, le transfert de gènes mutés est utilisé chez l'animal pour générer des modèles de maladies génétiques. Ces modèles permettent de comprendre les mécanismes pathologiques et de valider de nouvelles approches thérapeutiques.

3.1. Thérapie génique

La thérapie génique se définit comme « l'insertion délibérée de matériel génétique dans l'organisme d'un patient pour corriger un défaut précis à l'origine d'une pathologie, que ce soit à titre curatif ou préventif » [1]. Dans les stratégies

curatives, le gène transféré est généralement une copie fonctionnelle du gène défectueux. Certaines approches anticancéreuses reposent par ailleurs sur l'utilisation d'un transgène « suicide » toxique pour les cellules tumorales. Les stratégies préventives concernent par exemple le transfert de gènes codant des facteurs de croissance (par exemple le *glial cell line-derived neurotrophic factor*, GDNF), pour limiter la mort neuronale qui survient dans certains processus neurodégénératifs. Pour des raisons éthiques, le transfert de gènes chez l'homme est restreint aux cellules somatiques (ce qui exclut toute modification des cellules germinales, qui serait transmise à la descendance du patient).
La mutation à l'origine de la pathologie peut correspondre soit à la perte de fonction d'un gène, soit, au contraire, à un gain de fonction. Dans le premier cas, la stratégie thérapeutique consistera à surexprimer le gène déficient en introduisant une copie fonctionnelle. Dans le second, on cherchera à inhiber l'expression de la protéine mutée. Cette deuxième approche est en plein essor grâce à la découverte récente d'un mécanisme général pour inhiber l'expression d'un gène : l'interférence par l'ARN.

3.1.1. Par surexpression

L'application la plus naturelle du transfert de gène est l'expression d'un gène d'intérêt dans une cellule cible (ou la surexpression si le gène endogène est déjà présent). La preuve de principe de la complémentation d'un défaut génétique et de la correction d'un phénotype anormal a été obtenue en 1983 : un vecteur rétroviral codant la HPRT (hypoxanthine phosphoribosyltransférase) a permis de restaurer l'activité de l'enzyme et de normaliser le métabolisme des purines dans des cellules de patients atteints de la maladie de Lesh-Nyhan [17].
Les vecteurs rétroviraux dérivés du MLV ont été les premiers à être utilisés dans un essai de thérapie génique en 1990 et demeurent aujourd'hui encore les plus fréquents. Les patients de ce premier essai étaient deux enfants atteints d'une maladie du système immunitaire, la **déficience en adénosine désaminase** (ADA). Les mutations du gène impliqué dans cette maladie entraînent l'accumulation de l'adénosine ou de la désoxyadénosine qui est toxique pour les lymphocytes. Même si le succès thérapeutique n'a pu être démontré, car les patients recevaient en complément un traitement conventionnel, ce protocole fournit, avec un recul supérieur à 10 ans, des informations uniques sur la sécurité et l'efficacité du transfert de gènes rétroviral [18].
L'année 2000 a marqué la thérapie génique clinique de manière significative, avec l'annonce de la guérison de deux enfants atteints de **déficit immunitaire combiné sévère lié au chromosome X** (DICS lié à l'X), « bébés-bulles » traités à l'hôpital Necker à Paris, par greffe de cellules souches hématopoïétiques modifiées génétiquement [19]. La correction du déficit immunitaire combiné sévère correspond à ce jour au plus grand succès de la thérapie génique et illustre la puissance ainsi que les limites actuelles de cette approche. Dix patients ont été traités par transfert du gène γ_c à l'aide d'un vecteur MLV dans les cellules souches hématopoïétiques *ex vivo* (c'est-à-dire que les cellules ont été prélevées chez le patient puis traitées en laboratoire avant d'être réimplantées). Une correction stable du déficit immunitaire a été obtenue chez sept d'entre eux, avec un recul dépassant 4,5 ans pour les essais les plus anciens [20], et a été confirmée chez d'autres enfants par

deux équipes britannique et italienne. Une stratégie similaire a été utilisée avec succès pour traiter deux enfants atteints d'ADA [21]. Ces exemples illustrent le bénéfice apporté par la thérapie génique lorsqu'il existe un avantage sélectif de prolifération des cellules corrigées (ici les cellules souches transduites après leur différenciation en lymphocytes) sur les cellules non corrigées (lymphocytes non fonctionnels du patient). Cependant, deux des enfants traités pour le DICS lié à l'X ont développé des leucémies après trois ans de traitement, ce qui a nécessité un traitement par chimiothérapie pour chacun d'eux [20]. Dans les deux cas, le mécanisme en cause est un événement de **mutagenèse insertionnelle** au sein du locus d'un proto-oncogène LMO-2 : l'insertion du provirus en amont du gène provoque un effet *enhancer* du LTR viral sur la transcription et une expression aberrante de la protéine, probablement responsable de la transformation cellulaire.

Ces résultats soulignent l'importance d'évaluer avec précision le rapport bénéfice/risque de la thérapie génique dans chaque contexte pathologique. Pour le DICS lié à l'X, il semble que l'efficacité de la thérapie génique l'emporte sur l'effet de la greffe de moelle osseuse traditionnelle, en l'absence de donneur HLA identique, dont la toxicité (réaction du greffon contre l'hôte, notamment) est loin d'être nulle. Pour améliorer la sécurité de la thérapeutique, l'utilisation de vecteurs lentiviraux (dont le LTR est inactivé) semble prometteuse. À terme, le ciblage de l'intégration du transgène est aussi une approche attractive [22], en particulier grâce à l'utilisation d'une intégrase à faible nombre de cibles dans le génome humain. Cette voie de recherche est d'autant plus séduisante qu'elle permet d'espérer corriger un jour des mutations génétiques directement *in situ*, en remplaçant la séquence mutée par le gène fonctionnel dans le locus chromosomique.

La liste la plus complète des protocoles cliniques de thérapie génique dans le monde est répertoriée sur le site du *Journal of Gene Medicine* (http://www.wiley.co.uk/genmed/clinical). Dans le cas particulier des États-Unis, une liste exhaustive est consultable sur le site de l'*Office of Biotechnology Activities*, NIH (http://www4.od.nih.gov/oba/rdna.htm). Sur la période 1989-2005, 1 020 essais cliniques de thérapie génique ont été recensés dans le monde (total des protocoles approuvés, en cours ou terminés). Plus de 66 % de ces protocoles concernent le cancer et sont proposés à des patients en phase terminale. La plupart sont des essais de phases I et II, avec moins de 1 % en phase III[13]. Les vecteurs viraux représentent 70 % des différents types de vecteurs utilisés. Parmi eux, les vecteurs rétroviraux et adénoviraux sont les plus fréquents (38 % chacun). Désormais, il existe au moins cinq revues scientifiques internationales uniquement consacrées à la thérapie génique, ce qui témoigne de l'ampleur de ce domaine dans la recherche biomédicale actuelle.

Concernant la thérapie génique des maladies du système nerveux, de très gros efforts sont consacrés dans le domaine expérimental et préclinique, bien que les protocoles cliniques soient encore peu nombreux. Récemment a débuté un essai de phase I prometteur pour la maladie d'Alzheimer, consistant à greffer dans le cerveau des fibroblastes prélevés dans la peau du patient et transduits *ex vivo* par un vecteur MLV codant le facteur neurotrophique *nerve growth factor*, NGF [23]. De

[13] L'année 2004 a vu en Chine la première autorisation de mise sur le marché d'un traitement par thérapie génique : un vecteur adénoviral codant la protéine p53 est utilisé pour traiter des patients atteints de carcinomes de la tête et du cou (Pearson et al. (2004), *Nat. Biotechnol.*, **2**, 3-4).

manière générale, les types de maladies neurologiques susceptibles de bénéficier de tels traitements sont les cancers (par exemple les glioblastomes), les maladies génétiques monogéniques (maladies lysosomales, maladie de Huntington), mais aussi des troubles à étiologie complexe comme les maladies de Parkinson ou d'Alzheimer. Dans le cas de la maladie de Parkinson, par exemple, notre équipe a montré au sein d'une collaboration internationale [24] que l'expression du facteur neurotrophique GDNF par un vecteur lentiviral dans un modèle chez le primate permet de stopper la dégénérescence neuronale et favorise la récupération fonctionnelle (figure 23.4). Lorsque les études précliniques chez le primate démontrent que le bénéfice attendu chez un patient est supérieur aux traitements classiques par pharmacologie ou neurochirurgie, le protocole de thérapie génique est proposé pour un essai clinique chez l'homme.

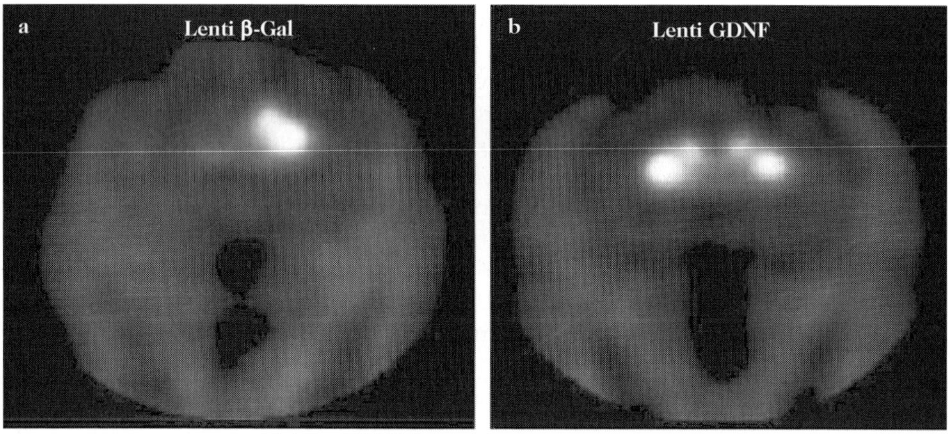

Figure 23.4. Restauration fonctionnelle chez le primate par transfert lentiviral du gène codant le GDNF. L'activité cérébrale est mesurée grâce à l'imagerie par tomographie par émission de positons (TEP) de la fluorodopa (précurseur de la dopamine radiomarqué par l'émetteur de positons ^{18}F). Dans le modèle primate de la maladie de Parkinson utilisé, l'activité neuronale est fortement diminuée dans le striatum gauche. L'injection du vecteur lentiviral codant le *glial cell line-derived neurotrophic factor* (GDNF) permet de restaurer l'activité neuronale **(b)**, contrairement au vecteur contrôle **(a)** codant le gène rapporteur de la β-galactosidase (Kordower et al. (2000), *Science*, **290**, 767-73).

3.1.2. Par inhibition de l'expression grâce à l'interférence par l'ARN

Si le transfert de gènes se prête naturellement à la surexpression génique, l'inhibition de l'expression d'un gène d'intérêt est en revanche beaucoup plus difficile à obtenir. Or, certaines pathologies génétiques sont causées par l'expression d'une protéine mutante (par exemple l'expression de la protéine huntingtine mutée dans la maladie de Huntington), qu'il serait par conséquent souhaitable de pouvoir inhiber. En génomique fonctionnelle également, l'inhibition de l'expression d'un gène d'intérêt chez l'animal est une approche très performante pour préciser la fonction de la protéine correspondante ou pour générer un modèle de pathologie. Par conséquent, la possibilité de disposer d'une technique générale pour inactiver les gènes d'intérêt représente un enjeu majeur. Depuis quelques années, **l'interférence par l'ARN** (RNAi) s'avère progressivement une méthode de choix dans ce domaine. Son principe repose sur la capacité de l'ARN double brin d'induire une suppression de l'expression génique par des mécanismes spécifiques de séquence. Cette inhibition a lieu au niveau post-transcriptionnel par dégradation ciblée des ARN messagers et probablement également par blocage de la traduction. Physiologiquement, l'interférence par l'ARN pourrait constituer un mécanisme de défense pour contrôler l'expression de gènes étrangers, conservé chez la plupart des eucaryotes, homme inclus. Des études génétiques récentes suggèrent qu'elle pourrait également réguler l'expression de gènes endogènes.

Initialement, la capacité de l'ARN double brin d'induire la dégradation des ARN simple brin contenant les mêmes séquences a été mise en évidence chez le nématode *Caenorhabditis elegans* [25]. Grâce aux données obtenues chez les plantes, le champignon, le ver *C. elegans*, la drosophile et, plus récemment, chez les mammifères, les grandes lignes du mécanisme sous-jacent ont pu être établies (figure 23.5). Les molécules d'ARN double brin sont découpées par une ribonucléase double brin, l'émineeuse (*Dicer*), produisant des fragments d'environ 21 nucléotides, les petits ARN interférents (*short interfering RNA*, siRNA). Ces petits ARN sont ensuite incorporés sous forme de simple brin dans un complexe ribonucléo-protéique dénommé RISC (*RNA-induced silencing complex*), où ils servent de guide pour la reconnaissance de l'ARNm cible. Un appariement parfait avec l'ARNm cible détermine une activité de nucléase spécifique de séquence du complexe avec la coupure endonucléolytique et la dégradation des fragments.

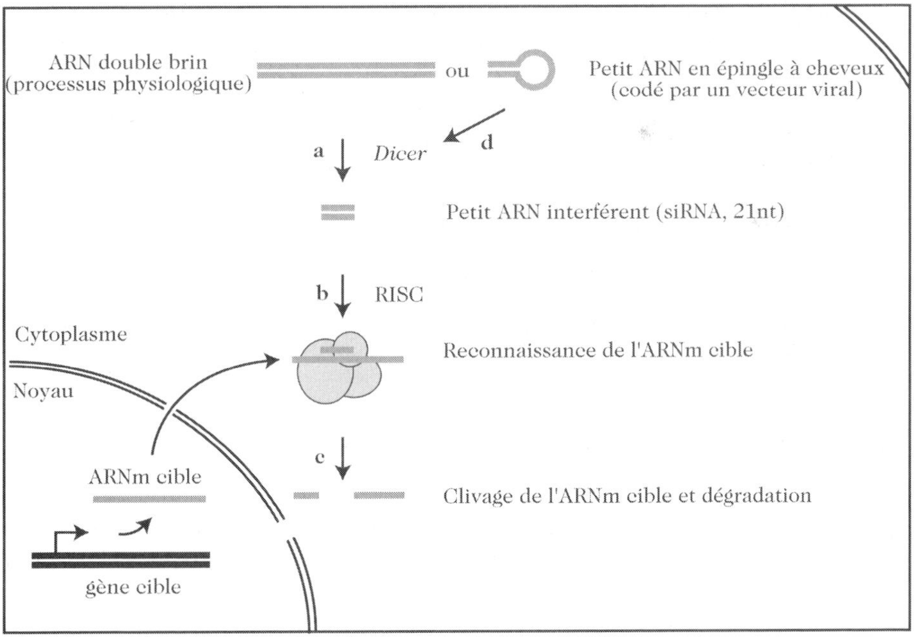

Figure 23.5. Mécanisme de l'interférence par l'ARN et son utilisation pour inhiber l'expression d'un gène cible. **a)** *Dicer* découpe le long ARN double brin en petit ARN interférent (siRNA). **b)** Suite à l'association avec le complexe RISC, les deux brins sont dissociés et le brin d'ARN restant guide le complexe pour localiser l'ARN messager (ARNm) cible. **c)** Suite à son appariement avec le siRNA, l'ARNm cible est clivé. **d)** Il a été montré que le mécanisme de l'interférence par l'ARN peut être généralisé pour inhiber *in vivo* tout gène d'intérêt. Pour cela, un petit ARN complémentaire de l'ARNm d'intérêt et possédant une structure en épingle à cheveux est exprimé dans la cellule grâce à un vecteur viral. Cet ARN est alors reconnu par *Dicer* et clivé en siRNA fonctionnel.

Une étape supplémentaire a été franchie lorsqu'il a été montré que l'introduction de siRNA synthétiques de 21 nucléotides permettait d'obtenir dans les cellules de mammifères une inhibition génique spécifique [26]. De manière importante, les données obtenues depuis par différentes équipes montrent statistiquement que le choix arbitraire d'une séquence siRNA au sein d'un gène d'intérêt produit un effet biologique dans près de la moitié des cas, ce qui souligne l'efficacité de cette approche.

Chez les mammifères, contrairement aux plantes, aux champignons et aux nématodes, il ne semble pas exister de mécanisme d'amplification ou de régénération de l'ARN double brin. En conséquence, l'introduction de petits ARN interférents n'induit qu'une suppression transitoire de l'expression, de quelques jours à deux semaines, en fonction de la quantité d'ARN transfectée et de la prolifération des cellules. Pour obtenir une suppression à long terme de l'expression, la stratégie la plus simple est d'utiliser un vecteur d'expression qui produit dans la cellule un court oligonucléotide en épingle à cheveux (*short hairpin RNA*, shRNA) qui est clivé par *Dicer* en duplexe siRNA fonctionnel [27]. De façon naturelle, les vecteurs lentiviraux ont été combinés avec la puissance de l'interférence par l'ARN et une série de vecteurs codant des shRNA sous le contrôle de la polymérase III (qui transcrit la plupart des petits ARN cellulaires) ont été générés [28]. Ces vecteurs inhibent efficacement l'expression de gènes cellulaires à la fois dans des lignées cellulaires, des cellules souches hématopoïétiques et également chez des souris transgéniques [29].

Une caractéristique de l'interférence par l'ARN est le caractère partiel de l'inhibition de l'expression. Cette inhibition partielle peut constituer un des points forts de l'approche en permettant d'analyser la fonction des gènes essentiels et, de manière plus générale grâce à des allèles hypomorphes, d'étudier la relation entre le niveau d'expression et la physiologie cellulaire. Grâce à sa facilité de mise en œuvre, l'interférence par l'ARN s'est imposée en quelques années comme la meilleure technique pour inhiber l'expression d'un gène dans des cellules de mammifères en culture, de manière transitoire ou à long terme, et peut-être même *in vivo*. Les premiers essais cliniques de siRNA ont été exposés lors du congrès de l'*American Society for Gene Therapy* en 2005 chez des patients atteints de dégénérescence maculaire.

3.2. Modèles animaux de pathologies humaines

Afin de comprendre les mécanismes responsables de la neurodégénérescence et de développer de nouvelles approches thérapeutiques, il est indispensable de disposer de modèles animaux pertinents chez le rongeur et, pour les études précliniques, chez le primate. Depuis les années 1980, la génération de souris transgéniques a permis d'étudier les conséquences pathologiques de la mutation d'une protéine sur l'organisme. Toutefois, cette technique était extrêmement peu efficace chez les mammifères autres que la souris. Or, pour l'étude de comportements complexes, le rat et le primate sont mieux adaptés. De plus, leurs tailles supérieures se prêtent mieux à l'imagerie (la résolution des appareils de tomographie par émission de positons est de l'ordre du millimètre).

Le développement des vecteurs lentiviraux a permis de contourner cette limite grâce au transfert direct du gène dans le cerveau de l'animal adulte [30] et, plus récemment [31], grâce à une nouvelle technique de transgenèse par infection du zygote (figure 23.6).

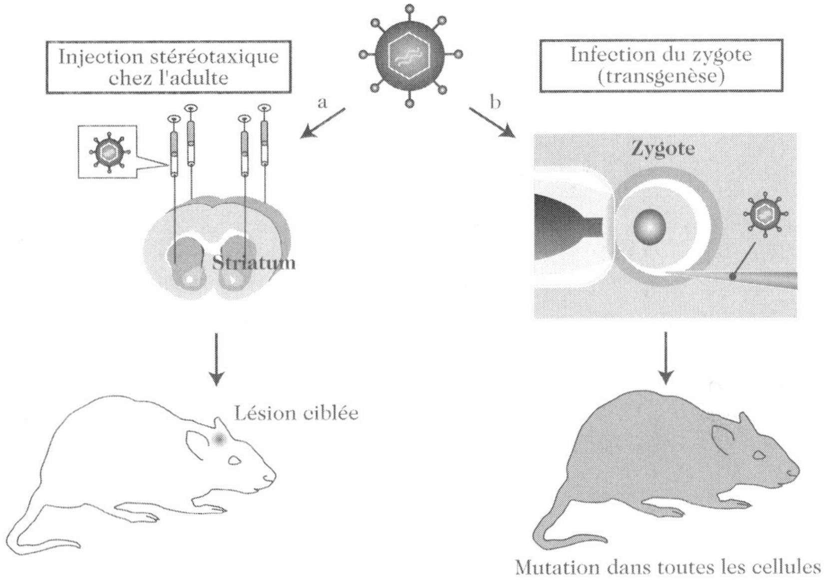

Figure 23.6. Génération de modèles animaux par transfert lentiviral somatique ou germinal. Deux types de modèles animaux peuvent être générés grâce aux vecteurs lentiviraux. **a)** L'injection stéréotaxique permet d'étudier rapidement chez l'animal adulte et dans une structure ciblée les effets de la surexpression ou, au contraire, de l'inhibition d'un gène d'intérêt. **b)** L'infection du zygote sert à transférer dans toutes les cellules de l'animal le gène (ou la séquence interférente) d'intérêt. La transgenèse lentivirale a récemment été validée chez la souris et chez le rat. L'injection stéréotaxique est aussi utilisée chez le primate.

3.2.1. Par injection intracérébrale

Dans le système nerveux central, la **stéréotaxie** permet d'injecter de manière précise le vecteur viral dans une structure cérébrale d'intérêt (figure 23.7). Cette technique a été utilisée pour étudier les conséquences de l'expression d'un gène muté sur le fonctionnement du cerveau. Comparée à la transgenèse classique chez la souris, elle permet de travailler chez le rat et le primate. De plus, elle est rapide : le clonage du transgène d'intérêt, la production du vecteur et son injection chez l'animal peuvent être réalisés en quelques semaines (contre plusieurs mois pour la transgenèse). Enfin, la dégénérescence induite est importante (probablement en raison d'une forte expression du transgène muté) et les stades tardifs de la maladie peuvent être observés dans un délai restreint [32].

Les vecteurs lentiviraux et adéno-associés ont servi à développer des modèles de maladies humaines du système nerveux [33]. Ainsi, le transfert de l'α-synucléine mutée dans la région cérébrale de la substance noire de rats ou de primates sains provoque une perte spécifique de l'innervation dopaminergique du striatum, accompagnée par l'apparition d'inclusions cellulaires caractéristiques de la maladie de Parkinson [34, 35].

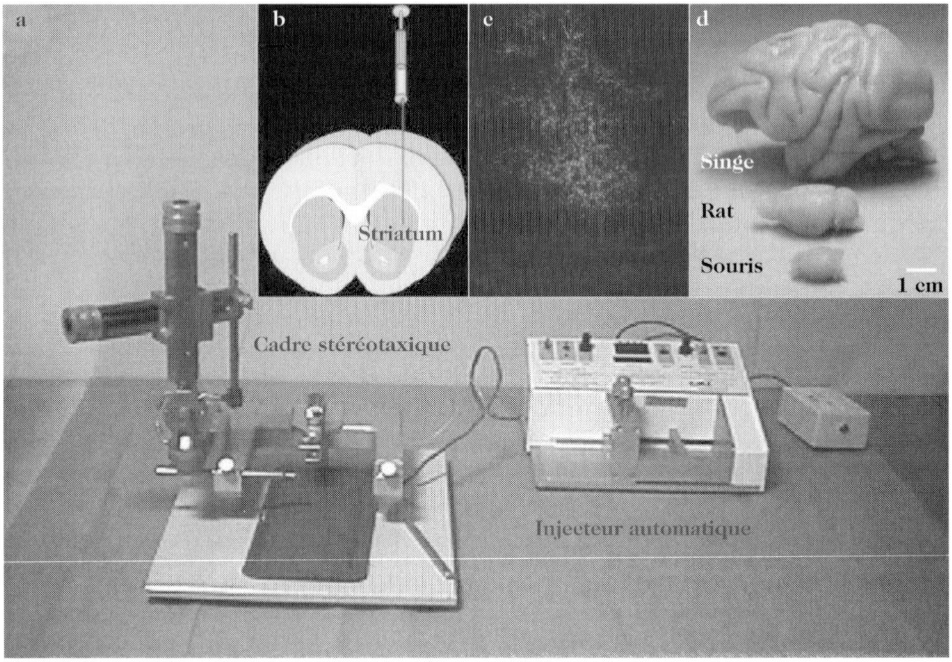

Figure 23.7. Injection intracérébrale par stéréotaxie. **a)** La stéréotaxie est une technique générale de neurochirurgie chez l'homme et chez l'animal. **b)** Elle consiste à introduire une canule dans le cerveau au niveau de la structure désirée (par exemple le striatum) grâce aux coordonnées spatiales répertoriées dans un atlas. **c)** L'injection de quelques microlitres de vecteur lentiviral concentré permet de transduire plusieurs centaines de milliers de cellules. **d)** Comparaison de la taille et de la morphologie du cerveau chez le singe et les rongeurs.

Avec la même approche, notre équipe a également développé un modèle de la **maladie de Huntington** chez le rat[14]. Nous avons montré que la surexpression de la forme mutée de la huntingtine dans le striatum déclenche l'apparition d'agrégats nucléaires et une dégénérescence striatale caractéristique de la maladie de Huntington [30]. De manière remarquable, nous avons observé que la pathologie induite est plus précoce et plus grave lorsque le nombre de répétitions du triplet CAG est plus élevé (en accord avec les observations cliniques) ou lorsque le niveau d'expression de la protéine mutée est augmenté.

[14] La maladie de Huntington est une affection héréditaire dominante qui se caractérise par la dégénérescence spécifique des neurones GABAergiques dans une structure cérébrale particulière, le striatum. Cette dégénérescence entraîne des troubles moteurs et cognitifs. La maladie de Huntington débute à un âge souvent compris entre 30 et 50 ans. Elle aboutit au décès après une évolution d'une quinzaine d'années. Sa fréquence dans les pays occidentaux est d'une personne atteinte sur 10 000 habitants. Il n'existe à ce jour aucun traitement sur le marché susceptible d'arrêter ou de ralentir le processus neurodégénératif. En 1993, le gène responsable de la maladie de Huntington a été identifié sur le chromosome 4 par un consortium international. Ce gène code la huntingtine (Htt) et comporte dans sa région N-terminale une répétition du triplet CAG codant la glutamine. Les allèles comportant plus de 36 répétitions du triplet sont pathogènes.

3.2.2. Par transgenèse

La transgenèse consiste à générer un animal dont le génome a été modifié au niveau germinal par introduction d'ADN recombinant. Cette approche est complémentaire du transfert de gène somatique par injection directe de vecteurs viraux. Elle permet d'exprimer le transgène dans tous les tissus de l'animal, et non pas uniquement dans la région de l'injection. Ainsi, les souris transgéniques générées comme modèle dans la maladie de Huntington expriment la huntingtine mutée non seulement dans le striatum, mais aussi dans le cortex, autre région jouant un rôle important dans le développement de la maladie chez l'homme. Un autre avantage de la transgenèse est de générer des lignées d'animaux exprimant le transgène de manière rigoureusement identique d'un animal à l'autre et de s'affranchir ainsi de tout risque de variabilité inhérent à la procédure d'injection intracérébrale. En outre, les lignées transgéniques sont entretenues par simple croisement, sans nécessité d'opérer chaque animal. Enfin, les applications de la transgenèse chez le bétail ouvrent des perspectives pour générer des lignées d'animaux plus résistants à certaines affections [36, 37].

La technique de **micro-injection d'ADN linéaire dans le pronucléus** de l'ovocyte fécondé a permis en 1980 d'obtenir les premières **souris transgéniques**. Depuis lors, la génération d'une lignée de souris transgéniques est la technologie de référence pour étudier dans l'organisme vivant l'expression d'un gène d'intérêt ou son inactivation (*knock-out*). Toutefois, une limite de l'injection pronucléaire réside dans sa faible efficacité : le transgène s'intègre et s'exprime dans moins de 2 % des embryons injectés et transférés [38]. Chez les animaux d'élevage (porc, bœuf), l'efficacité est encore plus faible pour des raisons techniques (en particulier, l'opacité du cytoplasme du zygote rend plus difficile l'injection dans le pronucléus). Le bétail représente donc une proportion limitée des publications de transgenèse (moins de 5 % en 1996) et les coûts de production sont élevés (30 000 dollars pour un porc et 300 000 dollars pour un bœuf).

En 2002, la transgenèse est devenue un nouveau champ d'applications pour les vecteurs lentiviraux. Deux équipes ont en effet montré chez la souris et chez le rat que l'infection d'un zygote par un vecteur lentiviral permet de générer un animal transgénique [31, 39]. La technique consiste à injecter la solution virale dans l'espace périvitellin situé entre la membrane cytoplasmique et la zone pellucide (couche externe qui protège l'embryon) (figure 23.8).

Cette nouvelle technique présente l'avantage d'une meilleure efficacité par rapport à l'injection pronucléaire classique [38]. Notre laboratoire a ainsi obtenu en 2004 au sein d'un consortium de transgenèse lentivirale une moyenne de 16 % d'animaux transgéniques par rapport au nombre d'embryons réimplantés, soit un rendement plusieurs fois supérieur à l'injection pronucléaire. Surtout, l'infection périvitelline nous a permis de générer de manière efficace plusieurs lignées de rats transgéniques.

Outre les résultats obtenus chez les animaux de laboratoire (souris et rat), plusieurs publications récentes décrivent les applications au bétail et au poulet de la technique d'infection périvitelline. L'équipe de Pfeifer a généré des porcs transgéniques avec une efficacité 27 fois supérieure à la micro-injection [40], et obtenu des résultats préliminaires chez les bovins [41]. Chez les oiseaux, des poulets transgéniques ont été générés par injection dans l'œuf d'un vecteur lentiviral équin [42]. Grâce à la transgenèse et au séquençage prochain de son génome dans sa totalité, le poulet devient ainsi un modèle de choix pour l'étude fonctionnelle des gènes chez les vertébrés.

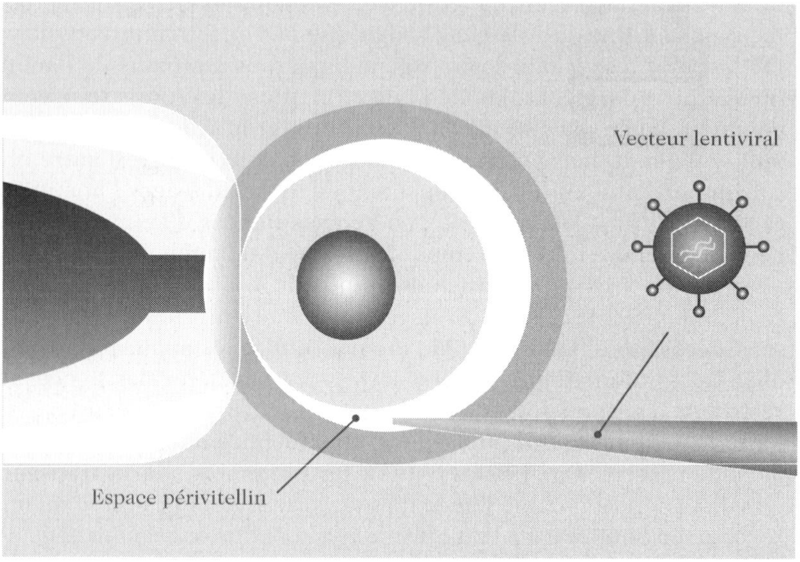

Figure 23.8. Principe de la transgenèse par infection lentivirale du zygote. Quelques picolitres de stock lentiviral concentré sont injectés dans l'espace périvitellin du zygote situé entre le cytoplasme et la zone pellucide.

Une contrainte de la transgenèse lentivirale comparée à l'injection pronucléaire est la taille du transgène, qui doit être inférieure à 8,5 kb. Cette taille est toutefois suffisante pour la majorité des régions codantes des gènes et pour les ARN interférents. Une autre interrogation concernant l'infection périvitelline est de savoir si cette technique permettra enfin pour la première fois de générer des singes transgéniques. Les premiers résultats par infection au stade blastocyste ont permis d'obtenir l'intégration et l'expression de la GFP dans le placenta, mais pas chez les nouveau-nés [43]. De nouvelles stratégies sont développées pour contourner cette limite, comme la transduction des cellules souches germinales mâles (spermatogonies) *in vitro* avant la réimplantation chez l'animal pour générer des spermatozoïdes matures [44]. D'ores et déjà, les vecteurs lentiviraux ont permis des avancées majeures en transgenèse, qui est devenue ces dernières années un champ d'application à part entière pour la plate-forme technologique que constitue l'outil viral.

4. Régulation et visualisation de l'expression du transgène

Pour contrôler encore plus précisément le transfert de gènes *in vivo*, deux types d'améliorations sont apportées à la cassette contenant le transgène. D'une part, des systèmes de régulation sont développés depuis une dizaine d'années pour permettre d'induire ou, au contraire, de réprimer l'expression du transgène. D'autre part, les techniques d'imagerie sont depuis peu adaptées pour visualiser et suivre l'expression du transgène *in vivo* après son transfert dans l'organisme.

4.1. Régulation de l'expression du transgène

La possibilité de réguler l'expression du transgène (ou d'une séquence interférente) est nécessaire non seulement en recherche fondamentale pour étudier le caractère réversible d'un phénotype, mais également en recherche clinique, par exemple pour asservir l'expression de la protéine thérapeutique à une régulation physiologique (cas du diabète insulinodépendant) ou pour ajuster l'expression du gène médicament à la posologie désirée.
Le système de **régulation par la tétracycline** est le plus utilisé (et par conséquent le mieux caractérisé) en raison de sa relative simplicité et de la bonne tolérance et pénétration tissulaire de cet antibiotique (et de son analogue, la **doxycycline**) *in vivo*. Ce système permet de déclencher la répression d'un transgène d'intérêt grâce à l'administration systémique de l'antibiotique dans l'organisme (système *Tet-OFF*). Il a été développé par l'équipe de Bujard à partir d'éléments de régulation de l'opéron Tn*10* de résistance à la tétracycline d'*E. coli* [45]. Il est constitué d'un transactivateur tTA capable de se fixer sur les séquences *tetO* et d'activer l'expression du transgène placé en aval de celle-ci (figure 23.9). En présence de tétracycline, tTA ne peut se lier aux séquences *tetO*, et de ce fait la transcription du transgène s'arrête. Un système analogue, permettant cette fois d'induire l'expression du transgène (système *Tet-ON*), a été obtenu en isolant un mutant du gène tTA (baptisé *reverse tTA*, rtTA) qui, à l'inverse de tTA, nécessite la présence de l'antibiotique pour se fixer aux séquences *tetO* et activer l'expression du transgène [46].

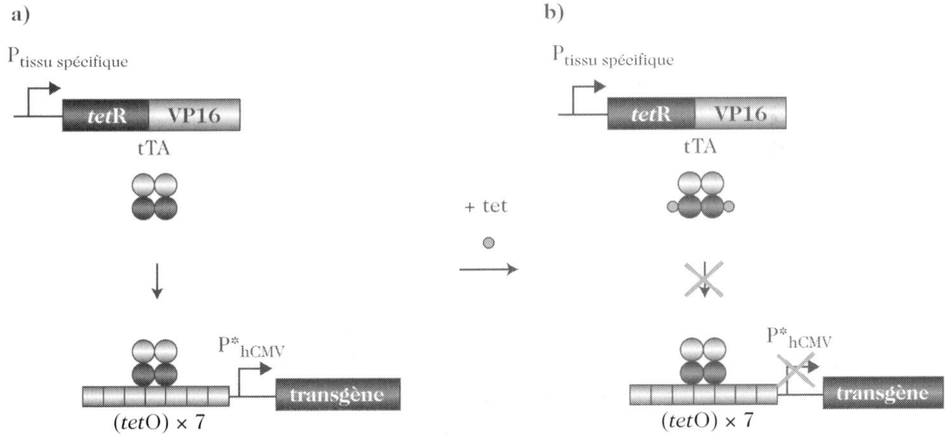

Figure 23.9. Système de régulation par la tétracycline Tet-OFF. **a)** Le système de régulation par la tétracycline est un système à deux composants. D'une part, il comprend le gène chimère codant le facteur d'activation transcriptionnelle tTA. Cette protéine est une fusion entre 1) le domaine de liaison à l'ADN du répresseur bactérien TetR et 2) le domaine transactivateur de la protéine VP16 du virus HSV. L'utilisation d'un promoteur spécifique $P_{\text{tissu spécifique}}$ permet de contrôler l'expression cellulaire restreinte du gène tTA. D'autre part, le gène d'intérêt est placé sous le contrôle d'un promoteur minimal P^*_{CMV} lié à un concatémère de séquences *tetO*, sites de fixation de TetR. En absence de tétracycline (ou de son analogue la doxycycline), tTA se fixe aux séquences *tetO* et active l'expression du gène d'intérêt. **b)** En présence de l'antibiotique, tTA ne peut se fixer aux séquences opératrices et la transcription du transgène est réprimée.

Dans les vecteurs viraux, les deux cassettes du système tétracycline (le *trans*-régulateur et le transgène d'intérêt) peuvent être incorporées séparément dans

deux vecteurs, qui sont alors co-injectés [32], ou regroupées au sein d'un unique vecteur [47].
Les systèmes de régulation sont très utilisés dans les stratégies à visée thérapeutique (pour contrôler le niveau d'expression du transgène) mais aussi dans les modèles animaux pour étudier les effets physiologiques en conditions « ON » et « OFF ». Dans le cas des modèles de la maladie de Huntington chez le rongeur par exemple, notre équipe a montré que la suppression de l'expression de la huntingtine mutée après un mois d'expression conduit à la disparition des agrégats et à la réapparition de marqueurs de survie neuronale (figure 23.10). Ces résultats, ainsi que ceux obtenus chez la souris également avec le système tétracycline, démontrent qu'une expression continue de la protéine mutée est nécessaire pour maintenir les inclusions et les symptômes et suggèrent que le processus dégénératif de la maladie de Huntington est réversible.

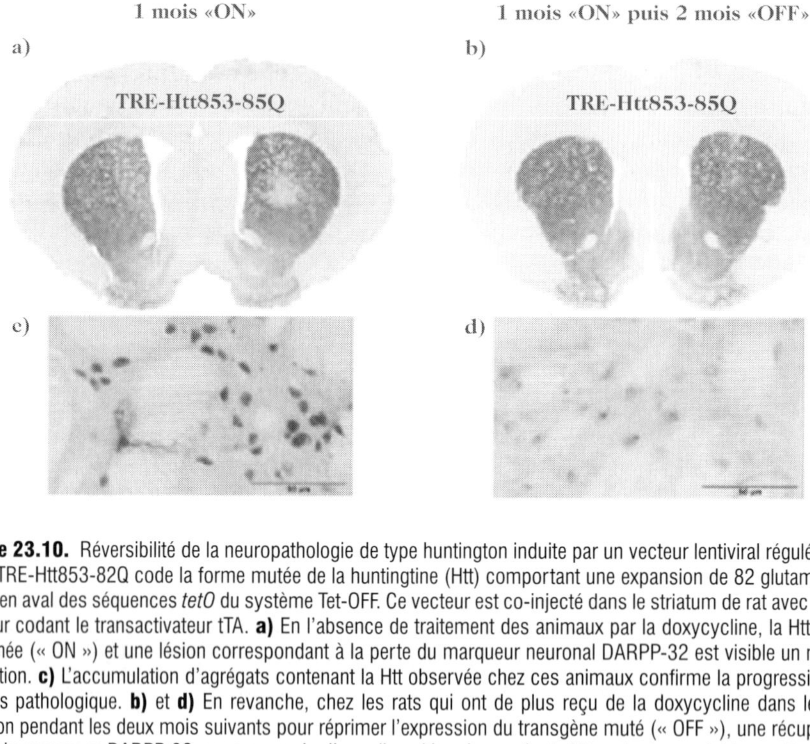

Figure 23.10. Réversibilité de la neuropathologie de type huntington induite par un vecteur lentiviral régulé. Le transgène TRE-Htt853-82Q code la forme mutée de la huntingtine (Htt) comportant une expansion de 82 glutamines. Il est placé en aval des séquences *tetO* du système Tet-OFF. Ce vecteur est co-injecté dans le striatum de rat avec un second vecteur codant le transactivateur tTA. **a)** En l'absence de traitement des animaux par la doxycycline, la Htt mutée est exprimée (« ON ») et une lésion correspondant à la perte du marqueur neuronal DARPP-32 est visible un mois après l'injection. **c)** L'accumulation d'agrégats contenant la Htt observée chez ces animaux confirme la progression du processus pathologique. **b)** et **d)** En revanche, chez les rats qui ont de plus reçu de la doxycycline dans leur eau de boisson pendant les deux mois suivants pour réprimer l'expression du transgène muté (« OFF »), une récupération de 61 % du marquage DARPP-32, accompagnée d'une disparition des agrégats Htt, est mise en évidence (Regulier et al. (2003), *Hum. Mol. Genet.*, **12**, 2827-36). Avec l'autorisation de Oxford University Press.

4.2. Imagerie de l'expression des transgènes

L'imagerie de l'expression du transgène *in vivo* après son transfert dans l'organisme est un domaine de recherche en plein essor. Il est en effet primordial de pouvoir suivre l'expression du transgène après l'injection du vecteur viral, pour contrôler notamment sa biodistribution, son niveau d'expression et sa stabilité dans le temps. Jusqu'à ces dernières années, l'étude de l'expression du transgène

était limitée aux analyses post-mortem, faute de disposer d'appareils d'imagerie de résolution suffisante. Aujourd'hui, cet objectif devient réalisable grâce au développement d'appareils plus puissants dédiés au petit animal dans les différentes modalités de l'imagerie[15]. L'imagerie de l'expression des transgènes s'inscrit dans le cadre plus général de l'**imagerie moléculaire**. Cette discipline, à l'intersection entre la biologie moléculaire et l'imagerie *in vivo*, a pour objectif de détecter l'expression d'un gène (endogène ou transféré dans l'organisme) grâce à une procédure non invasive chez l'animal et chez l'homme [48].
Une approche pour visualiser le transgène consiste à insérer dans le vecteur un deuxième gène, rapporteur, dont le produit provoque l'accumulation dans la cellule d'une sonde détectable par imagerie. En imagerie TEP, le gène de la thymidine kinase virale HSV1-*tk* a ainsi été utilisé comme gène rapporteur avec les sondes radiomarquées [^{124}I]-FIAU (dérivé de l'uracile) ou [^{18}F]-FHBG (dérivé du pencyclovir). Dans la cellule transduite, la thymidine kinase virale phosphoryle la sonde qui ne peut alors plus franchir efficacement la membrane et se retrouve piégée dans la cellule [49]. En IRM, les propriétés magnétiques de la ferritine (principale protéine de stockage du fer) ont permis récemment de suivre l'expression de cette protéine au cours du temps et chez le même animal après transfert du gène correspondant dans le cerveau grâce à un vecteur adénoviral [50]. Le développement combiné de ces outils et de nouveaux agents de contraste « intelligents », capables de cibler certains types cellulaires d'intérêt, constitue actuellement les fondements du suivi longitudinal du transfert de gènes chez l'homme et chez l'animal.

5. Perspectives

En un peu plus d'une dizaine d'années, les vecteurs viraux sont devenus une plate-forme incontournable pour le transfert de gènes *in vivo*. Les recherches actuelles en vectorologie se concentrent notamment dans les domaines du ciblage du tropisme des vecteurs et du contrôle du site d'intégration chromosomique. Avec le développement de l'imagerie moléculaire, la biologie doit s'intégrer à d'autres disciplines comme la physique (pour développer de nouveaux agents de contraste en IRM par exemple), mais aussi les mathématiques et l'informatique (notamment pour le traitement des données et la reconstruction d'images). Les progrès dans la maîtrise de la transduction des cellules cibles, de la régulation de l'expression du transgène et de sa visualisation *in situ* représentent des avancées majeures pour le succès des traitements par transfert de gènes en clinique.

Remerciements. Nous remercions Pascal Le Masson et Chamsy Sarkis, ainsi qu'Aurélie Delzor, Mario Lepore, Jean-Charles Robillard, Anne-Sophie Chaplault, Sandro Alvès, Raymonde Hassig et Carole Escartin pour leurs précieuses contributions à ce chapitre.

---

[15] Trois grandes modalités sont distinguées en imagerie (auxquelles s'ajoutent également les ultrasons, dont les applications en imagerie moléculaire sont toutefois plus restreintes). L'imagerie nucléaire, et notamment l'imagerie par tomographie par émission de positons (TEP), repose sur l'injection d'un traceur radioactif et dispose de la sensibilité la plus élevée. L'imagerie par résonance magnétique (IRM) utilise les propriétés magnétiques des atomes d'hydrogène de l'eau et des composés organiques. Elle est non invasive et possède une haute résolution spatiale. Enfin, l'imagerie optique (bioluminescence) se distingue par sa relative simplicité de mise en œuvre et son moindre coût.

Bibliographie

[1] Gros F., « La thérapie génique », *Rapport Académie des sciences*, **36** (1995).

[2] Naldini L. et al., « In vivo gene delivery and stable transduction of nondividing cells by a lentiviral vector », *Science*, **272**(5259), 263-7 (1996).

[3] Zufferey R. et al., « Woodchuck hepatitis virus posttranscriptional regulatory element enhances expression of transgenes delivered by retroviral vectors », *J. Virol.*, **73**(4), 2886-92 (1999).

[4] Delenda C., « Lentiviral vectors : optimization of packaging, transduction and gene expression », *J. Gene Med.*, **6 Suppl. 1**, S125-38 (2004).

[5] Sastry L. et al., « Titering lentiviral vectors : comparison of DNA, RNA and marker expression methods », *Gene Ther.*, **9**(17), 1155-62 (2002).

[6] Escarpe P. et al., « Development of a sensitive assay for detection of replication-competent recombinant lentivirus in large-scale HIV-based vector preparations », *Mol. Ther.*, **8**(2), 332-41 (2003).

[7] Sastry L. et al., « Certification assays for HIV-1-based vectors : frequent passage of gag sequences without evidence of replication-competent viruses », *Mol. Ther.*, **8**(5), 830-9 (2003).

[8] Stratford-Perricaudet L.D. et al., « Evaluation of the transfer and expression in mice of an enzyme-encoding gene using a human adenovirus vector », *Hum. Gene Ther.*, **1**(3), 241-56 (1990).

[9] Le Gal La Salle G. et al., « An adenovirus vector for gene transfer into neurons and glia in the brain », *Science*, **259**(5097), 988-90 (1993).

[10] Corti O. et al., « Long-term doxycycline-controlled expression of human tyrosine hydroxylase after direct adenovirus-mediated gene transfer to a rat model of Parkinson's disease », *Proc. Natl. Acad. Sci. USA*, **96**(21), 12120-5 (1999).

[11] Thévenot E. et al., « Targeting conditional gene modification into the serotonin neurons of the dorsal raphe nucleus by viral delivery of the Cre recombinase », *Mol. Cell Neurosci.*, **24**(1), 139-47 (2003).

[12] Volpers C. et Kochanek S., « Adenoviral vectors for gene transfer and therapy », *J. Gene Med.*, **6 Suppl. 1**, S164-71 (2004).

[13] Goyenvalle A. et al., « Rescue of dystrophic muscle through U7 snRNA-mediated exon skipping », *Science*, **306**(5702), 1796-9 (2004).

[14] Sirninger J. et al., « Functional characterization of a recombinant adeno-associated virus 5-pseudotyped cystic fibrosis transmembrane conductance regulator vector », *Hum. Gene Ther.*, **15**(9), 832-41 (2004).

[15] Nakai H., Storm T.A. et Kay M.A., « Increasing the size of rAAV-mediated expression cassettes in vivo by intermolecular joining of two complementary vectors », Nat. Biotechnol., **18**(5), 527-32 (2000).

[16] DEGLON N. et HANTRAYE P., « Viral vectors as tools to model and treat neurodegenerative disorders », *J. Gene Med.*, **7**(5), 530-9 (2005).

[17] MILLER A.D. et al., « A transmissible retrovirus expressing human hypoxanthine phosphoribosyltransferase (HPRT) : gene transfer into cells obtained from humans deficient in HPRT », *Proc. Natl. Acad. Sci. USA*, **80**(15), 4709-13 (1983).

[18] MUUL L.M. et al., « Persistence and expression of the adenosine deaminase gene for 12 years and immune reaction to gene transfer components : long-term results of the first clinical gene therapy trial », *Blood*, **101**(7), 2563-9 (2003).

[19] CAVAZZANA-CALVO M. et al., « Gene therapy of human severe combined immunodeficiency (SCID)-X1 disease », *Science*, **288**(5466), 669-72 (2000).

[20] HACEIN-BEY-ABINA S. et al., « LMO2-associated clonal T cell proliferation in two patients after gene therapy for SCID-X1 », *Science*, **302**(5644), 415-9 (2003).

[21] AIUTI A. et al., « Correction of ADA-SCID by stem cell gene therapy combined with nonmyeloablative conditioning », *Science*, **296**(5577), 2410-3 (2002).

[22] BUSHMAN F.D., « Targeting survival : integration site selection by retroviruses and LTR-retrotransposons », *Cell*, **115**(2), 135-8 (2003).

[23] TUSZYNSKI M.H. et al., « A phase 1 clinical trial of nerve growth factor gene therapy for Alzheimer disease », *Nat. Med.*, **11**(6) 551-5 (2005).

[24] KORDOWER J.H. et al., « Neurodegeneration prevented by lentiviral vector delivery of GDNF in primate models of Parkinson's disease », *Science*, **290**(5492), 767-73 (2000).

[25] FIRE A. et al., « Potent and specific genetic interference by double-stranded RNA in Caenorhabditis elegans », *Nature*, **391**(6669), 806-11 (1998).

[26] ELBASHIR S.M. et al., « Duplexes of 21-nucleotide RNAs mediate RNA interference in cultured mammalian cells », *Nature*, **411**(6836), 494-8 (2001).

[27] BRUMMELKAMP T.R., BERNARDS R. et AGAMI R., « A system for stable expression of short interfering RNAs in mammalian cells », *Science*, **296**(5567), 550-3 (2002).

[28] ABBAS-TERKI T. et al., « Lentiviral-mediated RNA interference », *Hum. Gene Ther.*, **13**(18), 2197-201 (2002).

[29] RUBINSON D.A. et al., « A lentivirus-based system to functionally silence genes in primary mammalian cells, stem cells and transgenic mice by RNA interference », *Nat. Genet.*, **33**(3), 401-6 (2003).

[30] DE ALMEIDA L.P. et al., « Lentiviral-mediated delivery of mutant huntingtin in the striatum of rats induces a selective neuropathology modulated by polyglutamine repeat size, huntingtin expression levels, and protein length », *J. Neurosci.*, **22**(9), 3473-83 (2002).

[31] LOIS C. et al., « Germline transmission and tissue-specific expression of transgenes delivered by lentiviral vectors », *Science*, **295**(5556), 868-72 (2002).

[32] REGULIER E. et al., « Early and reversible neuropathology induced by tetracycline-regulated lentiviral overexpression of mutant huntingtin in rat striatum », *Hum. Mol. Genet.*, **12**(21), 2827-36 (2003).

[33] KIRIK D. et BJORKLUND A., « Modeling CNS neurodegeneration by overexpression of disease-causing proteins using viral vectors », *Trends Neurosci.*, **26**(7), 386-92 (2003).

[34] LO BIANCO C. et al., « alpha-Synucleinopathy and selective dopaminergic neuron loss in a rat lentiviral-based model of Parkinson's disease », *Proc. Natl. Acad. Sci. USA*, **99**(16), 10813-8 (2002).

[35] KIRIK D. et al., « Nigrostriatal alpha-synucleinopathy induced by viral vector-mediated overexpression of human alpha-synuclein : a new primate model of Parkinson's disease », *Proc. Natl. Acad. Sci. USA*, **100**(5), 2884-9 (2003).

[36] WALL R.J. et al., « Genetically enhanced cows resist intramammary Staphylococcus aureus infection », *Nat. Biotechnol.*, **23**(4), 445-51 (2005).

[37] DENNING C. et al., « Deletion of the alpha(1,3)galactosyl transferase (GGTA1) gene and the prion protein (PrP) gene in sheep », *Nat. Biotechnol.*, **19**(6), 559-62 (2001).

[38] FASSLER R., « Lentiviral transgene vectors », *EMBO Rep.*, **5**(1), 28-9 (2004).

[39] PFEIFER A. et al., « Transgenesis by lentiviral vectors : lack of gene silencing in mammalian embryonic stem cells and preimplantation embryos », *Proc. Natl. Acad. Sci. USA*, **99**(4), 2140-5 (2002).

[40] HOFMANN A. et al., « Efficient transgenesis in farm animals by lentiviral vectors », *EMBO Rep.*, **4**(11), 1054-60 (2003).

[41] HOFMANN A. et al., « Generation of transgenic cattle by lentiviral gene transfer into oocytes », *Biol. Reprod.*, **71**(2), 405-9 (2004).

[42] MCGREW M.J. et al., « Efficient production of germline transgenic chickens using lentiviral vectors », *EMBO Rep.*, **5**(7), 728-33 (2004).

[43] WOLFGANG M.J. et al., « Rhesus monkey placental transgene expression after lentiviral gene transfer into preimplantation embryos », *Proc. Natl. Acad. Sci. USA*, **98**(19), 10728-32 (2001).

[44] HAMRA F.K. et al., « Production of transgenic rats by lentiviral transduction of male germ-line stem cells », *Proc. Natl. Acad. Sci. USA*, **99**(23), 14931-6 (2002).

[45] GOSSEN M. et BUJARD H., « Tight control of gene expression in mammalian cells by tetracycline-responsive promoters », *Proc. Natl. Acad. Sci. USA*, **89**(12), 5547-51 (1992).

[46] URLINGER S. et al., « Exploring the sequence space for tetracycline-dependent transcriptional activators : novel mutations yield expanded range and sensitivity », *Proc. Natl. Acad. Sci. USA*, **97**(14) 7963-8 (2000).

[47] VOGEL R. et al., « A single lentivirus vector mediates doxycycline-regulated expression of transgenes in the brain », *Hum. Gene Ther.*, **15**(2), 157-65 (2004).

[48] TAVITIAN B., « In vivo imaging with oligonucleotides for diagnosis and drug development », *Gut*, **52 Suppl. 4**, iv40-7 (2003).

[49] SHAH K. et al., « Molecular imaging of gene therapy for cancer », *Gene Ther.*, **11**(15), 1175-87 (2004).

[50] GENOVE G. et al., « A new transgene reporter for in vivo magnetic resonance imaging », *Nat. Med.*, **11**(4), 450-4 (2005).

CHAPITRE

24

APPLICATIONS DES VECTEURS NANOPARTICULAIRES DANS LE DOMAINE PHARMACEUTIQUE

Béatrice HEURTAULT*, Francis SCHUBER†, Benoît FRISCH‡

1. Introduction à la vectorisation – intérêt dans le domaine pharmaceutique

Suite à son administration, le cheminement d'un principe actif vers sa cible le confronte à de nombreuses barrières physiologiques qui peuvent compromettre son efficacité. Ces différentes barrières sont plus ou moins efficaces en fonction du principe actif lui-même et de sa voie d'administration. Il peut s'agir d'enzymes, d'un pH acide ou basique, ou encore de membranes cellulaires à traverser. En conséquence, le principe actif peut être dégradé ou distribué vers des organes différents de sa cible thérapeutique. Cela peut conduire à une diminution de l'efficacité de la dose administrée, voire à une toxicité sur des organes autres que la cible. Par exemple, cette situation est observée lors d'essais d'administration d'insuline par voie orale (pour le traitement du diabète de type I). D'une part, cette molécule est faiblement absorbée par l'épithélium digestif (barrière n°1). D'autre part, elle subit une dégradation enzymatique par les protéases gastriques (barrière n°2). La voie orale ne peut donc pas être utilisée pour son administration sous forme libre.

* Institut Gilbert Laustriat, Université Louis Pasteur, UMR CNRS/ULP 7175-LC1, Faculté de pharmacie, Illkirch. heurtault@bioorga.u-strasbg.fr

† Institut Gilbert Laustriat, Université Louis Pasteur, UMR CNRS/ULP 7175-LC1, Faculté de pharmacie, Illkirch. schuber@bioorga.u-strasbg.fr

‡ Institut Gilbert Laustriat, Université Louis Pasteur, UMR CNRS/ULP 7175-LC1, Faculté de pharmacie, Illkirch. frisch@bioorga.u-strasbg.fr

C'est pourquoi l'insuline est essentiellement administrée par voie sous-cutanée, ce qui lui permet d'atteindre la circulation sanguine. Cette voie d'administration impose une formation spécifique des patients. L'absence d'efficacité et/ou les difficultés d'utilisation des molécules ne sont donc pas forcément liées à leur pharmacologie, mais dans certains cas à leurs propriétés physico-chimiques.
La notion de vectorisation implique l'utilisation d'un « véhicule », dont le rôle est de transporter la molécule vers la cible, tout en la protégeant et en masquant ses propriétés physico-chimiques afin qu'elle puisse passer outre les barrières physiologiques. Seules les propriétés physico-chimiques du vecteur gouverneront sa distribution. C'est la raison pour laquelle les principes actifs faiblement solubles dans l'eau sont particulièrement concernés par la vectorisation. Si nous reprenons l'exemple de l'insuline, sa protection par des vecteurs comme des nanoparticules polymères donne des résultats encourageants. Cela lui permettrait d'être administrée par des voies beaucoup plus simples à utiliser, comme les voies orale ou nasale [1-4].
Le but de la vectorisation est donc d'augmenter l'efficacité d'une molécule tout en limitant sa toxicité. Après avoir encapsulé ou lié la molécule active, le vecteur idéal devrait avoir, comme principales caractéristiques, la capacité de :
- protéger cette molécule (d'une attaque enzymatique ou d'un pH acide par exemple),
- transporter cette molécule au travers de membranes cellulaires, dans la mesure où ses propriétés physico-chimiques ne le lui permettent pas,
- cibler éventuellement la zone à traiter et s'y concentrer,
- libérer le principe actif de façon contrôlée.

Afin de favoriser la diffusion des vecteurs au sein de l'organisme et, dans certains cas, leur passage au travers des membranes cellulaires, leur faible taille est un atout majeur. C'est pourquoi nous nous intéresserons dans ce chapitre aux vecteurs nanoparticulaires, sachant cependant que les vecteurs microparticulaires sont également utilisés, sous forme d'implants par exemple. Par ailleurs, compte tenu de l'application pharmaceutique souhaitée, le vecteur ne doit présenter aucune toxicité intrinsèque quelle que soit la voie d'administration choisie. Et dans le domaine de la vectorisation, toutes les voies d'administration ont été envisagées (cutanée, orale, oculaire, nasale, injectable...).
Les vecteurs nanoparticulaires utilisés dans le domaine pharmaceutique font partie des nanotechnologies qui sont en plein développement actuellement. C'est ainsi que la vectorisation de molécules à des fins thérapeutique, diagnostique ou de contrôle s'intègre dans ce qui a été récemment dénommée la « *nanomedicine* » par le *National Institutes of Health* [5].
Dans les paragraphes qui suivent, nous présenterons dans un premier temps les différents types de vecteurs nanoparticulaires, leur classification, leurs caractéristiques, ainsi que leur capacité d'encapsulation de molécules actives. Dans un second temps, nous détaillerons les modifications réalisées à la surface de ces vecteurs, en raison de l'essor important que connaissent les vecteurs dits « furtifs » et/ou capables de délivrer le principe actif de façon spécifique. Enfin, des applications de ces vecteurs, classées en fonction de la spécialité médicale qu'elles concernent, seront décrites.

2. Les vecteurs nanoparticulaires

2.1. Les principaux vecteurs nanoparticulaires

Les vecteurs particulaires sont des assemblages organisés de molécules.
Les vecteurs peuvent être classés en fonction de leur **taille,** depuis les nanoparticules (de taille inférieure au μm) jusqu'aux microparticules (de taille supérieure au μm). Les microparticules qui présentent des tailles importantes sont essentiellement utilisées sous forme d'implants ou par des voies d'administration autres que la voie intraveineuse, pour éviter tout risque d'embolie. Ces vecteurs de « grande taille » ne seront pas abordés dans ce chapitre. Les nanoparticules, quant à elles, présentent l'avantage de pouvoir être administrées quelle que soit la voie souhaitée.
La taille n'est pas le seul critère utilisé pour distinguer les particules. Ainsi, elles peuvent être classées en fonction de leur **structure**, dite « matricielle » pour les sphères ou « réservoir » pour les capsules (figure 24.1). La structure matricielle est une structure homogène, à l'inverse de la structure réservoir qui présente une paroi polymère ou lipidique qui entoure un cœur hydrophile ou lipophile. De cette structure dépendront notamment le type et la quantité de principe actif encapsulé. Pour les particules de tailles nanométriques, on parlera de nanoparticules, qui comprennent les **nanosphères** de structure matricielle et les **nanocapsules** de structure « réservoir ».

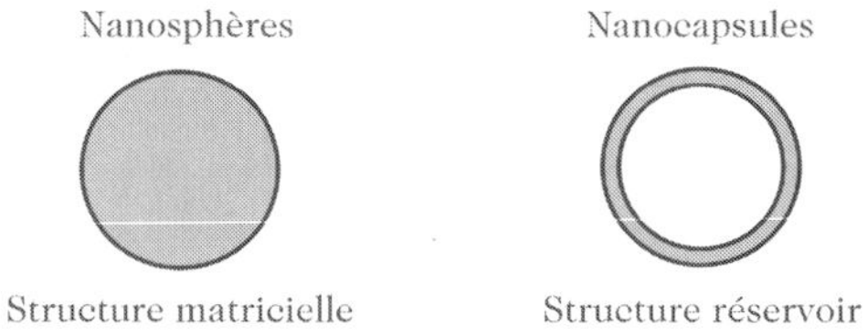

Figure 24.1. Structures des nanoparticules.

La **composition** des nanoparticules est également un critère important puisqu'on rencontre :

- **des nanoparticules polymères** constituées de polymères naturels ou synthétiques. Dans le domaine pharmaceutique, ce sont majoritairement des polymères biodégradables comme le poly(acide lactique) (PLA), le poly(acide glycolique) (PGA) ou leurs copolymères (PLA/PGA), ou encore des polymères bioérodables comme les polyalkylcyanoacrylates qui sont utilisés [6] ;
- **des nanoparticules lipidiques solides** appelées « SLN » (*solid lipid nanoparticles*). Les SLN sont issues de développements technologiques datant des années 1990 [7]. Les SLN sont constituées de lipides solides à la température physiologique (37,5 °C). Il s'agit en général de triglycérides ou de cires [8]. Leur grande stabilité et leur bonne tolérance en font des vecteurs de choix, notamment pour la voie parentérale [8]. Le développement des SLN a conduit au développement des LDC (*lipid drug conjugate*) et des NLC (*nanostructured lipid carrier*) qui seront décrits dans le paragraphe traitant de l'association vecteur – principe actif ;
- **des micelles** constituées de molécules tensioactives dont l'organisation en monocouches sphériques en milieu aqueux conduit à la formation d'un réservoir hydrophobe. Par opposition, les micelles inverses sont des structures qui, en milieu organique, possèdent un réservoir hydrophile. Des copolymères di- ou

tri-blocs comme le poly(oxyde d'éthylène)-poly(oxyde de propylène)-poly(oxyde d'éthylène) (PEO-PPO-PEO) peuvent s'autoassembler en solution aqueuse pour former des micelles polymères [9]. Les solutions micellaires sont particulièrement utilisées pour solubiliser des molécules lipophiles ou amphiphiles. Elles se présentent sous forme de solutions totalement transparentes (isotropes) ;

- **des liposomes**, qui sont les vecteurs pour lesquels on possède le plus de recul. En effet, ces structures ont été mises en évidence dans les années 1960 par Bangham [10]. Il s'agit de systèmes composés de phospholipides qui s'organisent en une bicouche unilamellaire (*Small* ou *Large Unilamellar Vesicles*, SUV ou LUV) ou en bicouches multilamellaires (*Multilamellar Vesicles*, MLV) sphériques en milieu aqueux. Les liposomes peuvent atteindre des tailles de plusieurs micromètres. De nombreuses revues décrivent exclusivement les liposomes et l'une des plus récentes détaille particulièrement l'évolution de ces structures au cours des 40 dernières années [11]. En raison de leur structure proche des membranes cellulaires, les liposomes, très utilisés dans le domaine de la vectorisation, le sont aussi comme outils pour modéliser ces membranes [12].

Tableau 24.1. Caractéristiques des principaux vecteurs nanoparticulaires.

	Nanoparticules	**Micelles**	**Liposomes**
Composition	Polymères Lipidiques (SLN)	Agents tensio-actifs Polymères	Bicouche(s) phospholipidique(s)
Structure	Réservoir / matricielle	Réservoir hydrophobe ou hydrophile (micelles inverses)	Réservoir aqueux
Microscopie et/ou représentation schématique	 A1  A2 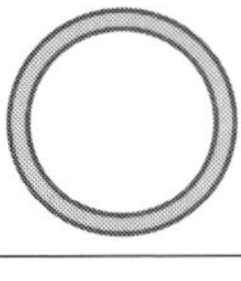 A3	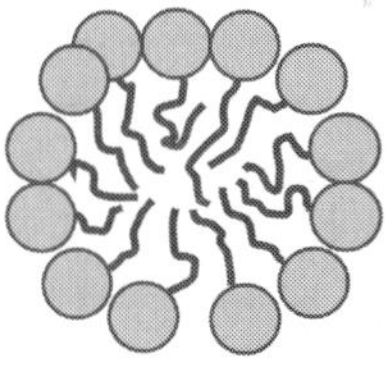 B1 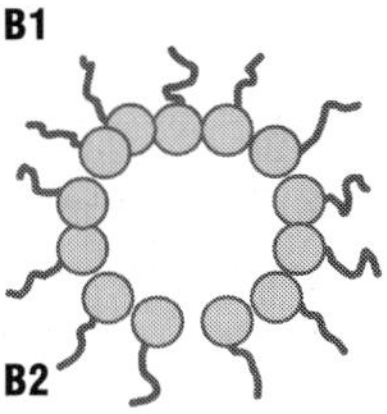 B2	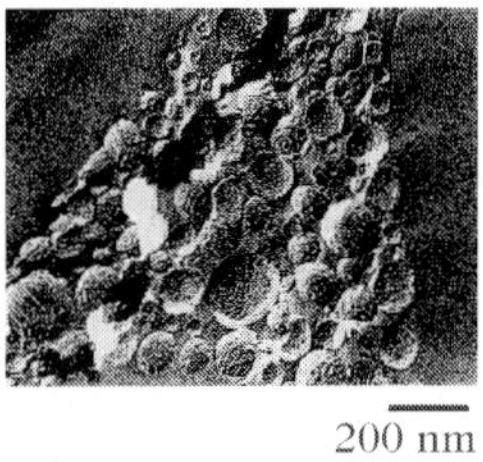 C1 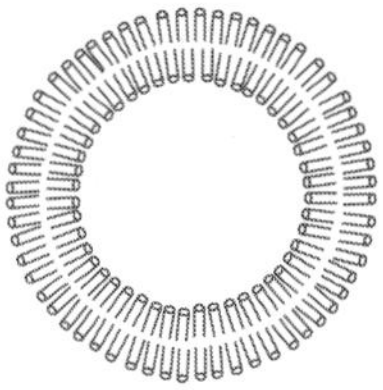 C2

A1. Nanoparticules de PLGA/PVA observées par microscopie électronique à balayage. Diamètre moyen de 300 nm, × 25 000 [13].
A2. Représentation schématique d'une nanosphère.
A3. Représentation schématique d'une nanocapsule.
B1. Représentation schématique d'une micelle, constituée d'un coeur lipophile (chaînes lipidiques apolaires de l'agent tensioactif) entouré des têtes polaires de l'agent tensioactif formant la « membrane » externe.
B2. Représentation schématique d'une micelle inverse, constituée d'une cœur hydrophile entouré des chaînes apolaires de l'agent tensioactif.
C1. Liposomes de DMPC/DSPE-PEG2000 à 5 % (LUV) observés par microscopie électronique après cryofracture [14].
C2. Représentation schématique d'un liposome de type unilamellaire.

Il existe de nombreuses autres classes de vecteurs, et notamment les vecteurs non auto-assemblés comme les cyclodextrines ou les dendrimères. Les cyclodextrines sont constituées d'un polysaccharide cyclique à l'origine de la formation d'un réservoir interne pouvant incorporer des molécules actives. Pour les vecteurs de ce type, on peut se reporter à différentes revues spécifiques [15-18]. Les dendrimères font partie des vecteurs polymères et correspondent à une macromolécule ayant une structure arborescente et formée par la répétition régulière d'un motif élémentaire. Du fait de cette structure, les dendrimères possèdent des cavités internes, proches du cœur, qui peuvent être utilisées pour le piégeage de petites molécules [19-21]. Ces systèmes sont également des vecteurs nanométriques, mais ils ne font pas partie des nanoparticules. Ils ne feront donc pas l'objet de ce chapitre.

2.2. Caractéristiques des vecteurs

2.2.1. Importance de la composition

De nombreuses techniques de formulation des vecteurs ont été développées. Elles sont basées sur la mise en jeu de phénomènes physiques, chimiques et/ou mécaniques. Le choix de la méthode dépendra de la molécule à encapsuler, de l'application finale souhaitée et donc des caractéristiques des vecteurs obtenus. Pour chaque type de vecteurs, de nombreuses publications se sont attachées à décrire en détail ces techniques de formulation. Nous insisterons dans ce chapitre sur les critères qui sont importants à considérer lors de la mise au point du vecteur, critères qui sont liés aux applications pharmaceutiques souhaitées.
Comme nous l'avons précédemment indiqué, les constituants des vecteurs ne doivent pas être toxiques pour l'organisme. Cela concerne les éléments constitutifs des particules et notamment les polymères, mais également l'association de ces éléments sous forme de particules. C'est pourquoi, les principaux polymères utilisés dans ce domaine sont biodégradables. On retrouve les homopolymères de l'acide lactique (PLA), les copolymères des acides lactiques et glycoliques (PLA/PGA), les poly(butylcyanoacrylates) ou encore la poly(epsilon-caprolactone). Cependant, des polymères non biodégradables comme les poly(méthacrylates) (Eudragit®) sont toujours utilisés, pour la recherche essentiellement. Les liposomes, de composition et de structure proches des membranes cellulaires, et les nanoparticules lipidiques solides présentent l'avantage d'être constitués d'éléments déjà présents dans l'organisme. Ils sont, à ce titre, considérés comme faiblement toxiques et se sont donc imposés facilement dans le domaine de la vectorisation appliquée au médicament.
Non seulement les éléments constitutifs de base des vecteurs nanoparticulaires ne doivent pas être toxiques, mais il faut également que les réactifs intermédiaires nécessaires à la formulation répondent à cette exigence. Or les techniques de formulation et la composition lipidique ou polymère des nanoparticules impliquent fréquemment l'utilisation de solvants organiques qui les solubiliseront. Malheureusement, ces solvants (dichlorométhane, chloroforme...) sont toxiques après administration, et leur élimination de la formulation reste délicate. Les techniques permettant de limiter les quantités de solvants ou les évitant complètement sont donc préférées. Dans le but de solubiliser le polymère et formuler des nanoparticules,

des travaux faisant intervenir le CO_2 dans son état supercritique sont réalisés [22]. Pour les mêmes raisons, l'utilisation au cours de la formulation d'agents tensioactifs (pour stabiliser la forme et obtenir de petites tailles de particules) doit être limitée au maximum [23].
Par ailleurs, de nombreuses autres molécules peuvent entrer dans la composition des vecteurs. Si l'on prend l'exemple des liposomes, la phosphatidylcholine ou le phosphatidylglycérol sont les constituants majeurs des liposomes. Mais, depuis de nombreuses années, la capacité du cholestérol à stabiliser la bicouche phospholipidique des liposomes est démontrée [24]. Depuis, la plupart des liposomes formulés contiennent du cholestérol. La stabilisation de la membrane dépendra de sa proportion dans la bicouche. Par voie de conséquence, la modification de la structure des membranes liposomales [25] engendre des modifications des cinétiques de libération de principes actifs à partir des liposomes [12].

2.2.2. Importance de la taille

Les nanoparticules sont, par définition, des structures organisées de taille nanométrique. Cependant, cette gamme reste particulièrement large à l'échelle des interactions entre les particules elles-mêmes et entre les particules et les cellules. Suite à l'injection intraveineuse de vecteurs nanoparticulaires, leur distribution dépendra énormément de leur taille. Deux mécanismes essentiels permettent aux vecteurs de quitter le flux sanguin. Le premier correspond à un phénomène d'extravasation lié à la présence d'épithéliums fenestrés au sein de l'organisme. Ainsi, les épithéliums du foie et de la rate présentent des pores de tailles de l'ordre de 200 nm, autorisant les particules de taille inférieure à les traverser. C'est ainsi que des liposomes de petites tailles (< 90 nm) passent au travers des épithéliums fenestrés, et notamment celui du foie, où ils vont largement se distribuer [26]. La taille des pores est beaucoup plus faible pour les autres organes, et c'est l'épithélium qui sépare le système nerveux central de la circulation sanguine (barrière hémato-encéphalique) qui est le plus imperméable. Il est dit « continu », c'est-à-dire qu'il ne permet pas le passage de tels vecteurs. L'autre mécanisme d'élimination sanguine des vecteurs nanoparticulaires correspond à leur capture par les cellules. Certaines cellules telles que les macrophages sont spécialisées dans cette fonction. L'influence de la taille dépendra du type cellulaire. L'équipe de Prabha [27] a montré que des particules de taille 100 nm conduisent à un transfert de gène *in vitro*, ce qui n'est pas le cas avec des particules de 500 nm, mais également avec un mélange de ces deux populations. Cela indique l'importance de la taille moyenne, mais également l'importance de la distribution de taille.
Ces résultats ne concernent pas uniquement les études *in vitro* ou la voie intraveineuse. Récemment, Vila *et al.* ont démontré que la taille de particules polymères pour l'administration de protéines par voie nasale influence le transport au travers de la muqueuse nasale. Ce sont les nanoparticules les plus petites de l'étude (200 nm) qui permettent le transport le plus important [28].
La taille a donc des conséquences sur la distribution des particules, mais également sur leurs interactions avec les différentes surfaces (cellulaires) qu'elles rencontreront dans l'organisme. Ces résultats démontrent la nécessité de maîtriser les tailles des particules obtenues en fonction de la technique de formulation. L'obtention de nanoparticules de petites tailles est en général corrélée à l'apport d'une

grande quantité d'énergie par une agitation mécanique importante, l'application d'ultrasons ou encore par augmentation de pression lors du passage des particules au travers de membranes poreuses. On peut également obtenir de petits liposomes unilamellaires par l'application d'ultrasons sur des liposomes multilamellaires.
De nombreuses techniques plus ou moins complexes permettent de déterminer la taille des nanoparticules et, dans le domaine de la vectorisation, les techniques les plus utilisées sont la diffusion quasi élastique de la lumière, la chromatographie d'exclusion sur gel ou la microscopie électronique [29].

2.2.3. Importance de la charge. Potentiel zêta

La charge de surface d'une particule dépend de sa nature et du milieu qui l'entoure. Cette charge de surface affecte la distribution ionique dans la région interfaciale entre la particule et le liquide environnant. Ainsi, différentes couches électriques (constituées des contre-ions présents dans la solution) se forment autour de chaque particule. Les deux premières couches, dont la couche de Stern, sont les plus stables. C'est au niveau de la surface extérieure de la seconde couche que les particules interagissent réellement entre elles. Il s'agit de ce qu'on appelle le plan glissant. Donc on s'intéressera essentiellement au potentiel mesuré au niveau du « plan glissant » plutôt qu'à la charge de surface des particules. Ce potentiel correspond au potentiel zêta. Il a la particularité de varier en fonction de l'environnement. Il influence les propriétés physiques, chimiques et biologiques des particules [30].
Ainsi, le potentiel zêta intervient dans la stabilité des vecteurs en suspension dans un milieu aqueux, c'est-à-dire lors de leur conservation. En effet, en fonction de ce potentiel, les particules peuvent interagir entre elles jusqu'à former des agglomérats qui précipiteront. La stabilité des particules après administration intraveineuse est également dépendante de leur potentiel zêta, en raison des interactions qu'elles pourront avoir avec les protéines sanguines, chargées également [31]. Ce phénomène naturel (opsonisation) conduit à l'élimination rapide des particules considérées comme étrangères par l'organisme. Ce thème sera développé plus largement dans le paragraphe sur la furtivité.
Par ailleurs, les interactions des particules avec les cellules, donc avec les membranes chargées négativement, sont également très dépendantes de leur charge. Cela explique pourquoi de nombreuses formulations font intervenir des constituants cationiques, comme les lipides cationiques favorisant les interactions avec les membranes [32]. Cela a donné lieu aux nanoparticules ou liposomes cationiques. On exploite ainsi la charge négative présente à la surface cellulaire pour augmenter leur temps de contact avec ces surfaces et favoriser ainsi leur pénétration intracellulaire (ou la pénétration de la molécule active transportée).
Enfin, l'adsorption de principe actif à la surface de particules peut également se faire par interactions électrostatiques ; elle est donc dépendante de leur charge de surface. La molécule chargée qui est particulièrement étudiée dans ce cadre est l'ADN. Ce dernier est capable de s'adsorber à la surface de liposomes ou nanoparticules cationiques. Cette thématique est décrite dans le chapitre 3 « Complexes supramoléculaires d'ADN ».
Il est donc admis que la biodistribution des particules après leur administration est largement dépendante de leur charge, et ce quelle que soit la voie d'administration [33].

La mesure du potentiel zêta est en général basée sur le principe de l'électrophorèse. Le fait d'appliquer un champ électrique sur des particules chargées en suspension dans un liquide induit leur mouvement, dont la vitesse (mesurée) dépendra de la force du champ électrique (fixée), de la constante diélectrique (connue), de la viscosité du milieu (connue) et du potentiel zêta qui sera ainsi déterminé (Loi de Henry).

2.2.4. Association vecteur – principe actif

De façon générale, et en fonction de la structure du vecteur, le principe actif est soit encapsulé dans le réservoir des particules (liposomes, nanocapsules polymères, micelles), soit incorporé dans la membrane des particules (bicouches phospholipidiques des liposomes, monocouche de surfactant des micelles...), soit présent à la surface des structures. Ces différentes localisations peuvent également coexister. L'association dépend de la technique de formulation, de la structure du vecteur, mais surtout des propriétés physico-chimiques de la molécule vectorisée. La cavité aqueuse des liposomes permet l'encapsulation en proportion importante de molécules hydrophiles, par opposition au cœur lipophile des micelles par exemple. Les molécules amphiphiles se concentreront préférentiellement dans la bicouche phospholipidique des liposomes (figure 24.2). C'est pourquoi, dans certains cas, l'intérêt premier d'un vecteur est de permettre la solubilisation d'un principe actif présentant une faible hydrophilie, en raison de laquelle il ne peut pas être administrée par voie injectable [34]. Au-delà de cette localisation spatiale du principe actif, le type de liaison engagée avec le vecteur est un élément important à considérer. En effet, un principe actif peut être simplement adsorbé en surface ou même au sein du vecteur. Un principe actif chargé négativement (comme l'ADN) pourra par exemple se fixer par interactions électrostatiques sur des vecteurs chargées positivement. Mais l'adsorption en surface peut parfois être ni souhaitée ni maîtrisée et peut concerner une proportion plus ou moins importante de principe actif qui aurait du être totalement encapsulé. Cette situation explique le phénomène de « *burst-effect* » correspondant à une libération massive du principe actif, simplement adsorbé à la surface, dans un temps très court. Cela peut conduire à une moindre protection du principe actif vis-à-vis du métabolisme. Parallèlement, en termes de cinétique de libération, cette situation peut entraîner des phénomènes de toxicité ou simplement une perte d'une proportion non négligeable de principe actif lors de la conservation

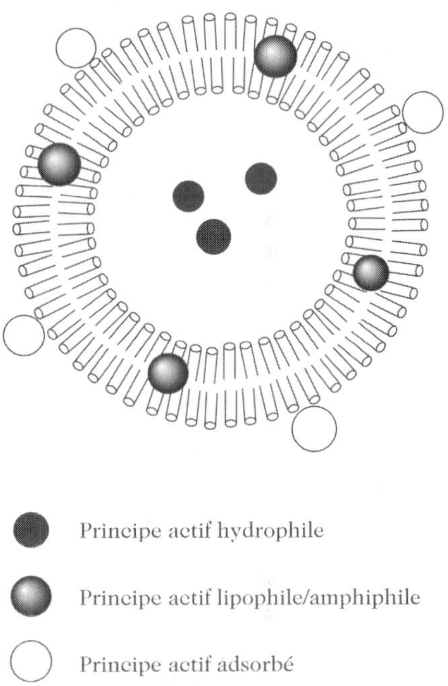

Figure 24.2. Localisations possibles d'un principe actif dans un liposome.

de la préparation. Des liposomes ont d'ailleurs été récemment microencapsulés eux-mêmes dans une structure à base d'alginate afin de limiter le « *burst effect* » [35]. Une autre méthode d'encapsulation consiste à mettre en place des liaisons covalentes entre le principe actif et le vecteur.

Il est intéressant de noter que cette relation nanoparticule-principe actif est à l'origine de l'évolution des nanoparticules lipidiques solides (SLN). En effet, les SLN encapsuleront préférentiellement des molécules lipophiles en raison de leur composition initiale à base de triglycérides ou de cires. Cependant, un des inconvénients majeurs de ces structures est lié à des phénomènes de recristallisation des lipides. Cette recristallisation dépend du temps et/ou de la température lors de la formulation ou lors du stockage. Cela peut alors entraîner l'expulsion prématurée du principe actif [36]. C'est pourquoi des systèmes intermédiaires, constitués d'un mélange de différents lipides solides à température ambiante ou encore d'un mélange de lipides solides et liquides à température ambiante, ont également été développés dans le but d'augmenter les taux d'encapsulation et d'éviter la libération des principes actifs. Ces particules sont dénommées NLC. Malheureusement, cette première évolution ne résout pas les faibles taux d'encapsulation observés pour des molécules hydrophiles dans les SLN. Les molécules hydrophiles qui pourront malgré tout être « emprisonnées » dans la matrice lipidique le seront en faible quantité et devront alors être capables d'agir à de faibles concentrations dans l'organisme [8, 37]. Pour permettre l'encapsulation de molécules hydrophiles à des taux élevés, les LDC (*Lipid Drug Conjugate*) ont été formulés à partir de la formation d'un sel (entre le principe actif et un acide gras) ou par la réalisation d'une liaison covalente (entre un principe actif et un alcool gras formant un éther ou un ester). La structure obtenue est ensuite transformée en nanoparticules, en faisant intervenir à la fois l'homogénéisation sous forte pression et un refroidissement, ce qui conduit à une recristallisation du conjugué [38].

3. Évolution des vecteurs destinés à des applications pharmaceutiques

Les nanoparticules utilisées comme vecteurs ont été adaptées aux besoins spécifiques du domaine pharmaceutique. Nous détaillerons ici trois grandes évolutions observées dans ce cadre, à savoir :

1) les liposomes thermo- ou pH-sensibles,

2) la furtivité,

3) le ciblage.

3.1. Liposomes thermosensibles et pH-sensibles – liposomes fusogènes

L'organisation moléculaire des phospholipides formant les bicouches peut être modifiée de façon naturelle ou artificielle *in vitro* ou *in vivo* par des facteurs divers comme le pH ou la température [39]. C'est sur cette constatation que des molécules permettant d'obtenir des liposomes pH-sensibles ou thermosensibles ont été incorporées dans les liposomes. Ainsi, ces liposomes sont capables de relarguer leur contenu à un pH inférieur à 7 ou à une température donnée. L'utilisation de ces liposomes permet de contrôler la libération de leur contenu dans un environnement déterminé.

En considérant que des pH acides sont notamment rencontrés dans les tissus tumoraux ou dans les vésicules dans lesquelles les liposomes se retrouvent après leur capture par les cellules (les endosomes), les liposomes **pH-sensibles** ont été utilisés dans le but de maîtriser la libération des molécules encapsulées [40-42]. Dans la plupart des cas, on associe la dioléoylphosphatidyl éthanolamine (DOPE) à du cholestérolhémisuccinate (CHEMS) dans la membrane des liposomes pour les rendre pH-sensibles. En effet, la CHEMS stabilise les bicouches sous forme lamellaire, en raison de la présence de sa tête polaire anionique à pH neutre. Un pH acide conduit à sa protonation et à une diminution de son hydratation. La structure lamellaire de la bicouche évolue alors vers une structure hexagonale (micelles inverses), qui déstabilise totalement le liposome et conduit à sa destruction. Ce phénomène favoriserait la fusion entre la membrane des liposomes pH-sensibles et la membrane des endosomes (cœur acide), dans lesquels ils se retrouvent après avoir été endocytés dans la cellule, et conduirait à une fuite du principe actif [29]. Les liposomes pH-sensibles sont donc également dits « **fusogènes** » puisque les membranes des liposomes et des endosomes fusionnent. Il existe un autre type de liposomes fusogènes capables d'interagir facilement avec les membranes cellulaires, selon un mécanisme similaire à celui de l'internalisation des virus (notamment le virus de Sendaï) dans les cellules. Le virus de Sendaï envahit la cellule hôte, à pH neutre, par un processus de fusion mettant en jeu deux glycoprotéines de l'enveloppe du virus, dont la protéine F (de fusion). Ce type de liposomes fusogènes incorpore donc dans sa membrane la protéine F [39, 43].

Les liposomes **thermosensibles** sont constitués de lipides dont la transition de phase (gel/fluide) se situe entre 41 °C et 43 °C en général, comme la 1,2-dipalmitoyl-*sn*-glycéro-3-phosphocholine. C'est au cours de ce changement structural qu'à lieu la libération des molécules encapsulées dans les liposomes ainsi constitués [44]. L'hyperthermie peut être liée à une situation pathologique (fièvre, hyperthermie dans une tumeur solide). On peut également provoquer une hyperthermie localisée afin d'induire la libération du principe actif.

3.2. Modification de la surface des vecteurs

L'administration de vecteurs chargés en principe actif ne conduit que dans de rares cas à une nette amélioration de l'efficacité de la molécule. En effet, dans le cadre d'une administration intraveineuse par exemple, le système des phagocytes mononucléés, et en particulier les macrophages essentiellement situés dans le foie et la rate, vont capter les particules et les éliminer du flux sanguin. Ce phénomène de capture est lié à l'opsonisation, c'est-à-dire au recouvrement rapide des particules au niveau sanguin par des protéines du complément. Ce recouvrement protéique favorise la capture par les macrophages. Il s'agit d'un phénomène physiologique ayant pour origine la protection de l'organisme vis-à-vis de particules étrangères comme les bactéries. Cela conduit à leur élimination par les macrophages. Si l'objectif est d'administrer une molécule afin qu'elle agisse au niveau intramacrophagique, ce mécanisme permettra un ciblage passif. C'est pourquoi des études de vectorisation d'antiparasitaires comme la primaquine, dans des nanoparticules polymères, développées pour le traitement de la leishmaniose (parasite intramacrophagique) ont donné des résultats prometteurs. En effet, en quelques minutes, plus de 90 % des particules administrées sont éliminées du flux sanguin par ces macrophages. Mais ces résultats, intéressants dans le cadre de maladie intramacrophagique, le sont beaucoup moins si la molécule doit agir sur d'autres organes que le foie ou la rate, ou si cette molécule est toxique pour le foie ou la rate.

L'idée de bloquer les cellules macrophagiques soit par des molécules inhibant la phagocytose (chlorhydrate de gadolinium, sulfate de dextran), soit par une surcharge initiale en particules blanches (non chargées en principe actif), a été envisagée. Mais l'effet est transitoire et des mécanismes naturels de compensation par augmentation du nombre de cellules sont rapidement mis en place par l'organisme.

Différentes équipes se sont donc intéressé à limiter le ciblage naturel du foie et de la rate par modification des vecteurs eux-mêmes, ce qui a permis le développement du concept de vecteurs dits furtifs détaillé dans le paragraphe suivant. Parallèlement, des vecteurs ciblant spécifiquement le site à traiter ont également été développés.

3.2.1. La furtivité

Le mécanisme majoritaire de capture des particules par les macrophages est (en grande partie) élucidé et montre que cette capture est corrélée à la fixation initiale de protéines du complément, fibronectine, immunoglobuline, etc., appelées opsonines, à la surface des particules, par l'intermédiaire d'interactions hydrophobes notamment. Les opsonines sont les ligands de récepteurs situés sur la membrane plasmique des macrophages et permettent le rapprochement et la phagocytose des particules par ces mêmes macrophages.

Le concept de furtivité est basé sur l'observation de mécanismes naturels qui montrent par exemple que les globules rouges eux-mêmes ne sont pas capturés par les macrophages. D'autre part, certaines bactéries réussissent à leurrer les macrophages et éviter leur capture et leur élimination rapide par le système des phagocytes mononucléés. Ces observations ont conduit les chercheurs à s'intéresser à la composition des membranes des globules rouges et/ou des bactéries. Ils ont constaté que les globules rouges présentent des molécules hydrophiles (monosialogangliosides) dans leur membrane. Par ailleurs, *Pseudomonas aeruginosa* élabore une molécule polysaccharidique polyuronique très visqueuse, non chargée et hydrophile. On a démontré que ces deux molécules sont impliquées dans le mécanisme d'échappement aux macrophages et sont donc à l'origine de la furtivité des globules rouges et des bactéries.

Selon le même principe, des gangliosides ont été incorporés dans les membranes des liposomes [45], et la surface de nanoparticules polymères a été recouverte de molécules **hydrophiles,** telles que les dextrans, ou encore d'héparine [46]. Ainsi, des particules de poly(méthyl méthacrylate) administrées par voie intraveineuse chez la souris peuvent présenter un temps de demi-vie plasmatique aussi faible que trois minutes. Ces mêmes particules, recouvertes d'héparine ou de dextran, présentent des temps de demi-vie de plus de cinq heures [46]. Ces molécules présentent un fort **encombrement stérique**, ce qui limite également les interactions avec les opsonines. Mais le plus fort développement des vecteurs furtifs est lié à l'utilisation des poly(éthylèneglycol) (PEG) qui présentent un encombrement stérique important. De plus, les chaînes PEG sont flexibles et non chargées. L'ensemble de ces caractéristiques conduit à une diminution importante du taux de fixation des opsonines à la surface des particules et par voie de conséquence à une prolongation du temps de circulation des particules. Ces polymères peuvent être incorporés à la surface de nanoparticules polymères, par utilisation d'un copolymère PLA-PEG par exemple, ou incorporés dans des liposomes (figure 24.3) grâce à l'utilisation de phospholipides « PEGylés » comme la phosphatidyléthanolamine-PEG ou de cholestérol « PEGylé ». Ils peuvent également être simplement adsorbés à la surface des particules, en utilisant des polymères tensioactifs comme les Pluronic® ou les Synperonic®. La longueur des chaînes de PEG, leur densité à la surface des particules et la stabilité de la liaison PEG-particules entraînent des variations d'efficacité de ces chaînes comme agent furtif, cela étant vrai autant pour des particules polymères [47] que pour des liposomes [48].

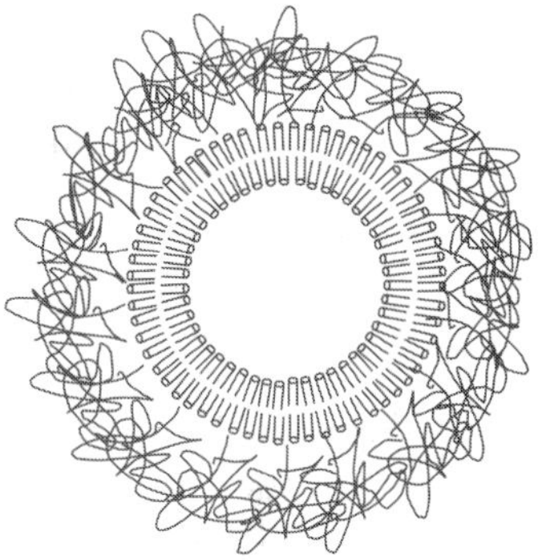

Figure 24.3. Représentation schématique d'un liposome furtif (obtenu par post-insertion de lipides PEGylés dans la bicouche phospholipidique). Les chaînes hydrophiles s'orientent vers la phase aqueuse externe.

L'utilisation des liposomes furtifs a permis de mettre en évidence une augmentation de la capacité d'accumulation et de rétention de structures nanoparticulaires par les tissus tumoraux solides par rapport aux tissus normaux. Suite à leur administration, ces liposomes furtifs ne se répartissaient pas, pour autant, dans l'ensemble de l'organisme mais se concentraient au niveau des tumeurs. Ce mécanisme est appelé « effet EPR » pour « *Enhanced Permeability and Retention* » [49]. Il ne concerne que les macromolécules et les particules lipidiques [50]. Les vecteurs lipidiques comme les liposomes ou les SLN peuvent donc s'accumuler plus facilement au niveau tumoral. Ce phénomène est lié à une architecture vasculaire défectueuse, couplée à un drainage lymphatique faible en raison de la nécessité d'une vascularisation rapide pour permettre la croissance rapide de la tumeur.

Malgré la nette augmentation du temps de circulation des vecteurs furtifs, et donc leur distribution plus large dans l'organisme, et en dehors du ciblage des tumeurs lié à l'effet EPR, aucune spécificité d'action n'est obtenue avec de simples vecteurs furtifs. Des modifications de surface permettant de cibler un organe ou d'augmenter le ciblage d'une tumeur sont donc nécessaires.

3.2.2. Le ciblage

Le ciblage permet d'éviter une toxicité éventuelle d'une molécule pour un organe où elle se distribuerait inutilement et permet d'administrer le minimum de principe actif nécessaire puisqu'il se répartira, dans l'idéal, uniquement au niveau de la zone à traiter.

De nombreux principes sont à la base du ciblage actif. Des systèmes de ciblage par intervention externe, comme l'encapsulation de particules magnétiques (Fe_3O_4)

se concentrant dans une zone où l'on applique un champ magnétique, ont été étudiés [51]. Mais finalement, les résultats les plus encourageants concernent actuellement l'utilisation de molécules fixées à la surface des vecteurs et permettant d'interagir avec un récepteur donné sur les cellules cibles (figure 24.4).

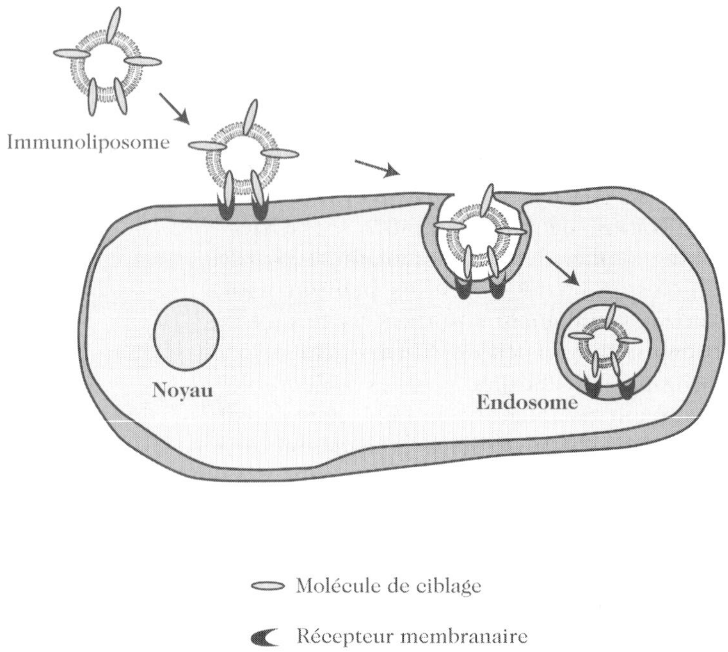

Figure 24.4. Principe de ciblage spécifique d'une cellule par un vecteur (liposome). Les molécules de ciblage favorisent le contact entre la membrane cellulaire présentant des récepteurs spécifiques et le liposome. Cela déclenche l'endocytose correspondant à l'internalisation du vecteur dans des vésicules d'endocytose (endosome).

La formulation de tels vecteurs a pu être réalisée grâce aux nombreuses techniques de conjugaison de ligands à des vecteurs qui ont été élaborées [52]. Ces techniques mettent en œuvre des réactions de conjugaison entre des ligands et des vecteurs préformés ou permettent d'ancrer le ligand, par interaction hydrophobe, dans la bicouche de liposomes par exemple.

Une des molécules utilisées dans ce cadre est la transferrine, qui est une protéine dont les récepteurs sont surexprimés sur les cellules de la barrière hémato-encéphalique ou sur la membrane d'un grand nombre de cellules tumorales. La transferrine peut facilement être fixée à la surface des vecteurs et augmente la proportion de vecteurs au niveau de la cible. Mais on rencontre également les anticorps monoclonaux ou des fragments d'anticorps comme agents ciblants. En effet, ces structures ont naturellement la capacité d'interagir avec des cibles spécifiques à la surface des cellules. C'est d'ailleurs pourquoi la première étape de leur utilisation a consisté à fixer directement le principe actif sur l'anticorps. Ce dernier est alors utilisé lui-même comme vecteur. Malheureusement, seules de petites quantités de principe actif peuvent être fixées dans ces conditions, et donc l'effet thérapeutique est difficilement atteint [52]. Le concept reste cependant intéressant et la fixation de ces anticorps à la surface de vecteurs pouvant eux-mêmes encapsuler plus de principe actif donne des résultats prometteurs. Ainsi, l'anticorps anti-récepteur à la transferrine (OX26) a pu être utilisé avec succès sur des modèles *in vitro* [53].

Il est à noter que des molécules conférant la furtivité au vecteur sont souvent associées à des molécules de ciblage. Dans le cas contraire, le ciblage est rarement efficace puisque les phénomènes d'opsonisation, et donc de capture par les macrophages du foie et de la rate, sont prépondérants. C'est pourquoi, en augmentant le temps de demi-vie plasmatique des liposomes, la furtivité a permis de relancer le ciblage actif à l'aide des vecteurs. On rencontre ainsi dans la littérature des immunoliposomes ou des immunonanoparticules furtifs [54-56] (figure 24.5). Des immunoliposomes furtifs (PEG) dirigés contre la protéine acide gliofibrillaire (GFAP) ont été préparés en couplant des anticorps monoclonaux anti-GFAP. Les études *in vitro* démontrent une liaison spécifique et compétitive de ces liposomes à des astrocytes cérébraux du rat [56].

Figure 24.5. Représentation schématique d'un immunoliposome furtif.

Le mécanisme d'EPR, déjà décrit précédemment, est un autre moyen de ciblage naturel de vecteurs vers des tumeurs. Cette situation, associée à une molécule de ciblage sur le vecteur, favorise largement le ciblage d'une tumeur.

Des travaux actuels s'orientent vers la mise à profit du phénomène d'angiogenèse observé dans les tumeurs. En effet, l'angiogenèse, qui permet aux tumeurs d'être largement irriguées par le sang, est un élément vital pour le développement d'une masse tumorale. Or, il a été démontré que ce phénomène fait intervenir des molécules de régulation (interleukine 10, interféron γ...) et de stimulation (*Vascular Endothelial Growth Factor* (VEGF)). Par conséquent, les vecteurs pourraient permettre de délivrer des molécules de régulation ou des actifs inhibant les molécules de stimulation pour limiter l'angiogenèse [49]. De plus, des nanoparticules ciblant spécifiquement les cellules endothéliales impliquées dans l'angiogenèse tumorale ont été envisagées. On sait que l'intégrine $\alpha_V\beta_3$ est surexprimée sur ces cellules. Elle représente donc une cible potentielle. Pour cela, des peptides RGD avec une affinité particulière pour cette intégrine ont été couplés à l'extrémité distale des chaînes de poly(éthylène glycol) de liposomes furtifs. Les résultats *in vitro* confirment effectivement un ciblage des cellules endothéliales impliquées dans l'angiogenèse, ainsi qu'une diminution de la croissance des cellules tumorales, lorsque ces mêmes liposomes furtifs encapsulent et délivrent de la doxorubicine [49].

Toutefois, aucun vecteur à ciblage spécifique n'est sur le marché à ce jour, et ce pour deux raisons essentielles. La première est liée au fait qu'il n'existe finalement que très peu de récepteurs cellulaires connus et totalement spécifiques de la cible. Le domaine de la vectorisation est donc dépendant des développements de la biologie. Par ailleurs, ce type de technologie reste encore complexe, difficile à mettre en œuvre et coûteux. Les applications que nous décrirons dans la dernière partie concernent donc des vecteurs « classiques » ou furtifs uniquement [8].

4. Applications des vecteurs

L'ensemble des notions abordées dans les deux premières parties de ce chapitre est à l'origine des applications réalisées dans le domaine pharmaceutique. Les applications les plus intéressantes sont détaillées dans les paragraphes suivants. Elles ont été classées en fonction du domaine médical qu'elles concernent. Cela permet de souligner les nombreux domaines concernés sachant cependant que les applications les plus fréquentes et les plus abouties concernent la cancérologie. Il est à noter que les applications de ces vecteurs dans le domaine du traitement ou du diagnostic médical font partie de la « nanomédecine ».

4.1. Parasitologie – mycologie médicale

L'amphotéricine B est un traitement de référence des mycoses invasives, notamment la spécialité Fungizone®. Cependant, en raison de son efficacité limitée et de sa mauvaise tolérance (en particulier rénale), des liposomes ont été développés [57-59]. L'Ambisome® (*Fujisawa USA Inc.* et *NeXstar*), mise sur le marché américain en 1997, est une spécialité correspondant à l'encapsulation d'amphotéricine B dans de petits liposomes unilamellaires. Ceux-ci permettent essentiellement de limiter les problèmes d'intolérance, mais, dans certains cas, augmenteraient aussi l'efficacité.
Ces liposomes sont également utilisés pour traiter la leishmaniose. En effet, *leishmania* est un parasite intra-macrophagique qui se concentre au niveau du foie et de la rate dans le cas de la forme viscérale de la maladie. Par conséquent, l'utilisation de vecteurs nanoparticulaires encapsulant un antiparasitaire semble particulièrement adaptée lorsqu'ils sont administrés par voie intraveineuse. C'est pourquoi les liposomes chargés en amphotéricine B (Ambisome®) montrent leur intérêt dans le cadre du traitement de la leishmaniose viscérale infantile. Les conclusions d'une étude réalisée dans le sud de la France, chez 32 enfants de moins de 15 ans, indiquent que l'amphotéricine B liposomale a été efficace à 97 % et que cette forme présentait une tolérance et une facilité d'administration particulièrement intéressantes [60]. Ces mêmes liposomes avaient déjà démontré leur efficacité dans le traitement de malades transplantés rénaux atteints de leishmaniose viscérale [61]. La primaquine ou l'atovaquone sont d'autres molécules dont l'activité antiparasitaire *in vitro* était connue, mais dont la faible efficacité *in vivo* avait entraîné l'abandon. Avec leur encapsulation dans des nanoparticules de PLA, les équipes de Gaspar, Rodrigues et Cauchetier ont permis d'augmenter leur efficacité contre les *leishmania* et les ont donc remises d'actualité [62-64]. Actuellement, de nouvelles molécules leishmanicides comme l'harmine (un alcaloïde isolé d'une plante, *Peganum harmala*) sont développées. Malheureusement, cette molécule présente une toxicité qui ne permet pas son utilisation sous forme libre. L'utilisation de vecteurs comme les liposomes ou les nanoparticules encapsulant l'harmine a une nouvelle fois permis d'augmenter son efficacité (une fois et demi à deux fois selon le type de vecteurs) et de diminuer sa toxicité [65].
D'une manière complémentaire, depuis quelques années d'autres équipes s'intéressent à la vaccination contre les parasites. Des liposomes encapsulant des antigènes solubles de *leishmania* et recouverts d'oligomannose, afin de cibler les cellules dendritiques et d'augmenter la réponse immunitaire, permettent ainsi

d'observer une protection contre le parasite après administration à des souris BALB/c [66].

4.2. Ophtalmologie

En ophtalmologie, les liposomes présentent un énorme potentiel thérapeutique, ce qui se traduit par de nombreuses études expérimentales, mais une seule spécialité, utilisée dans le cadre de la dégénérescence maculaire, est d'ores et déjà sur le marché (Verteporfin®, Visudyne, Novartis Ophtalmis). L'intérêt des liposomes en ophtalmologie est lié à leur capacité à augmenter la pénétration du principe actif au niveau de la cornée (segment antérieur). L'utilisation des liposomes au niveau du segment postérieur permet également d'obtenir des temps de clairance beaucoup plus longs, une diminution de la toxicité des molécules et une libération spécifique des molécules au niveau de l'épithélium rétinien pigmenté [67]. Des études témoignent également de leur intérêt dans le cadre du transfert de gène appliqué aux tissus oculaires [68]. Les liposomes stabilisés stériquement ont également montré leur intérêt dans la délivrance d'oligonucléotides non dégradés pour les maladies rétiniennes [69]. Cette étude a conduit à incorporer ces mêmes liposomes dans un gel thermosensible afin de produire une forme à libération controlée d'oligonucléotides [70]. Les applications thérapeutiques incluent ainsi le traitement des yeux secs, de la kératite, des uvéites, d'endophtalmites ou de rétinopathies, etc.
Dans le domaine diagnostique, l'utilisation de liposomes encapsulant de la fluorescéine qui ne se libérera que sous l'action d'un laser permet de mettre en évidence la microvasculature rétinienne sans fluorescence provenant de la répartition de la fluorescéine dans la choroïde. Ce n'est pas le seul intérêt de ces liposomes, puisqu'ils permettront dans ces conditions de répéter l'étude après une injection unique. Dans cet objectif, les liposomes ont été rendus furtifs pour qu'ils puissent circuler pendant un temps suffisamment long [71].

4.3. Maladies infectieuses

Certaines bactéries ont la capacité d'être internalisées par les cellules et se concentrent dans les endosomes. Un grand nombre d'antibiotiques administrés sous forme libre n'ont pas la possibilité d'agir sur ces bactéries intracellulaires situées dans les vésicules de phagocytose (dans les macrophages par exemple). En effet, les antibiotiques acides comme les β-lactamines (pénicillines) sont chargées négativement à pH physiologique. Par conséquent, elles ne sont pas en mesure de passer les membranes pour atteindre la cible bactérienne. Les antibiotiques basiques, quant à eux, non chargés à pH physiologique, peuvent passer les membranes mais, après leur pénétration dans l'endosome où le pH devient très acide, ils se retrouvent sous forme BH^+. Cette forme cationique n'est alors plus active sur les bactéries. Pour une molécule amphiphile comme les quinolones, qui peuvent diffuser dans un sens comme dans l'autre, c'est-à-dire de l'extérieur vers l'intérieur des membranes mais aussi en sens inverse, les concentrations atteintes à l'équilibre ne sont pas suffisantes pour agir [72].
L'encapsulation de ces mêmes antibiotiques dans des vecteurs, comme les liposomes ou les nanoparticules, leur permet de traverser les membranes (sachant

qu'il est possible d'optimiser ce passage à l'aide de molécules de ciblage) et de protéger l'antibiotique des variations de pH conduisant à son inactivation. Il sera alors délivré sous une forme non modifiée au niveau de la bactérie où il pourra agir. La toxicité non négligeable d'un certain nombre d'antibiotiques pourra également être évitée ou limitée grâce à leur encapsulation dans des vecteurs nanoparticulaires. Une revue complète à ce sujet a été réalisée par l'équipe de Couvreur en 2000 [72].

À ce jour, aucune formulation de vecteurs nanoparticulaires d'antibiotiques n'est sur le marché, mais différents essais précliniques et cliniques sont en cours, notamment avec des liposomes d'aminoglycosides utilisés dans le cadre du traitement d'infections sérieuses causées par *Staphylococcus aureus* (MiKasome®, *NeXstar*) [73, 74].

4.4. Cancérologie

On peut expliquer le succès des liposomes dans le domaine de la cancérothérapie par certaines de leurs caractéristiques développées précédemment comme :

- leur capacité à encapsuler des molécules hydrophiles ou lipophiles,
- leur capacité à masquer la toxicité intrinsèque des molécules anticancéreuses,
- leur capacité à éviter le système des phagocytes mononucléés avec le développement des liposomes furtifs,
- le phénomène d'augmentation de la perméabilité et l'effet de rétention des vecteurs au niveau des tumeurs,
- la possibilité de faire un ciblage des zones d'angiogenèse.

C'est dans ce domaine que l'on rencontre le plus d'applications des liposomes sur le marché [11]. En effet, en 2005 on trouve 14 spécialités sur le marché à base de liposomes, dont 10 concernent la cancérologie. Ils sont ainsi utilisés dans le cadre du traitement du sarcome de Kaposi, des cancers du poumon, des cancers ovariens, du lymphome non hodgkinien ou encore du mélanome. Ils permettent notamment l'encapsulation de molécules comme la daunorubicine, la doxorubicine, la vincristine ou encore l'annamycine [11].

La doxorubicine, une anthracycline cytotoxique, a initialement été encapsulée dans des liposomes classiques et mise sur le marché sous le nom de Myocet® pour la voie intraveineuse. Ces mêmes liposomes, devenus furtifs par recouvrement avec des molécules de polyéthylène glycol (DSPE-PEG), ont ensuite été développés et commercialisés sous les noms de Doxil® et Caelyx®. Ils présentent alors un temps de demi-vie plasmatique de l'ordre de 55 heures chez l'homme pour le Doxil®. En raison de leur petite taille (100 nm environ) et de leur temps de circulation plasmatique prolongé, ces liposomes furtifs sont capables de pénétrer dans les tumeurs. Après cette distribution, la doxorubicine encapsulée devient disponible dans la zone tumorale, par un mécanisme de libération qui n'est pas décrit à ce jour.

Par ailleurs, de nombreuses études cliniques et précliniques faisant intervenir des liposomes sont en cours, et l'on constate que la cancérologie reste le domaine d'application le plus concerné [74].

D'un point de vue fondamental, l'identification, en nombre croissant, d'antigènes associés aux tumeurs (TAA) a permis d'envisager de nouvelles structures vaccinales antitumorales [75]. Un certain nombre d'entre elles reposent sur l'utilisation de peptides représentatifs de ces antigènes, qui pourront être vectorisés par des liposomes. Ces liposomes seront capturés par les cellules dendritiques spécialisées dans la présentation du peptide aux cellules du système immunitaire. L'intérêt de telles formulations vaccinales est lié à leur spécificité, à leur simplicité de fabrication et à la possibilité de réaliser des constructions entièrement synthétiques et multivalentes. De plus, de nombreux adjuvants dénués de toute toxicité et capables d'augmenter la réponse immunitaire ont été récemment développés. Parmi ceux-ci, on trouve notamment les ligands des TLR (*Toll Like Receptor*) qui, par incorporation dans les liposomes conjointement aux peptides, pourront améliorer l'efficacité. Ainsi, des études réalisées *in vivo* chez des souris BALB/c ont montré que l'utilisation de telles structures (liposomes présentant l'épitope peptidique ErbB2 et incorporant une ancre lipopeptidique adjuvante) entraîne une protection complète et spécifique des souris contre le développement de tumeurs (surexprimant le récepteur ErbB2). Des études de vaccination thérapeutique sont en cours [76].

5. Conclusion

L'utilisation des vecteurs nanoparticulaires dans le domaine pharmaceutique a nécessité la maîtrise de leurs propriétés et donc la maîtrise de leur formulation. Ces vecteurs ont évolué afin de s'adapter aux besoins du domaine médical. Leurs applications sont variées, mais elles se concentrent cependant dans le domaine de la cancérologie. Par ailleurs, parmi les vecteurs, les liposomes, pour lesquels le recul est le plus important, sont les vecteurs les plus utilisés. Actuellement, de nombreux essais cliniques sont en cours, avec l'espoir de développer de nouveaux médicaments qui pourraient arriver sur le marché dans les années qui viennent.

Bibliographie

[1] Damge C., Vranckx H., Balschmidt P. et Couvreur P., « Poly(alkyl cyanoacrylate) nanospheres for oral administration of insulin », *J. Pharm. Sci.*, **86**, 1403-9 (1997).

[2] Mesiha M.S., Sidhom M.B. et Fasipe B., « Oral and subcutaneous absorption of insulin poly(isobutylcyanoacrylate) nanoparticles », *Int. J. Pharm.*, **288**, 289-293 (2005).

[3] Cournarie F., Auchere D., Chevenne D., Lacour B., Seiller M. et Vauthier C., « Absorption and efficiency of insulin after oral administration of insulin-loaded nanocapsules in diabetic rats », *Int. J. Pharm.*, **242**, 325-8 (2002).

[4] PREGO C., GARCIA M., TORRES D. et ALONSO M.J., « Transmucosal macromolecular drug delivery », *J. Control Release*, **101**, 151-62 (2005).

[5] MOGHIMI S.M., HUNTER A.C. et MURRAY J.C., « Nanomedicine : current status and future prospects », *Faseb. J.*, **19**, 311-30 (2005).

[6] BALA I., HARIHARAN S. et KUMAR M.N., « PLGA nanoparticles in drug delivery : the state of the art », *Crit. Rev. Ther. Drug Carrier Syst.*, **21**, 387-422 (2004).

[7] MULLER R.H., MADER K. et GOHLA S., « Solid lipid nanoparticles (SLN) for controlled drug delivery – a review of the state of the art », *Eur. J. Pharm. Biopharm.*, **50**, 161-77 (2000).

[8] WISSING S.A., KAYSER O. et MULLER R.H., « Solid lipid nanoparticles for parenteral drug delivery », *Adv. Drug Deliv. Rev.*, **56**, 1257-72 (2004).

[9] JONES M. et LEROUX J., « Polymeric micelles – a new generation of colloidal drug carriers », *Eur. J. Pharm. Biopharm.*, **48**, 101-11 (1999).

[10] BANGHAM A.D., STANDISH M.M. et MILLER N., « Cation permeability of phospholipid model membranes : effect of narcotics », *Nature*, **208**(17), 1295-7 (1965).

[11] TORCHILIN V.P., « Recent advances with liposomes as pharmaceutical carriers », *Nat. Rev. Drug. Discov.*, **4**, 145-60 (2005).

[12] TASHIMA Y., OE R., LEE S., SUGIHARA G., CHAMBERS E.J., TAKAHASHI M. et YAMADA T., « The effect of cholesterol and monosialoganglioside (GM1) on the release and aggregation of amyloid beta-peptide from liposomes prepared from brain membrane-like lipids », *J. Biol. Chem.*, **279**, 17587-95 (2004).

[13] SHAKWEH M., BESNARD M., NICOLAS V. ET FATTAL E., « Poly (lactide-co-glycolide) particles of different physicochemical properties and their uptake by peyer's patches in mice », *Eur. J. Pharm. Biopharm.*, **61**, 1-13 (2005).

[14] SRIWONGSITANONT S. et UENO M., « Physicochemical properties of PEG-grafted liposomes », *Chem. Pharm. Bull. (Tokyo)*, **50**, 1238-44 (2002).

[15] SINGH M., SHARMA R. et BANERJEE U.C., « Biotechnological applications of cyclodextrins », *Biotechnol. Adv.*, **20**, 341-59 (2002).

[16] EASTBURN S.D. et TAO B.Y., « Applications of modified cyclodextrins », *Biotechnol. Adv.*, **12**, 325-39 (1994).

[17] BUSCHMANN H.J. et SCHOLLMEYER E., « Applications of cyclodextrins in cosmetic products : a review », *J. Cosmet. Sci.*, **53**, 185-91 (2002).

[18] DASS C.R., « Cyclodextrins and oligonucleotide delivery to solid tumours », *J. Drug. Target*, **12**, 1-9 (2004).

[19] GILLIES E.R. et FRECHET J.M., « Dendrimers and dendritic polymers in drug delivery », *Drug Discov. Today*, **10**, 35-43 (2005).

[20] BOAS U. et HEEGAARD P.M., « Dendrimers in drug research », *Chem. Soc. Rev.*, **33**, 43-63 (2004).

[21] CLONINGER M.J., « Biological applications of dendrimers », *Curr. Opin. Chem. Biol.*, **6**, 742-8 (2002).

[22] LIU H., FINN N. et YATES M.Z., « Encapsulation and sustained release of a model drug, indomethacin, using CO(2)-based microencapsulation », *Langmuir*, **21**, 379-85 (2005).

[23] XIONG J.Y., LIU X.Y., SAWANT P.D., CHEN S.B., CHUNG T.S. et PRAMODA K.P., « Surfactant free fabrication of polymeric nanoparticles by combined liquid-liquid phase separation and solvent/nonsolvent mixing technology », *J. Chem. Phys.*, **121**, 12626-31 (2004).

[24] GREGORIADIS G. et DAVIS C., « Stability of liposomes in vivo and in vitro is promoted by their cholesterol content and the presence of blood cells », *Biochem. Biophys. Res. Commun.*, **89**, 1287-93 (1979).

[25] KOKLIC T., SENTJURC M. et ZEISIG R., « The influence of cholesterol and charge on the membrane domains of alkylphospholipid liposomes as studied by EPR », *J. Liposome. Res.*, **12**, 335-52 (2002).

[26] LITZINGER D.C., BUITING A.M., VAN ROOIJEN N. et HUANG L., « Effect of liposome size on the circulation time and intraorgan distribution of amphipathic poly(ethylene glycol)-containing liposomes », *Biochim. Biophys. Acta*, **1190**, 99-107 (1994).

[27] PRABHA S., ZHOU W.Z., PANYAM J. et LABHASETWAR V., « Size-dependency of nanoparticle-mediated gene transfection : studies with fractionated nanoparticles », *Int. J. Pharm.*, **244**, 105-115 (2002).

[28] VILA A., SANCHEZ A., EVORA C., SORIANO I., MCCALLION O. et ALONSO M.J., « PLA-PEG particles as nasal protein carriers : the influence of the particle size », *Int. J. Pharm.*, **292**, 43-52 (2005).

[29] TORCHILIN V.P. et WEISSIG V., *Liposomes. A practical approach*, Oxford University Press, Boston (2002).

[30] HUNTER R.J., MIDMORE B.R. et ZHANG H., « Zeta Potential of Highly Charged Thin Double-Layer Systems », *J. Colloid. Interface Sci.*, **237**, 147-149 (2001).

[31] GESSNER A., LIESKE A., PAULKE B. et MULLER R., « Influence of surface charge density on protein adsorption on polymeric nanoparticles : analysis by two-dimensional electrophoresis », *Eur. J. Pharm. Biopharm.*, **54**, 165-170 (2002).

[32] FENART L., CASANOVA A., DEHOUCK B., DUHEM C., SLUPEK S., CECCHELLI R. et BETBEDER D., « Evaluation of effect of charge and lipid coating on ability of 60-nm nanoparticles to cross an in vitro model of the blood-brain barrier », *J. Pharmacol. Exp. Ther.*, **291**, 1017-22 (1999).

[33] KOHLI A.K. et Alpar H.O., « Potential use of nanoparticles for transcutaneous vaccine delivery : effect of particle size and charge », *Int. J. Pharm*, **275**, 13-7 (2004).

[34] HU J., JOHNSTON K.P. et WILLIAMS R.O., « Nanoparticle engineering processes for enhancing the dissolution rates of poorly water soluble drugs », *Drug Dev. Ind. Pharm.*, **30**, 233-45 (2004).

[35] DHOOT N.O. et WHEATLEY M.A., « Microencapsulated liposomes in controlled drug delivery : strategies to modulate drug release and eliminate the burst effect », *J. Pharm. Sci.*, **92**, 679-89 (2003).

[36] MEHNERT W. et MADER K., « Solid lipid nanoparticles : production, characterization and applications », *Adv. Drug Deliv. Rev.* **47**, 165-96 (2001).

[37] ALMEIDA A.J., RUNGE S. et MÜLLER R.H., « Peptide-loaded solid lipid nanoparticles (SLN) : influence of production parmeters », *Int. J. Pharm.*, **149**, 255-265 (1997).

[38] MULLER R.H. et KECK C.M., « Challenges and solutions for the delivery of biotech drugs – a review of drug nanocrystal technology and lipid nanoparticles », *J. Biotechnol.*, **113**, 151-170 (2004).

[39] DELATTRE J., COUVREUR P., PUISIEUX F., PHILIPPOT J.R. et SCHUBER F., *Les liposomes. Aspects technologiques, biologiques et pharmacologiques*, Paris (1993).

[40] DRUMMOND D.C., ZIGNANI M. et LEROUX J., « Current status of pH-sensitive liposomes in drug delivery », *Prog. Lipid Res.*, **39**, 409-60 (2000).

[41] YATVIN M.B., I. TEGMO-LARSSON I.M. et DENNIS W.H., « Temperature- and pH-sensitive liposomes for drug targeting », *Methods Enzymol.*, **149**, 77-87 (1987).

[42] BERGSTRAND N., ARFVIDSSON M.C., KIM J.M., THOMPSON D.H. et EDWARDS K. « Interactions between pH-sensitive liposomes and model membranes », *Biophys. Chem.*, **104**, 361-79 (2003).

[43] KUNISAWA J., NAKAGAWA S. et MAYUMI T., « Pharmacotherapy by intracellular delivery of drugs using fusogenic liposomes : application to vaccine development », *Adv. Drug Deliv. Rev.*, **52**, 177-86 (2001).

[44] NEEDHAM D. et DEWHIRST M.W., « The development and testing of a new temperature-sensitive drug delivery system for the treatment of solid tumors », *Adv. Drug Deliv. Rev.*, **53**, 285-305 (2001).

[45] ALLEN T.M. et CHONN A. « Large unilamellar liposomes with low uptake into the reticuloendothelial system », *FEBS Lett.*, **223**, 42-6 (1987).

[46] PASSIRANI C., BARRATT G., DEVISSAGUET J.P. et LABARRE D. « Long-circulating nanoparticles bearing heparin or dextran covalently bound to poly(methyl methacrylate) », *Pharm. Res.*, **15**, 1046-50 (1998).

[47] MOSQUEIRA V.C., LEGRAND P., GREF R., HEURTAULT B., APPEL M. et BARRATT G., « Interactions between a macrophage cell line (J774A1) and surface-modified poly (D,L-lactide) nanocapsules bearing poly(ethylene glycol) », *J. Drug Target*, **7**, 65-78 (1999).

[48] VERTUT-DOI A., ISHIWATA H. et MIYAJIMA K., « Binding and uptake of liposomes containing a poly(ethylene glycol) derivative of cholesterol (stealth liposomes) by the macrophage cell line J774 : influence of PEG content and its molecular weight », *Biochim. Biophys. Acta*, **1278**, 19-28 (1996).

[49] BRANNON-PEPPAS L. et BLANCHETTE J.O., « Nanoparticle and targeted systems for cancer therapy », *Adv. Drug Deliv. Rev.*, **56**, 1649-59 (2004).

[50] MAEDA H., SAWA T. et KONNO T., « Mechanism of tumor-targeted delivery of macromolecular drugs, including the EPR effect in solid tumor and clinical overview of the prototype polymeric drug SMANCS », *J. Control Release*, **74**, 47-61 (2001).

[51] ZHANG J.Q., ZHANG Z.R., YANG H., TAN Q.Y., QIN S.R. et QIU X.L., « Lyophilized paclitaxel magnetoliposomes as a potential drug delivery system for breast carcinoma via parenteral administration : in vitro and in vivo studies », *Pharm. Res.*, **22**, 573-83 (2005).

[52] NOBS L., BUCHEGGER F., GURNY R. et ALLEMANN E., « Current methods for attaching targeting ligands to liposomes and nanoparticles », *J. Pharm. Sci.*, **93**, 1980-92 (2004).

[53] HUWYLER J., CERLETTI A., FRICKER G., EBERLE A.N. et DREWE J., « Bypassing of P-glycoprotein using immunoliposomes », *J. Drug Target*, **10**, 73-9 (2002).

[54] OLIVIER J.C., HUERTAS R., LEE H.J., CALON F. et PARDRIDGE W.M., « Synthesis of pegylated immunonanoparticles », *Pharm. Res.*, **19**, 1137-43 (2002).

[55] VOLKEL T., HOLIG P., MERDAN T., MULLER R. et KONTERMANN R.E., « Targeting of immunoliposomes to endothelial cells using a single-chain Fv fragment directed against human endoglin (CD105) », *Biochim. Biophys. Acta*, **1663**, 158-66 (2004).

[56] CHEKHONIN V.P., ZHIRKOV Y.A., GURINA O.I., RYABUKHIN I.A., LEBEDEV S.V., KASHPAROV I.A. et DMITRIYEVA T.B., « PEGylated immunoliposomes directed against brain astrocytes », *Drug Deliv.*, **12**, 1-6 (2005).

[57] ANDRES E., TIPHINE M., LETSCHER-BRU V. et HERBRECHT R., « New lipid formulations of amphotericin B. Review of the literature », *Rev. Med. Interne*, **22**, 141-50 (2001).

[58] ANAISSIE E., PAETZNICK V., PROFFITT R., ADLER-MOORE J. et BODEY G.P., « Comparison of the in vitro antifungal activity of free and liposome-encapsulated amphotericin B », *Eur. J. Clin. Microbiol Infect. Dis.*, **10**, 665-8 (1991).

[59] WIEBE V.J. et DEGREGORIO M.W., « Liposome-encapsulated amphotericin B : a promising new treatment for disseminated fungal infections », *Rev. Infect. Dis.*, **10**, 1097-101 (1988).

[60] MINODIER P., ROBERT S., NOËL G., BLANC P., PETORNAZ K. et GARNIER J.M., « Amphotéricine B liposomale en première intention dans la leishmaniose viscérale infantile en région Provence-Alpes-Côte-d'Azur-Corse », *Archives de pédiatrie*, **12**, 1102-1108 (2005).

[61] BOLETIS J.N., PEFANIS A., STATHAKIS C., HELIOTI H., KOSTAKIS A. et GIAMARELLOU H., « Visceral leishmaniasis in renal transplant recipients : successful treatment with liposomal amphotericin B (AmBisome) », *Clin. Infect. Dis.*, **28**, 1308-9 (1999).

[62] CAUCHETIER E., PAUL M., RIVOLLET D., FESSI H., ASTIER A. et DENIAU M., « Therapeutic evaluation of free and nanocapsule-encapsulated atovaquone in the treatment of murine visceral leishmaniasis », *Ann. Trop. Med. Parasitol.*, **97**, 259-68 (2003).

[63] GASPAR R., OPPERDOES F.R., PREAT V. et ROLAND M., « Drug targeting with polyalkylcyanoacrylate nanoparticles : in vitro activity of primaquine-loaded nanoparticles against intracellular Leishmania donovani », *Ann. Trop. Med. Parasitol.*, **86**, 41-9 (1992).

[64] RODRIGUES J.M. JR., CROFT S.L., FESSI H., BORIES C. et DEVISSAGUET J.P., « The activity and ultrastructural localization of primaquine-loaded poly (d,l-lactide) nanoparticles in Leishmania donovani infected mice », *Trop. Med. Parasitol.*, **45**, 223-8 (1994).

[65] LALA S., PRAMANICK S., MUKHOPADHYAY S., BANDYOPADHYAY S. et BASU M.K., « Harmine : evaluation of its antileishmanial properties in various vesicular delivery systems », *J. Drug Target*, **12**, 165-175 (2004).

[66] SHIMIZU Y., YAMAKAMI K., GOMI T., NAKATA M., ASANUMA H., TADAKUMA T. et KOJIMA N., « Protection against Leishmania major infection by oligomannose-coated liposomes », *Bioorg. Med. Chem.*, **11**, 1191-5 (2003).

[67] EBRAHIM S., PEYMAN G.A. et LEE P.J., « Applications of liposomes in ophthalmology », *Surv. Ophthalmol.*, **50**, 167-82 (2005).

[68] DANNOWSKI H., BEDNARZ J., RESZKA R., ENGELMANN K. et PLEYER U., « Lipid-mediated gene transfer of acidic fibroblast growth factor into human corneal endothelial cells », *Exp. Eye Res.*, **80**, 93-101 (2005).

[69] BOCHOT A., FATTAL E., BOUTET V., DEVERRE J.R., JEANNY J.C., CHACUN H. et COUVREUR P., « Intravitreal delivery of oligonucleotides by sterically stabilized liposomes », *Invest. Ophthalmol. Vis. Sci.*, **43**, 253-9 (2002).

[70] BOCHOT A., FATTAL E, GULIK A., COUARRAZE G. et COUVREUR P., « Liposomes dispersed within a thermosensitive gel : a new dosage form for ocular delivery of oligonucleotides », *Pharm. Res.*, **15**, 1364-9 (1998).

[71] KHOOBEHI B., PEYMAN G.A., NIESMAN M.R. et ONCEL M., « Measurement of retinal blood velocity and flow rate in primates using a liposome-dye system », *Ophthalmology*, **96**, 905-12 (1989).

[72] PINTO-ALPHANDARY H., ANDREMONT A. et COUVREUR P. « Targeted delivery of antibiotics using liposomes and nanoparticles : research and applications », *Int. J. Antimicrob. Agents*, **13**, 155-168 (2000).

[73] SCHIFFELERS R., STORM G. et BAKKER-WOUDENBERG I., « Liposome-encapsulated aminoglycosides in pre-clinical and clinical studies », *J. Antimicrob. Chemother.*, **48**, 333-44 (2001).

[74] FELNEROVA D., VIRET J.F., GLUCK R. et MOSER C., « Liposomes and virosomes as delivery systems for antigens, nucleic acids and drugs », *Curr. Opin. Biotechnol.*, **15**, 518-29 (2004).

[75] ROSENBERG S.A., « Cancer vaccines based on the identification of genes encoding cancer regression antigens », *Immunol. Today*, **18**, 175-182 (1997).

[76] ROTH A., ROHRBACH F., WETH R., FRISCH B., SCHUBER F. et WELS W.S., « Induction of effective and antigen-specific antitumour immunity by a liposomal ErbB2/HER2 peptide-based vaccination construct », *Br. J. Cancer.*, **92**, 1421-9 (2005).

CHAPITRE

25

VERS DES NANOPARTICULES ACTIVABLES POUR LE TRAITEMENT DU CANCER : L'EXEMPLE DE NANOBIOTIX

Virginie SIMON*, Alexandre CECCALDI†, Laurent LÉVY‡

1. Introduction

Avec près de 150 000 décès par an en France (soit 26 fois plus que le nombre de décès par accident de la route), les cancers représentent la deuxième cause de mortalité, derrière les maladies cardio-vasculaires. En 2002, dix millions de nouveaux cas de cancer dans le monde ont été recensés et 6 millions de décès (dont 40 % dans les pays développés). De plus, l'OMS prédit une augmentation importante du nombre de nouveaux cas d'ici 2020 (+40 % dans les pays développés, +100 % dans les pays en développement), due principalement à l'allongement de l'espérance de vie, aux changements d'habitudes comportementales et aux dégradations de l'environnement.

Le mot « cancer » est un terme générique désignant un groupe de plus d'une centaine de maladies, qui se caractérisent toutes par une perte de contrôle par l'organisme de la prolifération de certaines cellules. Celles-ci se développent anarchiquement, jusqu'à constituer une tumeur qui envahit les tissus environnants et, dans de nombreux cas, finit par se disséminer dans des tissus éloignés (métastases).

* Nanobiotix SA Paris. virginie.simon@nanobiotix.com
† Nanobiotix SA Paris. alexandre.ceccaldi@nanobiotix.com
‡ Nanobiotix SA Paris. laurent.levy@nanobiotix.com

La prédisposition génétique des différentes populations, la sensibilité naturelle de certains organes, l'exposition à des substances carcinogènes (produits chimiques, pollution) et certains comportements à risques (tabagisme, consommation d'alcool, régime alimentaire pauvre en fruits et légumes, riche en graisses animales saturées) sont les principaux facteurs expliquant la grande variabilité de fréquence d'apparition de cancer en fonction du tissu ou de l'organe atteint. Chaque année, les cancers dont on dénombre le plus grand nombre de nouveaux cas sont (par ordre décroissant) celui du poumon, de l'estomac, du sein, du côlon, de la bouche et du foie. L'efficacité des thérapies est extrêmement variable en fonction de l'organe touché : environ 95 % de guérison pour le cancer du testicule, mais un taux de survie à 5 ans proche de zéro pour les cancers du pancréas et le glioblastome. Le tableau 25.1 présente la mortalité à 5 ans pour les cancers dont la prévalence est la plus importante.

Tableau 25.1. Statistiques du cancer (Infocancer, 2006).

Cancer	Ovaire	Pancréas	Colorectal	Vessie	Rein	Sein	Estomac	Foie	Prostate	Col utérin	Oesophage	Thyroïde
Mortalité à 5 ans	68 %	96 %	54 %	36 %	52 %	27 %	79 %	95 %	44 %	38 %	92 %	25 %

Les progrès de la recherche thérapeutique ces vingt dernières années ont permis de guérir globalement 50 % des cas en France. Malgré cela, le taux moyen de rémission complète d'un cancer reste bien insuffisant.

De nombreuses équipes de recherche se consacrent à la lutte contre le cancer. Certaines tentent d'explorer des technologies ignorées jusqu'ici par la médecine, avec l'espoir d'obtenir des traitements radicalement innovants. La société *Nanobiotix* développe ainsi de nouvelles applications des **nanotechnologies pour le traitement du cancer**, grâce aux développements conjoints de la biologie, de la physique et de la chimie des nanomatériaux. Sa technologie est fondée sur deux axes : la compréhension des mécanismes biologiques et la capacité technique de réalisation de structures complexes à l'échelle nanométrique.

2. Concept des *nanoTherapeutics*

Les technologies de *Nanobiotix* sont fondées sur le concept novateur de *nanoTherapeutics* (figure 25.1). Il s'agit de nanoparticules (d'un diamètre contrôlé inférieur à 70 nm) composées d'un cœur thérapeutique activable à distance par une source énergétique externe. Les particules sont recouvertes par une couche de silice assurant la biocompatibilité du produit, notamment pour éviter toute immunogénicité. Enfin, des agents biologiques peuvent être greffés à la surface des nanoparticules, pour permettre le ciblage hautement spécifique des cellules tumorales. Ces agents de ciblage ne sont pas toujours indispensables pour obtenir une biodistribution adéquate des nanoparticules en cas de ciblage passif.

Nanobiotix développe ces *nanoTherapeutics* dans le but de détruire spécifiquement les cellules tumorales en épargnant les tissus sains, selon un mécanisme représenté sur la figure 25.2. Les nanoparticules sont injectées au patient par voie intraveineuse ou intratumorale. Elles ont été conçues de façon à cibler les tissus tumoraux et mettent 20 à 48 heures pour s'y accumuler sélectivement.

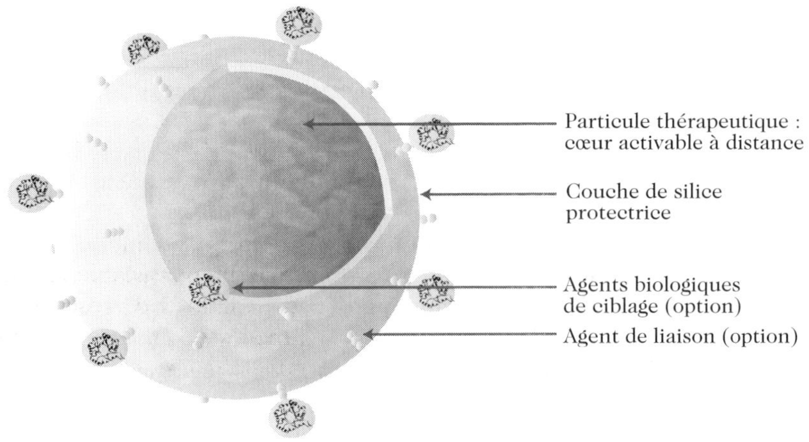

Figure 25.1. Représentation d'une *nanoTherapeutic* : taille inférieure à 70 nm.

Après internalisation des particules par les cellules cancéreuses, un champ énergétique externe est appliqué pour activer les *nanoTherapeutics* : un effet physique ou chimique local détruit alors la cellule pathologique. Quatre types de champs énergétiques peuvent être employés ; ils correspondent chacun à l'une des technologies que développe *Nanobiotix* en parallèle : un champ magnétique (type IRM) pour la technologie nanoMag, un laser pour la technologie nanoPDT, des rayons X pour nanoXRay et des ultrasons pour nano(U)Sonic. Après 72 heures, les particules sont éliminées par voie rénale.

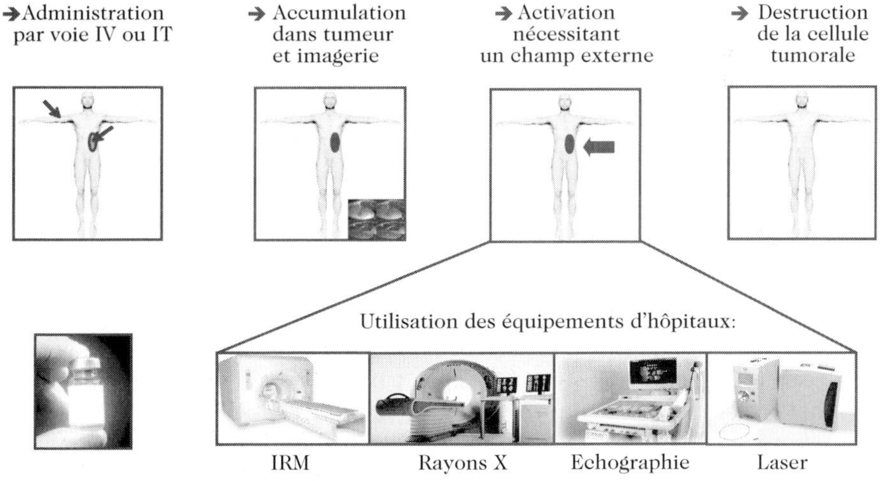

Figure 25.2. Mécanisme thérapeutique des *nanoTherapeutics*.

Les avantages potentiels du concept des *nanoTherapeutics* sont nombreux :
– un traitement « On-Off » : l'activité thérapeutique ne dure que le temps de l'application du champ externe,
– un ciblage spécifique du tissu à traiter par les nanoparticules ou par la focalisation du champ, limitant ainsi les effets secondaires,

– une certaine innocuité des nanoparticules non activées et un mode d'administration non chronique,
– la taille nanométrique des particules, assurant une diffusion efficace à travers les tissus et une bonne élimination,
– la compatibilité de cette technologie, qui peut s'utiliser seule ou en synergie avec les traitements existants que sont la chimiothérapie, la chirurgie, l'immunothérapie et la radiothérapie,
– une efficacité ajustable par la modification de la composition des nanoparticules, et les paramètres de leur activation,
– un découplage entre effet thérapeutique et cibles biologiques, qui permet de réutiliser les mêmes cœurs activables, en adaptant le ciblage au cancer à traiter,
– une activation des particules pouvant être assurée par des appareils hospitaliers courants (IRM, laser, appareil de radiothérapie/radiothérapie, etc.),
– une action thérapeutique basée sur un effet physique et non plus biologique.

Ce dernier point est capital : il fait de cette technologie très innovante une véritable rupture avec les thérapies issues de la chimie-pharmacie classique et des biotechnologies de première génération. Ces approches ont pour but commun de développer un principe actif (molécule chimique de petite taille, acide nucléique, enzyme, hormone, anticorps monoclonal, etc.) pour interagir avec un mécanisme biochimique cellulaire ciblé, que la cellule tumorale peut très souvent compenser, court-circuiter. Les technologies de *Nanobiotix* sont, elles, basées sur des effets physiques, qui réduisent les risques de résistance au traitement et d'échappement thérapeutique de manière drastique. Plus qu'un nouveau mode d'action, il s'agit d'un nouveau paradigme.

La mise au point de solutions véritablement nouvelles pour lutter contre le cancer nécessite de repenser le concept même de « médicament ». L'une des plus grandes avancées qu'a connu le *design* industriel fut de comprendre que le découplage entre les fonctions et les attributs des objets mène à une meilleure conception finale du produit. Pourtant, l'industrie pharmaceutique n'a pas encore suivi cette évolution. Aujourd'hui, les approches de « *rational drug-design* » permettent de concevoir notamment des molécules thérapeutiques de petite taille, en se basant sur l'étude de la structure tridimensionnelle de la protéine enzymatique humaine (et son site actif en particulier) qu'on envisage d'inhiber ou d'activer, pour traiter une maladie donnée. Ces médicaments ont une structure chimique qui assure à la fois leur rôle de fixation sur la protéine humaine (ciblage), et l'effet thérapeutique désiré. Celui-ci résulte le plus souvent d'un arrêt provoqué du cycle enzymatique. Les anticorps monoclonaux thérapeutiques issus des sociétés de biotechnologie de première génération sont l'exemple le plus frappant de ce couplage entre structure 3D du médicament, interaction avec le ligand (assurant la spécificité d'action) et effet thérapeutique. Ces approches rencontrent encore des succès majeurs, mais possèdent certains points faibles. Le *rational drug-design* réclame, par exemple, une connaissance précise de la structure 3D de la protéine humaine ciblée, ce qui n'est pas toujours possible. D'autre part, l'adaptation aisée de molécules efficaces existantes à des applications nouvelles est rarement possible.

Les technologies de *Nanobiotix* ont été pensées de manière très différente. En effet, les *nanoTherapeutics* possèdent un haut degré de découplage entre leur cœur thérapeutique, en charge de l'efficacité anticancéreuse, et les éléments de ciblage qui donnent à l'ensemble de la structure sa spécificité d'action. Cette stratégie permettra une adaptation bien plus grande des *nanoTherapeutics* à différentes applications anticancéreuses. De plus, il s'agit d'une démarche largement plus en phase avec l'avenir de la médecine humaine. L'utilisation de traitements médicamenteux de masse laissera rapidement une place de plus en plus importante à des solutions sur mesure pour chaque patient (« *taylored therapeutics* »), grâce à la détection et à la compréhension du sous-type moléculaire de la maladie dont souffre chaque individu.

À l'heure actuelle, de nombreux cancers sont difficiles à soigner, car la dose potentiellement efficace en chimiothérapie induirait trop d'effets secondaires. C'est notamment vrai dans le cas du cancer du sein. Deux axes peuvent permettre de résoudre ce problème : réduire la toxicité des principes actifs ou augmenter leur efficacité. *Nanobiotix* se propose de jouer sur ces deux dimensions à la fois, et d'obtenir ainsi des rapports bénéfice sur risque jamais atteints jusqu'alors. Il s'agit, en fait, de briser la corrélation classique entre efficacité thérapeutique et toxicité associée pour l'organisme.

L'utilisation conjointe des *nanoTherapeutics* et des champs énergétiques externes permet d'autre part d'obtenir un recueil d'informations au niveau cellulaire *in situ*. La mise au point d'applications de diagnostic par imagerie peut donc se faire en parallèle des applications thérapeutiques, ouvrant ainsi l'ère du « *Théranostic* ».

3. Différentes familles de nanoparticules

Pour que l'application d'une nouvelle technologie obtienne une autorisation de mise sur le marché (AMM) en tant que médicament, il est nécessaire de prouver que le ciblage est bien spécifique aux tissus cancéreux, de valider la non-toxicité des produits et enfin de démontrer une efficacité équivalente, voire supérieure, aux médicaments existants.

Dans le cas des nanotechnologies, il est également primordial de montrer l'innocuité des particules non activées et de prouver une activité intracellulaire.

Nanobiotix développe aujourd'hui quatre thérapies potentielles contre le cancer (figure 25.3).

• **NanoMag** : particules activables par un champ magnétique tel que celui utilisé en imagerie par résonance magnétique (IRM). Leur activation se manifeste par une rotation physique des particules. Ces nanoparticules peuvent avoir des applications pour les tumeurs profondes et les métastases. Elles peuvent aussi être utilisées pour l'imagerie et le diagnostic.

• **NanoPDT** : particules activables par laser ou par la lumière. Leur principe est basé sur celui de la thérapie photodynamique (PDT). La destruction des cellules tumorales est engendrée par la production de radicaux libres à l'intérieur des cellules. Cette famille de nanoparticules peut également avoir des applications en diagnostic.

• **NanoXRay** : particules activables par rayons X. Elles produisent également des radicaux libres au niveau de la tumeur. Elles peuvent avoir des applications possibles en imagerie et en thérapie.

• **Nano(U)Sonic** : particules activables par ultrasons. Elles peuvent servir en thérapie comme en diagnostic.

Nanotherapeutics	Source	Mécanisme	Cible
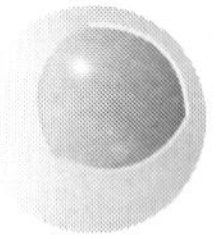 NanoMag	IRM 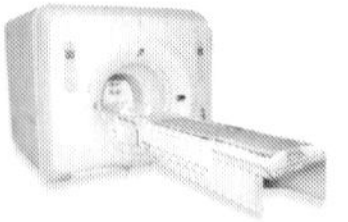	Rotation physique	Tumeur Métastases Diagnostic
 NanoPDT	Laser 	Radicaux libres	Cancer Diagnostic
 NanoXRay	Rayons X 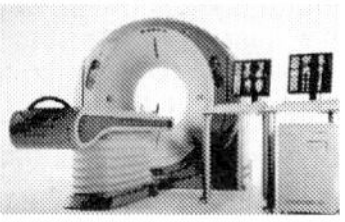	Radicaux libres Chaleur	Tumeur Diagnostic
 Nano(U)Sonic	Ultrasons 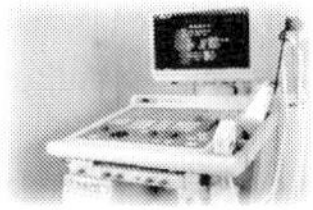	Délivrance contrôlée de composés actifs	Tumeur Diagnostic

Figure 25.3. Quatre familles de *nanoTherapeutics*.

4. Mécanisme d'action des *nanoTherapeutics*

4.1. NanoMag

Le traitement consiste à faire pénétrer spécifiquement les nanoparticules dans la cellule cible, puis à appliquer un champ magnétique assez puissant pour les orienter à l'intérieur de la cellule. Les nanoparticules de nanoMag sont, en effet, constituées d'un cœur d'oxyde de fer portant un moment magnétique propre. Lors de l'activation, l'ensemble des moments magnétiques orientés de manière aléatoire tend à s'orienter comme le champ magnétique externe (figure 25.4),

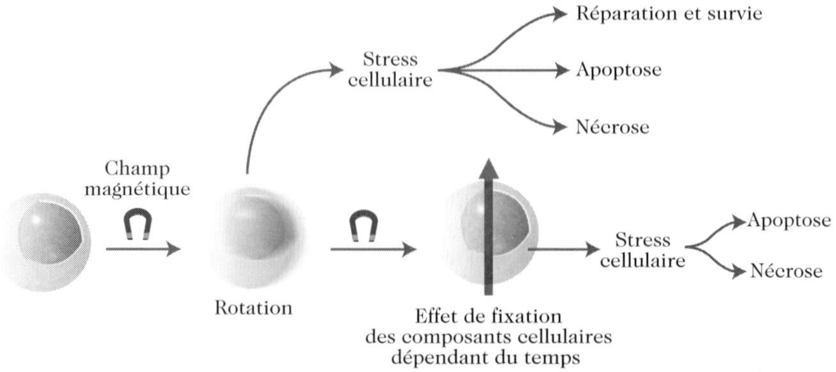

Figure 25.4. Mécanisme d'action de nanoMag dans les cellules tumorales.

transformant l'énergie magnétique en énergie cinétique de rotation. L'orientation forcée de ces particules, tout au long de l'exposition, induit des forces directionnelles qui contraignent la cellule. Lorsque la concentration en nanoparticules au niveau intracellulaire est suffisamment élevée, la cellule tumorale est détruite. Suivant le degré de stress cellulaire et/ou les dommages engendrés, les cellules tumorales entrent soit en apoptose, soit en nécrose. L'arrêt du champ rend aux nanoparticules une orientation aléatoire et leur activité antitumorale s'arrête instantanément.

4.2. NanoPDT

La thérapie photodynamique (PDT) est basée sur une induction de photo-oxydation de la matière. Ce type de traitement requiert : une molécule photosensible qui s'accumule préférentiellement au sein des tumeurs, une source lumineuse capable d'exciter cette molécule et un milieu riche en oxygène. L'oxygène singulet, l'agent cytotoxique principal produit lors de la PDT, est une forme hautement réactive de l'oxygène qui est produite à partir du dioxygène cellulaire. Des solutions de PDT existent déjà, mais seul nanoPDT permet un adressage spécifique de la molécule photosensible aux cellules cancéreuses, décuplant l'intérêt thérapeutique de la démarche.
Lors de l'exposition à de forts rayonnements UV ou laser spécifiques, les molécules photosensibles induisent la formation de radicaux libres. En effet, les chromophores activés possèdent une activité photocatalytique. Celle-ci transforme, par réaction en chaîne, l'oxygène moléculaire environnant et les espèces réactives de l'oxygène (ROS) en radicaux libres, qui sont des espèces hautement réactives provoquant des dommages irréversibles dans les cellules tumorales (figure 25.5). Les organes cellulaires principalement touchés sont les mitochondries, les membranes cellulaire et nucléaire (par oxydation des phospholipides) et les lysosomes. L'oxygène singulet réagit rapidement et localement : les effets oxydatifs induits par la PDT sont ainsi confinés à une région restreinte. De plus, les faibles longueurs d'onde de ces rayonnements peu énergétiques ne permettent pas de traverser une grande épaisseur de tissu, ce qui présente l'avantage d'être totalement inoffensif pour les tissus environnants. NanoPDT est, de ce fait, destiné préférentiellement aux cancers superficiels comme celui de la peau, de l'œsophage, de la vessie ou de l'estomac.

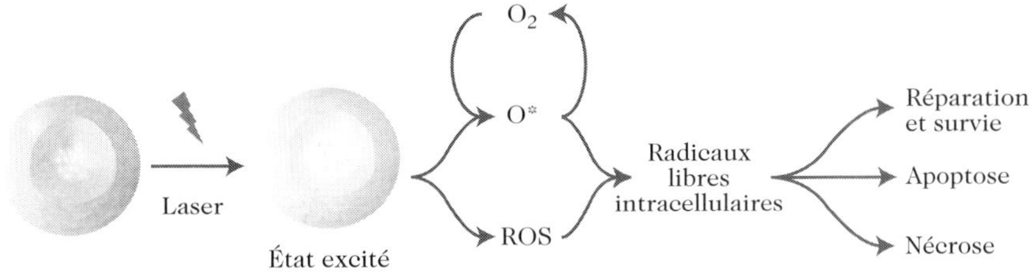

Figure 25.5. Mécanisme d'action de nanoPDT dans les cellules tumorales.

4.3. NanoXRay

Cette nouvelle approche repose sur l'utilisation thérapeutique d'une matrice inorganique, sensible aux rayons X. Une fois excitée, elle possède la capacité de créer des radicaux libres dans la cellule où elle se trouve.
Les particules de nanoXRay sont internalisées dans les cellules tumorales, puis sont activées par rayons X. La création de radicaux libres pendant l'excitation des particules s'accompagne d'une libération locale de chaleur. Ce double effet conduit les cellules tumorales vers les voies de l'apoptose ou de la nécrose (figure 25.6). Les cellules sont ainsi détruites spécifiquement par la chaleur et par la production localisée et contrôlée de radicaux libres, provenant de l'interaction de la matrice avec l'eau disponible dans l'organisme, transformée en HO•.

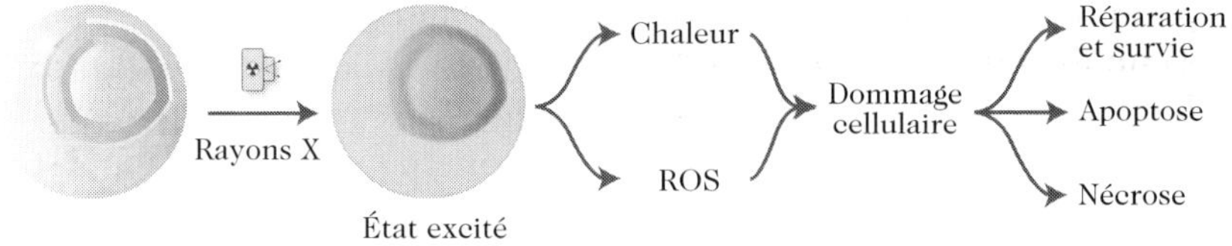

Figure 25.6. Mécanisme d'action de nanoXRay dans les cellules tumorales.

4.4. Nano(U)Sonic

Les particules de nano(U)Sonic contiennent, à la différence des autres technologies, des agents cytotoxiques à leur surface. L'activation se fait grâce à des ultrasons focalisés (figure 25.7).

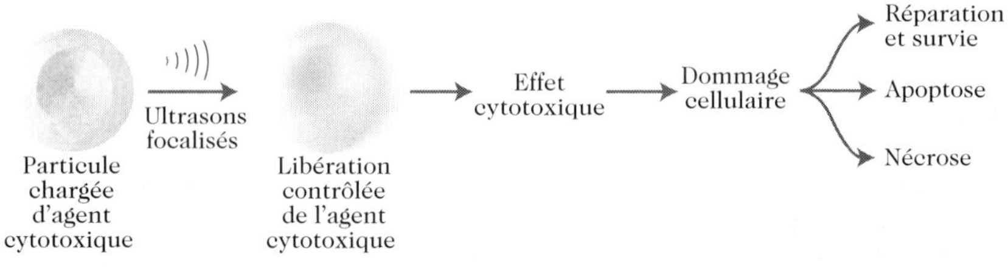

Figure 25.7. Mécanisme d'action de nano(U)Sonic dans les cellules tumorales.

Le contraste entre les réflexions d'onde sonore entre tissus mous (faible réflexion) et tissus durs (forte réflexion) est à la base des techniques d'imagerie par ultrasons (échographie). Ces méthodes diagnostiques nécessitent souvent l'emploi d'agents de rehaussement de contraste. Il s'agit de structures très peu denses comme des nanosomes de gaz, ou bien, à l'inverse, de structures très denses comme le sont les particules de nano(U)Sonic, excellents agents de rehaussement. Au-delà des applications en imagerie de nano(U)Sonic, l'utilisation d'ondes sonores plus énergétiques permet de rompre les liaisons chimiques adéquates de la particule, pour permettre la délivrance d'agents cytotoxiques dans la cellule tumorale. Ce relargage, effectué à la demande, est contrôlé dans le temps et dans l'espace à l'échelle nanométrique.
Le mécanisme de destruction est lié à cette libération des agents cytotoxiques. Leur action intracellulaire condamne la cellule tumorale à une mort cellulaire programmée (apoptose) ou à une destruction non programmée (nécrose).

5. Synthèse de nanoMag

L'utilisation combinée des progrès réalisés dans le domaine des ferrofluides, des nanotechnologies et du ciblage a permis la fabrication de nanoparticules multifonctionnelles (< 50 nm).

La synthèse de nanoMag se fait en quatre étapes successives incluant (figure 25.8) :

1) la synthèse du **cœur magnétique cristallin Fe_2O_3**, de 20 à 30 nm de diamètre, permettant la magnétocytolyse ciblée. Cette partie est responsable de l'effet thérapeutique qui est un effet physico-chimique ;

2) le *coating* par **une couche de silice SiO_2 amorphe** qui permet la biocompatibilité et la stabilité de la nanoparticule ;

3) l'ajout potentiel d'**une chaîne polycarbonée** à la surface des particules afin de pouvoir ajouter un agent biologique de ciblage ;

4) **un ligand spécifique** de certaines cellules tumorales (comme l'hormone LHRH, *Luteinizing Hormone Releasing Hormone*, utilisée pour le traitement du cancer du sein).

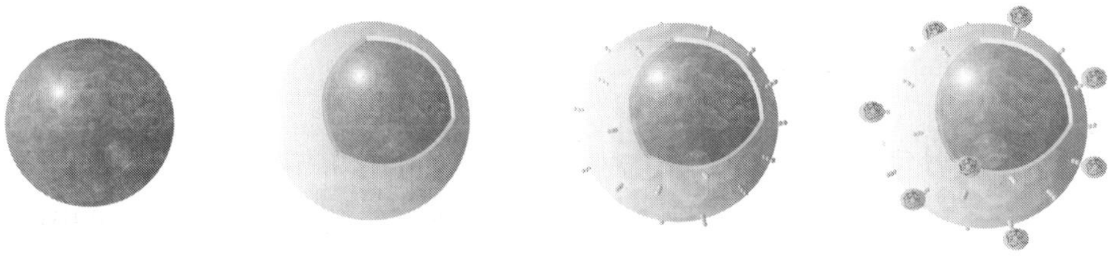

Figure 25.8. Synthèse de nanoMag en quatre étapes.

5.1. Synthèse de Fe_2O_3

La synthèse du fer dodécyl sulfate $\{Fe(DS)_2\}$ est réalisée en additionnant du $FeCl_2.4H_2O$ dans de l'eau. Du dodécyl sulfate de sodium (2,3 g) est ensuite ajouté à la solution avant d'être agitée pendant plusieurs heures. La précipitation de $Fe(DS)_2$ est obtenue en abaissant la température. La solution est ensuite stockée pendant 24 heures. Le précipité est récupéré par filtration et lavé avec de l'eau froide. Le surnageant est séché pendant 2 à 3 jours sous vide. La synthèse du cœur magnétique de 20 nm de Fe_2O_3 est réalisée en utilisant une réaction colloïdale décrite par Feltin *et al.* [1]. Le Fe(DS) est ensuite ajouté à 10 ml d'eau et agité pendant plusieurs heures, puis la solution est refroidie. Le chromophore à deux photons, ASPI-SH, est ensuite ajouté à la solution de ferrofluide, et la solution finale est mise à incuber à température ambiante pendant quatre heures sous agitation.

5.2. *Coating* des particules de Fe_2O_3 avec du SiO_2

Le noyau de Fe_2O_3 est recouvert par une couche de silice. Pour consolider la silice et empêcher l'agrégation due à l'interaction magnétique, de la silice de sodium est ajouté à la suspension. Cette dernière est agitée 24 heures à température ambiante, tout en soniquant (ultrasons) pendant 5 minutes toutes les 4 heures. Les particules sont ensuite lavées avec de l'éthanol/eau (1/2) et sont récupérées par centrifugation (10 000 × g). Les particules lavées sont redispersées dans une solution éthanol/eau (4/1), et 200 μL de 0,1 M NH_4OH sont ajoutés. Du TEOS (tétraéthyl orthosilicate) est ajouté à la suspension de particules sous agitation. Après 14 heures, les particules sont récupérées et lavées [2].

5.3. Addition du *spacer*

La modification externe de la couche de silice est effectuée par ajout d'un agent de liaison (*linker*) en préparant de l'acide 3-(triéthoxylsilanylpropyl-carbamoyl) butyrique. Ce dernier est synthétisé en mélangeant du 3 amine (triéthoxylsilyl) propyl avec de l'anhydride glutarique à 1 mL de DMF (N,N-diméthylformamide). La D-isopropylamine est ajoutée à la solution et agitée pendant 24 heures sous une atmosphère d'argon. Le produit résultant est dispersé dans du DMF contenant 40 mg de particules. Après agitation pendant 24 heures à température ambiante, les particules sont lavées avec du DMF et séchées.

5.4. Addition du ligand

En cas d'addition de ligand et par exemple de l'hormone LHRH (D-Lys), l'expérimentation est accomplie comme décrit dans la publication de Wang *et al.* [3]. Deux mg de LHRH et 24 mg de BOP (benzotriazol-1-ylol-tris(diméthylamino)phosphonium hexafluorophosphate) sont ajoutés à la suspension de nanoparticules. Puis du DIPEA est ajouté goutte à goutte à la solution. Le mélange réactionnel est soniqué à température ambiante pendant 5 heures. Le produit est récupéré par centrifugation (10 000 × g pendant 30 minutes) et lavé avec de l'eau et du DMF. Pour une meilleure stabilité, les particules avec LHRH sont dispersées dans un grand volume d'eau contenant 10 % de DMSO et concentrées par centrifugation avant leur utilisation [4].

6. Avantages des différentes familles de *nanoTherapeutics*

6.1. NanoMag

Une vectorisation avec des ligands biologiques permet, après internalisation des nanoparticules, une magnétocytolyse des cellules tumorales lorsqu'elles sont soumises à un champ magnétique. Ce champ n'étant pas limité en termes de pénétration, les nanoMag (figure 25.9) sont

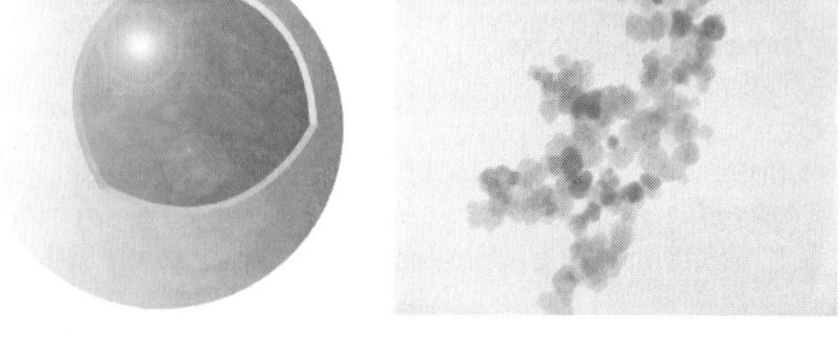

Figure 25.9. Structure schématique de nanoMag et aspect en MET (microscopie électronique à transmission).

particulièrement adaptées pour le traitement des tumeurs profondes comme le cancer du foie, de l'estomac, de la prostate, etc. Les particules sont administrées soit par voie intratumorale, soit par voie intraveineuse locale.
Deux options sont disponibles pour le ciblage des cellules tumorales.

- Des ligands biologiques peuvent être greffés sur les particules afin de cibler les cellules tumorales via des récepteurs surexprimés.
- Les particules « nues » (sans agent de ciblage à leur surface) s'accumulent également de manière passive dans les tissus tumoraux grâce à l'effet EPR (*Enhanced Permeation and Retention effect*). Ce dernier consiste en une perméabilité anormalement haute des vaisseaux néoformés par la tumeur, à laquelle s'ajoute un drainage lymphatique inefficace.

L'avantage de l'utilisation d'un champ magnétique généré par une IRM est que l'on peut simultanément soigner et visualiser les résultats (par exemple, accumulation dans la tumeur et nécrose). De plus, l'intensité du champ magnétique nécessaire (1,5 tesla environ), ainsi que la composition de la structure même des particules, rend le traitement inoffensif. *Nanobiotix* a développé nanoMag de telle sorte que son utilisation ne nécessite pas d'investissement dans l'achat d'équipements coûteux par les professionnels de santé pour son usage exclusif. La source d'activation peut parfaitement être fournie par un appareil standard IRM. Au final, il s'agit d'un traitement non chronique nécessitant peu de visites à l'hôpital, ce qui devrait réduire les coûts globaux de la thérapie, par comparaison à une chimiothérapie classique.

6.2. NanoPDT

Le diamètre des nanoPDT est d'environ 30 nm, et ces particules sont constituées de quatre composants (figure 25.10) :
1) **un composé organique** chromophore,
2) **une couche de silice inerte** qui assure la biocompatibilité, la stabilité et l'enrobage des nanoparticules,
3) **une chaîne polycarbonée** pouvant être ajoutée à la surface, afin de pouvoir greffer des ligands biologiques,
4) **un agent biologique spécifique** à l'organe ciblé, le cas échéant.

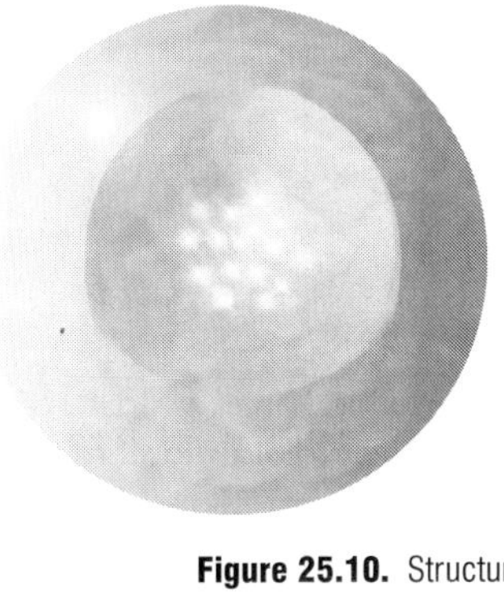

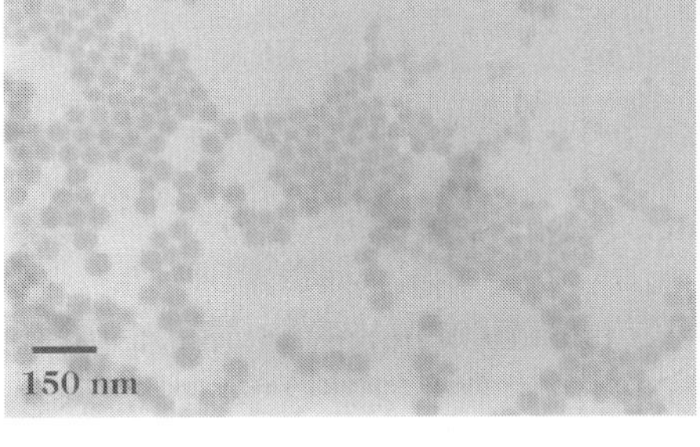

Figure 25.10. Structure schématique de PDT et aspect en MET.

La thérapie photodynamique est en pleine expansion, malgré d'importants effets secondaires décrits pour les quelques molécules actuellement commercialisées

(*Photofrin*®). En effet, des problèmes de stabilité du principe actif, un développement potentiel de la photosensibilité cutanée chez le patient et une toxicité des molécules ont été mis en évidence.
La nouvelle méthode d'encapsulation par la silice de molécules de photosensibilisants développées par *Nanobiotix* apporte des solutions efficaces à ces différents problèmes.
Les particules nanoPDT présentent ainsi des améliorations significatives par rapport à la thérapie photodynamique de première génération, puisqu'elles sont très stables et que leur toxicité est bien moins importante. La protection de la molécule photosensible par la matrice de la nanoparticule permet de limiter les effets secondaires, en évitant la diffusion de la molécule photosensible à travers le corps entier. L'activation des particules nanoPDT peut être assurée par un équipement laser standard de thérapie photodynamique.

6.3. NanoXRay

À l'inverse des lasers, les rayons X ont des longueurs d'onde qui permettent de traverser d'importantes épaisseurs de tissu (rayons « durs ») et d'atteindre par conséquent les nanoparticules en profondeur. Il est donc possible d'activer les particules dans n'importe quel tissu, même profond ou inaccessible par la chirurgie classique. Le mode de ciblage est le même que pour les deux autres types de nanoparticules.
La technologie développée utilise l'eau présente dans le corps humain aux concentrations physiologiques pour générer des radicaux libres, contrairement à une thérapie photodynamique classique, qui peut nécessiter une suroxygénation des tissus traités. Les rayons X nécessaires à l'activation peuvent être générés par des équipements de radiographie standard retrouvés à l'hôpital.
NanoXRay est représentée sur la figure 25.11.

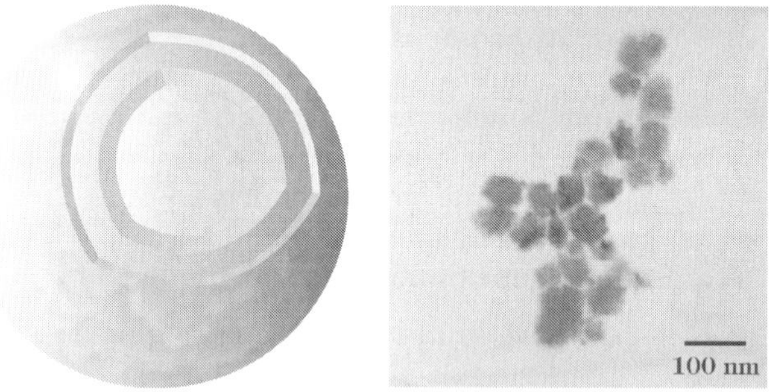

Figure 25.11. Structure schématique de nanoXRay et aspect en MET.

6.4. Nano(U)Sonic

La taille de nano(U)Sonic est plus importante que celle des trois types de nanoparticules. Il s'agit de nanosphères de Trisacryl, d'un diamètre de 1 à 2 μm.
Elles sont très précisément calibrées, sphériques, hydrophiles, poreuses, faites d'un copolymère acrylique (Trisacryl), réticulé avec de l'acrylamide.
Les photographies de la figure 25.12 ont été réalisées en microscopie électronique à balayage (MEB) et montrent les sphères de Trisacryl.

Figure 25.12. Microscopie électronique à balayage (MEB) : sphères de Trisacryl.

Les particules nano(U)Sonic (figure 25.13) peuvent servir d'agents de rehaussement de contraste aux ultrasons. Des agents de ciblage peuvent être ajoutés dans le cadre des applications thérapeutiques. Grâce à l'activation des particules par ultrasons, des agents cytotoxiques peuvent être libérés spécifiquement au niveau des cellules tumorales (après rupture de la particule).

Figure 25.13. Structure schématique de nano(U)Sonic.

7. Résultats (nanoMag)

7.1. Expériences *in vitro*

Des expériences ont démontré que les *nanoTherapeutics*, lorsqu'ils sont vectorisés, s'accumulent sélectivement dans plusieurs types cellulaires comme HeLa (carcinome du col de l'utérus), UCI-107 (carcinome des ovaires), KB (carcinome de l'épiderme buccal) et MCF-7 (lignée de cellules épithéliales tumorales mammaires).

Des particules nanoMag avec LHRH ont été incubées avec des cellules de carcinome du sein MCF-7. Les particules contiennent un fluorophore nommé ASPISH qui permet le suivi des particules par microscopie en fluorescence. À l'aide de cette méthode, l'entrée des *nanoTherapeutics* dans les cellules tumorales peut être visualisée. La figure 25.14 montre que l'accumulation des *nanoTherapeutics* est dépendante du temps : après trente minutes environ, les cellules MCF-7 sont saturées en particules.

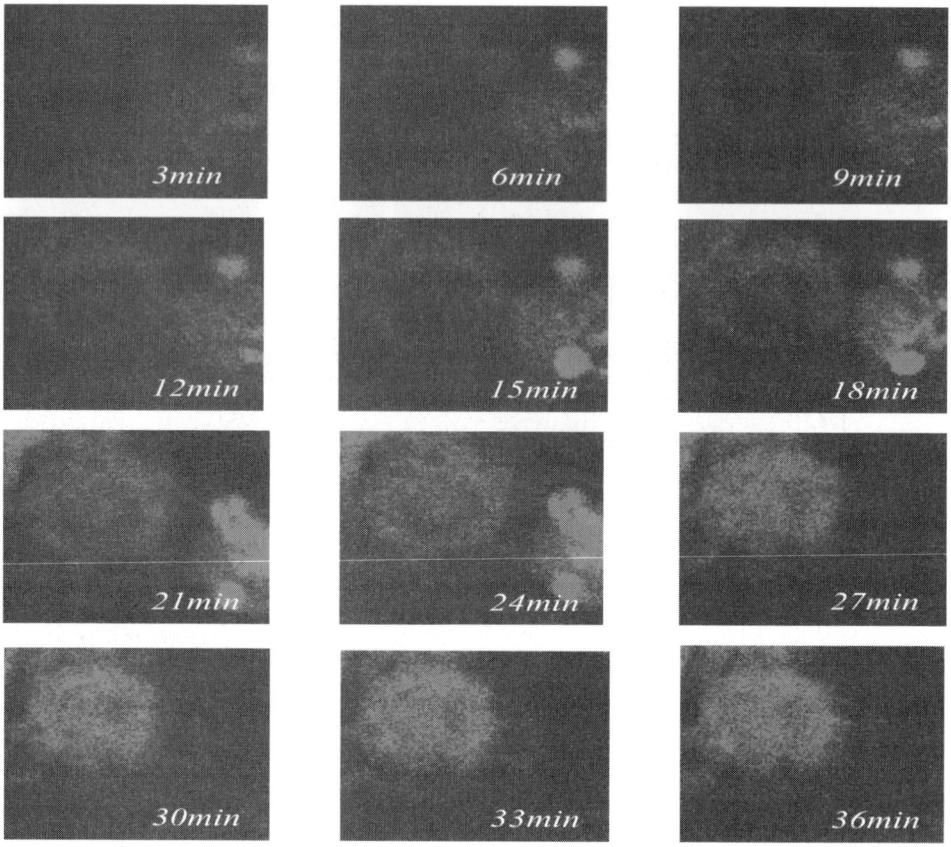

Figure 25.14. Accumulation dépendante du temps des *nanoTherapeutics* dans des cellules de carcinome du sein (MCF-7).

Une seconde expérience a consisté à évaluer la répartition des nanoparticules à l'intérieur de cellules cancéreuses (la figure 25.15 montre la répartition des particules à l'intérieur de la cellule 15 minutes après incubation à 37 °C).

Les images suivantes (figures 25.16 et 25.17) ont été réalisées en microscopie électronique à balayage et représente des cellules KB incubées avec nanoMag greffées avec des ligands LHRH. La figure 25.17 montre la surface d'une cellule KB sur laquelle on peut voir une nanoparticule.

Le but de l'expérience suivante a été de déterminer les relations entre le temps d'exposition au champ magnétique et l'activité des nanoparticules. Elle a été réalisée avec des *nanoTherapeutics* greffées avec l'hormone LHRH. Les nanoparticules ont été incubées avec les cellules MCF-7, puis soumises à un champ magnétique de différentes durées. La figure 25.18 permet de mettre en évidence une dépendance linéaire entre le nombre de cellules lysées et le temps d'exposition au champ magnétique (allant jusqu'à 30 minutes). Plus la durée d'exposition au champ magnétique est importante et plus la magnétocytolyse est efficace.

L'influence de la concentration en particules a été étudiée dans l'expérience suivante. Les cellules de carcinome du sein (MCF-7) ont été incubées avec des nanoMag-LHRH pendant 24 heures puis exposées pendant 20 minutes à un

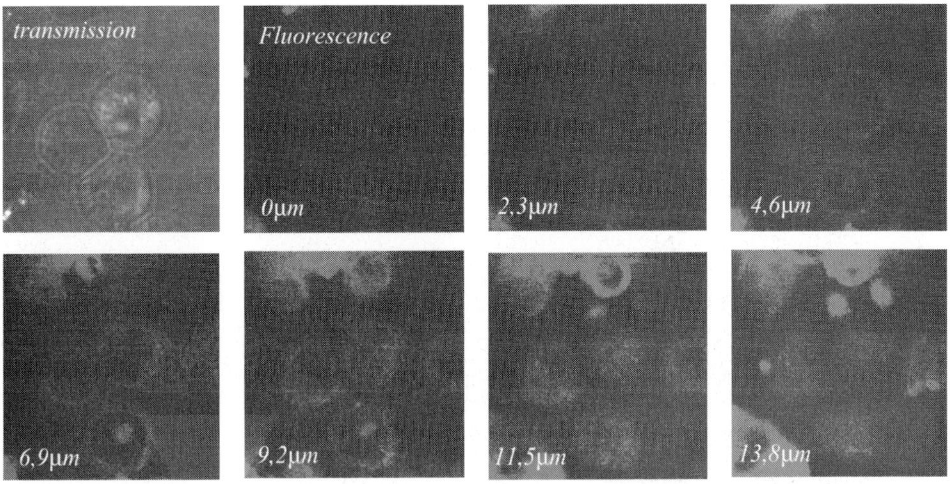

Figure 25.15. Accumulation des particules nanoMag dans des cellules cancéreuses.

Figure 25.16. Image de microscopie électronique à balayage : cellules KB.

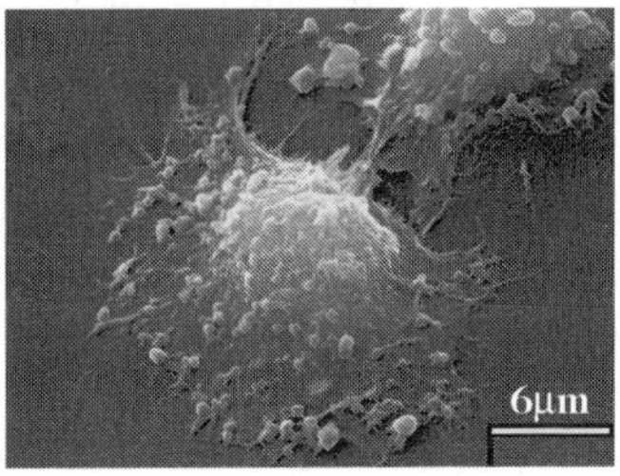

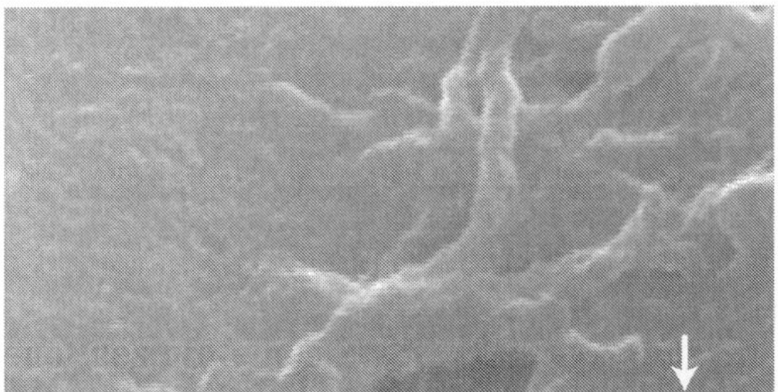

Figure 25.17. Image de microscopie électronique à balayage : zoom sur la surface et présence de nanoparticules (la flèche indique une nanoparticule à la surface d'une cellule).

champ magnétique. Le groupe témoin est constitué de cellules incubées avec des nanoparticules non activées. Entre 0 et 25 particules par cellule, nous pouvons considérer qu'il n'y a aucune différence entre le groupe témoin et les cellules exposées (valeurs proches de zéro). Environ 40 à 50 particules par cellule sont nécessaires pour observer un effet. Le graphique de la figure 25.19 montre que le phénomène de magnétocytolyse est dépendant de la concentration en particules.

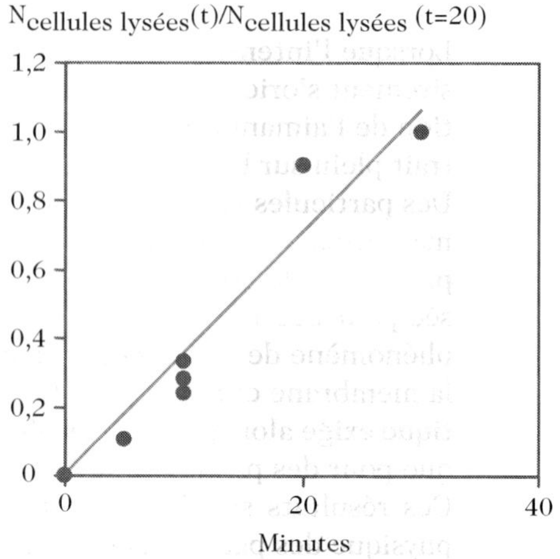

Figure 25.18. Relation linéaire entre l'activité magnéto-cytolytique de nanoMag *versus* le temps d'exposition au champ magnétique sur cellules MCF-7.

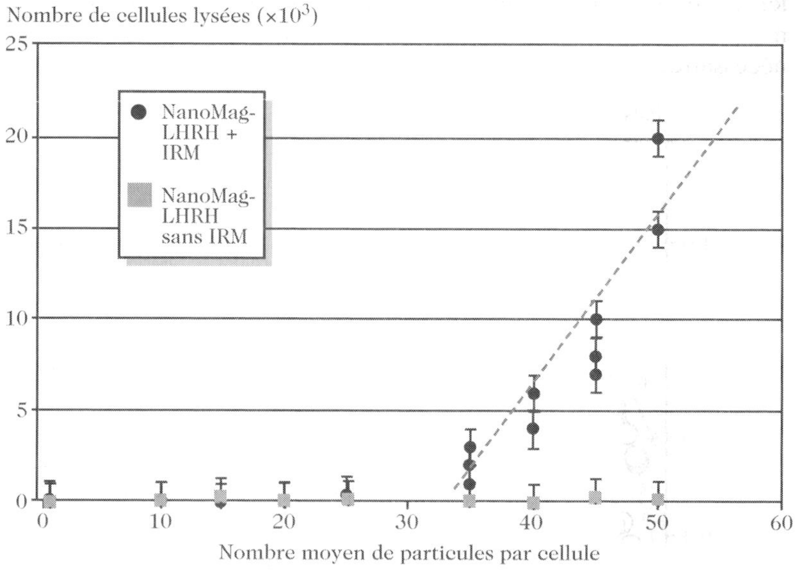

Figure 25.19. Destruction cellulaire *versus* particules/cellule.

La figure 25.20 compare les courbes d'aimantation de particules recouvertes d'hormones, en présence ou non de cellules de l'épiderme buccal (KB). L'aimantation M d'une population de particules peut être décrite par une fonction de Langevin (équation 25.1) tenant compte des paramètres suivants :

$$L(x) = M_S(\coth(x) - 1/x), \text{ avec } x = (\mu(Dm_D)H)/(kT) \text{ et } \mu(Dm_D) = m_S Dm_D^3 \pi/6 \quad \textbf{(25.1)}$$

- M_S : la saturation de l'aimantation,
- m_S : la quantité d'aimantation par unité de volume,
- Dm_D : le diamètre d'aimantation.

La polydispersion de la taille est déterminée en utilisant une distribution log-normale : ($p(Dm_D)$). Puis, la courbe d'aimantation est « fittée » (ajustée) en utilisant l'équation 25.2 :

$$M = L\,(Dm_D)\;p\,(Dm_D)\;d(Dm)_D \quad \textbf{(25.2)}$$

Lorsque l'intensité du champ augmente, les moments magnétiques vont progressivement s'orienter dans le sens du champ, jusqu'à l'atteinte d'un plateau (saturation de l'aimantation, M_S) lorsque toutes les particules sont orientées (courbe en trait plein sur la figure 25.20).
Des particules incubées deux heures avec des cellules présentent une courbe d'aimantation (courbe en traits discontinus sur la figure 25.20) différente de celle provenant de particules libres. La fonction de Langevin ne peut plus être utilisée pour décrire cette courbe. Les marches observées peuvent s'expliquer par un phénomène de résistance à l'aimantation, induit par des interactions fortes entre la membrane et les nanoparticules. L'orientation physique dans un champ magnétique exige alors dans ce cas plus de travail pour retourner des nanoparticules liées que pour des particules libres.
Ces résultats suggèrent un probable mécanisme de destruction par orientation physique des particules soumises à un champ magnétique. Ils nous montrent également que l'activation d'une seule particule ne peut créer suffisamment de dommages pour détruire une cellule, mais qu'un nombre important de particules est nécessaire.

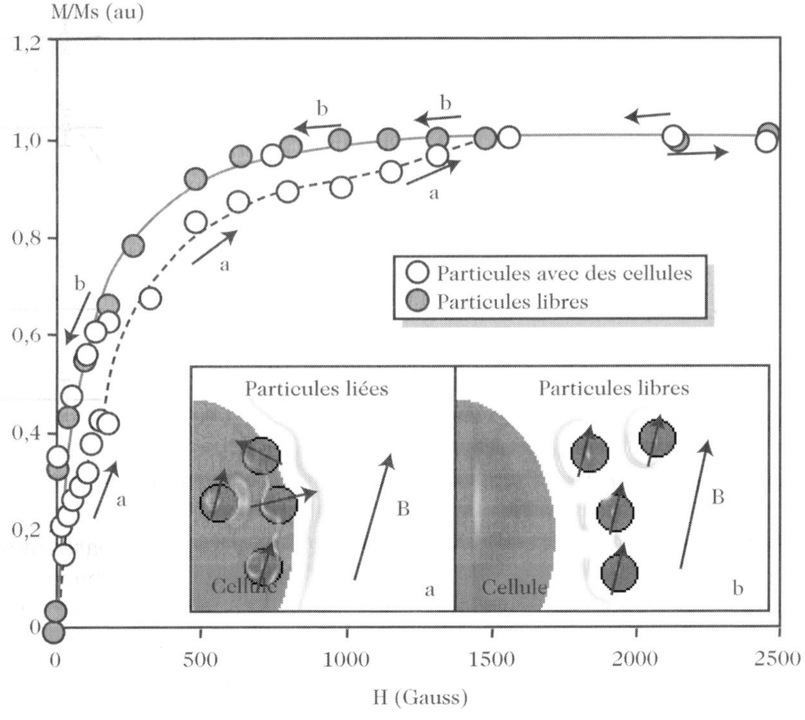

Figure 25.20. Courbe d'aimantation des nanoparticules avec et sans cellules (courbe en trait plein : « fit » avec équation de Langevin).

7.2. Expériences *in vivo*

La figure 25.21 représente l'évolution du poids de souris femelles et mâles au cours du temps après des injections croissantes par voie intraveineuse de nanoparticules nanoMag. Pour des doses injectées allant de 5 à 50 fois la dose thérapeutique, il n'y a pas de différence en termes d'évolution du poids des animaux entre le groupe témoin et le groupe traité par nanoMag, et ce, quelle que soit la dose. De plus, le sacrifice ainsi que les observations macroscopiques et histologiques des organes lors de l'autopsie n'ont montré aucun signe de toxicité. Ainsi, les nanoMag semblent bien tolérées pour des doses injectées allant de 5 à 50 fois la dose thérapeutique escomptée, chez la souris.

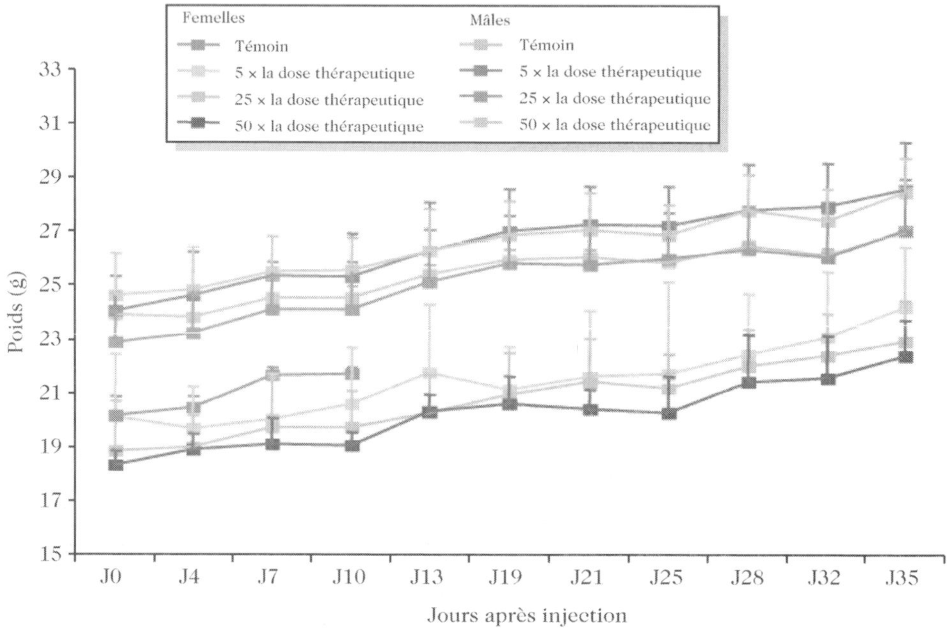

Figure 25.21. Évolution du poids de souris C57Bl6 après injection de doses croissantes de particules nanoMag. Voir le cahier couleurs au milieu de l'ouvrage.

Des expériences similaires ont été réalisées avec des injections répétées de nanoMag. Le graphique de la figure 25.22 suit le poids des souris avant et après 5 injections de *nanoTherapeutics* en intraveineuse. Afin de vérifier la tolérance des particules après activation, certaines souris ont été soumises à un champ magnétique (IRM). Nous constatons qu'il n'y a aucune différence entre le poids des souris du groupe contrôle et celui des souris soumises à l'IRM. De plus, le sacrifice des souris ainsi que leurs autopsies n'ont révélé aucun signe de toxicité après examens histologiques.

La probabilité de retrouver des nanoparticules dans des tissus sains malgré le ciblage des cellules tumorales étant non nulle, il a été vérifié que la concentration de *nanoTherapeutics* dans les cellules saines n'induisait pas leur destruction lors de l'application du traitement. Comme tout agent thérapeutique, il existe en effet une valeur seuil de concentration dans la cellule, en deçà de laquelle leur quantité est insuffisante pour induire un effet. Cette fonction de magnétocytolyse est donc ciblée et contrôlée de manière très précise dans le temps et dans l'espace.

La pharmacodynamique des *nanoTherapeutics* a été évaluée *in vivo* sur des tumeurs humaines coliques C38 greffées chez des souris, après injection intratumorale de particules nanoMag ou de NaCl. Les images IRM de la

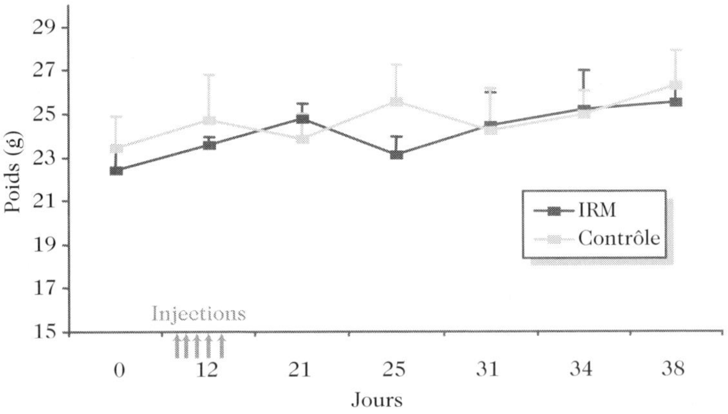

Figure 25.22. Poids des souris C57Bl6 avant et après 5 injections de nanoMag.

figure 25.23 des tumeurs coliques de souris ont été réalisées après injection de *nanoTherapeutics* et comparées avec le groupe témoin de souris traitées par du NaCl. Les nanoparticules sont facilement discernables *in vivo* de manière spécifique à 5, 20 et 48 heures après injection, grâce au contraste positif qu'elles induisent lors de leur accumulation.

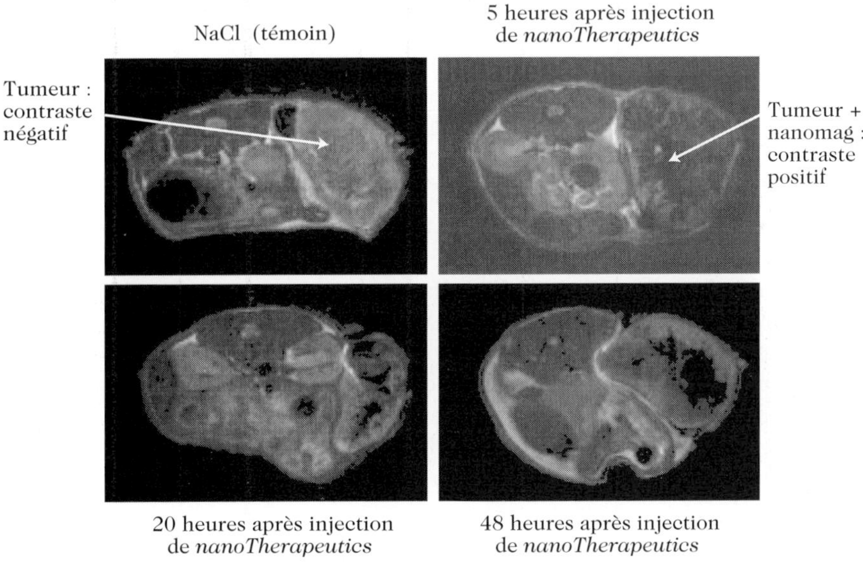

Figure 25.23. Accumulation spécifique de nanoMag dans des tissus tumoraux (*in vivo*) 5, 20 et 48 heures après injection.

Cette accumulation dans la tumeur comparée aux organes sains démontre la spécificité des *nanoTherapeutics*. Entre l'accumulation maximale dans les tissus tumoraux et la clairance rénale, il existe une fenêtre de plusieurs heures compatible avec la mise en œuvre d'un protocole thérapeutique.

L'efficacité des *nanoTherapeutics* a été évaluée sur la croissance de tumeurs coliques greffées à des souris, après activation IRM. Les volumes des tumeurs sont mesurés, puis rapportés au volume tumoral du jour d'injection afin de définir le volume tumoral relatif. La figure 25.24 représente donc le volume tumoral relatif de souris traitées en intratumoral avec du NaCl (témoin), ou avec des *nanoTherapeutics* activées par IRM 48 heures après injection. La croissance des tumeurs a fortement diminué après traitement par les nanoparticules. L'examen histologique (hématoxyline-éosine) des tumeurs a ensuite été réalisé, et une nécrose a été mise en évidence pour les tumeurs traitées avec les *nanoTherapeutics*.

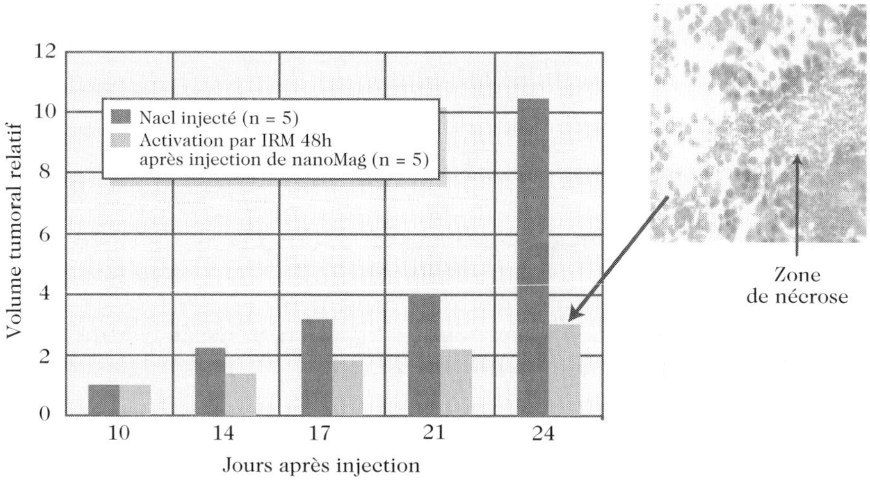

Figure 25.24. Croissance de tumeurs après injection de NaCl ou de *nanoTherapeutics* activées par IRM et examen histologique de la tumeur.

La thérapie fondée sur les nanoMag présente des avantages majeurs et une véritable rupture par rapport aux thérapies actuelles. En effet, ce type de traitement pourrait être accompagné d'un diagnostic permettant de suivre au fur et à mesure le devenir de la maladie. Ces nanoMag seraient plus particulièrement utilisées dans les traitements des tumeurs profondes, comme le cancer du foie, du pancréas, de l'estomac, de la prostate et de leurs métastases. L'utilisation « en systémique » de nanoMag avec des agents de ciblage permettra d'atteindre à la fois la tumeur et ses métastases. En effet, quelle que soit leur localisation, les métastases ont généralement les mêmes récepteurs que le cancer dont elles sont issues.

8. Conclusion

La maîtrise des propriétés des matériaux à l'échelle nanométrique ouvre un champ véritablement nouveau de la lutte contre le cancer. Cette innovation de rupture offre de grands espoirs d'améliorer sensiblement la vie de centaines de milliers de patients à travers le monde, en luttant contre une tumeur pour laquelle les thérapies classiques restent inefficaces. La nature chimique, la structure et l'utilisation des *nanoTherapeutics* repensent le concept même de médicament.

Les différentes familles de *nanoTherapeutics* de *Nanobiotix* permettent de répondre à des besoins encore largement insatisfaits, en ciblant de façon spécifique soit les cancers superficiels, soit les tumeurs profondes. À moyen terme, ces nanoparticules devraient permettre de limiter les effets secondaires engendrés par les traitements traditionnels, tels que la chimiothérapie ou la radiothérapie, tout en étant plus efficaces. Les applications potentielles des *nanoTherapeutics* sont multiples et pourront être étendues à différents types de cancers, ainsi qu'à d'autres pathologies.

BIBLIOGRAPHIE

[1] FELTIN N. et al., *Langmuir*, **13**, 3927-3933 (1997).

[2] LÉVY L. et al., *American Chemical Society*, **14**, 3715-3721 (2000).

[3] WANG X. et al., *Proc. Natl. Acad. Sci. USA*, **96**(20), 11081-4 (1999).

[4] KREBS L.J. et al., *Cancer Research*, **60**(15), 4194-9 (2000).

CHAPITRE

26

LES ENJEUX ÉCONOMIQUES, SOCIAUX ET MÉDICAUX DES NANOBIOTECHNOLOGIES

Jean HACHE*, François BERGER†

Les chapitres précédents ont passé en revue quelques-uns des aspects théoriques et technologiques de la recherche en nanobiotechnologies. Rappelons que ces dernières résultent de la combinaison de la biologie et de l'ingénierie nanométrique, pour manipuler des organismes vivants ou construire des matériaux inspirés des systèmes moléculaires biologiques. L'objet de ce chapitre est de donner un éventail d'exemples de leurs champs d'applications et du potentiel qu'elles présentent dans les domaines du diagnostic et de la thérapie pour la santé, ainsi que dans ceux de la cosmétique, de l'alimentation ou de l'environnement, sans occulter la nécessité de prévenir les risques, encore mal connus, associés à l'utilisation de nanoparticules ou nanosystèmes.

1. Des applications actuelles aux applications futures

En préalable, on rappelle que les nanotechnologies ont d'ores et déjà un impact sur des produits aussi divers que les nouveaux aliments, les instruments médicaux, les revêtements chimiques, les kits personnels de test médical, les capteurs des systèmes de sécurité, les unités de recyclage de l'eau, sans oublier leur impact sur les nouvelles voies thérapeutiques.

* ISTM, Université d'Évry. hachej@istm.fr
† INSERM U 318 – Université Joseph Fourier Grenoble. françois.berger@ujf-grenoble.fr

1.1. Diagnostic et thérapie

Ainsi, dans le **domaine de la santé**, les applications des nanobiotechnologies se développent selon trois axes :
– le diagnostic *in vitro* ou *in vivo* et l'imagerie, ainsi que le criblage à haute vitesse de la transcription et de la traduction des gènes, notamment pour des analyses différentielles entre une situation saine et une situation pathologique,
– la thérapie, notamment le développement de nouveaux médicaments à base de nanostructures ou la délivrance « intelligente » de médicaments ciblant des endroits précis dans le corps et le suivi thérapeutique,
– la compensation des déficits par des prothèses plus adaptées et plus durables, de l'ingénierie tissulaire et le développement de nouveaux matériaux biocompatibles pour la régénération des os, des tissus et des nerfs.

1.1.1. Diagnostic *in vivo*

Mieux voir *in vivo* pour améliorer le diagnostic, c'est déjà une réalité. Une capsule, M2A [1], de la taille d'une grosse gélule, contient une minuscule caméra vidéo couleur permettant de réaliser des endoscopies lors de son parcours dans l'appareil digestif (figure 26.1). Elle se déplace durant huit heures dans le tube digestif en prenant deux images couleur par seconde, transmises par radio à mesure de leur acquisition, réalisant ainsi un véritable film de son trajet.

Figure 26.1. La minicapsule M2A. Longueur : 30 mm ; diamètre : 11 mm.

D'un autre point de vue, les cellules qui constituent notre corps sont microscopiques. À leur échelle, un scalpel est un outil disproportionné. On pourrait donc concevoir un dispositif de quelques nanomètres sans risque pour l'organisme. Muni de capteurs ultrasensibles, il pourrait renvoyer aux médecins des images locales précises, facilitant le diagnostic.
À titre d'exemple, certains matériaux, comme le séléniure de cadmium, sont fluorescents. Préparés sous forme de nanocristaux, ils sont l'objet d'effets quantiques faisant qu'ils émettent, lorsqu'ils sont excités par un rayonnement ultraviolet, une lumière dont la couleur change en fonction de leurs dimensions. Ils peuvent ainsi être employés pour le marquage moléculaire, permettant de suivre à la trace les réactions chimiques ou les processus biologiques dans les cellules vivantes.

Ces nanocristaux ont permis de montrer que la synapse, lieu de jonction où s'opère la communication entre deux neurones, est en « équilibre dynamique ». Les récepteurs, présents sur la membrane du neurone cible et qui permettent cette communication, ont été marqués par les nanocristaux, ce qui a permis de les suivre en détectant la lumière émise et de montrer que, loin d'être stables en nombre et en position, ces récepteurs changent continuellement de localisation, leur répartition évoluant avec des cinétiques spécifiques selon qu'ils sont à proximité de la synapse, à l'extérieur ou dans celle-ci [2].

1.1.2. Diagnostic *in vitro*

Depuis quelques années, les puces à ADN, à protéines ou à cellules permettent de paralléliser les analyses tout en travaillant sur des quantités de produit toujours plus faibles. À la croisée de la microélectronique, de la chimie des acides nucléiques ou des peptides, de l'analyse d'image et de l'informatique, elles permettent, par leur miniaturisation et leur automatisation, d'analyser simultanément des milliers d'échantillons.

Leur usage sera amplifié quand la détection sera plus sensible. Une des propositions d'amélioration de la détection consiste à utiliser un empilement de couches diélectriques, permettant aux biopuces à fluorescence d'atteindre des niveaux de performance et de sensibilité inégalés [3] (figure 26.2).

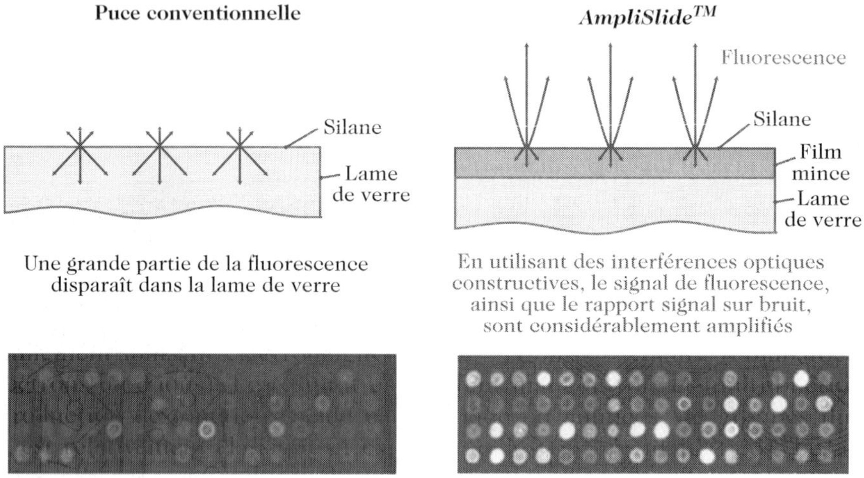

Figure 26.2. Amélioration de la sensibilité de la détection de biopuces à fluorescence par un substrat amplificateur (*AmpliSlide*™) [3]. (Source : Genewave SAS, France).

Une autre approche d'amélioration de la détection consiste à ne plus utiliser un marquage par un réactif fluorescent. Elle est basée sur l'utilisation de nanofils inorganiques fonctionnalisés avec des anticorps ou des acides nucléiques. Quand la cible se fixe sur son récepteur, la résistance électrique est modifiée, ce qui permet une détection très sensible [4].

La miniaturisation et l'automatisation conduisent également à des laboratoires contenus dans quelques micromètres, les *Lab-on-a-Chip* (figure 26.3), qui utilisent le mouvement de microvolumes de liquides dans des capillaires gravés dans des supports comme le verre, le silicium ou le plastique. Les interactions liquide/solide, entre les fluides circulant dans les canaux et les parois, sont alors dominantes. Ces laboratoires sur puce intègrent l'ensemble des opérations nécessaires à une analyse : l'extraction des analytes, la préparation de l'échantillon, la reconnaissance moléculaire et la détection de cette reconnaissance. L'objectif est de réduire les coûts, notamment de main-d'œuvre et en réactifs, et les temps d'analyse.

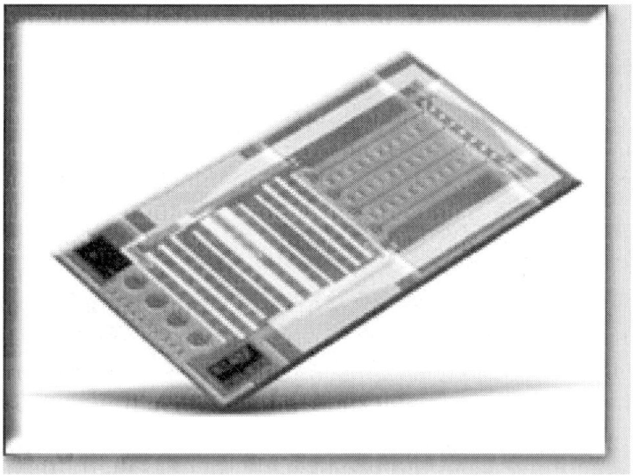

Figure 26.3. Laboratoire sur puce. Amplification par PCR et détection de l'ADN [5].

1.1.3. Thérapie

À côté des progrès en diagnostic, il faut mentionner les espoirs que permet d'envisager la **nanomédecine**, la mise au point de machines composées d'éléments nanométriques évoluant dans le corps humain pour y effectuer des prélèvements ou délivrer des molécules médicamenteuses sur des cibles spécifiques. C'est ce qu'illustre la figure 26.4, image « d'anticipation » où un microrobot introduit sa microseringue dans un globule rouge.

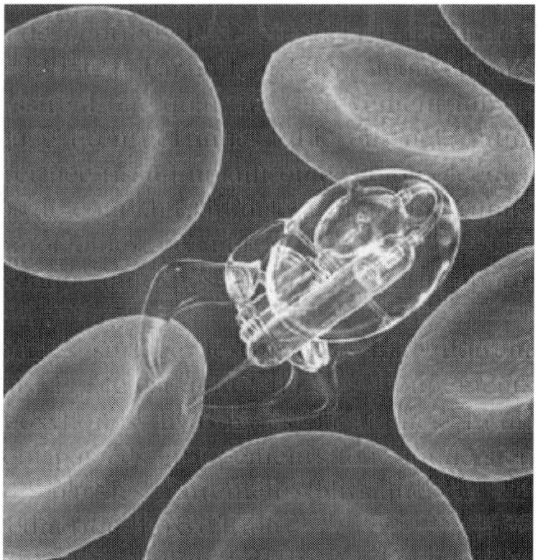

Figure 26.4. Image d'un microrobot muni d'une microseringue. © www.conevliav.com

Si cette image représente des applications possibles à terme, on peut déjà relever que les nanobiotechnologies ont un impact significatif dans le processus de découverte de nouvelles molécules, en permettant d'identifier des cibles sur lesquelles agir, puis de « designer » les molécules actives interagissant avec celles-ci. L'approche repose sur des analyses différentielles de la transcription et de la traduction des gènes entre la situation pathologique et la situation saine.

Les nanobiotechnologies sont surtout porteuses de nombreux espoirs dans la délivrance intelligente de nouveaux médicaments. Un médicament classique, diffusé par le sang à travers tout le corps humain, n'atteint pas toujours facilement son organe ou tissu cible. Or, un médicament ne vaut que par sa capacité à être présent à la bonne concentration au bon endroit. C'est là toute l'importance de la vectorisation. En encapsulant un principe actif dans une membrane nanoporeuse, on empêche sa dilution dans le sang pendant son transport et on ne provoque sa libération que lorsque la membrane nanoporeuse reconnaît le site d'action recherché. On peut ainsi amener la molécule active au plus près de la cible. À titre d'exemples :

- Les liposomes et les nanoparticules ont été les premiers vecteurs utilisés, notamment pour diriger un agent anticancéreux au niveau du foie grâce aux processus de reconnaissance des macrophages.
- Des hormones peptidiques, comme les hormones de croissance, sont actuellement administrées grâce à des microcapsules. Les peptides actifs sont enfermés dans une coque faite d'acides lactiques ou de polymères composés d'acides lactiques et glycoliques. La libération de l'hormone dépend alors de la cinétique de dégradation des polymères.
- Des modifications de la surface des nanovecteurs à l'aide de polymères hydrophiles ont permis de diriger les médicaments vers des territoires biologiques autres que la sphère hépatique.
- Les vecteurs actuels sont maintenant capables d'apporter leur contenu sélectivement aux cellules, en utilisant les marqueurs ou récepteurs spécifiques présents à la surface des cellules cibles (figure 26.5).
  On peut ainsi relever l'intérêt des nanobilles pour de nouvelles stratégies thérapeutiques : en associant à ces nanobilles des anticorps spécifiques des cellules tumorales, anticorps qui jouent le rôle de tête chercheuse du fait de leur affinité pour certaines cibles, on les achemine vers les cellules tumorales visées, qui peuvent alors être détruites par une action extérieure comme l'application d'un champ magnétique provoquant une destruction mécanique [6] ou un chauffage infrarouge libérant le principe actif agissant par voie chimique. Ces stratégies permettraient de mieux abattre les cibles et d'avoir ainsi une action spécifique sans provoquer de toxicité pour les tissus sains voisins.
- En maîtrisant la surface des implants au nanomètre près, on pense pouvoir améliorer leur durée de vie et leur biocompatibilité. Ainsi, une hanche artificielle recouverte de nanoparticules pourrait se fixer avec une solidité accrue au tissu osseux.
- La connexion entre un dispositif électronique et des cellules comme des neurones permettra de restaurer une connexion nerveuse, aidant, par exemple, une personne paralysée à retrouver une autonomie partielle.
- Enfin, les nanobiotechnologies permettent potentiellement la reconstruction de tissus grâce à des matériaux biocompatibles à l'échelle de la cellule. Il s'agit d'associer des matériaux nanostructurés, tels que des polymères organiques, et biocompatibles, à des cellules vivantes pour remplacer des tissus défaillants.

À plus long terme, la mise en œuvre de capteurs microscopiques construits atome par atome donnerait une vision extrêmement précise des tissus et des fonctions physiologiques en voyageant dans les groupes de cellules. Avec de tels outils, les médecins auraient la possibilité de suivre l'activité cellulaire avec des instantanés détaillés et une carte rigoureuse des concentrations de divers composés et de nombreux paramètres physiologiques.

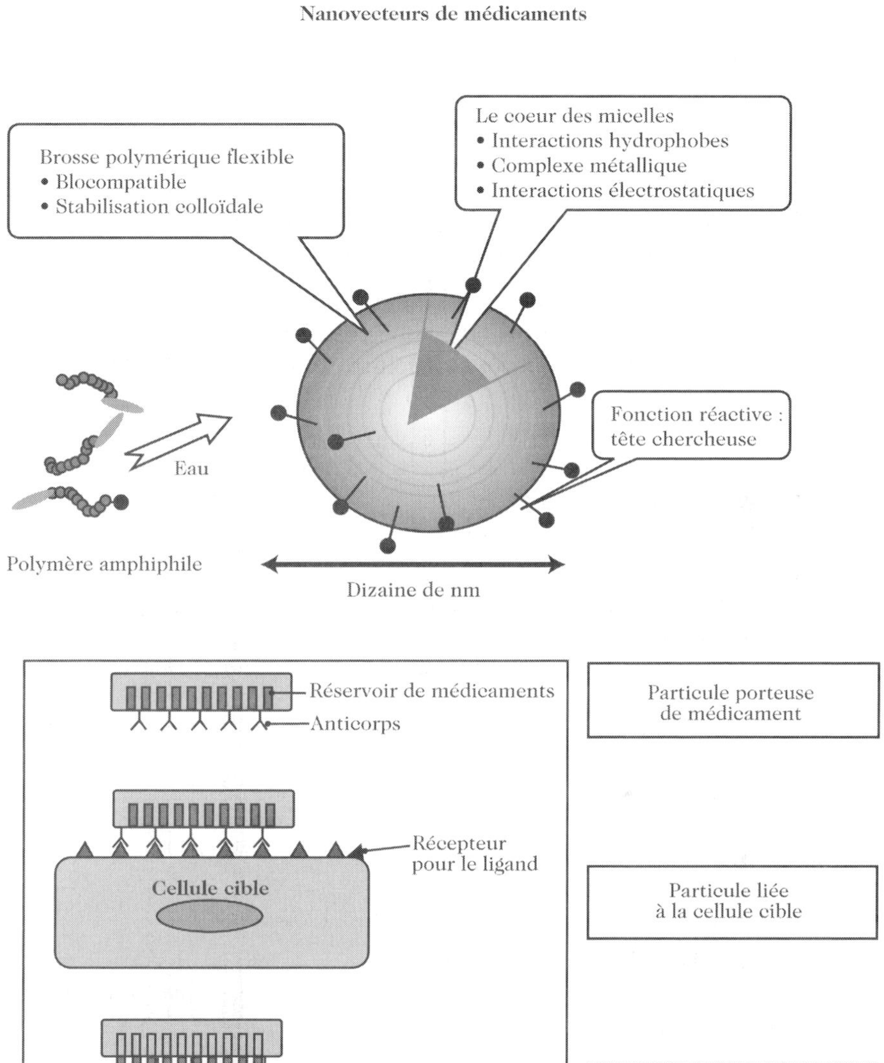

Figure 26.5. Les nanovecteurs de médicaments : structure et mode d'action.

En conclusion de ce paragraphe, on peut statuer que l'association des capacités mémoire, de la mobilité due à la miniaturisation extrême et de la reconfiguration des réseaux permet d'envisager des usages neurotechniques puissants, comme la réparation par stimulation à distance avec identification par radiofréquence (RFID, pour *Radio Frequency Identification*). En s'appuyant sur la technologie RFID, on peut transmettre l'histoire complète d'un patient à tout système hospitalier informatisé [7].

1.2. Cosmétique

Les nanotechnologies sont déjà utilisées dans l'industrie cosmétique, notamment pour produire des crèmes transparentes puisque, en accord avec la théorie de Mie, les nanoparticules ne diffusent pratiquement pas la lumière visible.

- Des nanoparticules d'oxyde de zinc améliorent la tenue des rouges à lèvres.
- Des nanoparticules en oxyde de zirconium sont utilisées dans les vernis à ongles.
- Des nanoparticules en oxyde de titane filtrent les rayons ultraviolets.

Pour les produits cosmétiques, si l'aspect visuel est généralement le plus important, d'autres propriétés comme la non-toxicité, la tenue, la sensation au toucher, la rétention de la transpiration, la facilité d'application, etc., sont recherchées.

- La tenue des crèmes solaires à l'eau a conduit au développement de crèmes contenant des nanoparticules d'oxyde de zinc ayant des propriétés hydrophobes.
- Des oxydes de silicium et de zinc captent des enzymes desséchant la peau, tandis que des antioxydants associés à des fullerènes éliminent les radicaux libres, permettant de lutter contre le vieillissement de la peau.
- Les oxydes de titane ou de zinc sont non toxiques, chimiquement inertes et restent à la surface de la peau, à la différence de certains filtres solaires de type organique.

L'efficacité des crèmes protectrices est une thématique importante, car le grand public a maintenant conscience des dangers du soleil et de la nécessité de se protéger. Comparé aux molécules organiques, les nanoparticules hydrophobes contenant des oxydes de titane ou de zinc bloquent les rayonnements UV avec une faible concentration, tout en étant photostables et en pénétrant le moins possible dans la peau, ce qui limite les réactions allergiques ou autres réactions cutanées.

L'industrie cosmétique fait ainsi usage de milliers de tonnes de nanoparticules : des nanoparticules d'oxyde de titane remplacent les anciennes molécules organiques dans la fabrication des crèmes solaires, des nanosphères de silicates enduites d'oxyde de titane et de fer sont employées pour réduire les rides, des nanocristaux d'oxychlorure de bismuth améliorent les propriétés tactiles de certains produits, etc.

Par ailleurs, l'industrie cosmétique travaille en étroite collaboration avec les laboratoires pharmaceutiques pour la vectorisation des produits qu'elle développe, en cherchant à cibler l'action de leurs composés bioactifs.

> *Profil Minceur* [8] contient un actif qui associe deux molécules d'origine végétale : le NDGA, un acide extrait de *Larrea divaricata*, et la baïcaléine, une molécule active de la scutellaire, une plante herbacée vivace. Ce duo verrouille les étapes clefs de processus de formation de nouvelles cellules graisseuses. Cette action adipocytaire est optimisée par le mode de diffusion continue et ciblée au cœur de la peau : la matière active est encapsulée dans des nanovecteurs de 300 nm de diamètre qui la téléguident, par affinité moléculaire, sur son site d'action.

Une démarche identique de collaboration est faite avec les groupes alimentaires pour développer de nouveaux produits.

La vitamine E est connue pour sa capacité à piéger les radicaux libres et donc à lutter contre le vieillissement de la peau. Elle est donc recherchée dans les crèmes solaires. Malheureusement, de par sa nature, elle pénètre peu les couches supérieures de la peau et y diffuse mal. Pour pallier ce problème, des nanosomes [9] sont utilisés comme transporteur de la vitamine E pure. Ce minuscule « vaisseau » intercellulaire modifie l'affinité de la peau, y pénètre et libère ses principes actifs. La répartition de la vitamine se fait de façon dense dans toutes les couches supérieures de la peau sous forme d'un gradient. Résultat : un véritable filet de protection contre l'attaque de radicaux libres se trouve mis en place, la crème solaire jouant en plus son rôle de protection de la peau contre les ultraviolets.
Le nanosome est le spécialiste du transport d'actifs lipophiles, c'est-à-dire solubles dans l'huile. Compte tenu des interstices de l'ordre de 100 nanomètres au sein de la couche cornée, les nanovecteurs constituent la meilleure solution au problème du transport et de la concentration de principes actifs dans la peau.

1.3. Qualité et traçabilité des produits

Les nanotechnologies sont étroitement associées à la sécurité alimentaire. C'est ainsi qu'on retrouve les biopuces pour détecter, à partir de l'ADN, les contaminations microbiennes, pratiquement en une heure, alors que les méthodes comme l'immunologie ou les cultures de bactéries sur boîte de Pétri nécessitent au moins 24 heures pour donner les premiers résultats.

Exemple. Pour détecter très rapidement des contaminations bactériennes, des systèmes intégrés associant extraction de l'ADN, amplification par PCR, hybridation et détection par fluorescence [10] permettent de simplifier et de standardiser des opérations jusqu'ici délicates et peu reproductibles.

Des systèmes intégrant des nanocapteurs qui détectent les substances nuisibles dans les produits alimentaires pourraient agir sur la couleur de la languette portant les nanocapteurs ou de l'emballage, prévenant ainsi le consommateur que le produit est contaminé ou périmé.

Exemple. Une protéine luminescente peut être modifiée pour se fixer à la surface de micro-organismes comme *Salmonella* ou *E. coli* [11]. Quand cette protéine se fixe, elle émet une lumière visible indiquant que l'aliment ou la boisson est contaminé, la lumière étant d'autant plus intense que la contamination est plus importante.

La RFID (*Radio Frequency Identification*), déjà mentionnée, est très utile pour suivre des produits. C'est un système intégré dans des objets, qui permet leur identification. Il agit comme un code-barres électromagnétique puisque, quand il reçoit une impulsion électromagnétique, il en extrait l'énergie et émet, à son tour, une réponse. Contrairement au code-barres qui doit être scanné manuellement et lu individuellement, une étiquette RFID ne nécessite pas le passage devant une

ligne de lecture et des centaines d'étiquettes peuvent être lues automatiquement chaque seconde.
En complément à leur impact sur l'emballage et le contrôle, les nanotechnologies sont également utilisées pour proposer des aliments fonctionnels « sur mesure », en incorporant aux aliments des nanocapsules pilotant la délivrance de certains nutriments.

Exemple. Une boulangerie industrielle australienne incorpore des nanocapsules d'huile de poisson (source d'oméga 3, un acide gras essentiel) dans son pain. Ces nanocapsules sont conçues pour ne se détruire que lorsqu'elles atteignent l'estomac, évitant ainsi au consommateur le goût désagréable de l'huile de poisson.

Sur le plan de la production agricole, des catalyseurs nanostructurés sont développés pour augmenter l'efficacité des pesticides et herbicides, ce qui permet de réduire les doses utilisées.

1.4. Environnement et prévention des risques

Les nanotechnologies ouvrent des perspectives extraordinaires pour la protection de l'environnement par la mise en œuvre de procédés de fabrication non polluants et économiques.
Elles permettraient potentiellement de rendre « propres » certains procédés de fabrication, de limiter l'utilisation et le rejet de substances toxiques, de prévenir et de traiter la pollution, etc. Par exemple, de nombreux travaux portent sur les thèmes ci-dessous :

- Des nanostructures poreuses et des catalyseurs pourraient piéger et traiter les polluants émis par les voitures ; des revêtements faits de multicouches nanométriques diminueront les frictions et éviteront l'emploi d'huile ou de graisse.
- Des nanomembranes sélectives filtreraient les contaminants de l'eau et permettront le dessalement de l'eau de mer.
- Des nouveaux matériaux ouvriraient de nouvelles opportunités pour le recyclage.

Plus généralement, les biopuces permettront de repérer les gènes des micro-organismes produisant les enzymes les plus actives pour la digestion naturelle des pollutions et la détoxification des milieux. Ces gènes pourront alors être transférés dans des bactéries communes, qui joueront alors un rôle considérable pour la préservation des milieux.
Dès maintenant, les puces à ADN, développées initialement pour les études génomiques et post-génomiques, trouvent une application naturelle pour identifier les pollutions. Ainsi *BioMérieux* [12] collabore avec *Suez* au développement d'une puce qui recherche l'ADN de plusieurs centaines de bactéries dans l'eau potable. Par rapport aux méthodes actuelles, une telle biopuce devrait permettre d'obtenir une réponse :
– plus rapide (quelques heures au lieu de 1 à 2 jours),
– plus précise (la sensibilité sera augmentée d'un facteur 1 000),
– moins coûteuse (10 fois moins chère).

2. Des acteurs aux clusters

Les mondes académiques et industriels se structurent pour développer au mieux les applications potentielles que les nanobiotechnologies annoncent en permettant de voir, de mesurer, de manipuler les objets à l'échelle de l'atome.

2.1. Les acteurs mondiaux et la position de la France

Tous les grands pays ont la volonté de développer leurs programmes en nanobiotechnologies. L'intervention publique est nécessaire, mais elle s'accompagne d'une création d'entreprises. C'est ainsi qu'environ 1 200 *start-up* ont déjà émergé à ce jour dans le secteur des nanotechnologies au niveau mondial, dont la moitié aux États-Unis.

La France a de nombreux atouts, le bon niveau de sa recherche scientifique de base notamment.

2.2. Les clusters ou autres pôles de compétitivité

Les nanobiotechnologies reposent sur l'interaction de nombreuses compétences. Leur développement nécessite la formation d'une génération d'étudiants et de chercheurs dotés de compétences pluridisciplinaires.

Les grappes technologiques ou « clusters » sont des réseaux de collaboration, par exemple des réseaux biotechs / nanotechs, entre des entités de tailles diverses, ayant des intérêts communs, des complémentarités ou des interdépendances. Il s'agit de mieux articuler des projets de R & D concrets, conçus et conduits en commun, par une masse critique d'entreprises industrielles structurées au sein de filières technologiques clairement identifiées, avec des centres de recherche et de formation (centres universitaires, laboratoires de recherche publics et privés).

Le pôle Minatec [13], à Grenoble, est le pôle phare des nanotechnologies en France. C'est l'un des trois plus grands pôles mondiaux de recherche en nanotechnologies avec Albany, aux États-Unis, et Selete, près de Tokyo. Disposant de 10 000 m^2 de salles blanches dans 45 000 m^2 de laboratoires, il présente l'intérêt de concentrer au même endroit une vaste gamme d'outils permettant de fabriquer des nanostructures, mais aussi de les étudier et de les tester. Se situant en aval de la recherche, mais en étroite collaboration avec elle, ce pôle a pour finalité première la valorisation industrielle de l'innovation dans les nanotechnologies.

3. Du financement à l'exploitation industrielle et commerciale

3.1. La question des brevets

La question de la propriété industrielle est fondamentale car, si de grands espoirs reposent sur les nanobiotechnologies, il ne faut pas oublier qu'entre l'acquisition de connaissances et leur traduction technologique pour proposer de nouveaux produits, procédés ou services, il faut beaucoup de temps et beaucoup d'argent, et donc des investissements en capital qui ne peuvent pas se débloquer sans une propriété industrielle, seul actif dont peut justifier une *start-up* à son démarrage.

Le bilan du dépôt de brevets à la fin de l'année 2005 montre que cinq pays déposent 81 % des brevets : 40 % pour les États-Unis, 15 % pour l'Allemagne, 12 % pour le Japon, 9 % pour la France, 5 % pour le Royaume-Uni.
La difficulté, c'est qu'une seule innovation peut s'appliquer dans des secteurs très différents, de l'aéronautique à la pharmacie, et donc qu'une entreprise ayant déposé précocement une demande de brevet peut devenir incontournable, disposer ainsi d'un avantage concurrentiel incommensurable ou entraver tout développement futur. On peut rappeler, à cet égard, le monopole acquis par *Affymetrix* [14] sur les puces à ADN ou les problèmes qu'ont posés les brevets de *Myriad Therapeutics* pour l'utilisation des gènes BRCA1 et BRCA2 dans la détection de la prédisposition aux cancers du sein [15].

3.2. Les financements des activités en nanobiotechnologies

Les perspectives d'applications révolutionnaires des nanobiotechnologies sont telles que les financements et investissements suivent une évolution exponentielle, d'autant que le marché mondial pourrait être de 1 000 milliards de dollars d'ici 2015. Ainsi, en 2005, le gouvernement des États-Unis a consacré plus d'un milliard de dollars aux nanotechnologies, et l'Union européenne ou le Japon y affectent des sommes du même ordre.
En 2004, 8,6 milliards de dollars ont été consacrés aux nanotechnologies, dont 40 % aux États-Unis, 35 % en Asie, 22 % en Europe et 3 % pour le reste du monde. On retrouve le leadership américain, un volontarisme asiatique et un effort européen, avec l'Allemagne comme chef de file, puisque les nanotechnologies sont classées en quatrième position des thèmes de recherche prioritaires en Europe, à savoir :

1. sciences de la vie, génomique et biotechnologies pour la santé,
2. technologies pour la société de l'information,
3. aéronautique et espace,
4. nanosciences et nanotechnologies,
5. sûreté alimentaire et risques pour la santé,
6. développement durable, changement planétaire et écosystèmes,
7. citoyens et gouvernance dans la société européenne de la connaissance.

Mais la question de base reste la suivante : comment créer de la valeur à partir des connaissances et des savoirs produits par la recherche, et convaincre des investisseurs de financer des activités, rentables sur le long terme probablement, mais cependant à risque – les investissement très lourds, avec un temps de retour très lointain, voire aléatoire, n'ayant pas la faveur des investisseurs ?
Les outils de financement sont nombreux, même si toutes les étapes de la vie d'un produit ou d'une activité ne sont pas couvertes de façon identique.

- Le financement initial, alors qu'il n'existe aucun produit ni aucun client, est très souvent le maillon faible. Il s'appuie sur des acteurs de proximité – la *love money* – et sur des investisseurs privés – les *business angels* – dont l'action est complétée par des aides publiques, notamment les aides des Ministères de la Recherche ou de l'Industrie, de OSEO Innovation et des collectivités régionales.

- Le capital-risque, qui intervient dans les premières phases de développement, a des critères de sélection de plus en plus stricts. Il financera au vu de la qualité de l'équipe et du projet (qualité complétée par une propriété industrielle) et si un financement alternatif à 3 ou 5 ans lui donne des perspectives de sortie du capital.
- Le marché boursier présente une situation contrastée, même si une reprise semble possible pour les industries de haute technologie.

Il en ressort une nécessité d'alliance, notamment entre les grands groupes et les *start-up*, l'alliance pouvant être définie comme un accord de coopération entre deux ou plus de deux entreprises, concurrentes ou potentiellement concurrentes, qui s'engagent contractuellement dans un projet commun, tout en conservant leur autonomie juridique et stratégique.

3.3. Les marchés, entre fantasme et réalité

Alors qu'en 2004 le marché mondial des produits générés par les nanotechnologies est de 120 milliards de dollars, il devrait atteindre 1 000 milliards de dollars, dont 170 milliards pour les sciences du vivant, à l'horizon 2012 d'après la *National Science Foundation* [16] (figure 26.6).

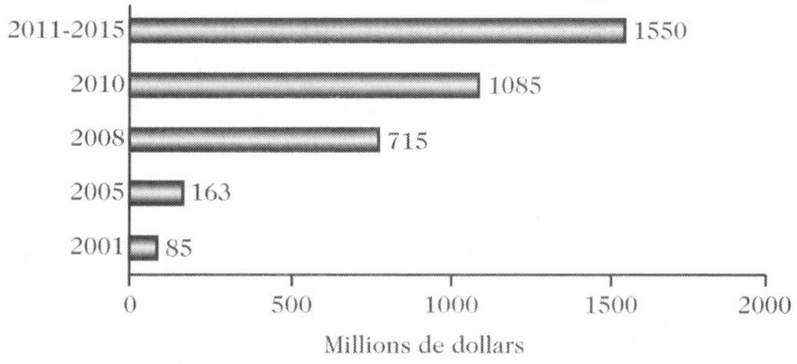

Figure 26.6. Estimation du marché mondial des nanobiotechnologies.

Le marché des puces, notamment des puces à ADN, est mature. Après une période de croissance soutenue de l'ordre de 30 à 50 %, le rythme de croissance s'est stabilisé autour de 10 à 20 % de progression annuelle, pour un chiffre d'affaires de l'ordre de 1 250 millions de dollars en 2005. La société américaine *Affymetrix* en est le leader incontesté, avec près de 60 % de part de marché.

Les autres marchés sont encore potentiels, même s'ils sont prometteurs puisque certaines sources industrielles estiment que, dans son ensemble, le marché des nanotechnologies sera équivalent au marché de l'informatique et des télécommunications, et 10 fois supérieur au marché des biotechnologies.

4. Du risque à la précaution

Les nanobiotechnologies sont présentées comme une « révolution » scientifique, technologique, productive, industrielle, et le changement radical des conditions et modes de vie que celles-ci nous promettent fascine, tout en apparaissant comme une menace. Comme dans tous les domaines où l'on ouvre de nouvelles possibilités à l'activité humaine, il faut être vigilant sur les éventuels effets imprévus ou nuisibles.

4.1. Risques nouveaux et préoccupations éthiques

Le développement de l'utilisation de nanoparticules ou de nanostructures peut s'accompagner de risques, encore mal connus, si ce n'est inconnus, pour la santé, et leur utilisation à grande échelle nécessite d'en évaluer les risques [17].

- Que deviendront les nanoparticules relâchées dans un environnement ? Ne créeront-elles pas une toxicité comparable à celle de l'amiante ?
- Les bactéries deviendront-elles des réservoirs de nanoparticules, facilitant ainsi leur entrée dans la chaîne alimentaire ?
- Comment éviter que les nanoparticules, qui pénètrent les cellules, ne s'accumulent dans l'organisme ?

Aujourd'hui, les incertitudes sur le comportement à terme des nanoparticules dans l'environnement, leur écotoxicité et leur toxicité chez l'homme sont très grandes [19], même si l'on peut affirmer l'existence d'une réactivité biologique particulière des nanoparticules, liée probablement à la grande réactivité chimique de surface en rapport avec la très petite taille de ces particules. La difficulté réside cependant dans le fait que les données toxicologiques actuelles ont été rassemblées dans le cadre d'études sur la pollution atmosphérique.
Il semble que l'augmentation considérable du rapport surface/volume qu'imposent les nanosystèmes pose des questions toxicologiques inédites. Du fait de leur taille, les nanoparticules peuvent non seulement atteindre les ramifications les plus profondes des voies respiratoires, mais ont également de grandes facilités pour franchir les barrières épithéliales et passer dans la circulation sanguine générale. Cette caractéristique, positive quand elle permet de libérer des médicaments dans le cerveau via le passage de la barrière hémato-encéphalique, est négative si, par le passage dans le flux sanguin, elle est, en partie du moins, responsable de l'augmentation des maladies cardio-vasculaires, ce que l'on observe dans les populations exposées à la pollution atmosphérique.

> La toxicité éventuelle des nanoparticules est loin d'être connue, d'autant que l'extrapolation de tests effectués sur des souris ou des rats à l'être humain n'est pas évidente. Il convient cependant de rappeler que la toxicité ne peut être associée qu'à une dose, dose au delà de laquelle les nanoparticules pourraient être toxiques.

À ces préoccupations sur la santé s'ajoutent des préoccupations éthiques :

- La miniaturisation des tests et le développement des profils génétiques, même s'ils trouvent toute leur justification dans le cadre de la médecine personnalisée, ne risquent-ils pas de porter atteinte à la vie privée et d'avoir des répercussions sur le travail ou le domaine des assurances ?
- L'implantation de nanocapteurs dans le corps humain, permettant de localiser ou de contrôler un individu (RFID), ne peut-elle pas déboucher sur des dérives ?
- L'implantation de puces dans le cerveau ne peut-elle pas déboucher sur des hommes « télécommandés » ?

À ces préoccupations des pays riches s'ajoutent celles des pays en voie de développement.

Si les pays en voie de développement bénéficieront des applications dans le domaine du diagnostic médical, de la distribution des médicaments, du stockage de la nourriture ou du traitement de l'eau, il ne faut pas occulter le problème des matières premières. Pour ces pays, les matières premières sont encore à la base de leur économie. En développant de nouveaux matériaux, les nanotechnologies offriront un choix plus large de matières premières, au détriment de celles proposées par les pays en voie de développement. C'est déjà le cas pour le caoutchouc utilisé pour les pneus d'automobile, si bien qu'on peut s'attendre à ce que la demande de caoutchouc naturel chute fortement dans les années qui viennent.

4.2. Science-fiction ou réalité future ?

Comme cela est souvent le cas lors d'avancées technologiques importantes, les nanobiotechnologies suscitent peurs et controverses. Leur perception par le grand public est ambiguë. D'un côté, elles fascinent, car la connaissance profonde de la matière et la manipulation des atomes qui en constituent les unités de base permettent d'envisager, par exemple, de fabriquer des machines ayant la taille d'un virus et susceptibles de voyager dans des capillaires pour aller réparer une cellule. De l'autre, elles font peur, car on peut penser que des assemblages moléculaires permettent de réaliser des systèmes plus performants que le cerveau humain ou que la capacité des nanorobots à s'autoreproduire peut dépasser les objectifs du concepteur, échapper à tout contrôle et réduire à néant toute l'humanité.

Prédire où la science et la technologie vont mener l'homme est un exercice difficile, et ce sont souvent les auteurs de science-fiction qui illustrent les tentatives les plus réelles. La science-fiction s'est déjà emparée des nanosystèmes. Ainsi, le roman « *La proie* » de Michael Crichton [18], paru en 2002, décrit des nanorobots capables de s'autoassembler et de s'autorépliquer en utilisant le carbone disponible autour d'eux et qui donc, dès l'instant où ils échappent à l'homme, dévorent tout, y compris les êtres humains. C'est symptomatique de la peur d'une perte de contrôle, de la peur d'une irréversibilité due à une grosse bêtise de l'humanité.

Les perspectives qu'elles ouvrent valent aux nanotechnologies une place de choix dans les œuvres de science-fiction. On les retrouve dans des films d'anticipation comme « *Le cinquième élément* » de Luc Besson ou dans des œuvres littéraires comme *The Diamond Age* de Neal Stephenson [19], qui décrit la ville de Shanghaï au milieu du XXIe siècle, dans un futur reposant sur l'utilisation extensive des nanotechnologies.

Il ne faut cependant pas confondre la science-fiction avec la réalité ou les potentialités des nanotechnologies. Si certaines applications sont déjà là – par exemple, les verres autonettoyants, les têtes d'imprimante à jet d'encre, les nanoproduits de beauté – on a déjà souligné que les applications potentielles des nanobiotechnologies couvriront un large spectre d'activités industrielles, notamment pour la santé ou l'environnement.

Si se servir du vivant et de ses propriétés d'auto-organisation, d'autoréplication et d'autocomplexification, pour le mettre au service des fins humaines, est l'ambition devant laquelle certains ne reculent pas (il ne s'agit plus de pallier une déficience, mais de chercher à améliorer le vivant, en allant jusqu'au « surhomme » [20]), il faut relever qu'on en est encore loin, qu'on ne peut pas être sûr que cela marche, et donc il faut garder raison.

4.3. Image et communication

Les nanobiotechnologies sont encore des technologies émergentes, en ce sens qu'il n'y a pas encore de véritables applications aux yeux du grand public. Les fantasmes qui accompagnent inévitablement leur développement – parler de l'infiniment petit, c'est parler de l'invisible, c'est donc la porte ouverte à tous les fantasmes – imposent la mise en place d'une information large vers les publics, si l'on veut éviter les réactions de rejet ou les comportements qui accompagnent le développement des organismes génétiquement modifiés. Le moindre décalage entre la réalité du progrès des nanobiotechnologies et sa perception dans l'opinion publique peut en effet être catastrophique.

Il ne s'agit pas d'occulter les risques éventuels, comme la toxicité des nanoparticules ou les problèmes de leur dissémination dans l'environnement, mais au contraire de montrer que des recherches sur ces sujets sont menées en parallèle du développement des applications. Il faut éviter que les nanobiotechnologies soient ressenties à la fois comme source de progrès et source d'inquiétude, les chercheurs ne devant pas apparaître comme des « apprentis sorciers ». Il est important que les chercheurs diffusent les résultats et les implications de leurs travaux, sinon le risque est grand de voir le principe de précaution prendre de plus en plus de place dans le débat public et s'appliquer sans discernement, en devenant un principe de blocage et d'inaction. La communication est aussi importante que l'innovation.

4.4. Retour sur la convergence des nanosciences et des sciences de la vie

Pouvoir étudier le fonctionnement d'une cellule vivante avec la résolution du nanomètre débouche sur de multiples applications, tant dans le domaine de la santé que dans la vie courante, et ouvre des potentialités de reconstruction d'objets biologiques à partir de ses composants cellulaires. Cela n'est possible que par la rencontre de la physique, de la chimie et de la biologie.

Cette rencontre n'est pas récente puisque les méthodes physiques ont déjà été à la base de la biologie moléculaire, mais confirme que la pluridisciplinarité offre des perspectives de développement autrement plus puissantes que celles des disciplines scientifiques prises isolément.

Les nanobiotechnologies ont la particularité fort prometteuse d'être l'un des domaines de la R & D pluridisciplinaires où les potentialités d'applications biologiques sont nombreuses. On n'est cependant qu'à l'aube des révolutions annoncées. Mais il faut éviter de confondre réalité et science-fiction et se rappeler que, malgré les pressions des industriels et des investisseurs, il faut continuer à faire progresser les connaissances par la recherche fondamentale pour prévenir et éviter toutes les dérives.

5. En guise de conclusion : vers la nanomédecine

Ce qui précède a illustré quelques applications et enjeux des nanotechnologies appliquées à la vie et à la qualité de la vie, mais il est important de relever l'importance des applications des nanotechnologies au domaine de la santé, et donc le futur de la nanomédecine. La figure 26.7 en présente une vue d'ensemble.

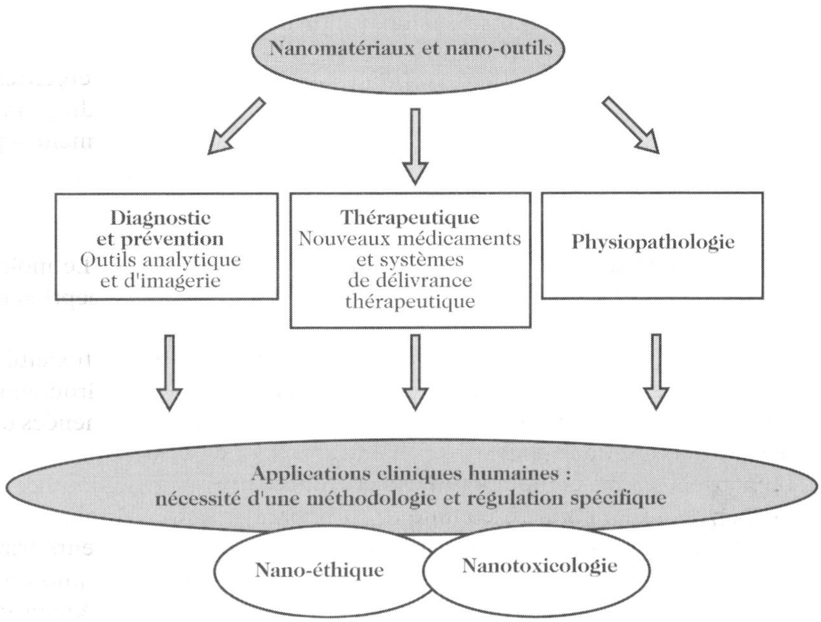

Figure 26.7. Nanotechnologies et nanomédecine.

Les applications de la nanomédecine dans le domaine du **diagnostic** et de l'**imagerie** sont déjà largement rentrées dans la pratique médicale.

- La découverte de l'ADN et le développement de la PCR ont permis la mise en place d'un examen moléculaire en pathologie, rendant possible un changement d'échelle du microscopique au nanoscopique.
- L'analyse globale à l'échelon du génome a permis de passer du concept mono-candidat (un gène responsable de la pathologie) au concept d'un dysfonctionnement complexe des systèmes biologiques, expliquant la pathologie.
- Les puces, qu'elles soient à ADN ou à protéines, ouvrent le champ à la définition d'un profil moléculaire constituant une véritable carte d'identité d'un processus pathologique, utilisable pour le diagnostic, mais aussi pour l'évaluation pronostique et de la réponse thérapeutique.
- Les méthodes d'imagerie, déjà largement utilisées, ont vu leur précision notablement améliorée, par l'utilisation de nanoparticules comme agents de contraste par exemple, et permettent une imagerie de ce qui se passe à l'intérieur de la cellule.

En thérapeutique, les nanosciences ouvrent la voie à de nouvelles formes galéniques pour **la délivrance intelligente des médicaments** et à **de nouvelles formes thérapeutiques**, n'agissant que là où le problème existe.
Pour la délivrance de médicaments, trois approches sont envisagées :

- La première est l'**encapsulation** des médicaments dans des matériaux comme les liposomes ou les polymères. Ces matériaux apportent une meilleure solubilité, une meilleure diffusion et un contrôle de leur dégradation. Ils améliorent ainsi la biodisponibilité des médicaments.

- La deuxième est la **vectorisation**, qui a pour but d'augmenter la capacité des médicaments à atteindre leur cible. Le médicament n'agit spécifiquement que sur son site d'action, le transporteur du principe actif étant équipé d'une molécule de reconnaissance de son site d'action. Le grand défi clinique est de cibler les cellules cancéreuses.
- La troisième associe vectorisation et **contrôle du relargage** du médicament de façon progressive. Elle permet de mieux maîtriser tous les paramètres pharmacologiques. L'enjeu pour le pharmacologue est de connecter l'une à l'autre toutes les molécules (principe actif, polymère, vecteur), pour réaliser des constructions multifonctionnelles permettant d'intervenir directement sur les activités biochimiques et physiologiques des cellules malades. Cette approche est notamment recherchée là où les administrations répétées doivent être évitées, soit parce qu'elles sont difficiles d'accès, soit parce qu'elles sont traumatisantes. Le cerveau et l'œil sont, de ce fait, des sites prioritaires.

De nouvelles formes thérapeutiques apparaissent :

- On peut utiliser les nanotechnologies pour mettre au point des **médicaments activables à volonté,** par application d'un champ magnétique par exemple.
- Des nanosphères de silice enrobées d'une fine couche d'or sont capables de pénétrer dans les tumeurs. En dirigeant un laser infrarouge sur une tumeur, le rayon laser traverse le tissu sain sans l'endommager et chauffe les nanosphères qui détruisent seulement les cellules malignes autour d'elles.
- La **thérapie génique** présente des perspectives thérapeutiques extraordinaires, en dotant une cellule d'un gène manquant ou, au contraire, en induisant l'inhibition de l'expression d'une protéine pathologique. Elle devrait profiter des nanotechnologies pour concevoir des vecteurs non viraux capables de condenser l'ADN en particules suffisamment petites pour pouvoir être internalisées par la cellule.
- La nanofabrication et l'auto-assemblage moléculaire pourraient permettre la production d'échafaudages pour la **fabrication des tissus et des cellules**. On fabriquera alors de la peau pour les grands brûlés ou des cellules de foie pour les hépatiques.

À plus long terme, la médecine sera révolutionnée par la création de **nanomachines** capables d'être embarquées dans un organisme et d'y survivre, à l'image d'un agent pathogène de type viral ou bactérien, pour y jouer un rôle de surveillance et de thérapie. Ces machines complètement synthétiques, issues d'une approche *bottom-up*, joueraient alors le rôle des virus thérapeutiques comme les retrovirus, les adénovirus et, plus récemment, les lentivirus.
Enfin, les nanosciences permettront une avancée significative de la **médecine régénératrice**, qui vise à aider le corps à se guérir lui-même. Après le développement des matériaux implantables, puis des matériaux biodégradables, devraient apparaître des matériaux combinant des propriétés de biodégradabilité et de bioactivité en une seule structure. S'y ajouteront les progrès sur la maîtrise de la différenciation cellulaire sur surface solide à l'échelle nanométrique, qui faciliteront la reconstitution d'organes à partir de cellules souches.
Que l'on parle de diagnostic ou de thérapeutique, les potentialités du transfert des nanotechnologies vers le domaine médical sont aujourd'hui reconnues, mais

deux conséquences sont régulièrement évoquées : les **risques** associés à l'utilisation de ces techniques et la modification de la **notion même de maladie** qu'elles entraînent.

Le problème de la **toxicité des nanoparticules** est posé. En étudiant l'impact des fibres de carbone sur les poumons de rats, il est apparu que ceux-ci présentaient, trois mois après l'injection, des réactions inflammatoires de type granulomes. L'extrapolation à l'homme n'est pas évidente, du fait notamment des doses administrées au cours de ces essais et de la modalité d'injection directe dans les poumons, très éloignée des conditions réelles, mais ces tests illustrent la nécessité de développer une véritable « nanotoxicologie » de qualité, appliquée sur des modèles cellulaires et précliniques adaptés. Cette approche est classique pour toute introduction de nouvelles thérapies ou de nouveaux médicaments puisque, à l'issue de phases précliniques chez l'animal, les phases cliniques sont engagées sur l'homme selon des protocoles soumis à un comité de protection des personnes, qui valide la démarche d'essai thérapeutique sur le plan éthique et sur celui du respect de l'individu malade, en cohérence avec les données médicales connues.

Le passage de la médecine anatomoclinique, fondée sur l'analyse des symptômes et les études histologiques, à la nanomédecine ne reflète pas, quant à lui, qu'un changement d'échelle. Il induit une modification de la notion même de maladie, en ce sens que la maladie devient détectable au niveau du déterminisme moléculaire : **« la maladie est potentiellement détectée avant la maladie ».**

Cette nanomédecine, qui implique un travail transdisciplinaire entre les chimistes, les physiciens, les biologistes, les ingénieurs et les médecins, probablement inégalé à ce jour, nécessite encore de valider les déterminismes sous-jacents aux anomalies détectées à l'échelon des nanosystèmes biologiques, mais ouvre la porte à **la médecine prédictive et préventive**, en substitution à la médecine curative.

Bibliographie

[1] http://www.givenimaging.com.

[2] Triller A. et al., « Biologie cellulaire de la synapse normale et pathologique », *Science*, **302**, n° 5644, 17 octobre (2003).

[3] http://www.genewave.com.

[4] Lieber C. et al., « Logic gates and computation from assembled nanowire building blocks », *Science*, **294**, n° 5545, 1313-1317, 9 novembre (2001).

[5] http://www-leti.cea.fr.

[6] Levy L. et al., « Nanotechnology biomedial applications », *Mol. Cryst. Liq. Cryst.*, **34**, 589-598 (2002).

[7] Lewis P., « Chip implants present some intriguing possibilities and raise a host of concerns about privacy and ethics », *Applied Digital*, 27 juillet (2004).

[8] http://www.ysl.com.

[9] LE MAROIS G., « les nanomatériaux », DIGITIP, 12 juillet 2004.

[10] http://www.genesystems.fr.

[11] http://www.agromicron.com.

[12] Gazette Labo, mars 1999, n° 36.

[13] http://www.minatec.com.

[14] http://www.affymetrix.com.

[15] HACHE J., *Les enjeux des biotechnologies*, éditions EMS, collection « Pratiques d'Entreprises » (2005).

[16] ROCO M.C. Verdana et al., « Converging technologies for improving human performance : nanotechnology, biotechology, information technology and cognitive science », NSF/DOC-sponsored Report, Arlington, VA : National Science Foundation, juin 2002.

[17] Centre de la prévention et de la précaution, « Nanotechnologies, nanoparticules – quels dangers, quels risques ? », Note du Ministère de l'écologie et du développement durable, Paris, mai 2006.

[18] CRICHTON M., *La proie*, éditions Robert Laffont, Paris (2003). (Titre original : *Prey*, éditions HarperCollins, 2002).

[19] STEPHENSON N., *L'âge de diamant*, éditions Payot et Rivages, collection « Rivages Futur », Paris (1996).

[20] BENOÎT BROWAEYS D., « Les transhumains s'emparent des nanotechs », *Vivant*, n° 3, Paris (2004). http://www.vivantinfo.com.

INDEX

Dans la même collection

688 p. et un cahier couleur • 49,50 € • Code 003831

▶ **Retrouvez la table des matières détaillée de cet ouvrage sur :**

www.editions-belin.com

Imprimé sur les presses de Normandie Roto Impression s.a.s. à Lonrai (Orne)
N° d'édition : 004470-01 – N° d'impression : 072186 – Dépôt légal : août 2007
Imprimé en France